机械设计手册

第五版

主编单位　中国有色工程设计研究总院
主　　编　成大先
副 主 编　王德夫　姬奎生　韩学铨
　　　　　姜　勇　李长顺　王雄耀
　　　　　虞培清

化学工业出版社
·北　京·

《机械设计手册》第五版共5卷，涵盖了机械常规设计的所有内容。其中第1卷包括一般设计资料，机械制图、极限与配合、形状和位置公差及表面结构，常用机械工程材料，机构；第2卷包括连接与紧固，轴及其连接，轴承，起重运输机械零部件，操作件、小五金及管件；第3卷包括润滑与密封，弹簧，螺旋传动、摩擦轮传动，带、链传动，齿轮传动；第4卷包括多点啮合柔性传动，减速器、变速器，常用电机、电器及电动（液）推杆与升降机，机械振动的控制及利用，机架设计，塑料制品与塑料注射成型模具设计；第5卷包括液压传动，液压控制，气压传动等。

《机械设计手册》第五版是在总结前四版的成功经验，考虑广大读者的使用习惯及对《机械设计手册》提出新要求的基础上进行编写的。《机械设计手册》保持了前四版的风格、特色和品位：突出实用性，从机械设计人员的角度考虑，合理安排内容取舍和编排体系；强调准确性，数据、资料主要来自标准、规范和其他权威资料，设计方法、公式、参数选用经过长期实践检验，设计举例来自工程实践；反映先进性，增加了许多适合我国国情、具有广阔应用前景的新材料、新方法、新技术、新工艺，采用了最新的标准、规范，广泛收集了具有先进水平并实现标准化的新产品；突出了实用、便查的特点。

《机械设计手册》可作为机械设计人员和有关工程技术人员的工具书，也可供高等院校有关专业师生参考使用。

图书在版编目（CIP）数据

机械设计手册．第3卷/成大先主编．—5版．—北京：化学工业出版社，2008.1
ISBN 978-7-122-01410-8

Ⅰ．机…　Ⅱ．成…　Ⅲ．机械设计-技术手册
Ⅳ．TH122-62

中国版本图书馆CIP数据核字（2007）第199089号

责任编辑：周国庆　张兴辉　王　烨　贾　娜　　文字编辑：闫　敏　张燕文　项　潋
责任校对：陶燕华　宋　玮　　装帧设计：尹琳琳

出版发行：化学工业出版社（北京市东城区青年湖南街13号　邮政编码100011）
印　　刷：北京云浩印刷有限责任公司
装　　订：三河市万龙印装有限公司
787mm×1092mm　1/16　印张97¾　字数3542千字
1969年6月第1版　2009年1月北京第5版第29次印刷

购书咨询：010-64518888（传真：010-64519686）　售后服务：010-64518899
网　　址：http://www.cip.com.cn
凡购买本书，如有缺损质量问题，本社销售中心负责调换。

定　　价：130.00元
京化广临字2008—11号

撰稿人员

成大先　中国有色工程设计研究总院
王德夫　中国有色工程设计研究总院
刘世参　《中国表面工程》杂志、装甲兵工程学院
姬奎生　中国有色工程设计研究总院
韩学铨　北京石油化工工程公司
余梦生　北京科技大学
高淑之　北京化工大学
柯蕊珍　中国有色工程设计研究总院
王欣玲　机械科学研究院
陶兆荣　中国有色工程设计研究总院
孙东辉　中国有色工程设计研究总院
李福君　中国有色工程设计研究总院
阮忠唐　西安理工大学
熊绮华　西安理工大学
雷淑存　西安理工大学
田惠民　西安理工大学
殷鸿樑　上海工业大学
齐维浩　西安理工大学
曹惟庆　西安理工大学
关天池　中国有色工程设计研究总院
房庆久　中国有色工程设计研究总院
李建平　北京航空航天大学
李安民　机械科学研究院
李维荣　机械科学研究院
丁宝平　机械科学研究院
梁全贵　中国有色工程设计研究总院
王淑兰　中国有色工程设计研究总院
林基明　中国有色工程设计研究总院
王孝先　中国有色工程设计研究总院
童祖楹　上海交通大学
刘清廉　中国有色工程设计研究总院
许文元　天津工程机械研究所
孔庆堂　北京新兴超越离合器有限公司
孙永旭　北京古德机电技术研究所
丘大谋　西安交通大学
诸文俊　西安交通大学
徐　华　西安交通大学
陈立群　西北轻工业学院
谢振宇　南京航空航天大学
陈应斗　中国有色工程设计研究总院
张奇芳　沈阳铝镁设计研究院
肖治彭　中国有色工程设计研究总院
邹舜卿　中国有色工程设计研究总院
邓述慈　西安理工大学
秦　毅　中国有色工程设计研究总院
周凤香　中国有色工程设计研究总院
朴树寰　中国有色工程设计研究总院
杜子英　中国有色工程设计研究总院
汪德涛　广州机床研究所
朱　炎　中国航宇救生装置公司
王鸿翔　中国有色工程设计研究总院
郭　永　山西省自动化研究所
厉始忠　机械科学研究院
厉海祥　武汉理工大学
欧阳志喜　宁波双林汽车部件股份有限公司
段慧文　中国有色工程设计研究总院
姜　勇　中国有色工程设计研究总院
徐永年　郑州机械研究所
梁桂明　河南科技大学
张光辉　重庆大学
罗文军　重庆大学
沙树明　中国有色工程设计研究总院
谢佩娟　太原理工大学
余　铭　无锡市万向联轴器有限公司
陈祖元　广东工业大学
陈仕贤　北京航空航天大学
郑自求　四川理工学院
贺元成　泸州职业技术学院
季泉生　济南钢铁集团
方　正　中国重型机械研究院
马敬勋　济南钢铁集团
冯彦宾　四川理工学院

袁　林　四川理工学院
王春和　北方工业大学
周朗晴　中国有色工程设计研究总院
孙夏明　北方工业大学
黄吉平　宁波市镇海减变速机制造有限公司
陈宗源　中冶集团重庆钢铁设计研究院
张　翌　北京太富力传动机器有限责任公司
蔡学熙　连云港化工矿山设计研究院
姚光义　连云港化工矿山设计研究院
沈益新　连云港化工矿山设计研究院
钱亦清　连云港化工矿山设计研究院
于　琴　连云港化工矿山设计研究院
蔡学坚　邢台地区经济委员会
虞培清　浙江长城减速机有限公司
项建忠　浙江通力减速机有限公司
阮劲松　宝鸡市广环机床责任有限公司
纪盛青　东北大学
付宏生　北京电子科技职业学院设计与工艺学院
张海臣　深圳海翔铭公司
黄效国　北京科技大学
陈新华　北京科技大学
李长顺　中国有色工程设计研究总院
刘秀利　中国有色工程设计研究总院
宋天民　北京钢铁设计研究总院
周　堉　中冶京城工程技术有限公司
崔桂芝　北方工业大学
张若青　北方工业大学
王　侃　北方工业大学
张常年　北方工业大学
朱宏军　北方工业大学
佟　新　中国有色工程设计研究总院
禤有雄　天津大学
林少芬　集美大学
卢长耿　厦门海德科液压机械设备有限公司
容同生　厦门海德科液压机械设备有限公司
吴根茂　浙江大学
魏建华　浙江大学
吴晓雷　浙江大学
钟荣龙　厦门厦顺铝箔有限公司
黄　畲　北京科技大学
王雄耀　费斯托（FESTO）（中国）有限公司
彭光正　北京理工大学
张百海　北京理工大学
王　涛　北京理工大学
陈金兵　北京理工大学
包　钢　哈尔滨工业大学
蒋友谅　北京理工大学
刘福祐　中国有色工程设计研究总院
史习先　中国有色工程设计研究总院

审稿人员

刘世参　余梦生　成大先　王德夫　李长顺　强　毅　邹舜卿　李福君
王孝先　郭可谦　孙永旭　汪德涛　林基明　方　正　余雪华　陈应斗
朱　琪　朱　炎　房庆久　李钊刚　厉始忠　姜　勇　陈谌闻　饶振纲
张海臣　季泉生　林　鹤　洪允楣　吴豪泰　王　正　詹茂盛　姬奎生
申连生　张红兵　容同生　卢长耿　郭长生　吴　筠　徐文灿

编辑人员

周国庆　张兴辉　王　烨　贾　娜　张红兵　郭长生　任文斗　黄　滢
周　红　李军亮　辛　田　张燕文　闫　敏　项　澂

第五版前言

《机械设计手册》自1969年第一版出版发行以来，已经修订至第五版，累计销售量超过120万套，成为新中国成立以来，在国内影响力最强、销售量最大的机械设计工具书。作为国家级的重点科技图书，《机械设计手册》多次获得国家和省部级奖励。其中，1978年获全国科学大会科技成果奖，1983年获化工部优秀科技图书奖，1995年获全国优秀科技图书二等奖，1999年获全国化工科技进步二等奖，2002年获石油和化学工业优秀科技图书一等奖，2003年获中国石油和化学工业科技进步二等奖。1986～2002年，连续被评为全国优秀畅销书。

与时俱进、开拓创新，实现实用性、可靠性和创新性的最佳结合，协助广大机械设计人员开发出更好更新的产品，适应市场和生产需要，提高市场竞争力和国际竞争力，这是《机械设计手册》一贯坚持、不懈努力的最高宗旨。

《机械设计手册》第四版出版发行至今已有6年多的时间，在这期间，我们进行了广泛的调查研究，多次邀请了机械方面的专家、学者座谈，倾听他们对第五版修订的建议，并深入设计院所、工厂和矿山的第一线，向广大设计工作者了解《手册》的应用情况和意见，及时发现、收集生产实践中出现的新经验和新问题，多方位、多渠道跟踪、收集国内外涌现出来的新技术、新产品，改进和丰富《手册》的内容，使《手册》更具鲜活力，以最大限度地快速提高广大机械设计人员自主创新的能力，适应建设创新型国家的需要。

《手册》第五版的具体修订情况如下。

一、在提高产品开发、创新设计方面

1. 开辟了“塑料制品与塑料注射成型模具设计”篇：介绍了塑料产品和模具设计的相关基础资料、注塑成型的常见缺陷和对策。

2. 机械传动部分：增加了点线啮合传动设计；增加了符合ISO国际最新标准的渐开线圆柱齿轮的设计；补充并完善了非零变位锥齿轮设计；对多点啮合柔性传动的柔性支撑做了重新分类；增加了塑料齿轮设计。

3. “气压传动”篇全面更新：强调更新、更全、更实用，尽可能把当今国际上已有的新技术、新产品反映出来。汇集的新技术、新产品有：用于抓取和卸放的模块化导向驱动器、气动肌肉、高速阀、阀岛、气动比例伺服阀、压电比例阀、气动软停止、气动的比例气爪、双倍行程无杆气缸、无接触真空吸盘、智能三联件等。第一次把气动驱动器分成两大类型，即普通类气缸和导向驱动装置。普通类气缸实质上是不带导向机构的传统气缸及新型开发的各种气缸，如低摩擦气缸、低速气缸、耐高温气缸、不含铜和四氟乙烯的气缸等。所谓导向驱动装置是让读者根据产品技术参数直接选用，不必再另行设计导轨系统。它将成为今后的发展趋势，强调模块化，即插即用。另外还增补了与气动应用密切相关的其他行业标准、技术的基础性介绍，如气动技术中静电的产生与防止、各国对净化车间压缩空气的分类等级标准；气动元件的防爆等级分类；食品行业对设备气动元件等的卫生要求；在电子行业不含铜和四氟乙烯产品等。

4. 收集了钢丝绳振动的分析资料。

二、在促进新产品设计和加工制造的新工艺设计方面

1. 进一步扩充了表面技术，在介绍多种单一表面技术基础上又新增了复合表面技术的基本原理、适用场合、选用原则和应用实例等内容。

2. 推荐了快速原型制造技术。该技术解决了单件或小批量铸件的制造问题，大大缩短了产品的设计开发周期，可以预见，它必将受到普遍的重视，得到迅速的发展。

3. 节能的形变热处理。如铸造余热淬火，它是利用锻造的余热淬火，既节省了热处理的重新加热，而且得到了较好的力学性能的组合，使淬火钢的强度和冲击值同时提高。

三、为新产品开发、老产品改造创新，提供新型元器件和新材料方面

1. 左右螺纹防松螺栓：生产实践证明防松效果良好，而且结构简单，操作方便，是防松设计的一种新的、好的设计思路。

2. 集成式新型零部件：包括一些新型的联轴器、离合器、制动器、带减速器的电机、调节精度高伺服液压缸等，这种集成式零部件增加了产品功能，减少了零件数，既节材又省工。

3. 节能产品：介绍了节能电机。

4. 新型材料：在零部件设计工艺性部分和材料篇分别阐述了“蠕墨铸铁”和“镁合金”的工艺特性和主要技术参数。“蠕墨铸铁”具有介于灰铸铁和球墨铸铁之间的良好性能。其抗拉强度、屈服强度高于高强度灰铸铁，而低于球墨铸铁，热传导性、耐热疲劳性、切削加工性和减振性又近似于一般灰铸铁；它的疲劳极限和冲击韧度虽不如球墨铸铁，但明显优于灰铸铁；它的铸造性能接近于灰铸铁，制造工艺简单，成品率高，因而具有广泛的条件，如：(1) 由于强度高，对于断面的敏感性小，铸造性好，因而可用来制造复杂的大型零件；(2) 由于具有较高的力学性能，并具有较好的导热性，因而常用来制造在热交换以及有较大温度梯度下工作的零件，如汽车制动盘、钢锭模等；(3) 由于强度较高、致密性好，可用来代替孕育铸铁件，不仅节约了废钢，减轻了铸件重量（碳当量较高，强度却比灰铸铁高），而且成品率也大幅度提高，特别是铸件气密性增加，特别适用于液压件的生产等。“镁合金”的主要特点是密度低、比刚度和比强度高。铸造镁合金还有高的减振性，因此能承受较大的冲击振动载荷，而且在受冲击及摩擦时不会起火花。镁的体积热容比其他所有金属都低，因此，镁及其合金的另一个主要特性是加热升温与散热降温都比其他金属快；所有金属成形工艺一般都可以用于镁合金的成形加工，其中，压铸（高压铸造）工艺最为常用，镁压铸件精度高、组织细小、均匀、致密，具有良好的性能，因此，镁合金广泛应用于航天、航空、交通运输、计算机、通信器材和消费类电子产品、纺织和印刷等工业。镁合金由于它的优良的力学性能、物理性能等以及材料回收率高，符合环保要求，被称为21世纪最具开发应用前景的“绿色材料”。

四、在贯彻推广标准化工作方面

1. 所有产品、材料和工艺方面的标准均全部采用2006年和2007年公布的最新标准资料。

2. 在产品设计资料的编写方面，对许多生产厂家（如气动产品厂家）进行了标准化工作的调查研究，将标准化好的产品作为入选首要条件。应广大读者的要求，在介绍产品时，在备注中增加了产品生产厂名。由于市场经济的实际变化较快，读者必须结合当时的实际情况，进一步作深入调查，了解产品实际生产品种、规格及尺寸，以及产品质量和用户的实际反映，再作选择。

借《机械设计手册》第五版出版之际，再次向参加每版编写的单位和个人表示衷心的感谢！同时也感谢给我们提供大力支持和热忱帮助的单位和各界朋友们！特别感谢鞍山矿山设计研究院，长沙有色冶金设计研究院的袁学敏、刘金庭、陈雨田，武汉钢铁设计研究总院的刘美珑、刘翔等同志给我们提供帮助！

由于水平有限，调研工作不够全面，修订中难免存在疏漏和不足，恳请广大读者继续给予批评指正。

主　编

目录

第10篇 润滑与密封

HANDBOOK
OF MECHANICAL
DESIGN

第4章 密封件

HANDBOOK
OF MECHANICAL
DESIGN

第 11 篇 弹簧

HANDBOOK
OF MECHANICAL
DESIGN

HANDBOOK
OF MECHANICAL
DESIGN

第16章 橡胶弹簧 …… 11-163

第17章 橡胶-金属螺旋复合弹簧（简称复合弹簧） …… 11-175

第12篇 螺旋传动、摩擦轮传动

第13篇　带、链传动

第 14 篇　齿轮传动

HANDBOOK
OF MECHANICAL
DESIGN

第 2 章 圆弧圆柱齿轮传动

HANDBOOK
OF MECHANICAL
DESIGN

第5章 渐开线圆柱齿轮行星传动 … 14-432

第6章 渐开线少齿差行星齿轮传动 …… 14-502

第7章 销齿传动 …… 14-555

第8章 活齿传动 …… 14-566

第 9 章　点线啮合圆柱齿轮传动 …… 14-582

第 10 章　塑料齿轮 …………………… 14-601

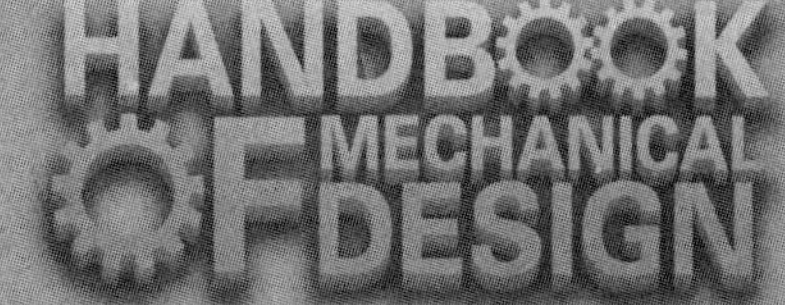

HANDBOOK
OF MECHANICAL
DESIGN

第 10 篇　润滑与密封

主要撰稿　汪德涛　韩学铨　陶兆荣

审　　稿　方　正　余雪华　陈应斗

第章　润滑方法及润滑装置

润滑是用润滑剂减少摩擦副的摩擦和降低温度，或改善其他形式的表面破坏的措施。合理地选择与设计润滑方法及润滑系统和装置，对降低摩擦阻力，减少表面磨损和维持油温，使设备具有良好的润滑状况和工作性能，保证设备高效运转，节约能源，延长使用寿命，具有十分重要的意义。

1　润滑方法及润滑装置的分类、润滑原理与应用

表 10-1-1

润滑方法				润滑装置	润滑原理	应用范围
稀油润滑	分散润滑	间歇无压润滑		油壶 压配式压注油杯，B型、C型弹簧盖油杯	利用簧底油壶或其他油壶将油注入孔中，油沿着摩擦表面流散形成暂时性油膜	轻载荷或低速、间歇工作的摩擦副。如开式齿轮、链条、钢丝绳以及一些简易机械设备
		间歇压力润滑		直通式压注油杯 接头式压注油杯 旋盖式压注油杯	利用油枪加油	载荷小、速度低、间歇工作的摩擦副。如金属加工机床、汽车、拖拉机、农业机器等
		连续无压润滑	油绳、油垫润滑	A型弹簧盖油杯毛毡制的油垫	利用油绳、油垫的毛细管产生虹吸作用向摩擦副供油	低速、轻载荷的轴套和一般机械
			滴油润滑	针阀式注油杯	利用油的自重一滴一滴地流到摩擦副上，滴落速度随油位改变	在数量不多而又容易靠近的摩擦副上。如机床导轨、齿轮、链条等部位的润滑
			油环、油链、油轮润滑	套在轴颈上的油环、油链 固定在轴颈上的油轮	油环套在轴颈上作自由旋转，油轮则固定在轴颈上。这些润滑装置随轴转动，将油从油池带入摩擦副的间隙中形成自动润滑	一般适用轴颈连续旋转和旋转速度不低于50～60r/min的水平轴的场合。如润滑齿轮和蜗杆减速器、高速传动轴的轴承、传动装置的轴承、电动机轴承和其他一些机械的轴承
				油池	油池润滑即飞溅润滑，是由装在密封机壳中的零件所作的旋转运动来实现的	主要是用来润滑减速器内的齿轮装置，齿轮圆周速度不应超过12～14m/s
			强制润滑	柱塞式油泵（柱塞泵）	通过装在机壳中柱塞泵的柱塞的往复运动来实现供油	要求油压在20MPa以下，润滑油需要量不大和支承相当大载荷的摩擦副
				叶片式油泵（叶片泵）	叶片泵可装在机壳中，也可与被润滑的机械分开。靠转子和叶片转动来实现供油	要求油压在0.3MPa以下，润滑油需要量不太多的摩擦副、变速箱等
				齿轮泵	齿轮泵可装在机壳中，也可与被润滑的机械分开，靠齿轮旋转供油	要求油压在1MPa以下，润滑油需要量多少不等的摩擦副
			喷射润滑	油泵、喷射阀	采用油泵直接加压实现喷射	用于圆周速度大于12～14m/s、用飞溅润滑效率较低时的闭式齿轮
			油雾润滑	油雾发生器凝缩嘴	以压缩空气为能源，借油雾发生器将润滑油形成油雾，随压缩空气经管道、凝缩嘴送至润滑点，实现润滑。油雾颗粒尺寸为1～3μm	适用高速的滚动轴承、滑动轴承、齿轮、蜗轮、链轮及滑动导轨等各种摩擦副上
			油气润滑	油泵、分配器、喷嘴	压缩空气与润滑油液混合后，经喷嘴呈微细油滴送向润滑点，实现润滑。油的颗粒尺寸为50～100μm	适用于润滑封闭的齿轮、链条滑板、导轨及高速重载滚动轴承等

续表

<table>
<tr><th colspan="3">润滑方法</th><th>润滑装置</th><th>润 滑 原 理</th><th>应 用 范 围</th></tr>
<tr><td>稀油润滑</td><td>集中润滑</td><td>压力循环润滑（连续压力润滑）</td><td>稀油润滑装置</td><td>润滑站由油箱、油泵、过滤器、冷却器、阀等元件组成。用管道输送定量的压力油到各润滑点</td><td>主要用于金属切削机床、轧钢机等设备的大量润滑点或某些不易靠近的或靠近有危险的润滑点</td></tr>
<tr><td rowspan="8">干油润滑</td><td rowspan="3">分散润滑</td><td>间歇无压润滑</td><td>没有润滑装置</td><td>靠人工将润滑脂涂到摩擦表面上</td><td>用在低速粗制机器上</td></tr>
<tr><td>连续无压润滑</td><td>设备的机壳</td><td>将适量的润滑脂填充在机壳中而实现润滑</td><td>转速不超过 3000r/min、温度不超过115℃的滚动轴承
圆周速度在 4.5m/s 以下的摩擦副、重载的齿轮传动和蜗轮传动、链、钢丝绳等</td></tr>
<tr><td>间歇压力润滑</td><td>旋盖式油杯
压注式油杯（直通式与接头式）</td><td>旋盖式油杯靠旋紧杯盖而造成的压力将润滑脂压到摩擦副上
压注式油杯利用专门的带配帽的油(脂)枪将油脂压入摩擦副</td><td>旋盖式油杯一般适用于圆周速度在4.5m/s 以下的各种摩擦副
压注式油杯用于速度不大和载荷小的摩擦部件，以及当部件的结构要求采用小尺寸的润滑装置时</td></tr>
<tr><td rowspan="5">集中润滑</td><td>间歇压力润滑</td><td>安装在同一块板上的压注式油杯</td><td>用油枪将油脂压入摩擦副</td><td>布置在加油不方便地方的各种摩擦副</td></tr>
<tr><td>压力润滑</td><td>手动干油站</td><td>利用储油器中的活塞，将润滑脂压入油泵中。当摇动手柄时，油泵的柱塞即挤压润滑脂到给油器，并输送到润滑点</td><td>用于给单独设备的轴承及其他摩擦副供送润滑脂</td></tr>
<tr><td rowspan="3">连续压力润滑</td><td>电动干油站</td><td>柱塞泵通过电动机、减速器带动，将润滑脂从储油器中吸出，经换向阀，顺着给油主管向各给油器压送。给油器在压力作用下开始动作，向各润滑点供送润滑脂</td><td>润滑各种轧机的轴承及其他摩擦元件。此外也可以用于高炉、铸钢、破碎、烧结、吊车、电铲以及其他重型机械设备中</td></tr>
<tr><td>风动干油站</td><td>用压缩空气作能源，驱动风泵，将润滑脂从储油器中吸出，经电磁换向阀，沿给油主管向各给油器压送润滑脂，给油器在具有压力的润滑脂的挤压作用下动作，向各润滑点供送润滑脂</td><td>用途范围与电动干油站一样。尤其在大型企业如冶金工厂，具有压缩空气管网设施的厂矿，或在用电不方便的地方等可以使用</td></tr>
<tr><td>多点干油泵</td><td>由传动机构（电动机、齿轮、蜗杆蜗轮）带动凸轮，通过凸轮偏心距的变化使柱塞进行径向往复运动，不停顿地定量输送润滑脂到润滑点（可以不用给油器等其他润滑元件）</td><td>用于重型机械和锻压设备的单机润滑，直接向设备的轴承座及各种摩擦副自动供送润滑脂</td></tr>
<tr><td rowspan="4">固体润滑</td><td colspan="2">整体润滑</td><td colspan="3">不需要任何润滑装置，靠材料本身实现润滑。主要材料有石墨、尼龙、聚四氟乙烯、聚酰亚胺、聚对羟基苯甲酸、氮化硼、氮化硅等。主要用于不宜使用润滑油、脂或温度很高（可达 1000℃）或低温、深冷以及耐腐蚀等部位</td></tr>
<tr><td colspan="2">覆盖膜润滑</td><td colspan="3">用物理或化学方法将石墨、二硫化钼、聚四氟乙烯、聚对羟基苯甲酸等材料，以薄膜形式覆盖于其他材料上，实现润滑</td></tr>
<tr><td colspan="2">组合、复合材料润滑</td><td colspan="3">用石墨、二硫化钼、聚四氟乙烯、聚对羟基苯甲酸、氟化石墨等与其他材料制成组合或复合材料，实现润滑</td></tr>
<tr><td colspan="2">粉末润滑</td><td colspan="3">把石墨、二硫化钼、二硫化钨、聚四氟乙烯等材料的微细粉末，直接涂敷于摩擦表面或盛于密闭容器（减速器壳体、汽车后桥齿轮包）内，靠搅动使粉末飞扬撒在摩擦表面实现润滑，也可用气流将粉末送入摩擦副。后者既能润滑又能冷却。这些粉末也可均匀地分散于润滑油、脂中，提高润滑效果，也可制成糊膏状或块状使用</td></tr>
<tr><td>气体润滑</td><td colspan="2">强制供气润滑</td><td colspan="3">用洁净的压缩空气或其他气体作为润滑剂润滑摩擦副。如气体轴承等，其特点为提高运动精度</td></tr>
</table>

2 一般润滑件

2.1 油杯

表 10-1-2 油杯基本型式与尺寸 mm

直通式压注油杯(JB/T 7940.1—1995)

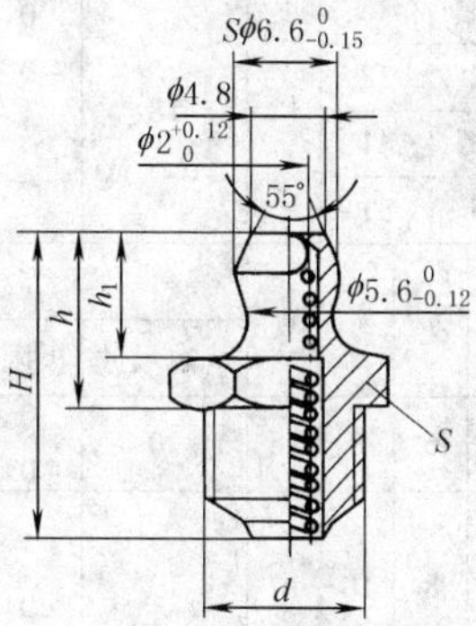

标记示例：
d = M10 × 1，直通式压注油杯，标记为
油杯 M10 × 1 JB/T 7940.1—1995

d	H	h	h_1	S 基本尺寸	S 极限偏差	钢球(GB/T 308—2002)
M6	13	8	6	8	0 −0.22	3
M8 × 1	16	9	6.5	10		
M10 × 1	18	10	7	11		

接头式压注油杯(JB/T 7940.2—1995)

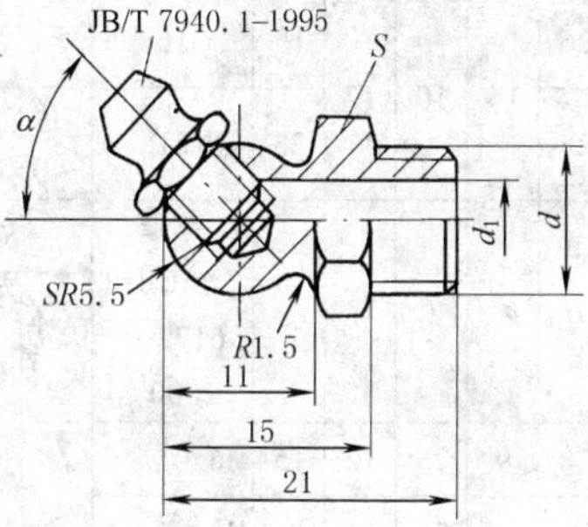

标记示例：
d = M10 × 1，45°接头式压注油杯，标记为
油杯 45° M10 × 1 JB/T 7940.2—1995

d	d_1	α	S 基本尺寸	S 极限偏差	直通式压注油杯(按 JB/T 7940.1—1995)的连接螺纹
M6	3	45°、90°	11	0 −0.22	M6
M8 × 1	4				
M10 × 1	5				

旋盖式油杯(JB/T 7940.3—1995)

A型 B型

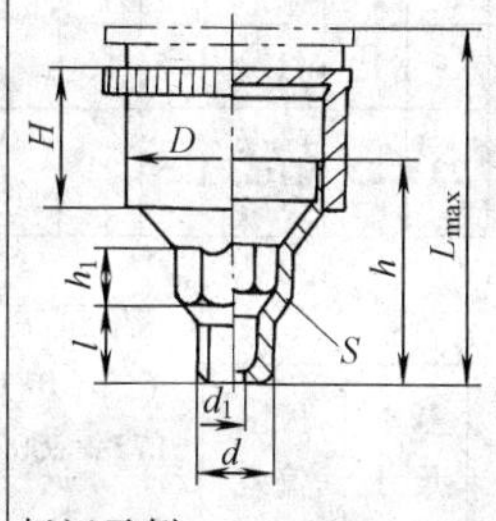

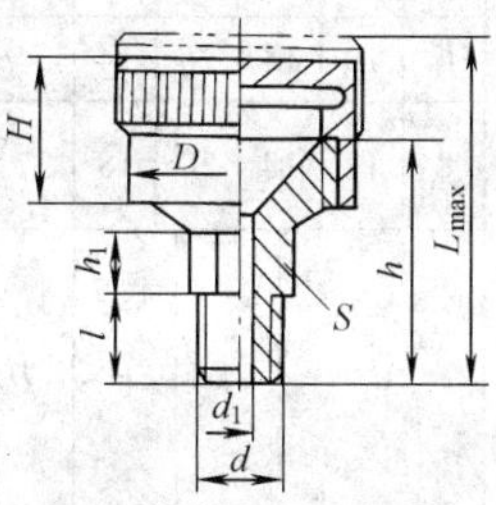

最小容量/cm³	d	l	H	h	h_1	d_1	D A型	D B型	L_{max}	S 基本尺寸	S 极限偏差
1.5	M8 × 1	8	14	22	7	3	16	18	33	10	0 −0.22
3	M10 × 1		15	23	8	4	20	22	35	13	0 −0.27
6			17	26			26	28	40		
12	M14 × 1.5	12	20	30	10	5	32	34	47	18	
18			22	32			36	40	50		
25			24	34			41	44	55		
50	M16 × 1.5		30	44			51	54	70	21	0 −0.33
100			38	52			68	68	85		
200	M24 × 1.5	16	48	64	16	6	—	86	105	30	—

标记示例：
最小容量 25cm³，A 型旋盖式油杯，标记为
油杯 A25 JB/T 7940.3—1995

压配式压注油杯(JB/T 7940.4—1995)

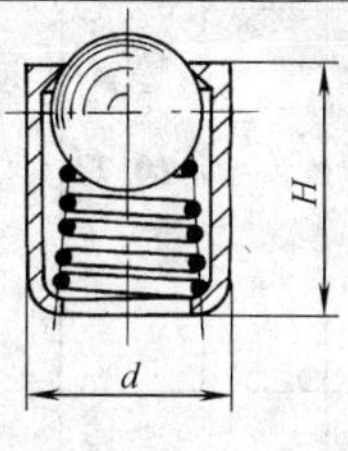

与 d 相配孔的极限偏差按 H8

d 基本尺寸	d 极限偏差	H	钢球(按 GB/T 308—2002)	d 基本尺寸	d 极限偏差	H	钢球(按 GB/T 308—2002)
6	+0.040 +0.028	6	4	16	+0.063 +0.045	20	11
8	+0.049 +0.034	10	5	25	+0.085 +0.064	30	13
10	+0.058 +0.040	12	6				

标记示例：
d = 6mm，压配式压注油杯，标记为
油杯 6 JB/T 7940.4—1995

第10篇

续表

弹簧盖油杯（JB/T 7940.5—1995）

A型

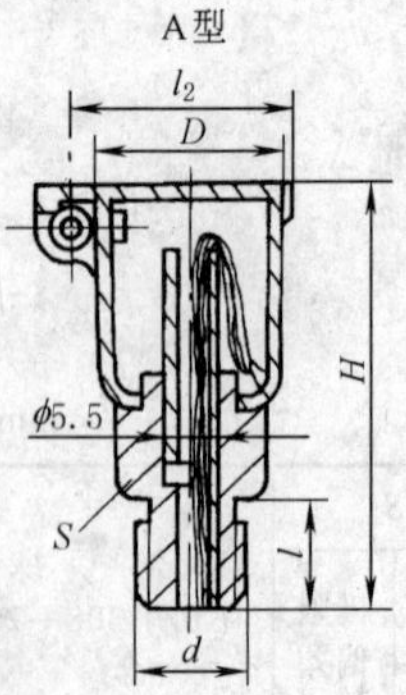

标记示例：

最小容量 $3cm^3$ 的A型弹簧盖油杯，标记为

油杯 A3 JB/T 7940.5—1995

最小容量 /cm^3	d	H ≤	D ≤	l_2 ≈	l	S 基本尺寸	S 极限偏差
1	M8×1	38	16	21	10	10	0 −0.22
2		40	18	23			
3	M10×1	42	20	25		11	0 −0.27
6		45	25	30			
12	M14×1.5	55	30	36	12	18	
18		60	32	38			
25		65	35	41			
50		68	45	51			

B型

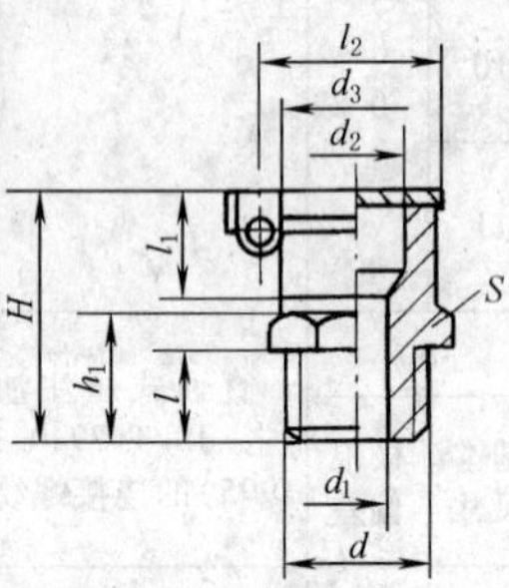

标记示例：

d = M10×1，B型弹簧盖油杯，标记为

油杯 B M10×1 JB/T 7940.5—1995

d	d_1	d_2	d_3	H	h_1	l	l_1	l_2	S 基本尺寸	S 极限偏差
M6	3	6	10	18	9	6	8	15	10	0 −0.22
M8×1	4	8	12	24	12	8	10	17	13	0 −0.27
M10×1	5									
M12×1.5	6	10	14	26	14	10	12	19	16	
M16×1.5	8	12	18	28				23	21	0 −0.33

C型

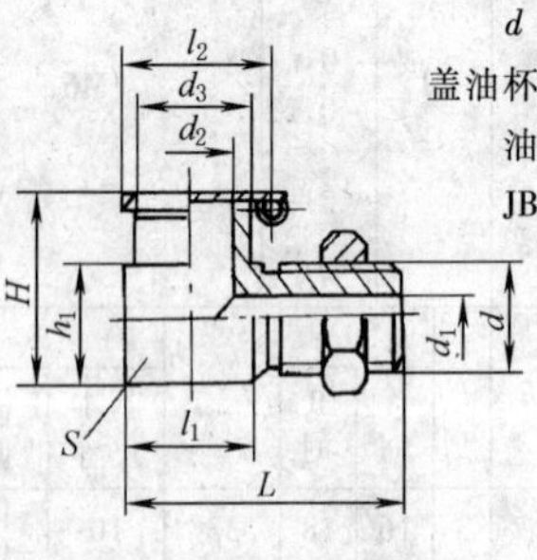

标记示例：

d = M10×1，C型弹簧盖油杯，标记为

油杯 C M10×1 JB/T 7940.5—1995

d	d_1	d_2	d_3	H	h_1	L	l_1	l_2	螺母（按GB/T 6172—2000）	S 基本尺寸	S 极限偏差
M6	3	6	10	18	9	25	12	15	M6	13	0 −0.27
M8×1	4	8	12	24	12	28	14	17	M8×1		
M10×1	5					30	16		M10×1		
M12×1.5	6	10	14	26	14	34	19	19	M12×1.5	16	
M16×1.5	8	12	18	30	18	37	23	23	M16×1.5	21	0 −0.33

针阀式油杯（JB/T 7940.6—1995）

A型　B型

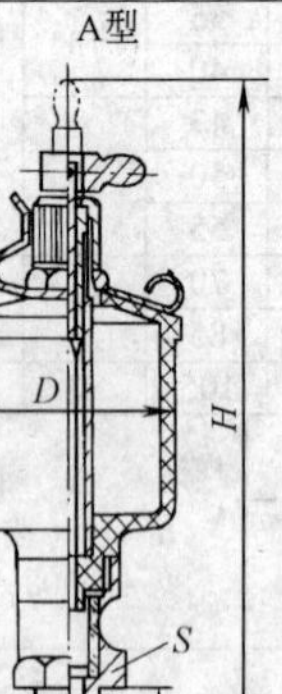

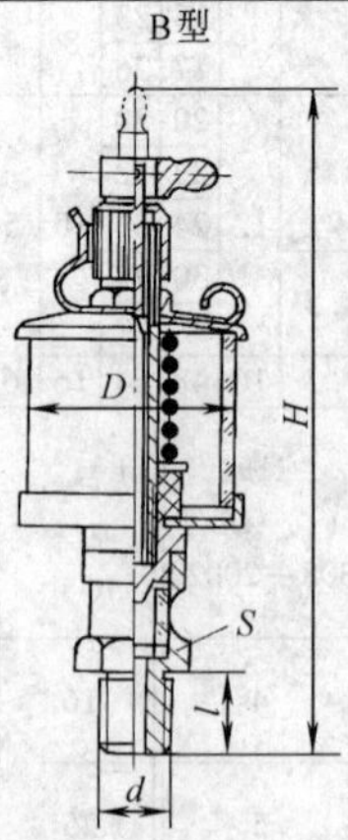

最小容量 /cm^3	d	l	H	D	S 基本尺寸	S 极限偏差	螺母（按GB/T 6172—2000）
16	M10×1	12	105	32	13	0 −0.27	M8×1
25	M14×1.5		115	36	18		
50			130	45			
100			140	55			
200	M16×1.5	14	170	70	21	0 −0.33	M10×1
400			190	85			

标记示例：

最小容量 $25cm^3$，A型针阀式油杯，标记为

油杯 A25 JB/T 7940.6—1995

2.2 油环

表 10-1-3　油环尺寸、截面形状及浸入油内深度　mm

项目	内表面带轴向沟槽	半圆形和梯形	光滑矩形	圆形
简图及尺寸	（图）			
截面形状	（图）	（图）	（图）	（图）
特点	用于高黏度油	用于高速	带油效果最好，使用最广	带油量最小
油环直径 D		70～310	40～65	25～40
浸油深度 t		$t=\frac{D}{6}=12\sim52$	$t=\frac{D}{5}=9\sim13$	$t=\frac{D}{4}=6\sim10$

d	D	b	s	B 最小	B 最大	d	D	b	s	B 最小	B 最大
10	25					45	80				
12		5	2	6	8	48					
13	30					50		12	4	13	16
14						52	90				
15						55					
16	35					60	100				
17		6	2	7	10	62	110				
18						65		12	4	13	16
20	40					70	120				
22	45					75					
25	50					80	130				
28						80	140				
30	55	8	3	9	12	90					
32	60					95	150				
35	65					100	165				
38	70	10	3	11	14	105		15	5	18	20
40	70					110					
42	75					115	180				
						120					

应用：油环仅适用水平轴的润滑，载荷较小，圆周速度以 0.5～32m/s（转速 250～1800r/min）为宜，轴承长度大于轴径 1.5 倍时，应设两个油环

2.3 油枪

表 10-1-4　标准手动油枪的类型和性能　mm

类型：油枪是一种手动的储油（脂）筒，可将油（脂）注入油杯或直接注入润滑部位进行润滑。使用时，注油嘴必须与润滑点上的油杯相匹配。标准的手动操作油枪有压杆式油枪和手推式油枪两种

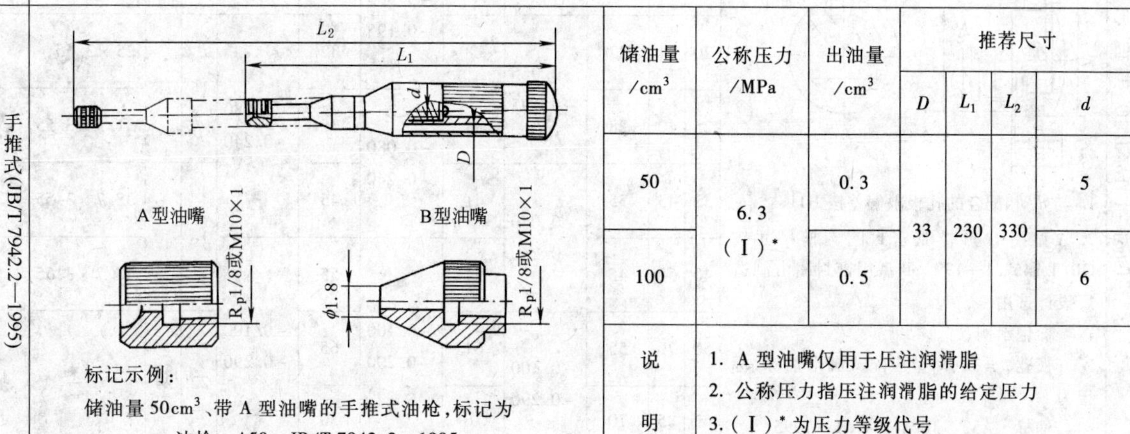

手推式（JB/T 7942.2—1995）

标记示例：

储油量 50cm³、带 A 型油嘴的手推式油枪，标记为

油枪　A50　JB/T 7942.2—1995

储油量 /cm³	公称压力 /MPa	出油量 /cm³	推荐尺寸 D	推荐尺寸 L_1	推荐尺寸 L_2	推荐尺寸 d
50	6.3 (Ⅰ)*	0.3	33	230	330	5
100		0.5				6

说明：
1. A 型油嘴仅用于压注润滑脂
2. 公称压力指压注润滑脂的给定压力
3. (Ⅰ)* 为压力等级代号

续表

压杆式（JB/T 7942.1—1995）

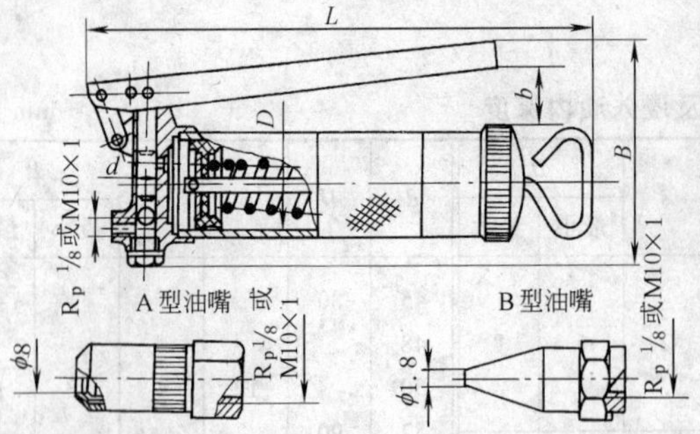

L
b
D
B
d
$R_p\,^1/_8$或M10×1
A型油嘴　或
B型油嘴
φ8
$R_p\,^1/_8$ M10×1
φ1.8
$R_p\,^1/_8$或M10×1

标记示例：

储油量 200cm³、带 A 型注油嘴的压杆式油枪，标记为

油枪　A200　JB/T 7942.1—1995

储油量/cm³	公称压力/MPa	出油量/cm³	推荐尺寸 D	L	B	b	d	
100	16(K)*	0.6	35	255	90	30	8	A 型仅用于 JB/T 7940.1—1995、JB/T 7940.2—1995 规定的油杯
200		0.7	42	310	96			
400		0.8	53	385	125		9	

说明：1. 油枪本体与油嘴间用硬管或软管连接
2. (K)* 为压力等级代号

压力等级代号（JB/T 412.1—1993）/MPa	压力等级	代号	压力等级	代号	压力等级	代号	压力等级	代号	压力等级	代号	压力等级	代号
	0.16	—	0.8	E	4.0	H	20.0	L	50.0	Q	125	U
	0.25	B	1.0	F	6.3	I	25.0	M	63.0	R	—	—
	0.40	C	1.6	W	10.0	J	31.5	N	80.0	S	—	—
	0.63	D	2.5	G	16.0	K	40.0	P	100	T	—	—

2.4　油标

表 10-1-5　　**标准油标的类型和尺寸**　　mm

类型：油标是安装在储油装置或油箱上的油位显示装置，有压配式圆形、旋入式圆形、长形和管状四种型式油标。为了便于观察油位，必须选用适宜的型式和安装位置

压配式圆形油标（JB/T 7941.1—1995）

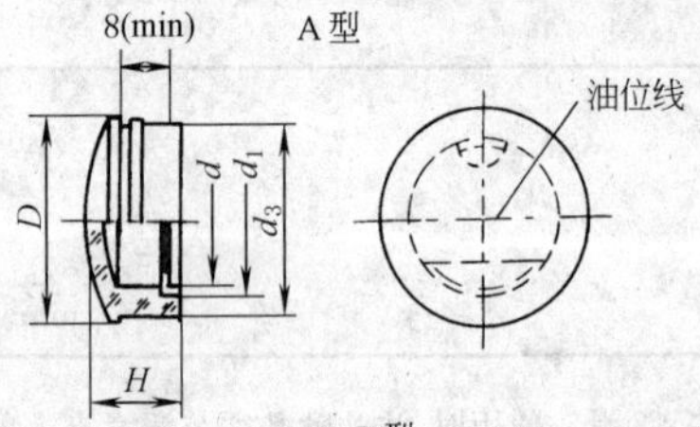

8(min)
A型
油位线
D
d
d_1
d_3
H

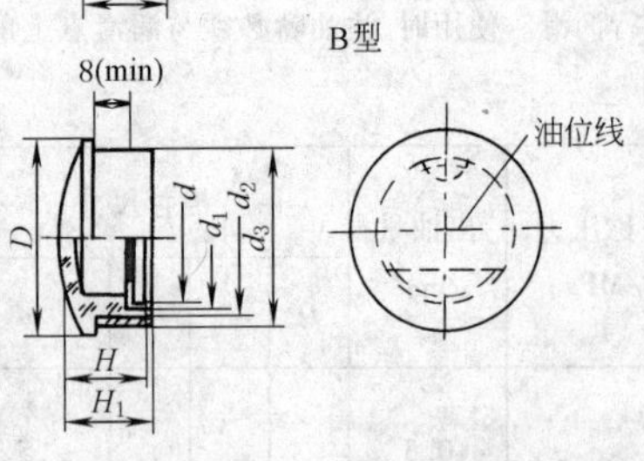

8(min)
B型
油位线
D
d
d_1
d_2
d_3
H
H_1

1. 与 d_1 相配合的孔极限偏差按 H11
2. A 型用 O 形橡胶密封圈沟槽尺寸按 GB/T 3452.1—1992，B 型用密封圈由制造厂设计选用

标记示例：

视孔 $d=32$，A 型压配式圆形油标，标记为

油标　A32　JB/T 7941.1—1995

d	D	d_1 基本尺寸	d_1 极限偏差	d_2 基本尺寸	d_2 极限偏差	d_3 基本尺寸	d_3 极限偏差	H	H_1	O 形橡胶密封圈（GB/T 3452.1—1992）
12	22	12	−0.050 −0.160	17	−0.050 −0.160	20	−0.065 −0.195	14	16	15×2.65
16	27	18		22	−0.065 −0.195	25				20×2.65
20	34	22	−0.065 −0.195	28		32		16	18	25×3.55
25	40	28		34	−0.080 −0.240	38	−0.080 −0.240			31.5×3.55
32	43	35	−0.080 −0.240	41		45		18	20	38.7×3.55
40	58	45		51		55				48.7×3.55
50	70	55	−0.100 −0.290	61	−0.100 −0.200	65	−0.100 −0.290	22	24	—
63	85	70		76		30				

续表

旋入式圆形油标(JB/T 7941.2—1995)

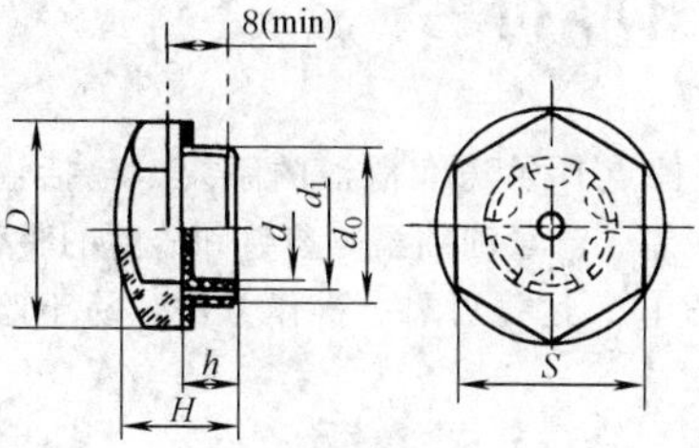

A型指示油位

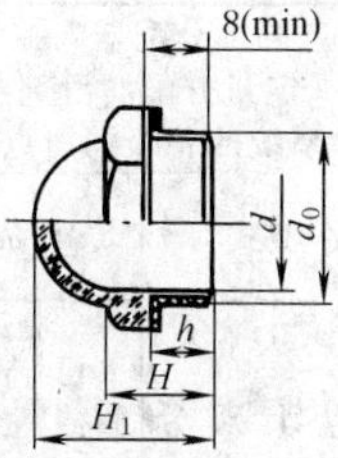

B型观察油位

标记示例：

视孔 $d=32$，A型旋入式圆形油标，标记为

油标 A32 JB/T 7941.2—1995

d	d_0	D 基本尺寸	D 极限偏差	d_1 基本尺寸	d_1 极限偏差	S	H	H_1	h
10	M16×1.5	22	-0.065 -0.195	12	-0.050 -0.160	21	15	22	8
20	M27×1.5	36	-0.080 -0.240	22	-0.065 -0.195	32	18	30	10
32	M42×1.5	52	-0.100 -0.290	35	-0.080 -0.240	46	22	40	12
50	M60×2	72		55	-0.100 -0.290	65	26	—	14

长形油标(JB/T 7941.3—1995)

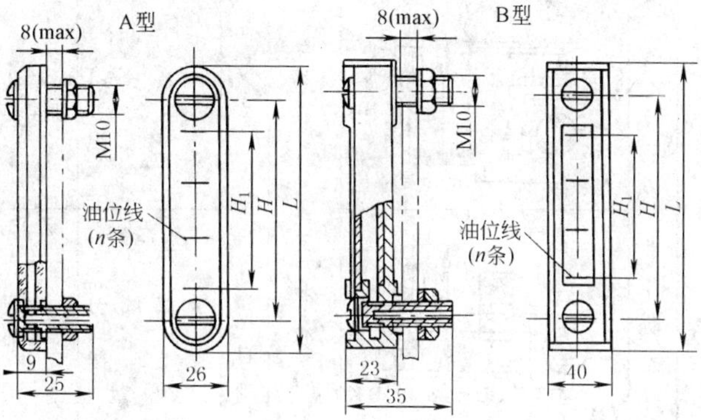

标记示例：

$H=80$，A型长形油标，标记为

油标 A80 JB/T 7941.3—1995

说明：O形橡胶密封圈沟槽尺寸按 GB 3452.3—2005 的规定

H 基本尺寸 A型	H 基本尺寸 B型	H 极限偏差	H_1 A型	H_1 B型	L A型	L B型	n（条数）A型	n（条数）B型
80		±0.17	40		110		2	
100			60	—	130	—	3	—
125	—	±0.20	80	—	155	—	4	—
160			120		190		6	
—	250	±0.23	—	210	—	280	—	8

名称	规格
O形橡胶密封圈（GB 3452.1—2005）	10×2.65
六角螺母（GB/T 6172—2000）	M10
弹性垫圈（GB/T 861.1—1987）	10

管状油标(JB/T 7941.4—1995)

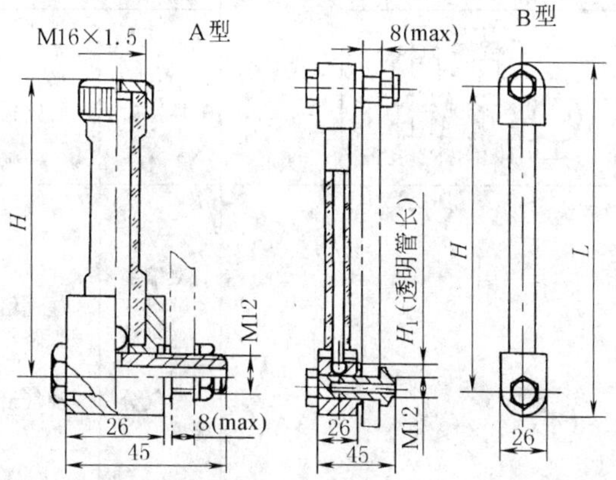

标记示例：

$H=200$，A型管状油标，标记为

油标 A200 JB/T 7941.4—1995

A型 H	B型 H 基本尺寸	B型 H 极限偏差	B型 H_1	B型 L	A型及B型 O形橡胶密封圈（GB/T 3452.1—1992）	A型及B型 六角螺母（GB/T 6172—2000）	A型及B型 弹性垫圈（GB/T 861.1—1987）
80、100、125、160、200	200	±0.23	175	226	11.8×2.65	M12	12
	250		225	276			
	320	±0.26	295	346			
	400	±0.28	375	426			
	500	±0.35	475	526			
	630		605	656			
	800	±0.40	775	826			
	1000	±0.45	975	1026			

3 集中润滑系统的分类和图形符号

集中润滑系统是指由一个集中油源向机器或机组的各润滑部位（摩擦点）供送润滑油的系统，包括输送、分配、调节、冷却、加热和净化润滑剂，以及指示和监测油压、油位、压差、流量和油温等参数和故障的整套系统。先进合理的润滑系统应满足机械设备所有工况对润滑的要求，结构简单、运行可靠、操作方便、易于监测、调整与维修。

表 10-1-6　　集中润滑系统的分类（摘自 JB/T 3711.1—1999、JB/T 3711.2—1999）

系统及其含义	全损耗型润滑系统（润滑剂流经摩擦点后不再返回油箱重新使用）			循环型润滑系统（润滑剂通过摩擦点后经回油管道流回油箱以供重复使用）			分配器（定量分配润滑剂给系统的各个润滑点）	
	原理图	润滑剂	操作	原理图	润滑剂	操作	型式	构成
节流式（利用液流阻力分配润滑剂）	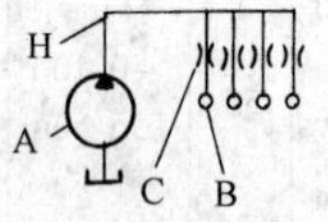	润滑油	手动、半自动或自动	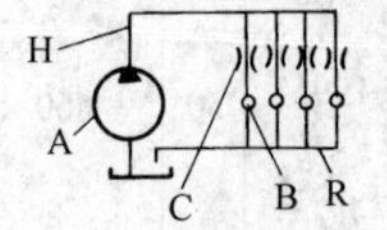	润滑油	半自动或自动	节流分配器	可调节流阀或压力补偿式节流阀+油路板
单线式（在间歇压力作用下润滑剂通过一条主管路供送至分配器，然后送往各润滑点）	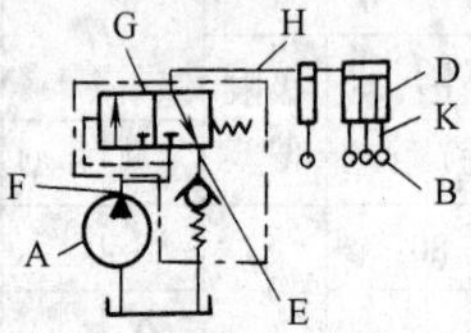	润滑油或润滑脂		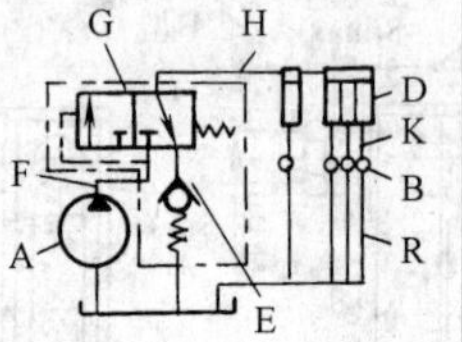			单线分配器	单线给油器+油路板
双线式（在压力作用下润滑剂通过由一个换向阀交替变换的两条主管路供送至分配器，然后由管路的压力变换将其送往各润滑点）	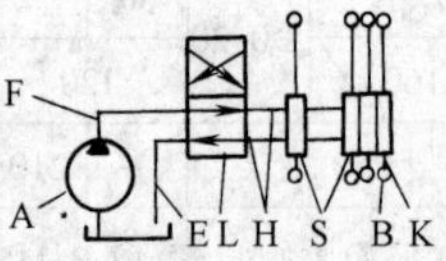			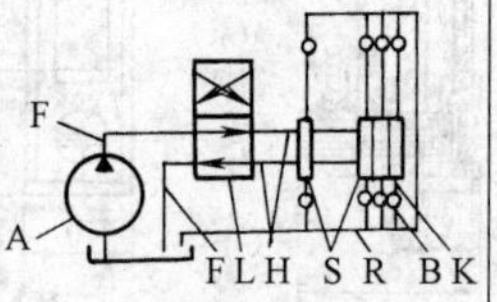			双线分配器	双线给油器+油路板
多线式（油泵的多个出油口各有一条管路直接将定量的润滑剂供送至各润滑点）	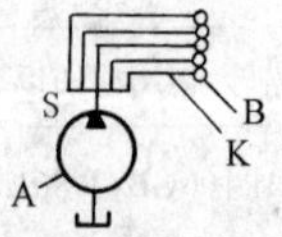			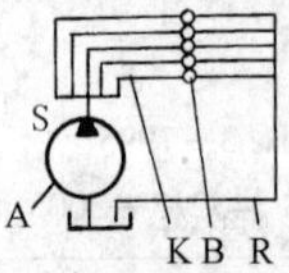			无分配器，油泵和润滑点间直接用管路连接	
递进式（由分配器按递进的顺序将定量的润滑剂供送至各润滑点）	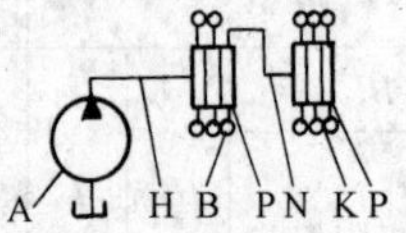						递进分配器	递进给油器+管路辅件
油雾式、油气式（润滑油微粒借助气体载体运送；用凝缩嘴、喷嘴分配油量，并使微粒凝缩后供送至各润滑点）	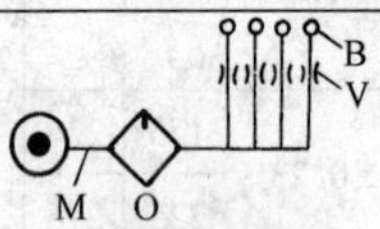 油雾式系统 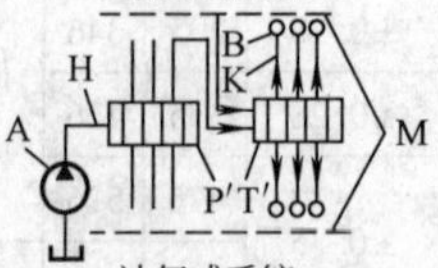 油气式系统	润滑油	自动				凝缩嘴 喷嘴 递进分配器 油气分配器	递进给油器+管路辅件 油气给油器

注：A—(带油箱的）泵；B—润滑点；C—节流阀；D—单线分配器；E—卸荷管路；F—压力管路；G—卸荷阀；H—主管路；K—润滑管路；L—二位四通换向阀；M—压缩空气管路；N—支管路；O—油雾器；P—递进分配器；R—回油管路；S—双线分配器；V—凝缩嘴、喷嘴；P′—油气流预分配器；T′—润滑点的油气液分配器。

表 10-1-7　集中润滑系统的图形符号（摘自 JB/T 3711.1—1999、JB/T 3711.2—1999）

序号	图形符号	名词术语	含　义
1		润滑点	向指定摩擦点供送润滑剂的部位。润滑点是机器或机组集中润滑系统的组成部分
2		放气点	润滑系统规定的排气部位（作用点），排气可利用排气阀进行（如开关）
3		定量润滑泵	依靠密闭工作容积的变化，实现输送润滑剂的泵 带电动机驱动的润滑泵以“××泵装置”标志。在集中润滑系统中通常使用诸如齿轮油泵装置、螺杆油泵装置、叶片油泵装置和多柱塞油泵装置等 不带电动机驱动的润滑泵（例如带轴伸或杠杆等传动装置）以“××泵”标志。在集中润滑系统中通常使用诸如柱塞泵、多柱塞泵等
4		变量润滑泵	
5	M	泵装置	
6	M	电动机	
7	5	定量多点泵（5个出油口）	有多个出油口的润滑泵。各出油口的排油容积可单独调节
8	5	变量多点泵（5个出油口）	
9	或		搅拌器（润滑脂用）
10	或		随动活塞（润滑脂用）
11		过滤器-减压阀-油雾器	
12		油雾器	借助压缩空气使润滑剂雾化而喷射在润滑点上的润滑装置
13		油箱	储放润滑油（脂）的容器
14		节流分配器（3个出油口）	由一个或几个节流阀或压力补偿节流阀和一块油路板组成的分配器。全部零件也可合并为一个部件
15		可调节流分配器（3个出油口）	
16		单线分配器（3个出油口）	由一块油路板和一个或几个单线给油器组成的分配器。全部零件也可合并为一个部件
17	和	双线分配器（8个和4个出油口）	由一块油路板和一个或几个双线给油器组成的分配器。全部零件也可合并为一个部件
18		递进分配器（8个出油口）	以递进的顺序向润滑点供送润滑剂的分配器。由递进给油器和管路辅件组成。全部零件也可合并为一个部件
19		凝缩嘴	利用流体阻力分配送往润滑点的油雾量和从油雾流中凝结油滴的一种分配器
20		喷雾嘴	一种不进行润滑剂分配而只是向摩擦点喷注润滑剂的装置
21		喷油嘴	
22		时间调节程序控制器	按照规定的时间重复接通集中润滑系统的控制器
23		机器循环程序控制器	按照规定的机器循环数重复接通集中润滑系统的控制器
24		换向阀（操纵型式未示出）	交替地以两条主管路向双线式系统供送润滑剂的二位四通换向阀
25	循环分配阀		为完成一个工作循环，按照规定的润滑剂循环数开启和关闭的二位三通换向阀
26		卸荷阀	使单线式系统主管路中增高的压力卸荷至卸荷压力的二位三通换向阀
27		单向阀	当入口压力高于出口压力（包括可能存在的弹簧力）时即被开启的阀
28		溢流阀	控制入口压力将多余流体排回油箱的压力控制阀

续表

序号	图形符号	名词术语	含 义
29		减压阀	入口压力高于出口压力，且在入口压力不定的情况下，保持出口压力近于恒定的压力控制阀
30		节流阀	调节通流截面的流量控制阀。送往润滑点的流量与压差、黏度有关
31		可调节流阀	
32		压力补偿节流阀	使排出流量自动保持恒定的流量控制阀。流量大小与压差无关
33		节流孔	通流截面恒定且很短的流量控制阀。其流量与压差有关，与黏度无关
34		开关	使电接触点接通或断开的仪器
35		压力开关	借助压力使电接触点接通或断开的仪器
36		压差开关	借助压差使电接触点接通或断开的仪器
37		电接点压力表	带目视指示器的压力开关
38		压力表	
39		液位开关	借助液位变化使电接触点接通或断开的仪器(如浮子开关等)
40		温度开关	借助温度变化使电接触点接通或断开的仪器
41		油流开关	借助流量变化使电接触点接通或断开的仪器
42		压力指示器	一般是一个弹簧加载的小活塞，由检测流体加压，达到一定值时克服弹簧力而反向运动，作为指示杆的活塞杆便由油缸内退出
43		油流指示器	指示流量的装置。一般是一个弹簧加载的零件，安装在润滑油流中，当油流超过一定流量时在油流作用下，向一个方向运动。不带弹簧加载零件的其他结构，仅指示润滑油流的存在(例如回转式齿轮装置)
44		功能指示器 电气	以电气、机械方式指示元件功能的装置，例如分配器的指示杆等
		功能指示器 机械	
45		液位指示器	示油窗、探测杆(电气液位指示器)、带导杆的随动活塞等指示装置
46		计数器	计算润滑次数并作数字显示的指示仪器(用于润滑脉冲或容积计量)
47		流量计	
48		温度计	
49		稀油过滤器	从润滑油中分离非溶性固体微粒并滤除的装置或元件
50	干油过滤器 或		从润滑脂中分离非溶性固体微粒并滤除的装置或元件
51	油气分配器		对油-空气介质进行二次分配的元件
52	油气混合器		对输入的润滑油和压缩空气进行混合，输出油-空气的元件

注：1. 本表规定的图形符号，主要用于绘制以润滑油及润滑脂为润滑剂的润滑系统原理图。

2. 符号只表示元件的职能和连接系统的通道，不表示元件的具体结构、参数，以及系统管路的具体位置和元件的安装位置。

3. 元件符号均以静止位置表示或零位置表示。当组成系统其动作另有说明时，可作例外。

4. 符号在系统图中的布置，除有方向性的元件符号（如油箱、仪表等）外，根据具体情况可水平或垂直绘制。

5. 元件的名称、型号和参数（如压力、流量、功率、管径等），一般在系统图的元件表中标明，必要时可标注在元件符号旁边。

6. 本表未规定的图形符号，可采用 GB/T 786.1—1993 液压气动图形符号及 ISO 1219.1:1995 流体传动系统及元件-图形符号及回路图第 1 部分图形符号中的相应图形符号。如这些标准中也未作规定时，可根据本标准的原则和所列图例的规律性进行派生。当无法派生，或有必要特别说明系统中某一重要元件的结构及动作原理时，均允许局部采用结构简图表示。

4　稀油集中润滑系统

4.1　稀油集中润滑系统设计的任务和步骤

4.1.1　设计任务

稀油集中润滑系统的设计任务是根据机械设备总体设计中各机构及摩擦副的润滑要求、工况和环境条件，进行集中润滑系统的技术设计并确定合理的润滑系统，包括润滑系统的类型确定、计算及选定组成系统的各种润滑元件及装置的性能、规格、数量，系统中各管路的尺寸及布局等。

4.1.2　设计步骤

1）围绕润滑系统设计要求、工况和环境条件，收集必要的参数，确定润滑系统的方案。例如：几何参数，如最高、最低及最远的润滑点的位置尺寸、润滑点范围、摩擦副有关尺寸等；工况参数，如速度、载荷及温度等；环境条件，如温度、湿度、有无沙尘等；力能参数，如传递功率、系统的流量、压力等；运动形式，如变速运动、连续运动、间歇运动、摆动等。在此基础上考虑和确定润滑系统方案。对于主轴轴承、重要齿轮、导轨等精密、重要部件的润滑方案，要进行特别的分析、对比。

2）计算各润滑点所需润滑油的总消耗量和压力。在被润滑摩擦副未给出润滑油黏度和所需流量、压力时，应先计算被润滑的各摩擦副在工作时克服摩擦所消耗的功率和总效率，以便计算出带走摩擦副在运转中产生的热量所需的油量，再加上形成润滑油膜、达到流体润滑作用所需的油量和压力，即为润滑油的总消耗量和供油压力，并确定润滑油黏度。

3）计算及选择润滑泵。根据系统所消耗的润滑油总量、供油压力和油的黏度以及系统的组成，可确定润滑泵的最大流量、工作压力、泵的类型和相应的电动机。这些计算与液压系统的计算类似，但要考虑黏度的影响。

4）确定定量分配系统。根据各个摩擦副上安置的润滑点数量、位置、集结程度，按尽量就近接管原则将润滑系统划分为若干个润滑点群，每个润滑点群设置1~2个（片）组，按（片）组数确定相应的分配器，每组分配器的流量必须平衡，这样才能连续按需供油，对供油量大的润滑点，可选用大规格分配器或采用数个油口并联的方法。然后可确定标准分配器的种类、型号和规格。

5）油箱的设计或选择。油箱除了要容纳设备运转时所必需储存的油量以外，还必须考虑分离及沉积油液中的固体和液体沉淀污物并消除泡沫、散热和冷却，需让循环油在油箱内停留一定时间（见表10-1-9）所需的容积。此外，还必须留有一定的裕度（一般为油箱容积的1/5~1/4），以使系统中的油全部回到油箱时不致溢出。一般在油箱中设置相应的组件，如泄油及排污用油塞或阀、过滤器、挡板、指示仪表、通风装置、冷却器和加热器等，并作相应的设计。表10-1-8~表10-1-12分别列出：稀油集中润滑系统的简要计算，各类设备的典型油循环系统，过滤器过滤材料类型和特点，润滑系统零部件技术要求，润滑系统与元件设计注意事项。

表10-1-8　　稀油集中润滑系统的简要计算

序号	计算内容	公　式	单位	说　明
1	闭式齿轮传动循环润滑给油量	$Q=5.1\times10^{-6}P$ 或　$Q=0.45B$	L/min	P——传递功率，kW B——齿宽，cm
2	闭式蜗轮传动循环润滑给油量	$Q=4.5\times10^{-6}C$	L/min	C——中心距，cm

续表

序号	计算内容	公　式	单位	说　明
3	滑动轴承循环润滑给油量	$Q=KDL$	L/min	K——系数，高速机械（蜗轮鼓风机、高速电机等）的轴承 0.06～0.15，低速机械的轴承 0.003～0.006 D——轴承孔径，cm L——轴承长度，cm
4	滚动轴承循环润滑给油量	$Q=0.075DB$	g/h	D——轴承内径，cm B——轴承宽度，cm
5	滑动轴承散热给油量	$Q=\frac{2\pi nM_1}{\rho c\Delta t}$	L/min	n——转速，r/min M_1——主轴摩擦转矩，N·m ρ——润滑油密度，0.85～0.91kg/L c——润滑油比热容，1674～2093J/(kg·K) Δt——润滑油通过轴承的实际温升，℃
6	其他摩擦副散热给油量	$Q=\frac{T}{\rho c\Delta tK_1}$		T——摩擦副的散热量，J/min K_1——润滑油利用系数，0.5～0.6
7	水平滑动导轨给油量	$Q=0.00005bL$		b——滑动导轨或凸轮、链条宽度，mm
8	垂直滑动导轨给油量	$Q=0.0001bL$		L——导轨-滑板支承长度，mm
9	滚动导轨给油量	$Q=0.0006LI$	mL/h	I——滚子排数
10	凸轮给油量	$Q=0.0003Db$		D——凸轮最大直径，mm
11	链轮给油量	$Q=0.00008Lb$		L——链条长度，mm
12	直段管路的沿程损失	$H_1=\sum\left(0.032\frac{\mu v}{\rho d^2}l_0\right)$	油柱高，m	l_0——管段长度，m μ——油的动力黏度，10Pa·s d——管子内径，mm
13	局部阻力损失	$H_2=\sum\left(\xi\frac{v^2}{2g}\right)$	油柱高，m	v——流速，m/s ρ——润滑油密度，0.85～0.91kg/L ξ——局部阻力系数，可在流体力学及液压技术类手册中查到
14	润滑油管道内径	$d=4.63\sqrt{Q/v}$	mm	g——重力加速度，9.81m/s^2 Q——润滑油流量，L/min

注：1. 吸油管路流速一般为 1～2m/s，管路应尽量短些，不宜转弯和变径，以免出现涡流或吸空现象。

2. 供油管路流速一般为 2～4m/s，增大流速不仅增加阻力损失，而且容易带走管内污物。

3. 回油管路流速一般小于 0.3m/s，回油管中油流不应超过管内容积的 1/2 以上，以使回路畅通。

表 10-1-9　　各类设备的典型油循环系统

设备类别	润滑零件	油的黏度(40℃) /mm^2·s^{-1}	油泵类型	在油箱中停留时间 /min	滤油器过滤精度 /μm
冶金机械、磨机等	轴承、油膜 轴承、齿轮	150～460 68～680	齿轮泵、螺杆泵	20～60	25～150
造纸机械	轴承、齿轮	150～320	齿轮泵、螺杆泵	40～60	5～120
汽轮机及大型旋转机械	轴承	32	齿轮泵及离心泵	5～10	5
电动机	轴承	32～68	螺杆泵、齿轮泵	5～10	50
往复空压机	外部零件、活塞、轴承	68～165	齿轮泵、螺杆泵	1～8	
高压鼓风机				4～14	
飞机	轴承、齿轮、控制装置	10～32	齿轮泵	0.5～1	5
液压系统	泵、轴承、阀	4～220	各种油泵	3～5	5～100
机床	轴承、齿轮	4～165	齿轮泵	3～8	10～10

表 10-1-10　　过滤器过滤材料类型和特点

滤芯种类名称		结构及规格	过滤精度/μm	允许压力损失/MPa	特性
金属丝网编织的网式滤布		0.18mm、0.154mm、0.071mm 等的黄铜或不锈钢丝网	50～80 100～180	0.01～0.02	结构简单,通油能力大,压力损失小,易于清洗,但过滤效果差,精度低
线隙式滤芯	吸油口	在多角形或圆形金属框架外缠绕直径 0.4mm 的铜丝或铝丝而成	80 100	≤0.02	结构简单,过滤效果好,通油能力大,压力损失小,但精度低,不易清洗
	回油口		10 20	≤0.35	
纸质滤芯	压油口	用厚 0.35～0.75mm 的平纹或厚纹酚醛树脂或木浆微孔滤纸制成。三层结构:外层用粗眼铜丝网,中层用过滤纸质滤材,内层为金属丝网	6 5～20	0.08～0.2	过滤效果好,精度高,耐蚀,容易更换但压力损失大,易阻塞,不能回收,无法清洗,需经常更换
	回油口		30 50	≤0.35	
烧结滤芯		用颗粒状青铜粉烧结成杯、管、板、碟状滤芯。最好与其他滤芯合用	10～100	0.03～0.06	能在很高温度下工作,强度高,耐冲击,耐蚀,性能稳定,容易制造。但易堵塞,清洗困难
磁性滤芯		设置高磁能的永久磁铁,与其他滤芯合用效果更好			可吸除油中的磁性金属微粒,过滤效果好
片式滤芯		金属片(铜片)叠合而成,可旋转片进行清洗	80～200	0.03～0.07	强度大,通油能力大,但精度低,易堵塞,价高,将逐渐淘汰
高分子材料滤芯(如聚丙烯、聚乙烯醇缩甲醛等)		制成不同孔隙度的高分子微孔滤材,亦可用三层结构	3～70	0.1～2	重量轻,精度高,流动阻力小,易清洗,寿命长,价廉,流动阻力小
熔体滤芯		用不锈钢纤维烧结毡制成各种聚酯熔体滤芯	40	0.14～5	耐高温(300℃)、耐高压(30MPa)、耐蚀、渗透性好,寿命长,可清洗,价格高

表 10-1-11　　润滑系统零部件技术要求（摘自 GB/T 6576—2002）

名　称	技术要求
润滑油箱	1)损耗性润滑系统的油至少应装有工作 50h 后才加油的油量;循环润滑系统的油至少要工作 1000h 后才放掉旧油并清洗。油箱应有足够的容积,能容纳系统全部油量,除装有冷却装置外,还要考虑为了发散多余热量所需的油量。油箱上应标明正常工作时最高和最低油面的位置,并清楚地示出油箱的有效容积 2)容积大于 0.5L 的油箱应装有直观的油面指示器,在任何时候都能观察油箱内从最高至最低油面间的实际油量。在自动集中损耗性润滑系统中,要有最低油面的报警信号控制装置。在循环系统中,应提供当油面下降到低于允许油面时的报警信号并使机械停止工作的控制

续表

名　称	技 术 要 求
润滑油箱	3)容积大于3L的油箱,在注油口必须装有适当过滤精度的筛网过滤器,同时又能迅速注入润滑剂。还必须有密封良好的放油旋塞,以确保迅速完全地将油放尽。油箱应当有盖,以防止外来物质进入油箱,并应有一个通气孔 4)在循环系统油箱中,管子末端应当浸入油的最低工作面以下。吸油管和回油管的末端距离尽可能远,使泡沫和乳化影响减至最小 5)如果采用电加热,加热器表面热功率一般应不超过$1W/cm^2$
润滑脂箱	1)应装有保证泵能吸入润滑脂的装置和充脂时排除空气的装置 2)自动润滑系统应有最低脂面出现的报警信号装置 3)加脂器盖应当严实并装有防止丢失的装置,过滤器连接管道中应装有筛网过滤器,且应使装脂十分容易 4)大的润滑脂箱应设有便于排空润滑脂和进行内部清理的装置 5)箱内表面的防锈涂层应与润滑脂相容
管道	1)软、硬管材料应与润滑剂相容,不得起化学作用。其机械强度应能承受系统的最大工作压力 2)润滑脂管内径:主管路应不小于4mm,供脂管路应不小于3mm 3)在管子可能受到热源影响的地方,应避免使用电镀管。如果管子要与含活性或游离硫的切削液接触,应避免使用铜管

表 10-1-12　润滑系统与元件设计注意事项(摘自 GB/T 6576—2002)

名　称	设计注意事项
润滑系统	系统设计应确保润滑系统和工艺润滑介质完全分开。只有当液压系统和润滑系统使用相同的润滑剂时,液压系统和润滑系统才能合在一起使用同一种润滑剂,但务必要过滤除去油中污染物及杂质
油嘴和单个润滑器	1)油嘴和润滑器应装在操作方便的地方。使用同一种润滑剂的润滑点可装在同一操作板上,操作板应距工作地面500~1200mm并易于接近 2)建议尽量不采用油绳、滴落式、油脂杯和其他特殊类型的润滑器
油箱和泵	1)用手动加油和油箱,应距工作地面500~1200mm,注油口应位于易于与加油器连接处。放油孔塞易于操作,箱底应有向放油塞的坡度并能将油箱的油放尽 2)油箱在容易看见的位置应备有油标 3)在油箱中充装润滑脂时,最好使用装有过滤器的辅助泵(或滤油小车) 4)泵可放在油箱的里面或外面,应有适当的防护。调整和维修均应方便
管路和管接头	1)管路的设计应使压力损失最小,避免急弯。软管的安装应避免产生过大的扭曲应力 2)除了内压以外,管路不应承受其他压力,也不应被用来支撑系统中其他大的元件 3)在循环系统中,回油管应有远大于供油管路的横截面积,以使回油顺畅。 4)在油雾/油气润滑系统中,所有主管路均应倾斜安装,以便使油回到油箱,并应提供防止积油的措施,例如在下弯管路底部钻一个约1mm直径的小孔。如果用软管,应避免管子下弯 5)管接头应位于易接近处
过滤器和分配器	1)过滤器和分配器应安装在易于接近、便于安装、维护和调节处 2)过滤器的安装应避免吸入空气,上部应有排气孔。分配器的位置应尽可能接近润滑点。除油雾/油气润滑系统外,每个分配器只给一个润滑点供油
控制和安全装置	1)所有直观的指示器(例如压力表、油标、流量计等)应位于操作者容易看见处 2)在装有节流分配器的循环系统中,应装有直观的流量计

4.2 稀油集中润滑系统的主要设备

4.2.1 润滑油泵及润滑油泵装置

表 10-1-13 **DSB 型手动润滑油泵**

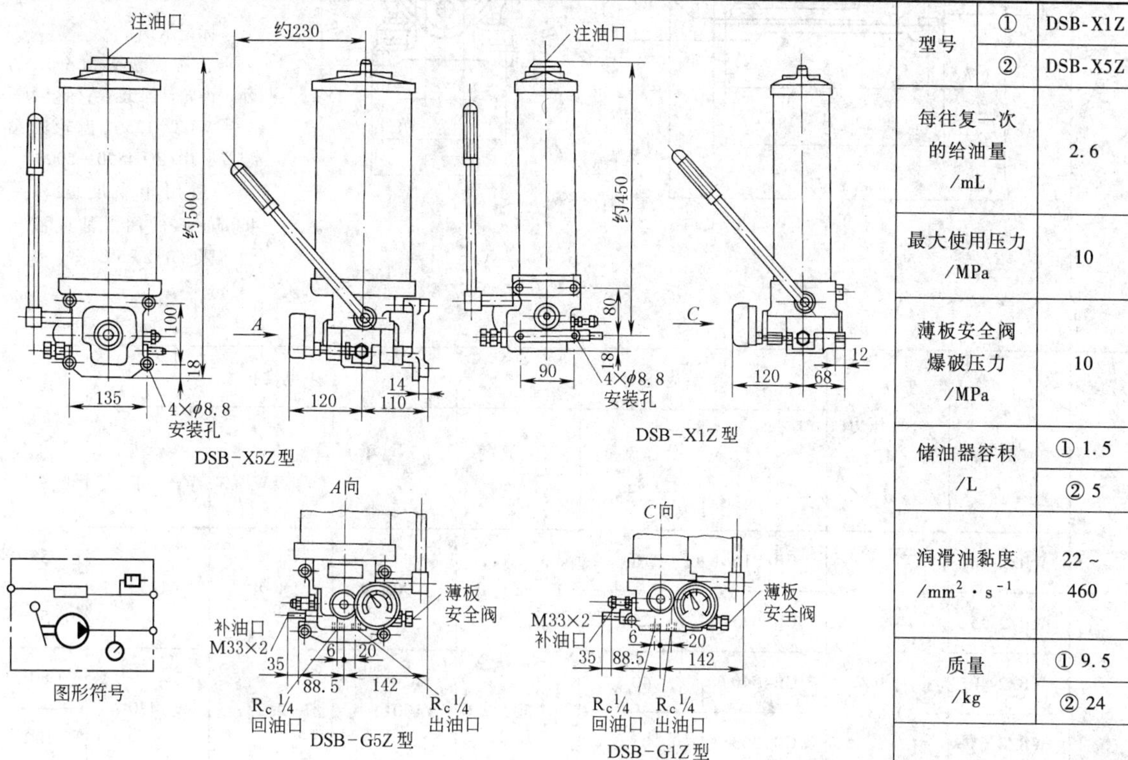

型号	①	DSB-X1Z
	②	DSB-X5Z
每往复一次的给油量/mL		2.6
最大使用压力/MPa		10
薄板安全阀爆破压力/MPa		10
储油器容积/L		① 1.5
		② 5
润滑油黏度/$mm^2 \cdot s^{-1}$		22～460
质量/kg		① 9.5
		② 24

生产厂：太原市兴科机电研究所

本泵与递进式分配器组合，可用于给油频率较少的递进式集中润滑系统，或向小型机器的各润滑点供油

表 10-1-14 **DBB 型定流向摆线转子润滑泵性能参数**（摘自 JB/T 8376—1996）

公称排量/$mL \cdot r^{-1}$	公称转速/$r \cdot min^{-1}$	额定压力/MPa	自吸性/kPa	容积效率/%	噪声/dB(A)	清洁度/mg	适用范围
≤4	1000	0.4	≥12	≥80	≤62	≤80	以精制矿物油为介质的润滑泵
6～12		0.6	≥16	≥85	≤65		
16～32		0.8	≥20	≥90	≤72	≤100	
40～63		1.0			≤75		

标记方法：

DBB□-□□ □

- 油口螺纹代号(细牙螺纹为 M,锥螺纹为 Z)
- 排量,mL/r
- 额定压力,MPa(1MPa 以下为 A)
- 结构代号:1,2…
- 产品名称代号(定流向摆线转子润滑泵)

注：1. 清洁度是指每台液压泵内部污染物许可残留量，可按 JB/T 7858《液压元件清洁度评定方法及液压元件清洁度指标》。

2. 生产厂有太原矿山机器润滑液压设备有限公司，太原市兴科机电研究所。

表 10-1-15　　卧式齿轮油泵装置（摘自 JB/ZQ 4590—2006）

外形图

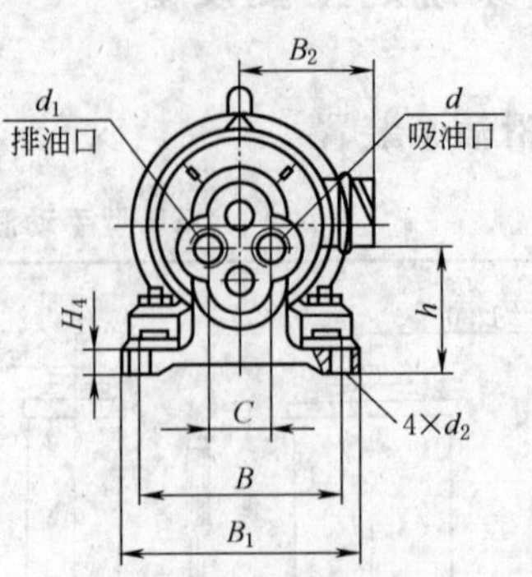

标记示例：

公称流量 125L/min 的卧式齿轮油泵装置，标记为

WBZ2-125　齿轮油泵装置　JB/ZQ 4590—2006

适用于黏度值 32～460mm²/s 的润滑油或液压油，温度 50℃ ±5℃

参数、外形尺寸/mm

型号	公称压力/MPa	齿轮油泵			电动机			质量/kg
		型号	公称流量/L·min⁻¹	吸入高度/mm	型号	功率/kW	转速/r·min⁻¹	
WBZ2-16	0.63	CB-B16	16	500	Y90S-4	1.1	1450	55
WBZ2-25		CB-B25	25					56
WBZ2-40		CB-B40	40		Y100L1-4	2.2	1420	80
WBZ2-63		CB-B63	63					100
WBZ2-100		CB-B100	100		Y112M-4	4	1440	118
WBZ2-125		CB-B125	125					146

型号	L ≈	L_1	L_2	L_3	A	B	B_1	B_2 ≈	C	H	H_1 ≈	H_2	H_3	H_4	h	d	d_1	d_2
WBZ2-16	448	360	76	27	310	160	220	155	50	130	230	128	43	30	109	G¾	G¾	15
WBZ2-25	456		84															
WBZ2-40	514	406	92	25	360	215	250	180	55	142	287	152	50		116	G1	G¾	15
WBZ2-63	546	433	104		387	244	290	190		162	315				136			
WBZ2-100	660	485	119	27	433	250	300	210	65	172	345	185	60	40	140	G1¼	G1	19
WBZ2-125	702	500	126		448	280	330			200	383				168			

注：生产厂有太原矿山机器润滑液压设备有限公司，南通市南方润滑液压设备有限公司，启东市南方润滑液压设备有限公司，启东润滑设备有限公司，启东江海液压润滑设备厂，四川川润股份有限公司，太原宝太润液设备有限公司，启东中冶润滑设备有限公司。

人字齿轮油泵装置（摘自 JB/ZQ 4588—2006）

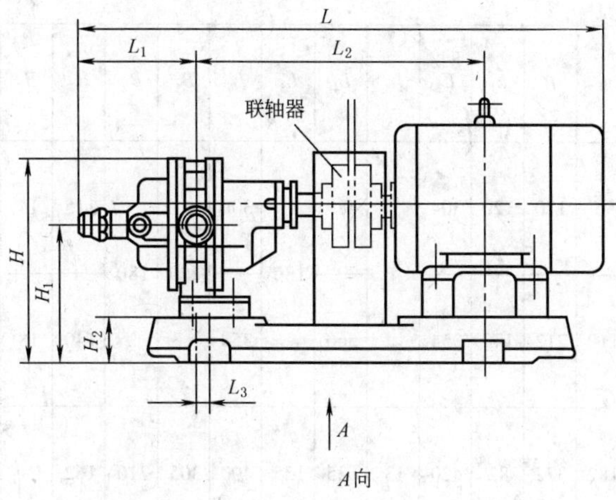

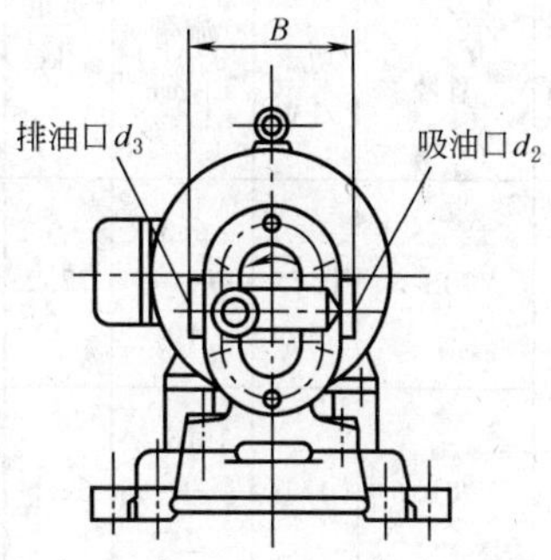

A向

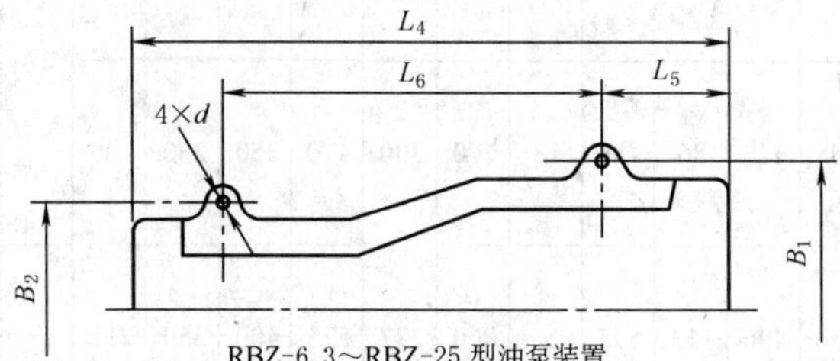

RBZ-6.3～RBZ-25 型油泵装置

本装置的吸入高度均为 750mm；容积效率均不小于 90%

适用于黏度为 32～460mm^2/s 的润滑油或液压油

标记示例：公称流量 125L/min 的人字齿轮油泵装置，标记为

RBZ-125　齿轮油泵装置　JB/ZQ 4588—2006

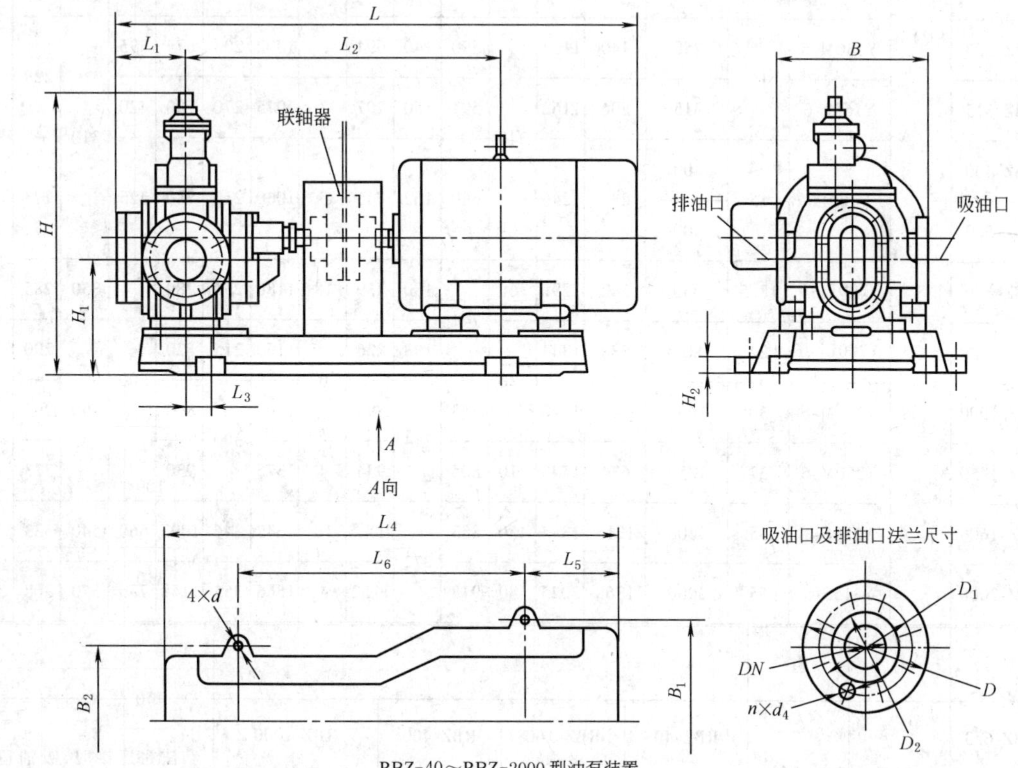

RBZ-40～RBZ-2000 型油泵装置

表 10-1-16　　RBZ 型人字齿轮油泵装置性能与尺寸

型号	公称压力/MPa	电动机		公称流量/L·min^{-1}	质量/kg	尺寸/mm													
		型号	功率/kW			L	B	H	L_1	L_2	L_3	L_4	L_5	L_6	B_1	B_2	H_1	H_2	d
RBZ-6.3		Y90S-6	0.75	6.3	77.2	580	95	170	120	304		489		300			115	14	11
RBZ-10				10							4		130		250	180			
RBZ-16		Y90L-6	1.1	16	62.5	660	110	212	140	354		560		350			140	18	12
RBZ-25				25															
RBZ-40		Y112M-6	2.2	40	95.5	695	182	372	82	420	13	635	155	400	305	210	162		
RBZ-63				63														27	
RBZ-100		$Y132M_1$-6	5.5	100	118	832	208	425	86	488	18	770	200	470	350	230	180		14
RBZ-125				125															
RBZ-160		$Y132M_2$-6	7.5	160	128	985	256	496	113	595		860	277	575	400	250	212		
RBZ-200	0.63 (D)*			200							20							30	
RBZ-250		Y160M-6	11	250	140	1134		590	140	694		1002	208	674	395		229		
RBZ-315		Y160L-6		315	206	1152	340	591	150	707	7	1075	270	700	420	310			
RBZ-400		Y180L6	15	400	285	1246		660	162	745	5	1060	210	740	425		273	35	18
RBZ-500				500															
RBZ-630		$Y200L_1$-6	18.5	630	342	1298	360	741	180	789	18	1180	250	780		350	285		
RBZ-800		$Y200L_2$-6	22	800	388	1344	380		198	826	6	1150	215	820	500		290		
RBZ-1000		Y225M-6	30	1000	542	1510		785	214	896		1305	300	890		390	295	40	
RBZ-1250		Y250M-6	37	1250	634	1595	410	805		934	4	1375		930			323		
RBZ-1600		Y280S-8	45	1600	1215	1884	450	883	272	1101.5	10	1642	346	1092	660	540	333	45	22
RBZ-2000		Y315S-8	55	2000	1368	2025	480	918		1152	4	1666	355	1148	730	570	368		

型号	d_2	d_3	型号				d_1　d_2
RBZ-6.3	G½	G½	RBZ-40	RBZ-160	RBZ-400	RBZ-1000	法兰连接时，吸油口和排油口尺寸见表 10-1-17
RBZ-10			RBZ-63	RBZ-200	RBZ-500	RBZ-1250	

续表

型号	d_2	d_3	型号				d_1 d_2
RBZ-16	G¾	G¾	RBZ-100	RBZ-250	RBZ-630	RBZ-1600	法兰连接时,吸油口和排油口尺寸见表 10-1-17
RBZ-25			RBZ-125	RBZ-315	RBZ-800	RBZ-2000	

注：1. （D）* 为压力等级代号。

2. 生产厂有太原矿山机器润滑液压设备有限公司，太原宝太润液设备有限公司，温州市龙湾润滑液压设备厂，四川川润股份有限公司，启东中冶润滑设备有限公司。

表 10-1-17　RBZ（RCB）40～RBZ（RCB）2000 型人字齿轮油泵装置（人字齿轮油泵）吸油口、排油口尺寸

mm

名称	尺寸	油泵型号							
		RCB-40 RCB-63	RCB-100 RCB-125	RCB-160 RCB-200	RCB-250 RCB-315	RCB-400 RCB-500 RCB-630	RCB-800 RCB-1000	RCB-1250 RCB-1600	RCB-2000
		泵装置型号							
		RBZ-40 RBZ-63	RBZ-100 RBZ-125	RBZ-160 RBZ-200	RBZ-250 RBZ-315	RBZ-400 RBZ-500 RBZ-630	RBZ-800 RBZ-1000	RBZ-1250 RBZ-1600	RBZ-2000
排油口	DN	32	50	65	80	100	125	150	200
	D	140	165	185	200	220	250	285	340
	D_1	100	125	145	160	180	210	240	295
	D_2	78	100	120	135	155	185	210	265
	n	4	4	4	4	8	8	8	8
	d_4	18	18	18	18	18	18	23	23
吸油口	DN	40	65	80	100	125	150	200	250
	D	150	185	200	220	250	285	340	395
	D_1	110	145	160	180	210	240	295	350
	D_2	85	120	135	155	185	210	265	320
	n	4	4	4	8	8	8	8	12
	d_4	18	18	18	18	18	23	23	23

注：1. 连接法兰按 JB/T 81—1994 凸面板式平焊钢制管法兰（$PN=1\text{MPa}$）的规定。

2. RCB 为人字齿轮油泵；RBZ 为人字齿轮油泵装置。

斜齿轮油泵与装置（摘自 JB/T 2301—1999）

表 10-1-18　斜齿轮油泵及装置、带安全阀斜齿轮油泵及装置的参数、型式及尺寸

类别：参数 — 斜齿轮油泵及装置

斜齿轮油泵 型号	公称流量 /L·min^{-1}	公称压力 /MPa	容积效率 /%	吸入高度 /mm	质量 /kg	斜齿轮油泵装置 型号	电动机 型号	电动机 功率 /kW	电动机 转速 /r·min^{-1}	质量 /kg
XB-250	250	0.63	≥90	≥500	60	XBZ-250	Y132M-4-B3	7.5	1440	190
XB-400	400				72	XBZ-400	Y160M-4-B3	11	1440	255
XB-630	630				102	XBZ-630	Y180M-4-B3	18.5	1460	396
XB-1000	1000				122	XBZ-1000	Y200L-4-B3	30	1470	484

XB 型斜齿轮油泵型式与尺寸 /mm

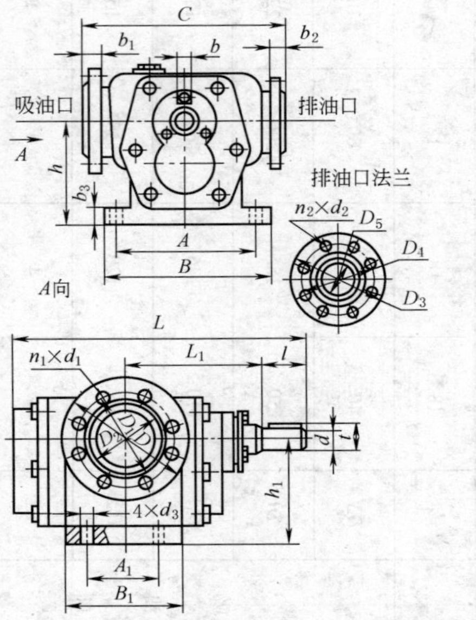

型号	d	d_3	h	h_1	b	b_3	A	A_1	B	B_1	C	L	L_1
XB-250	28	19	155	155	8	22	210	80	260	130	300	364	186.5
XB-400								130		180		448	215
XB-630	40	24	190	175	12	28	230	115	290	175	370	486	234
XB-1000								155		215		580	281

型号	l	t	吸油口法兰 DN_1	D	D_1	D_2	n_1	d_1	b_1	排油口法兰 DN_2	D_3	D_4	D_5	n_2	d_2	b_2
XB-250	45	31	80	195	160	135	4	18	22	65	180	145	120	4	18	20
XB-400																
XB-630	70	43.5	125	245	210	185	8	18	24	100	215	180	155	8	18	22
XB-1000																

XBZ型斜齿轮油泵装置型式与尺寸/mm

1—XB 型斜齿轮油泵;2—联轴器;3—Y 系列电动机;4—底座

地脚尺寸

型号	H	$H_1\approx$	A	B	B_1	B_2	C	$C_1\approx$	d	b_3	$L\approx$	L_1	$L_2\approx$	L_3	L_4
XBZ-250	214	397	460	470	420	380	300	210	19	30	920	511.5	133.5	810	168.5
XBZ-400	260	480	525	540	480			255			1075	585	163	900	205
XBZ-630	290	525	570	565	505	420	370	285	24		1183	670	182	1040	235
XBZ-1000	295	555	650	650	590			310		35	1414	762	229	1160	252

类别：带安全阀斜齿轮油泵及装置 — 参数

斜齿轮油泵						斜齿轮油泵装置				
型号	公称流量 /L·min^{-1}	公称压力 /MPa	容积效率 /%	吸入高度 /mm	质量 /kg	型号	电动机型号	电动机功率 /kW	电动机转速 /r·min^{-1}	质量 /kg
XB1-160	160	0.63	≥90	≥500	50	XBZ1-160	Y132M-4-B3	7.5	1440	190
XB1-200	200				60	XBZ1-200				190
XB1-250	250				76	XBZ1-250	Y160M-4-B3	11	1460	259
XB1-315	315				78	XBZ1-315				261
XB1-400	400				98.5	XBZ1-400	Y160L-4-B3	15	1460	302
XB1-500	500				100	XBZ1-500				303

续表

带安全阀斜齿轮油泵型式与尺寸/mm

型号	d	l	d_3	H	H_1	H_2	H_3	L	L_1	L_2	L_3	B	B_1	B_2	b
XB1-160	22	50	18	450	164	142	20	350	172	90	140	256	240	200	6
XB1-200															
XB1-250	25	60		480	181	155	22	380	185	110	160	340	250	210	8
XB1-315															
XB1-400	28	60	20	510	198	168	25	425	210	130	180		260		8
XB1-500															

型号	t	吸油口法兰						排油口法兰						
		DN	D	D_1	d_1	n_1	b_1	DN	D	D_1	d_2	n_2	b_2	α
XB1-160	24.5	80	200	160	17.5	8	20	65	185	145	17.5	4	20	45°
XB1-200														
XB1-250	28	100	220	180			22	80	200	160		8		22.5°
XB1-315														
XB1-400	31	125	250	210			24	100	220	180			22	
XB1-500														

带安全阀斜齿轮油泵装置型式与尺寸/mm

1—XB1 型斜齿轮油泵;2—联轴器;3—Y 系列电动机;4—底座

续表

	型号	H	H_1	H_2	H_3	L	L_1	L_2	L_3	L_4	L_5	L_6	B	B_1	B_2	B_3	B_4
带安全阀斜齿轮油泵装置型式与尺寸/mm	XBZ1-160	510	234	212	25	962	508	129	830	145	55	400	410	256	210	360	320
	XBZ1-200							141									
	XBZ1-250	554	255	229	30	977	579	141	935	155	45	500	480	340	255	430	330
	XBZ1-315							148									
	XBZ1-400	625	303	273		1187	644	141	1020	160	40	600					
	XBZ1-500							156									

注：斜齿轮油泵及装置生产厂有太原矿山机器润滑液压设备有限公司，启东市南方润滑液压设备有限公司，南通市南方润滑液压设备有限公司，太原宝太润液设备有限公司，太原市兴科机电研究所。

电动润滑泵（摘自 JB/ZQ 4558—1997）

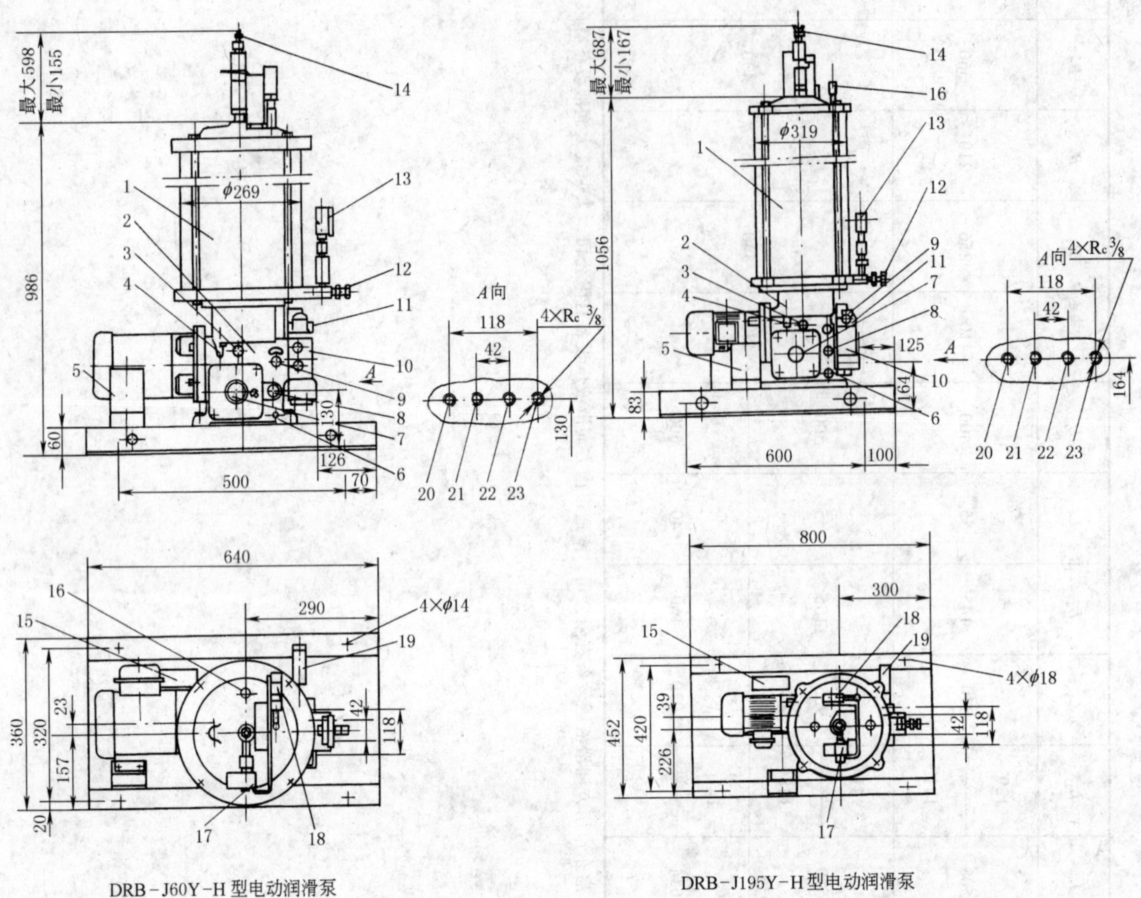

DRB-J60Y-H 型电动润滑泵　　DRB-J195Y-H 型电动润滑泵

1—储油器；2—泵体；3—放气塞；4—润滑油注入口；5—接线盒；6—放油螺塞 R¼；7—油位计；8—润滑油补给口 M33×2-6g；9—液压换向阀调节螺栓；10—液压换向阀；11—安全阀；12—排气阀（出油口）；13—压力表；14—排气阀（储油器活塞下部空气）；15—蓄能器；16—排气阀（储油器活塞上部空气）；17—储油器低位开关；18—储油器高位开关；19—液压换向阀限位开关；20—管路Ⅰ出油口 R_c⅜；21—管路Ⅰ回油口 R_c⅜；22—管路Ⅱ回油口 R_c⅜；23—管路Ⅱ出油口 R_c⅜

表 10-1-19　　**电动润滑泵参数**

型号	公称流量 /mL·min^{-1}	公称压力 /MPa	转速 /r·min^{-1}	储油器容积/L	减速器润滑油量 /L	电动机功率 /kW	减速比	配管方式	蓄能器容积 /mL	质量 /kg	适用范围:
DRB-J60Y-H	60	10(J)	100	16	1	0.37	1:15	环式	50	140	1. 双线式喷射集中润滑系统中的电动润滑泵 2. 黏度值不小于 120mm^2/s 的润滑油
DRB-J195Y-H	195		75	26	2	0.75	1:20			210	

注：生产厂有太原矿山机器润滑液压设备有限公司，启东市南方润滑液压设备有限公司，南通市南方润滑液压设备有限公司，太原宝太润液设备有限公司，启东江海液压润滑设备厂，启东润滑设备有限公司，启东中冶润滑设备有限公司。

表 10-1-20 电动喷油泵装置（摘自 JB/ZQ 4706—2006）

装置简图、系统原理图

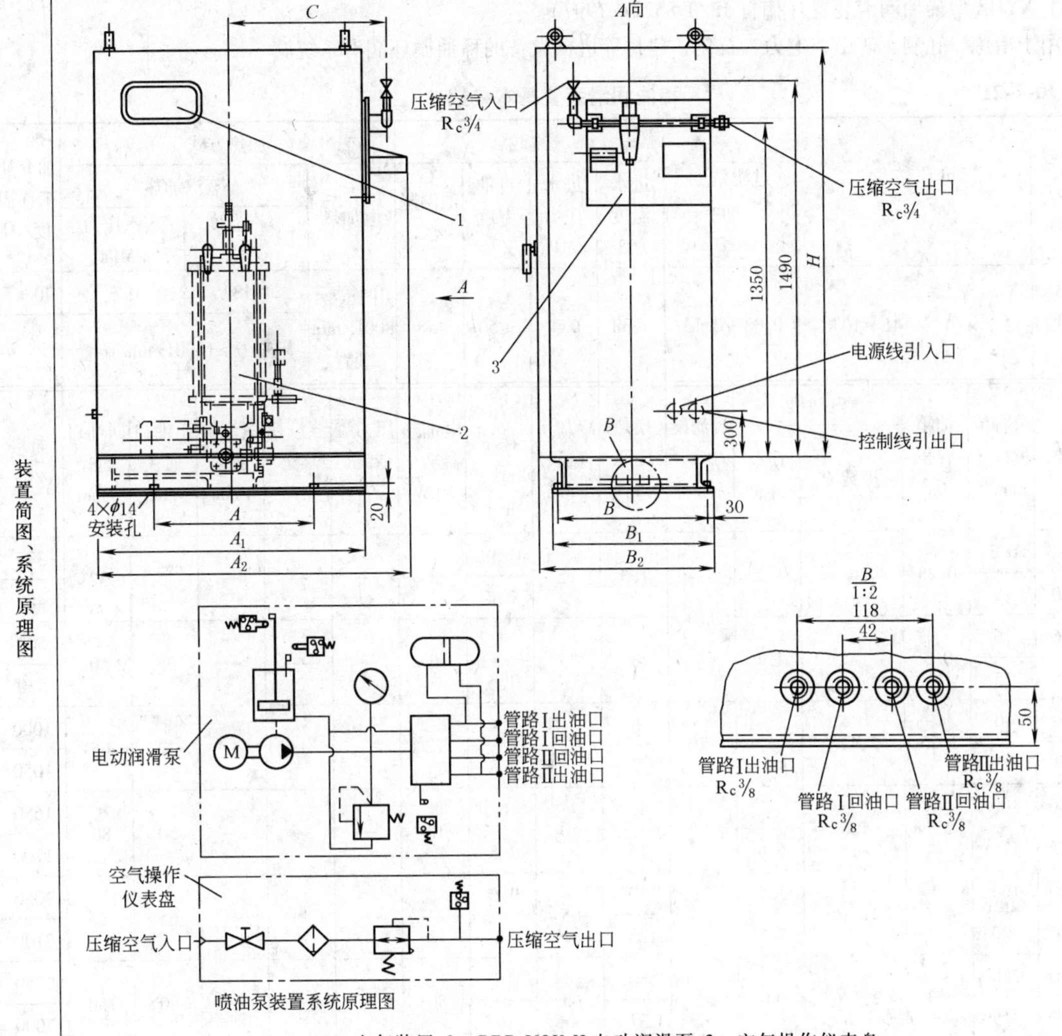

喷油泵装置系统原理图

1—电气装置；2—DRB-J60Y-H 电动润滑泵；3—空气操作仪表盘

标记示例：公称压力 10MPa，公称流量 60mL/min，配管方式为环式的喷油泵装置，标记为

PBZ-J60H 喷油泵装置 JB/ZQ 4706—2006

参数、外形尺寸/mm

型号	公称流量 /mL·min^{-1}	公称压力 /MPa	转速 /r·min^{-1}	储油器容积 /L	电动机功率 /kW	减速比	配管方式	蓄能器容积 /mL	输入空气压力 /MPa	空气耗量 /L·min^{-1}	质量 /kg
PBZ-J60H	60	10(J)	100	16	0.37	1:15	环式	50	0.8～1	1665	314
PBZ-J195H	195		75	25	0.75	1:20				2665	400

型号	A	A_1	A_2	B	B_1	B_2	C	H	压缩空气入口	压缩空气出口
PBZ-J60H	600	1000	1165	550	610	650	558.4	1650	R_c¾	R_c¾
PBZ-J195H	800	1260	1410	642	702	742	724.4	1760	R_c1	R_c1

注：1. 本装置为双线式喷射润滑系统：使用空气压力 0.8～1MPa；适用于黏度不小于 120mm^2/s 的润滑油；使用电压 380V、50Hz。

2. 生产厂有太原矿山机器润滑液压设备有限公司，太原市兴科机电研究所，太原宝太润液设备有限公司。

4.2.2 稀油润滑装置

(1) XYHZ 型稀油润滑装置（摘自 JB/T 8522—1997）

适用于冶炼、轧制、矿山、电力、石化、建材等机械设备的稀油循环润滑系统。

表 10-1-21 稀油润滑装置基本参数

	公称压力/MPa	介质黏度/$m^2 \cdot s^{-1}$	过滤精度/mm	冷却器				加热方式			油介质工作温度/℃
				进水温度/℃	进水压力/MPa	进油温度/℃	油温降/℃	电加热	蒸汽加热		
									蒸汽温度/℃	蒸汽压力/MPa	
基本参数	0.5（供油口压力）	$2.2\times10^{-5}\sim46\times10^{-5}$	0.08～0.13	≤30	0.4	≤50	≥8	用于 $Q\leqslant$800L/min 装置	≥133	0.3	40±5
									用于 $Q\geqslant$1000L/min 装置		

型号	公称流量/L·min^{-1}	油箱容积/m^3	电动机		过滤能力/L·min^{-1}	换热面积/m^2	冷却水管通径/mm	冷却水耗量/$m^3\cdot h^{-1}$	电加热器功率/kW	压力罐容量/m^3	蒸汽耗量/kg·h^{-1}	蒸汽管通径/mm	出油口通径/mm	回油口通径/mm	质量/kg
			极数 P	功率/kW											
XYHZ6.3	6.3	0.25	4	0.75	110	1.3	15	0.38	3	—	—	—	15	32	375
XYHZ10	10							0.6							400
XYHZ16	16	0.5	4	1.1		3	25	1	6	—	—	—	25	50	500
XYHZ25	25							1.5							530
XYHZ40	40	1.25	2;4;6	2.2	270	6	32	2.4	12	—	—	—	32	65	1000
XYHZ63	63					7		3.8							1050
XYHZ100	100	2.5	4;6	4	680	13	50	6	18	—	—	—	50	80	1650
XYHZ125	125			5.5		15		7.5							1700
XYHZ160	160	4.0	2;4;6	5.5		19	65	9.6	24	—	—	—	65	125	2050
XYHZ200	200			7.5		23		12							2100
XYHZ250	250	6.3	2;4;6	11	1300	30	65	15	36	—	—	—	80	150	2950
XYHZ315	315					37		19							3000
XYHZ400	400	10.0	2;6	15		55	65	24	48	—	—	—	80	200	3800
XYHZ500	500							30							3850
XYHZ630	630	16.0	2;4;6	18.5	2300	70	80	38	48	—	—	—	100	250	5700
XYHZ800	800			18.5 30		90		48		—	—	—			5750
XYHZ1000	1000	31.5	2;4;6	30	2800	120	150	90	—	3	180	60	125	250	—
XYHZ1250	1250	40.0	2;4;6	37	4200	120	150	113	—	4	220	60	125	250	—
XYHZ1600	1600	40.0	2;4;6	45	6800	160	200	144	—	5	260	60	150	300	—
XYHZ2000	2000	63.0	2;4;6	55	9000	200	200	180	—	6.3	310	60	200	400	—

注：1. 过滤能力是指过滤精度 0.08mm、介质黏度 460mm^2/s，滤油器压降 $\Delta p=0.02$MPa 条件下的过滤能力。

2. 冷却器的冷却水如采用江河水，需经过滤沉淀。

3. $Q\geqslant$1000L/min 的装置，标准中只规定了型式和参数，具体结构根据用户要求进行设计。

4. 生产厂有南通市南方润滑液压设备有限公司，启东市南方润滑液压设备有限公司，启东江海液压润滑设备厂，启东润滑设备有限公司，中国重型机械研究院机械装备厂，四川川润股份有限公司，太原矿山机器润滑液压设备有限公司，太原市兴科机电研究所，太原宝太润液设备有限公司，常州市华立液压润滑设备有限公司，上海润滑设备厂，启东中冶润滑设备有限公司，上海利安润滑设备制造有限公司。

表 10-1-22　　　　系统元件与主要部件要求

项目		内容
系统		1) $Q \leq 800$L/min 的装置。采用自力式温调阀装置或采用温度调节器装置的系统见图 10-1-1 2) $Q \geq 1000$L/min 的装置。采用自力式温调阀装置的系统,采用温度调节器装置的系统可参见相关产品样本
元件	1)泵装置	a. 两台泵装置,一台工作,一台备用 b. 采用螺杆泵、人字齿轮泵、摆线齿轮泵与斜齿轮泵
元件	2)过滤器	a. 推荐用双筒网式过滤器 b. 过滤器的压差 $\Delta p \geq 0.15$MPa 时,差压继电器接通发出电信号,说明滤芯应更换并应清洗
元件	3)冷却器	a. 推荐用列管式油冷却器,可用板式油冷却器 b. 冷却器使用介质黏度 $1\times10^{-5}\sim46\times10^{-5}\,m^2/s$,工作温度小于 100℃,公称压力 1.6MPa,换热系数大于等于 200kcal/(m^2·h·℃),压力损失;油侧小于等于 0.1MPa,水侧小于等于 0.05MPa;在冷却器进水管上应装有直读式温度计,进、出水管上装有截止阀
元件	4)出口油温调节元件	a. 油温调节可采用自力式温调阀(按反作用工作),亦可采用温度自动调节器 b. 当调节温控元件损坏时,应能切换到手动操作
元件	5)泵出口压力调节元件	推荐在泵出口旁接膜片式溢流阀,亦可采用安全阀
元件	6)油箱中油温控制元件	a. $Q \leq 800$L/min 的装置采用带保护套管的电加热器加热,温度继电器控制 b. $Q \geq 1000$L/min 的装置采用蒸汽加热,在蒸汽入口管道上安装自力式温调阀(正作用式),温调阀出故障时,应能切换为手动操作 c. 亦可采用在蒸汽入口管道上安装电磁阀,由温度继电器控制,当电磁阀出故障时,应能切换为手动操作
元件	7)开关阀及其选择	a. 各种开关阀的耐压等级 1.6MPa b. 对 $Q \leq 63$L/min 装置的开关阀采用球阀;$Q \geq 100$L/min 的装置采用对夹式蝶阀 c. 泵出口止回阀:$Q \leq 63$L/min 的装置采用润滑系统用单向阀或低压液系统用单向阀;$Q \geq 100$L/min 的装置采用对夹式止回阀,亦可用单向阀
元件	8)检测和显示元件及安装要求	a. 压力表 测量范围:0~1.6MPa,1.5 级 表盘直径:$Q \leq 63$L/min 的装置,ϕ100mm $Q \geq 100$L/min 的装置,ϕ150mm b. 温度显示仪表 范围范围:0~100℃,1.5 级 表盘直径:$Q \leq 63$L/min 的装置,ϕ100mm $Q \geq 100$L/min 的装置,ϕ150mm c. 温度继电器 用电子式温度继电器,温度范围 0~100℃;触点数:"3" d. 压力继电器 用电子式压力继电器,压力范围 0~1.6MPa;触点数:"3" e. 液位控制继电器 $Q \leq 800$L/min 的装置,油箱液位发信号采用三位液位继电器;$Q \geq 1000$L/min 的装置,采用油位检测器,发信号装置数量 $n=3$;油位显示采用直读型液位计 f. 安装要求 压力、温度显示仪表及继电器集中安装在仪表盘上,但信号检出点必须设置在需要检出信号的位置 液位控制继电器应安装在油箱顶板上。油位检测器应安装在油箱正面的壁板上靠两侧的位置 $Q \leq 800$L/min 的装置,整体组装出厂,所有继电器、检测器在装置出厂前必须将引出线与接线盒端子接好。接线应固定好,排列整齐
主要部件	1)油箱	a. 回油区应有隔板和滤网与其余部分分开,并应安放适量的永久磁铁或棒式磁滤器,且应便于安放和清洗 b. 油箱上部应装有空气滤清器和可以在三个不同的油位高度发出控制电信号的三位液位继电器 c. 在油箱的前面应装有直读式液位计,其左上方安装装置的标牌 d. 油箱应设有人孔,人孔的尺寸应不小于 280mm×380mm,其位置应便于人孔盖的安装和拆卸 e. 检测油箱中油温的三触点温度继电器和直读式温度计的温包的接口设置在油箱前壁板上 f. 公称流量 $Q \leq 800$L/min 的装置的油箱,在前壁板靠近油箱底部安装电加热器,其电加热器的数量应是"3"的整倍数(当电加热器电压为 380V 时无此要求) g. 公称流量 $Q > 800$L/min 的装置,在靠近油箱底部应按要求设置蒸汽加热蛇形管。蒸汽的进、出口位置根据具体布置而定,出口应在最低位置 h. 油箱底部应有斜度,并在最低处安装有放油闸阀,以便清洗油箱时放掉污油
主要部件	2)压力罐	a. 按照工况要求决定是否需要压力罐 b. 压力罐与装置的出口管道并联 c. 压力罐气源压力 0.5~0.6MPa d. 压力罐的容积应能保证当电网突然断电时,被润滑点 3~4min 内有润滑油供给
主要部件	3)仪表盘	a. 装置的油箱油温显示温度计、出口油温显示温度计、出口压力显示压力表、泵出口压力显示压力表集中安装在仪表盘的上排 b. 油箱油温检测温度继电器、装置出口温度继电器、压力继电器集中安装在仪表盘的下排 c. 对 $Q \leq 800$L/min 的装置,仪表盘焊装在油箱的正面右上方油箱顶板上;对 $Q \geq 1000$L/min 的装置,按总体布置要求确定仪表盘安装位置
主要部件	4)电控箱	a. 电控箱大小应与装置相适应,XYHZ6.3~XYHZ200 装置,制成比较小的电控箱;XYHZ250~XHYZ800 装置,则制成较大的电控箱 b. 电控箱安装位置按装置和其他设备总体布置要求确定

出油口

冷却水入口

冷却水出口

回油口

(a) 采用自力式温调阀装置的系统图

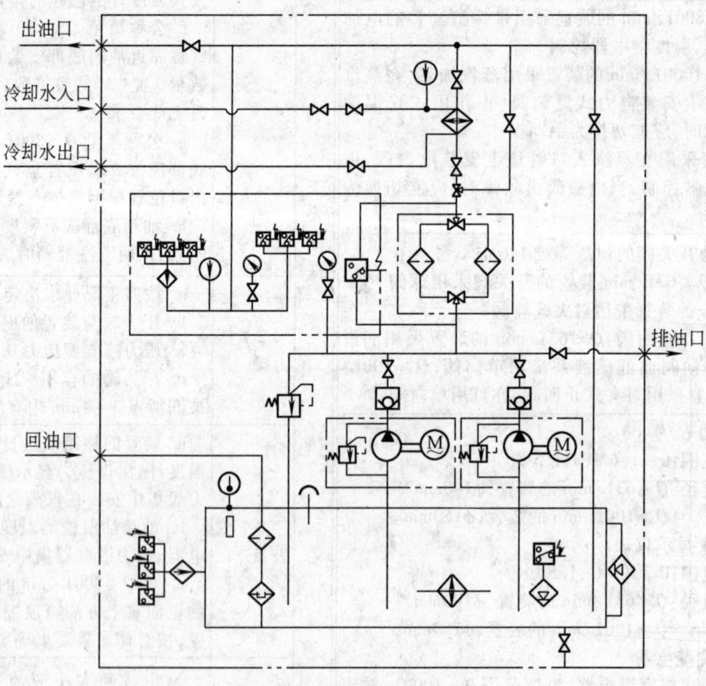

(b) 采用自力式温度调节器装置的系统图

图 10-1-1　XYHZ 型（$Q \leqslant 800\mathrm{L/min}$）稀油润滑装置原理图

XYHZ6.3～XYHZ25型稀油润滑装置尺寸

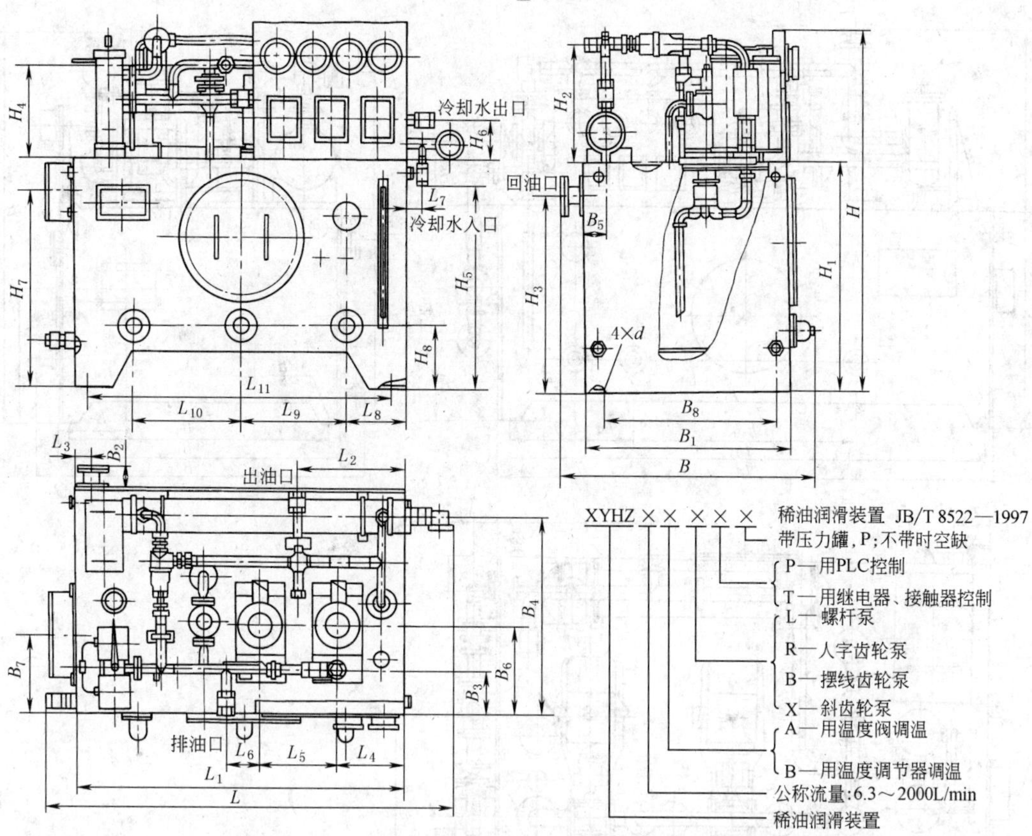

标记示例：（a）装置，公称流量6.3L/min，用温度调节器调温，供油泵用摆线齿轮泵，用继电器、接触器控制，不带压力罐装置，标记为

XYHZ6.3-BBT 稀油润滑装置 JB/T 8522—1997

（b）装置，公称流量315L/min，用温度调节器调温，供油泵用人字齿轮油泵，用继电器、接触器控制，不带压力罐装置，标记为

XYHZ315-BRT 稀油润滑装置 JB/T 8522—1997

（c）装置，公称流量1000L/min，用温度调节阀调温，供油泵用螺杆泵，用PLC控制，带压力罐装置，标记为

XYHZ1000-ALPP 稀油润滑装置 JB/T 8522—1997

表 10-1-23

mm

型 号	L	B	H	L_1	B_1	H_1	接口螺纹 DN 出油口	接口螺纹 DN 排油口	接口螺纹 DN 入出水口	接口螺纹 DN 回油口	L_2	L_3	L_4	L_5	L_6	L_7	L_8
XYHZ6.3 XYHZ10	1160	810	1060	950	650	660	G½	G½	G½	32	330	100	150	360	160	30	225
XYHZ16 XYHZ25	1650	994	1315	1300	800	820	G1	G1	G1	50	650	75	200	300	200	60	240

型 号	L_9	L_{10}	L_{11}	d	B_2	B_3	B_4	B_5	B_6	B_7	B_8	H_2	H_3	H_4	H_5	H_6	H_7	H_8
XYHZ6.3 XYHZ10	250	250	790	15	70	145	562	93	300	290	490	222	530	136	700	118	470	190
XYHZ16 XYHZ25	410	410	1180	15	100	160	700	100	520	225	680	380	600	495	720	78	630	240

XYHZ40～XYHZ125 型稀油润滑装置尺寸

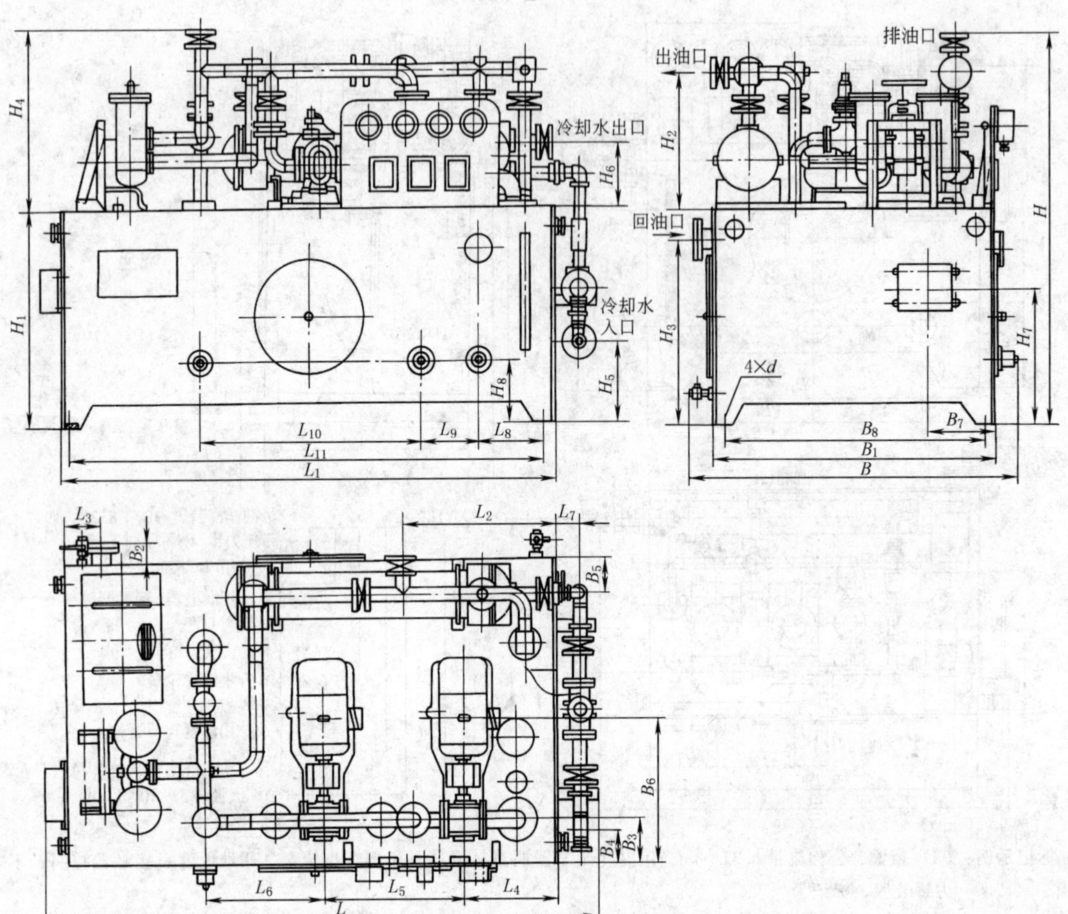

表 10-1-24

mm

型号	L	B	H	L_1	B_1	H_1	DN 出油口	DN 排油口	DN 入出水口	DN 回油口	L_2	L_3	L_4	L_5	L_6	L_7	L_8	L_9	L_{10}
XYHZ40 XYHZ63	2000	1350	1530	1700	1200	950	32	32	32	65	730	130	360	450	900	80	400	450	450
XYHZ100 XYHZ125	2820	1660	1820	2500	1400	1000	50	50	50	80	800	200	500	700	600	120	400	300	1100

型号	L_{11}	d	B_2	B_3	B_4 A进	B_4 B进	B_5	B_6 螺	B_6 齿	B_6 摆	B_7	B_8	H_2	H_3	H_4	H_5 螺	H_5 摆	H_6	H_7	H_8
XYHZ40 XYHZ63	1580	15	126	290	230	1070	130	750	720	720	310	1080	530	800	132	420	780	213	800	250
XYHZ100 XYHZ125	2400	22	100	210	125	1230	170	820	720	720	360	1300	630	850	820	380	760	290	630	350

注：表中“螺、齿、摆”的代表意义为，螺—用螺杆泵装置；齿—用人字齿轮泵、斜齿轮泵装置；摆—用摆线齿轮泵装置。

XYHZ160～XYHZ800 型稀油润滑装置尺寸

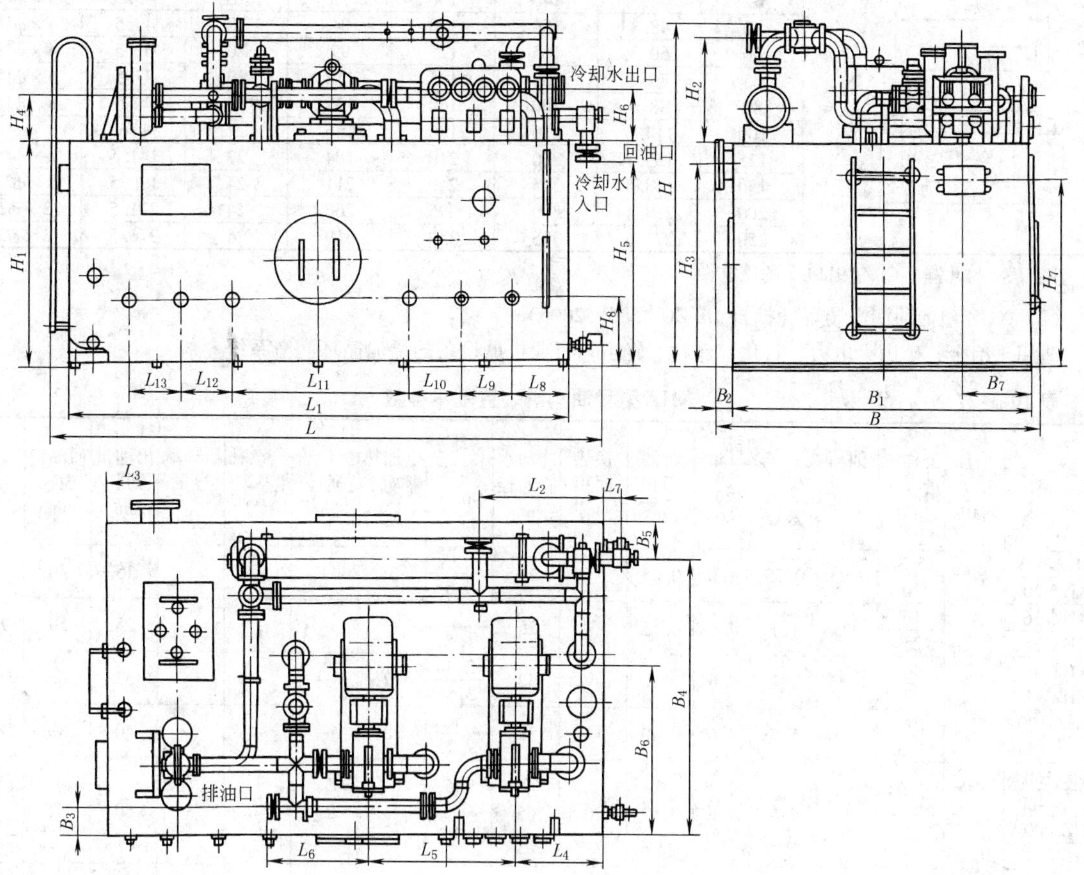

表 10-1-25

mm

型号	L	B	H	L_1	B_1	H_1	DN 出油口	DN 排油口	DN 入出水口	DN 回油口	L_2	L_3	L_4	L_5	L_6	L_7	L_8	L_9	L_{10}
XYHZ160 XYHZ200	3720	2050	2000	3000	1800	1200	65	65	65	125	950	250	675	775	1450	240	650	1500	500
XYHZ250 XYHZ315	3800	2400	2150	3300	2200	1300	80	80	65	150	1200	250	650	1000	1100	160	480	390	390
XYHZ400 XYHZ500	4330	2400	2510	3800	2200	1550	100	100	80	200	1000	400	750	1100	920	140	450	450	450
XYHZ630 XYHZ800	5700	2840	2600	5200	2600	1550	100	100	80	250	1300	400	1200	1300	950	150	900	450	450

型号	L_{11}	L_{12}	L_{13}	B_2	B_3	B_4 A进	B_4 B进	B_5	B_6 螺	B_6 齿	B_7	H_2	H_3	H_4	H_5 A进	H_5 B进	H_6	H_7	H_8
XYHZ160 XYHZ200	—	—	—	150	150	—	950	200	950	1000	460	780	1050	290	930	930	—	930	350
XYHZ250 XYHZ315	780	390	390	150	170	500	1970	230	1180	1130	445	750	1150	240	630	1180	314	1200	400
XYHZ400 XYHZ500	1100	450	450	150	220	930	2000	200	1300	1300	210	840	1300	350	510	900	400	1280	390
XYHZ630 XYHZ800	1100	450	450	150	200	500	2370	230	1540	1400	600	820	1350	350	700	1400	405	1250	400

注：1. 表中，A 进—油温控制采用温调阀装置的进水管 B_4 尺寸、H_5 尺寸；B 进—油温控制采用温调器装置的进水管 B_4 尺寸、H_5 尺寸。

2. 仅公称流量 Q 为 160L/min、200L/min、250L/min、315L/min、400L/min、500L/min 六个规格，有采用斜齿轮泵装置。

3. 见表 10-1-24 注。

表 10-1-26　　**XYHZ 型稀油润滑装置进出口法兰尺寸**　　mm

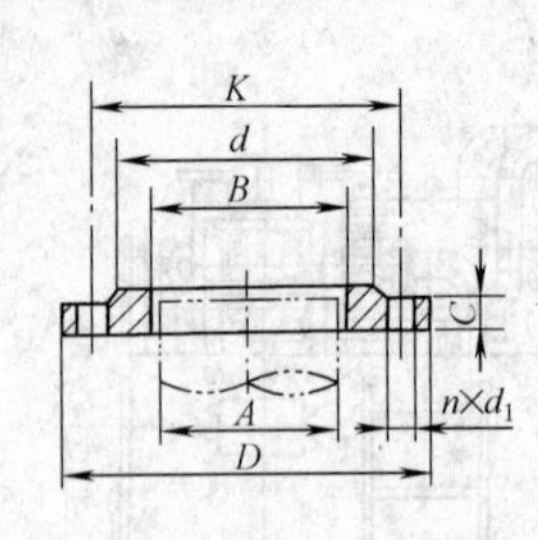

DN	A	D	K	d	C	B	$n\times d_1$
32	42.5	140	100	76	18	43.5	4×ϕ18
40	48.3	150	110	84	18	49.5	4×ϕ18
50	60.3	165	125	99	20	61.5	4×ϕ18
65	76.1	185	145	118	20	77.5	4×ϕ18
80	88.9	200	160	132	20	90.5	8×ϕ18
100	114.3	220	180	156	22	116	8×ϕ18
125	139.7	250	210	184	22	141.5	8×ϕ18
150	168.5	285	240	211	24	170.5	8×ϕ22
200	219.1	340	295	266	24	221.5	12×ϕ22
250	273.6	395	350	319	26	276.5	12×ϕ22

注：法兰尺寸符合 GB/T 9119.7 的规定。

（2）XHZ 型稀油润滑装置（摘自 JB/ZQ 4586—2006）

适用于冶金、矿山、电力、石化、建材、轻工等行业机械设备的稀油循环润滑系统。

表 10-1-27　　**XHZ 型稀油润滑装置基本参数**

型　号	公称压力 /MPa	公称流量 /L·min⁻¹	油箱容量 /m³	电动机 功率 /kW	电动机 极数 P	过滤面积 /m²	换热面积 /m²	冷却水管通径 /mm	冷却水耗量 /m³·h⁻¹	电加热器功率 /kW	蒸汽管通径 /mm	蒸汽耗量 /kg·h⁻¹	压力罐容量 /m³	出油口通径 /mm	回油口通径 /mm	质量 /kg
XHZ-6.3	≥0.63（泵口压力）0.5（供油口压力）	6.3	0.25	0.75	4.6	0.05	1.3	25	0.38	3	—	—	—	15	40	320
XHZ-10		10							0.6							
XHZ-16		16	0.5	1.1	4.6	0.13	3	25	1	6	—	—	—	25	50	980
XHZ-25		25							1.5							
XHZ-40		40	1.25	2.2	4.6	0.20	6	32	2.4	12	—	—	—	32	65	1520
XHZ-63		63							3.8							
XHZ-100		100	2.5	5.5	4.6	0.40	11	32	6	18	—	—	—	40	80	2850
XHZ-125		125							7.5							
XHZ-160A		160	5	7.5	4.6	0.52	20	65	9.6		25	40	—	60	125	4570
XHZ-160																3950
XHZ-200A		200							12							4570
XHZ-200																3950
XHZ-250A		250	10	11	4.6	0.83	35	100	15		25	65	—	80	150	5660
XHZ-250																5660
XHZ-315A		315							19							6660
XHZ-315																5660
XHZ-400A		400	16	15	4.6	1.31	50	100	24	根据用户要求可改电加热	32	90	—	100	200	8350
XHZ-400																7290
XHZ-500A		500							30							8350
XHZ-500																7290
XHZ-630		630	20	18.5	6	1.31	60	100	55		32	120	—	100	250	8169
XHZ-630A$_1$													2			10140
XHZ-630A																10160
XHZ-800		800	25	22	6	2.2	80	125	70		40	140	—	125	250	11550
XHZ-800A$_1$													2.5			13610
XHZ-800A																13780
XHZ-1000		1000	31.5	30	6	2.2	100	125	90		50	180	—	125	300	13315
XHZ-1000A$_1$													31.5			15500
XHZ-1000A																15500

注：1. 本系列尚有 1250、1250A$_1$、1250A、1600、1600A$_1$、1600A、2000、2000A$_1$、2000A 型号等，本表从略。

2. 过滤精度：低黏度介质为 0.08mm；高黏度介质为 0.12mm。

3. 冷却水温度小于等于 30℃、压力小于等于 0.4MPa；当冷却器进油温度为 50℃时，润滑油降温大于等于 8℃；加热用蒸汽时，压力为 0.2～0.4MPa。

4. 适用于黏度值为 22～460mm²/s 的润滑油。

5. XHZ-160～XHZ-500 润滑装置，除油箱外所有元件均安装在一个公共的底座上：XHZ-160A～XHZ-500A 润滑装置的所有元件均直接安装在地面上；XHZ-630～XHZ1000 润滑装置不带压力罐；XHZ-630A～XHZ-1000A 润滑装置带压力罐正方形布置；XHZ-630A$_1$～XHZ-1000A$_1$ 润滑装置带压力罐，长方形布置。本装置还带有电控柜和仪表盘。

6. 生产厂有太原矿山机器润滑液压设备有限公司，启东市南方润滑液压设备有限公司，南通市南方润滑液压设备有限公司，启东江海液压润滑设备厂，中国重型机械研究院机械装备厂，启东润滑设备有限公司，四川川润股份有限公司，常州市华立液压润滑设备有限公司，上海润滑设备厂，上海利安润滑设备制造有限公司。

XHZ-6.3～XHZ-125 型稀油润滑装置外形尺寸及原理图

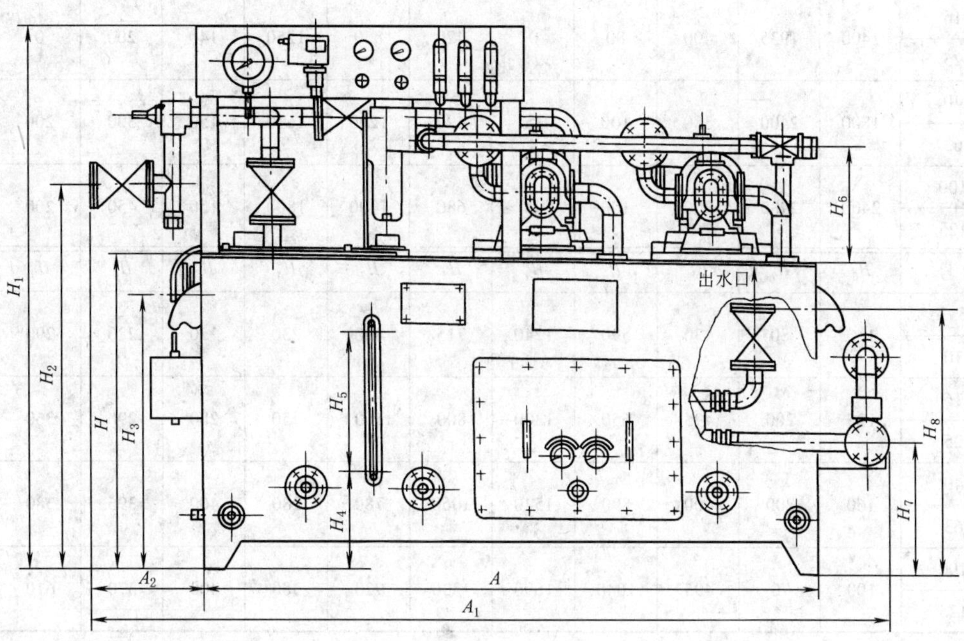

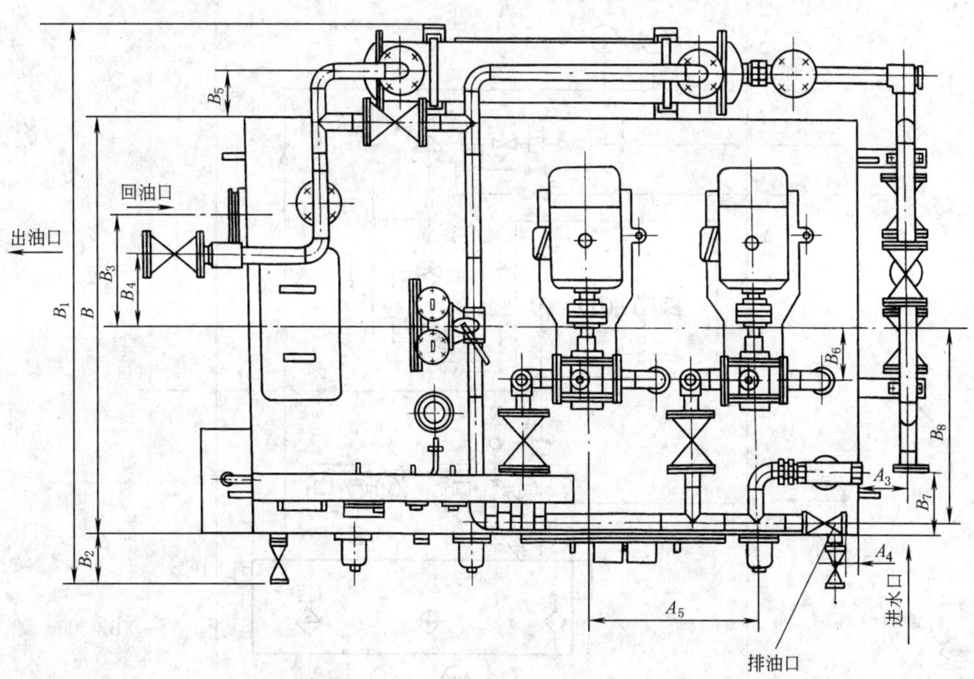

表 10-1-28

型　号	A	A_1	A_2	A_3	A_4	A_5	B	B_1	B_2	B_3	B_4	B_5
XHZ-6.3 XHZ-10	1100	1640	410	70	70	350	700	980	110	235	190	90
XHZ-16 XHZ-25	1400	1935	400	80	0	420	850	1250	140	200	0	112
XHZ-40 XHZ-63	1800	2400	380	100	35	490	1200	1610	150	300	200	130
XHZ-100 XHZ-125	2400	2980	350	100	100	680	1400	1800	150	450	200	130
型　号	B_6	B_7	B_8	H	H_1	H_2	H_3	H_4	H_5	H_6	H_7	H_8
XHZ-6.3 XHZ-10	150	80	430	590	1240	715	490	230	270	220	290	510
XHZ-16 XHZ-25	125	200	495	650	1300	800	550	250	280	290	360	683
XHZ-40 XHZ-63	160	200	600	890	1540	1060	780	280	400	395	380	775
XHZ-100 XHZ-125	100	70	495	1040	1690	1330	920	380	400	370	610	980

注：1. 回油口法兰连接尺寸按 JB/T 81《凸面板式平焊钢制管法兰》（$PN=1\text{MPa}$）的规定。

2. 上列稀油润滑装置均无地脚螺栓孔，就地放置即可。

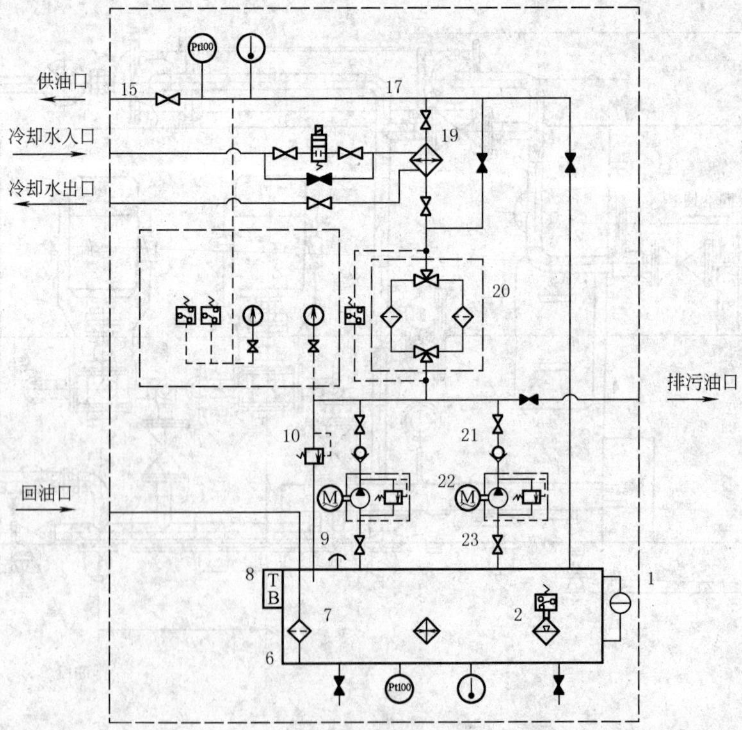

XHZ-6.3～XHZ-125 型稀油润滑装置原理图（元件名称见表 10-1-29）

表 10-1-29　XHZ-160～XHZ-500 型稀油润滑装置原理图及外形尺寸　mm

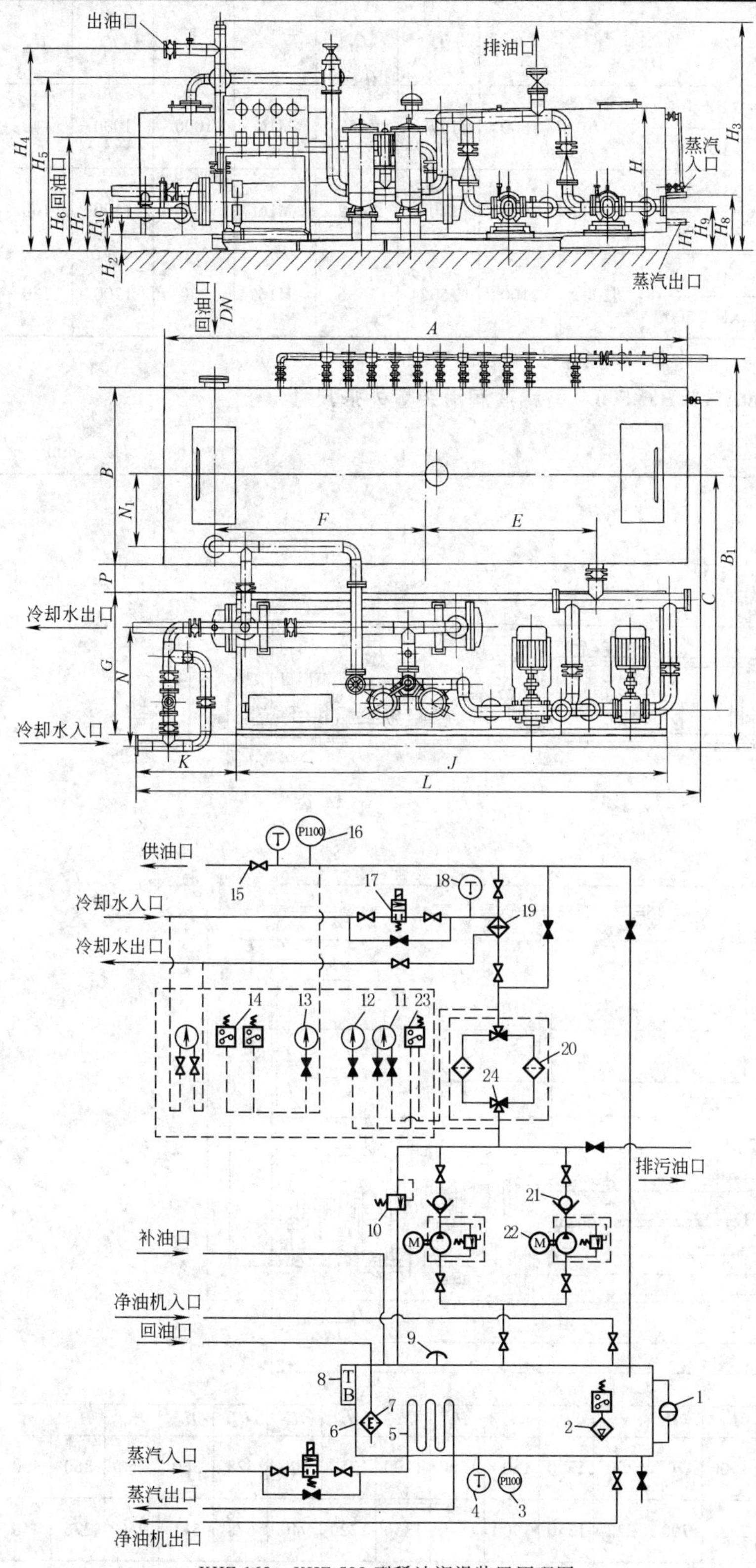

XHZ-160～XHZ-500 型稀油润滑装置原理图

型号	XHZ-160	XHZ-200	XHZ-250 XHZ-315	XHZ-400 XHZ-500
A	3840		5200	6100
B	1700		1800	2000
B_1	3870		4463	4665
C	2250		2575	2800
E	1150		1875	2250
F	1900		2325	2770
G	1300		1500	1600
H	1040		1350	1600
H_1	390		410	430
H_2	140		160	180
H_3	1950	1860	2200	2900
H_4	1688		1960	2340
H_5	1400		1650	2000
H_6	1250		1220	1400
H_7	622		610	737
H_8	818		838	858
H_9	400		440	480
H_{10}	422		375	502
J	4200		4500	5000
K	700		760	1200
L	4900		5750	6640
N	1150		1400	1325
N_1	600		650	750
P	500		500	500
DN	125		150	200

标记示例：

公称流量 500L/min，油箱以外的所有零件均装在一个公共底座上的稀油润滑装置，标记为

XHZ-500 型稀油润滑装置

JB/ZQ 4586—2006

1—油液指示器；2—油位控制器；3，4，12—电接触式温度计；5—加热器；6—油箱；7—回油过滤器；8—电气模线盒；9—空气过滤器；10—安全阀；11，13—压力计；14—压力继电器；15—截断阀；16—温度开关；17—二位二通电磁阀；18—温度计；19—冷却器；20—双筒过滤器；21—单向阀；22—带安全阀的齿轮油泵；23—压差开关；24—过滤器切换阀

注：所有法兰连接尺寸均按 JB/T 81—1994《凸面板式平焊钢制管法兰》（$PN=1$MPa）的规定。

表 10-1-30　　**XHZ-160～XHZ-500 型地基尺寸**　　mm

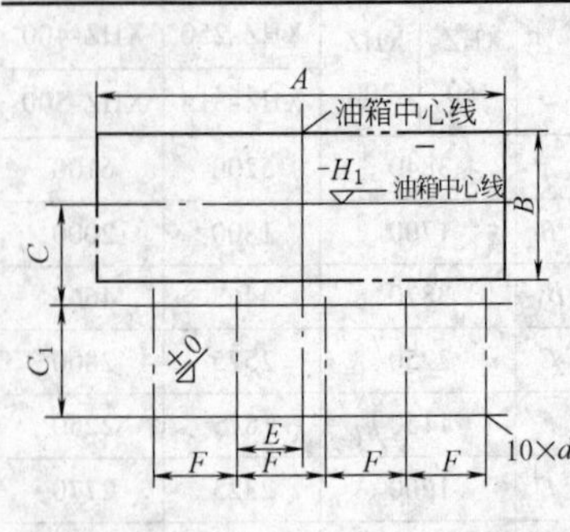

型　号	A	B	C	C_1	地脚螺栓 d	E	F	H_1
XHZ-160	3940	1800	1275	1250	M16	1000	1000	140
XHZ-200								
XHZ-250	5300	1900	1404	1442	M16	1090	1100	160
XHZ-315								
XHZ-400	6200	2100	1532	1536	M16	930	1200	180
XHZ-500								

XHZ-160A～XHZ-500A 型稀油润滑装置外形尺寸

表 10-1-31　　mm

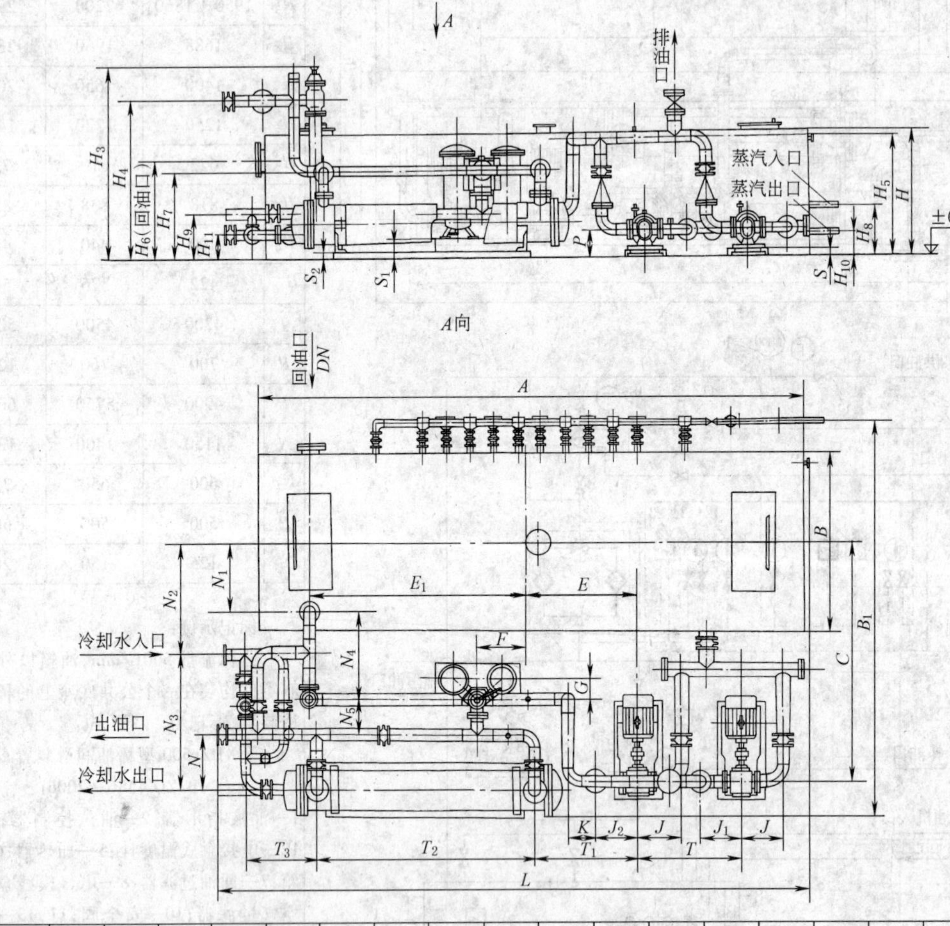

型　号	A	B	B_1	C	E	E_1	F	G	H	H_3	H_4	H_5	H_6	H_7	H_8	H_9	H_{10}	H_{11}	J
XHZ-160A	4300	1500	3643	2000	850	1900	70	200	1300	1500	1260	1100	1250	800	678	560	250	360	400
XHZ-200A	3800	1700																	
XHZ-250A	5200	1800	4075	2350	870	2325	700	222	1350	1900	1540	1350	1220	940	678	511	250	276	440
XHZ-315A																			
XHZ-400A	6100	2000	4510	2620	1230	2770	580	221	1600	2185	1800	1320	1400	1000	678	511	250	276	490
XHZ-500A																			

续表

型　号	J_1	K	L	N	N_1	N_2	N_3	N_4	N_5	P	S	S_1	S_2	T	T_1	T_2	T_3	DN
XHZ-160A XHZ-200A	300	240	5128	502	600	1160	1140	910	300	260	40	160	98	800	700	1700	600	125
XHZ-250A XHZ-315A	390	270	5730	550	650	1200	1400	982	358	280	51	32	80	1080	1000	1960	870	150
XHZ-400A XHZ-500A	440	322	7000	610	750	1310	1470	971	391	300	27	220	80	1140	1130	2645	800	200

注：所有法兰连接尺寸均按 JB/T 81—1994《凸面板式平焊钢制管法兰》（$PN=1\mathrm{MPa}$）的规定。

XHZ-160A～XHZ-500A 型地基尺寸

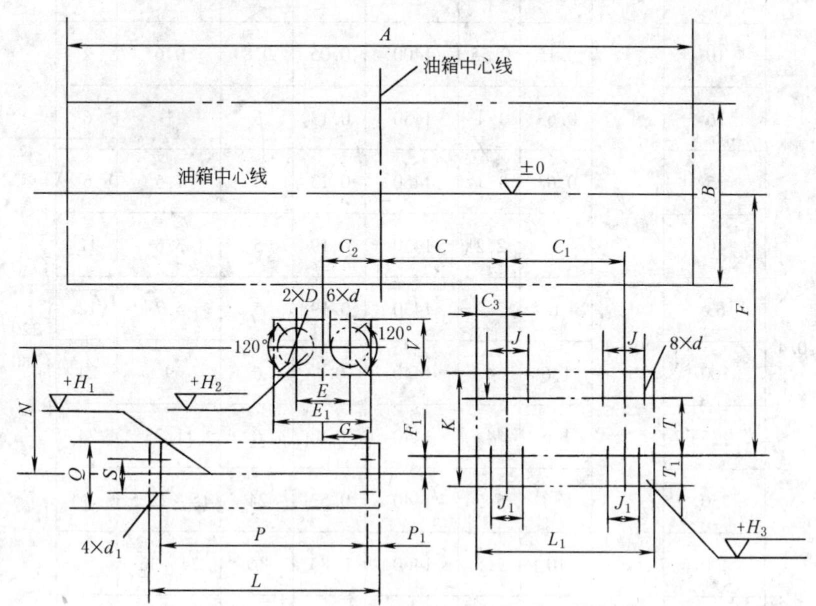

表 10-1-32　　mm

型　号	A	B	C	C_1	C_2	C_3	D	地脚螺栓 d	地脚螺栓 d_1	E	E_1	F	F_1	G	H_1
XHZ-160A XHZ-200A	3840	1700	850	800	700	300	260	M16	M16	474	1000	1935	365	602	90
XHZ-250A XHZ-315A	5200	1800	870	1080	700	300	350	M16	M16	529	950	2295	305	340	80
XHZ-400A XHZ-500A	6100	2000	1230	1140	580	300	350	M16	M16	550	920	2615	215	470	80

型　号	H_2	H_3	J	J_1	K	L	L_1	N	P	P_1	Q	S	T	T_1	V
XHZ-160A	170	48	350	250	900	1675	1300	1000	1475	100	500	300	510	90	400
XHZ-200A			400												
XHZ-250A	320	51	420	310	1000	1700	1680	1130	1500	100	620	300	674	250	500
XHZ-315A													700	250	
XHZ-400A XHZ-500A	220	27	430	310	1100	2480	1740	1230	2225	1275	620	300	740	250	500

（3）XYZ-G 型稀油站（摘自 JB/ZQ/T 4147—91）

适用于润滑介质运动黏度在40℃时为22～320mm²/s 的稀油循环润滑系统中，如冶金、矿山、电力、石化、建材、交通、轻工等行业的机械设备的稀油润滑。

表 10-1-33　　XYZ-G 型稀油站技术性能参数

型号	供油压力/MPa	公称流量/L·min⁻¹	供油温度/℃	油箱容积/m³	电动机		过滤面积/m²	换热面积/m²	冷却水耗量/m³·h⁻¹	电加热器		蒸汽耗量/kg·h⁻¹	质量/kg
					功率/kW	转速/r·min⁻¹				功率/kW	电压/V		
XYZ-6G	≤0.4	6	40±3	0.15	0.55	1400	0.05	0.8	0.36	2	220(380)	—	308
XYZ-10G		10		0.15	0.55	1400	0.05	0.8	0.6	2		—	309
XYZ-16G		16		0.63	1.1	1450	0.13	3	1	6		—	628
XYZ-25G		25		0.63	1.1	1450	0.13	3	1.5	6		—	629
XYZ-40G		40		1	2.2	1430	0.19	5	3.6	12		—	840
XYZ-63G		63		1	2.2	1430	0.19	5	5.7	12		—	842
XYZ-100G		100		1.6	4	1440	0.4	6	9	24		—	1260
XYZ-125G		125		1.6	4	1440	0.4	6	11.25	24		—	1262
XYZ-250G		250		6.3	5.5	1440	0.52	24	15～22.5			100①	3980
XYZ-400G		400		10	7.5	1460	0.83	36	24～36			160①	5418
XYZ-630G		630		16	15	1460	1.31	45	38～56			250①	8750
XYZ-1000G		1000		25	22	1470	2.2	54	60～90			400①	12096
其他参数	稀油站的过滤精度:0.08～0.12mm;润滑油温降小于等于8℃;冷却水温度小于等于30℃、冷却水压力0.2～0.4MPa;使用蒸汽加热油时蒸汽压力为0.2～0.4MPa;换热器进油温度约为50℃												
公称流量 ≤125L/min的稀油站	采用电加热,全部部件都装在油箱上,为整体式结构;就地放置,无地基												
公称流量 ≥250L/min的稀油站	采用蒸汽加热,用户如欲改用电加热,订货时请说明;其主要部件均装于基础上,为分体式结构,有地基												

① 若用户需要可改用电加热。

注：1. XYZ-G 型稀油站及其改进型产品在国内应用广泛；各生产厂都有所改进，在稀油站选用元件、仪表及相关尺寸均有所不同，请用户以各生产厂的选型手册或样本为准，如需改进或改变时，需和生产厂联系。

2. 生产厂有启东市南方润滑液压设备有限公司，南通市南方润滑液压设备有限公司，太原矿山机器润滑液压设备有限公司，常州市华立液压润滑设备有限公司；中国重型机械研究院机械装备厂，四川川润股份有限公司，上海利安润滑设备制造有限公司，上海润滑设备厂。

XYZ-G 型稀油站系统

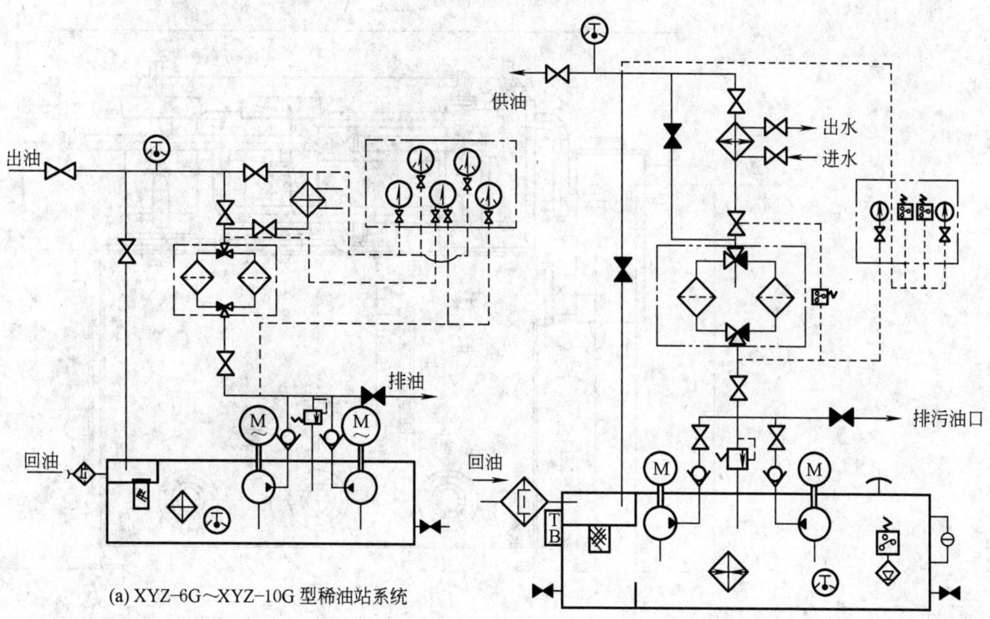

(a) XYZ-6G～XYZ-10G 型稀油站系统

(b) XYZ-16G～XYZ-125G 型稀油站系统

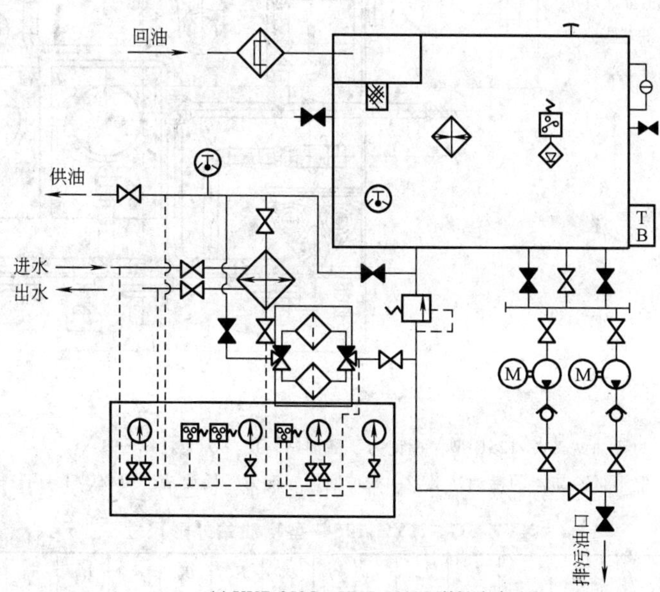

(c) XYZ-250G～XYZ-1000G 型稀油站系统

图 10-1-2　稀油站系统原理图

XYZ-6G～XYZ-125G 型稀油站外形图

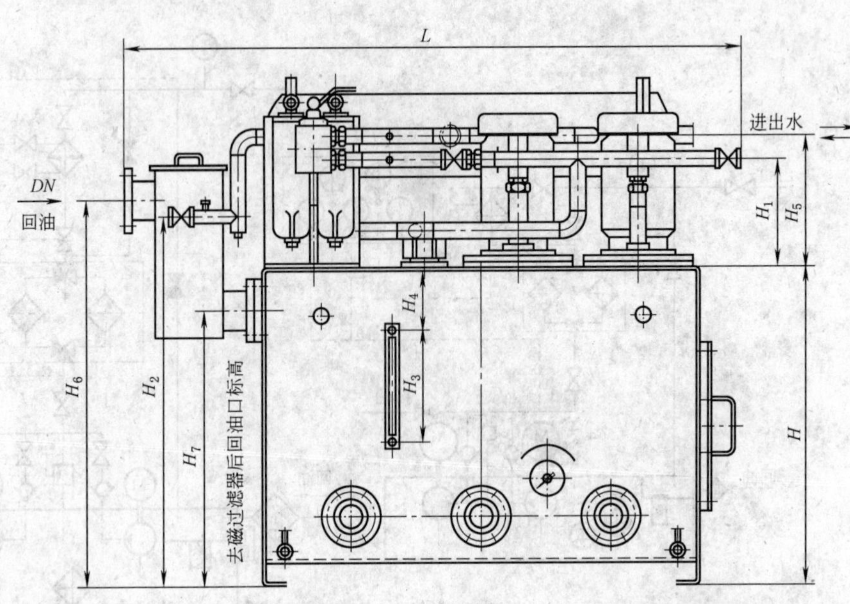

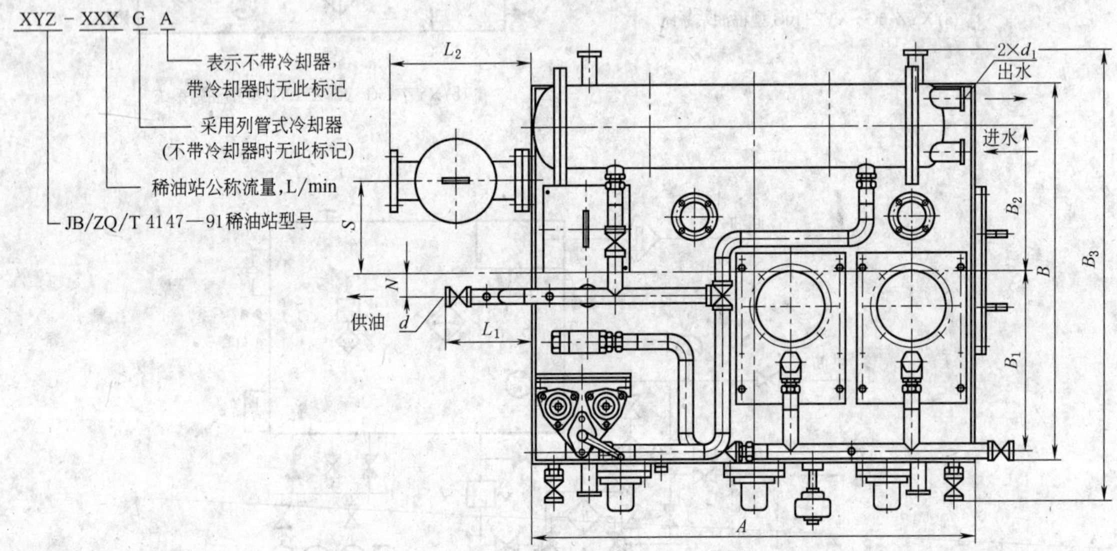

标记示例：

1）公称流量 125L/min 的稀油站 XYZ-125G 型，标记为　稀油站　JB/ZQ/T 4147—91

2）公称流量 400L/min 但不带冷却器的稀油站 XYZ-400A 型，标记为　稀油站　JB/ZQ/T 4147—91

表 10-1-34　　XYZ-6G～XYZ-125G 型稀油站外形尺寸　　mm

型号	DN	d	A	B	H	L	L_1	L_2	S	N	B_1	B_2	B_3	d_1	H_1	H_2	H_3	H_4	H_5	H_6	H_7
XYZ-6G XYZ-10G	25	G½	700	550	450	1010	190	310	150	0	255	220	730	G¾	213	550	268	80	268	580	380
XYZ-16G XYZ-25G	50	G1	1000	900	700	1505	256	390	175	35	410	363	1130	G1	285	855	350	130	350	875	580
XYZ-40G XYZ-63G	50	G1¼	1200	1000	850	1700	235	390	248	60	470	390	1230	G1¼	290	990	355	160	355	1035	740
XYZ-100G XYZ-125G	80	G1½	1500	1200	950	2300	390	492	170	100	560	444	1430	G1¼	305	978	355	180	375	1095	820

XYZ-250G～XYZ-1000G 型稀油站外形图

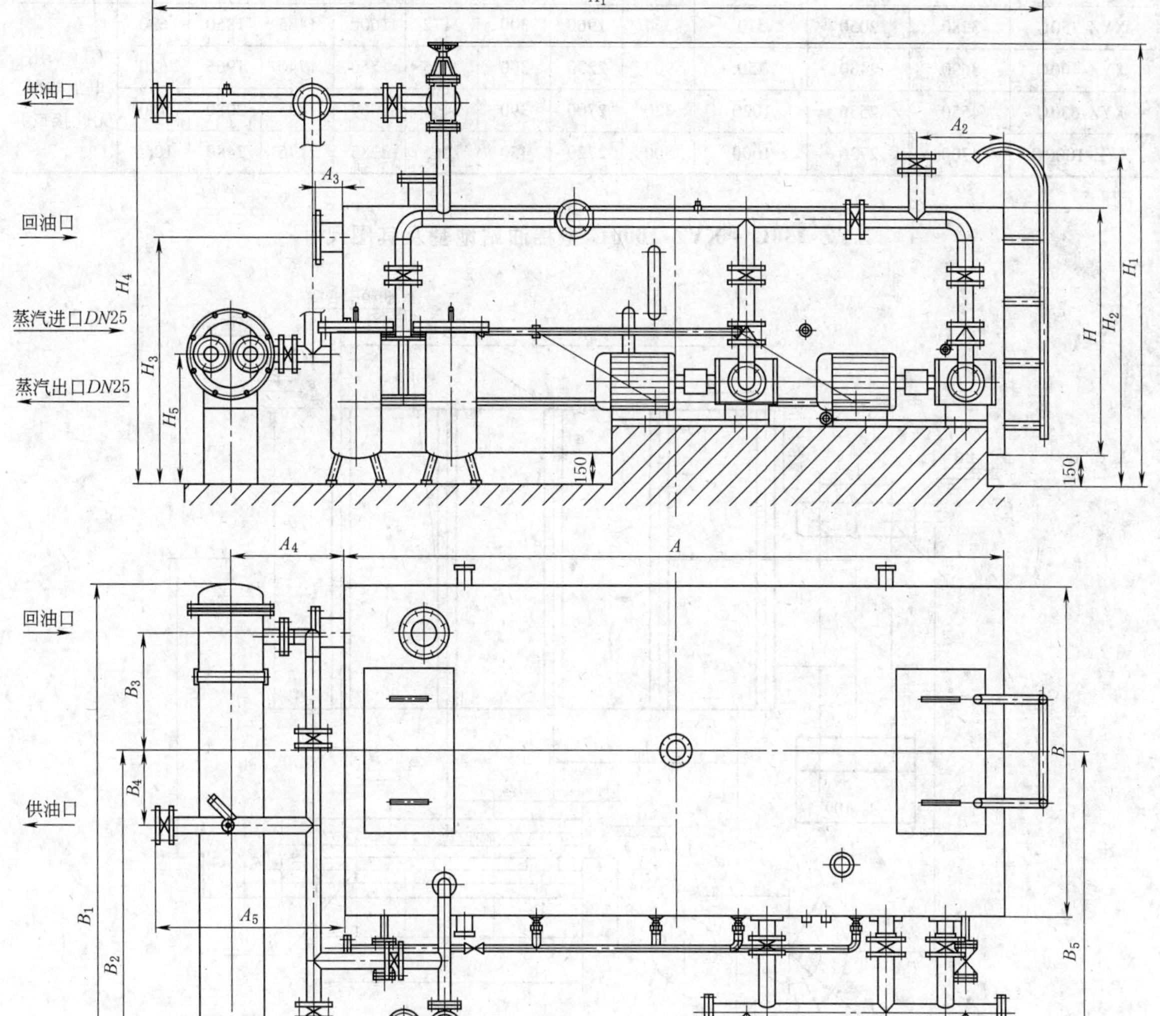

表 10-1-35　　XYZ-250G～XYZ-1000G 型稀油站外形及安装尺寸　　mm

型号	回油通径	供油通径	进出水通径	A	B	H	A_1	A_2	A_3	A_4	A_5	A_6
XYZ-250G	125	65	65	3300	1600	1200	4445	442	630	560	945	200
XYZ-400G	150	80	100	3600	2000	1500	4600	492	700	572	800	235
XYZ-630G	200	100	100	4500	2600	1600	5950	560	882	650	1345	235
XYZ-1000G	250	125	200	5500	2600	1900	7600	630	1020	1080	1900	235

续表

型号	B_1	B_2	B_3	B_4	B_5	B_6	H_1	H_2	H_3	H_4	H_5	蒸汽接口
XYZ-250G	3280	2050	570	364	1960	300	2172	1600	1485	1850	630	G1(采用电加热时无此接口)
XYZ-400G	3690	2430	750	907	2230	300	2325	1750	1740	1965	620	
XYZ-630G	4550	2536	1020	320	2700	390	2465	2067	1835	2080	780	
XYZ-1000G	4700	2736	1000	500	2720	450	2865	2285	2175	2480	1060	

XYZ-250G～XYZ-1000G 型稀油站地基及其图尺寸

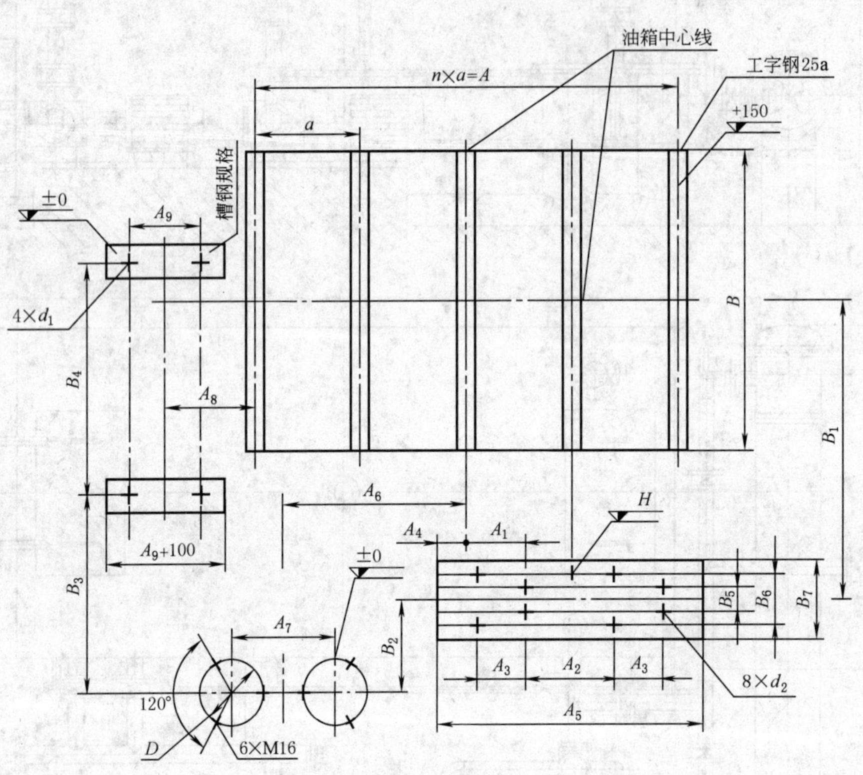

表 10-1-36 mm

型号	A	A_1	A_2	A_3	A_4	A_5	A_6	A_7	A_8	A_9	B	B_1
XYZ-250G	3200	350	660	450	320	1900	1350	474	610	300	1600	1960
XYZ-400G	3500	385	590	450	370	2050	1420	529	622	300	2000	2230
XYZ-630G	4200	559	825	655	295	2500	1610	550	800	300	2800	2700
XYZ-1000G	5190	840	1210	655	510	3520	2180	779	1235	300	2800	2720

型号	槽钢规格	B_2	B_3	B_4	B_5	B_6	B_7	d_1	d_2	D	H	n	a
XYZ-250G	12	230	712	1835	280	380	550	M20	M16	260	286	4	800
XYZ-400G	12	210	830	1232	280	380	600	M20	M16	350	315	4	875
XYZ-630G	12	240	883	2042	315	465	640	M20	M20	350	260	5	840
XYZ-1000G	20a	270	1045	2042	315	465	710	M20	M20	600	330	6	865

（4）微型稀油润滑装置

1）WXHZ 型微型稀油润滑装置（摘自 JB/ZQ 4709—1998）

表 10-1-37　　WXHZ 型微型稀油润滑装置

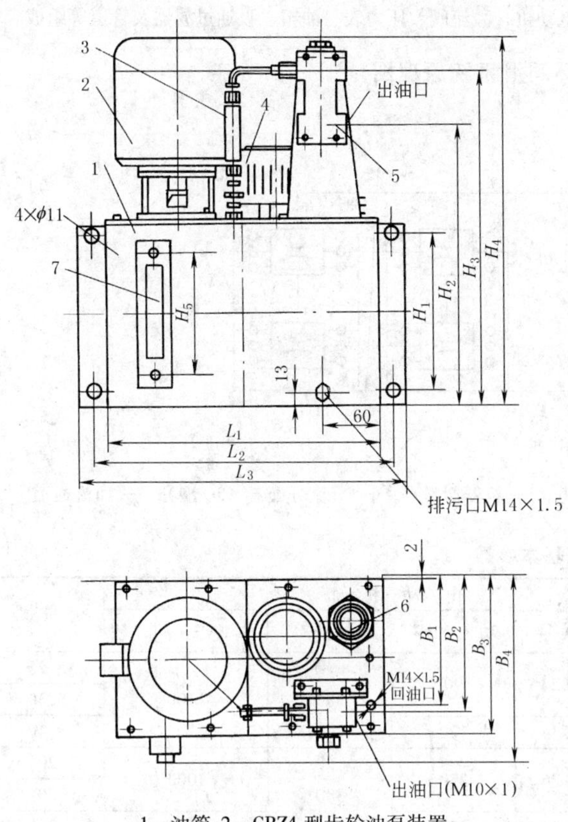

1—油箱；2—CBZ4 型齿轮油泵装置；
3—单向阀；4—空气滤清器；5—出油过滤器；
6—液位控制器；7—液位计

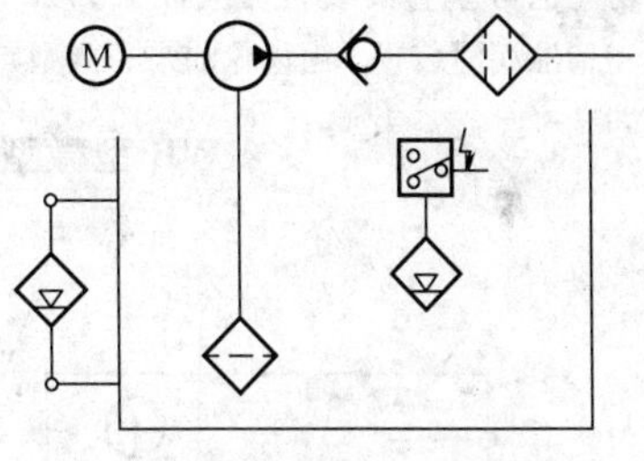

WXHZ 型微型稀油润滑装置系统原理图

标记示例：公称压力 1.6MPa，流量 500mL/min的微型稀油润滑装置，标记为 WXHZ-W500 微型稀油润滑装置 JB/ZQ 4709—1998

WXHZ 型基本参数

型号	公称流量/mL·min^{-1}	公称压力①/MPa	电动机特性			油箱容积/L	YKJD液位控制器触点容量
			型号	功率/W（极数）	电压/V		
WXHZ-350	350	1.6(W) 4.0(H) 6.3(I) W、H、I为压力级别代号	A02-5624 B14型	90（4）	380	3、6、11、15	24V 0.2A
WXHZ-500	500						
WXHZ-800	800						
WXHZ-1000	1000						

① 实际使用压力小于等于 1MPa。

注：1. 油泵的出油管道推荐 GB/T 1527—2006《拉制铜管》。材料为 T3，管子规格为 $\phi6\times1$。

2. 适用于黏度值 22～460mm^2/s 的润滑油；过滤器的过滤精度 20μm，亦可根据用户要求调整；过滤面积为 13cm^2。

表 10-1-38　　WXHZ 型油箱容积与尺寸　　mm

尺寸	油箱容积/L				尺寸	油箱容积/L			
	3	6	11	15		3	6	11	15
L_1	240	275	275	275	B_1	115	135	135	135
L_2	270	305	305	305	B_2	124	144	144	144
L_3	290	325	325	325	B_3	145	165	165	165
H_1	138	205	360	470	B_4	170	190	190	190
H_2	223	290	445	555	H_5	80	125	254	400
H_3	283	350	505	615	质量/kg	8	11.5	13	14
H_4	315	382	537	647					

注：生产厂有启东江海液压润滑设备厂，太原矿山机器润滑液压设备有限公司，启东中冶润滑设备有限公司，上海利安润滑设备制造有限公司。

2）DWB 型微型循环润滑系统。适用于数控机械、金属切削机床、锻压与铸造机械以及化工、塑料、轻纺、包装、建筑运输等行业中负荷较轻的机械及生产线设备的循环润滑系统。主要由 DWB 型微型油泵装置、JQ 型节流分配器、吸油过滤器和管道附件等部分组成。

DWB 型微型油泵装置由齿轮油泵、微型异步电动机、溢流阀、压力表、管道等部分组成。装置通常为卧式安装，直接插入减速器、电动机或机器壳体的油池中，但吸油口必须在最低油位线以下。DWB-350～DWB-1000 型油泵装置带有网状吸油过滤器，直接拧于吸油口 d_1，对 DWB-2.5～DWB-6 型，用户可根据需要自行配置吸油管道及过滤器。装置也可垂直安装，但应注意，泵的最大吸入高度不应超过 500mm。

3）RHZ 型微型稀油润滑装置。由齿轮油泵、微型异步电动机、溢流阀、压力表、油箱、吸油过滤器及管道等组成。

DWB 型微型循环润滑系统原理图

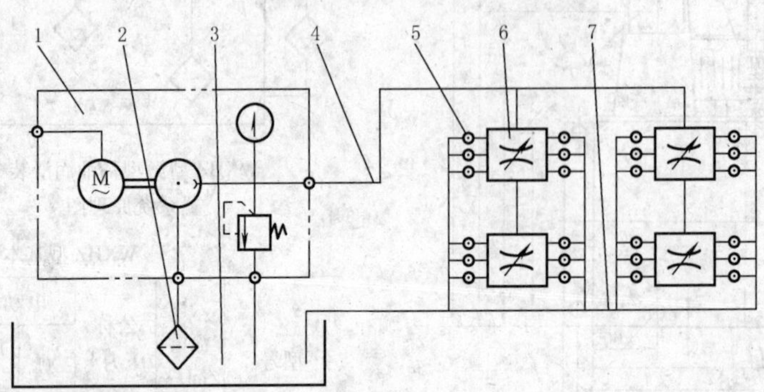

1—微型油泵装置；2—吸油过滤器；3—油池；4—压油管道；5—机器润滑点；6—节流分配器（JQ 型）；7—回流通道

表 10-1-39　　DWB 型基本参数

型　号	工作压力/MPa	流　量	电动机特性				质量/kg
			型　号	功　率/W	电　压/V	转速/r · min^{-1}	
DWB-350	0.6	350mL/min	YS-5624	90	380	1400	5.25
DWB-500	1.6	500mL/min					5.30
DWB-1000	2.5	1000mL/min	YS-5634	120			5.40
DWB-2.5	0.6	2.5L/min	YS-7126	250	380	1000	20
DWB-4		4L/min					20
DWB-6		6L/min	YS-7124	370		1500	22

注：生产厂有太原市兴科机电研究所，太原宝太润液设备有限公司。

表 10-1-40　　DWB 型微型油泵装置的外形及连接尺寸　　mm

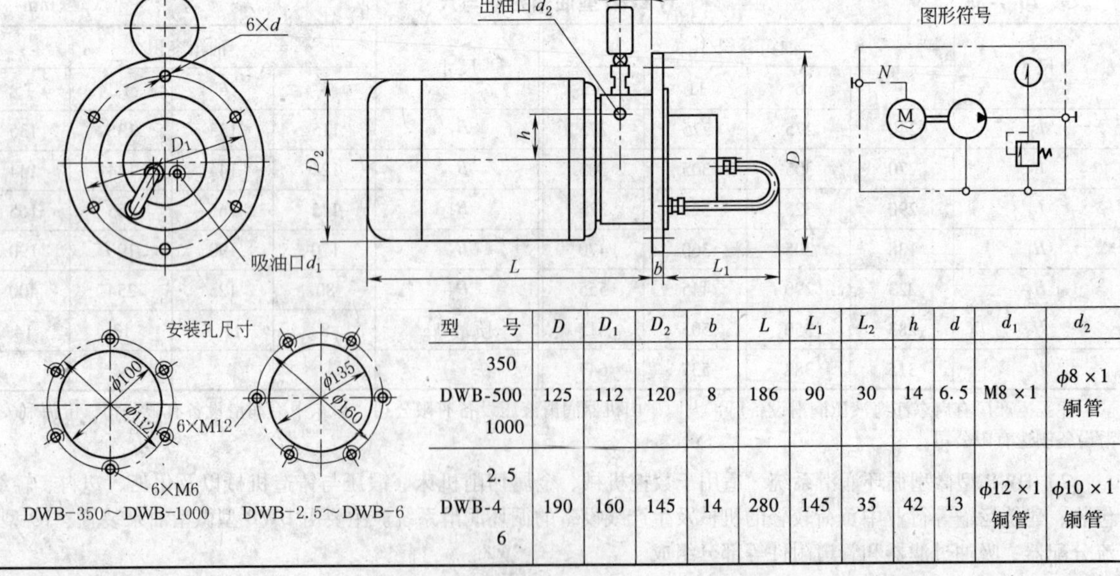

型　号	D	D_1	D_2	b	L	L_1	L_2	h	d	d_1	d_2
350 DWB-500 1000	125	112	120	8	186	90	30	14	6.5	M8×1	ϕ8×1 铜管
2.5 DWB-4 6	190	160	145	14	280	145	35	42	13	ϕ12×1 铜管	ϕ10×1 铜管

RHZ 型微型稀油润滑装置外形结构及尺寸（建议配置 JQ 型节流分配器）

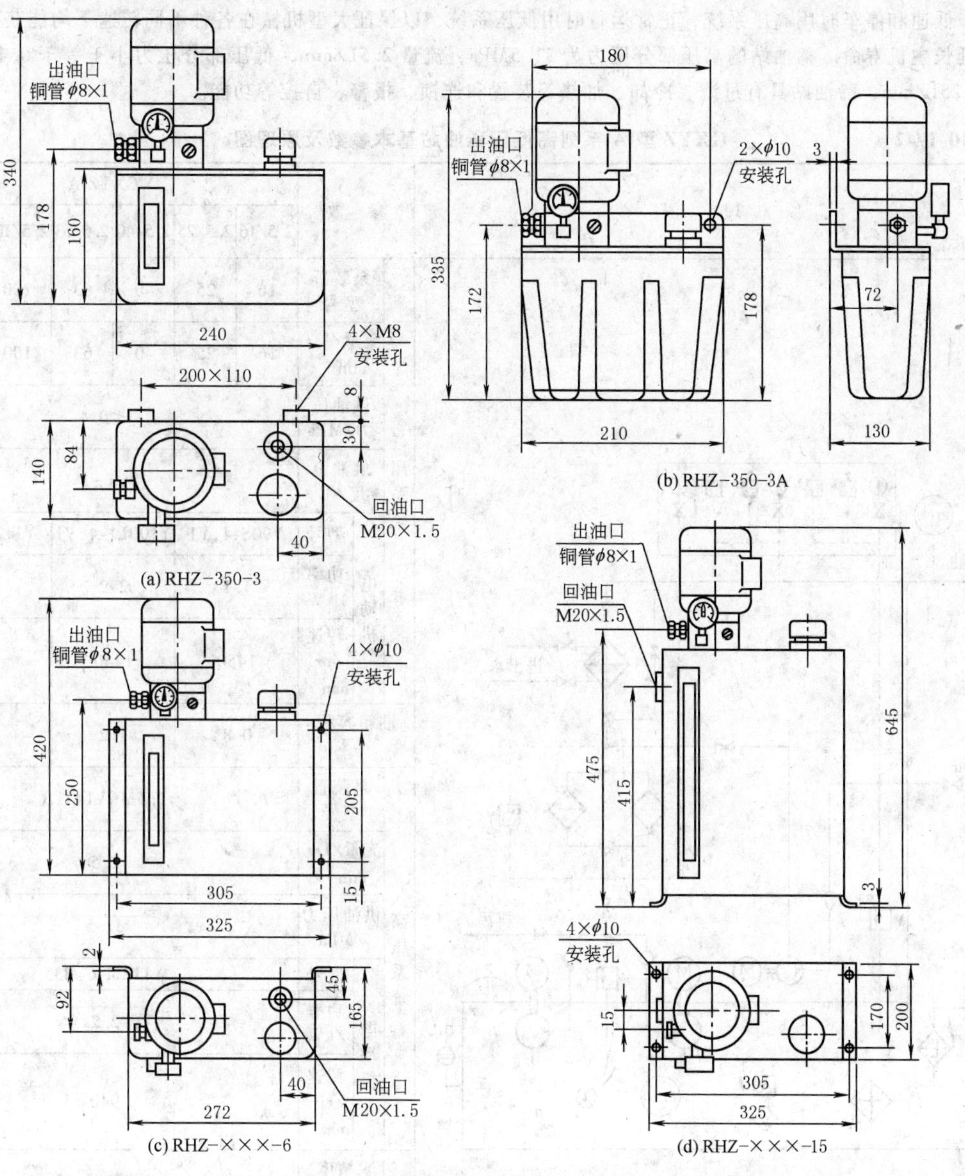

(a) RHZ-350-3

(b) RHZ-350-3A

(c) RHZ-×××-6

(d) RHZ-×××-15

表 10-1-41　　**RHZ 型基本参数**

型　号	工作压力/MPa	流量/mL·min^{-1}	油箱容积/L	电动机特性				质量/kg
				型号	功率/W	电压/V	转速/r·min^{-1}	
RHZ-350-3	0.6	350	3	YS-5624	90	380	1400	8
RHZ-350-3A								6
RHZ-350-6	1.6		6					12
RHZ-350-15			15					16
RHZ-500-6		500	6					12
RHZ-500-15			15					16
RHZ-1000-6	2.5	1000	6	YS-5634	120			12
RHZ-1000-15			15					16

注：1. RHZ-350-3A 为透明工程塑料外壳。

2. 生产厂有太原市兴科机电研究所，太原宝太润液设备有限公司。

(5) GXYZ 型 A 系列高低压稀油站

适用于装有动静压轴承的磨机、回转窑、电机等大型设备的稀油循环润滑系统。根据动静压润滑工作原理，在启动、低速和停车时用高压系统，正常运行时用低压系统，以保证大型机械在各种不同转速下均能获得可靠的润滑，延长主机寿命。稀油站的高压部分压力为 31.5MPa，流量 2.5L/min，低压部分压力小于等于 0.4MPa，流量 16～125L/min，稀油站具有过滤、冷却、加热等装置和连锁、报警、自控等功能。

表 10-1-42　　GXYZ 型 A 系列高低压稀油站基本参数及原理图

原　理　图

参数			GXYZ-A					
			2.5/16	2.5/25	2.5/40	2.5/63	2.5/100	2.5/125
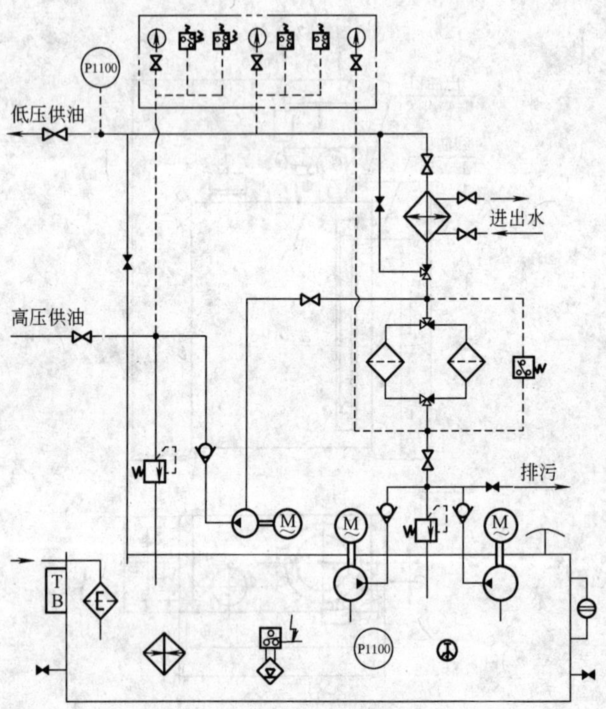 低压系统	泵装置型号		16	25	40	63	100	125
低压系统	流量/L·min^{-1}		16	25	40	63	100	125
低压系统	供油压力/MPa		≤0.4					
低压系统	供油温度/℃		40±3					
低压系统	电动机	型号	Y90S-4,V1		Y100L1-4,V1		Y112M-4,V1	
低压系统	电动机	功率/kW	1.1		2.2		4	
低压系统	电动机	转速/r·min^{-1}	1450		1440		1440	
油箱容积/m^3			0.8		1.2		1.6	
高压系统	泵装置型号		2.5MCY14-1B					
高压系统	流量/L·min^{-1}		2.5					
高压系统	供油压力/MPa		31.5					
高压系统	电动机	型号	Y112M-6,B35					
高压系统	电动机	功率/kW	2.2					
高压系统	电动机	转速/r·min^{-1}	940					
过滤精度/mm			0.08～0.12					
过滤面积/m^2			0.13		0.20		0.41	
冷却面积/m^2			3		5		7	
冷却水耗量/m^3·h^{-1}			1	1.5	3.6	5.7	9	11.25
电加热功率/kW			3×4		3×4		6×4	
外形尺寸/mm			1490×1230×1500		1620×1430×1550		—	

注：1. 全部过滤器切换压差为 0.15MPa。

2. 生产厂有南通市南方润滑液压设备有限公司，启东市南方润滑液压设备有限公司，四川川润股份有限公司，太原市兴科机电研究所。

表 10-1-43　　GXYZ 型 A 系列稀油站外形图及其高低压稀油站外形尺寸　　mm

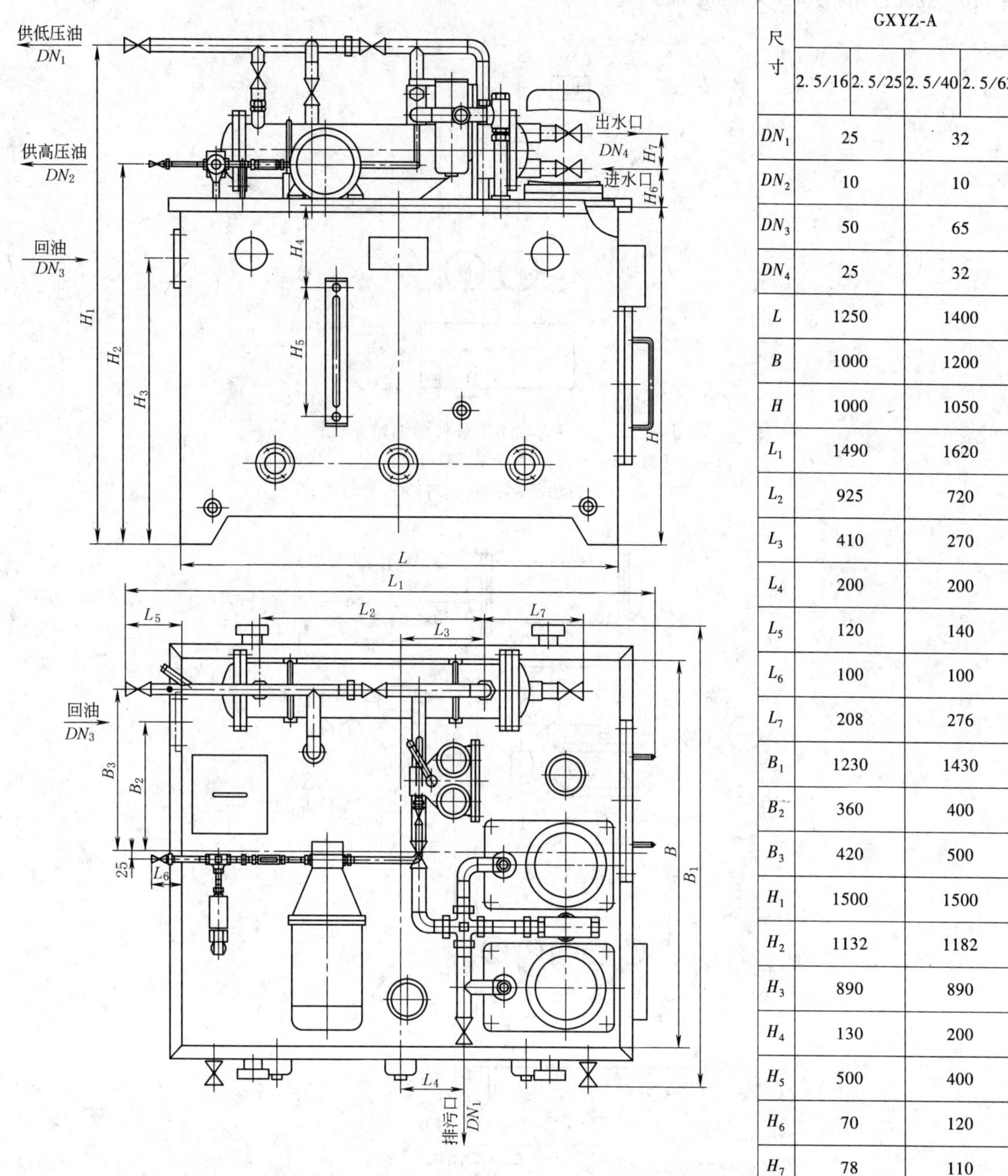

尺寸	GXYZ-A			
	2.5/16	2.5/25	2.5/40	2.5/63
DN_1	25		32	
DN_2	10		10	
DN_3	50		65	
DN_4	25		32	
L	1250		1400	
B	1000		1200	
H	1000		1050	
L_1	1490		1620	
L_2	925		720	
L_3	410		270	
L_4	200		200	
L_5	120		140	
L_6	100		100	
L_7	208		276	
B_1	1230		1430	
B_2	360		400	
B_3	420		500	
H_1	1500		1500	
H_2	1132		1182	
H_3	890		890	
H_4	130		200	
H_5	500		400	
H_6	70		120	
H_7	78		110	

（6）专用稀油润滑装置

除了以上稀油润滑装置以外，目前在冶金、矿山、电力、化工、交通、轻工等行业中常用的稀油润滑装置还有 XYZ-GZ 型整体式稀油站、GDR 型双高低压稀油站和这些型号的改进型产品等。

（7）国外的稀油润滑系统简介

1）日本大阪金属公司的稀油润滑站系统。该公司生产的稀油润滑站有 AN、BN、CN、DN 4 个系列 30 余种规格的产品。其中 AN 系列稀油站为小型单机配套，供油能力范围 6～100L/min，属于整体安装形式，图 10-1-3 为其系统图。该系列主要用于对润滑要求不高，供油量较少的小型减速器、通风机、压缩机及小型机械的润滑。BN 系列稀油站供油能力范围为 120～1000L/min，主要用于中型减速器、轧钢辅助设备、造纸机械及大型通风机械等设备的润滑，图 10-1-4 为其系统图。CN 及 DN 系列稀油站均为大型稀油站，供油能力分别为 170～3000L/min 及 420～3000L/min。

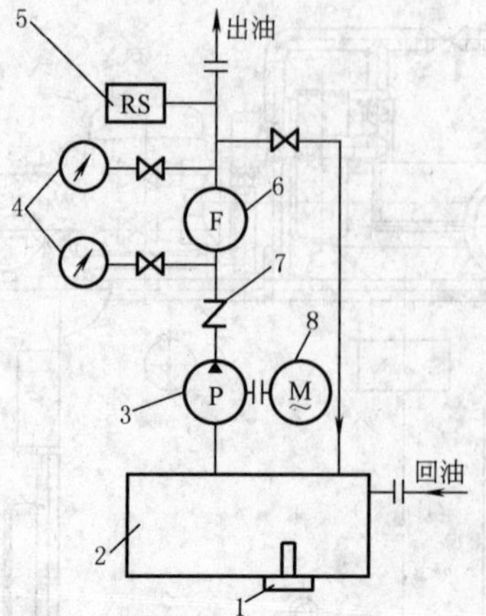

图 10-1-3 日本大金 AN 系列稀油站系统图

1—电热器；2—油箱；3—油泵；4—压力表；5—压力调节器；6—过滤器；7—逆止阀；8—电动机

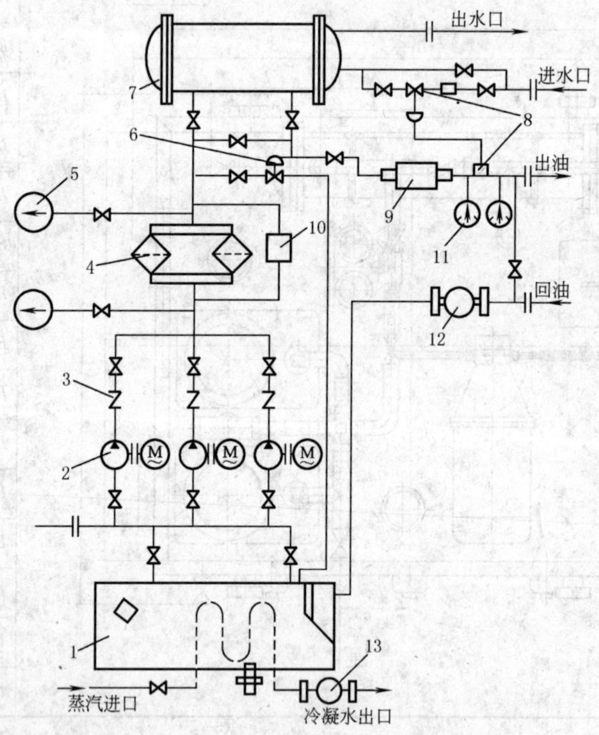

图 10-1-4 日本大金 BN 系列稀油站系统图

1—油箱；2—齿轮油泵；3—逆止阀；4—双筒网式过滤器；5—压力计；6—压力调节阀（安全阀）；7—冷却器；8—调节阀；9—流量计；10—电接点压差计；11—电接点压力计；12—回油油流指示计；13—蒸汽冷凝器

2）德国奈迪格（Neidig）公司的稀油润滑站系统。该系列稀油站与日本大金 AN 系列稀油站相似，二者均不设置备用泵，其特点是在系统先冷却后过滤，并采用螺杆泵及带磁性的双筒网式过滤器，过滤芯的更换、清洗不影响系统的连续工作，提高了过滤效果，保证流经系统元件的润滑油均经过滤。图 10-1-5 为其系统图。

3）意大利普洛戴斯特（Prodest）公司稀油润滑站系统。该系列稀油站的工作原理与齿轮泵循环润滑站基本相同。其特点是自动化程度高，在油箱的回油口装有磁性过滤器，油泵的出油管路上设有圆盘式过滤器，另外还设置了一个专门的站内循环过滤系统，以保证润滑油的清净程度。图 10-1-6 为其系统图。

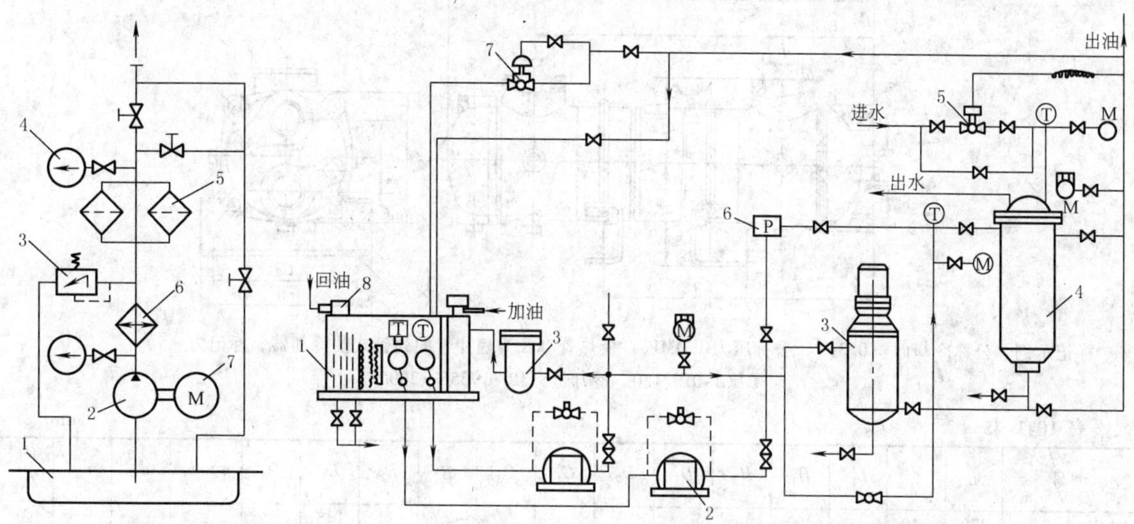

图 10-1-5　德国奈迪格公司稀油站系统图

1—油箱；2—油泵；3—安全阀；4—压力计；5—过滤器；6—冷却器；7—电动机

图 10-1-6　意大利普洛戴斯特公司稀油站系统图

1—油箱；2—油泵；3—过滤器；4—冷却器；5—温度调节器；6—压力开关；7—弹簧安全阀；8—磁过滤器

4.2.3　辅助装置及元件

（1）冷却器

1）列管式油冷却器（摘自 JB/T 7356—2005）

GLC、GLL 型列管式冷却器适用于冶金、矿山、电力、化工、轻工等行业的稀油润滑装置、液压站和液压设备中，将热工作油冷却到要求的温度。GLL5、GLL6、GLL7 系列具有立式装置。

表 10-1-44　　列管式油冷却器系列的基本参数与特点

型号	公称压力/MPa	公称冷却面积/m^2								工作温度/℃	工作压力/MPa	油水流量比	黏度①	换热系数/[kcal/(m^2·h·℃)]	特点	
GLC1	0.63(D) 1(F) 1.6(W)	0.4	0.6	0.8	1	1.2	—	—	—	≤100 水温≤30	≤1.6（一般工作压力≤1）	1∶1	≤100 mm^2/s	>300	产品体积小、重量轻，冷却效果好，便于维护检修	换热管采用紫铜翅片管，水侧通道为双管程填料函浮动管板式
GLC2		1.3	1.7	2.1	2.6	3	3.6	—	—							
GLC3		4	5	6	7	8	9	10	11							
GLC4		13	15	17	19	21	23	25	27							
GLC5		30	34	37	41	44	47	50	54							
GLC6		55	60	65	70	75	80	85	90							
GLL3	0.63(D) 1(F)	4	5	6	7	—	—	—	—			1∶1.5	10～460 mm^2/s	>200		换热管采用裸(光)管，水侧通道为双管程或四管程填料函浮动管板式
GLL4		12	16	20	24	28	—	—	—							
GLL5		35	40	45	50	60	—	—	—							
GLL6		80	100	120	—	—	—	—	—							
GLL7		160	200	—	—	—	—	—	—							

① 适用润滑油的黏度值。

注：生产厂有太原矿山机器润滑液压设备有限公司，南通市南方润滑液压设备有限公司，启东市南方润滑液压设备有限公司，启东江海液压润滑设备厂，启东润滑设备有限公司，福建省泉州市江南冷却器厂，常州市华立液压润滑设备有限公司，四川川润股份有限公司，上海利安润滑设备制造有限公司，风凯换热器制造（常州）有限公司，上海润滑设备厂，启东中冶润滑设备有限公司。

GLC 型列管式油冷却器型式与尺寸

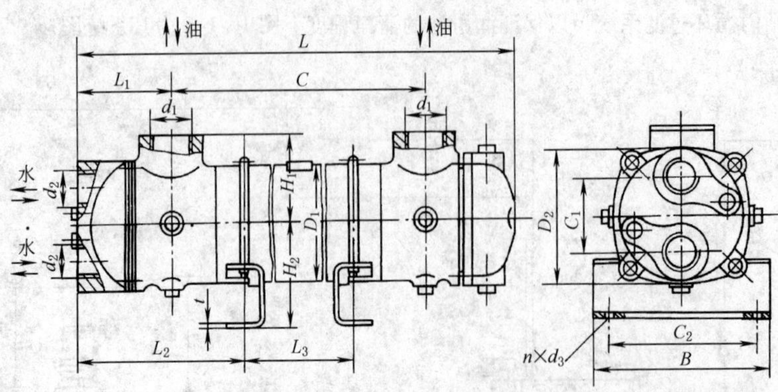

标记示例：公称冷却面积 0.3m²，公称压力 1.0MPa，换热管型式为翅片管的列管式油冷却器，标记为

GLC1-0.3/1.0　冷却器　JB/T 7356—2005

表 10-1-45　　mm

型号	L	C	L_1	H_1	H_2	D_1	D_2	C_1	C_2	B	L_2	L_3	t	$n \times d_3$	d_1	d_2	质量 /kg
GLC1-0.4/×	370	240	67	60	68	78	92	52	102	132	115	145	2	4×ϕ11	G1	G¾	8
GLC1-0.6/×	540	405										310					10
GLC1-0.8/×	660	532										435					12
GLC1-1/×	810	665										570					13
GLC1-1.2/×	940	805										715					15
GLC2-1.3/×	560	375	98	85	93	120	137	78	145	175	172	225	2	4×ϕ11	G1	G1	19
GLC2-1.7/×	690	500										350					21
GLC2-2.1/×	820	635										485					25
GLC2-2.6/×	960	775										630					29
GLC2-3/×	1110	925										780					32
GLC2-3.5/×	1270	1085										935					36
GLC3-4/×	840	570	152	125	158	168	238	110	170	210	245	380	10	4×ϕ15	G1½	G1¼	74
GLC3-5/×	990	720										530					77
GLC3-6/×	1140	870										680					85
GLC3-7/×	1310	1040										850					90
GLC3-8/×	1470	1200	152	125	158	168	238	110	170	210	245	1010	10	4×ϕ15	G2	G1½	96
GLC3-9/×	1630	1360										1170					105
GLC3-10/×	1800	1530										1340					110
GLC3-11/×	1980	1710										1520					118
GLC4-13/×	1340	985	197	160	208	219	305	140	270	320	318	745	12	4×ϕ19	G2B	G2	152
GLC4-15/×	1500	1145										905					164
GLC4-17/×	1660	1305	197	160	208	219	305	140	270	320	318	1065	12	4×ϕ19	G2	G2	175
GLC4-19/×	1830	1475										1235					188
GLC4-21/×	2010	1655										1415					200
GLC4-23/×	2180	1825										1585					213
GLC4-25/×	2360	2005										1765					225
GLC4-27/×	2530	2175										1935					
GLC5-30/×	1932	1570	202	200	234	273	355	180	280	320	327	1320	12	4×ϕ23	G2	G2½	—
GLC5-34/×	2152	1790										1540					—
GLC5-37/×	2322	1960										1710					—
GLC5-41/×	2542	2180										1930					—
GLC5-44/×	2712	2350										2100					—
GLC5-47/×	2872	2510										2260					—
GLC5-51/×	3092	2730										2480					—
GLC5-54/×	3262	2900										2650					—

续表

型号	L	C	L_1	H_1	H_2	D_1	D_2	C_1	C_2	B	L_2	L_3	t	$n \times d_3$	d_1	d_2	质量/kg
GLC6-55/×	2272	1860	227	230	284	325	410	200	300	390	362	1590	12	4×ϕ23	G2½	G3	—
GLC6-60/×	2452	2040										1770					—
GLC6-65/×	2632	2220										1950					—
GLC6-70/×	2812	2400										2130					—
GLC6-75/×	2992	2580										2310					—
GLC6-80/×	3172	2760										2490					—
GLC6-85/×	3352	2940										2670					—
GLC6-90/×	3532	3120										2850					—

注：×为标注公称压力值。

GLL 型卧式列管式油冷却器型式与尺寸

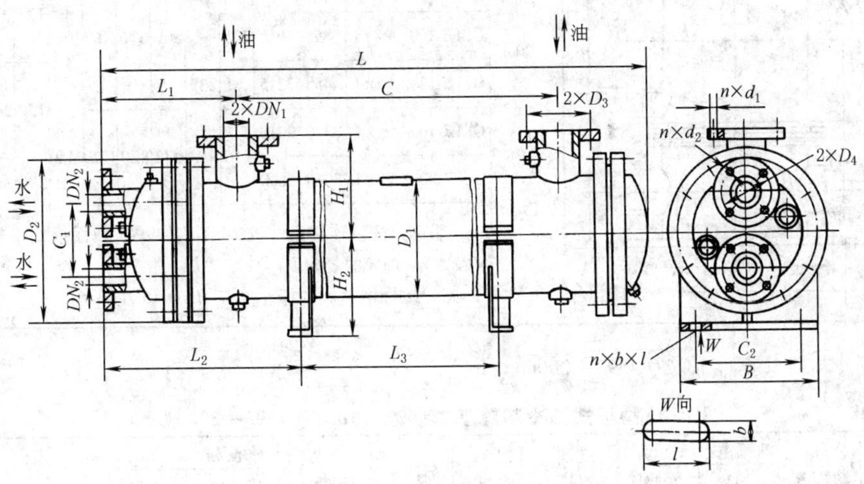

标记示例：

公称冷却面积 60m²，公称压力 0.63MPa，换热管为裸管，水侧通道为四管程（S）的立式（L）列管式油冷却器，标记为

GLL5-60/0.63SL　冷却器　JB/T 7356—2005

表 10-1-46　　mm

型号	L	C	L_1	H_1	H_2	D_1	D_2	C_1	C_2	B	L_2	L_3	D_3	D_4	$n \times d_1$	$n \times d_2$	$n \times b \times l$	DN_1	DN_2	质量/kg
GLL3-4/××	1165	682	265	190	210	219	310	140	200	290	367	485	100	100	4×ϕ18	4×ϕ18	4×20×28	32	32	143
GLL3-5/××	1465	982										785								168
GLL3-6/××	1765	1282										1085	110					40		184
GLL3-7/××	2065	1512										1385								220
GLL4-12/××	1555	860	345	262	262	325	435	200	300	370	497	660	145	145	4×ϕ18	4×ϕ18	4×20×28	65	65	319
GLL4-16/××	1960	1365										1065								380
GLL4-20/××	2370	1775										1475								440
GLL4-24/××	2780	2175	350									1885	160					80		505
GLL4-28/××	3190	2585										2295								566
GLL5-35/××	2480	1692	500	315	313	426	535	235	300	520	730	1232	180	180	8×ϕ17.5	8×ϕ18	4×20×30	100	100	698
GLL5-40/××	2750	1962										1502								766
GLL5-45/××	3020	2202	515								725	1772	210					125		817
GLL5-50/××	3290	2472										2042								900
GLL5-60/××	3830	3012										2582								1027
GLL6-80/××	3160	2015	700	500	434	616	780	360	750	550	935	1555	295	295	8×ϕ22	8×ϕ23	4×25×32	200	200	1617
GLL6-100/××	3760	2615										2155								1890
GLL6-120/××	4360	3215										2755								2163

注：1. 第一个×为标注公称压力值，第二个×为标注水程管程数（四管程标 S，双管程不标注）。下表同。

2. 法兰连接尺寸按 JB/T 81—1994《凸面板式平焊钢制管法兰》中 PN = 1MPa 的规定。

表 10-1-47 **GLL 型立式油冷却器型式与尺寸** mm

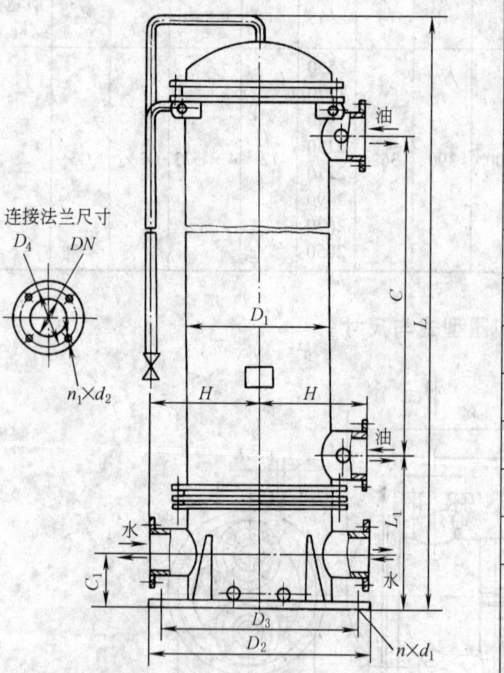

<table>
<tr><th>型号</th><th>L</th><th>C</th><th>L_1</th><th>C_1</th><th>H</th><th>D_1</th><th>D_2</th><th>D_3</th><th>DN</th><th>D_4</th><th>$n\times d_1$</th><th>$n_1\times d_2$</th><th>质量/kg</th></tr>
<tr><td>GLL5-35/××L</td><td>2610</td><td>1692</td><td rowspan="5">470</td><td rowspan="5">150</td><td rowspan="5">315</td><td rowspan="5">426</td><td rowspan="5">640</td><td rowspan="5">590</td><td rowspan="2">80</td><td rowspan="2">160</td><td rowspan="5">6×ϕ30</td><td rowspan="2">4×ϕ18</td><td>734</td></tr>
<tr><td>GLL5-40/××L</td><td>2880</td><td>1962</td><td>802</td></tr>
<tr><td>GLL5-45/××L</td><td>3120</td><td>2202</td><td rowspan="3">100</td><td rowspan="3">180</td><td rowspan="3">8×ϕ18</td><td>853</td></tr>
<tr><td>GLL5-50/××L</td><td>3390</td><td>2472</td><td>936</td></tr>
<tr><td>GLL5-60/××L</td><td>3930</td><td>3012</td><td>1063</td></tr>
<tr><td>GLL6-80/××L</td><td>3255</td><td>2015</td><td rowspan="3">705</td><td rowspan="5">235</td><td rowspan="3">500</td><td rowspan="3">616</td><td rowspan="3">1075</td><td rowspan="3">1015</td><td rowspan="2">125</td><td rowspan="2">210</td><td rowspan="5">6×ϕ40</td><td rowspan="2">2×ϕ18</td><td>1670</td></tr>
<tr><td>GLL6-100/××L</td><td>3855</td><td>2615</td><td>1943</td></tr>
<tr><td>GLL6-120/××L</td><td>4455</td><td>3215</td><td rowspan="2">150</td><td rowspan="2">240</td><td rowspan="3">8×ϕ23</td><td>2216</td></tr>
<tr><td>GLL7-160/××L</td><td>3320</td><td>2010</td><td rowspan="2">715</td><td rowspan="2">602</td><td rowspan="2">820</td><td rowspan="2">1210</td><td rowspan="2">1150</td><td>2768</td></tr>
<tr><td>GLL7-200/××L</td><td>3970</td><td>2660</td><td>200</td><td>295</td><td>3340</td></tr>
</table>

注：1. 法兰连接尺寸按 JB/T 81-1994《凸面板式平焊钢制管法兰》中 $PN=1$MPa 的规定。

2. 型号中××的标注见表 10-1-46 注。

2）板式油冷却器（摘自 JB/ZQ 4593—2006）

表 10-1-48 **BRLQ 型板式油冷却器基本参数**（JB/ZQ 4593—2006）

型号	公称冷却面积/m^2	油流量/L·min^{-1} 50#机械油	油流量/L·min^{-1} 28#轧钢机油	进油温度/℃	出油温度/℃	油压降/MPa	进水温度/℃	水流量/L·min^{-1} 用50#机械油时	水流量/L·min^{-1} 用28#轧钢机油时	应用
BRLQ0.05-1.5	1.5	20	10					16	8	1. 适用于稀油润滑系统中冷却润滑油，其黏度值不大于 460mm^2/s 2. 板式冷却器油和水流向应相反 3. 冷却水用工业用水，如用江河水需经过滤或沉淀 4. 工作压力小于 1MPa 5. 工作温度 -20～150℃ 6. 50#机械油相当于 L-AN100 全损耗系统用油或 L-HL100 液压油。28#轧钢机油行业标准已废除，可考虑使用 LCKD460 重载荷工业齿轮油
BRLQ0.05-2	2	32	16					25	13	
BRLQ0.05-2.5	2.5	50	25					40	20	
BRLQ0.1-3	3	80	40					64	32	
BRLQ0.1-5	5	125	63					100	50	
BRLQ0.1-7	7	200	100					100	80	
BRLQ0.1-10	10	250	125					200	100	
BRLQ0.2A-13	13	400	160					320	130	
BRLQ0.2A-18	18	500	250					400	200	
BRLQ0.2A-24	24	600	315					500	250	
BRLQ0.3A-30	30	650	400					520	320	
BRLQ0.3A-35	35	700	500					560	400	
BRLQ0.3A-40	40	950	630	50	≤42	≤0.1	≤30	800	500	
BRLQ0.5-60	60	1100	800					900	640	
BRLQ0.5-70	70	1300	1000					1050	800	
BRLQ0.5-80	80	2100	1600					1670	1280	
BRLQ0.5-120	120	3000	2100					2400	1600	
BRLQ1.0-50	50	1000	715					850	570	
BRLQ1.0-80	80	2100	1600					1670	1280	
BRLQ1.0-100	100	2500	1800					2040	1440	
BRLQ1.0-120	120	3000	2100					2400	1600	
BRLQ1.0-150	150	3500	2500					2950	2400	
BRLQ1.0-180	180	4000	2850					3500	2600	
BRLQ1.0-200	200	4500	3150					3800	3000	
BRLQ1.0-250	250	5000	3500					4400	3400	

注：生产厂有启东市南方润滑液压设备有限公司，启东市江海液压润滑设备厂，四川川润股份有限公司，常州市华立液压润滑设备有限公司，风凯换热器制造（常州）有限公司，福建省泉州市江南冷却器厂，启东市中冶润滑设备有限公司。

BRLQ 型板式油冷却器

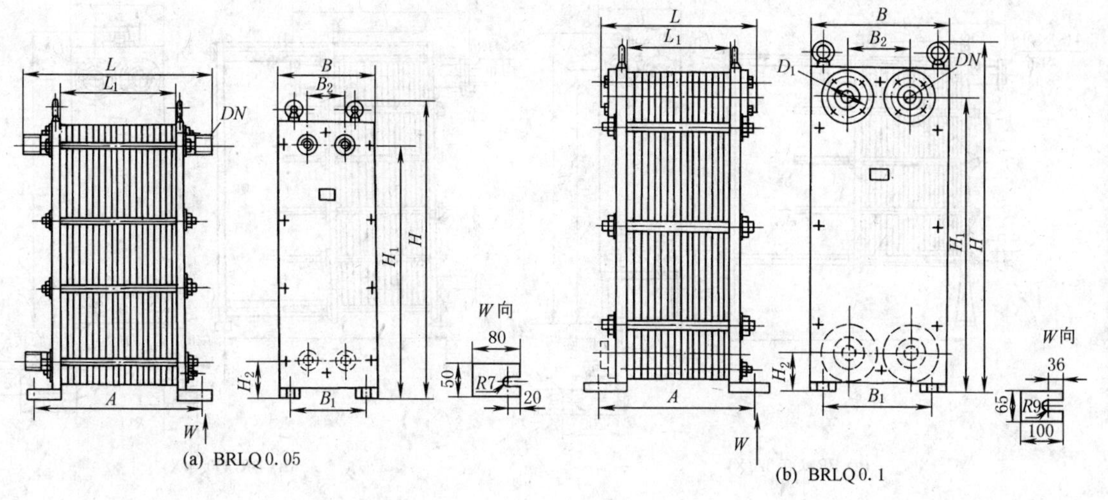

(a) BRLQ 0.05　(b) BRLQ 0.1

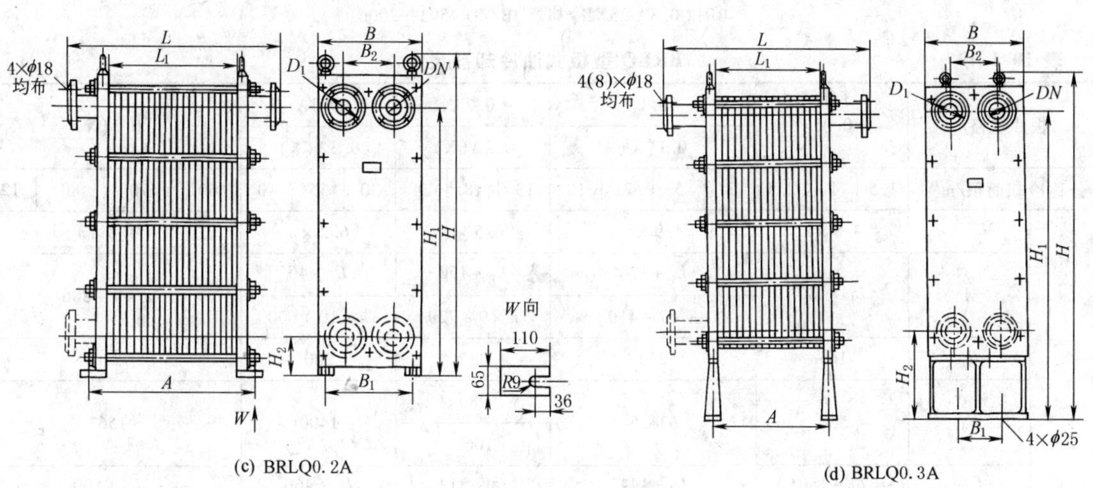

(c) BRLQ0.2A　(d) BRLQ0.3A

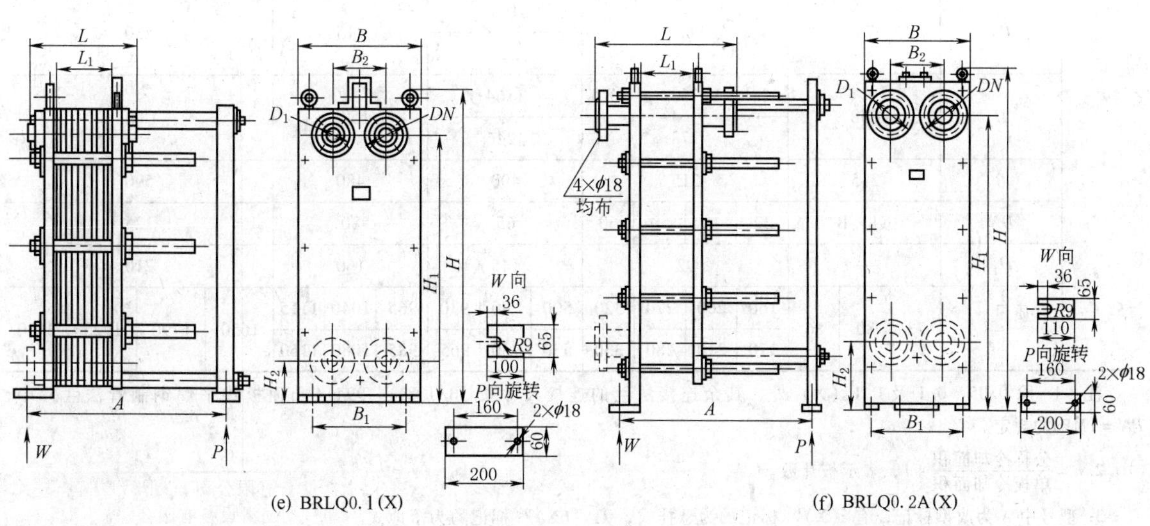

(e) BRLQ0.1(X)　(f) BRLQ0.2A(X)

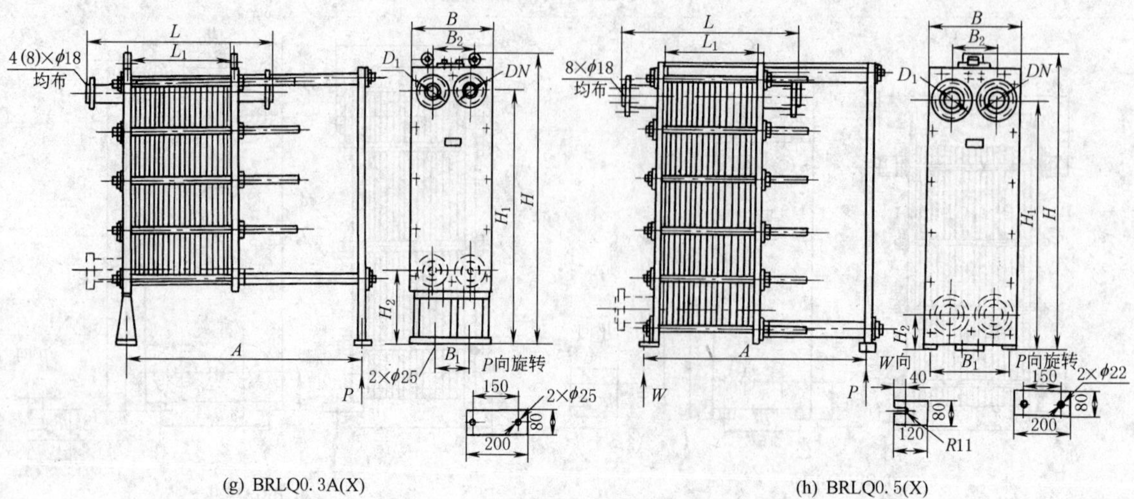

(g) BRLQ0.3A(X)　　　　(h) BRLQ0.5(X)

标记示例：单板冷却面积 0.3m²，公称面积 35m²，第一次改型的悬挂式板式油冷却器，标记为

BRLQ0.3A-35X 冷却器 JB/ZQ 4593—2006

表 10-1-49　　　BRLQ 型板式油冷却器尺寸　　　mm

<table>
<tr><td colspan="2">板片规格</td><td colspan="3">0.05</td><td colspan="4">0.1
0.1(X)</td><td colspan="3">0.2A
0.2A(X)</td><td colspan="3">0.3A
0.3A(X)</td><td colspan="4">0.5(X)</td></tr>
<tr><td colspan="2">公称冷却面积/m²</td><td>1.5</td><td>2</td><td>2.5</td><td>3</td><td>5</td><td>7</td><td>10</td><td>13</td><td>18</td><td>24</td><td>30</td><td>35</td><td>40</td><td>60</td><td>70</td><td>80</td><td>120</td></tr>
<tr><td rowspan="12">尺寸</td><td>$L_1\approx$</td><td colspan="3">3.8×n</td><td colspan="4">4.9×n</td><td colspan="3">6.5×n</td><td colspan="3">6.2×n</td><td colspan="4">4.8×n</td></tr>
<tr><td>A</td><td colspan="3">L_1+120</td><td colspan="4">L_1+128
n×7+410</td><td colspan="3">L_1+150
n×9+720</td><td colspan="3">L_1+46
n×10+600</td><td colspan="4">n×7+806</td></tr>
<tr><td>B_1</td><td colspan="3">165</td><td colspan="4">250</td><td colspan="3">335</td><td colspan="3">200</td><td colspan="4">310</td></tr>
<tr><td>H_1</td><td colspan="3">530</td><td colspan="4">636.5</td><td colspan="3">980
1062</td><td colspan="3">1400</td><td colspan="4">1563</td></tr>
<tr><td>$L\approx$</td><td colspan="3">L_1+180</td><td colspan="4">L_1+144</td><td colspan="3">L_1+312</td><td colspan="3">L_1+460</td><td colspan="4">L_1+500</td></tr>
<tr><td>B_2</td><td colspan="3">80</td><td colspan="4">142</td><td colspan="3">190</td><td colspan="3">218</td><td colspan="4">268</td></tr>
<tr><td>H_2</td><td colspan="3">74</td><td colspan="4">88.5</td><td colspan="3">140
222</td><td colspan="3">415</td><td colspan="4">230</td></tr>
<tr><td>H</td><td colspan="3">638</td><td colspan="4">760
778</td><td colspan="3">1164
1246</td><td colspan="3">1598</td><td colspan="4">1840</td></tr>
<tr><td>B</td><td colspan="3">215</td><td colspan="4">315</td><td colspan="3">400</td><td colspan="3">480</td><td colspan="4">590</td></tr>
<tr><td>DN</td><td colspan="3">G1¼B</td><td>32</td><td>10</td><td>50</td><td>60</td><td colspan="3">65</td><td colspan="3">80</td><td colspan="4">125</td></tr>
<tr><td>D_1</td><td colspan="3">—</td><td colspan="4">92</td><td colspan="3">145</td><td colspan="3">160</td><td colspan="4">210</td></tr>
<tr><td>质量≈
/kg</td><td>73</td><td>80</td><td>86</td><td>160
170</td><td>200
210</td><td>270
280</td><td>320
330</td><td>500
530</td><td>700
730</td><td>930
965</td><td>965
985</td><td>1040
1080</td><td>1115
1160</td><td>1650</td><td>1790</td><td>1925</td><td>2450</td></tr>
</table>

注：1. 除 0.05、0.1 及 0.1（X）外，其余连接法兰的连接尺寸按 JB/T 81—1994《凸面板式平焊钢制管法兰》中，$PN=1\text{MPa}$的规定。

2. $n=\dfrac{\text{公称冷却面积}}{\text{单板冷却面积}}+1$，表示板片数。

3. 型号中 A 为改型标记，有“（X）”标记的为悬挂式，无“（X）”标记的为落地式。

表 10-1-50　　BRLQ1.0（X）型板式油冷却器尺寸　　mm

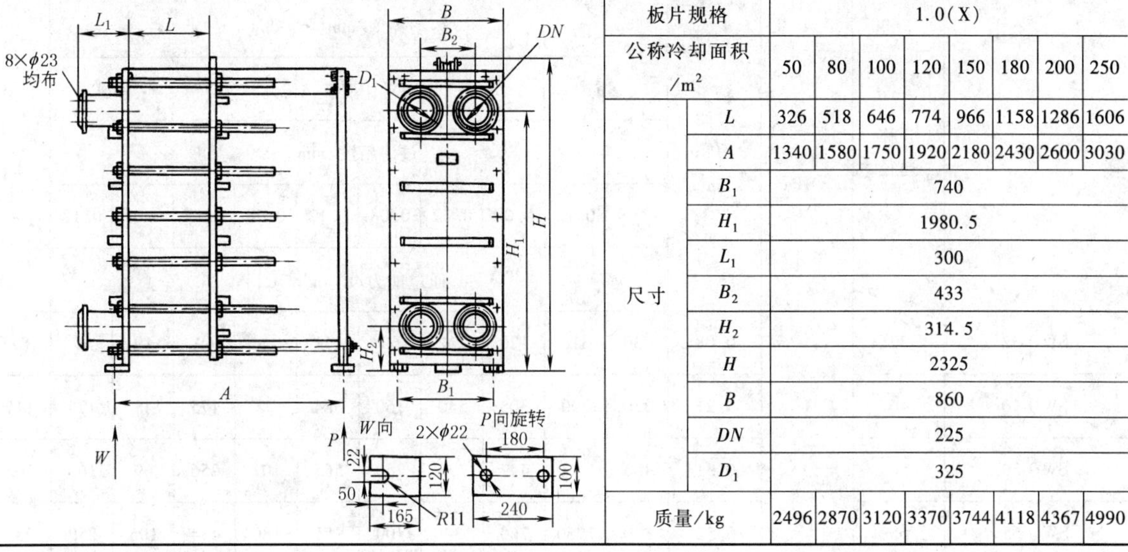

板片规格		1.0(X)							
公称冷却面积/m^2		50	80	100	120	150	180	200	250
尺寸	L	326	518	646	774	966	1158	1286	1606
	A	1340	1580	1750	1920	2180	2430	2600	3030
	B_1	740							
	H_1	1980.5							
	L_1	300							
	B_2	433							
	H_2	314.5							
	H	2325							
	B	860							
	DN	225							
	D_1	325							
质量/kg		2496	2870	3120	3370	3744	4118	4367	4990

（2）过滤器及过滤机

1）SWQ 型（原为 SLQ 型）双筒网式过滤器（摘自 JB/T 2302—1999）。适用于公称压力 0.63MPa 的稀油润滑系统中过滤润滑油。小型的为整体式；较大型的为组合式，分别由两组过滤筒和一个三位六通换向阀组成，工作时一筒工作，一筒备用，可实现不停车切换过滤筒，达到循环润滑不间断工作的目的。

表 10-1-51　　双筒网式过滤器参数及外形尺寸　　mm

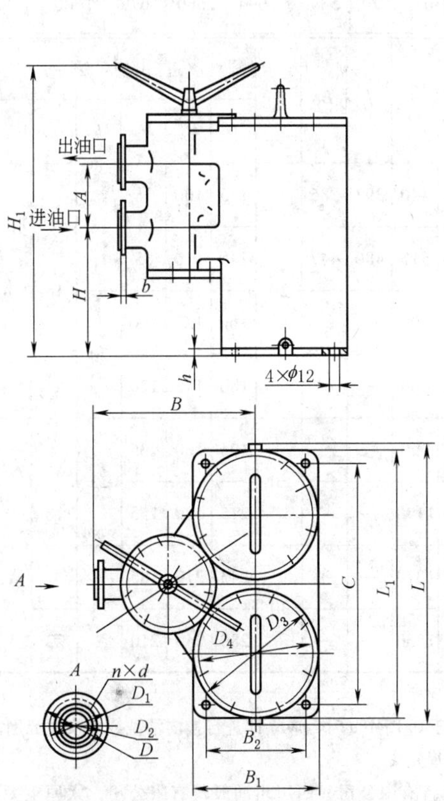

公称通径 32mm、40mm 双筒网式过滤器（整体式） 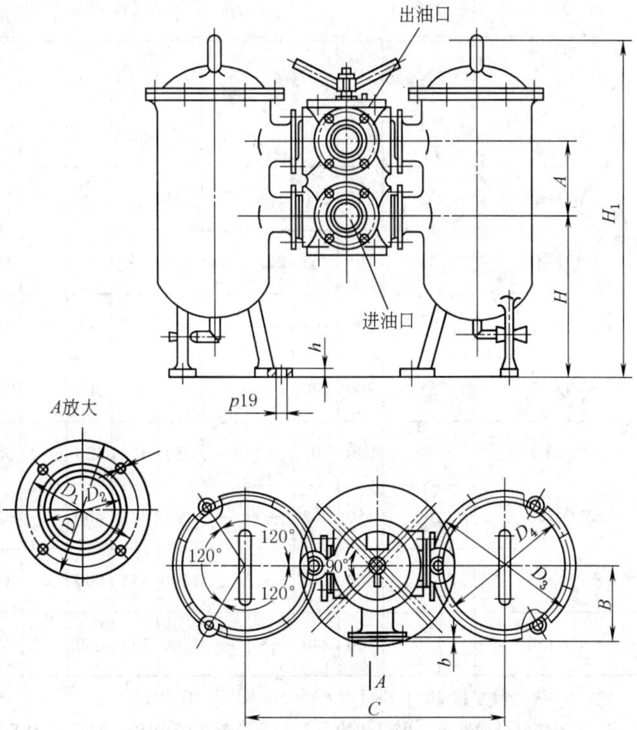　　公称通径 50～150mm 双筒网式过滤器（组合式）

续表

型号	公称通径	公称压力/MPa	过滤面积/m^2	运动黏度/$mm^2 \cdot s^{-1}$										质量/kg
				46		68		100		150		460		
				过滤精度/mm										
				0.08	0.12	0.08	0.12	0.08	0.12	0.08	0.12	0.08	0.12	
				通过能力/$L \cdot min^{-1}$										
SWQ-32	32	0.63	0.08	130	310	120	212	63	151	29	69	19	49	82
SWQ-40	40		0.21	330	790	305	540	160	384	72	175	48	125	115
SWQ-50	50		0.31	485	1160	447	793	250	565	107	256	69	160	205
SWQ-65	65		0.52	820	1960	760	1340	400	955	180	434	106	250	288
SWQ-80	80		0.83	1320	3100	1200	2150	630	1533	288	695	170	400	345
SWQ-100	100		1.31	1990	4750	1840	3230	1000	2310	436	1050	267	630	468
SWQ-125	125		2.20	3340	8000	3100	5420	1680	3890	730	1770	450	1000	1040
SWQ-150	150		3.30	5000	12000	4650	8130	2520	5840	1094	2660	679	1600	1185

型号	公称通径	A	B	B_1	B_2	C	D_3	D_4	D_1	H	H_1 ≈	L	L_1	h	进、出油口法兰					
															D	D_1	D_2	b	d	n
SWQ-32	32	140	250	186	154	344	—	—	G3/8	145	440	397	386	20	135	100	78	18	18	4
SWQ-40	40	165	265	222	184	410	—	—		180	515	480	447		145	110	85			
SWQ-50	50	190	165	—	—	693	330	280	G1/2	355	800	—	—		160	125	100	20		
SWQ-65	65	200	170	—	—	713	374	300		395	860	—	—		180	145	120			
SWQ-80	80	220	202	—	—	830	374	320	G3/4	500	990	—	—	20	195	160	135	22	18	8
SWQ-100	100	250	202	—	—	895	442	400		610	1190	—	—		215	180	155			
SWQ-125	125	260	240	—	—	1200	755	600	G1	640	1270	—	—	30	245	210	185	24		
SWQ-150	150	300	240	—	—	1200	755	600		860	1530	—	—		280	240	210		23	

注：1. 法兰尺寸按 JB/T 79.1（PN = 1.6MPa）的规定。

2. 在工作时过滤器进、出口初始压差小于等于 0.035MPa，当压差大于等于 0.15MPa 时，应立即进行换向清洗或更换过滤网。

3. 运动黏度按 GB/T 3141—1994《工业液体润滑剂　ISO 黏度分类》的规定。

4. 生产厂有南通市南方润滑液压设备有限公司，启东市南方润滑液压设备有限公司，四川川润股份有限公司，太原宝太润液设备有限公司，太原市兴科机电研究所。

2）SWCQ 型双筒网式磁芯过滤器（摘自 JB/ZQ 4592—2006）。适用于公称压力 0.63MPa 的稀油润滑系统中过滤润滑油。由于内部装有磁芯，因此还能吸附带磁性的微粒，避免机械摩擦副的过早磨损。除此以外，这种过滤器的结构特点与 SWQ 型双筒网式过滤器相同。

表 10-1-52　　双筒网式磁芯过滤器参数及外形尺寸　　mm

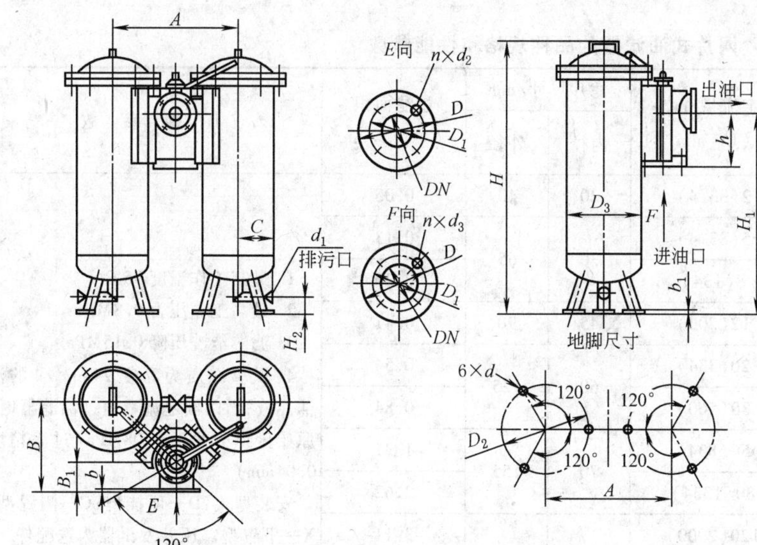

公称压力 0.63MPa，进、出口初始压差小于等于 0.03MPa，滤芯清洗压降小于等于 0.15MPa

适用于稀油润滑系统及液压传动系统中过滤润滑油或液压油，适用于黏度值 46～460mm²/s 的润滑油

标记示例：

公称通径为 50mm 的双筒网式磁芯过滤器，标记为

SWCQ-50 过滤器 JB/ZQ 4592—2006

型　号	公称通径 DN/mm	过滤面积 /m²	运动黏度值/mm²·s⁻¹										质量/kg
			46		68		100		150		460		
			过滤精度/mm										
			0.08	0.12	0.08	0.12	0.08	0.12	0.08	0.12	0.08	0.12	
			通过能力/L·min⁻¹										
SWCQ-50	50	0.31	485	1160	447	793	250	565	107	256	69	160	136
SWCQ-65	65	0.52	820	1960	760	1340	400	955	180	434	106	250	165
SWCQ-80	80	0.83	1320	3100	1200	2150	630	1533	288	695	170	400	220
SWCQ-100	100	1.31	1990	4750	1840	3230	1000	2310	436	1050	267	630	275
SWCQ-125	125	2.80	3340	8000	3100	5420	1686	3890	730	1710	450	1000	680
SWCQ-150	150	3.30	5000	12000	4650	8130	2520	5840	1094	2660	679	1600	818
SWCQ-200	200	6.00	9264	22140	8568	15114	4620	10788	2034	4908	1254	2898	1185
SWCQ-250	250	9.40	14513	34686	13423	23678	7238	16901	3186	7689	1964	4540	1422
SWCQ-300	300	13.50	20844	49815	19278	34006	10395	24273	4576	11043	2821	6520	2580

型号	公称通径 DN	A	B	B_1	b	b_1	C	D_2	D_3	H	H_1	H_2	h	d	d_1	进、出口法兰尺寸					
																DN	D	D_1	n	d_2	d_3
SWCQ-50	50	459	325	130	18	20	170	260	240	660	480	70	170	19	G½	50	160	125	4	18	M16
SWCQ-65	65	474	340	140	20	20	170	260	240	810	630	70	200	19	G½	65	180	145	4	18	M16
SWCQ-80	80	529	367	145	20	20	180	350	300	820	620	70	220	19	G½	80	195	160	4	18	M16
SWCQ-100	100	550	381	160	22	20	180	350	300	1000	780	70	250	19	G½	100	215	180	8	18	M16
SWCQ-125	125	779	494	165	24	20	220	600	550	1340	1060	100	300	19	G½	125	245	210	8	18	M16
SWCQ-150	150	817	533	190	24	30	220	600	550	1460	1120	100	340	24	G½	150	280	240	8	23	M20
SWCQ-200	200	938	613	230	24	30	260	650	600	1500	1120	120	420	24	G½	200	335	295	8	23	M20
SWCQ-250	250	1034	676	260	26	30	260	700	640	1600	1190	120	500	24	G½	250	390	350	12	23	M20
SWCQ-300	300	1288	814	290	28	30	260	1000	900	1720	1120	120	570	24	G½	300	440	400	12	23	M20

注：1. 法兰连接尺寸按 JB/T 81—1994《凸面板式平焊钢制管法兰》（PN＝1MPa）的规定。

2. 生产厂有启东市南方润滑液压设备有限公司，南通市南方润滑液压设备有限公司，启东江海液压润滑设备厂，太原矿山机器润滑液压设备有限公司，启东润滑设备有限公司，四川川润股份有限公司，常州市华立液压润滑设备有限公司，太原市兴科机电研究所，太原宝太润液设备有限公司，启东中冶润滑设备有限公司。

3）SPL、DPL 型网片式油滤器（摘自 CB/T 3025—1999）。网片式油滤器源于船用柴油机网片式油滤器（GB 4733—84），用于船用柴油机的燃油和润滑油的滤清，可滤除不溶于油的污物以提高油的清洁度，原国标已转为部标 CB/T 3025—1999。现常应用于冶金、电力、石化、建材、轻工等行业，它分为 SPL 双筒系列和 DPL 单筒系列，过滤元件为金属丝网制成的滤片，具有强度高、通油能力大、过滤可靠、便于清洗、维修不需要其他动力源等特点。

表 10-1-53　　　　网片式油滤器的品种规格和性能参数

型号		公称通径 DN/mm	额定流量/$m^3 \cdot h^{-1}$($L \cdot min^{-1}$)	滤片尺寸/mm		过滤面积(单筒)/m^2	其他参数
双筒系列	单筒系列			内径	外径		
SPL 15	—	15	2(33.4)	20	40	0.05	1. 最高工作温度 95℃ 2. 最高工作压力 0.8MPa 3. 滤芯清洗压降 0.15MPa 4. 试验介质为黏度 24mm²/s 的清洁油液，当以额定流量通过油滤器时，原始压降不大于 0.08MPa（过滤精度 0.04mm） 安装型式：D—顶挂型；C—侧置型；X—下置型。压差发讯器为选配件
SPL 25	DPL 25	25	5(83.4)	30	65	0.13	
SPL 32	—	32	8(134)			0.20	
SPL 40	DPL 40	40	12(200)	45	90	0.41	
SPL 50	—	50	20(334)	60	125	0.54	
SPL 65	DPL 65	65	30(500)			0.84	
SPL 80	DPL 80	80	50(834)	70	155	1.31	
SPL 100	—	100	80(1334)			2.62	
SPL 125	—	125	120(2000)	90	175	3.11	
SPL 150	DPL 150	150	180(3000)			4.67	
SPL 200	DPL 200	200	520(5334)			8.10	

注：生产厂有启东市南方润滑液压设备有限公司，南通市南方润滑液压设备有限公司，四川川润股份有限公司，太原市兴科机电研究所。

单筒网片式油滤器

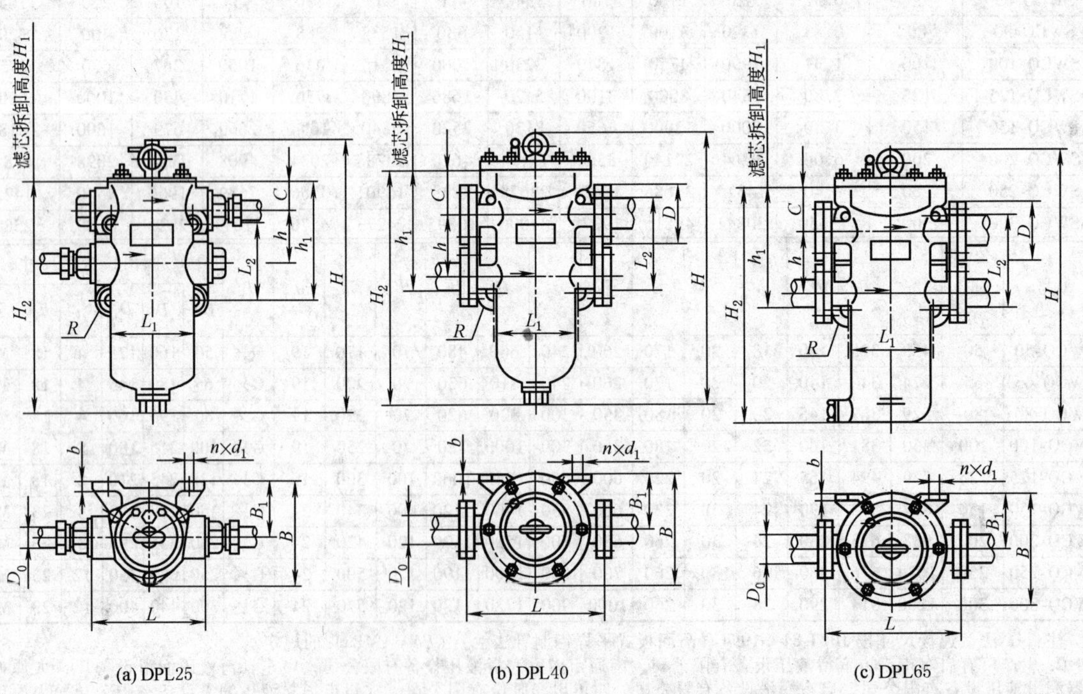

(a) DPL25　　(b) DPL40　　(c) DPL65

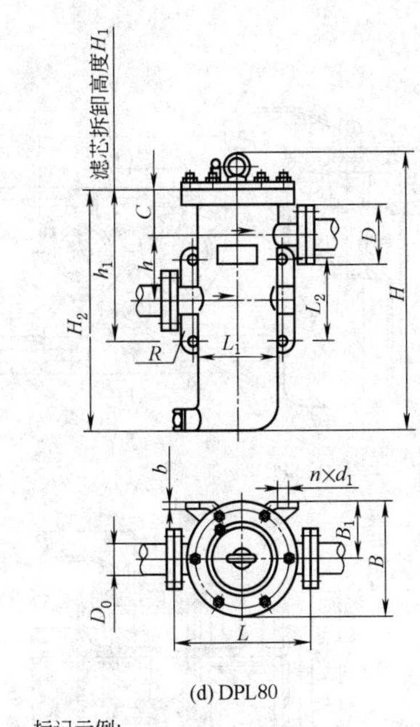

(d) DPL80

标记示例：

单筒系列，公称通径150mm，下置型带手动气冲洗的网片式油滤器，标记为

DPL/150X-QX　CB/T 3025—1999

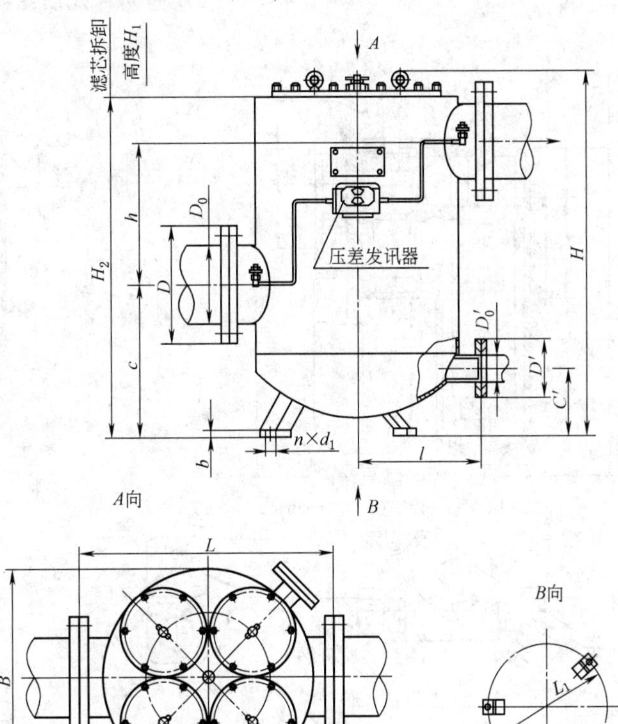

(e) DPL100～DPL200

表 10-1-54　　单筒网片式油滤器的型式和基本尺寸　　mm

公称通径	安装型式	外形尺寸			拆装滤芯距离	管路连接尺寸		管路安装尺寸				基座安装尺寸							质量/kg
DN		H	B	L	H_1	D	D_0	c	h	B_1	H_2	h_1	L_1	L_2	b	R	n	d_1	
25	C	315	130	135	270	M39×2	25	34	60	70	264	139	100	90	12	15	4	16	6
40	C	440	143	173	360	66×66	45	36	70	80	364	177	130	125	14	20	4	18	12
65	C	580	195	285	535	100×100	70	79	105	105	517	261	165	150	18	25	4	22	25
80	C	700	238	320	685	ϕ185	89	90	120	128	630	310	170	170	18	25	4	22	30
公称通径	安装型式	H	B	L	H_1	D	D_0	D'	D_0'	C	h	L	H_2	C'	L_1	b	n	d_1	质量/kg
100	X	800	412	528	790	190	108	140	42	290	360	264	734	150	335	18	3	18	115
150	X	940	550	660	790	240	158	135	57	380	380	335	870	180	470	20	3	24	160
200	X	1050	612	750	945	310	219	135	57	438	400	368	980	180	550	20	3	24	210

双筒网片式油滤器

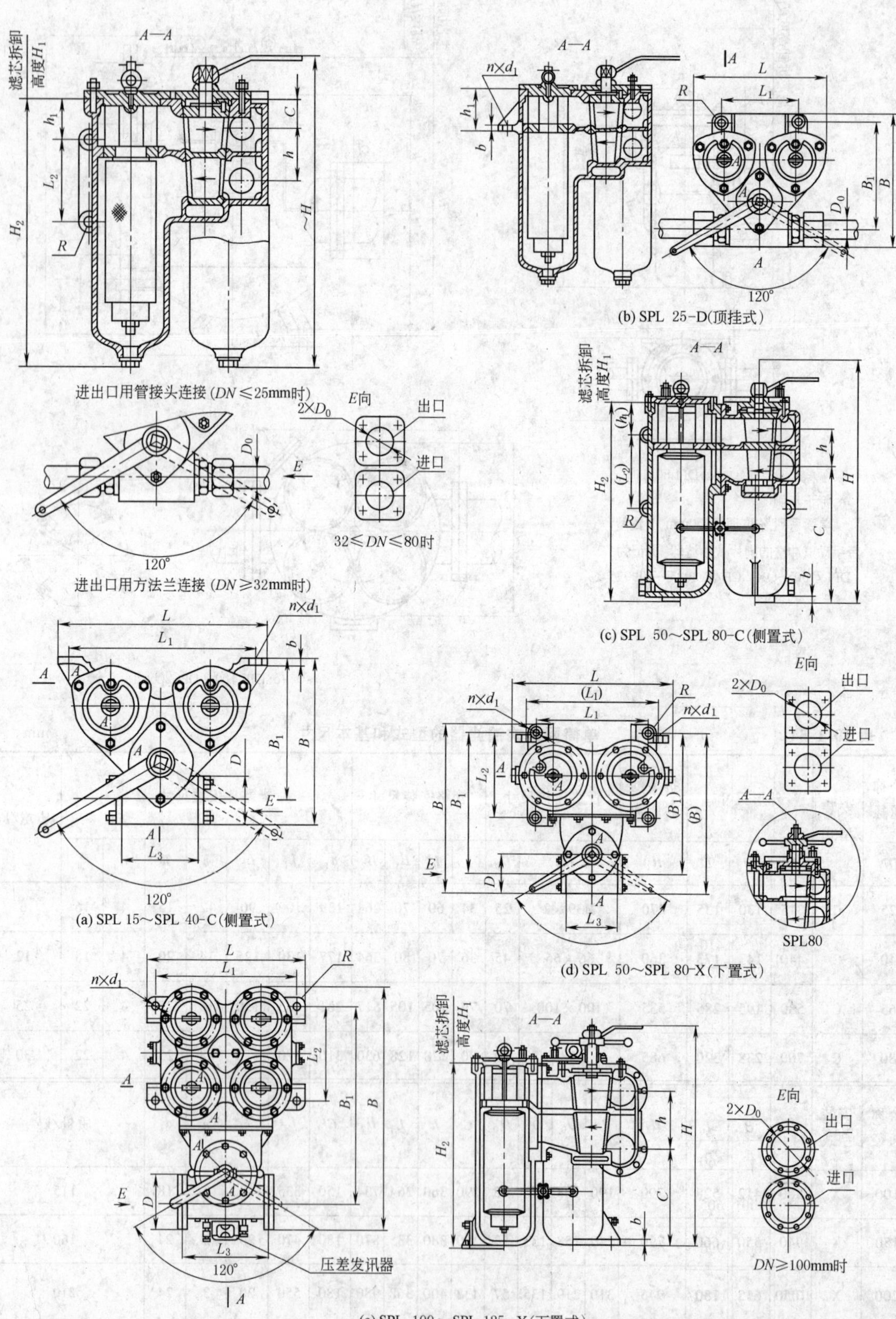

(a) SPL 15～SPL 40-C(侧置式)

(b) SPL 25-D(顶挂式)

(c) SPL 50～SPL 80-C(侧置式)

(d) SPL 50～SPL 80-X(下置式)

(e) SPL 100～SPL 125-X(下置式)

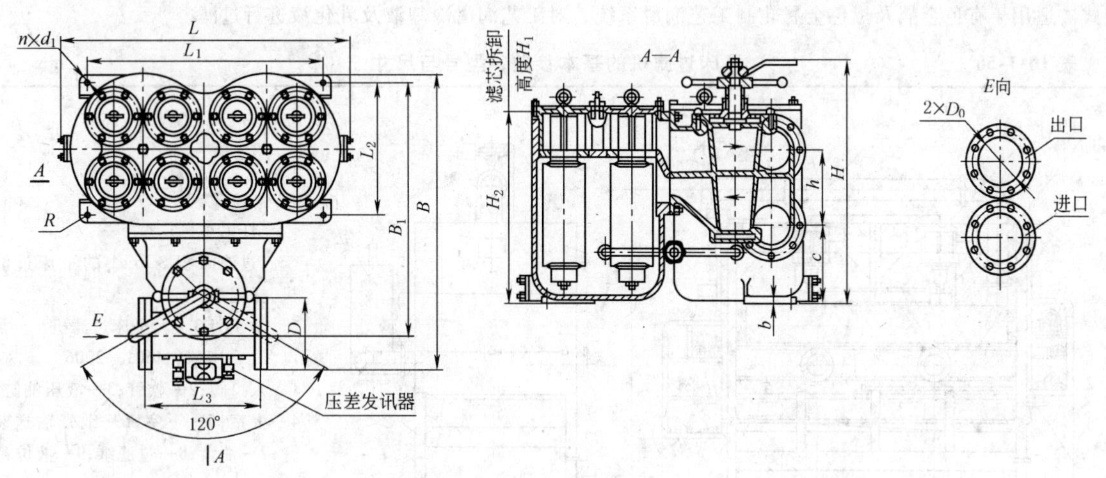

(f) SPL 150～SPL 200-X(下置式)

标记示例：

双筒系列，公称通径65mm，侧置型网片式油滤器，标记为

SPL 65C CB/T 3025—1999

表 10-1-55 双筒网片式油滤器的安装型式和基本尺寸 mm

公称通径	安装型式	外形尺寸			拆装滤芯距离	管路连接尺寸			管路安装尺寸					基座安装尺寸							质量/kg
						螺纹连接	法兰连接														
DN		H	B	L	H_1	D_W	D	D_0	c	h	L_3	B_1	H_2	h_1	L_1	L_2	b	R	n	d_1	
15	C	328	180	196	260	M30×2			38	55	88	155	291	88	166	80	12	16	4	12	9.5
20	C	310	207	260	230	M33×2			34	65	90	177	258	90	230	100	12	15	4	15	11.5
25	D	315	232	230	270	M39×2			34	65	90	185	265	90	156	100	12	15	2	16.5	12
	C	315	205	260								177		—	230				4	16.5	12
32	C	380	207	260	330		60×60	38	34	65	96	175	330	50	230	100	12	15	4	16.5	12
40	C	462	261	314	360		66×66	45	43	70	110	224	363	100	274	130	15	20	4	17	22
50	X	447	425	410	425		86×86	57	220	90	140	355	422		260	210	18	25	4	20	85
	C	447	400	410			86×86	57				355	412	92	350	130			4		
65	X	580	453	410	535		100×100	70	365	105	160	375	527		260	210	28	25	4	20	120
	C		423				100×100					425	517	112	350	150					
80	X	780	541	492	660		116×116	89	443	124	190	456	650		350	370	20	20	4	22	165
100	X	765	847	560	660		190	108	336	200	300	687	640		500	330	20	32	4	22	370
125	X	850	900	605	760		215	133	385	225	340	682	730		540	270	20	32	4	22	420
150	X	890	1000	990	790		240	150	380	250	400	825	760		750	460	30	32	4	22	680
200	X	1058	1155	1180	945		310	219	450	315	440	960	910		920	520	30	40	4	24	800

4）平床过滤机（摘自 JB/ZQ 4601—2006）。平床过滤机的结构为箱式水平卧置过滤机；换纸机构型式为绕带式。适用于有色金属及黑色金属轧制工艺润滑系统，对工艺润滑冷却液及乳化液进行过滤。

表 10-1-56　　平床过滤机的基本参数、型号与尺寸　　mm

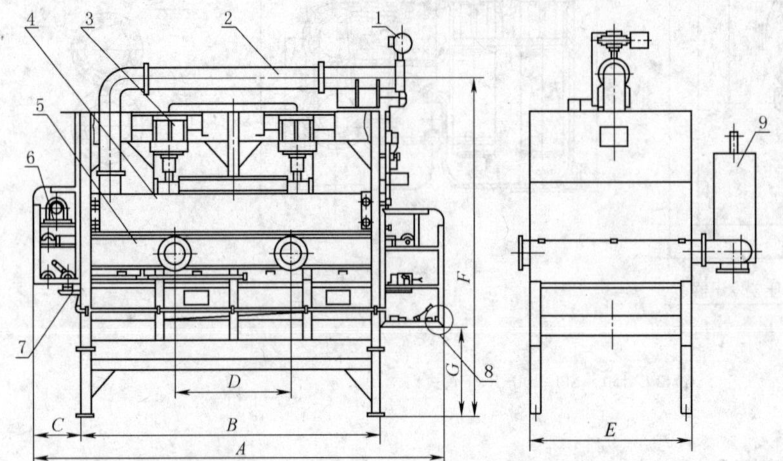

标记示例：

过滤面积 3.6m² 的平床过滤机，标记为

PGJ-3.6　平床过滤机　JB/ZQ 4601—2006

1—入口阀；2—软管；3—液压油缸；4—上室；5—下室；6—纸带输送装置；7—油盘；8—过滤纸；9—液位箱

型号	过滤能力 /L·min⁻¹	工作压力 /MPa	夹紧压力 /MPa	过滤精度 /μm	过滤面积 /m²	换纸时间 /min	油口尺寸 DN /mm 进	油口尺寸 DN /mm 出	地脚螺钉孔/mm	安装尺寸（长×宽）/mm×mm	质量/kg
PGJ-0.5	630	0.021	0.4～0.6	15	0.5	3	65	80	4×ϕ22	875×870	1260
PGJ-0.8	1000				0.8		80	100	4×ϕ22	1030×1250	1675
PGJ-1.25	1500				1.25		100	125	4×ϕ22	1480×1180	2560
PGJ-1.80	2000				1.80		125	150	4×ϕ22	1970×1500	3240
PGJ-2.50	3000				2.50		150	175	4×ϕ22	2240×1500	4500
PGJ-3.15	4000				3.15		200	250	4×ϕ22	2875×1500	5670
PGJ-3.60	4500				3.60		200	250	4×ϕ32	3400×1485	6210
PGJ-4.50	5500				4.50		250	300	4×ϕ32	4250×1500	7650
PGJ-5.00	6000				5.00		250	300	4×ϕ32	4711×1500	8200
PGJ-6.30	8000				6.30		300	335	8×ϕ32	6000×1500	10000
PGJ-8.00	10000				8.00		325	375	8×ϕ32	7175×1500	12000
PGJ-10	12500				10		375	425	8×ϕ32	6000×1500	14000
PGJ-12	15000				12		400	475	8×ϕ32	7100×2170	16000
PGJ-15	18000				15		450	500	8×ϕ32	9025×2170	18000

型　号	*A*	*B*	*C*	*D*	*E*	*F*	*G*
PGJ-0.5	2100	930	560	610	935	2125	720
PGJ-0.8	2350	1235	510	610	1090	2185	670
PGJ-1.25	2810	1540	460	815	1240	2490	890
PGJ-1.80	3715	2030	765	915	1575	2540	200
PGJ-2.50	4175	2345	765	1070	1575	2540	200
PGJ-3.15	5085	2955	915	1220	1575	2620	200
PGJ-3.60	6010	3570	915	1525	1575	2620	200
PGJ-4.50	6930	4185	1220	1525	1575	2620	200
PGJ-5.00	7840	4791	1525	1525	1575	2620	200
PGJ-6.30	9080	6030	1525	1525	1575	2620	200
PGJ-8.00	10915	7255	1830	1830	1575	2670	200
PGJ-10	9300	6100	1830	1375	2290	2815	105
PGJ-12	10975	7315	1830	1830	2290	2815	105
PGJ-15	12805	9145	1830	1830	2290	2815	105

注：生产厂有常州市华立液压润滑设备有限公司，启东市南方润滑液压设备有限公司，南通市南方润滑液压设备有限公司。

5）精密过滤机（摘自 JB/ZQ 4085—2006）。用于在压力下过滤轧制工艺润滑用煤油，助滤剂为硅藻土的精密过滤机。精密过滤机用过滤纸（又名无纺布）进行过滤。

表 10-1-57　　精密过滤机型号、尺寸与基本参数

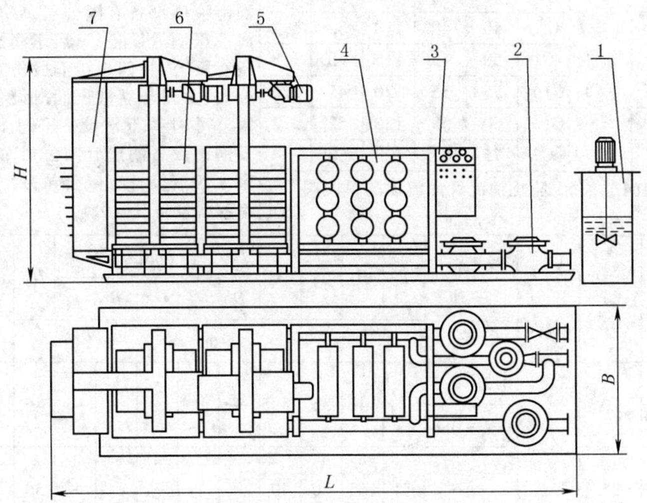

1—混合箱；2—过滤泵；3—控制箱；4—滤纸架；
5—提升夹紧机构；6—过滤箱；7—运纸机构

标记示例：
公称流量 630L/min 的精密过滤机，标记为
JLJ-630 精密过滤机 JB/ZQ 4085—2006

型　号	公称流量 /L·min^{-1}	公称通径 /mm	公称压力 /MPa	清洗换纸时间/min	公称过滤精度/μm	过滤的循环时间/h	过滤箱夹紧力/N	外形尺寸/mm			质量/kg
								L	B	H	
JLJ-630	630	65	0.4(C)	30	0.5～5	24	411×10^3	5710	2040	2250	7200
JLJ-1000	1000	85						5900	2040	2700	9200
JLJ-1500	1500	100						1310	2040	3150	11000
JLJ-2000	2000	125						6310	2100	3570	15000
JLJ-2500	2500	150						6310	2100	4000	16500
JLJ-3000	3000	150						7660	2100	3150	17700
JLJ-3500	3500	150						7660	2100	3450	19000
JLJ-4000	4000	200						8860	2300	3650	20500
JLJ-4500	4500	200						10210	2300	3210	25000
JLJ-5000	5000	200						8860	2300	4100	26500
JLJ-6300	6300	200						10210	2300	3650	32000
JLJ-8000	8000	250						10700	2500	4200	33000
JLJ-8500	8500	250						12000	2500	4200	41000
JLJ-10000	10000	300						12000	2700	4400	52000

注：生产厂有常州市华立液压润滑设备有限公司，启东市南方润滑液压设备有限公司，南通市南方润滑液压设备有限公司。

(3) 其他元件

表 10-1-58

mm

单向阀(JB/ZQ 4595—2006)

型号	公称通径 DN	公称压力 /MPa	d	D	H_1	H	A	质量 /kg
DXF-10	10	0.8 (E)	G⅜	40	30	100	35	1.2
DXF-15	15		G½	40	40	110	32	1.2
DXF-25	25		G1	50	45	115	40	1.8
DXF-32	32		G1¼	55	55	120	45	2.0
DXF-40	40		G1½	60	55	120	52	2.2
DXF-50	50		G2	75	65	128	68	3.4

1. 用于稀油润滑系统,防止油流反向流动的单向阀
2. 适用于黏度 22～460mm²/s 的润滑油

生产厂:太原矿山机器润滑液压设备有限公司,江苏省南通市南方润滑液压设备有限公司,启东市南方润滑液压设备有限公司,启东江海液压润滑设备厂,启东润滑设备有限公司,四川川润股份有限公司,常州华立液压润滑设备有限公司,上海润滑设备厂,上海利安润滑设备制造有限公司,太原宝太润液设备有限公司,启东中冶润滑设备有限公司

安全阀(0.8MPa)(JB/ZQ 4594—2006)

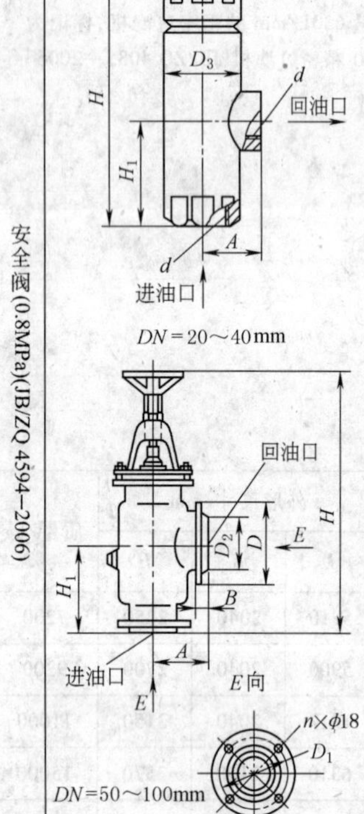

型号	公称通径 DN	公称压力 /MPa	工作压力 /MPa	d	H	H_1	A	法兰尺寸 D	D_1	D_2	B	n	D_3	质量 /kg
				/mm										
AF-E 20/0.5	20	0.8 (E)	0.2～0.5	G¾	140	56	35.5	—	—	—	—	—	45	1.2
AF-E 20/0.8			0.4～0.8											
AF-E 25/0.5	25		0.2～0.5	G1	165	70	40	—	—	—	—	—	50	1.6
AF-E 25/0.8			0.4～0.8											
AF-E 32/0.5	32		0.2～0.5	G1¼	194	88	48	—	—	—	—	—	60	2.8
AF-E 32/0.8			0.4～0.8											
AF-E 40/0.5	40		0.2～0.5	G1½	194	88	52	—	—	—	—	—	60	2.8
AF-E 40/0.8			0.4～0.8											
AF-E 50/0.8	50		0.2～0.8	—	420	110	110	165	125	100	18	4	—	15
AF-E 80/0.8	80			—	485	125	125	200	160	135	18	8	—	23
AF-E 100/0.8	100			—	540	155	135	220	180	155	18	8	—	31

1. 用于稀油集中润滑系统,使系统压力不超过调定值
2. 适用于黏度 22～460mm²/s 的润滑油
3. 法兰连接尺寸按 JB/T 81—1994《凸面板式平焊钢制管法兰》(PN=1.6MPa)的规定
4. 标记示例:

公称压力 0.8MPa,公称通径 40mm,调节压力 0.2～0.5MPa 的安全阀,标记为

AF-E 40/0.5 安全阀 JB/ZQ 4594—2006

GZQ 型给油指示器(JB/ZQ 4597—2006)

型号	公称通径 DN	公称压力 /MPa	d	D	B	A_1	A	H	H_1	D_1	质量 /kg
GZQ-10	10	0.63 (D)	G⅜	65	58	35	32	142	45	32	1.4
GZQ-15	15		G½	65	58	35	32	142	45	32	1.4
GZQ-20	20		G¾	50	60	28	38	150	60	41	2.2
GZQ-25	25		G1	50	60	28	38	150	60	41	2.2

1. 用于稀油润滑系统,观察向润滑点给油情况和调节油量的给油指示器
2. 适用于黏度 22～460mm²/s 的润滑油;与管路连接时尽量垂直安装
3. 标记示例:公称通径 15 的给油指示器,标记为

GZQ-15 给油指示器 JB/ZQ 4597—2006

生产厂(安全阀同此):太原矿山机器润滑液压设备有限公司,启东市南方润滑液压设备有限公司,南通市南方润滑液压设备有限公司,启东江海液压润滑设备厂,启东润滑设备有限公司,四川川润股份有限公司,常州市华立液压润滑设备有限公司,上海润滑设备厂,上海利安润滑设备制造有限公司,太原宝太润液设备有限公司,启东中冶润滑设备有限公司

续表

YXQ型油流信号器(JB/ZQ 4596—1997)

型号	公称通径 DN	公称压力/MPa	连接螺纹 d	L	D	H ≈	h ≈	B	D_1	S	干簧管触点容量 电压/V	电流/A	功率/W	质量/kg
YXQ-10	10	0.4(C)	G3/8	100	70	75	37	65	32	27	12	0.05	0.5	0.7
YXQ-15	15		G1/2	100	70	75	37	65	32	27				0.7
YXQ-20	20		G3/4	120	82	82	40	78	48	40				0.9
YXQ-25	25		G1	120	82	82	40	78	48	40				0.9
YXQ-40	40		G1½	150	110	106	53	106	68	60				1.1
YXQ-50	50		G2	150	110	106	53	106	68	75				1.2

1. 用于稀油润滑系统,通过指针观察油流情况,通过干簧管发出管路中油量不足或断油信号
2. 适用于黏度 22~460mm²/s 的润滑油
3. 标记示例:公称通径 10mm 的油流信号器,标记为
   YXQ-10 信号器 JB/ZQ 4596—1997

生产厂有启东江海液压润滑设备厂,启东润滑设备有限公司,四川川润股份有限公司,常州华立液压润滑设备有限公司。启东中冶润滑设备有限公司

JBQ型积水报警器(JB/ZQ 4708—2006)

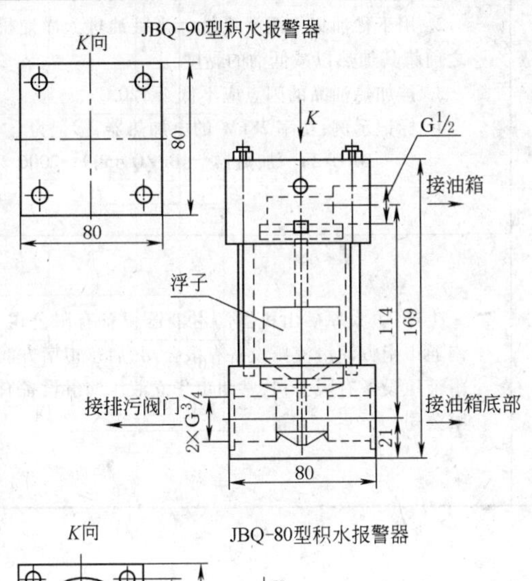

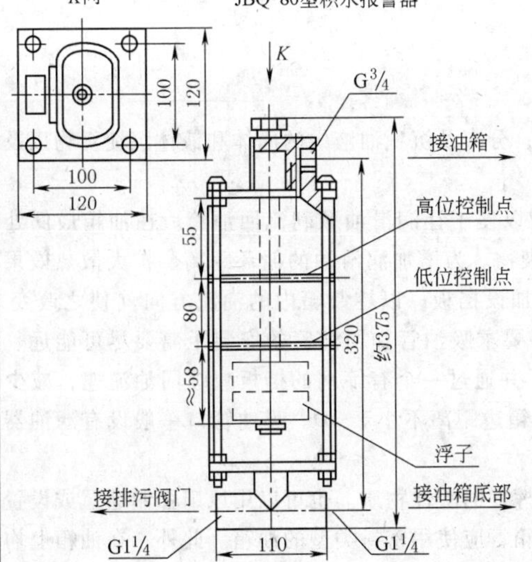

参数名称		JBQ-80 型	JBQ-90 型
浮子中心与油水分界面偏差	/mm	±2	±1.5
发信号报警的水面高度误差	/mm	±2	±1.5
控制积水高度	/mm	80	90
排水阀开启的水面高度误差	/mm	±2	±2
适用油箱容积/m³		>10	≤10
电气参数		50Hz,220V,50V·A	
介质黏度/mm²·s⁻¹		22~460	
适用温度/℃		0~80	

1. 适用于稀油集中润滑系统,用来控制油箱中积水量,并能及时显示报警;使用时通过截止阀与油箱底部连通
2. 积水报警器与手动阀门配套时,报警器可发出报警信号,实现人工排水。积水报警器与排污电磁阀、电气控制箱等配套时,可以实现油箱积水的自动控制,自动放水和关闭排污电磁阀
3. 油箱中的油液切忌发生乳化,因一旦发生乳化本产品将不能正常工作,故应选用抗乳化性强的油品
4. 标记方法:控制积水高度 80mm 的积水报警器,标记为
   JBQ-80 型积水报警器　JB/ZQ 4708—2006

生产厂:太原矿山机器润滑液压设备有限公司,启东市南方润滑液压设备有限公司,南通市南方润滑液压设备有限公司,常州市华立液压润滑设备有限公司,太原市兴科机电研究所,太原宝太润液设备有限公司

续表

DRQ型电加热器(JB/ZQ 4599—2006)

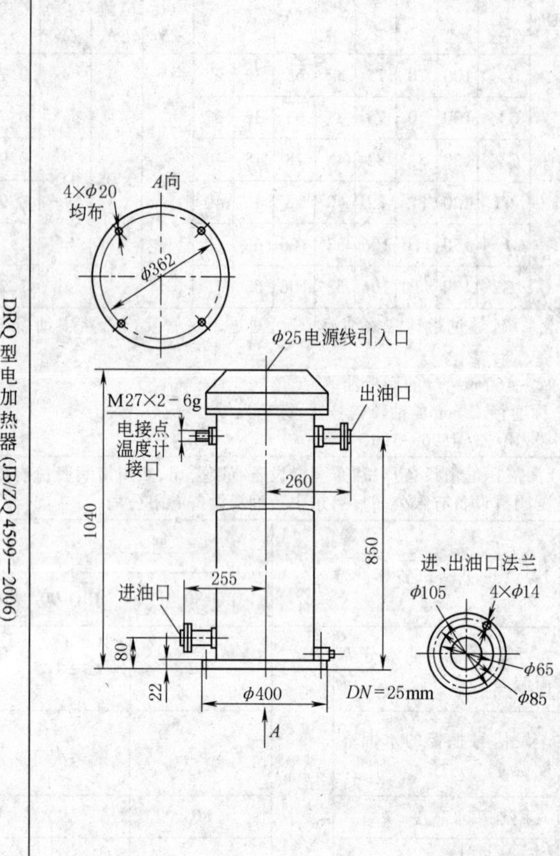

型号	总功率/kW	公称流量/L·min^{-1}	公称压力/MPa	温升/℃
DRQ-28	28	25	0.25(G)	≥35

型号	最高允许温度/℃	电加热器型号	电压/V	质量/kg
DRQ-28	90	GYY2-220/4	220	90

1. 进、出口法兰按 JB/T 81—1994《凸面板式平焊钢制管法兰》(PN=1MPa,DN=25)的规定
2. 用于稀油集中润滑系统。当脏油进入净油机之前将其加热以减低油的黏度
3. 被加热油品的闪点应不低于120℃
4. 标记示例:功率28kW的电加热器,标记为
   DRQ-28 加热器 JB/ZQ 4599—2006

生产厂:太原矿山机器润滑液压设备有限公司,南通市南方润滑液压设备有限公司,启东市南方润滑液压设备有限公司,常州市华立液压润滑设备有限公司

4.2.4 润滑油箱

(1) 通用润滑油箱

润滑油箱的用途是:储存润滑系统所需足够的润滑油液;分离及沉积油液中的固体和液体沉淀污物以及消除泡沫;散热和冷却作用。

油箱常安装在设备下部,管道有1:10~1:30的倾斜度,以便于让润滑油顺利流回油箱。在油箱最低处装设泄油或排污油塞(或阀),加油口设有粗滤网过滤油中的污染物。为增加润滑油的循环距离、扩大散热效果,并使油液中的气泡和杂质有充分的时间沉淀和分离,在油箱中加设挡板,以控制箱内的油流方向(使之改变3~5次),挡板高度为正常油位的2/3,其下端有小的开口,另外要求吸油管和回油管的安装距离要尽可能远。回油管应装在略高于油面的上方,截面比吸油管直径大3~4倍,并通过一个有筛网的挡板减缓回油流速,减少喷溅和消除泡沫。而吸油管离箱底距离为管径D的2倍以上,距箱边距离不小于$3D$。吸油管口一般设有滤油器,防止较大的磨屑进入油中。

油箱一般还设有通风装置或空气过滤器,以排除湿气和挥发的酸性物质。也可以用风扇强制通风或设置油冷却器和加热器调节油温。在环境污染或有沙尘环境工作的油箱,应使用密封类型的油箱。此外,在油箱上均设有油面指示器、温度计和压力表等,在油箱内部应涂有耐油防锈涂料。

表 10-1-59　　YXZ 型油箱基本参数（摘自 JB/ZQ 4587—2006）

项目	型号									结构特点
	YXZ-5	YXZ-10	YXZ-16	YXZ-20	YXZ-25	YXZ-31.5	YXZ-40	YXZ-50	YXZ-63	
容积/m^3	5	10	16	20	25	31.5	40	50	63	1. 最高液面和最低液面是指油站工作时，泵在运行中的液面最高极限和最低极限位置，用液位信号器发出油箱极限液面信号。信号器的触点容量：220V、0.2A 2. 蒸汽耗量是指蒸汽压力为 0.2～0.4MPa 时的耗量 3. 油箱有结构独特的消泡脱气装置，能够有效地消除油中夹杂的气泡，并将空气从油中排出 4. 油箱除设有精度为 0.25mm 的过滤装置外，还设有磁性过滤装置，用于吸收回油中的微细铁磁性杂质 5. 该油箱可与 JB/ZQ 4586—2006《稀油润滑装置》配套
适用油泵排油量/$L \cdot min^{-1}$	160/200	250/315	400/500	630	800	1000	1250	1600	2000	
加热器加热面积/m^2	2	3.5	5.5	7	9	10.5	14	18	21	
蒸汽耗量/$kg \cdot h^{-1}$	40	65	90	120	140	180	220	260	310	
过滤面积/m^2	0.48	0.56	0.58	0.63	0.75	0.8	0.88	0.96	1.1	
过滤精度/mm	0.25									
最高液面/mm	1190	1240	1440	1540	1640	1690	1890	2110	2290	
最低液面/mm	290	340	340	290	340	340	340	390	390	
质量/kg	2395	3290	4593	5264	6062	6467	7607	11006	13813	

注：生产厂有太原矿山机器润滑液压设备有限公司，南通市南方润滑液压设备有限公司，启东市南方润滑液压设备有限公司，启东江海液压润滑设备厂，四川川润股份有限公司，启东润滑设备有限公司，上海润滑设备厂，上海利安润滑设备制造有限公司，启东中冶润滑设备有限公司。

表 10-1-60　　几种工业上常用的油箱结构

(a)带沉淀池的油箱

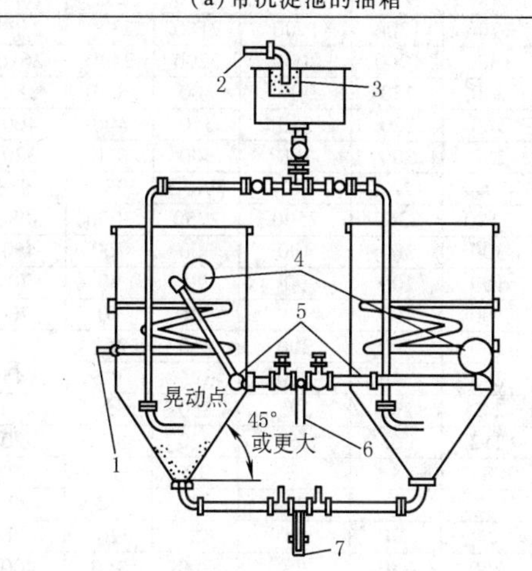

为一种带沉淀池的油箱，这种小型油箱的排污阀常安装在底部

(c)大型设备应用的油箱

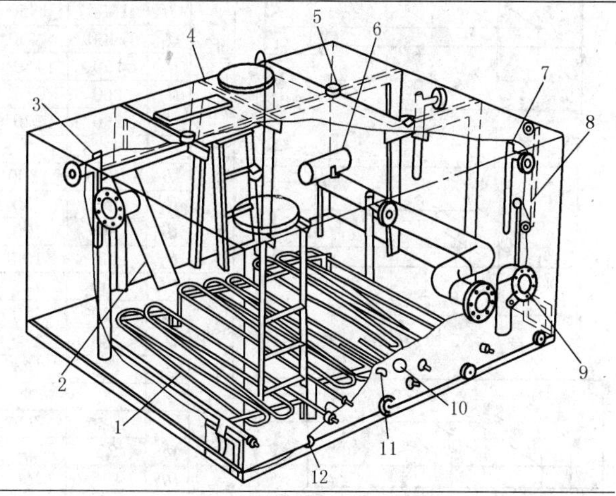

装有浮动的吸油管可自动调节吸油口的高低，保证吸上部清洁油液

(b)常用机床油箱结构

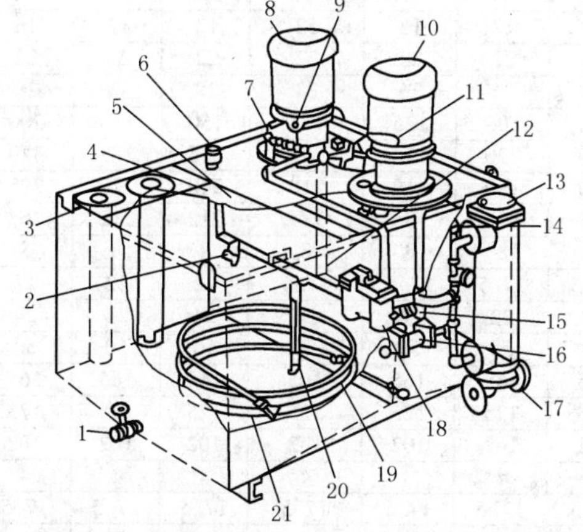

容积约有 $0.9m^3$，这种油箱由于常有切削液或水等侵入，需经常清理保持清洁

图 a、b、c 三种油箱的组成

图 a：1—加热盘管；2—旧油进口；3—粗滤器；4—浮标；5—摆动接头；6—净油进口；7—排油口

图 b：1—放油阀塞；2—呼吸器；3—回油接管；4—可卸盖；5—闸板和粗滤器；6—充油接管；7—逆止阀；8—润滑油主循环泵；9—关闭阀；10—润滑油备用循环泵；11—压力表；12—脚阀和吸油端粗滤器；13—冷油器；14—温度表；15—永磁放油塞；16—溢流阀；17—冷却水接头；18—双重过滤器；19—恒温控制器；20—油标；21—加热盘管

图 c：1—蒸汽加热盘管；2—主要回油；3—从净化器回油；4—蒸汽盘管回槽；5—通气孔；6—正常吸油管（浮动式）；7—压力表（控制回油）；8—油标；9—低吸口；10—温度表；11—温度控制器；12—净化器吸管接头

表 10-1-61　**YX2 型油箱外形及法兰尺寸**　mm

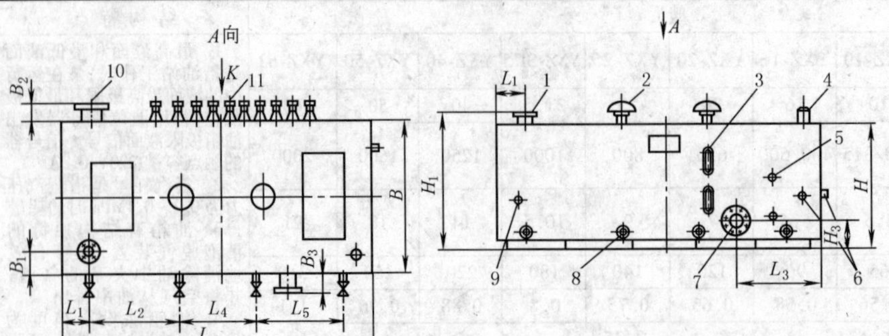

1—自循环回油口；
2—空气滤清器；
3—长形油标；
4—油位信号器；
5—弯嘴旋塞；
6—电接点温度计；
7—吸油口；
8—排油口（DN40 净油机接口）；
9—直读温度计；
10—回油口；
11—蒸汽加热管

K向旋转(蒸汽管布置)

YX2-5

YX2-10、16、31.5、40

YX2-20、25

YX2-50

YX2-63

	型号	YX2-5	YX2-10	YX2-16	YX2-20	YX2-25	YX2-31.5	YX2-40	YX2-50	YX2-63
外形尺寸	L	3840	5200	6100	6500	7000	7500	8100	8800	9700
	L_1	250	250	280	380	380	400	400	400	450
	L_2	1100	1110	1520	1870	1000	2030	1000	1930	1050
	L_3	966	700	800	700	1260	1400	1400	1400	1500
	L_4	1140	2500	2500	2000	4000	2550	4000	3800	5225
	L_5	1200	1200	1650	2000	1400	2200	2350	2270	2650
	L_6	250	300	690	300	300	910	985	300	300
	L_7	992	876	1560	1390	1536	1320	1495	2200	2580
	L_8	740	1016	990	906	976	1820	1970	252	1050
	H	1300	1350	1600	1700	1800	1900	2100	2320	2500
	H_1	1400	1450	1700	1800	1900	2000	2200	2440	2610
	H_2	150	150	200	230	230	300	300	350	350
	H_3	260	280	300	300	320	350	350	400	400
	H_4	250	220	250	250	300	300	300	320	320
	H_5	427.5	427.5	427.5	427.5	427.5	598.5	598.5	598.5	1088
	B	1700	1800	2000	2180	2360	2500	2750	3000	3080
	B_1	250	250	250	300	300	400	300	400	450
	B_2	90	100	90	100	100	90	90	90	70
	B_3	90	100	90	100	100	90	90	90	70
吸油口法兰	DN	100	125	150	150	200	200	250	250	300
	D	220	250	285	285	340	340	395	395	445
	D_1	180	210	240	240	295	295	350	350	400
	D_2	158	184	212	212	268	268	320	320	370
	n	8	8	8	8	8	8	12	12	12
	d	17.5	17.5	22	22	22	22	22	22	22
	b	22	24	24	24	24	24	26	26	28
回油口法兰	DN	125	150	200	250	250	300	300	350	400
	D	250	285	340	395	395	445	445	490	540
	D_1	210	240	295	350	350	400	400	445	495
	D_2	184	212	268	320	320	370	370	430	482
	n	8	8	8	12	12	12	12	12	16
	d	17.5	22	22	22	22	22	22	22	22
	b	24	24	24	26	26	28	28	28	28
自循环回油口法兰	DN	50	80	100	100	125	125	150	150	200
	D	165	200	220	220	250	250	285	285	340
	D_1	125	160	180	180	210	210	240	240	295
	D_2	102	133	158	158	184	184	212	212	268
	n	4	8	8	8	8	8	8	8	8
	d	17.5	17.5	17.5	17.5	17.5	17.5	22	22	22
	b	18	20	22	22	24	24	24	24	24
蒸汽加热管法兰	DN	50	50	50	50	50	50	50	50	50
	D	165	165	165	165	165	165	165	165	165
	D_1	125	125	125	125	125	125	125	125	125
	D_2	102	102	102	102	102	102	102	102	102
	n	4	4	4	4	4	4	4	4	4
	d	17.5	17.5	17.5	17.5	17.5	17.5	17.5	17.5	17.5
	b	18	18	18	18	18	18	18	18	18

注：表中尺寸 b 为法兰厚度，图中未予标注。

(2) 磨床动静压支承润滑油箱（摘自 JB/T 8826—1998）

适用于供油流量 2.5～100L/min、油箱容量 10～500L、油液黏度 2～68mm²/s 的磨床动静压支承润滑油箱。其他机床用润滑油箱也可参照采用。油箱的型式分为普通型、精密（M）型、温控（K）型和精密温控（MK）型等。根据油箱的结构和使用特点，其安装形式可分为悬置式（代号 1）和落地式（代号 2）。

表 10-1-62　磨床动静压支承润滑油箱参数及性能要求

参数	最大流量 /L·min⁻¹	2.5	4	6	10	16	25	40	60	100
	油箱容量 /L	10								
		16	16							
		25	25	25						
			40	40	40					
				63	63	63				
					100	100	100			
						160	160	160		
						250	250	250	250	
						315	315	315	315	315
								500	500	500
	制冷电机功率/kW	0.75、1.5、2.2			2.2、4.0、5.5			5.5、7.5、11		
	额定压力/MPa	2.5、6.3、10								

性能要求	性能指标			
	供油压力	不小于 95% 额定压力		
	供油流量①	不小于 95% 额定流量		
	压力振摆 /MPa	额定压力		
		≤2.5	>2.5～6.3	>6.3～10.0
		0.1	0.2	0.3
	耐压性	不小于 150% 额定压力		
	噪声 /dB(A)	≤10	>10～35	>35～100
		≤70	≤72	≤75
	温升/℃	≤25		
	温度/℃	≤50		
	①选用 N32 液压油，油温 40℃时进行检测			

1. 标记示例：

油泵最大流量 16L/min、油箱容量 100L、油液过滤精度 10μm 的精密温控型悬置式润滑油箱，标记为

MJYMK1-16/100-10 JB/T 8826—1998

2. 生产厂：太原市兴科机电研究所

表 10-1-63　悬置式和落地式油箱的布局形式和使用特点

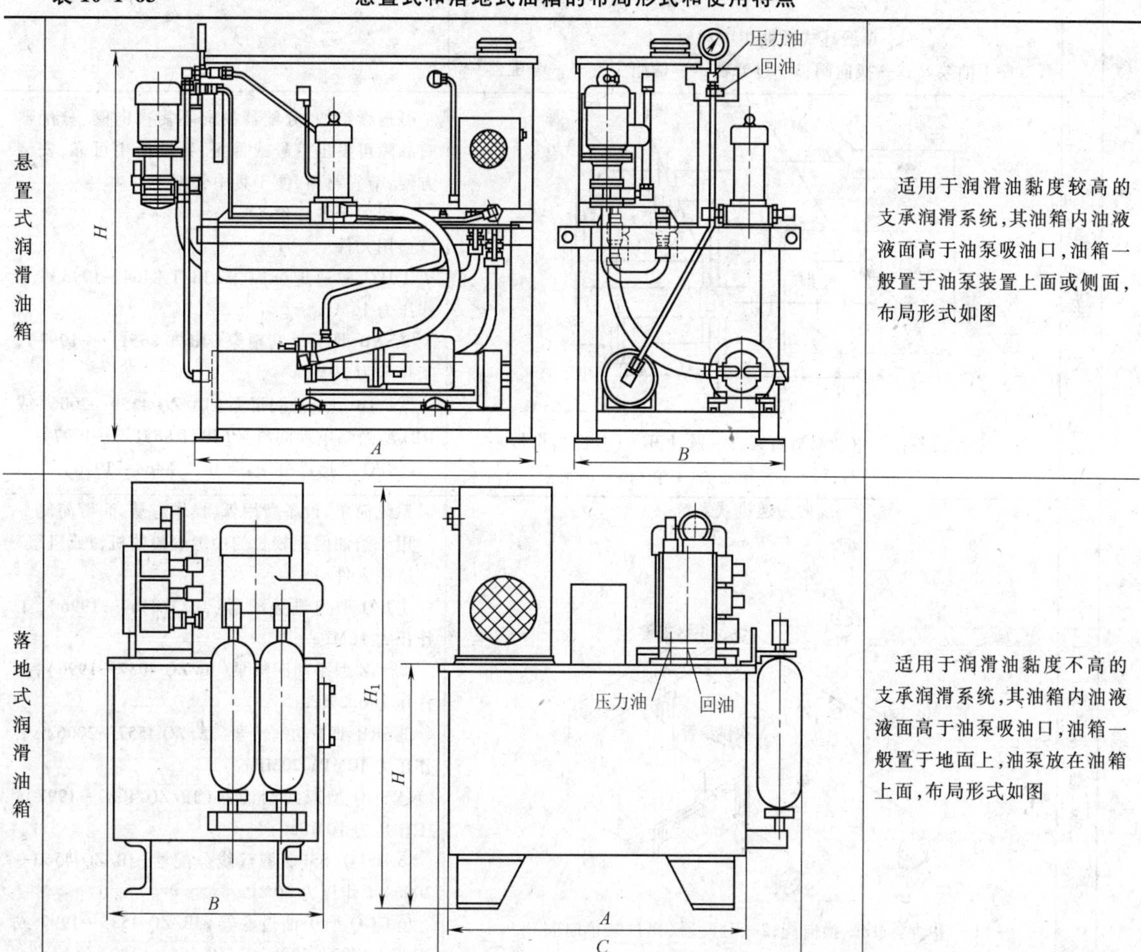

形式	布局形式	使用特点
悬置式润滑油箱	（见图）	适用于润滑油黏度较高的支承润滑系统，其油箱内油液液面高于油泵吸油口，油箱一般置于油泵装置上面或侧面，布局形式如图
落地式润滑油箱	（见图）	适用于润滑油黏度不高的支承润滑系统，其油箱内油液液面高于油泵吸油口，油箱一般置于地面上，油泵放在油箱上面，布局形式如图

5 干油集中润滑系统

5.1 干油集中润滑系统的分类及组成

表 10-1-64 干油集中润滑系统的分类及组成

分类		系统简图	特点及应用
单线式	终端式与环式	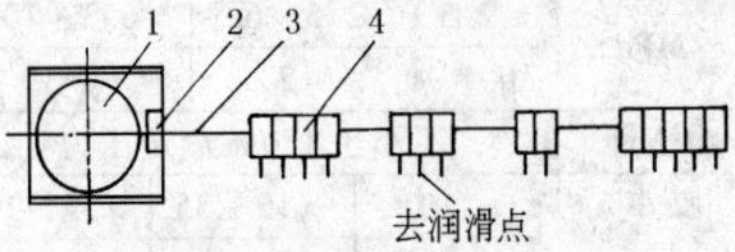 去润滑点 单线终端式干油集中润滑系统 1—干油泵站；2—操纵阀；3—输脂主管；4—分配器 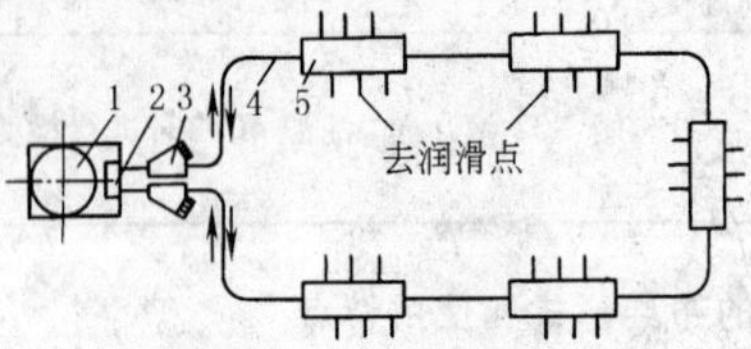 去润滑点 单线环式干油集中润滑系统 1—干油泵站；2—换向阀；3—过滤器；4—输脂主管；5—分配器	结构紧凑，体积小，重量轻，供脂管路简单，节省材料，但制造工艺性差，精度要求高，供脂距离比双线式短 主要用于润滑点不太多的单机设备 适用元件 ①QRB 型气动润滑泵（JB/ZQ 4548—1997） ②DPQ 型单线分配器（JB/ZQ 4581—1986） ③GGQ 型干油过滤器（JB/ZQ 4535—1997 或 JB/ZQ 4702—2006、JB/ZQ 4554—1997 等）
	递进式	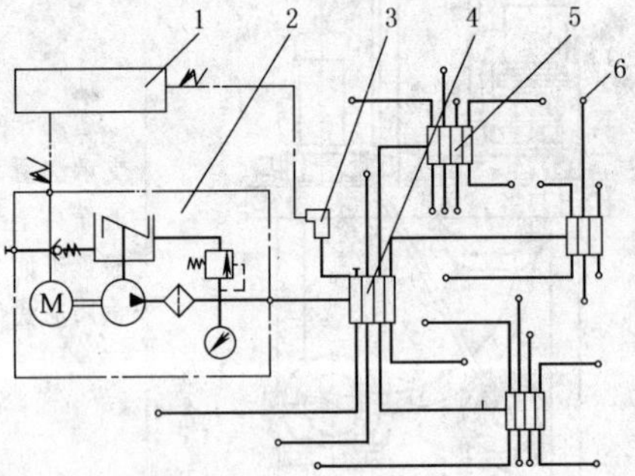 M 1—电控设备；2—电动润滑脂泵；3—脉冲开关（分配器自带）；4—一次分配器；5—二次分配器（3 个）；6—润滑点	可连续给油，分配器换向不需换向阀，分配器有故障可发出信号或警报，系统简单可靠，安装方便，节省材料，便于集中管理 广泛用于各种设备 适用元件 ①JPQ 型递进分配器（JB/T 8464—1996），工作压力 16MPa ②SNB 型手动润滑泵（JB/T 8651.1—1997），工作压力 10MPa ③DRB 型电动润滑泵（JB/ZQ 4559—2006）或 DBJ 型微型电动润滑泵（JB/T 8651.3—1997） ④JPQ 型递进分配器（JB/T 8464—1996）
双线式	手动终端式	线内为递进式系统 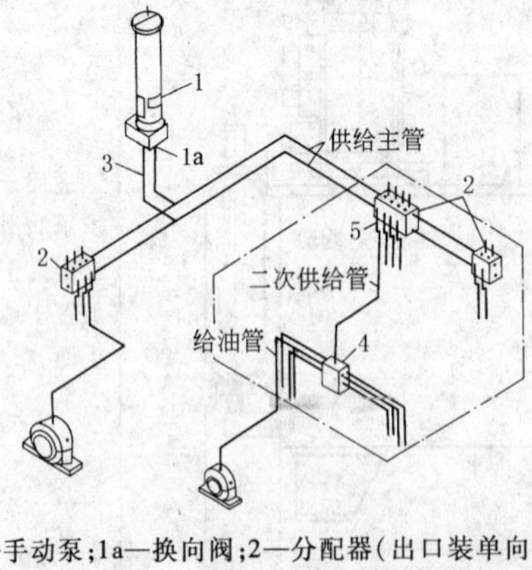 供给主管 二次供给管 给油管 1—手动泵；1a—换向阀；2—分配器（出口装单向阀）；3—过滤器；4—二次分配器；5—单向阀接口	系统简单，设备费用低，操作容易，润滑简便 用于给油间距较长的中等规模的机械或机组 适用元件 ①JPQ 型递进分配器（JB/T 8464—1996），工作压力 16MPa ②SGZ 型手动润滑泵（JB/ZQ 4087—1996），工作压力 6.3MPa ③SRB 型手动润滑泵（JB/ZQ 4557—2006），工作压力 10MPa、20MPa ④SGQ 型双线给油器（JB/ZQ 4089—1997），工作压力 10MPa ⑤DSPQ、SSPQ 型双线分配器（JB/ZQ 4560—2006）工作压力 20MPa ⑥GGQ 型干油过滤器（JB/ZQ 4535—1997 或 JB/ZQ 4702—2006、JB/ZQ 4554—1997 等）

续表

<table>
<tr><th colspan="2">分类</th><th>系统简图</th><th>特点及应用</th></tr>
<tr><td rowspan="3">双线式</td><td>电动终端式</td><td> 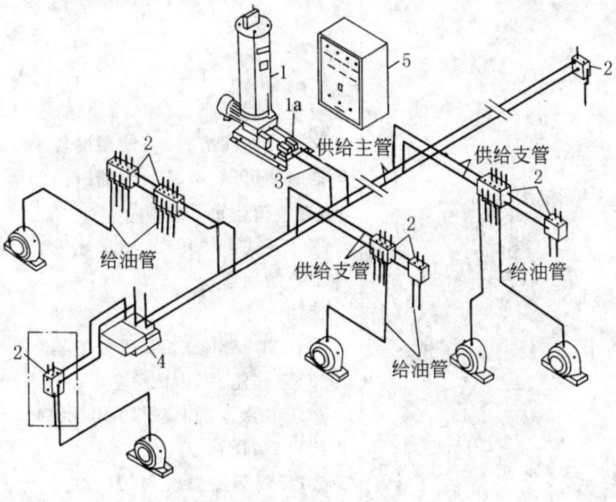1—电动泵;1a—换向阀;2—分配器;3—过滤器;4—控制阀;5—电控箱</td><td>配管费用较低,采用末端压力进行给油过程控制,设计容易
用于润滑点分布较广的场合
适用元件
①SGQ 型双线给油器(JB/ZQ 4089—1997),工作压力 10MPa
②DSPQ、SSPQ 型双线分配器(JB/ZQ 4560—2006)工作压力 20MPa
③GGQ 型干油过滤器(JB/ZQ 4535—1997 或 JB/ZQ 4702—2006、JB/ZQ 4554—1997 等)
④DXZ 型电动干油站(JB/T 2304—1978)工作压力 10MPa
⑤DRB 型电动润滑泵(JB/ZQ 4559—2006)工作压力 20MPa
⑥DRB1 型电动润滑泵(JB/T 8810.1—1998)工作压力 40MPa
⑦SSPQ 型双线分配器(JB/T 8462—1996,或 JB/ZQ 4704—2006),工作压力 40MPa
⑧YZF-J4 型压力操纵阀(JB/ZQ 4533—1997)工作压力 10MPa
⑨ YZF-L4 型压力操纵阀(JB/ZQ 4562—2006),工作压力 20MPa
⑩YCK 型压差开关(JB/T 8465—1996),工作压力 40MPa</td></tr>
<tr><td>电动环式</td><td> 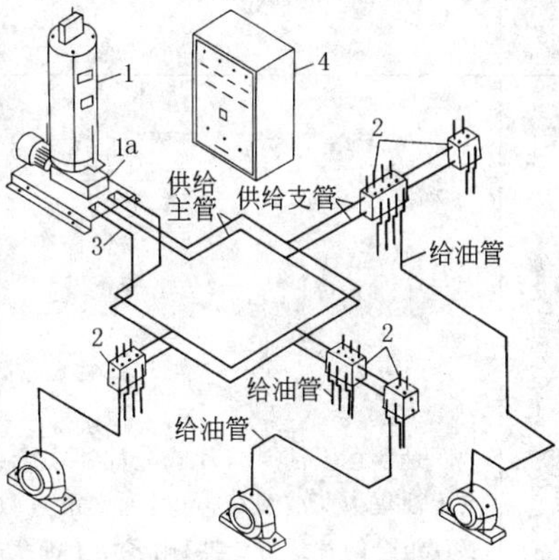1—电动泵;1a—换向阀;2—分配器;3—过滤器;4—电控箱</td><td>利用返回压力直接进行换向,动作可靠,故障少,换向阀装在油泵附近,电气配置费用低,能在油泵处进行压力调整、检查,操作维护方便
用于润滑点较多且较集中的场合
适用元件
①DSPQ、SSPQ 型双线分配器(JB/ZQ 4560—2006)工作压力 20MPa
②GGQ 型干油过滤器(JB/ZQ 4535—1997 或 JB/ZQ 4702—2006、JB/ZQ 4554—1997 等)
③DRB 型电动润滑泵(JB/ZQ 4559—2006)工作压力 20MPa</td></tr>
<tr><td>电动终端-递进式</td><td> 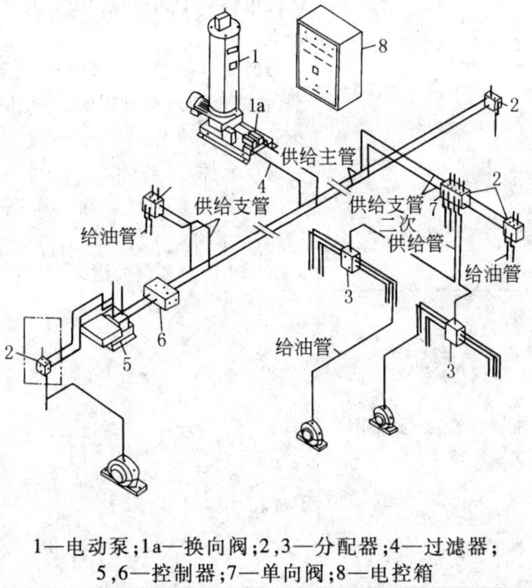1—电动泵;1a—换向阀;2,3—分配器;4—过滤器;5,6—控制器;7—单向阀;8—电控箱</td><td>和定比减压阀配合使用,可采用细长的管道,检查点集中,便于维护管理(在空间窄小难于确认分配器动作的场合使用,有较好的效果)
适于润滑点很多、给油量相同而集中布置的场合
适用元件
①JPQ 型递进分配器(JB/T 8464—1996),工作压力 16MPa
②DSPQ、SSPQ 型双线分配器(JB/ZQ 4560—2006)工作压力 20MPa
③GGQ 型干油过滤器(JB/ZQ 4535—1997 或 JB/ZQ 4702—2006、JB/ZQ 4554—1997 等)
④DRB 型电动润滑泵(JB/ZQ 4559—2006)工作压力 20MPa
⑤ YZF-L4 型压力操纵阀(JB/ZQ 4562—2006),工作压力 20MPa
⑥YKF 型压力控制阀(JB/ZQ 4564—2006),工作压力 20MPa</td></tr>
</table>

第10篇

续表

<table>
<tr><th colspan="2">分类</th><th>系统简图</th><th>特点及应用</th></tr>
<tr><td>双线式</td><td>电动喷射式</td><td> 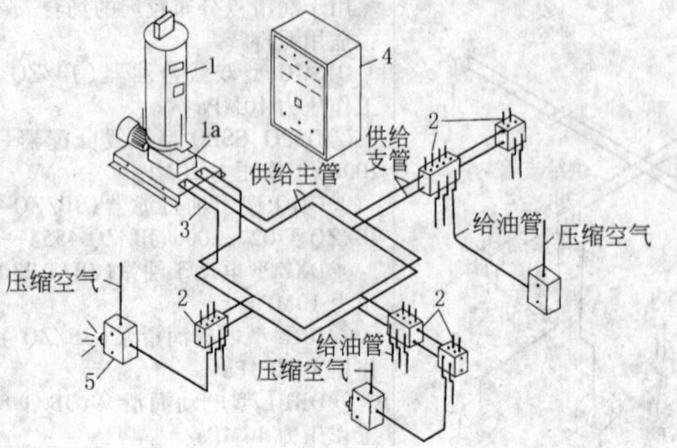1—泵;1a—换向阀;2—分配器;3—过滤器;4—电控箱;5—喷射阀
喷射式系统可由手动终端式,电动终端式系统加喷射阀组成,其压缩空气入口处,须设置过滤器、减压阀、油雾器</td><td>可使用润滑脂、高黏度润滑油或加入挥发性添加剂的其他润滑材料,使用的压缩空气压力低,给油时间可调,可显示给油时间间隔、储油器无油、过负荷运转等故障
适于开式齿轮传动、支承辊轮、滑动导轨等摩擦部位的润滑
适用元件
①DSPQ、SSPQ 型双线分配器(JB/ZQ 4560—2006)工作压力 20MPa
②DRB 型电动润滑泵(JB/ZQ 4559—2006)工作压力 20MPa
③PF 型干油喷射阀(JB/ZQ 4566—2006),工作压力 10MPa</td></tr>
<tr><td rowspan="2">单线(多点)式</td><td>经给油器供油式</td><td> 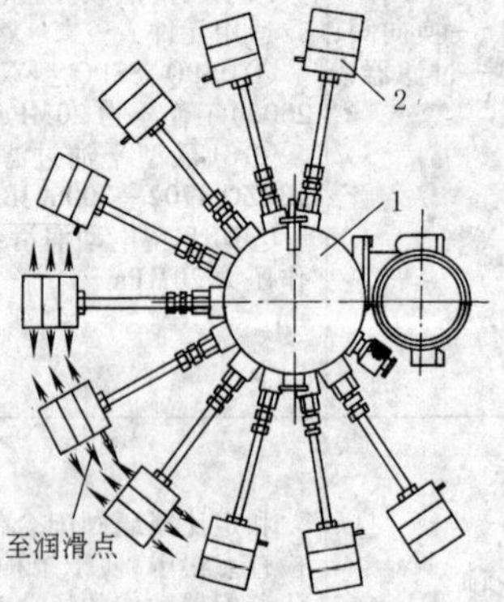1—多点干油泵;2—片式分配器(3 片)</td><td rowspan="2">图是多点干油泵与片式分配器联合组成的多点干油集中润滑系统,可增加润滑点数,如采用三片组合的片式分配器,则多点干油泵的每个出油孔可供 6 个润滑点,10 个供油孔(点)可供 60 个点润滑
单线多点式供油管线较多,布置困难,安装、维护、检修不便。一般用于润滑点数不多,系统简单的小型机械上
适用元件
①DDB 型多点干油泵(JB/ZQ 4088—2006),工作压力 10MPa
②DDRB 型多点润滑泵(JB/T 8810.3—1998)工作压力 31.5MPa</td></tr>
<tr><td>经管线直接供油式</td><td>经管线直接供油式是采用多点干油泵,经输油管线直接与润滑点连接供油</td></tr>
</table>

表 10-1-65　　集中供脂系统的类型

类型		简图	运转	驱动	适用的锥入度 (25℃,150g) /(10mm)$^{-1}$	管路标准压力/MPa	调整与管长限度
直接供脂式	单独的活塞泵	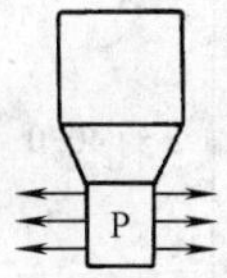	由凸轮或斜圆盘使各活塞泵P顺序工作	电动机 机械 手动	>265	0.7~2.0	在每个出口调整冲程9~15m
直接供脂式	阀分配系统	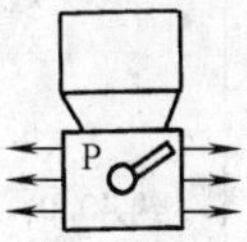	利用阀把一个活塞泵的输出量依次供给每条管路	电动机 机械 手动	>220 <265	0.7~2.0	由泵的速度控制输出25~60m
直接供脂式	分支系统	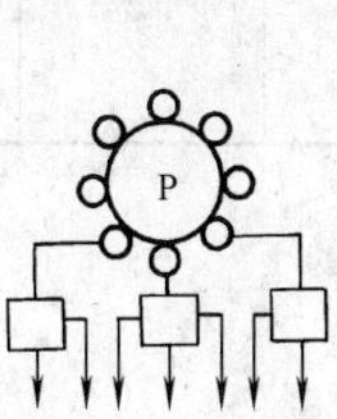	每个泵的输出量由分配器分至各处	电动机 机械	>220	0.7~2.8	在每个输出口调整或用分配阀组调整 泵到分配阀18~54m 分配阀到支承6~9m
间接供脂递进式	单线式	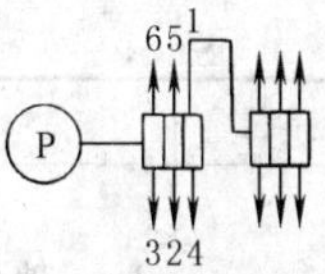	第一阀组按1、2、3…顺序输出。其中的一个接口用来使第二阀组工作。以后的阀组照此顺序工作	电动机 机械 手动	>265	14.0~20.0	
间接供脂递进式	单线式反向	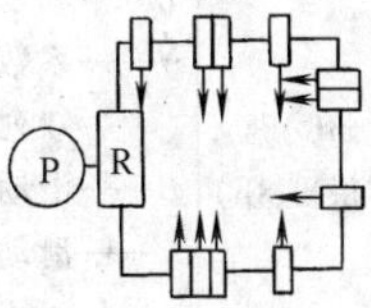	换向阀R每动作一次各阀依次工作			1.4~2.0	用不同容量的计量阀,否则靠循环时间调整 干线150mm(据脂和管子口径决定),到支承的支线6~9mm
间接供脂递进式	双线式	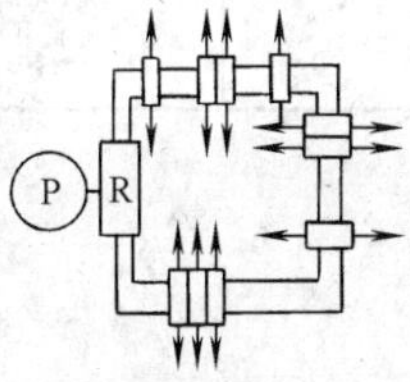	脂通过一条管路按顺序运送到占总数一半的出口。换向阀R随后动作,消除第一条管路压力,把脂送到另一条管路,供给其余出口				
间接供脂并列式	单线式	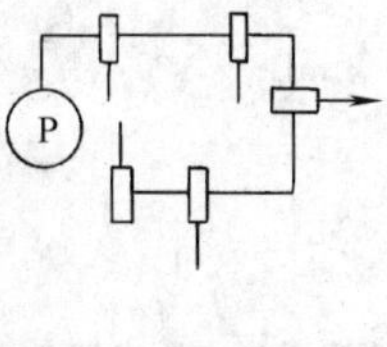	由泵上的装置使管路交替加压、卸压。有两种系统:一是利用管路压力作用在阀的活塞上射出脂;二是利用弹簧压力作用在阀的活塞上射出脂	电动机 手动	>310	约17.0 约8.0	工作频率能调整,输出量由脂的特性决定 120m

续表

<table>
<tr><th colspan="2">类型</th><th>简图</th><th>运转</th><th>驱动</th><th>适用的锥入度
(25℃,150g)
/(10mm)$^{-1}$</th><th>管路标准
压力/MPa</th><th>调整与管长限度</th></tr>
<tr><td rowspan="2">间接供脂并列式</td><td>油或气调节的单线式</td><td>P
供油或空气</td><td>泵使管路或阀工作,用油压或气压操纵阀门</td><td>电动机</td><td>>220</td><td>约40.0</td><td>用周期定时分配阀调整
600m</td></tr>
<tr><td>双线式</td><td>P R</td><td>润滑脂压力在一条管路上同时操纵占总数一半的排出口。然后换向阀R反向,消除此条管路压力,把脂导向另一条管路,使其余排出口工作</td><td>电动机
手动</td><td>>265</td><td>约40.0</td><td>用周期定时分配阀调整
自动120m
手动60m</td></tr>
</table>

5.2 干油集中润滑系统的设计计算

5.2.1 润滑脂消耗量的计算

表 10-1-66

<table>
<tr><th>序号</th><th>部位</th><th colspan="9">公式及数据</th><th>单位</th><th>说明</th></tr>
<tr><td>1</td><td>滑动轴承</td><td colspan="9">$Q=0.025\pi DL(K_1+K_2)$</td><td rowspan="8">mL/班
(每班8h)</td><td rowspan="8">D——轴孔直径,cm
L——轴承长度,cm
N——系数,单列轴承2.5,双列轴承5
B——滑动平面的宽度,cm
L_1——滑动平面的长度,cm
b——小齿轮的齿宽,cm
d——小齿轮的节圆直径,cm</td></tr>
<tr><td>2</td><td>滚动轴承</td><td colspan="9">$Q=0.025\pi DN(K_1+K_2)$</td></tr>
<tr><td>3</td><td>滑动平面</td><td colspan="9">$Q=0.025BL_1(K_1+K_2)$</td></tr>
<tr><td rowspan="4"></td><td rowspan="4"></td><td colspan="2">转速/r·min^{-1}</td><td>微动</td><td>20</td><td>50</td><td>100</td><td>200</td><td>300</td><td>400</td></tr>
<tr><td colspan="2">K_1</td><td>0.3</td><td>0.5</td><td>0.7</td><td>1.0</td><td colspan="2">1.8</td><td>2.5</td></tr>
<tr><td>工况条件</td><td>粉尘作业</td><td>室外作业</td><td colspan="3">高温(>80℃)</td><td colspan="3">气体及水污染</td></tr>
<tr><td>K_2</td><td colspan="2">0.3~1</td><td colspan="6">0.3~6</td></tr>
<tr><td>4</td><td>齿轮</td><td colspan="9">$Q=0.025bd$</td></tr>
</table>

5.2.2 润滑脂泵的选择计算

$$Q=\frac{Q_1+Q_2+Q_3+Q_4}{T} \tag{10-1-1}$$

式中 Q——润滑脂泵的最小流量，mL/min（电动泵）或 mL/每循环（手动泵）；

Q_1——全部分配器给脂量的总和，若单向出脂时为 Q_1，双向出脂时为$\frac{Q_1}{2}$，mL；

Q_2——全部分配器损失脂量[1]的总和（见表 10-1-67），mL；

---

[1] 损失脂量，是指分配器或阀件完成一个动作的同时，也将该元件中某一油腔中的润滑脂由原来那条供脂线中转移到另一条供脂线中或转移到管线以外，其量虽然不大，但也不可忽略。

Q_3——液压换向阀或压力操纵阀的损失脂量（见表 10-1-68），mL；

Q_4——压力为 10MPa 或 20MPa 时，系统管路内油脂的压缩量，mL，见表 10-1-69；

T——润滑脂泵的工作时间，指全部分配器都工作完毕所需的时间。电动泵以 5min 为宜，最多不超过 8min；手动泵以 25 个循环为宜，最多不超过 30 个循环（电动泵用 min，手动泵用循环数）。

表 10-1-67　　分配器损失脂量

型号	公称压力 /MPa	给油型式	每孔每次给油量/mL	每孔损失量 /(滴/min)	型号	公称压力 /MPa	给油型式	每口每循环给油量/mL	损失量 /mL
SGQ-※1	10	单向给油	0.1～0.5	4	※DSPQ-L1	20	单向给油	0.2～1.2	0.06
SGQ-※2			0.5～2.0	6	※DSPQ-L2			0.6～2.5	0.10
SGQ-※3			1.5～5.0	8	※DSPQ-L3			1.2～5.0	0.15
SGQ-※4			3.0～10.0	10	※DSPQ-L4			3.0～14.0	0.68
SGQ-※5			6.0～20.0	14	×SSPQ-L1		双向给油	0.15～0.6	0.17
SGQ-×1S		双向给油	0.1～0.5	4	×SSPQ-L2			0.2～1.2	0.20
SGQ-×2S			0.5～2.0	6	×SSPQ-L3			0.6～2.5	0.20
SGQ-×3S			1.5～5.0	8	×SSPQ-L4			1.2～5.0	0.20
SGQ-×4S			3.0～10.0	10					

注：1. 表中数据摘自 JB/ZQ 4089—1997 及 JB/ZQ 4560—2006；“※”依次为 1，2，3，4；“×”依次为 2，4，6，8。

2. 给油量是指活塞上、下行程给油量的算术平均值；损失量是指推动导向活塞需要的流量。

表 10-1-68　　阀件损失脂量

型　号	名　称	公称压力/MPa	调定压力/MPa	损失脂量/mL
YHF-L1	液压换向阀	20(L)	5	17.0
YHF-L2				2.7
YZF-L4	压力操纵阀		4	1.5
YZF-J4		10(J)		1.0

表 10-1-69　　管道内润滑脂单位压缩量　　$mL \cdot m^{-1}$

公称直径/mm		8	10	15	20	25	32	40	50
公称压力/MPa	10	0.16	0.32	0.58	1.04	1.62	2.66	3.74	6.22
	20	0.29	0.57	1.06	1.88	2.95	4.82	6.80	11.32

5.2.3　系统工作压力的确定

系统的工作压力，主要用于克服主油管、给油管的压力损失和确保分配器所需的给油压力，以及压力控制元件所需的压力等。干油集中润滑系统主油管、给油管的压力损失见表 10-1-70，分配器的结构及所需的给油压力（以双线式分配器为例）见表 10-1-71。

考虑到干油集中润滑系统的工作条件，随季节的更换而变化，且系统的压力损失也难以精确计算，因此，在确定系统的工作压力时，通常以不超过润滑脂泵额定工作压力的 85% 为宜。

表 10-1-70　　　　主油管与给油管压力损失　　　　$MPa \cdot m^{-1}$

	公称通径/mm	公称流量/$mL \cdot min^{-1}$					公称流量/$mL \cdot 循环^{-1}$	
		600	300	200	100	60	3.5	8
主油管	10					0.32	0.33	0.41
	15			0.26	0.22	0.19	0.20	0.25
	20	0.21	0.18	0.15	0.13	0.11	0.12	0.14
	25	0.13	0.11	0.10	0.09	0.07		
	32	0.08	0.07	0.06	0.05	0.05		
	40	0.06	0.05	0.05	主油管所有数值在环境温度为0℃，使用GB/T 7323—1994中1号极压锂基润滑脂时测得，如用0号脂时为上列数值的60%			
	50	0.04						

	公称通径/mm	公称流量（0℃时）/$10mL \cdot min^{-1}$		最大配管长度/m
		1号润滑脂	0号润滑脂	
给油管	4	0.60	0.35	4
	6	0.32	0.20	7
	8	0.21	0.14	10

注：环境温度为-5℃、15℃、25℃时，相应数值分别为表中数值的150%、50%、25%。

表 10-1-71　　　　分配器所需给油压力　　　　MPa

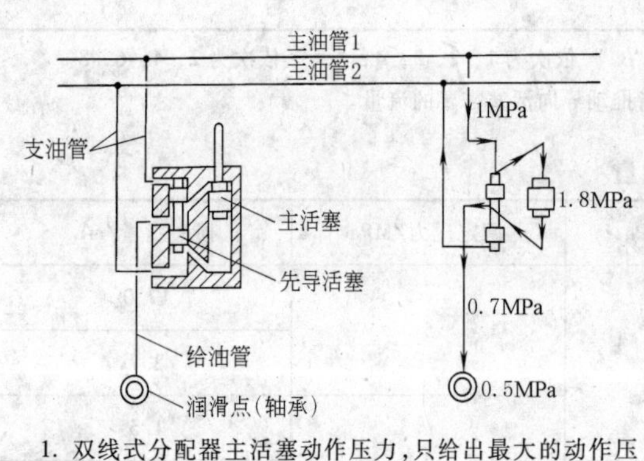

1. 双线式分配器主活塞动作压力，只给出最大的动作压力。每一规格分配器的动作压力可详见产品参数
2. 输油管、连接管的压力损失，随管道直径、长度和油温而变化
3. 安全给油压力是分配器不发生意外动作设计中预加的压力
4. 本表是以递进式系统为例

压力种类	主管路	双线式系统	递进式系统	双线递进式系统
双线分配器先导活塞动作压力	1	—	—	—
双线分配器主活塞动作压力	—	1.8	—	1.8
单向阀开启压力	—	—	—	0.5
递进分配器活塞动作压力	—	—	1.2	1.2
润滑点背压	—	0.5	0.5	0.5
输油管压力损失	—	0.7	0.7	0.7
连接管压力损失	—	—	—	2.8
安全给油压力	2	2	2	2
合计	3	5	4.4	9.5

5.2.4　滚动轴承润滑脂消耗量估算方法

滚动轴承润滑脂的消耗量，除了表 10-1-66 所列的计算方法外，一些国外滚动轴承公司，例如德国 FAG 公司，推荐了每周至每年添加润滑脂量 m_1 的估算方法，见下式。

$$m_1 = DBX \quad (g)$$

式中　D——轴承外径，mm；

B——轴承宽度，mm；

X——系数，每周加一次时 $X=0.002$，每月加一次时 $X=0.003$，每年加一次时 $X=0.004$。

当环境条件不好时，系数 X 应有增量，增量值可参阅表 10-1-66 中的增量值 K_2。

另外，极短的再润滑间隔所添加的润滑脂量 m_2 为

$$m_2=(0.5\sim20)V \quad (\text{kg/h})$$

$$V=(\pi/4)\times B\times(D^2-d^2)\times10^{-9}-(G/7800) \quad (\text{m}^3)$$

停用几年后启动前所添加的润滑脂量 m_3 为

$$m_3=DB\times0.01 \quad (\text{g})$$

式中　V——轴承里的自由空间；

d——轴承内孔直径，mm；

G——轴承质量，kg。

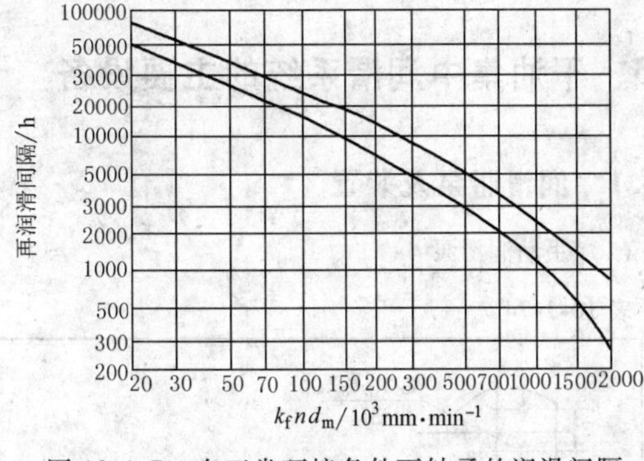

图 10-1-7　在正常环境条件下轴承的润滑间隔

滚动轴承润滑脂使用寿命的计算值与润滑间隔，是根据失效可能性来考虑的。轴承的工作条件与环境条件差时，润滑间隔将减少。通常润滑脂的标准再润滑周期，是在环境温度最高为 70℃，平均轴承负荷 $P/C<0,1$ 的情况下计算的。矿物油型锂基润滑脂在工作温度超过 70℃以后，每升温 15℃，润滑间隔将减半，此外，轴承类型、灰尘和水分、冲击负荷和振动、负荷高低、通过轴承的气流等都对润滑间隔有一定影响。图 10-1-7 是速度系数 $d_m n$ 值对再润滑间隔的影响，应用于失效可能性 10%～20%；k_f 为再润滑间隔校正因数，与轴承类型有关，承载能力较高的轴承，k_f 值较高，参见表 10-1-72。当工作条件与环境条件差时，减少的润滑间隔可由下式求出。

$$t_{fq}=f_1f_2f_3f_4f_5t_f$$

式中　t_{fq}——减少的润滑间隔；

t_f——润滑间隔；

$f_1\sim f_5$——工作条件与环境条件差时润滑间隔减少因数，参见表 10-1-73。

表 10-1-72　轴承的再润滑间隔校正因数 k_f

轴承类型	形式	k_f
深沟球轴承	单列	0.9～1.1
	双列	1.5
角接触球轴承	单列	1.6
	双列	2
主轴轴承	$\alpha=15°$	0.75
	$\alpha=25°$	0.9
四点接触球轴承		1.6
调心球轴承		1.3～1.6
推力球轴承		5～6
角接触推力球轴承	单列	1.4
圆柱滚子轴承	单列	3～3.5①
	双列	3.5
	满装	25
推力圆柱滚子轴承		90
滚针轴承		3.5
圆锥滚子轴承		4
中凸滚子轴承		10
无挡边球面滚子轴承（E 型结构）		7～9
有中间挡边球面滚子轴承		9～12

① $k_f=2$，适用于径向负荷或增加止推负荷；$k_f=3$适用于恒定止推负荷。

注：再润滑过程中通常不可能去除用过的润滑脂。再润滑间隔 t_{fq}必须降低 30%～50%。一般采用的润滑脂量见表 10-1-66。

表 10-1-73　工作条件与环境条件差时的润滑间隔减少因数

灰尘和水分对轴承接触面的影响	中等	$f_1=0.7\sim0.9$
	强	$f_1=0.4\sim0.7$
	很强	$f_1=0.1\sim0.4$
冲击负荷和振动的影响	中等	$f_2=0.7\sim0.9$
	强	$f_2=0.4\sim0.7$
	很强	$f_2=0.1\sim0.4$
轴承温度高的影响	中等（最高 75℃）	$f_3=0.7\sim0.9$
	强（75～85℃）	$f_3=0.4\sim0.7$
	很强（85～120℃）	$f_3=0.1\sim0.4$
高负荷的影响	$P/C=0.1\sim0.15$	$f_4=0.7\sim1.0$
	$P/C=0.15\sim0.25$	$f_4=0.4\sim0.7$
	$P/C=0.25\sim0.35$	$f_4=0.1\sim0.4$
通过轴承的气流的影响	轻气流	$f_5=0.5\sim0.7$
	重气流	$f_5=0.1\sim0.5$

5.3 干油集中润滑系统的主要设备

5.3.1 润滑脂泵及装置

(1) 手动润滑泵

表 10-1-74

SGZ型手动润滑泵(JB/ZQ 4087—1997)

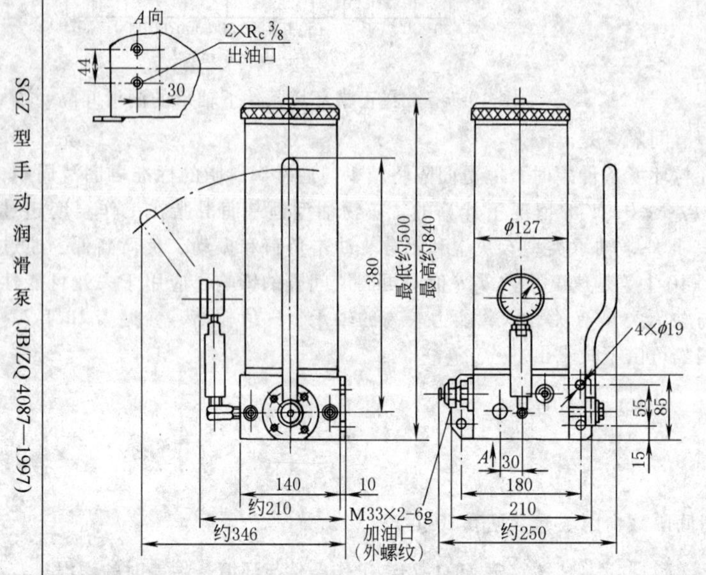

型号	给油量 /mL·循环$^{-1}$	公称压力 /MPa	储油筒容积/L	质量 /kg
SGZ-8	8	6.3(Ⅰ)	3.5	24

1. 用于双线式和双线喷射式干油集中润滑系统,采用锥入度不低于265/10mm(25℃,150g)的润滑脂,环境温度为0~40℃

2. 标记示例:给油量为8mL/循环的手动润滑泵,标记为

SGZ-8 润滑泵 JB/ZQ 4087—1997

生产厂有太原矿山机器润滑液压设备有限公司,启东市南方润滑液压设备有限公司,南通市南方润滑液压设备有限公司,启东润滑设备有限公司,启东江海液压润滑设备厂,太原宝太润液设备有限公司,四川川润股份有限公司,启东中冶润滑设备有限公司

SRB型手动润滑泵(JB/ZQ 4557—2006)

型 号	给油量 /mL·循环$^{-1}$	公称压力 /MPa	储油筒容积/L	最多给油点数
SRB-J7Z-2	7	10	2	80
SRB-J7Z-5			5	
SRB-L3.5Z-2	3.5	20	2	50
SRB-L3.5Z-5			5	

型 号	配管通径 /mm	配管长度 /m	质量 /kg
SRB-J7Z-2	20	50	18
SRB-J7Z-5			21
SRB-L3.5Z-2	12	50	18
SRB-L3.5Z-5			21

型 号	H	H_1
SRB-J7Z-2 SRB-L3.5Z-2	576	370
SRB-J7Z-5 SRB-L3.5Z-5	1196	680

1. 本泵与双线式分配器、喷射阀等组成双线式或双线喷射干油集中润滑系统,用于给油频率较低的中小机械设备或单独的机器上。工作时间一般为2~3min工作寿命可达50万个工作循环

2. 适用介质为锥入度310~385(25℃,150g)/10mm的润滑脂

标记示例:

公称压力20MPa,给油量3.5mL/循环,使用介质为润滑脂,储油器容积5L的手动润滑泵,标记为

SRB-L3.5Z-5 润滑泵 JB/ZQ 4557—2006

生产厂:南通市南方润滑液压设备有限公司,启东市南方润滑液压设备有限公司,太原宝太润液设备有限公司,上海润滑设备厂,太原矿山机器润滑液压设备有限公司,四川川润股份有限公司,启东润滑设备有限公司,启东江海液压润滑设备厂,温州市龙湾润滑液压设备厂(SNB-J型的生产厂同此)

续表

SNB-J 型手动润滑泵（JB/T 8651.1—1997）

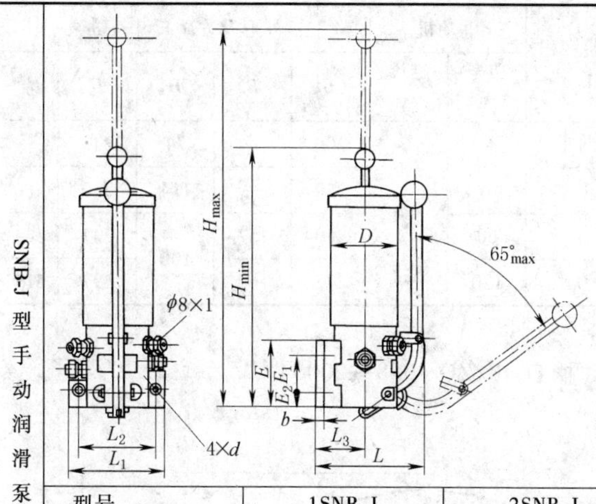

1. 允许在 0 ~ 45℃ 的环境温度下工作，使用介质锥入度大于 295（25℃、150g）/10mm 的符合 GB 491—1987、GB 492—1989、GB 7324—1994要求的润滑脂

2. 供油嘴的连接管若为 φ6 ×1，根据需要可特殊订货

标记示例：给油点数 5 个，每嘴出油容量 0.9mL/循环，储油器容积 1.37L 的手动润滑泵，标记为

5SNB-Ⅲ 润滑泵 JB/T 8651.1—1997

生产厂同上页 SRB 型手动润滑泵生产厂

型号	1SNB-J			2SNB-J			5SNB-J			6SNB-J			8SNB-J		
主参数代号	Ⅰ	Ⅱ	Ⅲ	Ⅰ	Ⅱ	Ⅲ	Ⅰ	Ⅱ	Ⅲ	Ⅰ	Ⅱ	Ⅲ	Ⅰ	Ⅱ	Ⅲ
给油点数/个	1			2			5			6			8		
每嘴出油容量/mL·次$^{-1}$	4.50			2.25			0.90			0.75			0.56		
公称压力/MPa	10(J)														
储油器容积/L	0.42	0.75	1.37	0.42	0.75	1.37	0.42	0.75	1.37	0.42	0.75	1.37	0.42	0.75	1.37
供油嘴连接管/mm	φ8 ×1														

外形尺寸/mm 主参数代号	H_{max}	H_{min}	D	L	L_1	L_2	L_3	E	E_1	E_2	d	b
Ⅰ	392	292	74	128	120	98	50	94	61	15	11.5	14
Ⅱ	500	350	86	145								
Ⅲ		360	114	175								

（2）电动润滑泵及干油站

微型电动润滑泵（摘自 JB/T 8651.3—1997）

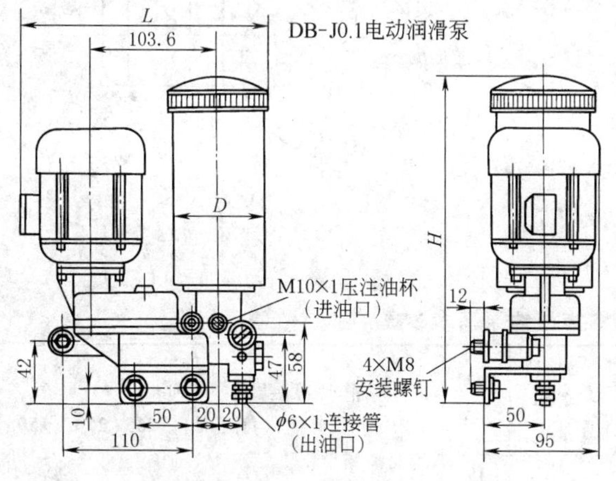

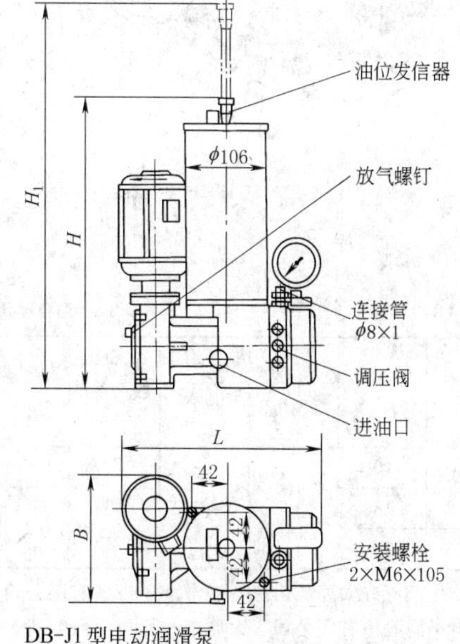

DB-J1 型电动润滑泵

1. 适用于金属切削机床及锻压机械润滑系统，亦可用于较小排量且符合本润滑泵参数的各种机械润滑系统。

2. 允许在 0 ~40℃ 的环境温度下工作，使用介质锥入度大于 295（25℃、150g）/10mm，且符合 GB 491—1987、GB 492—1989、GB 7324—1994 要求的润滑脂。

表 10-1-75　　**DB-J 型微型电动润滑泵性能参数**

型　号	公称压力/MPa	冲程频率/次·min^{-1}	公称排量/mL·冲程$^{-1}$	储油器容积/L	电动机		外形及安装尺寸/mm				
					功率/W	电压/V	L	B	D	H	H_1
DB-J0.1/ⅠW	10	40	0.1	0.4	40	380	200	—	74	240	—
DB-J0.1/ⅡW				1.4			220	—	114	280	—
DB-J1/ⅢW	6.3	35	1	1.5	60		260	157	106	347	464
DB-J1/ⅣW	10			2.0	120		275	167		397	514

DDB 型多点干油泵（10MPa）（摘自 JB/ZQ 4088—2006）

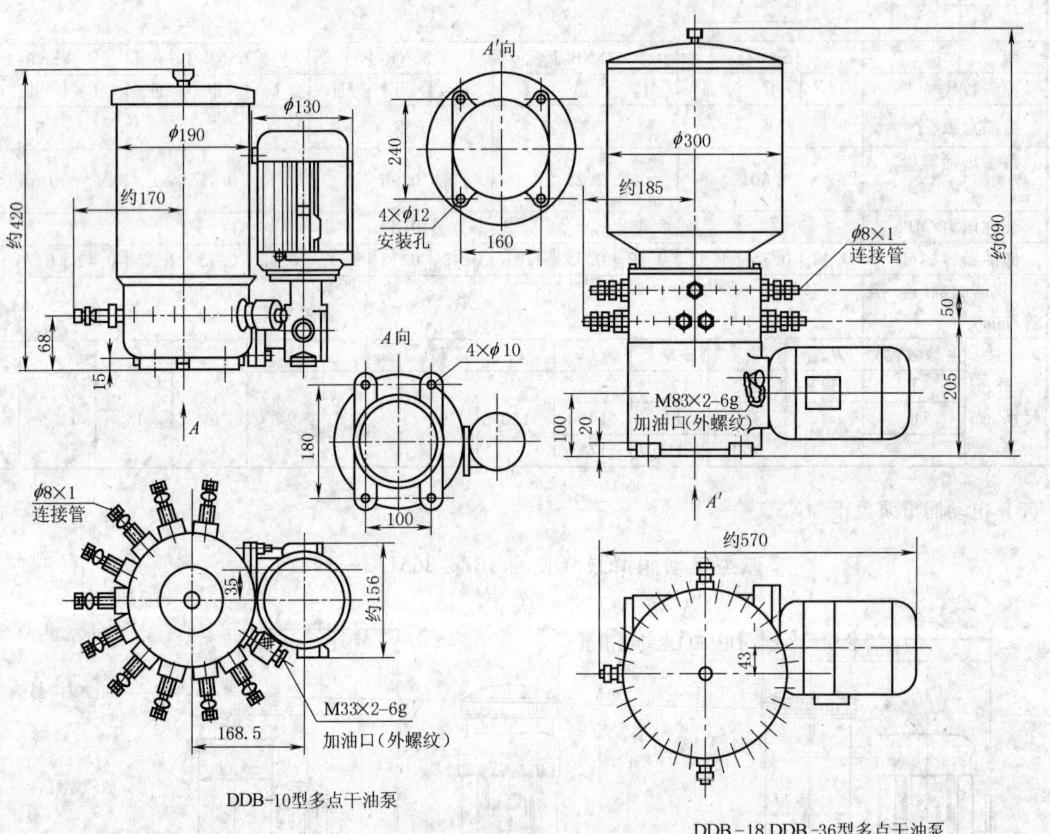

DDB-10型多点干油泵　　　　DDB-18,DDB-36型多点干油泵

表 10-1-76　　**DDB 型多点干油泵基本参数**

型 号	出油点数/点	公称压力/MPa	每点给油量/mL·次$^{-1}$	给油次数/次·min^{-1}	储油器容积/L	电动机功率/kW	质量/kg
DDB-10	10	10 (J)	0~0.2	13	7	0.37	19
DDB-18	18				23	0.56	75
DDB-36	36						80

1. 工作环境温度 0~40℃
2. 适用于锥入度不低于 265(25℃,150g)/10mm 的润滑脂

标记示例:出油口为 10 个的多点干油泵,标记为

DDB-10　干油泵　JB/ZQ 4088—2006

注：生产厂有太原矿山机器润滑液压设备有限公司，启东市南方润滑液压设备有限公司，南通市南方润滑液压设备有限公司，四川川润股份有限公司，太原市兴科机电研究所，太原宝太润液设备有限公司，启东润滑设备有限公司，启东江海液压润滑设备厂，温州市龙湾润滑液压设备厂。

表 10-1-77　　电动润滑泵（40MPa）型式与尺寸（摘自 JB/T 8810.1—1998）

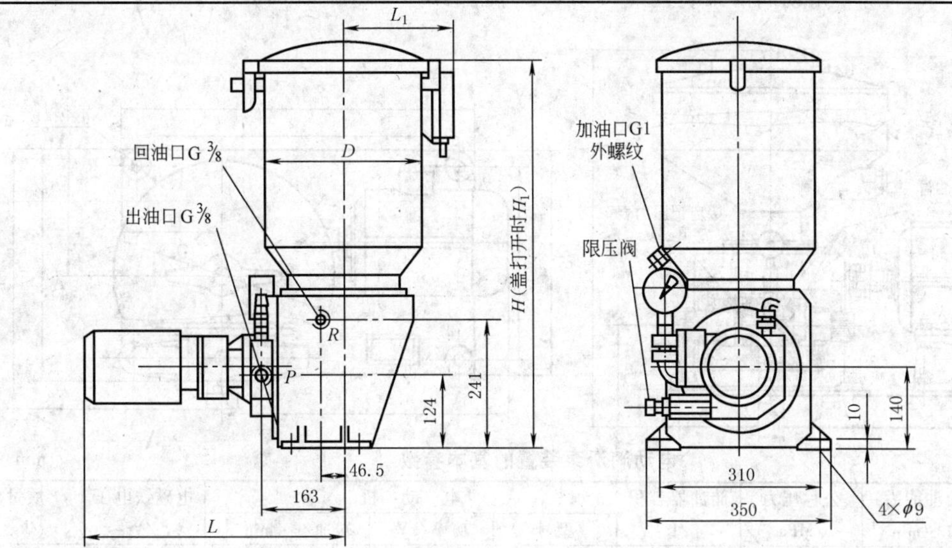

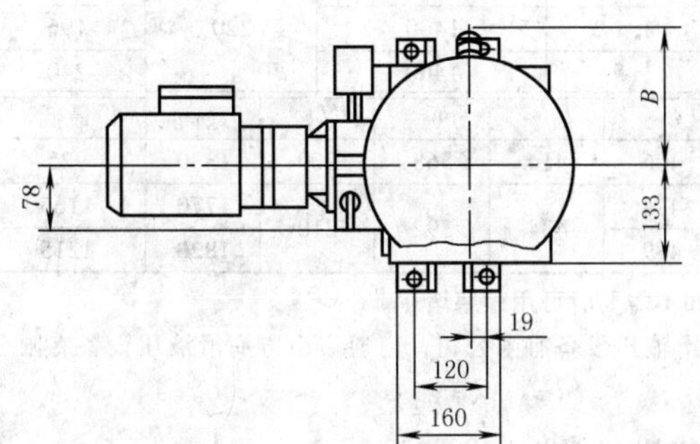

1. 适用于锥入度(25℃,150g)大于等于 220/10mm 的润滑脂

2. 润滑泵为电动高压柱塞式,工作压力在公称压力范围内可任意调整,有双重过载保护

3. 储油器具有油位自动报警装置

标记示例:公称压力 40MPa,额定给油量 120mL/min,储油器容积 30L,减速电动机功率 0.75kW 的电动润滑泵,标记为

DRB2-P120　润滑泵　JB/T 8810.1—1998

规格		尺寸/mm					
		D	H	H_1	B	L	L_1
储油器	30L	310	760	1140	200	—	233
	60L	400	810	1190	230	—	278
	100L	500	920	1200	280	—	328
电动机	0.37kW,80r/min	—	—	—	—	500	—
	0.75kW,80r/min	—	—	—	—	563	—
	1.5kW,160r/min	—	—	—	—	575	—
	1.5kW,250r/min	—	—	—	—	575	—

型号	公称压力/MPa	额定给油量/mL·min^{-1}	储油器容积/L	减速电动机		环境温度/℃	质量/kg
				功率/kW	电压/V		
DRB1-P120Z	40(P)	120	30	0.37	380	0~80	56
DRB2-P120Z				0.75		-20~80	64
DRB3-P120Z			60	0.37		0~80	60
DRB4-P120Z				0.75		-20~80	68
DRB5-P235Z		235	30	1.5		0~80	70
DRB6-P235Z			60				74
DRB7-P235Z			100				82
DRB8-P365Z		365	60				74
DRB9-P365Z			100				82

注：生产厂有上海润滑设备厂，启东市南方润滑液压设备有限公司，南通市南方润滑液压设备有限公司，启东江海液压润滑设备厂，启东润滑设备有限公司，四川川润股份有限公司，太原矿山机器润滑液压设备有限公司，太原宝太润液设备有限公司，温州市龙湾润滑液压设备厂，太原市兴科机电研究所。

电动润滑泵装置（20MPa）（摘自 JB/T 2304—2001）

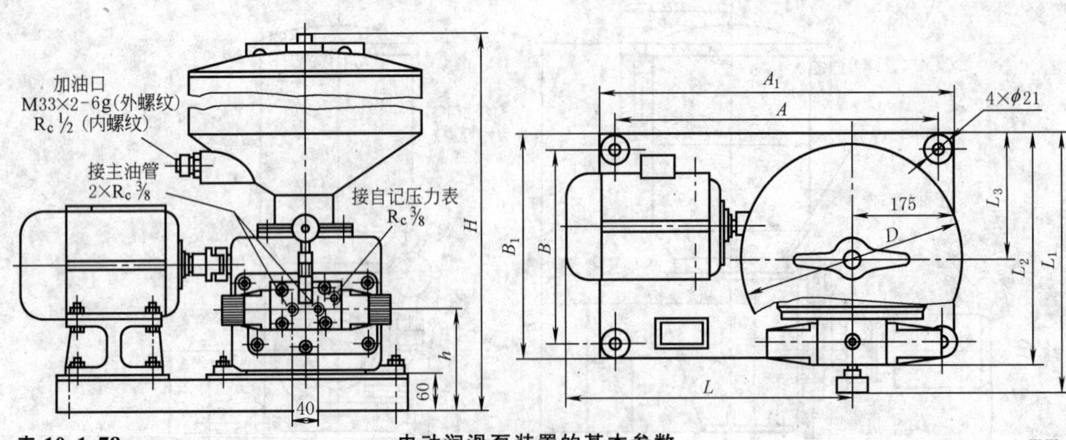

表 10-1-78　　电动润滑泵装置的基本参数　　mm

型号	给油能力 /mL·min^{-1}	公称压力 /MPa	储油器容积 /L	电动机 型号	电动机 功率/kW	电动机 转速/r·min^{-1}	电磁铁电压 /V	质量 /kg
DRZ-L100	100	20 (L)	50	Y801-4-B_3	0.55	1390	220	191
DRZ-L315	315		75	Y90S-4-B_3	1.1	1400		196
DRZ-L630	630		120	Y90L-4-B_3	1.5	1400		240

型号	A	A_1	B	B_1	h	D	$L\approx$	$L_1\approx$	L_2	L_3	最高	最低
DRZ-L100	460	510	300	350	151	408	406	414	368	200	1330	925
DRZ-L315	550	600	315	365	167		474	434	392	210	1770	1165
DRZ-L630						508	489				1820	1215

注：1. 电磁换向阀上留有连接螺纹为 $R_c3/8$ 的自记压力表接口，如不需要时可用螺塞堵住。

2. 生产厂有太原矿山机器润滑液压设备有限公司，启东市南方润滑液压设备有限公司，南通市南方润滑液压设备有限公司，太原市兴科机电研究所，太原宝太润液设备有限公司。

表 10-1-79　　**DB 型单线干油泵装置参数**（摘自 JB/T 2306—1999）

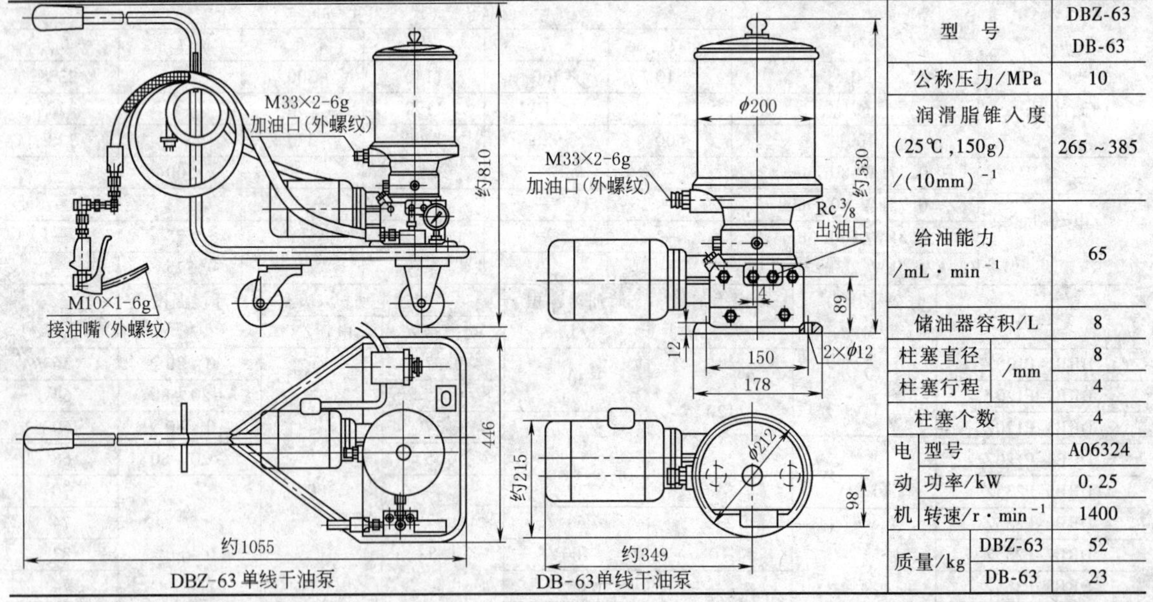

型号		DBZ-63 / DB-63
公称压力/MPa		10
润滑脂锥入度 (25℃,150g) /(10mm)$^{-1}$		265～385
给油能力 /mL·min^{-1}		65
储油器容积/L		8
柱塞直径	/mm	8
柱塞行程	/mm	4
柱塞个数		4
电动机	型号	A06324
电动机	功率/kW	0.25
电动机	转速/r·min^{-1}	1400
质量/kg	DBZ-63	52
质量/kg	DB-63	23

注：1. 电动机安装结构型式为 B5 型。

2. 润滑脂锥入度按 GB/T 7631.8—1990《润滑剂和有关产品（L 类）的分类　第 8 部分：X 组（润滑脂）》的规定标记，单线干油泵，DB-63 干油泵　JB/T 2306—1999；单线干油泵装置，DBZ-63　JB/T 2306—1999。

3. 生产厂有启东市南方润滑液压设备有限公司，南通市南方润滑液压设备有限公司，四川川润股份有限公司，太原市兴科机电研究所，太原宝太润液设备有限公司。

DRB 系列电动润滑泵（摘自 JB/ZQ 4559—2006）

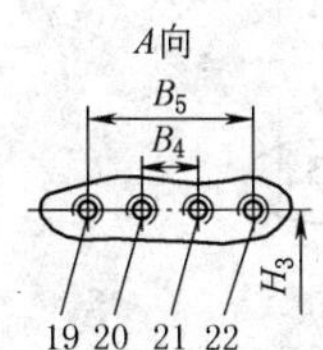

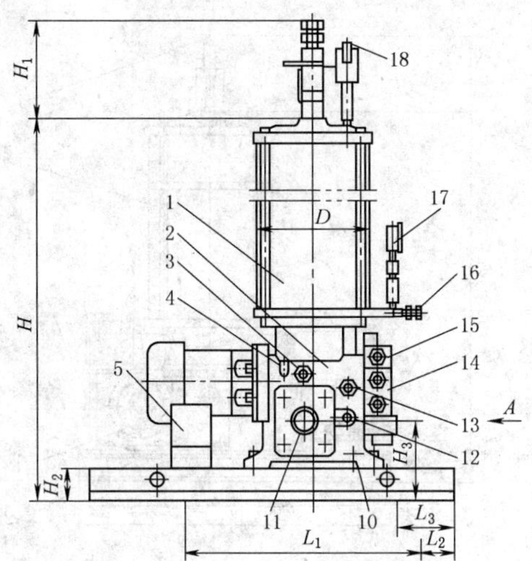

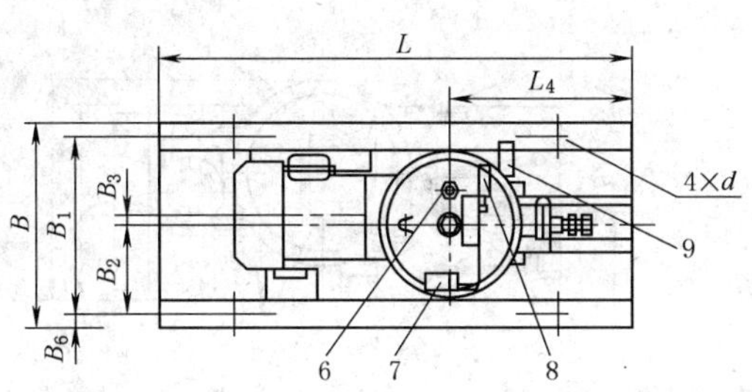

(a) DRB-L60Z-H、DRB-L195Z-H环式电动润滑泵

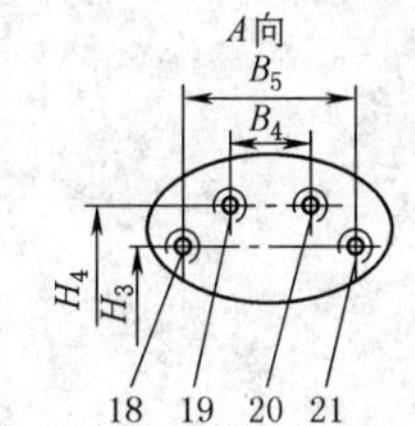

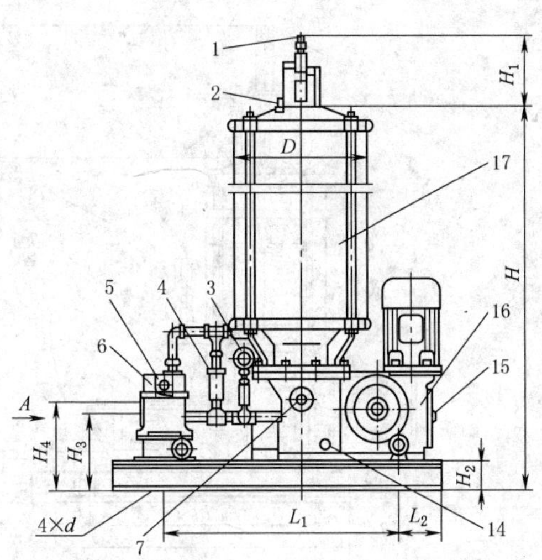

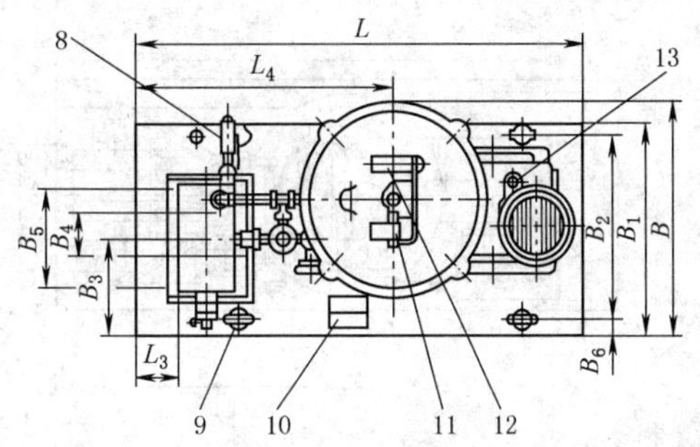

(b) DRB-L585Z-H环式电动润滑泵

1—储油器（17，图 b 中该零件号，下同）；2—泵体（16）；3—排气塞；4—润滑油注入口（13，润滑油注入口 R_c ¾）；5—接线盒（10）；6—排气阀（储油器活塞下部空气）（1）；7—储油器低位开关（11）；8—储油器高位开关（12）；9—液压换向限位开关（8）；10—放油螺塞（14，放油螺塞 R_c ½）；11—油位计（15）；12—润滑脂补给口 M33×2-6g（7）；13—液压换向阀压力调节螺栓（6）；14—液压换向阀（5）；15—安全阀（4）；16—排气阀（出油口）；17—压力表（3）；18—排气阀（储油器活塞上部空气）（2）；19—管路Ⅰ出油口 R_c ⅜（19，R_c ½）；20—管路Ⅰ回油口 R_c ⅜（21，R_c ½）；21—管路Ⅱ回油口 R_c ⅜（18，R_c ½）；22—管路Ⅱ出油口 R_c ⅜（20，R_c ½）

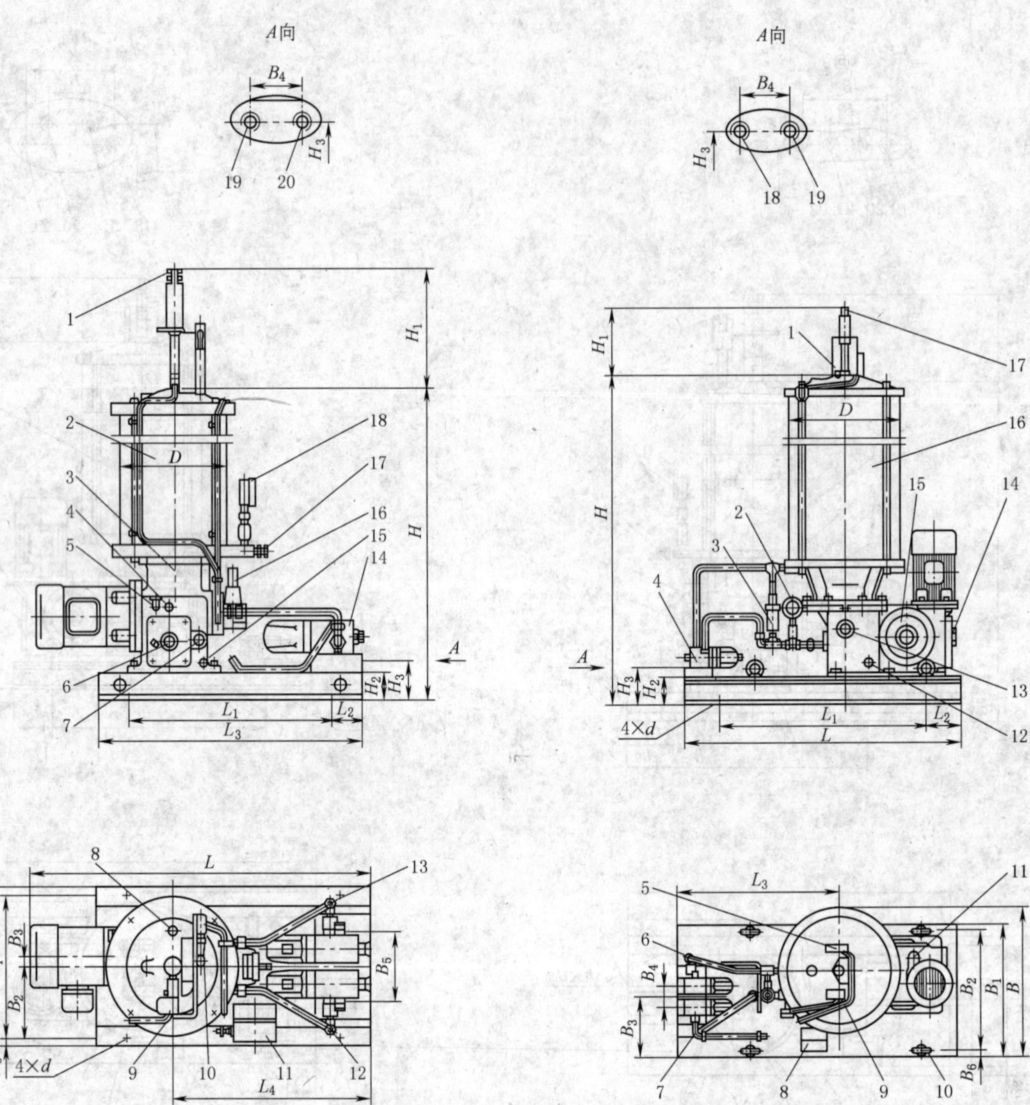

(c) DRB-L60Z-Z、DRB-L-195Z-Z 终端式电动润滑泵

(d) DRB-L585Z-Z 终端式电动润滑泵

1—排气阀（储油器活塞上部空气）（1，图 d 中该零件号，下同）；2—储油器（16）；3—泵体（15）；4—排气塞；5—润滑油注入口（11，润滑油补给口 R_c3/4）；6—油位计（14）；7—润滑脂补给口 M33×2-6g（13）；8—排气阀（储油器活塞下部空气）（17）；9—储油器低位开关（9）；10—储油器高位开关（5）；11—接线盒（8）；12—储油器接口（6）；13—泵接口（7）；14—电磁换向阀（4）；15—放油螺塞（12，R_c1/2）；16—安全阀（3）；17—排气阀（出油口）；18—压力表（2）；19—管路Ⅰ出油口 R_c1/2（18）；20—管路Ⅱ出油口 R_c1/2（19）；（图 d 中，10—吊环）

表 10-1-80　　DRB-L 型电动润滑泵结构型式、工作原理、技术参数及外形尺寸　　mm

结构型式、工作原理

该型电动润滑泵由柱塞泵、(柱塞式定量容积泵)储油器、换向阀、电动机等部分组成。柱塞泵在电动机的驱动下,从储油器吸入润滑脂,压送到换向阀,通过换向阀交替地沿两个出油口输送润滑脂时,另一出油口与储油器接通卸荷

该型电动润滑泵可组成双线环式集中润滑系统,即系统的主管环状布置,由返回润滑泵的主管末端的系统压力来控制液压换向阀,使两条主管交替地供送润滑脂的集中润滑系统;也可组成双线终端式集中润滑系统,即由主管末端的压力操纵阀来控制电磁换向阀交替地使两条主管供送润滑脂的集中润滑系统

环式结构电动润滑泵配用液压换向阀,有 4 个接口,外接 2 根供油主管及 2 根分别由供油管引回的回油管,依靠回油管内油脂的油压推动换向阀换向

终端式结构电动润滑泵配用电磁换向阀,有 2 个接口,外接 2 根供油主管,依靠电磁铁的得失电实现换向供油

技术参数、外形尺寸

<table>
<tr><th>型　号</th><th>公称流量
/L·min⁻¹</th><th>公称压力
/MPa</th><th>转速
/r·min⁻¹</th><th>储油器容积/L</th><th>减速器润滑油量/L</th><th>电动机功率
/kW</th><th>减速比</th><th>配管方式</th><th>润滑脂锥入度(25℃,150g)
/(10mm)⁻¹</th><th>质量
/kg</th><th>L</th><th>B</th><th>H</th><th>L1</th><th>L2</th></tr>
<tr><td>DRB-L60Z-H</td><td rowspan="2">60</td><td rowspan="6">20(L)</td><td rowspan="2">100</td><td rowspan="2">20</td><td rowspan="2">1</td><td rowspan="2">0.37</td><td rowspan="2">1:15</td><td>环式</td><td rowspan="4">310～385</td><td>140</td><td>640</td><td rowspan="2">360</td><td rowspan="2">986</td><td rowspan="2">500</td><td rowspan="2">60</td></tr>
<tr><td>DRB-L60Z-Z</td><td>终端式</td><td>160</td><td>780</td></tr>
<tr><td>DRB-L195Z-H</td><td rowspan="2">195</td><td rowspan="4">75</td><td rowspan="2">35</td><td rowspan="2">2</td><td rowspan="2">0.75</td><td rowspan="4">1:20</td><td>环式</td><td>210</td><td>800</td><td rowspan="2">452</td><td rowspan="2">1056</td><td rowspan="2">600</td><td rowspan="2">100</td></tr>
<tr><td>DRB-L195Z-Z</td><td>终端式</td><td>230</td><td>891</td></tr>
<tr><td>DRB-L585Z-H</td><td rowspan="2">585</td><td rowspan="2">90</td><td rowspan="2">5</td><td rowspan="2">0.5</td><td>环式</td><td rowspan="2">265～385</td><td>456</td><td rowspan="2">1160</td><td rowspan="2">585</td><td rowspan="2">1335</td><td rowspan="2">860</td><td rowspan="2">150</td></tr>
<tr><td>DRB-L585Z-Z</td><td>终端式</td><td>416</td></tr>
</table>

<table>
<tr><th rowspan="2">型号</th><th rowspan="2">L3</th><th rowspan="2">L4</th><th rowspan="2">B1</th><th rowspan="2">B2</th><th rowspan="2">B3</th><th rowspan="2">B4</th><th rowspan="2">B5</th><th rowspan="2">B6</th><th colspan="2">H1</th><th rowspan="2">H2</th><th rowspan="2">H3</th><th rowspan="2">H4</th><th rowspan="2">D</th><th rowspan="2">d</th><th rowspan="2">地脚螺栓</th></tr>
<tr><th>最大</th><th>最小</th></tr>
<tr><td>DRB-L60Z-H</td><td>126</td><td>290</td><td rowspan="2">320</td><td>157</td><td rowspan="2">23</td><td>42</td><td>118</td><td rowspan="2">20</td><td rowspan="2">598</td><td rowspan="2">155</td><td rowspan="2">60</td><td>130</td><td rowspan="2">—</td><td rowspan="2">269</td><td rowspan="2">14</td><td rowspan="2">M12×200</td></tr>
<tr><td>DRB-L60Z-Z</td><td>640</td><td>450</td><td>200</td><td>160</td><td>—</td><td>85</td></tr>
<tr><td>DRB-L195Z-H</td><td>125</td><td>300</td><td rowspan="2">420</td><td rowspan="2">226</td><td rowspan="2">39</td><td>42</td><td>118</td><td rowspan="2">16</td><td rowspan="2">687</td><td rowspan="2">167</td><td rowspan="2">83</td><td>164</td><td rowspan="2">—</td><td rowspan="2">319</td><td rowspan="2">18</td><td rowspan="2">M16×400</td></tr>
<tr><td>DRB-L195Z-Z</td><td>800</td><td>500</td><td>160</td><td>—</td><td>108</td></tr>
<tr><td>DRB-L585Z-H</td><td>100</td><td rowspan="2">667</td><td rowspan="2">520</td><td rowspan="2">476</td><td>244</td><td>111</td><td>226</td><td rowspan="2">22</td><td rowspan="2">815</td><td rowspan="2">170</td><td rowspan="2">110</td><td>248</td><td>277</td><td rowspan="2">457</td><td rowspan="2">22</td><td rowspan="2">M20×500</td></tr>
<tr><td>DRB-L585Z-Z</td><td>667</td><td>239</td><td>160</td><td>—</td><td>135</td><td>—</td></tr>
</table>

应用

DRB-L 型电动润滑泵适用于润滑点多、分布范围广、给油频率高、公称压力 20MPa 的双线式干油集中润滑系统。通过双线分配器向润滑部位供送润滑脂

适用于锥入度(25℃、150g)250～350/10mm 的润滑脂或黏度值为 46～150mm²/s 的润滑油

注:生产厂有太原矿山机器润滑液压设备有限公司,启东市南方润滑液压设备有限公司,南通市南方润滑液压设备有限公司,启东润滑设备有限公司,启东江海液压润滑设备厂,四川川润股份有限公司,太原兴科机电研究所,太原宝太润液设备有限公司,温州市龙湾润滑液压设备厂,启东中冶润滑设备有限公司。

双列式电动润滑脂泵（31.5MPa）（摘自 JB/ZQ 4701—2006）

标记示例：公称压力 31.5MPa，公称流量 60mL/min，环式配管的双列式电动润滑脂泵，标记为

SDRB-N60H　双列式电动润滑脂泵　JB/ZQ 4701—2006

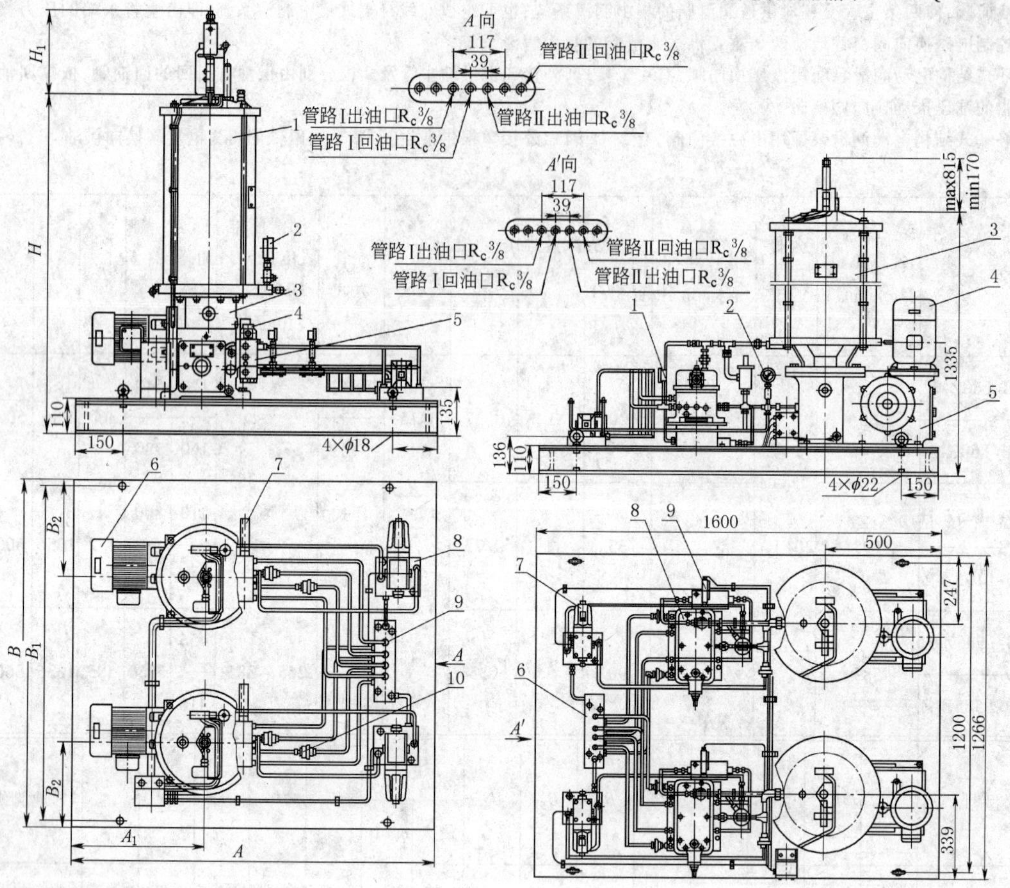

SDRB-N60H、SDRB-N195H 双列式电动润滑脂泵外形图

1—储油器；2,10—压力表；3—电动润滑脂泵；4—溢流阀；5,9—液压换向阀；6—电动机；7—限位开关；8—电磁换向阀

SDRB-N585H 双列式电动润滑脂泵外形图

1,2—压力表；3—储油器；4—电动机；5—电动润滑脂泵；6,8—液压换向阀；7—电磁换向阀；9—限位开关

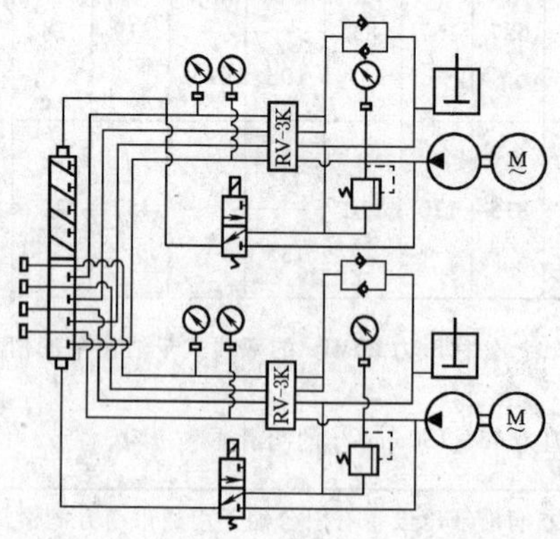

SDRB-N60H、SDRB-N195H 双列式电动润滑脂泵系统原理图

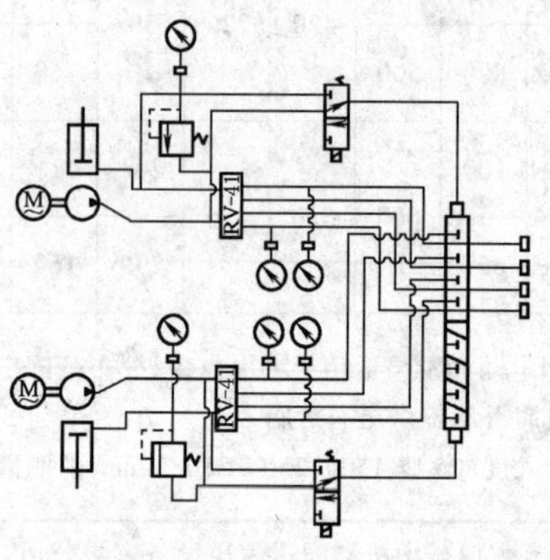

SDRB-N585H 双列式电动润滑脂泵系统原理图

表 10-1-81　双列式电动润滑脂泵组成、工作原理、技术参数及外形尺寸　mm

组成、工作原理

双列式电动润滑脂泵是由电动润滑脂泵、换向阀、管路附件等组成。在同一底座上安装有两台电动润滑脂泵，一台常用、一台备用，双泵可以自动切换，通过换向阀接通运转着的泵的回路，不影响系统的正常工作，润滑脂泵的运转由电控系统操纵

技术参数、外形尺寸

型　号	公称流量 /mL·min^{-1}	公称压力 /MPa	储油器容积 /L	配管方式	电动机功率 /kW	润滑脂锥入度(25℃,150g) /(10mm)$^{-1}$	质量 /kg
SDRB-N60H	60	31.5(N)	20	环式	0.37	265～385	405
SDRB-N195H	195		35		0.75		512
SDRB-N585H	585		90		1.5		975

型　号	A	A_1	B	B_1	B_2	H	H_1
SDRB-N60H	1050	351	1100	1054	296	1036	598_{max}
							155_{min}
SDRB-N195H	1230	503.5	1150	1104	310	1083	670_{max}
							170_{min}

注：生产厂有启东市南方润滑液压设备有限公司，南通市南方润滑液压设备有限公司，太原矿山机器润滑液压设备有限公司，太原市兴科机电研究所，太原宝太润液设备有限公司，四川川润股份有限公司，启东江海液压润滑设备有限公司。

表 10-1-82　单线润滑泵（31.5MPa）型式、尺寸与基本参数（摘自 JB/T 8810.2—1998）

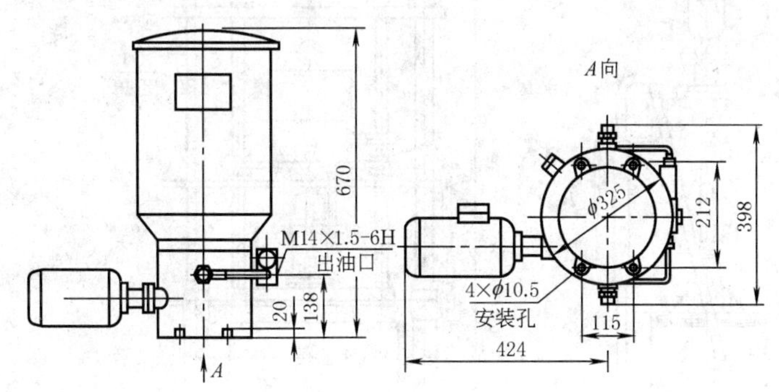

适用于锥入度不低于(25℃,150g)265/10mm的润滑脂或黏度值不小于68mm^2/s的润滑油。工作环境温度－20～80℃

标记示例：DB-N50　单线润滑泵，标记为 JB/T 8810.2—1998

型　号	公称压力 /MPa	额定给油量 /mL·min^{-1}	储油器容积/L	电动机 功率 /kW	电动机 电压 /V	质量 /kg
DB-N25	31.5(N)	0～25	30	0.37	380	37
DB-N45		0～45				39
DB-N50		0～50				37
DB-N90		0～90				39

DB-N系列的多点润滑泵适用于润滑频率较低、润滑点在50点以下、公称压力为31.5MPa的单线式中小型机械设备集中润滑系统中，直接或通过单线分配器向各润滑点供送润滑脂的输送供油装置

适用于冶金、矿山、运输、建筑等设备的干油润滑

注：生产厂有南通市南方润滑液压设备有限公司，启东市南方润滑液压设备有限公司，启东江海液压润滑设备厂，启东润滑设备有限公司，四川川润股份有限公司，上海润滑设备厂，启东中冶润滑设备有限公司。

表 10-1-83　多点润滑泵（31.5MPa）型式、尺寸与基本参数（JB/T 8810.3—1998）

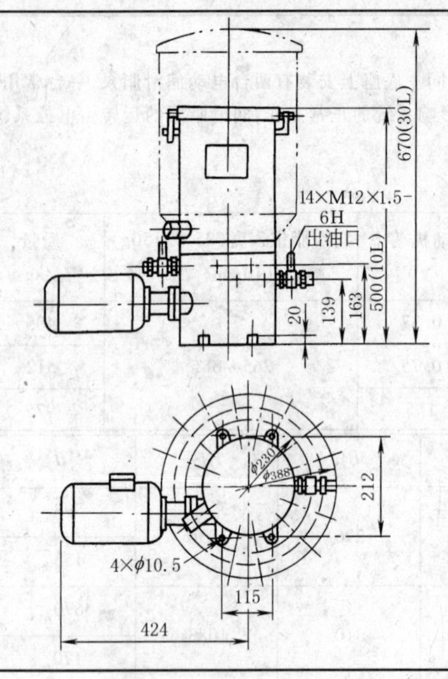

公称压力 /MPa	出油口数	每出油口额定给油量 /mL·min⁻¹	储油器容积 /L	电动机 功率 /kW	电动机 电压 /V	质量 /kg
31.5(N)	1～14	0～1.8 0～3.5 0～5.8 0～10.5	10,30	0.18	380	43

1. 适用于锥入度(25℃,150g)不低于 265/10mm 的润滑脂或黏度值不小于 46mm²/s 的润滑油。工作环境温度 -20～80℃

2. 标记示例:公称压力 31.5MPa,出油口数 6 个,每出油口额定给油量 0～5.8mL/min,储油器容积 10L 的多点润滑泵,标记为

6DDRB-N5　8/10　多点泵　JB/T 8810.3—1998

3. 生产厂有启东市南方润滑液压设备有限公司,南通市南方润滑液压设备有限公司,启东江海液压润滑设备厂,启东润滑设备有限公司,上海润滑设备厂,温州市龙湾润滑液压设备厂,启东中冶润滑设备有限公司

(3) 气动润滑泵

FJZ 型风动加油装置

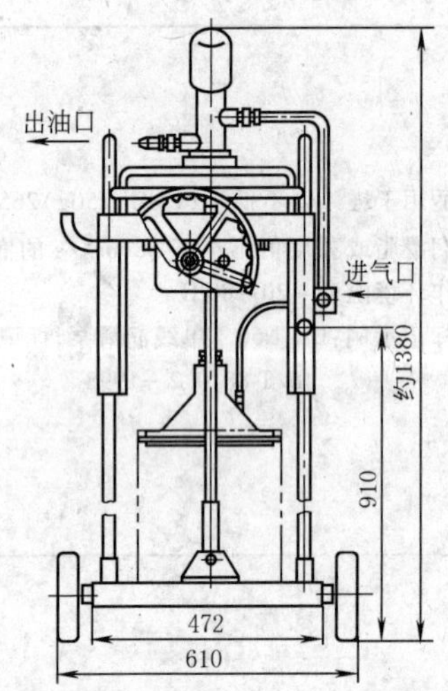

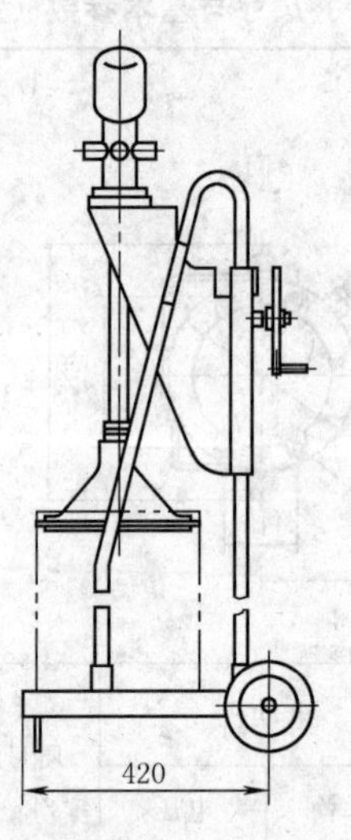

FJZ-M50、FJZ-K180 风动加油装置

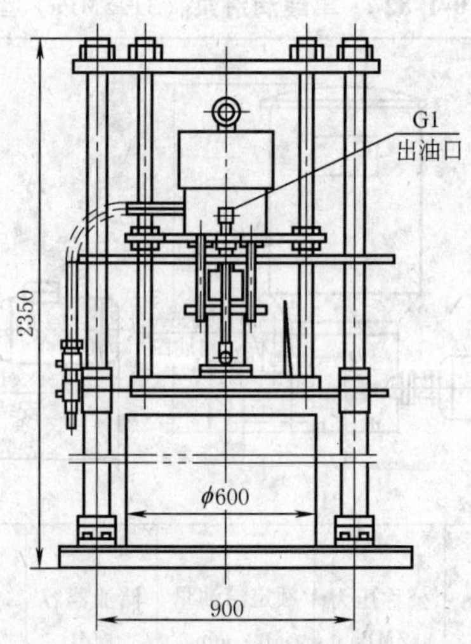

FJZ-J600、FJZ-H1200 风动加油装置

表 10-1-84　FJZ 型风动加油装置基本参数

型号	加油能力 /L·h⁻¹	储油器容积 /L	空气压力 /MPa	压送油压比	空气耗量 /m³·h⁻¹	每次往复排油量 /mL	每分钟往复次数
FJZ-M50	50	17	0.4～0.6	1:50	5	4.72	180
FJZ-K180	180			1:35	80	50	
FJZ-J600	600	180		1:25	200	180	60
FJZ-H1200	1200			1:10	200	350	

适用于向干油站的储油器填充润滑脂,也可用于各种类型的润滑脂供应站

风动加油装置的主体为一风动柱塞式油泵。FJZ-M50 和 FJZ-K180 两种装置配上加油枪可以给润滑点直接供油,也可作为简单的单线润滑系统使用

风动加油装置输送润滑脂的锥入度为(25℃,150g)265～385/10mm

注：生产厂有太原矿山机器润滑液压设备有限公司、太原市兴科机电研究所，太原宝太润液设备有限公司，温州市龙湾润滑液压设备厂。

表 10-1-85　　QRB 型气动润滑泵（16MPa）（摘自 JB/ZQ 4548—1997）

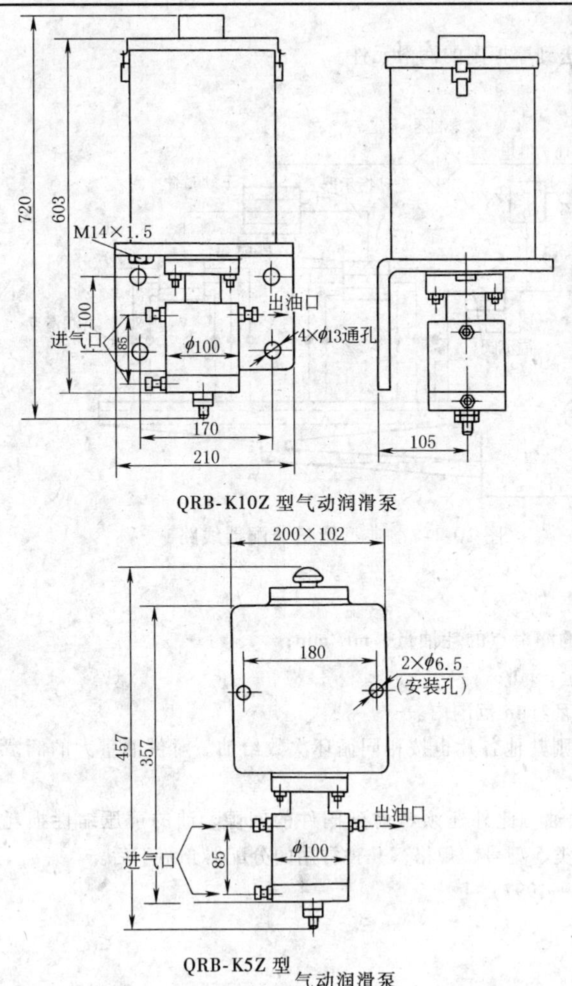

QRB-K10Z 型气动润滑泵

QRB-K5Z 型
QRB-K5Y 型 气动润滑泵

参　数	QRB-K10Z	QRB-K5Z	QRB-K5Y
出油压力/MPa	16		
进气压力/MPa	0.63		
出油量(可调) /mL·次$^{-1}$	0～6		
储油器容积/L	10	5	
进气口螺纹	M10×1-6H		
出油口螺纹	M14×1.5-6H		
油位监控装置	有	无	
最大电源电压/V	220	—	—
最大允许电流/mA	500	—	—
润滑介质	润滑脂		润滑油
质量/kg	39.10	13.26	12.81

1. 适用于锥入度(25℃,150g)为 250～350/10mm 的润滑脂或黏度值 46～150mm²/s 的润滑油

2. 标记示例：

a. 供油压力 16MPa,储油器容积 5L,使用介质为润滑脂的气动润滑泵,标记为

QRB-K5Z　润滑泵　JB/ZQ 4548—1997

b. 供油压力 16MPa,储油器容积 5L,使用介质为润滑油的气动润滑泵,标记为

QRB-K5Y　润滑泵　JB/ZQ 4548—1997

3. 生产厂有启东江海液压润滑设备厂,启东润滑设备有限公司,启东中冶润滑设备有限公司

表 10-1-86　　GSZ 型干油喷射润滑装置基本参数（摘自 JB/ZQ 4539—1997）

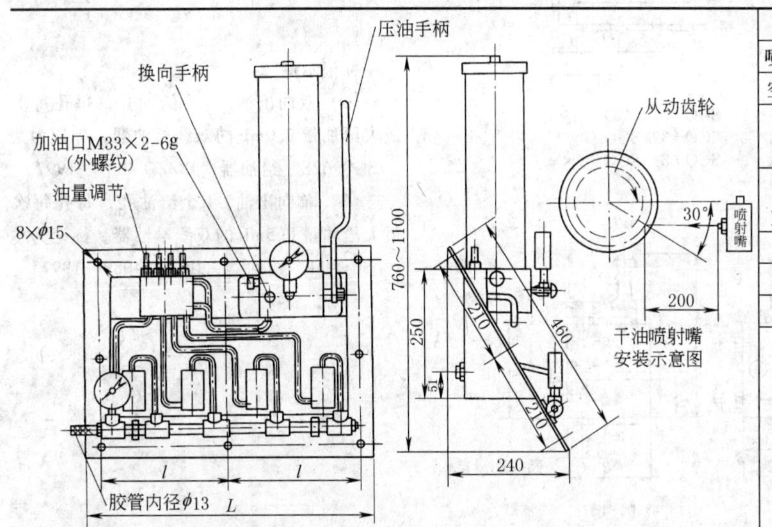

参　数	GSZ-2	GSZ-3	GSZ-4	GSZ-5
喷射嘴数量/个	2	3	4	5
空气压力/MPa	0.45～0.6			
给油器每循环给油量/mL	1.5～5			
喷射带(长×宽)/mm×mm	200×65	320×65	450×65	580×65
L/mm	520	560	600	730
l/mm	240	260	280	345
质量/kg	49	52	55	60

1. 适用于介质为锥入度(25℃,150g)不小于 300/10mm 的润滑脂

2. 标记示例：空气压力为 0.45～0.6MPa,喷射嘴为 3 个的干油喷射润滑装置,标记为

GSZ-3　喷射装置　JB/ZQ 4539—1997

注：生产厂有启东江海液压润滑设备厂，启东中冶润滑设备有限公司。

5.3.2 分配器与喷射阀

分配器是把润滑剂按照要求的数量、周期可靠地供送到摩擦副的润滑元件。

根据各润滑点的耗油量，可确定每个摩擦副上安置几个润滑点，选用相应类型的润滑系统，然后选择相应的润滑泵及定量分配器。其中多线式系统是通过多点式或多头式润滑油泵的每个给油口直接向润滑点供油，而单线式、双线式及递进式润滑系统则用定量分配器供油。

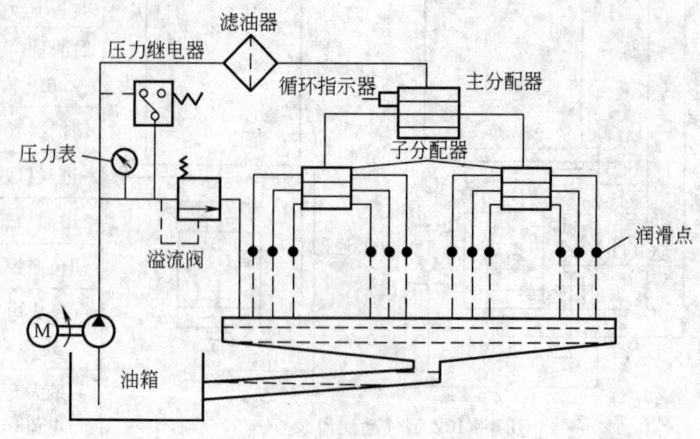

图 10-1-8 典型定量分配器线路

在设计时，首先按润滑点数量、集结程度遵循就近接管的原则将润滑系统划分为若干个润滑点群，每个润滑点群设置 1 ~ 2 个片组，按片组数初步确定分油级数。在最后 1 级分配器中，单位时间内所需循环次数 n_n 可按下式计算：

$$n_n = \frac{Q_1}{Q_n}$$

式中 Q_1——该分配器所供给的润滑点群中耗油量最小的润滑点的耗油量，mL/min；

Q_n——选定的合适的标准分配器每一循环的供油量，mL；

n_n——单位时间内所需循环数，一般在 20 ~ 60 循环/min 范围内。

在同一片组分配器中的一片的循环次数 n_1 确定后，则其他各片也按相同循环次数给油。对供油量大的润滑点，可选用大规格分配器或采用数个油口并联的方法。

每组分配器的流量必须相互平衡，这样才能连续供油。此外还须考虑到阀件的间隙、油的可压缩性损耗（可估算为 1% 容量）等。然后就可确定标准分配器的种类、型号、规格。几种常用的分配器介绍于后。

（1）10MPa SGQ 系列双线给油器（摘自 JB/ZQ 4089—1997）

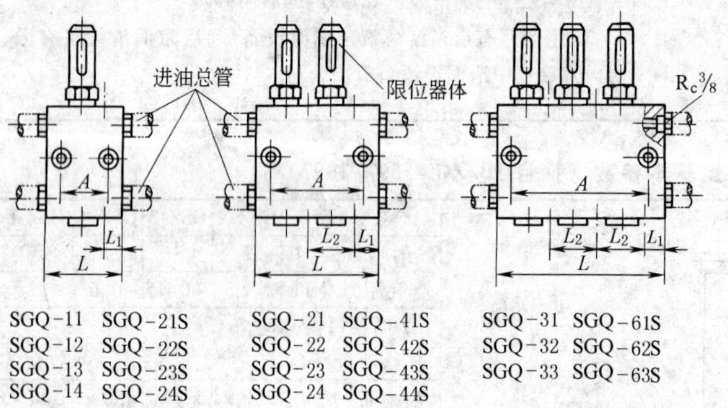

标记示例：

（a）双向出油，6 个给油孔，每孔每次最大给油量 2.0mL 的双线给油器，标记为

SGQ-62S 给油器 JB/ZQ 4089—1997

（b）单向出油，1 个给油孔，每孔每次最大给油量 0.5mL 的双线给油器，标记为

SGQ-11 给油器 JB/ZQ 4089—1997

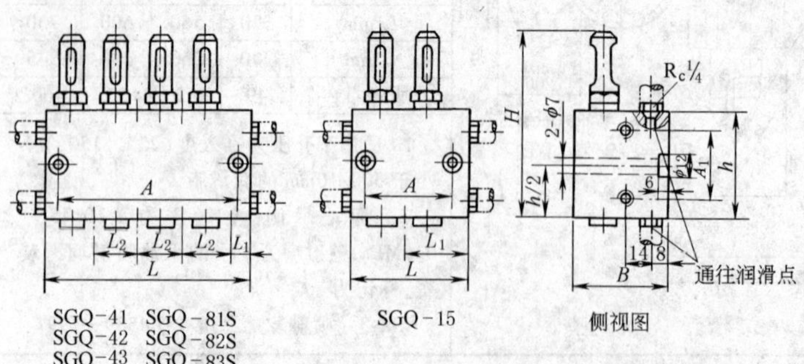

表 10-1-87

型号	给油孔数	公称压力/MPa	每孔每次给油量/mL 系列	最小	最大	L	B	H	h	L_1	L_2	A	A_1	质量/kg
						mm								
SGQ-11	1	10(J)	1	0.1	0.5	54	44	85	56	20	23	40	34	1.0
SGQ-21	2					77						63		1.3
SGQ-31	3					100						86		1.8
SGQ-41	4					123						109		2.3
SGQ-21S	2					54						40		1.0
SGQ-41S	4					77						63		1.3
SGQ-61S	6					100						86		1.7
SGQ-81S	8					123						109		2.3
SGQ-12	1		2	0.5	2.0	55	47	99	62	20	25	41	40	1.1
SGQ-22	2					80						66		1.7
SGQ-32	3					105						91		2.3
SGQ-42	4					130						116		2.8
SGQ-22S	2					55						41		1.1
SGQ-42S	4					80						66		1.7
SGQ-62S	6					105						91		2.2
SGQ-82S	8					130						116		2.8
SGQ-13	1		3	1.5	5.0	55	53	105	65	20	25	41	40	1.4
SGQ-23	2					80						66		2.0
SGQ-33	3					105						91		2.7
SGQ-43	4					130						116		3.4
SGQ-23S	2					55						41		1.4
SGQ-43S	4					80						66		2.0
SGQ-63S	6					105						91		2.7
SGQ-83S	8					130						116		3.3
SGQ-14	1		4	3	10	58	57	123	77	20	30	44	52	1.8
SGQ-24	2					88						74		2.9
SGQ-24S	2					58						44		1.8
SGQ-44S	4					88						74		2.9
SGQ-15	1		5	6	20	88	57	123	77	50	—	74	52	2.9

注：1. 单向出油的给油器只有下给油孔，活塞正、反向排油时都由下给油孔供送润滑脂。

2. 双向出油的给油器有上、下给油孔，活塞正、反向排油时由上、下给油孔交替供送润滑脂。

3. 表中的给油量是指活塞上、下行程给油量之和的算术平均值。

4. 生产厂有太原矿山机器润滑液压设备有限公司，启东市南方润滑液压设备有限公司，南通市南方润滑液压设备有限公司，启东江海液压润滑设备厂，启东润滑设备有限公司，四川川润股份有限公司，上海润滑设备厂，太原宝太润滑设备有限公司，温州市龙湾润滑液压设备厂，太原市兴科机电研究所，启东中冶润滑设备有限公司。

(2) 20MPa DSPQ 系列及 SSPQ 系列双线分配器（摘自 JB/ZQ 4560—2006）

表 10-1-88

型　号	公称压力/MPa	动作压力/MPa	出油口数/个	每口每循环给油量/mL			损失量/mL	调整螺钉每转一圈的调整量/mL	质量/kg	适用介质
				系列	最大	最小				
1DSPQ-L1	20(L)	≤1.5	1	1	1.2	0.2	0.06	0.17	0.8	锥入度(25℃,150g)265～385/10mm 的润滑脂
2DSPQ-L1			2						1.4	
3DSPQ-L1			3						1.8	
4DSPQ-L1			4						2.3	
1DSPQ-L2			1	2	2.5	0.6	0.10		1	
2DSPQ-L2			2						1.9	
3DSPQ-L2			3						2.7	
4DSPQ-L2			4						3.2	
1DSPQ-L3		≤1.2	1	3	5.0	1.2	0.15	0.20	1.4	
2DSPQ-L3			2						2.4	
3DSPQ-L3			3						3.5	
4DSPQ-L3			4						4.6	
1DSPQ-L4			1	4	14.0	3.0	0.68		2.4	
2DSPQ-L4			2						4.2	
2SSPQ-L1		≤1.8	2	1	0.6	0.15	0.17	0.04	0.5	
4SSPQ-L1			4						0.8	
6SSPQ-L1			6						1.1	
8SSPQ-L1			8						1.4	
2SSPQ-L2		≤1.5	2	2	1.2	0.2	0.20(损失量是指推动导向活塞需要的流量)	0.06		
4SSPQ-L2			4						2.4	
6SSPQ-L2			6						3.4	
8SSPQ-L2			8						4.4	
2SSPQ-L3			2	3	2.5	0.6		0.10	1.4	
4SSPQ-L3			4						2.4	
6SSPQ-L3			6						3.4	
8SSPQ-L3			8						4.4	
2SSPQ-L4		≤1.2	2	4	5.0	1.2		0.15	1.4	
4SSPQ-L4			4						2.4	
6SSPQ-L4			6						3.4	
8SSPQ-L4			8						4.4	

注：生产厂有启东市南方润滑液压设备有限公司，南通市南方润滑液压设备有限公司，启东江海液压润滑设备厂，启东润滑设备有限公司，四川川润股份有限公司，上海润滑设备厂，太原矿山机器润滑液压设备有限公司，太原宝太润液设备有限公司，温州市龙湾润滑设备厂，太原市兴科机电研究所，启东中冶润滑设备有限公司。

20MPa DSPQ 系列双线分配器（摘自 JB/ZQ 4560—2006）的型式与尺寸

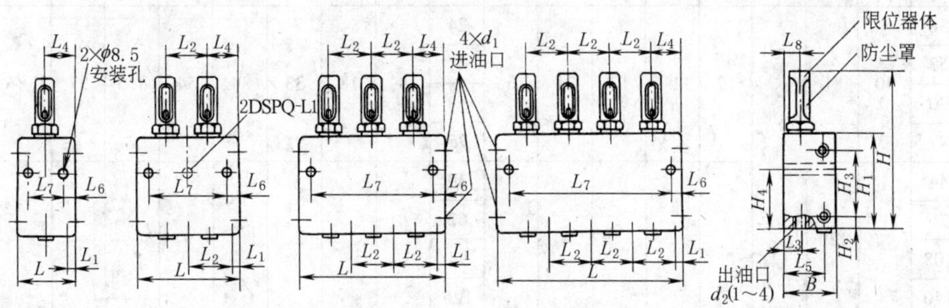

标记示例：公称压力 20MPa，4 个出油口，每口每循环给油量（最大）2.5mL 的单向出油的双线分配器，标记为

4DSPQ-L2.5　分配器　JB/ZQ 4560—2006

表 10-1-89　　mm

型号	L	B	H	L_1	L_2	L_3	L_4	L_5	L_6	L_7	L_8	H_1	H_2	H_3	H_4	d_1	d_2
1DSPQ-L1	44								10	24					39		
2DSPQ-L1	73	38	104	8	29		22.5	27	—	—		64		42			
3DSPQ-L1	102									82					41		
4DSPQ-L1	131					11				111	11		11				
1DSPQ-L2	50									30							
2DSPQ-L2	81	40	125		31		25	29		61		76		54	48		
3DSPQ-L2	112			9.5						92						$R_c3/8$	$R_c1/4$
4DSPQ-L2	143								10	123							
1DSPQ-L3	53									33							
2DSPQ-L3	90	45	138		37	14	28	34		70	14	83	13		53		
3DSPQ-L3	127									107				57			
4DSPQ-L3	164			10						144							
1DSPQ-L4	62	57	149		46	29	33	45		42	20	89	16		56		
2DSPQ-L4	108									88							

注：1. DSPQ 型单向出油的双线分配器，只在下面有出油口，活塞正向、反向排油时都由下出油口供送润滑脂。

2. 生产厂有启东市南方润滑液压设备有限公司，南通市南方润滑液压设备有限公司，四川川润股份有限公司，太原市兴科机电研究所，太原宝太润液设备有限公司。

20MPa SSPQ 型双线分配器（摘自 JB/ZQ 4560—2006）的型式与尺寸

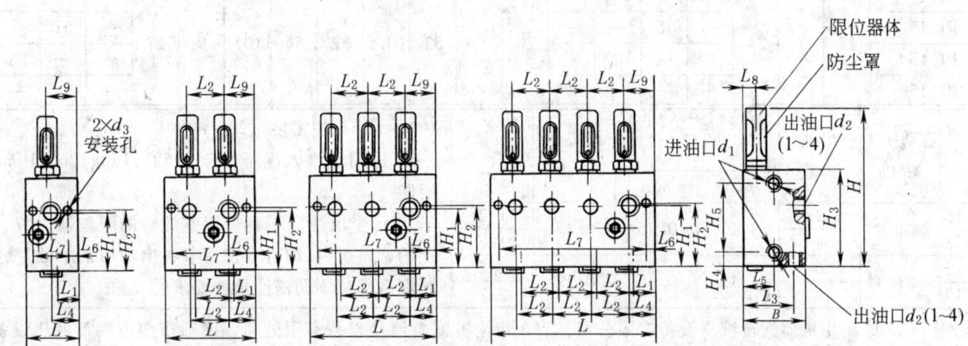

标记示例：公称压力 20MPa，4 个出油口，每口每循环给油量（最大）2.5mL 的双向出油的双线分配器，标记为

4SSPQ-L2.5　分配器　JB/ZQ 4560—2006

表 10-1-90

mm

型号	L	B	H	L_1	L_2	L_3	L_4	L_5	L_6	L_7	L_8	L_9	H_1	H_2	H_3	H_4	H_5	d_1	d_2	d_3
2SSPQ-L1	36	40	81	18	17	32.5	18	21	6	24	8	18	33	34	54	8.5	37	$R_c\frac{1}{4}$	$R_c\frac{1}{8}$	7
4SSPQ-L1	53									41										
6SSPQ-L1	70									58										
8SSPQ-L1	87									75										
2SSPQ-L2	44	54	120		32	44	22	27	7	30	12	24	47	52	79	11	57	$R_c\frac{3}{8}$	$R_c\frac{1}{4}$	9
4SSPQ-L2	76									62										
6SSPQ-L2	108									94										
8SSPQ-L2	140									126										
2SSPQ-L3	44		127							30										
4SSPQ-L3	76									62										
6SSPQ-L3	108									94										
8SSPQ-L3	140									126										
2SSPQ-L4	44		137							30										
4SSPQ-L4	76									62										
6SSPQ-L4	108									94										
8SSPQ-L4	140									126										

注：SSPQ 型双向出油的双线分配器，在正面和下面都有出油口，活塞正向、反向排油时，正面出油口和下面出油口交替供送润滑脂。

（3）40MPa SSPQ 系列双线分配器（摘自 JB/ZQ 4704—2006）

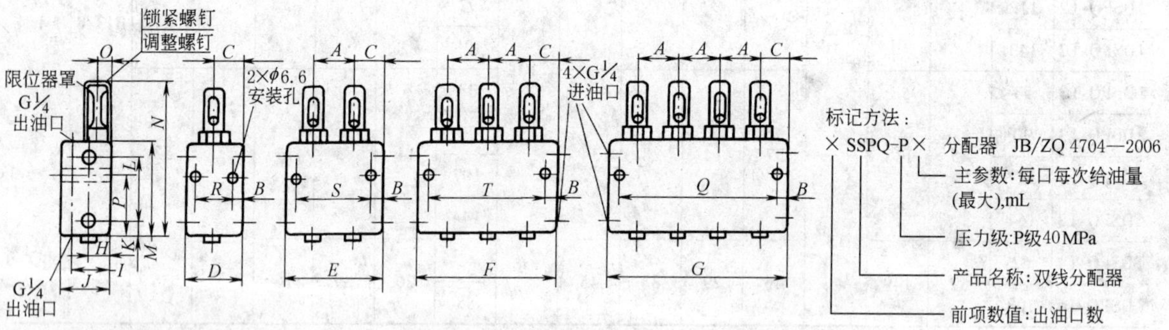

标记示例：公称压力 40MPa，6 个出油口，每口每次给油量（最大）1.15mL 的双线分配器，标记为

6SSPQ-P1.15　分配器　JB/ZQ 4704—2006

表 10-1-91

mm

型　号	A	B	C	D	E	F	G	H	I	J	K	L	M	N	O	P	R	S	T	Q
2SSPQ-P1.15	27	7	24	48	—	—	—	20	37	52	10.5	32	54	105	9	27	34	—	—	—
4SSPQ-P1.15				—	75	—	—										—	61	—	—
6SSPQ-P1.15				—	—	102	—										—	—	88	—
8SSPQ-P1.15				—	—	—	129										—	—	—	115

型　号	启动压力 /MPa	出油口数	每口每次给油量 /mL max	每口每次给油量 /mL min	损失量 /mL	质量 /kg
2SSPQ-P1.15	≤1.8	2	1.15	0.35	0.17	1.2
4SSPQ-P1.15		4				1.7
6SSPQ-P1.15	≤1.8	6	1.15	0.35	0.17	2.2
8SSPQ-P1.15		8				2.7

1. 工作环境温度 -20～80℃

2. 适用于锥入度不小于(25℃,150g)265/10mm 的润滑脂

3. 每个出油口均有带调整螺钉的限位器，旋动限位器上的调整螺钉，即可分别调节各出油口的给油量，满足不同润滑部位不同需油量的要求

注：生产厂有太原矿山机器润滑液压设备有限公司，启东市南方润滑液压设备有限公司，南通市南方润滑液压设备有限公司，启东江海液压润滑设备厂，启东润滑设备有限公司，四川川润股份有限公司，上海润滑设备厂，太原宝太润液设备有限公司，温州市龙湾润滑液压设备厂，太原市兴科机电研究所，启东中冶润滑设备有限公司。

40MPa SSPQ 系列双线分配器适用于黏度不小于 $68mm^2/s$ 的润滑油或润滑脂的锥入度（25℃，150g）不小于 220/10mm。工作环境温度 -20～80℃。

表 10-1-92　　双线分配器基本参数

型号	公称压力/MPa	启动压力/MPa	控制活塞工作油量/mL	出油口每循环额定给油量/mL	给油口数	说明	1. 工作环境温度 -20～80℃ 2. 适用于锥入度(25℃,150g)不小于 220/10mm 的润滑脂或黏度值不小于 $68mm^2/s$ 的润滑油
×SSPQ×-P0.5	40(P)	≤1	0.3	0.5	1～8	配带装置	给油螺钉,运动指示调节装置
×SSPQ×-P1.5				1.5			给油螺钉,运动指示调节装置,行程开关调节装置
×SSPQ×-P3.0				3.0	1～4		运动指示调节装置

注：生产厂有太原矿山机器润滑液压设备有限公司，南通市南方润滑液压设备有限公司，启东市南方润滑液压设备有限公司，太原宝太润液设备有限公司，太原市兴科机电研究所，四川川润股份有限公司，启东江海液压润滑设备厂，启东润滑设备有限公司，上海润滑设备厂，温州市龙湾润滑液压设备厂。

表 10-1-93　　SSPQ 系列双线分配器（摘自 JB/T 8462—1996）

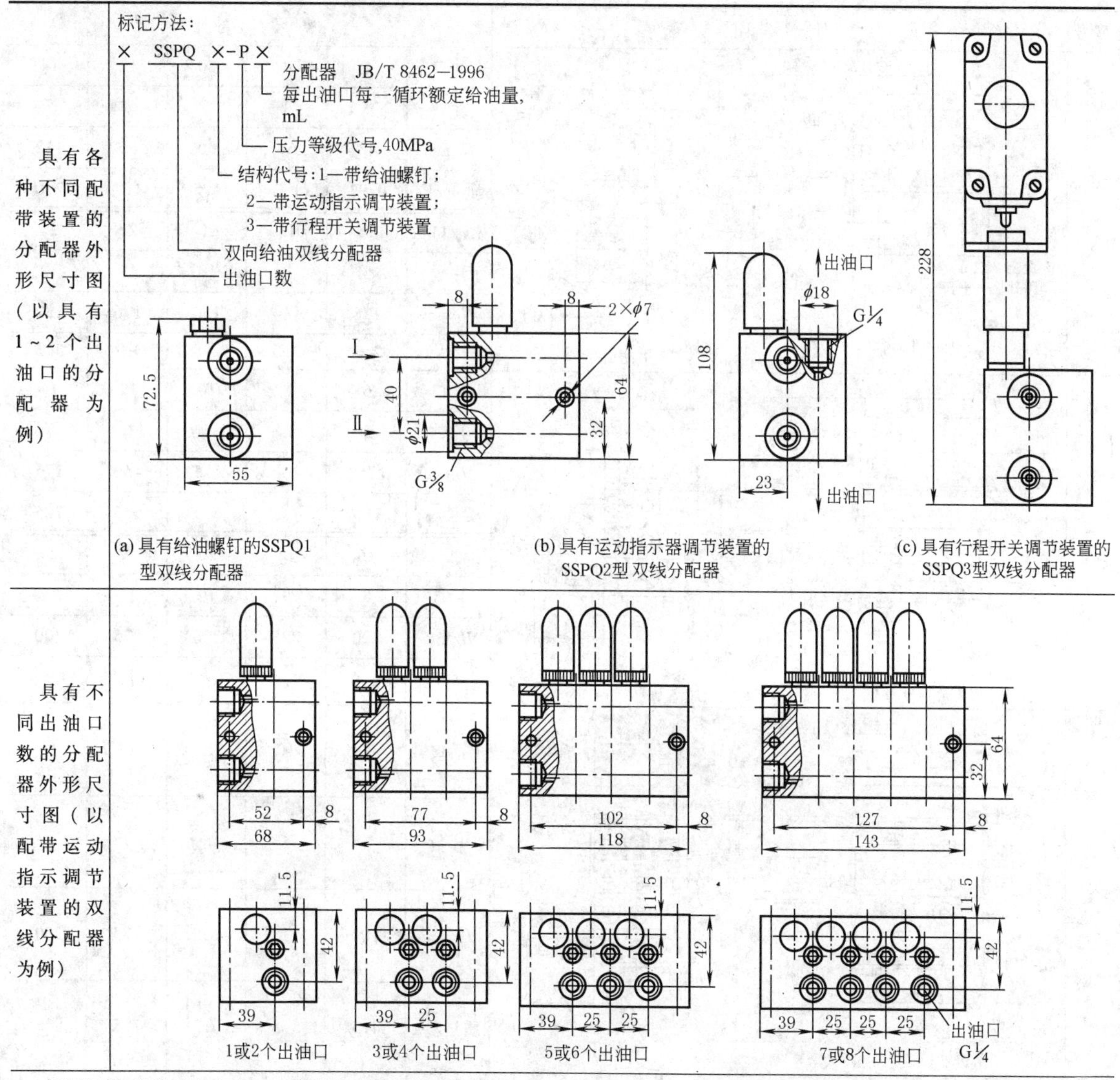

标记示例：公称压力 40MPa、8 个出油口，每出油口每一循环额定给油量 1.5mL，带运动指示调节装置的双向双线分配器，标记为

8SSPQ2-P1.5　分配器　JB/T 8462—1996

(4) 16MPa JPQ 系列递进分配器（摘自 JB/T 8464—1996）

每个出油口按步进顺序定量输油，出油口数按分配器组合片数的不同而不同，有不同的出油量。适用于黏度不小于 $68mm^2/s$ 的润滑油或锥入度（25℃，150g）不小于 220/10mm 的润滑脂，工作环境温度 -20～80℃。

表 10-1-94　JPQ 系列递进分配器基本参数

型　号	公称压力 /MPa	每循环每出油口额定给油量/mL	启动压力 /MPa	组合片数	给油口数	
×JPQ1-K×	16(K)	0.07,0.1,0.2,0.3	≤1	3～12	6～24	JPQ1 型、JPQ2 型分配器在系统中串联使用 JPQ3 型、JPQ4 型分配器在系统中并联使用，根据需要可以安装超压指示器 JPQ4 型在组合时需有一片控制片，此片无给油口
×JPQ2-K×		0.5,1.2,2.0				
×JPQ3-K×		0.07,0.1,0.2,0.3				
×JPQ4-K×		0.5,1.2,2.0		4～8	6～14	

注：1. 同种型式额定给油量不同的单片混合组合或多个出油口合并给油，订货时须另行说明。

2. 生产厂有南通市南方润滑液压设备有限公司，启东市南方润滑液压设备有限公司，启东江海液压润滑设备厂，启东润滑设备有限公司，四川川润股份有限公司，上海润滑设备厂，温州市龙湾润滑液压设备厂，启东中冶润滑设备有限公司。

表 10-1-95　分配器型式与尺寸

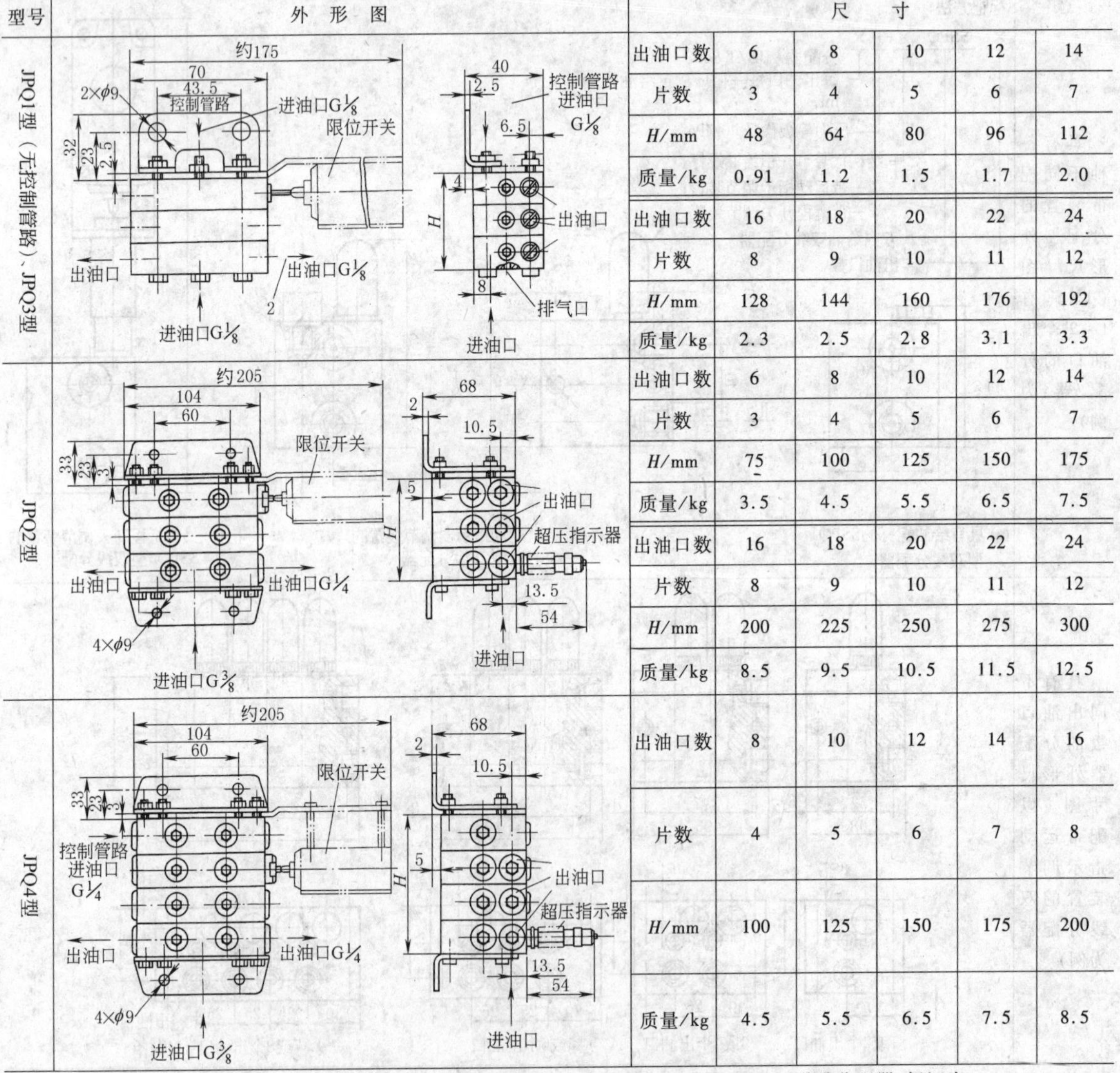

型号	项目					
JPQ1型（无控制管路）、JPQ3型	出油口数	6	8	10	12	14
	片数	3	4	5	6	7
	H/mm	48	64	80	96	112
	质量/kg	0.91	1.2	1.5	1.7	2.0
	出油口数	16	18	20	22	24
	片数	8	9	10	11	12
	H/mm	128	144	160	176	192
	质量/kg	2.3	2.5	2.8	3.1	3.3
JPQ2型	出油口数	6	8	10	12	14
	片数	3	4	5	6	7
	H/mm	75	100	125	150	175
	质量/kg	3.5	4.5	5.5	6.5	7.5
	出油口数	16	18	20	22	24
	片数	8	9	10	11	12
	H/mm	200	225	250	275	300
	质量/kg	8.5	9.5	10.5	11.5	12.5
JPQ4型	出油口数	8	10	12	14	16
	片数	4	5	6	7	8
	H/mm	100	125	150	175	200
	质量/kg	4.5	5.5	6.5	7.5	8.5

标记示例：公称压力 16MPa，6 个出油口，每出油口每一循环额定给油量为 2mL 的 JPQ2 型递进分配器，标记为

6JPQ2-K2　分配器　JB/T 8464—1996

表 10-1-96　　16MPa JPQ 系列递进分配器（摘自 JB/ZQ 4550—2006）

型号	工作块代号	公称压力/MPa	给油量/mL·次$^{-1}$	进油口管子外径/mm	出油口管子外径/mm	质量/kg	型号	工作块代号	公称压力/MPa	给油量/mL·次$^{-1}$	进油口管子外径/mm	出油口管子外径/mm	质量/kg
JPQS	M1	16（K）	0.10	10 8	8 6	0.486	JPQS	M4		0.40	10,8	8,6	0.486
	M1.5		0.15				JPQD	M1	16（K）	0.35	10	10 8	0.812
	M2		0.20					M1.5		0.55			
	M2.5		0.25					M2		0.75			
	M3		0.30					M3		1.00			

型号	L	A	H	B	A_1	螺钉 d
JPQS	（工作块数 +2）×20	（工作块数 +1）×20	55	45	22	M5×50
JPQD	（工作块数 +2）×25	（工作块数 +1）×25	80	60	34	M6×65

L　A　4×d（安装孔）　H　A₁　B

适用介质为锥入度(25°C，150g)250～350/10mm的润滑脂

注：生产厂有启东市南方润滑液压设备有限公司，南通市南方润滑液压设备有限公司，启东江海液压润滑设备厂，启东润滑设备有限公司，温州市龙湾润滑液压设备厂，启东中冶润滑设备有限公司。

递进分配器为单柱塞多片组合式结构，每片有两个给油口，用于公称压力 16MPa 的单线递进式干油集中润滑系统，把润滑剂定量地分配到各润滑点。

每种型式的分配器，一般按额定给油量相等的单片组合，需要时也可将额定给油量不同的单片混合组合。相邻的两个或两个以上的给油口可以合并成一个给油口给油，此给油口的给油量为所有被合并给油口的额定给油量之和。

分配器均装有一个运动指示杆，用以观察分配器工作情况，根据需要还可以安装限位开关，对润滑系统进行控制和监视。

递进分配器由首块 A、中间块 M、尾块 E 组成分油器组，中间块的件数可根据需要选择，最少 3 件，最多可达 10 件，每件中间块有两个出油口，因此每一分配器组的出油口在 6～20 个之间，也就是每一分配器组可供润滑 6～20 个润滑点，润滑所需供油量的多少，可按型号规格表列数据选用。如果某润滑点在一次循环供油中需要供油量较大或特大，可采用图 10-1-9 的方法，取出中间块内部的封闭螺钉，并在出油口增加一个螺堵，使两个出油口的油量合并到一个出油口。注意所合并的供油量是中间块排列中下一个中间块型号所规定的供油量，如果合并两个出油口的供油量仍然不满足需要，可采用图 10-1-10 的方法，增加三通或二通桥式接头，以汇集几个出油口的油量来满足需要。

递进分配器在使用时，可以施行监控，用户如果需要监控，可在标记后注明带触杆（或带监控器）。

递进分配器的组合按进油口元件首块 A、工作块 M 和尾块 E，从左到右排列，在队列下方出口称为左，在队列上方出口称为右。分配器组如图 10-1-11 所示。标记方法与示例：

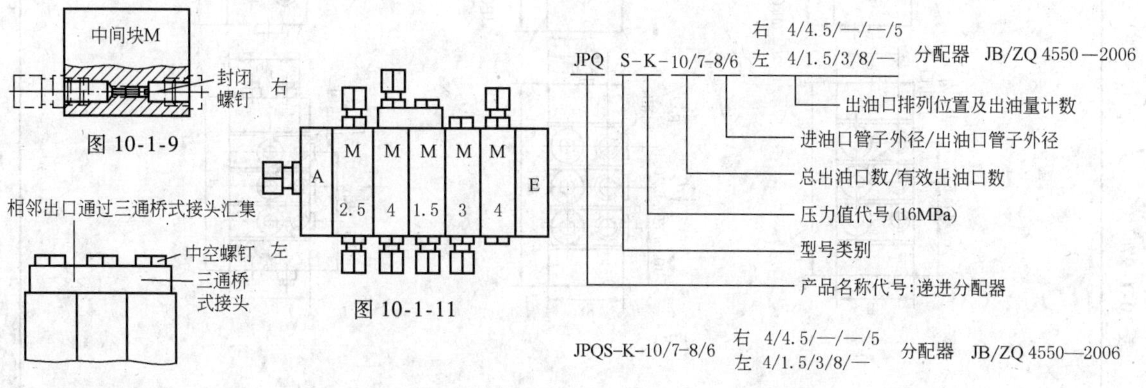

图 10-1-9

图 10-1-10

图 10-1-11

表 10-1-97　20MPa JPQ1、2、3 系列递进分配器（摘自 JB/ZQ 4703—2006）

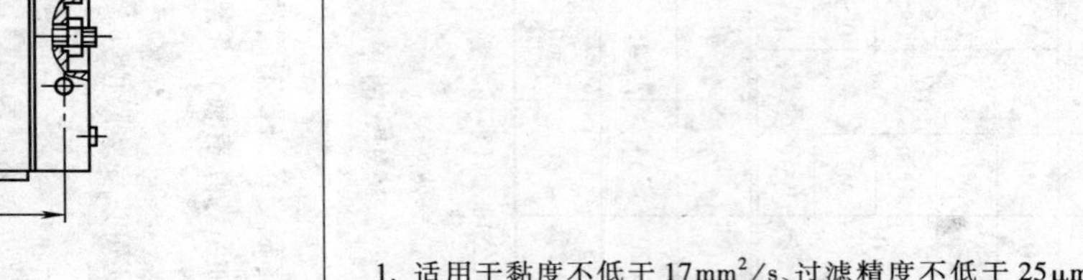

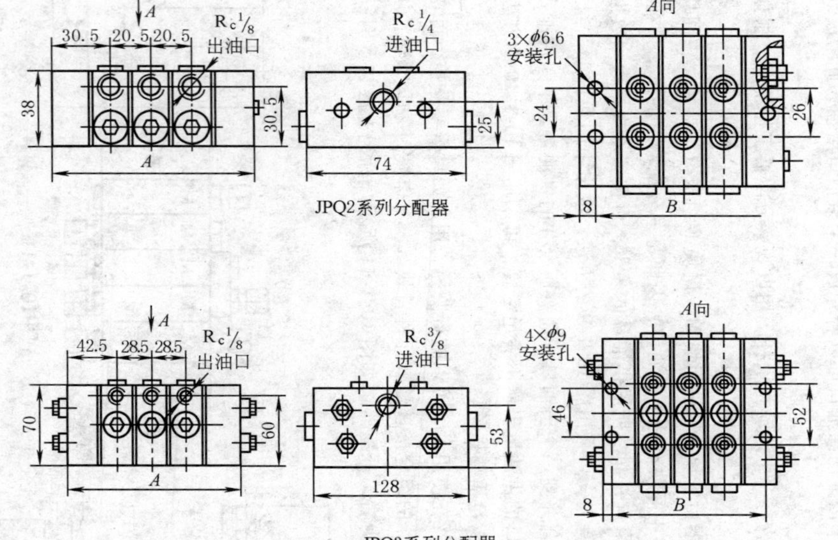

JPQ1系列分配器

JPQ2系列分配器

JPQ3系列分配器

1. 适用于黏度不低于 17mm²/s、过滤精度不低于 25μm 的润滑油，或锥入度（25℃，150g）不低于 290/10mm、过滤精度不低于 100μm 的润滑脂

2. 分配器由首片、中间片、尾片组成，其中中间片为给油工作片。每台分配器至少组装 3 块，最多 8 块中间片，中间片的规格可以在该系列中任意选择，以组成指定出油口数和给油量的分配器

3. 每个系列的中间片除该系列中给油量最小的规格（含单出油口和双出油口）以外，其他规格都有带循环指示器的型式

4. 一块中间片的活塞往复一个双行程为一次循环，一台分配器的每块中间片均动作一次循环是该台分配器的一次循环，一台分配器的所有中间片在单位时间内的循环次数之和是该台分配器的动作频率

5. 标记示例：JPQ3-3 系列分配器，3 块中间片，第 1 块的规格为 80S，第 2 块的规格为 160T，第 3 块的规格为 200T，标记为

JPQ3-3　分配器（80S-160T-200T）　JB/ZQ 4703—2006

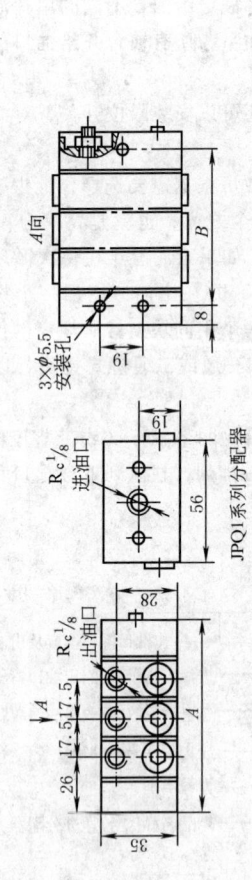

续表

分配器系列	公称压力	最小动作压力	允许最大动作频率/次·min^{-1}	中间片规格	中间片数	$A\approx$	$B\approx$	质量/kg	中间片规格	每口每循环给油量/mL	出油口数
	MPa					mm					
JPQ1	20 (L)	0.7	200	8T,8S	3	87	71	1.3	8T	0.08	2
				16T,16S	4	104.5	88.5	1.6	8S	0.16	1
				24T,24S	5	122	106	1.8	16T	0.16	2
					6	139.5	123.5	2.1	16S	0.32	1
					7	157	141	2.3	24T	0.24	2
					8	174.5	158.5	2.6	24S	0.28	1
									32T	0.32	2
									32S	0.64	1
JPQ2	20 (L)	1.2		16T,16S	3	102	86	2.2	40T	0.40	2
				24T,24S	4	122.5	106.5	2.6	40S	0.80	1
				32T,32S	5	143	127	3.1	48T	0.48	24
				40T,40S	6	163.5	147.5	3.5	48S	0.96	1

分配器系列	公称压力	最小动作压力	允许最大动作频率/次·min^{-1}	中间片规格	中间片数	$A\approx$	$B\approx$	质量/kg	中间片规格	每口每循环给油量/mL	出油口数
	MPa					mm					
JPQ2	20 (L)	1.2	200	48T,48S	7	184	168	4.0	56T	0.56	2
				56T,56S	8	204.5	18.5	4.4	56S	1.12	1
JPQ3	20 (L)		100	40T,40S	3	142	126	9.8	80T	0.80	2
				80T,80S	4	170.5	154.5	11.8	80S	1.60	1
				120T,120S	5	199	183	13.7	120T	1.20	2
				160T,160S	6	227.5	221.5	15.7	120S	2.40	1
				200T,200S	7	256	240	17.6	160T	1.60	2
				240T,240S	8	284.5	264.5	19.6	160S	3.20	1
									200T	2.00	2
									200S	4.00	1
									240T	2.40	2
									240S	4.80	4

注：生产厂有太原矿山机器润滑液压设备有限公司，启东市南方润滑液压设备有限公司，南通市南方润滑液压设备有限公司，四川川润股份有限公司，启东润滑设备有限公司，启东江海液压润滑设备有限公司，温州市龙湾润滑液压设备厂，太原宝太润液设备有限公司，太原市兴科机电研究所，启东中冶润滑设备有限公司。

表 10-1-98　　10MPa 喷射阀（摘自 JB/ZQ 4566—2006）

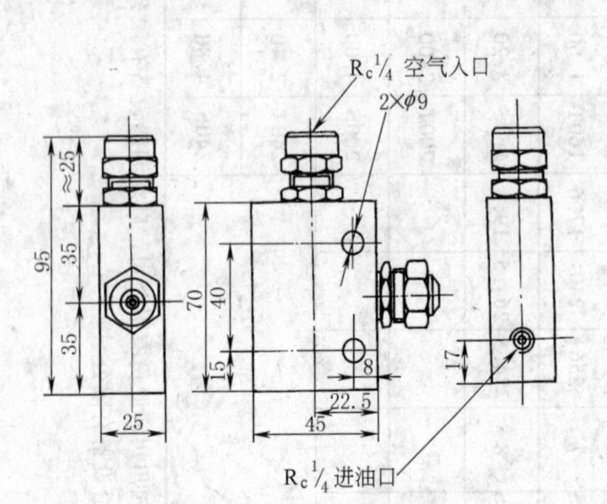

标记示例：公称压力 10MPa，额定喷射距离 200mm 的喷射阀，标记为

PF-J200　喷射阀　JB/ZQ 4566—2006

型　号	PF-200	型　号	PF-200
公称压力/MPa	10(J)	空气压力/MPa	0.5
额定喷射距离/mm	200	空气用量/L·min^{-1}	380
额定喷射直径/mm	120	质量/kg	0.7

用于公称压力 10MPa 的干油喷射集中润滑系统，将润滑脂喷射到润滑点上。介质为锥入度（25℃，150g）265～385/10mm 的润滑脂或黏度不低于 120mm²/s 的润滑油

注：生产厂有太原矿山机器润滑液压设备有限公司，南通市南方润滑液压设备有限公司，四川川润股份有限公司，启东市南方润滑液压设备有限公司，启东润滑设备有限公司，启东江海液压润滑设备厂，太原宝太润液设备有限公司，太原市兴科机电研究所，启东中冶润滑设备有限公司。

表 10-1-99　　40MPa YCK 型压差开关型式尺寸与参数（摘自 JB/T 8465—1996）

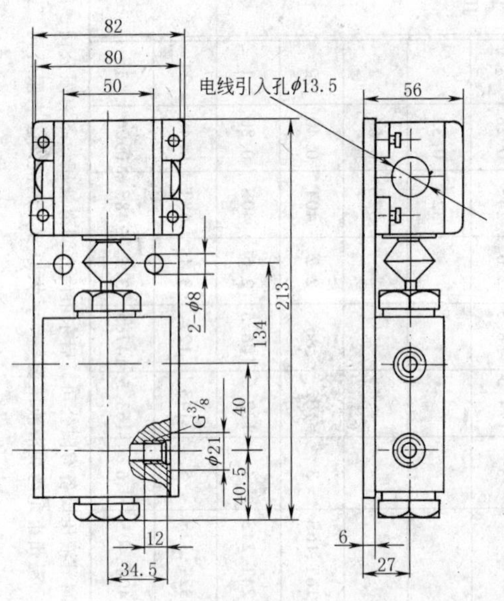

1. 适用于锥入度（25℃，150g）不小于 220/10mm 的润滑脂或黏度大于等于 68mm²/s 的润滑油
2. 工作环境温度 -20～80℃
3. 标记示例：公称压力 40MPa，发信压差 5MPa 的压差开关，标记为

YCK-P5　压差开关　JB/T 8465—1996

型　号	公称压力 /MPa	开关最大电压 /V	开关最大电流 /A	发信压差 /MPa	发信油量 /mL	质量 /kg
YCK-P5	40(P)	约 >500	15	5	0.7	3

注：生产厂有太原矿山机器润滑液压设备有限公司，南通市南方润滑液压设备有限公司，启东市南方润滑液压设备有限公司，启东江海液压润滑设备有限公司，启东润滑设备有限公司，上海润滑设备厂，太原宝太润液设备有限公司，四川川润股份有限公司，太原市兴科机电研究所，启东中冶润滑设备有限公司。

5.3.3 其他辅助装置及元件

(1) 手动加油泵及电动加油泵

表 10-1-100　　　　手动加油泵

SJB型手动加油泵

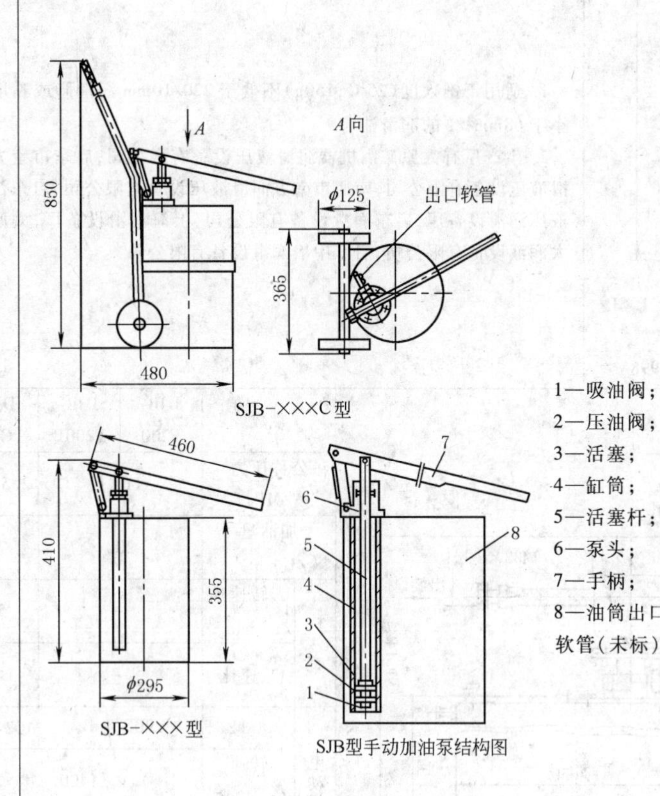

SJB型手动加油泵结构图

1—吸油阀；2—压油阀；3—活塞；4—缸筒；5—活塞杆；6—泵头；7—手柄；8—油筒出口软管（未标）

型号	每循环加油量/mL	工作压力/MPa	油筒容量/kg	手柄作用力（工作压力下）/N	质量/kg
SJB-J12	12.5	70	18 (18.9 L)	约 250	8
SJB-J12C					12
SJB-V25	25	3.15			8
SJB-V25C					12
SJB-D60	60	0.63			8
SJB-D60C					12

1. 按照不同的需要，用户可在出口软管末端自行装设快换接头及注油枪，油筒采用18kg标准润滑脂筒，将油泵盖直接安装在新打开的润滑脂筒上即可使用，摇动手柄润滑脂即被泵出。SJB-D100C1 型加油泵不带油筒，将打开的润滑脂筒放在小车上即可使用

2. 加油泵出口软管末端为 M18×1.5 接头螺母（J12、J12C、V25、V25C）、M33×2 接头螺母（D100、D100C）、R1/4 接头（D100C1）

3. 适用于锥入度（25℃，150g）265～385/10mm 的润滑脂

4. 生产厂有太原矿山机器润滑液压设备有限公司，太原市兴科机电研究所，太原宝太润液设备有限公司，温州市龙湾润滑液压设备厂

2.5MPa SJB-V型手动加油泵（JB/T 8811.2—1998）

公称压力/MPa	每循环额定出油量/mL	最大手柄力/N	储油器容积/L	质量/kg
2.5（G）	25	≤160	20	20

1. 适用于锥入度（25℃、150g）为 220～385/10mm 的润滑脂或黏度不小于 $46mm^2/s$ 的润滑油

2. 生产厂：启东市南方润滑液压设备有限公司，南通市南方润滑液压设备有限公司，四川川润股份有限公司，启东江海液压润滑设备厂，启东润滑设备有限公司，上海润滑设备厂，温州市龙湾润滑液压设备厂，启东中冶润滑设备有限公司

标记示例：公称压力 2.5MPa，每一循环额定出油量 25mL 的手动加油泵，标记为

SJB-V25　加油泵　JB/T 8811.2—1998

表 10-1-101　　电动加油泵

4MPa DJB-H型电动加油泵（JB/T 8811.1—1998）

412
约1000
出油口
M22×1.5-7H
35
1350
1390(max)
352
φ580
890

公称压力/MPa	额定加油量/L·min^{-1}	储油器容积/L	电动机功率/kW	质量/kg
4(H)	1.6	200	0.37	90

1. 适用于锥入度(25℃,150g)不低于220/10mm润滑脂或黏度不小于68mm^2/s的润滑油

2. 生产厂有太原矿山机器润滑液压设备有限公司,启东市南方润滑液压设备有限公司,南通市南方润滑液压设备有限公司,启东江海液压润滑设备厂,启东润滑设备有限公司,上海润滑设备厂,太原宝太润液设备有限公司,启东中冶润滑设备有限公司

标记示例:公称压力4MPa,额定加油量1.6L/min的电动加油泵,标记为

DJB-H1.6　加油泵　JB/T 8811.1—1998

1MPa、2.5MPa DJB型电动加油泵（JB/ZQ 4543—2006）

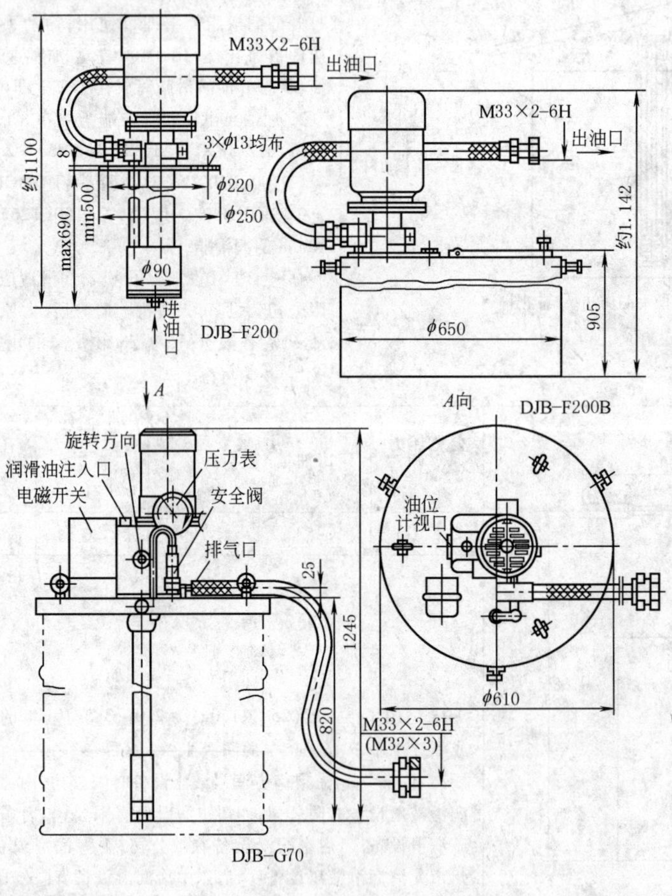

参数		DJB-F200	DJB-F200B	DJB-G70
公称压力/MPa		1(F)		2.5(G)
加油量/L·h^{-1}		200		70
柱塞泵	转速/r·min^{-1}	—		56
	减速比	—		1:25
电动机	型号	Y90S-4-B_5		A02-7124
	转速/r·min^{-1}	1400		
	功率/kW	1.1		0.37
储油器容积/L		—	270	—
减速箱润滑油黏度/mm^2·s^{-1}		—	—	>200
质量/kg		50	138	55

1. DJB-G70工作压力3.15MPa

2. 生产厂有启东市南方润滑液压设备有限公司,南通市南方润滑液压设备有限公司,太原矿山机器润滑液压设备有限公司,启东江海液压润滑设备有限公司,启东润滑设备有限公司,上海润滑设备厂,太原宝太润液设备有限公司,温州市龙湾润滑设备厂,四川川润股份有限公司,启东中冶润滑设备有限公司

标记示例:

公称压力1MPa,加油量200L/h,不带储油器的电动加油泵,标记为

DJB-F200　电动加油泵　JB/ZQ 4543—2006

（2）其他辅助装置

表 10-1-102

10MPa YZF 型压力操纵阀（JB/ZQ 4533—1997）

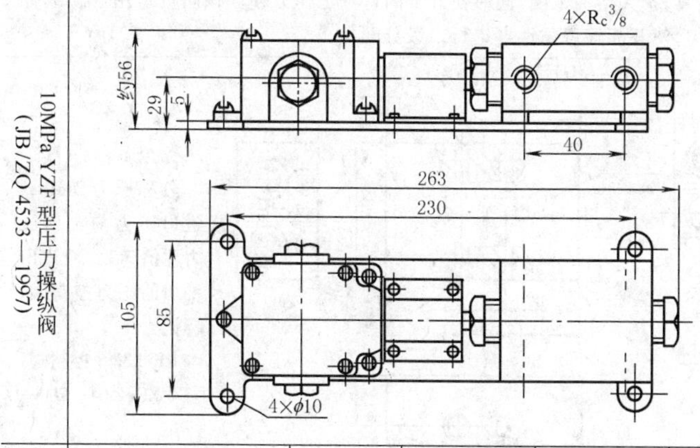

参数	公称压力 /MPa	测定压力 /MPa	压力调整范围 /MPa	公称通径 DN/mm	行程开关	质量 /kg
YZF-J4	10(J)	4	3.5～4.5	10	3SE3120—0B	2.7

1. 用于双线油脂集中润滑系统

2. 标记示例：公称压力 10MPa，调定压力 4MPa 的压力操纵阀，标记为

YZF-J4　操纵阀　JB/ZQ 4533—1997

3. 生产厂有太原矿山机器润滑液压设备有限公司，启东市南方润滑液压设备有限公司，南通市南方润滑液压设备有限公司，启东润滑设备有限公司，四川川润股份有限公司，上海润滑设备厂，太原宝太润液设备有限公司，启东中冶润滑设备有限公司

16MPa DXF 型单向阀（JB/ZQ 4552—1997）

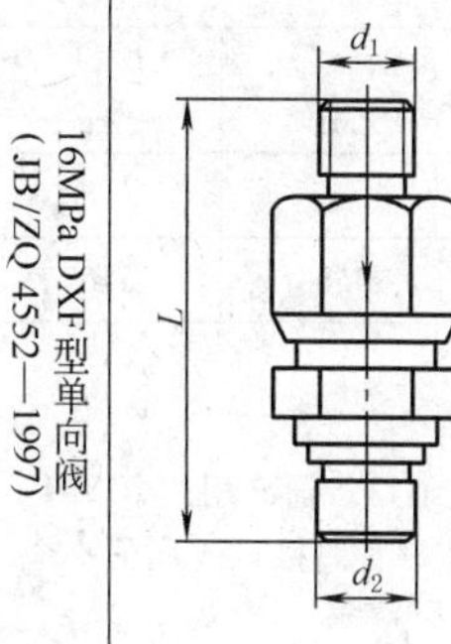

型号	管子外径	公称压力 /MPa	d_1	d_2	L	质量 /kg
DXF-K8	8	16(K)	M10×1-6g	M14×1.5-6g	34	0.15
DXF-K10	10		M14×1.5-6g	M16×1.5-6g	48	0.18
DXF-K12	12		M18×1.5-6g	M18×1.5-6g	60	0.24

1. 适用于锥入度（25℃，150g）250～350/10mm 润滑脂或黏度 46～150mm^2/s 的润滑油

2. 标记示例：公称压力 16MPa，管子外径 8mm 的单向阀，标记为

DXF-K8　单向阀　JB/ZQ 4552—1997

3. 生产厂有启东市南方润滑液压设备有限公司，南通市南方润滑液压设备有限公司，四川川润股份有限公司，启东江海液压润滑设备厂，启东中冶润滑设备有限公司

16MPa AF 型安全阀（JB/ZQ 4553—1997）

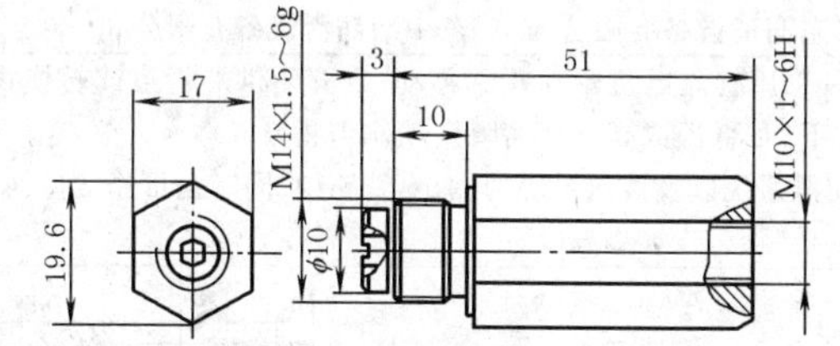

生产厂有启东市南方润滑液压设备有限公司，南通市南方润滑液压设备有限公司，四川川润股份有限公司，启东江海液压润滑设备厂，启东中冶润滑设备有限公司

型号	公称压力 /MPa	调定压力 /MPa	质量 /kg
AF-K10	16(K)	2～16	0.144

1. 适用于锥入度（25℃，150g）250～350/10mm 的润滑脂或黏度 45～150mm^2/s 的润滑油

2. 标记示例：公称压力 16MPa，出油口螺纹直径 M10×1 的安全阀，标记为

AF-K10　安全阀　JB/ZQ 4553—1997

20MPa YZF 型压力操纵阀（JB/ZQ 4562—2006）

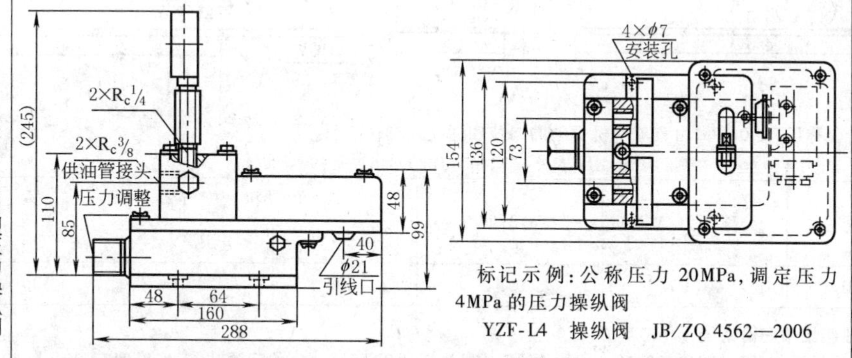

标记示例：公称压力 20MPa，调定压力 4MPa 的压力操纵阀

YZF-L4　操纵阀　JB/ZQ 4562—2006

参　数	YZF-L4
公称压力/MPa	20(L)
调定压力/MPa	4
压力调定范围/MPa	3～6
损失量/mL	1.5
质量/kg	8.2

1. 用于双线终端式油脂集中润滑系统

2. 适用于锥入度（25℃，150g）310～385/10mm 的润滑脂

生产厂有南通市南方润滑液压设备有限公司，启东市南方润滑液压设备有限公司，太原矿山机器润滑液压设备有限公司，启东江海液压润滑设备厂，四川川润股份有限公司，启东润滑设备有限公司，太原市兴科机电研究所，太原宝太润液设备有限公司，启东中冶润滑设备有限公司

续表

20MPa YKF型压力控制阀(JB/ZQ 4564—2006)

功能

压力控制阀在双线式集中润滑系统中和液压换向阀或压力操纵阀组合使用，用以提高管路内的压力，可以使供油支管比较细长，分配器集中布置，动作可靠，扩大给油范围，同时使日常的检查工作方便。该阀更适用于二级分配的系统中，可提高一级分配器的给油压力，使其能够可靠地再进行二级分配

结构型式、技术参数

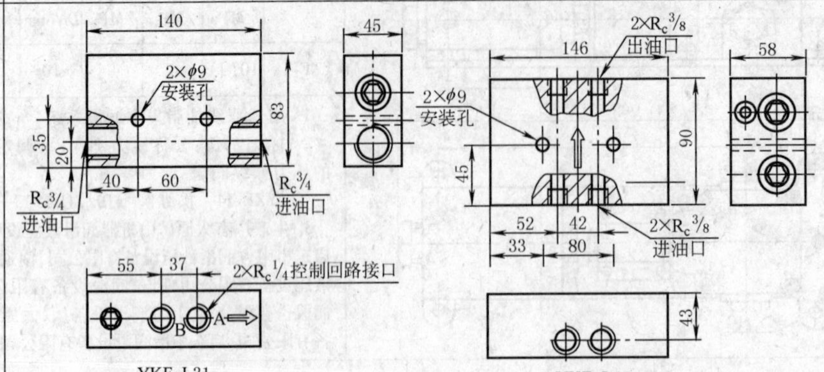

标记示例：

公称压力20MPa，进口压力与出口压力比值3:1，2个进出油口的压力控制阀，标记为

YKF-L32 控制阀 JB/ZQ 4564—2006

型　号	公称压力 /MPa	压力比（进口压力:出口压力）	进出油口数量	损失量 /mL	质量 /kg
YKF-L31	20	3:1	1	2	3.8
YKF-L32	20	3:1	2	0.8	5.5

应用

1. 用于双线油脂润滑系统
2. 适用于锥入度(25℃,150g)310～385/10mm的润滑脂
3. 使用时按箭头方向在1m内用配管将出口和液压换向阀的回油口或压力操纵阀的进油口接通。用两个YKF-L31压力控制阀和一个YHF-L1液压换向阀组合使用时，应将其中的一个压力控制阀的控制管路接口A同另一个压力控制阀的控制管路接口B用配管接通

生产厂有南通市南方润滑液压设备有限公司，启东市南方润滑液压设备有限公司，太原矿山机器润滑液压设备有限公司，启东江海液压润滑设备厂，四川川润股份有限公司，启东润滑设备有限公司，启东中冶润滑设备有限公司

40MPa 24EJF型二位四通换向阀(JB/T 8463—1996)

功能

24EJF-M型(原SA-V型)二位四通换向阀是一种采用直流电机驱动阀芯移动，以开闭供油管道或转换供油方向的集成化换向控制装置，即使在恶劣的工作条件下(如低温或高黏度油脂)，动作仍相当可靠

该阀适用于公称压40MPa以下的干、稀油集中润滑系统以及液压系统的主、支管路中，同时也可作二位四通、二位三通和二位二通三种型式使用

结构型式、技术参数

标记示例：公称压力40MPa，由直流电机驱动的二位四通换向阀，标记为

24EJF-M 换向阀 JB/T 8463—1996

型　号	公称压力/MPa	换向时间/s	电动机		质量 /kg
			功率/W	电压/V	
24EJF-M	40(P)	0.5	40	220	13

注：1. 用于双线油脂集中润滑系统

2. 适用于锥入度不低于(25℃,150g)220/10mm的润滑脂或黏度不小于68mm²/s的润滑油，工作温度：-20～+80℃

3. 生产厂有启东市南方润滑液压设备有限公司，南通市南方润滑液压设备有限公司，太原矿山机器润滑液压设备有限公司，启东江海液压润滑设备有限公司，四川川润股份有限公司，太原市兴科机电研究所，太原宝太润液设备有限公司，启东中冶润滑设备有限公司

续表

20MPa 23DF型二位三通电磁换向阀
(JB/ZQ 4563—2006)

结构型式、技术参数

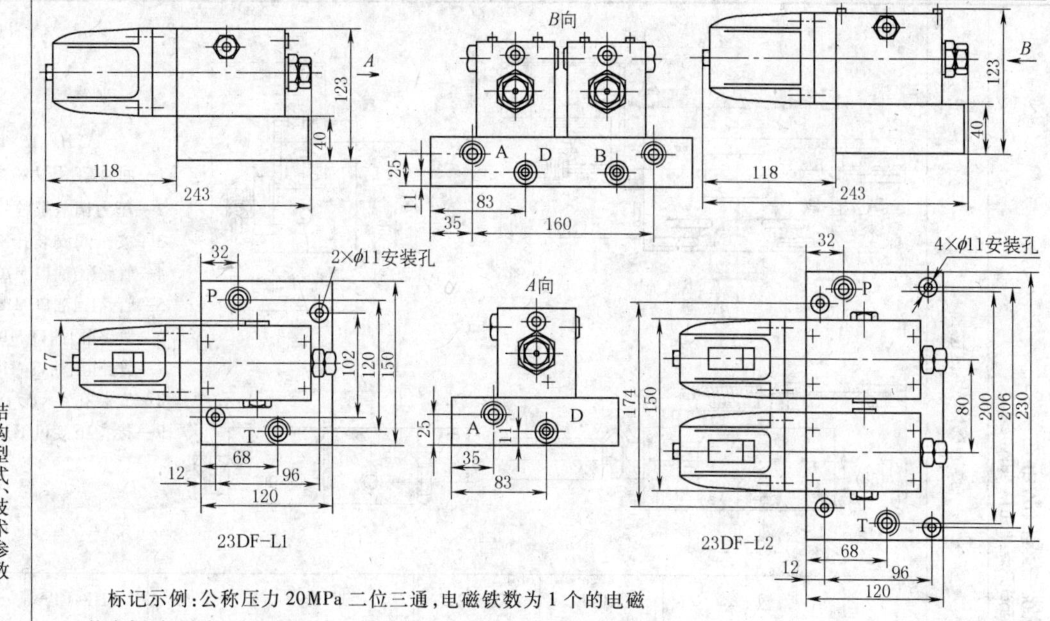

标记示例：公称压力20MPa二位三通，电磁铁数为1个的电磁换向阀，标记为　23DF-L1　换向阀　JB/ZQ 4563—2006

P—油泵接口 $R_c\frac{1}{2}$；T—储油器接口 $R_c\frac{1}{2}$；
A—出油口 $R_c\frac{1}{2}$；D—泄油口 $R_c\frac{3}{8}$

P—油泵接口 $R_c\frac{1}{2}$；T—储油器接口 $R_c\frac{1}{2}$；
B—出油口 $R_c\frac{1}{2}$；D—泄油口 $R_c\frac{3}{8}$；A—出油口 $R_c\frac{1}{2}$

参　　数	23DF-L1	23DF-L2		参　　数	23DF-L1	23DF-L2
公称压力/MPa	20(L)		电磁铁	电源	AC220V,50Hz	
回油管路允许压力/MPa	10			功率/W	30	
最大流量/L·min⁻¹	3			电流/A	0.6	
允许切换频率/次·min⁻¹	30			瞬时电流/A	6.5	
环境温度/℃	0~50			允许电压波动	-15%~+10%	
弹簧形式	补偿式			相对湿度	0~95%	
通路个数	3	4		暂载率	100%	
进出油口	$R_c\frac{1}{2}$			绝缘等级	H	
质量/kg	10	17				

1. 适用于双线终端式油脂润滑系统
2. 适用于锥入度(25℃,150g)310~385/10mm的润滑脂
3. 生产厂：启东市南方润滑液压设备有限公司，南通市南方润滑液压设备有限公司，太原矿山机器润滑液压设备有限公司，四川川润股份有限公司，启东江海液压润滑设备厂，启东润滑设备有限公司，太原市兴科机电研究所，太原宝太润液设备有限公司，启东中冶润滑设备有限公司

20MPa YHF型液压换向阀
(JB/ZQ 4565—2006)

结构型式、技术参数

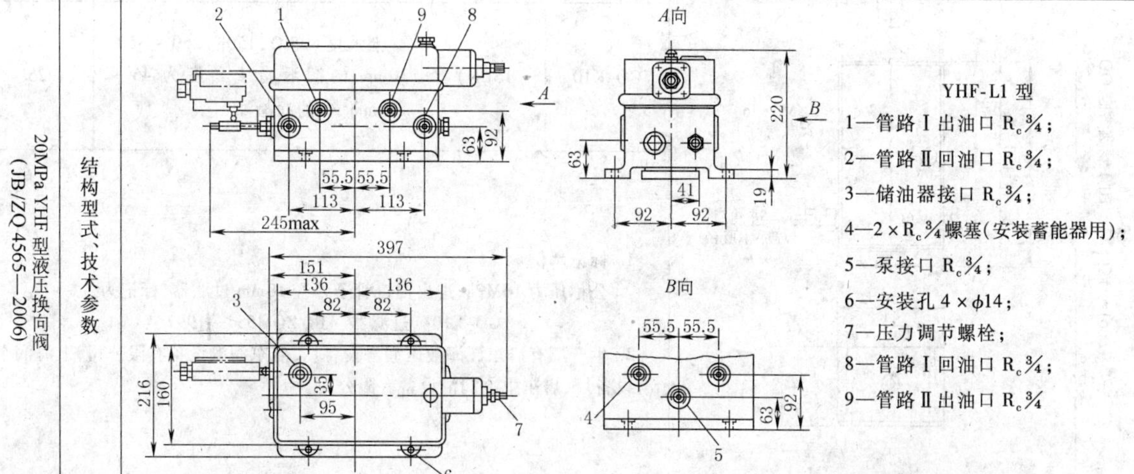

YHF-L1 型

1—管路Ⅰ出油口 $R_c\frac{3}{4}$；
2—管路Ⅱ回油口 $R_c\frac{3}{4}$；
3—储油器接口 $R_c\frac{3}{4}$；
4—2×$R_c\frac{3}{4}$螺塞(安装蓄能器用)；
5—泵接口 $R_c\frac{3}{4}$；
6—安装孔 4×φ14；
7—压力调节螺栓；
8—管路Ⅰ回油口 $R_c\frac{3}{4}$；
9—管路Ⅱ出油口 $R_c\frac{3}{4}$

续表

20MPa YHF型液压换向阀（JB/ZQ 4565—2006）

结构型式、技术参数

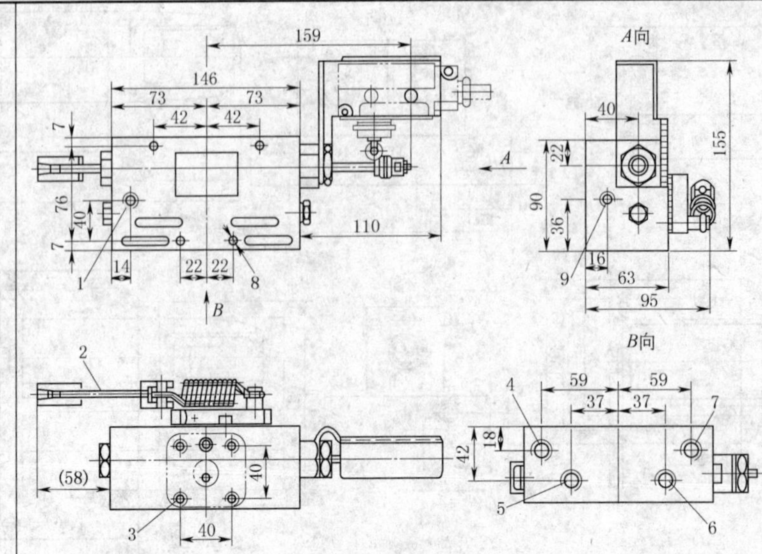

YHF-L2 型

1—回油管路压力检查口 R_c¼；

2—压力调节螺栓；

3—安全阀安装孔 4×M8；

4—管路Ⅰ出油口 M16×1.5；

5—管路Ⅰ回油口 M16×1.5；

6—管路Ⅱ回油口 M16×1.5；

7—管路Ⅱ出油口 M16×1.5；

8—安装孔 4×ϕ7；

9—接背压接口 R¼螺孔

参　　数	YHF-L1	YHF-L2	参　　数	YHF-L1	YHF-L2
公称压力/MPa	20(L)		损失量/mL	17	2.7
调定压力/MPa	5		配管尺寸	R_c¾	M16
压力调整范围/MPa	3～6		质量/kg	46.5	7

1. 适用于锥入度(25℃,150g)265～385/10mm 的润滑脂

2. 标记示例:使用类型代号,1—用于 DRB-L585Z-H 润滑泵;2—用于 DRB-L60Z-H、DRB-L60Y-H、DRB-L195Z-H、DRB-L195Y-H 润滑泵。例如,公称压力 20MPa,使用类型代号为 1 的液压换向阀,标记为

YHF-L1　换向阀　JB/ZQ 4565—2006

3. 生产厂有启东市南方润滑液压设备有限公司,南通市南方润滑液压设备有限公司,太原矿山机器润滑液压设备有限公司,四川川润股份有限公司,启东润滑设备有限公司,启东江海液压润滑设备厂,太原市兴科机电研究所,太原宝太润液设备有限公司,温州市龙湾润滑液压设备厂,启东中冶润滑设备有限公司

GQ型过滤器（JB/ZQ 4554—1997）

出油口(D_0=10mm)

2×M6×45（安装螺栓）

进油口(D_0=10mm)

型号	公称压力/MPa	过滤介质	质量/kg
GQ-K10	16(K)	锥入度(25℃,150g)250～350/10mm 的润滑脂或黏度为 46～150mm²/s 的润滑油	1.25

1. 标记示例:

公称压力 16MPa,进出油口管子外径 10mm 过滤器,标记为

GQ-K10　过滤器　JB/ZQ 4554—1997

2. 生产厂有启东江海液压润滑设备厂,启东润滑设备有限公司,上海润滑设备厂,启东中冶润滑设备有限公司

续表

40MPa GGQ型干油过滤器(JB/ZQ 4702—2006)

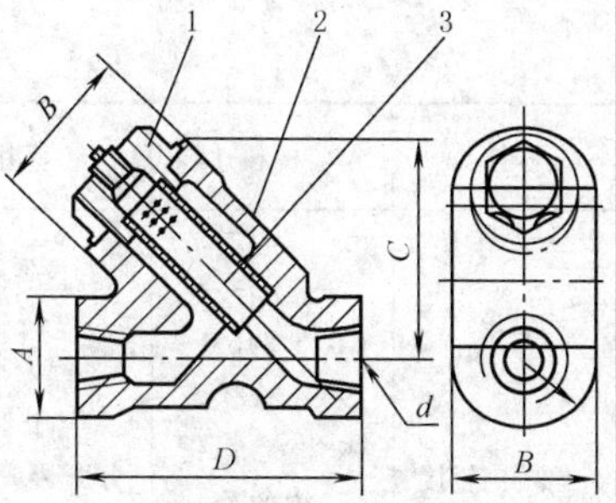

1—螺盖;2—本体;3—滤网筒

标记示例:公称压力40MPa,公称通径8的干油过滤器,标记为

GGQ-P8　过滤器　JB/ZQ 4702—2006

型号	公称通径 /mm	d	公称压力 /MPa	润滑脂锥入度 (25℃,150g) /(10mm)$^{-1}$	过滤精度 /μm	最高使用温度 /℃	尺寸/mm				质量 /kg
							A	B	C	D	
GGQ-P8	8	G1/4	40 (P)	265~385	160	120	32	42	57	83	1.15
GGQ-P10	10	G3/8									1.10
GGQ-P15	15	G1/2					38	52	71	96	1.4
GGQ-P20	20	G3/4					50	58	76	112	1.5
GGQ-P25	25	G1									1.6

1. 用户可按实际需要自行选定过滤精度

2. 生产厂有启东市南方润滑液压设备有限公司,南通市南方润滑液压设备有限公司,四川川润股份有限公司,启东江海液压润滑设备厂,启东润滑设备有限公司,上海润滑设备厂,太原矿山机器润滑液压设备有限公司,太原市兴科机电研究所,太原宝太润液设备有限公司,启东中冶润滑设备有限公司

16MPa UZQ型过压指示器(JB/ZQ 4555—2006)

型　号	公称压力 /MPa	指示压力 /MPa	质量 /kg
UZQ-K13	16(K)	13	0.16

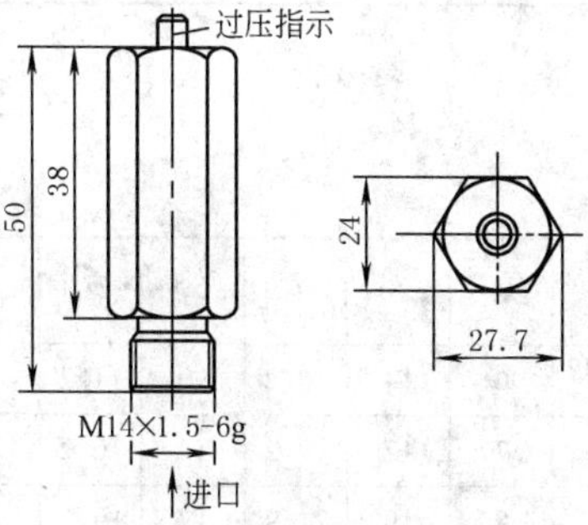

1. 用于管路中压力超过规定值时指示

2. 适用介质为锥入度(25℃,150g)250~350/10mm的润滑脂

3. 标记示例:公称压力16MPa,指示压力13MPa的过压指示器,标记为

UZQ-K13　过压指示器　JB/ZQ 4555—2006

4. 生产厂有启东江海液压润滑设备厂,太原矿山机器润滑液压设备有限公司,启东中冶润滑设备有限公司

5.4 干油集中润滑系统的管路附件

5.4.1 配管材料

表 10-1-103

类别	工作压力	规格尺寸										附件	材料	应用
管路系统用钢管	20MPa	公称通径	mm	8	10	15	20	25	32	40	50	螺纹连接用管径通常小于20mm	推荐用GB/T 8163—1999《输送流体用无缝钢管》中的冷拔或冷轧品种，材料为10钢或20钢，尺寸偏差为普通级	用于油泵至分配器间的主管路及分配器至分配器间的支管路上
			in	¼	⅜	½	¾	1	1¼	1½	2			
		外径/mm		14	18	22	28	34	42	48	60			
		壁厚/mm	螺纹连接	3	3.5		4	—						
			插入焊接	2.5		3	4	4.5	5		5.5			
		容积/mL·m^{-1}	螺纹连接	50.2	78.5	176.7	314.2	—						
			插入焊接	63.6	132.7	201	314.2	490.9	804.2	1134	1962.5			
		质量/kg·m^{-1}	螺纹连接	0.814	1.25	1.60	2.37	—						
			插入焊接	0.709	0.956	1.41	2.37	3.27	4.56	4.34	6.78			
	40MPa	公称通径/mm		4	5	6	8	10	15	20		用卡套式管路附件	推荐用GB/T 3639—2000《冷拔或冷轧精密无缝钢管》中的冷加工/软(R)品种，材料为10钢或20钢	用于油泵至分配器间的主管路及分配器至分配器间的支管路上
		外径/mm		6	8	10	14	18	22	28				
		壁厚/mm		1	1.5	2	3	4	4	5				
		容积/mL·m^{-1}		12.6	19.6	28.3	50.2	78.5	153.9	254.3				
		质量/kg·m^{-1}		0.123	0.240	0.395	0.814	1.38	1.77	2.84				
润滑管路用铜管	允许工作压力，≤10MPa	公称通径/mm		4	6	8	10					由分配器到润滑点的这段管路通常称为"润滑管"，通常采用铜管 推荐用GB/T 1527—1997《铜及铜合金拉制管》中的拉制或轧制铜管，牌号应不低于T3		
		外径/mm		6	8	10	14							
		壁厚/mm		1	1	1	2							
		容积/mL·m^{-1}		12.6	28.3	50.2	78.5							
		质量/kg·m^{-1}		0.14	0.19	0.24	0.65							

5.4.2 管路附件

表 10-1-104 **20MPa 管接头** mm

(一)直通管接头(JB/ZQ 4570—2006)

管子外径 D_0	d	L	L_1	S	D	S_1	D_1	质量/kg
6	4	40	6	14	16.2	10	11.2	0.043
8	6	50	7	17	19.2	14	16.2	0.078
10	8	52	8	19	21.9	17	19.2	0.11
14	10	70	13	24	27.7	19	21.9	0.18

1. 管子按 GB/T 1527—1997《铜及铜合金拉制管》选用
2. 适用于 20MPa 油脂润滑系统
3. 标记示例：管子外径 $D_0$6mm 的直通管接头，标记为

管接头 6 JB/ZQ 4570—2006

续表

(二)管接头(JB/ZQ 4569—2006)

1. 管子按 GB/T 1527—1997《铜及铜合金拉制管》选用
2. 适用于20MPa油脂润滑系统
3. 标记示例:管子外径 $D_0$10mm,连接螺纹为R¼的管接头,标记为

管接头 10-R¼ JB/ZQ 4569—2006

管子外径 D_0	d	d_1	L	l	l_0	S	D	S_1	质量/kg
6	R⅛	4	30	7	4	14	16.2	10	0.022
	R¼			10	6				0.028
	R⅜			12	6.4				0.046
8	R⅛	6	38	7	4	17	19.6	14	0.044
	R¼			10	6				0.045
	R⅜		34	12	6.4				0.051
	R½			14	8.2				0.081
10	R⅛	4	38	7	4	19	21.9	17	0.059
	R¼	6		10	6				0.058
	R⅜	8	36	12	6.4				0.058
	R½			14	8.2				0.083
14	R⅛	4	48	7	4	24	27.7	22	0.082
	R¼	6		10	6				0.096
	R⅜	8		12	6.4				0.1
	R½	10	46	14	8.2				0.098
	R¾	12		16	9.5	30	34.6		0.116

(三)直角管接头(JB/ZQ 4571—2006)

1. 管子按 GB/T 1527—1997《铜及铜合金拉制管》选用
2. 适用于20MPa油脂润滑系统
3. 标记示例:管子外径 $D_0$6mm,连接螺纹为R¼的直角管接头,标记为

管接头 6-R¼ JB/ZQ 4571—2006

管子外径 D_0	d	L	B	H	L_1	H_1	l	l_0	S	D	质量/kg
6	R⅛	25	12	22	11	16	7	4	10	11.5	0.042
	R¼	33	14	28		21	10	6			0.046
8	R⅛	37	20	35	18	25	7	4	14	16.2	0.076
	R¼						10	6			0.086
	R⅜						12	6.4			0.096
10	R⅛	38					7	4	17	19.6	0.085
	R¼						10	6			0.095
	R⅜						12	6.4			0.105
14	R¼	48	24	45	28	35	10	6	24	27.7	0.13
	R⅜						12	6.4			0.15
	R½						14	8.2			0.16

(四)等径直角螺纹接头(JB/ZQ 4572—2006)

1. 适用于20MPa油脂润滑系统
2. 标记示例:公称通径 DN=6mm,连接螺纹为R⅛的等径直角螺纹接头,标记为

直角接头 R⅛ JB/ZQ 4572—2006

公称通径 DN	D	d	H_1	H_2	H_3	L	质量/kg
6	R_c⅛	R⅛	30	14	22	16	0.03
8	R_c¼	R¼	41	19	30	22	0.07
10	R_c⅜	R⅜	46	22	34	24	0.11
15	R_c½	R½	55	25	40	30	0.17
20	R_c¾	R¾	60	32	44	32	0.23
25	R_c1	R1	72	40	52	40	0.32

续表

(五)单向阀接头(JB/ZQ 4573—2006)

正向单向阀接头

逆向单向阀接头

D	d	L	L_1	S	质量/kg
R_c1/8	R1/8	50	10	18	0.07
R_c1/4	R1/4	54	13	24	0.181
R_c3/8	R3/8	56			0.187

1. 适用于20MPa油脂润滑系统
2. 开启压力0.4MPa
3. 标记示例:

   连接螺纹为R1/8的正向单向阀接头,标记为

   单向阀接头 R1/8-Z JB/ZQ 4573—2006

   连接螺纹为R1/8的逆向单向阀接头,标记为

   单向阀接头 R1/8-N JB/ZQ 4573—2006

(六)旋转接头(JB/ZQ 4574—2006)

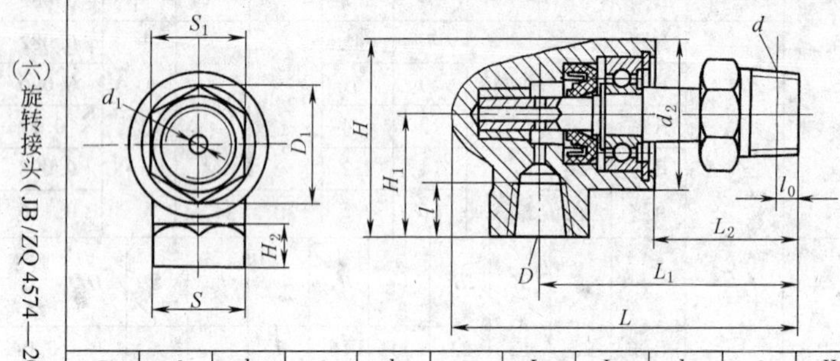

1. 适用于20MPa油脂润滑系统
2. 标记示例:连接螺纹直径为R1/4的旋转接头,标记为

   旋转接头 R1/4 JB/ZQ 4574—2006

D	d	d_1	L	d_2	H	L_1	L_2	l_0	l	H_1	H_2	S	S_1	D_1	质量/kg
R_c1/4	R1/4	3	69	29	38.5	52	29	6	11	24	8	19	14	16.2	0.17
	R3/8		71			54	31	6.4					17	19.6	0.19

(七)可逆接头(JB/ZQ 4575—1997)

1. 适用于20MPa油脂润滑系统。开启压力为0.45MPa
2. 标记示例:连接螺纹为R_c3/8的可逆接头,标记为

   可逆接头 R_c3/8 JB/ZQ 4575—1997

D	L	B	H	L_1	L_2	l	H_1	S	D_1	d	质量/kg
R_c3/8	154	28	47	110	80	12	30	24	27.6	9	1.1
R_c3/4	210	40	76	154	120	16	50	34	39	11	1.74

注:有关生产厂的产品情况如下。

产品	(一)直通管接头	(二)管接头(端管接头)	(五)单向阀接头	(六)旋转接头	(三)直角管接头	(四)等径直角螺旋接头	(七)可逆接头
生产厂	1	1	1	1	1	1	2
	2	2	2	2	2	2	3
	3	3	3	3	3	3	5
	4	6	5	5	5	5	4
	5	4	4	4	4	4	6
	6	5	6	6	7	6	—
	7	—	—	—	6	—	—
	8	8	8	8	8	8	8

注:表中数字代表生产厂。1—启东市南方润滑液压设备有限公司;2—太原矿山机器润滑液压设备有限公司;3—太原市兴科机电研究所;4—启东江海液压润滑设备厂;5—启东润滑设备有限公司;6—盐城蒙塔液压机械有限公司;7—四川川润股份有限公司;8—启东中冶润滑设备有限公司。

表 10-1-105　　衬板与法兰　　mm

20MPa 双通衬板（JB/ZQ 4576—1997）

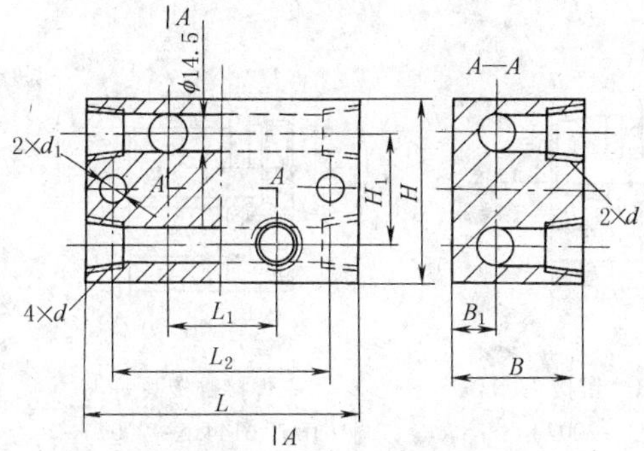

1. 适用于 20MPa 油脂润滑系统
2. 标记示例：连接螺纹为 $R_c\frac{3}{8}$ 的双通衬板，标记为
　　衬板　$R_c\frac{3}{8}$　JB/ZQ 4576—1997

公称通径 DN	d	L	B	H	L_2	L_1	B_1	H_1	d_1	质量 /kg	安装螺栓
8	$R_c\frac{1}{4}$	102	38	68	84	40	16	42	8.5	1.92	M8×60
10	$R_c\frac{3}{8}$			70						1.93	
15	$R_c\frac{1}{2}$	150	50	98	110	50	20	60	12.5	5.84	M12×80
20	$R_c\frac{1}{4}$	160	54	114	130		26	70		6.21	M12×90

20MPa 直角法兰（JB/ZQ 4577—1997）

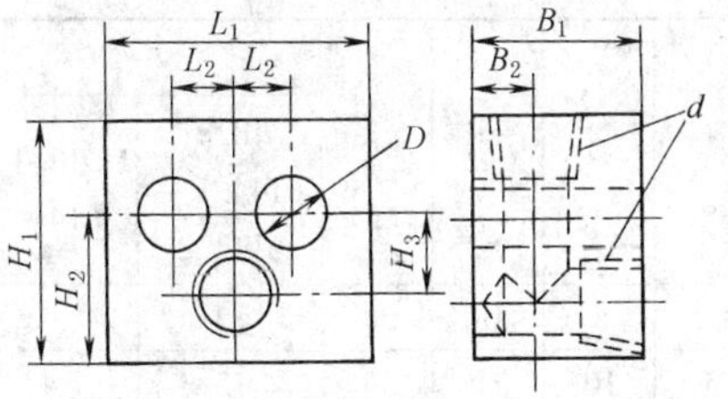

1. 适用于 20MPa 油脂润滑系统
2. 材质：35 钢
3. 标记示例：公称通径 DN = 8mm，连接螺纹为 $R_c\frac{1}{4}$ 的直角法兰，标记为
　　法兰　$R_c\frac{1}{4}$　JB/ZQ 4577—1997

公称通径 DN	d	L_1	L_2	B_1	B_2	H_1	H_2	H_3	D	质量 /kg
6	$R_c\frac{1}{8}$	40	10	24	9	40	20	10	9	0.18
8	$R_c\frac{1}{4}$	44		28	11	44	24	13		0.30
10	$R_c\frac{3}{8}$	60	14	36	15	60	35	20		0.81
15	$R_c\frac{1}{2}$	65	15	40	20	65	40			1.73
20	$R_c\frac{1}{4}$	66	2	53	21	90	48	27		2.14

注：生产厂有启东市南方润滑液压设备有限公司，太原矿山机器润滑液压设备有限公司，太原市兴科机电研究所，启东江海液压润滑设备厂，启东润滑设备有限公司，启东中冶润滑设备有限公司。

表 10-1-106　　液压软管接头（摘自 GB/T 9065.1～9065.3—1988）　　mm

结构

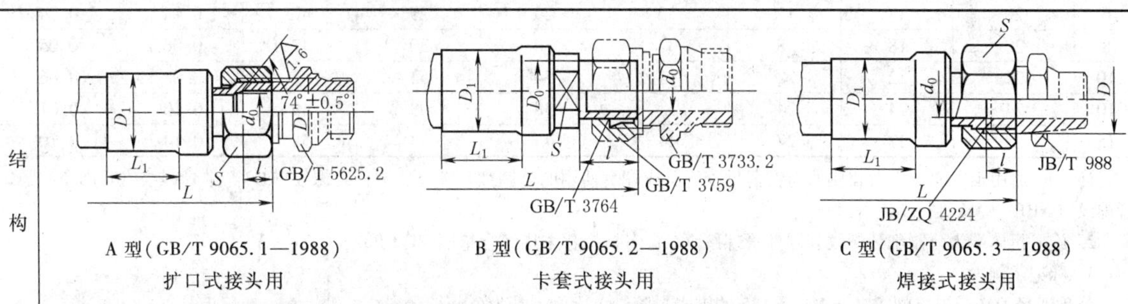

A 型（GB/T 9065.1—1988）扩口式接头用　　B 型（GB/T 9065.2—1988）卡套式接头用　　C 型（GB/T 9065.3—1988）焊接式接头用

胶管按 GB/T 3683《钢丝增强液压橡胶软管》的规定。适用介质温度为：油，-30～80℃；空气，-30～50℃；水，80℃以下。使用胶管推荐长度同表 10-1-108 及其附注

尺寸

胶管内径	公称通径	工作压力/MPa 胶管层数 Ⅰ	工作压力/MPa 胶管层数 Ⅱ,Ⅲ	D A 型	D C 型	d_0≈ A、B 型	d_0≈ C 型	D_0	D_1 Ⅰ	D_1 Ⅱ	D_1 Ⅲ	l A 型	l B 型 min	l C 型	L_1	S A 型	S B 型	S C 型
6.3	6	20	35	M14×1.5	—	4	—	8	17	18.7	20.5	9	28	8.5	27	18	8	—
8	8	17.5	32	M16×1.5	M16×1.5	6	6	10	19	20.7	22.5	10	30	8.5	27	21	10	21
10	10	16	28	M18×1.5	—	7.5	—	12	21	22.7	24.5	10	30	8.5	27	24	12	—
12.5	10	14	25	M22×1.5	M22×1.5	10	10	14	25.2	28	29.5	11	32	10	31	27	14	27
16	15	10.5	20	M27×1.5	M27×1.5	13	12	18	28.2	31	32.5	11	32	10	31	32	17	34

注：生产厂有太原市兴科机电研究所，盐城蒙塔液压机械有限公司，启东中冶润滑设备有限公司。

锥密封胶管总成锥接头（摘自 JB/T 6144.1～6144.5—2007）

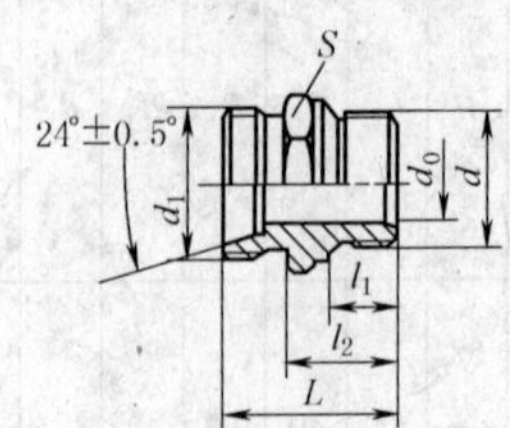

公制细牙螺纹锥接头（JB/T 6144.1—2007）

圆柱管螺纹（G）锥接头（JB/T 6144.2—2007）

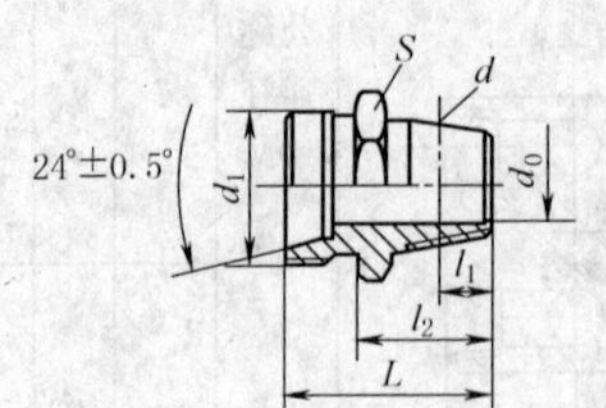

锥管螺纹（R）锥接头（JB/T 6144.3—2007）

60°圆锥管螺纹（NPT）锥接头（JB/T 6144.4—2007）

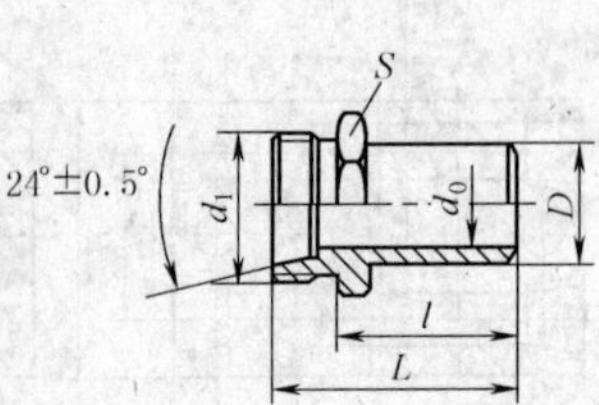

焊接锥接头（JB/T 6144.5—2007）

表 10-1-107　mm

公称通径 DN	d JB/T 6144.1	d JB/T 6144.2	d JB/T 6144.3	d JB/T 6144.4	d_1	d_0	D	S	l	l_1 JB/T 6144.1～6144.2	l_1 JB/T 6144.3	l_1 JB/T 6144.4
6	M10×1	G1/8	R1/8	NPT1/8	M18×1.5	3.5	8	18	28	12	4	4.102
8	M10×1	G1/8	R1/8	NPT1/8	M20×1.5	5	10	21	30	12	4	4.102
10	M14×1.5	G1/4	R1/4	NPT1/4	M22×1.5	7	12	24	33	14	6	5.786
10	M18×1.5	G3/8	R3/8	NPT3/8	M24×1.5	8	14	27	36	14	6.4	6.096
15	M22×1.5	G1/2	R1/2	NPT1/2	M30×2	10	16	30	42	16	8.2	8.128

公称通径 DN	l_2 JB/T 6144.1～6144.2	l_2 JB/T 6144.3	l_2 JB/T 6144.4	L JB/T 6144.1～6144.2	L JB/T 6144.3	L JB/T 6144.4	L JB/T 6144.5	质量/kg JB/T 6144.1～6144.4	质量/kg JB/T 6144.5
6	20	17	17	32	29	29	40	0.04	0.04
8	20	18	18	32	30	30	42	0.06	0.05
10	22	22	22	34	34	34	45	0.08	0.06
10	24	24	24	38	38	38	49	0.10	0.07
15	28	27	27	44	43	43	58	0.14	0.10

注：1. 适用于以油、水为介质的与锥密封胶管总成配套使用的公制细牙螺纹、圆柱管螺纹（G）、锥管螺纹（R）、60°圆锥管螺纹（NPT）焊接锥接头。

2. 旋入机体端为公制细牙螺纹和圆柱管螺纹（G）者，推荐采用组合垫圈 JB/T 982—1977。

3. 标记示例：

公称通径 $DN6$，连接螺纹 d_1 = M18×1.5 的锥密封胶管总成旋入端为公制细牙螺纹的锥接头，标记为

锥接头　6-M18×1.5　JB/T 6144.1—2007

公称通径 $DN6$，连接螺纹 d_1 = M18×1.5 的锥密封胶管总成旋入端为 G1/8圆柱管螺纹的锥接头，标记为

锥接头　6-M18×1.5（G1/8）　JB/T 6144.2—2007

公称通径 $DN6$，连接螺纹 d_1 = M18×1.5 的锥密封胶管总成旋入端为 R1/8管螺纹的锥接头，标记为

锥接头　6-M18×1.5（R1/8）　JB/T 6144.3—2007

公称通径 $DN6$，连接螺纹 d_1 = M18×1.5 的锥密封胶管总成旋入端为 NPT1/8 60°圆锥管螺纹的锥接头，标记为

锥接头　6-M18×1.5（NPT1/8）　JB/T 6144.4—2007

公称通径 $DN6$，连接螺纹 d_1 = M18×1.5 的锥密封胶管总成焊接锥接头，标记为

锥接头　6-M18×1.5　JB/T 6144.5—2007

4. 本标准中，公称通径 $DN4$、$DN20$、$DN25$、$DN32$、$DN40$、$DN50$ 本表没有选入，如需要可参阅本手册第 5 卷液压、气动篇。

5. 生产厂有启东中冶润滑设备有限公司，太原市兴科机电研究所，盐城蒙塔液压机械有限公司。

表 10-1-108　锥密封钢丝编织胶管总成（摘自 JB/T 6142.1～6142.4—2007）　mm

结构

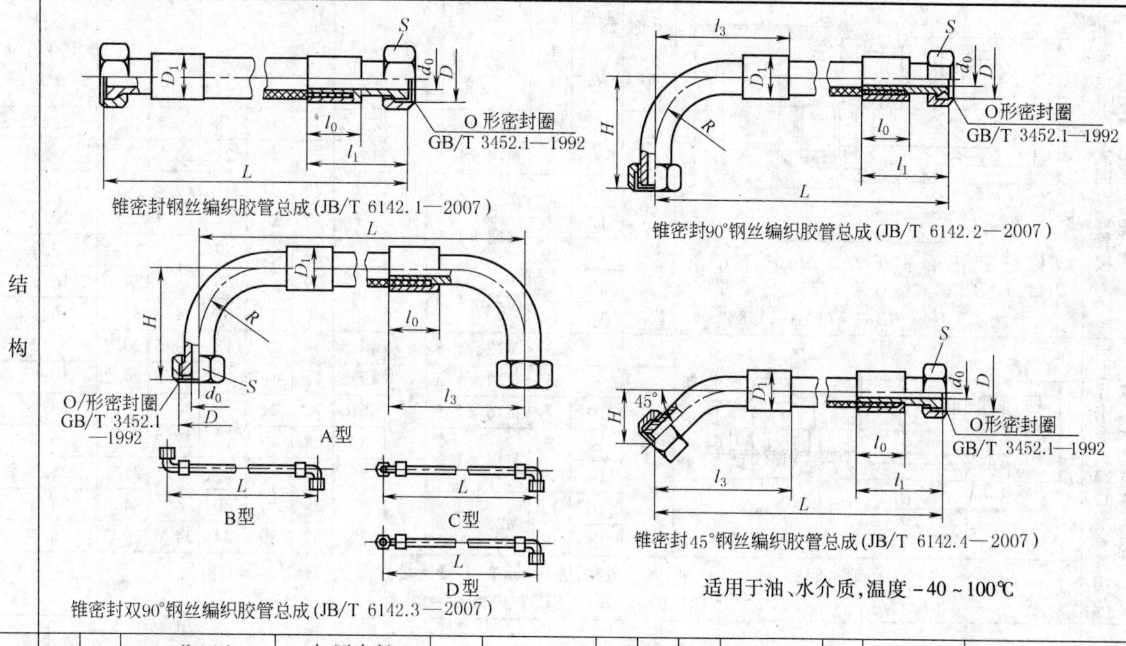

锥密封钢丝编织胶管总成（JB/T 6142.1—2007）

锥密封90°钢丝编织胶管总成（JB/T 6142.2—2007）

锥密封双90°钢丝编织胶管总成（JB/T 6142.3—2007）

锥密封45°钢丝编织胶管总成（JB/T 6142.4—2007）

适用于油、水介质，温度 -40～100℃

性能尺寸

胶管内径	公称通径 DN	工作压力/MPa			扣压直径 D_1			d_0	D	S	l_0	l_1	l_3		R	H		O形橡胶密封圈（GB/T 3452.1—1992）
		Ⅰ	Ⅱ	Ⅲ	Ⅰ	Ⅱ	Ⅲ						90°胶管总成	45°胶管总成		90°胶管总成	45°胶管总成	
6.3	6	20	35	40	17	18.7	20.5	3.5	M18×1.5	24	37	65	70	74	20	50	26	8.5×1.8
8	8	17.5	30	33	19	20.7	22.5	5	M20×1.5	24	38	68	75	80	24	55	28	10.6×1.8
10	10	16	28	31	21	22.7	24.5	7	M22×1.5	27	38	69	80	83	28	60	30	12.5×1.8
12.5	10	14	25	27	25.2	28.0	29.5	8	M24×1.5	30	44	76	90	93	32	65	32	13.2×2.65
16	15	10.5	20	22	28.2	31	32.5	10	M30×2	36	44	82	105	108	45	85	40	17.0×2.65

两端质量/kg 胶管内径	钢丝编织胶管总成（JB/T 6142.1）			90°钢丝编织胶管总成（JB/T 6142.2）			双90°钢丝编织胶管总成（JB/T 6142.3）			45°钢丝编织胶管总成（JB/T 6142.4）		
	Ⅰ	Ⅱ	Ⅲ	Ⅰ	Ⅱ	Ⅲ	Ⅰ	Ⅱ	Ⅲ	Ⅰ	Ⅱ	Ⅲ
6.3	0.20	0.22	0.24	0.18	0.20	0.22	0.28	0.30	0.32	0.16	0.18	0.20
8	0.28	0.30	0.32	0.32	0.34	0.36	0.44	0.45	0.46	0.30	0.32	0.34
10	0.34	0.36	0.38	0.44	0.45	0.46	0.58	0.63	0.65	0.42	0.43	0.45
12.5	0.46	0.50	0.56	0.49	0.51	0.54	0.60	0.66	0.71	0.47	0.49	0.51
16	0.60	0.64	0.68	0.60	0.62	0.64	0.74	0.75	0.82	0.58	0.60	0.62

胶管总成推荐长度/mm															
总成长度 L	500	560	630	710	800	900	1000	1120	1250	1400	1600	1800	2000	2240	2500
偏　差	+20 0	+25 0			+30 0						+40 0				

注：1. 本表只列入部分规格，全部内容详见本手册第5卷液压、气动篇。

2. 标记示例：

胶管内径6.3mm，总成长度 L＝1000mm 的锥密封Ⅲ层钢丝编织胶管总成，标记为

胶管总成　6.3Ⅲ-1000　JB/T 6142.1—2007

胶管内径6.3mm，总成长度 L＝1000mm 的锥密封90°Ⅲ层钢丝编织胶管总成，标记为

胶管总成　6.3Ⅲ-1000　JB/T 6142.2—2007

胶管内径6.3mm，总成长度 L＝1000mm 的 A 型锥密封双90°Ⅲ层钢丝编织胶管总成，标记为

胶管总成　6.3AⅢ-1000　JB/T 6142.3—2007

胶管内径6.3mm，总成长度 L＝1000mm 的锥密封45°Ⅲ层钢丝编织胶管总成，标记为

胶管总成　6.3Ⅲ-1000　JB/T 6142.4—2007

3. 生产厂有太原市兴科机电研究所，盐城蒙塔液压机械有限公司，启东中冶润滑设备有限公司。

表 10-1-109　　40MPa 卡套式管接头　　mm

40MPa卡套式端直通管接头（GB/T 3733.1—1983）

公称压力/MPa	管子外径 D_0	d_5	d	l	l_1	$L\approx$	扳手尺寸 S	扳手尺寸 S_1	e	e_1	质量（100件）/kg
40（J）	6	3	M12×1.5	12	13.5	31	16	18	18.5	20.8	5.24
	8	5	M14×1.5		14.5	33	18	21	20.8	24.2	6.57
	10	7	M16×1.5		15	36	21	24	24.2	27.7	8.97
	12	8	M18×1.5		16	37	24		27.7		10.9
	14	10		14		38	27	27	31.2	31.2	13.9
	16	12	M22×1.5		17	39		30		34.6	16.5
	18	14				40	30	34	34.6	39.3	16.7

标记示例：公称压力 J 级，管子外径 $D_0$14mm 的卡套式端直通管接头，标记为

管接头　J14　GB/T 3733.1—1983

40MPa卡套式端直通长管接头（GB/T 3735.1—1983）

公称压力/MPa	管子外径 D_0	d_5	d	l	l_1	$L\approx$	扳手尺寸 S	扳手尺寸 S_1	e	e_1	质量（100件）/kg
40（J）	6	3	M12×1.5	12	46.5	64	16	18	18.5	20.8	8.12
	8	5	M14×1.5		49.5	68	18	21	20.8	24.2	10.5
	10	7	M16×1.5		51	72	21	24	24.2	27.7	13.7
	12	8	M18×1.5		53	74	24		27.7		16.7
	14	10		14	55	77	27	27	31.2	31.2	21.0
	16	12	M22×1.5		57	79		30		34.6	24.6
	18	14			59	82	30	34	34.6	39.3	28.6

标记示例：公称压力 J 级，管子外径 $D_0$14mm 的卡套式端直通长管接头，标记为

管接头　J14　GB/T 3735.1—1983

40MPa卡套式直通管接头（GB/T 3737.1—1983）

公称压力/MPa	管子外径 D_0	d_5	l_1	$L\approx$	扳手尺寸 S	扳手尺寸 S_1	e	e_1	质量（100件）/kg
40（J）	6	3	19	55	15	18	17.3	20.8	7.23
	8	5		57	18	21	20.8	24.2	8.97
	10	7	20	62	21	24	24.2	27.7	12.3
	12	8							14.6
	14	10		64	24	27	27.7	31.2	18.8
	16	12			27	30	31.2	34.6	23.3
	18	14		66	30	34	34.6	39.3	26.5

标记示例：公称压力 J 级，管子外径 $D_0$14mm 的卡套式直通管接头，标记为

管接头　J14　GB/T 3737.1—1983

40MPa卡套式直角管接头（GB/T 3740.1—1983）

公称压力/MPa	管子外径 D_0	d_5	l_1	$L\approx$	扳手尺寸 S	扳手尺寸 S_1	e	e_1	质量（100件）/kg
40（J）	6	3	18	36	13	18		20.8	14.7
	8	5	19	38	15	21		24.2	18.1
	10	7	20	41	16	24		27.7	25.6
	12	8	21	43	18				30.3
	14	10			21	27		31.2	39.5
	16	12	23	45		30		34.6	51.1
	18	14		46	24	34		39.3	56.0

标记示例：公称压力 J 级，管子外径 $D_0$14mm 的卡套式直角管接头，标记为

管接头　J14　GB/T 3740.1—1983

40MPa卡套式端直角管接头（GB/T 3738.1—1983）

公称压力/MPa	管子外径 D_0	d_5	d	l	l_1	$L\approx$	L_1	扳手尺寸 S	扳手尺寸 S_1	e_1	质量（100件）/kg
40（J）	6	3	M12×1.5	12	18	36	16	13	18	20.8	6.26
	8	5	M14×1.5		19	38	17	15	21	24.2	8.19
	10	7	M16×1.5		20	41	19	16	24	27.7	11.2
	12	8	M18×1.5		21	43		18			13.2
	14	10		14			22	21	27	31.2	16.4
	16	12	M22×1.5		23	45	23		30	34.6	21.1
	18	14				46	25	24	34	39.3	24.1

标记示例：公称压力 J 级，管子外径 $D_0$14mm 的卡套式端直角管接头，标记为

管接头　J14　GB/T 3738.1—1983

续表

40MPa卡套式端三通管接头(GB/T 3741.1—1983)

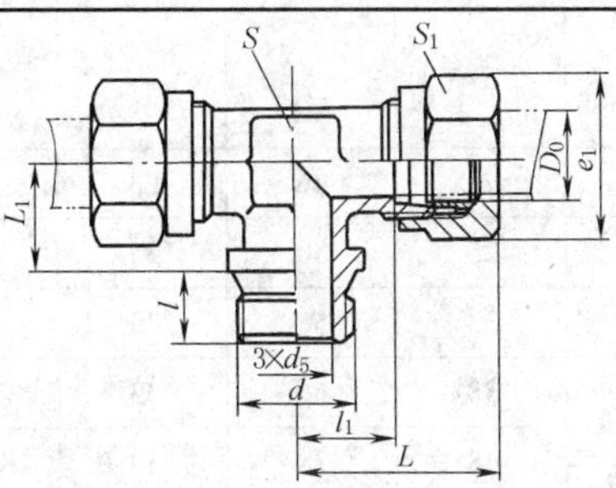

公称压力/MPa	管子外径 D_0	d_5	d	l	l_1	$L\approx$	L_1	扳手尺寸 S	扳手尺寸 S_1	e_1	质量(100件)/kg
40(J)	6	3	M12×1.5	12	18	36	16	13	18	20.8	9.62
	8	5	M14×1.5		19	38	17	15	21	24.2	12.3
	10	7	M16×1.5		20	41	19	16	24	27.7	17.0
	12	8	M18×1.5		21	43		18			20.1
	14	10		14			22	21	27	31.2	25.3
	16	12	M22×1.5		23	45	23		30	34.6	32.5
	18	14				46	25	24	34	39.3	36.3

标记示例:公称压力J级,管子外径$D_0$14mm的卡套式端三通管接头,标记为

管接头　J14　GB/T 3741.1—1983

40MPa卡套式端直角三通管接头(GB/T 3743.1—1983)

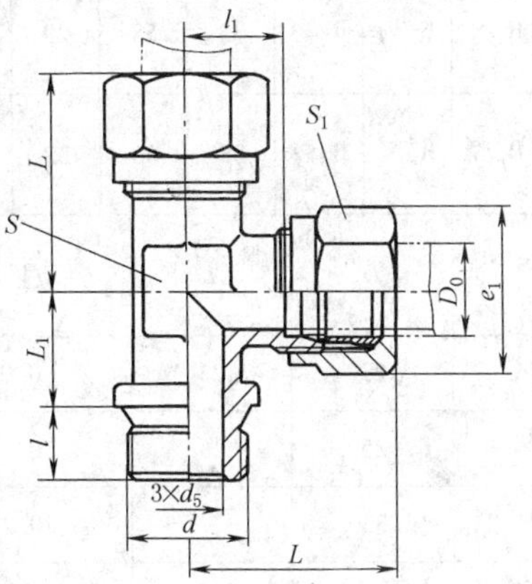

公称压力/MPa	管子外径 D_0	d_5	d	l	l_1	$L\approx$	L_1	扳手尺寸 S	扳手尺寸 S_1	e_1	质量(100件)/kg
40(J)	6	3	M12×1.5	12	18	36	16	13	18	20.8	9.62
	8	5	M14×1.5		19	38	17	15	21	24.2	12.3
	10	7	M16×1.5		20	41	19	16	24	27.7	17.0
	12	8	M18×1.5		21	43		18			20.1
	14	10		14			22	21	27	31.2	25.3
	16	12	M22×1.5		23	45	24		30	34.6	32.5
	18	14				46	25	24	34	39.3	36.3

标记示例:

公称压力J级,管子外径$D_0$14mm的卡套式端直角三通管接头,标记为

管接头　J14　GB/T 3743.1—1983

40MPa卡套式三通管接头(GB/T 3745.1—1983)

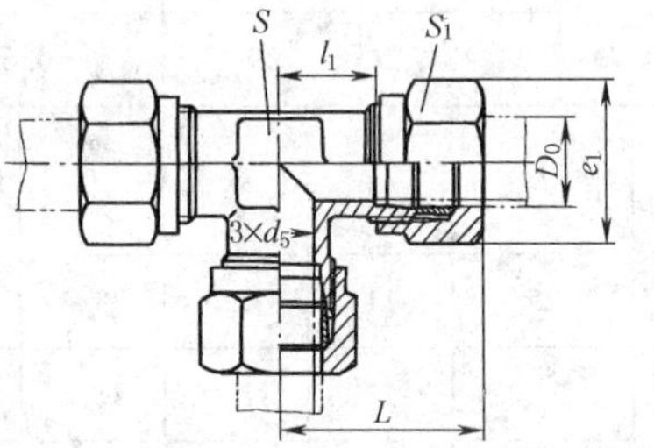

公称压力/MPa	管子外径 D_0	d_5	l_1	$L\approx$	扳手尺寸 S	扳手尺寸 S_1	e_1	重量(100件)/kg
40(J)	6	3	18	36	13	18	20.8	11.3
	8	5	19	38	15	21	24.2	15.4
	10	7	20	41	16	24	27.7	20.4
	12	8	21	43	18			24.2
	14	10			21	27	31.2	31.7
	16	12	23	45		30	34.6	40.2
	18	14		46	24	34	39.3	45.6

标记示例:公称压力J级,管子外径$D_0$14mm的卡套式三通管接头,标记为

管接头　J14　GB/T 3745.1—1983

40MPa卡套式四通管接头(GB/T 3746.1—1983)

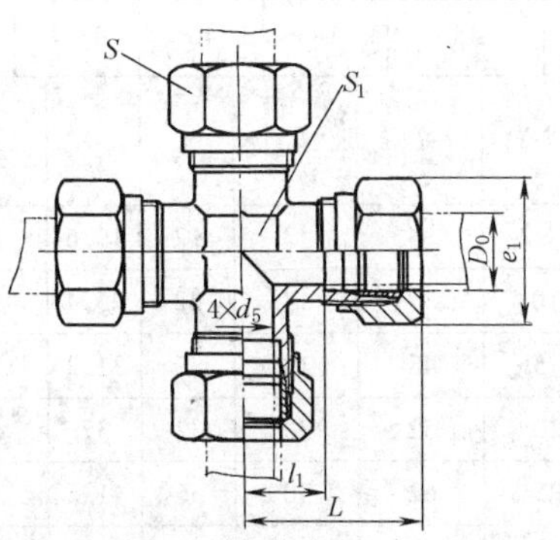

公称压力/MPa	管子外径 D_0	d_5	l_1	$L\approx$	扳手尺寸 S	扳手尺寸 S_1	e_1	重量(100件)/kg
40(J)	6	3	18	36	13	18	20.8	14.7
	8	5	19	38	15	21	24.2	18.1
	10	7	20	41	16	24	27.7	25.6
	12	8	21	43	18			30.3
	14	10			21	27	31.2	39.5
	16	12	23	45		30	34.6	51.1
	18	14		46	24	34	39.3	56.0

标记示例:

公称压力J级,管子外径$D_0$14mm的卡套式四通管接头,标记为

管接头　J14　GB/T 3746.1—1983

注:1. 原标准中最大管子外径为28mm,还有25MPa系列,可参阅本手册第5卷液压、气动篇。

2. 生产厂有盐城蒙塔液压机械有限公司,启东中冶润滑设备有限公司。

表 10-1-110　　20MPa 螺纹连接式钢管管接头　　mm

三通

代号		公称通径 DN	d	D	L	L_1	质量/kg
QN126-1	H1.1-1	8	$R_c\frac{1}{4}$	23	46	23	0.18
QN126-2	H1.1-2	10	$R_c\frac{3}{8}$	25	50	25	0.25
QN126-3	H1.1-3	15	$R_c\frac{1}{2}$	33	58	29	0.36
QN126-4	H1.1-4	20	$R_c\frac{3}{4}$	38	66	33	0.47
QN126-5	H1.1-5	25	R_c1	48	78	39	0.61

异径三通

代号		公称通径 $DN\times DN_1\times DN_2$	d	d_1	d_2	D	L	L_1	质量/kg
QN127-1	H1.2-1	10×15×15	$R_c\frac{3}{8}$	$R_c\frac{1}{2}$	$R_c\frac{1}{2}$	33	58	29	0.32
QN127-2	H1.2-2	10×20×20	$R_c\frac{3}{8}$	$R_c\frac{3}{4}$	$R_c\frac{3}{4}$	38	66	32	0.45

弯头

代号		公称通径 DN	d	D	L	质量/kg
QN128-1	H1.3-1	8	$R_c\frac{1}{4}$	23	23	0.07
QN128-2	H1.3-2	10	$R_c\frac{3}{8}$	25	25	0.11
QN128-3	H1.3-3	15	$R_c\frac{1}{2}$	33	29	0.26
QN128-4	H1.3-4	20	$R_c\frac{3}{4}$	38	33	0.39
QN128-5	H1.3-5	25	R_c1	48	39	0.66

外接头

代号		公称通径 DN	d	L	L_1	S	D	质量/kg
QN129-1	H1.4-1	8	$R_c\frac{1}{4}$	25	11	22	25.4	0.06
QN129-2	H1.4-2	10	$R_c\frac{3}{8}$	30	12	27	31.2	0.1
QN129-3	H1.4-3	15	$R_c\frac{1}{2}$	35	15	32	37	0.16
QN129-4	H1.4-4	20	$R_c\frac{3}{4}$	40	17	36	41.6	0.19
QN129-5	H1.4-5	25	R_c1	48	19	46	53.1	0.27

内接头

代号		公称通径 DN	d	d_1	L	L_1	S	D	质量/kg
QN130-1	H1.5-1	8	$R\frac{1}{4}$	8	34	13	17	19.6	0.02
QN130-2	H1.5-2	10	$R\frac{3}{8}$	10	37	14	22	25.4	0.03
QN130-3	H1.5-3	15	$R\frac{1}{2}$	15	48	18	27	31.2	0.09
QN130-4	H1.5-4	20	$R\frac{3}{4}$	20	52	20	32	37	0.12
QN130-5	H1.5-5	25	R1	25	62	30	36	41.6	0.23
QN130-6	H1.5-6	8(长)	$R\frac{1}{4}$	8	75	13	17	19.6	0.13
QN130-7	H1.5-7	10(长)	$R\frac{3}{8}$	10	80	14	22	25.4	0.18

续表

名称	代号		公称通径 $DN \times DN$	d	d_1	d_2	L	L_1	D	S	质量/kg
内外接头	QN131-1	H1.6-1	10×8	R3/8	R_c1/4	8	30	14	25.4	22	0.04
	QN131-2	H1.6-2	15×10	R1/2	R_c3/8	10	36	18	31.2	27	0.08
	QN131-3	H1.6-3	20×10	R3/4	R_c3/8	10	36	20	37	32	0.15
	QN131-4	H1.6-4	20×15	R3/4	R_c1/2	15	42	20	37	32	0.21
	QN131-5	H1.6-5	25×15	R1	R_c1/2	15	50	30	41.6	36	0.31

名称	代号		公称通径 DN	d	L	D	S	S_1	质量/kg
活接头	QN106-1	YF01.1	8	R_c1/4	38	36.9	32	19	0.16
	QN106-2	YF01.2	10	R_c3/8	38	41.6	36	22	0.19
	QN106-3	YF01.3	15	R_c1/2	44	53.1	46	27	0.33
	QN106-4	YF01.4	20	R_c3/4	50	62.4	54	32	0.51
	QN106-5	YF01.5	25	R_c1	60	75	65	46	0.81

名称	代号		d	d_1	L	H	H_1	H_2	质量/kg
直角接头体	QN144-1	H1.7-1	R1/8	R_c1/8	16	26	10	18.5	0.03
	QN144-2	H1.7-2	R1/4	R_c1/4	22	41	19	30	0.07
	QN144-3	H1.7-3	R3/8	R_c3/8	25.4	45	19.6	32.5	0.11
	QN144-4	H1.7-4	R1/2	R_c1/2	30	54	24	40	0.17
	QN144-5	H1.7-5	R3/4	R_c3/4	32	60	28	45	0.23
	QN144-6	H1.7-6	R1	R_c1	40	72	32	52	0.32
直角接头体（长）	QN145-1	H1.8-1	R1/8	R_c1/8	16	68	52	60	0.28
	QN145-2	H1.8-2	R1/4	R_c1/4	22	83	61	72	0.30
	QN145-3	H1.8-3	R3/8	R_c3/8	25.4	90	64.6	77.3	0.33
	QN145-4	H1.8-4	R1/2	R_c1/2	30	98	68	83	0.38
	QN145-5	H1.8-5	R3/4	R_c3/4	32	102	70	86	0.44

注：1. 启东市南方润滑液压设备有限公司的异径三通（代号：QN×××-×）公称通径尚有10×10×15，10×10×20，15×15×20，15×10×10，15×20×20，20×10×10，20×15×15。

2. 生产厂有启东市南方润滑液压设备有限公司，太原市兴科机电研究所（代号：H×.×-×及YF0×.×），盐城蒙塔液压机械有限公司（订货时写明管接头名称及管子外径），启东中冶润滑设备有限公司。

表 10-1-111　　20MPa 插入焊接式钢管管接头　　mm

名称	代号 兴科	代号 南润	管子外径	$D^{+0.2}_{+0.4}$	D_1 兴科	D_1 南润	L 兴科	L 南润	L_1 兴科	L_1 南润	质量/kg
焊接三通	H1.12-1	QN147-1	18	18.5	27	32	27	29	13	16	0.18
	H1.12-2	QN147-2	22	22.5	33	36	29	35	13	21	0.27
	H1.12-3	QN147-3	28	28.5	39	42	35	39	16	24	0.46
	H1.12-4	QN147-4	34	34.5	47	50	39	45	17	29	0.59
	H1.12-5	QN147-5	42	42.5	57	60	45	52	18	34	0.62
	H1.12-6	QN147-6	48	48.5	63	66	52	61	20	41	1.35
	H1.12-7	QN147-7	60	61	76	80	61	80	23	63	2.20
焊接弯头	H1.13-1	QN148-1	18	18.5	27	30	26.5	29	13	13	0.17
	H1.13-2	QN148-2	22	22.5	33	36	29	35	13	16	0.27
	H1.13-3	QN148-3	28	28.5	39	42	35	39	16	17	0.41
	H1.13-4	QN148-4	34	34.5	47	50	39	45	17	18	0.68
	H1.13-5	QN148-5	42	42.5	57	60	45	52	18	20	1.12
	H1.13-6	QN148-6	48	48.5	63	66	52	61	20	23	1.26
	H1.13-7	QN148-7	60	61	76	80	61	72	23	26	1.8
焊接直通	H1.14-1	QN149-1	18	18.5	30	28	32		12		0.12
	H1.14-2	QN149-2	22	22.5	35	33	36		13		0.19
	H1.14-3	QN149-3	28	28.5	40	39	42		16		0.35
	H1.14-4	QN149-4	34	34.5	48	47	46		17		0.41
	H1.14-5	QN149-5	42	42.5	60	57	48		18		0.61
	H1.14-6	QN149-6	48	48.5	65	63	54		20		0.72
	H1.14-7	QN149-7	60	61	80	76	62		23		1.38

名称	代号 兴科	代号 南润	管子外径	D	$D_1{}^{+0.2}_{+0.4}$	$D_2{}^{+0.2}_{+0.4}$	L	L_1	L_2	质量/kg
焊接变径直通	H1.15-1	QN150-1	78×14	30	18.15	14.5	32	12	10	0.16
	H1.15-2	QN150-2	22×18	35	22.5	18.5	36	13	12	0.20
	H1.15-3	QN150-3	28×18	40	28.5	18.5	42	16	12	0.30
	H1.15-4	QN150-4	28×22	40	28.5	22.5	42	16	13	0.28
	H1.15-5	QN150-5	34×22	48	34.5	22.5	46	17	13	0.52
	H1.15-6	QN150-6	34×28	48	34.5	28.5	46	17	16	0.48
	H1.15-7	QN150-7	42×28	60	42.5	28.5	48	18	16	0.76
	H1.15-8	QN150-8	42×34	60	42.5	34.5	48	18	17	0.69
	H1.15-9	QN150-9	48×34	65	48.5	34.5	54	20	17	0.95
	H1.15-10	QN150-10	48×42	65	48.5	42.5	54	20	18	1.17
	H1.15-11	QN150-11	60×42	80	61	42.5	62	23	18	1.70

名称	代号 兴科	代号 南润	管子外径 内径	$D^{+0.5}_{-0.5}$	$D_1{}^{+0.5}_{+0.4}$	L_1 兴科	L_1 南润	L_2	L	质量/kg
焊接变径接头	H1.16-1	QN152-1	22×18	22	18.5	13	11	17	34	0.07
	H1.16-2	QN152-2	28×18	28	18.5	13	11	9	25	0.08
	H1.16-3	QN152-3	34×18	34	18.5	13	11	9	25	0.15
	H1.16-4	QN152-4	42×18	42	18.5	13	11	11	26	0.25
	H1.16-5	QN152-5	48×18	48	18.5	13	12	13	29	0.41
	H1.16-6	QN152-6	28×22	28	22.5	13	13	20	38	0.13
	H1.16-7	QN152-7	34×22	34	22.5	13	13	9	25	0.13
	H1.16-8	QN152-8	42×22	42	22.5	13	13	9	26	0.25
	H1.16-9	QN152-9	48×22	48	22.5	13	14	11	29	0.31
	H1.16-10	QN152-10	34×28	34	28.5	16	16	19	42	0.30
	H1.16-11	QN152-11	42×28	42	28.5	16	16	12	48	0.34
	H1.16-12	QN152-12	48×28	48	28.5	16	16	10	29	0.36

名称	代号 兴科	代号 南润	管子外径	$D^{+0.5}_{+0.4}$	D_1	D_2	L	L_1	L_2	S	D_3	C	质量/kg
活接头	YF02.1	QN107-1	14	14.5	22	24	38	18	10	32	36.9	21	0.152
	YF02.2	QN107-2	18	18.5	27	30	38	18	10	41	47.3	26	0.262
	YF02.3	QN107-3	22	22.5	32	35	44	20	10	50	57.7	32	0.367
	YF02.4	QN107-4	28	28.5	38	42	50	26	13	60	69.3	38	0.686
	YF02.5	QN107-5	34	34.5	47	52	50	26	13	70	80.8	46	1.02

注：生产厂有启东市南方润滑液压设备有限公司（简称南润），太原市兴科机电研究所（简称兴科），盐城蒙塔液压机械有限公司（订货时写明管接头名称及管子外径）。

6 油雾润滑

油雾润滑是一种较先进的稀油集中润滑方式，已成功地应用于滚动轴承、滑动轴承、齿轮、蜗轮、链轮及滑动导轨等各种摩擦副。在冶金机械中有多种轧机的轴承采用油雾润滑，如带钢轧机的支承辊轴承，四辊冷轧机的工作辊和支承辊轴承，以及高速线材轧机的滚动导卫等的润滑。

6.1 油雾润滑工作原理、系统及装置

6.1.1 工作原理

油雾润滑装置工作原理如图10-1-12a所示，当电磁阀5通电接通后，压缩空气经分水滤气器2过滤，进入调压阀3减压，使压力达到工作压力，经减压后的压缩空气，经电磁阀5，空气加热器7进入油雾发生器，如图10-1-12b所示，在发生器体内，沿喷嘴的进气孔进入喷嘴内腔，并经文氏管喷出高速气流，进入雾化室产生文氏效应，这时真空室内产生负压，并使润滑油经滤油器、喷油管吸入真空室，然后滴入文氏管中，油滴被气流喷碎成不均匀的油粒，再从喷雾罩的排雾孔进入储油器的上部，大的油粒在重力作用下落回到储油器下部的油中，只有小于3μm的微小油粒留在气体中形成油雾，油雾经油雾装置出口排出，通过系统管路及凝缩嘴送至润滑点。

这种型式的油雾装置配置有空气加热器，使油雾浓度大大提高，在空气压力过低，油雾压力过高的故障状态下可进行声光报警。

在油雾的形成、输送、凝缩、润滑过程中的较佳参数如下：油雾颗粒的直径一般为1～3μm；空气管线压力为0.3～0.5MPa；油雾浓度（在标准状况下，每立方米油雾中的含油量）为3～12g/m^3；油雾在管道中的输送速度为5～7m/s；输送距离一般不超过30m；凝缩嘴根据摩擦副的不同，与摩擦副保持5～25mm的距离。

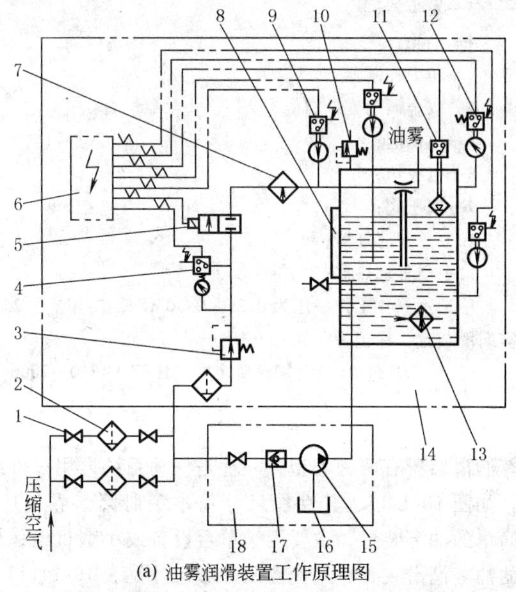

(a) 油雾润滑装置工作原理图

1—阀；2—分水滤气器；3—调压阀；4—气压控制器；5—电磁阀；6—电控箱；7—空气加热器；8—油位计；9—温度控制器；10—安全阀；11—油位控制器；12—雾压控制器；13—油加热器；14—油雾润滑装置；15—气动加油泵；16—储油器；17—单向阀；18—加油系统

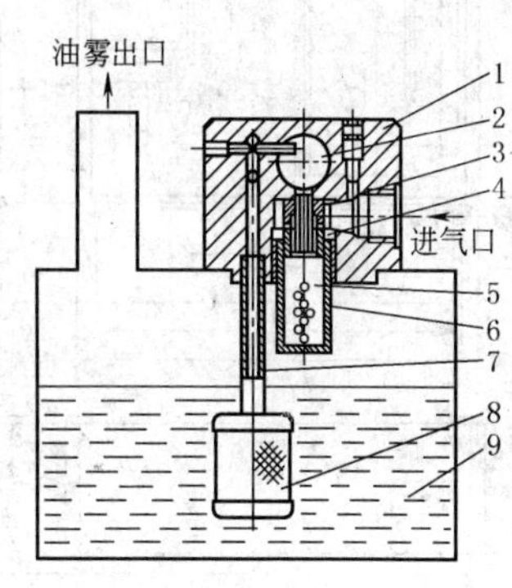

(b) 油雾发生器的结构及原理

1—油雾发生器体；2—真空室；3—喷嘴；4—文氏管；5—雾化室；6—喷雾罩；7—喷油管；8—滤油器；9—储油器

图10-1-12 油雾润滑装置工作原理图

6.1.2 油雾润滑系统和装置

油雾润滑系统由三部分组成，即油雾润滑装置、系统管道、凝缩嘴，如图10-1-13。

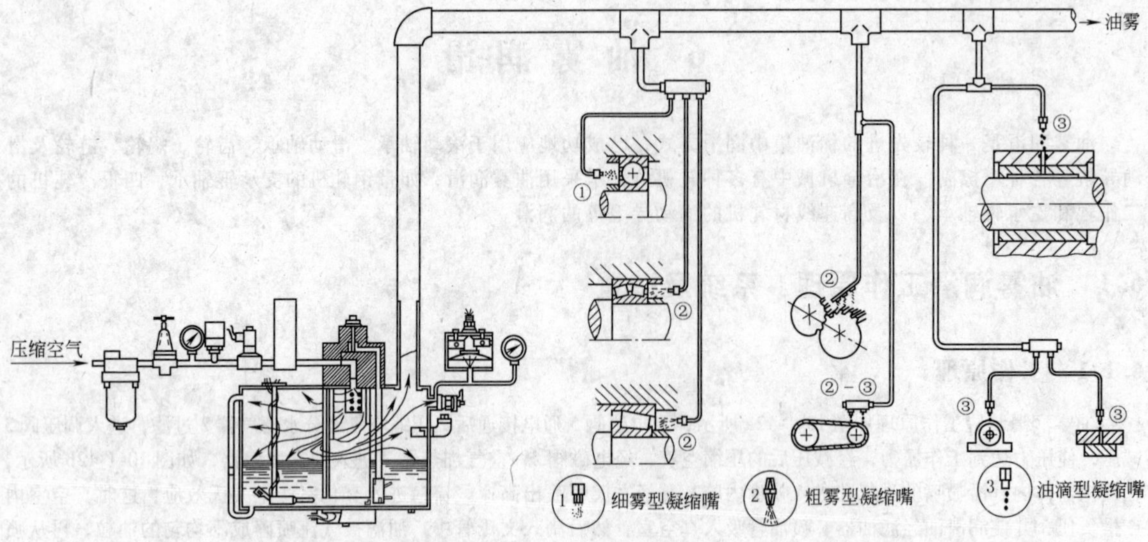

图 10-1-13　油雾润滑系统图

WHZ4 系列油雾润滑装置（摘自 JB/ZQ 4710—2006）

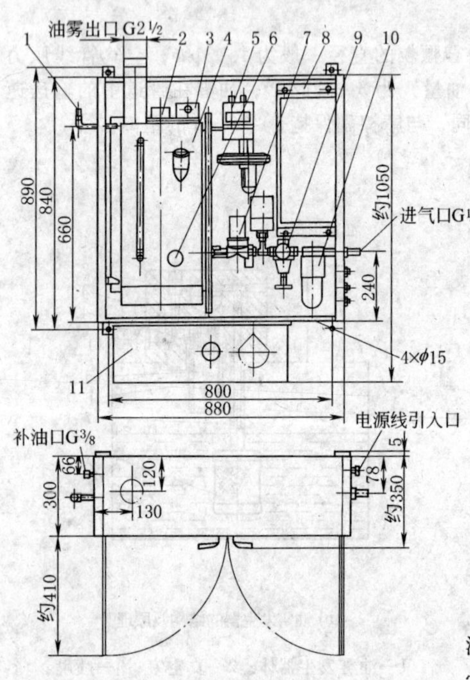

1—安全阀；
2—液位信号器；
3—发生器；
4—油箱；
5—压力控制器；
6—双金属温度计；
7—电磁阀；
8—电控箱；
9—调压阀；
10—分水滤气器；
11—空气加热器

标记示例：工作气压为 0.25～0.50MPa，油雾量为 $25m^3/h$ 的油雾润滑装置，标记为

WHZ4-25　油雾润滑装置　JB/ZQ 4710—2006

油雾润滑装置有两种类型，一种是气动系统，用三件组合式润滑装置，如图 10-1-14，其性能尺寸见本手册第 5 卷气压传动篇。它是最简单的油雾装置，主要用于单台设备或小型机组；另一种是封闭式的油雾润滑装置，其性能及外形尺寸见表 10-1-112。

压缩空气　油雾　1　2　3

图 10-1-14
1—分水滤气器；2—调压阀；3—油雾发生器

6.2　油雾润滑系统的设计和计算

6.2.1　各摩擦副所需的油雾量

计算各摩擦副所需的油雾量，采用含有“润滑单位（LU）”的实验公式进行计算，其计算公式见表 10-1-113。把所有零件的“润滑单位（LU）”相加，可得系统总润滑单位载荷量（LUL）。

表 10-1-112　　封闭式油雾润滑装置性能及外形尺寸

型号	公称压力 /MPa	工作气压 /MPa	油雾量 /$m^3 \cdot h^{-1}$	耗气量 /$m^3 \cdot h^{-1}$	油雾浓度 /$g \cdot m^{-3}$	最高油温 /℃	最高气温 /℃	油箱容积 /L	质量/kg	说明
WHZ4-C6	0.16	0.25～0.5	6	6	3～12	80	80	17	120	1. 油雾量是在工作气压0.3MPa，油温、气温均为20℃时测得的 2. 油雾浓度是在工作气压0.3MPa，油温、气温均为20～80℃之间变化时测得的 3. 电气参数：50Hz、220V、2.5kW 4. 适用于黏度22～1000mm^2/s的润滑油 5. 过滤精度不低于20μm 6. 本装置在空气压力过低、油雾压力过高的故障状态时可进行声光报警
WHZ4-C10			10	10						
WHZ4-C16			16	16						
WHZ4-C25			25	25						
WHZ4-C40			40	40						
WHZ4-C63			63	63						

注：生产厂有启东江海液压润滑设备厂、太原矿山机器润滑液压设备有限公司。

表 10-1-113　　典型零件的润滑单位（LU）

零件名称	计算公式	零件名称	计算公式	说明
滚动轴承	$4dKi\times10^{-2}$	齿轮-齿条	$12d_1'b\times10^{-4}$	1. 如齿轮反向转动，按表中公式计算后加倍 2. 如齿轮副的齿数比大于2，则取$d_2'=2d_1'$ 3. 如链传动$n<3r/s$，则取$n=3r/s$
滚珠丝杠	$4d'[(i-1)+10]\times10^{-3}$	凸轮	$2Db\times10^{-4}$	
径向滑动轴承	$2dbK\times10^{-4}$	滑板-导轨	$8lb\times10^{-5}$	
齿轮系	$4b(d_1'+d_2'+\cdots+d_n')\times10^{-4}$	滚子链	$d'pin^{1.5}\times10^{-5}$	
齿轮副	$4b(d_1'+d_2')\times10^{-4}$	齿形链	$5d'bn^{1.5}\times10^{-5}$	
蜗轮蜗杆副	$4(d_1'b_1+d_2'b_2)\times10^{-4}$	输送链	$5b(25L+d')\times10^{-4}$	
式中符号意义	i——滚珠、滚子排数或链条排数；d——轴径，mm；D—凸轮最大直径，mm；n——转速，r/s；d'——齿轮、链轮、滚珠丝杠的节圆直径，mm；b——径向滑动轴承、齿轮、蜗轮、凸轮、链条的支承宽度，mm；l——滑板支承宽度，mm；L——链条长度，mm；p——链条节距，mm；K——载荷系数，由轴承类型及预加负荷程度而定，参看表10-1-114；F——轴承载荷，N			

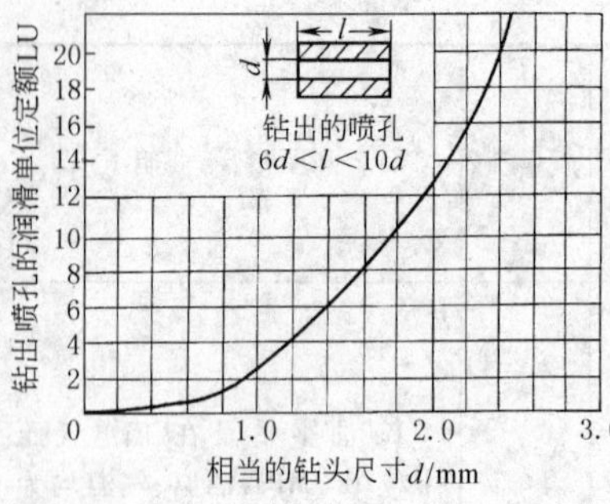

图 10-1-15　喷孔润滑单位定额

表 10-1-114　　载荷系数 K

轴承类型		球轴承	螺旋滚子轴承	滚针轴承	短圆柱滚子轴承	调心滚子轴承	圆锥滚子轴承	径向滑动轴承
未加预加负荷		1	3	1	1	2	1	
已加预加负荷		2	3	3	3	2	3	
$\frac{F}{bd}$ /MPa	<0.7							1
	0.7～1.5							2
	1.5～3.0							4
	3.0～3.5							8

6.2.2　凝缩嘴尺寸的选择

表 10-1-115　　单个凝缩嘴能润滑的极限尺寸

零件名称	支承面宽度	轴承	链	其他零件
极限尺寸/mm	$l=150$	$B=150$	$b=12$	$b=50$

可根据每个零件计算出的定额润滑单位，参照图 10-1-15 选择标准的喷嘴装置或相当的喷嘴钻孔尺寸，其中标准凝缩嘴的润滑单位定额 LU 有 1、2、4、8、14、20 共 6 种。当润滑单位定额处在两标准钻头尺寸（钻头尺寸）之间时，选用较大的尺寸，当润滑单位定额超过 20 时，可采用多孔喷嘴。单个凝缩嘴能润滑的最大零件尺寸参看表 10-1-115。当零件尺寸超出表 10-1-115 的极限尺寸时，可用多个较低润滑单位定额的凝缩嘴，凝缩嘴间保持适当的距离。

凝缩嘴的结构及用途见表 10-1-116。

表 10-1-116

名　称	图　示	结　构	用　途
油雾型		具有较短的发射孔，使空气通过时产生最少涡流，因而能保持均匀的雾状	适用于要求散热好的高速齿轮、链条、滚动轴承等的润滑
喷淋型		具有较长的小孔，能使空气有较小的涡流	适用于中速零件的润滑
凝结型		应用挡板在油气流中增加涡流，使油雾互相冲撞，凝聚成为较大的油粒，更多地滴落和附着在摩擦表面	适用于低速的滑动轴承和导轨上

6.2.3　管道尺寸的选择

在确定了凝缩嘴尺寸后，即可根据每段管道上实际凝缩嘴的定额润滑单位之和作为配管载荷，按表 10-1-117 选用相应尺寸的管子。

如油雾润滑装置的工作压力和需用风量已知，可由表 10-1-118 查得相应的管子规格。

表 10-1-117　　管子尺寸　　mm

管　径	凝缩嘴载荷量（以润滑单位计）										
	10	15	30	50	75	100	200	300	500	650	1000
铜管（外径）	6	8	10	12	16	20	25	30	40	50	62
钢管（内径）	—	6	8	10	—	15	20	25	32	40	50

注：铜管按 GB/T 1527～1528—1997，钢管按 GB/T 3091—2001。

表 10-1-118　　通过管子的允许最大流率　　$m^3 \cdot s^{-1}$

压力/MPa	公称管径/in								
	⅛	¼	⅜	½	¾	1	1¼	1½	2
0.03	0.02	0.045	0.10	0.147	0.28	0.37	0.80	0.88	1.73
0.07	0.031	0.07	0.16	0.22	0.45	0.60	1.25	1.42	2.5
0.14	0.054	0.125	0.22	0.36	0.77	0.96	2.1	2.4	4.7
0.27	0.10	0.224	0.50	0.68	1.4	1.75	3.7	4.2	8.5
0.4	0.14	0.33	0.75	0.97	2.0	2.63	5.5	6.4	12.2
0.5	0.19	0.43	0.96	1.28	2.6	3.4	7.2	8.2	16.0
0.65	0.23	0.54	1.2	1.52	3.2	4.25	9.1	10.3	20.0
1.0	0.36	0.80	1.75	2.26	4.8	6.2	13.4	15	30.0
1.3	0.47	1.05	2.38	3.1	6.4	8.4	17.6	20	35.5
1.7	0.60	1.21	3.0	3.75	8.0	10.5	22.7	25	48.0

注：本表的数据系基于下列标准。

每 10m 长管子的压力降(Δp)	应用管径/in	每 10m 长管子的压力降(Δp)	应用管径/in
所加压力的 6.6%	⅛,¼,⅜	所加压力的 1.7%	1,1¼
所加压力的 3.3%	½,¾	所加压力的 1%	1½,2

6.2.4　空气和油的消耗量

(1) 空气消耗量 q_r

是油雾润滑系统总载荷量 NL 的函数。可按下式计算

$$q_r = 15\text{NL} \times 10^{-6} \quad (\text{m}^3/\text{s})$$（体积是在一个大气压下自由空气的体积）

(2) 总耗油量 Q_r

将各润滑点选定的凝缩嘴的润滑单位 LU 量相加，即可得到系统的总的润滑单位载荷量 LUL，然后根据此总载荷量算出总耗油量。

$$Q_r = 0.25(\text{LUL}) \quad (\text{cm}^3/\text{h})$$

根据总耗油量 Q_r，选用相应的油雾润滑装置，使其油雾发生能力等于或大于系统总耗油量 Q_r。

6.2.5　发生器的选择

将所有凝缩嘴装置和喷孔的定额润滑单位加起来，得到总的凝缩嘴载荷量（NL），然后根据此载荷量，选择适合于润滑单位定额的发生器，且一定要使发生器的最小定额小于凝缩嘴的载荷量。

6.2.6　润滑油的选择

油雾润滑用的润滑油，一般选用掺加部分防泡剂（每吨油要加入 5 ~ 10g 的二甲基硅油作为防泡剂，硅油加入前应用 9 倍的煤油稀释）和防腐剂（二硫化磷锌盐、硫酸烯烃钙盐、烷基酚锌盐、硫磷化脂肪醇锌盐等，一般摩擦副用 0.25% ~1% 防腐剂，齿轮用 3% ~5%）的精制矿物油。

表 10-1-119　　油雾润滑用油黏度选用

润滑油黏度(40℃) /$mm^2 \cdot s^{-1}$	润滑部位类别
20 ~ 100	高速轻负荷滚动轴承
100 ~ 200	中等负荷滚动轴承
150 ~ 330	较高负荷滚动轴承
330 ~ 520	高负荷的大型滚动轴承,冷轧机轧辊辊颈轴承
440 ~ 520	热轧机轧辊辊颈轴承
440 ~ 650	低速重载滚子轴承,联轴器,滑板等
650 ~ 1300	连续运转的低速高负荷大齿轮及蜗轮传动

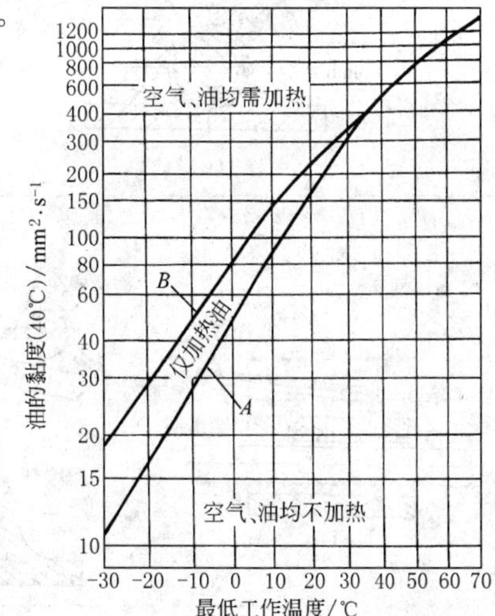

图 10-1-16　润滑油工作温度和黏度的关系

润滑油的黏度按表 10-1-119 选取。图 10-1-16 为润滑油工作温度和润滑油黏度的关系。当黏度值在曲线 A 以上、B 以下时，需将油加热；在 B 以上时，油及空气均需加热；在 A 以下时，空气和油均不加热。

6.2.7 凝缩嘴的布置方法

表 10-1-120

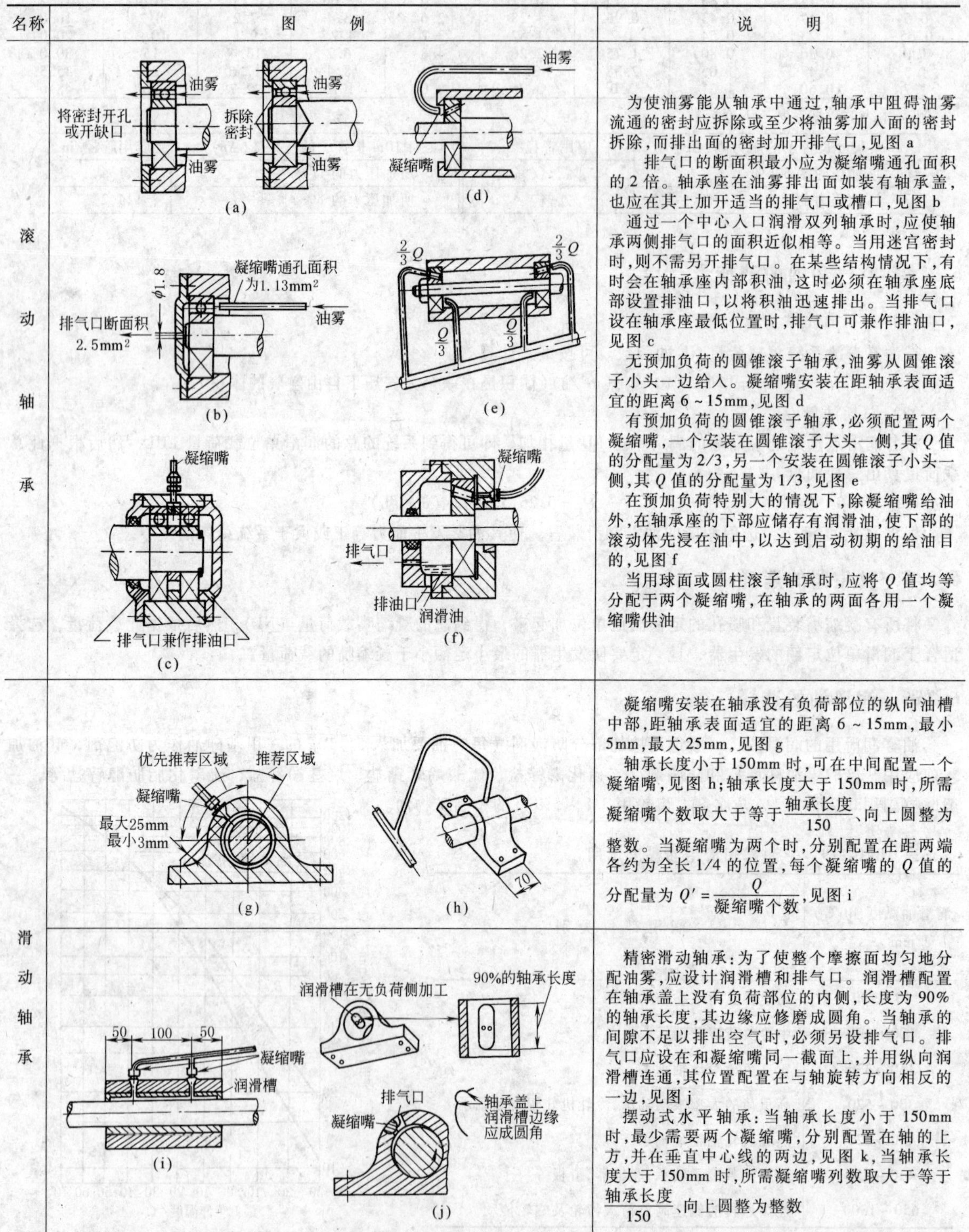

名称	图例	说明
滚动轴承	(a) (b) (c) (d) (e) (f)	为使油雾能从轴承中通过，轴承中阻碍油雾流通的密封应拆除或至少将油雾加入面的密封拆除，而排出面的密封加开排气口，见图 a 排气口的断面积最小应为凝缩嘴通孔面积的 2 倍。轴承座在油雾排出面如装有轴承盖，也应在其上加开适当的排气口或槽口，见图 b 通过一个中心入口润滑双列轴承时，应使轴承两侧排气口的面积近似相等。当用迷宫密封时，则不需另开排气口。在某些结构情况下，有时会在轴承座内部积油，这时必须在轴承座底部设置排油口，以将积油迅速排出。当排气口设在轴承座最低位置时，排气口可兼作排油口，见图 c 无预加负荷的圆锥滚子轴承，油雾从圆锥滚子小头一边给入。凝缩嘴安装在距轴承表面适宜的距离 6～15mm，见图 d 有预加负荷的圆锥滚子轴承，必须配置两个凝缩嘴，一个安装在圆锥滚子大头一侧，其 Q 值的分配量为 2/3，另一个安装在圆锥滚子小头一侧，其 Q 值的分配量为 1/3，见图 e 在预加负荷特别大的情况下，除凝缩嘴给油外，在轴承座的下部应储存有润滑油，使下部的滚动体先浸在油中，以达到启动初期的给油目的，见图 f 当用球面或圆柱滚子轴承时，应将 Q 值均等分配于两个凝缩嘴，在轴承的两面各用一个凝缩嘴供油
滑动轴承	(g) (h)	凝缩嘴安装在轴承没有负荷部位的纵向油槽中部，距轴承表面适宜的距离 6～15mm，最小 5mm，最大 25mm，见图 g 轴承长度小于 150mm 时，可在中间配置一个凝缩嘴，见图 h；轴承长度大于 150mm 时，所需凝缩嘴个数取大于等于 $\frac{\text{轴承长度}}{150}$、向上圆整为整数。当凝缩嘴为两个时，分别配置在距两端各约为全长 1/4 的位置，每个凝缩嘴的 Q 值的分配量为 $Q'=\frac{Q}{\text{凝缩嘴个数}}$，见图 i
	(i) (j)	精密滑动轴承：为了使整个摩擦面均匀地分配油雾，应设计润滑槽和排气口。润滑槽配置在轴承盖上没有负荷部位的内侧，长度为 90% 的轴承长度，其边缘应修磨成圆角。当轴承的间隙不足以排出空气时，必须另设排气口。排气口应设在和凝缩嘴同一截面上，并用纵向润滑槽连通，其位置配置在与轴旋转方向相反的一边，见图 j 摆动式水平轴承：当轴承长度小于 150mm 时，最少需要两个凝缩嘴，分别配置在轴的上方，并在垂直中心线的两边，见图 k，当轴承长度大于 150mm 时，所需凝缩嘴列数取大于等于 $\frac{\text{轴承长度}}{150}$、向上圆整为整数

续表

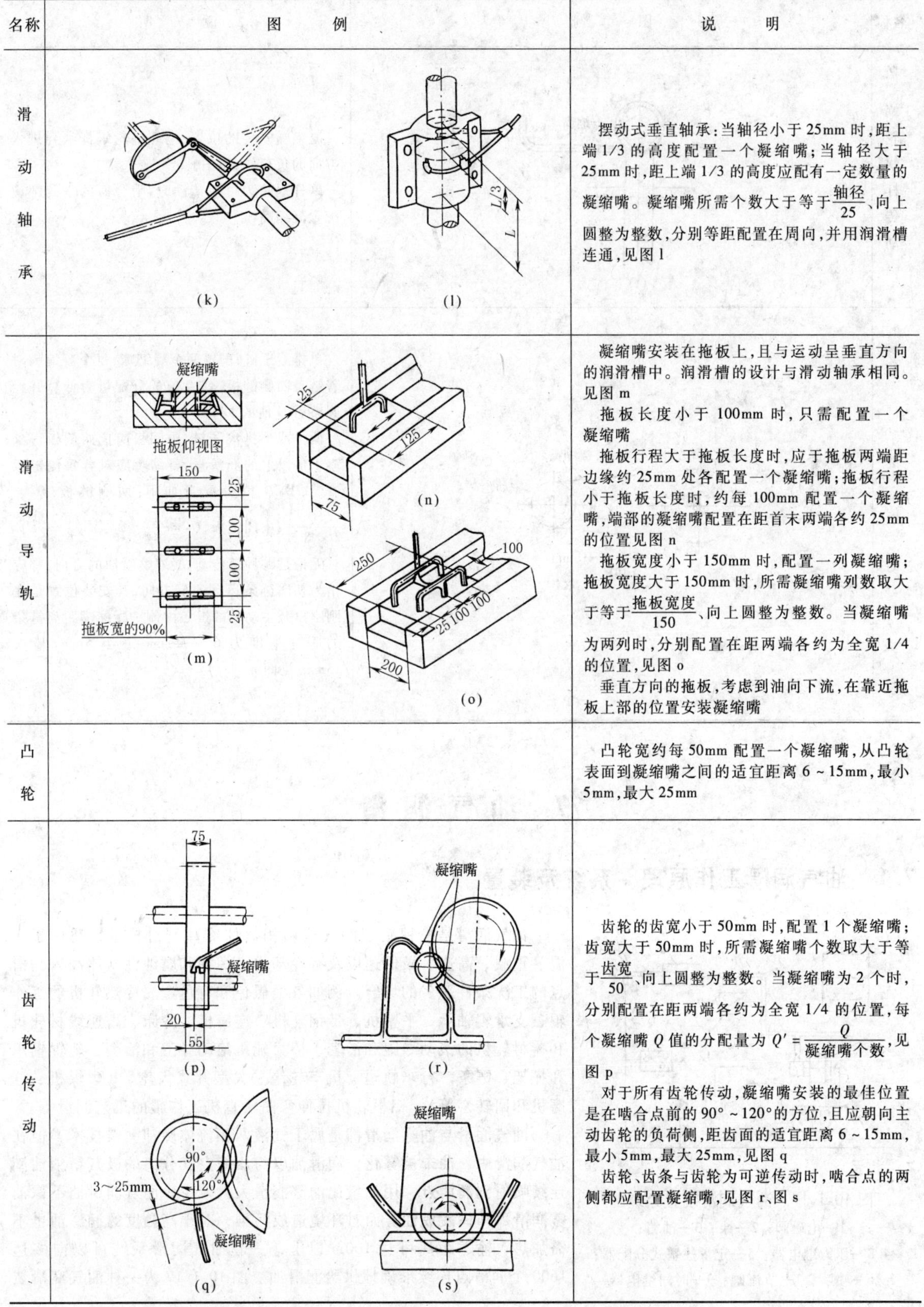

名称	图例	说明
滑动轴承	(k) (l)	摆动式垂直轴承：当轴径小于 25mm 时，距上端 1/3 的高度配置一个凝缩嘴；当轴径大于 25mm 时，距上端 1/3 的高度应配有一定数量的凝缩嘴。凝缩嘴所需个数大于等于$\frac{轴径}{25}$、向上圆整为整数，分别等距配置在周向，并用润滑槽连通，见图 l
滑动导轨	(m) (n) (o)	凝缩嘴安装在拖板上，且与运动呈垂直方向的润滑槽中。润滑槽的设计与滑动轴承相同。见图 m 拖板长度小于 100mm 时，只需配置一个凝缩嘴 拖板行程大于拖板长度时，应于拖板两端距边缘约 25mm 处各配置一个凝缩嘴；拖板行程小于拖板长度时，约每 100mm 配置一个凝缩嘴，端部的凝缩嘴配置在距首末两端各约 25mm 的位置见图 n 拖板宽度小于 150mm 时，配置一列凝缩嘴；拖板宽度大于 150mm 时，所需凝缩嘴列数取大于等于$\frac{拖板宽度}{150}$、向上圆整为整数。当凝缩嘴为两列时，分别配置在距两端各约为全宽 1/4 的位置，见图 o 垂直方向的拖板，考虑到油向下流，在靠近拖板上部的位置安装凝缩嘴
凸轮		凸轮宽约每 50mm 配置一个凝缩嘴，从凸轮表面到凝缩嘴之间的适宜距离 6 ~ 15mm，最小 5mm，最大 25mm
齿轮传动	(p) (r) (q) (s)	齿轮的齿宽小于 50mm 时，配置 1 个凝缩嘴；齿宽大于 50mm 时，所需凝缩嘴个数取大于等于$\frac{齿宽}{50}$、向上圆整为整数。当凝缩嘴为 2 个时，分别配置在距两端各约为全宽 1/4 的位置，每个凝缩嘴 Q 值的分配量为 $Q'=\frac{Q}{凝缩嘴个数}$，见图 p 对于所有齿轮传动，凝缩嘴安装的最佳位置是在啮合点前的 90° ~ 120° 的方位，且应朝向主动齿轮的负荷侧，距齿面的适宜距离 6 ~ 15mm，最小 5mm，最大 25mm，见图 q 齿轮、齿条与齿轮为可逆传动时，啮合点的两侧都应配置凝缩嘴，见图 r、图 s

续表

名称	图例	说明
蜗轮蜗杆传动	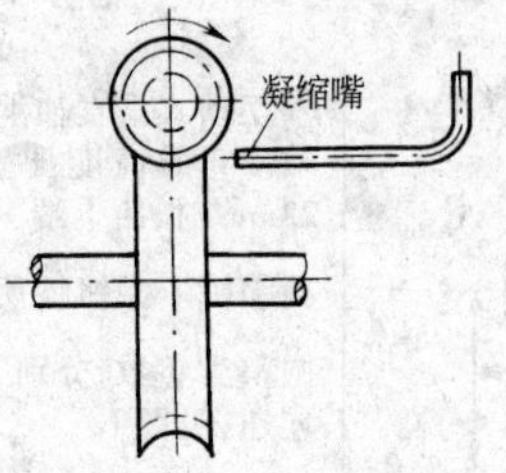 凝缩嘴 (t)	凝缩嘴安装的位置，应朝蜗轮蜗杆啮合进入方向的负荷侧，见图 t 蜗杆蜗轮为可逆传动时，啮合面的一侧都应配置凝缩嘴
链传动	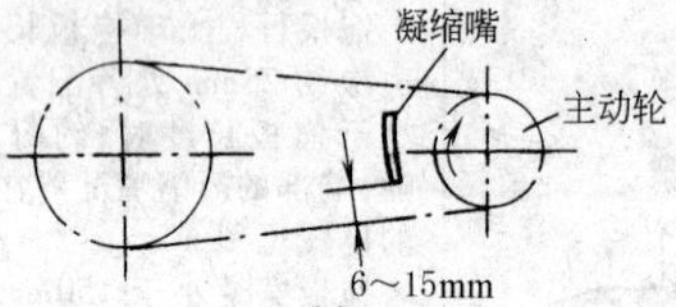 凝缩嘴 主动轮 6～15mm (u)	单排滚子链，配置两个凝缩嘴，每个凝缩嘴对着链条两侧链板，其 Q 值的分配量为计算并经圆整后 Q 值的 1/2 两排或多排滚子链、中间板应比两侧板得到多 1 倍以上的润滑量，凝缩嘴应对着每侧链板安装，其 Q 值分配量如下：两侧链板，$Q'=\frac{Q}{2\times排数}$；中间链板，$Q'=\frac{Q}{排数}$ 无论是哪种链传动，凝缩嘴喷油的方向，都应稍为朝向链条运动的反方向，其安装位置是在刚刚离开主动轮的链条内侧。凝缩嘴距离链条的适宜高度为 6 ~ 15mm，最小 5mm，最大 25mm，见图 u

7 油气润滑

7.1 油气润滑工作原理、系统及装置

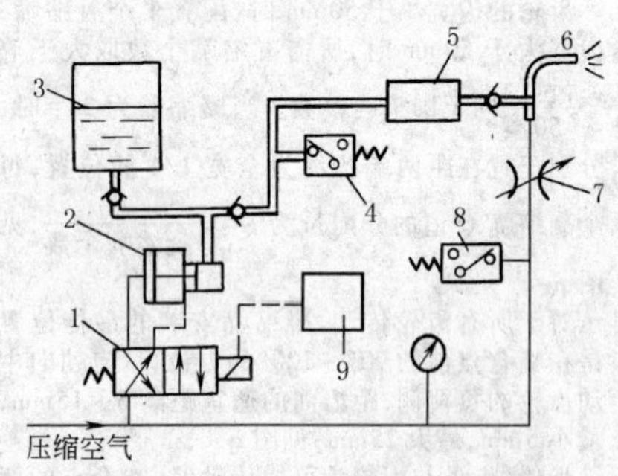

图 10-1-17 油气润滑装置原理图

1—电磁阀；2—泵；3—油箱；
4，8—压力继电器；5—定量柱塞式分配器；
6—喷嘴；7—节流阀；9—时间继电器

油气润滑是一种新型的气液两相流体冷却润滑技术，适用于高温、重载、高速、极低速以及有冷却水、污物和腐蚀性气体浸入润滑点的工况条件恶劣的场合。例如各类黑色和有色金属冷热轧机的工作辊、支承辊轴承，平整机、带钢轧机、连铸机、冷床、高速线材轧机和棒材轧机的滚动导卫和活套、棒材轧机滚动导卫和活套、轧辊轴承和托架、链条、行车轨道、机车轮缘、大型开式齿轮、（磨煤机、球磨机和回转窑等）、铝板轧机拉伸弯曲矫直机工作辊的工艺润滑等。

油气润滑与油雾润滑都是属于气液两相流体冷却润滑技术，但在油气润滑中，油未被雾化，润滑油以与压缩空气分离的极其精细油滴连续喷射到润滑点，用油量比油雾润滑大大减少，而且润滑油不像油雾润滑那样挥发成油雾而对环境造成污染，对于高黏度的润滑油也不需加热，输送距离可达 100m 以上，一套油气润滑系统可以向多达 1600 个润滑点连续准确地供给润滑油。图 10-1-17 为一种油气润滑装

置的原理图。此外，新型油气润滑装置配备有机外程序控制（PLC）装置，控制系统的最低空气压力、主油管的压力建立、储油器里的油位与间隔时间等。

图 10-1-18 所示为四重式轧机轴承（均为四列圆锥滚子轴承）的油气润滑系统图。其中的关键部件，如油气润滑装置（包括油气分配器）和油气混合器等均已形成专业标准，如上面所介绍。

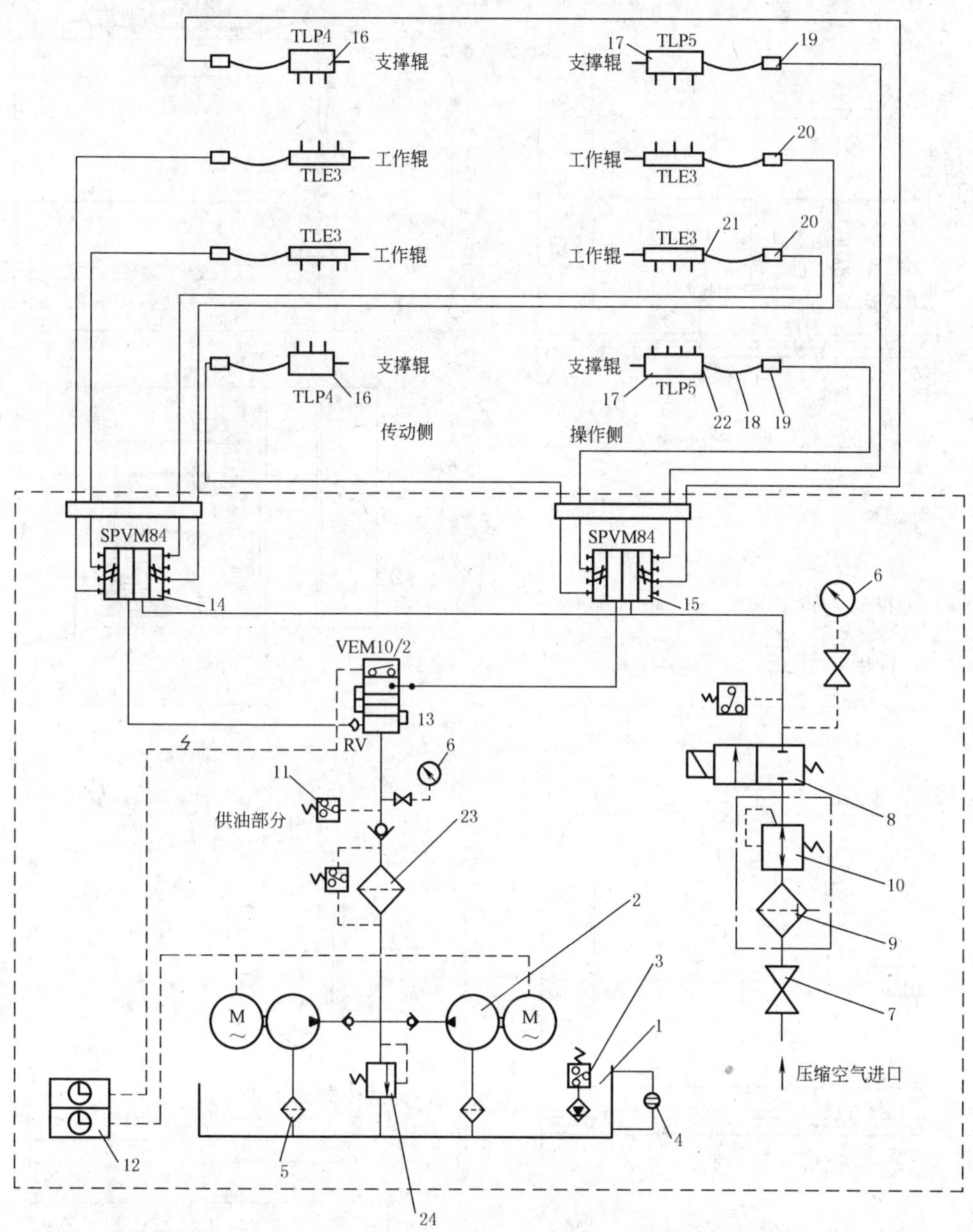

图 10-1-18　四重式轧机轴承油气润滑系统

1—油箱；2—油泵；3—油位控制器；4—油位计；5—过滤器；6—压力计；7—气动管路阀；8—电磁阀；9—过滤器；10—减压阀；11—压力控制器；12—电子监控装置；13—递进式给油器；14,15—油气混合器；16,17—油气分配器；18—软管；19,20—节流阀；21,22—软管接头；23—精过滤器；24—溢流阀

7.1.1 油气润滑装置（摘自 JB/ZQ 4711—2006）

油气润滑装置（JB/ZQ 4711—2006）分为气动式和电动式两种类型。气动式 QHZ-C6A 由气站、PLC 控制、JPQ2 或 JPQ3 主分配器、喷嘴及系统管路组成。

表 10-1-121　　油气润滑装置（摘自 JB/ZQ 4711—2006）的类型和基本参数

类型	系统原理图与润滑装置简图
气动式	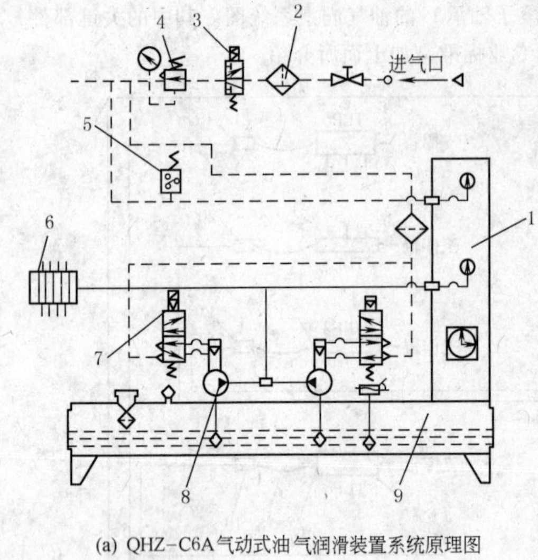 (a) QHZ-C6A气动式油气润滑装置系统原理图 1—电控柜；2—空气过滤器；3—二位二通电磁阀；4—空气减压阀；5—压力控制器；6—分配器DL或DM(中间片数：3～8片)；7—二位五通电磁阀；8—气动泵；9—油箱 (b) 润滑装置简图
电动式	(a) QHZ-C2.1B电动式油气润滑装置系统原理图 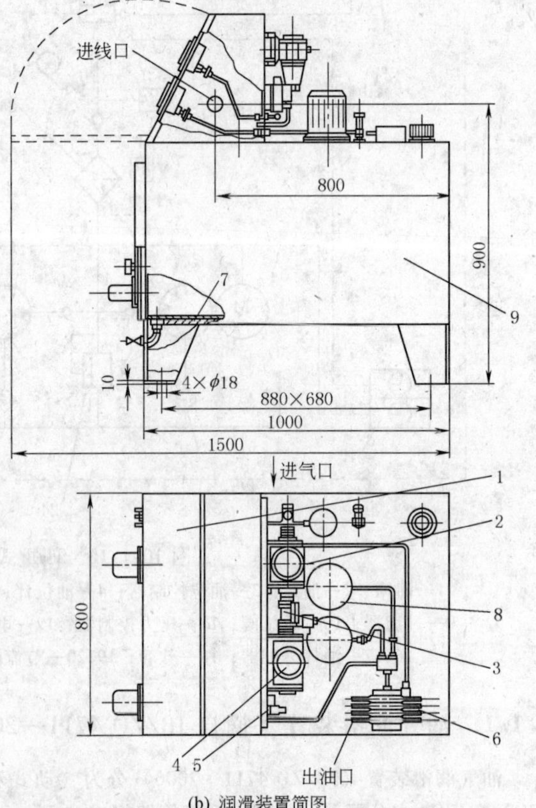 1—电控柜；2—空气过滤器；3—二位二通电磁阀；4—空气减压阀；5—压力控制器；6—分配器DL或DM(中间片数：3～8片)；7—电加热器；8—电动泵；9—油箱 (b) 润滑装置简图

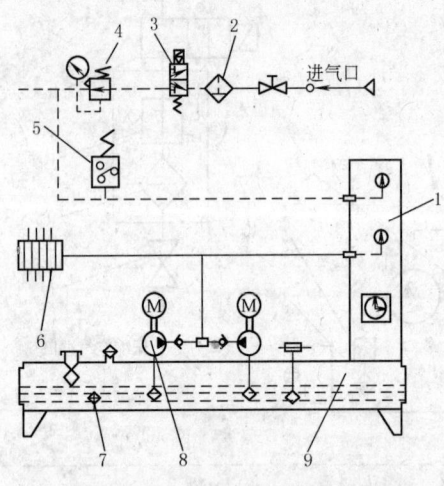

续表

电控柜

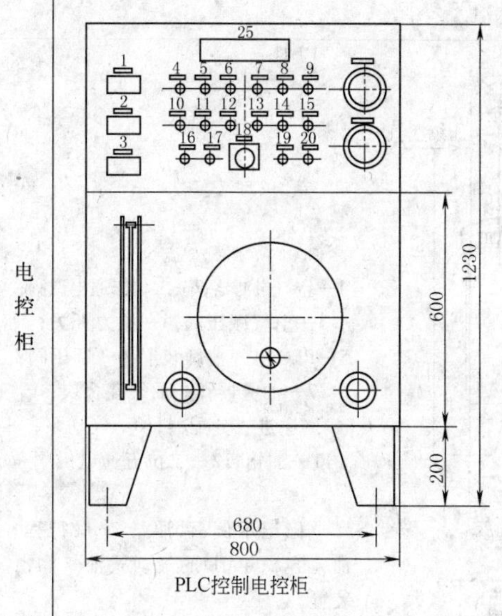

PLC控制电控柜

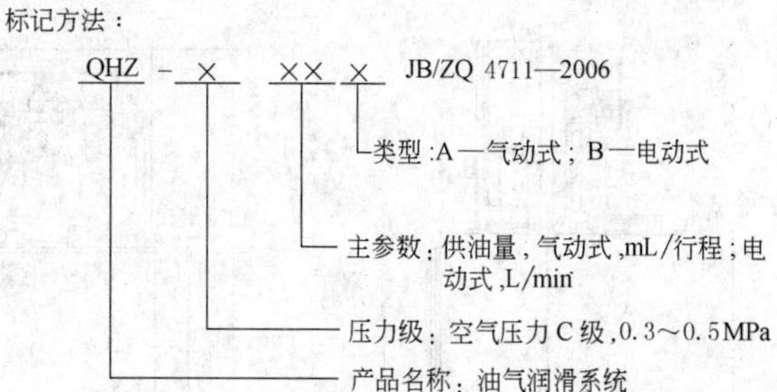

2. 标记示例：

空气压力0.3～0.5MPa，供油量6mL/行程的气动式油气润滑装置，标记为

QHZ－C6A　油气润滑装置　JB/ZQ 4711—2006

基本参数	型号	公称压力/MPa	空气压力/MPa	油箱容积/L	压比（空压：油压）	供油量	电加热器
	QHZ-C6A	10(J)	0.3～0.5	450	1:25	6mL/行程	—
	QHZ-C2.1B		0.3～0.5	450	—	2.1L/min	2×3kW

注：生产厂有太原矿山机器润滑液压设备有限公司，太原宝太润滑设备有限公司，启东市南方润滑液压设备有限公司，南通市南方润滑液压设备有限公司，四川川润股份有限公司，启东中冶润滑设备有限公司。

7.1.2　油气润滑装置（摘自 JB/ZQ 4738—2006）

油气润滑装置也分为气动式和电动式两种类型，其型式尺寸及基本参数见表 10-1-122。气动式（MS1 型）主要由油箱、润滑油的供给、计量和分配部分、压缩空气处理部分、油气混合和油气输出部分以及 PLC 控制等部分组成。电动式（MS2 型）主要由油箱、润滑油的供给、控制和输出部分以及 PLC 控制等部分组成。MS1 型用于 200 个润滑点以下的场合。

表 10-1-122　　油气润滑装置的类型和基本参数（摘自 JB/ZQ 4738—2006）

类型	原理图及装置简图
气动式	见下图

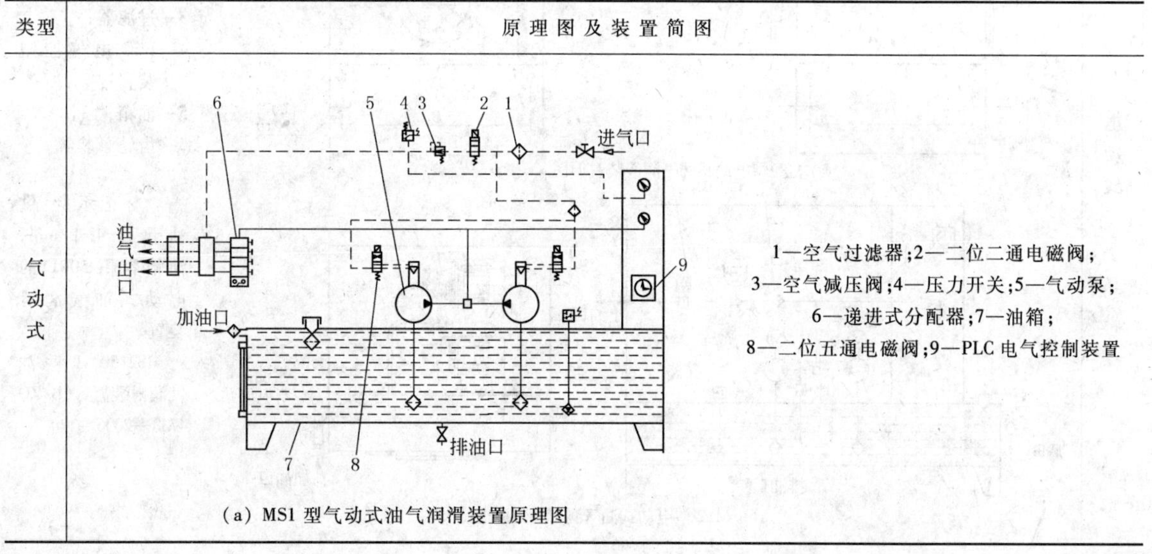

（a）MS1 型气动式油气润滑装置原理图

续表

类型	原理图及装置简图
气动式	(b) MS1 型气动式油气润滑装置简图 1—空气过滤器;2—二位二通电磁阀;3—空气减压阀;4—压力开关;5—PLC 电气控制装置;6—调压阀;7—油雾器;8—油气混合块;9—递进式分配器;10—气动泵;11—油箱;12—二位五通电磁阀 标记示例:供油量 2mL/行程,油箱容积 400L 的气动式油气润滑装置 MS1/400-2 油气润滑装置 JB/ZQ 4738—2006
电动式	(a) MS2型电动式油气润滑装置简图 (b) MS2 型电动式油气润滑装置原理图 1—压力继电器;2—蓄能器;3—过滤器;4—PLC 电气控制装置;5—油箱;6—齿轮泵装置 标记示例:供油量 1.4mL/min,油箱容积 500L 的电动式油气润滑装置 MS2/500-1.4 油气润滑装置 JB/ZQ 4738—2006

续表

	型号	最大工作压力/MPa	油箱容积/L	供油量/L·min⁻¹	标记方法						
基本参数	MS2/500-1.4	10	500	1.4	×/×-× JB/ZQ 4738—2006 供油量 油箱容积：L 油气润滑装置 MS1型：用于200个润滑点以下的场合 MS2型：用于200个润滑点以上的场合						
	MS2/800-1.4		800								
	MS2/1000-1.4		1000								
	MS1/400-2	10（空气压力为0.4MPa时，空气压力范围为0.4～0.6MPa）	400	2	*A*	*B*	*C*	*D*	*E*	*H*	*L*
	MS1/400-3			3							
	MS1/400-4			4	1000	880	900	780	807	1412	170
	MS1/400-5			5	1100	980	1100	980	907	1512	270
	MS1/400-6			6	1200	1080	1200	1080	1007	1680	320

注：生产厂有上海澳瑞特润滑设备有限公司，南通市南方润滑液压设备有限公司，启东市南方润滑液压设备有限公司，太原矿山机器润滑液压设备有限公司。

7.2 油气混合器及油气分配器

7.2.1 QHQ型油气混合器（摘自JB/ZQ 4707—2006）

QHQ型油气混合器主要由递进分配器和混合器组成，其分配器工作原理见表10-1-123。

表10-1-123　　油气混合器的基本参数和分配器工作原理图

分配器工作原理图

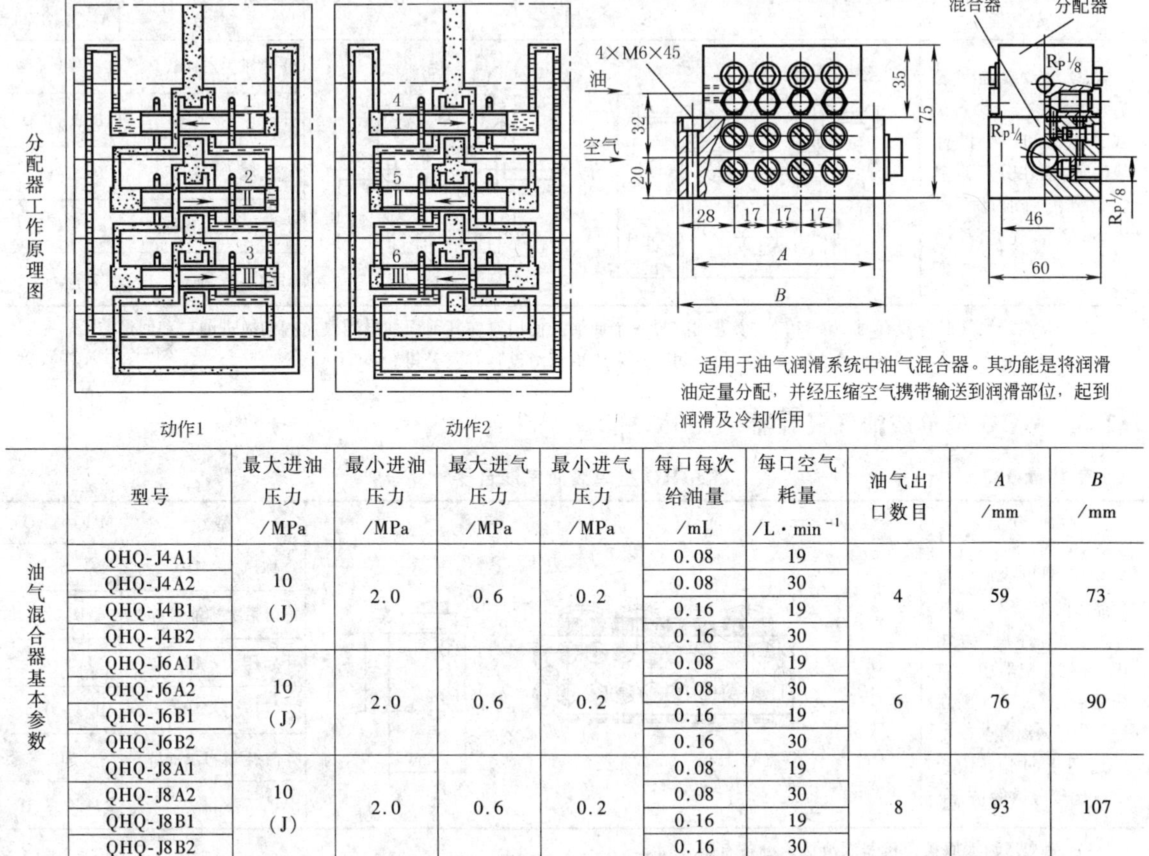

动作1　　动作2

适用于油气润滑系统中油气混合器。其功能是将润滑油定量分配，并经压缩空气携带输送到润滑部位，起到润滑及冷却作用

	型号	最大进油压力/MPa	最小进油压力/MPa	最大进气压力/MPa	最小进气压力/MPa	每口每次给油量/mL	每口空气耗量/L·min⁻¹	油气出口数目	*A*/mm	*B*/mm
油气混合器基本参数	QHQ-J4A1	10(J)	2.0	0.6	0.2	0.08	19	4	59	73
	QHQ-J4A2					0.08	30			
	QHQ-J4B1					0.16	19			
	QHQ-J4B2					0.16	30			
	QHQ-J6A1	10(J)	2.0	0.6	0.2	0.08	19	6	76	90
	QHQ-J6A2					0.08	30			
	QHQ-J6B1					0.16	19			
	QHQ-J6B2					0.16	30			
	QHQ-J8A1	10(J)	2.0	0.6	0.2	0.08	19	8	93	107
	QHQ-J8A2					0.08	30			
	QHQ-J8B1					0.16	19			
	QHQ-J8B2					0.16	30			

续表

	型号	最大进油压力/MPa	最小进油压力/MPa	最大进气压力/MPa	最小进气压力/MPa	每口每次给油量/mL	每口空气耗量/L·min^{-1}	油气出口数目	A/mm	B/mm
油气混合器基本参数	QHQ-J10A1	10(J)	2.0	0.6	0.2	0.08	19	10	110	124
	QHQ-J10A2					0.08	30			
	QHQ-J10B1					0.16	19			
	QHQ-J10B2					0.16	30			
	QHQ-J12A1	10(J)	2.0	0.6	0.2	0.08	19	12	127	141
	QHQ-J12A2					0.08	30			
	QHQ-J12B1					0.16	19			
	QHQ-J12B2					0.16	30			

标记方法及示例

标记方法：

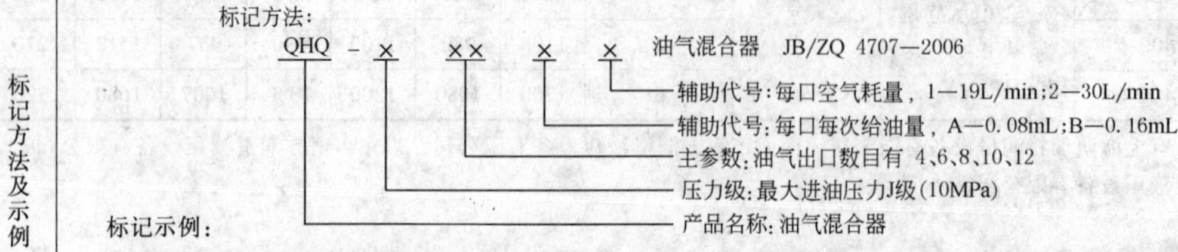

标记示例：

QHQ 型油气混合器、最大进油压力 10MPa，油气出口数目 12，每口每次给油量 0.08mL，每口每次空气耗量 19L/min，标记为

QHQ-J12A1 油气混合器 JB/ZQ 4707—2006

注：生产厂有太原矿山机器润滑液压设备有限公司，太原宝太润滑设备有限公司，四川川润股份有限公司，启东中冶润滑设备有限公司。

7.2.2 AHQ 型双线油气混合器

表 10-1-124 AHQ 型双线油气混合器

组成、功能	外形图	型号	AHQ(NFQ)
AHQ 型双线油气混合器由一个或多个双线分配器和一个混合块组成，油在分配器中定量分配后通过不间断压缩空气进入润滑点	双线分配器、A、A向、进油口、回油口、混合块、进气口、油气出口、92、121	公称压力/MPa	3
		开启压力/MPa	0.8～0.9
		空气压力/MPa	0.3～0.5
		空气耗量/L·min^{-1}	20
		出油口数目	2,4,6,8

注：1. 双线油气混合器有两个油口，一个进油，另一个回油。使用时在其前面加电磁换向阀切换进油口和回油口。

2. 生产厂有太原矿山机器润滑液压设备有限公司，启东中冶润滑设备有限公司。

7.2.3 MHQ 型单线油气混合器

表 10-1-125 MHQ 型单线油气混合器

组成、功能	外形图	型号	MHQ(YHQ)
MHQ 型单线油气混合器由两个或多个单线分配器和一个混合块组成，油在分配器中定量分配后，通过不间断压缩空气进入润滑点 适用于润滑点比较少或比较分散的场合	油气出口 $R_c\frac{1}{8}$、进油口 $R_c\frac{1}{4}$、进气口 $R_c\frac{1}{4}$、30、50、50	公称压力/MPa	6
		每口每次排油量/mL	0.12
		开启压力/MPa	1.5～2
		空气压力/MPa	0.3～0.5
		空气耗量/L·min^{-1}	20
		出油口数目	2,4,6,8,10

注：生产厂为太原矿山机器润滑液压设备有限公司。

7.2.4 AJS 型、JS 型油气分配器（摘自 JB/ZQ 4749—2006）

AJS 型、JS 型油气分配器适用于在油气润滑系统中对油气流进行分配，其中 AJS 型用于油气流的预分配，JS 型用于到润滑点的油气流分配。

表 10-1-126　　油气分配器类型、基本参数和型式尺寸

油气分配器类型

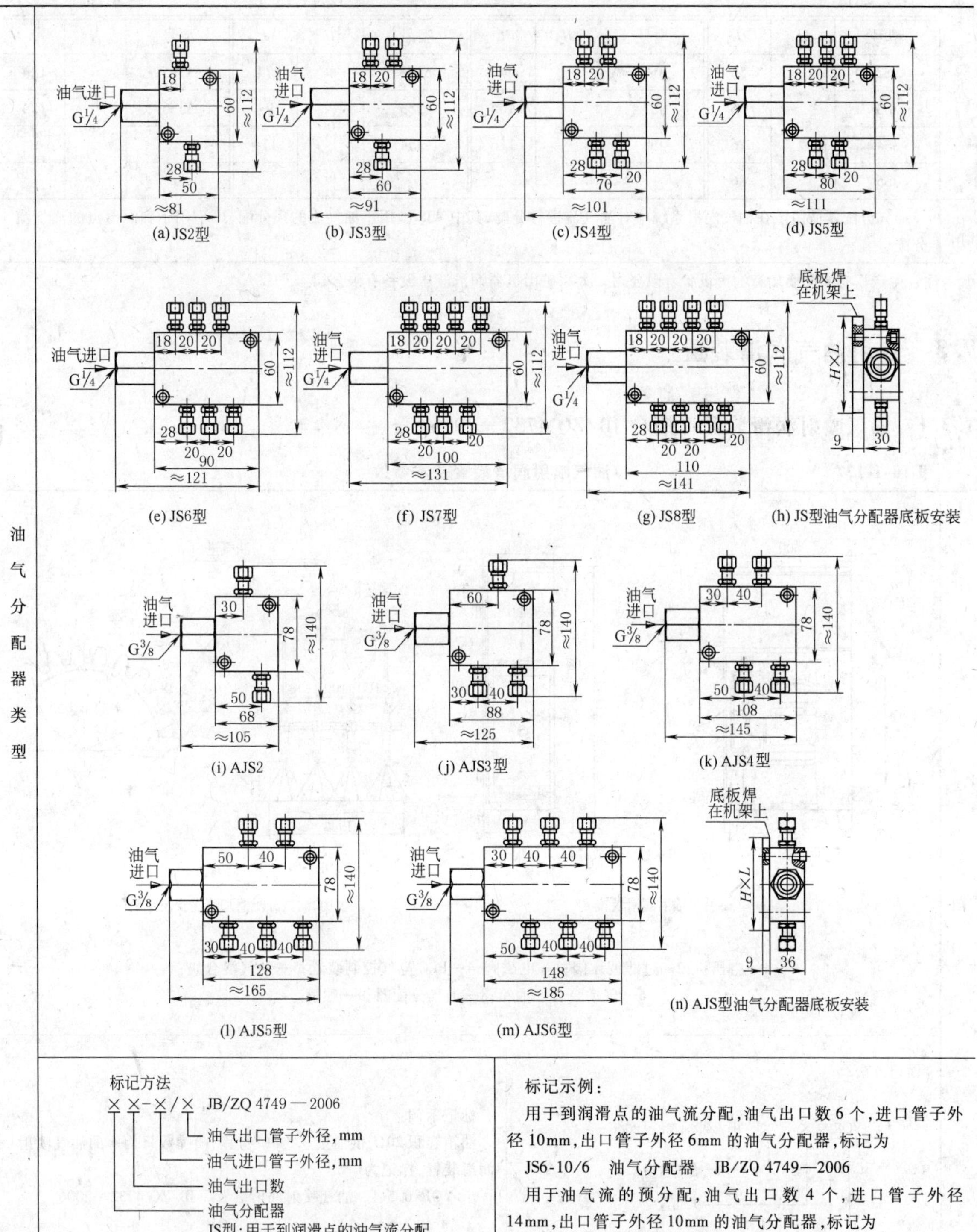

(a) JS2型　(b) JS3型　(c) JS4型　(d) JS5型

(e) JS6型　(f) JS7型　(g) JS8型　(h) JS型油气分配器底板安装

(i) AJS2　(j) AJS3型　(k) AJS4型

(l) AJS5型　(m) AJS6型　(n) AJS型油气分配器底板安装

标记方法

××-×/×　JB/ZQ 4749—2006

- 油气出口管子外径，mm
- 油气进口管子外径，mm
- 油气出口数
- 油气分配器

JS型：用于到润滑点的油气流分配

AJS型：用于油气流的预分配

标记示例：

用于到润滑点的油气流分配，油气出口数 6 个，进口管子外径 10mm，出口管子外径 6mm 的油气分配器，标记为

JS6-10/6　油气分配器　JB/ZQ 4749—2006

用于油气流的预分配，油气出口数 4 个，进口管子外径 14mm，出口管子外径 10mm 的油气分配器，标记为

AJS4-14/10　油气分配器　JB/ZQ 4749—2006

续表

	型号	空气压力/MPa	油气出口数	油气进口管子外径	油气出口管子外径
				mm	
基本参数、型式尺寸	JS	0.3～0.6	2,3,4,5,6,7,8	8,10	6
	AJS		2,3,4,5,6	12,14,18	8,10

	型号	H	L	型号	H	L	型号	H	L	型号	H	L
基本参数、型式尺寸	JS2	80	56	JS6	80	96	AJS2	100	74	AJS5	100	134
	JS3		66	JS7		106	AJS3		94	AJS6		154
	JS4		76	JS8		116	AJS4		114			
	JS5		86									
应用	油气分配器适用于在油气润滑系统中对油气流进行分配，其中 AJS 型用于油气流的预分配，JS 型用于到润滑点的油气流分配											

注：生产厂有上海澳瑞特润滑设备有限公司，太原矿山机器润滑液压设备有限公司。

7.3 专用油气润滑装置

7.3.1 油气喷射润滑装置（摘自 JB/ZQ 4732—2006）

表 10-1-127　　油气喷射润滑装置基本参数

简图

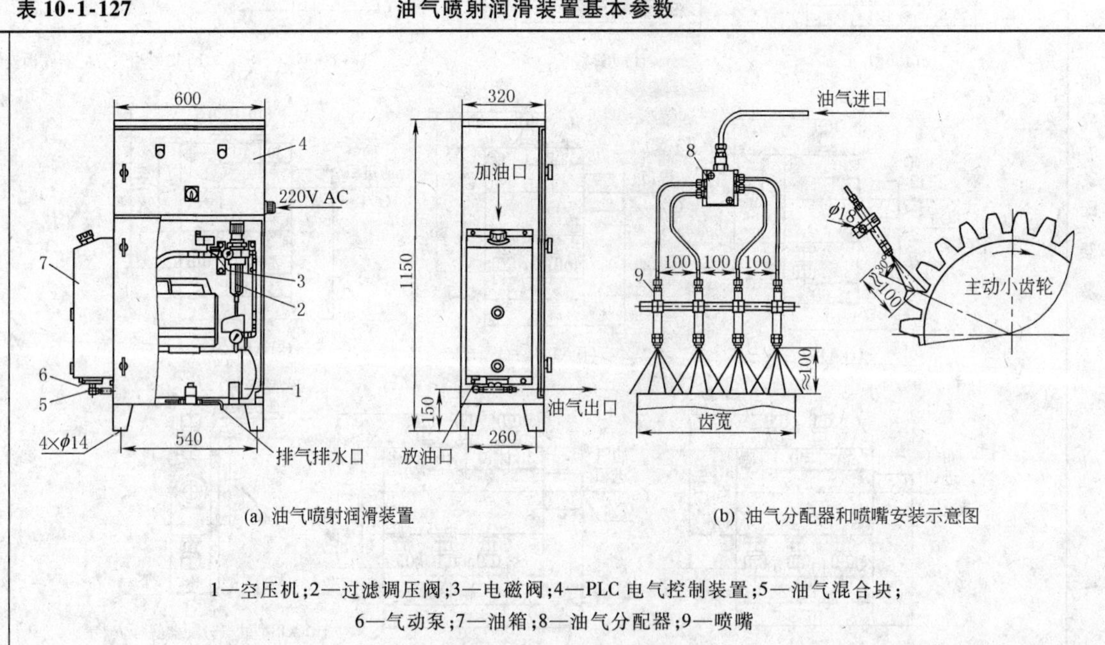

(a) 油气喷射润滑装置　　(b) 油气分配器和喷嘴安装示意图

1—空压机；2—过滤调压阀；3—电磁阀；4—PLC 电气控制装置；5—油气混合块；6—气动泵；7—油箱；8—油气分配器；9—喷嘴

标记方法：

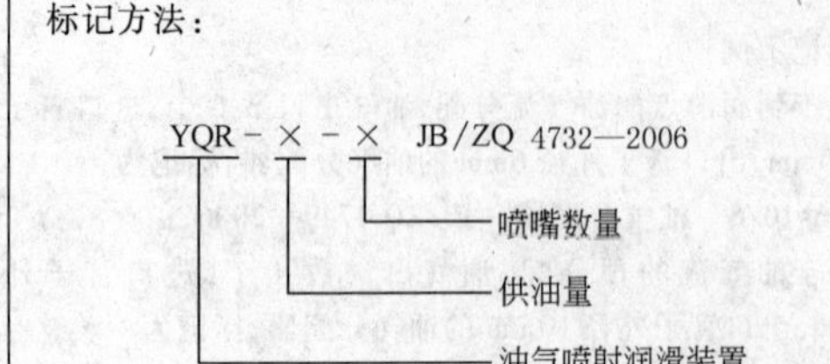

标记示例：

油箱容积 20L，供油量 0.5mL/行程，喷嘴数量为 4 的油气喷射润滑装置，标记为

YQR-0.5-4　油气喷射润滑装置　JB/ZQ 4732—2006

续表

	型号	最大工作压力/MPa	压缩空气压力/MPa	喷嘴数量	油箱容积/L	供油量/mL·行程$^{-1}$	电压(AC)/V
基本参数	YQR-0.25-3	5	0.4	3	20	0.25	220
	YQR-0.5-3					0.50	
	YQR-0.25-4			4		0.25	
	YQR-0.5-4					0.50	
	YQR-0.25-5			5		0.25	
	YQR-0.5-5					0.50	
	YQR-0.25-6			6		0.25	
	YQR-0.5-6					0.50	
应用	油气喷射润滑装置适用于在大型设备,如球磨机、磨煤机和回转窑等设备中,对大型开式齿轮等进行喷射润滑。润滑装置主要由主站(带PLC控制装置)、油气分配器和喷嘴等组成						

注：生产厂有上海澳瑞特润滑设备有限公司，太原矿山机器润滑液压设备有限公司。

7.3.2 链条喷射润滑装置

（1）LTZ型链条喷射润滑装置（摘自JB/ZQ 4733—2006）

表10-1-128　　链条喷射润滑装置基本参数

原理图、装置简图

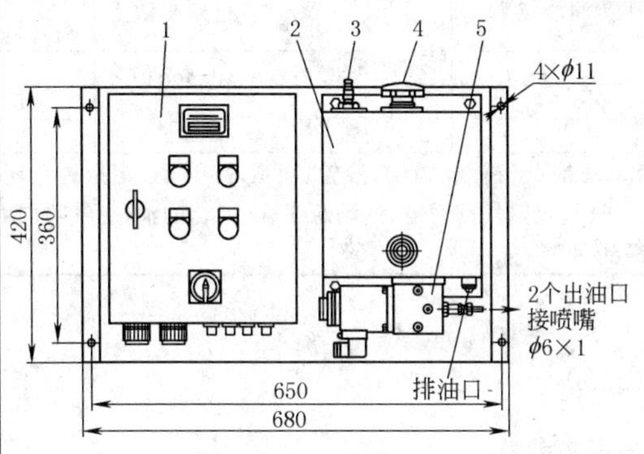

(a) A型链条喷射润滑装置

1—PLC电气控制装置;2—油箱;3—液位控制继电器;4—空气滤清器;5—电磁泵

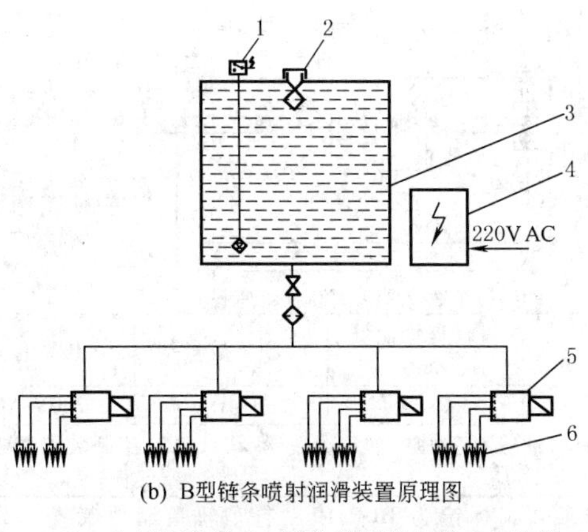

(b) B型链条喷射润滑装置原理图

1—空气滤清器;2—液位控制继电器;3—油箱;4—PLC电气控制装置;5—电磁泵;6—喷嘴

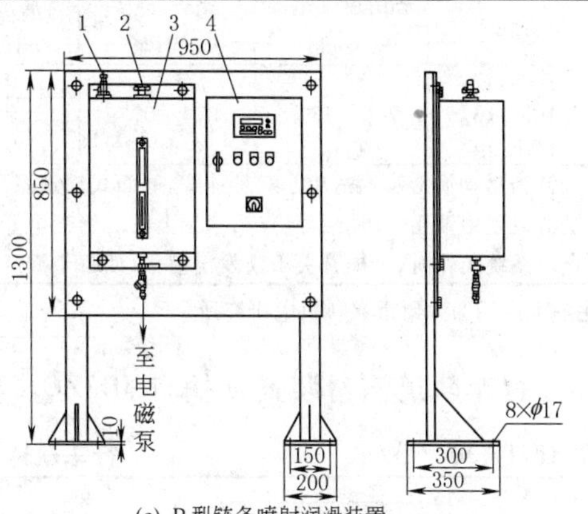

(c) B型链条喷射润滑装置

1—空气滤清器;2—液位控制继电器;3—油箱;4—PLC电气控制装置

标记方法:

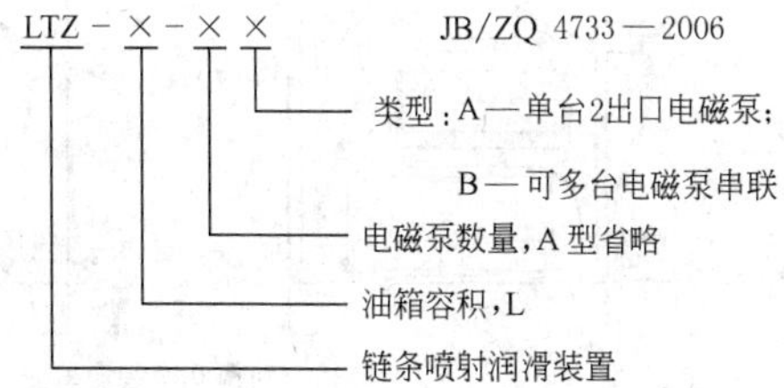

标记示例:

油箱容积5L,供油量0.05mL/行程的A型链条喷射润滑装置,标记为

LTZ-5-A　链条喷射润滑装置　JB/ZQ 4733—2006

油箱容积50L,供油量0.1mL/行程的B型链条喷射润滑装置,标记为

LTZ-50-4B　链条喷射润滑装置　JB/ZQ 4733—2006

续表

	型号	最大工作压力 /MPa	油箱容积 /L	每行程供油量 /mL	电磁泵数量	喷射频率 /次·s^{-1}	电压(AC) /V
基本参数	LTZ-5-A	4	5	0.05	1	≤2.5	220
	LTZ-50-×B		50	0.1	2~5		
应用	链条喷射润滑装置适用于对悬挂链和板式链的链销进行润滑。润滑装置主要由油箱、电磁泵、PLC 电气控制装置和喷嘴等组成;分 A 型(图 a)和 B 型(图 c)两种类型,B 型原理图如图 b,其基本参数见本表						

注:生产厂有上海澳瑞特润滑设备有限公司,太原矿山机器润滑液压设备有限公司。

(2) DXR 型链条自动润滑装置

表 10-1-129　　DXR 型链条自动润滑装置技术性能

原理图

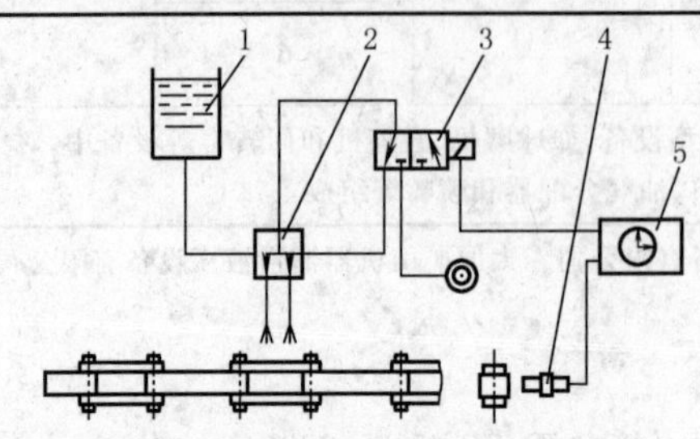

DXR 型自动润滑装置工作原理图

1—油箱;2—气动泵;3—电磁空气阀;4—红外线光电开关;5—电控箱

	型号	适用速度范围 /m·min^{-1}	空气压力 /MPa	润滑油量 /mL·点$^{-1}$	润滑点数	油箱容积 /L	电气参数	质量 /kg
基本参数	DXR-12	0~18	0.4~0.7	0.17	2	8	AC,220V,50Hz	8
	DXR-13			0.12	3	8		8
	DXR-14			0.17	4	25		25
应用	链条自动润滑装置适用于对悬挂式、地面式输送系统的各个运动接点(链条、销轴、滚轮、轨道等)自动、定量进行润滑。润滑装置由油箱、气动泵等组成,参见上图。当光电开关发出信号时,电磁气阀通电,气动泵工作,混合的油-空气喷向润滑点。系统工作时,光电开关不断发出信号,使每个润滑点均可得到润滑							

注:生产厂为太原市兴科机电研究所。

7.3.3 行车轨道润滑装置(摘自 JB/ZQ 4736—2006)

表 10-1-130　　行车轨道润滑装置基本参数

装置简图及其喷嘴安装图

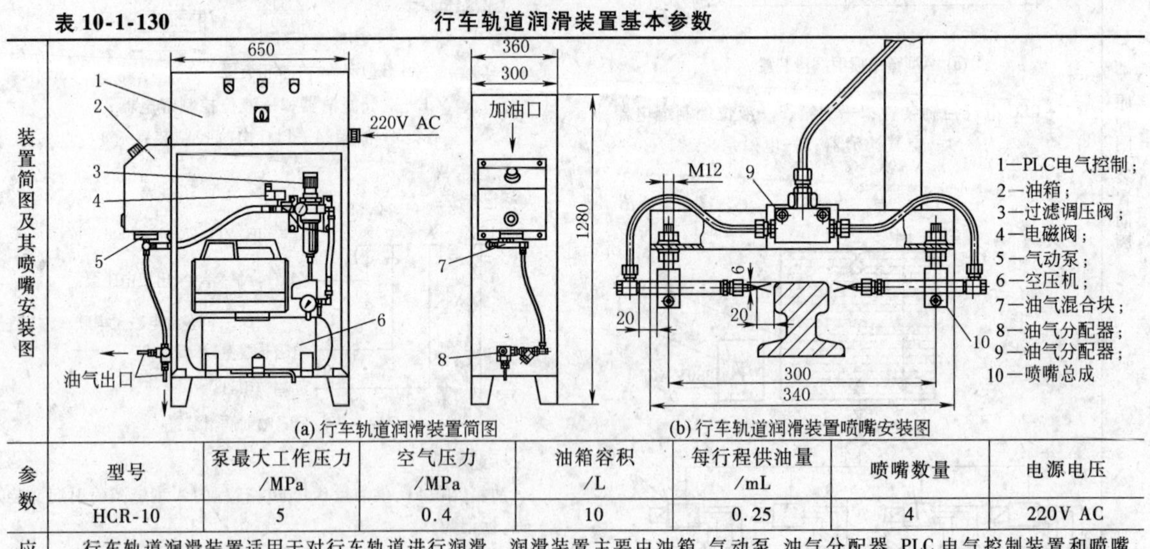

(a) 行车轨道润滑装置简图　(b) 行车轨道润滑装置喷嘴安装图

	型号	泵最大工作压力 /MPa	空气压力 /MPa	油箱容积 /L	每行程供油量 /mL	喷嘴数量	电源电压
参数	HCR-10	5	0.4	10	0.25	4	220V AC
应用	行车轨道润滑装置适用于对行车轨道进行润滑。润滑装置主要由油箱、气动泵、油气分配器、PLC 电气控制装置和喷嘴等组成						

注:1. 油箱容积 10L,供油量 0.25mL/行程的行车轨道润滑装置,标记为 HCR-10　行车轨道润滑装置　JB/ZQ 4736—2006。

2. 生产厂有上海澳瑞特润滑设备有限公司,太原矿山机器润滑液压设备有限公司。

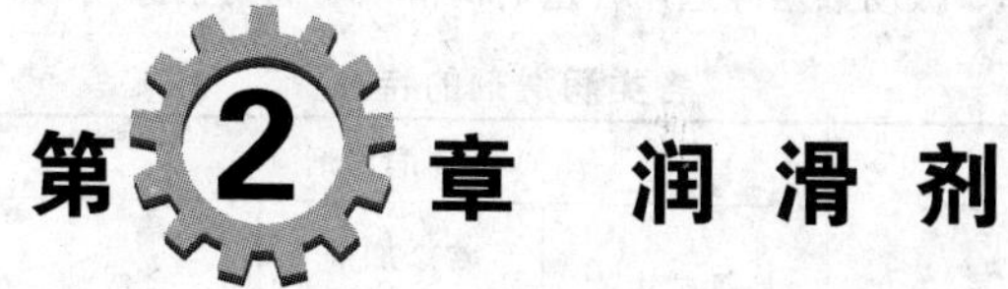

第2章 润滑剂

1 润滑剂选用的一般原则

1.1 润滑剂的基本类型

润滑剂是加入两个相对运动表面之间，能减少或避免摩擦磨损的物质。常用的润滑剂分类参见图10-2-1。各类润滑剂的特性见表10-2-1。当选用的矿物润滑油不能满足要求时可考虑采取的解决方案见表10-2-2。

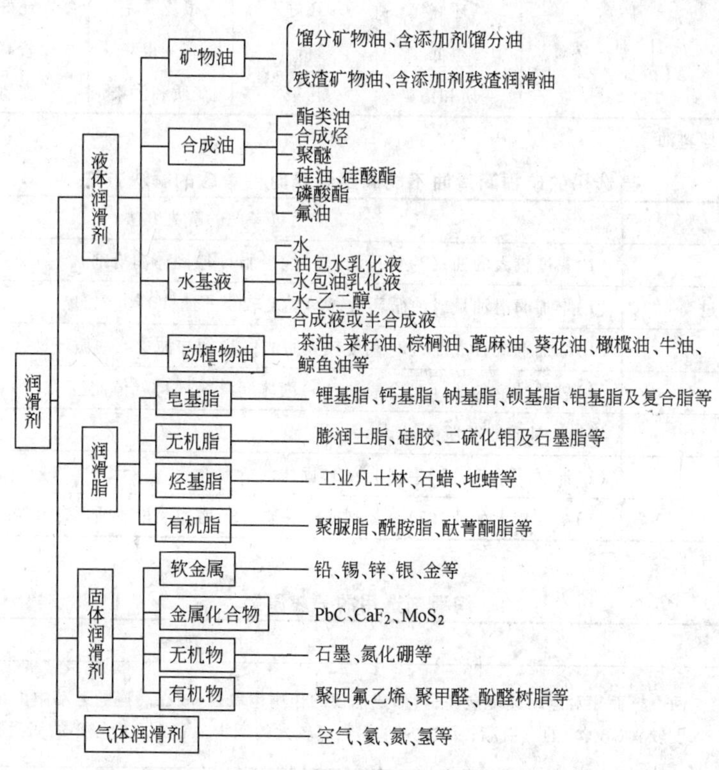

图10-2-1　润滑剂分类

1.2 润滑剂选用的一般原则

润滑剂的选择，首先必须满足减少摩擦副相对运动表面间摩擦阻力和能源消耗、降低表面磨损的要求；可以延长设备使用寿命，保障设备正常运转，同时解决冷却、污染和腐蚀问题。在实际应用中，最好的润滑剂应当是在满足摩擦副工作需要的前提下，润滑系统简单，容易维护，资源容易取得，价格最便宜。具体选择时，根据机械设备系统的技术功能、周围环境和使用工况如载荷（或压力）、速度和工作温度（包括由摩擦所引起的温升）、工作时间以及摩擦因数、磨损率、振动数据等选用合适的润滑剂。润滑剂选用的一般原则见表 10-2-3。

表 10-2-1　各类润滑剂的特性

特　性	液体润滑剂			润滑脂	固体润滑剂
	普通矿物油	含添加剂的矿物油	合成油		
边界润滑性	还好	好~极好	差~极差	好~极好	好~极好
冷却性	很好	很好	还好	差	很差
抗摩擦和摩擦力矩性	还好	好	还好	还好	差~还好
黏附在轴承上不泄失的性能	差	差	很坏~差	好	很好
密封防污染物的性能	差	差	差	很好	还好~极好
使用温度范围	好	很好	还好~极好	很好①	极好
抗大气腐蚀性	差~好	极好	差~好	极好	差
挥发性(低为好)	还好	还好	还好~极好	好	极好
可燃性(低为好)	差	差	还好~极好	还好	还好~极好
配伍性	还好	还好	很坏~差	还好	极好
价格	很低	低	高~很高	较高	高
决定使用寿命的因素	变质和污染	污染	变质和污染	变质	磨损

① 取决于稠化前的原料油。

表 10-2-2　当选用的矿物润滑油不能满足要求时可考虑的解决方法

问　题	可考虑的解决方法
负荷太大	(1)黏度较大的油;(2)极压油;(3)润滑脂;(4)固体润滑剂
速度太高(可能使温度过高)	(1)增加润滑油量或油循环量;(2)黏度较小的油;(3)气体润滑
温度太高	(1)添加剂或合成油;(2)黏度较大的油;(3)增加油量或油循环量;(4)固体润滑剂
温度太低	(1)较低黏度的油;(2)合成油;(3)固体润滑剂;(4)气体润滑
太多磨屑	增加油量或油循环量
污染	(1)油循环系统;(2)润滑脂;(3)固体润滑剂
需要较长寿命	(1)黏度较大的油;(2)添加剂或合成油;(3)增加油量或油循环系统;(4)润滑脂

表 10-2-3　润滑剂选用的一般原则

考虑因素		选用原则
工作范围	运动速度	两摩擦面相对运动速度愈高，其形成油楔的作用也愈强，故在高速的运动副上采用低黏度润滑油和锥入度较大(较软)的润滑脂;反之，应采用黏度较大的润滑油和锥入度较小的润滑脂
	载荷大小	运动副的载荷或压强愈大，愈应选用黏度大或油性好的润滑油;反之，载荷愈小，选用润滑油的黏度应愈小 各种润滑油均具有一定的承载能力，在低速、重载荷的运动副上，首先考虑润滑油的允许承载能力。在边界润滑的重载荷运动副上，应考虑润滑油的极压性能
	运动情况	冲击振动载荷将形成瞬时极大的压强，而往复与间歇运动对油膜的形成不利，故均应采用黏度较大的润滑油。有时宁可采用润滑脂(锥入度较小)或固体润滑剂，以保证可靠的润滑

续表

考虑因素		选用原则
周围环境	温度	环境温度低时，运动副应采用黏度较小、凝点低的润滑油和锥入度较大的润滑脂；反之，则采用黏度较大、闪点较高、油性好以及氧化安定性强的润滑油和滴点较高的润滑脂。温度升降变化大的，应选用黏温性能较好（即黏度变化比较小）的润滑油
	潮湿条件	在潮湿的工作环境，或者与水接触较多的工作条件下，一般润滑油容易变质或被水冲走，应选用抗乳化能力较强和油性、防锈蚀性能较好的润滑剂。润滑脂（特别钙基、锂基、钡基等）有较强的抗水能力，宜用于潮湿的条件。但不能选用钠基脂
	尘屑较多地方	密封有一定困难的场合，采用润滑脂可起到一定的隔离作用，防止尘屑的侵入。在系统密封较好的场合，可采用带有过滤装置的集中循环润滑方法。在化学气体比较严重的地方，最好采用有耐蚀性能的润滑油
摩擦副表面	间隙	间隙愈小，润滑油的黏度应愈低，因低黏度润滑油的流动和楔入能力强，能迅速进入间歇小的摩擦副起润滑作用
	加工精度	表面粗糙，要求使用黏度较大的润滑油或锥入度较小的润滑脂；反之，应选用黏度较小的润滑油或锥入度较大的润滑脂
	表面位置	在垂直导轨、丝杠上以及外露齿轮、链条、钢丝绳润滑油容易流失，应选用黏度较大的润滑油。立式轴承宜选用润滑脂，这样可以减少流失，保证润滑
润滑装置的特点		在循环润滑系统以及油芯或毛毡滴油系统，要求润滑油具有较好的流动性，采用黏度较小的润滑油。对于循环润滑系统，还要求润滑油抗氧化安定性较高、机械杂质要少，以保证系统长期的清洁 在集中润滑系统中采用的润滑脂，其锥入度应该大些，便于输送 在飞溅及油雾润滑系统中，为减轻润滑油的氧化作用，应选用有抗氧化添加剂的润滑油 对人工间歇加油的装置，则应采用黏度大一些的润滑油，以免迅速流失

2 常用润滑油

2.1 润滑油的主要质量指标

2.1.1 黏度

黏度是液体，拟液体或拟固体物质抗流动的体积特性，即受外力作用而流动时，分子间所呈现的内摩擦或流动内阻力。黏度是各种润滑油分类分级和评定产品质量的主要指标，对选用生产和使用润滑油都有着重要意义。

（1）黏度的表示方法

通常黏度的大小可用动力黏度、运动黏度和条件黏度来表示。具体表示方法见表 10-2-4。

表 10-2-4　润滑油黏度表示方法

名称	定义	单位
动力黏度（η）	表示液体在一定剪切应力下流动时，内摩擦力的量度，其值为所加于流动液体的剪切应力和剪切速率之比	Pa·s 或 mPa·s 1Pa·s = 10^3mPa·s 一般常用 mPa·s
运动黏度（ν）	表示液体在重力作用下流动时，内摩擦力的量度。其值为相同温度下液体的动力黏度与其密度之比	m^2/s 或 mm^2/s，$1m^2/s = 10^6mm^2/s$
条件黏度	采用不同的特定黏度计所测得的黏度以条件黏度表示。较常用的有恩氏黏度、赛氏黏度和雷氏黏度等	°E、s、s

（2）工业用润滑油黏度分类

润滑油的牌号大部分是以一定温度（通常是40℃或100℃）下的运动黏度范围的中心值来划分的，是选用润滑油的主要依据。工业液体润滑剂黏度分类标准见表 10-2-5 和表 10-2-8。工业用润滑油产品新旧黏度对照见图 10-2-2。表 10-2-6 是内燃机油黏度分类表（GB/T 14906—1994），表 10-2-7 是美国 SAE J300—1999 内燃机油黏度分类表：表 10-2-9 是车辆驱动桥和手动变速器润滑剂黏度分类（GB/T 17477—1998）。

表 10-2-5　工业液体润滑剂 ISO 黏度分类（摘自 GB/T 3141—1994）

ISO 黏度等级	中间点运动黏度(40℃)/$mm^2\cdot s^{-1}$	运动黏度范围(40℃)/$mm\cdot s^{-1}$		ISO 黏度等级	中间点运动黏度(40℃)/$mm^2\cdot s^{-1}$	运动黏度范围(40℃)/$mm\cdot s^{-1}$	
		最小	最大			最小	最大
2	2.2	1.98	2.42	100	100	90.0	110
3	3.2	2.88	3.52	150	150	135	165
5	4.6	4.14	5.06				
7	6.8	6.12	7.48	220	220	198	242
10	10	9.00	11.0	320	320	288	352
15	15	13.5	16.5	460	460	414	506
				680	680	612	748
22	22	19.8	24.2	1000	1000	900	1100
32	32	28.8	35.2	1500	1500	1350	1650
46	46	41.4	50.6	2200	2200	1980	2420
68	68	61.2	74.8	3200	3200	2880	3520

注：1. 对于某些40℃运动黏度等级大于3200的产品，如某些含高聚物或沥青的润滑剂，可以参照本分类表中的黏度等级设计，只要把运动黏度测定温度由40℃改为100℃，并在黏度等级后加后缀符号“H”即可。如黏度等级为15H，则表示该黏度等级是采用100℃运动黏度确定的，它在100℃时的运动黏度范围应为13.5～16.5mm^2/s。

2. 本黏度等级分类标准不适用于内燃机油和车辆齿轮油。

表 10-2-6　内燃机油的黏度分类（摘自 GB/T 14906—1994）

黏度等级号	低温黏度①/mPa·s 不大于			边界泵送温度②/℃ 不高于	运动黏度③(100℃)/$mm^2\cdot s^{-1}$ 不小于	
0W	3250	在	-30℃	-35	3.8	—
5W	3500	在	-25℃	-30	3.8	—
10W	3500	在	-20℃	-25	4.1	—
15W	3500	在	-15℃	-20	5.6	—
20W	4500	在	-10℃	-15	5.6	—
25W	6000	在	-5℃	-10	9.3	—
20		—		—	5.6	9.3
30		—		—	9.3	小于12.5
40		—		—	12.5	小于16.3
50		—		—	16.3	小于21.9
60		—		—	21.9	小于26.1

① 采用 GB/T 6538 方法测定。

② 对于 0W、20W 和 25W 油采用 GB/T 9171 方法测定，对于 5W、10W 和 15W 油采用 SH/T 0562 方法测定。

③ 采用 GB 265 方法测定。

表 10-2-7　SAE J300—1999 发动机油黏度分类

黏度级别	低温黏度		高温黏度		
	低温启动黏度(最大)/mPa·s	低温泵送黏度(最大)/mPa·s	100℃时低剪切速率的运动黏度/(mm^2/s)		150℃时高剪切速率的动力黏度(最小)/mPa·s
			最小	最大	
0W	6200(-35℃)	60000(-40℃)	3.8	—	—
5W	6600(-30℃)	60000(-35℃)	3.8	—	—
10W	7000(-25℃)	60000(-30℃)	4.1	—	—
15W	7000(-20℃)	60000(-25℃)	5.6	—	—
20W	9500(-15℃)	60000(-20℃)	5.6	—	—
25W	13000(-10℃)	60000(-15℃)	9.3	—	—
20	—	—	5.6	<9.3	2.6
30	—	—	9.3	<12.5	2.9
40	—	—	12.5	<16.3	2.9(0W-40,5W-40 和 10W-40)
40	—	—	12.5	<16.3	3.7(15W-40,20W-40,25W-40,40)
50	—	—	16.3	<21.9	3.7
60	—	—	21.9	<26.1	3.7

表 10-2-8　不同的黏度指数在各种温度下具有相应的运行黏度的 ISO 黏度分类（摘自 GB/T 3141—94）　$mm^2 \cdot s^{-1}$

ISO 黏度等级	运行黏度范围	不同的黏度指数在其他温度时运动黏度近似值								
		黏度指数(*VI*)=0			黏度指数(*VI*)=50			黏度指数(*VI*)=95		
	40℃	20℃	37.8℃	50℃	20℃	37.8℃	50℃	20℃	37.8℃	50℃
2	1.98~2.42	(2.82~3.67)	(2.05~2.52)	(1.69~2.03)	(2.87~3.69)	(2.05~2.52)	(1.69~2.03)	(2.92~3.71)	(2.06~2.52)	(1.69~2.03)
3	2.88~3.52	(4.60~5.99)	(3.02~3.71)	(2.37~2.83)	(4.59~5.92)	(3.02~3.70)	(2.38~2.84)	(4.58~5.83)	(3.01~3.69)	(2.39~2.86)
5	4.14~5.06	(7.39~9.60)	(4.38~5.38)	(3.27~3.91)	(7.25~9.35)	(4.37~5.37)	(3.29~3.95)	(7.09~9.03)	(4.36~5.35)	(3.32~3.99)
7	6.12~7.48	(12.3~16.0)	(6.55~8.05)	(4.63~5.52)	(11.9~15.3)	(6.52~8.01)	(4.68~5.61)	(11.4~14.4)	(6.50~7.98)	(4.76~5.72)
10	9.00~11.0	20.2~25.9	9.73~12.0	6.53~7.83	19.1~24.5	9.68~11.9	6.65~7.99	18.1~23.1	9.64~11.8	6.78~8.14
15	13.5~16.5	35.5~43.0	14.7~18.1	9.43~11.3	31.6~40.6	14.7~18.0	9.62~11.5	29.8~38.3	14.6~17.9	9.80~11.8
22	19.8~24.2	54.2~69.8	21.8~26.8	13.3~16.0	51.0~65.8	21.7~26.6	13.6~16.3	48.0~61.7	21.6~26.5	13.9~16.6
32	28.8~35.2	87.7~115	32.0~39.4	18.6~22.2	82.6~108	31.9~39.2	19.0~22.6	76.9~98.7	31.7~38.9	19.4~23.3
46	41.4~50.6	144~189	46.6~57.4	25.5~30.3	133~172	46.3~56.9	26.1~31.3	120~153	45.9~56.3	27.0~32.5
68	61.2~74.8	242~315	69.8~98.8	35.9~42.8	219~283	69.2~85.0	37.1~44.4	193~244	68.4~83.9	38.7~46.6
100	90.0~110	402~520	104~127	50.4~60.3	356~454	103~126	52.4~63.0	303~383	101~124	55.3~66.6
150	135~165	672~862	157~194	72.5~85.9	583~743	155~191	75.9~91.2	486~614	153~188	80.6~97.1
220	198~242	1080~1390	233~286	102~123	927~1180	230~282	108~129	761~964	226~277	115~138
320	288~352	1720~2210	341~419	144~172	1460~1870	337~414	151~182	1180~1500	331~406	163~196
460	414~506	2700~3480	495~608	199~239	2290~2930	488~599	210~252	1810~2300	478~587	228~274
680	612~748	4420~5680	739~908	283~339	3700~4740	728~894	300~360	2880~3650	712~874	326~393
1000	900~1100	7170~9230	1100~1350	400~479	5960~7640	1080~1330	425~509	4550~5780	1050~1290	466~560
1500	1350~1650	11900~15400	1600~2040	575~688	9850~12600	1640~2010	613~734	7390~9400	1590~1960	676~812
2200	1980~2420	19400~25200	2460~3020	810~970	15900~20400	2420~2970	865~1040	11710~15300	2350~2890	950~1150
3200	2880~3520	31180~40300	3610~4435	1130~1355	25360~32600	3350~4360	1210~1450	18450~24500	3450~4260	1350~1620

注：括号内数据为概略值。

GB/T 3141—1994 标准采用的黏度牌号	ISO采用的黏度牌号
按40℃黏度分	

旧黏度牌号	
按50℃黏度分	按100℃黏度分

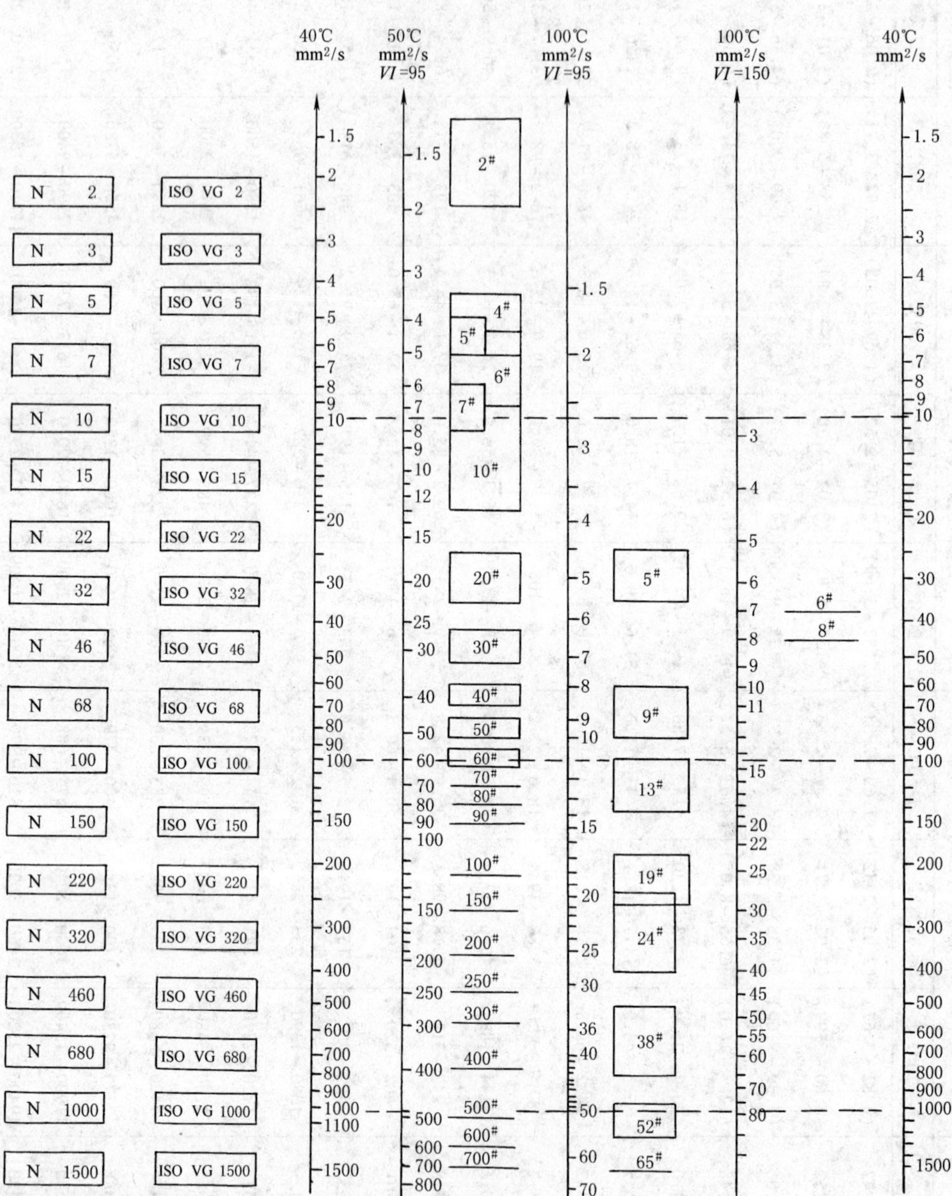

图 10-2-2 工业用润滑油新旧黏度牌号对照参考图

注：工业用润滑油产品中压缩机油、汽缸油、液力油等原系按100℃运动黏度中心值分牌号，其他油原先按50℃运动黏度中心值分牌号。

如相当于旧牌号为20#（按50℃运动黏度分牌号）的普通液压油，其新牌号为N32。

表 10-2-9　驱动桥和手动变速器润滑剂黏度分类（摘自 GB/T 17477—1998）

黏度等级	最高温度（黏度达 150000mPa·s）/℃	最低黏度（100℃）/$mm^2 \cdot s^{-1}$	最高黏度（100℃）/$mm^2 \cdot s^{-1}$
70W	-55	4.1	—
75W	-40	4.1	—
80W	-26	7.0	—
85W	-12	11.0	—
90	—	13.5	<24.0
140	—	24.0	<41.0
250	—	41.0	—

(3) 黏度换算

表 10-2-10　运动黏度单位换算

米²/秒 ($m^2 \cdot s^{-1}$)	厘米²/秒(斯)① ($cm^2 \cdot s^{-1}$)	毫米²/秒(厘斯) ($mm^2 \cdot s^{-1}$)	米²/时 ($m^2 \cdot h^{-1}$)	码²/秒 ($yd^2 \cdot s^{-1}$)	英尺²/秒 ($ft^2 \cdot s^{-1}$)	英尺²/时 ($ft^2 \cdot h^{-1}$)
1	10^4	10^6	3600	1.196	10.76	38.75×10^3
10^{-4}	1	100	0.36	119.6×10^{-6}	1.0706×10^{-3}	3.875
10^{-6}	0.01	1	3.6×10^{-3}	1.196×10^{-6}	10.76×10^{-6}	38.75×10^{-3}
277.8×10^{-6}	2.778	277.8	1	332×10^{-6}	2.99×10^{-3}	10.76
0.836	8.36×10^3	836×10^3	3010	1	9	32400
92.9×10^{-3}	929	92.9×10^3	334.57	0.111	1	3600
25.8×10^{-6}	0.258	25.8	92.9×10^{-3}	30.9×10^{-6}	278×10^{-6}	1

①“斯”是“斯托克斯”（厘米²/秒）的习惯称呼。

表 10-2-11　动力黏度单位换算

公斤力·秒/米² ($kgf \cdot s \cdot m^{-2}$)	帕斯卡·秒 ($Pa \cdot s$)	达因·秒/厘米² (泊)(P)	公斤力·时/米² ($kgf \cdot h \cdot m^{-2}$)	牛顿·时/米² ($N \cdot h \cdot m^{-2}$)	磅力·秒/英尺² ($lbf \cdot s \cdot ft^{-2}$)	磅力·秒/英寸² ($lbf \cdot s \cdot in^{-2}$)
1	9.81	98.1	278×10^{-6}	2.73×10^{-3}	0.205	1.42×10^{-3}
0.102	1	10	28.3×10^{-6}	278×10^{-6}	20.9×10^{-3}	1.45×10^{-4}
10.2×10^{-3}	0.1	1	2.83×10^{-6}	27.8×10^{-6}	2.09×10^{-3}	1.45×10^{-5}
3600	35.3×10^3	353×10^3	1	9.81	738	5.12
367	3600	36×10^3	0.102	1	75.3	0.52
4.88	47.88	478.8	1.356×10^{-3}	13.3×10^{-3}	1	6.94×10^{-3}
703	6894.7	68947.6	0.195	1.91	144	1

表 10-2-12　**运动黏度与恩氏黏度换算**（摘自 GB/T 265—1988）

运动黏度 $/mm^2 \cdot s^{-1}$	恩氏黏度 /°E	运动黏度 $/mm^2 \cdot s^{-1}$	恩氏黏度 /°E	运动黏度 $/mm^2 \cdot s^{-1}$	恩氏黏度 /°E	运动黏度 $/mm^2 \cdot s^{-1}$	恩氏黏度 /°E	运动黏度 $/mm^2 \cdot s^{-1}$	恩氏黏度 /°E
1.00	1.00	4.70	1.36	8.40	1.71	13.2	2.17	20.6	3.02
1.10	1.01	4.80	1.37	8.50	1.72	13.4	2.19	20.8	3.04
1.20	1.02	4.90	1.38	8.60	1.73	13.6	2.21	21.0	3.07
1.30	1.03	5.00	1.39	8.70	1.74	13.8	2.24	21.2	3.09
1.40	1.04	5.10	1.40	8.80	1.74	14.0	2.26	21.4	3.12
1.50	1.05	5.20	1.41	8.90	1.75	14.2	2.28	21.6	3.14
1.60	1.06	5.30	1.42	9.00	1.76	14.4	2.30	21.8	3.17
1.70	1.07	5.40	1.42	9.10	1.77	14.6	2.33	22.0	3.19
1.80	1.08	5.50	1.43	9.20	1.78	14.8	2.35	22.2	3.22
1.90	1.09	5.60	1.44	9.30	1.79	15.0	2.37	22.4	3.24
2.00	1.10	5.70	1.45	9.40	1.80	15.2	2.39	22.6	3.27
2.10	1.11	5.80	1.46	9.50	1.81	15.4	2.42	22.8	3.29
2.20	1.12	5.90	1.47	9.60	1.82	15.6	2.44	23.0	3.31
2.30	1.13	6.00	1.48	9.70	1.83	15.8	2.46	23.2	3.34
2.40	1.14	6.10	1.49	9.80	1.84	16.0	2.48	23.4	3.36
2.50	1.15	6.20	1.50	9.90	1.85	16.2	2.51	23.6	3.39
2.60	1.16	6.30	1.51	10.0	1.86	16.4	2.53	23.8	3.41
2.70	1.17	6.40	1.52	10.1	1.87	16.6	2.55	24.0	3.43
2.80	1.18	6.50	1.53	10.2	1.88	16.8	2.58	24.2	3.46
2.90	1.19	6.60	1.54	10.3	1.89	17.0	2.60	24.4	3.48
3.00	1.20	6.70	1.55	10.4	1.90	17.2	2.62	24.6	3.51
3.10	1.21	6.80	1.56	10.5	1.91	17.4	2.65	24.8	3.53
3.20	1.21	6.90	1.56	10.6	1.92	17.6	2.67	25.0	3.56
3.30	1.22	7.00	1.57	10.7	1.93	17.8	2.69	25.2	3.58
3.40	1.23	7.10	1.58	10.8	1.94	18.0	2.72	25.4	3.61
3.50	1.24	7.20	1.59	10.9	1.95	18.2	2.74	25.6	3.63
3.60	1.25	7.30	1.60	11.0	1.96	18.4	2.76	25.8	3.65
3.70	1.26	7.40	1.61	11.2	1.98	18.6	2.79	26.0	3.68
3.80	1.27	7.50	1.62	11.4	2.00	18.8	2.81	26.2	3.70
3.90	1.28	7.60	1.63	11.6	2.01	19.0	2.83	26.4	3.73
4.00	1.29	7.70	1.64	11.8	2.03	19.2	2.86	26.6	3.76
4.10	1.30	7.80	1.65	12.0	2.05	19.4	2.88	26.8	3.78
4.20	1.31	7.90	1.66	12.2	2.07	19.6	2.90	27.0	3.81
4.30	1.32	8.00	1.67	12.4	2.09	19.8	2.92	27.2	3.83
4.40	1.33	8.10	1.68	12.6	2.11	20.0	2.95	27.4	3.86
4.50	1.34	8.20	1.69	12.8	2.13	20.2	2.97	27.6	3.89
4.60	1.35	8.30	1.70	13.0	2.15	20.4	2.99	27.8	3.92

续表

运动黏度 /mm²·s⁻¹	恩氏黏度 /°E	运动黏度 /mm²·s⁻¹	恩氏黏度 /°E	运动黏度 /mm²·s⁻¹	恩氏黏度 /°E	运动黏度 /mm²·s⁻¹	恩氏黏度 /°E	运动黏度 /mm²·s⁻¹	恩氏黏度 /°E
28.0	3.95	35.4	4.90	42.8	5.86	50.2	6.83	57.6	7.81
28.2	3.97	35.6	4.92	43.0	5.89	50.4	6.86	57.8	7.83
28.4	4.00	35.8	4.95	43.2	5.92	50.6	6.89	58.0	7.86
28.6	4.02	36.0	4.98	43.4	5.95	50.8	6.91	58.2	7.88
28.8	4.05	36.2	5.00	43.6	5.97	51.0	6.94	58.4	7.91
29.0	4.07	36.4	5.03	43.8	6.00	51.2	6.96	58.6	7.94
29.2	4.10	36.6	5.05	44.0	6.02	51.4	6.99	58.8	7.97
29.4	4.12	36.8	5.08	44.2	6.05	51.6	7.02	59.0	8.00
29.6	4.15	37.0	5.11	44.4	6.08	51.8	7.04	59.2	8.02
29.8	4.17	37.2	5.13	44.6	6.10	52.0	7.07	59.4	8.05
30.0	4.20	37.4	5.16	44.8	6.13	52.2	7.09	59.6	8.08
30.2	4.22	37.6	5.18	45.0	6.16	52.4	7.12	59.8	8.10
30.4	4.25	37.8	5.21	45.2	6.18	52.6	7.15	60.0	8.13
30.6	4.27	38.0	5.24	45.4	6.21	52.8	7.17	60.2	8.15
30.8	4.30	38.2	5.26	45.6	6.23	53.0	7.20	60.4	8.18
31.0	4.33	38.4	5.29	45.8	6.26	53.2	7.22	60.6	8.21
31.2	4.35	38.6	5.31	46.0	6.28	53.4	7.25	60.8	8.23
31.4	4.38	38.8	5.34	46.2	6.31	53.6	7.28	61.0	8.26
31.6	4.41	39.0	5.37	46.4	6.34	53.8	7.30	61.2	8.28
31.8	4.43	39.2	5.39	46.6	6.36	54.0	7.33	61.4	8.31
32.0	4.46	39.4	5.42	46.8	6.39	54.2	7.35	61.6	8.34
32.2	4.48	39.6	5.44	47.0	6.42	54.4	7.38	61.8	8.37
32.4	4.51	39.8	5.47	47.2	6.44	54.6	7.41	62.0	8.40
32.6	4.54	40.0	5.50	47.4	6.47	54.8	7.44	62.2	8.42
32.8	4.56	40.2	5.52	47.6	6.49	55.0	7.47	62.4	8.45
33.0	4.59	40.4	5.54	47.8	6.52	55.2	7.49	62.6	8.48
33.2	4.61	40.6	5.57	48.0	6.55	55.4	7.52	62.8	8.50
33.4	4.64	40.8	5.60	48.2	6.57	55.6	7.55	63.0	8.53
33.6	4.66	41.0	5.63	48.4	6.60	55.8	7.57	63.2	8.55
33.8	4.69	41.2	5.65	48.6	6.62	56.0	7.60	63.4	8.58
34.0	4.72	41.4	5.68	48.8	6.65	56.2	7.62	63.6	8.60
34.2	4.74	41.6	5.70	49.0	6.68	56.4	7.65	63.8	8.63
34.4	4.77	41.8	5.73	49.2	6.70	56.6	7.68	64.0	8.66
34.6	4.79	42.0	5.76	49.4	6.73	56.8	7.70	64.2	8.68
34.8	4.82	42.2	5.78	49.6	6.76	57.0	7.73	64.4	8.71
35.0	4.85	42.4	5.81	49.8	6.78	57.2	7.75	64.6	8.74
35.2	4.87	42.6	5.84	50.0	6.81	57.4	7.78	64.8	8.77

续表

运动黏度 /mm² · s⁻¹	恩氏黏度 /°E	运动黏度 /mm² · s⁻¹	恩氏黏度 /°E	运动黏度 /mm² · s⁻¹	恩氏黏度 /°E	运动黏度 /mm² · s⁻¹	恩氏黏度 /°E	运动黏度 /mm² · s⁻¹	恩氏黏度 /°E
65.0	8.80	68.6	9.31	72.6	9.82	82	11.1	101	13.6
65.2	8.82	69.0	9.34	72.8	9.85	83	11.2	102	13.8
65.4	8.85	69.2	9.36	73.0	9.88	84	11.4	103	13.9
65.6	8.87	69.4	9.39	73.2	9.90	85	11.5	104	14.1
65.8	8.90	69.6	9.42	73.4	9.93	86	11.6	105	14.2
66.0	8.93	69.8	9.45	73.6	9.95	87	11.8	106	14.3
66.2	8.95	70.0	9.48	73.8	9.98	88	11.9	107	14.5
66.4	8.98	70.2	9.50	74.0	10.01	89	12	108	14.6
66.6	9.00	70.4	9.53	74.2	10.03	90	12.2	109	14.7
66.8	9.03	70.6	9.55	74.4	10.06	91	12.3	110	14.9
67.0	9.06	70.8	9.58	74.6	10.09	92	12.4	111	15
67.2	9.08	71.0	9.61	74.8	10.12	93	12.6	112	15.1
67.4	9.11	71.2	9.63	75.0	10.15	94	12.7	113	15.3
67.6	9.14	71.4	9.66	76	10.3	95	12.8	114	15.4
67.8	9.17	71.6	9.69	77	10.4	96	13	115	15.6
68.0	9.20	71.8	9.72	78	10.5	97	13.1	116	15.7
68.2	9.22	72.0	9.75	79	10.7	98	13.2	117	15.8
68.4	9.25	72.2	9.77	80	10.8	99	13.4	118	16
68.6	9.28	72.4	9.80	81	10.9	100	13.5	119	16.1
								120	16.2

注：当运动黏度 $\nu>120$cSt 时，按下式换算：

$$E_t=0.135\nu_t \quad \nu_t=7.41E_t$$

式中　E_t——在温度 t 时的恩氏黏度，°E；ν_t——在温度 t 时的运动黏度，mm²/s。

表 10-2-13　　各种黏度换算

运动黏度 /mm² · s⁻¹	雷氏 1 号黏度 /s	赛氏-弗氏黏度(通用)/s	运动黏度 /mm² · s⁻¹	雷氏 1 号黏度 /s	赛氏-弗氏黏度(通用)/s
(1.0)	28.5		(7.0)	43.5	48.7
(1.5)	30		(7.5)	45	50.3
(2.0)	31	32.6	(8.0)	46	52.0
(2.5)	32	34.4	(8.5)	47.5	53.7
(3.0)	33	36.0	(9.0)	49	55.4
(3.5)	34.5	37.6	(9.5)	50.5	57.1
(4.0)	35.5	39.1	10.0	52	58.8
(4.5)	37	40.7	10.2	52.5	59.5
(5.0)	38	42.3	10.4	53	60.2
(5.5)	39.5	43.9	10.6	53.5	60.9
(6.0)	41	45.5	10.8	54.5	61.6
(6.5)	42	47.1	11.0	55	62.3

续表

运动黏度 /$mm^2 \cdot s^{-1}$	雷氏1号黏度 /s	赛氏-弗氏黏度(通用)/s	运动黏度 /$mm^2 \cdot s^{-1}$	雷氏1号黏度 /s	赛氏-弗氏黏度(通用)/s
11.4	56	63.7	27	113	127.7
11.8	57.5	65.2	28	117	132.1
12.2	59	66.6	29	121	136.5
12.6	60	68.1	30	125	140.9
13.0	61	69.6	31	129	145.3
13.5	63	71.5	32	133	149.7
14.0	64.5	73.4	33	136	154.2
14.5	66	75.3	34	140	158.7
15.0	68	77.2	35	144	163.2
15.5	70	79.2	36	148	167.7
16.0	71.5	81.1	37	152	172.2
16.5	73	83.1	38	156	176.7
17.0	75	85.1	39	160	181.2
17.5	77	87.1	40	164	185.7
18.0	78.5	89.2	41	168	190.2
18.5	80	91.2	42	172	194.7
19.0	82	93.3	43	177	199.2
19.5	84	95.4	44	181	203.8
20.0	86	97.5	45	185	208.4
20.5	88	99.6	46	189	213.0
21.0	90	101.7	47	193	217.6
21.5	92	103.9	48	197	222.2
22.0	93	106.0	49	201	226.8
22.5	95	108.2	50	205	231.4
23.0	97	110.3	52	213	240.6
23.5	99	112.4	54	221	249.9
24.0	101	114.6	56	229	259.0
24.5	103	116.8	58	237	268.2
25	105	118.9	60	245	277.4
26	109	123.2	70	285	323.4

注：1. 表中带括号者，仅为运动黏度换算至雷氏或赛氏黏度，或者雷氏和赛氏黏度之间的换算。

2. 本表所列数值是在同温度下的换算值。

3. 超出本表以外的高黏度可用下列系数计算：

1 运动黏度 = 0.247 雷氏黏度；1 运动黏度 = 0.216 赛氏黏度；

1 雷氏黏度 = 4.05 运动黏度；1 雷氏黏度 = 30.7 恩氏黏度；1 恩氏黏度 = 0.0326 雷氏黏度；

1 恩氏黏度 = 0.0285 赛氏黏度；

1 赛氏黏度 = 4.62 运动黏度；1 赛氏黏度 = 35.11 恩氏黏度；1 赛氏黏度 = 1.14 雷氏黏度；

1 雷氏黏度 = 0.887 赛氏黏度。

举例：已知某润滑油的黏度 50℃时为 $60mm^2/s$，100℃时为 $10mm^2/s$，机床工作温度 60℃。问工作时润滑油的实际黏度是多少？

查图：按照图 10-2-3，从温度 50℃和 100℃的两点引纵线，在黏度 $60mm^2/s$ 和 $10mm^2/s$ 的两点引横线，分别相交于 A、B 两点，再将 A、B 两点连一直线（这条线称为黏温曲线）。再从 60℃的一点引垂线交 AB 线上于 C，然后从 C 点引水平横线交于左边纵坐标线一点，即求出在温度 60℃时的运动黏度为 $39mm^2/s$。

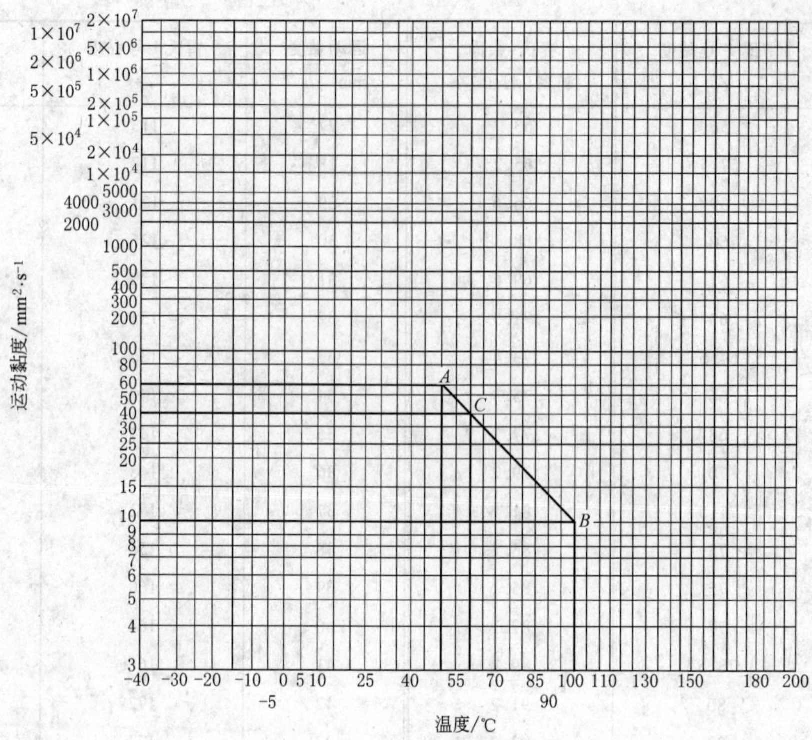

图 10-2-3　黏温曲线图

表 10-2-14　　条件黏度换算成运动黏度的经验公式

黏度名称	符号	换算成运动黏度(mm^2/s)的公式
恩氏黏度/°E	E_t	$\nu_t = 8.0E_t = \frac{8.64}{E_t}(E_t = 1.35 \sim 3.2°E)$ $\nu_t = 7.6E_t - \frac{4.0}{E_t}(E_t > 3.2°E)$
赛氏(通用)黏度/s	SU_t	$\nu_t = 0.226SU_t - 195/SU_t(SU_t = 32 \sim 100s)$ $\nu_t = 0.220SU_t - 135/SU_t(SU_t > 100s)$
赛氏重油黏度/s	SF_t	$\nu_t = 2.24SF_t - 184/SF_t(SF_t = 25 \sim 40s)$ $\nu_t = 2.16SF_t - 60/SF_t(SF_t > 40s)$
雷氏 1 号黏度/s	R_t	$\nu_t = 0.260R_t - 179/R_t(R_t = 34 \sim 100s)$ $\nu_t = 0.247R_t - 50/R_t(R_t > 100s)$
雷氏 2 号黏度/s	RA_t	$\nu_t = 2.46RA_t - 100/RA_t(RA_t = 32 \sim 90s)$ $\nu_t = 2.45RA_t \quad (RA_t > 90s)$

2.1.2　润滑油的其他质量指标

除表 10-2-15 所列指标外，不同品种的润滑油，还有有关油品润滑性、热（或温度）稳定性、化学稳定性、起泡性、抗乳化性、对各种介质和橡胶密封材料的相容性、耐蚀性、导热性以及毒性等。有些润滑油如内燃机油还有抗摩擦磨损性能或使用性能指标，包括模拟台架的程序试验以及实际使用试验的结果等，此处从略。

表 10-2-15　　润滑油的其他质量指标

指　标	定　义	说　明
黏度指数	表示油品黏度随温度变化这个特性的一个约定量值。黏度指数高,表示油品的黏度随温度变化较小	它是油品黏度-温度特性的衡量指标。检验时将润滑油试样与一种黏温性能较好(黏度指数定为100)及另一种黏温性能较差(黏度指数定为0)的标准油进行比较所得黏度的温度变化的相对值(GB/T 1995—1998)
凝点	试样在规定条件下冷却至停止移动时的最高温度,以℃表示	表示润滑油的耐低温的性能。按 GB/T 510—1991 标准方法检验时,将润滑油装在试管中,冷却到预期的温度时,将试管倾斜 45℃,经过 1min,观察液面是否移动,记录试管内液面不移动时的最高温度作为凝点
倾点	在规定条件下,被冷却的试样能流动的最低温度,以℃表示	倾点和凝点都是表示油品低温流动性的指标。二者无原则差别,只是测定方法稍有不同,现在我国已逐步改用倾点来表示润滑油的低温性能。按 GB/T 3535—1991 标准方法检验时将润滑油放在试管中预热后,在规定速度下冷却,每间隔 3℃检查一次润滑油的流动性。观察到被冷却的润滑油能流动的最低温度作为倾点
黏度比	油品在两个规定温度下所测得较低温度下的运动黏度与较高温度下的运动黏度之比。黏度比越小表示油品黏度随温度变化越小	黏度比是用来评定成分相同的同牌号油在同一温度范围内的低温黏度与高温黏度的比值。一般润滑油规定以 40℃时的运动黏度与 100℃时的运动黏度的比值,用 ν_{40}/ν_{100} 表示
闪点	在规定条件下,加热油品所逸出的蒸气和空气组成的混合物与火焰接触发生瞬间闪火时的最低温度,以℃表示。测定闪点有两种方法:开杯闪点(开口闪点),用于测定闪点在 150℃以下的轻质油品;闭杯闪点(闭口闪点),用于测定重质润滑油和深色石油产品	选用润滑油时,应根据使用温度考虑润滑油闪点的高低,一般要求润滑油的闪点比使用温度高 20～30℃,以保证使用安全和减少挥发损失。用开杯(GB/T 267—1988)闪点法测定开杯闪点时,把试样装入内坩埚到规定的刻线。首先迅速升高试样的温度,然后缓慢升温,当接近闪点时,恒速升温,在规定的温度间隔,用一个小的点火器火焰按规定速度通过试样表面,以点火器的火焰使试样表面上的蒸气发生闪火的最低温度,作为开杯闪点
酸值	中和 1g 润滑油中酸性物质所需氢氧化钾的毫克数	润滑油在储存和使用过程中被氧化变质时,酸值也逐渐增大,常用酸值的变化大小来衡量润滑油的氧化稳定性和储存稳定性,或作为换油指标之一。常用的润滑油酸值标准测定法有 GB/T 7304—2000(电位滴定位)、GB/T 4945—2002(颜色指示剂法)、SH/T 0163—2000(半微量颜色指示剂法)及 GB/T 264—1991(碱性蓝法)等
残炭	油品在热与氧共同作用下,受热裂解缩合和催化生成的残留物	残炭值主要是内燃机油和空压机油等的质量指标之一。在这些机器工作时,其活塞环不断地将润滑油带入高温的缸内,部分分解氧化形成了积炭,在缸壁、活塞顶部的积炭会妨碍散热而使零件过热。积炭沉积在火花塞、阀门上会引起点火不灵及阀门开关不灵甚至烧坏。现行的残炭标准测定法有 GB/T 268—1987(康氏法)与 SH/T 0170—2000(电炉法)两种

续表

指　标	定　义	说　明
灰分	是指试样在规定条件下被灼烧炭化后，所剩的残留物经煅烧所得的无机物，以质量分数表示。硫酸盐灰分是指试样炭化后剩余的残渣用硫酸处理，并加热至恒重的质量，以质量分数表示	对于不含添加剂的润滑油，灰分可以作为检查基础油精制是否正常的指标之一。灰分越少越好。灰分含量较多时，会促使油品加速氧化、生胶，增加机械的磨损。而对于含添加剂的润滑油，在未加添加剂前，灰分含量越小越好。但在加添加剂后，由于某些添加剂本身就是金属盐类，为保证油中加有足够的添加剂，又要求硫酸盐灰分不小于某一数值，以间接地表明添加剂的含量。按 GB/T 508—1991 及 GB/T 2433—2001 标准方法测定
机械杂质	是指存在于润滑油中不溶于汽油、乙醇和苯等溶剂的沉淀物或胶状悬浮物。来源于润滑油生产、储存和使用中的外界污染或机械本身磨损和腐蚀，大部分是砂石、铁屑和积炭类，以及添加剂带来的一些难溶于溶剂的有机金属盐	也是反映油品精制程度的质量指标。它的存在加速机械的磨损，严重时堵塞油路、油嘴和滤油器，破坏正常润滑。在使用前和使用中应对油进行必要的过滤。对于加有添加剂的油品，不应简单地用机械杂质含量的大小判断其好坏，而是应分析机械杂质的内容，因为这时杂质中含有加入添加剂后所引入的对使用无害的溶剂不溶物。机械杂质的测定按 GB/T 511—1988 标准方法进行
水分	存在于润滑油中的水含量称为水分。润滑油中水分一般以溶解水或以微滴状态悬浮于油中的混合水两种状态存在	润滑油中存在水分，会促使油品氧化变质，破坏润滑油形成的油膜，使润滑效果变差。水分还加速油中有机酸对金属的腐蚀作用，造成设备锈蚀。导致润滑油添加剂失效以及其他一些影响。因而润滑油中水分越少越好，用户必须在使用储存中注意保管油品。水分的测定按 GB/T 260—1988 标准方法进行，将一定量的试样与无水溶剂（二甲苯）混合，进行蒸馏，测定其水分含量
水溶性酸或碱	是指存在于润滑油中的酸性或碱性物质	新油中如有水溶性酸或碱，则可能是润滑油在酸碱精制过程中酸碱分离不好的结果。储存和使用过程中的油品如含有水溶性酸和碱，则表明润滑油被污染或氧化分解。润滑油酸和碱不合格将腐蚀机械零件，使汽轮机油的抗乳化性降低，变压器油的耐电压性能下降。水溶性酸或碱的测定按 GB/T 259—1988 标准方法进行
氧化安定性	是指润滑油在加热和在金属的催化作用下抵抗氧化变质的能力	是反映油品在实际使用、储存和运输过程中氧化变质或老化倾向的重要特性。内燃机油的氧化安定性按 SH/T 0192—2000 和 SH/T 0299—2004 标准方法测定；汽轮机油用 SH/T 0193—1992 标准方法测定；变压器油用 SH/T 0124—2000 标准方法测定；极压润滑油用 SH/T 0123—2004、直馏和不含添加剂润滑油用 SH/T 0185—2002 标准方法测定
防腐性	是测定油品在一定温度下阻止与其相接触的金属被腐蚀的能力	在润滑油中引起金属腐蚀的物质，有可能是基础油和添加剂生产过程中所残留的，也可能源于油品的氧化产物和油品储运与使用过程中受到污染的产物。腐蚀试验一般按 GB/T 5096—1991 石油产品铜片腐蚀试验方法进行。还可采用 SH/T 0195—2000 润滑油腐蚀试验方法。常用的试验条件为 100℃，3h。此外，内燃机油对轴瓦（铅铜合金）等的腐蚀性，可按 GB/T 391—1988 发动机润滑油腐蚀度测定法进行
四球法	使用四球试验机测定润滑剂极压和磨损性能的试验方法	按 GB/T 12583—1998 标准方法，使用四球机测定润滑剂极压性能（承载能力）。该标准规定了三个指标：①最大无卡咬负荷 P_B，即在试验条件下不发生卡咬的最大负荷；②烧结负荷 P_D，即在试验条件下使钢球发生烧结的最小负荷；③综合磨损值 ZMZ，又称平均赫兹负荷或负荷磨损指标 LWI，是润滑剂抗极压能力的一个指数，它等于若干次校正负荷的数学平均值

续表

指　标	定　义	说　明
梯姆肯法	借助梯姆肯(环块)极压试验机测定润滑油脂承压能力、抗摩擦和抗磨损性能的一种试验方法	按SH/T 0532—1992标准方法,使用梯姆肯试验机测定润滑油抗擦伤能力。该标准规定了两个指标:①*OK*值,即用梯姆肯法测定润滑油承压能力过程中,没有引起刮伤或卡咬(又称咬粘)时所加负荷的最大值;②刮伤值,即用同一方法测定中出现刮伤或卡咬时所加负荷的最小值

2.2 常用润滑油的牌号、性能及应用

2.2.1 润滑油的分类

按照现行中国国家标准 GB/T 7631.1 目前润滑油的分类有以下几个部分：

——GB/T 7631.2　第 2 部分：H 组（液压系统）；

——GB/T 7631.3　第 3 部分：内燃机油分类；

——GB/T 7631.4　第 4 部分：F 组（主轴、轴承和有关离合器）；

——GB/T 7631.7　第 7 部分：C 组（齿轮）；

——GB/T 7631.9　第 9 部分：D 组（压缩机）；

——GB/T 7631.10　第 10 部分：T 组（汽轮机）；

——GB/T 7631.11　第 11 部分：G 组（导轨）；

——GB/T 7631.13　第 13 部分：A 组（全损耗系统）；

——GB/T 7631.15　第 15 部分：N 组（绝缘液体）；

——GB/T 7631.16　第 16 部分：P 组（气动工具）；

——GB/T 7631.17　第 17 部分：E 组（内燃机油）。

在新的 H 组（液压系统）部分的 2003 版本中，增加了环境可接受液压液 HETG（甘油三酸酯）、HEPG（聚乙二醇）、HEES（合成酯）及 HEPR（聚 α 烯烃和相关烃类产品），取消了对环境和健康有害的难燃液压液 HFDS（氯化烃无水合成液）和 HFDT（HFDS 和 HFDR 磷酸酯无水合成液的混合液）。

在 2003 年新发布并实施的 E 组（内燃机油）分类标准中规定了二冲程汽油机油的分类，共计有 EGB、EGC、EGD 三类。该标准等同采用国际标准 ISO 6743—15：2000《润滑剂、工业用油和相关产品（L 类）的分类　第 15 部分：E 组（内燃机油）》（英文版）。其中的 EGB 和 EGC 与日本汽车标准组织（JASO）分类的 FB 和 FC 相对应，成为全球使用的分类代号。

在 GB/T 7631.1 分类标准中，各产品名称是用统一的方法命名的，例如一个特定产品的名称为 L-AN32，其数字是按 GB/T 3141 规定的黏度等级。产品名称的一般形式如下所示：

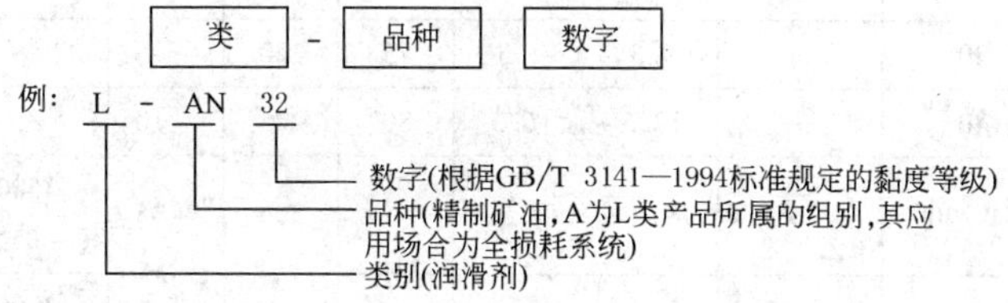

对于内燃机油，GB/T 7631.3 中，每一个品种由两个大写字母及数字组成的代号表示。该代号的第一个字母“S”代表汽油机油，“C”代表柴油机油，第一个字母与第二个字母或与第二个字母及数字相结合代表质量等级。每个特定的品种代号应附有按 GB/T 14906 规定的黏度等级。例如：一个特定的汽油机油产品可以命名为 SE 30（黏度等级为 30）；一个特定的柴油机油产品可以命名为 CC 10W/30（黏度等级为 10W/30 的多级油，其高温黏度符合 GB/T 14906 中 30#的规定范围，低温黏度和边界泵送温度符合 10W 的规定范围）；一个特定的汽油机/柴油机通用油可命名为 SE/CD 15W/40（黏度等级为 15W/40 的多级油）。

2.2.2 常用润滑油的牌号、性能及应用

表 10-2-16　　常用润滑油的牌号、性能及应用

名称与牌号		黏度等级(GB/T 14906—1994)	运动黏度/mm²·s⁻¹		黏度指数不小于	闪点(开杯)/℃不低于	倾点/℃不高于	低温动力黏度/mPa·s不大于	主要用途
			40℃	100℃					
汽油机油(GB 11121—1995)	SC	5W/20	—	5.6 ~ <9.3	—	200	-35	3500(-25℃)	用于货车、客车或其他车辆的汽油机以及要求使用APISC级油的汽油机。可控制汽油机高、低温沉积物及磨损、锈蚀和腐蚀
		10W/30	—	9.3 ~ <12.5	—	205	-30	3500(-20℃)	
		15W/40	—	12.5 ~ <16.3	—	215	-23	3500(-15℃)	
		30	—	9.3 ~ <12.5	75	220	-15	—	
		40	—	12.5 ~ <16.3	80	225	-10	—	
	SD(SD/CC)	5W/30	—	9.3 ~ <12.5	—	200	-35	3500(-25℃)	用于货车、客车和某些轿车的汽油机以及要求使用API SD、SC级油的汽油机。此种油品控制汽油机高、低温沉积物、磨损、锈蚀和腐蚀的性能优于SC，并可代替SC
		10W/30	—	9.3 ~ <12.5	—	205	-30	3500(-20℃)	
		15W/40	—	12.5 ~ <16.3	—	215	-23	3500(-15℃)	
		20/20W	—	5.6 ~ <9.3	—	210	-18	4500(-10℃)	
		30	—	9.3 ~ <12.5	75	220	-15	—	
		40	—	12.5 ~ <16.3	80	225	-10	—	
	SE(SE/CC)	5W/30	—	9.3 ~ <12.5	—	200	-35	3500(-25℃)	用于轿车和某些货车的汽油机以及要求使用API SE、SD级油的汽油机。此种油品的抗氧化性能及控制汽油机高、温沉积物、锈蚀和腐蚀的性能优于SD或SC，并可代替SD或SC
		10W/30	—	9.3 ~ <12.5	—	205	-30	3500(-20℃)	
		15W/40	—	12.5 ~ <16.3	—	215	-23	3500(-15℃)	
		20/20W	—	5.6 ~ <9.3	—	210	-18	4500(-10℃)	
		30	—	9.3 ~ <12.5	75	220	-15	—	
		40	—	12.5 ~ <16.3	80	225	-10	—	
	SF(SF/CD)	5W/30	—	9.3 ~ <12.5	—	200	-35	3500(-25℃)	用于轿车和某些货车的汽油机以及要求使用API SF、SE及SC级油的汽油机。此种油品的抗氧化和抗磨损性能优于SE，还具有控制汽油机沉积、锈蚀和腐蚀的性能。并可代替SE、SD或SC
		10W/30	—	9.3 ~ <12.5	—	205	-30	3500(-20℃)	
		15W/40	—	12.5 ~ <16.3	—	215	-23	3500(-15℃)	
		30	—	9.3 ~ <12.5	75	220	-15	—	
		40	—	12.5 ~ <16.3	80	225	-10	—	

续表

名称与牌号		黏度等级(GB/T 14906—1994)	运动黏度/mm²·s⁻¹		黏度指数不小于	闪点(开杯)/℃不低于	倾点/℃不高于	低温动力黏度/mPa·s不大于	主要用途
			40℃	100℃					
汽油机油(企业标准)	SG	10W/30	—	9.3 ~ <12.5	—	205	-35	3500(-20℃)	用于轿车、货车和轻型卡车,以及要求使用 API SG 级油的汽油机。SG 质量还包括 CC(或 CD)的使用性,此种油品改进了 SF 级油控制发动机沉积物、磨损和油的氧化性能,并具有抗锈蚀和腐蚀的性能,并可代替 SF、SF/CD、SE 或 SE/CC
		15W/30	—	9.3 ~ <12.5	—	210	-23	3500(-15℃)	
		15W/40	—	12.5 ~ <16.3	—	215	-23	3500(-15℃)	
	SH	5W/50	—	16.3 ~ <21.9	—	报告	-35	3500(-25℃)	用于轿车和轻型卡车的汽油机以及要求使用 API SH 级油的汽油机。SH 质量在汽油机磨损、锈蚀、腐蚀及沉淀物的控制和油的氧化方面优于 SG,并可代替 SG
		5W/30	—	9.3 ~ <12.5	—	200	-35	3500(-25℃)	
		10W/30	—	9.3 ~ <12.5	—	205	-30	3500(-20℃)	
		15W/30	—	9.3 ~ <12.5	—	210	-23	3500(-15℃)	
		15W/40	—	12.5 ~ <16.3	—	215	-23	3500(-15℃)	
	SJ	5W/50	—	16.3 ~ <21.9	—	报告	-35	3500(-25℃)	用于轿车的汽油机以及要求使用 API SJ 级油的汽油机。SJ 质量增加 TEOST 试验,具有更好的抗高温沉积性、抗氧化性及清净性,适应更严格的排放要求
		10W/30	—	9.3 ~ <12.5	—	205	-30	3500(-20℃)	
		10W/40	—	12.5 ~ <16.3	—	205	-30	3500(-20℃)	
		15W/40	—	12.5 ~ <16.3	—	215	-23	3500(-15℃)	
	SL	5W/30	—	9.3 ~ <12.5	—	200	-35	3500(-25℃)	用于轿车的汽油机以及要求使用 API SL 级油的汽油机。SL 质量增加了 TEOST-MHT4 试验,提高油品的燃料经济性,保护尾气净化系统,防止催化转化器的催化剂中毒,对发动机具有更好的保护
		10W/30	—	9.3 ~ <12.5	—	205	-30	3500(-20℃)	
		10W/40	—	12.5 ~ <16.3	—	205	-30	3500(-20℃)	
		15W/40	—	12.5 ~ <16.3	—	215	-23	3500(-15℃)	

续表

名称与牌号		黏度等级（GB/T 14906—1994）	运动黏度/mm^2·s^{-1}		黏度指数不小于	闪点（开杯）/℃不低于	倾点/℃不高于	低温动力黏度/mPa·s不大于	主要用途
			40℃	100℃					
柴油机油（GB 11122—2006）	CC	5W/30	—	9.3 ~ <12.5	—	200	-35	3500（-25℃）	用于在中及重载荷下运行的非增压、低增压或增压式柴油机，并包括一些重载荷汽油机。对于柴油机具有控制高温沉积物和轴瓦腐蚀的性能，对于汽油机具有控制锈蚀，腐蚀和高温沉积物的性能，并可代替CA、CB级油
		5W/40	—	12.5 ~ <16.3	—	200	-35	3500（-25℃）	
		10W/30	—	9.3 ~ <12.5	—	205	-30	3500（-20℃）	
		10W/40	—	12.5 ~ <16.3	—	205	-30	3500（-20℃）	
		15W/40	—	12.5 ~ <16.3	—	215	-23	3500（-15℃）	
		20W/40	—	12.5 ~ <16.3	—	215	-18	4500（-10℃）	
		30	—	9.3 ~ <12.5	75	220	-15	—	
		40	—	12.5 ~ <16.3	80	225	-10	—	
		50	—	16.3 ~ <21.9	80	230	-5	—	
	CD	5W/30	—	9.3 ~ <12.5	—	200	-35	3500（-25℃）	用于需要高效控制磨损及沉积物或使用包括高硫燃料非增压、低增压及增压式柴油机以及国外要求使用API CD级油的柴油机。具有控制轴承腐蚀和高温沉积物的性能，并可代替CC级油
		5W/40	—	12.5 ~ <16.3	—	200	-35	3500（-25℃）	
		10W/30	—	9.3 ~ <12.5	—	205	-30	3500（-20℃）	
		10W/40	—	12.5 ~ <16.3	—	205	-30	3500（-20℃）	
		15W/40	—	12.5 ~ <16.3	—	215	-23	3500（-15℃）	
		20W/40	—	12.5 ~ <16.3	—	215	-18	4500（-10℃）	
		30	—	9.3 ~ <12.5	75	220	-15	—	
		40	—	12.5 ~ <16.3	80	225	-10	—	
柴油机油（企业标准）	CE	10W/30	—	9.3 ~ <12.5	—	205	-30	3500（-20℃）	用于在低速高载荷和高速高载荷条件下运行的低增压和增压式重载荷柴油机以及要求使用CE级油的发动机，同时也满足CD级油性能要求
		15W/40	—	12.5 ~ <16.3	—	215	-23	3500（-15℃）	
		30	—	9.3 ~ <12.5	75	220	-15	—	
		40	—	12.5 ~ <16.3	80	225	-10	—	
		50	—	16.3 ~ <21.9	80	230	-8	—	
	CF-4	10W/30	—	9.3 ~ <12.5	—	205	-30	3500（-20℃）	用于高速四冲程柴油机以及要求使用API CF-4级油的柴油机。在油耗和活塞沉积物控制方面性能优于CE并可代替CE，此种油品特别适用于高速公路行驶的重载荷卡车
		15W/30	—	9.3 ~ <12.5	—	210	-23	3500（-15℃）	
		15W/40	—	12.5 ~ <16.3	—	215	-23	3500（-15℃）	
		15W/50	—	16.3 ~ <21.9	—	215	-18	3500（-5℃）	

续表

名称与牌号		黏度等级（GB/T 14906—1994）	运动黏度/$mm^2 \cdot s^{-1}$		黏度指数不小于	闪点（开杯）/℃不低于	倾点/℃不高于	低温动力黏度/mPa·s不大于	主要用途
			40℃	100℃					
柴油机油（企业标准）	CH-4	30	—	9.3～<12.5	75	220	-15	—	用于重负荷柴油机以及要求使用 API CH-4 级油的柴油机。燃烧高或低硫燃料并满足美国 1998 年排放标准。具有更好的热稳定性及清净分散性能，更长的换油期，更强的抗磨损性能。可用于大型超重负荷集装箱运输车辆及在各种苛刻工况下作业的推土机、挖掘机、采矿设备、发电机组等
		40	—	12.5～<16.3	80	225	-10	—	
		50	—	16.3～<21.9	80	230	-5	—	
		0W/30	—	9.3～<12.5	—	200	-40	6200（-35℃）	
		5W/30	—	9.3～<12.5	—	200	-35	6600（-30℃）	
		10W/30	—	9.3～<12.5	—	205	-30	7000（-25℃）	
		10W/40	—	12.5～<16.3	—	205	-30	7000（-25℃）	
		15W/40	—	12.5～<16.3	—	215	-23	7000（-20℃）	
		15W/50	—	16.3～<21.9	—	215	-23	7000（-20℃）	
		20W/40	—	12.5～<16.3	—	215	-18	9500（-15℃）	
风冷二冲程汽油机油（SH/T 0675—1999）	FB			6.5	—	70（闭口）	—		适用于风冷二冲程摩托车及二冲程汽油发动机
	FC			6.5	—	70（闭口）	—		
水冷二冲程汽油机（SH/T 0676—2005）	TC-WⅡ			6.5～9.3	—	70	-25		适用于各种中、小功率的水冷二冲程汽油发动机，如摩托艇舷外机等
压缩天然气（CNG）发动机油（企业标准）		10W/40	—	12.5～<16.3	—	205	-30	3500（-20℃）	适用于压缩天然气发动机
		15W/40	—	12.5～<16.3	—	215	-23	3500（-15℃）	
液化石油气/汽油双燃料发动机油（企业标准）	（LPG/SF LPG/SG）	5W/40	—	12.5～<16.3	—	200	-35	3500（-25℃）	适用于液化石油气/汽油双燃料发动机
		5W/50	—	16.3～<21.9	—	220	-18	4500（-10℃）	
		10W/30、10W/40、15W/40 各指标见上面 SF、SG 的相应规的指标							
液化石油气/柴油双燃料发动机油（企业标准）	（LPG/CD）	5W/30	—	9.3～<12.5	—	205	-30	3500（-20℃）	适用于液化石油气/柴油双燃料发动机
		20W/50	—	16.3～<21.9	—	220	-15	4500（-10℃）	
		5W/40、10W/30、15W/40 各指标见上面 CD 的相应规格的指标							
内燃机车柴油机油（GB/T 17038—1997）	三代 —	40	—	14～16	90	225	-5	—	适用铁路内燃机车柴油机的润滑，其中非锌油，用于柴油机增压器与曲轴销等轴瓦表面镀银的机车；另一类含锌油，用于无银轴承的机车
	四代 含锌	20W/40	—	14～16	—	215	-18	4500（-10℃）	
	四代 含锌	40	—	14～16	90	225	-5	—	
	四代 非锌	20W/40	—	14～16	—	215	-18	4500（-10℃）	
	四代 非锌	40	—	14～16	90	225	-5	—	

续表

名称与牌号			黏度等级（GB/T 14906—1994）	运动黏度/mm²·s⁻¹ 40℃	运动黏度/mm²·s⁻¹ 100℃	黏度指数 不小于	闪点（开杯）/℃ 不低于	倾点/℃ 不高于	低温动力黏度/mPa·s 不大于	主要用途
普通开式齿轮油（SH/T 0363—1998）	相近的原牌号	1#	68	—	60～75	—	200	—	—	适用于开式齿轮、链条和钢丝绳的润滑
		2#	100	—	90～100	—	200	—	—	
		3#	150	—	135～165	—	200	—	—	
		3#	220	—	200～245	—	210	—	—	
		4#	320	—	290～350	—	210	—	—	
重载荷车辆齿轮油 GL-5（GB 13895—1992）			75W	—	≥4.1	报告	150	报告	—	适用在高速冲击载荷、高速低转矩和低速高转矩工况下使用的车辆齿轮的准双曲面齿轮驱动桥，也可用于手动变速器
			80W/90	—	13.5～<24.0	报告	165	报告	—	
			85W/90	—	13.5～<24.0	报告	165	报告	—	
			85W/140	—	24.0～<41.0	报告	180	报告	—	
			90	—	13.5～<24.0	75	180	报告	—	
			140	—	24.0～<41.0	75	200	报告	—	
普通车辆齿轮油（SH/T 0350—1998）			80W/90	—	15～19	—	170	-28	—	适用于汽车手动变速箱和螺旋圆锥齿轮驱动桥的润滑
			85W/90	—	15～19	—	180	-18	—	
			90	—	15～19	90	190	-10	—	
工业闭式齿轮油（GB 5903—1995）	L-CKB		100	90～110	—	90	180	-8	—	适用于工业闭式齿轮传动装置的润滑：在轻载荷下运转的齿轮
			150	135～165	—	90	200	-8	—	
			220	198～242	—	90	200	-8	—	
			320	288～352	—	90	200	-8	—	
	L-CKC		68	61.2～74.8	—	90	180	-8	—	保持在正常或中等恒定油温和重载荷下运转的齿轮
			100	90～110	—	90	180	-8	—	
			150	135～165	—	90	200	-8	—	
			220	198～242	—	90	200	-8	—	
			320	288～352	—	90	200	-8	—	
			460	414～506	—	90	200	-8	—	
			680	612～748	—	90	200	-5	—	
	L-CKD		100	90～110	—	90	180	-8	—	在高的恒定油温和重载荷下运转的齿轮
			150	135～165	—	90	200	-8	—	
			220	198～242	—	90	200	-8	—	
			320	288～352	—	90	200	-8	—	
			460	414～506	—	90	200	-8	—	
			680	612～748	—	90	200	-5	—	
蜗轮蜗杆油（SH/T 0094—1998）	L-CKE 轻载荷蜗轮蜗杆油（一级品）		220	198～242	—	90	200	-6	—	用于铜-钢配对的圆柱形和双包络等类型的承受轻载荷、传动中平稳无冲击的蜗杆副，包括该设备的齿轮及滑动轴承、汽缸、离合器等部件的润滑，及在潮湿环境下工作的其他机械设备的润滑，在使用过程中应防止局部过热和油温在100℃以上时长期运转
			320	288～352	—	90	200	-6	—	
			460	414～506	—	90	220	-6	—	
			680	612～748	—	90	220	-6	—	
			1000	900～1100	—	90	220	-6	—	

续表

名称与牌号		黏度等级（GB 3141—1994）	运动黏度/$mm^2 \cdot s^{-1}$		黏度指数 不小于	闪点（开杯）/℃ 不低于	倾点/℃ 不高于	低温动力黏度/mPa·s 不大于	主要用途
			40℃	100℃					
蜗轮蜗杆油（SH/T 0094—1998）	L-CKE/P 重载荷蜗轮蜗杆油（一级品）	220	198～242	—	90	200	-12	—	用于铜-钢配对的圆柱形承受重载荷、传动中有振动和冲击的蜗杆副，包括该设备的齿轮等部件的润滑，及其他机械设备的润滑。如果要用于双包络等类型的蜗杆副，必须有油品生产厂的说明
		320	288～352	—	90	200	-12	—	
		460	414～506	—	90	220	-12	—	
		680	612～748	—	90	220	-12	—	
		1000	900～1100	—	90	220	-12	—	
无级变速器油（企业标准）	Ub-1		10～15		90	135	-12		适用于无级变速器：钢球式无级变速器用
	Ub-1(H)		10～15		90	135	-25		环锥式无级变速器用
	Ub-2		15～20		90	160	-12		钢球内锥式无级变速器用
	Ub-3		30～40		100	170	-10		行星锥盘式无级变速器用
	Ub-3(D)		30～40		160	190	-40		大功率行星锥盘式用
	Ub-3(F)		30～35		200	190	-40		用于AT的无级变速器油
	Ub-3(m)		80～85		100	170	-12		脉动式无级变速器用
	Ub-4		160～180		90	200	-2		多盘式无级变速器用
导轨油（SH/T 0361—1998）	L-G	32	28.8～35.2	—	报告	150	-9	—	适用于机床滑动导轨的润滑
		46	41.4～50.6	—	报告	160	-9	—	
		68	61.2～74.8	—	报告	180	-9	—	
		100	90～110	—	报告	180	-9	—	
		150	135～165	—	报告	180	-9	—	
		220	198～242	—	报告	180	-3	—	
		320	288～352	—	报告	180	-3	—	
车轴油（SH 0139—1995）	冬用	—	30～40	—	—	145	凝点 -40℃	150000（-40℃）	适用于铁路车辆和蒸汽机车滑动轴承的润滑
	夏用	—	70～80	—	—	165	-10℃	—	
	通用	—	报告	—	95	165	-40℃	175000（-40℃）	

续表

名称与牌号			黏度等级（GB 3141—1994）	运动黏度/mm^2·s^{-1} 40℃	100℃	黏度指数不小于	闪点（开杯）/℃不低于	倾点/℃不高于	低温动力黏度/mPa·s不大于	主要用途
轴承油（SH/T 0017—1998）	L-FC	一级品	2	1.98~2.42	—	—	(70)	-18	—	适用于锭子、轴承、液压系统、齿轮和汽轮机等工业机械设备，L-FC还可适用于有关离合器 括号中为闭杯闪点值
			3	2.88~3.52	—	—	(80)	-18	—	
			5	4.14~5.06	—	—	(90)	-18	—	
			7	6.12~7.48	—	报告	115	-18	—	
			10	9.00~11.0	—	报告	140	-18	—	
			15	13.5~16.5	—	报告	140	-12	—	
			22	19.8~24.2	—	报告	140	-12	—	
			32	28.8~35.2	—	报告	160	-12	—	
			46	41.4~50.6	—	报告	180	-12	—	
			68	61.2~74.8	—	报告	180	-12	—	
			100	90~110	—	报告	180	-6	—	
	L-FD	一级品	2	1.98~2.42	—	—	(70)	-12	—	
			3	2.88~3.52	—	—	(80)	-12	—	
			5	4.14~5.06	—	—	(90)	-12	—	
			7	6.12~7.48	—	报告	115	-12	—	
			10	9.00~11.0	—	报告	140	-12	—	
			15	13.5~16.5	—	报告	140	-12	—	
			22	19.8~24.2	—	报告	140	-12	—	
L-AN全损耗系统用油（GB 443—1989）			5	4.14~5.06	—	—	80	-5	—	L-AN类全损耗系统用油是合并了原机械油、缝纫机油和高速机械油标准而形成的。适用于过去使用机械油的各种场合。如机床、纺织机械、中小型电机、风机、水泵等各种机械的变速箱、手动加油转动部位、轴承等一般润滑点或润滑系统，及对润滑油无特殊要求的全损耗润滑系统，不适用于循环润滑系统
			7	6.12~7.48	—	—	110	-5	—	
			10	9.00~11.00	—	—	130	-5	—	
			15	13.5~16.5	—	—	150	-5	—	
			22	19.8~24.2	—	—	150	-5	—	
			32	28.8~35.2	—	—	150	-5	—	
			46	41.4~50.6	—	—	160	-5	—	
			68	61.2~74.8	—	—	160	-5	—	
			100	90.0~110	—	—	180	-5	—	
			150	135~165	—	—	180	-5	—	
13#机械油（专用锭子油）（SH/T 0360—1998）			—	20℃时 49 50℃时 12~14	—	—	163	凝点 -45	—	适用于军事装备
合成锭子油（SH/T 0111—1998）			—	20℃时 49 50℃ 12~14	—	—	163	凝点 -45	—	适用于某些机械设备的润滑，冶金工艺用油，润滑脂的原料或其他特殊用途

续表

名称与牌号		黏度等级(GB 3141—1994)	运动黏度/mm²·s⁻¹ 40℃	运动黏度/mm²·s⁻¹ 100℃	黏度指数不小于	闪点(开杯)/℃不低于	倾点/℃不高于	低温动力黏度/mPa·s不大于	主要用途
空气压缩机油(GB 12691—1990)	L-DAA	32	28.8~35.2	报告	—	175	-9	—	适用于有油润滑的活塞式和滴油回转式空气压缩机。L-DAA用于轻载荷空气压缩机;L-DAB 用于中载荷空气压缩机
		46	41.6~50.6	报告	—	185	-9	—	
		68	61.2~74.8	报告	—	195	-9	—	
		100	90.0~110	报告	—	205	-9	—	
		150	135~165	报告	—	215	-3	—	
	L-DAB	32	28.8~35.2	报告	—	175	-9	—	
		46	41.6~50.6	报告	—	185	-9	—	
		68	61.2~74.8	报告	—	195	-9	—	
		100	90.0~110	报告	—	205	-9	—	
		150	135~165	报告	—	215	-3	—	
轻载荷喷油回转式空气压缩机油(GB 5904—1986)		N 15	13.5~16.5	—	90	165	-9	—	适用于排气温度小于100℃、有效工作压力小于 800kPa 的轻载荷喷油内冷回转式空气压缩机
		N 22	19.8~24.2	—	90	175	-9	—	
		N 32	28.8~35.2	—	90	190	-9	—	
		N 46	41.4~50.6	—	90	200	-9	—	
		N 68	61.2~74.8	—	90	210	-9	—	
		N 100	90.0~100	—	90	220	-9	—	
蒸汽汽缸油(GB/T 447—1994)	矿油型	680	748①	20~30	—	240②	18	—	适用于蒸汽机缸及与蒸汽接触的滑动部件的润滑,也适用于其他高温、低转速机械部位的润滑
		1000	1100	30~40	—	260	20	—	
		1500	1650	40~50	—	280	22	—	
	合成型	1500	1650	60~72	110	320	—	—	
L-TSA 汽轮机油(GB 11120—1989)	优级品	32	28.8~35.2	—	90③	180	-7④	—	适用于电力、工业、船舶及其他工业汽轮机组等的润滑和密封
		46	41.4~50.6	—	90	180	-7	—	
		68	61.2~74.8	—	90	195	-7	—	
		100	90.0~110.0	—	90	195	-7	—	
	一级品	32	28.8~35.2	—	90	180	-7	—	
		46	41.4~50.6	—	90	180	-7	—	
		68	61.2~74.8	—	90	195	-7	—	
		100	90.0~110.0	—	90	195	-7	—	
抗氨汽轮机油(SH/T 0362—1996)	一等品	32	28.8~35.2	—	95	200	-17	—	具有较好的抗氨稳定性,适用于大型化肥装置离心式合成氨压缩机、冷冻压缩机及汽轮机组的润滑和密封
		32D		—	95	200	-27	—	
		46	41.4~50.6	—	95	200	-17	—	
		68	61.2~74.8	—	95	200	-17	—	
	合格品	32	28.8~35.2	—	95⑤	180	-17	—	
		32D		—	95	180	-27	—	
		46	41.4~50.6	—	95	180	-17	—	
		68	61.2~74.8	—	95	180	-17	—	

续表

名称与牌号			黏度等级（GB 3141—1994）	运动黏度/$mm^2 \cdot s^{-1}$ 40℃	运动黏度/$mm^2 \cdot s^{-1}$ 100℃	黏度指数 不小于	闪点（开杯）/℃ 不低于	倾点/℃ 不高于	低温动力黏度/mPa·s 不大于	主要用途 制冷系统中蒸发器操作温度	主要用途 制冷剂类型	主要用途 典型应用
冷冻机油（GB/T 16630—1996）	L-DRA/A	一等品	15	13.5~16.5	—	—	150	-35	—	高于-40℃	氨	开启式普通冷冻机
			22	19.8~24.2	—	—	150	-35	—			
			32	28.8~35.2	—	—	160	-30	—			
			46	41.4~50.6	—	—	160	-30	—			
			68	61.2~74.8	—	—	170	-25	—			
	L-DRA/B	一等品	15	13.5~16.5	报告	—	150	-35	—	高于-40℃	氨，CFCs，HCFCs，以HCFCs为主的混合物	半封闭。普通冷冻机；冷冻、冷藏设备；空调
			22	19.8~24.2	报告	—	150	-35	—			
			32	28.8~35.2	报告	—	160	-30	—			
			46	41.4~50.6	报告	—	160	-30	—			
			68	61.2~74.8	报告	—	170	-25	—			
			100	90~110	报告	—	170	-20	—			
			150	135~165	报告	—	210	-10	—			
			220	198~242	报告	—	225	-10	—			
			320	288~352	报告	—	225	-10	—			
	L-DRB/A	优等品	15	13.5~16.5	为保证每批L-DRB/A和L-DRB/B冷冻机油的质量与通过压缩机台架试验的油样相一致，对于100℃运动黏度指标范围应由供需双方商定，并另订协议	报告	150	-42	—	低于-40℃	CFCs，HCFCs，以HCFCs为主的混合物	全封闭。冷冻、冷藏设备；电冰箱
			22	19.8~24.2		报告	160	-42	—			
			32	28.8~35.2		报告	165	-39	—			
			46	41.4~50.6		报告	170	-33	—			
			68	61.2~74.8		报告	175	-27	—			
	L-DRB/B	优等品	15	13.5~16.5		报告	150	-45	—			
			22	19.8~24.2		报告	160	-45	—			
			32	28.8~35.2		报告	165	-42	—			
			46	41.4~50.6		报告	170	-39	—			
			68	61.2~74.8		报告	175	-36	—			
矿物油型真空泵油（SH/T 0528—1998）			46	41.4~50.6	—	90	215	-9	—	适用于各种容积真空泵（机械真空泵）的密封与润滑，也适用于罗茨真空泵（机械增压泵）齿轮传动系统的润滑		
			68	61.2~74.8	—	90	225	-9	—			
			100	90~110	—	90	240	-9	—			
10#仪表油（SH/T 0138—1994）		一等品	10	9~11	—	—	130	-52	—	适用于控制测量仪表（包括低温下操作的仪表）的润滑		
		合格品	10	9~11	—	—	125	-50	—			
变压器油（GB/T 2536—90）			10#	13	—	—	140	-7	—	适用于工作电压在330kV以下（含330kV）的变压器。其中10#适用于长江以南地区；25#适用于黄河以南及华中地区；45#适用于西北、华北及东北寒冷地区		
			25#	13	—	—	140	-22	—			
			45#	11	—	—	135	凝点-45	—			

续表

名称与牌号	黏度等级（GB 3141—1994）	运动黏度/mm²·s⁻¹ 40℃	运动黏度/mm²·s⁻¹ 100℃	黏度指数 不小于	闪点（开杯）/℃ 不低于	倾点/℃ 不高于	低温动力黏度/mPa·s 不大于	主要用途
超高压变压器油（SH/T 0040—1998）	25#	13	—	—	140	-22	—	适用于500kV的变压器和有类似要求的电器设备中
	45#	12	—	—	135	凝点 -45	—	
断路器油（SH/T 0351—1992）		5.0 -30℃时 200	—	—	95	-45	—	适用于220kV及低于220kV的断路器
电容器油（GB/T 4624—1988）	1#	20℃时 40 40℃时 15.2	—	—	135	-40	—	适用于电容器
	2#	20℃时 37~45 40℃时 12.4~17	—	—	135	-40	—	
缝纫机油（企业标准）		11~16.5	—	—	135	-10	—	适用于缝纫机
织布机油（企业标准）	30	27~35	—	—	170	-10	—	适用于织布机
	40	37~43	—	—	180	-10	—	
	50	47~53	—	—	190	-10	—	
	60	57~63	—	—	200	-5	—	
	70	67~73	—	—	200	-5	—	
汽车合成制动液（QC/T 670—2000）	V-3	-40℃时 1500	1.5	—	—	—	—	适用于中国目前引进车型装车用制动液供货技术条件。分别相当于或高于国外DOT3和超级DOT4两个等级的制动液技术要求
	V-4	-40℃时 1300	250	—	—	—	—	
机动车辆制动液的技术要求（GB/T 12981—2003）	HZY 3	-40℃时 1500	1.5	—	—	—	—	适用于机动车辆用制动液的技术要求
	HZY 4	-40℃时 1800	1.5	—	—	—	—	
	HZY 5	-40℃时 900	1.5	—	—	—	—	

① 用环烷基原油生产的矿油型气缸油，允许用40℃运动黏度指标为“报告”。

② 用环烷基原油生产的矿油型气缸油的闪点有争议时以GB/T 267方法测定为准，其他油生产的气缸油闪点有争议时以GB/T 3536方法为准。

③ 对中间基原油生产的汽轮机油，L-TSA合格品黏度指数允许不低于70，一级品黏度指数允许不低于80。根据生产和使用实际，经与用户协商，可不受本表相关标准限制。

④ 倾点指标，根据生产和使用实际，经与用户协商，可不受本表相关标准限制。

⑤ 中间基原油生产的抗氨汽轮机油黏度指数允许不低于75。

注：无级变速器油性能摘自中国齿轮专业协会。2006中国齿轮工业年鉴。北京：北京理工大学出版社，2006，205~206。

3　常用润滑脂

3.1　润滑脂的组成及主要质量指标

3.1.1　润滑脂的组成

润滑脂是将稠化剂分散于液体润滑剂中所组成的稳定的固体或半固体产品。这种产品可以加入旨在改善某种特性的添加剂和填料。润滑脂的主要组成包括稠化剂、基础油以及添加剂和填料等，详见表10-2-17。

表10-2-17　　润滑脂的组分

基础油		稠化剂				添加剂		
矿物油 合成烃油 双脂类油 硅油	磷酸酯 氟碳类油 氟硅类油 氯硅类油	钠皂 钙皂 锂皂 铝皂	钡皂 复合铝皂 复合锂皂 膨润土	硅类 石墨 聚脲 聚四氟乙烯	聚乙烯 阴丹士林染料	抗氧剂 抗磨剂 极压抗磨剂 抗腐蚀剂	摩擦改进剂 金属钝化剂 黏度指数改进剂	增稠剂 抗水剂 染料 结构改进剂

3.1.2　润滑脂的主要质量指标

表10-2-18　　润滑脂的主要质量指标

指标	定义	说明
外观	是通过目测和感观检验质量的项目。如可以目测脂的颜色、透明度和均匀性等;可以用手摸和观察脂纤维状况、黏附性和软硬程度等	通常在玻璃板上抹1~2mm脂层,对光检验其外观,初步判断出润滑脂的质量和鉴别润滑脂的种类。例如钠基脂是纤维状结构,能拉出较长的丝,对金属的附着力也强。一般润滑脂的颜色、浓度均匀,没有硬块、颗粒,没有析油、析皂现象,表面没有硬皮层状和稀软糊层状等
滴点	润滑脂在规定加热条件下,从不流动状态达到一定流动性时的最低温度。通常是从脂杯中滴下第一滴脂或流出25mm油柱时的温度。对于非皂基稠化剂类的脂,可以没有状态的变化,而是析出油	是衡量润滑脂耐热程度的一个指标,可用它鉴别润滑脂类型、粗略估计其最高使用温度,一般皂基脂的最高使用温度要比滴点低20~30℃。但对于复合皂基脂、膨润土脂、硅胶脂等,二者间没有直接关系 中国润滑脂滴点标准测定方法有3种:①GB/T 4929—1991,与国际标准ISO/DP 2176等效;②SH/T 0115—1992;③GB/T 3498—1991润滑脂宽温度范围滴点测定法
锥入度	过去亦称针入度,是指在规定质量(150g)、规定温度(25℃)下锥入度计的标准圆锥体由自由落体垂直穿入装于标准脂杯内的润滑脂试样,经过5s所达到的深度。以1/10mm为单位。在25℃下测定称为工作锥入度。一般润滑脂规格中的锥入度都是工作锥入度	是鉴定润滑脂稠度即软硬程度的指标。锥入度越大表示润滑脂越软。润滑脂锥入度根据GB/T 269—1991(等效采用国际标准ISO/DIS 2137—1982)规定的标准方法进行测定。为了节省试样,还有1/4锥入度和1/2锥入度其圆锥体和捣脂器的尺寸都缩小。1/4锥入度又称微锥入度,圆锥体和撞杆总质量为9.38g±0.025g。1/2锥入度的圆锥体和撞杆总质量为37.5g±0.05g
水分	是指润滑脂的含水量,以质量分数表示	润滑脂中的水分有两种:一种是结合水,它是润滑脂中的稳定剂,对润滑脂结构的形成和性质都有重要的影响;另一种是游离的水分,是润滑脂中不希望有的,必须加以限制。因此,根据不同润滑脂提出不同含水量要求,例如钠基脂和钙基脂允许含很少量水分;钙基脂的水分依不同牌号脂的含皂量的多少而规定某一范围,水分过多或过少均会影响脂的质量;一般锂基脂、铝基脂和烃基脂等均不允许含水 润滑脂水分按照GB/T 512—1990润滑脂水分测定法测定

续表

指　标	定　义	说　明
皂分	是指润滑脂中作为稠化剂的脂肪酸皂组分的含量。非皂基脂没有皂分指标,但可规定一个稠化剂含量(只在生产过程控制)	测定润滑脂的皂分,可了解皂基润滑脂的其他物理性质是否和稠化剂的浓度相对应。同一牌号的皂基润滑脂,皂分高,则产品含油量少,在使用中就易产生硬化结块和干固现象,使用寿命缩短;皂分低,则骨架不强,机械安定性和胶体安定性会下降,易分离和流失。皂分按SH/T 0319—1992方法测定
机械杂质	是指稠化剂和固体添加剂以外的不溶于规定溶剂的固体物质,例如砂砾、尘土、铁锈、金属屑等	润滑脂中的机械杂质,会引起机械摩擦面的磨损并增大轴承噪声,金属屑或金属盐还会促进润滑脂氧化等。润滑脂的机械杂质测定法有4种:①酸分解法(GB/T 513—1988);②溶剂抽出法(SH/T 0330—2004);③显微镜法(SH/T 0336—2004);④有害粒子鉴定法(SH/T 0322—1992)
灰分	是指润滑脂试样经燃烧和煅烧所剩余的氧化物和以盐类形式存在的不燃烧组分,以质量分数表示	润滑脂灰分的主要来源是:稠化剂(如各种脂肪酸皂类)中的金属氧化物、原料中的杂质以及外界混入脂中的机械杂质等 润滑脂灰分按照SH/T 0327—2004的方法测定
胶体安定性	润滑脂是一个由稠化剂和基础油形成的结构分散体系。基础油在有些情况下会自动从体系中分出来。润滑脂在长期储存和使用过程中抵抗分油的能力称为润滑脂的胶体安定性。通常把润滑脂析出的油的数量换算为质量分数来表示,即分油量指标	润滑脂的分油量(即胶体安定性)是润滑脂的重要指标之一。如果润滑脂产品在储存期间大量析油,则说明其胶体安定性差,这种产品只能短期存放,否则会因变质而报废。胶体安定性好的润滑脂,即使在较高温度和载荷的部位使用,也不致因受压力、离心力及较高温度而发生严重析油 润滑脂胶体安定性的标准测定方法有3种:①压力分油法(GB/T 392—1992);②漏斗分油法(SH/T 0321—1992);③钢网分油(SH/T 0324—2004)
氧化安定性	是指润滑脂在储存和使用过程中抵抗氧化的能力	是润滑脂的重要性能之一。关系到其最高使用温度和寿命长短。润滑脂氧化安定性的标准测定方法有2种:①氧弹法(SH/T 0335—2004);②快速氧化法(SH/T 2728—1980)

3.2 润滑脂的分类

润滑脂的分类标准(GB/T 7631.8—1990)等效采用国际标准ISO 6743/9—1987,适用于润滑各种设备、机械部件、车辆等各种润滑脂,但不适用于特殊用途的润滑脂(例如接触食品、高真空、抗辐射等)。该分类标准是按照润滑脂应用时的操作条件进行分类的,在这个标准体系中,一种润滑脂只有一个代号,并应与该润滑脂在应用中的最严格操作条件(温度、水污染和载荷等)相对应,由5个大写英文字母组成,见表10-2-19;每个字母都有其特定含义,参见润滑脂的分类表10-2-20。润滑脂的稠度分为9个等级(即NLGI稠度等级),见表10-2-21。

表10-2-19　　润滑脂标记的字母顺序

L	X(字母1)	字母2	字母3	字母4	字母5	稠度等级
润滑剂类	润滑脂组别	最低温度	最高温度	水污染 (抗水性、防锈性)	极压性	稠度号

表 10-2-20　　X 组（润滑脂）的分类（摘自 GB/T 7631.8—1990）

代号字母（字母1）	总的用途	使用要求									标记示例
		操作温度范围				水污染（见表10-2-22）	字母4	载荷EP	字母5	稠度（见表10-2-21）	
		最低温度/℃	字母2	最高温度/℃	字母3						
X	用润滑脂的场合	0 −20 −30 −40 <−40 （设备启动或运转时，或者泵送润滑脂时，所经历的最低温度）	A B C D E	60 90 120 140 160 180 >180 （在使用时，被润滑部件的最高温度）	A B C D E F G	在水污染的条件下，润滑脂的润滑性、抗水性和防锈性	A B C D E F G H I	表示在高载荷或低载荷下，润滑脂的润滑性和极压性，用A表示非极压型脂；用B表示极压型脂	A B	可选用如下稠度号： 000 00 0 1 2 3 4 5 6	一种润滑脂，使用在下述操作条件 最低操作温度：−20℃ 字母B 最高操作温度：160℃ 字母E 环境条件：经受水洗 防锈性：不需要防锈 ］字母G 载荷条件：高载荷　字母B 稠度等级：00 应标记为 L-XBEGB 00

注：包含在这个分类体系范围里的所有润滑脂彼此相容是不可能的。而由于缺乏相容性，可能导致润滑脂性能水平的剧烈降低，因此，在允许不同的润滑脂相接触之前，应和产销部门协商。

表 10-2-21　　润滑脂稠度等级（NLGI）

稠度等级（稠度号）	锥入度（25℃，150g）/(10mm)$^{-1}$
000	445～475
00	400～430
0	355～385
1	310～340
2	265～295
3	220～250
4	175～205
5	130～160
6	85～115

表 10-2-22　　水污染的符号

环境条件		防锈性		字母4
干燥环境	L	不防锈	L	A
	L	淡水存在下的防锈性	M	B
	L	盐水存在下的防锈性	H	C
静态潮湿环境	M		L	D
	M		M	E
	M		H	F
水洗	H		L	G
	H		M	H
	H		H	I

3.3　常用润滑脂的性质与用途

表 10-2-23　　常用润滑脂的性质与用途

名称与牌号	稠度等级（NLGI）	外观	滴点/℃不低于	锥入度（25℃，150g）/(10mm)$^{-1}$	水分/%不大于	特性及主要用途
钙基润滑脂（GB/T 491—1987）	1	淡黄色至暗褐色、均匀油膏	80	310～340	1.5	温度小于55℃、轻载荷和有自动给脂的轴承，以及汽车底盘和气温较低地区的小型机械

续表

名称与牌号	稠度等级(NLGI)	外观	滴点/℃不低于	锥入度(25℃,150g)/(10mm)$^{-1}$	水分/%不大于	特性及主要用途
钙基润滑脂(GB/T 491—1987)	2	淡黄色至暗褐色、均匀油膏	85	265~295	2.0	中小型滚动轴承,以及冶金、运输、采矿设备中温度不高于55℃的轻载荷、高速机械的摩擦部位
	3		90	220~250	2.5	中型电机的滚动轴承,发电机及其他设备温度在60℃以下、中等载荷、中等转速的机械摩擦部位
	4		95	175~205	3.0	汽车、水泵的轴承,重载荷机械的轴承,发电机、纺织机及其他60℃以下重载荷低速的机械
石墨钙基润滑脂(SH/T 0369—1992)	—	黑色均匀油膏	80	—	2	压延机人字齿轮,汽车弹簧,起重机齿轮转盘,矿山机械,绞车和钢丝绳等高载荷、低转速的机械
合成钙基润滑脂(SH/T 0372—1992)	2	深黄色到暗褐色均匀油膏	80	≤350(50℃) 265~310(25℃) ≥230(0℃)	3	具有良好的润滑性能和抗水性,适用于工业、农业、交通运输等机械设备的润滑,使用温度不高于60℃
	3		90	≤300(50℃) 220~265(25℃) ≥200(0℃)	3	
复合钙基润滑脂(SH/T 0370—1995)	1	—	200	310~340	—	具有良好的抗水性、机械安定性和胶体安定性。适用于工作温度-10~150℃及潮湿条件下机械设备的润滑
	2		210	265~295	—	
	3		230	220~250	—	
合成复合钙基润滑脂(SH/T 0374—1992)	1	深褐色均匀软膏	180	310~340	痕迹	具有较好的机械安定性和胶体安定性,用于较高温度条件下摩擦部位的润滑
	2		200	265~295	痕迹	
	3		220	220~250	痕迹	
	4		240	175~205	痕迹	
钠基润滑脂(GB/T 492—1989)	2	—	160	265~295	—	适用于-10~110℃温度范围内一般中等载荷机械设备的润滑,不适用于与水相接触的润滑部位
	3		160	220~250	—	
4#高温润滑脂(50#高温润滑脂)(SH/T 0376—2003)	—	黑绿色均匀油性软膏	200	170~225	0.3	适用于在高温条件下工作的发动机摩擦部位、着陆轮轴承以及其他高温工作部位的润滑
钙钠基润滑脂(SH/T 0368—2003)	2	由黄色到深棕色的均匀软膏	120	250~290	0.7	耐溶、耐水、温度80~100℃(低温下不适用)。铁路机车和列车、小型电机和发电机以及其他高温轴承
	3		135	200~240	0.7	
压延机用润滑脂(SH/T 0113—2003)	1	由黄色至棕褐色的均匀软膏	80	310~355	0.5~2.0	适用于在集中输送润滑剂的压延机轴上使用
	2		85	250~295	0.5~2.0	

续表

名称与牌号	稠度等级(NLGI)	外　观	滴点/℃不低于	锥入度(25℃,150g)/(10mm)$^{-1}$	水分/%不大于	特性及主要用途
滚珠轴承润滑脂(SH/T 0386—1992)	—	黄色到深褐色均匀油膏	120	250~290	0.75	机车、货车的导杆滚珠轴承、汽车等的高温摩擦交点和电机轴承
食品机械润滑脂(GB/T 15179—1994)	—	白色光滑油膏,无异味	135	265~295	—	具有良好的抗水性、防锈性、润滑性,适用于与食品接触的加工、包装、输送设备的润滑,最高使用温度100℃
铁路制动缸润滑脂(SH/T 0377—1992)	—	浅黄色至浅褐色均匀油膏	100	280~320	—	具有较好的润滑、密封和黏温性能,并能保持制动橡胶密封件的耐寒性。适用于铁路机车车辆制动缸的润滑。使用温度-50~80℃
铁道润滑脂(硬干油)(SH/T 0373—2003)	9	绿褐色到黑褐色半固体纤维状砖形油膏	180	块锥入度 25℃ 20~35 75℃ 50~75	0.5	具有优良的抗压性能及润滑性能。适用于机车大轴摩擦部分及其他高速高压的摩擦界面的润滑
	8		180	块锥入度 25℃ 35~45 75℃ 75~100	0.5	
钡基润滑脂(SH/T 0379—2003)	—	黄色到暗褐色均质软膏	135	200~260	痕迹	具有耐水、耐温和一定的防护性能,适用于船舶推进器、抽水机的润滑
铝基润滑脂(SH/T 0371—1992)	—	淡黄色到暗褐色的光滑透明油膏	75	230~280	—	具有高度耐水性,适用于航运机器的摩擦部位及金属表面的防蚀
合成复合铝基润滑脂(SH/T 0381—1992)	1	浅褐色到暗褐色均匀软膏	180	310~340	痕迹	具有良好的抗水性及防护性和较好的机械安定性、胶体安定性,用于较高温度(120℃以下)和潮湿条件下的摩擦部位
	2		190	265~295	痕迹	
	3		200	220~250	痕迹	
	4		210	175~205	痕迹	
复合铝基润滑脂(SH/T 0378—2003)	0	—	235	355~385	—	适用于-20~160℃温度范围的各种机械设备及集中润滑系统
	1		235	310~340	—	
	2		235	265~295	—	
极压复合铝基润滑脂(SH/T 0534—2003)	0	—	235	355~385	—	适用于工作温度-20~160℃的高载荷机械设备及集中润滑系统
	1		235	310~340	—	
	2		235	265~295	—	
通用锂基润滑脂(GB/T 7324—1994)	1	浅黄色至褐色光滑油膏	170	310~340	—	具有良好的抗水性、机械安定性、耐蚀性和氧化安定性。适用于工作温度-20~120℃范围内各种机械设备的滚动轴承和滑动轴承及其他摩擦部位的润滑
	2		175	265~295	—	
	3		180	220~250	—	
汽车通用锂基润滑脂(GB/T 5671—1995)	—	—	180	265~295	—	具有良好的机械安定性、胶体安定性、防锈性、氧化安定性和抗水性,用于温度-30~120℃汽车轮毂轴承、底盘、水泵和发电机等部位的润滑

续表

名称与牌号	稠度等级(NLGI)	外观	滴点/℃不低于	锥入度(25℃,150g)/(10mm)$^{-1}$	水分/%不大于	特性及主要用途
极压锂基润滑脂(GB/T 7323—1994)	00	—	165	400~430	—	适用于工作温度-20~120℃的高载荷机械设备轴承及齿轮润滑,也可用于集中润滑系统
	0		165	355~385	—	
	1		170	310~340	—	
	2		170	265~295	—	
合成锂基润滑脂(SH/T 0380—1992)	1	浅褐色至暗褐色均匀软膏	170	310~340	痕迹	具有一定的抗水性和较好的机械安定性,用于温度-20~120℃的机械设备的滚动和滑动摩擦部位
	2		175	265~295	痕迹	
	3		180	220~250	痕迹	
	4		185	175~205	痕迹	
极压复合锂基润滑脂(SH/T 0535—2003) 一等品	1	—	260	310~340	—	适用于工作温度-20~160℃的高载荷机械设备润滑
	2		260	265~295	—	
	3		260	220~250	—	
合格品	1		250	310~340	—	
	2		260	265~295	—	
	3		260	220~250	—	
二硫化钼极压锂基润滑脂(SH/T 0587—1994)	0	—	170	355~385	—	适用于工作温度-20~120℃的内轧钢机械、矿山机械、重型起重机械等重载荷齿轮和轴承的润滑,并能用于有冲击载荷的部件
	1		170	310~340	—	
	2		175	265~295	—	
$3^{\#}$仪表润滑脂($54^{\#}$低温润滑脂)(SH/T 0385—1992)	—	均匀无块,凡士林状油膏	60	230~265	—	适用于润滑-60~55℃温度范围内工作的仪器
钢丝绳表面脂(SH/T 0387—1992)	—	褐色至深褐色均匀油膏	58	运动黏度(100℃)不小于20mm^2/s	痕迹	具有良好的化学安定性、防锈性、抗水性和低温性能。适用于钢丝绳的封存,同时具有润滑作用
钢丝绳麻芯脂(SH/T 0388—1992)	—	褐色至深褐色均匀油膏	45~55	运动黏度(100℃)不小于25mm^2/s	痕迹	具有较好的防锈性、抗水性、化学安定性和润滑性能,主要用于钢丝绳麻芯的浸渍和润滑
膨润土润滑脂(SH/T 0536—2003)	1	—	270	310~340	—	适用于工作温度在0~160℃范围的中低速机械设备润滑
	2		270	265~295	—	
	3		270	220~250	—	
极压膨润土润滑脂(SH/T 0537—2003)	1	—	270	310~340	—	适用于工作温度在-20~180℃范围内的高载荷机械设备润滑
	2		270	265~295	—	
$2^{\#}$航空润滑脂(202润滑脂)(SH/T 0375—1992)	—	黄色到浅褐色的均匀软膏	170	285~315	—	在较宽温度范围内工作的滚动轴承润滑

续表

名称与牌号	稠度等级(NLGI)	外　观	滴点/℃不低于	锥入度(25℃,150g)/(10mm)$^{-1}$	水分/%不大于	特性及主要用途
精密机床主轴润滑脂(SH/T 0382—2003)	2	—	180	265～295	痕迹	具有良好的抗氧化性、胶体安定性和机械安定性,用于精密机床和磨床的高速磨头主轴的长期润滑
	3		180	220～250	痕迹	
铁道车辆滚动轴承润滑脂(TB/T 2548—1995)	Ⅱ型	棕色至褐色均匀油膏	170	290～320	痕迹	具有良好的抗氧化、防锈性。适用于速度在160km/h以下、工作温度－40～120℃的铁道车辆轴承的润滑
机车轮对滚动轴承润滑脂(TB/T 2955—1999)		褐色至棕褐色软膏	170	265～295	痕迹	适用于速度在160km/h以下、轴重小于25t、工作温度－40～120℃的机车轮对滚动轴承的润滑
机车车辆制动缸润滑脂(TB/T 2788—1997)	89D	—	170	280～320	痕迹	适用于工作温度－50～120℃的机车车辆制动缸的润滑
机车牵引电机轴承润滑脂(企业标准)		—	187	315	—	具有优良的机械安定性、胶体安定性及良好的抗氧化性能。适用于机车牵引电机及辅机轴承的润滑
地铁轮轨润滑脂(企业标准)		黑色均匀油膏	178	351	—	适用于地下铁道及城市轨道车辆车轮与轨部位的润滑。使用温度范围－20～100℃
聚脲润滑脂(企业标准)	0	淡黄色至浅褐色均匀油膏	240	355～385	—	具有良好的高、低温性能、抗水性、机械安定性、胶体安定性、化学安定性、防锈性、抗磨性、抗极压性、氧化安定性、黏附性、良好的润滑性,使用寿命长。适用于冶金行业连铸机、连轧机及其他行业超高温摩擦部位,如连铸设备的结晶器弧形辊道、弯曲辊道轴承的润滑
	1		260	310～340	—	
	2		260	265～295	—	

4　润滑剂添加剂

根据SH/T 0389—1998《石油添加剂的分类》标准，润滑剂添加剂按作用分为清净剂和分散剂、抗氧抗腐剂、极压抗磨剂、油性剂和摩擦改进剂、抗氧剂和金属减活剂、黏度指数改进剂、防锈剂、降凝剂、抗泡沫剂等。润滑剂常用添加剂见表10-2-24，添加剂名称一般形式如下所示：

类	品种

例：T102

T——类（石油添加剂）

102——品种（表示清净剂和分散剂组中的中碱性石油磺酸钙，其第一个阿拉伯数字“1”表示润滑剂添加剂部分中清净剂和分散剂的组别号）

表 10-2-24　润滑剂常用添加剂①

添加剂主要类型及名称	应　用	作　用
清净分散剂 1. 低碱度石油磺酸钙(T101) 2. 中碱度石油磺酸钙(T102) 3. 高碱度石油磺酸钙(T103) 4. 烷基酚钡 5. 烷基酚钙 6. 硫磷化聚异丁烯钡盐(T108) 7. 烷基水杨酸钙(T109) 8. 聚异丁烯丁二酰亚胺(无灰分散剂)(T151～T155)	与抗氧抗腐剂复合使用于内燃机油、柴油机油和船用气缸油。一般汽油机油和柴油机油中清净分散剂的添加量为3%；高级汽油机油和增压柴油机油中的添加量要增加,具体数量及配方需通过试验确定；船用气缸油的添加量为20%～30%。在使用过程中,常将各种具有不同特性的清净分散剂复合使用	1. 清净分散作用:清净分散剂吸附在燃料及润滑油的氧化产物(胶质)上,悬浮于油中,防止在油中产生沉淀和在活塞、气缸中形成积炭。这些沉淀和积炭会造成气缸部件黏结,甚至卡死,影响发动机正常运转 2. 中和作用:中和含硫燃料燃烧后生成的氧化硫及其他酸性物质,避免机器部件的腐蚀
抗氧抗腐剂 1. 二芳基二硫化磷酸锌(T201) 2. 二烷基二硫代磷酸锌(T202) 3. 硫磷化烯烃钙盐	与清净分散剂复合使用于发动机油中,一般汽油机油及柴油机油中,用量为0.5%～0.8%,用于高级内燃机油中也不超过1.5%	1. 分解润滑油中由于受热氧化产生的过氧化物,从而减少有害酸性物的生成 2. 钝化金属表面,使金属在受热情况下,减缓腐蚀 3. 与金属形成化学反应膜减少磨损
抗氧化剂 1. 2,6-二叔丁基对甲酚(T501) 2. 芳香胺(T531) 3. 双酚(T511) 4. 苯三唑衍生物(T551) 5. 噻二唑衍生物(T561)	主要用于工业润滑油如变压器油、透平油、液压油、仪表油等,添加量为0.2%～0.6%。工作温度较高时,双酚型抗氧化剂较为有效	润滑油在使用过程中不断与空气接触发生连锁性氧化反应。抗氧化剂能使连锁反应中断,减缓润滑油的氧化速度延长油的使用寿命
油性、极压剂 1. 酯类(油酸丁酯、二聚酸乙二醇单酯及动植物油等) 2. 酸及其皂类(油酸、二聚酸、硬脂酸铝等)(T402) 3. 醇类(脂肪醇) 4. 磷酸酯、亚磷酸脂(磷酸三乙酯、磷酸三甲酚脂、亚磷酸二丁酯等)(T304等) 5. 二烷基二硫代磷酸锌(T202) 6. 磷酸酯、亚磷酸酯、硫代磷酸酯的含氮衍生物(T308等) 7. 硫化烯烃(硫化异丁烯、硫化三聚异丁烯 T321) 8. 二苄基二硫化物(T322) 9. 硫化妥尔油脂肪酸脂 10. 硫化动植物油或硫氯化动植物油(T405、T405A) 11. 氯化石蜡(T301,T302) 12. 环烷酸铅(T341)	用于汽车齿轮油、工业极压齿轮油、金属加工油(轧制油、切削油等)、导轨油、抗磨液压油、极压透平油、极压润滑脂及其他工业用油。添加量为0.5%～10%,有的甚至在20%以上。在使用中,有单独使用,也有复合使用,根据各种油品的性能要求确定	1. 油性添加剂在常温条件下,吸附在金属表面上形成边界润滑层,防止金属表面的直接接触,保持摩擦面的良好润滑状态 2. 极压添加剂在高温条件下,分解出活性元素与金属表面起化学反应,生成一种低剪切强度的金属化合物薄层,防止金属因干摩擦或在边界摩擦条件下而引起的黏着现象

续表

添加剂主要类型及名称	应　用	作　用
降凝剂 1. 烷基萘(T801) 2. 醋酸乙烯酯与反丁烯二酸共聚物 3. 聚 α-烯烃(T803) 4. 聚甲基丙烯酸酯(T814) 5. 长链烷基酚	广泛应用于各种润滑油，如内燃机油、齿轮油、机械油、变压器油、液压油、透平油、冷冻机油等。添加量为 0.1% ~1%	降凝剂能与油中之石蜡产生共晶，防止石蜡形成网状结构，使润滑油不被石蜡网状结构包住，并呈流动液体状态存在而不致凝固，即起降凝作用
增黏剂 1. 聚乙烯基正丁基醚(T601) 2. 聚甲基丙烯酸酯(T602) 3. 聚异丁烯(T603) 4. 乙丙共聚物(T611) 5. 分散型乙丙共聚物(T631)	配制冷启动性能好、黏温性能好，可以四季通用、南北地区通用的稠化机油、液压油和多级齿轮油等。一般用量为 3% ~10%，有的更多	1. 改善润滑油的黏温特性 2. 对轻质润滑油起增稠作用 加有增黏剂的油高温不易变稀，低温不易变稠
防锈剂 1. 石油磺酸钠(T702) 2. 石油磺酸钡(T701) 3. 二壬基萘磺酸钡(T705) 4. 环烷酸锌(T704) 5. 烯基丁二酸(T746) 6. 苯骈三氮唑(T706) 7. 烯基丁二酸咪唑啉盐(T703) 8. 山梨糖醇单油酸酯 9. 氧化石油脂及其钡皂(T743) 10. 羊毛脂及其皂 11. *N*-油酰肌胺酸十八胺(T711)	广泛用于金属零件、部件、工具、机械发动机及各种武器的封存防锈油脂(长期封存防锈油脂、工作封存两用油脂薄层油等)，在使用中要求一定防锈性能的各种润滑油脂(透平油、齿轮油、机床用油、液压油、切削油、仪表油脂等)工序间防锈油脂等。在使用过程中，常将各种具有不同特点的防锈剂复合使用，以达到良好的综合防锈效果。添加量随防锈性能的要求不同而不同，一般为 0.01% ~20%	防锈剂与金属表面有很强的附着能力，在金属表面上优先吸附形成保护膜或与金属表面化合形成钝化膜。防止金属与腐蚀介质接触，起到防锈作用
抗泡剂 1. 二甲基硅油 2. 丙烯酸酯与醚共聚物(T911)	用于各种循环使用的润滑油。添加量为百万分之几。应用时先用煤油稀释，最好用胶体磨或喷雾器分散于润滑油中	润滑油在循环使用过程中，会吸收空气，形成泡沫，抗泡剂能降低表面张力，防止形成稳定的泡沫

① 摘自机械工程手册：机械设计基础卷（第二版），北京：机械工业出版社，1996，4-120 ~4-121。

5　合成润滑剂

合成润滑剂是通过化学合成方法制备成的高分子化合物，再经过调配或进一步加工而成的润滑油、脂产品。合成润滑剂具有一定化学结构和预定的物理化学性质。在其化学组成中除了含碳、氢元素外，还分别含有氧、硅、磷、氟、氯等。与矿物润滑油相比，合成润滑油具有优良的黏温性和低温性，良好的高温性和热氧化稳定性，良好的润滑性和低挥发性，以及其他一些特殊性能如化学稳定性和耐辐射性等，因而能够满足矿物油所不能满足的使用要求。

5.1 合成润滑剂的分类

目前获得工业应用的合成润滑剂分为下列6类：①有机酯类，包括双酯、多元醇酯及复酯等；②合成烃类，包括聚α-烯烃、烷基苯、聚异丁烯及合成环烷烃等；③聚醚类（又称聚烷撑醚），包括聚乙二醇醚、聚丙二醇醚或乙丙共聚醚等；④硅油和硅酸酯类（又称聚硅氧烷或硅酮），包括甲基硅油、乙基硅油、甲基苯基硅油、甲基氯苯基硅油、多硅醚等；⑤含氟油类，包括全氟烃、氟氯碳、全氟聚醚、氟硅油等；⑥磷酸酯类，包括烷基磷酸酯、芳基磷酸酯、烷基芳基磷酸酯等。

5.2 合成润滑剂的应用

由于我国润滑剂的分类原则是根据应用场合划分的，每一类润滑剂中已考虑了应用合成液的品种，因此没有将合成润滑剂单独分类，而只有一些产品标准。合成润滑剂标准的编号与名称见表10-2-25。

表10-2-25　合成油的温度特性

类　别	闪点/℃	自燃点/℃	热分解温度/℃	黏度指数	倾点/℃	最高使用温度/℃
矿物油	140~315	230~370	250~340	50~130	-45~-10	150
双酯	200~300	370~430	283	110~190	<-70~-40	220
多元醇酯	215~300	400~440	316	60~190	<-70~-15	230
聚α-烯烃	180~320	325~400	338	50~180	-70~-40	250
二烷基苯	130~230	—	—	105	-57	230
聚醚	190~340	335~400	279	90~280	-65~5	220
磷酸酯	230~260	425~650	194~421	30~60	<-50~-15	150
硅油	230~330	425~550	388	110~500	<-70~10	280
硅酸酯	180~210	435~645	340~450	110~300	<-60	200
卤碳化合物	200~280	>650	—	-200~10	<-70~65	300
聚苯醚	200~340	490~595	454	-100~10	-15~20	450

表10-2-26　各种合成润滑油与矿物油性能对比①

类　别	黏温性	与矿物油相容性	低温性能	热安定性	氧化安定性	水解安定性	抗燃性	耐负荷性	与油漆和涂料相容性	挥发性	抗辐射性	密度	相对价格②
矿物油	中	优	良	中	中	优	低	良	优	中	高	低	1
超精制矿物油	良	优	良	中	中	优	低	良	优	低	高	低	2
聚α-烯烃油	良	优	良	良	良	优	低	良	优	低	高	低	5
有机酯类	良	良	良	中	中	中	低	良	优	中	中	中	5
聚烷撑醚	良	差	良	中	中	良	低	良	良	低	中	中	5
聚苯醚	差	良	差	优	良	优	低	良	中	中	高	高	110
磷酸酯(烷基)	良	中	中	中	良	中	高	良	差	中	低	高	8
磷酸酯(苯基)	中	中	差	良	良	中	高	良	差	低	低	高	8
硅酸酯	优	差	优	良	中	差	低	中	中	中	低	中	10
硅油	优	差	优	良	良	良	低	差	中	低	低	中	10~50
全氟碳油	中	差	中	良	良	中	高	差	中	中	低	高	100
聚全氟烷基醚	中	差	良	良	良	良	高	良	中	中	低	高	100~125

① 评分标准为优、良、中、差或高、中、低。

② 相对价格以矿物油为1相对比较而得，无量纲。

表 10-2-27 合成润滑剂的用途

种类	用途
合成烃	燃气涡轮润滑油、航空液压油、齿轮油、车用发动机油、金属加工油、轧制油、冷冻机油、真空泵油、减震液、化装晶油、刹车油、纺丝机油、润滑脂基础油
酯类油	喷气发动机油、精密仪表油、高温液压油、真空泵油、自动变速机油、低温车用机油、刹车油、驻退液、金属加工油、轧制油、润滑脂基础油、压缩机油
磷酸酯	用于有抗燃要求的航空液压油、工业液压油、压缩机油、刹车油、大型轧制机油、连续铸造设备用油
聚乙二醇醚	液压油、刹车油、航空发动机油、真空泵油、制冷机油、金属加工油
硅酸酯	高温液压油、高温传热介质、极低温润滑脂基础油、航空液压油、导轨液压油
硅油	航空液压油、精密仪表油、压缩机油、扩散泵油、刹车油、陀螺油、减震液、绝缘油、光学用油、润滑脂基础油、介质冷却液、脱模剂、雾化润滑液
聚苯醚	有关原子反应堆用润滑油、液压油、冷却介质、发动机油、润滑脂基础油
氟油	原子能工业用油、导弹用油、氧气压缩机油、陀螺油、减震液、绝缘油、润滑脂基础油

表 10-2-28 合成润滑剂标准

标准编号	标准名称	相应国外标准
GJB 135—1988	4109#合成航空润滑油	MIL-L-7808J
GJB 561—1988	4450#航空齿轮油	AIR-3525/B79
GJB 1085—1991	舰用液压油	
GJB 1170—1991	低挥发航空仪表油	MIL-L-6085B(1)-85
GJB 1263—1991	航空涡轮发动机用合成润滑油规范	MIL-L-23699C
SH/T 0010—1990	热定型机润滑油	
SH 0433—1992	4106#合成航空润滑油	MIL-L-23699C
SH 0434—1998	4839#抗化学润滑油	
SH 0448—1998	4802#抗化学润滑油	
SH/T 0454—1998	特3#、4#、5#、14#、16#精密仪表油	
SH 0460—1992	4104#合成航空润滑油	DERD-2487
SH 0461—1992	4209#合成航空润滑油	
SH/T 0464—1992	4121#低黏度仪表油	
SH/T 0465—1992	4122#高低温仪表油	
SH/T 0467—1994	4403#合成齿轮油	
SH/T 0011—1990	7903#耐油密封润滑脂	MIL-G-6032D
SH 0431—1998	7017-1#高低温润滑脂	
SH/T 0432—1998	7502#、7503#硅脂	
SH 0437—1998	7007#、7008#通用航空润滑脂	
SH/T 0438—1998	7011#低温极压脂	
SH/T 0442—1998	7105#光学仪器极压脂	
SH/T 0443—1992	7106#、7107#光学仪器润滑脂	
SH/T 0444—1992	7108#光学仪器防尘脂	
SH/T 0445—1992	7112#宽温航空润滑脂	

续表

标准编号	标准名称	相应国外标准
SH/T 0446—1992	7602#高温密封脂	
SH/T 0447—1992	7163#专用阻尼脂	
SH 0449—1998	7805#抗化学密封脂	
SH 0456—1998	特7#精密仪表脂	
SH 0459—1998	特221#润滑脂	
SH 0466—1992	7023#低温航空润滑脂	
SH/T 0469—1998	7407#齿轮润滑脂	
SH/T 0595—1994	7405#高温高压螺纹密封脂	API Bull 5A2-1998
SH/T 0640—1997	电位器阻尼脂	
SH/T 06411—1997	电接点润滑脂	前苏联 TY 6-02-989-77(1998)

6 固体润滑剂

6.1 固体润滑剂的作用和特点

能保护相对运动表面不受损伤，并降低其摩擦与磨损而使用的固体粉末或薄膜称为固体润滑剂。

许多固体润滑剂具有层状结构，如石墨、二硫化钼等，具有与摩擦表面的较强附着力和在固体润滑剂层间的低剪切力，从而防止摩擦表面的直接接触并降低摩擦表面的摩擦阻力。对于非层状结构固体润滑剂或一些软金属，则主要是利用其剪切力低的特性，附着在表面形成润滑膜，可起到润滑作用。但是，对于已经形成的固体润滑膜来说，则可利用边界润滑机理近似地解释其润滑作用。

使用固体润滑剂能够节约电力和石油产品，防止漏油，节约有色金属等。固体润滑剂适用于以下场合：①高温高压下工作，如挤压、冲压、拉制、轧制等；②低速下运转部件，如机床导轨，可减少爬行；③较宽的温度范围，如在液氮、液氧低温度下，仍能保持其工作性能；④高真空中运转的部件，可保证真空度、不沾染、防粘着；⑤强辐照中运转的部件，可减少润滑剂的变质，保证部件的正常运转；⑥在需要防腐蚀的情况下它与环境介质、溶剂、燃料、助燃剂等不起反应，可用于酸、碱、海水等环境中工作的部件润滑；⑦在需要抗沾污能力好的情况下，可在不密封的、有尘土的环境中使用；⑧在避免油、脂污染的场合下，如食品、纺织、造纸、医药、印刷等机械上使用；⑨在油、脂易被冲刷流失的环境中，如有水冲刷或含有泥沙的水中的部件润滑；⑩在给油不方便的部件，或安装工作时不易接近及装卸困难的零部件润滑。

在使用固体润滑剂时应注意到它的一些缺点，如摩擦因数一般比润滑油脂高，无冷却作用，导热困难，不能带走摩擦热，在防锈、排除磨屑和润滑剂的补充方面效果不如润滑油、脂，固体润滑膜在脱落后，自行修补性差，要经常保膜等。

6.2 固体润滑剂的分类

表 10-2-29 常用固体润滑剂的分类

类别	固体润滑剂名称
层状晶体结构	二硫化钼、二硫化钨、二硫化铌、二硫化钽、$MoSe_2$、WSe_2、石墨、氟化石墨等
非层状无机物	硫化物、碲化物、氟化物、陶瓷、超硬合金等
塑料	聚四氟乙烯、聚缩醛、尼龙、聚酰胺、聚酰亚胺、环氧树脂、酚醛树脂、硅树脂、聚亚苯基硫等
金属薄膜	金、银、铟、镓、镉、铅、锡及其合金等

6.3 常用固体润滑剂的使用方法和特性

6.3.1 固体润滑剂的使用方法

表 10-2-30 固体润滑剂的使用方法

类型	使用方法
固体润滑剂粉末	固体润滑剂粉末分散在气体、液体或胶体中 ① 固体润滑剂分散在润滑油(油剂或油膏)、切削液(油剂或水剂)及各种润滑脂中 ② 将固体润滑剂均匀分散在硬脂酸和蜂蜡、石蜡等内部,形成固体润滑蜡笔或润滑块 ③ 运转时将固体润滑剂粉末随气流输送到摩擦面
固体润滑膜	借助于人力和机械力等将固体润滑剂涂抹到摩擦面上,构成固体润滑膜 将粉末与挥发性溶剂混合后,用喷涂或涂抹、机械加压等方法固定在摩擦面上
	用黏结剂将固体润滑剂粉末黏结在摩擦面上,构成固体润滑膜 用各种无机或有机的黏结剂、金属陶瓷黏结固体润滑剂,涂抹到摩擦面上
	用各种特殊方法形成固体润滑膜 ① 用真空沉积、溅射、火焰喷镀、离子喷镀、电泳、电沉积等方法形成固体润滑膜 ② 用化学反应法(供给适当的气体或液体,在一定温度和压力下使表面反应)形成固体润滑膜或原位形成摩擦聚合膜 ③ 金属在高温下压力加工时用玻璃作为润滑剂,常温时为固体,使用时熔融而起润滑作用
自润滑复合材料	将固体润滑剂粉末与其他材料混合后压制烧结或浸渍,形成复合材料 ① 固体润滑剂与高分子材料混合,常温或高温压制,烧结为高分子复合自润滑材料 ② 固体润滑剂与金属粉末混合,常温或高温压制,烧结为金属基复合自润滑材料 ③ 固体润滑剂与金属和高分子材料混合,压制、烧结在金属背衬上成为金属-塑料复合自润滑材料 ④ 在多孔性材料中或增强纤维织物中浸渍固体润滑剂
	将固体润滑剂预埋在摩擦面上,长时期提供固体润滑膜 ① 用烧结或浸渍的方法将固体润滑剂及其复合材料预埋在金属摩擦面上 ② 在金属铸造的同时将固体润滑剂及其复合材料设置在铸件的预设部位 ③ 用机械镶嵌的办法将固体润滑剂及其复合材料固定在金属摩擦面上

6.3.2 粉状固体润滑剂特性

表 10-2-31 二硫化钼粉剂

项目		质量指标			特性	检验方法	应用
		0#	1#	2#			
二硫化钼含量/%	不低于	99	99	98	摩擦因数很低,一般为0.03~0.09,且随滑动速度的增加或载荷的增加而降低,在超高压时,摩擦因数可达0.017。抗压性强,在2000MPa条件下仍可使用,3200MPa压力下,两金属面间仍不咬合和熔接。对黑色金属附着力强。对一般酸类不起作用(稳定),不溶于醇、醚、脂、油等。耐高温达399℃,低温-184℃仍能润滑。纯度高,有害杂质少	醋酸铅法	可制各种固体润滑膜,代替油脂。可添加到各种润滑剂中,提高抗压、减摩能力,也可添加在各种工程塑料制品和粉末冶金中,制成自润滑件,是抗压耐磨涂层不可缺少的原料之一 储存时,严防杂质侵入。受潮时,可在120℃烘干使用
二氧化硅含量/%	不大于	0.02	0.02	0.05		硅钼黄比色法	
铁含量/%	不大于	0.06	0.04	0.1		硫氢酸盐比色法	
腐蚀,黄铜片(100℃,3h)		合格	合格	合格		SH/T 0331—2004	
粒度/%						显微镜计数法	
≤1μm	不少于	80					
>1~2μm	不少于	10	90	25			
>2~5μm	不少于	17	7.2	55			
>5~7μm	不少于	3	2	15			
>7μm	不少于	无	0.8	5			

注:生产厂为本溪润滑材料有限公司。

表 10-2-32　　二硫化钨粉剂

项　目	质量指标			特　性	检验方法	应　用
	1#	2#	3#			
外观	黑灰色胶体粉末			由黑钨矿或白钨矿砂经化学处理、机械粉碎等方法制成的黑灰色、高纯度、微粒度胶体粉末，有金属光泽，手触之有滑腻感。不溶于水、油、醇、脂及其他有机溶剂，除氧化性很强的硝酸、氢氟酸、硝酸与盐酸的混合酸以外，对一般的酸、碱溶液也不溶。在大气中分解温度为510℃，593℃氧化迅速，在425℃以下可长期润滑，真空中可稳定到1150℃。大气中摩擦因数为0.025～0.06，比二硫化钼略低，抗极压强度为2100MPa，抗辐射性亦比石墨、二硫化钼强	目测	可制成各种固体润滑膜，代替油脂。可添加到各种油、脂、水中制成各种润滑剂，提高抗压减摩能力。也可直接擦抹在螺纹等连接件与装备件上，达到拆卸方便防止锈死的目的，更可添加到各种工程塑料制品和粉末冶金中，制成自润滑件，是抗压减摩涂层重要原料之一
二硫化钨(WS_2)含量/%　不小于	98	97	96		辛可宁重量法	
二氧化硅(SiO_2)含量/%　不大于	0.1	0.12	0.15		硅钼黄比色法	
铁(Fe)含量/%　不大于	0.04	0.08	0.1		硫氰酸盐比色法	
粒度/%					显微镜计数法	
≤2μm　不少于	90	90	90			
>2～10μm　不多于	10	10	10			
>10μm	无	无	无			

注：生产厂为本溪润滑材料有限公司。

表 10-2-33　　二硫化钼 P 型成膜剂

项　目	质量指标	检验方法	特性、用途及使用说明
外观	灰色软膏	目测	以足量的二硫化钼粉剂为主要润滑减摩材料，添加化学成膜添加剂、附着增强剂等多种添加剂配制而成。具有优异的反应成膜、抗压、减摩、润滑等性能。适合于轻载荷、低转速、冲击力小、单向运转的齿轮，可实现无油润滑。如初轧厂的均热炉拉盖减速机，更适合要求无油污染的纺织行业和食品行业的小型齿轮以及转速低、载荷轻的润滑部位。亦可用于重载荷、冲击力大的齿轮上，作极压成膜的底膜用，特点是成膜快、膜牢固、寿命长。使用前，应先将齿面或其他润滑部位清洗干净，最好对润滑部位喷砂处理或用细砂纸打磨，效果更好。使用时用2.5倍(质量比)的无水乙醇稀释后，喷在齿面上，干燥后，即可装配运转。使用中应定期检查，膜破露出金属光泽要及时补膜。盖严，储存在阴凉干燥处，严禁杂物混入
附着性	合格	擦涂法	
MoS_2(粒度≤2μm)/%　不少于	90	显微镜计数法	

注：生产厂为本溪润滑材料有限公司。

表 10-2-34　　胶体石墨粉

项　目	质量指标				主　要　用　途
	No1	No2	No3	特2	
颗粒度/μm	4	15	30	8～10	1. 耐高温润滑剂基料、耐蚀润滑剂基料 2. 精密铸件型砂 3. 橡胶、塑料的填充料，以提高塑料的耐磨抗压性能或制成导电材料 4. 金属合金原料及粉末冶金的碳素 5. 用于制作碳膜电阻、润滑与导电的干膜以及配制导电液 6. 用于高压蒸汽管路、高温管道连接器的垫圈涂料 7. 用于制作石墨阳极和催化剂的载体
石墨灰分/%　不大于	1.0	1.5	2	1.5	
灰分中不溶于盐酸的含量/%　不大于	0.8	1	1.5	1	
通过250目上的筛余/%　不大于	0.5	1.5	—	0.5	
通过230目上的筛余/%　不大于	—	—	5	—	
水分含量/%　不大于	0.5				
研磨性能	符合规定				

注：生产厂为上海胶体化工厂。

6.3.3　膏状固体润滑剂特性

表 10-2-35　　二硫化钼重型机床油膏

项　目	质量指标	特　性	检验方法	应　用
外观	灰黑色均匀软膏	用二硫化钼粉与高黏度矿油等物质配制而成的灰色膏状物。具有抗极压(PB值为85kgf)、抗磨减磨、消震润滑等优良特性，并有较好机械安定性和氧化安定性。直接涂抹在重型机床导轨上，可减少震动、防止爬行，提高加工件精度。使用温度为20～80℃	目测	适用于各式大型车床、镗床、铣床、磨床等设备的导轨和立式或卧式的水压机柱塞。安装机车大轴时，涂上本品，可防止拉毛。抹在机床丝杠上，能使运动件灵活 使用前应将设备清洗干净后再涂油膏，一般重型设备涂层约0.05～0.2mm，精度较高的设备约0.01～0.02mm即可，要防止杂质落上 储存中，严防砂土等杂质混入。长期存放，上部出现油层，经搅拌均匀后仍可使用
锥入度(25℃,150g,60次)/$(10mm)^{-1}$	300～350		GB/T 269—1991	
腐蚀(T2铜片,100℃,3h)	合格		SH/T 0331—2004	
游离碱(NaOH)/%　不大于	0.15		SH/T 0329—2004	
水分/%　不大于	痕迹		GB/T 512—1990	

注：生产厂为本溪润滑材料有限公司。

表 10-2-36　　二硫化钼齿轮润滑油膏

项　目		质量指标	特　性	检验方法	应　用
外观		灰褐色均匀软膏	由极压抗磨的二硫化钼粉剂再调制在高黏度矿油的油膏中，并添加增黏剂、抗氧防腐剂制成。本品具有很强的抗水性、粘着性、抗极压性（PB 值为 1200N）、抗磨减磨性以及良好的润滑性、机械安定性和胶体安定性	目测	适合中、轻型齿轮设备、各类型的推土机、挖掘机、卷扬机的齿轮与回转牙盘和各种球磨机、筒磨机的开式齿轮。使用前，先将齿轮清洗干净，然后在齿面上涂上一层油膏。涂膜不宜过厚，但要求涂层均匀无空白 使用中要定期检查油膜，露出齿面金属，立即补膜，补膜周期可逐渐延长到一个月或几个月一次
滴点/℃	不低于	180		GB/T 3498—1991	
锥入度（25℃，150g，60 次）/(10mm)$^{-1}$		300～350		GB/T 269—1991	
腐蚀（T2 铜片，100℃，3h）		合格		SH/T 0331—2004	
游离碱（NaOH）/%	不大于	0.15		SH/T 0329—2004	
水分/%	不大于	痕迹		GB/T 512—1990	

注：生产厂为本溪润滑材料有限公司。

表 10-2-37　　二硫化钼高温齿轮润滑油膏

项　目		质量指标	特　性	检验方法	应　用
外观		灰褐色均匀软膏	用极压抗磨的二硫化钼粉剂调制在耐高温高黏度矿油膏中，并添加增黏剂、抗氧防腐剂炼制而成具有良好粘着性、抗极压性（PB 值为 800N）、抗磨减磨性、耐高温性（180℃下保持良好的润滑）、耐化学性（在酸、碱、水蒸气条件下，不失去优良的稳定性和润滑性），在冲击载荷较大的设备上使用，润滑膜不破，机械安定性好	目测	适用于2#齿轮润滑油膏，不能用于有高温辐射的各式中小型减速机齿轮和开式齿轮上。亦可用于焦化厂的推焦机齿轮、轧钢厂的辊道减速机齿轮，以及造纸、印染行业的多酸、碱、水蒸气条件下润滑的齿轮。齿轮寿命可延长 1.5 倍。 使用前，先将齿轮清洗干净，然后把油膏涂在齿表面上，涂层不宜太厚，要求均匀 使用中要定期检查油膜，露出金属，立即补膜，补膜周期可逐渐延长到一个月或几个月一次
锥入度（25℃，150g，60 次）/(10mm)$^{-1}$		310～350		GB/T 269—1991	
腐蚀（T2 铜片，100℃，3h）		合格		SH/T 0331—2004	
游离碱（NaOH）/%	不大于	0.15		SH/T 0329—2004	
水分/%	不大于	痕迹		GB/T 512—1990	

注：生产厂为本溪润滑材料有限公司。

表 10-2-38　　特种二硫化钼油膏

项　目		质量指标	特　性	检验方法	应　用
外观		灰色均匀软膏	用多种特制的黏度添加剂、极压、防腐添加剂与二硫化钼粉剂、精制矿物油配制而成 具有极强的金属附着性、抗压性高（PB 值达 1200N 以上），在 -20～120℃使用时具有良好的润滑性和胶体安定性，长期存放不分油、不干裂。机械安定性稳定，抗压，抗击，剪切性强。耐水性好，不乳化，在酸、碱介质下保持良好的润滑性和极好的附着性	目测	可用于各种中、重型减速机齿轮、开式齿轮，冲击大和往复频繁的挖掘机齿轮及回转大牙盘以及大型球磨机的开式齿轮 使用前，先将齿轮清洗干净，然后把油膏涂在齿面上，涂层不宜太厚，要求均匀无空白点。使用中要定期检查油膜，发现露出齿面金属，可立即补充涂膜。补膜周期可逐渐延长到一个月或几个月一次
锥入度（25℃，150g，60 次）/(10mm)$^{-1}$		330～370		GB/T 269—1991	
腐蚀（T2 铜片，100℃，3h）		合格		SH/T 0331—2004	
游离碱（NaOH）/%	不大于	0.15		SH/T 0329—2004	
水分/%	不大于	痕迹		GB/T 512—1990	

注：生产厂为本溪润滑材料有限公司。

表 10-2-39　　齿轮润滑用 GM-1 型成膜膏

项　目		质量指标	特　性	检验方法	应　用
外观		灰褐色细腻软膏	以固体润滑材料为主，采用矿物油锂皂稠化，并添加促进化学膜形成剂、固体膜极压增强剂、高分子黏度添加剂精制而成。具有良好的抗压性、抗金属咬合能力及抗磨性能，成膜快、附着力强、耐磨寿命长，可节油节能、延长齿轮寿命	目测	适用于临界负荷 1000N、-20～120℃的减速机和各式开式齿轮以及挖掘机大牙盘等 使用前需将设备清洗干净后，均匀涂抹一层 3～5μm 厚的成膜层，不能有空白点。运转初期一周内要勤检查，发现齿面露出金属点，应及时补充成膜，一周后，补膜周期可适当延长。经挤压成膜后，可延长到 1～6 个月补膜一次
锥入度（25℃，150g，60 次）/(10mm)$^{-1}$		300～350		GB/T 269—1991	
腐蚀（T2 铜片，100℃，3h）		合格		SH/T 0331—2004	
游离碱（NaON）/%	不大于	0.15		SH/T 0329—2004	
滴点/℃	不低于	198		GB/T 3498—1991	
蒸发度（120℃，1h）		0.27～0.30		SH/T 0337—2004	
抗磨试验（D_{30}^{40}）/mm	不大于	0.59		GB/T 3142—1990	
临界载荷（P_B）/N	不小于	1400		GB/T 3142—1990	
烧结载荷（P_D）/N	不小于	6700		GB/T 3142—1990	

注：生产厂为本溪润滑材料有限公司。

7　润滑油的换油指标、代用和掺配方法

7.1　常用润滑油的换油指标

常用润滑油的换油指标见表 10-2-40。

7.2　润滑油代用的一般原则

首先必须强调，要正确选用润滑油，避免代用，更不允许盲目代用。当实际使用中，遇到一时买不到原设计时所选用的合适的润滑油，或者新试制（或引进）的设备所使用的相应新油品还未试制或生产时，才考虑代用。

润滑油代用的一般原则如下：

1）尽量用同类油品或性能相近，添加剂类型相似的油品。

2）黏度要相当，以不超过原用油黏度 ±25% 为宜。在一般情况下，采用黏度稍大的润滑油代替。而精密机械用液压油、轴承油则应选用黏度低一些的油。

3）油品质量以中、高档油代替低档油，即选用质量高一档的油品代用。这样对设备的润滑比较可靠，同时还可延长使用期，经济上也合算。以低档油代替中、高档油害处较多，往往满足不了使用要求。

4）选择代用油时，要考虑环境温度与工作温度，对于工作温度变化大的机械设备，所选代用油的黏温性要好一些。对于低温工作的机械，所选代用油的倾点应低于工作温度 10℃以下；而对于高温工作的机械，则应选用闪点高一些的代用油。另外，氧化安定性也要满足使用要求。一般而言，代用油的质量指标也应符合被代用油的质量指标，才能保证在工作中可靠应用。

5）国外进口设备推荐使用的润滑剂因生产的国家、厂家和年代的不同，所使用的润滑剂标准也不同，对润滑材料的国产化代用要十分慎重。可参照以下步骤进行：①要按照设备使用说明书所推荐的牌号和生产商，参考国内外相关油品对照表，查明润滑剂的类别和主要质量指标；②如有可能，要从油池中抽取残留润滑油液测定其理化性能指标；③结合设备润滑部位的摩擦性质、负荷大小、润滑方式和润滑装置的要求，以国产润滑剂的性能和主要质量指标与之对比分析，确定代用牌号；④一般黏度指标应与推荐用油的黏度（40℃时运动黏度）相符或略高于推荐用油黏度的 5% ~15%；⑤油品中含有的添加剂一般使用单位无检验手段，尽可能参考要求性能选用添加剂类型相近的优质润滑剂；⑥要在使用过程中试用一段时间，注意设备性能的变化，发现问题，认真查清原因。

代用实例：

1）L-AN 全损耗系统用油，可用黏度相当的 HL 液压油或汽轮机（透平）油代替。

2）汽油机油可用黏度相当、质量等级相近的柴油机油代替。

3）HL 液压油可用 HM 抗磨液压油或汽轮机（透平）油代替。

4）相同牌号的导轨油和液压导轨油可以暂时互相代用。

5）中载荷工业齿轮油、重载荷工业齿轮油可暂时用相等黏度的中载荷车辆齿轮油代替，但抗乳化性差。

7.3　润滑油的掺配方法

在无适当润滑油代用时，可采用两种不同黏度或不同种的润滑油来掺配代用。黏度不同的两种润滑油相混后，黏度不是简单的算术均值。已知两种油的黏度，要得到基于两者之间的黏度的混合油，其掺配比例可用下式进行计算，还可借助于润滑油掺配图 10-2-4 来确定。使用图 10-2-4 时，黏度必须在同温度下。

$$\lg N = V\lg\eta + V'\lg\eta'$$

式中　V，V'——A 油和 B 油的体积（以 1.0 代替 100%，即 $V + V' = 1$）；

η，η'——A 油和 B 油在同一温度下的黏度，mm^2/s；

N——调配油同温下的黏度，mm^2/s。

表 10-2-40　　常用润滑油的换油指标

检验项目			L-AN 全损耗系统用油	普通车辆齿轮油	L-CKC 工业闭式齿轮油	轻负荷喷油回转式空压机油	抗氨汽轮机油	化纤化肥工业用汽轮机油	L-TSA 汽轮机油		汽车用汽油机油			汽车用柴油机油 CC、SD/CC、CD SE/CC，SF/CD	拖拉机柴油机油	柴油机车柴油机油	内燃机车液力传动油
									32，46	68，100	SC	SD	SE，SF				
运动黏度变化率/%	40℃时	<	±15		+15 −20	±10	±10	±10	±10								50℃时 <18 或 >27
	100℃时	< >		+20 −10							±25			±25	+35 −25	17 9.5	
酸值/[mg(KOH)/g]		>	0.5				0.2	0.2	0.1						总碱值 1.0	pH 值 ≤4.5	
酸值增加值/[mg(KOH)/g]		>		0.5		0.2					2.0			2.0	2.0		
水分/%		<	0.1	>1.0	>0.5		0.1	0.1			0.2			0.2	0.5	0.1	0.1
色度(比新油大)			3#														
铜片腐蚀(100℃，3h)					3b 级												
液相腐蚀试验[15 钢(棒)，24h 蒸馏水]							锈	锈	轻锈								
机械杂质/%		<	0.2		0.5												
铁含量/10^{-4}%		<	100	0.5							250	200	150	200　150 100　100 (固定式)			
外观					异常											斑点/级 4	泡沫倾向(93℃) >100mL
正戊烷不溶物/%		<		2.0		0.2					1.5		2.0	3.0 1.5			
其他成分含量	闪点(开杯)/℃				梯姆肯 *OK* 值小于等于 133.4N		比新油标准低 8℃	比新油标准低 8℃	170	185	单级 165 多级 150			单级油 180 多级油 160		170	160
	破乳化时间/min						80	60	40	60							
														碱值/[mg(KOH)/g]小于新油的 50%	石油醚不溶物 >3% 苯不溶物 >1.5%	石油醚不溶物 >3.5%	透光率(500nm) <5%
	氧化安定性/min					50	60	60	60								
标准编号			GB/T 7606—1987				抗氨性能试验不合格	GB/T 9938—1988			GB/T 8028—1994				GB/T 7608—1987	GB/T 5822.1—1986	TB/T 2213—1991
				SH/T 0475—2003	SH/T 0586—2003	SH/T 0538—2000	SH/T 0137—1992		SH/T 0636—2003					SH/T 7606—2002			

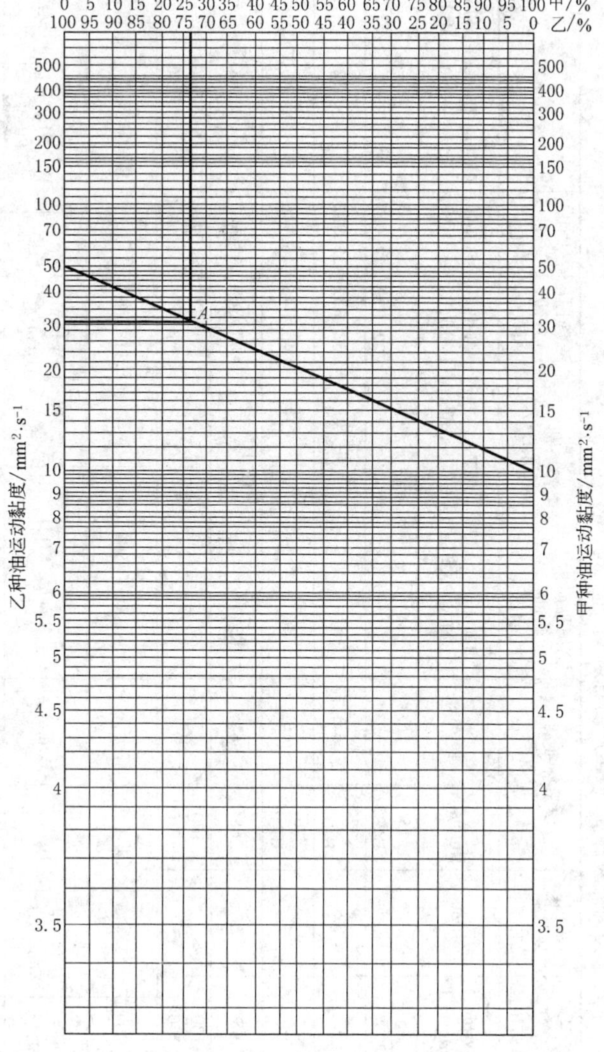

图 10-2-4　润滑油掺配图

图 10-2-4 使用举例：

库存 AN10 和 AN46 全损耗系统油，要掺配出 AN32 全损耗系统油。先在纵坐标右边标尺（甲）查出 AN10 油的黏度（$10mm^2/s$），然后在纵坐标左边标尺（乙）查出 AN46 全耗系统油黏度（$50mm^2/s$），两点连成一斜线。再从 $30mm^2/s$ 处引出一水平线交斜线于点 A，从 A 点作垂线交在横坐标比例尺上。在此点可见甲、乙两油的比例数为 26.5 和 73.5。这样，用 26.5% 的 AN10 全损耗系统油和 73.5% 的 AN46 全损耗系统油掺配，即可得到 AN32 全损耗系统油。

注意事项：

1）军用特种油、专用油料不宜与其他油混用。

2）内燃机油加入添加剂种类较多，性能不一，混用必须慎重（已知内燃机油用的烷基水杨酸盐清净分散剂与磺酸盐清净分散剂混合后会产生沉淀）。国内外都发生过不同内燃机油混合后产生沉淀，甚至发生事故的情况。

3）有抗乳化要求的油品，不得与无抗乳化要求的油品相混。

4）抗氨汽轮机油不得与其他汽轮机油（特别是加烯基丁二酸防锈剂的）相混。

5）抗磨液压油不要与一般液压油等相混，含锌抗磨、抗银液压油等不能相混。

8 国内外液压工作介质和润滑油、脂的牌号对照

8.1 国内外液压工作介质产品对照[1]

表 10-2-41 国内外液压油（HL）品对照

生产商	中国 HL 液压油	意大利石油总 AGIP	英国石油 BP	加德士石油 CALTEX	嘉实多有限 CASTROL	法国爱尔菲 ELF	埃索标准油 ESSO		德国福斯矿物油 FUCHS	美浮石油 MOBIL	壳牌国际石油 SHELL	太阳石油 SUN	出光兴产
品种牌号 / ISO 黏度等级	GB 11118.1—1994	Acer	Energol HP,CS,CF,HL	Rando Oil	Hyspin,Perfecto T	Misola	Univis N	Teresso	Renolin DTA	DTE,Hydraulic Oil	Tellus Oil,R	Sunvis Oil	Daphne Hydraulic Fluid,Fluid T,Super Multi
15	15		15		15		15	15				15,915	
22	22	22			22		HP22				22,R22	22,922	
32	32	32	32	32	32	32	32 HP32	32	32	DTE Light Hydraulic Oil L	32,R32	32,932	32
46	46	46	46	46	46	46	46 HP46	46	46	DTE Medium Hydraulic Oil M	46,R46	46,946	46
68	68	68	68	68	68	68	68	68	(56)	DTE HM Hydraulic Oil HM	68,R68	68,968	68
100	100	100 (150)	100 (150)	100 (150)	100 (150)	100	100 HP100	100		DTE Heavy	100, R100	100, 9100	100 (150)

生产商	日本石油	柯士穆石油 COSMO	共同石油	三菱石油	三井石油	富士兴产	日本高润	松村石油	德国标准	前苏联
品种牌号 / ISO 黏度等级		Hydro RO Multi Super	Hydlux Hi-Multi	Diamond Lube RO	Hydic	Hydrol X	Niconic RO,H	Barrel Hydraulic Oil Hydol X	HL DIN 51524 Ptl	MГ
15					(10)	(10)			(10)	
22		22			22	22			22	
32	Hyrando ACT32 FBK Oil RO32	32	32	32	32	32	RO32 H32	32X	32	20
46	Hyrando ACT46 FBK Oil RO46	46	46	46	46	46	RO46 H46	46 46X	46	30
68	FBK Oil RO68	68	68	68	68	68	RO68	68 68X	68X	
100	FBK Oil RO100 (FBK Oil RO150)	100	100 (150)	100 (150)	100 (150)	100 (150)	RO100 (RO150)	100 100X (150X)	100	

表 10-2-42　　国内外抗磨液压油（HM）品对照

生产商 品种牌号 ISO 黏度等级	中国 HM 抗磨液压油	意大利石油总 AGIP	英国石油 BP		加德士石油 CALTEX	嘉实多有限 CASTROL	法国爱尔菲 ELF	埃索标准油 ESSO	德国福斯矿物油 FUCHS	美浮石油 MOBH
	GB 11118.1—1994	OSO Amica	Energol HLP, SHF	Bartran（无锌型）	Rando Oil HD,HDZ	Hyspin AWS	Hydrelf, Acantis Elfona DS,HMD	NUTO H,HP Unipower SQ,XL	Renolin B,MR	Mobil DTE Hydraulic Oil ZF,SHC
15	15	15	15	15	15	15		15	15	DTE21(10) SHC522
22	22	22	22	22	22	22	22	22 SQ22,XL22		DTE22
32	32	32	32	32	32	32	32 DS32,HMD32	32 SQ32,XL32	10 MR10	DTE24,ZF32 SHC524
46	46	46 P46	46	46	46	46	46 DS46, HMD46	46 SQ46,XL46	15 MR15	DTE25,ZF46 SHC525
68	68	68 P68	68	68	68	68	68 DS68,HMD68	68 SQ68	(18) 20	DTE26,ZF68 SHC526
100	100	100	100	100	100	100	100	100		DTE27
150	150	150	150	150	150	150	150			ZF150

续表

生产商 品种和牌号 ISO 黏度等级	壳牌国际石油 SHELL		太阳石油 SUN	德士古 TEXACO	出光兴产	日本石油	柯士穆石油 COSMO	共同石油	三菱石油	三井石油	富士兴产	日本高润	松村石油	德国标准	前苏联标准
	Tellus Oil S,C,K	Tellus Super clean	Sunvis	Rando Oil HD	Daphne Super Hydro,LW,EX Super Fluid T	Super Hyrando	Hydro AW エポックES	Hydlux ES	Hydro Fluid EP	Hydic AW	Super Hydrol,P	Niconic AWH	Hydol AW	HLP DIN51524 pt Ⅱ	ИГС ГОСТ 17479.4—87
15	C5,C10				LW15			15			(10)			(10)	
22	C22,S22		722		22,LW22,EX22	22		22	22	22	22			22	22
32	C32,S32 K32	32	732 WR832	32	32,LW32 EX32,T32	32	AW32 ES32	32	32	32	32 (P32)	32	32	32	32
46	C46,S46 K46	46	746 WR846	46	46,LW46 EX46,T46	46	AW46 ES46	46	46	46	46 (P46)	46	46	46	46
68	C68,S68 K68	68	768 WR868	68	68,LW68 EX68,T68	68	AW68	68	68	68	68 (P68)	68	68	68X	68
100	C100,S100 K100		7100 WR8100	100	100,LW100 T100	100	AW100	100	100	100	100			100	100
150	C150		7150 WR8150	150	150	150		150			150				150

表 10-2-43　国内外低温（HV）、低凝（HS）液压油以及数控机床液压油品对照

生产商 / 品种牌号 / ISO 黏度等级	中　国	英国石油 BP	加德士石油 CALTEX	嘉实多有限 CASTROL	法国爱尔菲 ELF	埃索标准油 ESSO	美浮石油 MOBIL	壳牌国际石油 SHELL
	HV,HS GB 11118.1—1994	Energol SHF-LT,EHPM Baltran HV	Rond Oil HDZ, RPM Aviation Hyd. FL	Aero, Hyspin AWH, VG5	Visga	Unipower XL Univis J	DTE M,Aero, Hydraulic Oil K,SHC	Tellus T, KT
15	HS10,15 HV10,15	SHF15,SHF-LT15 HV15	HDZ15 RPM AHF A,E	VG5(NC) 15 Aero 585B,5540B		J13	DTE11M,K15 Aero HFA,HFE,HFS	T15
22	HS22,HV22	SHF22 HV22	HDZ22		22	XL22 J26		T22 KT22
32	HS32 HV32	SHF32　EHPM32 HV32（NC）	HDZ32	32	32	XL32 J32	DTE13M K32,SHC524	T32 KT32
46	HS46 HV46	SHF46 HV46	HDZ46	46	46	XL46	DTE15M K46,SHC525	T46 KT46
68	HV68	SHF68 HV68	HDZ68	68	68		DTE16M,SHC526	T68
100	HV100	SHF100 HV100		100			DTE18M	T100
150	HV150	HV150		150			DTE19M	T150

续表

生产商 / 品种牌号 / ISO 黏度等级	太阳石油 SUN	出光兴产	日本石油	柯士穆石油 COSMO	共同石油	三菱石油	三井石油	富士兴产	松村石油	德国标准
	Low Temp Hydro	Super Hydro WR	Hyrando Wide, K	Hydro HV	Hydro W Hydlux LT	Hydro Fluid W	Hydic WR	Super Hydrol F NCF	Hydol D	HVLP DIN51524(Ⅲ)
15	15	15	15	(10) 15K	(W7) LT15			15	(8D)	15
22		22	22	22		22	NC oil 26 22	NCF20(NC) 22		
32		32	32	32	W32 LT32	32	32	32		32
46		46	46 K46	46		46	46	46		46
68		68		68	W68	68		68		68
100		100	100	100		100		100		100
150										

表 10-2-44　国内外液压-导轨油（HG）及导轨油（G）品对照

(1)液压-导轨油

生产商 / 品种牌号 / ISO 黏度等级	中国 HG 液压导轨油	英国石油 BP	法国爱尔菲 ELF	埃索标准油 ESSO	美浮石油 MOBIL	太阳石油 SUN	出光兴产	日本石油	柯士穆石油 COSMO	三井石油	富士兴产	日本高润	松村石油	前苏联
	SH 0352—1992	Energol GHL	Hygliss	Unipower MP	Vacuoline	Sunlube Way	Daphne Multi way ER Super Multi Oil	Uniway D Mulpus	Multi Super	Slideway H	Lube Multi	Nico Way H	Hydol Way H	ИГНСП
15								(10)						
22								22			22			
32	32	32	32	32	1405	1706 32	32ER 32	D32 32	32	H32	32	H32		20
46				46			46ER 46	46	46		46			
58	68	68	68	68	1409	1754 68	68ER 68	D68 68	60	H68	68	H68	68X	40
100							100	100					100X	
150		(220)				150	150	150					150X	

续表

（2）导轨油（G）

生产商 / 品种牌号 / ISO 黏度等级	中国 G 导轨油	意大利石油总 AGIP	美国石油 BP	加德士石油 CALTEX	嘉实多有限 CASTROL	法国爱尔菲 ELF	埃索标准油 ESSO	德国福斯矿物油 FUCHS	美浮石油 MOBIL	壳牌国际石油 SHELL
	SH 0361—1992	Exidia	Maccurat，D Syncurat	Way Lubricant	Magna	Moglica	Febis K	Renep K	Vactra Oil Vactra Way Oil	Tonna Oil，T，S
15										
22										
32	32	32	32，D32	32	GC32		32		No. 1	32，S32，T32
46							46			
68	68	68	68，D68 Syncurat 68	68	BD68 BDX68	68	68	K2	No. 2 2S，25LC	68，S68，T68
100	100		100，D100			100				
150	150	（220）	150，D150 （220，D220，Syncurat 220）	（220）	（CF220 CFX220）	150 （220）	（220）	K5（220）	No. 3 （No. 4）	（220，S220，T220）

续表

生产商 / 品种牌号 / ISO 黏度等级	太阳石油 SUN	德士古 TEXACO	出光兴产	日本石油	柯士穆石油 COSMO	共同石油	三菱石油	三井石油	富士兴产	前苏联
	Way Lube	Way Lubricant	Multi way	Uniway	Dyna way	共石 Slidus	Slide way Tetrat	Slide way	Slide way	ИНСП
15										
22										
32			32C		32	32	32 Tetrat 32	E32	32	20
46						46	Tetrat 46			
68	80 1180	68	68C	CX68 68	68	68	68 Tetrat 68	E68	68	40
100										65
150	(90，1190)	(220)	150C (220C)	DX220 (220)	(220)	150 (220)	(220)	(220)	150 (220)	100

表 10-2-45　国内外抗燃性液压液（HFDR，HFB，HFC，HFAE，HFAS）品对照

类型	黏度等级	中国	意大利石油总 AGIP	英国石油 BP	嘉实多有限 GASTROL	EL	埃索标准 ESSO	好符顿有限 HOUGHTON	美浮石油 MOBIL	壳牌国际石油 SHELL	德士古 TEXACO	日本石油	柯士穆石油 COSMO	共同石油	松村石油	加德士石油 CALTEX
磷酸酯类	22	4614			Anvol PE22											
	32				PE32									共石 Hydria P32		
	38	HP-38								RioLube HYD100			Firecol 220			

续表

类型	黏度等级	中国	意大利石油总 AGIP	英国石油 BP	嘉实多有限 GASTROL	EL	埃索标准 ESSO	好符顿有限 HOUGHTON	美浮石油 MOBIL	壳牌国际石油 SHELL	德士古 TEXACO	日本石油	柯士穆石油 COSMO	共同石油	松村石油	加德士石油 CALTEX
磷酸酯类	46	HP-46		Energol SF-D46	PE46HR RPM ER46	Pyrelf DR46	Imol S46	Safe 1120	Pyrogard 53,53T	SFR Hydraulic Fluid D46	Safety tex 46	Hyrando FRP46		共石 Hydria P46	Neolube 46	RPM FR Fluid 46
	68								Safe 1130							
	100												550			

类型	黏度等级	中国	意大利石油总 AGIP	英国石油 BP	加德士石油 CALTEX	嘉实多有限 CASTROL	法国爱尔菲 ELF	埃索标准 ESSO	德国福斯矿物油 FUCHS	好符顿有限 HOUGHTON	美浮石油 MOBIL	壳牌国际石油 SHELL
脂肪酸酯类	38											Polyole Eater Fluid 32
	46									Cosmolubric HF122		46
	56									HF130 (68)		56 56D

类型	黏度等级	德士古 TEXACO	出光兴产	日本石油	柯士穆石油 COSMO	共同石油	三菱石油	松村石油
脂肪酸酯类	38							
	46		Daphne First ES		Fluid E46	共石 Hydria F		
	56			Hyrando SS56	E56			

续表

类型	黏度等级	中国	意大利石油总 AGIP	英国石油 BP	加德士石油 CALTEX	嘉实多有限 CASTROL	法国爱尔菲 ELF	埃索标准油 ESSO	德国福斯矿物油 FUCHS	好符顿有限 HOUGHTON	美浮石油 MOBIL
水-乙二醇类	32					(Anvol WG22)					
	38	WG38	Arnica 40/FR		Hydraulic Safe Fluid 38						Nyvac FR20 200D,250T
	46	WG46		Energol SF C14	Hydraulic Safe Fluid 46	WG46 Hyspin AF-1	Pyrelf CM46	Iogard G46	Glycent 46	Safe 620,273	Hydrofluid HFC46
	56		Arnica 104/PR	Energol SFC12						620H	

类型	黏度等级	壳牌国际石油 SHELL	德士古 TEXACO	出光兴产	日本石油	柯士穆石油 COSMO	共同石油	三菱石油	松村石油
水-乙二醇类	32	G-W Fluid 32			New Hyrando FRG32	Fluid HY32			Hydol HAW-32
	38	Irus Fluid C							H200
	46	C46 G-W Fluid 46	Safety Fluid 46	Daphae First G	FRG46	HQ46 GS46	共石 Hydria G,GP46	Diamond 不燃性作动油 G46	
	56								HAW

类型	黏度等级	中国	英国石油 BP	加德士石油 CALTEX	嘉实多有限 CASTROL	埃索标准油 ESSO	好符顿有限 HOUGHTON	美浮石油 MOBIL	壳牌国际石油 SHELL	出光兴产	日本石油	柯士穆石油 COSMO	共同石油	三菱石油
乳化液类	46			Fire Resist Hydra Fluid 46		Fire XX 95/5		Hydra sol A,B		Daphne Firgist WO46		Fluids		Diamond 乳化作动油(N)
	56			56	Hydromul 68		Hydra VIS 1630		Dromus OIL B					
	68			68	Anvol WD 68	Iogard E68	Hydrolubric 120B		Irus Fluid BLT 68	WO68				
	83								SL0196(75)				共石 Hydria E400(83)	
	100	WOE-80 (60~100)	Energol SF-B13		Hydromul 100 WO 100	E100	Safe 5047-F	Pyrogard D	Irus Fluid BLT 100		Hyrand FRE100		E450(120)	

8.2 国内外润滑油、脂品种对照[1]

表 10-2-46 国内外车辆齿轮油品对照

API使用质量等级	中国使用质量等级	意大利石油总 AGIP	英国石油 BP	嘉德士石油 CALTEX	嘉实多有限 CASTROL	法国爱尔菲 ELF	埃索标准油 ESSO	德国福斯矿物油 FUCHS	美浮石油 MOBIL	壳牌国际石油 SHELL	太阳石油 SUN	德士古 TEXACO	前苏联
GL-1		Service	Gear Oil	Thuban	ST/D		Gear Oil ST		Red Mobil Gear Oil Mobilube C	Dentax			TC-14.5 AK-15
GL-2			Gear Oil WA										
GL-3	L-CLC 普通车辆齿轮油 SH 0350—1992	Rotra	Gear Oil EP	Gear lubricant AIF			Spartan EP		Mobil Gear Oil 600	Macoma	Sunoco Gear Oil		
GL-4	L-CLD 中载荷车辆齿轮油	Rotra HY	Gear Oil EP	Universal Thuban	Hypoy Light Hypoy TAF-X	Reductelf SP Tranself EP	Gear Oil GP Standard Gear Oil	Titan Gear MP	Mobilube EP, GX Pegasus Gear Oil Fleetlubc 423J	Spirax EP Hypoid CT	Sunoco Multi-purpose Gear Lubricant		ТСП
GL-5	L-CLE 重载荷车辆齿轮油 GB 13895—1992	Rotra MP Rotra MP/S	Limslip 90-1 Super Gear EP Racing Gear Multigear EP Hypogear EP	Multipurpose Thuban EP Ultra Gear Lubricant	EPX Hypoy LS Hypoy B	Tranself B Tranself TRX	Gear Oil GX Standard super Gear Oil	Titan Renep 8090MC Titan Super-gear 8090MC Titan Gear HYP Titan 5 Speed Titan Supergears Renogear Super	Mobilube HD Mobilube SHC	Spirax HD	Sunoco GL-5 Multipurose Gear Lubricant Sunoco HP Gear Oil Sunfleet Gearlube	Syn-Star DE Syn-Star GL	ТАД
GL-6	重载荷车辆齿轮油		X-5116							6140			
农机齿轮用油							Gear Oil GX	Titan Hydra MC Planto Hytrac Titan Hydra	Fleet 423J	Donax TD	Sunoco TH Fluid		

续表

API使用质量等级	中国使用质量等级	出光兴产	日本石油	柯士穆石油 COSMO	共同石油	三菱石油	三井石油	富士兴产	日本高润	松村石油	日本润滑脂 NIPPON GREASE
GL-1											
GL-2											
GL-3	L-CLC 普通车辆齿轮油 SH 0350—1992	Apolloil Best Gear LW Apolloil Red Mission	Gearlube EP	Cosmo Gear GL-3 Cosmo 耐热 Mission Oil	共石耐热 Mission 共石 Elios G 共石 Elios M 共石 Elios W	Diamond EP Gear Oil		メビウス EP Gear Oil			Mission Gear Oil Nohki Gear Oil
GL-4	L-CLD 中载荷车辆齿轮油	Apolloil Gear HE	Gearlube SP ブルトンM	Cosmo Rio-Gear Mission Cosmo Rio-Gear GL-4	共石 21 Gear-4 共石 Elios U	Diamond Hypoid Gear Oil	三井 HP Gear	メビウス Hypoid Gear Oil Super Mission	Nicosol EP Gear Oil Nicosol EP Multi Gear Oil		Hypoid Gear Oil 1000 Series
GL-5	L-CLE 重载荷车辆齿轮油 GB 13895—1992	Apolloil Gear HE-S Apolloil Best Mission Apolloil Wide Gear LW Apolloid Gear HE Multi Apolloil Gear Mission	Gearlube EHD PAN Gear GX ブルトンD	Cosmo Rio Gear Differential Cosmo 耐热 Dif gear Oil Cosmo Gear GL-5	共石 21Gear-5	Diamond Super HP Gear Oil オルビス Gear Oil	三井 MP Gear MP Gear Multi	メビウス MP Gear MP Gear Multi MP Gear LSD	Nicosol HP Gear Oil Nicosol HP Multi Gear Oil	Hypoid Gear Oil 5000 Series Barrel Multi Gear HP	Hypoid Gear Oil 5000 Series Multi Gear Oil
GL-6	重载荷车辆齿轮油	Apolloil Gear LSD Apolloil Gear Zex	Gearlube Extra		共石 21 Gear-6 LSD				Nicosol SHP Gear Oil		Hypoid Gear Oil Super
农机齿轮用油		Apolloil Gear TH Apolloil Gear TH Multi LW Apolloil TH Universal	Antol Super B	Cosmo Noki 80WB Cosmo Noki TF	共石 Elios U 共石 Elios W 共石 Elios M 共石 Elios G	Diamond Farm Gear Oil B Diamond Farm Universal Oil		豐作 Gear Oil 豐作 Mission 油压兼用油	Nicofarm T		

表 10-2-47 国内外工业齿轮油品对照

GB/T 3141 黏度等级	ISO 黏度等级	中国			美国齿轮制造商协会（AGMA）		意大利石油总 AGIP	英国石油 BP		加德士石油 CALTEX			嘉实多有限 CASTROL	法国爱尔菲 ELF	埃索标准油 ESSO
		抗氧防锈工业齿轮油	中载荷工业闭式齿轮油	重载荷工业闭式齿轮油	R&O	EP/Comp	EP	R&O	EP	R&O	中载荷	重载荷	EP	EP	EP
		L-CKB 或 SH 0357—1992	L-CKC GB 5903—1995	L-CKD GB 5903—1995			Blasia	Energd THB	Energol GR-XP	Rando Oil	Meropa	Ultra Gear	Alpha SP	Kassilla	Spartan EP
	VG32						32	32		32					
	VG46				1		46	46	46	46					
68	VG68	50	68		2	2EP	68	68	68	68	68	68	68		68
100	VG100	70	100	100	3	3EP	100	100	GR-XP 100 GRP 100	100	100		100		100
150	VG150	90	150	150	4	4EP	150	150	GR-XP 150 SG 150	150	150	150	150	150	150

续表

GB/T 3141 黏度等级	ISO 黏度等级	中国			美国齿轮制造商协会（AGMA）		意大利石油总 AGIP	英国石油 BP		加德士石油 CALTEX			嘉实多有限 CASTROL	法国爱尔菲 ELF	埃索标准油 ESSO
		抗氧防锈工业齿轮油	中载荷工业闭式齿轮油	重载荷工业闭式齿轮油	R&O	EP/Comp	EP	R&O	EP	R&O	中载荷	重载荷	EP	EP	EP
		L-CKB 或 SH 0357—1992	L-CKC GB 5903—1995	L-CKD GB 5903—1995			Blasia	Energd THB	Energol GR-XP	Rando Oil	Meropa	Ultra Gear	Alpha SP	Kassilla	Spartan EP
220	VG220	120,150	220	220	5	5EP	220		GR-XP 220 SG,GRP 220	220	220	220	220	220	220
320	VG320	200	320	320	6	6EP	320		320	320	320	320	320	320	320
460	VG460	250	460	460	7	7EP 7Comp	460	460	GR-XP 460 GRP 460		460	460	460	460	460
680	VG680	300,350	680	680		8EP 8Comp	680		680		680		680	680	680
	VG1000					8AComp	P1000		1000		1000			1000	
	VG1500					9EP	P2200				1500				

续表

GB/T 3141 黏度等级	ISO 黏度等级	美浮石油 MOBIL		壳牌国际石油 SHELL		太阳石油 SUN		德士古 TEXACO	出光兴产	日本石油	
		R&O	EP	R&O	EP	R&O	EP	EP	EP	R&O	EP
		DTE	Mobil-Gear	Macoma Oil R	Omala	Sunvis	Sunep	Meropa	Super Gear Oil	FBK Oil RO	Bonnoc SP,M
	VG32	Oil light DTE 24				932				32	
	VG46	Oil Medium DTE 25				946				46	
68	VG68	Oil HM DTE 26	626	68	68	968	1068	68	68	68	68
100	VG100	Oil Heavy	627	100	100	9100	1100		100	100	100
150	VG150	Oil Extra Heavy	629 SHC 150	150	150	9150	1150	150	150	150	150
220	VG220	Oil BB	630 SHC 220	220	220	9220	1220	220	220	220	220
320	VG320	Oil AA	632 SHC 320	320	320	9320	1320	320	320	320	320
460	VG460	Oil HH	634 SHC 460	460	460		1460	460	460	460	460
680	VG680		636 SHC 680	680	680		1680	680	680		680
	VG1000		639	1000	1000			1000			
	VG1500				1500			1500	1500		(1800)

续表

GB/T 3141 黏度等级	ISO 黏度等级	中国			柯士穆石油 COSMO	共同石油		三菱石油		三井石油	富士兴产		日本高润	松村石油	日本润滑脂 NIPPON GREASE	德国 DIN 51517	前苏联
		抗氧防锈工业齿轮油	中载荷工业闭式齿轮油	重载荷工业闭式齿轮油	EP	R&O	EP	R&O	EP	EP	EP		EP	EP	EP	EP	EP
		L-CKB 或 SH 0357—1992	L-CKC GB 5903—1995	L-CKD GB 5903—1995	Cosno Gear	Lathus	ES Gear G Reductus M	Diamond Lube RO	Super Gear Lube	Metal Gear EP	Metal EP Gear	Super FM Gear	Nico Gear SP	Hydol EP	Gear Oil SP	CLP	
	VG32					32		32									
	VG46					46		46									
68	VG68	50	68		SE68 MO68	68	68	68	SP68	68	68		68		68	68	ИРП-40
100	VG100	70	100	100	SE100 MO100	Lathus 100 Lubritus R100	100	100	SP100	100	100	100			100	100	
150	VG150	90	150	150	SE150 MO150	Lathus 150 Lubritus R150	150	150	SP150	150	150	150	150	150	150	150	ИРП-75
220	VG220	120,150	220	220	SE220 MO220	Lathus 220 Lubritus R220	220	220	SP220	220	220	220	220		220	220	ИРП-150
320	VG320	200	320	320	SE320 MO320	Lathus 320 Lubritus R320	320	320	SP320	320	320	320	320		320	320	ИРП-200
460	VG460	250	460	460	SE460	Lathus 460	460	460	SP460	460	460				460	460	
680	VG680	300,350	680	680	SE680		680		SP680		680				680	680	ИРП-300
	VG1000																
	VG1500								Gear Coupling Oil (1800,3800)								

表 10-2-48 国内外开式齿轮油品及蜗轮蜗杆油品对照

生产商 / 品种牌号 / ISO 黏度等级	中国普通开式齿轮油	意大利石油总 AGIP	埃索标准油 ESSO	加德士石油 CALTEX	美孚石油 MOBIL	壳牌国际石油 SHELL		德士古 TEXACO	出光兴产
	SH 0363—1992 (100℃)	Fin	Surett	Crater	Mobiltac	Cardium	Malleus Compound	Crater	Daphne Open Gear Oil
68	68	304 (25.5)	N5K (65)			A(38.5)	A(38) (5)		O(74.9)
100	100			O		C	C(98)	O (86)	
150	150		N26K (173)						
220	220	332 332/F		1,1X (205)		D(203)	D(203)	A	1(210)
320	320		N80K (330)						
460	460	360EP/F		2,2X (400)	A(490～650) E(1500～1600)	F(403)		2X(420)	2(390) 2S
		385	N270K (650)	5,5X (1000～1100)	325NC(1100) 375NC	H(1070)		5X(985)	3(490～650) 3S

续表

生产商 / 品种 牌号 / ISO 黏度等级	中国蜗轮蜗杆油	英国石油 BP	埃索标准油 ESSO	美孚石油 MOBIL	壳牌国际石油 SHELL	太阳石油 SUN	出光兴产	柯士穆石油 COSMO	三菱石油
	L-CKE SH/T 0094—1991	Gear Oil WS Energol GRP	Cylesso (Cylesstic) Cylesso TK，LK	600W Cylinder Oil	Tivela Oil	Sunep	Daphne Worm Gear Oil	Cosmo Gear W	Diamond Worm Gear Lube
100		GRP100				(68)			
150					SA，WA	150			
220	220	GRP220		Glygoyle H	SB，WB Vitrea Oil M220	220		220	220(N)
320	320	WA(280)		320/460(414)	SC Vitrea Oil M320	320		320	380(N)
460	460	GRP 460	460 TK 460	Super Cylinder(484) Glygoyle HE 460	SD，Vitrea Oil M460 Valvata Oil 460，J460	460	460	460	
680	680		680 TK680，LK680	Helca Super Cylinder (726) Super Cylinder Oil Mineral(587)	Valvata Oil 680				
1000	1000		1000，TK1000 (1500)	Glygoyle HE680	Valvata Oil 1000				

表 10-2-49　　国内外全损耗系统用油（AN）及机械油品对照

生产商 / 品种牌号 / ISO 黏度等级	中国 全损耗系统用油	意大利石油总 AGIP	英国石油 BP	加德士石油 CALTEX	嘉实多有限 CASTROL	法国爱尔菲 ELF	埃索标准油 ESSO	美孚石油 MOBIL	壳牌国际石油 SHELL
	GB 443—1989	Radula, Mag	Energol HP, EM, CS	Ursa Oil P	Magna	Polytelis Movixa, CD	Coray, Unipower MP, Dragon M. O	Vactro Oil	Vitrea Oil Carnea Oil
3			HP0		2		MP2		
5	5		HP5						
7	7		HP7, EM7						
10	10	10	HP10 EM10, CS10				MP10		9 Carnea 10
15	15	15					15		15 Carnea 19
22	22	Mag 22	EM22 CS22		22	22CD22	22, MP22		22
32	32	32 Mag 32	HP32 EM32, CS32	P32	32	32	32, MP32	Light	32 Carnea 32
46	46	460 Mag 46	HP46 EM46, CS46	P46	46	46	46 MP46	Medium	46 Carnea 46
68	68	680 Mag 68	HP68 EM68, CS68	P68	68	68 CD68	68 MP68	Heavy Mediun	68 Carnea 68
100	100	100 Mag 100	HP100 EM100, CS100	P100	100	100 CD100	100 M. O. 30(112)	Heavy	100 Carnea 100
150	150	150 Mag 150	HP150 EM150, CS150	P150	150	150 CD150	150 M. O. 40(150)	Extra Heavy	150 Carnea 150
220		220 Mag 220	HP220 EM220, CS220	P220	220	220	220 M. O. 50(224)	BB	220 Carnea 220
320		320 Mag 320	EM320, CS320	P320	320	320	320	AA	320 Carnea 320
460		460 Mag 460	EM460, CS460	P460		460	(1000)	HH	460 Carnea 460

续表

生产商 品和牌号 ISO 黏度等级	太阳石油 SUN	德士古 TEXACO	出光兴产	日本石油	柯士穆石油 COSMO	共同石油	三菱石油	富士兴产	日本高润	前苏联标准
	Sunvis Oil	Regal Oil	Daphne Mechanic Oil, EF	FBK Oil FBK Oil RO	COSMO Machine, Multi Super(MS)	共石 Lathus, High Multi (HM) MS Oil	Diamond Tetrat, Lubes, RO	Fukkol Dynamic	Niconic RO, H, T	ГОСТ 20799—88 ГОСТ 17479. 4—87
3			Super Multi 2		MS2	MS2	RO2			
5			Super Multi 5		MS5		RO5			
7										И-5А ИЛА-7
10			10 Super Multi 10		MS10	MS10	10 RO10	10	RO10	И-8А ИЛА-10
15	15									И-12А ИЛА-15
22	22		22EF Super Multi 22		22 MS22	MS22	22	22		
32	32		32, 32EF Super Multi 32	RO 32	32 MS32	32 HM32	32 RO32	32	RO32, H32, T32	И-20А ИГА-32
46	46		46, 46EF Super Multi 46	RO 46	46 MS46	46 HM46	46, S46 RO46	46	RO46, H46, T46	И-30А ИГА-46
68	68		68, 68EF Super Multi 68	RO 68	68 MS68	68 HM68	68, S68 RO68	68	RO68	И-40А ИГА-68
100	100		100 Super Multi 100	RO 100	100 MS100	100	S100 RO100	100	RO100	И-50А ИГА-100
150	150		150 Super Multi 150	RO 150 150	150 MS150	150	S150 RO150	150	RO150	
220	220		220 Super Multi 220	RO 220 220	MS220	220	S220 RO220	220	RO220	
320	320	320	320	RO 320 320		320	S320 RO320	320		
460	460	(390) 460	460	RO 460 460	460	460	RO460	460		

表 10-2-50　国内外汽轮机油品对照

生产商 / 品种牌号 / 黏度等级	中国汽轮机油 TSA	意大利石油总 AGIP	英国石油 BP	加德士石油 CALTEX	嘉实多有限 CASTROL	法国爱尔菲 ELF	埃索标准油 ESSO	美孚石油 MOBIL	壳牌国际石油 SHELL	太阳石油 SUN	德士古 TEXACO
	GB 11120—1989	OTE	Energol THB, TH-HT	Regal Oil R&O	Perfeet Turbine Oil T	Misola H Turbelf GB, SA	Teresso Teresso GT, SHP	DTE	Turbo Oil T, GT, TX	Sunvis	Regal Oil R&D
32	32	32	32	32	32	H32, GB32, SA32	GT-EP32 32, GT-32	Light	T32, GT32, TX32	932 916	32
46	46	46	46	46	46	H46, GB46, SA46	46	Medium	T46, GT46, TX46	946 921	46
68	68	68	68, (77)	68	68	H68, SA68	68, (77)	Heavy-medium	T68, (T78), TX68	968 931	68, N68
100	100	(80)100	100	100	100	H100, SA100	100	Heavy	T100	9100 951	100, N100
150		150	150	150			150	Extra H		9150 975	150
220				220			220, SHP220	BB		9220	220
320				320			320, SHP320	AA			320
460			460				460	HH			

生产商 / 品种牌号 / 黏度等级	出光兴产	日本石油	柯士穆石油 COSMO	共同石油	三菱石油	三井石油	富士兴产	日本高润	松村石油	德国标准 DIN515 15ptl	前苏联
	Turbine Oil Super Turbine Oil, SP	FBK Turbine, GT, SH	Turbine Turbine Super	共石 Rix Turbine T, G, SC,	Diamond Lube RO Turbino Oil	Turbine Oil AD	Fukkol AD Turbine	Niconic AT	Turbine Oil SA	Steam Turbine Oil	TП
32	32, 32, SP32	32, GT32, SH32	32	SC-32, 32, T-32, G-32	32	32	32	32	32SA	TD32	22
46	46, 46, SP46	46, SH46	46	46, T-46	46	46	46	46	46SA	TD46	30
68	68, 68, SP68	68, SH68	68	68, T-68	68	68	68		68SA	TD68	46
100		100	100	100			100			TD100	

表 10-2-51 国内外往复式空压机油品对照

生产商 / 品种牌号 / 黏度等级	中国	意大利石油总 AGIP	英国石油 BP	加德士石油 CALTEX	嘉实多有限 CASTROL	法国爱尔菲 ELF	埃索标准油 ESSO	美孚石油 MOBIL	壳牌国际石油 SHELL	太阳石油 SUN
	DAA DAB GB 12691—1990	Dicrea SIC C	Energol RC-R	RPM Compressor	Aircol PD	Dacnis P, Barelf	Compressor Oil, Exxcolub	Rarus	Corena Oil P, N, H	Solnus AC Oil
32	32		RC-S	Oil 32	32		32, RS32 Exxcolub 32	424	H32	
46	46			46			Exxcolub 46 RS46	425	46	
68	68	68	68	68	68	P68, (55)	68, RS68	426	Talpa 20W 68, H68	68
100	100	C-100 100	100	100	100	P100 100	Exxcolub 100, RS100	427	Talpa 20(94.6) 100, H100	100
150	150	C-150 150	150	150	150	P150 150	Exxcolub 150 150	429	Talpa 30(138) H150	150
220		C-220 220				(175)			Talpa 40(188) Talpa 50(211)	
320		320								

生产商 / 品种牌号 / 黏度等级	德士古 TEXACO	出光兴产	日本石油	柯士穆石油 COSMO	共同石油	三菱石油	三井石油	富士兴产	德国标准	前苏联
	Ursa Oil	Daphne oil CB, CO, CS Daphne Super CS	Faircol A	Recipro CA, Recipro	共石 Recic Recic N	Diamond Compressor Oil	三井 Compressor Oil R	Fukkol Compressor S	DIN 51506 VB, VB-L, VC, VC-L	
32									(22)	
46		Super CS46	46		46, N46		R46	S46	46	
68		Super CS68	68	68	68, N68	68	R68	S68	68	KП-8
100		CS100, CB100, Supercs100	SA100 100	CA100 100	100, N100	100	R100	S100	100	K-12
150	150 C150	CS150, CO150	150	CA150, 150	150	150	R150	S150	150	
220		CS220, CO220		CA220	220				VB, VB-L-220	K-19 KC-19
320									(VB, VB-L-460)	K-4-20

表 10-2-52 国内外回转式空压机油品对照

生产商 / 品种 牌号 / 黏度等级	中国	英国石油 BP	加德士石油 CALTEX	嘉实多有限 CASTROL	法国爱尔菲 ELF	埃索标准油 ESSO	美孚石油 MOBIL	壳牌国际石油 SHELL	太阳石油 SUN
	GB 5904—1986	Energol RC-R	Compressor Oil RA	Aircol PD, SN	Dacnis P, VS Barelf SM, CH	Exxcolub	Rarus Rarus SHC	Corena Oil R, S, RA, RS Comptell Oil, S	Solnus AC Oil
15	N15								
22	N22								
32	N32	32	32	PD32 SN32	VS32 SM32	32	SHC1024 424	Corena R32, S32, RA32, RS32	
46	N46	46	46		VS46 CH46	46	425	Corena S46, Comptella 46, S46	
68	N68	68		PD68	VS68	(77)	SHC1026 426	Corena R68, S68 Comptella 68, S68	68
100	N100	100		PD100	VS100	100		Corena R100	100
150				PD150	P150	150			150

生产商 / 品种 牌号 / 黏度等级	德士古 TEXACO	出光兴产	日本石油	柯士穆石油 COSMO	共同石油	三菱石油	三井石油	富士兴产	日本高润
	Syn-Star DE	Daphne Rotary Compressor Oil A	Faircol RA, SRA	Cosmo Screw	共石 Screw	Rotary Compressor Oil	Compressor Oil	Compressor RS	Niconic RC
15									
22									
32	32	A32 Red Rotary 32 Rotary Lw 32	SRA32 RA32	32	32	32N	S32	RS32(N)	RC32
46		A46							
68	68	A68							

表 10-2-53 国内外冷冻机油品对照

黏度等级 \ 品种牌号 \ 生产商	中　国	意大利石油总 AGIP	英国石油 BP	加德士石油 CALTEX	嘉实多有限 CASTROL	法国爱尔菲 ELF	埃索标准油 ESSO	美孚石油 MOBIL	壳牌国际石油 SHELL	太阳石油 SUN
	GB/T 16630—1996 L-DRA 或 L-DRB	TER	Energol LPT,LPT-F,LPS	Capella Oil WF Refrigeration Oil	Icematic Icematic SW	Rima (Friga)	Zerice,R, RS,S(合成型)	Gargoyle Arctic,C,SHC	Clavu S,J,G R-Moil S,K	Sun Refrigeration Suniso GS
15	15		LPT15		44 (SW10)	(15)	15,S15	1010	15	1GS(12.5)
22	22	22		WF22	SW20 SW22		22	1022	S22	
32	32	32	LPT32,LTP-F32 LPS32	WF32,WFI32 32	66(35.3),266, SW32	(32)	S32,RS32	1032,155, SHC224	32,G32 S32,32K,927	3GS(29.5)
46	46	46	LPT46,LPT-F46 LPS46	WF46 46	2284(48)	(46)	46,S46, RS46	1046,300(56) C Heavy	46,G46 S46,909	
68	68	(68)	LPT68 LPS68	WF68 68	99(62.6),299 SW68	68	68,R68,S68	1068, SHC226	68,J68 68K,G68,933	300(73.3) 4GS(55.5), 4GSDI
100	100		LPT100 LPS100	WF100 100	2285(92.9) SW100		S100	1100, SHC228(95)	100	400(98.1) 5GS(97.3)
150	150(220,320)		LPT150		SW150	150		[SHC230(208)]		

黏度等级 \ 品种牌号 \ 生产商	德士古 TEXACO	出光兴产	日本石油	柯士穆石油 COSMO	共同石油	三菱石油	三井石油	富士兴产	松村石油
	Capella Oil WF	Daphne Hermetic Oil GD,PX Super P	Atmos, Atmos HAB	Super Freeze AB,Freeze	Freol S,F,X	Diamond Freeze,MS	三井 Super Refco	Fukkol Spl-タ-	Barrel Freeze F
15		(GD10),GD15	HAB10 HAB15						F-10S
22		CR22P, Super 22A	22,HAB22 CR22	22	S22,F22		22	22	
32	WF32 I-32	32P,GD32 Super 32A	32,HAB32 CR32 Ref Oil NS 3GS	Super Freeze 32 AB32	S32,F32 X32	32			F-32S
46		46P Super 46A	46,HAB46	46,AB46	S46,F46		46	46	F-46S
68	WF68	68P	68,HAB68 CR-56			56 MS56(N)			F-68S
100	WF100	100P,PX90	100,RR100, Ref. OilNS5GS	Super Freeze 100	S100				F-100S
150		(PX320)							

表 10-2-54　　国内外主轴轴承油品对照

ISO 黏度等级 \ 品种牌号 \ 生产商	中国轴承油 FC, FD	英国石油 BP	加德士石油 CALTEX	埃索标准油 ESSO	美孚石油 MOBIL	壳牌国际石油 SHELL	太阳石油 SUN	德士古 TEXACO	日本石油	共同石油
	SH 0017—1990	Energol HP, CS	Spindura	Spinesso Teresso	Velocite Oil	Tellus	Sunvis	Spindura Oil	Spinox S	共石 MS Oil 共石 High Spindle Fluid
2	2	0		(Unipower MP2)	3				S2	MS Oil 2 1.5
5	(3),5	5		5	4	C5			S5	
10	(7),10	10 CS10	10, AA	10	6, E	C10		10	S10	MS Oil 10
15	15		15, BB	15	8		15			
22	22	CS22	22	22	10, DX, 12	22, C22	22	22	S22	MS Oil 22
32		HP32 CS3E		Teresso 32	CX(25)	32, C32	32		Hyrando ACT32	
46		HP46 CS46		Teresso 46	DTE M	46, C46	46		ACT46	
68		HP68 CS68		Teresso 68	DTE HM	68, C68	68			
100		HP100 CS100		Teresso 100	DTE H	100	100			

ISO 黏度等级 \ 品种牌号 \ 生产商	前苏联	德　国	捷　克	波　兰	前南斯拉夫	匈牙利	罗马尼亚	荷　兰	瑞　典	出光兴产
	ГОСТ	CL DIN51517 L-TD DIN51515	CSN	PN	Modri CA	MNSZ	STAS	Deutz	AC	Super Multi Oil
2	ИГП-2	CL2	OL-J0		Cirulje M-11			HY-S10		2, 2M
5	ИГП-6	CL5								5
10		CL10	OL-J1	Olej Wyzecionowy MWP	Cirulje M-25	O-20	OL-302	HY-S15	Hydraulic Oil H	10
15	ИГП-14	CL-15	OL-J2		Reduetol M-18	T-15	Zapfen Oil R			
22		CL22								22
32	ИГП-18	CL-32 L-TD32	OT-T2A	Olej Hydrauliczny 20	Hidulje M-30	Hydro20	H3	HY-S25	Hydraulic Oil 25	32
46		CL-46 L-TD48								46
68	ИГП-38	CL-68 L-TD68	OT-T4A	Olej Hydrauliczny 50	Hidulje M-65	Hydro 45	OL-106	HY-S55	Hydraulic Oil 45	68
100		CL-100 L-TD100								100

表 10-2-55　　国内外真空泵油及扩散泵油品对照

类型	黏度等级	中国真空泵油及扩散泵油	加德士石油 CALTEX	法国爱尔菲 ELF	美孚石油 MOBIL	壳牌国际石油 SHELL	出光兴产
		SH 0528—1992 SH 0529—1992	Canopus	ELF PV	Vacuum Pump Oil	Hi-Vacuum Pump Oil X, A	Daphne Super Ace-Vac
真空泵油	32					8A	
	46	46				X46	46
	68	68	68		68	X68, 15A	68
	100	100		100	DTE Heavy		
扩散泵油	46	46					TS-A
	68	68					
	100	100					

类型	ISO 黏度等级	日本石油	柯士穆石油 COSMO	共同石油	日本高润	松村石油	日本真空技术	前苏联
		Fairvac	Cosmorac	共石 VP Super	NicoVP Oil	NeovalMR, MC SO, SA, SX, SY	Ulvoil	ВПН ВМ
真空泵油	32					SA-L		ВПН(22)
	46	White 46	46	Super 46 Super B46	MR46	MR100	R-4	
	68	White 68 Silver 68	68	Super 68 Super B68	MR68	SO-M, SA-M	R-7	ВМ-6
	100					MR-250, 250A MC-200, SO-H		ВМ-4(68/100) ВМ-1(100)
扩散泵油	46	Gold(37.5)		Super H(30) Super DFM(36)		SX(22), SY(25)		
	68							
	100					Excelol 54(295)		

表 10-2-56　　国内外电器绝缘油品对照

类型		中国产品	意大利石油总 AGIP	英国石油 BP	加德士石油 CALTEX	嘉实多有限 CASTROL	法国爱尔菲 ELF	埃索标准油 ESSO	德国福斯矿物油 FUCHS	美孚石油 MOBIL	壳牌国际石油 SHELL	太阳石油 SUN
			Ite	Energol				Univolt	Insulating Oil	Mobilect		
变压器及断路器油	IEC-296 I II	GB 2536—1990 SH 0040—1991 SH 0351—1992	320 360	JS-A,JSH-A Transfo Ⅰ JSH-V JS-P,JSH-P Transfo Ⅱ	Transformer Oil Transformer Oil BSI	Insulating Oil B841 Electrilo Heavy 2544	Transfo 50	60 80 SE 52 N61 Insulating Oil HV	Renolin E7 （DIN 57370）	35	Diala Oil B,BX DX,GX,BG,C A, Trans Oil A, B,C	Suntrans Ⅱ Oil
电容器油	IEC-867	GB 4624—1984 （88）										
电缆油	IEC-465										OF Cable Oil	Sun Cable Oil

类型		德士古 TEXACO	出光兴产	日本石油	柯士穆石油 COSMO	共同石油	三菱石油	三井石油	富士兴产	松村石油	英国标准	日本标准	美国 ASTM	前苏联
			出光 Trans former Oil	日石		共石	三菱	三井	Fukkol			JIS		ГОСТ 10121—76
变压器及断路器油	IEC-296 I II	Trans former Oil	G8 H8 A	高压绝缘油 M,A,K, KL,TN	Cosmo 高压绝缘油	HS Trans 2 号 Trans Eletus	三菱高压绝缘油	高压绝缘油	高压绝缘油	IEC 电气绝缘油 BS 电气绝缘油 ASTM 电气绝缘油 电气绝缘油 1 种 2、3、4 号 6 种 4、6 号 7 种	BS148 Ⅰ $Ⅰ_A$ BS148 Ⅱ $Ⅱ_A$	C2320 1 类 2 号、3 号、4 号 6 类、7 类 2、3、4 号	D3487 Ⅰ D3487 Ⅱ	ТКП Т-500 Т-750 Т-1500
电容器油	IEC-867			蓄电器油 Condenser Oil Condenser Oil S		Condenser Oil				电气绝缘油 1 种 1 号		C2320 1 类 1 号 7 类 1 号	D2233	
电缆油	IEC-465			EHV Cable Oil		OF Cable Oil			OF Cable Oil	1 种 1 号		C2320 1 类 1 号 2～7 类 1 号、2 号		МНК-2 МН-4 С-220 КМ-25

表 10-2-57　　国内外蒸汽汽缸油品对照

生产商 / 品种牌号 / 黏度等级	中　国	意大利石油总 AGIP	英国石油 BP	加德士石油 CALTEX	法国爱尔菲 ELF	埃索标准油 ESSO	美孚石油 MOBIL	壳牌国际石油 SHELL	德士古 TEXACO	德国标准	前苏联
	GB/T 447—1994 SHO359—1992	Vas	Energol	Vangard	Cylelf	Cylesso	Mobil 600W Cylinder Oil	Valvata Oil	Vangard Cylinder Oil	DIN 51510	
460		460	DC 460	(320), 460	CD460, 460	TK460, 460	Super 460 320/460	Valvata 460 J460	460	ZS	11(150) 24(460)
680	680	680	DC-C 680	Honor 680	680	TK680 680 LK680	Extra Helca Super Cyl, Oil 680	Valvata 680, J680	Honor Cylinder Oil 680	ZA	38
1000	1000	1150	DC-C1000, DC1000	650T Oil 1000	1000	TK 1000, 1000		Fiona J1000 Valvata 1000	650 T Cylinder Oil 1000	ZB	52
1500	1500		DC1500			1500		Fiona Oil 1500		ZD	

表 10-2-58　　国内外工业润滑脂品种对照

类型		中国品种及标准	意大利石油总 AGIP	英国石油 BP	加德士石油 CALTEX	嘉实多有限 CASTROL	法国爱尔菲 ELF	埃索标准油 ESSO	德国福斯矿物油 FUCHS
滚动轴承用脂	通用	精密机床主轴润滑脂 SH 0382—1992 通用锂基脂 GB 7324—1994	GR MU2、3 Grease 30	Energrease LS2，LS3	Multifak 2 Regal Starfak Premium 2，3	Spheerol AP2，AP3， LMN Castrolease CL	Epexa 00，0，1，2	Lexdex 0，1，2 Beacon 2，3 Andok B，C	Renolt MP KP2-40 Caly psol Li EP
	低温用	2 号低温脂 KK-3 脂		LT2	Low Temp，Grease EP2		Rolexa 1，2，3	Beacon 325	1，2，3
	宽温度范围用	特 221 号脂及 7014 号高低温航空脂	GRMU/EP0，1，2，3 GR LP	MM-EP HTG2	RPM Grease SR12			Templex N2，N3 Andok 260	Renolit S2
集中给油用脂	钙基脂	钙基脂 GB 491—1987	GR CC2 CC3 CC4	PR1，PR2		Spheerol UW	Axa GR0，GR1 Ponderia 2	Ladex 0，1，2	
	锂基脂	通用锂基脂 GB 7324—1994	GR 33/Li RD 10/0，10/1	LS2，LS3			Poly G0，000	Lexdex 0，1 Conpac multipurpose	Renolit MP
	极压钙基	复合钙基脂 SH 0370—1995	Grease PV2	PR-EP1，EP2，EP3 PR9142，CC2				Nebula EP0，1，2	Renolit CX-EP CX-GLP
	极压锂基	极压锂基脂 GB 7323—1994		LS-EP_1，EP_2， MM-EP0，EP1，EP2	Multifak EP0，1，2	Spheerol EPL0，1，2		Lexdex EP0，1 Conpac Multipurpose EP2	Renolit FEP
极压脂	高负荷用（含 MoS_2）	二硫化钼极压锂基脂	GR SM	L2-M， L21-M	Molytex Grease EP2	Spheerol MS3	Epexa MO_2 Multi MOS_2	Beacon Q2	Renolit FLM2
	锂基	极压锂基脂 GB 7323—1994	GRMU EP0， EP1，EP2，EP3	LS-EP1 LS-EP2	Multifak EP0，1，2	Spheerol EPL0，1，2		Lexdex EP0，1，2 Conpac Multipurpose EP2	Renolit FEP

续表

类型		中国品种及标准	意大利石油总 AGIP	英国石油 BP	加德士石油 CALTEX	嘉实多有限 CASTROL	法国爱尔菲 ELF	埃索标准油 ESSO	德国福斯矿物油 FUCHS
耐热脂	无机系	膨润土脂 SH 0536—1993	GRNF 33FD	HT-G2, B2, GSF FGL, GG, OG	Thermatex EP1,2	BNS Grease Spheerol BN, BN1, BNS	Staterma 2, Mo2, Mo10	Norva 275 EP 375	
	复合铝基	极压复合铝基脂 SH 0534—1993		ACG-2					
	聚脲基	7017-1 号高低温脂 SH 0431—1992			RPM Poly FM Grease 0,1,2 （食品机械用）			Polyrex	
其他脂	耐酸脂	7805 号抗化学密封脂 SH 0449—1992	GRNS4	Petrol Resistant RBB FR2 Solvent Resistant G					
	其他脂	钢丝绳表面脂 SH 0387—1992 SH 0388—1992	Rustia 300GR				Elfnera 120 430x, 430W	Pen-o-Let EP Standard Ep Grease Special 0,1,2	
食品机械脂		食品机械脂 GB 15179—1994			RPM Poly FM Grease 0,1,2		Axa GR000	Carum 330	Renogel 7
齿轮（开式）脂	复合剂型		GR NG3, GR SLL	Energol BL Energrease GG, OG	Crater A, 0, 2X, 5X	Rustilo 553	Cardrexa DC-1, 1	JWS 2563	
	溶剂型			Energol GR 3000-2	Crater 2X Fluid 5X Fluid				

续表

类型		克虏伯润滑油 KLÜBER	美孚石油 MOBIL	壳牌国际石油 SHELL	太阳石油 SUN	德士古 TEXACO	出光兴产	日本石油
滚动轴承用脂	通用	Isoflex NBU15 Super LDS18	Mobilux 1,2,3,EP0,1,2 Mobilplex 43,44,45,46,47	Alvania Grease X1,X2,X3,1,2,3 Sunlight Grease 0,1,2,3 Alvania Grease G2	JSO C Grease 1,2	Multifak 2 Murfak All Purpose	Daphne Eponex Grease 0,1,2,3 Super Coronex 0,1,2,3	Multinoc Deluxe 1,2 Multinoc Grease 1,2
	低温用	Isoflex LDS Special A Barrierta 1SL/OV	Mobil Grease 22 Mobil Temp SHC100 Mobilith SHC 15ND	Alvania Grease RA		Low Temp Grease EP	Daphne Grease XLA 0,2 Eponex Grease 0,1,2,3	Multinoc Wide 2 ENS Grease HTN Grease
	宽温度范围用	Microlube GLY92 GLY91M	Mobil Grease 22 Mobil Temp SHC 100 Mobilith SHC 460 Mobil Track Grease	Valiant M2,M3,S1,S2 Aeroshell 7,17,15A Tivela Compound A	JSO MP Grease 40,41,42,43	Multifak EP0 EP1,EP2	Super Coronex 1,2,3 Eponex Grease 0,1,2,3	Multinoc Wide 2 ENS Grease HTN Grease
集中给油用脂	钙基脂	Isoflex NCA15	Cup Grease Soft,Hard Mobil Grease 2,523,Super,MS	Chassis Grease 0,12 Unedo Grease 1,2,3,5	JSO C Grease 1,2		Apdloil Grease Res-ervoir‰	Chassis Grease 00,0,1,2 Greastar A
	锂基脂	Isoflex PDL 300A Topas L152,L30 Altem	Mobil Grease 76,77 Mobilux 1,2,3	Sunlight Grease 0,1 Alvania Grease 1	JSO MP Grease 40,41,42,43	Multifak 2,EP0,EP1,EP2 Murfak All Purpose	Eponex Grease,0,1,2	Epnoc Grease AP0,1,2 Greastar B
	极压钙基	Isoflex Topas NCA 52,5051	Mobilplex 43,44,45,46,47	Retinax CD,DX		Novatex Grease EP 000,0,1,2		
	极压锂基	Isoflex Alltime SL2 Super LDS18	Mobilux EP0,1,2 Mobilith AW1	Alvania EP Grease R000,R00,R0,1,2 Cartridge EP2 Liplex Grease 2,EP2	JSO MP Grease 740EP,741 EP,742 EP,743EP Sunoco Multipurpose EP Grease 0,1,2,3	Murfak Multe Pur-pose 0,2	Coronex Grease EP0,1,2 Eponex Grease EP0,1,2	Greastar B Epnoc Grease AP0,1,2
极压脂	高负荷用（含 MoS_2）	Altemp Q NB50 Staburg S N32	Mobil Grease Special Mobilplex Special Mobil Temp 78	Sunlight Grease MB0,2 Retinax AM	Sunocc Moly EP Grease 2	Molytex EP0,EP1,EP2	Daphne Grease M,0,1,2 Polylex M2 Molylet	New Molynoc Grease 0,1,2
	锂基	Isoflex Alltime SL2 Super LDS 18 Costrac GL 1501MG	Mobilux EP0,1,2 Mobilith AW1	Alvania EP Grease 000,Gartridge EP2	JSO MP Grease 740 EP,741 EP,742 EP,743 EP	MurfakMulti Purpose 0,2	Eponex EP 0,1,2 Coronex Grease EP0,1,2	Epnoc Grease AP0,1,2

续表

类型		克虏伯润滑油 KLÜBER	美孚石油 MOBIL	壳牌国际石油 SHELL	太阳石油 SUN	德士古 TEXACO	出光兴产	日本石油
耐热脂	无机系	Isoflex PDB 38/300	Mobil Temp0,1,2,78	Darina Grease 2 Darina EP Grease 0,1,2 Aeroshell 22c,23c,43c		Thermatex 000,1,EP1,EP2	Daphne No-Temp Grease 0,2	
	复合铝基	Isoflex AK50 Paraliq GA343,351	Mobil Grease FM102	Mytilus Grease A,B Cassida Grease 00,2	Sunocoplex 900EP,991EP,992EP	Starplex 9998	Daphne A Complex Grease 1,2	
	聚脲基	Petamo GHY133,433 Asonic HQ72-102		Valiant Grease U0,U1,U2,EP0,EP2 Stamina U EP2 Dolium Grease R			Polylex Alfa 2,HL1,HL2,M2	Multinoc Ureaa Pyronoc Grease 0,2,CCO Pyronoc Universal CCO,00,N-6B,0,2
其他脂	耐酸脂			Valiant Grease U2				
	其他脂	Grafloscon A-G_1 plus（绳缆用）		APL 700,701,702		Wirerope Compound 2	Daphne Spline Grease	
食品机械脂		Klüber synth UHI-14-1600 Paraliq GA343,351 GB 363,GTE703	Mobil Grease FM102	Cassida Grease 00,2				
齿轮（开式）脂	复合剂型		Mobiltac MM,QQ,4,81	Cardium Compound A,D,C			Daphne Open Gear Oil 0,1,2	Cronoc Compound 00,0,1,2,3
	溶剂型		Mobiltac A,C,D,E	Malleus Fluid D,A Cardium Fluid F			Daphne Open Gear Oil 2S,3S	

续表

类型		柯士穆石油 COSMO	共同石油	三菱石油	三井石油	富士兴产	日本高润	日本润滑油脂 NIPPON GREASE	协同油脂
滚动轴承用脂	通用	Cosmo Grease Dynamics super 0,1,2,3 Dynamics SH1,2	共石 Lisonix Grease 0,1,2,3	Diamond Multipurpose Grease 0,1,2,3	Multi Grease EP-0,1,2,3	Fukkol Multi Grease 0,1,2,3 Multi purpose Grease 1,2,3	Nico Macus MEP 1,2,3 WB 2,3	Gold 0,1,2,3 Kingstar 2,3 Tight LA0,1,2,3	Unilube 00,0,1,2,3 Unilight SL1,2,3 Unilight,1,2,3 Duplex 0,1,2,3
	低温用	低温 Grease 0,2	共石 LT Grease 0,1,2	低温 Grease 2 号		LT Grease 1,2		NG Tight LYW 00,0,1,2 NG Lube LC 00,0,1 NG Tight LL0,1,2	Multemp PS1,2,3 LT2,LRL3 SRL
	宽温度范围用	Wide Grease WR2,3	共石 Urea Grease 0,1,2 LL-0,1,2	Silicon Grease 2 号 Ex Grease 3 号		HLT Grease 1,2,3		NG Ace M Ace SL 广温度范围 2	Multemp LRL3 SRL
集中给油用脂	钙基脂	Auto Grease 00 Chassis Grease 0,1 Cup Grease 1,2,3,4,5	共石 Auto Grease C00,0 Cup Grease 1,2,3,4,5	Cup Grease 1,3	Cup Grease 2,3 Chassis Grease CC-00,0	Auto Grease C,W Cup Grease 1,2,3,4	Nico Macus C0,1,2	Sun lube Autos 00	ET light 0,1,2
	锂基脂	集中 Grease 0,1,2	共石 Auto Grease L-00,0	CLS Grease 0,1 Auto Serve Grease 00,0	Chassis Grease CL-00,0	EP Grease 0,1,2	Nico Grease EP0,1,2	Sunlube Auto K NG lube CP 000,00,0	Unilube 00,0,1,2,3 Duplex 0,1
	极压钙基	集中 Grease Special 0,1		CP Grease 000,00,0				C 极压 0,1 Hitlube 00,0,1,2	Mystik JT-6HT 00,0,1
	极压锂基	Dynamics EP0,1,2 集中 Grease 0,1,2	共石 Lisonix Grease EP-00,0	Multipurpose EP Grease 0,1,2,3		EP Grease 0,1,2	Nico Grease EP0,1,2	Tight LYS 000,0,1 LY00,0,1 EP-DX 0,1,2	Unilube EP0,1,2 DL 0,1,2 Newmax EP0,1 Unimax EPL0,1,2
极压脂	高负荷用（含 M_0S_2）	Molybden Grease 0,1,2	共石 Lisonix Grease M-0,1,2,3	Multipurpose M Grease 0,1,2	Multi Grease M-1,2	HT Grease M01,2 Temp Grease M01,2		Tight KM 0,1,2 LG1,M 0,1,2,3 Nek,Tight LM2	Molyrex 0,1,2 Alumix M01,2 Molyrex P1,RN0,1
	锂基	Cosmogrease Dymancics EP0,1,2,3	共石 Lisonix Grease EP-00,1,2,3	Multipurpose EP Grease 0,1,2,3	Multi Grease EP-0,1,2,3	EP Grease 0,1,2	Nico Grease EP0,1,2	Tight LYS0,1,2 LY0,1,2,3 NG Lube EP2,DX	Unilube EP0,1,2 DL0,1,2 Palmax L,RBG,Duplex EP 0,1,2

续表

类型		柯士穆石油 COSMO	共同石油	三菱石油	三井石油	富士兴产	日本高润	日本润滑油脂 NIPPON GREASE	协同油脂
耐热脂	无机系	耐热 Grease B 0,1,2,3,2M	共石 Thermonix Grease 0,1,2,3 EP-0,1,2,3	BT Grease 2 号	耐热 Grease B	HT Grease 0,1,2,3		NG Lube HTP0,1,2 HT0,1,2 NTG 2000 1,2,3	OS Grease FL FM1, 2,3
	复合铝基	耐热 Grease A1,2, 1M,2M	共石 Alcon Grease 0,1,2 S-1,2	耐热 Grease 0,1,2		Temp Grease 0,1,2 DN Grease		NTG Lube LH1	Alumix HD0,1,2 EP0,1 Mos0,1
	聚脲基	Urea Grease 0, 1, 2,2M	共石 Urea Grease 0, 1,2 LL-0,1,2		耐热 Grease U-0, 1,2 Urea WideGrease 0, 1,2	Urea Grease 0,1		Ace DNA2 NTG Ace HTDXNN01,2 Ace K2,U1,U2	Emulube L,M Excellight EP0,1,2 Multemp SC-AC,EP-100K
其他脂	耐酸脂		共石耐酸 Grease						OS Grease 1,2,3 Multemp FF-SL,RM
	其他脂	Special Grease H Fiber Grease 2 Rope Grease R,B	共石 Silicon Grease 0,1 Rope Grease	超高温 Grease 2 号 Graphite Grease 2 号 耐油 Grease 1 号				NTG Bit 用脂 Valve 脂 VR 用脂	Molywhit Super 0,1 Microcarbori Grease 1
食品机械脂			Food Grease 0,1,2						
齿轮(开式)脂	复合剂型	Gear Compund 1, 2,3	共石 Gear Compound 1,2,3	Gear Compound 2 号	Gear Compound 2	Open Gear Oil 1, 2,3			Betalube 250, 450, 650,1200,2200,S
	溶剂型	Gear Compound Special 1,2,3 Gear Spline	共石 Gear Compound S-2	Spline Compound OG Grease 500				Gear Compound 1,2,3	Betalube LA 2,3,5

表 10-2-59 国内外车辆润滑脂品种对照

类型		中国品种及标准	意大利石油总 AGIP	英国石油 BP	加德士石油 CALTEX	嘉实多有限 GASTROL	埃索标准油 ESSO	美孚石油 MOBIL
通用脂	锂基	汽车通用锂基脂 GB/T 5671—1995		Energrease L2, LS2, LS3	Marfak Multipurpose 2,3 Ultra Duty Grease 1,2	LM Grease	Lexdex 0,1,2 Beacon 2 Multipurpose Grease H Conpac Multipurpose	Mobil Grease 77
	极压锂基	极压锂基脂 GB 7323—1994	GR MU EP0,1,2,3 GR LP	LS-EP	Marfak All Purpose 2,3	Spheerol EPL2 Grease	Lexdex Ep0,1,2 Beacon Q2 Conpac Multipurpose EP2	Mobil Grease 77 Mobil Grease Special
车体(底盘)脂	钙基（极压）	复合钙基脂 SH 0370—1995	GRCC2, CC3, CC4	Energrease C1, C2, C3 CB-G	RPM Multimotive Grease 1,2	Water Resistant Grease CLO	Chassis Grease	Mobilplex 44 45
	锂基	极压锂基脂 GB 7323—1994	GRMU2 MU3	LS-EP2, L2	Multifak EP0, EP1, EP2	Castrol LM Grease	Conpac Reservoir Lexdex 0,1,2	
	钙基	钙基脂 GB 491—1987	Grease 15,16	C1, C2, C3, C3-G			Conpac chassis	Mobilplex 44 Chassis Grease
水泵脂	钙基	钙基脂 GB 491—1987	Grease 15,16	C1, C2	Water Pump Grease	Spheerol UW	Standard EP Grease 0, 1,2	
	锂基	锂基脂		L2, LS2, LS3			Lexdex 2	Mobil Grease Mobilux 2
轮毂轴承脂	混合皂基	滚珠轴承脂 SH 0386—1992		C3 C3G	RPM Multinotive Grease 1,2 Marfak Allpurpose 2,3	BNS Grease		
	锂基	锂基脂 GB/T 5671—1995	33FD	L2, LS2, LS3	Marfak Multipurpose 2,3	LM Grease	Lexdex WB 2,3 Multipurpose Grease H	Mobil Grease 77 Mobil Fully
其他脂	橡胶脂	7802#,7804#抗化学脂		Petrol Resistant		Gastrol Red Rubber Grease		
	耐寒脂	7026#低温脂		LT2			Beacon 325	Mobilith SHC 15ND Mobil Grease 22
	耐油密封脂	7805#抗化学密封脂 SH 0449—1992						
	制动器脂			B2				

续表

类型		壳牌国际石油 SHELL	太阳石油 SUN	德士古石油 TEXACO	出光兴产	日本石油	柯士穆石油 COSMO	共同石油
通用脂	锂基	Alvania 1,2,3 Sunlight 2,3	JSO MP Grease 40,41,42,43	Marfak Multi purpose 2,3 Multifak 2	Apolloil Autolex J-2,J-3,A,B,L	PAN WB Grease	Grease Road Master 2,3	Lisonix Grease 0,1,2,3
通用脂	极压锂基	Alvanra EP R0,1,2 R00,R000	JSO MP Grease 740EP,741EP 742EP,743EP	Marfak All Purpose 2,3	Daphne Coronex EP0,1,2 Apolloil Autolex E,EW	Epnoc Grease AP0,1,2	Grease Dynamics EP0,1,2,3 Molybden Grease 0,1,2	Lisonix Grease EP-00,0,1,2,3 M-0,1,2,3
车体(底盘)脂	钙基(极压)	Autognease Swalube A	JSO C Grease 1,2		Apolloil Multilex 0,00 Grease Reservoir	Greastar Grease A	Auto Grease 00 Chassis Grease 0,1,2	共石 Auto Grease C-00,0
车体(底盘)脂	锂基	Swalube B,BW Retinax CS00,0 LX2	JSO MP Grease 40,41,42,43	Multifak EP0,EP1,EP2 Molytex EP0,1,2		Greastar Grease B	Auto Grease Super 00,0 集中 Grease 0,1,2	AutoGrease L-00,0
车体(底盘)脂	钙基	Retinax CD Chassis Grease 0,1,2	JSO Grease 1,2		Chassis ss0,1,2	Chassis Grease 00,0,1,2	Chassis Grease 0,1,2	Chassis Grease 00,0,1,2
水泵脂	钙基		JSO Grease 1,2				Cup Grease 4,5	
水泵脂	锂基	Alvania 2,3 Sunlight 2,3	JSCMP Grease 40,41,42,43	Multifak Ep2,EP0,1	Autolex J-2,J-3,A	PAN WB Grease	Grease Road Master 2,3 Dynamics EP 2,3	Lisonix Grease 0,1,2,3
轮毂轴承脂	混合皂基			Marfak HD 2,3		PAN WB Grease Pyronoc Universol N-6B		
轮毂轴承脂	锂基	Retinax A,AM Valiant WB Sunlight 2,3	JSO MP Grease40,41,42,43	Marfak Multipurpose 0,2	Autolex J-2,J-3,A,B,L		Grease Road Master 2,3 Super 2	Wheel Bearing Grease L2,3
其他脂	橡胶脂					Rubber Grease 2	Rubber Grease	
其他脂	耐寒脂	Alvania RA			Daphne Grease XLA 0,2 Eponex Grease 0,1,2,3	Epnoc Grease LT2	低温 Grease 0,2	共石 LT Grease 0,1,2
其他脂	耐油密封脂					Sealnoc N,FN,FS		
其他脂	制动器脂			AAR Brake Cylinder Lubricont				

续表

类型		三菱石油	三井石油	富士兴产	日本高润	日本润滑油脂公司 NIPPON GREASE	协同油脂
通用脂	锂基	Diamond Multi Purpose Grease 0,1,2,3	三井 Auto Grease 2,3	Fukkol Multipurpose Grease 1,2,3		NTG Lube MP-DX 1,2,3 NTG Tight LA 0,1,2,3	One Lover MP 0,1,2,3 EH 2,3 Duplex 0,1,2,3
	极压锂基	Multipurpose EP Grease 0,1,2,3 M Grease 0,1,2	Multi Grease EP-0,1,2,3	EP Grease 0,1,2		NTG Lube EP 1,2 EP-DX 0,1,2 NTG Tight LYS 0,1,2 LE2,LS2	One Lover M01,2 Molyrex s2 Duplex EP0,1,2 汎用 Grease HD 1,2
车体(底盘)脂	钙基(极压)		Chassis Grease CC-00,0	AutoGrease C,W Chassis Grease 00,0,1,2 Cartridge Grease 1000		Sun Lube Auto S.00,k Hitlube00,0,1,2	Sinplex W,SO,S1 Chassis Grease k0,1
	锂基	Auto Serve Grease 00,0	Chassis Grease CL-00,0	EP Grease 0,1,2	Nico Grease EP 0,1	NTG Tight LA0,1 LY00,0,1 Reservior Sun Reservior	One Lover MP0,1
	钙基	Chassis Grease 0,1,2	Chassis Grease 0,1,2	Chassis Grease 1,2	Nico Macus C 0,1,2	Chassis C-0,1,2 Cartridge chassis1,2	Sinplex S 1,2 Chassis Grease K1,2
水泵脂	钙基			Cup Grease 1,2,3,4			My stik JT-6 Cup Grease 1,2,3,4
	锂基	Cup Grease 1,3	Auto Grease 2,3	Multipurpose Grease 1,2,3		NTG Lube MP-DX 2,3,NW	Uni Lube 3
轮毂轴承脂	混合皂基						
	锂基	Wheel Bearing HD Grease2,3	Wheel Bearing Grease 2,3	WB Grease 2,3 WB Grease MO Super 2	Nico Macus WB 2,3	NTG Lube MP-DX 2,3	One Lover MP2,3 EH2,3 TH2
其他脂	橡胶脂					NTG Lube RX2 R RM2	Rubber Grease
	耐寒脂			LT Grease 1,2		NTG Star SF1,2 NTGLube LC-00,0,1,2 NTG Tight LYW00,0,1,2 LL 0,1,2	Multemp TA1, 2, TAS2 PS1, 2,3
	耐油密封脂	耐油 Grease 1					
	制动器脂			DN Grease		Moly ACe 2 NTG Lube RM2	Molyrex RN 0,1

第3章 密 封

1 静密封的分类、特点及应用[30,31]

表 10-3-1

分类		原理、特点及简图	应用
法兰连接垫片密封		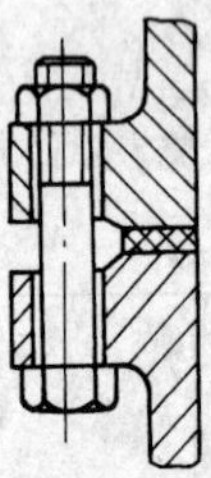 在两连接件(如法兰)的密封面之间垫上不同型式的密封垫片,如非金属、非金属与金属的复合垫片或金属垫片。然后将螺纹或螺栓拧紧,拧紧力使垫片产生弹性和塑性变形,填塞密封面的不平处,达到密封的目的 密封垫的型式有平垫片、齿形垫片、透镜垫、金属丝垫等	密封压力和温度与连接件的型式、垫片的型式、材料有关。通常,法兰连接密封可用于温度范围为 -70 ~ 600℃,压力大于 1.333kPa(绝压)、小于或等于 35MPa。若采用特殊垫片,可用于更高的压力
自紧密封		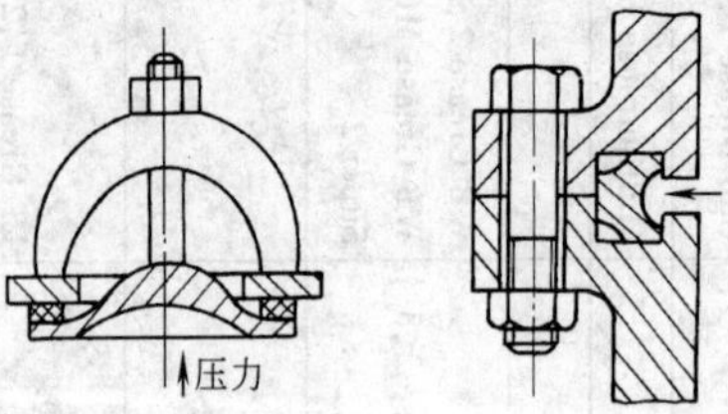 压力 (a) 压力 (b) 密封元件不仅受外部连接件施加的力进行密封,而且还依靠介质的压力压紧密封元件进行密封,介质压力越高,对密封元件施加的压紧力就越大	图 a 为平垫自紧密封,介质压力作用在盖上并通过盖压紧垫片,用于介质压力 100MPa 以下,温度 350℃的高压容器、气包的手孔密封 图 b 为自紧密封环,介质压力直接作用在密封环上,利用密封环的弹性变形压紧在法兰的端面上,用于高压容器法兰的密封
研合面密封		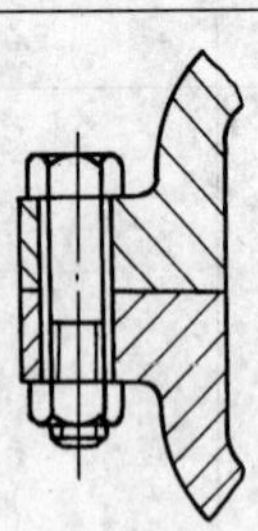 靠两密封面的精密研配消除间隙,用外力压紧(如螺栓)来保证密封。实际使用中,密封面往往涂敷密封胶,以提高严密性	密封面粗糙度 $R_a = 2 \sim 5\mu m$。自由状态下,两密封面之间的间隙不大于 0.05mm。通常密封压力小于 100MPa 及 550℃的介质,螺栓受力较大。多用于汽轮机、燃气轮机等汽缸接合面
O形环密封	非金属O形环	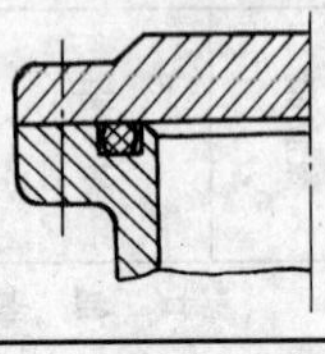 O 形环装入密封沟槽后,其截面一般受到 15% ~30% 的压缩变形。在介质压力作用下,移至沟槽的一边,封闭需密封的间隙,达到密封的目的	密封性能好,寿命长,结构紧凑,装拆方便。选择不同的密封圈材料,可在 -100 ~260℃的温度范围使用,密封压力可达 100MPa。主要用于汽缸、油缸的缸体密封

续表

分类	原理、特点及简图	应用
O形环密封 金属空心O形环	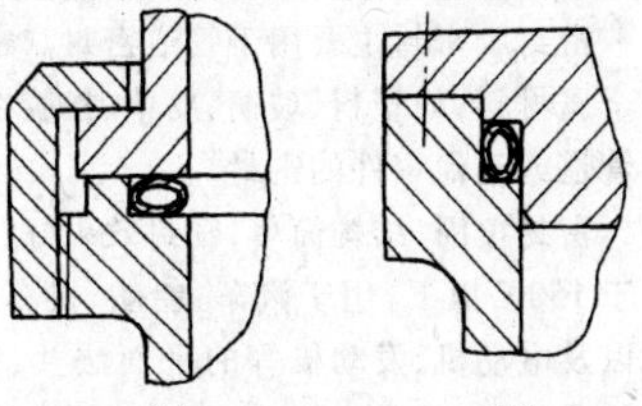 (a) (b) O形环的断面形状为长圆形。当环被压紧时，利用环的弹性变形进行密封。O形环用管材焊接而成，常用材料为不锈钢管，也可用低碳钢管、铝管和铜管等。为提高密封性能，O形环表面需镀覆或涂以金、银、铂、铜、氟塑料等。管子壁厚一般选取0.25～0.5mm，最大为1mm。用于密封气体或易挥发的液体，应选用较厚的管子；用于密封黏性液体，应选用较薄的管子	O形环分为充气式和自紧式两种。充气式是在封闭的O形环内充惰性气体，可增加环的回弹力，用于高温场合。自紧式是在环的内侧圆周上钻有若干小孔，因管内压力随同介质压力增高而增高，使环有自紧性能，用于高压场合 金属空心O形环密封适用于高温、高压、高真空、低温等条件，可用于直径达6000mm，压力280MPa，温度-250～600℃的场合 图a、图b表示O形环设置在不同的位置上
胶圈密封	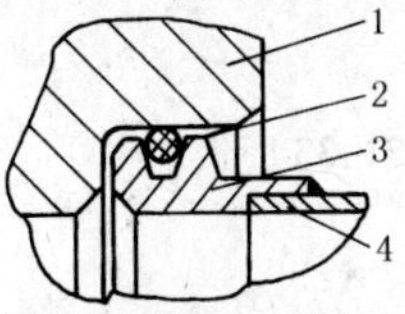 1—壳体；2—橡胶圈；3—V形槽；4—管子	结构简单，重量轻，密封可靠，适用于快速装拆的场合。O形环材料一般为橡胶，最高使用温度为200℃，工作压力0.4MPa，若压力较高或者为了密封更加可靠，可用两个O形环
填料密封	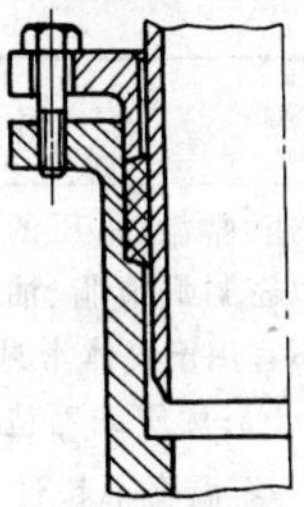 在钢管与壳体之间充以填料（俗称盘根），用压盖和螺钉压紧，以堵塞漏出的间隙，达到密封的目的	多用于化学、石油、制药等工业设备可拆式内伸接管的密封。根据充填材料不同，可用于不同的温度和压力
螺纹连接垫片密封	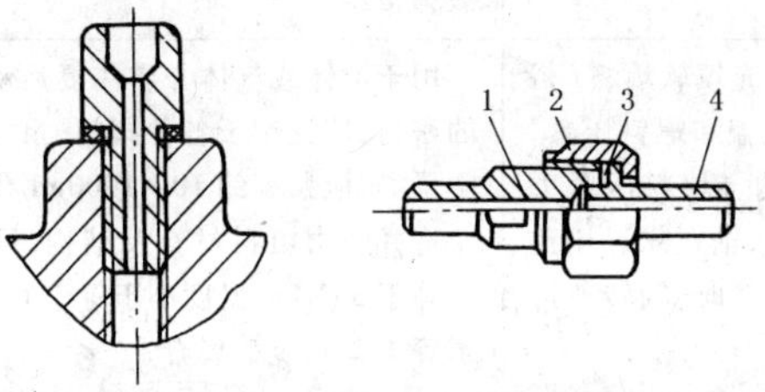 (a) (b) 1—接头体；2—螺母；3—金属平垫；4—接管	适用于小直径螺纹连接或管道连接的密封 图a中的垫片为非金属软垫片。在拧紧螺纹时，垫片不仅承受压紧力，而且还承受转矩，使垫片产生扭转变形，常用于介质压力不高的场合 图b所示采用金属平垫密封，又称"活接头"，结构紧凑，使用方便。垫片为金属垫，适用压力32MPa，管道公称直径$DN \leqslant 32$mm
螺纹连接密封	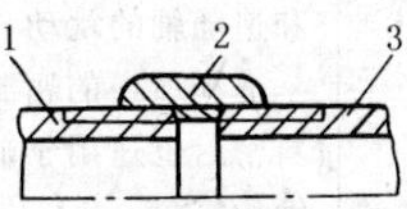 1—管子；2—接管套；3—管子 螺纹连接密封结构简单、加工方便	用于管道公称直径$DN \leqslant 50$mm的密封 由于螺纹间配合间隙较大，需在螺纹处放置密封材料，如麻、密封胶或聚四氟乙烯带等，最高使用压力1.6MPa
承插连接密封	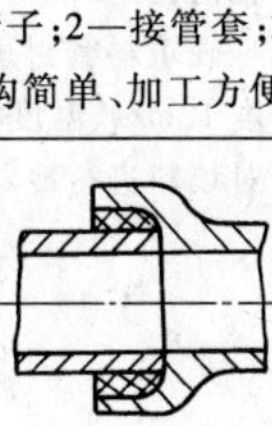	用于管子连接的密封。在管子连接处充填矿物纤维或植物纤维进行堵封，且需要耐介质的腐蚀，适用于常压、铸铁管材、陶瓷管材等不重要的管道连接密封

续表

分类	原理、特点及简图	应用
密封胶密封	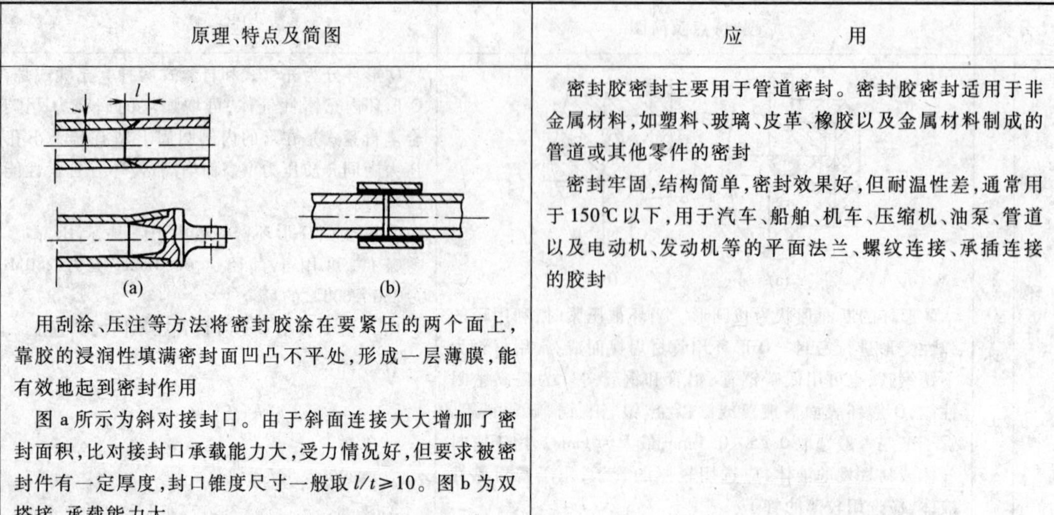 用刮涂、压注等方法将密封胶涂在要紧压的两个面上，靠胶的浸润性填满密封面凹凸不平处，形成一层薄膜，能有效地起到密封作用 图 a 所示为斜对接封口。由于斜面连接大大增加了密封面积，比对接封口承载能力大，受力情况好，但要求被密封件有一定厚度，封口锥度尺寸一般取 $l/t \geqslant 10$。图 b 为双搭接，承载能力大	密封胶密封主要用于管道密封。密封胶密封适用于非金属材料，如塑料、玻璃、皮革、橡胶以及金属材料制成的管道或其他零件的密封 密封牢固，结构简单，密封效果好，但耐温性差，通常用于150℃以下，用于汽车、船舶、机车、压缩机、油泵、管道以及电动机、发动机等的平面法兰、螺纹连接、承插连接的胶封

2　动密封的分类、特点及应用[30,31,33]

表 10-3-2

分类			原理、特点及简图	应用
接触式密封	填料密封	毛毡密封	在壳体槽内填以毛毡圈，以堵塞泄漏间隙，达到密封的目的。毛毡具有天然弹性，呈松孔海绵状，可储存润滑油和防尘。轴旋转时，毛毡又将润滑油从轴上刮下反复自行润滑	一般用于低速、常温、常压的电机、齿轮箱等机械中，用以密封润滑脂、油、黏度大的液体及防尘，但不宜用于气体密封。适用转速：粗毛毡，$v_c \leqslant 3\text{m/s}$；优质细毛毡、轴经过抛光处理，$v_c \leqslant 10\text{m/s}$。温度不超过90℃；压力一般为常压
		软填料密封	在轴与壳体之间充填软填料（俗称盘根），然后用压盖和螺钉压紧，以达到密封的目的。填料压紧力沿轴向分布不均匀，轴在靠近压盖处磨损最快。压力低时，轴转速可高，反之，转速要低	用于液体或气体介质往复运动和旋转运动的密封，广泛用于各种阀门、泵类，如水泵、真空泵等，泄漏率约 10～1000mL/h 选择适当填料材料及结构，可用于压力小于等于35MPa、温度小于等于600℃和速度小于等于20m/s的场合
		硬填料密封	密封箱内装有若干密封盒，盒内装有一组密封环，如图所示。分瓣密封环靠圈弹簧和介质压力差贴附于轴上。填料环在填料盒内有适当的轴向和径向间隙，使其能随轴自由浮动。填料箱上的锁紧螺钉的作用只压紧各级填料盒，而不作用在各级填料环上。密封环材料通常为青铜、巴氏合金、石墨等	适用于往复运动轴的密封，如往复式压缩机的活塞杆密封。为了能补偿密封环的磨损和追随轴的跳动，可采用分瓣环、开口环等 选择适当的密封结构和密封环型式，硬填料密封也适用于旋转轴的密封，如高压搅拌轴的密封 硬填料密封适用于介质压力350MPa、线速度12m/s、温度 −45～400℃的场合，但需要对填料进行冷却或加热

续表

分类		原理、特点及简图	应用
成型填料密封	挤压型密封	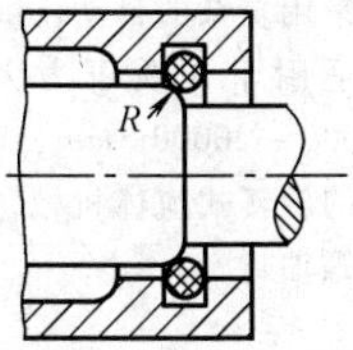 挤压型密封按密封圈截面形状分有O形、方形等,以O形应用最广 挤压型密封靠密封圈安装在槽内预先被挤压,产生压紧力,工作时,又靠介质压力挤压密封环,产生压紧力,封闭密封间隙,达到密封的目的 结构紧凑,所占空间小,动摩擦阻力小,拆卸方便,成本低	用于往复及旋转运动。密封压力从1.33×10^{-5}Pa的真空到40MPa的高压,温度达-60~200℃,线速度小于等于3~5m/s
	唇型密封	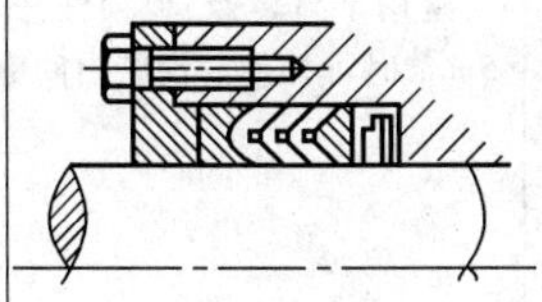 依靠密封唇的过盈量和工作介质压力所产生的径向压力即自紧作用,使密封件产生弹性变形,堵住漏出间隙,达到密封的目的。比挤压型密封有更显著的自紧作用 结构型式有Y、V、U、L、J形。与O形环密封相比,结构较复杂,体积大,摩擦阻力大,装填方便,更换迅速	在许多场合下,已被O形密封圈所代替,因此应用较少。现主要用于往复运动的密封,选用适当材料的唇形密封,可用于压力达100MPa的场合 常用材料有橡胶、皮革、聚四氟乙烯等
接触式密封	油封密封	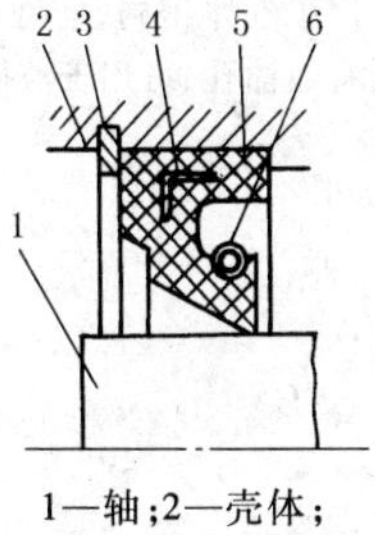 1—轴;2—壳体; 3—卡圈;4—骨架; 5—橡胶皮碗;6—弹簧 在自由状态下,油封内径比轴径小,即有一定的过盈量。油封装到轴上后,其刃口的压力和自紧弹簧的收缩力对密封轴产生一定的径向抱紧力,遮断泄漏间隙,达到密封的目的 油封分有骨架与无骨架;有弹簧与无弹簧型。油封安装位置小,轴向尺寸小,使机器紧凑;密封性能好,使用寿命较长。对机器的振动和主轴的偏心都有一定的适应性。拆卸容易、检修方便、价格便宜,但不能承受高压	常用于液体密封,广泛用于尺寸不大的旋转传动装置中密封润滑油,也用于封气或防尘 不同材料的油封适用情况: ①合成橡胶转轴线速度$v_c \leq 20$m/s,常用于12m/s以下,温度小于等于150℃。此时,轴的表面粗糙度为,$v_c \leq 3$m/s时,$R_a=3.2\mu$m;$v_c=3\sim5$m/s时,$R_a=0.8\mu$m;$v_c>5$m/s时,$R_a=0.2\mu$m ②皮革$v_c \leq 10$m/s,温度小于等于110℃ ③聚四氟乙烯用于磨损严重的场合,寿命约比橡胶高10倍,但成本高 以上各材料可使用压差$\Delta p=0.1\sim0.2$MPa,特殊可用于$\Delta p=0.5$MPa,寿命约500~2000h
	涨圈密封	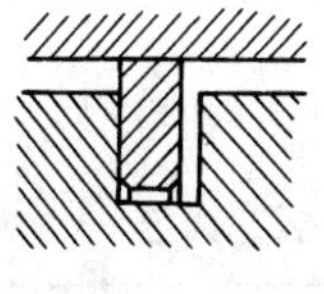 将带切口的弹性环放入槽中,由于涨圈本身的弹力,而使其外圆紧贴在壳体上,涨圈外径与壳体间无相对转动 由于介质压力的作用,涨圈一端面贴合在涨圈槽的一侧产生相对运动,用液体进行润滑和堵漏,从而达到密封的目的	一般用于液体介质密封(因涨圈密封必须以液体润滑) 广泛用于密封油的装置。用于气体密封时,要有油润滑摩擦面。工作温度小于等于200℃,$v_c \leq 10$m/s。压力:往复运动,小于等于70MPa;旋转运动,小于等于1.5MPa
	机械密封	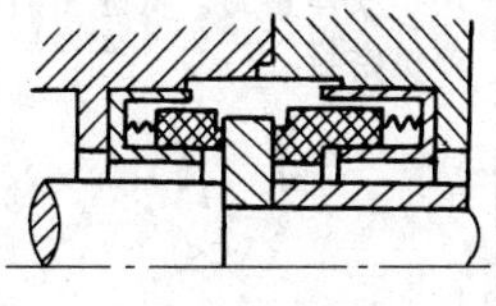 光滑而平直的动环和静环的端面,靠弹性构件和密封介质的压力使其互相贴合并作相对转动,端面间维持一层极薄的液体膜而达到密封的目的	应用广泛,适合旋转轴的密封。用于密封各种不同黏度、有毒、易燃、易爆、强腐蚀性和含磨蚀性固体颗粒的介质,寿命可达25000h,一般不低于8000h 目前使用已达到如下技术指标:轴径5~2000mm;压力10^{-6}MPa真空~45MPa;温度-200~450℃;速度150m/s

续表

分类		原理、特点及简图	应　　用
非接触式密封	浮动环密封	浮动环可以在轴上径向浮动,密封腔内通入比介质压力高的密封油。径向密封靠作用在浮动环上的弹簧力和密封油压力与隔离环贴合而达到;轴向密封靠浮动环与轴之间的狭小径向间隙对密封油产生节流来实现	结构简单,检修方便,但制造精度高,需采用复杂的自动化供油系统 适用于介质压力大于 10MPa、转速 10000 ~ 20000r/min、线速度 100m/s 以上的旋转式流体机械,如气体压缩机、泵类等轴封
	迷宫密封	在旋转件和固定件之间形成很小的曲折间隙来实现密封。间隙内充以润滑脂	适用于高转速,但须注意在周速大于 5m/s 时可能使润滑脂由间隙中甩出
		流体经过许多节流间隙与膨胀空腔组成的通道,经过多次节流而产生很大的能量损耗,流体压头大为下降,使流体难于泄漏,以达到密封的目的 1—轴;2—箅齿;3—卡圈;4—壳体	用于气体密封,若在箅齿及壳体下部设有回油孔,可用于液体密封
	离心密封	借离心力作用(甩油盘)将液体介质沿径向甩出,阻止液体进入泄漏间隙,从而达到密封的目的。转速愈高,密封效果愈好,转速太低或静止不动,则密封无效 1—轴;2—壳体;3—密封盖	结构简单,成本低,没有磨损,不需维护 用于润滑油及其他液体密封,不适用于气体介质。广泛用于高温、高速的各种传动装置以及压差为零或接近于零的场合
	螺旋密封	利用螺杆泵原理,当液体介质沿泄漏间隙泄漏时,借螺旋作用而将液体介质赶回去,以保证密封 在设计螺旋密封装置时,对于螺旋赶油的方向要特别注意。设轴的旋转方向 n 从右向左看为顺时针方向,则液体介质与壳体的摩擦力 F 为逆时针方向,而摩擦力 F 在该右螺纹的螺旋线上的分力 A 向右,故液体介质被赶向右方 1—轴;2—壳体	结构简单,制造、安装精度要求不高,维修方便,使用寿命长 适用于高温、高速下的液体密封,不适用于气体密封。低速密封性能差,需设停机密封

续表

<table>
<tr><th colspan="2">分类</th><th colspan="2">原理、特点及简图</th><th>应　　用</th></tr>
<tr><td rowspan="4">非接触式密封</td><td>气压密封</td><td>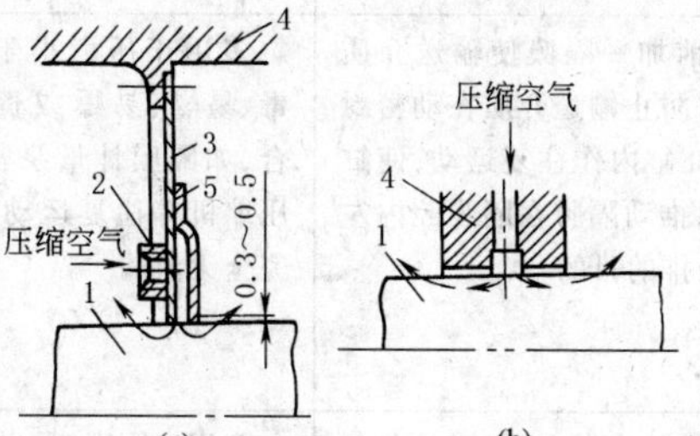

(a)　(b)
1—轴；2—空气接头；3—隔板；
4—壳体；5—密封唇</td><td>利用空气压力来堵住旋转轴的泄漏间隙，以保证密封。结构简单，但要有一定压力的气源供气。气源的空气压力比密封介质的压力大 0.03～0.05MPa，图 a、图 b 是最简单的气体密封结构，图 a 为板式结构，用在壳体与轴距离很大的情况下。图 b 在壳体 4 上加工环槽，并通入压缩空气，用以防止润滑油（特别是油雾）的泄漏，空气消耗量较大</td><td>不受速度、温度限制，一般用于压差不大的地方，如用以防止轴承腔的润滑油漏出。也用于气体的密封，如防止高温燃气漏入轴承腔内。气动密封往往与迷宫密封或螺旋密封组合使用</td></tr>
<tr><td>喷射密封</td><td>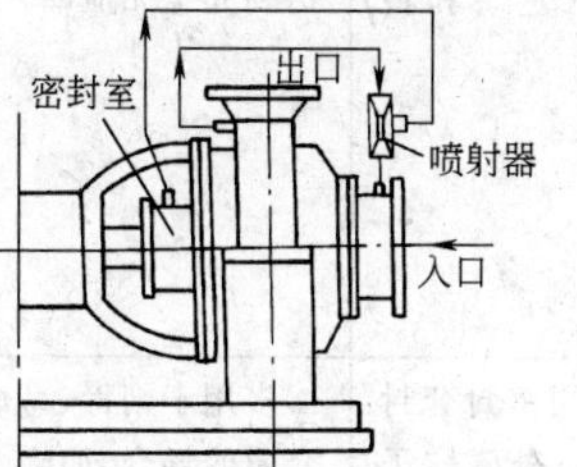
</td><td>在泵的出口处引出高压流体高速通过喷射器，将密封腔内泄漏的流体吸入泵的入口处，达到密封的目的，但需设置停泵密封装置</td><td>结构简单，制造、安装方便，密封效果好，但容积效率低
适用于无固体颗粒、低温、低压、腐蚀性介质</td></tr>
<tr><td>水力密封</td><td>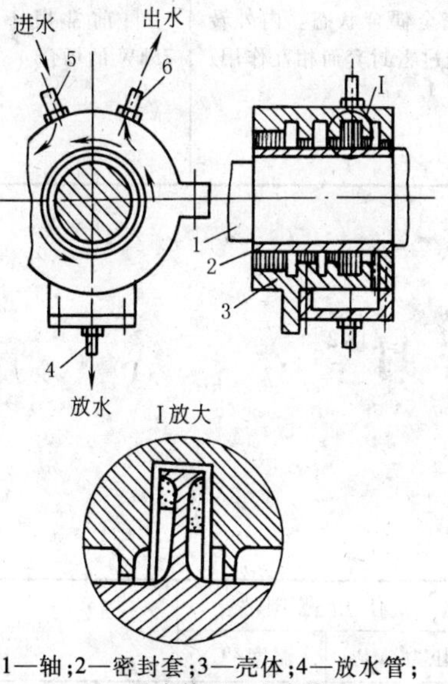

1—轴；2—密封套；3—壳体；4—放水管；
5—进水管；6—出水管</td><td>利用旋转的液封盘将液体旋转产生离心压力来堵住泄漏间隙，以达到密封的目的
液封盘可制成光面（如图），也可以制成带有径向叶片，以增大水的离心力。为了减小水封盘两侧的压差，在封液盘的高压区设有迷宫密封</td><td>可用于气体或液体的密封，能达到完全不漏，故常用于对密封要求严格之处，如用于易燃、易爆或有毒气体的风机；在汽轮机上用以密封蒸汽
消耗功率大，温升高，为防止油品高温焦化，切向速度不宜超过 50m/s</td></tr>
<tr><td>磁流体密封</td><td>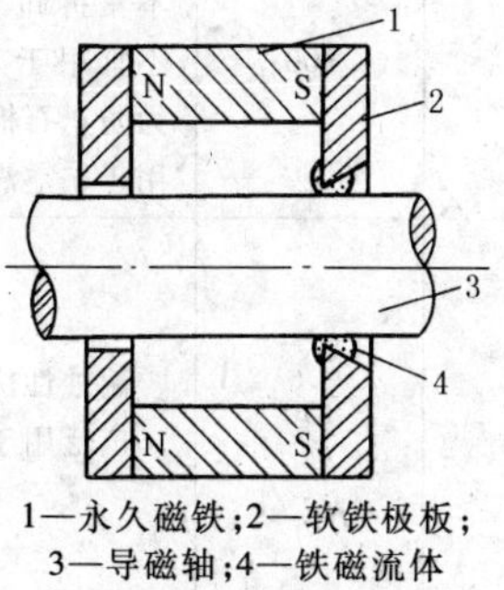

1—永久磁铁；2—软铁极板；
3—导磁轴；4—铁磁流体</td><td>微小磁性颗粒如 Fe_3O_4 悬浮在甘油等载流体中形成铁磁流体，填充在密封腔内。壳体采用非磁性材料，转轴用磁性材料制成。磁极尖端磁通密度大，磁场强度高，与轴构成磁路，使铁磁流体集中而形成磁流体圆形环，起到密封作用</td><td>可达到无泄漏、无磨损，轴不需要高精度，不需外润滑系统，但不耐高温
适用于高真空、高速度的场合</td></tr>
</table>

续表

分类		原理、特点及简图	应用
无轴封密封	隔膜式	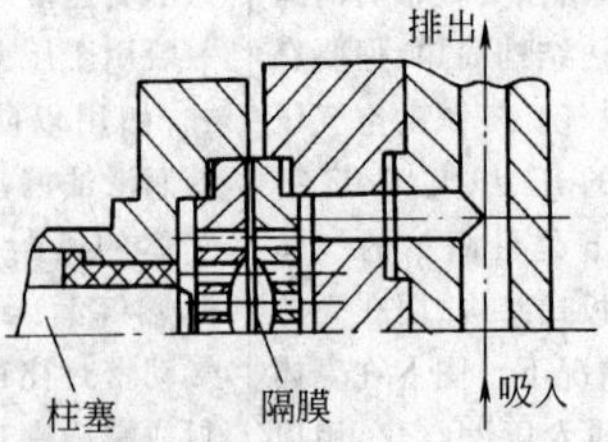 在柱塞泵缸前加一隔膜使输送介质与泵缸隔开，并防止输送介质在动密封处泄漏。柱塞在缸内作往复运动，使缸内油产生压力，推动隔膜在隔膜腔内左右鼓动，达到吸排的目的	多用于压力小于 50MPa 的剧毒、易燃、易爆或贵重介质的场合，如隔膜计量泵、隔膜阀、隔膜压缩机等往复运动的机械，达到完全无泄漏
	屏蔽式	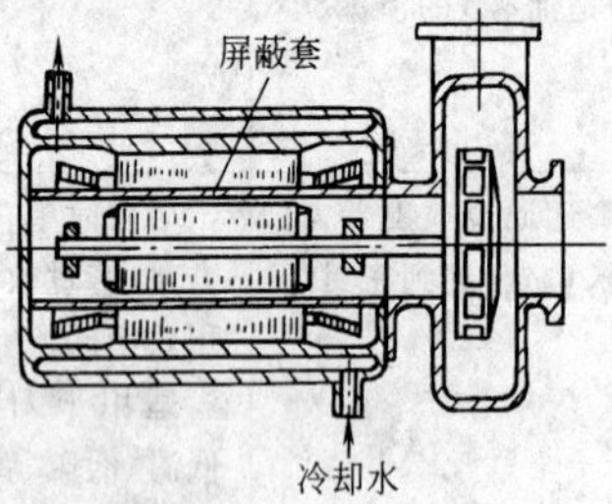 叶轮装在电机伸出轴上，泵送设备与电机组成一个整体。电机定子内腔和转子表面各有一层金属薄套保护，称屏蔽套，以防止输送介质进入定子和转子，轴承靠输送介质润滑	多用于剧毒、易燃、易爆或贵重介质的场合，如屏蔽泵、屏蔽压缩机、搅拌釜、制冷机等旋转机械，达到完全无泄漏
	磁力传动式	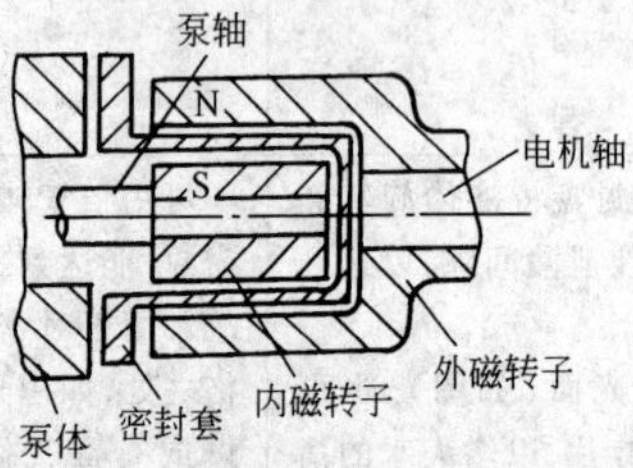 内磁转子装在泵轴端，并用密封套封闭在泵体内部，形成静密封。外磁转子装在电机轴端，套入密封套外侧，使内外磁转子处于完全偶合状态。内外转子间的磁场力透过密封套而相互作用，进行力矩的传递	多用于剧毒、易燃、易爆或贵重介质的场合，如磁力泵、搅拌器等旋转机械，达到完全无泄漏 目前常用于传递功率小于 75kW 的场合

注：机械密封类型中也有非接触式结构，详见表 10-3-18。

3 垫片密封[42]

3.1 常用垫片类型与应用

表 10-3-3

类型	名称及简图	材料	使用范围		特点与应用
			压力/MPa	温度/℃	
管道法兰垫片	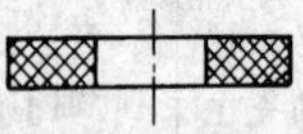 石棉橡胶板垫片(HG 20627—1997)	耐油石棉橡胶	2	300	寿命长，具有耐油性能，用于不常拆卸、更换周期长的部位。不宜用于苯及环氧乙烷介质。为防止石棉纤维混入油品，不宜用于航空汽油或航空煤油
	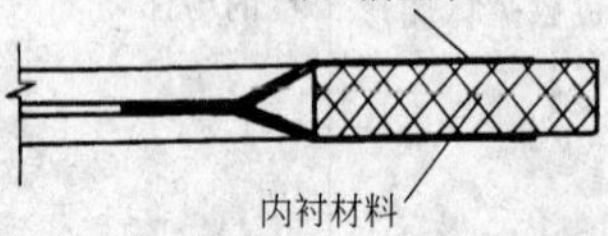 聚四氟乙烯包覆垫片(HG 20628—1997)	聚四氟乙烯＋石棉橡胶	5	150	耐蚀性优异，回弹性较好 广泛用于腐蚀性介质的密封

续表

类型	名称及简图	材料	使用范围		特点与应用
			压力/MPa	温度/℃	
管道法兰垫片	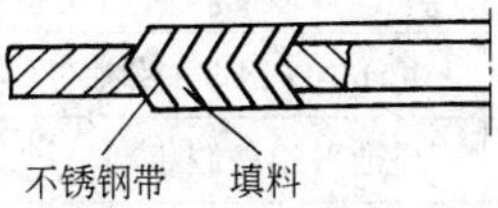 不锈钢带 填料 缠绕式垫片(HG 20631—1997)	不锈钢带+特制石棉带	25	500	压缩性、回弹性好,价格便宜、制造简单。以膨胀石墨带为填料的垫片,密封性能好 适用于有松弛、温度和压力波动,以及有冲动和振动的条件。用于航空汽油或航空煤油时需用柔性石墨为填料
		不锈钢带+柔性石墨带		650(氧化性介质为450)	
		不锈钢带+聚四氟乙烯带		200	
	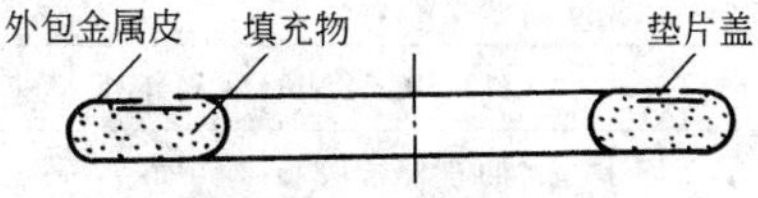 外包金属皮 填充物 垫片盖 金属包覆垫片(HG 20630—1997)	包皮材料:铅、铜、铝,软钢、不锈钢、蒙乃尔合金 垫片材料:石棉、陶瓷纤维、玻璃纤维、聚四氟乙烯、柔性石墨	15	500	耐蚀性取决于包皮材料;耐温性能取决于包皮和垫片材料
	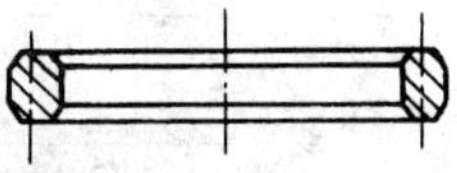 金属环垫片(HG 20633—1997)	08,10	42	450	密封接触面小,容易压紧,常用于高温、高压的场合 椭圆形金属垫安装方便,八角形金属垫加工较容易
		0Cr13		540	
		0Cr18Ni9 0Cr17Ni12Mo2		600	
	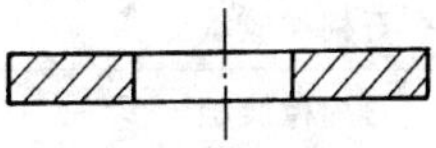 金属平垫片	紫铜、铝、铅、软钢、不锈钢、合金钢	20	600	适用介质:蒸汽、氢气、压缩空气、天然气、油品、溶剂、重油、丙烯、烧碱、酸、碱、液化气、水
其他连接用垫片	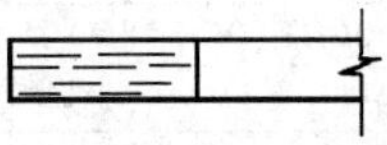 软钢纸垫	纸	0.4	120	由纸类经氯化锌及甘油、蓖麻油处理而成的软纤维板,用于需要确保间隙的连接,如齿轮泵侧面盖的密封垫
	 橡胶垫片(HG 20627—1997)	丁腈橡胶	2	-30~110	耐油、耐热、耐磨、耐老化性能好
		氯丁橡胶		-40~100	耐老化、耐臭氧性能好
		氟橡胶		-50~200	耐油、耐热,机械强度大

3.2 管道法兰垫片选择

表 10-3-4

介质	法兰公称压力/MPa	工作温度/℃	法兰型式	垫片	
				名称	材料
油品、油气、丙烷、丙酮、苯、酚、糠醛、异丙醇和浓度小于30%的尿素等石油化工原料及产品	1.6	≤200	平焊(平面)	石棉橡胶板垫片	耐油石棉橡胶板
		201~250	对焊(平面)	缠绕式垫片	0Cr18Ni9钢带+石棉带(柔性石墨带)
	2.5	≤200	平焊(平面)	石棉橡胶板垫片	耐油石棉橡胶板
		201~350	对焊(平面)	缠绕式垫片	0Cr18Ni9钢带+石棉带(柔性石墨带)
				金属包覆垫片	铝+石棉
		351~450	对焊(平面)	缠绕式垫片	0Cr18Ni9钢带+石棉带(柔性石墨带)
				金属包覆垫片	0Cr13+石棉纸
		451~550	对焊(平面)	缠绕式垫片	0Cr13(0Cr18Ni9)钢带+石棉带(柔性石墨带)
				金属包覆垫片	0Cr13(0Cr18Ni9)+石棉纸
	4	≤40	对焊(凹凸)	石棉橡胶板垫片	耐油石棉橡胶板
		≤200	对焊(凹凸)	缠绕式垫片	0Cr18Ni9钢带+石棉带(柔性石墨带)
		≤350	对焊(凹凸)	缠绕式垫片	0Cr18Ni9钢带+石棉带(柔性石墨带)
				金属包覆垫片	0Cr18Ni9+石棉纸
		351~500	对焊(凹凸)	缠绕式垫片	0Cr13(0Cr18Ni9)钢带+石棉带(柔性石墨带)
				金属包覆垫片	0Cr13(0Cr18Ni9)+石棉纸
	6.4	≤350	对焊(梯形槽)	椭圆形、八角形垫片	08(10)
		351~450	对焊(梯形槽)	椭圆形、八角形垫片	08(10)、0Cr18Ni9、1Cr18Ni9Ti、0Cr13
压缩空气	1	≤150	平焊(平面)	石棉橡胶板垫片	石棉橡胶板
惰性气体	1	≤150	平焊(平面)	石棉橡胶板垫片	石棉橡胶板
	4	≤60	对焊(凹凸)	缠绕式垫片	0Cr18Ni9带+石棉带(柔性石墨带)
	6.4	≤60	对焊(梯形槽)	椭圆形、八角形垫片	08(10)
液化石油气	1.6	≤50	对焊(凹凸)	石棉橡胶板垫片	耐油石棉橡胶板
	2.5			缠绕式垫片	0Cr13(0Cr18Ni9)+石棉带(柔性石墨带)
氢气、氢气和油气混合物	4	≤200	对焊(凹凸)	缠绕式垫片	08(15)钢带+石棉带(柔性石墨带)
		201~450	对焊(凹凸)	缠绕式垫片	0Cr13(0Cr18Ni9)钢带+石棉带(柔性石墨带)
		451~600	对焊(凹凸)	金属包覆垫片	0Cr13(0Cr18Ni9)+柔性石墨带
	6.4~20	≤260	对焊(梯形槽)	椭圆形、八角形垫	08(10)
		261~420	对焊(梯形槽)	椭圆形、八角形垫	0Cr13(0Cr18Ni9)
水蒸气 0.3MPa	1	140~450	平焊(平面) 对焊(平面)	石棉橡胶板垫片	石棉橡胶板
水蒸气 1MPa	1.6	280	对焊(平面)	缠绕式垫片	08(15、0Cr13)钢带+石棉带(柔性石墨带)

续表

介　质		法兰公称压力/MPa	工作温度/℃	法兰型式	垫　片	
					名　称	材　料
水蒸气	2.5MPa	4	300	对焊(平面,凹凸)	金属包覆垫片	镀锡薄铁皮+石棉纸
79%~98%硫酸			≤120	平焊(平面)	石棉橡胶板垫片	石棉橡胶板
氨		2.5	≤150	平焊(凹凸) 对焊(凹凸)	石棉橡胶板垫片	石棉橡胶板
水(≤0.6MPa)		0.6	<100	平焊(平面)	石棉橡胶板垫片	石棉橡胶板
联苯、联苯醚		1.6	≤200	平焊(凹凸)	平　垫	铝、紫铜
盐　水		1.6	≤60	平焊(平面)	橡胶垫片	橡胶板
			≤150	平焊(平面)	石棉橡胶板垫片	石棉橡胶板
液　碱		1.6	≤60	平焊(平面)	石棉橡胶板垫片 橡胶垫片	石棉橡胶板 橡胶板

4　填料密封

4.1　毛毡密封

表 10-3-5

简　图	结构特点
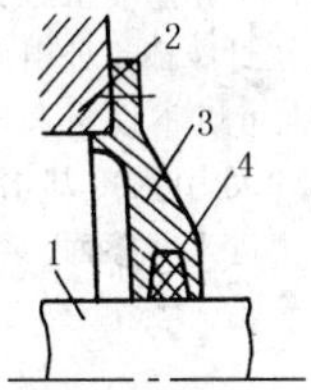 1 2 3 4 (a)	毛毡呈松孔海绵状,毛毡本身是自由放置的,无轴向压紧力,被密封的介质只能是黏度较大的油品 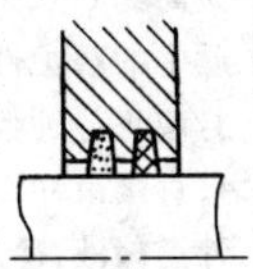 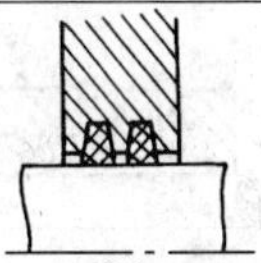
5 (b)	用压板5轴向压紧毛毡,与上述结构相比,有轴向压紧力
8 (c)	同图b,但更紧凑、美观

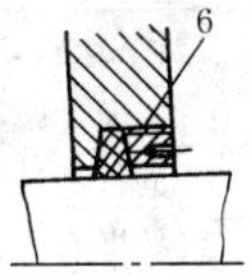

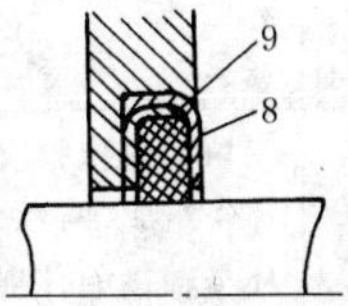

简　图	结构特点
(d)	有两道毛毡槽,一道槽装填毛毡,另一道槽充润滑油脂
6 (e)	用压紧螺圈6代替图b的压板5压紧毛毡,其压紧力可调,如发现渗漏,可进一步拧紧压紧螺圈6
9 8 (f)	毛毡与前盖8、后盖9装配成一个组件,在此组件中,毛毡已预受轴向压紧力。更换毛毡时,整个组件一起更换,适用大量生产

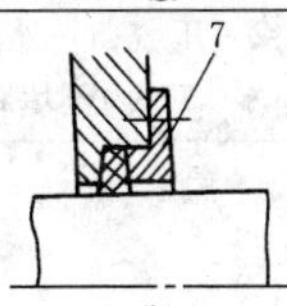

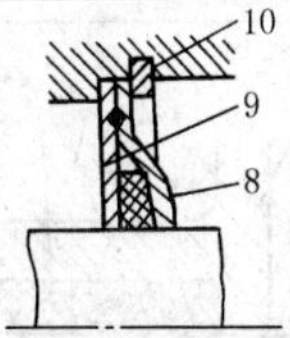

简　图	结构特点
(g)	并排使用两道毛毡。靠近机器内部的毛毡,防止润滑油漏出;靠外的毛毡,防止灰尘进入
7 (h)	压紧件7是由两个半环组成,便于装卸,便于更换毛毡
5 (i)	增大毛毡与轴的接触面积,增强密封效果
10 9 8 (j)	不用密封盖时,毛毡可装在成型的前盖8与后盖9之间的空腔中

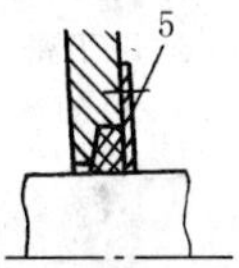

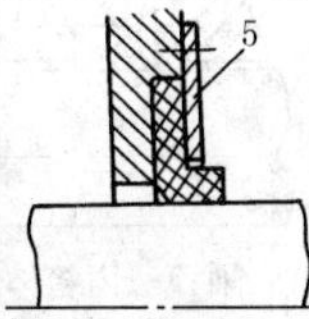

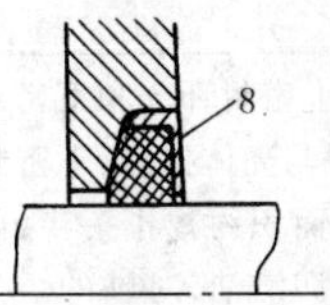

注:1. 表中:1—轴;2—壳体;3—密封盖;4—毛毡;5—压板;6—压紧螺圈;7—压紧件;8—前盖;9—后盖;10—卡圈。

2. 因毛毡圈与轴摩擦力较大,不宜在需要转动灵活的场合中使用。

3. 毛毡圈在装设之前,应用热矿物油(80~90℃)浸渍。

第10篇

4.2 软填料动密封

表 10-3-6　　软填料动密封类型及结构特点[32,38,43]

类型	简图	结构特点
简单填料箱	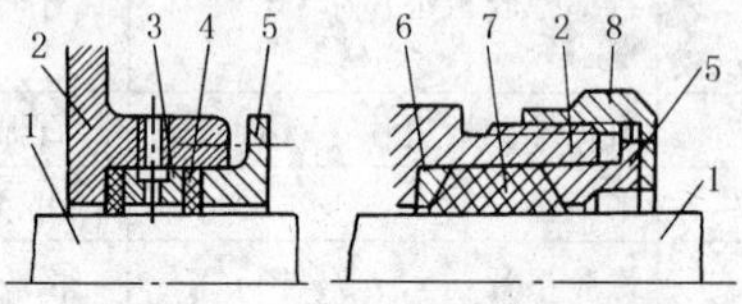 (a) (b) 1—轴;2—壳体;3—孔环;4—橡胶环;5—压盖;6—垫圈;7—填料;8—螺母	图a用两个橡胶环4作为填料,结构简单,便于制造。图b为常用螺母旋紧的密封结构,也可用压盖压紧填料,填料7可用浸油石棉绳 这种密封结构未采用改善填料工况的辅助措施,如润滑、冲洗、冷却等措施,所以常用于不重要的场合,一般用于阀杆类开关的密封,因拧开关的转速极低,开关的密封压力可大于15MPa。用于搅拌器转速较低,当密封压力小于0.02MPa时,使用温度可达80～100℃
封液填料箱	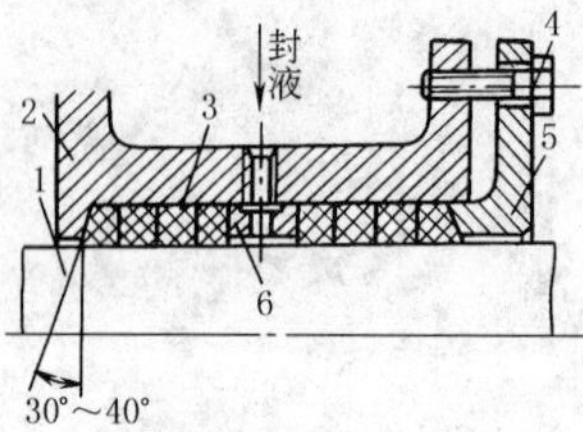 封液 30°～40° 1—轴;2—壳体;3—填料;4—螺钉;5—压盖;6—封液环	典型的填料密封结构。压力沿轴向的分布不均匀,靠近压盖5的压力最高,远离压盖5的压力逐渐减小,因此填料磨损不均匀,靠近压盖处的填料易损坏 封液环6装在填料箱中部,可以改善填料压力沿轴向分布的不均匀性。在封液环处引入封液(每分钟几滴)进行润滑,减少填料的磨损,提高使用寿命 若在封液入口呈180°的壳体2上开一封液出口,则为贯通冲洗,漏液在封液处被稀释带走,可用于易燃、易爆介质或压力低于0.345MPa、温度小于120℃的场合
封液冲洗填料箱	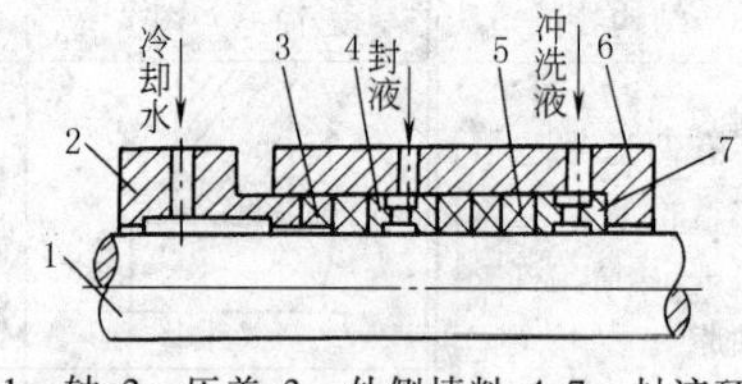 冷却水　封液　冲洗液 1—轴;2—压盖;3—外侧填料;4,7—封液环;5—内侧填料;6—箱体	在箱体6的底部装设封液环7,并引入压力较介质压力高约0.05MPa的清洁液体作为冲洗液,阻止被密封介质中的磨蚀性颗粒进入填料摩擦面。在封液环4处引入封液每分钟数滴,对填料进行润滑。也可以不设封液环4,直接由冲洗液流进行润滑。在压盖2处引入冷却水,带走漏液,冷却轴杆,并阻止环境中粉尘进入摩擦面
双重填料箱	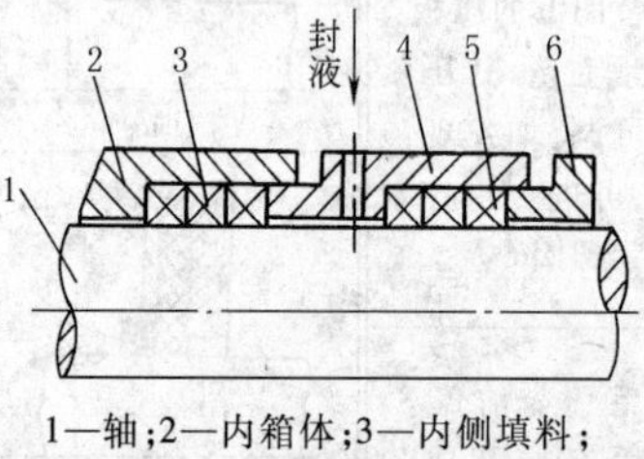 封液 1—轴;2—内箱体;3—内侧填料;4—外箱体;5—外侧填料;6—压盖	两个填料箱叠加。外箱体4的底部兼作内箱体的填料压盖,通过螺钉压紧内侧填料3。在外箱体4可引入封液,进行冲洗、冷却,并稀释漏液后排出。适用于密封易燃、易爆介质以及介质压力较高(高于1.2MPa)的场合
改进型填料密封	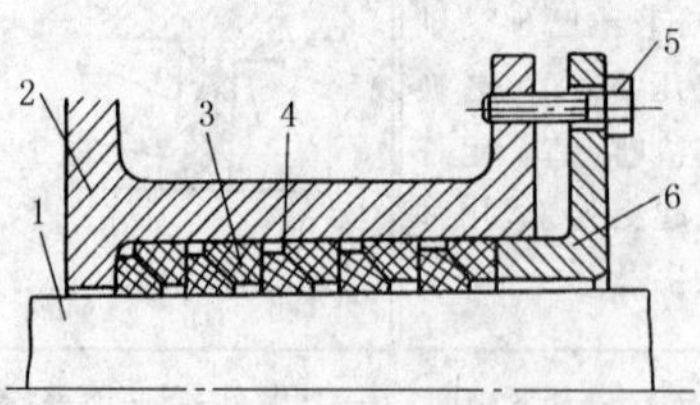 1—轴;2—壳体;3—上密封环;4—下密封环;5—螺钉;6—压盖	填料由橡胶或聚四氟乙烯制成的上密封环3和下密封环4组成,两者交替排列。上密封环与壳体接触,下密封环与轴接触,因此,盘根与轴的接触面积约减小一半,两个下密封环之间有足够的空间储存润滑油,对轴的压力沿轴向分布较均匀,改善摩擦情况

续表

类型	简图	结构特点
填料旋转式填料箱	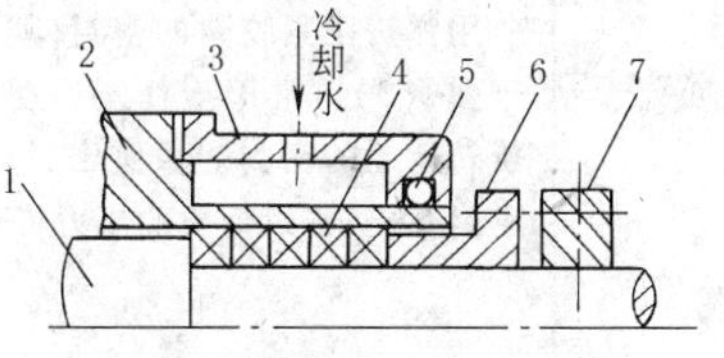 1—轴;2—箱体;3—夹套;4—填料;5—O形环;6—压盖;7—传动环	填料4的支承面不是在箱体2上,而是在轴1的台肩上。压盖6上的螺钉与传动环7连接。填料靠传动环与轴台肩之间的压力产生的摩擦力随轴旋转,摩擦面位于填料外圆和箱体内侧表面,热量容易通过夹套3内的冷却水排除,可用于高速旋转设备,不磨损轴
夹套式填料箱	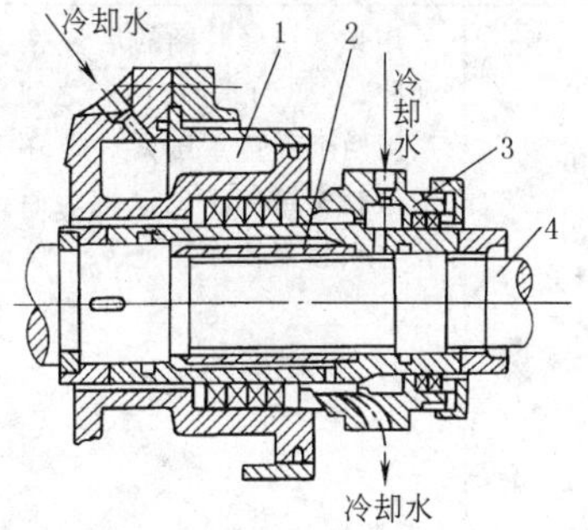 1—夹套;2—轴套;3—压盖;4—轴	在填料箱内侧设有夹套1,通入冷却水进行冷却循环,用于介质压力低于0.69MPa、温度低于200℃的场合。若介质温度高于200℃,为了防止热量通过轴传给轴承,在填料箱压盖3通入冷却水冷却传动轴4,经轴套2内侧,再从压盖3上排液口排出
带轴套填料箱	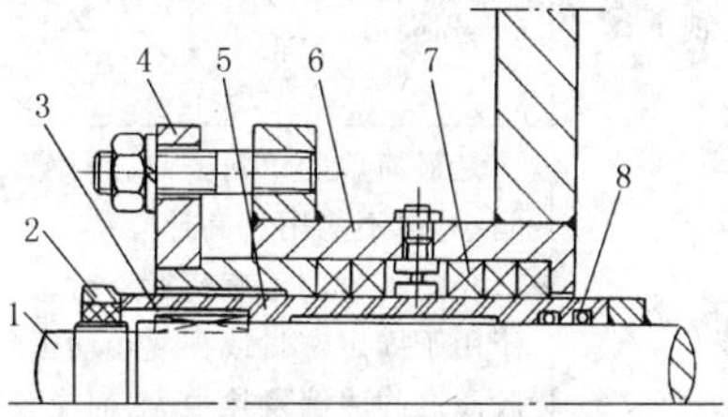 1—轴;2—螺母;3—键;4—压盖;5—轴套;6—箱体;7—填料;8—O形环	填料7与轴1之间装设轴套5。轴套与轴之间采用O形环8密封。O形环材料应适合被密封介质的腐蚀及温度要求。轴套靠键3传动而随轴旋转,并利用螺母2固定到轴上。轴套与填料接触的部位进行硬化处理 这种结构的优点是当轴套磨损时,便于更换与维修
带节流衬套填料箱	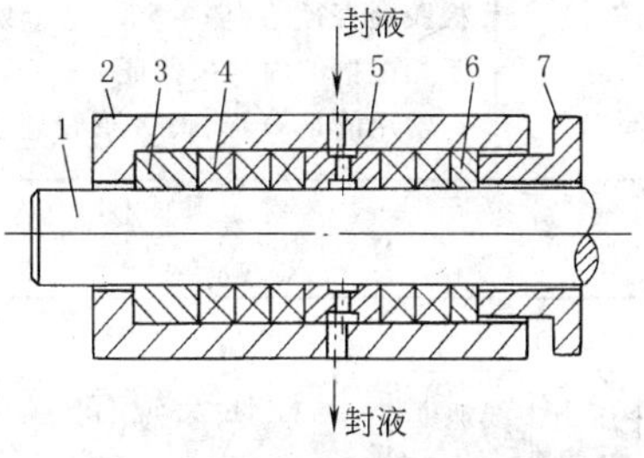 1—轴;2—箱体;3—节流衬套;4—填料;5—封液环;6—垫环;7—压盖	当被密封介质压力大于0.6MPa时,在填料箱底部应增设节流衬套3,增大介质进入填料箱的阻力,降低密封箱内的介质压力。同时增设垫环6,以防填料在压盖7高压紧力的条件下从缝隙中挤出
柔性石墨填料密封	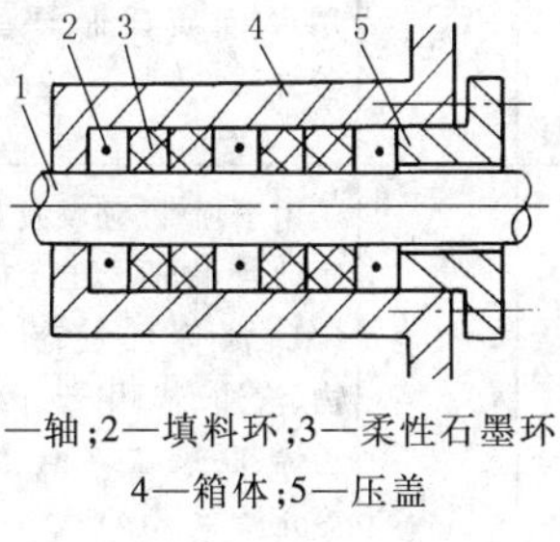 1—轴;2—填料环;3—柔性石墨环;4—箱体;5—压盖	柔性石墨环3系压制成型,具有高耐渗透能力和自润滑性,不需要过大的轴向压紧力,对轴可减少磨损。但由于柔性石墨抗拉、抗剪切力较低,一般需与其他强度较高的填料环(如图中填料环2)组合使用。通常,介质压力较低时,填料环2设置在填料箱内两端,材料为石棉;介质压力较高时,每2片柔性石墨环装设1片填料环2,其材料为石棉、塑料(常温),高温高压时用金属环。这样,可以防止石墨嵌入压盖与轴1、箱体4与轴之间的间隙。用于往复和旋转运动的各种密封 柔性石墨环装在轴上之前需用刀片切口,各环切口互成90°或120°

续表

类　型	简　　图	结　构　特　点
弹簧压紧填料密封	1—轴；2—壳体；3—弹簧；4—压圈； 5—橡胶密封环；6—盖子	用弹簧压紧胶圈的密封，其压紧力为常数（取决于弹簧3）。常用于往复运动的密封，有时也用于旋转运动的密封。橡胶密封环5的锐边应指向被密封介质，密封介质的压力将有助于自密封
弹簧压紧胶圈的水泵填料密封	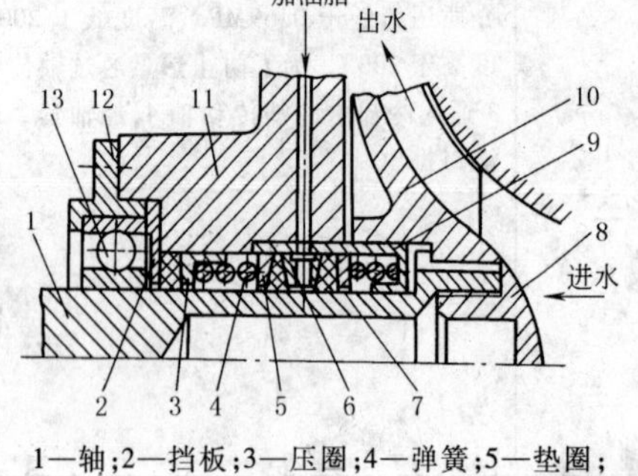 1—轴；2—挡板；3—压圈；4—弹簧；5—垫圈； 6—孔环；7—橡胶密封件；8—螺母；9，13—轴承； 10—叶轮；11—壳体；12—轴承盖	用弹簧压紧胶圈的水泵密封，轴1的左腔为润滑油腔，右腔为水腔，两腔之间装有3个橡胶密封件7，用两个弹簧4压紧封严，孔环6加入润滑脂来润滑橡胶密封件7的摩擦表面。这种结构可防止油腔与水腔互相渗漏
胶圈填料密封	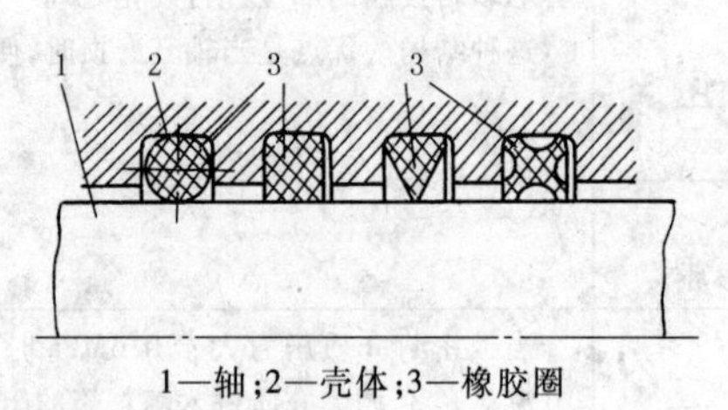 1—轴；2—壳体；3—橡胶圈	是最简单的填料密封，摩擦力小，成本低，所占空间小，但不能用于高速 胶圈密封用于旋转运动时，其尺寸设计完全不同于用于固定密封或往复运动密封，因为旋转轴与橡胶圈之间摩擦发热很大，而橡胶却有一种特殊的反常性能，即在拉伸应力状态下受热，橡胶会急剧地收缩，因此设计时，一般取橡胶圈外径的压缩量为橡胶圈直径的4%～5%，这个数值由橡胶圈外径大于相配槽的内径来保证 常用的是O形，但X形较理想

表 10-3-7　　填料材料

名　称 （标准号）	牌　号	规　格 （正方形截面） /mm	使用范围 温度/℃	 压力 /MPa	 线速度 $/m \cdot s^{-1}$	特性及应用	生产厂
油浸石棉填料 （JC 68—1982）	YS250	3，4，5，6，8，10，13，16，19，22，25，28，32，35，38，42，45，50	250	4.5		用于蒸汽、空气、工业用水、重质石油、弱酸液等介质	北京石棉厂 上海石棉制品厂 青岛石棉制品厂
	YS350		350	4.5			
石棉四氟乙烯填料（JC 341—1982）		3，4，5，6，8，10，13，16，19，22，25	－100～250	12		用于强酸、强碱及其他腐蚀性物质，如液化气（氧、氮等）、气态有机物、汽油、苯、甲苯、丙酮、乙烯、联苯、二苯醚、海水等介质	上海石棉制品厂 青岛石棉制品厂

续表

名　称 （标准号）	牌　号	规　格 （正方形截面） /mm	使用范围 温度/℃	 压力 /MPa	 线速度 /m·s⁻¹	特性及应用	生产厂
聚四氟乙烯编织填料① （JB/T 6626—1993）	SFW/260 （NFS-1）	3,4,5,6,8,10,12,14,16,18,20,22,24,25	260	10	8	耐蚀，耐磨，有较高机械强度，自润滑性好，摩擦系数小，但导热性差，线胀系数大。线速度高时，需加强冷却与润滑	沈阳市密封填料厂 沈阳阳明密封材料有限公司 摩擦因数：SFPS/250 小于等于0.12，其余牌号小于等于0.14
				25	2.5		
				50	2		
	SFGS/260 （NFS-2）			10	8		
				25	2		
				40	2		
	SFP/260 （NFS-3）			2	8	耐磨，导热性好，易散热，自润滑性好，宜用于高速密封，使用寿命长	
				15	1.5		
				25	1		
	SFPS/250 （NFS-4）		250	8	10	耐磨，自润滑性好，宜用于高速密封。但不宜用于液氧、纯硝酸介质	
				25	2		
				30	2		
碳素纤维编织填料	TCW-1	3,5,8,10,12,14,16,18,20,25	-200~250	5	25	耐热，耐蚀，导热性、自润滑性好。宜用于高速转动密封，使用寿命长	沈阳市密封填料厂
				20	5		
				25	2		
	TCW-2		-100~280	5	25	耐蚀，耐磨，导热性好。用于碱、盐酸、有机溶剂等介质	
				20	3		
				25	2		
石棉线浸渍聚四氟乙烯编织填料	YAB	3,5,8,10,12,14,16,18,20,25	-200~260	3	20	耐蚀，耐热，柔软，机械强度较高，摩擦因数小。用于弱酸、强碱、有机溶剂等介质	沈阳市密封填料厂
				15	2		
				20	2		
柔性石墨编织填料① （JB/T 7370—1994）	RBTN1-450	≤5±0.4 (6~15)±0.8 (16~25)±1.2 ≥26±1.6	450	20		耐高温，耐低温，耐辐射，回弹性、润滑性、不渗透性优于石棉、橡胶等制品。用于醋酸、硼酸、盐酸、硫化氢、硝酸、硫酸、氯化钠、矿物油、汽油、二甲苯、四氯化碳等介质	浙江慈溪密封材料总厂 摩擦因数： RBTN1≤0.18 RBTN2≤0.2 RBTW1≤0.13 RBTW2≤0.14
	RBTN2-600		600				
	RBTW1-300		300				
	RBTW2-450		450				
	RBTW2-600		600				
碳化纤维浸渍聚四氟乙烯编织填料① （JB/T 6627—2008）	T1101,T1102	3,4,5,6,8,10,12,14,16,18,20,22,24,25	345			介质为溶剂、酸、碱，pH=1~14	摩擦因数小于等于0.15 填料亦可模压成型 规格 内径4~200mm 外径10~250mm
	T2101,T2102		300			溶剂、弱酸、碱，pH=2~12	
	T3101,T3102		260				
柔性石墨填料	RUS	圆环形，截面为正方形，可切口安装。可按要求的规格供货。慈溪厂供货范围：最小内径 ϕ1.2mm，最大外径 ϕ500mm	在非氧化介质中为-200~+1600；在氧化介质中为400	20	1	耐高温，耐低温，耐辐射，回弹性、润滑性、不渗透性优于石棉、橡胶等制品。用于醋酸、硼酸、盐酸、硫化氢、硝酸、硫酸、氯化钠、矿物油、汽油、二甲苯、四氯化碳等介质	浙江慈溪密封材料厂 沈阳阳明密封材料有限公司

① 表中牌号、规格、使用温度和摩擦因数为标准中的内容。
注：牌号栏内，括号内的牌号表示生产厂的牌号。

4.3 软填料密封计算 [42, 43]

（1）填料箱主要结构尺寸

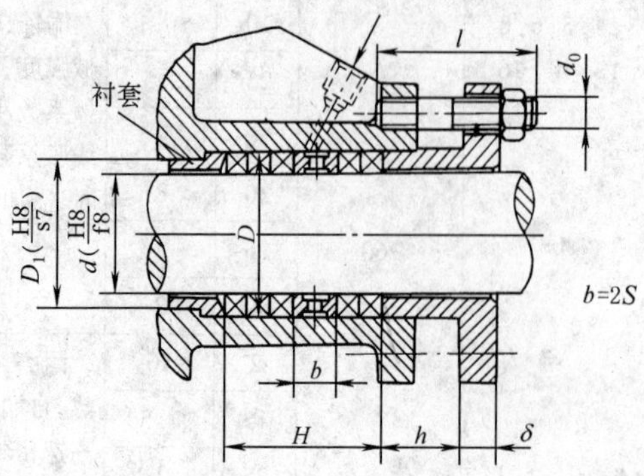

表 10-3-8

mm

<table>
<tr><td rowspan="2">填料截面边宽（正方形）S</td><td rowspan="2">计算：$S=\frac{D-d}{2}=(1.4\sim2)\sqrt{d}$，或查右表，然后按填料规格尺寸圆整</td><td>轴径</td><td><20</td><td>20～35</td><td>35～50</td><td>50～75</td><td>75～110</td><td>110～150</td><td>150～200</td><td>>200</td></tr>
<tr><td>边宽</td><td>5</td><td>6</td><td>10</td><td>13</td><td>16</td><td>19</td><td>22</td><td>25</td></tr>
<tr><td rowspan="5">填料高度 H</td><td rowspan="2">旋转
$H=nS+b$</td><td colspan="2">压力/MPa</td><td colspan="2">0.1</td><td colspan="2">0.5</td><td>1</td><td colspan="2" rowspan="2">若压力较高时，采用双填料箱</td></tr>
<tr><td colspan="2">填料环数 n</td><td colspan="2">3～4</td><td colspan="2">4～5</td><td>5～7</td></tr>
<tr><td rowspan="2">往复
$H=nS+b$</td><td colspan="2">压力/MPa</td><td colspan="2"><1</td><td colspan="2">1～3.5</td><td>3.5～7</td><td>7～10</td><td>>10</td></tr>
<tr><td colspan="2">填料环数 n</td><td colspan="2">3～4</td><td colspan="2">4～5</td><td>5～6</td><td>6～7</td><td>7～8 或更多</td></tr>
<tr><td>静　止</td><td colspan="9">$H=2S$</td></tr>
<tr><td>填料压盖高度 h</td><td colspan="10">$h=(2\sim4)S$，压盖及箱体与填料接触的端面，与轴线垂直，亦可与轴线成 60°</td></tr>
<tr><td>填料压盖法兰厚度 δ</td><td colspan="10">$\delta\geqslant0.75d_0$</td></tr>
<tr><td>压盖螺栓长度 l</td><td colspan="10">l 应保证即使填料箱装满填料也不需事先下压即可拉紧填料箱</td></tr>
<tr><td>压盖螺栓螺纹小径 d_0</td><td colspan="10">d_0 由压紧填料及达到密封所需的力来决定</td></tr>
</table>

（2）压盖螺栓直径计算

压紧填料所需力 Q_1 按式（10-3-1）确定：

$$Q_1=78.5(D^2-d^2)\gamma \quad (\mathrm{N}) \tag{10-3-1}$$

式中　γ——压紧力，MPa，优质石棉填料，$\gamma\approx4$MPa；黄麻、大麻填料，$\gamma\approx2.5$MPa；柔性石墨填料，$\gamma\approx3.5$MPa；

D——填料箱内壁直径，cm；

d——轴径，cm。

使填料箱达到密封所需的力 Q_2 按式（10-3-2）确定：

$$Q_2=235.6(D^2-d^2)p \quad (\mathrm{N}) \tag{10-3-2}$$

式中　p——介质压力，MPa。

由上述两式选取较大的 Q 值，计算螺栓直径，即

$$Q_{max}\leqslant25\pi d_0^2Z\sigma_p \tag{10-3-3}$$

式中　Z——螺栓数目，一般取2、3个或4个；

σ_p——螺栓许用应力，对于低碳钢取20～35MPa；

d_0——螺栓螺纹小径，cm。

填料压盖和填料箱内壁的配合一般选用$\frac{H11}{c11}$。搅拌轴密封在填料箱底部设有衬套，轴与衬套之间的配合一般选用$\frac{H8}{f8}$，不允许把衬套当作轴承使用。因轴旋转时偏摆较大，衬套磨损严重，目前已很少采用。

(3) 摩擦功率

填料与转轴间的摩擦力 F_m 按式（10-3-4）计算：

$$F_m = 100\pi dHq\mu \quad (N) \tag{10-3-4}$$

式中　q——填料的侧压力，MPa，$q = K\frac{Q_{max}}{\pi(D^2-d^2)25}$；

K——侧压力系数，油浸天然纤维类 $K=0.6\sim0.8$，石棉类 $K=0.8\sim0.9$，柔性石墨编结填料 $K=0.9\sim1.0$；

μ——填料和转轴间的摩擦因数，$\mu=0.08\sim0.25$；

d——轴径，cm；

H——填料高度，cm。

在填料箱的整个填料高度内，侧压力的分布是不均匀的，从填料压盖起到衬套止的压力逐渐减小。因此，填料箱中的摩擦功率 P 可按式（10-3-5）近似计算：

$$P = \frac{F_m v}{1000} \quad (kW) \tag{10-3-5}$$

式中　v——圆周速度，$v=\pi dn$，m/s；

n——轴的转速，r/s；

d——轴径，m。

(4) 泄漏量计算

当填料与轴间隙很小，可认为漏液作层流流动，泄漏可按式（10-3-6）近似计算：

$$Q = \frac{\pi ds^3}{12\eta L}\Delta p \quad (mm^3/s) \tag{10-3-6}$$

式中　d——轴径，mm；

s——填料与轴半径间隙，mm；

η——液体流动黏度，Pa·s；

L——填料与轴接触长度，mm；

Δp——填料两侧的压差，Pa。

经验证明，实际泄漏量小于式（10-3-6）计算的泄漏量。一般旋转轴用填料密封允许泄漏量见表10-3-9。

表 10-3-9　旋转轴用填料密封允许泄漏量　　$mL \cdot min^{-1}$

时　间	轴　径　/mm			
	25	40	50	60
启动30min内	24	30	58	60
正常运行	8	10	16	20

注：1. 允许泄漏量是在转速3600r/min，介质压力0.1～0.5MPa的条件下测得。

2. 1mL泄漏量约等于16～20滴液量。

(5) 对轴的要求

要求轴或轴套耐蚀；轴与填料环接触面的表面粗糙度 $R_a=1.6\mu m$，最好能达到 $R_a=0.8\sim0.4\mu m$，并要求轴表面有足够的硬度，如进行氮化处理，以提高耐磨性能，轴的偏摆量不大于0.07mm，或不大于$\sqrt{d}/100$mm。

4.4 碳钢填料箱（摘自 HG 21537.7—1992）、不锈钢填料箱（摘自 HG 21537.8—1992）

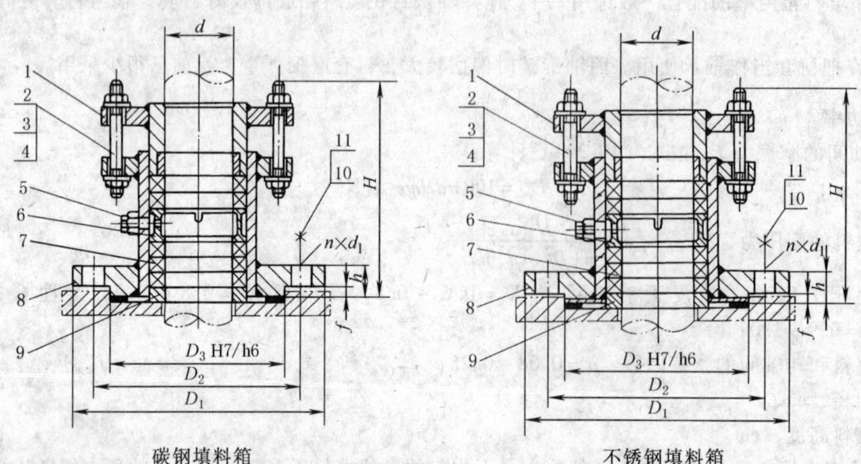

碳钢填料箱　　　　　不锈钢填料箱

1—压盖；2—双头螺柱；3—螺母；4—垫圈；5—油杯；6—油环；7—填料；8—填料箱本体法兰；9—底环；10，11—螺钉

标记示例：公称压力 1.6MPa，公称直径 ϕ90mm 的碳钢填料箱，标记为

HG 21537.7—1992　填料箱　*PN*1.6　*DN*90

表 10-3-10　　　　mm

轴径 *d*	D_1	D_2	D_3 (h6)	*H*		法兰螺栓孔		填料规格	*h*①	*f*①	质量 /kg			
											碳钢填料箱		不锈钢填料箱	
				*PN*0.6	*PN*1.6	*n*	d_1				*PN*0.6	*PN*1.6	*PN*0.6	*PN*1.6
30	175	145	110	147	167	4	18	10×10			7.7	8.1	7.9	8.3
40	175	145	110	147	167	4	18	10×10			7.5	7.9	7.7	8.1
50	240	210	176	156	176	8	18	10×10	21		15.4	16.3	15.8	16.7
60	240	210	176	176	202	8	18	13×13			16.2	17.3	16.6	17.7
70	240	210	176	176	202	8	18	13×13			17.1	18.3	17.5	18.7
80	275	240	204	234	266	8	22	16×16			24.1	25.9	24.8	26.6
90	305	270	234	234	266	8	22	16×16		5	30.3	34.5	31.2	35.4
100	305	270	234	234	266	8	22	16×16	25		29.8	34.0	30.7	34.9
110	330	295	260	234	266	8	22	16×16			34.8	38.8	35.8	39.8
120	330	295	260	268	308	8	22	20×20			48.5	53.1	50.1	54.7
130	330	295	260	268	308	8	22	20×20			47.9	52.4	49.5	54.0
140	395	350	313	268	308	12	22	20×20	35		55.5	64.2	57.5	66.2
160	395	350	313	268	308	12	22	20×20			60.9	69.3	62.9	71.3

① 标准中无此尺寸，表中尺寸系为浙江长城减速机有限公司产品。

注：1. 本体法兰密封面与轴线的垂直度公差按 GB/T 1184—1996 第 8 级精度。

2. 与填料接触部位轴的表面粗糙度不大于 R_a0.8μm。

3. 填料应采用软质填料，按操作条件确定填料品种及要求，且应在设备装配图上注明。一般石棉或浸渍的石棉填料仅用于密封要求不高的场合。新型的膨胀聚四氟乙烯、柔性石墨、碳纤维、芳砜纶填料等高性能填料应根据相应的产品使用说明书或按表 10-3-7 选用。

4. 填料宜经加工压制成环形填料后使用，以提高密封性。

5. 本标准填料箱采用油润滑，润滑油会沿轴流入容器内部，因此，对于物料不允许被沾污者，应在填料箱的下端轴上设置储油杯。

6. *PN*0.6MPa 为 5 个填料环，*PN*1.6MPa 为 7 个填料环。当填料箱使用压力或密封要求较高时，应选用高性能填料且配合使用 HG 21572 循环保护系统的平衡罐热虹吸流程（流程 6）。详见本章 8.12.8 节。

7. 填料箱本体材料为 20 钢，用于介质温度小于等于 200℃ 的场合。若在 250℃，使用压力应为 1.44MPa；300℃，应为 1.28MPa。若仍用于 1.6MPa，可将填料箱本体、压盖材料改为 16Mn。

8. 本标准适用于设计压力 −0.03～1.6MPa、设计温度 −20～300℃ 的搅拌容器上。

5 油封密封

5.1 结构型式及特点 [31, 32]

表 10-3-11

简图	结构特点	简图	结构特点
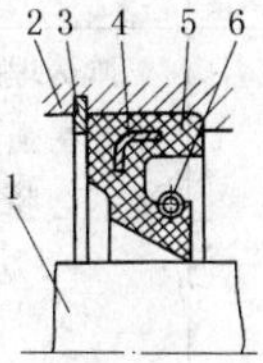 1—轴；2—壳体；3—卡圈；4—骨架；5—皮碗；6—弹簧	骨架4与皮碗5应牢固地结合为一体，唇口与轴的过盈一般可取1～2mm，油封外径与壳体的配合过盈宜取0.15～0.35mm	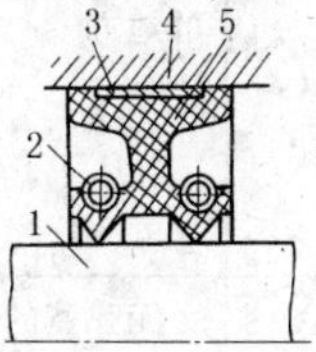 1—轴；2—弹簧；3—骨架；4—壳体；5—皮碗	两主唇油封。即在一个油封上设置两个主唇，用两个弹簧箍紧，可提高密封可靠性，两唇之间可储存润滑剂，以减小摩擦
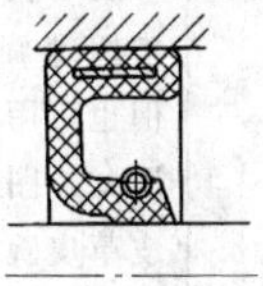	除利用介质压力帮助密封外，还增大了唇口与轴的接触面积。宜用于压差特大的场合，但速度要降低，油封使用寿命较短	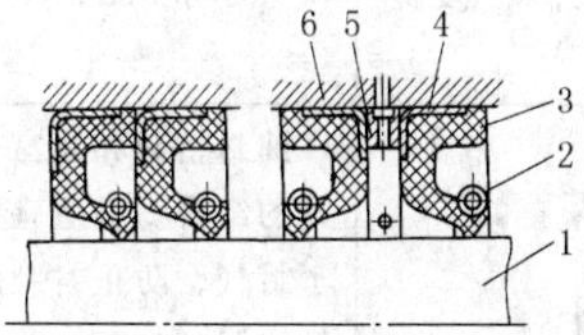 (a) (b) 1—轴；2—弹簧；3—皮碗；4—骨架；5—孔环；6—壳体	由两个油封组合而成密封结构。图a用于防止单方向泄漏；图b可以防止两个方向泄漏。孔环5可用以加入润滑剂，也可用作漏出孔
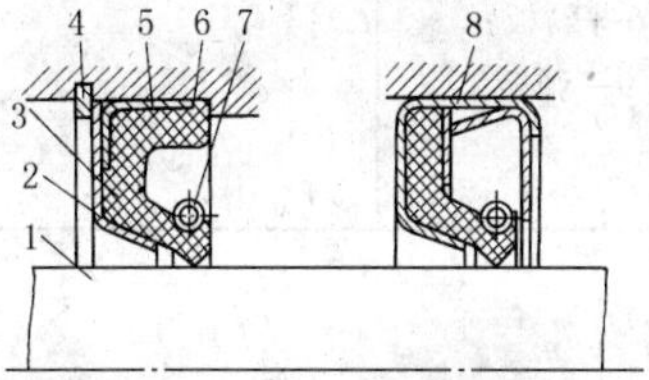 (a) (b) 1—轴；2—托架；3—皮碗；4—卡圈；5—骨架；6—壳体；7—弹簧；8—外罩	带托架的油封。在普通结构的皮碗上增设一个托架2，用于高压密封。托架可防止高压时唇口翻转。图b为将皮碗的外罩8同时兼作托架用，这类结构密封压力为几个大气压	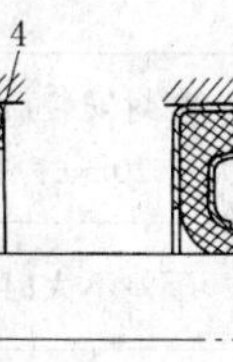	油封悬臂于骨架之外。骨架与皮碗的结合特别重要，介质压力方向有使唇口离开轴的趋势，故不宜用在压差很大的地方
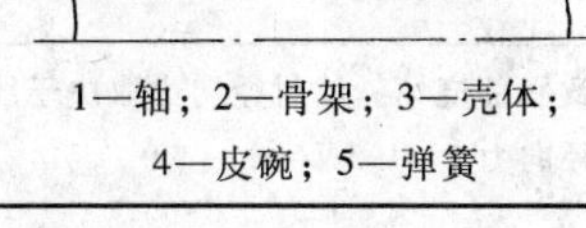 防尘 1—轴；2—骨架；3—壳体；4—皮碗；5—弹簧	多唇油封。弹簧压紧的唇口为主唇，其余为副唇。主唇靠内，用以防止液体漏出，副唇靠外，用以防止灰尘，副唇也可加设几个	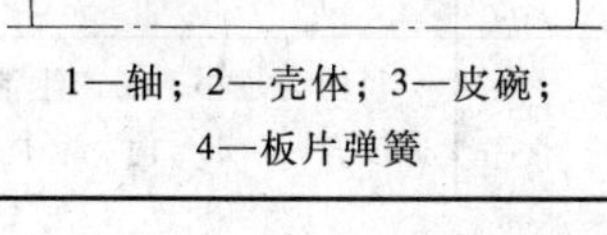 1—轴；2—壳体；3—皮碗；4—板片弹簧	带板簧的油封。用板片弹簧代替螺旋弹簧，克服了在剧烈振动的环境下螺旋弹簧往往会脱出的缺陷

续表

简　图	结构特点	简　图	结构特点
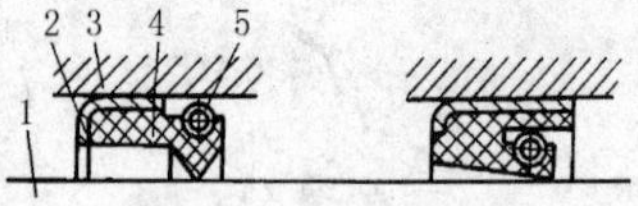 1—轴；2—骨架；3—壳体； 4—皮碗；5—弹簧	径向尺寸特别小的油封，用在径向空间受限制的地方，如用于滚针轴承封油	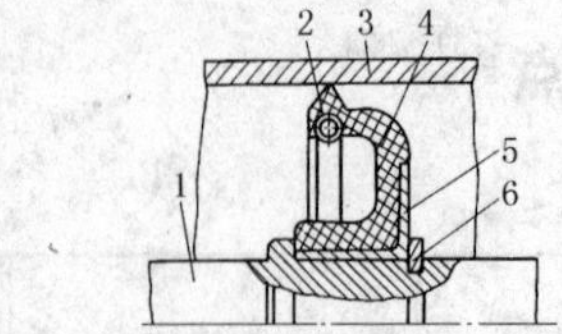 1—轴；2—弹簧；3—壳体；4—皮碗； 5—骨架；6—卡圈	壳体旋转的油封密封。用在轴与壳体的相对运动中。此结构轴与油封静止不动，而壳体作旋转运动，此时弹簧的弹力应向外
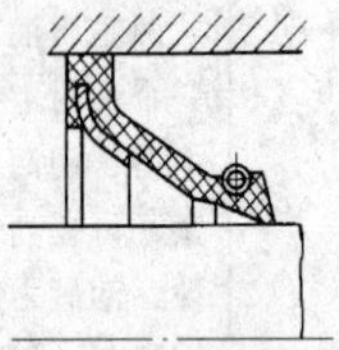	介质压力有助于封严，可用于压差较大的地方	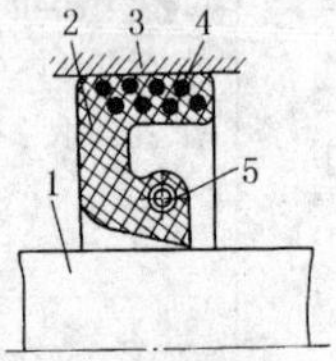 1—轴；2—皮碗；3—壳体； 4—骨架；5—弹簧	弹簧埋藏在皮碗内部。在强烈振动下弹簧不会脱出皮碗
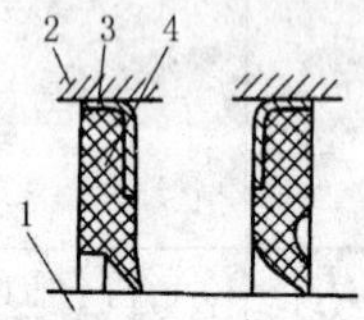 1—轴；2—壳体；3—骨架；4—皮碗	无弹簧的油封。轴向尺寸缩短很多，用在压差小于等于0.1MPa的场合，一般用于封油，也可用以防尘，但速度应较低（小于5m/s）	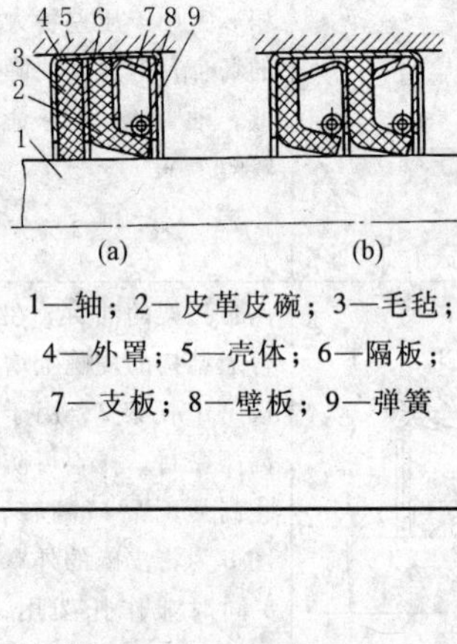 1—轴；2—皮革皮碗；3—毛毡； 4—外罩；5—壳体；6—隔板； 7—支板；8—壁板；9—弹簧	皮革皮碗密封。通常用螺旋弹簧箍紧，但也可用波形板弹簧压紧。图b设置两个皮革皮碗，常用在掘土机、粉碎机械等尘土特别多而工作条件非常恶劣的地方
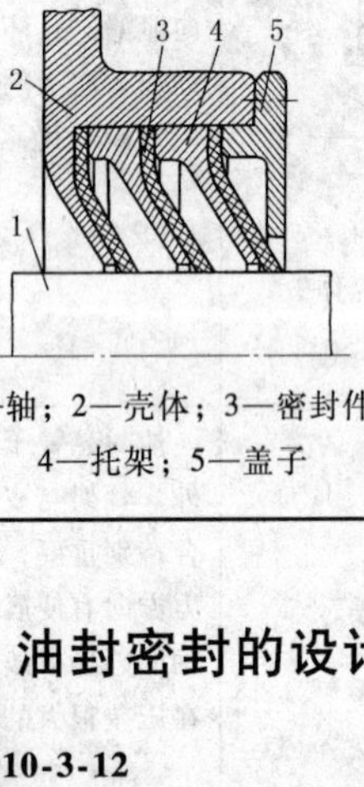 1—轴；2—壳体；3—密封件； 4—托架；5—盖子	油封密封和迷宫密封的组合。最适宜用于封气，防止右腔的气体漏到左腔。若用于真空密封，则真空腔应在左边		

5.2　油封密封的设计[31]

表 10-3-12

项　目	设 计 要 点
唇口与轴的过盈量	密封安装后，唇口直径应扩大5%～8%。通常轴径小于20mm，唇口过盈取1mm；轴径大于20mm，过盈取2mm
唇口与轴的接触宽度	压差不大时，唇口接触宽度0.2～1mm；若介质压差较大，接触宽度应增大
径向力大小	径向力过小，易产生泄漏；过大，易产生干摩擦，导致唇部烧坏。油封径向力取决于线速度，$v<4\text{m/s}$时，径向力1.5～2N/cm；$v>4\text{m/s}$时，径向力1～1.5N/cm

续表

项　目	设 计 要 点
弹簧尺寸	当介质压力大于0.1MPa时，需加设弹簧维持一定的径向力。通常，取钢丝直径0.3～0.4mm，弹簧中径2～3mm。弹簧装入油封后，弹簧本身应拉长3%～4%
油封材料选择	橡胶应具有耐蚀、耐磨和耐热的性能，如丁腈橡胶耐油，聚氨酯橡胶耐磨，硅橡胶耐高温和低温，氟橡胶耐较高温度，其中丁腈橡胶应用最广。橡胶硬度在65～75（邵氏A）之间的油封有较好的密封性能。考虑速度和温度的影响，油封材料的选用如下：

转　速 \ 温　度/℃	-45～-15	-15～40	40～65	65～95	95～150	150～170
低　速	硅橡胶	丁腈橡胶	丁腈橡胶	丁腈橡胶	丙烯酸酯橡胶	硅橡胶
中　速	硅橡胶	丁腈橡胶	丁腈橡胶	丙烯酸酯橡胶	丙烯酸酯橡胶	硅橡胶
高　速	硅橡胶	硅橡胶	硅　橡　胶	硅　橡　胶	硅　橡　胶	氟橡胶

项　目	设 计 要 点
轴的表面粗糙度和硬度	表面粗糙度的推荐值为0.8～3.2μm。表面太光滑，油容易从密封接触面被挤出，油膜变薄或消失，导致唇部发热或烧坏；反之，唇口磨损过快，造成泄漏 轴的表面硬度为30～40HRC或镀铬
轴的振动量	一般油封的允许振动量见下图 轴的振幅/mm：0.2　0.3　0.4　0.5 转速/r·min⁻¹：0　1000　2000　3000　4000　5000　6000
轴封允许偏心量	由于轴的偏心、油封内外径不同心、油封安装孔与轴线不同心等原因，造成油封唇口与轴接触不均匀，容易产生泄漏，因此油封装配后要检查偏心度。油封唇口对轴表面允许偏心量见图a，其中，低速、中速和高速的界限见图b (a) 偏心量/mm；轴径/mm；低速界限、中速界限、高速界限（有簧型）；无弹簧油封的低速界限 (b) 转速/r·min⁻¹；轴径/mm；低速、中速、高速

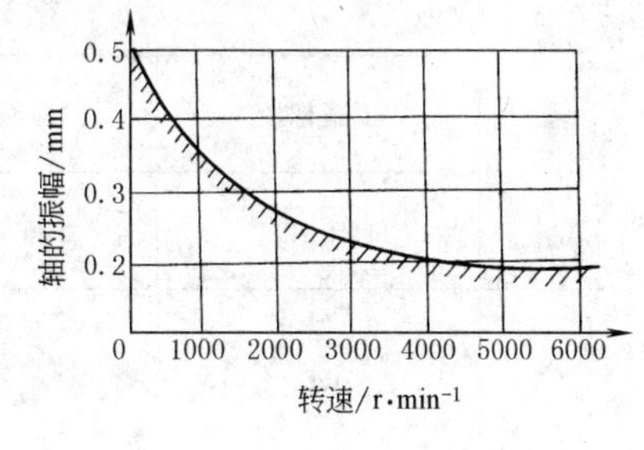

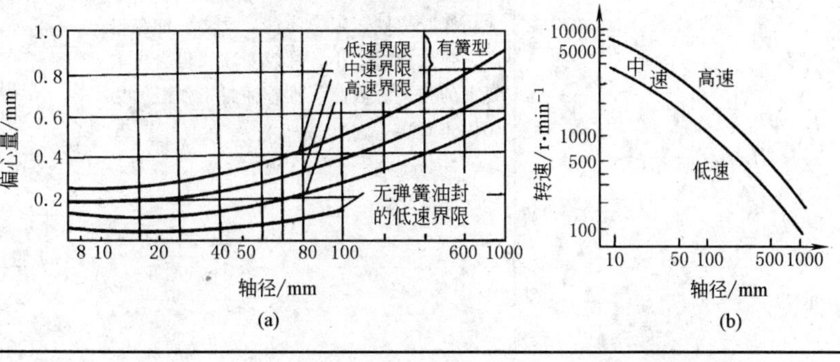

续表

项　　目	设 计 要 点
允许转速和线速度	转速越高，发热越严重，当发热超过橡胶允许温度时，油封会老化、龟裂和损坏。各种橡胶的最高允许转速和线速度见下图 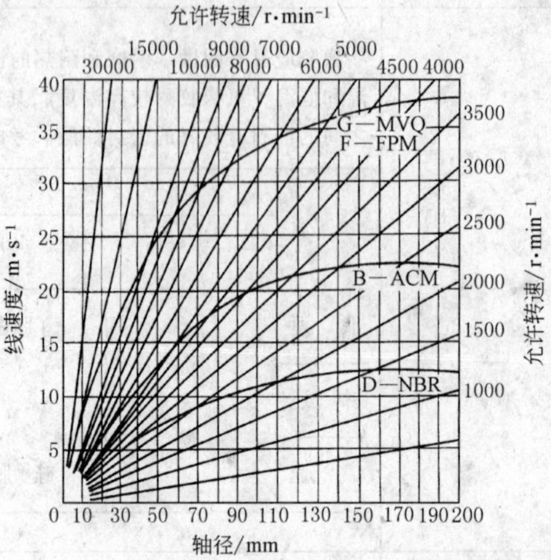 胶种代号：D—丁腈橡胶（NBR）；B—丙烯酸酯橡胶（ACM）；F—氟橡胶（FPM）；G—硅橡胶（MVQ）
热膨胀	橡胶比钢线胀系数大，在一定温度下二者膨胀量将会不同，如果使用外周为钢骨架的油封，而壳体为铝，由于壳体膨胀量大，当温度超过80℃后，外圆配合会松动而产生泄漏。若采用外圆为橡胶的密封，就可解决上述问题。不同橡胶的线胀系数如下

℃ $^{-1}$

丁腈橡胶	丙烯酸酯橡胶	硅 橡 胶	氟 橡 胶
115×10^{-6}	100×10^{-6}	185×10^{-6}	145×10^{-6}

项　　目	设 计 要 点
橡胶弹性模量变化	温度变化，橡胶弹性模量也随之发生变化。温度过低时，橡胶弹性模量急剧加大，橡胶变硬，失去弹性。反之，油温过高，弹性模量变小，橡胶变软，也会失去要求的弹性。因此，推荐油封工作温度为40～60℃ 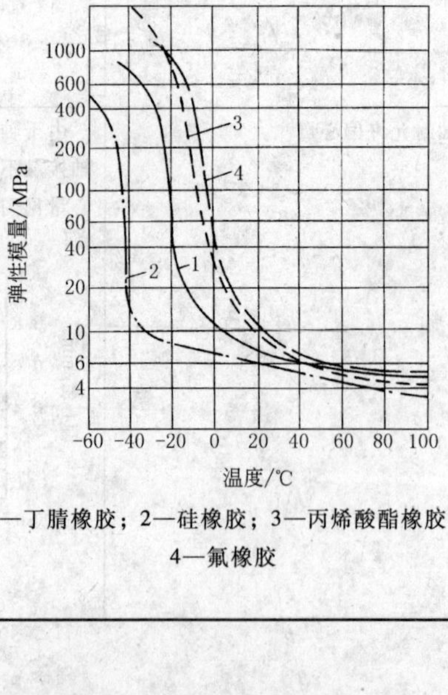 1—丁腈橡胶；2—硅橡胶；3—丙烯酸酯橡胶；4—氟橡胶

续表

项目	设计要点
润滑剂	常用机械油、透平油、锭子油、齿轮油。若要求比较高，可使用精密机床油、发动机油、冷冻机油和硅油 低速可使用润滑脂，但不同性能的润滑脂不能混合使用
润滑油添加剂的影响	润滑油中加入添加剂，如含磷、硫、氯等油溶性有机化合物，能使润滑油在轴承间隙中形成耐高温、耐高压油膜，保证良好润滑性能，但对油封带来不利影响。油中硫、磷、氯、有机化合物受热时分解而产生气体，能与橡胶的不饱和双链相交联，使橡胶硬化，造成油封失去弹性而泄漏。油在高温条件下焦化，产生胶泥，在油封唇口积累，使唇口失效而泄漏。因此，应控制油温低一些。图中所示不同类型的润滑油以及全部淹没轴径、淹没25%轴径的密封唇口的温升情况。从中得知，充填润滑油量不宜过多，以淹没50%轴径为界限 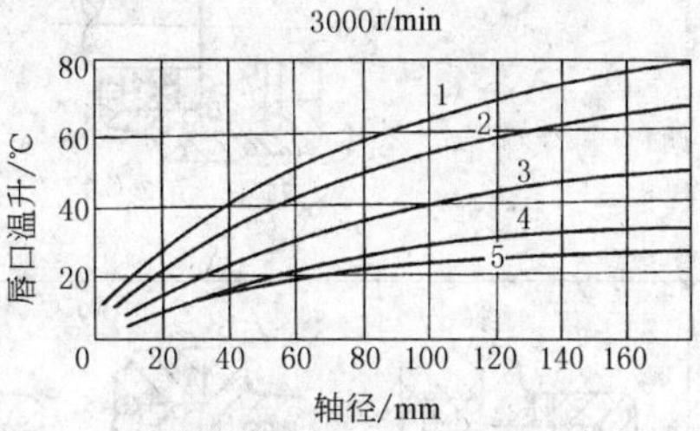 3000r/min 唇口温升/℃ 0 20 40 60 80 轴径/mm 0 20 40 60 80 100 120 140 160 1—润滑脂；2—齿轮油（淹没轴径）；3—发动机油（淹没轴径）； 4—齿轮油（淹没25%轴径）；5—发动机油（淹没25%轴径）

表 10-3-13　唇形密封圈密封设计注意事项

注意事项	简图	说明
密封的沟槽尺寸和表面粗糙度	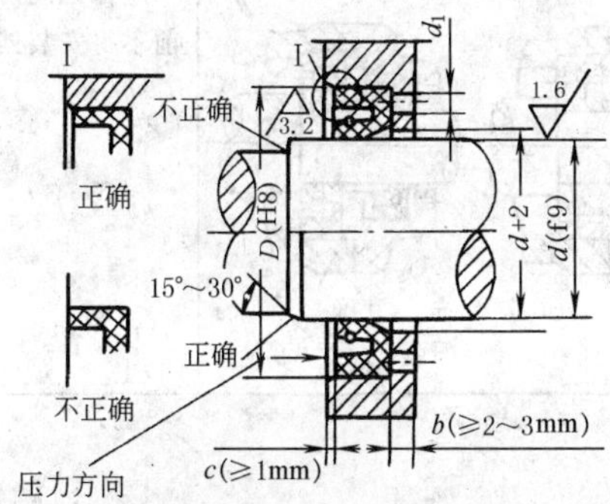 I 正确 不正确 I 不正确 3.2 1.6 d_1 D(H8) $d+2$ d(f9) 15°～30° 正确 b(≥2～3mm) c(≥1mm) 压力方向	在壳体上应钻有直径 d_1 = 3 ~ 6mm 的小孔 3 ~ 4 个，以便通过该小孔拆卸密封
加套筒的结构	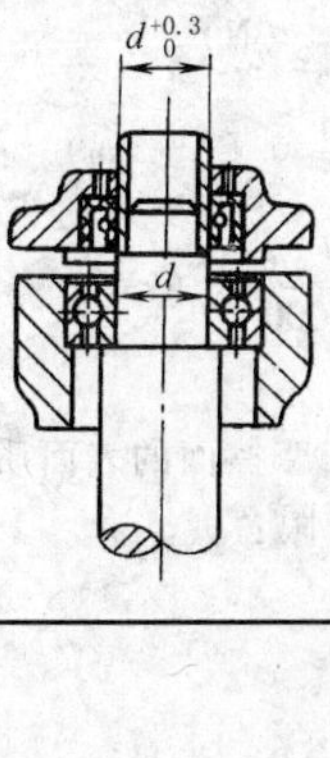 $d^{+0.3}_{0}$ d	为使密封便于安装和避免在安装时发生损伤，需在轴上倒角 15° ~ 30°。如因结构的原因不能倒角则装配时需用专门套筒

续表

注意事项	简图	说明
加垫圈支承密封两侧的压力差	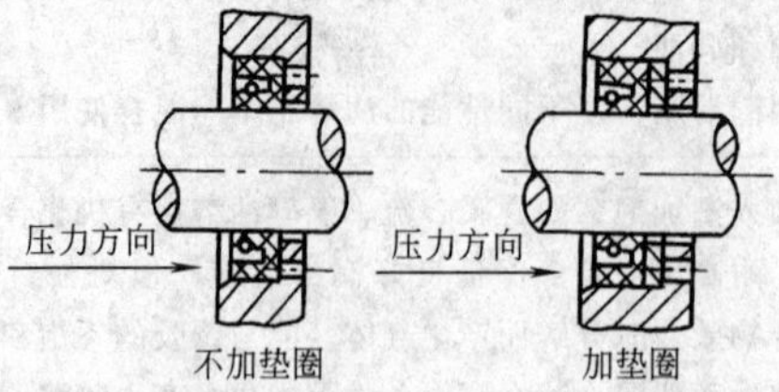 压力方向 压力方向 不加垫圈 加垫圈	当密封前后两面之间的压力差大于0.05MPa而小于0.3MPa时，需用垫圈来支承压力小的一面；没有压力差及压力差小于0.05MPa时可以不用垫圈
用于圆锥滚子轴承	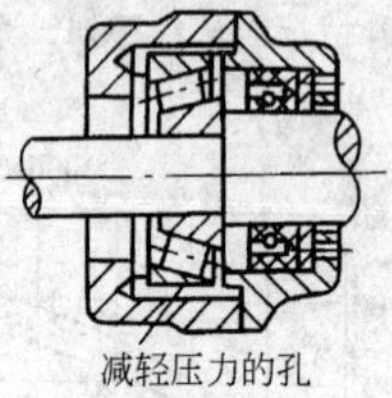 减轻压力的孔	密封用于圆锥滚子轴承部位时，在轴承外径配合处应钻有减轻压力的孔
外径配合面	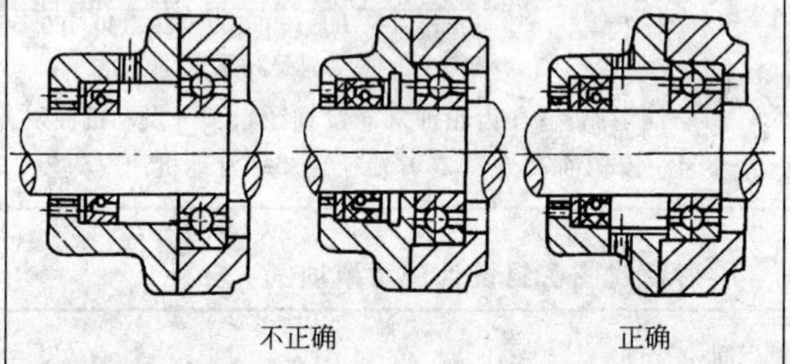 不正确 正确	密封外径的配合处不应有孔、槽等，以便在装入和取出密封时，外径不受损伤
挡油圈的安装位置	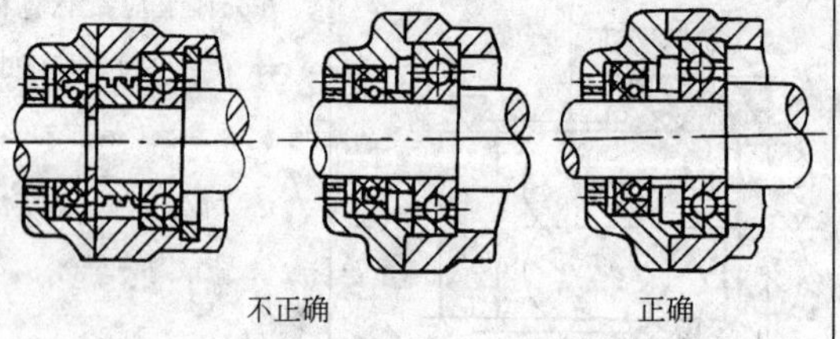 不正确 正确	应保证润滑油能流入密封部位，在密封前不得安装挡油圈

5.3 油封摩擦功率的计算[32]

油封摩擦力 F

$$F=\pi d_0 F_0 \quad (\mathrm{N}) \tag{10-3-7}$$

油封摩擦力矩 T

$$T=F\times\frac{d_0}{2}=\frac{\pi d_0^2 F_0}{2} \quad (\mathrm{N\cdot cm}) \tag{10-3-8}$$

油封摩擦功率 P

$$P=\frac{Tn}{955000}=\frac{\pi d_0^2 F_0 n}{1910000} \quad (\mathrm{kW}) \tag{10-3-9}$$

式中 d_0——轴直径，cm；

F_0——轴圆周单位长度的摩擦力，N/cm，F_0 取决于摩擦面的表面质量、润滑条件、弹簧力等，估算时可取 $F_0=0.3\sim0.5$N/cm，密封压力较大者取上限；

n——轴的转速，r/min。

6 涨圈密封

(1) 结构型式及特点[32]

表 10-3-14

结构型式		特点	结构型式		特点
涨圈侧隙及切口间隙	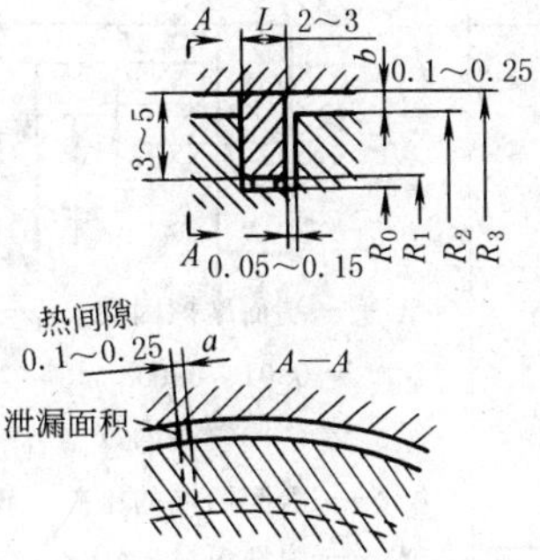	涨圈的常用外径尺寸 30~150mm 切口间隙 0.1 ~ 0.25mm 侧间隙 0.05 ~ 0.15mm $R_3 - R_2 = 0.5 \sim 0.75$mm $R_1 - R_0 = 0.2 \sim 1$mm	卸压涨圈		涨圈的两侧端面上各加工一环槽，两环槽之间有若干个直径等于1mm的小孔相通，使高压腔的介质可以通过小孔而到达低压腔的环槽内。由于 p_0 与 Δp 方向相反，p_0 即为其卸荷压力。适用于涨圈两端压差很大的情况，可避免涨圈摩擦面很快磨损
重叠涨圈	(a) (b) 1—轴；2—壳体；3—涨圈；4—内环	是针对直切口间隙有泄漏而采取的补救办法。图 a 所示结构的特点是在一个涨圈槽内装两个直切口的涨圈，两涨圈的切口错开 180°，结构很简单，密封效果比单个涨圈好，但仍不能保证压差较大时密封可靠 图 b 比图 a 增加一个带切口间隙的弹性内环 4，可完全封住涨圈切口间隙的泄漏	引油涨圈	 1—轴；2—壳体；3—衬套；4—涨圈；5—涨圈槽体	从静止的壳体 2 引润滑油到旋转轴 1 的密封装置。壳体与轴上设有衬套 3 和涨圈槽体 5，磨损后便于更换
			涨圈设置位置	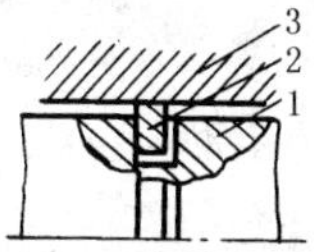 (a)  (b) 1—轴；2—涨圈；3—壳体	图 a 为涨圈槽设在轴上 图 b 为涨圈槽设在壳体上
封油涨圈	 1—轴；2—轴承；3—壳体；4—衬套；5—涨圈；6—外涨圈槽体；7—隔板；8—内涨圈槽体	用在轴承封油装置。涨圈 5 在装配状态下的切口间隙为 0.2mm，端面侧间隙为 0.15mm，摩擦面切向速度为 24m/s	切口型式	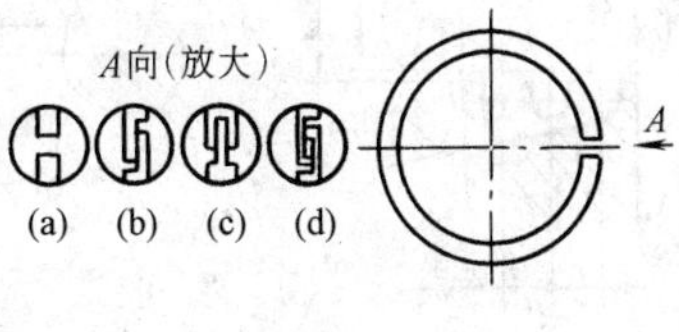 (a) (b) (c) (d)	直切口（图 a）。加工简单，用得最多，但容易泄漏 搭接切口（图 b ~ 图 d）。密封性能好，但加工困难，只用在要求特别高的情况下

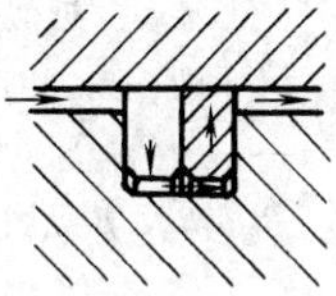

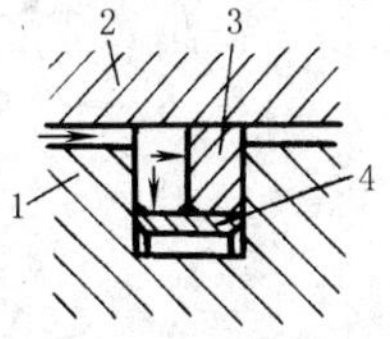

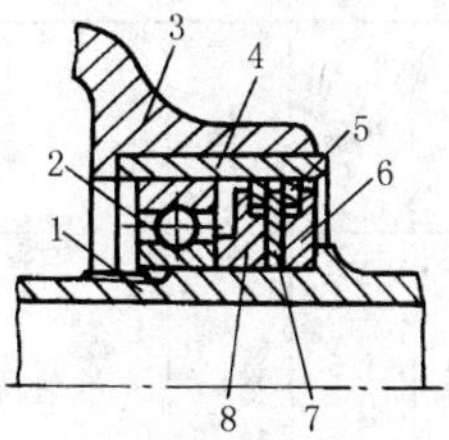

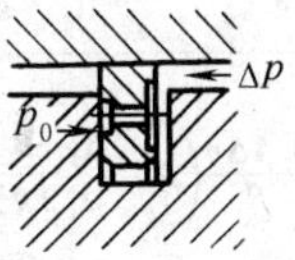

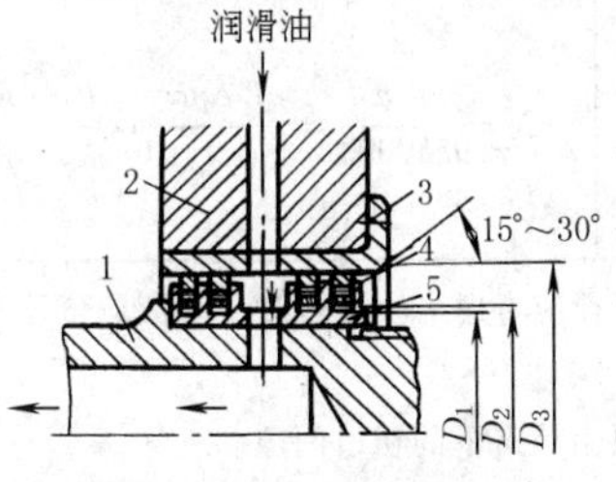

注：表中切口间隙数值为工作状态时的切口热间隙，由此推算室温装配时的切口冷间隙。

(2) 涨圈弹力和摩擦功率的计算[32]

表 10-3-15

项 目	计算公式	说明
端面摩擦力矩 T_1 /N·mm	$T_1=\frac{2}{3}\pi f_1\Delta p\frac{R_3^2-R_1^2}{R_2^2-R_1^2}(R_2^3-R_1^3)$	f_1——端面摩擦因数，$f_1=0.01\sim0.05$ f_2——外圆摩擦因数 Δp——涨圈两端的压差，MPa E——弹性模量，MPa f_0——切口间隙与装配间隙之差，f_0 近似等于切口间隙，mm n——轴的转速，r/min R_1、R_2、R_3、B 见图，mm
外圆摩擦力矩 T_2 /N·mm	$T_2=2\pi f_2p_2BR_3^2$	
涨圈平均弹力 p_2/MPa	$p_2\geqslant\frac{0.4\Delta p}{B}\left(1-\frac{R_1^2}{R_3^2}\right)\frac{R_2^3-R_1^3}{R_2^2-R_1^2}$ 假设 $f_2=f_1$	
切口间隙 f_0/mm	$f_0=14.16p_2R_3\left(\frac{2R_3}{R_3-R_1}-1\right)\frac{1}{E}$	
摩擦功率 N/kW	$N=\frac{T_1n}{9550000}=\frac{f_1\Delta pn}{456\times10^4}\times\frac{R_3^2-R_1^2}{R_2^2-R_1^2}(R_2^3-R_1^3)$	

注：1. 涨圈弹力设计应考虑当轴旋转时，涨圈应依靠自身弹力卡紧在壳体上，保证涨圈不随轴转动，即 $T_2\geqslant1.2T_1$。弹力 p_2 按此前提推算出。

2. 切口间隙是指自由状态下的切口间隙。

7 迷宫密封

(1) 迷宫式密封槽（摘自 JB/ZQ 4245—1997）

表 10-3-16 mm

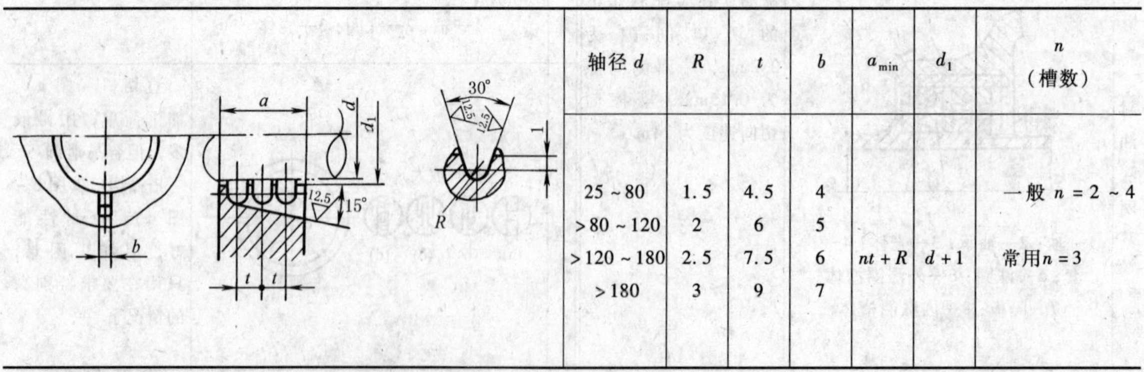

轴径 d	R	t	b	a_{min}	d_1	n（槽数）
25～80	1.5	4.5	4	$nt+R$	$d+1$	一般 $n=2\sim4$ 常用 $n=3$
>80～120	2	6	5			
>120～180	2.5	7.5	6			
>180	3	9	7			

注：在个别情况下，R，t，b 可不按轴径选用。

（2）径向密封槽

表 10-3-17

mm

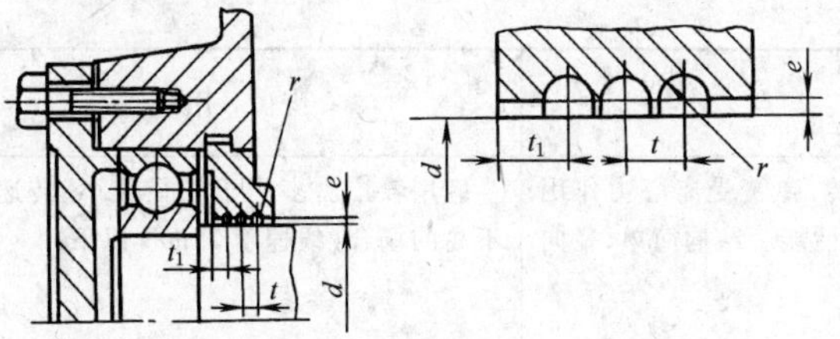

d	10 ~ 50	50 ~ 80	80 ~ 110	110 ~ 180	> 180
r	1	1.5	2	2.5	3
e	0.2	0.3	0.4	0.5	0.5
t	$t = 3r$				
t_1	$t_1 = 2r$				

（3）轴向密封槽

表 10-3-18

mm

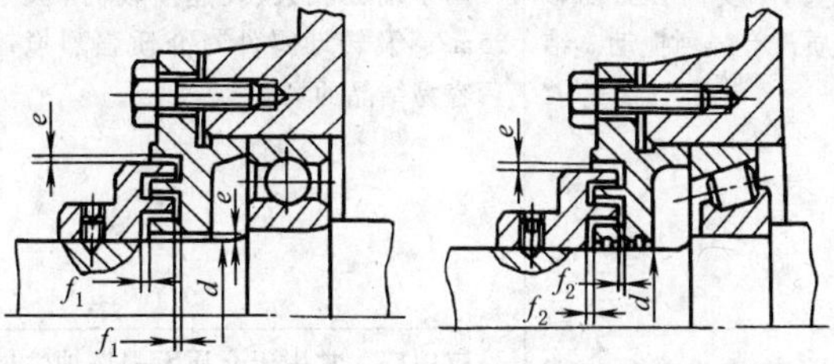

d	e	f_1	f_2
10 ~ 50	0.2	1	1.5
> 50 ~ 80	0.3	1.5	2.5
> 80 ~ 110	0.4	2	3
> 110 ~ 180	0.5	2.5	3.5

8 机械密封

机械密封也称端面密封。用于泵、釜、压缩机、液压传动和其他类似设备的旋转轴的密封。

8.1 接触式机械密封工作原理[42]

机械密封是由一对或数对动环与静环组成的平面摩擦副构成的密封装置。图 10-3-1 所示为其结构原理，它是靠弹性构件（如弹簧或波纹管，或波纹管及弹簧组合构件）和密封介质的压力在旋转的动环和静环的接触表面（端面）上产生适当的压紧力，使这两个端面紧密贴合，端面间维持一层极薄的液体膜而达到密封的目的。这层液体膜具有流体动压力与静压力，起着润滑和平衡压力的作用。

当轴 9 旋转时，通过紧定螺钉 10 和弹簧 2 带动动环 3 旋转。防转销 6 固定在静止的压盖 4 上，防止静环 7 转动。当密封端面磨损时，动环 3 连同动环密封圈 8 在弹簧 2 的推动下，沿轴向产生微小移动，达到一定的补偿能力，所以称补偿环。静环不具有补偿能力，所以称非补偿环。通过不同的结构设计，补偿环可由动环承担，也可由静环承担。由补偿环、弹性元件和副密封等构成的组件称补偿环组件。

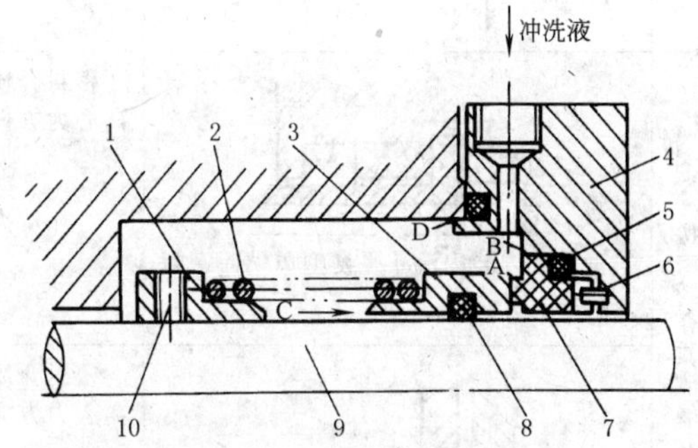

图 10-3-1　机械密封结构原理

1—弹簧座；2—弹簧；3—旋转环（动环）；4—压盖；5—静环密封圈；6—防转销；7—静止环（静环）；8—动环密封圈；9—轴（或轴套）；10—紧定螺钉

A ~ D—密封部位（通道）

机械密封一般有四个密封部位（通道），如图 10-3-1 中所示的 A ~ D。A 处为端面密封，又称主密封；B 处为静环 7 与压盖 4 端面之间的密封；C 处为动环 3 与轴（或轴套）9 配合面之间的密封，因能随补偿环轴向移动并起密封作用，所以又称副密封；D 处为压盖与泵壳端面之间的密封。B ~ D 三处是静止密封，一般不易泄漏；A 处为端面相对旋转密封，只要设计合理即可达到减少泄漏的目的。

8.2 常用机械密封分类及适用范围[40,42]

表 10-3-19

分类	结构简图及名称	特点	应用
按补偿环旋转或静止分	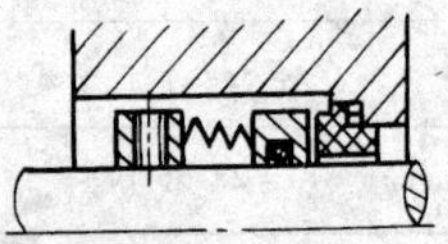 旋转式内装内流非平衡型单端面密封 简称:旋转式	补偿环随轴旋转,弹簧受离心力作用易变形,影响弹簧性能。结构简单,径向尺寸小	应用较广。多用于轴径较小、转速不高的场合(线速度 25m/s 以下)
	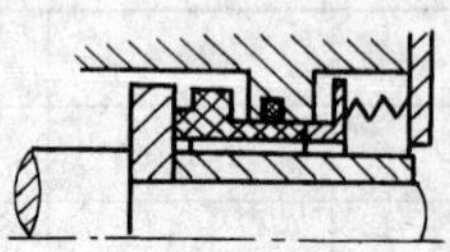 静止式外装内流平衡型单端面密封 简称:静止式	补偿环不随轴旋转,不受离心力的影响,性能稳定,对介质没有强烈搅动。结构复杂	用于轴径较大、线速度较高(大于25m/s)及转动零件对介质强烈搅动后容易结晶的场合
按静环位于密封端盖内侧或外侧分	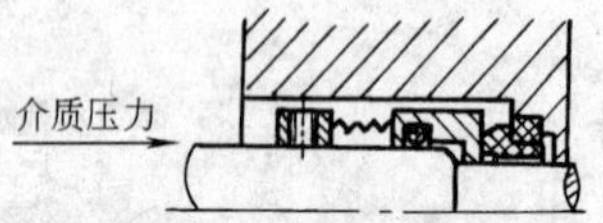 旋转式内装内流平衡型单端面密封 简称:内装式	静环装在密封端盖内侧,介质压力能作用在密封端面上,受力情况较好,端面比压随介质压力增大而增大,增加了密封的可靠性,一般情况下,介质泄漏方向与离心力方向相反而阻碍了介质的泄漏 不便于调节和检查,弹簧在介质中易腐蚀	应用广。常用于介质无强腐蚀性以及不影响弹簧机能的场合
	 旋转式外装外流平衡型单端面密封 简称:外装式	静环装在密封端盖外侧,受力情况较差。介质作用力与弹簧力方向相反,欲达到一定的端面比压,须加大弹簧力。当介质压力波动时,会出现密封不稳定。低压启动时,摩擦副尚未形成液膜,易擦伤端面。一般情况下,介质泄漏方向与离心力方向相同,因而增加介质的泄漏。但因大部分零件不与介质接触,易解决材料耐蚀问题。便于观察、安装及维修	适用于强腐蚀性介质或用于易结晶而影响弹簧机能的场合 也适用于黏稠介质以及压力较低的场合
按密封介质泄漏方向分	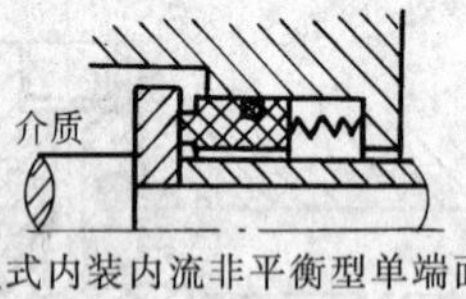 静止式内装内流非平衡型单端面密封 简称:内流式	密封介质在密封端面间的泄漏方向与离心力方向相反,泄漏量较外流式为小	应用较广。多用于内装式密封,适用于含有固体悬浮颗粒介质的场合
	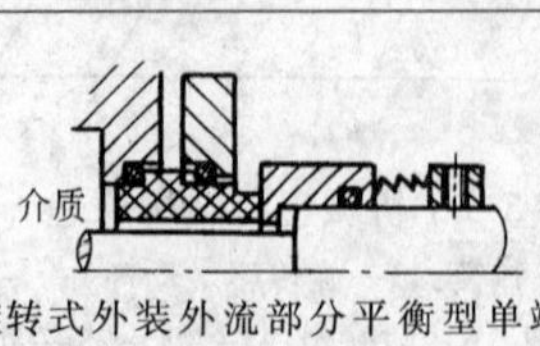 旋转式外装外流部分平衡型单端面密封 简称:外流式	密封介质在密封端面间的泄漏方向与离心力方向相同,泄漏量较内流式大	多用于外装式机械密封中,能加强密封端面的润滑,但介质压力不宜过高,一般小于 1MPa

续表

分类	结构简图及名称	特点	应用
按介质压力在端面引起的卸载情况分	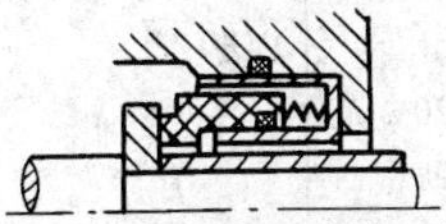 静止式内装内流平衡型单端面密封 简称:平衡式	介质压力在密封端面上引起卸载,即载荷系数 $K<1\left(K=\frac{载荷面积}{接触面积}\right)$,能全部平衡或部分平衡介质压力对端面的作用。端面比压随介质压力增高而缓慢增加,改善端面磨损情况	适用于介质压力较高的场合。对于一般介质可用于压力大于等于0.7MPa,对于外装式密封$K=0.15\sim0.3$时,仅用于压力0.2~0.3MPa,对于黏度较小、润滑性差的介质可用于介质压力大于等于0.5MPa(或pv值小于7)
	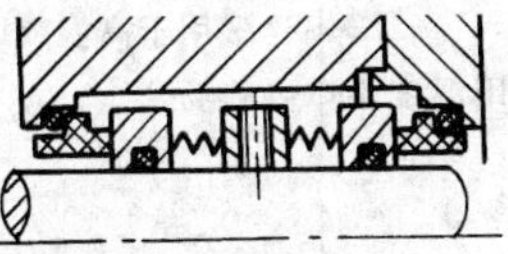 旋转式非平衡型双端面密封 简称:非平衡式	介质压力在密封端面上不能卸载,即载荷系数$K\geqslant1$,端面比压随介质压力增加而迅速增加 在较高压力下,由于端面比压较大,易引起磨损加快。结构简单	适用于介质压力较低的场合,对于一般介质,可用于介质压力小于0.7MPa;对于润滑性差及腐蚀性介质,可用于压力小于0.5MPa(或pv值小于7)
按密封端面的对数分	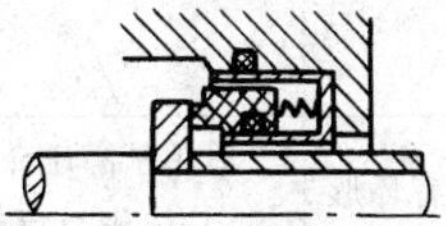 静止式内装内流非平衡型单端面密封 简称:单端面	由一对密封端面组成,制造、装拆方便。结构简单	应用广泛,适用于一般介质场合。与其他辅助密封并用时,可用于带悬浮颗粒、高温、高压等场合
	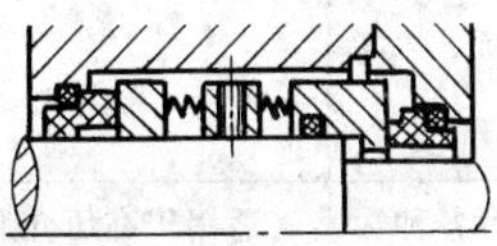 旋转型平衡式双端面密封 简称:双端面	由两对密封端面组成。在两密封端面之间通入流体的压力保持低于被密封介质的压力,这种密封型式称为非加压式双端面密封,该流体称为缓冲液;而通入流体的压力保持高于被密封介质的压力,这种密封型式称为加压式双端面密封,该流体称为隔离液。隔离液的压力比被密封介质的压力高0.05~0.15MPa 结构复杂,密封可靠,但需注意有少量的隔离液漏到被密封介质内 隔离流体应选择不影响被密封介质的性能,又无毒、无腐蚀,润滑性能好、汽化温度高的介质	适用于强腐蚀、高温、带固体颗粒及纤维的介质、气体介质、易燃易爆、易挥发、低黏度的介质,以及高真空等场合
按弹簧的个数分	补偿机构中含有一个弹簧,称为单弹簧式;补偿机构中含有多个弹簧,称为多弹簧式,两者区别见下表		单弹簧式:适用于载荷较小、轴径较小、有强腐蚀性介质的场合,并需注意轴的旋转方向与弹簧旋向相同 多弹簧式:适用于载荷较大、轴径较大、条件较苛刻的场合

种类	比压均匀性	转速	弹簧力变化	缓冲性	腐蚀	脏物、结晶	弹簧力调整	制造	安装维修	空间
单弹簧式	端面上弹簧比压不均匀,轴径较大时更突出	转速增大时,离心力使弹簧变形和产生偏移,端面比压不稳定	压缩量变化时弹簧力变化小	摩擦副歪斜时,缓冲性能差	因弹簧丝径大,腐蚀对弹簧力影响小	脏物、结晶介质对弹簧性能影响较小	弹簧力不易调节	两平面平行度及对中心垂直度要求严格	安装简单,但更换弹簧时,需拆下密封装置	轴向尺寸大,径向尺寸小
多弹簧式	端面上弹簧比压均匀,轴径增大时不受影响	转速增大时端面比压稳定	压缩量变化时弹簧力变化较大	摩擦副歪斜时,缓冲性能好	因弹簧丝径小,腐蚀对弹簧力影响大	脏物、结晶介质会使弹簧性能丧失	可通过增减弹簧个数调节弹簧力	要求不严格,但弹簧高度及弹力应一致	安装烦琐,更换弹簧时,不需拆下密封装置	径向尺寸大,轴向尺寸小

续表

分类	结构简图及名称	特　点	应　用
按弹性元件分	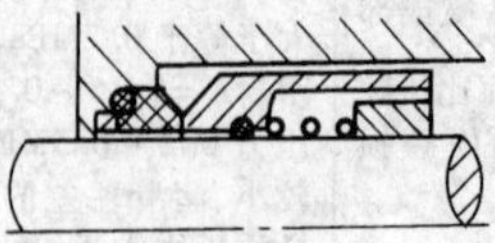 弹簧压紧式	用弹簧压紧密封端面，有时用弹簧传递转矩 由于端面磨损，使弹簧力在10%～20%范围内变化。制造简单，使用范围受辅助密封圈耐温限制	多数密封常用的型式，使用广泛
	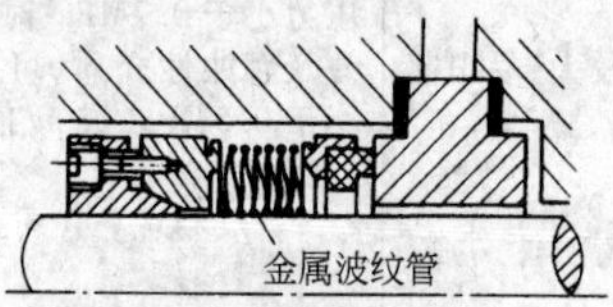 金属波纹管 波纹管式	用波纹管压紧密封端面 由于不需要辅助密封圈，所以使用温度不受辅助密封圈材质的限制	多用于高温或腐蚀介质等重要的场合
按非接触式机械密封结构分	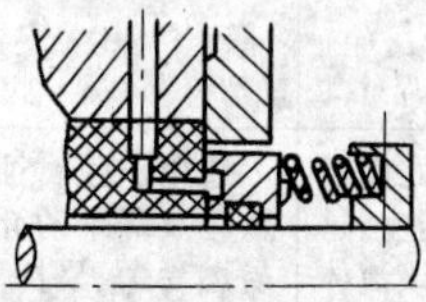 流体静压式	在两个密封环之一的密封端面上开有环形沟槽和小孔，从外部引入比介质压力稍高的液体，保证端面润滑，并保证两端面间互不接触 通过调节外供液体压力控制泄漏、磨损和寿命 需设置另外一套外供液体系统，泄漏量较大	适用于高压介质和高速运转场合，往往与流体动压密封组合使用，但目前应用较少
	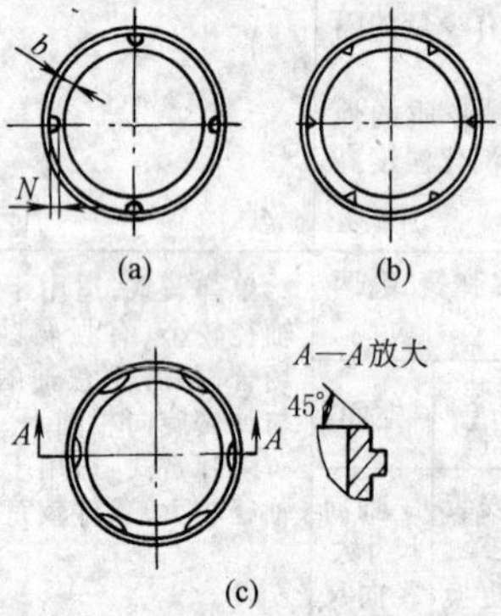 b　N　(a)　(b)　A—A放大　45°　A　A　(c) 流体动压式	在两个密封环之一的密封端面开有各种沟槽，由于旋转而产生流体动力压力场，引入密封介质作为润滑剂并保证两端面间互不接触	适用于高压介质和高速运转的场合，p_cv值达270MPa·m/s，目前已在很多场合下使用，尤其是在重要的、条件比较苛刻的场合下使用
	 螺旋槽 干气密封	在两密封端面之一的端面上开设凹槽。当轴转动时，凹槽内的气体在凹槽泵送作用下使密封端面相互分离，从而实现非接触端面密封。因密封端面上只有气体，所以又称干气密封。凹槽型式有螺旋槽、圆弧槽、梯形槽、T形槽等 干气密封端面互不接触，寿命长、可靠性高、耗功低，节省密封液系统，但需供气系统	干气密封主要用于气体密封，如离心压缩机、螺杆压缩机，密封端面线速度可达150m/s，密封压力可达20MPa，使用温度达260℃ 干气密封亦可用于泵上，作为第二级密封与普通单端面密封组合成双端面密封

续表

分类		参数	名称
按机械密封工作参数分	按密封腔温度分	$t>150℃$	高温机械密封
		$80℃<t\leq150℃$	中温机械密封
		$-20℃\leq t\leq80℃$	普温机械密封
		$t<-20℃$	低温机械密封
	按密封腔压力分	$p>15MPa$	超高压机械密封
		$3MPa<p\leq15MPa$	高压机械密封
		$1MPa<p\leq3MPa$	中压机械密封
		常压$\leq p\leq1MPa$	低压机械密封
		负压	真空机械密封

分类	参数	名称
按密封端面速度分	$v>100m/s$	超高速机械密封
	$25m/s\leq v\leq100m/s$	高速机械密封
	$v<25m/s$	一般速度机械密封
按轴径尺寸分	$d>120mm$	大轴径机械密封
	$25mm\leq d\leq120mm$	一般轴径机械密封
	$d<25mm$	小轴径机械密封

分类	参数	名称
按工作参数分	满足下列条件之一： $p>3MPa$; $t<-20℃$或$t>150℃$; $v\geq25m/s$; $d>120mm$	重型机械密封
	满足下列条件： $p<0.5MPa$; $0<t<80℃$; $v<10m/s$; $d\leq40mm$	轻型机械密封
	不满足重型和轻型使用条件的其他密封	中型机械密封

分类	参数	名称
按使用介质分	强酸、强碱及其他强腐蚀介质	耐强腐蚀介质机械密封
	油、水、有机溶剂及其他弱腐蚀介质	耐油、水及其他弱腐蚀介质机械密封
	含磨粒介质	耐磨粒介质机械密封

8.3 机械密封的选用[36,38]

表 10-3-20

介质或使用条件		特点	对密封要求	机械密封的选择
强腐蚀性介质	盐酸、铬酸、硫酸、醋酸等	密封件需承受腐蚀，密封面上的腐蚀速率通常为无摩擦作用表面腐蚀速率的10~50倍	密封环既耐蚀又耐磨，辅助密封圈的材料既要弹性好又要耐蚀、耐温 要求弹簧使用可靠	1—大弹簧；2—波纹管；3—静环；4—动环座 (1)参考表10-3-25选择与介质接触的材料 (2)采用外装式机械密封，加强冷却，防止温度升高 (3)如用内装式密封，弹簧加保护层，大弹簧外套塑料管，两端封住，或弹簧表面喷涂防腐层，如聚三氟氯乙烯、聚四氟乙烯、氯化聚醚等。应采用大弹簧，因丝径大，涂层不易剥落 (4)采用外装式波纹管密封。动环与波纹管制成一体，材料为聚四氟乙烯（玻璃纤维填充），静环为陶瓷；弹簧用塑料软管或涂层保护，与泄漏液隔离，如左图所示 (5)外装式密封适用压力$p\leq0.5MPa$

续表

介质或使用条件		特　点	对密封要求	机械密封的选择
易汽化介质	液化石油气、轻石脑油、乙醛、异丁烯、异丁烷、异丙烯	润滑性差，易使密封端面间液膜汽化，造成摩擦副干摩擦，降低密封使用寿命	要求摩擦因数低、导热性好的摩擦副材料 密封腔，尤其是密封端面要有充分冷却，防止泄漏液引起密封端面结冰（靠大气侧）	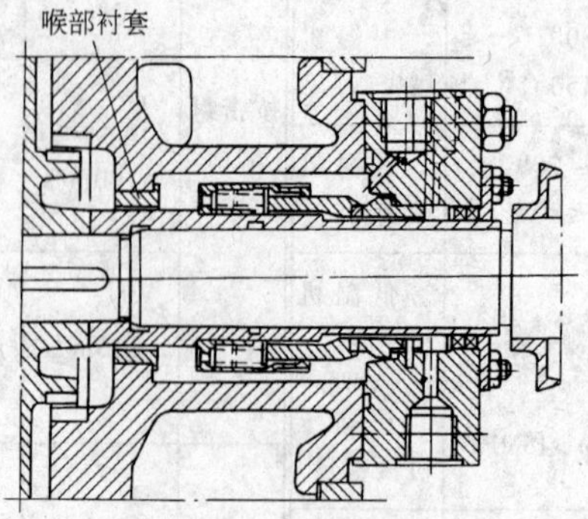 喉部衬套 (1)介质压力 $p \leqslant 0.5$MPa 采用非平衡型密封；介质压力 $p>0.5$MPa 采用平衡型密封，降低端面比压 (2)采用非加压式双端面密封，从外部引入密封流体至密封腔（见表10-3-40密封方案52） (3)摩擦副材料建议采用碳化钨-石墨或碳化硅-石墨 (4)装设喉部衬套，以保证密封腔内必要的压力，使密封端面间的液体温度比相应压力下的液体汽化温度低约14℃。例如泵的叶轮与密封之间装设喉部衬套 (5)加强冷却与冲洗，以保证密封腔要求的温度 (6)采用加压式双端面密封，但需注意隔离液不能污染工艺介质，并保证隔离液压力高于被密封介质
高黏度介质	润滑脂、硫酸、齿轮油、汽缸油、苯乙烯、渣油、硅油	黏度高时润滑性能好，但过高会影响动环的浮动性，增加弹簧的传动力矩 黏度过高时，密封面之间不易形成液膜，润滑性能差，损坏密封环	摩擦副材料耐磨，弹簧要有足够的能力克服高黏度介质产生的阻力 避免密封腔温度过低而引起介质的黏度增高，要求密封腔保温或加热	(1)一般黏度的介质，当 $p \leqslant 0.8$MPa 时，选用单端面非平衡型密封；当 $p>0.8$MPa 时，采用平衡型密封。当介质黏度为700～1600mPa·s时，需加大传动销和弹簧的设计，用以抵抗因黏度增加而增加的剪切力，大于1600mPa·s时，还需要加强润滑，如单端面密封通入外供冲洗液，或双端面密封通入隔离流体 (2)采用静止式双端面密封且带有加压式冲洗系统 (3)采用硬对硬摩擦副材料组合，如碳化硅-碳化硅，或碳化钨-碳化硅 (4)考虑保温结构，保证介质黏度不因温度降低而增高
含固体颗粒介质	塔底残油、油浆、原油	会引起密封环端面剧烈磨损。固体颗粒沉积在动环处会使动环失去浮动性，颗粒沉积在弹簧上会影响弹簧弹性	摩擦副耐磨，要能排除固体颗粒或防止固体颗粒沉淀	(1)采用加压式双端面密封，在密封腔内通入隔离流体。靠近介质侧的摩擦副采用碳化硅-碳化硅的材料组合 (2)若采用单端面密封，应从外部引入比被密封介质压力稍高的流体进行冲洗，当采用被密封介质进行冲洗时，在进入密封腔之前，把固体颗粒分离掉，且应采用大弹簧式密封结构

续表

介质或使用条件		特　点	对密封要求	机械密封的选择
气体	空气、乙烯气、丙烯气、氢气	润滑性能差，端面磨损大，渗透性强 用于搅拌设备时，多为立式，轴较长，摆动与振动较大，工艺条件变化较大，有时在高压下，有时在低压或真空下操作 用于压缩机时，转速高	石墨浸渍密封环孔隙率低、摩擦副材料耐磨 密封环浮动性能好，尤其是用于搅拌设备的密封 用于真空密封时，要注意外界空气漏入，注意密封的方向性	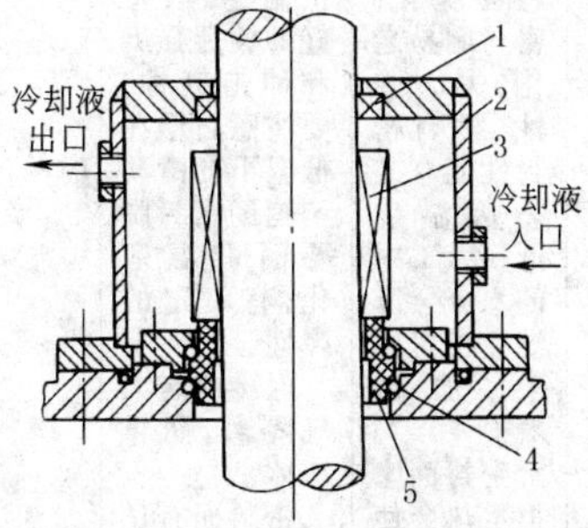 冷却液出口　冷却液入口 1—油封；2—冷却外壳；3—补偿动环组件；4—辅助密封圈；5—带有两个辅助密封圈的非补偿静环 (1)若用于搅拌设备的密封，当介质压力小于或等于0.6MPa时，可采用单端面密封(外装式)，并要求带有冷却外壳，如图所示。当介质压力大于0.6MPa时，或密封要求严格的场合，应采用加压式双端面密封 (2)用于真空密封时，多采用加压式双端面密封，通入真空油或难以挥发的液体作为隔离流体。用V形辅助密封圈需注意方向性 (3)用于压缩机密封，若转速较高，详见本表“高速”一栏。同时还要减小浸渍石墨环的孔隙率
高温	热油、热载体、油浆、苯酐、对苯二甲酸二甲酯(DMT)、熔盐、熔融硫	随着温度增高，加快密封材料的磨损和腐蚀，材料强度降低，介质易汽化，密封环易变形，橡胶老化，组合环配合松脱	密封材料耐高温，具有良好的导热性，低的摩擦因数和线胀系数 保证密封面间隙中液体温度低于介质汽化温度15～30℃	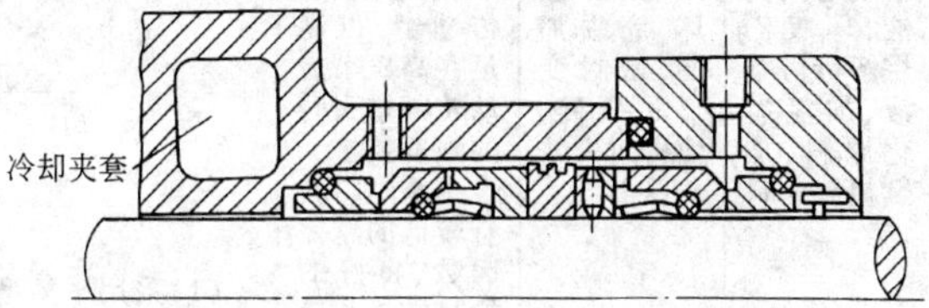 冷却夹套 (a) 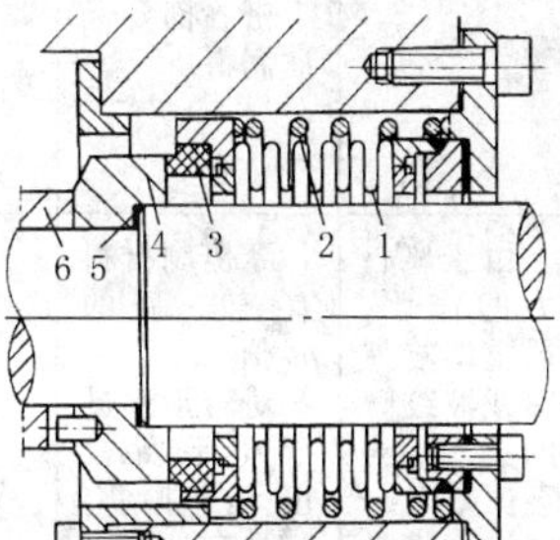 (b) 1—金属波纹管；2—压缩弹簧；3—压装的补偿静环；4—非补偿动环；5—垫片；6—轴套 (1)密封材料需进行稳定性热处理，消除残余应力，且线胀系数相近 (2)若采用单端面密封，端面宽度应尽量小，且需充分冷却和冲洗 (3)采用加压式双端面密封，外供隔离流体，为了提高辅助密封圈的寿命，在与介质接触侧的密封设置冷却夹套(见图a) (4)温度超过250℃时，采用金属波纹管式密封(见图b)。垫片5通过轴端螺母(图中未示)经轴套6压紧 (5)辅助密封圈材料使用温度范围见表10-3-22

续表

介质或使用条件		特　点	对密封要求	机械密封的选择
低温	液氧、液氨、液氯、液态烃	密封环材料易脆化，密封圈易老化，失去弹性，影响密封性能 因温度低，大气中的水分会冻结在密封面上，加速磨损 密封面摩擦生热会使液膜汽化，造成干摩擦，损坏密封 低温时，材料收缩，应选择线胀系数相近材料	密封材料耐低温，要有良好的疲劳强度和冲击韧性，要注意石墨在低温下的滑动 辅助密封圈要耐低温老化，有一定的弹性 保冷或与大气隔离，防止冻冰 密封面有良好润滑，防止密封端面液膜汽化	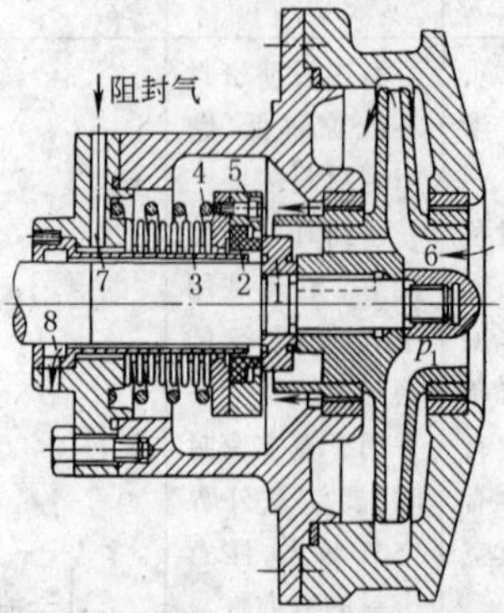 阻封气 1—非补偿动环； 2—补偿静环； 3—金属波纹管； 4—压缩弹簧； 5—压板； 6—抽送液化气体的泵； 7—阻封气体进口； 8—阻封气体出口 (1)介质温度高于－45℃时，除液氯外可采用单端面密封，但需要注意大气中水分使密封圈冻结，导致密封失效，常在密封外侧设置简单密封，并通入清洁的阻封液 (2)介质温度高于－100℃时，采用波纹管密封，上图用于液化气密封，阻封气体为干燥惰性气体，防止大气中水分冻结在密封上 (3)介质温度低于－100℃时，采用静止式波纹管密封，防止波纹管疲劳破坏 (4)密封液态烃（如戊烷、丁烷、乙烯）时，建议采用加压式双端面密封，用乙醇、乙二醇作隔离流体，丙烯醇可用于－120℃ (5)摩擦副材料推荐用碳化钨-碳石墨 (6)采用低端面比压，加强急冷与冲洗，防止液膜汽化
高压	合成氨水洗塔釜液、乙烯装置脱甲烷塔回流液、环氧乙烷解析塔釜液、加氢裂化原料、加氢精制原料	引起端面比压和 pv 值增高，导致液膜破坏，磨损加剧，密封变形和压碎，使密封失效	注意材料强度和刚度，防止变形 加大弹簧和传动销，以满足在高压下启动转矩增大时的强度要求 摩擦副材料有较低的摩擦因数、良好的导热性能和较高的 pv 值 密封面要保证润滑	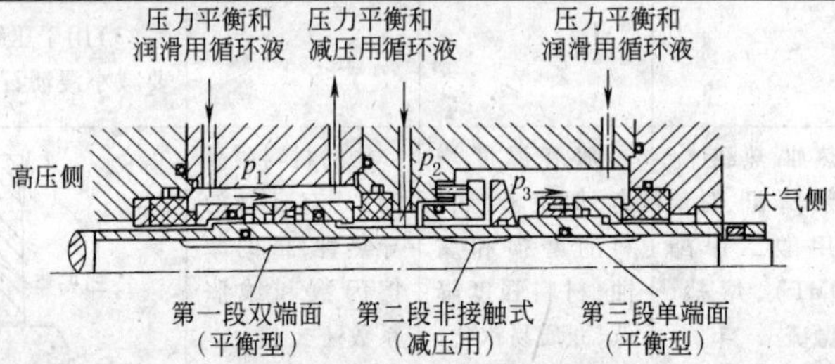 压力平衡和润滑用循环液　压力平衡和减压用循环液　压力平衡和润滑用循环液 高压侧　p_1　p_2　p_3　大气侧 第一段双端面（平衡型）　第二段非接触式（减压用）　第三段单端面（平衡型） (1)采用平衡型密封，减小载荷系数，以降低端面比压 (2)被密封介质压力大于15MPa时，宜采用几个单级密封串联起来的多级密封，如图所示，逐步降低每级密封压力 (3)摩擦副材料宜用碳化钨-碳化硅，若用浸渍金属石墨，严格要求浸渍石墨的孔隙率，以防渗漏 (4)采用流体静压密封或流体动压密封，提高 p_cv 值 (5)加强冷却和润滑
高速	尿素、丙烯、聚乙烯	由于离心力的作用，严重影响弹簧或波纹管的弹性，甚至失效 增大密封件的转动惯量，会激烈搅动周围介质，从而增加阻力，影响转动件的平衡	摩擦副材料有较高的 pv 值 对转动件进行动平衡校正，防止振动 具有良好冷却和润滑 避免密封环材料产生热应力裂纹，热变形	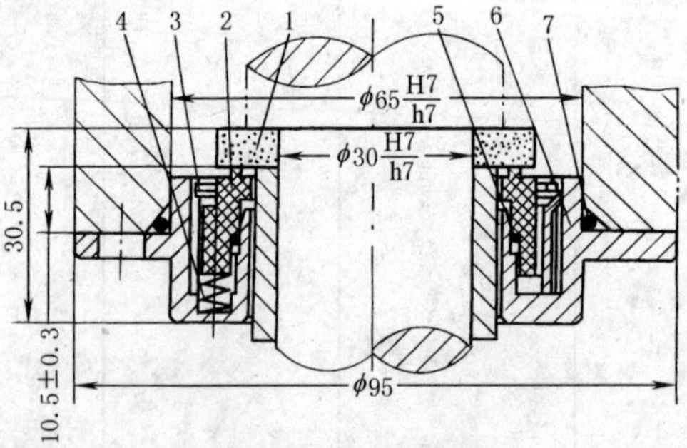 4　3　2　1　5　6　7 $\phi65\frac{H7}{h7}$　$\phi30\frac{H7}{h7}$　30.5　10.5 ± 0.3　$\phi95$ 乙烯装置加氢进料泵机械密封 1—动环；2—静环；3—涨圈；4—弹簧；5—静环密封圈；6—静环座；7—密封圈 (1)滑动速度 $v>25$m/s 时，采用静止式密封，如图所示动环与轴直接配合，利用轴套与轴端螺母夹紧，传递力矩；$v\leqslant25$m/s，采用旋转式密封 (2)转动零件几何形状须对称，传动方式不推荐用销、键等，以减少不平衡力的影响 (3)选择较小摩擦因数的摩擦副材料，如碳化硅-浸铜石墨，端面密度应尽量减小 (4)采用平衡型流体动压密封，选择较高的 p_cv 值的摩擦副材料组合 (5)加强冷却与润滑

注：对于压力、温度不高的一般介质，宜选用平衡型内装式单端面密封。

8.4 常用机械密封材料

(1) 摩擦副材料[34,35,39]

表 10-3-21

材料		物理、力学性能							孔隙率 /%	使用温度 /℃	特点
		密度 /g·cm^{-3}	硬度 HS	热导率 /W·m^{-1}·K^{-1}	线胀系数 /10^{-6}℃$^{-1}$	抗压强度 /MPa	抗弯强度 /MPa	弹性模量 /10^{5}MPa			
石墨	浸酚醛树脂	1.75~1.9	50~80	5~6	6.5	120~260	50~70		5	170	良好的润滑性和低的摩擦因数(f=0.04~0.05)，热稳定性良好
	浸呋喃树脂	1.6~1.8	75~85	4~6	4~6	80~150	35~70	1.4~1.6	2	170	良好的热导率和低的线胀系数
	浸环氧树脂	1.6~1.9	40~75	5~6	8~11	100~270	45~75	1.3~1.7	2	200	良好的耐蚀性，除了强氧化介质及卤素外，耐各种浓度的酸、碱、盐及有机化合物的腐蚀
	浸巴氏合金	2.2~3.0	45~90		6	90~200	50~80		2	200	使用广泛，但不适用于含固体颗粒的介质
	浸青铜	2.2~3.0	60~90			120~180	45~70		4		浸渍酚醛石墨耐酸性好，浸渍环氧石墨耐碱性好，浸渍呋喃石墨耐酸、耐碱，浸渍金属石墨耐高温，提高$(p_c v)_p$值
	浸聚四氟乙烯	1.6~1.9	80~100	0.41~0.48		140~180	40~60		8	250	强度低、弹性模量小，易发生残余变形
氧化铝陶瓷	含95%氧化铝	3.3	78~82 HRA	16.75	5.8~7.5	2000	220~360	2.3	0		线胀系数小，有良好导热性 具有高硬度、优良的耐蚀性和耐磨性，但不耐氢氟酸、浓碱腐蚀
	含99%氧化铝	3.9	85~90 HRA	16.75	5.3	2100	340~540	3.5	0		能耐一定的温度急变，脆性大，加工困难
碳化硅	反应烧结碳化硅	3.05	92~93 HRA	100~125	4.3~5		350~370	3.6~3.8	0.3		硬度极高，碳化硅与碳化硅摩擦副可用在含固体颗粒介质的密封
	常压烧结碳化硅	3~3.1	93 HRA	92	4.3~5		380~460	4	0.1	425	线胀系数小，导热性好耐蚀性好，但不耐氢氟酸、发烟硫酸、强碱等的腐蚀
	热压碳化硅	3.1~3.2	93~94 HRA	84	4.5		450~550	4	0.1		有自润滑性，摩擦因数小(f=0.1) 耐热性好，抗振性好
氮化硅	烧结氮化硅	2.5~2.6	80~85 HRA	5	2.5	1200	180~220	1.67~2.16	13~16		耐温差剧变性好，线胀系数小(0.1) 强度高
	热压氮化硅	3.1~3.3	91~92 HRA		2.7~2.8	1500	700~800	3	1		耐磨性好，摩擦因数小，有自润滑性 耐蚀性好，但不耐氢氟酸腐蚀

续表

材料		物理、力学性能								使用温度/℃	特点
		密度/g·cm^{-3}	硬度HS	热导率/W·m^{-1}·K^{-1}	线胀系数/10^{-6}℃$^{-1}$	抗压强度/MPa	抗弯强度/MPa	弹性模量/10^{5}MPa	孔隙率/%		
碳化钨硬质合金	YG6	14.6~15	89.5 HRA	79.6	4.5	4600	1400	5.6~6.2	0.1	400	具有极高的硬度和强度 有良好的耐磨性及抗颗粒冲刷性 热导率高，线胀系数小 具有一定的耐蚀性，但不耐盐酸和硝酸腐蚀 脆性大，机械加工困难，价格高
	YG8	14.4~14.8	89 HRA	75.3	4.5~4.9	4470	1500				
	YG15	13.9~14.1	87 HRA	58.62	5.3	3660	2100				
填充聚四氟乙烯	含20%石墨	2.16	40（横向）	0.48	1.46（100℃纵向）	16.4（抗拉）	24.9		吸水率+0.3	-180~250	摩擦因数小 具有优异的耐蚀性 耐温性好，使用温度范围广 根据要求，加入不同材料进行改性，如加石墨、二硫化钼可减小摩擦因数，加入玻璃纤维、青铜粉可减小磨损率
	含40%玻璃纤维	2.15	43.5（横向）	0.25	1.19（100℃纵向）	13.9（抗拉）	19.9		吸水率+0.47	-180~250	
	含40%玻璃纤维+5%石墨	2.26	37.6（横向）	0.43	1.20（100℃纵向）	11.2（抗拉）	20.1		吸水率-0.77	-180~250	
青铜	QSn6.5-0.4	8.82	160~200 HB	50.24	19.1	686~785		1.12			具有良好的导热性、耐磨性 与碳化钨硬质合金配对使用，比石墨具有良好的耐磨性能和抗脆性 有较高的弹性模量，变形小 耐蚀性能较差，主要用于海水、油品等中性介质
	QSn10-1	7.76									
钢结硬质合金	R5	6.4	70~73 HRC		9.16~11.13		1300	3.21			是一种以钢为粘接相，碳化钛为硬质相的硬质合金材料 具有较高的弹性模量、硬度、强度和低的摩擦因数，自配对 $f=0.04$（R5），$f=0.215$（R8） 具有较高的耐蚀性，如耐硝酸、氢氧化钠等，还具有良好的加工性
	R8	6.25	62~66 HRC		7.58~10.6		1100				

(2) 辅助密封圈材料[34,35,39]

表 10-3-22

名称		代号	使用温度范围/℃	特点	应用
天然橡胶		NR	-50~120	弹性和低温性能好，但高温性能差，耐油性差，在空气中容易老化	用于水、醇类介质，不宜在燃料油中使用
丁苯橡胶		SBR	-30~120	耐动、植物油，对一般矿物油则膨胀大，耐老化性强，耐磨性比天然橡胶好	用于水、动植物油、酒精类介质，不可用于矿物油
丁腈橡胶	中丙烯腈(丁腈-26)	NBR	-30~120	耐油、耐磨、耐老化性好。但不适用于磷酸、脂系液压油及含极压添加剂的齿轮油和酮类介质	应用广泛。适用于耐油性要求高的场合，如矿物油、汽油
	高丙烯腈(丁腈-40)		-20~120	耐燃料油、汽油及矿物油性能最好，丙烯腈含量高，耐油性能好，但耐寒性较差	
乙丙橡胶		EPDM	-50~150	耐热、耐寒、耐老化性、耐臭氧性、耐酸碱性、耐磨性好，但不耐一般矿物油系润滑油及液压油	适用于要求耐热的场合，可用于过热蒸汽，但不可用于矿物油、液氨和氨水中
硅橡胶		MPVQ、MVQ	-70~250	耐热、耐寒性能和耐压缩永久变形极佳。但机械强度差，在汽油、苯等溶剂中膨胀大，在高压水蒸气中发生分解，在酸碱作用下发生离子型分解	用于高、低温下高速旋转的场合，如矿物油、弱酸、弱碱
氟橡胶		FKM	-20~200	耐油、耐热和耐酸、碱性能极佳，几乎耐所有润滑油、燃料油。耐真空性好。但耐寒性和耐压缩永久变形性不好，价格高	用于耐高温、耐腐蚀的场合，如丁烷、丙烷、乙烯，但对有机酸、酮、酯类溶剂不适用
聚硫橡胶		T	0~80	耐油、耐溶剂性能极佳，在汽油中几乎不膨胀。强度、撕裂性、耐磨性能差，使用温度狭窄	多用于在介质中不允许膨胀的静止密封
氯丁橡胶		CR	-40~130	耐老化性、耐臭氧性、耐热性比较好，耐燃性在通用橡胶中为最好，耐油性次于丁腈橡胶而优于其他橡胶，耐酸、碱、溶剂性能也较好	用于易燃性介质及酸、碱、溶剂等场合，但不能用于芳香烃及氯化烃油介质
填充聚四氟乙烯		PTFE	-260~260	耐磨性极佳，耐热、耐寒，耐溶剂、耐蚀性能好，具有低的透气性但弹性极差，线胀系数大	用于高温或低温条件下的酸、碱、盐、溶剂等强腐蚀性介质

(3) 弹簧材料

表 10-3-23

材料种类	材料牌号	直径/mm	扭转极限应力 τ/MPa	许用扭转工作应力 τ/MPa	剪切弹性模量 G/MPa	使用温度范围/℃	说明
磷青铜	QSi3-1	0.3~6	$0.5\sigma_b$	$0.4\sigma_b$	392	-40~200	防磁性好，用于海水和油类介质中
	QSn4-3	0.3~6	$0.4\sigma_b$	$0.3\sigma_b$			
碳素弹簧钢	65Mn 60Si2Mn	5~10 5~10	4.9 7.3	3.9 5.8	785	-40~120	用于常温无腐蚀性介质中
	50CrVA	5~10	4.4	3.53	785	-40~400	用于高温无腐蚀性介质中
不锈钢	3Cr13 4Cr13	1~10	4.4	3.53	392	-40~400	用于弱腐蚀性介质中
	1Cr18Ni9Ti	0.5~8	3.92	3.2	784	-100~200	用于强腐蚀性介质中

注：1. 使用温度范围是指密封腔内介质温度。

2. 对弹簧材料的要求是耐介质的腐蚀，在长期工作条件下不减少或失去原有的弹性，在密封面磨损后仍能维持必要的压紧力。

(4) 波纹管材料[35]

表 10-3-24

名　称	密度 /g·cm^{-3}	热导率 /W·cm^{-1}·℃$^{-1}$	线胀系数 /10^{-6}℃$^{-1}$	弹性模量 /10^{4} MPa	抗拉强度 /MPa	特点与应用
黄铜 (H80)	8.8	141	19.1	10.5	270	塑性、工艺性能好，弹性差。所制作的波纹管常与弹簧联合使用
不锈钢 (1Cr18Ni9Ti)	8.03		5.2 (0~100℃)	19	750 (半冷作硬化)	力学性能、耐蚀性能好。应用广泛，常用厚度0.05~0.45mm
铍青铜 (QBe2)	8.3		5.2 (21℃)	13.1 (21℃)	1220	工艺性好，弹性、塑性较好，耐蚀性好，疲劳极限高，用于180℃以下、要求较高的场合
海氏合金C	8.94		3.9 (21~316℃)	20.5 (20℃)	885 (21℃)	耐蚀、抗氧化性能好，能耐多种酸(包括盐酸)及碱的腐蚀
聚四氟乙烯	2.2~2.35	0.0026	8~25		14~25	耐蚀、耐热、耐低温、耐水、韧性好，但导热性差，线胀系数大，冷流性大，需与弹簧组合使用

(5) 典型工况下机械密封材料选择

表 10-3-25

介质			材料			
名　称	浓度/%	温度/℃	静　环	动　环	辅助密封圈	弹　簧
硫　酸	5~40	20	浸呋喃树脂石墨	氮化硅	聚四氟乙烯、氟橡胶	Cr13Ni25Mo3Cu3Si3Ti、海氏合金B
硫　酸	98	60	钢结硬质合金(R8)、氮化硅、氧化铝陶瓷	填充聚四氟乙烯	聚四氟乙烯、氟橡胶	1Cr18Ni12Mo2Ti、4Cr13喷涂聚三氟氯乙烯
硫　酸	40~80	60	浸呋喃树脂石墨	氮化硅	聚四氟乙烯、氟橡胶	Cr13Ni25Mo3Cu3Si3Ti、海氏合金B
硫　酸	98	70	钢结硬质合金(R8)、氮化硅、氧化铝陶瓷	填充聚四氟乙烯	聚四氟乙烯、氟橡胶	1Cr18Ni12Mo2Ti、4Cr13喷涂聚三氟氯乙烯
硝　酸	50~60	20~沸点	填充聚四氟乙烯	氮化硅	聚四氟乙烯、氟橡胶	1Cr18Ni12Mo2Ti
硝　酸	50~60	20~沸点	氮化硅、氧化铝陶瓷	填充聚四氟乙烯	聚四氟乙烯	1Cr18Ni12Mo2Ti
硝　酸	60~99	20~沸点	氧化铝陶瓷	填充聚四氟乙烯	聚四氟乙烯	1Cr18Ni12Mo2Ti
盐　酸	2~37	20~70	氮化硅、氧化铝陶瓷	填充聚四氟乙烯	氟橡胶	海氏合金B、钛钼合金(Ti32Mo)
盐　酸	2~37	20~70	浸呋喃树脂石墨	氮化硅	氟橡胶	海氏合金B、钛钼合金(Ti32Mo)
醋　酸	5~100	沸点以下	浸呋喃树脂石墨	氮化硅	硅橡胶	1Cr18Ni12Mo2Ti
醋　酸	5~100	沸点以下	氮化硅、氧化铝陶瓷	填充聚四氟乙烯	硅橡胶	1Cr18Ni12Mo2Ti
磷　酸	10~99	沸点以下	浸呋喃树脂石墨	氮化硅	氟橡胶、聚四氟乙烯	1Cr18Ni12Mo2Ti
磷　酸	10~99	沸点以下	氮化硅、氧化铝陶瓷	填充聚四氟乙烯	氟橡胶、聚四氟乙烯	1Cr18Ni12Mo2Ti
氨　水	10~25	20~沸点	浸环氧树脂石墨	氮化硅 钢结硬质合金(R5)	硅橡胶	1Cr18Ni12Mo2Ti
氢氧化钾	10~40	90~120	浸呋喃树脂石墨	氮化硅、钢结硬质合金(R8)、碳化钨(WC)	氟橡胶、聚四氟乙烯	1Cr18Ni12Mo2Ti
氢氧化钾	含有悬浮颗粒	20~120	氮化硅	氮化硅	氟橡胶、聚四氟乙烯	1Cr18Ni12Mo2Ti
氢氧化钾	含有悬浮颗粒	20~120	钢结硬质合金(R8)	钢结硬质合金(R8)	氟橡胶、聚四氟乙烯	1Cr18Ni12Mo2Ti
氢氧化钾	含有悬浮颗粒	20~120	碳化钨(WC)	碳化钨(WC)	氟橡胶、聚四氟乙烯	1Cr18Ni12Mo2Ti

续表

介质			材料			
名称	浓度/%	温度/℃	静环	动环	辅助密封圈	弹簧
氢氧化钠	10~42	90~120	浸呋喃树脂石墨	氮化硅 钢结硬质合金(R8) 碳化钨(WC)	氟橡胶、聚四氟乙烯	1Cr18Ni12Mo2Ti
	含有悬浮颗粒	20~120	氮化硅	氮化硅		
			钢结硬质合金(R8)	钢结硬质合金(R8)		
			碳化钨(WC)	碳化钨(WC)		
氯化钠	5~20	20~沸点	浸环氧树脂石墨	氮化硅	氟橡胶、聚四氟乙烯	1Cr18Ni12Mo2Ti
硝酸铵	10~75	20~90	浸环氧树脂石墨	氮化硅	氟橡胶、聚四氟乙烯	1Cr18Ni12Mo2Ti
氯化铵	10	20~沸点	浸环氧树脂石墨	氮化硅	氟橡胶、聚四氟乙烯	1Cr18Ni12Mo2Ti
海水		常温	浸环氧树脂石墨 青铜	氮化硅 氧化铝陶瓷	氟橡胶、聚四氟乙烯	1Cr18Ni12Mo2Ti
	含有泥沙		氮化硅	氮化硅		
			碳化钨	碳化钨		
汽油、机油、液态烃等油类		常温	浸树脂石墨	碳化钨 堆焊硬质合金	丁腈橡胶	3Cr13、4Cr13、65Mn、60Si2Mn、50CrV
		高温(>150)	浸青铜石墨 石墨浸渍巴氏合金	碳化钨、碳化硅、氮化硅	氟橡胶、聚四氟乙烯	
	含有悬浮颗粒		碳化钨	碳化钨	丁腈橡胶	
			碳化硅	碳化硅		
			氮化硅	氮化硅		
有机物 尿素	98.7	140	浸树脂石墨	碳化钨、碳化硅、氮化硅	聚四氟乙烯	3Cr13、4Cr13
苯	100以下	沸点以下	浸酚醛树脂石墨 浸呋喃树脂石墨	碳化钨、45钢、铸钢、碳化硅、氮化硅	聚硫橡胶、聚四氟乙烯	
丙酮			浸呋喃树脂石墨		乙丙橡胶、聚硫橡胶、聚四氟乙烯	
醇	95	沸点以下	浸树脂石墨 酚醛塑料、填充聚四氟乙烯		丁腈、氯丁、聚硫橡胶，乙丙、丁苯、氟橡胶，聚四氟乙烯	
醛					乙丙橡胶、聚四氟乙烯	
其他有机溶剂					聚四氟乙烯	

注：本表所列材料仅供选用时参考。设计人员应根据具体的工况条件选择适当的密封材料。

8.5 机械密封的计算

(1) 端面比压与弹簧比压选择[34,40]

表 10-3-26

项目	选择原则	介质		p_c/MPa
端面比压 p_c	(1)端面比压(密封面上的单位压力)应始终是正值(即 $p_c>0$),且不能小于端面间液膜的反压力,使端面始终被压紧贴合 (2)端面比压应大于因摩擦使端面间温度升高时的介质饱和蒸气压,否则因介质蒸发而破坏端面间液膜 (3)控制端面比压数值,使端面间液膜在泄漏量尽可能小的条件下,还能保持端面间的润滑作用 (4)必须同时考虑到摩擦副线速度 v(密封端面平均线速度)的影响,使 p_cv 值小于材料的允许 $(p_cv)_p$ 值	一般介质	内装式	0.3~0.6
			外装式	0.15~0.4
		介质压力高,润滑性好,如柴油、润滑油等重质油(内装式密封)		0.5~0.7
		润滑性差,易挥发介质,如液态烃、丙烷、汽油、煤油(内装式密封)		0.3~0.45
		气体介质		0.1~0.3
弹簧比压 p_s	(1)弹簧比压(弹性元件在端面上产生的单位压力)应能保证密封低压操作,停车时的密封和克服密封圈与轴(轴套)的摩擦力 (2)辅助密封圈若采用橡胶材料,弹簧比压可低些;若采用聚四氟乙烯材料,弹簧比压应取得高些 (3)压力高、润滑性好的介质,弹簧比压可大些;反之,应取小些	密封型式	介质与条件	p_s/MPa
		内装式密封(平衡型与非平衡型)	一般介质,$v_{中}=10\sim30$m/s	0.15~0.25
			低黏度介质,如液态烃 $v_{高}>30$m/s	0.14~0.16
			$v_{低}<10$m/s	0.25
		外装式密封	载荷系数 $K\leqslant0.3$	比被密封介质压力高 0.2~0.3
			载荷系数 $K\geqslant0.65$	0.15~0.25
			真空密封	0.2~0.3

(2) 端面比压及结构尺寸计算[33,34]

单端面密封

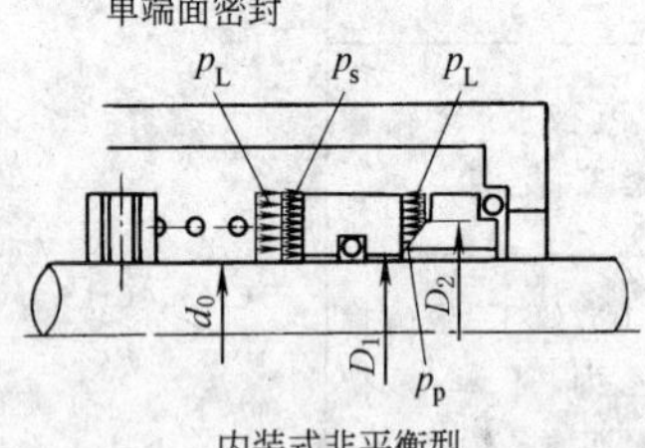

内装式非平衡型

p_p p_s D_2 D_1 d_0 p_L p_L

外装式非平衡型

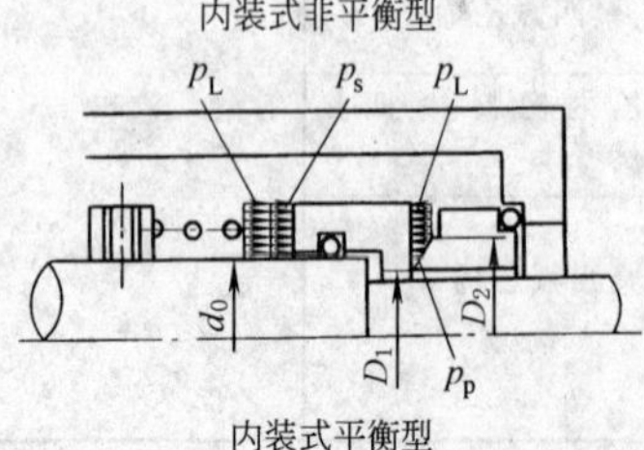

内装式平衡型

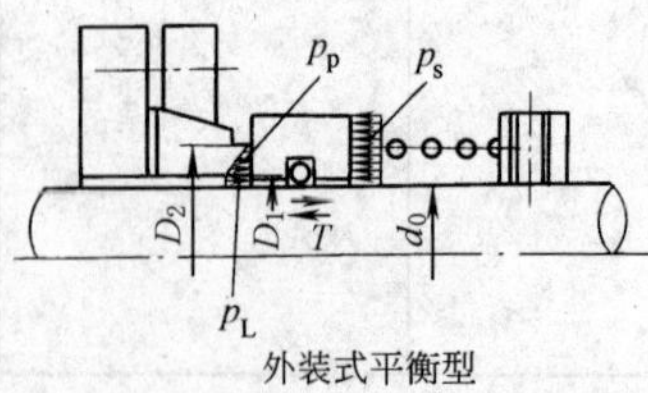

外装式平衡型

d_0——轴径, mm;
D_1——密封环接触端面内径, mm;
D_2——密封环接触端面外径, mm;
p_L——密封腔介质压力, MPa;
p_s——弹簧比压, MPa;
p_p——密封环接触端面平均压力, MPa

表 10-3-27

<table>
<tr><th colspan="2">项　目</th><th>内装式密封</th><th>外装式密封</th></tr>
<tr><td rowspan="9">单端面密封端面比压计算</td><td>密封环接触端面平均压力 p_p/MPa</td><td colspan="2">$p_p=\lambda p_L$</td></tr>
<tr><td>密封环接触端面液膜推开力 R/N</td><td colspan="2">$R=\frac{\pi}{4}(D_2^2-D_1^2)p_p$</td></tr>
<tr><td>总的弹簧力 F_s/N</td><td colspan="2">$F_s=\frac{\pi}{4}(D_2^2-D_1^2)p_s$</td></tr>
<tr><td>密封腔内介质作用力 F_L/N</td><td>$F_L=\frac{\pi}{4}(D_2^2-d_0^2)p_L$</td><td>$F_L=\frac{\pi}{4}(d_0^2-D_1^2)p_L$</td></tr>
<tr><td>动环所受的合力 F(由接触端面承受)/N</td><td colspan="2">$F=F_s+F_L-R$</td></tr>
<tr><td>端面比压 p_c/MPa</td><td colspan="2">$p_c=\frac{F}{\frac{\pi}{4}(D_2^2-D_1^2)}=p_s+p_L(K-\lambda)$
选择适当 K 值,使 p_c 及 p_cv 控制在表 10-3-26 及表 10-3-29 的范围内</td></tr>
<tr><td>载荷系数 K</td><td>$K_1=\frac{载荷面积}{接触面积}=\frac{D_2^2-d_0^2}{D_2^2-D_1^2}$
通常:非平衡型 $K_1=1.15\sim1.3$
平衡型　$K_1=0.55\sim0.85$
<table><tr><td>丙烷、丁烷等低黏度</td><td>$K_1=0.5$</td></tr><tr><td>水、水溶液、汽油</td><td>$K_1=0.58\sim0.6$</td></tr><tr><td>油类高黏度介质</td><td>$K_1=0.6\sim0.7$</td></tr></table></td><td>$K_e=\frac{载荷面积}{接触面积}=\frac{d_0^2-D_1^2}{D_2^2-D_1^2}$
通常:非平衡型 $K_e=1.2\sim1.3$
平衡型　$K_e=0.65\sim0.8$</td></tr>
<tr><td></td><td colspan="2">K 值大小与介质黏度、温度、汽化压力有关,黏度低取小值,但一般 $K\geqslant0.5$</td></tr>
<tr><td>反压力系数 $\lambda(\lambda_{sL})$</td><td>$\lambda=\frac{2D_2+D_1}{3(D_2+D_1)}$
λ 值不仅与密封端面尺寸有关,而且与介质黏度有关。低黏度介质(如液态烃、氨等)λ 值稍高,高黏度介质(如重润滑油等)λ 值稍低
<table><tr><td>介质</td><td>水</td><td>油</td><td>气</td><td>液化气</td></tr><tr><td>λ</td><td>0.5</td><td>0.34</td><td>0.67</td><td>0.7</td></tr></table></td><td>$\lambda=0.7$</td></tr>
<tr><td></td><td>校验 p_cv 值</td><td colspan="2">$p_cv\leqslant(p_cv)_p$
$v=\frac{\pi(D_2+D_1)n}{120}$
式中　p_c——端面比压,MPa;
v——密封面平均速度,m/s;
D_2,D_1——密封面外径、内径,m;
n——动环转速,r/min;
$(p_cv)_p$——许用 p_cv 值,MPa·m/s,参照表 10-3-29 选取</td></tr>
<tr><td>双端面密封端面比压计算</td><td colspan="2">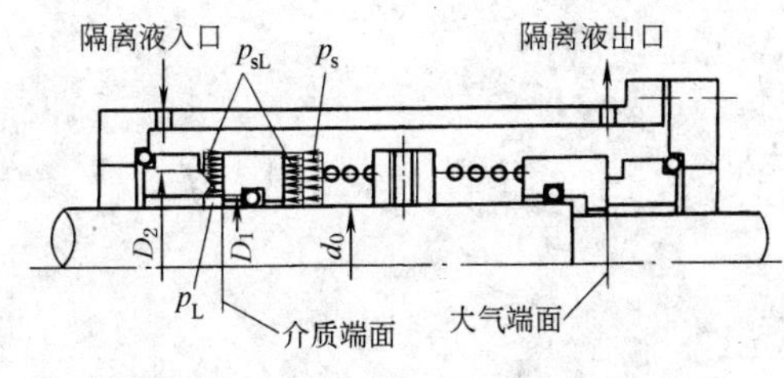</td><td>p_{sL}——密封腔内隔离液压力,MPa
其他符号见本表单端面密封</td></tr>
</table>

续表

项目		内装式密封		外装式密封
双端面密封端面比压计算	隔离流体作用力 F_{sL}/N	大气端密封	端面比压计算与内装式单端面密封相同	
		介质端密封	$F_{sL}=\frac{\pi}{4}(D_2^2-d_0^2)p_{sL}$	K_1、K_e 计算及 λ 值的选取见本表单端面密封
	密封环接触端面液膜推开力 R/N		$R=\frac{\pi}{4}(D_2^2-D_1^2)(p_L+p_{sL})\lambda$	
	总的弹簧力 F_s/N		$F_s=\frac{\pi}{4}(D_2^2-D_1^2)p_s$	
	密封介质作用力 F_L/N		$F_L=\frac{\pi}{4}(D_2^2-d_0^2)p_L$	
	动环所受的合力 F（由接触端面承受）/N		$F=F_s+F_{sL}-F_L-R$	
	端面比压 p_c/MPa		$p_c=\frac{F}{\frac{\pi}{4}(D_2^2-D_1^2)}=p_s+p_{sL}(K_1-\lambda)+p_L(K_e-\lambda)$	
	校验 p_cv 值		$p_cv<(p_cv)_p$ 其他见本表单端面密封	
几何尺寸计算	端面接触内径 D_1/mm	内装式密封：$D_1=-2b(1-K)+\sqrt{d_0^2-4b^2K(1-K)}$		
		外装式密封：$D_1=-2bK+\sqrt{d_0^2-4b^2K(1-K)}$		
	端面接触外径 D_2/mm	$D_2=D_1+2b$		

端面接触宽度 b/mm：

材料组合	轴径/mm 16~28	30~40	45~55	60~65	66~70	75~85	90~120	备注
软环/硬环	3	4	4.5	5		5.5	6	硬环宽度比软环大 1~3mm
硬环/硬环	2.5			3				两环宽度相等

一般 $b=3\sim6$mm。对气相介质、易挥发介质及高速密封，以散发摩擦热为主，b 适当取小值；对高压或大直径密封，特别在压力有波动或存在振动的情况下，以强度与刚度为主，b 适当取大值

软环端面凸台高度	根据材料强度、耐磨能力及寿命确定，通常取 2~3mm。端面内外径棱缘不允许有倒角

间隙 — 静环内径与轴的间隙 $(D-d)$：

轴径/mm	16~100（软环）	110~120（软环）	16~100（硬环）	110~120（硬环）
间隙/mm	1	2	2	3

间隙 — 动环内径与轴的间隙：

根据轴径大小一般取 0.5~1mm，用以补偿静环的偏斜、轴的振动而造成摩擦副不贴合和比压不均匀

动环与轴的间隙不能过大，否则会造成 O 形密封圈卡入间隙而造成密封失效，尤其在高压时更要注意

（3）机械密封摩擦功率计算[42]

机械密封的摩擦功率包括密封端面摩擦功率和旋转组件对介质的搅拌功率。一般情况下后者比前者小得多，而且也难准确计算，通常按式（10-3-10）计算密封端面摩擦功率。

$$P=f\pi d_m b p_c v \quad (\mathrm{W}) \tag{10-3-10}$$

式中 d_m——密封端面平均直径，m，$d_m=\frac{D_1+D_2}{2}$；

D_1，D_2——密封环接触端面内径、外径，m；

b——密封环接触端面宽度，m，$b=\frac{D_2-D_1}{2}$；

p_c——密封端面比压，Pa；

v——密封环接触端面平均速度，m/s，$v=\dfrac{\pi d_m n}{60}$；

n——密封轴转速，r/min；

f——密封环接触端面摩擦因数，见表 10-3-28。

对于普通机械密封，端面间呈边界摩擦状态。

表 10-3-28　　密封环接触端面摩擦因数

摩擦状态	干摩擦	半干摩擦	边界摩擦	半液摩擦	全液摩擦
摩擦因数 f	0.2～1.0 或更高	0.1～0.6	0.05～0.15	0.005～0.1	0.001～0.005

由式（10-3-10）可知，在密封端面尺寸和摩擦状态一定的情况下，摩擦功率主要取决于工作条件下的 $p_c v$ 值。$p_c v$ 值越大，端面摩擦功率也越大。此外，由于端面摩擦功率与摩擦因数和端面尺寸大小成正比，因此在 $p_c v$ 值较高的情况下，应将端面宽度设计得窄些，并强化润滑措施，降低 f 值。

（4）常用摩擦副材料组合的许用 $(p_c v)_p$ 值[37]

表 10-3-29　　　　MPa · m · s^{-1}

摩擦副材料组合		非平衡型			平衡型	
静环	动环	水	油	气	水	油
碳石墨	钨铬钴合金	3～9	4.5～11	1～4.5	8.5～10.5	58～70
	铬镍铁合金		20～30			
	碳化钨	7～15	9～20		26～42	122.5～150
	不锈钢	1.8～10	5.5～15			
	铅青铜	1.8				
	陶　瓷	3～7.5	8～15		21	42
	喷涂陶瓷	15	20		90	150
	氧化铬	7				
	铸　铁	5～10	9			
碳化硅	钨铬钴合金	8.5				
	碳化钨	12				
	碳石墨	180				
	碳化硅	14.5				
碳化钨	碳化钨	4.4	7.1		20	42
青　铜	铬镍铁合金		9～20			
	碳化钨	2	20			
	氧化铝陶瓷	1.5				
铸　铁	钨铬钴合金		6			
	铬镍铁合金		6			
陶　瓷	钨铬钴合金	0.5	1			
填充聚四氟乙烯	钨铬钴合金	3	0.5	0.06		
	不锈钢	3				
	高硅铸铁	3				

注：$p_c v$ 值是密封端面比压 p_c 与密封端面平均线速度 v 的乘积，它表示密封材料的工作能力。极限 $p_c v$ 值是密封失效时的 $p_c v$ 值。许用 $p_c v$ 值以 $(p_c v)_p$ 表示，它是极限 $p_c v$ 值除以安全系数的数值，是密封设计的重要依据。需注意的是 $p_c v$ 值与 pv 值概念上的不同。pv 值是密封介质压力 p 与密封端面平均线速度 v 的乘积，它表示密封的工作能力。极限 pv 值是密封失效时的 pv 值，它表示密封性能的水平。许用 pv 值以 $(pv)_p$ 表示，它是极限 pv 值除以安全系数的数值，是密封使用的重要依据。

8.6 机械密封结构设计[33,34,40,41]

表 10-3-30

项目		简图	特点与应用
密封环结构	整体结构		常用于石墨、塑料、青铜等材料制成的密封环，断面过渡部分应具有较大的过渡半径。用于高压时，需按厚壁空心无底圆筒计算强度。用于摆动和强烈振动设备时，需考虑材料的疲劳强度
	过盈连接	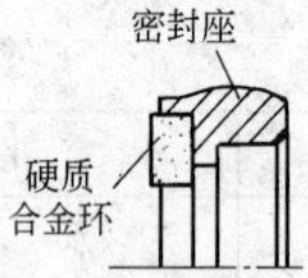 密封座 硬质合金环	常用于硬质合金、陶瓷等材料。用过盈方法装到密封座上，以便节省费用，但需要注意材料的许用应力不能超过允许极限。用于高温时，需要注意因温度影响而松动。为了使密封环装到密封座底部，密封座上需有退刀槽
	喷涂或烧结	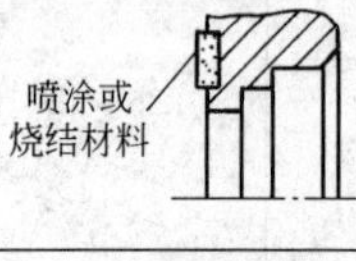 喷涂或烧结材料	常用于硬质合金、陶瓷材料。采用喷涂方法将耐磨材料敷到密封座上。克服了过盈连接时耐磨材料在密封座上的松动，但喷涂技术要求高，否则会因亲和力不够而产生剥离，影响密封效果
	堆焊	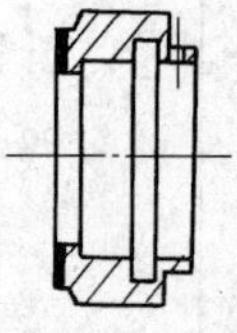	将耐磨材料堆焊到密封座上，厚度 2～3mm，但堆焊硬度不均匀，堆焊面易产生气孔和裂缝，设计和制造时需注意
动环传动方式	并圈弹簧传动	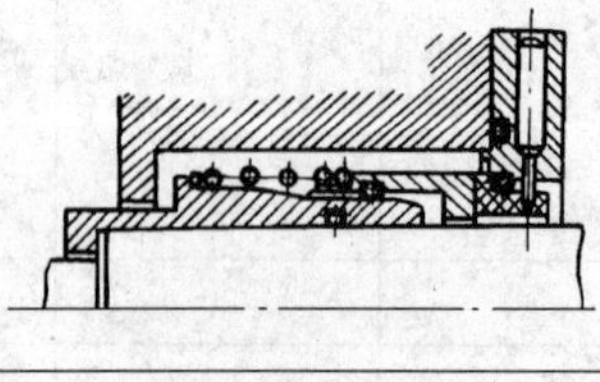	利用弹簧末圈与弹簧座之间的过盈来传递转矩，过盈量取 1～2mm（大直径者取大值）。弹簧两端各并 2 圈（即推荐弹簧总圈数 = 有效圈数 + 4 圈），弹簧的旋向应与轴的旋转方向相同。并圈弹簧的其余尺寸与普通弹簧相同
	弹簧钩传动	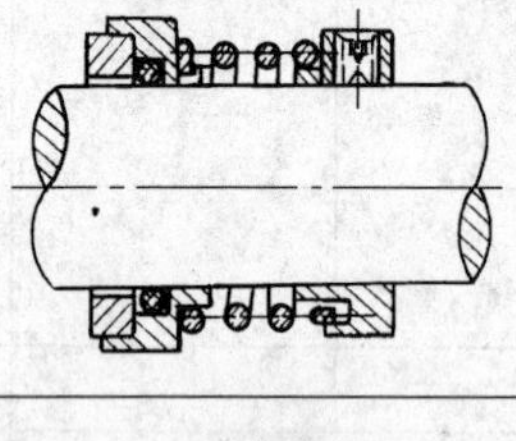	弹簧两端钢丝头部在径向或轴向弯曲成小钩，一头钩在弹簧座的槽中，另一头钩在动环的槽中，既能传递转矩，结构又比较紧凑。带钩弹簧的其余尺寸与普通弹簧相同。弹簧旋向应与轴的旋向相同
	传动套传动	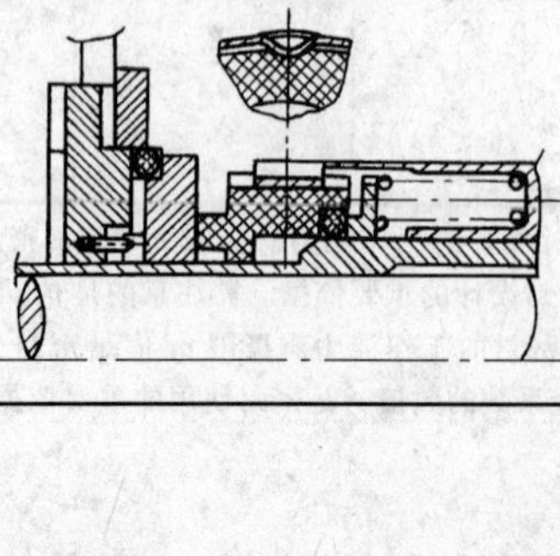	在弹簧座上，“延伸”出一薄壁圆筒（即传动套），借以传递转矩。此结构工作稳定可靠，并可利用传动套把零件预装成一个组件而便于装拆。但耗费材料多，在含有悬浮颗粒的介质中使用，可能出现堵塞现象。 图中弹簧套冲成凹槽，在动环上开槽，二者配合传动

续表

项目		简　图	特　点　与　应　用
动环传动方式	传动销传动	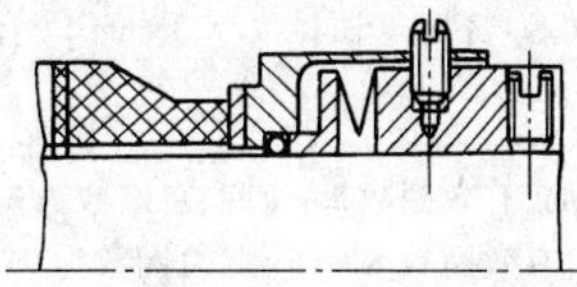	弹簧座固定于轴上，通过传动销把动环与弹簧座连成一体，使动环与静环作相对旋转运动。传动销传动主要用于多弹簧类型的密封
	拨叉传动	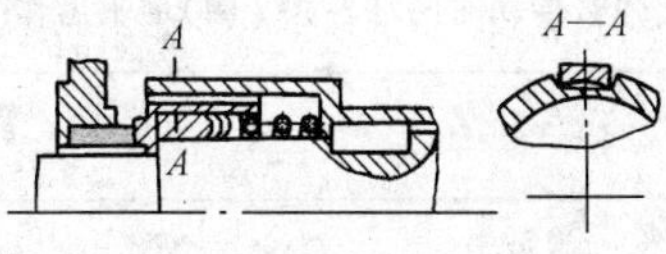 A　A—A　A	是一种金属与金属的凹凸传动方式。在动环及弹簧座上制出凹凸槽，借助于互相嵌合而传动。特别适用于复杂结构，能保证传动的可靠性
	波纹管传动	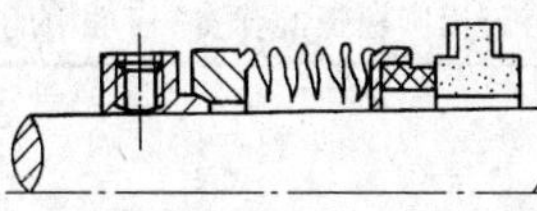	波纹管座利用螺钉固定在轴上，通过波纹管直接传动
	键或销钉传动	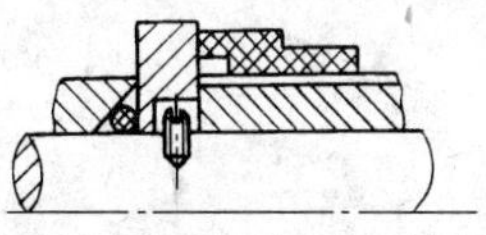	直接在轴上开键槽或销钉孔，然后装上键或销钉。这是一种可靠传动，常用于高速密封
静环固定方式	浮装式固定	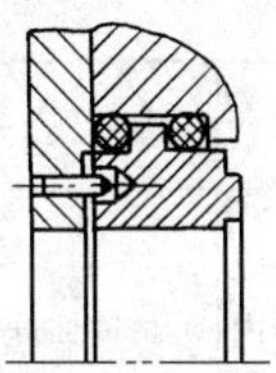	静环的台肩借助密封圈安装在压盖的台肩上，静环与压盖之间没有直接的硬接触面，利用密封圈的弹性变形使静环具有一定的补偿能力。因此，对压盖的制造和安装误差不敏感。是一种较常用的方法。浮装式固定需要安装防转销，以防止静环可能出现转动
	托装式固定	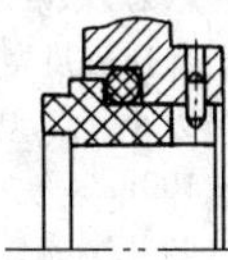	静环依托在压盖上，同时用密封圈封闭静环与压盖之间的间隙。这是坚实的固定方式，适用于高压密封。但静环的补偿能力降低，需相应提高压盖的制造和安装精度要求 托装式固定也需要安装防转销
	夹装式固定		静环被夹紧在压盖与密封腔的止口之间，压盖、密封腔与静环之间的间隙用垫片密封。介质作用在静环上的压力被压盖或密封腔承受，不会产生静环位移而破坏密封的现象。因此，特别适用外装式密封。采用此固定方式，静环不需制出辅助密封圈安装槽，对陶瓷等硬脆材质的静环很适用 静环完全无补偿能力，对压盖的制造安装精度要求严格
螺旋弹簧的设计		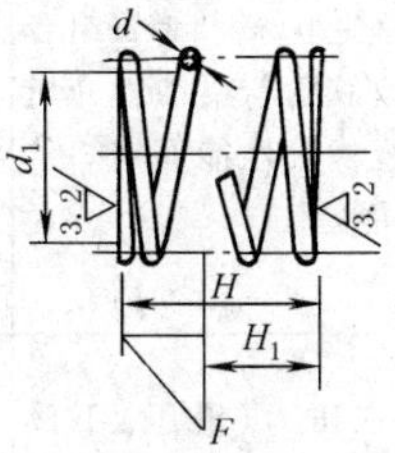 d　d_1　3.2　3.2　H　H_1　F 大弹簧 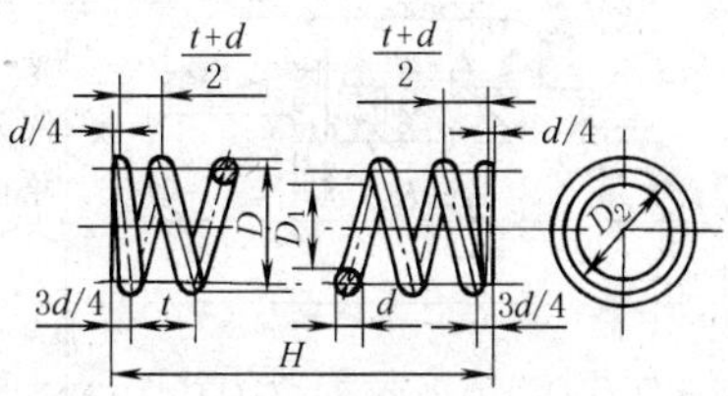 $\frac{t+d}{2}$　$\frac{t+d}{2}$　$d/4$　$d/4$　D　D_1　D_2　$3d/4$　t　d　$3d/4$　H 小弹簧	

续表

项目	参数	特点与应用
螺旋弹簧的设计	轴径	大弹簧用于轴径 65mm 以下，小弹簧用于轴径大于 35mm 以上。小弹簧的个数随着轴径的增大而增多
	弹簧丝直径和圈数	大弹簧的弹簧丝直径为 2 ~ 8mm，有效圈数 2 ~ 4 圈，总圈数为 3.5 ~ 5.5。小弹簧的弹簧丝直径 0.8 ~ 1.5mm，有效圈数 8 ~ 15 圈，总圈数为 9.5 ~ 16.5 圈
		两端部各合并 3/4 圈（并圈弹簧传动时两端各并 2 圈）磨平后作为支承圈
	工作压缩量（工作变形量）	为极限压缩量（变形量）的 2/3 ~ 3/4
	弹簧力下降	弹簧力的下降不得超过 10% ~ 20%
	技术要求	符合 JB/T 7757.1—1995《机械密封用圆柱螺旋弹簧》标准中的规定

8.7 波纹管式机械密封[35,42]

8.7.1 波纹管式机械密封型式

表 10-3-31

型式	简图	特点	应用
金属波纹管密封	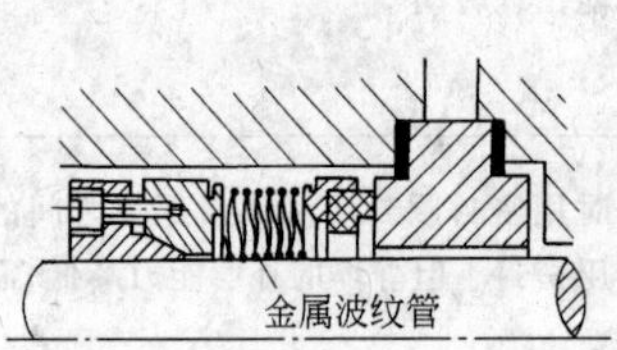 金属波纹管	金属波纹管作为弹性元件补偿及缓冲动环因磨损、轴向窜动及振动等原因产生轴向位移，且与轴之间的密封是静密封，不产生一般机械密封的辅助密封圈的微小移动。传动动环随轴旋转；波纹管的弹性力与密封介质压力一起在密封端面上产生端面比压，达到密封作用。具有耐高温、高压的性能	耐蚀性好，常用于一般辅助密封圈无法应用的高温和低温场合，如液态烃、液态氮、液态氢、氧。使用介质温度范围为 -240 ~ 650℃，压力小于 7.0MPa，端面线速度 $v<100$m/s
聚四氟乙烯波纹管密封	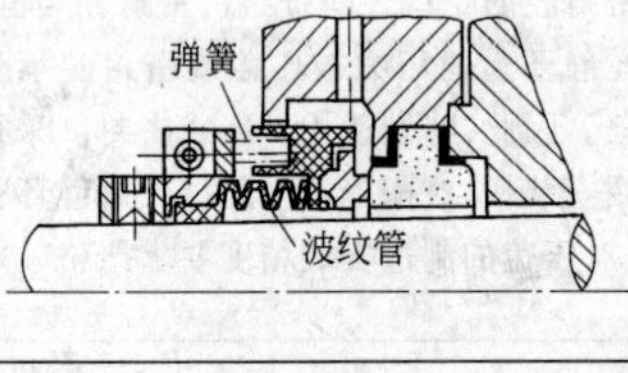 弹簧 波纹管	聚四氟乙烯波纹管因弹性小，需与弹簧组合使用。弹簧利用波纹管与强腐蚀性介质隔离，避免弹簧腐蚀。耐蚀性能好，但机械强度低	常用于除氢氟酸以外的强腐蚀性介质的密封。适用压力为 0.3 ~ 0.5MPa
橡胶波纹管密封	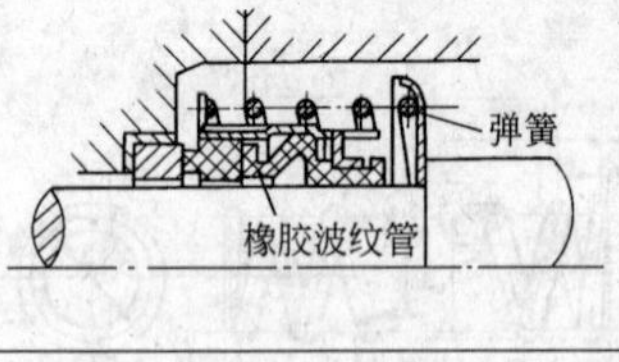 弹簧 橡胶波纹管	橡胶波纹管因弹性小，需与弹簧组合使用。弹簧利用波纹管与腐蚀性介质隔开。耐蚀性能视橡胶性能而定。价格便宜，但耐温性能差	用于适合于橡胶材料的化学腐蚀介质和中性介质中，工作压力为 1 ~ 1.5MPa，温度通常为 100℃以下
压力成形金属波纹管	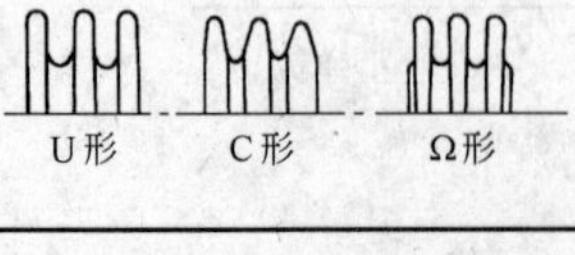 U形 C形 Ω形	用金属薄壁管在压力（液压）下成形，加工方便。轴向尺寸大，波厚不受成形特点的限制，内、外径应力集中	应用不多

续表

型式	简图	特点	应用
焊接金属波纹管	S形 V形 阶梯形 ν形	利用一系列薄板或成形薄片焊接而成。可将一个波形隐含在另一波形内。轴向尺寸小，内外径无残余应力集中，允许有较大的弯曲挠度，材料选择范围广	应用较广，尤其适用于高载荷机械密封。S形使用最广
聚四氟乙烯波纹管	U形 V形 ⊔形	分压制、车制两种型式，车制波纹管表面光滑，强度高，质量比压制好 因聚四氟乙烯弹性差，因此波形多	⊔形应用较广，易加工，但应力分布不均匀
橡胶波纹管	L形 Z形 U形	分注压法和模压法两种成形方法，注压法生产效率高，是一种新工艺。模压法生产设备简单，可变性大，故采用较广	U形应用较广

8.7.2 波纹管式机械密封端面比压计算

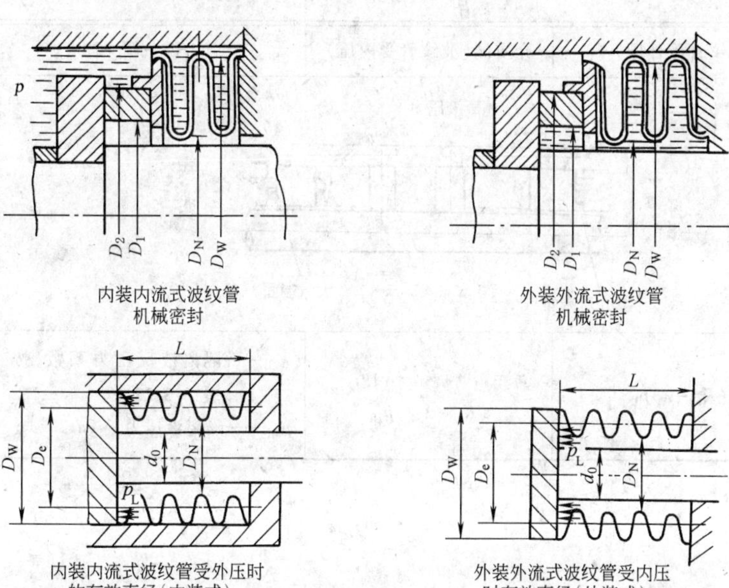

内装内流式波纹管机械密封

外装外流式波纹管机械密封

内装内流式波纹管受外压时的有效直径(内装式)

外装外流式波纹管受内压时有效直径(外装式)

p_L——密封腔内介质压力，MPa；

D_N——波纹管内径，mm；

D_W——波纹管外径，mm；

d_0——密封轴径，mm；

D_1——密封端面接触内径，mm；

D_2——密封端面接触外径，mm；

D_e——波纹管有效直径，mm；

L——波纹管长度，mm

表 10-3-32

项目		内装内流式	外装外流式	说明
介质压力作用在密封端面上产生的轴向力 F_b/N		$F_b=\frac{\pi}{4}(D_W^2-D_e^2)p_L$	$F_b=\frac{\pi}{4}(D_e^2-d_0^2)p_L$	d_0——轴径，mm
有效直径 D_e/mm	矩形波	$D_e=\sqrt{\frac{1}{2}(D_W^2+D_N^2)}$		车制聚四氟乙烯管为矩形波
	锯齿形波	$D_e=\sqrt{\frac{1}{3}(D_W^2+D_N^2+D_WD_N)}$		焊接金属波纹管为锯齿形波
	U形波	$D_e=\sqrt{\frac{1}{8}(3D_W+3D_N+2D_WD_N)}$		压力成形金属波纹管为U形波

续表

项目	内装内流式	外装外流式	说明
载荷系数 K	$K_1=\dfrac{D_W^2-D_e^2}{D_2^2-D_1^2}$	$K_e=\dfrac{D_e^2-d_0^2}{D_2^2-D_1^2}$	
弹性元件的弹性力 F_d/N	$F_d=P'f_n'+P''f_n''=\dfrac{\pi}{4}(D_2^2-D_1^2)p_s\times10^2$		
弹簧比压 p_s/MPa	$p_s=\dfrac{4F_d}{\pi(D_2^2-D_1^2)}$ 高速机械，$v>30\text{m/s}$ 时，$p_s=0.05\sim0.2\text{MPa}$ 中速机械，$v=10\sim30\text{m/s}$ 时，$p_s=0.15\sim0.3\text{MPa}$ 低速机械，$v<10\text{m/s}$ 时，$p_s=0.15\sim0.6\text{MPa}$ 搅拌釜，p_s 可取大些		P'——弹簧刚度，不采用弹簧时，$P'=0$，N/mm f_n'——弹簧压缩量，mm P''——波纹管刚度，N/mm f_n''——波纹管压缩量，mm p_p——密封端面平均压力，MPa $p_p=\lambda p_L$ λ——介质反压力系数，由表 10-3-27 选取
密封端面液膜推开力 R/N	$R=\dfrac{\pi}{4}(D_2^2-D_1^2)p_p\times10^2$		
动环所受合力 F（由接触端面承受）/N	$F=F_b+F_d-R$		
端面比压 p_c/MPa	$p_c=p_s+(K_1-\lambda)p_L$ 选择适当 K 值，控制 p_c 及 p_cv 在表 10-3-26 及表 10-3-29 的范围内	$p_c=p_s+(K_e-\lambda)p_L$	

项目	大气侧（波纹管受外压）	介质侧（波纹管受内压）	说明
加压式双端面密封简图	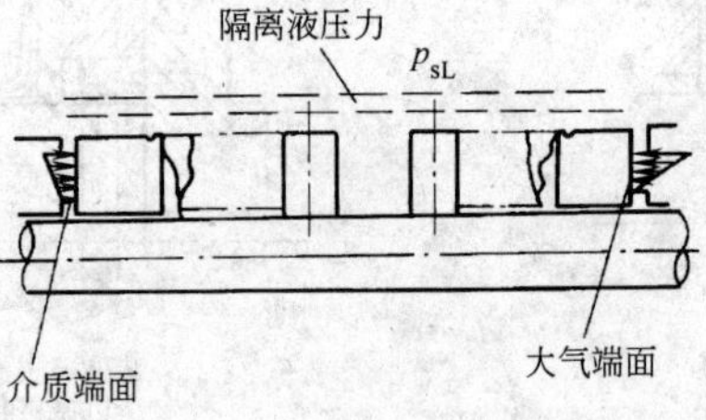 隔离液压力 p_{sL} 介质端面 大气端面		
双端面密封端面比压 p_c/MPa	$p_c=p_s+(K_e-\lambda)p_L$	$p_c=p_s+(K_1-\lambda)p_L+(K_e-\lambda_{sL})p_{sL}$	λ_{sL}——隔离液反压力系数，按表10-3-27选取 p_{sL}——隔离液压力，MPa

8.8 非接触式机械密封

8.8.1 非接触式机械密封与接触式机械密封比较

表 10-3-33

类别	特点应用
普通接触式机械密封	密封端面之间的间隙小于 2μm。由于间隙很小，端面呈边界摩擦状态，密封端面之间的液膜很薄，压力很低，还存在部分液膜不连续，局部地方出现固体接触。端面的摩擦性能取决于膜的润滑性能和密封端面的材料。因此，在高的 pv 值（p 为密封介质压力，v 为密封端面平均线速度）条件下，端面间很难维持稳定而连续的液膜，往往由于润滑条件恶化造成端面过热和磨损，大大缩短密封使用寿命

续表

类别		特点应用
非接触式机械密封	液体静压式和动压式机械密封	结构与普通机械密封类似，仅密封端面结构不同。利用这种结构对润滑液体产生的静压或动压效应，将密封端面分开，间隙一般大于 2μm，使两端面间有足够的液膜、互不接触，达到完全液体摩擦，端面不发生磨损。端面间摩擦因数通常小于 0.005，密封发热量和磨损量都很小。因此，这两种机械密封能在高速、高压或密封气体的条件下长期可靠运行，但密封泄漏量较大。为使泄漏量尽可能小，在密封设计时又不希望密封间隙过大 主要用于密封端面平均线速度在 30m/s 以下长轴的气体密封，如搅拌釜用密封，或用于端面平均线速度在30～100m/s 的液体、气体密封，如高速泵、离心机和压缩机的密封
	干气密封	密封端面上设计有特殊形状的沟槽，利用气体在沟槽中加压，将密封端面分开，形成非接触式密封。与流体动压式密封相比，使用范围更广，节省庞大的密封油系统且运转费用低，但一次性投资高 主要用于端面平均线速度小于 150m/s 的气体输送机械动密封，如离心压缩机、螺杆压缩机，也可以用于泵的密封

注：非接触式机械密封因端面有液膜或气膜，可以人为控制，所以又称为可控腔机械密封。

8.8.2 流体静压式机械密封[33,36]

流体静压式机械密封用以平衡外载的压力，向密封端面输入液体或自身介质，建立一层端面静压液膜，对密封端面提供充分的润滑和冷却。

表 10-3-34

项目	说明
结构型式及特点	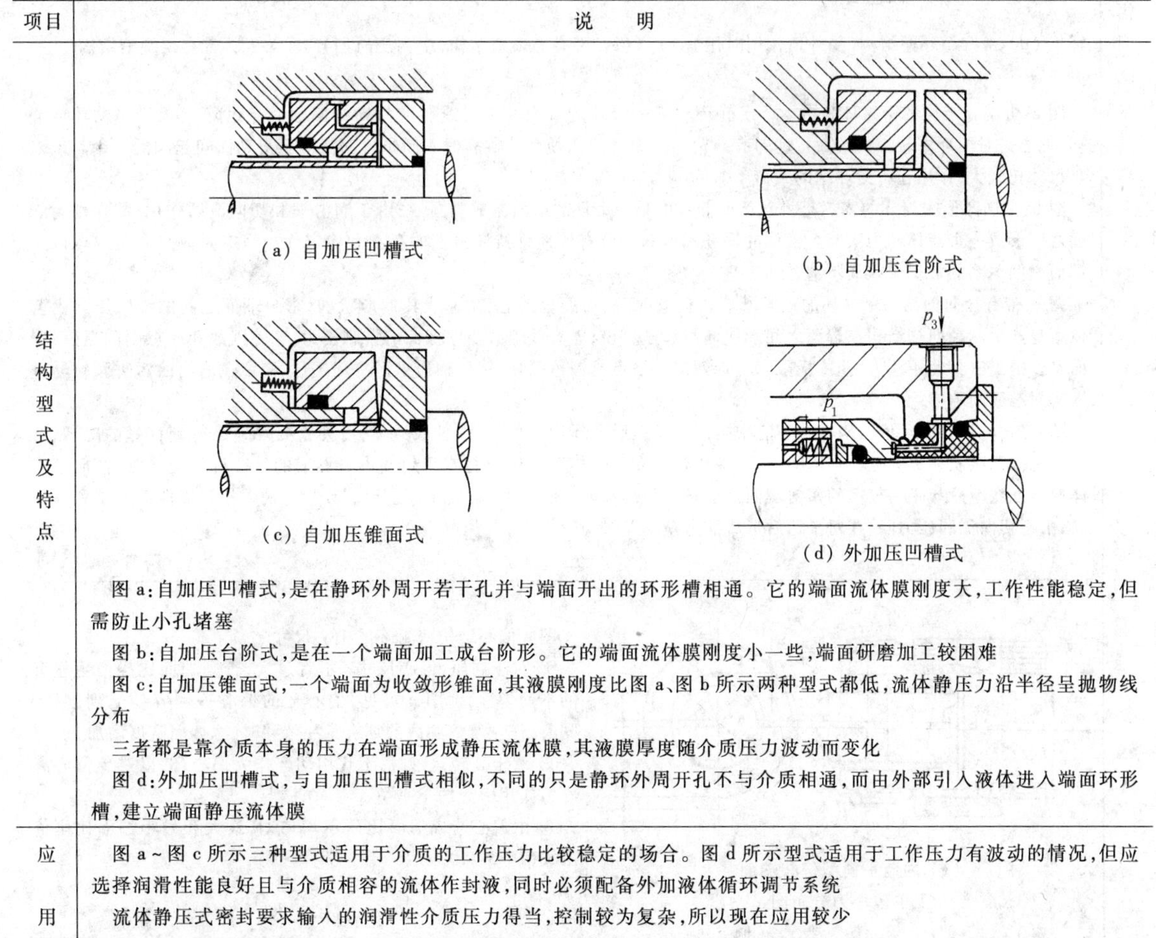 (a) 自加压凹槽式 (b) 自加压台阶式 (c) 自加压锥面式 (d) 外加压凹槽式 图 a：自加压凹槽式，是在静环外周开若干孔并与端面开出的环形槽相通。它的端面流体膜刚度大，工作性能稳定，但需防止小孔堵塞 图 b：自加压台阶式，是在一个端面加工成台阶形。它的端面流体膜刚度小一些，端面研磨加工较困难 图 c：自加压锥面式，一个端面为收敛形锥面，其液膜刚度比图 a、图 b 所示两种型式都低，流体静压力沿半径呈抛物线分布 三者都是靠介质本身的压力在端面形成静压流体膜，其液膜厚度随介质压力波动而变化 图 d：外加压凹槽式，与自加压凹槽式相似，不同的只是静环外周开孔不与介质相通，而由外部引入液体进入端面环形槽，建立端面静压流体膜
应用	图 a～图 c 所示三种型式适用于介质的工作压力比较稳定的场合。图 d 所示型式适用于工作压力有波动的情况，但应选择润滑性能良好且与介质相容的流体作封液，同时必须配备外加液体循环调节系统 流体静压式密封要求输入的润滑性介质压力得当，控制较为复杂，所以现在应用较少

第10篇

8.8.3 流体动压式机械密封

流体动压式机械密封是当密封轴旋转时，润滑液体在密封端面产生流体楔动压作用挤入端面之间，建立一层端面液膜，对密封端面提供充分润滑和冷却。槽可开在动环上，也可开在静环上，但最好开在两环中较耐磨的环上。为了避免杂质在槽内积存和进入密封缝隙中，如果泄漏液从内径流向外径，必须把槽开在静环上；相反，则应开在动环上。

表 10-3-35

项目	说明
结构型式及特点	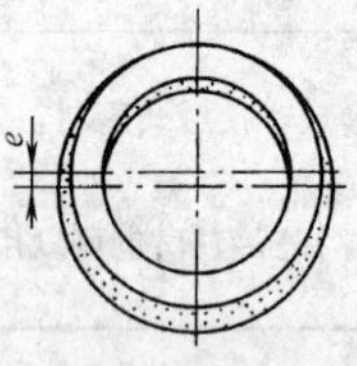 (a) 偏心结构式密封环 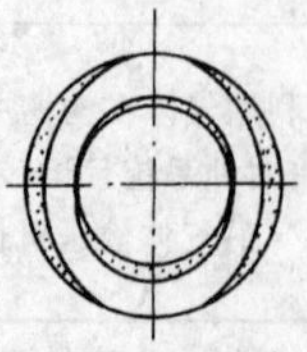　(b) 带有椭圆形密封环结构 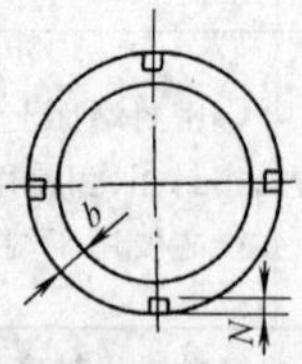　(c) 带有径向槽结构 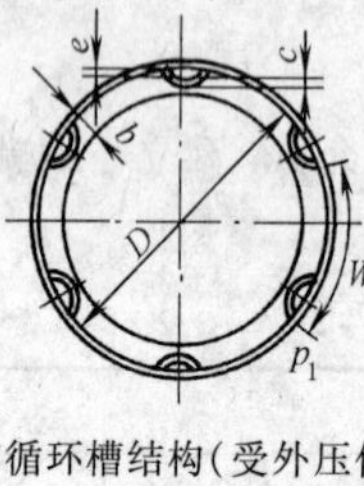 (d) 带有循环槽结构(受外压作用时用) 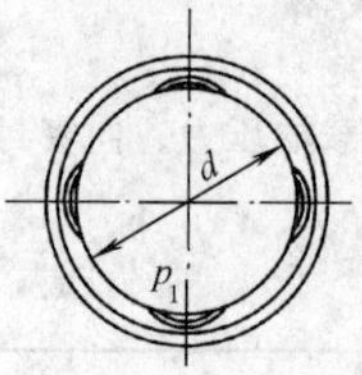　(e) 带有循环槽结构(受内压时用) 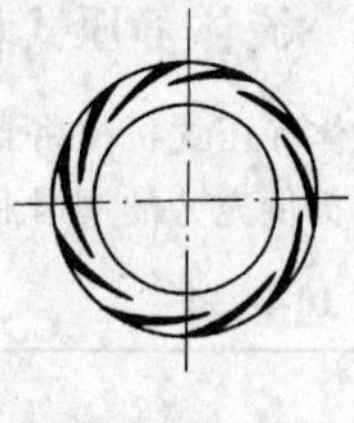　(f) 带有螺旋槽结构 图 a:带偏心结构的密封环是将动环或静环中某一个环的端面的中心线制成与轴线偏移一定距离 e(无论是动环或静环,偏心是对两环中较窄的端面宽度即有凸台的环而言的),使环在旋转时不断带入润滑液至滑动面间起润滑作用。缺点是尺寸比较大,作用在密封环上的载荷不对称 图 b:带椭圆形密封环的密封是将动环或静环中某一个环的端面制成椭圆形,由于润滑楔和切向流的作用,能在密封端面之间形成一个流体动力液膜。液体的循环和冷却十分有效地维持润滑楔的存在和稳定性。摩擦因数与介质内压以及端面之间关系的数据目前尚不清楚 图 c:带有径向槽结构密封环的径向槽形状有呈45°斜面的矩形、三角形或其他形状的,密封端面之间的液膜压力由流体本身产生。径向槽结构在端面之间形成润滑和压力楔,能有效地减少摩擦面的接触压力、摩擦因数和摩擦副的温度,因而可以提高密封使用压力、速度极限和冷却效应。缺点是液体循环不足,槽边缘区冷却不佳,滞留在槽内的污物颗粒易进入密封端面间隙中 图 d、图 e:带有循环槽结构密封环的密封端面是弧形循环槽,由于它能抽吸液体,可使密封环外缘得到良好的冷却;它还具有排除杂质能力并且与转向无关,因而工作可靠。流体动力效应是在密封环本身形成的。密封环旋转时,槽能使液体相当强烈地冷却距它较远的密封端面。进行这种冷却时,在密封环初始端面上形成数量与槽数相等流体动力楔和高压区,由于切向流和压力降,在每个槽后形成润滑楔
参数设计	 (g) 内装平衡型偏心端面上单位压力分布图 图 a 偏心结构密封环的偏心尺寸 e: ① 对于高压,偏心尺寸 e 不宜过大,否则端面比压产生显著的不均匀性,由图 g 可见,偏心环的偏心一侧容易受到磨损。同时,任意摩擦副内的环有某一偏移时,摩擦面宽度增加 $2e$ ② 对于高转速密封,不宜用动环作为偏心环,以避免偏心离心力作用引起的不平衡 ③ 由偏心造成端面比压不均匀,其最大和最小端面比压值由式(10-3-11)表示

续表

参数设计	$$p_{c(最大、最小)}'=p_c\pm\frac{2d^2p_Le}{(D_2+D_1)^2(D_2-D_1)}\quad(MPa)\qquad(10\text{-}3\text{-}11)$$ 式中　p_c——端面比压,MPa; p_L——介质压力,MPa; e——偏心距离,cm; d,D_1,D_2 见图 g,cm 式(10-3-11)同样适用于内装非平衡型的计算。对于外装平衡型与非平衡型,偏移将不引起摩擦副内端面比压的不均匀性分布 图 c 带有径向槽结构的密封环径向槽: 槽的径向深度 N 与端面宽度 b 之比与平衡比$\frac{p_c}{p_L}$存在如下关系(图 c) $$\frac{N}{b}=0.25\frac{p_c}{p_L}\pm0.2\qquad(10\text{-}3\text{-}12)$$ 式中　$0<\frac{N}{b}<0.9$; $0.8<\frac{p_c}{p_L}<3.6$; “+”——对小的黏度或速度; “-”——对大的黏度或速度 密封端面圆周上槽的距离为25.4~63.5mm。如符合上述关系,在 $p_L>7MPa$ 的高压下也可得到满意的密封效果。必须注意: ① $\frac{N}{b}$太大,槽数太多,则密封表面润滑很好,但压力楔使端面比压减小,于是泄漏损失急剧增加。相反,如果$\frac{N}{b}$太小,槽数太少,则流体动力润滑和压力楔将不足以承担高的工作载荷,从而发生过度热量和磨损。因此,在平衡比$\frac{p_c}{p_L}$增大的同时也应增大$\frac{N}{b}$,反之亦然 ② 槽的排列应该垂直于中心线,这样可以和轴的转动方向无关 ③ 静环和动环都可开槽,但不能两者同时开槽,一般开在较耐磨的材料上,槽口对着液体一侧 ④ 为了使污物和磨屑尽可能不进入摩擦面,对于外流式密封,槽应开在静环上,以避开离心力的作用将污物引入摩擦面。对于内流式密封,槽应开在动环上,离心力有助于将污物自槽中甩出 图 d、图 e 带有循环槽(受外压或内压作用)结构的密封环: 密封环端面宽度 b 最低为6~7mm,否则,槽的宽度 e 不易加工且动压效果差。由于强度原因必须采用很宽的密封面,如密封环采用石墨-陶瓷时,密封设计可以通过端面间隙大小、润滑液膜和发热量确定密封的可靠性。槽距 W 宜在55~75mm范围内;槽径向深度 $N\approx0.4Kb$(K 为载荷系数) 这种密封结构单级密封压力达到25MPa,端面滑动速度100m/s,pv 值达500MPa·m/s
应用	目前,应用广泛的密封端面是带有弧形循环槽结构(外压用和内压用)的密封环

8.8.4 干气密封

(1) 结构和应用范围

干气密封系统主要由干气密封和干气密封供气系统两个部分组成，如图 10-3-2 所示；干气密封结构类似普通机械密封，如图 10-3-3 所示。干气密封通常在下列最大操作范围使用：每级密封压力 10MPa；轴速 150m/s；温度 -60 ~ 230℃；轴径 25 ~ 250mm。

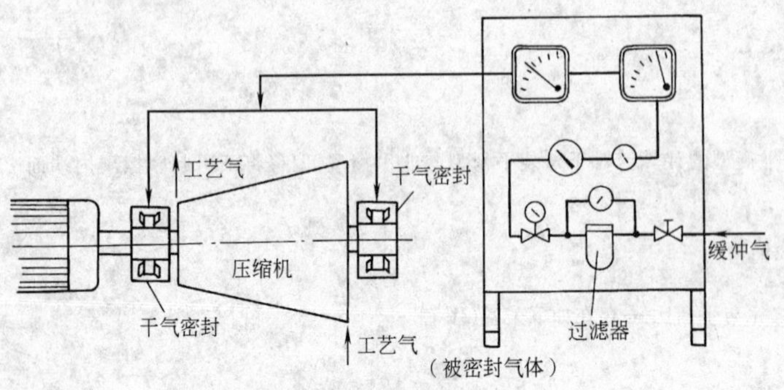

图 10-3-2 干气密封系统

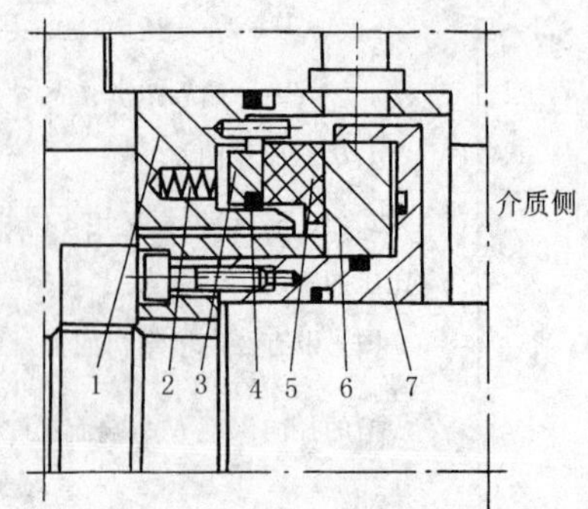

图 10-3-3 干气密封结构

1—密封壳体；2—弹簧；3—推力环；4—O形环；5—静环；6—动环；7—轴套

(2) 密封原理

干气密封的密封环由一个端面受弹簧加载的静环和一个与之相对应的旋转动环组成。在动环或静环的密封端面上（或同时在两个环的密封端面上）开有特种槽。动环旋转时，端面槽对气体产生增压作用，气体压力分布由环外缘至槽的根部逐渐增加（见图 10-3-5），动环与静环端面之间形成气膜，使密封端面之间具有足够的开启力而脱离接触，形成非接触式密封。密封端面宽度应比普通机械密封端面宽，因为端面上包括了带槽区和密封堰两个部分，见图 10-3-4a。密封堰主要作用是在主机停机时，在弹簧力作用下，将两个密封端面贴紧保证停机密封。

密封端面上的槽形有螺旋槽、T 形槽、U 形槽、V 形槽、双 V 形槽，如图 10-3-4 所示。螺旋槽适于单向旋转，气膜刚度大，端面间隙大，温升小，但不适合双向旋转。其他形式的槽适于双向旋转，但气膜刚度低。

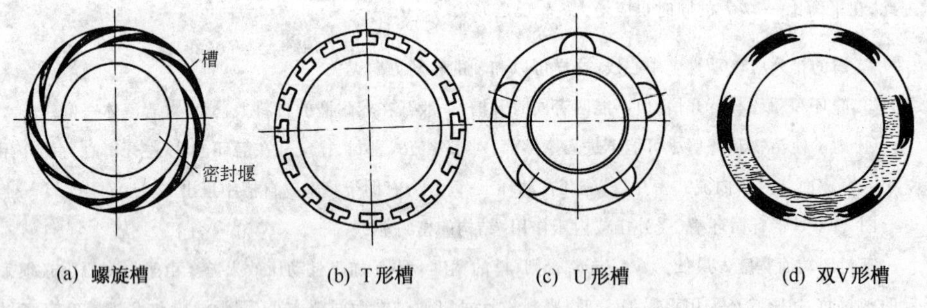

(a) 螺旋槽　(b) T形槽　(c) U形槽　(d) 双V形槽

图 10-3-4 密封端面的槽形

密封环旋转时，在弹簧力 F_t 和密封介质压力产生的气体力 F_p 作用下，始终将密封端面向贴紧方向加压，与加压产生的压紧力相对应的气体压力 F_0 企图打开密封端面。在静止状态下，端面间的气体压力产生开启力，但槽不起增压作用，密封端面处于接触状态，在密封堰的平面上产生有效的密封（图 10-3-6）。在满足不泄漏的条件下，有效接触力 F_b 为：

$$F_c = F_t + F_p = F_0 + F_b$$

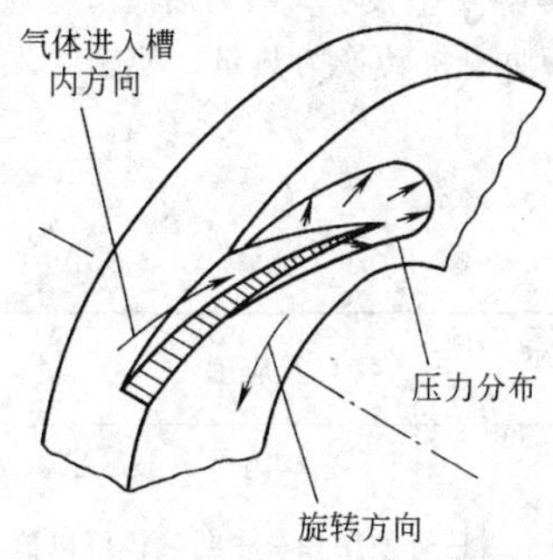

图 10-3-5　端面螺旋槽的工作原理

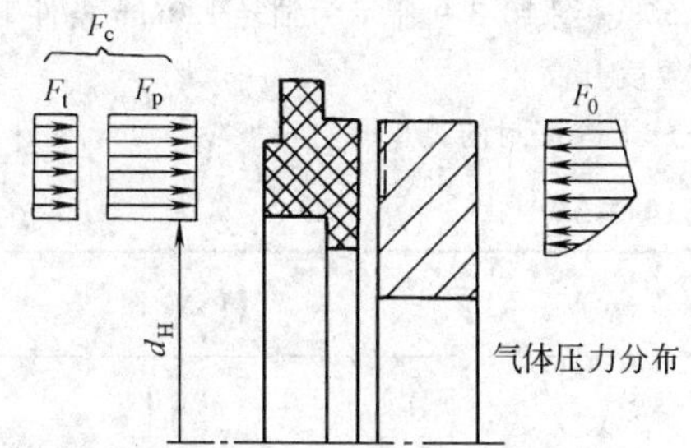

图 10-3-6　静止状态下平衡条件（$F_c = F_0 + F_b$）

F_c—压紧力；F_t—弹簧力；F_p—气体力；

F_0—开启力；F_b—接触力

在动环旋转时，动环端面上的槽将密封端面间隙内的气体进行增压，由此产生的气体动载的开启力打开密封端面，通常间隙大于 2μm，动环旋转而不接触。主机启动时作为密封开启阶段各力关系为：

$$F_c = F_t + F_p < F_0$$

密封端面螺旋槽经短时间加压，直到密封端面开始不接触，达到合适的端面间隙。此时，开启力 F_0 为：

$$F_c = F_t + F_p = F_0$$

端面间隙开启力 F_0 的大小取决于密封端面间隙的大小，不同的间隙会引起开启力 F_0 的改变。端面间隙增加，螺旋槽效应降低，则开启力 F_0 减小，端面间隙也随之减小。反之，间隙增大，这就意味着干气密封的端面间隙是稳定的（图 10-3-7），即 $F_c = F_0$。

当气体压力为零时，动环平均速度在 2m/s 左右能使密封环端面之间脱离接触，故要求主机在盘车时应具有足够的速度，避免密封端面接触而产生磨损。

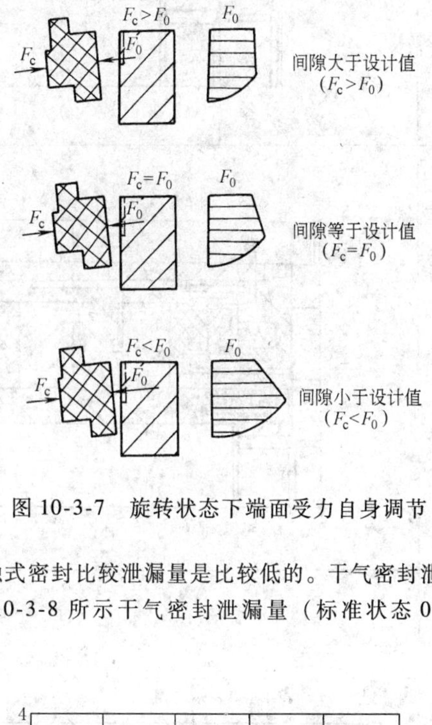

$F_c > F_0$　F_0　间隙大于设计值（$F_c > F_0$）

$F_c = F_0$　F_0　间隙等于设计值（$F_c = F_0$）

$F_c < F_0$　F_0　间隙小于设计值（$F_c < F_0$）

图 10-3-7　旋转状态下端面受力自身调节

（3）泄漏量与摩擦功率

干气密封因端面间隙较大，气体泄漏量较大，但与其他非接触式密封比较泄漏量是比较低的。干气密封泄漏量主要取决于被密封的气体压力、轴的转速和直径的大小。图 10-3-8 所示干气密封泄漏量（标准状态 0℃、0.1MPa）是基于轴径 120mm 的条件下测得的，供参考。

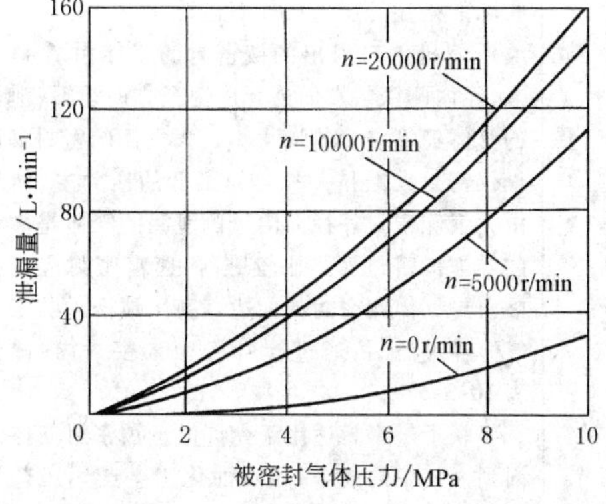

图 10-3-8　干气密封泄漏量（轴径 $d = 120$mm）

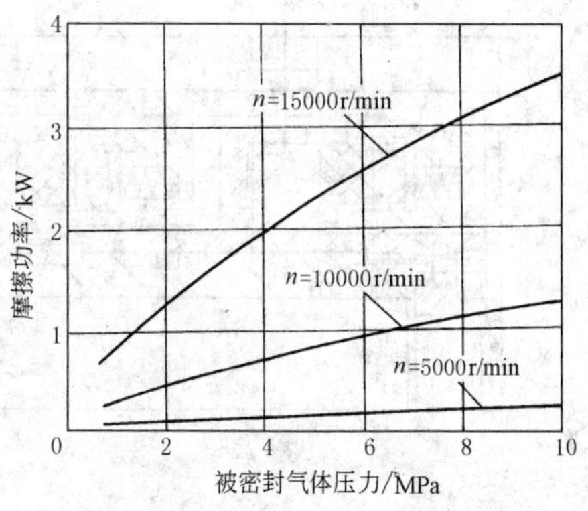

图 10-3-9　干气密封摩擦功率（轴径 $d = 120$mm）

干气密封运转时因端面不接触，功率消耗在端面间气膜的剪切口，所以摩擦功率很小，约为油润滑普通机械密封的5%。图10-3-9所示为轴径120mm条件下的干气密封摩擦功率。摩擦功率将转换为热量，使密封端面和密封腔温度升高。

(4) 干气密封的类型

表 10-3-36

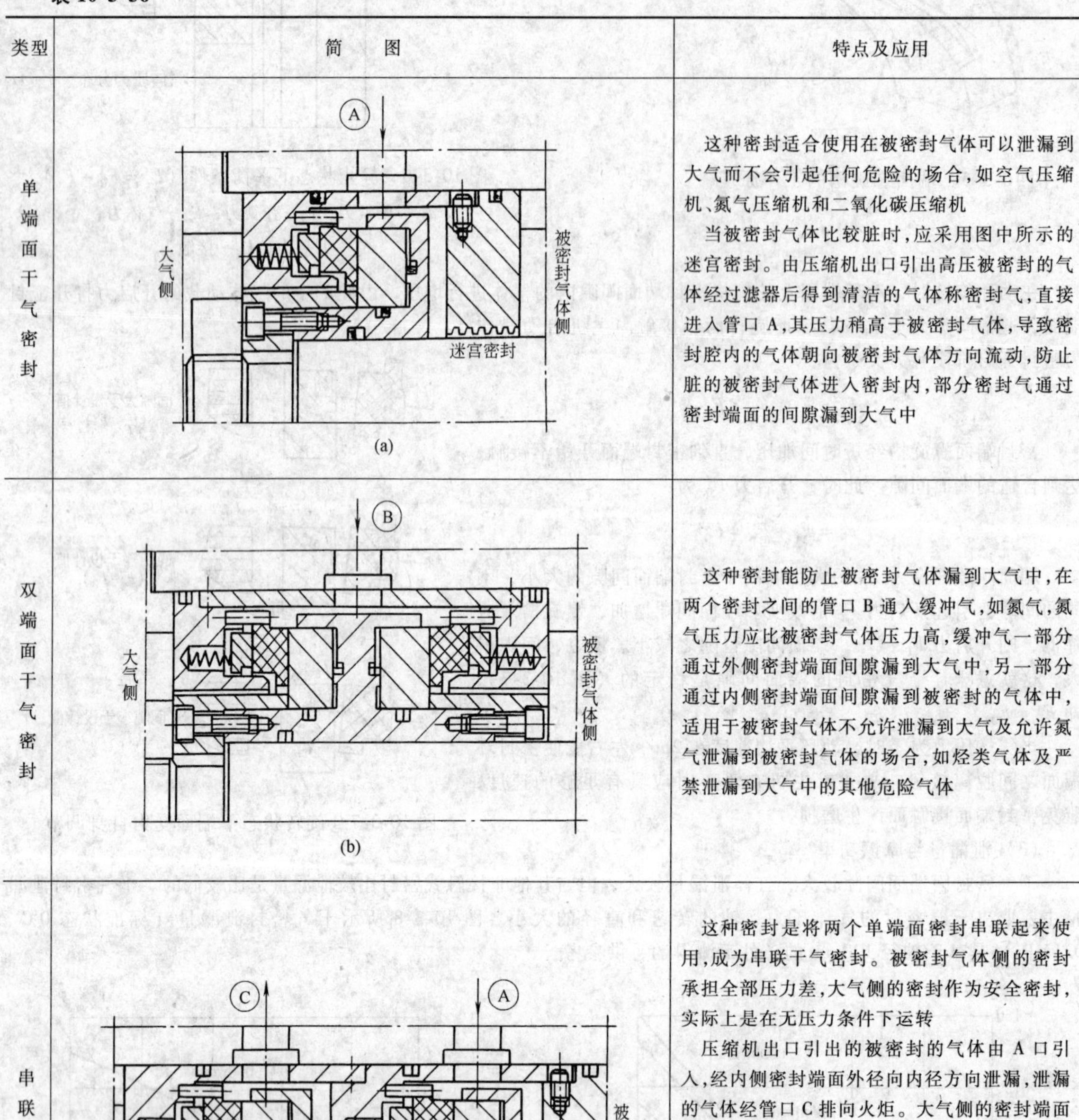

类型	简图	特点及应用
单端面干气密封	(a)	这种密封适合使用在被密封气体可以泄漏到大气而不会引起任何危险的场合，如空气压缩机、氮气压缩机和二氧化碳压缩机 当被密封气体比较脏时，应采用图中所示的迷宫密封。由压缩机出口引出高压被密封的气体经过滤器后得到清洁的气体称密封气，直接进入管口A，其压力稍高于被密封气体，导致密封腔内的气体朝向被密封气体方向流动，防止脏的被密封气体进入密封内，部分密封气通过密封端面的间隙漏到大气中
双端面干气密封	(b)	这种密封能防止被密封气体漏到大气中，在两个密封之间的管口B通入缓冲气，如氮气，氮气压力应比被密封气体压力高，缓冲气一部分通过外侧密封端面间隙漏到大气中，另一部分通过内侧密封端面间隙漏到被密封的气体中，适用于被密封气体不允许泄漏到大气及允许氮气泄漏到被密封气体的场合，如烃类气体及严禁泄漏到大气中的其他危险气体
串联干气密封	(c)	这种密封是将两个单端面密封串联起来使用，成为串联干气密封。被密封气体侧的密封承担全部压力差，大气侧的密封作为安全密封，实际上是在无压力条件下运转 压缩机出口引出的被密封的气体由A口引入，经内侧密封端面外径向内径方向泄漏，泄漏的气体经管口C排向火炬。大气侧的密封端面仅仅密封火炬和大气之间很低的压力差，所以由大气侧密封外径向内径侧泄漏的气体是微量的。当被密封气体比较脏时，迷宫密封应装在被密封气体侧密封的前边。高压被密封的工艺气体经过滤后，通过管口A引入密封内，详见表10-3-37 串联干气密封适用于允许微量被密封气体泄漏到大气中的场合，如石油化工生产用工艺气体压缩机

续表

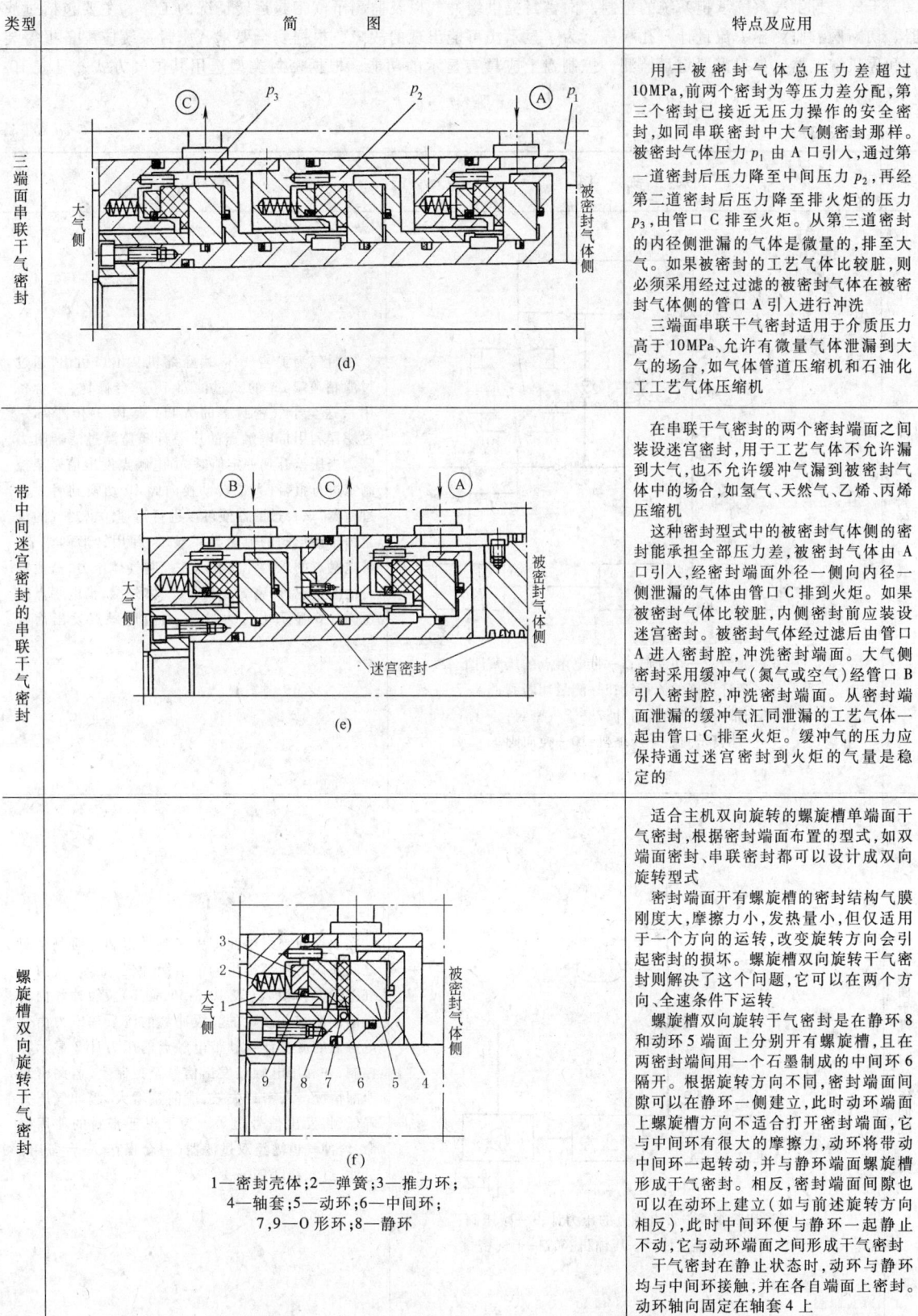

类型	简图	特点及应用
三端面串联干气密封	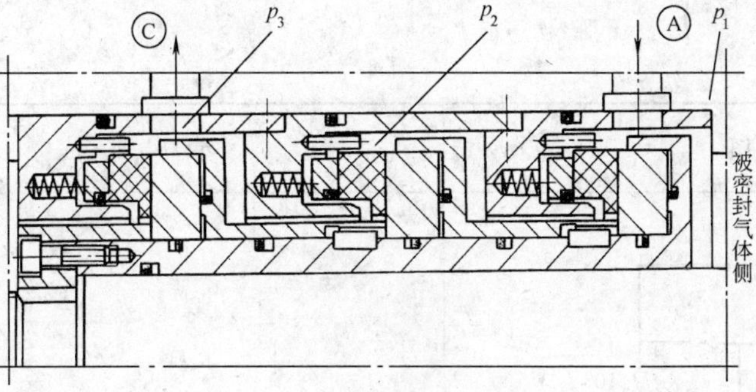 (d)	用于被密封气体总压力差超过10MPa,前两个密封为等压力差分配,第三个密封已接近无压力操作的安全密封,如同串联密封中大气侧密封那样。被密封气体压力 p_1 由A口引入,通过第一道密封后压力降至中间压力 p_2,再经第二道密封后压力降至排火炬的压力 p_3,由管口C排至火炬。从第三道密封的内径侧泄漏的气体是微量的,排至大气。如果被密封的工艺气体比较脏,则必须采用经过过滤的被密封气体在被密封气体侧的管口A引入进行冲洗 三端面串联干气密封适用于介质压力高于10MPa、允许有微量气体泄漏到大气的场合,如气体管道压缩机和石油化工工艺气体压缩机
带中间迷宫密封的串联干气密封	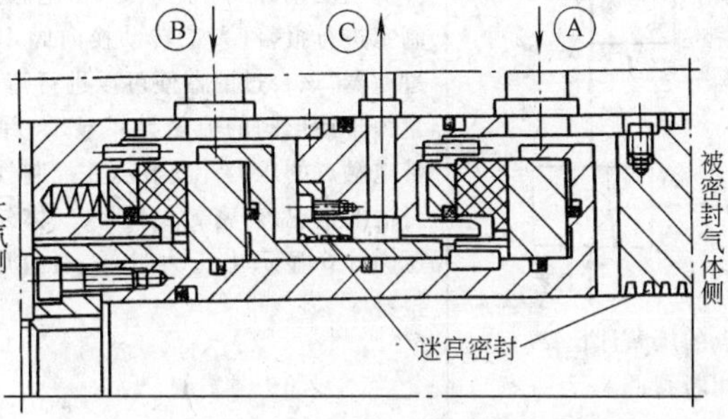 (e)	在串联干气密封的两个密封端面之间装设迷宫密封,用于工艺气体不允许漏到大气,也不允许缓冲气漏到被密封气体中的场合,如氢气、天然气、乙烯、丙烯压缩机 这种密封型式中的被密封气体侧的密封能承担全部压力差,被密封气体由A口引入,经密封端面外径一侧向内径一侧泄漏的气体由管口C排到火炬。如果被密封气体比较脏,内侧密封前应装设迷宫密封。被密封气体经过滤后由管口A进入密封腔,冲洗密封端面。大气侧密封采用缓冲气(氮气或空气)经管口B引入密封腔,冲洗密封端面。从密封端面泄漏的缓冲气汇同泄漏的工艺气体一起由管口C排至火炬。缓冲气的压力应保持通过迷宫密封到火炬的气量是稳定的
螺旋槽双向旋转干气密封	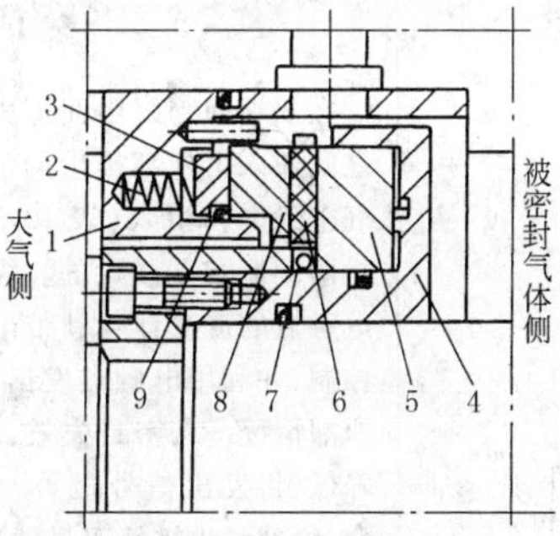 (f) 1—密封壳体;2—弹簧;3—推力环; 4—轴套;5—动环;6—中间环; 7,9—O形环;8—静环	适合主机双向旋转的螺旋槽单端面干气密封,根据密封端面布置的型式,如双端面密封、串联密封都可以设计成双向旋转型式 密封端面开有螺旋槽的密封结构气膜刚度大,摩擦力小,发热量小,但仅适用于一个方向的运转,改变旋转方向会引起密封的损坏。螺旋槽双向旋转干气密封则解决了这个问题,它可以在两个方向、全速条件下运转 螺旋槽双向旋转干气密封是在静环8和动环5端面上分别开有螺旋槽,且在两密封端间用一个石墨制成的中间环6隔开。根据旋转方向不同,密封端面间隙可以在静环一侧建立,此时动环端面上螺旋槽方向不适合打开密封端面,它与中间环有很大的摩擦力,动环将带动中间环一起转动,并与静环端面螺旋槽形成干气密封。相反,密封端面间隙也可以在动环上建立(如与前述旋转方向相反),此时中间环便与静环一起静止不动,它与动环端面之间形成干气密封 干气密封在静止状态时,动环与静环均与中间环接触,并在各自端面上密封。动环轴向固定在轴套4上

第10篇

(5) 密封供气系统

干气密封供气系统承担系统的控制、向密封提供缓冲气以及监测干气密封运转情况的工作，主要包括过滤器、切断阀、监测器、流量计、孔板等。为了显示出可能出现的故障，根据安全要求，密封系统应配备报警装置和停机继电器。如果需要定量监测，控制盘上应具有显示的功能。根据密封类型选用其供气方式，见表 10-3-37。

表 10-3-37

类型	系统图	说明
单端面干气密封的密封气系统	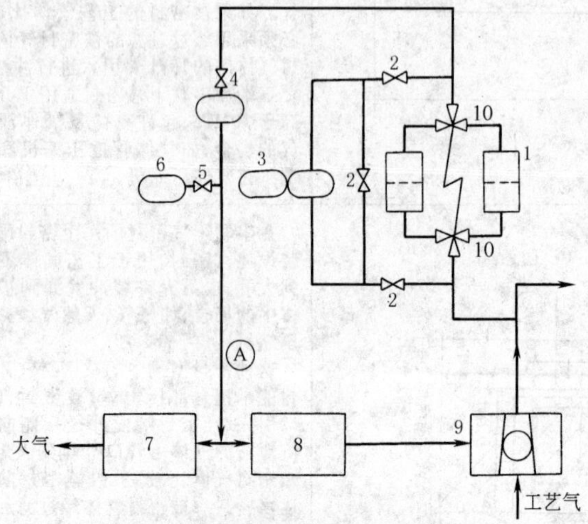 4 2 10 1 6 5 3 2 10 2 A 大气 7 8 9 工艺气 1—双过滤器；2—切断阀；3—带电触点的压差计；4—带针形阀的流量计；5—测量切断阀；6—带电触点的压力计；7—干气密封；8—迷宫密封；9—压缩机；10—换向阀	密封气为工艺气体，由压缩机 9 出口引出，通过过滤精度 2μm 的双过滤器 1（一台操作，一台备用），送至干气密封 7 的 A 口（表 10-3-36，图 a）。过滤器利用带电触点的压差计 3 监测过滤器阻力降。当压差升到一定值时，由电触点发出信号至控制室进行报警，人工转动换向阀 10 切换到另一台过滤器，该台过滤器便可以进行清理。密封气的流量由带针形阀的流量计 4 显示，并用针形阀调节。带电触点的压力计 6 显示并控制气体压力，监测密封泄漏情况，若密封失效时，气体外漏，带电触点的压力计 6 显示出压力过低，通过电触点发出信号报警
双端面干气密封的缓冲气系统	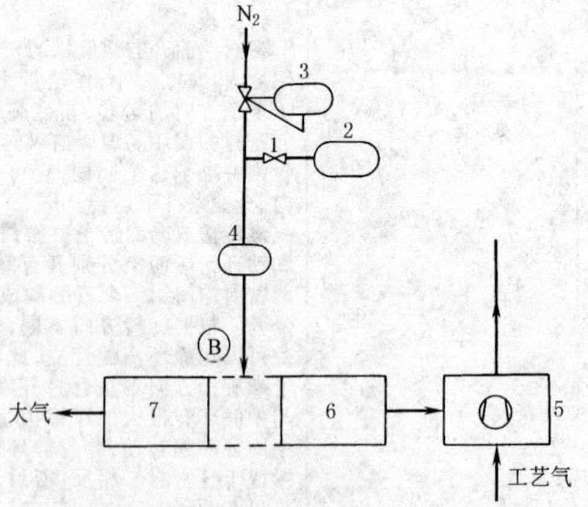 N_2 3 1 2 4 B 大气 7 6 5 工艺气 1—测量切断阀；2—带电触点的压力计；3—减压阀；4—带电触点的流量计；5—压缩机；6，7—干气密封	在双端面密封中间即大气侧密封和介质侧密封之间通入由外部提供的清洁缓冲气，如氮气，由干气密封 B 口引入（表 10-3-36，图 b）。缓冲气向密封两侧泄漏是微量的。缓冲气的流量和压力由带电触点的流量计 4 和带电触点的压力计 2 显示和控制，并利用电触点发出信号至控制室，监测密封泄漏情况。若密封失效，泄漏量增大、缓冲气压力降低，将发出信号报警。为了保证密封的使用寿命，缓冲气也需经双过滤器（一台操作、一台备用）过滤，过滤精度 2μm

续表

类型	系统图	说明
串联干气密封的密封气系统	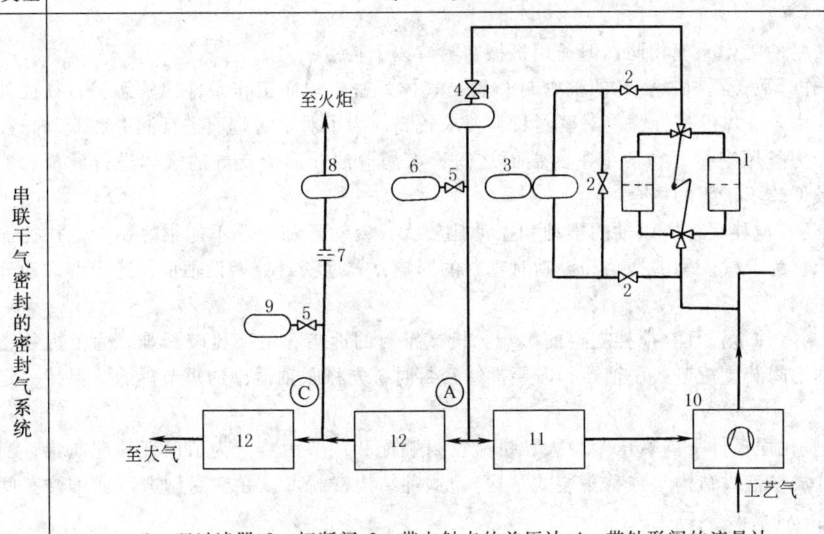 1—双过滤器；2—切断阀；3—带电触点的差压计；4—带针形阀的流量计； 5—测量切断阀；6—带电触点的压力计；7—孔板；8—流量计； 9—压力开关；10—压缩机；11—迷宫密封；12—串联干气密封	被密封气体侧的密封采用经过过滤的高压被密封气体由A口引入(见表10-3-36图c)进行冲洗，如同单端面干气密封的密封气系统那样，流量和压力差需要监测。泄漏的被密封气体集中在两个密封之间后由C口排至火炬 流量计8用于测量泄漏气体的流量。由压力开关9引出压力信号，监测密封泄漏情况。压力高或低都应报警。压力高，表示被密封气体侧密封失效；压力低，表示大气侧密封失效
带中间迷宫密封的串联干气密封的缓冲气系统	N_2(缓冲气) 至火炬 选择 选择 大气 工艺气 1—双过滤器；2—切断阀；3—带电触点的差压计；4—带针形阀的流量计；5—测量切断阀； 6—带电触点的压力计；7—孔板；8—流量计；9—压力开关；10—压力计；11—减压计； 12—电磁阀；13—流量调节阀；14—带电触点的差压计；15—压缩机； 16，18—迷宫密封；17，19—干气密封	被密封气体侧的干气密封17采用经过过滤的被密封气体由管口A引入(见表10-3-36图e)，进行冲洗，如同单端面干气密封的密封气系统。从干气密封17泄漏的气体从管口C排至火炬 中间迷宫密封18装在去火炬管口C和缓冲气供给管口B之间。外侧干气密封19用于防止缓冲气泄漏到大气。利用带电触点的差压计14的电触点控制电磁阀12的开度，保证缓冲气的压力始终高于去火炬的气体压力，以确保从中间迷宫密封泄漏的缓冲气与泄漏的被密封气体一起由管口C排至火炬。若被密封气体侧干气密封17失效，由于泄漏的气体压力的影响，导致缓冲气压力升高，压力开关9发出信号报警。中间迷宫密封18阻止泄漏气体漏到大气侧，泄漏的气体排至火炬。如果外侧密封失效，B、C口差压过低，则发出信号报警 图中标有“选择”是选择项，根据需要确定是否采用

8.9 釜用机械密封[33,36]

釜用机械密封与泵用机械密封的工作原理相同，但釜用机械密封有以下特点：

1）因搅拌釜很少有满釜操作，故釜用机械密封的被密封介质是气体，密封端面工作条件比较恶劣，往往处于干摩擦状态，端面磨损较大；由于气体渗透性强，对密封材料要求较高。为了对密封端面进行润滑和冷却，往往选择流体动压式双端面密封作为釜用密封，在两个密封端面之间通入润滑油或润滑良好的液体进行润滑、冷却。单端面密封仅用于压力比较低或不重要的场合。

2）搅拌轴比较长，且下端还有搅拌桨，所以轴的摆动和振动比较大，使动环和静环不能很好贴合，往往需要搅拌轴增设底轴承或中间轴承。为了减少轴的摆动和振动对密封的影响，靠近密封处增设轴承，还应考虑动环和静环有较好的浮动性。

3）由于搅拌轴尺寸大，密封零件重，且有搅拌支架的影响，机械密封的拆装和更换比较困难。为了拆装密封方便，一般在搅拌轴与传动轴之间装设短节式联轴器，需要拆卸密封时，先将联轴器中的短节拆除，保持一定尺寸的空当，再将密封拆除。

4）由于轴径大，在相同弹簧比压条件下弹簧压紧力大，机械密封装配和调节困难。为了保证装配质量，当前开发的釜用机械密封多数设计成卡盘式结构（或称集装式结构）。这种结构密封可以在密封制造厂或维修车间事先装配好，拿到现场装上即可，不需要熟练工人。

5）搅拌轴转速低，pv 值（p 为密封介质压力，v 为密封端面平均线速度）低，对动环、静环材料选择比较容易。

表 10-3-38　　釜用机械密封的类型

类型	结构图	特点及应用
带有冷却外壳的外装式单端面机械密封	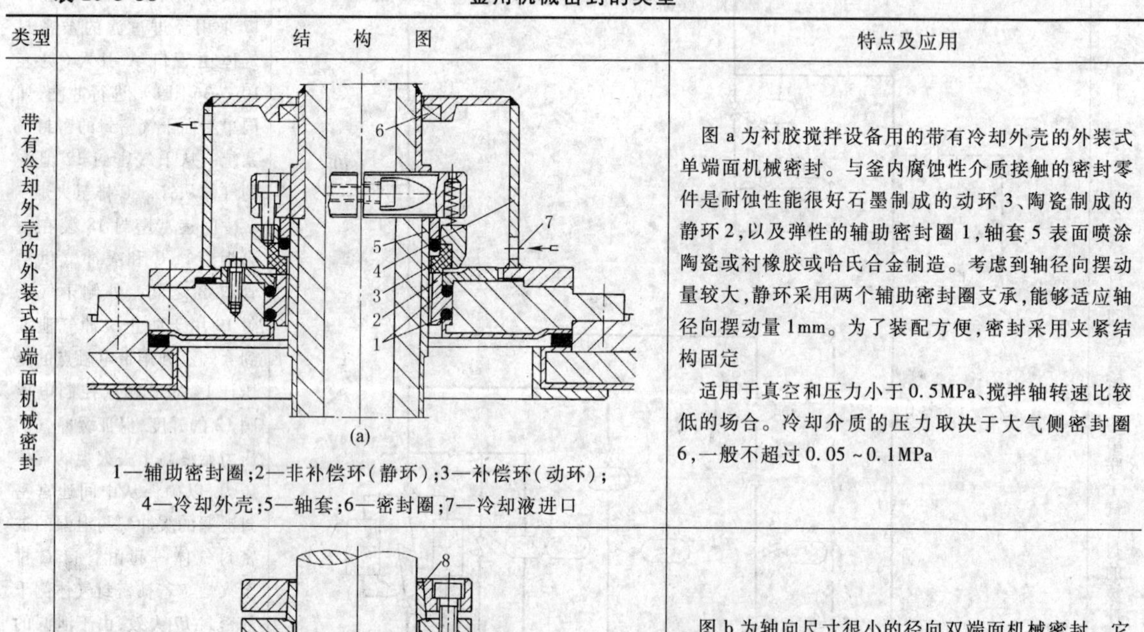 (a) 1—辅助密封圈；2—非补偿环（静环）；3—补偿环（动环）；4—冷却外壳；5—轴套；6—密封圈；7—冷却液进口	图 a 为衬胶搅拌设备用的带有冷却外壳的外装式单端面机械密封。与釜内腐蚀性介质接触的密封零件是耐蚀性能很好石墨制成的动环 3、陶瓷制成的静环 2，以及弹性的辅助密封圈 1，轴套 5 表面喷涂陶瓷或衬橡胶或哈氏合金制造。考虑到轴径向摆动量较大，静环采用两个辅助密封圈支承，能够适应轴径向摆动量 1mm。为了装配方便，密封采用夹紧结构固定 适用于真空和压力小于 0.5MPa、搅拌轴转速比较低的场合。冷却介质的压力取决于大气侧密封圈 6，一般不超过 0.05～0.1MPa
径向双端面机械密封	(b) 1—隔离液入口；2—漏液收集槽；3—动环；4—内静环；5—外静环；6—导向片；7—隔离液出口；8—锥形环；9—泄漏液出口	图 b 为轴向尺寸很小的径向双端面机械密封。它不设密封腔外壳。隔离液由隔离液入口 1 进入，在导向片 6 外侧向上流动，润滑内、外两个端面后再沿导向片 6 内侧向下流动，并从隔离液出口 7 排出。内、外静环 4、5 是补偿环，由硬质材料制造，分别由两组规格相同的小弹簧压向由石墨制成的非补偿环（动环 3）。内、外端面上的比压可以通过调整各自端面宽度来达到。动环的旋转通过锥形环 8 来实现。这种密封适用压力 1.0MPa

续表

类型	结　构　图	特点及应用
轴向尺寸小的双端面机械密封	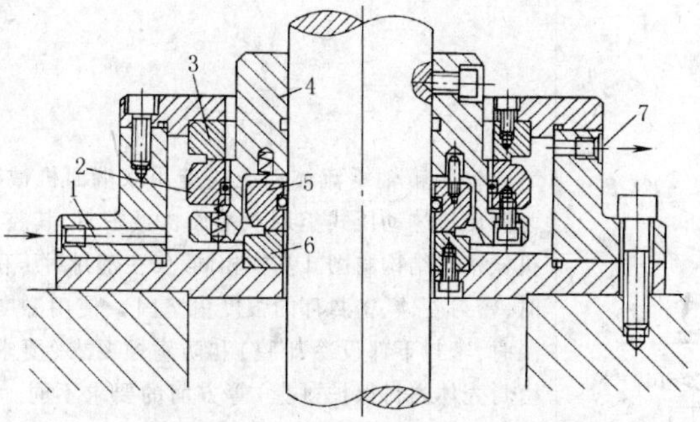 (c) 1—隔离液入口;2—动环;3—静环;4—传动轴套;5—动环;6—静环;7—隔离液出口	图c为轴向尺寸小的双端面机械密封。它将下端面密封所属零件隐藏在上端面密封零件之内,因而增加了径向尺寸,缩小了轴向尺寸。由于这种密封的隔离液泄漏方向与离心力方向相反,故隔离液泄漏率比图b低。该密封适用于轴向尺寸受到限制的场合
带轴承和冷却腔的流体动压式釜用双端面机械密封	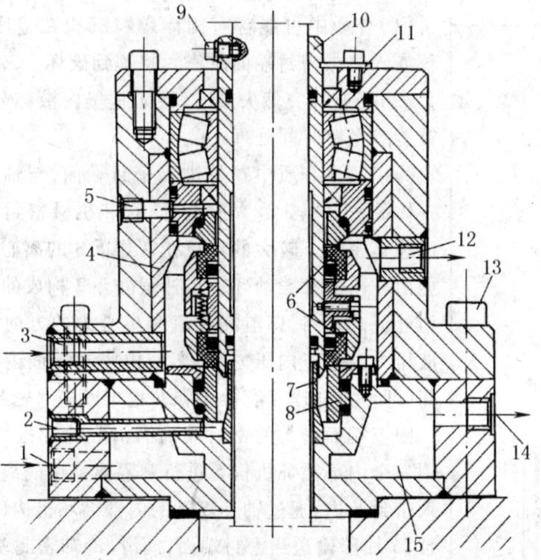 (d) 1—冷却水入口;2—接口;3—隔离液入口;4—防腐保护衬套;5—排液口;6—补偿动环;7—衬套;8—静环;9,13—螺钉;10—轴套;11—定位板;12—隔离液出口;14—冷却水出口;15—冷却腔	图d两个端面密封采用非平衡型结构,用于密封压力为5MPa 密封端面上开有流体动压循环槽,形成润滑油压力楔,提高润滑性能,减少摩擦;提高密封使用压力、速度极限和冷却效应 静环8为非补偿环,采用弹性很大的两个密封圈支承,能很好适应搅拌轴的摆动和振动。上密封圈用压板压住,保证隔离液压力下降时,不会被釜内压力挤出 密封上部设有单独轴承腔。轴承采用油脂润滑。隔离液由上端面密封泄漏后经排液口5排出,不会进到轴承腔内,影响轴承运转。因此,密封腔内可以采用包括水在内的介质作为隔离液,但一般采用油或甘油作为隔离液,隔离液压力应保持比釜内压力高约0.2~0.5MPa 从接口2向密封的下部引入适当的溶解剂和软化剂,可以防止聚合物沉积在密封的下部区域。此外,还能检查存在于衬套7内的磨损颗粒,并易于将磨损物和泄漏液排出 该密封为卡盘式(集装式)结构,整个密封装在轴套10上。它可以在制造厂装配,并经检查合格后作为一个部件供货,非熟练工人也能安装。备用密封可以在检修车间检修并组装好,一旦需要更换密封时,在现场套在搅拌轴后拧紧螺钉9和螺钉13即可,可以缩短搅拌釜停车时间

续表

类型	结构图	特点及应用
带轴承流体动压式釜用双端面机械密封	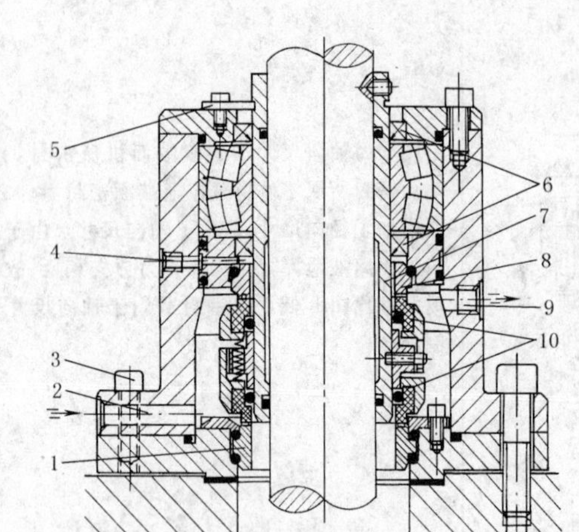 (e) 1—下静环；2—隔离液入口；3—螺钉；4—排液口； 5—定位板；6—油封；7—轴套；8—上静环； 9—隔离液出口；10—动环	图 e 为带轴承流体动压式釜用双端面机械密封，图 f 为高压流体动压式釜用双端面机械密封，其腔内安装的机械密封结构与图 d 基本相同，仅在密封耐压程度（高压时，密封壳体、密封环的强度更坚固）、使用温度范围（高温时，密封下部设冷却腔）和防腐蚀要求（要求防腐时，密封壳体内衬保护衬套）等方面的要求不同。图 f 所示结构用于釜内介质压力 25MPa、温度 225℃；静环材料为硬质合金，动环材料为石墨 图 e 和图 f 所示结构均为卡盘式（集装式）结构，拆装方便 图 g 为底伸式釜用流体动压式双端面机械密封。由于搅拌釜向大型化发展，搅拌轴从顶盖伸入的传动方式产生的问题，如轴的振动、摆动愈加突出，釜底伸入的搅拌轴传动便逐步得到了发展。因搅拌轴短，运转稳定，密封可靠；不需要在釜内增设中间轴承和底轴承；搅拌轴短，轴承受弯矩小，使计算轴径小，从而降低轴及密封制造成本。但是，底伸式搅拌也有以下缺点： （1）介质中可能含有固体颗粒沉积在釜底，当固体颗粒渗入机械密封端面时密封将遭到破坏 （2）当密封突然失效时，要防止釜内液体外流，检修人员能有足够时间处理 为了防止介质中颗粒进入密封端面，与轴套 6 焊接为一体的密封罩 3 为大蘑菇形，它和机械密封法兰形成一道迷宫密封。较大的颗粒在密封罩 3 的离心力作用下被抛出。由非补偿动环 4 与补偿静环 2 构成的上端面密封为外流式密封，即泄漏液流和离心力的方向相同且隔离液压力高于釜内压力，隔离液由密封端面内侧向外侧泄漏，即便是介质含有微小颗粒也难以进入密封端面 因上端面密封的密封端面润滑和冷却很困难，所以采用一个内部循环机构 5 进行。隔离液由隔离液入口 1 进入密封腔内，通过轴套 6 上的内部循环机构（相当于螺杆泵）5 加压输送到密封端面，润滑、冷却密封端面后，再由轴套上的小孔流出，经轴套与轴的间隙向下流动，再从轴套中部的小孔流出，润滑、冷却下密封端面后，由隔离液出口 7 流出
高压流体动压式釜用双端面机械密封	(f) 1—冷却液入口（图中未表示出口）；2—隔离液入口； 3—排液口；4—封液和泄漏液积存杯； 5—隔离液出口；6—排液口	

续表

类型	结 构 图	特点及应用
底伸式釜用流体动压式双端面机械密封	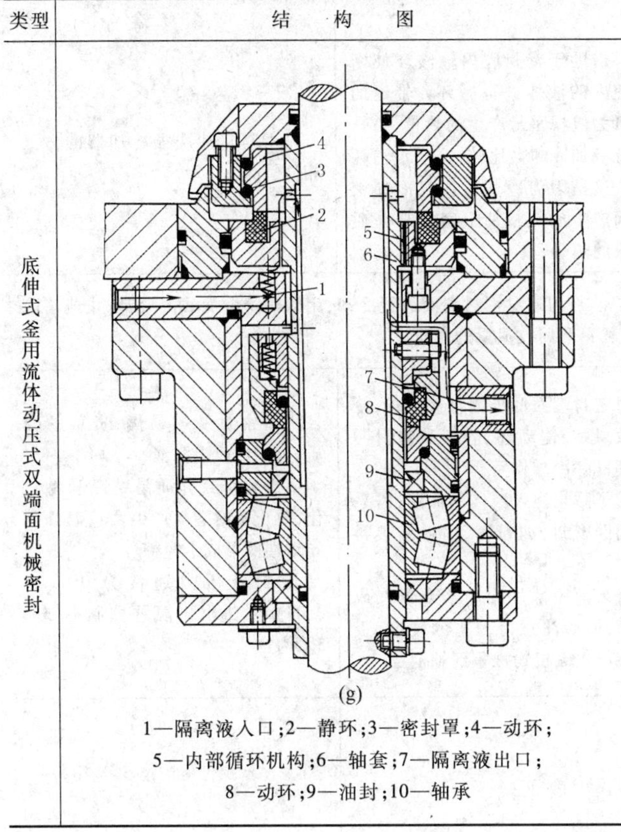 (g) 1—隔离液入口;2—静环;3—密封罩;4—动环; 5—内部循环机构;6—轴套;7—隔离液出口; 8—动环;9—油封;10—轴承	为了防止密封失效时釜内液体外流,所以底伸式釜用密封不推荐使用单端面密封,因为这种密封只有一道密封;推荐采用双端面密封,因为这种密封有两道密封,两道密封同时损坏的概率很小,如果有一道密封损坏,另一道密封仍能保证密封釜内液体,并有足够的时间进行处理,但这种密封结构只能在釜内液体排净即空釜条件下检修,这已经不是重要的问题。如果必须在釜内液体不排净、不卸压,即釜内有液体的条件下进行检修,可以采用特殊结构的密封,但比较复杂

8.10 机械密封辅助系统

8.10.1 泵用机械密封的冷却方式和要求[44]

表 10-3-39

名称		简 图	特 点	用 途
冲洗冷却	自冲洗冷却	从泵出口引液冲洗	以被密封介质为冲洗液，由泵出口侧引出一小部分液体向密封端面的高压侧直接注入进行冲洗和冷却，然后流入泵腔内	适用密封腔内压力小于泵出口压力，大于泵进口压力，介质温度不高（温度小于等于 80℃），不含杂质的场合
	自冲洗加冷却器冷却	冷却水 自冲洗液 冷却器	冲洗液从泵出口引出，经冷却器后，向密封腔提供温度较低的冷却液 具有足够的压力差，流动效果好，但冷却水消耗大	用于介质温度超过 80℃ 的场合；也可以用于高凝固点介质，冷却器通蒸汽代替冷却水

续表

名称		简图	特点	用途
冲洗冷却	循环冲洗冷却	输液环	借助于密封腔内输液环使密封腔内的液体进行循环。带走的热量为机械密封产生的热量，与自冲洗液加冷却器比较，冷却水消耗少。这是因为冷却器仅仅冷却密封面产生的热量加上密封从介质吸收的热量	基本与自冲洗加冷却器的方式相同
阻封冷却		向密封端面的低压侧注入液体或气体称“阻封”。目的是对密封端面进行冷却，用以隔绝空气或湿气，防止或清除沉淀物（其中包括冰）、润滑辅助密封、熄灭火花、稀释和回收泄漏的介质		
		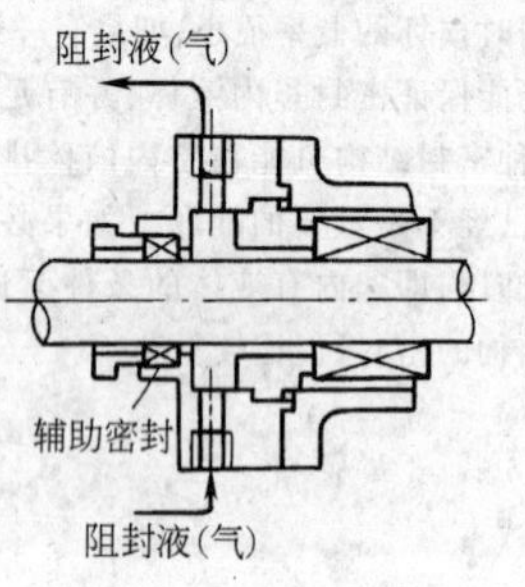 	对密封端面低压侧直接冷却，冷却效果好，使动环、静环和密封圈得到良好冷却作用 为了防止注入液体的泄漏，需采用辅助密封，如衬套、油封或填料密封 阻封液一般用冷却水或蒸汽或氮气，但要注意冷却水的硬度，否则会产生无机物堆积到轴上	用于密封易燃易爆、贵重的介质，可以回收泄漏液 用于被密封介质易结晶和易汽化，防止密封端面产生微量温升而导致端面形成干摩擦 阻封液压力通常为 0.02～0.05MPa，进出口温差控制在 3～5℃为宜
水冷却		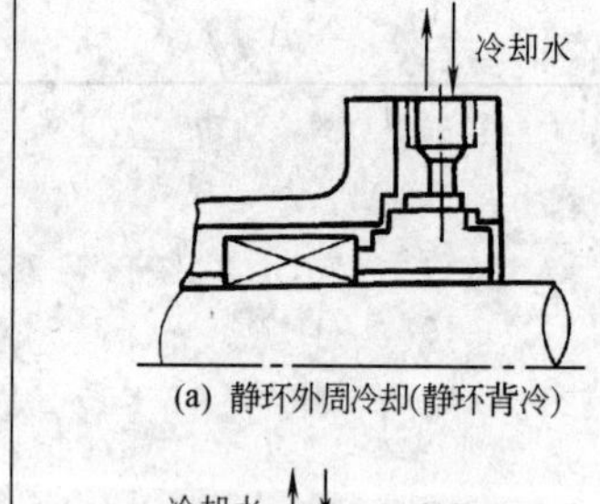 (a) 静环外周冷却(静环背冷) 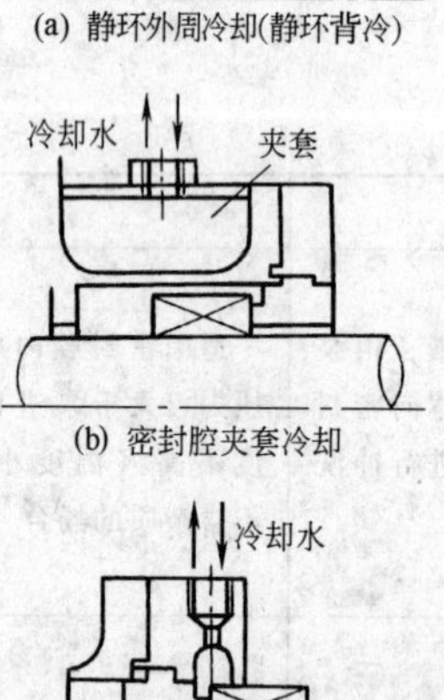 (b) 密封腔夹套冷却 (c) 直接冷却	水冷却（或加热）分静环外周冷却（静环背冷）、密封腔夹套冷却和直接冷却（仅用于外装式密封）三种类型。一般均属于间接冷却，效果比急冷差 对冷却水质量要求不高 冷却面积大小必须使密封介质的温度比该介质在外界气压下的饱和温度低 20～30℃，通常要使密封腔温度在 70℃以下 图 a、图 b 中冷却水不与介质直接接触，介质不会污染冷却水，冷却水可以循环使用 图 c 中冷却水因有可能被泄漏的介质污染，不推荐循环使用	冷却（或加热）被密封介质，防止温度过高而使密封面之间液体汽化产生干摩擦，或对被密封介质保温，防止介质凝固 通常，被密封介质温度超过 150℃（若用波纹管式密封介质温度超过 315℃）以及锅炉给水泵，或低闪点的介质都需要夹套
冷却水消耗量		机械密封冷却水消耗量可参考图 10-3-10 查取[32]。如果采用其他介质冷却（或冲洗），消耗量需要进行换算。如果除机械密封外，泵体和支座还需要冷却时，冷却水消耗量是上述之和。消耗量大小需由泵厂提供		

续表

名称	简图	特点	用途	
冷却水质	通常采用干净的新鲜水或循环水，但水的污垢系数要小于0.35m²·K/kW[8]［4×10⁻⁴m²·h·℃/kcal］，否则应采用软化水			
冷却、润滑系统	泵用机械密封冷却、润滑系统见表10-3-40；釜用机械密封润滑和冷却系统见本章8.10.3			
机械密封冷却措施[9,22]	介质	温度/℃		
		常温~80	80~150	150~200
	润滑性好的油类	自冲洗冷却	自冲洗冷却，静环背冷，密封腔夹套冷却	自冲洗加冷却器冷却，密封腔夹套冷却
	其他	<60℃，自冲洗冷却，60~80℃，自冲洗、静环背冷或阻封冷却	自冲洗加冷却器冷却密封腔夹套冷却	

注：1. 经冲洗或冷却后，密封腔内流体温度应低于60℃。

2. 若密封易凝固或易结晶流体时，应通蒸汽进行保温。

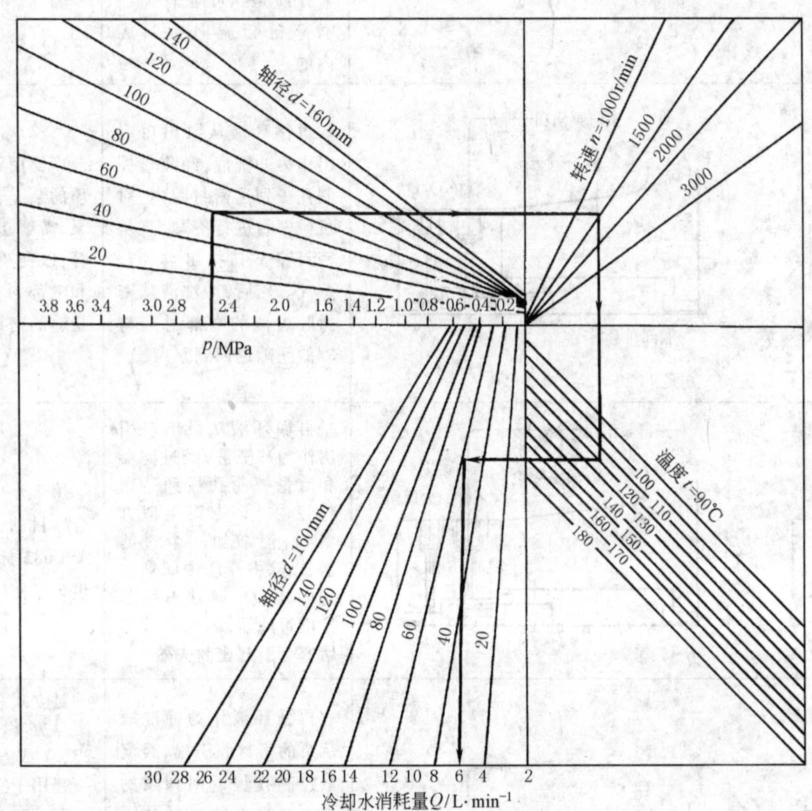

图10-3-10 机械密封冷却水消耗量[36]

例：冷却水出口温度不超过30℃，介质压力$p=2.5$MPa，密封轴径$d=60$mm，泵轴转速$n=1500$r/min，介质温度$t=120$℃，则冷却水耗量$Q=5.2$L/min

8.10.2 泵用机械密封冲洗系统[39]

泵用机械密封冲洗系统见表10-3-40，表中方案号与美国石油学会标准API 682相同，详见文献［39］。

表 10-3-40

简　图	特点及说明	用　途
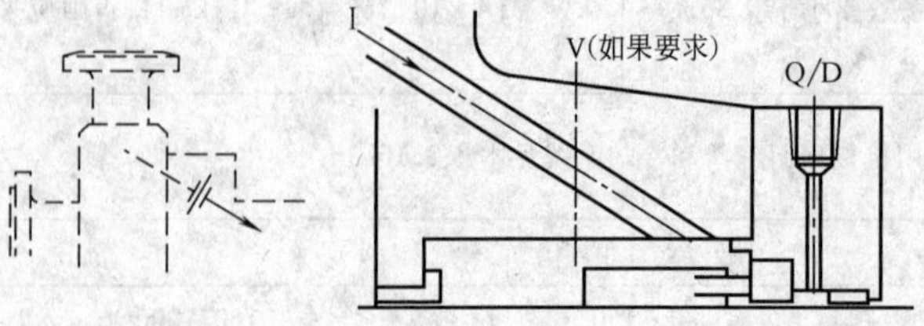 I　V(如果要求)　Q/D 方案 01	泵体内部循环，泵送介质从叶轮的背面靠近出口处的泵体上的冲洗孔内流向密封腔内。结构简单，但对系列泵灵活性小，如改用其他冲洗方式困难较大，一般不采用	推荐只用于清洁的介质。可用于介质在正常温度下变稠或凝固的场合，减少外部冲洗管内介质冻结的危险，但必须保证冲洗孔内有足够的内部循环量，维持稳定的密封面工作状态
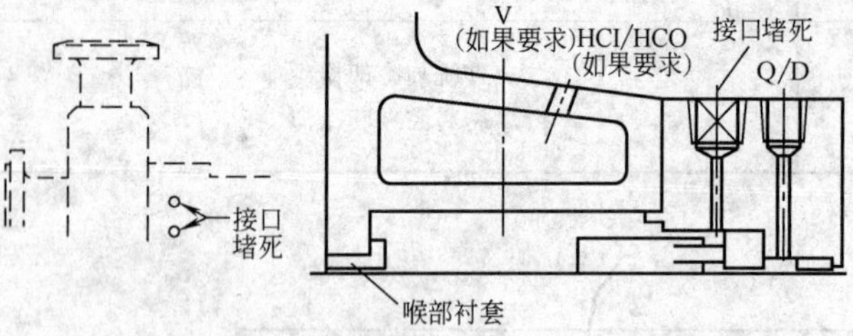 V(如果要求)HCI/HCO(如果要求)　接口堵死　Q/D　接口堵死　喉部衬套 方案 02	密封腔冲洗液出口堵死，不设循环冲洗液系统。密封腔内介质的压力和温度都很低。要考虑介质和蒸气压的大小，避免介质在密封腔内或密封面上汽化 介质是从叶轮背面经喉部衬套流向密封腔内的	是化学工业中应用较广的一种冲洗方式。用于温度低、清洁、高比热容的介质，如水，或不易汽化的介质以及低转速的泵上
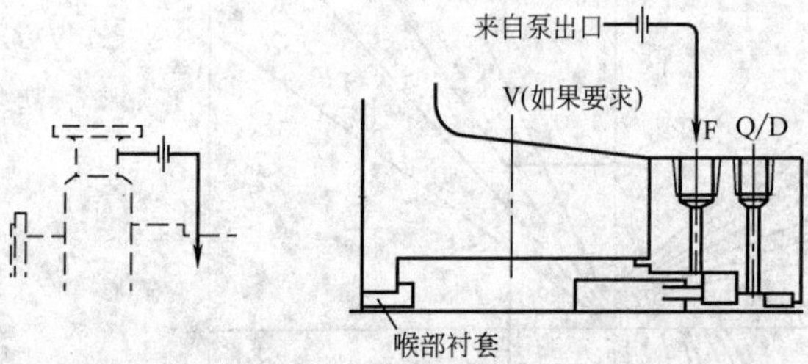 来自泵出口　V(如果要求)　F　Q/D　喉部衬套 方案 11	再循环液从泵出口引出作为冲洗液，经流量控制孔板到达密封腔内，对机械密封进行冷却，且从密封腔 V 口排出空气和蒸气。然后，冲洗液从密封腔内侧的喉部衬套与轴的间隙返回到泵内	广泛用于清洁的一般介质的泵。若用于高扬程的泵，需要进行冲洗量的计算，以便确定合适的孔板和喉部衬套的尺寸，确保足够的密封冲洗量
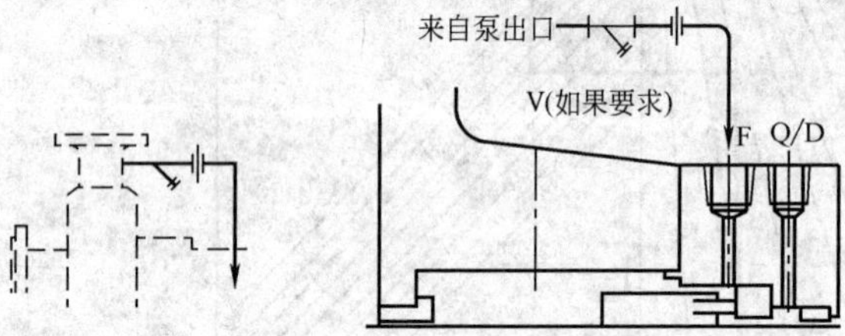 来自泵出口　V(如果要求)　F　Q/D 方案 12	再循环液从泵出口引出作为冲洗液，经过滤器和流量控制孔板到达密封腔内。该方案类似方案 11，但增加一个过滤器，以除去介质中偶然出现的颗粒。通常不推荐使用过滤器，因为过滤器堵塞会引起密封失效	用于介质比较清洁的场合。目前，作为参考列在 API 682 标准中，但不能提供 3 年使用寿命的保证
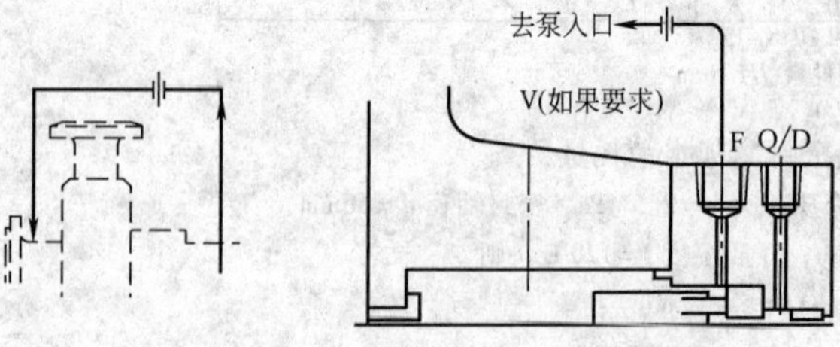 去泵入口　V(如果要求)　F　Q/D 方案 13	再循环液作为冲洗液从泵的密封腔引出，经流量控制孔板返回到泵的吸入口。在密封腔的内侧不设置喉部衬套。立式泵的密封腔压力可认为泵出口压力，类似于方案 11 工作。冲洗液对密封进行冷却并随同冲洗液排出密封腔内的空气和蒸气	是立式泵的标准冲洗方案。方案 01、11、12、21、23、31 或方案 41 与方案 13 一起用于立式液下泵 本方案在立式管道泵上具有自排气的能力，提供的压差足够保证循环量和密封的压力，且能防止冲洗液汽化 也可用于高扬程泵，不宜用于低扬程泵，因密封腔和泵入口压差太小。通常需计算冲洗量和孔板尺寸，确定本方案的适用性

续表

简　　图	特点及说明	用　　途
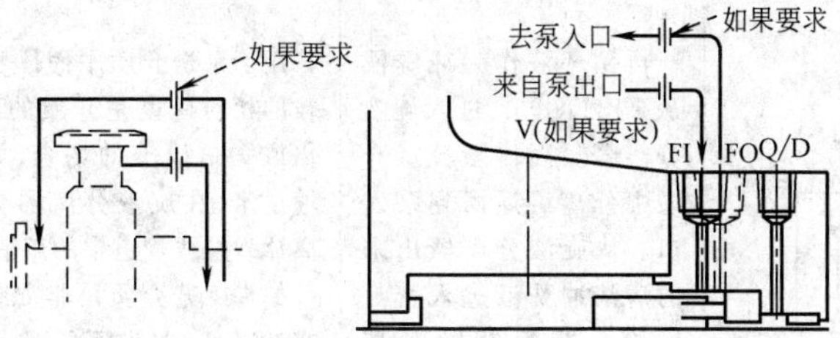 如果要求 去泵入口 如果要求 来自泵出口 V(如果要求) FI FO Q/D 方案 14	是方案 11 和方案 13 的组合。再循环液作为冲洗液从泵出口引出，经流量控制孔板到达密封腔内，然后从密封腔出来经流量控制孔板(如果要求)到泵入口。冲洗液冷却密封腔，带走密封腔内的挥发气体和降低密封腔压力	常用于立式泵
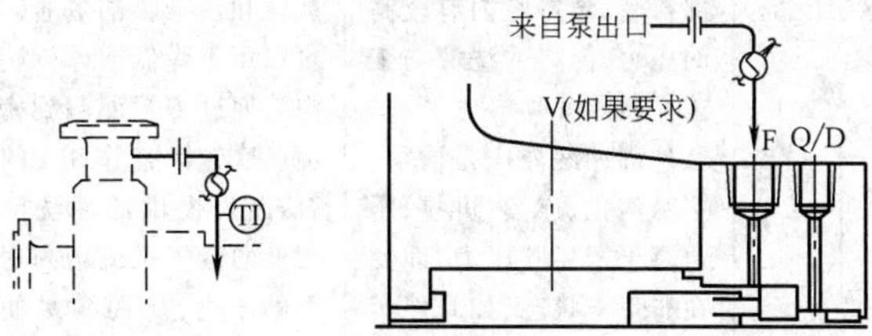 来自泵出口 V(如果要求) F Q/D TI 方案 21	再循环液作为冲洗液从泵出口引出，流量经控制孔板和冷却器后进入密封腔。加大冲洗液温度与其饱和蒸气压温度的温差，满足副密封温度限制的要求，降低结焦或产生聚合物或改进润滑性(如热水) 该方案的优点是提供冷却的冲洗液，而且还有足够的压差，可达到更好的流动效果。缺点是冷却器负荷高，水侧容易结垢、堵塞；能耗比方案 23 大，这是因为冲洗液必须从泵的入口压力加压到出口压力	用于工艺介质温度超过密封极限温度的场合。最好采用翅片式空冷器代替水冷式冷却器 也可用于高凝固点和高黏度介质，冷却器通蒸气代替冷却水
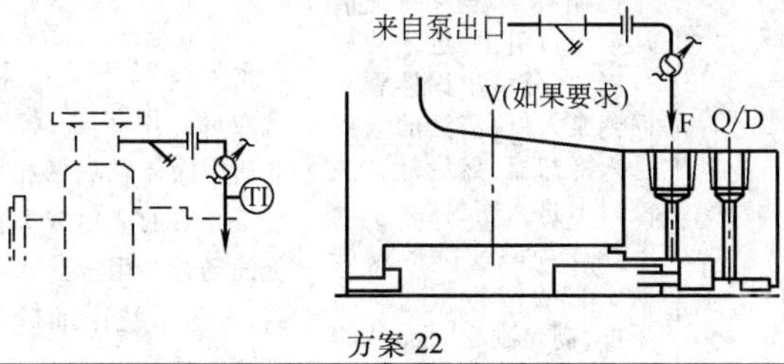 来自泵出口 V(如果要求) F Q/D TI 方案 22	再循环液作为冲洗液从泵出口引出，经过滤器、流量控制孔板和冷却器，到达密封腔内。采用过滤器的目的是过滤介质中偶尔出现的颗粒，但不推荐使用，因为过滤器堵塞会引起密封失效	实际是方案 12 和方案 21 的组合 用于介质比较清洁、温度超过密封极限温度的场合。目前，作为参考列入 API 682 标准中，但不能提供 3 年使用寿命的保证
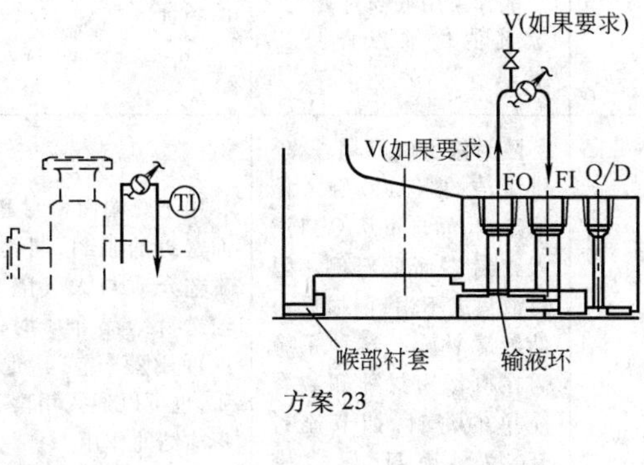 V(如果要求) V(如果要求) FO FI Q/D TI 喉部衬套 输液环 方案 23	再循环液作为冲洗液从密封腔内输液环引出，经冷却器返回到密封腔内。密封腔内冲洗液用喉部衬套与泵腔介质隔开。冷却后的冲洗液不易流入工艺介质内。密封腔内用循环装置(输液环)将液体循环。输液环提供的扬程只需满足循环液循环的要求，通常低于泵出口扬程。冷却器仅仅冷却冲洗液带出的密封面产生的热量加上密封从介质吸收的热量。冷却负荷通常低于方案 21 或方案 22	用于泵送介质为 80℃ 或 80℃ 以上的热水、锅炉给水以及烃类等场合。因为这些介质具有很低的润滑性，导致密封面极大磨损。冲洗液经过冷却后，增大密封腔压力和密封腔内冲洗液的蒸气压的压差，使冲洗液不易汽化 也可以用于输送高凝固点和高黏度介质的泵，采用蒸气作为冷却器内的冷却介质

续表

简图	特点及说明	用途
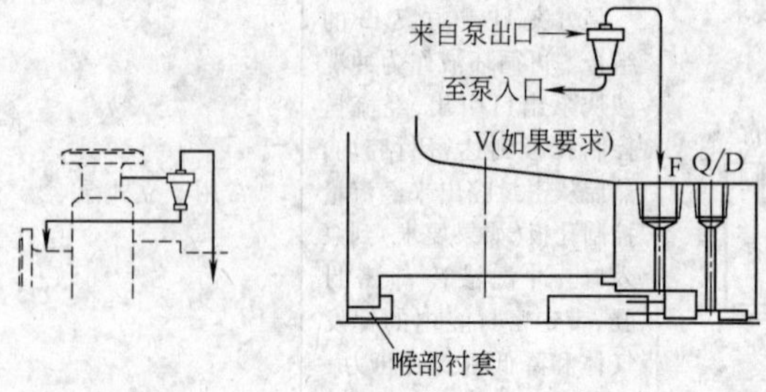 来自泵出口 至泵入口 V(如果要求) F Q/D 喉部衬套 方案 31	再循环液作为冲洗液从泵出口引出，进入旋液分离器。固体颗粒从介质中分离后返回到泵入口。从旋液分离器出来的清洁冲洗液进入密封腔内。推荐设置喉部衬套	用于泵送介质中固体颗粒的相对密度是介质的2倍或2倍以上的场合，如输送水，在旋液分离器分离掉砂粒或管道中的熔渣 如果工艺介质是非常脏或是浆液，本方案不适用或不推荐用
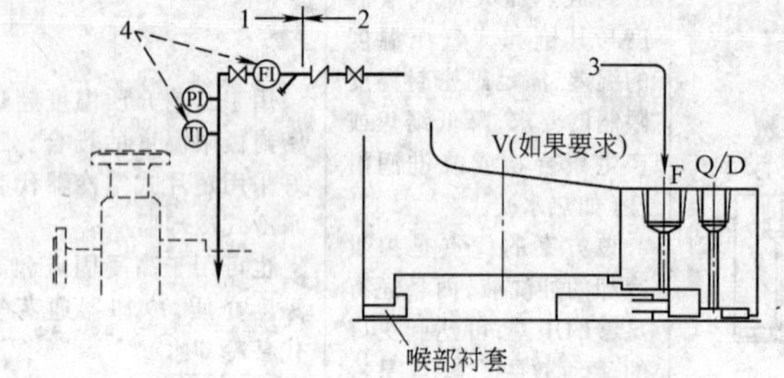 1 2 4 FI PI TI 3 V(如果要求) F Q/D 喉部衬套 方案 32 1—卖方供货范围；2—买方供货范围；3—外供冲洗液；4—选择项	冲洗液从外部引入密封腔内。密封腔内侧应装有与轴间隙很小的喉部衬套，维持腔内有较高的压力，能将冲洗液与工艺介质隔开 外部冲洗液应是清洁、不易汽化、连续、可靠、压力高于密封腔压力，即使在非正常状态，如开停车也能保证使用。冲洗液还应与工艺介质相容，因为冲洗液会从喉部衬套与轴的间隙流进工艺介质内	用于泵送介质含有固体颗粒和污染物的场合。也可以用于降低液体汽化或空气通过密封面漏到密封腔（真空状态作用）的场合，因为提供的冲洗液有很低的蒸气压或增高密封腔的压力，从而满足使用要求 不推荐用于冷却的场合，否则能耗太高
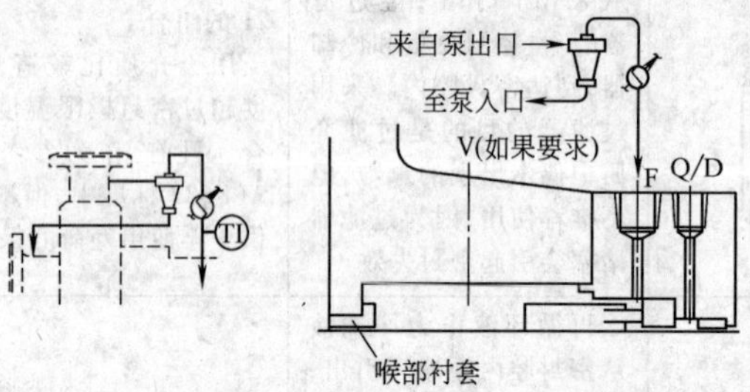 来自泵出口 至泵入口 TI V(如果要求) F Q/D 喉部衬套 方案 41	再循环液作为冲洗液从泵出口引出，进入旋液分离器，分离出固体颗粒回到泵入口；清洁的液体进入冷却器，然后从冲洗液口F进入密封腔 经冷却的冲洗液温度低于它的饱和蒸气压的温度，满足副密封元件的温度限制，可减小工艺介质结焦、聚合或改善润滑性（如水） 推荐采用喉部衬套 其他优缺点详见方案21	由方案21和方案31组合而成。用于温度较高、介质中固体颗粒的相对密度是介质的2倍或2倍以上的场合。用于热水的密封，排除系统中的砂粒和管道中的熔渣 不适用或不推荐用于工艺介质非常脏或是悬浮液的场合
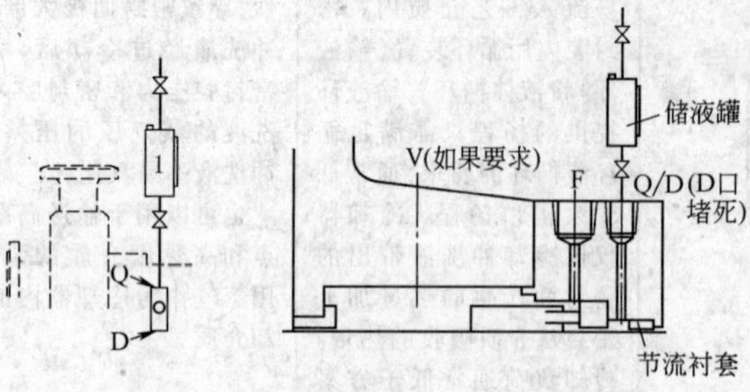 1 Q D 储液罐 V(如果要求) F Q/D(D口堵死) 节流衬套 方案 51	阻封液出口D堵住，外供清洁的阻封液倒入储液罐内，靠自重从Q口流入密封端面低压侧。阻封液只进不出，漏损后由储液罐补充。这种系统需在机械密封外侧装有简单的密封，如节流衬套、填料密封、唇式密封等	用于双端面密封和单端面密封的阻封，将泄漏的工艺介质与大气隔离，如输送易结晶介质时，阻封液可用蒸气或其他热介质，也可以通入甲醇，起到不冻结的作用

续表

<table>
<tr><th>简　图</th><th>特点及说明</th><th>用　途</th></tr>
<tr><td>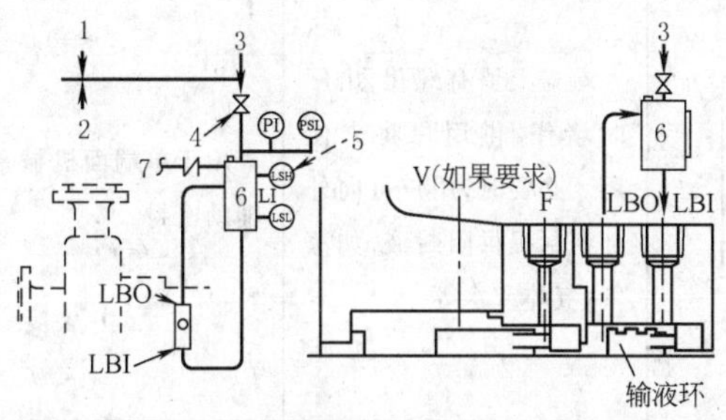方案 52
1—买方供货范围；2—卖方供货范围；3—去收集系统；4—正常运转时全开启；5—如果规定设置；6—储液罐；7—补充缓冲液入口</td><td>是非加压式双端面密封冲洗方案。外供储液罐内的缓冲液，在正常运转期间通过腔内输液环进行循环。储液罐通常连续排出挥发性气体到收集系统，保持储液罐内的压力低于密封腔压力，接近大气压
当内侧密封失效时，外侧密封可以阻挡工艺介质不向外漏，此时储液罐内压力升高，通过压力开关 PS 的信号输出或通过储液罐上的液位开关高，LSH 报警，更换密封
当外侧密封失效时，储液罐上的液位开关低，LSL 报警，更换密封</td><td>用于双端面密封的外侧密封，可以认为是工艺介质无泄漏到大气的密封
用于清洁、无聚合物、蒸气压高于缓冲液的介质中，如果工艺介质从内侧密封泄漏到密封腔内，工艺介质将在储液罐内闪蒸，逸出的蒸气排至收集系统。如果工艺介质的蒸气压低于缓冲液或储液罐内的压力，则泄漏的工艺介质残留并污染缓冲液
因为内侧密封的泄漏万一不能过早检测出，会使较重的工艺介质下沉，较轻的缓冲液上移，造成两个密封之间的区域内聚集工艺介质。在这种情况下，外侧密封的泄漏会导致工艺介质漏到大气中</td></tr>
<tr><td>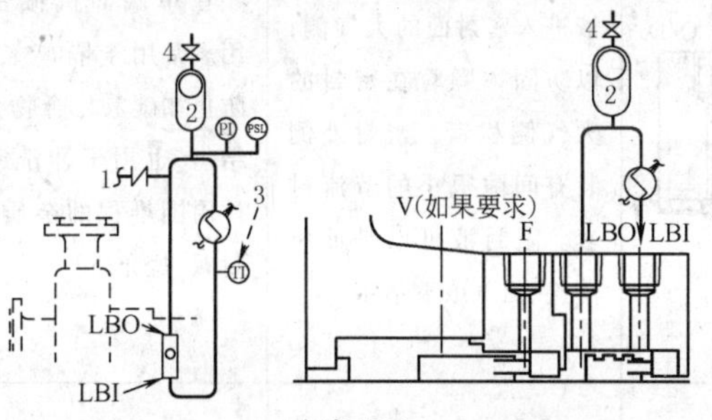方案 53A
1—买方供货范围；2—卖方供货范围；3—外部压力源；4—切断阀，正常运转时全开启；5—如果规定；6—储液罐；7—补充隔离液入口
方案 53B
1—补充隔离液入口；2—气囊式蓄压器；3—如果规定设置；4—气囊充气口
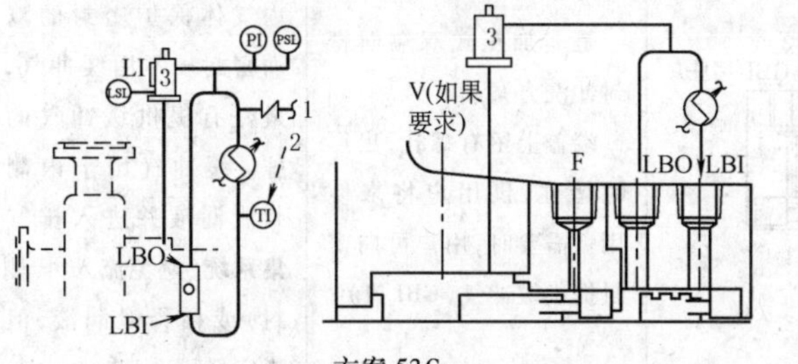方案 53C
1—补充隔离液入口；2—如果规定设置；3—活塞式蓄压器</td><td>是加压式双端面密封冲洗方案。方案 53A 是从外部提供的清洁、有压力的隔离液，经储液罐进入密封腔内，再通过机械密封上的输液环进行循环，保证循环流量
方案 53B 也是加压式双端面密封系统，与方案 53A 不同的是维持密封循环的隔离液的压力采用了气囊式蓄压器利用空冷式或水冷式冷却器从循环系统中带走热量
方案 53C 也是加压式双端面密封系统，与方案 53A、53B 不同的是利用活塞式蓄压器维持隔离液的压力大于密封腔的压力
隔离液的压力应大于泵密封腔压力约 0.15MPa。内侧密封会有少量的隔离液漏到工艺介质内。如果密封腔内压力变化很大或压差超 3.5MPa 时，外侧密封的应力可以通过采用控制差压调节阀的设定压力比泵密封腔压力高 0.14～0.17MPa 来降低</td><td>用于加压式双端面密封，可以认为是工艺介质无泄漏到大气的密封
用于脏的、磨蚀或易聚合的介质，采用方案 52 会损坏密封端面或如果使用方案 52，隔离液系统会产生问题的场合
需要注意隔离液少量漏进工艺介质时，不会对产品产生不良影响。泄漏到工艺介质中的隔离液量，可以通过监测储液罐的液位监测
还需注意储液罐的压力应维持在一定范围内。如果压力过低，该系统会像方案 52 或像非加压式密封系统那样运转，无法满足采用该方案时的要求。特别是内侧密封泄漏方向被改变而流向隔离液、污染隔离液，时间久了，增加密封失效的可能性</td></tr>
</table>

续表

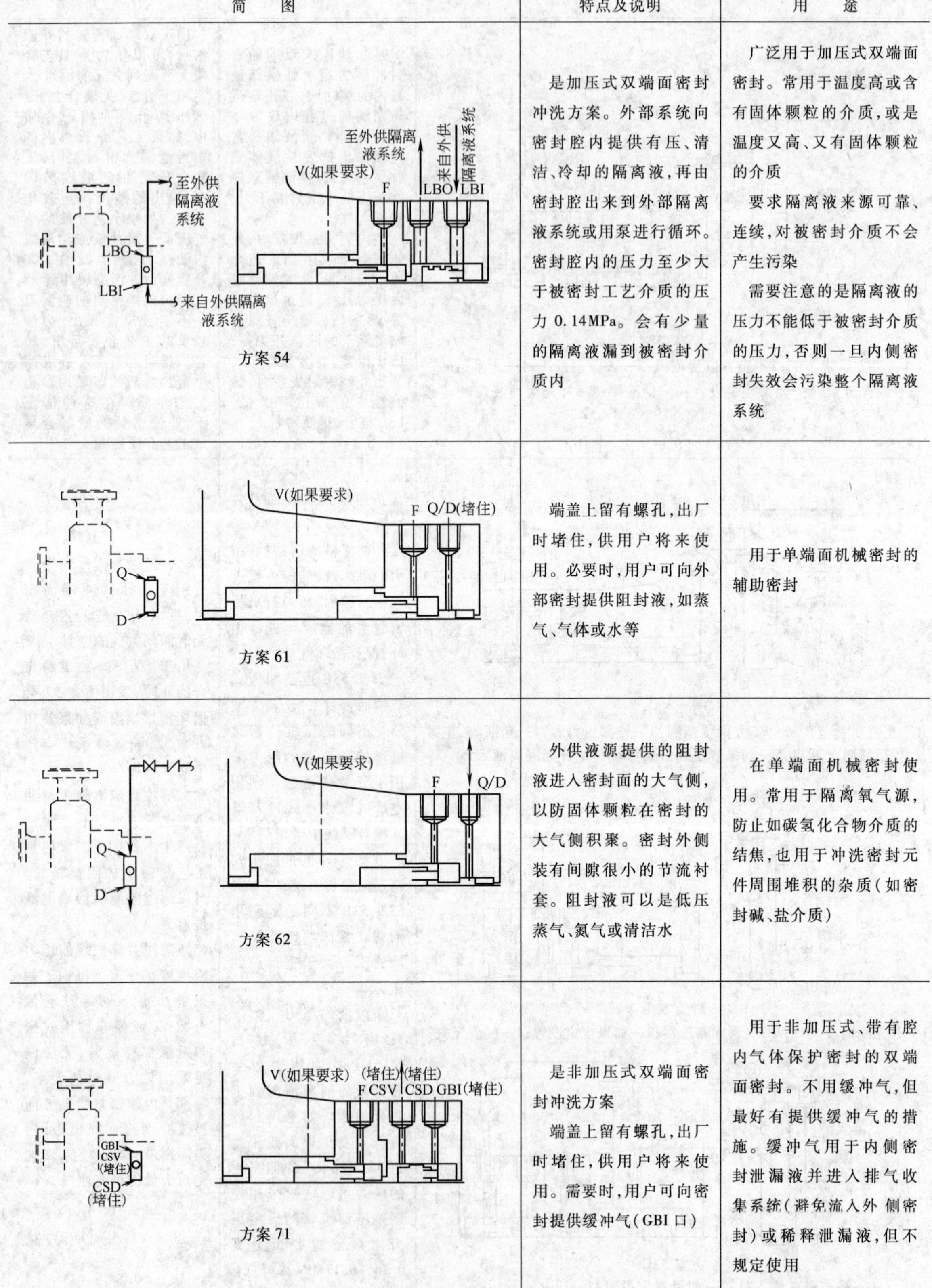

简图	特点及说明	用途
方案 54	是加压式双端面密封冲洗方案。外部系统向密封腔内提供有压、清洁、冷却的隔离液，再由密封腔出来到外部隔离液系统或用泵进行循环。密封腔内的压力至少大于被密封工艺介质的压力 0.14MPa。会有少量的隔离液漏到被密封介质内	广泛用于加压式双端面密封。常用于温度高或含有固体颗粒的介质，或是温度又高、又有固体颗粒的介质 要求隔离液来源可靠、连续，对被密封介质不会产生污染 需要注意的是隔离液的压力不能低于被密封介质的压力，否则一旦内侧密封失效会污染整个隔离液系统
方案 61	端盖上留有螺孔，出厂时堵住，供用户将来使用。必要时，用户可向外部密封提供阻封液，如蒸气、气体或水等	用于单端面机械密封的辅助密封
方案 62	外供液源提供的阻封液进入密封面的大气侧，以防固体颗粒在密封的大气侧积聚。密封外侧装有间隙很小的节流衬套。阻封液可以是低压蒸气、氮气或清洁水	在单端面机械密封使用。常用于隔离氧气源，防止如碳氢化合物介质的结焦，也用于冲洗密封元件周围堆积的杂质（如密封碱、盐介质）
方案 71	是非加压式双端面密封冲洗方案 端盖上留有螺孔，出厂时堵住，供用户将来使用。需要时，用户可向密封提供缓冲气（GBI 口）	用于非加压式、带有腔内气体保护密封的双端面密封。不用缓冲气，但最好有提供缓冲气的措施。缓冲气用于内侧密封泄漏液并进入排气收集系统（避免流入外 侧密封）或稀释泄漏液，但不规定使用

续表

简　图	特点及说明	用　途
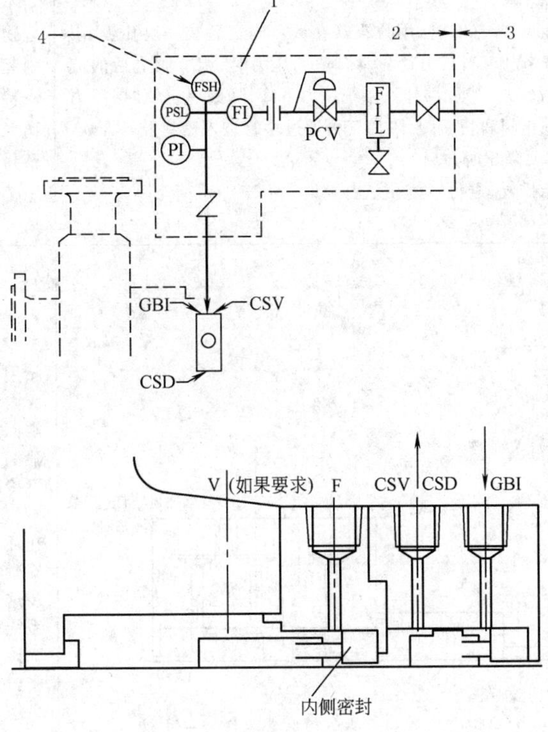 方案72 1—缓冲气控制盘;2—卖方供货范围;3—买方供货范围;4—如果规定设置 是非加压式双端面密封冲洗方案。外供缓冲气首先通过由买方供货的切断阀和逆止阀,进入本系统。该系统通常安装在由密封制造厂供货的控制板或控制盘上。在控制盘上的入口切断阀之后装有10μm过滤精度的组合过滤器(如果规定),除去任何有可能出现的颗粒与液滴。然后,气体通过设定压力为0.05MPa(表压)的背压式压力调节阀(如果规定)。接着,气体通过孔板进行流量控制,并用流量计测量(有时,用户喜欢用针形阀或截止阀代替孔板便于流量调节)。使用的压力表应监测缓冲气的压力不超过密封腔压力。在盘上最后的元件是逆止阀和切断阀。然后缓冲气通过小管流到密封		用于非加压式、带有腔内气体保护密封的双端面密封 若将腔内气体保护密封的排气口(CSV)和放净口(CSD)用堵头堵住,从GBI口通入的缓冲气仅用于稀释内侧密封的泄漏液,以减少泄漏液的外漏 该方案若与方案75或方案76联合使用,通入密封腔内的缓冲气用于带走内侧密封的泄漏液,直接进入方案75或方案76系统,避免流入外侧密封达到良好密封效果 用于泵送危险性介质的密封,但必须能检测和报警内侧密封情况,要事先知道整个密封将要失效的信息,能按计划有序停车或修理 缓冲气的压力应小于内侧密封工艺介质的压力
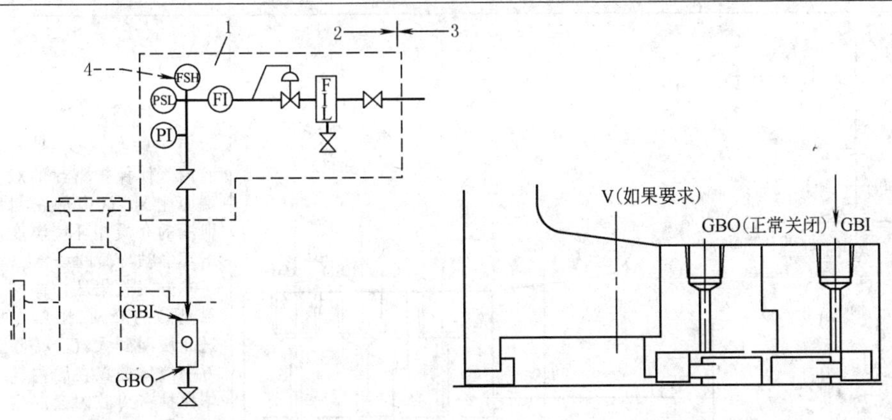 方案74 1—隔离气控制盘;2—卖方供货范围;3—买方供货范围;4—(如果规定设置)流量开关(高)报警 是加压式双端面密封冲洗方案。外供隔离气首先通过由买方供货的切断阀和逆止阀,然后进入本系统。本系统通常安装在由密封制造厂供货的控制板或控制盘上。盘上入口切断阀之后装有2~3μm过滤精度的组合过滤器,除去任何有可能出现的颗粒和液滴。然后,气体流向设定压力至少大于内侧		用于加压式双端面密封,常用氮气作为隔离气,会有少量气体泄漏到泵内,多数气漏到大气 常用于温度不太高的介质(在橡胶元件允许使用温度范围内),但能用于含有不允许外漏的毒性或危险性介质。在正常使用条件下,不可能有泄漏液漏到大气中 亦可用于密封可靠性要求高的场合,如含有固体颗粒或者可能引起密封失效的其他介质。在正常使用时因密封腔压力高,这些介质不可能进入密封端面

续表

<table>
<tr><th>简　图</th><th>特点及说明</th><th>用　途</th></tr>
<tr><td colspan="2">密封工艺介质压力0.175MPa的背压式压力调节阀(有时,用户喜欢在调节阀之后装一块孔板,限制隔离气用量用于密封万一粘住而封不严的情况)。当压力计显示合适的压力时,调节阀之后的流量计显示出准确的流量。若隔离气用量过大或密封严重泄漏时,系统压力下降,降到一定值时,压力开关(PSL)开始报警。在盘上最后的元件是逆止阀和切断阀,隔离气再通过小管进入密封腔
隔离气出口(GBO)正常运转时关闭,仅在需要降压时开启
密封腔排气口(V)在开车或正常运转时应能排气,避免气体在泵内聚集</td><td>不推荐用于黏性或聚合物介质,或抽空除水引起的颗粒堆积的场合
特别需要注意的是隔离气的压力不能低于被密封介质的压力,否则工艺介质会污染整个隔离气系统</td></tr>
<tr><td colspan="2">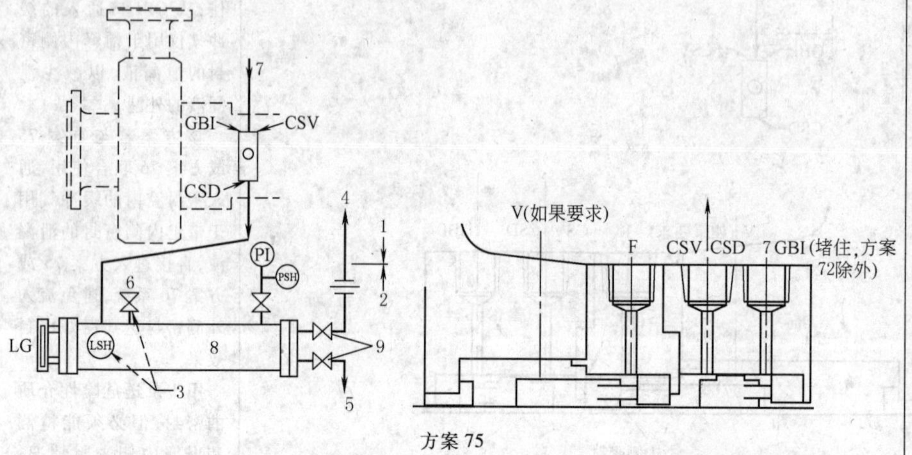

方案75
1—买方供货范围;2—卖方供货范围;3—如果规定设置;4—去气体收集系统;5—去液体收集系统;6—试验用接口;7—来自外供气源;8—收集器;9—切断阀
是非加压式双端面密封冲洗方案。从缓冲气入口(GBI)进来的缓冲气带走内侧密封泄漏的介质由放净口(CSD)排出,进入该系统
这种含有雾滴的气体在环境温度下被冷凝,收集在收集器内。在收集器上装有液位计(LG),以便确定收集器内液体何时必须放出。在收集器出气管上装有孔板,以限制气体排出量,这样,内侧密封泄漏量过大时,导致收集器压力升高,并触发设定压力为0.07MPa(表压)压力开关高(PSH)的信号。收集器出口上的切断阀9用于切断收集器向外排出,以便及时维修。将切断阀关闭还可用于试验内侧密封泄漏情况,而泵仍在运转,记下收集器内时间-压力相互关系的记录。如果规定,可以使用收集器上的试验用接口6注入氮气或其他气体,达到试验密封性能的目的</td><td>用于非加压式、带有腔内气体保护密封的双端面密封,从内侧密封泄漏的介质在环境温度下冷凝成液体的场合
注意,即使泵送介质在环境温度下不会产生冷凝液,用户也希望安装这个系统,因为收集系统可能会返流冷凝液
该方案是收集从内侧密封泄漏的介质,限制泵送介质漏到大气
该方案可与带有缓冲气的密封系统(方案72)组合使用;也可与不带缓冲气的密封系统(方案71)组合使用,但需用堵头堵住GBI口</td></tr>
<tr><td colspan="2">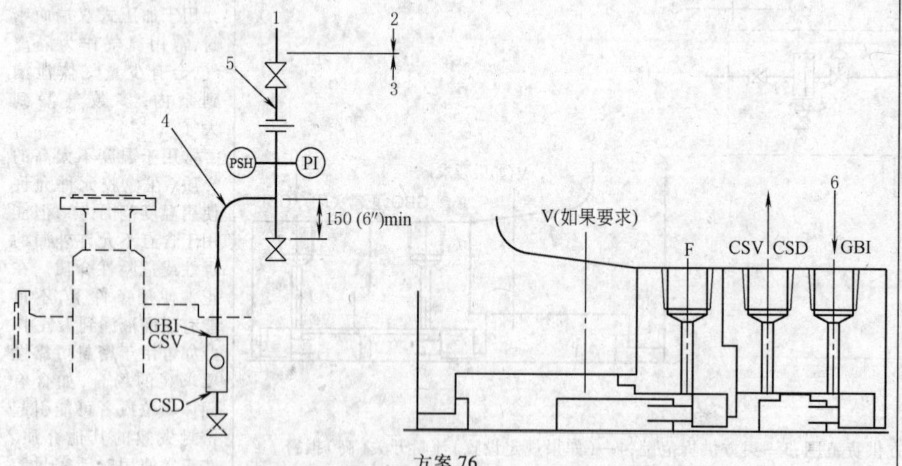

方案76
1—去收集系统;2—买方供货范围;3—卖方供货范围;4—小管;5—管(收集管);6—外供气源
是非加压式双端面密封冲洗方案。从缓冲气入口(GBI)进来的缓冲气带走内侧密封泄漏的介质由排气口(CSV)排出,进入该系统</td><td>用于非加压式、带有腔内气体保护密封的双端面密封,从内侧密封泄漏的介质在环境温度下不会被冷凝的场合
本方案收集从内侧密封泄漏的介质,限制泵送介质漏到大气。排除万一液体聚集在腔内气体保护密封腔内会产生过热,引起碳氢化合物结焦和密封失效的可能</td></tr>
</table>

续表

简　　图	特点及说明	用　　途
这种含有雾滴的气体在环境温度下雾滴不会被冷凝。在收集管的出口管上装有孔板，限制气体的排出量。这样，内侧密封泄漏量过大时，将会引起压力升高，并触发设定压力为0.07MPa(表压)压力开关高(PSH)的信号。出口上的切断阀用于切断系统，以便于维修。亦可将切断阀关闭，试验内侧密封泄漏情况而泵仍在运转，记下收集管内时间-压力相互关系的记录。如果规定，可以使用装在管5上的放净口注入氮气或其他气体，达到试验密封性能和检查液体沉积情况的目的		本方案可与带有缓冲气的密封系统（方案72）组合使用；也可与不带缓冲气的密封系统（方案71）组合使用，但需用堵头堵住缓冲气入口(GBI)

注：1. 图例及符号说明

过滤器	(P)液位开关	L1 液位显示	(FS)流量开关	Q 阻封液
换热器（冷却器）	(PS)压力开关　压力调节阀	LG 液位计	I 入口	D 放净
(PI)压力表	旋液分离器　切断阀　逆止阀	F I L 组合过滤器	V 排气口	F 冲洗液
(TI)温度计	(FI)流量计			
FI 冲洗液入口	FO 冲洗液出口　孔板	LBI 缓冲液/隔离液入口	LBO 缓冲液/隔离液出口	GBI 缓冲气入口
CSV 腔内气体保护密封排气口	CSD 腔内气体保护密封放净口	I 入口	HCI 加热或冷却剂入口	HCO 加热或冷却剂出口

2. 表中提到的典型机械密封结构见图10-3-11。

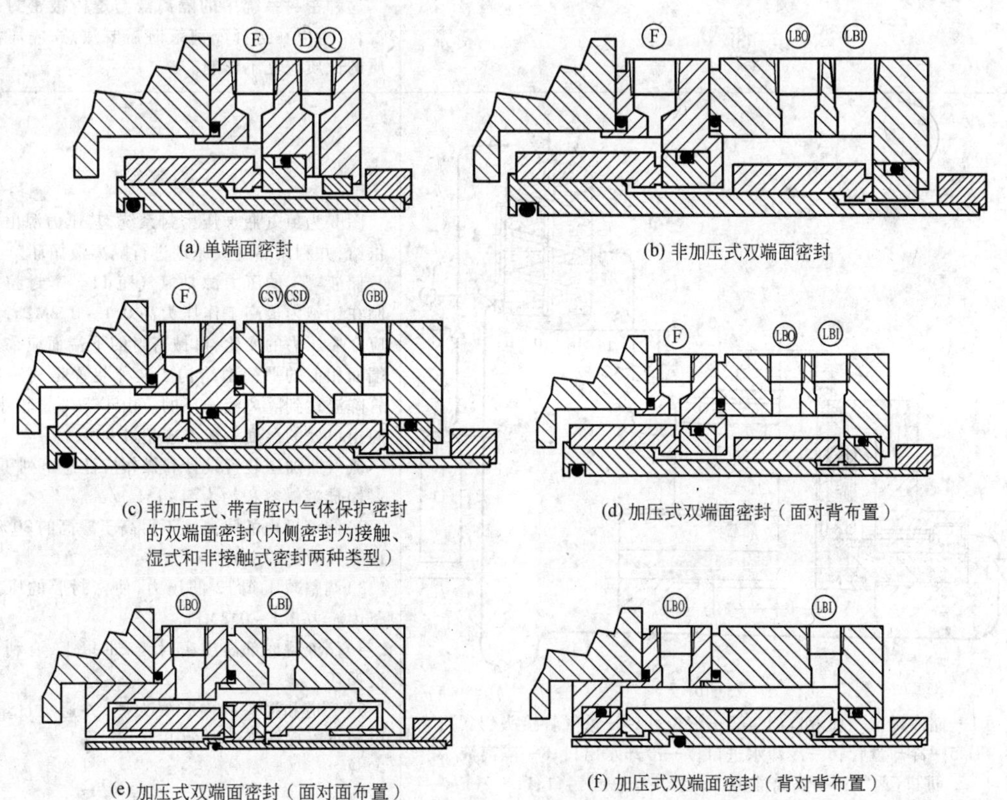

(a) 单端面密封

(b) 非加压式双端面密封

(c) 非加压式、带有腔内气体保护密封的双端面密封(内侧密封为接触、湿式和非接触式密封两种类型)

(d) 加压式双端面密封（面对背布置）

(e) 加压式双端面密封（面对面布置）

(f) 加压式双端面密封（背对背布置）

图10-3-11　典型机械密封

8.10.3　釜用机械密封润滑和冷却系统

表 10-3-41

<table>
<tr><th>类型</th><th>系 统 简 图</th><th>特点及应用</th></tr>
<tr><td>自动压力平衡系统</td><td>加隔离液口
储液罐
残液清理口
隔离液入口
冷却水出口
双端面密封（带水夹套）
冷却水入口
气体介质
搅拌釜
(a)</td><td>图 a 为立式搅拌轴上双端面密封自动压力平衡系统。加压方式是设置一个储液罐，罐顶有一个接口与搅拌釜顶部接口用管道连接，这样釜内压力直接加在储液罐内隔离液上，组成一个压力平衡系统。罐底隔离液出口与机械密封的隔离液入口用管道连接。因储液罐安装高度比机械密封安装高度高 2m 以上，所以隔离液利用自重流入密封腔内，并保证与釜内有必需的压力差，达到润滑机械密封的目的。为了防止隔离液中杂质进入密封腔，罐底隔离液出口管伸入罐内一定高度，使杂质沉积在罐底内。储液罐上装有液面计加液口、残液清理口、压力计口和管道控制阀门等。如果需要，在储液罐上装设液位开关，当密封失效时，罐内隔离液液位下降，达到最低液位时，液位开关发出信号报警
密封腔隔离液入口应设在比密封上端面略高的位置，因为隔离液中有时含有从釜内漏出的气体以及端面间液膜汽化的气体，这些积累的气体通过隔离液入口管道排至储液罐内，这样可以避免密封上端面处于干摩擦运转状态。密封腔上方应开设放空口，以便在向储液罐内加注隔离液时把气体排除干净，然后把放空口堵住
这种密封系统中的隔离液与釜内被密封介质相混合，所以在选择隔离液时需要注意，隔离液与介质的性质应互不影响</td></tr>
<tr><td>氮气瓶加压密封系统</td><td>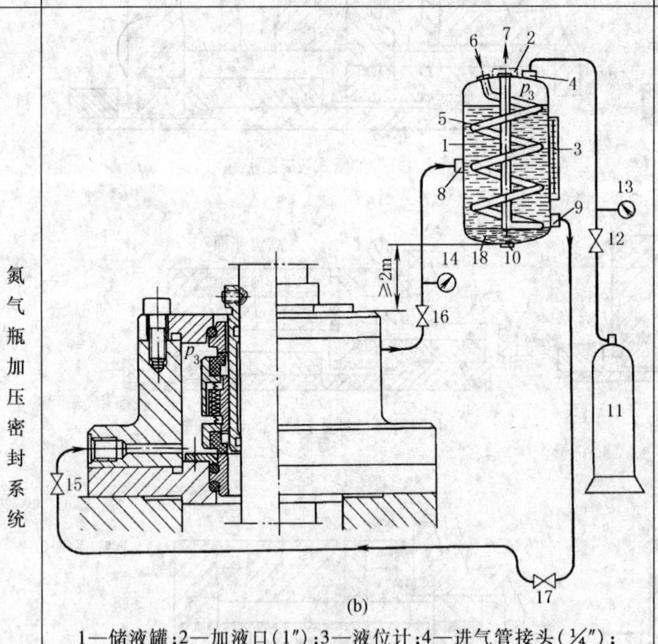

(b)
1—储液罐；2—加液口（1″）；3—液位计；4—进气管接头（¼″）；5—冷却盘管；6—冷却水进口；7—冷却水出口；8—隔离液进口（⅜″）；9—隔离液出口（⅜″）；10—排污口；11—氮气瓶；12—减压阀；13—压力表；14—温度计；15—进口阀；16—出口阀；17—排污旋塞；18—沉淀物</td><td>图 b 为氮气瓶加压密封系统，其压力源由氮气瓶供给，并利用热虹吸原理进行隔离液循环
储液罐 1 的压力源是氮气瓶 11。密封腔压力控制在比釜内最高工作压力高 0.1～0.2MPa，为了适应介质压力的变化，机械密封的下端面应采用与上端面相似的平衡型结构。这种装置是利用冷却盘管降温达到隔离液循环的。由于循环量较小，密封腔出口处的温度一般不应超过 60℃
氮气瓶加压装置设计和操作应注意下列事项：
1）储液罐容积约为 5～15L
2）储液罐内的隔离液不得高于罐高的 80%，以保证氮气所占的空间
3）调整减压阀 12 的压力，使密封腔的压力高于釜内压力 0.1～0.2MPa
4）储液罐底部高出密封腔 2m 以上，有利于隔离液循环
5）管道和接头的内径要大些，并避免过量弯曲，以减小隔离液循环时的阻力</td></tr>
</table>

续表

类型	系统简图	特点及应用
氮气瓶加压密封系统	(c) 1—储液罐;2—加液口(1″);3—液位计;4—进气管接头(¼″);5—冷却盘管;6—冷却水进口;7—冷却水出口;8—隔离液进口(⅜″);9—隔离液出口(⅜″);10—排污口;11—储液罐(常压);12—下液位计;13—手动泵;14—安全阀;15—下排污口;16—输液管;17—带过滤器的加液口	6)储液罐内的液面不得低于隔离液进口8,避免造成气隔使液流循环中断,并要经常检查、补充隔离液 7)补充隔离液时,应先停车,降压,然后再加隔离液。对于一般性介质(如无毒、无腐蚀、非易燃易爆),也可采用不停车加液的方法。但必须先关闭减压阀12、进口阀15和出口阀16,然后使储液罐卸压,进行加液。加到所需量后,将加液口2封严,接着依次缓慢打开减压阀、进口阀和出口阀。整个加液过程的时间要尽量缩短,不然,机械密封端面产生的摩擦热不能被带走,造成密封腔内隔离液温度升高,致使隔离液容积增加,这样会造成隔离液压力迅速上升,端面被打开或烧毁等不良后果 为方便加液过程,可将储液罐制成如图c所示的结构。在储液罐下部增设一个常压的储液罐11和手动泵13,加液时,用手动泵13将常压的储液罐内的隔离液直接打入储液罐。这种方法可以在不停车、不卸压的情况下进行
油泵加压隔离液循环系统	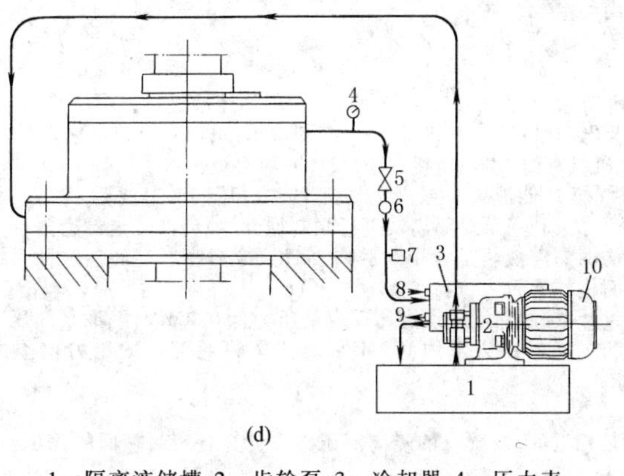 (d) 1—隔离液储槽;2—齿轮泵;3—冷却器;4—压力表;5—调节阀;6—温度表;7—磁性过滤器;8—冷却液进口;9—冷却液出口;10—电动机	在高温或高压运转的高载荷密封装置中,需要采用强制循环隔离液对密封端面进行润滑和冷却,达到长期稳定运转的目的。图d所示为油泵加压隔离液循环系统,用于双端面机械密封。隔离液压力由齿轮泵2供给,利用泵送压力迫使隔离液在密封腔、冷却器3、磁性过滤器7、调节阀5、隔离液储槽1之间循环流动,使隔离液得到充分冷却并将管道中的锈渣和污物清除掉,冷却效果好。正常条件下,隔离液温度可以控制在60℃以下 调节调节阀5,控制密封腔的压力比釜内介质压力高0.2~0.5MPa。隔离液一般应用工业白油

续表

类型	系统简图	特点及应用
自身压力增压系统	(e) 1—平衡罐；2—手动泵；3—压力表；4—釜内气体连通管；5—隔离液补充口；6—隔离液进密封腔；7—夹套冷却水进口；8—夹套冷却水出口；9—机械密封	搅拌釜用双端面机械密封自身压力增压系统，是将隔离液（润滑油或润滑介质）加到密封腔中，润滑密封端面，适用于釜内介质不能和隔离液相混合的场合 平衡罐1上部与密封腔用管道连接，下部用管道与釜内连通，使釜内的压力通过平衡活塞传递到密封腔。由于活塞上端的承压面积比活塞下端承压面积减少了一根活塞杆的横截面积，因此隔离液压力按两端承压面积反比例增加，从而保证了良好的密封条件。活塞用O形环与罐壁密封，且可沿轴向滑动。活塞既能传递压力，又能起到隔离液与釜内气体的隔离作用。设计活塞两端的承压面积之比时，应根据所要求的密封腔与釜内的压力差来计算，一般密封腔与釜内压力差在 0.05 ~ 0.15MPa 之间 在活塞杆上装上弹簧，调节好弹簧压缩量，使弹簧张力正好抵消活塞上O形环对罐壁的摩擦力，以减少压力差计算值与实际之间的误差（可用上、下两块压力表校准）。此外，活塞杆的升降还有指示平衡罐中液位的作用。当隔离液泄漏后需要补充时，用手动泵2加注
多釜合用隔离液系统	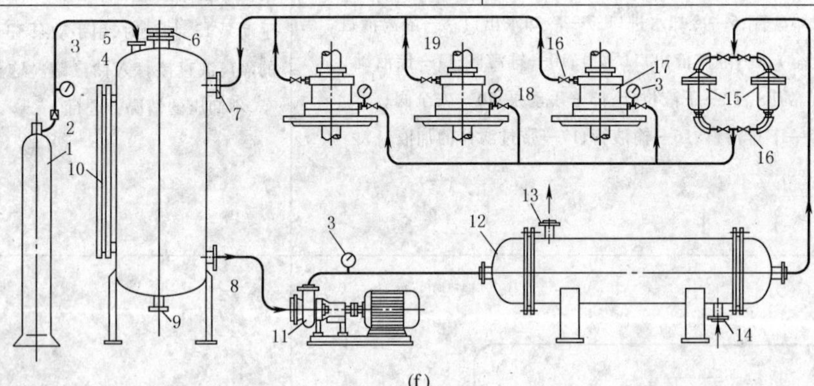 (f) 1—氮气瓶；2—减压阀；3—压力表；4—储液罐；5—氮气入口；6—加液口；7—回流液进口；8—回流液出口；9—排污口；10—液位视镜；11—泵及电动机；12—冷却器；13—冷却水出口；14—冷却水进口；15—过滤器；16—闸阀；17—机械密封；18—隔离液进口；19—隔离液出口 图f所示为多釜合用隔离液系统，主要设备包括氮气瓶1、储液罐4、泵及电动机11、冷却器12、过滤器15等。将氮气瓶中的氮气通入储液罐内，控制反应釜密封腔的隔离液压力；利用泵对隔离液进行强制循环、隔离液带走的密封热量经冷却器冷却，然后经两个可以相互切换的过滤器过滤，清洁的隔离液再进入密封腔内，润滑、冷却密封端面。这种系统适用于同一车间内很多反应釜密封条件相同或相近的双端面机械密封 隔离液系统的各部分压力应近似按下列要求进行设计：控制储液罐压力比反应釜压力低 0.2MPa，经油泵加压后比储液罐高 0.5MPa，即比反应釜压力高 0.3MPa，冷却器和过滤器压力降约 0.2MPa，则进入密封腔内的压力比釜内压力高 0.1MPa，符合密封腔压力比反应釜工作压力高的要求 隔离液压力系统的设计和操作条件如下： 1）要求机械密封的工作压力、温度、介质条件必须是相近的，按统一的隔离液压力来计算各密封端面的比压，以适应操作过程中的压力变化 2）由于各台釜的升压、降压时间并不一致，因而要求恒定不变的隔离液压力能够适应这种压力变化。为此，双端面机械密封的上、下两个端面都应制成平衡型结构，避免釜压低时下端面比压过大，造成端面磨损和发热 3）密封腔内的隔离液压力是由氮气压力、泵送压力以及系统中辅助设备及管道的阻力降决定的，通常是通过调节氮气瓶出口处的减压阀2来控制密封所需压力 4）反应釜停车时仍应保持隔离液循环畅通，如须闭阀停止循环，系统中阻力降发生变化，隔离液压力须重新进行调整 5）并联的双过滤器交替使用，定期清除过滤器中的污物	

8.11 杂质过滤和分离

若密封介质中带有杂质或输送介质的管道有铁锈等固体颗粒都会给机械密封带来极大危害，采用过滤或分离是一种积极措施。经过滤或分离后，介质中允许含有最大颗粒与主机的用途、运转条件有关。通常，泵用机械密封最大允许颗粒为 25～100μm，高速运转压缩机为 10～25μm。

表 10-3-42

名称	结 构 图	特点及应用
Y形过滤器	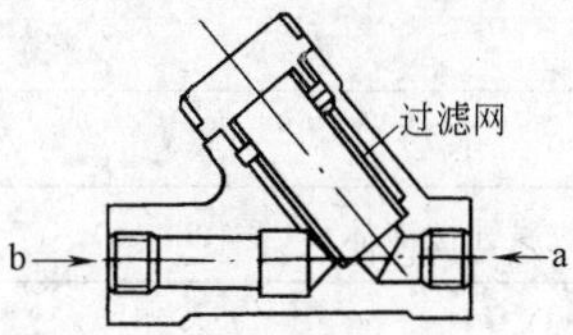 过滤网	Y形过滤器应用在冲洗或循环管道中，含有颗粒的介质从 a 端进入，由过滤网内侧通过过滤网，杂质被堵在过滤网内侧，清洁介质由过滤网外侧出来，从 b 端流出，达到清除杂质的目的
磁性过滤器	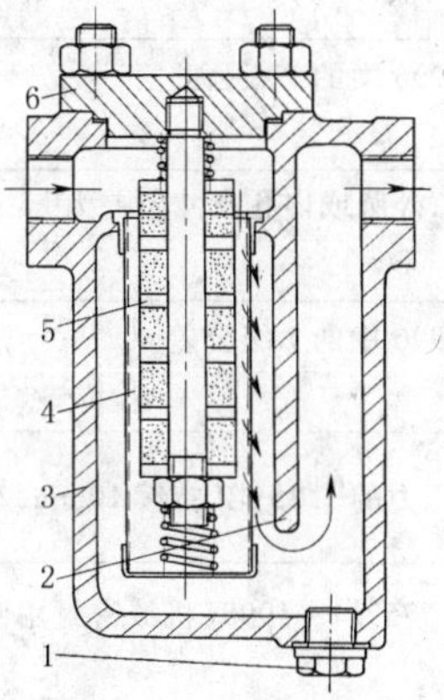 1—排液螺塞；2—导向板；3—壳体；4—过滤筛网；5—磁套；6—壳盖	磁性过滤器在冷却循环管道上使用。它不但可以把铁屑吸附在磁套 5 上，而且过滤筛网 4 还可以把其他杂质过滤并定期清理。通常，管道上需并联安装两个过滤器，进、出口管端需装设阀门，以便交替清理使用而不必停车。打开壳盖 6 便可以快速更换磁套和过滤筛网
液力旋流器（又称旋液分离器）	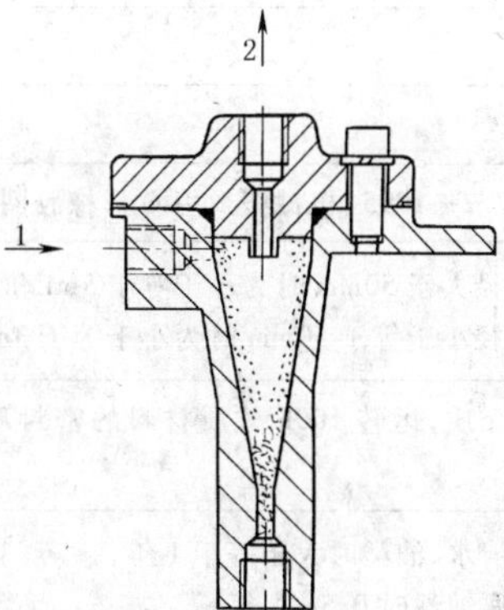 1—含杂质介质入口；2—清净介质出口；3—杂质出口	它的入口 1 布置在内锥体的切线位置，泥、砂、杂质在锥体中依靠旋涡和重力作用进行分离，清洁介质自上方清净介质出口 2 进入密封腔，杂质从下面杂质出口 3 排出。这种分离器通常可以分离出去 95%～99.5% 的杂质，例如在 0.7MPa 压力条件下，对含砂水进行分离，当粒度为 0.25μm 时，分离率为 96%～99.2%

8.12 机械密封标准

8.12.1 机械密封技术条件（摘自 JB/T 4127.1—1999）

表 10-3-43

名称		项目	技术条件
标准适用范围		工作压力	0～1.6MPa（密封腔内实际压力）
		工作温度	－20～80℃（密封腔内实际温度）
		轴（或轴套）外径	10～120mm
		转速	不大于 3000r/min
		介质	清水、油类和一般腐蚀性液体
主要零件技术要求	密封环	密封端面平面度	不大于 0.0009mm
		密封端面粗糙度	金属材料：R_a0.2μm 非金属材料：R_a0.4μm
		密封端面与辅助密封圈接触端面平行度	按 GB/T 1184—1996 中的 7 级公差
		密封环与辅助密封圈接触部位的表面粗糙度	R_a 不大于 3.2μm，外圆或内孔尺寸公差为 h8 或 H8
		密封环端面与辅助密封圈接触外圆的垂直度	按 GB/T 1184—1996 中的 7 级公差
		石墨环、填充聚四氟乙烯环、组装的动、静环的水压试验	试验压力为工作压力的 1.25 倍，持续 10min，不应有渗漏
	弹簧	弹簧外径、内径 弹簧自由高度 弹簧工作压力 弹簧中心线与两端面垂直度	其公差值按 JB/T 7757.1—1995《机械密封用圆柱螺旋弹簧》中的规定
		同一套机械密封中各弹簧之间的自由高度差	不大于 0.5mm
	弹簧座 传动座	内孔尺寸公差	E9
		内孔粗糙度	不大于 3.2μm
	辅助密封	O 形密封圈	参照 JB/T 7757.2—1995《机械密封用 O 形橡胶圈》
性能要求		平均泄漏量（密封液体时）	轴（或轴套）外径大于 50mm 时为小于等于 5mL/h 轴（或轴套）外径小于等于 50mm 时为小于等于 3mL/h
		磨损量	以清水为试验介质，运转 100h 软质材料的密封环磨损量小于等于 0.02mm
		使用期限	被密封介质为清水、油类时大于等于 1 年 被密封介质有腐蚀性时 0.5～1 年 使用条件苛刻时不受此限
		静压试验压力	为产品最高使用压力的 1.25 倍，持续 10min，折算泄漏量不大于本表中“平均泄漏量”栏内的规定

续表

<table>
<tr><th colspan="2">名 称</th><th>项 目</th><th colspan="2">技 术 条 件</th></tr>
<tr><td rowspan="8">安装要求</td><td rowspan="5">轴或轴套</td><td rowspan="3">径向圆跳动公差/mm</td><td>轴(或轴套)外径</td><td>径向圆跳动公差</td></tr>
<tr><td>10~50</td><td>0.04</td></tr>
<tr><td>>50~120</td><td>0.06</td></tr>
<tr><td>外径尺寸公差及粗糙度</td><td colspan="2">h6, R_a 不大于 3.2μm</td></tr>
<tr><td>安装辅助密封圈的轴(或轴套)的端部</td><td colspan="2">10° 圆滑连接 R1.6 3</td></tr>
<tr><td></td><td>转子轴向窜动量</td><td colspan="2">小于等于 0.3mm</td></tr>
<tr><td rowspan="2">密封端盖</td><td rowspan="2">安装辅助密封圈的端盖(或壳体)的孔的端部</td><td rowspan="2">20° 3.2 3.2 圆滑连接 6.3 3.2 c</td><td>轴(或轴套)外径/mm | c/mm</td></tr>
<tr><td>10~16 | 1.5
>16~48 | 2
>48~75 | 2.5
>75~120 | 3</td></tr>
</table>

注：本书编入的具体密封产品或密封技术因所依据的标准或资料来源不同，有些技术要求数据也可能有所不同。参考时请核对具体条件。

8.12.2 机械密封用O形橡胶密封圈（摘自JB/T 7757.2—2006）

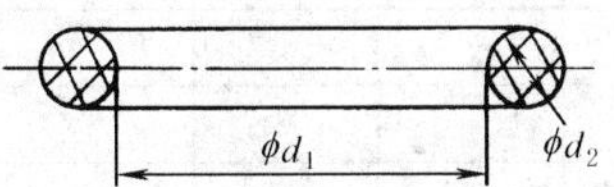

标记示例：O形橡胶密封圈，内径 d_1 18.00mm，截面直径 d_2 2.65mm，标记为

O形圈 18×2.65 JB/T 7757.2—2006

表 10-3-44

mm

d_1		d_2									
内径	极限偏差	1.80 ±0.08	2.65 ±0.09	3.10 ±0.10	3.55 ±0.10	4.10 ±0.10	4.50 ±0.10	4.70 ±0.10	5.30 ±0.13	5.70 ±0.13	6.40 ±0.15
11.8	±0.17	*									
13.8		*									
15.8		*									
16.0			*								
17.8			*	*	*						
18.0			*	*							
19.8	±0.22		*	*	*						
20.0			*	*							
21.8			*	*	*						
22.0			*	*							
23.7			*	*	*						
24.7			*	*	*						
25.7			*	*	*						
26.3				*	*						
27.7			*	*	*						
28.3				*	*						
29.7			*	*	*						

续表

d_1		d_2									
内径	极限偏差	1.80 ±0.08	2.65 ±0.09	3.10 ±0.10	3.55 ±0.10	4.10 ±0.10	4.50 ±0.10	4.70 ±0.10	5.30 ±0.13	5.70 ±0.13	6.40 ±0.15
30.3				*	*						
31.7			*	*	*						
32.3				*	*						
32.7			*	*	*						
33.3				*	*						
34.7			*	*	*						
36.3				*	*						
37.7			*	*	*						
38.3				*	*						
39.7	±0.30		*	*	*						
41.3				*	*						
42.7			*	*	*						
43.3				*	*						
44.7			*	*	*		*				
47.7			*	*	*		*				
48.4				*		*	*	*			
49.7			*	*	*	*	*				
50.4				*	*			*			
52.4			*	*	*	*	*				
53.4				*		*		*			
54.4			*	*	*	*	*				
55.4					*	*		*			
57.6					*	*	*	*	*		
58.4						*		*			
59.6					*	*	*	*	*		
61.4						*	*	*			
62.6					*	*	*	*	*		
64.4						*		*			
64.6	±0.45				*		*		*		
66.4							*	*			
67.6					*	*	*		*		
69.4						*		*			
69.6					*		*		*		
71.4							*	*			
72.6					*				*		
74.4							*	*			
74.6					*	*			*		
76.4					*		*	*	*		
79.6					*	*		*	*		

续表

d_1		d_2									
内径	极限偏差	1.80 ±0.08	2.65 ±0.09	3.10 ±0.10	3.55 ±0.10	4.10 ±0.10	4.50 ±0.10	4.70 ±0.10	5.30 ±0.13	5.70 ±0.13	6.40 ±0.15
80.1	±0.65							*	*		
82.1									*		
84.6					*				*		
85.1									*		
87.1									*		
89.6					*				*	*	
94.1					*				*	*	
94.6					*				*	*	
99.1					*				*	*	
99.6					*				*	*	
104.1					*				*	*	
104.6					*				*		
109.1										*	
109.6									*	*	
114.1									*	*	
114.6									*		
119.6	±0.90								*		
124.1											*
124.6									*		*
134.1											*

注：1. * 表示常用尺寸。

2. 密封圈常用材料及适用范围见表 10-3-45。

3. 液压、气压传动用 O 形橡胶密封圈见本篇第 4 章第 5 节 O 形橡胶密封圈。

表 10-3-45　　密封圈常用材料及适用范围

种类	丁腈橡胶(NBR)	乙丙橡胶(EPR)	氟橡胶(FPM)	硅橡胶(MVQ)
代号	P	E	V	S
工作温度/℃	-30~100	-50~150	-20~200	-60~230
主要特点	耐油	耐放射性、耐碱	耐油、耐热、耐蚀	耐寒、耐热

8.12.3　泵用机械密封（摘自 JB/T 1472—1994）

表 10-3-46　　密封适用范围及材料

<table>
<tr><th colspan="4">名　称</th><th>型号</th><th>压力
/MPa</th><th>温度
/℃</th><th>转速
/r·min⁻¹</th><th>轴径
/mm</th><th>介　质</th></tr>
<tr><td rowspan="7">密封适用范围</td><td rowspan="6">内装式单端面</td><td rowspan="4">单弹簧</td><td>非平衡型并圈弹簧传动</td><td>103</td><td>0~0.8</td><td rowspan="6">-20~80</td><td rowspan="6">≤3000</td><td rowspan="4">16~120</td><td rowspan="6">汽油、煤油、柴油、蜡油、原油、重油、润滑油、丙酮、苯、酚、吡啶、醚、稀硝酸、浓硝酸、脂酸、尿素、碱液、海水、水等</td></tr>
<tr><td>平衡型并圈弹簧传动</td><td>B103</td><td>0.6~3,0.3~3[①]</td></tr>
<tr><td>非平衡型套传动</td><td>104</td><td>0~0.8</td></tr>
<tr><td>平衡型套传动</td><td>B104</td><td>0.6~3,0.3~3[①]</td></tr>
<tr><td rowspan="2">多弹簧</td><td>非平衡型螺钉传动</td><td>105</td><td>0~0.8</td><td rowspan="2">35~120</td></tr>
<tr><td>平衡型螺钉传动</td><td>B105</td><td>0.6~3,0.3~3[①]</td></tr>
<tr><td colspan="3">外装式单端面单弹簧非平衡型拨叉传动</td><td>114</td><td>0~0.2</td><td>0~60</td><td>≤3600</td><td>16~100</td><td>腐蚀性介质，如浓及稀硫酸、40%以下硝酸、30%以下盐酸、磷酸、碱等</td></tr>
</table>

续表

	摩擦副材料								辅助密封圈材料		
	材料	代号	材料	代号	材料	代号	材料	代号	材料	形状	代号
密封材料	浸酚醛碳石墨	B_1	浸锑碳石墨	A_3	钨钴硬质合金	U	锡磷或锡锌青铜	N	丁腈橡胶	O形	P
	热压酚醛碳石墨	B_2	氧化铝陶瓷	V	钢结硬质合金	L	硅铁	R_1	氟橡胶	O形	V
	浸呋喃碳石墨	B_3	金属陶瓷	X	不锈钢喷涂非金属粉末	J_1	耐磨铸铁	R_2	硅橡胶	O形	S
	浸环氧碳石墨	B_4	氮化硅	Q	不锈钢喷焊金属粉末	J_2	整体不锈钢	F	乙丙橡胶	O形	E
	浸铜碳石墨	A_1	碳化硅	O	填充聚四氟乙烯	Y	不锈钢堆焊硬质合金	I	聚四氟乙烯	V形	T
	浸巴氏合金碳石墨	A_2	工程塑料	Z							

① 对黏度较大、润滑性好的介质取0.6~3；对黏度较小、润滑性差的介质取0.3~3。

密封型号标记

标记方法：

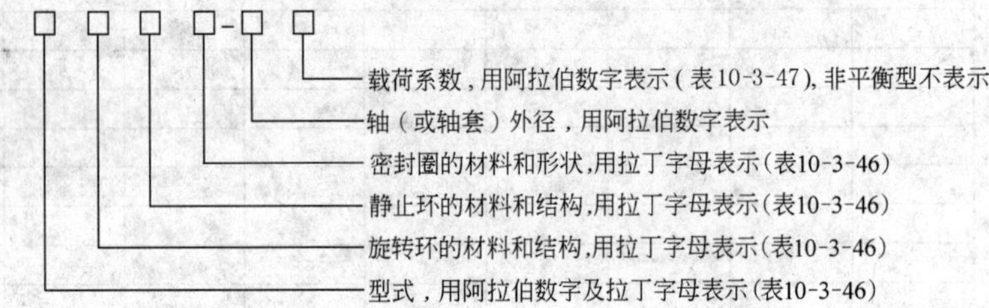

标记示例：

a. 内装式单端面单弹簧非平衡型并圈弹簧传动的泵用机械密封，旋转环为钨钴硬质合金，静止环为浸酚醛石墨，密封圈为丁腈-40橡胶圈，轴（或轴套）外径40mm。标记为

$$103UB_1P\text{-}40$$

b. 内装式单端面多弹簧平衡型螺钉传动的泵用机械密封，旋转环为氧化铝陶瓷，静止环为浸呋喃石墨，密封圈为聚四氟乙烯V形圈，轴（或轴套）外径50mm，载荷系数$K=0.80$。标记为

$$B105VB_3T\text{-}50/80$$

表 10-3-47　　载荷系数

载荷系数 K/%	85	80	75	70	60
代　号	85	80	75	70	60

密封主要技术要求

1）密封端面的要求

a. 平面度误差不大于0.0009mm。

b. 硬质材料表面粗糙度R_a值为0.2μm，软质材料表面粗糙度R_a值为0.4μm。

2）静止环和旋转环与辅助密封圈接触部位的表面粗糙度R_a值为3.2μm，外圆或内孔尺寸公差为h8或H8。

3）弹簧应符合ZB J22 004的规定。选用弹簧旋向时，应注意轴的旋向，应使弹簧愈旋愈紧。

4）性能要求

a. 泄漏量：轴（或轴套）外径小于等于50mm，泄漏量小于等于3mL/h；外径大于50mm，泄漏量小于等于5mL/h。

b. 磨损量：以清水介质试验，运转100h，任一密封环磨损量均不大于0.02mm。

c. 使用期：在合理选型、正确安装使用的情况下，使用期一般为一年。

5）安装与使用要求

安装机械密封部位的轴的轴向窜动量不大于0.3mm，其他安装使用要求按表10-3-43的规定。

103 型和 B103 型机械密封主要尺寸

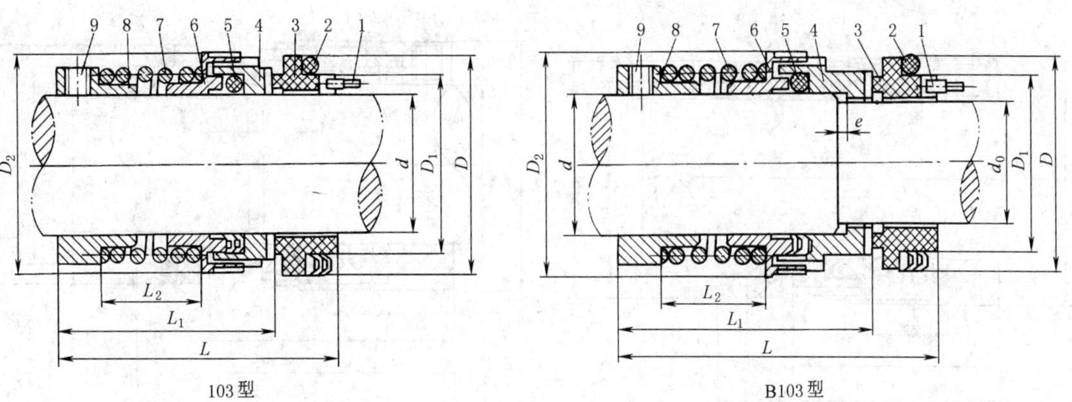

103型　　B103型

1—防转销；2,5—辅助密封圈；3—静止环；4—旋转环；6—推环；7—弹簧；8—弹簧座；9—紧定螺钉

表 10-3-48　　mm

规格	103 型和 B103 型				103 型			B103 型				
	d	D_2	D_1	D	L	L_1	L_2	d_0	L	L_1	L_2	e
16	16	33	25	33	56	40	12	11	64	48	12	2
18	18	35	28	36	60	44	16	13	68	52	16	
20	20	37	30	40	63	44	16	15	71	52	16	
22	22	39	32	42	67	48	20	17	75	56	20	
25	25	42	35	45	67	48	20	20	75	56	20	
28	28	45	38	48	69	50	22	22	77	58	22	
30	30	52	40	50	75	56	22	25	84	65	22	3
35	35	57	45	55	79	60	26	28	89	70	26	
40	40	62	50	60	83	64	30	34	93	74	30	
45	45	67	55	65	90	71	36	38	100	81	36	
50	50	72	60	70	94	75	40	44	104	83	40	
55	55	77	65	75	96	77	42	48	106	87	42	
60	60	82	70	80	96	77	42	52	106	87	42	
65	65	92	80	90	111	89	50	58	118	96	50	
70	70	97	85	97	116	91	52	62	126	101	52	
75	75	102	90	102	116	91	52	66	126	101	52	
80	80	107	95	107	123	98	59	72	133	108	59	
85	85	112	100	112	125	100	59	76	135	110	59	
90	90	117	105	117	126	101	60	82	136	111	60	
95	95	122	110	122	126	101	60	85	136	111	60	
100	100	127	115	127	126	101	60	90	136	111	60	
110	110	141	130	142	153	126	80	100	165	138	80	
120	120	151	140	152	153	126	80	110	165	138	80	

104型和B104型机械密封主要尺寸

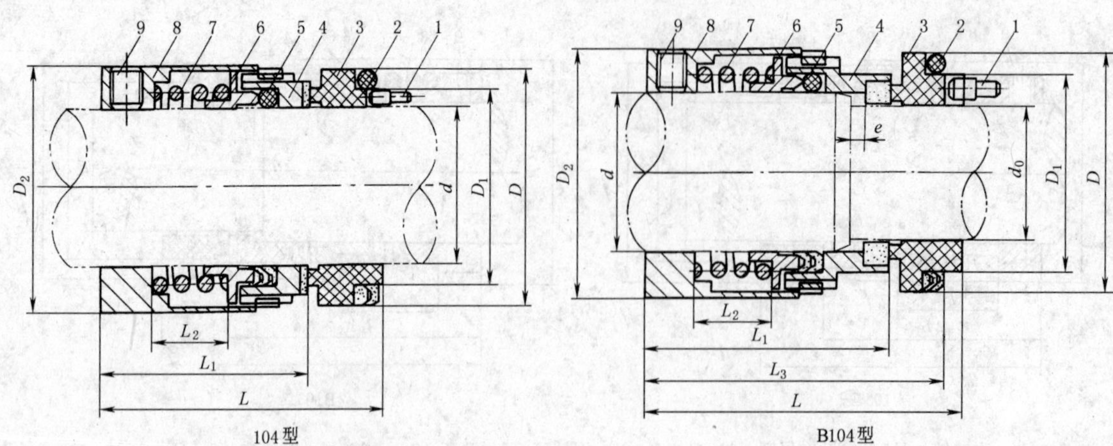

1—防转销；2,5—密封圈；3—静止环；4—旋转环；6—推环；7—弹簧；8—弹簧座；9—紧定螺钉

表 10-3-49 mm

规格	104型和B104型				104型			B104型					
	d	D	D_1	D_2	L	L_1	L_2	d_0	L	L_1	L_2	L_3	e
16	16	33	25	33	53	37	8	11	61	45	8	57	
18	18	36	28	35	58	40	11	13	64	48	11	60	
20	20	40	30	37	59	40	11	15	67	48	11	62	
22	22	42	32	39	62	43	14	17	70	51	14	65	2
25	25	45	35	42	62	43	14	20	70	51	14	65	
28	28	48	38	45	63	44	15	22	71	52	15	66	
30	30	50	40	52	68	49	15	25	77	58	15	72	
35	35	55	45	57	70	51	17	28	80	61	17	75	
40	40	60	50	62	73	54	20	34	83	64	20	78	
45	45	65	55	67	79	60	25	38	89	70	25	84	
50	50	70	60	72	82	63	28	44	92	73	28	87	
55	55	75	65	77	84	65	30	48	94	75	30	89	
60	60	80	70	82	84	65	30	52	94	75	30	89	
65	65	90	80	92	96	74	35	58	108	81	35	98	
70	70	97	85	97	101	76	37	62	111	86	37	105	3
75	75	102	90	102	101	76	37	66	111	86	37	105	
80	80	107	95	107	106	81	42	72	116	91	42	110	
85	85	112	100	112	107	82	42	76	117	92	42	111	
90	90	117	105	117	108	83	43	82	118	93	43	112	
95	95	122	110	122	108	83	43	85	118	93	43	112	
100	100	127	115	127	108	83	43	90	118	93	43	112	
110	110	142	130	141	132	105	60	100	144	117	60	138	
120	120	152	140	151	132	105	60	110	144	117	60	138	

105 型、B105 型和 114 型机械密封主要尺寸

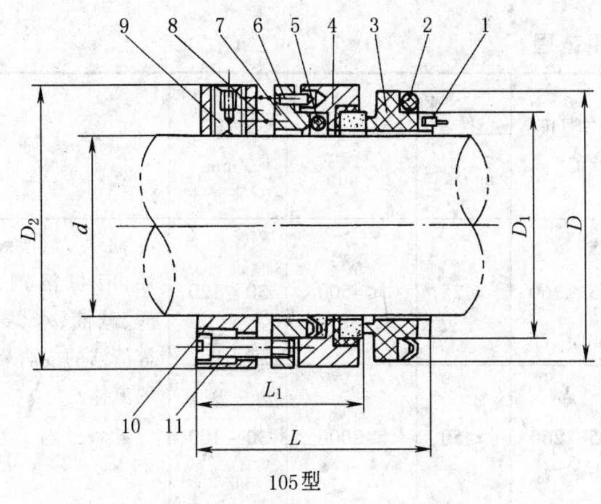

105型

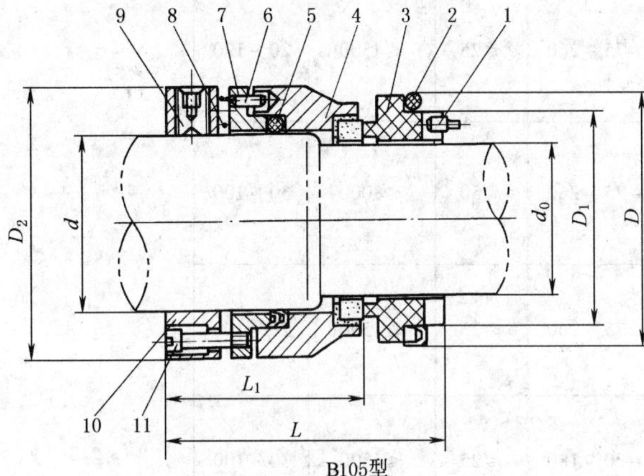

B105型

1—防转销；2,5—辅助密封圈；3—静止环；4—旋转环；6—传动销；7—推环；8—弹簧；9—紧定螺钉；10—弹簧座；11—传动螺钉

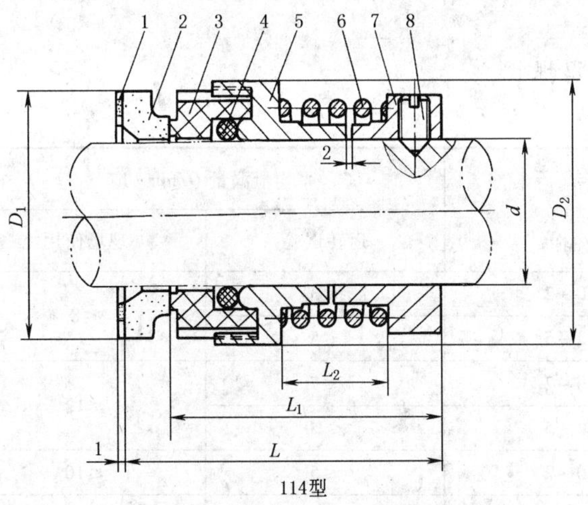

114型

1—密封垫；2—静止环；3—旋转环；4—密封圈；5—推环；6—弹簧；7—弹簧座；8—紧定螺钉

表 10-3-50　　mm

规格	105 型和 B105 型				105 型		B105 型		
	d	D	D_1	D_2	L_1	L	d_0	L_1	L
35	35	55	45	57	38	57	28	48	67
40	40	60	50	62	38	57	34	48	67
45	45	65	55	67	39	58	38	49	68
50	50	70	60	72	39	58	44	49	68
55	55	75	65	77	39	58	48	49	68
60	60	80	70	82	39	58	52	49	68
65	65	90	80	91	44	66	58	51	75
70	70	97	85	96	44	69	62	54	79
75	75	102	90	101	44	69	66	54	79
80	80	107	95	106	44	69	72	54	79
85	85	112	100	111	46	71	76	56	81
90	90	117	105	116	46	71	82	56	81
95	95	122	110	121	46	71	85	56	81
100	100	127	115	126	46	71	90	56	81
110	110	142	130	140	51	78	100	73	100
120	120	152	140	150	51	78	110	73	100

规格	114 型					
	d	D_1	D_2	L	L_1	L_2
16	16	34	40	55	44	11
18	18	36	42	55	44	11
20	20	38	44	58	47	14
22	22	40	46	60	49	16
25	25	43	49	64	53	20
28	28	46	52	64	53	20
30	30	53	64	73	62	22
35	35	58	69	76	65	25
40	40	63	74	81	70	30
45	45	68	79	89	75	34
50	50	73	84	89	75	34
55	55	78	89	89	75	34
60	60	83	94	97	83	42
65	65	92	103	100	86	42
70	70	97	110	100	86	42

8.12.4 泵用焊接金属波纹管机械密封（摘自 JB/T 8723—1998）

表 10-3-51 密封适用范围

名称	型号	工作压力/MPa		工作温度/℃	速度		轴径/mm	介质
		单层波片	双层波片		/m·s^{-1}	/r·min^{-1}		
内装、单端面、旋转式、平垫密封、法兰连接波纹管机械密封	J111	0~2	0~3.5	-75~260	≤25	≤4500	30~120	油类、轻烃、芳烃、有机溶剂、弱酸、碱液、水、氨水等清洁的或含颗粒的流体
内装、单端面、静止式、平垫密封、法兰连接波纹管机械密封	J112	0~2	0~3.5	-75~260	≤50	≤8000	30~100	
内装、单端面、旋转式、填料密封、紧定螺钉连接波纹管机械密封	J113	0~2	0~3.5	-75~260	≤25	≤4500	20~120	
内装、单端面、静止式、角形圈密封、夹固连接波纹管机械密封	J114	0~2	0~3.5	-75~260	≤50	≤8000	30~100	
内装、单端面、旋转式、填料密封、内拨叉传动波纹管机械密封	J115	0~2	0~3.5	-75~260	≤25	≤4500	20~100	
内装、单端面、旋转式、O形圈密封、防扭套传动波纹管机械密封	J123	0~2	0~3.5	-20~180	≤25	≤4500	30~100	

密封性能要求

(1) 泄漏量

a. 现场使用及运转试验的平均泄漏量，按表 10-3-52 规定。

表 10-3-52

轴径 d /mm	转速 n /r·min^{-1}	压力 p /MPa	平均泄漏量 Q/mL·h^{-1}	
			运转试验	现场使用
≤50	≤3000	0~2	≤3	≤8
		2~5	≤5	
	≤6000	0~2	≤7	≤12
		2~5	≤10	
>50	≤3000	0~2	≤5	≤10
		2~5	≤7	≤15
	≤6000	0~2	≤10	
		2~5	≤15	≤18

b. 静压试验的平均泄漏量不超过运转试验的1/3。

（2） 磨损量

用清水介质做运转试验，时间为100h，任一密封环磨损量应不大于0.02mm。

（3） 使用期

使用期不少于4000h，特殊工况例外。

波纹管机械密封材料选用要求

1） 输送介质温度在不高于－20℃、不低于200℃时，密封环座材料应优先采用高镍合金。

2） 在介质有结晶、易结焦或含颗粒时，摩擦副应采用硬-硬材料配对。

3） 辅助密封材料在输送介质温度不低于200℃时，应优先采用柔性石墨；当介质有腐蚀性时，应慎用金属垫片。

4） 波纹管座材料性能不得低于铬镍钢的性能。

5） 波纹管组件常用材料应符合表10-3-53，特殊工况时材料由制造厂与用户协商确定，但应符合标准规定。

表10-3-53　　波纹管组件常用材料及适用工况

输送介质温度/℃	波纹管组件材料代号	适用介质	说明			
			密封环材料	代号	辅助密封材料	代号
－20～200	AEG BFG BGG BEG UEG	清洁、无腐蚀或弱腐蚀介质	浸金属石墨	A	氟橡胶	V
			浸树脂石墨	B	工业纯铝	L
			碳化硅	O	纯铜	O
			硬质合金	U	波纹管和其他材料	代号
	AEY UEY	清洁、无腐蚀介质	硬质喷涂层	P		
			辅助密封材料	代号	铬钢	E
	UFG UGG	有颗粒、无腐蚀或弱腐蚀介质，碱液	柔性石墨	C	铬镍钢	F
－75～200	BMH	清洁、无腐蚀或弱腐蚀介质	乙丙橡胶	E	铬镍钼钢	G
－75～400	AMY UMY	有颗粒、无腐蚀介质	丁腈橡胶	P	镍基高温合金	H
			硅橡胶	S	低膨胀合金	M
	AMH	清洁、无腐蚀或弱腐蚀介质	聚四氟乙烯或填充聚四氟乙烯	T	钛合金	T
	UMH	有颗粒、无腐蚀或弱腐蚀介质			沉淀硬化钢	Y

波纹管机械密封

标记方法：

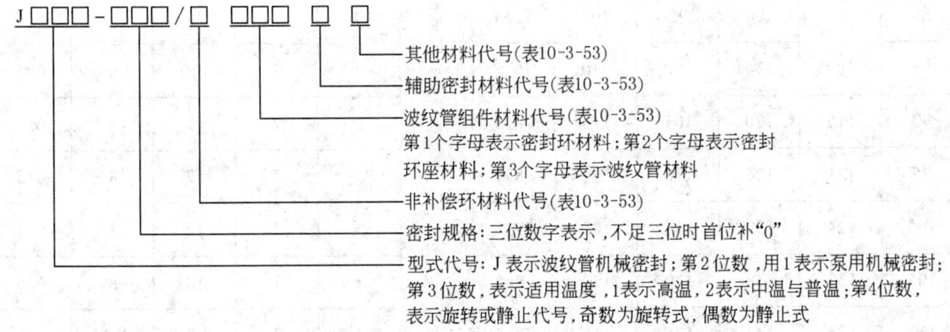

标记示例：内装、单端面、旋转式填料密封、紧定螺钉连接波纹管机械密封；安装轴径为70mm(070)；非补偿环材料为硬质合金(U)密封环；波纹管组件材料为：浸树脂石墨(B)密封环、铬钢(E)环座、铬镍钼钢(G)波纹管；辅助密封材料为柔性石墨(C)；其他材料为铬镍钢(F)。标记为

J113-070/UBEGCF

J111 型波纹管机械密封主要尺寸

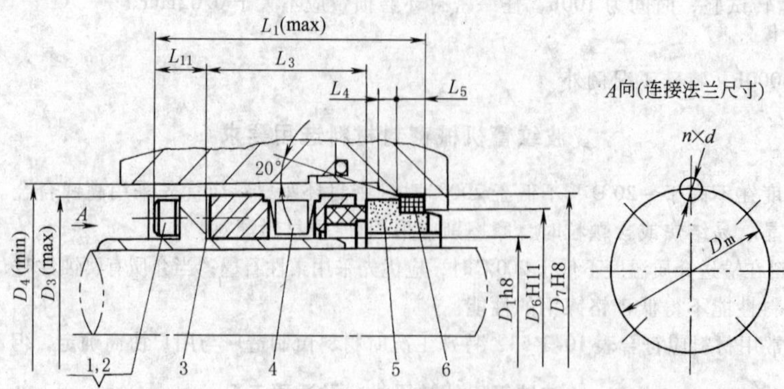

1—内六角螺钉；2—垫圈；3—平垫片；4—波纹管组件；5—静环；6—静环密封圈

表 10-3-54 mm

公称直径	D_1	D_3 (max)	D_4 (min)	D_6	D_7	L_1 (max)	L_3	L_4	L_5	L_{11}	n	d	D_m
30	30	47	49	39	45	51	此尺寸不作规定，各制造厂可根据有关资料选取	2	5	9	8	4.5	40
35	35	51	53	44	50	51		2	5	9	8	4.5	44
40	40	62	65	51	58	65		2	5	12	6	6.5	52
45	45	67	70	56	63	68		2	6	12	6	6.5	56
50	50	72	75	62	70	68		2.5	6	12	6	6.5	62
55	55	78	83	67	75	73.5		2.5	6	12	6	6.5	67
60	60	83	88	72	80	73.5		2.5	6	12	6	6.5	72
65	65	88	93	77	85	73.5		2.5	6	12	6	6.5	76
70	70	97	102	83	92	73.5		2.5	7	12	6	6.5	84
75	75	99	104	88	97	76.5		2.5	7	12	6	6.5	88
80	80	104	109	95	105	76.5		3	7	12	6	6.5	91
85	85	109	114	100	110	76.5		3	7	12	6	6.5	97
90	90	115	120	105	115	78.5		3	7	12	6	6.5	103
95	95	121	124	110	120	78.5		3	7	12	8	6.5	110
100	100	124	129	115	125	78.5		3	7	12	8	6.5	113
105	105	133	138	120	130	78.5		3	7	12	8	6.5	116
110	110	138	143	125	136	78.5		3	7	12	12	6.5	125
115	115	143	148	130	141	78.5		3	7	12	12	6.5	127
120	120	148	153	135	146	78.5		3	7	12	12	6.5	135

J112 型波纹管机械密封主要尺寸

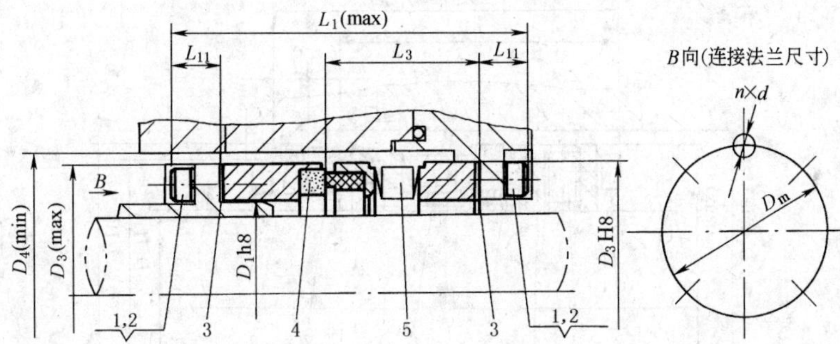

1—内六角螺钉；2—垫圈；3—平垫片；4—动环；5—波纹管组件

表 10-3-55　　mm

公称直径	D_1	D_3 (max)	D_4 (min)	L_1 (max)	L_{11}	n	d	D_m	L_3
30	30	47	49	68	9	8	4.5	40	此尺寸不作规定，各制造厂可根据有关资料选取
35	35	51	53	70	9	8	4.5	44	
40	40	62	65	91	12	6	6.5	52	
45	45	67	70	96	12	6	6.5	56	
50	50	72	75	96	12	6	6.5	62	
55	55	78	83	101	12	6	6.5	67	
60	60	83	88	101	12	6	6.5	72	
65	65	88	93	101	12	6	6.5	76	
70	70	97	102	106	12	6	6.5	84	
75	75	99	104	106	12	6	6.5	88	
80	80	104	109	106	12	6	6.5	91	
85	85	109	114	106	12	6	6.5	97	
90	90	115	120	106	12	6	6.5	103	
95	95	121	126	106	12	8	6.5	110	
100	100	124	129	106	12	8	6.5	113	

J113 型波纹管机械密封主要尺寸

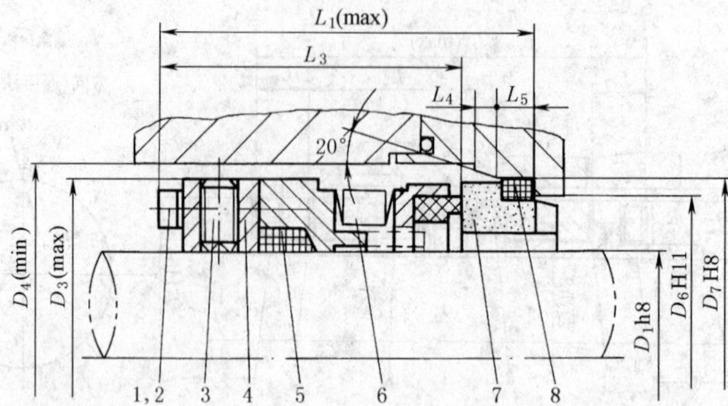

1—内六角螺钉；2—垫圈；3—紧定螺钉；4—定位环；5—填料密封圈；6—波纹管组件；7—静环；8—静环密封圈

表 10-3-56

mm

公称直径	D_1	D_3 (max)	D_4 (min)	D_6	D_7	L_1 (max)	L_3	L_4	L_5
20	20	36	38	29	35	58	此尺寸不作规定，各制造厂可根据有关资料选取	2	5
22	22	38	40	31	37	58		2	5
24	24	40	42	33	39	58		2	5
25	25	42	44	34	40	58		2	5
28	28	45	47	37	43	58		2	5
30	30	47	49	39	45	58		2	5
32	32	49	51	42	48	58		2	5
33	33	50	53	42	48	58		2	5
35	35	52	55	44	50	58		2	5
38	38	56	60	49	56	70		2	6
40	40	59	63	51	58	70		2	6
43	43	62	66	54	61	70		2	6
45	45	64	68	56	63	70		2	6
48	48	67	71	59	66	70		2	6
50	50	71	75	62	70	70		2.5	6
53	53	74	78	65	73	75		2.5	6
55	55	77	81	67	75	75		2.5	6
58	58	80	85	70	78	75		2.5	6
60	60	83	88	72	80	75		2.5	6
63	63	85	90	75	83	80		2.5	6
65	65	88	93	77	85	80		2.5	6
68	68	90	95	81	90	80		2.5	7
70	70	94	99	83	92	80		2.5	7
75	75	99	104	88	97	80		2.5	7
80	80	104	109	95	105	80		3	7
85	85	109	114	100	110	80		3	7
90	90	115	119	105	115	85		3	7
95	95	120	125	110	120	85		3	7
100	100	124	129	115	125	85		3	7
105	105	133	138	120	131	85		3	7
110	110	138	143	125	136	85		3	7
115	115	143	148	130	141	85		3	7
120	120	148	153	135	146	85		3	7

J114 型波纹管机械密封主要尺寸

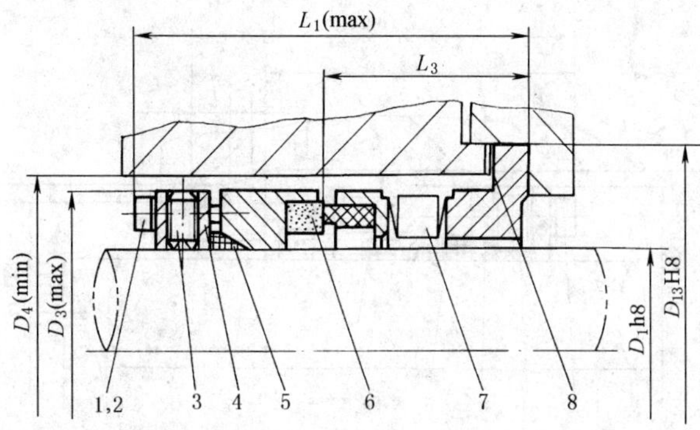

1—内六角螺钉;2—垫圈;3—紧定螺钉;4—定位环;5—角形圈;6—动环;7—波纹管组件;8—平垫片

表 10-3-57

mm

公称直径	D_1	D_3 (max)	D_4 (min)	D_{13}	L_1 (max)	L_3
30	30	53	55	65	82	此尺寸不作规定，各制造厂可根据有关资料选取
35	35	58	60	70	82	
40	40	63	65	75	84	
45	45	68	70	80	85	
50	50	73	75	85	85	
55	55	78	80	90	85	
60	60	83	85	95	90	
65	65	93	95	106	90	
70	70	98	100	110	90	
75	75	103	105	115	92	
80	80	108	110	120	92	
85	85	113	115	125	92	
90	90	118	120	130	94	
95	95	123	125	135	94	
100	100	128	130	140	94	

J115型波纹管机械密封主要尺寸

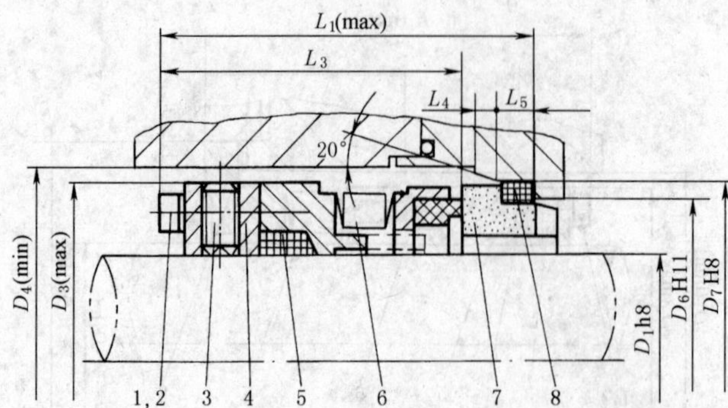

1—内六角螺钉；2—垫圈；3—紧定螺钉；4—定位环；5—填料密封圈；6—波纹管组件；7—静环；8—静环密封圈

表 10-3-58

mm

公称直径	D_1	D_3 (max)	D_4 (min)	D_6	D_7	L_1 (max)	L_3	L_4	L_5
20	20	42	44	34	40	58	此尺寸不作规定，各制造厂可根据有关资料选取	2	5
22	22	44	46	37	43	58		2	5
24	24	46	48	37	43	58		2	5
25	25	47	49	39	45	58		2	5
28	28	50	52	42	48	58		2	5
30	30	52	54	44	50	58		2	5
32	32	54	58	49	56	61		2	6
33	33	55	59	49	56	61		2	6
35	35	57	61	51	58	61		2	6
38	38	60	64	54	61	61		2	6
40	40	66	70	56	63	62		2	6
43	43	69	73	59	66	62		2	6
45	45	71	75	62	70	63		3	6
48	48	74	78	65	73	63		3	6
50	50	76	80	67	75	63		3	6
53	53	79	83	70	78	63		3	6
55	55	81	86	72	80	63		3	6
58	58	85	90	75	83	68		3	6
60	60	87	92	77	85	68		3	6
63	63	90	95	81	90	71		3	7
65	65	92	97	83	92	71		3	7
68	68	95	100	88	97	71		3	7
70	70	97	102	88	97	71		3	7
75	75	102	107	95	105	71		3	7
80	80	107	112	100	110	71		3	7
85	85	112	117	105	115	71		3	7
90	90	117	122	110	120	71		3	7
95	95	122	127	115	125	71		3	7
100	100	127	132	122.2	134.3	74		3	9

J123 型波纹管机械密封主要尺寸

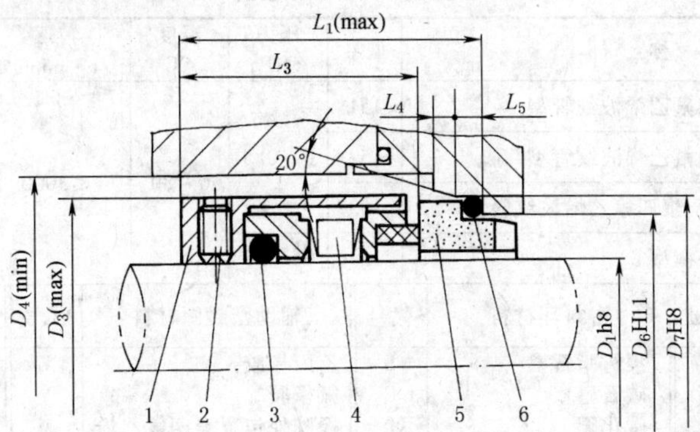

1—防扭套；2—紧定螺钉；3—O 形圈；4—波纹管组件；5—静环；6—静环密封圈

表 10-3-59 mm

公称直径	D_1	D_3 (max)	D_4 (min)	D_6	D_7	L_1 (max)	L_3	L_4	L_5
30	30	53	55	40	50	63	此尺寸不作规定，各制造厂可根据有关资料选取	2	5
35	35	58	60	45	55	63		2	5
40	40	63	65	50	60	66		2	6
45	45	68	70	55	65	72		2	6
50	50	73	75	60	70	76		2.5	6
55	55	78	80	65	75	78		2.5	6
60	60	83	85	70	80	78		2.5	6
65	65	93	95	78	90	86		2.5	6
70	70	98	100	83	95	88		2.5	7
75	75	103	105	88	100	88		2.5	7
80	80	108	110	93	105	95		3	7
85	85	113	115	98	110	95		3	7
90	90	118	120	103	115	96		3	7
95	95	123	125	108	120	96		3	7
100	100	128	130	113	125	96		3	7

8.12.5 耐酸泵用机械密封（摘自 JB/T 7372—1994）

表 10-3-60　　　　密封材料及应用范围

	名　　称	型号	压力/MPa	温度/℃	转速/r·min^{-1}	轴径/mm	介质
密封适用范围	外装、单端面、单弹簧、聚四氟乙烯波纹管型	151	0～0.5	0～80	≤3000	30～60	酸性液体
	外装、单端面、单弹簧、聚四氟乙烯波纹管型	152				30～70	
	内装、内流、单端面、多弹簧、聚四氟乙烯波纹管型	153					酸性液体（氢氟酸、发烟硝酸除外）
	内装、单端面、单弹簧、非平衡型	154	0～0.6				

	密封环材料	代号	密封环材料	代号	辅助密封圈材料	代号	弹簧和其他结构件材料	代号
密封材料	氧化铝	V	浸树脂石墨	B	乙丙橡胶	E	铬镍钢	F
	氮化硅	Q	碳石墨	C	氟橡胶	V	铬镍钼钢	G
	碳化硅	O	碳化硼	L	橡胶外包覆聚四氟乙烯	M	高镍合金	M
	填充聚四氟乙烯	Y			聚四氟乙烯	T		

注：密封性能要求为，泄漏量不大于 3mL/h；清水试验，运转 100h，任一密封面磨损量不大于 0.03mm；使用期不少于 4000h。条件苛刻不受此限。

密封型号标记

标记方法：

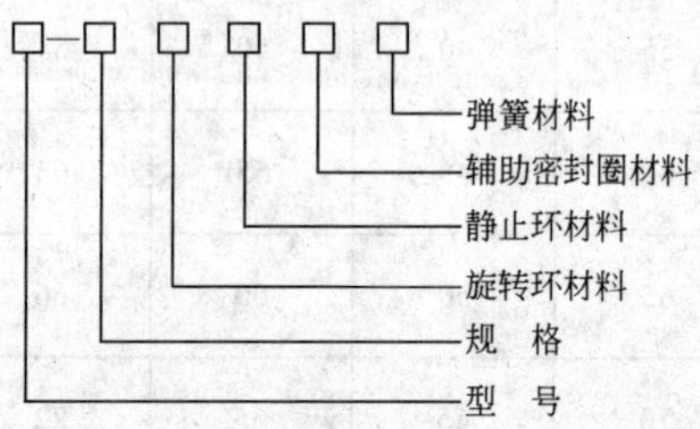

标记示例：152 型机械密封，公称直径为 35mm（35），旋转环材料为填充聚四氟乙烯（Y），静止环材料为氧化铝（V），辅助密封圈材料为聚四氟乙烯（T），弹簧材料为 1Cr18Ni9Ti（F）的耐酸泵用机械密封，标记为

152-35YVTF

151 型和 152 型机械密封主要尺寸

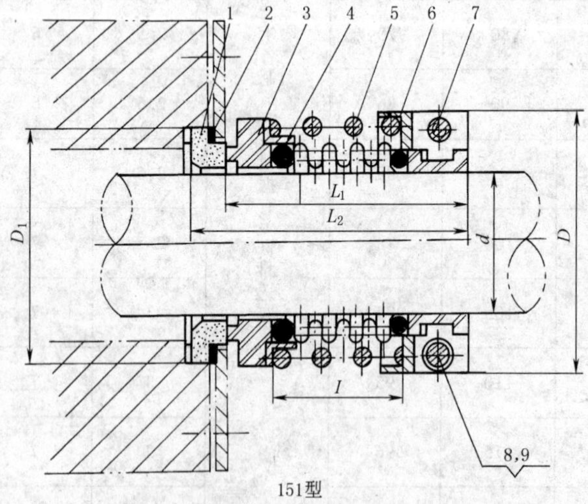

151型

1—静止环；2—静止环垫；3—波纹管密封环；4—弹簧前座；5—弹簧；6—弹簧后座；7—夹紧环；8—螺钉；9—垫圈

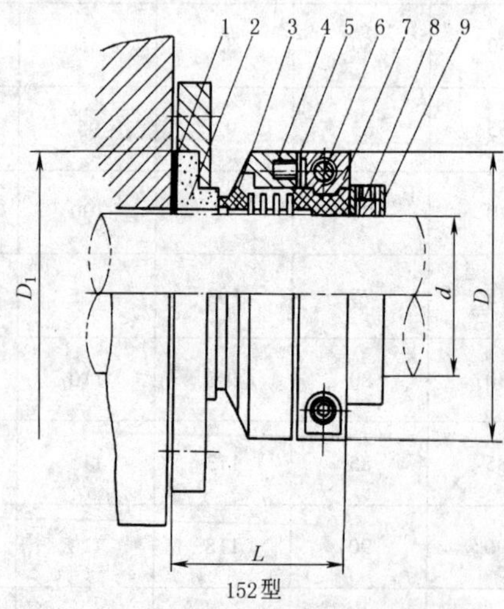

152型

1—静止环密封垫；2—静止环；3—波纹管密封环；4—弹簧座；5—弹簧；6—内六角螺钉；7—分半夹紧环；8—紧定螺钉；9—固定环

表 10-3-61 mm

公称尺寸	151 型							152 型									
	30	35	40	45	50	55	60	30	35	40	45	50	55	60	65	70
d	30	35	40	45	50	55	60	30	35	40	45	50	55	60	65	70
D	65	70	75	80	88	93	98	75	80	85	90	95	100	105	110	115
D_1	53	58	63	68	73	78	83	53	58	63	68	73	78	83	88	93
I	31	34	36	37	44	46	47									
L_1	63	66	68	69	76	78	79									
L_2	74	77	79	83	90	92	93									
L								59			62					

153 型机械密封主要尺寸

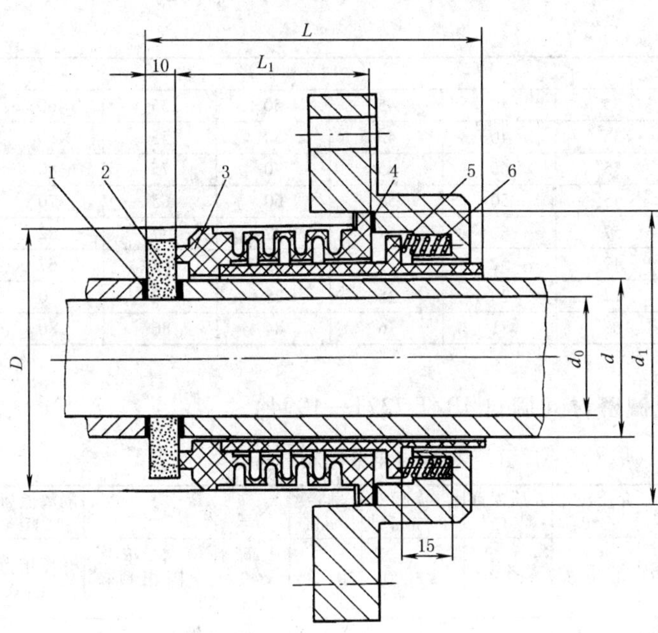

1—辅助密封圈；2—旋转环；3—填充聚四氟乙烯波纹管静止环；4—辅助密封圈；5—推套；6—弹簧

表 10-3-62 mm

规格	公称尺寸					
	d_0	*d*	d_1	*D*	*L*	L_1
153-35	25	35	70	60	88	48
153-40	30	40	75	65	91	51
153-45	35	45	80	70	91	51
153-50	40	50	85	75	91	51
153-55	45	55	90	80	91	51

154 型机械密封主要尺寸

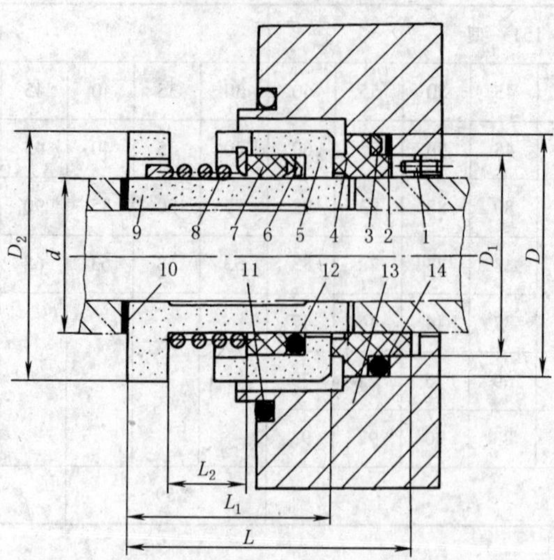

1—防转销；2,6,11,12,14—密封圈；3—撑环；4—静环；5—动环；7—推环；8—弹簧；9—轴套；10—密封垫；13—密封端盖

表 10-3-63

mm

公称尺寸	规格							
	35	40	45	50	55	60	65	70
d	35	40	45	50	55	60	65	70
D	55	60	65	70	75	80	90	97
D_1	45	50	55	60	65	70	80	85
D_2	57	62	67	72	77	82	87	92
L_1	49	52	57	65	67	67	77	79
L_2	17	20	25	28	30	30	35	37
L	68	71	76	84	86	86	99	102

8.12.6 耐碱泵用机械密封（摘自 JB/T 7371—1994）

表 10-3-64 密封适用范围和密封材料

	名称	型号	介质压力/MPa	介质温度/℃	转速/r·min⁻¹	轴径/mm	介质	隔离液压力/MPa	隔离液温度/℃	隔离液
密封适用范围	双端面、多弹簧、非平衡型	167	0～0.5	<130	≤3000	28～85	碱性液体，浓度<42%，含固相颗粒10%～20%	介质压力+(0.1～0.2)	≤80	水或与介质相溶液体
	外装、单端面、单弹簧、聚四氟乙烯波纹管式	168	0～0.5	<130	≤3000	35～45	碱性液体，浓度<42%，含固相颗粒10%～20%	—	—	—
	外装、单端面、多弹簧、聚四氟乙烯波纹管式	169	0～0.5	<130	≤3000	30～60	碱性液体，浓度<42%，含固相颗粒10%～20%	—	—	—

	密封环材料	代号	密封环材料	代号	辅助密封材料	代号	弹簧和其他结构件材料	代号
密封材料	碳化钨	U	金属表面喷涂	J	乙丙橡胶	E	铬镍钢	F
	碳化硅	O	浸树脂石墨	B	聚四氟乙烯	T	铬镍钼钢	G
					丁腈橡胶	P		

注：1. 轴或轴套直径小于等于 50mm 时，泄漏量 3mL/h；直径大于 50mm 时，泄漏量 5mL/h。对于双端面密封，任一端面泄漏量应不超过上述数值。

2. 磨损量满足机械密封使用期的要求，平均值小于等于 0.03mm/100h。

3. 密封腔温度小于等于 80℃时，使用期大于等于 4000h。

4. 当介质含有结晶颗粒时，摩擦副应采用硬质材料。

5. 对浓碱介质，摩擦副应选用镍基和镍铬基硬质合金。

型 号 标 记

标记方法：

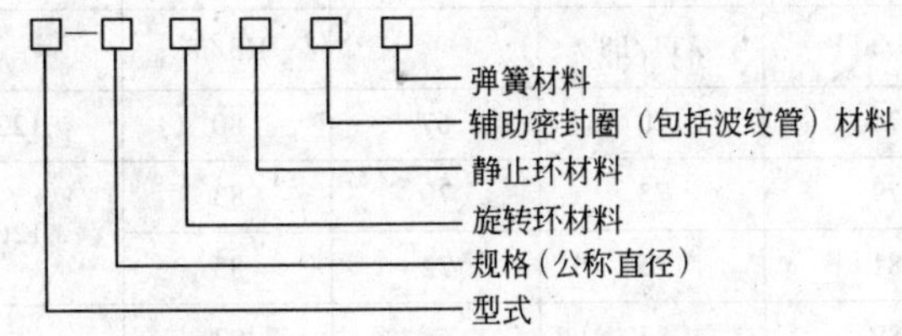

标记示例：

a. 表示168型机械密封，公称直径为38mm（38），旋转环材料为碳化钨（U），静止环材料为碳化钨（U），波纹管材料为聚四氟乙烯（T），弹簧材料为铬镍钢（F），标记为

168-38UUTF

b. 表示167型机械密封，介质端与大气端均为非平衡型（UU），公称直径为38mm（38），介质侧旋转环材料为金属表面喷涂（J），静止环材料为碳化硅（O），辅助密封圈材料为乙丙橡胶（E），弹簧材料为铬镍钢（F），大气侧旋转环材料为碳化钨（U），静止环材料为浸树脂石墨（B），辅助密封圈材料为乙丙橡胶（E），弹簧材料为铬镍钢（F），标记为

UU167-38JOEF · UBEF

167型机械密封主要尺寸

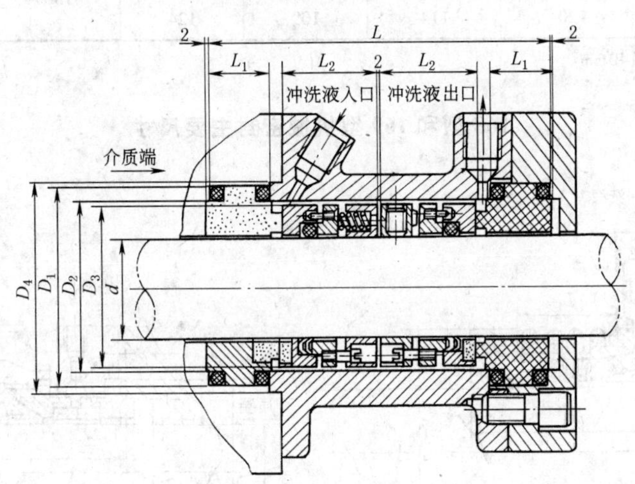

表 10-3-65　　mm

规格	d	D_1	D_2	D_3	D_4	L	L_1	L_2
	h6	H8/a11	A11/h8		H8/f8			±0.5
28	28	50	44	42	54	118	18	36
30	30	52	46	44	56			
32	32	54	48	46	58			
33	33	55	49	47	59			
35	35	57	51	49	61			
38	38	64	58	54	68	122	20	
40	40	66	60	56	70			
43	43	69	63	59	73			
45	45	71	65	61	75			
48	48	74	68	64	78			

续表

规格	d	D_1	D_2	D_3	D_4	L	L_1	L_2
	h6	H8/a11	A11/h8		H8/f8			±0.5
50	50	76	70	67	80	122	20	36
53	53	79	73	70	83	126		37
55	55	81	75	72	85			
58	58	89	83	78	93	130	22	
60	60	91	85	80	95			
63	63	94	88	83	98			
65	65	96	90	85	100			
68	68	99	93	88	103	134	24	
70	70	101	95	90	105			
75	75	110	104	99	114			
80	80	115	109	104	119	136	25	
85	85	120	114	109	124			

注：本系列大规格可达140mm。

168型和169型机械密封主要尺寸

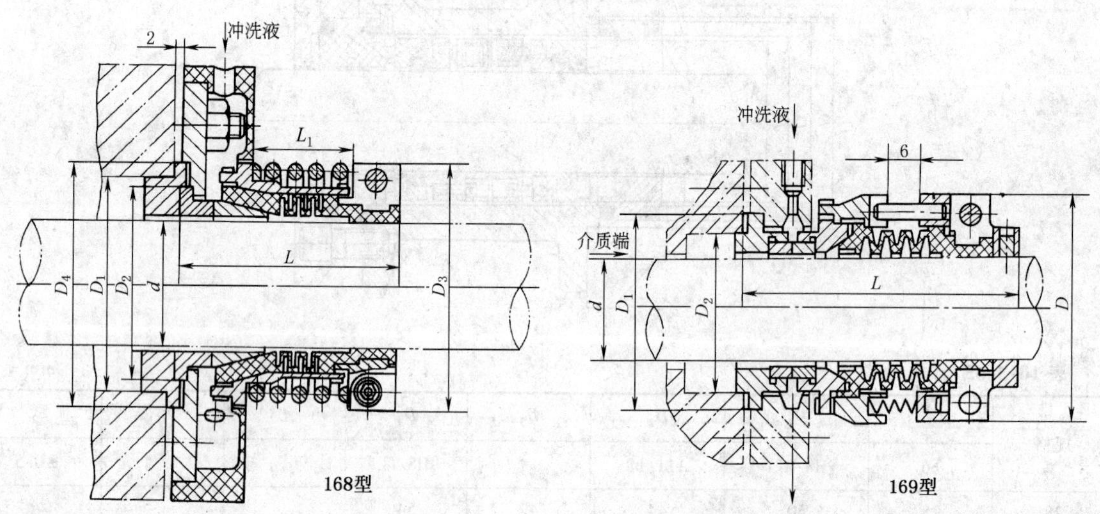

168型　　169型

表 10-3-66　　mm

规格	d	D_1	D_2	D_3	D_4	L	L_1	规格	d	D	D_1	D_2	L
	168型								169型				
	R7/h6	e8	H8/f9		H11/b11		±1.0		R7/h6			H9/f9	±1.0
30	30	44	47	67	55	64.5	26.5	30	30	65	54	44	74.5
32	32	46	49	69	57			35	35	70	59	49	
35	35	49	52	72	60		29.5	38	38	75	63	54	
38	38	54	55	75	63	65.5	31.5	40	40	75	66	56	
40	40	56	57	77	65			45	45	82	71	61	
45	45	61	62	82	70			50	50	87	76	66	
								55	55	92	81	71	
								60	60	97	90	80	

8.12.7 搅拌传动装置机械密封（摘自 HG 21571—1995）

表 10-3-67　　搅拌传动装置机械密封型式及型号

型号	结构型式						压力等级/MPa	使用温度/℃	最大线速度 v_g/m·s^{-1}	介质端材料
	轴向单端面	双端面		非平衡	平衡	内置轴承				
		径向	轴向							
2001	✓				✓		0.6①	-20~150	3	碳钢、不锈钢
2002	✓				✓	✓				
2003		✓			✓		1.6	-20~300		
2004			✓	✓						
2005			✓	✓		✓				
2006			✓		✓					
2007			✓		✓	✓			2	
2008			✓		✓					

① 适用最低压力为 -0.1MPa（真空）。

注：1. 2008 型机械密封用于允许传动轴有较大偏摆量的场合。

2. 机械密封与搅拌传动装置支架（HG 21565—1995、HG 21567—1995）配合使用，且应保证机械密封的接管与机架下部窗口的方位一致。

3. 机械密封应与循环保护系统（HG 21572—1995）配合使用，详见本章 8.12.8。

4. 主要生产厂有天津减速机厂、北京环峰化工机械实验厂、浙江市长城减速机有限公司。

表 10-3-68　　搅拌传动装置机械密封的选用

压力等级	介质	介质温度/℃	推荐使用机械密封型号	推荐使用循环保护系统流程①
0.6MPa	一般性介质	≤80	2001/2002	流程 5
		>80~150		流程 1、4
	易燃、易爆、有毒	≤80	2003 2004/2005	流程 7、8
		>80~300		流程 3、8
1.6MPa	一般性介质	≤80	2003/2004/2005	流程 6、7
			2006/2007/2008	流程 5、6
		>80~300	2003/2004/2005	流程 2、3
			2006/2007/2008	流程 1、2
	易燃、易爆、有毒	≤80	2003/2004/2005	流程 7、8
		>80~300		流程 3、8

① 推荐使用循环保护系统流程见图 10-3-12 和图 10-3-13。

搅拌传动装置机械密封标记

标记方法：

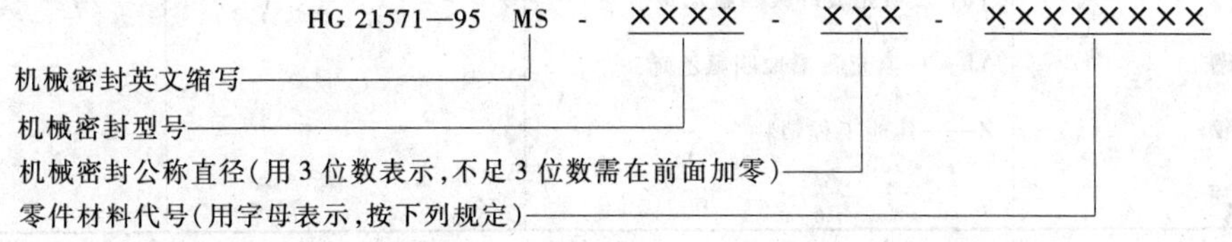

零件材料代号位置如下：

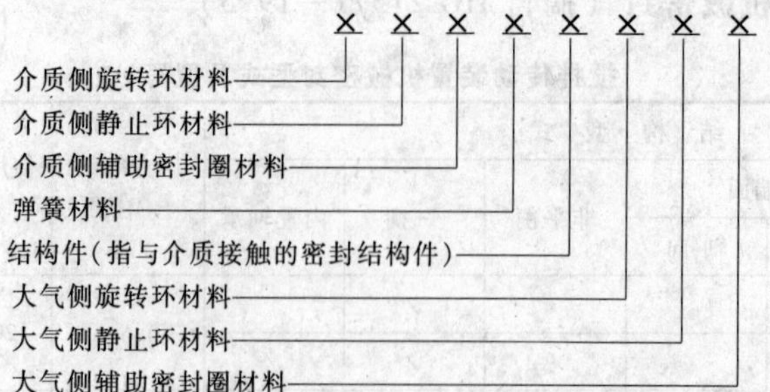

单端面机械密封零件材料代号取前 5 个位置，双端面机械密封零件材料代号取全部 8 个位置。

标记示例：

双端面、介质侧、大气侧均为平衡型，系列代号 2004 型釜用机械密封，公称直径 90mm。介质侧，旋转环材料为碳化钨，静止环材料为碳化硅，辅助密封圈为氟橡胶 O 形圈，弹簧材料为铬镍钢，轴套及箱体与介质接触部分均用铬镍钢；大气侧，旋转环材料为碳化钨，静止环材料为锡磷青铜，辅助密封圈丁腈橡胶 O 形圈。标记为：

HG 21571—1995　MS-2004-090-UOVFFUNP

机械密封材料、代号及其组合材料及代号

表 10-3-69　　机械密封材料、代号

旋转环、静止环材料		辅助密封圈材料	弹簧和结构件
碳-石墨	金　属	弹性材料	D——碳钢
At——浸铜石墨	In——金属表面熔焊镍基合金	P——丁腈橡胶	E——铬钢
Ab——浸巴氏石墨	Ig——金属表面熔焊钴基合金	N——氯丁橡胶	F——铬镍钢
Bg——浸酚醛树脂石墨	It——金属表面熔焊铁基合金	B——丁基橡胶	C——铬镍钼钢
Bk——浸呋喃树脂石墨	J——金属表面喷涂	E——乙丙橡胶	M——高镍合金
Bh——浸环氧树脂石墨	氮化物	S——硅橡胶	N——青铜
Cg——硅化石墨	Q——氮化硅	V——氟橡胶	T——其他材料
金　属	碳化物	M——橡胶包覆聚四氟乙烯	
D——碳钢	U——碳化钨		
E——铬钢	O——碳化硅	X——其他弹性材料	
F——铬镍钢	L——其他碳化物	非弹性材料	
G——铬镍钼钢	金属氧化物	T——聚四氟乙烯	
H——铬镍钢合金	V——氧化铝	A——浸渍石墨	
K——铬镍钼钢合金	W——氧化铬	F——石棉橡胶材料	
M——高镍合金	X——其他金属氧化物	C——柔性石墨	
N——锡磷青铜	塑　料	Y——其他非弹性材料	
P——铸铁	Yt——填充玻纤聚四氟乙烯		
R——合金铸铁	Yb——填充石墨聚四氟乙烯		
S——铸造铬钢	Z——其他工程塑料		
T——其他金属			

表 10-3-70　　常用材料组合

介质		介质侧			大气侧			弹簧	结构件
性质	温度	旋转环	静止环	辅助密封圈	旋转环	静止环	辅助密封圈		
一般	≤80℃	浸渍树脂石墨（Bq、Bk、Bh）	碳化钨（U）	丁腈橡胶（P）	浸渍树脂石墨（Bq、Bk、Bh）	碳化钨（U）	丁腈橡胶（P）	铬镍钢（F）	铬钢（E）
	>80℃			氟橡胶（V）			氟橡胶（V）		
腐蚀性强	≤80℃		碳化硅（O）	橡胶包覆聚四氟乙烯（M）				铬镍钼钢（G）	铬镍钢（F）
	>80℃								

搅拌传动装置机械密封型号和外形尺寸

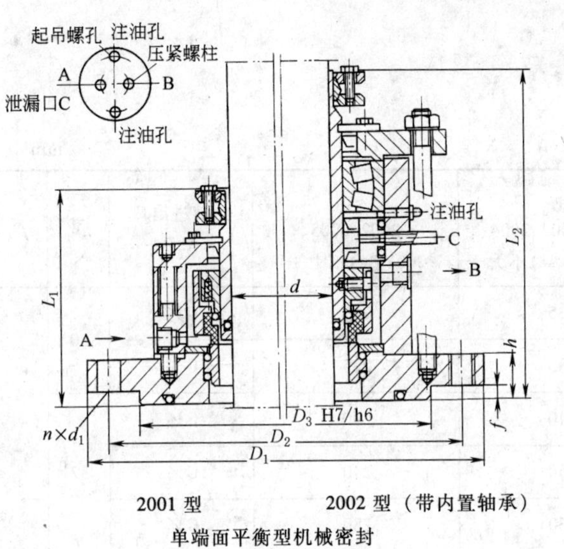

2001 型　　2002 型（带内置轴承）

单端面平衡型机械密封

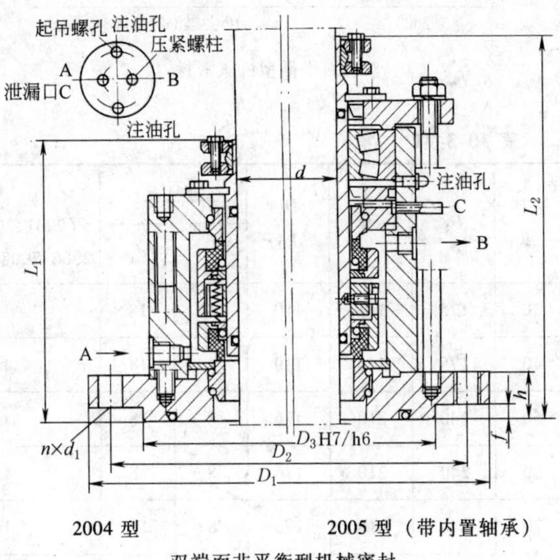

2004 型　　2005 型（带内置轴承）

双端面非平衡型机械密封

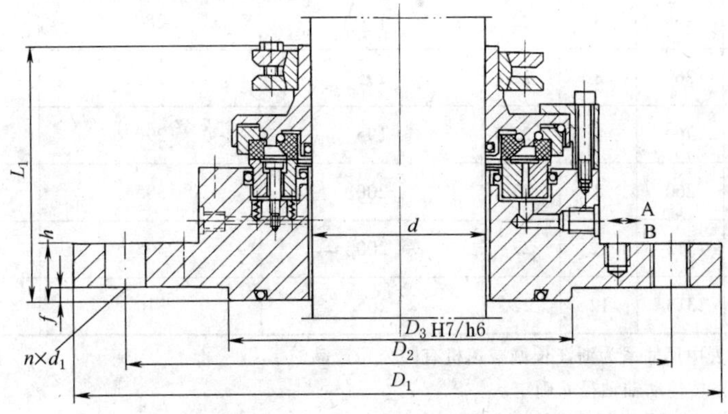

径向双端面平衡型机械密封（2003 型）

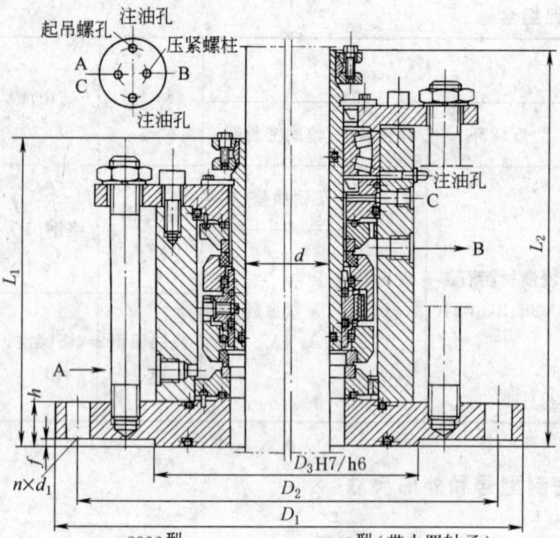

2006型　　2007型（带内置轴承）

双端面平衡型机械密封

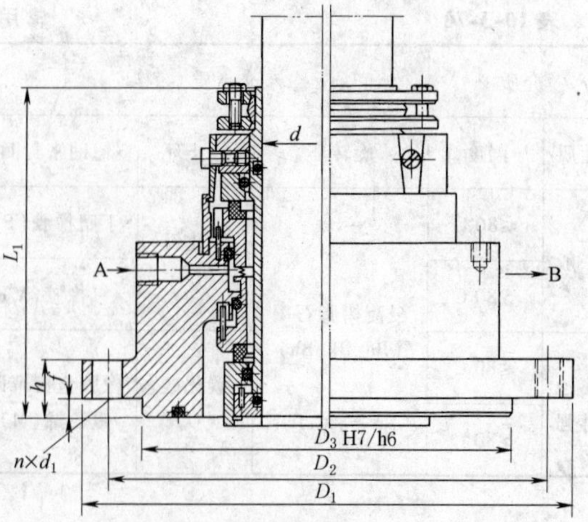

双端面平衡型机械密封（2008 型）

表 10-3-71　　mm

轴径 d	D_1	D_2	D_3 (h6)	螺柱孔		L_1 (2001、2003、2004、2006、2008 型)不大于	L_2 (2002、2005、2007 型)不大于	封液进出口 A、B	h①	f①
				n	d_1					
30	175	145	110	4	18	135	215	G½	30	6
40	175	145	110	4	18	135	215	G½		
50	240	210	176	8	18	140	230	G½	32	
60	240	210	176	8	18	150	240	G½		
70	240	210	176	8	18	160	280	G½		
80	275	240	204	8	22	160	280	G½	34	
90	305	270	234	8	22	170	280	G½	36	
100	305	270	234	8	22	170	280	G½		
110	330	295	260	8	22	195	290	G½	38	
120	330	295	260	8	22	195	290	G½		
130	330	295	260	8	22	200	305	G½		
140	395	350	313	12	22	200	305	G½	40	
160	395	350	313	12	22	205	310	G½		

① 标准中无此尺寸，表中尺寸系为浙江长城减速机有限公司产品。

注：1. 机械密封的规格按传动轴轴径 d 确定。

2. 2008 型机械密封允许用于传动轴有较大偏摆量的场合。

机械密封技术条件

（1）主要零件技术要求

1）密封端面的平面度和粗糙度要求：密封端面的平面度不大于 0.0009mm，硬质材料密封端面粗糙度 R_a 不大于 0.2μm；软质材料密封端面粗糙度 R_a 不大于 0.4μm。

2）静止环和旋转环密封端面与辅助密封圈接触的端面的平行度按 GB 1184 的 7 级公差。

3）静止环和旋转环与辅助密封圈接触部位的表面粗糙度 R_a 不大于 3.2μm，外圆或内孔尺寸公差为 h8 或 H8。

4）静止环密封端面与静止环辅助密封圈接触的外圆的垂直度、旋转环密封端面与旋转环辅助密封圈接触的内孔的垂直度均按 GB 1184 的 7 级公差。

5）零件的未注公差尺寸的极限偏差按 GB 1804 的 IT12 级公差。

6）石墨环、填充聚四氟乙烯环及组装的旋转环、静止环要做水压试验。试验压力为设计压力的 1.5 倍，持续 10min，不应有泄漏现象。

7）弹簧内径、外径、自由高度、工作压力、弹簧中心线与两端面垂直度等公差值均按 GB 1239 的 1 级精度要求。

8）对于多弹簧机械密封，同一套机械密封中各弹簧之间的自由高度差不大于 0.5mm。

9）弹簧座、传动座的内孔尺寸公差为 F9，表面粗糙度 R_a 不大于 3.2μm。

10）O 形橡胶密封圈的尺寸系列及公差按 GB 3452.1，其技术条件按有关标准的规定。

11）机械密封所用内置轴承为调心滚子轴承。

（2）机械密封性能要求

1）泄漏量

a. 泄漏量的测定方法按照 HG 2099 的规定。其泄漏量为该压力下当量液体的体积，规定为：轴径大于 80mm 时，泄漏量不大于 10mL/h；轴径不大于 80mm 时，泄漏量不大于 8mL/h。单端面机械密封只对泄漏量做定性检查，以肉眼观察无明显气泡为合格。

b. 被密封介质为液体时，平均泄漏量规定同本条 a。

2）磨损量的大小要满足釜用机械密封使用期的要求，一般情况下，运转 100h，软质材料的密封环磨损量不大于 0.03mm。

3）在选型合理、安装使用正确的情况下，被密封介质为中性、弱腐蚀性气体或液体时，机械密封的使用期一般为 8000h；被密封介质为较强腐蚀性或易挥发气体时，机械密封的使用期一般为 4000h，特殊情况不受此限。

（3）机械密封的试验

1）机械密封新产品必须进行型式试验，试验按照 HG 2099 要求进行。

2）机械密封产品出厂前必须进行出厂试验，试验按照 HG 2099 要求进行。

（4）安装与使用要求

1）机械密封的安装与使用要求必须符合 HG 21563 的有关规定。

2）安装时应按产品安装使用说明书或样本正确安装。

8.12.8 搅拌传动装置用机械密封的循环保护系统（摘自 HG 21572—1995）

强制循环系统

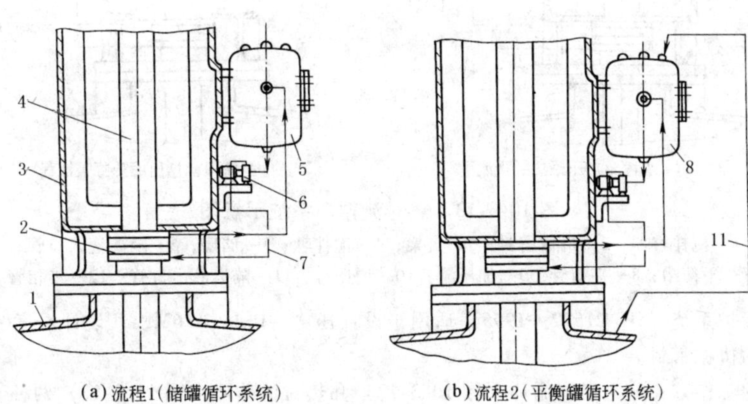

(a) 流程1（储罐循环系统）　(b) 流程2（平衡罐循环系统）

图 10-3-12

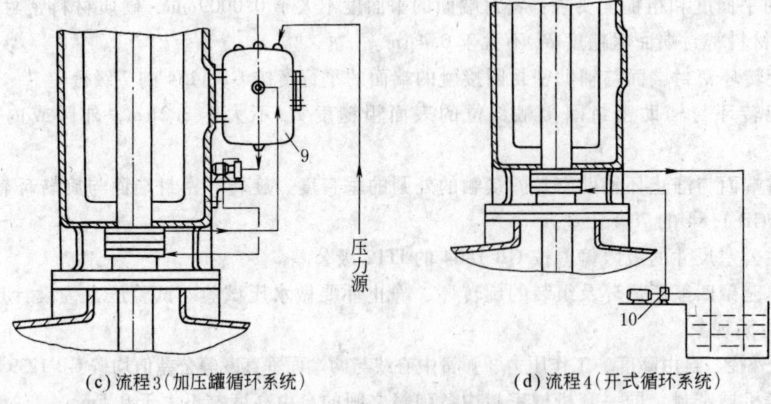

(c) 流程3(加压罐循环系统)　　(d) 流程4(开式循环系统)

图 10-3-12　强制循环系统示意图

1—搅拌容器；2—机械密封；3—支架；4—搅拌轴；5—储罐；6—循环泵；
7—隔离液入口管；8—平衡罐；9—加压罐；10—循环泵；11—平衡管

热对流循环系统

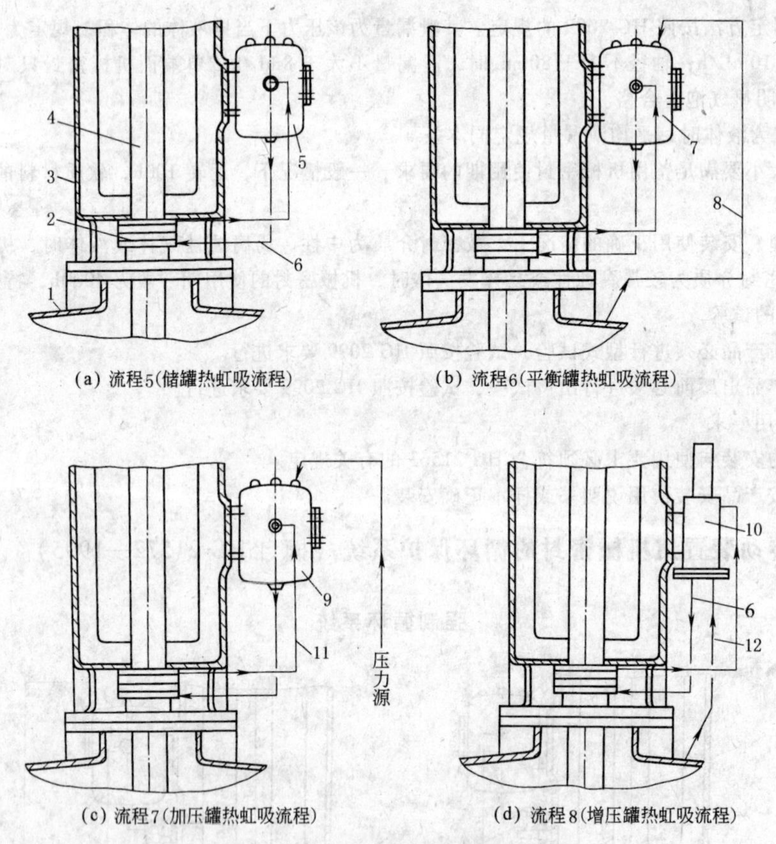

(a) 流程5(储罐热虹吸流程)　　(b) 流程6(平衡罐热虹吸流程)

(c) 流程7(加压罐热虹吸流程)　　(d) 流程8(增压罐热虹吸流程)

图 10-3-13　热对流循环系统示意图

1—搅拌容器；2—机械密封；3—支架；4—搅拌轴；5—储罐；6—隔离液入口管；
7—平衡罐；8—平衡管；9—加压罐；10—增压罐；11—隔离液出口管；12—气相管

机械密封循环保护系统（HC 21572—1995）适用于设计压力 -0.1～1.6MPa，设计温度 -20～300℃的搅拌容器，用于搅拌轴的机械密封。

循环保护系统的工作方式分为强制循环（图 10-3-12）和热对流循环（图 10-3-13）两种，具备润滑、调温、调压等功能。由储罐、加压罐、循环泵、管件、阀门以及控制仪表等构成。被密封介质温度 $t \geq 80$℃时，一般选用强制循环系统。若选用热对流循环系统，需加冷却装置。被密封介质温度 $t<80℃$ 时，选用热对流循环系统。通常，循环保护系统密封腔进出口接管呈180°对称布置。

储罐用于储存隔离液。储罐按加压方式分平衡罐和加压罐。平衡罐是指与搅拌釜气相空间连通，与搅拌釜压力平衡，平衡罐应垂直安装，并高于密封腔0.5～1m。加压罐是指与高压气体钢瓶（或高压气源）通过减压阀连接进行加压，加压罐应垂直安装。储罐一般为自然散热，必要时可设置蛇管换热装置，以提高散热能力。储罐上应装有液位计，必要时可装上手动补液装置。当搅拌轴径大于等于于80mm时，选用容积为10L的储罐，使用温度大于200℃时应装有换热面积0.2m^{2}的蛇管换热器；当轴径小于80mm时，选用容积为5L的储罐，使用温度大于200℃时应装有换热面积0.115m^{2}的蛇管换热器。隔离液温度应控制在密封腔进口温度 $t_2\leqslant55℃$，温升 $\Delta t\leqslant25℃$，出口温度 $t_1=t_2+\Delta t\leqslant80℃$。被密封介质为油、水等一般性介质时，推荐使用丙三醇作为隔离液；被密封介质为其他介质时，隔离液的选择应与密封制造厂协商。

图10-3-13流程8中设有增压罐10，它借自身带有压差活塞维持与被密封介质的压差，且能储存隔离液。利用气相管12使搅拌釜上部气相压力与隔离液压力平衡。输送由密封腔排出的液体到增压罐内活塞的上部，利用活塞上下面积不同，保持活塞上部的压力高于釜内压力。增压罐内装有蛇管冷却装置。必要时，增压罐可装设磁性液位报警器。增压罐应垂直安装，容积为4L，增压比有1:1.1和1:1.5两种。

强制循环系统中的循环泵10（图10-3-12）流量有0.3～1.5L/min和1.5～5L/min两种，扬程均为10m。

9 螺旋密封[38,42]

9.1 螺旋密封方式、特点及应用

表10-3-72

密封方式	简图	原理及应用	特点及说明
利用被密封介质密封液体	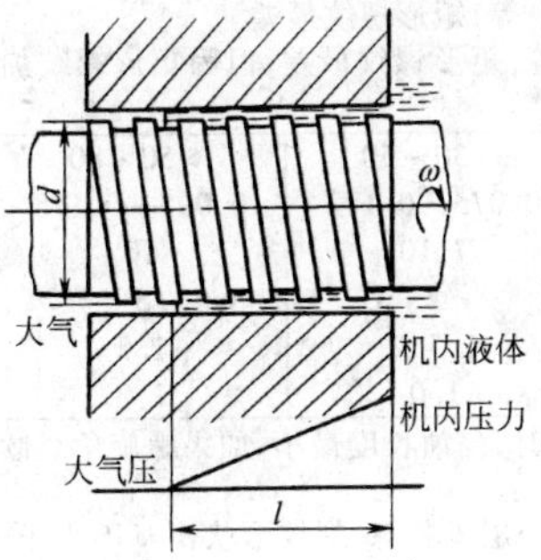 大气 机内液体 机内压力 大气压 d ω l	密封液采用被密封介质，螺旋槽为一段，单旋向。当轴旋转时，充满在槽内的液体产生泵送压头，在密封室内侧产生最高压力，与被密封介质压力相平衡，即压力差 $\Delta p=0$，从而阻止被密封介质外漏 用于密封液体或液气混合物，压力小于2MPa，线速度小于30m/s的场合。如石油工业输送黏度较大的原油、渣油、重柴油、润滑油的各种离心泵上，以及核工业和宇航技术领域	1. 螺旋密封的轴表面开有螺旋槽，而孔为光滑表面。亦可反之 2. 螺旋密封需采用高黏度液体作为密封液。真空密封是螺旋密封中的一种特殊型式，本节介绍的计算公式不适用 3. 螺旋密封系无接触式密封，没有摩擦零件，故使用寿命长 4. 要求安装精度低 5. 特别适合于高温、深冷、腐蚀性和带有颗粒介质及苛刻条件下的密封 6. 加工方便、结构简单，但需要停机密封，使结构复杂，尺寸加大 7. 消耗功率小，发热量小。通常，被密封介质压力 $p<1.0$MPa时需冷却夹套散热；$p>1.0$MPa时需采用强制循环冷却
利用外供液体密封气体或密封真空	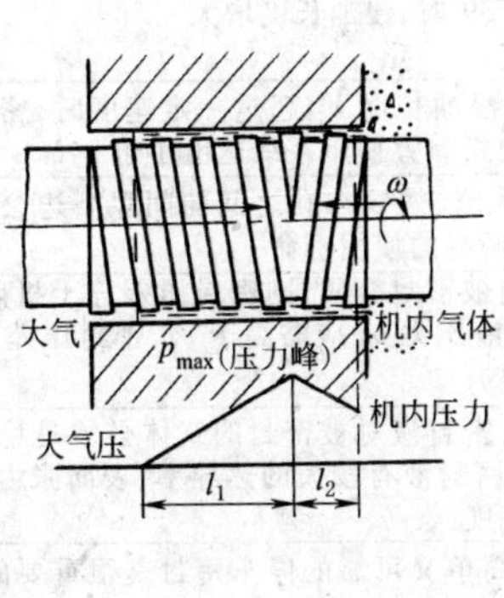 大气 机内气体 p_{max}(压力峰) 机内压力 大气压 ω l_1 l_2	密封液需采用外部供给的高黏度液体。螺旋槽为两段，旋向相反。当轴旋转时，将密封液挤向中间，形成液封。液封的压力峰稍高于或等于被密封介质的压力。为保持液封工作的稳定，应在两段螺旋之间设有一定长度的光滑段 常用于密封气体或密封真空，能使泄漏量降到 $10^{-4}\sim10^{-5}$ mL/s（标准状态下），如二氧化碳循环压缩机，被密封气体为放射性二氧化碳，压力为0.8MPa	

续表

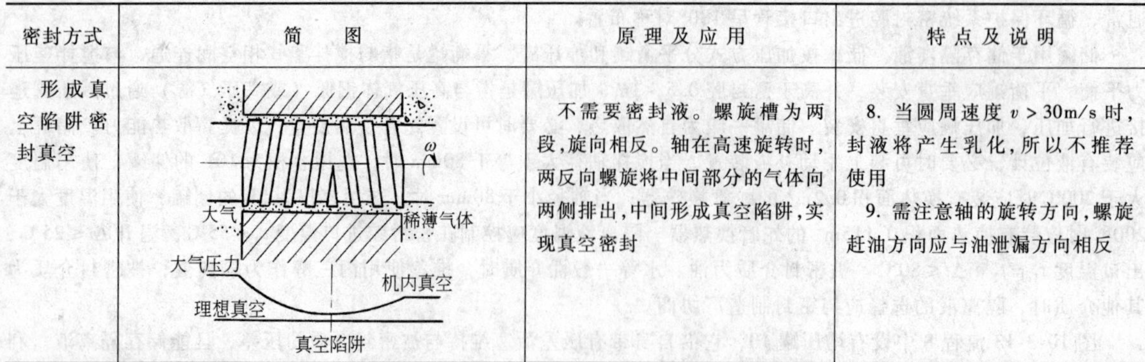

密封方式	简图	原理及应用	特点及说明
形成真空陷阱密封真空		不需要密封液。螺旋槽为两段,旋向相反。轴在高速旋转时,两反向螺旋将中间部分的气体向两侧排出,中间形成真空陷阱,实现真空密封	8. 当圆周速度 $v>30\text{m/s}$ 时,封液将产生乳化,所以不推荐使用 9. 需注意轴的旋转方向,螺旋赶油方向应与油泄漏方向相反

9.2 螺旋密封设计要点

表 10-3-73

设计要点	说明					
赶油方向	(图:左螺旋、右螺旋、n、1、2) 对于螺旋密封的赶油方向要特别注意,若把方向搞错,则不但不能密封,相反,却把液体赶向漏出方向,使得泄漏量大为增加 图中表明了螺旋密封的赶油方向。设轴的旋转方向 n 从右向左看为顺时针方向。如欲使赶油方向向左,当螺纹加工于轴 1 上时,则应为左螺纹;当螺纹加工于壳体 2 的孔内时,则螺纹方向应与前者相反,为右螺纹					
密封间隙	螺旋密封的间隙愈小,对密封愈有利。如果间隙大,则液体介质不能同时附着于轴与孔的表面上。若液体介质仅附着于孔壁而与轴分离,则螺旋密封不起赶油作用,即密封无效 为了尽可能减小此间隙,但又避免轴碰到壳体的孔壁而磨坏,在壳体的内孔表面涂一层石墨,这样万一轴变形而碰到壳体孔壁时,将仅仅刮下一些石墨,而不致产生金属接触摩擦 通常,间隙 $c=(0.6/1000\sim2.6/1000)d$,或取 $c=0.2\text{mm}$,d 为密封轴径					
螺纹型式	螺纹型式:有普通三角形螺纹、锯齿形螺纹、梯形螺纹、半圆形螺纹、矩形螺纹。螺纹的头数可以是单头,或多头,但对于转速较低的螺旋密封,最好选用多头螺纹 从提高密封压力角度考虑,选用三角形螺纹最好,梯形螺纹中等,矩形螺纹最差 从提高输油量角度考虑,选用梯形螺纹最好,三角形螺纹中等,矩形螺纹最差,但因矩形螺纹加工方便,所以应用仍较广					
矩形螺纹尺寸	轴直径/mm	10~18	>18~30	>30~50	>50~80	>80~120
	直径间隙/mm	0.045~0.094	0.060~0.118	0.075~0.142	0.095~0.175	0.120~0.210
	螺距/mm	3.5	7,10	7,10	10	16,24
	螺纹头数	1	2	2	3	4
	螺纹槽宽/mm	1	1	1.5,2	1.5	2
	螺纹槽深/mm	0.5	0.5	1.0	1.0	1.0
矩形螺纹槽参数	螺旋角 α:加大 α 角,能使密封浸油长度减小。当 $\alpha=15°39'$ 时,浸油长度最小,如果螺旋角继续加大,浸油长度反而加大,所以一般选 $\alpha=7°\sim15°39'$ 螺纹槽形状比 w:对螺纹槽中液体流动情况有影响。为了保证层流状态,螺纹形状比 w 不小于 4 相对螺纹槽宽比 u:u 值大,使密封浸油长度加大,对密封不利,一般取 $u=0.5$ 或 $u=0.8$ 相对螺纹槽深 v:一般取 $v=4\sim8$ 当 $u=0.5$,$\alpha=8°41'$,$v=5$ 时,消耗功率最小,但随 α 增大或减小,消耗功率增大 当 $u=0.5$,$\alpha=15°39'$,$v=4$ 时,密封浸油长度最小,但 $\alpha>15°39'$ 时,浸油长度增大 输送油品的离心泵选取 $u=0.5$、$v=4$、$\alpha=15°39'$ 较为合适					
密封轴线速度	在一定速度范围内,加大线速度能提高密封性能或减小密封浸油长度,但超过一定速度时,密封发热,使温度升高;由于轴的搅动,大气中的空气混入,降低密封性能,所以螺旋密封宜使用在线速度小于 24m/s 的场合					
轴与轴孔的偏心	当偏心量微小时,对密封液层流状态影响不大;但偏心量较大时,螺纹与孔之间的间隙一边会很宽,另一边会很窄,造成流动阻力不同,泄漏会在宽间隙一侧产生,同时会降低密封的使用寿命					
密封压差	密封压差主要由被密封介质压力决定。如果密封液就是机内被密封介质,则密封压差等于机内被密封介质压力与大气压力之差;如果被密封介质为气体,其压力为 p_1,则密封液压力 p_2 应略高于 p_1,密封压差 $\Delta p=p_2-p_1$,通常取 $\Delta p\approx0.05\sim0.1\text{MPa}$;如果机内为负压,则 p_2 应略高于大气压力					
密封液	密封气体时,密封液的选择是很重要的。它应满足下列要求:密封液对被密封的气体必须是稳定的;密封液有较大的黏度和较平坦的黏度-温度曲线,必要时需设有冷却措施;密封液有较大的热导率、表面张力;密封液有较低的饱和蒸气压,对真空密封尤为重要;对被密封气体有较小的溶解度					
停车密封	由于螺旋密封在低速和静止状态不能起密封作用,故设计既简单又可靠的停车密封是很重要的。停车密封有多种,如皮碗、骨架油封、滑阀式、端面式等					

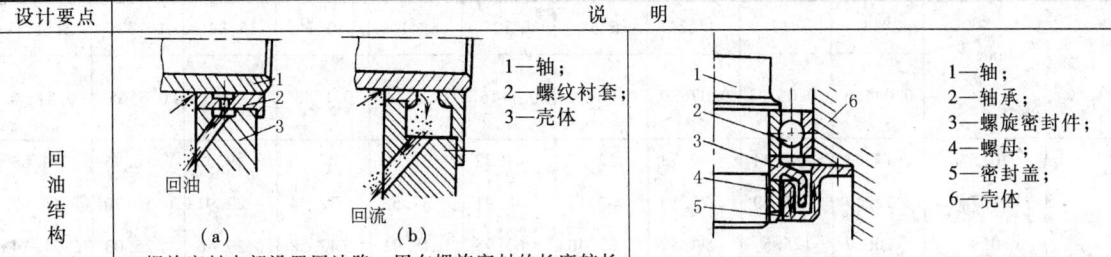

续表

设计要点	说明	
回油结构	1—轴； 2—螺纹衬套； 3—壳体 回油　回流 (a)　(b) 螺旋密封中部设置回油路。用在螺旋密封的长度较长的情况。图a是在螺纹衬套2的中部有环槽，通向回油孔。图b是将螺纹衬套分为两部分，两部分之间有很大的回油空间，以便回油，使密封效果更好	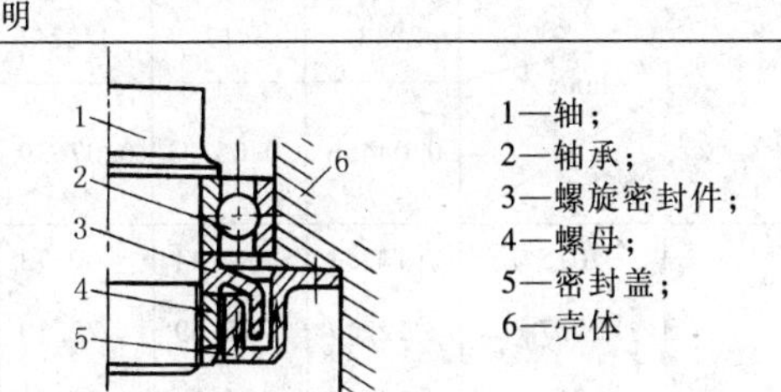 垂直轴的螺旋密封。螺旋密封件3有内、外螺纹，内螺纹将漏出的润滑脂往下赶回，外螺纹将润滑脂往上赶回，最后把润滑脂赶回到密封盖5与轴承之间的空间中

9.3 矩形螺纹的螺旋密封计算

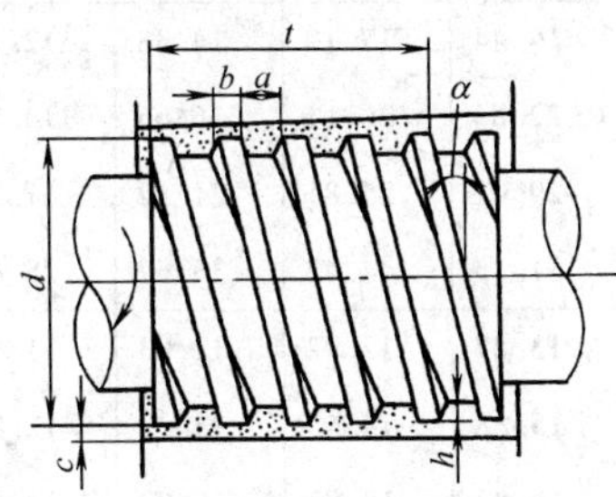

表 10-3-74

项　目	符号	计 算 公 式	说　明
螺纹导程/mm	S	$S=\pi d\tan\alpha$	
螺纹槽深/mm	h	$h=(v-1)c$	
螺纹头数	i	$i\geqslant\dfrac{2d}{l_1}$，浸油长度短时，需要螺纹头数多；反之，需要螺纹头数少。通常，根据轴径按表 10-3-73 选取	d——密封轴径，m α——螺旋角，(°)
螺纹槽宽/mm	a	$a=\dfrac{u\pi d\tan\alpha}{i}=\dfrac{uS}{i}$	w——螺纹槽形状比
螺纹齿宽/mm	b	$b=(1-u)\dfrac{\pi d\tan\alpha}{i}=(1-u)\dfrac{S}{i}$	u——相对螺纹槽宽，mm v——相对螺纹槽深，mm
螺纹槽形状比	w	$w\geqslant\dfrac{a}{h}$	c——密封间隙，mm
密封系数	$C_{\Delta p}$	$C_{\Delta p}=\dfrac{u(1-u)(v-1)(v^3-1)\tan\alpha}{(1+\tan^2\alpha)v^3+\tan^2\alpha\, u(1-u)(v^3-1)^2}$ 或查表 10-3-75，得出 $1/C_{\Delta p}$	μ——密封液动力黏度，Pa·s ω——轴的角速度，s^{-1} $\omega=\dfrac{\pi n}{30}$
单位压差的浸油长度/mm·MPa^{-1}	$l/\Delta p$	$\dfrac{l}{\Delta p}=\dfrac{10^3c^2}{3\mu\omega d}\times\dfrac{1}{C_{\Delta p}}$	n——轴的转速，r/min Δp——密封压差，MPa
密封螺纹浸油长度/mm	l	$l=(l/\Delta p)\times\Delta p$	$\Delta p=p_1-p_2$
螺纹结构长度/mm	L	$L=l+a$	p_1——密封腔压力，MPa
功率消耗系数	C_P	$C_P=1-u+\dfrac{u}{v}+3\times\dfrac{\tan^2\alpha(1-u)(v-1)^2(1-u+uv^3)}{(1+\tan^2\alpha)v^3+\tan^2\alpha(1-u)(v^3-1)^2}$ 或查表 10-3-76	p_2——密封腔外部压力，或大气压力，MPa
消耗功率/kW	P	$P=\dfrac{\pi\mu\omega^2d^3LC_P}{4080c}$	U——密封轴线速度，m/s
螺纹工作温度/℃	T	$T=T_1+\Delta T=T_1+\dfrac{\mu U^2}{2\lambda}$	λ——密封油热导率，W/(m·℃)
雷诺数	Re	$Re=\dfrac{\omega dc\rho}{2u}\leqslant Re_c$	ρ——密封油密度，kg/m^3
临界雷诺数	Re_c	$Re_c=41.1\times\left[\dfrac{d/2}{(1-u)c+uvc}\right]^{1/2}$	

表 10-3-75　　　　密封系数 $C_{\Delta p}$ 与螺旋参数（$\tan\alpha$、u、v）的关系

v	u \ α	2°33′	3°17′	4°22′	5°6′	6°32′	8°41′	10°7′	15°39′	19°37′	21°17′
	$\tan\alpha$	0.04456	0.0573	0.07639	0.08913	0.1146	0.1528	0.1783	0.2801	0.3565	0.5157
2	0.5	103.1	80.44	60.73	52.32	41.22	31.99	27.70	19.56	16.95	14.83
	0.7	122.7	95.69	72.19	62.17	48.91	37.52	32.74	22.91	19.70	16.97
	0.8	106.7	125.5	94.59	81.40	63.95	48.91	42.58	29.46	25.03	21.14
	0.9	285.9	222.7	174.2	144.2	111.6	86.11	74.73	50.85	42.64	34.78
3	0.5	46.21	37.11	28.34	24.65	19.85	15.90	14.34	11.64	11.20	11.80
	0.7	56.20	44.04	33.55	29.12	23.35	18.53	16.63	13.16	12.45	12.77
	0.8	73.55	57.57	43.72	37.86	30.18	23.72	21.10	16.14	14.89	14.07
	0.9	130.3	101.8	76.96	66.40	52.49	40.62	35.70	25.85	22.87	20.87
4	0.5	30.39	24.92	19.44	17.19	14.38	12.28	11.58	11.10	11.77	14.15
	0.7	37.20	29.44	22.84	20.11	16.66	14.01	13.08	12.09	12.58	14.79
	0.8	48.53	38.26	29.41	25.81	21.12	17.38	15.99	14.03	14.18	16.03
	0.9	85.53	67.08	51.15	44.42	35.67	28.41	25.52	20.37	19.38	20.07
6	0.5	19.99	16.54	13.87	12.92	12.03	11.95	12.32	15.14	17.87	22.18
	0.7	24.18	19.22	15.88	14.65	13.39	12.98	13.20	15.73	18.35	24.52
	0.8	30.15	24.45	19.82	18.03	16.03	14.98	14.93	16.88	19.30	25.26
	0.9	51.12	41.55	32.68	29.08	24.66	21.52	20.59	20.64	22.39	27.66
8	0.5	16.13	14.21	13.16	22.98	13.43	14.99	16.33	22.65	27.83	39.05
	0.7	18.53	16.12	14.55	14.21	14.39	15.72	16.96	23.07	28.18	39.32
	0.8	23.37	19.85	17.36	16.62	16.27	17.15	18.19	23.89	28.85	39.84
	0.9	39.01	32.03	26.52	24.49	22.43	21.81	22.22	26.57	31.05	41.55
10	0.5	14.95	14.15	14.34	14.92	16.65	19.94	22.37	32.8	40.98	
	0.7	16.85	15.63	15.45	15.88	17.40	20.51	22.86	33.13	41.25	
	0.8	20.58	18.53	17.63	17.75	18.87	21.62	23.81	33.77	41.77	
	0.9	32.73	28.00	24.75	23.87	23.64	25.24	26.94	35.85	43.48	
12	0.5	15.18	15.37	16.78	18.11	21.21	26.43	30.10	45.37	55.43	
	0.7	16.73	16.58	17.70	18.89	21.82	26.89	30.50	45.64	55.91	
	0.8	19.78	18.95	19.48	20.42	23.02	27.80	31.28	46.16	57.77	
	0.9	29.70	26.69	25.30	25.42	26.93	30.76	33.84	47.87	59.17	
14	0.5	16.32	17.48	20.15	22.29	26.90	34.30	39.40	60.29	76.14	
	0.7	17.64	18.50	20.94	22.95	27.42	34.69	39.74	60.51	76.38	
	0.8	20.21	20.51	22.45	24.24	28.43	35.46	40.40	60.95	76.74	
	0.9	28.59	27.06	27.37	28.47	31.74	37.97	42.57	62.39	77.92	

注：表中的 α 是按 $\alpha=\arctan t$ 求得的近似值（以下类推）。

表 10-3-76　　功率消耗系数 C_P

v \ u \ $\tan\alpha$ \ α		2°33′	3°17′	4°22′	5°6′	6°32′	8°41′	10°7′	15°39′	19°37′	27°17′
		0.04456	0.05730	0.07639	0.08913	0.1146	0.1528	0.1783	0.2801	0.3565	0.5157
2	0.5	0.7508	0.7514	0.7524	0.7533	0.7554	0.7593	0.7624	0.7776	0.7906	0.8171
	0.7	0.6509	0.6515	0.6527	0.6536	0.6559	0.6603	0.6638	0.6809	0.6958	0.7268
	0.8	0.6008	0.6013	0.6023	0.6031	0.6051	0.6088	0.6118	0.6269	0.6402	0.6690
	0.9	0.5505	0.5508	0.5514	0.5519	0.5532	0.5556	0.5575	0.5672	0.5762	0.5964
3	0.5	0.6700	0.6720	0.6757	0.6787	0.6857	0.6981	0.7149	0.7448	0.7698	0.8082
	0.7	0.5368	0.5391	0.5436	0.5469	0.5530	0.5698	0.5808	0.6276	0.6602	0.7122
	0.8	0.4697	0.4717	0.4755	0.4785	0.4858	0.4991	0.5092	0.5540	0.5871	0.6435
	0.9	0.4019	0.4032	0.4056	0.4076	0.4123	0.4211	0.4281	0.4610	0.4878	0.5392
4	0.5	0.6316	0.6357	0.6432	0.6491	0.6620	0.6828	0.6965	0.7422	0.7556	0.7942
	0.7	0.4827	0.4875	0.4966	0.5038	0.5193	0.5453	0.5629	0.6243	0.6575	0.6997
	0.8	0.4067	0.6410	0.4190	0.4254	0.4398	0.4645	0.4815	0.5466	0.5846	0.6325
	0.9	0.3293	0.3320	0.3370	0.3415	0.3515	0.3693	0.3826	0.4384	0.4766	0.5368
6	0.5	0.6002	0.6095	0.6250	0.6355	0.6554	0.6797	0.6929	0.7234	0.7343	0.7450
	0.7	0.4368	0.4482	0.4675	0.4810	0.5072	0.5411	0.5594	0.6049	0.6220	0.6625
	0.8	0.3511	0.3616	0.3798	0.3929	0.4196	0.4564	0.4774	0.5336	0.5562	0.5797
	0.9	0.2616	0.2687	0.2817	0.2916	0.3130	0.3463	0.3675	0.4341	0.4661	0.5030
8	0.5	0.5916	0.6050	0.6239	0.6349	0.6525	0.6699	0.6776	0.6928	0.6975	0.7017
	0.7	0.4228	0.4399	0.4649	0.4799	0.5049	0.5308	0.5425	0.5660	0.5740	0.5808
	0.8	0.3321	0.3486	0.3741	0.3903	0.4186	0.4501	0.4651	0.4976	0.5081	0.5180
	0.9	0.2341	0.2464	0.2659	0.2814	0.3093	0.3405	0.3645	0.4128	0.4300	0.4476
10	0.5	0.5903	0.6048	0.6221	0.6308	0.6431	0.6537	0.6578	0.6655	0.6677	
	0.7	0.4200	0.4394	0.4636	0.4760	0.4946	0.5110	0.5176	0.5300	0.5336	
	0.8	0.3268	0.3469	0.3737	0.3885	0.4114	0.4329	0.4419	0.4594	0.4646	
	0.9	0.2231	0.2398	0.2651	0.2808	0.3079	0.3373	0.3510	0.3801	0.3895	
12	0.5	0.5902	0.6033	0.6169	0.6230	0.6310	0.6372	0.6391	0.6437	0.6448	
	0.7	0.4198	0.4382	0.4581	0.4674	0.4797	0.4897	0.4935	0.5002	0.5020	
	0.8	0.3262	0.3466	0.3703	0.3820	0.3982	0.4119	0.4173	0.4270	0.4297	
	0.9	0.2195	0.2388	0.2647	0.2792	0.3014	0.3226	0.3316	0.3489	0.3541	
14	0.5	0.5890	0.5997	0.6696	0.6137	0.6188	0.6226	0.6240	0.6264	0.6270	
	0.7	0.4190	0.4346	0.4496	0.4561	0.4642	0.4703	0.4725	0.4764	0.4775	
	0.8	0.3259	0.3443	0.3633	0.3718	0.3829	0.3916	0.3948	0.4005	0.4021	
	0.9	0.2189	0.2386	0.2623	0.2742	0.2911	0.3056	0.3114	0.3216	0.3249	

例　一台离心泵，转速 $n=1450\text{r/min}$，密封腔压力 $p_1=0.2\text{MPa}$，密封轴径 $d=130\text{mm}$（0.13m，即螺纹直径），输送介质为原油，温度 $T_1=40℃$，黏度 $\mu=0.02041\text{Pa}\cdot\text{s}$，热导率 $\lambda=0.1373\text{W}/(\text{m}\cdot℃)$，密度 $\rho=855\text{kg/m}^3$。

(1) 确定螺纹导程 S

考虑加工方便，确定采用矩形螺纹槽螺旋密封。根据表 10-3-73 选用螺旋角 $\alpha=15°39'$（$\tan\alpha=0.2801$），并根据已知条件计算螺纹导程：

$$S=\pi d\tan\alpha=3.1416\times130\times0.2801=114.4\ (\mathrm{mm})$$

（2）相对螺纹槽深 v

根据表 10-3-73，取 $v=4$。

（3）螺纹槽深 h

根据表 10-3-73，取密封间隙 $c=0.2\mathrm{mm}$，则螺纹深度：

$$h=(v-1)c=(4-1)\times0.2=0.6\ (\mathrm{mm})$$

（4）计算螺纹槽宽 a、齿宽 b

根据表 10-3-73，选用相对螺纹槽宽 $u=0.5$，螺纹头数 $i=4$。为了缩短螺纹浸油长度，现取 $i=6$，则

$$a=\frac{u\pi d\tan\alpha}{i}=\frac{uS}{i}=\frac{0.5\times114.4}{6}=9.53\ (\mathrm{mm})$$

$$b=(1-u)\frac{\pi d\tan\alpha}{i}=(1-u)\frac{S}{i}=(1-0.5)\times\frac{114.4}{6}=9.53\ (\mathrm{mm})$$

（5）核算螺纹槽形状比 w

$$w=\frac{a}{h}=\frac{9.53}{0.6}=15.88$$

$w>4$，符合要求。

（6）计算密封系数 $C_{\Delta p}$

$$C_{\Delta p}=\frac{u(1-u)(v-1)(v^3-1)\tan\alpha}{(1+\tan^2\alpha)v^3+\tan^2\alpha\,u(1-u)(v^3-1)^2}=\frac{0.5\times(1-0.5)(4-1)(4^3-1)\times0.2801}{(1+0.2801^2)\times4^3+0.2801^2\times0.5\times(1-0.5)(4^3-1)^2}=0.09$$

或查表 10-3-75，得 $1/C_{\Delta p}=11.1$。

（7）计算单位压差的浸油长度 $l/\Delta p$

$$\text{轴角速度}\quad \omega=\frac{\pi n}{30}=\frac{3.14\times1450}{30}=151.8\ (\mathrm{s}^{-1})$$

$$\frac{l}{\Delta p}=\frac{10^3c^2}{3\mu\omega d}\times\frac{1}{C_{\Delta p}}=\frac{10^3\times0.2^2\times11.1}{3\times0.02041\times151.8\times0.13}=367.5\ (\mathrm{mm/MPa})$$

（8）密封螺纹浸油长度 l

密封腔外的压力为大气压，即 $p_2=0$，所以密封压差 $\Delta p=p_1-p_2=0.2-0=0.2\mathrm{MPa}$，则密封螺纹浸油长度

$$l=(l/\Delta p)\times\Delta p=367.5\times0.2=73.5\ (\mathrm{mm})$$

（9）螺纹结构长度 L

$$L=l_1+a=73.5+9.53=83.03\ (\mathrm{mm})$$

取螺纹结构长度 $L=90\mathrm{mm}$。

（10）核算螺纹头数

$$i\geqslant\frac{2d}{l_1}=\frac{2\times130}{73.5}=3.54$$

现取 $i=6$，符合要求。

（11）功率消耗系数 C_P

$$C_P=1-u+\frac{u}{v}+3\times\frac{\tan^2\alpha(1-u)(v-1)^2(1-u+uv^3)}{(1+\tan^2\alpha)v^3+\tan^2\alpha(1-u)(v^3-1)^2}$$

$$=0.5+\frac{0.5}{4}+3\times\frac{0.2801^2\times(1-0.5)(4-1)^2(1-0.5+0.5\times4^3)}{(1+0.2801^2)\times4^3+0.2801^2\times(1-0.5)(4^3-1)^2}=0.7422$$

（12）消耗功率 P

$$P=\frac{\pi\mu\omega^2d^2LC_P}{4080c}=\frac{3.14\times0.02041\times151.8^2\times0.13^2\times83.03\times0.7422}{4080\times0.2}=0.245\ (\mathrm{kW})$$

（13）螺旋密封工作温度 T

密封轴的圆周速度

$$U=\frac{\pi dn}{60}=\frac{3.14\times0.13\times1450}{60}=9.867\ (\mathrm{m/s})$$

$$T = T_1 + \Delta T = T_1 + \frac{\mu U^2}{2\lambda} = 40 + \frac{0.02041 \times 9.867^2}{2 \times 0.1373} = 40 + 7.2 = 47.2\ (℃)$$

(14) 流态判别

螺纹段流体的雷诺数

$$Re = \frac{\omega d c \rho}{2\mu} = \frac{151.8 \times 0.13 \times 0.2 \times 10^{-3} \times 855}{2 \times 0.02041} = 82.7$$

螺纹段流体由层流转向紊流的平均雷诺数：

$$Re_c = 41.1 \times \left[\frac{d/2}{(1-u)c + uvc} \right]^{1/2}$$

$$= 41.1 \times \left[\frac{130/2}{(1-0.5) \times 0.2 + 0.5 \times 4 \times 0.2} \right]^{1/2} = 468.6$$

因 $Re < Re_c$，所以螺纹段流体处于层流工况，说明上述计算均适用。

第4章　密封件

1　油封皮圈、油封纸圈

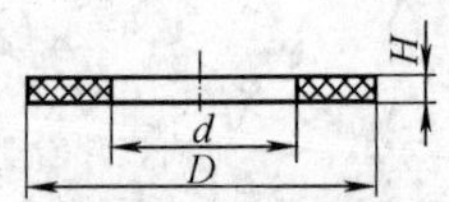

标记示例：

$D=30$mm，$d=20$mm 的油封皮圈，标记为

皮圈 30×20

$D=30$mm，$d=20$mm 的油封纸圈，标记为

纸圈 30×20

表 10-4-1

螺塞直径																				
螺塞直径	mm	6	8	10	12	14	16	18	20	22	24	27	30	33	36	39	42	48	—	—
	in	—	—	1/8	—	1/4	3/8	—	—	1/2	—	3/4	—	1	—	—	1¼	1½	1¾	2
D/mm		12	15	18	22	22	25	28	30	32	35	40	45	45	50	50	60	65	70	75
d/mm		6	8	10	12	14	16	18	20	22	24	27	30	34	36	40	42	48	55	60
H/mm	纸圈	2								3										
	皮圈	2									2.5				3					

2　圆橡胶、圆橡胶管密封（摘自 JB/ZQ 4609—1997）

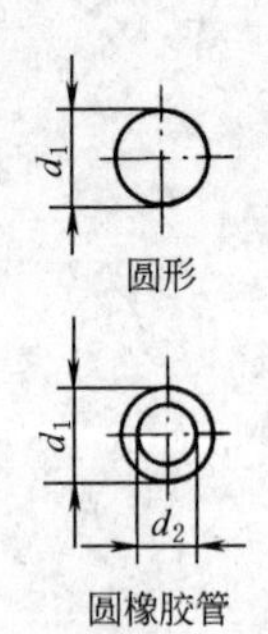

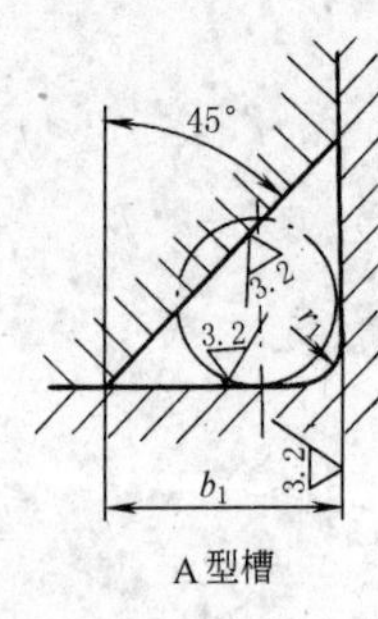

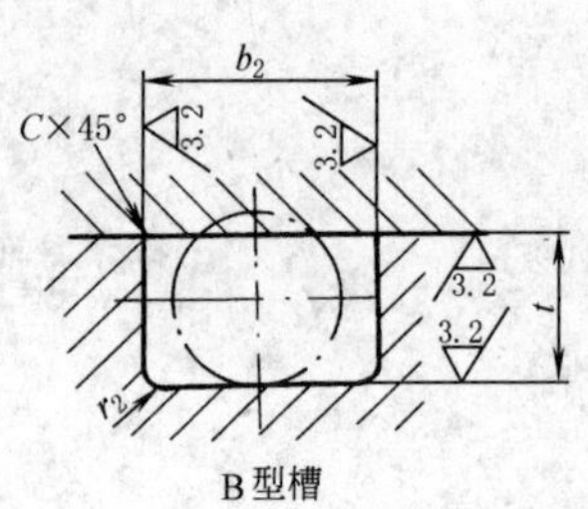

适用范围：用于密封没有工作压力或工作压力很小的场合

材料：丁腈橡胶 XA Ⅰ 7453

HG/T 2811—1996（表 10-4-58）

标记示例：

（a）直径 $d_1=10$mm，长度 500mm 的圆橡胶，标记为

圆橡胶　10×500　JB/ZQ 4609—1997

（b）直径 $d_1=10$mm，$d_2=5$mm，长度 500mm 的圆橡胶管，标记为

圆橡胶管　10×5×500　JB/ZQ 4609—1997

表 10-4-2　　mm

公称直径		d_1	3	4	5	6	8	10	12	14	16	20
		d_2	—	—	—	3	5	5	6	6	6	8
		极限偏差	±0.3	±0.4			±0.5		±0.6			±0.8
槽型	A 型	b_1	4.1±0.1	5.5±0.1	6.8±0.1	8.2±0.1	10.9±0.2	13.7±0.2	16.5±0.2	19.2±0.2	23.7±0.2	28.2±0.2
		r_1	1	1.6	1.6	2.5	2.5	4	4	6	6	6
	B 型	b_2	$3.8^{+0.2}_{0}$	$5.7^{+0.2}_{0}$	$7.7^{+0.2}_{0}$	$7.7^{+0.2}_{0}$	$11.7^{+0.3}_{0}$	$13.6^{+0.3}_{0}$	$15.6^{+0.3}_{0}$	$19.6^{+0.3}_{0}$	$21.6^{+0.4}_{0}$	$24.6^{+0.4}_{0}$
		r_2	0.6	0.6	0.6	0.6	1	1	1	1.6	1.6	1.6
		t	$2.2^{+0.1}_{0}$	$3^{+0.1}_{0}$	$3.8^{+0.1}_{0}$	$4.8^{+0.1}_{0}$	$6.6^{+0.1}_{0}$	$8.6^{+0.1}_{0}$	$10.5^{+0.1}_{0}$	$12.4^{+0.1}_{0}$	$15.3^{+0.1}_{0}$	$18^{+0.1}_{0}$
		C	0.4		0.6		1			1.5		

注：1. 长度按照槽内边计算。

2. 在零件表面铣削 B 型槽结构可参照下图：

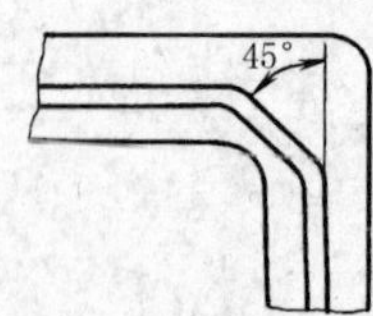

3 毡圈油封

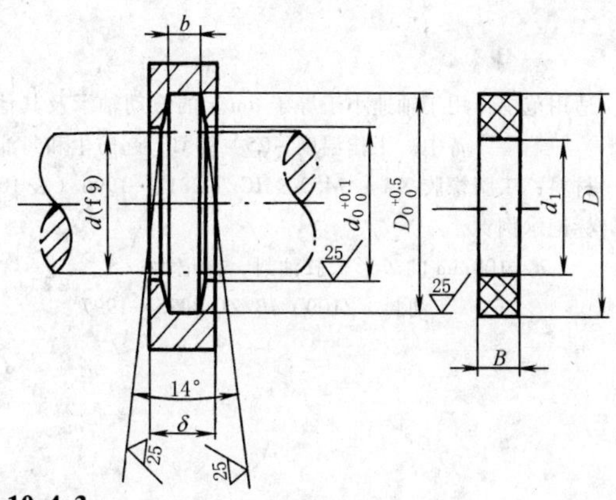

毡圈油封用于线速度小于5m/s的场合
材料：毛毡

表 10-4-3

mm

轴径 d (f9)	毡圈 D	毡圈 d_1	毡圈 B	毡圈 质量/kg	槽 D_0	槽 d_0	槽 b	槽 δ_{min} 用于钢	槽 δ_{min} 用于铸铁
15	29	14	6	0.0010	28	16	5	10	12
20	33	19		0.0012	32	21			
25	39	24	7	0.0018	38	26	6	12	15
30	45	29		0.0023	44	31			
35	49	34		0.0023	48	36			
40	53	39		0.0026	52	41			
45	61	44	8	0.0040	60	46	7		
50	69	49		0.0054	68	51			
55	74	53		0.0060	72	56			
60	80	58		0.0069	78	61			
65	84	63		0.0070	82	66			
70	90	68		0.0079	88	71			
75	94	73		0.0080	92	77			
80	102	78	9	0.011	100	82	8	15	18
85	107	83		0.012	105	87			
90	112	88		0.012	110	92			
95	117	93	10	0.014	115	97			
100	122	98		0.015	120	102			
105	127	103		0.016	125	107			
110	132	108	10	0.017	130	112	8	15	18
115	137	113		0.018	135	117			
120	142	118		0.018	140	122			
125	147	123		0.018	145	127			

轴径 d (f9)	毡圈 D	毡圈 d_1	毡圈 B	毡圈 质量/kg	槽 D_0	槽 d_0	槽 b	槽 δ_{min} 用于钢	槽 δ_{min} 用于铸铁
130	152	128	12	0.030	150	132	10	18	20
135	157	133		0.030	155	137			
140	162	138		0.032	160	143			
145	167	143		0.033	165	148			
150	172	148		0.034	170	153			
155	177	153		0.035	175	158			
160	182	158		0.035	180	163			
165	187	163		0.037	185	168			
170	192	168		0.038	190	173			
175	197	173		0.038	195	178			
180	202	178		0.038	200	183			
185	207	182		0.039	205	188			
190	212	188		0.039	210	193			
195	217	193	14	0.041	215	198	12	20	22
200	222	198		0.042	220	203			
210	232	208		0.044	230	213			
220	242	218		0.046	240	223			
230	252	228		0.048	250	233			
240	262	238		0.051	260	243			

4 Z形橡胶油封（摘自JB/ZQ 4075—1997）

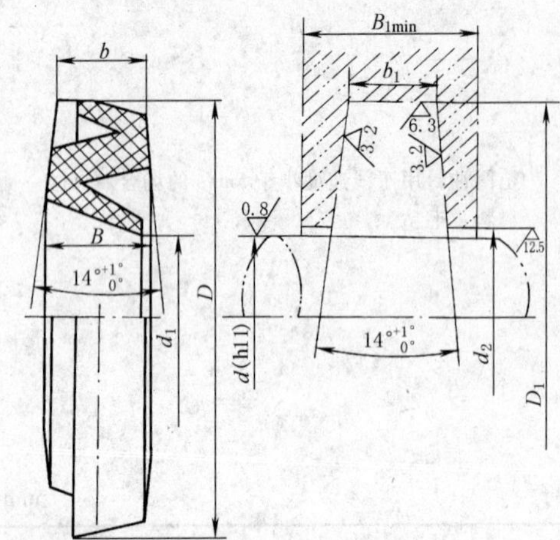

适用范围：用于轴速小于等于6m/s的滚动轴承及其他机械设备中。工作温度 -25～80℃，起防尘和封油作用

材料：丁腈橡胶XAⅠ 7453 HG/T 2811—1996（表10-4-58）

标记示例：

$d=100$mm的Z形橡胶油封，标记为

油封 Z100 JB/ZQ 4075—1997

表 10-4-4 mm

轴径 d (h11)	油封 D	油封 d_1 基本尺寸	油封 d_1 极限偏差	油封 b	油封 B	沟槽 D_1 基本尺寸	沟槽 D_1 极限偏差	沟槽 d_2 基本尺寸	沟槽 d_2 极限偏差	沟槽 b_1 基本尺寸	沟槽 b_1 极限偏差	沟槽 B_{1min} 用于钢	沟槽 B_{1min} 用于铸铁
10	21.5	9				21		11					
12	23.5	11				23	+0.21 0	13	+0.18 0				
15	26.5	14		3	3.8	26		16		3	+0.14 0	8	10
17	28.5	16				28		18					
20	31.5	19				31		21.5	+0.21 0				
25	38.5	24	+0.30 +0.15			38	+0.25 0	26.5					
30	43.5	29				43		31.5					
(35)	48.5	34		4	4.9	48		36.5	+0.25 0	4			
40	53.5	39				53		41.5					
45	58.5	44				58		46.5				10	12
50	68	49				67	+0.30 0	51.5					
(55)	73	53		5	6.2	72		56.5			+0.18 0		
60	78	58				77		62	+0.30 0	5			
(65)	83	63				82		67					
(70)	90	68				89		72					
75	95	73	+0.30 +0.20			94		77					
80	100	78		6	7.4	99	+0.35 0	82		6			
85	105	83				104		87				12	15
90	111	88				110		92	+0.35 0				
95	117	93		7	8.4	116		97		7	+0.22 0		
100	126	98		8	9.7	125	+0.40 0	102		8		16	18

续表

轴径 d (h11)	油封 D	油封 d_1 基本尺寸	油封 d_1 极限偏差	油封 b	油封 B	沟槽 D_1 基本尺寸	沟槽 D_1 极限偏差	沟槽 d_2 基本尺寸	沟槽 d_2 极限偏差	沟槽 b_1 基本尺寸	沟槽 b_1 极限偏差	沟槽 B_{1min} 用于钢	沟槽 B_{1min} 用于铸铁
105	131	103	+0.30 +0.20	8	9.7	130	+0.40 0	107	+0.35 0	8	+0.22 0	16	18
110	136	108				135		113					
(115)	141	113				140		118					
120	150	118	+0.45 +0.25	9	9.7	149		123	+0.40 0	9			
125	155	123			11	154		128				18	20
130	160	128				159		133					
(135)	165	133				164		138					
140	174	138		10	12	173		143	+0.40 0	10		20	22
145	179	143				178	+0.46 0	148					
150	184	148				183		153					
155	189	153				188		158					
160	194	158				193		163					
165	199	163				198		168					
170	204	168				203		173					
175	209	173				208		178	+0.46 0				
180	214	178				213		183					
185	219	183				218		188					
190	224	188				223		193					
195	229	193				228		198		11	+0.27 0	22	24
200	241	198				240		203					
210	251	208		11	14	250		213					
220	261	218	+0.55 +0.30			260	+0.52 0	223					
230	271	228		12	15	270		233		12		24	26
240	287	238				286		243					
250	297	248				296		253	+0.52 0				
260	307	258				306		263					
280	333	278		13	16	332	+0.57 0	283		13		26	28
300	353	298				352		303					
320	373	318				372		323	+0.57 0				
340	393	338				392		343					
360	413	358				412	+0.63 0	363					
380	433	378				432		383					

注：Z形橡胶油封在安装时，必须将与轴接触的唇边朝向所要进行防尘与油封的空腔内部。

5 O形橡胶密封圈

5.1 液压、气动用O形橡胶密封圈尺寸及公差（摘自GB/T 3452.1—2005）

d_2 d_1

标记示例：

O形圈 8.75×1.80—G(A)—N(S)—GB/T 3452.1—2005

标准号

等级代号，N— 一般级；S— 较高级外观质量，见GB/T 3452.2—1987

G— 普通系列；A— 航空机类似应用的系列

d_1 = 8.75mm

d_2 = 1.80mm

表 10-4-5　一般应用的O形圈内径、截面直径尺寸和公差（G系列）　mm

d_1		d_2					d_1		d_2				
尺寸	公差 ±	1.8 ± 0.08	2.65 ± 0.09	3.55 ± 0.10	5.3 ± 0.13	7 ± 0.15	尺寸	公差 ±	1.8 ± 0.08	2.65 ± 0.09	3.55 ± 0.10	5.3 ± 0.13	7 ± 0.15
1.8	0.13	×					7.1	0.16	×				
2	0.13	×					7.5	0.17	×				
2.24	0.13	×					8	0.17	×				
2.5	0.13	×					8.5	0.17	×				
2.8	0.13	×					8.75	0.18	×				
3.15	0.14	×					9	0.18	×				
3.55	0.14	×					9.5	0.18	×				
3.75	0.14	×					9.75	0.18	×				
4	0.14	×					10	0.19	×				
4.5	0.15	×					10.6	0.19	×	×			
4.75	0.15	×					11.2	0.20	×	×			
4.87	0.15	×					11.6	0.20	×	×			
5	0.15	×					11.8	0.19	×	×			
5.15	0.15	×					12.1	0.21	×	×			
5.3	0.15	×					12.5	0.21	×	×			
5.6	0.16	×					12.8	0.21	×	×			
6	0.16	×					13.2	0.21	×	×			
6.3	0.16	×					14	0.22	×	×			
6.7	0.16	×					14.5	0.22	×	×			
6.9	0.16	×					15	0.22	×	×			

续表

d_1		d_2					d_1		d_2				
尺寸	公差±	1.8±0.08	2.65±0.09	3.55±0.10	5.3±0.13	7±0.15	尺寸	公差±	1.8±0.08	2.65±0.09	3.55±0.10	5.3±0.13	7±0.15
15.5	0.23	×	×				46.2	0.45	×	×	×	×	
16	0.23	×	×				47.5	0.46	×	×	×	×	
17	0.24	×	×				48.7	0.47	×	×	×	×	
18	0.25	×	×	×			50	0.48	×	×	×	×	
19	0.25	×	×	×			51.5	0.49		×	×	×	
20	0.26	×	×	×			53	0.50		×	×	×	
20.6	0.26	×	×	×			54.5	0.51		×	×	×	
21.2	0.27	×	×	×			56	0.52		×	×	×	
22.4	0.28	×	×	×			58	0.54		×	×	×	
23	0.29	×	×	×			60	0.55		×	×	×	
23.6	0.29	×	×	×			61.5	0.56		×	×	×	
24.3	0.30	×	×	×			63	0.57		×	×	×	
25	0.30	×	×	×			65	0.58		×	×	×	
25.8	0.31	×	×	×			67	0.60		×	×	×	
26.5	0.31	×	×	×			69	0.61		×	×	×	
27.3	0.32	×	×	×			71	0.63		×	×	×	
28	0.32	×	×	×			73	0.64		×	×	×	
29	0.33	×	×	×			75	0.65		×	×	×	
30	0.34	×	×	×			77.5	0.67		×	×	×	
31.5	0.35	×	×	×			80	0.69		×	×	×	
32.5	0.36	×	×	×			82.5	0.71		×	×	×	
33.5	0.36	×	×	×			85	0.72		×	×	×	
34.5	0.37	×	×	×			87.5	0.74		×	×	×	
35.5	0.38	×	×	×			90	0.76		×	×	×	
36.5	0.38	×	×	×			92.5	0.77		×	×	×	
37.5	0.39	×	×	×			95	0.79		×	×	×	
38.7	0.40	×	×	×			97.5	0.81		×	×	×	
40	0.41	×	×	×	×		100	0.82		×	×	×	
41.2	0.42	×	×	×	×		103	0.85		×	×	×	
42.5	0.43	×	×	×	×		106	0.87		×	×	×	
43.7	0.44	×	×	×	×		109	0.89		×	×	×	×
45	0.44	×	×	×	×		112	0.91		×	×	×	×

续表

d_1		d_2					d_1		d_2				
尺寸	公差 ±	1.8 ± 0.08	2.65 ± 0.09	3.55 ± 0.10	5.3 ± 0.13	7 ± 0.15	尺寸	公差 ±	1.8 ± 0.08	2.65 ± 0.09	3.55 ± 0.10	5.3 ± 0.13	7 ± 0.15
115	0.93		×	×	×	×	212	1.57				×	×
118	0.95		×	×	×	×	218	1.61				×	×
122	0.97		×	×	×	×	224	1.65				×	×
125	0.99		×	×	×	×	227	1.67				×	×
128	1.01		×	×	×	×	230	1.69				×	×
132	1.04		×	×	×	×	236	1.73				×	×
136	1.07		×	×	×	×	239	1.75				×	×
140	1.09		×	×	×	×	243	1.77				×	×
142.5	1.11		×	×	×	×	250	1.82				×	×
145	1.13		×	×	×	×	254	1.84				×	×
147.5	1.14		×	×	×	×	258	1.87				×	×
150	1.16		×	×	×	×	261	1.89				×	×
152.5	1.18			×	×	×	265	1.91				×	×
155	1.19			×	×	×	268	1.92				×	×
157.5	1.21			×	×	×	272	1.96				×	×
160	1.23			×	×	×	276	1.98				×	×
162.5	1.24			×	×	×	280	2.01				×	×
165	1.26			×	×	×	283	2.03				×	×
167.5	1.28			×	×	×	286	2.05				×	×
170	1.29			×	×	×	290	2.08				×	×
172.5	1.31			×	×	×	295	2.11				×	×
175	1.33			×	×	×	300	2.14				×	×
177.5	1.34			×	×	×	303	2.16				×	×
180	1.36			×	×	×	307	2.19				×	×
182.5	1.38			×	×	×	311	2.21				×	×
185	1.39			×	×	×	315	2.24				×	×
187.5	1.41			×	×	×	320	2.27				×	×
190	1.43			×	×	×	325	2.30				×	×
195	1.46			×	×	×	330	2.33				×	×
200	1.49			×	×	×	335	2.36				×	×
203	1.51				×	×	340	2.40				×	×
206	1.53				×	×	345	2.43				×	×

续表

d_1		d_2					d_1		d_2				
尺寸	公差 ±	1.8 ± 0.08	2.65 ± 0.09	3.55 ± 0.10	5.3 ± 0.13	7 ± 0.15	尺寸	公差 ±	1.8 ± 0.08	2.65 ± 0.09	3.55 ± 0.10	5.3 ± 0.13	7 ± 0.15
350	2.46				×	×	479	3.28					×
355	2.49				×	×	483	3.30					×
360	2.52				×	×	487	3.33					×
365	2.56				×	×	493	3.36					×
370	2.59				×	×	500	3.41					×
375	2.62				×	×	508	3.46					×
379	2.64				×	×	515	3.50					×
383	2.67				×	×	523	3.55					×
387	2.70				×	×	530	3.60					×
391	2.72				×	×	538	3.65					×
395	2.75				×	×	545	3.69					×
400	2.78				×	×	553	3.74					×
406	2.82					×	560	3.78					×
412	2.85					×	570	3.85					×
418	2.89					×	580	3.91					×
425	2.93					×	590	3.97					×
429	2.96					×	600	4.03					×
433	2.99					×	608	4.08					×
437	3.01					×	615	4.12					×
443	3.05					×	623	4.17					×
450	3.09					×	630	4.22					×
456	3.13					×	640	4.28					×
462	3.17					×	650	4.34					×
466	3.19					×	660	4.40					×
470	3.22					×	670	4.47					×
475	3.25					×							

注：1.“×”号表示本标准规定的规格。

2. 机械密封用 O 形橡胶密封圈，参见本篇第 3 章 8.12.2。

3. 航空及类似应用的 A 系列 O 形圈未列出。

5.2 液压、气动用 O 形圈径向密封沟槽尺寸（摘自 GB/T 3452.3—2005）

5.2.1 液压活塞动密封沟槽尺寸

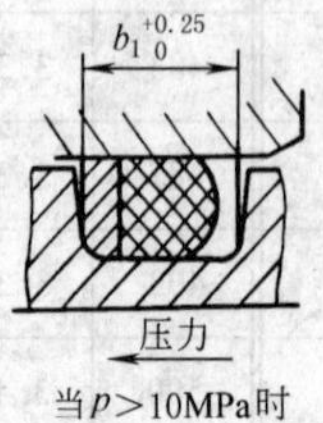

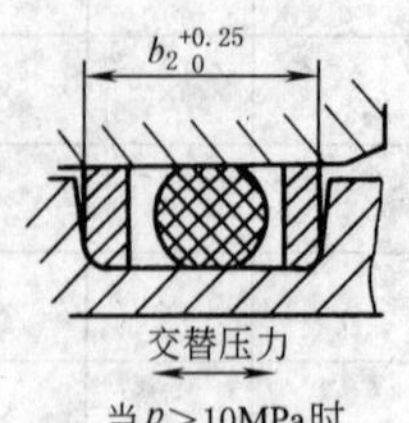

说明：

1. d_1——O 形圈内径，mm；
   d_2——O 形圈截面直径，mm。
2. b、b_1、b_2、Z、r_1、r_2 尺寸见表 10-4-14。
3. 沟槽及配合表面的表面粗糙度见表 10-4-16。

表 10-4-6　　液压活塞动密封沟槽尺寸　　mm

d_4 H8	d_9 f7	d_3 h9	d_1
$d_2=1.8$			
7		4.3	4
8		5.3	5
9		6.3	6
10		7.3	6.9
11		8.3	8
12		9.3	8.75
13		10.3	10
14		11.3	10.6
15		12.3	11.8
16		13.3	12.5
17		14.3	14
18		15.3	15
19		16.3	16
20		17.3	17
$d_2=2.65$			
19		14.9	14.5
20		15.9	15.5
21		16.9	16
22		17.9	17
23		18.9	18
24		19.9	19
25		20.9	20
26		21.9	21.2
27		22.9	22.4
28		23.9	22.4
29		24.9	24.3
30		25.9	25
31		26.9	26.5
32		27.9	27.3
33		28.9	28

d_4 H8	d_9 f7	d_3 h9	d_1
$d_2=2.65$			
34		29.9	29
35		30.9	30
36		31.9	31.5
37		32.9	32.5
38		33.9	33.5
39		34.9	34.5
40		35.9	35.5
41		36.9	36.5
42		37.9	37.5
43		38.9	38.5
44		39.9	38.7
$d_2=3.55$			
24		18.3	18
25		19.3	19
26		20.3	20
27		21.3	20.6
28		22.3	21.2
29		23.3	22.4
30		24.3	23.6
31		25.3	25
32		26.3	25.8
33		27.3	26.5
34		28.3	27.3
35		29.3	28
36		30.3	30
37		31.3	30
38		32.3	31.5
39		33.3	32.5
40		34.3	33.5
41		35.3	34.5
42		36.3	35.5

d_4 H8	d_9 f7	d_3 h9	d_1
$d_2=3.55$			
43		37.3	36.5
44		38.3	37.5
45		39.3	38.7
46		40.3	38.7
47		41.3	40
48		42.3	41.2
49		43.3	42.5
50		44.3	43.7
51		45.3	43.7
52		46.3	45
53		47.3	46.2
54		48.3	47.5
55		49.3	48.7
56		50.3	48.7
57		51.3	50
58		52.3	51.5
59		53.3	51.5
60		54.3	53
61		55.3	53
62		56.3	54.5
63		57.3	56
64		58.3	56
65		59.3	58
66		60.3	58
67		61.3	60
68		62.3	61.5
69		63.3	61.5
70		64.3	63
71		65.3	63
72		66.3	65

续表

d_4 H8	d_9 f7	d_3 h9	d_1	d_4 H8	d_9 f7	d_3 h9	d_1	d_4 H8	d_9 f7	d_3 h9	d_1
$d_2=3.55$				$d_2=3.55$				$d_2=3.55$			
73		67.3	65	122		116.3	115	171		165.3	162.5
74		68.3	67	123		117.3	115	172		166.3	165
75		69.3	67	124		118.3	115	173		167.3	165
76		70.3	69	125		119.3	118	174		168.3	167.5
77		71.3	69	126		120.3	118	175		169.3	167.5
78		72.3	71	127		121.3	118	176		170.3	167.5
79		73.3	71	128		122.3	118	177		171.3	170
80		74.3	73	129		123.3	122	178		172.3	170
81		75.3	73	130		124.3	122	179		173.3	172.5
82		76.3	75	131		125.3	122	180		174.3	172.5
83		77.3	75	132		126.3	125	181		175.3	172.5
84		78.3	77.5	133		127.3	125	182		176.3	175
85		79.3	77.5	134		128.3	125	183		177.3	175
86		80.3	77.5	135		129.3	128	184		178.3	177.5
87		81.3	80	136		130.3	128	185		179.3	177.5
88		82.3	80	137		131.3	128	186		180.3	177.5
89		83.3	82.5	138		132.3	128	187		181.3	180
90		84.3	82.5	139		133.3	132	188		182.3	180
91		85.3	82.5	140		134.3	132	189		183.3	182.5
92		86.3	85	141		135.3	132	190		184.3	182.5
93		87.3	85	142		136.3	132	191		185.3	182.5
94		88.3	87.5	143		137.3	132	192		186.3	185
95		89.3	87.5	144		138.3	136	193		187.3	185
96		90.3	87.5	145		139.3	136	194		188.3	187.5
97		91.3	90	146		140.3	136	195		189.3	187.5
98		92.3	90	147		141.3	140	196		190.3	187.5
99		93.3	92.5	148		142.3	140	197		191.3	190
100		94.3	92.5	149		143.3	140	198		192.3	190
101		95.3	92.5	150		144.3	142.5	199		193.3	190
102		96.3	95	151		145.3	142.5	200		194.3	190
103		97.3	95	152		146.3	145	201		195.3	190
104		98.3	97.5	153		147.3	145	202		196.3	195
105		99.3	97.5	154		148.3	147.5	203		197.3	195
106		100.3	97.5	155		149.3	147.5	204		198.3	195
107		101.3	100	156		150.3	147.5	205		199.3	195
108		102.3	100	157		151.3	150	206		200.3	195
109		103.3	100	158		152.3	150	207		201.3	200
110		104.3	103	159		153.3	152.5	208		202.3	200
111		105.3	103	160		154.3	152.5	209		203.3	200
112		106.3	103	161		155.3	152.5	210		204.3	200
113		107.3	106	162		156.3	155	211		205.3	200
114		108.3	106	163		157.3	155	212		206.3	200
115		109.3	106	164		158.3	157.5	213		207.3	200
116		110.3	109	165		159.3	157.5	$d_2=5.3$			
117		111.3	109	166		160.3	157.5	50		41.3	40
118		112.3	109	167		161.3	160	51		42.3	41.2
119		113.3	112	168		162.3	160	52		43.3	42.5
120		114.3	112	169		163.3	162.5	53		44.3	43.7
121		115.3	112	170		164.3	162.5	54		45.3	43.7

第10篇

续表

d_4 H8 / d_9 f7	d_3 h9	d_1
$d_2=5.3$		
55	46.3	45
56	47.3	46.2
57	48.3	47.5
58	49.3	48.7
59	50.3	48.7
60	51.3	50
61	52.3	51.5
62	53.3	51.5
63	54.3	53
64	55.3	54.5
65	56.3	54.5
66	57.3	56
67	58.3	56
68	59.3	58
69	60.3	58
70	61.3	60
71	62.3	61.5
72	63.3	61.5
73	64.3	63
75	66.3	65
76	67.3	65
77	68.3	67
78	69.3	67
79	70.3	69
80	71.3	69
82	73.3	71
84	75.3	73
85	76.3	75
86	77.3	75
88	79.3	775
90	81.3	80
92	83.3	82.5
94	85.3	82.5
95	86.3	85

d_4 H8 / d_9 f7	d_3 h9	d_1
$d_2=5.3$		
96	87.3	85
98	89.3	87.5
100	91.3	90
102	93.3	92.5
104	95.3	92.5
105	96.3	95
106	97.3	95
108	99.3	97.5
110	101.3	100
112	103.3	100
114	105.3	103
115	106.3	103
116	107.3	106
118	109.3	106
120	111.3	109
125	116.3	115
130	121.3	118
135	126.3	125
140	131.3	128
145	136.3	132
150	141.3	140
155	146.3	145
160	151.3	150
165	156.3	155
170	161.3	160
175	166.3	165
180	171.3	167.5
185	176.3	172.5
190	181.3	177.5
195	186.3	182.5
200	191.3	187.5
205	196.3	190
210	201.3	195
215	206.3	203

d_4 H8 / d_9 f7	d_3 h9	d_1
$d_2=5.3$		
220	211.3	206
225	216.3	212
230	221.3	218
240	226.3	224
245	236.3	230
250	241.3	236
255	246.3	243
260	251.3	243
265	256.3	254
$d_2=7$		
125	113.3	112
130	118.3	115
135	123.3	122
140	128.3	125
145	133.3	132
150	138.3	136
155	143.3	140
160	148.3	145
165	153.3	150
170	158.3	155
175	163.3	160
180	168.3	165
185	173.3	170
190	178.3	175
195	183.3	180
200	188.3	185
205	193.3	190
210	198.3	195
215	203.3	200
220	208.3	206
230	218.3	212
240	228.3	224
250	238.3	236
260	248.3	243

注：1. 表中规定的尺寸和公差适合于任何一种合成橡胶材料。沟槽尺寸是以硬度为70IRHD（国际橡胶硬度标准）的丁腈橡胶（NBR）为基准的。

2. 在可以选用几种截面O形圈的情况下，应优先选用较大截面的O形圈。

3. d_9 和 d_3 之间的同轴度公差：直径小于等于50mm时，≤ϕ0.025mm；直径大于50mm时，≤ϕ0.05mm。

4. 粗实线框内的数据为推荐使用的密封规格。

5.2.2 气动活塞动密封沟槽尺寸

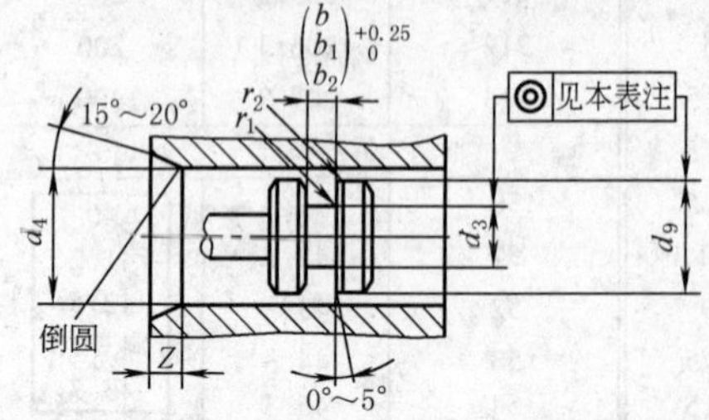

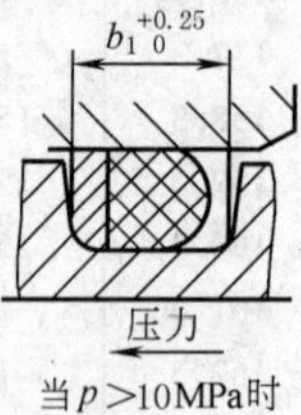

当$p>$10MPa时

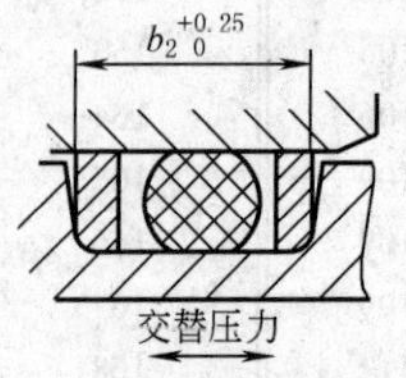

当$p>$10MPa时

说明：

1. d_1——O形圈内径，mm；

d_2——O形圈截面直径，mm。

2. b、b_1、b_2、Z、r_1、r_2 尺寸见表10-4-14。

3. 沟槽及配合表面的表面粗糙度见表10-4-16。

表 10-4-7　　　　气动活塞动密封沟槽尺寸　　　　mm

d_4 H8 / d_9 f7	d_3 h9	d_1
$d_2=1.8$		
7	4.2	4
8	5.2	5
9	6.2	6
10	7.2	6.9
11	8.2	8
12	9.2	8.75
13	10.2	10
14	11.2	10.6
15	12.2	11.8
16	13.2	12.8
17	14.2	14
18	15.2	15
$d_2=2.65$		
19	14.7	14.5
20	15.7	15.5
21	16.7	16
22	17.7	17
23	18.7	18
24	19.7	19
25	20.7	20
26	21.7	21.2
27	22.7	22.4
28	23.7	22.4
29	24.7	23.6
30	25.7	25
31	26.7	25.8
32	27.7	27.3
33	28.7	28
34	29.7	28
35	30.7	30
36	31.7	30
37	32.7	31.5
38	33.7	32.5
39	34.7	33.5
40	35.7	34.5
41	36.7	35.5
42	37.7	36.5
43	38.7	37.5
44	39.7	38.7
$d_2=3.55$		
24	18.1	17
25	19.1	18
26	20.1	19
27	21.1	20
28	22.1	21.2
29	23.1	22.4
30	24.1	23.6
31	25.1	24.3
32	26.1	25.8
$d_2=3.55$		
33	27.1	26.5
34	28.1	27.3
35	29.1	28
36	30.1	29
37	31.1	30
38	32.1	31.5
39	33.1	32.5
40	34.1	33.5
41	35.1	34.5
42	36.1	35.5
43	37.1	36.5
44	38.1	37.5
45	39.1	38.7
46	40.1	38.7
47	41.1	40
48	42.1	41.2
49	43.1	42.5
50	44.1	43.7
51	45.1	43.7
52	46.1	45
53	47.1	46.2
54	48.1	47.5
55	49.1	47.5
56	50.1	48.7
57	51.1	50
58	52.1	51.5
59	53.1	51.5
60	54.1	53
61	55.1	54.5
62	56.1	54.5
63	57.1	56
64	58.1	56
65	59.1	58
66	60.1	58
67	61.1	60
68	62.1	61.5
69	63.1	61.5
70	64.1	63
71	65.1	63
72	66.1	65
73	67.1	65
74	68.1	67
75	69.1	67
76	70.1	69
77	71.1	69
78	72.1	71
79	73.1	71
80	74.1	73
81	75.1	73
$d_2=3.55$		
82	76.1	75
83	77.1	75
84	78.1	77.5
85	79.1	77.5
86	80.1	77.5
87	81.1	80
88	82.1	80
89	83.1	80
90	84.1	82.5
91	85.1	82.5
92	86.1	85
93	87.1	85
94	88.1	85
95	89.1	87.5
96	90.1	87.5
97	91.1	90
98	92.1	90
99	93.1	90
100	94.1	92.5
101	95.1	92.5
102	96.1	95
103	97.1	95
104	98.1	95
105	99.1	97.5
106	100.1	97.5
107	101.1	100
108	102.1	100
109	103.1	100
110	104.1	103
111	105.1	103
112	106.1	103
113	107.1	106
114	108.1	106
115	109.1	106
116	110.1	109
117	111.1	109
118	112.1	109
119	113.1	112
120	114.1	112
121	115.1	112
122	116.1	115
123	117.1	115
124	118.1	115
125	119.1	118
126	120.1	118
127	121.1	118
128	122.1	118
129	123.1	118
130	124.1	122

续表

d_4 H8	d_9 f7	d_3 h9	d_1
$d_2=3.55$			
131		125.1	122
132		126.1	125
133		127.1	125
134		128.1	125
135		129.1	128
136		130.1	128
137		131.1	128
138		132.1	128
139		133.1	132
140		134.1	132
141		135.1	132
142		136.1	132
143		137.1	136
144		138.1	136
145		139.1	136
146		140.1	136
147		141.1	136
148		142.1	140
149		143.1	140
150		144.1	142.5
151		145.1	142.5
152		146.1	142.5
153		147.1	145
154		148.1	145
155		149.1	147.5
156		150.1	147.5
157		151.1	147.5
158		152.1	150
159		153.1	150
160		154.1	152.5
161		155.1	152.5
162		156.1	152.5
163		157.1	155
164		158.1	155
165		159.1	157.5
166		160.1	157.5
167		161.1	157.5
168		162.1	160
169		163.1	160
170		164.1	162.5
171		165.1	162.5
172		166.1	162.5
173		167.1	165
174		168.1	165
175		169.1	167.5
176		170.1	167.5
177		171.1	167.5
178		172.1	170
179		173.1	170
180		174.1	170
181		175.1	172.5
182		176.1	172.5
183		177.1	175
184		178.1	175
185		179.1	177.5
186		180.1	177.5
187		181.1	177.5
188		182.1	180
189		183.1	180
190		184.1	182.5
191		185.1	182.5
192		186.1	182.5
193		187.1	185
194		188.1	185
195		189.1	187.5
196		190.1	187.5
197		191.1	187.5
198		192.1	190
199		193.1	190
200		194.1	190
$d_2=5.3$			
50		**41**	40
51		**42**	41.2
52		**43**	41.2
53		**44**	42.5
54		**45**	43.7
55		**46**	45
56		**47**	46.2
57		**48**	46.2
58		**49**	47.5
59		**50**	48.7
60		**51**	48.7
61		**52**	51.5
62		**53**	51.5
63		**54**	53
64		**55**	54.5
65		**56**	54.5
66		**57**	56
67		**58**	56
68		**59**	58
69		**60**	58
70		**61**	60
71		62	**60**
72		63	**61.5**
73		64	**63**
74		65	**63**
75		66	**65**
76		67	**65**
77		68	**67**
78		69	**67**
79		70	**69**
80		71	**69**
82		73	**71**
84		75	**73**
85		76	**75**
86		77	**75**
88		79	**77.5**
90		81	**80**
92		83	**80**
94		85	**82.5**
95		86	**85**
96		87	**85**
98		89	**87.5**
100		91	**90**
102		93	**90**
104		95	**92.5**
105		96	**95**
106		97	**95**
108		99	**97.5**
110		101	**100**
112		103	**100**
114		105	**103**
115		106	**103**
116		107	**106**
118		109	**106**
120		111	**109**
125		116	**115**
130		121	118
135		126	122
140		131	128
145		136	132
150		141	136
155		146	142.5
160		151	147.5
165		156	152.5
170		161	157.5
175		166	162.5
180		171	167.5
185		176	172.5
190		181	177.5
195		186	182.5
200		191	187.5
205		196	190
210		201	195
215		206	203
220		211	206
225		216	212
230		221	218
235		226	224
240		231	227
245		236	230
250		241	239
$d_2=7$			
125		112.8	**109**
130		117.8	**115**
135		122.8	**118**
140		127.8	**125**
145		132.8	**128**
150		137.8	**136**
155		142.8	**140**
160		147.8	**145**
165		152.8	**150**
170		157.8	**155**
175		162.8	**160**
180		167.8	**165**
185		172.8	**170**
190		177.8	**175**
195		182.8	**180**
200		187.8	**185**
205		192.8	**190**
210		197.8	**195**
215		202.8	**200**
220		207.8	**206**
225		212.8	**206**
230		217.8	**212**
235		222.8	**216**
240		227.8	**224**
245		232.8	**230**
250		237.8	**236**
255		242.8	**239**
260		247.8	**243**
265		252.8	**250**
270		257.8	254

注：1. 表中规定的尺寸和公差适合于任何一种合成橡胶材料。沟槽尺寸是以硬度为70IRHD（国际橡胶硬度标准）的丁腈橡胶（NBR）为基准的。

2. 在可以选用几种截面O形圈的情况下，应优先选用较大截面的O形圈。

3. d_9 和 d_3 之间的同轴度公差：直径小于等于50mm时，≤ϕ0.025mm；直径大于50mm时，≤ϕ0.05mm。

4. 粗实线框内的数据为推荐使用的密封规格。

5.2.3 液压、气动活塞静密封沟槽尺寸

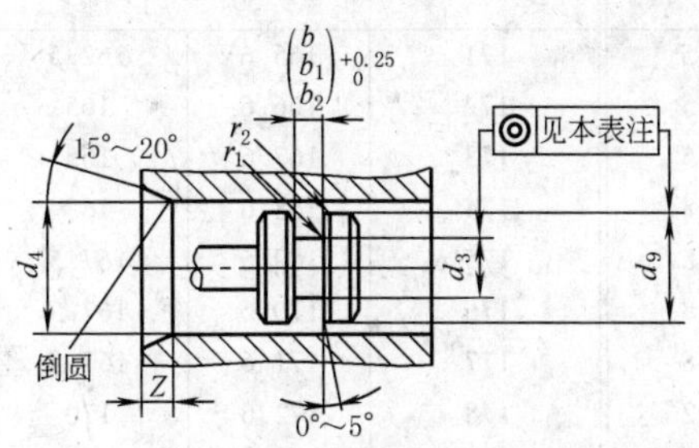

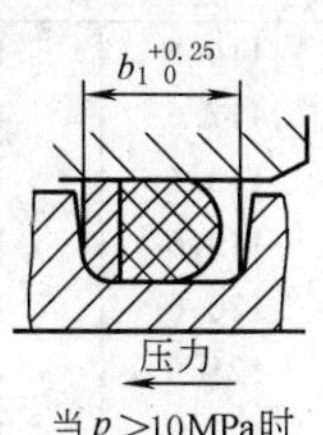

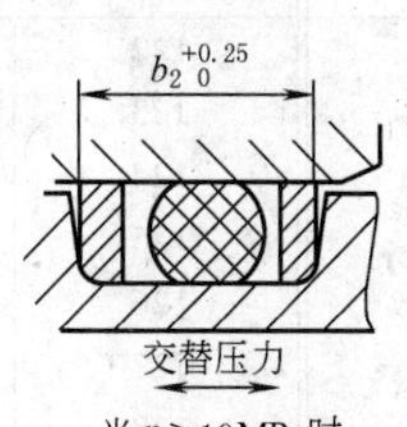

说明：

1. d_1——O 形圈内径，mm；

   d_2——O 形圈截面直径，mm。

2. b、b_1、b_2、Z、r_1、r_2 尺寸见表 10-4-14。

3. 沟槽及配合表面的表面粗糙度见表 10-4-16。

表 10-4-8　　液压、气动活塞静密封沟槽尺寸　　mm

d_4 H8	d_9 f7	d_3 h11	d_1
		$d_2=1.8$	
6		3.4	3.15
7		4.4	4
8		5.4	5.15
9		6.4	6
10		7.4	7.1
11		8.4	8
12		9.4	9
13		10.4	10
14		11.4	11.2
15		12.4	12.1
16		13.4	13.2
17		14.4	14
18		15.4	15
19		16.4	16
20		17.4	17
		$d_2=2.65$	
19		15	14.5
20		16	15.5
21		17	16
22		18	17
23		19	18
24		20	19
25		21	20
26		22	21.2
27		23	22.4
28		24	23.6
29		25	24.3
30		26	25
31		27	26.5
32		28	27.3
33		29	28

d_4 H8	d_9 f7	d_3 h11	d_1
		$d_2=2.65$	
34		30	28
35		31	30
36		32	31.5
37		33	32.5
38		34	33.5
39		35	34.5
40		36	35.5
41		37	36.5
42		38	37.5
43		39	37.5
44		40	38.7
		$d_2=3.55$	
24		18.6	18
25		19.6	19
26		20.6	20
27		21.6	21.2
28		22.6	21.2
29		23.6	22.4
30		24.6	23.6
31		25.6	25
32		26.6	25.8
33		27.6	27.3
34		28.6	28
35		29.6	28
36		30.6	30
37		31.6	30
38		32.6	31.5
39		33.6	32.5
40		34.6	33.5
41		35.6	34.5
42		36.6	35.5

d_4 H8	d_9 f7	d_3 h11	d_1
		$d_2=3.55$	
43		37.6	36.5
44		38.6	36.5
45		39.6	38.7
46		40.6	40
47		41.6	41.2
48		42.6	41.2
49		43.6	42.5
50		44.6	43.7
51		45.6	45
52		46.6	45
53		47.6	46.2
54		48.6	47.5
55		49.6	48.7
56		50.6	50
57		51.6	50
58		52.6	51.5
59		53.6	53
60		54.6	53
61		55.6	54.5
62		56.6	56
63		57.6	56
64		58.6	58
65		59.6	58
66		60.6	58
67		61.6	60
68		62.6	60
69		63.6	61.5
70		64.6	63
71		65.6	63
72		66.6	65

续表

d_4 H8	d_9 f7	d_3 h11	d_1	d_4 H8	d_9 f7	d_3 h11	d_1	d_4 H8	d_9 f7	d_3 h11	d_1
$d_2=3.55$				$d_2=3.55$				$d_2=3.55$			
73		67.6	65	122		116.6	115	171		165.6	162.5
74		68.6	67	123		117.6	115	172		166.6	165
75		69.6	69	124		118.6	115	173		167.6	165
76		70.6	69	125		119.6	118	174		168.6	165
77		71.6	69	126		120.6	118	175		169.6	167.5
78		72.6	71	127		121.6	118	176		170.6	167.5
79		73.6	71	128		122.6	118	177		171.6	167.5
80		74.6	73	129		123.6	122	178		172.6	170
81		75.6	73	130		124.6	122	179		173.6	170
82		76.6	75	131		125.6	122	180		174.6	172.5
83		77.6	75	132		126.6	125	181		175.6	172.5
84		78.6	77.5	133		127.6	125	182		176.6	172.5
85		79.6	77.5	134		128.6	125	183		177.6	175
86		80.6	77.5	135		129.6	128	184		178.6	175
87		81.6	80	136		130.6	128	185		179.6	177.5
88		82.6	80	137		131.6	128	186		180.6	177.5
89		83.6	82.5	138		132.6	128	187		181.6	177.5
90		84.6	82.5	139		133.6	132	188		182.6	180
91		85.6	82.5	140		134.6	132	189		183.6	180
92		86.6	85	141		135.6	132	190		184.6	182.5
93		87.6	85	142		136.6	132	191		185.6	182.5
94		88.6	87.5	143		137.6	136	192		186.6	182.5
95		89.6	87.5	144		138.6	136	193		187.6	185
96		90.6	87.5	145		139.6	136	194		188.6	185
97		91.6	90	146		140.6	136	195		189.6	187.5
98		92.6	90	147		141.6	140	196		190.6	187.5
99		93.6	92.5	148		142.6	140	197		191.6	187.5
100		94.6	92.5	149		143.6	142.5	198		192.6	190
101		95.6	92.5	150		144.6	142.5	199		193.6	190
102		96.6	95	151		145.6	142.5	200		194.6	190
103		97.6	95	152		146.6	145	201		195.6	190
104		98.6	95	153		147.6	145	202		196.6	190
105		99.6	97.5	154		148.6	145	203		197.6	195
106		100.6	97.5	155		149.6	147.5	204		198.6	195
107		101.6	100	156		150.6	147.5	205		199.6	195
108		102.6	100	157		151.6	150	206		200.6	195
109		103.6	100	158		152.6	150	207		201.6	195
110		104.6	103	159		153.6	150	208		202.6	200
111		105.6	103	160		154.6	152.5	209		203.6	200
112		106.6	103	161		155.6	152.5	210		204.6	200
113		107.6	106	162		156.6	155	211		205.6	200
114		108.6	106	163		157.6	155	212		206.6	200
115		109.6	106	164		158.6	155	213		207.6	200
116		110.6	109	165		159.6	157.5	$d_2=5.3$			
117		111.6	109	166		160.6	157.5	50		41.8	40
118		112.6	109	167		161.6	160	51		42.8	41.2
119		113.6	112	168		162.6	160	52		43.8	42.5
120		114.6	112	169		163.6	160	53		44.8	43
121		115.6	112	170		164.6	162.5	54		45.8	43.7

续表

d_4 H8	d_9 f7	d_3 h11	d_1	d_4 H8	d_9 f7	d_3 h11	d_1	d_4 H8	d_9 f7	d_3 h11	d_1
		$d_2=5.3$				$d_2=5.3$				$d_2=5.3$	
55		46.8	45	120		111.8	109	202		193.8	190
56		47.8	46.2	122		113.8	112	204		195.8	190
57		48.8	47.5	124		115.8	112	205		196.8	195
58		49.8	48.7	125		116.8	115	206		197.8	195
59		50.8	48.7	126		117.8	118	208		199.8	195
60		51.8	50	128		119.8	118	210		201.8	200
61		52.8	51.5	130		121.8	122	212		203.8	200
62		53.8	51.5	132		123.8	122	214		205.8	203
63		54.8	53	134		125.8	125	215		206.8	203
64		55.8	54.5	135		126.8	125	216		207.8	203
65		56.8	54.5	136		127.8	125	218		209.8	206
66		57.8	56	138		129.8	128	220		211.8	206
67		58.8	56	140		131.8	128	222		213.8	212
68		59.8	58	142		133.8	132	224		215.8	212
69		60.8	58	144		135.8	132	225		216.8	212
70		61.8	60	145		136.8	132	226		217.8	212
71		62.8	61.5	146		137.8	136	228		219.8	218
72		63.8	61.5	148		139.8	136	230		221.8	218
73		64.8	63	150		141.8	140	232		223.8	218
74		65.8	63	152		143.8	142.5	234		225.8	224
75		66.8	65	154		145.8	142.5	235		226.8	224
76		67.8	65	155		146.8	145	236		227.8	224
77		68.8	67	156		147.8	145	238		229.8	227
78		69.8	67	158		149.8	147.5	240		231.8	227
79		70.8	69	160		151.8	150	242		233.8	230
80		71.8	69	162		153.8	152.5	244		235.8	230
82		73.8	71	164		155.8	152.5	245		236.8	230
84		75.8	73	165		156.8	155	246		237.8	230
85		76.8	75	166		157.8	155	248		239.8	236
86		77.8	75	168		159.8	157.5	250		241.8	239
88		79.8	77.5	170		161.8	160	252		243.8	239
90		81.8	80	172		163.8	162.5	254		245.8	243
92		83.8	80	174		165.8	162.5	255		246.8	243
94		85.8	82.5	175		166.8	165	256		247.8	243
95		86.8	85	176		167.8	165	258		249.8	243
96		87.8	85	178		169.8	167.5	260		251.8	243
98		89.8	87.5	180		171.8	170	262		253.8	250
100		91.8	87.5	182		173.8	170	264		255.8	250
102		93.8	90	184		175.8	172.5	265		256.8	254
104		95.8	92.5	185		176.8	172.5	266		257.8	254
105		96.8	95	186		177.8	175	268		259.8	254
106		97.8	95	188		179.8	177.5	270		261.8	258
108		99.8	97.5	190		181.8	177.5	272		263.8	258
110		101.8	100	192		183.8	180	274		265.8	261
112		103.8	100	194		185.8	182.5	275		266.8	261
114		105.8	103	195		186.8	182.5	276		267.8	265
115		106.8	103	196		187.8	185	278		269.8	265
116		107.8	106	198		189.8	187.5	280		271.8	268
118		109.7	106	200		191.8	187.5	282		273.8	268

续表

d_4 H8	d_9 f7	d_3 h11	d_1	d_4 H8	d_9 f7	d_3 h11	d_1	d_4 H8	d_9 f7	d_3 h11	d_1
$d_2=5.3$				$d_2=5.3$				$d_2=7$			
284		275.8	272	365		356.8	350	155		144	142.5
285		276.8	272	366		357.8	355	156		145	142.5
286		277.8	272	368		359.8	355	158		147	145
288		279.8	276	370		361.8	355	160		149	147.5
290		281.8	276	372		363.8	360	162		151	147.5
292		283.8	280	374		365.8	360	164		153	150
294		285.8	283	375		365.8	360	165		154	152.5
295		286.8	283	376		367.8	365	166		155	152.5
296		287.8	283	378		369.8	355	168		157	155
298		289.8	286	380		371.8	365	170		159	155
300		291.8	286	382		373.8	370	172		161	157.5
302		293.8	290	384		375.8	370	174		163	160
304		295.8	290	385		376.8	370	175		164	160
305		296.8	290	386		377.8	375	176		165	162.5
306		297.8	295	388		379.8	375	178		167	165
308		299.8	295	390		381.8	375	180		169	165
310		301.8	295	392		383.8	375	182		171	167.5
312		303.8	300	394		385.8	383	184		173	170
314		305.8	303	395		386.8	383	185		174	170
315		306.8	303	396		387.8	383	186		175	172.5
316		307.8	303	398		389.8	387	188		177	175
318		309.8	307	400		391.8	387	190		179	175
320		311.8	307	402		393.8	387	192		181	177.5
322		313.8	311	404		395.8	391	194		183	180
324		315.8	311	405		396.8	391	195		184	180
325		316.8	311	410		401.8	395	196		185	182.5
326		317.8	315	415		406.8	400	198		187	185
328		319.8	315	420		411.8	400	200		189	185
330		321.8	315	$d_2=7$				202		191	187.5
332		323.8	320	122		111	109	204		193	190
334		325.8	320	124		113	109	205		194	190
335		326.8	320	125		114	112	206		195	190
336		327.8	325	126		115	112	208		197	190
338		329.8	325	128		117	115	210		199	195
340		331.8	325	130		119	115	212		201	195
342		333.8	330	132		121	118	214		203	200
344		335.8	330	134		123	118	215		204	200
345		336.8	330	135		124	122	216		205	203
346		337.8	335	136		125	122	218		207	203
348		339.8	335	138		127	122	220		209	203
350		341.8	335	140		129	125	222		211	206
352		343.8	340	142		131	128	224		213	206
354		345.8	340	144		133	128	225		214	212
355		346.8	340	145		134	132	226		215	212
356		347.8	345	146		135	132	228		217	212
358		349.8	345	148		137	132	230		219	212
360		351.8	345	150		139	136	232		221	218
362		353.8	350	152		141	136	234		223	218
364		355.8	350	154		143	140	235		224	218

续表

d_4 H8 / d_9 f7	d_3 h11	d_1	d_4 H8 / d_9 f7	d_3 h11	d_1	d_4 H8 / d_9 f7	d_3 h11	d_1
$d_2=7$			$d_2=7$			$d_2=7$		
236	225	218	318	307	303	400	389	383
238	227	224	320	309	303	402	391	387
240	229	227	322	311	307	404	393	387
242	231	227	324	313	307	405	394	391
244	233	230	325	314	311	406	395	391
245	234	230	326	315	311	408	397	391
246	235	230	328	317	311	410	399	395
248	237	230	330	319	315	412	401	395
250	239	236	332	321	315	414	403	400
252	241	236	334	323	320	415	404	400
254	243	239	335	324	320	416	405	400
255	244	239	336	325	320	418	407	400
256	245	239	338	327	320	420	409	406
258	247	243	340	329	325	422	411	406
260	249	243	342	331	325	424	413	406
262	251	243	344	333	330	425	414	406
264	253	250	345	334	330	426	415	412
265	254	250	346	335	330	428	417	412
266	255	250	348	337	330	430	419	412
268	257	250	350	339	335	432	421	418
270	259	250	352	341	335	434	423	418
272	261	258	354	343	340	435	424	418
274	263	258	355	344	340	436	425	418
275	264	261	356	345	340	438	427	418
276	265	261	358	347	340	440	429	425
278	267	261	360	349	345	442	431	425
280	269	265	362	351	345	444	433	429
282	271	268	364	353	350	445	434	429
284	273	268	365	354	350	446	435	429
285	274	268	366	355	350	448	437	433
286	275	272	368	357	350	450	439	433
288	277	272	370	359	355	452	441	437
290	279	276	372	361	355	454	443	437
292	281	276	374	363	360	455	444	437
294	283	280	375	364	360	456	445	437
295	284	280	376	365	360	458	447	443
296	285	280	378	367	360	460	449	443
298	287	283	380	369	365	462	451	443
300	289	286	382	371	365	464	453	450
302	291	286	384	373	370	465	454	450
304	293	290	385	374	370	466	455	450
305	294	290	386	375	370	468	457	450
306	295	290	388	377	370	470	459	450
308	297	290	390	379	375	472	461	456
310	299	295	392	381	375	474	463	456
312	301	295	394	383	379	475	464	456
314	303	300	395	384	379	476	465	456
315	304	300	396	385	379	478	467	462
316	305	300	398	387	383	480	469	462

续表

d_4 H8	d_9 f7	d_3 h11	d_1	d_4 H8	d_9 f7	d_3 h11	d_1	d_4 H8	d_9 f7	d_3 h11	d_1
$d_2=7$				$d_2=7$				$d_2=7$			
482		471	466	552		541	530	622		611	600
484		473	466	554		543	538	624		613	608
485		474	466	555		544	538	625		614	608
486		475	466	556		545	538	626		615	608
488		477	466	558		547	538	628		617	608
490		479	475	560		549	545	630		619	608
492		481	475	562		551	545	632		621	615
494		483	475	564		553	545	634		623	615
495		484	479	565		554	545	635		624	615
496		485	479	566		555	545	636		625	615
498		487	483	568		557	553	638		627	615
500		489	483	570		559	553	640		629	623
502		491	487	572		561	553	642		631	623
504		493	487	574		563	553	644		633	623
505		494	487	575		564	560	645		634	623
506		495	487	576		565	560	546		635	630
508		497	493	578		567	560	648		637	630
510		499	493	580		569	560	650		639	630
512		501	493	582		571	560	652		641	630
514		503	493	584		573	560	654		643	630
515		504	500	585		574	570	655		644	630
516		505	500	586		575	570	656		645	640
518		507	500	588		577	570	658		647	640
520		509	500	590		579	570	660		649	640
522		511	500	592		581	570	662		651	640
524		513	508	594		583	570	664		653	640
525		514	508	595		584	580	665		654	640
526		515	508	596		585	580	666		655	650
528		517	508	598		587	580	668		657	650
530		519	515	600		589	580	670		659	650
532		521	515	602		591	580	672		661	650
534		523	515	604		593	580	674		663	650
535		524	515	605		594	590	675		664	650
536		525	515	606		595	590	676		665	660
538		527	523	608		597	590	678		667	660
540		529	523	610		599	590	680		669	660
542		531	523	612		601	590	682		671	660
544		533	523	614		603	590	684		673	660
545		534	530	615		604	600	685		674	670
546		535	530	616		605	600	686		675	670
548		537	530	618		607	600	688		677	670
550		539	530	620		609	600	690		679	670

注：1. 表中规定的尺寸和公差适合于任何一种合成橡胶材料。沟槽尺寸是以硬度为 70IRHD（国际橡胶硬度标准）的丁腈橡胶（NBR）为基准的。

2. 在可以选用几种截面 O 形圈的情况下，应优先选用较大截面的 O 形圈。

3. d_9 和 d_3 之间的同轴度公差：直径小于等于 50mm 时，$\leqslant \phi 0.025$mm；直径大于 50mm 时，$\leqslant \phi 0.05$mm。

4. 粗实线框内的数据为推荐使用的密封规格。

5.2.4 液压活塞杆动密封沟槽尺寸

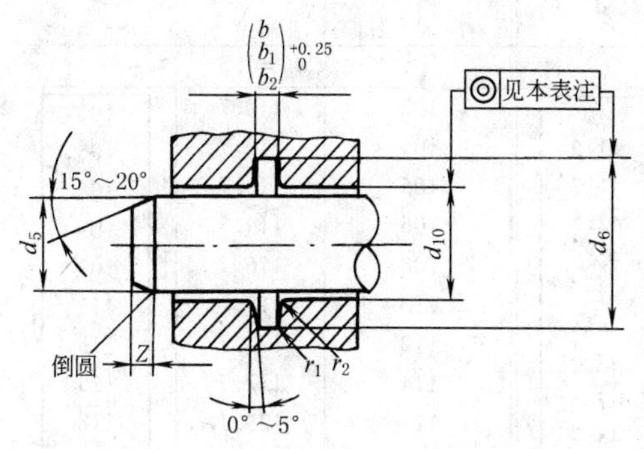

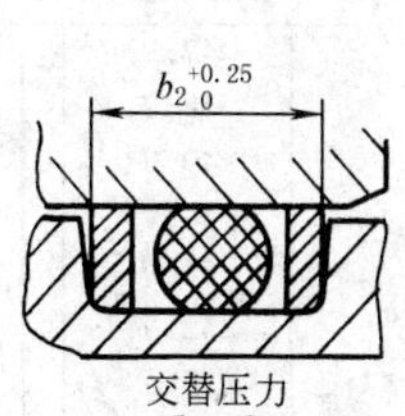

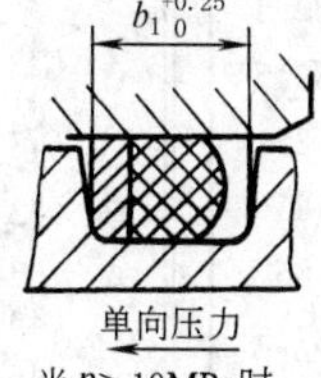

说明：

1. d_1——O 形圈内径，mm；d_2——O 形圈截面直径，mm。

2. b、b_1、b_2、Z、r_1、r_2 尺寸见表 10-4-14。

3. 沟槽及配合表面的表面粗糙度见表 10-4-16。

表 10-4-9

mm

d_5 f7	d_{10} H8	d_6 H9	d_1
$d_2=1.8$			
3		5.7	3.15
4		6.7	4
5		7.7	5.15
6		8.7	6
7		9.7	7.1
8		10.7	8
9		11.7	9
10		12.7	10
11		13.7	11.2
12		14.7	12.1
13		15.7	13.2
14		16.7	14
15		17.7	15
16		18.7	16
17		19.7	17
$d_2=2.65$			
14		18.1	14
15		19.1	15
16		20.1	16
17		21.1	17
18		22.1	18
19		23.1	19
20		24.1	20
21		25.1	21.2
22		26.1	22.4
23		27.1	23.6
24		28.1	24.3
25		29.1	25
26		30.1	26.5
27		31.1	27.3
28		32.1	28
29		33.1	30
30		34.1	30
31		35.1	31.5
32		36.1	32.5

d_5 f7	d_{10} H8	d_6 H9	d_1
$d_2=2.65$			
33		37.1	33.5
34		38.1	34.5
35		39.1	35.5
36		40.1	36.5
37		41.1	37.5
38		42.1	38.7
$d_2=3.55$			
18		23.7	18
19		24.7	19
20		25.7	20.6
21		26.7	21.2
22		27.7	22.4
23		28.7	23.6
24		29.7	24.3
25		30.7	25
26		31.7	26.5
27		32.7	27.3
28		33.7	28
29		34.7	30
30		35.7	31.5
31		36.7	31.5
32		37.7	32.5
33		38.7	33.5
34		39.7	34.5
35		40.7	35.5
36		41.7	36.5
37		42.7	37.5
38		43.7	38.7
39		44.7	40
40		45.7	41.2
41		46.7	42.5
42		47.7	42.5
43		48.7	43.7
44		49.7	45
45		50.7	46.2

d_5 f7	d_{10} H8	d_6 H9	d_1
$d_2=3.55$			
46		51.7	47.5
47		52.7	48.7
48		53.7	48.7
49		54.7	50
50		55.7	51.5
51		56.7	53
52		57.7	53
53		58.7	54.5
54		59.7	56
55		60.7	56
56		61.7	58
57		62.7	58
58		63.7	60
59		64.7	60
60		65.7	61.5
61		66.7	61.5
62		67.7	63
63		68.7	65
64		69.7	65
65		70.7	67
66		71.7	67
67		72.7	69
68		73.7	69
69		74.7	71
70		75.7	71
71		76.7	73
72		77.7	73
73		78.7	75
74		79.7	75
75		80.7	77.5
76		81.7	77.5
77		82.7	77.5
78		83.7	80
79		84.7	80
80		85.7	82.5

续表

d_5 f7 / d_{10} H8	d_6 H9	d_1
$d_2=3.55$		
81	86.7	82.5
82	87.7	82.5
83	88.7	85
84	89.7	85
85	90.7	85
86	91.7	87.5
87	92.7	87.5
88	93.7	90
89	94.7	90
90	95.7	92
91	96.7	92
92	97.7	92.5
93	98.7	95
94	99.7	95
95	100.7	97.5
96	101.7	97.5
97	102.7	97.5
98	103.7	100
99	104.7	100
100	105.7	103
101	106.7	103
102	107.7	103
103	108.7	106
104	109.7	106
105	110.7	106
106	111.7	109
107	112.7	109
108	113.7	109
109	114.7	112
110	115.7	112
111	116.7	115
112	117.7	115
113	118.7	115
114	119.7	115
115	120.7	118
116	121.7	118
117	122.7	118
118	123.7	122
119	124.7	122
120	125.7	122
121	126.7	122
122	127.7	125
123	128.7	125
124	129.7	125
125	130.7	128

d_5 f7 / d_{10} H8	d_6 H9	d_1
$d_2=5.3$		
39	47.7	40
40	48.7	41.2
41	49.7	41.2
42	50.7	42.5
43	51.7	43.7
44	52.7	45
45	53.7	45
46	54.7	46.2
47	55.7	47.5
48	56.7	48.7
49	57.7	50
50	58.7	51.5
51	59.7	51.5
52	60.7	53
53	61.7	53
54	62.7	54.5
55	63.7	56
56	64.7	58
57	65.7	58
58	66.7	60
59	67.7	60
60	68.7	61.5
61	69.7	61.5
62	70.7	63
63	71.7	65
64	72.7	65
65	73.7	67
66	74.7	67
67	75.7	69
68	76.7	69
69	77.7	71
70	78.7	71
71	79.7	73
72	80.7	73
73	81.7	75
74	82.7	75
75	83.7	77.5
76	84.7	77.5
77	85.7	77.5
78	86.7	80
79	87.7	80
80	88.7	82.5
82	90.7	82.5
84	92.7	85
85	93.7	87.5
86	94.7	87.5
88	96.7	90
90	98.7	92.5
92	100.7	95
94	102.7	95
95	103.7	97.5
96	104.7	97.5
98	106.7	100
100	108.7	103

d_5 f7 / d_{10} H8	d_6 H9	d_1
$d_2=5.3$		
102	110.7	103
104	112.7	106
105	113.7	106
106	114.7	109
108	116.7	109
110	118.7	112
112	120.7	115
114	122.7	115
115	123.7	118
116	124.7	118
118	126.7	122
120	128.7	122
125	133.7	128
130	138.7	132
135	143.7	136
140	148.7	142.5
145	153.7	147.5
150	158.7	152.5
155	163.7	157.5
$d_2=7$		
105	116.7	106
110	121.7	112
115	126.7	118
120	131.7	122
125	136.7	128
130	141.7	132
135	146.7	136
140	151.7	142.5
145	156.7	147.5
150	161.7	152.5
155	166.7	157.5
160	171.7	162.5
165	176.7	167.5
170	181.7	172.5
175	186.7	177.5
180	191.7	182.5
185	196.7	187.5
190	201.7	195
195	206.7	200
200	211.7	203
205	216.7	206
210	221.7	212
215	226.7	218
220	231.7	224
225	236.7	227
230	241.7	236
235	246.7	236
240	251.7	243
245	256.7	250

注：1. d_{10}和d_6之间的同轴度公差：直径小于等于50mm时，≤ϕ0.025mm；直径大于50mm时，≤ϕ0.05mm。
2. 其他见表10-4-6中的注。

5.2.5 气动活塞杆动密封沟槽尺寸

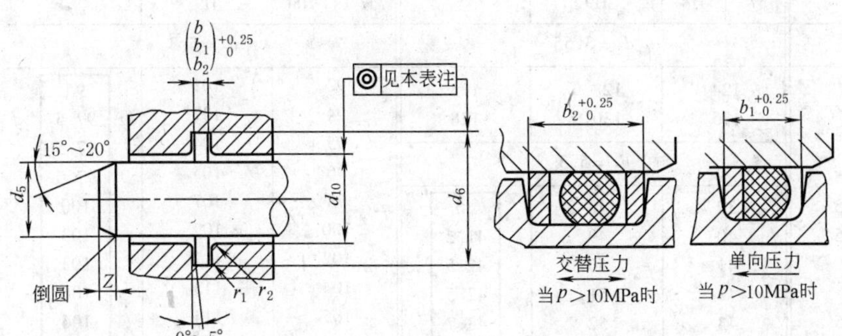

说明：

1. d_1——O 形圈内径，mm；
   d_2——O 形圈截面直径，mm。
2. b、b_1、b_2、Z、r_1、r_2 尺寸见表 10-4-14。
3. 沟槽及配合表面的表面粗糙度见表 10-4-16。

表 10-4-10 mm

d_5 f7	d_{10} H8	d_6 H9	d_1	d_5 f7	d_{10} H8	d_6 H9	d_1	d_5 f7	d_{10} H8	d_6 H9	d_1
$d_2=1.8$				$d_2=2.65$				$d_2=3.55$			
2		4.8	2	29		33.3	30	39		44.9	40
3		5.8	3.15	30		34.3	30	40		45.9	40
4		6.8	4	31		35.3	31.5	41		46.9	41.2
5		7.8	5	32		36.3	32.5	42		47.9	42.5
6		8.8	6	33		37.3	33.5	43		48.9	43.7
7		9.8	7.1	34		38.3	34.5	44		49.9	45
8		10.8	8	35		39.3	35.5	45		50.9	45
9		11.8	9	36		40.3	36.5	46		51.9	46.2
10		12.8	10	37		41.3	37.5	47		52.9	47.5
11		13.8	11.2	38		42.3	38.7	48		53.9	50
12		14.8	12.1	$d_2=3.55$				49		54.9	50
13		15.8	13.2					50		55.9	51.5
14		16.8	14	18		23.9	18	51		56.9	53
15		17.8	15	19		24.9	20	52		57.9	53
16		18.8	16	20		25.9	20	53		58.9	54.5
17		19.8	17	21		26.9	21.2	54		59.9	56
$d_2=2.65$				22		27.9	22.4	55		60.9	56
				23		28.9	23.6	56		61.9	58
14		18.3	14	24		29.9	25	57		62.9	58
15		19.3	15	25		30.9	25	58		63.9	60
16		20.3	16	26		31.9	26.5	59		64.9	60
17		21.3	17	27		32.9	28	60		65.9	61.5
18		22.3	18	28		33.9	28	61		66.9	63
19		23.3	19	29		34.9	30	62		67.9	63
20		24.3	20	30		35.9	30	63		68.9	65
21		25.3	21.2	31		36.9	31.5	64		69.9	65
22		26.3	22.4	32		37.9	32.5	65		70.9	67
23		27.3	23.6	33		38.9	33.5	66		71.9	67
24		28.3	25	34		39.9	34.5	67		72.9	69
25		29.3	25.8	35		40.9	35.5	68		73.9	69
26		30.3	26.5	36		41.9	36.5	69		74.9	71
27		31.3	28	37		42.9	37.5	70		75.9	71
28		32.3	28	38		43.9	38.7	71		76.9	73

续表

d_5 f7 / d_{10} H8	d_6 H9	d_1
$d_2=3.55$		
72	77.9	73
73	78.9	75
74	79.9	75
75	80.9	77.5
76	81.9	77.5
77	82.9	77.5
78	83.9	80
79	84.9	80
80	85.9	82.5
81	86.9	82.5
82	87.9	85
83	88.9	85
84	89.9	85
85	90.9	87.5
86	91.9	87.5
87	92.9	90
88	93.9	90
89	94.9	90
90	95.9	92.5
91	96.9	92.5
92	97.9	95
93	98.9	95
94	99.9	95
95	100.9	97.5
96	101.9	97.5
97	102.9	100
98	103.9	100
99	104.9	100
100	105.9	103
101	106.9	103
102	107.9	103
103	108.9	106
104	109.9	106
105	110.9	109
106	111.9	109
107	112.9	109
108	113.9	112
109	114.9	112
110	115.9	112
111	116.9	115
112	117.9	115
113	118.9	115
114	119.9	118
115	120.9	118
116	121.9	118
117	122.9	118
118	123.9	122
119	124.9	122
120	125.9	122
121	126.9	125
122	127.9	125
123	128.9	125
124	128.9	125
125	130.9	128
$d_2=5.3$		
39	48	40
40	49	41.2
41	50	42.5
42	51	42.5
43	52	43.7
44	53	45
45	54	45
46	55	46.2
47	56	48
48	57	50
49	58	50
50	59	51.5
51	60	53
52	61	53
53	62	54.5
54	63	56
55	64	56
56	65	58
57	66	58
58	67	60
59	68	60
60	69	61.5
61	70	63
62	71	63
63	72	65
64	73	65
65	74	67
66	75	67
67	76	69
68	77	69
69	78	71
70	79	71
71	80	73
72	81	73
73	82	75
74	83	75
75	84	77.5
76	85	77.5
77	86	77.5
78	87	80
79	88	80
80	89	82.5
82	91	85
84	93	85
85	94	87.5
86	95	87.5
86	97	90
90	99	92.5
92	101	95
94	103	97.5
95	104	97.5
96	105	97.5
98	107	100
100	109	103
102	111	103
104	113	106
105	114	106
106	115	109
108	117	109
110	119	112
112	121	114
114	123	115
115	124	118
116	125	118
118	127	122
120	129	125
125	134	128
130	139	132
135	144	136
$d_2=7$		
105	117.2	106
110	122.2	112
115	127.2	118
120	132.2	122
125	137.2	128
130	142.2	132
135	147.2	136
140	152.2	142.5
145	157.2	147.5
150	162.2	152.5
155	167.2	157.5
160	172.2	162.5
165	177.2	167.5
170	182.2	172.5
175	187.2	177.5
180	192.2	182.5
185	197.2	187.5
190	202.2	195
195	207.2	200
200	212.2	203
205	217.2	206
210	222.2	212
215	227.2	218
220	232.2	224
225	237.2	227
230	242.2	236
235	247.2	236
240	252.2	243
245	257.2	250
250	262.2	254

注：见表10-4-6注。

5.2.6 液压、气动活塞杆静密封沟槽尺寸

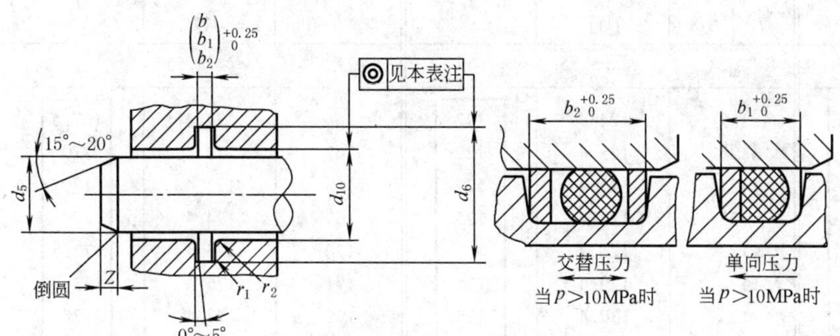

说明：

1. d_1——O 形圈内径，mm；
   d_2——O 形圈截面直径，mm。
2. b、b_1、b_2、Z、r_1、r_2 尺寸见表 10-4-14。
3. 沟槽及配合表面的表面粗糙度见表 10-4-16。

表 10-4-11 mm

d_5 f7	d_{10} H8	d_6 H11	d_1
$d_2=1.8$			
3		5.6	3.15
4		6.6	4
5		7.6	5
6		8.6	6
7		9.6	7.1
8		10.6	8
9		11.6	9
10		12.6	10
11		13.6	11.2
12		14.6	12.1
13		15.6	13.1
14		16.6	14
15		17.6	15
16		18.6	16
17		19.6	17
$d_2=2.65$			
14		18	14
15		19	15
16		20	16
17		21	17
18		22	18
19		23	19
20		24	20
21		25	21.2
22		26	22.4
23		27	23.6
24		28	24.3
25		29	25
26		30	26.5
27		31	27.3
26		32	28
29		33	30

d_5 f7	d_{10} H8	d_6 H11	d_1
$d_2=2.65$			
30		34	30
31		35	31.5
32		36	32.5
33		37	33.5
34		38	34.5
35		39	35.5
36		40	36.5
37		41	37.5
38		42	38.7
39		43	40
$d_2=3.55$			
18		23.4	18
19		24.4	19
20		25.4	20
21		26.4	21.2
22		27.4	22.4
23		28.4	23.6
24		29.4	24.3
25		30.4	25
26		31.4	26.5
27		32.4	27.3
28		33.4	28
29		34.4	3.0
30		35.4	30
31		36.4	31.5
32		37.4	32.5
33		38.4	33.5
34		39.4	34.5
35		40.4	35.5
36		41.4	36.5
37		42.4	37.5
38		43.4	38.7

d_5 f7	d_{10} H8	d_6 H11	d_1
$d_2=3.55$			
39		44.4	40
40		45.4	41.2
41		46.4	41.2
42		47.4	42.5
43		48.4	43.7
44		49.4	45
45		50.4	45
46		51.4	46.2
47		52.4	47.5
48		53.4	48.7
49		54.4	50
50		55.4	50
51		56.4	51.5
52		57.4	53
53		58.4	53
54		59.4	54.5
55		60.4	56
56		61.4	56
57		62.4	58
58		63.4	58
59		64.4	60
60		65.4	60
61		66.4	61.5
62		67.4	63
63		68.4	63
64		69.4	65
65		70.4	65
66		71.4	67
67		72.4	67
68		73.4	69
69		74.4	69
70		75.4	71
71		76.4	71

续表

d_5 f7	d_{10} H8	d_6 H11	d_1	d_5 f7	d_{10} H8	d_6 H11	d_1	d_5 f7	d_{10} H8	d_6 H11	d_1
		$d_2=3.55$				$d_2=3.55$				$d_2=3.55$	
72		77.4	73	119		124.4	122	166		171.4	167.5
73		78.4	73	120		125.4	122	167		172.4	170
74		79.4	75	121		126.4	125	168		173.4	170
75		80.4	75	122		127.4	125	169		174.4	170
76		81.4	77.5	123		128.4	125	170		175.4	172.5
77		82.4	77.5	124		129.4	125	171		176.4	172.5
78		83.4	80	125		130.4	125	172		177.4	175
79		84.4	80	126		131.4	128	173		178.4	175
80		85.4	80	127		132.4	128	174		179.4	175
81		86.4	82.5	128		133.4	128	175		180.4	177.5
82		87.4	82.5	129		134.4	132	176		181.4	177.5
83		88.4	85	130		135.4	132	177		182.4	180
84		89.4	85	131		136.4	132	178		183.4	180
85		90.4	87.5	132		137.4	132	179		184.4	180
86		91.4	87.5	133		138.4	136	180		185.4	182.5
87		92.4	87.5	134		139.4	136	181		186.4	185
88		93.4	90	135		140.4	136	182		187.4	185
89		94.4	90	136		141.4	136	183		188.4	185
90		95.4	92.5	137		142.4	140	184		189.4	185
91		96.4	92.5	138		143.4	140	185		190.4	187.5
92		97.4	92.5	139		144.4	140	186		191.4	190
93		98.4	95	140		145.4	140	187		192.4	190
94		99.4	95	141		146.4	142.5	188		193.4	190
95		100.4	97.5	142		147.4	145	189		194.4	190
96		101.4	97.5	143		148.4	145	190		195.4	195
97		102.4	100	144		149.4	145	191		196.4	195
98		103.4	100	145		150.4	147.5	192		197.4	195
99		104.4	100	146		151.4	147.5	193		198.4	195
100		105.4	103	147		152.4	150	194		199.4	195
101		106.4	103	148		153.4	150	195		200.4	200
102		107.4	103	149		154.4	150	196		201.4	200
103		108.4	106	150		155.4	152.5	197		202.4	200
104		109.4	106	151		156.4	152.5	198		203.4	200
105		110.4	106	152		157.4	155			$d_2=5.3$	
106		111.4	109	153		158.4	155				
107		112.4	109	154		159.4	155	40		48.2	40
108		113.4	109	155		160.4	157.5	41		49.2	41.2
109		114.4	112	156		161.4	157.5	42		50.2	42.5
110		115.4	112	157		162.4	160	43		51.2	43.7
111		116.4	112	158		163.4	160	44		52.2	45
112		117.4	115	159		164.4	160	45		53.2	46.2
113		118.4	115	160		165.4	162.5	46		54.2	47.2
114		119.4	115	161		166.4	162.6	47		55.2	47.5
115		120.4	115	162		167.4	165	48		56.2	48.7
116		121.4	118	163		168.4	165	49		57.2	50
117		122.4	118	164		169.4	165	50		58.2	51.5
118		123.4	122	165		170.4	167.5	51		59.2	51.5

续表

d_5 f7 d_{10} H8	d_6 H11	d_1	d_5 f7 d_{10} H8	d_6 H11	d_1	d_5 f7 d_{10} H8	d_6 H11	d_1
	$d_2=5.3$			$d_2=5.3$			$d_3=5.3$	
52	60.2	53	112	120.2	115	190	198.2	195
53	61.2	54.5	114	122.2	115	192	200.2	195
54	62.2	54.5	115	123.2	118	194	202.2	195
55	63.2	56	116	124.2	118	195	203.2	200
56	64.2	56	118	126.2	118	196	204.2	200
57	65.2	58	120	128.2	122	198	206.2	200
58	66.2	58	122	130.2	125	200	208.2	203
59	67.2	60	124	132.2	125	202	210.2	206
60	68.2	60	125	133.2	125	204	212.2	206
61	69.2	61.5	126	134.2	128	205	213.2	206
62	70.2	63	128	136.2	128	206	214.2	212
63	71.2	63	130	138.2	132	208	216.2	212
64	72.2	65	132	140.2	132	210	218.2	212
65	73.2	65	134	142.2	136	212	220.2	218
66	74.2	67	135	143.2	136	214	222.2	218
67	75.2	67	136	144.2	136	215	223.2	218
68	76.2	69	138	146.2	140	216	224.2	218
69	77.2	69	140	148.2	140	218	226.2	224
70	78.2	71	142	150.2	145	220	228.2	224
71	79.2	71	144	152.2	145	222	230.2	224
72	80.2	73	145	153.2	145	224	232.2	227
73	81.2	73	146	154.2	147.5	225	233.2	230
74	82.2	75	148	156.2	150	226	234.2	230
75	83.2	75	150	158.2	150	228	236.2	230
76	84.2	77.5	152	160.2	155	230	238.2	236
77	85.2	77.5	154	162.2	155	232	240.2	236
78	86.2	80	155	163.2	155	234	242.2	236
79	87.2	80	156	164.2	157.5	235	243.2	239
80	88.2	80	158	166.2	160	236	244.2	239
82	90.2	82.5	160	168.2	162.5	238	246.2	243
84	92.2	85	162	170.2	165	240	248.2	243
85	93.2	85	164	172.2	165	242	250.2	250
86	94.2	87.5	165	173.2	167.5	244	252.2	250
88	96.2	90	166	174.2	167.5	245	253.2	250
90	98.2	92.5	168	176.2	170	246	254.2	250
92	100.2	92.5	170	178.2	170	248	256.2	250
94	102.2	95	172	180.2	175	250	258.2	254
95	103.2	97.5	174	182.2	175	252	260.2	254
96	104.2	97.5	175	183.2	175	254	262.2	258
98	106.2	100	176	184.2	180	255	263.2	258
100	108.2	103	178	186.2	180	256	264.2	258
102	110.2	103	180	188.2	182.5	258	266.2	261
104	112.2	106	182	190.2	185	260	268.2	265
105	113.2	106	184	192.2	185	262	270.2	265
106	114.2	109	185	193.2	187.5	264	272.2	268
108	116.2	109	186	194.2	190	265	273.2	268
110	118.2	112	188	196.2	190	266	274.2	268

续表

d_5 f7 / d_{10} H8	d_6 H11	d_1
$d_2=5.3$		
268	276.2	272
270	278.2	272
272	280.2	276
274	282.2	276
275	283.2	280
276	284.2	280
278	286.2	280
280	288.2	286
282	290.2	286
284	292.2	286
285	293.2	286
286	294.2	290
288	296.2	290
290	298.2	295
292	300.2	295
294	302.2	300
295	303.2	300
296	304.2	300
298	306.2	300
300	308.2	303
302	310.2	307
304	312.2	307
305	313.2	307
306	314.2	311
308	316.2	311
310	318.2	315
312	320.2	315
314	322.2	320
315	323.2	320
316	324.2	320
318	326.2	320
320	328.2	325
322	330.2	325
324	332.2	330
325	333.2	330
326	334.2	330
328	336.2	330
330	338.2	335
332	340.2	335
334	342.2	340
335	343.2	340
336	344.2	340
338	346.2	345
340	348.2	345
342	350.2	345
344	352.2	350
345	353.2	350
346	354.2	350
348	356.2	350
350	358.2	355
352	360.2	355
354	362.2	360
355	363.2	360
356	364.2	360
358	366.2	365
360	368.2	365
362	370.2	370
364	372.2	370
365	373.2	370
366	374.2	370
368	376.2	375
370	378.2	375
372	380.2	379
374	382.2	379
375	383.2	383
376	384.2	383
378	386.2	387
380	388.2	387
382	390.2	387
384	392.2	387
385	393.2	391
386	394.2	391
388	396.2	395
390	398.2	395
392	400.2	400
394	402.2	400
395	403.2	400
396	404.2	400
398	406.2	400
400	408.2	400
$d_2=7$		
106	117	109
108	119	109
110	121	112
112	123	115
114	125	115
115	126	118
116	127	118
118	129	122
120	131	122
122	133	125
124	135	125
125	136	128
126	137	128
128	139	132
130	141	132
132	143	136
134	145	136
135	146	136
136	147	140
138	149	140
140	151	142.5
142	153	145
144	155	145
145	156	147.5
146	157	147.5
148	159	150
150	161	152.5
152	163	155
154	165	155
155	166	157.5
156	167	157.5
158	169	160
160	171	162.5
162	173	165
164	175	167.5
165	176	167.5
166	177	167.5
168	179	170
170	181	172.5
172	183	175
174	185	177.5
175	186	177.5
176	187	180
178	189	180
180	191	182.5
182	193	185
184	195	187.5
185	196	187.5
186	197	190
188	199	190
190	201	195
192	203	195
194	205	195
195	206	200
196	207	200
198	209	200
200	211	203
202	213	206
204	215	206

续表

d_5 f7 / d_{10} H8	d_6 H11	d_1	d_5 f7 / d_{10} H8	d_6 H11	d_1	d_5 f7 / d_{10} H8	d_6 H11	d_1
$d_2=7$			$d_2=7$			$d_2=7$		
205	216	212	284	295	286	362	373	365
206	217	212	285	296	290	364	375	370
208	219	212	286	297	290	365	376	370
210	221	212	288	299	295	366	377	370
212	223	218	290	301	295	368	379	370
214	225	218	292	303	295	370	381	375
215	226	218	294	305	300	372	383	375
216	227	218	295	306	300	374	385	379
218	229	224	296	307	300	375	386	379
220	231	224	298	309	300	376	387	379
222	233	224	300	311	303	378	389	383
224	235	227	302	313	307	380	391	383
225	236	230	304	315	307	382	393	387
226	237	230	305	316	307	384	395	387
228	239	230	306	317	311	385	396	391
230	241	236	308	319	311	386	397	391
232	243	236	310	321	315	388	399	391
234	245	236	312	323	315	390	401	395
235	246	239	314	325	320	392	403	395
236	247	239	315	326	320	394	405	400
238	249	243	316	327	320	395	406	400
240	251	243	318	329	320	396	407	400
242	253	250	320	331	325	398	409	400
244	255	250	322	333	325	400	411	406
245	256	250	324	335	330	402	413	406
246	257	250	325	336	330	404	415	406
248	259	250	326	337	330	405	416	412
250	261	254	328	339	330	406	417	412
252	263	254	330	341	335	408	419	412
254	265	258	332	343	335	410	421	412
255	266	258	334	345	340	412	423	418
256	267	258	335	346	340	414	425	418
258	269	261	336	347	340	415	426	418
260	271	265	338	349	340	416	427	418
262	273	265	340	351	345	418	429	425
264	275	268	342	353	345	420	431	425
265	276	268	344	355	350	422	433	425
266	277	268	345	356	350	424	435	429
268	279	272	346	357	350	425	436	429
270	281	272	348	359	350	426	437	433
272	283	276	350	361	355	428	439	433
274	285	276	352	363	355	430	441	437
275	286	280	354	365	360	432	443	437
276	287	280	355	366	360	434	445	437
278	289	280	356	367	360	435	446	437
280	291	283	358	369	360	436	447	443
282	293	286	360	371	365	438	449	443

续表

d_5 f7	d_{10} H8	d_6 H11	d_1	d_5 f7	d_{10} H8	d_6 H11	d_1	d_5 f7	d_{10} H8	d_6 H11	d_1
$d_2=7$				$d_2=7$				$d_2=7$			
440		451	443	515		526	523	588		599	600
442		453	450	516		527	523	590		601	600
444		455	450	518		529	523	592		603	600
445		456	450	520		531	523	594		605	600
446		457	450	522		533	530	595		606	600
448		459	450	524		535	530	596		607	600
450		461	456	525		536	530	598		609	608
452		463	456	526		537	530	600		611	608
454		465	462	528		539	530	602		613	608
455		466	462	530		541	538	604		615	615
456		467	462	532		543	538	605		616	615
458		469	462	534		545	538	606		617	615
460		471	462	535		546	545	608		619	615
462		473	466	536		547	545	610		621	615
464		475	466	538		549	545	612		623	615
465		476	470	540		551	545	614		625	623
466		477	470	542		553	545	615		626	623
468		479	475	544		555	553	616		627	623
470		481	475	545		556	553	618		629	630
472		483	475	546		557	553	620		631	630
474		485	479	548		559	553	622		633	630
475		486	479	550		561	560	624		635	630
476		487	483	552		563	560	625		636	630
478		489	487	554		565	560	626		637	630
480		491	487	555		566	560	628		639	640
482		493	487	556		567	560	630		641	640
484		495	487	558		569	560	632		643	640
485		496	487	560		571	570	634		645	640
486		497	493	562		573	570	635		646	640
488		499	493	564		575	570	636		647	640
490		501	493	565		576	570	638		649	650
492		503	500	566		577	570	640		651	650
494		505	500	568		579	570	642		653	650
495		506	500	570		581	580	644		655	650
496		507	500	572		583	580	645		656	650
498		509	500	574		585	580	646		657	650
500		511	508	575		586	580	648		659	660
502		513	508	576		587	580	650		661	660
504		515	508	578		589	580	652		663	660
505		516	508	580		591	590	654		665	660
506		517	515	582		593	590	655		666	660
508		519	515	584		595	590	656		667	660
510		521	515	585		596	590	658		669	670
512		523	515	586		597	590	660		671	670
514		525	523								

注：见表10-4-6注。

5.3 O 形圈轴向密封沟槽尺寸（摘自 GB/T 3452.3—2005）

5.3.1 受内部压力的轴向密封沟槽尺寸

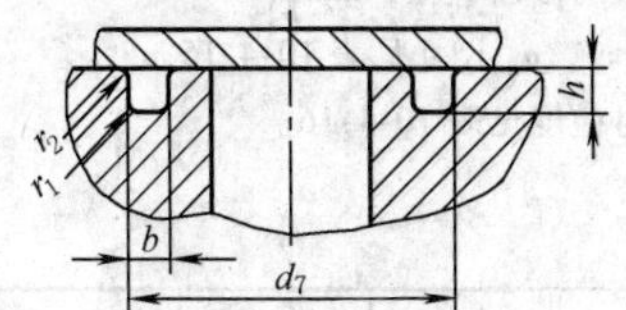

说明：

1. d_1——O 形圈内径，mm；
   d_2——O 形圈截面直径，mm。
2. h、b、r_1、r_2，d_7 尺寸见表 10-4-15。
3. 沟槽表面粗糙度见表 10-4-16。

表 10-4-12　　mm

d_7 H11	d_1
$d_2=1.8$	
7.9	4.5
8.2	5
8.6	5.15
8.7	5.3
9	5.6
9.4	6
9.7	6.3
10.1	6.7
10.3	6.9
10.5	7.1
10.9	7.5
11.4	8
11.9	8.5
12.2	8.75
12.4	9
12.9	9.5
13.4	10
14	10.6
14.6	11.2
15.2	11.8
15.9	12.5
16.6	13.2
17.3	14
18.4	15
19.4	16
20.4	17
$d_2=2.65$	
19	14
20	15
21	16
22	17
23	18
24	19
25	20
26.5	21.2
27.5	22.4
28.6	23.6
30	25
31	25.8
31.5	26.5
33	28
35	30
36.5	31.5
37.5	32.5
38.5	33.5
39.5	34.5

d_7 H11	d_1
$d_2=2.65$	
40.5	35.5
41.5	36.5
42.5	37.5
43.8	38.7
$d_2=3.55$	
24	18
25	19
26	20
27	21.2
28	22.4
29.5	23.6
31	25
31.5	25.8
32.5	26.5
34	28
36	30
37.5	31.5
38.5	32.5
39.5	33.5
40.5	34.5
41.5	35.5
42.5	36.5
43.5	37.5
44.5	38.7
46.5	40
47.5	41.2
48.5	42.5
49.5	43.7
51	45
52	46.2
53.5	47.5
54.5	48.7
56	50
57.5	51.5
59	53
60.5	54.5
62	56
64	58
66	60
67	61.5
69	63
71	65
73	67
75	69
77	71
79	73

d_7 H11	d_1
$d_2=3.55$	
81	75
83	77.5
86	80
88	82.5
91	85
93	87.5
96	90
98.0	92.5
102	95
105	97.5
107	100
110	103
116	109
119	112
122	115
125	118
129	122
132	125
135	128
139	132
143	136
147	140
152	145
157	150
162	155
167	160
172	165
177	170
182	175
187	180
192	185
197	190
202	195
207	200
$d_2=5.3$	
50	40
51	41.2
53	42.5
54	43.7
55	45
56	46.2
58	47.5
59	48.7
60	50
62	51.5

d_7 H11	d_1
$d_2=5.3$	
63	53
64	54.5
65	56
68	58
70	60
72	61.5
73	63
75	65
77	67
79	69
81	71
83	73
85	75
88	77.5
90	80
93	82.5
95	85
98	87.5
100	90
103	92.5
105	95
108	97.5
110	100
113	103
116	106
119	109
122	112
125	115
128	118
132	122
135	125
138	128
142	132
145	136
150	140
155	145
160	150
165	155
170	160
175	165
180	170
185	175
190	180
195	185
200	190

d_7 H11	d_1
$d_2=5.3$	
205	195
210	200
215	206
220	212
227	218
232	224
240	230
245	236
253	243
260	250
267	258
275	265
280	272
290	280
300	290
310	300
315	307
325	315
335	325
345	335
355	345
365	355
375	365
385	375
395	387
410	400
$d_2=7$	
119	109
122	112
125	115
128	118
132	122
135	125
138	128
142	132
146	136
150	140
155	145
160	150
165	155
170	160
175	165
180	170
185	175
190	180

d_7 H11	d_1
$d_2=7$	
195	185
200	190
205	195
210	200
215	206
222	212
228	218
234	224
240	230
246	236
253	243
260	250
270	258
275	265
285	272
290	280
300	290
310	300
320	307
325	315
335	325
345	335
355	345
365	355
375	365
385	375
400	387
410	400
430	412
435	425
450	437
460	450
475	462
485	475
500	487
510	500
525	515
540	530
555	545
570	560
590	580
610	600
625	615
640	630

注：见表 10-4-6 注 1、2。

5.3.2 受外部压力的轴向密封沟槽尺寸

说明：

1. d_1——O 形圈内径，mm；

 d_2——O 形圈截面直径，mm。

2. h、b、r_1、r_2，d_8 尺寸见表 10-4-15。

3. 沟槽表面粗糙度见表 10-4-16。

表 10-4-13 mm

d_8 H11	d_1
d_2 = 1.8	
2	1.8
2.2	2
2.4	2.24
3	2.8
3.3	3.15
3.7	3.55
3.9	3.75
4.7	4.5
5.2	5
5.3	5.15
5.5	5.3
5.8	5.6
6.2	6
6.5	6.3
6.9	6.7
7.1	6.9
7.3	7.1
7.7	7.5
8.2	8
8.7	8.5
8.9	8.75
9.2	9
9.7	9.5
10.2	10
10.8	10.6
11.4	11.2
12	11.8
12.7	12.5
13.4	13.2
14.2	14
15.2	15
16.2	16
17.2	17
d_2 = 2.65	
14.2	14
15.2	15
16.2	16
17.2	17
18.2	18
19.2	19
20.2	20
21.4	21.2
22.6	22.4
23.8	23.6
25.2	25
26	25.8
26.7	26.5

d_8 H11	d_1
d_2 = 2.65	
28.2	28
30.2	30
31.7	31.5
32.7	32.5
33.7	33.5
34.7	34.5
35.7	35.5
36.7	36.5
37.7	37.5
38.9	38.7
d_2 = 3.55	
18.2	18
19.2	19
20.2	20
21.4	21.2
22.6	22.4
23.8	23.6
25.2	25
26.2	25.8
26.7	26.5
28.2	28
30.2	30
31.7	31.5
32.7	32.5
33.7	33.5
34.7	34.5
35.7	35.5
36.7	36.5
37.7	37.5
38.9	38.7
40.2	40
41.5	41.2
42.8	42.5
44.0	43.7
45.3	45
46.5	46.2
47.8	47.5
49	48.7
50.8	50
51.8	51.5
53.3	53
54.8	54.5
56.3	56
58.3	58
60.3	60
61.8	61.5
63.3	63

d_8 H11	d_1
d_2 = 3.55	
65.3	65
67.3	67
69.3	69
71.3	71
73.3	73
75.3	75
77.8	77.5
80.3	80
82.8	82.5
85.3	85
87.8	87.5
90.3	90
92.8	92.5
95.3	95
97.8	97.5
100.3	100
103.5	103
115.5	115
118.5	118
122.5	122
125.5	125
128.5	128
132.5	132
136.5	136
140.5	140
145.5	145
150.5	150
155.5	155
160.5	160
165.5	165
170.5	170
175.5	175
180.5	180
185.5	185
190.5	190
195.5	195
200.5	200
d_2 = 5.3	
40.3	40
41.5	41.2
42.8	42.5
44	43.7
45.3	45
46.5	46.2
47.8	47.5
50	48.7
50.3	50

d_8 H11	d_1
d_2 = 5.3	
51.8	51.5
53.3	53
54.8	54.5
56.3	56
58.3	58
60.3	60
61.8	61.5
63.3	63
65.3	65
67.3	67
69.3	69
71.3	71
73.3	73
75.3	75
77.8	77.5
80.3	80
82.8	82.5
85.3	85
87.8	87.5
90.3	90
92.8	92.5
95.3	95
97.8	97.5
100.5	100
103.5	103
106.5	106
109.5	109
112.5	112
115.5	115
118.5	118
122.5	122
125.5	125
128.5	128
132.5	132
136.5	136
140.5	140
145.5	145
150.5	150
155.5	155
160.5	160
165.5	165
170.5	170
175.5	175
180.5	180
185.5	185
190.5	190
195.5	195

d_8 H11	d_1
d_2 = 5.3	
201	200
207	206
213	212
219	218
225	224
231	230
237	266
244	243
251	250
259	258
266	265
273	272
281	280
291	290
301	300
308	307
316	315
326	325
336	335
346	345
356	355
366	365
376	375
388	387
401	400
d_2 = 7	
110	109
113	112
116	115
119	118
123	122
126	125
129	128
133	132
137	136
141	140
146	145
151	150
156	155
161	160
166	165
171	170
176	175
181	180
186	185
191	190
196	195

d_8 H11	d_1
d_2 = 7	
201	200
207	206
213	212
219	218
225	224
231	230
237	236
243	243
251	250
259	258
266	265
273	272
281	280
291	290
301	300
308	307
316	315
326	325
336	335
346	345
356	355
366	365
376	375
388	387
401	400
413	412
426	425
438	437
451	450
463	462
476	475
488	487
502	500
517	515
531	530
547	545
562	560
581	580
602	600
617	615
632	630
652	650
672	670

注：见表 10-4-6 注 1、2。

表 10-4-14　　径向密封沟槽尺寸　　mm

O形圈截面直径 d_2			1.80	2.65	3.55	5.30	7.00
沟槽宽度	气动动密封		2.2	3.4	4.6	6.9	9.3
	液压动密封或静密封	b	2.4	3.6	4.8	7.1	9.5
		b_1	3.8	5.0	6.2	9.0	12.3
		b_2	5.2	6.4	7.6	10.9	15.1
沟槽深度 t	活塞密封（计算 d_3 用）	液压动密封	1.35	2.10	2.85	4.35	5.85
		气动动密封	1.40	2.15	2.95	4.5	6.1
		静密封	1.32	2.00	2.9	4.31	5.85
	活塞杆密封（计算 d_6 用）	液压动密封	1.35	2.10	2.85	4.35	5.85
		气动动密封	1.4	2.15	2.95	4.5	6.1
		静密封	1.32	2.0	2.9	4.31	5.85
最小导角长度 Z_{min}			1.1	1.5	1.8	2.7	3.6
沟槽底圆角半径 r_1			0.2～0.4		0.4～0.8		0.8～1.2
沟槽棱圆角半径 r_2			0.1～0.3				
活塞密封沟槽底直径 d_3			$d_{3max}=d_{4min}-2t$ d_4——缸直径				
活塞杆密封沟槽底直径 d_6			$d_{6min}=d_{5max}+2t$ d_5——活塞杆直径				

表 10-4-15　　轴向密封沟槽尺寸　　mm

O形圈截面直径 d_2	1.80	2.65	3.55	5.30	7.00
沟槽宽度 b	2.6	3.8	5.0	7.3	9.7
沟槽深度 h	1.28	1.97	2.75	4.24	5.72
沟槽底圆角半径 r_1	0.2～0.4		0.4～0.8		0.8～1.2
沟槽棱圆角半径 r_2	0.1～0.3				
轴向密封时沟槽外径 d_7	d_7（基本尺寸）≤d_1（基本尺寸）+$2d_2$（基本尺寸）				
轴向密封时沟槽内径 d_8	d_8（基本尺寸）≥d_1（基本尺寸）				

5.4 沟槽和配合偶件表面的表面粗糙度（摘自 GB/T 3452.3—2005）

表 10-4-16　　μm

表　面	应用情况	压力状况	表面粗糙度 R_a	表面粗糙度 R_y
沟槽的底面和侧面	静密封	无交变、无脉冲	3.2(1.6)	12.5(6.3)
		交变或脉冲	1.6	6.3
	动密封		1.6(0.8)	6.3(3.2)
配合表面	静密封	无交变、无脉冲	1.6(0.8)	6.3(3.2)
		交变或脉冲	0.8	3.2
	动密封		0.4	1.6
倒角表面			3.2	12.5

注：括号内的数值在要求精度较高的场合应用。

5.5 O形橡胶密封圈用挡圈

切口式

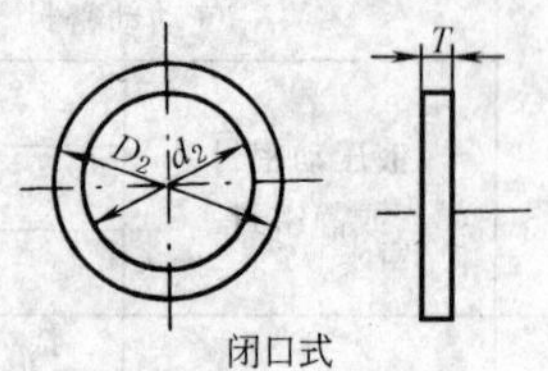

闭口式

表 10-4-17

mm

外径 D_2	厚度 T	极限偏差			使用范围		材料
		T	D_2	d_2	动密封	静密封	
≤30	1.25	±0.1	−0.14	+0.14	$p<10$MPa 时，不设挡圈；$p>10$MPa 时，可在O形圈承压面设置挡圈，单向受压设1个挡圈，双向受压，设置2个	$p\leqslant10$MPa 时，不设挡圈；$p>10$MPa 时，可在承压面设置挡圈	聚四氟乙烯、尼龙6、尼龙1010，硬度大于等于90HS
≤118	1.5	±0.12	−0.20	+0.20			
≤315	2.0	±0.12	−0.25	+0.25			
>315	2.5	±0.15	−0.25	+0.25			

6 旋转轴唇形密封圈（摘自 GB 13871—1992）

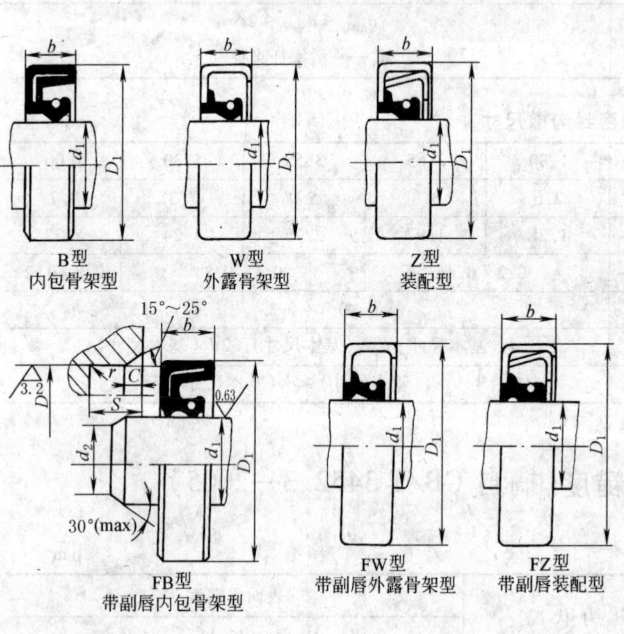

B型 内包骨架型　W型 外露骨架型　Z型 装配型

FB型 带副唇内包骨架型　FW型 带副唇外露骨架型　FZ型 带副唇装配型

适用范围：工作压力小于等于 0.05MPa

材料：HG 2811—1996（或见表 10-4-58）

标记示例：

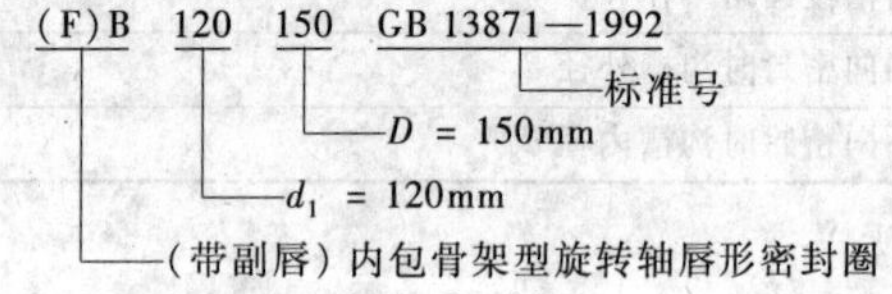

表 10-4-18

mm

d_1 (h11)	D (H8)	b	d_1-d_2 ≥	S min	C	r max	d_1 (h11)	D (H8)	b	d_1-d_2 ≥	S min	C	r max
6	16	7±0.3	1.5	7.9	0.7~1	0.5	10	22	7±0.3	1.5	7.9	0.7~1	0.5
6	22						10	25					
7	22						12	24		2			
8	22						12	25					
8	24						12	30					
9	22						15	26					

续表

d_1 (h11)	D (H8)	b	d_1-d_2 ≥	S min	C	r max	d_1 (h11)	D (H8)	b	d_1-d_2 ≥	S min	C	r max
15	30						55	72					
15	35						(55)	75					
16	30						55	80	8±0.3		8.9		
(16)	35						60	80					
18	30		2				60	85		4			
18	35						65	85					
20	35						65	90				0.7~1	0.5
20	40						70	90					
(20)	45						70	95	10±0.3		10.9		
22	35						75	95					
22	40	7±0.3		7.9			75	100					
22	47						80	100					
25	40						80	110					
25	47						85	110		4.5			
25	52						85	120					
28	40		2.5				(90)	115					
28	47						90	120					
28	52						95	120	12±0.4		13.2		
30	42						100	125					
30	47						(105)	130					
(30)	50				0.7~1	0.5	110	140		5.5			
30	52						120	150					
32	45						130	160					
32	47						140	170					
32	52						150	180					
35	50						160	190					
35	52						170	200				1.2~1.5	0.75
35	55						180	210		7			
38	52		3				190	220	15±0.4		16.2		
38	58						200	230					
38	62						220	250					
40	55	8±0.3		8.9			240	270					
(40)	60						(250)	290					
40	62						260	300					
42	55						280	320					
42	62						300	340					
45	62						320	360	20±0.4	11	21.2		
45	65		3.5				340	380					
50	68						360	400					
(50)	70						380	420					
50	72						400	440					

注：1. 考虑到国内实际情况，本表除全部采用国际标准的基本尺寸外，还补充了若干种国内常用的规格，并加括号以示区别。

2. d_1 表面粗糙度：$R_a=0.2\sim0.63\mu m$，$R_{a\,max}=0.8\sim2.5\mu m$。$D$ 最大表面粗糙度 $R_{a\,max}\leqslant12.5\mu m$。当采用外露骨架型密封圈时，$D$ 的表面粗糙度可选用更低的数值。

3. 唇形密封圈密封相关轴和腔体设计注意事项见 GB 13871—1992。

4. D_1 名义尺寸与 D 相同，但偏差不同。

7 V_D 形橡胶密封圈（摘自 JB/T 6994—1993）

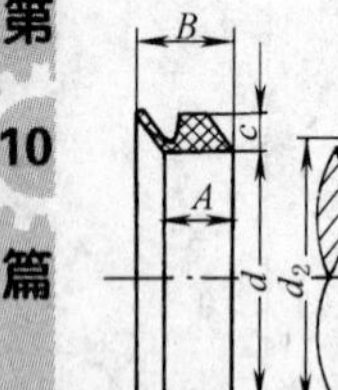

S型

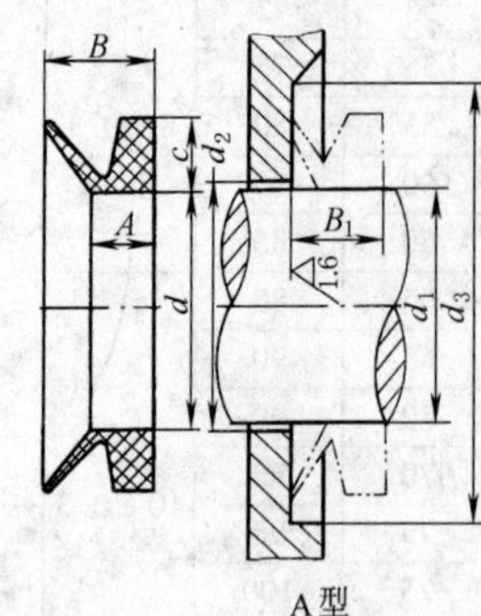

A型

适用范围：工作介质为油、水、空气，轴速小于等于 19 m/s的设备，起端面密封和防尘作用。工作温度 -40 ~ 100℃，密封材料选用丁腈橡胶（SN），XAⅠ7453；100 ~ 200℃，选用氟橡胶（SF）XDⅠ7433。橡胶材料性能见 HG/T 2811—1996（或见表 10-4-58）

标记示例：

（a）公称轴径 110mm，密封圈内径 $d = 99$mm 的 S 型密封圈，标记为

密封圈　　　V_D　110S JB/T 6994—1993

（b）公称轴径 120mm，密封圈内径 $d = 108$mm 的 A 型密封圈，标记为

密封圈　　　V_D　120A JB/T 6994—1993

表 10-4-19　　　　mm

型式	密封圈代号	公称轴径	轴径 d_1	d	c	A	B	d_{2max}	d_{3min}	安装宽度 B_1
S型	V_D5S	5	4.5 ~ 5.5	4	2	3.9	5.2	d_1+1	d_1+6	4.5 ± 0.4
	V_D6S	6	5.5 ~ 6.5	5						
	V_D7S	7	6.5 ~ 8.0	6						
	V_D8S	8	8.0 ~ 9.5	7						
	V_D10S	10	9.5 ~ 11.5	9	3	5.6	7.7	d_1+2	d_1+9	6.7 ± 0.6
	V_D12S	12	11.5 ~ 13.5	10.5						
	V_D14S	14	13.5 ~ 15.5	12.5						
	V_D16S	16	15.5 ~ 17.5	14						
	V_D18S	18	17.5 ~ 19	16						
	V_D20S	20	19 ~ 21	18	4	7.9	10.5		d_1+12	9.0 ± 0.8
	V_D22S	22	21 ~ 24	20						
	V_D25S	25	24 ~ 27	22						
	V_D28S	28	27 ~ 29	25				d_1+3		
	V_D30S	30	29 ~ 31	27						
	V_D32S	32	31 ~ 33	29						
	V_D36S	36	33 ~ 36	31	5	9.5	13.0		d_1+15	11.0 ± 1.0
	V_D38S	38	36 ~ 38	34						
	V_D40S	40	38 ~ 43	36						
	V_D45S	45	43 ~ 48	40						
	V_D50S	50	48 ~ 53	45						
	V_D56S	56	53 ~ 58	49						
	V_D60S	60	58 ~ 63	54						
	V_D63S	63	63 ~ 68	58						

续表

型式	密封圈代号	公称轴径	轴径 d_1	d	c	A	B	$d_{2\max}$	$d_{3\min}$	安装宽度 B_1
S型	V_D71S	71	68～73	63	6	11.3	15.5	d_1+4	d_1+18	13.5±1.2
	V_D75S	75	73～78	67						
	V_D80S	80	78～83	72						
	V_D85S	85	83～88	76						
	V_D90S	90	88～93	81						
	V_D95S	95	93～98	85						
	V_D100S	100	98～105	90						
	V_D110S	110	105～115	99	7	13.1	18.0		d_1+21	15.5±1.5
	V_D120S	120	115～125	108						
	V_D130S	130	125～135	117						
	V_D140S	140	135～145	126						
	V_D150S	150	145～155	135						
	V_D160S	160	155～165	144	8	15.0	20.5	d_1+5	d_1+24	18.0±1.8
	V_D170S	170	165～175	153						
	V_D180S	180	175～185	162						
	V_D190S	190	185～195	171						
	V_D200S	200	195～210	180						
A型	V_D3A	3	2.7～3.5	2.5	1.5	2.1	3.0	d_1+1	d_1+4	2.5±0.3
	V_D4A	4	3.5～4.5	3.2	2	2.4	3.7		d_1+6	3.0±0.4
	V_D5A	5	4.5～5.5	4						
	V_D6A	6	5.5～6.5	5						
	V_D7A	7	6.5～8.0	6						
	V_D8A	8	8.0～9.5	7						
	V_D10A	10	9.5～11.5	9	3	3.4	5.5	d_1+2	d_1+9	4.5±0.6
	V_D12A	12	11.5～12.5	10.5						
	V_D13A	13	12.5～13.5	11.7						
	V_D14A	14	13.5～15.5	12.5						
	V_D16A	16	15.5～17.5	14						
	V_D18A	18	17.5～19	16						
	V_D20A	20	19～21	18	4	4.7	7.5		d_1+12	6.0±0.8
	V_D22A	22	21～24	20						
	V_D25A	25	24～27	22						
	V_D28A	28	27～29	25				d_1+3		
	V_D30A	30	29～31	27						
	V_D32A	32	31～33	29						
	V_D36A	36	33～36	31						
	V_D38A	38	36～38	34						

续表

型式	密封圈代号	公称轴径	轴径 d_1	d	c	A	B	d_{2max}	d_{3min}	安装宽度 B_1
	V_D40A	40	38～43	36						
	V_D45A	45	43～48	40						
	V_D50A	50	48～53	45	5	5.5	9.0	d_1+3	d_1+15	7.0±1.0
	V_D56A	56	53～58	49						
	V_D60A	60	58～63	54						
	V_D67A	67	63～68	58						
	V_D71A	71	68～73	63						
	V_D75A	75	73～78	67						
	V_D80A	80	78～83	72						
	V_D85A	85	83～88	76	6	6.8	11.0		d_1+18	9.0±1.2
	V_D90A	90	88～93	81						
	V_D95A	95	93～98	85						
	V_D100A	100	98～105	90				d_1+4		
A型	V_D110A	110	105～115	99						
	V_D120A	120	115～125	108						
	V_D130A	130	125～135	117	7	7.9	12.8		d_1+21	10.5±1.5
	V_D140A	140	135～145	126						
	V_D150A	150	145～155	135						
	V_D160A	160	155～165	144						
	V_D170A	170	165～175	153	8	9.0	14.5	d_1+5	d_1+24	12.0±1.8
	V_D180A	180	175～185	162						
	V_D190A	190	185～195	171						
	V_D200A	200	195～210	180						
	V_D224A	224	210～235	198						
	V_D250A	250	235～265	225						
	V_D280A	280	265～290	247						
	V_D300A	300	290～310	270	15	14.3	25	d_1+10	d_1+45	20.0±4.0
	V_D320A	320	310～335	292						
	V_D355A	355	335～365	315						
	V_D375A	375	365～390	337						
	V_D400A	400	390～430	360						
	V_D450A	450	430～480	405						

续表

型式	密封圈代号	公称轴径	轴径 d_1	d	c	A	B	$d_{2\max}$	$d_{3\min}$	安装宽度 B_1
A型	V_D500A	500	480 ~ 530	450	15	14.3	25	d_1+10	d_1+45	20.0 ± 4.0
	V_D560A	560	530 ~ 580	495						
	V_D600A	600	580 ~ 630	540						
	V_D630A	630	630 ~ 665	600						
	V_D670A	670	665 ~ 705	630						
	V_D710A	710	705 ~ 745	670						
	V_D750A	750	745 ~ 785	705						
	V_D800A	800	785 ~ 830	745						
	V_D850A	850	830 ~ 875	785						
	V_D900A	900	875 ~ 920	825						
	V_D950A	950	920 ~ 965	865						
	V_D1000A	1000	965 ~ 1015	910						
	V_D1060A	1060	1015 ~ 1065	955						
	V_D1100A	(1100)	1065 ~ 1115	1000						
	V_D1120A	1120	1115 ~ 1165	1045						
	V_D1200A	(1200)	1165 ~ 1215	1090						
	V_D1250A	1250	1215 ~ 1270	1135						
	V_D1320A	1320	1270 ~ 1320	1180						
	V_D1350A	(1350)	1320 ~ 1370	1225						
	V_D1400A	1400	1370 ~ 1420	1270						
	V_D1450A	(1450)	1420 ~ 1470	1315						
	V_D1500A	1500	1470 ~ 1520	1360						
	V_D1550A	(1550)	1520 ~ 1570	1405						
	V_D1600A	1600	1570 ~ 1620	1450						
	V_D1650A	(1650)	1620 ~ 1670	1495						
	V_D1700A	1700	1670 ~ 1720	1540						
	V_D1750A	(1750)	1720 ~ 1770	1585						
	V_D1800A	1800	1770 ~ 1820	1630						
	V_D1850A	(1850)	1820 ~ 1870	1675						
	V_D1900A	1900	1870 ~ 1920	1720						
	V_D1950A	(1950)	1920 ~ 1970	1765						
	V_D2000A	2000	1970 ~ 2020	1810						

注：公称轴径栏中，带括弧的是非标准尺寸，尽量不采用。

8 单向密封橡胶密封圈（摘自 GB/T 10708.1—2000）

8.1 单向密封橡胶密封圈结构型式及使用条件

表 10-4-20

密封圈结构型式	往复运动速度 /m·s^{-1}	间隙 f/mm	工作压力范围/MPa	说明
Y 形橡胶密封圈	0.5	0.2	0~15	GB/T 10708.1—2000 标准适用于安装在液压缸活塞和活塞杆上起单向密封作用的橡胶密封圈 材料：见 HG/T 2810—1996 或见表 10-4-57
		0.1	0~20	
	0.15	0.2		
		0.1	0~25	
蕾形橡胶密封圈	0.5	0.3		
		0.1	0~45	
	0.15	0.3	0~30	
		0.1	0~50	
V 形组合密封圈	0.5	0.3	0~20	
		0.1	0~40	
	0.15	0.3	0~25	
		0.1	0~60	

注：1. 活塞用密封圈的标记方法以“密封圈代号、$D \times d \times L_1$（L_2、L_3）、制造厂代号”表示。

密封沟槽外径 D80mm，密封沟槽内径 d65mm，密封沟槽轴向长度 $L_1$9.5mm 的活塞用 Y 形圈，标记为

Y80×65×9.5　××　GB/T 10708.1—2000

2. 活塞杆用密封圈的标记方法以“密封圈代号、$d \times D \times L_1$（L_2、L_3）、制造厂代号”表示。

密封沟槽内径 d70mm，密封沟槽外径 D85mm，密封沟槽轴向长度 $L_1$9.5mm 的活塞杆用 Y 形圈，标记为

Y70×85×9.5　××　GB/T 10708.1—2000

8.2 活塞杆用短型（L_1）密封沟槽及 Y 形圈尺寸

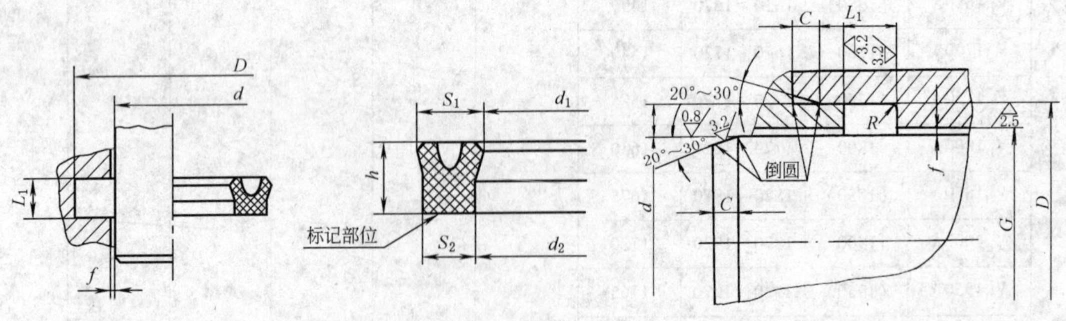

尺寸 f 及标记方法见表 10-4-20，尺寸 $G = d + 2f$

表 10-4-21

mm

d	D	$L_1{}^{+0.25}_{0}$	内径 d_1	内径 d_2	内径 极限偏差	宽度 S_1	宽度 S_2	宽度 极限偏差	高度 h	高度 极限偏差	C ≥	R ≤
6	14	5	5	6.5	±0.20	5	3.5	±0.15	4.6	±0.20	2	0.3
8	16		7	8.5								
10	18		9	10.5								
12	20		11	12.5								
14	22		13	14.5								
16	24		15	16.5	±0.25							
18	26		17	18.5								
20	28		19	20.5								
22	30		21	22.5								
25	33		24	25.5								
28	38	6.3	26.8	28.6		6.2	4.4		5.6		2.5	0.3
32	42		30.8	32.6								
36	46		34.8	36.6								
40	50		38.8	40.6								
45	55		43.8	45.6								
50	60		48.8	50.6								
56	71	9.5	54.5	56.8		9	6.7		8.5		4	0.4
63	78		61.5	63.8								
70	85		68.5	70.8	±0.35							
80	95		78.5	80.8								
90	105		88.5	90.8								
100	120	12.5	98.2	101		11.8	9		11.3		5	0.6
110	130		108.2	111	±0.45							
125	145		123.2	126								
140	160		138.2	141								
160	185	16	157.8	161.2		14.7	11.3		14.8		6.5	0.8
180	205		177.8	181.2	±0.60							
200	225		197.8	201.2								
220	250	20	217.2	221.5		17.8	13.5		18.5		7.5	0.8
250	280		247.2	251.5								
280	310		277.2	281.5	±0.90							
320	360	25	316.7	322		23.3	18	±0.20	23	±0.25	10	1.0
360	400		356.7	362								

注：滑动面公差配合推荐 H9/f8，但在液压缸使用条件不苛刻的情况下，滑动面公差配合也可采用 H10/f9。

8.3 活塞用短型(L_1)密封沟槽及 Y 形圈尺寸

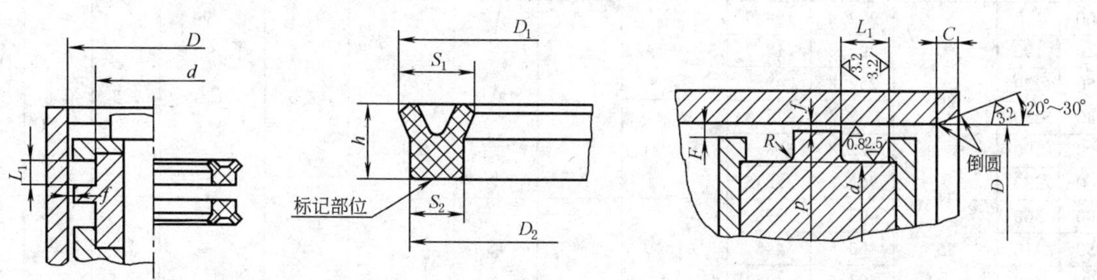

尺寸 f 及标记方法见表 10-4-20，尺寸 $p=D-2f$

表 10-4-22

mm

D	d	$L_1{}^{+0.25}_{0}$	外径			宽度			高度		C ≥	R ≤	F
			D_1	D_2	极限偏差	S_1	S_2	极限偏差	h	极限偏差			
12	4	5	13	11.5	±0.20	5	3.5	±0.15	4.4	±0.20	2	0.3	0.5
16	8		17	15.5									
20	12		21.1	19.4	±0.25								
25	17		26.1	24.4									
32	24		33.1	31.4									
40	32		41.1	39.4									
20	10	6.3	21.2	19.4		6.2	4.4		5.6		2.5	0.3	0.5
25	15		26.2	24.4									
32	22		33.2	31.4									
40	30		41.2	39.4									
50	40		51.2	49.4	±0.35								
56	46		57.5	55.4									
63	53		64.2	62.4									
50	35	9.5	51.5	49.2							4	0.4	1
56	41		57.5	55.2		9	6.7		8.5				
63	48		64.5	62.2									
70	55		71.5	69.2									
80	65		81.5	79.2									
90	75		91.5	89.2									
100	85		101.5	99.2									
110	95		111.5	109.2									
70	50	12.5	71.8	69							5	0.6	1
80	60		81.8	79		11.8	9		11.3				
90	70		91.8	89									
100	80		101.8	99									
110	90		111.8	109									
125	105		126.8	124	±0.45								
140	120		141.8	139									
160	140		161.8	159									
180	160		181.8	179	±0.60								
125	100	16	127.2	123.8	±0.45	14.7	11.3		14.8		6.5	0.8	1.5
140	115		142.2	138.8									
160	135		162.2	158.8									
180	155		182.2	178.8	±0.60								
200	175		202.2	198.8									
220	195		222.2	218.8									
250	225		252.2	248.8									
200	170	20	202.8	198.5		17.8	13.5	±0.20	18.5	±0.25	7.5	0.8	1.5
220	190		222.8	218.5									
250	220		252.8	248.5									
280	250		282.8	278.5	±0.90								
320	290		322.8	318.5									
360	330		362.8	358.5									
400	360	25	403.5	398	±1.40	23.3	18		23		10	1.0	2
450	410		453.5	448									
500	460		503.5	498									

注：滑动面公差配合推荐 H9/f8，但在液压缸使用条件不苛刻的情况下，滑动面公差配合也可采用 H10/f9。

8.4 活塞杆用中型(L_2)密封沟槽及 Y 形圈、 蕾形圈尺寸

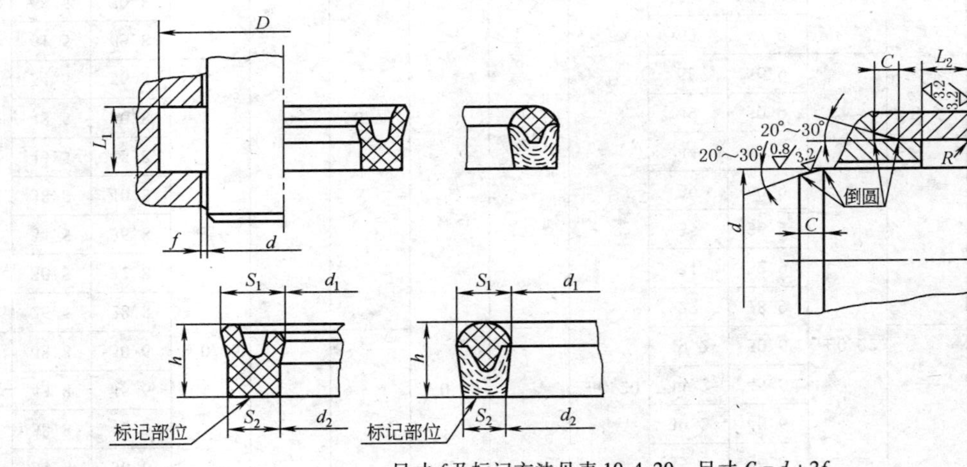

尺寸 f 及标记方法见表 10-4-20，尺寸 $G=d+2f$

表 10-4-23

mm

d	D	$L_2{}^{+0.25}_{0}$	Y 形圈								蕾形圈								C ≥	R ≤
			内 径			宽度			高度		内 径			宽度			高度			
			d_1	d_2	极限偏差	S_1	S_2	极限偏差	h	极限偏差	d_1	d_2	极限偏差	S_1	S_2	极限偏差	h	极限偏差		
6	14		5	6.5							5.3	6.5								
8	16		7	8.5							7.3	8.5								
10	18		9	10.5							9.3	10.5								
12	20		11	12.5							11.3	12.5								
14	22		13	14.5	±0.20						13.3	14.5	±0.18							
16	24	6.3	15	16.5		5	3.5	±0.15	5.8	±0.20	15.3	16.5		4.7	3.5	±0.15	5.5	±0.20	2	0.3
18	26		17	18.5							17.3	18.5								
20	28		19	20.5							19.3	20.5								
22	30		21	22.5	±0.25						21.3	22.5	±0.22							
25	33		24	25.5							24.3	25.5								

续表

d	D	$L_2{}^{+0.25}_{0}$	Y形圈								蕾形圈								C ≥	R ≤
			内径			宽度			高度		内径			宽度			高度			
			d_1	d_2	极限偏差	S_1	S_2	极限偏差	h	极限偏差	d_1	d_2	极限偏差	S_1	S_2	极限偏差	h	极限偏差		
10	20		8.8	10.6							9.2	10.6								
12	22		10.8	12.6							11.2	12.6								
14	24		12.8	14.6	±0.20						13.2	14.6	±0.18							
16	26		14.8	16.6							15.2	16.6								
18	28		16.8	18.6							17.2	18.6								
20	30		18.8	20.6							19.2	20.6								
22	32		20.8	22.6							21.2	22.6								
25	35	8	23.8	25.6		6.2	4.4		7.3		24.2	25.6		5.8	4.4		7		2.5	0.3
28	38		26.8	28.6							27.2	28.6								
32	42		30.8	32.6							31.2	32.6								
36	46		34.8	36.6							35.2	36.6								
40	50		38.8	40.6							39.2	40.6								
45	55		43.8	45.6				±0.15		±0.20	44.2	45.6				±0.15		±0.20		
50	60		48.8	50.6	±0.25						49.2	50.6	±0.22							
28	43		26.5	28.8							27	28.9								
32	47		30.5	32.8							31	32.9								
36	51		34.5	36.8							35	36.9								
40	55		38.5	40.8							39	40.9								
45	60		43.5	45.8							44	45.9								
50	65	12.5	48.5	50.8		9	6.7		11.5		49	50.9		8.5	6.6		11.3		4	0.4
56	71		54.5	56.8							55	56.9								
63	78		61.5	63.8							62	63.9								
70	85		68.5	70.8	±0.35						69	70.9	±0.28							
80	95		78.5	80.8							79	80.9								
90	105		88.5	90.8							89	90.9								

续表

d	D	$L_2{}^{+0.25}_{0}$	Y形圈 内径 d_1	Y形圈 内径 d_2	Y形圈 内径 极限偏差	Y形圈 宽度 S_1	Y形圈 宽度 S_2	Y形圈 宽度 极限偏差	Y形圈 高度 h	Y形圈 高度 极限偏差	蕾形圈 内径 d_1	蕾形圈 内径 d_2	蕾形圈 内径 极限偏差	蕾形圈 宽度 S_1	蕾形圈 宽度 S_2	蕾形圈 宽度 极限偏差	蕾形圈 高度 h	蕾形圈 高度 极限偏差	C ≥	R ≤
56	76	16	54.2	57	±0.25	11.8	9	±0.15	15	±0.20	54.8	57.4	±0.22	11.2	8.6	±0.15	14.5	±0.20	5	0.6
63	83		61.2	64							61.8	64.4								
70	90		68.2	71	±0.35						68.8	71.4	±0.28							
80	100		78.2	81							78.8	81.4								
90	110		88.2	91							88.8	91.4								
100	120		98.2	101							98.8	101.4								
110	130		108.2	111	±0.45						108.8	111.4	±0.35							
125	145		123.2	126							123.8	126.4								
140	160		138.2	141							138.8	141.4								
100	125	20	97.8	101.2		14.7	11.3		18.5		98.7	101.8		13.8	10.7		18		6.5	0.8
110	135		107.8	111.2							108.7	111.8								
125	150		122.8	126.2							123.7	126.8								
140	165		137.8	141.2							138.7	141.8								
160	185		157.8	161.2							158.7	161.8								
180	205		177.8	181.2	±0.60						178.7	181.8	±0.45							
200	225		197.8	201.2							198.7	201.8								
160	190	25	157.2	161.5		18.5	13.5	±0.20	23	±0.25	158.6	162		16.4	13	±0.20	22.5	±0.25	7.5	0.8
180	210		177.2	181.5							178.6	182								
200	230		197.2	201.5							198.6	202								
220	250		217.2	221.5							218.6	222								
250	280		247.2	251.5							248.6	252								
280	310		277.2	281.5	±0.90						278.6	282	±0.60							
320	360	32	317.7	322		23.3	18		29		318.2	323		21.8	17		28.5		10	1.0
360	400		357.7	362							358.2	363								

注：滑动面公差配合推荐 H9/f8，但在液压缸使用条件不苛刻的情况下，滑动面公差配合也可采用 H10/f9。

8.5 活塞用中型(L_2)密封沟槽及 Y 形圈、蕾形圈尺寸

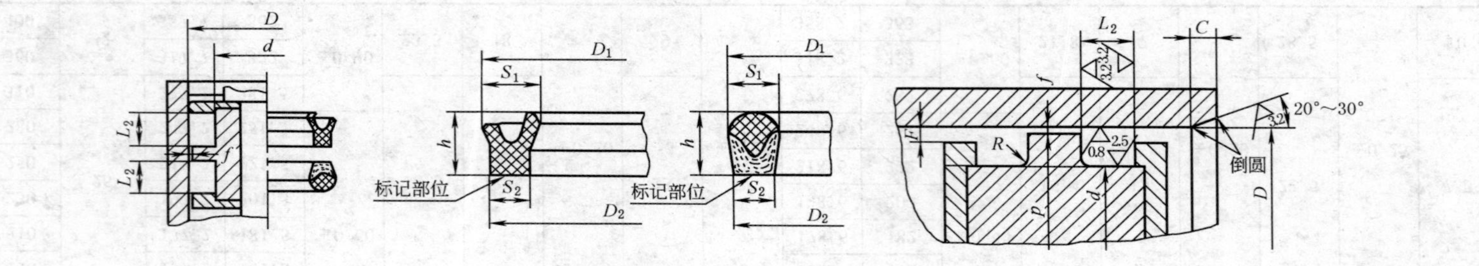

尺寸 f 及标记方法见表 10-4-20，尺寸 $p=D-2f$

表 10-4-24

mm

D	d	$L_2{}^{+0.25}_{0}$	Y形圈								蕾形圈								C ≥	R ≤	F
			外径			宽度			高度		外径			宽度			高度				
			D_1	D_2	极限偏差	S_1	S_2	极限偏差	h	极限偏差	D_1	D_2	极限偏差	S_1	S_2	极限偏差	h	极限偏差			
12	4	6.3	13	11.5	±0.20	5	3.5	±0.15	5.8	±0.20	12.7	11.5	±0.18	4.7	3.5	±0.15	5.6	±0.20	2	0.3	0.5
16	8		17	15.5							16.7	15.5									
20	12		21	19.5	±0.25						20.7	19.5	±0.22								
25	17		26	24.5							25.7	24.5									
32	24		33	31.5							32.7	31.5									
40	32		41	39.5							40.7	39.5									
20	10	8	21.2	19.4		6.2	4.4		7.3		20.8	19.4		5.8	4.4		7		2.5	0.3	0.5
25	15		26.2	24.4							25.8	24.4									
32	22		33.2	31.4							32.8	31.4									
40	30		41.2	39.4							40.8	39.4									
50	40		51.2	49.4							50.8	49.4									
56	46		57.2	55.4							56.8	55.4									
63	53		64.2	62.4							63.8	62.4									
50	35	12.5	51.5	49.2		9	6.7		11.5		51	49.1		8.5	6.6		11.3		4	0.4	1
56	41		57.5	55.2							57	55.1									
63	48		64.5	62.2							64	62.1									
70	55		71.5	69.2	±0.35						71	69.1	±0.28								
80	65		81.5	79.2							81	79.1									
90	75		91.5	89.2							91	89.1									
100	85		101.5	99.2							101	99.1									
110	95		111.5	109.2	±0.45						111	109.1	±0.35								

续表

D	d	$L_2{}^{+0.25}_{0}$	Y形圈								蕾形圈								C ≥	R ≤	F
			外径			宽度			高度		外径			宽度			高度				
			D_1	D_2	极限偏差	S_1	S_2	极限偏差	h	极限偏差	D_1	D_2	极限偏差	S_1	S_2	极限偏差	h	极限偏差			
70	50		71.8	69							71.2	68.6									
80	60		81.8	79	±0.35						81.2	78.6	±0.28								
90	70		91.8	89							91.2	88.6									
100	80		101.8	99							101.2	98.6									
110	90	16	111.8	109		11.8	9		15		111.2	108.6		11.2	8.6		14.5		5	0.6	1
125	105		126.8	124	±0.45						126.2	123.6	±0.35								
140	120		141.8	139							141.2	138.6									
160	140		161.8	159				±0.15		±0.20	161.2	158.6				±0.15		±0.20			
180	160		181.8	179	±0.60						181.2	178.6	±0.45								
125	100		127.2	123.8							126.3	123.2									
140	115		142.2	138.8	±0.45						141.3	138.2	±0.35								
160	135		162.2	158.8							161.3	158.2									
180	155	20	182.2	178.8		14.7	11.3		18.5		181.3	178.2		13.8	10.7		18		6.5	0.8	1.5
200	175		202.2	198.8							201.3	198.2									
220	195		222.2	218.8							221.3	218.2									
250	225		252.2	248.8	±0.60						251.3	248.2	±0.45								
200	170		202.8	198.5							201.4	198									
220	190		222.8	218.5							221.4	218									
250	220	25	252.8	248.5		17.8	13.5		23		251.4	248		16.4	12.7		22.5		7.5	0.8	1.5
280	250		282.8	278.5							281.4	278									
320	290		322.8	318.5	±0.90			±0.20		±0.25	321.4	318	±0.60			±0.20		±0.25			
360	330		362.8	358.5							361.4	358									
400	360		403.3	398							401.8	397									
450	410	32	453.3	448	±1.40	23.3	18		29		451.8	447	±0.90	21.8	17		28.5		10	1.0	2
500	460		503.3	498							501.8	497									

注：滑动面公差配合推荐 H9/f8，但在液压缸使用条件不苛刻的情况下，滑动面公差配合也可采用 H10/f9。

8.6 活塞杆用长型(L_3)密封沟槽及V形圈、压环和塑料支撑环的尺寸

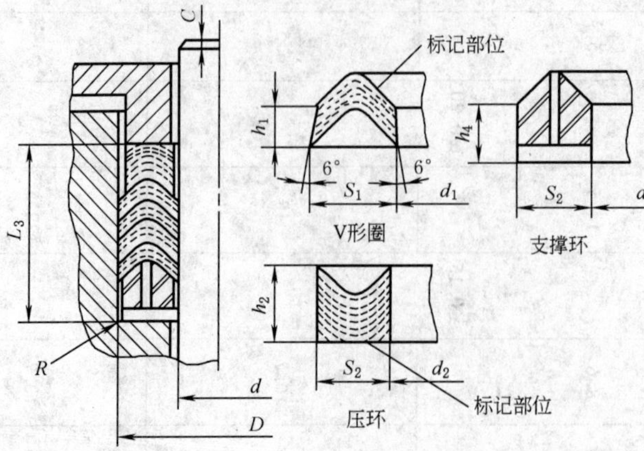

标记方法见表10-4-20注

表 10-4-25

mm

d	D	$L_3{}^{+0.25}_{0}$	内径 d_1	内径 d_2	内径 极限偏差	宽度 S_1	宽度 S_2	宽度 极限偏差	高度 h_1	高度 h_2	高度 h_4	高度 极限偏差	V形圈数量	R ≤	C ≥
6	14	14.5	5.5	6.3	±0.18	4.5	3.7	±0.15	2.5	6	3	±0.20	2	0.3	2
8	16		7.5	8.3											
10	18		9.5	10.3											
12	20		11.5	12.3											
14	22		13.5	14.3											
16	24		15.5	16.3											
18	26		17.5	18.3	±0.22										
20	28		19.5	20.3											
22	30		21.5	22.3											
25	33		24.5	25.3											
10	20	16	9.4	10.3		5.6	4.7		3	6.5				0.3	2.5
12	22		11.4	12.3											
14	24		13.4	14.3											
16	26		15.4	16.3											
18	28		17.4	18.3											
20	30		19.4	20.3											
22	32		21.4	22.3											
25	35		24.4	25.3											
28	38		27.4	28.3											
32	42		31.4	32.3											
36	46		35.4	36.3											
40	50		39.4	40.3											
45	55		44.4	45.3											
50	60		49.4	50.3											

续表

d	D	$L_3{}^{+0.25}_{0}$	内径 d_1	内径 d_2	内径 极限偏差	宽度 S_1	宽度 S_2	宽度 极限偏差	高度 h_1	高度 h_2	高度 h_4	高度 极限偏差	V形圈数量	R ≤	C ≥
28	43		27.3	28.5											
32	47		31.3	32.5											
36	51		35.3	36.5											
40	55		39.3	40.5											
45	60		44.3	45.5	±0.22										
50	65	25	49.3	50.5		8.2	7		4.5	8				0.4	4
56	71		55.3	56.6											
63	78		62.3	63.6											
70	85		69.3	70.5											
80	95		79.3	80.5	±0.28										
90	105		89.3	90.5									3		
56	76		55.2	56.6	±0.22										
63	83		62.2	63.6											
70	90		69.2	70.6				±0.15				±0.20			
80	100		79.2	80.6											
90	110	32	89.2	90.6	±0.28	10.8	9.4			10				0.6	5
100	120		99.2	100.6							3				
110	130		109.2	110.6											
125	145		124.2	125.6											
140	160		139.2	140.6					6						
100	125		99	100.6											
110	135		109	110.6	±0.35										
125	150		124	125.6											
140	165	40	139	140.6		13.5	11.9			12			4	0.8	6.5
160	185		159	160.6											
180	205		179	180.6	±0.45										
200	225		199	200.6											
160	190		158.8	160.8	±0.35										
180	210		178.8	180.8											
200	230	50	198.8	200.8	±0.45	16.2	14.2	±0.20	6.5	14			5	0.8	7.5
220	250		218.8	220.8											
250	280		248.8	250.8								±0.25			
280	310		278.8	280.8											
320	360	63	318.4	321	±0.60	21.6	19	±0.25	7	15.5	4		6	1.0	10
360	400		358.4	361											

注：滑动面公差配合推荐 H9/f8，但在液压缸使用条件不苛刻的情况下，滑动面公差配合也可采用 H10/f9。

8.7 活塞用长型(L_3)密封沟槽及 V 形圈、压环和弹性密封圈尺寸

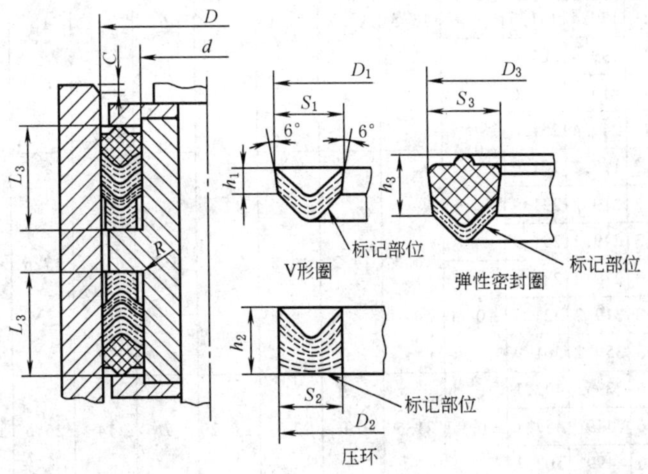

标记方法见表 10-4-20 注

表 10-4-26

mm

D	d	$L_3{}^{+0.25}_{0}$	外径 D_1	外径 D_2	外径 D_3	外径 极限偏差	宽度 S_1	宽度 S_2	宽度 S_3	宽度 极限偏差	高度 h_1	高度 h_2	高度 h_3	高度 极限偏差	V形圈数量	R ≤	C ≥
20	10		20.6	19.7	20.8												
25	15		25.6	24.7	25.8												
32	22		32.6	31.7	32.8												
40	30	16	40.6	39.7	40.8		5.6	4.7	5.8		3	6	6.5		1	0.3	2.5
50	40		50.6	49.7	50.8												
56	46		56.6	55.7	56.8	±0.22											
63	53		63.6	62.7	63.8												
50	35		50.7	49.5	51.1												
56	41		56.7	55.5	57.1												
63	48		63.7	62.5	64.1												
70	55		70.7	69.5	71.1												
80	65	25	80.7	79.5	81.1		8.2	7	8.6		4.5	7.5	8			0.4	4
90	75		90.7	89.5	91.1												
100	85		100.7	99.5	101.1												
110	95		110.7	109.5	111.1	±0.28											
70	50		70.8	69.4	71.3												
80	60		80.8	79.4	81.3												
90	70		90.8	89.4	91.3												
100	80		100.8	99.4	101.3					±0.15				±0.20			
110	90	32	110.8	109.4	111.3		10.8	9.4	11.3		5	10	11		2	0.6	5
125	105		125.8	124.4	126.3												
140	120		140.8	139.4	141.3												
160	140		160.8	159.4	161.3												
180	160		180.8	179.4	181.3	±0.35											
125	100		126	124.4	126.6												
140	115		141	139.4	141.6												
160	135		161	169.4	161.6												
180	155	40	181	179.4	181.6		13.5	11.9	14.1		6		15			0.8	6.5
200	175		201	199.4	201.6												
220	195		221	219.4	221.6												
250	225		251	249.4	251.6	±0.45						12					
200	170		201.3	199.2	201.9												
220	190		221.3	219.2	221.9												
250	220	50	251.3	249.2	251.9		16.3	14.2	16.8		6.5		17.5			0.8	7.5
280	250		281.3	279.2	281.9												
320	290		321.3	319.2	321.9	±0.60									3		
360	330		361.3	359.2	361.9												
400	360		401.6	399	402.1												
450	410	63	451.6	449	452.1	±0.90	21.6	19	22.1	±0.20	7	14	26.5	±0.25		1.0	10
500	400		501.6	499	502.1												

注：滑动面公差配合推荐 H9/f8，在液压缸使用条件不苛刻的情况下，滑动面公差配合也可采用 H10/f9。

9 Y_X 形密封圈

9.1 孔用 Y_X 形密封圈（摘自 JB/ZQ 4264—1997）

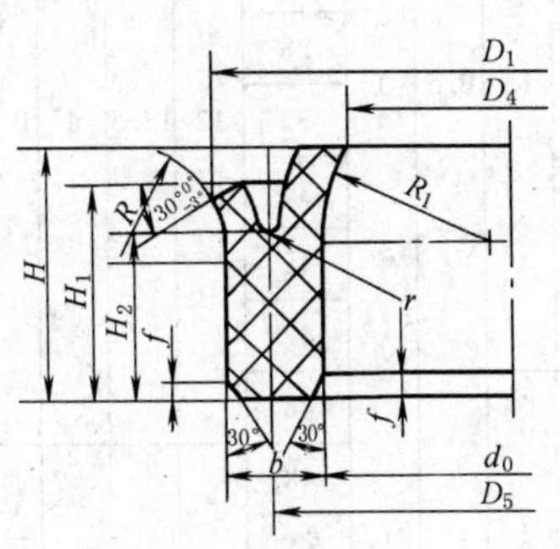

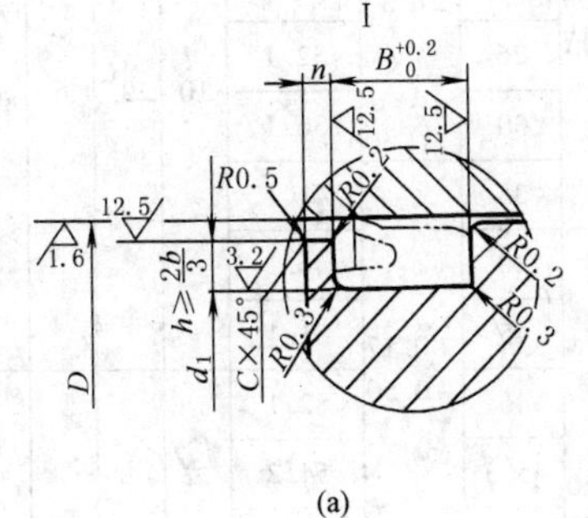

(a)

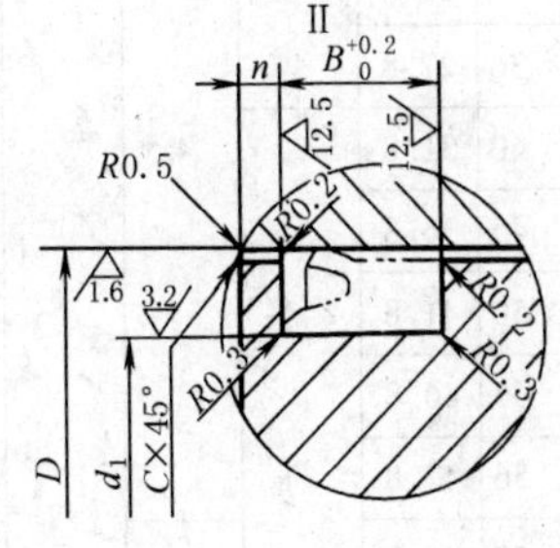

(b)

$p\leqslant16$MPa（无挡圈沟槽）

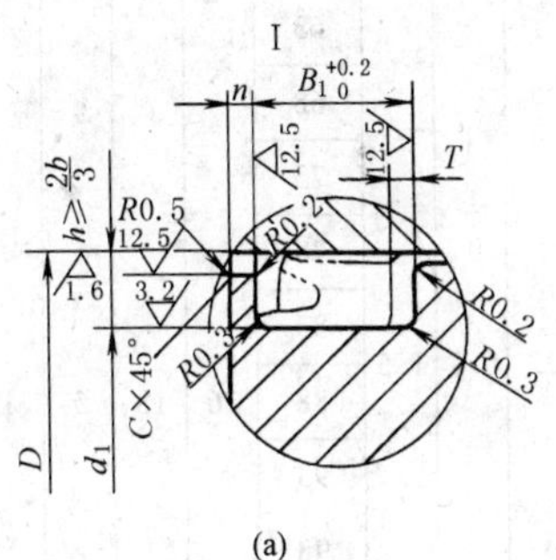

(a)

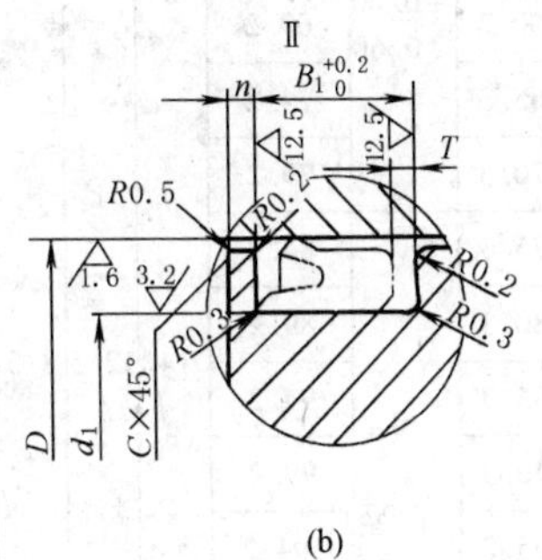

(b)

$p>16$MPa（有挡圈沟槽）

适用范围：以空气、矿物油为介质的各种机械设备中，温度 -40～80℃，工作压力 $p\leqslant31.5$MPa

材料：按 HG/T 2810—1996 选用，或见表 10-4-57

标记示例：公称外径 $D=50$mm 的孔用 Y_X 形密封圈，标记为

密封圈 Y_X $D50$ JB/ZQ 4264—1997

主要生产厂家：沈阳皮革装具厂

表 10-4-27 mm

公称外径 D	密封圈 d_0 基本尺寸	d_0 极限偏差	b 基本尺寸	b 极限偏差	D_1 基本尺寸	D_1 极限偏差	D_4 基本尺寸	D_4 极限偏差	D_5	H	H_1	H_2	R	R_1	r	f	沟槽 d_1 (h9)	B	B_1	n	C
16	9.8				17.3	+0.36 -0.12	8.6	+0.1 -0.3	13								10				
18	11.8				19.3		10.6		15								12				
20	13.8	0 -0.4	3	-0.06 -0.18	21.3		12.6	+0.12 -0.36	17	8	7	4.6	5	14	0.3	0.7	14	9	10.5	4	0.5
22	15.8				23.3	+0.42 -0.14	14.6		19								16				
25	18.8				26.3		17.6		22								19				
28	21.8				29.3		20.6	+0.14 -0.42	25								22				

续表

公称外径 D	密封圈																沟槽				
	d_0		b		D_1		D_4		D_5	H	H_1	H_2	R	R_1	r	f	d_1 (h9)	B	B_1	n	C
	基本尺寸	极限偏差	基本尺寸	极限偏差	基本尺寸	极限偏差	基本尺寸	极限偏差													
30	21.8				31.9		20		26.1								22				
32	23.8	0 −0.4			33.9		22		28.1								24				
35	26.8				36.9	+0.50 −0.17	25	+0.14 −0.42	31.1								27				
36	27.8				37.9		26		32.1								28				
40	31.8		4		41.9		30		36.1	10	9	6	6	15	0.5	1	32	12	13.5	4	0.5
45	36.8				46.9		35		41.1								37				
50	41.8				51.9		40		46.1								42				
55	46.8				56.9		45	+0.17 −0.50	51.1								47				
56	47.8				57.9		46		52.1								48				
60	47.7				62.6	+0.60 −0.20	45.3		54.2								48				
63	50.7	0 −0.6			65.6		48.3		57.2								51				
65	52.7				67.6		50.3		59.2								53				
70	57.7				72.6		55.3		64.2								58				
75	62.7			−0.08 −0.24	77.6		60.3	+0.20 −0.60	69.2								63				
80	67.7				82.6		65.3		74.2								68				
85	72.7				87.6		70.3		79.2								73				
90	77.7				92.6		75.3		84.2								78				
95	82.7				97.6	+0.70 −0.23	80.3		89.2								83				
100	87.7		6		102.6		85.3		94.2	14	12.5	8.5	8	22	0.7	1.5	88	16	18	5	1
105	92.7				107.6		90.3		99.2								93				
110	97.7				112.6		95.3	+0.23 −0.70	104.2								98				
115	102.7				117.6		100.3		109.2								103				
120	107.7				122.6		105.3		114.2								108				
125	112.7				127.6		110.3		119.2								113				
130	117.7	0 −1.0			132.6		115.3		124.2								118				
140	127.7				142.6	+0.80 −0.26	125.3		134.2								128				
150	137.7				152.6		135.3		144.2								138				
160	147.7				162.6		145.3	+0.26 −0.80	154.2								148				
170	153.6				173.6		150.3		162.3								154				
180	163.6				183.6		160.3		172.3								164				
190	173.6				193.6		170.3		182.3								174				
200	183.6		8	−0.10 −0.30	203.6		180.3		192.3	18	16	10.5	10	26	1	2	184	20	22.5	8	1.5
220	203.6				223.6	+0.90 −0.30	200.3	+0.3 −0.9	212.3								204				
230	213.6	0 −1.5			233.6		210.3		222.3								214				
240	223.6				243.6		220.3		232.3								224			6	

续表

公称外径 D	密封圈																沟槽				
	d_0		b		D_1		D_4		D_5	H	H_1	H_2	R	R_1	r	f	d_1 (h9)	B	B_1	n	C
	基本尺寸	极限偏差	基本尺寸	极限偏差	基本尺寸	极限偏差	基本尺寸	极限偏差													
250	233.6	0 -1.5	8	-0.10 -0.30	253.6	+0.90 -0.30	230.3	+0.3 -0.9	242.3	18	16	10.5	10	26	1	2	234	20	22.5	6	1.5
265	248.6				268.6	+1.00 -0.34	245.3		257.3								249				
280	263.6				283.6		260.3	+0.34 -1.00	272.3								264				
300	283.6				303.6		280.3		292.3								284				
320	295.5		12	-0.12 -0.36	325.2		290.7		308.4	24	22	14	14	32	1.5	2.5	296	26.5	30	7	2
340	315.5				345.2		310.7		328.4								316				
360	335.5				365.2	+1.10 -0.38	330.7		348.4								336				
380	355.5				385.2		350.7	+0.38 -1.10	368.4								356				
400	375.5				405.2		370.7		388.4								376				
420	395.5				425.2		390.7		408.4								396				
450	425.5	0 -2.0			455.2		420.7		438.4								426				
480	455.5				485.2		450.7		468.4								456				
500	475.5				505.2	+1.35 -0.45	470.7		488.4								476				
530	505.5				535.2		500.7	+0.45 -1.35	518.4								506				
560	535.5				565.2		530.7		548.4								536				
600	575.5				605.2		570.7		588.4								576				
630	605.5				635.2	+1.5 -0.5	600.7		618.4								606				
650	625.5				655.2		620.7		638.4								626				

注：孔用 Y_X 形密封圈用挡圈尺寸见表 10-4-28。

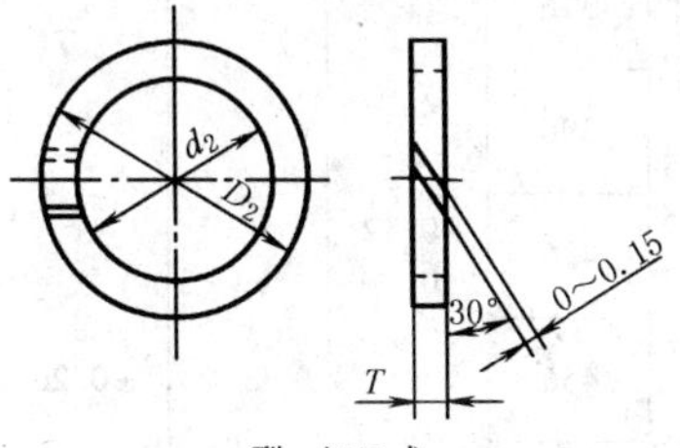

A型：切口式

D_2 d_2 T

B型：整体式

挡圈材料：

聚四氟乙烯、尼龙 6 或尼龙 1010

表 10-4-28　　孔用 Y_X 形密封圈用挡圈尺寸　　mm

孔用 Y_X 形密封圈公称外径 D	挡圈						孔用 Y_X 形密封圈公称外径 D	挡圈					
	D_2		d_2		T			D_2		d_2		T	
	基本尺寸	极限偏差	基本尺寸	极限偏差	基本尺寸	极限偏差		基本尺寸	极限偏差	基本尺寸	极限偏差	基本尺寸	极限偏差
16	16	-0.020 -0.070	10	+0.030 0	1.5	±0.1	32	32	-0.032 -0.100	24	+0.045 0	1.5	±0.1
18	18		12	+0.035 0			35	35		27			
20	20	-0.025 -0.085	14				36	36		28			
22	22		16				40	40		32	+0.050 0		
25	25		19	+0.045 0			45	45		37			
28	28		22				50	50		42			
30	30		22				55	55	-0.040 -0.120	47			

续表

孔用 Y_X 形密封圈公称外径 D	挡圈 D_2 基本尺寸	挡圈 D_2 极限偏差	挡圈 d_2 基本尺寸	挡圈 d_2 极限偏差	挡圈 T 基本尺寸	挡圈 T 极限偏差
56	56		48	+0.050 0	1.5	±0.1
60	60		48			
63	63		51			
65	65	-0.040 -0.120	53			
70	70		58			
75	75		63	+0.06 0		
80	80		68			
85	85		73			
90	90		78			
95	95		83			
100	100	-0.050 -0.140	88		2	±0.15
105	105		93			
110	110		98	+0.07 0		
115	115		103			
120	120		108			
125	125		113			
130	130		118			
140	140		128			
150	150	-0.060 -0.165	138			
160	160		148	+0.08 0		
170	170		154			
180	180		164		2.5	
190	190	-0.075 -0.195	174			

孔用 Y_X 形密封圈公称外径 D	挡圈 D_2 基本尺寸	挡圈 D_2 极限偏差	挡圈 d_2 基本尺寸	挡圈 d_2 极限偏差	挡圈 T 基本尺寸	挡圈 T 极限偏差
200	200		184			
220	220		204			
230	230	-0.075 -0.195	214	+0.09 0		
240	240		224		2.5	±0.15
250	250		234			
265	265		249			
280	280		264			
300	300	-0.090 -0.225	284			
320	320		296	+0.10 0		
340	340		316			
360	360		336			
380	380		356			
400	400		376			
420	420	-0.105 -0.255	396			
450	450		426	+0.12 0		
480	480		456		3	±0.20
500	500		476			
530	530		506			
560	560	-0.120 -0.260	536			
600	600		576	+0.14 0		
630	630		606			
650	650	-0.130 -0.280	626			

9.2 轴用 Y_X 形密封圈（摘自 JB/ZQ 4265—1997）

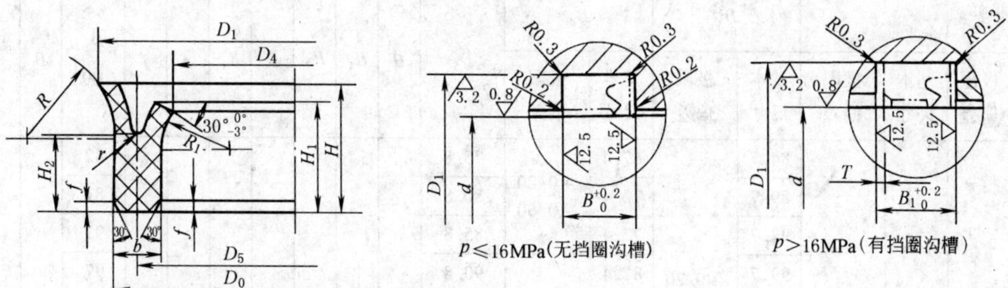

适用范围：以空气、矿物油为介质的各种机械设备中，温度 -20 ~ 80℃，工作压力 p≤31.5MPa

材料：按 HG/T 2810—1996 选用（见表 10-4-57）

主要生产厂家：沈阳皮带装具厂

标记示例：公称内径 d = 50mm 的轴用 Y_X 形密封圈，标记为

密封圈　Y_X d50　JB/ZQ 4265—1997

表 10-4-29

mm

公称内径 d	密封圈 D_0 基本尺寸	D_0 极限偏差	b 基本尺寸	b 极限偏差	D_1 基本尺寸	D_1 极限偏差	D_4 基本尺寸	D_4 极限偏差	D_5	H	H_1	H_2	R	R_1	r	f	沟槽 D_1(H9)	B	B_1
8	14.2	+0.4 0	3	-0.06 -0.18	15.4	+0.36 -0.12	6.7	+0.10 -0.30	11	8	7	4.6	5	14	0.3	0.7	14	9	10.5
10	16.2				17.4		8.7		13								16		
12	18.2				19.4	+0.42 -0.14	10.7	+0.12 -0.36	15								18		
14	20.2				21.4		12.7		17								20		
16	22.2				23.4		14.7		19								22		
18	24.2				25.4		16.7		21								24		
20	26.2				27.4		18.7	+0.14 -0.42	23								26		
22	28.2				29.4		20.7		25								28		
25	31.2	+0.6 0			32.4	+0.50 -0.17	23.7		28								31		
28	34.2				35.4		26.7		31								34		
30	38.2		4	-0.08 -0.24	40		28.1		33.9	10	9	6	6	15	0.5	1	38	12	13.5
32	40.2				42		30.1	+0.17 -0.50	35.9								40		
35	43.2				45		33.1		38.9								43		
36	44.2				46		34.1		39.9								44		
40	48.2				50		38.1		43.9								48		
45	53.2				55	+0.60 -0.20	43.1		48.9								53		
50	58.2				60		48.1	+0.20 -0.60	53.9								58		
55	63.2				65		53.1		58.9								63		
56	64.2				66		54.1		59.9								64		
60	72.3		6		74.7		57.4		65.8	14	12.5	8.5	8	22	0.7	1.5	72	16	18
63	75.3				77.7		60.4		68.8								75		
65	77.3				79.7		62.4		70.8								77		

续表

公称内径 d	密封圈																沟槽		
	D_0		b		D_1		D_4		D_5	H	H_1	H_2	R	R_1	r	f	D_1 (H9)	B	B_1
	基本尺寸	极限偏差	基本尺寸	极限偏差	基本尺寸	极限偏差	基本尺寸	极限偏差											
70	82.3				84.7		67.4		75.8								82		
75	87.3				89.7		72.4	+0.20 -0.60	80.8								87		
80	92.3				94.7		77.4		85.8								92		
85	97.3				99.7	+0.70 -0.23	82.4		90.8								97		
90	102.3				104.7		87.4		95.8								102		
95	107.3				109.7		92.4		100.8								107		
100	112.3				114.7		97.4	+0.23 -0.70	105.8								112		
105	117.3		6	-0.08 -0.24	119.7		102.4		110.8	14	12.5	8.5	8	22	0.7	1.5	117	16	18
110	122.3	+1.0 0			124.7		107.4		115.8								122		
120	132.3				134.7		117.4		125.8								132		
125	137.3				139.7	+0.80 -0.26	122.4		130.8								137		
130	142.8				144.7		127.4		135.8								142		
140	152.3				154.7		137.4		145.8								152		
150	162.3				164.7		147.4	+0.26 -0.80	155.8								162		
160	172.3				174.7		157.4		165.8								172		
170	186.4				189.7		166.4		177.7								186		
180	196.4				199.7		176.4		187.7								196		
190	206.4				209.7	+0.90 -0.30	186.4		197.7								206		
200	216.4		8	-0.10 -0.30	219.7		196.4	+0.30 -0.90	207.7	18	16	10.5	10	26	1	2	216	20	22.5
220	236.4				239.7		216.4		227.7								236		
250	266.4				269.7		246.4		257.7								266		
280	296.4	+1.5 0			299.7	+1.00 -0.34	276.4		287.7								296		
300	316.4				319.7		296.4		307.7								316		
320	344.5				349.3		314.8	+0.34 -1.00	331.6								344		
340	364.5				369.3		334.8		351.6								364		
360	384.5				389.3		354.8		371.6								384		
380	404.5				409.3	+1.10 -0.38	374.8		391.6								404		
400	424.5				429.3		394.8		411.6								424		
420	444.5				449.3		414.8	+0.38 -1.10	431.6								444		
450	474.5				479.3		444.8		461.6								474		
480	504.5		12	-0.12 -0.35	509.3		474.8		491.6	21	22	14	14	32	1.5	2.5	504	26.5	30
500	524.5	+2.0 0			529.3		494.8		511.6								524		
530	554.5				559.3	+1.35 -0.45	524.8		541.6								554		
560	584.5				589.3		554.8	+0.45 -1.35	571.6								584		
600	624.5				629.3		594.8		611.6								624		
680	654.5				659.3		624.8		641.6								654		
650	674.5				679.3	+1.5 -0.5	644.8	+0.50 -1.50	661.6								674		

注：轴用 Y_X 形密封圈用挡圈尺寸见表 10-4-30。

轴用 Y_X 形密封圈用挡圈

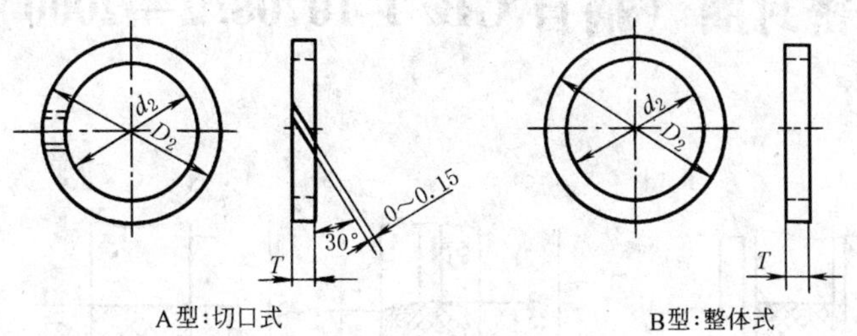

挡圈材料：

聚四氟乙烯、尼龙 6 或尼龙 1010

表 10-4-30

mm

轴用 Y_X 形密封圈公称内径 d	挡圈 d_2 基本尺寸	挡圈 d_2 极限偏差	挡圈 D_2 基本尺寸	挡圈 D_2 极限偏差	挡圈 T 基本尺寸	挡圈 T 极限偏差
8	8	$^{+0.030}_{0}$	14	$^{-0.020}_{-0.070}$	1.5	±0.1
10	10		16			
12	12	$^{+0.035}_{0}$	18			
14	14		20	$^{-0.025}_{-0.085}$		
16	16		22			
18	18		24			
20	20	$^{+0.045}_{0}$	26			
22	22		28			
25	25		31	$^{-0.032}_{-0.100}$		
28	28		34			
30	30		38			
32	32	$^{+0.050}_{0}$	40			
35	35		43			
36	36		44			
40	40		48			
45	45		53	$^{-0.040}_{-0.120}$		
50	50		58			
55	55	$^{+0.060}_{0}$	63			
56	56		64			
60	60		72		2	±0.15
63	63		75			
65	65		77			
70	70		82	$^{-0.050}_{-0.140}$		
75	75		87			
80	80		92			
85	85	$^{+0.070}_{0}$	97			
90	90		102			
95	95		107			
100	100		112			
105	105		117			
110	110		122	$^{-0.060}_{-0.165}$		
120	120		132			
125	125	$^{+0.08}_{0}$	137			
130	130		142			
140	140	$^{+0.08}_{0}$	152	$^{-0.060}_{-0.165}$	2	±0.15
150	150		162			
160	160		172			
170	170		186	$^{-0.075}_{-0.195}$	2.5	
180	180		196			
190	190	$^{+0.09}_{0}$	206			
200	200		216			
220	220		236			
250	250		266	$^{-0.090}_{-0.225}$		
280	280	$^{+0.10}_{0}$	296			
300	300		316			
320	320		344		3	±0.2
340	340		364	$^{-0.105}_{-0.225}$		
360	360		384			
380	380	$^{+0.12}_{0}$	404			
400	400		424			
420	420		444			
450	450		474			
480	480		504	$^{-0.120}_{-0.260}$		
500	500		524			
530	530	$^{+0.14}_{0}$	554			
560	560		584			
600	600		624			
630	630		654	$^{-0.130}_{-0.280}$		
650	650	$^{+0.15}_{0}$	674			

10　双向密封橡胶密封圈（摘自 GB/T 10708.2—2000）

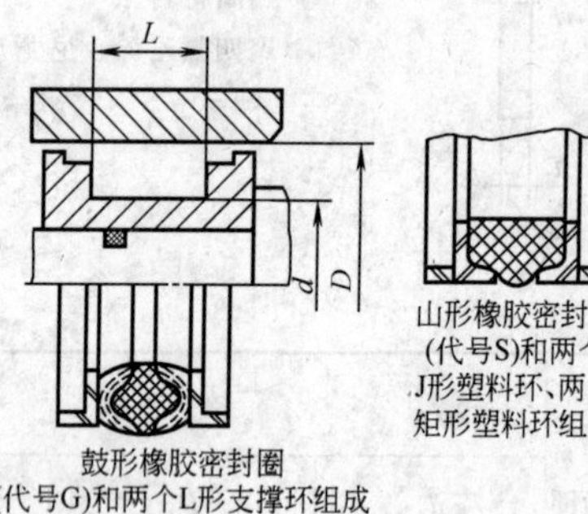

鼓形橡胶密封圈(代号G)和两个L形支撑环组成

山形橡胶密封圈(代号S)和两个J形塑料环、两个矩形塑料环组成

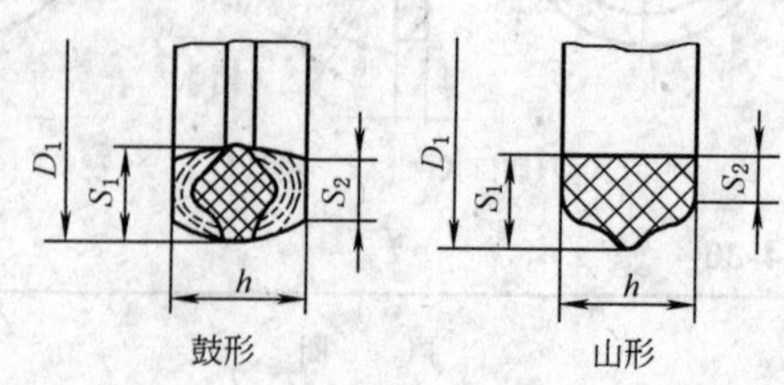

L_2　L_1　L　L_1　C　r_1 倒圆　2.5　3.2　2.5　3.2　20°～30°　3.2　0.8　倒圆　D　d_2　d_1　d　r_2=1

沟槽尺寸

密封圈的工作压力范围

往复运动速度 /m·s⁻¹	鼓形密封圈工作压力 /MPa	山形密封圈工作压力 /MPa
0.5	0.10～40	0～20
0.15	0.10～70	0～35

适用安装在液压缸活塞上，起双向密封作用

标记示例：

（a）D=100mm，d=85mm，L=20mm 的鼓形橡胶密封圈，标记为

密封圈　G100×85×20　GB/T 10708.2—2000

（b）D=180mm，d=155mm，L=32mm 的山形橡胶密封圈，标记为

密封圈　S180×155×32　GB/T 10708.2—2000

表 10-4-31

mm

D (H9)	d (h9)	$L^{+0.35}_{+0.10}$	外径 D_1	外径 极限偏差	高度 h	高度 极限偏差	宽度 鼓形 S_1	宽度 鼓形 S_2	宽度 鼓形 极限偏差	宽度 山形 S_1	宽度 山形 S_2	宽度 山形 极限偏差	$L_{1}{}^{+0.1}_{0}$	L_2	d_1 (h9)	d_2 (h11)	r_1	C ≥
25	17		25.6												22	24		
32	24	10	32.6		6.5		4.6	3.4		4.7	2.5		4	18	29	31	0.4	2
40	32		40.6												37	39		
25	15		25.7												22	24		
32	22		32.7	±0.22		±0.20			±0.15			±0.15			29	31		
40	30		40.7												37	39		
50	40	12.5	50.7		8.5		5.7	4.2		5.8	3.2		4	20.5	47	49	0.4	2.5
56	46		56.7												53	55		
63	53		63.7												60	62		

续表

D (H9)	d (h9)	$L^{+0.35}_{+0.10}$	外径		高度		宽度						$L^{+0.1}_{1\ 0}$	L_2	d_1 (h9)	d_2 (h11)	r_1	C ≥
							鼓形			山形								
			D_1	极限偏差	h	极限偏差	S_1	S_2	极限偏差	S_1	S_2	极限偏差						
50	35		50.9												46	48.5		
56	41		56.9												52	54.5		
63	48		63.9												59	61.5		
70	55	20	70.9		14.5		8.4	6.5		8.5	4.5		5	30	66	68.5	0.4	4
80	65		80.9												76	78.5		
90	75		90.9	±0.28											86	88.5		
100	85		100.9												96	98.5		
110	95		110.9												106	108.5		
80	60		81												75	78		
90	70		91												85	88		
100	80		101			±0.20			±0.15			±0.15			95	98		
110	90	25	111		18		11	8.7		11.2	5.5		6.3	37.6	105	108	0.8	5
125	105		126												120	123		
140	120		141	±0.35											135	138		
160	140		161												155	158		
180	160		181												175	178		
125	100		126.3												119	123		
140	115	32	141.3		24		13.7	10.8		13.9	7		10	52	134	138	0.8	6.5
160	135		161.3	±0.45											154	158		
180	155		181.3												174	178		
200	170		201.5												192	197		
220	190		221.5												212	217		
250	220	36	251.5		28		16.5	12.9		16.7	8.6		12.5	61	242	247	0.8	7.5
280	250		281.5												272	277		
320	290		321.5	±0.60		±0.25			±0.20			±0.20			312	317		
360	330		361.5												352	357		
400	360		401.8												392	397		
450	410	50	451.8	±0.90	40		21.8	17.5		22	12		16	82	442	447	1.2	10
500	460		501.8												492	497		

注：塑料支撑环（J形环、矩形环和L形环）尺寸见表10-4-32。

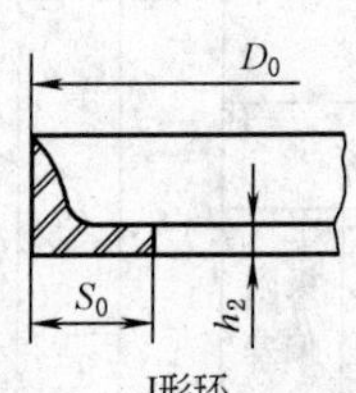

J形环

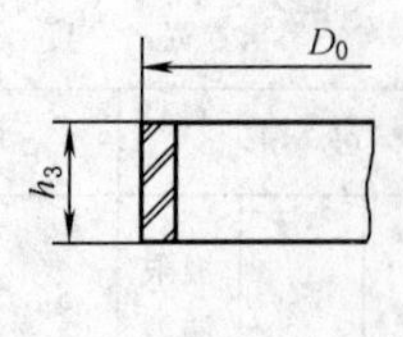

矩形环

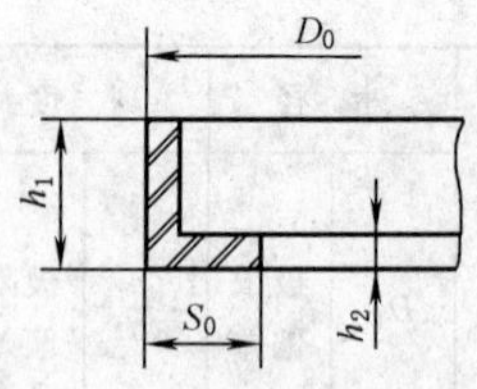

L形环

表 10-4-32　　塑料支撑环尺寸　　mm

<table>
<tr><th colspan="3" rowspan="2">沟 槽 尺 寸</th><th colspan="8">塑料支撑环尺寸</th></tr>
<tr><th colspan="2">外 径</th><th colspan="2">宽 度</th><th colspan="4">高 度</th></tr>
<tr><th>D</th><th>d</th><th>L</th><th>D_0</th><th>极限偏差</th><th>S_0</th><th>极限偏差</th><th>h_1</th><th>h_2</th><th>h_3</th><th>极限偏差</th></tr>
<tr><td>25</td><td>17</td><td rowspan="3">10</td><td>25</td><td rowspan="3">0
−0.15</td><td rowspan="3">4</td><td rowspan="29">0
−0.10</td><td rowspan="9">5.5</td><td rowspan="17">1.5</td><td rowspan="9">4</td><td rowspan="29">+0.10
0</td></tr>
<tr><td>32</td><td>24</td><td>32</td></tr>
<tr><td>40</td><td>32</td><td>40</td></tr>
<tr><td>25</td><td>15</td><td rowspan="6">12.5</td><td>25</td><td rowspan="6">0
−0.18</td><td rowspan="6">5</td></tr>
<tr><td>32</td><td>22</td><td>32</td></tr>
<tr><td>40</td><td>30</td><td>40</td></tr>
<tr><td>50</td><td>40</td><td>50</td></tr>
<tr><td>56</td><td>46</td><td>56</td></tr>
<tr><td>63</td><td>53</td><td>63</td></tr>
<tr><td>50</td><td>35</td><td rowspan="8">20</td><td>50</td><td rowspan="8">0
−0.22</td><td rowspan="8">7.5</td><td rowspan="8">6.5</td><td rowspan="8">5</td></tr>
<tr><td>56</td><td>41</td><td>56</td></tr>
<tr><td>63</td><td>48</td><td>63</td></tr>
<tr><td>70</td><td>55</td><td>70</td></tr>
<tr><td>80</td><td>65</td><td>80</td></tr>
<tr><td>90</td><td>75</td><td>90</td></tr>
<tr><td>100</td><td>85</td><td>100</td></tr>
<tr><td>110</td><td>95</td><td>110</td></tr>
<tr><td>80</td><td>60</td><td rowspan="8">25</td><td>80</td><td rowspan="12">0
−0.26</td><td rowspan="8">10</td><td rowspan="8">8.3</td><td rowspan="8">2</td><td rowspan="8">6.3</td></tr>
<tr><td>90</td><td>70</td><td>90</td></tr>
<tr><td>100</td><td>80</td><td>100</td></tr>
<tr><td>110</td><td>90</td><td>110</td></tr>
<tr><td>125</td><td>105</td><td>125</td></tr>
<tr><td>140</td><td>120</td><td>140</td></tr>
<tr><td>160</td><td>140</td><td>160</td></tr>
<tr><td>180</td><td>160</td><td>180</td></tr>
<tr><td>125</td><td>110</td><td rowspan="4">32</td><td>125</td><td rowspan="4">12.5</td><td rowspan="4">13</td><td rowspan="10">3</td><td rowspan="4">10</td></tr>
<tr><td>140</td><td>115</td><td>140</td></tr>
<tr><td>160</td><td>135</td><td>160</td></tr>
<tr><td>180</td><td>155</td><td>180</td></tr>
<tr><td>200</td><td>170</td><td rowspan="6">36</td><td>200</td><td rowspan="6">0
−0.35</td><td rowspan="6">15</td><td rowspan="6">0
−0.12</td><td rowspan="6">15.5</td><td rowspan="6">12.5</td><td rowspan="6">+0.12
0</td></tr>
<tr><td>220</td><td>190</td><td>220</td></tr>
<tr><td>250</td><td>220</td><td>250</td></tr>
<tr><td>280</td><td>250</td><td>280</td></tr>
<tr><td>320</td><td>290</td><td>320</td></tr>
<tr><td>360</td><td>330</td><td>360</td></tr>
<tr><td>400</td><td>360</td><td rowspan="3">50</td><td>400</td><td rowspan="3">0
−0.50</td><td rowspan="3">20</td><td rowspan="3">0
−0.15</td><td rowspan="3">20</td><td rowspan="3">4</td><td rowspan="3">16</td><td rowspan="3">+0.15
0</td></tr>
<tr><td>450</td><td>410</td><td>450</td></tr>
<tr><td>500</td><td>450</td><td>500</td></tr>
</table>

注：尺寸 D、d、L 的含义见表 10-4-31 中的图。

11 往复运动用橡胶防尘密封圈（摘自 GB/T 10708.3—2000）

11.1 A 型防尘圈

A 型防尘圈是一种单唇无骨架橡胶密封圈，起防尘作用。

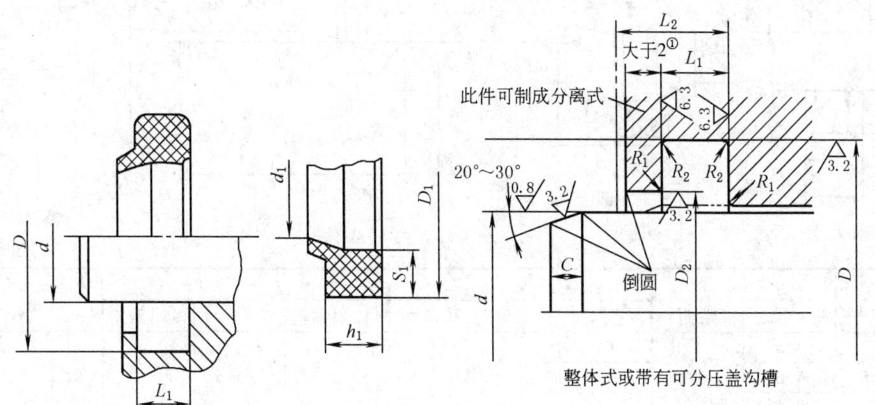

整体式或带有可分压盖沟槽

标记示例：

A 型防尘密封圈、密封腔体，内径 100mm，外径 115mm，密封腔体轴向长度 9.5mm，标记为

防尘密封圈 FA100×115×9.5 GB/T 10708.3—2000

B 型防尘密封圈用 FB 表示；C 型防尘密封圈用 FC 表示

表 10-4-33

mm

d	D 基本尺寸	D 极限偏差	$L_1$① 基本尺寸	$L_1$① 极限偏差	d_1 基本尺寸	d_1 极限偏差	D_1 基本尺寸	D_1 极限偏差	S_1 基本尺寸	S_1 极限偏差	h_1 基本尺寸	h_1 极限偏差	D_2 基本尺寸	D_2 极限偏差	L_2 ≤	R_1 ≤	R_2 ≤	C ≥
6	14	$^{+0.110}_{0}$	5	$^{+0.2}_{0}$	4.6	±0.15	14	±0.15	3.5	±0.15	5	$^{0}_{-0.30}$	11.5	$^{+0.110}_{0}$	8	0.3	0.5	2
8	16				6.6		16						13.5					
10	18				8.6		18						15.5					
12	20				10.6		20						17.5					
14	22	$^{+0.130}_{0}$			12.5	±0.25	22						19.5	$^{+0.130}_{0}$				
16	24				14.5		24						21.5					
18	26				16.5		26						23.5					
20	28				18.5		28						25.5					
22	30				20.5		30						27.5					
25	33	$^{+0.160}_{0}$			23.5		33						30.5	$^{+0.160}_{0}$				
28	36				26.5		36						33.5					
32	40				30.5		40						37.5					
36	44				34.5		44						41.5					
40	48				38.5		48						45.5					
45	53	$^{+0.190}_{0}$			43.5		53						50.5	$^{+0.190}_{0}$				
50	58				48.5		58						55.5					
56	66		6.3		54		66	±0.35	4.3		6.3		63		10	0.4		2.5
60	70				58		70						67					
63	73				61		73						70					
70	80				68	±0.35	80						77					
80	90	$^{+0.220}_{0}$			78		90						87	$^{+0.220}_{0}$				
90	100				88		100						97					
100	115		9.5	$^{+0.3}_{0}$	97.5	±0.45	115	±0.45	6.5		9.5		110		14	0.6		4
110	125				107.5		125						120					
125	140	$^{+0.250}_{0}$			122.5		140						135	$^{+0.250}_{0}$				
140	155				137.5		155						150					
160	175				157.5		175						170					
180	195	$^{+0.290}_{0}$			167.5	±0.60	195	±0.60					190	$^{+0.290}_{0}$				
200	215				197.5		215						210					
220	240		12.5		217		240		8.7		12.5		233.5		18	0.8	0.9	5
250	270	$^{+0.320}_{0}$			247		270						263.5	$^{+0.320}_{0}$				
280	300				277	±0.90	300	±0.90					293.5					
320	340	$^{+0.360}_{0}$			317		340						333.5	$^{+0.360}_{0}$				
360	380				357		380						373.5					

① 标准中为 L（$L=L_1$），可能有误。

11.2 B 型防尘圈

B 型防尘圈是一种单唇带骨架橡胶密封圈，起防尘作用。标记示例：见表 10-4-33。

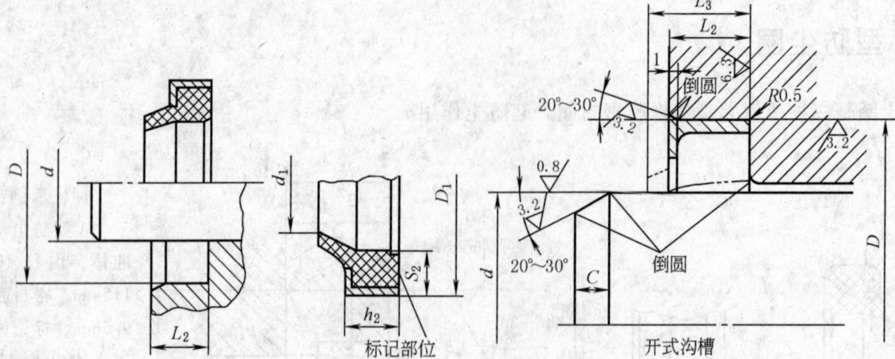

表 10-4-34 mm

d	D 基本尺寸	D 极限偏差	$L_2{}^{+0.5}_{0}$	d_1 基本尺寸	d_1 极限偏差	D_1 基本尺寸	D_1 极限偏差	S_2 基本尺寸	S_2 极限偏差	h_2 基本尺寸	h_2 极限偏差	L_3 ≤	C ≥
6	14			4.6		14							
8	16	$^{+0.027}_{0}$	5	6.6	±0.15	16		3.5		5		8	2
10	18			8.6		18							
12	22			10.5		22							
14	24			12.5		24							
16	26	$^{+0.033}_{0}$		14.5		26							
18	28			16.5		28							
20	30			18.5		30							
22	32			20.5		32							
25	35			23.5		35							
28	38	$^{+0.039}_{0}$		26.5	±0.25	38					$^{0}_{-0.30}$		
32	42			30		42							
36	46		7	34		46		4.3		7		11	2.5
40	50			38		50							
45	55			43		55							
50	60			48		60							
56	66	$^{+0.046}_{0}$		54		66	S7		±0.15				
60	70			58		70							
63	73			61		73							
70	80			68		80							
80	90	$^{+0.054}_{0}$		78	±0.35	90							
90	100			88		100							
100	115			97.5		115							
110	125			107.5		125							
125	140	$^{+0.063}_{0}$		122.5	±0.45	140							
140	155		9	137.5		155		6.5		9	$^{0}_{-0.35}$	13	4
160	175			157.5		175							
180	195	$^{+0.072}_{0}$		177.5		195							
200	215			197.5	±0.60	215							
220	240			217		240							
250	270	$^{+0.081}_{0}$		247		270							
280	300		12	277		300		8.7		12	$^{0}_{-0.40}$	16	5
320	340	$^{+0.089}_{0}$		317	±0.90	340							
360	380			357		380							

11.3 C 型防尘圈

C 型防尘圈是一种双唇橡胶密封圈，起防尘和辅助密封作用。标记示例：见表 10-4-33。

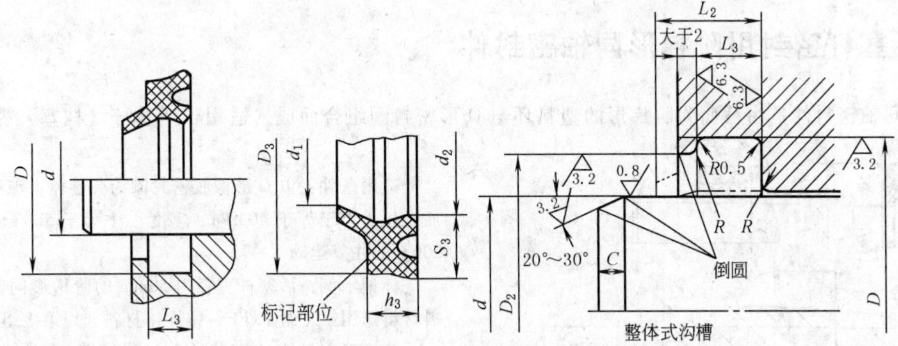

表 10-4-35　mm

d	D 基本尺寸	D 极限偏差	L_3 基本尺寸	L_3 极限偏差	d_1	d_2	d_1 和 d_2 极限偏差	D_3 基本尺寸	D_3 极限偏差	S_3 基本尺寸	S_3 极限偏差	h_3 基本尺寸	h_3 极限偏差	D_2 基本尺寸	D_2 极限偏差	L_2 ≤	R ≤	C ≥
6	12	+0.110 0	4	+0.2 0	4.8	5.2	±0.20	12	+0.10 −0.25	4.2	±0.15	4	0 −0.30	8.5	+0.090 0	7	0.3	2
8	14				6.8	7.2		14						10.5	+0.110 0			
10	16				8.8	9.2		16						12.5				
12	18				10.8	11.2		18						14.5				
14	20	+0.130 0			12.8	13.2		20						16.5				
16	22				14.8	15.2		22						18.5	+0.130 0			
18	24				16.8	17.2		24						20.5				
20	26				18.8	19.2		26						22.5				
22	28				20.8	21.2		28						24.5				
25	33	+0.160 0	5		23.5	24	±0.25	33	+0.10 −0.35	5.5		5		28	+0.160 0	8		2.5
28	36				26.5	27		36						31				
32	40				30.5	31		40						35				
36	44				34.5	35		44						39				
40	48				38.5	39		48						43				
45	53	+0.190 0			43.5	44		53						48	+0.190 0			
50	58				48.5	49		58						53				
56	66		6		54.2	54.8		66		6.8		6		59		9.7		
60	70				58.2	58.8		70						63				
63	73				61.2	61.8		73						66				
70	80				68.2	68.8	±0.35	80	+0.10 −0.40					73				
80	90	+0.220 0			78.2	78.8		90						83	+0.220 0			
90	100				88.2	88.8		100						93				
100	115		8.5	+0.3 0	97.8	98.4	±0.45	115	+0.10 −0.50	9.8		8.5		104		13	0.4	4
110	125				107.8	108.4		125						114				
125	140	+0.250 0			122.8	123.4		140						129	+0.250 0			
140	155				137.8	138.4		155						144				
160	175				157.8	158.4		175						164				
180	195	+0.290 0			177.8	178.4	±0.60	195	+0.10 −0.65					184	+0.290 0			
200	215				197.8	198.4		215						204				
220	240		11		217.4	218.2		240		13.2		11		225		16.5	0.5	5
250	270	+0.320 0			247.4	248.2		270						255	+0.320 0			
280	300				277.4	278.2	±0.90	300	+0.20 −0.90					285				
320	340	+0.360 0			317.4	318.2		340						325	+0.360 0			
360	380				357.4	358.2		380						365				

第10篇

12 同轴密封件（摘自 GB/T 15242.1—1994）

12.1 活塞杆密封用阶梯形同轴密封件

阶梯形同轴密封件是由截面为阶梯形的塑料环与 O 形密封圈组合而成，适用于活塞杆（柱塞）密封。

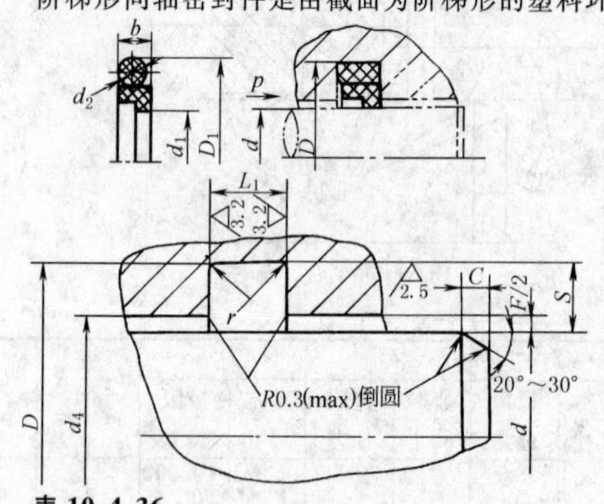

适用条件：以 O 形橡胶密封圈为弹性体，液压油为工作介质，压力小于等于 40MPa、速度小于等于 5m/s、温度 -40 ~ 200℃的往复运动。

标记示例：活塞杆直径为 50mm 的阶梯形同轴密封件，塑料材料选用第Ⅰ组 PTFE，弹性体材料选用第Ⅰ组，标记为

阶梯形密封件　TJ0500-ⅠⅠ　GB/T 15242.1—1994

注：材料组号由用户与生产厂协商而定。

$d_4 = d + F$

表 10-4-36　　mm

规格代号	d (f8)	密封件 D 公称尺寸	密封件 D 公差	密封件 d_1 公称尺寸	密封件 d_1 公差	密封件 D_1	密封件 $b_{-0.2}^{0}$	密封件 d_2	沟槽 S	沟槽 $L_1{}^{+0.25}_{0}$	沟槽 r	沟槽 C ≥	沟槽 F 0~20 MPa	沟槽 F 20~40 MPa
0060	6	11		6	-0.15 -0.25	11								
0080	8	13		8		13	2	1.80	2.5	2.2		1.5		
0100	10	15		10		15								
0120	12	17		12		17								
0120B		19.5				19.5	3	2.65	3.75	3.2		2		0.3 ~ 0.1
0140	14	19		14	-0.20 -0.30	19	2	1.80	2.5	2.2		1.5		
0140B		21.5				21.5								
0160	16	23.5		16		23.5	3	2.65	3.75	3.2		2		
0180	18	25.5	H9	18		25.5					≤0.5		0.6 ~ 0.3	
0200	20	27.5		20		27.5								
0200B	20	31		20		31	4	3.55	5.5	4.2		2.5		
0220	22	29.5		22		29.5	3	2.65	3.75	3.2		2		
0220B		33				33	4	3.55	5.5	4.2		2.5		
0250	25	32.5		25	-0.25 -0.35	32.5	3	2.65	3.75	3.2		2		0.3 ~ 0.2
0250B		36				36								
0280	28	39		28		39								
0320	32	43		32		43	4	3.55	5.5	4.2		2.5		
0360	36	47		36		47								

续表

规格代号	d (f8)	D 公称尺寸	D 公差	密封件 d_1 公称尺寸	密封件 d_1 公差	密封件 D_1	密封件 $b_{-0.2}^{0}$	密封件 d_2	沟槽 S	沟槽 $L_1{}_{0}^{+0.25}$	沟槽 r	沟槽 C ≥	沟槽 F 0~20 MPa	沟槽 F 20~40 MPa
0400	40	51		40		51								
0450	45	56		45		56	4	3.55	5.5	4.2		2.5		
0500	50	61		50		61					≤0.5			
0560	56	67		56	-0.30 -0.40	67			5.5	4.2				
0560B		71.5				71.5	6	5.30	7.75	6.3		4		
0630		74	H9			74	4	3.55	5.5	4.2		2.5		
0630B	63	78.5		63		78.5								
0700	70	85.5		70		85.5								
0800	80	95.5		80		95.5								
0900	90	105.5		90		105.5							0.8~0.4	0.4~0.2
1000	100	115.5		100	-0.40 -0.50	115.5	6	5.30	7.75	6.3		4		
1100	110	125.5		110		125.5								
1250	125	140.5		125		140.5								
1400	140	155.5		140		155.5								
1600	160	175.5		160	-0.50 -0.60	175.5								
1600B		181				181	7.8	7.00	10.5	8.1	≤0.9	5		
1800	180	195.5		180		195.5	6	5.30	7.75	6.3		4		
1800B		201				201								
2000	200	221	H8	200		221								
2200	220	241		220	-0.55 -0.70	241			10.5			5		
2500	250	271		250		271	7.8	7.00		8.1				
2800	280	304.5		280		304.5							1~0.6	0.6~0.4
3200	320	344.5		320	-0.65 -0.80	344.5			12.25			6.5		
3600	360	384.5		360		384.5								

注：当同一尺寸 d 有几种 D 可供选择时，应优先选择径向深度（$D-d$）较大截面的密封件。

12.2 活塞密封用方形同轴密封件

方形同轴密封件是由截面为矩形的塑料环与 O 形密封圈组合而成，适用于活塞密封。

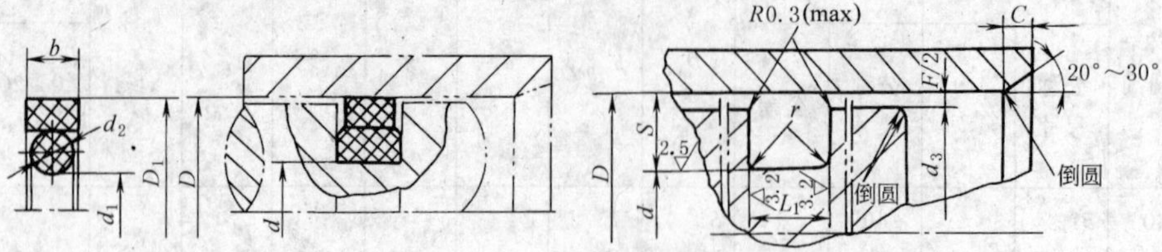

$d_3 = D - F$

适用条件：见表 10-4-36。

标记示例：缸内径 100mm 的方形同轴密封件，宽度 b 为 6mm，塑料材料选用第Ⅰ组 PTFE，弹性体材料选用第Ⅰ组，标记为

方形密封件 TF1000B-ⅠⅠ GB/T 15242.1—1994

材料组号由用户与生产厂协商而定。

表 10-4-37 mm

规格代号	D (H9)	d (h9)	密封件 D_1 公称尺寸	D_1 公差	d_1	$b_{-0.20}^{0}$	d_2	S	$L_1{}_{0}^{+0.20}$	r	沟槽 C ≥	F 0~10MPa	F 10~20MPa	F 20~40MPa
0160	16	11	16	+0.30 +0.20	11	2	1.80	2.5	2.2	≤0.5	1.5	1.6~0.8	0.8~0.3	
0160B		8.5			8.5	3	2.65	3.75	3.2		2			
0200	20	15	20		15	2	1.80	2.5	2.2		1.5			
0200B		12.5			12.5	3	2.65	3.75	3.2		2			
0250	25	17.5	25		17.5	3	2.65	3.75	3.2					
0250B		14			14	4	3.55	5.5	4.2		2.5			
0250C		15			15	4.8	3.55	5	5					
0320	32	24.5	32		24.5	3	2.65	3.75	3.2		2	1.7~0.9	0.9~0.4	0.4~0.1
0320B		21			21	4	3.55	5.5	4.2		2.5			
0320C		22			22	4.8	3.55	5	5					
0400	40	32.5	40		32.5	3	2.65	3.75	3.2		2			
0400B		29			29	4	3.55	5.5	4.2		2.5			
0400C		30			30	4.8	3.55	5	5					
0500	50	39	50	+0.40 +0.30	39	4	3.55	5.5	4.2					
0500B		34.5			34.5	6	5.30	7.75	6.3		4			
0500C		35			35	7.2	7.00	7.5	7.5					
0630	63	52	63		52	4	3.55	5.5	4.2		2.5			
0630B		47.5			47.5	6	5.30	7.75	6.3		4			
0630C		48			48	7.2	7.00	7.5	7.5					

续表

规格代号	D (H9)	d (h9)	密封件 D_1 公称尺寸	密封件 D_1 公差	密封件 d_1	密封件 $b\ _{-0.20}^{0}$	密封件 d_2	沟槽 S	沟槽 $L_1\ _{0}^{+0.20}$	沟槽 r	沟槽 C ≥	沟槽 F 0~10MPa	沟槽 F 10~20MPa	沟槽 F 20~40MPa
0800	80	69	80	+0.50 +0.40	69	4	3.55	5.5	4.2	≤0.9	2.5	2~1	1~0.4	0.4~0.2
0800B		64.5			64.5	6	5.30	7.75	6.3		4			
0800C		60			60	9.8	△	10	10		5			
0900	(90)	79	90		79	4	3.55	5.5	4.2		2.5			
0900B		74.5			74.5	6	5.30	7.75	6.3		4			
0900C		70			70	9.8	△	10	10		5			
1000	100	89	100		89	4	3.55	5.5	4.2		2.5			
1000B		84.5			84.5	6	5.30	7.75	6.3		4			
1000C		80			80	9.8	△	10	10		5			
1100	(110)	99	110		99	4	3.55	5.5	4.2		2.5			
1100B		94.5			94.5	6	5.30	7.75	6.3		4			
1100C		90			90	9.8	△	10	10		5			
1250	125	109.5	125		109.5	6	5.30	7.75	6.3		4			
1250B		104			104	7.8	7.00	10.5	8.1		5			
1250C		105			105	9.8	△	10	10					
1400	(140)	124.5	140	+0.60 +0.50	124.5	6	5.30	7.75	6.3		4	2.2~1.1	1.1~0.5	0.5~0.2
1400B		119			119	7.8	7.00	10.5	8.1		5			
1400C		120			120	9.8	△	10	10					
1600	160	144.5	160		144.5	6	5.30	7.75	6.3		4			
1600B		139			139	7.8	7.00	10.5	8.1		5			
1600C		135			135	12.3	△	12.5	12.5		6.5			
1800	(180)	164.5	180		164.5	6	5.30	7.75	6.3		4			
1800B		159			159	7.8	7.00	10.5	8.1		5			
1800C		155			155	12.3	△	12.5	12.5		6.5			
2000	200	184.5	200		184.5	6	5.30	7.75	6.3		4			
2000B		179			179	7.8	7.00	10.5	8.1		5			
2000C		175			175	12.3	△	12.5	12.5		6.5			
2200	(220)	204.5	220		204.5	6	5.30	7.75	6.3		4			
2200B		199			199	7.8	7.00	10.5	8.1		5			
2200C		195			195	12.3	△	12.5	12.5		6.5			
2500	250	229	250		229	7.8	7.00	10.5	8.1		5			
2500B		225.5			225.5	7.8	7.00	12.25	8.1		6.5			
2500C		220			220	14.8	△	15	15		7.5			
2800	(280)	259	280		259	7.8	7.00	10.5	8.1		5			
2800B		255.5			255.5	7.8	7.00	12.25	8.1		6.5			
2800C		250			250	14.8	△	15	15		7.5			
3200	320	299	320		299	7.8	7.00	10.5	8.1		5			
3200B		295.5			295.5	7.8	7.00	12.25	8.1		6.5			
3200C		290			290	14.8	△	15	15		7.5			
3600	(360)	339	360	+0.80 −0.70	339	7.8	7.00	10.5	8.1		5			0.5~0.3
3600B		335.5			335.5	7.8	7.00	12.25	8.1		6.5			
3600C		330			330	14.8	△	15	15		7.5			
4000	400	375.5	400	+0.80 +0.70	375.5	7.8	7.00	12.25	8.1		6.5	2.2~1.1	1.1~0.5	
4000B		370			370	12.3	△	15	12.5		7.5			
4000C		360			360	19.8	△	20	20		10			

续表

规格代号	D (H9)	d (h9)	密封件 D_1 公称尺寸	密封件 D_1 公差	密封件 d_1	密封件 $b^{\ 0}_{-0.20}$	密封件 d_2	密封件 S	沟槽 $L_1\ ^{+0.20}_{\ 0}$	沟槽 r	沟槽 C ≥	沟槽 F 0~10MPa	沟槽 F 10~20MPa	沟槽 F 20~40MPa
4500		425.5			425.5	7.8	7.00	12.25	8.1		6.5			
4500B	(450)	420	450		420	12.3	△	15	12.5		7.5			
4500C		410		+0.80 +0.70	410	19.8	△	20	20		10			
5000		475.5			475.5	7.3	7.00	12.25	8.1	≤0.9	6.5	2.2~1.1	1.1~0.5	0.5~0.3
5000B	500	470	500		470	12.3	△	15	12.5		7.5			
5000C		460			460	19.8	△	20	20		10			

注：1. 带“（ ）”的缸内径 D 为非优先选用。

2. “△”表示所用弹性体结构尺寸由用户与生产厂协商而定。

3. 当同一尺寸 D 有几种 d 可供选择，应优先选择径向深度（$D-d$）较大截面的密封件。

13 车氏组合密封

车氏组合密封圈是由特殊密封滑环与O形橡胶圈组合而成，具有耐磨、耐温、耐压、线速度高、摩擦力小和使用寿命长的特点。适用于航空、冶金、石油、化工、纺织、食品等行业的液压与气动系统的动、静密封。

13.1 使用范围

表 10-4-38

名称	使用场合	型号	轴径 /mm	工作条件[①] 压力 /MPa	工作条件[①] 温度 /℃	工作条件[①] 速度 /m·s^{-1}	工作条件[①] 介质
直角滑环式组合密封	活塞杆（轴）用	TB1-ⅠA	8~670	0~60	-55~250	≤6	空气、水、水-乙二醇、矿物油、酸、碱等
	活塞（孔）用	TB1-ⅡA	13~685				
	轴向（端部）用	TB1-ⅢA	15~504			—	
脚形滑环式组合密封	活塞杆（轴）用	TB2-Ⅰ	51~420	0~200	-55~250	≤6	空气、氢、氧、氮、水、水-乙二醇、矿物油、酸、碱、泥浆等
	活塞杆（轴）用（标准型）	TB2-ⅠA	8~670	0~100			
	活塞（孔）用	TB2-Ⅱ	65~500	0~200			
	活塞（孔）用（标准型）	TB2-ⅡA	24~685	0~100			
齿形滑环式组合密封	旋转轴用	TB3-Ⅰ	6~1000	0~70	-55~250	≤6	空气、水、水-乙二醇、矿物油、酸、碱等
	旋转孔用	TB3-Ⅱ	26~1000	0~70			

续表

名称	使用场合	型号	轴径/mm	工作条件①			
				压力/MPa	温度/℃	速度/m·s^{-1}	介质
C形滑环式组合密封	活塞杆(轴)用	TB4-ⅠA	7~670	0~70	-55~250	≤6	空气、水、水-乙二醇、矿物油、酸、碱、氟利昂等
	活塞(孔)用	TB4-ⅡA	13~680	0~70			
	轴向(端部)用	TB4-ⅢA	15~504	0~100		—	
J形滑环式组合密封	活塞杆(轴)用	TB5-ⅠA	18~670	0~200	-55~250	≤6	空气、水、水-乙二醇、矿物油、酸、碱等
	活塞(孔)用	TB5-ⅡA	24~685	0~200			
	轴向(端部)用	TB5-ⅢA	13~690	0~200		—	
U形滑环式组合密封	活塞杆(轴)用	TB6-ⅠA	7~670	0~300	-55~250	≤6	空气、水、水-乙二醇、矿物油、酸、碱等
	活塞(孔)用	TB6-ⅡA	13~690	0~300			
	轴向(端部)用	TB6-ⅢA	19~670	0~300		—	
双三角滑环式组合密封	活塞杆(轴)用	TB7-Ⅰ	3~485	0~40	-55~250	≤6	空气、水、水-乙二醇、矿物油、酸、碱等
	活塞(孔)用	TB7-Ⅱ	6~485	0~40			
L形滑环式组合密封	活塞杆(轴)用	TBL-Ⅰ	6~670	0~70	-55~250	≤6(往复运动) ≤2(旋转运动)	水、泥浆、纸浆、原油、液压油、空气、乳化液等
	活塞(孔)用	TBL-Ⅱ	26~690	0~70			
高速旋转组合密封	轴用	TBH-Ⅰ	6~670	0~20	-55~250	≤15	空气、水、水-乙二醇、矿物油、酸、碱等
	孔用	TBH-Ⅱ	14~500	0~20			

① 若工作条件超过表中数值或咨询有关技术，可与徐州车氏密封有限公司联系。公司地址：徐州市黄河南路西苑小区，邮编221006。

13.2 密封材料

表 10-4-39

工况条件			材料	
工作压力/MPa	工作温度/℃	工作介质	滑环	O形橡胶圈
0~300	-40~120	矿物油、气、水、乙二醇、稀盐酸、浓碱、氨、泥浆等	增强PTFE	丁腈橡胶NBR（强度高、弹性好）
	-55~135	矿物油、气、水、乙二醇、稀盐酸、浓碱、臭氧、氨、泥浆等	增强PTFE	高级丁腈橡胶HNBR（价格高）
	-50~150	磷酸酯液压油、氟利昂、刹车油、水、酸、碱等	增强PTFE	乙丙橡胶EPDM

续表

工况条件			材料	
工作压力/MPa	工作温度/℃	工作介质	滑环	O形橡胶圈
0~300	-20~200	油、气、水、酸、碱、化学品、臭氧等	增强 PTFE	氟橡胶 FKM（价格高）
	-25~250	油、气、水、酸、碱、药品、臭氧等	增强 PTFE	高级氟橡胶 FKM（价格昂贵）
	-60~230	水、酒精、臭氧、油、氨等	增强 PTFE	硅橡胶 VMQ（强度低、弹性好、价格高）

注：1. 工作压力小于等于40MPa时，O形橡胶圈选用中硬度75±5（邵尔A型）胶料；工作压力大于40MPa时，O形橡胶圈可选用中硬度或高硬度（75±5）~（85±5）（邵尔A型）胶料。

2. 车氏密封中的薄唇滑环均采用增强聚四氟乙烯（PTFE）制作，其增强填料成分，视工况而定。

3. 与滑环组合的O形橡胶圈，视工况不同可选用不同材料制作。

13.3 直角滑环式组合密封尺寸

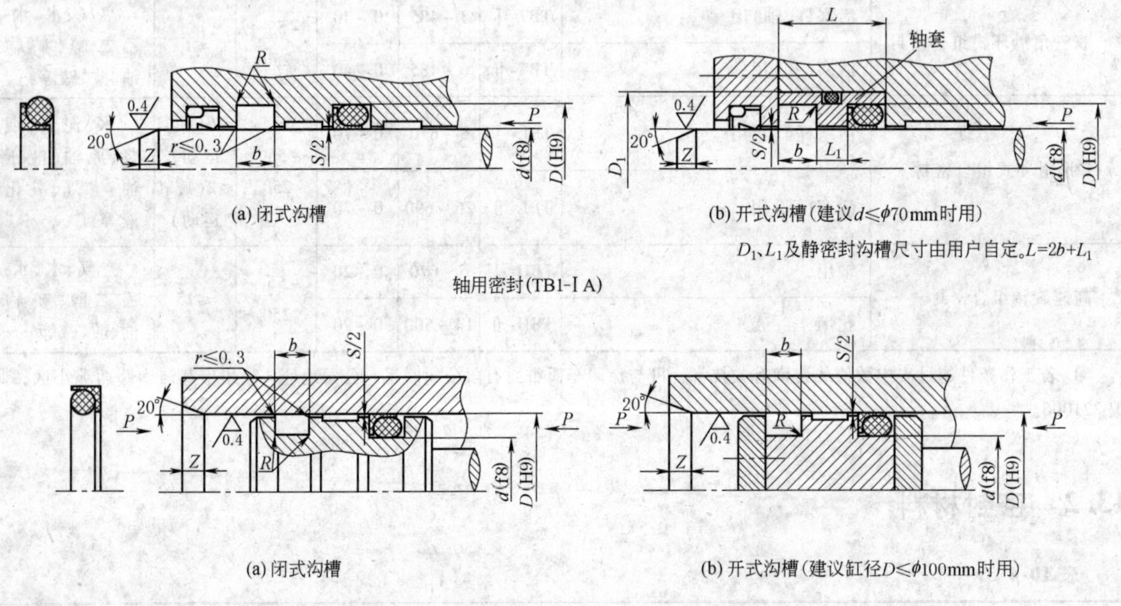

(a) 闭式沟槽

(b) 开式沟槽（建议$d \leqslant \phi 70$mm时用）

D_1、L_1及静密封沟槽尺寸由用户自定。$L=2b+L_1$

轴用密封(TB1-ⅠA)

(a) 闭式沟槽

(b) 开式沟槽（建议缸径$D \leqslant \phi 100$mm时用）

孔用密封(TB1-ⅡA)

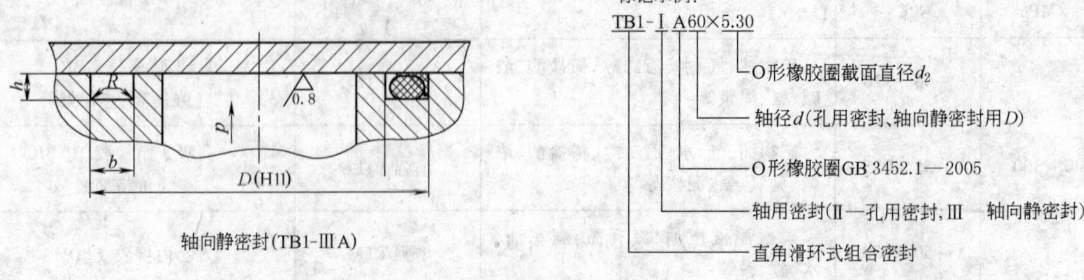

轴向静密封(TB1-ⅢA)

标记示例:

TB1-Ⅰ A60×5.30

O形橡胶圈截面直径d_2

轴径d（孔用密封、轴向静密封用D）

O形橡胶圈GB 3452.1—2005

轴用密封(Ⅱ—孔用密封，Ⅲ 轴向静密封)

直角滑环式组合密封

表 10-4-40

mm

轴用密封(TB1-ⅠA)						
杆径 d(f8)	沟槽底径 D(H9)	沟槽宽度 $b^{+0.2}_{0}$	O形圈截面直径 d_2	圆角 R	间隙 S≤	倒角 Z≥
8~17	d+5.0	4.2	2.65	0.2~0.4	0.3	2
18~39	d+6.6	5.2	3.55	0.4~0.6	0.3	3
40~108	d+9.6	7.8	5.30	0.6~0.8	0.4	5
109~670	d+12.5	9.8	7.00	0.8~1.2	0.4	7
孔用密封(TB1-ⅡA)						
缸径 D(H9)	沟槽底径 d(f8)	沟槽宽度 $b^{+0.2}_{0}$	O形圈截面直径 d_2	圆角 R	间隙 S≤	倒角 Z≥
13~23	D-5.0	4.2	2.65	0.2~0.4	0.3	2
24~49	D-6.8	5.2	3.55	0.4~0.6	0.3	3
50~121	D-10.0	7.8	5.30	0.6~0.8	0.4	5
122~685	D-13.0	9.8	7.00	0.8~1.2	0.4	7

轴向静密封(TB1-ⅢA)				
沟槽外径 D(H11)	沟槽宽度 $b^{+0.2}_{0}$	沟槽深度 $h^{+0.1}_{0}$	O形圈截面直径 d_2	圆角 R
15~30	4.5	2.35	2.65	0.2~0.4
27~50	5.6	3.10	3.55	0.4~0.6
52~128	7.6	4.65	5.30	0.6~0.8
128~504	10.2	6.25	7.00	0.8~1.2

注：安装时必须将组合密封件受压一侧面对压力腔。

13.4 脚形滑环式组合密封尺寸

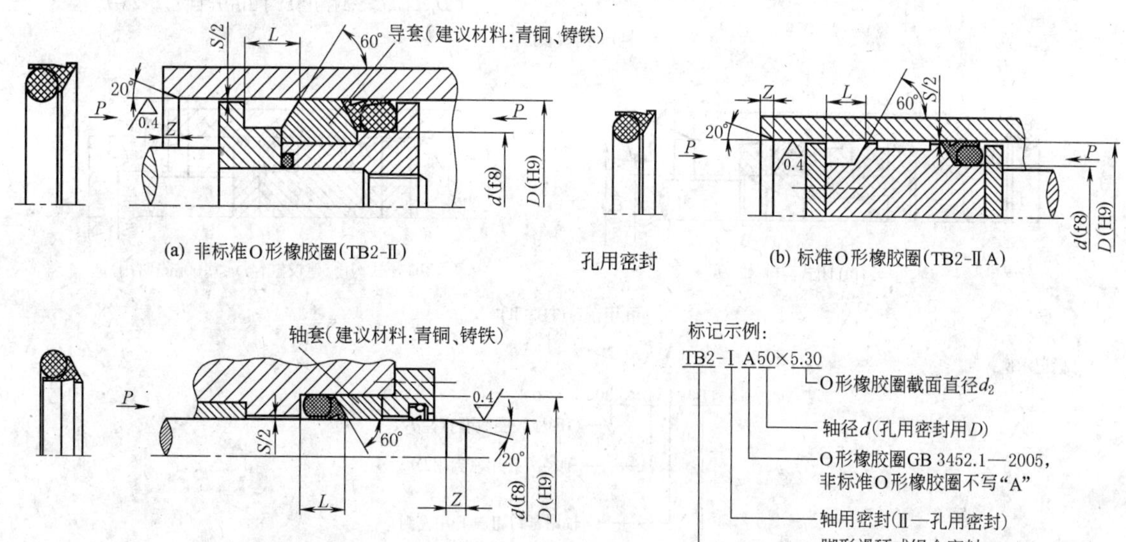

表 10-4-41 mm

轴用密封（TB2-Ⅰ）						
	杆径 d(f8)	沟槽底径 D(H9)	沟槽宽度 $L^{+0.2}_{0}$	O 形圈截面 直径 d_2	间隙 S ≤	倒角 Z ≥
TB2-Ⅰ	51～95	d+13.8	13.3	8.0	0.3	4
	96～140	d+18.0	17.4	10.6	0.3	5
	141～209	d+22.2	21.3	13.0	0.4	7
	210～420	d+28.0	26.4	16.0	0.4	10
孔用密封（TB2-Ⅱ、TB2-ⅡA）						
	缸径 D(H9)	沟槽底径 d(f8)	沟槽宽度 $L^{+0.2}_{0}$	O 形圈截面 直径 d_2	间隙 S ≤	倒角 Z ≥
TB2-Ⅱ	65～110	D-15.4	13.8	8.0	0.5	4
	115～180	D-20.5	17.8	10.6	0.5	4
	185～250	D-25.0	21.7	13.0	0.7	5
	260～500	D-30.8	26.8	16.0	0.7	7
TB2-ⅡA	24～49	D-7.2	6.2	3.55	0.3	3
	50～121	D-10.4	9.0	5.30	0.4	5
	122～685	D-13.6	12.0	7.00	0.4	7

注：安装时必须将组合密封件受压一侧面对压力腔。

13.5 齿形滑环式组合密封尺寸

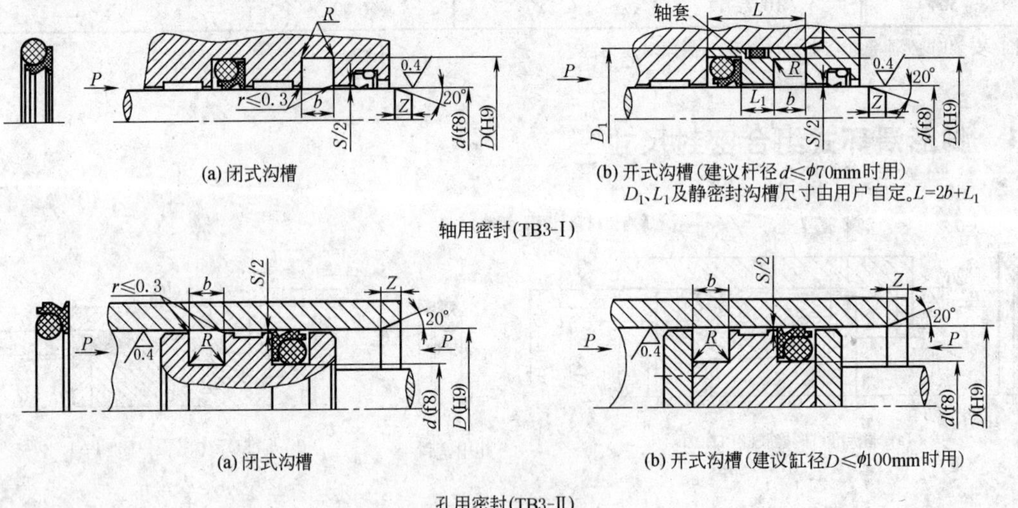

(a) 闭式沟槽

(b) 开式沟槽（建议杆径 d≤ϕ70mm 时用）
D_1、L_1 及静密封沟槽尺寸由用户自定。$L=2b+L_1$

轴用密封(TB3-Ⅰ)

(a) 闭式沟槽

(b) 开式沟槽（建议缸径 D≤ϕ100mm 时用）

孔用密封(TB3-Ⅱ)

标记示例：

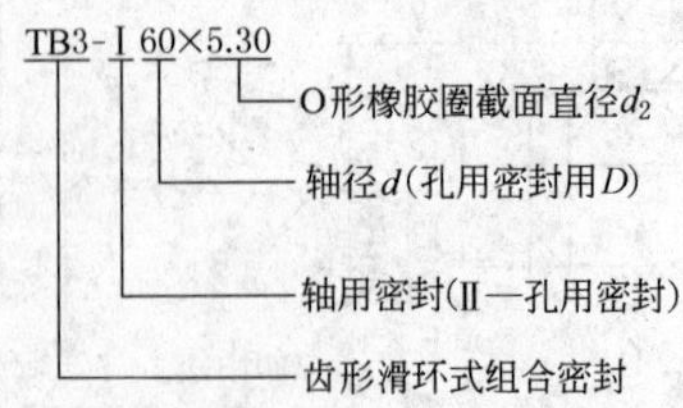

表 10-4-42 mm

轴用密封（TB3-Ⅰ）

杆径 d(f8)	沟槽底径 D(H9)	沟槽宽度 $b^{+0.2}_{0}$	O 形圈截面 直径 d_2	圆角 R	间隙 S ≤	倒角 Z ≥
6～15	d+6.3	4.0	2.65	0.2～0.4	0.3	2
16～38	d+8.2	5.2	3.55	0.4～0.6	0.3	3
39～110	d+11.7	7.6	5.30	0.6～0.8	0.4	5
111～670	d+16.8	9.6	7.00	0.8～1.2	0.4	7
671～1000	d+19.5	12.2	8.60	1.2～1.5	0.6	9

孔用密封（TB3-Ⅱ）

缸径 D(H9)	沟槽底径 d(f8)	沟槽宽度 $b^{+0.2}_{0}$	O 形圈截面 直径 d_2	圆角 R	间隙 S ≤	倒角 Z ≥
26～51	D－8.2	5.2	3.55	0.4～0.6	0.3	3
52～127	D－11.7	7.6	5.30	0.6～0.8	0.4	5
128～680	D－16.8	9.6	7.00	0.8～1.2	0.4	7
681～1000	D－19.5	12.2	8.60	1.2～1.5	0.6	9

注：安装时必须将组合密封件受压一侧面对压力腔。

13.6 C 形滑环式组合密封尺寸

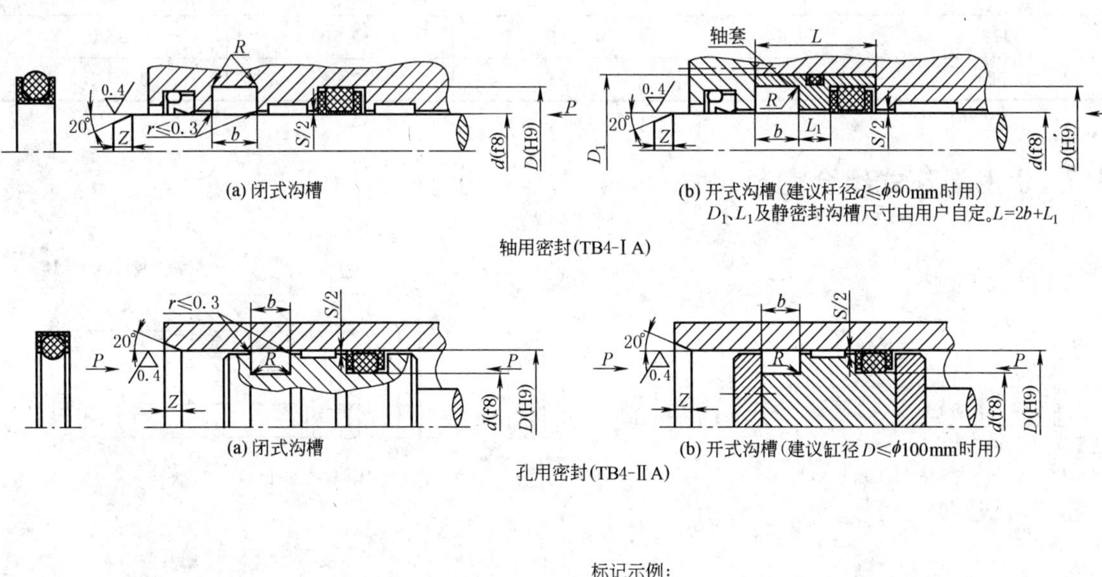

(a) 闭式沟槽

(b) 开式沟槽（建议杆径d≤ϕ90mm时用）
D_1、L_1及静密封沟槽尺寸由用户自定。$L=2b+L_1$

轴用密封（TB4-ⅠA）

(a) 闭式沟槽

(b) 开式沟槽（建议缸径D≤ϕ100mm时用）

孔用密封（TB4-ⅡA）

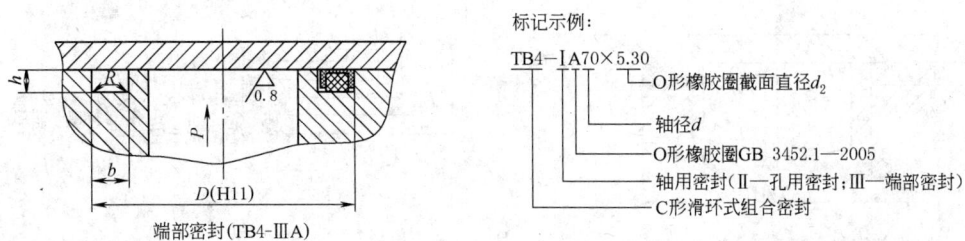

端部密封（TB4-ⅢA）

标记示例：

TB4—ⅠA70×5.30
- O形橡胶圈截面直径d_2
- 轴径d
- O形橡胶圈GB 3452.1—2005
- 轴用密封（Ⅱ—孔用密封；Ⅲ—端部密封）
- C形滑环式组合密封

表 10-4-43 mm

轴用密封（TB4-ⅠA）

杆径 d(f8)	沟槽底径 D(H9)	沟槽宽度 $b^{+0.2}_{0}$	O形圈截面直径 d_2	圆角 R	间隙 S ≤	倒角 Z ≥
7～17	d+5.0	5.0	2.65	0.2～0.4	0.3	2
18～39	d+6.6	6.2	3.55	0.4～0.6	0.3	3
40～108	d+9.9	9.2	5.30	0.6～0.8	0.4	5
109～670	d+13.0	12.3	7.00	0.8～1.2	0.4	7

孔用密封（TB4-ⅡA）

缸径 D(H9)	沟槽底径 d(f8)	沟槽宽度 $b^{+0.2}_{0}$	O形圈截面直径 d_2	圆角 R	间隙 S ≤	倒角 Z ≥
13～23	D-5.0	5.0	2.65	0.2～0.4	0.3	2
24～49	D-6.8	6.2	3.55	0.4～0.6	0.3	3
50～121	D-10.0	9.2	5.30	0.6～0.8	0.4	5
122～680	D-13.0	12.3	7.00	0.8～1.2	0.4	7

端部密封（TB4-ⅢA）

沟槽外径 D(H11)	沟槽宽度 $b^{+0.2}_{0}$	沟槽深度 $h^{+0.1}_{0}$	O形圈截面直径 d_2	圆角 R
15～30	5.5	2.35	2.65	0.2～0.4
27～50	6.6	3.10	3.55	0.4～0.6
52～128	9.6	4.65	5.30	0.6～0.8
128～504	11.7	6.25	7.00	0.8～1.2

13.7 J形滑环式组合密封尺寸

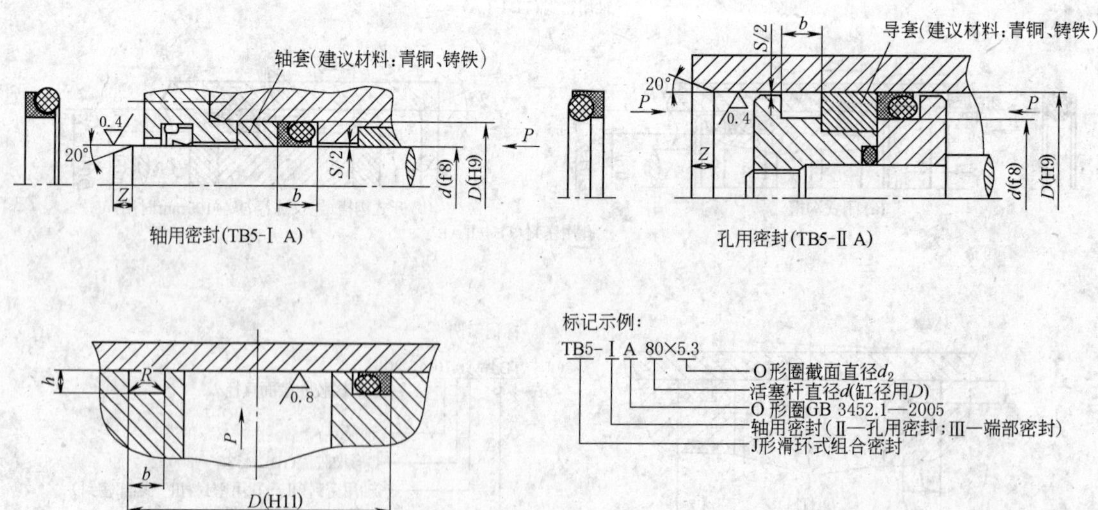

表 10-4-44 mm

轴用密封（TB5-ⅠA）					
杆径 d(f8)	沟槽底径 D(H9)	沟槽宽度 $b^{+0.2}_{0}$	O 形圈截面 直径 d_2	间隙 S ≤	倒角 Z ≥
18 ~ 39	d + 6.8	8.0	3.55	0.3	3
40 ~ 108	d + 10.2	11.2	5.30	0.4	5
109 ~ 670	d + 13.5	14.2	7.00	0.4	7

孔用密封（TB5-ⅡA）					
缸径 D(H9)	沟槽底径 d(f8)	沟槽宽度 $b^{+0.2}_{0}$	O 形圈截面 直径 d_2	间隙 S ≤	倒角 Z ≥
24 ~ 49	D − 7.1	7.6	3.55	0.3	3
50 ~ 121	D − 10.8	10.5	5.30	0.4	5
122 ~ 685	D − 14.3	13.7	7.00	0.4	7

端部密封（TB5-ⅢA）				
沟槽外径 D(H11)	沟槽宽度 $b^{+0.2}_{0}$	沟槽深度 $h^{+0.1}_{0}$	O 形圈截面 直径 d_2	圆　角 R
13 ~ 28	5.6	2.7	2.65	0.2 ~ 0.4
29 ~ 54	6.6	3.5	3.55	0.4 ~ 0.6
55 ~ 128	9.2	5.2	5.30	0.6 ~ 0.8
129 ~ 690	11.8	7.1	7.00	0.8 ~ 1.2

注：安装时必须将组合密封件受压一侧面对压力腔。

13.8 U 形滑环式组合密封尺寸

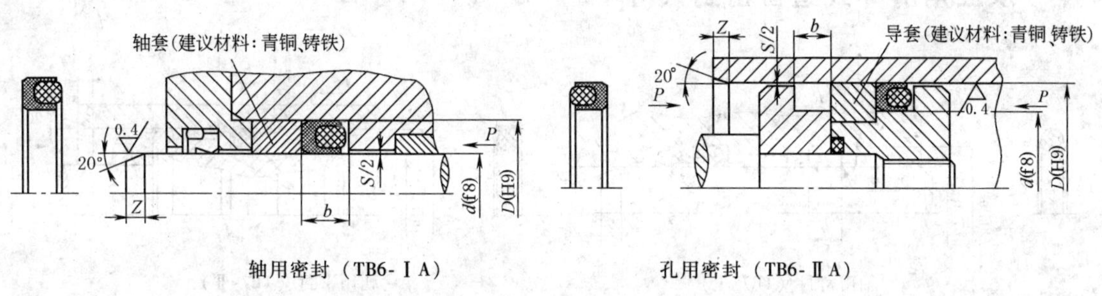

轴用密封（TB6-ⅠA）　　　孔用密封（TB6-ⅡA）

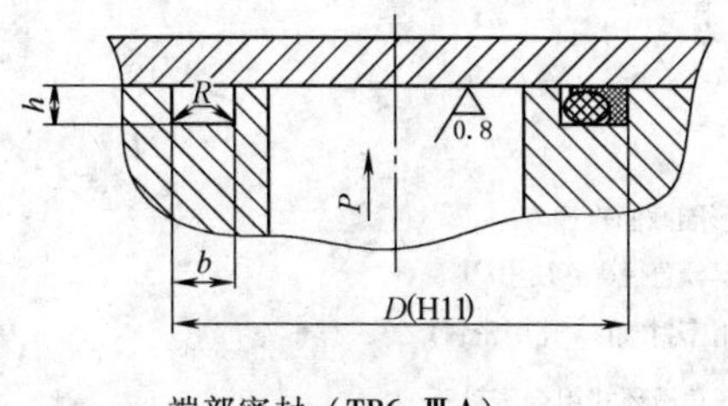

端部密封（TB6-ⅢA）

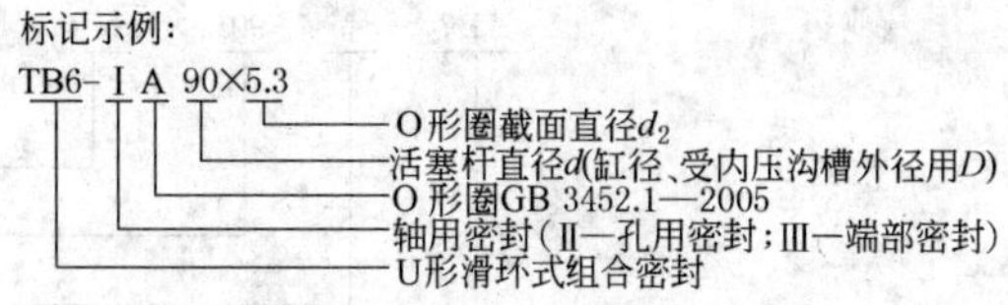

表 10-4-45 mm

轴用密封（TB6- Ⅰ A）

杆径 d(f8)	沟槽底径 D(H9)	沟槽宽度 $b^{+0.2}_{0}$	O 形圈截面直径 d_2	间隙 S ≤	倒角 Z ≥
7 ~ 17①	d + 6.0	5.8	2.65	0.3	3
18 ~ 39①	d + 8.0	6.8	3.55	0.3	5
8 ~ 108	d + 12.6	9.2	5.30	0.4	7
109 ~ 670	d + 16.4	12.7	7.00	0.4	10

孔用密封（TB6- Ⅱ A）

缸径 D(H9)	沟槽底径 d(f8)	沟槽宽度 $b^{+0.2}_{0}$	O 形圈截面直径 d_2	间隙 S ≤	倒角 Z ≥
13 ~ 23①	D - 6.0	5.8	2.65	0.3	3
24 ~ 48①	D - 8.0	6.8	3.55	0.3	5
20 ~ 127	D - 12.6	9.2	5.30	0.4	7
128 ~ 690	D - 16.4	12.7	7.00	0.5	10

端部密封（TB6- Ⅲ A）

沟槽外径 D(H11)	沟槽宽度 $b^{+0.2}_{0}$	沟槽深度 $h^{+0.1}_{0}$	O 形圈截面直径 d_2	圆　角 R
19 ~ 31	5.8	3.0	2.65	0.3 ~ 0.4
32 ~ 59	6.8	4.0	3.55	0.4 ~ 0.6
60 ~ 134	9.2	6.1	5.30	0.6 ~ 0.8
135 ~ 670	12.6	8.1	7.00	0.8 ~ 1.2

① 配套 O 形圈截面直径 d_2 为 2.65mm、3.55mm 系列，适用于压力小于 100MPa 的工况。

注：安装时必须将组合密封件受压一侧面对压力腔。

13.9 双三角滑环式组合密封尺寸

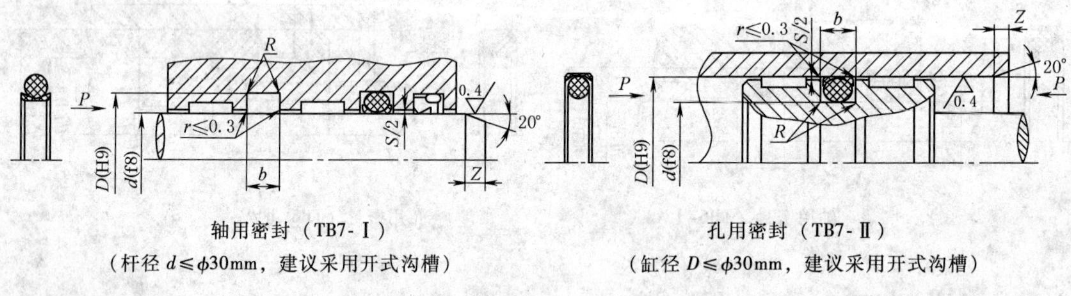

轴用密封（TB7- Ⅰ）
（杆径 $d \leqslant \phi 30$mm，建议采用开式沟槽）

孔用密封（TB7- Ⅱ）
（缸径 $D \leqslant \phi 30$mm，建议采用开式沟槽）

标记示例：

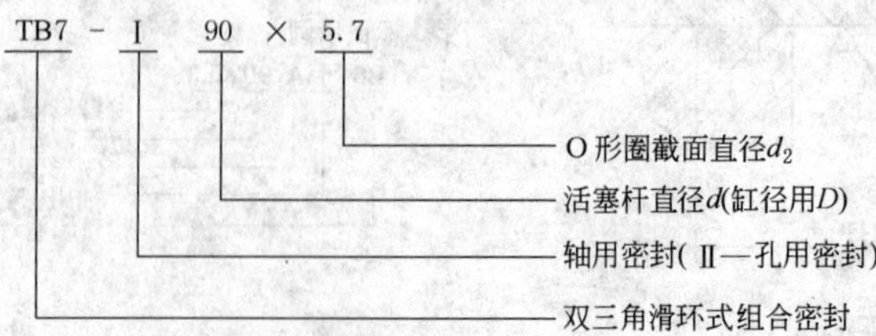

表 10-4-46 mm

杆径 d(f8)	沟槽底径 D(H9)		沟槽宽度 $b^{+0.2}_{0}$	O 形圈截面直径 d_2	圆角 R	间隙 S ≤	倒角 Z ≥
轴用密封(TB7-Ⅰ)							
	液压用	液压低摩擦和气动用					
3～10	d+3.0	d+3.5	2.5	1.9	0.2～0.3	0.2	3
10～22	d+4.0	d+4.5	3.2	2.4	0.3～0.4	0.3	4
22～50	d+6.0	d+6.6	4.7	3.5	0.4～0.6	0.4	5
48～150	d+10.0	d+10.6	7.5	5.7	0.6～0.8	0.6	6
150～485	d+15.0	d+15.6	11.0	8.6	0.8～1.2	0.6	8
孔用密封(TB7-Ⅱ)							
缸径 D(H9)	沟槽底径 d(f8)		沟槽宽度 $b^{+0.2}_{0}$	O 形圈截面直径 d_2	圆角 R	间隙 S ≤	倒角 Z ≥
	液压用	液压低摩擦和气动用					
6～13	D-3.0	D-3.5	2.5	1.9	0.2～0.3	0.2	3
14～27	D-4.0	D-4.5	3.2	2.4	0.3～0.4	0.3	4
28～57	D-6.0	D-6.6	4.7	3.5	0.4～0.6	0.3	5
58～164	D-10.0	D-10.6	7.5	5.7	0.6～0.8	0.4	6
165～485	D-15.0	D-15.6	11.0	8.6	0.8～1.2	0.4	8

13.10 L 形滑环式组合密封尺寸

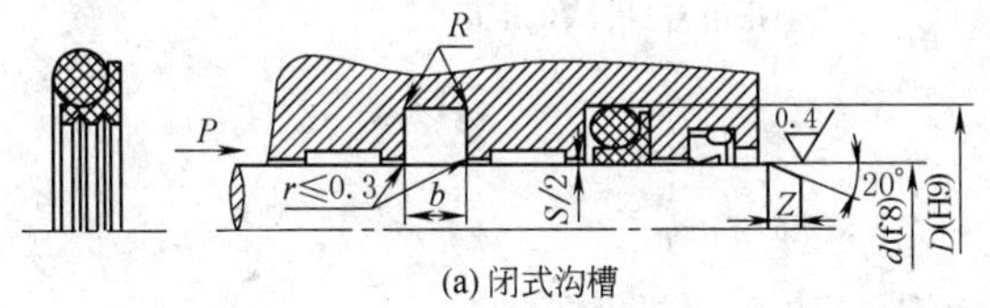

(a) 闭式沟槽

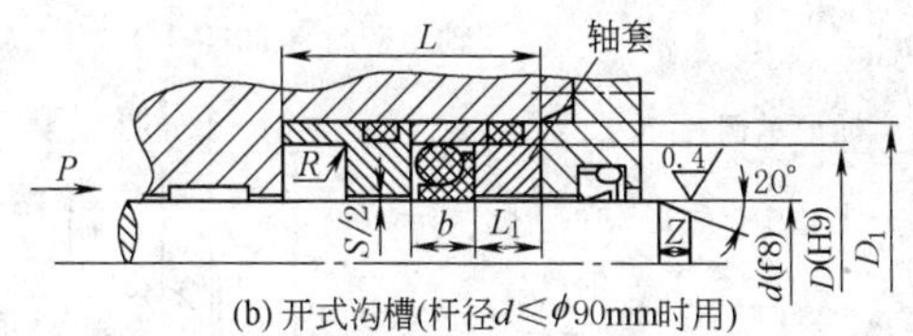

(b) 开式沟槽(杆径d≤ϕ90mm时用)

D_1、L_1 及静密封沟槽尺寸由用户自定。$L=n(b+L_1)$，n—密封圈组数

轴用密封（TBL-Ⅰ）

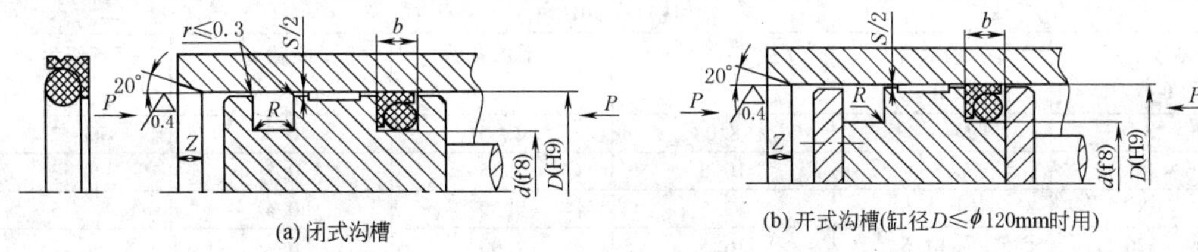

(a) 闭式沟槽

(b) 开式沟槽(缸径D≤ϕ120mm时用)

孔用密封（TBL-Ⅱ）

标记示例：

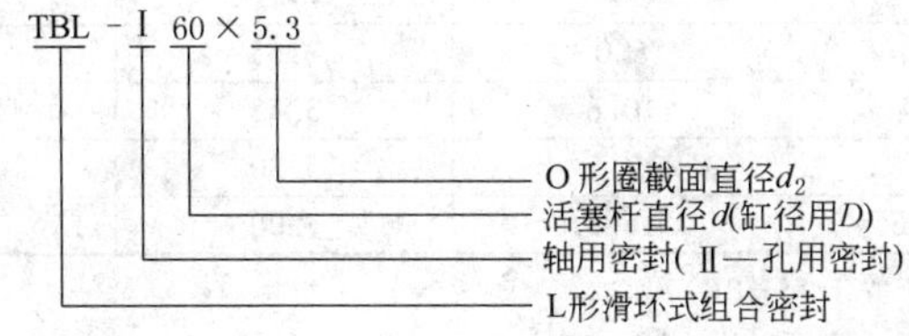

第 10 篇

表 10-4-47 mm

轴用密封（TBL-Ⅰ）						
杆径 d(f8)	沟槽底径 D(H9)	沟槽宽度 $b^{+0.2}_{0}$	O 形圈截面直径 d_2	圆角 R	间隙 S ≤	倒角 Z ≥
6 ~ 15	d + 6.3	4.0	2.65	0.2 ~ 0.4	0.3	2
16 ~ 38	d + 8.2	5.2	3.55	0.4 ~ 0.6	0.3	3
39 ~ 106	d + 11.7	7.6	5.30	0.6 ~ 0.8	0.4	5
107 ~ 670	d + 16.8	9.6	7.00	0.8 ~ 1.2	0.4	7
孔用密封（TBL-Ⅱ）						
缸径 D(H9)	沟槽底径 d(f8)	沟槽宽度 $b^{+0.2}_{0}$	O 形圈截面直径 d_2	圆角 R	间隙 S ≤	倒角 Z ≥
26 ~ 51	D - 8.2	5.2	3.55	0.4 ~ 0.6	0.3	3
52 ~ 127	D - 11.7	7.6	5.30	0.6 ~ 0.8	0.4	5
128 ~ 690	D - 16.8	9.6	7.00	0.8 ~ 1.2	0.4	7

注：安装时必须将组合密封件受压一侧面对压力腔。

13.11 H 形高速旋转组合密封尺寸

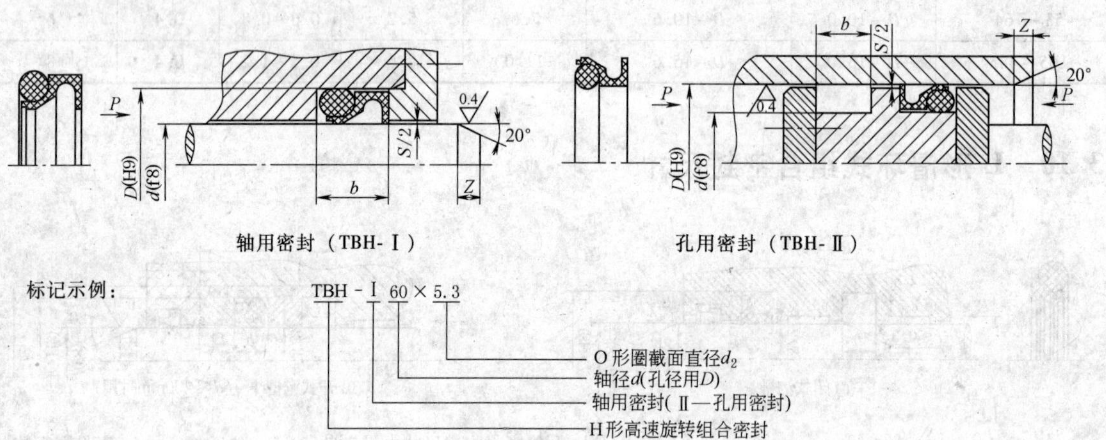

标记示例：

TBH - Ⅰ 60 × 5.3

- O 形圈截面直径 d_2
- 轴径 d（孔径用 D）
- 轴用密封（Ⅱ—孔用密封）
- H 形高速旋转组合密封

表 10-4-48 mm

轴用密封（TBH-Ⅰ）					
轴径 d(f8)	沟槽底径 D(H9)	沟槽宽度 $b^{+0.2}_{0}$	O 形圈截面直径 d_2	间隙 S ≤	倒角 Z ≥
6 ~ 15	d + 6.4	8.0	2.65	0.3	2
16 ~ 38	d + 8.4	10.6	3.55	0.3	3
39 ~ 108	d + 11.6	13.5	5.30	0.4	5
109 ~ 670	d + 14.6	16.5	7.00	0.4	7
孔用密封（TBH-Ⅱ）					
孔径 D(H9)	沟槽底径 d(f8)	沟槽宽度 $b^{+0.2}_{0}$	O 形圈截面直径 d_2	间隙 S ≤	倒角 Z ≥
14 ~ 25	D - 6.4	8.0	2.65	0.3	2
26 ~ 51	D - 8.4	10.6	3.55	0.3	3
52 ~ 127	D - 11.6	13.5	5.30	0.4	5
128 ~ 500	D - 14.6	16.5	7.00	0.4	7

注：1. 建议密封对偶面硬度大于等于 55HRC。
2. 安装时必须将组合密封件受压一侧面对压力腔。

14 气缸用密封圈（摘自 JB/T 6657—1993）

14.1 气缸活塞密封用 QY 型密封圈

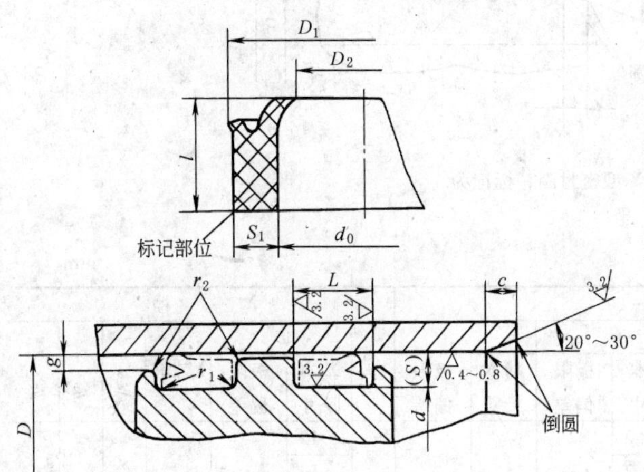

适用范围：以压缩空气为介质、温度 -20～80℃、压力小于等于 1.6MPa 的气缸。

材料：聚氨酯橡胶（HG/T 2810 Ⅱ类材料），见表10-4-57

标记示例：$D=100$mm，$d=90$mm，$S=5$mm 的气缸用 QY 型密封圈，标记为

密封圈　QY100×90×5　JB/T 6657—1993

表 10-4-49　　mm

D (H10)	密封圈 d_0 基本尺寸	d_0 极限偏差	S_1 基本尺寸	S_1 极限偏差	D_1 基本尺寸	D_1 极限偏差	D_2 基本尺寸	D_2 极限偏差	l 基本尺寸	l 极限偏差	沟槽 S	d 基本尺寸	d 极限偏差	$L^{+0.25}_{0}$	c ≥	r_1 ≤	r_2 ≤	g
40	31	+0.10 -0.30	4	-0.05 -0.30	41.2	+0.40 0	30	0 -0.40	8	+0.20 -0.10	4	32	+0.06 -0.11	9	2	0.3	0.3	0.5
50	41				51.2		40					42						
63	52	+0.20 -0.50	5	-0.08 -0.30	64.4	+0.50 0	51	0 -0.50	12	+0.30 -0.15	5	53	+0.11 -0.14	13	2.5	0.4	0.4	1
80	69				81.4		68					70						
90	79				91.4		78					80						
100	89				101.4		88					90						
110	99				111.4		98					100						
125	114				126.4	+0.60 0	113					115						
140	129				141.4		128					130						
160	149				161.4		148					150						
180	164	+0.20 -0.30	7.5	-0.10 -0.30	181.6	+0.70 0	162	0 -0.70	16	+0.40 -0.20	7.5	165	+0.14 -0.17	17	4	0.6	0.6	1.5
200	184				201.6		182					185						
220	204				221.6		202					205						
250	234				251.6		232					235						
320	304				321.6		302					305						
400	379	+0.20 -1.20	10	-0.12 -0.36	402	+0.80 0	377	0 -0.80	20	+0.60 -0.20	10	380	+0.17 -0.20	21	5	0.8	0.8	2
500	479				502		477					480						
630	609				632		607					610						

14.2　气缸活塞杆密封用 QY 型密封圈

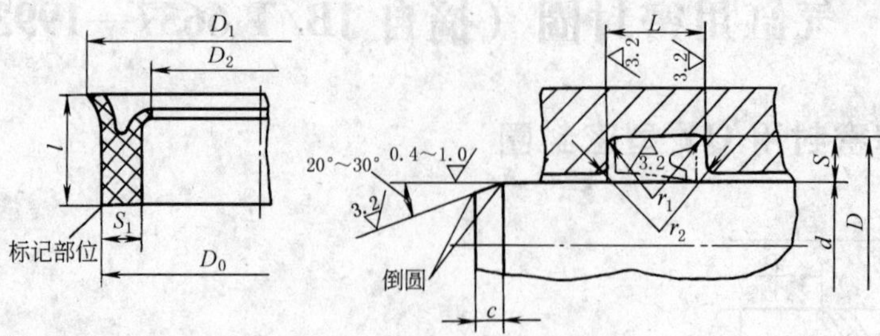

适用范围、材料见表 10-4-49

标记示例：$d=50$mm，$D=60$mm，$S=5$mm 的活塞杆用 QY 型密封圈，标记为

密封圈　QY50×60×5　JB/T 6657—1993

表 10-4-50　　mm

d (f9)	密封圈 D_0 基本尺寸	D_0 极限偏差	S_1 基本尺寸	S_1 极限偏差	D_1 基本尺寸	D_1 极限偏差	D_2 基本尺寸	D_2 极限偏差	l 基本尺寸	l 极限偏差	沟槽 S	D 基本尺寸	D 极限偏差	$L^{+0.25}_{0}$	c ≥	r_1 ≤	r_2 ≤
6	12.1				13.3		5.2					12					
8	14.1				15.3		7.2					14					
10	16.1	+0.20 0	3	-0.06 -0.21	17.3	+0.30 0	9.2	0 -0.30	6	+0.20 -0.10	3	16	+0.11 -0.03	7	2	0.3	0.3
12	18.1				19.3		11.2					18					
14	20.1				21.3		13.2					20					
16	22.1				23.3		15.2					22					
18	24.1				25.3		17.2					24					
20	26.1	+0.20 0	3		27.3	+0.30 0	19.2	0 -0.30	6		3	26	+0.11 -0.03	7			
22	28.1				29.3		21.2					28					
25	31.1			-0.06 -0.21	32.3		24.2			+0.20 -0.10		31					
28	36.1				37.3		26.8					36			2	0.3	0.3
32	40.1				41.3		30.8					40					
36	44.1	+0.30 0	4		45.3	+0.40 0	34.8	0 -0.40	8		4	44	+0.11 -0.06	9			
40	48.1				49.3		38.8					48					
45	53.1				54.3		43.8					53					
50	60.2				61.6		48.6					60					
56	66.2				67.6		54.6					66					
63	73.2				74.6		61.6					73					
70	80.2				81.6		68.6					80					
80	90.2	+0.50 0	5	-0.08 -0.30	91.6	+0.50 0	78.6	0 -0.50	12	+0.30 -0.15	5	90	+0.14 -0.11	13	2.5	0.4	0.4
90	100.2				101.6		88.6					100					
100	110.2				111.6		98.6					110					
110	120.2				121.6		108.6					120					
125	135.2				136.6		123.6					135					
140	150.2				151.6		138.6					150					
160	175.2				176.8		158.4					175					
180	195.2				196.8		178.4					195					
200	215.2				216.8		198.4					215					
220	235.2	+0.80 0	7.5	-0.10 -0.30	236.8	+0.70 0	218.4	0 -0.70	16	+0.40 -0.20	7.5	235	+0.17 -0.14	17	4		
250	265.2				266.8		248.4					265				0.6	0.6
280	295.2				296.8		278.4					295					
320	335.2				336.8		318.4					335					
360	380.3	+1.20 0	10	-0.12 -0.36	382.3	+0.80 0	358	0 -0.80	20	+0.60 -0.20	10	380	+0.20 -0.17	21	5		
400	420.3				422.3		398					420					

14.3 气缸活塞杆用 J 型防尘圈

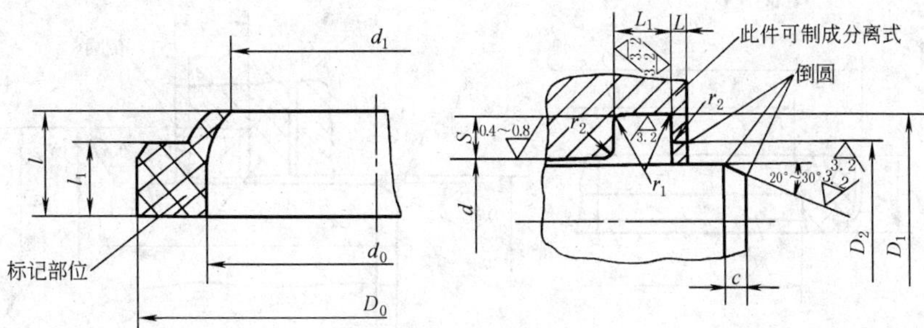

适用范围及材料见表 10-4-49

标记示例：$d=50$mm，$D_1=60.5$mm，$L_1=6$mm 的 J 型防尘圈，标记为

防尘圈　J50×60.5×6　JB/T 6657—1993

表 10-4-51　　mm

d	防尘圈										沟槽							
	D_0		d_0		d_1		l		l_1		D_1		D_2 $^{+0.20}_{0}$	L_1 $^{+0.20}_{0}$	L ≥	S	c ≥	r_1,r_2 ≤
(f9)	基本尺寸	极限偏差	基本尺寸	极限偏差	基本尺寸	极限偏差	基本尺寸	极限偏差	基本尺寸	极限偏差	基本尺寸	极限偏差						
6	14.5	+0.30 0	7	±0.30	5.4	0 -0.50	7	±0.40	4	0 -0.20	14.5	+0.11 0	11	4	3	4	2	0.3
8	16.5		9		7.4						16.5		13					
10	18.5		11		9.4						18.5		15					
12	20.5		13		11.4						20.5	+0.13 0	17					
14	22.5		15		13.4						22.5		19					
16	26.5		17		15.4		9		5		26.5		21	5		5		
18	28.5		19		17.4						28.5		23					
20	30.5		21		19.4						30.5		25					
22	32.5		23		21.4						32.5	+0.16 0	27					
25	35.5		26		24.4						35.5		30					
28	38.5		29		27.4						38.5		33					
32	42.5		33		31		10		6		42.5		38	6				
36	46.5		37		35						46.5		42			4.9		
40	50.5		41		39						50.5		46					
45	55.5		46		44						55.5	+0.19 0	51					
50	60.5		51		49						60.5		56					
56	68.5	+0.40 0	57		54.5		11		7		68.5		62	7	3.5	5.9	2.5	0.4
63	75.5		64		61.4						75.5		69					
70	82.5		71		68.5						82.5	+0.22 0	76					
80	92.5		81		78.5						92.5		86					
90	102.5		91		88.3						102.5		96					
100	112.5		101		98.3						112.5		106					
110	124.5	+0.50 0	111		108.3		12		8		124.5	+0.25 0	117	8	4	6.8	4	0.6
125	139.5		126		123.3						139.5		132					
140	158.5		141		128.3		14		9		158.5		147	9		8.8		
160	178.5		161		158.3						178.5		167					
180	198.5		181		178.3						198.5	+0.29 0	187					
200	218.5		201		198.3						218.5		207					

14.4 气缸用 QH 型外露骨架橡胶缓冲密封圈

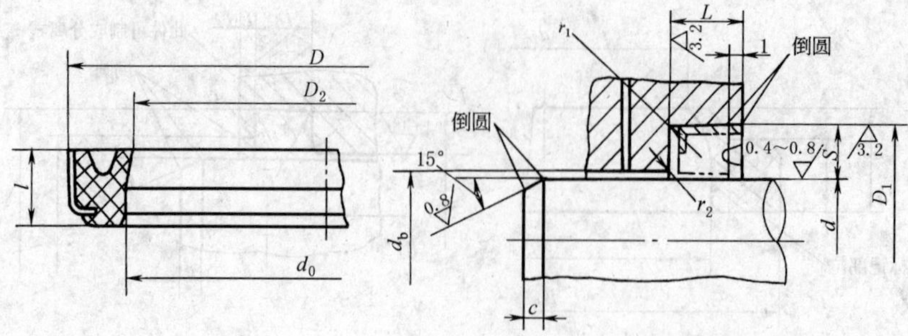

适用范围及材料见表 10-4-49

标记示例：$d=50$mm，$D_1=62$mm，$L=7$mm 的 QH 型外露骨架橡胶缓冲密封圈，标记为

密封圈　QH50×62×7　JB/T 6657—1993

表 10-4-52　　mm

d (f9)	密封圈 D 基本尺寸	D 极限偏差	D_2 基本尺寸	D_2 极限偏差	d_0 基本尺寸	d_0 极限偏差	l 基本尺寸	l 极限偏差	沟槽 D_1 基本尺寸	D_1 极限偏差	$L^{+0.20}_{0}$	$d_b{}^{+0.10}_{0}$	S	c ≥	r_1,r_2 ≤
16	24	+0.10 +0.05	15.5	0 −0.50	16.6	+0.10 0	5	±0.50	24	+0.021 0	5	17	4	3	0.3
18	26		17.5		18.6				26			19			
20	28		19.5		20.6				28			21			
22	30		21.5		22.6				30			23			
24	32		23.5		24.6				32	+0.025 0		25			
28	36		27.5		28.6				36			29			
30	40		29.5		30.8		6		40		6	31	5		
35	45		34.5		35.8				45			36			
38	48		37.5		38.8				48			39			
40	50		39.1		40.8				50			41		4	
45	55		44.1		45.8				55	+0.03 0		46			
50	62		49.1		51		7		62		7	51.5	6		
55	67		54.1		56				67			56.5			
65	77		64.1		66				77			66.5			

15 密封圈材料

15.1 O形密封圈材料（摘自HG/T 2579—1994）

表10-4-53

性能		Ⅰ类硫化胶				Ⅱ类硫化胶			
		YⅠ6364	YⅠ7445	YⅠ8435	YⅠ9424	YⅡ6363	YⅡ7444	YⅡ8434	YⅡ9423
硬度(IRHD或邵尔A)/度		60±5	70±5	80±5	88^{+5}_{-4}	60±5	70±5	80±5	88^{+5}_{-4}
拉伸强度/MPa	≥	9	11	11	10	9	11	11	10
扯断伸长率/%	≥	300	220	150	100	300	220	150	100
压缩永久变形,B型试样 100℃×22h/%	≤	35	30	30	35	45	40	40	45
热空气老化(100℃×70h)									
硬度变化/度	≤	+10	+10	+10	+10	+10	+10	+10	+10
拉伸强度下降率/%	≤	15	15	18	18	15	15	18	18
扯断伸长率下降率/%	≤	35	35	35	35	35	35	35	35
耐液体(100℃×70h)									
1#标准油									
硬度变化/度		-3～+8	-3～+7	-3～+6	-3～+6	-5～+10	-5～+10	-5～+8	-5～+8
体积变化率/%		-10～+5	-8～+5	-6～+5	-6～+5	-10～+5	-10～+5	-8～+5	-8～+5
3#标准油									
硬度变化/度		-14～0	-14～0	-12～0	-12～0	-15～0	-15～0	-12～0	-12～0
体积变化率/%		0～20	0～+18	0～+16	0～+16	0～+24	0～+22	0～+20	0～+20
脆性温度/℃	不高于	-40	-40	-37	-35	-25	-25	-25	-25
工作温度范围/℃		-40～100				-25～125			

注：1. 标准中规定的O形圈材料，适用于普通液压系统石油基液压油和润滑油（脂）。

2. 表中数据系指合格品性能，标准中还有一等品性能。

15.2 真空用O形橡胶圈材料（摘自HG/T 2333—1992）

表10-4-54

物理性能		B类胶料				A类胶料
		B-1	B-2	B-3	B-4	
硬度(邵尔A或IRHD)/度		60±5	60±5	70±5	60±5	50±5
拉伸强度/MPa	≥	12	10	10	10	4
扯断伸长率/%	≥	300	200	130	300	200
压缩永久变形(B法)/%	≤					
70℃×70h		40	—	—	—	—
100℃×70h		—	40	—	—	—
125℃×70h		—	—	—	40	—
200℃×22h		—	—	40	—	≥40
密度变化/mg·m^{-3}		±0.04	±0.04	±0.04	±0.04	±0.04

续表

物理性能		B类胶料				A类胶料
		B-1	B-2	B-3	B-4	
低温脆性		-50℃不裂	-35℃不裂	-20℃不裂	-30℃不裂	不断裂
在凡士林中(70℃×24h)体积变化/%		—	-2~+6	-2~+6	—	—
热空气老化		70℃×70h	100℃×70h	250℃×70h	125℃×70h	250℃×70h
硬度变化(邵尔A或IRHD)/度		-5~+10	-5~+10	0~+10	-5~+10	±10
拉伸强度变化率降低/%	≤	30	30	25	25	30
扯断伸长率变化率降低/%	≤	40	40	25	35	40
出气速率(30min)/$Pa\cdot L\cdot s^{-1}\cdot cm^{-2}$	≤	1.5×10^{-3}	1.5×10^{-3}	7.5×10^{-4}	2×10^{-4}	4×10^{-3}
适用真空度范围/Pa		$>10^{-3}$				$\leqslant10^{-3}$
使用温度范围/℃		-50~80 耐油较差, 如天然橡胶	-35~100 耐油较好, 如丁腈橡胶	-20~250 耐油好, 如氟橡胶	-30~140 耐油较差, 如丁基、乙丙橡胶	-60~250 如硅橡胶

注：橡胶材料按在真空状态下放出气量的大小可分为A、B两类。

15.3 耐高温润滑油O形圈材料（摘自HG/T 2021—1991）

表10-4-55

物理性能		Ⅰ类材料				Ⅱ类材料			
		HⅠ6463	HⅠ7454	HⅠ8434	HⅠ9423	HⅡ6445	HⅡ7435	HⅡ8424	HⅡ9423
硬度(IRHD)/度		60±5	70±5	80±5	88±4	60±5	70±5	80±5	88±4
拉伸强度/MPa	最小	10	11	11	11	10	10	11	11
扯断伸长率/%	最小	300	250	150	120	200	150	125	100
压缩永久变形(125℃×22h)/%	最大	45	40	40	45	30	30	35	45
耐油性		1#标准油,150℃×70h				101#标准油,200℃×70h			
硬度变化(IRHD)/度		-5~+10	-5~+10	-5~+10	-5~+10	-10~+5	-10~+5	-10~+5	-10~+5
体积变化/%		-8~+6	-8~+6	-8~+6	-8~+6	0~+20	0~+20	0~+20	0~+20
热空气老化(125℃×70h)									
硬度变化(IRHD)/度		0~+10	0~+10	0~+10	0~+10	-5~+10	-5~+10	-5~+10	-5~+10
拉伸强度变化/%	最大	-15	-15	-15	-15	-25	-30	-30	-35
扯断伸长率变化/%	最大	-35	-35	-35	-35	-25	-20	-20	-20
低温脆性(-25℃)		不裂	不裂	不裂	不裂	不裂	不裂	不裂	不裂
工作温度/℃		-25~125(短期150)				-15~200(短期250)			
适用滑油类型		石油基润滑油				合成酯类润滑油			

注：1. Ⅰ类材料是以丁腈材料为代表；Ⅱ类材料是以低压缩变形氟橡胶为代表。

2. 若需比-25℃更低的低温脆性，由供需双方商定。

15.4 酸碱用O形橡胶圈材料（摘自HG/T 2181—1991）

表 10-4-56

物理性能		橡胶材料组别					
		A组				B组	
		C△4473	C△5473	C△6355	C△7343	C△6254	C△7334
硬度(IRHD或邵尔A)/度		40^{+5}_{-4}	50^{+5}_{-4}	60^{+5}_{-4}	70^{+5}_{-4}	60^{+5}_{-4}	70±5
拉伸强度/MPa	最小	11	11	9	9	7	9
扯断伸长率/%	最小	450	400	300	250	250	180
压缩永久变形(25%)/%	最大	70℃×22h				125℃×22h	
		50	50	45	45	40	40
耐热性		70℃×70h				125℃×70h	
硬度变化/度		+10	+10	+10	+10	+15	+15
拉伸强度变化/%		-20	-20	-20	-20	-25	-30
扯断伸长率变化/%		-25	-25	-25	-25	-30	-30
耐硫酸性		20% H_2SO_4，23℃×6d				40% H_2SO_4，70℃×5d	
硬度变化/度		-6～+4				-6～+4	-6～+4
拉伸强度变化/%		±15				-15	-10
扯断伸长率变化/%		±15				-20	-15
体积变化/%		±5				±5	±5
耐30%盐酸性		23℃×6d				70℃×6d	
硬度变化/度		-6～+4				-6～+4	-6～+4
拉伸强度变化/%		±15				-25	-20
扯断伸长率变化/%		±20				-30	-25
体积变化/%		±5				+15	+15
耐氢氧化钠性		20% NaOH，23℃×6d				40% NaOH，70℃×6d	
硬度变化/度		-6～+4				-6～+4	-6～+4
拉伸强度变化/%		-15				-10	-10
扯断伸长率变化/%		-15				-15	-15
体积变化/%		±5				±5	±5
耐硝酸性						40% HNO_3，23℃×6d	
硬度变化/度						-6～+4	-6～+4
拉伸强度变化/%						-20	-15
扯断伸长率变化/%						-20	-15
体积变化/%						±5	±5
低温脆性(-30℃)		不裂				不裂	

注：表中材料代号标记：第一个字母C—耐酸碱O形圈橡胶材料；第二个字母—胶种，用下列字母填写：△—空缺；F—氟橡胶；H—氯磺化聚乙烯橡胶或其并用胶；E—乙丙橡胶或其并用胶；B—丁基橡胶或其并用胶；C—氯丁基橡胶或其并用胶；S—丁苯橡胶或其并用胶；N—天然橡胶或其并用胶。如CF4473，CS6254。

15.5 往复运动密封圈材料（摘自 HG/T 2810—1996）

表 10-4-57

物理性能	Ⅰ类橡胶（丁腈橡胶）					Ⅱ类橡胶（浇注型聚氨酯橡胶）			
	WⅠ7443	WⅠ8533	WⅠ9523	WⅠ9530	WⅠ7453	WⅡ6884	WⅡ7874	WⅡ8974	WⅡ9974
硬度（IRHD 或邵尔 A）/度	70±5	80±5	88^{+5}_{-4}	88^{+5}_{-4}	70±5	60±5	70±5	80±5	88^{+5}_{-4}
拉伸强度/MPa　最小	12	14	15	14	10	25	30	40	45
扯断伸长率/%　最小	220	150	140	150	250	500	450	400	400
压缩永久变形（B 型试样）/%	100℃×70h					70℃×70h			
最大	50	50	50	—	50	40	40	35	35
撕裂强度/kN·m⁻¹　最小	30	30	35	35	—	40	60	80	90
附着强度（25mm）/kN·m⁻¹　最小	—	—	—	—	3	—	—	—	—
热空气老化	100℃×70h					70℃×70h			
硬度变化（IRHD）/度　最大	+10	+10	+10	+10	+10	±5	±5	±5	±5
拉伸强度变化率/%　最大	-20	-20	-20	-20	-20	-20	-20	-20	-20
扯断伸长率变化率/%　最大	-50	-50	-50	-50	-50	-20	-20	-20	-20
耐液体	100℃×70h					70℃×70h			
1#标准油									
硬度变化（IRHD）/度	-5～+10	-5～+10	-5～+10	-5～+10	-5～+10	—	—	—	—
体积变化率/%	-10～+5	-10～+5	-10～+5	-10～+5	-10～+5	-5～+10	-5～+10	-5～+10	-5～+10
3#标准油									
硬度变化（IRHD）/度	-10～+5	-10～+5	-10～+5	-10～+5	-10～+5	—	—	—	—
体积变化率/%	0～+20	0～+20	0～+20	0～+20	0～+20	0～+10	0～+10	0～+10	0～+10
脆性温度/℃　≤	-35	-35	-35	-35	-35	-50	-50	-50	-45
适用工作温度/℃	-30～100					-40～80			

注：WⅠ9530 为防尘密封圈橡胶材料；WⅠ7453 为涂覆织物橡胶材料。

15.6 旋转轴唇形密封圈橡胶材料（摘自 HG/T 2811—1996）

表 10-4-58

物理性能	橡胶材料类别						
	A类			B类	C类	D类	
	XAⅠ7453	XAⅡ8433	XAⅢ7441	XB 7331	XC 7243	XDⅠ7433	XDⅡ8423
硬度（IRHD 或邵尔 A）/度	70±5	80±5	70±5	70^{-8}_{-4}	70^{+5}_{-4}	70±5	80±5
拉伸强度/MPa　最小	11	11	11	8	6.4	10	11
扯断伸长率/%　最小	250	150	200	150	220	150	100
压缩永久变形（B 型试样）/%　最大	100℃×70h	100℃×70h	120℃×70h	150℃×70h			
	50	50	70	70	50	50	50

续表

物理性能	橡胶材料类别						
	A类			B类	C类	D类	
	XAⅠ7453	XAⅡ8433	XAⅢ7441	XB 7331	XC 7243	XDⅠ7433	XDⅡ8423
热空气老化	100℃ ×70h	100℃ ×70h	120℃ ×70h	150℃ ×70h			
硬度变化(IRHD或邵尔A)/度	0 ~ +15	0 ~ +15	0 ~ +10	0 ~ +10	-5 ~ +10	0 ~ +10	0 ~ +10
拉伸强度变化率/% 最大	-20	-20	-20	-40	-20	-20	-20
扯断伸长率变化率/% 最大	-50	-40	-40	-50	-30	-30	-30
耐液体	100℃ ×70h	100℃ ×70h	120℃ ×70h	150℃ ×70h			
1#标准油 体积变化率/%	-10 ~ +5	-8 ~ +5	-8 ~ +5	-5 ~ +5	-5 ~ +12	-3 ~ +5	3 ~ +5
3#标准油 体积变化率/%	0 ~ +25	0 ~ +25	0 ~ +25	0 ~ +45		0 ~ +15	0 ~ +15
脆性温度/℃ ≤	-40	-35	-25	-20	-60	-25	-15
橡胶组成	以丁腈橡胶为基			以丙烯酸酯橡胶为基	以硅橡胶为基	以氟橡胶为基	

16 管法兰用非金属平垫片

16.1 平面管法兰（FF）用非金属平垫片(摘自 GB/T 9126—2003)

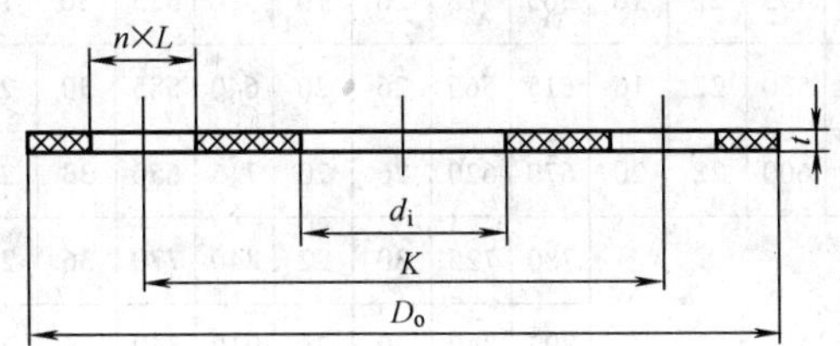

标记方式

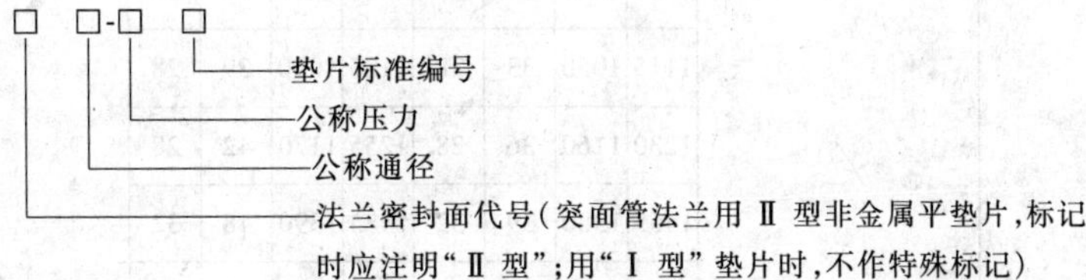

标记示例:

1）公称通径 50mm，公称压力 1.0MPa 的平面管法兰用非金属平垫片，标记为

非金属平垫 FF DN50-PN10 GB/T 9126—2003

2）公称通径 65mm，公称压力 1.0MPa 的突面（Ⅱ型）管法兰用非金属平垫片，标记为

非金属平垫 RF（Ⅱ型） DN65-PN10 GB/T 9126—2003

垫片材料及技术条件见 GB/T 9129—2003 或表 10-4-62。

表 10-4-59

mm

公称通径 DN	垫片内径 d_i	公称压力 PN/MPa																				垫片厚度 t
		0.25				0.6				1.0				1.6				2.0				
		D_o	K	L	n	D_o	K	L	n	D_o	K	L	n	D_o	K	L	n	D_o	K	L	n	
10	18	使用 PN=0.6MPa 的尺寸				75	50	11	4	使用 PN=1.6MPa 的尺寸				90	60	14	4	—				1.5～3
15	22					80	55	11	4					95	65	14	4	90	60.5	16	4	
20	27					90	65	11	4					105	75	14	4	100	70.0	16	4	
25	34					100	75	11	4					115	85	14	4	110	79.5	16	4	
32	43					120	90	14	4					140	100	18	4	120	89.0	16	4	
40	49					130	100	14	4					150	110	18	4	130	98.0	16	4	
50	61					140	110	14	4					165	125	18	4	150	120.5	18	4	
65	77①					160	130	14	4					185	145	18	8	180	139.5	18	4	
80	89					190	150	18	4					200	160	18	8	190	152.5	18	4	
100	115					210	170	18	4					220	180	18	8	230	190.5	18	8	
125	141					240	200	18	8					250	210	18	8	255	216.0	22	8	
150	169					265	225	18	8					285	240	22	8	280	241.5	22	8	
200	220					320	280	18	8	340	295	22	8	340	295	22	12	345	298.5	22	8	
250	273					375	335	18	12	395	350	22	12	405	355	26	12	405	362.0	26	12	
300	324					440	395	22	12	445	400	22	12	460	410	26	12	485	432.0	26	12	
350	356					490	445	22	12	505	460	22	16	520	470	26	16	535	476.0	29.5	12	
400	407					540	495	22	16	565	515	26	16	580	525	30	16	600	540.0	29.5	16	
450	458					595	550	22	16	615	565	26	20	640	585	30	20	635	578.0	32.5	16	
500	508					645	600	22	20	670	620	26	20	715	650	33	20	700	635.0	32.5	20	
600	610	—				—				780	725	30	22	840	770	36	20	815	749.5	35.5	20	
700	712									895	840	30	24	910	840	36	24	—				
800	813									1015	950	33	24	1025	950	39	24					
900	915									1115	1050	33	28	1125	1050	39	28					
1000	1016									1230	1160	36	28	1255	1170	42	28					
1200	1220									1455	1380	39	32	1485	1390	48	32					
1400	1420									1675	1590	42	36	1685	1590	48	36					
1600	1620									1915	1820	48	40	1930	1820	55	40					
1800	1820									2115	2020	48	44	2130	2020	55	44					
2000	2020									2325	2230	48	48	2345	2230	60	48					

① 只有当 PN 为 2.0MPa、DN 为 65mm 时，垫片内径 d_i 为 73mm。

16.2 突面管法兰（RF）用Ⅰ型非金属平垫片（摘自GB/T 9126—2003）

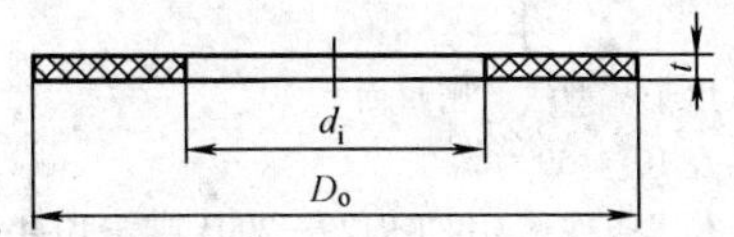

Ⅰ型垫片适用于通用型法兰密封面

标记方式见表10-4-59

垫片材料及技术条件见GB/T 9129—2003或表10-4-62。

表10-4-60 mm

公称通径 DN	垫片内径 d_i	公称压力 PN/MPa								垫片厚度 t
		0.25	0.6	1.0	1.6	2.0	2.5	4.0	5.0	
		垫片外径 D_o								
10	18	使用PN=0.6MPa的尺寸	39	使用PN=4.0MPa的尺寸	使用PN=4.0MPa的尺寸	—	使用PN=4.0MPa的尺寸	46	—	1.5~3
15	22		44			46.5		51	52.5	
20	27		54			56.0		61	64.5	
25	34		64			65.5		71	71.0	
32	43		76			75.0		82	80.5	
40	49		86			84.5		92	94.5	
50	61		96			102.5		107	109.0	
65	77[①]		116			121.5		127	129.0	
80	89		132			134.5		142	148.5	
100	115		152	162	162	172.5		168	180.0	
125	141		182	192	192	196.0		194	215.0	
150	169		207	218	218	221.5		224	250.0	
200	220		262	273	273	278.5	284	290	306.0	
250	273		317	328	329	338.0	340	352	360.5	
300	324		373	378	384	408.0	400	417	421.0	
350	356		423	438	444	449.0	457	474	484.5	
400	407		473	489	495	513.0	514	546	538.5	
450	458		528	539	555	548.0	564	571	595.5	
500	508		578	594	617	605.0	624	628	653.0	
600	610		679	695	734	716.5	731	774	774.0	
700	712		784	810	804	—	833	—	—	
800	813		890	917	911		942			
900	915		990	1017	1011		1042			
1000	1016		1090	1124	1128		1154			
1200	1220	1290	1307	1341	1342		1365			
1400	1420	1490	1524	1548	1542		1580			
1600	1620	1700	1724	1772	1765		1800			
1800	1820	1900	1931	1972	1965		2002			
2000	2020	2100	2138	2182	2170		2232			

① 只有当PN为2.0MPa和5.0MPa、DN为65mm时，垫片内径 d_i 为73mm。

16.3 突面管法兰（RF）用Ⅱ型及凹凸面管法兰（MF）和榫槽面管法兰（JG）用非金属平垫片（摘自 GB/T 9126—2003）

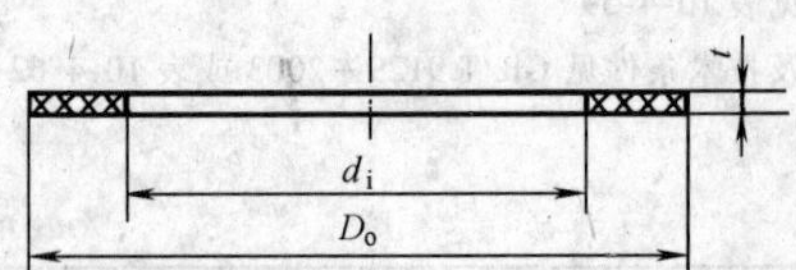

Ⅱ型垫片适用于窄型法兰密封面

标记方式见表 10-4-59

垫片材料及技术条件见 GB/T 9129—2003 或表 10-4-62

表 10-4-61 mm

公称通径 DN	Ⅱ型突面管法兰(RF)用				凹凸面管法兰(MF)用						榫槽面管法兰(JG)用						
	垫片内径 d_i	公称压力 PN/MPa		垫片厚度 t	垫片内径 d_i	公称压力 PN/MPa				垫片厚度 t	公称压力 PN/MPa						垫片厚度 t
		2.0	5.0			1.6	2.5	4.0	5.0		1.6 2.5 4.0	5.0	1.6	2.5	4.0	5.0	
		垫片外径 D_o				垫片外径 D_o					垫片内径 d_i		垫片外径 D_o				
10	—	—	—	—	18			34	—		24	—			34	—	
15	25	45.5	51.5		22			39	35.0		29	25.5			39	35.0	
20	33	55.0	63.0		27			50	43.0		36	33.5			50	43.0	
25	38	64.5	70.0		34			57	51.0		43	38.0			57	51.0	
32	48	74.0	79.0		43			65	63.5		51	47.5			65	63.5	
40	54	83.0	93.0		49			75	73.0		61	54.0			75	73.0	
50	73	101	107		61			87	92.0		73	73.0			87	92.0	
65	86	120	127		77①			109	105.0		95	85.5			109	105.0	
80	108	133	147		89			120	127.0		106	108.0			120	127.0	
100	132	171	178		115	使用 PN=4.0MPa 的尺寸	使用 PN=4.0MPa 的尺寸	149	157.0	0.8～3	129	132.0	使用 PN=4.0MPa 的尺寸	使用 PN=4.0MPa 的尺寸	149	157.0	0.8～3
125	160	194	213	0.8	141			175	186.0		155	160.5			175	186.0	
150	190	220	248		169			203	216.0		183	190.5			203	216.0	
200	238	276	304		220			259	270.0		239	238.0			259	270.0	
250	286	336	358		273			312	324.0		292	286.0			312	324.0	
300	343	406	419		324			363	381.0		343	343.0			363	381.0	
350	375	446	482		356			421	413.0		395	374.5			421	413.0	
400	425	511	536		407			473	470.0		447	425.5			473	470.0	
450	489	546	593		458			523	533.0		497	489.0			523	533.0	
500	533	603	651		508			575	584.0		549	533.5			575	584.0	
600	641	713	771		610			675	692.0		649	641.3			675	692.0	
700	—				712	使用 PN=2.5MPa 的尺寸	777	—		1.5～3	751	—	使用 PN=2.5MPa 的尺寸	777	—	—	1.5～3
800					813		882				856			882			
900					915		987				961			987			
1000					1016		1092				1061			1092			

① 只有当 PN 为 5.0MPa、DN 为 65mm 时，垫片内径 d_i 为 73mm。

16.4 管法兰用非金属平垫片技术条件（摘自 GB/T 9129—2003）

表 10-4-62

项目		非石棉纤维橡胶垫片	石棉橡胶垫片	聚四氟乙烯垫片	橡胶垫片	试验条件
横向抗拉强度/MPa		≥7	化学成分和物理、力学性能应符合有关材料标准的规定			
柔软性		不允许有横向裂纹				
密度/g·cm^{-3}		1.7±0.2				
耐油性	厚度增加率/%	≤15				
	质量增加率/%	≤15				
压缩率/%	试样规格：ϕ109mm×ϕ61mm×1.6mm	12±5	12±5	20±5	25±10	橡胶垫片预紧比压为7.0MPa 其他垫片预紧比压为35MPa
回弹率/%		≥45	≥47	≥15	≥18	
应力松弛率/%	试样规格：ϕ75mm×ϕ55mm×1.6mm	≤40	≤35			试验温度：300℃±5℃ 预紧比压：40.8MPa
泄漏率/cm^3·s^{-1}	试样规格：ϕ109mm×ϕ61mm×1.6mm	≤1.0×10^{-3}	≤8.0×10^{-3}	≤1.0×10^{-3}	≤5.0×10^{-4}	试验介质：99.9%氮气 试验压力：橡胶垫片，1.0MPa 其他垫片，4.0MPa 预紧比压：石棉橡胶垫片，48.5MPa 橡胶垫片，7.0MPa 其他垫片，35MPa

注：国标没有规定垫片的适用温度范围。对于石棉橡胶垫片，设计人员选用时可参考下图。

曲线1——用于水、空气、氮气、水蒸气及不属于A、B、C级的工艺介质。

曲线2——用于B、C级的液体介质，选用1.5mm厚的Ⅰ型或Ⅱ型垫片。

曲线3——用于B、C级的气体介质及其他会危及操作人员人身安全的有毒气体介质应选用Ⅱ型垫片与 PN=5.0MPa 法兰配套。

A级介质——（1）剧毒介质；（2）设计压力大于等于9.81MPa的易燃，可燃介质。

B级介质——（1）介质闪点低于28℃的易燃介质；（2）爆炸下限低于5.5%的介质；（3）操作温度高于或等于自燃点的C级介质。

C级介质——（1）介质闪点28~60℃的易燃、可燃介质；（2）爆炸下限大于或等于5.5%的介质。

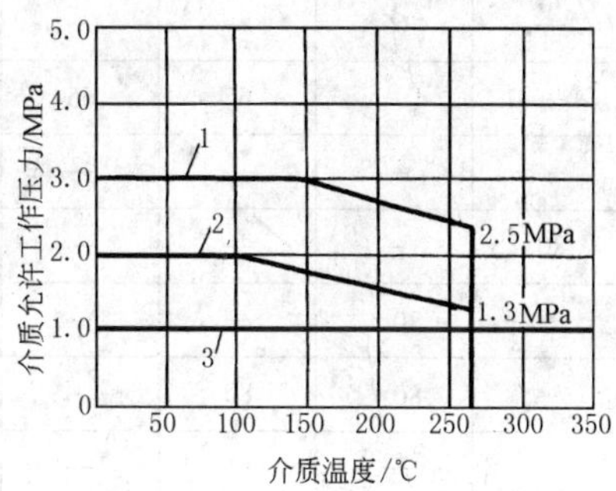

17 钢制管法兰用金属环垫（摘自 GB/T 9128—2003）

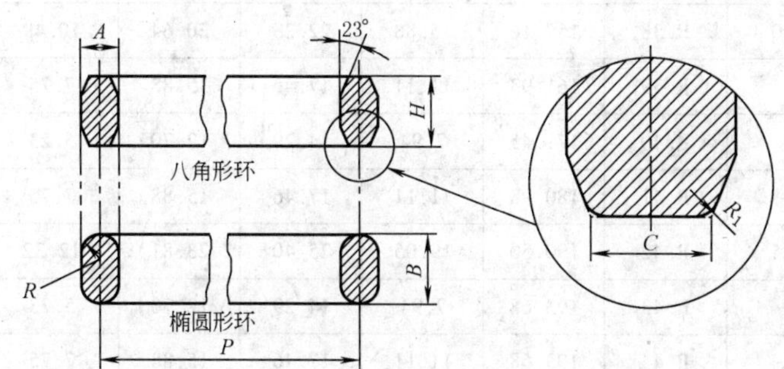

$R=A/2$

R_1=1.6mm（A≤22.3mm）

R_1=2.4mm（A>22.3mm）

标记示例：环号为20，材料为0Cr19Ni9的八角形金属环垫片，标记为八角垫 R.20-0Cr19Ni9 GB/T 9128—2003

表 10-4-63

mm

公称通径 DN					环号	平均节径 P	环宽 A	环高		八角形环的平面宽度 C
公称压力 PN/MPa								椭圆形 B	八角形 H	
20	20,110	150	260	420						
—	15	—	—	—	R.11	34.13	6.35	11.11	9.53	4.32
—	—	15	15	—	R.12	39.69	7.94	14.29	12.70	5.23
—	20	—	—	15	R.13	42.86	7.94	14.29	12.70	5.23
—	—	20	20	—	R.14	44.45	7.94	14.29	12.70	5.23
25	—	—	—	—	R.15	47.63	7.94	14.29	12.70	5.23
—	25	25	25	20	R.16	50.80	7.94	14.29	12.70	5.23
32	—	—	—	—	R.17	57.15	7.94	14.29	12.70	5.23
—	32	32	32	25	R.18	60.33	7.94	14.29	12.70	5.23
40	—	—	—	—	R.19	65.09	7.94	14.29	12.70	5.23
—	40	40	40	—	R.20	68.26	7.94	14.29	12.70	5.23
—	—	—	—	32	R.21	72.24	11.11	17.46	15.88	7.75
50	—	—	—	—	R.22	82.55	7.94	14.29	12.70	5.23
—	50	—	—	40	R.23	82.55	11.11	17.46	15.88	7.75
—	—	50	50	—	R.24	95.25	11.11	17.46	15.88	7.75
65	—	—	—	—	R.25	101.60	7.94	14.29	12.70	5.23
—	65	—	—	50	R.26	101.60	11.11	17.46	15.88	7.75
—	—	65	65	—	R.27	107.95	11.11	17.46	15.88	7.75
—	—	—	—	65	R.28	111.13	12.70	19.05	17.47	8.66
80	—	—	—	—	R.29	114.30	7.94	14.29	12.70	5.23
—	80①	—	—	—	R.30	117.48	11.11	17.46	15.88	7.75
—	80②	80	—	—	R.31	123.83	11.11	17.46	15.88	7.75
—	—	—	—	80	R.32	127.00	12.70	19.05	17.46	8.66
—	—	—	80	—	R.35	136.53	11.11	17.46	15.88	7.75
100	—	—	—	—	R.36	149.23	7.94	14.29	12.70	5.23
—	100	100	—	—	R.37	149.23	11.11	17.46	15.88	7.75
—	—	—	—	100	R.38	157.16	15.88	22.23	20.64	10.49
—	—	—	100	—	R.39	161.93	11.11	17.46	15.88	7.75
125	—	—	—	—	R.40	171.45	7.94	14.29	12.70	5.23
—	125	125	—	—	R.41	180.98	11.11	17.46	15.88	7.75
—	—	—	—	125	R.42	190.50	19.05	25.40	23.81	12.32
150	—	—	—	—	R.43	193.68	7.94	14.29	12.70	5.23
—	—	—	125	—	R.44	193.68	11.11	17.46	15.88	7.75

续表

公称通径 DN 公称压力 PN/MPa 20	20,110	150	260	420	环号	平均节径 P	环宽 A	环高 椭圆形 B	环高 八角形 H	八角形环的平面宽度 C
—	150	150	—	—	R.45	211.14	11.11	17.46	15.88	7.75
—	—	—	150	—	R.46	211.14	12.70	19.05	17.46	8.66
—	—	—	—	150	R.47	228.60	19.05	25.40	23.81	12.32
200	—	—	—	—	R.48	247.65	7.94	14.29	12.70	5.23
—	200	200	—	—	R.49	269.88	11.11	17.46	15.88	7.75
—	—	—	200	—	R.50	269.88	15.88	22.23	20.64	10.49
—	—	—	—	200	R.51	279.40	22.23	28.58	26.99	14.81
250	—	—	—	—	R.52	304.80	7.94	14.29	12.70	5.23
—	250	250	—	—	R.53	323.85	11.11	17.46	15.88	7.75
—	—	—	250	—	R.54	323.85	15.88	22.23	20.64	10.49
—	—	—	—	250	R.55	342.90	28.58	36.51	34.93	19.81
300	—	—	—	—	R.56	381.00	7.94	14.29	12.70	5.23
—	300	300	—	—	R.57	381.00	11.11	17.46	15.88	7.75
—	—	—	300	—	R.58	381.00	22.23	28.58	26.99	14.81
350	—	—	—	—	R.59	396.88	7.94	14.29	12.70	5.23
—	—	—	—	300	R.60	406.40	31.75	39.69	38.10	22.33
—	350	—	—	—	R.61	419.10	11.11	17.46	15.88	7.75
—	—	350	—	—	R.62	419.10	15.88	22.23	20.64	10.49
—	—	—	350	—	R.63	419.10	25.40	33.34	31.75	17.30
400	—	—	—	—	R.64	454.03	7.94	14.29	12.70	5.23
—	400	—	—	—	R.65	469.90	11.11	17.46	15.88	7.75
—	—	400	—	—	R.66	469.90	15.88	22.23	20.64	10.49
—	—	—	400	—	R.67	469.90	28.58	36.51	34.93	19.81
450	—	—	—	—	R.68	517.53	7.94	14.29	12.70	5.23
—	450	—	—	—	R.69	533.40	11.11	17.46	15.88	7.75
—	—	450	—	—	R.70	533.40	19.05	25.40	23.81	12.32
—	—	—	450	—	R.71	533.40	28.58	36.51	34.93	19.81
500	—	—	—	—	R.72	558.80	7.94	14.29	12.70	5.23
—	500	—	—	—	R.73	584.20	12.70	19.05	17.46	8.66
—	—	500	—	—	R.74	584.20	19.05	25.40	23.81	12.32

第10篇

续表

公称通径DN 公称压力PN/MPa					环号	平均节径 P	环宽 A	环高		八角形环的平面宽度 C
20	20,110	150	260	420				椭圆形 B	八角形 H	
—	—	—	500	—	R. 75	584.20	31.75	36.69	38.10	22.33
—	550	—	—	—	R. 81	635.00	14.29	—	19.10	9.60
—	650	—	—	—	R. 93	749.30	19.10	—	23.80	12.30
—	700	—	—	—	R. 94	800.10	19.10	—	23.80	12.30
—	750	—	—	—	R. 95	857.25	19.10	—	23.80	12.30
—	800	—	—	—	R. 96	914.40	22.20	—	27.00	14.80
—	850	—	—	—	R. 97	965.20	22.20	—	27.00	14.80
—	900	—	—	—	R. 98	1022.35	22.20	—	27.00	14.80
—	—	—	—	—	R. 100	749.30	28.60	—	34.90	19.80
—	—	650	—	—	R. 101	800.10	31.70	—	38.10	22.30
—	—	700	—	—	R. 102	857.25	31.70	—	38.10	22.30
—	—	750	—	—	R. 103	914.40	31.70	—	38.10	22.30
—	—	800	—	—	R. 104	965.20	34.90	—	41.30	24.80
—	—	850	—	—	R. 105	1022.35	34.90	—	41.30	24.80
600	—	900	—	—	R. 76	673.10	7.94	14.29	12.70	5.23
—	600	—	—	—	R. 77	692.15	15.88	22.23	20.64	10.49
—	—	600	—	—	R. 78	692.15	25.40	33.34	31.75	17.30
—	—	—	600	—	R. 79	692.15	34.93	44.45	41.28	24.82

① 仅适用于环连接密封面对焊环带颈松套钢法兰。

② 用于除对焊环带颈松套钢法兰以外的其他法兰。

注：1. 环垫材料及适用范围如下：

材料牌号	软铁	08 或 10	0Cr13	00Cr17Ni14Mo2	0Cr19Ni9
最高使用温度/℃	450	450	540	450	600

2. 软铁的化学成分（质量分数）如下： %

C	Si	Mn	P	S
<0.05	<0.04	<0.6	<0.35	<0.04

3. 环垫的材料硬度值应比法兰材料硬度值低30~40HBS，其最高硬度值如下：

环垫材料	软铁	08 或 10	0Cr13	00Cr17Ni14Mo2	0Cr19Ni9
最软硬度值 HBS	90	120	160	150	160

4. 环垫尺寸的极限偏差如下：

代号	*P*	*A*	*H*	*C*	角度23°	*r*
极限偏差	±0.18	±0.2	±0.4	±0.2	±0.5°	±0.4

只要环垫的任意两点的高度差不超过0.4mm，环垫高度 *H* 的极限偏差可为 +1.2mm。

5. 环垫密封面（八角形垫的斜面、椭圆垫圆弧面）的表面粗糙度不大于 R_a1.6μm。

18 管法兰用缠绕式垫片

18.1 缠绕式垫片型式、代号及标记（摘自 GB/T 4622.1—2003）

表 10-4-64

垫片型式代号			定位环材料		金属带材料		填充带材料		内环	
型式	代号	适用法兰密封面形式	名称	代号	名称	代号	名称	代号	名称	代号
基本型	A	榫槽面	无定位环	0	0Cr13	1	石棉	1	无内环	0
带内环型	B	凹凸面	低碳钢	1	0Cr18Ni9	2	柔性石墨	2	低碳钢	1
带定位环型	C	平面（FF 型）	0Cr18Ni9	2	0Cr17Ni12Mo2	3	聚四氟乙烯	3	0Cr18Ni9	2
带内环和定位环型	D	突面（RF 型）			00Cr17Ni14Mo2	4	非石棉纤维	4	0Cr17Ni12Mo2Ti	3
					0Cr25Ni20	5	热陶瓷纤维	5	00Cr17Ni14Mo2	4
					0Cr18Ni10Ti	6			0Cr25Ni20	5
					0Cr18Ni12Mo2Ti	7			0Cr18Ni10Ti	6
					00Cr19Ni10	8			0Cr18Ni12Mo2Ti	7
									00Cr19Ni10	8
			其他	9	其他	9	其他	9	其他	9

注：1. 垫片材料由制造商根据工作条件选择，因此用户有责任在询价单中详细说明工作条件。
2. 其余材料可由用户指定代号。

标记方法：

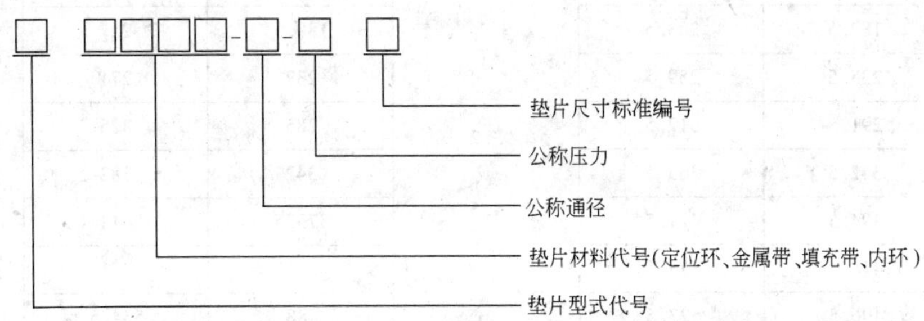

标记示例：

1）垫片型式为带内环和定位环型；定位环材料为低碳钢、金属带材料为 0Cr18Ni9、填充带材料为柔性石墨、内环材料为 0Cr18Ni9；公称通径为 150mm；公称压力为 4.0MPa；垫片尺寸标准 GB/T 4622.2—2003，标记为

缠绕垫　D　1222-DN150-PN40　GB/T 4622.2—2003

2）垫片型式为基本型；金属带材料为 0Cr18Ni9、填充带材料为柔性石墨；公称通径为 150mm；公称压力为 4.0MPa；垫片尺寸标准 GB/T 4622.2—2003，标记为

缠绕垫　A　0220-DN150-PN40　GB/T 4622.2—2003

18.2 管法兰用缠绕式垫片尺寸（摘自 GB/T 4622.2—2003）

（1）榫槽面法兰用基本型缠绕式垫片尺寸

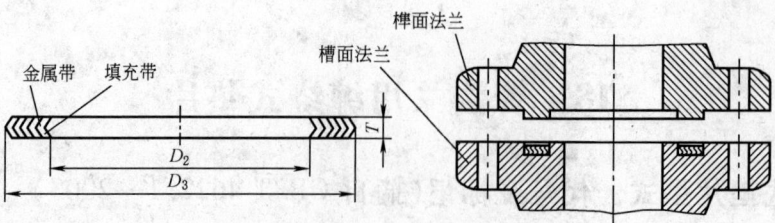

垫片型式、代号及标记方法见表10-4-64。

表 10-4-65 mm

公称通径 DN	公称压力 PN/MPa					
	1.6,2.5,4.0,6.3,10.0,16.0			5.0,11.0,15.0,26.0		
	$D_{2\min}$	$D_{3\max}$	T	$D_{2\min}$	$D_{3\max}$	T
10	23.5	34.5		—	—	
15	28.5	39.5		24.5	36	
20	35.5	50.5		32.5	44	
25	42.5	57.5		37	52	
32	50.5	65.5	2.5 或 3.2	46.5	64.5	
40	60.5	75.5		53	74	
50	72.5	87.5		72	93	
65	94.5	109.5		84.5	106	
80	105.5	120.5		107	128	
100	128.5	149.5		131	158.5	
125	154.5	175.5		159.5	187	
150	182.5	203.5		189.5	217	3.2 或 4.5
200	238.5	259.5		237	271	
250	291.5	312.5		285	325	
300	342.5	363.5	3.2 或 4.5	342	382	
350	394.5	421.5		373.5	414	
400	446.5	473.5		424.5	471	
450	496.5	523.5		488	534.5	
500	548.5	575.5		532.5	585.5	
600	648.5	675.5		640.5	693.5	
700	750.5	777.5				
800	855.5	882.5	4.5 或 6.5			
900	960.5	987.5				
1000	1060.5	1093.5				

注：推荐垫片适用温度范围如下：

不锈钢带和特制石棉带缠绕垫片，≤500℃；

不锈钢带和柔性石墨带缠绕垫片，≤600℃（非氧化介质，≤800℃）；

不锈钢带和聚四氟乙烯带缠绕垫片，-200～260℃。

（2）凹凸面法兰用带内环型缠绕式垫片尺寸

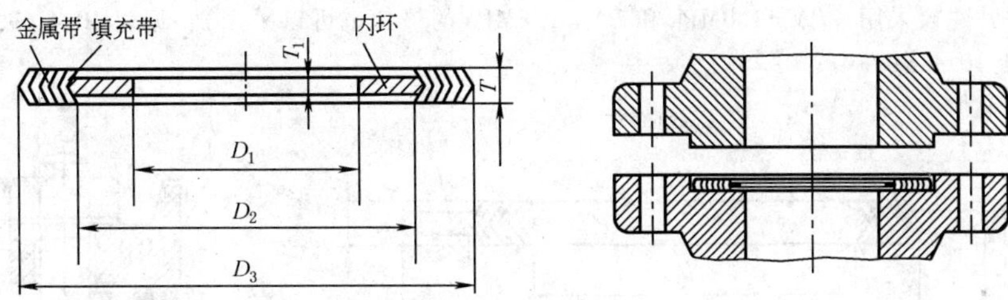

垫片型式、代号及标记方法见表10-4-64。

表 10-4-66 mm

公称通径 DN	公称压力 PN/MPa						T_1	T
	1.6,2.5,4.0,6.3,10.0,16.0			5.0,11.0,15.0,26.0				
	D_{1min}	D_{2min}	D_{3max}	D_{1min}	D_{2min}	D_{3max}		
10	15	23.6	33.4	—	—	—	2.0 或 3.0	3.2 或 4.5
15	19	27.6	38.4	14.3	18.7	32.4		
20	24	33.6	47.4	20.6	25	40.1		
25	30	40.6	55.4	27	31.4	48		
32	39	49.6	63.4	34.9	44.1	60.9		
40	45	55.6	72.4	41.3	50.4	70.4		
50	56	67.6	86.4	52.4	66.3	86.1		
65	72	83.6	103.4	63.5	79	98.9		
80	84	96.6	117.4	77.8	94.9	121.1		
100	108	122.6	144.4	103	120.3	149.6		
125	133	147.6	170.4	128.5	147.2	178.4		
150	160	176.6	200.4	154	174.2	210		
200	209	228.6	255.4	203.2	225	263.9	3.0 或 4.0	4.5 或 6.5
250	262	282.6	310.4	254	280.6	317.9		
300	311	331.6	360.4	303.2	333	375.1		
350	355	374.6	405.4	342.9	364.7	406.8		
400	406	425.6	458.4	393.7	415.5	464		
450	452	476.6	512.4	444.5	469.5	527.5		
500	508	527.6	566.4	495.3	520.3	578.3		
600	610	634.6	673.4	596.9	625.1	686.2		
700	710	734	773.5					
800	811	835	879.5					
900	909	933	980.5					

注：见表10-4-65注。

(3) 平面和突面法兰用带定位环型缠绕式垫片尺寸

对于 $PN \geqslant 6.3$MPa 的垫片以及聚四氟乙烯填充带的垫片，应采用带内环和定位环型垫片（$PN=2.5$MPa 和 $PN=4.0$MPa 的垫片建议采用，$PN=1.0$MPa 和 $PN=1.6$MPa 的垫片也可以采用），见表 10-4-69。垫片型式、代号及标记方法见表 10-4-64。

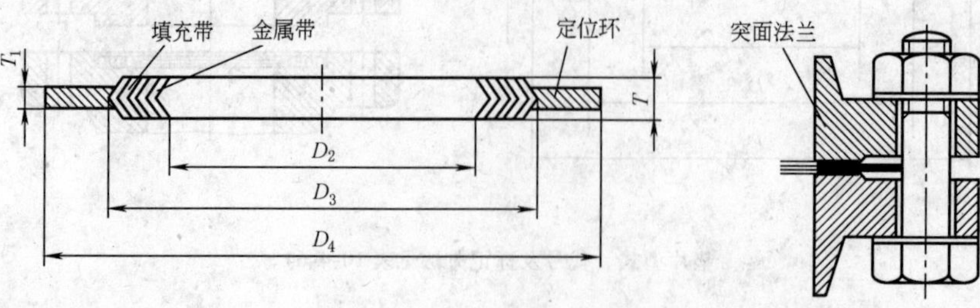

表 10-4-67　　mm

公称通径 DN	公称压力 PN/MPa 1.0,1.6,2.5,4.0,6.3,10.0,16.0 D_{2min}	D_{3max}	1.0 D_4	1.6 D_4	2.5 D_4	4.0 D_4	6.3 D_4	10.0 D_4	16.0 D_4	T_1	T
10	23.6	33.4	48	48	48	48	58	58	58	2.0 或 3.0	3.2 或 4.5
15	27.6	38.4	53	53	53	53	63	63	63		
20	33.6	47.4	63	63	63	63	74	74	74		
25	40.6	55.4	73	73	73	73	84	84	84		
32	49.6	63.4	84	84	84	84	90	90	90		
40	55.6	72.4	94	94	94	94	105	105	105		
50	67.6	86.4	109	109	109	109	115	121	121		
65	83.6	103.4	129	129	129	129	140	146	146		
80	96.6	117.4	144	144	144	144	150	156	156		
100	122.6	144.4	164	164	170	170	176	183	183		
125	147.6	170.4	194	194	196	196	213	220	220		
150	176.6	200.4	220	220	226	226	250	260	260		
200	228.6	255.4	275	275	286	293	312	327	327		
250	282.6	310.4	330	331	343	355	367	394	391		
300	331.6	360.4	380	386	403	420	427	461	461		
350	374.6	405.4	440	446	460	477	489	515		3.0 或 4.0	4.5 或 6.5
400	425.6	458.4	491	498	517	549	546	575			
450	476.6	512.4	541	558	567	574					
500	527.6	566.4	596	620	627	631					
600	634.6	673.4	698	737	734	750					
700	734	773.5	813	807	836						
800	835	879.5	920	914	945						
900	933	980.5	1020	1014	1045						

注：1. 定位环 D_4 的外径公差，公称通径 $DN=600$mm 以下（包括 $DN=600$mm），为 ${}^{0}_{-0.8}$；公称通径 $DN=600$mm 以上，为 ${}^{0}_{-1.5}$。

2. 见表 10-4-65 注。

（4）平面和突面法兰用带定位环型缠绕式垫片尺寸

填充带　金属带　定位环

T_1　T　D_2　D_3　D_4

对于 $PN \geqslant 6.3$MPa 的垫片以及聚四氟乙烯填充带的垫片，应采用带内环和定位环型垫片。

对于 $PN = 2.0$MPa 和 $PN = 5.0$MPa 的垫片，建议采用带内环和定位环型垫片，见表 10-4-70。

垫片型式、代号及标记方法见表 10-4-64。

表 10-4-68

mm

公称通径 DN	公称压力 PN /MPa												T_1	T
	2.0			5.0,11.0,15.0,26.0	5.0		11.0		15.0		26.0			
	D_{2min}	D_{3max}	D_4	D_{2min}	D_{3max}	D_4	D_{3max}	D_4	D_{3max}	D_4	D_{3max}	D_4		
10	—	—	—	—	—	—	—	—	—	—	—	—		
15	18.7	32.4	46.5	18.7	32.4	52.5	32.4	52.5	32.4	62.5	32.4	62.5		
20	26.6	40.1	56	25	40.1	66.5	40.1	64.5	40.1	69	40.1	69		
25	32.9	48	65.5	31.4	48	73	48	73	48	77.5	48	77.5		
32	45.6	60.9	75	44.1	60.9	82.5	60.9	82.5	60.9	87	60.9	87		
40	53.6	70.4	84.5	50.4	70.4	94.5	70.4	94.5	70.4	97	70.4	97		
50	69.5	86.1	104.5	66.3	86.1	111	86.1	111	86.1	141	86.1	141		
65	82.2	98.9	123.5	79	98.9	129	98.9	129	98.9	163.5	98.9	163.5	2.0或3.0	3.2或4.5
80	101.2	121.1	136.5	94.9	121.1	148.5	121.1	148.5	121.1	166.5	121.1	173		
100	126.6	149.6	174.5	120.3	149.6	180	149.6	192	149.6	205	149.6	208.5		
125	153.6	178.4	196	147.2	178.4	215	178.4	240	178.4	246.5	178.4	253		
150	180.6	210	221.5	174.2	210	250	210	265	210	287.5	210	281.5		
200	231.4	263.9	278.5	225	263.9	306	263.9	319	263.9	357.5	263.9	351.5		
250	286.9	317.9	338	280.6	317.9	360.5	317.9	399	317.9	434	317.9	434.5		
300	339.3	375.1	408	333	375.1	421	375.1	456	375.1	497.5	375.1	519.5		
350	371.1	406.8	449	364.7	406.8	484.5	406.8	491	406.8	520	406.8	579		
400	421.9	464	513	415.5	464	538.5	464	564	464	574	464	641		
450	475.9	527.5	548	469.5	527.5	595.5	527.5	612	527.5	638	527.5	702.5		
500	526.7	578.3	605	520.3	578.3	653	578.3	682	578.3	697.5	578.3	756		
600	631.4	686.2	716.5	625.1	686.2	774	686.2	790	686.2	837.5	686.2	900.5		
650	660	737.3	773	660	737.3	834	737.3	866	737.3	880				
700	711	788.3	830	711	788.3	898	788.3	913	788.3	946				
750	762	845.3	881	762	845.3	952	845.3	970	845.3	1040				
800	813	896.3	939	813	896.3	1006	896.3	1024	902.5	1076				
850	864	946.8	990	864	946.3	1057	946.3	1074	953.3	1136				
900	914	997.8	1047	914	997.8	1136	1004.3	1130	1010.5	1199				
950	965	1018	1111	965	1018	1053	1042.6	1106	1087.1	1199			3.0或4.0	4.5或6.5
1000	1016	1071.1	1161	1016	1071.1	1114	1098.5	1157	1150.6	1250				
1050	1067	1131.5	1218	1067	1131.5	1164	1156.9	1219	1201.4	1301				
1100	1118	1182.3	1275	1118	1182.3	1219	1214.1	1270	1258.5	1369				
1150	1168	1229	1326	1168	1229	1273	1264.9	1327	1322	1437				
1200	1219	1287.1	1383	1219	1287.1	1324	1322	1388	1372.8	1488				
1250	1270	1349.4	1435	1270	1347.4	1377	1372.8	1448						
1300	1321	1398.2	1492	1321	1398.2	1428	1423.6	1499						
1350	1371	1455.4	1549	1371	1455.4	1493	1480.8	1556						
1400	1422	1506.2	1606	1422	1506.2	1544	1531.6	1615						
1450	1475	1563.3	1663	1475	1563.3	1595	1588.7	1666						
1500	1524	1614.1	1714	1524	1614.1	1706	1645.9	1732						

注：1. 定位环 D_4 的外径公差，公称通径 $DN=600$mm 以下（包括 $DN=600$mm）为 $_{-0.8}^{\ 0}$；公称通径 $DN=600$mm 以上，为 $_{-1.5}^{\ 0}$。

2. 见表 10-4-65 注。

（5）平面和突面法兰用带内环和定位环型缠绕式垫片尺寸

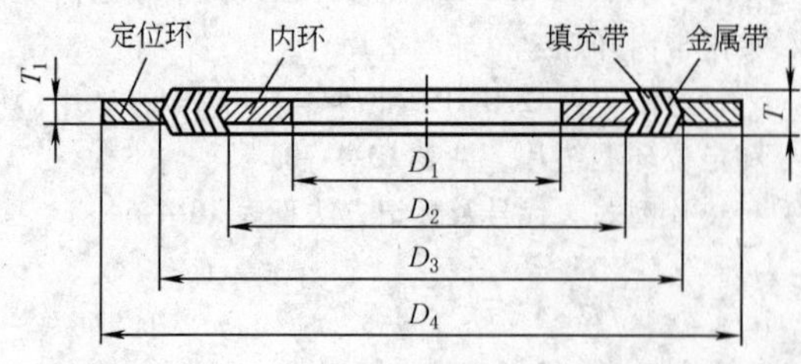

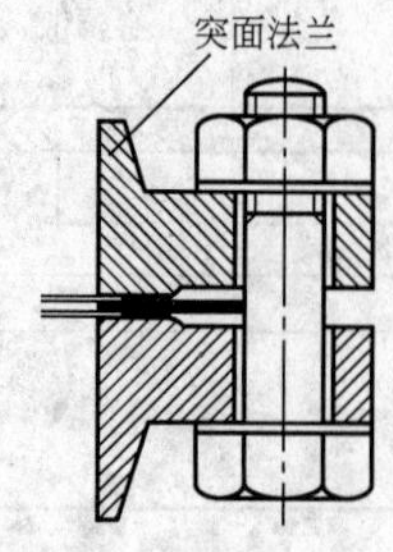

垫片型式、代号及标记方法见表 10-4-64。

表 10-4-69

mm

公称通径 DN	公称压力 PN/MPa										T_1	T
	1.0,1.6,2.5,4.0,6.3,10.0,16.0			1.0	1.6	2.5	4.0	6.3	10.0	16.0		
	$D_{1\min}$	$D_{2\min}$	$D_{3\max}$	D_4								
10	15	23.6	33.4	48	48	48	48	58	58	58		
15	19	27.6	38.4	53	53	53	53	63	63	63		
20	24	33.6	47.4	63	63	63	63	74	74	74		
25	30	40.6	55.4	73	73	73	73	84	84	84		
32	39	49.6	64.4	84	84	84	84	90	90	90		
40	45	55.6	72.4	94	94	94	94	105	105	105		
50	56	67.6	86.4	109	109	109	109	115	121	121		
65	72	83.6	103.4	129	129	129	129	140	146	146		
80	84	96.6	117.4	144	144	144	144	150	156	156	2.0 或 3.0	3.2 或 4.5
100	108	122.6	144.4	164	164	170	170	176	183	183		
125	133	147.6	170.4	194	194	196	196	213	220	220		
150	160	176.6	200.4	220	220	226	226	250	260	260		
200	209	228.6	255.4	275	275	286	293	312	327	327		
250	262	282.6	310.4	330	331	343	355	367	394	391		
300	311	331.6	360.4	380	386	403	420	427	461	461		
350	355	374.6	405.4	440	446	460	477	489	515			
400	406	425.6	458.4	491	498	517	549	546	575			
450	452	476.6	512.4	541	558	567	574					
500	508	527.6	566.4	596	620	627	631					
600	610	634.6	673.4	698	737	734	750				3.0 或 5.0	4.5 或 6.5
700	710	734	773.5	813	807	836						
800	811	835	879.5	920	914	945						
900	909	933	980.5	1020	1014	1045						

注：1. 公称通径 DN = 600mm 以下（包括 DN = 600mm），定位环 D_4 的外径公差，为 $^{0}_{-0.8}$；公称通径 DN = 600mm 以上，为 $^{0}_{-1.5}$。

2. 见表 10-4-65 注。

（6）平面和突面法兰用带内环和定位环型缠绕式垫片尺寸

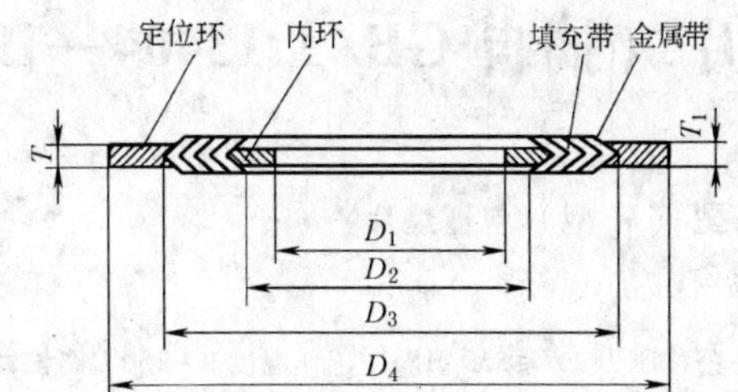

垫片型式、代号及标记方法见表10-4-64。

表 10-4-70

mm

公称通径 DN	公称压力 PN/MPa										T_1	T
	2.0,5.0,11.0,15.0,26.0	2.0			5.0,11.0,15.0,26.0		5.0	11.0	15.0	26.0		
	D_{1min}	D_{2min}	D_{3max}	D_4	D_{2min}	D_{3max}	D_4					
10	—	—	—	—	—	—	—	—	—	—		
15	14.3	18.7	32.4	46.5	18.7	32.4	52.5	52.5	62.5	62.5		
20	20.6	26.6	40.1	56	25	40.1	66.5	64.5	69	69		
25	27	32.9	48	65.5	31.4	48	73	73	77.5	77.5		
32	34.9	45.6	60.9	75	44.1	60.9	82.5	82.5	87	87		
40	41.3	53.6	70.4	84.5	50.4	70.4	94.5	94.5	97	97		
50	52.4	69.5	86.1	104.5	66.3	86.1	111	111	141	141		
65	63.5	82.2	98.9	123.5	79	98.9	129	129	163.5	163.5		
80	77.8	101.2	121.1	136.5	94.9	121.1	148.5	148.5	166.5	173	2.0 或 3.0	3.2 或 4.5
100	103	126.6	149.6	174.5	120.3	149.6	180	192	205	208.5		
125	128.5	153.6	178.4	196	147.2	178.4	215	240	246.5	253		
150	154	180.6	210	221.5	174.2	210	250	265	287.5	281.5		
200	203.2	231.4	263.9	278.5	225	263.9	306	319	357.5	351.5		
250	254	286.9	317.9	338	280.6	317.9	360.5	399	434	434.5		
300	303.2	339.3	375.1	408	333	375.1	421	456	497.5	519.5		
350	342.9	371.1	406.8	449	364.7	406.8	484.5	491	520	579		
400	393.7	421.9	464	513	415.5	464	538.5	564	574	641		
450	444.5	475.9	527.5	548	469.5	527.5	595.5	612	638	702.5	3.0 或 5.0	4.5 或 6.5
500	495.3	526.7	578.3	605	520.3	578.3	653	682	697.5	756		
600	596.9	631.4	686.2	716.5	625.1	686.2	774	790	837.5	900.5		

注：1. 公称通径 DN=600mm 以下（包括 DN=600mm），定位环 D_4 的外径公差，为 $_{-0.8}^{0}$。

2. 见表10-4-65注。

19 管法兰用聚四氟乙烯包覆垫片（摘自 GB/T 13404—1992）

剖切型（S 型）和机加工型（M 型）包覆垫片

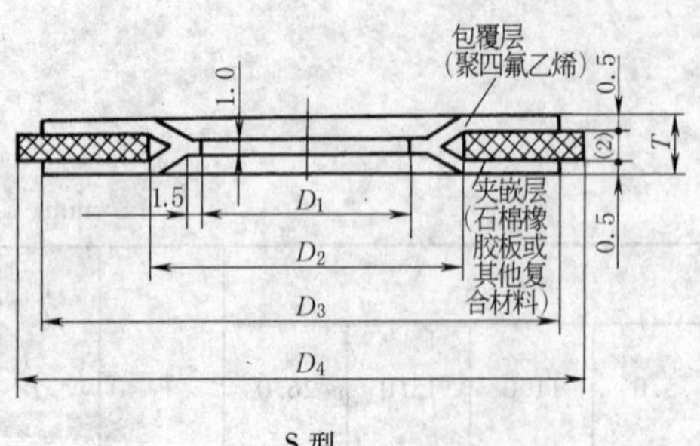

S 型

适用范围：公称压力 $PN \leqslant 5.0$ MPa、工作温度 0 ~ 150℃腐蚀性介质或高清洁度要求的突面及平面管法兰。

标记示例：公称通径 50mm、公称压力 1.0MPa 的剖切型聚四氟乙烯包覆垫片，标记为

S-50-1.0 GB/T 13404—1992

泄漏量：在规定的试验条件下，允许泄漏量为 $1 \times 10^{-3} cm^3/s$。

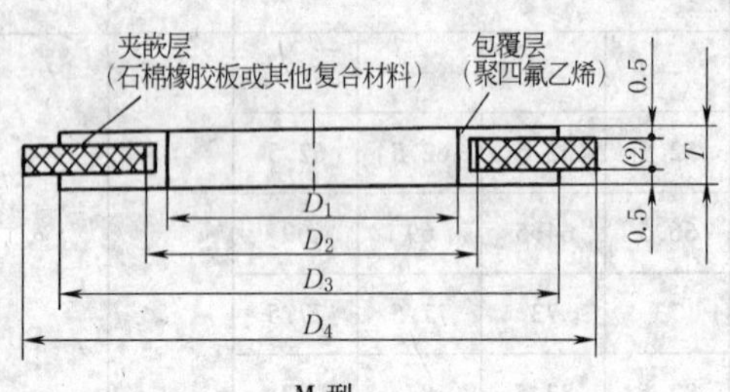

M 型

标记示例：公称通径 50mm、公称压力 1.0MPa 的机加工型聚四氟乙烯包覆垫片，标记为

M-50-1.0 GB/T 13404—1992

泄漏量：在规定的试验条件下，允许泄漏量为 $1 \times 10^{-3} cm^3/s$。

表 10-4-71 mm

公称通径 *DN*	包覆层内径 D_1（H14）	嵌入层内径 D_2		包覆层外径 D_{3min}	垫片外径 D_4(h14) 公称压力 *PN*/MPa							垫片厚度 *T*
		S 型	M 型		0.6	1.0	1.6	2.0	2.5	4.0	5.0	
10	17	26	20	36	39	46	46	—	46	46	—	
15	21	30	24	40	44	51	51	46.5	51	51	52.5	
20	27	36	30	50	54	61	61	56.0	61	61	66.5	
25	34	43	37	60	64	71	71	65.5	71	71	73.0	
32	43	52	46	70	76	82	82	75.0	82	82	82.5	
40	48	57	51	80	86	92	92	84.5	92	92	94.5	
50	60	69	63	92	96	107	107	104.5	107	107	111.0	
65	76	85	79	110	116	127	127	123.5	127	127	129.0	
80	89	98	92	126	132	142	142	136.5	142	142	148.5	3
100	114	123	117	151	152	162	162	174.5	168	168	180.0	
125	140	149	143	178	182	192	192	196.0	194	194	215.0	
150	168	177	171	206	207	218	218	221.5	224	224	250.0	
200	219	228	222	260	262	273	273	278.5	284	290	306.0	
250	273	282	276	314	317	328	329	338.0	340	352	360.5	
300	324	333	327	365	373	378	384	408.0	400	417	421.0	
350	356	365	359	412	423	438	444	449.0	457	474	484.5	

折包型（F型）包覆垫片

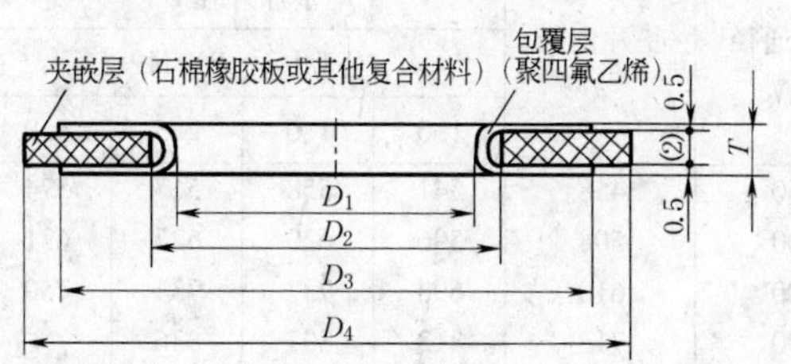

适用范围：公称压力 $PN \leqslant 5.0$MPa、工作温度 0～150℃腐蚀性介质或高清洁度要求的突面及平面管法兰。

标记示例：公称通径 50mm、公称压力 1.0MPa 的折包型聚四氟乙烯包覆垫片，标记为

F-50-1.0　GB/T 13404—1992

泄漏量：在规定的试验条件下，允许泄漏量 1×10^{-3}mL/s。

表 10-4-72　　mm

公称通径 DN	包覆层内径 D_1 (H14)	嵌入层内径 D_2	包覆层外径 $D_{3\min}$	垫片外径 D_4(h14) 公称压力 PN/MPa							垫片厚度 T
				0.6	1.0	1.6	2.0	2.5	4.0	5.0	
200	219	223	260	262	273	273	278.5	284	290	306.0	3
250	273	277	314	317	328	329	338.0	340	352	360.5	
300	324	328	365	373	378	384	408.0	400	417	421.0	
350	356	360	412	423	438	444	449.0	457	474	484.5	
400	407	411	469	473	489	495	513.0	514	546	538.5	
450	457	461	528	528	539	555	548.0	564	571	595.5	
500	508	512	578	578	594	617	605.0	624	628	653.0	
600	610	614	679	679	695	734	716.5	731	747	774.0	

20　管法兰用金属包覆垫片（摘自 GB/T 15601—1995）

平面型金属包覆垫片（F型）

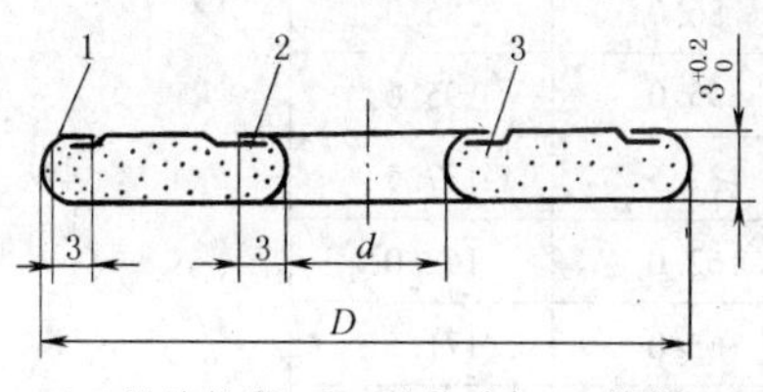

1—垫片外壳；2—垫片盖；3—填料

适用范围：公称压力 PN1.0～25.0MPa、公称通径 DN10～900mm 的管法兰。

标记示例：公称通径 50mm、公称压力 2.0MPa 的平面型金属包覆垫片，标记为

F-50-2.0　GB/T 15601—1995

泄漏量：在规定的试验条件下，泄漏量小于等于 1×10^{-3}mL/s。

表 10-4-73　　mm

公称通径 DN	垫片内径 d	垫片外径 D 公称压力 PN/MPa				公称通径 DN	垫片内径 d	垫片外径 D 公称压力 PN/MPa			
		1.0	1.6	2.5	4.0			1.0	1.6	2.5	4.0
10	18	48	48	48	48	40	49	94	94	94	94
15	22	53	53	53	53	50	61	109	109	109	109
20	27	63	63	63	63	65	77	129	129	129	129
25	34	73	73	73	73	80	89	144	144	144	144
32	43	84	84	84	84	100	115	164	164	170	170

续表

公称通径 DN	垫片内径 d	垫片外径 D 公称压力 PN/MPa				公称通径 DN	垫片内径 d	垫片外径 D 公称压力 PN/MPa			
		1.0	1.6	2.5	4.0			1.0	1.6	2.5	4.0
125	141	194	194	196	196	450	458	541	558	567	574
150	169	220	220	226	226	500	508	596	620	627	631
200	220	275	275	286	293	600	610	698	737	734	750
250	273	330	331	343	355	700	712	813	807	836	—
300	324	380	386	403	420	800	813	920	914	945	—
350	356	440	446	460	477	900	915	1020	1014	1045	—
400	407	491	498	517	549						

波纹型金属包覆垫片（C 型）

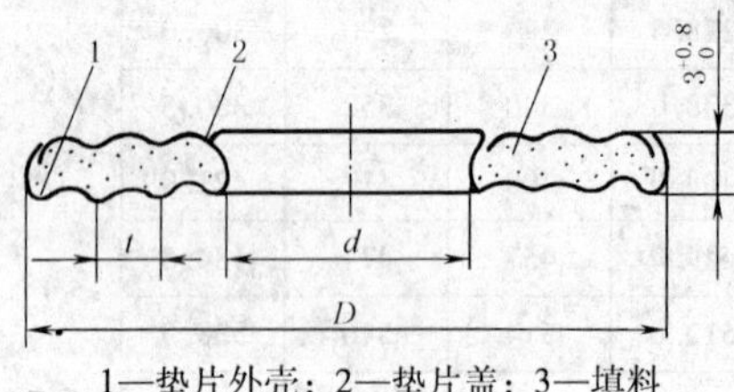

1—垫片外壳；2—垫片盖；3—填料

适用范围：公称压力 $PN=1.0\sim25.0$MPa、公称通径 $DN=10\sim900$mm 的管法兰。

标记示例：公称通径 50mm，公称压力 2.0MPa 的波纹型金属包覆垫片，标记为

C-50-2.0　GB/T 15601—1995

泄漏量：在规定的试验条件下，泄漏量小于等于 1×10^{-3}mL/s。

表 10-4-74　　mm

公称通径 DN	垫片内径 d	垫片外径 D 公称压力 PN/MPa					节距 t
		2.0	5.0	10.0	15.0	25.0	
15	22	44.5	51.0	51.0	60.5	60.5	≤4
20	28	54.0	63.5	63.5	67.0	67.0	
25	38	63.5	70.0	70.0	76.0	76.0	
32	47	73.0	79.5	79.5	86.0	86.0	
40	54	82.5	92.0	92.0	95.0	95.0	
50	73	101.5	107.0	108.0	137.5	137.5	
65	85	120.5	127.0	127.0	162.0	162.0	
80	107	133.5	146.0	146.0	165.0	171.5	
100	131	171.5	178.0	190.5	203.0	206.5	
125	152	194.0	213	238.0	244.5	251	
150	190	219.0	247.5	263.5	285.5	279.5	
200	238	276.5	305.0	317.5	355.5	349.0	3.2～6.4
250	285	336.5	359.0	397.0	432.0	432.0	
300	342	406.5	419.0	454.0	495.5	517.5	
350	374	448.0	482.5	489.0	517.5	575.0	
400	425	511.5	536.5	562.0	571.5	638.5	
450	488	546.0	594.0	609.5	635.0	702.0	
500	533	603.0	651.0	679.5	695.5	752.5	
600	641	714.5	771.5	787.5	835.0	898.5	

润滑产品主要供应商名录

单 位 名 称	邮编	地 址	网 址
太原矿山机器润滑液压设备有限公司	030009	山西省太原市解放路北路75号	www. tkryjy. com. cn
南通市南方润滑液压设备有限公司	226200	江苏省启东市开发区纬二路236~238号	www. nfry-china. com
启东市南方润滑液压设备有限公司	226255	江苏省启东市惠萍工业区	www. qdnr. com. cn
启东江海液压润滑设备厂	226259	江苏省启东市江夏工业区1号	www. jhrh. com. cn
启东润滑设备有限公司	226200	江苏省启东市和平中路360号	
中国重型机械研究院机械装备厂	710032	陕西省西安市辛家庙	
常州市华立液压润滑设备有限公司	213115	江苏省常州东门外三河口	www. czhuali. cn
上海润滑设备厂	200090	上海市双阳路201号	www. runhua-sh. com
上海利安润滑设备制造有限公司	201906	上海宝山区顾村工业园区湄星路1955号	www. sh-lian. com
上海澳瑞特润滑设备有限公司	200434	上海市丰镇路788号	www. ort-sh. com
太原宝太润滑设备有限公司	030009	山西省太原市胜利街310号	www. cnsb. cn
太原兴科机电研究所	030009	山西省太原市胜利街310号	
四川川润股份有限公司	643010	四川省自贡市大安区大安街30号	www. chuanrun. com
温州市龙湾润滑液压设备厂	325000	浙江省温州市飞鹏巷6号(新14号)	www. wzlr. cn
福建省泉州市江南冷却器厂	362000	福建省泉州市泉秀东路宝洲路口	www. minlong. com. cn
风凯换热器制造(常州)有限公司	213115	江苏省常州市焦溪镇三河口	www. funke. cebiz. cn
盐城蒙塔液压机械有限公司	224700	江苏省建湖县丰收路248号	www. mengta. com
启东中冶润滑设备有限公司	226200	江苏省启东经济开发区城北工业园跃龙路16号	www. zyrh. cn

参 考 文 献

1 汪德涛. 润滑技术手册. 北京：机械工业出版社，1999及2002
2 机械工程学会摩擦学学会《润滑工程》编写组. 润滑工程. 北京：机械工业出版社，1986
3 胡邦喜. 设备润滑基础. 第2版. 北京：冶金工业出版社，2002
4《手册》编委会. 机械工程标准手册：密封与润滑卷. 北京：中国标准出版社，2003
5 中国机械工程学会设备与维修工程分会《机械设备维修问答丛书》编委会. 设备润滑维修问答. 北京：机械工业出版社，2006
6《重型机械标准》编写委员会. 重型机械标准：第四卷. 北京：中国标准出版社，1998
7 葛丰恒，孟广俊等. 机械设备润滑手册. 北京：石油工业出版社，1984
8《设备用油与润滑手册》编委会. 设备用油与润滑手册. 北京：煤炭工业出版社，1989
9 [英] 尼尔M. J. 摩擦学手册. 王自新等译. 北京：机械工业出版社，1984
10 日本润滑学会. 润滑ハンドブック（改订版）. 东京：养贤堂，1987
11《现代实用机床设计手册》编委会. 现代实用机床设计手册（下）. 北京：机械工业出版社，2006
12《机械工程手册》编委会. 机械工程手册：机械设计基础卷. 第二版. 北京：机械工业出版社，1996. 4-98～4-119
13 中国石油化工股份有限公司科技开发部. 石油产品国家标准汇编2005. 北京：中国标准出版社，2005
14 中国石油化工股份有限公司科技开发部. 石油产品行业标准汇编2005. 北京：中国石化出版社，2005
15 颜志光. 润滑剂性能测试技术手册. 北京：中国石化出版社，2000
16 王毓民，王恒. 润滑材料与润滑技术. 北京：化学工业出版社，2005
17 王先会. 车辆与船舶润滑油脂应用技术. 北京：中国石化出版社，2005
18 王先会. 工业润滑油脂应用技术. 北京：中国石化出版社，2005
19 颜志光，杨正宇. 合成润滑剂. 北京：中国石化出版社，1996
20 中国机械工程学会设备与维修工程分会. 设备润滑维修问答. 北京：机械工业出版社，2006
21 肖开学. 实用设备润滑与密封技术问答. 北京：机械工业出版社，2000
22 中国石油化工股份有限公司科技开发部. 石油和石油产品试验方法国家标准汇编2005. 北京：中国标准出版社，2005
23 中国石油化工股份有限公司科技开发部. 石油和石油产品试验方法行业标准汇编2005. 北京：中国标准出版社，2005
24《设备润滑基础》编写组. 设备润滑基础. 北京：冶金工业出版社，1982
25 葛丰恒，孟广俊等. 机械设备润滑手册. 北京：石油工业出版社，1984
26 机械工程学会摩擦学学会《润滑工程》编写组. 润滑工程. 北京：机械工业出版社，1986
27《设备用油与润滑手册》编委会. 设备用油与润滑手册. 北京：煤炭工业出版社，1989
28 [英] M. J. 尼尔. 摩擦学手册. 北京：机械工业出版社，1984
29 日本潤滑学会. 養賢堂. 潤滑ハンドブック1984（改訂版）. 1987
30 夏廷栋. 液压传动的密封与密封装置. 北京：中国农业机械出版社，1982
31 刘后桂. 密封技术. 长沙：湖南科学技术出版社，1983
32 胡国桢等. 化工密封技术. 北京：化学工业出版社，1990
33 [德] E. 迈尔. 机械密封. 第六版. 北京：化学工业出版社，1981
34 李继和，蔡纪宁，林学海. 机械密封技术. 北京：化学工业出版社，1988
35 沈锡华. 波纹管型机械密封. 北京：烃加工出版社，1987
36 Burgmann Mechanical Seals design manual 10
37 化工与通用机械，1981年第5、6期
38 炼油设备设计技术中心站. 炼油设备密封技术文集. 1984
39 Pumps—Shaft Sealing Systems for Centrifugal and Rotarg Pumps，API Standard 682，Second Edition，JULY 2002
40 陈德才等. 机械密封设计制造与使用. 北京：机械工业出版社，1993
41 Guide to Modern Machanical Sealing DURA Seal Manual Seventh Edition
42 徐灏. 密封. 北京：冶金工业出版社，1999
43 机械工程手册电机工程手册编辑委员会. 机械工程手册：第5卷. 第二版. 北京：机械工业出版社，1996
44 Burgmann Dry gas Seal Manual，1997
45 全国化工设备设计技术中心站机泵技术委员会. 工业泵选用手册. 北京：化学工业出版社，1998

第 11 篇 弹 簧

主要撰稿 朱 炎 王鸿翔

审 稿 朱琪 朱炎

第  章　弹簧的类型、性能与应用

弹簧的类型繁多，其分类方法也颇多，表 11-1-1 中所列弹簧类型是按结构形状来分类的。

表 11-1-1　　弹簧的类型及其性能与应用

类型		结构图	特性线	性能与应用
圆柱螺旋弹簧	圆形截面圆柱螺旋压缩弹簧	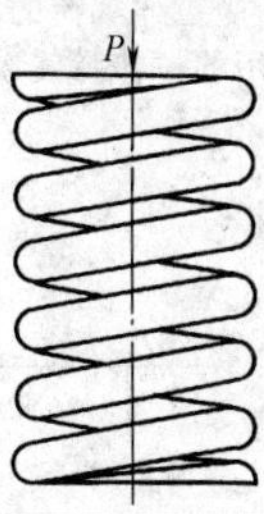	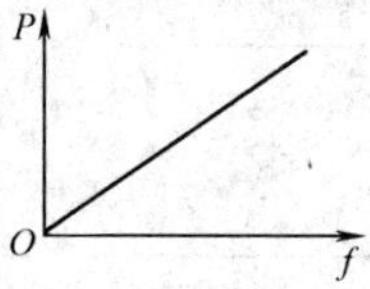	特性线呈线性，刚度稳定，结构简单，制造方便，应用较广，在机械设备中多用作缓冲、减振以及储能和控制运动等
	矩形截面圆柱螺旋压缩弹簧	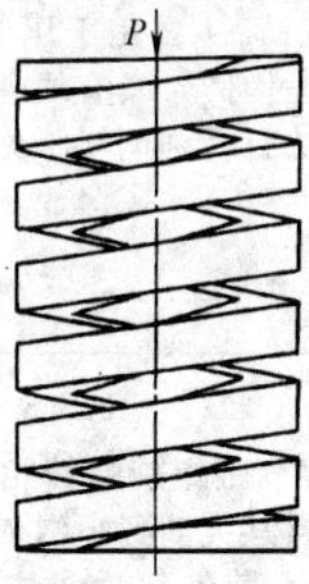	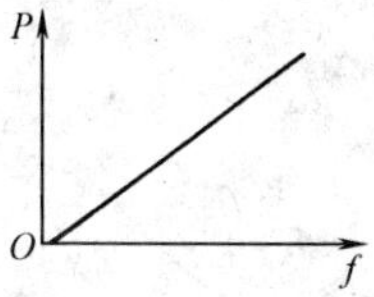	在同样的空间条件下，矩形截面圆柱螺旋压缩弹簧比圆形截面圆柱螺旋压缩弹簧的刚度大，吸收能量多，特性线更接近于直线，刚度更接近于常数
	扁形截面圆柱螺旋压缩弹簧	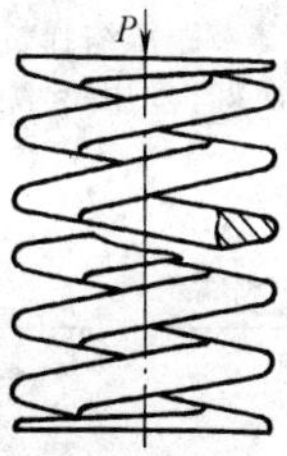		与圆形截面圆柱螺旋压缩弹簧比较，储存能量大，压并高度低，压缩量大，因此被广泛用于发动机阀门机构、离合器和自动变速器等安装空间比较小的装置上
	不等节距圆柱螺旋压缩弹簧	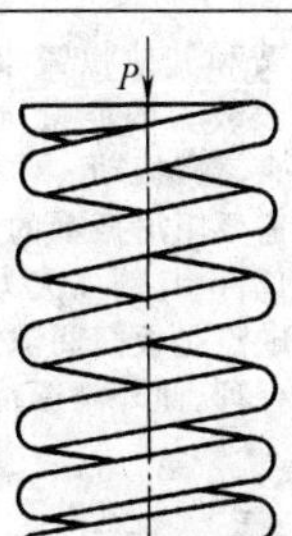	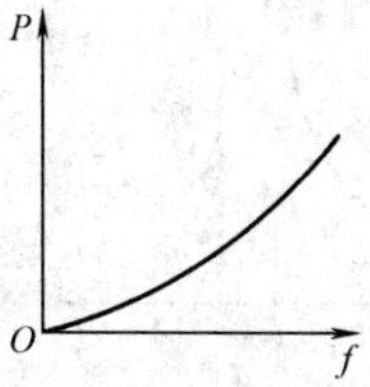	当载荷增大到一定程度后，随着载荷的增大，弹簧从小节距开始依次逐渐并紧，刚度逐渐增大，特性线由线性变为渐增型。因此其自振频率为变值，有较好的消除或缓和共振的影响，多用于高速变载机构

续表

类型		结构图	特性线	性能与应用
圆柱螺旋弹簧	多股圆柱螺旋弹簧	P	P, O, f	材料为细钢丝拧成的钢丝绳。在未受载荷时，钢丝绳各根钢丝之间的接触比较松，当外载荷达到一定程度时，接触紧密起来，这时弹簧刚性增大，因此多股螺旋弹簧的特性线有折点。比相同截面材料的普通圆柱螺旋弹簧强度高，减振作用大。在武器和航空发动机中常有应用
	圆柱螺旋拉伸弹簧	P, F	P, O, f	性能和特点与圆形截面圆柱螺旋压缩弹簧相同，它主要用于受拉伸载荷的场合，如联轴器过载安全装置中用的拉伸弹簧以及棘轮机构中棘爪复位拉伸弹簧
	圆柱螺旋扭转弹簧	T	T, O, φ	承受扭转载荷，主要用于压紧和储能以及传动系统中的弹性环节，具有线性特性线，应用广泛，如用于测力计及强制气阀关闭机构
变径螺旋弹簧	圆锥形螺旋弹簧	P	P, O, f	作用与不等节距螺旋弹簧相似，载荷达到一定程度后，弹簧从大圈到小圈依次逐渐并紧，簧圈开始接触后，特性线为非线性，刚度逐渐增大，自振频率为变值，有利于消除或缓和共振，防共振能力较等节距压缩弹簧强。这种弹簧结构紧凑，稳定性好，多用于承受较大载荷和减振，如应用于重型振动筛的悬挂弹簧及东风型汽车变速器
	蜗卷螺旋弹簧	P	P, O, f	蜗卷螺旋弹簧和其他弹簧相比较，在相同的空间内可以吸收较大的能量，而且其板间存在的摩擦可利用来衰减振动。常用于需要吸收热膨胀变形而又需要阻尼振动的管道系统或与管道系统相连的部件中，例如火力发电厂汽、水管道系统中。其缺点是板间间隙小，淬火困难，也不能进行喷丸处理，此外制造精度也不够高

续表

类型		结构图	特性线	性能与应用
扭杆弹簧		T T	T O φ	结构简单,但材料和制造精度要求高。主要用作轿车和小型车辆的悬挂弹簧,内燃机中作气门辅助弹簧,以及空气弹簧,稳压器的辅助弹簧
碟形弹簧	普通碟形弹簧	P	P O f	承载缓冲和减振能力强。采用不同的组合可以得到不同的特性线。可用于压力安全阀,自动转换装置,复位装置,离合器等
环形弹簧		P	P O f	广泛应用于需要吸收大能量但空间尺寸受到限制的场合,如机车牵引装置弹簧,起重机和大炮的缓冲弹簧,锻锤的减振弹簧,飞机的制动弹簧等
平面蜗卷弹簧		游丝 T	T O φ	游丝是小尺寸金属带盘绕而成的平面蜗卷弹簧。可用作测量元件(测量游丝)或压紧元件(接触游丝)
		发条 T	T O φ	发条主要用作储能元件。发条工作可靠、维护简单,被广泛应用于计时仪器和时控装置中,如钟表、记录仪器、家用电器等,用于机动玩具中作为动力源

续表

类型	结构图	特性线	性能与应用
片弹簧	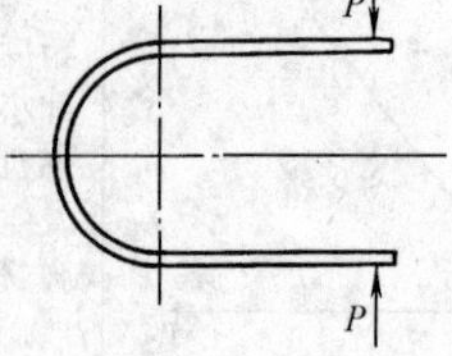 P P	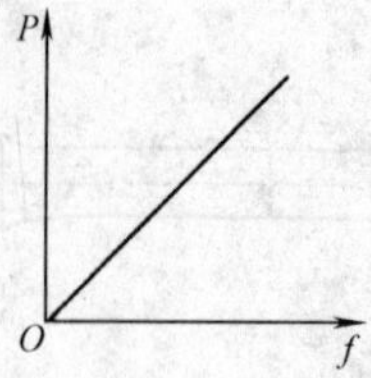 P O f	片弹簧是一种矩形截面的金属片，主要用于载荷和变形都不大的场合。可用作检测仪表或自动装置中的敏感元件，电接触点、棘轮机构棘爪、定位器等压紧弹簧及支承或导轨等
钢板弹簧	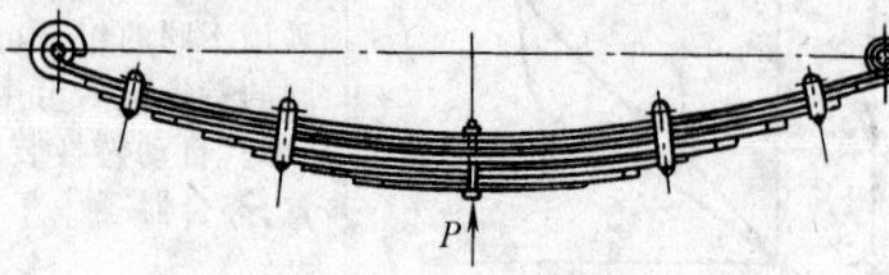 P	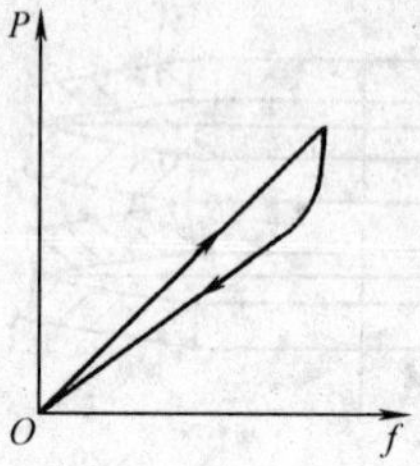 P O f	钢板弹簧是由多片弹簧钢板叠合组成。广泛应用于汽车、拖拉机、火车中作悬挂装置，起缓冲和减振作用，也用于各种机械产品中作减振装置，具有较高的刚度
橡胶弹簧	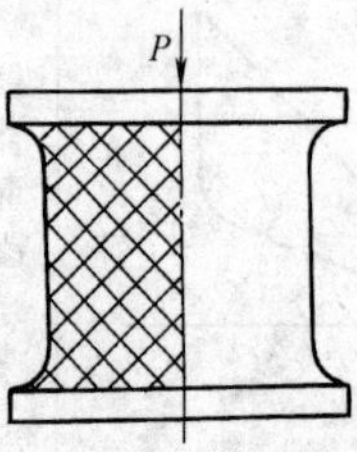 P	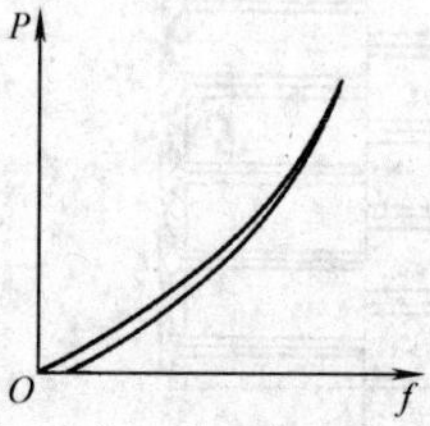 P O f	橡胶弹簧因弹性模量较小，可以得到较大的弹性变形，容易实现所需要的非线性特性。形状不受限制，各个方向的刚度可根据设计要求自由选择。同一橡胶弹簧能同时承受多方向载荷，因而可使系统的结构简化。橡胶弹簧在机械设备上的应用正在日益扩展
橡胶-金属螺旋复合弹簧	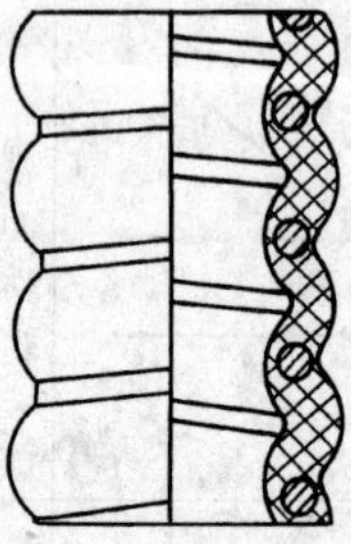	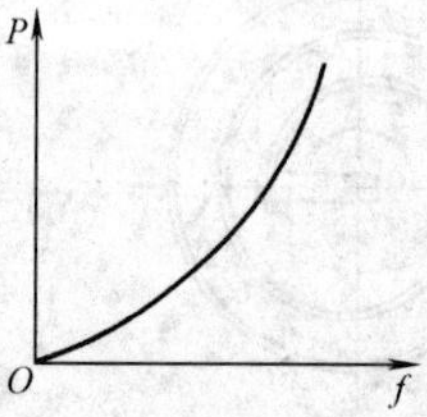 P O f	特性线为渐增型。此种橡胶-金属螺旋复合弹簧与橡胶弹簧相比有较大的刚性，与金属弹簧相比有较大的阻尼性。因此，它具有承载能力大、减振性强、耐磨损等优点。适用于矿山机械和重型车辆的悬架结构等
空气弹簧	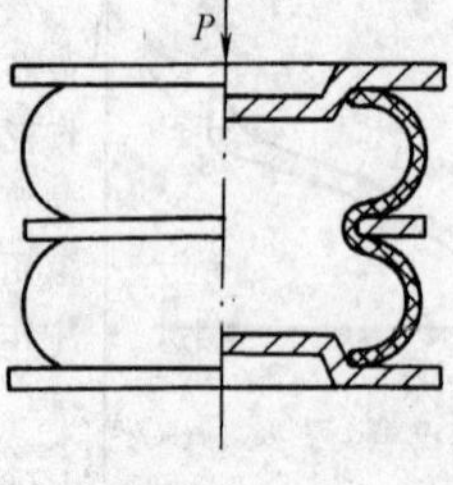 P	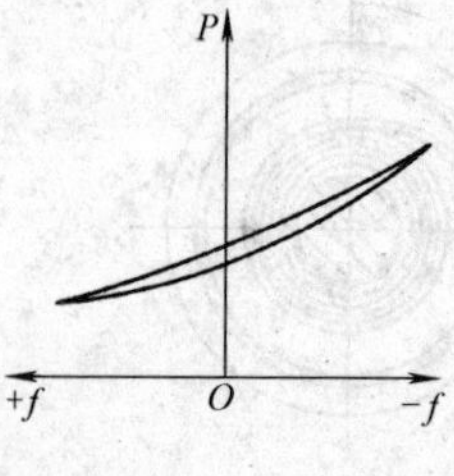 P +f O −f	空气弹簧是利用空气的可压缩性实现弹性作用的一种非金属弹簧。用在车辆悬挂装置中可以大大改善车辆的动力性能，从而显著提高其运行舒适度，所以空气弹簧在汽车和火车上得到广泛应用

续表

类型		结构图	特性线	性能与应用
膜片及膜盒	波纹膜片	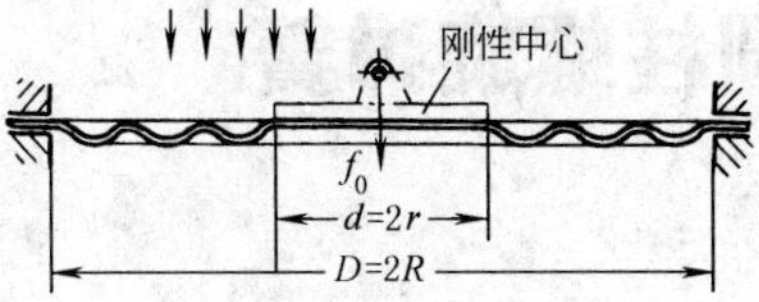 P 刚性中心 f_0 $d=2r$ $D=2R$	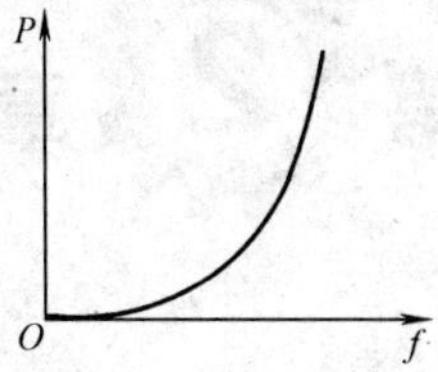 P O f	用于测量与压力成非线性的各种量值，如管道中液体或气体流量，飞机的飞行速度和高度等
	平膜片	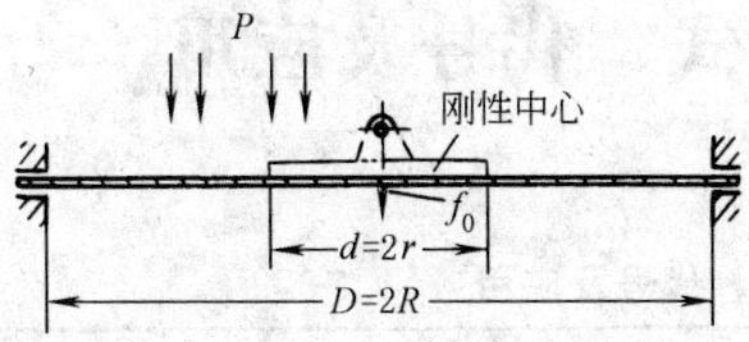 P 刚性中心 f_0 $d=2r$ $D=2R$	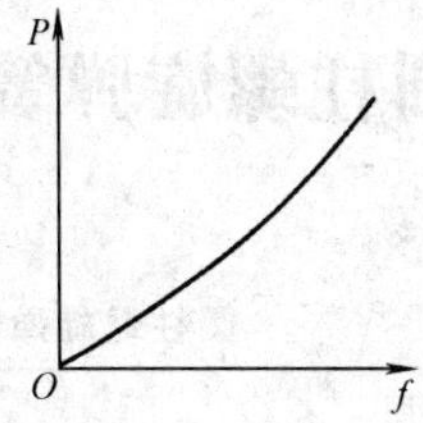 P O f	用作仪表的敏感元件，并能起隔离两种不同介质的作用，如因压力或真空产生变形时的柔性密封装置等
	膜盒	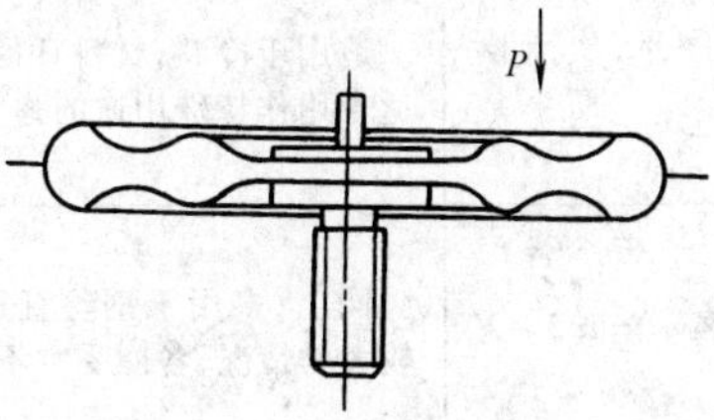 P	特性线随波纹数密度、深度而变化	为了便于安装，将两个相同的膜片沿周边连接成盒状
压力弹簧管		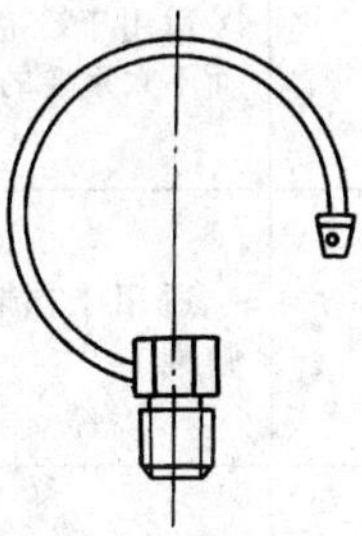	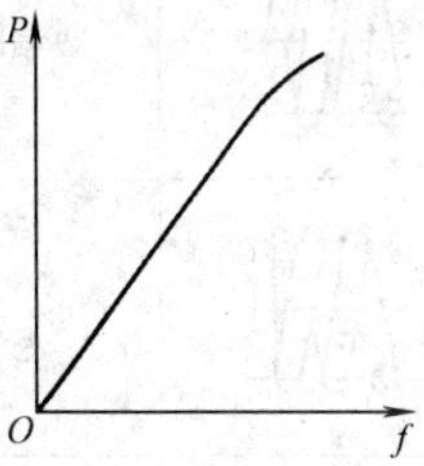 P O f	在流体的压力作用下末端产生位移，通过传动机构将位移传递到指针上，用于压力计、温度计、真空计、液位计、流量计等

第2章 圆柱螺旋弹簧

1 圆柱螺旋弹簧的型式、代号及应用

表 11-2-1 圆柱螺旋弹簧的型式、代号及应用

类型	代号	简图	端部结构型式	应用
冷卷压缩弹簧	YⅠ	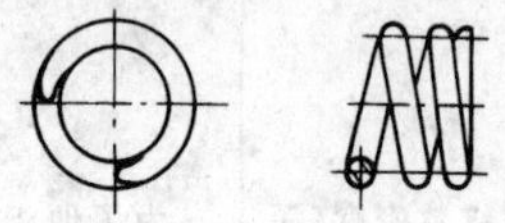	两端圈并紧并磨平，支承圈数，$n_2=1\sim2.5$	适用于冷卷，材料直径 $d\geqslant0.5$mm，不适合用作特殊用途的弹簧
	YⅡ	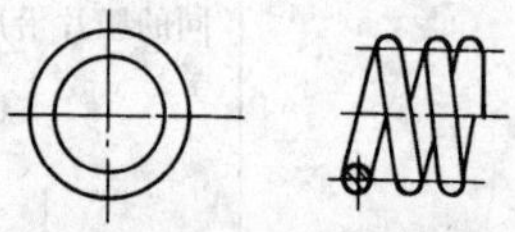	两端圈并紧不磨，$n_2=1.5\sim2$	同上，多用于钢丝直径较细，旋绕比较大的情况，各圈受力不均匀
	YⅢ	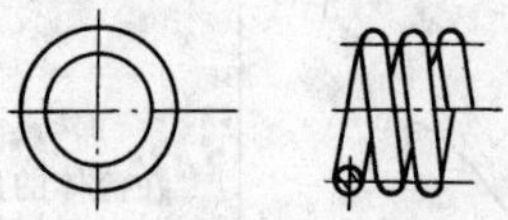	两端圈不并紧，$n_2=0\sim1$	适用于冷卷，$d\geqslant0.5$mm，旋绕比大，而不太重要的弹簧
热卷压缩弹簧	RYⅠ	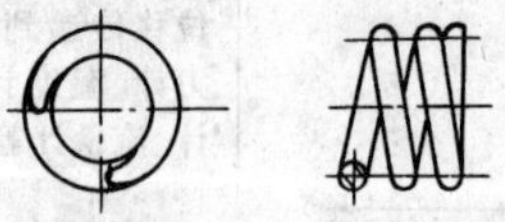	两端圈并紧并磨平，$n_2=1.5\sim2.5$	适用于热卷，不适用于特殊性能的弹簧
	RYⅡ	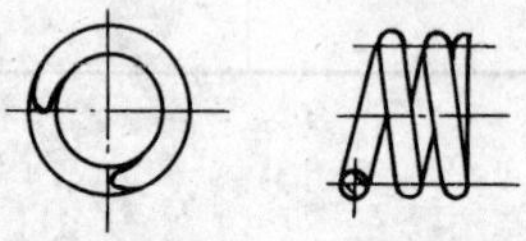	两端圈制扁并紧不磨或磨平，$n_2=1.5\sim2.5$	
冷卷拉伸弹簧	LⅠ	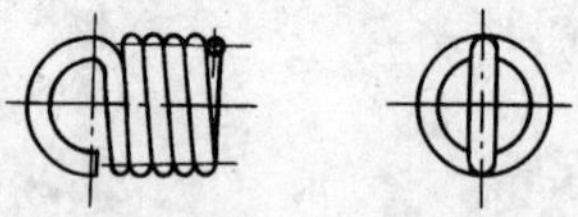	半圆钩环	适用于冷卷，材料直径 $d\geqslant0.5$mm，钩环型式视装配要求而定，常见的为半圆钩环、圆钩环与圆钩环压中心几种。钩环弯折处应力较大，易折断，一般多用于拉力不太大的情况
	LⅡ	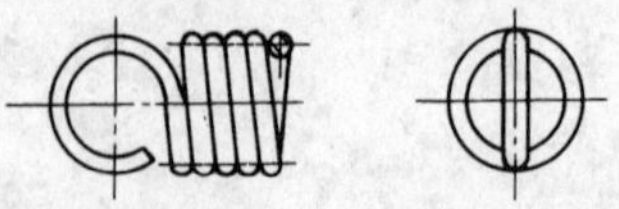	圆钩环	
	LⅢ	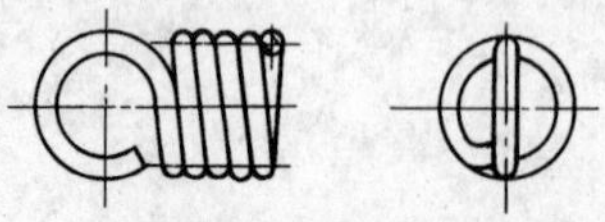	圆钩环压中心	

续表

类型	代号	简图	端部结构型式	应用
冷卷拉伸弹簧	LⅣ	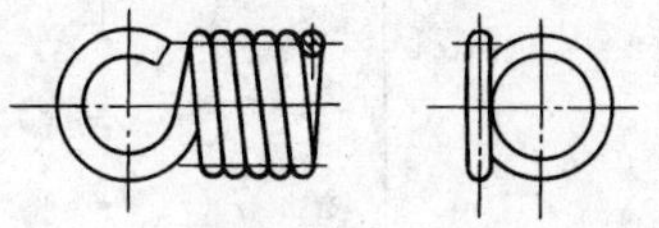	偏心圆钩环	适用于冷卷，材料直径 $d \geqslant 0.5$mm，钩环型式视装配要求而定，常见的为半圆钩环、圆钩环与圆钩环压中心几种。钩环弯折处应力较大，易折断，一般多用于拉力不太大的情况
	LⅤ	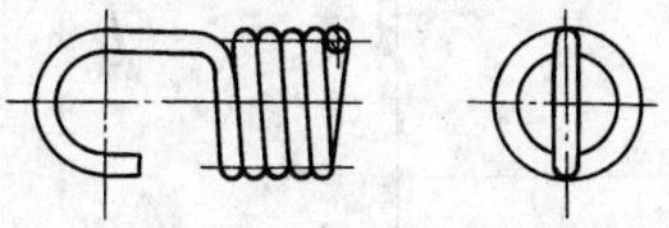	长臂半圆钩环	
	LⅥ	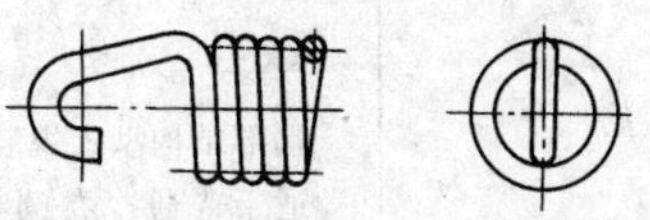	长臂小圆钩环	
	LⅦ	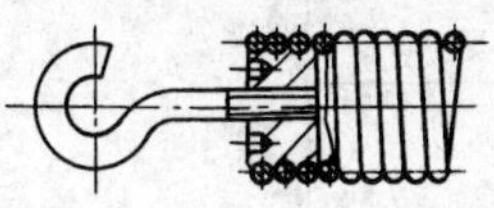	可调式拉簧	适用于冷卷，一般多用于受力较大，钢丝直径较粗（$d>5$mm）的弹簧，可以调节长度
	LⅧ	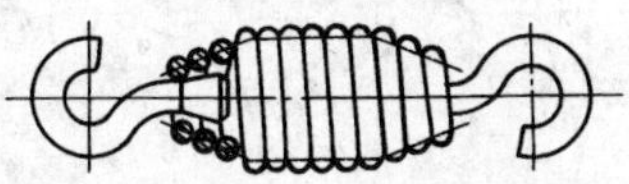	两端具有可转钩环	适用于冷卷，弹簧不弯钩环，强度不被削弱
热卷拉伸弹簧	RLⅠ	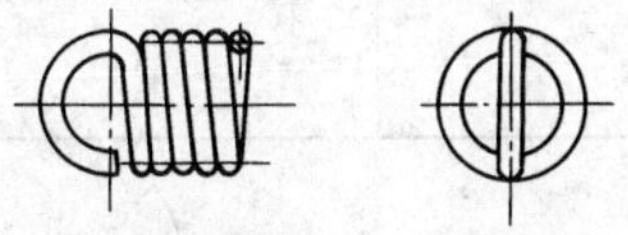	半圆钩环	适用于热卷，不适合用作特殊性能的弹簧
	RLⅡ	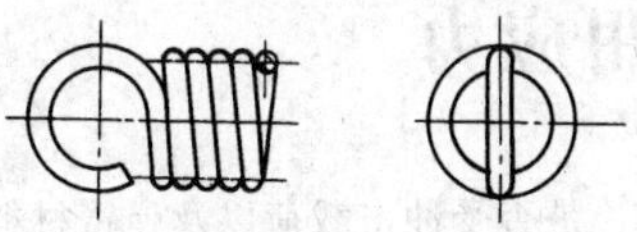	圆钩环	
	RLⅢ	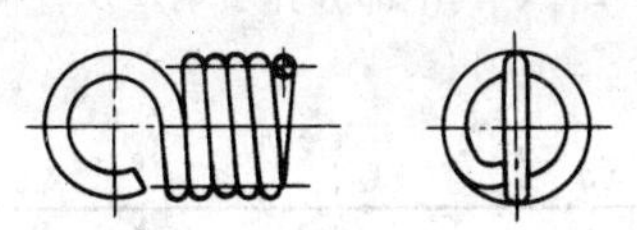	圆钩环压中心	
扭转弹簧	NⅠ	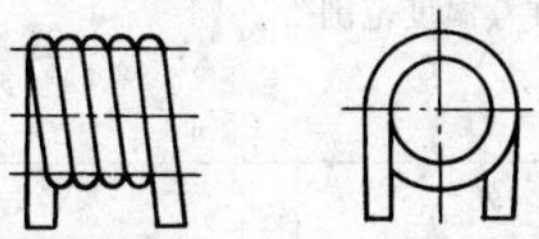	外臂扭转弹簧	端部结构型式视装配要求而定 适于普通冷卷圆柱扭转弹簧，钢丝直径 $d \geqslant 0.5$mm
	NⅡ	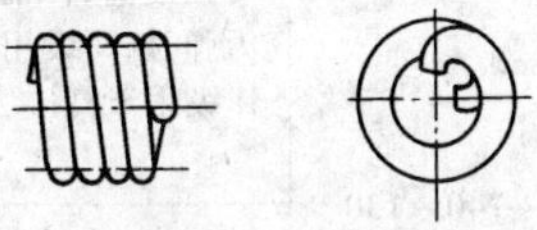	内臂扭转弹簧	
	NⅢ	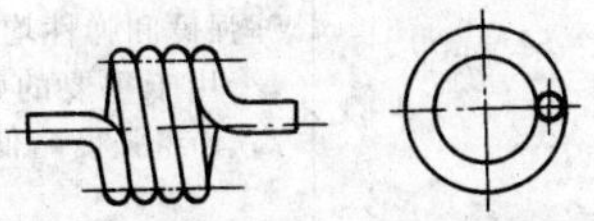	中心臂扭转弹簧	

续表

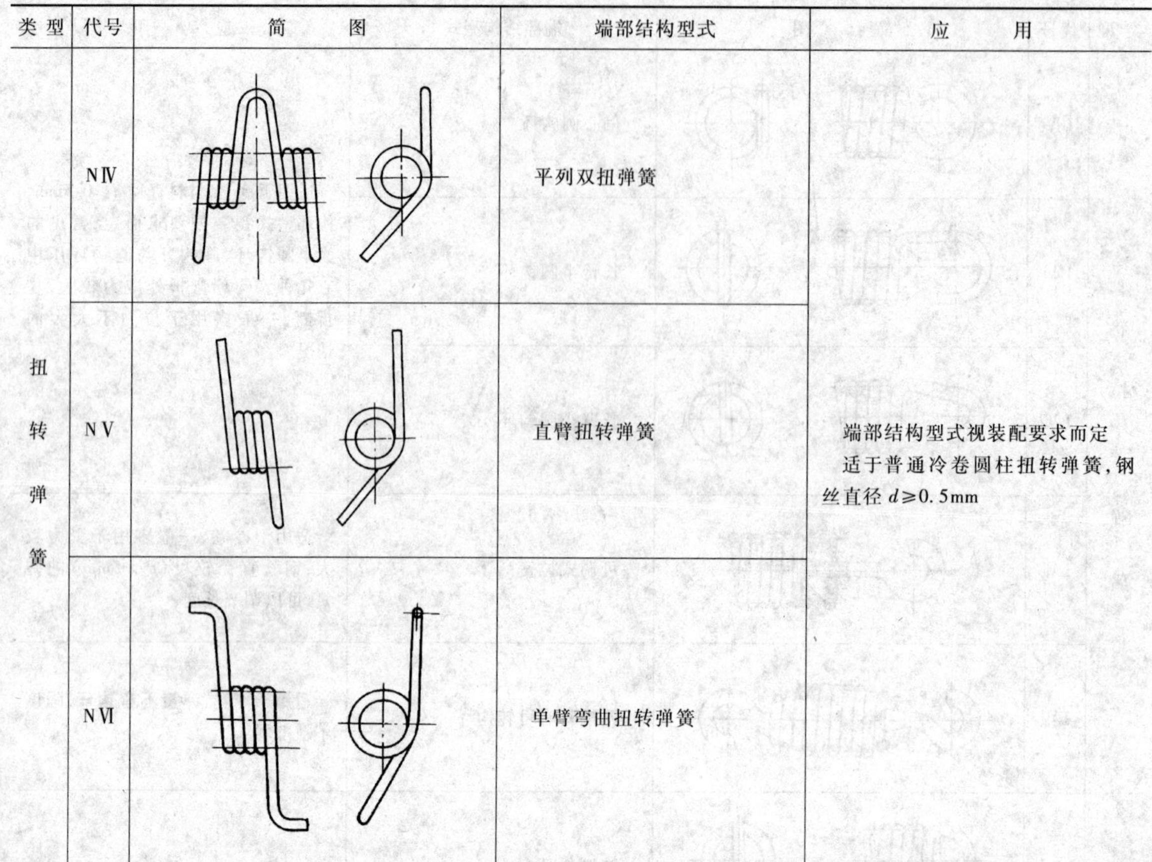

类型	代号	简图	端部结构型式	应用
扭转弹簧	NⅣ		平列双扭弹簧	端部结构型式视装配要求而定 适于普通冷卷圆柱扭转弹簧，钢丝直径 $d \geqslant 0.5\text{mm}$
	NⅤ		直臂扭转弹簧	
	NⅥ		单臂弯曲扭转弹簧	

2　弹簧材料及许用应力

选择弹簧材料主要根据弹簧的工作条件，弹簧承受的载荷类型，是否受冲击载荷以及弹簧材料的许用应力等因素确定，同时也应考虑弹簧制造的工艺性。弹簧常用材料见表 11-2-2。其中部分弹簧钢丝及青铜线的抗拉极限强度 σ_b 见表 11-2-3 ~ 表 11-2-5。弹簧许用应力见表 11-2-6。

表 11-2-2　　**弹簧常用材料**

材料名称	代号/牌号	直径规格/mm	切变模量 G /GPa	弹性模量 E/GPa	推荐硬度范围 HRC	推荐温度范围 /℃	性能
碳素弹簧钢丝，GB/T 4357	65Mn，70 72A，72B 82A，82B	B 级：0.08 ~ 13.0 C 级：0.08 ~ 13.0 D 级：0.08 ~ 6.0	79	206	—	-40 ~ 130	强度高，性能好，B 级用于低应力弹簧，C 级用于中等应力弹簧，D 级用于高应力弹簧
重要用途碳素弹簧钢丝，YB/T 5311	65Mn，70 T8MnA T9A	E 组：0.08 ~ 6.00 F 组：0.08 ~ 6.00 G 组：1.00 ~ 6.00					强度和弹性均优于碳素弹簧钢丝，用于重要的弹簧，F 组强度较高、E 组强度略低、G 组较低

续表

材料名称	代号/牌号		直径规格/mm	切变模量 G /GPa	弹性模量 E/GPa	推荐硬度范围 HRC	推荐温度范围 /℃	性能
油淬火-回火弹簧钢丝 GB/T 18983	FDC TDC VDC	65 65Mn 70	0.5~17.0 0.5~10.0	78	200		-40~150	用在静状态下的一般弹簧
油淬火-回火弹簧钢丝 GB/T 18983	FDCrV-A TDCrV-A VDCrV-A	50CrV	0.5~17.0 0.5~10.0	78	200		-40~150	用于中疲劳强度下的弹簧，例如离合器，悬架弹簧等，B级材料比A级抗拉强度更高一些
油淬火-回火弹簧钢丝 GB/T 18983	FDCrV-B TDCrV-B VDCrV-B	67CrV	0.5~17.0 0.5~10.0	78	200		-40~150	用于中疲劳强度下的弹簧，例如离合器，悬架弹簧等，B级材料比A级抗拉强度更高一些
油淬火-回火弹簧钢丝 GB/T 18983	FDSiMn TDSiMn	60Si2Mn 60Si2MnA	0.5~17.0	78	200		-40~200	强度高、弹性好，易脱碳，用于中疲劳强度的弹簧
油淬火-回火弹簧钢丝 GB/T 18983	FDCrSi TDCrSi VDCrSi	55CrSi	0.5~17.0 0.5~10.0	78	200		-40~250	耐高疲劳强度，耐高温。用于较高温度的高应力内燃机阀门等弹簧
硅锰弹簧钢丝，GB 5218	60Si2MnA 65Si2MnWA 70Si2MnA		1.0~2.0	79	206	45~50	-40~200	强度高，弹性较好，易脱碳，用于普通机械的较大弹簧
铬钒弹簧钢丝，GB 5219	50CrVA		0.8~12.0	79	206	45~50	-40~210	高温时强度性能稳定，用于较高工作温度下的弹簧，如内燃机阀门弹簧等
阀门用铬钒弹簧钢丝，YB/T 5136	50CrVA		0.5~12.0	79	206	45~50	-40~210	高温时强度性能稳定，用于较高工作温度下的弹簧，如内燃机阀门弹簧等
铬硅弹簧钢丝，GB 5221	55CrSiA		0.8~6.0	79	206	45~50	-40~250	高温时性能稳定，用于较高工作温度下的高应力弹簧
弹簧用不锈钢丝，YB(T)11	A组 1Cr18Ni9 0Cr19Ni10 0Cr17Ni12Mo2 B组 1Cr18Ni9 0Cr18Ni10 C组 0Cr17Ni8Al		A组、B组、C组 0.8~12.0	71	193	—	-200~300	耐腐蚀，耐高、低温，用于腐蚀或高、低温工作条件下的小弹簧
硅青铜线，GB 3123	QSn3-1			41		—	-40~120	有较高的耐腐蚀和防磁性能，用于机械或仪表等用弹性元件

续表

材料名称	牌　号	直径规格/mm	切变模量 G /GPa	弹性模量 E/GPa	推荐硬度范围 HRC	推荐温度范围 /℃	性　能
锡青铜线，GB 3124	QSn4-3 QSn6.5-0.1 QSn6.5-0.4 QSn7-0.2	0.1～6.0	40	93.2	90～100 HB	-250～120	有较高的耐磨损、耐腐蚀和防磁性能，用于机械或仪表等用弹性元件
铍青铜线，GB 3134	QBe1.7, QBe1.9, QBe2,QBe2.15	0.03～6.0	44	129.5	37～40	-200～120	耐磨损、耐腐蚀、防磁和导电性能均较好，用于机械或仪表等用精密弹性元件
热轧弹簧钢，GB 1222	65Mn	5～80	78	196	45～50	-40～120	弹性好，用于普通机械用弹簧
	55Si2Mn 55Si2Mn8 60Si2Mn 60Si2MnA					-40～200	较高的疲劳强度，弹性好，广泛用于各种机械、交通工具等用弹簧
	50CrMnA 60CrMnA				47～52	-40～250	强度高，抗高温，用于承受较重载荷的较大弹簧
	50CrVA				45～50	-40～210	疲劳性能好，抗高温，用于较高工作温度下的较大弹簧

表 11-2-3　弹簧钢丝的抗拉极限强度 σ_b（摘自 GB/T 1239.6—1992）　MPa

钢丝直径/mm	碳素弹簧钢丝（摘自 GB 4537—1989）			琴钢丝（摘自 YB/T 5101—1993）			弹簧用不锈钢丝［摘自 YB(T)11—1983］		
	B 级	C 级	D 级	G_1 组	G_2 组	F 组	A 组	B 组	C 组
0.08	2400	2740	2840	2893	3187		1618	2157	
0.09	2350	2690	2840	2844	3138		1618	2157	
0.10	2300	2650	2790	2795	3080		1618	2157	
0.12	2250	2600	2740	2746	3040		1618	2157	
0.14	2200	2550	2740	2697	2991		1618	2157	1961
0.16	2150	2550	2690	2648	2942		1618	2157	1961
0.18	2150	2450	2690	2599	2883		1618	2157	1961
0.20	2150	2400	2690	2599	2844		1618	2157	1961
0.22	2110	2350	2690	—	—		—	—	
0.23	—	—	—	2550	2795		1569	2059	1961
0.25	2040	2300	2640	—	—		—	—	—
0.26	—	—	—	2501	2746		1569	2059	1912
0.28	2010	2300	2640	—	—		—	—	—
0.29	—	—	—	2452	2697		1569	2059	1912
0.30	2010	2300	2640	—	—		—	—	—
0.32	1960	2250	2600	2403	2648		1569	2059	1912
0.35	1960	2250	2600	2403	2648		1569	2059	1912
0.40	1910	2250	2600	2364	2599		1569	2059	1912
0.45	1860	2200	2550	2305	2550		1569	1961	1912
0.50	1860	2200	2550	2305	2550		1569	1961	1912
0.55	1810	2150	2500	2256	2501		1569	1961	1814
0.60	1760	2110	2450	2206	2452		1569	1961	1814
0.65	1760	2110	2450	2206	2452		1569	1961	1814
0.70	1710	2060	2450	2158	2403		1569	1961	1814
0.80	1710	2010	2400	2108	2354		1471	1863	1765
0.90	1710	2010	2350	2108	2305		1471	1863	1765

续表

钢丝直径/mm	碳素弹簧钢丝（摘自 GB 4537—1989）			琴钢丝（摘自 YB/T 5101—1993）			弹簧用不锈钢丝［摘自 YB(T)11—1983］		
	B 级	C 级	D 级	G_1 组	G_2 组	F 组	A 组	B 组	C 组
1.0	1660	1960	2300	2059	2256		1471	1863	1765
1.2	1620	1910	2250	2010	2206		1373	1765	1667
1.4	1620	1860	2150	1961	2158		1373	1765	1667
1.6	1570	1810	2110	1912	2108		1324	1667	1569
1.8	1520	1760	2010	1883	2053		1324	1667	1569
2.0	1470	1710	1910	1814	2010	1716	1324	1667	1569
2.2	1420	1660	1810	—	—	—	—	—	—
2.3	—	—	—	1765	1961	1716	1275	1569	1471
2.5	1420	1660	1760	—	—	—	—	—	—
2.6	—	—	—	1765	1961	1667	1275	1569	1471
2.8	1370	1620	1710	—	—	—	—	—	—
2.9	—	—	—	1716	1912	1667	1177	1471	1373
3.0	1370	1570	1710	—	—	—	—	—	—
3.2	1320	1570	1660	1667	1863	1618	1177	1471	1373
3.5	1320	1570	1660	1667	1814	1618	1177	1471	1373
4.0	1320	1520	1620	1618	1765	1589	1177	1471	1373
4.5	1320	1520	1620	1569	1716	1520	1079	1373	1275
5.0	1320	1470	1570	1520	1667	1471	1079	1373	1275
5.5	1270	1470	1570	1471	1618	—	1079	1373	1275
6.0	1220	1420	1520	1422	1563		1079	1373	1275
6.5	1220	1420					981	1275	
7.0	1170	1370					981	1275	
8.0	1170	1370					981	1275	
9.0	1130	1320						1128	
10.0	1130	1320						981	
11.0	1080	1270						—	
12.0	1080	1270						883	
13.0	1030	1220							

注：1. 表中 σ_b 均为下限值。

2. 碳素弹簧钢丝用 25～80，40Mn～70Mn 钢制造；琴钢丝用 60～80，60Mn～70Mn 钢制造；弹簧用不锈钢丝用 1Cr18Ni9，0Cr19Ni10，0Cr17Ni12Mo2，0Cr17Ni18Al 钢制造。

表 11-2-4　　油淬火-回火弹簧钢丝力学性能（摘自 GB 1893/T—2003）　　MPa

	直径范围/mm	抗拉强度					截面缩率 δ/% ≥	
		FDC TDC	FDCrV-A TDCrV-A	FDCrV-B TDCrV-B	FDSiMn TDSiMn	FDCrSi TDCrSi	FD	TD
静态中疲劳强度级	0.5～0.8	1800～2100	1800～2100	1900～2200	1850～2100	2000～2250	45	45
	>0.8～1.0	1800～2060	1780～2080	1860～2160	1850～2100	2000～2250	45	45
	>1.0～1.3	1800～2010	1750～2010	1850～2100	1850～2100	2000～2250	45	45
	>1.3～1.4	1750～1950	1750～1990	1840～2070	1850～2100	2000～2250	45	45
	>1.4～1.6	1740～1890	1710～1950	1820～2030	1850～2100	2000～2250	45	45
	>1.6～2.0	1720～1890	1710～1890	1790～1970	1820～2000	2000～2250	45	45
	>2.0～2.5	1670～1820	1670～1830	1750～1900	1800～1950	1970～2140	45	45
	>2.5～2.7	1640～1790	1660～1820	1720～1870	1780～1930	1950～2120	45	45
	>2.7～3.0	1620～1770	1630～1780	1700～1850	1760～1910	1930～2100	45	45
	>3.0～3.2	1600～1750	1610～1760	1680～1830	1720～1870	1900～2060	40	45
	>3.2～3.5	1580～1730	1600～1750	1660～1810	1720～1870	1900～2060	40	45
	>3.5～4.0	1550～1700	1560～1710	1620～1770	1710～1860	1870～2030	40	45
	>4.0～4.2	1540～1690	1540～1690	1610～1760	1700～1850	1860～2020	40	45

续表

	直径范围/mm	抗拉强度					截面缩率 δ/% ≥	
		FDC TDC	FDCrV-A TDCrV-A	FDCrV-B TDCrV-B	FDSiMn TDSiMn	FDCrSi TDCrSi	FD	TD
静态中疲劳强度级	>4.2~4.5	1520~1670	1520~1670	1590~1740	1690~1840	1850~2000	40	45
	>4.5~4.7	1510~1660	1510~1660	1580~1730	1680~1830	1840~1990	40	45
	>4.7~5.0	1500~1650	1500~1650	1560~1710	1670~1820	1830~1980	40	45
	>5.0~5.6	1470~1620	1460~1610	1540~1690	1660~1810	1800~1950	35	40
	>5.6~6.0	1460~1610	1440~1590	1520~1670	1650~1800	1780~1930	35	40
	>6.0~6.5	1440~1590	1420~1570	1510~1660	1640~1790	1760~1910	35	40
	>6.5~7.0	1430~1580	1400~1550	1500~1650	1630~1780	1740~1890	35	40
	>7.0~8.0	1400~1550	1380~1530	1480~1630	1620~1770	1710~1860	35	40
	>8.0~9.0	1380~1530	1370~1520	1470~1620	1610~1760	1700~1850	30	35
	>9.0~10.0	1360~1510	1350~1500	1450~1600	1600~1750	1660~1810	30	35
	>10.0~12.0	1320~1470	1320~1470	1430~1580	1580~1730	1660~1510	30	—
	>12.0~14.0	1280~1430	1300~1450	1420~1570	1560~1710	1620~1770	30	—
	>14.0~15.0	1270~1420	1290~1440	1410~1560	1550~1700	1620~1770	—	—
	>15.0~17.0	1250~1400	1270~1420	1400~1550	1540~1690	1580~1730	—	—

	直径范围/mm	抗拉强度				截面缩率 δ/% ≥
		VDC	VDCrV-A	VDCrV-B	VDCrSi	
高疲劳强度级	0.5~0.8	1700~2000	1750~1950	1910~2060	2030~2230	—
	>0.8~1.0	1700~1950	1730~1930	1880~2030	2030~2230	—
	>1.0~1.3	1700~1900	1700~1900	1860~2010	2000~2250	45
	>1.3~1.4	1700~1850	1680~1860	1840~1990	2030~2230	45
	>1.4~1.6	1670~1820	1660~1860	1820~1970	2000~2180	45
	>1.6~2.0	1650~1800	1640~1800	1770~1920	1950~2110	45
	>2.0~2.5	1630~1780	1620~1770	1720~1860	1900~2060	45
	>2.5~2.7	1610~1760	1610~1760	1690~1840	1890~2040	45
	>2.7~3.0	1590~1740	1600~1750	1660~1810	1880~2030	45
	>3.0~3.2	1570~1720	1580~1730	1640~1790	1870~2020	45
	>3.2~3.5	1550~1700	1560~1710	1620~1770	1860~2010	45
	>3.5~4.0	1530~1680	1540~1690	1570~1720	1840~1990	45
	>4.0~4.5	1510~1660	1520~1670	1540~1690	1810~1960	45
	>5.0~5.6	1470~1620	1480~1630	1490~1640	1750~1900	40
	>5.6~6.0	1450~1600	1470~1620	1470~1620	1730~1890	40
	>6.0~6.5	1420~1570	1440~1590	1440~1590	1710~1860	40
	>6.5~7.0	1400~1550	1420~1570	1420~1570	1690~1840	40
	>7.0~8.0	1370~1520	1410~1560	1390~1540	1660~1810	40
	>8.0~9.0	1350~1500	1390~1540	1370~1520	1640~1790	35
	>9.0~10.0	1340~1490	1370~1520	1340~1490	1620~1770	35

注：1. FDSiMn 和 TDSiMn 直径不大于 5.00mm 时，断裂收缩率不应小于 35%；直径大于 5.00mm 至 14.00mm 时，断裂收缩率不应小于 30%。

2. 一盘或一轴内钢丝抗拉强度允许的波动范围为：①VD 级钢丝不应超过 50MPa；②TD 级钢丝不应超过 60MPa；③FD 级钢丝不应超过 70MPa。

表 11-2-5　　青铜线的抗拉极限强度 σ_b　　MPa

材料	硅青铜线（摘自 GB 3123—1982）			锡青铜线（摘自 GB 3124—1982）			铍青铜线（摘自 GB 3134—1982）		
线材直径/mm	0.1~2	>2~4.2	>4.2~6	0.1~2.5	>2.5~4	>4~5	状态	硬化调质前 HB	硬化调质后 HB
抗拉强度 σ_b	784	833	833	784	833	833	软	343~568	>1029
							1/2 硬	579~784	>1176
							硬	>598	>1274

注：表中 σ_b 为下限值。

按照工作特点螺旋弹簧所受载荷可以分：

① 静负荷

a. 恒定不变的负荷（Ⅲ类载荷）

b. 负荷有变化，但作用次数 N 小于 10^4（Ⅲ类载荷）

② 动负荷　负荷有变化，作用次数 N 大于 10^4。根据作用次数动负荷可以分为：

a. 有限疲劳寿命：冷卷弹簧作用次数 $N \geqslant 10^4 \sim 10^6$ 次（Ⅱ类载荷）；热卷弹簧作用次数 $N \geqslant 10^4 \sim 10^5$ 次；

b. 无限疲劳寿命：冷卷弹簧作用次数 $N \geqslant 10^7$ 次（Ⅰ类载荷）；热卷弹簧作用次数 $N \geqslant 2 \times 10^6$ 次；

c. 当冷卷弹簧作用次数 N 介于 $10^6 \sim 10^7$ 次；热卷弹簧作用次数 N 介于 $10^5 \sim 2 \times 10^6$ 次时，可以根据使用情况，参照有限或无限疲劳寿命设计。

表 11-2-6　　压缩、拉伸、扭转弹簧材料的许用应力值　　MPa

钢丝类型			油淬火-回火弹簧钢丝	碳素弹簧钢丝 重要用途碳素弹簧钢丝	弹簧用不锈钢丝	青铜线 铍青铜线（时效后）	60Si2Mn、60Si2MnA 50CrA、55CrSiA 60CrMnA、60CrMnBA 60Si2Cra、60Si2Crva
压缩弹簧	试验应力		$0.55\sigma_b$	$0.50\sigma_b$	$0.45\sigma_b$	$0.40\sigma_b$	710～890
	静负荷许用应力		$0.50\sigma_b$	$0.45\sigma_b$	$0.40\sigma_b$	$0.36\sigma_b$	
	动负荷许用切应力	有限疲劳寿命	$(0.40\sim0.50)\sigma_b$	$(0.38\sim0.45)\sigma_b$	$(0.34\sim0.40)\sigma_b$	$(0.33\sim0.36)\sigma_b$	568～712
		无限疲劳寿命	$(0.35\sim0.40)\sigma_b$	$(0.33\sim0.38)\sigma_b$	$(0.30\sim0.36)\sigma_b$	$(0.30\sim0.33)\sigma_b$	426～534
拉伸弹簧	试验切应力		$0.44\sigma_b$	$0.40\sigma_b$	$0.38\sigma_b$	$0.32\sigma_b$	475～596
	静负荷许用应力		$0.40\sigma_b$	$0.36\sigma_b$	$0.32\sigma_b$	$0.30\sigma_b$	
	动负荷许用切应力	有限疲劳寿命	$(0.32\sim0.40)\sigma_b$	$(0.30\sim0.36)\sigma_b$	$(0.27\sim0.32)\sigma_b$	$(0.26\sim0.29)\sigma_b$	405～507
		无限疲劳寿命	$(0.28\sim0.32)\sigma_b$	$(0.27\sim0.30)\sigma_b$	$(0.24\sim0.30)\sigma_b$	$(0.24\sim0.28)\sigma_b$	356～447
扭转弹簧	试验弯曲应力		$0.80\sigma_b$	$0.78\sigma_b$	$0.75\sigma_b$	$0.75\sigma_b$	994～1232
	静负荷许用弯曲应力		$0.72\sigma_b$	$0.70\sigma_b$	$0.68\sigma_b$	$0.68\sigma_b$	
	动负荷许用弯曲应力	有限疲劳寿命	$(0.60\sim0.68)\sigma_b$	$(0.58\sim0.66)\sigma_b$	$(0.55\sim0.65)\sigma_b$	$(0.55\sim0.65)\sigma_b$	795～986
		无限疲劳寿命	$(0.50\sim0.60)\sigma_b$	$(0.49\sim0.58)\sigma_b$	$(0.45\sim0.55)\sigma_b$	$(0.45\sim0.55)\sigma_b$	636～788

注：1. σ_b 分别取表 11-2-3、表 11-2-4 中抗拉强度的中间值和表 11-2-4 中的值。
2. 材料直径 $d<1.0$mm 的弹簧，试验切应力为表中数值的 90%。
3. 热卷弹簧成型后，热处理的硬度为 42～52HRC，硬度为上限时，则取表中的上限值。

在选取材料和确定许用应力时应注意以下几点：

① 对重要的弹簧，其损坏对整个机械有重大影响时，许用应力应适当降低；

② 经强压处理的弹簧，能提高疲劳极限，对改善载荷下的松弛有明显效果，可适当提高许用应力；

③ 经喷丸处理的弹簧，也能提高疲劳强度或疲劳寿命，其许用应力可提高 20%；

④ 当工作温度超过 60℃时，应对切变模量 G 进行修正，其修正公式为

$$G_t = K_t G$$

式中　G——常温下的切变模量；

G_t——工作温度下的切变模量；

K_t——温度修正系数，其值从表 11-2-7 查取。

表 11-2-7　　温度修正系数

材料	工作温度/℃ ≤60	150	200	250	材料	工作温度/℃ ≤60	150	200	250
	K_t					K_t			
50CrVA	1	0.96	0.95	0.94	1Cr17Ni7Al	1	0.95	0.94	0.92
60Si2Mn	1	0.99	0.98	0.98	QBe2	1	0.95	0.94	0.92
1Cr18Ni9Ti	1	0.98	0.94	0.9					

3　圆柱螺旋压缩弹簧

3.1　圆柱螺旋压缩弹簧计算公式

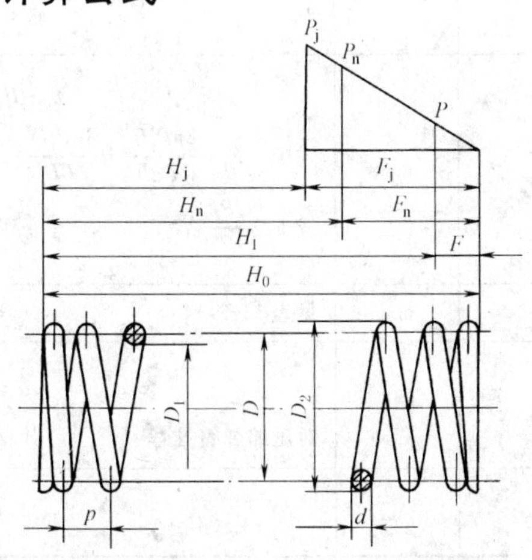

表 11-2-8　　圆柱螺旋压缩弹簧计算公式

项目		单位	公式及数据
主要计算公式	材料直径 d	mm	$d \geqslant 1.6\sqrt{\frac{P_n KC}{\tau_p}}$ 式中　τ_p——许用切应力，根据Ⅰ、Ⅱ、Ⅲ类载荷按表 11-2-6 选取 $K=\frac{4C-1}{4C-4}+\frac{0.615}{C}$或按表 11-2-20 选取 $C=\frac{D}{d}$，一般初假定 $C=5\sim8$
	有效圈数 n	圈	$n=\frac{Gd^4F_n}{8P_nD^3}=\frac{GDF_n}{8P_nC^4}=\frac{P_d'}{P'}$
	弹簧刚度 P'	N/mm	$P'=\frac{Gd^4}{8D^3n}=\frac{GD}{8C^4n}$
几何尺寸计算	弹簧中径 D	mm	先按结构要求估计，然后按表 11-2-9 取标准值
	弹簧内径 D_1	mm	$D_1=D-d$
	弹簧外径 D_2	mm	$D_2=D+d$
	支承圈数 n_2	圈	按结构型式选取，见表 11-2-14
	总圈数 n_1	圈	按表 11-2-14 选取
	节距 t	mm	两端圈并紧磨平 $t=\frac{H_0-(1\sim2)d}{n}$
	间距 δ	mm	$\delta=t-d$
	自由高度 H_0	mm	见表 11-2-14
	最小工作载荷时的高度 H_1	mm	$H_1=H_0-F_1$ 式中　$F_1=\frac{8nP_1D^3}{Gd^4}=\frac{8nP_1C^4}{GD}$ 或者 $F_1=\frac{P_1}{P'}$
	最大工作载荷时的高度 H_n	mm	$H_n=H_0-F_n$ 式中　$F_n=\frac{8nP_nD^3}{Gd^4}=\frac{8nP_nC^4}{GD}$ 或者 $F_n=\frac{P_n}{P'}$
	工作极限载荷下的高度 H_j	mm	$H_j=H_0-F_j$ 式中　$F_j=\frac{8nP_jD^3}{Gd^4}=\frac{8nP_jC^4}{GD}$ 或 $F_j=\frac{P_j}{P'}$
	压并高度 H_b	mm	见表 11-2-14
	螺旋角 α	(°)	$\alpha=\arctan\frac{t}{\pi D}$ 对压缩弹簧推荐　$\alpha=5°\sim9°$
	弹簧展开长度 L	mm	$L=\frac{\pi Dn_1}{\cos\alpha}$

3.2 圆柱螺旋弹簧参数选择

优先采用的第一系列。

(1) 弹簧中径 D 系列尺寸

表 11-2-9　　弹簧中径 D 系列尺寸　　mm

0.4	0.5	0.6	0.7	0.8	0.9	1	1.2	1.4	1.6
(1.8)	2	(2.2)	2.5	(2.8)	3	(3.2)	3.5	3.8	4
(4.2)	4.5	(4.8)	5	(5.5)	6	(6.5)	7	7.5	8
(8.5)	9	(9.5)	10	12	(14)	16	(18)	20	(22)
25	(28)	30	(32)	35	(38)	40	(42)	45	(48)
50	(52)	55	(58)	60	(65)	70	(75)	80	(85)
90	(95)	100	(105)	110	(115)	120	125	130	(135)
140	(145)	150	160	(170)	180	(190)	200	(210)	220
(230)	240	(250)	260	(270)	280	(290)	300	320	(340)
360	(380)	400	(450)						

注：表中括弧（　）内数值系第二系列，其余为第一系列，应优先采用。

(2) 压缩弹簧有效圈数 n

表 11-2-10　　压缩弹簧有效圈数 n

2	2.25	2.5	2.75	3	3.25	3.5	3.75	4	4.25	4.5	4.75
5	5.5	6	6.5	7	7.5	8	8.5	9	9.5	10	10.5
11.5	12.5	13.5	14.5	15	16	18	20	22	25	28	30

(3) 拉伸弹簧有效圈数 n

表 11-2-11　　拉伸弹簧有效圈数 n

2	3	4	5	6	7	8	9	10	11	12	13
14	15	16	17	18	19	20	22	25	28	30	35
40	45	50	55	60	65	70	80	90	110		

(4) 压缩弹簧自由高度 H_0 尺寸

表 11-2-12　　自由高度 H_0　　mm

4	5	6	7	8	9	10	11	12	13
14	15	16	17	18	19	20	22	24	26
28	30	32	35	38	40	42	45	48	50
52	55	58	60	65	70	75	80	85	90
95	100	105	110	115	120	130	140	150	160
170	180	190	200	220	240	260	280	300	320
340	360	380	400	420	450	480	500	520	550
580	600	620	650	680	700	720	750	780	800
850	900	950	1000						

(5) 圆柱螺旋弹簧极限应力与极限载荷

表 11-2-13　　工作极限应力与工作极限载荷计算公式

工作载荷种类	压缩、拉伸弹簧		扭转弹簧
	工作极限切应力 τ_j	工作极限载荷 P_j	工作极限弯曲应力 σ_j
Ⅰ类	$\leqslant 1.67\tau_p$		
Ⅱ类	$\leqslant 1.25\tau_p$	$\geqslant 1.25P_n$	$0.625\sigma_b$
Ⅲ类	$\leqslant 1.12\tau_p$	$\geqslant P_n$	$0.8\sigma_b$

注：P_n—最大工作载荷；

τ_p—弹簧材料的许用应力，见表 11-2-6；

σ_b—弹簧材料的抗拉强度，见表 11-2-4。

第 11 篇

3.3 压缩弹簧端部型式与高度、总圈数等的公式

表 11-2-14　　总圈数 n_1、自由高度 H_0、压并高度 H_b 计算公式

结构型式		总圈数 n_1	自由高度 H_0	压并高度 H_b
端部不并紧不磨平	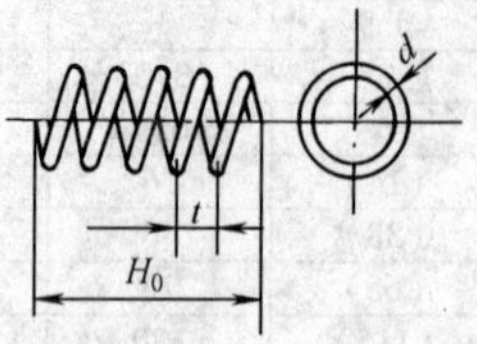 d, t, H_0	n	$nt+d$	$(n+1)d$
端部不并紧磨平 1/4 圈	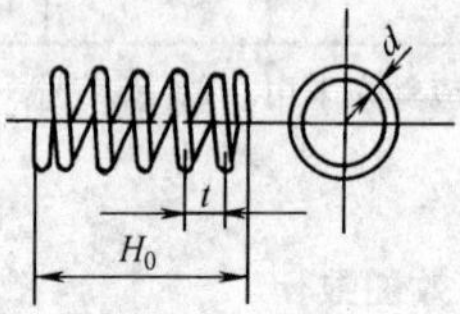 d, t, H_0	$n+\frac{1}{2}$	nt	$(n+1)d$
端部并紧不磨平，支承圈为 1 圈	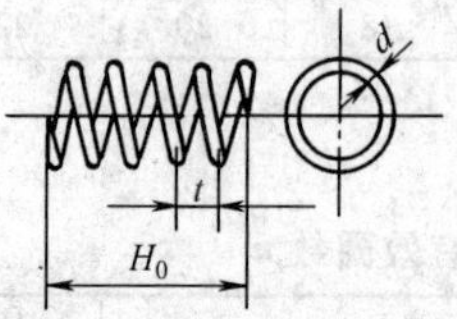 d, t, H_0	$n+2$	$nt+3d$	$(n+3)d$
端部不并紧磨平，支承圈为 3/4 圈	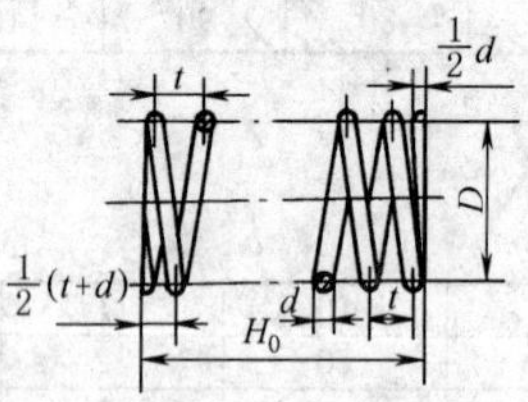 t, $\frac{1}{2}d$, D, $\frac{1}{2}(t+d)$, d, H_0, t　一般用于 $d>8$mm	$n+1.5$	$nt+d$	$(n+1)d$
端部并紧磨平，支承圈为1 圈	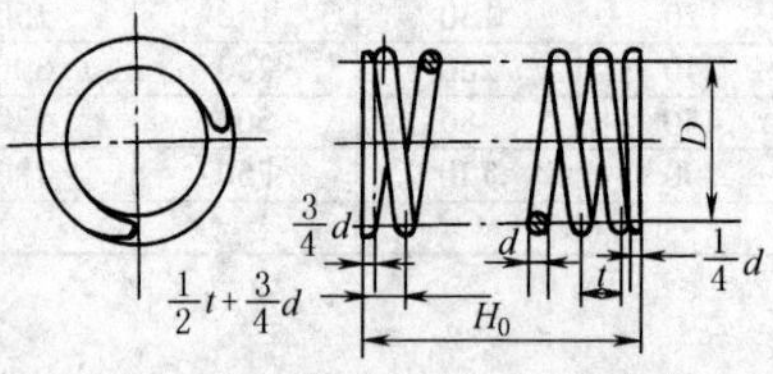 D, $\frac{3}{4}d$, d, $\frac{1}{2}t+\frac{3}{4}d$, H_0, t, $\frac{1}{4}d$　一般用于 $d\leqslant 8$mm	$n+2$	$nt+1.5d$	$(n+1.5)d$
端部并紧磨平，支承圈为 1¼圈	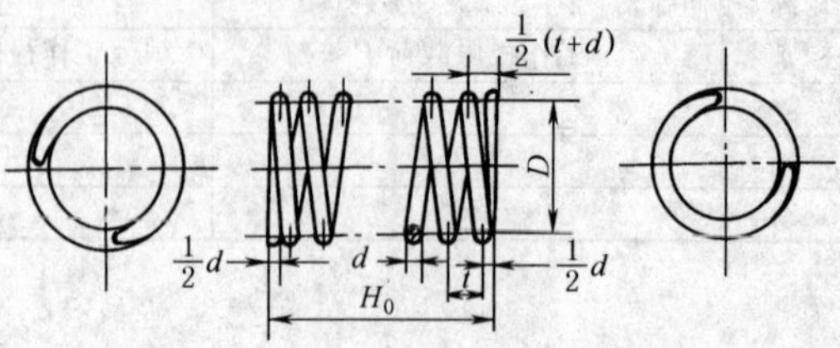 $\frac{1}{2}(t+d)$, D, $\frac{1}{2}d$, d, H_0, t, $\frac{1}{2}d$	$n+2.5$	$nt+2d$	$(n+2)d$

3.4 螺旋弹簧的稳定性、强度和共振的验算

(1) 压缩弹簧稳定性验算

高径比 b 较大的压缩弹簧，当轴向载荷达到一定值时就会产生侧向弯曲而失去稳定性。为了保证使用稳定，高径比 $b=H_0/D$ 应满足下列要求：

两端固定　　$b\leqslant 5.3$

一端固定另一端回转　　$b\leqslant 3.7$

两端回转　　$b\leqslant 2.6$

当高径比 b 大于上述数值时，要按照下式进行验算

$$P_c=C_BP'H_0>P_n$$

式中　P_c——弹簧的临界载荷，N；

C_B——不稳定系数，从图 11-2-1 中查取；

P'——弹簧刚度，N/mm；

P_n——最大工作载荷，N。

如不满足上式，应重新选取参数、改变 b 值、提高 P_c 值以保证弹簧的稳定性。如设计结构受限制、不能改变参数时，应设置导杆或导套。导杆（导套）与弹簧的间隙（直径差）按表 11-2-15 查取。

为了保证弹簧的特性，弹簧的高径比应大于 0.4。

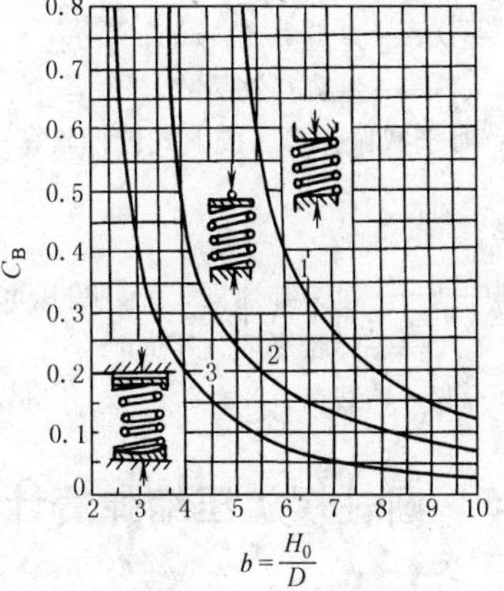

图 11-2-1　不稳定系数

表 11-2-15　　导杆、导套与弹簧内（外）直径的间隙值　　mm

弹簧中径 D	≤5	>5~10	>10~18	>18~30	>30~50	>50~80	>80~120	>120~150
间　隙	0.5~1	1~2	2~3	3~4	4~5	5~6	6~7	7~8

(2) 强度验算

对于受循环载荷的重要弹簧（Ⅰ、Ⅱ类）应进行疲劳强度验算；受循环载荷次数少或所受循环载荷的变化幅度小时，应进行静强度验算。当两者不易区别时，要同时进行两种强度的验算。

a. 疲劳强度，按下式进行：

$$安全系数\ S=\frac{\tau_0+0.75\tau_{min}}{\tau_{max}}\geqslant S_p$$

式中　τ_0——弹簧在脉动循环载荷下的剪切疲劳强度，对于高优质钢丝、不锈钢丝、铍青铜和硅青铜，参照表 11-2-16 选取；

τ_{max}——最大工作载荷所产生的最大切应力，$\tau_{max}=\frac{8KD}{\pi d^3}P_n$；

τ_{min}——最小工作载荷所产生的最小切应力，$\tau_{min}=\frac{8KD}{\pi d^3}P_1$；

S_p——许用安全系数，当弹簧的设计计算和材料试验精确度高时，取 $S_p=1.3\sim1.7$；当精确度低时，取 $S_p=1.8\sim2.2$。

表 11-2-16　　高优质钢丝、不锈钢丝、铍青铜和硅青铜循环载荷下的剪切强度 τ_0

循环载荷作用次数 N	10^4	10^5	10^6	10^7
τ_0	$0.45\sigma_b$①	$0.35\sigma_b$	$0.33\sigma_b$	$0.3\sigma_b$

① 对于硅青铜、不锈钢丝，此值取 $0.35\sigma_b$。

b. 静强度，按下式计算：

$$安全系数\ S=\frac{\tau_s}{\tau_{max}}\geqslant S_p$$

式中　τ_s——弹簧材料的屈服极限；

S_p——许用安全系数，与疲劳强度验算的选取相同。

(3) 共振验算

对高速运转中承受循环载荷的弹簧，需进行共振验算。其验算公式为

$$f=3.56\times10^{5}\frac{d}{nD^{2}}>10f_{r}$$

式中 f——弹簧的自振频率，Hz；

f_r——强迫机械振动频率，Hz；

d——弹簧材料直径，mm；

D——弹簧中径，mm；

n——弹簧有效圈数。

对于减振弹簧，按下式进行验算

$$f=\frac{1}{2\pi}\sqrt{\frac{P'g}{W}}\leqslant0.5f_{r}$$

式中 g——重力加速度，$g=9800\text{mm/s}^2$；

P'——弹簧刚度，N/mm；

W——载荷，N。

3.5 圆柱螺旋压缩弹簧计算表

第 11 篇

由于螺旋弹簧计算起来比较麻烦，有条件的可以采用计算机将有关计算公式编制成各种程序进行设计计算。另外，为了能快速简捷地确定弹簧的尺寸和参数，特编制了本计算表。设计者可根据弹簧的工作条件，直接从表中查出与设计相接近的弹簧。本表包括了弹簧材料直径≤13mm 时，用碳素弹簧钢丝 C 级；材料直径 >13mm 时，用 60Si2Mn 冷卷制成的Ⅲ类载荷压缩弹簧的主要参数和尺寸。既适用于受变载荷 10^3 次以下，也适用于受变载荷在 $10^3\sim10^5$ 次或冲击载荷的圆柱螺旋压缩弹簧。对于拉伸弹簧，其 P_j 和 f_j 值为表中值的 80%，材料直径 ≤13mm。

当材料的抗拉强度 σ_b 不同于表 11-2-18 的 σ_b' 值时，要对工作极限载荷 P_j 及工作极限载荷下的单圈变形 f_j 进行修正，其修正系数见表 11-2-18。

表中的工作极限载荷 P_j 和工作极限载荷下的单圈变形 f_j 以及单圈刚度 P_d' 等的公式见表 11-2-17。

如果已知最大工作载荷 P_n，用下式求出不同载荷类别的计算载荷 P_j

$$P_j=K_1P_n$$

式中 K_1——载荷类别系数。

由于表 11-2-19 中给出的弹簧尺寸及参数尚未完全考虑Ⅰ类载荷弹簧的性能，因此计算Ⅰ类弹簧除查用本计算表外，尚需进行有关的验算。

表 11-2-17　P_j，f_j，P_d'，τ_p，τ_j 及 G 的计算公式

适用范围	工作极限载荷 P_j/N	工作极限载荷下单圈变形 f_j/mm	单圈弹簧刚度 P_d'/N·mm^{-1}	许用切应力 τ_p/MPa		工作极限应力 τ_j/MPa		切变模量 G/N·mm^{-2}
				压簧	拉簧	压簧	拉簧	
变载荷作用次数 $<10^3$	$\frac{\pi d^3 n_j}{8DK}$	$\frac{\pi D^2\tau_j}{KGd}$ 或者 $\frac{P_j}{P_d'}$	$\frac{Gd^4}{8D^3}$	$0.5\sigma_b$	$0.4\sigma_b$	$\tau_j\leqslant1.12\tau_p$ 取 $\tau_j=\tau_p$		79000
						$0.5\sigma_b$	$0.4\sigma_b$	

表 11-2-18　材料的抗拉强度 σ_b 不同于 σ_b' 时，P_j 和 f_j 的修正系数

材料直径 d/mm	0.5	0.6	0.7	0.8~0.9	1.0	1.2	1.4	1.6	1.8	2.0
σ_b'/MPa	2200	2100	2060	2010	1960	1910	1860	1810	1760	1710
P_j 的修正系数	$\frac{\sigma_b}{2200}$	$\frac{\sigma_b}{2100}$	$\frac{\sigma_b}{2060}$	$\frac{\sigma_b}{2010}$	$\frac{\sigma_b}{1960}$	$\frac{\sigma_b}{1910}$	$\frac{\sigma_b}{1860}$	$\frac{\sigma_b}{1810}$	$\frac{\sigma_b}{1760}$	$\frac{\sigma_b}{1710}$
f_j 的修正系数	$\frac{36\sigma_b}{G}$	$\frac{38\sigma_b}{G}$	$\frac{39\sigma_b}{G}$	$\frac{40\sigma_b}{G}$	$\frac{41\sigma_b}{G}$	$\frac{42\sigma_b}{G}$	$\frac{43\sigma_b}{G}$	$\frac{44\sigma_b}{G}$	$\frac{45\sigma_b}{G}$	$\frac{47\sigma_b}{G}$

续表

材料直径 d/mm	2.5	3	3.5	4~4.5	5	6	8	10	12	14~45
σ'_b/MPa	1660	1570	1570	1520	1470	1420	1370	1320	1270	1480
P_j 的修正系数	$\frac{\sigma_b}{1660}$	$\frac{\sigma_b}{1570}$	$\frac{\sigma_b}{1570}$	$\frac{\sigma_b}{1520}$	$\frac{\sigma_b}{1470}$	$\frac{\sigma_b}{1420}$	$\frac{\sigma_b}{1370}$	$\frac{\sigma_b}{1320}$	$\frac{\sigma_b}{1270}$	$\frac{\sigma_b}{1480}$
f_j 的修正系数	$\frac{48\sigma_b}{G}$	$\frac{51\sigma_b}{G}$	$\frac{51\sigma_b}{G}$	$\frac{53\sigma_b}{G}$	$\frac{54\sigma_b}{G}$	$\frac{56\sigma_b}{G}$	$\frac{58\sigma_b}{G}$	$\frac{61\sigma_b}{G}$	$\frac{63\sigma_b}{G}$	$\frac{54\sigma_b}{G}$

注：表中的 σ_b 及 G 分别为被采用材料的抗拉强度和切变模量。

表 11-2-19　　圆柱螺旋压缩弹簧计算表

材料直径 d/mm	弹簧中径 D/mm	许用应力 τ_p/MPa	工作极限载荷 P_j/N	工作极限载荷下的单圈变形量 f_j/mm	单圈刚度 P'_d/N·mm^{-1}	最大心轴直径 D_{Xmax}/mm	最小套筒直径 D_{Tmin}/mm	初拉力 P_0（用于拉伸弹簧）/N
0.5	3	1100	14.36	0.627	22.9	1.9	4.1	1.64
	3.5		12.72	0.883	14.4	2.4	4.6	1.2
	4		11.39	1.181	9.64	2.9	5.1	0.92
	4.5		10.32	1.524	6.77	3.4	5.6	—
	5		9.43	1.912	4.93	3.9	6.1	0.589
	6		8.04	2.812	2.86	4.5	7.5	0.409
	7		7.00	3.888	1.80	5.5	8.5	—
0.6	3	1055	22.75	0.480	47.4	1.8	4.2	3.39
	3.5		20.28	0.680	29.8	2.3	4.7	2.49
	4		18.26	0.913	20.0	2.8	5.2	1.91
	4.5		16.62	1.183	14.0	3.3	5.7	—
	5		15.22	1.486	10.2	3.8	6.2	1.22
	6		13.03	2.197	5.93	4.4	7.6	0.843
	7		11.38	3.051	3.73	5.4	8.6	0.622
	8		10.11	4.042	2.50	6.4	9.6	—
[0.7]	3.5	1030	30.23	0.547	55.3	2.2	4.8	—
	4		27.37	0.739	37.0	2.7	5.3	
	4.5		24.98	0.960	26.0	3.2	5.8	
	5		22.97	1.211	19.0	3.7	6.3	
	6		19.74	1.799	11.0	4.3	7.7	
	7		17.31	2.504	6.91	5.3	8.7	
	8		15.40	3.325	4.63	6.3	9.7	
	9		13.88	4.266	3.25	7.3	10.7	
0.8	4	1005	38.54	0.609	63.2	2.6	5.4	6.03
	4.5		35.30	0.796	44.4	3.1	5.9	—
	5		32.55	1.006	32.4	3.6	6.4	3.87
	6		28.14	1.502	18.7	4.2	7.8	2.68
	7		24.74	2.098	11.8	5.2	8.8	1.97
	8		22.06	2.792	7.90	6.2	9.8	1.51
	9		19.90	3.588	5.55	7.2	10.8	1.19
	10		18.14	4.485	4.04	8.2	11.8	—
[0.9]	4	1005	53.05	0.524	101	2.5	5.5	—
	4.5		48.77	0.686	71.1	3	6	
	5		45.13	0.871	51.8	3.5	6.5	
	6		39.14	1.305	30.0	4.1	7.9	
	7		34.54	1.829	18.9	5.1	8.9	
	8		30.89	2.442	12.7	6.1	9.9	
	9		27.92	3.141	8.89	7.1	10.9	
	10		25.46	3.930	6.48	8.1	11.9	
1.0	4.5	980	63.30	0.584	108	2.9	6.1	—
	5		58.73	0.743	79.0	3.4	6.6	9.42
	6		51.19	1.120	45.7	4	8	6.54
	7		45.33	1.575	28.8	5	9	4.81
	8		40.63	2.106	19.3	6	10	3.68
	9		36.80	2.717	13.5	7	11	2.91
	10		33.62	3.403	9.88	8	12	2.36

续表

材料直径 d/mm	弹簧中径 D/mm	许用应力 τ_p/MPa	工作极限载荷 P_j/N	工作极限载荷下的单圈变形量 f_j/mm	单圈刚度 P'_d/N·mm^{-1}	最大心轴直径 D_{Xmax}/mm	最小套筒直径 D_{Tmin}/mm	初拉力 P_0(用于拉伸弹簧)/N
1.0	12	980	28.66	5.019	5.71	9	15	1.64
	14		24.95	6.931	3.60	11	17	—
1.2	6	955	82.38	0.869	94.8	3.8	8.2	13.57
	7		73.42	1.230	59.7	4.8	9.2	9.97
	8		66.13	1.653	40.0	5.8	10.2	7.63
	9		60.16	2.141	28.1	6.8	11.2	6.03
	10		55.10	2.691	20.5	7.8	12.2	4.89
	12		47.16	3.980	11.9	8.8	15.2	3.39
	14		41.22	5.524	7.46	10.8	17.2	2.49
	16		36.59	7.319	5.00	12.8	19.2	—
[1.4]	7	930	109.23	0.987	111	4.6	9.4	—
	8		98.90	1.335	74.1	5.6	10.4	
	9		90.19	1.734	52.0	6.6	11.4	
	10		82.94	2.187	37.9	7.6	12.4	
	12		71.32	2.634	22.0	8.6	15.4	
	14		62.52	4.522	13.8	10.6	17.4	
	16		55.62	6.006	9.26	12.6	19.4	
	18		50.11	7.704	6.50	14.6	21.4	
	20		45.55	9.609	4.74	15.6	24.4	
1.6	8	905	138.82	1.098	126	5.4	10.6	24.1
	9		127.12	1.432	88.8	6.4	11.6	19.1
	10		117.32	1.812	64.7	7.4	12.6	15.4
	12		101.33	2.706	37.5	8.4	15.6	10.7
	14		89.12	3.778	23.6	10.4	17.6	7.87
	16		79.46	5.029	15.8	12.4	19.6	6.03
	18		71.69	6.461	11.1	14.4	21.6	4.77
	20		65.33	8.076	8.09	15.4	23.6	—
	22		59.94	9.864	6.08	17.4	26.6	—
[1.8]	9	680	170.78	1.201	142	6.2	11.8	—
	10		157.80	1.522	104	7.2	12.8	
	12		137.06	2.286	60.0	8.2	15.8	
	14		120.92	3.203	37.8	10.2	17.8	
	16		108.34	4.279	25.3	12.2	19.8	
	18		97.82	5.501	17.8	14.2	21.8	
	20		89.20	6.882	13.0	15.2	24.8	
	22		82.01	8.424	9.74	17.2	26.8	
	25		73.16	11.03	6.63	20.2	29.8	
2.0	10	855	204.88	1.297	158	7	13	37.7
	12		178.61	1.954	91.4	8	16	26.2
	14		158.20	1.923	57.6	10	18	19.2
	16		141.80	3.676	38.6	12	20	14.7
	18		128.40	4.740	27.1	14	22	11.6
	20		117.29	5.939	19.8	15	25	9.42
	22		107.96	7.275	14.9	17	27	7.79
	25		96.41	9.542	10.1	20	30	—
	28		87.05	12.10	7.20	23	33	—
2.5	12	830	320.30	1.435	223	7.5	16.5	63.9
	14		285.78	2.033	141	9.5	18.5	47
	16		257.73	2.733	94.2	11.5	20.5	36
	18		234.58	3.547	66.1	13.5	22.5	28.4

续表

材料直径 d/mm	弹簧中径 D/mm	许用应力 τ_p/MPa	工作极限载荷 P_j/N	工作极限载荷下的单圈变形量 f_j/mm	单圈刚度 P'_d/N·mm^{-1}	最大心轴直径 D_{Xmax}/mm	最小套筒直径 D_{Tmin}/mm	初拉力 P_0(用于拉伸弹簧)/N
2.5	20	830	215.03	4.460	48.2	14.5	25.5	23
	22		198.54	5.480	36.2	16.5	27.5	19
	25		177.90	7.206	24.7	19.5	30.5	14.7
	28		161.26	9.175	17.6	22.5	33.5	—
	30		151.74	10.62	14.3	24.5	35.5	—
	32		143.16	12.16	11.8	25.5	38.5	—
3.0	14	785	444.99	1.527	291	9	19	97.4
	16		403.88	2.068	195	11	21	74.6
	18		369.03	2.690	137	13	23	58.9
	20		339.76	3.398	100	14	26	47.7
	22		314.73	4.190	75.1	16	28	39.4
	25		283.08	5.531	51.2	19	31	30.5
	28		264.50	7.258	36.4	22	34	24.3
	30		242.27	8.179	29.6	24	36	—
	32		229.16	9.392	24.4	25	39	—
	35		211.75	11.35	18.7	28	42	—
	38		196.77	13.50	14.6	31	45	—
3.5	16	785	614.66	1.699	362	10.5	21.5	—
	18		564.41	2.221	254	12.5	23.5	109
	20		521.63	2.816	185	13.5	26.5	88.5
	22		484.52	3.481	139	15.5	28.5	73.1
	25		437.67	4.614	94.8	18.5	31.5	56.6
	28		398.65	5.906	67.5	21.5	34.5	45.1
	30		376.26	6.855	54.9	23.5	36.5	—
	32		356.30	7.880	45.2	24.5	39.5	34.5
	35		329.78	9.546	34.6	27.5	42.5	28.9
	38		306.97	11.37	27.0	30.5	45.5	—
	40		293.40	12.67	23.2	32.5	47.5	22.1
4	20	760	728.45	2.305	316	13	27	151
	22		679.34	2.861	237	15	29	125
	25		615.63	3.804	162	18	32	96.5
	28		562.40	4.884	115	21	35	76.9
	30		531.91	5.680	93.6	23	37	—
	32		504.14	6.535	77.1	24	40	58.9
	35		467.6	7.931	59.0	27	43	49.2
	38		435.9	9.462	46.1	30	46	—
	40		417.0	10.56	39.5	32	48	37.7
	45		376.3	13.56	27.7	37	53	29.8
	50		342.9	16.96	20.2	42	58	—
4.5	22	760	937.0	2.464	380	14.5	29.5	200
	25		853.3	3.293	259	17.5	32.5	155
	28		782.04	4.234	184	20.5	35.5	123
	30		740	4.935	150	22.5	37.5	—
	32		702.9	5.688	124	23.5	40.5	94.5
	35		652.9	6.913	94.4	26.5	43.5	78.9
	38		609.6	8.261	73.8	29.5	46.5	—
	40		584.1	9.235	63.3	41.5	48.5	60.4
	45		527.8	11.88	44.4	36.5	53.5	47.7

续表

材料直径 d/mm	弹簧中径 D/mm	许用应力 τ_p/MPa	工作极限载荷 P_j/N	工作极限载荷下的单圈变形量 f_j/mm	单圈刚度 P_d'/N·mm^{-1}	最大心轴直径 D_{Xmax}/mm	最小套筒直径 D_{Tmin}/mm	初拉力 P_0（用于拉伸弹簧）/N
4.5	50	760	481.3	14.86	32.4	41.5	58.5	38.6
	55		442.7	18.19	24.3	45.5	64.5	31.9
5	25	735	1100.6	2.787	395	17	33	236
	28		1012.5	3.60	281	20	36	188
	30		960	4.199	229	22	38	164
	32		912.6	4.847	188	23	41	144
	35		850	5.903	144	26	44	120
	38		794.6	7.046	112	29	47	—
	40		761.8	7.900	96.4	31	49	92
	45		690	10.19	67.7	36	54	72.7
	50		630.2	12.76	49.4	41	59	58.9
	55		580	15.63	37.1	45	65	48.7
	60		537.3	18.80	28.6	50	70	40.9
6	30	710	1530.9	3.230	471	21	39	339
	32		1461.1	3.741	391	22	42	298
	35		1364.8	4.572	298	25	45	249
	38		1280.3	5.489	233	28	48	—
	40		1209.6	6.047	200	30	50	191
	45		1117.8	7.901	140	35	55	151
	50		1023.8	10.00	102	40	60	122
	55		944.78	12.28	76.9	44	66	101
	60		876.9	14.79	59.3	49	71	84.8
	65		817.7	17.55	46.6	54	76	72.3
	70		766.1	20.53	37.3	59	81	62.3
8	32	685	3065.5	2.484	1234	20	44	—
	35		2887	3.060	943	23	47	—
	38		2726.9	3.700	737	26	50	—
	40		2626.2	4.156	632	28	52	603
	45		2408.3	5.425	444	33	57	477
	50		2220	6.860	324	38	62	386
	55		2057.5	8.463	243	42	68	319
	60		1917.3	10.24	187	47	73	268
	65		1794.2	12.18	147	52	78	228
	70		1686.4	14.29	118	57	83	197
	75		1589.6	16.58	95.9	62	88	—
	80		1504	19.03	79.0	67	93	151
	85		1422	21.60	65.9	71	99	—
	90		1356	24.36	55.5	76	104	—
10	40	660	4615	2.991	1543	26	54	1470
	45		4264	3.934	1084	31	59	1163
	50		3954	5.005	790	36	64	942
	55		3687	6.212	593	40	70	779
	60		3448	7.541	457	45	75	654
	65		3239	9.01	360	50	80	557
	70		3053	10.60	288	55	85	481
	75		2887	12.33	234	60	90	419
	80		2736	14.19	193	65	95	368
	85		2602	16.16	161	69	101	326

续表

材料直径 d/mm	弹簧中径 D/mm	许用应力 τ_p/MPa	工作极限载荷 P_j/N	工作极限载荷下的单圈变形量 f_j/mm	单圈刚度 P'_d/N·mm^{-1}	最大心轴直径 D_{Xmax}/mm	最小套筒直径 D_{Tmin}/mm	初拉力 P_0（用于拉伸弹簧）/N
10	90	660	2479	18.30	135	74	106	291
	95		2366	20.55	115	79	111	261
	100		2264	22.93	98.8	84	116	236
12	50	635	6227	3.801	1638	34	66	1953
	55		5833	4.740	1231	38	72	1614
	60		5478	5.779	948	43	77	1356
	65		5147	6.930	746	48	82	1156
	70		4882	8.176	597	53	87	997
	75		4629	9.541	485	58	92	868
	80		4397	11.00	400	63	97	763
	85		4189	12.56	333	67	103	676
	90		4000	14.24	281	72	108	603
	95		3825	16.01	239	77	113	541
	100		3664	17.89	205	82	118	488
	110		3383	21.99	154	92	128	404
	120		3136	26.46	119	102	138	339
14	60	740	9693.7	5.590	1734	41	79	
	65		9162	6.718	1364	46	84	
	70		8689	7.96	1092	51	89	
	75		8261	9.31	888	56	94	
	80		7867	10.76	732	61	99	
	85		7511	12.31	610	65	105	
	90		7180	13.97	514	70	110	
	95		6880	15.75	437	75	115	
	100		6601	18.99	348	80	120	
	110		6102	21.68	281	90	130	
	120		5675	26.18	217	100	140	
	130		5302	31.10	170	109	151	
16	65	740	13117	5.64	2327	44	86	
	70		12475	6.70	1863	49	91	
	75		11888	7.85	1515	54	96	
	80		11349	9.09	1248	59	101	
	85		10855	10.43	1040	63	107	
	90		10405	11.87	877	68	112	
	95		9983	13.39	745	73	117	
	100		9591	15.01	639	78	122	
	110		8481	18.52	480	88	132	
	120		8287	22.40	370	98	142	
	130		7753	26.66	291	107	153	
	140		7285	31.29	233	117	163	
	150		6870	36.28	189	127	173	
18	75	740	16327	6.75	2426	52	98	
	80		15623	7.82	1999	57	103	
	85		14968	8.98	1667	61	109	
	90		14364	10.23	1404	66	114	
	95		13808	11.56	1194	71	119	
	100		13292	12.99	1024	76	124	
	110		12355	16.07	769	86	134	

续表

材料直径 d/mm	弹簧中径 D/mm	许用应力 τ_p/MPa	工作极限载荷 P_j/N	工作极限载荷下的单圈变形量 f_j/mm	单圈刚度 P'_d/N · mm^{-1}	最大心轴直径 D_{Xmax}/mm	最小套筒直径 D_{Tmin}/mm	初拉力 P_0（用于拉伸弹簧）/N
18	120	740	11529	19.46	592	96	144	
	130		10819	23.22	466	105	155	
	140		10172	27.27	373	115	165	
	150		9607	31.68	303	125	175	
	160		9100	36.42	250	134	186	
	170		8639	41.46	208	143	197	
20	80	740	20698	6.79	3047	55	105	
	85		19891	7.83	2540	59	111	
	90		19120	8.93	2140	64	116	
	95		18413	10.12	1820	69	121	
	100		17733	11.37	1560	74	126	
	110		16537	14.11	1172	84	136	
	120		15461	17.13	903	94	146	
	130		14527	20.46	710	103	157	
	140		13690	24.08	569	113	167	
	150		12949	28.01	462	123	177	
	160		12271	32.22	381	132	188	
	170		11658	36.72	318	141	199	
	180		11114	41.55	267	151	209	
	190		10612	46.66	227	160	220	
25	100	740	32340	8.49	3809	69	131	
	110		30351	10.61	2861	79	141	
	120		28557	12.96	2204	89	151	
	130		26930	15.54	1734	98	162	
	140		25478	18.36	1388	108	172	
	150		24159	21.40	1128	118	182	
	160		22979	24.71	930	127	193	
	170		21893	28.24	775	136	204	
	180		20916	32.03	653	146	214	
	190		19998	36.01	555	155	225	
	200		19175	40.28	476	165	235	
	220		17700	49.49	358	184	256	
30	120	740	46570	10.10	4570	84	156	
	130		44137	12.28	3595	93	167	
	140		41949	14.57	2878	103	177	
	150		39899	17.05	2340	113	187	
	160		38073	19.74	1928	122	198	
	170		36370	22.62	1607	131	209	
	180		34788	25.69	1354	141	219	
	190		33356	28.97	1151	150	230	
	200		32025	32.44	987	160	240	
	220		29670	40.00	742	179	261	
	240		27611	48.34	571	198	282	
	260		25814	57.45	499	217	303	
35	140	740	63386	11.89	5332	98	182	
	150		60585	13.98	4335	108	192	
	160		57897	16.20	3572	117	203	
	170		55481	18.63	2978	126	214	

续表

材料直径 d/mm	弹簧中径 D/mm	许用应力 τ_p/MPa	工作极限载荷 P_j/N	工作极限载荷下的单圈变形量 f_j/mm	单圈刚度 P'_d/N·mm^{-1}	最大心轴直径 D_{Xmax}/mm	最小套筒直径 D_{Tmin}/mm	初拉力 P_0（用于拉伸弹簧）/N
35	180	740	53204	21.21	2509	136	224	
	190		51111	23.96	2133	145	235	
	200		49168	26.88	1829	155	245	
	220		45672	33.24	1374	174	266	
	240		42622	40.27	1058	193	287	
	260		39967	48.02	832	212	308	
	280		37583	56.39	667	231	329	
	300		35467	65.45	542	250	350	
40	160	740	82791	13.59	6093	112	208	
	170		79564	15.66	5080	121	219	
	180		76479	17.87	4280	131	229	
	190		73653	20.24	3639	140	240	
	200		70931	22.73	3120	150	250	
	220		66148	28.22	2344	169	271	
	240		61840	34.25	1806	188	292	
	260		58109	40.92	1420	207	313	
	280		54758	48.16	1137	226	334	
	300		51791	56.02	924	245	355	
	320		49088	64.44	762	264	376	
45	180	740	104782	15.41	6855	126	234	
	190		101141	17.35	5829	135	245	
	200		97642	19.54	4998	145	255	
	220		91325	24.32	3755	164	276	
	240		85665	29.62	2892	183	297	
	260		80640	35.45	2275	202	318	
	280		76147	41.81	1821	221	339	
	300		72056	48.66	1481	240	360	
	320		68447	56.10	1220	259	381	
	340		65120	64.02	1017	278	402	
50	200	740	129361	16.98	7617	140	260	
	220		121406	21.21	5723	159	281	
	240		112781	25.59	4408	178	302	
	260		107718	31.07	3467	197	323	
	280		101909	36.71	2776	216	344	
	300		96634	42.82	2257	235	365	
	320		91915	49.43	1860	254	386	
	340		87571	56.48	1550	273	407	

3.6 圆柱螺旋弹簧计算用系数 C，K，K_1，$\frac{8}{\pi}KC^3$（摘自 GB 1239—1976）

表 11-2-20

C	K	K_1	$\frac{8}{\pi}KC^3$	C	K	K_1	$\frac{8}{\pi}KC^3$
2.5	1.746		69.46	6.9	1.216		1017.1
2.6	1.705		76.31	7	1.213	1.13	1059.5
2.7	1.669		83.64	7.1	1.21		1102.6
2.8	1.636		91.44	7.2	1.206		1146.1
2.9	1.607		99.8	7.3	1.203		1191.6
3	1.58		108.63	7.4	1.2		1238
3.1	1.556		118.02	7.5	1.197	1.12	1285.9
3.2	1.533		127.9	7.6	1.195		1335.5
3.3	1.512		138.34	7.7	1.192		1385.7
3.4	1.493		149.42	7.8	1.189		1436.6
3.5	1.476		161.14	7.9	1.187		1490.2
3.6	1.459		173.34	8	1.184	1.11	1543.5
3.7	1.444		186.24	8.1	1.182		1599.4
3.8	1.43		199.78	8.2	1.179		1655
3.9	1.416		213.88	8.3	1.177		1713.5
4	1.404	1.25	228.81	8.4	1.175		1773.4
4.1	1.392		244.26	8.5	1.172	1.1	1832.5
4.2	1.381		260.49	8.6	1.17		1894.9
4.3	1.37		277.32	8.7	1.168		1958.1
4.4	1.36		295.01	8.8	1.166		2023.2
4.5	1.351	1.2	313.47	8.9	1.164		2089.5
4.6	1.342		332.63	9	1.162	1.09	2156.7
4.7	1.334		352.66	9.1	1.16		2225.7
4.8	1.325		373.09	9.2	1.158		2296.2
4.9	1.318		394.83	9.3	1.157		2369.3
5	1.311	1.19	417.3	9.4	1.155		2442.6
5.1	1.304		440.4	9.5	1.153		2517.3
5.2	1.297		464.34	9.6	1.151		2592.6
5.3	1.29		489.03	9.7	1.15		2672.3
5.4	1.284		514.84	9.8	1.147		2751.3
5.5	1.279	1.17	541.85	9.9	1.146		2830.9
5.6	1.273		569.27	10	1.145	1.08	2915.2
5.7	1.267		579.36	10.1	1.143		2998.6
5.8	1.262		627.01	10.2	1.142		3086
5.9	1.257		657.38	10.3	1.14		3171.5
6	1.253	1.15	689.13	10.4	1.139		3262.1
6.1	1.248		721.25	10.5	1.138		3354.3
6.2	1.243		754.26	10.6	1.136		3444.4
6.3	1.239		788.74	10.7	1.135		3539.9
6.4	1.235		824.39	10.8	1.133		3634
6.5	1.231	1.14	800.78	10.9	1.132		3732.8
6.6	1.227		898.14	11	1.131		3833.2
6.7	1.223		936.45	11.1	1.13		3934.4
6.8	1.22		976.75	11.2	1.128		4034.9

续表

C	K	K_1	$\frac{8}{\pi}KC^3$	C	K	K_1	$\frac{8}{\pi}KC^3$
11.3	1.127		4140.5	13.7	1.104		7228.6
11.4	1.126		4247.9	13.8	1.103		7379.6
11.5	1.125		4355.8	13.9	1.102		7534.8
11.6	1.124		4466.6	14	1.102	1.06	7698.6
11.7	1.123		4579.3	14.1	1.101		7858
11.8	1.122		4693.8	14.2	1.1		8019.5
11.9	1.121		4810.1	14.3	1.099		8183.1
12	1.12	1.07	4928.3	14.4	1.099		8360
12.1	1.118		5042.6	14.5	1.098		8523.9
12.2	1.117		5164.3	14.6	1.097		8691.6
12.3	1.116		5287.8	14.7	1.097		8871.4
12.4	1.115		5413.3	14.8	1.096		9045.9
12.5	1.114		5539.1	14.9	1.095		9222.6
12.6	1.114		5673.1	15	1.095		9406.5
12.7	1.113		5804.3	15.1	1.094		9590.7
12.8	1.112		5937.4	15.2	1.093		9774.1
12.9	1.111		6072.5	15.3	1.093		9968.2
13	1.11		6210.6	15.4	1.092		10153.3
13.1	1.109		6348.6	15.5	1.091		10344.9
13.2	1.108		6487.7	15.6	1.091		10546.4
13.3	1.107		6630.7	15.7	1.09		10742
13.4	1.106		6775.5	15.8	1.09		10949.4
13.5	1.106		6928.4	15.9	1.089		11146.5
13.6	1.105		7077.5	16	1.088	1.05	11345.9

3.7 圆柱螺旋压缩弹簧计算示例

表 11-2-21　　圆柱螺旋压缩弹簧计算示例之一

	项　目	单位	公 式 及 数 据
原始条件	最小工作载荷 P_1	N	$P_1=60$
	最大工作载荷 P_n	N	$P_n=240$
	工作行程 h	mm	$h=36\pm1$
	弹簧外径 D_2	mm	$D_2\leqslant45$
	弹簧类别		$N=10^3\sim10^6$ 次
	端部结构		端部并紧、磨平，两端支承圈各 1 圈
	弹簧材料		碳素弹簧钢丝 C 级
参数计算	初算弹簧刚度 P'	N/mm	$P'=\dfrac{P_n-P_1}{h}=\dfrac{240-60}{36}=5$
	工作极限载荷 P_j	N	因是Ⅱ类载荷：$P_j\geqslant1.25P_n$ 故 $P_j=1.25\times240=300$
	弹簧材料直径 d 及弹簧中径 D 与有关参数		根据 P_j 与 D 条件从表 11-2-19 得： d = 3.5, D = 38, P_j = 306.97, f_j = 11.37, P'_d = 27

续表

项目		单位	公式及数据
参数计算	有效圈数 n	圈	$n=\frac{P'_d}{P'}=\frac{27}{5}=5.4$ 按照表 11-2-10 取标准值 $n=5.5$
	总圈数 n_1	圈	$n_1=n+2=5.5+2=7.5$
	弹簧刚度 P'	N/mm	$P'=\frac{P'_d}{n}=\frac{27}{5.5}=4.9$
	工作极限载荷下的变形量 F_j	mm	$F_j=nf_j=5.5\times11.37\approx63$
	节距 t	mm	$t=\frac{F_j}{n}+d=\frac{63}{5.5}+3.5=14.95$
	自由高度 H_0	mm	$H_0=nt+1.5d=5.5\times14.95+1.5\times3.5=87.47$　取标准值 $H_0=90$
	弹簧外径 D_2	mm	$D_2=D+d=38+3.5=41.5$
	弹簧内径 D_1	mm	$D_1=D-d=38-3.5=34.5$
	螺旋角 α	(°)	$\alpha=\arctan\frac{t}{\pi D}=\arctan\frac{14.95}{\pi\times38}=7.14$
	展开长度 L	mm	$L=\frac{\pi Dn_1}{\cos\alpha}=\frac{\pi\times38\times7.5}{\cos7.14}=902$
验算	最小载荷时的高度 H_1	mm	$H_1=H_0-\frac{P_1}{P'}=90-\frac{60}{4.9}=77.76$
	最大载荷时的高度 H_n	mm	$H_n=H_0-\frac{P_n}{P'}=90-\frac{240}{4.9}=41.02$
	极限载荷时的高度 H_j	mm	$H_j=H_0-\frac{P_j}{P'}=90-\frac{306.97}{4.9}=27.35$
	实际工作行程 h	mm	$h=H_1-H_n=77.76-41.02=36.74\approx36\pm1$
	工作区范围		$\frac{P_1}{P_j}=\frac{60}{306.97}\approx0.2$；$\frac{P_n}{P_j}=\frac{240}{306.97}\approx0.8$
	高径比 b		$b=\frac{H_0}{D}=\frac{90}{38}=2.37<2.6$ $b<2.6$ 不必进行稳定性验算
工作图	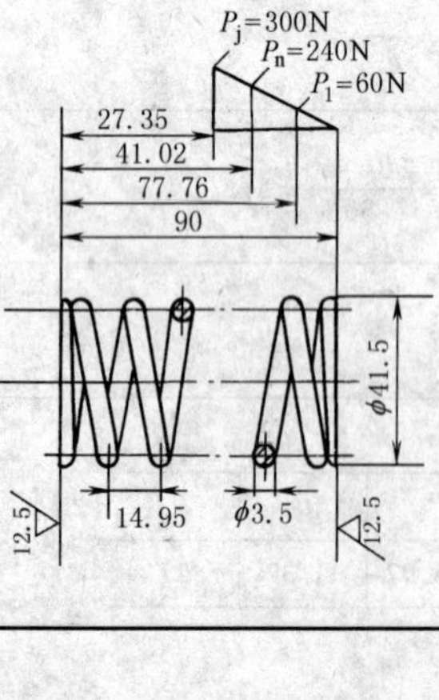 $P_j=300$N　$P_n=240$N　$P_1=60$N 27.35　41.02　77.76　90 14.95　ϕ3.5　ϕ41.5　12.5		技术要求 1. 旋向:右旋 2. 有效圈 $n=5.5$、总圈数 $n_1=7.5$ 3. 展开长度 $L=902$mm 4. 未注精度要求按 GB 1239.2-2 级 5. 弹簧做消应力回火处理

表 11-2-22　　圆柱螺旋压缩弹簧计算示例之二

	项　目	单位	公式及数据
原始条件	最大工作载荷 P_n 最小工作载荷 P_1 弹簧中径 D 工作行程 h	N N mm mm	$P_n=420$ $P_1=200$ $D=32$ $h=10$
	弹簧类别——气门弹簧 凸轮轴转速 n_{max} 材料 端部结构	 r/min	Ⅱ类弹簧，$N=10^3\sim10^6$ 次 1400 阀门用油淬火回火碳素弹簧钢丝 两端并紧且磨平，支承圈数为 1 圈
参数计算	许用应力 τ_p	MPa	根据表 11-2-4 $\sigma_b=1422$　故 $\tau_p=0.4,\sigma_b=568.8$
	初定 C 和 K		根据公式 $\frac{8}{\pi}KC^3=\frac{\tau_p D^2}{P_n}=\frac{568.8\times32^2}{420}=1386.7$ 查表 11-2-20 $C=7.7\quad K=1.192$
	材料直径 d	mm	$d=\frac{D}{C}=\frac{32}{7.7}=4.16$ 取 $d=4.5$
	确定旋绕比 C		$C=\frac{D}{d}=\frac{32}{4.5}=7.1$
	确定曲度系数 K		$K=\frac{4C-1}{4C-4}+\frac{0.615}{C}$ 或查表 11-2-20 $K=1.21$
	弹簧刚度 P'	N/mm	$P'=\frac{P_n-P_1}{h}=\frac{420-200}{10}=22$
	最小工作载荷下的变形量 F_1	mm	$F_1=\frac{P_1}{P'}=\frac{200}{22}=9.1$
	最大工作载荷下的变形量 F_n	mm	$F_n=\frac{P_n}{P'}=\frac{420}{22}=19.1$
	压并时变形量 F_b	mm	根据弹簧的工作区应在全变形量的 20%～80% 的规定，取 $F_n=0.65F_b$ 故　$F_b=\frac{F_n}{0.65}=\frac{19.1}{0.65}=29.4$
	压并载荷 P_b	N	根据上项的同样规定 $P_b=\frac{P_n}{0.65}=\frac{420}{0.65}=646$
	有效圈数 n	圈	$n=\frac{Gd^4F_n}{8P_nD^3}=\frac{7900\times4.5^4\times19.1}{8\times420\times32^3}=5.63$ 按标准取 $n=6$
	总圈数 n_1	圈	根据表 11-2-14 $n_1=n+2=6+2=8$
	压并高度 H_b	mm	根据表 11-2-14 $H_b=(n+1.5)d=(6+1.5)\times4.5=33.75$
	自由高度 H_0	mm	$H_0=H_b+F_b=33.75+29.4=63.15$ 按标准取 $H_0=65$

续表

	项　目	单位	公 式 及 数 据
参数计算	节距 t	mm	根据表 11-2-8 $t=\frac{H_0-1.5d}{n}=\frac{65-1.5\times4.5}{6}=9.71$
	螺旋角 α	(°)	$\alpha=\arctan\frac{t}{\pi D}=\arctan\frac{9.71}{3.14\times32}=5.52°$
	展开长度 L	mm	$L=\frac{\pi Dn_1}{\cos\alpha}=\frac{3.14\times32\times8}{\cos5.52°}=808$
	脉动疲劳极限 τ_0	MPa	根据表 11-2-16 $N=10^7$ 时： $\tau_0=0.3\sigma_b=0.3\times1422=420$
	最小切应力 τ_{min}	MPa	$\tau_{min}=\frac{8KDP_1}{\pi d^3}=\frac{8\times1.21\times32\times200}{3.14\times4.5^3}=216$
	最大切应力 τ_{max}	MPa	$\tau_{max}=\frac{8KDP_n}{\pi d^3}=\frac{8\times1.21\times32\times420}{3.14\times4.5^3}=454$
	疲劳安全系数 S		$S=\frac{\tau_0+0.75\tau_{min}}{\tau_{max}}=\frac{420+0.75\times216}{454}=1.28$ $S\approx S_p=1.3\sim1.7$
	弹簧自振频率 f	1/s	$f=3.56\times10^5\times\frac{d}{nD^2}$ $=3.56\times10^5\times\frac{4.5}{6\times32^2}$ $=260.7$
	强迫振动频率 f_r	1/s	$f_r=\frac{n_{max}}{60}=\frac{1400}{60}=23.3$
	共振验算		$f>10f_r$ 即 $260.7>10\times23.3$

3.8　组合弹簧的设计计算

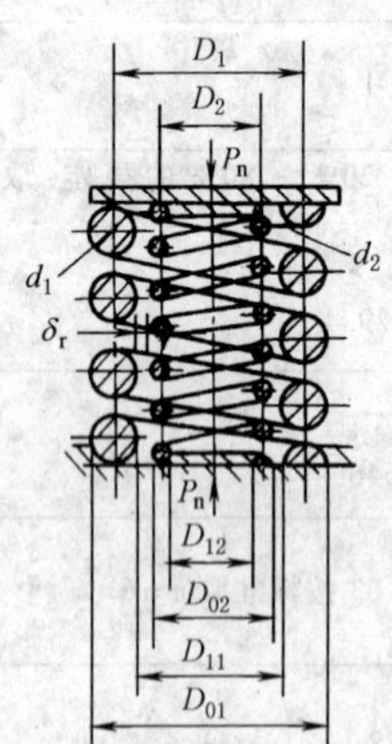

图 11-2-2　组合弹簧

当设计承受载荷较大，且安装空间受限制的圆柱螺旋压缩弹簧时，可采用组合弹簧（图 11-2-2）。这种弹簧比普通弹簧轻，钢丝直径较小，制造也方便。

设计组合弹簧时，应注意下列事项：

1）内、外弹簧的强度要接近相等，经推算有下列关系

$$\frac{d_1}{d_2}=\frac{D_1}{D_2}=\sqrt{\frac{P_{n1}}{P_{n2}}}\quad 及\quad P_n=P_{n1}+P_{n2}$$

一般组合弹簧的 P_{n1}（外弹簧最大工作载荷）和 P_{n2}（内弹簧最大工作载荷）之比为5:2。设计时，先按此比值分配外、内弹簧的载荷，然后按单个弹簧的设计步骤进行。

2）内、外弹簧的变形量应接近相等，其中一个弹簧在最大工作载荷下的变形量 F_n 不应大于另一个弹簧的工作极限变形量 F_j，实际所产生的变形差可用垫片调整。

3）为保证组合弹簧的同心关系，防止内、外弹簧产生歪斜，两个弹簧的旋向应相反，一个右旋，另一个左旋。

4）组合弹簧的径向间隙 δ_r 要满足下列关系

$$\delta_r=\frac{D_{11}-D_{02}}{2}\geqslant\frac{d_1-d_2}{2}$$

5）弹簧端部的支承面结构应能防止内、外弹簧在工作中的偏移。

3.9 组合弹簧的计算示例

表 11-2-23

<table>
<tr><th></th><th>项　目</th><th>单　位</th><th>公式及数据</th></tr>
<tr><td rowspan="7">原始条件</td><td>最小工作载荷 P_1</td><td>N</td><td>$P_1=340$</td></tr>
<tr><td>最大工作载荷 P_n</td><td>N</td><td>$P_n=900$</td></tr>
<tr><td>工作行程 h</td><td>mm</td><td>$h=10$</td></tr>
<tr><td>载荷性质</td><td></td><td>冲击载荷</td></tr>
<tr><td>弹簧类别</td><td></td><td>Ⅱ类</td></tr>
<tr><td>端部结构</td><td></td><td>两端圈并紧并磨平</td></tr>
<tr><td>弹簧材料</td><td></td><td>碳素弹簧钢丝 C 级</td></tr>
<tr><td rowspan="7">参数计算</td><td>外、内弹簧的最大工作载荷 P_{n1},P_{n2}</td><td>N</td><td>$P_{n1}=\frac{5}{7}P_n=\frac{5}{7}\times900=643$
$P_{n2}=P_n-P_{n1}=900-643=257$</td></tr>
<tr><td>外、内弹簧的最小工作载荷 P_{11},P_{12}</td><td>N</td><td>$P_{11}=\frac{5}{7}P_1=\frac{5}{7}\times340=243$
$P_{12}=P_1-P_{11}=340-243=97$</td></tr>
<tr><td>外、内弹簧要求的刚度 P'</td><td>N/mm</td><td>$P'_1=\frac{P_{n1}-P_{11}}{h}=\frac{643-243}{10}=40$
$P'_2=\frac{P_{n2}-P_{12}}{h}=\frac{257-97}{10}=16$
$P'=P'_1+P'_2=40+16=56$</td></tr>
<tr><td>要求的工作极限载荷 P_j</td><td>N</td><td>$P_{j1}=1.25P_{n1}=1.25\times643=803.75$
$P_{j2}=1.25P_{n2}=1.25\times257=321.25$</td></tr>
<tr><td>初选材料直径 d 及中径 D</td><td>mm</td><td>根据 P_{j1} 及 P_{j2} 值,从表 11-2-19 中选取,其有关参数如下:
<table><tr><th>簧别</th><th>d</th><th>D</th><th>P_j</th><th>f_j</th><th>P'_d</th></tr><tr><td>外簧</td><td>5</td><td>35</td><td>850</td><td>5.903</td><td>144</td></tr><tr><td>内簧</td><td>3</td><td>20</td><td>339.76</td><td>3.398</td><td>100</td></tr></table></td></tr>
<tr><td>外、内弹簧径向间隙 δ_r</td><td>mm</td><td>$\delta_r=\frac{D_{11}-D_{02}}{2}\geqslant\frac{d_1-d_2}{2}$
$\delta_r=\frac{(35-5)-(20+3)}{2}\geqslant\frac{5-3}{2}$
$=3.5>1$</td></tr>
<tr><td>最大工作载荷下的变形量 F_n</td><td>mm</td><td>$F_n=\frac{P_n\times h}{P_n-P_1}=\frac{900\times10}{900-340}=16$
又 $F_{n1}=F_{n2}=F_n=16$</td></tr>
</table>

续表

	项　目	单 位	公 式 及 数 据
参数计算	选用弹簧的最大工作载荷 P_n	N	$P_{n1} \leqslant 0.8 \times P_j \leqslant 0.8 \times 850 \leqslant 680$ $P_{n2} \leqslant 0.8 \times P_j \leqslant 0.8 \times 339.76 \leqslant 272$
	选用弹簧的最小工作载荷 P_1	N	$P_{11} = \frac{P_{n1}(F_{n1} - h)}{F_{n1}} = \frac{680 \times (16 - 10)}{16} = 255$ $P_{12} = \frac{P_{n2}(F_{n2} - h)}{F_{n2}} = \frac{272 \times (16 - 10)}{16} = 102$
	验算工作载荷 P	N	最大工作载荷($P_n = 900$) $P_{n1} + P_{n2} = 680 + 272 = 952 > 900$ 最小工作载荷($P_1 = 340$) $P_{11} + P_{12} = 255 + 102 = 357 > 340$
	最大工作载荷下的单圈变形量 f_n	mm	$f_{n1} = 0.8 f_j = 0.8 \times 5.903 = 4.72$ $f_{n2} = 0.8 f_j = 0.8 \times 3.398 = 2.72$
	有效圈数 n	圈	$n_{01} = \frac{F_{n1}}{f_{n1}} = \frac{16}{4.72} = 3.39$　取 $n = 3.5$ $n_{02} = \frac{F_{n2}}{f_{n2}} = \frac{16}{2.72} = 5.58$　取 $n = 6$
	总圈数 n_1	圈	外 $n_1 = n_{01} + 2 = 3.5 + 2 = 5.5$ 内 $n_1 = n_{02} + 2 = 6 + 2 = 8$
	最大工作载荷下的实际变形量 F_n	mm	$F_{n1} = n f_{n1} = 3.5 \times 4.72 = 16.52$ $F_{n2} = n f_{n2} = 6 \times 2.72 = 16.32$
	最小工作载荷下的实际变形量 F_1	mm	$F_{11} = F_{n1}\frac{P_{11}}{P_{n1}} = 16.52 \times \frac{255}{680} = 6.19$ $F_{12} = F_{n2}\frac{P_{12}}{P_{n2}} = 16.32 \times \frac{102}{272} = 6.12$
	极限工作载荷下的变形量 F_j	mm	$F_{j1} = n f_j = 3.5 \times 5.903 = 20.65$ $F_{j2} = n f_j = 6 \times 3.398 = 20.40$
	节距 t	mm	$t_1 = d + f_j = 5 + 5.903 = 10.9$ $t_2 = d + f_j = 3 + 3.398 = 6.4$
	自由高度 H_0	mm	$H_{01} = n t_1 + 1.5d = 3.5 \times 10.9 + 1.5 \times 5 = 46$ $H_{02} = n t_2 + 1.5d = 6 \times 6.4 + 1.5 \times 3 = 38$ 内簧需加垫,厚度 $= 46 - 38 = 8$mm
	弹簧实际刚度 P'	N/mm	$P'_1 = \frac{P'_d}{n_{01}} = \frac{144}{3.5} = 41$ $P'_2 = \frac{P'_d}{n_{02}} = \frac{100}{6} = 16$ $P'_1 + P'_2 = 41 + 16 = 57 \approx P'(56)$
	旋绕比 C		$C_1 = \frac{D}{d} = \frac{35}{5} = 7$ $C_2 = \frac{D}{d} = \frac{20}{3} = 6.7$

3.10 圆柱螺旋压缩弹簧的压力调整结构

表 11-2-24　　压力调整的典型结构

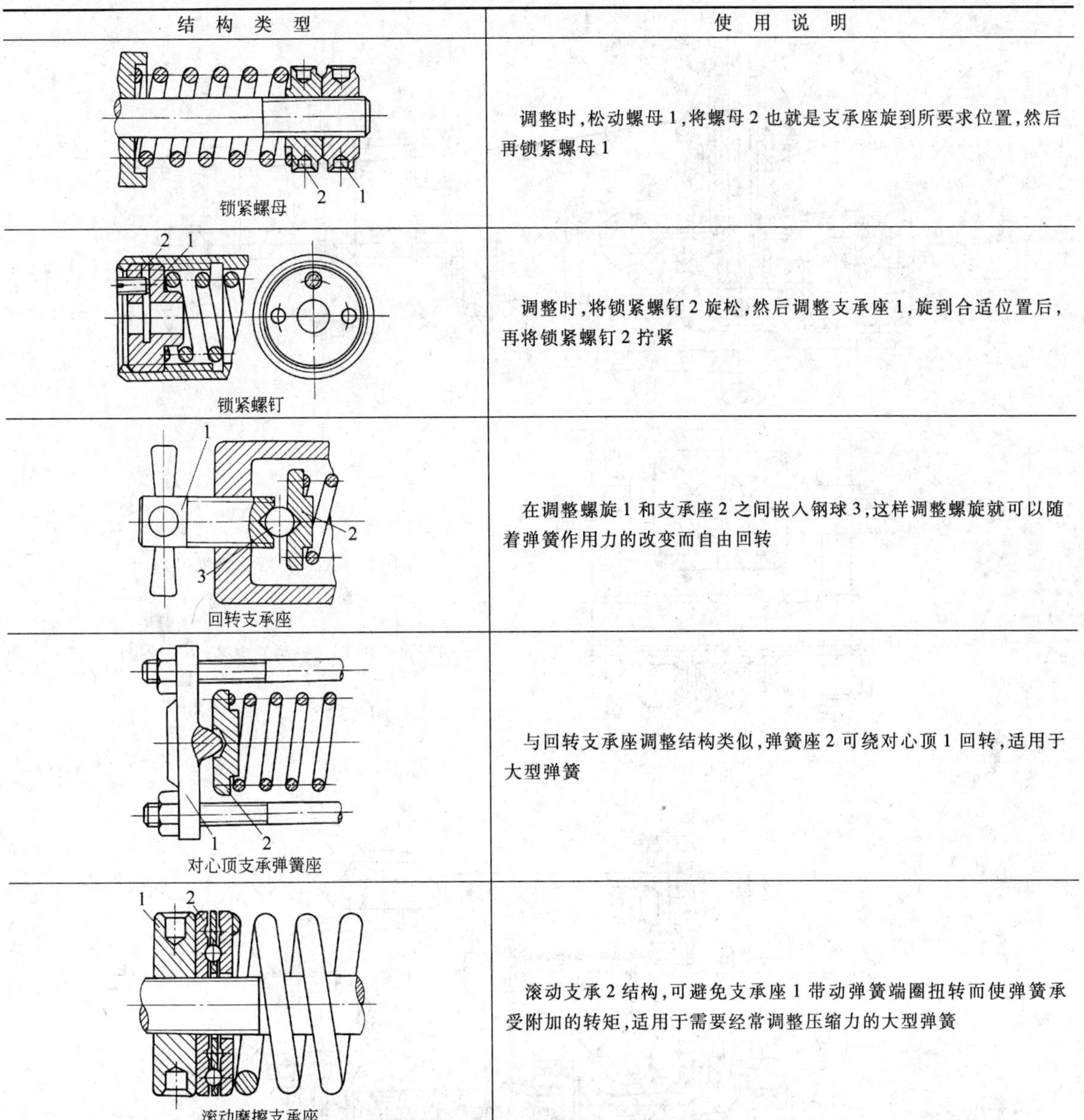

结构类型	使用说明
锁紧螺母	调整时，松动螺母1，将螺母2也就是支承座旋到所要求位置，然后再锁紧螺母1
锁紧螺钉	调整时，将锁紧螺钉2旋松，然后调整支承座1，旋到合适位置后，再将锁紧螺钉2拧紧
回转支承座	在调整螺旋1和支承座2之间嵌入钢球3，这样调整螺旋就可以随着弹簧作用力的改变而自由回转
对心顶支承弹簧座	与回转支承座调整结构类似，弹簧座2可绕对心顶1回转，适用于大型弹簧
滚动摩擦支承座	滚动支承2结构，可避免支承座1带动弹簧端圈扭转而使弹簧承受附加的转矩，适用于需要经常调整压缩力的大型弹簧

3.11 圆柱螺旋压缩弹簧的应用实例

1）图11-2-3为矿井单绳提升罐笼齿爪式防坠器。矿井罐笼上下升降正常工作时，弹簧2受到压缩，齿爪10总是张开的，当与主吊杆相连的钢绳或主吊杆本身破断时，被压缩的弹簧自动伸张，将能量释放驱动横担6，带动齿爪10转动，使齿爪卡入罐道木11，在罐笼载荷作用下，齿爪卡入罐道木的深度逐渐加深，直至罐笼被制动悬挂在罐道木上。这是利用弹簧被压缩时储存的能量驱动机构的应用。

2）图11-2-4是组合弹簧在汽车喷油泵的机械离心式全速调速器中的应用。内弹簧安装时略有预紧力，以适应低转速时调速的需要，故称怠速弹簧8。中弹簧安装呈自由状态，在端头留有2～3mm的间隙，柴油机高速运转时，内弹簧和中弹簧一起作用，因此中弹簧称作高速弹簧9。外弹簧在柴油机启动时，起着加浓油量的作用，有利于启动，故称作启动弹簧10。柴油机启动时，首先是启动弹簧起作用，使油量加浓，利于启动。低速运转时，外弹簧和内弹簧同时起作用。在高速运转时，三根弹簧同时起作用，由于中弹簧的弹簧力最大，高速运转时，主要是中弹簧起作用。

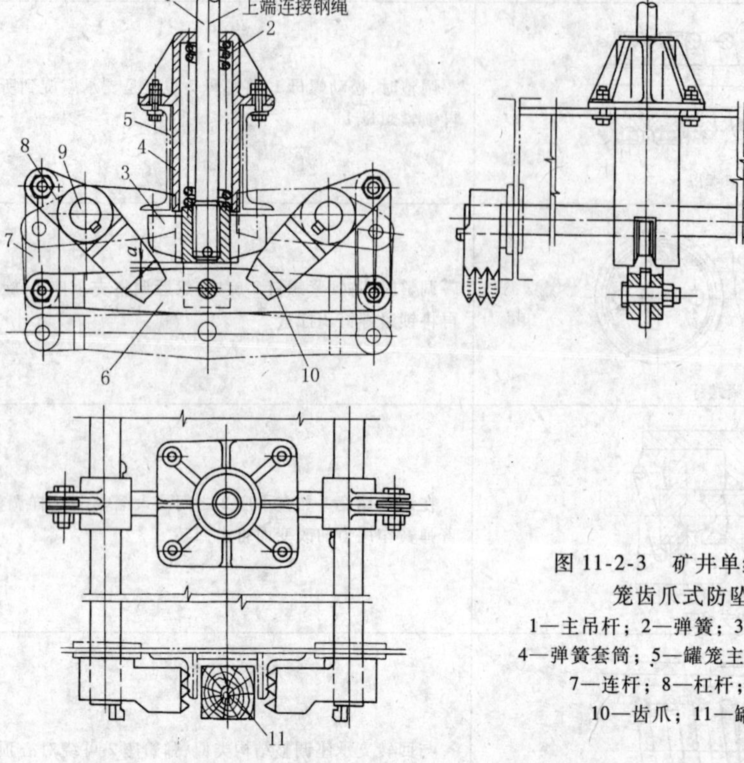

图 11-2-3　矿井单绳提升罐笼齿爪式防坠器

1—主吊杆；2—弹簧；3—支承翼板；4—弹簧套筒；5—罐笼主梁；6—横担；7—连杆；8—杠杆；9—轴；10—齿爪；11—罐道木

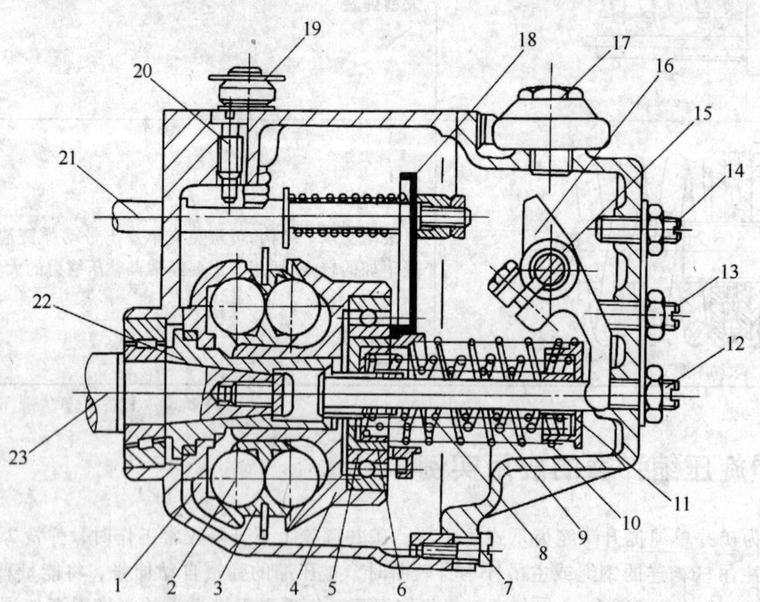

图 11-2-4　组合弹簧在机械离心式全速调速器中的应用

1—传动斜盘；2—飞球；3—球座；4—推力盘；5—轴承座；6—前弹簧座；7—放油螺钉；8—怠速弹簧；9—高速弹簧；10—启动弹簧；11—后弹簧座；12—调节杆；13，14—调节螺钉；15—轴；16—调速叉；17—螺塞；18—传动板；19—手柄；20—限位螺钉；21—供油杆；22—传动轴套；23—喷油泵凸轮轴

4　圆柱螺旋拉伸弹簧

拉伸弹簧的拉力、变形和强度计算与压缩弹簧基本相同，两者只是受力、变形和应力的方向相反。因此，压缩弹簧的基本计算公式同样可以应用于拉伸弹簧。

密圈螺旋拉伸弹簧在冷卷时形成的内力，其值为弹簧开始产生拉伸变形时所需要加的作用力，为拉伸弹簧的初拉力。初拉力与材料的种类、性能、直径和弹簧的旋绕比、耳环的型式、长短以及弹簧的加工方法都有直接的关系，用冷拔成形并经过强化处理的钢丝且经冷卷成形后的拉伸密圈弹簧，都有一定的初拉力。不锈弹簧钢丝与碳素弹簧钢丝制成的弹簧比较，初拉力要小12%左右；弹簧消应力回火处理的温度越高，初拉力越小；制成弹簧需要经热处理淬火的拉伸弹簧就没有初拉力。

初拉力

$$P_0=\tau_0\frac{\pi d^3}{8D}$$

式中，τ_0 是拉弹簧的初切应力。初切应力是一个与弹簧的旋绕比有关系的值，可以在图11-2-5中查取。

拉伸弹簧在拉伸时，钩环在 A、B 处（图11-2-6）承受最大弯曲应力及初应力。对重要的拉伸弹簧，其应力可按下式分别计算：

$$\sigma_{\max}=\frac{32P_nR}{\pi d^3}\times\frac{r_1}{r_3}\leqslant\sigma_{Bp}$$

$$\tau_{\max}=\frac{16P_nR}{\pi d^3}\times\frac{r_2}{r_4}\leqslant\tau_p$$

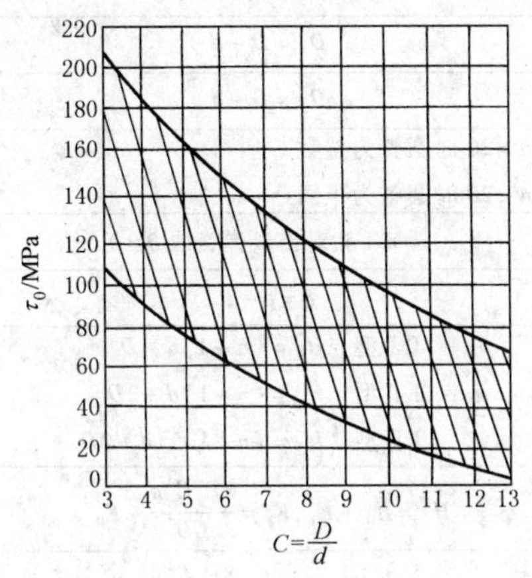

图11-2-5　初应力图

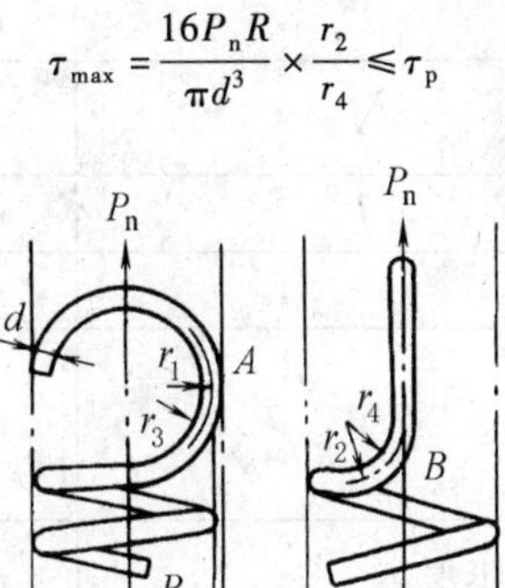

图11-2-6　拉簧钩环受力图

4.1　圆柱螺旋拉伸弹簧计算公式

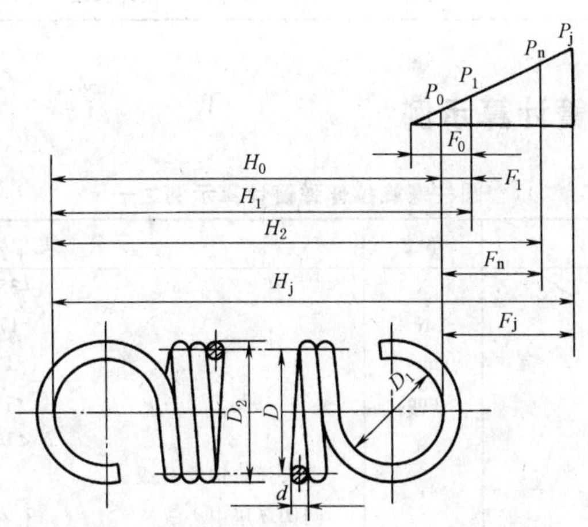

表 11-2-25

项　目		单位	公 式 及 数 据
主要计算公式	材料直径 d	mm	$d \geqslant 1.6\sqrt{\frac{P_n KC}{\tau_p}}$ 式中　τ_p——许用切应力，根据Ⅰ、Ⅱ、Ⅲ类载荷按表 11-2-6 选取 $K=\frac{4C-1}{4C-4}+\frac{0.615}{C}$或按表 11-2-20 选取
	有效圈数 n	圈	$n=\frac{Gd^4F_n}{8(P_n-P_0)D^3}=\frac{GDF_n}{8(P_n-P_0)C^4}$ 式中　P_0——初拉力，可从表 11-2-19 中查得
	弹簧刚度 P'	N/mm	$P'=\frac{Gd^4}{8D^3n}=\frac{GD}{8C^4n}$；或者 $P'=\frac{P_n-P_1}{h}$
	弹簧中径 D	mm	根据结构要求估计，再取标准值
	弹簧内径 D_1	mm	$D_1=D-d$
	弹簧外径 D_2	mm	$D_2=D+d$
	总圈数 n_1	圈	$n_1=n$，当$n>20$ 时圆整为整数 $n<20$ 时圆整为半圈
	节距 t	mm	$t=d+\delta$，对密卷弹簧取 $\delta=0$
	间距 δ	mm	$\delta=t-d$
	自由长度 H_0	mm	LⅠ型　$H_0=(n+1)d+D$ LⅡ型　$H_0=(n+1)d+2D$ LⅢ型　$H_0=(n+1.5)d+2D$
	最小载荷下的长度 H_1	mm	$H_1=H_0+F_1, F_1=\frac{8P_1C^4n}{GD}-F_0$
	最大载荷下的长度 H_n	mm	$H_n=H_0+F_n, F_n=\frac{8P_nC^4n}{GD}-F_0$
	极限载荷下的长度 H_j	mm	$H_j=H_0+F_j, F_j=\frac{8P_jC^4n}{GD}-F_0$
	螺旋角 α	(°)	$\alpha=\arctan\frac{t}{\pi D}$
	弹簧展开长度 L	mm	$L\approx\pi Dn_1$ + 钩环展开长度

4.2　圆柱螺旋拉伸弹簧计算示例

表 11-2-26　　圆柱螺旋拉伸弹簧计算示例之一

项　目		单位	公 式 及 数 据
原始条件	最大拉力 P_n	N	350
	最小拉力 P_1	N	176
	工作行程 h	mm	12
	弹簧外径 D_2	mm	≤18
	载荷作用次数 N		$N<10^3$ 次
	弹簧材料		碳素弹簧钢丝 C 级
	端部结构		圆钩环压中心

续表

	项　目	单位	公式及数据
参数计算	初算弹簧刚度 P'	N/mm	$P'=\frac{P_n-P_1}{h}=\frac{350-176}{12}=14.5$
	工作极限载荷 P_j	N	因是Ⅲ类载荷，$P_j \geqslant P_n$ 考虑为拉伸弹簧，应将表 11-2-19 中的 P_j 乘以 0.8 倍。为了直接查表，改为 P_n 除以 0.8 即　$P_j=P_n\times\frac{1}{0.8}=350\times\frac{1}{0.8}=440$
	材料直径 d 及弹簧中径 D	mm	查表 11-2-19，选取 $d=3, D=14, P_j=444.99$ $f_j=1.527, P'_d=291, P_0=97.4$
	有效圈数 n	圈	$n=\frac{P'_d}{P'}=\frac{291}{14.5}=20.06$ 取　$n=20$
	弹簧刚度 P'	N/mm	$P'=\frac{P'_d}{n}=\frac{291}{20}=14.55$
	最小载荷下的变形量 F_1	mm	$F_1=\frac{P_1-P_0}{P'}=\frac{176-97.4}{14.55}=5.4$
	最大载荷下的变形量 F_n	mm	$F_n=\frac{P_n-P_0}{P'}=\frac{350-97.4}{14.55}=17.36$
	极限载荷下的变形量 F_j	mm	$F_j=f_j\times n\times 0.8=1.527\times 20\times 0.8=24.43$
	弹簧外径 D_2	mm	$D_2=D+d=14+3=17$
	弹簧内径 D_1	mm	$D_1=D-d=14-3=11$
	自由长度 H_0	mm	$H_0=(n+1.5)d+2D$ $=(20+1.5)d+2\times 14=92.5$
	最小载荷下的长度 H_1	mm	$H_1=H_0+F_1=92.5+5.4=97.9$
	最大载荷下的长度 H_n	mm	$H_n=H_0+F_2=92.5+17.36=109.86$
	工作极限载荷下的长度 H_j	mm	$H_j=H_0+F_j=92.5+24.43$ $=116.93$
	展开长度 L	mm	$L=\pi Dn+2\pi D=3.14\times 14\times 20+2\times 3.14\times 14=967.12$
验算	实际极限变形量	mm	$F_n+\frac{P_0}{P'}=17.36+\frac{97.4}{14.55}=20.05<F_j(24.43)$
	实际极限载荷	N	$P_j\times 0.8=444.99\times 0.8=356>P_n(350)$

表 11-2-27　　圆柱螺旋拉伸弹簧计算示例之二

	项　目	单　位	公 式 及 数 据
原始条件	最大拉力 P_n	N	340
	最小拉力 P_1	N	180
	工作行程 h	mm	11
	弹簧外径 D_2	mm	≤22
	载荷作用次数	次	$10^3 \sim 10^5$
	弹簧材料		油淬火回火碳素弹簧钢丝 B 类
	端部结构		圆钩型
参数计算	初定弹簧刚度 P'	N/mm	$P'=\dfrac{P_n-P_1}{h}=\dfrac{340-180}{11}=14.5$
	工作极限载荷 P_j	N	因是Ⅱ类载荷，$P_j \geqslant 1.25P_n$，取 $P_j=1.25P_n=1.25\times340=425$，但考虑到拉伸弹簧，应将表 11-2-19 中 P_j 值乘以 0.8，为了直接查表，今将 425 除以 0.8 则　$P_j=425\times\dfrac{1}{0.8}=531.25$
	材料直径 d 及弹簧中径 D	mm	查表 11-2-19，选取 $d=3.5$，$D=18$，$P_j=564.41$，$f_j=2.221$，$P'_d=254$，$P_0=109$。由于弹簧材料为油淬火回火碳素弹簧钢丝 B 类，所以其 $\sigma_b=1569$ 现将从表 11-2-19 中查得的 $P_j=564.41$ 及 $f_j=2.221$ 按表 11-2-18 进行修正　$P_j=\dfrac{1569}{1570}\times564.41=564$ $f_j=\dfrac{51\times1569}{0.79\times10^5}\times2.221=2.250$
	有效圈数 n	圈	$n=\dfrac{P'_d}{P'}=\dfrac{254}{14.5}=17.5$　现取 18
	弹簧刚度 P'	N/mm	$P'=\dfrac{P'_d}{n}=\dfrac{254}{18}=14.11$
	最小载荷下的变形量 F_1	mm	$F_1=\dfrac{P_1-P_0}{P'}=\dfrac{180-109}{14.11}=5.03$
	最大载荷下的变形量 F_n	mm	$F_n=\dfrac{P_n-P_0}{P'}=\dfrac{340-109}{14.11}=16.37$
	极限载荷下的变形量 F_j	mm	$F_j=f_j\times n\times0.8$ $=2.250\times18\times0.8=32.4$
	弹簧外径 D_2	mm	$D_2=D+d=18+3.5=21.5$
	弹簧内径 D_1	mm	$D_1=D-d=18-3.5=14.5$
	自由长度 H_0	mm	$H_0=(n+1)d+2D$ $=(18+1)\times3.5+2\times18=102.5$
	最小工作载荷下的长度 H_1	mm	$H_1=H_0+F_1=102.5+5.03$ $=107.53$
	最大工作载荷下的长度 H_n	mm	$H_n=H_0+F_n=102.5+16.37$ $=118.87$
	工作极限载荷下的长度 H_j	mm	$H_j=H_0+F_j=102.5+32.4$ $=134.9$
	螺旋角 α	(°)	$\alpha=\arctan\dfrac{t}{\pi D}=\dfrac{3.5}{3.14\times18}=3.54$ 因为节距　$t=d=3.5\text{mm}$
	展开长度 L	mm	$L=\pi Dn+2\pi D\times\dfrac{3}{4}$ $=3.14\times18\times18+2\times3.14\times18\times\dfrac{3}{4}$ $=1102$

续表

项目		单位	公式及数据
弹性特性验算	实际极限变形量	mm	$\left(\frac{P_0}{P'}+F_n\right)\times 1.25=\left(\frac{109}{14.11}+16.37\right)\times 1.25$ $=30.11<F_j(32.4)$
	最大工作载荷 P_n	N	$P_n=P_0+P'F_n=109+14.11\times 16.37$ $=339.9\approx 340$
	实际极限载荷 P_j	N	$P_j\times 0.8=564\times 0.8=451.53>1.25\times 340$ 即 $451.53>425$
工作图			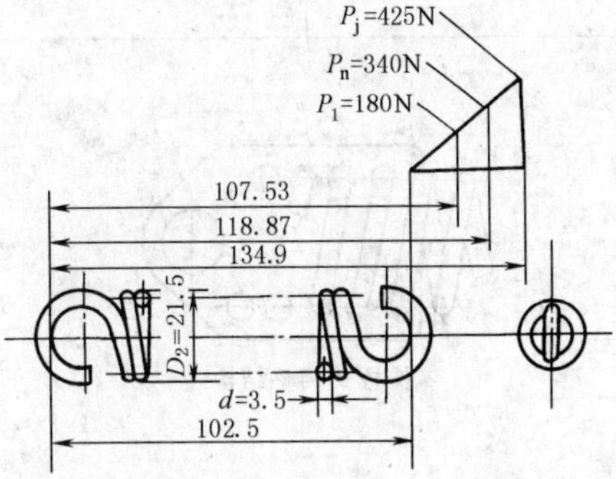

4.3 圆柱螺旋拉伸弹簧的拉力调整结构

表 11-2-28 拉力的调整典型结构

结构类型	使用说明
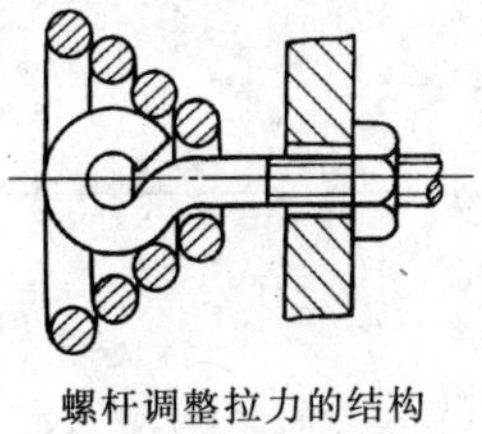 螺杆调整拉力的结构	弹簧端部做成圆锥闭合形，插入带环的螺杆，旋转螺母即可调整弹簧的拉力
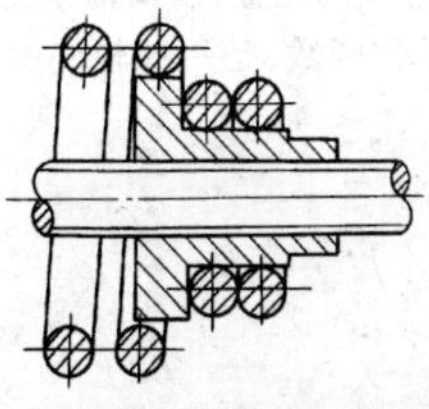 支承座为螺母的调整拉力的结构	弹簧安装在带有凸肩的螺母上，弹簧端部两圈的直径比正常直径小，以便固定，旋转螺母即可调整弹簧的拉力
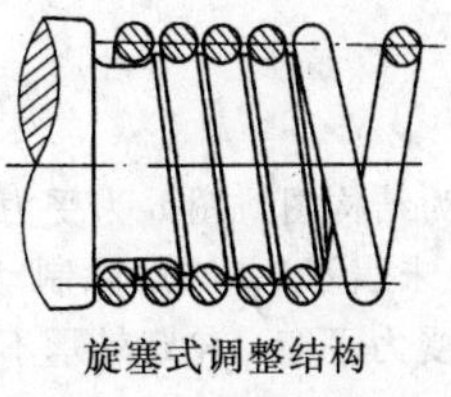 旋塞式调整结构	在螺旋拉杆上加工有螺旋槽，将拉杆旋入弹簧端部、转动拉杆即可调整弹簧的拉力

续表

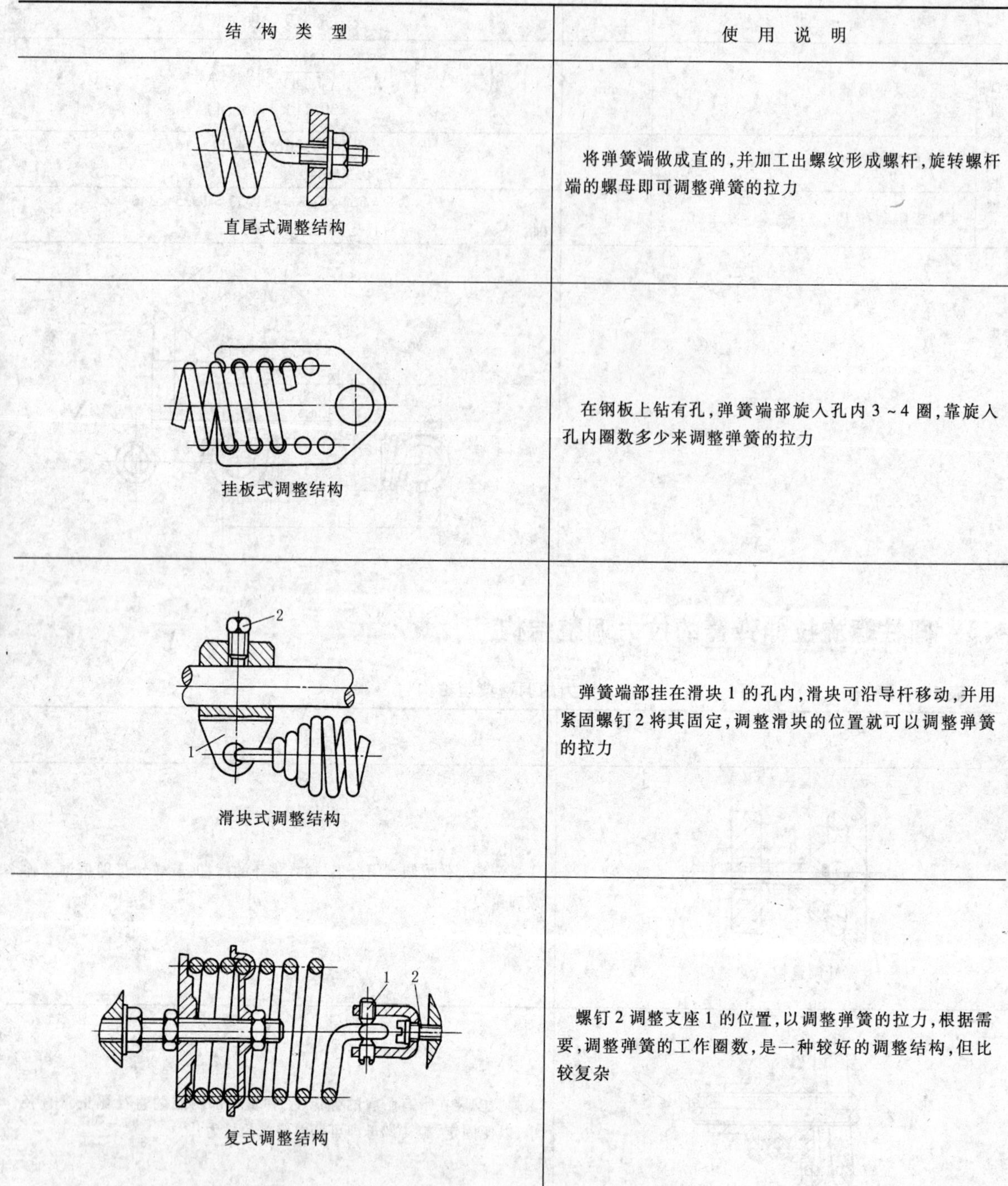

结构类型	使用说明
直尾式调整结构	将弹簧端做成直的，并加工出螺纹形成螺杆，旋转螺杆端的螺母即可调整弹簧的拉力
挂板式调整结构	在钢板上钻有孔，弹簧端部旋入孔内 3～4 圈，靠旋入孔内圈数多少来调整弹簧的拉力
滑块式调整结构	弹簧端部挂在滑块 1 的孔内，滑块可沿导杆移动，并用紧固螺钉 2 将其固定，调整滑块的位置就可以调整弹簧的拉力
复式调整结构	螺钉 2 调整支座 1 的位置，以调整弹簧的拉力，根据需要，调整弹簧的工作圈数，是一种较好的调整结构，但比较复杂

4.4 圆柱螺旋拉伸弹簧应用实例

图 11-2-7 为用于矿山的 ZL50 型轮式装载机的平衡式蹄式制动器。图 a 为结构图，图 b 为受力简图。制动时制动缸 2 的活塞在油压作用下向外推出，使两制动蹄 1 压在制动鼓上（图上未表示），当解除制动时，制动缸 2 中的油压释放，制动蹄 1 在拉伸弹簧 7 的作用下拉回复位。由于两侧制动蹄受力平衡，轮毂轴承不受任何附加载荷，摩擦衬片的磨损也比较均匀。

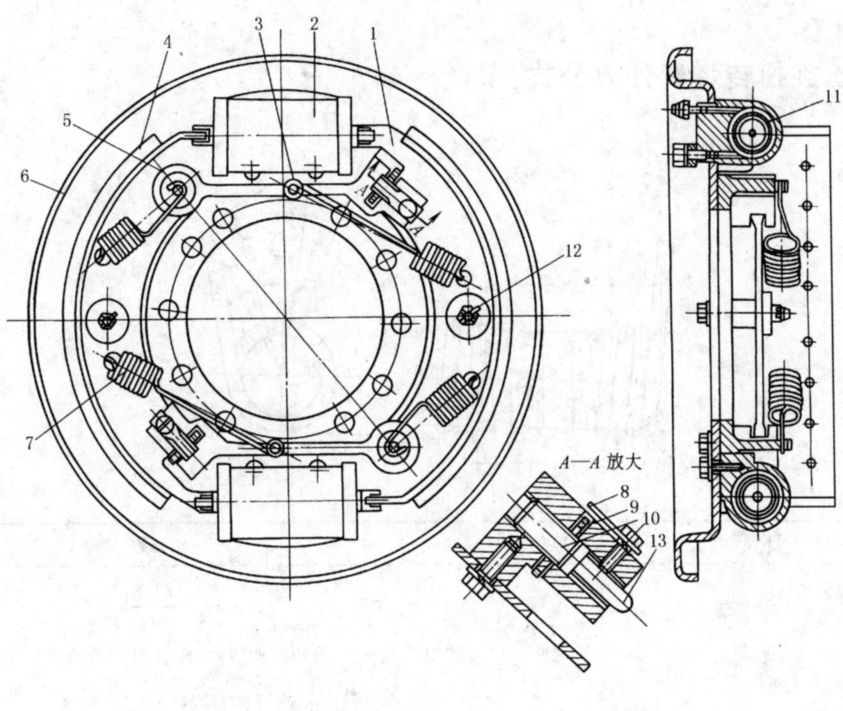

(a)

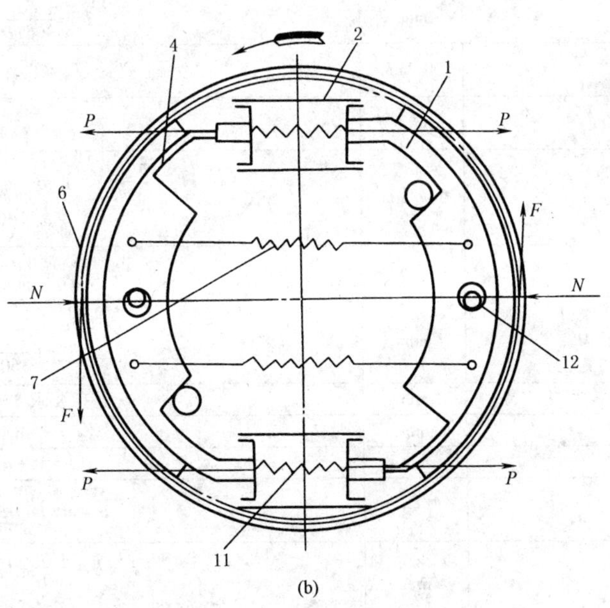

(b)

图 11-2-7　平衡式蹄式制动器

1,4—制动蹄；2—制动缸；3—簧座；5—支承板；6—底板；7—拉伸弹簧；8—簧片；9—轮；10—杆；11—弹簧；12,13—销

5 圆柱螺旋扭转弹簧

5.1 圆柱螺旋扭转弹簧计算公式

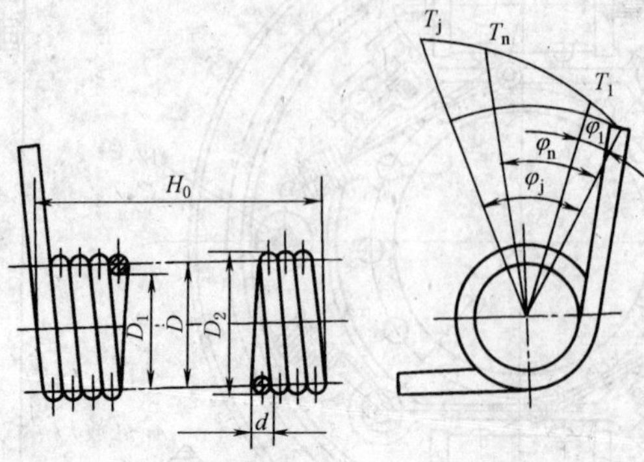

表 11-2-29

项目	单位	公式及数据
材料直径 d	mm	$d \geqslant \sqrt[3]{\frac{32T_nK_1}{\pi\sigma_{Bp}}}$ 式中 σ_{Bp}——许用弯曲应力，按表 11-2-6 查取 $K_1=\frac{4C-1}{4C-4}$，或按表 11-2-20 查取
有效圈数 n	圈	$n=\frac{Ed^4\varphi}{3667D(T_n-T_1)}$ 式中 E——弹性模量
刚度 T'	N·mm/(°)	$T'=\frac{Ed^4}{3667Dn}$
最小工作扭矩 T_1	N·mm	$T_1=T'\varphi_1$
最大工作扭矩时扭转角 φ_n	(°)	$\varphi_n=\frac{T_n}{T'}$
工作极限扭矩 T_j	N·mm	$T_j=\frac{\pi d^3\sigma_j}{32K_1}$　Ⅱ类　$\sigma_j=0.625\sigma_b$ Ⅲ类　$\sigma_j=0.8\sigma_b$
工作极限扭转角 φ_j	(°)	$\varphi_j=\frac{T_j}{T'}$
工作极限扭转角下的弹簧内径 D'_1	mm	$D'_1=D\frac{n}{n+\frac{\varphi_j}{360}}-d$
间距 δ	mm	无特殊要求 $\delta=0.5$
节距 t	mm	$t=d+\delta$
自由长度 H_0	mm	$H_0=nt+d$
螺旋角 α	(°)	$\alpha=\arctan\frac{t}{\pi D}$
弹簧展开长度 L	mm	$L=\frac{\pi Dn}{\cos\alpha}+L_0$ 式中 L_0——伸臂长度
稳定性指标 $n>n_{min}$	圈	$n_{min}=\left(\frac{\varphi_j}{123.1}\right)^4<n$ 若极限扭转变形角 $\varphi_j<123°$，本项可不计算

5.2 圆柱螺旋扭转弹簧计算示例

表 11-2-30

<table>
<tr><th colspan="2">项　目</th><th>单位</th><th>公 式 及 数 据</th></tr>
<tr><td rowspan="6">原始条件</td><td>最小工作扭矩 T_1</td><td>N · mm</td><td>2000</td></tr>
<tr><td>最大工作扭矩 T_n</td><td>N · mm</td><td>6000</td></tr>
<tr><td>工作扭转角 φ</td><td>(°)</td><td>40</td></tr>
<tr><td>弹簧类别</td><td></td><td>$N<10^3$</td></tr>
<tr><td>端部结构</td><td></td><td>外臂扭转</td></tr>
<tr><td>自由角度</td><td>(°)</td><td>120</td></tr>
<tr><td rowspan="15">参数计算</td><td>选择材料及许用弯曲应力 σ_{Bp}</td><td>MPa</td><td>根据设计要求为Ⅲ类弹簧，选用碳素弹簧钢丝 C 级，初步假设钢丝直径 $d=4\sim5.5$mm，根据表 11-2-3，查得 $\sigma_b=1520\sim1470$MPa
取　$\sigma_b=1500$MPa
根据表 11-2-6，则
许用弯曲应力　$\sigma_{Bp}=0.8\sigma_b$
$=0.8\times1500$
$=1200$</td></tr>
<tr><td>初选旋绕比 C</td><td></td><td>为使结构紧凑，暂定 $C=6$</td></tr>
<tr><td>曲度系数 K_1</td><td></td><td>$K_1=\frac{4C-1}{4C-4}=\frac{4\times6-1}{4\times6-4}=1.15$</td></tr>
<tr><td>钢丝直径 d</td><td>mm</td><td>$d=\sqrt[3]{\frac{32T_nK_1}{\pi\sigma_{Bp}}}=\sqrt[3]{\frac{32\times6000\times1.15}{3.14\times1200}}$
$=3.88$　取标准值 $d=4$
对照表 11-2-3，$d=4$，C 级，则 $\sigma_b=1520$MPa，大于原暂定值，故安全</td></tr>
<tr><td>弹簧中径 D 及旋绕比 C</td><td>mm</td><td>$D=C\times d=6\times4=24$
取标准值　$D=25$
则　$C=\frac{D}{d}=\frac{25}{4}=6.25$</td></tr>
<tr><td>弹簧圈数 n</td><td>圈</td><td>$n=\frac{Ed^4\varphi}{3667D(T_n-T_1)}=\frac{206\times10^3\times4^4\times40}{3667\times25\times(6000-2000)}$
$=5.75$　取整数值 $n=6$</td></tr>
<tr><td>弹簧刚度 T'</td><td>N · mm/(°)</td><td>$T'=\frac{Ed^4}{3667Dn}=\frac{206\times10^3\times4^4}{3667\times25\times6}=95.87$</td></tr>
<tr><td>最大工作扭矩时的扭转角 φ_n</td><td>(°)</td><td>$\varphi_n=\frac{T_n}{T'}=\frac{6000}{95.87}=62.58$</td></tr>
<tr><td>最小工作扭矩时的扭转角 φ_1</td><td>(°)</td><td>$\varphi_1=\varphi_n-\varphi=62.58-40=22.58$</td></tr>
<tr><td>实际最小工作扭矩 T_1</td><td>N · mm</td><td>$T_1=T'\varphi_1=95.87\times22.58=2164.7$</td></tr>
<tr><td>工作极限弯曲应力 σ_j</td><td>MPa</td><td>$\sigma_j=0.8\times\sigma_b=0.8\times1520=1216$</td></tr>
<tr><td>工作极限扭矩 T_j</td><td>N · mm</td><td>$T_j=\frac{\pi d^3\sigma_j}{32K_1}=\frac{3.14\times4^3\times1216}{32\times1.15}=6640.4$</td></tr>
<tr><td>工作极限扭转角 φ_j</td><td>(°)</td><td>$\varphi_j=\frac{T_j}{T'}=\frac{6640.4}{95.87}=69.26$</td></tr>
<tr><td>弹簧节距 t</td><td>mm</td><td>$t=d+\delta$，无特殊要求 $\delta=0.5$
$t=4+0.5=4.5$</td></tr>
</table>

续表

<table>
<tr><th colspan="2">项　目</th><th>单位</th><th>公式及数据</th></tr>
<tr><td rowspan="4">参数计算</td><td>自由长度 H_0</td><td>mm</td><td>$H_0 = nt + d = 6 \times 4.5 + 4 = 31$</td></tr>
<tr><td>螺旋角 α</td><td>(°)</td><td>$\alpha = \arctan\frac{t}{\pi D} = \arctan\frac{4.5}{3.14 \times 25} = 3.28$</td></tr>
<tr><td>展开长度 L</td><td>mm</td><td>$L = \frac{\pi D n}{\cos\alpha} + L_0 = \frac{3.14 \times 25 \times 6}{\cos 3.28} + L_0 = 471.9 + L_0$</td></tr>
<tr><td>最小稳定性指标 n_{min}</td><td></td><td>$n_{min} = \left(\frac{\varphi_j}{123.1}\right)^4 = \left(\frac{69.26}{123.1}\right)^4 = 0.1 < 6(n)$</td></tr>
<tr><td>工作图</td><td colspan="2">T_j=6640.4N·mm
T_n=6000N·mm
T_1=2000N·mm
22.58°
62.58°
69.26°
31
4.5
ϕ=29
d=4
120°±0.5°
15±0.7
15±0.7</td><td>技术要求
1. 有效圈数 $n = 6$
2. 旋向为右旋
3. 展开长度 $L = 472 + L_0$
4. 硬度 45～50HRC</td></tr>
</table>

5.3 圆柱螺旋扭转弹簧安装及结构示例

有关螺旋扭转弹簧的安装和结构示例见表 11-2-31，其中除已注明为内臂结构外，其余均为外臂结构。

表 11-2-31　　扭转弹簧安装和结构示例

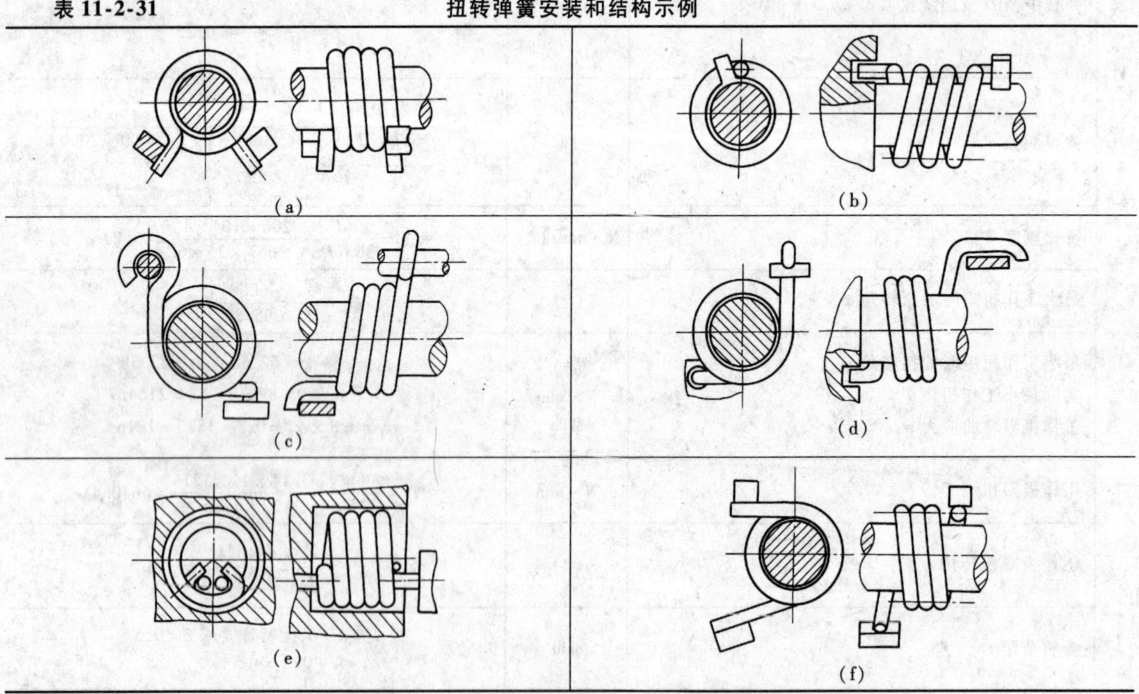

续表

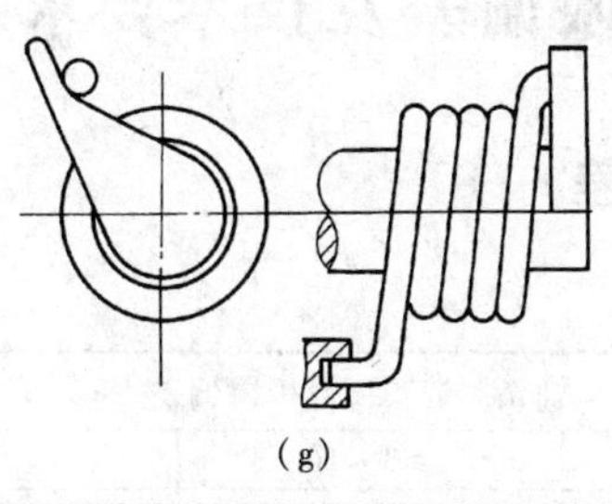 (g)	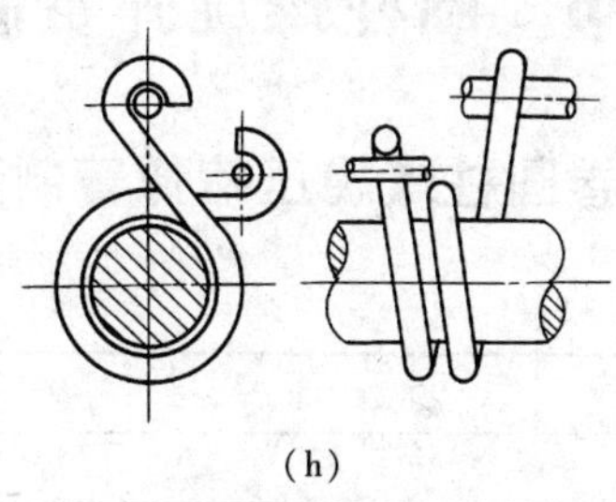 (h)

5.4 圆柱螺旋扭转弹簧应用实例

1）图11-2-8为扭转弹簧在机电测力计中的应用。当被测力 F 对转轴 O-O 的转矩 M_F 与扭转弹簧的弹簧力矩 M_2 平衡时，即可测得被测力 F 的大小，并用电压 U 的相应变动值大小来表示。

2）图11-2-9中的制动力调节装置是由两个扭簧4并联构成的，负载弹簧的两端分别与传力框架和汽车后轴相联系，由于汽车实际装载量的改变和制动时轴载荷转移所引起的后悬架挠度的改变都将导致扭簧力矩的变化，从而改变对比例阀的控制力，以起到自动调节起始点的作用。

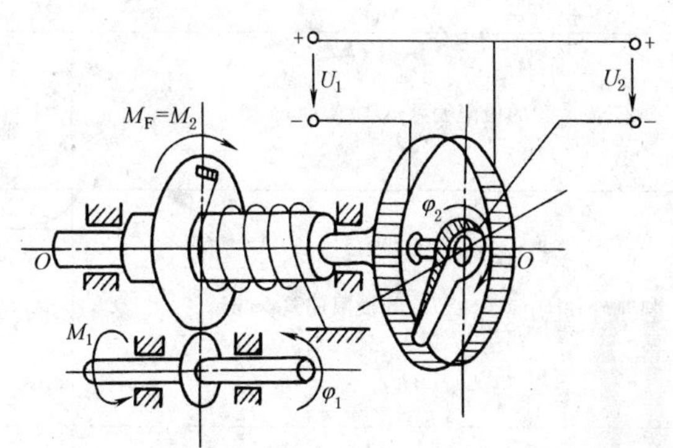

图11-2-8 测力计

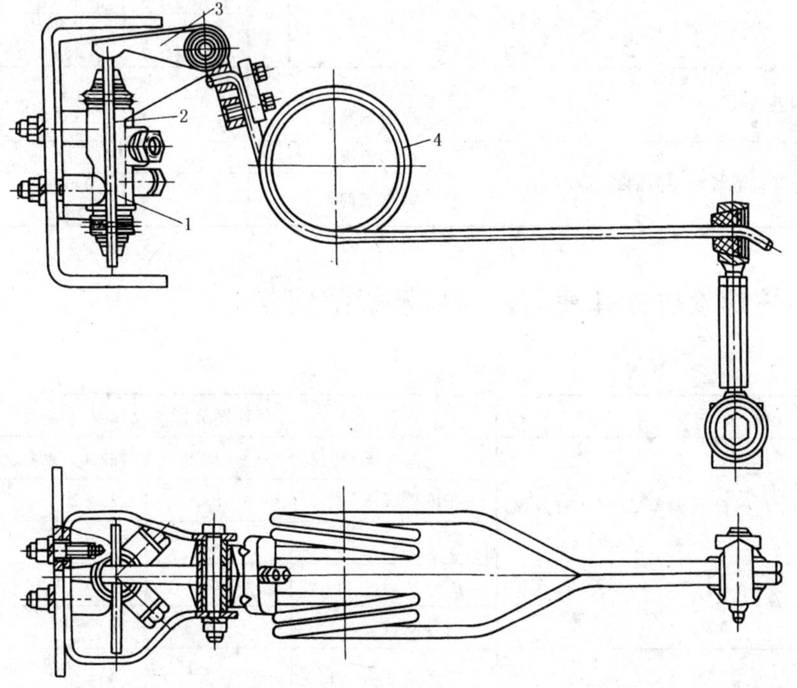

图11-2-9 扭簧在货车用制动力调节装置上的应用

1—感应比例阀；2—传力框架；3—杠杆；4—扭簧

6 圆柱螺旋弹簧制造精度、极限偏差及技术要求

6.1 冷卷圆柱螺旋压缩弹簧制造精度及极限偏差

表 11-2-32

项　目	弹簧制造精度及极限偏差				
指定高度时载荷 P 的极限偏差 ΔP/N	有效圈数 n		≥3～10	>10	
	精度等级	1	±0.05P	±0.04P	
		2	±0.10P	±0.08P	
		3	±0.15P	±0.12P	
弹簧刚度 P' 的极限偏差 $\Delta P'$/N·mm^{-1}	有效圈数 n		≥3～10	>10	
	精度等级	1	±0.05P'	±0.04P'	
		2	±0.10P'	±0.08P'	
		3	±0.15P'	±0.12P'	
弹簧外径 D_2 或内径 D_1 的极限偏差/mm	旋绕比 C		≥4～8	>8～15	>15～22
	精度等级	1	±0.01D 最小±0.15	±0.015D 最小±0.2	±0.02D 最小±0.3
		2	±0.015D 最小±0.2	±0.02D 最小±0.3	±0.03D 最小±0.5
		3	±0.025D 最小±0.4	±0.03D 最小±0.15	±0.04D 最小±0.7
弹簧自由高度 H_0 的极限偏差/mm	旋绕比 C		≥4～8	>8～15	>15～22
	精度等级	1	±0.01H_0 最小±0.2	±0.015H_0 最小±0.5	±0.02H_0 最小±0.06
		2	±0.02H_0 最小±0.5	±0.03H_0 最小±0.7	±0.04H_0 最小±0.8
		3	±0.03H_0 最小±0.7	±0.04H_0 最小±0.9	±0.06H_0 最小±1
总圈数的极限偏差 Δn_1	总圈数 n_1 极限偏差 Δn_1		1 ±0.25	2 ±0.5	3 ±1.0
两端经磨削的弹簧轴心线对端面的垂直度/mm	精度等级		1	2	3
	垂直度偏差		0.02H_0 (1°26′)	0.05H_0 (2°52′)	0.08H_0 (4°34′)

6.2 冷卷圆柱螺旋拉伸弹簧制造精度及极限偏差

表 11-2-33

项　目	弹簧制造精度及极限偏差			
指定长度时，载荷 P 的极限偏差 ΔP/N（有效圈数大于3时）	±[初拉力×α+（指定长度时载荷－初拉力）×β]			
	精度等级	1	2	3
	α	0.10	0.15	0.20
	β	0.05	0.10	0.15
弹簧刚度 P' 的极限偏差 $\Delta P'$/N	有效圈数 n		≥3～10	>10
	精度等级	1	±0.05P'	±0.04P'
		2	±0.10P'	±0.08P'
		3	±0.15P'	±0.12P'

续表

项　目	弹簧制造精度及极限偏差				
弹簧外径 D_2 或内径 D_1 的极限偏差/mm	旋绕比 C		≥4～8	>8～15	>15～22
	精度等级	1	±0.010D 最小±0.15	±0.015D 最小±0.2	±0.020D 最小±0.4
		2	±0.015D 最小±0.2	±0.02D 最小±0.3	±0.03D 最小±0.5
		3	±0.025D 最小±0.4	±0.03D 最小±0.5	±0.04D 最小±0.6
弹簧自由长度 H_0 的极限偏差 ΔH_0/mm（对于无初拉力的弹簧，其偏差由供需双方确定）	旋绕比 C		≥4～8	>8～15	>15～22
	精度等级	1	±0.01H_0 最小±0.2	±0.015H_0 最小±0.5	±0.02H_0 最小±0.6
		2	±0.02H_0 最小±0.5	±0.03H_0 最小±0.7	±0.08H_0 最小±0.8
		3	±0.03H_0 最小±0.6	±0.04H_0 最小±0.8	±0.06H_0 最小±1
弹簧两钩环相对角度的公差 Δ/(°)	弹簧中径 D/mm	角度公差 Δ/(°)			
	≤10	40			
	>10～25	30			
	>25～55	20			
	>55	15			
钩环中心面与弹簧轴心线位置度 Δ（适于半钩环、圆钩环、压中心圆钩环，其他钩环的位置度公差由供需双方商定）	弹簧中径 D/mm	角度公差 Δ/(°)			
	>3～6	0.5			
	>6～10	1			
	>10～18	1.5			
	>18～30	2			
	>30～50	2.5			
	>50～120	3			
弹簧钩环部长度及其极限偏差/mm	钩环钩部长度 h/mm	极限偏差/mm			
	≤15	±1			
	>15～30	±2			
	>30～50	±3			
	>50	±4			

6.3 热卷圆柱螺旋弹簧制造精度及极限偏差

表 11-2-34

项　目	弹簧制造精度及极限偏差			
指定载荷时高度的极限偏差 ΔH/mm	±[1.5mm±指定高度时的计算变形量(mm)×3%]最小值应为自由高度的1%			
指定高度时载荷的极限偏差 ΔP/N	+[1.5mm+指定高度时计算变形量(mm)×3%]×弹簧刚度(N/mm) [1.5mm+指定高度时计算变形量(mm)×3%]最小值应为自由高度的1%			
弹簧刚度的极限偏差 $\Delta P'$/N·mm^{-1}	弹簧刚度 P'的10%			
弹簧外径 D_2（或内径 D_1）的极限偏差 ΔD/mm	自由高度 H_0	≤250	>250～500	>500
	极限偏差 ΔD	±0.01D 最小±1.5	±0.015D 最小±1.5	供需双方协议规定

续表

项目	弹簧制造精度及极限偏差		
弹簧的自由高度 H_0（长度）的极限偏差/mm	自由高度（长度）H_0 的 ±2% 当弹簧有特性要求时，自由高度作为参考		
总圈数的极限偏差/mm	压缩弹簧		拉伸弹簧
	±1/4		供需双方协议规定
两端制扁或磨平弹簧轴心线对两端面的垂直度/mm	通常情况	特殊情况	—
	$0.05H_0$	$0.02H_0$	—
直线度极限偏差	不超过垂直度公差之半		—

6.4 冷卷圆柱螺旋扭转弹簧制造精度及极限偏差

表 11-2-35

项目	弹簧制造精度及极限偏差				
扭矩的极限偏差 ΔT/N·mm	±（计算扭转角 × β_1 × β_2）× T'				
	精度等级		1	2	3
	β_1		0.03	0.05	0.08
	圈数		>3~10	>10~20	>20~30
	β_2/(°)		10	15	20
弹簧外径 D_2 的极限偏差 ΔD_2/mm	旋绕比 C		≥4~8	>8~15	>15~22
	精度等级	1	±0.01D 最小 ±0.15	±0.015D 最小 ±0.2	±0.02D 最小 ±0.4
		2	±0.015D 最小 ±0.2	±0.02D 最小 ±0.3	±0.03D 最小 ±0.6
		3	±0.025D 最小 ±0.4	±0.03D 最小 ±0.5	±0.04D 最小 ±0.8

项目						
自由角度的极限偏差/(°)	圈数		≤3	>3~10	>10~20	>20~30
	精度等级	1	±8	±10	±15	±20
		2	±10	±15	±20	±30
		3	±15	±20	±30	±40

项目					
自由长度 H_0 的极限偏差/mm	旋绕比 C		≥4~8	>8~15	>15~22
	精度等级	1	±0.015H_0 最小 ±0.3	±0.02H_0 最小 ±0.4	±0.03H_0 最小 ±0.6
		2	±0.03H_0 最小 ±0.6	±0.04H_0 最小 ±0.8	±0.06H_0 最小 ±1.2
		3	±0.05H_0 最小 ±1	±0.07H_0 最小 ±1.4	±0.09H_0 最小 ±1.8

项目						
扭臂长度的极限偏差/mm	材料直径 d		≥0.5~1	>1~2	>2~4	>4
	精度等级	1	±0.02L(L_1) 最小 ±0.5	±0.02L(L_1) 最小 ±0.7	±0.02L(L_1) 最小 ±1.0	±0.02L(L_1) 最小 ±1.5
		2	±0.03L(L_1) 最小 ±0.7	±0.03L(L_1) 最小 ±1.0	±0.03L(L_1) 最小 ±1.5	±0.03L(L_1) 最小 ±2.0
		3	±0.04L(L_1) 最小 ±1.5	±0.04L(L_1) 最小 ±2.0	±0.04L(L_1) 最小 ±3.0	±0.04L(L_1) 最小 ±4.0

续表

项　　目	弹簧制造精度及极限偏差			
	精度等级	1	2	3
扭臂的弯曲角度 α 的极限偏差/(°)	α　r　　α　r	±5	±10	±15

注：1. 螺旋弹簧制造精度及极限偏差适用线材截面直径≥0.5mm。

2. 弹簧载荷、弹簧刚度和弹簧尺寸的极限偏差允许不对称使用，但其公差不变。

3. 总圈数的极限偏差作为参考值，当钩环位置有要求时，应保证钩环位置。

4. 拉伸弹簧的自由长度，指其两钩环内侧之间的长度。

5. 将弹簧用允许承受的最大载荷压缩3次后，其永久变形不得大于自由高度的3%。

6. 等节距的压缩弹簧在压缩到全变形量的80%时，其圈间不得接触。

6.5　圆柱螺旋弹簧的技术要求

1）选择冷拉钢丝经铅浴淬火并且采用冷卷成形的弹簧，一般都应该进行消应力回火处理，消应力回火处理规范见表11-15-5。

2）用退火材料成形或热卷成形（材料直径、厚度较大），热弯成形的弹簧应进行淬火和回火处理。常用弹簧材料淬火和回火处理的规范可参考表11-15-10。

3）不锈弹簧钢制造弹簧的热处理的方法见第15章2.6节。

4）选择铜合金材料成形的弹簧，应该根据各种不同材料分别进行相应的热处理或者时效处理。铜合金材料的热处理规范见第15章2.7节。

5）弹簧表面镀层为锌、铬与镉时，电镀后应及时进行除氢处理，方法是在180～200℃的温度中进行6～24h的除氢处理。

6）可以根据需要进行立定处理、强压处理、加温强压处理或喷丸处理。

7　矩形截面圆柱螺旋压缩弹簧

矩形截面圆柱螺旋压缩弹簧与圆形截面圆柱螺旋压缩弹簧相比，在同样的空间，它的截面积大，因此吸收的能量大，可用作重型的要求刚度大的弹簧。另一方面，矩形截面圆柱螺旋压缩弹簧的特性曲线更接近于直线，即弹簧的刚度更接近固定的常数，因此，这种弹簧通常用于特定用途的计量器械上。其形状如图11-2-10所示，图中 a 和 b 分别是和螺旋中心线垂直边和平行边的长度，其余符号和上节相同。

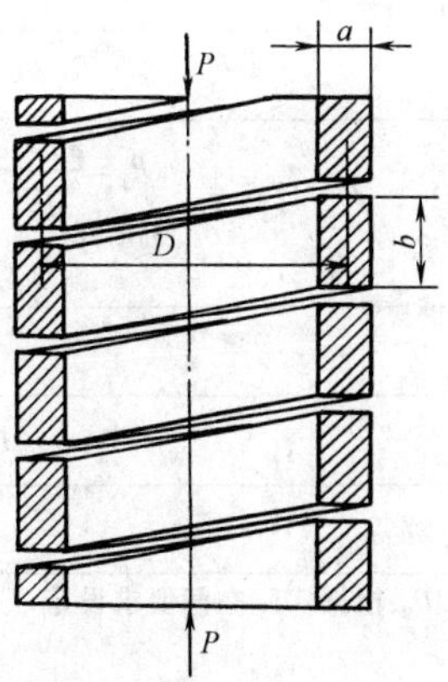

图11-2-10　矩形截面圆柱螺旋压缩弹簧

7.1 矩形截面圆柱螺旋压缩弹簧计算公式

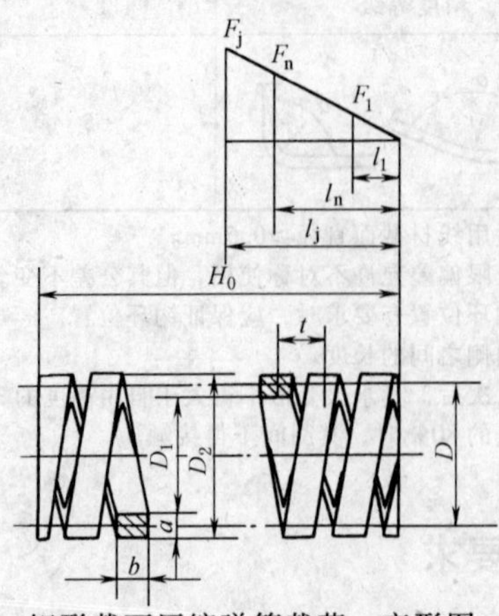

矩形截面压缩弹簧载荷—变形图

表 11-2-36　　矩形截面圆柱螺旋压缩弹簧计算公式

项　　目	单位	公式及数据	
最大工作载荷 P_n	N	$P_n=\frac{ab\sqrt{ab}}{\beta D}\tau_p=\frac{b\sqrt{ab}}{\beta C}\tau_p$ 式中　$C=\frac{D}{a}$，由表 11-2-37 查取 β——系数，由图 11-2-12 查取 $a=\frac{D}{C}=\frac{D_2}{C+1}$，$D_2$ 根据空间确定 $b=\left(\frac{b}{a}\right)a$，$\frac{b}{a}$由表 11-2-37 查取，$\tau_p$ 由表 11-2-6 查取	
最大工作载荷下的变形 F_n	mm	$F_n=\gamma\frac{P_nD^3n}{Ga^2b^2}$ $=\gamma\frac{P_nC^2nD}{Gb^2}$ 式中　γ——系数，由图 11-2-11 查取 n——有效圈数	
应力 τ	MPa	$\tau=\beta\frac{P_nD}{ab\sqrt{ab}}=\beta\frac{P_nC}{b\sqrt{ab}}$，若 $\tau>\tau_p$，需重新计算 式中　β——系数，由图 11-2-12 查取	
有效圈数 n	圈	$n=\frac{Ga^2b^2F_n}{\gamma PD^3}=\frac{GF_na\left(\frac{b}{a}\right)^2}{\gamma P_nC^3}$	
弹簧刚度 P'	N/mm	$P'=\frac{Ga^2b^2}{\gamma D^3n}$	
工作极限载荷 P_j	N	$P_j=\frac{ab\sqrt{ab}}{\beta D}\tau_j$　Ⅰ类载荷：$\tau_j\leqslant1.67\tau_p$ Ⅱ类载荷：$\tau_j\leqslant1.26\tau_p$ Ⅲ类载荷：$\tau_j\leqslant1.12\tau_p$	
工作极限载荷下变形 F_j	mm	$F_j=\frac{P_j}{P'}$	
最小工作载荷 P_1	N	$P_1=\left(\frac{1}{3}\sim\frac{1}{2}\right)P_j$	
最小工作载荷下变形 F_1	mm	$F_1=\frac{P_1}{P'}$	
弹簧外径 D_2 弹簧中径 D 弹簧内径 D_1	mm	D_2 根据实际空间要求设定 $D=D_2-a$ $D_1=D_2-2a$	
端部结构		端部并紧、磨平，支承圈为 1 圈	端部并紧、不磨平，支承圈为 1 圈

续表

项　目	单位	公式及数据	
总圈数 n_1	圈	$n_1=n+2$	$n_1=n+2$
自由高度 H_0	mm	$H_0=nt+1.5b$	$H_0=nt+3b$
压并高度 H_b	mm	$H_b=(n+1.5)b$	$H_b=(n+3)b$
节距 t	mm	一般取 $t=(0.28\sim0.5)D_2$	
间距 δ	mm	$\delta=t-b$	
工作行程 h	mm	$h=F_n-F_1$	
螺旋角 α	(°)	$\alpha=\arctan\dfrac{t}{\pi D}$	
展开长度 L	mm	$L=n_1\pi D$	

7.2 矩形截面圆柱螺旋压缩弹簧有关参数的选择

表 11-2-37

项　目	公式及数据
旋绕比 C	$C=\dfrac{D}{a}$,其中 a 为矩形截面材料垂直于弹簧轴线的边长 <table><tr><td>a</td><td>0.2~0.4</td><td>0.5~1</td><td>1.1~2.4</td><td>2.5~6</td><td>7~16</td><td>18~50</td></tr><tr><td>C</td><td>4~7</td><td>5~12</td><td>5~10</td><td>4~9</td><td>4~8</td><td>4~6</td></tr></table>
b/a 及 a/b 的值	当 $b>a$ 时,$b/a<4$,及当 $a>b$ 时,$a/b>4$ 的矩形截面圆柱螺旋压缩弹簧,由于制造困难,内应力过大,建议不要使用 因此推荐如下 当 $b>a$ 时,选取 $b/a>4$ 的值 当 $a>b$ 时,选取 $a/b<4$ 的值
工作极限应力 τ_j	Ⅰ类载荷:$\tau_j\leqslant1.67\tau_p$ Ⅱ类载荷:$\tau_j\leqslant1.26\tau_p$ Ⅲ类载荷:$\tau_j\leqslant1.12\tau_p$

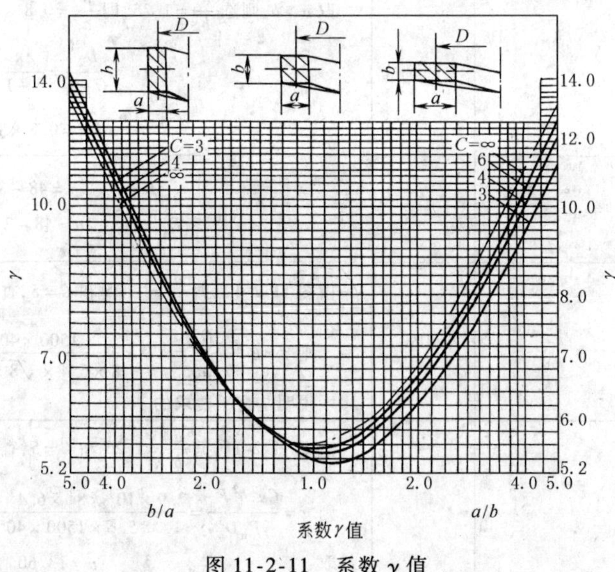

图 11-2-11　系数 γ 值

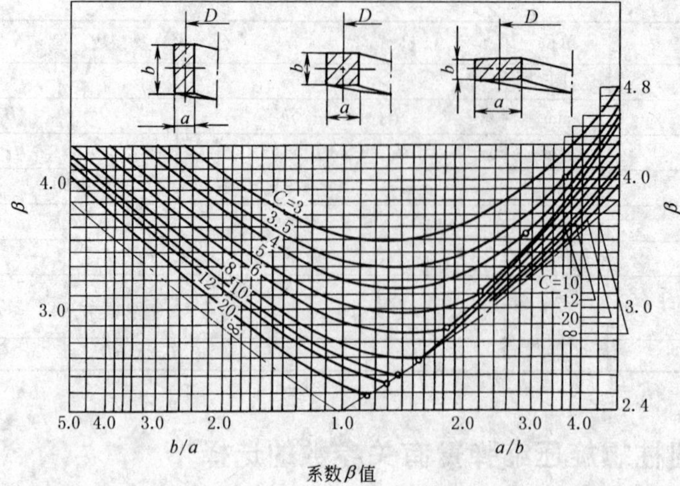

图 11-2-12　系数 β 值

7.3　矩形截面圆柱螺旋压缩弹簧计算示例

表 11-2-38

项　目		单位	公 式 及 数 据
原始条件	外径 D_2	mm	48
	最大工作载荷 P_n	N	1500
	最大工作载荷下的变形 F_n	mm	35.2
	载荷类别		Ⅱ类
	端部结构		弹簧端部并紧，磨平，支承圈为 1 圈
计算项目	选取材料及许用应力 τ_p	MPa	选取材料 60Si2Mn，根据Ⅱ类载荷，查表 11-2-2 得： $G=79\times10^3$ MPa 由表 11-2-6 查得，$\tau_p=590$ MPa
	选择旋绕比 C		选 $C=5$
	计算边长 a 及边长 b	mm	取 $a>b$，则选 $\frac{a}{b}=1.25$，即 $\frac{b}{a}=0.8$ $a=\frac{D_2}{C+1}=\frac{48}{5+1}=8$ $b=\frac{b}{a}\times a=0.8\times8=6.4$
	弹簧中径 D 弹簧内径 D_1		$D=D_2-a=48-8=40$ $D_1=D_2-2a=48-2\times8=32$
	验算切应力 τ	MPa	由图 11-2-12，据 $\frac{a}{b}=1.25$ 和 $C=5$，查得 β 值为 2.9 则 $\tau=\beta\frac{P_nD}{ab\sqrt{ab}}=2.9\times\frac{1500\times40}{8\times6.4\times\sqrt{8\times6.4}}=475<\tau_p=590$ 说明是合乎要求的
	有效圈数 n	圈	由图 11-2-11，据 $\frac{a}{b}=1.25$ 和 $C=5$，查得 $\gamma=5.6$ 则 $n=\frac{Ga^2b^2F_n}{\gamma P_nD^3}=\frac{7.9\times10^4\times8^2\times6.4^2\times35.2}{5.6\times1500\times40^3}=13.59$ 取　$n=13.60$

续表

项　目		单位	公 式 及 数 据
计算项目	总圈数 n_1	圈	查表 11-2-36 得，$n_1=n+2=13.6+2=15.6$
	弹簧刚度 P'	N/mm	$P'=\dfrac{Ga^2b^2}{\gamma D^3 n}=\dfrac{79\times10^3\times8^2\times6.4^2}{5.6\times40^3\times13.6}=42.5$
	工作极限载荷 P_j	N	查表 11-2-36，取 $\tau_j=1.25\tau_p$ 则　$P_j=\dfrac{ab\sqrt{ab}}{\beta D}\tau_j=\dfrac{8\times6.4\sqrt{8\times6.4}}{2.9\times40}\times1.25\times590=2347$
	工作极限载荷下变形 F_j	mm	$F_j=\dfrac{P_j}{P'}=\dfrac{2347}{42.5}=55.22$
	最小工作载荷 P_1	N	$P_1=\dfrac{1}{3}P_j=\dfrac{1}{3}\times2347=782$
	最小工作载荷下的变形 F_1	mm	$F_1=\dfrac{P_1}{P'}=\dfrac{782}{42.5}=18.4$
	工作行程 h	mm	$h=F_n-F_1=35.2-18.4=16.8$
	节距 t	mm	取　$t=0.3D=0.3\times40=12$
	间距 δ	mm	$\delta=t-b=12-6.4=5.6$
	自由高度 H_0	mm	查表 11-2-36 得 $H_0=nt+1.5b=13.6\times12+1.5\times6.4=172.8$
	压并高度 H_b	mm	查表 11-2-36 得 $H_b=(n+1.5)b$ $=(13.6+1.5)\times6.4=97$
	螺旋角 α	(°)	$\alpha=\arctan\dfrac{t}{\pi D}$ $=\arctan\dfrac{12}{3.14\times40}$ $=5.46°=5°28'$
	展开长度 L	mm	$L=n_1\pi D=15.6\times3.14\times40=1959$

第3章　截锥螺旋弹簧

1　截锥螺旋弹簧的结构形式及特性

第11篇

形状呈截锥状的螺旋弹簧称截锥螺旋弹簧，一般截锥螺旋弹簧为压缩弹簧。它的结构和特性线见图 11-3-1。

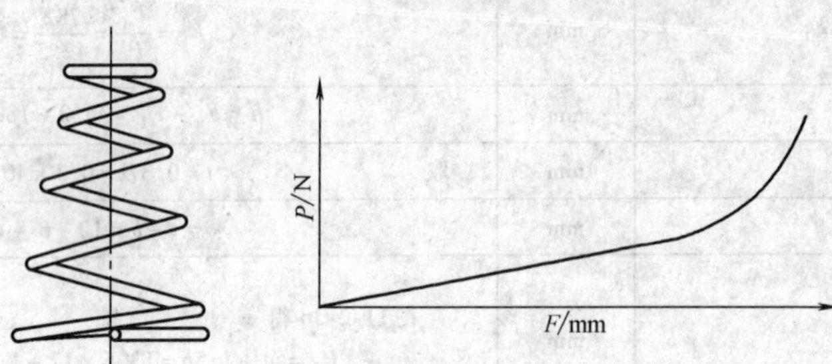

图 11-3-1　截锥螺旋弹簧的结构和特性线

截锥螺旋弹簧承受载荷时，在簧圈接触前，力与变形成正比，在 P-F 图上特性线段为直线区段；当负荷逐渐增加时，弹簧圈从大端开始出现并死，随着并死圈增多，有效圈数相应减少，弹簧刚度也渐渐增大，直到弹簧圈完全压并，这一阶段力与变形的关系呈非线性，在 P-F 图上特性线段为渐增型。

截锥螺旋弹簧的刚度为变值，其圆锥角 θ 越大，弹簧的自振频率的变化率越高，对于缓和或消除共振有利。与圆柱螺旋弹簧相比较，在相同的外廓尺寸情况下它能承受较大的载荷，并可以产生较大的变形，而且全压缩高度比较小，如果圆锥角 θ 大到能使弹簧大端半径 R_2 与小端半径 R_1 的差即（R_2-R_1）$\geqslant nd$，则弹簧压并时，所有弹簧圈都能落在支承座上，它的压并高度 $H_b=d$。另外，它在受力时的稳定性能也比较好，所以它与圆柱螺旋压缩弹簧比较，具有较大的横向稳定性。

2　截锥螺旋弹簧的分类

截锥螺旋弹簧可以分成等节距型和等螺旋升角型两种。它们材料的截面为圆形。

(1) 等节距截锥螺旋弹簧（图 11-3-2）

它的弹簧丝轴线是一条空间螺旋线，这条螺旋线在与其形成的圆锥中心线相垂直的支承面上的投影是一条阿基米德螺旋线，其数学表达式为：

$$R=R_1+(R_2-R_1)\frac{\theta}{2\pi n}$$

式中　R——弹簧丝上任意一点的曲率半径；

R_1——弹簧丝小端头的曲率半径；

R_2——弹簧丝大端头的曲率半径；

θ——由弹簧丝小端头 R_1 处为起始点到该弹簧丝上任意一点之间所夹的角度（弧度）；

n——弹簧的工作圈数。

（2）等螺旋升角截锥螺旋弹簧（图 11-3-3）

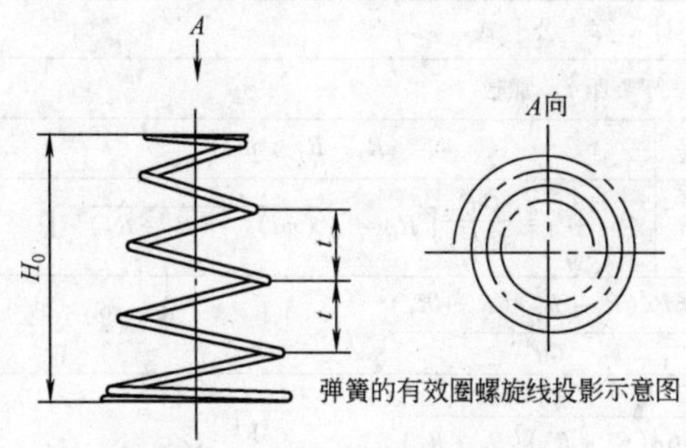

图 11-3-2　等节距截锥螺旋弹簧

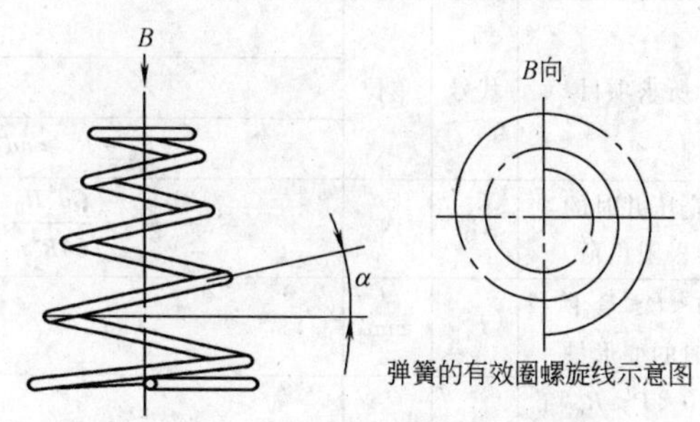

图 11-3-3　等螺旋升角截锥螺旋弹簧

它的弹簧丝轴线是一条空间螺旋线，这条螺旋线在与其形成的圆锥中心线相垂直的支承面上的投影是一条对数螺旋线，其数学表达式为：

$$R = R_1 e^{m\theta}$$

$$m = \ln \frac{R_2}{R_1} \times \frac{1}{2\pi n}$$

式中　R——弹簧丝上任意一点的曲率半径；

R_1——弹簧丝小端头的曲率半径；

R_2——弹簧丝大端头的曲率半径；

θ——由弹簧丝小端头 R_1 处到该弹簧丝上任意一点之间所夹的角度（弧度）；

n——弹簧的工作圈数。

等螺旋升角截锥形弹簧的螺旋升角是一个常量，各弹簧圈的螺距是一个变量。其弹簧丝绕弹簧轴心线旋转所形成的面是一个圆锥面。

3　截锥螺旋弹簧的计算公式

（1）等节距截锥螺旋弹簧的计算公式（见表 11-3-1）

表 11-3-1　　**等节距截锥螺旋弹簧的计算公式**

所求项目	代号	单位	计算公式	
			等节距 t = 常数	
			$R_2 - R_1 \geqslant nd$	$R_2 - R_1 < nd$
簧丝上任意圈的曲率半径	R	mm	$R = R_1 + (R_2 - R_1)\theta/(2\pi n)$	
自由高度	H_0	mm	$H_0 = nt$	
节距	t	mm	$t = (H_0 - d)/n$	
弹簧丝有效圈的展开长度	L	mm	$L = n_1 \pi (R_2 + R_1)$	
钢丝直径	d	mm	$d = \sqrt[3]{\frac{16R_2 P}{\pi[\tau]}}$	
压并时高度	H_b	mm	$H_b = d$	$H_b = \sqrt{(nd)^2 - (R_2 - R_1)^2}$
大端开始触合时的负荷	P_c	N	$P_c = \frac{Gd^4 H_0}{64R_2^3 n}$	$P_c = \frac{Gd^4}{64R_2^3 n}\left[H_0 - \sqrt{(nd)^2 - (R_2 - R_1)^2}\right]$

第 11 篇

续表

所求项目	代号	单位	计算公式 等节距 t=常数 $R_2-R_1\geqslant nd$	计算公式 等节距 t=常数 $R_2-R_1<nd$
全压并时的极限负荷	P_J	N	$P_J=\frac{Gd^4H_0}{64R_1^3n}$	$P_J=\frac{Gd^4}{64R_1^3n}\left[H_0-\sqrt{(nd)^2-(R_2-R_1)^2}\right]$
在 $0<P\leqslant P_c$ 阶段时的变形量	F_c	mm	$F_c=\frac{16Pn(R_2^2+R_1^2)(R_2+R_1)}{Gd^4}$	
在 $0<P\leqslant P_c$ 阶段时的刚度	P'	N/mm	$P'=\frac{Gd^4}{16n(R_2^2+R_1^2)(R_2+R_1)}$	
在 $P_c<P\leqslant P_J$ 阶段时的变形量	F_J	mm	$F_J=\frac{H_0}{4\left(1-\frac{R_1}{R_2}\right)}\left[4-3\sqrt[3]{\frac{P_c}{P}}-\frac{P}{P_c}\left(\frac{R_1}{R_2}\right)^4\right]$	$F_J=\frac{H_0-\sqrt{(nd)^2(R_2-R_1)^2}}{4\left(1-\frac{R_1}{R_2}\right)}\left[4-3\sqrt[3]{\frac{P_c}{P}}-\frac{P}{P_c}\left(\frac{R_1}{R_2}\right)^4\right]$
强度校核剪切应力	τ	MPa	在 $0<P\leqslant P_c$ 时 $\tau=\frac{16PR_2}{\pi d^3}K$ 在 $P_c<P\leqslant P_J$ 时 $\tau=\frac{16PR_2\sqrt[3]{\frac{P_c}{P}}}{\pi d^3}K$	
曲率系数	K		$K=\frac{4C-1}{4C-3}+\frac{0.615}{C}$	
指数	C		$C=\frac{2R_n}{d}, R_n=R_2\sqrt{\frac{P_c}{P}}$	

（2）等螺旋升角截锥螺旋弹簧的计算公式（见表 11-3-2）

表 11-3-2　等螺旋升角截锥螺旋弹簧的计算公式

所求项目	代号	单位	计算公式 等螺旋升角 α=常数 $R_2-R_1\geqslant nd$	计算公式 等螺旋升角 α=常数 $R_2-R_1<nd$
弹簧丝上任意圈的曲率半径	R	mm	$R=R_1e^{m\theta}$　　$m=\ln\frac{R_2}{R_1}\times\frac{1}{2\pi n}$	
自由高度	H_0	mm	$H_0=L\sin\alpha$	
螺旋升角	α	rad	$\alpha=\arcsin\frac{H_0}{L}$	
节距	t	mm	—	
弹簧丝有效圈的展开长度	L	mm	$L=\frac{R_2-R_1}{m}$	
钢丝直径	d	mm	$d=\sqrt[3]{\frac{16R_2P}{\pi[\tau]}}$	
压并高度	H_b	mm	$H_b=d$	—
大端圈开始触合时的负荷	P_c	N	$P_c=\frac{H_0m\pi Gd^4}{32R_2^2(R_2-R_1)}$	

续表

所求项目	代号	单位	计算公式（等螺旋升角 α = 常数）$R_2 - R_1 \geqslant nd$	计算公式（等螺旋升角 α = 常数）$R_2 - R_1 < nd$
全压并时的极限负荷	P_J	N	$P_J = \dfrac{H_0 m\pi G d^4}{32R_1^2(R_2 - R_1)}$	$P_J = \dfrac{m\pi G d^4}{32R_1^2}\left[\dfrac{H_0}{R_2 - R_1} - \sqrt{\left(\dfrac{d}{2\pi m R_1}\right)^2 - 1}\right]$
在 $0 < P \leqslant P_c$ 阶段时的变形量	F_c	mm	$F_c = \dfrac{32P}{m\pi G d^4} \times \dfrac{R_2^3 - R_1^3}{3}$	
在 $P_c < P \leqslant P_J$ 阶段时的变形量	F_J	mm	$F_J = \dfrac{32P}{m\pi G d^4} \times \dfrac{\left(R_2\sqrt{\dfrac{P_c}{P}}\right)^3 - R_1^3}{3} + \dfrac{H_0\left(R_2 - R_2\sqrt{\dfrac{P_c}{P}}\right)}{R_2 - R_1}$	—
强度校核剪切应力	τ	MPa	在 $0 < P \leqslant P_c$ 时 $\tau = \dfrac{16PR_2}{\pi d^3}K$ 在 $P_c < P \leqslant P_J$ 时 $\tau = \dfrac{16R_2\sqrt{P_c P}}{\pi d^3}K$	—
曲率系数	K		$K = \dfrac{4C - 1}{4C - 3} + \dfrac{0.615}{C}$	
指数	C		$C = \dfrac{2R_n}{d}, R_n = R_2\sqrt{\dfrac{P_c}{P}}$	

4 截锥螺旋弹簧的计算示例

表 11-3-3

	项目	单位	公式或数据	
已知条件	弹簧类型		等节距截锥螺旋弹簧的计算	等螺旋升角截锥螺旋弹簧的计算
已知条件	弹簧钢丝直径 d	mm	$d = 2\text{mm}$	$d = 2\text{mm}$
已知条件	大端圈半径 R_2	mm	$R_2 = 20\text{mm}$	$R_2 = 20\text{mm}$
已知条件	小端圈半径 R_1	mm	$R_1 = 10\text{mm}$	$R_1 = 10\text{mm}$
已知条件	弹簧的自由高度 H_0	mm	$H_0 = 25\text{mm}$	$H_0 = 25\text{mm}$
已知条件	节距 t 或螺旋升角	mm 或(°)	$t = 5.4\text{mm}$	3°43′
已知条件	有效圈数 n	圈	$n = 4.25$ 圈	$n = 4.25$ 圈
参数计算	大端圈开始触合前的刚度 P'	N/mm	$P' = \dfrac{Gd^4}{16n(R_2^2 + R_1^2)(R_2 + R_1)}$ $P' = 1.23\text{N/mm}$	—
参数计算	大端圈开始触合时的载荷 P_c	N	$P_c = \dfrac{Gd^4 H_0}{64R_2^3 n}$ $P_c = 14.43\text{N}$	$P_c = \dfrac{H_0 m\pi G d^4}{32R_2^2(R_2 - R_1)}$ $P_c = 20.38\text{N}$

续表

	项　　目	单位	公式或数据	
参数计算	大端圈开始触合时的变形 F_c	mm	$F_c=\dfrac{16Pn(R_2^2+R_1^2)(R_2+R_1)}{Gd^4}$ $F_c=11.72\text{mm}$	$F_c=\dfrac{32P}{m\pi Gd^4}\times\dfrac{R_2^3-R_1^3}{3}$ $F_c=14.58\text{mm}$
	弹簧完全压并时的载荷 P_J	N	$P_J=\dfrac{Gd^4H_0}{64R_1^3n}$ $P_J=115.45\text{N}$	$P_J=\dfrac{H_0m\pi Gd^4}{32R_1^2(R_2-R_1)}$ $P_J=81.54\text{N}$
	弹簧完全压并时的应力 τ	MPa	$\tau=\dfrac{16PR_2\sqrt[3]{\dfrac{P_c}{P}}}{\pi d^3}K$ $\tau=855.88\text{MPa}$	$\tau=\dfrac{16R_2\sqrt{P_cP}}{\pi d^3}K$ $\tau=593.25\text{MPa}$
	弹簧丝有效圈的展开长度 L	mm	$L=n\pi(R_2+R_1)$ $L=400.55\text{mm}$	$L=\dfrac{R_2-R_1}{m}$ $L=385\text{mm}$

5　截锥螺旋弹簧应用实例

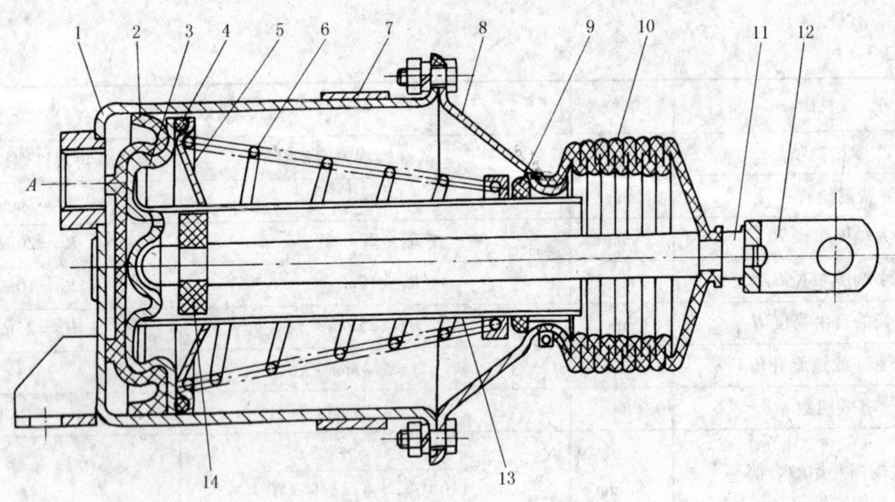

图 11-3-4　在汽车活塞式制动室的应用

1—壳体；2—橡胶皮碗；3—活塞体；4—密封圈；5—弹簧座；6—弹簧；7—气室固定卡箍；8—盖；9—毡垫；10—防护套；11—推杆；12—连接叉；13—导向套筒；14—密封垫

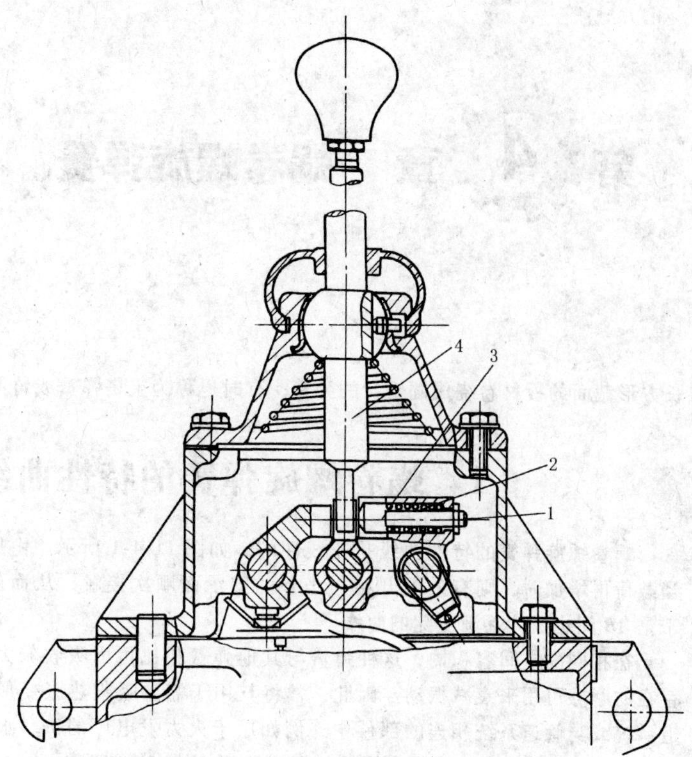

图 11-3-5　东风 EQ140 型汽车变速器倒挡锁

1—倒挡锁销；2—倒挡销弹簧；3—倒挡拨块；4—变速杆

第4章　蜗卷螺旋弹簧

蜗卷螺旋弹簧是将长方形截面的板材卷绕成圆锥状的弹簧，有时也称为宝塔弹簧或竹笋弹簧。

1　蜗卷螺旋弹簧的特性曲线

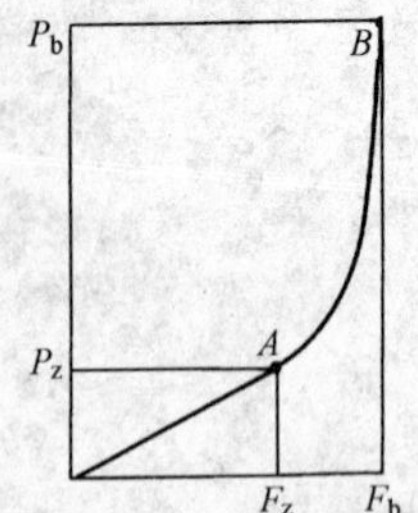

图 11-4-1　蜗卷螺旋弹簧的特性曲线图

蜗卷螺旋弹簧的特性曲线是非线性的，如图 11-4-1 所示。由原点至 A 点是直线段，当载荷再增加时，则有效圈开始与坐垫的支承面顺次接触，从而使弹簧刚度逐渐增加，于是 AB 间也成为逐渐变陡的曲线。

在相同的空间容积内，这种弹簧与其他弹簧相比可以吸收较大的能量，而且其板间存在的摩擦可用来衰减振动。因此，常将其用于需要吸收热胀变形而又需阻尼振动的管道系统或与管道系统相连的部件中，例如用于火力发电厂的汽、水管道系统及用于汽轮发电机组的主、辅机的系统，也常用于易受相连管道影响的阀门类部件的支持装置中。

其缺点是比一般弹簧工艺复杂，成本高，且由于弹簧圈之间的间隙小，热处理比较困难，也不能进行喷丸处理。

2　蜗卷螺旋弹簧的材料及许用应力

蜗卷螺旋弹簧一般采用热卷成形，小型的也可冷卷。材料多用热轧硅锰弹簧钢板，也可用铬钒钢，在不太重要的地方还可用碳素弹簧钢或锰弹簧钢。

坯料两端应加热辗薄，如无条件，也可以刨削。热卷时，要用特制的芯棒在卷簧机上成形，手工卷制难以保证间隙，质量差。因弹簧间隙小，在油淬火时，最好采用热风循环炉加热，延长保温时间及喷油冷却等措施来保证质量。

当上述材料经热处理后的硬度达到或超过 47HRC 时，则其许用应力依照表 11-4-1 选取。

表 11-4-1　　**蜗卷弹簧的许用应力**

使用条件	许用应力/MPa	使用条件	许用应力/MPa
只压缩使用，或变载荷作用次数很少时	1330	作为悬架弹簧使用时	1120
只压缩使用，或变载荷作用次数较多时	770	当载荷为压缩和拉伸的交变载荷时	380

3　蜗卷螺旋弹簧的计算公式

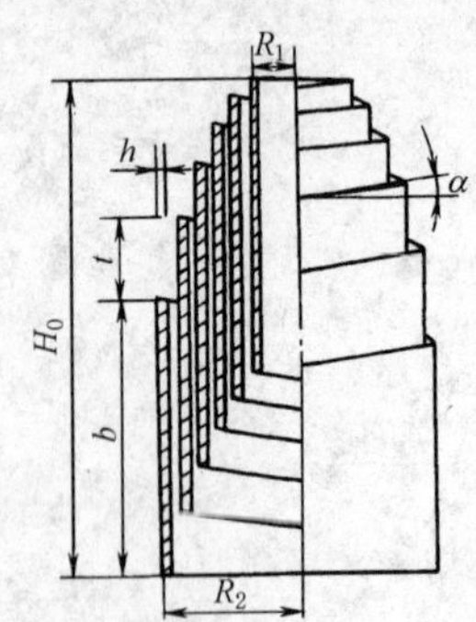

表 11-4-2

<table>
<tr><th colspan="2" rowspan="2">项　目</th><th colspan="3">公 式 及 数 据</th></tr>
<tr><th>螺旋角 α = 常数</th><th>节距 t = 常数</th><th>应力 τ = 常数</th></tr>
<tr><td rowspan="4">弹簧圈开始接触前</td><td>从大端工作圈数起的任意圈 n_i 的半径 R_i/mm</td><td colspan="3">$$R_i = R_2 - (R_2 - R_1)\frac{n_i}{n}$$
式中　R_2——大端工作弹簧圈半径，mm；
R_1——小端工作弹簧圈半径，mm</td></tr>
<tr><td>变形 F/mm</td><td colspan="3">$$F = \frac{\pi n P}{2\xi_1 G b h^3}\left(\frac{R_2^4 - R_1^4}{R_2 - R_1}\right)$$
式中　ξ_1——系数，其值可查表 11-4-3；
b——弹簧材料的宽度，mm；
h——弹簧材料的厚度，mm；
P——载荷，N</td></tr>
<tr><td>应力 τ/MPa</td><td colspan="3">$$\tau = K\frac{PR_2}{\xi_2 b h^2}$$
式中　K——曲度系数，其值 $K = 1 + \frac{h}{2R_2}$；
ξ_2——系数，其值可查表 11-4-3</td></tr>
<tr><td>刚度 P'/N · mm^{-1}</td><td colspan="3">$$P' = \frac{2\xi_1 G b h^3}{n\pi}\left(\frac{R_2 - R_1}{R_2^4 - R_1^4}\right)$$</td></tr>
<tr><td rowspan="7">弹簧圈开始接触后</td><td>弹簧圈 n_i 接触时的载荷 P_i/N</td><td>$P_i = \frac{\xi_1 G b h^3 \alpha}{R_i^2}$
式中　α——螺旋角，(°)
$\alpha = \frac{P_i R_i^2}{\xi_1 G b h^3}$ = 常数</td><td>$P_i = \frac{\xi_1 G b h^3 t}{2\pi R_i^3}$
式中　t——节距，mm</td><td>$P_i = \frac{\xi_1 G b h^3 \alpha_2}{R_2 R_i}$
式中　α_2——弹簧大端的螺旋角，(°)
$\alpha_2 = \frac{\alpha_i R_2}{R_i}$
α_i——弹簧圈 n_i 的螺旋角，(°)
$\alpha_i = \alpha_2\frac{R_i}{R_2}$</td></tr>
<tr><td>弹簧圈 n_i 接触时的变形 F_i/mm</td><td>$F_i = \frac{n\pi}{R_2 - R_1}\left[(R_2^2 - R_i^2)\alpha + \left(\frac{R_i^4 - R_1^4}{2\xi_1 G b h^3}\right)P_i\right]$</td><td>$F_i = \frac{n\pi}{R_2 - R_1}\left[(R_2 - R_i)\frac{t}{\pi} + \left(\frac{R_i^4 - R_1^4}{2\xi_1 G b h^3}\right)P_i\right]$</td><td>$F_i = \frac{n\pi}{R_2 - R_1}\left[\frac{2\alpha_2}{3R_2}(R_2^3 - R_i^3) + \left(\frac{R_i^4 - R_1^4}{2\xi_1 G b h^3}\right)P_i\right]$</td></tr>
<tr><td>弹簧圈 n_i 接触时的应力 τ_i/MPa</td><td colspan="3">$$\tau_i = K\frac{P_i R_i}{\xi_2 b h^2}$$
式中　$K = 1 + \frac{h}{R_i}$</td></tr>
<tr><td>从大端数起到弹簧圈 n_i 的自由高度 H_i/mm</td><td>$H_i = n\pi\alpha\left(\frac{R_2^2 - R_i^2}{R_2 - R_1}\right) + b$</td><td>$H_i = nt\left(\frac{R_2 - R_i}{R_2 - R_1}\right) + b$</td><td>$H_i = \frac{2n\pi\alpha_2}{3R_2}\left(\frac{R_2^3 - R_i^3}{R_2 - R_1}\right) + b$</td></tr>
<tr><td>弹簧工作圈的自由高度 H_0/mm</td><td>$H_0 = n\pi\alpha(R_2 + R_1) + b$</td><td>$H_0 = nt + b$</td><td>$H_0 = \frac{2n\pi\alpha_2}{3R_2}[(R_2 + R_1)^2 - R_2 R_1] + b$</td></tr>
<tr><td>由大端到弹簧圈 n_i 的有效工作圈的扁钢的长度 l_i/mm</td><td colspan="3">$$l_i = n\pi\left(\frac{R_2^2 - R_i^2}{R_2 - R_1}\right)$$</td></tr>
<tr><td>大端支承圈的扁钢长度 l_2'/mm</td><td colspan="3">$$l_2' = \pi n_2'(R_2' + R_2)$$
式中　n_2'——大端支承圈数；
R_2'——大端支承圈的最大外半径，mm</td></tr>
<tr><td></td><td>小端支承圈的扁钢长度 l_1'/mm</td><td colspan="3">$$l_1' = \pi n_1'(R_1' + R_1)$$
式中　n'_1——小端支承圈数；
R'_1——小端支承圈的最小内半径，mm</td></tr>
</table>

表 11-4-3　　ξ_1 和 ξ_2 之数值

b/h	ξ_1	ξ_2	b/h	ξ_1	ξ_2
1	0.1406	0.2082	2.25	0.2401	0.2520
1.05	0.1474	0.2112	2.5	0.2494	0.2576
1.1	0.1540	0.2139	2.75	0.2570	0.2626
1.15	0.1602	0.2165	3	0.2633	0.2672
1.2	0.1661	0.2189	3.5	0.2733	0.2751
1.25	0.1717	0.2212	4	0.2808	0.2817
1.3	0.1717	0.2236	4.5	0.2866	0.2870
1.35	0.1821	0.2254	5	0.2914	0.2915
1.4	0.1869	0.2273	6	0.2983	0.2984
1.45	0.1914	0.2289	7	0.3033	0.3033
1.5	0.1958	0.2310	8	0.3071	0.3071
1.6	0.2037	0.2343	9	0.3100	0.3100
1.7	0.2109	0.2375	10	0.3123	0.3123
1.75	0.2143	0.2390	20	0.3228	0.3228
1.8	0.2174	0.2404	50	0.3291	0.3291
1.9	0.2233	0.2432	100	0.3312	0.3312
2	0.2287	0.2459	∞	0.3333	0.3333

4　蜗卷螺旋弹簧的计算示例

4.1　等螺旋角蜗卷螺旋弹簧的计算

表 11-4-4

	项　　目	单位	公 式 及 数 据
原始条件	弹簧类型		等螺旋角的蜗卷螺旋弹簧
	板宽 b	mm	28
	板厚 h	mm	4
	大端工作弹簧圈半径 R_2	mm	43
	小端工作弹簧圈半径 R_1	mm	14
	弹簧圈开始接触前的刚度 P'	N/mm	48
	弹簧圈开始接触时的载荷 P_b	N	1260
	大端支承圈数 n_2'	圈	3/4
	小端支承圈数 n_1'	圈	3/4
	弹簧材料		60Si2MnA
	热处理后硬度	HRC	≥47
参数计算	弹簧的工作圈数 n	圈	$n=\dfrac{2\xi_1 Gbh^3}{\pi P'}\times\dfrac{R_2-R_1}{R_2^4-R_1^4}$ $=\dfrac{2\times0.3033\times80000\times28\times4^3}{3.14\times48}\times\dfrac{43-14}{43^4-14^4}$ $=4.947$ 取 $n=5$
	弹簧的螺旋角 α	(°)	$\alpha=\dfrac{P_b R_2^2}{\xi_1 Gbh^3}$ $=\dfrac{1260\times43^2}{0.3033\times80000\times28\times4^3}$ $=0.05358\text{rad}=3.06°$
	弹簧圈 n_i 的半径 R_i	mm	$R_i=R_2-(R_2-R_1)\dfrac{n_i}{n}=43-(43-14)\times\dfrac{n_i}{5}$ $=43-5.8n_i$
	从大端到弹簧圈 n_i 的自由高度 H_i	mm	$H_i=n\pi\alpha\left(\dfrac{R_2^2-R_i^2}{R_2-R_1}\right)+b$ $=5\pi\times0.05358\times\left[\dfrac{43^2-(43-5.8n_i)^2}{43-14}\right]+28$ $=0.3367n_i\times(43-2.9n_i)+28$

续表

<table>
<tr><th colspan="2">项 目</th><th>单位</th><th>公 式 及 数 据</th></tr>
<tr><td rowspan="7">参数计算</td><td>弹簧扁钢的长度 l_i</td><td>mm</td><td>$l_i=n\pi\left(\frac{R_2^2-R_i^2}{R_2-R_1}\right)$
$=5\pi\times\left[\frac{43^2-(43-5.8n_i)^2}{43-14}\right]$
$=6.283n_i\times(43-2.9n_i)$</td></tr>
<tr><td>大端支承圈的扁钢长度 l_2'</td><td>mm</td><td>$l_2'=\pi n_2'(R_2'+R_2)$
$=\frac{3\pi}{4}\times(45+43)$
$=207.3$</td></tr>
<tr><td>小端支承圈的扁钢长度 l_1'</td><td>mm</td><td>$l_1'=\pi n_1'(R_1'+R_1)$
$=\frac{3\pi}{4}\times(12+14)=61.3$</td></tr>
<tr><td>弹簧圈 n_i 开始接触时弹簧所受的载荷 P_i</td><td>N</td><td>$P_i=\frac{\xi_1 Gbh^3\alpha}{R_i^2}$
$=\frac{0.3033\times80000\times28\times4^3\times0.05358}{R_i^2}$
$=\frac{2.330\times10^6}{R_i^2}$</td></tr>
<tr><td>弹簧圈 n_i 开始接触后弹簧的变形 F_i</td><td>mm</td><td>$F_i=\frac{n\pi}{R_2-R_1}\left[(R_2^2-R_i^2)\alpha+\left(\frac{R_i^4-R_1^4}{2\xi_1 Gbh^3}\right)P_i\right]$
$=\frac{5\pi}{43-14}\left[(43^2-R_i^2)0.05358+\left(\frac{R_i^4-14^4}{2\times0.3033\times80000\times28\times4^3}\right)P_i\right]$
$=2.9\times10^{-2}(1.849\times10^3-R_i^2)+6.229\times10^{-8}(R_i^4-3.8416\times10^3)P_i$</td></tr>
<tr><td>弹簧圈 n_i 开始接触后弹簧圈 n_i 的应力 τ_i</td><td>MPa</td><td>$K=1+\frac{h}{R_i}=1+\frac{4}{R_i}=1+\frac{4}{43-5.8n_i}$
$\tau_i=K\frac{P_iR_i}{\xi_2 bh^2}$
$=\left(1+\frac{4}{R_i}\right)\frac{R_i}{0.3033\times28\times4^2}P_i$
$=7.36\times10^{-3}\left(1+\frac{4}{43-5.8n_i}\right)R_iP_i$</td></tr>
</table>

将上列各式计算所得等螺旋角蜗卷螺旋弹簧的主要几何尺寸、载荷、应力列于表 11-4-5。

图 11-4-2 是根据表 11-4-5 所列数值绘制的等螺旋角蜗卷螺旋弹簧的几何尺寸（图 a）和材料尺寸（图 b），图11-4-3是所设计弹簧的特性曲线及载荷 P 与应力 τ 的关系曲线。

表 11-4-5

n_i	R_i/mm	H_i/mm	l_i/mm	P_i/N	F_i/mm	τ_i/MPa
0	43.0	28	0	1260	26.5	417
0.5	40.1	35	130.5			
1.0	37.2	41.5	251.9	1684	33.2	486
1.5	34.3	47.5	364.3			
2.0	31.4	53.1	462.1	2363	38.8	580
2.5	28.5	58.1	561.6			
3.0	25.6	62.7	646.6	3555	43.3	722
3.5	22.7	66.7	722.5			
4.0	19.8	70.3	789.3	5943	46.6	954
4.5	16.9	73.4	846.9			1400
5.0	14.0	76	895.4	11890	48.0	

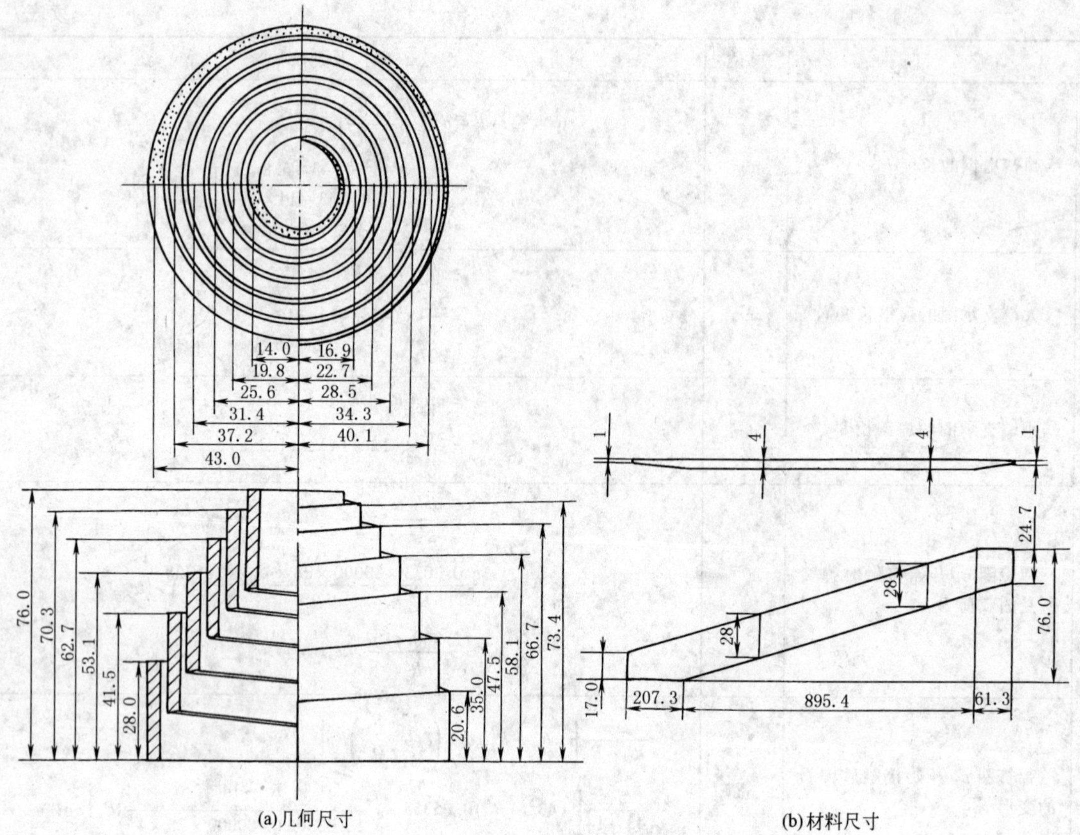

(a)几何尺寸　　(b)材料尺寸

图 11-4-2　等螺旋角蜗卷螺旋弹簧计算例题图

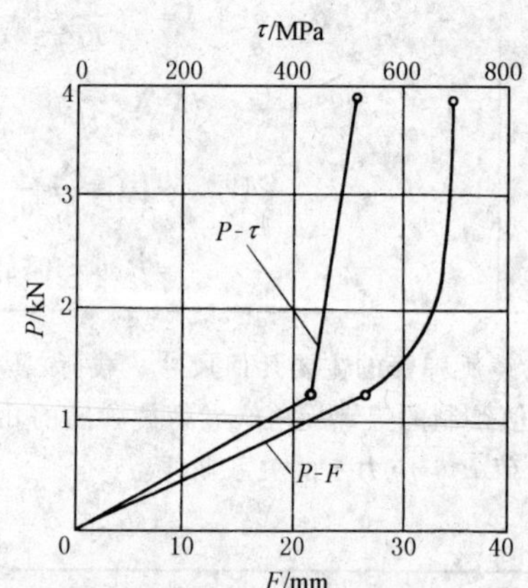

图 11-4-3　弹簧的特性曲线
及载荷和应力关系曲线

4.2　等节距蜗卷螺旋弹簧的计算

试设计原始条件 b、h、R_2、R_1、P' 的数值与前例（等螺旋角蜗卷螺旋弹簧）完全一致的等节距（$t=9.6$mm）蜗卷螺旋弹簧。这里，令弹簧两端的支承圈各为3/4圈。

由于 ξ_1、ξ_2、n、R_i、R_2'、R_1'、l_i，l_2'，l_1' 诸值在前例中已求出，其值与本例相同，现仅就 H_i、P_i、F_i、τ_i 等尚需重新计算的项目列入表 11-4-6 中。

表 11-4-6

<table>
<tr><th colspan="2">项　目</th><th>单位</th><th>公式及数据</th></tr>
<tr><td rowspan="4">参数计算</td><td>从大端到弹簧圈 n_i 的自由高度 H_i</td><td>mm</td><td>$H_i=nt\left(\dfrac{R_2-R_i}{R_2-R_1}\right)+b$
$=9.6n_i+28$</td></tr>
<tr><td>弹簧圈 n_i 开始接触时弹簧所受的载荷 P_i</td><td>N</td><td>$P_i=\dfrac{\xi_1 Gbh^3t}{2\pi R_i^3}$
$=\dfrac{6.643\times10^7}{R_i^3}$</td></tr>
<tr><td>弹簧圈 n_i 接触后弹簧的变形 F_i</td><td>mm</td><td>$F_i=\dfrac{n\pi}{R_2-R_1}\left[(R_2-R_i)\dfrac{t}{\pi}+\left(\dfrac{R_i^4-R_1^4}{2\xi_1 Gbh^3}\right)P_i\right]$
$=9.6n_i+6.229\times10^{-8}(R_i^4-3.8416\times10^3)P_i$</td></tr>
<tr><td>弹簧圈 n_i 接触后的应力 τ_i</td><td>MPa</td><td>$\tau_i=7.36\times10^{-3}\left(1+\dfrac{2}{R_i}\right)R_iP_i$</td></tr>
</table>

从表 11-4-6 中所得的等节距蜗卷螺旋弹簧的主要几何尺寸、载荷、变形和应力等列于表 11-4-7。

表 11-4-7

n_i	R_i/mm	H_i/mm	P_i/N	F_i/mm	τ_i/MPa	n_i	R_i/mm	H_i/mm	P_i/N	F_i/mm	τ_i/MPa
0	43.0	28	836	17.6	227	3	25.6	56.8	3960	38.5	804
1	37.2	37.6	1290	24.7	373	4	19.8	66.4	8558	44.6	1373
2	31.4	47.2	2146	31.7	527	5	14.0	76	24210	48.0	2852

图 11-4-4 是根据表 11-4-7 所列数值绘制的等节距蜗卷螺旋弹簧的几何尺寸（图 a）和材料尺寸（图 b），图 11-4-5 为所设计弹簧的特性曲线及载荷与应力的关系曲线。

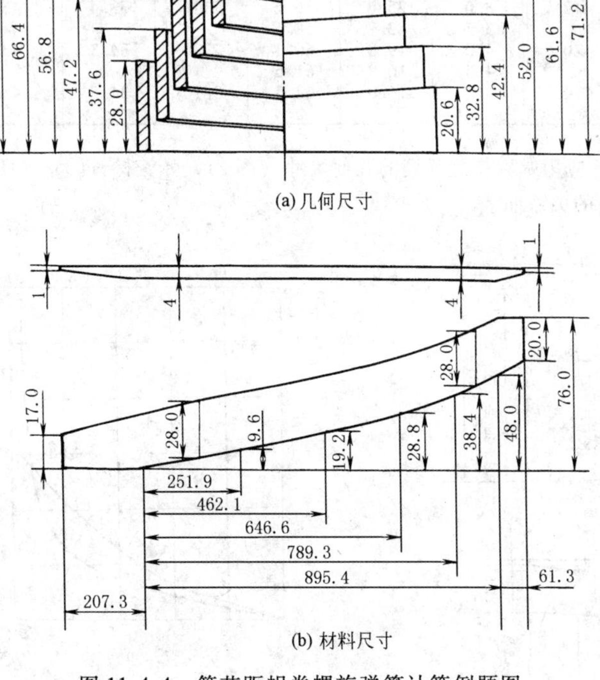

图 11-4-4　等节距蜗卷螺旋弹簧计算例题图

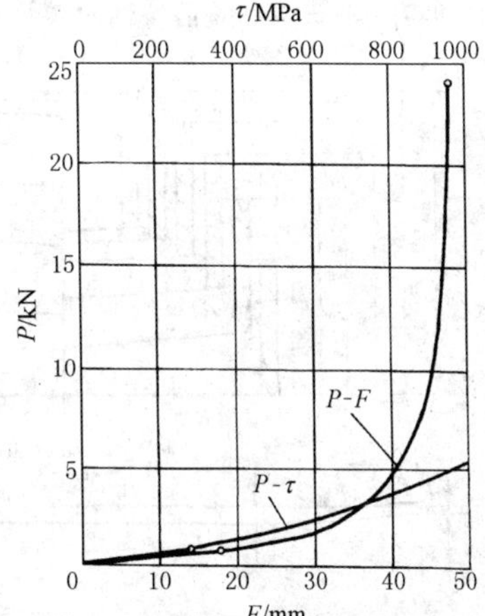

图 11-4-5　弹簧的特性曲线及载荷和应力关系曲线

4.3 等应力蜗卷螺旋弹簧的计算

试设计原始条件 b、h、R_2、R_1、P'的数值与前两例完全一致的等应力蜗卷螺旋弹簧。这里，令弹簧两端的支承圈各为3/4圈。

由于 ξ_1、ξ_2、n、R_i、R_2'、R_1'、l_i、l_2'、l_1' 诸值在等螺旋角蜗卷螺旋弹簧计算中业已求出，其值与本例相同，现仅就 α_i、H_i、P_i、τ_i、F_i 等尚需重新计算的项目列入表 11-4-8 中。

表 11-4-8

	项　目	单位	公 式 及 数 据
参数计算	弹簧圈 n_i 的螺旋角 α_i	(°)	$\alpha_i=\alpha_2\dfrac{R_i}{R_2}=1.246\times10^{-3}R_i$ 式中　$\alpha_2=0.05358\ \text{rad}=3.06°$
	从大端到弹簧圈 n_i 的自由高度 H_i	mm	$H_i=\dfrac{2\pi n\alpha_2}{3R_2}\left(\dfrac{R_2^3-R_i^3}{R_2-R_1}\right)+b$ $=4.5\times10^{-4}\times(7.9507\times10^4-R_i^3)+28$
	弹簧圈 n_i 开始接触时弹簧所受的载荷 P_i	N	$P_i=\dfrac{\xi_1 Gbh^3\alpha_2}{R_2R_i}=\dfrac{5.418\times10^3}{R_i}$
	弹簧圈 n_i 接触后弹簧的变形 F_i	mm	$F_i=\dfrac{n\pi}{R_2-R_1}\left[\dfrac{2\alpha_2}{3R_2}(R_2^3-R_i^3)+\left(\dfrac{R_i^4-R_1^4}{2\xi_1 Gbh^3}\right)P_i\right]$ $=4.5\times10^{-4}\times(7.9507\times10^4-R_i^3)+6.229\times10^{-8}\times(R_i^4-3.8416\times10^4)P_i$
	弹簧圈 n_i 接触后的应力 τ_i	MPa	$\tau_i=7.36\times10^{-3}\left(1+\dfrac{2}{R_i}\right)R_iP_i$

根据表 11-4-8 所得等应力蜗卷螺旋弹簧的主要尺寸、载荷、变形和应力列于表 11-4-9。

表 11-4-9

n_i	R_i/mm	H_i/mm	P_i/N	F_i/mm	τ_i/MPa	n_i	R_i/mm	H_i/mm	P_i/N	F_i/mm	τ_i/MPa
0	43.0	28	1260	26.5	417	3.0	25.6	56.2	2116	33.4	430
0.5	40.1	34.8				3.5	22.7	58.5			
1.0	37.2	40.6	1456	29.6	420	4.0	19.8	60.3	2736	34.3	439
1.5	34.3	45.6				4.5	16.9	61.6			
2.0	31.4	49.9	1725	31.9	424	5.0	14.0	62.5	3870	34.5	456
2.5	28.5	53.4									

图 11-4-6 是根据表 11-4-9 所列数值绘制的等应力蜗卷螺旋弹簧的几何尺寸（图 a），弹簧材料尺寸（图 b），图 11-4-7 为所设计弹簧的特性曲线及载荷与应力的关系曲线。

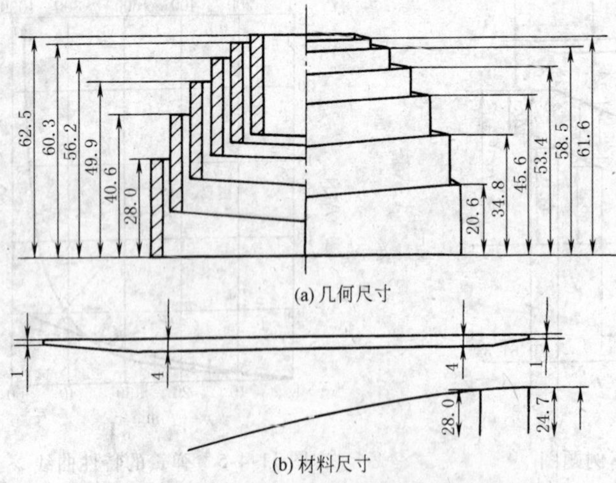

图 11-4-6　等应力蜗卷螺旋弹簧计算例题图

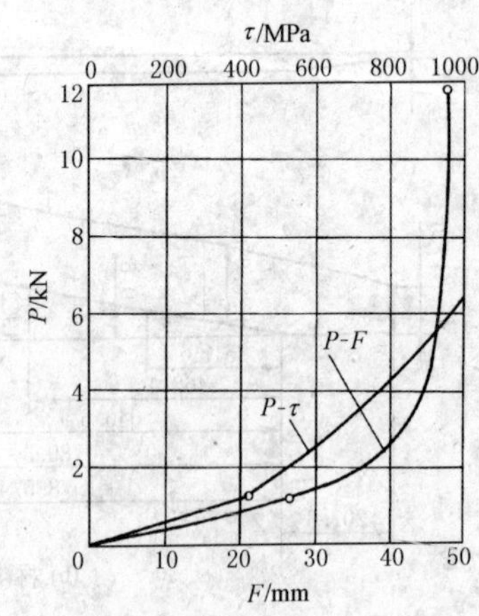

图 11-4-7　弹簧的特性曲线及载荷和应力的关系曲线

第 5 章　多股螺旋弹簧

1　多股螺旋弹簧的结构、特性及用途

多股螺旋弹簧是由几股钢丝绕成钢索后卷制而成的螺旋弹簧，如图 11-5-1 所示。组成钢索的钢丝一般为 2 ~ 7 根。多股螺旋弹簧钢索中的各股钢丝，一般情况下相互接触不紧密，在初受载荷时多股螺旋弹簧相当于若干根单股螺旋弹簧各自发生变形。对于压缩弹簧，钢索与弹簧的旋向相反，随着载荷的增大，钢索越拧越紧。当载荷达到一定值 P_K 后，钢索被拧紧，刚度增大，在表示载荷与变形关系的特性线上出现折点 A，同时由于变形时钢索中相邻钢丝间有摩擦力存在，因而多股螺旋弹簧的特性线如图 11-5-2 所示。

在卸载过程中，多股螺旋弹簧所释放的力一部分用于克服钢丝间的摩擦力，使在卸载初期载荷降低而变形量并不发生变化，出现 B 至 C 的直线段。同时使刚度小于加载阶段。此时的载荷为 P_0，并将 P_0 称之为开始恢复变形时对应的载荷。

由于多股螺旋弹簧所用钢丝比同等功能的单股螺旋弹簧所用钢丝细，材料强度高，同时多股螺旋弹簧在变形时各股钢丝间产生的接触压力引起的相互摩擦可以吸收能量，兼有缓冲作用，且多股螺旋弹簧每股钢丝的刚度都比同功能的单股螺旋弹簧小，在动载荷作用下寿命多有提高。因此多股螺旋弹簧常用于大口径自动武器如高射机枪和航空自动炮的复进簧，以及航空发动机的气门簧。

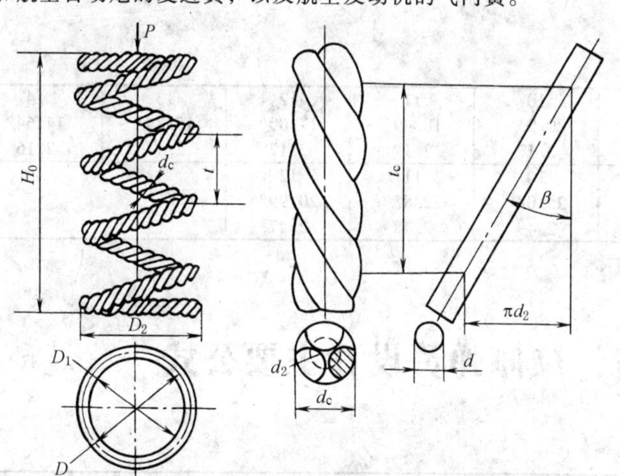

图 11-5-1　多股螺旋弹簧外形及钢索结构

D_2—多股螺旋弹簧外径；D—多股螺旋弹簧中径；D_1—多股螺旋弹簧内径；d—钢丝直径；d_c—钢索外径；d_2—通过各钢丝中心圆的直径；β—钢索的拧角；t_c—钢索的索距；t—弹簧节距；H_0—自由高度

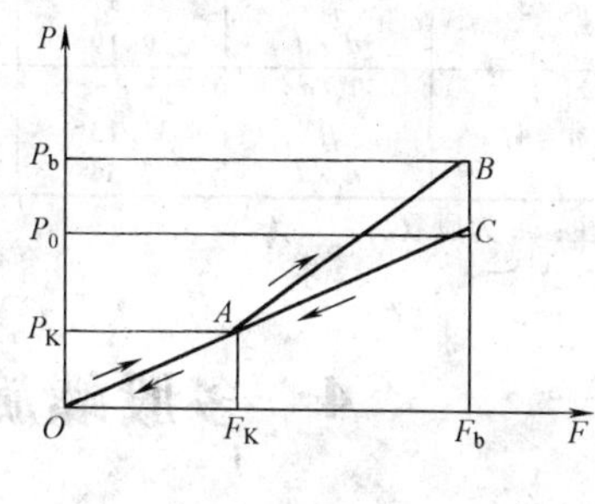

图 11-5-2　多股螺旋弹簧特性线

2　多股螺旋弹簧的材料及许用应力

多股螺旋弹簧一般采用碳素弹簧钢丝或特殊用途弹簧钢丝，有关它们的力学性能可参见第 1 卷材料篇。两种

常用材料的许用应力如表 11-5-1 所示。

表 11-5-1 MPa

项　目	压缩弹簧 τ_p	拉伸弹簧 σ_p
受变载荷，作用次数在 $10^4 \sim 10^5$ 之间，或受静载荷而重要的弹簧	$\tau_p = 0.3\sigma_b$	$\sigma_p = 0.5\sigma_b$
受静载荷，或作用次数 $<10^4$ 的变载荷	$\tau_p = 0.5\sigma_b$	

由于多股螺旋弹簧钢丝之间相互磨损较大，所以当载荷作用次数超过 10^6，即要求弹簧具有无限寿命时，不宜采用多股弹簧。

3　多股螺旋弹簧的参数选择

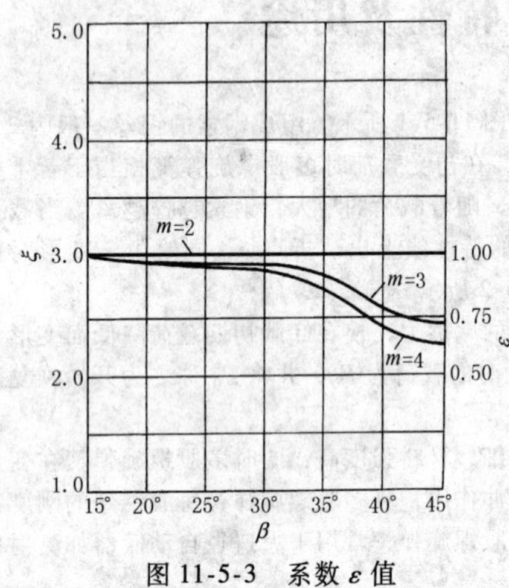

图 11-5-3　系数 ε 值

1）钢丝直径 d，一般在 0.5～3mm 范围内选取。

2）钢丝股数 m，一般为 2～4，最好不少于 3。

3）弹簧旋绕比 $C=\dfrac{D}{d_c}$，可取为 3.5～5，一般不小于 4。

4）钢索拧角 β 的选择与弹簧的性能有关，一般取 $\beta \approx 25° \sim 30°$。当要求弹簧的特性曲线有较大范围的线性关系时，取 $\beta \approx 22° \sim 25°$。拧角 β 与拧距 t_c 及直径 d_c 的关系如表 11-5-2 所示。

5）P_K/P 比值，即对应于特性曲线折点的载荷 P_K（钢索拧紧时的载荷）与最大工作载荷之比（它决定着特性曲线的折点位置）一般取为 1/3～1/4。

6）$\varepsilon=\dfrac{P_0}{P_b}$值，即多股螺旋弹簧在卸载过程中开始恢复变形时对应的载荷与压并载荷之比，其值可由图 11-5-3 查得。

表 11-5-2

$m=3$	t_c/d	8	9	10	11	12	13	14
	β	24.97°	22.37°	20.25°	18.49°	17.00°	15.74°	14.64°
	d_c/d	2.19	2.18	2.17	2.17	2.17	2.17	2.16
$m=4$	t_c/d	8	9	10	11	12		
	β	31.13°	27.78°	25.08°	22.85°	20.99°		
	d_c/d	2.54	2.51	2.49	2.48	2.47		

注：m 为股数。

4　多股螺旋压缩、拉伸弹簧设计主要公式

表 11-5-3

项　目	单位	公 式 及 数 据
钢索拧紧前多股螺旋弹簧的变形 F_1	mm	$$F_1=\frac{8PD^3n}{i'Gd^4m}$$ 式中　i'——钢索拧紧前捻索系数，$i'=\dfrac{(1+\mu)\cos\beta}{1+\mu\cos^2\beta}$； 也可根据拧角 β 按下表选取： β：15°、20°、25°、30°、35° i'：0.98、0.97、0.95、0.92、0.89 P——载荷，N； n——有效圈数； m——股数

续表

<table>
<tr><th>项　　目</th><th>单位</th><th>公 式 及 数 据</th></tr>
<tr><td>钢索拧紧前多股螺旋弹簧的刚度 P_1'</td><td>N/mm</td><td>$$P_1'=\frac{P}{F}\times\frac{i'Gd^4m}{8D^3n}$$</td></tr>
<tr><td>钢索拧紧时多股螺旋弹簧的变形 F_K</td><td>mm</td><td>$$F_K=\frac{8P_KD^3n}{i'Gd^4m}$$
式中　P_K——拧紧载荷,N
其他符号同前</td></tr>
<tr><td>钢索拧紧后多股螺旋的续加变形 F_c</td><td>mm</td><td>$$F_c=\frac{8(P-P_K)D^3n}{i''Gd^4m}$$
式中　i''——钢索拧紧后续加变形阶段捻索系数
$$i''=\frac{\cos\beta}{\cos^2\gamma}[1+\mu\sin^2(\beta+\gamma)]$$
其中 γ 与 β 的关系根据 m 不同如以下两表所示:
当股数 $m=3$ 时
<table><tr><td>β</td><td>15°</td><td>20°</td><td>25°</td><td>30°</td><td>35°</td></tr><tr><td>γ</td><td>15.31°</td><td>20.84°</td><td>27.00°</td><td>34.43°</td><td>44.40°</td></tr></table>
当股数 $m=4$ 时
<table><tr><td>β</td><td>15°</td><td>20°</td><td>25°</td><td>30°</td><td>35°</td></tr><tr><td>γ</td><td>15.59°</td><td>21.56°</td><td>28.51°</td><td>37.61°</td><td>48.78°</td></tr></table>
i''也可根据不同 m 按以下两表选取:
当股数 $m=3$ 时
<table><tr><td>β</td><td>15°</td><td>20°</td><td>25°</td><td>30°</td><td>35°</td></tr><tr><td>i''</td><td>1.12</td><td>1.21</td><td>1.35</td><td>1.58</td><td>2.07</td></tr></table>
当股数 $m=4$ 时
<table><tr><td>β</td><td>15°</td><td>20°</td><td>25°</td><td>30°</td><td>35°</td></tr><tr><td>i''</td><td>1.12</td><td>1.23</td><td>1.40</td><td>1.73</td><td>2.45</td></tr></table></td></tr>
<tr><td>多股螺旋弹簧总的变形 F</td><td>mm</td><td>$$F=F_K+F_c=\frac{8PD^3n}{iGd^4m}$$
式中　i——综合捻索系数,$i=\frac{P_K}{i'P}+\frac{1}{i''}(1-P_K/P)$
i 也可根据 β 及 P_K/P 按下图选取:
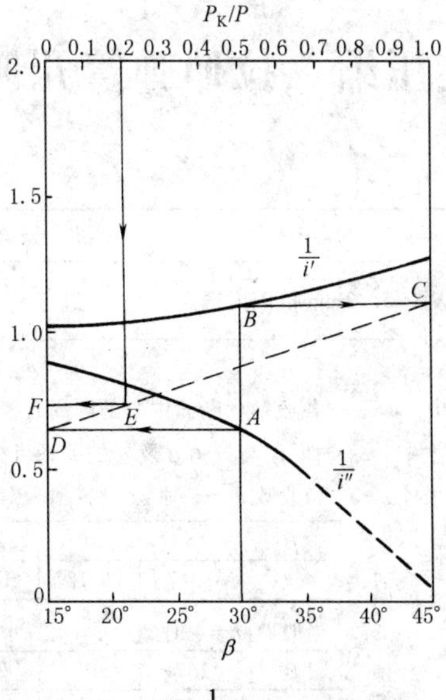

系数$\frac{1}{i}$值

例如查 $P_K/P=0.2$,$\beta=30°$时$\frac{1}{i}$值。
从 $\beta=30°$处向上做垂线与$\frac{1}{i'}$和$\frac{1}{i''}$分别交于 A 点和 B 点,过 A 点和 B 点分别做横坐标的平行线与两边纵坐标轴分别交于 C 点和 D 点。连接 C 和 D,从上部横坐标 $P_K/P=0.2$ 处向下做垂线与 CD 线处交于 E。过 E 点做横坐标平行线与纵坐标轴$\frac{1}{i}$交于 F,此 F 点即为所求$\frac{1}{i}=0.75$</td></tr>
</table>

续表

项　目	单位	公式及数据
钢索拧紧后多股螺旋弹簧的刚度 P'	N/mm	$$P'=\frac{iGd^4m}{8D^3n}$$
应力 τ	MPa	$$\tau=K\frac{8PD}{m\pi d^3}$$ 式中 $$K=\sqrt{\gamma_T^2+\gamma_B^2}$$ 其中 $$\gamma_T=\frac{P_K}{P}\cos\beta+\gamma_t\left(1-\frac{P_K}{P}\right);$$ $$\gamma_B=\frac{P_K}{P}\sin\beta+\gamma_b\left(1-\frac{P_K}{P}\right)$$ 而 γ_t 及 γ_b 可根据 β 及 m 按下图选取： 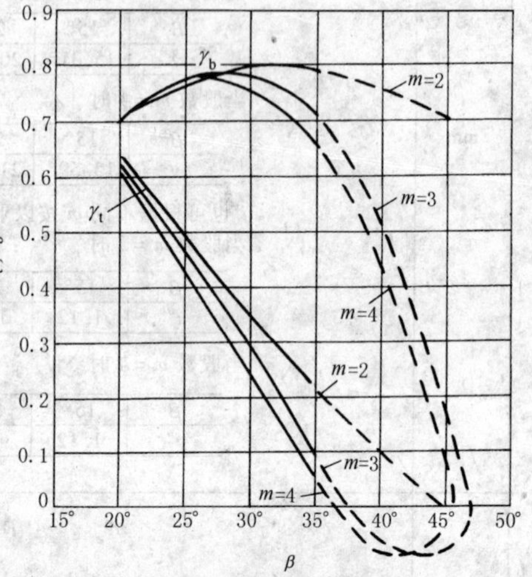 0.9 0.8 0.7 0.6 0.5 0.4 0.3 0.2 0.1 0 γ_t,γ_b γ_b γ_t $m=2$ $m=3$ $m=4$ $m=2$ $m=3$ $m=4$ 15° 20° 25° 30° 35° 40° 45° 50° β 系数 γ_b 和 γ_t 值

5　多股螺旋压缩、拉伸弹簧几何尺寸计算

表 11-5-4

<table>
<tr><th>项　目</th><th>单　位</th><th>公式及数据</th></tr>
<tr><td>钢丝直径 d</td><td>mm</td><td>可从 0.5～3mm 范围内选定</td></tr>
<tr><td>钢索直径 d_c</td><td>mm</td><td>
$$d_c=d_2+d$$
式中　d_2——各股钢丝断面中心的圆周直径，mm
而 d_2 与拧角 β 及 d 的关系可根据 m 不同按下两表选取：
当股数 $m=3$ 时
<table>
<tr><td>β</td><td>15°</td><td>20°</td><td>25°</td><td>30°</td><td>35°</td></tr>
<tr><td>d_2/d</td><td>1.17</td><td>1.18</td><td>1.19</td><td>1.21</td><td>1.25</td></tr>
</table>
当股数 $m=4$ 时
<table>
<tr><td>β</td><td>15°</td><td>20°</td><td>25°</td><td>30°</td><td>35°</td></tr>
<tr><td>d_2/d</td><td>1.44</td><td>1.46</td><td>1.50</td><td>1.55</td><td>1.61</td></tr>
</table>
</td></tr>
</table>

续表

项　目	单 位	公 式 及 数 据
多股螺旋弹簧的外径 D_2	mm	$D_2 = D + d_c$ 式中　D——弹簧中径,mm
多股螺旋弹簧的内径 D_1	mm	$D_1 = D - d_c$
钢索拧距 t_c	mm	$t_c = \frac{\pi d_c}{\tan\beta}$
多股螺旋弹簧的有效圈数 n	圈	$n = \frac{iGd^4 mF}{8PD^3}$
多股螺旋弹簧的总圈数 n_1	圈	压缩弹簧:$n_1 = n + (2 \sim 2.5)$ 拉伸弹簧:$n_1 = n$ n_1 尾数为 1/4,1/2,3/4 及整圈
多股螺旋弹簧节距 t	mm	$t = d_c + \frac{F_b}{n}$ 式中　F_b——压并载荷下变形,mm 而 $F_b = H_0 - H_b$ 式中　H_0——自由高度,mm
多股螺旋弹簧自由高度 H_0	mm	压缩弹簧,两端磨平: 当 $n_1 = n + 1.5$ 时,$H_0 = tn + d$ 当 $n_1 = n + 2$ 时,$H_0 = tn + 1.5d$ 当 $n_1 = n + 2.5$ 时,$H_0 = tn + 2d$ 拉伸弹簧: LⅠ型　$H_0 = (n+1)d + D_1$ LⅡ型　$H_0 = (n+1)d + 2D_1$ LⅢ型　$H_0 = (n+1.5)d + 2D_1$
多股螺旋压缩弹簧的压并高度 H_b	mm	端部不并紧,两端磨平,支承圈为 3/4 圈时 $H_b = (n+1)d_c$ 端部并紧,磨平,支承圈为 1 圈时 $H_b = (n+1.5)d_c$
钢索长度 l	mm	$l \approx \pi D n_1$
每股钢丝长度 L	mm	$L = \frac{l}{\cos\beta}$

6　多股螺旋压缩弹簧计算示例

表 11-5-5

	项　目	单位	公 式 及 数 据
原始条件	多股螺旋压缩弹簧中径 D	mm	16
	工作行程 h	mm	20
	安装载荷 P_1	N	150
	最大工作载荷 P_2	N	450
参数计算	钢丝直径 d	mm	初选 $d = 2$
	钢丝材料		A 组碳素弹簧钢丝
	剪切弹性模量 G	MPa	80000
	钢索股数 m		4

续表

	项　　目	单位	公 式 及 数 据
参数计算	验算多股螺旋弹簧强度 τ	MPa	取$\frac{P_K}{P}=0.2,\beta=25°$ 由表 11-5-3 中求 γ_t 及 γ_b 系数值的图查得 $\gamma_t=0.43;\gamma_b=0.77$ 将 γ_t 及 γ_b 值代入以下两式 $\gamma_T=\frac{P_K}{P}\cos\beta+\gamma_t\left(1-\frac{P_K}{P}\right)$ $=0.2\cos25°+0.43\times(1-0.2)=0.53$ $\gamma_B=\frac{P_K}{P}\sin\beta+\gamma_b\left(1-\frac{P_K}{P}\right)$ $=0.2\times\sin25°+0.77\times(1-0.2)=0.70$ 从而得 $K=\sqrt{\gamma_T^2+\gamma_B^2}$ $=\sqrt{0.53^2+0.70^2}=0.87$ 代入右式 $\tau=K\frac{8PD}{m\pi d^3}$ $=0.87\times\frac{8\times450\times16}{4\times3.14\times2^3}=498.7\text{MPa}$ $\because\tau<\tau_b=0.3\sigma_b=0.3\times2000=600\text{MPa}$
	有效圈数 n	圈	$n=\frac{mGd^4Fi}{8PD^3}$,查 $i=0.125$ 故　$n=\frac{4\times80000\times2^4\times20\times0.125}{8\times(450-150)\times16^3}=13$
	弹簧总圈数 n_1	圈	两端各取 1 圈支承圈,故总的圈数 n_1 $n_1=n+2=13+2=15$
	钢索直径 d_c	mm	$d_c=d_2+d$ 从表 11-5-4,根据股数 $m=4$ 及 $\beta=25°$求出 $d_2/d=1.5$　　故 $d_2=1.5\times d=1.5\times2=3$ 代入 d_c 式 $d_c=3+2=5$
	钢索的节距 t_c	mm	$t_c=\frac{\pi d_c}{\tan\beta}$ $=\frac{3.14\times5}{\tan25°}=33.69$
	多股螺旋压缩弹簧的节距 t	mm	$P'=\frac{P_2-P_1}{F_2-F_1}=\frac{450-150}{20}=15\text{N/mm}$ 从而得　$F_2=\frac{P_2}{P'}=\frac{450}{15}=30\text{mm}$ 取弹簧的压并变形 $F_b=\frac{F_2}{0.8}=\frac{30}{0.8}=37.5\text{mm}$ 故节距　$t\approx d_c+\frac{F_b}{n}=5+\frac{37.5}{13}=7.9\text{mm}$
	螺旋角 α	(°)	$\alpha=\arctan\frac{t}{\pi D}=\arctan\frac{8}{3.14\times16}=9°3'$
	压并高度 H_b	mm	$H_b=(n+1.5)d_c$ $=(13+1.5)\times5=72.5$
	自由高度 H_0	mm	$H_0=H_b+F_b=72.5+37.5=110$

续表

项目		单位	公式及数据
参数计算	弹簧外径 D_2	mm	$D_2=D+d_c=16+5=21$
	弹簧内径 D_1	mm	$D_1=D-d_c=16-5=11$
	钢索长度 l	mm	$l\approx\pi Dn_1=3.14\times16\times15=754$
	每股钢丝长度 L	mm	$L=\dfrac{l}{\cos\beta}=\dfrac{754}{\cos25^\circ}=832$

第 6 章　碟形弹簧

第 11 篇

1　碟形弹簧的特点与应用

碟形弹簧是用钢板、钢带或者钢材锻造坯料加工成呈碟状的弹簧，简称为碟簧。

碟形弹簧的特点是：

1）刚度大，缓冲吸振能力强，能以小变形承受大载荷，适合于轴向空间要求小的场合。

2）具有变刚度特性，可通过适当选择碟形弹簧的压平时变形量 h_0 和厚度 t 之比，得到不同的特性曲线。其特性曲线可以呈直线形、渐增形、渐减形或是它们的组合，这种弹簧具有很广范围的非线性特性。

3）用同样的碟形弹簧采用不同的组合方式，能使弹簧特性在很大范围内变化。可采用对合、叠合的组合方式，也可采用复合不同厚度、不同片数等的组合方式。

当叠合时，相对于同一变形，弹簧数越多则载荷越大。当对合时，对于同一载荷，弹簧数越多则变形越大。

碟形弹簧在机械产品中的应用越来越广，在很大范围内，碟形弹簧正在取代圆柱螺旋弹簧。常用于重型机械（如压力机）和大炮、飞机等武器中，作为强力缓冲和减振弹簧，用作汽车和拖拉机离合器及安全阀或减压阀中的压紧弹簧，以及用作机动器的储能元件，将机械能转换为变形能储存起来。

但是，碟形弹簧的高度和板厚在制造中如出现即使不大的误差，其特性也会有较大的偏差。因此这种弹簧需要由高的制造精度来保证载荷偏差在允许范围内。和其他弹簧相比，这是它的缺点。

2　碟簧（普通碟簧）的分类及系列

普通碟形弹簧是机械产品中应用最广的一种，已标准化，标准代号为 GB/T 1972—2005，其结构型式、产品分类及尺寸系列如下。

（1）结构型式

碟形弹簧根据厚度分为无支承面碟簧和有支承面碟簧，见图 11-6-1 和表 11-6-1。

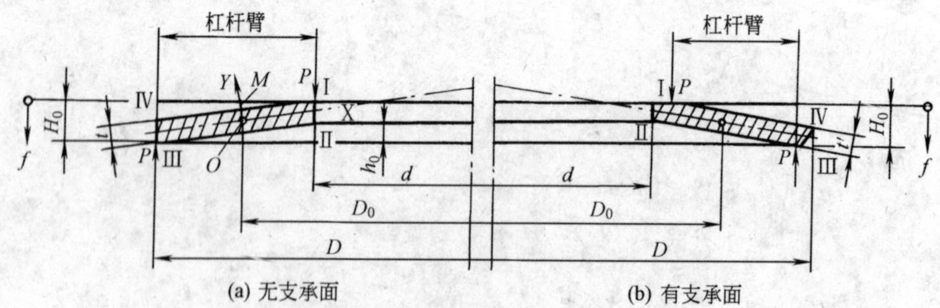

图 11-6-1　单个碟簧及计算应力的截面位置

（2）产品分类

碟形弹簧根据工艺方法分为 1、2、3 三类，每个类别的型式、碟簧厚度和工艺方法见表 11-6-1，根据 D/t 及 h_0/t 的比值不同分为 A、B、C 三个系列，每个系列的比值范围见表 11-6-1。

表 11-6-1

	类别	型式	碟簧厚度 t/mm	工 艺 方 法
产品分类	1	无支承面	<1.25	冷冲成形,边缘倒圆角
	2		1.25～6.0	(1)切削内外圆或平面,边缘倒圆角,冷成形或热成形
				(2)精冲,边缘倒圆角,冷成形或热成形
	3	有支承面	>6.0～16.0	冷成形或热成形,加工所有表面,边缘倒圆角

	系列	比值 D/t	比值 h_0/t	备 注
尺寸系列	A	≈18	≈0.40	材料弹性模量 $E=206000$MPa 泊松比 $\mu=0.3$
	B	≈28	≈0.75	
	C	≈40	≈1.3	

(3) 尺寸系列

常用碟形弹簧尺寸系列分别见表 11-6-2、表 11-6-3 和表 11-6-4。

表 11-6-2　　系列 A，$\frac{D}{t}\approx 18$；$\frac{h_0}{t}\approx 0.4$；$E=206000$MPa；$\mu=0.3$

类别	D /mm	d /mm	$t(t')$① /mm	h_0 /mm	H_0 /mm	P /N	f /mm	H_0-f /mm	σ_{OM}② /MPa	σ_{II} σ_{III}③ /MPa	Q /(kg/1000 件)
						$f\approx 0.75h_0$					
1	8	4.2	0.4	0.2	0.6	210	0.15	0.45	-1200	1200*	0.114
	10	5.2	0.5	0.25	0.75	329	0.19	0.56	-1210	1240*	0.225
	12.5	6.2	0.7	0.3	1	673	0.23	0.77	-1280	1420*	0.508
	14	7.2	0.8	0.3	1.1	813	0.23	0.87	-1190	1340*	0.711
	16	8.2	0.9	0.35	1.25	1000	0.26	0.99	-1160	1290*	1.050
	18	9.2	1	0.4	1.4	1250	0.3	1.1	-1170	1300*	1.480
	20	10.2	1.1	0.45	1.55	1530	0.34	1.21	-1180	1300*	2.010
2	22.5	11.2	1.25	0.5	1.75	1950	0.38	1.37	-1170	1320*	2.940
	25	12.2	1.5	0.55	2.05	2910	0.41	1.64	-1210	1410*	4.40
	28	14.2	1.5	0.65	2.15	2850	0.49	1.66	-1180	1280*	5.390
	31.5	16.3	1.75	0.7	2.45	3900	0.53	1.92	-1190	1310*	7.840
	35.5	18.3	2	0.8	2.8	5190	0.6	2.2	-1210	1330*	11.40
	40	20.4	2.25	0.9	3.15	6540	0.68	2.47	-1210	1340*	16.40
	45	22.4	2.5	1	3.5	7720	0.75	2.75	-1150	1300*	23.50
	50	25.4	3	1.1	4.1	12000	0.83	3.27	-1250	1430*	34.30
	56	28.5	3	1.3	4.3	11400	0.98	3.32	-1180	1280*	43.00
	63	31	3.5	1.4	4.9	15000	1.05	3.85	-1140	1300*	64.90
	71	36	4	1.6	5.6	20500	1.2	4.4	-1200	1330*	91.80
	80	41	5	1.7	6.7	33700	1.28	5.42	-1260	1460*	145.0
	90	46	5	2	7	31400	1.5	5.5	-1170	1300*	184.5
	100	51	6	2.2	8.2	48000	1.65	6.55	-1250	1420*	273.7
	112	57	6	2.5	8.5	43800	1.88	6.62	-1130	1240*	343.8
3	125	64	8(7.5)	2.6	10.6	85900	1.95	8.65	-1280	1330*	533.0
	140	72	8(7.5)	3.2	11.2	85300	2.4	8.8	-1260	1280*	666.6
	160	82	10(9.4)	3.5	13.5	139000	2.63	10.87	-1320	1340*	1094
	180	92	10(9.4)	4	14	125000	3	11	-1180	1200*	1387
	200	102	12(11.25)	4.2	16.2	183000	3.15	13.05	-1210	1230*	2100
	225	112	12(11.25)	5	17	171000	3.75	13.25	-1120	1140*	2640
	250	127	14(13.1)	5.6	19.6	249000	4.2	15.4	-1200	1220*	3750

① 表 11-6-2～表 11-6-4 给出的是碟簧厚度 t 的公称数值，在第 3 类碟簧中碟簧厚度减薄为 t'。

② 表 11-6-2～表 11-6-4 中 σ_{OM} 表示碟簧上表面 OM 点的计算应力（压应力）。

③ 表 11-6-2～表 11-6-4 给出的是碟簧下限表面的最大计算应力，有 * 号的数值是在位置Ⅱ处算出的最大计算拉应力，无 * 号的数值是在位置Ⅲ处算出的最大计算拉应力。

表 11-6-3　　系列 B，$\frac{D}{t}\approx 28$；$\frac{h_0}{t}\approx 0.75$；$E=206000\text{MPa}$；$\mu=0.3$

类别	D /mm	d /mm	$t(t')$① /mm	h_0 /mm	H_0 /mm	P	f	H_0-f	σ_{OM}②	$\sigma_{Ⅱ}$③ $\sigma_{Ⅲ}$	Q /(kg/1000 件)
						$f\approx 0.75h_0$					
						/N	/mm	/mm	/MPa	/MPa	
1	8	4.2	0.3	0.25	0.55	119	0.19	0.36	-1140	1300	0.086
	10	5.2	0.4	0.3	0.7	213	0.23	0.47	-1170	1300	0.180
	12.5	6.2	0.5	0.35	0.85	291	0.26	0.59	-1000	1110	0.363
	14	7.2	0.5	0.4	0.9	279	0.3	0.6	-970	1100	0.444
	16	8.2	0.6	0.45	1.05	412	0.4	0.71	-1010	1120	0.698
	18	9.2	0.7	0.5	1.2	572	0.38	0.82	-1040	1130	1.030
	20	10.2	0.8	0.55	1.35	745	0.41	0.94	-1030	1110	1.460
	22.5	11.2	0.8	0.65	1.45	710	0.49	0.96	-962	1080	1.880
	25	12.2	0.9	0.7	1.6	868	0.53	1.07	-938	1030	2.640
	28	14.2	1	0.8	1.8	1110	0.6	1.2	-961	1090	3.590
2	31.5	16.3	1.25	0.9	2.15	1920	0.68	1.47	-1090	1190	5.600
	35.5	18.3	1.25	1	2.25	1700	0.75	1.5	-944	1070	7.130
	40	20.4	1.5	1.15	2.65	2620	0.86	1.79	-1020	1130	10.95
	45	22.4	1.75	1.3	3.05	3660	0.98	2.07	-1050	1150	16.40
	50	25.4	2	1.4	3.4	4760	1.05	2.35	-1060	1140	22.90
	56	28.5	2	1.6	3.6	4440	1.2	2.4	-963	1090	28.70
	63	31	2.5	1.75	4.25	7180	1.31	2.94	-1020	1090	46.40
	71	36	2.5	2	4.5	6730	1.5	3	-934	1060	57.70
	80	41	3	2.3	5.3	10500	1.73	3.57	-1030	1140	87.30
	90	46	3.5	2.5	6	14200	1.88	4.12	-1030	1120	129.1
	100	51	3.5	2.8	6.3	13100	2.1	4.2	-926	1050	159.7
	112	57	4	3.2	7.2	17800	2.4	4.8	-963	1090	229.2
	125	64	5	3.5	8.5	30000	2.63	5.87	-1060	1150	355.4
	140	72	5	4	9	27900	3	6	-970	1110	444.4
	160	82	6	4.5	10.5	41100	3.38	7.12	-1000	1110	698.3
	180	92	6	5.1	11.1	37500	3.83	7.27	-895	1040	885.4
3	200	102	8(7.5)	5.6	13.6	76400	4.2	9.4	-1060	1250	1369
	225	112	8(7.5)	6.5	14.5	70800	4.88	9.62	-951	1180	1761
	250	127	10(9.4)	7	17	119000	5.25	11.75	-1050	1240	2687

注：表注同表 11-6-2。

表 11-6-4　　系列 C，$\frac{D}{t}\approx 40$；$\frac{h_0}{t}\approx 1.3$；$E=206000\text{MPa}$；$\mu=0.3$

类别	D /mm	d /mm	$t(t')$① /mm	h_0 /mm	H_0 /mm	P	f	H_0-f	σ_{OM}②	$\sigma_{Ⅱ}$③ $\sigma_{Ⅲ}$	Q /(kg/1000 件)
						$f\approx 0.75h_0$					
						/N	/mm	/mm	/MPa	/MPa	
1	8	4.2	0.2	0.25	0.45	39	0.19	0.26	-762	1040	0.057
	10	5.2	0.25	0.3	0.55	58	0.23	0.32	-734	980	0.112
	12.5	6.2	0.35	0.45	0.8	152	0.34	0.46	-944	1280	0.252
	14	7.2	0.35	0.45	0.8	123	0.34	0.46	-769	1060	0.311
	16	8.2	0.4	0.5	0.9	155	0.38	0.52	-751	1020	0.466
	18	9.2	0.45	0.6	1.05	214	0.45	0.6	-789	1110	0.661
	20	10.2	0.5	0.65	1.15	254	0.49	0.66	-772	1070	0.912
	22.5	11.2	0.6	0.8	1.4	425	0.6	0.8	-883	1230	1.410
	25	12.2	0.7	0.9	1.6	601	0.68	0.92	-936	1270	2.060
	28	14.2	0.8	1	1.8	801	0.75	1.05	-961	1300	2.870
	31.5	16.3	0.8	1.05	1.85	687	0.79	1.06	-810	1130	3.580
	35.5	18.3	0.9	1.15	2.05	831	0.86	1.19	-779	1080	5.140
	40	20.4	1	1.3	2.3	1020	0.98	1.32	-772	1070	7.300

续表

类别	D /mm	d /mm	t(t')① /mm	h_0 /mm	H_0 /mm	P	f	H_0-f	σ_{OM}②	$\sigma_{Ⅱ}$ $\sigma_{Ⅲ}$③	Q /(kg/1000 件)
						$f\approx0.75h_0$					
						/N	/mm	/mm	/MPa	/MPa	
2	45	22.4	1.25	1.6	2.85	1890	1.2	1.65	-920	1250	11.70
	50	25.4	1.25	1.6	2.85	1550	1.2	1.65	-754	1040	14.30
	56	28.5	1.5	1.95	3.45	2620	1.46	1.99	-879	1220	21.50
	63	31	1.8	2.35	4.15	4240	1.76	2.39	-985	1350	33.40
	71	36	2	2.6	4.6	5140	1.95	2.65	-971	1340	46.20
	80	41	2.25	2.95	5.2	6610	2.21	2.99	-982	1370	65.50
	90	46	2.5	3.2	5.7	7680	2.4	3.3	-935	1290	92.20
	100	51	2.7	3.5	6.2	8610	2.63	3.57	-895	1240	123.2
	112	57	3	3.9	6.9	10500	2.93	3.97	-882	1220	171.9
	125	61	3.5	4.5	8	15100	3.38	4.62	-956	1320	248.9
	140	72	3.8	4.9	8.7	17200	3.68	5.02	-904	1250	337.7
	160	82	4.3	5.6	9.9	21800	4.2	5.7	-892	1240	500.4
	180	92	4.8	6.2	11	26400	4.65	6.35	-869	1200	708.4
	200	102	5.5	7	12.5	36100	5.25	7.25	-910	1250	1004
3	225	112	6.5(6.2)	7.1	13.6	44600	5.33	8.27	-840	1140	1456
	250	127	7(6.7)	7.8	14.8	50500	5.85	8.95	-814	1120	1915

注：表注同表11-6-2。

3 碟形弹簧的计算

3.1 单片碟形弹簧的计算公式

单片碟形弹簧的计算公式列于表11-6-5。

表 11-6-5

<table>
<tr><th>项目</th><th>单位</th><th>公 式 及 数 据</th></tr>
<tr><td>碟形弹簧载荷 P</td><td>N</td><td>

$$P=\frac{4E}{1-\mu^2}\times\frac{t^4}{K_1D^2}K_4^2\frac{f}{t}\left[K_4^2\left(\frac{h_0}{t}-\frac{f}{t}\right)\left(\frac{h_0}{t}-\frac{f}{2t}\right)+1\right]$$

当 $f=h_0$，即碟形弹簧压平时，上式简化为

$$P_c=\frac{4E}{1-\mu^2}\times\frac{t^3h_0}{K_1D^2}K_4^2$$

式中 P——单个弹簧的载荷，N；
P_c——压平时的碟形弹簧载荷计算值，N；
t——碟簧厚度，mm；
D——碟形弹簧外径，mm；
f——单片碟形弹簧的变形量，mm；
h_0——碟形弹簧压平时变形量的计算值，mm；
E——弹性模量，MPa；
μ——泊松比；
K_1、K_4——见本表</td></tr>
</table>

续表

项目	单位	公式及数据
计算应力 σ_{OM}、σ_{I}，σ_{II}，σ_{III}，σ_{IV}	MPa	$\sigma_{OM}=\frac{4E}{1-\mu^2}\times\frac{t^2}{K_1D^2}K_4\frac{f}{t}\times\frac{3}{\pi}$ $\sigma_{I}=-\frac{4E}{1-\mu^2}\times\frac{t^2}{K_1D^2}K_4\frac{f}{t}\left[K_4K_2\left(\frac{h_0}{t}-\frac{f}{2t}\right)+K_3\right]$ $\sigma_{II}=-\frac{4E}{1-\mu^2}\times\frac{t^2}{K_1D^2}K_4\frac{f}{t}\left[K_4K_2\left(\frac{h_0}{t}-\frac{f}{2t}\right)-K_3\right]$ $\sigma_{III}=-\frac{4E}{1-\mu^2}\times\frac{t^2}{K_1D^2}K_4\frac{1}{C}\times\frac{f}{t}\left[K_4(K_2-2K_3)\left(\frac{h_0}{t}-\frac{f}{2t}\right)-K_3\right]$ $\sigma_{IV}=-\frac{4E}{1-\mu^2}\times\frac{t^2}{K_1D^2}K_4\frac{1}{C}\times\frac{f}{t}\left[K_4(K_2-2K_3)\left(\frac{h_0}{t}-\frac{f}{2t}\right)+K_3\right]$ 计算应力为正值时是拉应力，负值时为压应力 式中　C——外径和内径的比值，$C=\frac{D}{d}$； σ_{OM}、σ_{I}、σ_{II}、σ_{III}、σ_{IV}——OM、Ⅰ、Ⅱ、Ⅲ、Ⅳ点的应力； K_2、K_3——见本表
碟形弹簧刚度 P'	N/mm	$P'=\frac{dP}{df}=\frac{4E}{1-\mu^2}\times\frac{t^3}{K_1D^2}K_4^2\left\{K_4^2\left[\left(\frac{h_0}{t}\right)^2-3\frac{h_0}{t}\times\frac{f}{t}+\frac{3}{2}\left(\frac{f}{t}\right)^2\right]+1\right\}$
碟形弹簧变形能 U	N·mm	$U=\int_0^f F\mathrm{d}f=\frac{2E}{1-\mu^2}\times\frac{t^5}{K_1D^2}K_4^2\left(\frac{f}{t}\right)^2\left[K_4^2\left(\frac{h_0}{t}-\frac{f}{2t}\right)^2+1\right]$
计算系数 K_1、K_2、K_3、K_4		$K_1=\frac{1}{\pi}\times\frac{\left(\frac{C-1}{C}\right)^2}{\frac{C+1}{C-1}-\frac{2}{\ln C}}$ $K_2=\frac{6}{\pi}\times\frac{\frac{C-1}{\ln C}-1}{\ln C}$ $K_3=\frac{3}{\pi}\times\frac{C-1}{\ln C}$ $K_4=\sqrt{-\frac{C_1}{2}+\sqrt{\left(\frac{C_1}{2}\right)^2+C_2}}$ 其中 $C_1=\frac{\left(\frac{t'}{t}\right)^2}{\left(\frac{1}{4}\times\frac{h_0}{t}-\frac{t'}{t}+\frac{3}{4}\right)\left(\frac{5}{8}\times\frac{H_0}{t}-\frac{t'}{t}+\frac{3}{8}\right)}$ $C_2=\frac{C_1}{\left(\frac{t'}{t}\right)^3}\left[\frac{5}{32}\left(\frac{H_0}{t}-1\right)^2+1\right]$ 计算系数 K_1、K_2、K_3 的值也可根据 $C=\frac{D}{d}$ 从下表中查取

$C=\frac{D}{d}$	1.90	1.92	1.94	1.96	1.98	2.00	2.02	2.04
K_1	0.672	0.677	0.682	0.686	0.690	0.694	0.698	0.702
K_2	1.197	1.201	1.206	1.211	1.215	1.220	1.224	1.229
K_3	1.339	1.347	1.355	1.362	1.370	1.378	1.385	1.393

对于无支承面弹簧　$K_4=1$

对于有支承面弹簧，K_4 按本表中 K_4 的计算公式计算。为了使上面公式能适用于有支承面的碟簧，需将其厚度的计算值按右表减薄，然后以减薄后的厚度 t' 代替 t 和以 $h_0'=H_0'-t'$ 代替 h_0

有支承面碟簧厚度减薄量

系列	A	B	C
t'/t	0.94	0.94	0.96

3.2 单片碟形弹簧的特性曲线

图 11-6-2 所示为按不同 h_0/t 或 $K_4\dfrac{h_0'}{t'}$ 计算的碟形弹簧特性曲线。

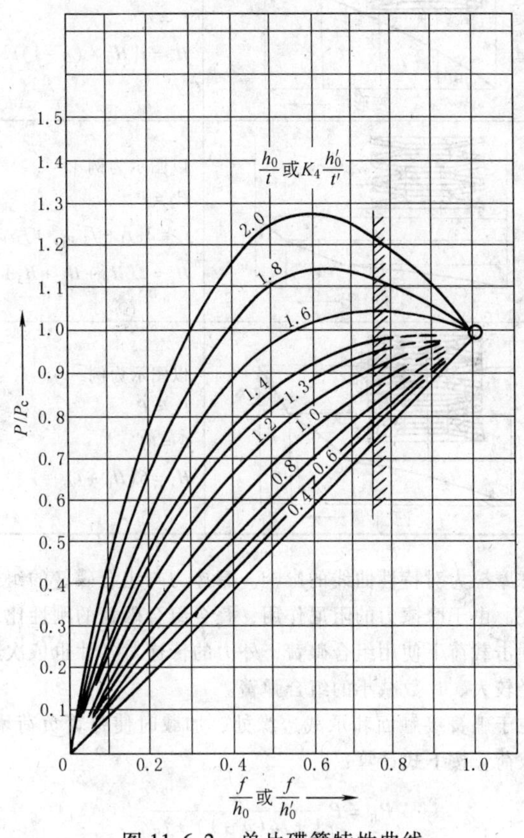

图 11-6-2 单片碟簧特性曲线

3.3 组合碟形弹簧的计算公式

使用单片碟形弹簧时，由于变形量和载荷值往往不能满足要求，故常用若干碟形弹簧以不同型式组合，以满足不同的使用要求。表 11-6-6 为碟形弹簧典型的组合型式。

表 11-6-6 组合碟形弹簧型式与计算公式

组合型式	简图及特性曲线	计算公式	说明
叠合组合（由 n 个同方向、同规格的一组碟簧组成）	弹簧载荷 变形量	$P_z=nP$ $f_z=f$ $H_z=H_0+(n-1)\delta$	P_z、f_z、H_z 为组合碟簧的载荷、变形量和自由高度
对合组合（由 i 个相向同规格的一组碟簧组成）	弹簧载荷 变形量	$P_z=P$ $f_z=if$ $H_z=iH_0$	

续表

组合型式	简图及特性曲线	计算公式	说明
复合组合(由叠合与对合组成)	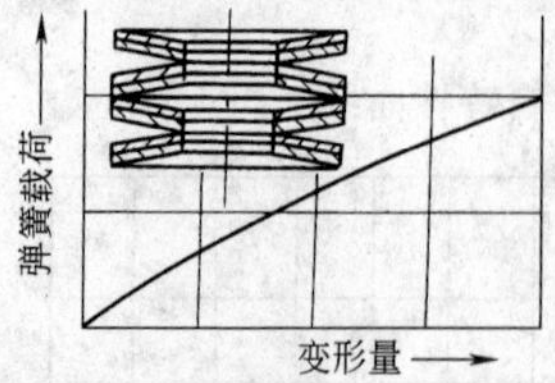 弹簧载荷→ 变形量→	$P_z=nP$ $f_z=if$ $H_z=i[H_0+(n-1)t]$	P、f、H_0 为单片碟簧的载荷、变形量和高度 $f_{2(P_1)}$、$f_{3(P_1)}$为碟簧 2、3 在载荷为 P_1 时的变形量 n 为各叠合层碟簧数量 i 为对合碟簧数量 t 为厚度
由不同厚度碟簧组成的组合弹簧	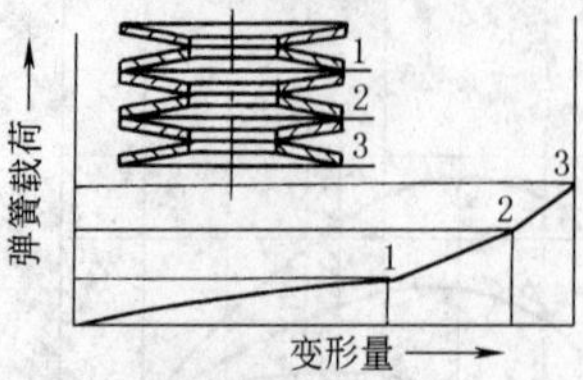 1 2 3 弹簧载荷→ 变形量→	以图示为例 $P_z=P_1$ $f_z=2[f_1+f_{2(P_1)}+f_{3(P_1)}]$ $H_z=2(H_1+H_2+H_3)$	
由尺寸相同但各组片数逐渐增加的碟簧组成的组合	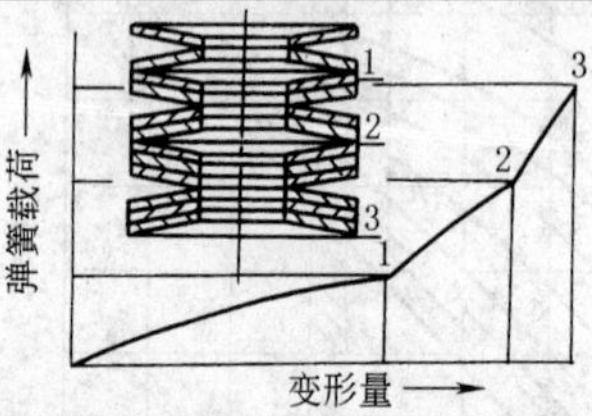 1 2 3 弹簧载荷→ 变形量→	以图示为例 $P_z=P$ $f_z=6f$ $H_z=6(H_0+t)$	

使用组合碟簧时，必须考虑摩擦力对特性曲线的影响。摩擦力与组合碟簧的组数、每个叠层的片数有关，也与碟簧表面质量和润滑情况有关。由于摩擦力的阻尼作用，叠合组合碟簧的刚性比理论计算值大，对合组合碟簧的各片变形量将依次递减。在冲击载荷下使用组合碟簧，外力的传递对各片也依次递减。所以组合碟簧的片数不宜用得过多，应尽可能采用直径较大、片数减小的组合弹簧。

叠合组合碟簧，摩擦力存在于碟簧接触面和承载边缘处，加载时使弹簧负荷增大，卸载时则使弹簧负荷减小。考虑摩擦力影响时的碟簧载荷，按下式计算：

$$P_R=P\frac{n}{1\pm f_M(n-1)\pm f_R}$$

式中　f_M——碟簧锥面间的摩擦因数，见表 11-6-7；

f_R——承载边缘处的摩擦因数，见表 11-6-7。

上式用于加载时取 - 号，卸载时取 + 号。

复合组合碟簧即由多组叠合碟簧对合组成的复合碟簧。仅考虑叠合表面间的摩擦时，可按下式计算：

$$P_R=P\frac{n}{1+f_M(n-1)}$$

表 11-6-7　　组合碟簧接触处的摩擦因数

系列	f_M	f_R	系列	f_M	f_R
A	0.005 ~ 0.03	0.03 ~ 0.05	C	0.002 ~ 0.015	0.01 ~ 0.03
B	0.003 ~ 0.02	0.02 ~ 0.04			

4　碟形弹簧的材料及许用应力

4.1　碟形弹簧的材料

碟形弹簧的材料应具有高的弹性极限、屈服极限、耐冲击性能和足够大的塑性变形性能。目前我国常用

60Si2MnA 和 50CrVA 或者力学性能符合要求的弹簧钢热轧钢板和锻造坯料制造。

4.2 许用应力及极限应力曲线

4.2.1 载荷类型

许用应力与载荷性质有关。按载荷性质不同，可分为静载荷与变载荷两类。

1）静载荷　作用于碟簧上的载荷不变，或在长时间内只有偶然变化，在规定寿命内变化次数 $N \leqslant 1 \times 10^4$ 次。

2）变载荷　作用于碟簧上的载荷在预加载荷和工作载荷之间循环变化，在规定寿命内变化次数 $N \geqslant 1 \times 10^4$ 次。

4.2.2 静载荷作用下碟簧的许用应力

静载荷作用下的碟簧应通过校验 OM 点的应力 σ_{OM} 来保证自由高度 H_0 的稳定。压簧压平时，σ_{OM} 应接近（小于）碟簧材料的屈服极限 σ_s。对于常用的碟簧材料 60Si2MnA 或 50CrVA，$\sigma_s = 1400 \sim 1600$MPa。

4.2.3 变载荷作用下碟簧的疲劳极限

变载荷作用下碟簧的使用寿命可分为：

1）无限寿命　可以承受 2×10^6 或更多加载次数而不破坏。

2）有限寿命　可以在持久极限范围内承受 $(1 \times 10^4) \sim (2 \times 10^6)$ 次有限的加载变化直至破坏。

对于承受变载荷作用的碟簧，疲劳破坏一般发生在最大拉应力位置Ⅱ或Ⅲ处（见图 11-6-3）。究竟发生在Ⅱ还是Ⅲ处，将取决于 $C = D/d$ 值和$\dfrac{h_0}{t}$值（无支承面碟簧）或 K_4（h'_0/t'）值（有支承面弹簧）。图 11-6-3 是用于判断最大应力位置（疲劳破坏关键位置）的曲线。在曲线上部，最大应力出现在Ⅲ处，在曲线下部，最大应力出现在Ⅱ处；在两曲线的过渡区，最大应力可能出现在Ⅱ或Ⅲ处，这时应校验 $\sigma_{Ⅱ}$ 或 $\sigma_{Ⅲ}$。

变载荷作用下的碟簧安装时，必须有预压变形量 f_1。一般 $f_1 = 0.15h_0 \sim 0.2h_0$，它能防止Ⅰ处出现径向小裂纹，有利于提高碟簧寿命。

对于材料为 50CrVA 的单片（或对合组合不超过 10 片）碟簧的疲劳极限，根据寿命要求，碟簧厚度计算的上限应力 σ_{max}（对应于工作时的最大变形量）和下限应力（对应于预压变形量），可根据图 11-6-4、图 11-6-5、图 11-6-6 查取。厚度超过 14mm，较多片数组合的弹簧，其他材料的碟簧和在特殊环境下（如高温、有化学影响等）工作的碟簧，应酌情降低。

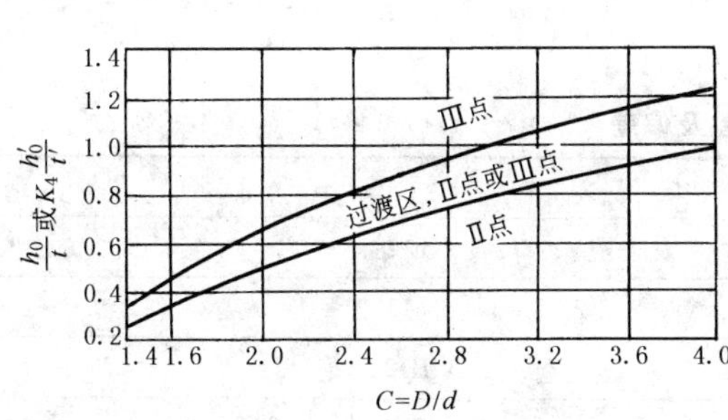

图 11-6-3　碟簧疲劳破坏关键部位

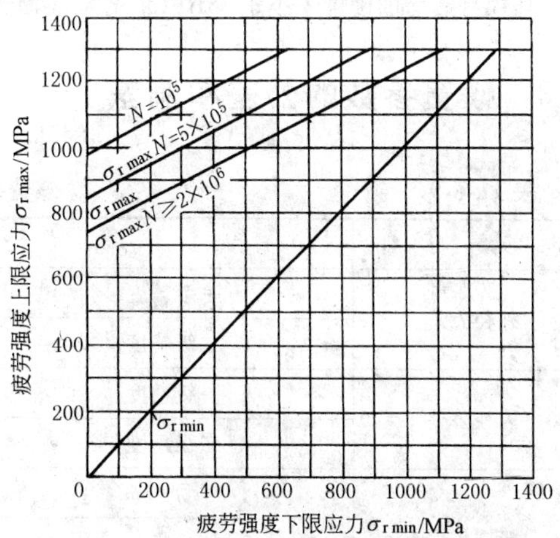

图 11-6-4　$t \leqslant 1.25$mm 碟簧的极限应力曲线

第11篇

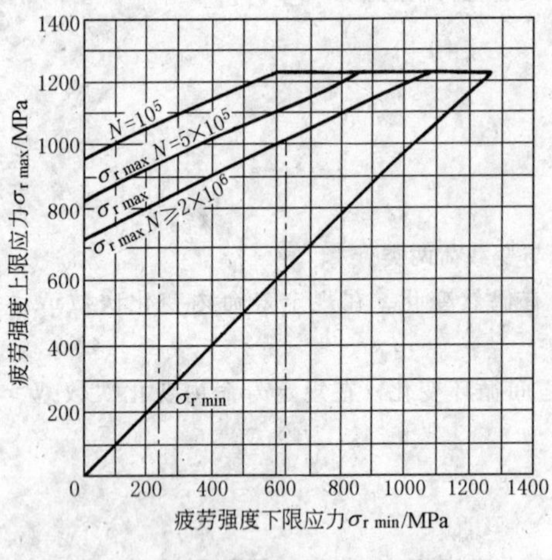

图 11-6-5　1.25mm < t ≤ 6mm 碟簧的极限应力曲线

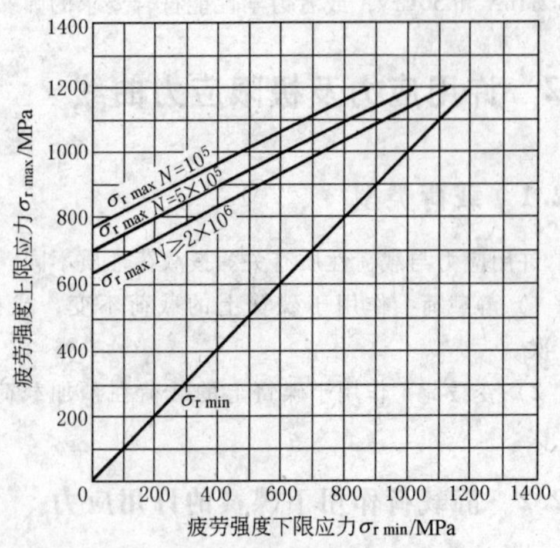

图 11-6-6　6mm < t ≤ 14mm 碟簧的极限应力曲线

5　碟形弹簧的技术要求

5.1　导向件

碟簧的导向采用导杆（内导向）或导套（外导向）。导向件与碟簧之间的间隙推荐采用表 11-6-8 的数值。碟簧的导向应该优先采用内导向。

表 11-6-8　　mm

d 或 D	间隙	d 或 D	间隙	d 或 D	间隙	d 或 D	间隙
~16	0.2	>20~26	0.4	>31.5~50	0.6	>80~140	1
>16~20	0.3	>26~31.5	0.5	>50~80	0.8	>140~250	1.6

导向杆表面的硬度不小于 55HRC，导向表面粗糙度 R_a < 3.2μm。

5.2　碟簧参数的公差和偏差

表 11-6-9　碟簧参数的公差及偏差

项　目		偏　差				
外径公差	一级精度	h12				
	二级精度	h13				
内径公差	一级精度	H12				
	二级精度	H13				
$t(t')$极限偏差/mm	$t(t')$/mm	0.2~0.6	>0.6~<1.25	1.25~3.8	>3.8~6	>6~16
	一、二级精度	+0.02 -0.06	+0.03 -0.09	+0.04 -0.12	+0.05 -0.15	±0.10

续表

项目		偏差				
H_0 极限偏差/mm	t/mm	<1.25	1.25~2	>2~3	>3~6	>6~14
	一、二级精度	+0.10 -0.05	+0.15 -0.08	+0.20 -0.10	+0.30 -0.15	±0.30
$f=0.75h_0$ 时，P 的波动范围/%	t/mm	<1.25		1.25~3	>3~6	6~16
	一级精度	+25 -7.5		+15 -7.5	+10 -5	±5
	二级精度	+30 -10		+20 -10	+15 -7.5	±10

注：在保证载荷偏差的条件下，厚度极限偏差在制造中可进行适当调整，但其公差带不得超出表中规定的范围。

5.3 碟簧表面的粗糙度

表 11-6-10 碟簧表面的粗糙度

类别	基本制造方法	表面粗糙度 R_a/μm	
		上、下表面	内、外圆
1	冷成形，边缘倒圆角	3.2	12.5
2	冷成形或热成形，切削内、外圆或平面，边缘倒圆角	6.3	6.3
	冷成形或热成形，精冲，边缘倒圆角	6.3	3.2
3	冷成形或热成形，加工所有表面，边缘倒圆角	12.5	12.5

5.4 碟簧成形后的处理

1）碟簧表面不允许有对使用有害的毛刺、裂纹、伤痕等缺陷。

2）碟簧成形后，必须进行淬火、回火处理，淬火次数不得超过两次。碟簧淬回火后的硬度必须在 42～52HRC 范围内。

3）经热处理的碟簧，其单边脱碳层深度：1 类碟簧，不应超过其厚度的 5%；2、3 类碟簧，不应超过其厚度的 3%（最大不超过 0.15mm）。

4）碟簧应该进行强压处理，处理方法为：用不小于两倍的 $F=0.75h_0$ 时的负荷压缩碟簧，持续时间不少于 12h，或短时压缩，压缩次数不少于 5 次。碟簧经强压处理后，自由高度尺寸应稳定，在规定的试验条件下，其自由高度应在表 11-6-9 规定的范围内。

5）对于承受变载荷的碟簧，推荐进行表面强化处理，例如喷丸处理等。

6）碟簧表面应根据需要进行防腐处理（如氧化、磷化、电镀等），经电镀处理后的碟簧必须及时进行除氢处理。

6 碟形弹簧计算示例

例 1 设计一组合碟形弹簧，其承受静载荷为 5000N 时的变形量要求为 10mm，导杆最大直径为 20mm。计算过程见表 11-6-11。

表 11-6-11

<table>
<tr><th>计算项目</th><th colspan="2">公 式 及 数 据</th></tr>
<tr><td rowspan="2">选择碟簧系列及组合型式</td><td colspan="2">据导杆尺寸，从表 11-6-2 ~ 表 11-6-4 中选取 $d=20.4$mm 的碟簧三种，尺寸如下

尺寸	D /mm	d /mm	t /mm	h_0 /mm	H_0 /mm	P	f	$\sigma_{\rm II}$ 或 $\sigma_{\rm III}$
						$f=0.75h_0$		
						/N	/mm	/MPa
A 系列	40	20.4	2.25	0.9	3.15	6540	0.68	$\sigma_{\rm II}=1340$
B 系列	40	20.4	1.5	1.15	2.65	2620	0.86	$\sigma_{\rm III}=1130$
C 系列	40	20.4	1	1.30	2.30	1020	0.98	$\sigma_{\rm III}=1070$
</td></tr>
<tr><td colspan="2">由上表，采用单片碟簧不能满足要求。采用组合弹簧时，可以有两种方案，一是用 A 系列碟簧对合组合，二是用 B 系列碟簧复合组合</td></tr>
<tr><td>压平碟簧时的载荷 P_c</td><td>A 系列 $D=40$mm，对合组合
$P_c=\dfrac{4E}{1-\mu^2}\times\dfrac{t^3h_0}{K_1D^2}K_4^2$
式中 $E=2.06\times10^5$MPa
$\mu=0.3$
$K_4=1$，无支承面
$C=2$，则
$$K_1=\frac{1}{\pi}\times\frac{\left(\frac{C-1}{C}\right)^2}{\frac{C+1}{C-1}-\frac{2}{\ln C}}$$
$=0.69$
$t=2.25$mm
$h_0=0.9$mm
代入公式得 $P_c=8410$N</td><td>B 系列 $D=40$mm，复合组合
$P_c=\dfrac{4E}{1-\mu^2}\times\dfrac{t^3h_0}{K_1D^2}K_4^2$
式中 $E=2.06\times10^5$MPa
$\mu=0.3$
$K_4=1$，无支承面
$C=2$，则
$$K_1=\frac{1}{\pi}\times\frac{\left(\frac{C-1}{C}\right)^2}{\frac{C+1}{C-1}-\frac{2}{\ln C}}$$
$=0.69$
$t=1.5$mm
$h_0=1.15$mm
代入公式得 $P_c=3180$N</td></tr>
<tr><td>$\dfrac{P}{P_c}$</td><td>因是对合组合，单个弹簧载荷 $P=5000$N
$\dfrac{P}{P_c}=\dfrac{5000}{8410}=0.59$</td><td>因是复合组合，单个碟簧载荷 $P=\dfrac{5000}{2}=2500$N
$\dfrac{P}{P_c}=\dfrac{2500}{3180}=0.79$</td></tr>
<tr><td>$\dfrac{f}{h_0}$</td><td>由图 11-6-2 查得 A 系列，$\dfrac{h_0}{t}=0.4$ 及 $\dfrac{P}{P_c}=0.59$ 时，$\dfrac{f}{h_0}=0.57$</td><td>由图 11-6-2 查得 B 系列，$\dfrac{h_0}{t}=0.75$ 及 $\dfrac{P}{P_c}=0.79$ 时，$\dfrac{f}{h_0}=0.71$</td></tr>
<tr><td>f</td><td>$f=0.57\times h_0=0.57\times0.9=0.51$mm</td><td>$f=0.71\times h_0=0.71\times1.15=0.82$mm</td></tr>
<tr><td>对合组合的片数及复合组合的组数</td><td>$i=\dfrac{f_z}{f}=\dfrac{10}{0.51}=19.6$
取 20 片</td><td>$i=\dfrac{f_z}{f}=\dfrac{10}{0.82}=12.19$
取 13 组，共 26 片</td></tr>
<tr><td>未受载荷时的自由高度 H_z</td><td>$H_z=iH_0=20\times3.15=63$mm</td><td>$H_z=i[H_0+(n-1)t]$
$=13\times[2.65+(2-1)\times1.5]=54$mm</td></tr>
<tr><td>受 5000N 载荷作用时的高度 H_1</td><td>$H_1=H_z-if=63-20\times0.51=52.8$mm</td><td>$H_1=H_z-if=54-13\times0.82=43.34$mm</td></tr>
</table>

续表

<table>
<tr><th>计算项目</th><th colspan="2">公 式 及 数 据</th></tr>
<tr><td>碟簧压平时，OM 点的应力 σ_{OM}</td><td>$\sigma_{OM}=-\frac{4E}{1-\mu^2}\times\frac{t^2}{K_1D^2}K_4\frac{f}{t}\times\frac{3}{\pi}$
$=-\frac{4\times2.06\times10^5}{1-0.3^2}\times\frac{2.25^2}{0.69\times40^2}\times1\times\frac{0.51}{2.25}\times\frac{3}{3.14}$
$=-899\text{MPa}$
超过了 60Si2MnA 的屈服点</td><td>$\sigma_{OM}=-\frac{4E}{1-\mu^2}\times\frac{t^2}{K_1D^2}K_4\frac{f}{t}\times\frac{3}{\pi}$
$=-\frac{4\times2.06\times10^5}{1-0.3^2}\times\frac{1.5^2}{0.69\times40^2}\times1\times\frac{0.82}{1.5}\times\frac{3}{3.14}$
$=-964\text{MPa}$
与 60Si2MnA 的屈服点接近</td></tr>
<tr><td>弹簧的刚度 P'</td><td>$P'=\frac{4E}{1-\mu^2}\times\frac{t^3}{K_1D^2}K_4^2\times$
$\left\{K_4^2\left[\left(\frac{h_0}{t}\right)^2-3\frac{h_0}{t}\times\frac{f}{t}+\frac{3}{2}\left(\frac{f}{t}\right)^2\right]+1\right\}$
代入数据后得
$P'=9015.33\text{N/mm}$</td><td>$P'=\frac{4E}{1-\mu^2}\times\frac{t^3}{K_1D^2}K_4^2\times$
$\left\{K_4^2\left[\left(\frac{h_0}{t}\right)^2-3\frac{h_0}{t}\times\frac{f}{t}+\frac{3}{2}\left(\frac{f}{t}\right)^2\right]+1\right\}$
代入数据后得
$P'=2153.6\text{N/mm}$</td></tr>
<tr><td>最终确定方案</td><td colspan="2">从上面计算结果表明，A 系列对合组合、B 系列复合组合，均能满足要求</td></tr>
</table>

例 2 一碟形弹簧 $D=40\text{mm}$，$d=20.4\text{mm}$，$t=2.25\text{mm}$，$h_0=0.9\text{mm}$，$H_0=3.15\text{mm}$，在 $P_1=1950\text{N}$ 和 $P_2=4000\text{N}$ 之间循环工作。试校核其寿命是否在持久寿命范围内。计算过程见表 11-6-12。

表 11-6-12

计算项目	公 式 及 数 据
计算 P_c 及 $\frac{P_1}{P_c}$ 和 $\frac{P_2}{P_c}$	$P_c=\frac{4E}{1-\mu^2}\times\frac{t^3h_0}{K_1D^2}K_4^2=\frac{4\times2.06\times10^5}{1-0.3^2}\times\frac{2.25^3\times0.9}{0.69\times40^2}\times1=8410\text{N}$ 所以 $\frac{P_1}{P_c}=\frac{1950}{8410}=0.23$；$\frac{P_2}{P_c}=\frac{4000}{8410}=0.476$
计算 f_1 和 f_2	据已知数据算出 $\frac{h_0}{t}=\frac{0.9}{2.25}=0.4$ 据 $\frac{h_0}{t}$ 及 $\frac{P_1}{P_c}$ 和 $\frac{P_2}{P_c}$，从图 11-6-2 查出 $\frac{f_1}{h_0}=0.22$，$\frac{f_2}{h_0}=0.45$ 代入 h_0 求出 $f_1=0.198\text{mm}$，$f_2=0.405\text{mm}$
确定疲劳破坏关键部，并计算 σ_{II} 应力和应力幅 σ_a	由 $C=\frac{D}{d}=\frac{40}{20}=2$，$\frac{h_0}{t}=\frac{0.9}{2.25}=0.4$，从图 11-6-3 上确定疲劳关键部位为Ⅱ处 计算 $\sigma_{\text{II}}=-\frac{4E}{1-\mu^2}\times\frac{t^2}{K_1D^2}K_4\frac{f}{t}\left[K_4K_2\left(\frac{h_0}{t}-\frac{f}{2t}\right)-K_3\right]$ 式中 $K_1=\frac{1}{\pi}\times\frac{\left(\frac{C-1}{C}\right)^2}{\frac{C+1}{C-1}-\frac{2}{\ln C}}=\frac{1}{3.14}\times\frac{\left(\frac{2-1}{2}\right)^2}{\frac{2+1}{2-1}-\frac{2}{\ln2}}=0.698$ $K_2=\frac{6}{\pi}\times\frac{\frac{C-1}{\ln C}-1}{\ln C}=\frac{6}{3.14}\times\frac{\frac{2-1}{\ln2}-1}{\ln2}=1.221$ $K_3=\frac{3}{\pi}\times\frac{C-1}{\ln C}=\frac{3}{3.14}\times\frac{2-1}{\ln2}=1.378$ $K_4=1$ 因为是无支承面，代入上式得 $f_1=0.198\text{mm}$ 时，$\sigma_{\text{II}}=342\text{MPa}=\sigma_{\min}$ $f_2=0.405\text{mm}$ 时，$\sigma_{\text{II}}=742\text{MPa}=\sigma_{\max}$ 应力幅 $\sigma_a=\sigma_{\max}-\sigma_{\min}=400\text{MPa}$

第 11 篇

续表

计算项目	公式及数据
校验持久寿命范围	根据 $\sigma_{min}=342\text{MPa}$，从图 11-6-5 查得 $N\geqslant 2\times 10^6$ 时的 $\sigma_{max}=870\text{MPa}$ 疲劳应力幅 $\sigma_{ra}=870-342=528>\sigma_a$ 所以此碟簧能持久工作

7 碟形弹簧工作图

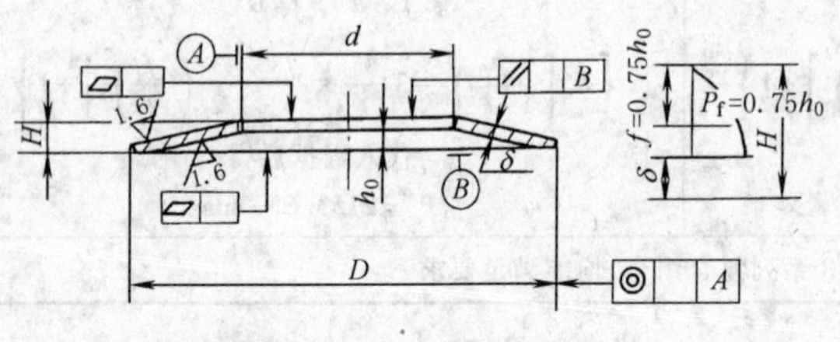

图 11-6-7 无支承面碟簧

技术要求：

1. 精度等级
2. 锐角倒圆
3. 内锥角喷丸处理

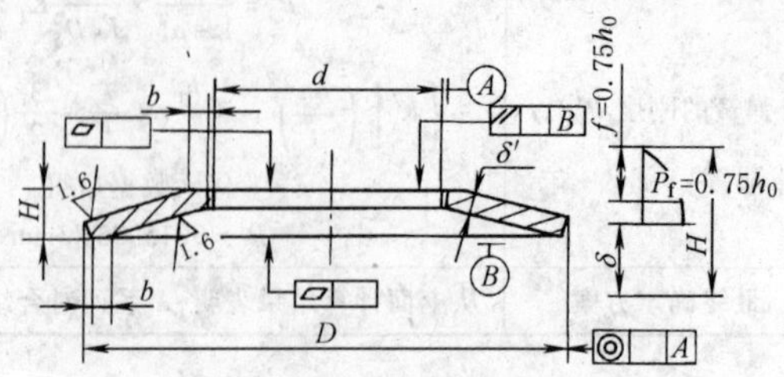

图 11-6-8 有支承面碟簧

技术要求：

1. 精度等级
2. 锐角倒圆 $R=1.5$

8 碟形弹簧应用实例

图 11-6-9 为 JCS-013 型自动换刀数控卧式镗铣床主轴箱利用碟簧夹紧刀具的结构。图示位置为刀具夹紧状态，此时活塞 1 在右端，碟簧 2 以 10000N 使拉杆 3 向右移动，通过钢球 4 夹紧刀柄。活塞 1 向左移动，并推动拉杆 3 也向左移动，使钢球 4 在导套 5 大直径处时，喷头 6 将刀具顶松，刀具即被取走。同时压缩空气经活塞 1 和拉杆 3 的中心孔从喷头 6 喷出清洁主轴 7 锥孔及刀柄，活塞 1 向右移，碟簧 2 又重新夹紧刀柄。

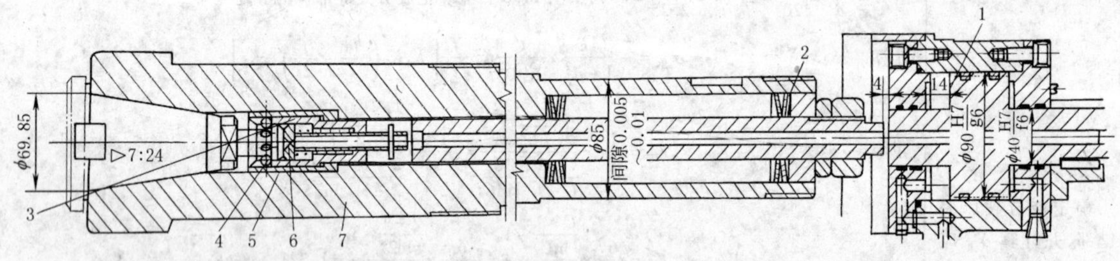

图 11-6-9 镗铣床上刀具夹紧机构上用的碟簧（复合方式）

图 11-6-10 为旅游架空索道上的双人吊椅，其上抱索器 3 是吊椅上的关键部件，要求抱索器对钢绳有足够的夹紧力，使其与钢绳形成的摩擦力能防止吊椅在钢绳上滑动，即使钢绳与悬垂的吊椅成 45°角度时，也有足够的防滑安全系数。

图 11-6-11 为图 11-6-10 中的抱索器 3。从图 11-6-11 可以看出，要保持抱索器安全可靠，除内、外卡（图中件 2、1）外，碟形弹簧 3 也是很重要的零件。一方面要求碟形弹簧提供足够的压紧力，另一方面要求弹性稳定耐久，簧片不易损坏。

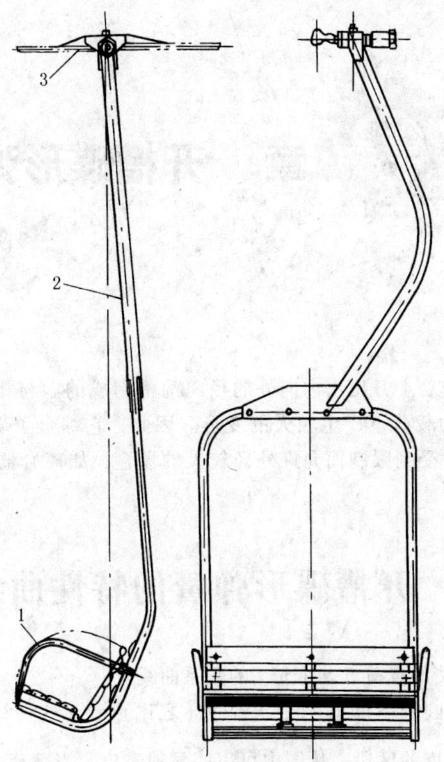

图 11-6-10　双人吊椅

1—座椅；2—吊架杆；3—抱索器

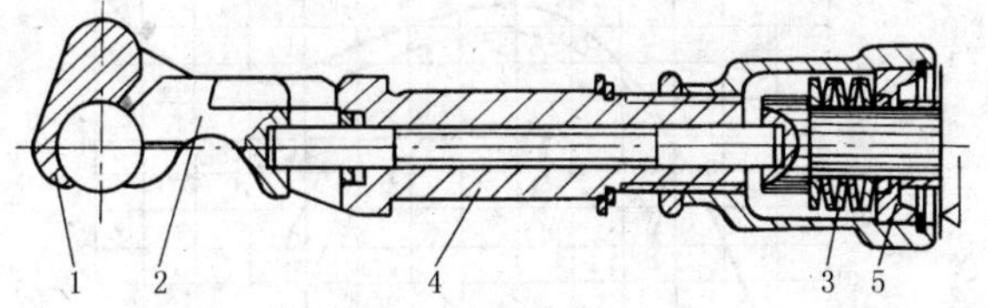

图 11-6-11　双人吊椅抱索器

1—外抱卡；2—内抱卡；3—碟形弹簧；4—与吊架杆相连的套筒（此套筒与外抱卡 1 是同一整体）；5—螺母

第7章 开槽碟形弹簧

开槽碟形弹簧是在普通碟形弹簧上开出由内向外的径向沟槽制成的。与相应直径的普通碟形弹簧（即不开槽碟形弹簧）相比，它能在较小的载荷下产生较大的变形。因此，它综合了碟形弹簧和悬臂片簧两者的一些优点。开槽碟形弹簧常用于轴向尺寸受到限制而允许外径较大的场合，如离合器以及需要具有渐减形载荷-变形特性曲线的场合。

1 开槽碟形弹簧的特性曲线

图 11-7-1 所示为开槽碟形弹簧的载荷 P 与变形 f 的关系曲线。

根据比值 H/t（开槽碟形弹簧圆锥高度 H 与板料厚度 t 之比）看，这种特性曲线属于比值 H/t 中等时，即 $\sqrt{2}<\frac{H}{t}<2\sqrt{2}$ 的情况，包括有负刚度的区段。从图中可以明显地看出，当载荷减小时，变形量反而增大。也就是说，弹簧具有不稳定工况的区段。正因为如此，这种特性的弹簧适用于拖拉机离合器，当从动盘摩擦片磨损量很大时，使变形有很大变化，但仍可以保持压紧力的变化不大。

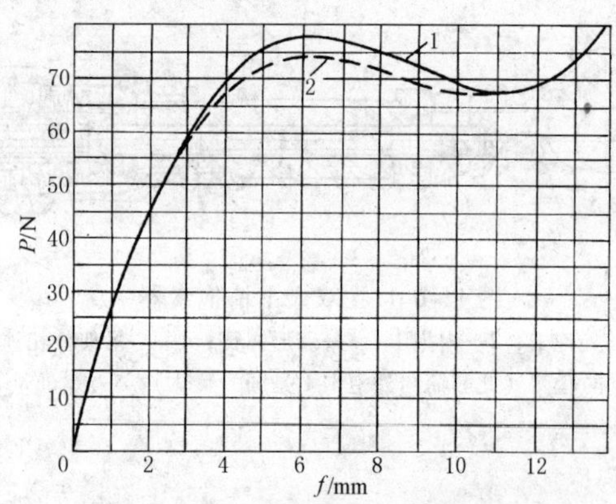

图 11-7-1 开槽碟形弹簧特性曲线

1—实验曲线；2—计算曲线

2 开槽碟形弹簧设计参数的选择

为了确定开槽碟形弹簧的几何尺寸如图 11-7-2 所示，可利用下述比值与数值进行选择。

(1) 比值 D/d

比值 $D/d=1.8$；2.0；2.5；3.0。应根据具体结构上的要求进行选择。

(2) 比值 D/D_m

比值 $D/D_m=1.15$；1.20；1.3；1.4；1.5。该比值越小，则 D 与 D_m 的尺寸精度对载荷—变形特性的影响越大，同时应力也越大。

(3) 比值 D/t

比值 $D/t=70$；100；>100。该比值越大，则设计应力越小，但弹簧尺寸也越大。

(4) 比值 H/t

比值 $H/t=1.3$；1.4；1.8；2.2。该比值与普通碟形弹簧完全一样，它决定了载荷—变形特性曲线的非线性程度。对于 $H/t>1.4$的情况，在普通碟形弹簧中通常是不推荐采用的（因为它会产生跃变）。但当开槽碟形弹簧不是多片串联而是单片使用时，则可以采用。

(5) 舌片数 Z

舌片数 $Z=8$；12；16；20。舌片数越多，则舌片与封闭环部分连接处的应力分布就越均匀，疲劳性能也就越好。

(6) 舌片根部半径 R

舌片根部半径 $R=t$；$2t$；$>2t$。该半径越大，则应力集中越小。

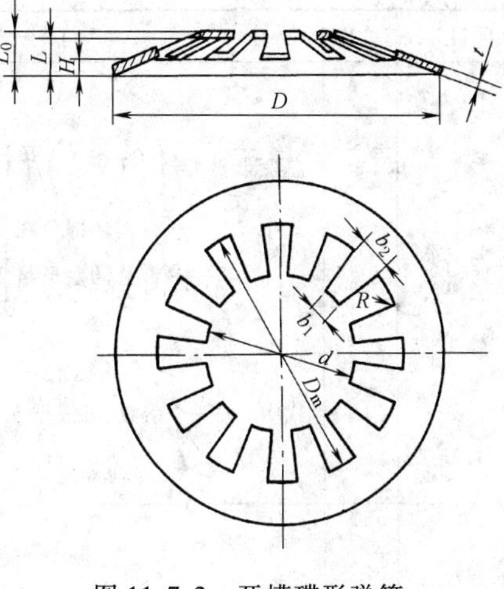

图 11-7-2 开槽碟形弹簧

(7) 大端处内锥高 H 和小端处内锥高 L

未受载荷作用时舌片大端部分（D_m 处）内锥高 H 与舌片小端部分（d 处）内锥高 L 的关系为

$$H=\frac{1-\dfrac{D_m}{D}}{1-\dfrac{d}{D}}L$$

(8) 舌片大端宽度 b_2 与舌片小端宽度 b_1 的关系

$$b_2=(D_m/d)b_1$$

(9) 对 f_2 的考虑

如果需要确定新尺寸，则舌片变形量 f_2 在第一次近似计算时可以忽略，因为 f_2 约占总变形量的 10% 或更小。为了考虑到 f_2 的因素，将计算得到的尺寸稍加修正即可。

3 开槽碟形弹簧的计算公式

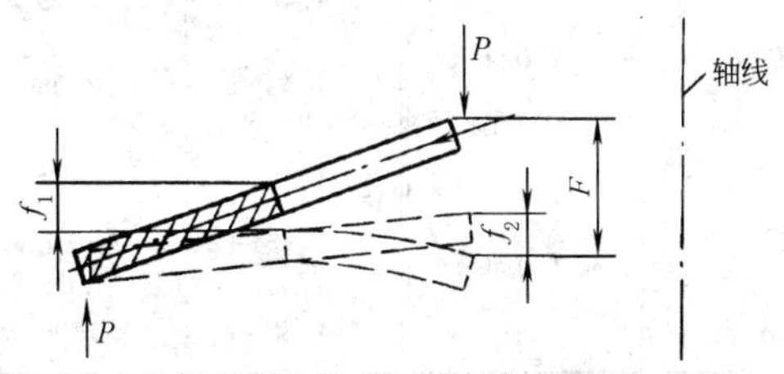

表 11-7-1

项目	单位	公 式 及 数 据
计算载荷 P	N	$P=\dfrac{E}{1-\mu^2}\times\dfrac{t^3}{D^2}K_1f_1\left[1+\left(\dfrac{H}{t}-\dfrac{f_1}{t}\right)\left(\dfrac{H}{t}-\dfrac{f_1}{2t}\right)\right]\left[\left(1-\dfrac{D_m}{D}\right)\Big/\left(1-\dfrac{d}{D}\right)\right]$ 式中 E——弹性模量，MPa； μ——泊松比，$\mu=0.3$； K_1——系数，$K_1=\dfrac{2}{3}\pi\dfrac{(D/D_m)^2\ln(D/D_m)}{[(D/D_m)-1]^2}$ K_1 可按 D/D_m 从表 11-7-3 查得

续表

项目	单位	公式及数据
变形量 f	mm	总变形量 $f=\left[\left(1-\frac{d}{D}\right)\Big/\left(1-\frac{D_m}{D}\right)\right]f_1+f_2$ 式中 f_1——封闭环部分在直径 D_m 处的变形量,mm; f_2——舌片的变形量,mm $$f_2=\frac{C(D_m-d)^3(1-\mu^2)P}{2Et^3b_2Z}$$ 式中 C——系数,可根据 b_1/b_2 值从表 11-7-2 查得
应力 σ	MPa	$$\sigma=\frac{E}{1-\mu^2}\times\frac{t}{D^2}\times\frac{D_m}{D}K_2f_1\left[1+K_3\left(\frac{H}{t}-\frac{f_1}{2t}\right)\right]$$ 式中 K_2——系数 $$K_2=\frac{2(D/D_m)^2}{(D/D_m)-1}$$ K_3——系数 $$K_3=2-2\left[\frac{1}{\ln(D/D_m)}-\frac{1}{(D/D_m)-1}\right]$$

表 11-7-2　　系数 C 值

b_1/b_2	0.2	0.3	0.4	0.5	0.6	0.7	0.8	0.9	1.0
C	1.31	1.25	1.20	1.16	1.12	1.08	1.05	1.03	1.0

表 11-7-3　　系数 K_1、K_2、K_3 值

D/D_m	K_1	K_2	K_3	D/D_m	K_1	K_2	K_3
1.10	24.2	24.2	1.016	1.40	8.63	9.80	1.050
1.15	17.2	17.6	1.023	1.45	8.08	9.35	1.061
1.20	13.7	14.4	1.030	1.50	7.64	9.00	1.066
1.25	11.6	12.5	1.037	1.55	7.29	8.75	1.072
1.30	10.3	11.3	1.044	1.60	7.00	8.53	1.078
1.35	9.35	10.4	1.044				

4　开槽碟形弹簧计算示例

表 11-7-4

原始条件	$D=152$mm,$D_m=132$mm,$d=76$mm,$t=2$mm,$L_0=12.7$mm,$L=10.7$mm,$b_1=9$mm,$Z=12$ 材料:60Si2MnA,开槽形状:径向梯形

续表

确定主要比值与尺寸，系数	d/D	$d/D=76/152=0.5$
	D_m/d	$D_m/d=132/76=1.73$
	D_m/D	$D_m/D=132/152=0.867$
	D/D_m	$D/D_m=152/132=1.154$
	$\dfrac{1-(D_m/D)}{1-(d/D)}$	$\dfrac{1-(D_m/D)}{1-(d/D)}=\dfrac{1-(132/152)}{1-(76/152)}=0.267$
	$\dfrac{1-(d/D)}{1-(D_m/D)}$	$\dfrac{1-(d/D)}{1-(D_m/D)}=\dfrac{1-(76/152)}{1-(132/152)}=3.75$
	H	$H=\dfrac{1-(D_m/D)}{1-(d/D)}L=0.267\times10.7=2.84\text{mm}$
	H/t	$H/t=2.84/2=1.42$
	b_2	$b_2=(D_m/d)b_1=1.73\times9\approx15\text{mm}$
	b_1/b_2	$b_1/b_2=9/15=0.6$
	K_1 K_2 K_3 C	从表 11-7-2 与表 11-7-3 查得： $K_1=16.8, K_2=17.3, K_3=1.024, C=1.12$
不同变形量时的载荷	P_H	确定封闭环在压到水平位置时的载荷 $f_1=H=2.84\text{mm}$ $P_H=\dfrac{E}{1-\mu^2}\times\dfrac{t^3}{D^2}K_1f_1\left[1+\left(\dfrac{H}{t}-\dfrac{f_1}{t}\right)\left(\dfrac{H}{t}-\dfrac{f_1}{2t}\right)\right]\times\left[\left(1-\dfrac{D_m}{D}\right)\Big/\left(1-\dfrac{d}{D}\right)\right]$ $=\dfrac{21\times10^4}{0.91}\times\dfrac{2^3}{152^2}\times16.8\times2.84\times[1+0]\times0.267$ $=1018\text{N}$ 用类似方法可确定在不同变形量 f_1 时的载荷
	$P_{0.25H}$	$f_1=0.25H=0.71\text{mm}, P_{0.25H}=590\text{N}$
	$P_{0.5H}$	$f_1=0.5H=1.42\text{mm}, P_{0.5H}=896\text{N}$
	$P_{0.75H}$	$f_1=0.75H=2.13\text{mm}, P_{0.75H}=1004\text{N}$
不同载荷时的舌片变形	f_2	根据公式 $f_2=C\dfrac{(D_m-d)^3(1-\mu^2)}{2Et^3b_2Z}P$ $=1.12\times\dfrac{(132-76)^3(1-0.3^2)}{2\times21\times10^4\times2^3\times15\times12}P$ $=0.29\times10^{-3}P$ 故 $P=590\text{N}$　　$f_2=0.17\text{mm}$ $P=896\text{N}$　　$f_2=0.26\text{mm}$ $P=1004\text{N}$　　$f_2=0.29\text{mm}$ $P=1018\text{N}$　　$f_2=0.295\text{mm}$

续表

不同载荷下的各总变形量	f	∵ $f=3.75f_1+f_2$ ∴ $P=590\text{N}, f_2=0.17\text{mm}, 3.75f_1=2.6\text{mm}, f=2.8\text{mm}$ $P=896\text{N}, f_2=0.26\text{mm}, 3.75f_1=5.3\text{mm}, f=5.6\text{mm}$ $P=1004\text{N}, f_2=0.29\text{mm}, 3.75f_1=8.0\text{mm}, f=8.3\text{mm}$ $P=1018\text{N}, f_2=0.295\text{mm}, 3.75f_1=10.6\text{mm}, f=11\text{mm}$
应力校核	σ	封闭环部分在水平位置时($f_1=H=2.84\text{mm}$)的应力 $\sigma=\frac{E}{1-\mu^2}\times\frac{t}{D^2}\times\frac{D_m}{D}K_2f_1\left[1+K_3\left(\frac{H}{t}-\frac{f_1}{2t}\right)\right]$ $=\frac{21\times10^4}{0.91}\times\frac{2}{152^2}\times0.867\times17.3\times2.84\times\left[1+1.024\times\left(\frac{2.84}{2}-\frac{2.84}{2\times2}\right)\right]$ $\approx1470\text{MPa}$ 这一应力虽然较大，但仍可以采用
特性曲线		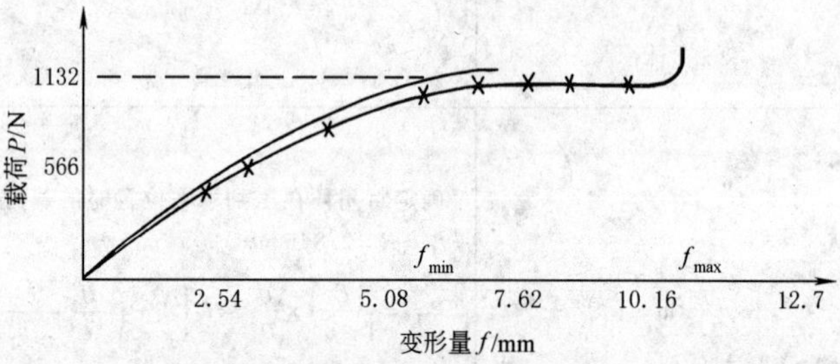 1132 566 载荷 P/N f_{min} f_{max} 2.54 5.08 7.62 10.16 12.7 变形量 f/mm 开槽碟形弹簧的载荷—变形特性曲线 ———实测曲线；×××理论计算

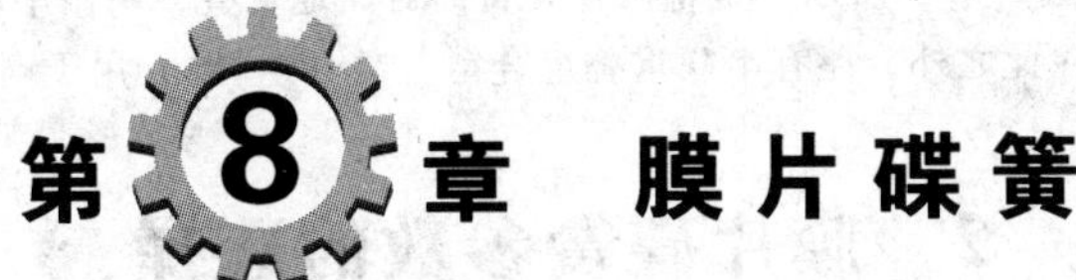

第8章　膜片碟簧

1　膜片碟簧的特点及用途

膜片碟簧就是碟形弹簧。它的外圆部分是碟形弹簧的形状（圆锥形），内圆部分则由冲有长孔和切槽的18片（也有12片或15片）闭合的扇形板形成。它广泛用于车辆的离合器中作压紧元件，如图11-8-1所示。

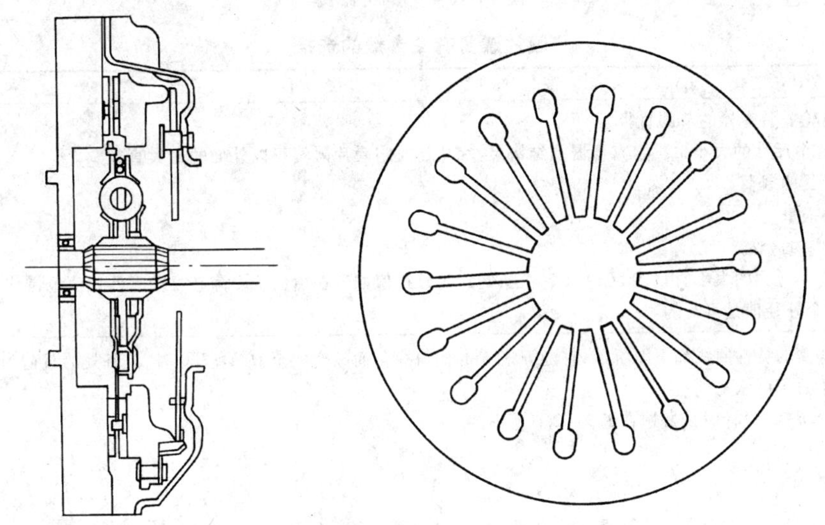

图11-8-1　干式单片膜片碟簧离合器剖面图

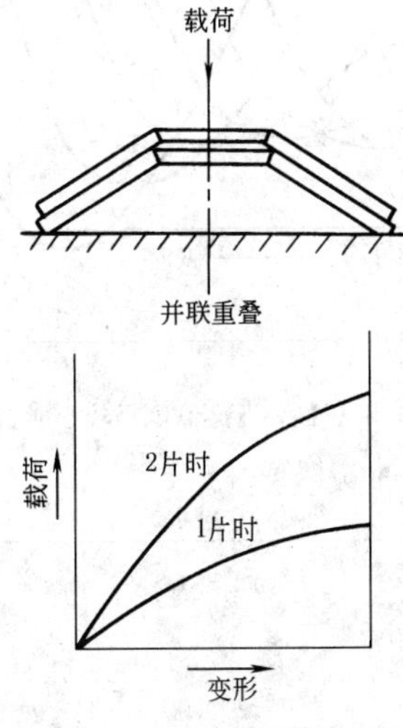

图11-8-2　并联重叠

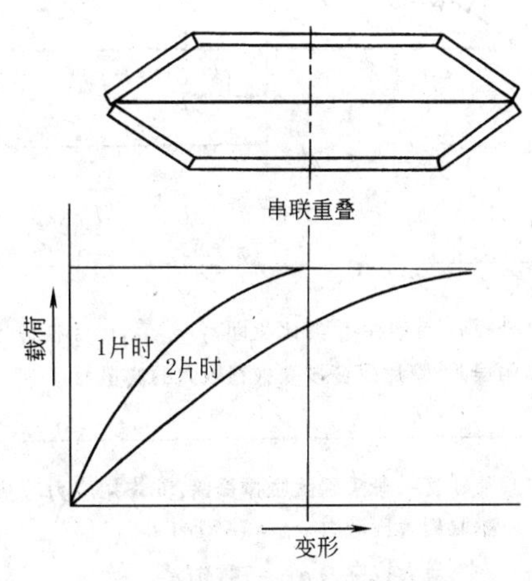

图11-8-3　串联重叠

通常膜片碟簧都是单片使用的，但也可以把几片叠成一组使用。例如如图 11-8-2 所示，在同一方向上重叠叫做并联重叠（叠合组合）。对于同一变形量来说，载荷与重叠片数成正比。

还有一种重叠的方法，如图 11-8-3 所示，是将两片弹簧面对面地重叠，叫做串联重叠（对合组合），这时的变形量与重叠的片数成正比。除此之外，还有串联重叠组合型（复合组合），用于高载荷、大位移的场合。

2 膜片碟簧参数的选择

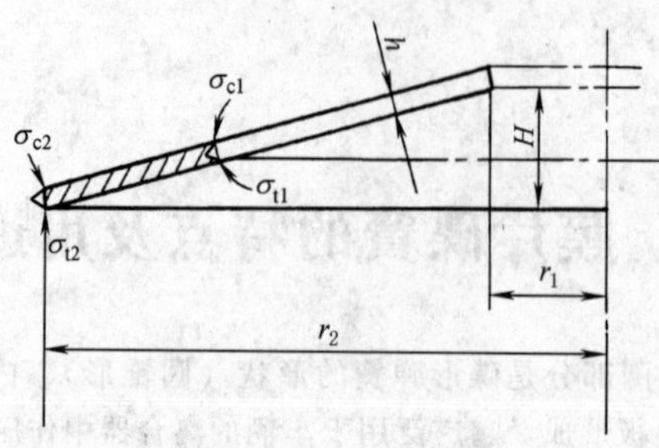

图 11-8-4 膜片碟簧

表 11-8-1 膜片碟簧有关参数的选择

项 目	数 据 及 说 明
确定膜片碟簧的最大外径 D_2	(1)飞轮安装螺栓的节圆直径 根据这个尺寸的大小来决定离合器的结构尺寸，从而决定膜片碟簧可以外伸的最大直径 (2)承受的载荷 (3)磨损量 (4)必要的分离行程 根据许用应力的大小，由(2)、(3)、(4)三条确定的外径值如果在由(1)条确定的最大外径值范围内，则对于离合器来说，这个外径值是可行的
选择 $\frac{H}{h}$ 值	膜片碟簧的特性曲线如下图所示，它随 H 和 h 的比值变化而改变。至 $H/h \geqslant 3.0$ 时，波谷处的载荷为负值，这时膜片碟簧就失去了可恢复性 对于 H/h 值，设计时最好选在 1.7～2.0 范围内 膜片碟簧特性曲线
选择 $\frac{r_2}{r_1}$ 值	外径 r_2 与内径 r_1 的比值即 r_2/r_1 值，由于杠杆比而受限制，最好取 $r_2/r_1=1.3$ 左右。当比值取得较小时，由于制造上的误差，膜片碟簧强度将有较大的离散性
膜片碟簧许用应力 σ_{cp}	膜片碟簧一般采用优质弹簧钢，其许用应力应根据使用条件来确定 一般取最大压应力 $\sigma_{cp}=1450\text{MPa}$ 最大拉应力 $\sigma_{tp}=700\text{MPa}$

3　膜片碟簧的基本计算公式

表 11-8-2

项　目	单位	公式及数据
膜片碟簧载荷 P	N	$$P=\frac{C_1CEh^4}{r_2^2}$$ 式中 $C_1=\frac{f}{\left(1-\frac{1}{\mu^2}\right)h}\left[\left(\frac{H}{h}-\frac{f}{h}\right)\left(\frac{H}{h}-\frac{f}{2h}\right)+1\right]$； f——变形量，mm； μ——泊松比，$\mu=0.3$； $C=\left(\frac{\alpha+1}{\alpha-1}-\frac{2}{\lg\alpha}\right)\pi\left(\frac{\alpha}{\alpha-1}\right)^2$； $\alpha=\frac{r_2}{r_1}$； H、h、r_1、r_2 同前
板材厚 h	mm	$$h=4\sqrt{\frac{Pr_2^2}{C_1CE}}$$ 用上式即可以求得 h。但要注意一点，那就是如前所述，C_1 值是随 H/h 的变化而变化的，所以在求 h 值之前，必须先假定 H/h 的值
膜片的应力 σ	MPa	膜片碟簧的应力如图 11-8-4 所示，上缘产生压应力，下缘产生拉应力 $$\sigma_{c1}=-K_{c1}\frac{Eh^2}{r_2^2}\qquad\sigma_{c2}=K_{c2}\frac{Eh^2}{r_2^2}\qquad\sigma_{t1}=-K_{t1}\frac{Eh^2}{r_2^2}\qquad\sigma_{t2}=K_{t2}\frac{Eh^2}{r_2^2}$$ 式中 $K_{c1}=\frac{C}{1-\mu^2}\times\frac{f}{h}\times\left\{C_2\left(\frac{H}{h}-\frac{f}{2h}\right)+C_3\right\}$ $K_{c2}=\frac{C}{1-\mu^2}\times\frac{f}{h}\times\left\{C_4\left(\frac{H}{h}-\frac{f}{2h}\right)-C_5\right\}$ $K_{t1}=\frac{C}{1-\mu^2}\times\frac{f}{h}\times\left\{C_2\left(\frac{H}{h}-\frac{f}{2h}\right)-C_3\right\}$ $K_{t2}=\frac{C}{1-\mu^2}\times\frac{f}{h}\times\left\{C_4\left(\frac{H}{h}-\frac{f}{2h}\right)+C_5\right\}$ 其中 $C_2=\left(\frac{\alpha-1}{\lg\alpha}-1\right)\times\frac{6}{\pi\lg\alpha}$ $C_3=\frac{3(\alpha-1)}{\pi\lg\alpha}$ $C_4=\left(\alpha-\frac{\alpha-1}{\lg\alpha}\right)\times\frac{6}{\pi\alpha\lg\alpha}$ $C_5=\frac{3(\alpha-1)}{\alpha\pi\lg\alpha}=\frac{C_3}{\alpha}$ 膜片碟簧的损坏通常发生在拉应力一侧（内外圆周的下缘），除去 H/h 很大的情形外，多是从内圆周下端开始破坏。对于同样的分离行程来说，应力 σ_{t1} 随 H/h 的减少而增大；相反，应力 σ_{t2} 随 H/h 的增大而增大。所以，只要进行应力 σ_{t1} 和 σ_{t2} 校核就可以了

4 膜片碟簧的计算方法

膜片碟簧的设计与计算非常烦琐。为了满足所要求的特性，需要进行反复计算来确定各部分的尺寸、H/h 的值等。上述计算式是膜片碟簧的基本设计计算式，而热处理条件、喷丸处理条件、弹簧尺寸以及离合器的装配条件等都不会完全相同，因此，实际上还要做若干修正。

5 膜片碟簧的技术条件

关于膜片碟簧的技术条件至今没有国家标准，仅列以下几条作为参考。

1）材料使用优质弹簧钢，并进行热处理。特别要注意表面不能有伤痕，哪怕是很小的伤痕。为了避免应力集中，在内圆周部位的下面要进行倒圆，倒圆的半径取为 $R=1\sim2$mm。

2）为了减少弹簧的离散性，同时为了控制支承点处的间隙，要求板厚有较高的精度。

3）为了防止膜片碟簧在循环载荷的作用下使弹簧产生弹力衰减（疲劳变形），一般采取下面方法处理：①强压处理；②加温强压处理；③喷丸处理。

第9章 环形弹簧

环形弹簧是由多个带有内锥面的外圆环和带有外锥面的内圆环配合组成。承受轴向力 P 后，各圆环沿圆锥面相对运动产生轴向变形而起弹簧作用，如图 11-9-1 所示。

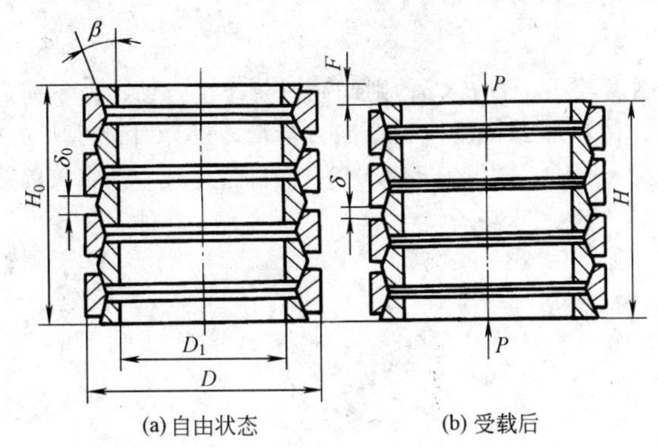

图 11-9-1 环形弹簧的受力和变形

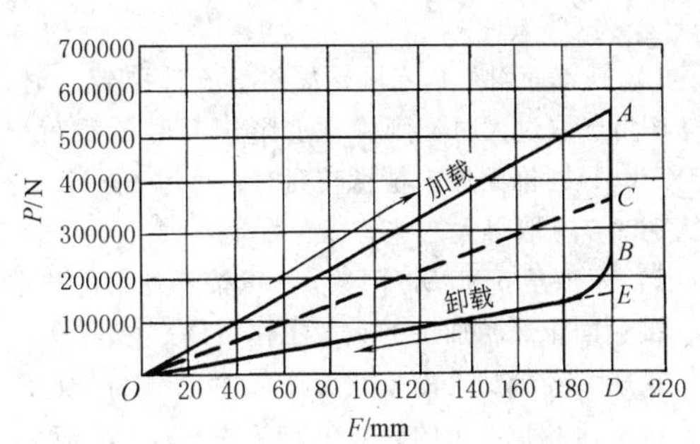

图 11-9-2 环形弹簧的特性曲线

1 环形弹簧的特性曲线

环形弹簧的特性曲线如图 11-9-2 所示。

由于外圆环和内圆环沿配合圆锥相对滑动时，接触表面具有很大的摩擦力，加载时，轴向力 P 由表面压力和摩擦力平衡。因此，相当于减小了轴向载荷的作用，即增大了弹簧刚度。卸载时，摩擦力阻滞了弹簧弹性变形的恢复，因此，相当于减小了弹簧作用力。如图 11-9-2 所示，环形弹簧在一个加载和卸载循环中的特性曲线为 $OABO$，如果没有摩擦力的作用，则应为 OC。卸载时，特性曲线由 B 点开始，而不是由 E 点，这是由弹簧弹性滞后引起的。

由环形弹簧的特性曲线可以清楚看出，面积 $OABO$ 部分即为在加载和卸载循环中，由摩擦力转化为热能所消耗的功，其大小几乎可达加载过程所作功（$OADO$）的 60% ~70%。因此，环形弹簧的缓冲减振能力很高，单位体积材料的储能能力比其他类型弹簧大。

为防止横向失稳，环形弹簧一般安装在导向圆筒或导向心轴上，弹簧和导向装置间应留有一定间隙，其数值可取为内圆环孔径的 2% 左右。

环形弹簧用于空间尺寸受限制而又需吸收大量的能量，以及需要相当衰减力即要求强力缓冲的场合，其轴向载荷大多在 2t 以上至 100t。例如用于铁道车辆的连接部分，受强大冲击的机械缓冲装置，大型管道的吊架，大容量电流遮断器的固定端支撑以及大炮的缓冲弹簧和飞机的制动弹簧等。

在承受特别巨大冲击载荷的地方，还可采用由两套不同直径同心安装的组合环形弹簧，或是由环形弹簧与圆柱螺旋弹簧组成的组合弹簧。

为防止圆锥面的磨损、擦伤，一般都在接触面上涂布石墨润滑脂。

2　环形弹簧的材料和许用应力

环形弹簧常用的材料有 60Si2MmA 和 50CrMn 等弹簧钢。

环形弹簧常用材料的许用应力如表 11-9-1。

表 11-9-1　　**环形弹簧常用材料的许用应力**　　MPa

加工与使用条件	外环许用应力 σ_{1p}	内环许用应力 σ_{2p}
对于一般的寿命要求	800	1200
对于短的寿命要求(未经精加工的表面)	1000	1300
对于短的寿命要求(经精加工的表面)	1200	1500

3　环形弹簧设计参数选择

1）圆锥面斜角　当圆锥面斜角 β 选取较小时，弹簧刚度较小，若 $\beta<\rho$，则卸载时将产生自锁，即不能回弹。β 角选取过大时，则弹性变形恢复时的载荷 P_R 较大，使环形弹簧缓冲吸振能力降低。设计时，可取 $\beta=12°\sim20°$，圆锥面加工精度较高时，可取 $\beta=12°$；加工精度一般时，常取 $\beta=14.04°$；润滑条件较差，摩擦因数较大时，β 应取得大一些，以免发生自锁。

2）摩擦角 ρ 和摩擦因数 μ　可按下列条件选定：

接触面未经精加工的重载工作条件　$\rho\approx9°$　$\mu\approx0.16$

接触面经精加工的重载工作条件　$\rho\approx8.5°$　$\mu\approx0.15$

接触面经精加工的轻载工作条件　$\rho\approx7°$　$\mu\approx0.12$

4　环形弹簧计算公式

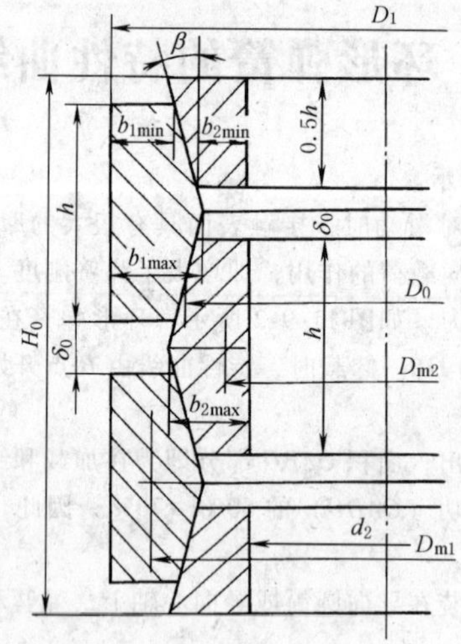

表 11-9-2

<table>
<tr><th>项　目</th><th>单位</th><th>公 式 及 数 据</th></tr>
<tr><td>内外环高度 h</td><td>mm</td><td>$h=\left(\frac{1}{6}\sim\frac{1}{5}\right)D_1$</td></tr>
<tr><td rowspan="2">内外环最小厚度 b_{min}</td><td rowspan="2">mm</td><td>$b_{2min}=\left(\frac{1}{5}\sim\frac{1}{3}\right)h$</td></tr>
<tr><td>$b_{1min}=1.3b_{2min}$</td></tr>
</table>

续表

项　目	单位	公 式 及 数 据
无载时内外环的轴向间隙 δ_0	mm	$\delta_0 = 0.25h$
内外环最大厚度 b_{max}	mm	$b_{2max} = b_{2min} + \frac{h}{2}\tan\beta$
		$b_{1max} = b_{1min} + \frac{h}{2}\tan\beta$
内外环截面积 A	mm²	$A_2 = hb_{2min} + \frac{h^2}{4}\tan\beta$
		$A_1 = hb_{1min} + \frac{h^2}{4}\tan\beta$
内环内径 d_2	mm	$d_2 = D_1 - 2(b_{1min} + b_{2min}) - (h - \delta_0)\tan\beta$
系数 K_C、K_D		$K_C = \tan(\beta + \rho)$ $K_D = \tan(\beta - \rho)$
圆锥接触面平均直径 D_0	mm	$D_0 = \frac{1}{2}[(D_1 - 2b_{1min}) + (d_2 + 2b_{2min})]$
内外环截面中心直径 D_m	mm	$D_{m2} = d_2 + 1.3b_{2min}$
		$D_{m1} = D_1 - 1.3b_{1min}$
加载时外环的拉应力 σ_1 内环的压应力 σ_2	N/mm²	$\sigma_1 = \frac{P}{\pi A_1 K_C} < \sigma_{1p}$
		$\sigma_2 = \frac{P}{\pi A_2 K_D} < \sigma_{2p}$
加载时外环的径向变形量 γ_1 内环的径向变形量 γ_2	mm	$\gamma_1 = \frac{\sigma_1 D_{m1}}{2E}$ $\gamma_2 = \frac{\sigma_2 D_{m2}}{2E}$　　$E = 2.1 \times 10^5$ MPa
加载时一对内外环的轴向变形量 f	mm	$f = \frac{\gamma_1 + \gamma_2}{\tan\beta}$
内外环对数 n_0	对	$n_0 = \frac{F}{f}$
内外环个数 n	个	$n_1 = n_2 = \frac{n_0}{2}$
加载后内外环间的轴向间隙 δ	mm	$\delta = \delta_0 - 2f > 1$
环簧自由高度 H_0	mm	$H_0 = \frac{n_0}{2}(h + \delta_0)$
加载后环簧高度 H	mm	$H = H_0 - n_0 f$
环簧的工作极限变形量 F_j	mm	$F_j = \frac{n_0}{2}(\delta_0 - \delta) > F$
环簧的工作极限载荷 P_j	N	$P_j = \frac{2\pi E K_C F_j \tan\beta}{n_0\left(\frac{D_{m1}}{A_1} + \frac{D_{m2}}{A_2}\right)} > P$
环簧弹性变形开始恢复时的轴向载荷 P_R	N	$P_R = P\frac{K_D}{K_C}$
加载时外环接触面的最大应力 σ_{1max}	MPa	$\sigma_{1max} = \sigma_1\left[1 + \frac{2A_1}{\mu D_0(h - \delta_0)(1 - \mu\tan\beta)}\right] < \sigma_{1p}$ 式中　μ——泊松比，$\mu = 0.3$

5 环形弹簧计算示例

表 11-9-3

	项　目	单位	公 式 及 数 据
原始条件	最大轴向工作载荷 P	N	$P=275000$
	弹簧外环外径 D_1	mm	$D_1 \leqslant 220$
	轴向变形量 F	mm	$F=50$
	圆锥面斜角 β	(°)	$\beta=14$
	摩擦角 ρ	(°)	$\rho=7$（摩擦因数 $\mu=0.12$）
	材料		60Si2MnA
参数计算	内外环高度 h	mm	$h=0.18D_1=0.18\times220\approx40$
	内外环最小厚度 b_{min}	mm	$b_{2min}=0.25h=0.25\times40=10$
			$b_{1min}=1.3b_{2min}=1.30\times10=13$
	无载时内外环的轴向间隙 δ_0	mm	$\delta_0=0.25h=0.25\times40=10$
	内外环最大厚度 b_{max}	mm	$b_{2max}=b_{2min}+\dfrac{h}{2}\tan\beta=10+\dfrac{40}{2}\tan14°=15$
			$b_{1max}=b_{1min}+\dfrac{h}{2}\tan\beta=13+\dfrac{40}{2}\tan14°=18$
	内外环截面积 A	mm^2	$A_2=hb_{2min}+\dfrac{h^2}{4}\tan\beta=40\times10+\dfrac{40^2}{2}\tan14°=599.46$
			$A_1=hb_{1min}+\dfrac{h^2}{4}\tan\beta=40\times13+\dfrac{40^2}{2}\tan14°=719.46$
	内环内径 d_2	mm	$d_2=D_1-2(b_{1min}+b_{2min})-(h-\delta_0)\tan\beta$ $=220-2\times(13+10)-(40-10)\tan14°=166.5$
	系数 K_C、K_D		$K_C=\tan(\beta+\rho)=\tan(14°+7°)=0.384$
			$K_D=\tan(\beta-\rho)=\tan(14°-7°)=0.123$
	圆锥接触面平均直径 D_0	mm	$D_0=\dfrac{1}{2}[(D_1-2b_{1min})+(d_2+2b_{2min})]$
			$=\dfrac{1}{2}\times[(220-2\times13)+(166.5+2\times10)]=190.25$
	内外环截面中心直径 D_m	mm	$D_{m2}=d_2+1.3b_{2min}=166.5+1.3\times10=179.5$
			$D_{m1}=D_1-1.3b_{1min}=220-1.3\times13=203.1$
	加载时内外环的应力 σ	MPa	$\sigma_2=\dfrac{P}{\pi A_2K_D}=\dfrac{275000}{\pi\times599.46\times0.123}=1187<\sigma_{2p}$（许用应力）
			$\sigma_1=\dfrac{P}{\pi A_1K_C}=\dfrac{275000}{\pi\times719.46\times0.384}=317$
	加载时内外环的径向变形量 γ	mm	$\gamma_2=\dfrac{\sigma_2D_{m2}}{2E}=\dfrac{1187\times179.5}{2\times2.1\times10^5}=0.51$
			$\gamma_1=\dfrac{\sigma_1D_{m1}}{2E}=\dfrac{317\times203.1}{2\times2.1\times10^5}=0.153$
	加载时一对内外环的轴向变形量 f	mm	$f=\dfrac{\gamma_1+\gamma_2}{\tan\beta}=\dfrac{0.153+0.51}{\tan14°}=2.66$
	内外环对数 n_0	个	$n_0=\dfrac{F}{f}=\dfrac{50}{2.66}=18.79$　取 20
	内外环个数 n	个	$n_1=n_2=\dfrac{n_0}{2}=\dfrac{20}{2}=10$ 两端的两个半环作为一个环计算
	加载后内外环间的轴向间隙 δ	mm	$\delta=\delta_0-2f=10-2\times2.66=4.68>1$
	环簧自由高度 H_0	mm	$H_0=\dfrac{n_0}{2}(h+\delta_0)=\dfrac{20}{2}(40+10)=500$

续表

项目		单位	公式及数据
参数计算	加载后环簧高度 H	mm	$H=H_0-n_0f=500-20\times2.66=446.8$
	环簧的工作极限变形量 F_j	mm	$F_j=\frac{n_0}{2}(\delta_0-\delta)=\frac{20}{2}\times(10-4.68)=53.2$
	环簧的工作极限载荷 P_j	N	$P_j=\dfrac{2\pi EK_CF_j\tan\beta}{n_0\left(\frac{D_{m1}}{A_1}+\frac{D_{m2}}{A_2}\right)}$ $=\dfrac{2\pi\times2.1\times10^5\times0.384\times53.2\times\tan14°}{20\times\left(\frac{203.1}{719.46}+\frac{179.5}{599.46}\right)}=576898>P$
	环簧弹性变形开始恢复时的轴向载荷 P_R	N	$P_R=P\times\frac{K_D}{K_C}=275000\times\frac{0.123}{0.384}=88085$
	加载时外环接触面的最大应力 σ_{1max}	MPa	$\sigma_{1max}=\sigma_1\left[1+\dfrac{2A_1}{\mu D_0(h-\delta_0)(1-\mu\tan\beta)}\right]$ $=317\times\left[1+\dfrac{2\times719.46}{0.3\times190.25\times(40-10)\times(1-0.3\tan14°)}\right]$ $=604$ 根据表 11-9-1，$\sigma_{1p}=800$MPa　　$\sigma_{1max}<\sigma_{1p}$

6　环形弹簧应用实例

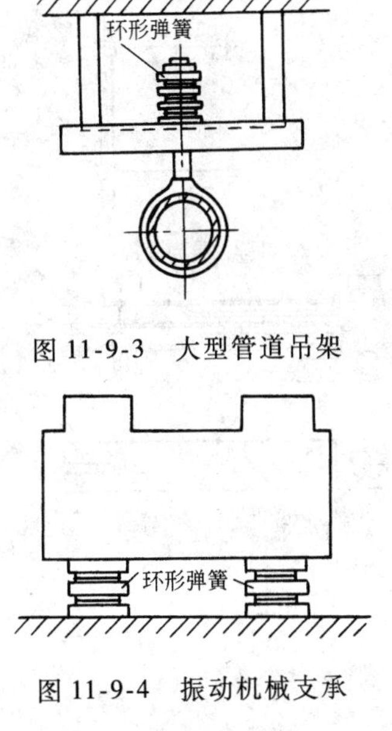

图 11-9-3　大型管道吊架

图 11-9-4　振动机械支承

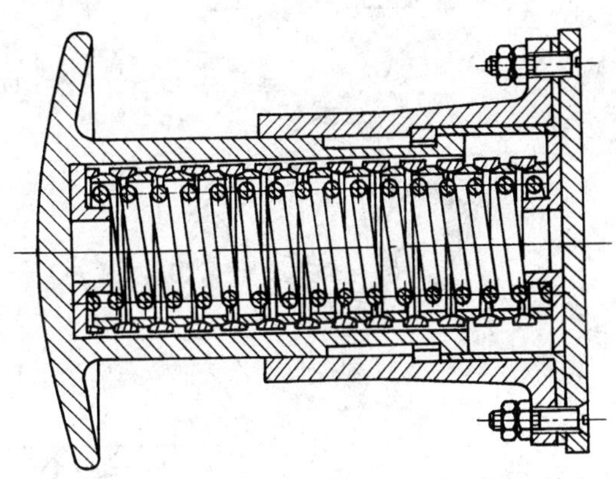

图 11-9-5　用环形弹簧与圆柱螺旋弹簧组成的缓冲器

7　环形弹簧的技术要求

大量生产的环形弹簧，其内、外环的毛坯可以用钢管下料，再用专用套圈轧机轧制成品形状和尺寸，经检验合格后再进行热处理。

少量生产的环形弹簧，其毛坯采用自由锻造经机械加工得到成品形状和尺寸，然后进行热处理。必要时，在热处理后再磨削接触表面。一般圆锥接触表面粗糙度要求为 $R_a1.6\sim0.4\mu m$，热处理后表面硬度为 40～46HRC。

由于圆环厚度较小，制造中应特别注意不要使圆环产生扭曲。为保证装配时各圆环具有互换性，要求每个圆环的斜角和自由高度尺寸在公差范围内。

环形弹簧的零件图上，应注明载荷与相应变形的大小。

第10章 片弹簧

1 片弹簧的结构与用途

片弹簧因用途不同而有各种形状和结构。按外形可分为直片弹簧和弯片弹簧两类，按板片的形状则可以分为长方形、梯形、三角形和阶段形等。

片弹簧的特点是，只在一个方向——最小刚度平面上容易弯曲，而在另一个方向上具有大的拉伸刚度及弯曲刚度。因此，片弹簧很适宜用来作检测仪表或自动装置中的敏感元件、弹性支承、定位装置、挠性连接等，如图11-10-1所示。由片弹簧制作的弹性支承和定位装置，实际上没有摩擦和间隙，不需要经常润滑，同时比刃形支承具有更大的可靠性。

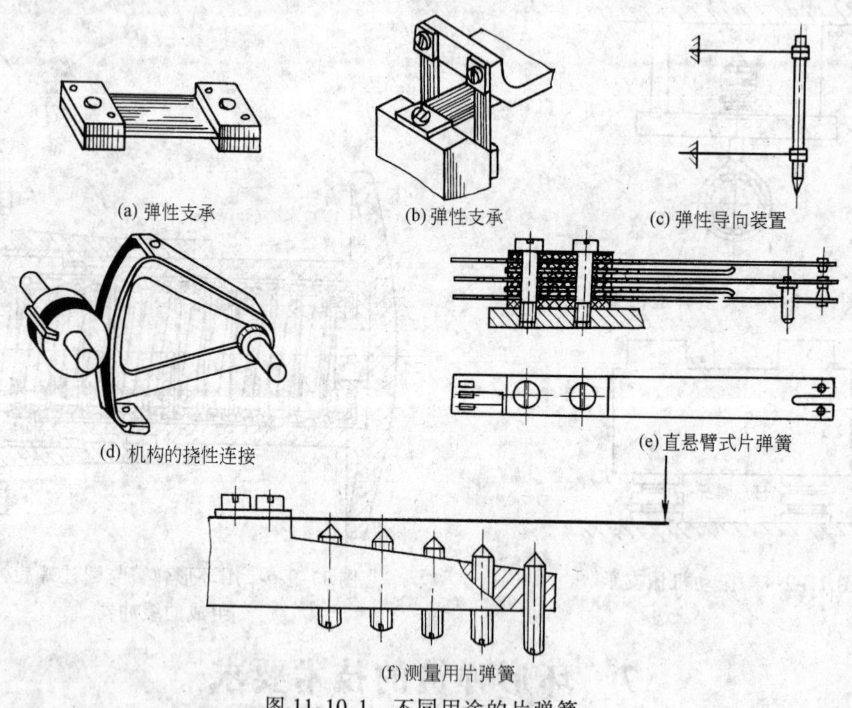

图 11-10-1 不同用途的片弹簧

片弹簧广泛用于电力接触装置中（图11-10-1），而用得最多的是形状最简单的直悬臂式片弹簧。接触片的电阻必须小，因此用青铜制造（参见表11-10-2）。

测量用片弹簧的作用是转变力或者位移。如果固定结构和承载方式能保证弹簧的工作长度不变，则片弹簧的刚度在小变形范围是恒定的，必要时也可以得到非线性特性，例如将弹簧压落在限位板或调整螺钉上，改变其工作长度即可（图11-10-1f）。

片弹簧一般用螺钉固定，有时也采用铆钉。图11-10-2a为最常见的固定方法，采用两个螺钉可以防止片弹簧产生转动。如果长度受结构限制时，也可以采用图b所示的螺钉布置型式。片弹簧固定部分的宽度大于板宽度时，过渡部分应以圆弧平滑过渡，以减小应力集中。螺钉（或铆钉）孔应有一定的距离，图 11-10-2a 中的各项尺寸可参见表 11-10-1。

表 11-10-1　　片弹簧尺寸

尺寸	铆　接	螺钉连接
d	$0.3b_1$	$0.5b_1$
a	$(3\sim4)d$	$(3\sim4)d$
c	$0.5b_1$	$0.5b_1$

注：d 为孔径。

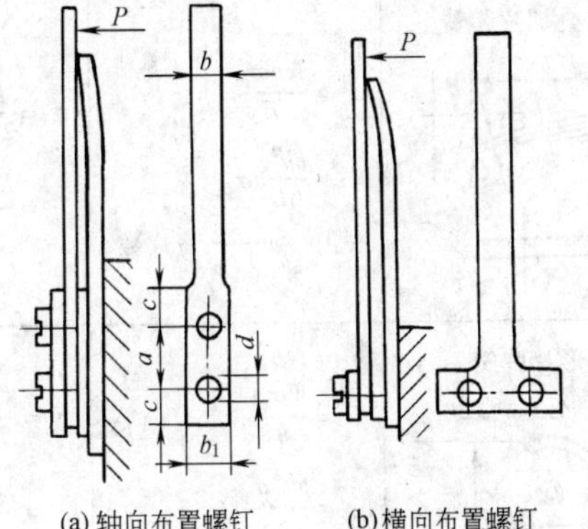

(a) 轴向布置螺钉　　(b) 横向布置螺钉

图 11-10-2　片弹簧的结构

2　片弹簧材料及许用应力

在仪表及自动装置中采用铜合金较多，机械设备中则以弹簧钢为主。常用铜合金材料及许用应力如表 11-10-2 所示。

表 11-10-2　　片弹簧常用铜合金材料及许用应力

材　料	代　号	弹性模量 E/MPa	许用应力/MPa	
			动载荷	静载荷
锡青铜	QSn4-3	119952	166.6 ~ 196.0	249.9 ~ 298.9
锌白铜	BZn15 ~ 20	124264	176.4 ~ 215.6	269.5 ~ 318.5
铍青铜	QBe2	114954	196 ~ 245	294.0 ~ 367.5
硅锰钢	60Si2Mn	205800	412.4	637.0

3　片弹簧计算公式

表 11-10-3 是矩形截面片弹簧的计算公式，对圆形截面也可适用，但要改变截面断面系数 W 和截面惯性矩 J（其值见表注）。

表 11-10-3　　矩形截面片弹簧计算公式

弹簧名称	工作载荷 P/N	工作变形 F/mm	片簧宽度 b/mm	片簧厚度 h/mm
悬臂片弹簧	$P=\frac{W\sigma_p}{L}=\frac{bh^2}{6L}\sigma_p$	$F=\frac{PL^3}{3EJ}=\frac{4PL^3}{Ebh^3}=\frac{2L^2\sigma_p}{3Eh}$	$b=\frac{6PL}{h^2\sigma_p}$	$h=\frac{2L^2\sigma_p}{3EF}$
悬臂三角形片弹簧	$P=\frac{W\sigma_p}{L}=\frac{bh^2}{6L}\sigma_p$	$F=\frac{PL^3}{2EJ}=\frac{6PL^3}{Ebh^3}=\frac{L^2\sigma_p}{Eh}$	$b=\frac{6PL}{h^2\sigma_p}$	$h=\frac{L^2\sigma_p}{EF}$

续表

弹簧名称	工作载荷 P/N	工作变形 F/mm	片簧宽度 b/mm	片簧厚度 h/mm
悬臂叠加片弹簧 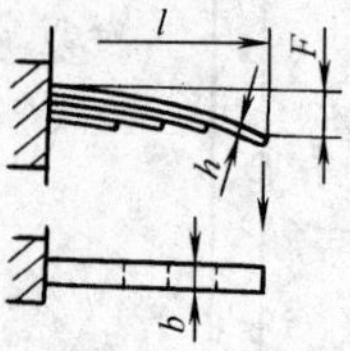	$P=\frac{Wn\sigma_p}{L}=\frac{bh^2}{6L}n\sigma_p$ 式中 n——簧片数	$F=\frac{PL^2}{2EJn}=\frac{6PL^3}{Ebh^3n}=\frac{L^2\sigma_p}{Eh}$	$b=\frac{6PL}{h^2n\sigma_p}$	$h=\frac{L^2\sigma_p}{EFn}$
成形片弹簧 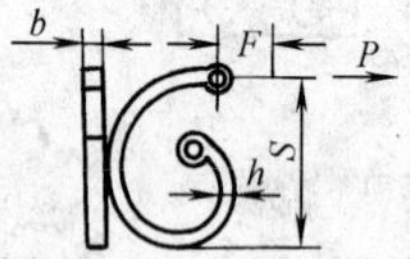	$P=\frac{W\sigma_p}{h}=\frac{bh^2\sigma_p}{6S}$	$F=\frac{3PS^3}{2EJ}=\frac{18PS^3}{Ebh^3}=\frac{3S^2\sigma_p}{Eh}$	$b=\frac{6PS}{h^2\sigma_p}$	$h=\frac{3S^2\sigma_p}{EF}$
$\frac{1}{4}$圆形片弹簧 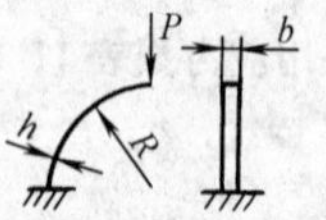	$P=\frac{W\sigma_p}{R}=\frac{bh^2\sigma_p}{6R}$	垂直方向变形 $F_y=\frac{47PR^3}{60EJ}=9.4\times\frac{PR^3}{Ebh^3}=\frac{1.57R^2\sigma_p}{Eh}$ 水平方向变形 $F_x=\frac{PR^3}{2EJ}=\frac{6PR^3}{Ebh^3}=\frac{R^2\sigma_p}{Eh}$	$b=\frac{6PR}{h^2\sigma_p}$	$h=\frac{1.57R^2\sigma_p}{EF_y}$
$\frac{1}{4}$圆形片弹簧 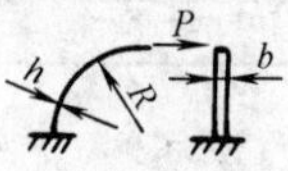	$P=\frac{W\sigma_p}{R}=\frac{bh^2\sigma_p}{6R}$	水平方向变形 $F_x=\frac{4.27PR^3}{12EJ}=\frac{4.27PR^3}{Ebh^3}=\frac{0.71R^2\sigma_p}{Eh}$	$b=\frac{6PR}{h^2\sigma_p}$	$h=\frac{0.71R^2\sigma_p}{EF_x}$
半圆形片弹簧 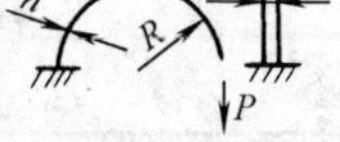	$P=\frac{W\sigma_p}{2R}=\frac{bh^2\sigma_p}{12R}$	垂直方向变形 $F_y=\frac{113PR^3}{24EJ}=\frac{56.5PR^3}{Ebh^3}=\frac{4.71R^2\sigma_p}{Eh}$	$b=\frac{12PR}{h^2\sigma_p}$	$h=\frac{4.71R^2\sigma_p}{EF_y}$
半圆形片弹簧 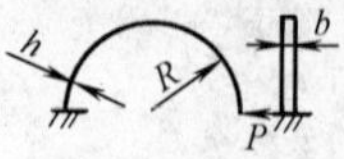	$P=\frac{W\sigma_p}{R}=\frac{bh^2\sigma_p}{6R}$	水平方向变形 $F_x=\frac{18.8PR^3}{12EJ}=\frac{18.8PR^3}{Ebh^3}=\frac{\pi R^2\sigma_p}{Eh}$	$b=\frac{6PR}{h^2\sigma_p}$	$h=\frac{\pi R^2\sigma_p}{EF_x}$
成形片弹簧 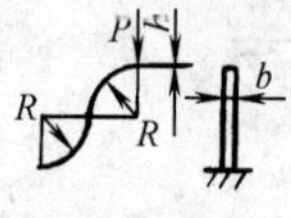	$P=\frac{W\sigma_p}{2R}=\frac{bh^2\sigma_p}{12R}$	垂直方向变形 $F_y=\frac{113PR^3}{24EJ}=\frac{56.5PR^3}{Ebh^3}=\frac{4.71R^2\sigma_p}{Eh}$	$b=\frac{12PR}{h^2\sigma_p}$	$h=\frac{4.71R^2\sigma_p}{EF_y}$

续表

弹簧名称	工作载荷 P/N	工作变形 F/mm	片簧宽度 b/mm	片簧厚度 h/mm
成形片弹簧	$P=\dfrac{W\sigma_p}{2R}$ $=\dfrac{bh^2\sigma_p}{12R}$	受力后两端靠近的距离 $F_x=\dfrac{113PR^3}{12EJ}=\dfrac{113PR^3}{Ebh^3}$ $=\dfrac{9.42R^2\sigma_p}{Eh}$	$b=\dfrac{12PR}{h^2\sigma_p}$	$h=\dfrac{9.42R^2\sigma_p}{EF_x}$
成形片弹簧	$P=\dfrac{W\sigma_p}{L+R}$ $=\dfrac{bh^2\sigma_p}{6(L+R)}$	受力后两端靠近的距离 $F=\dfrac{288P}{EJ}\left[\dfrac{J^3}{3}+R\times\left(\dfrac{\pi}{2}-L^2+\dfrac{\pi}{4}R^2+2LR\right)\right]$ $=\dfrac{24P}{Ebh^3}\left[\dfrac{L^3}{3}+R\times\left(\dfrac{\pi}{2}L^2+\dfrac{\pi}{4}R^2+2LR\right)\right]$ $=\dfrac{4\sigma_p}{(L+R)Eh}\left[\dfrac{L^3}{3}+R\left(\dfrac{\pi}{2}L^2+\dfrac{\pi}{4}R^2+2LR\right)\right]$	$b=\dfrac{6P(L+R)}{h^2\sigma_p}$	$h=\dfrac{4\sigma_p}{(L+R)EF}\times\left[\dfrac{L^3}{3}+R\left(\dfrac{\pi}{2}L^2+\dfrac{\pi}{4}R^2+2LR\right)\right]$

注：矩形截面断面模数　$W=\dfrac{bh^2}{6}$；

圆形截面断面模数　$W=0.1d^3$；

矩形截面惯性矩　$J=\dfrac{bh^3}{12}$；

圆形截面惯性矩　$J=\dfrac{\pi d^4}{64}$。式中，d 为直径。

4　片弹簧计算示例

已知条件：

$L=26\text{mm}, L_1=21\text{mm}, L_2=13\text{mm}, a=1.5\text{mm}, c=2.5\text{mm}, b=5\text{mm}, h=0.3\text{mm}$。

材料为 QSn4-3，其 $E=119952\text{MPa}$，$\sigma_p=250\text{MPa}$。

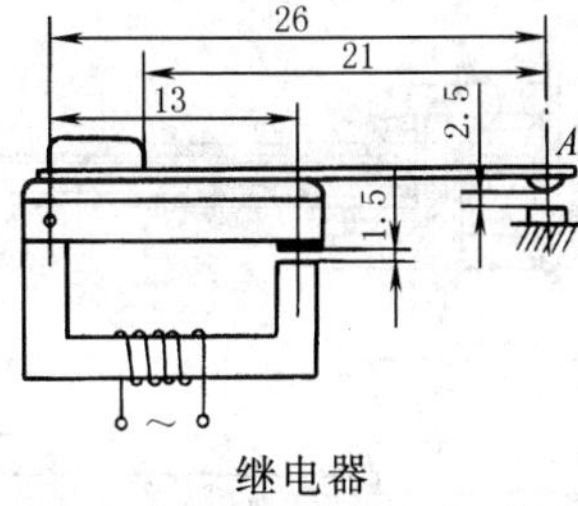

继电器

表 11-10-4　　试计算触点的压力并验算片弹簧应力

项　　目		单位	公 式 及 数 据
计算项目	触头自由位移 C_0	mm	$C_0=\dfrac{L}{L_2}a=\dfrac{26}{13}\times1.5=3$
	片簧 A 点的挠度 f_A	mm	$f_A=C_0-c=3-2.5=0.5$
	触头压力 T	N	查表 11-10-3 得 P 及 F $T=\dfrac{P}{F}\times f_A=\dfrac{bh^2\sigma_p}{6L_1}\Big/\dfrac{2L_1^2\sigma_p}{3Eh}\times f_A=\dfrac{Ebh^3}{4L_1^3}f_A$ $=\dfrac{119952\times5\times0.3^3}{4\times21^3}\times0.5=0.22$

续表

项目		单位	公式及数据
计算项目	最大应力 σ_{max}	MPa	$\sigma_{max}=\dfrac{M_{max}}{W}=\dfrac{67L_1}{bh^2}$ $=\dfrac{6\times0.22\times21}{5\times0.3^2}=61.6<250$,符合要求

5　片弹簧技术要求

1）弯曲加工部分的半径。片弹簧在成形时，大多数要进行弯曲加工。若弯曲部分的曲率半径相对较小，则这些部分要产生很大的应力。因此，如要避免弯曲部分产生较大的应力，则设计时应使弯曲半径至少是板厚的5倍。

2）缺口处或孔部位的应力集中。片弹簧常会有阶梯部分以及开孔，在尺寸急剧变化的阶梯处，将产生应力集中。孔的直径越小，板宽越大，则这一应力集中系数越大。

当安装片弹簧时，常在安装部分开孔用螺栓固定，而安装部分大多是产生最大应力处，这样就意味着在最大应力处还要叠加开孔产生的应力集中，从而使该处成为最易产生损坏的薄弱部位。特别是螺栓未紧牢固时，开孔处又承受往复载荷而更易产生损坏。因此为了使计算值和实际弹簧的载荷与变形间的关系相一致，应要求将固定部位紧牢固。

3）弹簧形状和尺寸公差。片弹簧多用冲压加工，在设计时要考虑选择适宜冲压加工的形状和尺寸，同时，还要充分考虑弹簧在弯曲加工时的回弹及热处理时产生的变形等尺寸误差，不应提出过高的精度要求，以免提高成本和增加制造难度。板厚的公差按相应国家标准或行业标准规定。

4）应该根据使用性能要求提出对弹簧进行热处理的要求，热处理后的硬度一般可以在36～52HRC之间确定。

6　片弹簧应用实例

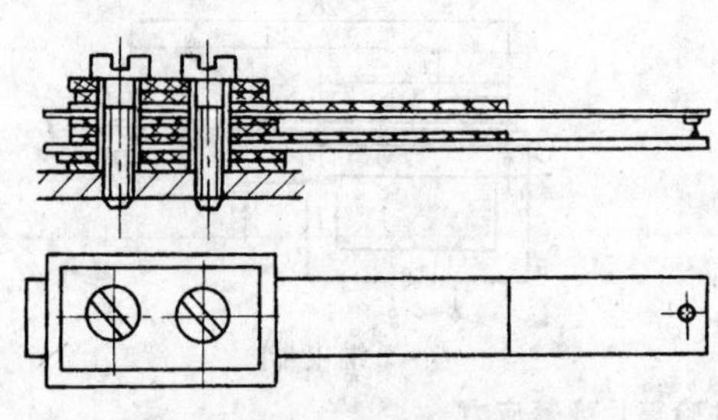

图11-10-3　接触器中的触点直片簧

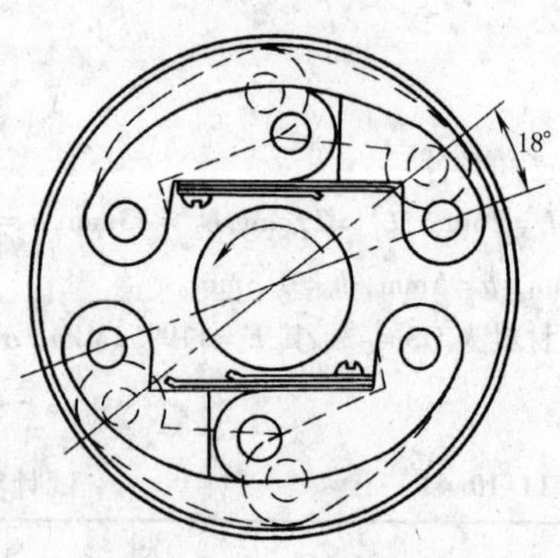

图11-10-4　离合器片簧

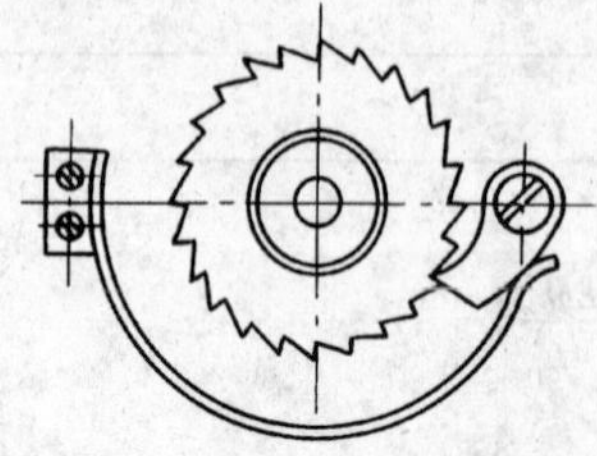

图11-10-5　单向机构中的曲片簧

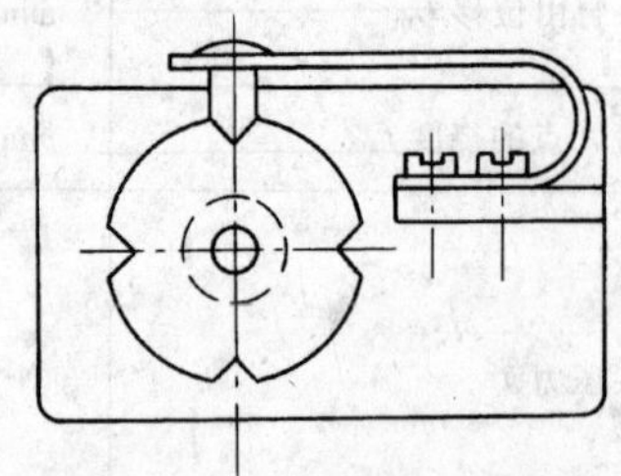

图11-10-6　定位机构用的片簧

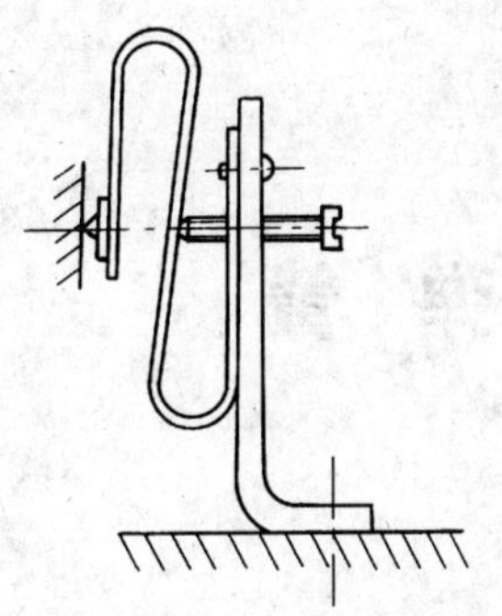

图 11-10-7　检波器弯片簧

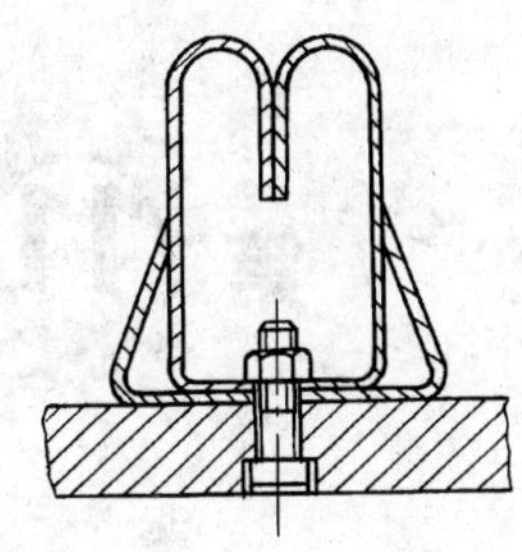

图 11-10-8　插座用片簧

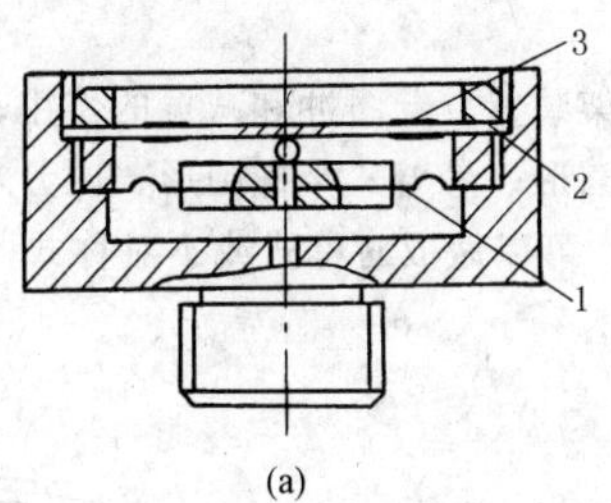

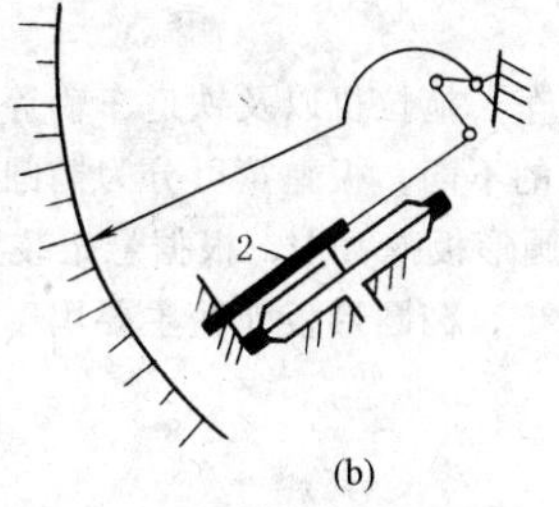

图 11-10-9　用作测量仪表中的敏感元件

1—膜片；2—簧片；3—应变片

第11章 板弹簧

1 板弹簧的类型和用途

板弹簧主要用于汽车、拖拉机以及铁道车辆等的弹性悬架装置，起缓冲和减振的作用，一般用钢板组成。根据形状和传递载荷方式的不同，板弹簧可分为椭圆形、半椭圆形、悬臂式半椭圆形、四分之一椭圆形等几种，如图 11-11-1 所示。在椭圆形板弹簧中，根据悬架装置的需要，可以做成对称式或不对称式两种结构。半椭圆形板弹簧在汽车中应用得最广，椭圆形板弹簧主要用于铁道车辆。

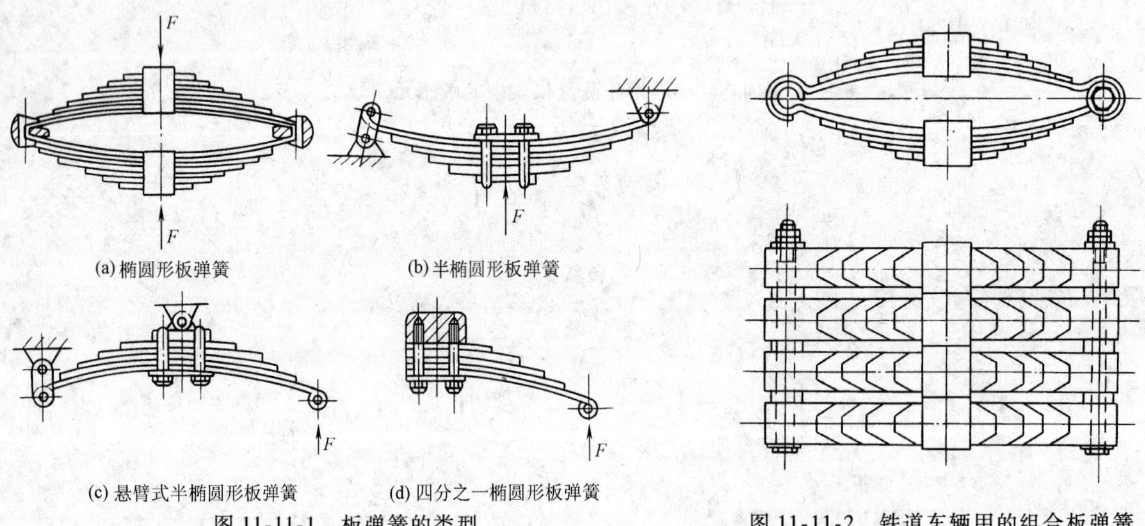

图 11-11-1　板弹簧的类型

图 11-11-2　铁道车辆用的组合板弹簧

由于所受载荷大小的不同，板弹簧的片数亦不同，如小轿车用半椭圆形板弹簧的片数可少至 1～3 片；而载重车辆的板弹簧除主簧外还增设副簧以增大刚度（见图 11-11-2），这种组合式板弹簧具有非线性特性，在主弹簧达到某一变形时，副弹簧接触，开始承受载荷。

2 板弹簧的结构

图 11-11-3 所示为载重汽车悬架用板弹簧的典型结构，由主板簧和副板簧两部分组成，主要零件有主板、副板、弹簧卡和 U 形螺栓等。

2.1 弹簧钢板的截面形状

常用弹簧钢板的截面形状如图 11-11-4 所示。在汽车和铁道车辆中以矩形截面（图 a）应用最多；为了防止板片侧向滑移，有时采用带凸筋的钢板（图 b）；另外为延长使用寿命，减少钢板消耗（约 10%），也可以用带

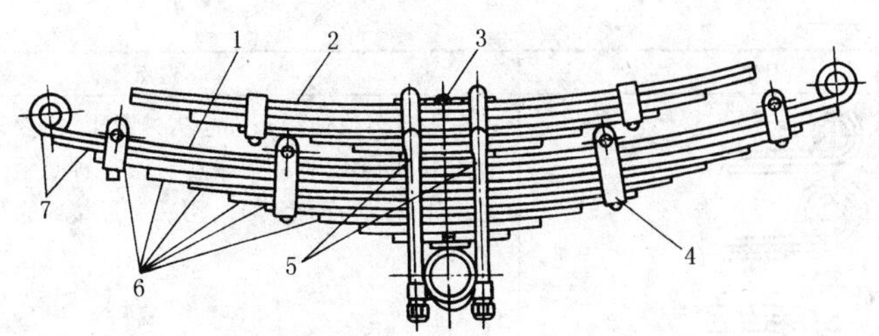

图 11-11-3　载重汽车悬架用板弹簧

1—主弹簧；2—副弹簧；3—中心螺栓；4—弹簧卡；5—U 形螺栓；6—副板；7—主板

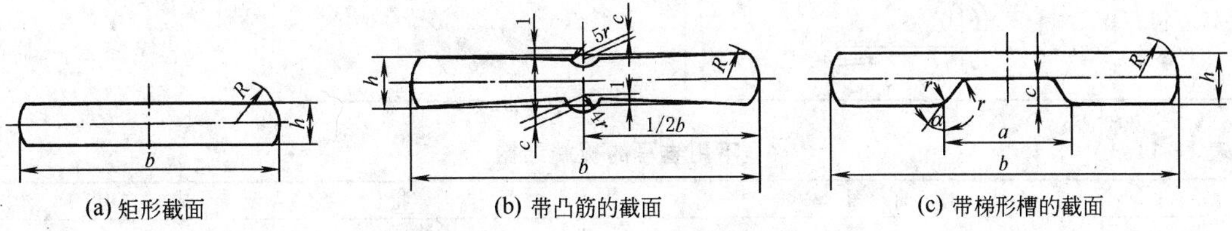

(a) 矩形截面　(b) 带凸筋的截面　(c) 带梯形槽的截面

图 11-11-4　常用弹簧钢板的截面形状

梯形槽的钢板（图 c），槽可制成单槽或双槽。

在使用带梯形槽的截面时，应将梯形槽开在承载时产生压缩应力的一侧，从而可减轻拉伸应力，提高使用寿命。这种截面的惯性矩 I 和断面系数 W，当槽宽 $a=b/3$（b—板宽），槽深 $c=h/2$（h—板厚），槽两侧的倾角$\alpha=30°$时，可按下式进行计算：

$$I=0.067bh^3,\ W=0.15bh^2$$

在设计时应注意，弹簧板的截面尺寸不能任意选取，因为截面尺寸的种类受轧制工艺装备的限制，不能随意增加新的轧辊，所以应按一定的尺寸系列规范选用截面尺寸。表 11-11-1 是矩形截面的尺寸系列规范。

表 11-11-1　　矩形截面弹簧板的主要尺寸　　mm

板宽	板厚															
	5	6	7	8	9	10	11	12	13	14	16	18	20	22	25	30
45	○	○					○									
50	○	○	○	○	○	○	○	○	○							
60	○	○	○	○	○	○	○	○	○		○					
70		○	○	○	○	○	○	○	○	○	○	○	○	○		
80			○	○	○	○	○	○	○	○	○	○	○			
90					○	○	○	○	○	○	○	○	○	○	○	
100							○	○	○	○	○	○	○	○	○	
150											○		○		○	○

2.2　主板的端部结构

主板端部结构有卷耳和不用卷耳两种，分别如表 11-11-2 和表 11-11-3 所示。

表 11-11-2　　主板端部的卷耳结构

卷耳型式	简图	特点及说明
上卷耳	(a)	这种结构最为常用，制造简单
下卷耳	(b)	为了保证弹簧运动轨迹和转向机构协调的需要，以及降低车身高度位置采用。在载荷作用下，卷耳易张开
平卷耳	(c)	平卷耳可以减少卷耳内的应力，因为纵向力作用方向和弹簧主片断面的中线重合，但制造较复杂

续表

卷耳型式	简　图	特点及说明
加强卷耳	(d)	在重载荷或使用条件恶劣情况下,需要采用加强卷耳。左图所示的型式中,以第二种用得较多。第五种是锻造卷耳,强度较高,它与弹簧主片分开成为两个零件,用螺钉连接起来,但由于制造成本较高,目前使用不多

表 11-11-3　　不用卷耳的板端结构

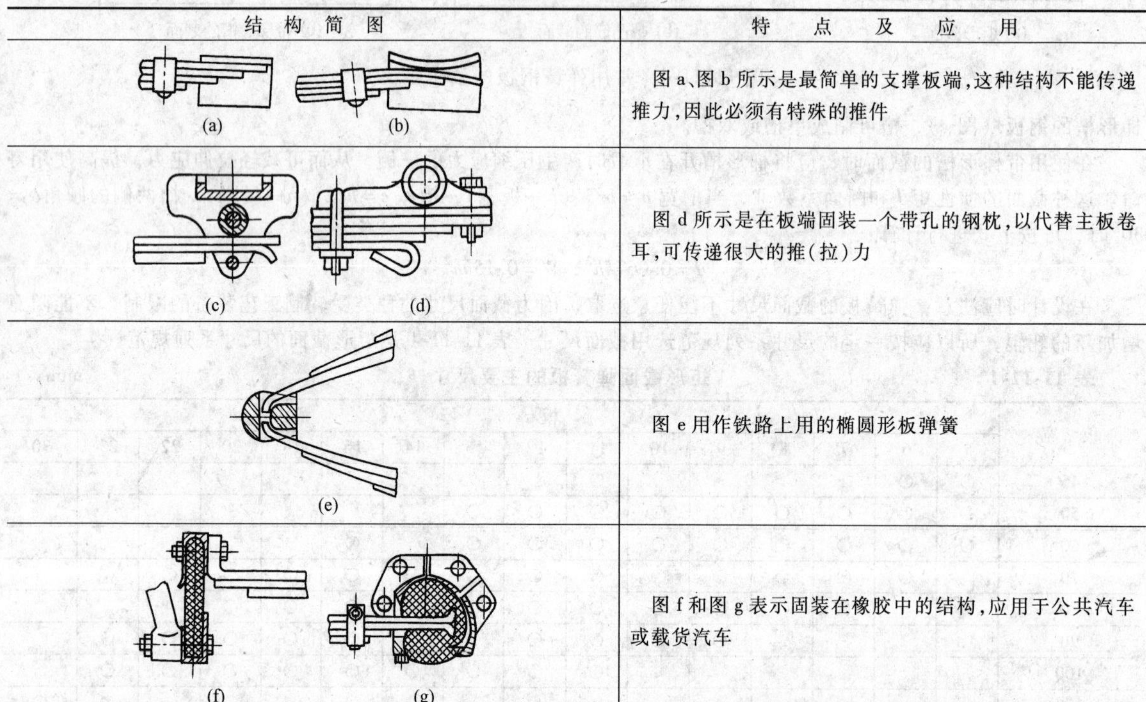

结构简图	特点及应用
(a)　(b)	图 a、图 b 所示是最简单的支撑板端,这种结构不能传递推力,因此必须有特殊的推件
(c)　(d)	图 d 所示是在板端固装一个带孔的钢枕,以代替主板卷耳,可传递很大的推(拉)力
(e)	图 e 用作铁路上用的椭圆形板弹簧
(f)　(g)	图 f 和图 g 表示固装在橡胶中的结构,应用于公共汽车或载货汽车

2.3　副板端部结构

表 11-11-4　　副板端部结构

端部形状	结构简图	特点及应用
矩形	(a)	端部为矩形(直角形),制造简单,但板端形状会引起板间压力集中,使磨损加快
梯形	(b)	改善了压力分布,接近于等应力梁,材料得到充分利用。目前载货汽车大多用这种弹簧

续表

端部形状	结构简图	特 点 及 应 用
椭圆形	(c)	按等应力原则压延其端部，取得变截面形状（宽度、厚度均变），应力分布合理，且增加了片端弹性，减少了板间摩擦。小轿车中应用较多
压延板端	约 $\frac{h}{2}$ h (d)	板端压延成斜面，有利于改善压力分布，减少板间摩擦。压装板片时应使纯面与上板片相贴
衬垫板端	(e)	除板端压延成斜面外，在板间加有衬垫，可防止板间磨损。在小轿车中使用

2.4 板弹簧中部的固定结构

对于汽车板弹簧，其中部除了用高强度中心螺栓定位外，还用骑马螺栓紧固。火车用板弹簧常采用簧箍紧固，如图 11-11-5 所示。

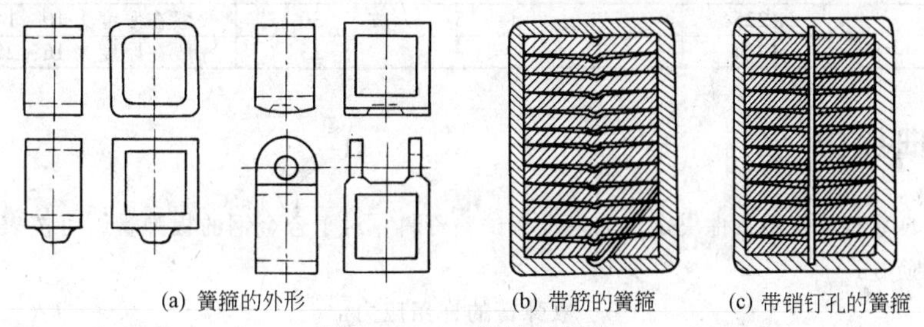

(a) 簧箍的外形　(b) 带筋的簧箍　(c) 带销钉孔的簧箍

图 11-11-5　簧箍的结构

2.5 板弹簧两侧的固定结构

为了消除弹簧钢板侧向位移，并将作用力传递给较多的叶片，以保护主板，在板弹簧两侧装有若干簧卡，其结构如表 11-11-5 所示。

表 11-11-5　簧卡结构

型　式	结　构	特 点 及 应 用
带螺栓的 U 形卡	A A A—A	用于小客车和小轿车中
不带螺栓的 U 形卡	A A A—A A A A—A	用于载重汽车中

续表

型式	结构	特点及应用
封闭形卡	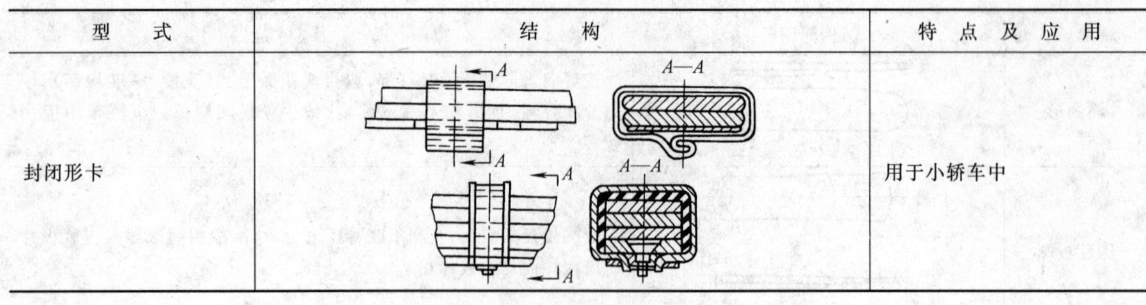	用于小轿车中

3 板弹簧材料及许用应力

3.1 板弹簧材料及力学性能

用于汽车、拖拉机，铁路运输车辆和其他机械的板弹簧材料有几种热轧弹簧扁钢，如表 11-11-6 所示。

表 11-11-6　　板弹簧材料及力学性能

材料	σ_s/MPa	σ_b/MPa	δ_{10}/%	ψ/%	使用范围
55Si2Mn	1176	1274	6	25	
60Si2MnA	1372	1568	5	20	一般在厚度 <9.5mm 时采用
55SiMnVB	1225	1372	5	30	一般在厚度为 10～14mm 时采用
55SiMnMoVNb	1274	1372	8	35	一般在厚度为 16～25mm 时采用

3.2 许用弯曲应力

应根据所要求的寿命及使用条件决定。如果没有试验资料，对于合金钢的板弹簧，可按表 11-11-7 选用，但表列数值未考虑预应力。

表 11-11-7　　板弹簧的许用应力

板弹簧种类	许用弯曲应力 σ_p/MPa	板弹簧种类	许用弯曲应力 σ_p/MPa
机车、货车、电车等的板簧	441～490	载重汽车的前板簧	343～441
轻型汽车的前板簧	441～490	载重汽车、拖车的后板簧	441～490
轻型汽车的后板簧	490～588	缓冲器板簧	294～392

4 板弹簧设计与计算

4.1 板弹簧的近似计算公式

表 11-11-8　　板弹簧的近似计算公式

板弹簧的类型		静挠度 f_c/mm	刚度 P'/N·mm^{-1}	最大应力 σ/MPa	
				按静刚度	按载荷
半椭圆式	对称式 L P	(Ⅰ) $f_c=\delta\dfrac{PL^3}{48E(\sum I_k)}$ (Ⅱ) $f_c=\delta\dfrac{PL^3}{4Enbh^3}$	$P'=\dfrac{1}{\delta}\times\dfrac{4E(\sum I_k)}{L^3}$ $P'=\dfrac{1}{\delta}\times\dfrac{4Enbh^3}{L^3}$	$\sigma=\dfrac{1}{\delta}\times\dfrac{12EI_kf_c}{L^2W_k}$ $\sigma=\dfrac{1}{\delta}\times\dfrac{6Ehf_c}{L^2}$	$\sigma=\dfrac{PLI_k}{4(\sum I_k)W_k}$ $\sigma=\dfrac{3PL}{2nbh^2}$

续表

板弹簧的类型		静挠度 f_c/mm	刚度 P'/N · mm^{-1}	最大应力 σ/MPa	
				按静刚度	按载荷
半椭圆式	不对称式	(Ⅰ) $f_c=\delta\frac{PL'^2L''^2}{3EL(\sum I_k)}$ (Ⅱ) $f_c=\delta\frac{4PL'^2L''^2}{ELnbh^3}$	$P'=\frac{1}{\delta}\times\frac{3ELnbh^3}{L'^2L''^2}$ $P'=\frac{1}{\delta}\times\frac{ELnh^3}{4L'^2L''^2}$	$\sigma=\frac{1}{\delta}\times\frac{3EI_kf_c}{L'L''W_k}$ $\sigma=\frac{1}{\delta}\times\frac{3Ehf_c}{2L'L''}$	$\sigma=\frac{PL'L''W_k}{L(\sum I_k)W_k}$ $\sigma=\frac{6PL'L''}{Lnbh^2}$
悬臂式	对称式	(Ⅰ) $f_c=\delta\frac{PL^3}{12E(\sum I_k)}$ (Ⅱ) $f_c=\delta\frac{PL^3}{Enbh^3}$	$P'=\frac{1}{\delta}\times\frac{12E(\sum I_k)}{L^3}$ $P'=\frac{1}{\delta}\times\frac{Enbh^3}{L^3}$	$\sigma=\frac{1}{\delta}\times\frac{6EI_kf_c}{L^2W_k}$ $\sigma=\frac{1}{\delta}\times\frac{3Ehf_c}{L^2}$	$\sigma=\frac{PLI_k}{2(\sum I_k)W_k}$ $\sigma=\frac{3PL}{nbh^2}$
	不对称式	(Ⅰ) $f_c=\delta\frac{PL''^2(L'+L'')}{3E(\sum I_k)}$ (Ⅱ) $f_c=\delta\frac{4PL''^2(L'+L'')}{Enbh^3}$	$P'=\frac{1}{\delta}\times\frac{3E(\sum I_k)}{L''^2(L'+L'')}$ $P'=\frac{1}{\delta}\times\frac{Enbh^3}{4L''^2(L'+L'')}$	$\sigma=\frac{1}{\delta}\times\frac{3EI_kf_c}{L''(L'+L'')W_k}$ $\sigma=\frac{1}{\delta}\times\frac{3Ehf_c}{2L''(L'+L'')}$	$\sigma=\frac{PL''W_k}{(\sum I_k)W_k}$ $\sigma=\frac{6PL''}{nbh^2}$
1/4椭圆式		(Ⅰ) $f_c=\delta\frac{PL^3}{3E(\sum I_k)}$ (Ⅱ) $f_c=\delta\frac{4PL^3}{Enbh^3}$	$P'=\frac{1}{\delta}\times\frac{3E(\sum I_k)}{L^3}$ $P'=\frac{1}{\delta}\times\frac{Enbh^3}{4L^3}$	$\sigma=\frac{1}{\delta}\times\frac{3EI_kf_c}{L^2W_k}$ $\sigma=\frac{1}{\delta}\times\frac{3Ehf_c}{2L^2}$	$\sigma=\frac{PLI_k}{(\sum I_k)W_k}$ $\sigma=\frac{6PL}{nbh^2}$
备注	P—载荷，N；L—板弹簧的伸直长度 mm；I_k—板弹簧第 k 片的断面惯性矩，mm^4；W_k—板弹簧第 k 片的断面模数，mm^3；δ—挠度增大系数；E—弹性模量，MPa；b—叶片宽度，mm；h—叶片厚度，mm；n—叶片数目；L'、L''—中部固定处到两端的长度，mm；(Ⅰ)—叶片任意截面；(Ⅱ)—叶片为矩形截面				

4.2 板弹簧的设计计算公式

本节只重点介绍对称式半椭圆形板弹簧（这是汽车板弹簧的最广泛的典型结构）的设计与计算公式，至于其他结构的板弹簧，可将整个弹簧看成是两个不同长度的四分之一式弹簧，也可用同一方法进行计算。但在遇到叶片截面不同时，要采用不同的公式。

在计算板弹簧时，一般是把它看成等强度梁。也就是说，当梁的自由端承受载荷时，在梁的各个截面中就产生与该截面到固定端的距离成比例的弯曲应力。实际上，由于结构与使用的要求，真实弹簧的性能与强度梁并不相同。为了简化计算，一般仍利用等强度梁中载荷与变形的关系，但采用了一些修正系数，以使计算更为精确。

在设计板弹簧时，应着重考虑板弹簧的下述主要参数。

1）板弹簧的静挠度（即静载荷下的变形） 前后弹簧的静挠度值都直接影响到汽车的行驶性能。为了防止汽车在行驶过程中产生剧烈的颠簸（纵向角振动），应力求使前后弹簧的静挠度比值接近于1。此外，适当地增大静挠度也可减低汽车的振动频率，以提高汽车的舒适性。但静挠度不能无限制地增加（一般不超过24cm），因为挠度过大（也就是说频率过低）也同样会使人感到不舒适，产生晕车的感觉。同时，从弹簧的必需理论重量 $W=k\frac{Pf_c}{\sigma_c^2}$ 一式可以看出，如果载荷与许用应力不变而过分增大静挠度，就会增加弹簧的重量，也就是增加材料的消耗。此外，在前轮为非独立悬挂的情况下，挠度过大还会使汽车的操纵性变坏。一般汽车弹簧的静挠度值通常在表 11-11-9 所列范围内。

2）板弹簧的伸直长度 适当地加长弹簧的长度不仅能改善转向系的工作和提高汽车的行驶性能，而且还提高了加厚主片的可能性（加厚主片就可以加强弹簧卷耳的强度，以便承受推力与刹车力等）。此外，在同样的变形下，对于加长后的弹簧，还可以减小应力的幅度，从而延长弹簧的使用寿命。但是，弹簧长度受到汽车总布置的限制，因为一般弹簧的伸直长度都与汽车的轴距有一定的关系。根据统计资料，弹簧伸直长度如表 11-11-10 所示。

至于组合板弹簧中的副弹簧的伸直长度，一般约为轴距的 25%。

表 11-11-9　静挠度 f_c　mm

应用场合	前弹簧	后弹簧
轻型汽车	60～90	90～115
公共汽车	100～180	125～190
载货汽车	50～100	90～150

表 11-11-10　板弹簧的伸直长度 L

应用场合	前弹簧	后弹簧
轻型汽车	33%轴距	45%轴距
载货汽车	25%～35%轴距	30%～40%轴距

4.2.1 叶片厚度、宽度及数目的计算

表 11-11-11

项目		计算公式	参数名称及单位
主片厚度 h	对称式	$h=\frac{L_c^2\delta\sigma_p}{6Ef_c}$ $L_c=L-0.5S$	L_c——有效长度,cm L——伸直长度,cm S——U 形螺栓中心距,cm δ——挠度增大系数,见表 11-11-12 σ_p——许用应力,N/cm^2 E——弹性模量,N/cm^2 f_c——静挠度,mm,见表 11-11-9 L'_c——前半段有效长度,cm L''_c——后半段有效长度,cm $\sum I_k$——板弹簧的总惯性矩,cm^4 I_k——一个叶片的惯性矩,cm^4 I——各组叶片惯性矩之和,即板弹簧的总惯性矩,cm^4 $I_1,I_2,\cdots,I_k$——各组叶片惯性矩之和,cm^4 $n_1,n_2,\cdots,n_k$——一组的叶片数目
	不对称式	$h=\frac{2\delta L'_c L''_c\sigma_p}{3Ef_c}$ $L=L'_c-0.25S$ $L''_c=L''-0.25S$	
叶片宽度 b		如果叶片的宽度 b 在任务书中未作规定,则推荐按下述关系进行选择,也可参考同类型结构来决定: $6<\frac{b}{h}<12$	
叶片数目 n	叶片厚度相同时	(1)先求出板弹簧所需的总惯性矩 对称式:$\sum I_k=\delta\frac{PL_c^3}{48Ef_c}$ 不对称式:$\sum I_k=\delta\frac{PL_c'^2L_c''^2}{3EL_cf_c}$ 根据 $\sum I_k$ 求 n:$n=\frac{\sum I_k}{I_k}$ (2)或按下面公式求出 对称式:$n=\delta\frac{PL_c^3}{4Ebh^3f_c}$ 不对称式:$n=\delta\frac{4PL_c'^2L_c''^2}{EL_cbh^3f_c}$	
	叶片厚度不同时	当弹簧是由 n 组厚度不同的叶片(一般不超过 3 组)组成时,则可利用各组叶片的惯性矩之和等于弹簧的总惯性矩的原理来确定弹簧的总片数与叶片的厚度。设各组叶片惯性矩之和分别为 I_1,$I_2,\cdots,I_k$,则 $\sum I=I_1+I_2+\cdots+I_k$ 式中 $I_1=\frac{n_1bh_1^3}{12}$,$I_2=\frac{n_2bh_2^3}{12}$ 其余依此类推,上式左右两端的差异最好不超过5%,而且右端必须大于左端	

注:汽车板弹簧叶片,一般取 6~14 片。如果片数太少,片端又未进行修切或压延时,就会使弹簧的重量增大。如果片数过多,则会使片与片间的摩擦加大,并增加制造上的复杂性和产品的成本。

表 11-11-12　　挠度增大系数 δ

弹簧的型式	系数 δ
等强度梁(理想的弹簧)	1.50
与等强度梁近似的叶片端部做成特殊形状的弹簧	1.45~1.40
叶片端部为直角形的弹簧,其第 2 片与第 1 片的长度相同,在第 1 片上面有一片反跳叶片	1.35
叶片端部为直角形的弹簧,但有 2~3 片与第 1 片的长度相同,在第 1 片上面有数片反跳叶片	1.30
有若干与第 1 片长度相同的特重型弹簧	1.25

注:1. 挠度增大系数为实际板弹簧(近似的等应力梁)的挠度比理论等截面梁挠度的增大倍数。

2. 反跳叶片是板弹簧主片受反向载荷时起保护作用的叶片。

4.2.2 各叶片长度的计算

假定弹簧为等强度梁来确定各叶片长度的方法应用十分普遍。不过,只有当弹簧各叶片的厚度相同,片端做

表 11-11-13　　叶片长度的计算公式

片号 k	片厚 h/cm	I_k /cm^4	$0.5\frac{I_k}{I_{k-1}}$	$1+\frac{I_k}{I_{k-1}}+\left[\frac{w(l_k-l_{k+1})^3}{l_k^3}\right]$	$\frac{0.5}{\left(\frac{l_k}{l_{k+1}}\right)^3}=\frac{0.5}{\text{下一排的⑪}}$	$⑥\times\left(3\times\frac{l_k}{l_{k+1}}-1\right)=$ ⑥×下一排的⑨	⑤—⑦	$3\times\frac{l_{k-1}}{l_k}-1=\frac{⑧}{④}$	$\frac{⑨+1}{3}=\frac{l_{k-1}}{l_k}$	$⑩^3=\left(\frac{l_{k-1}}{l_k}\right)^3$	$l_k=\frac{l_{k-1}}{⑩}$ /cm	$l'_k=l_e+\frac{S}{2}$ /cm	实际长度之半 L_k /cm
①	②	③	④	⑤	⑥	⑦	⑧	⑨	⑩	⑪	⑫	⑬	⑭
1	0.9	0.729									49.6	55	55
2	0.9	0.729	0.5	2	0.190	0.596	1.404	2.808	1.269	2.048	39.1	44.5	55
3	0.9	0.729	0.5	2	0.107	0.432	1.568	3.136	1.379	2.628	28.3	33.7	48
4	0.9	0.729	0.5	2	0	0	2	4	1.667	4.632	17.0	22.4	41

注：1. 如片端经压延时，第⑤项方括号内数值要计入（此外方括号内数值没计入）。

2. $l_e=\frac{1}{2}$有效长度（即减去U形螺栓中心距后的板簧长度）；

$l'_k=\frac{1}{2}$理论长度（即根据计算所得的板簧长度）；

$l_k=\frac{1}{2}$实际长度（即根据计算所得的理论长度，再考虑结构要求最后确定的长度）；

$S=10.8$cm（U形螺栓中心距离）；

w—叶片末端形状系数，见表 11-11-14。

成三角形以及没有与主片长度相同的其他叶片的条件下，采用这种方法才能获得满意的结果。实际上，在设计与制造中，这些条件是难于同时实现的，因此，基于上述假设所设计的叶片厚度不同的弹簧就不是等强度梁。

为了克服这个缺点以提高弹簧的使用寿命，本节所推荐的各叶片长度计算法是以所谓集中载荷的假定为依据的。这一假定的实质就是认为当弹簧工作时，载荷仅由各叶片的末端来传递，而叶片的其余各点并不互相接触，即其变形是自由的。

为了使整个运算过程易于掌握并节约计算时间，现将全部计算公式列成表格形式（表 11-11-13）。

计算时先填好第①～⑤纵行，然后从最下一横排开始按箭头所示依次计算，待第⑪纵行前的各行计算完毕后，即可从第 1 片起依次计算出各叶片的长度。

表 11-11-14　　叶片末端形状系数 w

型　式	公 式 及 数 据
h　P　l_c　b_1　b	$w=\frac{3}{\beta}\left[\frac{3}{2}-\frac{1}{\beta}-\left(\frac{1-\beta^2}{\beta}\right)\lg(1-\beta)\right]-1$
h　P　h_1　l_c　b	$w=\frac{3}{\beta}\left[-\frac{1}{2}-\frac{1}{\beta}-\frac{1}{\beta^2}\lg(1-\beta)\right]-1$ $\beta=1-\frac{h_1}{h}$
h　h_1　l_c　b　b_1	$w=\frac{1}{1-\beta}-1$ $\beta=1-\frac{b_1}{b}$

4.2.3　板弹簧的刚度计算

利用表 11-11-8 的公式来计算板弹簧的刚度时，只能得到近似的数值，在某些情况下，计算结果同实际情况会有较大的差异。为了比较准确地计算出弹簧的刚度，可以采用下式

$$P'=\frac{\xi 6E}{\sum_{k=1}^{n}a_{k+1}^{3}(Y_k-Y_{k+1})}\quad(\mathrm{N/cm})$$

式中　$\xi=0.87\sim0.83$——修正系数，轻型汽车采用上限，载重汽车采用下限；

$Y_k=\frac{1}{I_k}$；

$Y_{k+1}=\frac{1}{I_{k+1}}$；

$\sum_{k=1}^{n}a_{k+1}^{3}(Y_k-Y_{k+1})$ 的数值可按表 11-11-15 计算。

表 11-11-15

片号 k	l_k /cm	$a_{k+1}=l_1-l_{k+1}$ /cm	I_k /$\mathrm{cm^4}$	$Y_k=\frac{1}{I_k}$ /$\mathrm{cm^{-4}}$	Y_k-Y_{k+1} /$\mathrm{cm^{-4}}$	a_{k+1}^3 /$\mathrm{cm^3}$	$a_{k+1}^3(Y_k-Y_{k+1})$ /$\mathrm{cm^{-1}}$

注：l_1—第一片伸直长度之半。

应该指出，当弹簧装上汽车后，由于 U 形螺栓的紧固，使得弹簧的有效长度减小，这时弹簧的刚性就会发生变化。因此，在计算板弹簧刚度时，应分为两部分进行：按全长计算出供生产检验用的刚度；按有效长度（即减去 U 形螺栓间距后的板弹簧长度）计算板弹簧的实际刚度，并根据实际刚度计算板弹簧的振动频率。

4.2.4 板弹簧在自由状态下弧高及曲率半径的计算

板弹簧总成在自由状态下的弧高 H 决定于板弹簧的静挠度 f_c、板弹簧在静载荷下的弧高 H_0 以及在预压缩时残余变形量 Δ，故

$$H = H_0 + f_c + \Delta$$

式中 H_0——在现代的汽车板弹簧中，该值一般为 1～2cm；

Δ——一般取 $\Delta = (0.05 \sim 0.06) f_c$（手工制造的板弹簧 $\Delta = 0.07 f_c$）；

$f_c = \dfrac{L^2}{Ah}$——板弹簧在预压缩时的挠度，cm；

h——板弹簧最厚片（一般为主片）的厚度，cm；

A——材料系数，对于铬钢与硅钢 $A = 800$。

板弹簧在自由状态下的曲率半径：

$$R_0 = \frac{L^2}{8H} \quad (\text{cm})$$

式中 L——板弹簧的伸直长度，cm。

4.2.5 叶片在自由状态下曲率半径及弧高的计算

板弹簧的所有叶片通常冲压成不同的曲率半径。组装时，用中心螺栓或簧箍将叶片夹紧在一起，致使所有叶片的曲率半径均发生变化。由于组装夹紧时各叶片曲率半径的变化，使各叶片在未受外载荷作用之前就产生了预应力。

如叶片为矩形截面，则

$$\sigma_{0k} = \frac{Eh_k}{2}\left(\frac{1}{R_k} - \frac{1}{R_0}\right)$$

式中 R_0——第 k 片在组装后的曲率半径；

R_k——第 k 片在自由状态下的曲率半径。

当各叶片的预应力值给定后，便可以求出叶片在自由状态下的曲率半径 R_k。

在预定预应力时，应使主板的预应力为负值，而使短板的预应力为正值，其他叶片取中间值。根据资料指出，对于等厚度叶片的板弹簧，设计时一般取第一、二主叶片的预应力为 $-(80 \sim 150)$MPa，最后几片预应力为 $+(20 \sim 60)$MPa；对于不等厚度叶片的板弹簧，为了保证各叶片有相近的使用寿命，组装预应力的选择应按疲劳曲线确定。

在确定预应力时，对于矩形叶片还应满足下述条件

$$\sigma_{01} h_1^2 + \sigma_{02} h_2^2 + \cdots + \sigma_{0k} h_k^2 = 0$$

在满足上式的情况下，试行分配确定各叶片中的预应力，然后按下式求出各叶片在自由状态下的曲率半径 R_k 及弧高 H_k：

$$\text{曲率半径 } R_k \quad \frac{1}{R_k} = \frac{1}{R_0} + \frac{2\sigma_{0k}}{Eh_k}$$

$$\text{弧高 } H_k \quad H_k = \frac{L_k^2}{8R_k}$$

4.2.6 装配后的板弹簧总成弧高的计算

叶片在自由状态的曲率半径是根据预应力确定的，由于选择预应力的关系，装配后板弹簧总成弧高不一定和第 4.2.4 节所述公式的结果一致，因此，还需要按表 11-11-16 再计算一次装配后总成弧高。如两者接近便认为合适，否则要调整各片预应力，重新进行计算。

4.2.7 板弹簧元件的强度验算

板弹簧的叶片、卷耳、销和衬套等元件的强度按表 11-11-17 中的公式验算。

表 11-11-16

片号	I_k /cm⁴	ΣI_k /cm⁴	l_k /cm	l_k^2 /cm²	l_k^3 /cm³	R_k /cm	$\frac{④}{2\times⑥}=H_k=\frac{l_k^2}{2R_k}$ /cm	$\frac{④}{2\times⑭}=H'_k=\frac{l_k^2}{2R_{1+(k-1)}}$ /cm	⑦-⑧=$H_k-H'_k$ /cm	$\frac{①}{②}=\frac{I_k}{\Sigma I_k}$	⑩×⑨=$Z_k=\frac{I_k(H_k-H'_k)}{\Sigma I_k}$ /cm	$\frac{1}{2}\left(\frac{3l_1}{l_k}-1\right)$	$Z_{1-k}=Z_{1-(k-1)}+Z_k\frac{1}{2}\left(\frac{3l_1}{l_k}-1\right)$ /cm	$R_{1-k}=\frac{l_k^2}{2(H'_k+Z_k)}$ /cm
	①	②	③	④	⑤	⑥	⑦	⑧	⑨	⑩	⑪	⑫	⑬	⑭
1	0.729	0.729	55	3025	166375	125	12.1	12.10	0	1	0	1	12.10	125
2	0.729	1.458	55	3025	166375	115	13.15	12.10	1.05	0.5	0.525	1	12.625	120
3	0.729	2.187	48	2304	110592	110	10.47	9.60	0.87	0.33	0.287	1.22	12.975	116.5
4	0.729	2.916	41	1681	68921	100	8.41	7.21	1.20	0.25	0.30	1.51	13.425	112

注：H_k—第 k 片叶片在自由状态下的弧高，cm；

H'_k—第 k 片叶片在贴合到上一叶片后的弧高，cm；

Z_k—当第 k 片叶片贴合于上一叶片后，使上一叶片的弧高增大的数值，cm；

Z_{1-k}—当第 k 片叶片贴合后弹簧的弧高（即装配后板弹簧的弧高），cm；

R_{1-k}—第 k 片叶片贴合于上一叶片后的曲率半径，包括叶片本身的厚度，cm；

表中其他符号同前。

表 11-11-17

<table>
<tr><th>验算项目</th><th>公 式 及 数 据</th><th>备 注</th></tr>
<tr><td>叶片应力 σ_k</td><td>满载负荷的实际应力 σ_k
$\sigma_k=\sigma_{0k}+\sigma_{kc}$
式中 $\sigma_{kc}=T_{kc}/W_k$
$T_{kc}=T_c I_k/\sum I_k$
$T_c=ql_c$</td><td rowspan="3">σ_{0k}——叶片预应力，N/cm^2
σ_{kc}——由 T_c 引起的叶片应力，N/cm^2
T_c——满载静负荷的最大弯矩，N · cm
l_c——板弹簧有效长度之半，cm
T_{kc}——分配到各叶片上的弯矩，N · cm
q——板弹簧每端满载静负荷，N
F——叶片的截面积，cm^2
d——卷耳孔直径，cm
W_k——主片的断面模数，如卷耳由数片在一起时 $\sum W$，cm^3
P_H——水平作用力，N
P——板弹簧端部载荷，N
d_1——板弹簧销直径，cm</td></tr>
<tr><td>卷耳部分的强度</td><td>P_H d h
$\sigma=\dfrac{P_H(d+h)}{2W_k}+\dfrac{P_H}{F}<35000\text{N/cm}^2$</td></tr>
<tr><td>板弹簧销及衬套的挤压应力 σ</td><td>$\sigma=\dfrac{P}{2bd_1}<300\sim400\text{N/cm}^2$</td></tr>
</table>

5 板弹簧的技术要求

1）叶片经处理后硬度应达到 39～47HRC，并在其凹面进行喷丸处理，以提高其使用寿命。

2）组成的板弹簧都应进行强压处理。强压处理时，加载所引起的变形值一般要达到使用时静挠度的 2～3 倍，使整个板弹簧产生的剩余变形为 6～12mm；在第二次用同样载荷加载之后，剩余变形将减少为 1～2mm；第三次加载之后，制造较好的板弹簧就不再有显著的剩余变形。大量生产时，往往只作一次强压处理，处理后的板弹簧在作用力比强压力小 500～1000N 的情况下，不应再产生剩余变形。

3）叶片的横向扭曲量。以安装中心为基准，从两头测量，其偏差不大于钢板宽度的 0.8%。

4）叶片纵向波折量，在 75mm 长度内不大于 0.5mm。

5）主片装入支架内的侧面弯曲不应大于 1.5mm/m，其他叶片不大于 3mm/m。

6）板弹簧加夹后，叶片应均匀相贴，不得有强弯，总成在自由状态下相邻两片横向穿通间隙应小于短片全长的$\frac{1}{4}$（叶片间加有垫片者除外），长度小于 75mm 时的间隙值不大于表 11-11-18 所示的值。

7）板弹簧总成夹紧后，在 U 形螺栓及支架滑动范围内的总宽度应符合表 11-11-19 规定。

表 11-11-18 叶片间隙允许值 mm

叶 片 厚 度	最大间隙允许值
≤8	1.2
>8～12	1.5
>12	2.0

表 11-11-19 板弹簧总成宽度 mm

叶 片 厚 度	总成的总宽度
≤100	$<b+2.5$
>100	$<b+3$

8）板弹簧总成放入支架滑动范围内后，其中心线应与钢板底层基面中心线在同一直线上，其偏差不大于1.5mm/m。

9）板弹簧总成在静载荷下的弧高偏差小于 ±6mm，重型汽车板弹簧小于 ±8mm。

10）叶片表面不应有过烧、过热、裂纹、氧化皮、麻点、损伤等缺陷，表面脱碳层（包括铁素体和过渡层）深度不能超过表 11-11-20 的规定。

表 11-11-20　　叶片表面脱碳层允许深度　　mm

叶 片 厚 度	脱 碳 层 深 度
≤8	<0.03
>8	<0.025

汽车板弹簧的制造技术要求见 QCn 29035—1991。铁道车辆板弹簧技术条件见 TB 1024—1983。汽车钢板弹簧喷丸处理规程见 TB/T 06001—1988。

6　板弹簧计算示例

已知板弹簧满载载荷 $P=20825\text{N}$，每端满载载荷 $q=10412.5\text{N}$，静挠度 $f_c=9.7\text{cm}$，伸直长度 $L=121\text{cm}$，骑马螺栓中心距 $S=6\text{cm}$，有效长度 $L_c=115\text{cm}$。设计计算板弹簧的其他参数。

6.1　叶片厚度、宽度及数目的计算

表 11-11-21

项 目			单位	公 式 及 数 据
弹簧叶片材料				选择 60Si2MnA
许用弯曲应力 σ_p			MPa	由表 11-11-7 选定　$\sigma_p=588$
挠度增大系数 δ				由表 11-11-12 选定　$\delta=1.3$
主片厚度 h			cm	$h=\frac{L_c^2\delta\sigma_p}{6Ef_c}=\frac{115^2\times1.3\times588}{6\times205800\times9.7}=0.84$　取 $h=0.9$
叶片宽度 b			cm	$6<b/h<12$　取 $b/h=11$ $b=11h=9.9$　取 $b=10$
总惯性矩 $\sum I_k$			cm^4	$\sum I_k=\frac{\delta PL_c^3}{48Ef_c}=\frac{1.3\times20825\times115^3}{48\times205800\times9.7}=4.30$
板弹簧由三组不同的叶片组成	第一组	叶片数目 n_1		1
		叶片厚度 h_1	cm	0.9
	第二组	叶片数目 n_2		5
		叶片厚度 h_2	cm	0.8
	第三组	叶片数目 n_3		7
		叶片厚度 h_3	cm	0.65
各叶片的惯性矩	第一组	I_1	cm^4	$I_1=\frac{n_1bh_1^3}{12}=\frac{1\times10\times0.9^3}{12}=0.608$
	第二组	I_2	cm^4	$I_2=\frac{n_2bh_2^3}{12}=\frac{5\times10\times0.8^3}{12}=2.133$
	第三组	I_3	cm^4	$I_3=\frac{n_3bh_3^3}{12}=\frac{7\times10\times0.65^3}{12}=1.602$
总惯性矩		$\sum I_k$	cm^4	$\sum I_k=I_1+I_2+I_3\approx4.34$

6.2 叶片长度的计算

表 11-11-22

片号 k	片厚 h_k /cm	I_k /cm^4	$0.5\frac{I_k}{I_{k-1}}$	$1+\frac{I_k}{I_{k-1}}+\left[\frac{w(l_k-l_{k+1})^3}{l_k^3}\right]$①	$\frac{0.5}{(l_k/l_{k+1})^3}$	⑥$\times\left(3\times\frac{l_k}{l_{k+1}}-1\right)$	⑤—⑦	$3\times\frac{l_{k-1}}{l_k}-1=\frac{⑧}{④}$	$\frac{⑨+1}{3}=\frac{l_{k-1}}{l_k}$	⑩$^3=\left(\frac{l_{k-1}}{l_k}\right)^3$	$l_c=\frac{l_{k-1}}{⑩}$ /cm	$l'_{ck}=l_c+\frac{S}{2}$ /cm	实际长度之半 l_k /cm
①	②	③	④	⑤	⑥	⑦	⑧	⑨	⑩	⑪	⑫	⑬	⑭
1	0.9	0.6080									57.5	60.5	60.5
2	0.8	0.4266									57.5	60.5	60.5
3	0.8	0.4266									57.5	60.5	60.5
4	0.8	0.4266	0.5	2	0.5/1.545 = 0.324	0.324/2.468 = 0.800	1.200	2.400	1.133	1.454	57.5/1.133 = 50.75	53.75	55.5
5	0.8	0.4266	0.5	2	0.299	0.766	1.234	2.468	1.156	1.545	43.9	46.9	50.7
6	0.8	0.4266	0.5	2	0.266	0.719	1.281	2.562	1.187	1.672	37.0	40.0	45.9
7	0.65	0.2290	0.2684	1.5368	0.333	0.8112	0.7256	2.703	1.234	1.879	30.0	33.0	41.1
8	0.65	0.2290	0.5	2	0.312	0.782	1.218	2.436	1.145	1.501	26.2	29.2	36.3
9	0.65	0.2290	0.5	2	0.283	0.744	1.256	2.512	1.171	1.606	22.4	25.4	31.5
10	0.65	0.2290	0.5	2	0.244	0.686	1.314	2.628	1.200	1.767	18.5	21.5	26.7
11	0.65	0.2290	0.5	2	0.190	0.596	1.404	2.808	1.270	2.048	14.6	17.6	21.9
12	0.65	0.2290	0.5	2	0.5/4.632 = 0.108	0.108×4 = 0.432	1.568	3.136	1.380	2.628	10.6	13.6	17.1
13	0.65	0.2290	0.5	2	0	0	2	4	1.667	4.632	6.4	9.4	12.3

① 因非压延，故方括号不计算。

6.3 板弹簧的刚度

表 11-11-23

片号 k	实际长度 l_k/cm	$a_{k+1}=l_1-l_{k+1}$ /cm	$\sum I_k$ /cm^4	$Y_k=\frac{1}{\sum I_k}$ /cm^{-4}	Y_k-Y_{k+1} /cm^{-4}	a_{k+1}^3 /cm^3	$a_{k+1}^3(Y_k-Y_{k+1})$ /cm^{-1}
1	60.5	—	0.608	1.645	—	—	—
2	60.5	0	1.0346	0.9665	0.6785	0	0
3	60.5	0	1.4612	0.6844	0.2821	0	0
4	55.5	5	1.888	0.5297	0.1547	125	19.4
5	50.7	9.8	2.314	0.4322	0.0975	941	91.8
6	45.9	14.6	2.741	0.3648	0.0674	3112	210
7	41.1	19.4	2.970	0.3367	0.0281	7301	205
8	36.3	24.2	3.199	0.3126	0.0241	14172	341
9	31.5	29.0	3.428	0.2917	0.0209	24389	510
10	26.7	33.8	3.657	0.2734	0.0183	38614	707
11	21.9	38.6	3.886	0.2573	0.0161	57512	926
12	17.1	43.4	4.115	0.2430	0.0143	81746	1169
13	12.3	48.2	4.344	0.2302	0.0128	111980	1433
		60.5			0.2302	221445	50976
		57.5			0.2302	190109	43763

检验刚度 $P'=6aE/[\sum a_{k+1}^3(Y_k-Y_{k+1})]$

$$=\frac{6\times0.85\times20580000}{19.4+91.8+210+205+341+510+707+926+1169+1433+50976}=1855\text{N/cm}$$

装配刚度 $P'=6aE/[\sum a_{k+1}^3(Y_k-Y_{k+1})]$

$$=\frac{6\times0.85\times20580000}{19.4+91.8+210+205+341+510+707+926+1169+1433+43763}=2126\text{N/cm}$$

6.4 板弹簧总成在自由状态下的弧高及曲率半径

表 11-11-24

项 目	单位	公 式 及 数 据
板弹簧总成在自由状态下的弧高 H	cm	$H=H_0+f_c+\Delta$ 式中 $H_0=1.8;f_c=9.7;\Delta=0.06f_0$ 而 $f_0=\frac{L^2}{Ah}=\frac{121^2}{800\times0.9}=20.33$ 所以 $\Delta=0.06f_0=0.06\times20.33=1.22$ 故 $H=1.8+9.7+1.22=12.72$
板弹簧总成在自由状态下的曲率半径 R_0	cm	$R_0=\frac{L^2}{8H}=\frac{121^2}{8\times12.72}=143$

6.5 叶片预应力的确定

表 11-11-25

片号 k	1	2	3	4	5	6	7	8	9	10	11	12	13
预应力 σ_{0k} /MPa	−296.35	−222.26	−168.75	−107.02	−35.37	−29.59	85.85	136.42	184.24	210.99	232.55	232.55	232.55
片厚 h_k/mm	9	8	8	8	8	8	6.5	6.5	6.5	6.5	6.5	6.5	6.5
h_k^2	81	64	64	64	64	64	42.25	42.25	42.25	42.25	42.25	42.25	42.25
$\sigma_{0k}h_k^2$	−24004.4	−14224.6	−10800	−6849.3	−2263.7	1893.7	3627.2	5763.7	7784.1	8914.3	9825.2	9825.2	9825.2

$$\sum\sigma_{0k}h_k^2=-24004.4-14224.6-10800-6849.3-2263.7+1893.7+3627.2+5763.7+7784.1+8914.3+3\times9825.2$$
$$=-683.4$$

按规定 $\sum\sigma_{0k}h_k^2=0$，相对误差$\frac{683.4}{57458.6}=1.12\%<5\%$，在允许范围内。

6.6 装配后板弹簧总成弧高及曲率半径的计算

表 11-11-26

片号 k	I_k /cm^4	ΣI_k /cm^4	l_k /cm	l_k^2 /cm^2	l_k^3 /cm^3	R_k /cm	$H_k=\frac{l_k^2}{2R_k}=\frac{④}{2\times⑥}$ /cm	$H'_k=\frac{l_k^2}{2R_{1+(k-1)}}=\frac{④}{2\times⑭}$ /cm	$H_k-H'_k$ =⑦-⑧ /cm	$\frac{I_k}{\Sigma I_k}=\frac{①}{②}$	$Z_k=\frac{I_k(H_k-H_k')}{\Sigma I_k}$ =⑩×⑨ /cm	$\frac{1}{2}\left(\frac{3l_1}{l_k}-1\right)$	$Z_{1-k}=Z_{1-(k-1)}+Z_k\frac{1}{2}\left(\frac{3l_1}{l_k}-1\right)$ /cm	$R_{1-k}=\frac{l_k^2}{2(H_k'+Z_k)}$ /cm
	①	②	③	④	⑤	⑥	⑦	⑧	⑨	⑩	⑪	⑫	⑬	⑭
1	0.608	0.608	60.5	3660	221445	260	7.04	7.04	0	1.000	0	1	7.04	260
2	0.427	1.035	60.5	3660	221445	230	7.96	7.04	0.92	0.412	0.379	1	7.42	246
3	0.427	1.462	60.5	3660	221445	200	9.15	7.45	1.70	0.292	0.496	1	7.92	231
4	0.427	1.889	55.5	3080	170954	174	8.85	6.67	2.18	0.226	0.493	1.13	8.48	215
5	0.427	2.316	50.7	2570	130324	151	8.51	5.98	2.53	0.184	0.466	1.29	9.08	199
6	0.427	2.743	45.9	2107	96703	135	7.80	5.29	2.51	0.155	0.389	1.48	9.66	185
7	0.229	2.972	41.1	1689	69427	120	7.03	4.56	2.47	0.077	0.190	1.71	9.98	178
8	0.229	3.201	36.3	1318	47832	110	5.99	3.70	2.29	0.072	0.165	2.00	10.31	170
9	0.229	3.430	31.5	992	31256	102	4.86	2.92	1.94	0.067	0.130	2.38	10.62	163
10	0.229	3.659	26.7	713	19034	98	3.64	2.19	1.45	0.063	0.091	2.90	10.88	156
11	0.229	3.888	21.9	480	10503	95	2.53	1.54	0.99	0.059	0.058	3.64	11.09	150
12	0.229	4.117	17.1	292	5000	95	1.54	0.97	0.57	0.056	0.032	4.81	11.24	145
13	0.229	4.346	12.3	151	1861	95	0.80	0.52	0.28	0.053	0.015	6.88	11.34	141

6.7 板弹簧各叶片应力的计算

表 11-11-27

片号 k	叶片惯性矩 I_k /cm^4	叶片断面模数 W_k /cm^3	叶片预应力 σ_{0k} /$N \cdot cm^{-2}$	分配到各叶片上的弯矩 T_{kc} /N · cm	T_c 引起的各叶片上的应力 σ_{kc} /$N \cdot cm^{-2}$	各叶片实际应力 σ_k /$N \cdot cm^{-2}$
1	0.608	1.35	-29635.2	83800	62171	32536
2	0.4226	1.067	-22226.4	58800	55105	32879
3	0.4226	1.067	-16876	58800	55105	38230
4	0.4226	1.067	-10702	58800	55105	44404
5	0.4226	1.067	-3537.8	58800	55105	51568
6	0.4226	1.067	2959.6	58800	55105	58165
7	0.229	0.704	8584.8	31556	44826	53410
8	0.229	0.704	13641	31556	44826	58467
9	0.229	0.704	18424	31556	44826	63249
10	0.229	0.704	21099	31556	44826	65925
11	0.229	0.704	23255	31556	44826	68081
12	0.229	0.704	23255	31556	44826	68081
13	0.229	0.704	23255	31556	44826	68081

注：1. 各叶片实际应力均小于 $\sigma_b \times 60\% = 156800 \times 0.6 = 94080N/cm^2$，故安全。

2. 叶片实际应力 $\sigma_k = \sigma_{0k} + \sigma_{kc}$。式中，$\sigma_{kc} = M_{kc}/W_k$；$M_{kc} = M_c I_k / \sum I_k$，而 $M_c = ql_c = 10412.5 \times 57.5 = 598718.75N \cdot cm$；$\sum I_k = 4.35cm^4$。

6.8 板弹簧工作图

表 11-11-28　　各叶片的数据　　mm

片号 k	片厚 h_k	长度 (±0.3)	卷耳中心(或一端)至中心螺栓距离	热处理后 弧高 H_k	热处理后 曲率半径 R_k
1	9	1330	605	70.3	2600
2	8	1315	609	79.6	2300
3	8	1330	620	91.5	2000
4	8	1110	555	88.5	1740
5	8	1014	507	85	1510
6	8	918	459	78	1350
7	6.5	822	411	70.3	1200
8	6.5	726	363	59.9	1100
9	6.5	630	315	48.6	1020
10	6.5	534	267	36.4	980
11	6.5	438	219	25.2	950
12	6.5	342	171	15.3	950
13	6.5	246	123	8.0	950

总成预压测量 预压次数	总成预压测量 预压载荷
三　次	30380N

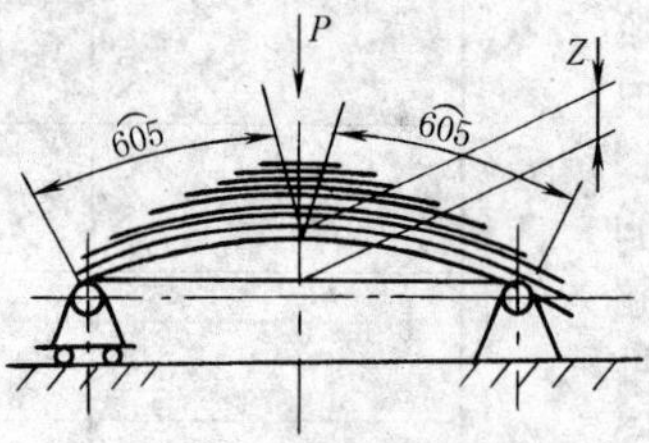

预压后测量 载荷 P	弧高 Z	变形量
0	113.4 ± 8	0
0	63.4 ± 5	50

注：第 1、2 两片的尺寸长度为卷耳中心至末端尺寸。

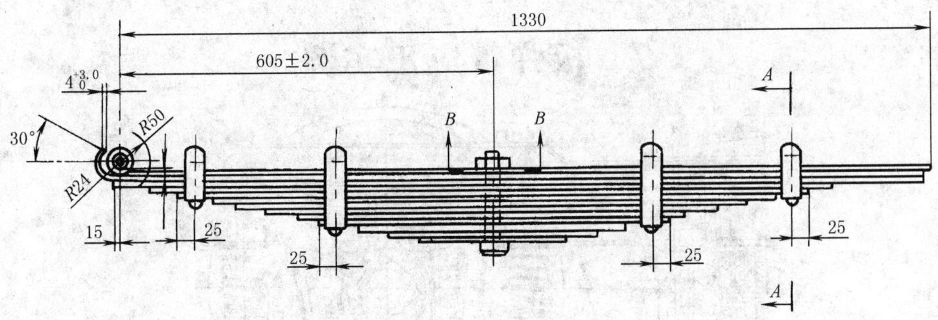

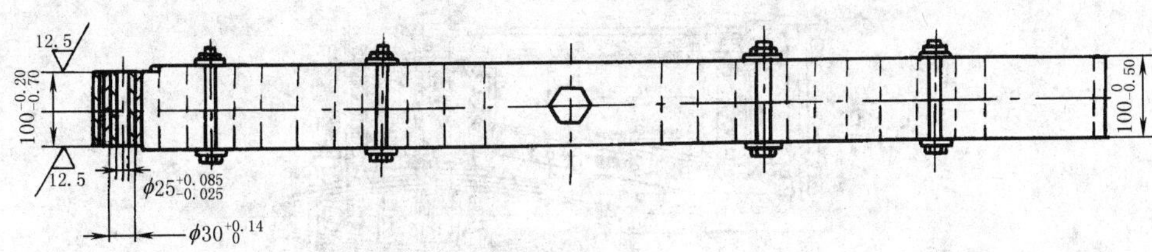

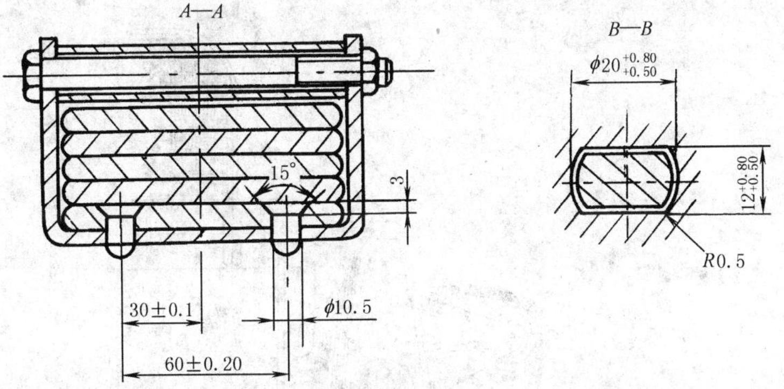

(a) 板弹簧结构图

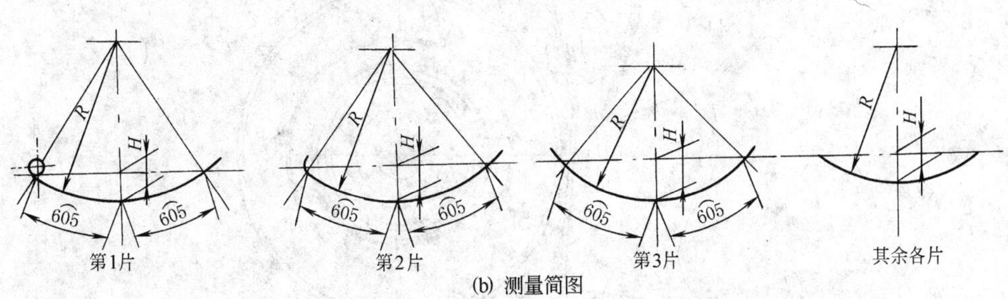

(b) 测量简图

图 11-11-6 板弹簧工作图

7 板弹簧应用实例

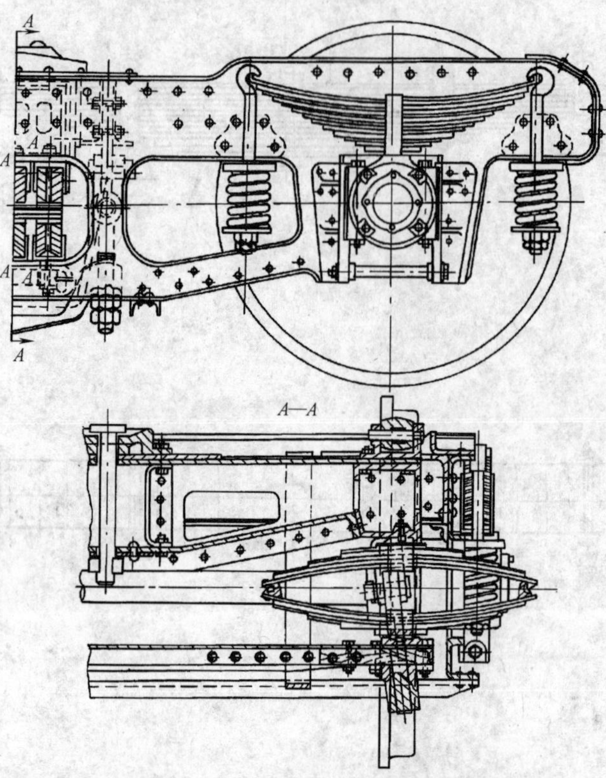

图 11-11-7 电力车辆所用的三处悬置的双轴车架

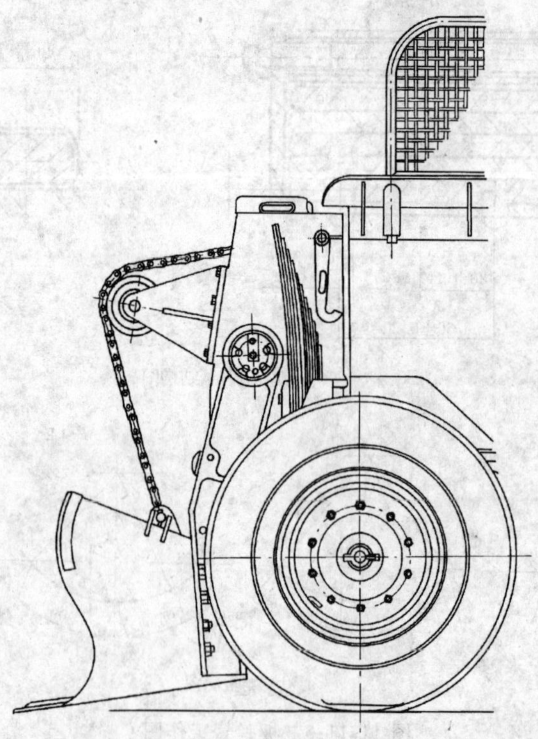

图 11-11-8 矿运机铲斗提升缓冲板弹簧

第12章 发条弹簧

1 发条弹簧的类型、结构及应用

发条弹簧是用带料绕成平面蜗卷形的弹簧，发条弹簧可以在垂直于轴的平面内形成转动力矩，借以储存能量。

当外界对发条弹簧作功（即外力矩上紧发条）后，这部分的功就转换为发条的弹性变形能。当发条工作时，发条的变形能又逐渐释放，驱动机构运转而作功。

发条弹簧在自由状态时占有相当大的体积，常常是它在轴上完全上紧时所占体积的10倍甚至更大些。所以在使用发条时，通常将它装在发条盒内，使带有发条弹簧的仪器仪表结构能够获得小的外形尺寸。此外，利用发条盒还可以使发条弹簧具有比较完善的外端固定方法，以改善其工作状况，同时还便于保存润滑油。

发条弹簧工作可靠，维护简单，防潮，防爆，广泛应用于计时仪器和时控装置中，如钟表、记录仪器、家用电器等，也广泛应用于机动玩具中作为动力源。发条弹簧的类型及结构与应用见表11-12-1所示。

表 11-12-1　　发条弹簧的类型及结构与应用

型式及简图		应　用
类型	螺旋形	机械设备中用的发条弹簧,作为动力源
	S形	钟表中应用的发条弹簧,作为动力源
外端固定结构	铰式固定	铰式固定。由于圈间摩擦较大,输出力矩降低很多,并且力矩曲线很不平稳,因而在精密和特别重要的机构中不宜采用这种固定方法
	销式固定	销式固定介于刚性固定和铰式固定之间。圈间摩擦仍很大,但比铰式固定低一些。常用于尺寸较大的发条弹簧

续表

	型式及简图	应　用
外端固定结构	V形固定 	V形固定能使外端有一定的近似径向移动，圈间摩擦较前两种小。此外，结构较简单，通用于尺寸较小的发条弹簧，其缺点是弯曲处很容易断裂
	衬片固定 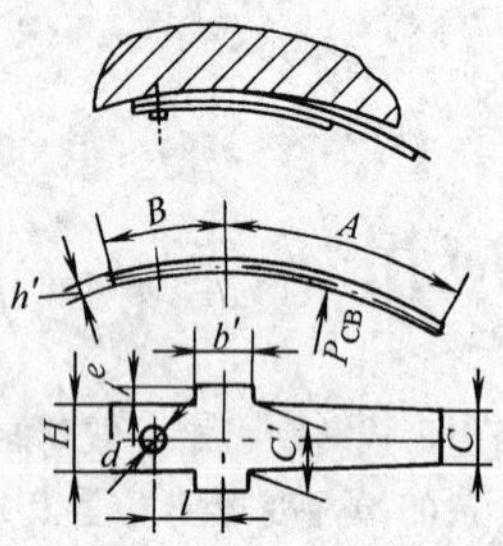 $A=(0.25\sim0.40)\pi R$ $B=(0.5\sim0.6)A$ $h'=h, b'=(6\sim8)h'$ $l=(0.5\sim0.6)B$ $C=H=(0.93\sim0.97)b$ b为发条弹簧的厚度，图中未标出 $C'=(0.65\sim0.75)b$ $e=(6\sim8)h, d=0.3H$	弹性衬片和发条的外端用铆钉铆在一起，而衬片两侧的两个凸耳分别入条盒底和盖的长方孔中。当上紧发条弹簧时，衬片端部将逐步产生径向移动，并且凸耳和方孔固定又能产生相当大的支承力矩，故可使发条弹簧各圈同心分布。这样将使圈间压力大为降低，从而减小了圈间摩擦。采用这种固定方法时输出力矩降低很小，力矩曲线也很平稳，因而是比较合理的一种固定方法
内端固定结构	V形槽固定 	这种固定结构可用于大型原动机中，用于大心轴直径的发条弹簧
	弯钩固定 	适用于材料较厚的发条弹簧
	齿式固定 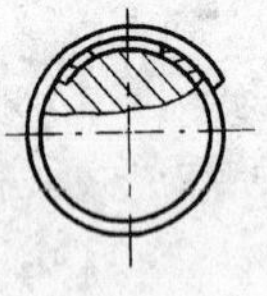	将心轴表面制成螺旋线形状，用弯钩将弹簧端部加以固定。适用于重要和精密机构中的发条弹簧
	销式固定 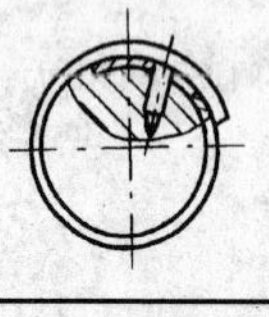	结构简单，适用于不太重要机构中的发条弹簧。销子端将使发条弹簧材料产生较大应力集中

2 螺旋形发条弹簧

2.1 发条弹簧的工作特性

置于发条盒内的发条弹簧，其工作特性如图 11-12-1 所示。*A* 点相当于绕制前的状态。*B* 点相当于绕制后的自由状态，其圈数用 n_z 表示。当发条处于自由状态时，其力矩为零。*C* 点相当于发条弹簧放入发条盒后完全放松的状态，此时发条各圈压到盒壁上。发条弹簧放入发条盒并完全放松时的圈数用 n_s 表示。在这种状态时，发条材料中虽然具有一定的应力，但由于受到条盒的限制，不可能继续放开，因而其实际能发出的力矩等于零。

由放松状态把发条逐渐上紧时，压到条盒内壁的各圈上的各圈发条将逐渐离开内壁并彼此分开而分布在条盒内。*D* 点相当于发条各圈已分布在条盒内，但最外一圈尚未离开条盒壁的时刻。这时，发条弹簧各圈处于同心状态。继续上紧到最外一圈也离开条盒后，发条弹簧各圈或者保持同心，或者变成彼此不同心，这主要依发条弹簧外端的固定方法而定。发条弹簧各圈的不同心分布，会使其发生圈间摩擦。*F* 点相当于发条弹簧完全上紧的时刻，这时发条弹簧紧绕在条轴上。

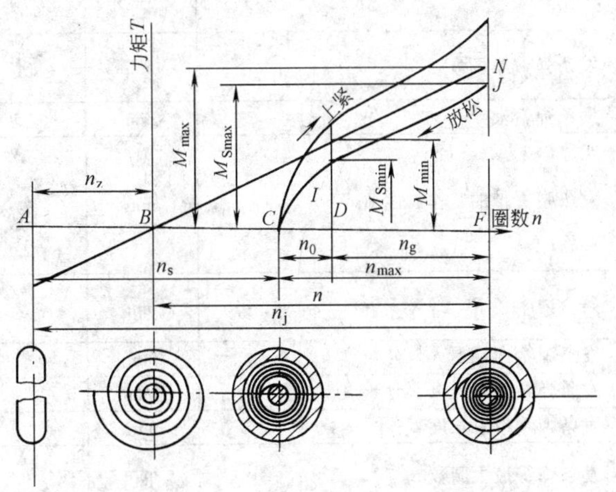

图 11-12-1 带盒发条的工作特性

曲线 *CIJ* 表示发条弹簧输出力矩与发条弹簧圈数（发条盒转数）的关系。它说明驱动仪表机构运转的输出力矩及其变化情况。曲线 *CI* 段（其转数用 n_0 表示）力矩变化大，不能利用，其数值与发条的长度和厚度有关。直线 *BN* 是发条弹簧的理论力矩曲线。理论力矩曲线与横坐标所包围的面积表示储存在发条内的能量，输出力矩曲线与坐标所包围的面积 *CIJF* 表示发条输出的能量。

面积 *BNF* 与面积 *CIJF* 之间的差值，说明条盒发条虽然减小了发条占有的空间，但是发条储存的部分能量却受到条盒的限制而不能输出。输出力矩曲线和理论力矩曲线间距离（即力矩差）的大小主要决定于发条外端的固定方式。

2.2 螺旋形发条弹簧的计算公式

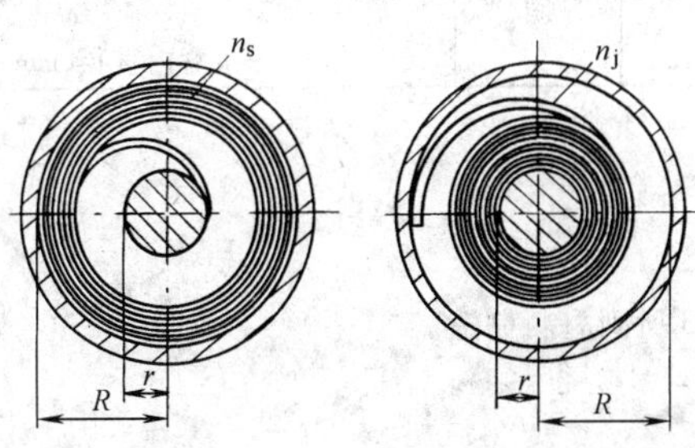

表 11-12-2

项　目	单　位	公 式 及 数 据
发条弹簧最大理论力矩 T_{max}	N · mm	$T_{max}=0.9\times\sigma_b\times Z_p$ 式中　$Z_p=\frac{bh^2}{4}$——塑性断面系数，mm^3； b、h——发条带宽度与厚度，mm； σ_b——发条材料抗拉强度（见表 11-12-6）

续表

项　目	单位	公式及数据
发条弹簧最大输出力矩 $T_{s\,max}$	N·mm	$T_{s\,max}=KT_{max}$ $=K\times0.9\times\sigma_b\times Z_p$ $=K\times0.9\times\sigma_b\times\frac{bh^2}{4}$ 式中　K——修正系数，见表11-12-7
发条弹簧最小输出力矩 $T_{s\,min}$	N·mm	一般取　$\frac{T_{s\,max}}{T_{s\,min}}=1.4\sim2$ 故　$T_{s\,min}=(0.5\sim0.71)T_{s\,max}$
发条弹簧厚度 h	mm	$h=\sqrt{\frac{T_{max}}{0.225\times\sigma_b b}}$
发条弹簧轴半径 r	mm	$r=mh$　一般取 $m=15\sim16$
发条弹簧带的工作长度 L_g	mm	$L_g=\frac{n_g EhT_{s\,max}}{0.43\sigma_b(T_{s\,max}-T_{s\,min})}$ 一般对 $T_7\sim T_{12}$ 取 $E=205800$MPa，对其他弹簧钢材料，参见表11-2-2
条盒内半径 R	mm	$R=\sqrt{\frac{2L_g h}{\pi}+r^2}$
发条弹簧内端退火部分长度 L_n	mm	$L_n=3\pi r$
发条弹簧外端退火部分长度 L_w	mm	$L_w=1.5\pi r$
发条弹簧带总长度 L	mm	$L=L_g+L_n+L_w$
发条弹簧最大圈数 n_{max}	圈	$n_{max}=\frac{\sqrt{2(R^2+r^2)}-(R+r)}{h}$
发条弹簧空圈数 n_0	圈	$n_0=n_{max}-n_g$　一般取 $n_0=1\sim3.5$ 圈
发条弹簧的工作圈数 n_g	圈	$n_g=n_{max}-n_0$ $=\frac{\sqrt{2(R^2+r^2)}-(R+r)}{h}-n_0$
发条上紧时的圈数 n_j	圈	$n_j=\frac{1}{2h}\left(\sqrt{d^2+\frac{4}{\pi}hL_g}-d\right)$ 式中　d——条轴直径，mm
发条弹簧从自由状态至上紧时圈数 n	圈	$n=0.43\frac{\sigma_b L_g}{Eh}$
发条弹簧自由状态时的圈数 n_z	圈	$n_z=n_j-n$ $=\frac{1}{2h}\left(\sqrt{d^2+\frac{4}{\pi}hL_g}-d\right)-0.43\frac{\sigma_b L_g}{Eh}$
发条弹簧放松时的圈数 n_s	圈	$n_s=\frac{1}{2h}\left(D-\sqrt{D^2-\frac{4}{\pi}L_g h}\right)$ 式中　D——条盒内直径，mm

2.3 发条弹簧材料

1）发条弹簧一般采用表11-12-3所列材料制造。

2）材料的厚度尺寸系列见表11-12-4。

表11-12-3　　**发条弹簧的材料**

材料名称	牌号
弹簧钢、工具钢冷轧钢带	65Mn、T7A、T8A、T9A、T10A、T12A、T13A、Cr06、50CrVA、65Si2MnWA、60Si2Mn、60Si2MnA、70Si2CrA
热处理弹簧钢带	65Mn、T7A、T8A、T9A、T10A、60Si2MnA、70Si2CrA
汽车车身附件用异形钢丝	65Mn、50CrVA、1Cr18Ni9
弹簧用不锈钢冷轧钢带	1Cr17Ni7、0Cr19Ni9、3Cr13、0Cr17NiAl

表 11-12-4　　厚度尺寸系列　　mm

0.5	0.55	0.60	0.70	0.80	0.90	1.00	1.10	1.20	1.40	1.50	1.60	1.80	2.0	2.2	2.5	2.8	3.0	3.2	3.5	3.8	4.0

3）材料的宽度尺寸系列见表 11-12-5。

表 11-12-5　　宽度尺寸系列　　mm

5	5.5	6	7	8	9	10	12	14	16	18	20	22	25	28	30	32	35	40	45	50	60	70	80

4）热处理弹簧钢带的硬度和强度见表 11-12-6。

表 11-12-6　　热处理弹簧钢带材料的硬度和强度

钢带的强度级别	硬　度		抗拉强度 σ_b/MPa
	HV	HRC	
Ⅰ	375 ~ 485	40 ~ 48	1275 ~ 1600
Ⅱ	486 ~ 600	48 ~ 55	1579 ~ 1863
Ⅲ	>600	>55	>1863

注：1. Ⅱ级钢带厚度不大于 1.0mm。
2. Ⅲ级钢带厚度不大于 0.8mm。

其他发条弹簧的材料硬度和强度可以按照需要另行确定。

2.4　发条弹簧设计参数的选取

（1）修正系数 K

当发条弹簧的表面粗糙度和润滑情况一定时，输出力矩与理论力矩的差值主要决定于发条弹簧的外端固定型式，其修正系数 K 值见表 11-12-7。

表 11-12-7　　修正系数 K 值

固 定 型 式	K 值	固 定 型 式	K 值
铰式固定	0.65 ~ 0.70	V 形固定	0.80 ~ 0.85
销式固定	0.72 ~ 0.78	衬片固定	0.90 ~ 0.95

（2）发条弹簧宽度 b

由于设计带盒发条时，需要确定的几何尺寸数目常常超过已知关系式数目，因此，在设计时往往需选定一些尺寸和参数。通常在满足力矩要求的条件下，按照机构的轴向尺寸尽可能选择较大的发条弹簧宽度 b，而减少发条弹簧厚度 h。这样，一方面可缩小径向尺寸，另一方面，发条弹簧的力矩变化也比较小。

（3）发条弹簧强度系数 m

m 值选小一些，可以使条轴直径减小，在条盒外廓尺寸一定的条件下，可以有更多的空间容纳发条，以增加发条所能储存的能量。但是 m 值过小，则会因发条内圈卷绕曲率半径小而使应变增大，并且在内端有较大的应力集中而造成发条损坏。m 值过大，使得条轴直径增大，从而引起发条的变形圈数减少而使输出力矩减少。一般推荐 $m=15\sim16$。

（4）输出力矩 T_s

发条弹簧应具有足够的输出力矩 T_s，输出力矩小，将不能带动机构工作。

发条弹簧在全部上紧时，输出力矩达到最大，在工作过程中，发条弹簧逐渐放松，输出力矩也逐渐减小。力矩的变化将使机构工作轴的转数产生变化。因此，输出力矩 T_s 的变化应尽可能小，一般推荐：

$$\frac{T_{s\,max}}{T_{s\,min}}=1.4\sim2$$

2.5　螺旋形发条弹簧计算示例

设计一储能用螺旋形发条弹簧，要求最小输出力矩 $T_{s\,min}=840$N·mm，最大输出力矩 $T_{s\,max}=1680$N·mm，工作圈数 $n_g=8$ 圈。材料为Ⅱ级热处理弹簧钢带，其硬度不小于 48 ~ 55HRC，外端为 V 形固定。

表 11-12-8

项　　目	单 位	公 式 及 数 据
最大理论力矩 T_{max}	N · mm	$T_{max}=\frac{T_{s\,max}}{K}=\frac{1680}{0.8}=2100$
发条弹簧厚度 h	mm	取发条宽度 $b=14$mm 查表 11-12-6，$\sigma_b=1863$MPa $h=\sqrt{\frac{T_{max}}{0.225b\sigma_b}}=\sqrt{\frac{2100}{0.225\times14\times1863}}=0.6$
发条弹簧轴半径 r	mm	取　$m=15$　　$r=mh=15\times0.6=9$
发条弹簧带的工作长度 L_g	mm	$L_g=\frac{n_g EhT_{s\,max}}{0.43\sigma_b(T_{s\,max}-T_{s\,min})}$ $=\frac{8\times205800\times0.6\times1680}{0.43\times1863\times(1680-840)}=2466$
发条弹簧内端退火部分长度 L_n	mm	$L_n=3\pi r=3\times3.14\times9=85$
发条弹簧外端退火部分长度 L_w	mm	$L_w=1.5\pi r=1.5\times3.14\times9=42.5$
发条弹簧带总长度 L	mm	$L=L_g+L_n+L_w=2466+85+42.5\approx2594$
条盒内半径 R	mm	$R=\sqrt{\frac{2L_g h}{\pi}+r^2}=\sqrt{\frac{2\times2466\times0.6}{3.14}+9^2}=31.99\approx32$
发条弹簧最大圈数 n_{max}	圈	$n_{max}=\frac{\sqrt{2(R^2+r^2)}-(R+r)}{h}=\frac{\sqrt{2(32^2+9^2)}-(32+9)}{0.6}=10$
发条弹簧上紧时的圈数 n_j	圈	$n_j=\frac{1}{2h}\left(\sqrt{d^2+\frac{4}{\pi}L_g h}-d\right)$ $=\frac{1}{2\times0.6}\left(\sqrt{18^2+\frac{4}{3.14}\times2466\times0.6}-18\right)=24.2$
发条弹簧从自由状态至上紧时的圈 n	圈	$n=0.43\frac{\sigma_b L_g}{Eh}=0.43\times\frac{1863\times2466}{205800\times0.6}=16$
发条弹簧自由状态时的圈数 n_z	圈	$n_z=\frac{1}{2h}\left(\sqrt{d^2+\frac{4}{\pi}hL_g}-d\right)-0.43\frac{\sigma_b L_g}{Eh}$ $=24.2-16=8.2$
发条弹簧放松时的圈数 n_s	圈	$n_s=\frac{1}{2h}\left(D-\sqrt{D^2-\frac{4}{\pi}L_g h}\right)$ $=\frac{1}{2\times0.6}\left(2\times32-\sqrt{64^2-\frac{4}{3.14}\times2466\times0.6}\right)=17$

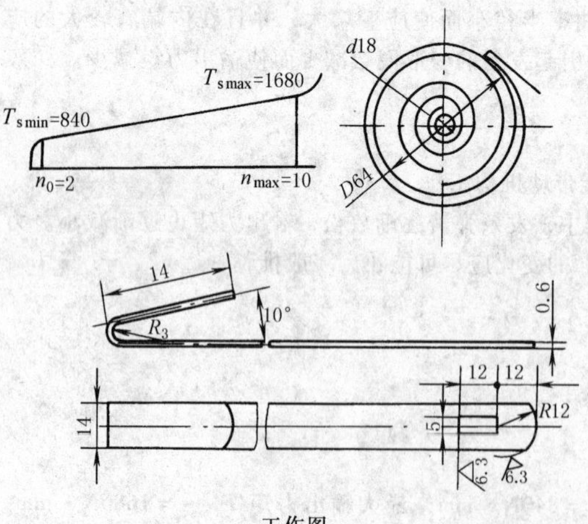

工作图

技术要求

1. 材料为Ⅱ级强度热处理钢带，48～55HRC
2. 弹簧自由状态时圈数 $n_z=8.2$ 圈
3. 弹簧的工作圈数 $n_g=8$ 圈
4. 弹簧带总长度 $L=2594$mm
5. 表面处理：氧化后涂防锈油

2.6 带盒螺旋形发条弹簧典型结构及应用实例

表 11-12-9　　典型结构及应用实例

发条盒转动	发条轴转动
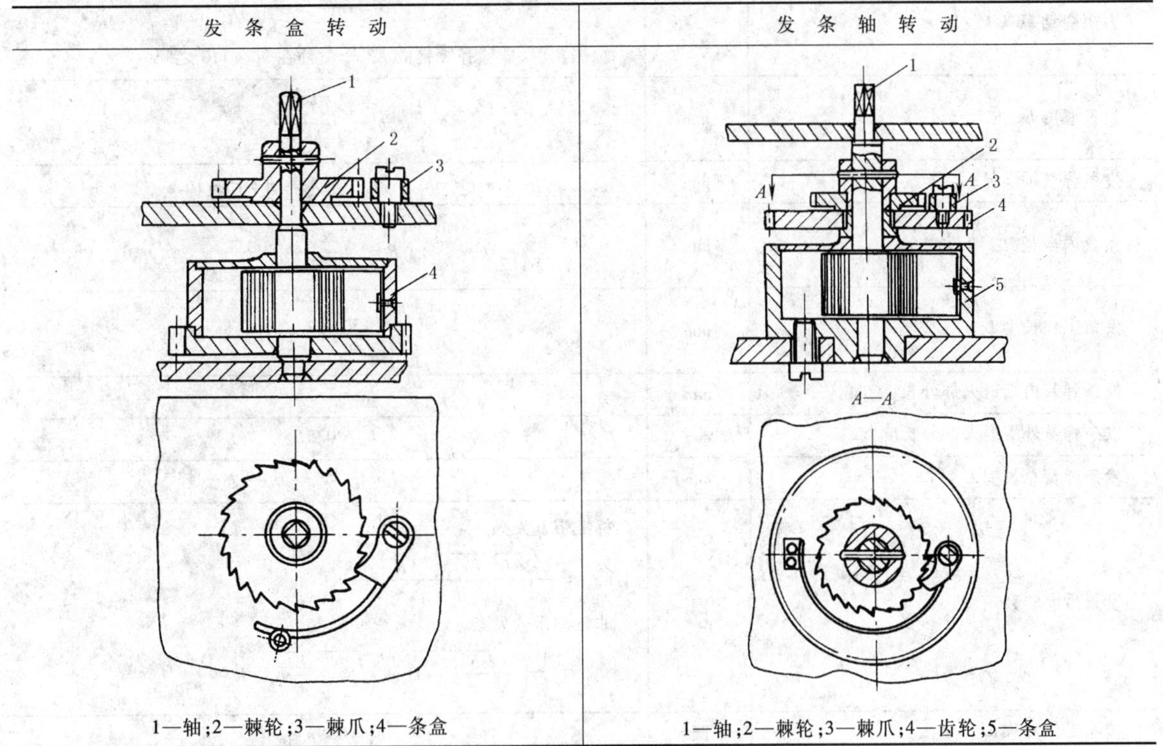	
1—轴；2—棘轮；3—棘爪；4—条盒	1—轴；2—棘轮；3—棘爪；4—齿轮；5—条盒

3　S形发条弹簧

为了准确而方便地计算发条的力矩，多年来，国外许多学者作了大量研究工作，并提出了一些发条力矩的计算方法。下面推荐的是一种工程计算法。这种方法计算简便，通用性广，不仅适用于钟表工业的S形发条弹簧，而且对螺旋形发条弹簧也是适用的。

3.1　S形发条弹簧计算公式

表 11-12-10

项　目	单　位	公式及数据
最大理论力矩 T_{max}	N·mm	$$T_{max}=\frac{bh^2}{6}\sigma_p$$ 式中　b——发条的宽度，mm； h——发条的厚度，mm； σ_p——材料的比例极限，MPa
最大输出力矩 $T_{s\,max}$	N·mm	$$T_{s\,max}=\frac{bh^2}{6}K\sigma_p$$ 式中，$K\sigma_p$ 值是直接用发条做试验测出的数据，通常称为 $K\sigma_p$ 试验数据。用 $K\sigma_p$ 值计算发条，可以提高精确度，见表 11-12-11

续表

项　　目	单　位	公　式　及　数　据
最小输出力矩 $T_{s\,min}$	N · mm	$T_{s\,min}=(0.5\sim0.71)T_{s\,max}$
力矩变动率 B		$B=\frac{\pi n_g h}{L_g}\times\frac{E}{\sigma_p}$ 根据实验，硅锰弹簧钢的 E/σ_p 值约在 90 ~ 110 之间
发条厚度 h	mm	$h=\sqrt{\frac{6T_{s\,max}}{bK\sigma_p}}$
发条弹簧轴半径 r	mm	$r=mh$　　一般取　$m=15\sim16$
条盒内半径 R	mm	$R=\sqrt{\frac{2L_g h}{\pi}+r^2}$
发条工作长度 L_g	mm	$L_g=\frac{\pi}{2h}(R^2-r^2)$
发条弹簧内端退火部分长度 L_n	mm	$L_n=2.5\pi r$
发条弹簧外端退火部分长度 L_w	mm	$L_w=0.5L_n$
发条弹簧总长度 L	mm	$L=L_g+L_n+L_w$
发条最大转数 n_{max}	圈	标准带盒发条 $n_{max}=\frac{\sqrt{2(R^2+r^2)}-(R+r)}{h}$ 非标准带盒发条 $n_{max}=\frac{1}{h}\left(\sqrt{\frac{h}{\pi}L_g+r^2}+\sqrt{R^2-\frac{h}{\pi}L_g}-R-r\right)$
实际工作转数 n_g	圈	$n_g=0.9n_{max}$

表 11-12-11　　　　**$K\sigma_p$ 的试验数据**

材　料　及　规　格	外端固定方法	$K\sigma_p$/MPa
19-9Mo($h=0.1\sim0.25$mm)	V 形固定	2800
硅锰弹簧钢($h=0.25\sim0.4$mm)	铰式固定	2200
硅锰弹簧钢($h=0.4\sim0.8$mm)	销式固定	1800

3.2　S 形发条弹簧计算示例

设计手表用 S 形发条。已知 $R=5.28$mm，要求其工作转数 $n_g>7$ 圈，最大输出力矩 $T_{s\,max}=8.82$N · mm，材料为 19-9Mo，放松 4 圈后力矩变动率 $B\leqslant0.2$。

表 11-12-12

项　　目	单　位	公　式　及　数　据
发条厚度 h	mm	外端选用 V 形固定，由表 11-12-11 查得 $K\sigma_p=2800$MPa，选用 $b=1.3$mm $h=\sqrt{\frac{6T_{s\,max}}{bK\sigma_p}}=\sqrt{\frac{6\times8.82}{1.3\times2800}}=0.1205$　　取 $h=0.12$ 从表 11-12-11 可以看出，h 在选用 $K\sigma_p$ 的厚度范围内，故 $K\sigma_p$ 选用合适

续表

项　　目	单 位	公 式 及 数 据
发条轴半径 r	mm	$r=mh$，选 $m=11.5$ $r=mh=11.5\times0.12=1.38\approx1.4$
发条最大转数 n_{max}	圈	采用标准带盒发条，其最大工作转数 n_{max} $n_{max}=\dfrac{\sqrt{2(R^2+r^2)}-(R+r)}{h}$ $=\dfrac{\sqrt{2(5.28^2+1.4^2)}-(5.28+1.4)}{0.12}=8.5$
实际工作转数 n_g	圈	$n_g=0.9\times n_{max}=0.9\times8.5=7.65>7$
发条工作长度 L_g	mm	$L_g=\dfrac{\pi}{2h}(R^2-r^2)=\dfrac{3.14}{2\times0.12}\times(5.28^2-1.4^2)=333$
力矩变动率校验 B		$B=\dfrac{\pi n_g h}{L_g}\times\dfrac{E}{\sigma_p}=\dfrac{3.14\times7.65\times0.12}{333}\times24.76=0.213>0.2$ 其值略大于要求值，可将 L_g 略加大解决，以 $B=0.2$ 代入，求得$L_g=355$
根据修正后的 L_g 校验工作转数 n_g	圈	此时已是非标准带盒发条 $n_{max}=\dfrac{1}{h}\left(\sqrt{\dfrac{h}{\pi}L_g+r^2}+\sqrt{R^2-\dfrac{h}{\pi}L_g}-R-r\right)=8.44$ 实际工作转数 $n_g=0.9\times n_{max}$ $=0.9\times8.44$ $=7.6>7$
发条弹簧内端退火部分长度 L_n 发条弹簧外端退火部分长度 L_w	mm	$L_n=2.5\pi r=2.5\times3.14\times1.4\approx11$ $L_w=0.5L_n=0.5\times11=5.5$
发条总长度 L	mm	$L=L_g+L_n+L_w=355+11+5.5\approx372$

第13章 游 丝

1 游丝的类型及用途

游丝是利用青铜合金或不锈钢等金属带材卷绕成阿基米德螺旋线形状，用来承受转矩后产生弹性恢复力矩的一种弹性元件。其类型如图 11-13-1 所示。

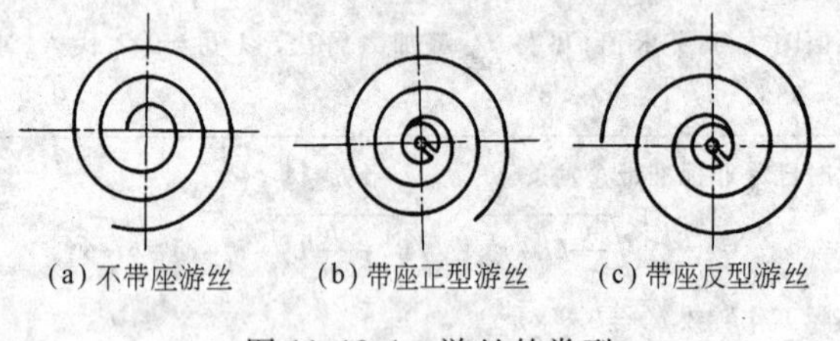

图 11-13-1 游丝的类型

游丝按其用途可分为以下两种。

1）测量游丝 电工测量仪表中产生反作用力矩的游丝和钟表机构中产生振荡系统恢复力矩的游丝，都属于这一类。这一类游丝是测量链的组成部分，因此，在实现给定的特性方面有较高的要求。

2）接触游丝 百分表、压力表中的游丝属于这一类。接触游丝利用产生的力矩，使传动机构中各零件相互接触。所以这一类游丝对其特性的要求不严。

一般地讲，游丝应能满足下面几项要求：

① 应能实现给定的弹性特性；

② 滞后和后效现象应较小；

③ 特性应不随温度变化而改变；

④ 具有好的防磁性能和抗蚀性；

⑤ 游丝的重心应位于几何中心上；

⑥ 游丝的圈间螺距应相等，在工作过程中没有碰圈现象；

⑦ 若兼作导电元件时，则游丝材料应有较小的电阻系数。

2 游丝的材料

制造游丝最常用的材料是锡锌青铜（QSn4-3）和恒弹性合金（Ni42CrTiAlMoCu）。锡锌青铜有良好的加工性，较高的导电性，而且熔炼容易，成本低，因此成为电工仪表和机械仪表中游丝的主要材料。在钟表机构中，考虑到减小环境温度对特性的影响，所以采用恒弹性合金作为制造游丝的材料。铍青铜（QBe2）具有较高的强度，用铍青铜制造的游丝，可以在实现给定刚度的条件下减轻其重量，使游丝在振动条件下具有较好的振动稳定性。游丝材料及性能如表 11-13-1 所示。

表 11-13-1 游丝材料及性能

材 料	弹性模量 E/MPa	抗拉强度 σ_b/MPa	线胀系数 α/℃$^{-1}$	弹性模量温度系数 γ_E/℃$^{-1}$	伸长率 δ/%
QSn4-3	98000	784	-4.8×10^{-4}	15.5×10^{-6}	
QBe2	133500	1323	-3.1×10^{-4}	15.4×10^{-6}	30～35
1Cr18Ni9Ti	198900	539	-3.5×10^{-4}	16.1×10^{-6}	
3J58	186200	1372	$\leqslant\pm5\times10^{-6}$	$\leqslant8\times10^{-6}$	
Ni42CrTiAlMoCu	202000	1372	0.6×10^{-6}	$\leqslant7\times10^{-6}$	

3 游丝的计算公式

表 11-13-2

<table>
<tr><th>项 目</th><th>单 位</th><th>公 式 及 数 据</th><th>备 注</th></tr>
<tr><td>扭矩 T</td><td>N · mm</td><td>$T=\frac{E\left(\frac{b}{h}\right)h^4}{12L}\varphi$
$T_{90°}=\frac{\pi Ebh^3}{24L}$</td><td>$T_{90°}$——$\varphi=90°$时的扭矩，N · mm
φ——在扭矩 T 作用下游丝末端角位移，rad</td></tr>
<tr><td>最大弯曲应力 σ_w</td><td>MPa</td><td>$\sigma_w=\frac{6M}{bh^2}\leqslant\sigma_p$</td><td rowspan="6">$D_1$——游丝外径，mm
D_2——游丝内径，mm
σ_p——许用弯曲应力，MPa
$\sigma_p=\frac{\sigma_b}{S_\sigma}$
式中 σ_b——抗拉强度，MPa
S_σ——安全系数，其值如下表：<table><tr><th>载荷性质</th><th>S_σ</th></tr><tr><td>静载荷</td><td>2～2.5</td></tr><tr><td>变载荷</td><td>3～4</td></tr></table></td></tr>
<tr><td>游丝长度 L</td><td>mm</td><td>$L=\frac{\pi(D_1^2-D_2^2)}{4t}$
$L=\frac{(D_1+D_2)}{2}n\pi$</td></tr>
<tr><td>游丝厚度 h</td><td>mm</td><td>$h=\sqrt[4]{\frac{12LM}{\left(\frac{b}{h}\right)E\varphi}}$</td></tr>
<tr><td>游丝宽度 b</td><td>mm</td><td>b 根据表 11-13-3 中 $\frac{b}{h}$ 值确定；
或 $b=\frac{6T}{\sigma_w h^2}$</td></tr>
<tr><td>游丝螺距 t</td><td></td><td>$t=Sh$</td></tr>
<tr><td>螺距系数 S</td><td></td><td>$S=\frac{D_1-D_2}{2nh}$</td></tr>
</table>

4 游丝参数的选择

（1）游丝圈数 n

通常游丝的内端是随轴一起旋转的，外端是固定不动的。因此，游丝内端的转角 φ 与转轴转角相同，假设转轴转动后游丝每一圈的扭转角相等，则各圈转角的总和等于转轴的转角。显然，游丝的圈数越多，或转轴的转角越小，则游丝每一圈转角就越小，同时由于游丝外端固定方法的不完善，使游丝在扭转后各圈间产生偏心现象。这种偏心现象随着游丝每圈扭转角的加大而增大，从而对游丝转轴产生侧向力。这个侧向力对游丝正常工作是有害的，所以游丝转角较大时其圈数 n 也应增多，以使其每圈转角减小，推荐如表 11-13-3 所示。当游丝转角（工作角）在 300°以上时，圈数 n 取 10～14；转角（工作角）在 90°左右时，圈数 n 取 5～10。

（2）游丝宽厚比 b/h

从扭矩 T 公式可以看出，当游丝长度 L 不变时，其厚度 h 稍有减小。为了满足游丝的基本特性扭矩 T 的要求，游丝的宽度则应明显增大。由此可见，游丝宽厚比 b/h 的加大会使游丝的截面面积增大。

游丝截面面积增大，表示其材料内部的应力值将减小。所以游丝的弹性滞后和后效也随之减小。因此，对滞后和后效要求很高的游丝一般都选择具有较大的宽厚比 b/h。例如，对于电工仪表上的游丝，其宽厚比通常选在 8～15 左右。具有较大宽厚比 b/h 的游丝，其缺点是制造上较为复杂，由于把线材轧成宽而薄的金属带，势必增加轧制次数。对滞后和后效没有要求的接触游丝则选取较小的宽厚比，其值通常在 4～8 左右，较小宽厚比 b/h 的游丝除了制造简单以外，游丝的截面面积小，也就意味着其重量减轻，因此在振动条件下工作的游丝，其宽厚比 b/h 应选取较小的数值。例如，手表游丝的宽厚比 b/h 常常选取 3.5，航空仪表和汽车拖拉机仪表上的游丝也应选取较小的宽厚比，见表 11-13-3。

（3）游丝长厚比 L/h

按游丝转角为 90°时应力小于 $\sigma_b/10$，求得几种常用材料测量游丝的长宽比 L/h 列于表 11-13-4，在相同转角时，L/h 值越大则应力越小。接触游丝按表中数据 1/3～1/4 选取。

表 11-13-3　　游丝宽厚比和圈数

使　用　条　件	b/h	n/圈
电表测量游丝(工作角约90°)	8 ~ 15	5 ~ 10
机械表接触游丝(工作角300°以上)	4 ~ 8	10 ~ 14
手表振荡条件下使用的游丝	3.5	14 左右

表 11-13-4　　测量游丝长厚比

材料	QSn4-3	Ni42CrTi	QBe2
L/h	>2500	>2000	>1500

（4）螺距系数 S

一般取 $S\geqslant3$，否则易出现碰圈现象。

5　游丝的尺寸系列

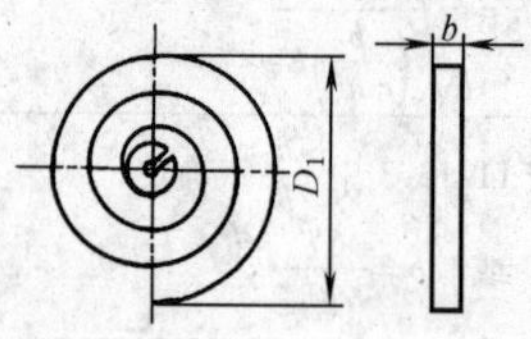

表 11-13-5

扭矩 T /(10^{-5}mN·m/90°)	外径 D_1 /mm	游丝座外径 D/mm	宽度 b /mm	圈数 n /圈
245.25	9	3	0.33	6 ~ 7
294.3			0.34	
392.4			0.36	
490.5			0.38	
196.2	11 (10.5)	4	0.38	8 ~ 9
245.25			0.40	
294.3			0.41	
392.4			0.42	
490.5			0.43	
588.6			0.44	
784.8			0.45	10 ~ 11
981			0.46	
1177.2			0.47	
1569.6			0.48	
1962			0.50	
981	14	4.5	0.44	
1177.2			0.45	
1373.4			0.47	
1765.8			0.48	
1962			0.49	
2158.2			0.50	
2452			0.51	8 ~ 9
2746			0.52	
3139			0.53	
3433			0.54	
3924			0.55	
4414			0.56	
4905			0.58	
6180			0.60	
7848			0.62	
8829			0.67	
9810			0.68	
12262	14	4.5	0.70	8 ~ 9
13734			0.72	
15696			0.74	
19620			0.84	
24526			1.14	
27468			1.15	
29430			1.16	
1177	18 (17)	5	0.46	9 ~ 10
1373			0.53	
1569			0.55	
2452			0.60	
3139			0.61	
3924			0.62	
4905			0.64	
6180			0.68	
7848			0.71	
9810			0.76	
12262			0.80	8 ~ 9
15696			0.86	
2943	22	6	0.90	
3924			0.92	
4905			0.94	
5886			0.97	
7848			1.00	
9810			1.02	
11772			1.04	7 ~ 8
15696			1.06	
19620			1.10	
24525			1.16	
27468			1.18	
29430			1.20	
39240			1.24	
49050			1.26	

注：1. 游丝宽度 b 的偏差应不大于 b 的 ±10%。

2. 括号内的尺寸不推荐使用。

6 游丝座的尺寸系列

表 11-13-6　　　　游丝座的尺寸系列

	游丝座孔径 d/mm		外径 D/mm	高度 H/mm
	标准尺寸	偏差		
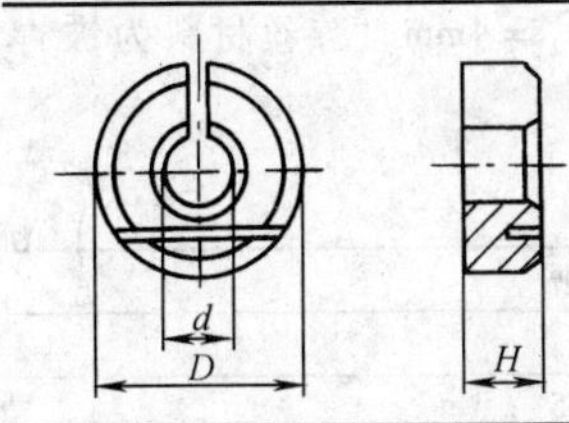	0.8,1.0,1.2,1.4,(1.5)	±0.05	3	1
	1.6,1.8,(1.9),2.0		4	(1.5)
	2.2,(2.3),2.4,2.5		4.5	1.8(1.9)
	2.6,2.8,3.0		5	2

7 游丝的技术要求

① 游丝的扭矩偏差为 ±8%。

② 游丝形状应为阿基米德螺旋线，各圈均在垂直于螺旋中心线的平面上，螺距应均匀一致。

③ 游丝表面粗糙度 $R_a \leqslant 0.08\mu m$，侧面表面粗糙度 $R_a \leqslant 1.25\mu m$。游丝座孔内表面粗糙度 $R_a \leqslant 1.25\mu m$，其余表面粗糙度 $R_a > 2.5 \sim 5\mu m$。

游丝表面应无明显划痕，无严重的氧化斑点，无毛刷、发霉等缺陷。

8 游丝端部固定型式

游丝内外端固定型式如图 11-13-2 所示。游丝的外端固定，常采用可拆连接，如图 11-13-2 中的 h 型式；也可用夹片夹紧，如图 11-13-2 的 g 型式，以便调节游丝的长度，获得给定的特性。内端固定常采用冲铆的方法铆住，如图 11-13-2 中的 a 型式。

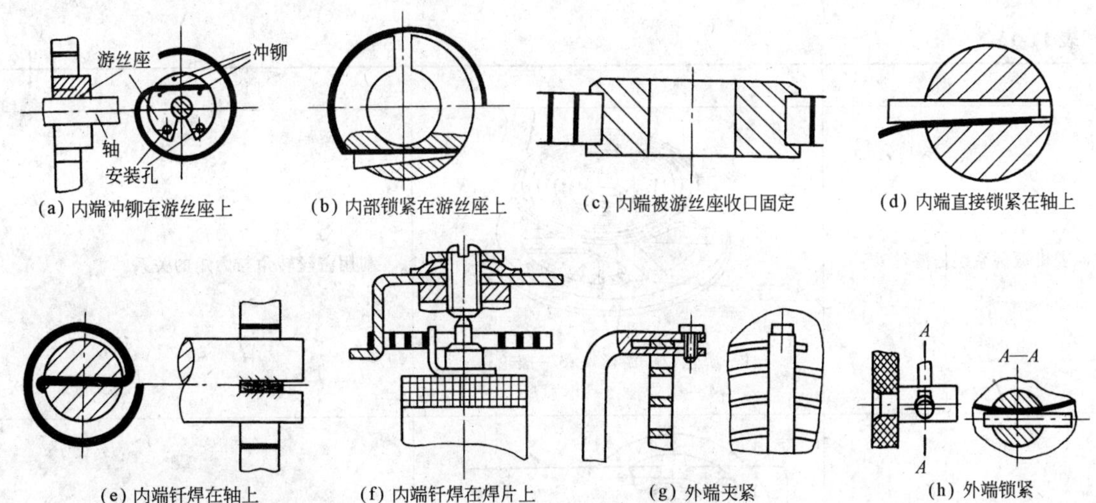

图 11-13-2　游丝端部固定型式

在电工仪表中，游丝除了用作测量元件外，常常又是导电元件，为了减少连接处的电阻，其端部固定常用钎焊的方法。

9　游丝计算示例

设计百分表用的接触游丝。已知总转角 $\varphi_{max}=450°$，为使接触游丝可靠地保持结构的力封闭，游丝在初转角 90°所产生的力矩 $T_{min}=54\times10^{-3}N\cdot mm$。根据游丝的安装空间选定 $D_1=18mm$，$D_2=4mm$，游丝材料为铍青铜 QBe2。

表 11-13-7　　游丝设计计算

	项　　目	单　位	公　式　及　数　据
参数计算	游丝圈数 n	圈	由于游丝的转角较大，选取 $n=12$
	游丝宽厚比 b/h		考虑接触游丝对滞后和后效的要求较低，b/h 值选取 7.5
	游丝长度 L	mm	$L=\frac{D_1+D_2}{2}\pi n=\frac{18+4}{2}\times3.14\times12=415$
	游丝厚度 h	mm	$h=\sqrt[4]{\frac{12LT_{min}}{\left(\frac{b}{h}\right)E\varphi_{min}}}=\sqrt[4]{\frac{12\times415\times54\times10^{-3}}{7.5\times133500\times\frac{\pi}{2}}}=0.114$ 圆整后取　$h=0.12$
	游丝螺距 t	mm	$t=Sh$，但 $S=\frac{D_1-D_2}{2nh}=\frac{18-4}{2\times12\times0.12}=4.86$ 所以 $t=4.86\times0.12=0.58$
验算	L/h 值		转角为 $\pi/2$ 时， $\frac{L}{h}=\frac{415}{0.12}=3458>\frac{1500}{3}=500$
	S 值		$S=\frac{t}{h}=\frac{0.58}{0.12}=4.83>3$ 结论：游丝尺寸参数是合理的

10　游丝的应用实例

表 11-13-8

类　　型	典　型　结　构	说　　明
钟表机振荡系统的游丝	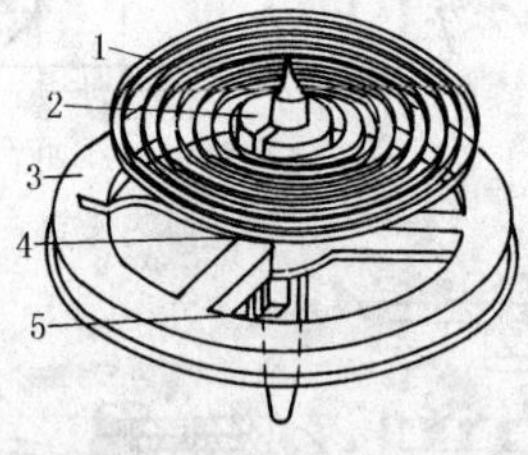 1—游丝；2—游丝座；3—摆轮； 4—摆轮轴；5—小圆盘	利用游丝转角与力矩的关系
使零件紧接触的游丝	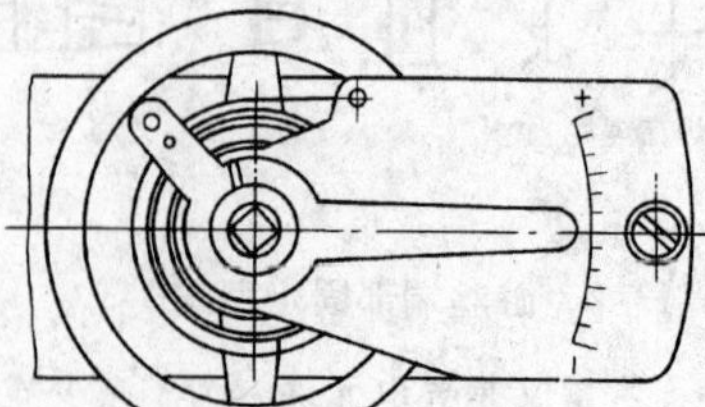	利用游丝工作时产生的弹性恢复力矩，使零件之间紧密接触，以消除系统中的空隙对空回误差的影响

续表

类　　型	典 型 结 构	说　　明
电表中的测量游丝	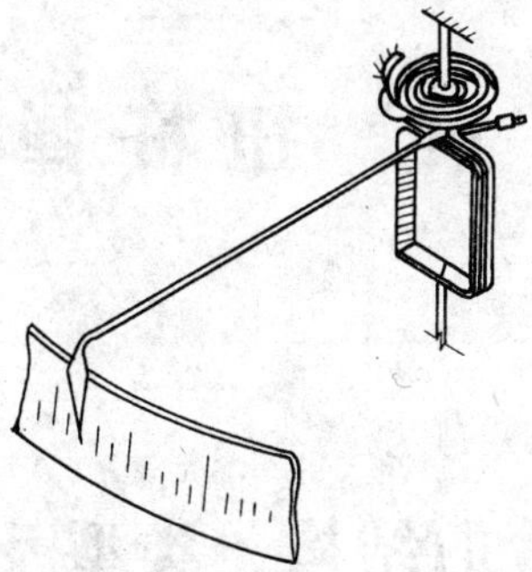	
百分表中作接触的游丝	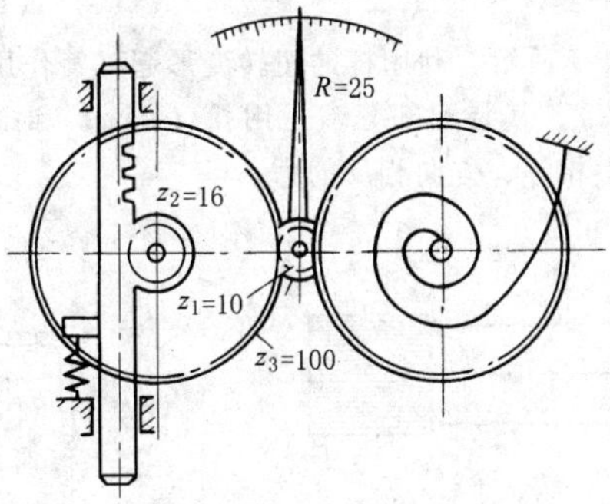	

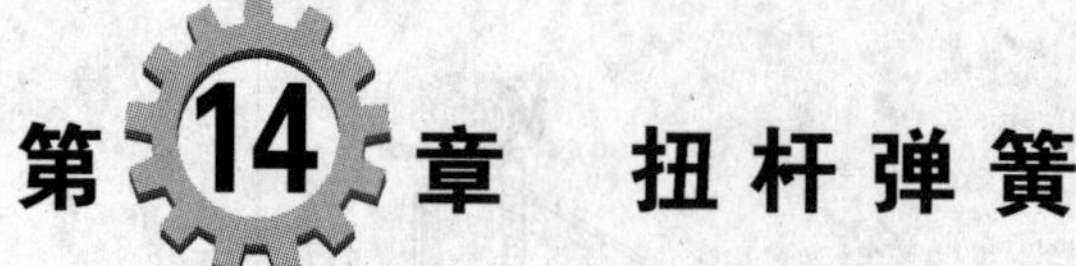

第14章 扭杆弹簧

1 扭杆弹簧的结构、类型及应用

扭杆弹簧的主体为一直杆，如图11-14-1所示，利用杆的扭转变形起弹簧作用。小型车辆上用的稳压器是一种将柄和本体做成一体的扭杆（图11-14-2），其装配部分多是用孔（图a）和螺栓（图b）来固定的，支承于C、D两点，A、B两处受与纸面垂直、大小相等、方向相反的力。

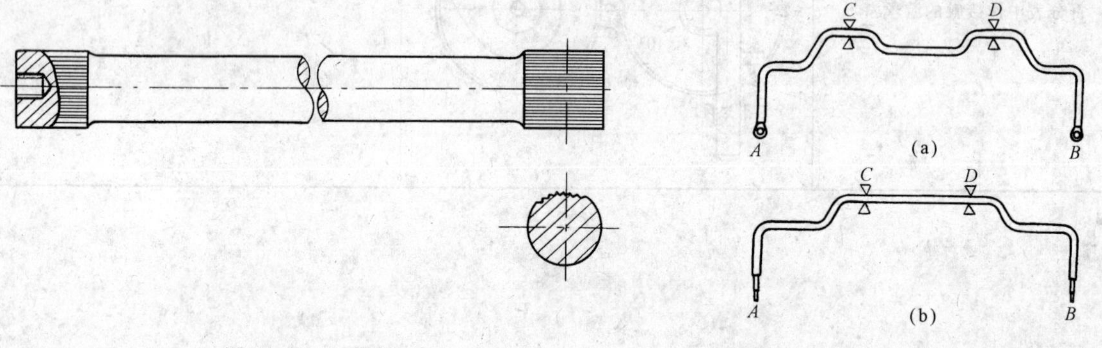

图11-14-1 扭杆

图11-14-2 柄和本体成一体的扭杆

大部分扭杆是圆截面，也有空心圆、长方形截面。扭杆弹簧的特点是重量轻，结构简单，占空间小，其缺点是需要精选材料，端部加工麻烦。

扭杆弹簧主要用于：

① 轿车和小型车辆的悬挂弹簧；

② 由于扭杆在承受高频振动载荷时，不会像螺旋弹簧那样产生颤振，所以在高速内燃机中可用扭杆作阀门弹簧；

③ 在驱动轴中插入扭杆，用以缓和扭矩的变化；

④ 在使用空气弹簧缓冲的铁道车辆和汽车上，采用大型扭杆弹簧作稳压器；

⑤ 小型车辆上用的稳压器，多采用柄和杆为一体的扭杆弹簧，其形状较复杂，而且其中尚有兼作拉杆用的。

图11-14-3为扭杆的组合型式，图a为串联式，图b为并联式。扭杆的组合是为了保证机构的刚度。

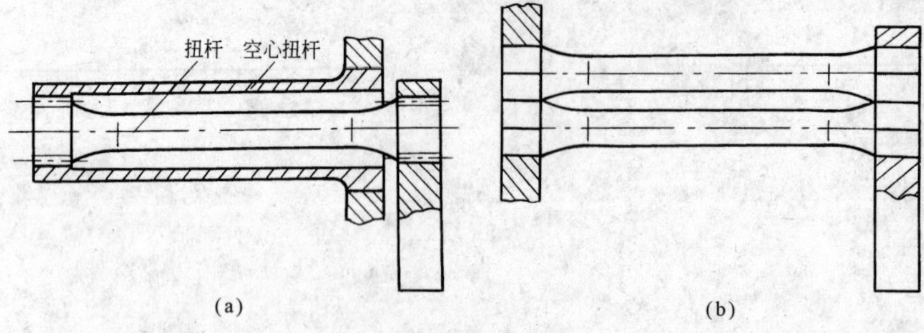

图11-14-3 扭杆的组合型式

2　扭杆弹簧的材料和许用应力

扭杆弹簧一般采用热轧弹簧钢制造，材料应具有良好的淬透性和加工性，经热处理后硬度应达到50HRC左右。常用材料为硅锰和铬镍钼等合金钢，例如60Si2MnA和45CrNiMoVA等。

表 11-14-1

材　料	屈服点 σ_s/MPa	疲劳强度 σ_{-1}/MPa	剪切疲劳强度 τ_{-1}/MPa	许用剪切应力 τ_p/MPa	弹性模量 E/MPa	切变模量 G/MPa
45CrNiMoVA	1270~1370	800	440	810~890		76000
50CrVA	1078	510		735	207760	
60Si2MnA	1372	529		785	196000	

3　扭杆弹簧的计算公式

图11-14-4为悬架装置扭杆弹簧的机构图。当作用在杆臂上的力 P 处于垂直位置时，此机构弹簧刚度不是定值，而是随着力臂的安装角度和变形角度而变化。因此在计算杆体所承受的扭矩 T 时，必须考虑力臂长度和位置。其计算公式如表11-14-2所示。

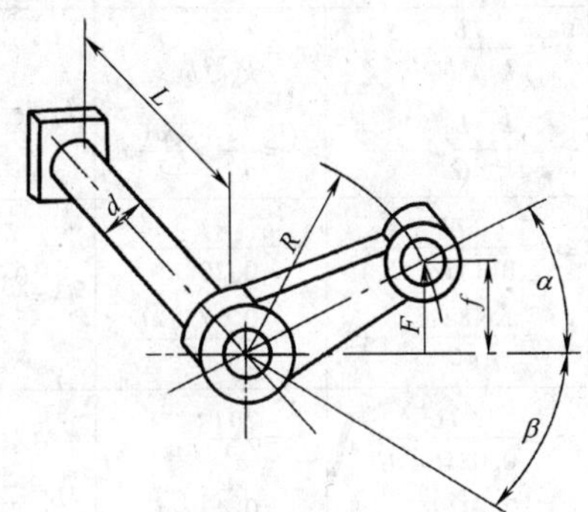

图 11-14-4　悬架装置扭杆弹簧机构图

表 11-14-2　　**扭杆弹簧计算**

项　目	单　位	公式及数据	备　注
作用于转臂端垂直方向的载荷 P	N	$P=\dfrac{T'\varphi}{R\cos\alpha}=\dfrac{T'(\alpha+\beta)}{R\cos\alpha}=\dfrac{T'}{R}C_1$	α、β——受载和卸载时力臂中心线与水平线夹角，rad $\varphi=\alpha+\beta$ $C_1=\dfrac{\alpha+\beta}{\cos\alpha}$或查图11-14-5 $C_2=\dfrac{1+(\alpha+\beta)\tan\alpha}{\cos^2\alpha}$或查图11-14-6 $C_3=\dfrac{\cos\alpha}{\dfrac{1}{\alpha+\beta}+\tan\alpha}$或查图11-14-7 v——自振频率，Hz Z_t——抗扭断面系数，mm^3，见表11-14-3 I_p——极惯性矩，mm^4 G——剪切弹性模数，MPa g——重力加速度，$g=9800mm/s^2$
臂端垂直方向的扭杆弹簧刚度 P'	N/mm	$P'=\dfrac{dP}{df}=T'[1+(\alpha+\beta)\tan\alpha]\times\dfrac{1}{R^2\cos^2\alpha}=\dfrac{T'}{R^2}C_2$	
扭杆弹簧的扭矩 T	N·mm	$T=PR\cos\alpha$	
扭角刚度 T'	$\dfrac{N\cdot mm}{rad}$	$T'=\dfrac{T}{\varphi}=\dfrac{T}{\alpha+\beta}=\dfrac{P'R^2}{C_2}$	
静变形 f_s	mm	$f_s=\dfrac{P}{P'}=\dfrac{R\cos\alpha}{\dfrac{1}{\alpha+\beta}+\tan\alpha}=RC_3$	
扭转切应力 τ	MPa	$\tau=\dfrac{T}{Z_t}$	
扭杆有效长度 L		$L=\dfrac{GI_p}{T'}$	
扭杆的自振频率 v	Hz	$v=\dfrac{1}{2\pi}\sqrt{\dfrac{g}{f_s}}$	

表 11-14-3　　常用截面扭杆弹簧的有关计算公式

截面形状	极惯性矩 I_p/mm^4	抗扭断面系数 Z_t/mm^3	变形角 φ $\varphi=\dfrac{TL}{GI_p}$/rad	扭转切应力 $\tau=\dfrac{T}{Z_t}$/MPa	扭角刚度 $T'=\dfrac{T}{\varphi}$ /N·mm·rad^{-1}	载荷作用点刚度 $P'=\dfrac{\mathrm{d}P}{\mathrm{d}f}$ /N·mm^{-1}	变形能 $U=\dfrac{T\varphi}{2}$ /N·mm
d	$I_p=\dfrac{\pi d^4}{32}$	$Z_t=\dfrac{\pi d^3}{16}$	$\varphi=\dfrac{32TL}{\pi d^4 G}=\dfrac{2\tau L}{dG}$	$\tau=\dfrac{16T}{\pi d^3}=\dfrac{\varphi dG}{2L}$	$T'=\dfrac{\pi d^4 G}{32L}$	$P'=\dfrac{\pi d^4 G}{32LR^2}$	$U=\dfrac{\tau^2 V}{4G}$
d_1, d	$I_p=\dfrac{\pi(d^4-d_1^4)}{32}$	$Z_t=\dfrac{\pi(d^4-d_1^4)}{16d}$	$\varphi=\dfrac{32TL}{\pi(d^4-d_1^4)G}=\dfrac{2\tau L}{dG}$	$\tau=\dfrac{16Td}{\pi(d^4-d_1^4)}=\dfrac{\varphi dG}{2L}$	$T'=\dfrac{\pi(d^4-d_1^4)G}{32L}$	$P'=\dfrac{\pi(d^4-d_1^4)G}{32LR^2}$	$U=\dfrac{\tau^2(d^2+d_1^2)V}{4d^2G}$
d_1, d	$I_p=\dfrac{\pi d^3 d_1^3}{16(d^2+d_1^2)}$	$Z_t=\dfrac{\pi d d_1^2}{16}$	$\varphi=\dfrac{16TL(d^2+d_1^2)}{\pi d^3 d_1^3 G}=\dfrac{\tau L(d^2+d_1^2)}{d^2 d_1^2 G}$	$\tau=\dfrac{16T}{\pi d d_1^2}=\dfrac{\varphi d^2 d_1 G}{L(d^2+d_1^2)}$	$T'=\dfrac{\pi d^3 d_1^3 G}{16L(d^2+d_1^2)}$	$P'=\dfrac{\pi d^3 d_1^3 G}{16LR^2(d^2+d_1^2)}$	$U=\dfrac{\tau^2(d^2+d_1^2)V}{8d^2G}$
b, a	$I_p=k_1a^3b$	$Z_t=k_2a^2b$	$\varphi=\dfrac{TL}{k_1a^3bG}=\dfrac{k_2\tau L}{k_1aG}$	$\tau=\dfrac{T}{k_2a^2b}=\dfrac{k_1}{k_2}\times\dfrac{\varphi aG}{L}$	$T'=\dfrac{k_1a^3bG}{L}$	$P'=\dfrac{k_1a^3bG}{LR^2}$	$U=\dfrac{k_2^2}{k_1^2}\times\dfrac{\tau^2V}{2G}$
a	$I_p=0.141a^4$	$Z_t=0.208a^3$	$\varphi=\dfrac{TL}{0.141a^4G}=\dfrac{1.482\tau L}{aG}$	$\tau=\dfrac{T}{0.208a^3}=\dfrac{0.675\varphi aG}{L}$	$T'=\dfrac{0.141a^4G}{L}$	$P'=\dfrac{0.141a^4G}{LR^2}$	$U=\dfrac{\tau^2V}{6.48G}$
a	$I_p=0.0216a^4$	$Z_t=0.05a^3$	$\varphi=\dfrac{TL}{0.0216a^4G}=\dfrac{2.31\tau L}{aG}$	$\tau=\dfrac{20T}{a^3}=\dfrac{0.43\varphi aG}{L}$	$T'=\dfrac{a^4G}{46.2L}$	$P'=\dfrac{a^4G}{46.2LR^2}$	$U=\dfrac{\tau^2V}{7.5G}$

表 11-14-4　　矩形截面扭杆计算公式中的系数

$\dfrac{b}{a}\left(或\dfrac{a}{b}\right)$	k_1	k_2	k_3	$\dfrac{b}{a}\left(或\dfrac{a}{b}\right)$	k_1	k_2	k_3
1.00	0.1406	0.2082	1.0000	1.75	0.2143	0.2390	0.8207
1.05	0.1474	0.2112		1.80	0.2174	0.2404	
1.10	0.1540	0.2139		1.90	0.2233	0.2432	
1.15	0.1602	0.2165		2.00	0.2287	0.2459	0.7951
1.20	0.1661	0.2189		2.25	0.2401	0.2520	
1.25	0.1717	0.2212	0.9160	2.50	0.2494	0.2576	0.7663
1.30	0.1771	0.2236		2.75	0.2570	0.2626	
1.35	0.1821	0.2254		3.00	0.2633	0.2672	
1.40	0.1869	0.2273		3.50	0.2733	0.2751	
1.45	0.1914	0.2289		4.00	0.2808	0.2817	0.7447
1.50	0.1958	0.2310	0.8590	4.50	0.2866	0.2870	
1.60	0.2037	0.2343	0.8418	5.00	0.2914	0.2915	0.7430
1.70	0.2109	0.2375		10.00	0.3123	0.3123	

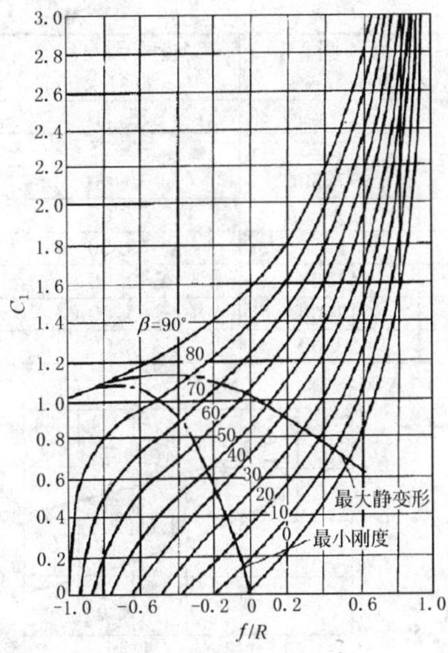

图 11-14-5 系数 C_1 值与 $\frac{f}{R}$ 和 β 的关系

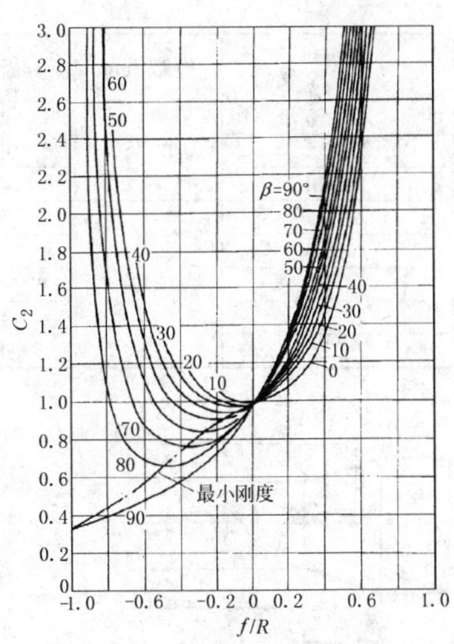

图 11-14-6 系数 C_2 值与 $\frac{f}{R}$ 和 β 的关系

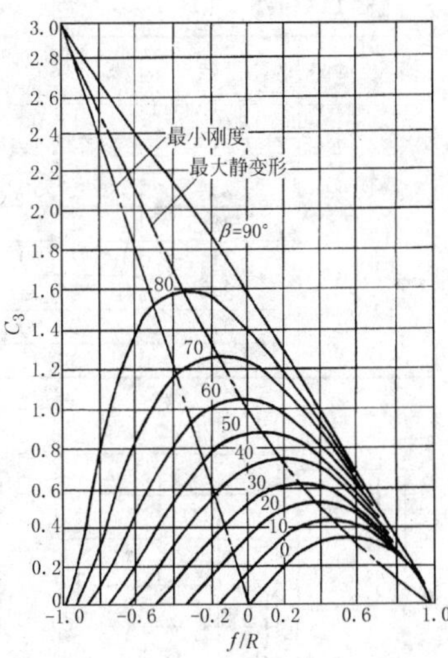

图 11-14-7 系数 C_3 值与 $\frac{f}{R}$ 和 β 的关系

4 扭杆弹簧的端部结构和有效长度

4.1 扭杆弹簧的端部结构

扭杆是具有一定截面的直杆，其端部（安装连接部分）的形状如图 11-14-8 所示，常用的有花键形、细齿形和六角形。

花键形有矩形花键和渐开线花键两种。由于渐开线花键具有自动定心作用，各齿力均匀，强度高，寿命长，故采用较多。细齿形实质上是模数较小、齿数较多的渐开线花键形。六角形传递扭矩效率不高，端部材料不能充分利用，但制造方便。目前细齿形应用最广。

矩形和渐开线形花键的尺寸。根据扭杆直径由 GB 1144—1987 和 GB 3478.1—1983 确定。

细齿形扭杆端部几何尺寸可参照表 11-14-5。

细齿形外径为扭杆直径的 1.15～1.25 倍，长度为扭杆直径的 0.5～0.7 倍。

端部为六角形时，其对边距离约为扭杆直径的 1.2 倍，长度可取扭杆直径的 1.0 倍。

为了减轻扭杆与端部交界处的应力集中，采用了圆弧或圆锥过渡。圆弧过渡时，圆弧半径应大于扭杆直径的 3～5 倍；圆锥过渡时，锥顶角 2β 可取 30°左右，如图 11-14-9 所示。为了防止疲劳破坏，齿根处应有足够的圆角半径，并在整个宽度上啮合，以保证受力均匀。如扭杆构件刚性不足，会出现弯曲载荷，造成扭杆折损。为此，在扭杆的一端或两端加橡胶垫。

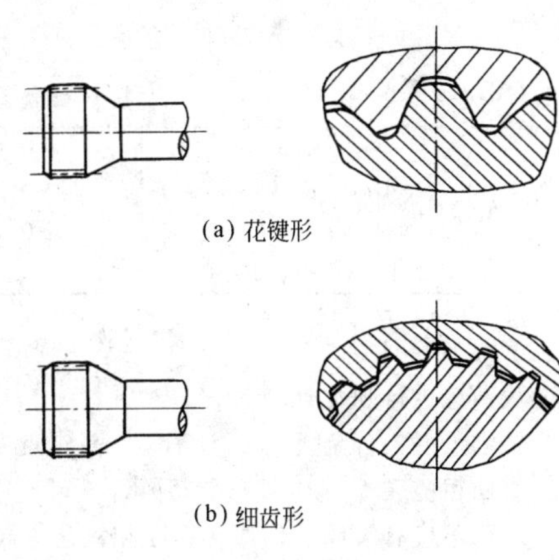

(a) 花键形

(b) 细齿形

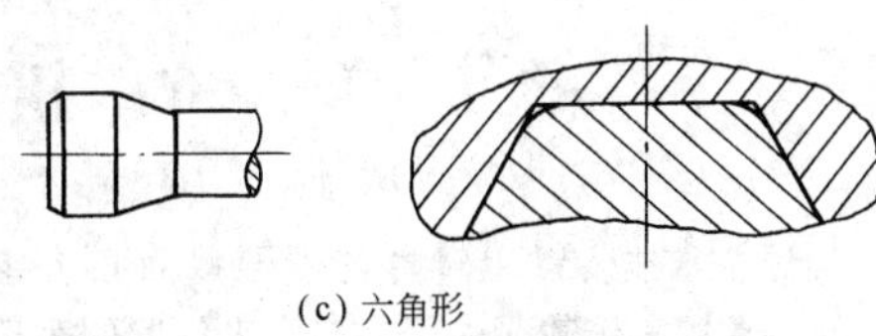

(c) 六角形

图 11-14-8 扭杆弹簧的端部结构

表 11-14-5

模数/mm	齿数	齿顶圆直径/mm	齿根圆直径(>杆径)/mm	模数/mm	齿数	齿顶圆直径/mm	齿根圆直径(>杆径)/mm
0.75	10	15.00	13.50	0.75	43	23.00	31.50
	22	17.25	15.75		46	35.25	33.75
	25	19.50	18.00		49	37.50	36.00
	28	21.75	20.25	1.0	38	39.00	37.00
	31	24.00	22.50		40	41.00	39.00
	34	26.25	24.75		43	44.00	42.00
	37	28.50	27.00		46	47.00	45.00
	40	30.75	29.25		49	50.00	48.00

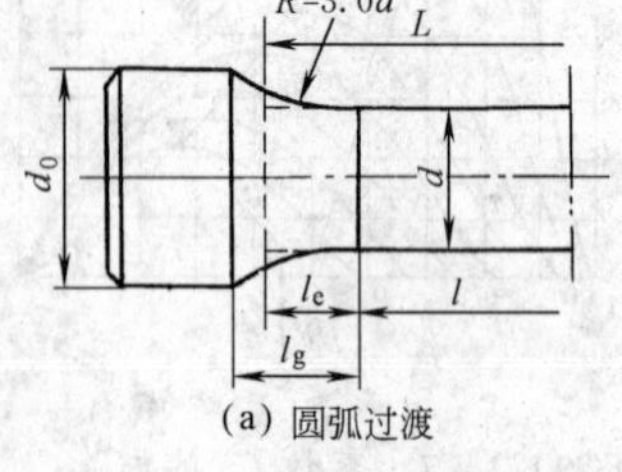

(a) 圆弧过渡

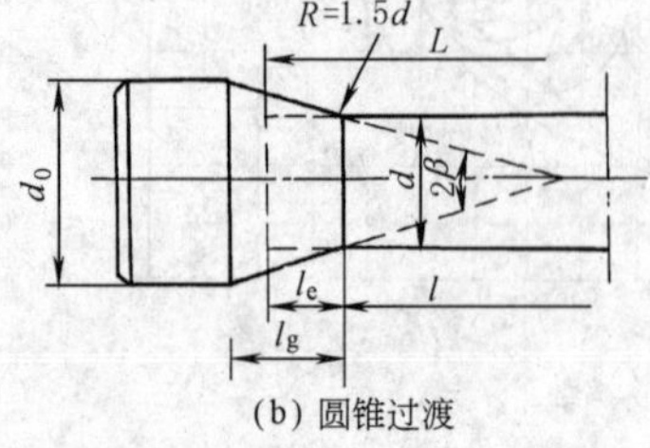

(b) 圆锥过渡

图 11-14-9　扭杆端部结构

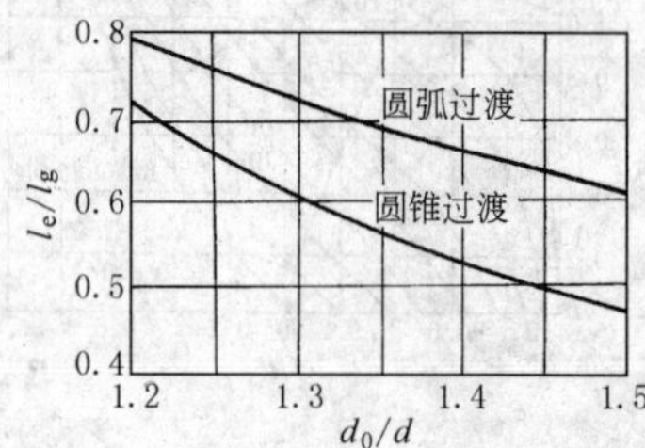

图 11-14-10　过渡部分当量长度 l_e

4.2 扭杆弹簧的有效工作长度

扭杆弹簧工作时，由于扭杆与端部过渡部分也发生扭转变形。因此，在设计时应将两端过渡部分换算成当量长度。圆形截面扭杆过渡部分的当量长度可从图 11-14-10 查得，扭杆的有效工作长度应是杆体长度加上两端过渡部分的当量长度：

$$L = l + 2l_e$$

5 扭杆弹簧的技术要求

1）直径尺寸的偏差　扭杆弹簧直径允许偏差及直线度偏差和表 11-14-6 所示。

表 11-14-6　扭杆弹簧直径允许偏差及直线度偏差

直径允许偏差/mm		
	$d=6\sim12$	±0.06
	$d=13\sim25$	±0.08
	$d=26\sim45$	±0.10
	$d=46\sim80$	±0.15

扭杆直线度偏差/mm		
	$L<1000$	<1.5
	$1000<L<1500$	<2.0
	$L>1500$	<2.5

2）表面质量

① 表面应进行强化处理。

② 要求硬度：合金钢 47~51HRC；高碳钢 48~55HRC。

③ 表面粗糙度 $R_a<0.63\sim1.25\mu m$。

④ 表面不应有裂纹、伤痕、锈蚀和氧化等缺陷。

6 扭杆弹簧计算示例

设计一悬挂装置用转臂与圆形截面扭杆组成的扭杆弹簧。其常用工作载荷为 $P=2000N$，转臂长度 $R=300mm$，常用工作载荷作用点与水平位置的距离 $f=-20mm$，最大变形时 $f_{max}=80mm$，常用工作载荷作用下扭杆的自振频率 $v=66.5min^{-1}$。所用计算符号参见图 11-14-4。

表 11-14-7

项　　目	单　位	公式及数据
常用工作载荷作用下扭杆的线性静变形 f_s	mm	$f_s=\frac{0.9\times10^6}{v^2}=\frac{0.9\times10^6}{66.5^2}=204$
常用工作载荷作用点的扭杆刚度 P'	N/mm	$P'=\frac{P}{f_s}=\frac{2000}{204}=9.8$
计算 C_3 值		根据 f_s 计算 C_3　　$C_3=\frac{f_s}{R}=\frac{204}{300}=0.68$
计算 β 角	(°)	根据 $\frac{f}{R}=\frac{-20}{300}=-0.066, C_3=0.68$　　查图 11-14-7　得 $\beta=40$
计算 C_2 值		查图 11-14-6　得 $C_2=0.95$
扭杆的扭角刚度	N · mm/(°)	$T'=\frac{P'R^2}{C_2}=\frac{9.8\times300^2}{0.95}=9.28\times10^5\mathrm{N\cdot mm/rad}=1.62\times10^4$
转臂在最大变形时的夹角 α_{max}	(°)	$\alpha_{max}=\arcsin\frac{f_{max}}{R}=\arcsin\frac{80}{300}=15.45$
扭杆的最大扭转角 φ_{max}	(°)	$\varphi_{max}=\alpha_{max}+\beta=15.45+40=55.45$
扭杆的最大扭矩 T_{max}	N · mm	$T_{max}=T'\times\varphi_{max}=1.62\times10^4\times55.45°=8.96\times10^5$
扭杆直径 d	mm	取 $\tau_p=900\mathrm{MPa}$　　$d\geqslant\sqrt[3]{\frac{16T}{\pi\tau_p}}=\sqrt[3]{\frac{16\times8.96\times10^5}{3.14\times900}}=17.2$
扭杆的所需有效长度 L	mm	取 $G=76000$　　$L=\frac{\pi d^4G}{32T'}=\frac{3.14\times18^4\times76000}{32\times9.28\times10^5}=844$

7　扭杆弹簧应用实例

图 11-14-11a 为采用扭杆弹簧的汽车悬架。扭杆弹簧的一端固定于车身，另一端与悬架控制臂连接。车轮上、下运动时，扭杆便发生扭曲，起弹簧作用。

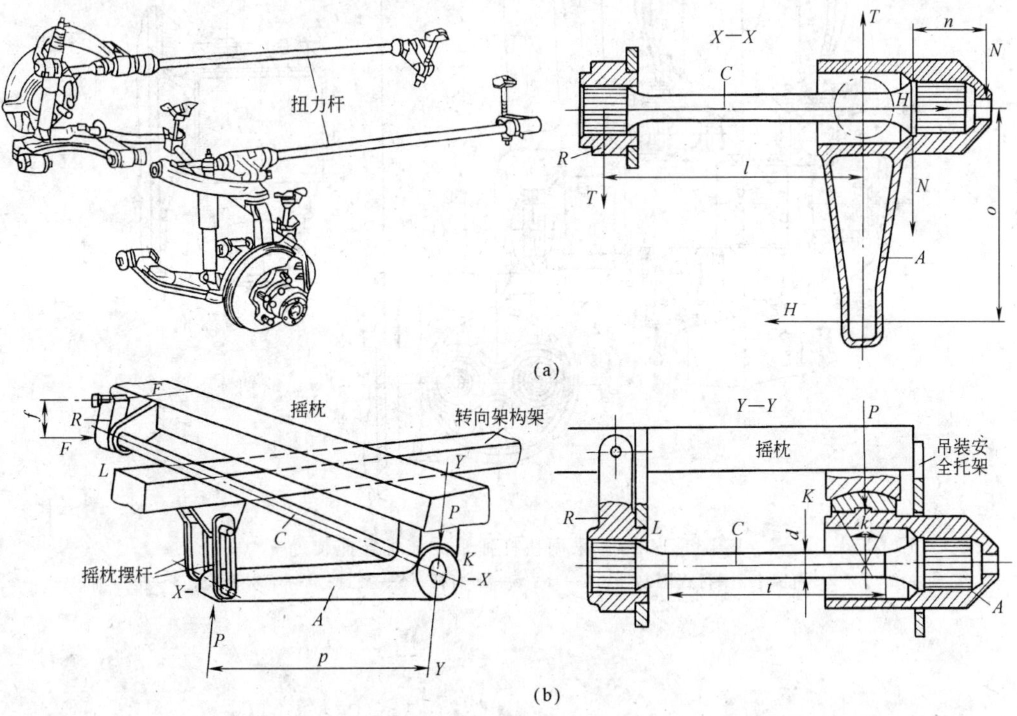

图 11-14-11　扭杆弹簧在汽车及机车上的应用

图 11-14-11b 是扭杆弹簧作为摇枕装置装在转向架上的情况。扭杆部件由扭杆臂或摆动臂 *A*、扭杆 *C* 及固定臂（或反作用臂）组成。摆动臂作为扭杆的转动端，固定臂作为扭杆的固定端，扭杆及各臂间大多采用齿形连接。根据实际情况，固定臂既可以布置在图中所示的位置，也可以处于任意一个其他的位置。机车重量在摆动臂端部产生反作用力 *P*，该力以作用力矩 *Pp* 作用于扭杆。扭杆将此力矩传到固定杆（这时的力矩用 *Ff* 表示），并在固定臂端部产生作用力 *F*。如果在 *K* 及 *L* 处加上由支撑点作用于弹性部件（摆动臂-扭杆-固定臂）的力 *P* 及 *F*，系统就处于平衡状态。

图 11-14-12 是拖拉牵引机的悬挂结构，其悬挂装置是特殊的扭力轴，并沿机器全宽布置，轮子 1 的钢质平衡杆 5 为冲压制成，杆中有孔以减轻重量。各轮的平衡杆是可换的，杆端装有环 4 和托架 2，环 4 用来装缓冲器，托架 2 则是行程限制器 3 的支梁。平衡杆以两个塑料套筒 7 装于机架内，机架端部装有扭力轴 8，为圆柱体，端部较粗且带有花键，扭力轴由合金钢制成。通过加载处理，分成左、右两根扭力轴。

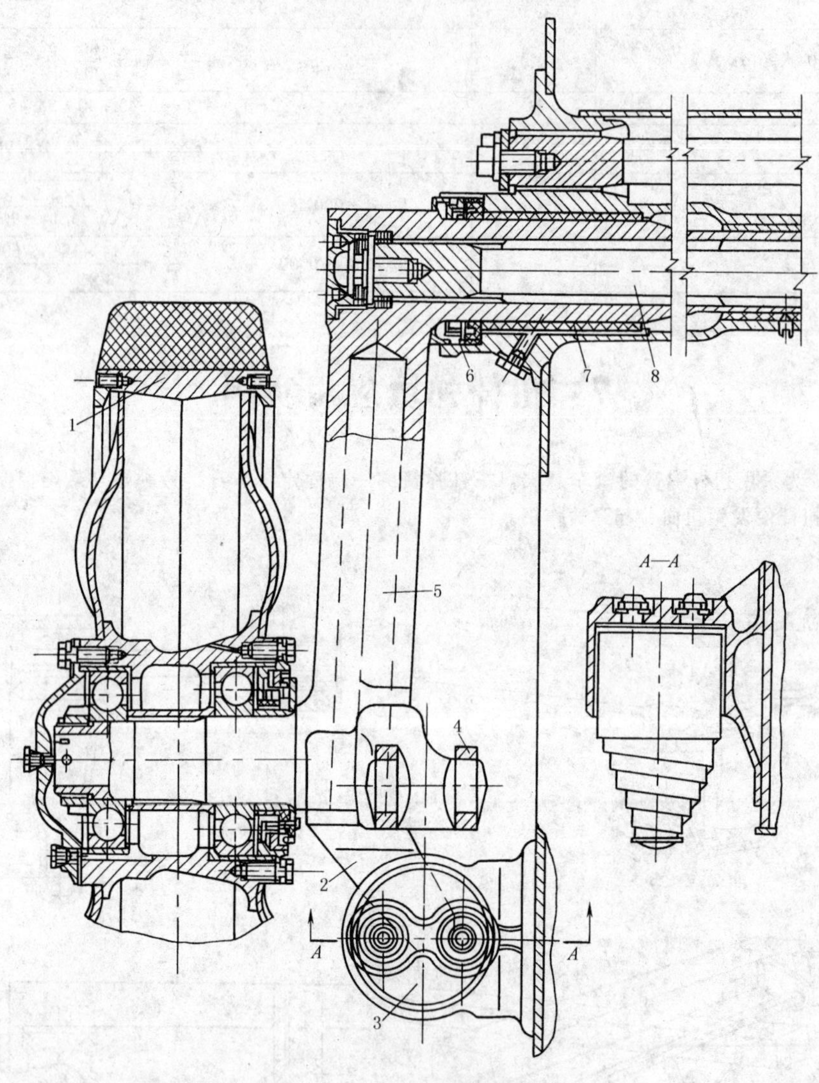

图 11-14-12　采用扭杆弹簧的拖机悬挂装置

1—轮子；2—托架；3—行程限制器；4—环；5—平衡杆；6—密封；7—塑料套筒；8—扭力轴

第 15 章　弹簧的特殊处理及热处理

1　弹簧的特殊处理

为了充分满足使用性能的要求，保证弹簧的质量。必须根据弹簧的具体要求，对弹簧进行特殊处理。弹簧的特殊处理主要有立定处理、加温立定处理、强压（扭）处理、加温强压（扭）处理和喷丸处理等。

1.1　弹簧的立定处理和强压处理

1.1.1　立定处理

将热处理后的压缩弹簧压缩到工作极限负荷下的高度 h_j 或压并高度 H_b（拉伸弹簧拉伸到工作极限负荷下的长度 L_1，扭转弹簧扭转到工作极限扭转角 ψ_j），一次或多次短暂压缩（拉伸、扭转），以达到稳定弹簧几何尺寸的目的，这种方法叫立定处理。

对于有精度要求和用在比较重要场合的弹簧，必须100%地做立定处理。相反，普通用途的弹簧就不必做立定处理。

弹簧立定处理的另外一种方法是：将弹簧压缩（拉伸、扭转）到试验负荷（扭矩）下的高度（长度、扭转变形角）并迅速卸载，依此循环，连续3～8次。弹簧的试验负荷 P_s（试验扭矩 M_s）可以按照弹簧设计的相关计算公式计算。这里介绍压缩、拉伸弹簧的试验负荷 P_s，和扭转弹簧的试验扭矩 M_s 的计算方法：

① 试验负荷　$$P_s=\frac{\pi d^3}{8}\tau_s D \quad (\text{N})$$

式中　τ_s——弹簧的许用试验应力。

一般碳素弹簧钢丝制造的压缩弹簧的许用试验应力为（0.5～0.55）σ_b；

一般碳素弹簧钢丝制造的拉伸弹簧的许用试验应力为（0.4～0.45）σ_b。

② 试验扭矩　$$M_s=\frac{\pi d^3}{32}\sigma_s\times 10^3 \quad (\text{N}\cdot\text{m})$$

式中　σ_s——扭转弹簧的扭转许用试验应力。

一般碳素弹簧钢丝制造的扭转弹簧许用试验应力为0.8σ_b。

对于压缩弹簧，当计算出来的试验负荷比压并负荷大时，则应该以压并负荷作为试验负荷。

按照试验负荷下的高度（长度、扭转角）对弹簧进行立定处理时，弹簧的变形量一般不会太大，并且每批弹簧的变形量基本相仿：如果产生过大的永久变形，表示弹簧在制造过程中的其中一道工序进行得不好，例如弹簧的消应力回火温度过高或者过低、淬火回火后的硬度偏低、校正变形量过大，或者原材料强度出现问题等。因此立定处理也是检查弹簧质量的一种好方法。

立定处理后的弹簧，经过运输时的振动或者长期保管后，弹簧的尺寸会部分回弹，因此对于外形尺寸要求比较高的弹簧在成品检查前，可以再做一次立定处理。

1.1.2　加温立定处理

在高于弹簧工作温度下的立定处理，叫加温立定处理。它能保证弹簧在高温下正常工作。各种弹簧加温立定处理时的高度（扭转角）、温度和时间都应该根据弹簧的使用条件专门设定，并且要经过反复认真地试验才能确定。

必须说明的是拉伸弹簧经过立定处理后初拉力会减少或者消失，所以对于有初拉力的拉伸弹簧一般就不能做加温立定处理。

1.1.3 强压（扭）处理

将弹簧压缩（扭转）至弹簧材料表层产生有益的与工作应力反向的残余应力。以达到提高弹簧承载能力和稳定几何尺寸的目的。这种方法叫强压（扭）处理。

(1) 弹簧强压（扭）的设计

在考虑要对弹簧作强压（扭）处理时，应该对弹簧进行强压（扭）设计，以确定该弹簧是否适合做强压（扭）处理。对具备强压（扭）条件并受高应力的压缩弹簧、扭转弹簧等，经过强压（扭）处理后力学性能才会得到明显的改善。这是因为通过强压（拉、扭）处理来提高弹簧的承载能力是有条件的。在强压处理过程中，只有使弹簧材料表层产生有益的与工作应力反向的残余应力，才能获得强压的效果，并且只有在强压（拉、扭）时，使得弹簧材料产生的残余应力即塑性变形越大，弹簧材料的弹性极限提高得才越大。而每种材料的弹性极限都是有一定的限度的，一旦超过这个极限，材料不仅会产生塑性变形，并且会"完全屈服"变形。各种材料屈服极限值也有差异，屈服极限值只能通过一定的计算并通过试验后才能确定。许多弹簧在强压（拉）到材料的 $(0.6\sim0.8)\ \sigma_b$ 就已经"完全屈服"变形了。因此在考虑要对弹簧作强压处理时，必须先对弹簧进行强压设计，以确定该弹簧是否适合做强压（扭）处理。

对圆形截面材料的螺旋弹簧强压（扭）处理的应力 τ_{0Y} 或者 σ_{0Y}，应该满足以下计算式的要求：

$$\tau_{0Y}=8DP_{0Y}/\pi d^3>\tau_s$$

$$\sigma_{0Y}=3.2\times10^4M_{0Y}/\pi d^3>\sigma_s$$

式中 P_{0Y}——强压处理时的负荷，N；

M_{0Y}——强扭处理时的扭矩，N·m。

当 $\tau_{0Y}/\sigma_b\leqslant0.5$ 时，弹簧的强压效果很微小，弹簧的变形也很小，这种强压处理不能提高它的承载能力，仅仅起到稳定弹簧几何尺寸的作用。

当 $\tau_{0Y}/\sigma_b>0.85$ 时，也不能取得理想的强化效果反而使得材料出现某种程度的损伤，甚至出现裂纹。

因此，进行强压处理时的压（扭）应力推荐为：

$$\tau_{0Y}=(0.50\sim0.85)\sigma_b$$

$$\sigma_{0Y}=(0.85\sim1.10)\sigma_b$$

(2) 强压（扭）的时间

应该根据弹簧的重要程度、强压处理后要求弹簧达到的负荷大小来确定强压（扭）的时间，一般情况下 τ_{0Y}/σ_b 之值越大、弹簧的重要程度较大、弹簧工作时承受负荷的时间越长，强压（扭）的时间也应该越长。可以设定强压（扭）的时间在6~48h之间，由于强压（扭）的时间长短会很大程度地影响弹簧的质量和生产效率，可针对一种弹簧产品做必要的试验来最终确定它的强压（扭）时间。

(3) 强压的预制高度

弹簧经过强压（扭）处理后高度（角度）会产生变化，压缩弹簧经过强压处理后自由高度会降低。为了达到图纸所要求的最后自由高度要求，在强压处理前要预先留出弹簧在强压处理时的永久变形量。这种留有变形量的弹簧自由高度尺寸（工艺尺寸），称为预制高度。扭转弹簧也有同样的预制角度要求。

影响强压处理永久变形量的因素很多，例如强压处理时负荷的大小、材料的抗拉强度、弹簧的旋绕比、加工时的校正变形量以及弹簧是否进行喷丸处理等。所以弹簧强压处理的预制高度很难准确计算，可以根据经验公式进行初步估算后，再进行小批试验，以便最后确定预制高度。

压缩弹簧预制高度的经验公式是：

$$H_{0Y}=(0.12\sim0.13)F+H_0$$

或者

$$H_{0Y}=F(0.055+0.1\tau_{0Y}/\sigma_b)+H_0$$

式中 H_{0Y}——估计的预制高度，mm；

F——变形量，mm；

H_0——弹簧的自由高度，mm；

τ_{0Y}——强压负荷，MPa；

σ_b——材料的抗拉强度，MPa。

(4) 强压（扭）处理的工序安排

强压（扭）处理一般都安排在（表面处理前的）最后一道工序。对于有特殊要求或者重要要求的弹簧，可以在表面处理以后再安排一次短时间的强压（扭）处理。

(5) 关于强压（扭）的其他说明

强压（扭）处理的效果与弹簧的外形结构、特性以及强压处理的工艺方法都有密切的关系。就弹簧的外形结构而言，旋绕比大或者螺旋升角小的（压缩弹簧）就不可能通过强压处理来提高它的承载能力，旋绕比或者螺旋升角究竟多少能达到目的，需要通过计算或者试验才能确定。所以，当一般的压缩和扭转弹簧并不具备强压（扭）的必备条件时，有的可以通过对其进行“预制高”的工艺来创造条件。对于压缩弹簧和扭转弹簧，可以通过对它预留强压的“预制高”或“预制角”来实现两个目的：一是使得弹簧材料截面表层能够产生残余应力的“压缩量”或“扭转量”；二是经过强压处理后弹簧的高度尺寸或角度正好符合设计的要求。对于拉伸弹簧来说第一个目的就不可能实现。

在这里特别提出：

1）有初拉力要求的拉伸弹簧，在强拉处理时初拉力会减少甚至消失，这类弹簧不能做强拉处理。而无初拉力要求的拉伸弹簧，是不能通过强拉处理来提高承载能力的。

2）高温（超过60℃）及腐蚀条件下工作的弹簧作强压（扭）处理，只能起稳定尺寸的作用，不能提高承载能力。

3）通过用强压处理的方法来提高截锥形弹簧的承载能力实际上是不可取的，并以此可以推断出：对于各种变刚度的弹簧，是不可以用强压处理的方法来提高它的承载能力的。

应该说明的是，目前国内外都研究成功并已经批量生产出一些高强度、高应力的弹簧材料，这些材料使得弹簧的承载能力大大提高，设计和制造弹簧时应该根据技术经济和价值分析的方法对具体的弹簧是否适合于强压（扭）工艺进行全面分析评估。

1.1.4 加温强压（扭）处理

在高于弹簧工作温度条件下进行强压（扭）处理，这种方法叫加温强压（扭）处理。它能稳定弹簧的几何尺寸并使弹簧在高温下正常工作。各种弹簧加温强压（扭）处理时的高度（扭转角）、温度和时间都应该根据弹簧的使用条件，结合常温弹簧的强压（扭）处理方法专门设定，并且要经过反复认真试验后才能确定。

对于比较重要的、长时间在恶劣环境下工作的弹簧，如安全阀、自动控制阀、航空航天器上工作的弹簧都可以采用热强压的方法来获得弹簧使用时的稳定性。

1.2 弹簧的喷丸处理

1.2.1 喷丸处理的目的

弹簧喷丸处理又称喷丸强化，它是以高速运动的弹丸向弹簧表面喷射，使弹簧表面产生压缩应力，以提高弹簧的疲劳强度，改善弹簧的松弛性能，延长弹簧使用寿命并改善弹簧耐应力腐蚀性能的一种工艺手段。另外，弹簧在制造过程中出现的一些不可避免的轻微划伤、压痕或比较轻微的脱碳等，也可在喷丸处理的过程中得到消除或改善，从而消除或减少了疲劳源。对重要的、工作应力较高的拉伸弹簧钩环转接处进行喷丸处理，可以提高它的使用寿命。

1.2.2 喷丸设备及弹丸

(1) 弹簧喷丸的设备

主要可以分气压式、机械离心式和机械液体式三种。其中气压式和离心式工作原理和特点见表 11-15-1。

表 11-15-1　　喷丸设备工作原理及特点

类型	工作原理	用途和特点
气压式	用压缩空气喷射弹丸,气压 0.2 ~ 0.5MPa	喷丸集中,适用于形状复杂的零件,效率低
离心式	用离心力推进弹丸,转轮的速度为 2200 ~ 3500r/min	适用于形状简单的零件,效率高

(2) 弹丸

弹丸的种类有铸钢丸、铸铁丸、钢丝丸和玻璃丸，弹丸的规格为直径 0.05 ~ 0.35mm，可以根据不同的要求选择弹丸的种类和规格。

(3) 试片

试片是检验喷丸质量的必要试样。试片的材料采用 70 号或者 65Mn 冷轧钢带制造。试片应经过热处理，其硬度为 44 ~ 50HRC。试片分为 N 和 AX 型两种，外形尺寸和精度可以按 JB/Z 255 的规定。试片应该安装在支承夹具上。

(4) 支承夹具

试片支承夹具可以采用碳素结构钢经调质制造，其外形结构尺寸精度可以按 JB/Z 255 的规定。试片支承夹具应定期检查，发现损坏要及时更换。

1.2.3　弹丸种类及喷丸强度

可以根据不同的弹簧钢丝直径来选择弹丸种类及喷丸强度，弹丸种类及喷丸强度按表 11-15-2 规定。

表 11-15-2　　弹簧钢丝直径、弹丸种类及喷丸强度

钢丝直径 /mm	弹丸种类	弹丸直径 /mm	喷丸强度[1] f_1	说　明
<2	玻璃丸	0.1 ~ 0.35	0.1 ~ 0.35	(1)弹簧间隙应大于 3 倍的弹丸直径 (2)弹簧钢丝直径小于 1.2mm 及弹簧间隙比较小时,可以用湿吹砂代替喷丸
2 ~ 4	铸钢丸或钢丝丸	0.4 ~ 0.8	0.3 ~ 0.45	
4 ~ 8	铸钢丸或钢丝丸	0.8 ~ 1.2	0.4 ~ 0.6	
>8	铸钢丸	1.0 ~ 1.5	0.4 ~ 0.6	

① 喷丸强度 f_1 把弧高度曲线上饱和点处的弧高度，定义为喷丸强度，它是喷丸工艺参数（弹丸直径、弹丸速度、流量、喷丸时间和角度等）的函数。

1.2.4　喷丸处理后的回火

经过喷丸处理后的弹簧由于表面残余应力的存在，使得自由高度变得不太稳定，另外喷丸处理后的弹簧直接进行立定处理其变形量也比较大，所以对于精度要求高的经过喷丸处理后的弹簧，在立定处理前可以增加一次 (200 ± 10)℃、20 ~ 30min 的低温应力回火处理，以稳定弹簧的几何尺寸。

1.2.5　喷丸处理对弹簧其他性能的影响

1) 经过喷丸处理后的弹簧由于其钢丝直径的变化，使得弹簧自由高度和特性呈现下降趋势，这些变化量都应该通过首批试验后加以分析并控制。

2) 对于钢丝直径较细、弹簧外径较大的低刚度弹簧，喷丸处理过程中弹簧会发生歪斜，弹簧的垂直度和直线度会有一定程度的破坏，有时，喷丸处理后又需用修正和磨削端面来校正，这样就又削弱了喷丸强化的效果。所以，垂直度和直线度要求比较高的弹簧不适宜喷丸处理。

3) 由于经过喷丸处理所产生的表面压缩强化残余应力在热温度情况下会逐渐消除，并且随着温度的提高而全部消失，因此，在热状态下工作的弹簧不适合做喷丸处理。

4) 通过试验还可以发现：经过喷丸处理后的弹簧再进行表面氧化处理，会使它的疲劳循环次数比喷丸处理后不氧化处理的弹簧减少 45% 左右，所以要合理地采用喷丸处理弹簧的表面处理。

2　弹簧的热处理

2.1　弹簧热处理目的、要求和方法

弹簧在加工过程中都要进行热处理，对于各种不同类型的弹簧、材料和用不同方法加工出来的弹簧，其热处

理的目的、要求和方法是不相同的。可以通过不同的热处理方法来满足弹簧设计的要求。螺旋弹簧热处理的基本目的、要求和方法见表11-15-3。

表 11-15-3　　螺旋弹簧热处理的基本目的、要求和方法

热处理目的	基本要求	热处理名称	适用材料的种类
预备热处理（软化组织）	(1)均匀组织 (2)提高塑性,方便加工 (3)强化前的组织准备	正火 完全退火 不完全退火	淬火马氏体钢、淬火马氏体不锈钢、铜合金
		固溶处理	奥氏体不锈钢、马氏体时效不锈钢、铍青铜、高温合金、精密合金
强化处理（强化组织）	获得较好的强度、韧性和弹性	淬火+回火	用退火材料或热卷成形的弹簧都应进行淬火和回火处理
		时效	马氏体时效不锈钢、铍青铜、精密合金
	时效前的初步强化	冷处理	马氏体时效不锈钢
稳定化处理	消除冷加工应力,稳定弹簧的形状尺寸和弹性性能	消应力回火	冷拔成形并经过强化处理的材料,又在冷状态下加工成形的弹簧以及时效处理后又经变形加工的弹性元件

2.2　预备热处理

2.2.1　常用碳素弹簧钢和合金弹簧钢的预备热处理工艺

常用碳素弹簧钢和合金弹簧钢的预备热处理工艺见表11-15-4。

表 11-15-4　　常用碳素弹簧钢和合金弹簧钢的预备热处理工艺

材料牌号	正火	完全(或等温)退火①		低温退火
	加热温度/℃	加热温度/℃	布氏硬度压痕直径/mm	加热温度/℃
65、70、85号钢	810~830	770②	≥4.4	690~710
65Mn	800~820	810	≥3.7	680~700
60Si2MnA	850~870	860	≥3.5	680~700
50CrVA	850~870	860	3.8~4.8	680~700

① 完全退火时，应该将炉温冷却至650℃以下出炉空冷。

② 退火时也可以在（770±10）℃保温后，随炉冷至620~640℃并保持1~2h，然后出炉空冷。

2.2.2　不锈弹簧钢的预备热处理工艺

不锈弹簧钢的预备热处理工艺可以参考本章2.6节。

2.2.3　铜合金弹簧材料的预备热处理

铜合金弹簧材料预备热处理工艺可以参考本章2.7节。

2.3　消应力回火

2.3.1　常用弹簧钢材料消应力回火处理规范

冷拔成形并经过强化处理的材料，在冷状态下加工成弹簧，或者时效处理后又经过变形加工的弹性元件，都应该进行消应力回火处理。处理的规范是按材料的种类和规格决定，达到既要消除加工应力，又要保证材料的强度、硬度和韧性等。常用弹簧钢材料消应力回火处理规范见表11-15-5。

表 11-15-5　　常用弹簧钢材料消应力回火处理规范

材料牌号		直径/mm	回火温度/℃	保温时间/min	冷却方式	备注
碳素弹簧钢丝 B、C、D 级,重要用途碳素弹簧钢丝 E、F、G 级		<2	240 ~ 300	>20	空气或水	①回火温度可以根据弹簧的使用要求在规定范围内确定 ②保温时间可以根据弹簧丝的直径和装炉数量进行适当的调整 ③由于弹簧加工的需要,消应力回火有时要进行多次,为防止材料强度降低,应注意以后的每次回火温度都要比第一次的回火温度低 20 ~ 50℃,保温时间也可以较前一次略短些 ④进行消应力回火处理的弹簧,其硬度不予考核
		2 ~ 4	260 ~ 320	20 ~ 60		
		>4	280 ~ 350	30 ~ 80		
油淬火回火钢丝	50CrVA	≤2	360 ~ 380	20 ~ 30		
		>2	380 ~ 400	30 ~ 40		
	60Si2MnA	≤2	380 ~ 400	20 ~ 30		
		>2	400 ~ 420	30 ~ 40		
	65Si2MnA 70Si2MnA	≤2	420 ~ 440	20 ~ 40		
		>2	440 ~ 460	30 ~ 40		
	55CrSiA	≤2	380 ~ 400	20 ~ 40		
		>2	380 ~ 400	40 ~ 80		
奥氏体不锈钢丝	1Cr18Ni9 0Cr19Ni10 0Cr17Ni12Mo2 0Cr18Ni10 0Cr17Ni8Al	≤2 2 ~ 4 4 ~ 6	320 ~ 380 320 ~ 420 350 ~ 440	20 ~ 40 30 ~ 60 40 ~ 60	空气或水	

2.3.2　消应力回火温度对弹簧力学性能的影响

消应力回火温度对各种材料弹簧力学性能的影响是客观存在的。可以用回火温度对碳素弹簧钢丝、油淬火回火钢丝和 1Cr18Ni9 弹簧材料力学性能的影响加以说明，见表 11-15-6、表 11-15-7 和表 11-15-8。

表 11-15-6　　回火温度对碳素弹簧钢丝材料弹簧的力学性能的影响

钢丝直径/mm	材料供应状态	各种回火温度处理 30min 后的 σ_b,σ_s,σ_e/MPa					
		温度	100℃	200℃	260℃	300℃	400℃
2.0	冷拉	σ_b	1760	1850	1850	1750	1625
		σ_s	1350	1500	1600	1380	1300
		σ_e	1050	1350	1350	1200	1060
碳素弹簧钢丝在经过 280℃、20min 的回火处理后,硬度可以提高 3 ~ 4HRC							

表 11-15-7　　回火温度对油淬火回火钢丝材料弹簧的力学性能的影响

钢丝直径/mm	材料供应状态	各种回火温度处理 30min 后的 σ_b,σ_s,σ_e/MPa					
		温度	100℃	200℃	300℃	400℃	500℃
2.0	冷拉	σ_b	1520	1550	1600	1600	1350
		σ_s	1400	1400	1400	1380	1200
		σ_e	1300	1300	1280	1260	1150

表 11-15-8　　回火温度对 1Cr18Ni9 材料弹簧力学性能（硬度）的影响

钢丝直径/mm	材料供应状态	用各种回火温度处理 1h 后的硬度 HRC				
		300℃	350℃	400℃	450℃	500℃
4	冷拉	46.6	48.2	48.2	48.5	47.6
6		44.0	45.5	45.1	45.3	44.9

根据试验：大多数冷加工的奥氏体不锈钢，在经过 320 ~ 440℃ 回火处理 10 ~ 60min 后，力学性能、弹性、疲劳强度和松弛性能都会得到不同的提高，其抗拉强度大约可以增加 10% 左右。这是因为在回火过程中有一种细微的碳化物 M23C6 在原子晶格结构中析出，使得材料可以增加抗拉强度，另外，弹簧成形后通过回火处理可以减少因为加工成形而引起的内应力，提高了耐疲劳强度。

2.3.3 消应力回火的温度和保温时间对拉伸弹簧初拉力的影响

消应力回火对拉伸弹簧的初拉力是有影响的，回火温度低，保温时间短，保留的初拉力较大，反之初拉力保留得小。表 11-15-9 列出了回火温度、时间对拉伸弹簧初拉力的残存百分比试验值。

表 11-15-9　　回火温度、时间对拉伸弹簧初拉力的残存百分比试验值

材料	回火前/%	消应力回火的参数/%				
		150℃	200℃	250℃	300℃	350℃
		15min				25min
碳素弹簧钢丝	100	88	77	68	49	32
不锈弹簧钢丝	100	94	92	88	80	74

可以根据拉伸弹簧所需要的初拉力大小，对消应力回火温度与保温时间进行调整。为了弹簧加工的需要，消应力回火有时要进行多次，为了防止材料强度降低，应注意以后的每次回火温度都要比第一次的回火温度低20～50℃。

2.4 淬火和回火

2.4.1 常用弹簧材料的淬火和回火处理规范

用退火材料成形或热卷成形（材料直径、厚度较大）、热弯成形的弹簧，为了确保弹簧的强度和性能，应进行淬火和回火处理。常用弹簧材料淬火和回火处理规范可参考表 11-15-10。

表 11-15-10　　常用弹簧材料淬火和回火处理规范

牌号	淬火处理			回火处理		
	加热温度/℃	冷却介质	硬度 HRC	加热温度/℃	冷却介质	硬度 HRC
65、70、75	780～830	水或油	58	400～500	空气	42～46
T8A、T9A	780～800	水或油	60	360～400	空气	42～48
65Mn	800～830	油	60	360～420	空气	42～48
60Si2MnA	850～870	油	60	380～420	水	42～48
65Si2MnWA	840～860	油	62	430～460	水	47～51
50CrVA	840～860	油	58	370～420	水	45～51
60Si2CrVA	850～870	油	60	430～480	水	45～52
70Si3MnA	840～860	油	62	420～480	水	47～52
55CRSiA	850～880	油	58	420～460	水	45～52
3Cr13	1000～1040	油	54	480～520	水	40～46
4Cr13	1000～1040	油	54	430～480	水	45～52

注：根据弹簧性能要求和材料直径（厚度）不同，可以在表中规定的范围内选择不同的回火温度并确定回火时间。弹簧回火后的硬度一般不能超过表中的上限。

2.4.2 淬火和回火处理的注意事项

弹簧的淬火应在保护气氛炉、真空炉或盐炉中进行。回火可以在空气炉、硝盐炉或真空炉内进行。对有回火脆性的材料，例如锰钢、硅锰钢、铬硅钢等在回火后应迅速在水或油中冷却，并立即补充进行低于200℃的低温回火，以消除冷却应力。

由于合金弹簧钢含碳量比较高，又含一定的合金元素，淬火后内应力较大，容易形成淬火裂纹和放置裂纹，所以淬火后应该尽快回火。如不能及时回火，应先在低于回火温度下保持一段时间。

2.5 等温淬火

2.5.1 等温淬火的目的

为了使得弹簧在获得良好的综合性能的前提下，提高微量塑性变形抗力和抗松弛性能，并减少淬火变形，可采用贝氏体等温淬火、马氏体等温淬火等方法，其中马氏体等温淬火在弹性零件中应用较多。

等温淬火后一般不需要进行回火处理，如进行补充回火，可以进一步提高弹性性能，改善综合性能。

表 11-15-11 列出了 60Si2MnA 钢等温淬火与普通淬火回火力学性能比较。

表 11-15-11　　60Si2MnA 钢等温淬火与普通淬火回火力学性能比较

热处理工艺	抗拉强度 σ_b/MPa	屈服强度 σ_s/MPa	弹性极限 σ_p/MPa	伸长率 δ/%	截面收缩率 ψ/%	冲击韧度 α_k/kJ·m^{-2}
290℃、450min 等温淬火	2050	1717	1373	11.0	40	49
290℃、450min 等温淬火 150℃、1h 回火	1982	1766	1570	12.0	46	59
290℃、450min 等温淬火 290℃、1h 回火	1937	1815	1648	12.5	50	49
290℃、450min 等温淬火 400℃、1h 回火	1776	1717	1570	13.5	40	37
普通油淬火后 420℃、40min 回火	1776	1648	1521	11.0	48	34

2.5.2 常用弹簧钢的等温淬火工艺

常用弹簧钢的等温淬火工艺见表 11-15-12。

表 11-15-12　　常用弹簧钢的等温淬火工艺

材料牌号	淬火温度/℃	等温温度/℃	等温停留时间/min	处理后硬度 HRC
60Si2MnA	870±10	280~320	30	48~52
65Si2MnWA	870±10	280~320	30	48~52
50CrVA	850±10	300~320	30	48~52

2.6 不锈弹簧钢的热处理

2.6.1 不锈钢热处理的方法与选择

不锈钢中可以分为热处理可强化的钢和热处理不可强化的钢，其中：

热处理可强化的钢是可以用热处理的方法改变组织结构进行强化的钢。它们有马氏体不锈钢和马氏体和半奥氏体（或半马氏体）沉淀硬化不锈钢以及马氏体时效不锈钢等。

热处理不可强化的钢是不能用热处理的方法改变组织结构进行强化的钢。它们有：奥氏体不锈钢；铁素体不锈钢；奥氏体-铁素体双相不锈钢。

（1）热处理可强化的钢的处理方法和目的

① 淬火+回火处理——提高强度、硬度和耐腐蚀性能。

② 淬火+中温回火处理——较高强度和弹性极限、对耐腐蚀性能要求不高的。

③ 淬火+高温回火处理——良好的力学性能和一般的耐腐蚀性能的环境下工作的。

④ 退火处理——消除加工应力、降低硬度和提高塑性的零件。

⑤ 预备热处理（正火 + 高温回火）——改善内部原始组织。

⑥ 调整热处理——要求得到所需要的良好的力学性能和耐腐蚀性能的沉淀硬化型不锈钢，可以通过固溶 + 时效、固溶 + 深冷处理或者冷变形 + 时效等方法处理。

(2) 热处理不可强化的钢的处理方法和目的

① 固溶热处理——消除冷作硬化、提高塑性和耐腐蚀性能。

② 消应力回火——对于零件形状复杂、不适宜作固溶热处理的。

③ 稳定化回火处理——对于含钛（Ti）或铌（Nb）的不锈钢可以达到稳定的耐腐蚀性能。

说明：① 固溶处理是将合金加热到高温单相区恒温保持，使得过剩相充分溶解到固体中后，快速冷却，以得到过饱和固溶体的一种工艺。

② 稳定化处理是稳定组织，消除残余应力，使得零件形状和尺寸变化保持在规定的范围内而进行的一种热处理工艺。

③ 时效处理是合金零件经过固溶热处理后在室温（自然时效）或者高于室温（人工时效）下保温，以达到沉淀硬化的目的。

2.6.2 不锈弹簧钢的固溶热处理

不锈钢弹簧材料的固溶热处理温度及其力学性能和特点参见第 3 篇不锈钢的力学性能与用途。

2.6.3 奥氏体不锈弹簧钢稳定化回火处理

部分奥氏体不锈弹簧钢稳定化回火处理规范及设备见表 11-15-13。

表 11-15-13 部分奥氏体不锈弹簧钢稳定化回火处理规范及设备

材料牌号	处理温度/℃	保温时间/h	设　备	作　用
1Cr18Ni9	420～450	1～2	真空回火炉或时效炉	消除应力，稳定弹簧的外形尺寸，经过稳定回火后的弹簧可以在 < 350℃ 的条件下使用
1Cr18Ni9Ti				
0Cr17Ni14Mo2	400～450	1～2		
0Cr18Ni12Mo2Ti				
1Cr18Ni12Mo2Ti				

2.6.4 马氏体不锈弹簧钢的热处理

(1) 马氏体不锈弹簧钢的预备热处理

马氏体不锈弹簧钢属于马氏体相变强化钢，其预备热处理工艺参数见表 11-15-14。

表 11-15-14 马氏体不锈弹簧钢的预备热处理工艺

材料牌号	不完全退火			低温退火		
	加热温度/℃	冷却介质	布氏硬度压痕/mm	加热温度/℃	冷却介质	布氏硬度压痕/mm
3Cr13	800～900	随炉冷却至 600℃ 后出炉空气冷却	≥4.2	730～780	空气	≥4.0
4Cr13			≥4.0	730～780		≥4.0

(2) 马氏体不锈弹簧钢的淬火、回火处理

马氏体不锈弹簧钢制成弹簧后的最终热处理是淬火、回火。几种常用马氏体不锈弹簧钢的最终热处理工艺见表 11-15-15。

表 11-15-15 常用马氏体不锈弹簧钢的最终热处理工艺

材料牌号	淬火		回火		达到的硬度 HRC
	加热温度/℃	冷却介质	加热温度/℃	冷却介质	
3Cr13	980～1050	油或空气	按需要的强度选择 200～620	油、水或者空气	48～44
4Cr13	1000～1050	油或空气	按需要的强度选择 200～640	油、水或者空气	48～52

2.6.5 沉淀硬化不锈弹簧钢的热处理

沉淀硬化不锈弹簧钢是通过马氏体相变强化和沉淀析出强化两者综合强化的，所以基本热处理工艺为固溶处理和时效处理。对于半奥氏体型钢，固溶处理后在室温下得到不稳定的奥氏体，没有完成马氏体转变，没有充分强化，因此在固溶处理的时效处理之间，增加一个调整处理，使得不稳定奥氏体转变为马氏体。常用调整处理有调节处理（T 处理）、冷处理（L 处理）、塑性处理（C 处理）三种方法。

常用沉淀硬化不锈弹簧钢热处理工艺见表 11-15-16。

表 11-15-16　　常用沉淀硬化不锈弹簧钢热处理工艺

类别	材料牌号	固溶处理		调整处理	时效处理	
		加热温度/℃	冷却介质		加热温度/℃	冷却介质
半奥氏体沉淀强化型	0Cr17Ni7Al	1040～1060	水或空气	750～770℃空冷	555～545	空气
				940～960℃空冷 -78℃冷处理	500～520	
				冷变形	470～490	
	0Cr15Ni7Mo2Al	1050～1080	空气或水	750～770℃空冷	555～547	空气
				940～960℃空冷 -78℃冷处理	500～520	
				冷变形	470～490	
	0Cr12Mn5Ni4Mo3Al	1040～1060	空气	750～770℃空冷	450～490	空气
				-78℃冷处理	510～530	
					550～570	
				冷变形	340～360	
					510～570	
					550～570	
马氏体沉淀强化型	0Cr17Ni4Cu4Nb	1020～1060	空气		450～550	空气

2.7 铜合金弹簧材料的热处理

2.7.1 锡青铜的热处理

锡青铜不能经热处理强化，而要通过冷却变形来提高强度和弹性性能，主要方式如下。

(1) 完全退火

用于中间软化工序，以保证后续工序大变形量加工的塑性变形性能。

(2) 不完全退火

用于弹性元件成形前得到与后续工序成形相一致的塑性，以保证后续工序一定的成形变形量，并使弹簧达到使用性能。

(3) 稳定退火

用于弹簧成形后的最终热处理，以消除冷加工应力，稳定弹簧的外形尺寸及弹性性能。

表 11-15-17 列出了锡青铜弹簧材料的退火规范。

表 11-15-17　　锡青铜弹簧材料的退火规范

材料牌号	完全退火		不完全退火①		稳定退火	
	温度/℃	时间/h	温度/℃	时间/h	温度/℃	时间/h
QSn4-0.3	500～650	1～2	350～450	1～2	150～280	1～3
QSn4-3	500～600	1～2	350～450	1～2	150～260	1～3
QSn6.5-0.4	500～630	1～2	320～430	1～2	150～280	1～3
QSn6.5-0.4	550～620	1～2	360～420	1～2	200～300	1～3

① 不完全退火的规范可以根据弹簧后续成形的变形量来进行调整。

2.7.2 铍青铜的热处理

铍青铜的热处理可以分成退火处理、固溶处理和固溶处理以后的时效处理。

退火处理分类如下。

(1) 中间软化退火

可以用来做加工中间的软化工序。

(2) 消除应力退火

用于消除机械加工和校正时产生的加工应力。

(3) 稳定化退火

用于消除精密弹簧和校正时所产生的加工应力，稳定外形尺寸。

表 11-15-18 列出了铍青铜弹簧材料的退火规范。

表 11-15-18　　铍青铜弹簧材料的退火规范

材料牌号	中间化退火		消除应力回火		稳定化回火(时效处理)	
	温度/℃	时间/h	温度/℃	时间/h	温度/℃	时间/h
QBe1.7	540 ~ 570	2 ~ 4	200 ~ 260	1 ~ 2	110 ~ 130	4 ~ 6
QBe1.9	540 ~ 570	2 ~ 4	200 ~ 260	1 ~ 2	110 ~ 130	4 ~ 6
QBe2	540 ~ 570	2 ~ 4	200 ~ 260	1 ~ 2	110 ~ 130	4 ~ 6
QBe2.15	540 ~ 570	2 ~ 4	200 ~ 260	1 ~ 2	110 ~ 130	4 ~ 6

表 11-15-19 列出了铍青铜弹簧材料的固溶处理和时效处理的规范。

表 11-15-19　　铍青铜弹簧材料的固溶处理和时效处理的规范

牌号	固溶处理		处理目的及使用范围	时效处理	
	温度/℃	厚度/时间		温度/℃	时间/h
QBe1.7	800 ± 10	0.1 ~ 1.0mm/5 ~ 9min	晶粒易长大,适合于较厚、直径比较粗的材料	板、带、丝	Y 态:1 ~ 2
QBe1.9	780 ± 10	1.0 ~ 5.0mm/12 ~ 30min	综合性能好,用于软化处理和时效前的组织准备	315 ± 5	Y2 态:2
QBe02.0 QBe2.15	760 ± 10	5.0 ~ 10mm/25 ~ 30min	获得细小的晶粒组织,有利于提高弹簧的疲劳强度	直径 5 ~ 30 320 ± 5	C 态:2 ~ 3

注：固溶处理的保温时间对材料的晶粒度和沉淀硬化后的性能影响很大，应该按材料的直径的厚度并通过试验来确定。时效处理保温时间结束后可以在空气中冷却。

2.7.3 硅青铜线的热处理

硅青铜是一种 Cu-Si-Mn 三元合金，有较好的强度、硬度、弹性、塑性和耐磨性，它的冷热加工性能也比较好。它不能热处理强化，只能在退火和加工硬化状态下使用。弹簧成形后只需要进行 200 ~ 280℃ 消应力回火处理。

2.8 热处理对弹簧外形尺寸的影响

经过热处理后弹簧的直径、圈数和高度都会发生变化，变化量与弹簧的材料、旋绕比和热处理的方式、温度都有密切的关系。因此在设计和制造弹簧时应该考虑这些因素。下面给出了铅淬冷拔重要用途碳素钢丝类圆柱弹簧直径收缩量 ΔD 随旋绕比 C 和回火温度 t 的变化而发生变化的经验公式：

$$\Delta D = mD \text{ 或 } \Delta D = K_t CDt$$

式中　ΔD——弹簧外径收缩量，mm；

D——弹簧外径，mm；

m——收缩量系数，按表 11-15-20 选取；

C——弹簧的旋绕比；

t——消应力回火温度，℃；

K_t——变形修正系数，按表 11-15-20 选取。

表 11-15-20 列出了碳素弹簧钢丝圆柱弹簧经过（270±10)℃回火后的缩小量系数 m 及变形修正系数 K_t 参考值。

表 11-15-20　碳素弹簧钢丝圆柱弹簧在（270±10)℃回火后的缩小量系数 m 及变形修正系数 K_t

C	4	5	6	7	8	9	10	12	14	16	18	20
m	0.004	0.006	0.008	0.010	0.012	0.016	0.018	0.021	0.024	0.028	0.032	0.030
K_t	0.003					0.0024					0.0016	

第 16 章　橡胶弹簧

1　橡胶弹簧的特点与应用

橡胶弹簧是利用橡胶的弹性变形实现弹簧作用的，由于它具有以下优点，所以在机械工程中应用日益广泛。

1）形状不受限制。各个方向的刚度可以根据设计要求自由选择，改变弹簧的结构形状可达到不同大小的刚度要求。

2）弹性模数远比金属小。可得到较大的弹性变形，容易实现理想的非线性特性。

3）具有较大的阻尼。对于突然冲击和高频振动的吸收以及隔音具有良好的效果。

4）橡胶弹簧能同时承受多方向载荷。对简化车辆悬挂系统的结构具有显著优点。

5）安装和拆卸方便。不需要润滑，有利于维修和保养。

它的缺点是耐高低温性和耐油性比金属弹簧差。但随着橡胶工业的发展，这一缺点会逐步得到改善。

工程中用的橡胶弹簧，由于不是纯弹性体，而是属于黏弹性材料，其力学特性比较复杂，所以要精确计算其弹性特性相当困难。

2　橡胶弹簧材料

为便于设计人员选用和比较，在表 11-16-1 中列出普通橡胶和耐油橡胶材料的力学性能，同时给了几种聚氨酯橡胶材料的力学性能。

表 11-16-1

类　型	牌号	扯断应力 /MPa	相对伸长率 /%　>	硬度 邵尔 A	类　型	牌号	扯断应力 /MPa	相对伸长率 /%　>	硬度 邵尔 A
普通橡胶	1120	3	250	60～75	聚氨酯橡胶	8290	9	450	90±3
	1130	6	300	60～75		8280	8	450	83±5
	1140	8	350	55～70		8295	10	400	95±3
	1250	13	400	50～65		8270	7	500	75±5
	1260	15	500	45～60		8260	5	550	63±5
耐油橡胶	3001	7	250	60～75					
	3002	9	250	60～75					

随着橡胶工业的迅速发展，橡胶弹簧的材料也由普通橡胶向高强度、耐磨、耐油和耐老化的聚氨酯橡胶发展。聚氨酯橡胶是聚氨基甲酸酯橡胶的简称，它是一种性能介于橡胶与塑料之间的弹性体，与环氧塑料一样，是一种高分子材料。

与氯丁橡胶比较，聚氨酯橡胶材料主要具有以下优点。

1）硬度范围大。调整不同配方，可以获得肖氏硬度 20～80A 以上，因此对不同要求的弹簧有着广泛的可选性。

2）耐磨性可提高 5～10 倍。

3）强度为氯丁橡胶的 1～4 倍，可达到 600kgf/cm^2。

4）弹性高，残余变形小，相对伸长率达 600% 时，残余变形仅为 2%～4%。

5）耐油性能好，其耐矿物油的能力优于丁腈橡胶，为天然橡胶的 5～6 倍。

除此之外，它具有耐老化、耐臭氧、耐辐射等良好性能，同时还具有理想的机加工性能。

2.1 橡胶材料的剪切特性

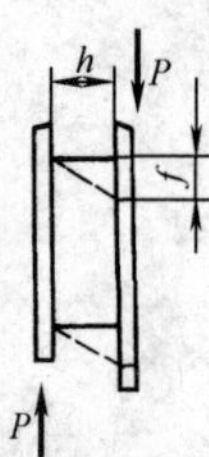

图 11-16-1

橡胶试样在剪力作用下其自由表面相对变形不超过 100% 时，剪切载荷与变形关系符合虎克定律（见图 11-16-1）。

因此，在承受剪切载荷时，橡胶材料载荷与变形的关系通常采用下式表示

$$P = GA_L \frac{f}{h} \ (\text{N})$$

式中 A_L——承载面积，mm^2；

G——剪切弹性模量，MPa。

2.2 橡胶材料的拉压特性

橡胶材料在拉伸或压缩载荷下（图 11-16-2），载荷与变形的关系是非线性的。对受拉压的弹簧而言，只有在相对变形不超过 15% 的情况下才近似符合虎克定律。

在工程中从橡胶弹簧的疲劳程度考虑，通常将其相对变形控制在 <15%。所以在一般情况下，橡胶弹簧在拉伸与压缩时的变形与载荷的关系，也可以近似地用下式表示

$$P = EA_L \frac{f}{h}$$

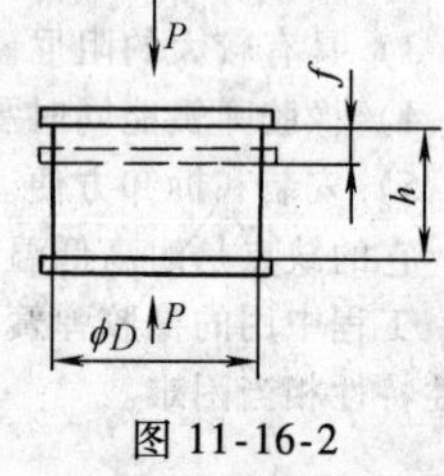

图 11-16-2

2.3 橡胶材料的剪切弹性模量 *G* 及弹性模量 *E*

橡胶材料的剪切弹性模量 G，主要取决于橡胶材料的硬度（图11-16-3），不因橡胶种类或成分的不同而有明显的变化。对于成分不同而硬度相同的橡胶，其 G 值之差不超过 10%。在实用范围内，G 和 E 的关系可用下面公式计算：

$$G = 0.117e^{0.03\text{HS}} \quad (\text{MPa})$$

式中 HS——橡胶的邵尔硬度。

$$E = 3G$$

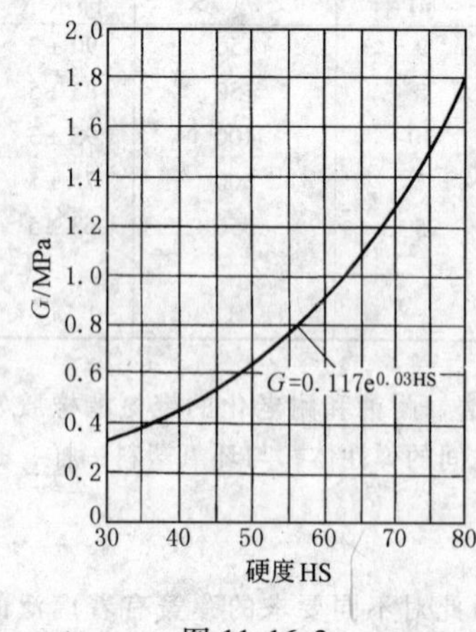

图 11-16-3

2.4 橡胶弹簧的表观弹性模量 E_a

对于拉伸橡胶弹簧 $E_a \approx E = 3G$。

对于压缩橡胶弹簧，其表观弹性模量不仅取决于橡胶材料本身，而且与弹簧的形状、结构尺寸等有很大关系。

通常压缩橡胶弹簧的表观弹性模量用下式表示：

$$E_a = iG$$

式中 i——几何形状影响系数：

圆柱形橡胶弹簧 $i = 3.6(1 + 1.65S^2)$

圆环形橡胶弹簧 $i = 3.6(1 + 1.65S^2)$

矩形橡胶弹簧 $i = 3.6(1 + 2.22S^2)$

S = 橡胶弹簧承载面积 A_L 与自由面积 A_F 之比，具体计算公式见表 11-16-3。

3 橡胶弹簧的许用应力及许用应变

表 11-16-2

变形型式	许用应力 σ/MPa		许用应变 ε/%	
	静载荷	变载荷	静载荷	变载荷
压缩	3	1.0	15	5
剪切	1.5	0.4	25	8
扭转	2	0.7	—	—

4 橡胶弹簧的计算公式

4.1 橡胶压缩弹簧计算公式

表 11-16-3

型式及简图		变形 f/mm	刚度 P'/N·mm^{-1}	备注
圆柱形	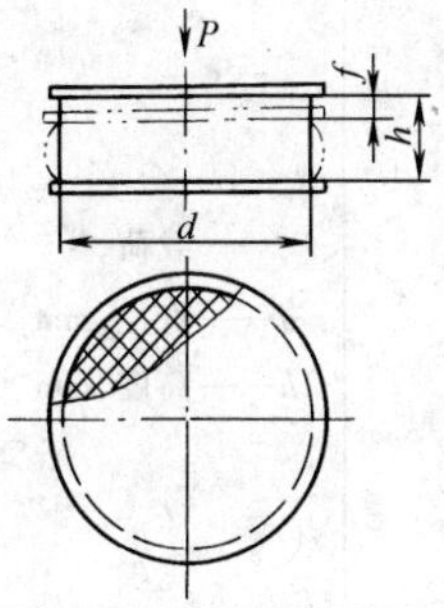	$f=\dfrac{4Ph}{E_a\pi d^2}$	$P'=E_a\dfrac{\pi d^2}{4h}$	$E_a=iG$ $i=3.6(1+1.65S^2)$ $S=\dfrac{d}{4h}$ P——载荷,N
圆环形	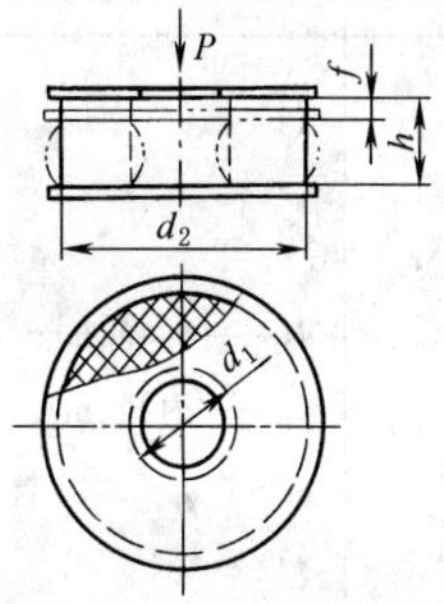	$f=\dfrac{4Ph}{E_a\pi(d_2^2-d_1^2)}$	$P'=E_a\dfrac{\pi(d_2^2-d_1^2)}{4h}$	$E_a=iG$ $i=3.6(1+1.65S^2)$ $S=\dfrac{d_2-d_1}{4h}$
矩形	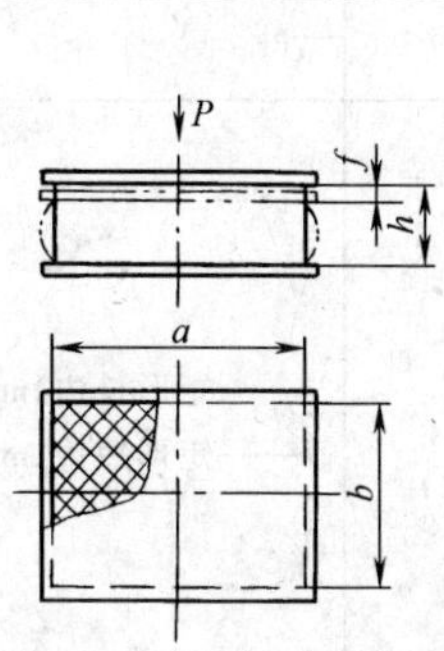	$f=\dfrac{Ph}{E_a ab}$	$P'=E_a\dfrac{ab}{h}$	$E_a=iG$ $i=3.6(1+2.22S^2)$ $S=\dfrac{ab}{2(a+b)h}$

4.2 橡胶压缩弹簧的稳定性计算公式

表 11-16-4

结构型式	细长比	备注
圆柱形橡胶弹簧	$\frac{1}{4} \leqslant \frac{h}{d} \leqslant \frac{3}{4}$	h——高度,mm d——直径,mm d_2、d_1——外径和内径,mm b——矩形短边,mm
圆环形橡胶弹簧	$\frac{2h}{(d_2 - d_1)} \leqslant 1.5$	
矩形橡胶弹簧	$\frac{1}{4} \leqslant \frac{h}{b} \leqslant \frac{3}{4}$	

4.3 橡胶剪切弹簧计算公式

表 11-16-5

型式及简图		变形 f_r/mm	刚度 P'_r/N·mm^{-1}	备注
圆柱形	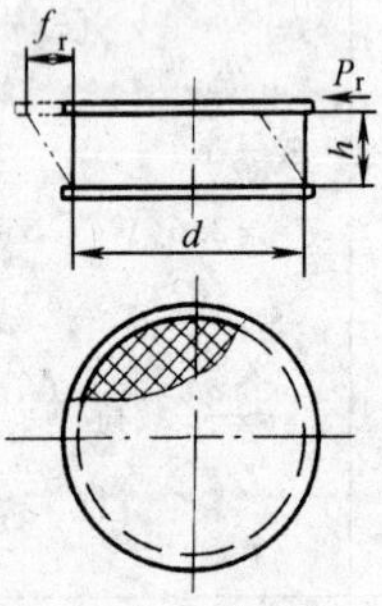 f_r P_r h d	$f_r = \frac{4P_r h}{G\pi d^2}$	$P'_r = G\frac{\pi d^2}{4h}$	P_r——载荷,N d——直径,mm h——高度,mm
圆环形	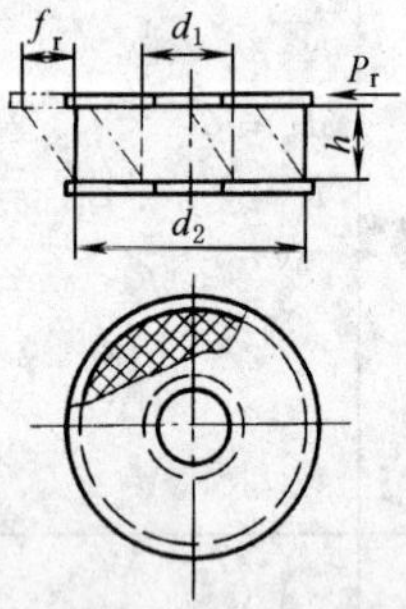 f_r d_1 P_r h d_2	$f_r = \frac{4P_r h}{G\pi(d_2^2 - d_1^2)}$	$P'_r = G\frac{\pi(d_2^2 - d_1^2)}{4h}$	d_2——外径,mm d_1——内径,mm
矩形	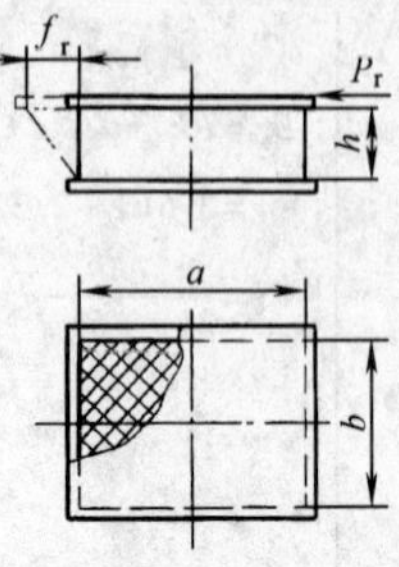 f_r P_r h a b	$f_r = \frac{P_r h}{Gab}$	$P'_r = G\frac{ab}{h}$	a——矩形长边,mm b——矩形短边,mm

续表

型式及简图		变形 f_r/mm	刚度 P'_r/N·mm^{-1}	备　注
圆截锥	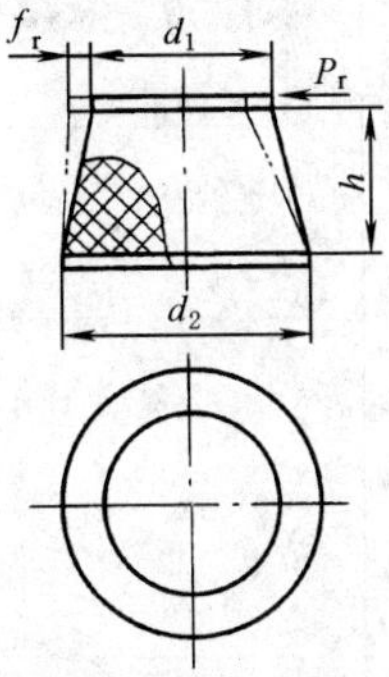	$f_r=\dfrac{4P_rh}{G\pi d_1d_2}$	$P'_r=G\dfrac{\pi d_1d_2}{4h}$	d_1——小端直径,mm d_2——大端直径,mm
角截锥	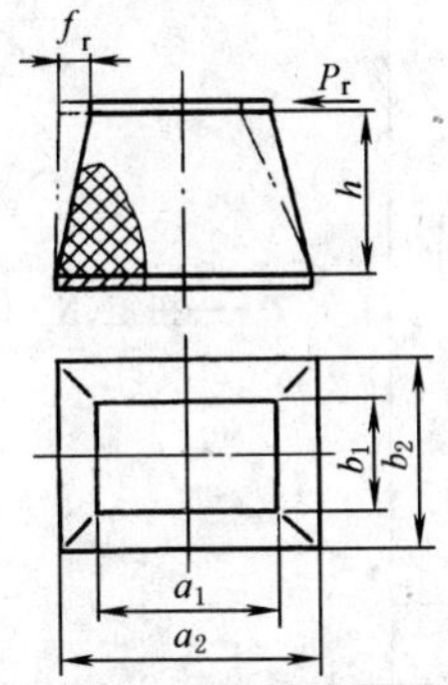	有公共锥顶 $f_r=\dfrac{P_rh}{Ga_2b_1}$ 无公共锥顶 $f_r=\dfrac{P_rh\ln\dfrac{a_1b_2}{a_2b_1}}{G(a_1b_2-a_2b_1)}$	有公共锥顶 $P'_r=G\dfrac{a_2b_1}{h}$ 无公共锥顶 $P'_r=G\dfrac{a_1b_2-a_2b_1}{h\ln\dfrac{a_1b_2}{a_2b_1}}$	a_1、b_1——小端长边及短边,mm a_2、b_2——大端长边及短边,mm

4.4　橡胶扭转弹簧计算公式

表 11-16-6

型式及简图		扭转角 φ/rad	刚度 T'/N·mm·rad^{-1}	备　注
圆柱形	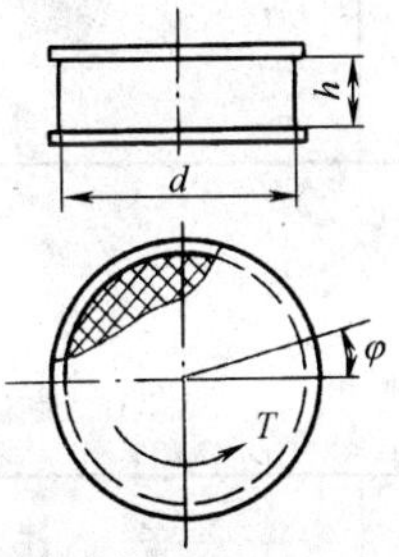	$\varphi=\dfrac{32Th}{G\pi d^4}$	$T'=G\dfrac{\pi d^4}{32h}$	T——扭矩,N·mm
圆环形	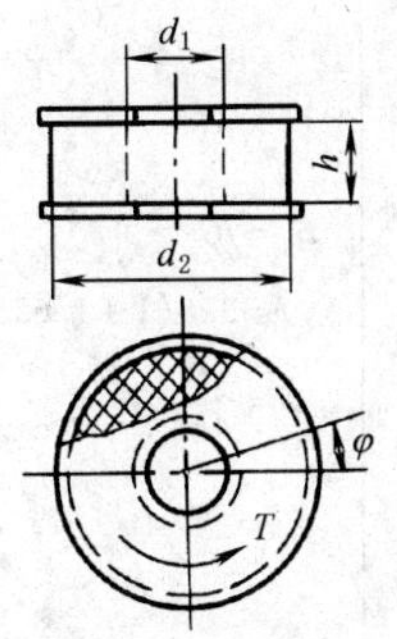	$\varphi=\dfrac{32Th}{G\pi(d_2^4-d_1^4)}$	$T'=G\dfrac{\pi(d_2^4-d_1^4)}{32h}$	

续表

型式及简图		扭转角 φ/rad	刚度 T'/N·mm·rad^{-1}	备　注
矩形	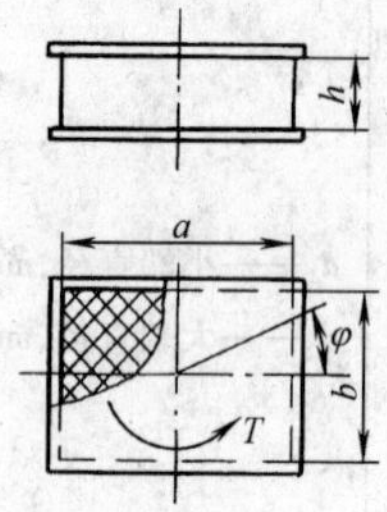	$\varphi=\dfrac{12Th}{G(a^2+b^2)}$	$T'=G\dfrac{ab(a^2+b^2)}{12h}$	
圆截锥	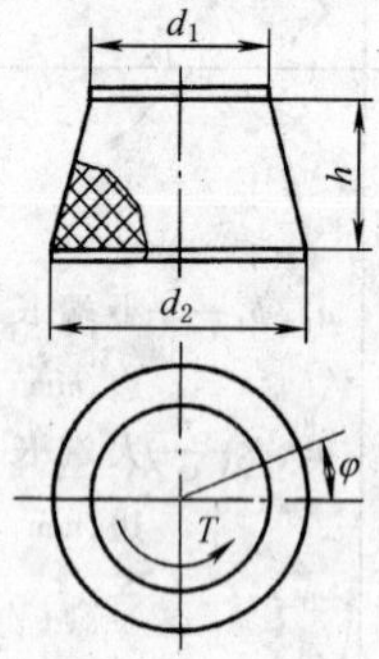	$\varphi=\dfrac{32Th(d_1^2+d_1d_2+d_2^2)}{3\pi Gd_1^3d_2^3}$	$T'=\left(\dfrac{3\pi G}{32h}\right)\times\left(\dfrac{d_1^3d_2^3}{d_1^2+d_1d_2+d_2^2}\right)$	T——扭矩，N·mm
衬套式	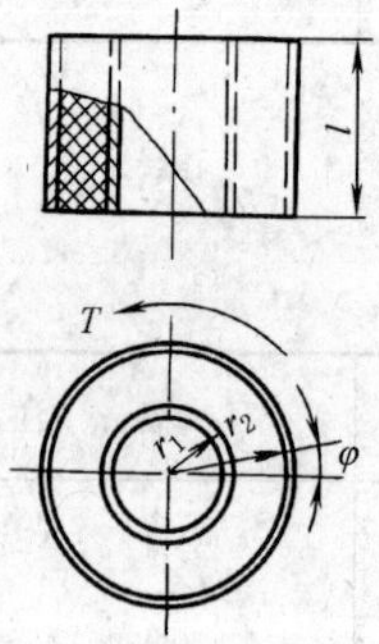	$\varphi=\dfrac{T\left(\dfrac{1}{r_1^2}-\dfrac{1}{r_2^2}\right)}{4\pi hG}$	$T'=4\pi hG\left(\dfrac{1}{r_1^2}-\dfrac{1}{r_2^2}\right)^{-1}$	

4.5 橡胶弯曲弹簧计算公式

表 11-16-7

型式及简图		扭转角 α/rad	刚度 T'/N·mm·rad^{-1}	备　注
圆柱形	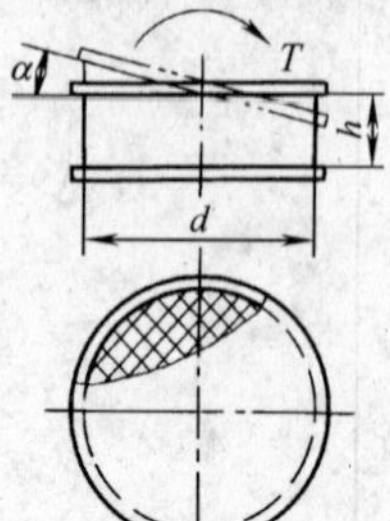	$\alpha=\dfrac{64Th}{E_a\pi d^4}$	$T'=E_a\dfrac{\pi d^4}{64h}$	$E_a=iG$ $i=3.6(1+1.65S^2)$ $S=\dfrac{d}{4h}$

续表

型式及简图		扭转角 α/rad	刚度 T'/N·mm·rad^{-1}	备注
圆环形	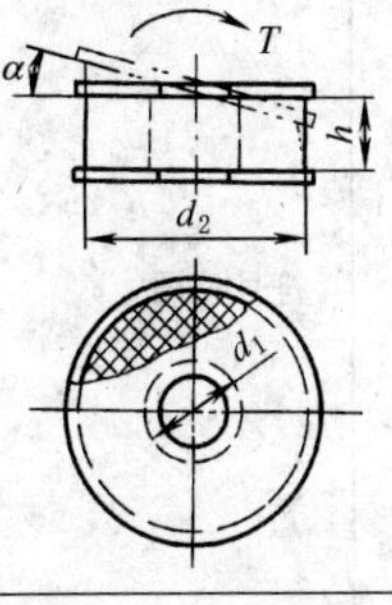 α T h d_2 d_1	$\alpha=\dfrac{64Th}{E_a\pi(d_2^4-d_1^4)}$	$T'=E_a\dfrac{\pi(d_2^4-d_1^4)}{64h}$	$E_a=iG$ $i=3.6(1+1.65S^2)$ $S=\dfrac{d_2-d_1}{4h}$
矩形	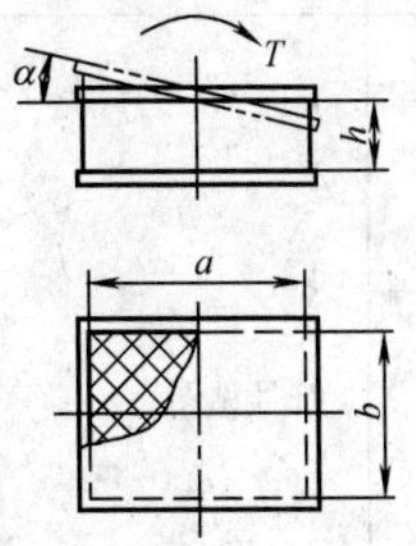 α T h a b	$\alpha=\dfrac{12Th}{E_a a^3 b}$	$T'=E_a\dfrac{a^3 b}{12h}$	$E_a=iG$ $i=3.6(1+2.22S^2)$ $S=\dfrac{ab}{2(a+b)h}$

4.6 橡胶组合弹簧计算公式

表 11-16-8

类别及简图		变形 f,f_r/mm	刚度 P',P'_r/N·mm^{-1}	备注
压缩	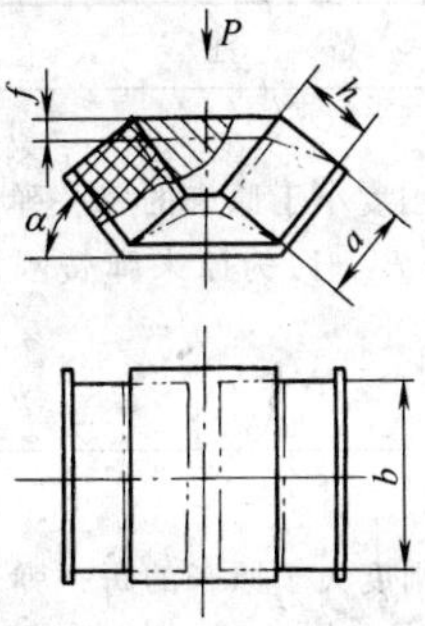 P f h α a b	$f=\dfrac{Ph}{2ab}\times\dfrac{1}{E_a\sin^2\alpha+G\cos^2\alpha}$	$P'=\dfrac{2ab}{h}\times(E_a\sin^2\alpha+G\cos^2\alpha)$	$E_a=iG$ $i=3.6(1+1.65S^2)$ $S=\dfrac{ab}{2(a+b)h}$ a、b——宽度和长度,mm
剪切	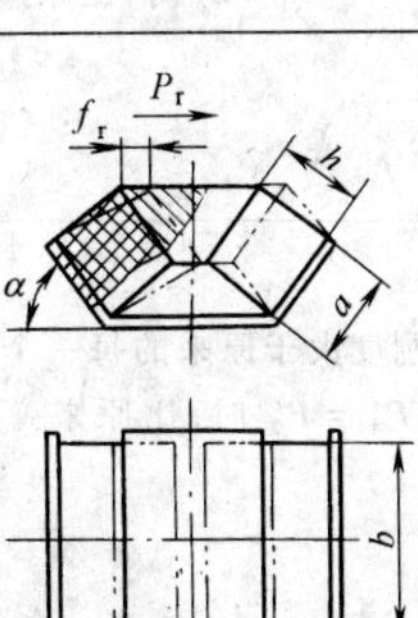 P_r f_r h α a b	$f_r=\dfrac{P_r h}{2ab}\times\dfrac{1}{E_a\sin^2\alpha+G\cos^2\alpha}$	$P'_r=\dfrac{2ab}{h}\times(E_a\sin^2\alpha+G\cos^2\alpha)$	$E_a=iG$

续表

类别及简图		变形 f, f_r/mm	刚度 P', P'_r/N·mm^{-1}	备　注
剪	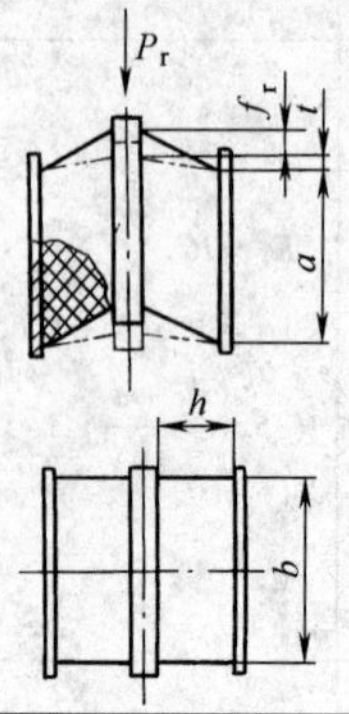	$f_r=\frac{P_r h}{2abG}\times\left[1+\left(\frac{t}{h}\right)^2\right]$	$P'_r=\frac{2abG}{h}\times\left[1+\left(\frac{t}{h}\right)^2\right]^{-1}$	符号见图
切	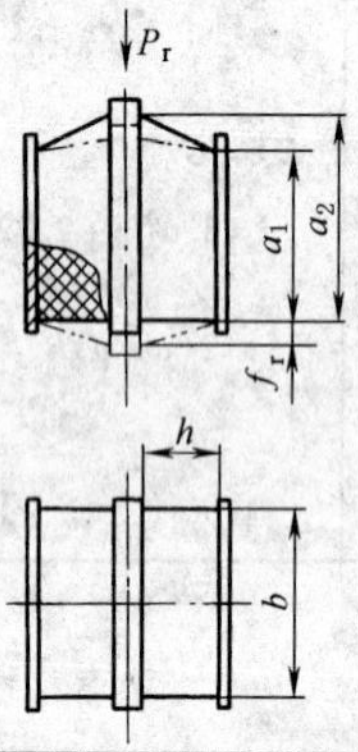	$f_r=\frac{P_r h\ln\frac{a}{a_1}}{2aG(a_2-a_1)}$ $\approx\frac{P_r h}{bG(a_1-a_2)}$	$P'_r=\frac{2aG(a_2-a_1)}{h\ln\frac{a_2}{a_1}}$ $\approx\frac{bG(a_1-a_2)}{h}$	符号见图

4.7　橡胶弹簧不同组合型式的刚度计算

表 11-16-9

组合型式及简图	总刚度 P'	备　注
串　联 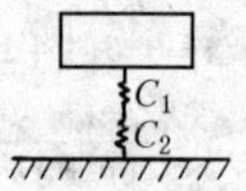	$P'=\frac{P'_1\times P'_2}{P'_1+P'_2}$ 当 $P'_1=P'_2$ 则 $P'=\frac{P'_1}{2}$	串联后总刚度小于原来的每一弹簧刚度。当 $P'_1=P'_2$ 时，为原来弹簧刚度的一半
并　联 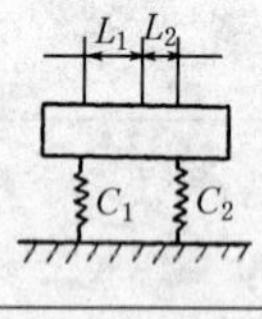	$P'=\frac{(L_1+L_2)^2}{\frac{L_1^2}{P'_1}+\frac{L_2^2}{P'_2}}$ 当 $P'_1=P'_2, L_1=L_2$ 时 $P'=2P'_1$	并联时总刚度大于原来的每一弹簧的刚度。当 $P'_1=P'_2, L_1=L_2$ 时，比原弹簧刚度大一倍
反　联 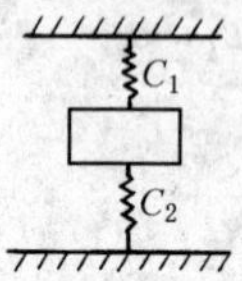	$P'=P'_1+P'_2$ 当 $P'_1=P'_2$ 时 $P'=2P'_1$	反联后总刚度大于原来的每一个弹簧的刚度。当 $P'_1=P'_2$ 时，比原来弹簧大一倍

5　橡胶弹簧的计算示例

计算矿车轴箱用人字形橡胶组合弹簧，其结构尺寸及载荷如图 11-16-4 所示。弹簧计算见表 11-16-10。

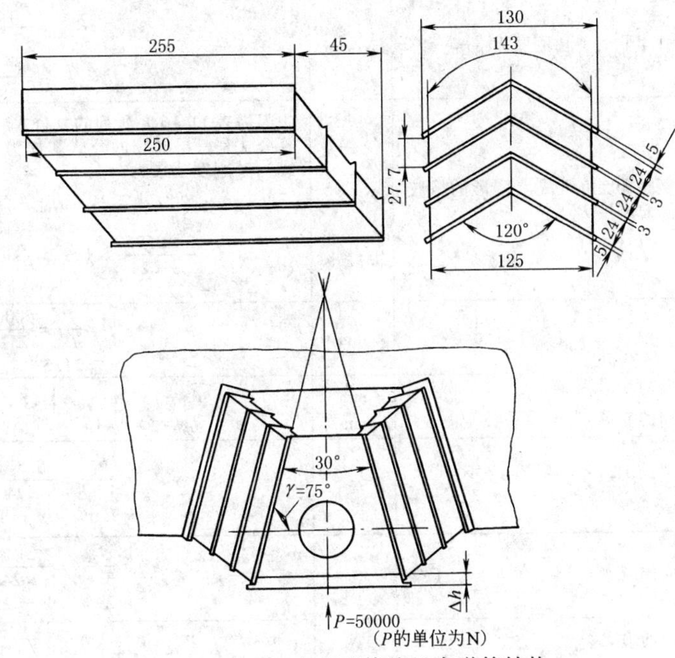

图 11-16-4　人字形橡胶组合弹簧结构

表 11-16-10

项目		单位	公式及数据
原始条件	静载荷 P	N	50000
	承载面积 A_L	mm^2	$A_L=250\times143=35750$
	一层橡胶高度 h	mm	24
	橡胶硬度	HS	60
	安装角 α	(°)	15
	橡胶宽度 a	mm	143
	橡胶长度 b	mm	250
计算项目	自由面积 A_F	mm^2	$A_F=2(a+b)\times h$ $=2\times(143+250)\times27.7=21772$
	面积比 S		$S=\dfrac{A_L}{A_F}=\dfrac{35750}{21772}=1.64$
	表征几何形状影响系数 i		$i=3.6(1+2.22S^2)$ $=3.6\times(1+2.22\times1.64^2)$ $=25$
	切变模量 G	MPa	由硬度 HS 查图 11-16-3，取 G 近似值为 0.9
	表观弹性模量 E_a	MPa	$E_a=iG=25\times0.9=22.5$
	一层橡胶的压缩刚度 P'_{I}	N/mm	$P'_{\text{I}}=\dfrac{A_LE_a}{h}=\dfrac{E_aab}{h}=\dfrac{22.5\times35750}{24}=33516$
	三层橡胶串联的压缩刚度 P'_{III}	N/mm	$P'_{\text{III}}=\dfrac{P'_{\text{I}}}{3}=\dfrac{33156}{3}=11172$

续表

项目		单位	公式及数据
计算项目	一层橡胶的剪切刚度 $P'_{r\mathrm{I}}$	N/mm	$P'_{r\mathrm{I}}=\dfrac{A_L G}{h}=\dfrac{abG}{h}$ $=\dfrac{35750\times0.9}{24}=1341$
	三层橡胶串联的剪切刚度 $P'_{r\mathrm{III}}$	N/mm	$P'_{r\mathrm{III}}=\dfrac{P'_{r\mathrm{I}}}{3}$ $=\dfrac{1341}{3}=447$
	两个弹簧按30°角组成人字形的橡胶弹簧的垂直总刚度 P'	N/mm	因为表11-16-8所列的复合式(人字形)橡胶弹簧的计算公式是一层橡胶的公式。如为三层橡胶时(即串联方式),其刚度公式为 $P'=\dfrac{2ab}{3h}(E_a\sin^2\alpha+G\cos^2\alpha)$ $=\dfrac{2\times35750}{3\times24}\times(22.5\times\sin^2 15°+0.9\times\cos^2 15°)$ $=2321$
	静变形 f	mm	$f=\dfrac{P}{P'}=\dfrac{50000}{2321}$ $=21.5$
	压缩方向的变形 $f_\perp$ 剪切方向的变形 $f_{/\!/}$	mm mm	$f_\perp=f\times\sin15°=21.5\times0.258=5.5$ $f_{/\!/}=f\times\cos15°=21.5\times0.965=21$
	压缩方向的应变 $\varepsilon_\perp$	%	$\varepsilon_\perp=\dfrac{f_\perp}{3\times h}=\dfrac{5.5}{3\times24}=0.075$ $=7.6\%<\varepsilon_p=15\%$
	剪切方向的应变 $\varepsilon_{/\!/}$	%	$\varepsilon_{/\!/}=\dfrac{f_{/\!/}}{3\times h}=\dfrac{21}{3\times24}=0.29$ $=29\%>\varepsilon_p=25\%$ 稍大
	压缩方向的力 $P_\perp$ 剪切方向的力 $P_{/\!/}$	N N	$P_\perp=P'_{\mathrm{III}}\times f_\perp$ $=11172\times5.5=61446$ $P_{/\!/}=P'_{r\mathrm{III}}\times f_{/\!/}$ $=447\times21=9387$
	压应力 σ 剪应力 τ	MPa MPa	$\sigma=\dfrac{P_\perp}{A_L}=\dfrac{61446}{35750}$ $=1.72<\sigma_p=3$ $\tau=\dfrac{P_{/\!/}}{A_L}=\dfrac{9387}{35750}$ $=0.26<\tau_p=1.5$ 故满足设计要求
工作图	A—A 250 2.5 255±0.3 300^{+2}_{0}		A—A 130 117 R15 2.5 R28 5 24 24 24 3 3 88^{+2}_{0} R10 120°±40′ 橡胶材料：氯丁橡胶

技术条件如下。

① 橡胶表面不许有损伤、缺陷，粘接处不许有脱胶现象。

② 橡胶与钢板粘接处应有圆角过渡，$R=3\sim5$mm。

③ 橡胶与钢板连接处强度不小于3MPa。

④ 弹簧工作温度：-30～45℃。

⑤ 橡胶常温性能应满足：抗拉强度不小于20MPa，邵尔硬度60HS，耐老化、抗蠕变性能良好，耐油性能好。

⑥ 单个弹簧的压缩静刚度 $P'=11172\text{N/mm}$，剪切静刚度 $P'_{\text{rⅢ}}=447\text{N/mm}$，两个弹簧成30°角安装后组合静刚度 $P'=2321\text{N/mm}$（F 力方向），最大载荷50000N时静变形量 $f=21.5\text{mm}$，刚度允许误差+20%。首先应保证刚度要求，如不满足要求时，可适当调整橡胶硬度。

⑦ 应保证外形尺寸和稳定的制造质量，产品出厂应有合格证。

⑧ 弹簧应做疲劳强度试验，使寿命不低于三年。

6 橡胶弹簧的应用实例

图11-16-5所示的6m³底侧卸式矿车中应用了两种型式的橡胶弹簧。其轮对轴箱支承采用人字形橡胶弹簧。

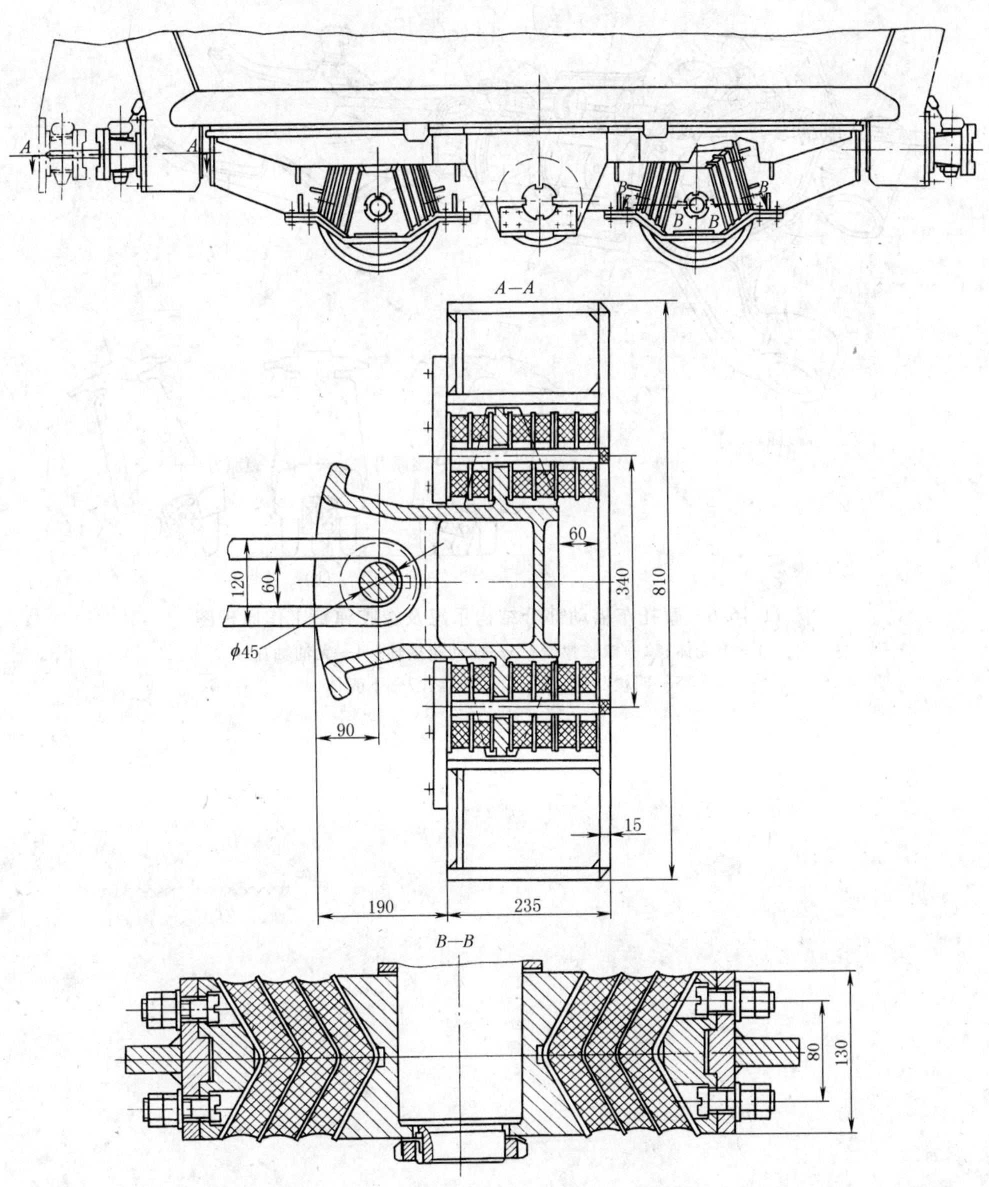

图11-16-5 橡胶弹簧在底侧卸式矿车上的应用

这种橡胶弹簧已成功地应用于国外某些铁道车辆转向架上，用它来连接摇枕（或轴箱）和转向架构架，以代替一般转向架中的复杂悬挂系统。国内亦已应用在矿车及工矿电机车、斜井箕斗等运输设备上，并取得了良好效果。这种人字形橡胶弹簧同时能起垂直、横向和纵向三个方向的减振作用，对于简化车辆结构，减轻重量，减少车辆零部件的损坏和钢轨的磨损，以及改善和提高车辆动力性能与运行性能都有良好的效果。在该车车钩缓冲器的中心带孔上还应用了圆柱形多片组合的橡胶弹簧（见图 11-16-5 剖面）。其中心孔直径 $d=40\text{mm}$，外径 $D=110\text{mm}$，单个弹簧由双层橡皮和钢板粘接、硫化而成，每层橡皮的厚度为 30mm，车钩缓冲器允许承受的最大载荷为 37700N。这种有橡胶元件的缓冲器与一般钢弹簧缓冲器相比，尺寸小，重量轻，结构简单、紧凑，前后两个方向均可起到减振作用，衰减抖振的性能良好。

图 11-16-6 为摩托车摇动部分的结构示意及橡胶弹簧工作原理图。摩托车转弯时，乘者身体倾斜，使座前的车体部分也倾斜，同时摆轴也倾斜，这时装在凸轮四周的四块橡胶弹簧被四棱凸轮压缩。转弯结束时，橡胶的反力作为恢复力，使身体轻松地恢复到直立状态。但是这一复原特性对于摆轴来说是非线性的。倾斜角小时反力小，倾斜角大时反力也大，所以使人感到既轻快又稳定。

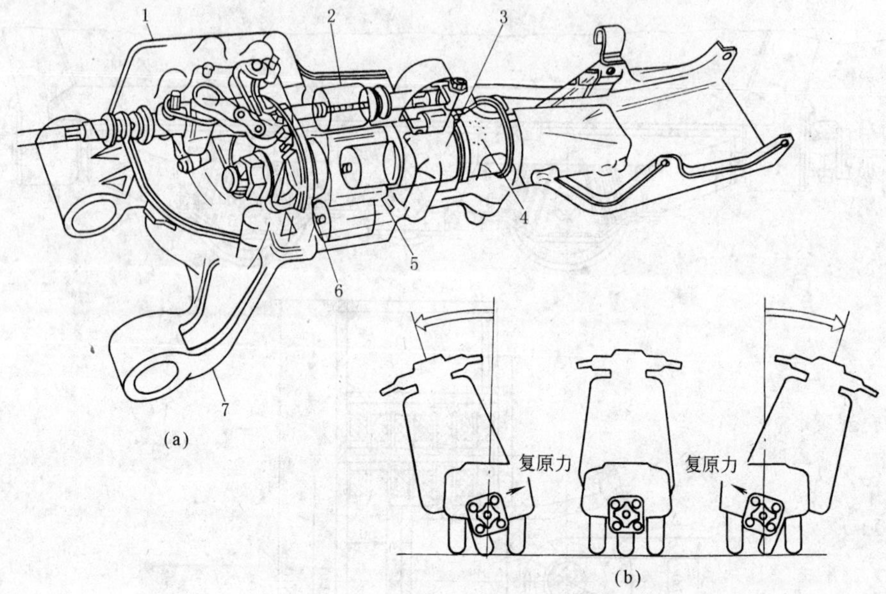

图 11-16-6　摩托车摇动部分结构示意及橡胶弹簧工作原理图

1—上壳体；2—橡胶弹簧；3—摆动连接轴；4—无油轴瓦；
5—四棱凸轮；6—滚动轴承；7—下壳体

第17章 橡胶-金属螺旋复合弹簧（简称复合弹簧）

1 橡胶-金属螺旋复合弹簧的优点

橡胶-金属螺旋复合弹簧是在金属螺旋弹簧周围包裹一层橡胶材料复合而成的一种弹簧。广泛应用于铁路车辆和公路车辆、振动筛、振动输料机及其他机械的支承隔振设备上。

橡胶-金属螺旋复合弹簧既具有橡胶弹簧的非线性和结构阻尼的特性，又具有金属螺旋弹簧大变形的特性，其稳定性能优于橡胶弹簧，结构比空气弹簧简单，使用在振动设备上有下列优点。

1）由于橡胶的结构阻尼大，采用复合弹簧作减振系统后可取消阻尼器。对于在共振点以上工作的振动设备而言，设备通过共振区时较平稳且时间短。

2）由于橡胶有黏弹性的特征，故能消除高频振动。

3）一般情况下具有柔性弹簧的特点，大位移振动时能起到消振器的作用，缓和冲击，且噪声远远低于金属弹簧。

4）弹簧的特性是非线性的，载荷变化时固有振动频率几乎不变。

5）在化学物质和潮湿的环境中，该弹簧有防腐蚀作用，也可以防尘。

6）结构简单，不需修理，保养方便。

7）安全性高。即使在非常使用条件下发生内部弹簧断裂，也不会发生设备事故，而只对振幅略有影响。

该种弹簧适用于常温条件，超过80℃时应采取防护措施。

2 橡胶-金属螺旋复合弹簧的结构型式

橡胶-金属螺旋复合弹簧的代号、名称、结构型式见表11-17-1。

表11-17-1 橡胶-金属螺旋复合弹簧的代号、名称、结构型式

代号	名称	结构型式
FA	直筒型	金属螺旋弹簧内外均被光滑筒型的橡胶所包裹
FB	外螺内直型	金属螺旋弹簧外表面被螺旋型的橡胶所包裹，金属弹簧内表面被光滑筒型的橡胶所包裹

续表

代号	名称	结构型式
FC	内外螺旋型	金属螺旋弹簧内外均被螺旋型的橡胶所包裹
FD	外直内螺型	金属螺旋弹簧内表面被螺旋型的橡胶所包裹，金属螺旋弹簧外表面被光滑筒型的橡胶所包裹
FTA	带铁板直筒型	代号为FA的橡胶-金属螺旋复合弹簧的两端或一端硫化有铁板
FTB	带铁板外螺内直型	代号为FB的橡胶-金属螺旋复合弹簧的两端或一端硫化有铁板
FTC	带铁板内外螺旋型	代号FC的橡胶-金属螺旋复合弹簧的两端或一端硫化有铁板
FTD	带铁板外直内螺型	代号为FD的橡胶-金属螺旋复合弹簧的两端或一端硫化有铁板

3　橡胶-金属螺旋复合弹簧的设计

3.1　模具设计

橡胶-金属螺旋复合弹簧的模具设计与制造难度比较大。首先必须考虑定位的导向问题，这是保证产品形状正确与否的关键；其次是考虑橡胶硫化收缩率，该收缩受到复合弹簧内金属螺旋弹簧的限制。模具内腔尺寸要比实际复合弹簧尺寸略大一些，并且模具一定要有足够大的跳胶槽，使剩余胶料和空气易于排出模具外，从而避免形成气孔和夹皮。模具如图 11-17-1 所示。

3.2 金属螺旋弹簧设计

金属螺旋弹簧设计可参见本篇第 2 章圆柱螺旋弹簧。

橡胶-金属螺旋复合弹簧中的金属弹簧，一般都是等螺距圆柱螺旋压缩弹簧，只有表 11-17-1 中代号为 FC 及 FTC 的金属弹簧为等螺距开端形状，如图 11-17-2 所示。

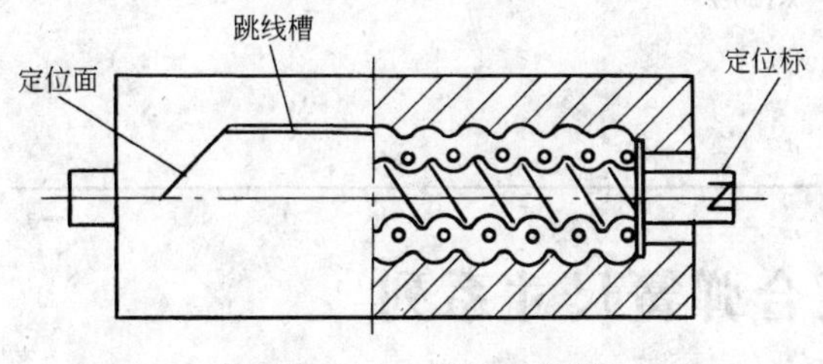

图 11-17-1 模具示意图

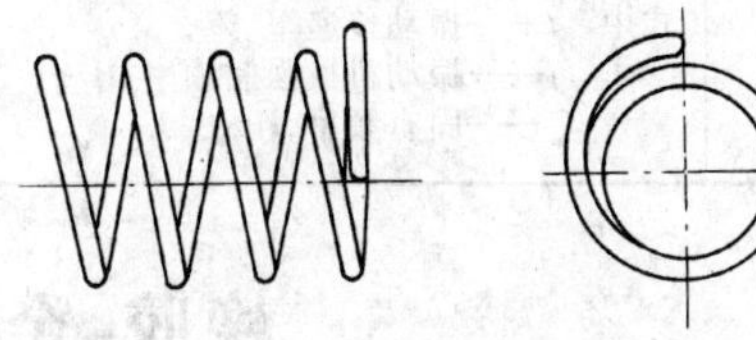

图 11-17-2 等螺距开端螺旋弹簧

3.3 橡胶弹簧设计

橡胶弹簧设计可参见本篇第 16 章橡胶弹簧。

橡胶的材料及配方必须根据相应的使用目的、环境、条件等适当选择。选择配方的原则首先是保证具有良好的弹性和较高的减振效果，其次是较高的橡胶与金属黏合强度，再就是较长的使用寿命和较低的成本。从橡胶的隔振效果来看，邵尔硬度 40～50HS 为最佳。橡胶的滞后和结构阻尼特性通常用损失系数 r 表示，r 与硬度的变化有关。硬度为 30HS、50HS、70HS 时的 r 分别为 3%、10%、20%，一般共振放大因子以 $1/r$ 表示。另外 r 值越大，阻尼性能就越好，但也意味着产生热量大，使用寿命短。

4 橡胶-金属螺旋复合弹簧的主要计算公式

表 11-17-2 橡胶-金属螺旋复合弹簧主要计算公式

项目	公式及数据
弹簧刚度	橡胶-金属螺旋弹簧的静刚度计算是一种近似计算。其实际值与计算值的差异必须通过修正系数加以修正，修正系数是由试验对比得出的 其计算公式： $$T' = k(P' + F')$$ 式中 T'——橡胶-金属螺旋弹簧的刚度，N/mm； $P' = \frac{Gd^4}{8D^3 n}$——金属弹簧的刚度，N/mm； d——弹簧丝直径，mm； D——弹簧中径，mm； n——有效圈数，圈； G——剪切弹性模量，MPa； k——修正系数，k 值只在相同尺寸模具做出的橡胶-金属复合弹簧上才为恒定值；若模具有变化，则 k 值需重做试验得出 F'——橡胶弹簧的静刚度，采用日本的服部-武井的计算公式计算； $$F' = \left[3 + 4.953\left(\frac{D_2 - D_1}{4H_0}\right)^2\right] \times \frac{\pi(D_2^2 - D_1^2)}{4H_0} G$$ D_2——橡胶弹簧外径，mm； D_1——橡胶弹簧内径，mm； H_0——橡胶弹簧自由高度，mm

续表

项目	公式及数据
固有频率	橡胶-金属螺旋复合弹簧的固有频率f_n可按下式计算 $$f_n=\left(1.4\times980\times\frac{P'}{P}\right)^{1/2}\times\frac{1}{2\pi}$$ 式中 f_n——橡胶-金属螺旋复合弹簧的固有频率,Hz; P'——橡胶-金属螺旋复合弹簧的刚度,N/mm; P——静载荷,N
振动传递率	橡胶-金属螺旋复合弹簧的振动传递率可按下式计算 $$t=\frac{f_n}{f-f_n}\times100\%$$ 式中 t——振动传递率,%; f——振动机械强制频率,Hz; f_n——固有频率,Hz

5 橡胶-金属螺旋复合弹簧尺寸系列

表 11-17-3 橡胶-金属螺旋复合弹簧尺寸系列

序号	产品代号	外径 D_2 /mm	内径 D_1 /mm	自由高度 H_0 /mm	最大外径 D_m /mm	静载荷 T /N	静刚度 T' /N·mm^{-1}
1	FB52	52	25	120	62	980	78
2	FB85	85	85	120	92	3530	196
3		85	85	150	92	3720	167
4		85	85	150	108	1860	59
5	FC102	102	60	255	120	980	52
6		102	60	255	120	1470	64
7		102	60	255	120	1960	74
8		102	60	255	120	2450	98
9		102	60	255	120	2940	123
10	FA135	135	60	150	150	1960	74
11		135	60	150	150	2550	98
12	FC148	148	100	270	170	6370	1270
13		148	100	270	170	4410	147
14		148	100	270	170	8820	176
15		148	80	270	170	7840	196
16		148	80	270	170	2450	245
17		148	92	270	170	20090	342
18	FC155	155	62	290	180	6270	157
19		155	62	290	180	7450	186
20		155	62	290	180	8330	206
21		155	62	290	180	9800	235
22		155	62	290	180	10780	265
23		155	62	290	180	11760	294
24	FA196	196	80	290	220	9800	372
25		196	90	270	220	11760	392
26		196	100	250	220	13720	412
27	FC260	260	120	429	310	12740	230
28		260	120	429	310	14700	284
29		260	120	429	310	19600	392
30	FC310	310	150	400	370	29400	588

注：D_m 为橡胶-金属螺旋复合弹簧压缩时的最大外径。

6 橡胶-金属螺旋复合弹簧的选用

表 11-17-3 所列的橡胶-金属螺旋复合弹簧的尺寸系列为机械行业标准 JB/T 8584—1997，可根据下列事项进行选用：

① 所承受的静载荷和空间尺寸。

② 静载荷是指安装在振动机械上的每只弹簧的许用静载荷。

③ 静刚度是指垂直方向的静刚度。

选用时设备实际载荷应在许用值 ±15% 以内，水平方向刚度是垂直方向刚度的 1/3 ~ 1/5 倍。

7 橡胶-金属螺旋复合弹簧的技术要求

① 产品使用冷卷圆柱螺旋压缩弹簧时，金属螺旋弹簧应符合 GB 123912—1989 第 4 章的规定。

② 产品使用热卷圆柱螺旋压缩弹簧时，金属螺旋弹簧应符合 GB 1239. 4—1989 第 4 章的规定。

③ 产品的橡胶材料性能应符合 GB 9899—1988 第 5 章的规定。

④ 尺寸的极限偏差及有关数值见表 11-17-4。

表 11-17-4　　尺寸的极限偏差及有关数值

项　目	数　值		
复合弹簧的外径 D_2（或内径 D_1）的极限偏差/mm	±3.5% D_2（或 D_1）		
复合弹簧的自由高度 H_0 的极限偏差/mm	±3.5% H_0		
静载荷 T 极限偏差/N	精　度　等　级		
	1　级	2　级	3　级
	±5% T	±10% T	±15% T
静刚度 T' 极限偏差/N · mm^{-1}	±5% T'	±10% T'	±15% T'
复合弹簧的垂直度公差/mm	5% H_0		
金属弹簧与橡胶的黏合强度/MPa	4.0		

8 复合弹簧应用实例

图 11-17-3 是利用一种标准的摇枕结构作为布置在车体底架与转向架之间的车体弹性减振装置，包括螺旋弹簧、液压减振器、摇枕槽，端部为链环形的吊杆及横向拉杆。摇枕磨耗板直接压在摇枕弹簧上，摇枕中部的下凹部分有一个中心销支座，转向架可以通过橡胶金属弹性元件实现弹性及无摩擦的回转运动。

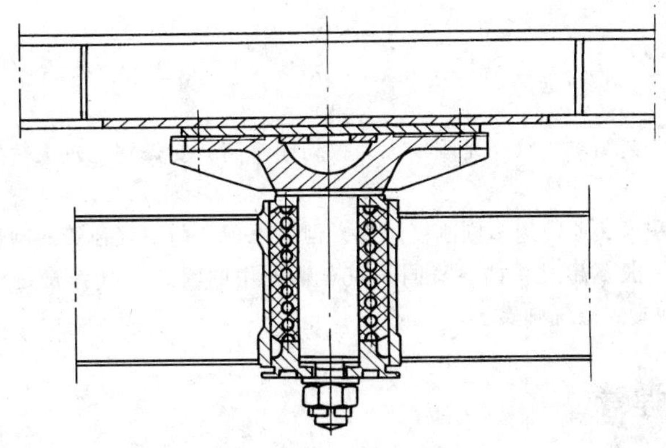

图 11-17-3　复合弹簧在转向架中的中心销支座的利用

第18章 空气弹簧

1 空气弹簧的特点

空气弹簧是在柔性密闭容器中加入压力空气，利用空气的可压缩性实现弹性作用的一种非金属弹簧。由于它和普通钢制弹簧比较有许多优点，所以目前被广泛应用于压力机、剪切机、压缩机、离心机、振动运输机、振动筛、空气锤、铸造机械和纺织机械中作为隔振元件；也用于电子显微镜、激光仪器、集成电路及其他物理化学分析精密仪器等作支承元件，以隔离地基的振动。空气弹簧特别适用于车辆悬挂装置中，可以大大改善车辆的动力性能，从而显著提高其运行舒适度。

空气弹簧具有以下特点。

1）空气弹簧具有非线性特性，可以根据需要将它的特性线设计成比较理想的曲线。

2）空气弹簧的刚度随载荷而变，因而在任何载荷下其自振频率几乎保持不变，从而使弹簧装置具有几乎不变的特性。

3）空气弹簧能同时承受轴向和径向载荷，也能传递转矩。通过内压力的调整，还可以得到不同的承载能力，因此能适应多种载荷的需要。

4）在空气弹簧本体和附加空气室之间设一节流孔，能起到阻尼作用。

5）与钢制弹簧比较，空气弹簧的重量轻，承受剧烈的振动载荷时，空气弹簧的寿命较长。

6）吸收高频振动和隔音的性能好。

空气弹簧的缺点是所需附件较多，成本较高。

2 空气弹簧的类型

空气弹簧大致可分为囊式和膜式两类。囊式空气弹簧可根据需要设计成单曲的、双曲的和多曲的；膜式空气弹簧则有约束膜式和自由膜式两类。

2.1 囊式空气弹簧

其优点是寿命长，制造工艺简单。缺点是刚度大，振动频率高，要得到比较柔软的特性，需要另加较大的附加空气室。

理论上讲，在相同的容积下，曲数越多则刚度越低，但考虑到多曲空气弹簧的制造工艺比较复杂，而且弹性稳定性也比较差，因此曲数一般不超过4曲。我国铁道车辆上用的囊式空气弹簧是双曲的，图11-18-1所示为“东风号”客车上装用的双曲囊式空气弹簧。

2.2 约束膜式空气弹簧

其优点是刚度小，振动频率低，特性曲线的形状容易控制。缺点是由于橡胶囊的工作情况较为复杂，耐久性

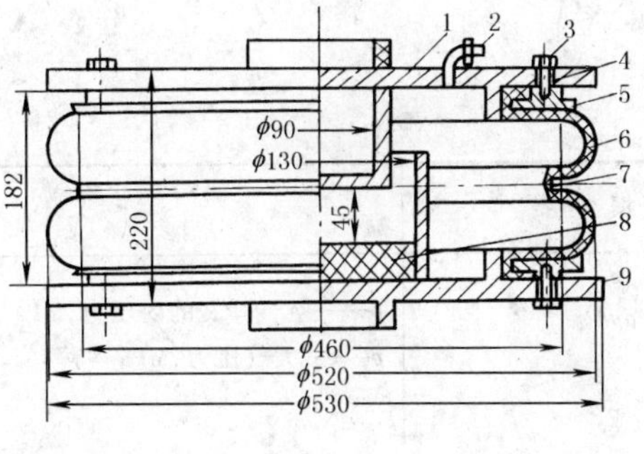

图 11-18-1　囊式空气弹簧结构

1—上盖板；2—气嘴；3—螺钉；4—钢丝圈；5—压环；6—橡胶囊；7—腰环；8—橡胶垫；9—下盖板

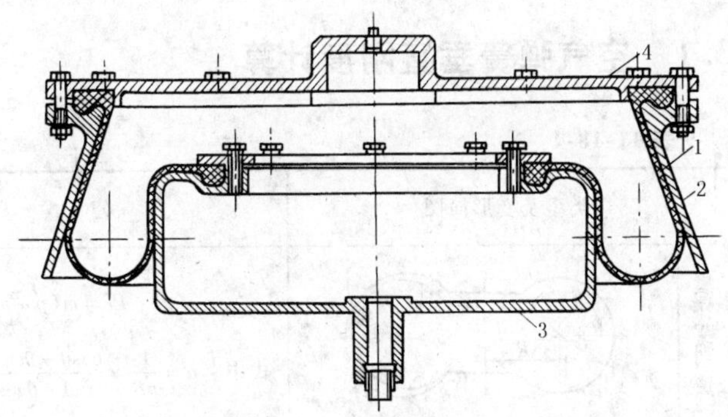

图 11-18-2　斜筒约束膜式空气弹簧结构

1—橡胶囊；2—外环；3—内压环；4—上盖板

比囊式空气弹簧差。

约束膜式空气弹簧有一个约束裙（或外筒），以限制橡胶囊向外扩张，使它的挠曲部分集中在约束裙和活塞（即内筒）之间变化。

图 11-18-2 所示为我国铁道车辆用的斜筒约束膜式空气弹簧。

这种空气弹簧亦由内筒、外筒和橡胶囊部分组成。由于约束裙是向下扩展的圆锥筒（圆锥角为 20°），当活塞向上移动而弹簧压缩时其有效面积减小，所以这种结构可使弹簧刚度减小。但是，如果采用直筒的约束裙，而活塞做成向下收缩的圆锥筒，也可以获得类似的结果。

2.3　自由膜式空气弹簧

其主要特点是没有约束橡胶囊变形的内外约束筒，这样可以减少橡胶囊的磨损，因而寿命可以提高；采用自密式结构，组装和检修工艺比较简单，而且重量很轻；安装高度可以设计得很低，可大大降低车辆地面高度；此外，它的弹性特性（垂直和横向刚度）很容易控制和确定，同一橡胶囊选用不同的上盖板包角 θ，就可以调节到需要的弹性特性。图 11-18-3 是我国地铁列车上采用的自由膜式空气弹簧。

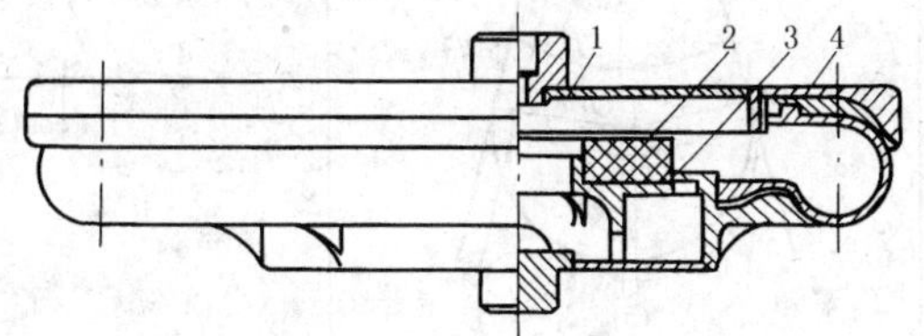

图 11-18-3　自由膜式空气弹簧结构

1—上盖板；2—橡胶垫；3—活塞；4—橡胶囊

3　空气弹簧的刚度计算

空气弹簧的主要设计参数是有效面积 A。如图 11-18-4 所示，作一平面 T-T 切于空气囊的表面，且垂直空气囊的轴线。因为空气囊是柔软的橡胶薄膜，根据薄膜理论的基本假设，空气囊不能传递弯矩和横向力，因此在通过空气囊切点处只传递平面 T-T 中的力，而平面 T-T 有效面积为 A，有效半径为 R。

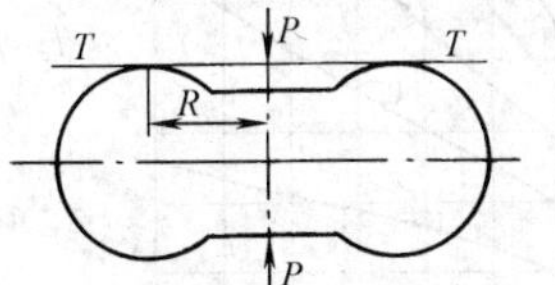

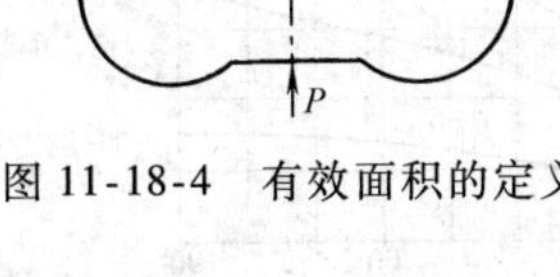

图 11-18-4　有效面积的定义

$$A=\pi R^2$$

弹簧所受的载荷 P

$$P=Ap=\pi R^2 p$$

式中　p——空气弹簧的内压力，N/cm^2。

3.1 空气弹簧垂直刚度计算

表 11-18-1

	类型及变形简图	公式及数据	备注
囊式弹簧		$P'=m(p+p_a)\frac{A^2}{V}+apA$ 式中 $a=\frac{1}{nR}\times\frac{\cos\theta+\theta\sin\theta}{\sin\theta-\theta\cos\theta}$	p——空气弹簧的内压力，MPa p_a——大气压力，MPa
自由膜式弹簧		$P'=m(p+p_a)\frac{A^2}{V}+apA$ 式中，系数 a 可按下式计算或由图 11-18-5 求出 $a=\frac{1}{R}\times\frac{\sin\theta\cos\theta+\theta(\sin^2\theta-\cos^2\varphi)}{\sin\theta(\sin\theta-\theta\cos\theta)}$	V——空气弹簧有效容积，mm^3 m——多变指数，等温过程中（如计算静刚度时）$m=1$，绝热过程中 $m=1.4$，一般动态过程 $1<m<1.4$ n——空气弹簧的曲数（图中只画出一曲） P'——垂直刚度，N/mm a——形状系数
约束膜式弹簧	(a) (b)	$P'=m(p+p_a)\frac{A^2}{V}+apA$ 式中，系数 a 可按下式计算或由图 11-18-6 求出 $a=-\frac{1}{R}\times\frac{\sin(\alpha+\beta)+(\pi+\alpha+\beta)\sin\beta}{1+\cos(\alpha+\beta)+\frac{1}{2}(\pi+\alpha+\beta)\sin(\alpha+\beta)}$	

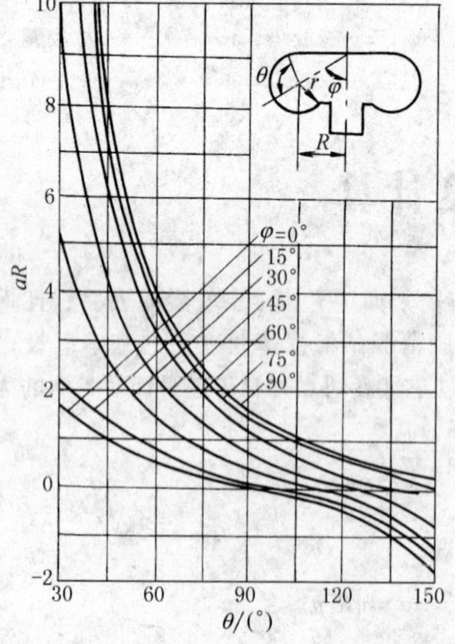

图 11-18-5 自由膜式空气弹簧的系数 a

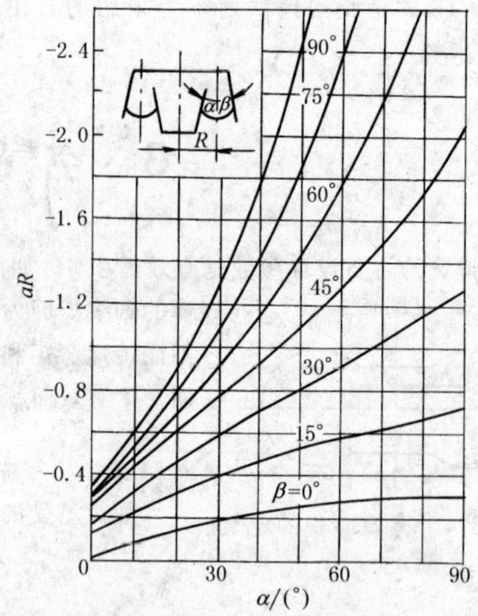

图 11-18-6 约束膜式空气弹簧的系数 a

3.2 空气弹簧横向刚度计算

3.2.1 囊式空气弹簧

一般囊式空气弹簧在横向载荷作用下的变形，是弯曲和剪切作用的合成变形，如图 11-18-7 所示。

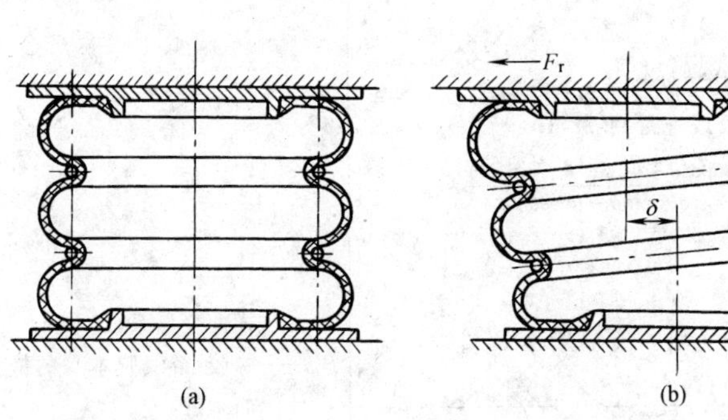

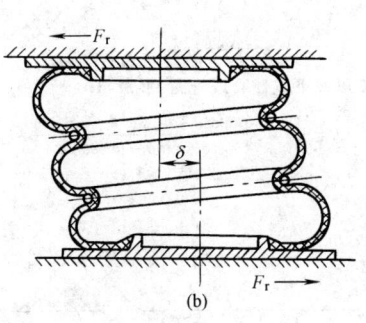

图 11-18-7 橡胶囊在横向载荷作用下的变形

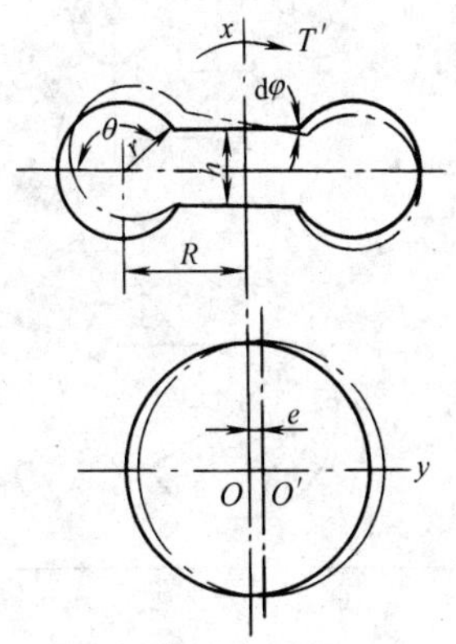

图 11-18-8 空气弹簧的弯曲变形

（1）单曲囊式空气弹簧的弯曲刚度 T'（图 11-18-8）

$$T'=\frac{1}{2}a\pi pR^3(R+r\cos\theta)$$

式中 a——囊式空气弹簧的垂直特性形状系数，可由表 11-18-1 中的有关公式确定。

（2）单曲囊式空气弹簧的剪切刚度 P'_{1r}（图 11-18-9）

$$P'_{1r}=\frac{\pi}{8r\theta}\rho iE_f(R+r\cos\theta)\sin^2 2\varphi$$

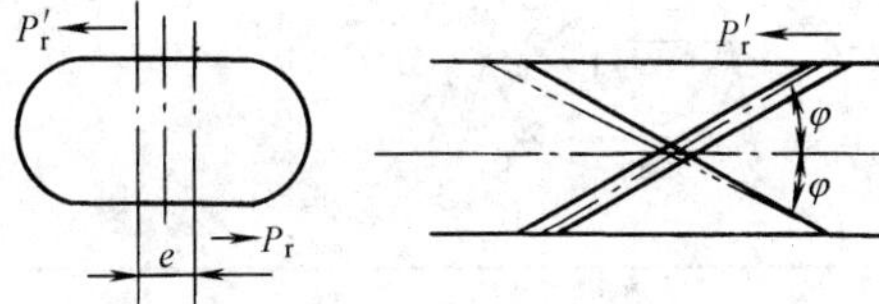

图 11-18-9 空气弹簧的剪切变形

式中 ρ——帘线的密度；

i——帘线的层数；

E_f——一根帘线的截面积与其纵向弹性模量的积；

φ——帘线相对纬线的角度。

对于多曲囊式空气弹簧，横断面受弯曲和剪切载荷而发生的变形，可以利用力和力矩的平衡，将各曲的变形叠加起来而得到。若横断面总的变形很小时，则多曲囊式空气弹簧的横向刚度 P'_r 可由下式求得：

$$P'_r=\left\{\frac{n}{P'_{1r}}+\frac{\left[(n-1)\left(h+h'+\frac{P}{P'_{1r}}\right)\right]^2}{\left(2T'+\frac{1}{2}\frac{P^2}{P'_{1r}}\right)-F(n-1)\left(h+h'+\frac{P}{P'_{1r}}\right)}\right\}^{-1}$$

式中 h——一曲橡胶囊的高度；

h'——中间腰环的高度；

P——空气弹簧所受垂直载荷；

F——空气弹簧承受的轴向载荷；

n——空气弹簧的曲数；

T'——弯曲刚度；

P'_{1r}——剪切刚度。

由上式可以看出，空气弹簧的曲数越多，则其横向刚度越小。实际上 4 曲以上的空气弹簧，由于其弹性不稳定现象，已不适于承受横向载荷的场合。

3.2.2 膜式空气弹簧

表 11-18-2

类型及变形简图	公式及数据	备注
自由膜式空气弹簧	$P'_r = bpA + P'_0$ 式中,b 可按下式计算或查图 11-18-10 $$b=\frac{1}{2R}\times\frac{\sin\theta\cos\theta+\theta(\sin^2\theta-\sin^2\varphi)}{\sin\theta(\sin\theta-\theta\cos\theta)}$$	b——横向变形系数 P'_0——橡胶-帘线膜本身的横向刚度 p——空气弹簧的内压力 A——空气弹簧的有效面积
约束膜式空气弹簧	$P'_r = bpA + P'_0$ 式中,b 可按下式计算或查图 11-18-11 $$b=\frac{1}{2R}\times\frac{-\sin(\alpha+\beta)+(\pi+\alpha+\beta)\cos\alpha\cos\beta}{1+\cos(\alpha+\beta)+\frac{1}{2}(\pi+\alpha+\beta)\sin(\alpha+\beta)}$$	

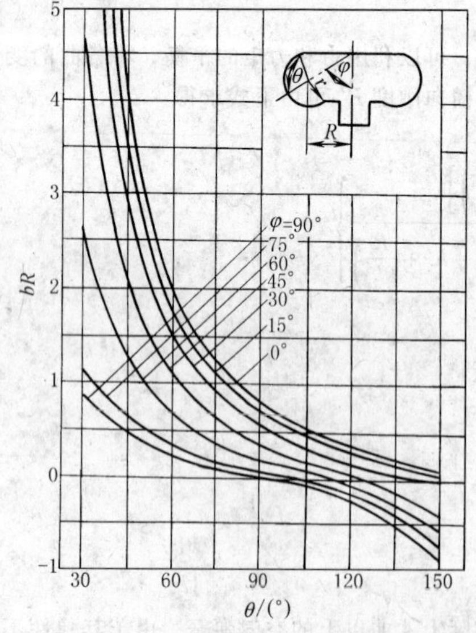

图 11-18-10 自由膜式空气弹簧的形状系数 b

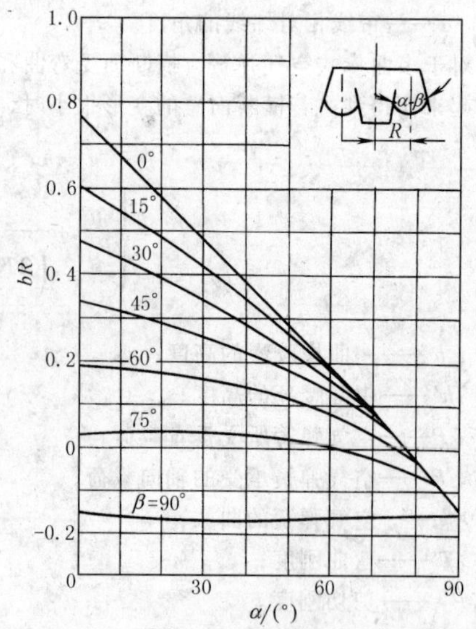

图 11-18-11 约束膜式空气弹簧的形状系数 b

4 空气弹簧计算示例

表 11-18-3

	项　　目	单位	公 式 及 数 据
已知条件	直筒约束膜式 KZ_2 型转向架		
	空气弹簧有效直径 D	mm	500
	空气弹簧的内容积 V_1	mm^3	2.8×10^7
	附加空气室的容积 V_2	mm^3	6.2×10^7
	空气弹簧的内压力 p	MPa	0.5
	大气压力 p_a	MPa	0.098
	角度 α	(°)	0
	角度 β	(°)	0
	m		1.33
计算项目	形状系数 a		$a=-\dfrac{1}{R}\times\dfrac{\sin(\alpha+\beta)+(\pi+\alpha+\beta)\sin\beta}{1+\cos(\alpha+\beta)+\dfrac{1}{2}(\pi+\alpha+\beta)\sin(\alpha+\beta)}=0$
	垂直刚度 P'	N/mm	$P'=m(p+p_a)\dfrac{A^2}{V}+apA$ 式中 $A=\dfrac{\pi D^2}{4}=\dfrac{3.14\times500^2}{4}=1.963\times10^5\,mm^2$ $V=V_1+V_2=2.8\times10^7+6.2\times10^7$ $=9.0\times10^7\,mm^3$ $P'=m(p+p_a)\dfrac{A^2}{V}+apA$ $=1.33\times(0.5+0.098)\times\dfrac{(1.963\times10^5)^2}{9\times10^7}+0$ $=340.5$

5 德国 CONTI 空气弹簧系列

表 11-18-4

类 型 及 简 图	标　号	载荷 P/kN (*5bar 时 6bar 时)	有效面积 A/cm^2 (*5bar 时 6bar 时)	总高度 H_T/mm
自由式	684N4.10	102*	2040*	320
	851N2.10	105	2080*	350
	684N4.100	126	2100	320
	671N2.100B	130	2170	300
	671N2.100	143	2380	300
	671N2.10	124*	2480*	300
	684N4.10B	124	2480	320
	755N3.10A	124*	2480	270
	732N2.100A	157	2620	300
	732N2.100B	180	3000	300
束带式	843N100	78	1300	200
	846N100	98	1630	210
	846N10	102	1700	210
	773N10	123	2050	200
	743N100	132	2200	270
	747N2.100	152	2530	230
	845N100	183	3050	200
	770N100	240	4080	200

续表

类型及简图	标号	载荷 P/kN (*5bar时 6bar时)	有效面积 A/cm^2 (*5bar时 6bar时)	总高度 H_T/mm
侧斜式	721N 854N2.10 741N100 852N2.10	54 72 135 143*	900 1200 2250 2860*	250 180 280 150

设计高度 H/mm	外径 D_A/mm	垂直变形 f_y/mm	横向变形 f_x/mm	垂直自然频率 v_y/Hz	横向自然频率 v_x/Hz (*5bar时 6bar时)	横向自然频率 v_x/Hz (3bar时)
97	730	±65	±120	约1	0.66*	0.8*
110	750	±60	±120	约1	0.3*	0.4*
90	730	±60	±120	约1	0.7	0.92
90	740	±60	±120	约1	0.92	1.15
90	750	±60	±120	约1	0.8	1.0
80	770	±50	±120	约1	0.6	0.72*
90	785	±60	±120	约1	0.44	0.55
80	695	±50	±65	约1	0.6	0.73*
120	790	±65	±120	约1	0.9	1.15
120	820	±80	±120	约1	0.72	0.95
90	50	±40	±40	约1	0.78	0.88
115	540	±60	±50	约1	0.8	1.0
115	540	±60	±50	约1	0.7	0.8
90	610	±40	±40	约1	1.0	1.2
121	630	±70	±60	约1	0.85	0.66
115	660	±65	±50	约1	0.65	0.75
105	715	±55	±50	约1	1.0	0.88
90	820	±40	±60	约1	0.64	0.78
105	480	±60	±50	约1	0.53	0.65
90	505	±40	±50	约1.3	1.3	1.5
120	731	±70	±110	约1	0.6	0.8
96	700	±40	±40	约1.2	0.83*	0.9

6 空气弹簧的应用实例

(1) 空气弹簧在矿井进罐摇台上的应用

图11-18-12为使用空气弹簧控制的矿井提升罐笼用进罐摇台。取消了配重，使配置结构尺寸紧凑；摇台台面由空气弹簧控制，很平稳；台面下降时靠自重，空气弹簧起缓冲作用；倾斜摇台被充入压力的空气弹簧（并起伸缩汽缸作用）抬起并保持在最高的位置上，终端位置由一机械挡铁限制住，并由另外一锁紧机构加以保险；锁紧机构也同样由一空气弹簧控制。要求倾斜摇台下降时，空气弹簧通过一可调节流阀排气，倾斜摇台靠自重将空气弹簧压紧并降至罐笼层。在摇台放平时，如果罐笼还应向上抬起时，因摇台与控制杠杆没有紧固地连接在一起，摇台的台面可再次抬起，空气弹簧保持无压，直至倾斜摇台台面重新抬起时再通气。

(2) 空气弹簧在车辆悬挂装置中的应用

图11-18-13为车辆悬挂装置中的空气弹簧应用简图。空气弹簧悬挂系统主要由空气弹簧本体、空气弹簧悬挂的减振阻尼和高度控制阀系统三部分组成。其工作原理为：车体1和转向架2之间的空气弹簧4，通过节流孔5与附加空气室3沟通。用风管将附加空气室与高度控制阀8连接。高度控制阀固定在车体上，并通过杠杆6和拉杆7与转向架2连接，空气经主汽缸引至高度控制阀。

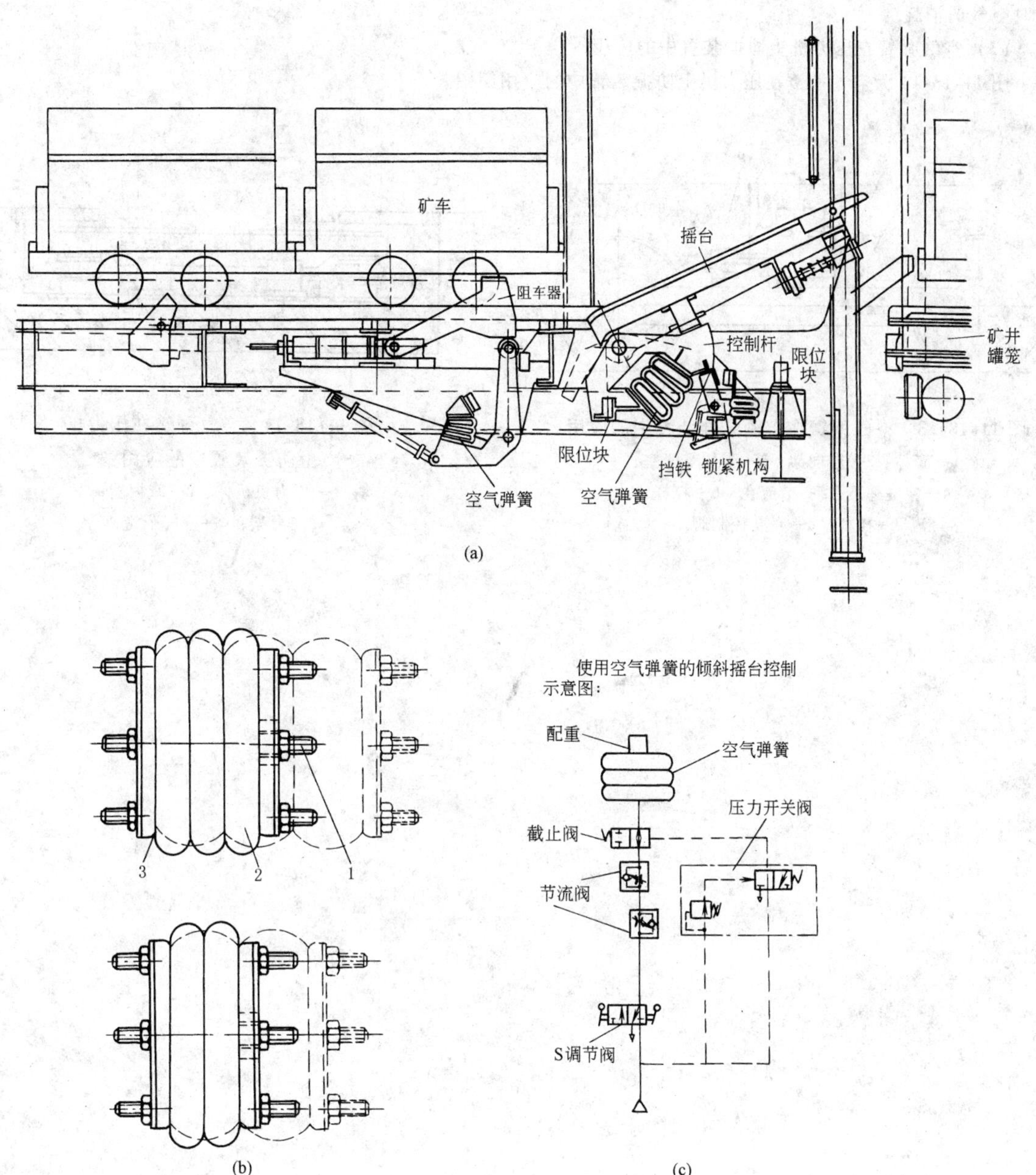

图 11-18-12 空气弹簧在矿井进罐摇台上的应用

1—上底和下底板，带有不锈钢螺栓和压缩空气接头；

2—空气弹簧以及空气弹簧间的耐腐蚀垫圈；

3—将空气弹簧固定在底板上的零件

假如空气弹簧上的载荷增加，这时车体将下降，并且高度控制阀的杠杆在拉杆的作用下按顺时针方向转动，因此与主汽缸连接的高度控制阀的进气阀打开，空气开始流入附加空气室和空气弹簧，一直到车体升高到原来位置为止。于是杠杆恢复到原来水平位置，并且高度控制阀的进气阀被关闭。

假如空气弹簧上的载荷减少，这时车体将上升，而高度控制阀的杠杆按反时针方向转动，通大气的高度控制阀的排气阀被打开，空气从空气弹簧和附加空气室排出，一直到车体降到原来的位置，排气阀被关闭。

所以在高度控制阀的作用下，空气弹簧的高度可以保持不变。如果阀中再设置一个油压减振器和一个缓冲弹簧，起滞后作用，则可以使高度控制阀对动载荷没有反应，只在静载荷变化时才起作用。这样可以避免车辆在运行时空气的消耗。

(3) 空气弹簧在压力机上防振装置中的应用

图 11-18-14 为空气弹簧在压力机上防振装置中的应用简图。

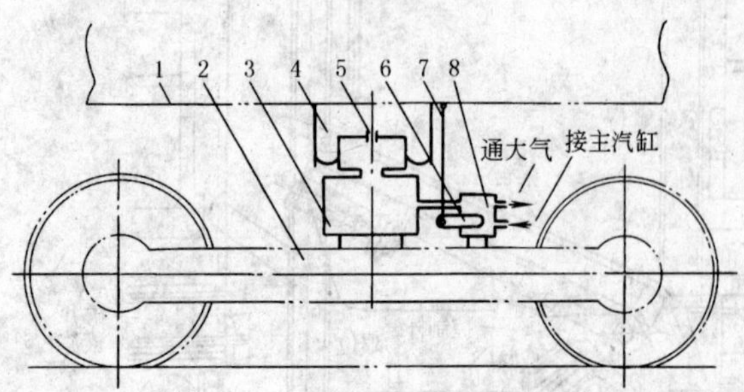

图 11-18-13 空气弹簧在车辆悬挂装置中的应用
1—车体；2—转向架；3—附加空气室；4—空气弹簧；5—节流孔；6—杠杆；7—拉杆；8—高度控制阀

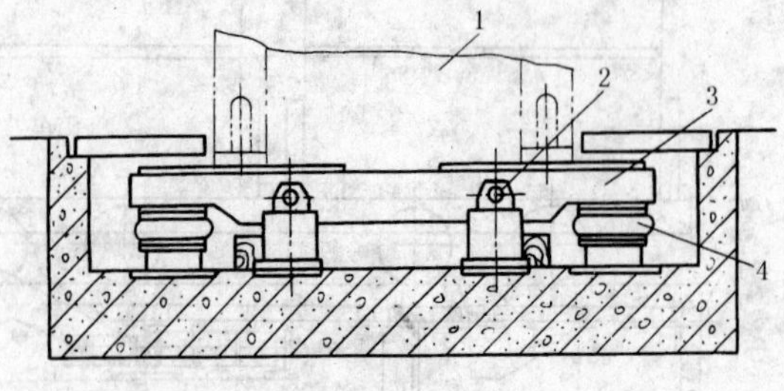

图 11-18-14 空气弹簧在压力机上防振装置中的应用
1—压力机机体；2—减振器；3—台架；4—空气弹簧

第19章 膜 片

1 膜片的类型与用途

膜片是用金属或非金属薄片制成的弹性元件，一般呈圆形，可制成平片（图 11-19-1a）或波纹状（图 11-19-1b）。膜片在边缘固定，因此在气体或液体的压力差和在集中力的作用下，膜片将产生变形，使刚性中心产生位移 w_0，然后传递给指针或执行机构，供测量或控制使用。

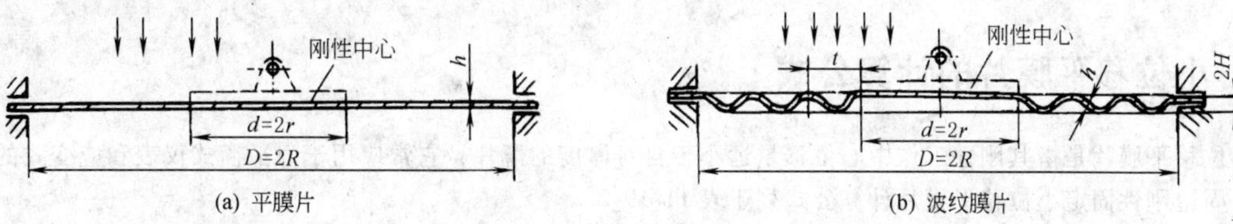

图 11-19-1 膜片

平膜片的位移较小，尤其是线性范围更小，只有膜片厚度的 1/3～1/4，在线性范围内灵敏度较高。超出线性范围后，随位移加大，特性衰减很快。一般应用于电容式、感应式和应变式传感器中；也可进行压力变换，组成压电传感器、磁致伸缩传感器等。

波纹膜片具有相当大的位移，且可利用改变波纹形状，取得不同的特性。通常情况下，为了提高膜片的灵敏度，增大位移量，常将膜片组成膜盒使用，如膜式压力计、气压计，飞机上使用的空速表、高度表、升降速度表等。除此之外，还可用作两种介质的隔离元件或挠性密封元件等。

膜盒按连接型式可分为 4 类，如图 11-19-2 所示。

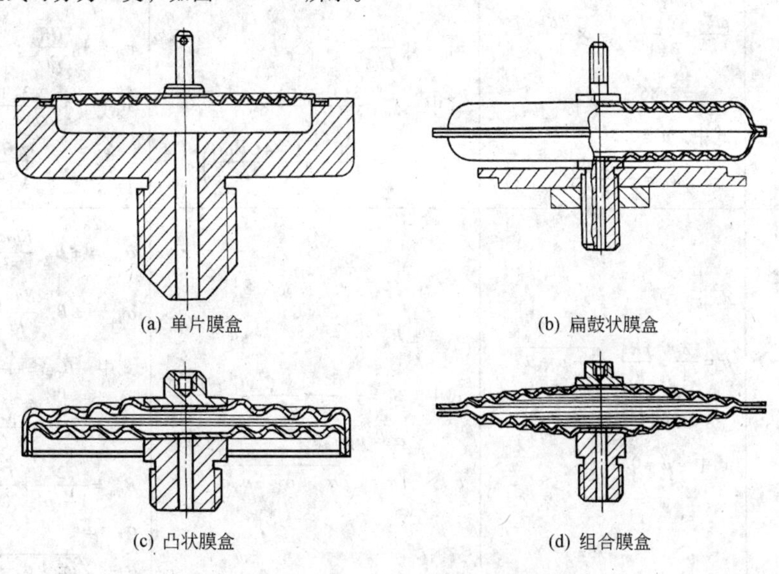

(a) 单片膜盒　(b) 扁鼓状膜盒　(c) 凸状膜盒　(d) 组合膜盒

图 11-19-2 膜片、膜盒按连接型式分类

2 膜片材料及性能

表 11-19-1　　膜片材料及性能

项　　目	抗拉强度 σ_b/MPa	比例极限 σ_p/MPa	弹性模量 E/MPa	硬　度(HV)
H80	594	300	100000	115
QSn6.5-0.1	735	440	110000	180
QBe2	1370	735	135000	380
lCr18Ni9Ti	540	108	199000	155
0Cr18Ni12Mo2Ti	740	240	199000	>275
NiMo28V	1200		212000	475
3J1(Ni36CrTiAl)	1195	750	210000	345
3J53	1370		181000	400
Ni42CrTiAlMoCu	1370		202000	435
NiCu28-2.5-1.5	568		129000	210

3 平膜片的设计计算

3.1 小位移平膜片的计算公式

小位移平膜片是指其刚性工作中心位移量远小于自身厚度的薄片，它常应用于力平衡式仪表和应变式的传感器中。周边刚性固定小位移平膜片计算公式列于表 11-19-2。

表 11-19-2

项　目	单位	公式及数据		
		无硬心，受均布力	有硬心，受均布力	有硬心，受集中力
位移 w_0	mm	(a) $\frac{pR^4}{Eh^4}=\frac{16}{3(1-\mu^2)}\times\frac{w_0}{h}$ $=5.86\frac{w_0}{h}$ 式中　$\mu=0.3$ $w_0=\frac{pR^4}{5.86Eh^3}$	(b) $w_0=A_p\frac{pR^4}{Eh^3}$ 式中　$A_p=\frac{3(1-\mu^2)}{16}\times\left(\frac{C^4-1-4C^2\ln C}{C^4}\right)$	(c) $w_0=A_Q\frac{QR^2}{Eh^3}$ 式中　$A_Q=\frac{3(1-\mu^2)}{\pi}\times\left(\frac{C^2-1}{4C^2}-\frac{\ln^2C}{C^2-1}\right)$
最大应力 σ	MPa	$\sigma=\frac{3}{4}\times\frac{pR^2}{h^2}\sqrt{1-\mu+\mu^2}$ $=0.667\frac{pR^2}{h^2}$ 式中　$\mu=0.3$	$\sigma_r=\pm B_p\frac{Ehw_0}{R^2}$ 式中　$B_p=\frac{4}{1-\mu^2}\times\frac{C^2(C^2-1)}{C^4-1-4C^2\ln C}$ $\sigma_t=\mu\sigma_r$ $\sigma=\sqrt{\sigma_r^2+\sigma_t^2-\sigma_r\sigma_t}$	$\sigma_{rw}=\pm B_{Qw}\frac{Ehw_0}{R^2}$ $\sigma_{rn}=\pm B_{Qn}\frac{Ehw_0}{R^2}$ 式中　$B_{Qw}=\frac{2}{1-\mu^2}\times\frac{C^2(C^2-1-2\ln C)}{(C^2-1)^2-4C^2\ln^2C}$ $B_{Qn}=\frac{2}{1-\mu^2}\times\frac{C^2(2C^2\ln C-C^2+1)}{(C^2-1)^2-4C^2\ln^2C}$ $\sigma_t=\mu\sigma_r$ $\sigma=\sqrt{\sigma_r^2+\sigma_t^2-\sigma_r\sigma_t}$

续表

项 目	单位	公 式 及 数 据	
最大允许载荷 p_{max} 或 Q	MPa 或 N	$p_{max}=1.5\dfrac{h^2}{R^2}\sigma_p$	有硬心，受均布力 p 和集中力 Q，将位移公式代入应力公式，并使 $\sigma=\sigma_p$，即可求出
最大允许位移 w_{max}	mm	$w_0=0.256\sigma_p\dfrac{R^2}{Eh}$	有硬心，受均布力 p 和集中力 Q，将 p_{max} 或 Q_{max} 代入位移方程，即可求得
有效面积 F_e	mm^2	$F_e=\dfrac{\pi}{16}(D+d)^2$	
备 注	p——作用于膜片上的压力，MPa；R——膜片工作半径，mm；h——膜片厚度，mm；E——弹性模量，MPa；μ——泊松比，$\mu=0.3$；C——系数，$C=R/r_0$；r_0——硬心半径，mm；Q——作用于膜片中心的集中力，N；σ_r——径向应力，MPa；σ_t——切向应力，MPa；σ_{rw}——外表面径向应力，MPa；σ_{rn}——内表面径向应力，MPa；σ_p——许用应力，MPa；D——膜片工作直径，mm；d——硬心直径，mm		

3.2 大位移平膜片的计算公式

大位移平膜片是指其刚性工作中心的位移量是厚度的几倍甚至几十倍的膜片，大位移平膜片应用于位移式仪表中。周边夹紧并受均布力 p 的大位移平膜片计算公式列于表 11-19-3，相关量之间的特性曲线关系见图 11-19-3 ~ 图 11-19-6。

表 11-19-3

项 目	参 数 的 无 量 纲 公 式	
	无硬心，受均布力	有硬心，受均布力
位移 $\bar{w}$	$\bar{w}=\dfrac{w_0}{h}$ 式中 w_0——膜片中心位移，mm； h——膜片厚度，mm	
压力 $\bar{p}$	$\bar{p}=\dfrac{pR^4}{Eh^4}$ 式中 p——膜片上的压力，MPa； R——膜片厚度，mm； E——弹性模量，MPa	
应力 $\bar{\sigma}$	$\bar{\sigma}=\dfrac{\sigma R^2}{Eh^2}$ 式中 σ——最大应力，MPa	
容积 $\bar{v}$	$\bar{v}=\dfrac{V}{\pi R^2 h}$ 式中 V——膜片位移时所包含的容积，mm^3	
硬心无量纲半径 ρ_0		$\rho_0=\dfrac{r_0}{R}$ 式中 r_0——硬心半径，mm
相对有效面积 f_0		$f_0=\dfrac{F_e}{\pi R^2}$ 式中 F_e——有效面积，mm^2

第 11 篇

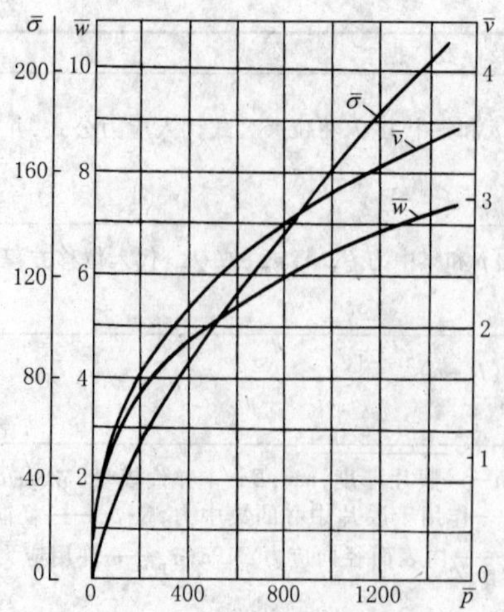

图 11-19-3 与压力参数 $\bar{p}$ 有关的位移 $\bar{w}$、应力 $\bar{\sigma}$ 及容积 $\bar{v}$ 的无量纲值

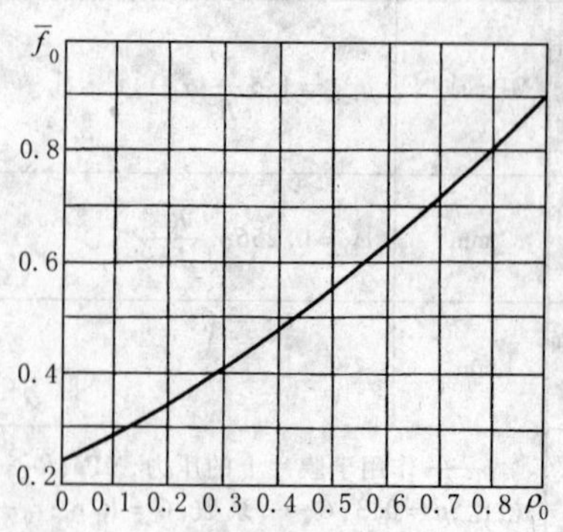

图 11-19-4 相对初始有效面积 $\bar{f}_0$

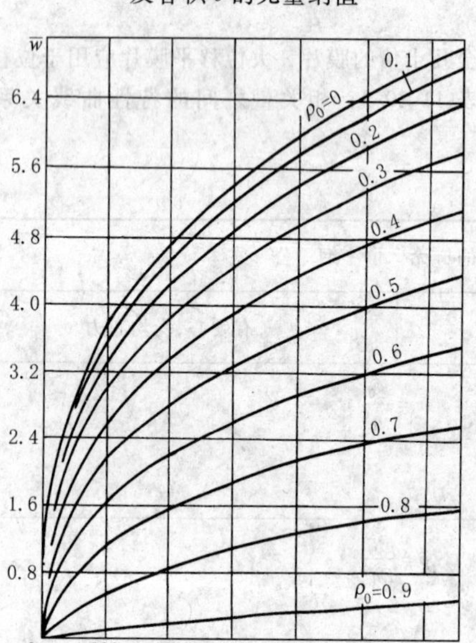

图 11-19-5 弹性特性曲线族 $\bar{w}=f(\bar{p})$

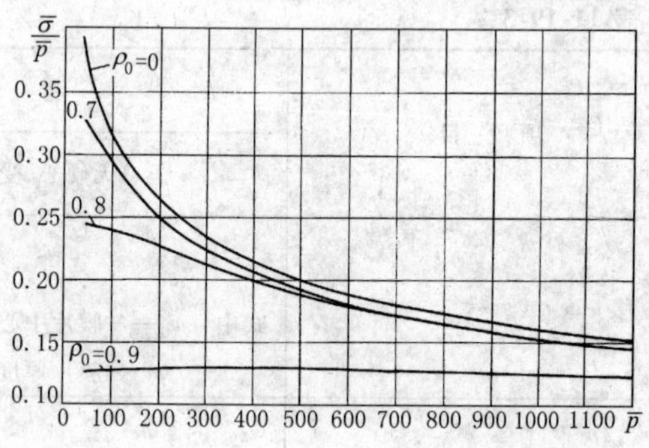

图 11-19-6 无量纲应力线族 $\frac{\bar{\sigma}}{\bar{p}}=f(\bar{p})$

4 平膜片计算示例

例 1 求无硬心平膜片在已知工作压力 $p=0.04\text{MPa}$ 时的位移，容积变化和安全系数。膜片的材料为 3J1，$E=210000\text{MPa}$，屈服极限 $\sigma_s=882\text{MPa}$，膜片的工作半径 $R=100\text{mm}$，厚度 $h=0.4\text{mm}$。

表 11-19-4

项 目	单位	公 式 及 数 据
确定无量纲压力参数 $\bar{p}$		为了确定是大位移、还是小位移膜片，首先计算其位移 w_0： $w_0=\frac{pR^4}{5.86Eh^3}=\frac{0.04\times 100^4}{5.86\times 210000\times 0.4^3}=50.8\text{mm}$ 因为 $w_0\gg h$，为此要应用图 11-19-3 的线图，无量纲压力参数 $\bar{p}=\frac{pR^4}{Eh^4}=\frac{0.04\times 100^4}{210000\times 0.4^4}=744$

续表

项　目	单位	公式及数据
求 $\bar{w},\bar{v},\bar{\sigma}$		根据 $\bar{p}=744$ 时，按图 11-19-3 查出：$\bar{w}=5.75;\bar{v}=2.7;\bar{\sigma}=130$
位移 w_0	mm	根据 $\bar{w}=\dfrac{w_0}{h}=5.75$ 所以 $w_0=5.75h=5.75\times0.4=2.3$
有效容积 V	mm^3	$V=\bar{v}\pi R^2h=2.7\times3.14\times100^2\times0.4=33900$
最大应力 σ	N/mm^2	$\sigma=\bar{\sigma}\times\dfrac{Eh^2}{R^2}=130\times\dfrac{210000\times0.4^2}{100^2}=437$
安全系数 n		$n=\dfrac{\sigma_s}{\sigma}=\dfrac{882}{437}=2.01$

例 2　膜片尺寸 $R=125$mm，$h=0.5$mm，压力 $p=0.02$MPa，材料为 QBe2，$E=1.35\times10^5$MPa，屈服极限 $\sigma_s=960$MPa，求硬心半径 r_0，如果膜片的有效面积 $F_e=3.14\times10^4mm^2$，再求出膜片中心的位移和膜片的安全系数。

表 11-19-5

项　目	单位	公式及数据
相对有效面积 $\bar{f}_0$		$\bar{f}_0=\dfrac{F_e}{\pi R^2}=\dfrac{3.14\times10^4}{3.14\times125^2}=0.64$
硬心半径 r_0	mm	根据图 11-19-4，找出相应于 $\bar{f}_0=0.64$ 的硬心无量纲半径 $\rho_0=\dfrac{r_0}{R}=0.6$ 因此，硬心半径 $r_0=0.6\times125=75$
位移 w_0	mm	根据图 11-19-5，由 $\bar{p}=\dfrac{pR^4}{Eh^4}=\dfrac{0.02\times125^4}{1.35\times10^5\times0.5^4}=580$ 与 $\rho_0=0.6$ 时的图线，找到 $\bar{w}=\dfrac{w_0}{h}=2.6$ 由此，位移 $w_0=2.6\times h=2.6\times0.5=1.3$
最大应力 σ	MPa	根据图 11-19-6，当 $\bar{p}=580$ 与 $\rho_0=0.6$ 的图线，找到 $\dfrac{\bar{\sigma}}{\bar{p}}=0.19$ 所以 $\bar{\sigma}=0.19\times\bar{p}=0.19\times580=110$ 根据公式 $\bar{\sigma}=\dfrac{\sigma R^2}{Eh^2}$ 则　$\sigma=\dfrac{\bar{\sigma}Eh^2}{R^2}=\dfrac{110\times1.35\times10^5\times0.5^2}{125^2}=240$
安全系数 n		$n=\dfrac{\sigma_s}{\sigma}=\dfrac{960}{240}=4$

5　波纹膜片的计算公式

表 11-19-6

项　目	单位	公式及数据	说　明
弹性特性方程		$\dfrac{pR^4}{Eh^4}=a\dfrac{w_0}{h}+b\dfrac{w_0{}^3}{h^3}$ 式中： $a=\dfrac{2(3+\alpha)(1-\alpha)}{3K_1\left(1-\dfrac{\mu^2}{\alpha^2}\right)}$ $b=\dfrac{32K_1}{\alpha^2-9}\left[\dfrac{1}{6}-\dfrac{3-\mu}{(\alpha+3)(\alpha-\mu)}\right]$	此弹性特性方程不仅适用于无硬心波纹膜片，而且也适用于小波纹$\left(\dfrac{H}{h}<4\sim6\right)$、相对半径 $\rho_0=\dfrac{r_0}{R}<0.2\sim0.3$ 和大波纹$\left(\dfrac{H}{h}\geqslant8\sim10\right)$、相对半径 $\rho_0\leqslant0.4\sim0.5$ 的有硬心波纹膜片

续表

项目		单位	公式及数据	说明
弹性特性的非线性度 γ			$\gamma=\dfrac{\Delta}{w_{0\max}}\times100\%$	
无量纲参数	位移 $\bar{w}$		$\bar{w}=\dfrac{w_0}{h}$	p——压力，MPa R、h——膜片工作半径、厚度，mm α——系数，$\alpha=\sqrt{k_1k_2}$ k_1、k_2——按表 11-19-7 查 Δ——连接坐标原点与特性曲线工作段终点的直线同非线性特性曲线间挠度的最大误差 w_0——位移，mm σ——最大应力，MPa
	压力 $\bar{p}$		$\bar{p}=\dfrac{pR^4}{Eh^4}$	
	刚度 $\dfrac{\bar{p}}{\bar{w}}$		$\dfrac{\bar{p}}{\bar{w}}=\dfrac{p}{E}\times\left(\dfrac{R}{h}\right)^3\times\dfrac{R}{w_0}$	
	$\dfrac{\bar{\sigma}}{\bar{p}}$ 值		$\dfrac{\bar{\sigma}}{\bar{p}}=\dfrac{\sigma h^2}{pR^2}$	
	初始有效面积 f_0	mm^2	$f_0=\dfrac{F_e}{\pi R^2}$	

表 11-19-7

膜片型面	k_1	k_2
锯齿形 θ_0 θ_0 H l	$\dfrac{1}{\cos\theta_0}$	$\dfrac{H^2}{h\cos\theta_0}+\theta_0$
梯形 a θ_0 θ_0 H a l	$\dfrac{1-\dfrac{2a}{l}}{\cos\theta_0}+\dfrac{2a}{l}$	$\dfrac{H^2}{h^2}\left(\dfrac{1-\dfrac{2a}{l}}{\cos\theta_0}+\dfrac{6a}{l}\right)+\left(1-\dfrac{2a}{l}\right)\cos\theta_0+\dfrac{2a}{l}$
正弦形$\left(\dfrac{H}{l}<B\right)$ H l	1	$\dfrac{3}{2}\times\dfrac{H^2}{h^2}+1$

6 波纹膜片计算示例

例 1 绘制波纹膜盒的弹性特性曲线、膜盒由两个相同的锯齿形膜片组成，膜片的尺寸：$R=36.7$mm，$r_0=7$mm，$H=1.02$mm，$h=0.125$mm；材料为 QBe2，弹性模量 $E=1.35\times10^5\text{N/mm}^2$，$n=3$。

表 11-19-8

项目	单位	公式及数据
确定波长 l	mm	$l=\dfrac{R-r_0}{n}=\dfrac{36.7-7}{3}=9.9$
倾角 θ_0	(°)	$\theta_0=\arctan\dfrac{H}{l}=\arctan\dfrac{1.02}{9.9}\approx6$
求系数 a 及 b		根据图 11-19-7，当 $\dfrac{H}{h}=\dfrac{1.02}{0.125}=8.16$，$\theta_0=6°$ 时　求出系数 $a=69$；$b=0.073$

续表

项　　目	单位	公 式 及 数 据
弹性特性曲线方程式		将系数 a 及 b 代入弹性特性方程，则得其特性曲线方程式 $p=\frac{Eh}{R^4}(ah^2w_0+bw_0^3)=0.00977w_0+0.000661w_0^3$
波纹膜盒的特性曲线		w_0/mm; p/MPa; $R=36.7$; $r_0=7$; $h=0.125$; $H=1.02$; p 特性曲线（考虑到膜盒的位移比一个膜片的大一倍）

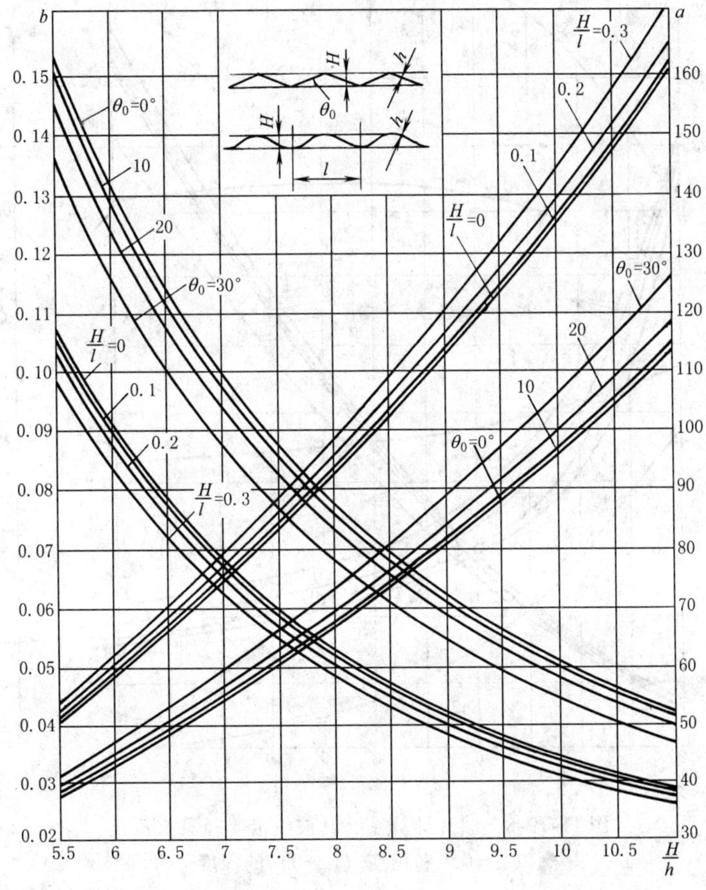

图 11-19-7　系数 a 及 b 变化图

例 2　求均等正弦曲线形膜片的位移、有效面积、安全系数和膜片特性曲线的非线性度。材料为 QBe2，弹性模量 $1.35\times10^5\text{N/mm}^2$，屈服极限 $\sigma_s=960\text{MPa}$，膜片承受正压力 $p=0.16\text{MPa}$，膜片尺寸 $R=25\text{mm}$，$H=1\text{mm}$，$h=0.2\text{mm}$，断面深度的不均匀系数采用 $\alpha=1.2$。

表 11-19-9

项　目	单位	公 式 及 数 据
确定 $\frac{\bar{p}}{\bar{w}}$，$\frac{\bar{\sigma}}{\bar{p}}$ 及 f_0 值		根据深度比 $\frac{H}{h}=\frac{1}{0.2}=5$，按图 11-19-8 的曲线，确定当 $\alpha=0$ 时的无量纲参数值 $\frac{\bar{p}}{\bar{w}}=48,\frac{\bar{\sigma}}{\bar{p}}=0.23,f_0=0.417$
位移 w_0	mm	$w_0=\frac{pR}{E}\left(\frac{R}{h}\right)^3\frac{\bar{w}}{\bar{p}}=\frac{0.16\times25}{1.35\times10^5}\times\left(\frac{25}{0.2}\right)^3\times\frac{1}{48}=1.24$
最大应力 σ	MPa	$\sigma=p\frac{\bar{\sigma}}{\bar{p}}\times\left(\frac{R}{h}\right)^2=0.16\times0.23\times\left(\frac{25}{0.2}\right)^2=574$
有效面积 F_e	mm^2	$F_e=f_0\pi R^2=0.417\times3.14\times25^2=818$
安全系数 n		$n=\frac{\sigma_s}{\sigma}=\frac{960}{574}=1.67$
弹性特性曲线的非线性度 γ		首先计算 $\bar{p}=\frac{pR^4}{Eh^4}=\frac{0.16\times25^4}{1.35\times10^5\times0.2^4}=297$ 根据图 11-19-10，由 $\bar{p}=297,\frac{H}{h}=5$ 求得特性曲线的非线性度 $\gamma\approx-2\%$

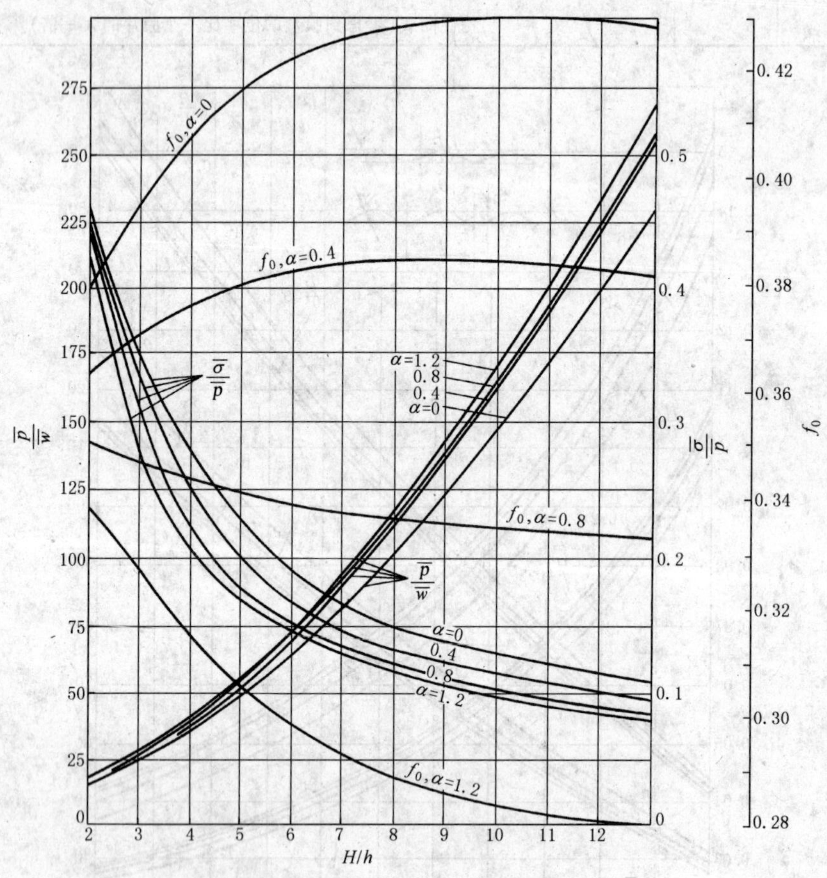

图 11-19-8　膜片计算图，其波纹沿半径具有恒定（$\alpha=0$）和可变（$\alpha\neq0$）的深度

α—断面深度的不均匀系数

$$\alpha=\frac{H_3-H_1}{H_2}$$

H_1、H_2、H_3 如图 11-19-9 所示

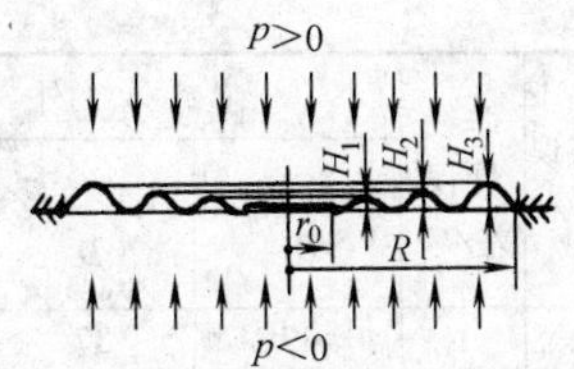

图 11-19-9　断面深度不均匀的膜片

图 11-19-8、图 11-19-10 和图 11-19-11α 值一样。

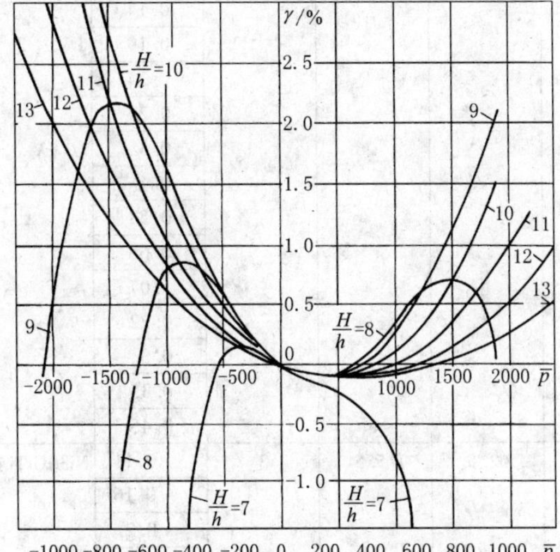

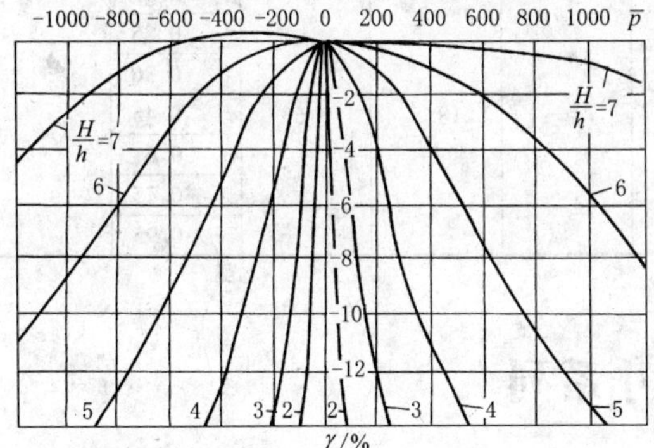

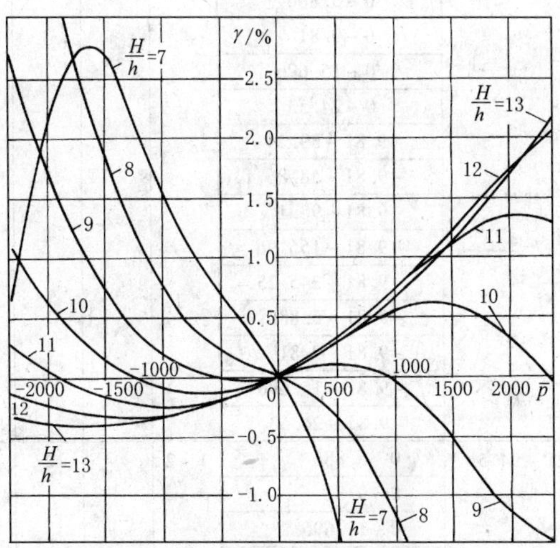

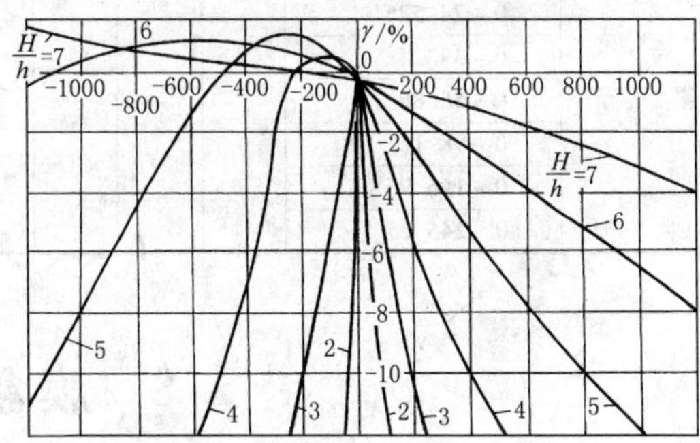

图 11-19-10　具有周期变化断面（α=0）膜片的非线性特性 $\gamma=f(\bar{p})$

图 11-19-11　波纹深度可变的膜片（α=1.2）的非线性度 $\gamma=f(\bar{p})$ 的线图

7　膜片尺寸系列

表 11-19-10

型　号	工作压力 /10^4 Pa	位移 /mm	迟滞误差/%	非线性误差/%	外形尺寸/mm 外径 D_1	工作直径 D	平硬心直径 d_0	波纹高度 H	厚度 h	材料
MP15×12					15	12	4.5		0.05~0.1	
MP20×17	0~343.35 0~245.25	>0.3 >0.3	1.5 1.5	1.5 1.5	20 20	17 17	4.5 4.5		0.33 0.45	
MP30×25	0~9.81				30	25	4		0.064	QBe2
MP30×26					30	26	7		0.1	
MP34×29.5					34	29.5	13			

续表

型　号	工作压力 /10^4 Pa	位移 /mm	迟滞误差/%	非线性误差/%	外形尺寸/mm					材料
					外径 D_1	工作直径 D	平硬心直径 d_0	波纹高度 H	厚度 h	
MP47×37	±9.81	±0.5	1	1	47	37	5		0.1	QBe2
MP53×48	0~19.62	1	1	1	53	48	12		0.18	
MP95×60	-9.81~0				94.5	60	22		0.19	
	-5.886~0				94.5	60	22		0.14	
	0~5.886								0.14	
	0~9.81								0.19	
	0~15.696								0.24	
	0~24.53								0.24	
	-9.81~39.24								0.3	
	-9.81~58.86								0.4	
	-9.81~98.1								0.58	
	-9.81~156.96								0.68	
	-9.81~245.25								1.07	
	-9.81~5.886								0.22	
	-9.81~9.81								0.3	
	-9.81~15.696								0.35	
	-9.81~24.53								0.45	
MP-94.5	0~5.886	1~2		2	94.5	62.5	15.5	3	0.11	Ni36CrTiAl
	0~9.81								0.16	
	0~15.696								0.2	
	0~24.525								0.25	
	0~39.24								0.36	
	0~58.86						18.5	3.63	0.45	
	0~98.1								0.6	
	0~156.96								0.75	
	0~245.25								0.95	

8　膜盒尺寸系列

表 11-19-11

型　号	工作压力/10^4 Pa	位移 /mm	迟滞误差 /%	非线性误差/%	外形尺寸/mm					材料
					外径 D_1	工作直径 D	平硬心直径 d_0	膜盒厚度 H	厚度 h	
MH40×36	0~5886 0~9810	0.9 ~1.3			40	36	7		0.056 0.065	QSn6.5- 0.1
MH40×37	0~15696 0~19620	1.2 ~1.8	<1		40	37	7.4	4.5	0.06 0.075	1Cr18Ni9Ti QSn6.5- 0.1
MH53×49	-6867~7848	±1			53	49	12	6	0.25	Cr18Ni12Mo
MH64×60	-4905~0 -1962~0	1.2 1.5	<1	<1.5	64	60	11	6	0.16	3J1 1Cr18Ni9Ti

续表

型　　号	工作压力/10^4Pa	位移/mm	迟滞误差/%	非线性误差/%	外形尺寸/mm					材料
					外径 D_1	工作直径 D	平硬心直径 d_0	膜盒厚度 H	厚度 h	
MH100×96	±490.5,0~981,-981~0	1.7~2.2	<1.5		100	96	16	6.5	0.065	QSn6.5-0.1
	±588.6,0~1177.2,-1177.2~0								0.075	
	±784.8,0~1569.6,-1569.6~0								0.08	
	±981,0~1962,-1962~0								0.11	
	±1177.2,0~2452.5,-2452.5~0								0.115	
	±1471.5,0~2943,-2943~0								0.125	
	±1962,0~3924,-3924~0							7.5	0.13	
	±2452.5,0~4905,-4905~0								0.15	
	±2943,0~5886,-5886~0								0.17	
	±3924,0~7848,-7848~0									
	±4905,0~9810,-9810~0								0.23	
	±5886,0~11772,-11772~0							8		
	±7848,0~15696,-15696~0								0.18	
	±9810,0~19620,-19620~0							7.5	0.26	
	±11772,0~24525,-24525~0								0.3	
	±14715,0~29430,-29430~0									
	±19620,0~39240,-39240~0								0.43	
	±490.5,0~981,-981~0	2~3						6.5	0.055	
	±588.6,0~1177.2,-1177.2~0								0.065	
	±784.8,0~1569.6,-1569.6~0								0.075	
	±981,0~1962,-1962~0								0.09	
	±1177.2,0~2452.5,-2452.5~0								0.10	
	±1471.5,0~2943,-2943~0								0.11	
	±1962,0~3924,-3924~0							7.5	0.105	
	±2452.5,0~4905,-4905~0								0.12	
	±2943,0~5886,-5886~0								0.135	
	±3924,0~7848,-7848~0									
	±4905,0~9810,-9810~0								0.17	
	±5886,0~11772,-11772~0									
	±7848,0~15696,-15696~0								0.26	
	±9810,0~19620,-19620~0									
	±11772,0~24525,-24525~0							8	0.23	
	±14715,0~29430,-29430~0									
	±19620,0~39240,-39240~0									

9 膜片应用实例

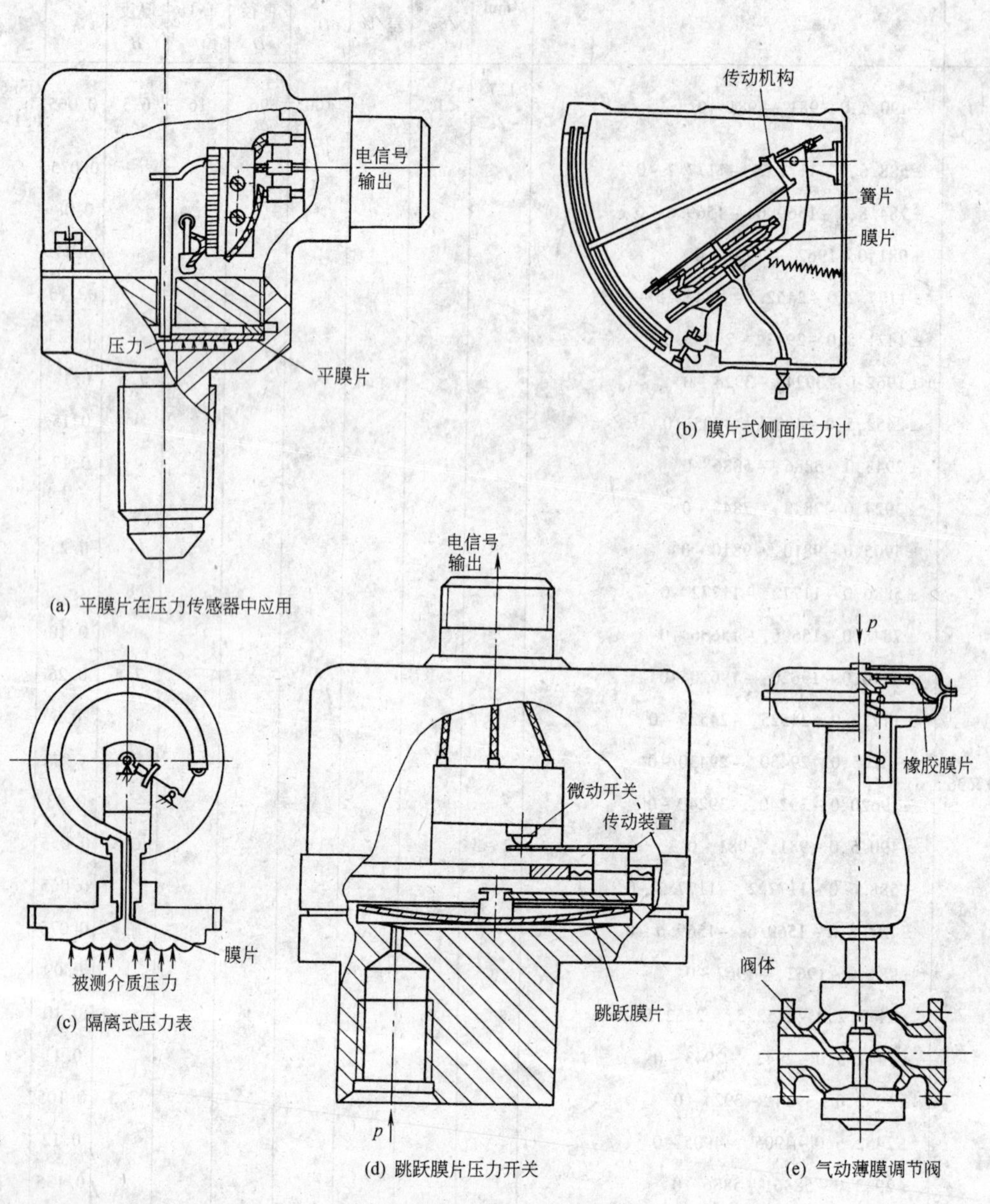

图 11-19-12 膜片应用实例

第 20 章 波纹管

波纹管是一种压力弹性元件，其形状是一个具有波纹的金属薄管。工作时，一般将开口端固定，内壁在受压力或集中力或弯矩的作用后，封闭的自由端将产生轴向伸长、缩短或弯曲。波纹管具有很高的灵敏度和多种使用功能，广泛应用在精密机械与仪器仪表中。

1 波纹管的类型与用途

波纹管大体上可分为无缝波纹管和焊接波纹管。

无缝波纹管如图 11-20-1 所示，按截面形状可分为 U 形、C 形、Ω 形、V 形和阶梯形。U 形、C 形波纹管在液压成形后一般不需要经过整形或稍加整形后即可使用，其刚度大，灵敏度低，非线性误差大，故多用作隔离元件或挠性接头；Ω 形多用不锈钢材料制造；V 形波纹节距小，波数多，在获得同样位移情况下，所占体积小，故常用作体积补偿元件；阶梯形制造复杂，应用较少。

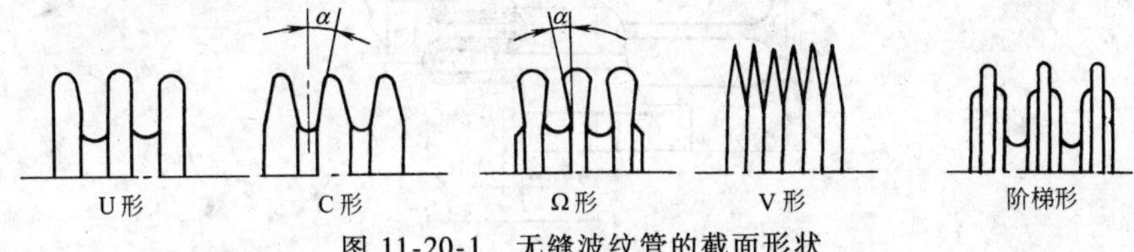

图 11-20-1 无缝波纹管的截面形状

无缝波纹管多采用液压成形方法制造，少数采用电沉积和化学沉积方法制造。后两种方法制造的波纹管一般尺寸较小，刚度较小。

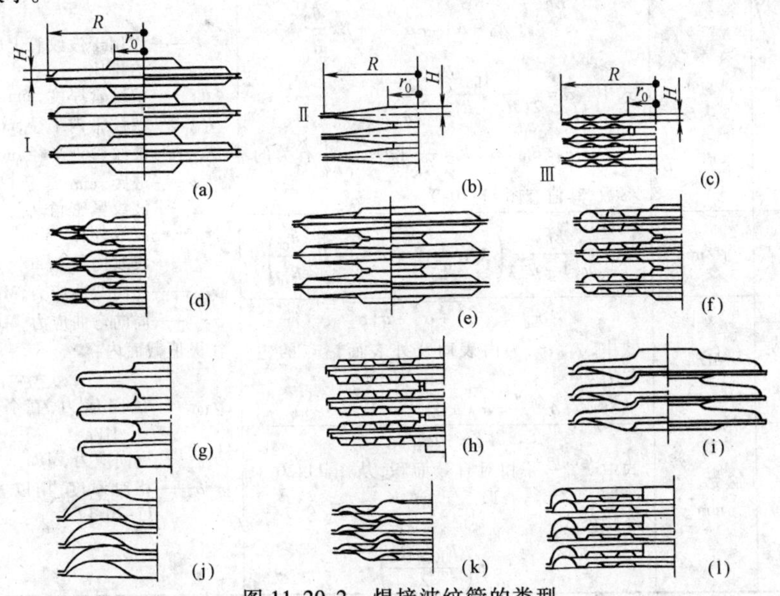

图 11-20-2 焊接波纹管的类型

焊接波纹管是用板材膜片冲压成形，然后沿其内外轮廓焊接而成的。焊接波纹管的膜片可以有很多种结构型式，如图 11-20-2 所示。

焊接波纹管可以分为两大类：对称截面波纹管（图 11-20-2a ~ h）和重叠波纹管（图 11-20-2i ~ l）。

焊接波纹管主要有下列用途：

① 作为压力敏感元件。例如在压力式温度变送中作敏感元件，在气动遥控测量机构中作测量元件。

② 作为补偿元件，利用波纹管的体积可变性，补偿仪器的温度误差。例如在浮子陀螺仪中作液体热膨胀补偿器。

③ 作密封、隔离元件。例如在远距离压力计中作隔离元件，或作支承的隔离密封。

2 波纹管的材料

波纹管的材料与性能见表 11-20-1。

3 无缝波纹管计算公式

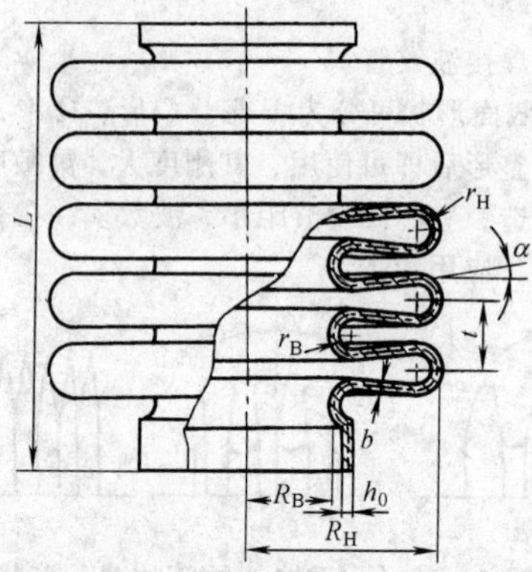

表 11-20-1

项 目	单位	公 式 及 数 据	说 明
位移 W	mm	$W=P\frac{1-\mu^2}{Eh}\times\frac{n}{A_0-\alpha A_1+\alpha^2A_2+B_0\frac{h_0^2}{R_H^2}}$ 式中 $\alpha=\frac{4r_B-t}{2(R_H-R_B-2r_B)}$ A_0、A_1、A_2、B_0 是与 $k=\frac{R_H}{R_B}$ 和 $m=\frac{r_B}{R_B}$ 有关的参数，其值查图 11-20-3	P——作用于波纹管上的轴向力，N μ——泊松比 h_0——波纹管厚度，mm R_B——波纹管内半径，mm R_H——波纹管外半径，mm t——波距，mm α——波纹紧密角，(°) r_H——波纹外径，mm r_B——波纹内径，mm σ_{1w}——径向弯曲应力，MPa σ_{2w}——周向弯曲应力，MPa 在极值截面内： $\sigma_{2w}=\mu\sigma_{1w}$ σ_{10}——径向应力，在各点均小，一般不计，MPa σ_{20}——周向应力，MPa δ——相对厚度，用以查图 11-20-5 ~ 图 11-20-12
波纹管刚度 K_Q	N/mm	$K_Q=\frac{Eh_0}{n(1-\mu^2)}\left(A_0-\alpha A_1+\alpha^2A_2+B_0\frac{h_0^2}{R_H^2}\right)$	
波纹管危险点的当量应力 σ_d	MPa	$\sigma_d=\sqrt{\sigma_1^2+\sigma_2^2-\sigma_1\sigma_2}$ 式中，σ_1、σ_2 为内表面及外表面诸点的主应力： $\sigma_i^{B_0/H}=\sigma_{i0}\pm\sigma_{iw}\ (i=1,2)$	
有效面积 F_e	mm^2	$F_e=\pi R_H^2 f_0$ 式中 f_0——相对有效面积，从图 11-20-4 查取 经验公式 $F_e=\pi\left(\frac{R_H+R_B}{2}\right)^2$	

续表

项　　目	单位	公 式 及 数 据	说　　明
无量纲刚度 $\bar{K}_Q$		$\bar{K}_Q=\dfrac{K_Q R_H^2 n}{\pi E h_0^3}$	
自由位移时无量纲应力 $\bar{\sigma}_w$		$\bar{\sigma}_w=\dfrac{\sigma_w R_H^2 n}{E h_0 W}$	
力平衡时无量纲应力 $\bar{\sigma}_p$		$\bar{\sigma}_p=\dfrac{\sigma_p h_0^2}{P R_H^2}$	
相对厚度 δ		$\delta=\dfrac{h_0}{R_B}$	

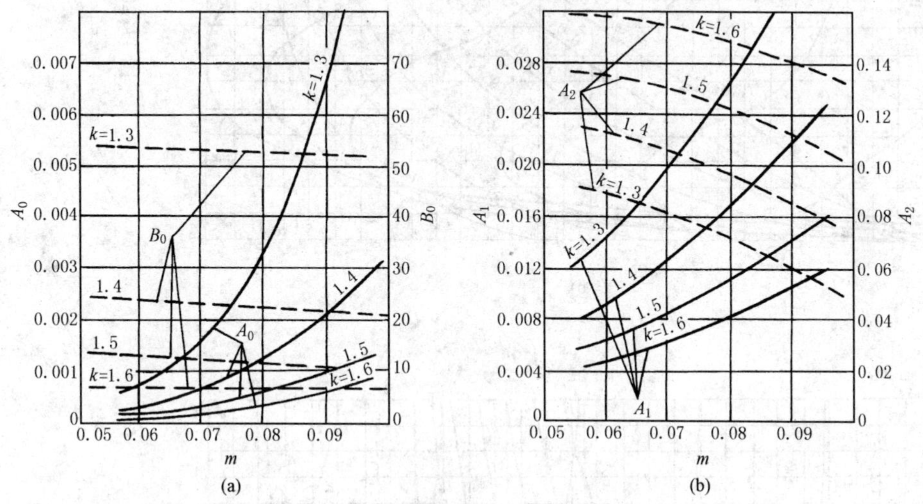

图 11-20-3　系数 A_0、A_1、A_2、B_0 的线图

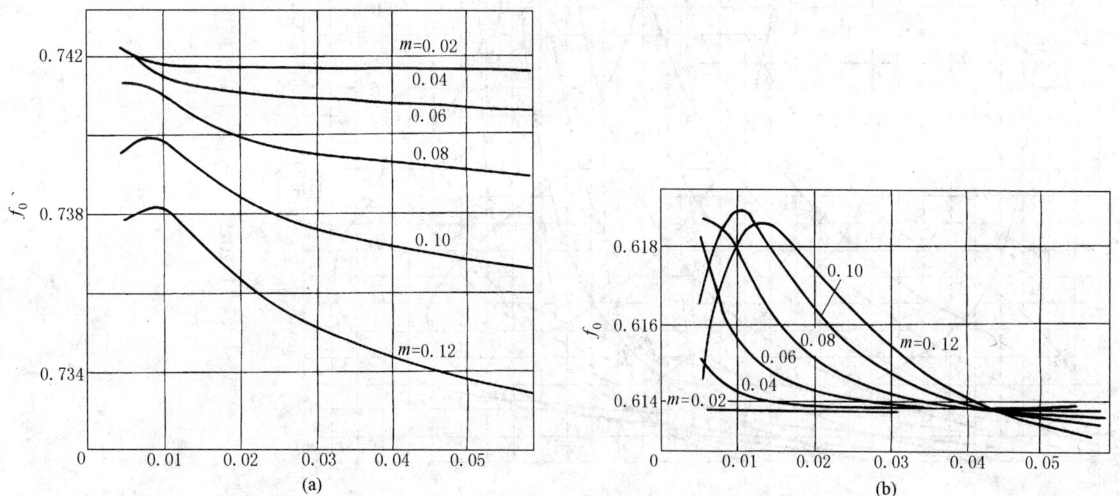

图 11-20-4　初始相对有效面积的变化图

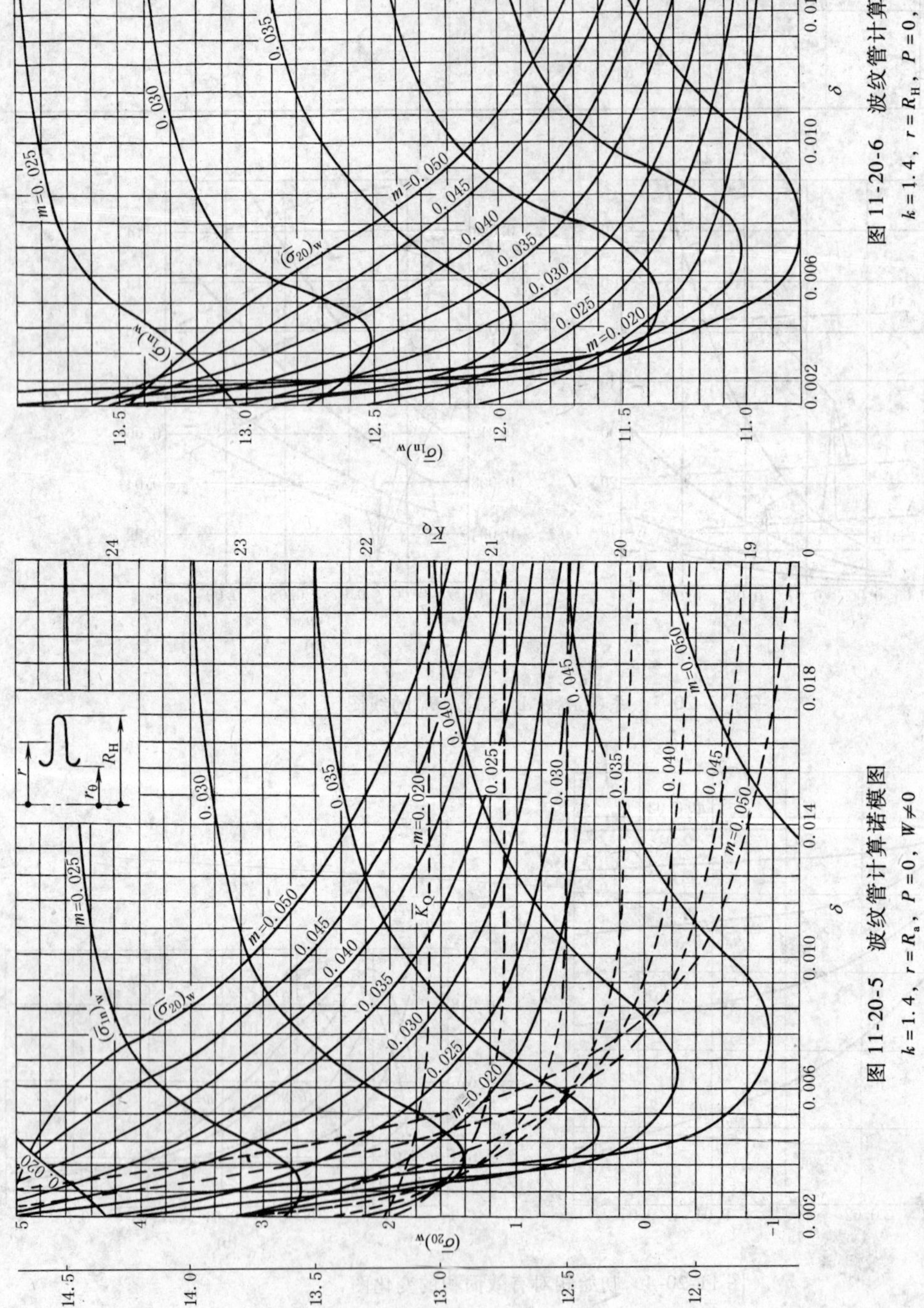

图 11-20-5　波纹管计算诺模图

$k=1.4$，$r=R_a$，$P=0$，$W\neq0$

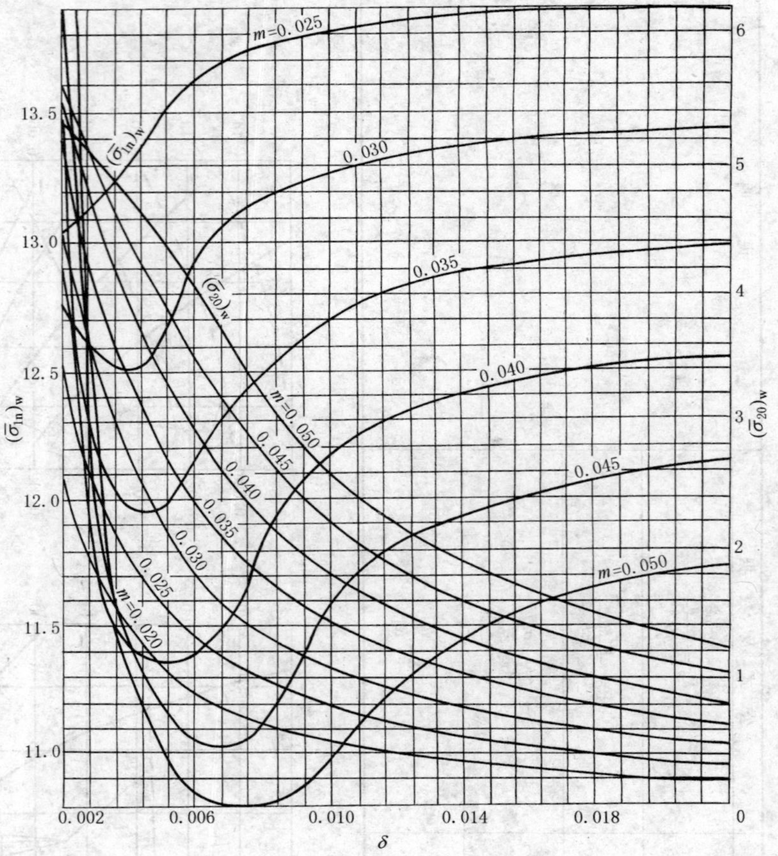

图 11-20-6　波纹管计算诺模图

$k=1.4$，$r=R_H$，$P=0$，$W\neq0$

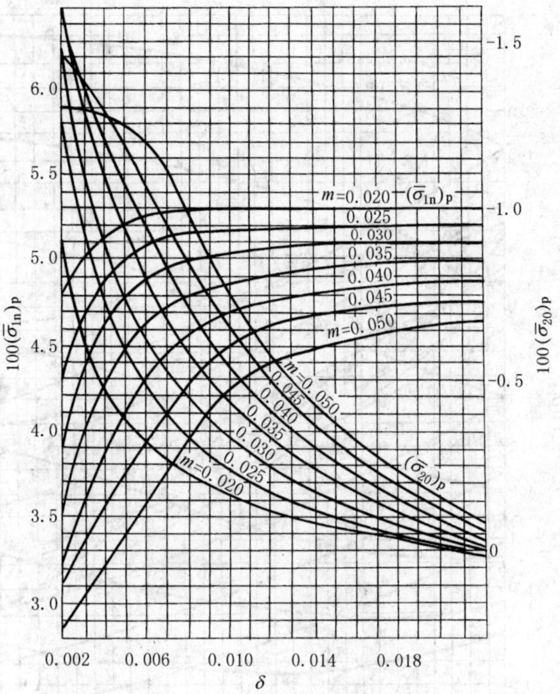

6.0 5.5 5.0 4.5 4.0 3.5 3.0

$100(\overline{\sigma}_{1n})_p$

m=0.020 $(\overline{\sigma}_{1n})_p$ 0.025 0.030 0.035 0.040 0.045 m=0.050

m=0.050 0.045 0.040 0.035 0.030 0.025 m=0.020 $(\overline{\sigma}_{20})_p$

−1.5 −1.0 −0.5 0

$100(\overline{\sigma}_{20})_p$

0.002 0.006 0.010 0.014 0.018

δ

图 11-20-7 波纹管计算诺模图

$k=1.4$，$r=R_B$，$P\neq0$，$W=0$

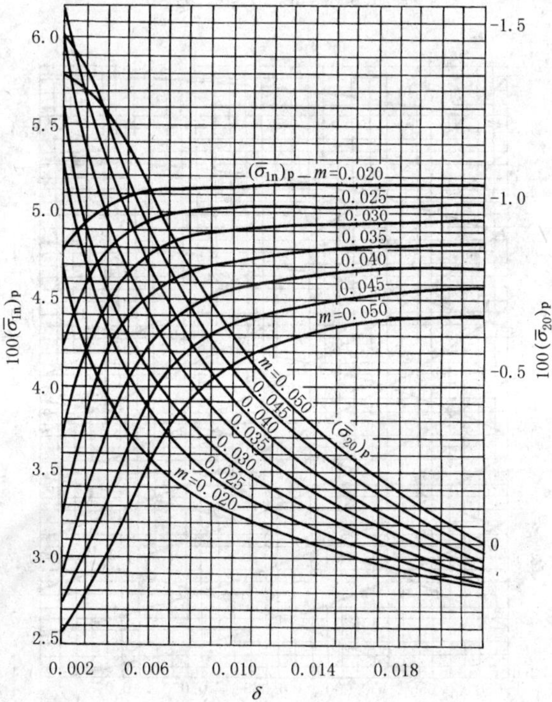

图 11-20-8 波纹管计算诺模图

$k=1.4$，$r=R_H$，$P\neq0$，$W=0$

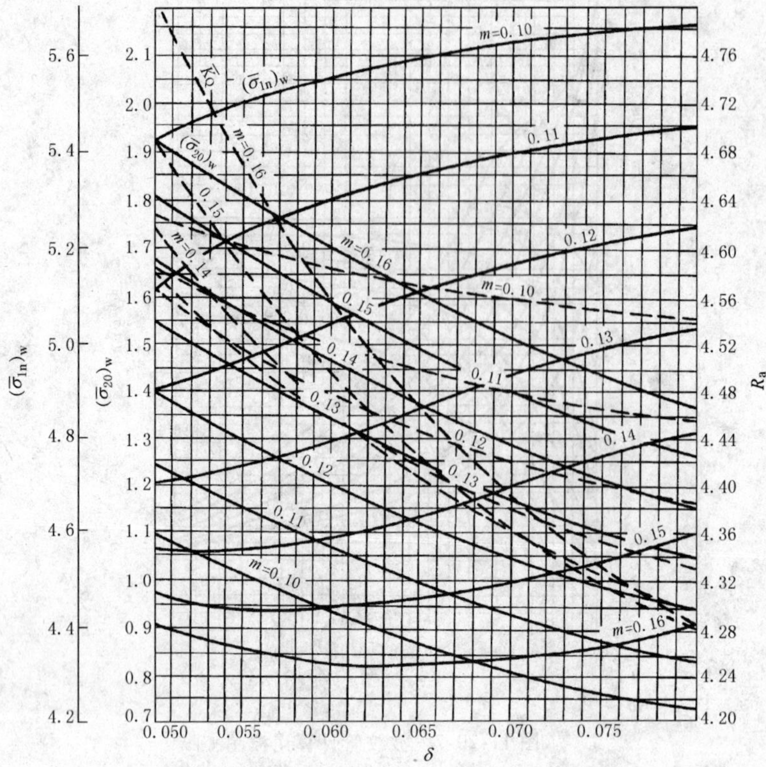

图 11-20-9　波纹管计算诺模图

$k=1.8$，$r=R_B$，$P=0$，$W\neq0$

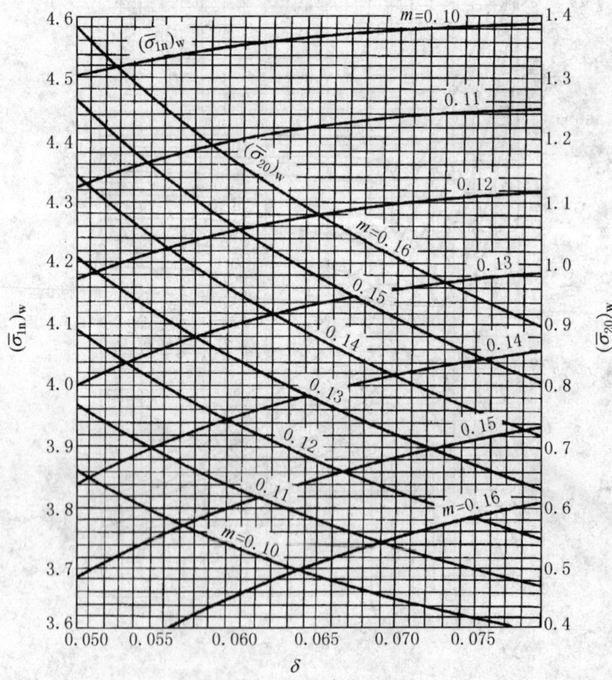

图 11-20-10　波纹管计算诺模图

$k=1.8$，$r=R_H$，$P=0$，$W\neq0$

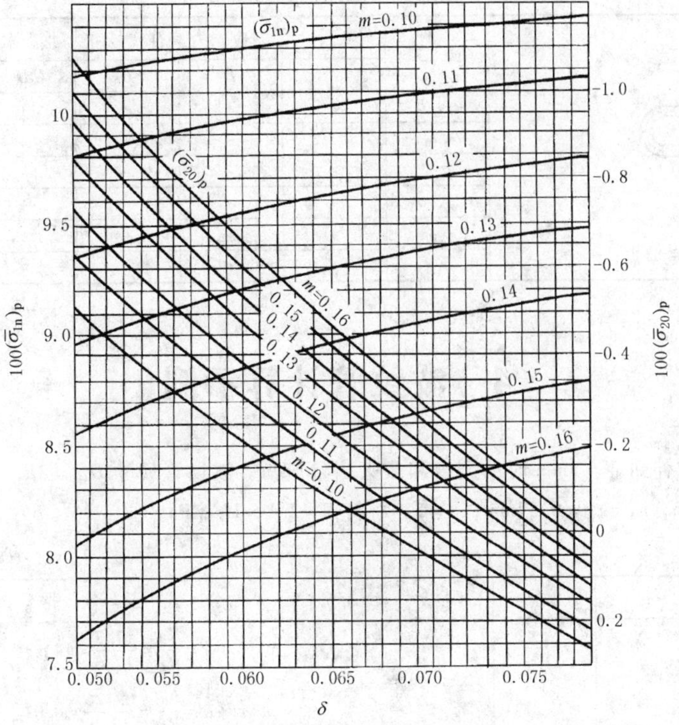

图 11-20-11　波纹管计算诺模图

$k=1.8$，$r=R_B$，$P=0$，$W=0$

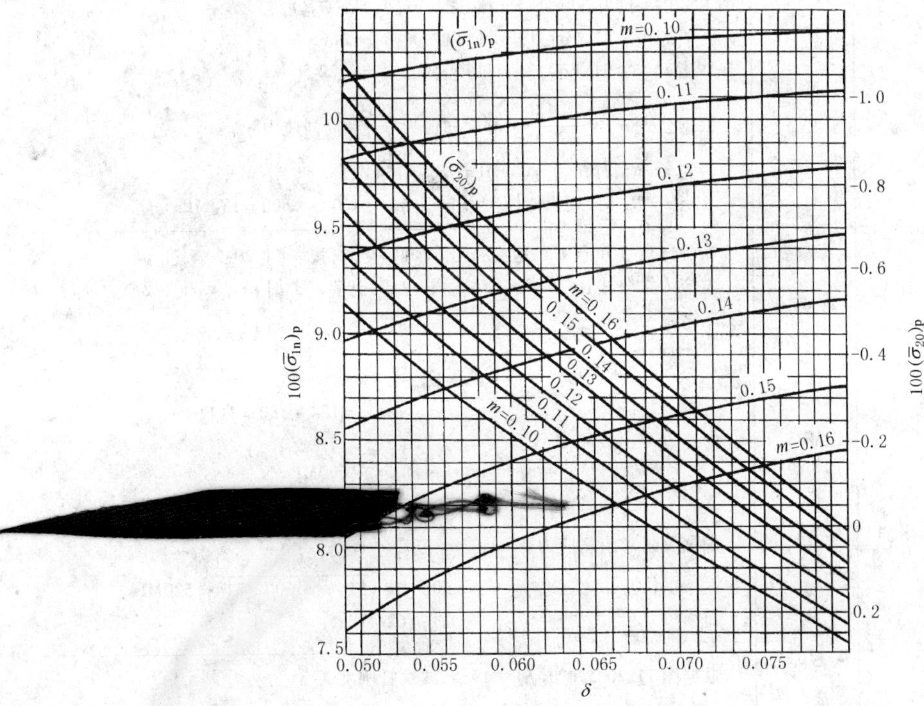

图 11-20-12　波纹管计算诺模图

$k=1.8$，$r=R_H$，$P\neq0$，$W=0$

第11篇

表 11-20-2　波纹管危险点及应力符号

波纹管的危险点	应力	应力符号 A	B	C	D	载荷 压力	位移
B A D C	σ_{1w}、σ_{2w}	−	+	−	+	$P>0$（内压力）	$W=0$
	σ_{10}	−	−	+	+		
	σ_{20}	−	−	−	−		
	σ_{1w}、σ_{2w}	+	−	−	+	$P=0$	$W>0$（拉力）
	σ_{10}	+	+	+	+		
	σ_{20}	+	+	−	−		

4　波纹管计算示例

求波纹管被拉力拉伸到 $W=3$mm 时的刚度和最大当量应力。波纹管尺寸 $D_H=2R_H=35.4$mm，$D_B=2R_B=25.2$mm，$h_0=0.126$mm，$r_H=r_B=0.57$mm，$n=5$，材料 $E=2.1\times10^5$MPa。

表 11-20-3

项目	单位	公式及数据
计算无量纲参数 k、δ、m		$k=\dfrac{R_H}{R_B}=\dfrac{17.7}{12.6}=14$ $\delta=\dfrac{h_0}{R_B}=\dfrac{0.126}{12.6}=0.01$ $m=\dfrac{r_B}{R_B}=\dfrac{0.57}{12.6}=0.045$
计算应力 σ_{1w}、σ_{20}、σ_{2w}	MPa	根据 k、δ、m 在图 11-20-3 中找到谷部处（$r=R_B$）的 $(\bar\sigma_{1w})_w$ 和 $(\bar\sigma_{20})_w$，同时按图 11-20-4 找出谷峰处（$r=R_H$）的 $(\bar\sigma_{1w})_w$ 和 $(\bar\sigma_{20})_w$： 当 $r=R_B$ 时，$(\bar\sigma_{1w})_w=11.87$，$(\bar\sigma_{20})_w=2.65$ 当 $r=R_H$ 时，$(\bar\sigma_{1w})_w=11.6$，$(\bar\sigma_{20})_w=2.22$ 根据公式 $\bar\sigma_w=\dfrac{\sigma_w R_H^2 n}{Eh_0W}$ 计算径向应力 σ_{1w} 和周向应力 σ_{20}： 当 $r=R_H$ 时，$\sigma_{1w}=600$MPa，$\sigma_{20}=134$MPa 当 $r=R_B$ 时，周向弯曲应力 $\sigma_{2w}=\mu\sigma_{1w}=0.3\times600=180$MPa
计算当量应力 σ_d	MPa	在谷部点 A 和点 B 的应力符号，当 $W>0$ 时，按表 11-20-2 确定 主应力按公式：$\sigma_i^{B/H}=\sigma_{i0}\pm\sigma_{iw}\ (i=1,2)$ 计算。此时，$\sigma_{10}\ll\sigma_{1w}$，故应力 σ_{10} 可以不考虑 对于点 A： $\sigma_1\approx\sigma_{1w}=-600$MPa $\sigma_2=\sigma_{20}+\sigma_{2w}=134+180=314$MPa 对于点 B： $\sigma_1\approx-\sigma_{1w}=-600$MPa $\sigma_2=\sigma_{20}-\sigma_{2w}=134-180=-46$MPa 根据公式求当量应力 $\sigma_d^A=\sqrt{\sigma_1^2+\sigma_2^2-\sigma_1\sigma_2}$ $=\sqrt{(600)^2+(314)^2-600\times314}=520$MPa 而 $\sigma_d^B=624$MPa
波纹管刚度 K_Q	N/mm	根据图 11-20-5 查出 $\bar K_Q=19.5$，波纹管刚度 K_Q： $K_Q=\bar K_Q\dfrac{\pi Eh_0^3}{R_H^2 n}=\dfrac{19.5\times3.14\times2.1\times10^5\times(0.126)^3}{(17.7)^2\times5}$ $=16.42$N/mm

5　波纹管尺寸系列

本尺寸系列适用于工业仪表中作为普通敏感元件、补偿元件以及密封、连接用的金属环形单层波纹管。

5.1　型式及材料

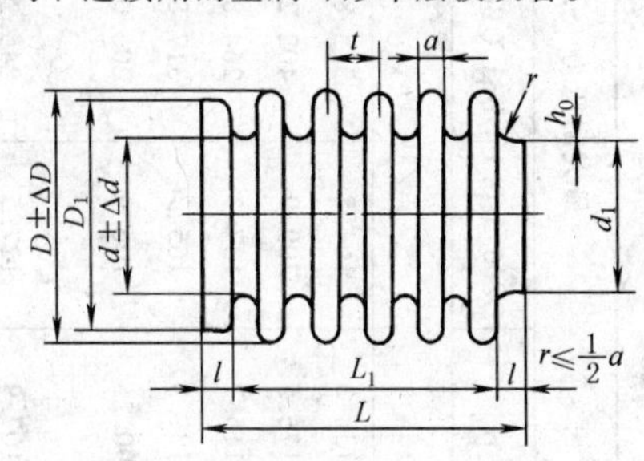

图 11-20-13　波纹管尺寸标注

波纹管按两端配合部分的结构分为五种型式。

A 型：两端均为外配合，代号为 A；

B 型：两端均为内配合，代号为 B；

C 型：一端为外配合，另一端为内配合，代号为 C；

AD 型：一端为外配合，另一端带底，代号为 AD；

BD 型：一端为内配合，另一端带底，代号为 BD。

如有特殊要求，可采用其他配合型式，此时代号为 T。

波纹管用下列四种材料制造：

黄铜（H80），代号为 H；

锡磷青铜（QSn6.5-0.1），代号为 L；

铍青铜（QBe2 或 QBe1.9），代号为 P；

不锈钢（1Cr18Ni9Ti），代号为 G。

如有特殊要求，允许采用其他材料。

5.2　波纹管尺寸和基本参数

表 11-20-4　　**波纹管尺寸和基本参数**

内径		外径		波距	波厚	两端配合部分				有效面积
d	Δd	D	ΔD	t	a	D_1	d_1	l 铜合金	l 不锈钢	$F=\frac{\pi}{16}(D+d)^2$
/mm										/cm^2
4	+0.3	6	±0.4	0.8	0.48	5	$4+2h_0$	3		0.20
5	+0.3	8	±0.5	0.8	0.55	7	$5+2h_0$	3		0.33
6(6.2)	+0.4	10	±0.5	1.0	0.65	8	$6+2h_0$	3		0.50
8(7.5)	+0.4	12	±0.6	1.2	0.75	10	$8+2h_0$	3	3.5	0.79
10(9.5)	+0.4	15	±0.6	1.8	1.10	13	$10+2h_0$	3	3.5	1.23
11(11.5)	+0.4	18	±0.6	2.0	1.15	16	$11+2h_0$	3	3.5	1.65
12(12.5)	+0.4	20	±0.7	2.1	1.20	18	$12+2h_0$	3	3.5	2.01
14(14.5)	+0.4	22	±0.7	2.2	1.30	20	$14+2h_0$	3.5	4	2.54
16(16.5)	+0.4	25	±0.7	2.3	1.35	22	$16+2h_0$	3.5	4	3.30
18(18.5)	+0.5	28	±0.7	2.6	1.50	25	$18+2h_0$	3.5	4	4.15
22(21.5)	+0.5	32	±0.8	3.0	1.70	28	$22+2h_0$	3.5	4	5.73
24(24.5)	+0.5	36	±0.8	3.2	1.80	32	$24+2h_0$	3.5	4	7.07
25(25.5)	+0.5	38	±0.8	3.2	1.80	34	$25+2h_0$	3.5	4	7.79
28(27.5)	+0.5	40	±0.8	3.4	2.00	36	$28+2h_0$	4	5	9.08
32(31)	+0.6	46	±0.8	3.6	2.10	40	$32+2h_0$	4	5	11.82
35	+0.6	50	±0.8	3.8	2.20	45	$35+2h_0$	4	5	14.16
37	+0.6	55	±1.0	4.2	2.40	50	$37+2h_0$	4	5	16.62
40(41)	+0.6	60	±1.0	4.5	2.50	55	$40+2h_0$	4	5	19.64
48(47)	±0.6	70	±1.0	5.0	2.80	(65)	$48+2h_0$	4.5	6	27.34
55(54)	+0.7	80	±1.0	5.4	3.00	(75)	$55+2h_0$	4.5	6	35.78
65(64)	+0.7	90	±1.1	5.8	3.50	(85)	$65+2h_0$	5	7	47.17
75	+0.7	100	±1.1	6.0	3.60	(95)	$75+2h_0$	5	7	60.13
95(94)	+0.9	125	±1.3	7.5	4.50	(115)	$95+2h_0$	6	8	95.03
120(119)	+0.9	160	±1.3	10.0	6.00	(150)	$120+2h_0$	6	8	153.94
150(149)	+1.0	200	±1.3	12.0	7.00	(185)	$150+2h_0$	6	8	240.53

表 11-20-5 波纹基本性能及参数

内径	厚度	一个波纹的刚度				一个波纹的最大允许位移				最大耐压力			
d	h_0	H80	QSn6.5-0.1	QBe2, QBe1.9	1Cr18Ni9Ti	H80	QSn6.5-0.1	QBe2, QBe1.9	1Cr18Ni9Ti	H80	QSn6.5-0.1	QBe2, QBe1.9	1Cr18Ni9Ti
/mm		/N·mm^{-1}				/mm				/10^4Pa			
4	0.06	71.41	68.86	71.02	—	0.07	0.08	0.13	—	138.3	164.8	315.8	—
4	0.08	153.03	147.1	107.9	—	0.05	0.06	0.10	—	176.5	209.9	402.2	—
5	0.08	69.06	66.70	148.1	—	0.10	0.13	0.20	—	115.7	137.3	264.8	—
5	0.10	135.18	130.6	30.41	—	0.08	0.10	0.16	—	139.3	165.7	317.8	—
6	0.08	42.18	40.71	49.05	—	0.16	0.20	0.30	—	90.25	106.9	206.0	—
6	0.10	84.16	81.22	75.04	—	0.13	0.16	0.25	—	107.9	127.5	245.2	—
6	0.12	139.3	139.3	109.8	—	0.10	0.13	0.20	—	125.5	149.1	286.4	—
8	0.08	32.37	31.39	33.15	55.91	0.23	0.28	0.40	0.19	72.59	86.32	166.7	225.6
8	0.10	60.42	58.36	54.44	104.1	0.18	0.22	0.35	0.15	88.29	103.0	196.2	269.7
8	0.12	103.0	99.57	84.36	177.5	0.15	0.18	0.29	0.12	103.0	122.6	235.4	318.8
8	0.14	162.84	156.9	124.7	280.5	0.12	0.15	0.24	0.10	112.8	137.3	264.8	358.0
10	0.10	46.59	45.12	27.95	80.04	0.29	0.35	0.58	0.24	82.4	98.1	189.3	255.0
10	0.12	76.51	74.06	46.10	121.6	0.25	0.30	0.50	0.21	99.08	117.7	225.6	304.1
10	0.14	117.7	113.7	72.59	201.5	0.17	0.21	0.34	0.14	115.7	138.3	264.8	358.0
10	0.16	172.6	166.7	109.6	297.2	0.10	0.12	0.20	0.08	131.4	156.9	302.1	410.0
11	0.10	34.33	33.35	21.97	58.86	0.39	0.48	0.78	0.32	62.7	75.53	147.1	196.2
11	0.12	60.82	82.99	58.86	104.9	0.33	0.40	0.66	0.28	74.55	88.29	170.6	231.5
11	0.14	93.19	177.5	89.76	160.3	0.23	0.28	0.46	0.20	85.34	101.0	194.2	262.9
11	0.16	135.3	80.44	130.96	233.4	0.14	0.17	0.28	0.12	96.13	114.7	220.7	298.2
12	0.10	25.99	157.3	25.01	44.63	0.50	0.62	0.80	0.42	52.97	63.76	122.6	166.7
12	0.12	42.18	49.05	40.71	72.59	0.41	0.51	0.80	0.34	62.78	74.55	143.2	196.2
12	0.14	64.25	97.90	62.29	110.8	0.35	0.42	0.69	0.29	72.59	86.32	166.7	227.5
12	0.16	94.66	167.9	91.23	162.8	0.31	0.38	0.60	0.26	80.44	96.13	186.3	255.0

续表

内径	厚度	一个波纹的刚度				一个波纹的最大允许位移				最大耐压力			
d	h_0	H80	QSn6.5-0.1	QBe2,QBe1.9	1Cr18Ni9Ti	H80	QSn6.5-0.1	QBe2,QBe1.9	1Cr18Ni9Ti	H80	QSn6.5-0.1	QBe2,QBe1.9	1Cr18Ni9Ti
/mm		/N·mm^{-1}				/mm				/10^4Pa			
14	0.10	28.44	37.76	27.46	49.05	0.50	0.61	0.80	0.41	49.05	56.89	109.8	151.0
14	0.12	46.69	70.43	45.32	80.44	0.41	0.50	0.80	0.34	56.89	66.7	129.4	176.5
14	0.14	72.59	119.6	69.84	125.0	0.35	0.43	0.68	0.29	64.74	78.48	149.1	204.0
14	0.16	107.1	189.3	103.4	184.8	0.30	0.37	0.59	0.25	73.57	88.29	168.7	229.5
16	0.10	24.03	54.44	23.34	41.39	0.62	0.76	0.86	0.51	38.25	46.1	88.29	121.6
16	0.12	39.73	89.27	38.25	68.17	0.51	0.62	0.86	0.42	46.10	54.93	105.9	143.2
16	0.14	62.58	136.8	60.33	107.4	0.43	0.52	0.83	0.35	51.99	60.82	119.6	162.8
16	0.16	90.84	201.1	91.23	162.2	0.37	0.46	0.73	0.31	58.86	68.67	133.4	184.4
18	0.10	18.83	40.22	18.83	32.37	0.77	0.94	1.00	0.60	34.33	41.2	18.48	107.9
18	0.12	30.901	29.921	36.101	53.366	0.63	0.78	1.00	0.53	41.202	49.05	94.176	127.53
18	0.14	48.560	46.696	59.056	83.189	0.54	0.66	1.00	0.45	47.088	54.936	107.91	147.15
18	0.16	71.613	69.161	83.390	123.116	0.47	0.58	0.92	0.39	52.974	62.784	121.64	164.81
22	0.10	17.462	16.873	20.210	30.51	0.94	1.15	1.17	0.78	29.43	34.335	68.67	93.20
22	0.12	29.921	29.136	34.924	57.19	0.78	0.96	1.17	0.65	35.316	43.164	82.404	112.82
22	0.14	47.579	46.107	55.427	83.58	0.66	0.81	1.17	0.55	41.202	49.05	94.176	127.53
22	0.16	71.221	69.161	82.993	125.176	0.58	0.71	1.12	0.48	46.107	54.936	105.95	145.19
22	0.18	101.04	98.1	117.72	177.56	0.51	0.62	0.99	0.42	51.012	60.822	117.72	160.88
24	0.10	16.481	15.892	19.129	28.449	1.08	1.26	1.26	0.90	24.525	29.43	56.90	78.48
24	0.12	26.978	26.291	31.392	46.107	0.94	1.15	1.26	0.78	29.43	35.316	68.67	93.195
24	0.14	41.594	40.221	48.265	71.613	0.76	0.94	1.26	0.63	34.335	41.202	80.44	107.91
24	0.16	61.313	59.252	71.123	105.46	0.67	0.82	1.26	0.55	39.24	45.126	88.20	122.63
24	0.18	86.819	83.876	101.04	149.65	0.58	0.72	1.14	0.48	43.164	52.974	100.06	135.38
25	0.12	18.443	17.854	21.58	31.85	1.04	1.26	1.26	0.86	27.468	31.392	60.82	83.39
25	0.14	28.940	27.959	33.85	49.54	0.88	1.08	1.26	0.73	31.392	37.278	70.63	96.14
25	0.16	42.674	41.202	49.835	73.58	0.77	0.95	1.26	0.64	35.316	43.164	80.44	109.87

续表

内径	厚度	一个波纹的刚度				一个波纹的最大允许位移				最大耐压力			
d	h_0	H80	QSn6.5-0.1	QBe2, QBe1.9	1Cr18Ni9Ti	H80	QSn6.5-0.1	QBe2, QBe1.9	1Cr18Ni9Ti	H80	QSn6.5-0.1	QBe2, QBe1.9	1Cr18Ni9Ti
/mm		/N·mm^{-1}				/mm				/10^4 Pa			
25	0.18	60.822	58.86	71.024	104.97	0.68	0.84	1.26	0.56	39.24	47.088	90.25	122.63
25	0.20	84.366	81.42	98.1	145.19	0.61	0.74	1.18	0.50	43.164	51.012	98.1	135.38
28	0.12	32.367	21.58	25.997	38.259	1.08	1.26	1.26	0.90	27.468	31.392	62.78	84.37
28	0.14	34.335	33.354	40.221	59.351	0.92	1.13	1.26	0.76	31.392	37.278	70.63	98.1
28	0.16	50.522	49.05	58.86	87.113	0.80	0.98	1.26	0.66	35.316	43.164	82.404	111.83
28	0.18	71.123	68.67	82.895	122.63	0.71	0.87	1.26	0.58	39.24	47.088	92.214	123.61
28	0.20	98.1	94.67	113.80	168.54	0.63	0.78	1.23	0.53	41.202	49.05	98.1	132.44
32	0.12	16.677	15.696	19.62	29.43	1.28	1.35	1.35	1.06	21.582	24.525	50.03	68.67
32	0.14	25.702	24.721	29.92	45.32	1.09	1.34	1.35	0.90	23.544	29.43	58.86	80.44
32	0.16	39.24	37.278	44.93	67.297	0.96	1.17	1.35	0.79	29.43	35.32	68.67	92.214
32	0.18	54.936	52.974	63.96	95.942	0.84	1.04	1.35	0.70	33.354	39.24	74.56	103.99
32	0.20	76.322	73.675	88.88	132.44	0.76	0.93	1.35	0.63	36.297	43.16	83.39	113.80
35	0.12	15.50	14.911	18.05	26.68	1.42	1.44	1.44	1.18	19.62	23.54	45.13	60.82
35	0.14	24.329	23.348	28.25	41.69	1.21	1.44	1.44	1.00	21.582	26.49	51.01	68.67
35	0.16	35.905	34.531	41.79	61.803	1.05	1.29	1.44	0.87	24.525	29.43	57.88	78.48
35	0.18	50.62	48.854	58.86	87.31	0.93	1.14	1.44	0.77	27.468	33.35	64.75	88.29
35	0.20	69.259	66.904	80.64	119.49	0.84	1.03	1.44	0.69	32.18	37.278	70.63	98.1
37	0.14	15.206	14.715	17.66	26.09	1.51	1.62	1.62	1.25	19.62	23.544	47.09	62.78
37	0.16	22.56	21.19	25.51	37.769	1.32	1.62	1.62	1.10	23.54	27.468	52.97	72.59
37	0.18	31.196	30.02	36.297	53.96	1.16	1.42	1.62	0.96	25.51	31.392	58.86	80.44
37	0.20	43.16	41.70	50.03	74.066	1.04	1.28	1.62	0.86	27.47	33.354	64.75	88.29
40	0.14	14.323	13.94	16.677	25.114	1.80	1.80	1.80	1.59	17.66	21.582	41.20	56.90
40	0.16	21.39	20.80	25.02	37.67	1.66	1.80	1.80	1.37	19.62	23.544	47.09	62.78
40	0.18	30.41	29.43	35.32	53.37	1.47	1.80	1.80	1.22	21.58	27.468	51.01	70.63
40	0.20	41.59	40.417	48.46	73.085	1.22	1.62	1.80	1.10	24.53	29.43	56.90	78.48

续表

内径	厚度	一个波纹的刚度				一个波纹的最大允许位移				最大耐压力			
d	h_0	H80	QSn6.5-0.1	QBe2,QBe1.9	1Cr18Ni9Ti	H80	QSn6.5-0.1	QBe2,QBe1.9	1Cr18Ni9Ti	H80	QSn6.5-0.1	QBe2,QBe1.9	1Cr18Ni9Ti
/mm		/N·mm^{-1}				/mm				/10^4Pa			
48	0.16	15.01	14.52	17.462	25.80	2.00	2.00	2.00	2.00	16.68	19.62	37.28	51.01
48	0.18	21.09	20.31	24.53	36.30	2.00	2.00	2.00	1.80	17.66	21.58	43.16	58.86
48	0.20	28.45	27.47	33.158	49.05	1.94	2.00	2.00	1.61	19.62	23.54	47.09	62.78
48	0.22	37.47	36.30	43.95	64.75	1.75	2.00	2.00	1.45	21.58	27.468	51.01	70.63
55	0.16	13.73	13.24	16.187	23.54	2.16	2.00	2.16	2.16	13.74	16.677	31.39	43.16
55	0.18	19.13	18.15	22.07	32.37	2.16	2.16	2.16	2.16	15.70	17.66	34.34	47.09
55	0.20	25.51	24.53	29.43	43.65	2.16	2.16	2.16	1.98	17.66	19.62	39.24	52.97
55	0.22	32.96	31.88	38.75	56.90	2.16	2.16	2.16	1.80	17.66	21.58	41.20	56.90
65	0.16	13.93	13.44	16.09	23.94	2.05	2.05	2.05	2.05	11.77	15.70	29.43	39.24
65	0.18	18.84	18.149	21.97	32.57	2.05	2.05	2.05	2.05	13.73	17.66	33.35	44.145
65	0.20	25.99	24.92	30.02	44.64	2.05	2.05	2.05	2.04	15.70	17.66	35.32	49.05
65	0.25	48.07	46.598	55.92	82.89	1.95	2.05	2.05	1.62	19.62	23.54	45.13	60.82
75	0.16	25.99	25.51	30.607	45.32	2.16	2.16	2.16	2.16	9.81	11.77	23.54	31.39
75	0.20	42.67	41.202	49.54	73.58	2.16	2.16	2.16	1.74	13.734	14.715	29.43	39.24
75	0.25	76.03	73.58	88.29	130.96	1.65	2.03	2.16	1.37	15.696	19.62	34.34	49.05
75	0.30	121.15	116.74	140.77	208.46	1.38	1.70	2.16	1.14	19.62	23.54	44.15	58.86
95	0.30	85.84	—	—	148.13	2.15	—	—	1.80	14.72	—	—	49.05
95	0.40	182.47	—	—	314.41	1.60	—	—	1.30	19.62	—	—	60.82
95	0.50	337.46	—	—	581.73	1.26	—	—	1.05	24.53	—	—	78.48
120	0.30	57.88	—	—	100.06	3.60	—	—	3.25	11.772	—	—	39.24
120	0.40	117.82	—	—	203.06	2.92	—	—	2.42	17.658	—	—	53.96
120	0.50	214.84	—	—	369.84	2.31	—	—	1.92	19.62	—	—	63.77
150	0.30	44.15	—	—	76.028	4.50	—	—	4.50	9.81	—	—	29.43
150	0.50	146.66	—	—	252.61	3.28	—	—	2.72	14.715	—	—	49.05

6 波纹管应用实例

图 11-20-14 是一些波纹管的应用实例。

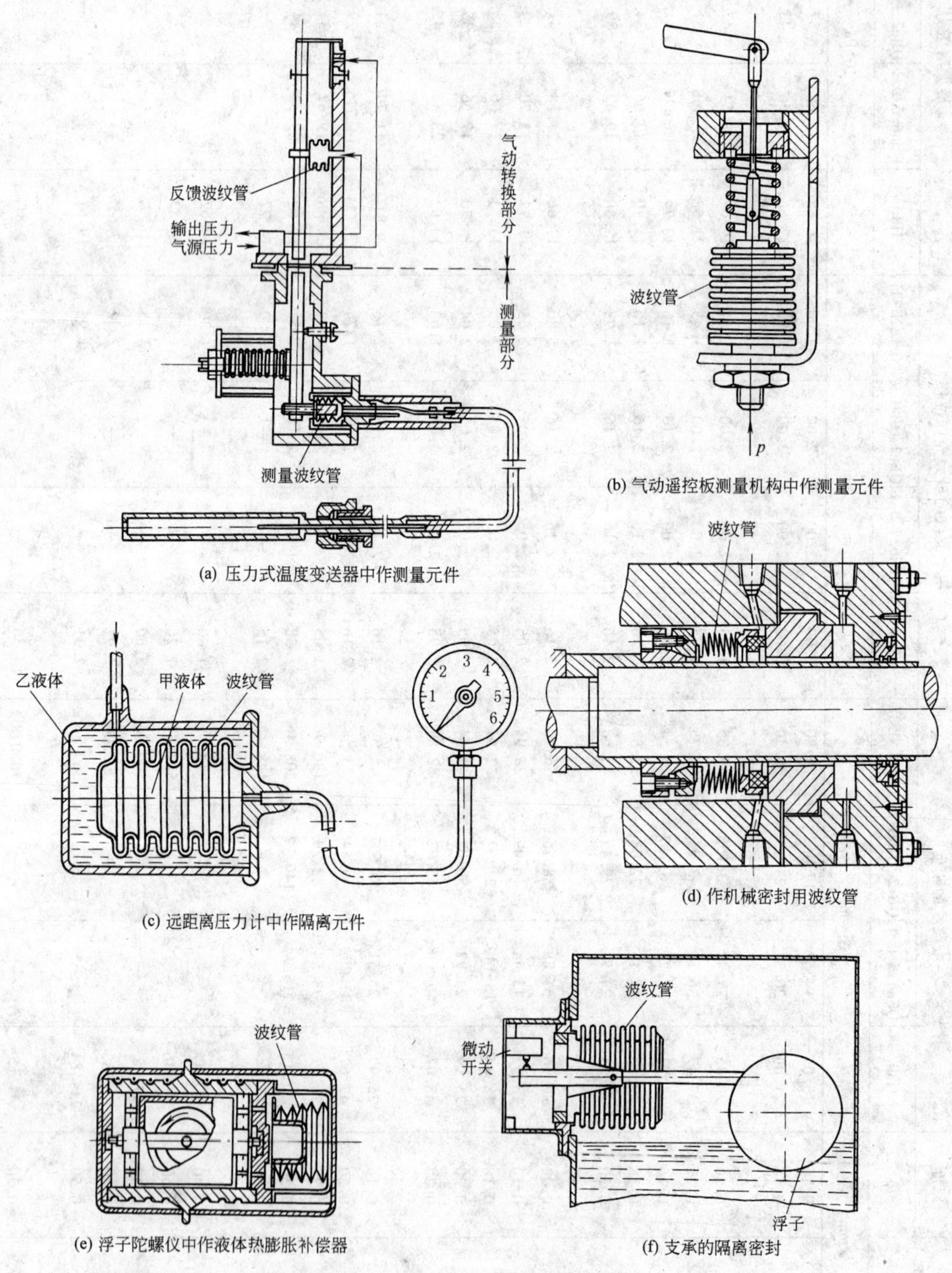

图 11-20-14 波纹管的应用实例

第21章 压力弹簧管

1 压力弹簧管的类型与用途

压力弹簧管是具有椭圆形、扁平形或偏心圆等不同形状的截面（图 11-21-2），且一端固定，一端自由并封闭的金属管。工作时，一般将管的开口端固定，当管的内腔受流体压力 P 作用时，管的曲率改变，自由端产生直线位移。因此，它能用作测量压力的敏感元件。与其他测压元件相比，压力弹簧管具有测压范围广的优点，同时结构简单，制造容易，使用可靠。

压力弹簧管一般做成如图 11-21-1 所示的 C 形管。为了增大灵敏度，还可以做成 S 形管、盘簧管和螺旋管等，而盘簧管和螺旋管的自由端可获得较大的转角。

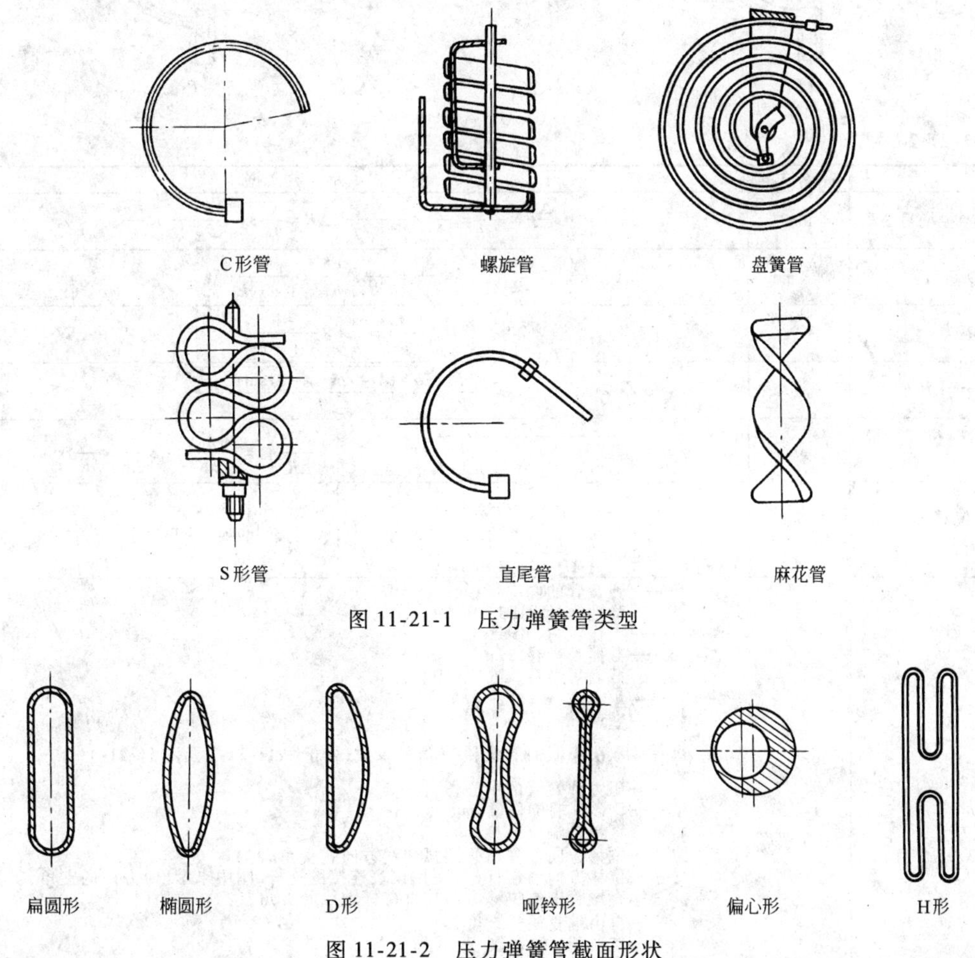

图 11-21-1 压力弹簧管类型

图 11-21-2 压力弹簧管截面形状

2 压力弹簧管的材料

表 11-21-1

材　　料	抗拉强度 σ_b/MPa	比例极限 σ_p/MPa	弹性模量 E/MPa	硬　　度 HV
QSn4-3	784	540	107800	
QBe2	1226	1000	136000	380
1Cr18Ni9Ti	539	107.8	203000	155
50CrVA	1273	1000	212000	450
3J53(Ni42CrTiAl)	1372	1000	181300	411

3 压力弹簧管计算公式

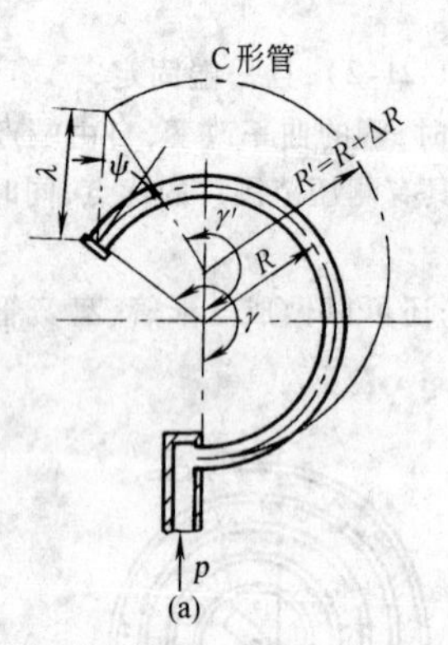

(a)

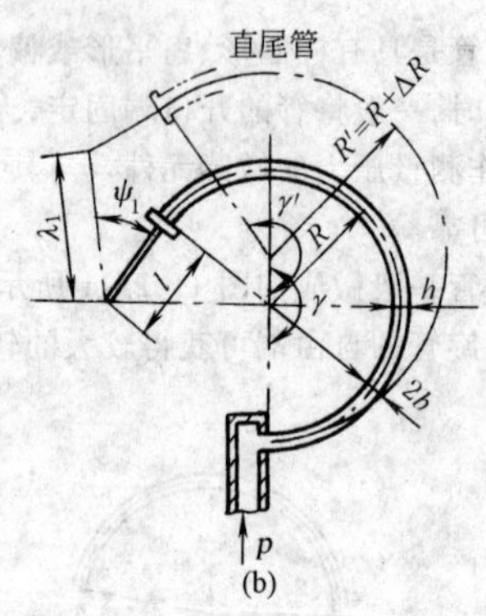

(b)

表 11-21-2

项　　目	单位	公　式　及　数　据	
曲率半径增量 ΔR	mm	$\frac{\Delta R}{R}\times\frac{E}{p}=\frac{a^3}{h^3}\times\frac{k_3}{1+x^2k_1}$, $\Delta R=\frac{a^3}{h^3}\times\frac{k_3}{1+x^2k_1}\times\frac{Rp}{E}$	
牵引力矩 T	N·mm	$\frac{T}{pa^3}=\frac{a}{R}\times\frac{a^2}{h^2}\times\frac{k_4}{1+x^2k_2}$	
最大应力 σ_{max}	MPa	$\frac{\sigma_{max}}{p}=\frac{a^2}{h^2}\times\frac{k_5}{1+x^2k_1}$	
管端牵引力 F	N	$\frac{FR}{T}=\frac{\sqrt{2(1-\cos\gamma)-2r\sin\gamma+r^2}}{k_0}$	
管端位移量 λ、λ_1	mm	$\frac{\lambda}{\Delta R}=\sqrt{2(1-\cos\gamma)-2r\sin\gamma+r^2}$	$\left(\frac{\lambda_1}{\Delta R^2}\right)^2=\left(\frac{\lambda}{\Delta R}\right)^2+2\frac{\lambda}{\Delta R}\times\frac{l}{R}r\sin\psi+\left(\frac{l}{R}\right)^2r^2$
管端位移方向角 ψ、ψ_1	(°)	$\psi=\frac{3}{2}\pi-\gamma-\varphi$ $\tan\varphi=\frac{r\sin\gamma-\sin\gamma}{1-\cos\gamma-r\sin\gamma}$	$\tan\psi_1=\tan\varphi+\frac{\Delta R}{\lambda}\times\frac{l}{R}\times\frac{r}{\cos\psi}$
附　注	R——弹簧管的曲率半径,mm E——弹性模量,MPa p——工作压力,MPa a——截面长半径,mm b——截面短半径,mm x——主参数,$x=a^2/(Rh)$ h——壁厚,mm k_1、k_2、k_3、k_4、k_5——取决于截面形状和$\frac{b}{a}$值的系数,列于图 11-21-3 及图 11-21-4 γ——压力弹簧管的中心角,(°) λ——C 形管端位移量,mm λ_1——直尾管端位移量,mm ψ——位移方向与弹簧管圆弧切线方向的夹角,(°) φ——位移方向与连杆(与使用仪表连接的连杆,图中未示出)方向的夹角,(°) ψ_1——直尾管末端位移方向与直尾杆轴线间夹角,(°) l——自由端直尾杆长度,mm k_0——取决于 r 的系数		

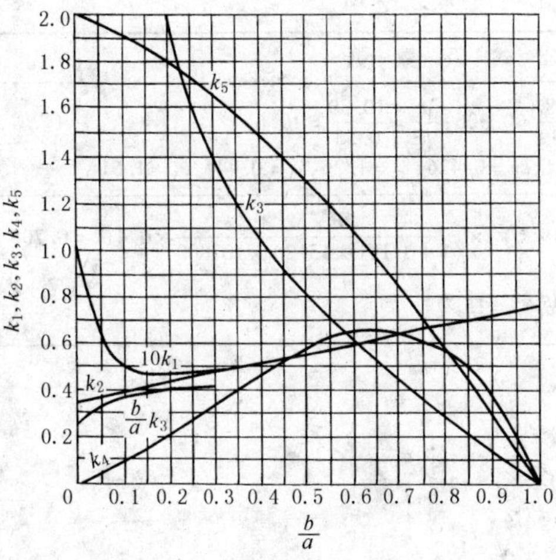

图 11-21-3　近似椭圆截面的 $k_1 \sim k_5$ 值

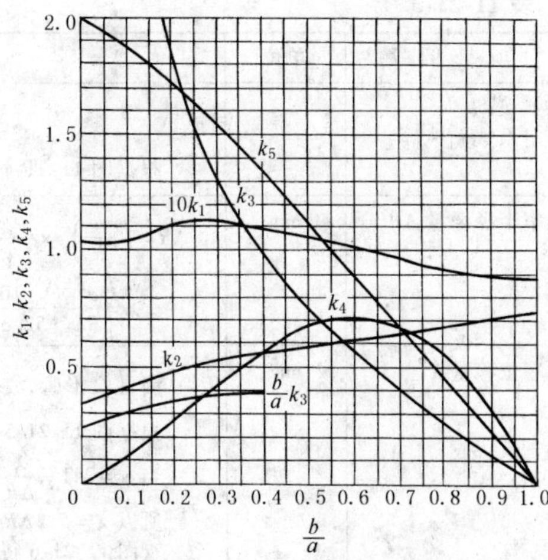

图 11-21-4　扁圆截面的 $k_1 \sim k_5$ 值

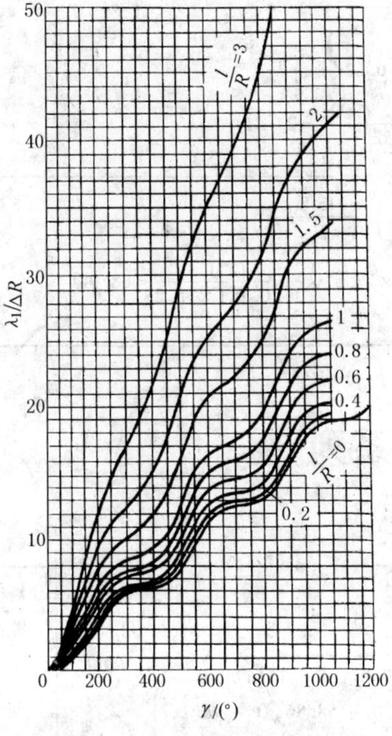

图 11-21-5　$\frac{\lambda_1}{\Delta R}$与 γ 的关系

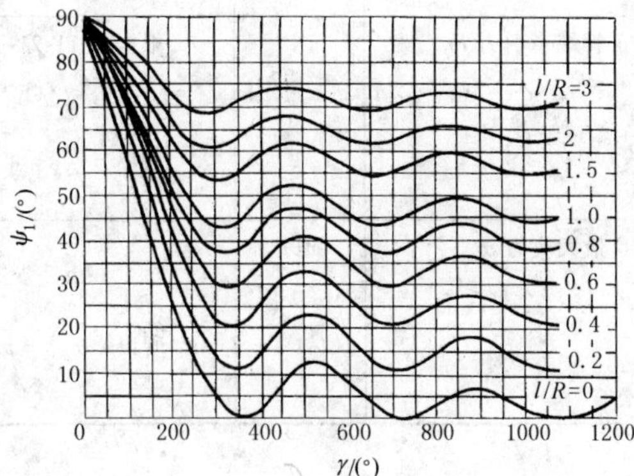

图 11-21-6　ψ_1 与 γ 的关系

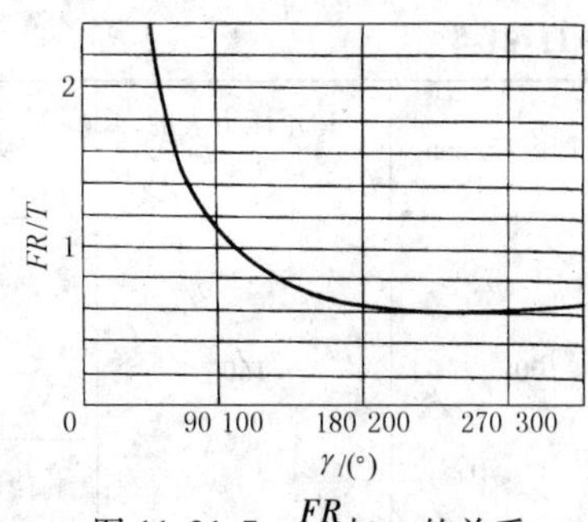

图 11-21-7　$\frac{FR}{T}$与 γ 的关系

4　压力弹簧管计算示例

例　求承受压力 $p=0.412\text{MPa}$ 的扁圆截面弹簧管的位移、最大应力、牵引力矩、牵引力。尺寸为 $a=10.39\text{mm}$，$b=3.18\text{mm}$，$h=0.53\text{mm}$，$R=52.3\text{mm}$，$\gamma=241°$，材料为 QSn4-3，其弹性模量 $E=107800\text{MPa}$。

表 11-21-3

项　　目	单位	公 式 及 数 据
确定系数 $k_1 \sim k_5$		$\frac{b}{a}=\frac{3.18}{10.39}=0.306$；$\frac{a}{h}=\frac{10.39}{0.53}=19.6$ 根据图 11-21-4 查得：$k_1=0.111$，$k_2=0.426$，$k_3=1.26$，$k_4=0.444$，$k_5=1.51$
曲率半径增量 ΔR	mm	$\Delta R=\left(\frac{a}{h}\right)^3\times\frac{k_3}{1+k_1x^2}\times\frac{R}{E}p=(19.6)^3\times\frac{1.26\times52.3}{(1+0.111\times15.2)\times107800}\times0.412=0.706$ 式中　$x=\frac{a^2}{Rh}=\frac{10.39^2}{52.3\times0.53}=3.89$ 故 $x^2=15.2$
管端位移量 λ	mm	因是 C 形管，故$\frac{l}{R}=0$ 根据图 11-21-5 查得 当 $\gamma=241°$，$\frac{\lambda}{\Delta R}=5.3$ 所以 $\lambda=5.3\Delta R=5.3\times0.706=3.74$ 查图 11-21-6 得管端位移方向角 ψ，$\psi=16°$
牵引力矩 T	N·mm	$\frac{T}{pa^3}=\frac{a}{R}\left(\frac{a}{h}\right)^2\frac{k_4}{1+k_2x^2}$ 故 $T=pa^3\frac{a}{R}\left(\frac{a}{h}\right)^2\frac{k_4}{1+k_2x^2}=0.412\times10.39^3\times\frac{10.39}{52.3}\times19.6^2\times\frac{0.444}{1+0.426\times15.2}=2093$
管端牵引力 F	N	根据图 11-21-7 查得 $\gamma=241°$时 $\frac{FR}{T}=0.62$ 所以　$F=\frac{0.62T}{R}=\frac{0.62\times2093}{52.3}=24.81$
最大应力 σ_{max}	MPa	$\frac{\sigma_{max}}{p}=\left(\frac{a}{h}\right)^2\frac{k_5}{1+k_1x^2}$ 所以　$\sigma_{max}=p\left(\frac{a}{h}\right)^2\times\frac{k_5}{1+k_1x^2}=0.412\times19.6^2\times\frac{1.51}{1+0.111\times15.2}=88.94$

5　压力弹簧管的尺寸系列

表 11-21-4

弹簧管内径/mm	适用压力表的表壳内径/mm	测量类别	承 压 范 围	有效张角/(°)	精度等级
100	150	压力/10^4 Pa	0 ~ 5.886，0 ~ 9.81，0 ~ 15.696，0 ~ 24.525，0 ~ 39.24，0 ~ 58.86，0 ~ 98.1，0 ~ 156.96，0 ~ 245.25，0 ~ 392.4，0 ~ 588.6，0 ~ 981	270	1.5 ~ 2.5
		真空/Pa	101324.72 ~ 0		
64	100	压力/Pa	101324.7 ~ 0 ~ 79.99 × 10^4，101324.7 ~ 0 ~ 133.32 × 10^4，101324.7 ~ 0 ~ 213.3 × 10^4，101324.7 ~ 0 ~ 333.2 × 10^4，101324.7 ~ 0 ~ 533.3 × 10^4，101324.7 ~ 0 ~ 799.9 × 10^4		
		真空/Pa	101324.7 ~ 0 ~ 98.1 × 10^4，101324.7 ~ 0 ~ 156.96 × 10^4，101324.7 ~ 0 ~ 245.25 × 10^4		

第 11 篇

续表

弹簧管内径/mm	适用压力表的表壳内径/mm	测量类别	承压范围	有效张角/(°)	精度等级
37	60	压力/10^4 Pa	0～9.81，0～15.696，0～24.525，0～39.24，0～58.86，0～98.1，0～156.96，0～245.25，0～392.4，0～588.6，0～981	270	1.5～2.5
42.5	60	压力/10^4 Pa	0～392.4，0～2452.5		1.5～2.5
26	40	压力/10^4 Pa	0～9.81，0～15.696，0～24.525，0～39.24，0～58.86，0～98.1，0～156.96，0～245.25		1.5～4

参 考 文 献

1 ［苏］波诺马廖夫．C．Д等著．机器及仪表弹性元件的计算．王鸿翔译．北京：化学工业出版社，1987

2 全国弹簧标准化技术委员会编．中国机械工业标准汇编·弹簧卷．北京：中国标准出版社，1999

3 张英会，刘辉航，王德成主编．弹簧手册．北京：机械工业出版社，1997

4 辛一行主编．现代机械设计手册．北京：机械工业出版社，1996

5 郑国伟主编．机修手册．北京：机械工业出版社，1993

6 徐灏主编．新编机械设计师手册．北京：机械工业出版社，1995

7 郭荣生著．空气弹簧悬挂的设计与计算．青岛：四方车辆研究所，1973

8 航空制造工程手册总编委主编．航空制造工程手册．北京：航空工业出版社，1994

9 朱炎．引导伞圆锥形弹簧的计算方法．厦门：第二届全国航空安全救生学术讨论会，1984

10 朱琪．等螺旋升角截锥形弹簧的计算机辅助设计．无锡：第八届全国弹簧学术会，2000

11 ［日本］ばれ技術研究會編．ばれ．第三版．東京：丸善株式會社，1982

第 12 篇　螺旋传动、摩擦轮传动

主要撰稿　邓述慈

审　　稿　房庆久

第1章 螺旋传动

螺旋传动一般是将旋转运动变成直线运动，或反过来将直线运动变为旋转运动，并同时进行能量和力的传递。

螺旋传动按用途可分为：以传递动力为主的传力螺旋，如螺旋千斤顶和螺旋压力机；以传递运动为主，精度要求较高的传导螺旋，如金属切削机床的进给丝杠；调整零件相互位置的调整螺旋，如轧钢机轧辊的压下螺旋等。

螺旋传动按螺纹间摩擦状态又可分为滑动螺旋、滚动螺旋与静压螺旋三大类，它们的特点及适用场合详见表12-1-1。

表 12-1-1　　螺旋传动的分类、特点及其应用

类别	特　　点	应　用　举　例
滑动螺旋	①结构简单,加工方便,成本低廉 ②当螺纹升角小于摩擦角时,能自锁 ③传动平稳 ④摩擦阻力大,效率较低,仅在0.3~0.7之间,自锁时低于0.5,常在0.3~0.4之间 ⑤螺纹间有侧向间隙,反向时有空行程,定位精度及轴向刚度较差 ⑥磨损快 ⑦低速及微调时可能出现爬行	广泛用于金属切削机床进给和分度机构的传导螺旋、摩擦压力机及千斤顶的传力螺旋
滚动螺旋	①传动效率高达0.9~0.98,平均为滑动螺旋的2~3倍,可节省动力1/2~3/4,有利于主机的小型化及减轻劳动强度 ②摩擦力矩小,接触刚度高,使温升及热变形减小,有利于改善主机的动态特性和提高工作精度 ③工作寿命长,平均可达滑动螺旋的10倍左右 ④传动无间隙,无爬行,运转平稳,传动精度高 ⑤具有很好的高速性能,其临界转速 d_0n 值(d_0 为滚珠丝杠公称直径,mm;n 为转速,r/min)可达 2×10^5 以上,可实现线速度120m/min的高速驱动 ⑥具有传动的可逆性,既可把旋转运动变为直线运动,也可把直线运动转化为旋转运动,且逆传动效率与正传动效率相近 ⑦已经实现系列尺寸标准化,并出现了冷轧滚珠丝杠,提供了多用途的廉价产品,应用于精度要求不很高的场合,节能并延长寿命 ⑧不能自锁 ⑨抗冲击振动性能较差 ⑩承受径向载荷的能力差 ⑪结构较复杂(但结构比静压螺旋简单且维修方便),成本较高	随机电一体化技术而迅速发展起来,广泛运用于各种精度的数控机床、加工中心、FMS柔性制造系统、电子设备,如电视摄像机、雷达天线、计算机、飞行器;宇航设备,如飞机襟翼及尾翼、起落架及登月飞船着陆器、战斗机弹射椅、直升机调速器等;各种仪器仪表,如X射线测量仪、扫描显微镜、液压脉冲马达、X-Y 自动绘图仪、万能拉力材料试验机等;交通运输、起重装卸机械、如汽车转向器、船舰转向机构、起重机提升装置,客运索道等;钢铁冶金设备,如高炉出铁槽控制装置、热轧整边和矫平机械、冷轧机调宽机构。此外,核工业及武器系统、医疗机械、化工机械、轻工、印刷、纺织、办公、建筑等均已广泛应用 近年滚珠丝杠市场需求以每年30%的高速递增,应用领域迅速扩大
静压螺旋	①摩擦阻力小,传动效率高(可达0.99) ②承载能力大,刚度大,抗振性好,传动平稳 ③磨损小,寿命长 ④能实现无间隙正反向传动,定位精度高 ⑤油膜有均化螺旋螺母误差的作用,大大提高了传动精度 ⑥传动具有可逆性 ⑦结构复杂,加工困难,安装调整较困难 ⑧需要一套压力稳定、温度恒定、过滤要求较高的供油系统 ⑨不能自锁	精密机床进给及分度机构的传导螺旋,如高精度螺纹磨床、非圆齿轮插齿机、变型机床等

注：本章仅介绍滑动螺旋及滚动螺旋，有关静压螺旋传动的设计计算可参考文献［4，9］。

1　滑动螺旋传动

1.1　螺纹基本尺寸和精度

滑动螺旋的螺纹通常为梯形、锯齿形及矩形三种，它们的特点、适用场合、基本尺寸和精度等级详见本手册第2卷（矩形螺纹尚未标准化）。梯形螺纹应用最广。锯齿形螺纹主要用于单向受力。矩形螺纹虽传动效率较高，但加工较困难，且强度较低，应用较少。

1.2　滑动螺旋传动计算

滑动螺旋传动的几种典型运动形式及载荷分析见表12-1-2，运动及功率计算见表12-1-3，强度、刚度、稳定性及耐磨性计算见表12-1-4。

对于一般的传力螺旋，其主要失效形式是螺旋表面的磨损、螺杆的拉断（或受压时丧失稳定）或剪断以及螺纹牙根部的剪断及弯断。设计时常以耐磨性计算和强度计算确定螺旋传动的主要尺寸。

对于传导螺旋，其失效形式主要是由于磨损而产生的过大间隙或变形造成运动精度下降。设计时应以螺纹的耐磨性计算和螺杆的刚度计算来确定螺旋传动的主要尺寸。精密的传导螺旋首先按刚度条件确定主要尺寸。对于传导螺旋中同时受较大轴向载荷的还应进行强度核算。

对于受压的长螺杆还要进行压杆稳定性核算。要求自锁的螺旋要验算是否满足自锁条件。较长且转速较高的螺杆，可能产生横向振动，应校核它的临界转速。

对于调整螺旋要求位移精度较高且调整频繁时，可参考传导螺旋的设计计算方法；若在调整中有很大轴向载荷且调整频繁时，可参考传力螺旋的计算方法。

表 12-1-2　　运动形式及其载荷分析[4]

运动形式	传动简图及螺杆载荷图	运动形式	传动简图及螺杆载荷图
螺母固定，螺杆转动并作直线运动，如某些千斤顶	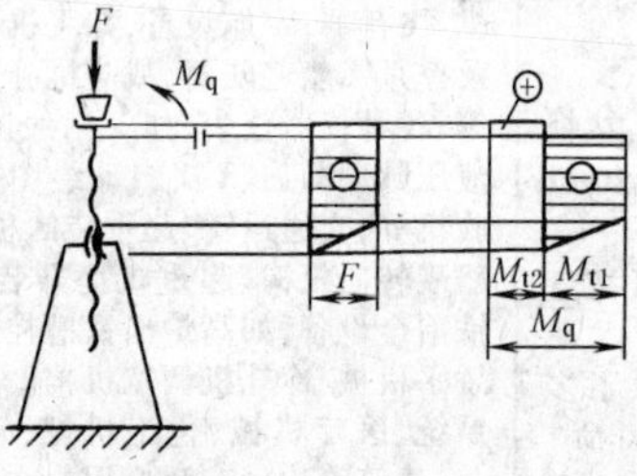	螺杆转动，螺母作直线运动，如机床进给传动、虎钳	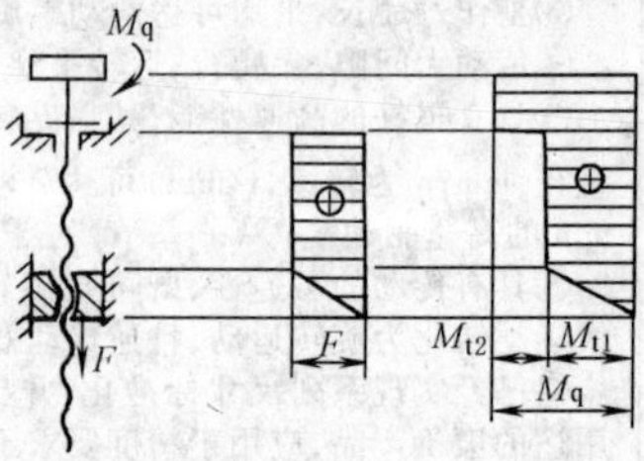
螺杆转动，螺母作直线运动，如机床进给传动、虎钳	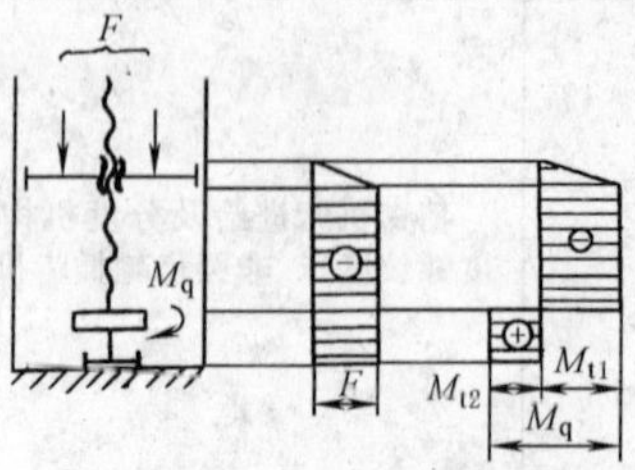		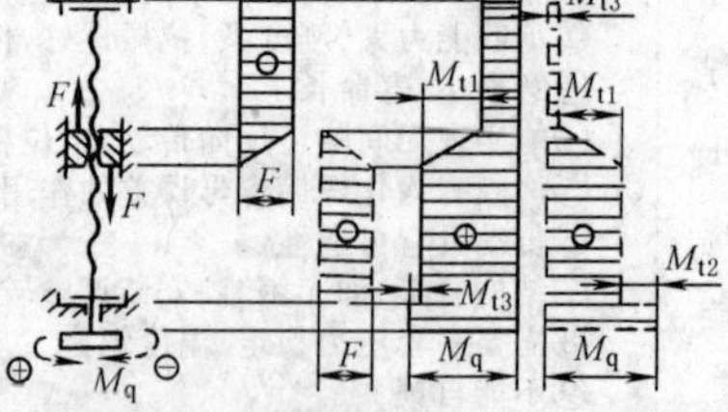 （运动方向与力F相反）

续表

运动形式	传动简图及螺杆载荷图	运动形式	传动简图及螺杆载荷图
螺母固定，螺杆转动并作直线运动，如某些压力机	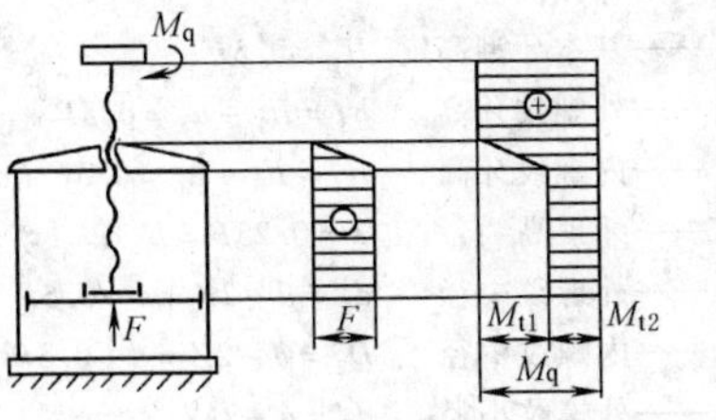	螺母转动，螺杆作直线运动，如某些千斤顶、压力机	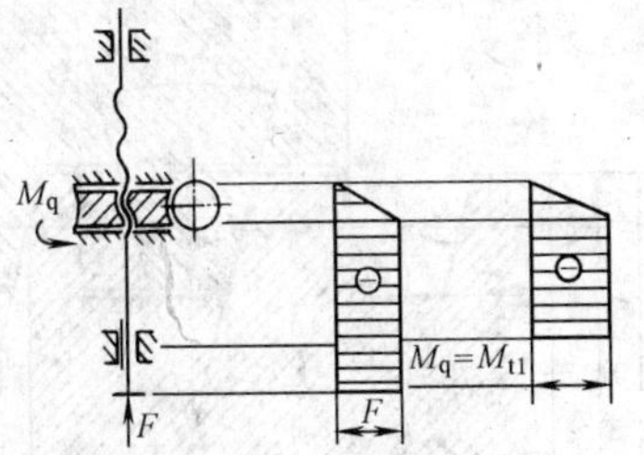
螺杆固定，螺母转动并作直线运动，用于某些手动调整机构，如插齿机主轴箱的移动调整	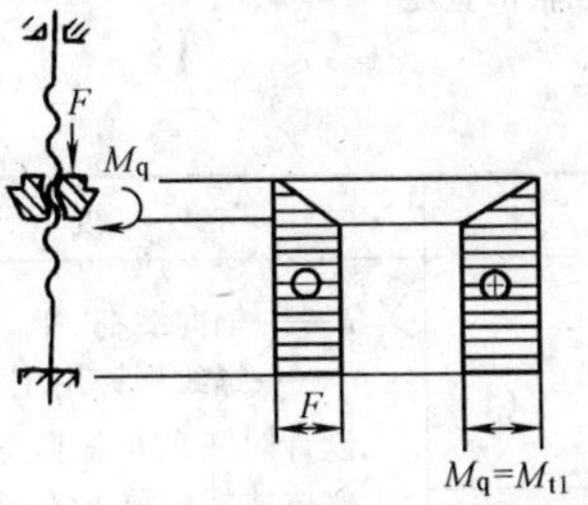	F——轴向载荷，N M_q——驱动转矩，N·m，$M_q = M_{t1} + M_{t2} + M_{t3}$ M_{t1}——螺纹摩擦力矩，N·m M_{t2}，M_{t3}——轴承摩擦力矩，N·m 表列螺纹均右旋	

表 12-1-3　螺旋传动的运动及功率计算

计算项目	计算公式	说明
螺杆（或螺母）轴向位移 l	$l = \frac{\varphi}{2\pi}S = \frac{\varphi}{2\pi}Px$（mm）	φ——螺母（或螺杆）的转角，rad S——导程，mm P——螺距，mm x——螺纹线数
螺杆（或螺母）轴向移动速度 v	$v = \frac{\omega}{2\pi}S = \frac{n}{60}S = \frac{\pi d_2 n}{60}\tan\lambda$（mm/s）	ω——螺母（或螺杆）的角速度，rad/s n——螺母（或螺杆）的转速，r/min d_2——螺纹中径，mm λ——螺旋线升角，(°)
螺纹摩擦力矩 M_{t1}	$M_{t1} = \frac{1}{2}d_2 F\tan(\lambda + \rho')$（N·mm）	F——螺旋传动的轴向载荷，N ρ'——当量摩擦角，$\rho' = \arctan f'$，参见表 12-1-4 f_s——轴向支承面间摩擦因数 D_0 及 d_0——支承环面的外径及内径，mm M_{t3}——螺旋传动径向轴承摩擦力矩，N·mm，无径向支承时，此项为零
螺旋传动轴向支承面摩擦力矩 M_{t2}	当为环形面支承时 $M_{t2} = \frac{1}{3}f_s F\frac{D_0^3 - d_0^3}{D_0^2 - d_0^2}$（N·mm）	
驱动转矩 M_q	$M_q = M_{t1} + M_{t2} + M_{t3}$（N·mm）	
驱动功率 P_1	$P_1 = \frac{M_q n}{9550000} = \frac{P_2}{\eta_1\eta_2\eta_3}$（kW）	η_1——螺纹效率，按表 12-1-4 公式计算 η_2——轴向支承面效率 η_3——径向支承面效率 $\eta_2 \approx \eta_3 = 0.95 \sim 0.99$，滚动轴承取大值，滑动轴承取小值，无轴承时为 1
输出功率 P_2	$P_2 = 10^{-6}Fv = P_1\eta_1\eta_2\eta_3$（kW）	

滑动螺旋传动计算[4]

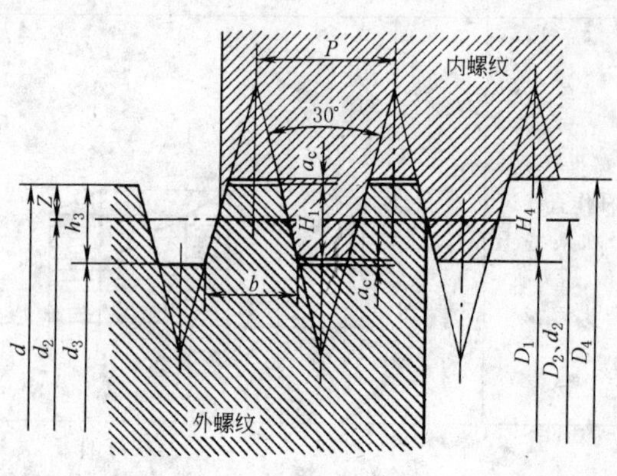

d——外螺纹大径(公称直径)
P——螺距
a_c——牙顶间隙
H_1——基本牙型高度　$H_1=0.5P$
h_3——外螺纹牙高　$h_3=H_1+a_c=0.5P+a_c$
H_4——内螺纹牙高　$H_4=H_1+a_c=0.5P+a_c$
Z——牙顶高　$Z=0.25P=H_1/2$
d_2——外螺纹中径　$d_2=d-2Z=d-0.5P$
D_2——内螺纹中径　$D_2=d-2Z=d-0.5P$
d_3——外螺纹小径　$d_3=d-2h_3$
D_1——内螺纹小径　$D_1=d-2H_1=d-P$
D_4——内螺纹大径　$D_4=d+2a_c$
b——牙根部宽度

表 12-1-4

计算项目		单位	计算公式和参数选定	说明
耐磨性	螺纹中径 d_2	mm	梯形螺纹和矩形螺纹 $d_2\geqslant 0.8\sqrt{\dfrac{F}{\psi p_p}}$　(1) 30°锯齿形螺纹 $d_2\geqslant 0.65\sqrt{\dfrac{F}{\psi p_p}}$　(2)	F——轴向载荷,N p_p——螺纹副许用压强,查表 12-1-9 设计时 ψ 值可根据螺母的形式选定: 整体式螺母取 1.2~2.5 剖分式螺母取 2.5~3.5 算出 d_2 应按国家标准选取相应的公称直径 d 及其螺距 P
	螺母高度 H	mm	$H=\psi d_2$	
	旋合圈数 n		$n=\dfrac{H}{P}\leqslant 10\sim 12$	P——螺距,mm
	基本牙型高度 H_1	mm	梯形螺纹(GB 5796.1—1986)和矩形螺纹 $H_1=0.5P$ 30° 锯齿形螺纹(GB/T 13576.1—1992)$H_1=0.75P$	
	工作压强 p	MPa	$p=\dfrac{F}{\pi d_2 H_1 n}\leqslant p_p$　(3)	
自锁条件	螺纹升角 λ	(°)	$\lambda=\arctan\dfrac{S}{\pi d_2}\leqslant\rho'$ $\rho'=\arctan\dfrac{f}{\cos\dfrac{\alpha}{2}}$ 通常取 $\lambda\leqslant 4°30'$	ρ'——当量摩擦角 f——摩擦因数,查表 12-1-7 S——导程,mm
螺杆强度	当量应力 σ_{ca}	MPa	$\sigma_{ca}=\sqrt{\left(\dfrac{4F}{\pi d_3^2}\right)^2+3\left(\dfrac{M_t}{0.2d_3^3}\right)^2}\leqslant\sigma_p$　(4)	M_t——转矩,N·mm,根据转矩图确定,见表 12-1-2 d_3——外螺纹小径 σ_p——螺杆的许用应力,MPa,查表 12-1-10
螺纹强度	螺纹牙根部的宽度 b	mm	梯形螺纹(GB/T 5796.1—1986)$b=0.65P$ 矩形螺纹 $b=0.5P$ 30° 锯齿形螺纹(GB/T 13576.1—1992)$b=0.74P$	

续表

计算项目			单位	计算公式和参数选定	说　　明
螺纹强度	螺杆	剪切强度 τ	MPa	$\tau=\frac{F}{\pi d_3 bn}\leqslant\tau_p$　(5)	螺杆和螺母材料相同时，只需校核螺杆螺纹强度 D_4——内螺纹大径 τ_p,τ'_p——外、内螺纹牙的许用切应力，MPa，查表 12-1-10 σ_{bp},σ'_{bp}——外、内螺纹牙的许用弯曲应力，MPa，查表 12-1-10
		弯曲强度 σ_b		$\sigma_b=\frac{3FH_1}{\pi d_3 b^2 n}\leqslant\sigma_{bp}$　(6)	
	螺母	剪切强度 τ	MPa	$\tau=\frac{F}{\pi D_4 bn}\leqslant\tau'_p$　(7)	
		弯曲强度 σ_b		$\sigma_b=\frac{3FH_1}{\pi D_4 b^2 n}\leqslant\sigma'_{bp}$　(8)	
螺杆受压稳定性	临界载荷 F_c		N	$\lambda>\lambda_1$ 的大柔度杆用欧拉公式 $F_c=\frac{\pi^3 Ed_3^4}{64(\mu l)^2}\geqslant s_s F$　(9) $\lambda_2\leqslant\lambda\leqslant\lambda_1$ 的中柔度杆按经验公式 $F_c=(a-b\lambda)\frac{\pi d_3^2}{4}\geqslant s_s F$　(10) $\lambda<\lambda_2$ 的小柔度杆可不进行压杆稳定性验算 应设$\frac{F_c}{F}\geqslant 2.5\sim4$，不能满足此条件时，应增大 d_3	$\lambda=\frac{\mu l}{i}$ μ——长度系数，与螺杆的端部结构有关，查表 12-1-5 l——螺杆的最大工作长度，mm i——螺杆危险截面的惯性半径，mm，$i=\frac{d_3}{4}$ E——螺杆材料的弹性模量，MPa，对于钢材 $E=2.1\times10^5$MPa s_s——稳定安全系数，见手册第 1 卷表 1-1-120 λ_1,λ_2,a,b——与材料有关的常数，见手册第 1 卷表 1-1-127（注意将表中 a 及 b 单位化为 MPa，即乘以 1/100 代入）
螺杆刚度	轴向载荷使导程产生的轴向变形 ΔS_F		mm	$\Delta S_F=\frac{FS}{EA}=\frac{4FS}{\pi Ed_3^2}$　(11)	I_p——螺杆危险截面的极惯性矩，mm^4，$I_p=\frac{\pi d_3^4}{32}$ G——螺杆材料的切变模量，MPa，对于钢 $G=8.5\times10^4$MPa
	转矩使导程产生的轴向变形 ΔS_M			$\Delta S_M=\frac{S}{2\pi}\times\frac{M_t S}{GI_p}=\frac{16M_t S^2}{\pi^2 Gd_3^4}$　(12)	
	导程的总轴向变形 ΔS			$\Delta S=\Delta S_M\pm\Delta S_F=\frac{16M_t S^2}{\pi^2 Gd_3^4}\pm\frac{4FS}{\pi Ed_3^2}$　(13)	轴向载荷与运动方向相反时取 + 号，许用 ΔS 值见表 12-1-6
横向振动	临界转速 n_c		r/min	$n_c=\frac{60\mu_1^2 i}{2\pi l_c^2}\sqrt{\frac{1000E}{\rho}}$　(14) 对于钢制螺杆 $n_c=12\times10^6\frac{\mu_1^2 d_3}{l_c^2}$　(15) 应满足转速 $n\leqslant0.8n_c$	l_c——螺杆两支承间的最大距离，mm μ_1——系数，与螺杆的端部结构有关，查表 12-1-5 ρ——密度，kg/mm^3，对于钢 $\rho=7.8\times10^{-6}$kg/mm^3
效率 η				回转运动转化为直线运动时 $\eta=(0.95\sim0.99)\frac{\tan\lambda}{\tan(\lambda\pm\rho')}$　(16) 直线运动转化为回转运动时 $\eta=(0.95\sim0.99)\frac{\tan(\lambda-\rho')}{\tan\lambda}$　(17)	系数（0.95～0.99）为轴承效率，决定于轴承形式，滑动轴承取小值 轴向载荷与运动方向相反时取 + 号

表 12-1-5　　系数 μ 和 μ_1[10]

螺杆端部结构①	μ	μ_1
两端固定	0.5 （如一端为不完全固定时为 0.6）	4.730
一端固定，一端铰支	0.7	3.927
两端铰支	1	3.142
一端固定，一端自由	2	1.875

① 采用滑动支承时，若令 l_0 为支承长度，d_0 为支承孔直径，则当 $l_0/d_0<1.5$ 时，认为是铰支；$l_0/d_0=1.5\sim3$ 时，是不完全固定；$l_0/d_0>3$ 时，是固定端。采用滚动支承时，当只有径向约束时，是铰支；当径向和轴向都有约束时，是固定端。

表 12-1-6　　螺杆每米长的允许螺距变形量 $\left(\frac{\Delta S}{S}\times10^3\right)_p$[11]

精度等级	5	6	7	8	9
$\left(\frac{\Delta S}{S}\times10^3\right)_p$	10	15	30	55	110

注：1. 计算时，ΔS 与 S 的单位分别为 μm 和 mm。

2. 如对 7 级精度，$S=6$mm 的螺杆，允许值为 $\left(\frac{\Delta S}{S}\times10^3\right)_p=30\mu m/m$；若按表 12-1-4 中式（13）算得实际 $\Delta S=0.15\times10^{-3}$mm，则可求得 $\frac{\Delta S}{S}\times10^3=\frac{0.15}{6}\times10^3=25\mu m/m$，在允许值以内。

表 12-1-7　　摩擦因数 f 值[4]（定期润滑条件下）

螺杆和螺母材料	f 值	螺杆和螺母材料	f 值
淬火钢和青铜	0.06～0.08	钢和铸铁	0.12～0.15
钢和青铜	0.08～0.10	钢和钢	0.15～0.17
钢和耐磨铸铁	0.10～0.12		

注：启动时 f 取大值，运转中取小值。

1.3　材料与许用应力

滑动螺旋传动的主要零件是螺杆和螺母。螺杆的材料应有足够的强度和耐磨性，以及良好的加工性。不重要的螺杆可以不经淬硬处理，材料一般用 Q-275、45、50、Y40 和 Y40Mn 等。重要的螺杆要求耐磨性好时需经淬硬处理，可选用 T12、65Mn、40Cr、40WMn、18CrMnTi 或 18CrMoAlA 等；对于精密的传导螺旋还要求热处理后有较好的尺寸稳定性，可选用 9Mn2V、CrWMn、38CrMoAlA 等，并在加工中进行适当次数时效处理，其特点详见表 12-1-8。螺母材料中以 ZCuSn10Pb1 最耐磨，但价格较贵，主要用于高精度的传导螺旋，ZCuSn5Pb5Zn5 也较耐磨。重载低速的传力螺旋常用 ZCuAl10Fe3 或 ZCuZn25Al6Fe3Mn3。受重载的调整螺旋，螺母材料可用 35 钢或球墨铸铁，低速轻载时也可选用耐磨铸铁。尺寸大的螺母可用钢或铸铁做外套，内部用离心铸造法浇铸青铜，高速螺母还可以浇铸巴氏合金，钢套材料常用 20、45 及 40Cr。某些机床的进给螺杆的螺母用渗铜的铁基粉末冶金，某些调整螺母用加铜的粉末冶金，使用效果也很好。

常用材料的许用压强 p_p 见表 12-1-9，许用拉应力 σ_p、许用弯曲应力 σ_{bp} 和许用切应力 τ_p 见表 12-1-10。

表 12-1-8　　螺杆的常用材料和热处理[9]

精度等级及是否淬硬		材　料	热处理	特　点
中等及中等以上精度	淬硬	合金工具钢 9Mn2V、CrWMn	C56	耐磨性及尺寸稳定性均好。9Mn2V 比 CrWMn 具有更好的工艺性和尺寸稳定性，但淬透性较差，推荐用于直径不大于 50mm 的高精度螺杆
		氮化钢 38CrMoAlA	D0.5-900	硬度最高，耐磨性最好，热处理变形最小，但氮化层浅，一般淬火后不磨（只研磨）或留磨量很小
	不淬硬	高碳工具钢 T10（T10A）、T12（T12A）	球化调质 T215	具有一定的耐磨性。球化调质后，不仅可得到良好的车削加工性，而且耐磨性可提高约 30%
中等以下精度	淬硬	合金钢 40Cr	G42 或 G52 或 C42	具有一定的耐磨性。也可不淬硬，只调质处理（T235）。用于载荷较大而工作不频繁的升降螺杆（如龙门铣床的横梁升降螺杆）
	不淬硬	中碳钢 45	不热处理或 T235	轴颈等处可局部淬硬 C42
		易切削钢 Y40Mn		切削加工性最好，刀具不易磨损，但耐磨性较差。轴颈等处不能进行局部热处理

表 12-1-9　　滑动螺旋传动的许用压强 p_p[11]

螺纹副材料	速度范围/$m \cdot s^{-1}$	许用压强 p_p/MPa	螺纹副材料	速度范围/$m \cdot s^{-1}$	许用压强 p_p/MPa
钢对青铜	低速 <0.05 $0.1 \sim 0.2$ >0.25	18～25 11～18 7～10 1～2	钢对铸铁	<0.04 $0.1 \sim 0.2$	13～18 4～7
			钢对钢	低速	7.5～13
钢对耐磨铸铁	0.1～0.2	6～8	淬火钢对青铜	0.1～0.2	10～13

注：1. 当 $\psi<2.5$ 或人力驱动时，p_p 可提高 20%。

2. 当螺母为剖分式时，p_p 应降低 15%～20%。

表 12-1-10　　螺杆与螺母的许用应力[4,11]　　MPa

材　料		许用拉应力 σ_p	许用弯曲应力 σ_{bp}	许用切应力 τ_p
螺杆	钢	$\frac{\sigma_s}{3 \sim 5}$	$(1 \sim 1.2)\sigma_p$	$0.6\sigma_p$
螺母	青铜	—	40～60	30～40
	耐磨铸铁	—	50～60	40
	铸铁	—	45～55	40
	钢	$\frac{\delta_s}{3 \sim 5}$	$(1 \sim 1.2)\sigma_p$	$0.6\sigma_p$

1.4 结构

因受加工或热处理设备（井式炉）的长度限制，以及考虑加工过程中搬运的方便，可将螺杆分成几段制造，

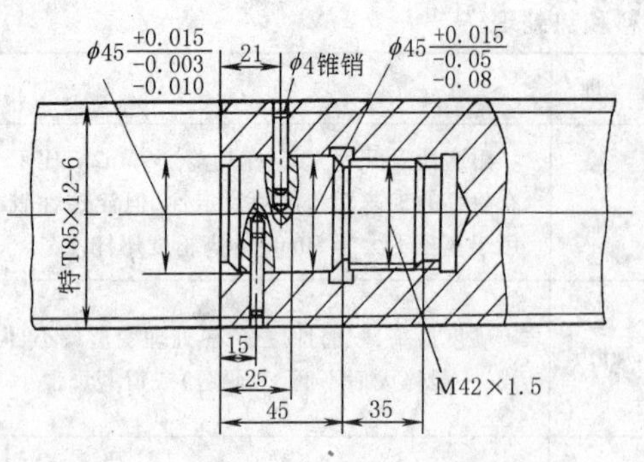

图 12-1-1 实心接长螺杆的接头部分[9]

最后装配成接长螺杆。此外，加工较短的螺杆易于达到较高的精度，故为了获得高精度，也采用接长螺杆，这时要求接头处的配合部位达到较高的精度。图 12-1-1 所示为实心接长螺杆的接头部分。

螺母大多数为整体结构。细长螺杆水平位置工作时，为了防止产生过大的弯曲变形而采用中间托架，中间托架与螺杆外圆接触弧的中心角不大于 180°时，使用半螺母可以通行无阻。

螺杆的支承方式主要有两种：一种用于短螺杆，其两个方向的推力轴承都装在一端，另一端为自由无约束状态；另一种是两个方向的推力轴承装在一端，另一端为向心轴承，这种支承方式的工况较好，设计时应优先采用。螺杆的径向支承多采用铜套、铸铁套、粉末冶金套，因为一般螺杆的速度较低，径向载荷不大且尺寸较小。

图 12-1-2 ~ 图 12-1-4 所示为各种传动螺旋的应用与结构实例。图 12-1-2 所示为千斤顶结构图，图 a 为旋转螺杆起重；图 c 为旋转螺母起重，螺杆不转动，这种结构可使底座高度降低，也可在套的下面放一推力滚动轴承（图 b），减小摩擦力，使操作省力。图 12-1-4 所示为双螺杆千斤顶，螺杆 6 和螺杆 7 的外螺纹方向相反，螺杆 6 只作上下移动，不能转动，当推动手柄时，双螺杆同时上升或下降，手柄转一周，重物起升两个螺距，上升速度快，因此这种起重器的底座较低，图中采用偏心爪推动棘轮转动，如要反向时，将爪扳转 180°即可。

图 12-1-5 为两种新型的谐波螺旋传动，该传动中螺母设计成柔性件，螺杆设计成刚性元件，兼有谐波齿轮传动及螺旋传动的特点，速比大，结构紧凑，且效率较高。

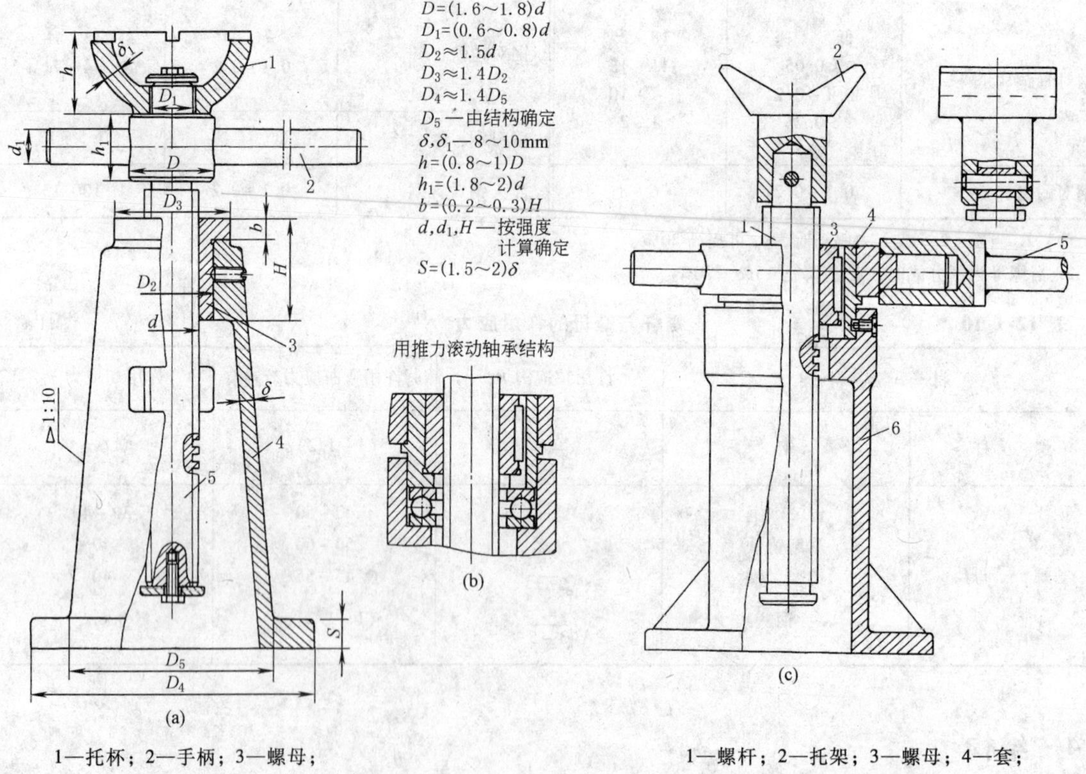

1—托杯；2—手柄；3—螺母；4—底座；5—螺杆

1—螺杆；2—托架；3—螺母；4—套；5—手柄；6—底座

图 12-1-2 千斤顶结构[12]

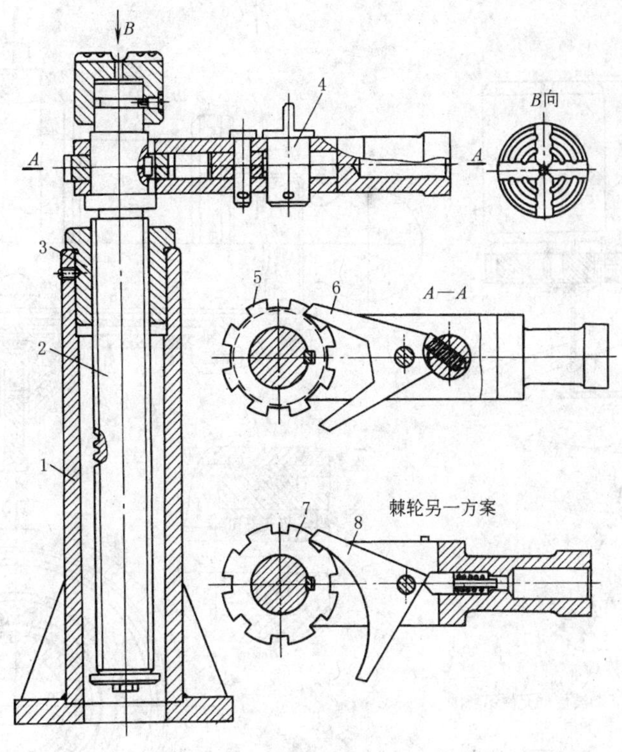

图 12-1-3　带棘轮的千斤顶[12]

1—底座；2—螺杆；3—螺母；4—变向机构；5,7—棘轮；6,8—棘爪

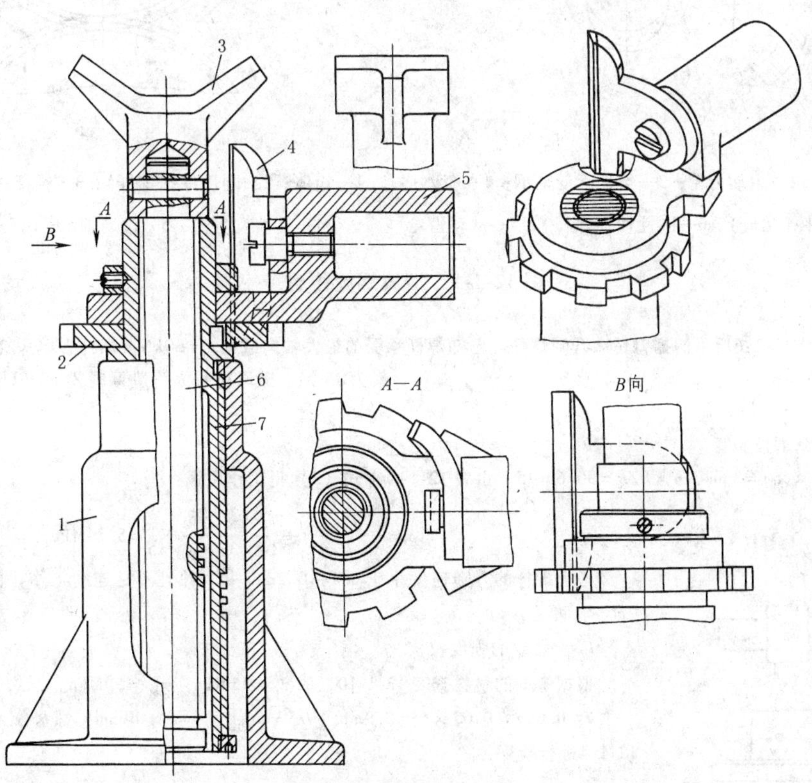

图 12-1-4　双螺杆千斤顶[12]

1—底座；2—棘轮；3—托架；4—棘爪；5—手柄；6,7—螺杆

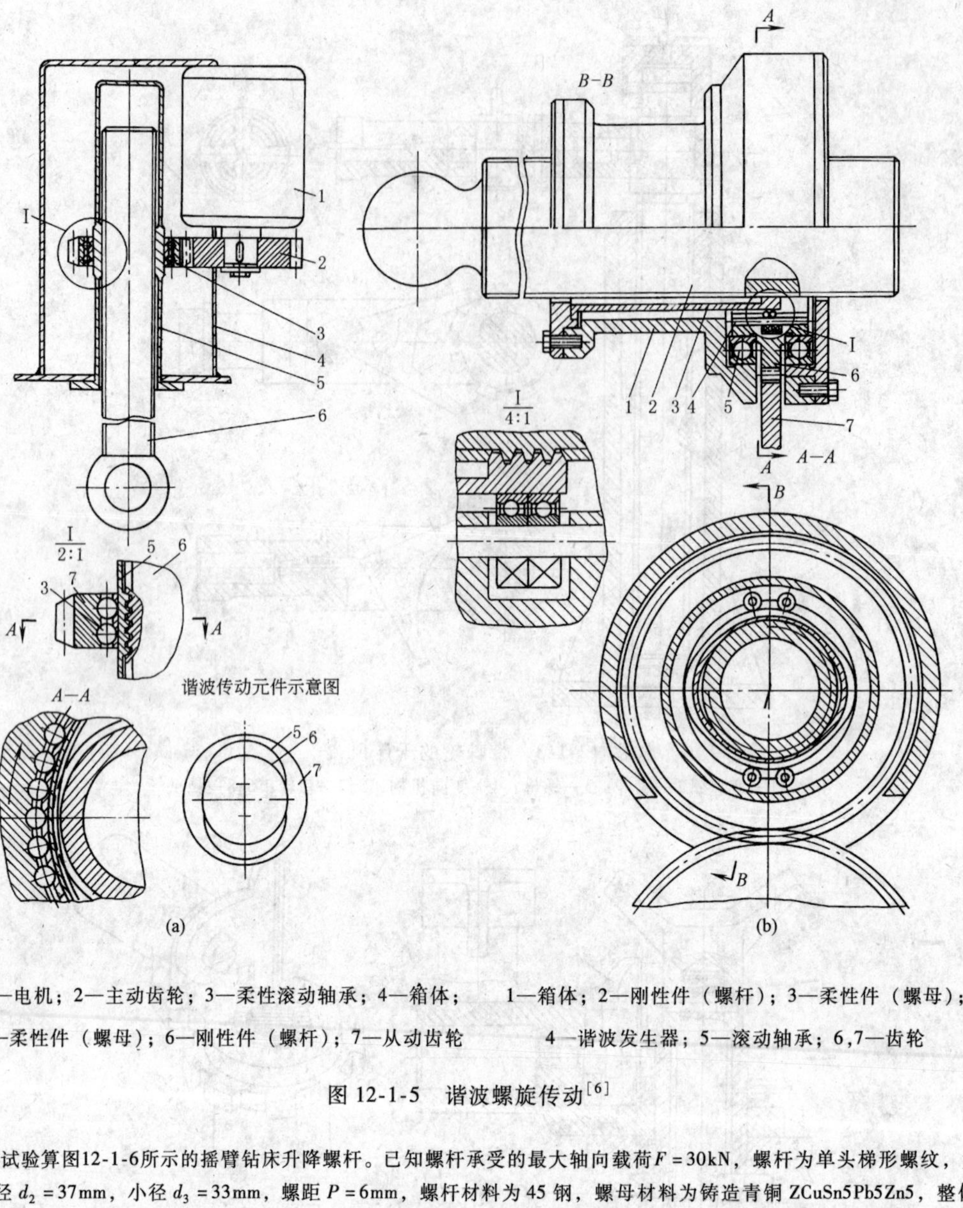

(a)

1—电机；2—主动齿轮；3—柔性滚动轴承；4—箱体；5—柔性件（螺母）；6—刚性件（螺杆）；7—从动齿轮

(b)

1—箱体；2—刚性件（螺杆）；3—柔性件（螺母）；4—谐波发生器；5—滚动轴承；6,7—齿轮

图 12-1-5　谐波螺旋传动[6]

例 1　试验算图12-1-6所示的摇臂钻床升降螺杆。已知螺杆承受的最大轴向载荷$F=30\text{kN}$，螺杆为单头梯形螺纹，大径 $d=40\text{mm}$，中径 $d_2=37\text{mm}$，小径 $d_3=33\text{mm}$，螺距 $P=6\text{mm}$，螺杆材料为 45 钢，螺母材料为铸造青铜 ZCuSn5Pb5Zn5，整体式，高度$H=90\text{mm}$。

（1）螺杆的耐磨性验算

$H_1=0.5P=0.5\times6=3\text{mm}$，$n=H/P=90/6=15$，由表 12-1-4 中式（3）得工作压强：

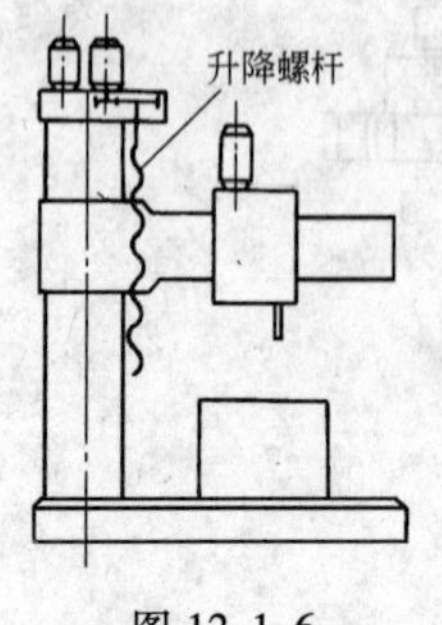

图 12-1-6

$$p=\frac{F}{\pi d_2 H_1 n}=\frac{30\times1000}{3.14\times37\times3\times15}=5.74\text{MPa}$$

考虑螺杆的升降速度小于 0.1～0.2m/s 挡，并且不是连续工作，由表 12-1-9 取$p_p=7\text{MPa}$，可见 $p<p_p$。

（2）螺纹的强度校核

根据螺母的材料查表 12-1-10，取 $\tau_p=35\text{MPa}$，$\sigma_{bp}=50\text{MPa}$。

$b=0.65p=0.65\times6=3.9\text{mm}$，$D_4=d+2a_c\approx d=40\text{mm}$，螺母螺纹的剪切应力由表 12-1-4进行验算：

$$\tau=\frac{F}{\pi D_4 bn}=\frac{30\times1000}{3.14\times40\times3.9\times15}=4.1\text{MPa}$$

螺母螺纹的弯曲应力由表 12-1-4 进行验算：

$$\sigma_b = \frac{3FH_1}{\pi D_4 b^2 n} = \frac{3\times30\times1000\times3}{3.14\times40\times3.9^2\times15} = 9.4\text{MPa}$$

验算结果：$p<p_p$，$\tau<\tau_p$，$\sigma_b<\sigma_{bp}$，螺纹强度足够（螺杆为钢材，其螺纹强度较高不用核算）。

由于螺杆承受拉伸载荷，故不必进行稳定性计算。

例 2 设计一千斤顶，最大起重量为 100kN，最大起重高度为 200mm，采用单头梯形螺纹，螺旋应有自锁性。

（1）选择材料和许用应力

螺杆材料选 45 钢，调质处理，$\sigma_s=360\text{MPa}$，由表 12-1-10 可得 $\sigma_p=\frac{\sigma_s}{3\sim5}=\frac{360}{3\sim5}=120\sim72\text{MPa}$，手动可取 $\sigma_p=100\text{MPa}$。

螺母材料选 ZCuAl10Fe3。由表 12-1-10 可得 $\sigma_{bp}=40\sim60\text{MPa}$，取 50MPa；$\tau_p=30\sim40\text{MPa}$，取 35MPa。

千斤顶螺旋系手动低速，由表 12-1-9 查得 $p_p=18\sim25\text{MPa}$，取 20MPa

（2）按耐磨性计算螺纹中径

由表 12-1-4 中公式（1），取 $\psi=1.7$，$d_2=0.8\sqrt{\frac{F}{\psi p_p}}=0.8\times\sqrt{\frac{100000}{1.7\times20}}=43.4\text{mm}$。

由 GB/T 5796.3—1986（见第 2 卷）可选 $d=48\text{mm}$、$P=8\text{mm}$、$d_2=44\text{mm}$、$D_4=49\text{mm}$、$d_3=39\text{mm}$、$D_1=40\text{mm}$ 的梯形螺纹，中等精度，螺旋副标记为 Tr48×8-7H/7e。

螺母高度 $H=\psi d_2=1.7\times44=74.8\text{mm}$，取 $H=75\text{mm}$，则螺纹圈数 $n=H/P=75/8=9.38$。

（3）自锁性验算

由于为单头螺纹，导程 $S=P=8\text{mm}$，故螺纹升角为

$$\lambda=\arctan\frac{S}{\pi d_2}=\arctan\frac{8}{\pi\times44}=3°18'44''$$

由表 12-1-7 钢对青铜 $f=0.08\sim0.10$，取 0.09，可得

$$\rho'=\arctan\frac{f}{\cos\frac{\alpha}{2}}=\arctan\frac{0.09}{\cos15°}=5°19'23''$$

$\lambda<\rho'$，故自锁可靠。

（4）螺杆强度验算

由表 12-1-3，螺纹摩擦力矩 $M_{t1}=\frac{1}{2}d_2F\tan(\lambda+\rho')=\frac{44}{2}\times100000\times\tan(3°18'44''+5°19'23'')=334104\text{N}\cdot\text{mm}$，代入表 12-1-4中式（4）得

$$\sigma_{ca}=\sqrt{\left(\frac{4F}{\pi d_3^2}\right)^2+3\left(\frac{M_{t1}}{0.2d_3^3}\right)^2}=\sqrt{\left(\frac{4\times100000}{\pi\times39^2}\right)^2+3\times\left(\frac{334104}{0.2\times39^3}\right)^2}=96.9\text{MPa}<\sigma_p$$

（5）螺母螺纹强度验算

因螺母材料强度低于螺杆，故只验算螺母螺纹强度即可。

由表 12-1-4 得，牙根宽度 $b=0.65P=0.65\times8=5.2\text{mm}$，基本牙型高 $H_1=0.5P=0.5\times8=4\text{mm}$。代入表 12-1-4 中的式（7）及式（8）有

$$\tau=\frac{F}{\pi D_4 bn}=\frac{100000}{\pi\times49\times5.2\times9.38}=13.3\text{MPa}<\tau_p$$

$$\sigma_b=\frac{3FH_1}{\pi D_4 b^2 n}=\frac{3\times100000\times4}{\pi\times49\times5.2^2\times9.38}=30.7\text{MPa}<\sigma_{bp}$$

（6）螺杆的稳定性验算

由图 12-1-2a 得，千斤顶螺杆上部安装手柄处的高 $h_1=(1.8\sim2)d=(1.8\sim2)\times48=86.4\sim96\text{mm}$，取 96mm，螺杆最大工作长度 l 应为最大起重高加 h_1，故 $l=200+96=296\text{mm}$。

按一端固定一端自由从表 12-1-5 可得 $\mu=2$。由表 12-1-4，$\lambda=\frac{\mu l}{i}=\frac{\mu l}{\frac{d_3}{4}}=\frac{2\times296}{\frac{39}{4}}=60.7$。

第 12 篇

按第1卷表1-1-127对45钢，$a=461\text{MPa}$，$b=2.568\text{MPa}$，$\lambda_1=100$，$\lambda_2=60$。

本例 $\lambda_2<\lambda<\lambda_1$，为中等柔度杆，其临界载荷为

$$F_c=\sigma_c A=(a-b\lambda)\frac{\pi d_3^2}{4}=(461-2.568\times 60.7)\times\frac{\pi\times 39^2}{4}=364496\text{N}$$

$\frac{F_c}{F}=\frac{364496}{100000}=3.64$，稳定条件满足。

（7）千斤顶效率计算

由表12-1-4中式（16）并视托杯与螺杆顶部为滑动推力轴承，效率为0.95时，有

$$\eta=0.95\frac{\tan\lambda}{\tan(\lambda+\rho')}=0.95\times\frac{\tan 3°18'44''}{\tan(3°18'44''+5°19'23'')}=36.2\%$$

因系手动千斤顶，故螺杆的刚度及横向振动不予验算。

2 滚动螺旋传动

滚动螺旋传动的突出优点是可用较小的驱动转矩获取高精度、高刚度、高速度和无侧隙的微进给，而且正传动（由丝杠回转运动变为螺母直线运动）和逆传动（将螺母直线运动变为丝杠回转运动）的效率相近，常在90%以上，如图12-1-7所示。可以由计算机控制伺服电机（或步进电机）带动滚珠丝杠或直线运动滚动功能部件（见本手册第7篇第3章）组成机电一体化的数控设备。目前我国已有数十家专业工厂可以生产，按照国家标准GB/T 17587—1998、行业标准JB/T 3162及JB/T 9893—1999生产的产品已广泛用于数控机床、加工中心等。

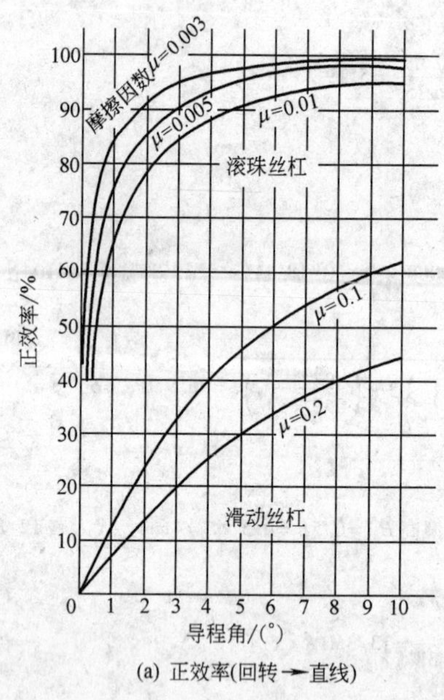

(a) 正效率(回转→直线)

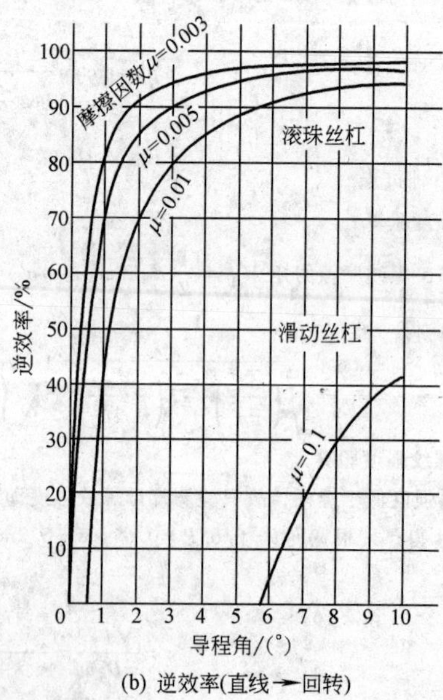

(b) 逆效率(直线→回转)

图12-1-7 螺旋传动的效率

2.1 滚珠丝杠副的组成（摘自GB/T 17587.1—1998）

滚珠丝杠副是丝杠和螺母间以滚珠或滚柱为滚动体的螺旋传动副，它可以将回转运动变为直线运动，或相反。其组成和主要尺寸如图12-1-8所示。

第12篇

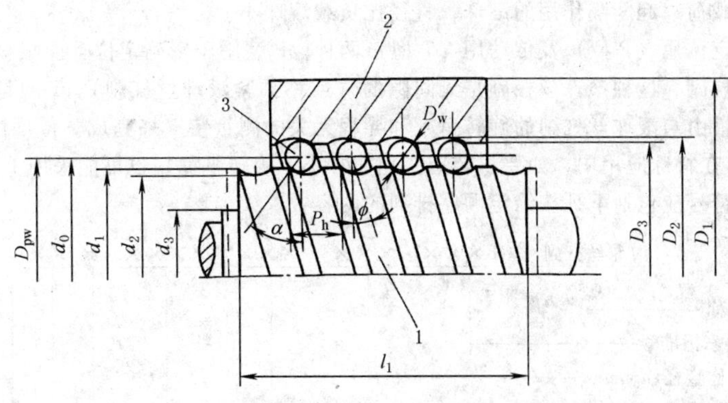

图 12-1-8　滚珠丝杠副的组成和主要尺寸

1—滚珠丝杠；2—滚珠螺母体；3—滚珠

d_0—公称直径；d_1—滚珠丝杠螺纹外径；d_2—滚珠丝杠螺纹底径；d_3—轴颈直径；D_1—滚珠螺母体螺纹外径；D_2—滚珠螺母体螺纹底径；D_3—滚珠螺母体螺纹内径；D_{pw}—节圆直径；D_w—滚珠直径；l_1—螺纹全长；α—公称接触角；P_h—导程；ϕ—导程角

主要部分(图 12-1-8)		辅　助　部　分
滚珠丝杠	螺纹部分、支承轴颈	其他
滚珠螺母	滚珠螺母体、滚珠循环装置	密封件、润滑剂、预紧元件、其他
滚珠	负载滚珠	间隔滚珠

主要代号及参数意义如下（有些代号图 12-1-8 中未表示）：

d_0——公称直径，用于标识的尺寸值（无公差）；

D_{pw}——节圆直径，滚珠与滚珠螺母体及滚珠丝杠位于理论接触点时滚珠球心包络的圆柱直径（通常 $D_{pw}=d_0$，但也有例外）；

f_r——适应度，滚珠丝杠的滚道半径 r_s 或滚珠螺母体的滚道半径 r_n 与滚珠直径 D_w 的比值（见表 12-1-11 中图），$f_{rs}=r_s/D_w$ 或 $f_{rn}=r_n/D_w$；

α——公称接触角，滚道与滚珠间所传递的载荷矢量与滚珠轴线的垂直面之间的夹角，理想接触角 $\alpha=45°$；

S_a——轴向间隙，在滚珠丝杠与滚珠螺母体之间没有相对转动时，两者之间总的相对轴向位移量；

S_r——径向间隙，滚珠丝杠与滚珠螺母体之间总的相对径向位移量；

l——行程，转动滚珠丝杠或滚珠螺母时，滚珠丝杠或滚珠螺母的轴向位移；

P_h——导程，滚珠螺母相对滚珠丝杠旋转 2π 弧度时的行程；

P_{h0}——公称导程，通常用作尺寸标识的导程值（无公差）；

P_{hs}——目标导程，根据实际使用需要提出的具有方向目标要求的导程，一般这个导程值比公称导程值稍小一点，用以补偿丝杠在工作时由于温度上升和载荷引起的伸长量；

l_0——公称行程，公称导程与旋转圈数的乘积；

l_s——目标行程，目标导程与旋转圈数的乘积，有时目标行程可由公称行程和行程补偿值表示；

l_a——实际行程，在给定旋转圈数的情况下，滚珠螺母相对于滚珠丝杠的实际轴向位移量；

l_u——有效行程，有指定精度要求的行程部分（即行程加上滚珠螺母体的长度）；

l_e——余程，没有指定精度要求的行程部分。

滚道法面截形，在节圆柱面上，导程为公称导程且通过滚珠中心的螺旋线的法平面与滚道表面的交线。常用的滚道法面截形有两种，双圆弧形和单圆弧形（见表 12-1-11）；

负载滚珠，承受载荷的滚珠；

间隔滚珠，不承受载荷，起间隔作用的滚珠，直径比负载滚珠小。

滚珠丝杠副可分为定位用（P 型）及传动用（T 型）两种。P 型用于精确定位且能根据旋转角度和导程间接测量轴向行程的滚珠丝杠副，这种滚珠丝杠副是无间隙的（或称预紧滚珠丝杠副）。T 型是用于传递力的滚珠丝杠副，其轴向行程的测量由与滚珠丝杠副的旋转角度和导程无关的测量装置来完成。传动滚珠丝杠副通常采用 7 和 10 的标准公差等级，在特殊应用中，如要求转矩变化非常小、旋转平稳，也可能采用 1 ~ 5 的标准公差等级。

滚珠丝杠副的标识符号应包括下列按给定顺序排列的内容：

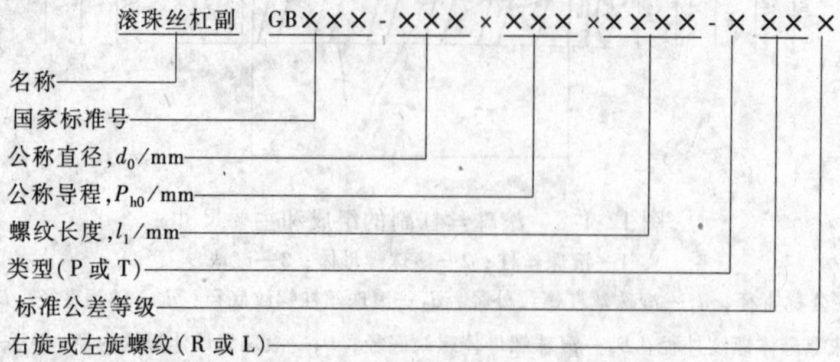

一般厂商往往省略 GB 号，而滚珠丝杠副的名称则由各厂商标打头，后续表示循环方式、连接方式、预紧方式等的字母组成，此处从略。

2.2 滚珠丝杠副的结构及分类

对于丝杠，除螺纹滚道截面的形状有所不同外，各种类型的滚珠丝杠的结构基本相同。滚珠螺母的结构主要与滚珠循环的方式及预紧方式有关，且循环方式对滚珠螺旋传动的设计、制造、精度、寿命、成本及轴隙调整均有重要影响，与滚珠流畅性能更有直接关系。表 12-1-11 列出了两种常用滚道法向截面形状与特点。

表 12-1-11　　滚道法向截面形状与特点

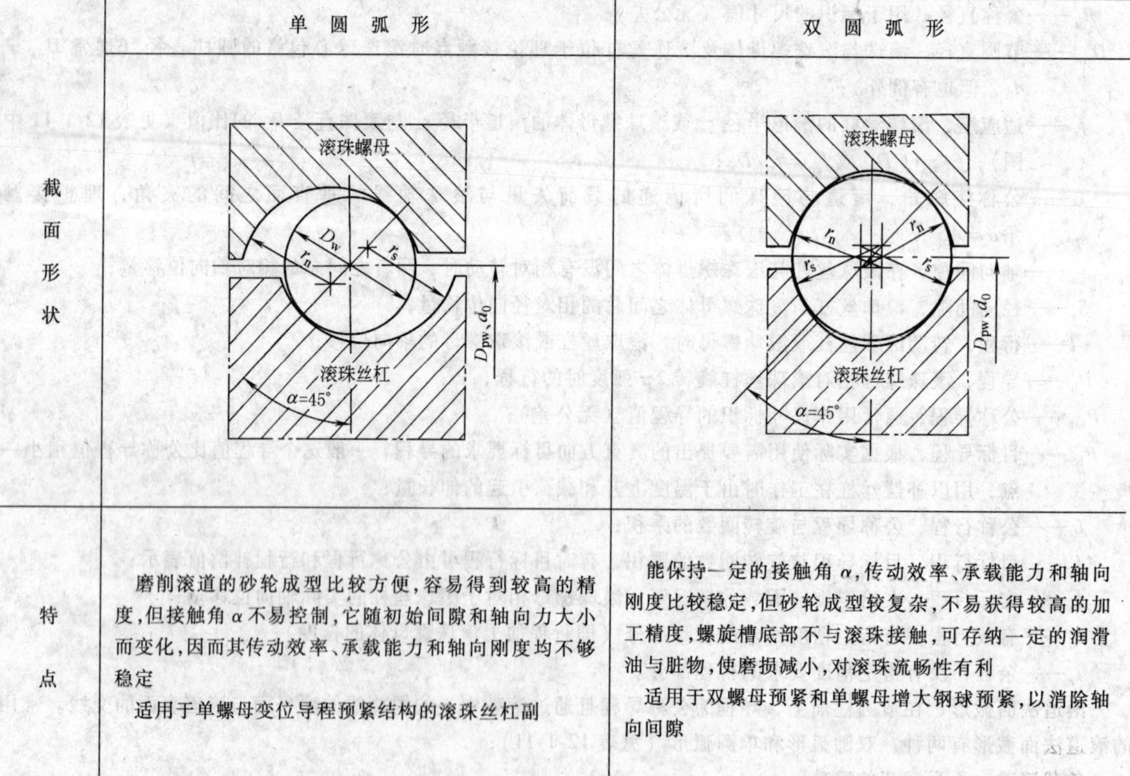

	单圆弧形	双圆弧形
截面形状		
特点	磨削滚道的砂轮成型比较方便，容易得到较高的精度，但接触角 α 不易控制，它随初始间隙和轴向力大小而变化，因而其传动效率、承载能力和轴向刚度均不够稳定 适用于单螺母变位导程预紧结构的滚珠丝杠副	能保持一定的接触角 α，传动效率、承载能力和轴向刚度比较稳定，但砂轮成型较复杂，不易获得较高的加工精度，螺旋槽底部不与滚珠接触，可存纳一定的润滑油与脏物，使磨损减小，对滚珠流畅性有利 适用于双螺母预紧和单螺母增大钢球预紧，以消除轴向间隙

图 12-1-9 ~图 12-1-11 所示为几种常用循环方式的示意图。各种循环方式的特性及应用比较见表 12-1-12。

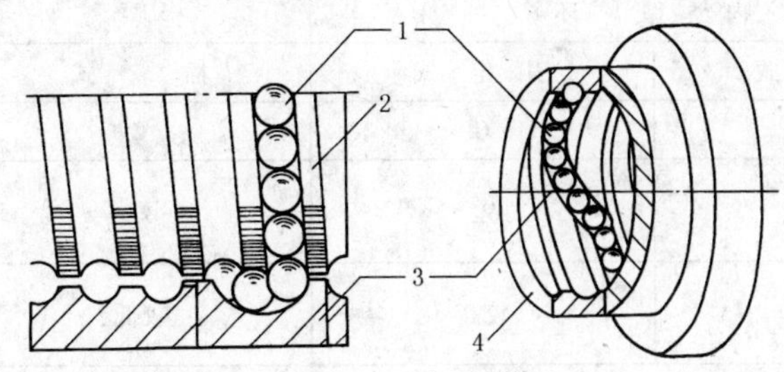

图 12-1-9　固定式内循环示意（G 型）

1—滚珠；2—丝杠；3—反向器；4—螺母

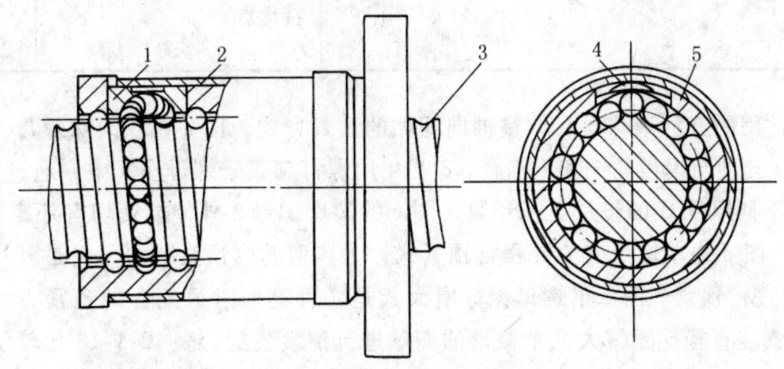

图 12-1-10　浮动式内循环示意（F 型）

1—反向器；2—弹簧套；3—丝杠；4—拱形簧片；5—螺母

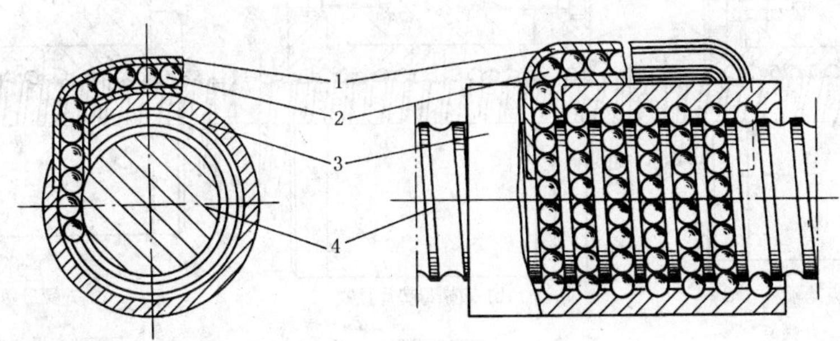

图 12-1-11　插管式外循环示意（C 型）

1—插管式反向器；2—滚珠；3—螺母；4—丝杠

表 12-1-12　　**滚珠丝杠副不同循环方式的比较**

循环方式	内　循　环		外　循　环	
	浮　动　式	固　定　式	插　管　式	螺旋槽式
代　　号	F	G	C	L
结构特点	滚珠循环链最短，反向灵活，结构紧凑，刚性好，使用可靠，工作寿命长，螺母配合外径较小，扁圆型反向器螺母轴向尺寸最短		滚珠循环链较长，但轴向排列紧凑，轴向尺寸小，螺母配合外径较大（C 型较小），刚性较差，但滚珠流畅性好，灵活、轻便	
摩擦力矩	小	小	较小	较大

续表

循环方式	内循环		外循环	
	浮动式	固定式	插管式	螺旋槽式
代号	F	G	C	L
工艺性	较差	差	好	一般
制造成本	最高	较高	较低	较低
使用场合	各种高灵敏、高精度、高刚度的进给定位系统		中等载荷、高速运动及精密定位系统，在大导程、多头螺纹中显示其独特优点	适用于一般工程机械，不适宜高刚度、高速运转的传动

图 12-1-12 所示为常用的五种滚珠丝杠调整轴向间隙的预紧方式。图 a 在双滚珠螺母 1 和 2 的凸缘上切制出外齿轮，其齿数差为 1，分别与内齿轮 3 和 4 啮合，3 与 4 用螺钉锁紧于螺母座 5 中，通过 1 与 2 的相对转动达到预紧目的。图 b 是采用不同厚度 Δ 的垫片 3 来预紧。图 c 的滚珠螺母 3 外伸端处切有外螺纹，旋转圆螺母 2 可使 3 产生轴向位移来预紧。图 d 为单螺母变位导程自预紧式，为典型的内预紧结构，它是利用螺母的内螺纹导程变位 $\pm\Delta P_h$（或 $\pm\Delta l_0$）来进行预紧。图 e 单螺母钢球增大式是一种类似过盈配合的预紧方式，一般用于滚道截面形状为双圆弧时，采用安装直径比正常大几个微米的钢球进行预紧装配。表 12-1-13 比较了不同预紧方式的特点及适用场合。

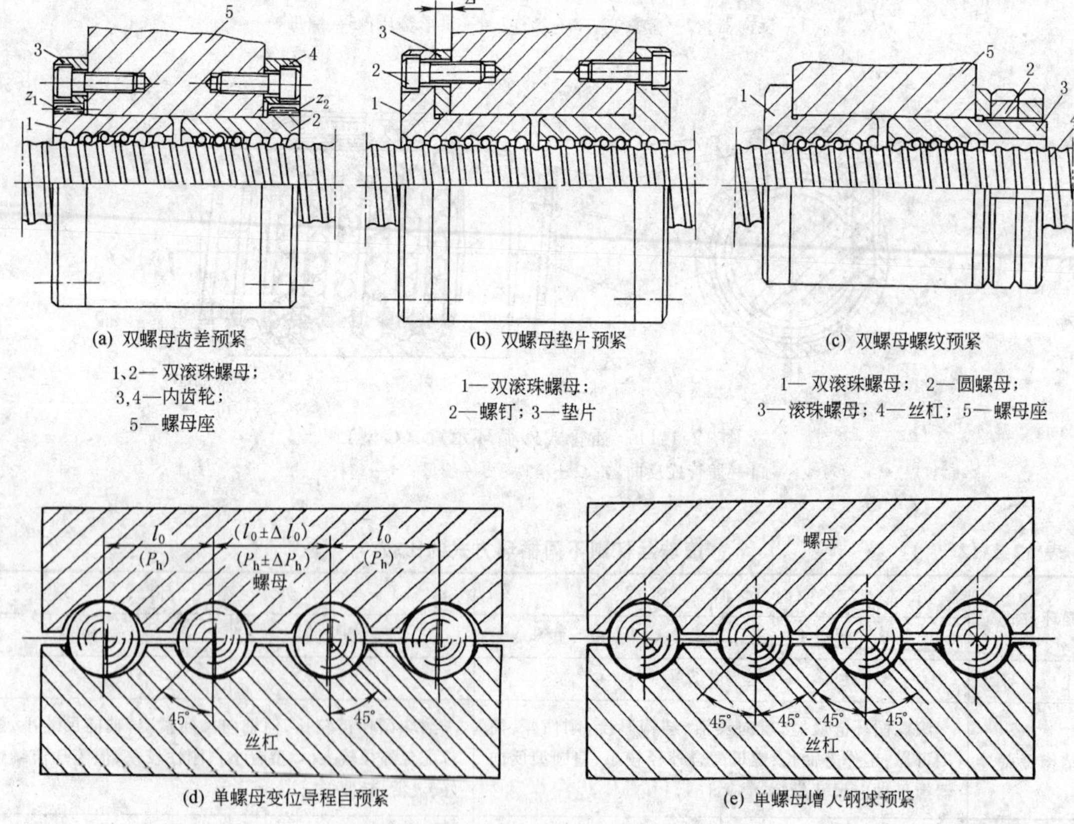

(a) 双螺母齿差预紧

1、2—双滚珠螺母；3、4—内齿轮；5—螺母座

(b) 双螺母垫片预紧

1—双滚珠螺母；2—螺钉；3—垫片

(c) 双螺母螺纹预紧

1—双滚珠螺母；2—圆螺母；3—滚珠螺母；4—丝杠；5—螺母座

(d) 单螺母变位导程自预紧

(e) 单螺母增大钢球预紧

图 12-1-12　滚珠丝杠副预紧方式

表 12-1-13　　　　滚珠丝杠副不同预紧类型的比较

预紧类型	双螺母齿差预紧	双螺母垫片预紧	双螺母螺纹预紧	单螺母变位导程预紧	单螺母增大钢球预紧
代　　号	C(Ch)	D	L	B	Z
滚珠螺母受力性质	拉　伸	拉　伸 压　缩	拉伸(外) 压缩(内)	拉伸($+\Delta P_h$) 压缩($-\Delta P_h$)	—
结构特点	可实现 2μm 以下的精密微调,预紧可靠,调整方便,结构复杂,轴向尺寸偏大,工艺复杂	结构简单,轴向刚性好,预紧可靠,不可调整,轴向尺寸适中,工艺性好	使用中可随时调整预紧力,但不能实现定量调整,螺母轴向尺寸大	结构紧凑、简单,完全避免了双螺母结构中形位误差的干扰,技术性强,不可调整	结构最简单、紧凑,但不适宜预紧力过大的场合,不可调整,轴向尺寸小
适用场合	用于要求准确预加载荷的精密定位系统	用于高刚度、重载荷的传动,目前应用最广泛	用于不需要准确预加载荷且用户自调的场合	用于中等载荷以下,且对预加载荷有要求的精密定位、传动系统	用于中等载荷以下轴向尺寸受限制的场合
备　　注	"内预紧"结构型式。方便用户使用,一般不提倡用户自调,而由生产厂根据用户要求用仪器检测来调整		难以实现"内预紧",使用不准确,不广泛	最典型的"内预紧"结构,使用广泛	

注:1. 单螺母无预紧,标记代号为 W。

2. 当滚珠丝杠的导程按标准值 P_h 制造,而将螺母的内螺纹导程变位按 $P_h \pm \Delta P_h$ 来制造,两者拧紧就可达到预紧的效果,即变位导程预紧。

2.3　滚珠丝杠副的标准参数(摘自 GB/T 17587.2—1998)

表 12-1-14 中公称导程值下划横线的为优先组合值,当优先组合不够用时,可选用表中没有划横线的公称导程值与公称直径构成一般的组合。

表 12-1-14　　　　滚珠丝杠副标准参数的组合　　　　mm

公称直径	公称导程														
6	1	2	2.5												
8	1	2	2.5	3											
10	1	2	2.5	3	4	5	6								
12		2	2.5	3	4	5	6	8	10	12					
16		2	2.5	3	4	5	6	8	10	12	16				
20				3	4	5	6	8	10	12	16	20			
25					4	5	6	8	10	12	16	20	25		
32					4	5	6	8	10	12	16	20	25	32	
40						5	6	8	10	12	16	20	25	32	40
50						5	6	8	10	12	16	20	25	32	40
63						5	6	8	10	12	16	20	25	32	40
80							6	8	10	12	16	20	25	32	40
100									10	12	16	20	25	32	40
125									10	12	16	20	25	32	40
160										12	16	20	25	32	40
200										12	16	20	25	32	40

2.4 滚珠丝杠副滚珠螺母安装连接尺寸（摘自 JB/T 9893—1999）

本标准规定了适用于机床及各类机械产品的六种结构的公制滚珠丝杠副。表 12-1-15 ~ 表 12-1-18 中规格代号是用数字表示的，前两位或三位数字表示公称直径，后两位数字表示公称导程。

内循环滚珠丝杠副（包括浮动反向器及固定反向器）滚珠螺母安装、连接尺寸

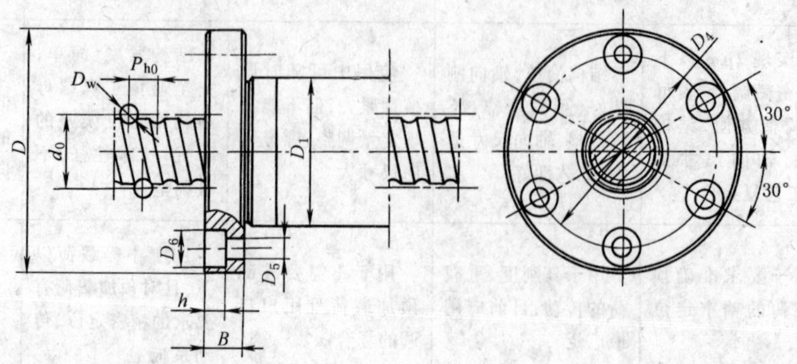

表 12-1-15

mm

规格代号	公称直径 d_0	公称导程 P_{h0}	D_1	D	D_4	B	D_5	D_6	h
1604	16	4	28 (32)	52 (55)	38 (42)	11	5.5	10	5.7
1605		5							
2004	20	4	36	61	48	11	5.5	10	5.7
2005		5							
2006		6	40	66	53	11			
2008		8				13			
2504	25	4	40	66	53	11	5.5	10	5.7
2505		5							
2506		6	40 (45)	66 (69)	53 (56)				
2508		8	45	74	60	13	6.6	11	6.8
3204	32	4	50	76	63	11	5.5	10	5.7
3205		5	50	82	67	13	6.6	11	6.8
3206		6							
3208		8	53	90	71	15	9	15	9
3210		10							
4005	40	5	60	94	75	15	9	15	9
4006		6							
4008		8	63	99	80	15	9	15	9
4010		10	63	107	85	18	11	18	11
4012		12	67						
5005	50	5	71	109	90	15	9	15	9
5006		6							

规格代号	公称直径 d_0	公称导程 P_{h0}	D_1	D	D_4	B	D_5	D_6	h
5008	50	8	75	117	95	18	11	18	11
5010		10							
5012		12	80	129	105	22	13.5	20	13
5016		16	85	134	110	28	13.5	20	13
6305	63	5	85	128	105	18	11	18	11
6306		6							
6308		8	90	133	110	18	11	18	11
6310		10	90	137	112	22	13.5	20	13
6312		12							
6316		16	95	145	120	28	13.5	20	13
8010	80	10	105	156	130	22	13.5	20	13
8012		12	110	158	132	22	13.5	20	13
8016		16	118	166	140	28	13.5	20	13
8020		20							
10010	100	10	125	178	150	25	13.5	20	13
10012		12	130	194	160	25	17.5	26	17.5
10016		16	140	204	170	28	17.5	26	17.5
10020		20							
12510	125	10	150	214	180	28	17.5	26	17.5
12512		12	160	224	190	28	17.5	26	17.5
12516		16	170	251	210	32	22	33	21.5
12520		20							
16020	160	20	200	277	236	36	22	33	21.5

注：1. 公称直径和公称导程的组合按照 GB/T 17587.2（以下同）。

2. D_5、D_6、h 按照 GB/T 152.2（以下同）。

3. 表中括号内数据为双螺母垫片预紧结构滚珠螺母安装连接尺寸（以下同）。

第 12 篇

外循环埋入式和凸出式滚珠螺母安装、连接尺寸

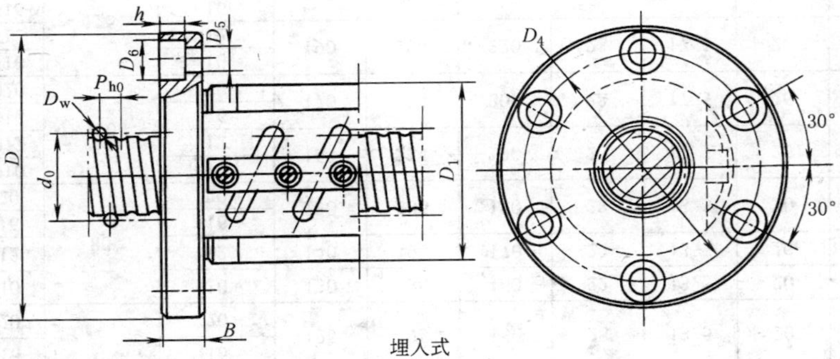

埋入式

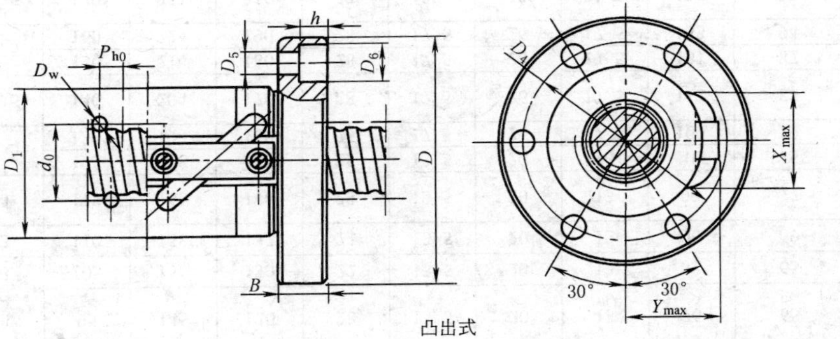

凸出式

表 12-1-16

mm

规格代号	公称直径	公称导程	滚珠螺母安装、连接尺寸															
			埋入式							凸出式								
	d_0	P_{h0}	D_1	D	D_4	B	D_5	D_6	h	D_1	D	D_4	B	D_5	D_6	h	X_{max}	Y_{max}
1604	16	4	36	60	47	11	5.5	10	5.7	28	52	28	11	5.5	10	5.7	20	20(22)
1605		5	40	66	53	11	5.5	10	5.7	(32)	(55)	(42)					21	21(23)
2004	20	4	40	66	53	11	5.5	10	5.7	36	61	48	11	5.5	10	5.7	23	24
2005		5	45	69	56	11	5.5	10	5.7								25	26
2006		6	50	76	63	11	5.5	10	5.7	40	66	53	11	5.5	10	5.7	26	28
2008		8				13							13					
2504	25	4	50	76	63	11	5.5	10	5.7	40	66	53	11	5.5	10	5.7	28	26
2505		5															29	27
2506		6	53	80	67	11	5.5	10	5.7	40(45)	66(69)	53(56)	11	5.5	10	5.7	31	28(31)
2508		8	60	89	75	13	6.6	11	6.8	45	74	60	13	6.6	11	6.8	32	32
2510		10				15				50	78	63	15	6.6	11	6.8	37	39
2512		12				15												
3204	32	4	56	85	71	11	5.5	10	5.7	50	76	63	11	5.5	10	5.7	35	31
3205		5	60	90	75	13	6.6	11	6.8	50	82	67	13	6.6	11	6.8	36	32
3206		6															37	33
3208		8	67	104	85	15	9	15	9	53	90	71	15	9	15	9	39	36
3210		10	75	109	90	15	9	15	9	56	90	71	15	9	15	9	41	40
3212		12																

续表

规格代号	公称直径	公称导程	滚珠螺母安装、连接尺寸															
			埋入式							凸出式								
	d_0	P_{h0}	D_1	D	D_4	B	D_5	D_6	h	D_1	D	D_4	B	D_5	D_6	h	X_{max}	Y_{max}
4005	40	5	67	104	85	15	9	15	9	60	94	75	15	9	15	9	44	38
4006		6	71	109	90	15	9	15	9								45	38
4008		8	75	109	90	18	9	15	9	63	99	80	15	9	15	9	47	41
4010		10	85	127	105	18	11	18	11	63	107	85	18	11	18	11	49	44
4012		12	90	132	110	18	11	18	11	67							51	48
4016		16				22				71	112	90	22	11	18	11	51	50
5005	50	5	80	114	95	15	9	15	9	71	109	90	15	9	15	9	54	43
5006		6	85	119	100	15	9	15	9								55	44
5008		8	85	127	105	18	11	18	11	75	117	95	18	11	18	11	56	47
5010		10	95	140	118	18	11	18	11								58	50
5012		12	100	149	125	22	13.5	20	13	80	129	105	22	13.5	20	13	61	54
5016		16				22				85	134	110	28	13.5	20	13	64	60
5020		20				28												
6305	63	5	95	141	118	18	11	18	11	85	128	105	18	11	18	11	67	50
6306		6	100	143	120	18	11	18	11								67	51
6308		8	105	148	125	18	11	18	11	90	133	110	18	11	18	11	69	55
6310		10	110	157	132	22	13.5	20	13	90	137	112	22	13.5	20	13	71	57
6312		12	118	165	140	22	13.5	20	13								73	59
6316		16	125	175	150	28	13.5	20	13	95	145	120	28	13.5	20	13	76	65
6320		20																
8010	80	10	130	186	160	22	13.5	20	13	105	156	130	22	13.5	20	13	87	65
8012		12	140	196	170	22	13.5	20	13	110	158	132	22	13.5	20	13	90	69
8016		16	150	206	180	28	13.5	20	13	118	166	140	28	13.5	20	13	93	77
8020		20																
10010	100	10	160	224	190	25	17.5	26	17.5	125	178	150	25	13.5	20	13	107	75
10012		12								130	194	160	25	17.5	26	17.5	109	79
10016		16	170	234	200	28	17.5	26	17.5	140	204	170	28	17.5	26	17.5	112	87
10020		20																
12510	125	10	190	254	220	28	17.5	26	17.5	150	214	180	28	17.5	26	17.5	131	87
12512		12								160	224	190	28	17.5	26	17.5	133	94
12516		16	200	281	240	32	22	33	21.5	170	251	210	32	22	33	21.5	136	97
12520		20																
16020	160	20	240	321	280	36	22	33	21.5	200	277	236	36	22	33	21.5	174	122

外循环埋入式和凸出式大导程滚珠螺母安装、连接尺寸

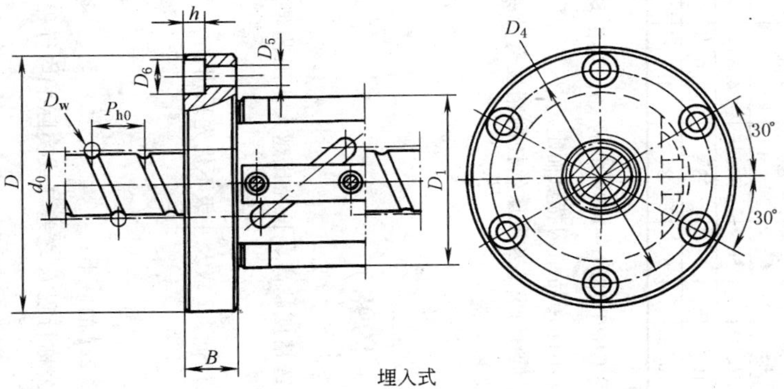

埋入式

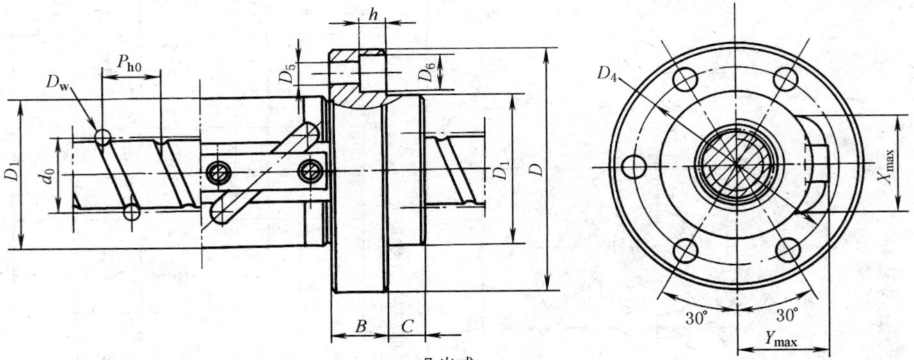

凸出式

表 12-1-17

mm

规格代号	公称直径	公称导程	滚珠螺母安装、连接尺寸																
			埋入式							凸出式									
	d_0	P_{h0}	D_1	D	D_4	B	D_5	D_6	h	D_1	D	D_4	B	C	D_5	D_6	h	X_{max}	Y_{max}
2010	20	10	50	76	63	15	5.5	10	5.7	40	66	53	13	8	5.5	10	5.7	26	28
2012		12												10					
2016		16												10					
2020		20												10					
2516	25	16	60	89	75	15	6.6	11	6.8	45	74	60	15	10	6.6	11	6.8	37	39
2520		20																	
2525		25																	
3216	32	16	67	104	85	15	9	15	9	53	90	71	22	10	9	15	9	41	39
3220		20																	
3225		25																	
3232		32																	
4020	40	20	85	127	105	22	11	18	11	63	107	85	22	10	11	18	11	49	44
4025		25																	
4032		32																	
4040		40																	
5025	50	25	100	149	125	28	13.5	20	13	85	134	110	28	12	13.5	20	13	61	57
5032		32																	
5040		40																	

外循环埋入式微型滚珠螺母安装、连接尺寸

表 12-1-18　　mm

规格代号	公称直径	公称导程	滚珠螺母安装、连接尺寸							
	d_0	P_{h0}	D_1	D	D_4	B	D_5	D_6	h	F
0602	6	2	20	37	28	6	3.4	6	3.4	24
0602.5		2.5	20	37	28	6	3.4	6	3.4	24
0802	8	2	22	43	32	8	4.5	8	4.6	29
0802.5		2.5								
0803		3								
1002	10	2	24	45	34	8	4.5	8	4.6	30
1002.5		2.5								
1003		3	26	47	36	8	4.5	8	4.6	31
1004		4								
1202	12	2	26	47	36	8	4.5	8	4.6	31
1202.5		2.5								
1203		3	28	49	38	10	4.5	8	4.6	32
1204		4	30	51	40	10	4.5	8	4.6	32
1205		5	32	53	42	10	4.5	8	4.6	34

滚珠螺母安装配合尺寸 D_1，按照 GB/T 2822 的规定，其公差采用 GB/T 1801—1999 中的 g6。当滚珠丝杠副精度等于或低于 5 级时，其公差允许选用 g7。D_1 定位面的有效长度视不同产品结构特点而定。

双螺母滚珠丝杠副，其中一个滚珠螺母的安装配合尺寸精度允许低于 g6（当滚珠丝杠副精度等于或低于 5 级时，允许低于 g7）。根据主机设计要求，在滚珠螺母法兰盘上允许去掉一部分。

本标准没有规定滚珠螺母长度，由制造企业自定。

2.5　滚珠丝杠副精度标准（摘自 GB/T 17587.3—1998）

滚珠丝杠副的制造成本，主要取决于制造精度和长径比。因为制造精度越高、长径比越大，工艺难度越大，成品合格率越低。设计时可参考表 12-1-19 选用精度等级。

精度标准分为 1、2、3、4、5、7、10 七个等级，1 级最高，10 级最低，2 级及 4 级不优先采用。

标准表中各符号意义（参见行程误差曲线图 12-1-13）如下：

C——行程补偿值，在有效行程内，目标行程与公称行程之差；

e_p——目标行程公差，允许的实际平均行程最大值与最小值之差 $2e_p$ 的一半；

e_{oa} 或 e_{sa}——实际平均行程偏差，在有效行程内，实际平均行程 l_m 与公称行程 l_0 之差（或实际平均行程 l_m 与目标行程 l_s 之差）；

V——行程变动量，平行于实际平均行程且包容实际行程曲线的带宽值。已经规定的行程变动量有：2π 弧度行程与带宽值 $V_{2\pi}$ 相对应；300mm 行程与带宽值 V_{300} 相对应；有效行程与带宽值 V_u 相对应。允许带宽下标是“p”，实际带宽下标为“a”，如 300mm 长度内行程允许带宽为 V_{300p}，有效行程内实际带宽为 V_{ua}。

行程偏差的检验项目见表 12-1-20。行程公差和变动量见表 12-1-21 和表 12-1-22。跳动和位置公差见表 12-1-23。性能检验略。

表 12-1-19　精度等级选用推荐

用途		NC 工作机床																		
		车床		加工中心		台钻		坐标镗床		平面磨床			外圆磨床		电火花加工机床		电火花线切割机床			冲压机床
轴		X	Z	XY	Z	XY	Z	XY	Z	X	Y	Z	X	Z	XY	Z	XY	Z	UV	XY
精度等级								○	○				○		○		○	○		
	1	○						○	○		○	○	○	○	○	○	○	○	○	
	2	○		○	○						○	○	○	○	○	○	○	○	○	
	3	○	○	○	○	○				○	○	○		○		○		○	○	○
	4	○	○	○	○	○	○			○	○	○				○				○
	5						○													○
	7																			
	10																			

用途		NC 工作机床		木工机床	万能机床·专用机床	产业用机器人					半导体相关装置						三坐标测定机	画像处理装置	注射模成型机	办公机械
		激光加工机床				直角坐标型		垂直多关节型		圆柱坐标型	曝光装置	化学处理装置	引线结合机	探测器	印刷电路板冲孔机	电子产品插入机				
轴		XY	Z			装配	其他	装配	其他											
精度等级											○			○			○	○		
	1										○		○	○	○		○	○		
	2											○	○	○	○	○	○	○		
	3	○	○		○	○				○		○		○	○	○				
	4	○	○	○	○	○	○	○		○		○			○	○				○
	5	○	○	○	○	○	○	○	○	○		○			○	○			○	○
	7			○	○	○	○	○	○			○							○	○
	10			○	○		○					○							○	○

注：高于 1 级的（空格）精度标准尚未制定，可由用户与制造厂商定。

表 12-1-20　行程偏差的检验项目（摘自 GB/T 17587.3—1998）

每一基准长度的行程偏差	滚珠丝杠副类型	
	P	T
	检验项目	
有效行程 l_u 内行程补偿值 C	用户自定	$C=0$
目标行程公差 e_p	表 12-1-21 值	$e_p=2\frac{l_u}{300}V_{300p}$，$V_{300p}$ 见表 12-1-22

续表

每一基准长度的行程偏差	滚珠丝杠副类型	
	P	T
	检验项目	
有效行程内允许的行程变动量 V_{up}	表 12-1-21 值	—
300mm 行程内允许的行程变动量 V_{300p}	表 12-1-22 值	表 12-1-22 值
2π 弧度内允许的行程变动量 $V_{2\pi p}$	表 12-1-22 值	—

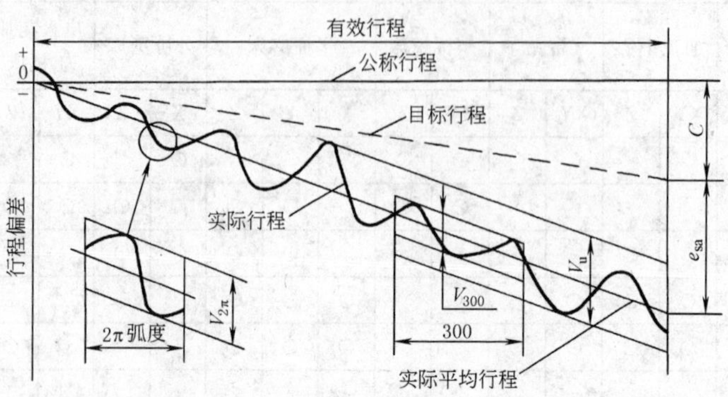

图 12-1-13 行程误差曲线示意图

表 12-1-21 有效行程内目标行程公差 e_p 和行程变动量 V_{up}（摘自 GB/T 17587.3—1998） μm

有效行程/mm		精度等级									
		1		2		3		4		5	
>	≤	e_p	V_{up}	e_p	V_{up}	e_p	V_{up}	e_p	V_{up}	e_p	V_{up}
—	315	6	6	8	8	12	12	16	16	23	23
315	400	7	6	9	9	13	12	18	18	25	25
400	500	8	7	10	9	15	13	20	19	27	26
500	630	9	7	11	10	16	14	22	20	32	29
630	800	10	8	13	11	18	16	25	22	36	31
800	1000	11	9	15	12	21	17	29	24	40	34
1000	1250	13	10	18	14	24	19	34	27	47	39
1250	1600	15	11	21	16	29	22	40	31	55	44
1600	2000	18	13	25	18	35	25	48	36	65	51
2000	2500	22	15	30	21	41	29	57	41	78	59
2500	3150	26	17	36	24	50	34	69	49	96	69

表 12-1-22 任意 300mm 行程内行程变动量 V_{300p} 和 2π 弧度内行程变动量 $V_{2\pi p}$（摘自 GB/T 17587.3—1998） μm

精度等级	1	2	3	4	5	7	10
V_{300p}	6	8	12	16	23	52	210
$V_{2\pi p}$	4	5	6	7	8	—	—

第12篇

表 12-1-23　　**跳动和位置公差**（摘自 GB/T 17587.3—1998）

<table>
<tr><th>序号</th><th>简　图</th><th>检验项目</th><th>允　差</th><th>检验工具</th><th>检验说明
参照 GB/T 10931.1 的有关条文</th></tr>
<tr><td>E5</td><td> 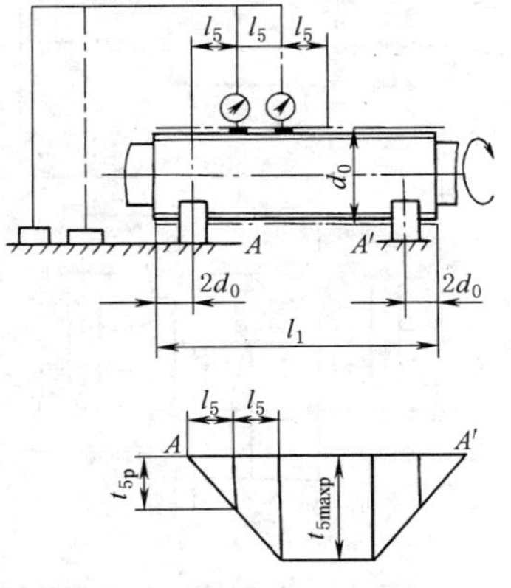</td><td>每 l_5 长度处滚珠丝杠外径的径向跳动 t_5，用以确定相对于 AA'的直线度</td><td>
<table>
<tr><td colspan="9">定位或传动滚珠丝杠副</td></tr>
<tr><td rowspan="3">公称直径
d_0
/mm</td><td rowspan="3">l_5
/mm</td><td colspan="7">标准公差等级</td></tr>
<tr><td>1</td><td>2</td><td>3</td><td>4</td><td>5</td><td>7</td><td>10</td></tr>
<tr><td colspan="7">l_5 长度上的 t_{5p}/μm</td></tr>
<tr><td>≥6～12</td><td>80</td><td rowspan="5">20</td><td rowspan="5">22</td><td rowspan="5">25</td><td rowspan="5">28</td><td rowspan="5">32</td><td rowspan="5">40</td><td rowspan="5">80</td></tr>
<tr><td>＞12～25</td><td>160</td></tr>
<tr><td>＞25～50</td><td>315</td></tr>
<tr><td>＞50～100</td><td>630</td></tr>
<tr><td>＞100～200</td><td>1250</td></tr>
<tr><td colspan="2">长径比 l_1/d_0</td><td colspan="7">$l_1 \geqslant 4l_5$ 长度上的 t_{5maxp}/μm</td></tr>
<tr><td colspan="2">≤40</td><td>40</td><td>45</td><td>50</td><td>57</td><td>64</td><td>80</td><td>160</td></tr>
<tr><td colspan="2">＞40～60</td><td>60</td><td>67</td><td>75</td><td>85</td><td>96</td><td>120</td><td>240</td></tr>
<tr><td colspan="2">＞60～80</td><td>100</td><td>112</td><td>125</td><td>142</td><td>160</td><td>200</td><td>400</td></tr>
<tr><td colspan="2">＞80～100</td><td>160</td><td>180</td><td>200</td><td>225</td><td>256</td><td>320</td><td>640</td></tr>
</table>
</td><td>指示器、等高双 V 形铁</td><td>置滚珠丝杠于 AA'处两相同的 V 形铁上。调整指示器，使其测头在距离 l_5 处垂直触及圆柱表面。缓缓转动丝杠，记下指示器读数变化。在规定的测量间隔重复检验
注：1. 经商定允许将滚珠丝杠顶在中心孔上测量。此时 l_1 应为丝杠总长
2. 如果 $l_1 < 2l_5$，可在 $l_1/2$ 处测量</td></tr>
<tr><td>E6</td><td> 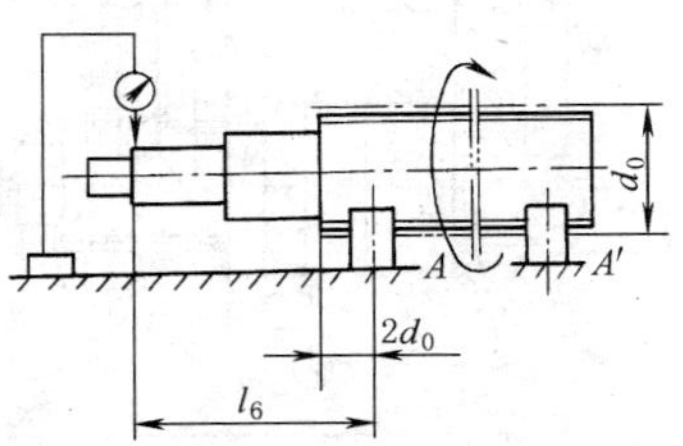</td><td>每 l 长度处支承轴颈相对于 AA'的径向跳动，当 $l_6 \leqslant l$ 时为 t_6，当 $l_6 > l$ 时其有效值为
$t_{6a} \leqslant t_{6p} \frac{l_6}{l}$</td><td>
<table>
<tr><td colspan="9">定位或传动滚珠丝杠副</td></tr>
<tr><td rowspan="3">公称直径
d_0
/mm</td><td rowspan="3">l
/mm</td><td colspan="7">标准公差等级</td></tr>
<tr><td>1</td><td>2</td><td>3</td><td>4</td><td>5</td><td>7</td><td>10</td></tr>
<tr><td colspan="7">l 长度上的 t_{6p}/μm</td></tr>
<tr><td>≥6～20</td><td>80</td><td>10</td><td>11</td><td>12</td><td>16</td><td>20</td><td>40</td><td>63</td></tr>
<tr><td>＞20～50</td><td>125</td><td>12</td><td>14</td><td>16</td><td>20</td><td>25</td><td>50</td><td>80</td></tr>
<tr><td>＞50～125</td><td>200</td><td>16</td><td>18</td><td>20</td><td>26</td><td>32</td><td>63</td><td>100</td></tr>
<tr><td>＞125～200</td><td>315</td><td>—</td><td>—</td><td>25</td><td>32</td><td>40</td><td>80</td><td>125</td></tr>
</table>
</td><td>指示器、等高双 V 形铁</td><td>置滚珠丝杠于 AA'处 V 形铁上。在距离 l_6 处使指示器测头垂直触及圆柱表面。缓缓转动丝杠，记下指示器读数变化
注：经商定允许将丝杠顶在中心孔上测量（此时 l_6 应为测量点至轴端的距离）</td></tr>
<tr><td>E7</td><td> 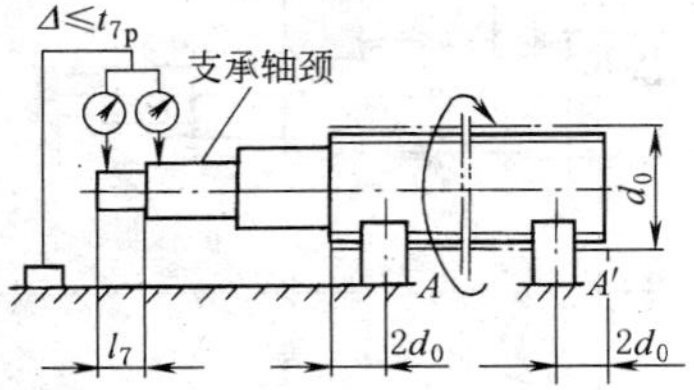</td><td>轴颈相对于支承轴颈的径向跳动，当 $l_7 \leqslant l$ 时为 t_7，当 $l_7 > l$ 时其有效值为 $t_{7a} \leqslant t_{7p} \frac{l_7}{l}$</td><td>
<table>
<tr><td colspan="9">定位或传动滚珠丝杠副</td></tr>
<tr><td rowspan="3">公称直径
d_0
/mm</td><td rowspan="3">l
/mm</td><td colspan="7">标准公差等级</td></tr>
<tr><td>1</td><td>2</td><td>3</td><td>4</td><td>5</td><td>7</td><td>10</td></tr>
<tr><td colspan="7">l 长度上的 t_{7p}/μm</td></tr>
<tr><td>≥6～20</td><td>80</td><td>5</td><td>6</td><td>6</td><td>7</td><td>8</td><td>12</td><td>16</td></tr>
<tr><td>＞20～50</td><td>125</td><td>6</td><td>7</td><td>8</td><td>9</td><td>10</td><td>16</td><td>20</td></tr>
<tr><td>＞50～125</td><td>200</td><td>8</td><td>9</td><td>10</td><td>11</td><td>12</td><td>20</td><td>25</td></tr>
<tr><td>＞125～200</td><td>315</td><td>—</td><td>—</td><td>12</td><td>14</td><td>16</td><td>25</td><td>32</td></tr>
</table>
</td><td>指示器、等高双 V 形铁</td><td>置滚珠丝杠于 AA'处 V 形铁上。在距离 l_7 处使指示器测头垂直触及圆柱表面。缓缓转动丝杠，记下指示器读数变化
注：经商定允许将丝杠顶在中心孔上测量</td></tr>
</table>

续表

<table>
<tr><th>序号</th><th>简图</th><th>检验项目</th><th>允差</th><th>检验工具</th><th>检验说明
参照 GB/T 10931.1 的有关条文</th></tr>
<tr><td>E8</td><td> 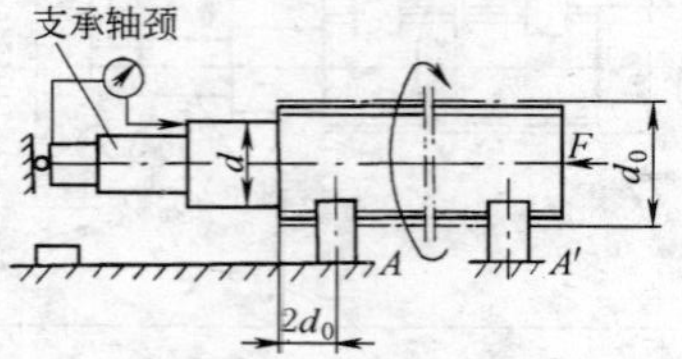</td><td>支承轴颈肩面对 AA′的端面跳动 t_8</td><td>定位或传动滚珠丝杠副
公称直径 d_0/mm ｜ 标准公差等级 1 ｜ 2 ｜ 3 ｜ 4 ｜ 5 ｜ 7 ｜ 10 （t_{8p}/μm）
≥6～63 ｜ 3 ｜ 4 ｜ 4 ｜ 5 ｜ 5 ｜ 6 ｜ 10
>63～125 ｜ 4 ｜ 5 ｜ 5 ｜ 6 ｜ 6 ｜ 8 ｜ 12
>125～200 ｜ — ｜ 6 ｜ 6 ｜ 7 ｜ 8 ｜ 10 ｜ 16</td><td>指示器、等高双 V 形铁</td><td>置滚珠丝杠于 AA′处 V 形铁上。防止丝杠轴向移动(可将钢珠置于丝杠中心孔和固定面间)。使指示器测头垂直触及轴颈端面和圆柱表面相应的直径处。缓缓转动滚珠丝杠并记下指示器读数
注:经商定允许将丝杠顶在中心孔上测量</td></tr>
<tr><td>E9</td><td> 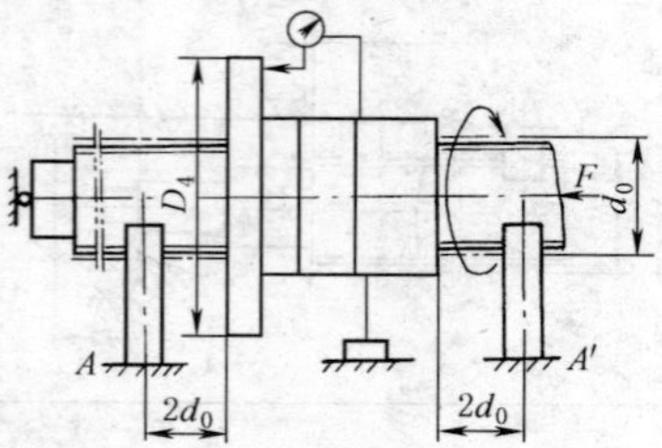</td><td>滚珠螺母安装端面对 AA′的端面跳动 t_9(仅用于有预加载荷的滚珠螺母)</td><td>定位或传动滚珠丝杠副
螺母安装端面直径 D_4/mm ｜ 标准公差等级 1 ｜ 2 ｜ 3 ｜ 4 ｜ 5 ｜ 7 ｜ 10 （t_{9p}/μm）
≥16～32 ｜ 10 ｜ 11 ｜ 12 ｜ 14 ｜ 16 ｜ 20 ｜ —
>32～63 ｜ 12 ｜ 14 ｜ 6 ｜ 18 ｜ 20 ｜ 25 ｜ —
>63～125 ｜ 16 ｜ 18 ｜ 20 ｜ 22 ｜ 25 ｜ 32 ｜ —
>125～250 ｜ 20 ｜ 22 ｜ 25 ｜ 28 ｜ 32 ｜ 40 ｜ —
>250～500 ｜ — ｜ — ｜ 32 ｜ 36 ｜ 40 ｜ 50 ｜ —</td><td>指示器、等高双 V 形铁</td><td>将有预加载荷的滚珠丝杠副置于 AA′处 V 形铁上。防止丝杠轴向移动(可将钢珠置于丝杠中心孔和固定面间)。使指示器测头垂直触及螺母检验直径 D_4 外缘处的安装端面。螺母不转动,缓缓转动丝杠并记下指示器读数</td></tr>
<tr><td>E10</td><td> 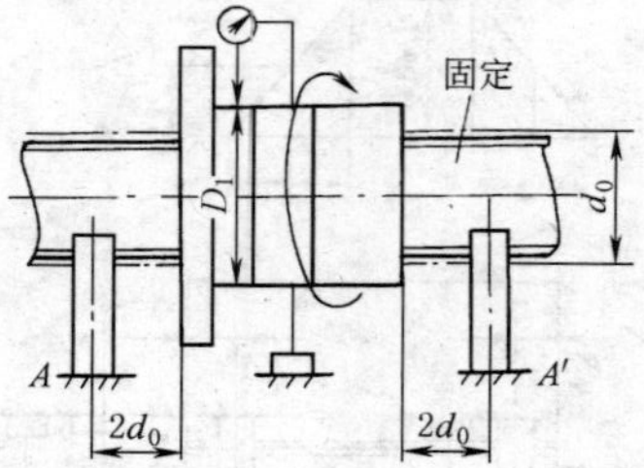</td><td>滚珠螺母安装直径对 AA′的径向跳动 t_{10}(仅用于有预加载荷和旋转的滚珠螺母)</td><td>定位或传动滚珠丝杠副
滚珠螺母外径 D_1/mm ｜ 标准公差等级 1 ｜ 2 ｜ 3 ｜ 4 ｜ 5 ｜ 7 ｜ 10 （t_{10p}/μm）
≥16～32 ｜ 10 ｜ 11 ｜ 12 ｜ 14 ｜ 16 ｜ 20 ｜ —
>32～63 ｜ 12 ｜ 14 ｜ 16 ｜ 18 ｜ 20 ｜ 25 ｜ —
>63～125 ｜ 16 ｜ 18 ｜ 20 ｜ 22 ｜ 25 ｜ 32 ｜ —
>125～250 ｜ 20 ｜ 23 ｜ 25 ｜ 28 ｜ 32 ｜ 40 ｜ —
>250～500 ｜ — ｜ — ｜ 32 ｜ 36 ｜ 40 ｜ 50 ｜ —</td><td>指示器、等高双 V 形铁</td><td>将有预加载荷的滚珠丝杠副置于 AA′处 V 形铁上。使指示器测头垂直触及滚珠螺母安装直径 D_1 的圆柱表面。固定滚珠丝杠,缓缓转动滚珠螺母,记下指示器读数</td></tr>
<tr><td>E11</td><td> 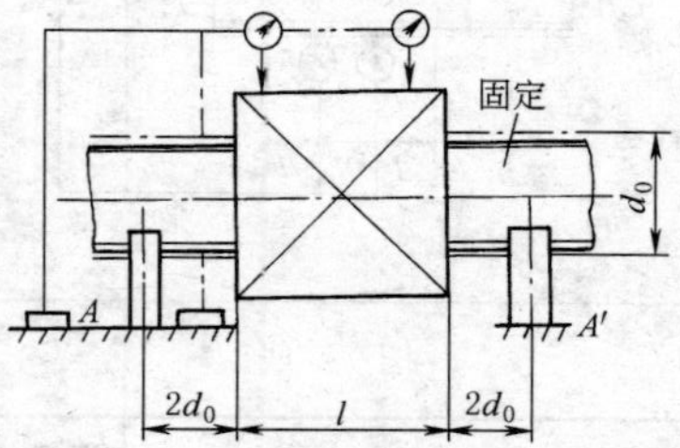</td><td>矩形滚珠螺母对 AA′的平行度 t_{11}(仅用于有预加载荷的滚珠螺母)</td><td>定位或传动滚珠丝杠副
标准公差等级 1 ｜ 2 ｜ 3 ｜ 4 ｜ 5 ｜ 7 ｜ 10
100 mm 长度上 t_{11p}/μm
16 ｜ 18 ｜ 20 ｜ 22 ｜ 25 ｜ 32 ｜ —</td><td>指示器、等高双 V 形铁</td><td>将有预加载荷的滚珠丝杠副置于 AA′处 V 形铁上。使指示器测头垂直触及被测表面,沿规定的检查长度 l 检测。记下指示器读数</td></tr>
</table>

加工精度与滚珠丝杠的直径及长度有关。表 12-1-24 给出了济宁博特精密滚珠丝杠厂的精度等级。各厂的制造范围各有不同。

表 12-1-24　　精度等级　　mm

公称直径	长度范围										
	≤500	500~1000	1000~1500	1500~2000	2000~2500	2500~3000	3000~3500	3500~4000	4000~5000	5000~6000	>6000
12	3,4,5	7,10									
16	1,2	3,4,5	7,10								
20	1,2	3,4,5									
25	1,2	3,4,5									
32	1,2,3		4,5	7,10							
40	1,2,3			3,4,5			5,7,10				
50	1,2,3				3,4,5		5,7,10				
63	1,2,3				3,4,5		5,7,10				
80	1,2,3				3,4,5		5,7,10				
100	1,2,3				3,4,5		5,7,10				
125	1,2,3,4				5,7,10						
160	1,2,3,4				5,7,10						

注：超过范围或不在范围内的咨询厂家。

2.6　滚珠丝杠副轴端型式尺寸（摘自 JB/T 3162—2006）

为了满足高精度、高刚度进给系统的需要，必须充分重视滚珠丝杠支承的设计。注意选用轴向刚度高、摩擦力矩小、运转精度高的轴承及相应的支承形式，参见表 12-1-25。

采用刚度高的支座还能提高丝杠轴受压的稳定性及临界转速。

制定轴端型式尺寸标准可方便用户设计造型，并可提高制造厂轴端制造质量、缩短交货期。

表 12-1-25　　滚珠丝杠副丝杠安装方式

安装方式	简图	特点
一端固定 一端自由	(a) (b)	①丝杠的静态稳定性和动态稳定性都很低 ②结构简单 ③轴向刚度较小 ④适用于较短的滚珠丝杠安装和垂直的滚珠丝杠安装
两端铰支	(a) (b)	①结构简单 ②轴向刚度小 ③适用于对刚度和位移精度要求不高的滚珠丝杠安装 ④对丝杠的热伸长较敏感 ⑤适用于中等回转速度

续表

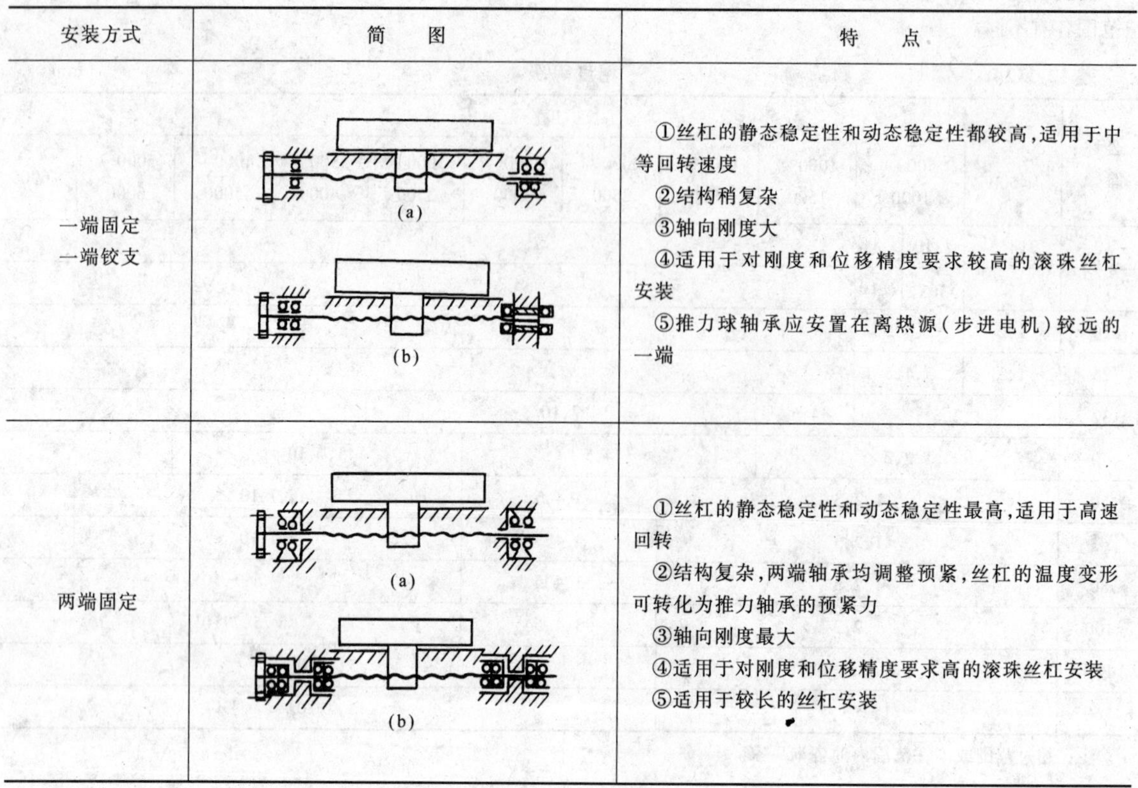

安装方式	简　图	特　点
一端固定 一端铰支	(a) (b)	①丝杠的静态稳定性和动态稳定性都较高,适用于中等回转速度 ②结构稍复杂 ③轴向刚度大 ④适用于对刚度和位移精度要求较高的滚珠丝杠安装 ⑤推力球轴承应安置在离热源(步进电机)较远的一端
两端固定	(a) (b)	①丝杠的静态稳定性和动态稳定性最高,适用于高速回转 ②结构复杂,两端轴承均调整预紧,丝杠的温度变形可转化为推力轴承的预紧力 ③轴向刚度最大 ④适用于对刚度和位移精度要求高的滚珠丝杠安装 ⑤适用于较长的丝杠安装

注：图 a 采用大接触角 $\alpha=60°$ 角接触球轴承的安装方式；图 b 采用推力球轴承或和角接触球轴承组合的安装方式，或采用滚针和推力滚子组合轴承。

各类滚动轴承特点见下表，其中用得最多的是表中序号 a 及 d，后者用于重型设备上。

序号	滚动轴承类型	轴向刚度	轴承安装	预载调整	摩擦力矩
a	60°接触角推力角接触球轴承	大	简单	不需要	小
b	双向推力角接触球轴承	中	简单	不需要	小
c	圆锥滚子轴承	小	简单	如内圈之间有隔圈则不需调整	大
d	滚针和推力滚子组合轴承	特大	简单	不需要	最大
e	深沟球轴承和推力球轴承组合使用	大	复杂	麻烦	小

标准 JB/T 3162 规定了公称直径 16～100mm、负载滚珠圈数不大于 5 圈的滚珠丝杠副的轴端型式及尺寸。目前国内主要专业生产滚珠丝杠副的厂家除可按此标准规定的轴端型式及尺寸供货外，也可接受用户提出的其他型式及尺寸的订货。

公称直径 16～63mm 的滚珠丝杠固定式轴端型式及尺寸见表 12-1-26～表 12-1-28。

公称直径 16～63mm 滚珠丝杠采用 2～4 套 60°接触角推力角接触球轴承（JB/T 8564—1997），支承采用隔圈及 U 形橡胶密封圈（尺寸见表 12-1-28）和双螺母锁紧。

对大尺寸滚珠丝杠推荐采用滚针和双向推力圆柱滚子组合轴承和双螺母锁紧（表 12-1-29）。

滚珠丝杠铰接式轴端型式及尺寸见表 12-1-30。

滚珠丝杠轴端各段尺寸公差和粗糙度见表 12-1-31。

公称直径 16 ~ 63mm 的滚珠丝杠固定式轴端型式及尺寸

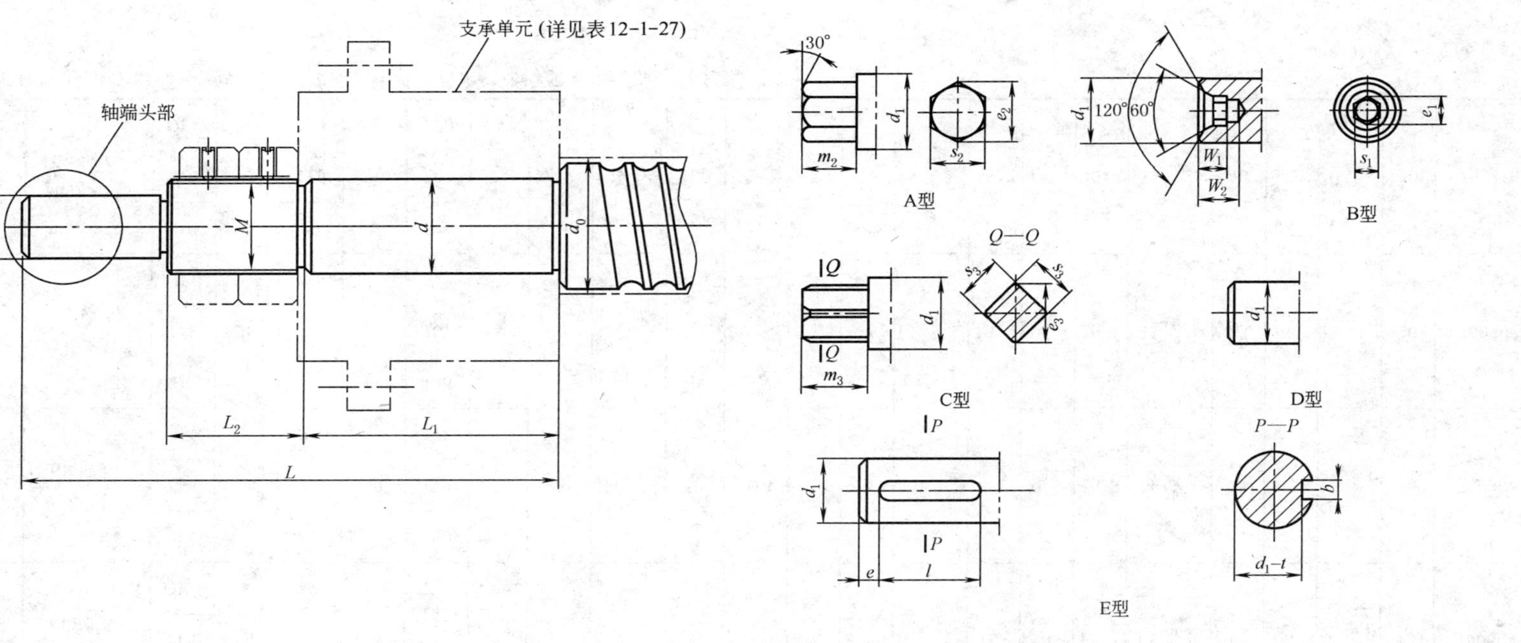

表 12-1-26

mm

公称直径 d_0	轴端尺寸 d	M 螺纹代号及公差等级	M 轴承组合	d_1	L_1	L_2	L	键槽(E 型) 宽度 b 公称尺寸	宽度 b 公差等级	深度 t	长度 l 公称尺寸	长度 l 公差等级	e	轴端内六角(B 型) e_1	s_1	W_1	W_2	轴端外六角(A 型) e_2	s_2	m_2	轴端四方(C 型) e_3	s_3	m_3	轴承型号(推荐)
16	12	M12×1 6h 或 6g	DF	10	44	14	82	3	N9	$1.8^{+0.1}_{0}$	18	H14	2.5	4.58	$4.0^{+0.095}_{+0.020}$	5.4	5.5	8.7	$8^{0}_{-0.22}$	5.7	7.3	$6^{0}_{-0.22}$	6	760201
			TFT		54		92																	
			QFC		64		102																	
20	15	M15×1 6h 或 6g	DF	12	50	16	99	4		$2.5^{+0.1}_{0}$	25		2.5	5.72	$5.0^{+0.095}_{+0.020}$	5.8	6.5	11	$10^{0}_{-0.22}$	5.7	9.7	$8^{0}_{-0.22}$	7	760202
			TFT		61		110																	
			QFC		72		121																	

续表

公称直径 d_0	d	M 螺纹代号及公差等级	M 轴承组合	d_1	L_1	L_2	L	轴端尺寸 键槽(E型) 宽度 b 公称尺寸	宽度 b 公差等级	深度 t	长度 l 公称尺寸	长度 l 公差等级	e	轴端内六角(B型) e_1	s_1	W_1	W_2	轴端外六角(A型) e_2	s_2	m_2	轴端四方(C型) e_3	s_3	m_3	轴承型号(推荐)
			DF		52		105																	
25	17	M17×1 6h 或 6g	TFT	14	64	16	117	5		$3.0^{+0.1}_{0}$	25		2.5	5.72	$5.0^{+0.095}_{+0.020}$	5.8	6.5	13.3	$12^{0}_{-0.27}$	13	12.2	$10^{0}_{-0.27}$	8	760203
			QFC		80		129																	
			DF		58		123																	
32	20	M20×1 6h 或 6g	TFT	18	73	24	138	5		$3.0^{+0.1}_{0}$	32		4	6.86	$6.0^{+0.095}_{+0.020}$	7.3	8	15.7	$14^{0}_{-0.27}$	13	14.7	$12^{0}_{-0.27}$	12	760304
			QFC		88		153																	
			DF		69		160																	
40	30	M30×1.5 6h 或 6g	TFT	28	88	30	179	8	N9	$4.0^{+0.2}_{0}$	50	H14	5	9.15	$8.0^{+0.115}_{+0.025}$	8.8	9.8	26.8	$24^{0}_{-0.33}$	25	22.8	$18^{0}_{-0.27}$	18	760306
			QFC		107		198																	
			DF		73		186																	
50	35	M35×1.5 6h 或 6g	TFT	30	94	32	207	8		$4.0^{+0.2}_{0}$	70		5	16	$14^{+0.200}_{+0.050}$	13.2	14.4	26.8	$24^{0}_{-0.33}$	25	26.2	$21^{0}_{-0.33}$	20	760307
			QFC		115		228																	
			DF		89		236																	
63	50	M50×1.5 6h 或 6g	TFT	45	116	36	263	14		$5.5^{+0.2}_{0}$	100		5	16	$14^{+0.200}_{+0.050}$	13.2	14.4	40.7	$36^{0}_{-0.39}$	48	37.9	$30^{0}_{-0.39}$	30	760310
			QFC		143		290																	

注：轴承型号选用 JB/T 8564 滚动轴承，机床丝杠用推力角接触球轴承（接触角 $\alpha=60°$）。

表 12-1-27　　　　公称直径 16～63mm 滚珠丝杠固定式支承单元轴承组合型式

支承单元轴承组合型式	简　　图	说　　明
DF 型 成对面对面安装两套配置	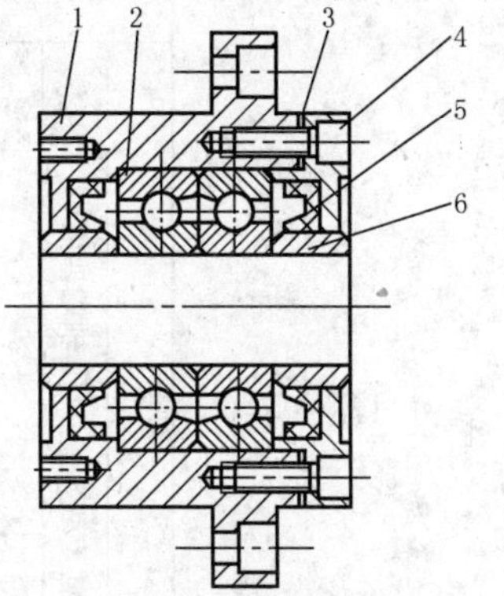	
TFT 型 两套串联和一套面对面三套配置	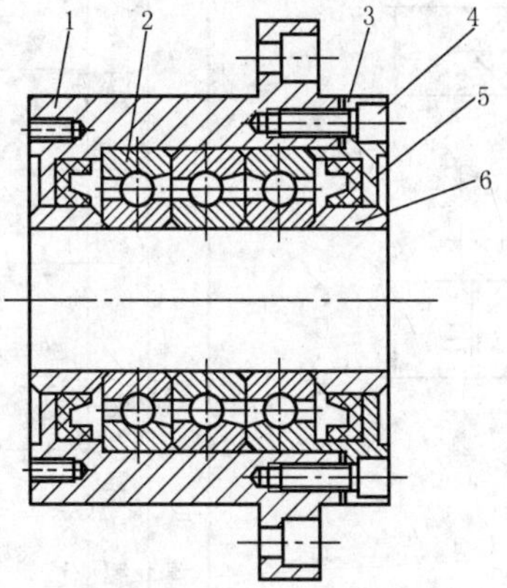	1—外罩； 2—轴承； 3—压盖； 4—预压固定螺栓； 5—防尘密封圈； 6—隔圈
QFC 型 成对串联、面对面安装四套配置	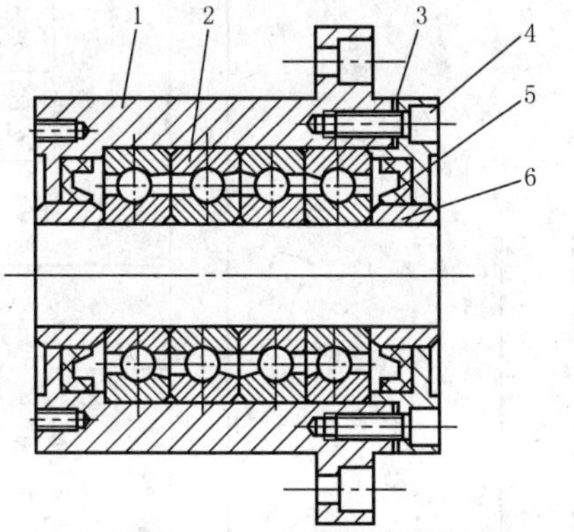	

注：隔圈及橡胶密封圈型式尺寸参见表 12-1-28。

隔圈及橡胶密封圈型式尺寸

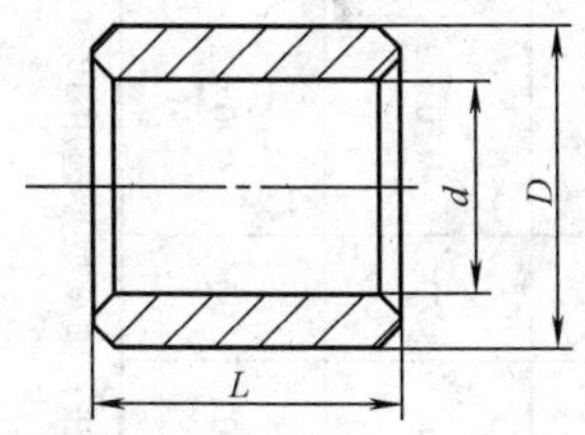

表 12-1-28　　　　mm

轴承型号	D	d	L	U 形橡胶密封圈公称尺寸
760201	16	12	14	16
760202	22	15	16	22
760203	25	17	16	25
760304	28	20	16	28
760305	45	30	18	45
760307	45	35	18	45
760310	75	50	20	75

公称直径 80～100mm 的滚珠丝杠固定式轴端型式及尺寸

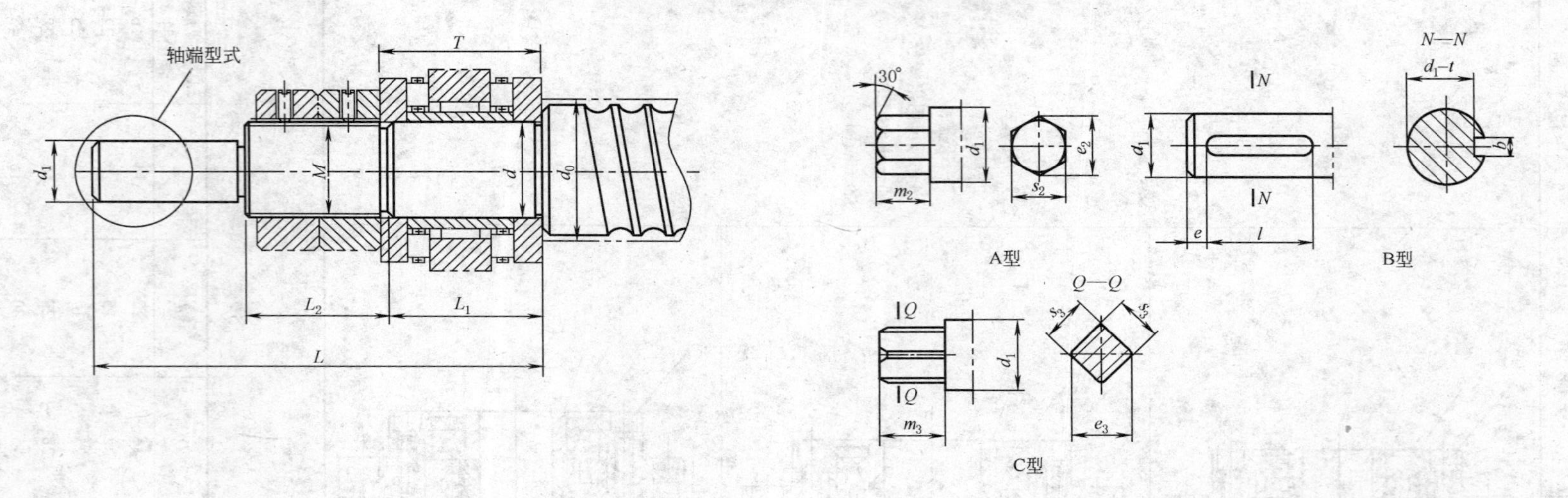

表 12-1-29

mm

公称直径 d_0	d	M 螺纹代号	M 公差等级	d_1	L_1/T	L_2	L	键槽(B型) 宽度 b 公称尺寸	键槽(B型) 宽度 b 公差等级	键槽(B型) 深度 t	键槽(B型) 长度 l 公称尺寸	键槽(B型) 长度 l 公差等级	e	轴端外六角(A型) e_2	轴端外六角(A型) s_2	轴端外六角(A型) m_2	轴端四方(C型) e_3	轴端四方(C型) s_3	轴端四方(C型) m_3	轴承型号(推荐)
80	70	M70×2	6h 或 6g	65	76/82	52	269	18	N9	$7.0^{+0.2}_{0}$	125	H14	3	53.1	$46^{0}_{-0.39}$	48	52	$41^{0}_{-0.39}$	42	ZARN70130 ZARF70160
100	90	M90×2		85	106/110	52	328	22		$9.0^{+0.2}_{0}$	160		5	63.5	$55^{0}_{-0.46}$	55	58	$46^{0}_{-0.46}$	50	ZARN90180 ZARF90210

注：轴承型号选用 JB/T 6644 滚动轴承，ZARN 为滚针和双向推力圆柱滚子组合轴承，ZARF 为带法兰盘的滚针和双向推力圆柱滚子组合轴承。

滚珠丝杠铰接式轴端型式及尺寸

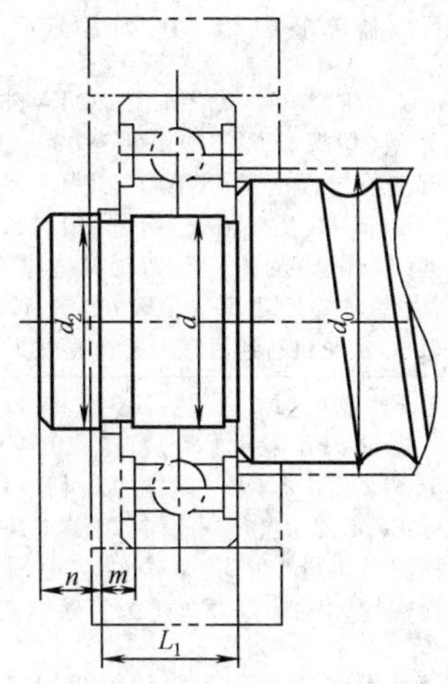

表 12-1-30

mm

公称直径 d_0	轴端尺寸					轴承型号(推荐)
	d	d_2	L_1	m	$n\geqslant$	
16	12	11.5	$13.1^{+0.18}_{0}$	$1.1^{+0.14}_{0}$	1	6301-2Z
20	15	14.3	$14.1^{+0.18}_{0}$	$1.1^{+0.14}_{0}$	1.1	6302-2Z
25	17	16.2	$15.1^{+0.18}_{0}$	$1.1^{+0.14}_{0}$	1.2	6303-2Z
32	20	19	$16.1^{+0.18}_{0}$	$1.1^{+0.14}_{0}$	1.5	6304-2Z
40	30	28.6	$20.3^{+0.21}_{0}$	$1.3^{+0.14}_{0}$	2.1	6306-2Z
50	35	33	$22.7^{+0.21}_{0}$	$1.7^{+0.14}_{0}$	3	6307-2Z
63	50	47	$29.2^{+0.21}_{0}$	$2.2^{+0.14}_{0}$	4.5	6310-2Z
80	70	67	$37.7^{+0.25}_{0}$	$2.7^{+0.14}_{0}$	4.5	6314-2Z
100	90	86.5	$45.7^{+0.25}_{0}$	$2.7^{+0.14}_{0}$	5.3	6318-2Z

注：轴承型号选用 GB/T 276 滚动轴承　深沟球轴承（两端带防尘盖）。

表 12-1-31　　滚珠丝杠轴颈直径公差和粗糙度

滚珠丝杠精度等级	直径尺寸公差和粗糙度			
	支承轴颈 d		轴颈 d_1	
	公差等级	表面粗糙度 R_a/μm	公差等级	表面粗糙度 R_a/μm
1,2,3	js6 或 j6	0.4	h7	0.4
4,5		0.8		0.8
7,10		1.6		1.6

2.7　常用滚珠丝杠副系列产品尺寸及性能参数摘编

常用滚珠丝杆副主要生产厂的产品类别及尺寸范围简介见表 12-1-32。

滚珠丝杠副虽然规定了标准参数及滚珠螺母的安装连接尺寸，但由于滚珠直径、循环列数×圈数及滚珠螺母长度并未纳入标准，故各厂家的产品即使规格结构相近，但其承载能力（C_a 与 C_{oa}）及轴向刚度 R_{nu} 也均有所不同。此处先介绍几个与承载寿命有关的术语及符号意义。

表 12-1-32　　国内主要生产厂的产品简介　　mm

厂家名称	主要产品型号及尺寸范围
山东济宁博特精密丝杠制造有限公司	①内循环系列:G 型(固定反向器单螺母)及 GD 型(固定反向器双螺母垫片预紧)$d_0(P_h)$范围:16(4)~160(20) ②高速滚珠丝杠副 KD 系列 $d_0(P_h)$范围:32(20,25,32)~50(20,25,32,40)(大导程) ③外循环插管埋入系列:CM 型(单螺母)及 CDM 型(双螺母垫片预紧)$d_0(P_h)$范围:20(4,5,6)~160(20) ④外循环插管凸出式单螺母变位导程预紧 CBT 型 $d_0(P_h)$范围:20(4,5)~50(6,8,10,12) ⑤大导程滚珠丝杠副(外循环)JS-FC 型 $d_0(P_h)$范围:20(16,20)~50(24,32,40) ⑥内循环轧制丝杠系列:Z 型(单螺母)及 ZD 型(双螺母垫片预紧)$d_0(P_h)$范围:16,75(10)~26(10) ⑦外循环插管凸出式系列,大型重载 ZCT 型 $d_0(P_h)$范围:125(24,32)~250(40,50) ⑧行星滚柱丝杠副 JBSX 型,大导程和高速性能(直线速度可大于 100m/min),左旋,无标准导程
南京工艺装备制造有限公司	①内循环浮动式法兰单螺母 FF 型 $d_0(P_h)$范围:12(4)~100(20) ②内循环变位导程预紧法兰螺母 FFB 型 $d_0(P_h)$范围:20(4,5)~50(5,6,8,10) ③内循环垫片预紧法兰螺母 FFZD 型 $d_0(P_h)$范围:12(4)~100(20) ④内循环螺纹预紧法兰螺母 FFZL 型 $d_0(P_h)$范围:20(4,5)~80(10,12) ⑤外循环插管凸出式大导程法兰螺母 LR-CF 型 $d_0(P_h)$范围:16(10)~40(32,40) ⑥外循环插管埋入式大导程端盖无预紧 DGF 型(法兰螺母)及 DGZ 型(直筒螺母)$d_0(P_h)$范围:20(20)~40(40) ⑦内循环微型 FF 型 $d_0(P_h)$范围:8(1.5,2,2.5,3)~20(2,2.5,3)
北京机床所精密机电有限公司	①内循环浮动反向器增大钢球预紧 NFZ 型 $d_0(P_h)$范围:16(4,5)~80(10) ②内循环浮动反向器垫片预紧 NFD 型 $d_0(P_h)$范围:20(4,5)~80(10) ③外循环插管凸出式变位导程预紧 CBT 型 $d_0(P_h)$范围:20(5)~63(10) ④外循环插管埋入式变位导程预紧 CBM 系列 $d_0(P_h)$范围:20(4,5)~63(10,12,20) ⑤外循环插管埋入式垫片预紧 CDM 系列 $d_0(P_h)$范围:20(4,5)~80(10,16,20) ⑥外循环插管埋入式微型 WCM 系列 $d_0(P_h)$范围:8(2)~20(2) ⑦外循环插管凸出式大导程 DCT 系列 $d_0(P_h)$范围:20(10,20)~50(25,32,40,50) ⑧外循环插管埋入式大导程 DCM 系列 $d_0(P_h)$范围:20(10,20)~50(25,32,50)
汉江机床有限公司丝杠导轨厂	①内循环单螺母法兰 FN(无预紧)及 FN(Z)(增大钢球预紧)系列 $d_0(P_h)$范围:20(4,5,6)~100(10,12,16,20) ②内循环双螺母垫片预紧法兰 FYND 系列 $d_0(P_h)$范围:20(4,5,6)~100(10,12,16,20) ③外循环插管凸出式单螺母法兰 FC_1(无预紧)、FC_1(Z)(增大钢球预紧)、FC_1B(变位导程预紧)系列 $d_0(P_h)$范围:20(4,5,6)~100(10,12,16,20) ④外循环插管凸出式双螺母法兰 FYC_1D(垫片预紧)系列 $d_0(P_h)$范围:同 FC_1 ⑤外循环插管埋入式单螺母法兰 FC_2(无预紧)、FC_2(Z)(增大钢球预紧)、FC_2B(变位导程预紧)系列 $d_0(P_h)$范围:同 FC_1 型 ⑥外循环插管埋入式双螺母法兰垫片预紧 FYC_2D 系列 $d_0(P_h)$范围:同 FC_1 型 ⑦微型滚珠丝杠副 FV 系列 $d_0(P_h)$范围:8(2)~16(2,2.5,3) ⑧大导程滚珠丝杠副 FDL 系列 $d_0(P_h)$范围:20(16,20)~40(32,40)

L_0——寿命，在一套滚珠丝杠副中，丝杠、螺母或滚珠材料出现第一次接触疲劳现象之前，丝杠和螺母之间所能达到的相对转数。

L_{10}——额定寿命，在相同条件下运转的一组相同的滚珠丝杠副，这一组中 90% 的滚珠丝杠副不发生接触疲劳现象能达到的规定转数。

C_a——轴向额定动载荷，在额定寿命为 10^6 转数的条件下，滚珠丝杠副理论上所能承受的恒定轴向载荷。

C_{oa}——轴向额定静载荷，使滚珠与滚道面间承受最大的接触应力点处产生 0.01% 滚珠直径的永久变形时，所施加的静态轴向载荷。

F_m——等效载荷，使滚珠丝杠副寿命与变化载荷作用下的寿命相同的平均载荷。

R_{nu}——滚珠丝杠副滚珠与滚道间的轴向接触刚度，即抵抗轴向变形的能力（单位变形量所需的载荷）。本节各表中所列 R_{nu} 值为预紧力 $F_p=0.1C_a$，轴向工作载荷小于 30% C_a 的理论计算值。当 $F_p\neq 0.1C_a$ 时

$$R'_{nu}=R_{nu}f_{ar}\left(\frac{F_p}{0.1C_a}\right)^{1/3}$$

式中，f_{ar}为精度系数：1 级为 0.6；2 或 3 级为 0.55；4 或 5 级为 0.5；7 或 10 级为 0.4。

表 12-1-33 ~ 表 12-1-39 为各厂家常用滚珠丝杠副系列产品尺寸及性能参数摘编，各表首栏规格代号“××××-×”含义为：左起 1、2 位代表 d_0 值，3、4 位代表 P_h 值，“-”后数值代表负载滚珠圈数。例如，5010-5 表示 d_0 = 50mm，P_h = 10mm，负载滚珠圈数为 5 圈。

表 12-1-33　　内循环滚珠丝杠副系列尺寸及性能参数摘编　　mm

山东济宁博特精密丝杠制造有限公司固定反向器 G 及 GD 型

规格代号	钢球直径 D_w	丝杠底径 d_2	螺母长度 L		额定载荷 /kN		刚度 R'_{nu} /N·μm^{-1}	
			G	GD	动载荷 C_o	静载荷 C_{oa}	G	GD
1604-3	2.381	13.1	37	65	4.612	8.779	140	279
2004-3	2.381	17.1	40	72	5.243	11.506	174	347
2005-3	3.175	16.2	46	80	9.309	21.569	234	467
2006-3	3.5	15.8	52	92	9.366	18.324	193	385
2504-3	2.381	22.1	40	72	5.992	15.318	219	437
2504-4			44	78	7.674	20.423	287	574
2505-3	3.175	21.2	46	80	9.309	21.569	234	467
2505-4			50	90	11.921	28.759	308	615
2506-3	3.969	20.2	52	92	12.097	25.340	229	458
2506-4			60	108	15.493	33.787	301	602
3205-3	3.175	28.2	46	82	10.678	29.091	297	594
3205-4			52	92	13.675	38.788	391	781
3206-3	3.969	27.2	52	92	14.283	35.361	300	599
3206-4			60	108	18.292	47.148	394	788
3208-3	4.763	26.3	66	115	17.958	41.206	300	600
3208-4			75	135	22.998	54.914	395	789
3210-3	5.953	24.9	80	140	22.329	45.719	279	558
3210-4			90	160	28.597	60.958	367	734
4005-3	3.175	36.2	50	85	11.952	37.700	365	729
4005-4			55	95	15.307	50.267	480	959
4006-3	3.969	35.2	58	100	15.960	45.465	366	731
4006-4			64	112	20.440	60.619	481	962
4008-3	4.763	34.3	66	116	20.243	53.328	369	737
4008-4			76	134	25.925	71.104	485	969
4010-3	5.953	32.9	84	144	26.827	64.368	370	739
4010-4			94	162	34.358	85.824	486	972
5005-3	3.175	46.2	50	85	13.277	48.472	445	890
5005-4			55	95	17.004	64.630	586	1171
5006-3	3.969	45.2	58	100	17.864	58.918	449	898
5006-4			64	112	22.879	78.557	449	1167
5008-3	4.763	44.3	70	118	22.973	70.246	591	1182
5008-4			80	138	29.422	93.661	604	1208
5010-3	5.953	42.9	82	142	30.242	83.304	454	907
5010-4			94	162	38.731	111.073	597	1193
5012-3	7.144	41.4	100	170	38.338	98.104	459	917
5012-4			110	195	49.099	130.806	603	1206
6308-3	4.763	57.3	70	123	25.391	89.682	557	1113
6308-4			80	140	32.519	119.576	732	1464
6310-3	5.953	55.9	86	152	34.254	109.766	565	1130
6310-4			98	172	43.870	146.354	744	1487
6312-3	7.144	54.4	100	175	42.748	125.485	557	1113
6312-4			110	198	54.748	167.313	733	1465

南京工艺装备制造有限公司浮动反向器 FFZD 型

规格代号	钢球直径 D_w	丝杠底径 d_2	螺母长度 L	基本额定负荷 /kN		刚度 R'_{nu} /N·μm^{-1}
				动载荷 C_a	静载荷 C_{oa}	
1204-3	2.381	9.5	63	4	6.7	417
1604-3	2.381	13.5	65	4.8	9.7	442
1605-3	3.5	12.9	83	7.6	13.2	400
2004LH-3	2.381	17.5	73	5.3	12.1	519
2004-3	3	16.9	72	7.3	15.4	519
2005-3	3.5	16.9	83	9.1	18.3	536
2504-3	3	21.9	74	8.3	20.2	654
2505-3	3.5	21.9	84	10.2	23.6	657
2506-3	4	20.9	97	11.3	23.7	636
3204-3	3	28.9	73	9.6	27.9	823
3204-5			92	15	46.5	1340
3205-3	3.5	28.9	85	11.7	31.4	826
3205-5			108	18.1	52.4	1346
3206-3	4	27.9	99	13	32.1	839
3206-5			127	20.2	53.5	1367
3210-3	7.144	27.3	146	25.7	50.2	772
3210-5			191	40	83.8	1256
4005-3	3.5	36.9	88	13	40.6	1025
4005-5			111	20.2	67.7	1671
4006-3	4	35.9	101	15.1	43.8	1017
4006-5			128	23.5	73	1658
4008-3	5	34.9	128	19.8	51	1004
4008-5			163	30.7	84.9	1580
4010-3	7.144	34.3	146	30	66.3	973
4010-5			193	46.5	110.5	1585
4012-3	7.144	32.7	164	36.5	81.3	909
4012-5			227	44.2	101.6	1440
5005-3	3.5	46.4	87	14.3	51.1	1213
5005-5			111	22.2	85.1	1981
5006-3	4	45.9	101	17	57.2	1224
5006-5			130	26.4	95.4	1997
5008-3	5	44.9	127	22.4	67	1269
5008-5			163	34.7	11.1	2069
5010-3	7.144	44.3	147	35.8	93.2	1273
5010-5			194	55.6	155.3	2075
5012-4	7.144	42.7	195	44.4	117	1137
5012-5			223	53.8	146.3	1801
5020-3	10	42.8	284	59.9	131.1	1138
5020-4			306	72.5	163.9	1476

续表

山东济宁博特精密丝杠制造有限公司固定反向器 G 及 GD 型

规格代号	钢球直径 D_w	丝杠底径 d_2	螺母长度 L		额定载荷/kN		刚度 R'_{nu} /N·μm^{-1}	
			G	GD	动载荷 C_o	静载荷 C_{oa}	G	GD
8010-3	5.953	72.9	88	152	38.439	143.846	687	1400
8010-4			96	172	49.228	191.795	904	1842
8012-3	7.144	71.4	98	175	48.980	168.973	707	1413
8012-4			110	198	62.729	225.298	930	1859
8016-3	9.525	68.6	122	216	90.172	295.969	905	1810
8016-4			138	248	115.483	394.625	1191	2381
8016-5			164	298	139.914	493.281	1473	2945
10012-3	7.144	91.4	102	180	54.604	218.041	865	1729
10012-4			115	204	69.931	290.721	1138	2275
10012-5			130	237	84.725	363.401	1407	2814
10016-3	9.525	88.6	125	220	102.332	389.862	1128	2256
10016-4			140	250	131.507	519.816	1484	2968
10016-5			163	298	158.782	649.770	1836	3671
10020-3	10	88	148	256	107.830	400.054	1113	2226
10020-4			168	298	138.100	533.405	1464	2928
10020-5			190	379	167.315	666.757	1811	3622
12516-4	9.525	113.6	140	274	145.150	663.481	1799	3597
12516-5			163	298	175.857	826.351	2225	4450
12520-4	10	113	168	338	154.662	691.508	1800	3599
12520-5			190	379	187.382	864.385	2227	4453
16020-4	10	148	168	338	173.242	909.162	2235	4469
16020-5			190	379	209.892	1136.43	2764	5528

南京工艺装备制造有限公司浮动反向器 FFZD 型

规格代号	钢球直径 D_w	丝杠底径 d_2	螺母长度 L	基本额定负荷/kN		刚度 R'_{nu} /N·μm^{-1}
				动载荷 C_a	静载荷 C_{oa}	
6308-4	5	57.9	147	33	121.1	2018
6308-5			163	40	151.5	2499
6310-4	7.144	57.3	175	51.5	160.6	2023
6310-5			198	62.4	200.7	2505
6312-4	7.144	55.7	203	50.3	153.3	2049
6312-5			230	60.9	191.7	2537
6316-4	10	52.8	266	76	201	1882
6316-5			306	92.5	251.2	2290
6320-4	10	52.8	304	76.2	200.6	2122
6320-5			354	92.3	250.8	2612
8010-4	7.144	74.3	181	58.1	211.4	2479
8010-5			204	70.3	264.3	3071
8012-4	7.144	72.7	211	58.3	211	2566
8012-5			237	70.7	264	3177
8016-4	10	69.8	274	88.3	271.9	2618
8016-5			298	107	339.9	3241
8020-4	10	69.8	306	85.2	258	2484
8020-5			358	103.3	322.5	3032
10020-4	10	89.8	311	100	356.9	3214
10020-5			368	121	446.1	3979

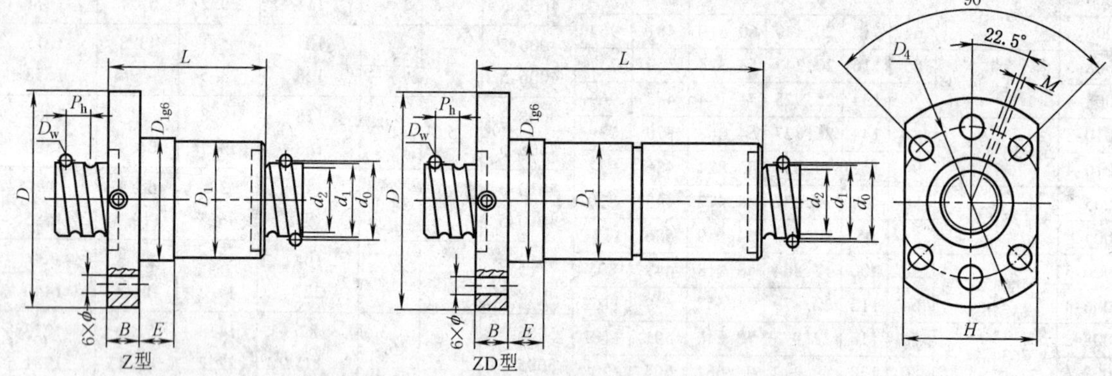

表 12-1-34　　内循环轧制 Z 及 ZD 型滚珠丝杠副尺寸及性能参数

（山东济宁博特精密丝杠制造有限公司）

mm

规格代号	节圆直径 d_0	基本导程 P_h	钢球直径 D_w	丝杠外径 d_1	丝杠底径 d_2	循环列数	螺母安装尺寸 D_1	D	D_4	L Z	L ZD	B	E	H	ϕ	油杯 M	额定载荷/kN 动载荷 C_o	静载荷 C_{oa}	刚度 R'_{nu} /N·μm^{-1} Z	ZD
1610-3×2	16.75	10	3.175	16	13.3	3	28	48	38	45	88	10	10	40	5.5	M6	5.961	9.862	118	236
2005-3	20.5	5	3.175	20	17	3	36	58	47	42	82	10	10	44	6.6	M6	8.392	17.254	193	387
2505-3	25.5	5	3.175	25	22	3	40	62	51	42	82	10	10	48	6.6	M6	9.563	22.620	240	480
2510-3	26	10	6.35	25	19	3	45	70	58	70	138	12	16	54	6.6	M6	20.054	35.062	211	422

注：1. 1610-3×2 是双头滚珠丝杠副。

2. 本系列滚珠丝杠副的特点是：滚珠丝杠采用轧制工艺生产，感应淬火，硬度在 Rc58 度以上；同样的直径下，本系列滚珠丝杠副长度长，最长可达 2m。

表 12-1-35　　外循环滚珠丝杠副尺寸及性能参数（汉江机床有限公司丝杠导轨厂）

插管凸出式

规格代号	螺母长度 L /mm			额定载荷/kN		刚度 R'_{nu} /N·μm^{-1}
	FC_1、FC_2、$FC_1(Z)$、$FC_2(Z)$	FC_1B、FC_2B	FYC_1D、FYC_2D	动载荷 C_a	静载荷 C_{oa}	
2004-2.5	39	55	72	5.393	12.651	555
2004-5	55	86	102	9.807	25.302	1080
2005-2.5	40	62	76	8.630	18.241	675
2005-5	62	91	106	15.789	36.580	1185
2006-2.5	44	64	86	8.630	18.241	630
2006-5	64	98	122	15.789	36.580	1215
2504-2.5	39	56	72	5.982	16.083	675
2504-5	56	86	102	10.983	32.167	1290
2505-2.5	40	62	76	9.610	23.340	735
2505-3	50	76	102	11.670	28.538	870
2505-5	62	91	106	17.456	46.583	1425
2506-2.5	44	64	86	9.610	23.340	750
2506-5	64	98	122	17.456	46.583	1455
2508-2.5	52	76	98	16.770	33.834	765
2508-5	76	124	151	30.401	67.766	1485
3204-2.5	40	58	74	6.668	20.692	810
3204-5	58	88	104	12.160	41.483	1575
3205-2.5	42	62	76	10.689	29.911	900
3205-3	52	78	103	12.945	37.364	1050
3205-5	62	93	106	19.417	59.822	1740
3206-2.5	46	66	87	10.689	29.911	915
3206-5	66	100	123	19.417	59.822	1770
3208-2.5	58	82	106	18.437	43.739	930
3208-5	82	130	154	33.343	87.478	1815
3210-2.5	70	100	130	26.969	57.665	975
3210-5	100	160	183	48.740	115.330	1875
4005-2.5	45	65	85	11.670	37.658	1065
4005-3	55	80	106	14.220	47.073	1275
4005-5	65	100	124	21.183	75.317	2070
4006-2.5	48	66	90	16.083	46.779	1080
4006-5	66	104	126	29.126	93.362	2115
4008-2.5	58	82	106	20.202	55.213	1110
4008-5	82	130	154	36.874	109.838	2160
4010-2.5	72	102	133	30.303	73.062	1170
4010-3	90	140	170	36.678	91.401	1395
4010-5	103	163	193	55.017	146.418	2250

续表

插管凸出式						
规格代号	螺母长度 L /mm			额定载荷/kN		刚度 R'_{nu} /N · μm^{-1}
	FC_1、FC_2、FC_1(Z)、FC_2(Z)	FC_1B、FC_2B	FYC_1D、FYC_2D	动载荷 C_a	静载荷 C_{oa}	
5005-3	58	83	118	15.495	58.351	1515
5005-5	66	101	124	23.144	93.460	2460
5006-3	62	90	116	21.379	72.277	1560
5006-5	68	104	128	32.068	115.526	2535
5008-3	74	114	138	27.361	85.909	1590
5008-5	85	133	157	40.993	140.142	2595
5010-3	90	130	170	40.797	114.397	1665
5010-5	103	163	193	60.999	186.234	2715
5010-7	123	—	233	81.128	260.727	3730
5012-3	107	—	203	54.821	142.691	1725
5012-5	123	—	231	82.182	229.091	2805
6308-3	74	114	138	29.715	110.034	1920
6308-5	85	133	157	44.523	179.370	3135
6310-3	94	134	174	44.523	145.928	1995
6310-5	107	167	197	66.785	236.446	3255
6310-7	126	—	236	88.824	331.024	4470
6312-3	107	—	203	60.705	182.998	2070
6312-5	123	—	231	91.107	291.954	3375
6312-7	147	—	279	118.439	408.735	4635
8010-3	94	134	174	49.721	188.490	2430
8010-5	107	167	197	74.435	301.369	3945
8010-7	126	—	236	96.765	421.916	5420
8012-3	107	—	203	67.864	233.112	2505
8012-5	123	—	231	101.502	373.548	4080
8012-7	147	—	279	131.952	522.967	5605
8016-3	132	—	242	87.968	355.013	2820
8016-5	160	—	298	116.703	590.381	4590
10010-5	118	—	218	81.575	372.984	4690
10010-7	138	—	258	106.047	522.178	6440
10012-3	110	—	205	74.042	294.210	2985
10012-5	126	—	234	110.917	470.834	4860
10012-7	150	—	282	144.192	659.167	6670
10016-3	132	—	242	96.108	437.392	3345
10016-5	160	—	298	137.298	727.679	5460
10020-2.5	130	—	240	84.634	363.839	3345
10020-3	150	—	280	96.108	437.392	5460

第12篇

表 12-1-36　大导程滚珠丝杠副系列尺寸及性能参数（北京机床所精密机电有限公司）

DCT（外循环凸出式插管）

规格代号	丝杠底径 d_2 /mm	螺母长度 L /mm	额定动载荷 C_a /kN	额定静载荷 C_{oa} /kN	刚度 R'_{nu} /N·μm^{-1}
2010-2.5	15.1	74	11.494	23.545	309
2020-2.5		103	10.937	22.718	286
2520-2.5	19.2	111	16.136	35.467	370
2520-3		131	19.363	42.560	444
2525-2.5		124	15.787	34.874	358
3220-2.5	26.2	112	18.141	45.090	452
3225-2.5		124	17.892	44.614	442
3232-2.5		145	18.023	45.893	444
4020-2.5	32.3	114	30.083	76.553	577
4020-3		134	35.190	91.864	687
4025-2.5		127	29.814	76.027	569
4025-3		152	34.875	91.232	677
4032-2.5		147	29.352	75.119	555
4040-2.5		168	25.718	64.569	485
5025-2.5	40.3	135	44.958	119.629	711
5025-3		160	52.590	143.555	846
5032-2.5		155	44.503	118.697	699
5032-3		187	52.058	142.436	831
5040-2.5		176	43.867	117.388	683
5050-2.5		201	38.435	100.902	597

DCM（外循环埋入式插管）

规格代号	丝杠底径 d_2 /mm	螺母长度 L /mm	额定动载荷 C_a /kN	额定静载荷 C_{oa} /kN	刚度 R'_{nu} /N·μm^{-1}
2010-2.5	15.1	68	11.494	23.545	309
2020-2.5		96	10.937	22.718	286
2520-2.5	19.2	97	16.136	35.467	370
2525-2.5		113	15.787	34.874	358
3220-2.5	26.2	97	18.141	45.090	452
3225-2.5		113	17.892	44.614	442
3232-2.5		130	18.023	45.893	444
4020-2.5	32.3	104	30.083	76.553	577
4020-3		124	35.190	91.864	687
4025-2.5		119	29.814	76.027	569
4025-3		144	34.875	91.232	677
4032-2.5		138	29.352	75.119	555
4040-2.5		158	25.718	64.569	485
5025-2.5	40.3	125	40.263	104.574	643
5032-2.5		146	44.503	118.697	699
5050-2.5		195	38.435	100.902	597

表 12-1-37　内循环微型 FF 系列滚珠丝杠副尺寸及性能参数（南京工艺装备制造有限公司）　mm

规格代号	公称直径 d_0	公称导程 P_{h0}	丝杠外径 d_1	钢球直径 D_w	丝杠底径 d_2	循环圈数	基本额定负荷	
							动载荷 C_a/kN	静载荷 C_{oa}/kN
0801.5-3	8	1.5	8	1.2	7.1	3	1.4	2.3
0802-3	8	2	8	1.588	6.7	3	1.8	2.7
0802.5-3	8	2.5	8	2	6.5	3	2.3	3.1
0803-3	8	3	8	2	6.5	3	2.3	3.1
1001.5-3	10	1.5	9.8	1.2	8.9	3	1.6	3.1
1002-3	10	2	9.8	1.588	8.5	3	2.2	3.8
1002.5-3	10	2.5	9.5	2	7.9	3	2.8	4.4
1003-3	10	3	9.5	2	7.9	3	2.8	4.3
1201.5-3	12	1.5	11.8	1.2	10.9	3	1.7	3.9
1202-3	12	2	11.9	1.588	10.7	3	2.5	4.9
1202.5-3	12	2.5	11.7	2	10.2	3	3.2	5.6
1203-3	12	3	11.3	2.381	9.5	3	3.8	6.2
1602-4	16	2	15.9	1.588	14.7	4	2.9	7.0
1602.5-4	16	2.5	15.7	2	14.2	4	3.8	8.1
1603-4	16	3	15.3	2.381	13.5	4	4.7	9.2
2002-4	20	2	19.9	1.588	18.7	4	3.2	9.2
2002.5-4	20	2.5	19.7	2	18.2	4	4.3	10.7
2003-4	20	3	19.3	2.381	17.5	4	5.3	12.2

注：正常工作环境温度 ±60℃。

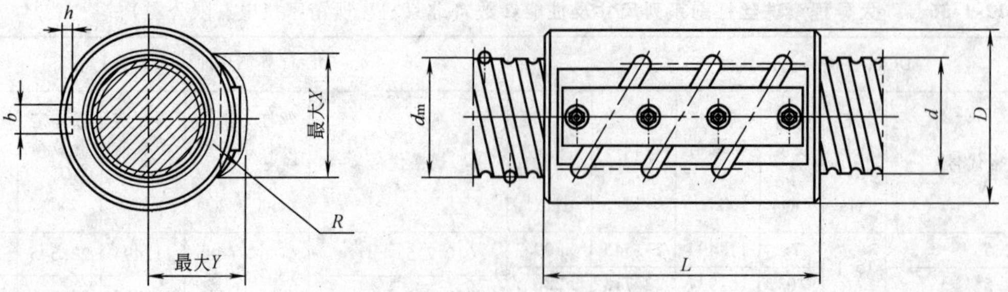

表 12-1-38　　外循环插管凸出式大型重载滚珠丝杠副尺寸及性能参数

（山东济宁博特精密丝杠制造有限公司）

螺母型号	公称直径 d_0 /mm	公称导程 P_{h0} /mm	钢球直径 D_w /mm	回路数（卷数×列数）	动载荷 C_a /kN	静载荷 C_{oa} /kN	刚度 R'_{nu} /N·μm^{-1}	外径 D /mm	全长 L /mm	其他尺寸/mm				
										b	h	Y	X	R
ZCT12524-5	125	24	10.318	2.5×2				180	200	32	11	100	136	40
ZCT12524-7.5				2.5×3	230	1051	5379		275					
ZCT12532-5		32	15.081	2.5×2	273	1010	3823	185	250	32	11	107	140	45
ZCT12532-7.5				2.5×3	386	1515	5627		350					
ZCT14024-5	140	24	10.318	2.5×2	170	788	4005	210	200	32	11	115	154	50
ZCT14024-7.5				2.5×3	241	1182	2895		275					
ZCT14032-5		32	15.081	2.5×2	287	1137	4196	220	255	32	11	135	163	60
ZCT14032-7.5				2.5×3	406	1706	6177		350					
ZCT14040-5		40	17.4625	2.5×2	349	1308	4262	220	306	32	11	135	163	60
ZCT14040-7.5				2.5×3	495	1962	6273		430					
ZCT14050-5		50	18	2.5×2	363	1346	4265	225	380	32	11	141	167	70
ZCT14050-7.5				2.5×3	515	2020	6277		530					
ZCT16032-5	160	32	15.081	2.5×2	304	1306	4679	245	252	36	12	141	180	60
ZCT16032-7.5				2.5×3	431	1959	6887		350					
ZCT16040-5		40	17.4625	2.5×2	371	1504	4819	245	306	36	12	141	180	60
ZCT16040-7.5				2.5×3	526	2256	7093		430					
ZCT16050-5		50	18	2.5×2	386	1548	4826	350	380	36	12	147	185	70
ZCT16050-7.5				2.5×3	547	2322	7104		530					
ZCT20032-5	200	32	15.081	2.5×2	334	1645	5678	295	252	45	15	162	216	70
ZCT20032-7.5				2.5×3	473	2468	8357		350					
ZCT20040-5		40	17.4625	2.5×2	408	1896	5781	295	306	45	15	162	216	70
ZCT20040-7.5				2.5×3	579	2843	8508		426					
ZCT20050-5		50	18	2.5×2	426	1952	5795	300	380	45	15	168	221	70
ZCT20050-7.5				2.5×3	603	2928	8530		530					
ZCT25040-5	250	40	17.4625	2.5×2	447	2385	6921	335	312	50	17	194	266	70
ZCT25040-7.5				2.5×3	634	3578	10188		432					
ZCT25050-5		50	18	2.5×2	467	2456	6943	370	385	50	17	206	274	90
ZCT25050-7.5				2.5×3	661	3685	10219		535					

注：表中动静载荷与钢珠直径有关，厂家可根据用户的载荷要求来调整钢球大小。

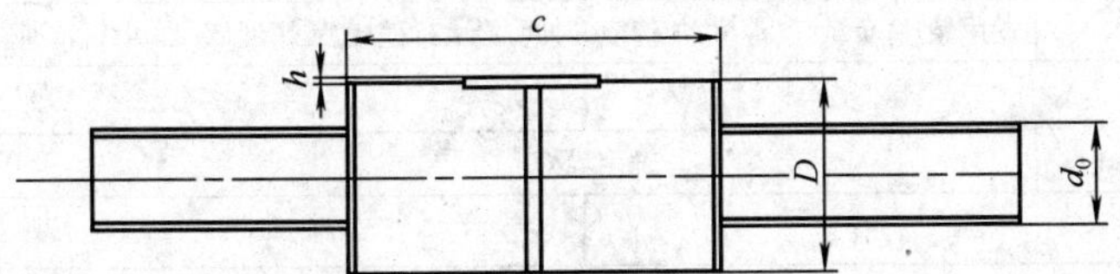

表 12-1-39　　JBSX 型行星滚柱丝杠副尺寸及性能参数（山东济宁博特精密丝杠制造有限公司）

公称直径 d_0/mm	其他尺寸/mm				基本动载荷 C_a /kN	基本静载荷 C_{oa} /kN	极限转速 n /r·min^{-1}	键槽尺寸 /mm	性 能 特 点
	P_Z	D	h	c					
24	2	48	1.8	55	12	34	5000	4×4×18	JBSX 型行星滚柱丝杠副具有长时间承受重载的能力，螺母具有抗冲击性，调速装置更保证其稳定性，大导程和对称螺母保证高直线速度 行星滚柱丝杠副有以下特殊性能： ①由于很多接触点共同分担载荷，且用滚柱取代滚珠，因而具有很强的承载能力 ②使用寿命长 ③坚固的设计可以抵抗冲击力 ④在较差环境中，如冰、污或润滑差，均能保持良好的性能 ⑤由于对称螺母和不可再循环的设计，从而保证高循环速度 ⑥导程 4～36mm，左旋，无标准导程，成本低 ⑦直线速度大于 100m/min ⑧高效率 ⑨运行平稳，无黏滞事故 ⑩良好的可重复性能 ⑪可靠性能好 ⑫可预计寿命 ⑬磨损低，保证稳定的精度
	4	48	1.8	55	23	39	5000	4×4×18	
	5	48	1.8	55	30	42	5000	4×4×18	
	6	48	1.8	55	34	40	5000	4×4×18	
30	2	62	1.8	55	12	40	4700	5×5×22	
	4	62	1.8	55	24	47	4700	5×5×22	
	5	62	1.8	55	30	51	4700	5×5×22	
	6	62	1.8	55	35	49	4700	5×5×22	
	8	62	1.8	55	46	49	4700	5×5×22	
36	2	75	1.8	68	18	81	4400	5×5×22	
	4	75	1.8	68	36	97	4400	5×5×22	
	5	75	1.8	68	45	102	4400	5×5×22	
	6	75	1.8	68	53	102	4400	5×5×22	
	8	75	1.8	68	71	106	4400	5×5×22	
39	2	80	1.8	72	19	94	4200	5×5×25	
	4	80	1.8	72	39	112	4200	5×5×25	
	5	80	1.8	72	49	120	4200	5×5×25	
	10	80	1.8	72	98	134	4200	5×5×25	
48	5	96	2.8	95	63	192	3800	6×6×40	
	10	96	2.8	95	124	219	3800	6×6×40	
63	5	118	3.6	115	75	290	3000	8×7×45	
	10	118	3.6	115	146	330	3000	8×7×45	

注：P_Z 为螺旋线头数。

2.8　滚珠丝杠副的计算程序及计算实例

计算滚珠丝杠副尺寸之前，必须先弄清使用对象及工作条件（包括工作载荷、速度与加速度、工作行程、定位精度、运转条件、预期工作寿命、工作环境、润滑密封条件等），然后可按下列程序进行计算，程序各步骤计算所用公式汇编于表 12-1-40 中。

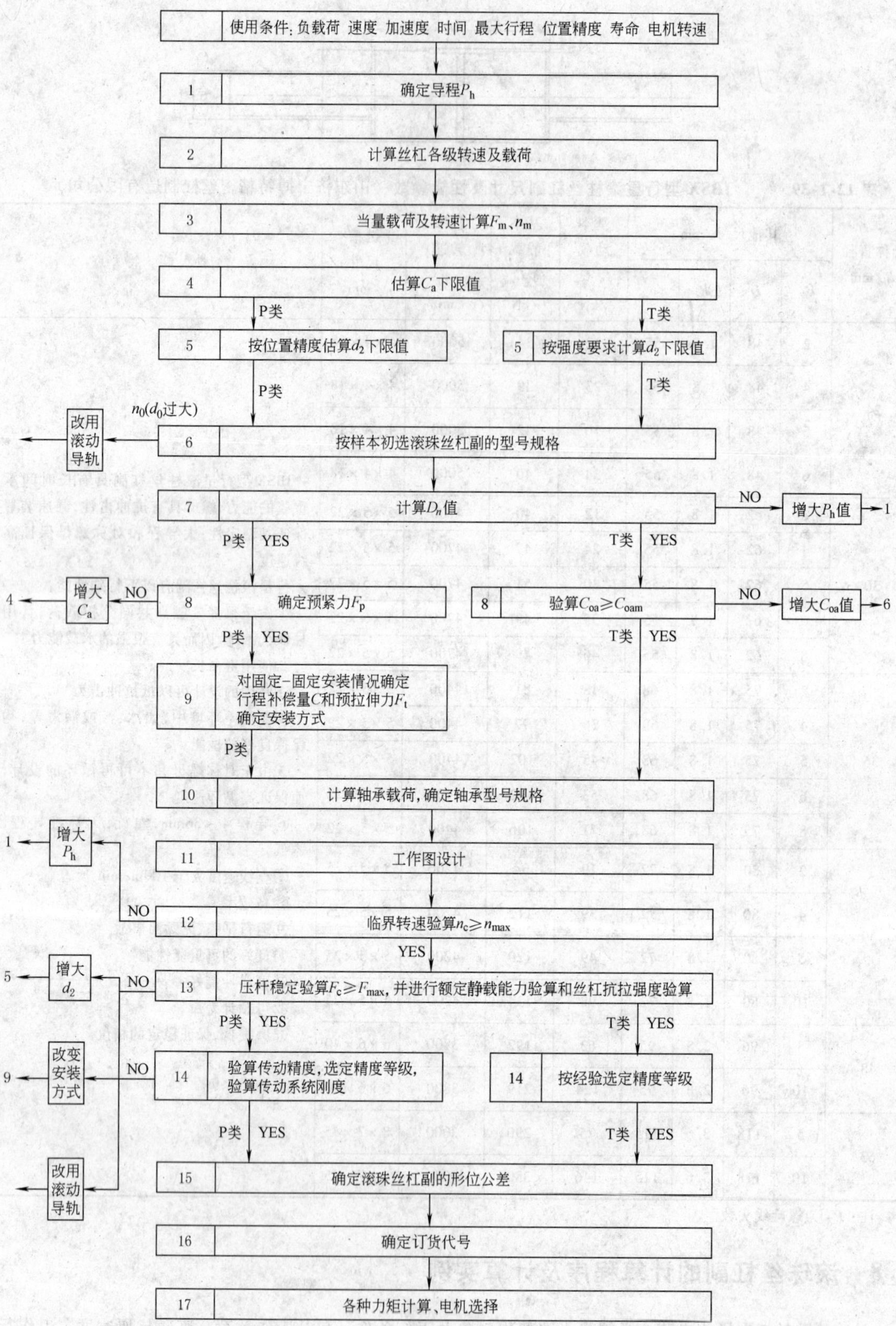
使用条件：负载荷 速度 加速度 时间 最大行程 位置精度 寿命 电机转速
1 确定导程P_h
2 计算丝杠各级转速及载荷
3 当量载荷及转速计算F_m、n_m
4 估算C_a下限值
P类
T类
5 按位置精度估算d_2下限值
5 按强度要求计算d_2下限值
P类
T类
n_0(d_0过大)
改用滚动导轨
6 按样本初选滚珠丝杠副的型号规格
7 计算D_n值
NO
增大P_h值
1
P类 YES
T类 YES
4
增大C_a
NO
8 确定预紧力F_p
8 验算$C_{oa} \geqslant C_{oam}$
NO
增大C_{oa}值
6
P类 YES
T类 YES
9 对固定-固定安装情况确定行程补偿量C和预拉伸力F_t确定安装方式
P类
10 计算轴承载荷，确定轴承型号规格
1
增大P_h
11 工作图设计
NO
12 临界转速验算$n_c \geqslant n_{max}$
YES
5
增大d_2
NO
13 压杆稳定验算$F_c \geqslant F_{max}$，并进行额定静载能力验算和丝杠抗拉强度验算
P类 YES
T类 YES
9
改变安装方式
NO
14 验算传动精度，选定精度等级，验算传动系统刚度
14 按经验选定精度等级
P类 YES
T类 YES
改用滚动导轨
15 确定滚珠丝杠副的形位公差
16 确定订货代号
17 各种力矩计算、电机选择

第12篇

表 12-1-40 所列的计算项目应根据滚珠丝杠副的使用场合有选择地进行。对无精确位移要求的传动用 T 类滚珠丝杠副按额定动载荷选择主要尺寸型号，当转速很低时则按额定静载荷选择主要尺寸型号，同时对受压丝杠进行压杠稳定性核算。对于有精确位移要求的定位用 P 类丝杠还要进行刚度计算、变形计算和预拉力计算。

表 12-1-40　　滚珠丝杠副尺寸选择计算

计算项目	单位	计算公式	说明
初算导程 P_h	mm	$P_h \geqslant \frac{v_{max}}{n_{max}}$ (1) P_h 要符合表 12-1-14 的值	v_{max}——丝杠副最大移动速度，mm/min n_{max}——丝杠副最大相对转速，r/min
当量载荷 F_m	N	$F_m = \sqrt[3]{\frac{F_1^3 n_1 t_1 + F_2^3 n_2 t_2 + \cdots + F_n^3 n_n t_n}{n_1 t_1 + n_2 t_2 + \cdots + n_n t_n}}$ (2) 当载荷在 F_{min} 和 F_{max} 之间近于正比例变化时 $F_m = \frac{1}{3}(2F_{max} + F_{min})$ (3)	$F_1, F_2, \cdots$——轴向变化载荷，N $n_1, n_2, \cdots$——对应 $F_1, F_2, \cdots$ 时的转速，r/min $t_1, t_2, \cdots$——对应 $F_1, F_2, \cdots$ 时的时间，h
当量转速 n_m	r/min	$n_m = \frac{n_1 t_1 + n_2 t_2 + \cdots + n_n t_n}{t_1 + t_2 + \cdots t_n}$ (4) 当转速在 n_{min} 和 n_{max} 之间近于正比例变化时 $n_m = \frac{1}{2}(n_{max} + n_{min})$ (4′)	
额定动载荷计算 C_{am}	N	$C'_{am} = \frac{f_w F_m (60 n_m L_h)^{1/3}}{100 f_a f_c}$ (5) 或 $C'_{am} = \frac{f_w F_m (L_s/P_h)^{1/3}}{f_a f_c}$ (6) 有预加载荷时还要计算 $C''_{am} = f_e F_{max}$ (7) 选 C'_{am} 与 C''_{am} 中较大者为预期值 C_{am}	f_a——精度系数，见表 12-1-41 f_c——可靠性系数，见表 12-1-42 f_w——载荷性质系数，见表 12-1-43 L_h——预期工作寿命，h，见表 12-1-45 L_s——预期工作距离，km f_e——预加载荷系数，见表 12-1-44 F_{max}——最大轴向载荷，N
估算滚珠丝杠允许最大轴向变形 δ_m	μm	$\delta'_m = \left(\frac{1}{3} \sim \frac{1}{4}\right)$重复定位精度 (8) $\delta''_m \leqslant \left(\frac{1}{4} \sim \frac{1}{5}\right)$定位精度 (9) 取 δ'_m 与 δ''_m 中较小值为 δ_m	
估算滚珠丝杠底径 d_{2m}	mm	$d_{2m} = a\sqrt{\frac{F_0 L}{\delta_m}}$ (10) $F_0 = \mu_0 W$ (11)	a——支承方式系数，一端固定另一端自由或游动时为 0.078，两端固定或铰支时取 0.039 F_0——导轨静摩擦力，N μ_0——导轨静摩擦因数 L——滚珠丝杠两轴承支点间距离，常取 (1.1～1.2)行程 +(10～14)P_h，mm W——导轨面正压力，N
确定滚珠丝杠副规格代号		按表 12-1-12 及表 12-1-13 选定滚珠螺母型式，按上述估算的 P_h、C_{am} 及 d_{2m} 值从表 12-1-33～表 12-1-39 中选出合适的规格代号及有关安装、连接尺寸，并使 $d_2 \geqslant d_{2m}$，$C_a \geqslant C_{am}$，但不宜过大，以免增加转动惯量及结构尺寸	
D_n 值校验	mm · r/min	$D_{pw} n_{max} \leqslant 70000$ (12) 对轧制丝杠 $D_{pw} n_{max} \leqslant 50000$ (12′)	D_{pw}——节圆直径，$D_{pw} \approx d_2 + D_w$，mm n_{max}——滚珠丝杠副最高转速，r/min
计算预紧力 F_p	N	当最大轴向工作载荷 F_{max} 能确定时 $F_p = \frac{1}{3} F_{max}$ (13) 当最大轴向工作载荷 F_{max} 不能确定时 $F_p = bC_a$ (13′)	b——系数，轻载荷取 0.05，中载荷取 0.075，重载荷取 0.10
行程补偿值 C	μm	$C = 11.8 \Delta t l_u \times 10^{-3}$ (14)	Δt——温度变化值，2～3℃ l_u——滚珠丝杠副有效行程，常取行程 +(8～14)P_h，mm

续表

计算项目	单位	计算公式	说明
预拉伸力 F_t	N	$F_t=1.95\Delta t d_2^2$ (15)	d_2——丝杠螺纹底径,mm
滚动轴承型号选择计算		参阅本手册滚动轴承部分并绘制滚珠丝杠副工作图	
滚珠丝杠副临界转速 n_c 计算	r/min	$n_c=\dfrac{10^7 f d_2}{L_{c2}^2}$ (16)	f——支承系数,见表 12-1-47 L_{c2}——临界转速计算长度,见表 12-1-47
滚珠丝杠压杆稳定性 F_c 验算	N	$F_c=\dfrac{10^5 K_1 K_2 d_2^4}{L_{c1}^2}\geqslant F'_{amax}$ (17)	F_c——临界压缩载荷,N K_1——安全系数,丝杠垂直安装取 1/2,丝杠水平安装取 1/3 K_2——支承系数,见表 12-1-47 L_{c1}——丝杠最大受压长度,见表 12-1-47 F'_{amax}——滚珠丝杠副所受最大轴向压缩载荷,N
额定静载荷 C_{oa} 验算	N	$f_s F_{amax}\leqslant C_{oa}$ (18)	C_{oa}——滚珠丝杠副基本轴向额定静载荷,N,见表 12-1-33 ~ 表 12-1-39 f_s——静态安全系数,一般取 1 ~ 2,有冲击及振动时取 2 ~ 3 F_{amax}——滚珠丝杠副最大轴向载荷,N
丝杠轴拉压强度验算		$\dfrac{\pi d_2^2\sigma_p}{4}\geqslant F_{amax}$ (19)	σ_p——丝杠轴许用拉压应力,MPa
系统刚度验算及精度选择	N/μm	$\dfrac{1}{R}=\dfrac{1}{R_s}+\dfrac{1}{R_b}+\dfrac{1}{R_{nu}}$ (20) $R_s=\begin{cases}\dfrac{165d_2^2}{a}\text{(一端固定,一端自由或游动)} & (21)\\ \dfrac{165d_2^2 L}{a(L-a)}\text{(两端固定或铰支)} & (21')\end{cases}$ 对不预紧丝杠副,轴向载荷为 F 时 $R_{nu}=R'_{nu}\left(\dfrac{F}{0.3C_a}\right)^{1/3}$ (22) 对预紧载荷为 F_p 的丝杠副 $R_{nu}=R'_{nu}\left(\dfrac{F_p}{0.1C_a}\right)^{1/3}$ (22′)	R_s——滚珠丝杠副的拉压刚度,N/μm R_b——轴承刚度,N/μm,见表 12-1-46 R'_{nu}——轴向接触刚度,N/μm,见表 12-1-33 ~ 表 12-1-38 a——滚珠螺母中点至轴承支点距离,mm L——两支承间的距离,mm C_a——额定动载荷,N,见表 12-1-33 ~ 表 12-1-39(各厂家样本所示符号有所不同) 精度选择参见表 12-1-19

注:1. 滚动丝杠副的形位公差参见表 12-1-23,电机选择参见本手册第 17 篇。

2. 对于数控机床上使用的滚珠丝杠副和用微电机控制的检测装置等还要进行驱动转矩的计算。在数控机床中,进给系统的驱动转矩由以下三个方面组成:负载转矩,承载外部载荷所需的转矩;惯性转矩,克服大小齿轮、滚珠丝杠副工作台(包括工件在内)的惯性所需的转矩;摩擦转矩,克服双螺母滚珠丝杠副因预紧力而产生的内部摩擦阻力所需的转矩。

3. 对于运转速度较高、支承间距较大的滚珠丝杠副应进行临界转速计算。

表 12-1-41　　精度系数 f_a

精度等级	1,2,3	4,5	7	10
f_a	1.0	0.9	0.8	0.7

表 12-1-42　　可靠性系数 f_c

可靠性/%	90	95	96	97	98	99
f_c	1	0.62	0.53	0.44	0.33	0.21

表 12-1-43　　载荷性质系数 f_w

载荷性质	无冲击(很平稳)	轻微冲击	伴有冲击或振动
f_w	1~1.2	1.2~1.5	1.5~2

表 12-1-44　　预加载荷系数 f_e

预加载荷类型	轻预载	中预载	重预载
f_e	6.7	4.5	3.4

表 12-1-45　　各类机械预期工作寿命 L_h　　h

普通机械	5000~10000	精密机床	20000
普通机床	10000~20000	测试机械	15000
数控机床	20000	航空机械	1000

表 12-1-46　　R_B、R_{B0}、R_b 值确定

<table>
<tr><td>轴承类型</td><td>R_B/N·μm^{-1}</td><td>R_{B0}/N·μm^{-1}</td><td colspan="2" rowspan="5">公式应用条件为：
球轴承的预紧力　$F_p \approx \frac{1}{3} F_{amax}$
滚子轴承的预紧力　$F_p \approx \frac{1}{2} F_{amax}$
β——轴承接触角,(°)
d_Q——滚动体直径,mm
L_r——滚子的有效长度,mm
Z——滚动体个数
F_a——轴向工作载荷,N
F_{amax}——最大轴向工作载荷,N</td></tr>
<tr><td>角接触球轴承</td><td>$2.34\sqrt[3]{d_Q Z^2 F_a \sin^5\beta}$</td><td>$2\times 2.34\sqrt[3]{d_Q Z^2 F_{amax}\sin^5\beta}$</td></tr>
<tr><td>推力球轴承</td><td>$1.95\sqrt[3]{d_Q Z^2 F_a}$</td><td>$2\times 1.95\sqrt[3]{d_Q Z^2 F_{amax}}$</td></tr>
<tr><td>圆锥滚子轴承</td><td>$7.8\sin^{1.9}\beta L_r^{0.8} Z^{0.9} F_a^{0.1}$</td><td>$2\times 7.8\sin^{1.9}\beta L_r^{0.8} Z^{0.9} F_{amax}^{0.1}$</td></tr>
<tr><td>推力圆柱滚子轴承</td><td>$7.8 L_r^{0.8} Z^{0.9} F_a^{0.1}$</td><td>$2\times 7.8 L_r^{0.8} Z^{0.9} F_{amax}^{0.1}$</td></tr>
<tr><td rowspan="2">R_b 值的确定方法</td><td>一端固定,一端游动</td><td>固定端预紧 $R_b = R_{B0}$</td><td>一端固定,一端自由</td><td>$R_b = R_{B0}$</td></tr>
<tr><td>两端固定</td><td>固定端顶紧 $R_b = 2R_{B0}$</td><td>两端铰支</td><td>预紧 $R_b = R_{B0}$
未预紧 $R_b = R_B$</td></tr>
</table>

表 12-1-47　　支承系数 K_2、f

支承方式	简图	K_2	f
一端固定 一端自由	L_{c1}　L_{c2}	0.25	3.4
一端固定 一端铰支	L_{c1}　L_{c2}	2	15.1
两端铰支	L_{c1}　L_{c2}	1	9.7
两端固定	L_{c1}　L_{c2}	4	21.9

例 某台加工中心工作台（见图 12-1-14）进给用滚珠丝杠副的设计计算。已知工件台重量 $W_1=5000\text{N}$，工件及夹具最大重量 $W_2=3000\text{N}$，工作台最大行程 $L_K=1000\text{mm}$；工作台导轨的动摩擦因数 $\mu=0.1$、静摩擦因数 $\mu_0=0.2$，快速进给速度 $v_{max}=15\text{m/min}$，定位精度 20μm/300mm，全行程定位精度 25μm，重复定位精度 10μm，要求寿命 20000h（两班制工作十年），可靠度 97%。其他状况如下：

切削方式	轴向切削力 P_{xi}/N	垂向切削力 P_{zi}/N	进给速度 v_i/m·min^{-1}	工作时间百分比 t_i/%	丝杠转速 n_i/r·min^{-1}
强力切削	2000	1200	0.6	10	60
一般切削	1000	500	0.8	30	80
精切削	500	200	1	50	100
快速进给	0	0	15	10	1500

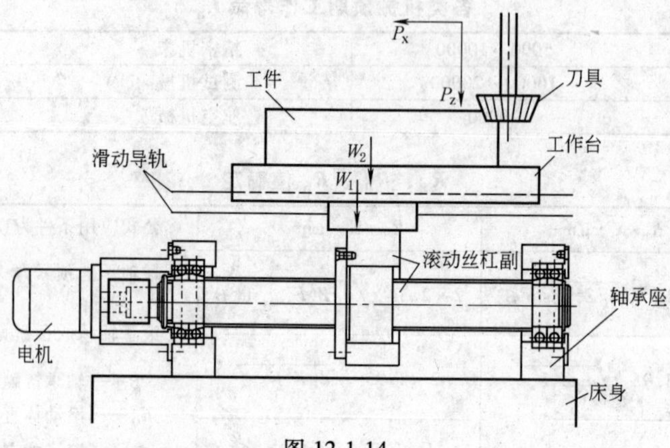

图 12-1-14

（1）确定滚珠丝杠副的导程 P_h

由表 12-1-40 中式（1）

$$P_h=\frac{v_{max}}{n_{max}}=\frac{15\times10^3}{1500}=10\text{mm}$$

按表 12-1-14，取 $P_h=10\text{mm}$。

（2）确定当量载荷 F_m 与当量转速 n_m

仍由表 12-1-40 中式（1）可得

$$n_i=\frac{v_i}{P_h}\times10^3$$

$v_1=0.6\text{m/min}$ 则 $n_1=60\text{r/min}$；$v_2=0.8\text{m/min}$，则 $n_2=80\text{r/min}$；$v_3=1\text{m/min}$，则 $n_3=100\text{r/min}$；$v_4=v_{max}=15\text{m/min}$，$n_4=n_{max}=1500\text{r/min}$。

各种切削方式下，丝杠的轴向载荷 $F_i=P_{xi}+\mu(W_1+W_2+P_{zi})$，则有

$$F_1=2000+0.1\times(5000+3000+1200)=2920\text{N}$$

$$F_2=1000+0.1\times(5000+3000+500)=1850\text{N}$$

$$F_3=500+0.1\times(5000+3000+200)=1320\text{N}$$

$$F_4=0+0.1\times(5000+3000+0)=800\text{N}$$

由此代入表 12-1-40 中式（2）可得当量载荷

$$F_m=\sqrt[3]{\frac{F_1^3n_1t_1+F_2^3n_2t_2+F_3^3n_3t_3+F_4^3n_4t_4}{n_1t_1+n_2t_2+n_3t_3+n_4t_4}}$$

$$=\sqrt[3]{\frac{2920^3\times60\times10+1850^3\times80\times30+1320^3\times100\times50+800^3\times1500\times10}{60\times10+80\times30+100\times50+1500\times10}}=1290\text{N}$$

代入表 12-1-40 中式（4）可得当量转速

$$n_m = \frac{n_1t_1 + n_2t_2 + n_3t_3 + n_4t_4}{t_1 + t_2 + t_3 + t_4} = \frac{60 \times 10 + 80 \times 30 + 100 \times 50 + 1500 \times 10}{10 + 30 + 50 + 10}$$

$$= 230\text{r/min}$$

（3）确定预期额定动载荷 C_{am}

先按 L_h 要求用表 12-1-40 中式（5）计算，轻微冲击按表 12-1-43 取 $f_w = 1.3$，1 ~ 3 级精度由表 12-1-41 取 $f_a = 1.0$，可靠度 97% 按表 12-1-42 取 $f_c = 0.44$，则

$$C'_{am} = \frac{f_w F_m (60 n_m L_n)^{1/3}}{100 f_a f_c} = \frac{1.3 \times 1290 \times (60 \times 230 \times 20000)^{1/3}}{100 \times 1.0 \times 0.44}$$

$$= 24815\text{N} = 24.815\text{kN}$$

拟采用中预紧丝杠，由表 12-1-44 取 $f_e = 4.5$，按最大载荷 F_{max} 计算，由表 12-1-40 中式（7）可得

$$C''_{am} = f_e F_{max} = 4.5 \times 2920 = 13140\text{N} = 13.14\text{kN}$$

取 C'_{am} 与 C''_{am} 较大值，则 $C_{am} = 24.815\text{kN}$。

（4）确定允许的最小螺纹底径 d_{2m}

估算丝杠允许的最大轴向变形量 δ_m：

由表 12-1-40 中式（8） $\delta'_m = \left(\frac{1}{3} \sim \frac{1}{4}\right)$重复定位精度 $= \left(\frac{1}{3} \sim \frac{1}{4}\right) \times 10 = 3.3 \sim 2.5\mu\text{m}$

由表 12-1-40 中式（9） $\delta''_m \leqslant \left(\frac{1}{4} \sim \frac{1}{5}\right)$定位精度 $= \left(\frac{1}{4} \sim \frac{1}{5}\right) \times 25 = 6.25 \sim 5\mu\text{m}$

取两结果最小值 $\delta_m = 2.5\mu\text{m}$。

按表 12-1-40 中式（11）$F_0 = \mu_0 W = \mu_0 W_1 = 0.2 \times 5000 = 1000\text{N}$（按无工件空载启动检验精度）

L = 行程 L_K + 安全行程 $(2 \sim 4)P_h$ + 两个余程 + 螺母长 + 一个支承长

$= 1000 + (20 \sim 40) + 2 \times 40 + 146 + 69 = 1315 \sim 1335\text{mm}$

可取 $L = 1320\text{mm}$。

丝杠要求预拉伸，取两端固定的支承形式 $Q = 0.039$ 代入表 12-1-40 中式（10）

$$d_{2m} = a\sqrt{\frac{F_0 L}{\delta_m}} = 0.039 \times \sqrt{\frac{1000 \times 1320}{2.5}} = 28.34\text{mm}$$

（5）确定滚珠丝杠副的规格代号

选内循环浮动法兰式、直筒双螺母垫片预紧 FFZD 型 4010-3。由表 12-1-33 知 $d_0 = 40\text{mm}$，$d_2 = 34.3\text{mm} > d_{2m} = 28.34\text{mm}$，$C_a = 30\text{kN} > C_{am} = 24.815\text{kN}$，$C_{oa} = 66.3\text{kN}$，$D_w = 7.144\text{mm}$，$R'_{nu} = 973\text{N}/\mu\text{m}$。由表 12-1-33 中查出螺母长为 146mm，同时选定 JB/T 3162 推荐的固定轴端型式，$d_0 = 40\text{mm}$，采用一对 760306DF 推力角接触球轴承，从表 12-1-26 中可查出一个支承长为 69mm。

（6）D_n 值校验

按表 12-1-40 中式（12）

$$D_{pw} n_{max} = (d_2 + D_w) n_{max} = (34.3 + 7.144) \times 1500 = 62166 < 70000$$

合格。

（7）确定滚珠丝杠副预紧力 F_p

按表 12-1-40 中式（13）

$$F_p = \frac{1}{3} F_{max} = \frac{1}{3} \times 2920 = 973\text{N}$$

取 $F_p = 1000\text{N}$。

（8）计算行程补偿值 C

按表 12-1-14 中式（14），Δt 取 2.5℃，$l_u = L_K + (8 \sim 14)P_h = 1000 + (80 \sim 140) = 1080 \sim 1140\text{mm}$，取 1140mm，则

$$C = 11.8 \Delta t l_u \times 10^{-3} = 11.8 \times 2.5 \times 1140 \times 10^{-3} = 33.63\mu\text{m}$$

（9）计算预拉伸力 F_t

由表 12-1-40 中式（15）

$$F_t = 1.95 \Delta t d_2^2 = 1.95 \times 2.5 \times 34.3^2 = 5735\text{N}$$

第12篇

(10) 滚动轴承型号选择计算

本例已选 JB/T 3162 推荐的 760306DF 轴承，其寿命核算要先对轴承进行受力分析，再参考本手册滚动轴承部分进行动载及静载核算（略）。

(11) 工作图设计

略，参见图 12-1-15。

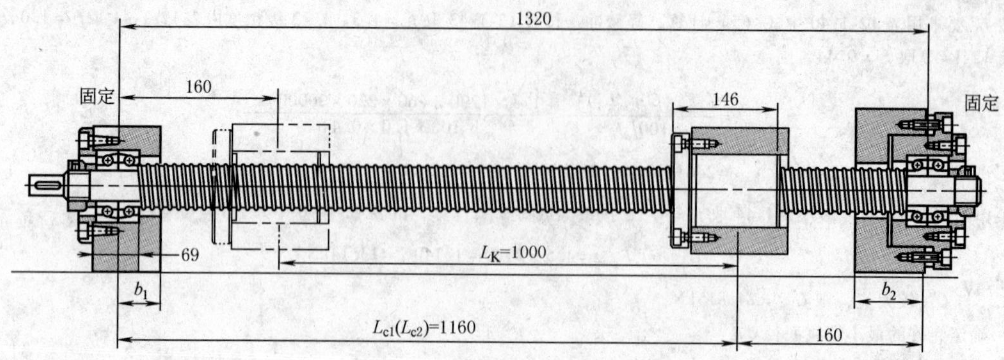

图 12-1-15

(12) 滚珠丝杠副临界转速 n_c 的计算

按表 12-1-40 中式 (16)，$f=21.9$（表 12-1-47），$L_{c2}=L_{c1}=L-\dfrac{L-L_K}{2}=1320-\dfrac{1320-1000}{2}=1160\text{mm}$，则

$$n_c=\frac{10^7 f d_2}{L_{c2}^2}=\frac{10^7\times 21.9\times 34.3}{1160^2}=5582\text{r/min}>n_{max}=1500\text{r/min}$$

合格。

(13) 滚珠丝杠压杆稳定性验算

因本例最大轴向载荷 $P_{xmax}=2000\text{N}$ 小于丝杠之预拉伸力 $F_t=5735\text{N}$，丝杠不会受压失稳，不用验算。

按表 12-1-40 中式 (19) 验算抗拉强度

$$\sigma_p=\frac{F_t}{\dfrac{\pi}{4}d_2^2}=\frac{5735}{\dfrac{\pi}{4}\times 34.3^2}=6.2\text{MPa}$$

远低于钢材许用拉应力。

(14) 系统刚度验算及粒度选择（对两端固定支承）

① 滚珠丝杠的拉压刚度是随螺母在丝杠上的位置而变化的，最大值在端部（螺母至固定支承距离最大时，即 $a=\dfrac{L-L_K}{2}=\dfrac{1320-1000}{2}=160\text{mm}$ 处），而螺母处于两支承点中部（即 $a=\dfrac{L}{2}$）时刚度最小。

由表 12-1-40 中式 (21′)

$$R_{smin}=\frac{165d_2^2L}{a(L-a)}=660\frac{d_2^2}{L}=660\times\frac{34.3^2}{1320}=588\text{N}/\mu\text{m}$$

$$R_{smax}=\frac{165d_2^2L}{a(L-a)}=\frac{165\times 34.3^2\times 1320}{160\times(1320-160)}=1380.6\text{N}/\mu\text{m}$$

② 支承轴承的组合刚度：由轴承样本 $d_Q=7.144\text{mm}$，$Z=17$，$\beta=60°$ 等资料得 $R_{B0}=670\text{N}/\mu\text{m}$。由表 12-1-46，对两端固定并预紧的轴承 $R_b=2R_{B0}=2\times 670=1340\text{N}/\mu\text{m}$。

③ 滚珠丝杠副滚珠和滚道的接触刚度按表 12-1-40 中式 (22′)

$$R_{nu}=R'_{nu}\left(\frac{F_p}{0.1C_a}\right)^{1/3}=973\times\left(\frac{1000}{0.1\times 30000}\right)^{1/3}=674.6\text{N}/\mu\text{m}$$

④ 由表 12-1-40 中式 (20) 可得 R 的最大与最小值如下：

$$\frac{1}{R_{min}}=\frac{1}{R_{smin}}+\frac{1}{R_b}+\frac{1}{R_{nu}}=\frac{1}{588}+\frac{1}{1340}+\frac{1}{674.6}=\frac{1}{254}\text{N}/\mu\text{m}$$

第 12 篇

$$\frac{1}{R_{max}}=\frac{1}{R_{smax}}+\frac{1}{R_b}+\frac{1}{R_{nu}}=\frac{1}{1380.6}+\frac{1}{1340}+\frac{1}{674.6}=\frac{1}{338}\text{N}/\mu\text{m}$$

⑤ 传动系统的最小刚度（空载运转时）：静摩擦力 F_0 已由第（5）步算出为 1000N，重复定位精度即反向差值，为 10μm，则

$$R_{min}=\frac{1.6F_0}{\text{反向差值}}=\frac{1.6\times1000}{10}=160\text{N}/\mu\text{m}$$

$R_{min}=254>160$，满足重复定位要求。

⑥ 传动系统的定位误差：

$$\delta_K=F_0\left(\frac{1}{R_{min}}-\frac{1}{R_{max}}\right)=1000\times\left(\frac{1}{254}-\frac{1}{338}\right)=0.98\mu\text{m}$$

任意 300mm 内行程变动量对半闭环系统而言

$$V_{300p}\leqslant0.8\times\text{定位精度}-\delta_K=0.8\times20-0.98=15.02\mu\text{m}$$

选丝杠副为 3 级精度 $V_{300p}=12\mu\text{m}<15.02\mu\text{m}$，可用。

（15）最终确定滚珠丝杠副的规定代号：FFZD 型，$d_0=40\text{mm}$，$P_h=10\text{mm}$，P 类 3 级精度，标记为 FFZD4010-3-P3。

参考图 12-1-15 绘出正式工作图向厂方订货。

滚珠丝杠的直径、导程和预紧力的大小与丝杠副的特性如寿命、位移精度、刚度、驱动转矩等有密切的关系。因此在选择滚珠丝杠的主要尺寸参数时，应全面照顾，以满足设备使用要求。如果某一方面的特性不能满足时，可以重新挑选丝杠直径和导程，直到完全满足。可参阅表 12-1-48 选择。

表 12-1-48　　滚珠丝杠主要尺寸参数与特性间的综合关系

主要尺寸参数		刚　度	位移精度	惯　量	驱动转矩	寿　命
丝杠直径	增大 减小	增大 减小	— —	增　大 减　小	增大 减小	— —
导程	增大 减小	增大 减小	降低 增高	减小（转速降低） 增大（转速增高）	增大 减小	增高 降低
预紧力	增大 减小	增大 减小	增高 降低	— —	增大 减小	降低 增高

值得注意的是，滚珠丝杠副的传动质量可通过增加滚珠螺母负载滚珠有效圈数来提高。例如，滚珠螺母负载滚珠有效圈数由 3 圈变为 5 圈，则滚珠丝杠副的刚度和动载荷可提高 1.4～1.6 倍。在耐磨性、精度同时提高的情况下，滚珠丝杠副的寿命提高 4～6 倍。

在刚度要求不高的情况下，滚珠丝杠副中螺母选用尽可能多的负载滚珠有效圈数，可以减小丝杠的直径，从而提高进给传动的动作速度（因为丝杠的惯性力矩与 d^4 成正比）和降低材料消耗。

2.9　滚珠丝杠副的润滑与密封

滚珠丝杠副常用抗高压和高黏度的润滑剂，如锂基脂及透平油。

滚珠丝杠副常用的密封装置主要有两种：一种是全封闭型，整个滚珠丝杠副都被封闭在防尘罩内；另一种为局部封闭型，它将螺母两端分别镶上两块与丝杠螺纹相配的非金属材料进行密封。图 12-1-16 所示为全封闭型防尘护罩，左侧为金属制造，右侧为非金属制造。图 12-1-17 所示为局部封闭型防尘圈，它已随厂家产品装在螺母端面。密封材料常有聚四氟乙烯和毛毡两种，可供用户选用。

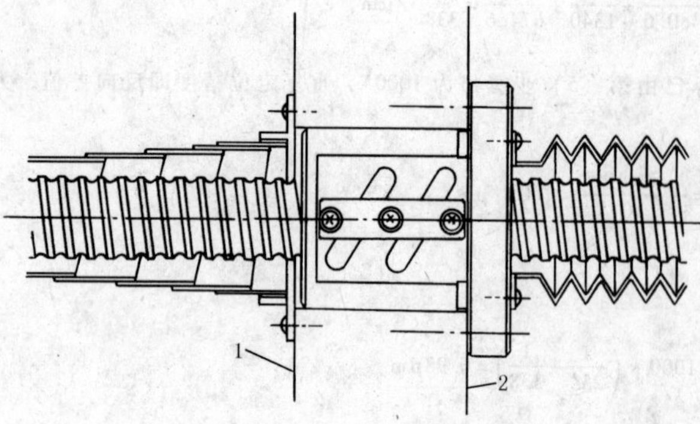

图 12-1-16 全封闭型防尘护罩

1—丝杠防尘罩；2—软式皮腔

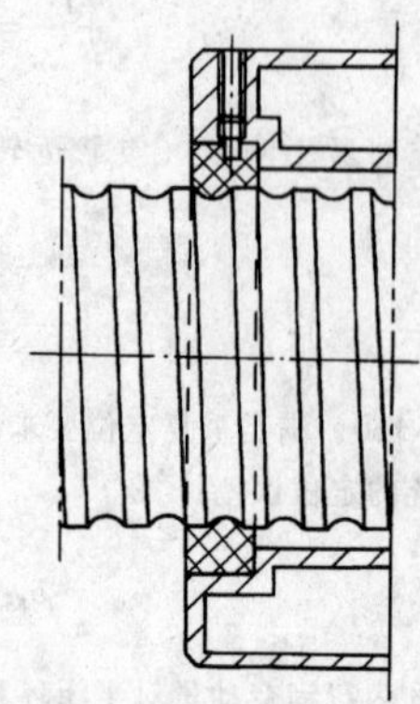

图 12-1-17 局部封闭型防尘圈

2.10 滚珠丝杠副防逆转措施

滚珠丝杠副由于传动效率高，不能自锁，在用于垂直方位传动时，如果部件重量没有平衡，必须防止当传动停止或电机断电后，因部件自重而产生的逆转动。防逆转可以采用超越离合器或不能逆传动的驱动电机，也可以采用不能逆转的传动装置（如可以自锁的蜗杆传动）以及电磁或液压制动器。目前国内已有专业加工厂生产多种适合防止滚珠丝杠副逆转的超越离合器。

图 12-1-18 所示为典型的单向超越离合器结构简图，当星形轮 4（内环）有顺时针转动的趋势（即逆转）时，若在外环 1 上施加一个适当的阻力矩使其大于逆转力矩，即可防止与内环 4 装在一起的滚珠丝杠顺时针方向逆转，而只允许丝杠作逆时针方向的转动。当要防止滚珠丝杠副双向逆转时可以采用图 12-1-19 所示的结构，图中 G 表示作用于滚珠螺母 2 部件的重力，G' 表示作用在部件 2 上的平衡力，当 $G-G'>0$ 时，则摩擦片 3 和单向离合器 5 就起制动作用，从而制止滚珠螺母向下移动；当 $G-G'<0$ 时，摩擦片 4 和单向离合器 6 就起制动作用，制止滚珠螺母向上移动。

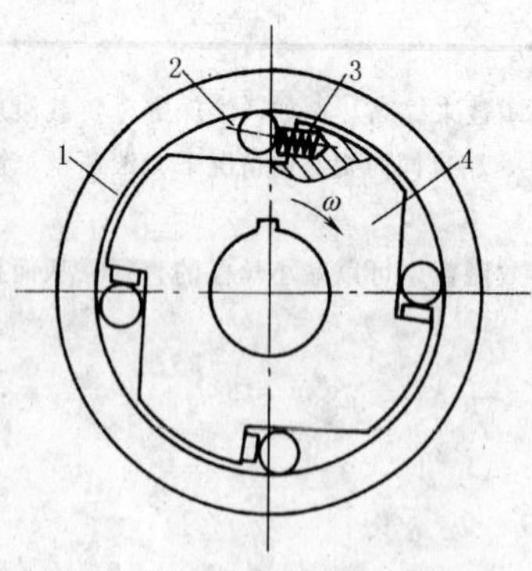

图 12-1-18 单向超越离合器

1—外环；2—滚柱；3—弹簧；4—星形轮（内环）

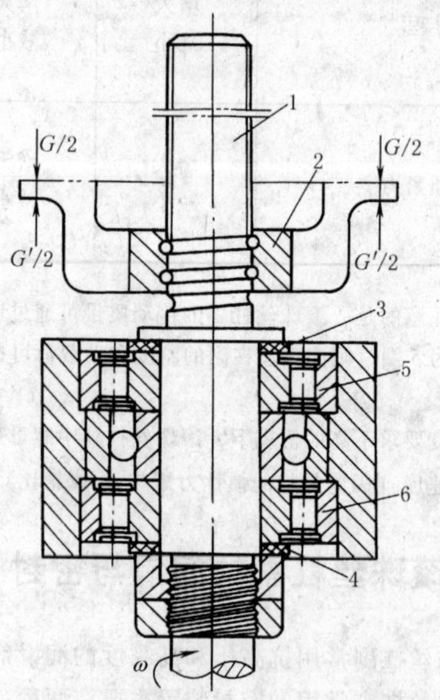

图 12-1-19 用两个单向离合器防止逆转动

1—滚珠丝杠；2—滚珠螺母；3,4—摩擦片；5,6—单向离合器

选择防逆转离合器的主要技术要求如下。

① $T_c = KT_{max} \leqslant T_n$，其中，$T_{max}$为工作最大转矩，$T_n$为防逆转离合器公称（或额定）转矩（见表12-1-49），工况系数K，较平稳载荷取1.25，较小冲击取1.75，较大冲击取2.5，剧烈冲击取5。

② 丝杠轴的轴径要与离合器的孔径一致。

③ 丝杠轴的最高转速n_{max}小于离合器的极限转速。

④ 规定离合器的锁止或解脱方向，并与电机转向适配。

⑤ 确定连接形式及连接尺寸。

表12-1-49介绍了两种定型产品CKEA及CKEB型单向楔块超越离合器，前者内、外环均采用键连接，后者适用于配用推力球轴承的场合。CKE型离合器传递转矩为30～1000N·m，传动效率达94%～98%。

单向楔块超越离合器（兵器部202研究所）

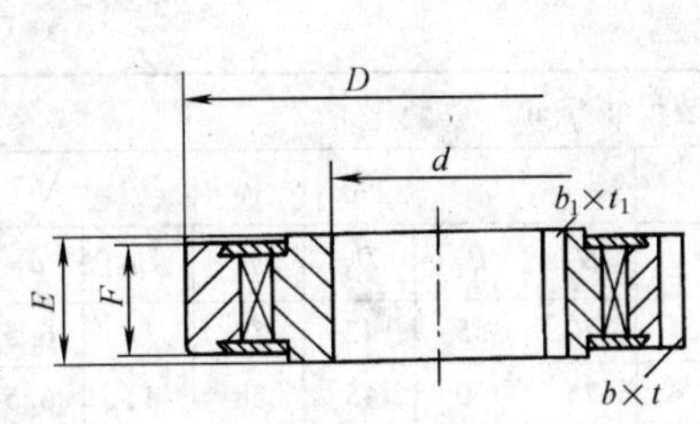

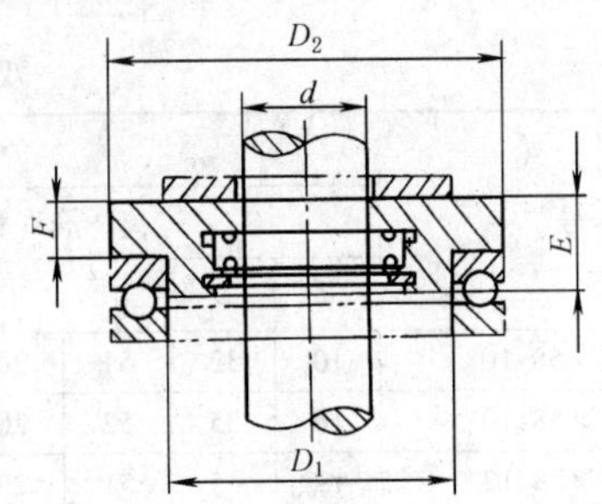

表12-1-49

mm

型号	D (h7)	E	F	d (H7)	$b \times t$	$b_1 \times t_1$	公称转矩T_n /N·m
CKEA40	40	12	12	10	4×1.5	4×1.5	30
CKEA45	45	12	12	15	4×1.8	4×1.5	50
CKEA50	50	14	14	18	4×2.0	4×1.8	70
CKEA55	54	14	14	20	6×2.2	6×2.0	80
CKEA60	60	16	16	25	6×2.2	6×2.0	85
CKEA62	62	16	16	28	6×2.5	6×2.2	90
CKEA65	65	18	18	30	6×2.6	6×2.3	100
CKEA75	75	18	18	40	6×2.6	6×2.3	120
CKEA80	80	20	20	45	8×2.6	8×2.3	140
CKEA85	85	20	20	50	8×2.6	8×2.3	180
CKEA90	90	22	22	55	8×3.3	8×3.0	200
CKEA100	100	22	22	60	8×3.3	8×3.0	300

型号	D_1 (js6)	D_2	E	d (h6)	F	公称转矩T_n /N·m
CKEB65	45	65	21	20	8	30
CKEB66	50	66	21	25	8	70
CKEB78	55	78	21	30	8	50
CKEB85	60	85	26	30	10	100
CKEB90	65	90	27	40	10	70
CKEB95	70	95	27	40	10	140
CKEB100	75	100	28	50	10	170
CKEB105	80	105	28	50	10	250
CKEB110	85	110	28	65	10	300
CKEB120	90	120	32	65	12	600
CKEB135	100	135	34	70	12	800
CKEB145	110	145	35	85	12	1000

CKS 型双向楔块超越离合器的型号和安装尺寸见表 12-1-50，它配用两个向心球轴承及外壳，可供用户选用。无论采用单向或双向超越离合器，防止逆转均需配用阻尼摩擦片，推荐采用铁基粉末冶金、铜材或尼龙等。

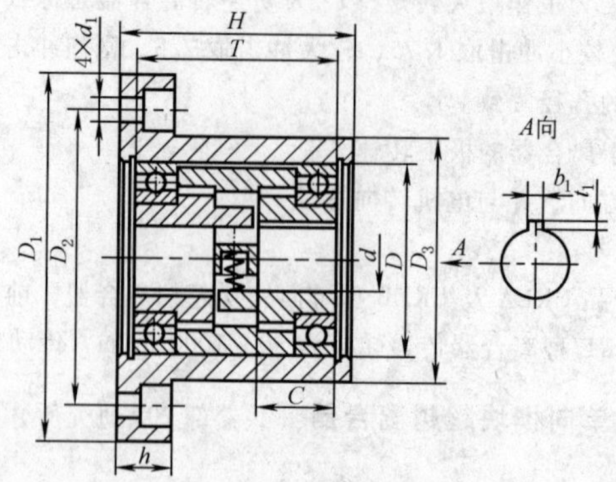

表 12-1-50　　双向超越离合器　　mm

型　　号	安装尺寸/mm												公称转矩 T_n /N·m
	离　合　器						壳　　体						
	d	D	T	C	b_1	t_1	D_1	D_2	D_3	H	h	d_1	
CKS70(42)×58-10	10	32	51	20	3	1.4	70	55	42	58	11	6.5	20
CKS75(45)×58-10	10	35	52	20	3	1.4	75	60	45	58	11	6.5	20
CKS75(45)×58-12	12	35	51	20	4	1.8	75	60	45	58	11	6.5	20
CKS75(45)×58-15	15	35	51	20	3	1.4	75	60	45	58	11	6.5	20
CKS95(57)×78-17	17	47	70	27	5	2.3	95	75	57	78	13	8.5	50
CKS105(62)×78-20	20	52	70	27	6	2.8	105	84	62	78	16	10.5	100
CKS115(74)×78-20	20	62	70	27	6	2.8	115	95	74	78	16	10.5	100
CKS115(74)×88-25	25	62	80	32	8	3.3	115	95	74	88	16	10.5	120
CKS132(88)×100-30	30	75	90	35	8	3.3	132	110	88	100	16	10.5	150
CKS145(94)×110-35	35	80	100	40	10	3.3	145	120	94	110	20	13	200
CKS155(102)×110-40	40	90	100	40	12	3.3	155	128	102	110	20	13	250
CKS160(110)×120-45	45	90	110	45	14	3.8	160	134	110	120	20	13	300

注：北京新兴超越离合器有限公司生产。

第 2 章　摩擦轮传动

1　传动原理、优缺点及常用范围

表 12-2-1

传动原理	优　点	缺　点	常用范围	体积、质量与功率比
利用直接接触并互相压紧的两摩擦轮间的摩擦力，将主动轮的运动与转矩传递给从动轮	① 摩擦轮为圆柱体、圆锥体或圆环，加工简单，精度高 ② 可以无间隙地实现正反向传动 ③ 摩擦轮之一为非金属材料时，噪声很低 ④ 可以做成有润滑或无润滑结构（视摩擦副材料而定） ⑤ 可以在动力连续传递的情况下无级地调节传动比 ⑥ 某些结构中摩擦轮兼有支承作用，可省去轴承，如图 12-2-11	① 摩擦轮之间的法向力为圆周力的 1.5~50 倍，从而使摩擦轮表面、轴和轴承均受到很大载荷 ② 速比由于滑动而不能维持准确不变，滑动率在 0.2%~10% 之间，视材料、润滑状况及载荷状况而定，当摩擦副材料为钢时，大的滑动率有导致胶合的危险 ③ 缓和冲击的能力很小，摩擦副材料均为钢且无润滑时，噪声较大 ④ 需有调节压紧力的加压装置	传动功率 10~200kW 圆周速度 25~50m/s 最高转速 1000r/min 传动比一般 1~6，最大 25	摩擦轮材料为钢时，结构体积与传动功率比为 20~30dm³/kW，质量与传动功率比为 30~80kg/kW

2　摩擦轮传动型式与应用

表 12-2-2

名称及简图		特　点	应　用	名称及简图		特　点	应　用
圆柱摩擦轮传动	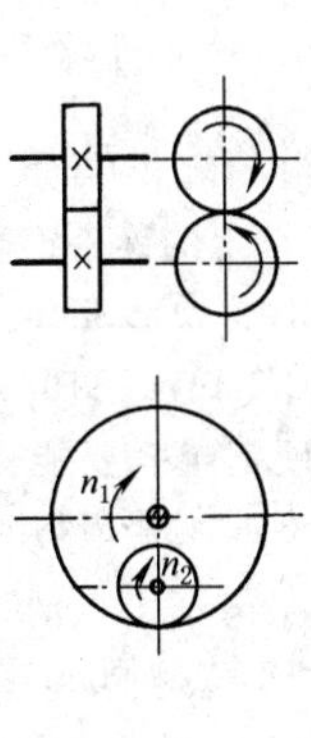 n_1 n_2	① 结构简单，制造方便 ② 压紧力大 ③ 为减小压紧力，可将轮面之一用非金属制作覆面 ④ 大功率时用淬硬钢，如 GCr1.5，硬度大于 60HRC，并采用自动压紧卸载环 ⑤ 为降低两轴的平行度要求，可将轮面之一做成鼓形。轴系刚性差时也应如此	用于小功率传动，如回转筒驱动、仪表调节装置等	端面摩擦轮传动	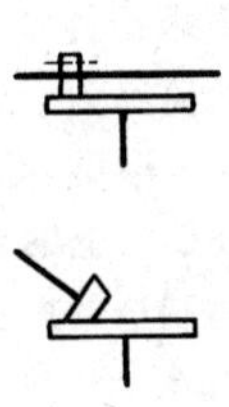	① 结构简单，制造方便 ② 压紧力大，几何滑动大，易发热和磨损 ③ 将小轮做成鼓形，可减少几何滑动，降低安装精度 ④ 轴向移动小轮可实现正、反向无级变速，但应避免在大轮中心附近运转 ⑤ 要注意大轮的刚性，并控制两轴线的垂直度	用于摩擦压力机等

续表

名称及简图		特　点	应　用	名称及简图		特　点	应　用
行星摩擦轮传动	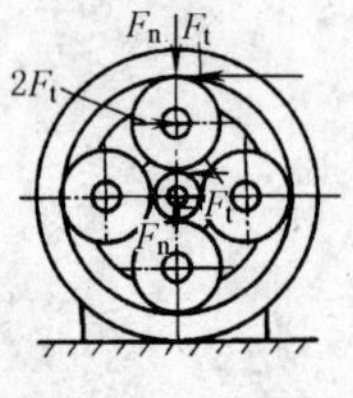	行星摩擦轮轴承载荷因轮面法向力互相平衡而大为减小	可做成单排或多排行星滚子牵引传动装置等使用	锥形摩擦轮传动		① 结构简单，制造方便 ② 设计与安装时，应保证轴线的相对位置正确，锥顶重合，否则几何滑动大，磨损严重 ③ 由于 $\varphi_1 < \varphi_2$，故 $Q_{a1} < Q_{a2}$，应在小轮处加压	常用于大功率摩擦压力机
圆柱平面摩擦轮传动				螺旋摩擦轮传动		这种结构适应于空间交错轴传动	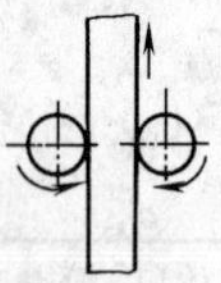
槽形摩擦轮传动	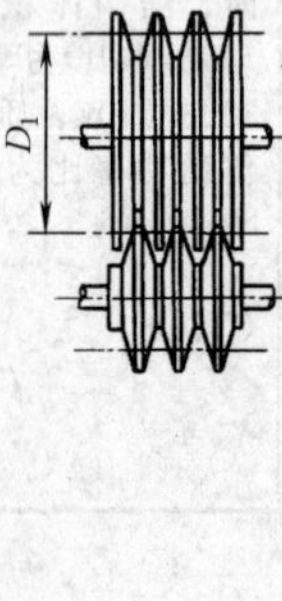	① 压紧力较圆柱摩擦轮传动为小，当 β = 15°时，约为其 30% ② 几何滑动较大，易发热和磨损，应限制沟槽高度 $h=(0.04\sim0.05)D_1<(5\sim15)$mm ③ 加工与安装要求较高 ④ 传动比随载荷和压紧力的变化在一定范围内变动	用于绞车驱动装置等	定传动比摩擦轮牵引传动还可与齿轮传动组成混合牵引传动，其特点是传动比大；载荷可平行地多路分流传动，单位重量的功率提高；牵引滚子通过微滑，使最后齿轮啮合实现均载，起着转矩分配机构的作用			

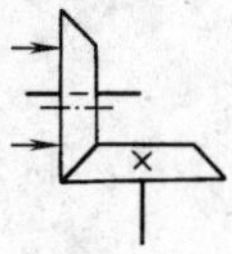

注：表中符号意义参见表 12-2-5。

第12篇

3　摩擦副材料及润滑

3.1　摩擦副材料

摩擦轮材料组合见表 12-2-3。要求结构紧凑且传递功率较大时，宜采用淬硬钢有润滑的闭式传动（以下对有润滑的简称为湿式传动，无润滑的简称为干式传动）。适合制造摩擦副的材料是 60HRC 以上的镍铬钼类渗碳钢（如 15CrMn、20CrMn、22CrMnMo 等，渗碳深度 1.2mm）和滚动轴承钢（如 GCr6、GCr9、GCr9SiMn、GCr15、GCr15SiMn 等），其次是淬硬到 55HRC 以上的合金钢、工具钢及弹簧钢（如 42SiMn、40Cr2MoV、T10A、CrW5、60SiCrA、40Cr 等）。用真空冶炼钢材制造的摩擦轮寿命比普通钢材高出好几倍，使用淬硬钢组合要能保证高的制造精度与安装精度及低的粗糙度（$R_a=0.80\sim0.20\mu m$）。如果对传动尺寸是否紧凑无要求而希望得到价格低廉、噪声低、能缓冲的传动，则宜采用弹胶体与金属的组合，并采用干式传动。

无论采用何种材料组合，为了防止在摩擦轮上产生凹坑，通常取其中硬度较低的材料制造宽度小的摩擦轮。

表 12-2-3　　各种摩擦轮材料的特性及选用说明[1]

摩擦副材料		润　滑	摩擦特性：许用摩擦因数 f_p	摩擦特性：相应的滑动率 ε /%	许用应力与许用载荷：许用接触应力 σ_{Hp}/MPa 许用滚压应力 K_p/MPa 许用法向力 F_{np}/N	当量弹性模量 E/MPa	选用说明
淬硬钢/淬硬钢		石蜡基摩擦轮油	0.02～0.04	1～3	点接触 $\sigma_{Hp}=2500\sim3000$ 线接触 $\sigma_{Hp}=1800$	2.1×10^5	由于减少了磨损并有很高的强度，虽然摩擦因数较小，但仍能传递很大功率，在有利条件下可形成流体动压润滑；由于弹性模量大，滚动损失和变形都很小，摩擦轮表面必须磨削加工，尽可能抛光，使加工精度接近滚动轴承。线接触时很难使载荷均匀分布，可使滚子略呈鼓形，或变为点接触。轴承载荷与轴的挠度较大，可制成行星式摩擦轮传动来补偿
		环烷基摩擦轮油	0.03～0.05	0.5～2			
		合成摩擦轮油	0.05～0.08	0～1			
A7/淬硬钢		石蜡基摩擦轮油	0.02～0.04	1～3	线接触 $\sigma_{Hp}=650$	2.1×10^5	
灰铸铁 HT250/钢、A7		石蜡基摩擦轮油	0.02～0.04	1～3	线接触 $\sigma_{Hp}=450$	1.53×10^5	
弹胶体/金属 橡胶摩擦轮/钢		干　式（绝不能有润滑剂）	干燥环境：0.7 间歇运转：0.5 潮湿环境：0.3	4～10	线接触 $K_p=0.2$ $F_{np}=R_1bC_p$（见5.2的内容）	—	摩擦因数虽大，但由于滚压强度低，只能传递淬硬钢组合功率的10%；由于弹性模量小，变形与滚动损失都较大，但运转噪声低，具有缓和冲击能力。橡胶轮宽度要小于金属轮以免磨出凹痕，且要易于更换。尽管这种材料组合的传动尺寸较大，但仍比钢/钢材料组合价廉得多，在定传动比摩擦轮传动装置中一般优先采用
钢/钢	ZG230-450/Q275	干　式	干摩擦表面 0.1～0.15 湿摩擦表面 0.05～0.07	干摩擦表面 0.5～1.5 湿摩擦表面 1～3	线接触 $\sigma_{Hp}=500$	2.1×10^5	摩擦因数和滚压强度介于上述两大类材料组合之间。由于弹性模量大，要求加工精度高，噪声比较大。摩擦面绝对不许有杂质和润滑剂，以保证传动装置的正常功能
	ZG270-500/Q275、35				线接触 $\sigma_{Hp}=540$		
	ZG310-570/A6、45				线接触 $\sigma_{Hp}=570$		
	A6/A7				线接触 $\sigma_{Hp}=530\sim700$		
	Q275/A7				线接触 $\sigma_{Hp}=530\sim650$		
灰铸铁/钢	HT200/Q275	干　式	0.1～0.15	0.5～1.5	线接触 $\sigma_{Hp}=384$（起重轮）	1.5×10^5	
	HT250/A7				线接触 $\sigma_{Hp}=320\sim390$		

续表

摩擦副材料	润滑	摩擦特性		许用应力与许用载荷	当量弹性模量 E/MPa	选用说明
		许用摩擦因数 f_p	相应的滑动率 ε /%	许用接触应力 σ_{Hp}/MPa 许用滚压应力 K_p/MPa 许用法向力 F_{np}/N		
硬塑织物/灰铸铁	干式	0.15～0.35	2～5	线接触 $K_p=0.8\sim1.4$	1.39×10^4	摩擦因数约为0.2，低于弹胶体，但滚压强度较高，所能传递的功率与弹胶体相当；弹性模量比弹胶体大，故变形及滚动损失比弹胶体小，噪声与弹胶体相似，较理想。硬塑织物与层压塑料都是用酚醛树脂胶粘的织物（一般为棉织物）
层压塑料/灰铸铁	干式	0.2～0.3	2～5	线接触 $K_p=1.0$	7×10^3	
皮革/灰铸铁	干式	0.1～0.3	2～5	线接触 $K_p=0.1\sim0.2$	—	
胶合板/灰铸铁	干式	0.1～0.35	2～5	线接触 $K_p=0.7\sim1.1$	1.52×10^2	

注：A6、A7为旧钢号，无对应新钢号，供参考。

3.2 润滑剂

对于需要润滑的摩擦副，润滑剂是非常重要的，它与传动能力、摩擦因数、传动效率及磨损均有密切关系。齿轮传动用的高黏度润滑剂，由于摩擦因数低而不适用于摩擦轮传动，为此研制了摩擦轮传动专用的润滑剂。由表12-2-3可知，合成油的摩擦因数最高，其次是环烷基矿物油，但石蜡基比环烷基的油膜强度高，黏温特性好。常见润滑油的摩擦因数见表12-2-4。

表 12-2-4　　常见润滑油的摩擦因数

油种	摩擦因数 f（平均的最大值）	试验条件	油种		摩擦因数 f（平均的最大值）	试验条件
聚酯油	0.035	20.4m/s 984.3MPa 82.2℃	合成环烷油		0.09～0.095	5.1m/s 3516MPa 98.9℃
二酯油	0.04		聚异丁烯油		0.043～0.052	
硅酸盐酯油	0.045		聚丁烯油		0.042～0.044	
聚乙二醇油	0.045		氢化环烷系矿物油		0.042	
石蜡系矿物油	0.05		机械无级变速器油	Ub-1	0.15	广州机床研究所研制
芳香族变速器油	0.055			Ub-2	0.15	
磷酸盐酯油	0.06			Ub-3	0.14	
环烷系矿物油	0.058～0.065			Ub-4	0.12	
硅油	0.075					

小功率摩擦传动用飞溅润滑，较大功率的（如15kW以上）可采用油泵强制润滑，但要先开油泵，30～60s后再开动主机。

4　滑动与摩擦因数曲线

4.1 滑动率与传动比

滑动分为弹性滑动、几何滑动及打滑三种。弹性滑动是由摩擦副材料弹性造成的，是正常工作时不可避免的。打滑是一种过载效应，正常工作中应该避免。几何滑动是由于几何形状的原因造成的滑动，只有槽形摩擦轮及端面摩擦轮有几何滑动。滑动导致从动轴转速降低，磨损增大，功率损失增大，效率下降，故设计时要加以限制。

滑动率 $$\varepsilon=(v_1-v_2)/v_1\times100\% \qquad (12\text{-}2\text{-}1)$$

实际传动比 $$i=n_1/n_2=D_2/D_1(1-\varepsilon) \qquad (12\text{-}2\text{-}2)$$

式中，D 及 n 分别为摩擦轮直径和转速；v 为摩擦轮圆周速度。下标 1 及 2 分别表示主、从动摩擦轮。

4.2 摩擦因数曲线

不同材料组合及润滑状态下摩擦因数 f 与滑动率 ε 的关系曲线如图 12-2-1 及图 12-2-2 所示。

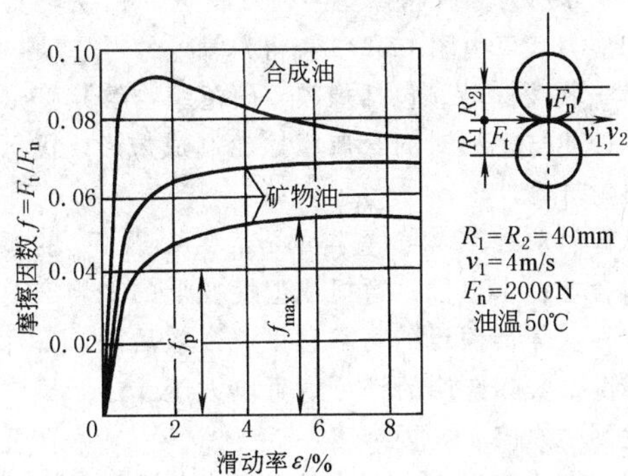

图 12-2-1 淬硬钢/淬硬钢用不同润滑剂的摩擦因数与滑动率曲线[1]

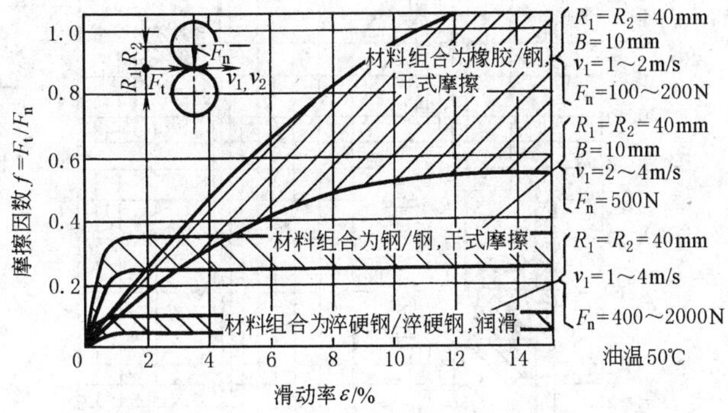

图 12-2-2 不同材料副的摩擦因数与滑动率曲线[1]

由图可见，在相同材料及润滑状况下，摩擦因数 f 随滑动率 ε 的上升而增大，当达到某一最大值 f_{max} 后才趋于常数，但此时相应的 ε 也较大。为了兼顾传动效率、磨损及转速损失诸方面，设计时应使 ε 控制在一个合理的范围内，此时相应的摩擦因数称为许用摩擦因数或有效摩擦因数，以 f_p 表示，显然 f_p 小于 f_{max}。

5 承载能力计算

5.1 失效形式与计算准则

摩擦轮传动的失效除打滑外，主要是摩擦副及加压装置的表面失效——点蚀、塑性变形、磨损、压溃、胶合或烧伤。

湿式工作且两轮均为金属材料时，主要失效为传动打滑及表面点蚀，可按保证有一定的滑动安全系数条件下对传动进行接触强度计算，一般还要进行热平衡计算，以防油温过高润滑剂失效引起胶合。

干式工作且两轮均为金属材料时，主要失效为传动打滑及磨损和点蚀，一般仍按保证有一定滑动安全系数条件下对传动进行接触强度计算。当有一轮为软性非金属材料时，主要失效则为打滑、磨损与发热，特别是橡胶的曲挠应力使内部迅速发热，其散热能力较差易形成内部烧伤。因软性材料弹性模量不确定，故应在保证有一定滑动安全系数的条件下进行滚压应力的计算。对于橡胶摩擦轮则进行法向压力计算，而温升的影响则在许用滚压应力或许用法向力中计入，而无需另外进行散热计算。

5.2 设计计算步骤

① 根据传动功率、输入及输出轴的转速、两轴相互位置、传动尺寸有否限制及原动机和工作机等情况选择择合适的摩擦轮几何形状、材料组合及有润滑时所采用润滑剂的牌号。

② 根据表 12-2-3 中许用摩擦因数 f_p 及由图 12-2-1、图 12-2-2 中的摩擦因数曲线或表 12-2-4 查取的最大摩擦因数 f_{max} 进行滑动安全系数 S_R 计算：

$$S_R = f_{max}/f_p \geqslant 1.4 \sim 2.0 \qquad (12\text{-}2\text{-}3)$$

一般 S_R 至少取 1.4，如果摩擦传动同时起过载保护作用，S_R 就再取小些；如果滑动会对工作机械的功能及传动装置造成严重后果，S_R 必须选得较大。对于图 12-2-2 中未包含的材料，可直接按表 12-2-3 所示 f_p 值计算，因表中 f_p 值已考虑了常用的滑动安全系数的要求。

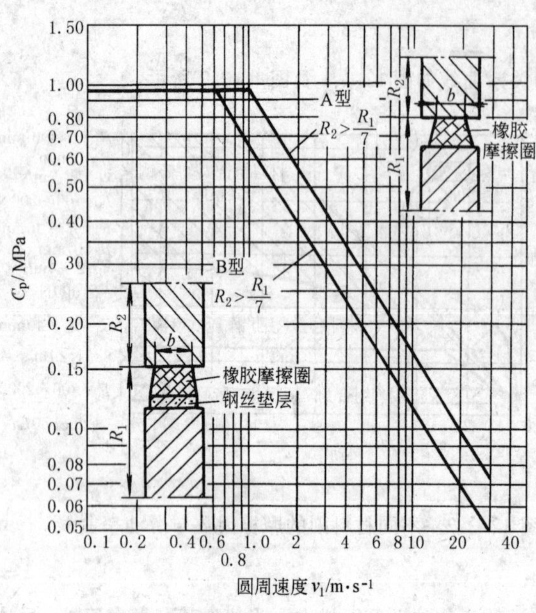

图 12-2-3　橡胶摩擦轮的许用应力 C_p[1]

（橡胶摩擦轮应符合德国标准 DIN 8220）

③ 对摩擦轮进行强度计算，以确定传动的主要几何尺寸。常用的四种摩擦轮传动的计算公式见表 12-2-5，表中 1 轮为橡胶摩擦轮时，$F_{np} = R_1 b C_p$（R_1 及 b 分别为橡胶摩擦轮半径及轮宽，C_p 为轮面的许用应力，可由图 12-2-3 查得）。

由于软性材料（包括橡胶、硬塑织物等）变形较大，即使与之配对的金属摩擦轮制成鼓形，仍可按线接触计算。

计算时从表 12-2-3 查得的 σ_{Hp}、K_p 及 F_{np} 的概略值包含着一个点蚀、磨损或塑性变形的平均安全裕度。根据载荷假设的可靠程度、失效后果、备件购置情况，实际选用的许可值可以大于或小于表中及有关图中之值。

④ 对摩擦轮进行结构设计参见本章第 7 节。

⑤ 对轴、轴承、润滑密封装置及加压装置（见本章第 6 节）进行设计计算。

⑥ 对闭式传动进行热平衡计算，计算方法见第 16 篇减速器、变速器。

一般来讲，油温应在 70 ~ 80℃，不能超过 100℃。因为超过 100℃不仅摩擦因数急剧下降，而且润滑油的寿命也急剧下降，径向密封圈也会损伤，油中的添加剂开始发生沉淀。当热平衡温度过高时可以设置散热片、风扇或水冷系统。

6　加压装置

各类摩擦副所需的法向压力的计算公式见表 12-2-5。加压装置有恒压及自动加压两大类。

（1）恒压加压装置

压紧力由弹簧、离心力、重力或液压产生，其大小不随载荷变化，而按所传递的最大转矩确定，使许多零件经常处于很大的载荷下，故传动寿命较短，效率较低，但结构比较简单。

（2）自动加压装置

其压紧力和所传递转矩成正比变化，可减小滑动，提高传动效率和寿命，但不能限制过载。这类加压装置又可分为钢球（柱）V 形槽式，端面凸轮式，螺旋、斜齿轮、蜗杆式，摆动齿轮式，弹性自紧环式等多种。

摩擦轮传动如果逐步施加或减小法向力，直至脱离接触，就可同时起着转向离合器的作用，这种结构如图 12-2-4 所示，常用于起重绞车、摩擦压力机、电声仪器及卷绕装置，图示压力机的螺杆在旋上和旋下时，传动比可以从 2 连续无级地变到 1。常用水牛皮作摩擦层材料，既耐磨又有弹性，还能承受冲击。在过载时，安全离合器打滑起保护作用。图 12-2-4 所示结构是采用气缸加压装置的实例。

图 12-2-5 所示为一利用杠杆系统自动加压的装置，压紧力可以和所要求的圆周力 F_t 保持正比关系，在空载运转时，必须通过弹簧施加一定的预紧力，此系统不能用于载荷变向的条件，且电机重量大，因而振动也较大。

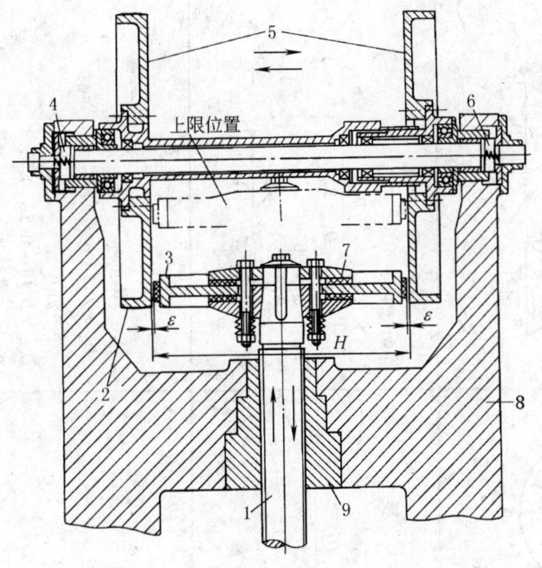

图 12-2-4　摩擦压力机的转向摩擦传动[1]

$P=12\sim230\text{kW}$（$H=750\sim3400\text{mm}$），

调节范围约 $R=2:1\sim1:1$

1—螺杆；2—带轮；3—摩擦轮；4,6—压气缸；

5—摩擦盘；7—安全离合器；8—支座；9—螺母

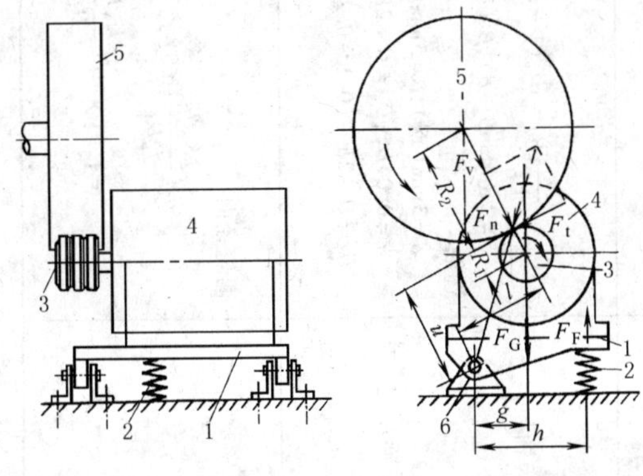

根据绕回转轴的力矩平衡可得

$$F_v=\frac{F_F h-F_G g}{l};\quad \frac{F_t}{F_n}=\frac{l}{u}$$

有效摩擦因数为

$$f=\frac{F_t}{F_n+F_v}$$

若 $F_v \ll F_n$，接近额定载荷，则有

$$f\approx\frac{F_t}{F_n}\approx\frac{l}{u}=\text{常数}$$

图 12-2-5　一种自动加压装置[1]

1—回转台；2—弹簧；3—摩擦轮；

4—电机；5—摩擦盘；6—回转轴

F_n—法向力；F_t—圆周力；F_G—主动件的重力；

F_F—弹簧力；F_v—预压力

图 12-2-10 中剖分式太阳轮的端面上可以采用钢球 V 形槽或端面凸轮来自动加压。图 12-2-11 中的洗涤机依靠洗涤物重量来自动加压。

各种加压装置的计算见表 12-2-6。

表 12-2-5　　摩擦轮传动的设计与计算

名　称	圆柱摩擦轮传动	槽形摩擦轮传动	端面摩擦轮传动	锥形摩擦轮传动
传动简图	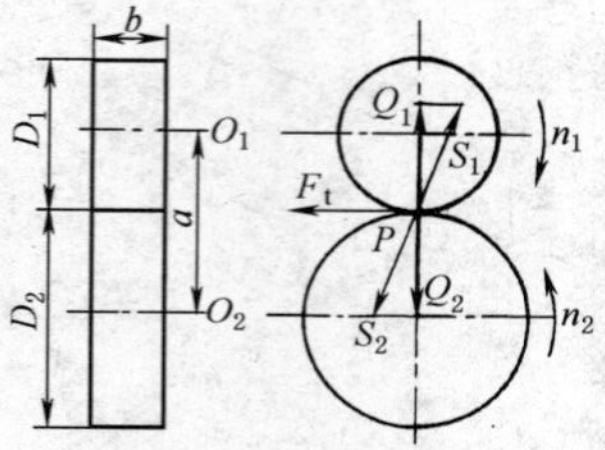	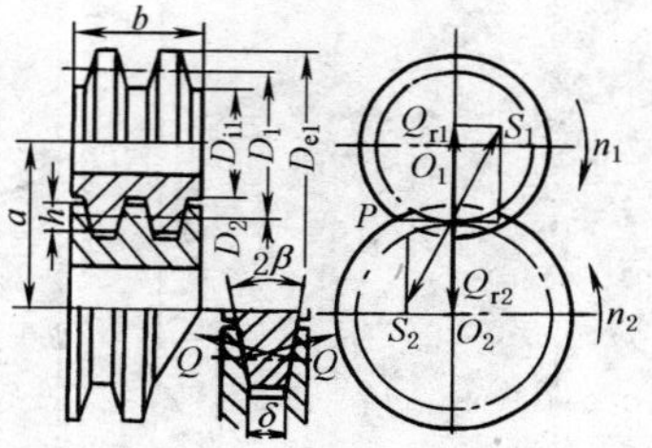	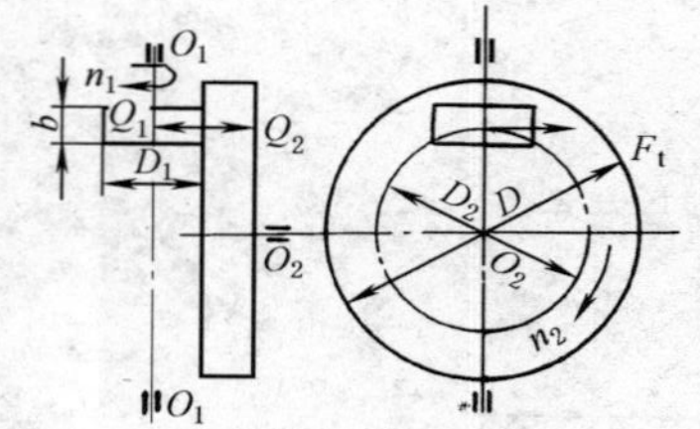	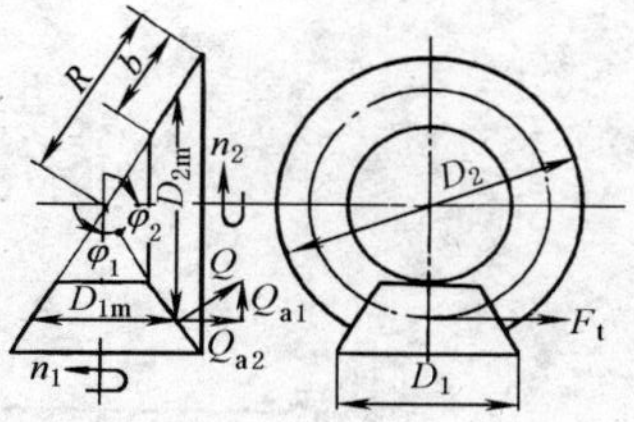
传 动 比	$i=\frac{n_1}{n_2}=\frac{D_2}{D_1(1-\varepsilon)}$ 滑动率 ε,查表 12-2-3	$i=\frac{n_1}{n_2}=\frac{D_2}{D_1(1-\varepsilon)}$	$i=\frac{n_1}{n_2}=\frac{D_2}{D_1(1-\varepsilon)}$	当 $\varphi_1+\varphi_2=90°$时 $i=\frac{n_1}{n_2}=\frac{D_{2m}}{D_{1m}(1-\varepsilon)}=\frac{\tan\varphi_2}{(1-\varepsilon)}$ 当 $\varphi_1+\varphi_2\neq 90°$时 $i=\frac{n_1}{n_2}=\frac{\sin\varphi_2}{(1-\varepsilon)\sin\varphi_1}$
几何计算	$D_1=\frac{2a}{i\pm1}\geqslant(4\sim5)d$($d$ 为轴径) $D_2=iD_1(1-\varepsilon)$ $b=\psi_a a$ "$i\pm1$"中"+"号为外接触,"-"号为内接触(下同)	$D_1=\frac{2a}{i\pm1}$;$D_2=iD_1(1-\varepsilon)$ $b=2z(h\tan\beta+\delta)$,β 在 12°~18°间 选取 $\delta=3$mm(钢),$\delta=5$mm(铸铁) $h=0.04D_1$;$D_e=D+2h$ $D_i=D-2h-(0.1\sim0.2)$	$D_2=iD_1(1-\varepsilon)$ $b=\psi_D D_1$ $D=D_2+(0.8\sim1.0)b$	$D_1=2R\sin\varphi_1$ $D_2=iD_1(1-\varepsilon)$或 $D_2=2R\sin\varphi_2$ $b=\psi_R R$ $D_{1m}=D_1(1-0.5\psi_R)$ $D_{2m}=D_2(1-0.5\psi_R)$
压 紧 力	两轮径向 $Q=\frac{K_A F_t}{f_p}=\frac{2K_A T_1}{f_p D_1}$ $=1.91\times10^7\frac{K_A P_1}{f_p D_1 n_1}$	两轮径向 $Q=\frac{2K_A T_1}{f_p D_1}\sin\beta$ $=1.91\times10^7\frac{K_A P_1}{f_p D_1 n_1}\sin\beta$	一轮径向 $Q_1=Q_2=\frac{2K_A T_1}{f_p D_1}$	轮面法向 $Q=\frac{2K_A T_1}{f_p D_{1m}}$

续表

名称		圆柱摩擦轮传动	槽形摩擦轮传动	端面摩擦轮传动	锥形摩擦轮传动
作用在轴上的力	总压力	$S_1=S_2=\sqrt{F_t^2+Q^2}$ $=\dfrac{2T_1}{D_1}\sqrt{1+\left(\dfrac{K_A}{f_p}\right)^2}$ （T_1 为轮 1 转矩）	$S_1=S_2=\dfrac{2T_1}{D_1}\sqrt{1+\left(\dfrac{K_A\sin\beta}{f_p}\right)^2}$	$S_1=\dfrac{2T_1}{D_1}\sqrt{1+\left(\dfrac{K_A}{f_p}\right)^2}$ $S_2=\dfrac{2T_2}{D_2}$	$S_1=\dfrac{2T_1}{D_{1m}}\sqrt{1+\left(\dfrac{K_A}{f_p}\cos\varphi_1\right)^2}$ $S_2=\dfrac{2T_1}{D_{1m}}\sqrt{1+\left(\dfrac{K_A}{f_p}\cos\varphi_2\right)^2}$
	轴向力	$Q_a=0$	$Q_a=0$	$Q_{a1}=0;Q_{a2}=Q$	$Q_{a1}=Q\sin\varphi_1;Q_{a2}=Q\sin\varphi_2$
强度计算	金属轮/金属轮	$a\geqslant(i\pm1)\sqrt[3]{E\dfrac{K_AP_1}{f_p\psi_a in_1}\left(\dfrac{1290}{\sigma_{Hp}}\right)^2}$ E、f_p、σ_{Hp}查表 12-2-3 P_1、n_1 分别为主动轮功率及转速，r/min K_A 为工况系数，查表 12-2-7（下同） $\psi_a=b/a$，常取 $\psi_a=0.2\sim0.4$，轴系刚性好时取大值	当 $h=0.04D_1=\dfrac{0.08a}{1+i}$，$\beta=15°$时 $a\geqslant(i\pm1)\times$ $\sqrt[3]{E\dfrac{K_AP_1(i\pm1)}{f_pz\,in_1}\left(\dfrac{1615}{\sigma_{Hp}}\right)^2}$ 沟槽数 $z=5\sim8$	$D_1\geqslant\sqrt[3]{E\dfrac{K_AP_1}{f_p\psi_Dn_1}\left(\dfrac{2580}{\sigma_{Hp}}\right)^2}$ $\psi_D=b/D_1$，常取 $\psi_D=0.2\sim1.0$	当 $\varphi_1+\varphi_2=90°$时 $R\geqslant\sqrt{1+i^2}\times$ $\sqrt[3]{E\dfrac{K_AP_1}{f_p\psi_R in_1}\left[\dfrac{1290}{(1-0.5\psi_R)\sigma_{Hp}}\right]^2}$ $\psi_R=b/R$，常取 $\psi_R=0.2\sim0.3$
	金属轮/非金属轮	$a\geqslant168.4(i\pm1)\sqrt[3]{\dfrac{K_AP_1}{if_p\psi_an_1K_p}}$ f_p、K_p 查表 12-2-3	$a\geqslant155(i\pm1)\sqrt[3]{\dfrac{K_AP_1(i\pm1)}{f_pn_1izK_p}}$ （h 及 β 取法同上）	$D_1\geqslant267.3\sqrt[3]{\dfrac{K_AP_1}{f_pn_1\psi_DK_p}}$	$R\geqslant168.4\sqrt{i^2+1}\times$ $\sqrt[3]{\dfrac{K_AP_1}{f_pn_1i\psi_R(1-0.5\psi_R)^2K_p}}$
	金属轮/橡胶轮	$a\geqslant212.2\sqrt[3]{\dfrac{K_AP_1(i\pm1)^2}{f_pn_1\psi_aC_p}}$ C_p 查图 12-2-3		$D_1\geqslant336.8\sqrt[3]{\dfrac{K_AP_1}{f_pn_1\psi_DC_p}}$	

注：力的单位为 N；转矩的单位为 N · mm；功率的单位为 kW；长度的单位为 mm；应力的单位为 MPa；转速的单位为 r/min。

表 12-2-6　　摩擦轮传动的加压装置的种类和计算[4]

名称		恒压加压装置——圆柱螺旋弹簧加压式			
		圆柱摩擦轮传动	槽形摩擦轮传动	端面摩擦轮传动	锥形摩擦轮传动
简图		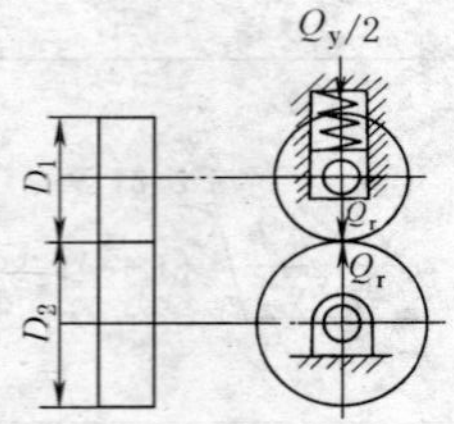	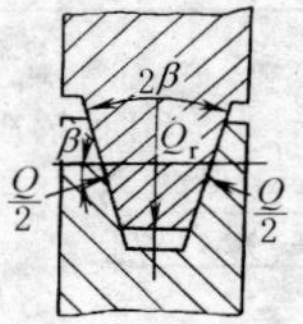	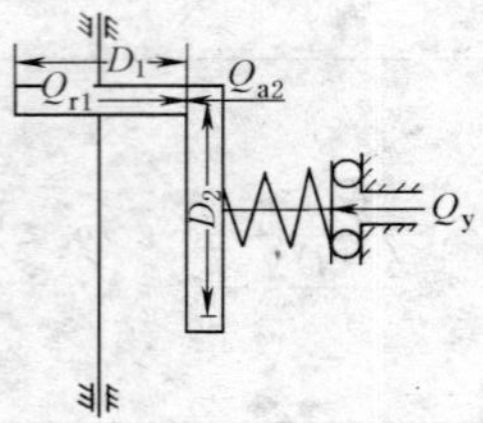	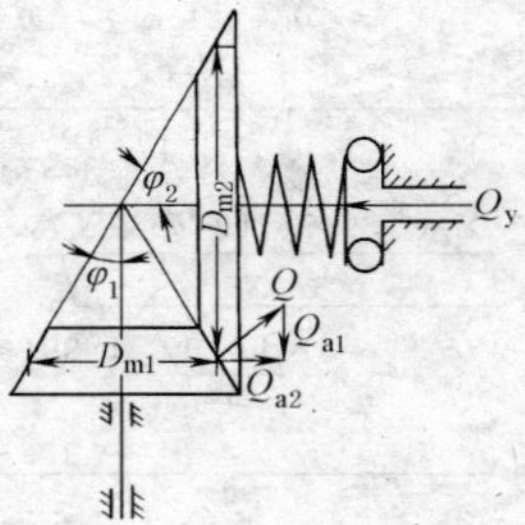
法向压紧力	摩擦轮处	$Q_r=\frac{K_A F_t}{f_p}=1.91\times10^7\frac{K_A P_1}{f_p D_1 n_1}$	$Q_r=1.91\times10^7\frac{K_A P_1}{f_p D_1 n_1}\sin\beta$	$Q_{r1}=Q_{a2}=1.91\times10^7\frac{K_A P_1}{f_p D_1 n_1}$	$Q=1.91\times10^7\frac{K_A P_1}{f_p D_{m1} n_1}$
	加压盘处	$Q_y=Q_r$	$Q_y=Q_r$	$Q_y=Q_{a2}$	$Q_y=Q_a=Q\sin\varphi$
轴向压紧力		$Q_a=0$	$Q_a=0$	$Q_{a1}=0$；$Q_{a2}=Q_{r1}$	$Q_{a1}=Q\sin\varphi_1$；$Q_{a2}=Q\sin\varphi_2$
弹簧压紧力		$P_n=\frac{1}{2}Q_y=\frac{1}{2}Q_r$ 轮两侧各装一个弹簧	$P_n=\frac{1}{2}Q_y=\frac{1}{2}Q_r$ 轮两侧各装一个弹簧	$P_n=Q_{a2}$ 弹簧装在2轮轴上	$P_n=Q_{a1}$（弹簧在1轴上） 或$P_n=Q_{a2}$（弹簧在2轴上）
弹簧螺旋升角λ		$\lambda=\arctan\frac{t}{\pi D_2}$，推荐$\lambda=5°\sim9°$，$t$为节距，$D_2=Cd$为弹簧中径，一般$t=\left(\frac{1}{3}\sim\frac{1}{2}\right)D_2$			
强度计算		参考本手册弹簧篇选择合适的弹簧材料及相应的许用应力τ_p，选定合适的弹簧指数C（一般热卷取$C=4\sim10$，冷卷取$C=4\sim14$），算出相应的曲度系数K，即可求得所需弹簧丝直径d $d=1.6\sqrt{\frac{P_n KC}{\tau_p}}$ 圆柱螺旋压缩弹簧其余尺寸计算详见弹簧篇			
特点及应用		结构简单，工作可靠，压紧力不随载荷变化，机械效率低，寿命较短			

续表

名称		自动加压装置		
		端面凸轮轴(套)式	钢球(柱)V形槽式	弹性自紧环式
简图				
法向压紧力	摩擦轮处	$Q=\dfrac{2K_AT}{f_pD}=1.91\times10^7\dfrac{K_AP}{f_pDn}$ D,P,n 分别为加压轴摩擦轮直径、功率及转速 f_p 及 K_A 意义同表 12-2-5	$Q=\dfrac{2K_AT}{f_pD}=1.91\times10^7\dfrac{K_AP}{f_pDn}$	$Q=\dfrac{K_AT_2}{f_pR_{2x}}$；$Q_r=Q\cos\theta$
	加压盘处	$Q_y=\dfrac{2K_AT\cos\rho'}{d_p\sin(\lambda+\rho')}=\dfrac{f_pD\cos\rho'}{d_p\sin(\lambda+\rho')}Q$	$Q_y=\dfrac{f_pD}{d_p\sin\lambda}Q$	
轴向压紧力		$Q_a=\dfrac{2K_AT}{f_pD}\sin\theta=Q\sin\theta$	$Q_a=Q\sin\theta$	$Q_a=Q\sin\theta$
弹簧压紧力		$Q_T=Q_{a1}-Q_a$		
弹簧螺旋升角 λ		$\tan(\lambda+\rho')=\dfrac{f_pD}{d_p\sin\theta}$，$\tan\rho'=f'$，$f'=0.12\sim0.2$	$\tan\lambda=\dfrac{f_pD}{d_p\sin\theta}$	
强度计算		$\sigma_y=\dfrac{4Q_y\cos\lambda}{K\pi d_p(D_e-D_i)}\leqslant\sigma_{yp}$ K 为承压面积变化系数，取 0.75～0.90 σ_{yp} 为许用压应力，MPa，通常取 $\sigma_{yp}=(3\sim6)HRC$ D_e，D_i 分别为加压凸轮的外、内直径 d_p 为加压凸轮的有效工作直径	钢球式 $\sigma_{Hmax}=13707\sqrt[3]{\dfrac{K_zQ_y}{zr^2}}\leqslant\sigma_{Hp}$ 鼓形滚子 $\sigma_{Hmax}=\dfrac{8635}{\alpha\beta}\sqrt[3]{\dfrac{K_zQ_y}{z}\left(\dfrac{1}{r_1}+\dfrac{1}{r_2}\right)^2}\leqslant\sigma_{Hp}$ K_z 为载荷不均匀系数，取 1.1～1.2 σ_{Hp} 为许用接触应力，MPa，对 GCr15、63HRC 可取 2300（滚子）及 3200（球） z 为滚子数 r 为加压钢球半径 α，β 分别为系数，由 $\cos\tau=\dfrac{r_1-r_2}{r_1+r_2}$ 查表 12-2-8 r_1，r_2 分别为鼓形滚子在轴向及中心截面的半径	按圆环计算，或按曲杆进行近似计算起始间隙 $\delta_0=\dfrac{a\tan^2\varphi}{2}\left[1-\left(\dfrac{R_{2x}-R_{1x}}{a}\right)^2\right]-\delta$ $\delta=0.298\dfrac{Q_rR_c^3}{EI_a}$ 式中 R_c——环截面质心的半径； E——环材料的弹性模量； I_a——环截面对截面轴心线的惯性矩
特点及应用		灵敏性较钢球V形槽式差，但承载能力大，适用于较大功率传动，也可在凸轮块之间设置滚子 压紧力在同一根轴上内部平衡，螺旋面制造较困难	动作灵敏，对载荷变化反应快；承载能力稍差，结构稍复杂；工艺要求较高，鼓形滚子承载能力较好 应通过预测碟形弹簧的刚性及其线性度，调整垫圈厚度，确定合理的最大可压缩量和预压量，以避免越顶现象	结构简单，无需专用加压装置，传递功率受到一定限制，用于卸载环摩擦轮传动

注：1. 力的单位为 N；转矩的单位为 N·mm；长度的单位为 mm；功率的单位为 kW；转速的单位为 r/min。
2. 摩擦轮压紧力公式中各符号的意义见表 12-2-5。

表 12-2-7　　工况系数 K_A [1]

原动机的工作方式	工作机的工作方式			
	均　匀	较小冲击	中等冲击	强烈冲击
均匀（如启动力矩小的电机）	1.00	1.25	1.50	1.75
轻微冲击（如蒸汽、燃气涡轮机）	1.10	1.35	1.60	1.85
较小冲击（如多缸内燃机）	1.25	1.50	1.75	2.00 或更高
强烈冲击（如单缸内燃机）	1.50	1.75	2.00	2.25 或更高

表 12-2-8　　$\cos\tau$、α、β，$1/\alpha\beta$ 的数值

$\cos\tau$	α	β	$1/\alpha\beta$	$\cos\tau$	α	β	$1/\alpha\beta$
1.0000	∞	0.0000	—	0.6203	1.7034	0.6531	0.8989
0.9923	8.6088	0.2722	0.4267	0.5999	1.6605	0.6642	0.9067
0.9803	5.9760	0.3273	0.5112	0.5803	1.6221	0.6747	0.9137
0.9601	4.5147	0.3777	0.5864	0.5602	1.5850	0.6854	0.9205
0.9510	4.1557	0.3942	0.6104	0.5505	1.5678	0.6906	0.9236
0.9383	3.7807	0.4142	0.6386	0.5396	1.5492	0.6963	0.9270
0.9187	3.3733	0.4398	0.6740	0.5200	1.5169	0.7066	0.9329
0.9007	3.1014	0.4600	0.7009	0.4999	1.4857	0.7171	0.9386
0.8805	2.8682	0.4799	0.7265	0.4795	1.4556	0.7278	0.9440
0.8587	2.6690	0.4993	0.7503	0.4600	1.4281	0.7380	0.9489
0.8499	2.5994	0.5067	0.7592	0.4500	1.4146	0.7432	0.9512
0.8412	2.5369	0.5137	0.7674	0.4403	1.4016	0.7483	0.9535
0.8192	2.3966	0.5305	0.7865	0.4204	1.3760	0.7587	0.9579
0.8010	2.2971	0.5436	0.8008	0.4003	1.3513	0.7692	0.9621
0.7790	2.1915	0.5587	0.8167	0.3802	1.3275	0.7797	0.9661
0.7605	2.1130	0.5709	0.8290	0.3600	1.3047	0.7904	0.9697
0.7493	2.0697	0.5780	0.8359	0.3398	1.2827	0.8011	0.9732
0.7406	2.0376	0.5835	0.8411	0.3198	1.2617	0.8118	0.9764
0.7197	1.9660	0.5963	0.8530	0.2998	1.2414	0.8225	0.9793
0.6997	1.9043	0.6082	0.8634	0.2503	1.1942	0.8495	0.9857
0.6807	1.8503	0.6192	0.8728	0.2004	1.1501	0.8774	0.9909
0.6608	1.7980	0.6306	0.8820	0.1502	1.1089	0.9063	0.9949
0.6503	1.7721	0.6365	0.8866	0.1001	1.0705	0.9363	0.9978
0.6400	1.7478	0.6422	0.8909	0.0500	1.0342	0.9674	0.9994
0.6300	1.7249	0.6477	0.8950	0.0000	1.0000	1.0000	1.0000

7　摩擦轮结构

四种常用的摩擦轮结构如图 12-2-6～图 12-2-9 所示。这里要注意轮缘及有非金属材料覆面层的结构特点，至于轮芯部分一般用铸铁或钢材制造，轮辐及轮毂部分的结构设计类似于带轮及齿轮。

图 12-2-10 所示的行星摩擦轮传动中，适当增多围绕太阳轮布置的行星摩擦轮，使总圆周力分配在更多的接触部位上，以增大传动功率。由于各摩擦轮上的法向力相互平衡，不会增加轴承的载荷。由淬硬钢制造的滚动体起着支承和导向作用，工作平稳性很好。

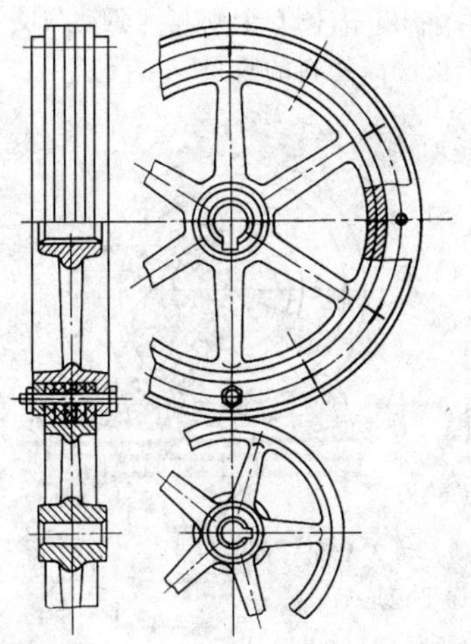
图 12-2-6　圆柱摩擦轮结构

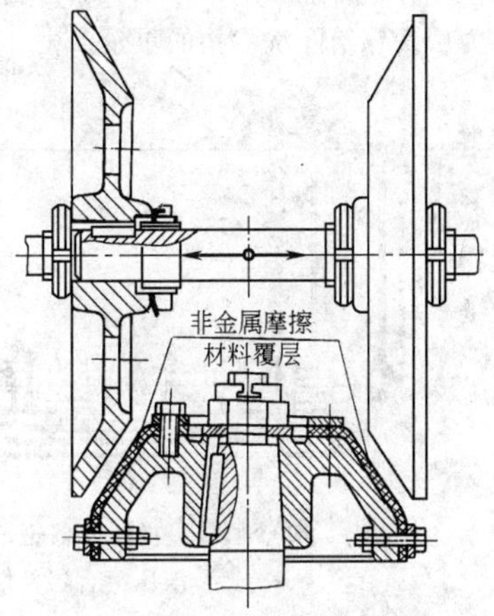

图 12-2-7　圆锥摩擦轮结构

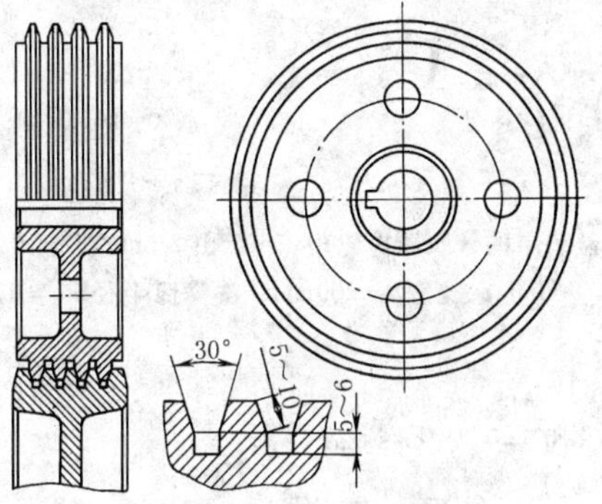

图 12-2-8　圆柱槽形摩擦轮结构

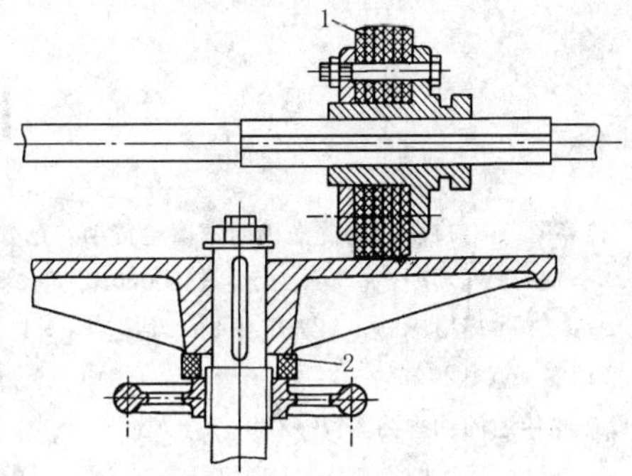

图 12-2-9　端面摩擦轮结构

1—皮革；2—弹性垫

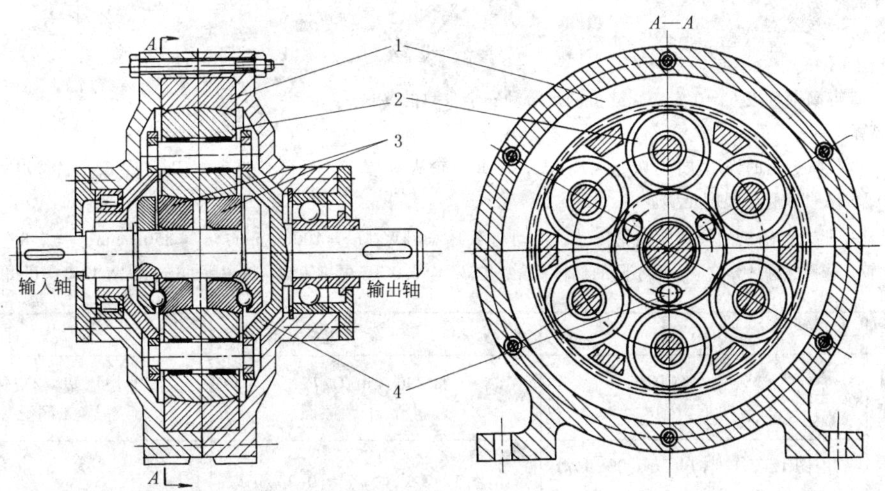

图 12-2-10　行星摩擦轮传动[1]

($P\leqslant100$kW，$v\leqslant50$m/s，$i\leqslant10$)

1—内摩擦轮；2—行星摩擦轮；3—太阳摩擦轮；4—压紧装置

图 12-2-11 所示为洗涤机，12 个橡胶摩擦轮中左侧 6 个起支承作用，右侧 6 个则起到驱动与支承洗涤筒的双重作用，压紧力由洗涤筒及洗涤物的重量产生，因此圆周力取决于被洗涤物料的重量。

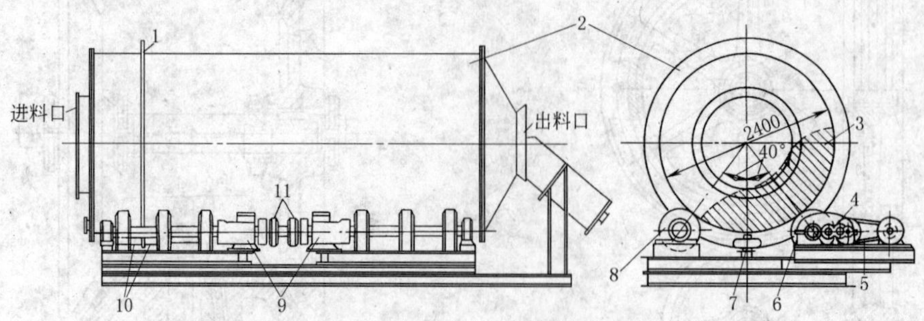

12 个圆柱形橡胶摩擦轮，其中 6 个由电机拖动，每 3 个配一台电机，
液压离合器补偿滚动半径差，并确保平稳地启动

图 12-2-11　洗涤筒摩擦轮传动装置[1]

1—导向凸缘；2—洗涤筒；3—充装物料；4—齿轮传动；5—带传动；6—支承和传动摩擦轮；
7,10—轴向导轮；8—支承轮；9—电机，各 20kW；11—带有 V 带轮的液压离合器

8　计算实例

例 1　核算图12-2-11所示的洗涤机的摩擦轮传动。已知 12 个有钢丝垫层的橡胶摩擦轮中，6 个由 2 台电机拖动，每台电机使用功率 $P_1=18.2\text{kW}$，洗涤筒总重力 $F_G=300000\text{N}$，摩擦轮半径 $R_1=300\text{mm}$，宽度 $b=200\text{mm}$，洗涤筒半径 $R_2=1200\text{mm}$，转速 $n_2=6\text{r/min}$，工作环境潮湿，每天工作 8h，估定 $K_A=1.1$。

(1) 滑动安全系数核算

每个摩擦轮传递的功率为 $K_AP_1\times10^3/3=F_tv_1$，$v_1\approx v_2=2\pi R_2n_2/6\times10^4=0.754\text{m/s}$，故

$$F_t=\frac{10^3K_AP_1}{3v_1}=8850\text{N}$$

由图可知，每个摩擦轮的法向力为

$$F_n=\frac{F_G}{12\cos40^\circ}=32600\text{N}$$

有效摩擦因数为

$$f=\frac{F_t}{F_n}=0.27$$

由表 12-2-3 查得潮湿环境 $f_p=0.3>f$，故可满足滑动安全系数的要求。

(2) 强度核算

由表 12-2-3 橡胶摩擦轮的许用法向力 $F_{np}=R_1bC_p$，对 B 型轮从图 12-2-3 可得 $C_p=0.8\text{MPa}$，故 $F_{np}=48000\text{N}$，大于实际工作的 $F_n=32600\text{N}$。说明橡胶轮强度足够。

例 2　试设计一驱动运输机的圆柱摩擦轮传动。传动功率 $P_1=4\text{kW}$，$n_1=1000\text{r/min}$，$n_2=350\text{r/min}$，$i=2.85$。

为了进行比较，选择三种计算方案，取不同的材料组合，但 ψ_a 均取 0.3，电机驱动，按中等冲击，从表 12-2-7 可得 $K_A=1.5$。

计算内容	方案 Ⅰ	方案 Ⅱ	方案 Ⅲ
1. 选择材料及润滑状况	淬硬钢/淬硬钢 合成润滑油	ZG230-450/Q275 无润滑，干摩擦面	层压塑料/灰铸铁 无润滑
2. 确定许用摩擦因数	由图 12-2-1，取 $f_{max}=0.09$，取滑动安全系数 $S_R=1.7$，则由式(12-2-3) $f_p=\frac{f_{max}}{S_R}=0.053$	由图 12-2-2，取 $f_{max}=0.23$，仍取 $S_R=1.7$，则 $f_p=\frac{f_{max}}{S_R}=0.135$	无合适的摩擦因数曲线时，直接从表 12-2-3 可得 $f_p=0.25$

续表

计算内容	方案Ⅰ	方案Ⅱ	方案Ⅲ
3. 由强度计算初定中心距（公式见表12-2-5）	由表12-2-3查得 $\sigma_{Hp}=1800MPa$，$E=2.1\times10^5MPa$，代入表12-2-5相应公式 $a\geqslant(i+1)\times\sqrt[3]{E\frac{K_AP_1}{f_p\psi_a in_1}\left(\frac{1290}{\sigma_{Hp}}\right)^2}$ $=93.4mm$	由表12-2-3查得 $\sigma_{Hp}=500MPa$，$E=2.1\times10^5MPa$，代入表12-2-5相应公式 $a\geqslant(i+1)\times\sqrt[3]{E\frac{K_AP_1}{f_p\psi_a in_1}\left(\frac{1290}{\sigma_{Hp}}\right)^2}$ $=160.7mm$	由表12-2-3查得 $K_p=1.0MPa$，代入表12-2-5金属轮/非金属轮相应公式 $a\geqslant168.4(i+1)\times\sqrt[3]{\frac{K_AP_1}{if_p\psi_a n_1K_p}}$ $=197mm$
4. 主要几何尺寸计算（公式见表12-2-5）	$D_1=\frac{2a}{i+1}=48.5mm$，取49mm 由图12-2-1，与 $f=0.053$ 相应的滑动率 $\varepsilon=0.25\%$ $D_2=iD_1(1-\varepsilon)=139.3mm$，取139mm $a=\frac{1}{2}(D_1+D_2)=94mm$ $b=\psi_a a=28.2mm$，取29mm	$D_1=\frac{2a}{i+1}=83.5mm$，取84mm 由图12-2-2，当 $f=0.135$ 时，相应的 $\varepsilon\approx0.4\%$ $D_2=iD_1(1-\varepsilon)=238.4mm$，取 $D_2=238mm$ $a=\frac{1}{2}(D_1+D_2)=161mm$ $b=\psi_a a=48.3mm$，取49mm	$D_1=\frac{2a}{i+1}=102.3mm$，取105mm 由表12-2-3，当 $f=0.25$ 时相应的 $\varepsilon=3.5\%$ $D_2=iD_1(1-\varepsilon)\doteq288.8mm$，取 $D_2=289mm$ $a=\frac{1}{2}(D_1+D_2)=197mm$ $b=\psi_a a=59.1mm$，取60mm
5. 压紧力计算	按表12-2-5相应公式 $Q=1.91\times10^7\frac{K_AP_1}{f_pD_1n_1}$ $=44100N$	按表12-2-5相应公式 $Q=10100N$	按表12-2-5相应公式 $Q=4370N$

比较分析：方案Ⅰ结构最紧凑，寿命最长，但压紧力很大，滚动体材料及热处理和加工费用均较高；方案Ⅲ所占体积最大，但压紧力最小；方案Ⅱ的体积及压紧力介于Ⅰ及Ⅲ之间。可根据具体使用场合诸因素进一步确定。

参 考 文 献

1 G. 尼曼，H. 温特尔著．机械零件．北京：机械工业出版社，1991
2 阮忠唐主编．机械无级变速器．北京：机械工业出版社，1983
3 余茂芃编．摩擦无级变速器．北京：高等教育出版社，1986
4 机械工程手册、电机工程手册编辑委员会．机械工程手册·第六卷．北京：机械工业出版社，1982
5 程光仁等编．滚珠螺旋传动设计基础．北京：机械工业出版社，1987
6 Боков В Н. Детали Машин Атлас. 1983
7 黄祖尧．国外滚珠丝杠副技术发展动向．北京机床研究所，1986
8 广州机床研究所．机械无级变速器的润滑．全国无级变速器第二届学术年会，1991
9 机床设计手册编写组．机床设计手册．北京：机械工业出版社，1979
10 郭俊芝等编．机械设计便览．天津：天津科技出版社，1988
11 曹仁政编．机械零件．北京：冶金工业出版社，1985
12 龚桂义编．机械设计课程设计图册．第3版．北京：高等教育出版社，1989
13 滚珠丝杠副的分析计算及设计选用．汉江机床厂，1999
14 新颖的滚动功能部件丝杠副导轨副花键副导套副．南京工艺装备厂，2000
15 饶振纲，王勇卫编．滚珠丝杠副及自锁装置．北京：国防工业出版社，1990
16 戴曙主编．机床滚动轴承应用手册．北京：机械工业出版社，1993

第 13 篇　带、链传动

主要撰稿　王淑兰

审　　稿　房庆久

第1章 带传动

1 带传动的类型、特点与应用

表 13-1-1

类型	带简图	传动比	带速 /m·s^{-1}	传动效率 /%	特点与应用
普通V带		≤10	20~30 最佳20	85~95	带两侧与轮槽附着较好，当量摩擦因数较大，允许包角小，传动比较大，中心距较小，预紧力较小，传动功率可达700kW
窄V带			最佳 20~25 极限 40~50		带顶呈弓形，两侧呈内凹形，与轮槽接触面积增大，柔性增加，强力层上移，受力后仍保持整齐排列，除具有普通V带的特点外，能承受较大预紧力，速度和可挠曲次数提高，寿命延长，传动功率增大，单根可达75kW；带轮宽度和直径可减小，费用比普通V带降低20%~40%。可以完全代替普通V带
联组窄V带	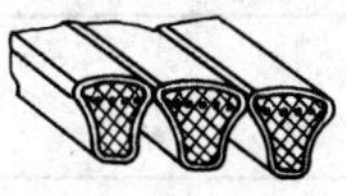		20~30		窄V带的延伸产品。各V带长度一致，整体性好；各带受力均匀，横向刚度大，运转平稳，消除了单根带的振动；承载能力较高，寿命较长；适用于脉动载荷和有冲击振动的场合，特别是适用于垂直地面的平行轴传动。要求带轮尺寸加工精度高。目前只有2~5根的联组
多楔带	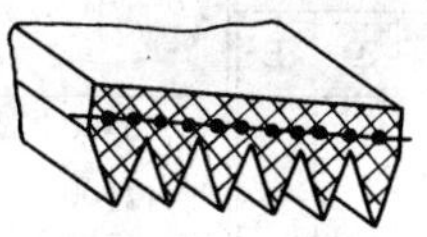		20~40		在平带内表面纵向布有等间距40°三角楔的环形带。兼有平带与联组V带的特点，但比联组带传递功率大，效率高，速度快，传动比大，带体薄，比较柔软，小带轮直径可很小，机床中应用较多
普通平带	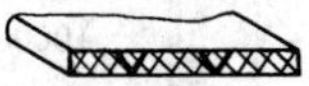	不得大于5，一般不大于3	15~30	83~95，有张紧轮80~92	抗拉强度较大，耐湿性好，中心距大，价格便宜，但传动比小，效率较低，可呈交叉、半交叉及有导轮的角度传动，传动功率可达500kW
梯形齿同步带	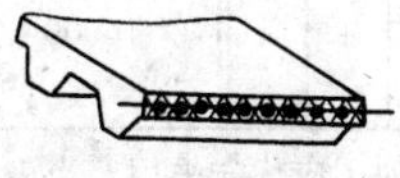	≤10	<1~40	98~99.5	靠齿啮合传动，传动比准确，传动效率高，初张紧力最小，轴承承受压力最小，瞬时速度均匀，单位质量传递的功率最大；与链和齿轮传动相比，噪声小，不需润滑，传动比、线速度范围大，传递功率大；耐冲击振动较好，维修简便、经济。广泛用于各种机械传动中
圆弧齿同步带	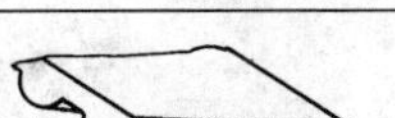				同梯形齿同步带，且齿根应力集中小，寿命更长，传递功率比梯形齿高1.2~2倍

注：本表仅介绍了几种常用带的类型。

2 V带传动

2.1 带

表 13-1-2 带的截面尺寸（摘自 GB/T 11544—1997） mm

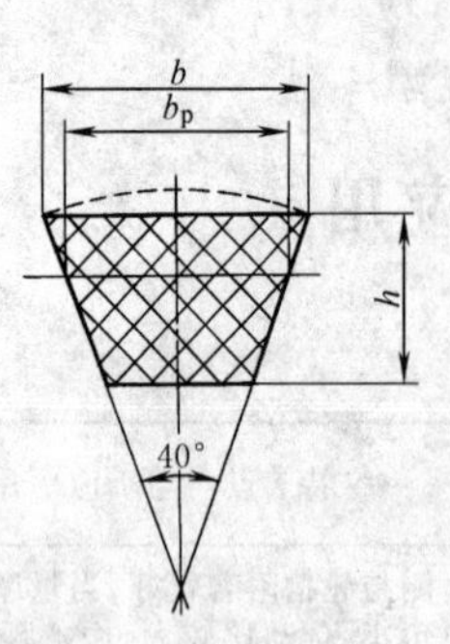

项目		普通 V 带型号						
		Y	Z	A	B	C	D	E
截面尺寸	b_p	5.3	8.5	11	14	19	27	32
	b	6.0	10.0	13.0	17.0	22.0	32.0	38.0
	h	4.0	6.0	8.0	11.0	14.0	19.0	23.0
项目		基准宽度制窄 V 带型号				有效宽度制窄 V 带型号		
		SPZ	SPA	SPB	SPC	9N	15N	25N
截面尺寸	b_p	8	11	14	19	—	—	—
	b	10.0	13.0	17.0	22.0	9.5	16.0	25.5
	h	8.0	10.0	14.0	18.0	8.0	13.5	23.0

表 13-1-3 联组窄 V 带的截面尺寸（摘自 GB/T 13575.2—1992） mm

型号	b	h	e	联组数
9J	9.5	10	10.3	2～5
15J	15.5	16	17.5	
25J	25.5	26.5	28.6	

表 13-1-4 普通 V 带的基准长度 L_d（摘自 GB/T 13575.1—1992） mm

基准长度 L_d	型号			基准长度 L_d	型号				基准长度 L_d	型号					基准长度 L_d	型号		
	Y	Z	A		Z	A	B	C		A	B	C	D	E		C	D	E
200	+			630	+	+			2000	+	+	+			6300	+	+	+
224	+			710	+	+			2240	+	+	+			7100	+	+	+
250	+			800	+	+			2500	+	+	+			8000	+	+	+
280	+			900	+	+	+		2800	+	+	+	+		9000	+	+	+
315	+			1000	+	+	+		3150		+	+	+		10000	+	+	+
355	+			1120	+	+	+		3550		+	+	+		11200		+	+
400	+	+		1250	+	+	+		4000		+	+	+		12500		+	+
450	+	+		1400	+	+	+		4500		+	+	+	+	14000		+	+
500	+	+		1600	+	+	+	+	5000		+	+	+	+	16000			+
560		+		1800		+	+	+	5600		+	+	+	+				

注：1. 本表是根据 GB/T 321—2005 从优先数系 R20 常用数值中选取的基准长度系列，应优先采用。当表中基准长度 L_d 不能满足需要时，还可从表 13-1-5 的数值中选取。

2. 标记示例：

A　1400　GB/T 13575.1—1992

型号　基准长度，mm　标准号

表 13-1-5　　　普通 V 带的基准长度 L_d（摘自 GB/T 11544—1997）　　　mm

型	号						型	号						型	号		
Y	Z	A	B	C	D	E	Y	Z	A	B	C	D	E	A	B	C	D
基准长度 L_d							基准长度 L_d							基准长度 L_d			
200	405	630	930	1565	2740	4660	450	1080	1430	1950	3080	6100	12230	2300	3600	7600	15200
224	475	700	1000	1760	3100	5040	500	1330	1550	2180	3520	6840	13750	2480	4060	9100	
250	530	790	1100	1950	3330	5420		1420	1640	2300	4060	7620	15280	2700	4430	10700	
280	625	890	1210	2195	3730	6100		1540	1750	2500	4600	9140	16800		4820		
315	700	990	1370	2420	4080	6850			1940	2700	5380	10700			5370		
355	780	1100	1560	2715	4620	7650			2050	2870	6100	12200			6070		
400	820	1250	1760	2880	5400	9150			2200	3200	6815	13700					

表 13-1-6　　　基准宽度制窄 V 带的基准长度 L_d（摘自 GB/T 11544—1997）　　　mm

基准长度 L_d	型号			基准长度 L_d	型号				基准长度 L_d	型号				基准长度 L_d	型号	
	SPZ	SPA	SPB		SPZ	SPA	SPB	SPC		SPZ	SPA	SPB	SPC		SPB	SPC
630	+			1400	+	+	+		3150	+	+	+	+	7100	+	+
710	+			1600	+	+	+		3550	+	+	+	+	8000	+	+
800	+	+		1800	+	+	+		4000		+	+	+	9000		+
900	+	+		2000	+	+	+	+	4500		+	+	+	10000		+
1000	+	+		2240	+	+	+	+	5000			+	+	11200		+
1120	+	+		2500	+	+	+	+	5600			+	+	12500		+
1250	+	+	+	2800	+	+	+	+	6300			+	+			

注：1. 标记示例：SPA（型号）　1250（基准长度，mm）　GB/T 11544—1997（标准号）

2. 生产厂为江苏扬中市东海电器有限公司。

表 13-1-7　　　V 带基准长度的极限偏差及配组差（摘自 GB/T 11544—1997）　　　mm

基准长度 L_d	型号 Y、Z、A、B C、D、E	型号 SPZ、SPA SPB、SPC	型号 Y、Z、A、B C、D、E	型号 SPZ、SPA SPB、SPC	基准长度 L_d	型号 Y、Z、A、B C、D、E	型号 SPZ、SPA SPB、SPC	型号 Y、Z、A、B C、D、E	型号 SPZ、SPA SPB、SPC
	极限偏差		配组差			极限偏差		配组差	
$L_d \leqslant 250$	+8 -4		2	2	$2000 < L_d \leqslant 2500$	+31 -16	±25	8	4
$250 < L_d \leqslant 315$	+9 -4				$2500 < L_d \leqslant 3150$	+37 -18	±32		
$315 < L_d \leqslant 400$	+10 -5				$3150 < L_d \leqslant 4000$	+44 -22	±40	12	6
$400 < L_d \leqslant 500$	+11 -6				$4000 < L_d \leqslant 5000$	+52 -26	±50		
$500 < L_d \leqslant 630$	+13 -6	±6			$5000 < L_d \leqslant 6300$	+63 -32	±63	20	10
$630 < L_d \leqslant 800$	+15 -7	±8			$6300 < L_d \leqslant 8000$	+77 -38	±80		
$800 < L_d \leqslant 1000$	+17 -8	±10			$8000 < L_d \leqslant 10000$	+93 -46	±100	32	16
$1000 < L_d \leqslant 1250$	+19 -10	±13			$10000 < L_d \leqslant 12500$	+112 -66	±125		
$1250 < L_d \leqslant 1600$	+23 -11	±16	4		$12500 < L_d \leqslant 16000$	+140 -70		48	—
$1600 < L_d \leqslant 2000$	+27 -13	±20			$16000 < L_d \leqslant 20000$	+170 -85			

注：也可按供需双方协商的配组差。

表 13-1-8　有效宽度制窄 V 带的有效长度 L_e、极限偏差及配组差（摘自 GB/T 11544—1997）　mm

有效长度 L_e		型号		配组差	有效长度 L_e		型号			配组差	有效长度 L_e		型号		配组差
基本尺寸	极限偏差	9N	15N		基本尺寸	极限偏差	9N	15N	25N		基本尺寸	极限偏差	15N	25N	
630		+			1800		+	+			5080		+	+	
670		+			1900	±10	+	+			5380		+	+	10
710		+			2030		+	+			5690		+	+	
760		+			2160		+	+			6000	±20	+	+	
800		+			2290	±13	+	+		6	6350		+	+	
850		+			2410		+	+			6730		+	+	
900	±8	+		4	2540		+	+	+		7100		+	+	
950		+			2690		+	+	+		7620		+	+	
1015		+			2840		+	+	+		8000		+	+	
1080		+			3000	±15	+	+	+		8500		+	+	16
1145		+			3180		+	+	+		9000	±25	+	+	
1205		+			3350		+	+	+		9500			+	
1270		+	+		3550		+	+	+	10	10160			+	
1345		+	+		3810			+	+		10800			+	
1420		+	+		4060			+	+		11430			+	
1525	±10	+	+	6	4320	±20		+	+		12060	±30		+	
1600		+	+		4570			+	+		12700			+	24
1700		+	+		4830			+	+						

注：生产厂为江苏扬中市东海电器有限公司。

表 13-1-9　有效宽度制联组窄 V 带的有效长度 L_e、极限偏差及配组差（摘自 GB/T 13575.2—1992）　mm

有效长度 L_e		型　号		配组差	有效长度 L_e		型　号			配组差	有效长度 L_e		型　号		配组差
基本尺寸	极限偏差	9J	15J		基本尺寸	极限偏差	9J	15J	25J		基本尺寸	极限偏差	15J	25J	
630		+			1800		+	+			5080		+	+	7.5
670		+			1900	±10	+	+			5380		+	+	
710		+			2030		+	+			5690		+	+	
760		+			2160		+	+		5.0	6000	±20	+	+	
800		+			2290	±13	+	+			6350		+	+	10.0
850		+			2410		+	+			6730		+	+	
900	±8	+		2.5	2540		+	+	+		7100		+	+	
950		+			2690		+	+	+		7620		+	+	
1015		+			2840		+	+	+		8000		+	+	
1080		+			3000	±15	+	+	+		8500		+	+	
1145		+			3180		+	+	+		9000	±25	+	+	12.5
1205		+			3350		+	+	+		9500			+	
1270		+	+		3550		+	+	+	7.5	10160			+	
1345		+	+		3810			+	+		10800			+	
1420		+	+		4060			+	+		11430	±30		+	15.0
1525	±10	+	+		4320	±20		+	+		12060			+	
1600		+	+		4570			+	+		12700			+	
1700		+	+	5.0	4830			+	+						

2.2 带轮

表 13-1-10　　**轮槽截面尺寸**　　mm

$r_1=0.2\sim0.5$

$d_a=d_d+2h_a$

$B=(z-1)e+2f$

z——轮槽数

普通V带轮和窄V带轮（基准宽度制）（摘自GB/T 10412—2002）

槽型 普通V带轮	槽型 窄V带轮	基准宽度 b_d	h_a min	h_f min	槽间距 e 基本值	槽间距 e 极限偏差	槽间距 e 累积极限偏差	f min	δ min	r_2	d_d min	带轮槽角 $\varphi/(°)\pm0.5°$ 32（基准直径 d_d）	34	36	38
Y	—	5.3	1.6	4.7	8	±0.3	±0.6	6	5	0.5～1.0	20	≤60	—	>60	—
Z	SPZ	8.5	2	7 9	12	±0.3	±0.6	7	5.5		50 63	—	≤80	—	>80
A	SPA	11	2.75	8.7 11	15	±0.3	±0.6	9	6		75 90	—	≤118	—	>118
B	SPB	14	3.5	10.8 14	19	±0.4	±0.8	11.5	7.5		125 140	—	≤190	—	>190
C	SPC	19	4.8	14.3 19	25.5	±0.5	±1	16	10	1.0～1.6	200 224	—	≤315	—	>315
D	—	27	8.1	19.9	37	±0.6	±1.2	23	12	1.6～2.0	355	—	—	≤475	>475
E	—	32	9.6	23.4	44.5	±0.7	±1.4	28	15		500	—	—	≤600	>600

窄V带轮（有效宽度制）（摘自GB/T 10413—2002）

槽型	有效宽度 b_e	槽顶最大增量 g	槽顶弧最大深度 q	有效线差 Δ_e	槽深 h_c min	槽间距 e 基本值	槽间距 e 极限偏差	槽间距 e 累积极限偏差	轮槽与端面距离 f min	r_3	d_e min	带轮槽角 $\varphi/(°)\pm0.5°$ 36（有效直径 d_e）	38	40	42
9N/J	8.9	0.2	0.3	0.6	8.9	10.3	±0.25	±0.5	9	1～2	67	$d_e\leqslant90$	$90<d_e\leqslant150$	$150<d_e\leqslant300$	$d_e>300$
15N/J	15.2	0.25	0.4	1.3	15.2	17.5	±0.25	±0.5	13	2～3	180	—	$d_e\leqslant250$	$250<d_e\leqslant400$	$d_e>400$
25N/J	25.4	0.3	0.5	2.5	25.4	28.6	±0.4	±0.8	19	3～5	315	—	$d_e\leqslant400$	$400<d_e\leqslant560$	$d_e>560$

注：1. 表中 δ、r_1、r_2 及 r_3 尺寸标准中未作规定，仅供设计参考。
2. Δ_e 能够趋近于零。
3. 轮槽截面直边尺寸应不小于 d_e-2q。

表 13-1-11　　普通和窄 V 带轮（基准宽度制）直径系列　　mm

基准直径 d_d	槽型 Y	Z	A	B	基准直径 d_d	槽型 Z	A	B	C	D	基准直径 d_d	槽型 Z	A	B	C	D	E
	外径 d_a					外径 d_a						外径 d_a					
普通 V 带轮(摘自 GB/T 10412—2002、GB/T 13575.1—1992)																	
20	23.2				132	136	137.5	139			500	504	505.5	507	509.6	516.2	519.2
22.4	25.6				140	144	145.5	147			530	—	—	—	—	—	549.2
25	28.2				150	154	155.5	157			560	—	565.5	567	569.6	576.2	579.2
28	31.2				160	164	165.5	167			600	—	—	607	609.6	616.2	619.2
31.5	34.7				170	—	—	177			630	634	635.5	637	639.6	646.2	649.2
35.5	38.7				180	184	185.5	187			670		—	—	—	—	689.2
40	43.2				200	204	205.5	207	209.6		710		715.5	717	719.6	726.2	729.2
45	48.2				212	—	—	—	221.6		750		—	757	759.6	766.2	—
50	53.2	54			224	228	229.5	231	233.6		800		805.5	807	809.6	816.2	819.2
56	59.2	60			236	—	—	—	245.6		900			907	909.6	916.2	919.2
63	66.2	67			250	254	255.5	257	259.6		1000			1007	1009.6	1016.2	1019.2
71	74.2	75			265	—	—	—	274.6		1060			—	—	1076.2	—
75	—	79	80.5		280	284	285.5	287	289.6		1120			1127	1129.6	1136.2	1139.2
80	83.2	84	85.5		300	—	—	—	309.6		1250				1259.6	1266.2	1269.2
85	—	—	90.5		315	319	320.5	322	324.6		1400				1409.6	1416.2	1419.2
90	93.2	94	95.5		335	—	—	—	344.6		1500				—	1516.2	1519.2
95	—	—	100.5		355	359	360.5	362	364.6	371.2	1600				1609.6	1616.2	1619.2
100	103.2	104	105.5		375	—	—	—	—	391.2	1800				—	1816.2	1819.2
106	—	—	111.5		400	404	405.5	407	409.6	416.2	1900				—	—	1919.2
112	115.2	116	117.5		425	—	—	—	—	441.2	2000				2009.6	2016.2	2019.2
118	—	—	123.5		450	—	455.5	457	459.6	466.2	2240						2259.2
125	128.2	129	130.5	132	475	—	—	—	—	491.2	2500						2519.2

基准直径 d_d	槽型 SPZ	SPA	基准直径 d_d	槽型 SPZ	SPA	SPB	SPC	基准直径 d_d	槽型 SPZ	SPA	SPB	SPC	基准直径 d_d	槽型 SPA	SPB	SPC
	外径 d_a			外径 d_a					外径 d_a					外径 d_a		
窄 V 带轮(摘自 GB/T 10412—2002)																
63	67		132	136	137.5			280	284	285.5	287	289.6	710	715.5	717	719.6
71	75		140	144	145.5	147		300	—	—	—	309.6	750	—	757	759.6
75	79		150	154	155.5	157		315	319	320.5	322	324.6	800	805.5	807	809.6
80	84		160	164	165.5	167		335	—	—	—	344.6	900		907	909.6
90	94	95.5	170	—	—	177		355	359	360.5	362	364.6	1000		1007	1009.6
95	—	100.5	180	184	185.5	187		400	404	405.5	407	409.6	1120		1127	1129.6
100	104	105.5	200	204	205.5	207		450	—	455.5	457	459.6	1250			1259.6
106	—	111.5	224	228	229.5	231	233.6	500	504	505.5	507	509.6	1400			1409.6
112	116	117.5	236	—	—	—	245.6	560	—	565.5	567	569.6	1600			1609.6
118	—	123.5	250	254	255.5	257	259.6	600	—	—	607	609.6	2000			2009.6
125	129	130.5	265	—	—	—	274.6	630	634	635.5	637	639.6				

注：1. 表中 $d_a = d_d + 2h_a$，h_a 见表 13-1-10。

2. 表中“—”表示不选用。

表 13-1-12　　窄 V 带轮（有效宽度制）直径系列（摘自 GB/T 10413—2002）　　mm

有效直径 d_e		槽型				有效直径 d_e		槽型					
		9N/J		15N/J				9N/J		15N/J		25N/J	
基本值	min	选用情况	d_{emax}	选用情况	d_{emax}	基本值	min	选用情况	d_{emax}	选用情况	d_{emax}	选用情况	d_{emax}
67	67	×	71			315	315	× ×	320	× ×	322	× ×	320
71	71	× ×	75			335	335	—	—	—	—	×	340.4
75	75	×	79			355	355	×	360.7	×	362	× ×	360.7
80	80	× ×	84			375	375	—	—	—	—	×	381
85	85	×	89			400	400	× ×	406.4	× ×	407	× ×	406.4
90	90	× ×	94			425	425	—	—	—	—	×	431.8
95	95	×	99			450	450	×	457.2	×	457.2	× ×	457.2
100	100	× ×	104			475	475	—	—	—	—	×	482.6
106	106	×	110			500	500	× ×	508	× ×	508	× ×	508
112	112	× ×	116			530	530	—	—	—	—	×	538.5
118	118	×	122			560	560	×	569	×	569	× ×	569
125	125	× ×	129			600	600	—	—	—	—	×	609.6
132	132	×	136			630	630	×	640.1	× ×	640.1	× ×	640.1
140	140	× ×	144			710	710	×	721.4	×	721.4	×	721.4
150	150	×	154			800	800	×	812.8	× ×	812.8	× ×	812.8
160	160	× ×	164			900	900			×	914.4	×	914.4
180	180	×	184	× ×	187	1000	1000			× ×	1016	× ×	1016
190	190	—	—	×	197	1120	1120			×	1137.9	×	1137.9
200	200	× ×	204	× ×	207	1250	1250			× ×	1270	× ×	1270
212	212	—	—	×	219	1400	1400			×	1422.4	×	1422.4
224	224	×	228	× ×	231	1600	1600			×	1625.6	× ×	1625.6
236	236	—	—	×	243	1800	1800			×	1828.8	×	1828.8
250	250	× ×	254	× ×	257	2000	2000					× ×	2032
265	265	—	—	×	272	2240	2240					×	2275.8
280	280	×	284.5	× ×	287	2500	2500					× ×	2540
300	300	—	—	×	307								

注：1. 表中 × × 表示优先选用；× 表示可以选用；— 表示不选用。

2. 带轮有效直径是带轮的基本直径。由于仅需要正偏差，故最小有效直径等于基本有效直径。

3. 由于米制和英制的差别，需要有 +1.6% 的公差，为使所有使用要求能够通过选择得到满足，最大有效直径在基本直径基础上增加以下尺寸：

槽型	9N/J	15N/J	25N/J
d_{emax}	$d_{emin}+4$	$d_{emin}+7$	$d_{emin}+d_{emin}\times1.6\%$

表 13-1-13　　带轮结构型式和辐板厚度　　mm

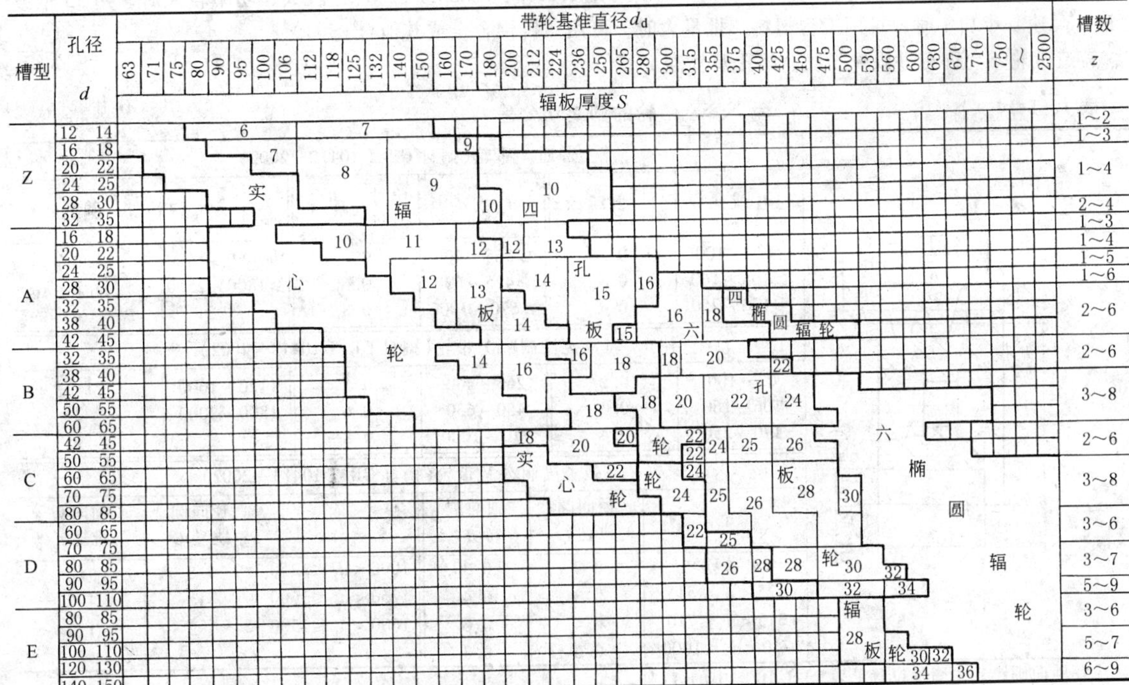

带轮结构图例

结构型式和辐板厚度 S 见表 13-1-13。

轮槽截面尺寸见表 13-1-10。

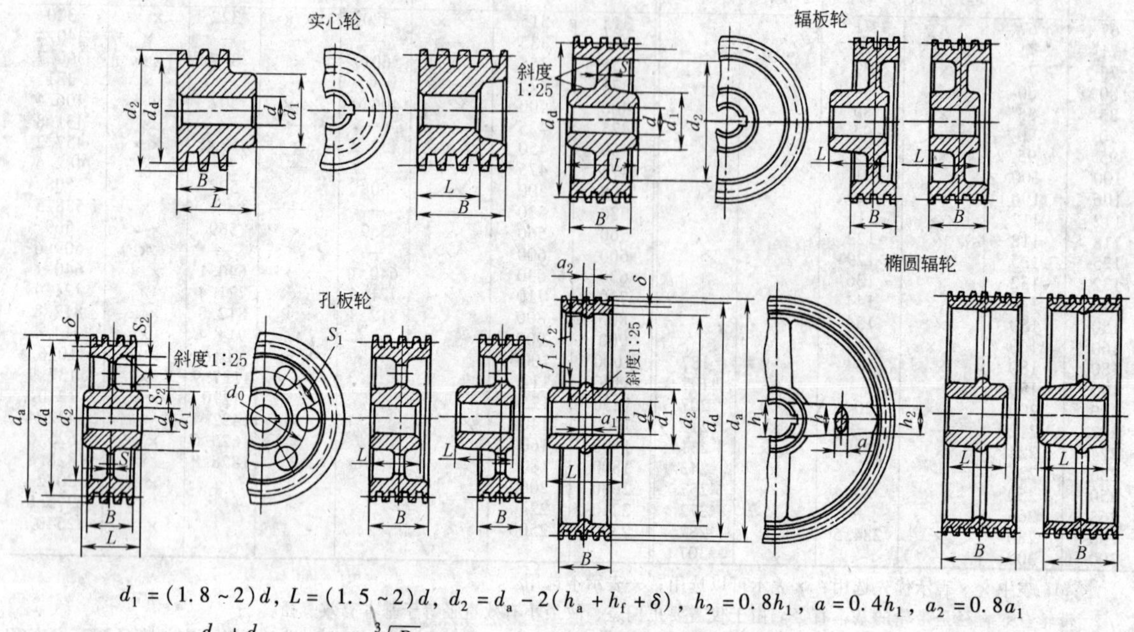

$$d_1=(1.8\sim2)d,\ L=(1.5\sim2)d,\ d_2=d_a-2(h_a+h_f+\delta),\ h_2=0.8h_1,\ a=0.4h_1,\ a_2=0.8a_1$$

$$d_0=\frac{d_2+d_1}{2},\ h_1=290\sqrt[3]{\frac{P}{nm}}\ (\text{mm})\qquad f_1=0.2h_1,\ f_2=0.2h_2,\ S_1\geqslant1.5S,\ S_2\geqslant0.5S$$

式中　P——设计功率，kW；n——带轮转速，r/min；m——轮辐数。

带　轮　材　质

$v<20$m/s 时，可用 HT150；$v>25\sim30$m/s 时，可用 HT200；$v>35$m/s，直径较大、功率较大时，用 35 钢或 40 钢；高速、小功率时，可用工程塑料，批量大时，可用压铸铝合金或其他合金。

铸造带轮不允许有砂眼、裂纹、缩孔及气泡。

表 13-1-14　　带轮的圆跳动公差 t　　mm

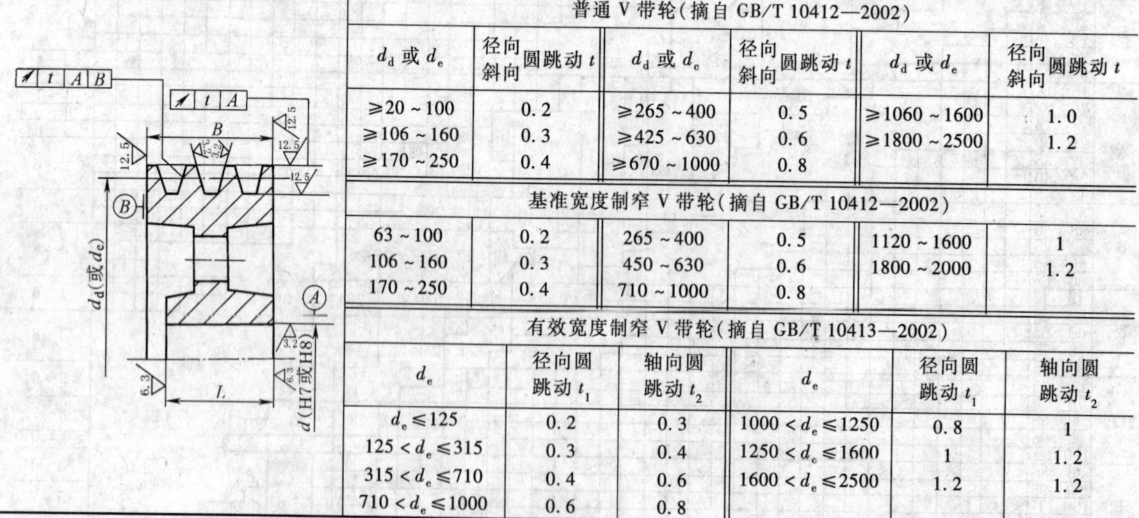

普通 V 带轮（摘自 GB/T 10412—2002）					
d_d 或 d_e	径向斜向圆跳动 t	d_d 或 d_e	径向斜向圆跳动 t	d_d 或 d_e	径向斜向圆跳动 t
≥20～100	0.2	≥265～400	0.5	≥1060～1600	1.0
≥106～160	0.3	≥425～630	0.6	≥1800～2500	1.2
≥170～250	0.4	≥670～1000	0.8		
基准宽度制窄 V 带轮（摘自 GB/T 10412—2002）					
63～100	0.2	265～400	0.5	1120～1600	1
106～160	0.3	450～630	0.6	1800～2000	1.2
170～250	0.4	710～1000	0.8		

有效宽度制窄 V 带轮（摘自 GB/T 10413—2002）					
d_e	径向圆跳动 t_1	轴向圆跳动 t_2	d_e	径向圆跳动 t_1	轴向圆跳动 t_2
$d_e\leqslant125$	0.2	0.3	$1000<d_e\leqslant1250$	0.8	1
$125<d_e\leqslant315$	0.3	0.4	$1250<d_e\leqslant1600$	1	1.2
$315<d_e\leqslant710$	0.4	0.6	$1600<d_e\leqslant2500$	1.2	1.2
$710<d_e\leqslant1000$	0.6	0.8			

注：轴向圆跳动的测量位置见表 13-1-10 图中的 Δ_e 处。

第 13 篇

表 13-1-15　普通和窄 V 带轮（基准宽度制）轮槽尺寸公差（摘自 GB/T 10412—2002）　mm

槽　型	任意两个轮槽基准直径间的最大偏差	基准直径极限偏差
Y	0.3	$\pm 0.8\% d_d$
Z、A、B、SPZ、SPA、SPB	0.4	
C、D、E、SPC	0.6	

2.3　设计计算（摘自 GB/T 13575.1—1992、JB/ZQ 4175—1997、GB/T 13575.2—1992、GB/T 15531—1995）

已知条件：① 传递的功率（原动机的额定功率或从动机的实际功率）；

② 小带轮和大带轮转速；

③ 传动用途、载荷性质、原动机种类及工作制度。

表 13-1-16　计算内容和步骤

计算项目	单位	公式及数据	说明
设计功率 P_d	kW	$P_d = K_A P$	K_A——工况系数，见表 13-1-17 P——传递的功率，kW
带型		根据 P_d 和 n_1，普通 V 带由图 13-1-1 选取 基准宽度制窄 V 带由图 13-1-2 选取 有效宽度制窄 V 带由图 13-1-3 选取	n_1——小带轮转速，r/min 必要时可选两种带型比较
传动比 i		$i = \frac{n_1}{n_2} = \frac{d_{p2}}{(1-\varepsilon) d_{p1}}$ $\varepsilon = 0.01 \sim 0.02$ 基准宽度制带轮：节圆直径 d_p 可视为基准直径 d_d 有效宽度制窄 V 带轮：$d_p = d_e - 2\Delta_e$	n_2——大带轮转速，r/min d_{p1}——小带轮节圆直径，mm d_{p2}——大带轮节圆直径，mm ε——弹性滑动系数 d_e——见表 13-1-12 Δ_e——见表 13-1-10
小带轮基准直径 d_{d1} 或小带轮有效直径 d_{e1}	mm	由表 13-1-10、表 13-1-11 和表 13-1-12 选取	为提高 V 带寿命，条件允许时，d_{d1}（或 d_{e1}）尽量取较大值
大带轮基准直径 d_{d2} 大带轮有效直径 d_{e2}	mm	$d_{d2} = i d_{d1}(1-\varepsilon)$ 或　$d_{e2} = i d_{e1}(1-\varepsilon)$	由表 13-1-11 或表 13-1-12 选取
带速 v	m/s	$v = \frac{\pi d_{p1} n_1}{60 \times 1000} \leqslant v_{max}$ 普通 V 带：$v_{max} = 25 \sim 30$ 窄 V 带：$v_{max} = 35$	$v \approx 20$m/s 时，可以充分发挥带的传动能力，一般 v 不低于 5m/s
初定中心距 a_0	mm	$0.7(d_{d1}+d_{d2}) < a_0 < 2(d_{d1}+d_{d2})$ 或　$0.7(d_{e1}+d_{e2}) < a_0 < 2(d_{e1}+d_{e2})$	可根据结构要求定
基准长度 L_{d0} 或有效长度 L_{e0}	mm	$L_{d0} = 2a_0 + \frac{\pi}{2}(d_{d1}+d_{d2}) + \frac{(d_{d2}-d_{d1})^2}{4a_0}$ 或　$L_{e0} = 2a_0 + \frac{\pi}{2}(d_{e1}+d_{e2}) + \frac{(d_{e2}-d_{e1})^2}{4a_0}$	普通 V 带按表 13-1-4 或表 13-1-5，基准宽度制窄 V 带按表 13-1-6，有效宽度制窄 V 带按表 13-1-8 分别选取相近的 L_d 或 L_e

续表

计算项目	单位	公 式 及 数 据	说 明
实际中心距 a	mm	$a\approx a_0+\frac{L_d-L_{d0}}{2}$ 或 $a\approx a_0+\frac{L_e-L_{e0}}{2}$	普通V带和基准宽度制窄V带,安装时所需最小中心距:$a_{min}=a-(2b_d+0.009L_d)$ 补偿带伸长时,所需最大中心距:$a_{max}=a+0.02L_d$ 有效宽度制窄V带中心距调整范围见表13-1-18,b_d见表13-1-10
小带轮包角 α_1	(°)	$\alpha_1=180°-\frac{d_{d2}-d_{d1}}{a}\times57.3°$ 或 $\alpha_1=180°-\frac{d_{e2}-d_{e1}}{a}\times57.3°$	一般$\alpha_1\geqslant120°$,最小不低于90°。如α_1较小,应增大a或采用张紧轮
单根V带额定功率 P_1	kW	普通V带,根据带型、d_{d1}及n_1由表13-1-19选取 基准宽度制窄V带,根据带型、d_{d1}、n_1及i由表13-1-20选取 有效宽度制窄V带,根据带型、d_{e1}及n_1由表13-1-21选取	特定条件: $i=1$,$\alpha_1=\alpha_2=180°$,特定基准(或有效)长度,平稳载荷
$i\neq1$时单根V带额定功率增量 ΔP_1	kW	普通V带,根据带型、n_1及i由表13-1-19选取 有效宽度制窄V带,根据带型、n_1及i由表13-1-21选取	
V带根数 z		普通V带及有效宽度制窄V带: $z=\frac{P_d}{(P_1+\Delta P_1)K_\alpha K_L}$ 基准宽度制窄V带: $z=\frac{P_d}{P_1K_\alpha K_L}$	K_α——包角修正系数,见表13-1-22 K_L——带长修正系数,见表13-1-23
单根V带初张紧力 F_0	N	普通V带及基准宽度制窄V带: $F_0=500\left(\frac{2.5}{K_\alpha}-1\right)\frac{P_d}{zv}+mv^2$ 有效宽度制窄V带: $F_0=0.9\left[500\left(\frac{2.5}{K_\alpha}-1\right)\frac{P_d}{zv}+mv^2\right]$	m——V带单位长度质量,kg/m,见表13-1-24
作用在轴上的力 F_r	N	$F_r=2F_0z\sin\frac{\alpha_1}{2}$ $F_{rmax}=3F_0z\sin\frac{\alpha_1}{2}$	F_{rmax}——考虑新带的初张紧力为正常张紧力的1.5倍

表 13-1-17　　　　工况系数 K_A

工况			K_A					
			空、轻载启动			重载启动		
			每天工作小时数/h					
			<10	10~16	>16	<10	10~16	>16
普通V带	载荷变动最小	液体搅拌机、通风机和鼓风机(≤7.5kW)、离心式水泵和压缩机、轻载荷输送机	1.0	1.1	1.2	1.1	1.2	1.3
	载荷变动小	带式输送机(不均匀载荷)、通风机(>7.5kW)、旋转式水泵和压缩机(非离心式)、发电机、金属切削机床、印刷机、旋转筛、锯木机和木工机械	1.1	1.2	1.3	1.2	1.3	1.4
	载荷变动较大	制砖机、斗式提升机、往复式水泵和压缩机、起重机、磨粉机、冲剪机床、橡胶机械、振动筛、纺织机械、重载输送机	1.2	1.3	1.4	1.4	1.5	1.6
	载荷变动很大	破碎机(旋转式、颚式等)、磨碎机(球磨、棒磨、管磨)	1.3	1.4	1.5	1.5	1.6	1.8
窄V带	载荷变动微小	液体搅拌机、通风机或鼓风机(≤7.5kW)、离心机与压缩机、风扇轻载荷输送机	1.0	1.1	1.2	1.1	1.2	1.3
	载荷变动小	带式输送机(不均匀载荷)、通风机(>7.5kW)、发电机、天轴、洗涤机械、机床、冲床、压力机、剪床、印刷机械、正位移旋转泵、旋转筛与振动筛	1.1	1.2	1.3	1.2	1.3	1.4
	载荷变动较大	制砖机、励磁机、斗式提升机、活塞压缩机、输送机、锤磨机、纸厂打浆机、活塞泵、正位移鼓风机、磨粉机、锯木机等木材加工机械、纺织机械	1.2	1.3	1.4	1.4	1.5	1.6
	载荷变动很大	破碎机、研磨机、卷扬机、橡胶压延机、压出机、炼胶机	1.3	1.4	1.5	1.5	1.6	1.8

注：1. 空、轻载启动——电动机（交流启动、三角启动、直流并励），四缸以上的内燃机，装有离心式离合器、液力联轴器的动力机。

2. 重载启动——电动机（联机交流启动、直流复励或串励），四缸以下的内燃机。

3. 启动频繁，经常正反转，工作条件恶劣时，普通 V 带 K_A 应乘以 1.2，窄 V 带 K_A 应乘以 1.1。

4. 增速传动时，K_A 应乘下列系数：

i	≥1.25~1.74	≥1.75~2.49	≥2.5~3.49	≥3.5
系数	1.05	1.11	1.18	1.25

表 13-1-18　　　　有效宽度制窄 V 带传动中心距调整范围　　　　mm

S_1 内侧调整量

外侧调整量

a

S_2

有效长度 L_e	带型 9N	9J	15N	15J	25N	25J	S_2	有效长度 L_e	带型 15N	15J	25N	25J	S_2
	S_1								S_1				
≤1205	15	30					25	>5080~6000	30	60	45	90	75
>1205~1800	20	35	25	55			30	>6000~6730					80
>1800~2690					40	85	40	>6730~7620					90
>2690~3180							45	>7620~9000			50	100	100
>3180~4320							55	>9000~9500					115
>4320~5080					45	90	65	>9500~12700					140

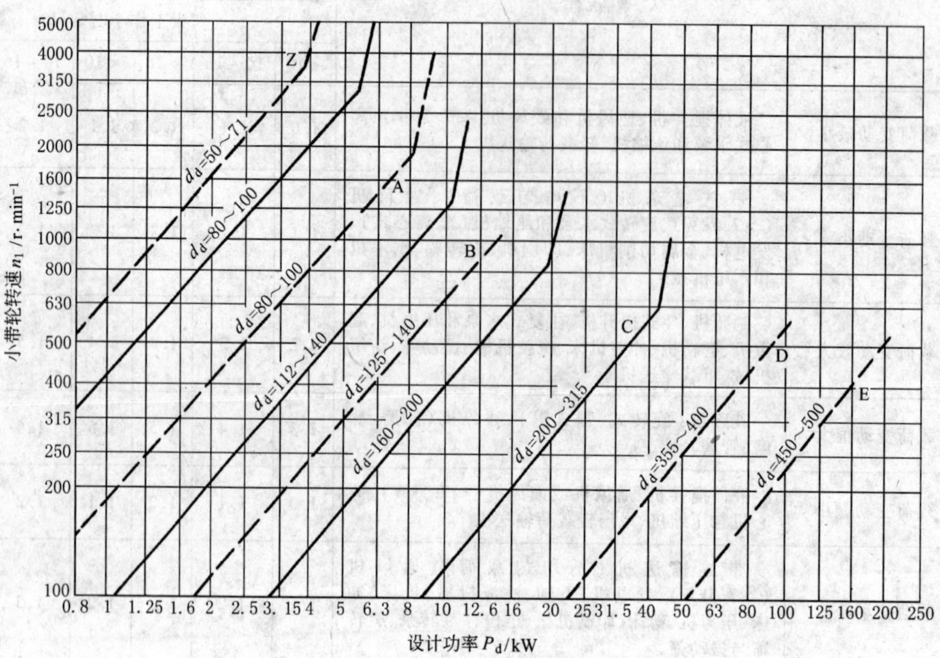

图 13-1-1　普通 V 带选型图

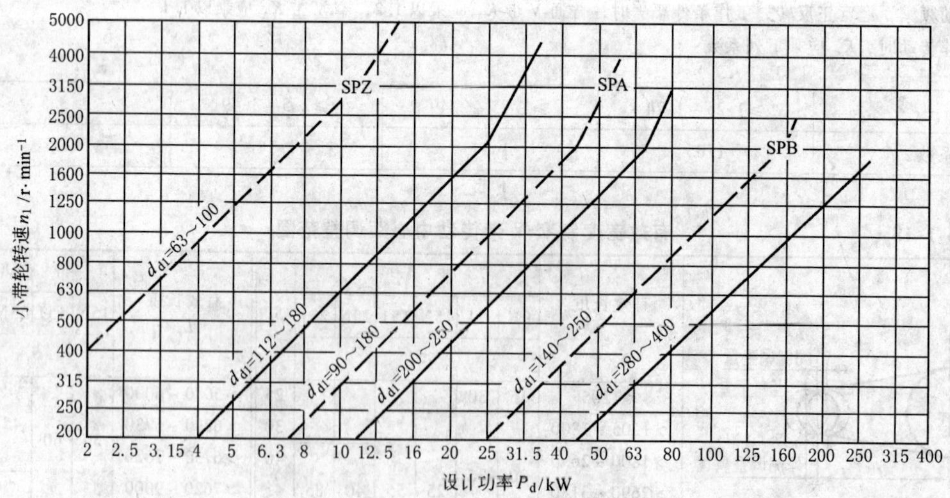

图 13-1-2　基准宽度制窄 V 带选型图

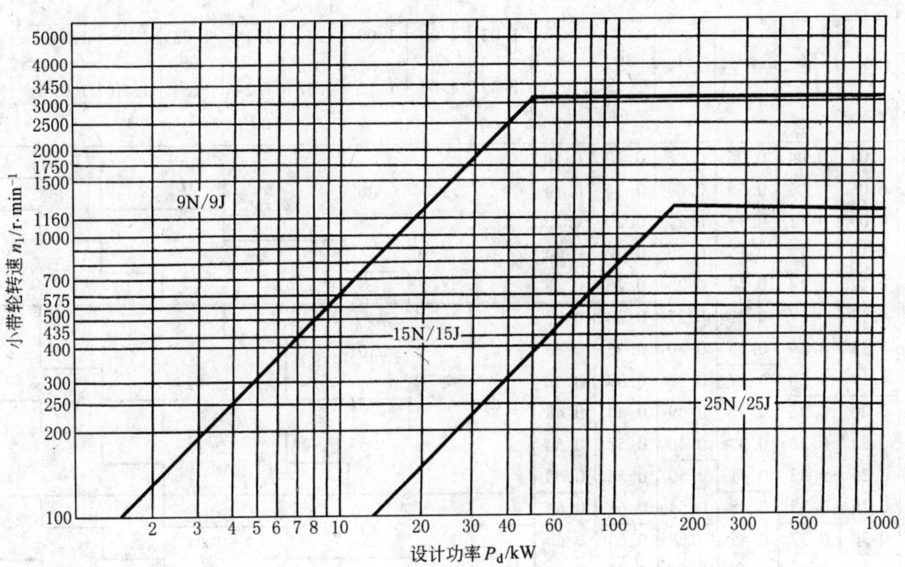

图 13-1-3 有效宽度制窄 V 带选型图

表 13-1-19 **普通 V 带额定功率** kW

型号	n_1 /r·min^{-1}	d_{d1}/mm								i									v /m·s^{-1} ≈
		20	25	28	31.5	35.5	40	45	50	1.03~1.04	1.05~1.08	1.09~1.12	1.13~1.18	1.19~1.24	1.25~1.34	1.35~1.50	1.51~1.99	≥2.00	
		P_1								ΔP_1									
Y型	200	—	—	—	—	—	—	—	0.04										
	400	—	—	—	—	—	—	0.04	0.05					0.00					
	700	—	—	—	0.03	0.04	0.04	0.05	0.06										
	800	—	0.03	0.03	0.04	0.05	0.05	0.06	0.07										
	950	0.01	0.03	0.04	0.04	0.05	0.06	0.07	0.08										
	1200	0.02	0.03	0.04	0.05	0.06	0.07	0.08	0.09										
	1450	0.02	0.04	0.05	0.06	0.06	0.08	0.09	0.11										
	1600	0.03	0.05	0.05	0.06	0.07	0.09	0.11	0.12										
	2000	0.03	0.05	0.06	0.07	0.08	0.11	0.12	0.14										5
	2400	0.04	0.06	0.07	0.09	0.09	0.12	0.14	0.16										
	2800	0.04	0.07	0.08	0.10	0.11	0.14	0.16	0.18					0.01					
	3200	0.05	0.08	0.09	0.11	0.12	0.15	0.17	0.20										
	3600	0.06	0.08	0.10	0.12	0.13	0.16	0.19	0.22						0.02				10
	4000	0.06	0.09	0.11	0.13	0.14	0.18	0.20	0.23										
	4500	0.07	0.10	0.12	0.14	0.16	0.19	0.21	0.24										
	5000	0.08	0.11	0.13	0.15	0.18	0.20	0.23	0.25									0.03	
	5500	0.09	0.12	0.14	0.16	0.19	0.22	0.24	0.26										
	6000	0.10	0.13	0.15	0.17	0.20	0.24	0.26	0.27										

续表

型号	n_1 /r·min^{-1}	d_{d1}/mm 50	56	63	71	80	90	i 1.02~1.04	1.05~1.08	1.09~1.12	1.13~1.18	1.19~1.24	1.25~1.34	1.35~1.50	1.51~1.99	≥2.00	v /m·s^{-1} ≈
		P_1						ΔP_1									
Z型	200	0.04	0.04	0.05	0.06	0.10	0.10										
	400	0.06	0.06	0.08	0.09	0.14	0.14			0.00							
	700	0.09	0.11	0.13	0.17	0.20	0.22										
	800	0.10	0.12	0.15	0.20	0.22	0.24										
	960	0.12	0.14	0.18	0.23	0.26	0.28										
	1200	0.14	0.17	0.22	0.27	0.30	0.33										5
	1450	0.16	0.19	0.25	0.30	0.35	0.36			0.01							
	1600	0.17	0.20	0.27	0.33	0.39	0.40						0.02				
	2000	0.20	0.25	0.32	0.39	0.44	0.48										10
	2400	0.22	0.30	0.37	0.46	0.50	0.54						0.03				
	2800	0.26	0.33	0.41	0.50	0.56	0.60										
	3200	0.28	0.35	0.45	0.54	0.61	0.64										15
	3600	0.30	0.37	0.47	0.58	0.64	0.68						0.04				
	4000	0.32	0.39	0.49	0.61	0.67	0.72										
	4500	0.33	0.40	0.50	0.62	0.67	0.73							0.05			20
	5000	0.34	0.41	0.50	0.62	0.66	0.73										
	5500	0.33	0.41	0.49	0.61	0.64	0.65	0.02							0.06		
	6000	0.31	0.40	0.48	0.56	0.61	0.56										

型号	n_1 /r·min^{-1}	d_{d1}/mm 75	90	100	112	125	140	160	180	i 1.02~1.04	1.05~1.08	1.09~1.12	1.13~1.18	1.19~1.24	1.25~1.34	1.35~1.51	1.52~1.99	≥2.00	v /m·s^{-1} ≈
		P_1								ΔP_1									
A型	200	0.15	0.22	0.26	0.31	0.37	0.43	0.51	0.59	0.00	0.01	0.01	0.01	0.01	0.02	0.02	0.02	0.03	
	400	0.26	0.39	0.47	0.56	0.67	0.78	0.94	1.09	0.01	0.01	0.02	0.02	0.03	0.03	0.04	0.04	0.05	
	700	0.40	0.61	0.74	0.90	1.07	1.26	1.51	1.76	0.01	0.02	0.03	0.04	0.05	0.06	0.07	0.08	0.09	5
	800	0.45	0.68	0.83	1.00	1.19	1.41	1.69	1.97	0.01	0.02	0.03	0.04	0.05	0.06	0.08	0.09	0.10	
	950	0.51	0.77	0.95	1.15	1.37	1.62	1.95	2.27	0.01	0.03	0.04	0.05	0.06	0.07	0.08	0.10	0.11	
	1200	0.60	0.93	1.14	1.39	1.66	1.96	2.36	2.74	0.02	0.03	0.05	0.07	0.08	0.10	0.11	0.13	0.15	10
	1450	0.68	1.07	1.32	1.61	1.92	2.28	2.73	3.16	0.02	0.04	0.06	0.08	0.09	0.11	0.13	0.15	0.17	
	1600	0.73	1.15	1.42	1.74	2.07	2.45	2.54	3.40	0.02	0.04	0.06	0.09	0.11	0.13	0.15	0.17	0.19	15
	2000	0.84	1.34	1.66	2.04	2.44	2.87	3.42	3.93	0.03	0.06	0.08	0.11	0.13	0.16	0.19	0.22	0.24	
	2400	0.92	1.50	1.87	2.30	2.74	3.22	3.80	4.32	0.03	0.07	0.10	0.13	0.16	0.19	0.23	0.26	0.29	20
	2800	1.00	1.64	2.05	2.51	2.98	3.48	4.06	4.58	0.04	0.08	0.11	0.15	0.19	0.23	0.26	0.30	0.34	25
	3200	1.04	1.75	2.19	2.68	3.16	3.65	4.19	4.50	0.04	0.09	0.13	0.17	0.22	0.26	0.30	0.34	0.39	30
	3600	1.08	1.83	2.28	2.78	3.26	3.72	4.17	4.40	0.05	0.10	0.15	0.19	0.24	0.29	0.34	0.39	0.44	
	4000	1.09	1.87	2.34	2.83	3.28	3.67	3.98	4.00	0.05	0.11	0.16	0.22	0.27	0.32	0.38	0.43	0.48	35
	4500	1.07	1.83	2.33	2.79	3.17	3.44	3.48	3.13	0.06	0.12	0.18	0.24	0.30	0.36	0.42	0.48	0.54	40
	5000	1.02	1.82	2.25	2.64	2.91	2.99	2.67	1.81	0.07	0.14	0.20	0.27	0.34	0.40	0.47	0.54	0.60	
	5500	0.96	1.70	2.07	2.37	2.48	2.31	1.51	—	0.08	0.15	0.23	0.30	0.38	0.46	0.52	0.60	0.68	
	6000	0.80	1.50	1.80	1.96	1.87	1.37	—	—	0.08	0.16	0.24	0.32	0.40	0.49	0.57	0.65	0.73	

续表

型号	n_1 /r·min^{-1}	d_{d1}/mm								i									v /m·s^{-1} ≈
		125	140	160	180	200	224	250	280	1.02~1.04	1.05~1.08	1.09~1.12	1.13~1.18	1.19~1.24	1.25~1.34	1.35~1.51	1.52~1.99	≥2.00	
		P_1								ΔP_1									
B型	200	0.48	0.59	0.74	0.88	1.02	1.19	1.37	1.58	0.01	0.01	0.02	0.03	0.04	0.04	0.05	0.06	0.06	5
	400	0.84	1.05	1.32	1.59	1.85	2.17	2.50	2.89	0.01	0.03	0.04	0.06	0.07	0.08	0.10	0.11	0.13	
	700	1.30	1.64	2.09	2.53	2.96	3.47	4.00	4.61	0.02	0.05	0.07	0.10	0.12	0.15	0.17	0.20	0.22	10
	800	1.44	1.82	2.32	2.81	3.30	3.86	4.46	5.13	0.03	0.06	0.08	0.11	0.14	0.17	0.20	0.23	0.25	
	950	1.64	2.08	2.66	3.22	3.77	4.42	5.10	5.85	0.03	0.07	0.10	0.13	0.17	0.20	0.23	0.26	0.30	15
	1200	1.93	2.47	3.17	3.85	4.50	5.26	6.04	6.90	0.04	0.08	0.13	0.17	0.21	0.25	0.30	0.34	0.38	
	1450	2.19	2.82	3.62	4.39	5.13	5.97	6.82	7.76	0.05	0.10	0.15	0.20	0.25	0.31	0.36	0.40	0.46	20
	1600	2.33	3.00	3.86	4.68	5.46	6.33	7.20	8.13	0.06	0.11	0.17	0.23	0.28	0.34	0.39	0.45	0.51	25
	1800	2.50	3.23	4.15	5.02	5.83	6.73	7.63	8.46	0.06	0.13	0.19	0.25	0.32	0.38	0.44	0.51	0.57	
	2000	2.64	3.42	4.40	5.30	6.13	7.02	7.87	8.60	0.07	0.14	0.21	0.28	0.35	0.42	0.49	0.56	0.63	30
	2200	2.76	3.58	4.60	5.52	6.35	7.19	7.97	8.53	0.08	0.16	0.23	0.31	0.39	0.46	0.54	0.62	0.70	35
	2400	2.85	3.70	4.75	5.67	6.47	7.25	7.89	8.22	0.08	0.17	0.25	0.34	0.42	0.51	0.59	0.68	0.76	40
	2800	2.96	3.85	4.89	5.76	6.43	6.95	7.14	6.80	0.10	0.20	0.29	0.39	0.49	0.59	0.69	0.79	0.89	
	3200	2.94	3.83	4.80	5.52	5.95	6.05	5.60	4.26	0.11	0.23	0.34	0.45	0.56	0.68	0.79	0.90	1.01	
	3600	2.80	3.63	4.46	4.92	4.98	4.47	5.12	—	0.13	0.25	0.38	0.51	0.63	0.76	0.89	1.01	1.14	
	4000	2.51	3.24	3.82	3.92	3.47	2.14	—	—	0.14	0.28	0.42	0.56	0.70	0.84	0.99	1.13	1.27	
	4500	1.93	2.45	2.59	2.04	0.73	—	—	—	0.16	0.32	0.48	0.63	0.79	0.95	1.11	1.27	1.43	
	5000	1.09	1.29	0.81	—	—	—	—	—	0.18	0.36	0.53	0.71	0.89	1.07	1.24	1.42	1.60	

型号	n_1 /r·min^{-1}	d_{d1}/mm								i									v /m·s^{-1} ≈
		200	224	250	280	315	355	400	450	1.02~1.04	1.05~1.08	1.09~1.12	1.13~1.18	1.19~1.24	1.25~1.34	1.35~1.51	1.52~1.99	≥2.00	
		P_1								ΔP_1									
C型	200	1.39	1.70	2.03	2.42	2.84	3.36	3.91	4.51	0.02	0.04	0.06	0.08	0.10	0.12	0.14	0.16	0.18	5
	300	1.92	2.37	2.85	3.40	4.04	4.75	5.54	6.40	0.03	0.06	0.09	0.12	0.15	0.18	0.21	0.24	0.26	
	400	2.41	2.99	3.62	4.32	5.14	6.05	7.06	8.20	0.04	0.08	0.12	0.16	0.20	0.23	0.27	0.31	0.35	10
	500	2.87	3.58	4.33	5.19	6.17	7.27	8.52	9.81	0.05	0.10	0.15	0.20	0.24	0.29	0.34	0.39	0.44	
	600	3.30	4.12	5.00	6.00	7.14	8.45	9.82	11.29	0.06	0.12	0.18	0.24	0.29	0.35	0.41	0.47	0.53	15
	700	3.69	4.64	5.64	6.76	8.09	9.50	11.02	12.63	0.07	0.14	0.21	0.27	0.34	0.41	0.48	0.55	0.62	
	800	4.07	5.12	6.23	7.52	8.92	10.46	12.10	13.80	0.08	0.16	0.23	0.31	0.39	0.47	0.55	0.63	0.71	20
	950	4.58	5.78	7.04	8.49	10.05	11.73	13.48	15.23	0.09	0.19	0.27	0.37	0.47	0.56	0.65	0.74	0.83	25
	1200	5.29	6.71	8.21	9.81	11.53	13.31	15.04	16.59	0.12	0.24	0.35	0.47	0.59	0.70	0.82	0.94	1.06	30
	1450	5.84	7.45	9.04	10.72	12.46	14.12	15.53	16.47	0.14	0.28	0.42	0.58	0.71	0.85	0.99	1.14	1.27	35
	1600	6.07	7.75	9.38	11.06	12.72	14.19	15.24	15.57	0.16	0.31	0.47	0.63	0.78	0.94	1.10	1.25	1.41	40
	1800	6.28	8.00	9.63	11.22	12.67	13.73	14.08	13.29	0.18	0.35	0.53	0.71	0.88	1.06	1.23	1.41	1.59	
	2000	6.34	8.06	9.62	11.04	12.14	12.59	11.95	9.64	0.20	0.39	0.59	0.78	0.98	1.17	1.37	1.57	1.76	
	2200	6.26	7.92	9.34	10.48	11.08	10.70	8.75	4.44	0.22	0.43	0.65	0.86	1.08	1.29	1.51	1.72	1.94	
	2400	6.02	7.57	8.75	9.50	9.43	7.98	4.34	—	0.23	0.47	0.70	0.94	1.18	1.41	1.65	1.88	2.12	
	2600	5.61	6.93	7.85	8.08	7.11	4.32	—	—	0.25	0.51	0.76	1.02	1.27	1.53	1.78	2.04	2.29	
	2800	5.01	6.08	6.56	6.13	4.16	—	—	—	0.27	0.55	0.82	1.10	1.37	1.64	1.92	2.19	2.47	
	3200	3.23	3.57	2.93	—	—		—	—	0.31	0.61	0.91	1.22	1.53	1.85	2.14	2.44	2.75	

续表

型号	n_1 /r·min^{-1}	d_{d1}/mm								i									v /m·s^{-1} ≈
		355	400	450	500	560	630	710	800	1.02 ~ 1.04	1.05 ~ 1.08	1.09 ~ 1.12	1.13 ~ 1.18	1.19 ~ 1.24	1.25 ~ 1.34	1.35 ~ 1.51	1.52 ~ 1.99	≥2.00	
		P_1								ΔP_1									
D型	100	3.01	3.66	4.37	5.08	5.91	6.88	8.01	9.22	0.03	0.07	0.10	0.14	0.17	0.21	0.24	0.28	0.31	
	150	4.20	5.14	6.17	7.18	8.43	9.82	11.38	13.11	0.05	0.11	0.15	0.21	0.26	0.31	0.36	0.42	0.47	5
	200	5.31	6.52	7.90	9.21	10.76	12.54	14.55	16.76	0.07	0.14	0.21	0.28	0.35	0.42	0.49	0.56	0.63	
	250	6.36	7.88	9.50	11.09	12.97	15.13	17.54	20.18	0.09	0.18	0.26	0.35	0.44	0.57	0.61	0.70	0.78	10
	300	7.35	9.13	11.02	12.88	15.07	17.57	20.35	23.39	0.10	0.21	0.31	0.42	0.52	0.62	0.73	0.83	0.94	
	400	9.24	11.45	13.85	16.20	18.95	22.05	25.45	29.08	0.14	0.28	0.42	0.56	0.70	0.83	0.97	1.11	1.25	15
	500	10.90	13.55	16.40	19.17	22.38	25.94	29.76	33.72	0.17	0.35	0.52	0.70	0.87	1.04	1.22	1.39	1.56	20
	600	12.39	15.42	18.67	21.78	25.32	29.18	33.18	37.13	0.21	0.42	0.62	0.83	1.04	1.25	1.46	1.67	1.88	25
	700	13.70	17.07	20.63	23.99	27.73	31.68	35.59	39.14	0.24	0.49	0.73	0.97	1.22	1.46	1.70	1.95	2.19	
	800	14.83	18.46	22.25	25.76	29.55	33.38	36.87	39.55	0.28	0.56	0.83	1.11	1.39	1.67	1.95	2.22	2.50	30
	950	16.15	20.06	24.01	27.50	31.04	34.19	36.35	36.76	0.33	0.66	0.99	1.32	1.60	1.92	2.31	2.64	2.97	35
	1100	16.98	20.99	24.84	28.02	30.85	32.65	32.52	29.26	0.38	0.77	1.15	1.53	1.91	2.29	2.68	3.06	3.44	40
	1200	17.25	21.20	24.84	26.71	29.67	30.15	27.88	21.32	0.42	0.84	1.25	1.67	2.09	2.50	2.92	3.34	3.75	
	1300	17.26	21.06	24.35	26.54	27.58	26.37	21.42	10.73	0.45	0.91	1.35	1.81	2.26	2.71	3.16	3.61	4.06	
	1450	16.77	20.15	22.02	23.59	22.58	18.06	7.99	—	0.51	1.01	1.51	2.02	2.52	3.02	3.52	4.03	4.53	
	1600	15.63	18.31	19.59	18.88	15.13	6.25	—	—	0.56	1.11	1.67	2.23	2.78	3.33	3.89	4.45	5.00	
	1800	12.97	14.28	13.34	9.59	—	—	—	—	0.63	1.24	1.88	2.51	3.13	3.74	4.38	5.01	5.62	

型号	n_1 /r·min^{-1}	d_{d1}/mm								i									v /m·s^{-1} ≈
		500	560	630	710	800	900	1000	1120	1.02 ~ 1.04	1.05 ~ 1.08	1.09 ~ 1.12	1.13 ~ 1.18	1.19 ~ 1.24	1.25 ~ 1.34	1.35 ~ 1.51	1.52 ~ 1.99	≥2.00	
		P_1								ΔP_1									
E型	100	6.21	7.32	8.75	10.31	12.05	13.96	15.64	18.07	0.07	0.14	0.21	0.28	0.34	0.41	0.48	0.55	0.62	5
	150	8.60	10.33	12.32	14.56	17.05	19.76	22.14	25.58	0.10	0.20	0.31	0.41	0.52	0.62	0.72	0.83	0.93	
	200	10.86	13.09	15.65	18.52	21.70	25.15	28.52	32.47	0.14	0.28	0.41	0.55	0.69	0.83	0.96	1.10	1.24	10
	250	12.97	15.67	18.77	22.23	26.03	30.14	34.11	38.71	0.17	0.34	0.52	0.69	0.86	1.03	1.20	1.37	1.55	
	300	14.96	18.10	21.69	25.69	30.05	34.71	39.17	44.26	0.21	0.41	0.62	0.83	1.03	1.24	1.45	1.65	1.86	15
	350	16.81	20.38	24.42	28.89	33.73	38.64	43.66	49.04	0.24	0.48	0.72	0.96	1.20	1.45	1.69	1.92	2.17	20
	400	18.55	22.49	26.95	31.83	37.05	42.49	47.52	52.98	0.28	0.55	0.83	1.00	1.38	1.65	1.93	2.20	2.48	
	500	21.65	26.25	31.36	36.85	42.53	48.20	53.12	57.94	0.34	0.64	1.03	1.38	1.72	2.07	2.41	2.75	3.10	25
	600	24.21	29.30	34.83	40.58	46.26	51.48	55.45	58.42	0.41	0.83	1.24	1.65	2.07	2.48	2.89	3.31	3.72	30
	700	26.21	31.59	37.26	42.87	47.96	51.95	54.00	53.62	0.48	0.97	1.45	1.93	2.41	2.89	3.38	3.86	4.34	35
	800	27.57	33.03	38.52	43.52	47.38	49.21	48.19	42.77	0.55	1.10	1.65	2.21	2.76	3.31	3.86	4.41	4.96	40
	950	28.32	33.40	37.92	41.02	41.59	38.19	30.08	—	0.65	1.29	1.95	2.62	3.27	3.92	4.58	5.23	5.89	
	1100	27.30	31.35	33.94	33.74	29.06	17.65	—	—	0.76	1.52	2.27	3.03	3.79	4.40	5.30	6.06	6.82	
	1200	25.53	28.49	29.17	25.91	16.46	—	—	—										
	1300	22.82	24.31	22.56	15.44	—	—	—	—										
	1450	16.82	15.35	8.85	—	—	—	—	—										

注：1. Y 型，$i=1\sim1.02$，$\Delta P_1=0$；其他型号，$i=1\sim1.01$，$\Delta P_1=0$。

2. P_1 为包角 180°（$i=1$）、特定基准长度、载荷平稳时，单根普通 V 带基本额定功率的推荐值；ΔP_1 为 $i\neq1$ 时单根普通 V 带额定功率的增量。

3. 增速转动时，基本额定功率增量按传动比的倒数从表中选取。

4. 表中 d_{d1} 栏内的黑粗线表示与右边速度的对应关系。

表 13-1-20　　　　基准宽度制窄 V 带额定功率

型号	d_{d1}/mm	i 或 $\frac{1}{i}$	200	400	700	800	950	1200	1450	1600	2000	2400	2800	3200	3600	4000	4500	5000	5500	6000
			n_1/r·min^{-1}																	
			P_1/kW																	
SPZ	63	1	0.20	0.35	0.54	0.60	0.68	0.81	0.93	1.00	1.17	1.32	1.45	1.56	1.66	1.74	1.81	1.85	1.87	1.85
		1.5	0.23	0.41	0.65	0.72	0.83	1.00	1.16	1.25	1.48	1.69	1.88	2.06	2.21	2.35	2.50	2.63	2.72	2.77
		≥3	0.24	0.43	0.68	0.76	0.88	1.06	1.23	1.33	1.58	1.81	2.03	2.22	2.40	2.56	2.74	2.88	3.00	3.08
	71	1	0.25	0.44	0.70	0.78	0.90	1.08	1.25	1.35	1.59	1.81	2.00	2.18	2.33	2.46	2.59	2.68	2.73	2.74
		1.5	0.28	0.51	0.81	0.91	1.04	1.26	1.47	1.59	1.90	2.18	2.43	2.67	2.88	3.08	3.28	3.45	3.58	3.67
		≥3	0.29	0.53	0.85	0.95	1.09	1.33	1.55	1.68	2.00	2.30	2.58	2.83	3.07	3.28	3.51	3.71	3.86	3.98
	80	1	0.31	0.55	0.88	0.99	1.14	1.38	1.60	1.73	2.05	2.34	2.61	2.85	3.06	3.24	3.42	3.56	3.64	3.66
		1.5	0.34	0.61	0.99	1.11	1.28	1.56	1.82	1.97	2.36	2.71	3.04	3.34	3.61	3.86	4.12	4.33	4.48	4.58
		≥3	0.35	0.64	1.03	1.15	1.33	1.62	1.90	2.06	2.46	2.84	3.18	3.51	3.80	4.06	4.35	4.58	4.77	4.89
	90	1	0.37	0.67	1.09	1.21	1.40	1.70	1.98	2.14	2.55	2.93	3.26	3.57	3.84	4.07	4.30	4.46	4.55	4.56
		1.5	0.40	0.74	1.19	1.34	1.55	1.88	2.20	2.39	2.86	3.30	3.70	4.06	4.39	4.68	4.99	5.23	5.39	5.48
		≥3	0.41	0.76	1.23	1.38	1.60	1.95	2.28	2.47	2.96	3.42	3.84	4.23	4.58	4.89	5.22	5.48	5.68	5.79
	100	1	0.43	0.79	1.28	1.44	1.66	2.02	2.36	2.55	3.05	3.49	3.90	4.26	4.58	4.85	5.10	5.27	5.35	5.32
		1.5	0.46	0.85	1.39	1.56	1.81	2.20	2.58	2.80	3.35	3.86	4.33	4.76	5.13	5.46	5.80	6.05	6.20	6.25
		≥3	0.47	0.87	1.43	1.60	1.86	2.27	2.66	2.88	3.46	3.99	4.48	4.92	5.32	5.67	6.03	6.30	6.48	6.56
	112	1	0.51	0.93	1.52	1.70	1.97	2.40	2.80	3.04	3.62	4.16	4.64	5.06	5.42	5.72	5.99	6.14	6.16	6.05
		1.5	0.54	1.00	1.63	1.83	2.12	2.58	3.03	3.28	3.93	4.53	5.07	5.55	5.98	6.33	6.68	6.91	7.01	6.97
		≥3	0.55	1.02	1.66	1.87	2.17	2.65	3.10	3.37	4.04	4.65	5.21	5.72	6.16	6.54	6.91	7.17	7.29	7.28
	125	1	0.59	1.09	1.77	1.99	2.30	2.80	3.28	3.55	4.24	4.85	5.40	5.88	6.27	6.58	6.83	6.92	6.84	6.57
		1.5	0.62	1.15	1.88	2.11	2.45	2.99	3.50	3.80	4.54	5.22	5.83	6.37	6.83	7.19	7.52	7.69	7.69	7.50
		≥3	0.63	1.17	1.91	2.15	2.50	3.05	3.58	3.88	4.65	5.35	5.98	6.53	7.01	7.40	7.75	7.95	7.97	7.81
	140	1	0.68	1.26	2.06	2.31	2.68	3.26	3.82	4.13	4.92	5.63	6.24	6.75	7.16	7.45	7.64	7.60	7.34	6.81
		1.5	0.71	1.32	2.17	2.43	2.82	3.45	4.04	4.38	5.23	6.00	6.67	7.25	7.72	8.07	8.33	8.37	8.18	7.74
		≥3	0.72	1.34	2.20	2.47	2.87	3.51	4.11	4.46	5.33	6.12	6.81	7.41	7.90	8.27	8.56	8.63	8.47	8.04
	160	1	0.80	1.49	2.44	2.73	3.17	3.86	4.51	4.88	5.80	6.60	7.27	7.81	8.19	8.40	8.41	8.11	7.47	6.45
		1.5	0.83	1.55	2.54	2.86	3.32	4.05	4.74	5.13	6.11	6.97	7.70	8.30	8.74	9.02	9.11	8.88	8.31	7.37
		≥3	0.84	1.57	2.58	2.90	3.37	4.11	4.81	5.21	6.21	7.09	7.85	8.46	8.93	9.22	9.34	9.14	8.60	7.68
	180	1	0.92	1.71	2.81	3.15	3.65	4.45	5.19	5.61	6.63	7.50	8.20	8.71	9.01	9.08	8.81	8.11	6.93	5.22
		1.5	0.95	1.78	2.92	3.28	3.80	4.63	5.41	5.86	6.94	7.87	8.63	9.21	9.57	9.70	9.51	8.88	7.77	6.15
		≥3	0.96	1.80	2.95	3.32	3.85	4.69	5.49	5.94	7.04	8.00	8.78	9.37	9.75	9.90	9.74	9.14	8.06	6.45
	v/m·s^{-1}≈				5			10		15		20	25	30		35	40			

续表

型号	d_{d1} /mm	i 或 $\frac{1}{i}$	$n_1/r \cdot min^{-1}$ 200	400	700	800	950	1200	1450	1600	2000	2400	2800	3200	3600	4000	4500	5000	5500	6000
			P_1/kW																	
SPA	90	1 1.5 ≥3	0.43 0.50 0.52	0.75 0.89 0.94	1.17 1.42 1.50	1.30 1.58 1.61	1.48 1.81 1.92	1.76 2.18 2.32	2.02 2.52 2.69	2.16 2.71 2.90	2.49 3.19 3.42	2.77 3.60 3.88	3.00 3.96 4.29	3.16 4.27 4.63	3.26 4.50 4.92	3.29 4.68 5.14	3.24 4.80 5.32	3.07 4.80 5.37	2.77 4.67 5.31	2.34 4.41 5.10
	100	1 1.5 ≥3	0.53 0.60 0.62	0.94 1.08 1.13	1.49 1.73 1.81	1.65 1.93 2.02	1.89 2.22 2.33	2.27 2.68 2.82	2.61 3.11 3.28	2.80 3.36 3.54	3.27 3.96 4.19	3.67 4.50 4.78	3.99 4.96 5.29	4.25 5.35 5.72	4.42 5.66 6.08	4.50 5.89 6.35	4.48 6.04 6.56	4.31 6.04 6.62	3.97 5.88 6.51	3.46 5.53 6.22
	112	1 1.5 ≥3	0.64 0.71 0.74	1.16 1.30 1.35	1.86 2.10 2.18	2.07 2.35 2.44	2.38 2.71 2.82	2.86 3.28 3.42	3.31 3.82 3.98	3.57 4.12 4.30	4.18 4.87 5.11	4.71 5.54 5.82	5.15 6.12 6.44	5.49 6.60 6.96	5.72 6.97 7.38	5.85 7.23 7.69	5.83 7.39 7.91	5.61 7.34 7.91	5.16 7.06 7.70	4.47 6.55 7.24
	125	1 1.5 ≥3	0.77 0.84 0.86	1.40 1.54 1.59	2.25 2.50 2.58	2.52 2.80 2.89	2.90 3.23 3.34	3.50 3.92 4.06	4.06 4.56 4.73	4.38 4.93 5.12	5.15 5.84 6.07	5.80 6.63 6.91	6.34 7.31 7.63	6.76 7.86 8.23	7.03 8.28 8.69	7.16 8.54 9.01	7.09 8.65 9.17	6.75 8.48 9.06	6.11 8.01 8.64	5.14 7.21 7.91
	140	1 1.5 ≥3	0.92 0.99 1.01	1.66 1.82 1.86	2.71 2.95 3.03	3.03 3.31 3.40	3.49 3.82 3.93	4.23 4.64 4.78	4.91 5.41 5.58	5.29 5.84 6.03	6.22 6.91 7.14	7.01 7.84 8.12	7.64 8.61 8.94	8.11 9.22 9.59	8.39 9.64 10.05	8.48 9.85 10.32	8.27 9.83 10.35	7.69 9.42 10.00	6.71 8.61 9.25	5.28 7.35 8.05
	160	1 1.5 ≥3	1.11 1.18 1.20	2.04 2.18 2.22	3.30 3.55 3.63	3.70 3.98 4.07	4.27 4.60 4.71	5.17 5.59 5.73	6.01 6.51 6.68	6.47 7.03 7.21	7.60 8.29 8.52	8.53 9.36 9.63	9.24 10.21 10.53	9.72 10.83 11.20	9.94 11.18 11.60	9.87 11.25 11.72	9.34 10.90 11.42	8.28 10.01 10.58	6.62 8.52 9.15	4.31 6.39 7.08
	180	1 1.5 ≥3	1.30 1.37 1.39	2.39 2.53 2.58	3.89 4.13 4.21	4.36 4.64 4.73	5.04 5.36 5.47	6.10 6.51 6.65	7.07 7.57 7.74	7.62 8.17 8.35	8.90 9.60 9.83	9.93 10.76 11.04	10.67 11.64 11.96	11.09 12.20 12.56	11.15 12.39 12.81	10.81 12.19 12.65	9.78 11.33 11.85	7.99 9.72 10.30	6.38 7.29 7.92	1.88 3.95 4.64
	200	1 1.5 ≥3	1.49 1.55 1.58	2.75 2.89 2.93	4.47 4.71 4.79	5.01 5.29 5.38	5.79 6.11 6.22	7.00 7.41 7.55	8.10 8.61 8.77	8.72 9.27 9.45	10.13 10.83 11.06	11.22 12.05 12.32	11.92 12.89 13.21	12.19 13.30 13.67	11.98 13.23 13.64	11.25 12.63 13.09	9.50 11.06 11.58	6.75 8.43 9.06	2.89 4.79 5.43	
	224	1 1.5 ≥3	1.71 1.78 1.80	3.17 3.30 3.35	5.16 5.40 5.48	5.77 6.05 6.14	6.67 6.99 7.10	8.05 8.46 8.60	9.30 9.80 9.96	9.97 10.53 10.71	11.51 12.20 12.43	12.59 13.42 13.69	13.15 14.12 14.44	13.13 14.23 14.60	12.45 13.69 14.11	11.04 12.42 12.89	8.15 9.71 10.23	3.87 5.60 6.17		
	250	1 1.5 ≥3	1.95 2.02 2.04	3.62 3.75 3.80	5.88 6.13 6.21	6.59 6.87 6.96	7.60 7.93 8.04	9.15 9.56 9.70	10.53 11.03 11.19	11.26 11.81 12.00	12.85 13.54 13.77	13.84 14.67 14.95	14.13 15.10 15.42	13.62 14.73 15.10	12.22 13.47 13.88	9.83 11.21 11.67	5.29 6.85 7.36			
$v/m \cdot s^{-1} \approx$				5	10		15		20		25	30	35	40						

续表

型号	d_{d1} /mm	i 或 $\frac{1}{i}$	n_1/r·min^{-1} 200	400	700	800	950	1200	1450	1600	1800	2000	2200	2400	2800	3200	3600	4000	4500
			P_1/kW																
SPB	140	1	1.08	1.92	3.02	3.35	3.83	4.55	5.19	5.54	5.95	6.31	6.62	6.86	7.15	7.17	6.89	6.23	5.00
		1.5	1.22	2.21	3.53	3.94	4.52	5.43	6.25	6.71	7.27	7.70	8.23	8.61	9.20	9.51	9.52	9.20	8.30
		≥3	1.27	2.31	3.70	4.13	4.76	5.72	6.61	7.40	7.71	8.26	8.76	9.20	9.89	10.29	10.40	10.18	9.39
	160	1	1.37	2.47	3.92	4.37	5.01	5.98	6.86	7.33	7.89	8.38	8.80	9.13	9.52	9.53	9.10	8.21	6.36
		1.5	1.51	2.76	4.44	4.96	5.70	6.86	7.92	8.50	9.21	9.85	10.41	10.88	11.57	11.87	11.74	11.13	9.65
		≥3	1.56	2.86	4.61	5.15	5.93	7.15	8.27	8.89	9.65	10.33	10.94	11.47	12.25	12.65	12.61	12.11	10.75
	180	1	1.65	3.01	4.82	5.37	6.16	7.38	8.46	9.05	9.74	10.34	10.83	11.21	11.62	11.49	10.77	9.40	6.68
		1.5	1.80	3.30	5.33	5.96	6.86	8.26	9.53	10.22	11.06	11.80	12.44	12.97	13.66	13.83	13.40	12.32	9.97
		≥3	1.85	3.40	5.50	6.15	7.09	8.55	9.88	10.61	11.50	12.29	12.98	13.56	14.35	14.61	14.28	13.30	11.07
	200	1	1.94	3.54	5.69	6.35	7.30	8.74	10.02	10.70	11.50	12.18	12.72	13.11	13.41	13.01	11.83	9.77	5.85
		1.5	2.08	3.84	6.21	6.94	7.99	9.62	11.03	11.87	12.82	13.64	14.33	14.86	15.46	15.36	14.46	12.70	9.14
		≥3	2.13	3.93	6.38	7.14	8.23	9.91	11.43	12.26	13.26	14.13	14.86	15.45	16.14	16.14	15.34	13.68	10.24
	224	1	2.28	4.18	6.73	7.52	8.63	10.33	11.81	12.59	13.49	14.21	14.76	15.10	15.14	14.22	12.23	9.04	3.18
		1.5	2.42	4.47	7.24	8.10	9.33	11.21	12.87	13.76	14.80	15.68	16.37	16.86	17.19	16.57	14.86	11.96	6.47
		≥3	2.47	4.57	7.41	8.30	9.56	11.50	13.23	14.15	15.24	16.16	16.90	17.44	17.87	17.35	15.74	12.94	7.57
	250	1	2.64	4.86	7.84	8.75	10.04	11.99	13.66	14.51	15.47	16.19	16.68	16.89	16.44	14.69	11.48	6.63	
		1.5	2.79	5.15	8.35	9.33	10.74	12.87	14.72	15.68	16.78	17.66	18.28	18.65	18.49	17.03	14.11	9.56	
		≥3	2.83	5.25	8.52	9.53	10.97	13.16	15.07	16.07	17.22	18.15	18.82	19.23	19.17	17.81	14.99	10.53	
	280	1	3.05	5.63	9.09	10.14	11.62	13.82	15.65	16.56	17.52	18.17	18.48	18.43	17.13	14.04	8.92	1.55	
		1.5	3.20	5.93	9.60	10.72	12.32	14.70	16.72	17.73	18.83	19.63	20.09	20.18	19.18	16.38	11.56	4.48	
		≥3	3.25	6.02	9.77	10.92	12.55	14.99	17.07	18.12	19.27	20.12	20.62	20.77	19.86	17.16	12.43	5.45	
	315	1	3.53	6.53	10.51	11.71	13.40	15.84	17.79	18.70	19.55	20.00	19.97	19.44	16.71	11.47	3.40		
		1.5	3.68	6.82	11.02	12.30	14.09	16.72	18.85	19.87	20.88	21.46	21.58	21.20	18.76	13.81	6.04		
		≥3	3.73	6.92	11.19	12.50	14.32	17.01	19.21	20.26	21.32	21.95	22.12	21.78	19.44	14.59	6.91		
	355	1	4.08	7.53	12.10	13.46	15.33	17.99	19.96	20.78	21.39	21.42	20.79	19.46	14.45	5.91			
		1.5	4.22	7.82	12.61	14.04	16.03	18.86	21.02	21.95	22.71	22.88	22.40	21.22	16.50	8.25			
		≥3	4.27	7.92	12.78	14.24	16.26	19.16	21.37	22.34	23.15	23.37	22.94	21.80	17.18	9.03			
	400	1	4.68	8.64	13.82	15.34	17.39	20.17	22.02	22.62	22.76	22.07	20.46	17.87	9.37				
		1.5	4.83	8.94	14.33	15.92	18.09	21.05	23.08	23.79	24.07	23.53	22.07	19.63	11.42				
		≥3	4.87	9.03	14.50	16.12	18.32	21.34	23.43	24.18	24.51	24.02	22.61	20.21	12.10				
	v/m·s^{-1}≈			5	10	15		20	25	30	35	40							

第13篇

续表

型号	d_{d1} /mm	i 或 $\frac{1}{i}$	200	300	400	500	600	700	800	950	1200	1450	1600	1800	2000	2200	2400	2800	3200
			n_1/r · min^{-1}																
			P_1/kW																
SPC	224	1 1.5 ≥3	2.90 3.26 3.38	4.08 4.62 4.80	5.19 5.91 6.15	6.23 7.13 7.43	7.21 8.28 8.64	8.13 9.39 9.81	8.99 10.43 10.91	10.19 11.90 12.47	11.89 14.05 14.77	13.22 15.82 16.69	13.81 16.69 17.65	14.35 17.59 18.66	14.58 18.17 19.37	14.47 18.43 19.75	14.01 18.32 19.75	11.89 16.92 18.60	8.01 13.77 15.68
	250	1 1.5 ≥3	3.50 3.86 3.98	4.95 5.49 5.67	6.31 7.03 7.27	7.60 8.49 8.79	8.81 9.89 10.25	9.95 11.21 11.63	11.02 12.46 12.94	12.51 14.21 14.78	14.61 16.77 17.49	16.21 18.82 19.69	16.52 19.79 20.75	17.52 20.75 21.83	17.70 21.30 22.50	17.44 21.40 22.72	16.69 21.01 22.45	13.60 18.64 20.32	8.12 13.88 15.80
	280	1 1.5 ≥3	4.18 4.54 4.66	5.94 6.48 6.66	7.59 8.31 8.55	9.15 10.05 10.35	10.62 11.70 12.06	12.01 13.27 13.69	13.31 14.75 15.23	15.10 16.81 17.38	17.60 19.76 20.48	19.44 22.05 22.92	20.20 23.07 24.03	20.75 23.99 25.07	20.75 24.34 25.54	20.13 24.09 25.41	18.86 23.17 24.61	14.11 19.15 20.83	6.10 11.85 13.77
	315	1 1.5 ≥3	4.97 5.33 5.45	7.08 7.62 7.80	9.07 9.79 10.03	10.94 11.84 12.14	12.70 13.78 14.14	14.36 15.62 16.04	15.90 17.34 17.82	18.01 19.72 20.29	20.88 23.04 23.76	22.87 25.47 26.34	23.58 26.46 27.42	23.91 27.15 28.23	23.47 27.07 28.26	22.18 26.14 27.46	19.98 24.30 25.74	12.53 17.56 19.24	
	355	1 1.5 ≥3	5.87 6.23 6.35	8.37 8.91 9.09	10.72 11.44 11.68	12.94 13.84 14.14	15.02 16.10 16.46	16.96 18.22 18.64	18.76 20.20 20.68	21.17 22.88 23.45	24.34 26.50 27.22	26.29 28.90 29.77	26.80 29.68 30.64	26.62 29.86 30.94	25.37 28.97 30.17	22.94 26.90 28.22	19.22 23.54 24.98		
	400	1 1.5 ≥3	6.86 7.22 7.34	9.80 10.34 10.52	12.56 13.28 13.52	15.15 16.04 16.34	17.56 18.64 19.00	19.79 21.05 21.47	21.84 23.28 23.76	24.52 26.23 26.80	27.83 29.99 30.70	29.46 32.07 32.94	29.53 32.41 33.37	28.42 31.66 32.74	25.81 29.41 30.60	21.54 25.50 26.82	15.48 19.79 21.23		
	450	1 1.5 ≥3	7.96 8.32 8.44	11.37 11.91 12.09	14.56 15.28 15.52	17.54 18.43 18.73	20.29 21.37 21.73	22.81 24.07 24.48	25.07 26.51 26.99	27.94 29.65 30.22	31.15 33.31 34.03	32.06 34.67 35.54	31.33 34.21 35.16	28.69 31.92 33.00	23.95 27.54 28.74	16.89 20.85 22.17			
	500	1 1.5 ≥3	9.04 9.40 9.52	12.91 13.45 13.63	16.52 17.24 17.48	19.86 20.76 21.06	22.92 24.00 24.35	25.67 26.93 27.35	28.09 29.53 30.01	31.04 32.75 33.32	33.85 36.01 36.73	33.58 36.18 37.05	31.70 34.57 35.53	26.94 30.18 31.26	19.35 22.94 24.14				
	560	1 1.5 ≥3	10.32 10.68 10.80	14.74 15.27 15.45	18.82 19.54 19.78	22.56 23.46 23.76	25.93 27.01 27.37	28.90 30.16 30.58	31.43 32.87 33.35	34.29 36.00 36.57	36.18 38.34 39.06	33.83 36.44 37.31	30.05 32.93 33.89	21.90 25.14 26.22					
	630	1 1.5 ≥3	11.80 12.16 12.28	16.82 17.36 17.54	21.42 22.14 22.38	25.58 26.48 26.78	29.25 30.32 30.68	32.37 33.63 34.04	34.88 36.32 36.80	37.37 39.07 39.64	37.52 39.68 40.40	31.74 34.35 35.22	24.96 27.84 28.79						
	v/m · s^{-1} ≈				10	15		20	25	30	35	40							

表 13-1-21　　有效宽度制窄 V 带额定功率

型号	n_1 /r·min^{-1}	d_{e1}/mm														i								
		67	71	75	80	90	100	112	125	140	160	180	200	250	315	1.02~1.05	1.06~1.11	1.12~1.18	1.19~1.26	1.27~1.38	1.39~1.57	1.58~1.94	1.95~3.38	3.39以上
		P_1/kW														ΔP_1/kW								
9N、9J型	200	0.21	0.24	0.27	0.31	0.38	0.46	0.54	0.64	0.74	0.88	1.02	1.16	1.50	1.94	0.00	0.01	0.01	0.02	0.02	0.03	0.03	0.03	0.03
	400	0.38	0.44	0.50	0.57	0.71	0.85	1.01	1.19	1.39	1.66	1.92	2.18	2.83	3.65	0.01	0.02	0.03	0.04	0.05	0.05	0.06	0.07	0.07
	600	0.54	0.62	0.70	0.80	1.01	1.21	1.45	1.71	2.00	2.39	2.77	3.15	4.08	5.25	0.01	0.02	0.04	0.06	0.07	0.08	0.09	0.10	0.10
	800	0.68	0.79	0.89	1.03	1.29	1.55	1.87	2.20	2.58	3.08	3.58	4.07	5.26	6.76	0.01	0.03	0.06	0.08	0.09	0.11	0.12	0.13	0.14
	1000	0.81	0.94	1.08	1.24	1.56	1.89	2.27	2.68	3.14	3.75	4.36	4.95	6.39	8.17	0.01	0.04	0.07	0.09	0.11	0.13	0.15	0.16	0.17
	1200	0.94	1.09	1.25	1.44	1.83	2.21	2.66	3.14	3.68	4.40	5.10	5.79	7.46	9.48	0.02	0.05	0.08	0.11	0.14	0.16	0.18	0.20	0.21
	1400	1.06	1.24	1.42	1.64	2.08	2.51	3.03	3.58	4.21	5.02	5.82	6.60	8.46	10.67	0.02	0.06	0.10	0.13	0.16	0.19	0.21	0.23	0.24
	1600	1.17	1.38	1.58	1.83	2.32	2.81	3.39	4.01	4.71	5.62	6.50	7.36	9.39	11.74	0.02	0.06	0.11	0.15	0.18	0.21	0.24	0.26	0.28
	1800	1.28	1.51	1.73	2.01	2.56	3.10	3.74	4.42	5.19	6.19	7.16	8.09	10.25	12.67	0.03	0.07	0.12	0.17	0.21	0.24	0.27	0.30	0.31
	2000	1.39	1.63	1.88	2.19	2.79	3.38	4.08	4.82	5.66	6.74	7.77	8.77	11.03	13.45	0.03	0.08	0.14	0.19	0.23	0.27	0.30	0.33	0.35
	2200	1.49	1.76	2.02	2.35	3.01	3.65	4.41	5.21	6.11	7.26	8.36	9.40	11.73	14.07	0.03	0.09	0.15	0.21	0.25	0.29	0.33	0.36	0.38
	2400	1.58	1.87	2.16	2.52	3.22	3.91	4.72	5.58	6.53	7.75	8.90	9.98	12.33	14.52	0.03	0.10	0.17	0.23	0.27	0.32	0.36	0.39	0.42
	2600	1.67	1.98	2.29	2.68	3.43	4.16	5.03	5.93	6.94	8.21	9.41	10.51	12.84		0.04	0.10	0.18	0.25	0.30	0.35	0.39	0.43	0.45
	2800	1.76	2.09	2.42	2.83	3.63	4.41	5.32	6.27	7.32	8.64	9.87	10.98	13.24		0.04	0.11	0.19	0.26	0.32	0.37	0.42	0.46	0.49
	3000	1.84	2.19	2.54	2.97	3.82	4.64	5.59	6.59	7.68	9.04	10.29	11.40	13.53		0.04	0.12	0.21	0.28	0.34	0.40	0.45	0.49	0.52
	3200	1.92	2.29	2.66	3.11	4.00	4.86	5.86	6.89	8.02	9.41	10.66	11.75			0.05	0.13	0.22	0.30	0.37	0.43	0.48	0.52	0.56
	3400	2.00	2.39	2.77	3.25	4.17	5.07	6.11	7.18	8.33	9.74	10.98	12.04			0.05	0.14	0.24	0.32	0.39	0.45	0.51	0.56	0.59
	3600	2.07	2.47	2.88	3.37	4.34	5.27	6.34	7.44	8.62	10.04	11.25	12.25			0.05	0.14	0.25	0.34	0.41	0.48	0.54	0.59	0.63
	3800	2.13	2.56	2.98	3.49	4.50	5.46	6.57	7.69	8.88	10.29	11.47	12.40			0.06	0.15	0.26	0.36	0.43	0.51	0.57	0.62	0.66
	4000	2.19	2.64	3.07	3.61	4.65	5.64	6.77	7.91	9.12	10.51	11.63				0.06	0.16	0.28	0.38	0.46	0.54	0.60	0.66	0.69
	4200	2.25	2.71	3.16	3.72	4.79	5.81	6.96	8.12	9.32	10.68	11.74				0.06	0.17	0.29	0.40	0.48	0.56	0.63	0.69	0.73
	4400	2.31	2.78	3.25	3.82	4.92	5.96	7.14	8.30	9.50	10.81					0.06	0.17	0.30	0.41	0.50	0.59	0.66	0.72	0.76
	4600	2.35	2.84	3.32	3.91	5.04	6.11	7.30	8.46	9.64	10.90					0.07	0.18	0.32	0.43	0.53	0.62	0.69	0.75	0.80
	4800	2.40	2.90	3.40	4.00	5.15	6.24	7.44	8.60	9.75	10.93					0.07	0.19	0.33	0.45	0.55	0.64	0.72	0.79	0.83
	5000	2.44	2.96	3.46	4.08	5.26	6.36	7.56	8.71	9.83						0.07	0.20	0.35	0.47	0.57	0.67	0.75	0.82	0.87

续表

型号	n_1 /r·min⁻¹	d_{e1}/mm													i								
		180	190	200	212	224	236	250	280	315	355	400	450	500	1.02~1.05	1.06~1.11	1.12~1.18	1.19~1.26	1.27~1.38	1.39~1.57	1.58~1.94	1.95~3.38	3.39以上
		P_1/kW													ΔP_1/kW								
15N、15J型	60	0.73	0.79	0.86	0.94	1.02	1.09	1.19	1.38	1.60	1.86	2.14	2.46	2.77	0.00	0.01	0.02	0.03	0.04	0.05	0.05	0.06	0.06
	80	0.94	1.03	1.11	1.22	1.32	1.42	1.54	1.80	2.09	2.42	2.79	3.20	3.61	0.01	0.02	0.03	0.04	0.05	0.06	0.07	0.07	0.08
	100	1.15	1.26	1.36	1.49	1.62	1.74	1.89	2.20	2.56	2.97	3.43	3.93	4.44	0.01	0.02	0.04	0.05	0.06	0.08	0.09	0.09	0.10
	200	2.13	2.33	2.54	2.78	3.02	3.26	3.54	4.14	4.83	5.61	6.47	7.43	8.38	0.02	0.04	0.08	0.11	0.13	0.15	0.17	0.19	0.20
	300	3.05	3.34	3.64	3.99	4.34	4.69	5.10	5.97	6.97	8.10	9.35	10.73	12.10	0.02	0.07	0.12	0.16	0.19	0.23	0.26	0.28	0.30
	400	3.92	4.30	4.69	5.15	5.61	6.06	6.59	7.72	9.02	10.48	12.11	13.89	15.64	0.03	0.09	0.16	0.21	0.26	0.30	0.34	0.37	0.39
	500	4.75	5.23	5.70	6.26	6.83	7.38	8.03	9.41	10.99	12.77	14.75	16.89	19.00	0.04	0.11	0.20	0.27	0.32	0.38	0.43	0.46	0.49
	600	5.56	6.12	6.68	7.34	8.00	8.66	9.42	11.04	12.90	14.98	17.27	19.76	22.18	0.05	0.13	0.24	0.32	0.39	0.45	0.51	0.56	0.59
	700	6.34	6.98	7.62	8.39	9.15	9.90	10.77	12.62	14.73	17.10	19.69	22.48	25.18	0.06	0.16	0.27	0.37	0.45	0.53	0.60	0.65	0.69
	800	7.10	7.82	8.54	9.40	10.25	11.10	12.07	14.14	16.50	19.12	21.98	25.04	27.96	0.07	0.18	0.31	0.43	0.52	0.61	0.68	0.74	0.79
	900	7.83	8.63	9.43	10.38	11.32	12.26	13.33	15.61	18.19	21.05	24.15	27.43	30.53	0.07	0.20	0.35	0.48	0.58	0.68	0.77	0.84	0.89
	1000	8.54	9.42	10.29	11.33	12.36	13.38	14.55	17.02	19.81	22.89	26.19	29.65	32.86	0.08	0.22	0.39	0.53	0.65	0.76	0.85	0.93	0.98
	1200	9.89	10.92	11.93	13.14	14.33	15.50	16.85	19.67	22.82	26.24	29.83	33.48	36.73	0.10	0.27	0.47	0.64	0.78	0.91	1.02	1.11	1.18
	1400	11.16	12.32	13.46	14.82	16.15	17.46	18.96	22.07	25.50	29.14	32.84	36.43	39.41	0.12	0.31	0.55	0.75	0.91	1.06	1.19	1.30	1.38
	1600	12.33	13.61	14.88	16.36	17.82	19.25	20.87	24.20	27.80	31.52	35.13	38.38		0.13	0.36	0.63	0.85	1.03	1.21	1.36	1.49	1.57
	1800	13.41	14.80	16.17	17.77	19.33	20.85	22.56	26.03	29.70	33.33	36.63			0.15	0.40	0.71	0.96	1.16	1.36	1.53	1.67	1.77
	2000	14.39	15.88	17.33	19.02	20.66	22.24	24.02	27.55	31.15	34.52				0.17	0.45	0.78	1.07	1.29	1.51	1.70	1.86	1.97
	2200	15.27	16.83	18.35	20.11	21.80	23.42	25.22	28.71	32.11					0.18	0.49	0.86	1.17	1.42	1.67	1.88	2.04	2.16
	2400	16.03	17.65	19.22	21.03	22.74	24.37	26.15	29.51	32.56					0.20	0.54	0.94	1.28	1.55	1.82	2.05	2.23	2.36
	2600	16.67	18.34	19.94	21.76	23.47	25.07	26.79	29.89						0.21	0.58	1.02	1.39	1.68	1.97	2.22	2.41	2.56
	2800	17.19	18.88	20.49	22.30	23.97	25.51	27.12							0.23	0.63	1.10	1.49	1.81	2.12	2.39	2.60	2.75
	3000	17.59	19.28	20.87	22.63	24.23	25.67	27.11							0.25	0.67	1.18	1.60	1.94	2.27	2.56	2.79	2.95
	3200	17.84	19.51	21.06	22.74	24.24	25.52								0.26	0.72	1.25	1.71	2.07	2.42	2.73	2.97	3.15
	3400	17.95	19.57	21.05	22.63	23.97									0.28	0.76	1.33	1.81	2.20	2.57	2.90	3.16	3.34
	3600	17.90	19.46	20.84	22.26										0.30	0.81	1.41	1.92	2.33	2.73	3.07	3.34	3.54
	3800	17.70	19.16	20.42											0.31	0.85	1.49	2.03	2.46	2.88	3.24	3.53	3.74

续表

型号	n_1 /r·min^{-1}	d_{e1}/mm													i								
		315	335	355	375	400	425	450	475	500	560	630	710	800	1.02~1.05	1.06~1.11	1.12~1.18	1.19~1.26	1.27~1.38	1.39~1.57	1.58~1.94	1.95~3.38	3.39以上
		P_1/kW													ΔP_1/kW								
25N、25J型	20	1.16	1.28	1.41	1.53	1.68	1.84	1.99	2.14	2.29	2.66	3.08	3.55	4.08	0.01	0.02	0.04	0.05	0.07	0.08	0.09	0.09	0.10
	40	2.16	2.40	2.64	2.88	3.17	3.47	3.76	4.05	4.34	5.04	5.84	6.75	7.77	0.02	0.05	0.08	0.11	0.13	0.15	0.17	0.19	0.20
	60	3.11	3.46	3.81	4.15	4.59	5.02	5.44	5.87	6.30	7.31	8.49	9.82	11.31	0.03	0.07	0.12	0.16	0.20	0.23	0.26	0.28	0.30
	80	4.02	4.48	4.93	5.39	5.95	6.51	7.08	7.63	8.19	9.52	11.06	12.80	14.74	0.03	0.09	0.16	0.22	0.26	0.31	0.35	0.38	0.40
	100	4.90	5.46	6.02	6.58	7.28	7.97	8.66	9.35	10.04	11.67	13.57	15.71	18.10	0.04	0.11	0.20	0.27	0.33	0.39	0.43	0.47	0.50
	120	5.76	6.43	7.09	7.75	8.58	9.40	10.22	11.03	11.85	13.78	16.02	18.56	21.39	0.05	0.14	0.24	0.33	0.39	0.46	0.52	0.57	0.60
	140	6.60	7.37	8.14	8.90	9.85	10.80	11.75	12.69	13.62	15.86	18.44	21.36	24.61	0.06	0.16	0.28	0.38	0.46	0.54	0.61	0.66	0.70
	160	7.42	8.29	9.16	10.03	11.11	12.18	13.25	14.31	15.37	17.90	20.82	24.12	27.79	0.07	0.18	0.32	0.43	0.53	0.62	0.69	0.76	0.80
	180	8.22	9.20	10.17	11.14	12.34	13.54	14.73	15.91	17.09	19.91	23.16	26.83	30.91	0.08	0.21	0.36	0.49	0.59	0.69	0.78	0.85	0.90
	200	9.02	10.09	11.16	12.23	13.55	14.87	16.18	17.49	18.79	21.89	25.46	29.50	33.98	0.08	0.23	0.40	0.54	0.66	0.77	0.87	0.94	1.00
	300	12.82	14.38	15.93	17.48	19.40	21.30	23.20	25.09	26.96	31.42	36.53	42.28	48.62	0.13	0.34	0.60	0.81	0.99	1.16	1.30	1.42	1.50
	400	16.38	18.41	20.42	22.42	24.91	27.37	29.82	32.24	34.65	40.35	46.86	54.12	62.03	0.17	0.46	0.80	1.09	1.32	1.54	1.73	1.89	2.00
	500	19.75	22.22	24.67	27.10	30.12	33.10	36.06	38.98	41.88	48.70	56.43	64.94	74.08	0.21	0.57	1.00	1.36	1.64	1.93	2.17	2.36	2.50
	600	22.93	25.82	28.69	31.53	35.03	38.50	41.92	45.29	48.62	56.42	65.16	74.64	84.61	0.25	0.69	1.20	1.63	1.97	2.31	2.60	2.83	3.00
	700	25.93	29.22	32.47	35.69	39.65	43.55	47.38	51.15	54.86	63.47	72.98	83.08	93.40	0.29	0.80	1.40	1.90	2.30	2.70	3.03	3.30	3.50
	800	28.75	32.41	36.02	39.58	43.95	48.23	52.43	56.54	60.55	69.78	79.79	90.13	100.24	0.34	0.91	1.59	2.17	2.63	3.08	3.47	3.78	4.00
	900	31.38	35.38	39.32	43.18	47.91	52.53	57.03	61.40	65.65	75.29	85.49	95.63		0.38	1.03	1.79	2.44	2.96	3.47	3.90	4.25	4.50
	1000	33.82	38.13	42.35	46.49	51.52	56.41	61.14	65.71	70.10	79.93	89.98	99.42		0.42	1.14	1.99	2.71	3.29	3.85	4.33	4.72	5.00
	1100	36.05	40.64	45.11	49.48	54.76	59.85	64.74	69.41	73.87	83.61	93.14			0.46	1.26	2.19	2.98	3.62	4.24	4.77	5.19	5.50
	1200	38.07	42.90	47.59	52.13	57.60	62.82	67.78	72.48	76.90	86.28	94.87			0.50	1.37	2.39	3.26	3.95	4.62	5.20	5.67	6.00
	1300	39.87	44.89	49.75	54.42	60.01	65.28	70.24	74.86	79.12	87.84				0.55	1.49	2.59	3.53	4.27	5.01	5.63	6.14	6.50
	1400	41.43	46.61	51.59	56.34	61.96	67.21	72.06	76.50	80.50					0.59	1.60	2.79	3.80	4.60	5.39	6.07	6.61	7.00
	1500	42.74	48.04	53.08	57.86	63.44	68.57	73.22	77.36	80.98					0.63	1.72	2.99	4.07	4.93	5.78	6.50	7.08	7.50
	1600	43.80	49.16	54.22	58.96	64.42	69.33	73.66	77.39						0.67	1.83	3.19	4.34	5.26	6.16	6.93	7.55	8.00
	1700	44.58	49.96	54.97	59.61	64.86	69.45	73.36							0.71	1.94	3.39	4.61	5.59	6.55	7.37	8.03	8.50
	1800	45.08	50.42	55.33	59.80	64.74	68.91								0.76	2.06	3.59	4.88	5.92	6.93	7.80	8.50	9.00
	1900	45.29	50.52	55.27	59.50	64.03									0.80	2.17	3.79	5.15	6.25	7.32	8.23	8.97	9.50
	2000	45.18	50.26	54.77	58.69										0.84	2.29	3.99	5.43	6.53	7.70	8.67	9.44	10.00

注：$i=1\sim1.01$，$\Delta P_1=0$。

表 13-1-22　　包角修正系数 K_α

包角 α_1/(°)	180	175	170	165	160	155	150	145	140
K_α	1.00	0.99	0.98	0.96	0.95	0.93	0.92	0.91	0.89

包角 α_1/(°)	135	130	125	120	115	110	105	100	95	90
K_α	0.88	0.86	0.84	0.82	0.80	0.78	0.76	0.74	0.72	0.69

表 13-1-23　　带长修正系数 K_L

普通 V 带

基准长度 L_d/mm	Y (K_L)	Z (K_L)
200	0.81	
224	0.82	
250	0.84	
280	0.87	
315	0.89	
355	0.92	
400	0.96	0.87
450	1.00	0.89
500	1.02	0.91
560		0.94

基准长度 L_d/mm	Z (K_L)	A (K_L)	B (K_L)	C (K_L)
630	0.96	0.81		
710	0.99	0.83		
800	1.00	0.85		
900	1.03	0.87	0.82	
1000	1.06	0.89	0.84	
1120	1.08	0.91	0.86	
1250	1.11	0.93	0.88	
1400	1.14	0.96	0.90	
1600	1.16	0.99	0.92	0.83
1800	1.18	1.01	0.95	0.86

基准长度 L_d/mm	A (K_L)	B (K_L)	C (K_L)	D (K_L)	E (K_L)
2000	1.03	0.98	0.88		
2240	1.06	1.00	0.91		
2500	1.09	1.03	0.93		
2800	1.11	1.05	0.95	0.83	
3150	1.13	1.07	0.97	0.86	
3550	1.17	1.09	0.99	0.89	
4000	1.19	1.13	1.02	0.91	
4500		1.15	1.04	0.93	0.90
5000		1.18	1.07	0.96	0.92
5600			1.09	0.98	0.95

基准长度 L_d/mm	C (K_L)	D (K_L)	E (K_L)
6300	1.12	1.00	0.97
7100	1.15	1.03	1.00
8000	1.18	1.06	1.02
9000	1.21	1.08	1.05
10000	1.23	1.11	1.07
11200		1.14	1.10
12500		1.17	1.12
14000		1.20	1.15
16000		1.22	1.18

基准宽度制窄 V 带

基准长度 L_d/mm	SPZ (K_L)	SPA (K_L)
630	0.82	
710	0.84	
800	0.86	0.81
900	0.88	0.83
1000	0.90	0.85
1120	0.93	0.87

基准长度 L_d/mm	SPZ (K_L)	SPA (K_L)	SPB (K_L)	SPC (K_L)
1250	0.94	0.89	0.82	
1400	0.96	0.91	0.84	
1600	1.00	0.93	0.86	
1800	1.01	0.95	0.88	
2000	1.02	0.96	0.90	0.81
2240	1.05	0.98	0.92	0.83
2500	1.07	1.00	0.94	0.86

基准长度 L_d/mm	SPZ (K_L)	SPA (K_L)	SPB (K_L)	SPC (K_L)
2800	1.09	1.02	0.96	0.88
3150	1.11	1.04	0.98	0.90
3550	1.13	1.06	1.00	0.92
4000		1.08	1.02	0.94
4500		1.09	1.04	0.96
5000			1.06	0.98
5600			1.08	1.00

基准长度 L_d/mm	SPB (K_L)	SPC (K_L)
6300	1.10	1.02
7100	1.12	1.04
8000	1.14	1.06
9000		1.08
10000		1.10
11200		1.12
12500		1.14

有效宽度制窄 V 带

有效长度 L_e/mm	9N、9J (K_L)
630	0.83
670	0.84
710	0.85
760	0.86
800	0.87
850	0.88
900	0.89
950	0.90
1050	0.92
1080	0.93
1145	0.94
1205	0.95

有效长度 L_e/mm	9N、9J (K_L)	15N、15J (K_L)	25N、25J (K_L)
1270	0.96	0.85	
1345	0.97	0.86	
1420	0.98	0.87	
1525	0.99	0.88	
1600	1.00	0.89	
1700	1.01	0.90	
1800	1.02	0.91	
1900	1.03	0.92	
2030	1.04	0.93	
2160	1.06	0.94	
2290	1.07	0.95	
2410	1.08	0.96	
2540	1.09	0.96	0.87
2690	1.10	0.97	0.88

有效长度 L_e/mm	9N、9J (K_L)	15N、15J (K_L)	25N、25J (K_L)
2840	1.11	0.98	0.88
3000	1.12	0.99	0.89
3180	1.13	1.00	0.90
3350	1.14	1.01	0.91
3550	1.15	1.02	0.92
3810		1.03	0.93
4060		1.04	0.94
4320		1.05	0.94
4570		1.06	0.95
4830		1.07	0.96
5080		1.08	0.97
5380		1.09	0.98
5690		1.09	0.98
6000		1.10	0.99

有效长度 L_e/mm	15N、15J (K_L)	25N、25J (K_L)
6350	1.11	1.00
6730	1.12	1.01
7100	1.13	1.02
7620	1.14	1.03
8000	1.15	1.03
8500	1.16	1.04
9000	1.17	1.05
9500		1.06
10160		1.07
10800		1.08
11430		1.09
12060		1.09
12700		1.10

表 13-1-24　　　　V 带单位长度质量

	型号	每米长度质量 /kg·m⁻¹		型号	每米长度质量 /kg·m⁻¹		型号	每米长度质量 /kg·m⁻¹
普通 V 带	Y	0.02	基准宽度制窄 V 带	SPZ	0.07	有效宽度制窄 V 带	9N	0.08
	Z	0.06		SPA	0.12		15N	0.20
	A	0.10		SPB	0.20		25N	0.57
	B	0.17		SPC	0.37		9J	0.122
	C	0.30					15J	0.252
	D	0.62					25J	0.693
	E	0.90						

3　多楔带传动

3.1　带

表 13-1-25　　　　带的截面尺寸（摘自 GB/T 16588—1996）　　　　mm

$b=z\times P_b$（z—楔数）

Ⅰ部（带楔顶）放大　亦可选用平的带楔顶

Ⅱ部（带槽底）放大　槽底轮廓线可位于②区的任何部位，即 r_t 可更小些

型号	楔距 P_b	带高 $h\approx$	楔顶圆弧半径 r_{bmin}	槽底圆弧半径 r_{tmax}	楔数 z
PJ	2.34	4	0.4	0.2	4、6、8、10、12、16、20
PL	4.7	10		0.4	6、8、10、12、14、16、18、20
PM	9.4	17	0.75		4、6、8、10、12、14、16、18、20

注：楔距与带高的值仅为参考尺寸，楔距累积误差是一个重要参数，但受带的工作张力和抗拉体弹性模量的影响。

表 13-1-26　　带的有效长度 L_e（摘自 JB/T 5983—1992）及极限偏差（摘自 GB/T 16588—1996）　　mm

有效长度 L_e	极限偏差	型号 PJ	型号 PL	有效长度 L_e	极限偏差	型号 PJ	型号 PL	型号 PM	有效长度 L_e	极限偏差	型号 PL	型号 PM
450	+5 −10	+		1600	+10 −20	+	+		4500	+20 −40	+	+
475		+		1700		+	+		4750		+	—
500		+		1800		+	+		5000		+	+
560		+		1900		+	+		5300		+	—
630		+		2000		+	+		5600		+	+
710		+		2120	+12 −24	+	+		6000		+	—
750		+		2240		+	+	+	6300	+30 −60		+
800	+6 −12	+		2360		+	+	+	6700			+
850		+		2500		+	+	+	7100			+
900		+		2650			+	+	8000			+
950		+		2800			+	+	9000	+45 −90		+
1000		+		3000			+	+	10000			+
1060	+8 −16	+		3150	+15 −30		+	+	11200			+
1120		+		3350			+	+	12500			+
1250		+	+	3550			+	+	13200	+60 −120		+
1320		+	+	3750			+	+	14000			+
1400		+	+	4000	+20 −40		+	+	15000			+
1500		+	+	4250			+	+	16000			+

注：1. 表中 + 表示可以选用，— 表示没有此长度数据。

2. 标记示例　10（楔数）　PM（型号）　3350（有效长度）

3. 生产厂为江苏扬中市东海电器有限公司。

3.2 带轮

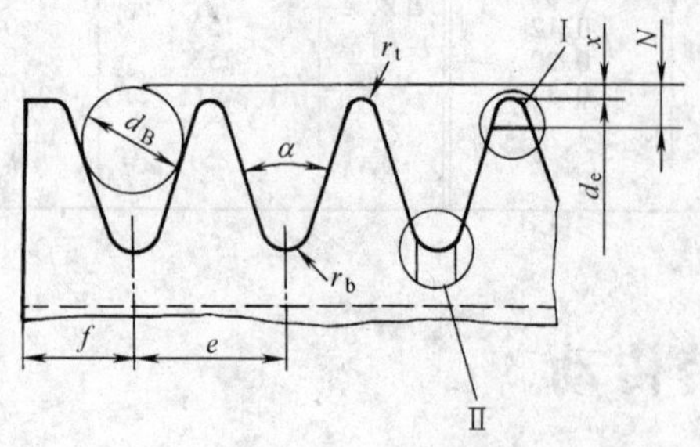

I部(带轮齿顶)放大　　II部(带轮槽底)放大

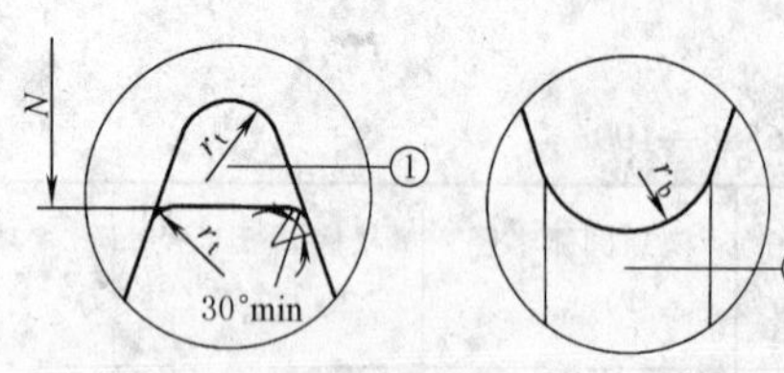

节面位置 δ_e d_e d_p

① 轮槽楔顶轮廓线可位于该区域的任何部位，该轮廓线的两端应有一个与轮槽两侧面相切的圆角(最小30°)；

② 轮槽槽底轮廓线可位于 r_b 弧线以下。

表 13-1-27　　轮槽截面尺寸(摘自 GB/T 16588—1996)　　mm

型号	槽距 e 基本尺寸	槽距 e 极限偏差	槽距 e 累积误差	槽角 α	楔顶圆角半径 r_{tmin}	槽底圆弧半径 r_{bmax}	检验用圆球或圆柱直径 d_B 基本尺寸	检验用圆球或圆柱直径 d_B 极限偏差	$2x$	$2N_{max}$	f_{min}	有效线差 δ_e	最小有效直径 d_{emin}
PJ	2.34	±0.03	±0.3	40° ±0.5°	0.2	0.4	1.5	±0.01	0.23	1.22	1.8	1.2	20
PL	4.7	±0.05			0.4		3.5		2.36	3.5	3.3	3	75
PM	9.4	±0.08			0.75		7		4.53	5.92	6.4	4	180

注：槽的中心线应与带轮轴线成90° ±0.5°角。

表 13-1-28　　有效直径系列 (摘自 JB/T 5983—1992)　　mm

有效直径 d_e	型号 PJ	有效直径 d_e	型号 PJ	型号 PL	有效直径 d_e	型号 PJ	型号 PL	型号 PM	有效直径 d_e	型号 PL	型号 PM
20	+	63	+		180	+	+	+	475	+	+
22.4	+	71	+		200	+	+	+	500	+	+
25	+	75	+	+	212	+	+	+	560	+	+
28	+	80	+	+	224	+	+	+	600	+	+
31.5	+	90	+	+	236	+	+	+	630	+	+
33.5	+	95	+	+	250	+	+	+	710	+	+
35.5	+	100	+	+	265	+	+	+	750	+	+
37.5	+	106	+	+	280	+	+	+	800		+
40	+	112	+	+	300	+	+	+	850		+
42.5	+	118	+	+	315		+	+	900		+
45	+	125	+	+	335		+	—	950		+
47.5	+	132	+	+	355		+	+	1000		+
50	+	140	+	+	375		+	+	1120		+
53	+	150	+	+	400		+	+			
56	+	160	+	+	425		+	+			
60	+	170	+	+	450		+	+			

注：表中+表示可以选用；—表示不可以选用。

表 13-1-29　　带轮尺寸公差、形位公差及表面粗糙度（摘自 GB/T 16588—1996）　　mm

有效直径 d_e	轮槽数 z	有效直径偏差 Δd_e	径向圆跳动	端面圆跳动	轮槽工作面粗糙度 R_a
$d_e \leqslant 74$	$\leqslant 6$	0.1	0.13	$0.002d_e$	3.2μm
	>6	$0.1+0.003(z-6)$			
$74<d_e \leqslant 250$	$\leqslant 10$	0.15	0.25		
$250<d_e \leqslant 500$	>10	$0.15+0.005(z-10)$	$0.25+0.0004(d_e-250)$		
$d_e>500$	$\leqslant 10$	0.25			
	>10	$0.25+0.01(z-10)$			

3.3　设计计算（摘自 JB/T 5983—1992）

已知条件：①传递的功率；②小带轮和大带轮转速；③传动用途、载荷性质、原动机种类以及工作制度。

表 13-1-30　　计算内容和步骤

计算项目	单位	公式及数据	说明
设计功率 P_d	kW	$P_d=K_AP$	K_A——工况系数，见表 13-1-31 P——传递的功率，kW
带型		根据 P_d 和 n_1 由图 13-1-4 选取	n_1——小带轮转速，r/min
传动比 i		若不考虑弹性滑动 $i=\dfrac{n_1}{n_2}=\dfrac{d_{p2}}{d_{p1}}$ $d_{p1}=d_{e1}+2\delta_e$ $d_{p2}=d_{e2}+2\delta_e$	n_2——大带轮转速，r/min d_{p1}——小带轮节圆直径，mm d_{p2}——大带轮节圆直径，mm d_{e1}——小带轮有效直径，mm d_{e2}——大带轮有效直径，mm δ_e——有效线差，见表 13-1-27
小带轮有效直径 d_{e1}	mm	由表 13-1-27 和表 13-1-28 选取	为提高带的寿命，条件允许时，d_{e1} 尽量取较大值
大带轮有效直径 d_{e2}	mm	$d_{e2}=i(d_{e1}+2\delta_e)-2\delta_e$	按表 13-1-28 选取
带速 v	m/s	$v=\dfrac{\pi d_{p1}n_1}{60\times1000}\leqslant v_{max}$ $v_{max}\leqslant 30\text{m/s}$	若 v 过高，则应取较小的 d_{p1} 或选用较小的多楔带型号
初定中心距 a_0	mm	$0.7(d_{e1}+d_{e2})<a_0<2(d_{e1}+d_{e2})$	可根据结构要求定
带的有效长度 L_{e0}	mm	$L_{e0}=2a_0+\dfrac{\pi}{2}(d_{e1}+d_{e2})+\dfrac{(d_{e2}-d_{e1})^2}{4a_0}$	按表 13-1-26 选取相近的 L_e 值
实际中心距 a	mm	$a=a_0+\dfrac{L_e-L_{e0}}{2}$	为了安装方便以及补偿带的张紧力，中心距内、外侧调整量，见表13-1-32
小带轮包角 α_1	(°)	$\alpha_1=180°-\dfrac{d_{e2}-d_{e1}}{a}\times57.3°$	一般 $\alpha_1\geqslant120°$，如 α_1 较小，应增大 a 或采用张紧轮
带每楔所传递的基本额定功率 P_1	kW	根据带型、d_{e1} 和 n_1 由表 13-1-33 ~ 表 13-1-35选取	特定条件：$i=1$，$\alpha_1=\alpha_2=180°$ 特定有效长度，平稳载荷
$i\neq1$ 时，带每楔所传递的基本额定功率增量 ΔP_1	kW	根据带型、n_1 和 i 由表 13-1-33 ~ 表 13-1-35选取	

续表

计算项目	单位	公式及数据	说明
带的楔数 z		$z=\dfrac{P_d}{(P_1+\Delta P_1)K_\alpha K_L}$ z 按表 13-1-25 取整数	K_α——包角修正系数,见表 13-1-36 K_L——带长修正系数,见表 13-1-37
有效圆周力 F_t	N	$F_t=\dfrac{P_d}{v}10^3$	
带的紧边拉力 F_1	N	$F_1=F_t\left(\dfrac{K_r}{K_r-1}\right)$	K_r——带与带轮的楔合系数,见表 13-1-38
带的松边拉力 F_2	N	$F_2=F_1-F_t$	
作用在轴上的力 F_r	N	$F_r=(F_1+F_2)\sin\dfrac{\alpha_1}{2}$	

表 13-1-31　　工况系数 K_A

工况	原动机类型: 交流电动机（普通转矩、鼠笼式、同步、分相式）、直流电动机（并励）、内燃机			原动机类型: 交流电动机（大转矩、大滑差率、单相、滑环式、串励）、直流电动机（复励）		
	每天连续运转小时数/h					
	≤6	>6~16	>16~24	≤6	>6~16	>16~24
	K_A					
液体搅拌器、鼓风机和排气装置、离心泵和压缩机、风扇（≤7.5kW）、轻型输送机	1.0	1.1	1.2	1.1	1.2	1.3
带式输送机（沙子、尘物等）、和面机、风扇（>7.5kW）、发电机、洗衣机、机床、冲床、压力机、剪床、印刷机、往复式振动筛、正排量旋转泵	1.1	1.2	1.3	1.2	1.3	1.4
制砖机、斗式提升机、励磁机、活塞式压缩机、输送机（链板式、盘式、螺旋式）、锻压机床、造纸用打浆机、柱塞泵、正排量鼓风机、粉碎机、锯床和木工机械	1.2	1.3	1.4	1.4	1.5	1.6
破碎机（旋转式、颚式、滚动式）、研磨机（球式、棒式、圆筒式）、起重机、橡胶机械（压光机、模压机、轧制机）	1.3	1.4	1.5	1.5	1.6	1.8
节流机械	2.0					

注：使用张紧轮时，K_A 值应视张紧轮位置的不同增加下列数值：位于松边内侧为0；松边外侧为0.1；紧边内侧为0.1；紧边外侧为0.2。

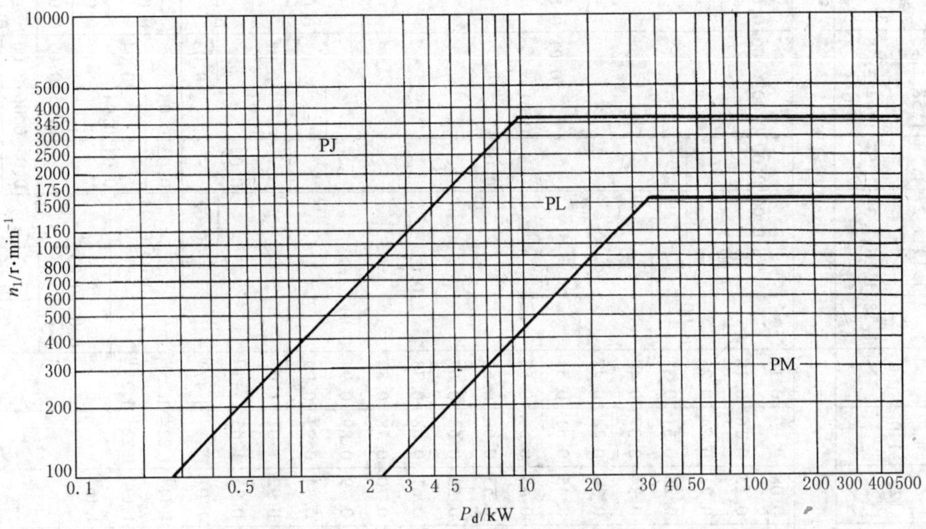

图 13-1-4　多楔带选型图

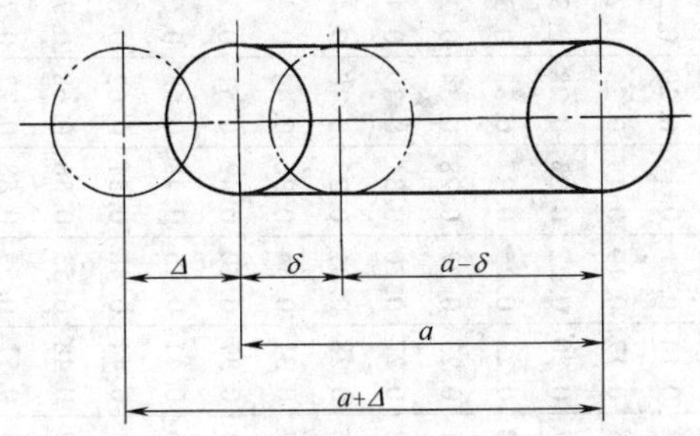

表 13-1-32　　　　中心距调整量　　　　mm

带型								
PJ			PL			PM		
有效长度 L_e	Δ_{min}	δ_{min}	有效长度 L_e	Δ_{min}	δ_{min}	有效长度 L_e	Δ_{min}	δ_{min}
450～500	5	8	1250～1500	16	22	2240～2500	29	38
>500～750	8	10	>1500～1800	19		>2500～3000	34	40
>750～1000	10	11	>1800～2000	22	24	>3000～4000	40	42
>1000～1250	11	13	>2000～2240	25		>4000～5000	51	46
>1250～1500	13	14	>2240～2500	29	25	>5000～6000	60	48
>1500～1800	16		>2500～3000	34	27	>6000～6700	76	54
>1800～2000	18		>3000～4000	40	29	>6700～8500	92	60
>2000～2500	19		>4000～5000	51	34	>8500～10000	106	67
			>5000～6000	60	35	>10000～11800	134	73
						>11800～16000	168	86

表 13-1-33　　PJ 型多楔带每楔传递的额定功率

n_1 /r·min^{-1}	d_{e1}/mm																					i						
	20	25	28	31.5	35.5	40	45	50	53	56	60	63	71	75	80	95	100	112	125	140	150	1.12~1.18	1.19~1.26	1.27~1.38	1.39~1.57	1.58~1.94	1.95~3.38	≥3.39
	P_1/kW																					ΔP_1/kW						
200	0.01	0.01	0.01	0.01	0.01	0.02	0.02	0.03	0.03	0.03	0.04	0.04	0.04	0.04	0.04	0.06	0.06	0.07	0.08	0.09	0.10							
400	0.01	0.01	0.02	0.02	0.03	0.04	0.04	0.05	0.05	0.06	0.06	0.07	0.07	0.08	0.09	0.10	0.12	0.13	0.15	0.16	0.18			0.00	0.00	0.00	0.00	0.00
600	0.01	0.02	0.02	0.03	0.04	0.05	0.06	0.07	0.07	0.08	0.09	0.10	0.11	0.12	0.13	0.16	0.16	0.19	0.21	0.24	0.25		0.00					
800	0.01	0.02	0.03	0.04	0.05	0.07	0.07	0.09	0.10	0.10	0.11	0.12	0.14	0.16	0.16	0.20	0.22	0.25	0.28	0.31	0.33	0.00						
1000	0.01	0.03	0.04	0.05	0.06	0.07	0.09	0.11	0.12	0.13	0.13	0.15	0.17	0.19	0.19	0.25	0.26	0.30	0.34	0.37	0.40							
1200	0.01	0.03	0.04	0.06	0.07	0.09	0.11	0.13	0.14	0.15	0.16	0.17	0.20	0.22	0.23	0.28	0.31	0.35	0.39	0.44	0.47							
1400	0.01	0.04	0.05	0.06	0.08	0.10	0.13	0.14	0.16	0.17	0.19	0.20	0.23	0.25	0.27	0.33	0.35	0.40	0.45	0.51	0.54						0.01	0.01
1500	0.01	0.04	0.05	0.07	0.08	0.10	0.13	0.16	0.16	0.18	0.19	0.21	0.23	0.27	0.28	0.34	0.37	0.43	0.48	0.54	0.57					0.01		
1700	0.01	0.04	0.06	0.07	0.10	0.12	0.15	0.17	0.19	0.20	0.22	0.23	0.27	0.30	0.31	0.39	0.42	0.47	0.53	0.60	0.63				0.01			
1800	0.01	0.04	0.06	0.07	0.10	0.13	0.15	0.18	0.19	0.21	0.22	0.25	0.28	0.31	0.33	0.40	0.43	0.49	0.55	0.63	0.67			0.01				
2000	0.01	0.04	0.06	0.08	0.10	0.14	0.16	0.19	0.22	0.23	0.25	0.27	0.31	0.34	0.36	0.44	0.48	0.54	0.61	0.68	0.73		0.01					
2400	0.01	0.05	0.07	0.10	0.12	0.16	0.19	0.23	0.25	0.27	0.29	0.31	0.37	0.40	0.42	0.51	0.55	0.63	0.70	0.78	0.84							
2800	0.01	0.05	0.08	0.10	0.14	0.18	0.22	0.26	0.28	0.31	0.33	0.36	0.41	0.45	0.48	0.58	0.63	0.71	0.79	0.89	0.94	0.01						
3000	0.01	0.06	0.08	0.11	0.15	0.19	0.23	0.28	0.30	0.33	0.35	0.38	0.44	0.48	0.51	0.62	0.66	0.75	0.84	0.93	0.99							0.02
3400	0.01	0.06	0.09	0.13	0.16	0.21	0.25	0.31	0.34	0.36	0.39	0.42	0.48	0.53	0.56	0.68	0.73	0.83	0.92	1.01	1.07						0.02	
3600	0.01	0.06	0.10	0.13	0.17	0.22	0.27	0.32	0.35	0.37	0.40	0.44	0.51	0.55	0.58	0.72	0.76	0.86	0.95	1.05	1.11①				0.02	0.02		
4000	0.01	0.07	0.10	0.14	0.18	0.24	0.29	0.34	0.38	0.41	0.44	0.48	0.55	0.60	0.63	0.81	0.82	0.93	1.01	1.11①	1.17①			0.02			0.03	0.03
5000	—	0.07	0.12	0.16	0.22	0.28	0.35	0.41	0.45	0.48	0.52	0.57	0.65	0.71	0.75	0.90	0.95	1.09①	1.14①	1.22①	1.25①				0.03	0.03		
6000	—	0.08	0.13	0.19	0.25	0.32	0.40	0.47	0.51	0.55	0.60	0.64	0.74	0.80	0.84	0.98①	1.04①	1.13①	1.19①	1.22①	1.25①		0.02	0.03			0.04	0.04
7000	—	0.08	0.14	0.20	0.27	0.36	0.44	0.52	0.57	0.61	0.66	0.71	0.84①	0.87①	0.90①	1.04①	1.09①	1.14①	1.16①						0.04	0.04		0.05
8000	—	0.09	0.15	0.22	0.29	0.39	0.48	0.57	0.61	0.66	0.71	0.76	0.89①	0.91①	0.95①	1.06①	1.08①	1.09①				0.02	0.03			0.05	0.05	0.06
9000	—	0.09	0.16	0.23	0.31	0.42	0.51	0.60	0.65	0.70	0.75①	0.79①	0.92①	0.93①	0.96①	1.03①	1.02①							0.04	0.05	0.06	0.06	
10000	—	0.09	0.16	0.24	0.33	0.43	0.54	0.63	0.68①	0.72①	0.77①	0.81①	0.92①	0.93①	0.95①	0.95①						0.03	0.04		0.06	0.07	0.07	0.07

① $v>27$m/s，此时带轮材料不宜使用铸铁，可用铸钢。

注：P_1 为传动平稳、$\alpha_1=180°$，使用特定长度时的多楔带每楔传递的基本额定功率；ΔP_1 为由传动比 i 引起的功率增量。

表 13-1-34　　PL 型多楔带每楔传递的额定功率

n_1 /r·min^{-1}	d_{e1}/mm																								i							
	75	80	90	95	100	106	112	118	125	132	140	150	160	170	180	200	212	224	236	250	280	300	315	355	1.06~1.11	1.12~1.18	1.19~1.26	1.27~1.38	1.39~1.57	1.58~1.94	1.95~3.38	≥3.39
	P_1/kW																								ΔP_1/kW							
200	0.11	0.15	0.19	0.20	0.22	0.23	0.25	0.26	0.30	0.31	0.34	0.37	0.40	0.43	0.46	0.52	0.55	0.58	0.61	0.67	0.75	0.82	0.89	0.96	0.00	0.01	0.01	0.01	0.01	0.01	0.01	0.01
400	0.24	0.27	0.33	0.36	0.39	0.42	0.45	0.48	0.54	0.57	0.63	0.67	0.74	0.80	0.86	0.97	1.02	1.08	1.13	1.25	1.38	1.51	1.65	1.78	0.01	0.01	0.01	0.02	0.02	0.03	0.03	0.03
600	0.33	0.37	0.46	0.51	0.55	0.60	0.63	0.68	0.76	0.81	0.89	0.97	1.05	1.13	1.22	1.38	1.46	1.54	1.62	1.78	1.97	2.16	2.35	2.54	0.01	0.01	0.02	0.03	0.04	0.04	0.04	0.04
800	0.42	0.47	0.59	0.64	0.70	0.75	0.81	0.87	0.98	1.03	1.14	1.25	1.35	1.46	1.57	1.77	1.87	1.98	2.07	2.28	2.52	2.76	3.00	3.23	0.01	0.02	0.03	0.04	0.04	0.05	0.06	0.06
1000	0.49	0.57	0.70	0.78	0.84	0.91	0.98	1.04	1.18	1.25	1.38	1.51	1.63	1.77	1.89	2.14	2.27	2.39	2.51	2.75	3.04	3.32	3.60	3.86	0.01	0.03	0.04	0.05	0.06	0.07	0.07	0.07
1200	0.57	0.66	0.82	0.90	0.98	1.06	1.14	1.22	1.37	1.45	1.60	1.76	1.91	2.06	2.21	2.49	2.63	2.78	2.92	3.19	3.63	3.83	4.14	4.44	0.02	0.04	0.05	0.06	0.07	0.08	0.09	0.09
1400	0.64	0.74	0.93	1.01	1.11	1.20	1.29	1.38	1.56	1.65	1.83	2.00	2.17	2.33	2.50	2.83	2.98	3.14	3.30	3.60	3.96	4.30	4.63	4.93	0.02	0.04	0.06	0.07	0.08	0.09	0.10	0.10
1600	0.71	0.81	1.03	1.13	1.23	1.34	1.44	1.54	1.74	1.84	2.04	2.22	2.42	2.60	2.78	3.14	3.31	3.48	3.65	3.98	4.36	4.71	5.05①	5.35①	0.03	0.04	0.07	0.08	0.10	0.10	0.11	0.12
1800	0.78	0.90	1.13	1.24	1.36	1.47	1.58	1.69	1.91	2.02	2.23	2.42	2.65	2.85	3.05	3.43	3.62	3.80	3.98	4.31	4.71	5.07①	5.39①	5.68①	0.03	0.05	0.07	0.09	0.10	0.12	0.13	0.13
2000	0.84	0.97	1.22	1.35	1.47	1.60	1.72	1.84	2.07	2.19	2.42	2.65	2.87	3.09	3.30	3.71	3.90	4.05	4.27	4.62	5.01①	5.36①	5.66①		0.04	0.06	0.08	0.10	0.12	0.13	0.14	0.15
2200	0.90	1.04	1.31	1.45	1.58	1.72	1.85	1.98	2.23	2.36	2.60	2.85	3.08	3.31	3.54	3.95	4.16	4.35	4.53	4.88①	5.26①	5.58①			0.04	0.07	0.09	0.11	0.13	0.14	0.16	0.16
2400	0.95	1.10	1.40	1.54	1.69	1.84	1.97	2.11	2.39	2.51	2.78	3.03	3.27	3.51	3.74	4.18	4.38	4.57①	4.75①	5.09①	5.45①				0.04	0.07	0.10	0.12	0.14	0.16	0.17	0.18
2600	1.01	1.17	1.48	1.64	1.79	1.94	2.09	2.24	2.53	2.66	2.94	3.21	3.46	3.71	3.94	4.38	4.58①	4.77①	4.95①	5.28①					0.04	0.08	0.10	0.13	0.15	0.17	0.19	0.19
2800	1.06	1.23	1.57	1.73	1.89	2.05	2.21	2.36	2.66	2.80	3.09	3.36	3.63	3.88	4.11	4.54①	4.74①	4.92①	5.09①						0.05	0.08	0.11	0.14	0.16	0.19	0.20	0.22
3000	1.10	1.29	1.64	1.81	1.98	2.15	2.31	2.47	2.78	2.94	3.23	3.51	3.71	4.03	4.27①	4.68①	4.87①	5.04①							0.05	0.09	0.13	0.15	0.18	0.19	0.22	0.23
3200	1.16	1.34	1.75	1.89	2.07	2.25	2.41	2.58	2.90	3.06	3.36	3.60	3.91	4.16①	4.39①	4.80①									0.05	0.10	0.13	0.16	0.19	0.21	0.23	0.25
3400	1.19	1.40	1.78	1.95	2.15	2.33	2.51	2.68	3.01	3.17	3.48	3.76	4.03①	4.27①	4.50①										0.06	0.10	0.14	0.17	0.20	0.22	0.25	0.26
3500	1.22	1.42	1.81	2.01	2.19	2.37	2.55	2.72	3.06	3.22	3.53	3.81①	4.08①	4.31①	4.54①										0.06	0.10	0.14	0.17	0.20	0.23	0.25	0.27
3700	1.25	1.47	1.87	2.07	2.27	2.45	2.63	2.81	3.16	3.31	3.63	3.91①	4.15①	4.40①	4.60①										0.07	0.11	0.15	0.19	0.22	0.25	0.27	0.28
4000	1.31	1.53	1.96	2.16	2.36	2.56	2.75	2.93	3.27	3.44①	3.74①	4.02①	4.26①												0.07	0.12	0.16	0.20	0.23	0.26	0.28	0.31
4200	1.34	1.57	2.01	2.22	2.42	2.63	2.81	3.00	3.34①	3.51①	3.80①	4.07①													0.07	0.13	0.17	0.21	0.25	0.28	0.30	0.32
4500	1.39	1.63	2.08	2.30	2.51	2.71	2.90	3.08	3.42①	3.58①	3.87①														0.07	0.13	0.19	0.22	0.26	0.30	0.32	0.34
4800	1.41	1.67	2.13	2.36	2.57	2.78	2.96①	3.15①	3.47①	3.63①															0.08	0.14	0.20	0.24	0.28	0.31	0.34	0.37
5000	1.45	1.69	2.17	2.39	2.60	2.80①	3.00①	3.18①	3.51①	3.65①															0.09	0.15	0.21	0.25	0.29	0.33	0.36	0.38

① 同表 13-1-33。

注：同表 13-1-33。

表 13-1-35 PM 型多楔带每楔传递的额定功率

n_1 /r·min^{-1}	d_{e1}/mm																	i								
	180	200	212	236	250	265	280	300	315	355	375	400	450	500	560	600	710	1.02~1.05	1.06~1.11	1.12~1.18	1.19~1.26	1.27~1.38	1.39~1.57	1.58~1.94	1.95~3.38	≥3.39
	P_1/kW																	ΔP_1/kW								
100	0.58	0.72	0.79	0.85	0.99	1.06	1.13	1.26	1.33	1.53	1.60	1.79	2.05	2.31	2.56	2.81	3.05	0.01	0.01	0.02	0.03	0.04	0.04	0.05	0.05	0.06
200	1.03	1.20	1.42	1.55	1.81	1.93	2.06	2.31	2.44	2.80	2.93	3.30	3.78	4.26	4.73	5.19	5.60		0.02	0.04	0.06	0.07	0.09	0.10	0.10	0.11
300	1.43	1.81	2.00	2.19	2.55	2.74	2.92	3.28	3.46	3.99	4.17	4.69	5.39	6.06	6.74	7.39	8.04		0.04	0.07	0.09	0.11	0.13	0.15	0.16	0.17
400	1.81	2.30	2.54	2.78	3.26	3.50	3.73	4.20	4.43	5.12	5.34	6.01	6.39	7.76	8.61	9.44	10.25	0.02	0.05	0.09	0.12	0.15	0.17	0.19	0.22	0.22
500	2.16	2.76	3.06	3.55	3.93	4.21	4.50	5.07	5.35	6.18	6.45	7.26	8.32	9.35	10.35	11.32	12.26		0.07	0.11	0.16	0.19	0.22	0.25	0.27	0.28
600	2.50	3.20	3.54	3.89	4.57	4.91	5.24	5.90	6.22	7.19	7.50	8.44	9.65	10.82	11.95	13.04	14.08	0.03		0.13	0.19	0.22	0.26	0.29	0.32	0.34
700	2.81	3.62	4.01	4.41	5.18	5.57	5.95	6.69	7.06	8.15	8.50	9.55	10.89	12.18	13.41	14.56	15.65		0.09	0.16	0.22	0.26	0.31	0.34	0.37	0.40
800	3.12	4.02	4.16	4.90	5.77	6.19	6.62	7.45	7.86	9.05	9.44	10.59	12.04	13.41	14.70	15.89	16.98①	0.04	0.10	0.18	0.25	0.30	0.35	0.40	0.43	0.46
900	3.41	4.40	4.89	5.37	6.33	6.79	7.25	8.15	8.60	9.90	10.32	11.54	13.08	14.50	15.81	16.99①	18.02①		0.12	0.20	0.28	0.34	0.40	0.44	0.48	0.51
1000	3.69	4.77	5.30	5.83	6.86	7.36	7.86	8.83	9.30	10.68	11.13	12.41	14.01	15.45	16.73①	17.84①	18.70①		0.13	0.22	0.31	0.37	0.43	0.49	0.54	0.57
1100	3.95	5.12	5.69	6.25	7.36	7.89	8.43	9.46	9.96	11.41	11.88	13.20	14.82	16.23①	17.44①	18.42①		0.05	0.14	0.25	0.34	0.41	0.48	0.54	0.59	0.62
1200	4.20	5.45	6.06	6.66	7.83	8.40	8.96	10.04	10.57	12.07	12.54	13.89	15.49①	16.84①	17.95①			0.06	0.16	0.27	0.37	0.45	0.52	0.59	0.64	0.68
1300	4.43	5.76	6.41	7.04	8.27	8.87	9.46	10.59	11.12	12.66	13.14	14.49①	16.03①	17.26①					0.17	0.29	0.40	0.48	0.57	0.63	0.69	0.73
1500	4.86	6.33	7.04	7.74	9.07	9.71	10.33	11.51	12.07	13.01①	14.08①	15.34①						0.07	0.19	0.34	0.46	0.56	0.66	0.73	0.80	0.85
1700	5.24	6.83	7.59	8.33	9.74	10.40	11.04	12.22	12.78①	14.24①	14.66①							0.08	0.22	0.38	0.52	0.63	0.74	0.84	0.91	0.96
1800	5.41	7.05	7.83	8.59	10.02	10.63	11.32	12.50①	13.03①	14.43①	14.81①								0.23	0.40	0.55	0.67	0.78	0.89	0.96	1.01
2000	5.70	7.43	8.24	9.02	10.46	11.12①	11.74①	12.85①	13.34①									0.10	0.26	0.45	0.61	0.75	0.87	0.98	1.07	1.13
2200	5.92	7.71	8.54	9.33	10.74①	11.38①	11.95①	12.94①										0.10	0.28	0.49	0.67	0.82	0.95	1.07	1.17	1.25
2400	6.09	7.91	8.74	9.50①	10.85①	11.43①	11.94①											0.11	0.31	0.54	0.74	0.90	1.04	1.18	1.28	1.36
2600	6.18	8.00①	8.81①	9.54①	10.78①													0.13	0.34	0.59	0.80	0.97	1.13	1.28	1.39	1.47
2800	6.20	7.99①	8.76①	9.44①															0.37	0.63	0.86	1.04	1.22	1.37	1.49	1.58
3000	6.13①	7.86①	8.57①															0.14	0.39	0.68	0.92	1.11	1.31	1.47	1.60	1.69
3200	5.99①	7.62①																0.15	0.41	0.72	0.98	1.19	1.40	1.57	1.71	1.81
3400	5.76①																	0.16	0.44	0.77	1.04	1.26	1.48	1.66	1.81	1.92
3500	5.62①																		0.46	0.79	1.07	1.30	1.52	1.72	1.87	1.98
3700	5.25①																	0.18	0.48	0.84	1.37	1.37	1.61	1.81	1.98	2.09

① 同表 13-1-33。

注：同表 13-1-33。

表 13-1-36　　包角修正系数 K_α

包角 α_1/(°)	180	177	174	171	169	166	163	160	157	154	151	148	145	142	139	136
K_α	1.00	0.99	0.98	0.97	0.97	0.96	0.95	0.94	0.93	0.92	0.91	0.90	0.89	0.88	0.87	0.86
包角 α_1/(°)	133	130	127	125	120	117	113	110	106	103	99	95	91	87	83	
K_α	0.85	0.84	0.83	0.81	0.80	0.79	0.77	0.76	0.75	0.73	0.72	0.70	0.68	0.66	0.64	

表 13-1-37　　带长修正系数 K_L

有效长度 L_e /mm	型号 PJ	有效长度 L_e /mm	型号 PJ	PL	PM	有效长度 L_e /mm	型号 PL	PM	有效长度 L_e /mm	型号 PL	PM	有效长度 L_e /mm	型号 PM
	K_L		K_L				K_L			K_L			K_L
450	0.78	1250	0.96	0.85		2800	0.98	0.88	5600	1.08	0.99	12500	1.10
500	0.79	1400	0.98	0.87		3000	0.99	0.89	6300	1.11	1.01	13200	1.12
630	0.83	1600	1.01	0.89		3150	1.0	0.90	6700		1.01	15000	1.14
710	0.85	1800	1.02	0.91		3350	1.01	0.91	7500		1.03	16000	1.15
800	0.87	2000	1.04	0.93	0.85	3750	1.03	0.93	8500		1.04		
900	0.89	2360	1.08	0.96	0.86	4000	1.04	0.94	9000		1.05		
1000	0.91	2500	1.09	0.96	0.87	4500	1.06	0.95	10000		1.07		
1120	0.93	2650		0.98	0.88	5000	1.07	0.97	10600		1.08		

表 13-1-38　　带与带轮的楔合系数 K_r

小轮包角 α_1/(°)	180	170	160	150	140	130	120	110	100	90	80	70	60
K_r	5.00	4.57	4.18	3.82	3.50	3.20	2.92	2.67	2.45	2.24	2.04	1.87	1.71

4　平带传动

4.1　普通平带

表 13-1-39　　带宽和相应带轮宽度及其环形带内周长度
（摘自 GB/T 11358—1999、GB/T 4489—2002）　　mm

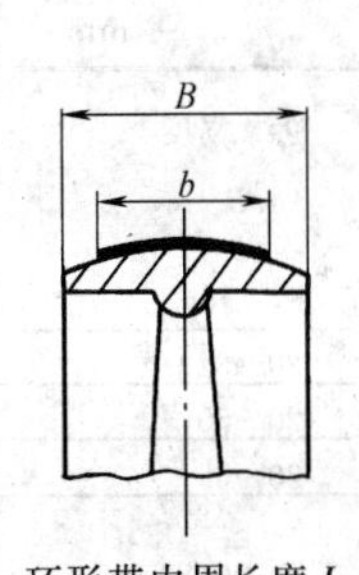

带宽 b 尺寸	带宽 b 偏差	带轮宽 B 尺寸	带轮宽 B 偏差	带宽 b 尺寸	带宽 b 偏差	带轮宽 B 尺寸	带轮宽 B 偏差	带宽 b 尺寸	带宽 b 偏差	带轮宽 B 尺寸	带轮宽 B 偏差	带宽 b 尺寸	带宽 b 偏差	带轮宽 B 尺寸	带轮宽 B 偏差	带宽 b 尺寸	带宽 b 偏差	带轮宽 B 尺寸	带轮宽 B 偏差
16		20		50	±2	63	±1	100		112		180		200		315		355	
20		25		63		71		112	±3	125	±1.5	200	±4	224	±2	355		400	
25	±2	32	±1	71		80		125		140		224		250		400	±5	450	±3
32		40		80	±3	90	±1.5	140	±4	160	±2	250		280		450		500	
40		50		90		100		160		180		280	±5	315	±3	500		560	

环形带内周长度 L_i	
优选系列	500、560、630、710、800、900、1000、1120、1250、1400、1600、1800、2000、2240、2500、2800、3150、3550、4000、4500、5000
第二系列	530、600、670、750、850、950、1060、1180、1320、1500、1700、1900

注：1. 表中所列长度值如不够用，可在系列两端以外按 GB/T 321—2005 选用 R20 优选数系中的其他数；长度在 2000 ~ 5000mm 之间选用 R40 数系中的数。

2. 表中所列长度系列是指在规定预紧力下的内周长度。

3. 有端带（非环形带）长度，设计者可自行决定。

表 13-1-40　　全厚度拉伸强度（摘自 GB/T 524—1989）

拉伸强度规格/kN	全厚度拉伸强度/kN·m^{-1}		棉帆布参考层数 n	拉伸强度规格/kN	全厚度拉伸强度/kN·m^{-1}		棉帆布参考层数 n
	纵向最小值	横向最小值			纵向最小值	横向最小值	
190	190	75	3	425	425	250	8
240	240	95	4	450	450	不作规定	9
290	290	115	5	500	500		10
340	340	130	6	560	560		12
385	385	225	7				

注：1. 宽度小于 400mm 的带不作横向全厚度拉伸强度试验。

2. 标记示例有端平带　　环形平带

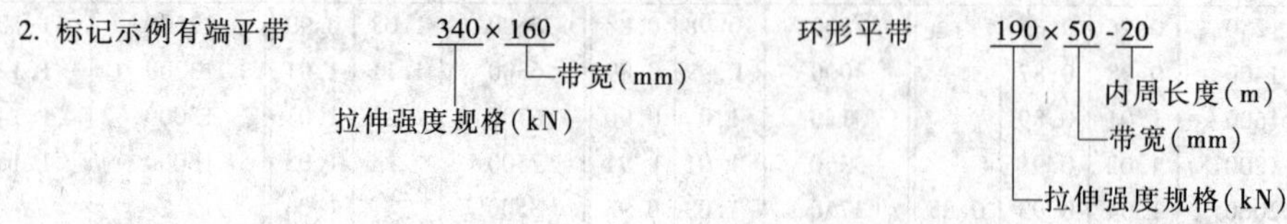

4.2 带轮

表 13-1-41　　带轮直径 d 及其轮冠高度 h（摘自 GB/T 11358—1999）　　mm

直线段 $l \leqslant \frac{2}{5}B$

直径 d 尺寸	偏差 Δ	h	直径 d 尺寸	偏差 Δ	h	直径 d 尺寸	偏差 Δ	h	直径 d 尺寸	偏差 Δ	h	直径 d 尺寸	偏差 Δ	h 轮宽 B ≤250	h 轮宽 B ≥250
20 25	±0.4		63	±0.8		160 180	±2.0	0.5	315 355	±3.2	1.0	800 900 1000	±6.3	1.2	1.5
32 40	±0.5	0.3	71 80	±1.0	0.3	200		0.6	400 450 500	±4.0	1.0	1120 1250 1400	±8.0	1.5	2.0
45 50	±0.6		90 100 112	±1.2		224 250	±2.5								
56	±0.8		125 140	±1.6	0.4	280	±3.2	0.8	560 630 710	±5.0	1.2	1600 1800 2000	±10.0	1.8	2.5

注：带轮轮冠截面形状是规则对称曲线，中部带有一段直线部分且与曲线相切。

表 13-1-42　　带轮结构型式和辐板厚度　　mm

带轮直径 d：50, 56, 63, 71, 80, 90, 100, 112, 125, 140, 160, 180, 200, 224, 250, 280, 315, 355, 400, 450, 500, 560 ~ 2000

孔径 D		辐板厚度 S（按带轮直径由小到大）	轮缘宽度 B
12	14	8, 9, 10, 10	20～32
16	18	10, 12, 四	20～50
20	22	实, 12	20～56
24	25	辐, 14, 孔, 16	
28	30	14, 18, 20	40～80
32	35	16, 16, 18 板, 20, 22, 四	40～125
38	40	心, 板, 18, 六, 20, 22, 椭, 六	
42	45	18, 20, 轮, 圆, 椭	60～160
50	55	孔, 22, 24, 辐, 圆	
60	65	轮, 轮, 20, 板, 26, 轮, 辐	
70	75	24	90～200
80	85	22, 轮, 轮	
90	95	24, 26	150～250

带轮结构图例

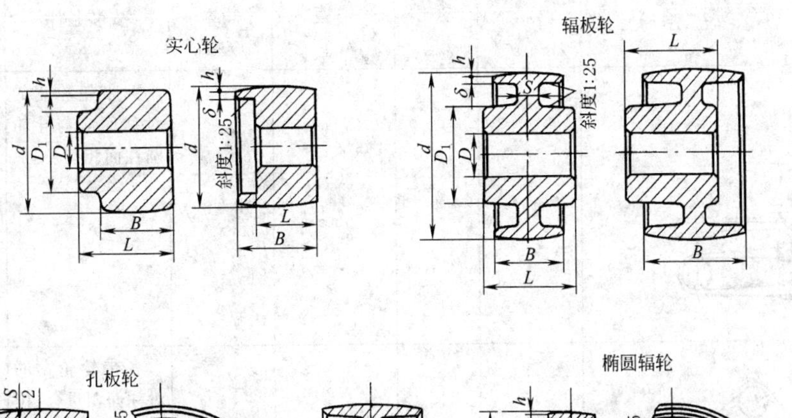

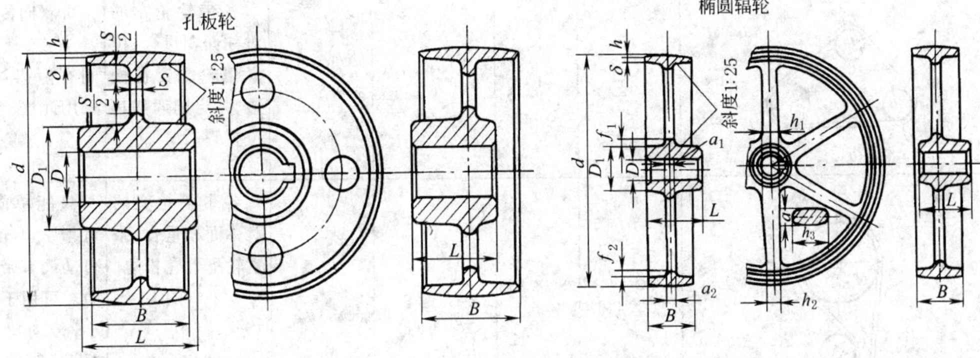

结构型式、辐板厚度 S 见表 13-1-42　　开口传动：$B=1.1b+(5\sim15)\text{mm}$

h 见表 13-1-41　　交叉和半交叉传动：$1.4b+10\leqslant B\leqslant 2b$

$\delta=0.005d+3\text{mm}$　　b——带宽，mm

带轮工作表面粗糙度为 $R_a3.2\mu\text{m}$（$d>300\text{mm}$）或 $R_a1.6\mu\text{m}$（$d<300\text{mm}$），其他结构尺寸见普通 V 带轮

4.3　设计计算

表 13-1-43　　传动型式及主要性能

传动型式	简　图	最大带速 v_{max} /m·s^{-1}	最大传动比 i_{max}	最小中心距 a_{min}	相对传递功率 /%	安装条件	工作特点
开口传动		20～30	5	$1.5(d_1+d_2)$	100	两带轮轮宽的对称面应重合，且尽可能使紧边在下面	两轴平行，转向相同，可双向传动 带只受单向弯曲，寿命长
交叉传动		15	6	$20b$ （b 为带宽）	70～80	两带轮轮宽的对称面应重合	两轴平行，转向相反，可双向传动 带受附加扭转，且在交叉处磨损严重
半交叉传动		15	3	$5.5(d_2+b)$	70～80	一带轮轮宽的对称面，通过另一带轮带的绕出点	两轴交错，只能单向传动 带受附加扭转 带轮要有足够的宽度 $B=1.4b+10$（B—轮宽，mm）

续表

传动型式	简图	最大带速 v_{max} /m·s^{-1}	最大传动比 i_{max}	最小中心距 a_{min}	相对传递功率 /%	安装条件	工作特点
有导轮的角度传动	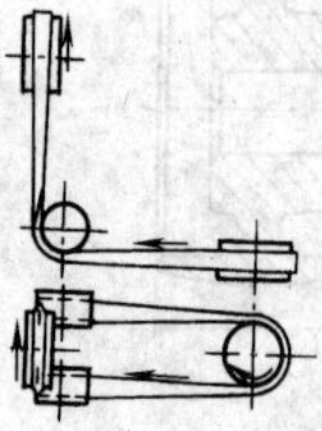	15	4		70~80	两带轮轮宽的对称面应与导轮圆柱面相切	两轴垂直或交错,可双向传动 带受附加扭转
拉紧惰轮传动	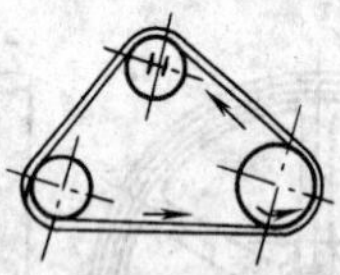	25	6			各带轮轮宽的对称面相重合,拉紧惰轮配置在松边,并定期调整其位置	可双向传动 当主、从动轮之间有障碍物时,可采用此法
张紧惰轮传动	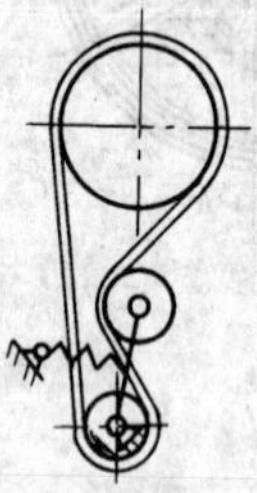	25	10	d_1+d_2		各带轮轮宽的对称面相重合,张紧轮配置在松边	只能单向传动。可增大小轮包角,自动调节带的初拉力。可用于中心距小,传动比大的情况下
多从动轮传动	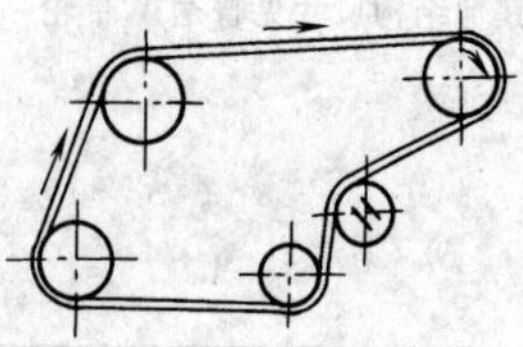					各带轮轮宽的对称面相重合,应使主动轮和传递功率较大的从动轮有较大的包角,其余从动轮的包角应大于70°	在复杂的传动系统中简化传动机构,但胶带的挠曲次数增加,降低带的寿命

表 13-1-44　　平带的接头型式、特点及应用

接头种类	接头型式	特点及应用	接头种类	接头型式	特点及应用
粘接接头	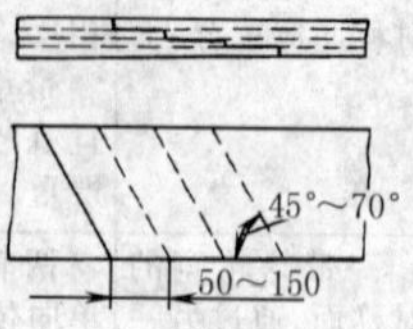 45°～70° 50～150	接头平滑、可靠、连接强度高,但粘接技术要求也高。可用于高速($v<30$m/s)、大功率及有张紧轮的双面传动中 接头效率80%~90%	带扣接头	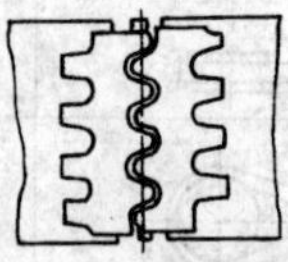	连接迅速方便,但接头强度及工作平稳性较差。可用于$v<20$m/s、经常改接的中、小功率的双面传动中 接头效率80%~90%
			铁丝钩接头	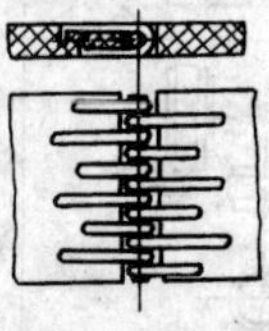	

续表

接头种类	接头型式	特点及应用
螺栓接头	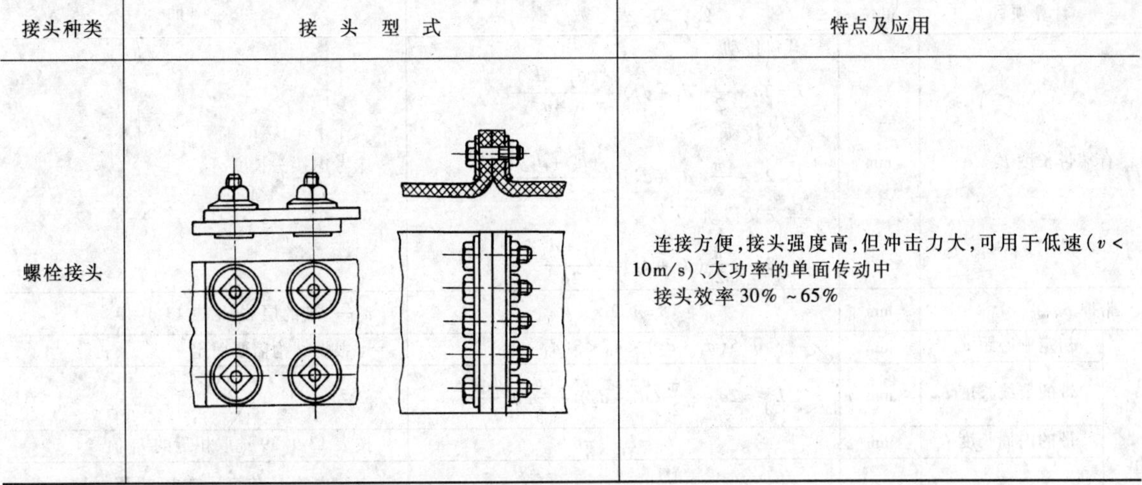	连接方便，接头强度高，但冲击力大，可用于低速（$v<10\text{m/s}$）、大功率的单面传动中 接头效率 30%～65%

注：使用粘接或螺栓接头时，其运行方向应如图 13-1-5 所示。

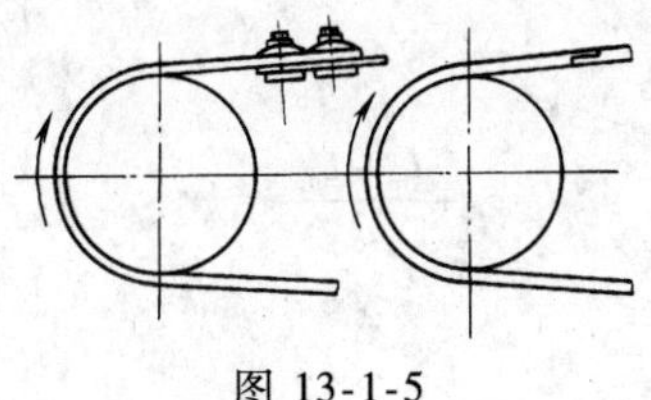

图 13-1-5

计算内容和步骤

已知条件：①传递的功率；②小带轮和大带轮转速；③传动型式、载荷性质、原动机种类以及工作制度。

表 13-1-45

计算项目	单位	公式及数据	说明
小带轮直径 d_1	mm	$d_1=(1100\sim1300)\sqrt[3]{\dfrac{P}{n_1}}$ 或 $d_1=\dfrac{60\times1000v}{\pi n_1}$	P——传递的功率，kW n_1——小带轮转速，r/min v——带速，适宜的 $v=10\sim20\text{m/s}$ d_1 按表 13-1-41 选取相近的值
传动比 i		$i=\dfrac{n_1}{n_2}\leqslant i_{max}$	n_2——大带轮转速，r/min i_{max} 见表 13-1-43
大带轮直径 d_2	mm	$d_2=id_1(1-\varepsilon)$	ε——弹性滑动系数，$\varepsilon=0.01\sim0.02$ d_2 按表 13-1-41 选取相近的值
带速 v	m/s	$v=\dfrac{\pi d_1 n_1}{60\times1000}\leqslant v_{max}$	一般 $v=10\sim20\text{m/s}$ $v_{max}=30\text{m/s}$
有端带中心距 a	mm	i：1～2	3～5 a：$(1.5\sim2)(d_1+d_2)$	$(2\sim5)(d_1+d_2)$	仅用于开口传动型式，其他传动型式的 a_{min} 见表 13-1-43 可根据结构需要而定

续表

计算项目		单位	公式及数据	说明
有端带长度 L		mm	开口传动 $L=2a+\frac{\pi}{2}(d_1+d_2)+\frac{(d_2-d_1)^2}{4a}$ 交叉传动 $L=2a+\frac{\pi}{2}(d_1+d_2)+\frac{(d_1+d_2)^2}{4a}$ 半交叉传动 $L=2a+\frac{\pi}{2}(d_1+d_2)+\frac{d_1^2+d_2^2}{2a}$	未考虑接头长度
带厚 δ		mm	$\delta=1.2\times n$	n——带的层数，见表 13-1-40
环形带	初定中心距 a_0	mm	$1.5(d_1+d_2)<a_0<5(d_1+d_2)$	可根据结构需要而定
环形带	带的节线长度 L_{0p}	mm	$L_{0p}=2a_0+\frac{\pi}{2}(d_1+d_2)+\frac{(d_2-d_1)^2}{4a_0}$	
环形带	带的内周长度 L_i	mm	$L_i=L_p-\pi\delta$	按表 13-1-39 选取相近的 L_i 值
环形带	实际中心距 a	mm	$a\approx a_0+\frac{L_p-L_{0p}}{2}$	由标准的 L_i 值再计算出 L_p 值 安装带时所需最小中心距： $a_{min}=a-[2(\Delta_1+\Delta_2)+0.01L_p]$ 补偿带伸长时所需最大中心距： $a_{max}=a+[1.5(\Delta_1+\Delta_2)+0.01L_p+0.003(d_1+d_2)+S]$ Δ_1——小带轮直径偏差，mm，见表 13-1-41 Δ_2——大带轮直径偏差，mm，见表 13-1-41 S——带的不同承载层材料的值，见表 13-1-47
小带轮包角 α_1		(°)	开口传动 $\alpha_1=180°-\frac{d_2-d_1}{a}\times57.3°\geqslant150°$ 交叉传动 $\alpha_1\approx180°+\frac{d_1+d_2}{a}\times57.3°$ 半交叉传动 $\alpha_1\approx180°+\frac{d_1}{a}\times57.3°$	若 $\alpha_1<150°$，应增大 a 或降低 i 或采用张紧轮
挠曲次数 u		次/s	$u=\frac{1000mv}{L}\leqslant u_{max}$ $u_{max}=6\sim10$	m——带轮数
设计功率 P_d		kW	$P_d=K_AP$	K_A——工况系数，见表 13-1-17
带的截面积 A		cm^2	$A=\frac{P_d}{K_\alpha K_\beta P_0}$	K_α——包角修正系数，见表 13-1-48 K_β——传动布置系数，见表 13-1-49 P_0——平带单位截面积所能传递的额定功率，kW/cm^2，见表 13-1-50
带宽 b		mm	$b=\frac{100A}{\delta}$	按表 13-1-39 选取
带的正常张紧应力 σ_0		N/mm^2	短距离的普通传动或接近垂直的传动 $\sigma_0=1.6$ 中心距可调且采用定期张紧或中心距固定，但中心距较大时 $\sigma_0=1.8$ 自动调节张紧力的传动 $\sigma_0=2.0$	新带安装调整时的张紧应力应为正常张紧应力的 1.5 倍

续表

计算项目	单位	公式及数据	说明
有效圆周力 F_t	N	$F_t=\frac{1000P_d}{v}$	
作用在轴上的力 F_r	N	$F_r=2\sigma_0 A\sin\frac{\alpha_1}{2}$ $F_{rmax}=3\sigma_0 A\sin\frac{\alpha_1}{2}$	F_{rmax}——考虑新带的最初张紧力为正常张紧力的1.5倍时作用在轴上的力

表 13-1-46　包边式平带带轮最小直径 d_{min}（摘自 GB/T 524—1989）　mm

拉伸强度/kN	v/m·s^{-1} 5	10	15	20	25	30	棉帆布参考层数 n	拉伸强度/kN	v/m·s^{-1} 5	10	15	20	25	30	棉帆布参考层数 n
	d_{1min}								d_{1min}						
190	80	112	125	140	160	180	3	425	500	560	710	710	800	900	8
240	140	160	180	200	224	250	4	450	630	710	800	900	1000	1120	9
290	200	224	250	280	315	355	5	500	800	900	1000	1000	1120	1250	10
340	315	355	400	450	500	560	6	560	1000	1000	1120	1250	1400	1600	12
385	450	500	560	630	710	710	7								

注：

(a)切边式　(b)包边式

切边式平带柔软，用切边式平带其带轮直径比包边式小20%，但不能用于交叉传动和塔轮上。

表 13-1-47　带的不同承载层材料的 S 值（摘自 GB/T 15531—1995）

带承载层、材料	S
低弹性模量材料，如尼龙	$0.016L_p$
中弹性模量材料，如涤纶	$0.011L_p$
高弹性模量材料，如芳纶、玻纤、金属丝等	$0.005L_p$

表 13-1-48　包角修正系数 K_α

包角 α_1/(°)	220	210	200	190	180	170	160	150	140	130	120
K_α	1.20	1.15	1.10	1.05	1.00	0.97	0.94	0.91	0.88	0.85	0.82

表 13-1-49　传动布置系数 K_β

传动型式	两带轮中心连线与水平线间的夹角 0°～60°	60°～80°	80°～90°	传动型式	两带轮中心连线与水平线间的夹角 0°～60°	60°～80°	80°～90°
自动张紧传动	1.0	1.0	1.0	交叉传动	0.9	0.8	0.7
简单开口传动（定期张紧或改缝）	1.0	0.9	0.8	半交叉传动和有导轮的角度传动	0.8	0.7	0.6

表 13-1-50　　覆胶帆布平带单位截面积传递的额定功率 P_0

（$\alpha=180°$，$\sigma_0=1.8\mathrm{N/mm^2}$，平稳载荷）　　kW/cm²

<table>
<tr><th rowspan="2">$\frac{d_1}{\delta}$</th><th colspan="26">v/m·s^{-1}</th></tr>
<tr><th>5</th><th>6</th><th>7</th><th>8</th><th>9</th><th>10</th><th>11</th><th>12</th><th>13</th><th>14</th><th>15</th><th>16</th><th>17</th><th>18</th><th>19</th><th>20</th><th>21</th><th>22</th><th>23</th><th>24</th><th>25</th><th>26</th><th>27</th><th>28</th><th>29</th><th>30</th></tr>
<tr><td>30</td><td rowspan="4">1.1</td><td rowspan="3">1.3</td><td rowspan="2">1.5</td><td rowspan="2">1.7</td><td>1.9</td><td>2.1</td><td>2.3</td><td rowspan="2">2.5</td><td rowspan="2">2.7</td><td rowspan="4">2.9</td><td>3.0</td><td rowspan="2">3.2</td><td>3.3</td><td>3.5</td><td>3.6</td><td>3.7</td><td>3.8</td><td rowspan="2">4.0</td><td>4.0</td><td rowspan="2">4.1</td><td>4.2</td><td rowspan="2">4.3</td><td>4.3</td><td>4.3</td><td>4.3</td><td>4.3</td></tr>
<tr><td>35</td><td rowspan="3">2.0</td><td rowspan="3">2.2</td><td rowspan="3">2.4</td><td rowspan="3">3.1</td><td rowspan="3">3.4</td><td rowspan="3">3.6</td><td rowspan="3">3.7</td><td>3.8</td><td>3.9</td><td>4.1</td><td rowspan="2">4.3</td><td rowspan="2">4.4</td><td rowspan="2">4.4</td><td>4.4</td><td>4.4</td></tr>
<tr><td>40</td><td rowspan="4">1.6</td><td rowspan="4">1.8</td><td rowspan="3">2.6</td><td rowspan="3">2.8</td><td rowspan="2">3.3</td><td rowspan="2">3.9</td><td rowspan="3">4.0</td><td rowspan="2">4.1</td><td rowspan="2">4.2</td><td rowspan="2">4.3</td><td>4.4</td><td rowspan="2">4.5</td><td>4.5</td></tr>
<tr><td>45</td><td rowspan="5">1.4</td><td rowspan="2">4.4</td><td rowspan="2">4.5</td><td rowspan="2">4.5</td><td rowspan="2">4.5</td><td rowspan="2">4.6</td></tr>
<tr><td>50</td><td rowspan="4">1.2</td><td rowspan="4">2.1</td><td rowspan="3">2.3</td><td rowspan="3">2.5</td><td>3.0</td><td>3.2</td><td rowspan="2">3.4</td><td>3.5</td><td rowspan="2">3.7</td><td>3.8</td><td rowspan="2">4.0</td><td rowspan="2">4.2</td><td rowspan="2">4.3</td><td rowspan="2">4.4</td><td rowspan="2">4.6</td></tr>
<tr><td>60</td><td rowspan="2">2.7</td><td rowspan="3">2.9</td><td rowspan="2">3.1</td><td rowspan="2">3.3</td><td rowspan="2">3.6</td><td rowspan="2">3.9</td><td>4.1</td><td>4.5</td><td rowspan="2">4.6</td><td>4.6</td><td>4.6</td><td rowspan="2">4.7</td></tr>
<tr><td>75</td><td rowspan="2">1.7</td><td rowspan="2">1.9</td><td rowspan="2">3.5</td><td>3.8</td><td rowspan="2">4.1</td><td rowspan="2">4.2</td><td>4.3</td><td>4.4</td><td>4.5</td><td rowspan="2">4.6</td><td rowspan="2">4.7</td><td rowspan="2">4.7</td><td>4.7</td></tr>
<tr><td>100</td><td>2.4</td><td>2.6</td><td>2.8</td><td>3.2</td><td>3.4</td><td>3.7</td><td>3.9</td><td>4.0</td><td>4.4</td><td>4.5</td><td>4.6</td><td>4.7</td><td>4.8</td><td>4.8</td></tr>
</table>

注：1. 平带单位截面积所能传递的功率 P_0：当 $\sigma_0=1.6\mathrm{N/mm^2}$ 时，比表内数值约小 7.8%；$\sigma_0=2\mathrm{N/mm^2}$ 时，比表内数值约大 7.8%。

2. 自动张紧时，P_0 值仅使用功率表中 $v=10\mathrm{m/s}$ 一项，并必须乘以 $\frac{v}{10}$。

5　同步带传动

5.1　同步带主要参数

表 13-1-51

齿形	齿距制式	型号或模数	节距 /mm	基准带宽所传递功率范围 /kW	基准带宽 /mm	说　明
梯形	周节制	MXL	2.032	0.0009～0.15	6.4	GB/T 11616—1989 GB/T 11362—2008
		XXL	3.175	0.002～0.25	6.4	
		XL	5.080	0.004～0.573	9.5	
		L	9.525	0.05～4.76	25.4	
		H	12.700	0.6～55	76.2	
		XH	22.225	3～81	101.6	
		XXH	31.750	7～125	127	
	模数制	*m*1	3.142	0.1～2		考虑大量引进设备配套设计需要
		*m*1.5	4.712	0.1～2		
		*m*2	6.283	0.1～4		
		*m*2.5	7.854	0.1～9		
		*m*3	9.425	0.1～9		
		*m*4	12.566	0.15～25		
		*m*5	15.708	0.3～40		
		*m*7	21.991	0.5～60		
		*m*10	31.416	1.5～80		
	特殊节距制	T2.5	2.5	0.002～0.062		
		T5	5	0.001～0.6		
		T10	10	0.007～1	10	
		T20	20	0.036～1.9		
圆弧形		3M	3	0.001～0.9	6	JB/T 7512.1—1994 JB/T 7512.3—1994
		5M	5	0.004～2.6	9	
		8M	8	0.02～14.8	20	
		14M	14	0.18～42	40	
		20M	20	2～267	115	

注：生产厂为上海四通胶带厂。

第 13 篇

5.2 带

周节制
模数制
特殊节距制

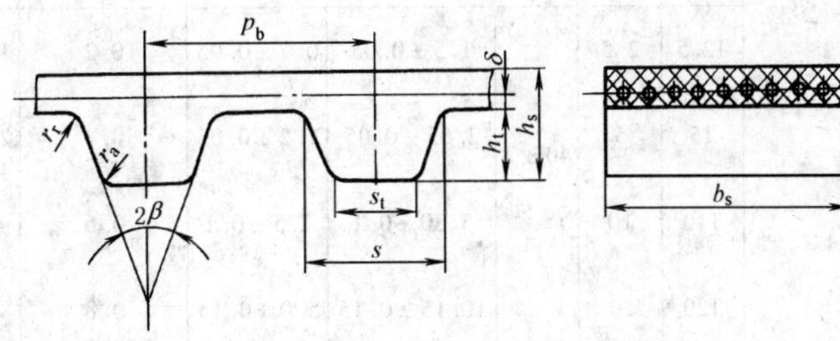

圆弧齿

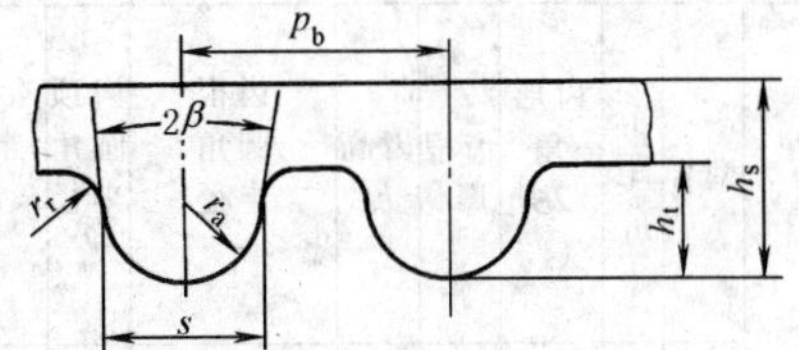

表 13-1-52　　带的齿形与齿宽　　mm

	型号	节距 p_b	齿形角 2β /(°)	齿根厚 s	齿高 h_t	齿根圆角半径 r_r	齿顶圆角半径 r_a	带高 h_s	带宽 b_s					
周节制（摘自 GB/T 11616—1989）	MXL	2.032	40	1.14	0.51	0.13		1.14	公称尺寸	3.0	4.8	6.4		
									代　号	012	019	025		
	XXL	3.175	50	1.73	0.76	0.2	0.3	1.52	公称尺寸	3.0	4.8	6.4		
									代　号	012	019	025		
	XL	5.080		2.57	1.27	0.38		2.3	公称尺寸	6.4	7.9	9.5		
									代　号	025	031	037		
	L	9.525		4.65	1.91	0.51		3.60	公称尺寸	12.7	19.1	25.4		
									代　号	050	075	100		
	H	12.700	40	6.12	2.29	1.02		4.30	公称尺寸	19.1	25.4	38.1	50.8	76.2
									代　号	075	100	150	200	300
	XH	22.225		12.57	6.35	1.57	1.19	11.20	公称尺寸	50.8	76.2	101.6		
									代　号	200	300	400		
	XXH	31.750		19.05	9.53	2.29	1.52	15.7	公称尺寸	50.8	76.2	101.6	127	
									代　号	200	300	400	500	

	模数 m	节距 p_b	齿形角 2β /(°)	齿根厚 s	齿高 h_t	齿根圆角半径 r_r	齿顶圆角半径 r_a	带高 h_s	齿顶厚 s_t	节顶距 δ	带宽 b_s
模数制	1	3.142	40	1.44	0.6	0.10		1.2	1	0.250	4、8、10
	1.5	4.712		2.16	0.9	0.15		1.65	1.5	0.375	8、10、12、16、20
	2	6.283		2.87	1.2	0.20		2.2	2	0.500	10、12、16、20、25、30
	2.5	7.854		3.59	1.5	0.25		2.75	2.5	0.625	10、12、16、20、25、30、40
	3	9.425		4.31	1.8	0.30		3.3	3	0.750	12、16、20、25、30、40、50
	4	12.566		5.75	2.4	0.40		4.4	4	1.000	16、20、25、30、40、50、60
	5	15.708		7.18	3.0	0.50		5.5	5	1.250	20、25、30、40、50、60、80
	7	21.991		10.06	4.2	0.70		7.7	7	1.750	25、30、40、50、60、80、100
	10	31.416		14.37	6.0	1.00		11.0	10	2.500	40、50、60、80、100、120

续表

	型号	节距 p_b	齿形角 2β /(°)	齿根厚 s	齿高 h_t	齿根圆角半径 r_r	齿顶圆角半径 r_a	带高 h_s	齿顶厚 s_t	节顶距 δ	带宽 b_s
特殊节距制	T2.5	2.5	40±2	1.5±0.05	0.7±0.05	0.2		1.3±0.15	1.0	0.3	4、6、10
	T5	5		2.65±0.05	1.2±0.05	0.4		2.2±0.15	1.8	0.5	6、10、16、25
	T10	10		5.30±0.1	2.5±0.1	0.6		4.5±0.3	3.5	1.0	16、25、32、50
	T20	20		10.15±0.15	5.0±0.15	0.8		8.0±0.45	6.5	1.5	32、50、75、100

	型号	节距 p_b	齿形角 2β /(°)	齿根厚 s	齿高 h_t	齿根圆角半径 r_r	齿顶圆角半径 r_a	带高 h_s	带宽 b_s										
圆弧齿（摘自 JB/T 7512.1—1994）	3M	3	14	1.78	1.22	0.24~0.30	0.87	2.40	公称尺寸	6	9	15							
									代号	6	9	15							
	5M	5		3.05	2.06	0.40~0.44	1.49	3.80	公称尺寸	9	15	20	25	30	40				
									代号	9	15	20	25	30	40				
	8M	8		5.15	3.38	0.64~0.76	2.46	6.00	公称尺寸	20	25	30	40	50	60	70	85		
									代号	20	25	30	40	50	60	70	85		
	14M	14		9.40	6.02	1.20~1.35	4.50	10.00	公称尺寸	30	40	55	85	100	115	130	150	170	
									代号	30	40	55	85	100	115	130	150	170	
	20M	20		14	8.40	1.77~2.01	6.50	13.20	公称尺寸	70	85	100	115	130	150	170	230	290	340
									代号	70	85	100	115	130	150	170	230	290	340

注：1. 周节制同步带有单面齿、双面齿之分，双面齿同步带又分为对称齿（代号为 DA 型）、交错齿（代号为 DB 型），见图13-1-6。

2. 本表的 h_s 为单面齿的带高。

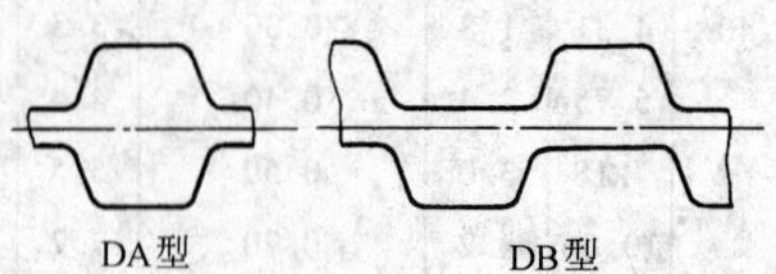

图 13-1-6

表 13-1-53　周节制带的节线长度（MXL、XL、L、H、XH、XXH）（摘自 GB/T 11616—1989）

长度代号	节线长 L_p/mm 公称尺寸	节线长 L_p/mm 极限偏差	型号 MXL 齿数 z_b	型号 XL 齿数 z_b	型号 L 齿数 z_b	型号 H 齿数 z_b
36.0	91.44		45			
40.0	101.6		50			
44.0	111.76		55			
48.0	121.92		60			
56.0	142.24		70			
60.0	152.4		75	30		
64.0	162.56	±0.41	80	—		
70	177.8		—	35		
72.0	182.88		90	—		
80.0	203.2		100	40		
88.0	223.52		110	—		
90	228.6		—	45		
100.0	254		125	50		
110	279.4		—	55		
112.0	284.48		140	—		
120	304.8		—	60		
124	314.33	±0.46	—	—	33	
124.0	314.96		155	—		
130	330.2		—	65	—	
140.0	355.6		175	70	—	
150	381		—	75	40	
160.0	406.4		200	80	—	
170	431.8		—	85	—	
180.0	457.2		225	90	—	
187	476.25	±0.51	—	—	50	
190	482.6		—	95	—	
200.0	508		250	100	—	
210	533.4			105	56	
220	558.8			110	—	
225	571.5			—	60	
230	584.2			115	—	
240	609.6			120	64	48
250	635	±0.61		125	—	—
255	647.7			—	68	—
260	660.4			130	—	—
270	685.8				72	54
285	723.9				76	—
300	762				80	60

长度代号	节线长 L_p/mm 公称尺寸	节线长 L_p/mm 极限偏差	型号 L 齿数 z_b	型号 H 齿数 z_b	型号 XH 齿数 z_b	型号 XXH 齿数 z_b
322	819.15		86	—		
330	838.2		—	66		
345	876.3	±0.66	92	—		
360	914.4		—	72		
367	933.45		98	—		
390	990.6		104	78		
420	1066.8		112	84		
450	1143	±0.76	120	90		
480	1219.2		128	96		
507	1289.05		—	—	58	
510	1295.4		136	102	—	
540	1371.6	±0.81	144	108	—	
560	1422.4		—	—	64	
570	1447.8		—	114	—	
600	1524		160	120	—	
630	1600.2			126	72	
660	1676.4	±0.86		132	—	
700	1778			140	80	56
750	1905			150	—	—
770	1955.8	±0.91		—	88	—
800	2032			160	—	64
840	2133.6			—	96	—
850	2159	±0.97		170	—	—
900	2286			180	—	72
980	2489.2	±1.02		—	112	—
1000	2540			200	—	80
1100	2794	±1.07		220	—	—
1120	2844.8	±1.12		—	128	—
1200	3048			—	—	96
1250	3175	±1.17		250	—	—
1260	3200.4			—	144	—
1400	3556	±1.22		280	160	112
1540	3911.6	±1.32		—	176	—
1600	4064			—	—	128
1700	4318	±1.37		340	—	—
1750	4445	±1.42			200	—
1800	4572					144

注：1. 标记示例

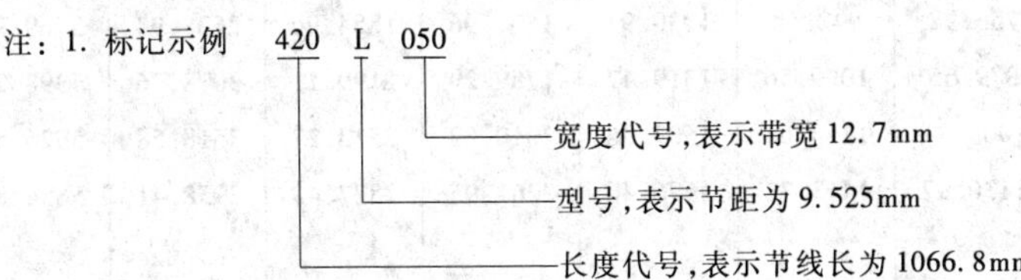

2. 生产厂为宁波慈溪汇鑫同步带有限公司，该厂产品远比标准要多。

第13篇

表 13-1-54　周节制带的节线长度（XXL）（摘自 GB/T 11616—1989）

长度代号	齿数 z_b	节线长 L_p/mm		长度代号	齿数 z_b	节线长 L_p/mm		长度代号	齿数 z_b	节线长 L_p/mm	
		公称尺寸	偏差			公称尺寸	偏差			公称尺寸	偏差
B40	40	127		B80	80	254	±0.41	B120	120	381	±0.46
B48	48	152.4		B88	88	279.4		B128	128	406.4	
B56	56	177.8	±0.41	B96	96	304.80	±0.46	B144	144	457.2	±0.51
B64	64	203.2		B104	104	330.2		B160	160	508	
B72	72	228.6		B112	112	355.6		B176	176	558	±0.61

注：1. 目前该型号尚无产品。

2. 标记示例　B40　XXL　3.0

- 3.0——宽度代号，表示带宽 3.0mm
- XXL——型号，表示节距 3.175mm
- B40——长度代号，表示节线长 127mm

表 13-1-55　模数制带的节线长度和齿数

同步带齿数 z_b	模数 m/mm								
	1	1.5	2	2.5	3	4	5	7	10
	节线长 L_p/mm								
32	100.53	150.80	201.06						
35	109.96	164.94	219.91	274.89	329.87				
40	125.66	188.50	251.33	314.16	376.99	502.65	628.32		
45	141.37	212.06	282.74	353.43	424.12	565.49	706.86	989.60	
50	157.08	235.62	314.16	392.70	471.24	628.32	785.40	1099.56	1570.80
55	172.79	259.18	345.58	431.97	518.36	691.15	863.94	1209.51	1727.88
60	188.50	282.74	376.99	471.24	565.49	753.98	942.48	1319.47	1884.96
65	204.20	306.31	408.41	510.51	612.61	816.81	1021.02	1429.42	2042.04
70	219.91	329.87	439.82	549.78	659.73	879.65	1099.56	1539.38	2199.11
75	235.62	353.43	471.24	589.05	706.86	942.48	1178.10	1649.34	2356.19
80	251.33	376.99	502.65	628.32	753.98	1005.31	1256.64	1759.29	2513.27
85	267.04	400.55	534.07	667.59	801.11	1068.14	1335.18	1869.25	2670.35
90	282.74	424.12	565.49	706.86	848.23	1130.97	1413.72	1979.20	2827.43
95	298.45	447.68	596.90	746.13	895.35	1193.81	1492.26	2089.16	2948.51
100	314.16	471.24	628.32	785.40	942.48	1256.84	1570.80	2199.11	3141.59
110	345.58	518.36	691.15	863.94	1036.73	1382.30	1727.88	2419.03	3455.75
120	376.99	565.49	753.98	942.48	1130.97	1507.96	1884.96	2638.94	3769.91
140	439.82	659.73	879.65	1099.56	1319.47	1759.29	2199.11	3078.76	4398.23
160	502.65	753.98	1005.31	1256.64	1507.96	2010.62	2513.27	3518.58	5026.55
180	565.49	848.23	1130.97	1413.72	1696.46	2261.95	2827.43	3958.41	5654.87
200	628.32	942.48	1256.63	1570.80	1884.96	2513.27	3141.59	4398.23	6283.19

表 13-1-56 模数制同步带产品

模数×齿数×宽度 $m \times z_b \times b_s$	节线长 L_p/mm	模数×齿数×宽度 $m \times z_b \times b_s$	节线长 L_p/mm	模数×齿数×宽度 $m \times z_b \times b_s$	节线长 L_p/mm	模数×齿数×宽度 $m \times z_b \times b_s$	节线长 L_p/mm
1×51×75	160.22	1.5×195×105	918.92	3×50×105	471.24	4×94×190	1181.24
1×80×50	251.33	1.5×208×140	980.18	3×55×140	518.36	4×100×100	1256.64
1×93×95	292.17	1.5×240×150	1130.97	3×56×80	527.79	4×110×100	1382.30
1×96×80	301.59	1.5×255×100	1201.66	3×60×145	565.49	4×113×180	1420.00
1×160×90	502.65	1.5×288×105	1357.17	3×64×140	603.19	4×114×190	1432.57
1×266×125	835.66	2×35×85	219.91	3×70×125	659.73	4×127×190	1595.93
1.5×32×90	150.90	2×45×110	282.74	3×75×110	706.86	4×133×140	1671.33
1.5×39×80	183.78	2×47×130	295.31	3×80×90	753.98	4×140×190	1759.29
1.5×47×90	221.48	2×52×110	326.73	3×81×135	763.41	4×145×140	1822.12
1.5×48×90	226.19	2×55×85	345.58	3×85×75	801.11	4×160×185	2010.62
1.5×56×90	263.89	2×60×90	376.99	3×91×180	857.65	4×182×195	2287.08
1.5×57×65	268.61	2×65×115	408.41	3×100×155	942.48	4×190×130	2387.61
1.5×59×100	278.03	2×70×130	439.82	3×104×180	980.18	4×290×175	3644.25
1.5×64×80	301.59	2×71×100	446.11	3×110×190	1036.73	5×35×55	549.78
1.5×65×85	306.31	2×75×100	471.24	3×120×135	1130.97	5×54×100	848.23
1.5×67×90	315.73	2×84×150	527.79	3×129×135	1215.80	5×54×190	848.23
1.5×68×90	320.44	2×90×100	565.49	3×138×185	1300.62	5×55×100	863.94
1.5×70×90	329.87	2×93×140	584.34	3×138×190	1300.62	5×55×185	863.94
1.5×78×90	367.57	2×98×150	615.75	3×140×100	1319.47	5×90×100	1413.72
1.5×80×80	376.99	2×100×160	628.32	3×160×180	1507.96	5×100×180	1570.80
1.5×81×90	381.70	2×104×140	653.45	3×170×190	1602.21	5×140×90	2199.11
1.5×83×100	391.13	2×114×145	716.28	3×186×140	1753.01	5×140×150	2199.11
1.5×85×100	400.55	2×120×145	753.98	3×202×190	1903.81	5×175×110	2748.89
1.5×90×85	424.12	2×127×135	797.96	4×41×100	515.22	7×70×145	1539.38
1.5×94×90	442.96	2×214×150	1344.60	4×45×90	565.49	7×72×185	1583.36
1.5×100×90	471.24	2.5×33×90	259.18	4×50×130	628.32	7×80×130	1759.29
1.5×105×115	494.80	2.5×58×115	455.53	4×54×130	678.58	7×85×155	1869.25
1.5×118×90	556.06	2.5×70×100	549.78	4×55×180	691.15	7×88×180	1935.22
1.5×124×90	584.34	2.5×82×135	644.03	4×60×140	753.98	7×90×90	1979.20
1.5×128×110	603.19	2.5×104×125	816.81	4×63×190	791.68	7×102×125	2243.10
1.5×130×85	612.61	2.5×160×120	1256.64	4×66×190	829.38	7×110×90	2419.03
1.5×134×80	631.46	2.5×230×190	1806.42	4×70×100	879.65	7×125×170	2748.89
1.5×144×70	678.58	3×32×110	301.59	4×73×165	917.35		
1.5×163×80	768.12	3×35×95	329.87	4×81×85	1017.88		
1.5×182×180	857.65	3×40×90	376.99	4×90×150	1130.97		

注：1. $m=10$，目前国内尚无产品。

2. 标记示例 2 × 45 × 110

模数（mm） 齿数 宽度（mm）

3. 表中宽度为最大值，厂方可按用户要求进行切割。

4. 生产厂为上海胶带股份有限公司（材质为聚氨酯）、江苏扬中市东海电器有限公司。

表 13-1-57 特殊节距制带的节线长度及其偏差

节线长 L_p	极限偏差	型号			节线长 L_p	极限偏差	型号			节线长 L_p	极限偏差	型号	
		T2.5	T5	T10			T5	T10	T20			T10	T20
/mm		齿数 z_b			/mm		齿数 z_b			/mm		齿数 z_b	
120		48	—		560		112	56		1150		115	—
150		—	30		610	±0.42	122	61		1210	±0.64	121	—
160		64	—		630		126	63		1250		125	—
200		80	40		660		—	66		1320		132	66
245	±0.28	98	49		700	±0.48	—	70		1390	±0.76	139	—
270		—	54		720		144	72		1460		146	73
285		114	—		780		156	78		1560		156	—
305		—	61		840		168	84		1610		161	—
330	±0.32	132	66		880		—	88		1780	±0.88	178	89
390		—	78		900	±0.56	180	—		1880		188	94
420		168	84		920		—	92		1960		196	—
455	±0.36	—	91		960		—	96		2250	±1.04	225	—
480		192	—		990		198	—		2600	±1.22		130
500		200	100	50	1010	±0.64		101		3100			155
530	±0.42		—	53	1080			108	54	3620	±1.46		181

注：见表 13-1-53 注 2。

表 13-1-58 圆弧齿带的节线长度（摘自 JB/T 7512.1—1994）

长度代号	节线长 L_p/mm	齿数 z_b	长度代号	节线长 L_p/mm	齿数 z_b	长度代号	节线长 L_p/mm	齿数 z_b	长度代号	节线长 L_p/mm	齿数 z_b	长度代号	节线长 L_p/mm	齿数 z_b
3M														
120	120	40	201	201	67	276	276	92	459	459	153	633	633	211
144	144	48	207	207	69	300	300	100	486	486	162	750	750	250
150	150	50	225	225	75	339	339	113	501	501	167	936	936	312
177	177	59	252	252	84	384	384	128	537	537	179	1800	1800	600
192	192	64	264	264	88	420	420	140	564	564	188			
5M														
295	295	59	520	520	104	710	710	142	930	930	186	1295	1295	259
300	300	60	550	550	110	740	740	148	940	940	188	1350	1350	270
320	320	64	560	560	112	800	800	160	950	950	190	1380	1380	276
350	350	70	565	565	113	830	830	166	975	975	195	1420	1420	284
375	375	75	600	600	120	845	845	169	1000	1000	200	1595	1595	319
400	400	80	615	615	123	860	860	172	1025	1025	205	1800	1800	360
420	420	84	635	635	127	870	870	174	1050	1050	210	1870	1870	374
450	450	90	645	645	129	890	890	178	1125	1125	225	2000	2000	400
475	475	95	670	670	134	900	900	180	1145	1145	229	2350	2350	470
500	500	100	695	695	139	920	920	184	1270	1270	254			
8M														
416	416	52	800	800	100	1056	1056	132	1424	1424	178	2400	2400	300
424	424	53	840	840	105	1080	1080	135	1440	1440	180	2600	2600	325
480	480	60	856	856	107	1120	1120	140	1600	1600	200	2800	2800	350
560	560	70	880	880	110	1200	1200	150	1760	1760	220	3048	3048	381
600	600	75	920	920	115	1248	1248	156	1800	1800	225	3200	3200	400
640	640	80	960	960	120	1280	1280	160	2000	2000	250	3280	3280	410
720	720	90	1000	1000	125	1393	1393	174	2240	2240	280	3600	3600	450
760	760	95	1040	1040	130	1400	1400	175	2272	2272	284	4400	4400	550

续表

长度代号	节线长 L_p/mm	齿数 z_b	长度代号	节线长 L_p/mm	齿数 z_b	长度代号	节线长 L_p/mm	齿数 z_b	长度代号	节线长 L_p/mm	齿数 z_b	长度代号	节线长 L_p/mm	齿数 z_b
14M														
966	966	69	1778	1778	127	2310	2310	165	3360	3360	240	4956	4956	354
1196	1196	85	1890	1890	135	2450	2450	175	3500	3500	250	5320	5320	380
1400	1400	100	2002	2002	143	2590	2590	185	3850	3850	275			
1540	1540	110	2100	2100	150	2800	2800	200	4326	4326	309			
1610	1610	115	2198	2198	157	3150	3150	225	4578	4578	327			
20M														
2000	2000	100	3800	3800	190	5000	5000	250	5600	5600	280	6200	6200	310
2500	2500	125	4200	4200	210	5200	5200	260	5800	5800	290	6400	6400	320
3400	3400	170	4600	4600	230	5400	5400	270	6000	6000	300	6600	6600	330

注：1. 标记示例

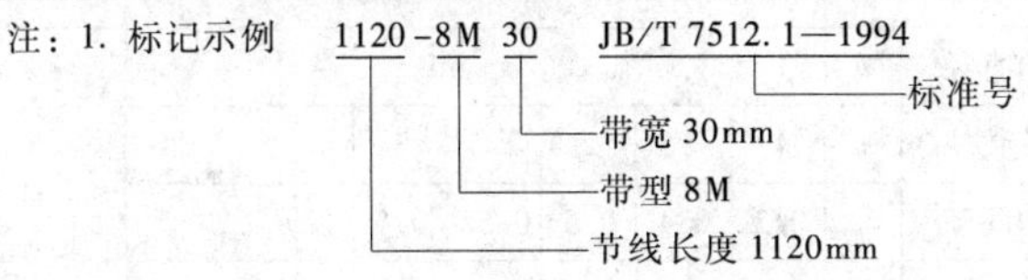

2. 见表 13-1-53 注 2。

5.3 带轮

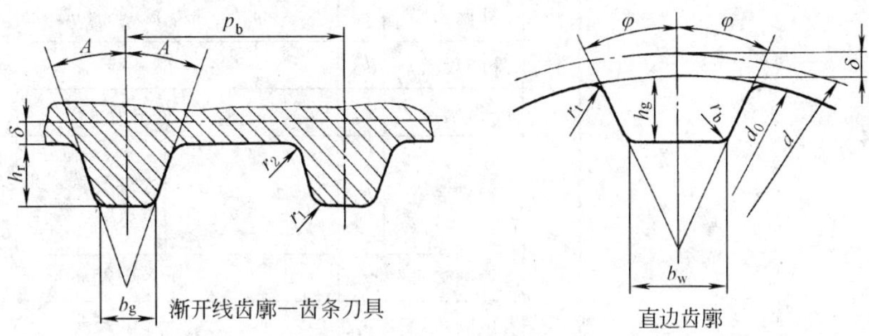

渐开线齿廓—齿条刀具　　直边齿廓

表 13-1-59　周节制带轮渐开线齿廓的齿条刀具及直边齿廓的尺寸及偏差

（摘自 GB/T 11361—2008）　mm

渐开线齿廓—齿条刀具	MXL		XXL	XL	L	H		XH	XXH
型号	MXL		XXL	XL	L	H		XH	XXH
带轮齿数 z	>10	>24	>10	>10	>10	14～19	>19	>18	>18
节距 p_b ±0.003	2.032		3.175	5.080	9.525	12.700		22.225	31.750
齿半角 A ±0.12°	28°	20°	25°		20°				
齿高 $h_r{}^{+0.05}_{\ 0}$	0.64		0.84	1.40	2.13	2.59		6.88	10.29
齿顶厚 $b_g{}^{+0.50}_{\ 0}$	0.61	0.67	0.96	1.27	3.10	4.24		7.59	11.61
齿顶圆角半径 r_1 ±0.03	0.30			0.61	0.86	1.47		2.01	2.69
齿根圆角半径 r_2 ±0.03	0.23		0.28	0.61	0.53	1.04	1.42	1.93	2.82
两倍节根距 2δ	0.508				0.762	1.372		2.794	3.048

直边齿廓	MXL	XXL	XL	L	H	XH	XXH
型号	MXL	XXL	XL	L	H	XH	XXH
齿槽底宽 b_w	0.84±0.05	1.14±0.05	1.32±0.05	3.05±0.10	4.19±0.13	7.90±0.15	12.17±0.18
齿槽深 h_g	$0.69^{\ 0}_{-0.05}$	$0.84^{\ 0}_{-0.05}$	$1.65^{\ 0}_{-0.08}$	$2.67^{\ 0}_{-0.10}$	$3.05^{\ 0}_{-0.13}$	$7.14^{\ 0}_{-0.13}$	$10.31^{\ 0}_{-0.13}$
齿槽半角 φ ±1.5°	20°	25°		20°			
齿根圆角半径 r_b	0.35		0.41	1.19	1.60	1.98	3.96
齿顶圆角半径 r_t	$0.13^{+0.05}_{\ 0}$	$0.30^{+0.05}_{\ 0}$	$0.64^{+0.05}_{\ 0}$	$1.17^{+0.13}_{\ 0}$	$1.6^{+0.13}_{\ 0}$	$2.39^{+0.13}_{\ 0}$	$3.18^{+0.13}_{\ 0}$
两倍节顶距 2δ	0.508			0.762	1.372	2.794	3.048
节圆直径 d	$d = zp_b/\pi$						
外圆直径 d_0	$d_0 = d - 2\delta$						

第 13 篇

表 13-1-60　　模数制、特殊节距制、圆弧齿（摘自 JB/T 7512.2—1994）的齿形尺寸及偏差　　mm

模数制

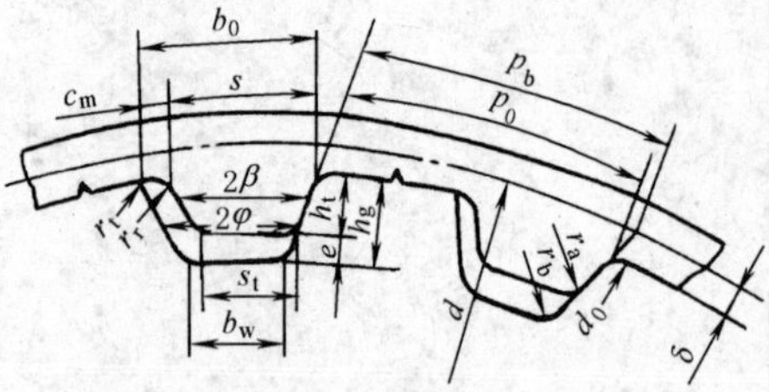

计算项目		计算公式：切削带轮齿形的刀具类型——切出直线齿廓的特制刀具	标准 8 号渐开线盘形齿轮铣刀	标准齿轮滚刀	说明
齿槽角	2φ	$2\varphi=2\beta=40°$	$2\varphi\approx40°$	滚刀基准齿条的压力角 $\alpha=20°$	
节距	p_b	$p_b=\pi m$			
节圆直径	d	$d=mz$			

模数	m	1	1.5	2	2.5	3	4	5	7	10
齿侧间隙	c_m	0.3	0.4	0.5	0.55	0.6	0.8	1		
名义径向间隙	e_0	0.41	0.55	0.69	0.75	0.82	1.1	1.37		

计算项目		切出直线齿廓的特制刀具	标准 8 号渐开线盘形齿轮铣刀	标准齿轮滚刀	说明
径向间隙	e	$e=e_0$	$e\approx e_0+0.4m$		
外圆直径	d_0	$d_0=d-2\delta$			δ 见表 13-1-52
外圆齿距	p_0	$p_0=(\pi d_0)/z=\pi(m-2\delta/z)$			
外圆齿槽宽	b_0	$b_0=s+c_m$			s、h_t 见表 13-1-52
齿槽深	h_g	$h_g=h_t+e$			
齿槽底宽	b_w	$b_w=s_t$	b_w = 铣刀的齿顶厚	b_w 按滚刀的齿顶范成	s_t 见表 13-1-52
齿根圆角半径	r_b	$r_b=0.25m$			
齿顶圆角半径	r_t	$r_t=0.25m$			

特殊节距制

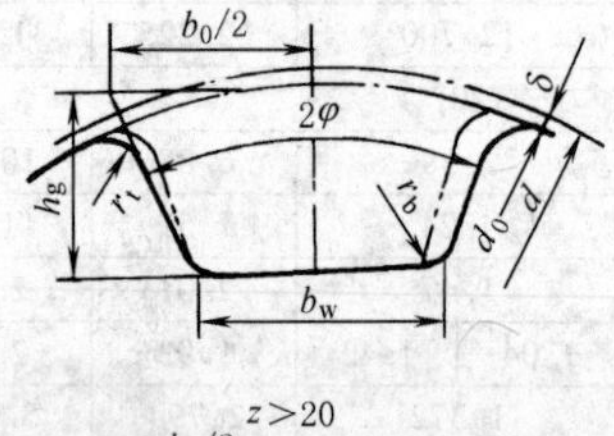

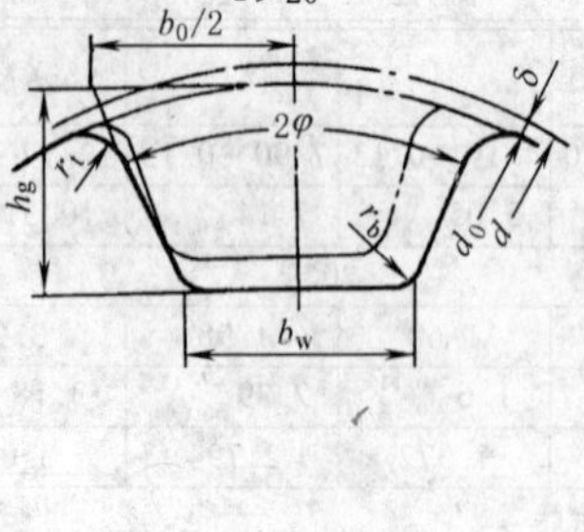

槽型	节距 p_b	齿数 z	外圆齿槽宽 b_0	齿根圆齿槽底宽 b_w	齿槽深 h_g	齿槽角 2φ /(°)	齿根圆角半径 r_{bmax}	齿顶圆角半径 r_t	节顶距 δ
T2.5	2.5	≤20	$1.75^{+0.05}_{0}$	1.0	$0.75^{+0.05}_{0}$	50±1.5	0.2	$0.3^{+0.05}_{0}$	0.3
		>20	$1.83^{+0.05}_{0}$	0.9	1				
T5	5	≤20	$2.96^{+0.05}_{0}$	1.8	$1.25^{+0.05}_{0}$		0.4	$0.6^{+0.05}_{0}$	0.5
		>20	$3.32^{+0.05}_{0}$	1.5	1.95				
T10	10	≤20	$6.02^{+0.1}_{0}$	3.6	$2.6^{+0.1}_{0}$		0.6	$0.8^{+0.01}_{0}$	1
		>20	$6.57^{+0.1}_{0}$	3.4	3.4				
T20	20	≤20	$11.65^{+0.15}_{0}$	7.0	$5.2^{+0.13}_{0}$		0.8	$1.2^{+0.01}_{0}$	1.5
		>20	$12.60^{+0.15}_{0}$		6				

续表

		槽型	节距 p_b	齿槽深 h_g	齿槽圆弧半径 R	齿顶圆角半径 r_t	齿槽宽 s	两倍节顶距 2δ	齿形角 $2\beta/(°)$
	圆弧齿（摘自 JB/T 7512.2—1994）	3M	3	1.28	0.91	0.26～0.35	1.90	0.762	约 14°
		5M	5	2.16	1.56	0.48～0.52	3.25	1.144	
		8M	8	3.54	2.57	0.78～0.84	5.35	1.372	
		14M	14	6.20	4.65	1.36～1.50	9.80	2.794	
		20M	20	8.60	6.84	1.95～2.25	14.80	4.320	

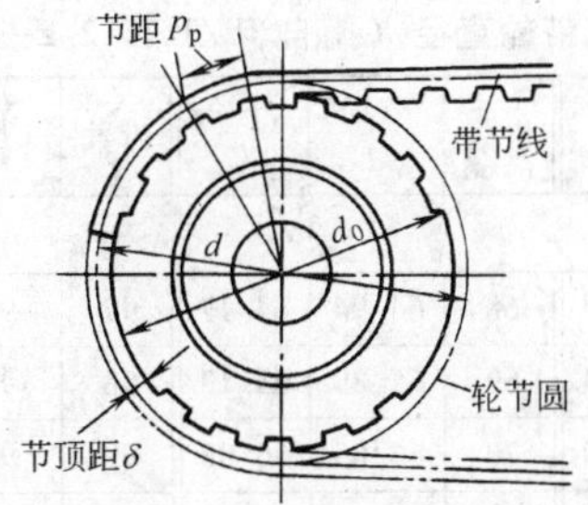

表 13-1-61　周节制带轮直径（摘自 GB/T 11361—1989）　mm

带轮齿数	MXL 节径 d	MXL 外径 d_0	XXL 节径 d	XXL 外径 d_0	XL 节径 d	XL 外径 d_0	L 节径 d	L 外径 d_0	H 节径 d	H 外径 d_0	XH 节径 d	XH 外径 d_0	XXH 节径 d	XXH 外径 d_0
10	6.47	5.96	10.11	9.60	16.17	15.66								
11	7.11	6.61	11.12	10.61	17.79	17.28								
12	7.76	7.25	12.13	11.62	19.40	18.90	36.38	35.62						
13	8.41	7.90	13.14	12.63	21.02	20.51	39.41	38.65						
14	9.06	8.55	14.15	13.64	22.64	22.13	42.45	41.69	56.60	55.23				
15	9.70	9.19	15.16	14.65	24.26	23.75	45.48	44.72	60.64	59.27				
16	10.35	9.84	16.17	15.66	25.87	25.36	48.51	47.75	64.68	63.31				
17	11.00	10.49	17.18	16.67	27.49	26.98	51.54	50.78	68.72	67.35				
18	11.64	11.13	18.19	17.68	29.11	28.60	54.57	53.81	72.77	71.39	127.34	124.55	181.91	178.86
19	12.29	11.78	19.20	18.69	30.72	30.22	57.61	56.84	76.81	75.44	134.41	131.62	192.02	188.97
20	12.94	12.43	20.21	19.70	32.34	31.83	60.64	59.88	80.85	79.48	141.49	138.69	202.13	199.08
(21)	13.58	13.07	21.22	20.72	33.96	33.45	63.67	62.91	84.89	83.52	148.56	145.77	212.23	209.18
22	14.23	13.72	22.23	21.73	35.57	35.07	66.70	65.94	88.94	87.56	155.64	152.84	222.34	219.29
(23)	14.88	14.37	23.24	22.74	37.19	36.68	69.73	68.97	92.98	91.61	162.71	159.92	232.45	229.40
(24)	15.52	15.02	24.26	23.75	38.81	38.30	72.77	72.00	97.02	95.65	169.79	166.99	242.55	239.50
25	16.17	15.66	25.27	24.76	40.43	39.92	75.80	75.04	101.06	99.69	176.86	174.07	252.66	249.61
(26)	16.82	16.31	26.28	25.77	42.04	41.53	78.83	78.07	105.11	103.73	183.94	181.14	262.76	259.72
(27)	17.46	16.96	27.29	26.78	43.66	43.15	81.86	81.10	109.15	107.78	191.01	188.22	272.87	269.82
28	18.11	17.60	28.30	27.79	45.28	44.77	84.89	84.13	113.19	111.82	198.08	195.29	282.98	279.93
(30)	19.40	18.90	30.32	29.81	48.51	48.00	90.96	90.20	121.28	119.90	212.23	209.44	303.19	300.14
32	20.70	20.19	32.34	31.83	51.74	51.24	97.02	96.26	129.36	127.99	226.38	223.59	323.40	320.35
36	23.29	22.78	36.38	35.87	58.21	57.70	109.15	108.39	145.53	144.16	254.68	251.89	363.83	360.78
40	25.37	25.36	40.43	39.92	64.68	64.17	121.28	120.51	161.70	160.33	282.98	280.18	404.25	401.21
48	31.05	30.54	48.51	48.00	77.62	77.11	145.53	144.77	194.04	192.67	339.57	336.78	485.10	482.06
60	38.81	38.30	60.64	60.13	97.02	96.51	181.91	181.15	242.55	241.18	424.47	421.67	606.38	603.33

续表

带轮齿数	型号													
	MXL		XXL		XL		L		H		XH		XXH	
	节径 d	外径 d_0	节径 d	外径 d_0	节径 d	外径 d_0	节径 d	外径 d_0	节径 d	外径 d_0	节径 d	外径 d_0	节径 d	外径 d_0
72	46.57	46.06	72.77	72.26	116.43	115.92	218.30	217.53	291.06	289.69	509.36	506.57	727.66	724.61
84							254.68	253.92	339.57	338.20	594.25	591.46	848.93	845.88
96							291.06	290.30	388.08	386.71	679.15	676.35	970.21	967.16
120							363.83	363.07	485.10	483.73	848.93	846.14	1212.76	1209.71
156									630.64	629.26				

注：1. 括号内的尺寸尽量不采用。

2. 生产厂为宁波慈溪汇鑫同步带有限公司。

表 13-1-62　　圆弧齿带轮直径（摘自 JB/T 7512.2—1994）　　mm

齿数	节径 d	外径 d_0	齿数	节径 d	外径 d_0	齿数	节径 d	外径 d_0	齿数	节径 d	外径 d_0	齿数	节径 d	外径 d_0
3M														
10	9.55	8.79	39	37.24	36.48	68	64.94	64.17	97	92.63	91.87	126	120.32	119.56
11	10.50	9.74	40	38.20	37.44	69	65.89	65.13	98	93.58	92.82	127	121.28	120.51
12	11.46	10.70	41	39.15	38.39	70	66.85	66.08	99	94.54	93.78	128	122.23	121.47
13	12.41	11.65	42	40.11	39.35	71	67.80	67.04	100	95.49	94.73	129	123.19	122.42
14	13.37	12.61	43	41.06	40.30	72	68.75	67.99	101	96.45	95.69	130	124.14	123.38
15	14.32	13.56	44	42.02	41.25	73	69.71	68.95	102	97.40	96.64	131	125.10	124.33
16	15.28	14.52	45	42.97	42.21	74	70.66	69.90	103	98.36	97.60	132	126.05	125.29
17	16.23	15.47	46	43.93	43.16	75	71.62	70.86	104	99.51	98.55	133	127.01	126.24
18	17.19	16.43	47	44.88	44.12	76	72.57	71.81	105	100.27	99.51	134	127.96	127.20
19	18.14	17.38	48	45.84	45.07	77	73.53	72.77	106	101.22	100.46	135	128.92	128.15
20	19.10	18.34	49	46.79	46.03	78	74.48	73.72	107	102.18	101.42	136	129.87	129.11
21	20.05	19.29	50	47.75	46.98	79	75.44	74.68	108	103.13	102.37	137	130.83	130.06
22	21.01	20.25	51	48.70	47.94	80	76.39	75.63	109	104.09	103.33	138	131.78	131.02
23	21.96	21.20	52	49.66	48.89	81	77.35	76.59	110	105.04	104.28	139	132.74	131.97
24	22.92	22.16	53	50.61	49.85	82	78.30	77.54	111	106.00	105.24	140	133.69	132.93
25	23.87	23.11	54	51.57	50.80	83	79.26	78.50	112	106.95	106.19	141	134.65	133.88
26	24.83	24.07	55	52.52	51.76	84	80.21	79.45	113	107.91	107.15	142	135.60	134.84
27	25.78	25.02	56	53.48	52.71	85	81.17	80.41	114	108.86	108.10	143	136.55	135.79
28	26.74	25.98	57	54.43	53.67	86	82.12	81.36	115	109.82	109.05	144	137.51	136.75
29	27.69	26.93	58	55.39	54.62	87	83.08	82.32	116	110.77	110.01	145	138.46	137.70
30	28.65	27.89	59	56.34	55.58	88	84.03	83.27	117	111.73	110.96	146	139.42	138.66
31	29.60	28.84	60	57.30	56.53	89	84.99	84.23	118	112.68	111.92	147	140.37	139.61
32	30.56	29.80	61	58.25	57.49	90	85.94	85.18	119	113.64	112.87	148	141.33	140.57
33	31.51	30.75	62	59.21	58.44	91	86.90	86.14	120	114.59	113.83	149	142.28	141.52
34	32.47	31.71	63	60.16	59.40	92	87.85	87.09	121	115.55	114.78	150	143.24	142.48
35	33.42	32.66	64	61.12	60.35	93	88.81	88.05	122	116.50	115.74			
36	34.38	33.62	65	62.07	61.31	94	89.76	89.00	123	117.46	116.69			
37	35.33	34.57	66	63.03	62.26	95	90.72	89.96	124	118.41	117.65			
38	36.29	35.53	67	63.98	63.22	96	91.67	90.91	125	119.37	118.60			

续表

齿数	节径 d	外径 d_0	齿数	节径 d	外径 d_0	齿数	节径 d	外径 d_0	齿数	节径 d	外径 d_0	齿数	节径 d	外径 d_0
5M														
13	20.69	19.55	43	68.44	67.30	73	116.18	115.04	103	163.93	162.79	133	211.68	210.54
14	22.28	21.14	44	70.03	68.89	74	117.77	116.63	104	165.52	164.38	134	213.27	212.13
15	23.87	22.73	45	71.62	70.48	75	119.37	118.23	105	167.11	165.97	135	214.86	213.72
16	25.46	24.32	46	73.21	72.07	76	120.96	119.82	106	168.70	167.56	136	216.45	215.31
17	27.06	25.92	47	74.80	73.66	77	122.55	121.41	107	170.30	169.16	137	218.04	216.90
18	28.65	27.51	48	76.39	75.25	78	124.14	123.00	108	171.89	170.75	138	219.63	218.49
19	30.24	29.10	49	77.99	76.85	79	125.73	124.59	109	173.49	172.34	139	221.23	220.09
20	31.83	30.69	50	79.58	78.94	80	127.32	126.18	110	175.07	173.93	140	222.82	221.66
21	33.42	32.28	51	81.17	80.03	81	128.92	127.78	111	176.66	175.52	141	224.41	223.27
22	35.01	33.87	52	82.76	81.62	82	130.51	129.37	112	178.25	177.11	142	226.00	224.86
23	36.61	35.47	53	84.35	83.21	83	132.10	130.96	113	179.85	178.71	143	227.59	226.45
24	38.20	37.06	54	85.94	84.80	84	133.69	132.55	114	181.44	180.30	144	229.18	228.04
25	39.79	38.65	55	87.54	86.40	85	135.28	134.14	115	183.03	181.89	145	230.77	229.63
26	41.38	40.24	56	89.13	87.99	86	136.87	135.73	116	184.62	183.48	146	232.37	231.23
27	42.97	41.83	57	90.72	89.58	87	138.46	137.32	117	186.21	185.07	147	233.96	232.62
28	44.56	43.42	58	92.31	91.17	88	140.06	138.92	118	187.80	186.66	148	235.55	234.41
29	46.15	45.01	59	93.90	92.76	89	141.65	140.51	119	189.39	188.25	149	237.14	236.00
30	47.75	46.61	60	95.49	94.35	90	143.24	142.10	120	190.99	189.85	150	238.73	237.59
31	49.34	48.20	61	97.08	95.94	91	144.83	143.69	121	192.58	191.44	151	240.32	239.18
32	50.93	49.79	62	98.68	97.54	92	146.42	145.28	122	194.17	193.03	152	241.92	240.78
33	52.52	51.38	63	100.27	99.13	93	148.01	146.87	123	195.76	194.62	153	243.51	242.37
34	54.11	52.97	64	101.86	100.72	94	149.61	148.47	124	197.35	196.21	154	245.10	243.96
35	55.70	54.56	65	103.45	102.31	95	151.20	150.06	125	198.94	197.80	155	246.69	245.55
36	57.30	56.16	66	105.04	103.90	96	152.79	151.65	126	200.54	199.40	156	248.28	247.14
37	58.89	57.75	67	106.63	105.49	97	154.38	153.24	127	202.13	200.99	157	249.87	248.73
38	60.48	59.34	68	108.23	107.09	98	155.97	154.83	128	203.72	202.58	158	251.46	250.32
39	62.07	60.93	69	109.82	108.68	99	157.56	156.42	129	205.31	204.17	159	253.06	251.92
40	63.66	62.52	70	111.41	110.27	100	159.15	158.01	130	206.90	205.76	160	254.65	253.51
41	65.25	64.11	71	113.00	111.86	101	160.75	159.61	131	208.49	207.35			
42	66.85	65.71	72	114.59	113.45	102	162.34	161.20	132	210.08	208.94			

续表

齿数	节径 d	外径 d_0	齿数	节径 d	外径 d_0	齿数	节径 d	外径 d_0	齿数	节径 d	外径 d_0	齿数	节径 d	外径 d_0
8M														
22	56.02	54.65	57	145.15	143.78	92	234.28	232.90	127	323.44	322.03	162	412.58	411.18
23	58.57	57.20	58	147.70	146.32	93	236.82	235.45	128	325.95	324.55	163	415.08	413.70
24	61.12	59.74	59	150.24	148.87	94	239.37	238.00	129	328.50	327.12	164	417.62	416.25
25	63.66	62.28	60	152.79	151.42	95	241.92	240.54	130	331.04	329.67	165	420.17	418.80
26	66.21	64.85	61	155.34	153.96	96	244.46	243.09	131	333.59	332.22	166	422.72	421.34
27	68.75	67.39	62	157.88	156.51	97	247.01	245.64	132	336.14	334.76	167	425.26	423.89
28	71.30	70.08	63	160.43	159.06	98	249.55	248.18	133	338.68	337.31	168	427.81	426.44
29	73.85	72.62	64	162.97	161.60	99	252.10	250.73	134	341.23	339.86	169	430.35	428.98
30	76.39	75.13	65	165.52	164.15	100	254.65	253.28	135	343.77	342.40	170	432.90	431.53
31	78.94	77.65	66	168.07	166.70	101	257.19	255.82	136	346.32	344.95	171	435.45	434.08
32	81.49	80.16	67	170.61	169.24	102	259.74	258.37	137	348.87	347.50	172	437.99	436.62
33	84.03	82.68	68	173.16	171.79	103	262.29	260.92	138	351.41	350.04	173	440.54	439.17
34	86.53	85.22	69	175.71	174.34	104	264.83	263.46	139	353.96	352.59	174	443.09	441.72
35	89.13	87.76	70	178.25	176.88	105	267.38	266.01	140	356.51	355.14	175	445.63	444.26
36	91.67	90.30	71	180.80	179.43	106	269.93	268.56	141	359.05	357.68	176	448.18	446.81
37	94.22	92.85	72	183.35	181.97	107	272.47	271.10	142	361.60	360.23	177	450.73	449.36
38	96.77	95.39	73	185.89	184.52	108	275.02	273.65	143	364.15	362.77	178	453.27	451.90
39	99.31	97.94	74	188.44	187.07	109	277.57	276.19	144	366.69	365.32	179	455.82	454.45
40	101.86	100.49	75	190.99	189.61	110	280.11	278.74	145	369.24	367.87	180	458.37	456.99
41	104.41	103.03	76	193.53	192.16	111	282.66	281.29	146	371.79	370.41	181	460.91	459.54
42	106.95	105.58	77	196.08	194.71	112	285.21	283.83	147	374.33	372.96	182	463.46	462.09
43	109.50	108.13	78	198.63	197.25	113	287.75	286.38	148	376.88	375.51	183	466.01	464.63
44	112.05	110.07	79	201.17	199.01	114	290.30	288.94	149	379.43	377.05	184	468.55	467.18
45	114.59	113.22	80	203.72	202.35	115	292.85	291.47	150	381.97	380.60	185	471.10	469.73
46	117.14	115.77	81	206.26	204.89	116	295.39	294.02	151	384.52	383.45	186	473.65	472.27
47	119.68	118.31	82	208.81	207.44	117	297.94	296.57	152	387.06	385.70	187	476.19	474.62
48	122.23	120.86	83	211.36	209.99	118	300.48	299.11	153	389.61	388.24	188	478.74	477.37
49	124.78	123.41	84	213.90	212.53	119	303.03	301.66	154	392.16	390.79	189	481.28	479.91
50	127.32	125.95	85	216.45	215.08	120	305.58	304.21	155	394.70	393.33	190	483.83	482.46
51	129.87	128.50	86	219.00	217.63	121	308.12	306.75	156	397.25	395.88	191	486.38	485.01
52	132.42	131.05	87	221.54	220.17	122	310.67	309.30	157	399.80	398.43	192	488.92	487.55
53	134.96	133.59	88	224.09	222.72	123	313.22	311.85	158	402.34	400.97			
54	137.51	136.14	89	226.64	225.27	124	315.76	314.39	159	404.89	403.52			
55	140.06	138.68	90	229.18	227.81	125	318.31	316.94	160	407.44	406.07			
56	142.60	141.23	91	231.73	230.36	126	320.86	319.48	161	409.98	408.61			

续表

齿数	节径 d	外径 d_0	齿数	节径 d	外径 d_0	齿数	节径 d	外径 d_0	齿数	节径 d	外径 d_0	齿数	节径 d	外径 d_0
							14M							
28	124.78	122.12	66	294.12	291.32	104	463.46	460.66	142	632.80	630.01	180	802.14	799.35
29	129.23	126.57	67	298.57	295.78	105	467.92	465.12	143	637.26	634.46	181	806.60	803.80
30	133.69	130.99	68	303.03	300.24	106	472.37	469.58	144	641.71	638.92	182	811.05	808.26
31	138.15	135.46	69	307.49	304.69	107	476.83	474.03	145	646.17	643.37	183	815.51	812.72
32	142.60	139.88	70	311.94	309.15	108	481.28	478.49	146	650.63	647.83	184	819.97	817.17
33	147.06	144.36	71	316.40	313.61	109	485.74	482.95	147	655.08	652.29	185	824.42	821.63
34	151.52	148.79	72	320.86	318.06	110	490.20	487.40	148	659.54	656.74	186	828.88	826.08
35	155.98	153.24	73	325.31	322.52	111	494.65	491.86	149	663.99	661.20	187	833.33	830.54
36	160.43	157.68	74	329.77	326.97	112	499.11	496.32	150	668.45	665.66	188	837.79	835.00
37	164.88	162.13	75	334.22	331.43	113	503.57	500.77	151	672.91	670.11	189	842.25	839.45
38	169.34	166.60	76	338.68	335.89	114	508.20	505.23	152	677.36	674.57	190	846.70	843.91
39	173.80	171.02	77	343.14	340.34	115	512.48	509.68	153	681.82	679.03	191	851.16	848.37
40	178.25	175.49	78	347.59	344.80	116	516.93	514.14	154	686.28	683.48	192	855.62	852.82
41	182.71	179.92	79	352.05	349.26	117	521.39	518.60	155	690.73	687.94	193	860.07	857.28
42	187.17	184.37	80	356.51	353.71	118	525.85	523.05	156	695.19	692.39	194	864.53	861.75
43	191.62	188.83	81	360.96	358.17	119	530.30	527.51	157	699.64	696.85	195	868.98	866.44
44	196.08	193.28	82	365.42	362.63	120	534.76	531.97	158	704.10	701.31	196	873.44	870.64
45	200.53	197.74	83	369.88	367.08	121	539.22	536.42	159	708.56	705.76	197	877.90	875.11
46	204.99	202.20	84	374.33	371.54	122	543.67	540.88	160	713.01	710.22	198	882.35	879.55
47	209.45	206.65	85	378.79	375.99	123	548.13	545.34	161	717.47	714.68	199	886.81	884.02
48	213.90	211.11	86	383.24	380.45	124	552.59	549.79	162	721.93	719.13	200	891.27	888.47
49	218.36	215.57	87	387.70	384.91	125	557.04	554.25	163	726.38	723.59	201	895.72	892.94
50	222.82	220.02	88	392.16	389.36	126	561.50	558.70	164	730.84	728.05	202	900.18	897.38
51	227.27	224.48	89	396.61	393.82	127	565.95	563.16	165	735.30	732.50	203	904.64	901.85
52	231.73	228.94	90	401.07	398.28	128	570.41	567.62	166	739.75	736.96	204	909.09	906.30
53	236.19	233.39	91	405.53	402.73	129	574.87	572.07	167	744.21	741.41	205	913.55	910.74
54	240.64	237.85	92	409.98	407.19	130	579.32	576.53	168	748.66	745.87	206	918.00	915.21
55	245.10	242.30	93	414.44	411.64	131	583.78	580.99	169	752.12	750.33	207	922.46	919.66
56	249.55	246.76	94	418.90	416.10	132	588.24	585.44	170	757.58	754.78	208	926.92	924.13
57	254.01	251.22	95	423.35	420.56	133	592.09	589.90	171	762.03	759.24	209	931.37	928.57
58	258.47	255.67	96	427.81	425.01	134	597.15	594.35	172	766.49	763.70	210	935.83	933.04
59	262.92	260.13	97	432.26	429.47	135	601.61	598.81	173	770.95	768.15	211	940.29	937.49
60	267.38	264.59	98	436.72	433.93	136	606.06	603.27	174	775.40	772.61	212	944.74	941.96
61	271.84	269.04	99	441.18	438.38	137	610.52	607.72	175	779.86	777.06	213	949.20	946.40
62	276.29	273.50	100	445.63	442.84	138	614.97	612.18	176	784.32	781.52	214	953.65	950.85
63	280.75	277.95	101	450.09	447.30	139	619.43	616.64	177	788.77	785.98	215	958.11	955.32
64	285.21	282.41	102	454.55	451.75	140	623.88	621.09	178	793.29	790.43	216	962.57	959.76
65	289.66	286.87	103	459.00	456.21	141	628.34	625.55	179	797.68	794.89			

续表

齿数	节径 d	外径 d_0	齿数	节径 d	外径 d_0	齿数	节径 d	外径 d_0	齿数	节径 d	外径 d_0	齿数	节径 d	外径 d_0
20M														
34	216.45	212.13	71	452.00	447.68	108	687.55	683.23	145	923.10	918.78	182	1158.65	1154.33
35	222.82	218.50	72	458.37	454.05	109	693.92	689.60	146	929.46	925.15	183	1165.01	1160.70
36	229.18	224.87	73	464.73	460.41	110	700.28	695.96	147	935.83	931.51	184	1171.38	1167.06
37	235.55	231.23	74	471.10	466.78	111	706.65	702.33	148	942.20	937.88	185	1177.75	1173.43
38	241.92	237.60	75	477.46	473.15	112	713.01	708.70	149	948.56	944.25	186	1184.11	1179.79
39	248.28	243.96	76	483.83	479.51	113	719.38	715.06	150	954.93	950.61	187	1190.48	1186.16
40	254.65	250.33	77	490.20	485.88	114	725.75	721.43	151	961.30	956.98	188	1196.85	1192.53
41	261.01	256.70	78	496.56	492.25	115	732.11	727.79	152	967.66	963.34	189	1203.21	1198.89
42	267.38	263.06	79	502.93	498.61	116	738.49	734.16	153	974.03	969.71	190	1209.58	1205.26
43	273.75	269.43	80	509.30	504.98	117	744.85	740.53	154	980.39	976.08	191	1215.94	1211.63
44	280.11	275.79	81	515.66	511.34	118	751.21	746.89	155	986.76	982.44	192	1222.31	1217.99
45	286.48	282.16	82	522.03	517.71	119	757.58	753.26	156	993.13	988.81	193	1228.68	1224.36
46	292.85	288.53	83	528.39	524.08	120	763.94	759.63	157	999.49	995.18	194	1235.04	1230.72
47	299.21	294.89	84	534.76	530.44	121	770.31	765.99	158	1005.86	1001.54	195	1241.41	1237.09
48	305.58	301.26	85	541.13	536.81	122	776.68	772.36	159	1012.23	1007.91	196	1247.77	1243.46
49	311.94	307.63	86	547.49	543.18	123	783.04	778.72	160	1018.59	1014.27	197	1254.14	1249.82
50	318.31	313.99	87	553.86	549.54	124	789.41	785.09	161	1024.96	1020.64	198	1260.51	1256.19
51	324.68	320.36	88	560.23	555.91	125	795.77	791.46	162	1031.32	1027.01	199	1266.87	1262.56
52	331.04	326.72	89	566.59	562.27	126	805.14	797.82	163	1037.69	1033.37	200	1273.24	1268.92
53	337.41	333.09	90	572.96	568.64	127	808.51	804.19	164	1044.06	1039.74	201	1279.61	1275.29
54	343.77	339.46	91	579.32	575.01	128	814.87	810.56	165	1050.42	1046.10	202	1285.97	1281.65
55	350.14	345.82	92	585.69	581.37	129	821.24	816.92	166	1056.79	1052.47	203	1292.34	1288.02
56	356.51	352.19	93	592.06	587.74	130	827.61	823.29	167	1063.16	1058.34	204	1298.70	1294.39
57	362.87	358.56	94	598.42	594.10	131	833.97	829.65	168	1069.52	1065.20	205	1305.07	1300.75
58	369.24	364.92	95	604.72	600.47	132	840.34	836.02	169	1075.89	1071.57	206	1311.44	1307.12
59	375.61	371.29	96	611.15	606.84	133	846.70	842.39	170	1082.25	1077.94	207	1317.80	1313.48
60	381.97	377.65	97	617.52	613.20	134	853.07	848.75	171	1088.62	1084.30	208	1324.17	1319.85
61	388.34	384.02	98	623.89	619.57	135	859.44	855.12	172	1094.99	1090.67	209	1330.54	1326.22
62	394.70	390.39	99	630.25	625.94	136	865.80	861.48	173	1101.35	1097.03	210	1336.90	1332.58
63	401.07	396.75	100	636.62	632.30	137	872.17	867.85	174	1107.72	1103.40	211	1343.27	1335.95
64	407.44	403.12	101	642.99	638.67	138	878.54	874.22	175	1114.08	1109.77	212	1349.63	1345.33
65	413.80	409.48	102	649.35	645.03	139	884.90	880.58	176	1120.45	1116.13	213	1356.00	1351.68
66	420.17	415.85	103	655.72	651.40	140	891.27	886.95	177	1126.82	1122.50	214	1362.37	1358.05
67	426.54	422.22	104	662.03	657.77	141	897.63	893.32	178	1133.18	1128.67	215	1368.73	1364.41
68	432.90	428.58	105	668.45	664.13	142	904.00	899.68	179	1139.55	1135.23	216	1375.10	1370.79
69	439.27	434.95	106	674.82	670.50	143	910.37	906.05	180	1145.92	1144.60			
70	445.63	441.32	107	681.18	676.87	144	916.73	912.41	181	1152.28	1147.96			

注：生产厂为宁波慈溪汇鑫同步带有限公司，目前该厂仅有表中部分产品。

表 13-1-63　　　　带轮宽度　　　　mm

周节制（摘自 GB/T 11361—1989）

槽型	轮宽代号	轮宽基本尺寸	b_f	b''_f	b'_f	槽型	轮宽代号	轮宽基本尺寸	b_f	b''_f	b'_f
MXL	012	3.0	3.8	5.6	4.7	H	075	19.1	20.3	24.8	22.6
	019	4.8	5.3	7.1	6.2		100	25.4	26.7	31.2	29.0
	025	6.4	7.1	8.9	8.0		150	38.1	39.4	43.9	41.7
XXL	012	3.0	3.8	5.6	4.7		200	50.8	52.8	57.3	55.1
	019	4.8	5.3	7.1	6.2		300	76.2	79.0	83.5	81.3
	025	6.4	7.1	8.9	8.0	XH	200	50.8	56.6	62.6	59.6
XL	025	6.4	7.1	8.9	8.0		300	76.2	83.8	89.8	86.9
	031	7.9	8.6	10.4	9.5		400	101.6	110.7	116.7	113.7
	037	9.5	10.4	12.2	11.1	XXH	200	50.8	56.6	64.1	60.4
L	050	12.7	14.0	17.0	15.5		300	76.2	83.8	91.3	87.3
	075	19.1	20.3	23.3	21.8		400	101.6	110.7	118.2	114.5
	100	25.4	26.7	29.7	28.2		500	127.0	137.7	145.2	141.5

模数制

模数	b_f	b''_f	b'_f	模数	b_f	b''_f	b'_f
1,1.5	b_s+1	$b_s+(2\sim3)$	$b_s+(1\sim2)$	5	$b_s+(3\sim5)$	$b_s+(8\sim10)$	$b_s+(6\sim8)$
2,2.5	$b_s+(1\sim1.5)$	$b_s+(3\sim4)$	$b_s+(2\sim3)$	7	$b_s+(6\sim9)$	$b_s+(12\sim15)$	$b_s+(9\sim12)$
3	$b_s+1.5$	$b_s+(4\sim5)$	$b_s+(3\sim4)$	10	$b_s+(6\sim11)$	$b_s+(13\sim18)$	$b_s+(12\sim15)$
4	$b_s+(1.5\sim3)$	$b_s+(6\sim7)$	$b_s+(3\sim5)$				

特殊节距制

槽型	带宽 b_s	b'_f 或 b_f	b''_f	槽型	带宽 b_s	b'_f 或 b_f	b''_f
T2.5	4	5.5	8	T10	16	18	21
	6	7.5	10		25	27	30
	10	11.5	14		32	34	37
					50	52	55
T5	6	7.5	10	T20	32	34	38
	10	11.5	14		50	52	56
	16	17.5	20		75	77	81
	25	26.5	29		100	102	106

圆弧齿（摘自 JB/T 7512.2—1994）

槽型	轮宽代号	b_f	b''_f	槽型	轮宽代号	b_f	b''_f
3M	6	7.3	11.0	14M	30	32	40
	9	10.3	14.0		40	42	50
	15	16.3	20.0		55	58	66
5M	9	10.3	14.0		70	73	81
	15	16.3	20.0		85	89	97
	20	21.3	25.0		100	104	112
	25	26.3	30.0		115	120	128
	30	31.3	35.0		130	135	143
	40	41.3	45.0		150	155	163
					170	175	183
8M	20	21.7	28.0	20M	70	78.5	85
	25	26.7	33.0		85	89.5	102
	30	31.7	38.0		100	104.5	117
	40	41.7	48.0		115	120.5	134
	50	52.7	59.0		130	136	150
	60	62.7	69.0		150	158	172
	70	72.7	79.0		170	178	192
	85	88.7	95.0		230	238	254
					290	298	314
					340	348	364

注：b_f—双边挡圈带轮最小宽度；b''_f—无挡圈带轮最小宽度；b'_f—单边挡圈带轮最小宽度；b_s—带宽。

表 13-1-64　　带轮挡圈尺寸　　mm

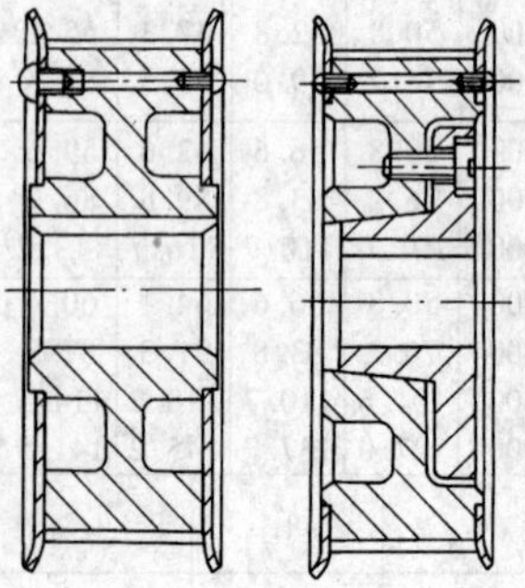

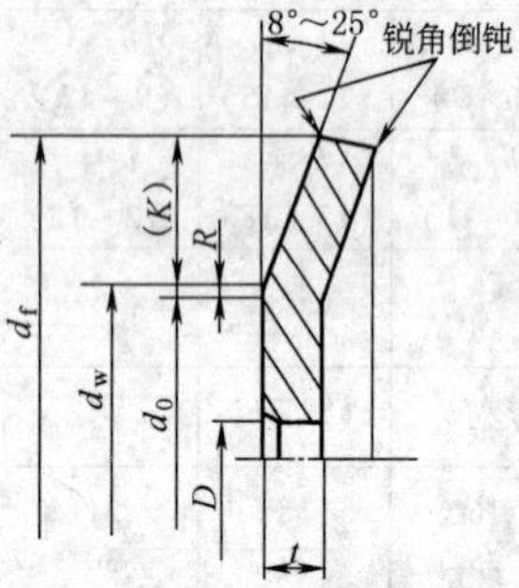

周节制（摘自 GB/T 11361—1989）

槽型	MXL	XXL	XL	L	H	XH	XXH
挡圈最小高度 K	0.5	0.8	1.0	1.5	2.0	4.8	6.1
挡圈厚度 t	0.5~1.0	0.5~1.5	1.0~1.5	1.0~2.0	1.5~2.5	4.0~5.0	5.0~6.5
带轮外径 d_0	见表 13-1-61						
挡圈弯曲处直径 d_w	$d_w=d_0+(0.38\pm0.25)$						
挡圈外径 d_f	$d_f=d_w+2K$						

模数制

模数	1	1.5	2	2.5	3	4	5	7	10
K_{min}	0.5	1	1.5			2	3	5	6
t	0.5~1	1.0~1.5		1.0~2.0		1.5~2.5	2.5~4	4~5	5~6.5

特殊节距制

槽型	T2.5	T5	T10	T20
挡圈最小高度 K	0.8	1.2	2.2	3.2
挡圈弯曲处直径 d_w	$d_w=d_0+(0.38\pm0.25)$			
挡圈外径 d_f	$d_f=d_w+2K$			

圆弧齿（摘自 JB/T 7512.2—1994）

槽型	3M	5M	8M	14M	20M
挡圈最小高度 K	2.0~2.5	2.5~3.5	4.0~5.5	7.0~7.5	8.0~8.5
$R=(d_w-d_0)/2$	1	1.5	2	2.5	3
挡圈厚度 t	1.5~2.0		1.5~2.5	2.5~3.0	3.0~3.5
带轮外径 d_0	见表 13-1-62				
挡圈弯曲处直径 d_w	$d_w=d_0+2R$				
挡圈外径 d_f	$d_f=d_w+2K$				

表 13-1-65　　挡圈的设置

两轴传动	（1）一般推荐小带轮两侧均设挡圈，大带轮两侧不设，如图 a （2）也可在大小带轮的不同侧面各装单侧挡圈，如图 b	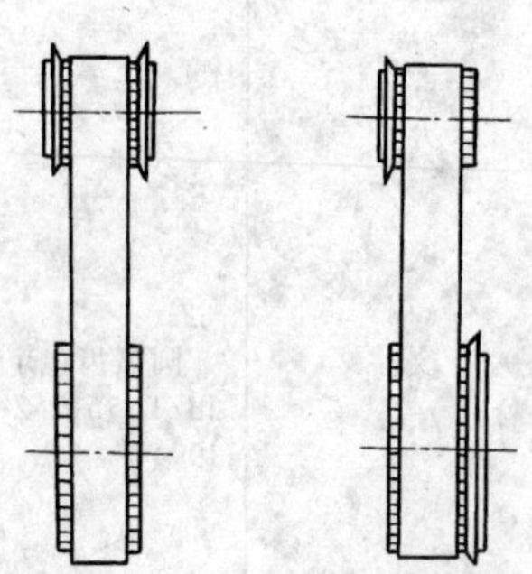 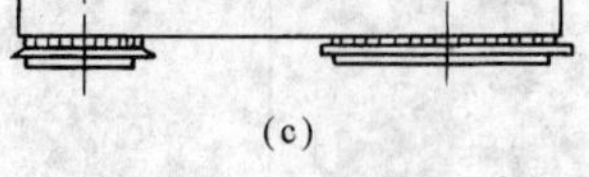
	（3）当 $a>8d_1$	大小轮两侧均设挡圈
	（4）带轮轴线垂直水平面时	大小轮两侧均设挡圈，或至少主动轮两侧与从动轮下侧设挡圈，如图 c
多轴传动	（1）每隔一个轮两侧设挡圈，被隔的不设 （2）或每个轮的不同侧设挡圈	

(a)　(b)　(c)

第 13 篇

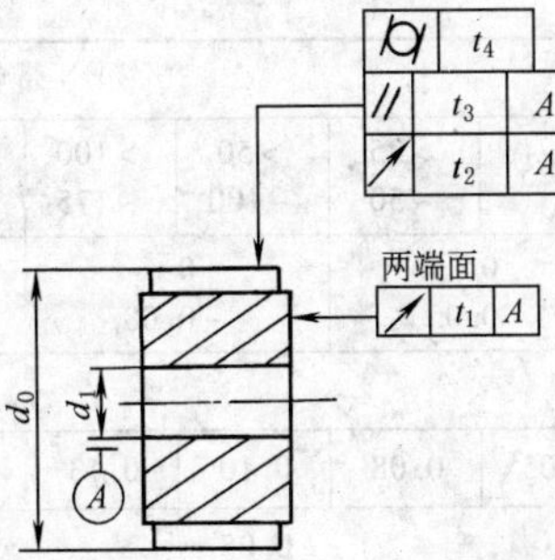

表 13-1-66　　带轮尺寸偏差、形位公差及表面粗糙度　　mm

类别	项　目		带轮外径 d_0								
			≤25.40	>25.40~50.80	>50.80~101.60	>101.60~177.80	>177.80~203.20	>203.20~254.00	>254.00~304.80	>304.80~508.00	>508.00
周节制(摘自 GB/T 11361—1989)	外径偏差		$^{+0.05}_{0}$	$^{+0.08}_{0}$	$^{+0.10}_{0}$	$^{+0.13}_{0}$	$^{+0.15}_{0}$			$^{+0.18}_{0}$	$^{+0.20}_{0}$
	节距偏差	任意两相邻齿	±0.03								
		90°弧内的累积	±0.05	±0.08	±0.10	±0.13	±0.15			±0.18	±0.20
	外圆径向圆跳动 t_2		0.13					0.13 + (d_0 − 203.20) × 0.0005			
	端面圆跳动 t_1		0.1			d_0 × 0.001			0.25 + (d_0 − 254.00) × 0.0005		
	轮齿与轴线平行度 t_3		<0.001 × 轮宽(轮宽 <10mm 时,以 10mm 计)								
	齿顶圆柱面的圆柱度 t_4		<0.001 × 轮宽(轮宽 <10mm 时,以 10mm 计)								
	轴孔直径偏差 d_1		H7 或 H8								
	外圆及两齿侧表面粗糙度 R_a		3.2μm								

类别	项　目		带轮外径 d_0									
			≤30	>30~50	>50~80	>80~120	>120~180	>180~250	>250~315	>315~400	>400~500	>500
模数制	节距偏差	任意两相邻齿	0.03									
		90°弧内的累积	0.05	0.08	0.10		0.13	0.15		0.18		0.20
	外圆径向圆跳动 t_2		0.13				0.13 + 0.0005(d_0 − 180)					
	端面圆跳动 t_1		0.10			0.001d_0			0.25 + 0.0005(d_0 − 250)			
	齿顶圆柱面的圆柱度 t_4		0.001b_f(或 b'_f、b''_f),但不得超过带轮外径偏差									
	轮齿与轴线平行度 t_3		0.001b_f(或 b'_f、b''_f)									
	轴孔直径偏差 d_1		H7									
	两齿侧表面粗糙度 R_a		范成法加工(滚齿、插齿等)1.6μm 或 3.2μm;成形法加工(铣齿)6.3μm									
	外圆、端面、轴孔表面粗糙度 R_a		1.6μm 或 3.2μm									
	齿槽角偏差		±1.5°									

续表

	项目		带轮外径 d_0								
			≤25	>25~50	>50~100	>100~175	>175~200	>200~250	>250~300	>300~500	>500
特殊节距制	外径偏差		0 -0.05		0 -0.08		0 -0.1				0 -0.15
	节距偏差	任意两相邻齿	0.03								
		90°弧内的累积	0.05	0.08	0.10	0.13	0.15				
	外圆径向圆跳动 t_2		0.05					$0.05+(d_0-200)\times0.0005$			
	端面圆跳动 t_1		0.1			$d_0\times0.001$			$0.25+(d_0-250)\times0.0005$		
	轮齿与轴线平行度 t_3		$0.001b_f$(或 b'_f、b''_f)								
	齿顶圆柱面的圆柱度 t_4		$0.001b_f$(或 b'_f、b''_f),但不得超过带轮外径偏差								
	轴孔直径偏差 d_1		H7 或 H8								
	外圆及两齿侧表面粗糙度 R_a		3.2μm								

	项目		带轮外径 d_0								
			≤25.40	>25.40~50.80	>50.80~101.60	>101.60~177.80	>177.80~203.20	>203.20~254.00	>254.00~304.80	>304.80~508.00	>508.00
圆弧齿(摘自 JB/T 7512.2—1994)	外径偏差		+0.05 0	+0.08 0	+0.10 0	+0.13 0	+0.15 0			+0.18 0	+0.20 0
	节距偏差	任意两相邻齿	±0.03								
		90°弧内的累积	±0.05	±0.08	±0.10	±0.13	±0.15			±0.18	±0.20
	端面圆跳动 t_1		0.1			$d_0\times0.001$			$0.25+(d_0-254.00)\times0.0005$		
	外圆径向圆跳动 t_2	滚切法	0.13					$0.13+(d_0-203.20)\times0.0005$			
		成形刀铣切法	0.05					$0.05+(d_0-203.20)\times0.0005$			
	轮齿与轴线平行度	带轮宽度 $b_f(b''_f)$				≤10	>10				
		t_3				<0.01	$<b_f(b''_f)\times0.001$				
	齿顶圆柱面的圆柱度公差	带轮宽度 b''_f	≤12.7		>12.7~38.1		>38.1~76.2		>76.2~127		>127
		t_4	0.01		0.02		0.04		0.05		0.06

5.4 设计计算

已知条件：①传递的功率；②小带轮、大带轮转速；③传动用途、载荷性质、原动机种类以及工作制度。

表 13-1-67 **设计内容和步骤**

计算项目	单位	公式及数据	说明
设计功率 P_d	kW	$P_d=K_AP$	K_A——工况系数,见表 13-1-68 P——传递的功率,kW
带型 节距 p_b 或模数 m	mm	根据 P_d 和 n_1,周节制、特殊节距制(图 13-1-7 中括号部分)由图 13-1-7 选取;模数制由图 13-1-8 选取;圆弧齿由图 13-1-9 选取	n_1——小带轮转速,r/min 为使传动平稳,提高带的柔性以及增加啮合齿数,节距应尽可能选取较小值;对模数制的 m 也尽可能选取较小值,特别是在高速时

续表

<table>
<tr><th>计算项目</th><th>单位</th><th>公 式 及 数 据</th><th>说 明</th></tr>
<tr><td>小带轮齿数 z_1</td><td></td><td>$z_1 \geqslant z_{min}$ z_{min} 见表 13-1-69</td><td>带速 v 和安装尺寸允许时，z_1 尽可能选用较大值</td></tr>
<tr><td>小带轮节圆直径 d_1</td><td>mm</td><td>周节制、特殊节距制及圆弧齿
$$d_1=\frac{p_b z_1}{\pi}$$
模数制 $d_1=mz_1$</td><td>周节制见表 13-1-61
圆弧齿见表 13-1-62</td></tr>
<tr><td>带速 v</td><td>m/s</td><td>$$v=\frac{\pi d_1 n_1}{60\times1000}\leqslant v_{max}$$</td><td><table>
<tr><td>型号</td><td>MXL、XXL、XL
T2.5，T5
3M、5M</td><td>L、H
T10
8M，14M</td><td>XH、XXH
T20
20M</td></tr>
<tr><td>模数</td><td>1，1.5，2，2.5</td><td>3，4，5</td><td>7，10</td></tr>
<tr><td>v_{max}</td><td>40～50</td><td>35～40</td><td>25～30</td></tr>
</table>若 v 过大，则应减少 z_1 或选用较小的 p_b 或 m</td></tr>
<tr><td>传动比 i</td><td></td><td>$$i=\frac{n_1}{n_2}\leqslant10$$</td><td>n_2——大带轮转速，r/min</td></tr>
<tr><td>大带轮齿数 z_2</td><td></td><td>$z_2=iz_1$</td><td></td></tr>
<tr><td>大带轮节圆直径 d_2</td><td>mm</td><td>周节制、特殊节距制及圆弧齿
$$d_2=\frac{p_b z_2}{\pi}=id_1$$
模数制 $d_2=mz_2$</td><td>周节制见表 13-1-61
圆弧齿见表 13-1-62</td></tr>
<tr><td>初定中心距 a_0</td><td>mm</td><td>$0.7(d_1+d_2)<a_0<2(d_1+d_2)$</td><td>可根据结构要求定</td></tr>
<tr><td>初定带的节线长度 L_{0p} 及其齿数 z_b</td><td>mm</td><td>$$L_{0p}\approx2a_0+\frac{\pi}{2}(d_2+d_1)+\frac{(d_2-d_1)^2}{4a_0}$$</td><td>周节制按表 13-1-53、表 13-1-54、模数制按表 13-1-55、表 13-1-56、特殊节距制按表 13-1-57、圆弧齿按表 13-1-58 选取接近的 L_p 值及其齿数 z_b</td></tr>
<tr><td>实际中心距 a</td><td>mm</td><td>中心距可调整 $a\approx a_0+\frac{L_p-L_{0p}}{2}$
中心距不可调整 $a=\frac{d_2-d_1}{2\cos\frac{\alpha_1}{2}}$
$$\operatorname{inv}\frac{\alpha_1}{2}=\frac{L_p-\pi d_2}{d_2-d_1}=\tan\frac{\alpha_1}{2}-\frac{\alpha_1}{2}$$</td><td>最好采用中心距可调的结构，其调整范围见表 13-1-70
对于中心距不可调的结构，周节制中心距极限偏差见表 13-1-71
α_1——小带轮包角
$\operatorname{inv}\frac{\alpha_1}{2}$——角 $\frac{\alpha_1}{2}$ 的渐开线函数，根据算出的 $\operatorname{inv}\frac{\alpha_1}{2}$ 值，由表 13-1-72 查得 $\frac{\alpha_1}{2}$，即可得精确的 a 值</td></tr>
<tr><td>小带轮啮合齿数 z_m</td><td></td><td>周节制、特殊节距制及圆弧齿
$$z_m=\operatorname{ent}\left[\frac{z_1}{2}-\frac{p_b z_1}{2\pi^2 a}(z_2-z_1)\right]$$
模数制，上式中 p_b 用 πm 代之
特殊节距制还可由图 13-1-10 和图 13-1-11 确定</td><td>对于 MXL、XXL 和 XL 型或对于 $m=1,1.5$，一般 $z_m\geqslant z_{mmin}=6$，对于 T2.5、T5 或对于圆弧齿 3M，5M，必要时 $z_{mmin}=4$
对于特殊节距制首先在图 13-1-10 中纵横坐标的交点求出 α_1；然后在图 13-1-11 中由纵横坐标的交点求出，并圆整到最接近的那条 z_m 曲线
若 $z_m<z_{mmin}$ 时，可增大 a 或 d_1 不变时，采用较小的 p_b（或 m）</td></tr>
</table>

续表

<table>
<tr><th>计算项目</th><th>单位</th><th>公 式 及 数 据</th><th>说 明</th></tr>
<tr><td>基准额定功率 P_0
（模数制无此项计算）</td><td>kW</td><td>周节制
$$P_0=\frac{(T_a-mv^2)v}{1000}$$
或根据带型号、n_1 和 z_1 由表 13-1-73 选取
特殊节距制带由表 13-1-74 选取
圆弧齿带由表 13-1-75 选取</td><td>T_a——带宽为 b_{s0} 的许用工作拉力，N，见表 13-1-76
m——带宽为 b_{s0} 的单位长度的质量，kg/m，见表 13-1-76
表 13-1-74 为每 10mm 带宽、每啮合 1 个齿的值。该表不适用于 $z_m>15$</td></tr>
<tr><td rowspan="4">带宽 b_s</td><td rowspan="4">mm</td><td>周节制
$$b_s\geqslant b_{s0}\sqrt[1.14]{\frac{P_d}{K_zP_0}}$$
按表 13-1-52 选定 b_s</td><td rowspan="4">b_{s0}——选定型号的基准宽度，mm，周节制见表 13-1-76
<table><tr><td>型号</td><td>3M</td><td>5M</td><td>8M</td><td>14M</td><td>20M</td></tr><tr><td>b_{s0}</td><td>6</td><td>9</td><td>20</td><td>40</td><td>115</td></tr></table>K_z——小带轮啮合齿数系数
<table><tr><td>z_m</td><td>≥6</td><td>5</td><td>4</td><td>3</td><td>2</td></tr><tr><td>K_z</td><td>1.00</td><td>0.80</td><td>0.60</td><td>0.40</td><td>0.20</td></tr></table>F_a——单位带宽的许用拉力，N/mm，见表 13-1-77
F_c——单位带宽的离心拉力，N/mm
m_b——带的单位宽度、单位长度的质量，kg/(mm·m)，见表 13-1-77
K_L——圆弧齿带长系数，见表 13-1-78
一般 $b_s<d_1$</td></tr>
<tr><td>模数制
$$b_s\geqslant\frac{P_d}{K_z(F_a{}^{①}-F_c)v}\times10^3$$
$$F_c=m_bv^2$$
按表 13-1-52 选定 b_s</td></tr>
<tr><td>特殊节距制
$$b_s\geqslant\frac{10P_d}{z_mP_0}$$
按表 13-1-52 选定 b_s</td></tr>
<tr><td>圆弧齿
$$b_s\geqslant b_{s0}\sqrt[1.14]{\frac{P_d}{K_LK_zP_0}}$$
按表 13-1-52 选定 b_s</td></tr>
<tr><td>剪切应力验算 τ（模数制计算用）</td><td>N/mm²</td><td>$$\tau=\frac{P_d}{1.44mb_sz_m{}^{②}v}\times10^3\leqslant\tau_p$$</td><td>τ_p——许用剪切应力，N/mm²，见表 13-1-79</td></tr>
<tr><td>压强验算 p（模数制计算用）</td><td>N/mm²</td><td>$$p=\frac{P_d}{0.6mb_sz_m{}^{②}v}\times10^3\leqslant p_p$$</td><td>p_p——许用压强，N/mm²，见表 13-1-79</td></tr>
<tr><td>作用在轴上的力 F_r</td><td>N</td><td>周节制、模数制、特殊节距制
$$F_r=\frac{P_d}{v}\times10^3$$
圆弧齿
$$F_r=K_F\frac{P_d}{v}\times1500$$
当 $K_A\geqslant1.3$ 时
$$F_r=K_F\frac{P_d}{v}\times1155$$</td><td>K_F——矢量相加修正系数，见图 13-1-12</td></tr>
</table>

① $v\leqslant0.1\sim0.3$m/s 且 $n_1\leqslant10$r/min 时，带所受载荷接近静拉力，F_a 可为表中数值的 2～4 倍（速度愈低，提高愈多）。

② 若 $z_m>6$，计算时按 $z_m=6$ 代入，其 τ_p、p_p 可取较大值，z_m 愈大，τ_p、p_p 值愈大。

表 13-1-68　工况系数 K_A（摘自 GB/T 11362—1989、JB/T 7512.3—1994）

工作机	原动机					
	交流电动机(普通转矩鼠笼式、同步电动机)，直流电动机(并励)，多缸内燃机			交流电动机(大转矩、大滑差率、单相、滑环)，直流电动机(复励、串励)，单缸内燃机		
	每天运转时间/h					
	断续使用 3~5	普通使用 8~10	连续使用 16~24	断续使用 3~5	普通使用 8~10	连续使用 16~24
计算机、复印机、医疗器械、放映机、测量仪表、配油装置	1.0	1.2	1.4	1.2	1.4	1.6
清扫机械、办公机械、缝纫机	1.2	1.4	1.6	1.4	1.6	1.8
带式输送机、轻型包装机、烘干箱、筛选机、绕线机、圆锥成形机、木工车床、带锯	1.3	1.5	1.7	1.5	1.7	1.9
液体搅拌机、混面机、钻床、车床、冲床、接缝机、龙门刨床、洗衣机、造纸机、印刷机、螺纹加工机、圆盘锯床	1.4	1.6	1.8	1.6	1.8	2.0
半液体搅拌机、带式输送机(矿石、煤、砂)、天轴、磨床、牛头刨床、铣床、钻镗床、离心泵、齿轮泵、旋转式供给系统、凸轮式振动筛、纺织机械(整经机)、离心压缩机、往复式发动机	1.5	1.7	1.9	1.7	1.9	2.1
制砖机(除混泥机)、输送机(平板式、盘式)、斗式提升机、悬挂式输送机、升降机、脱水机、清洗机、离心式排风扇、离心式鼓风机、吸风机、发电机、励磁机、起重机、重型升降机、发动机、卷扬机、橡胶机械、(压延、滚轧压出机)、纺织机械(纺纱、精纺、捻纱机、绕纱机)	1.6	1.8	2.0	1.8	2.0	2.2
离心机、刮板输送机、螺旋输送机、锤式粉碎机、造纸制浆机	1.7	1.9	2.1	1.9	2.1	2.3
黏土搅拌机、矿山用风扇、鼓风机、强制送风机	1.8	2.0	2.2	2.0	2.2	2.4
往复式压缩机、球磨机、棒磨机、往复式泵	1.9	2.1	2.3	2.1	2.3	2.5

注：1. 对增速传动，应将下列数值加进本表的 K_A 中

增速比	1.00~1.24	1.25~1.74	1.75~2.49	2.50~3.49	≥3.50
数值	0	0.10	0.20	0.30	0.40

2. 使用张紧轮时，应将下列数值加进本表的 K_A 中

张紧轮的安装位置	松边内侧	松边外侧	紧边内侧	紧边外侧
数值	0	0.1		0.2

3. 对频繁正反转、严重冲击、紧急停机等非正常传动，需视具体情况修正工况系数。

4. 圆弧齿同步带中型号为 14M 和 20M 的传动，当 $n_1 \leqslant 600$r/min 时，应将下列数值加进 K_A 中

n_1/r · min^{-1}	≤200	201~400	401~600
数值	0.3	0.2	0.1

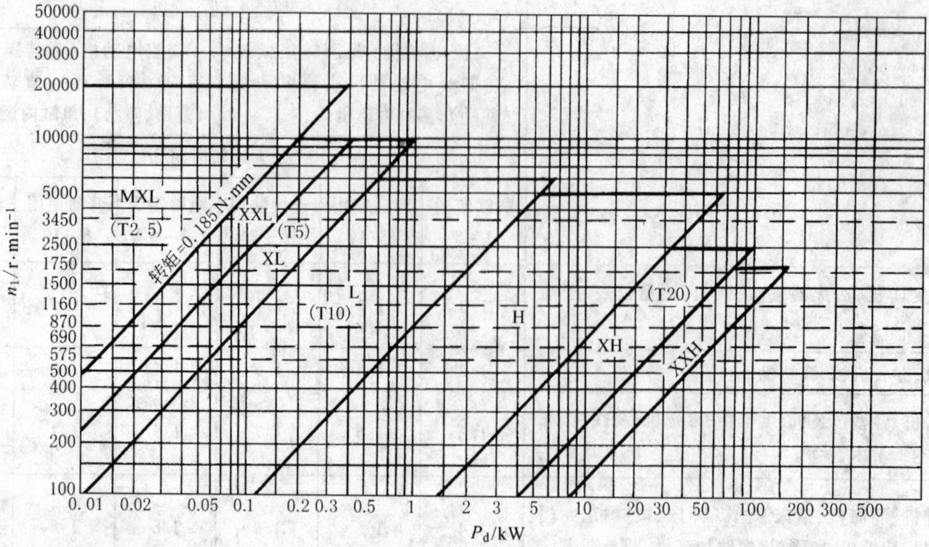

图 13-1-7　周节制、特殊节距制同步带选型图

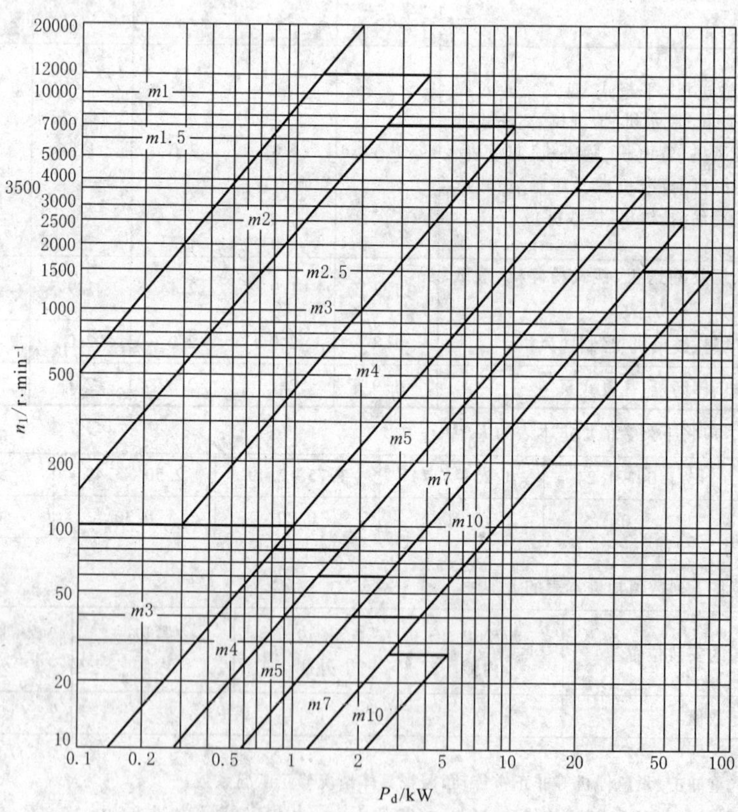

图 13-1-8　模数制同步带选型图

第
13
篇

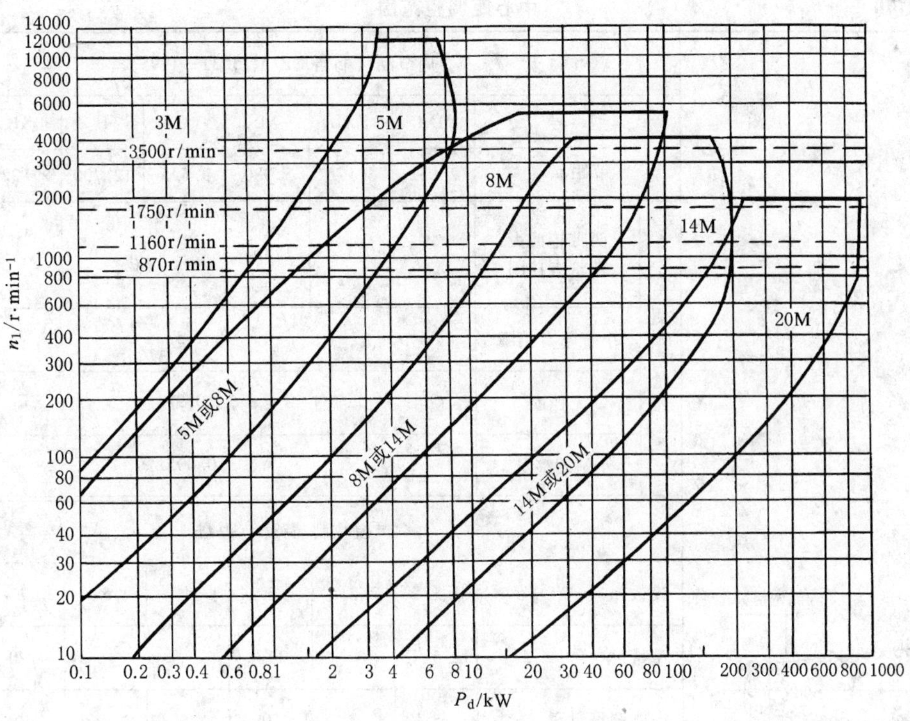

图 13-1-9 圆弧齿同步带选型图

表 13-1-69 **小带轮最少齿数 z_{min}**

小带轮转速 n_1 /r·min⁻¹	型号或模数(周节制摘自 GB/T 11362—1989、模数制、特殊节距制)						
	MXL、XXL T2.5	XL *m*1、*m*1.5、*m*2 T5	L *m*2.5、*m*3 T10	H *m*4	*m*5	XH *m*7 T20	XXH *m*10
<900	—	10	12	14	16	22	22
900 ~ <1200	12	10	12	16	18	24	24
1200 ~ <1800	14	12	14	18	20	26	26
1800 ~ <3600	16	12	16	20	22	30	—
3600 ~ <4800	18	15	18	22	24	—	—

小带轮转速 n_1 /r·min⁻¹	型　号(圆弧齿)(摘自 JB/T 7512.3—1994)				
	3M	5M	8M	14M	20M
≤900	10	14	22	28	34
>900 ~1200	14	20	28	28	34
>1200 ~1800	16	24	32	32	38
>1800 ~3600	20	28	36	—	—
>3600 ~4800	22	30	—	—	—

表 13-1-70　　　　中心距调整范围　　　　mm

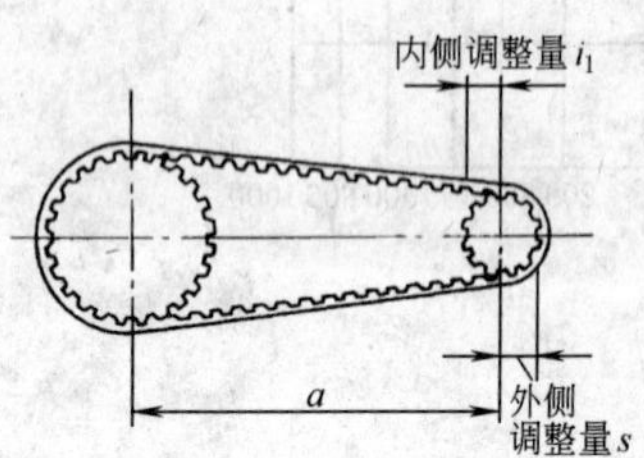

周节制（摘自 GB/T 15531—1995）

型　号		MXL	XXL	XL	L	H	XH	XXH
节距 p_b		2.032	3.175	5.080	9.525	12.700	22.225	31.750
内侧调整量 i_1	两带轮或大带轮有挡圈	$2.5p_b$		$1.8p_b$	$1.5p_b$		$2.0p_b$	
	小带轮有挡圈	$1.3p_b$						
	无挡圈	$0.9p_b$						
外侧调整量 s		$0.005L_p$						

模数制、特殊节距制

模数 m	1、1.5	2、2.5	3	4	5	7	10
型号	T2.5、T5	—	T10	—		T20	—
内侧调整量 i_1	5	8	10	15	20	40	50

节线长 L_p	≤500	>500～1000	>1000～2000	>2000～3000	>3000
外侧调整量 s	3	5	10	15	22

圆弧齿（摘自 JB/T 7512.3—1994）

节线长 L_p	≤500	>500～1000	>1000～1500	>1500～2260	>2260～3020	>3020～4020	>4020～4780	>4780～6860
外侧调整量 s	0.76		1.02	1.27				
内侧调整量 i_1	1.02	1.27	1.78	2.29	2.79	3.56	4.32	5.33

当带轮加挡圈时，内侧调整量 i_1 还应加下列数值

型号	3M	5M	8M	14M	20M
单轮加挡圈	3.0	13.5	21.6	35.6	47.0
两轮加挡圈	6.0	19.1	32.8	58.2	77.5

注：中心距范围为 $(a-i_1)\sim(a+s)$。

表 13-1-71　　　　周节制带的中心距偏差 Δa　　　　mm

节线长 L_p	≤250	>250～500	>500～750	>750～1000	>1000～1500	>1500～2000	>2000～2500	>2500～3000	>3000～4000	>4000
Δa	±0.20	±0.25	±0.30	±0.35	±0.40	±0.45	±0.50	±0.55	±0.60	±0.70

表 13-1-72 渐开线函数表（$\mathrm{inv}\alpha=\tan\alpha-\alpha$）

度＼分	0	5′	10′	15′	20′	25′	30′	35′	40′	45′	50′	55′
61°	0.73940	0.74415	0.74893	0.75375	0.75859	0.76348	0.76839	0.77334	0.77833	0.78335	0.78840	0.79350
62°	0.79862	0.80378	0.80898	0.81422	0.81949	0.82480	0.83015	0.83554	0.84096	0.84643	0.85193	0.85747
63°	0.86305	0.86868	0.87434	0.88004	0.88579	0.89158	0.89741	0.90328	0.90919	0.91515	0.92115	0.92720
64°	0.93329	0.93943	0.94561	0.95184	0.95812	0.96444	0.97081	0.97722	0.98369	0.99020	0.99677	1.00338
65°	1.01004	1.01676	1.02352	1.03034	1.03721	1.04413	1.05111	1.05814	1.06522	1.07236	1.07956	1.08681
66°	1.09412	1.10149	1.10891	1.11639	1.12393	1.13154	1.13920	1.14692	1.15471	1.16256	1.17047	1.17844
67°	1.18648	1.19459	1.20276	1.21100	1.21930	1.22767	1.23612	1.24463	1.25321	1.26187	1.27059	1.27939
68°	1.28826	1.29721	1.30623	1.31533	1.32451	1.33376	1.34310	1.35251	1.36201	1.37158	1.38124	1.39098
69°	1.40081	1.41073	1.42073	1.43081	1.44099	1.45126	1.46162	1.47207	1.48261	1.49325	1.50399	1.51488
70°	1.52575	1.53678	1.54791	1.55914	1.57047	1.58191	1.59346	1.60511	1.61687	1.62874	1.64072	1.65282
71°	1.66503	1.67735	1.68980	1.70236	1.71504	1.72785	1.74077	1.75383	1.76701	1.78032	1.79376	1.80734
72°	1.82105	1.83489	1.84888	1.86300	1.87726	1.89167	1.90623	1.92094	1.93579	1.95080	1.96596	1.98128
73°	1.99676	2.01240	2.02821	2.04418	2.06032	2.07664	2.09313	2.10979	2.12664	2.14366	2.16088	2.17828
74°	2.19587	2.21366	2.23164	2.24981	2.26821	2.28681	2.30561	2.32463	2.34387	2.36332	2.38301	2.40291
75°	2.42305	2.44343	2.46405	2.48491	2.50601	2.52737	2.54899	2.57087	2.59301	2.61542	2.63811	2.66108
76°	2.68433	2.70787	2.73171	2.75585	2.78029	2.80505	2.83012	2.85552	2.88125	2.90731	2.93371	2.96046
77°	2.98757	3.01504	3.04288	3.07110	3.09970	3.12869	3.15808	3.18788	3.21809	3.24873	3.27980	3.31131
78°	3.34327	3.37570	3.40859	3.44197	3.47583	3.51020	3.54507	3.58047	3.61641	3.65289	3.68993	3.72755
79°	3.76574	3.80454	3.84395	3.88398	3.92465	3.96598	4.00798	4.05067	4.09406	4.13817	4.18302	4.22863
80°	4.27502	4.32220	4.37020	4.41903	4.46872	4.51930	4.57077	4.62318	4.67654	4.73088	4.87622	4.84260
81°	4.90003	4.95856	5.01822	5.07902	5.14102	5.20424	5.26871	5.33448	5.40159	5.47007	5.53997	5.61133
82°	5.68420	5.75862	5.83465	5.91233	5.99172	6.07288	6.15586	6.24073	6.32754	6.41638	6.50731	6.60040
83°	6.69572	6.79337	6.89342	6.99597	7.10111	7.20893	7.31954	7.43305	7.54957	7.66922	7.79214	7.91844
84°	8.04829	8.18182	8.31919	8.46057	8.60614	8.75608	8.91059	9.06989	9.23420	9.40375	9.57881	9.75964
85°	9.94652	10.13978	10.33973	10.54673	10.76116	10.98342	11.21395	11.45321	11.70172	11.96001	12.22866	12.50833
86°	12.79968	13.10348	13.42052	13.75170	14.09798	14.46041	14.84015	15.23845	15.65672	16.09649	16.55945	17.04749
87°	17.56270	18.10740	18.68421	19.29603	19.94615	20.63827	21.37660	22.16592	23.01168	23.92017	24.89862	25.95542
88°	27.10036	28.34495	29.70278	31.19001	32.82606	34.63443	36.64384	38.88976	41.41655	44.28037	47.55344	51.33022
89°	55.73661	60.94435	67.19383	74.83229	84.38062	96.65731	113.02656	135.94389	170.32037	227.61514	342.20561	685.97868

注：$\alpha\leqslant60°$时，参见齿轮传动部分的相应表，其表中的 θ 与本表的 α 等效。

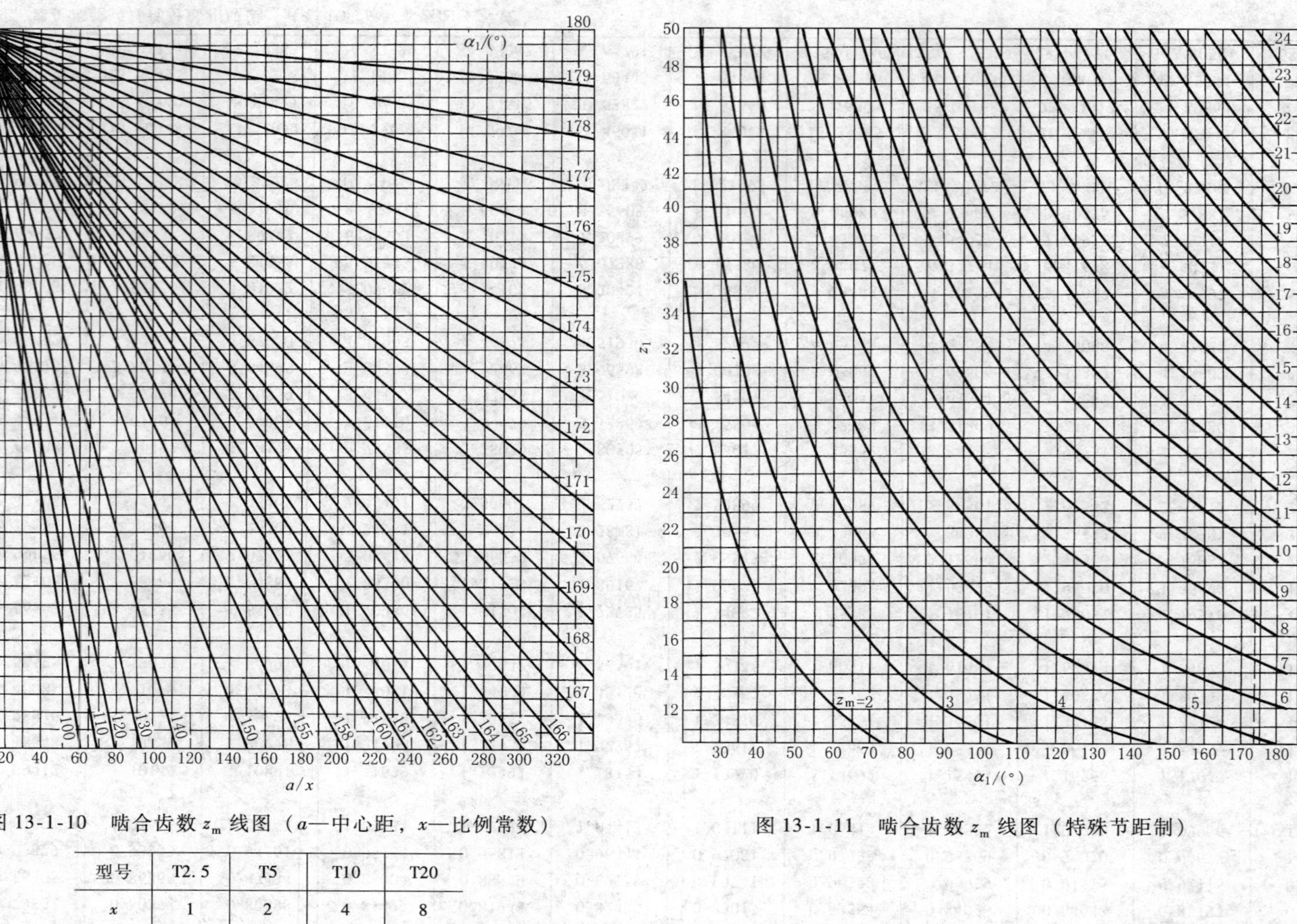

图 13-1-10　啮合齿数 z_m 线图（a—中心距，x—比例常数）

型号	T2.5	T5	T10	T20
x	1	2	4	8

图 13-1-11　啮合齿数 z_m 线图（特殊节距制）

表 13-1-73　　周节制带的基准额定功率

型号	n_1 /r·min^{-1}	z_1	12	14	15	16	18	20	22	24	25	26	28	30	32	36	40
		d_1/mm	7.76	9.06	9.70	10.35	11.64	12.94	14.23	15.52	16.17	16.82	18.11	19.40	20.70	23.29	25.87
MXL型（p_b2.032mm、b_{s0}6.4mm）	100	P_0/W	0.9	1.1	1.1	1.2	1.4	1.5	1.7	1.9	1.9	2.0	2.2	2.3	2.5	2.8	3.1
	200		1.9	2.2	2.3	2.5	2.8	3.1	3.4	3.8	3.9	4.1	4.4	4.7	5.0	5.7	6.3
	300		2.8	3.3	3.5	3.8	4.2	4.7	5.2	5.7	5.9	6.1	6.6	7.1	7.6	8.5	9.5
	400		3.8	4.4	4.7	5.0	5.7	6.3	6.9	7.6	7.9	8.2	8.8	9.5	10.1	11.4	12.6
	500		4.7	5.5	5.9	6.3	7.1	7.9	8.7	9.5	9.9	10.3	11.1	11.9	12.6	14.2	15.8
	600		5.7	6.6	7.1	7.6	8.5	9.5	10.4	11.4	11.9	12.3	13.3	14.2	15.2	17.1	19.0
	700		6.6	7.7	8.3	8.8	10.0	11.1	12.2	13.3	13.8	14.4	15.5	16.6	17.7	19.9	22.2
	800		7.6	8.8	9.5	10.1	11.4	12.6	13.9	15.2	15.8	16.5	17.7	19.0	20.3	22.8	25.3
	900		8.5	10.0	10.7	11.4	12.8	14.2	15.7	17.1	17.8	18.5	19.9	21.4	22.8	25.7	28.5
	1000		9.5	11.1	11.9	12.6	14.2	15.8	17.4	19.0	19.8	20.6	22.2	23.8	25.3	28.5	31.7
	1100		10.4	12.2	13.0	13.9	15.7	17.4	19.2	20.9	21.8	22.6	24.4	26.1	27.9	31.4	34.8
	1200		11.4	13.3	14.2	15.2	17.1	19.0	20.9	22.8	23.8	24.7	26.6	28.5	30.4	34.2	38.0
	1300			14.4	15.4	16.5	18.5	20.6	22.6	24.7	25.7	26.8	28.8	30.9	32.9	37.1	41.2
	1400			15.5	16.6	17.7	19.9	22.2	24.4	26.6	27.7	28.8	31.0	33.3	35.5	39.9	44.3
	1500			16.6	17.8	19.0	21.4	23.8	26.1	28.5	29.7	30.9	33.3	35.6	38.0	42.8	47.5
	1600			17.7	19.0	20.3	22.8	25.3	27.9	30.4	31.7	32.9	35.5	38.0	40.5	45.6	50.7
	1700			18.8	20.2	21.5	24.2	26.9	29.6	32.3	33.7	35.0	37.7	40.4	43.1	48.5	53.8
	1800			19.9	21.4	22.8	25.7	28.5	31.4	34.2	35.6	37.1	39.9	42.8	45.6	51.3	57.0
	2000				23.8	25.3	28.5	31.7	34.6	38.0	39.6	41.2	44.3	47.5	50.7	57.0	63.3
	2200				26.1	27.9	31.4	34.8	38.3	41.8	43.6	45.3	48.8	52.2	55.7	62.7	69.6
	2400				28.5	30.4	34.2	38.0	41.8	45.6	47.5	49.4	53.2	57.0	60.8	68.3	75.9
	2600				30.9	32.9	37.1	41.2	45.3	49.4	51.5	53.5	57.6	61.7	65.8	74.0	82.1
	2800					35.5	39.9	44.3	48.8	53.2	55.4	57.6	62.0	66.4	70.8	79.6	88.4
	3000					38.0	42.8	47.5	52.2	57.0	59.3	61.7	66.4	71.2	75.9	85.3	94.6
	3200					40.5	45.6	50.7	55.7	60.8	63.3	65.8	70.8	75.9	80.9	90.9	100.9
	3400					43.1	48.5	53.8	59.2	64.5	67.2	69.9	75.2	80.6	85.9	96.5	107.1
	3600					45.6	51.3	57.0	62.7	68.3	71.2	74.0	79.6	85.3	90.9	102.1	113.3
	3800						54.1	60.1	66.1	72.1	75.1	78.1	84.0	90.0	95.9	107.7	119.5
	4000						57.0	63.3	69.6	75.9	79.0	82.1	88.4	94.6	100.9	113.3	125.6
	4200						59.8	66.4	73.0	79.6	82.9	86.2	92.8	99.3	105.8	118.8	131.8
	4400						62.7	69.6	76.5	83.4	86.8	90.3	97.1	104.0	110.8	124.4	137.9
	4600						65.5	72.7	79.9	87.1	90.7	94.3	101.5	108.6	115.8	129.9	144.0
	4800						68.3	75.9	83.4	90.9	94.6	98.4	105.8	113.3	120.7	135.4	150.0

型号	n_1 /r·min^{-1}	z_1	12	14	15	16	18	20	22	24	25	26	28	30	32	36	40
		d_1/mm	12.13	14.15	15.16	16.17	18.19	20.21	22.23	24.26	25.27	26.28	28.30	30.32	32.34	36.38	40.43
XXL型（p_b3.175mm、b_{s0}6.4mm）	100	P_0/W	1.6	1.8	2.0	2.1	2.4	2.6	2.9	3.2	3.3	3.4	3.7	4.0	4.3	4.8	5.3
	200		3.2	3.7	4.0	4.3	4.8	5.3	5.9	6.4	6.7	6.9	7.5	8.0	8.6	9.6	10.7
	300		4.8	5.6	6.0	6.4	7.2	8.0	8.8	9.6	10.0	10.4	11.2	12.0	12.9	14.5	16.1
	400		6.4	7.5	8.0	8.6	9.6	10.7	11.8	12.9	13.4	13.9	15.0	16.1	17.2	19.3	21.5
	500		8.0	9.4	10.0	10.7	12.0	13.4	14.7	16.1	16.7	17.4	18.8	20.1	21.5	24.1	26.8

续表

型号	n_1 /r·min^{-1}	z_1	12	14	15	16	18	20	22	24	25	26	28	30	32	36	40
		d_1/mm	12.13	14.15	15.16	16.17	18.19	20.21	22.23	24.26	25.27	26.28	28.30	30.32	32.34	36.38	40.43
XXL型（p_b3.175mm、b_{s0}6.4mm）	600	P_0/W	9.6	11.2	12.0	12.9	14.5	16.1	17.7	19.3	20.1	20.9	22.5	24.1	25.7	29.0	32.2
	700		11.2	13.1	14.1	15.0	16.9	18.8	20.6	22.5	23.5	24.4	26.3	28.2	30.0	33.8	37.6
	800		12.9	15.0	16.1	17.2	19.3	21.5	23.6	25.7	26.8	27.9	30.0	32.2	34.3	38.6	42.9
	900		14.5	16.9	18.1	19.3	21.7	24.1	26.6	29.0	30.2	31.4	33.8	36.2	38.6	43.5	48.3
	1000		16.1	18.8	20.1	21.5	24.1	26.8	29.5	32.2	33.5	34.9	37.6	40.2	42.9	48.3	53.6
	1100		17.7	20.6	22.1	23.6	26.6	29.5	32.5	35.4	36.9	38.4	41.3	44.3	47.2	53.1	59.0
	1200		19.3	22.5	24.1	25.7	29.0	32.2	35.4	38.6	40.2	41.8	45.1	48.3	51.5	57.9	64.3
	1300			24.4	26.1	27.9	31.4	34.9	38.4	41.8	43.6	45.3	48.8	52.3	55.8	62.7	69.6
	1400			26.3	28.2	30.0	33.8	37.6	41.3	45.1	46.9	48.8	52.6	56.3	60.0	67.5	75.0
	1500			28.2	30.2	32.2	36.2	40.2	44.3	48.3	50.3	52.3	56.3	60.3	64.3	72.3	80.3
	1600			30.0	32.2	34.3	38.6	42.9	47.2	51.5	53.6	55.8	60.0	64.3	68.6	77.1	85.6
	1700			31.9	34.2	36.5	41.0	45.6	50.1	54.7	57.0	59.2	63.8	68.3	72.8	81.9	90.9
	1800			33.8	36.2	38.6	43.5	48.3	53.1	57.9	60.3	62.7	67.5	72.3	77.1	86.7	96.2
	2000				40.2	42.9	48.3	53.6	59.0	64.3	67.0	69.6	75.0	80.3	85.6	96.2	106.6
	2200				44.3	47.2	53.1	59.0	64.8	70.7	73.6	76.6	82.4	88.3	94.1	105.7	117.3
	2400				48.3	51.5	57.9	64.3	70.7	77.1	80.3	83.5	89.9	96.2	102.6	115.2	127.8
	2600				52.3	55.8	62.7	69.6	76.6	83.5	86.9	90.4	97.3	104.1	111.0	124.6	138.2
	2800					60.0	67.5	75.0	82.4	89.9	93.6	97.3	104.7	112.0	119.4	134.0	148.6
	3000					64.3	72.3	80.3	88.3	96.2	100.2	104.1	112.0	119.9	127.8	143.4	158.9
	3200					68.6	77.1	85.6	94.1	102.6	106.8	111.0	119.4	127.8	136.1	152.7	169.1
	3400					72.8	81.9	90.9	99.9	108.9	113.4	117.8	126.7	135.6	144.4	161.9	179.3
	3600					77.1	86.7	96.2	105.7	115.2	119.9	124.6	134.0	143.4	152.7	171.1	189.4
	3800						91.4	101.5	111.5	121.5	126.5	131.4	141.3	151.1	160.9	180.2	199.4
	4000						96.2	106.8	117.3	127.8	133.0	138.2	148.6	158.9	169.1	189.4	209.4
	4200						101.0	112.0	123.1	134.0	139.5	144.9	155.8	166.5	177.3	198.4	219.2
	4400						105.7	117.3	128.8	140.3	146.0	151.7	163.0	174.2	185.4	207.4	229.0
	4600						110.5	122.5	134.5	146.5	152.4	158.3	170.1	181.8	193.4	216.3	238.7
	4800						115.2	127.8	140.3	152.7	158.9	165.0	177.3	189.4	201.4	225.1	248.3

型号	n_1 /r·min^{-1}	z_1	10	12	14	16	18	20	22	24	28	30
		d_1/mm	16.17	19.40	22.64	25.87	29.11	32.34	35.57	38.81	45.28	48.51
XL型（p_b5.080mm、b_{s0}9.5mm）	100	P_0/kW	0.004	0.005	0.006	0.007	0.008	0.009	0.009	0.010	0.012	0.013
	200		0.009	0.010	0.012	0.014	0.015	0.017	0.019	0.020	0.024	0.026
	300		0.013	0.015	0.018	0.020	0.023	0.026	0.028	0.031	0.036	0.038
	400		0.017	0.020	0.024	0.027	0.031	0.034	0.037	0.041	0.048	0.051
	500		0.021	0.026	0.030	0.034	0.038	0.043	0.047	0.051	0.060	0.064
	600		0.026	0.031	0.036	0.041	0.046	0.051	0.056	0.061	0.071	0.076
	700		0.030	0.036	0.042	0.048	0.054	0.060	0.065	0.071	0.083	0.089
	800		0.034	0.041	0.048	0.054	0.061	0.068	0.075	0.082	0.095	0.102
	900		0.038	0.046	0.054	0.061	0.069	0.076	0.084	0.092	0.107	0.115

续表

型 号	n_1 /r·min^{-1}	z_1	10	12	14	16	18	20	22	24	28	30
		d_1/mm	16.17	19.40	22.64	25.87	29.11	32.34	35.57	38.81	45.28	48.51
XL 型 (p_b5.080mm、b_{s0}9.5mm)	1000	P_0/kW	0.043	0.051	0.060	0.068	0.076	0.085	0.093	0.102	0.119	0.127
	1100		0.047	0.056	0.065	0.075	0.084	0.093	0.103	0.112	0.131	0.140
	1200			0.061	0.071	0.082	0.092	0.102	0.112	0.122	0.142	0.152
	1300			0.066	0.077	0.088	0.099	0.110	0.121	0.132	0.154	0.165
	1400			0.071	0.083	0.095	0.107	0.119	0.131	0.142	0.166	0.178
	1500			0.076	0.089	0.102	0.115	0.127	0.140	0.152	0.178	0.190
	1600			0.082	0.095	0.109	0.122	0.136	0.149	0.163	0.189	0.203
	1700			0.087	0.101	0.115	0.130	0.144	0.158	0.173	0.201	0.215
	1800			0.092	0.107	0.122	0.137	0.152	0.168	0.183	0.213	0.228
	2000			0.102	0.119	0.136	0.152	0.169	0.186	0.203	0.236	0.252
	2200			0.112	0.131	0.149	0.168	0.186	0.204	0.223	0.259	0.277
	2400			0.122	0.142	0.163	0.183	0.203	0.223	0.242	0.282	0.301
	2600			0.132	0.154	0.176	0.198	0.219	0.241	0.262	0.304	0.325
	2800			0.142	0.166	0.189	0.213	0.236	0.259	0.282	0.327	0.349
	3000			0.152	0.178	0.203	0.228	0.252	0.277	0.301	0.349	0.373
	3200			0.163	0.189	0.216	0.242	0.269	0.295	0.321	0.371	0.396
	3400			0.173	0.201	0.229	0.257	0.285	0.312	0.340	0.393	0.420
	3600			0.183	0.213	0.242	0.272	0.301	0.330	0.359	0.415	0.443
	3800					0.256	0.287	0.317	0.348	0.378	0.436	0.465
	4000					0.269	0.301	0.333	0.365	0.396	0.458	0.487
	4200					0.282	0.316	0.349	0.382	0.415	0.478	0.509
	4400					0.295	0.330	0.365	0.400	0.433	0.499	0.531
	4600					0.308	0.345	0.381	0.417	0.452	0.519	0.552
	4800					0.321	0.359	0.396	0.433	0.470	0.539	0.573

型 号	n_1 /r·min^{-1}	z_1	12	14	16	18	20	22	24	26	28	30	32	36	40	44	48
		d_1/mm	36.38	42.45	48.51	54.57	60.64	66.70	72.77	78.83	84.89	90.96	97.02	109.15	121.28	133.40	145.53
L 型 (p_b9.525mm、b_{s0}25.4mm)	100	P_0/kW	0.05	0.05	0.06	0.07	0.08	0.09	0.09	0.10	0.11	0.12	0.12	0.14	0.16	0.17	0.19
	200		0.09	0.11	0.12	0.14	0.16	0.17	0.19	0.20	0.22	0.23	0.25	0.28	0.31	0.34	0.37
	300		0.14	0.16	0.19	0.21	0.23	0.26	0.28	0.30	0.33	0.35	0.37	0.42	0.47	0.51	0.56
	400		0.19	0.22	0.25	0.28	0.31	0.34	0.37	0.40	0.43	0.47	0.50	0.56	0.62	0.68	0.74
	500		0.23	0.27	0.31	0.35	0.39	0.43	0.47	0.50	0.54	0.58	0.62	0.70	0.77	0.85	0.93
	600		0.28	0.33	0.37	0.42	0.47	0.51	0.56	0.60	0.65	0.70	0.74	0.83	0.93	1.02	1.11
	700		0.33	0.38	0.43	0.49	0.54	0.60	0.65	0.70	0.76	0.81	0.87	0.97	1.08	1.18	1.29
	800		0.37	0.43	0.50	0.56	0.62	0.68	0.74	0.80	0.86	0.93	0.99	1.11	1.23	1.35	1.47
	900		0.42	0.49	0.56	0.63	0.70	0.77	0.83	0.90	0.97	1.04	1.11	1.24	1.38	1.51	1.65
	1000		0.47	0.54	0.62	0.70	0.77	0.85	0.93	1.00	1.08	1.15	1.23	1.38	1.53	1.67	1.82
	1100		0.51	0.60	0.68	0.77	0.85	0.93	1.02	1.10	1.18	1.27	1.35	1.51	1.68	1.83	1.99
	1200		0.56	0.65	0.74	0.83	0.93	1.02	1.11	1.20	1.29	1.38	1.47	1.65	1.82	1.99	2.16
	1300		0.60	0.70	0.80	0.90	1.00	1.10	1.20	1.30	1.39	1.49	1.59	1.78	1.96	2.15	2.33
	1400		0.65	0.76	0.87	0.97	1.08	1.18	1.29	1.39	1.50	1.60	1.70	1.91	2.11	2.30	2.49
	1500		0.70	0.81	0.93	1.04	1.15	1.27	1.38	1.49	1.60	1.71	1.82	2.04	2.25	2.45	2.65
	1600		0.74	0.87	0.99	1.11	1.23	1.35	1.47	1.59	1.70	1.82	1.94	2.16	2.38	2.60	2.81
	1700		0.79	0.92	1.05	1.18	1.30	1.43	1.56	1.68	1.81	1.93	2.05	2.29	2.52	2.74	2.96

续表

型号	n_1/r·min^{-1}	z_1	12	14	16	18	20	22	24	26	28	30	32	36	40	44	48
		d_1/mm	36.38	42.45	48.51	54.57	60.64	66.70	72.77	78.83	84.89	90.96	97.02	109.15	121.28	133.40	145.53
L型(p_b9.525mm、b_{s0}25.4mm)	1800	P_0/kW	0.83	0.97	1.11	1.24	1.38	1.51	1.65	1.78	1.91	2.04	2.16	2.41	2.65	2.88	3.11
	1900		0.88	1.03	1.17	1.31	1.45	1.59	1.73	1.87	2.01	2.14	2.27	2.53	2.78	3.02	3.25
	2000		0.93	1.08	1.23	1.38	1.53	1.67	1.82	1.96	2.11	2.25	2.38	2.65	2.91	3.15	3.39
	2200		1.02	1.18	1.35	1.51	1.68	1.83	1.99	2.15	2.30	2.45	2.60	2.88	3.16	3.41	3.65
	2400		1.11	1.29	1.47	1.65	1.82	1.99	2.16	2.33	2.49	2.65	2.81	3.11	3.39	3.65	3.89
	2600		1.20	1.39	1.59	1.78	1.96	2.15	2.33	2.51	2.68	2.85	3.01	3.32	3.61	3.87	4.10
	2800		1.29	1.50	1.70	1.91	2.11	2.30	2.49	2.68	2.86	3.03	3.20	3.52	3.81	4.07	4.29
	3000		1.38	1.60	1.82	2.04	2.25	2.45	2.65	2.85	3.03	3.21	3.39	3.71	4.00	4.24	4.45
	3200			1.70	1.94	2.16	2.38	2.60	2.81	3.01	3.20	3.39	3.56	3.89	4.17	4.40	4.58
	3400			1.81	2.05	2.29	2.52	2.74	2.96	3.17	3.37	3.55	3.73	4.05	4.32	4.53	4.67
	3600			1.91	2.16	2.41	2.65	2.88	3.11	3.32	3.52	3.71	3.89	4.20	4.45	4.63	4.74
	3800			2.01	2.27	2.53	2.78	3.02	3.25	3.47	3.67	3.86	4.03	4.33	4.56	4.70	4.76
	4000			2.11	2.38	2.65	2.91	3.15	3.39	3.61	3.81	4.00	4.17	4.45	4.65	4.75	4.75
	4200				2.49	2.77	3.03	3.28	3.52	3.74	3.94	4.13	4.29	4.55	4.71	4.76	4.70
	4400				2.60	2.88	3.16	3.41	3.65	3.87	4.07	4.24	4.40	4.63	4.75	4.74	4.60
	4600				2.70	3.00	3.27	3.53	3.77	3.99	4.18	4.35	4.49	4.69	4.76	4.69	4.46
	4800				2.81	3.11	3.39	3.65	3.89	4.10	4.29	4.45	4.58	4.74	4.75	4.60	4.27

型号	n_1/r·min^{-1}	z_1	14	16	18	20	22	24	26	28	30	32	36	40	44	48
		d_1/mm	56.60	64.68	72.77	80.85	88.94	97.02	105.11	113.19	121.28	129.36	145.53	161.70	177.87	194.04
H型(p_b12.7mm、b_{s0}76.2mm)	100	P_0/kW	0.62	0.71	0.80	0.89	0.98	1.07	1.16	1.24	1.33	1.42	1.60	1.78	1.96	2.13
	200		1.25	1.42	1.60	1.78	1.96	2.13	2.31	2.49	2.67	2.84	3.20	3.56	3.91	4.27
	300		1.87	2.13	2.40	2.67	2.93	3.20	3.47	3.73	4.00	4.27	4.80	5.33	5.86	6.39
	400		2.49	2.84	3.20	3.56	3.91	4.27	4.62	4.97	5.33	5.68	6.39	7.10	7.80	8.51
	500		3.11	3.56	4.00	4.44	4.89	5.33	5.77	6.21	6.66	7.10	7.98	8.86	9.74	10.61
	600		3.73	4.27	4.80	5.33	5.86	6.39	6.92	7.45	7.98	8.51	9.56	10.61	11.66	12.71
	700		4.35	4.97	5.59	6.21	6.83	7.45	8.07	8.68	9.30	9.91	11.14	12.36	13.57	14.78
	800		4.97	5.68	6.39	7.10	7.80	8.51	9.21	9.91	10.61	11.31	12.71	14.09	15.47	16.83
	900			6.39	7.19	7.98	8.77	9.56	10.35	11.14	11.92	12.71	14.26	15.81	17.35	18.87
	1000			7.10	7.98	8.86	9.74	10.61	11.49	12.36	13.23	14.09	15.81	17.52	19.20	20.87
	1100			7.80	8.77	9.74	10.70	11.66	12.62	13.57	14.52	15.47	17.35	19.20	21.04	22.85
	1200			8.51	9.56	10.61	11.66	12.71	13.75	14.78	15.81	16.83	18.87	20.87	22.85	24.80
	1300			9.21	10.35	11.49	12.62	13.74	14.87	15.98	17.09	18.19	20.38	22.53	24.64	26.72
	1400			9.91	11.14	12.36	13.57	14.78	15.98	17.18	18.36	19.54	21.87	24.16	26.40	28.59
	1500			10.61	11.92	13.23	14.52	15.81	17.09	18.36	19.62	20.87	23.34	25.76	28.13	30.43
	1600			11.31	12.71	14.09	15.47	16.83	18.19	19.54	20.88	22.20	24.80	27.35	29.82	32.23
	1700			12.01	13.49	14.95	16.41	17.85	19.29	20.71	22.12	23.51	26.24	28.90	31.48	33.98
	1800			12.71	14.26	15.81	17.35	18.87	20.38	21.87	23.34	24.80	27.66	30.43	33.11	35.68
	1900			13.40	15.04	16.66	18.28	19.87	21.46	23.02	24.56	26.08	29.06	31.93	34.69	37.33
	2000			14.09	15.81	17.52	19.20	20.87	22.53	24.16	25.76	27.35	30.43	33.40	36.24	38.93
	2200				17.35	19.20	21.04	22.85	24.64	26.40	28.13	29.82	33.11	36.24	39.19	41.96
	2400				18.87	20.87	22.85	24.80	26.72	28.59	30.43	32.23	35.68	38.93	41.96	44.73
	2600				20.38	22.53	24.64	26.72	28.75	30.73	32.67	34.55	38.14	41.47	44.51	47.24
	2800				21.87	24.16	26.40	28.59	30.73	32.82	34.84	36.79	40.47	43.84	46.84	49.45
	3000				23.35	25.76	28.13	30.43	32.67	34.84	36.93	38.93	42.67	46.02	48.93	51.35
	3200				24.80	27.35	29.82	32.23	34.55	36.79	38.93	40.97	44.73	48.01	50.75	52.91
	3400				26.24	28.90	31.49	33.98	36.38	38.67	40.85	42.91	46.64	49.79	52.30	54.11
	3600					30.43	33.11	35.68	38.14	40.47	42.68	44.73	48.38	51.35	53.55	54.92
	3800					31.93	34.69	37.33	39.84	42.20	44.40	46.43	49.96	52.67	54.49	55.33
	4000					33.40	36.24	38.93	41.47	43.84	46.02	48.01	51.35	53.75	55.10	55.31
	4200					34.84	37.74	40.47	43.03	45.39	47.53	49.45	52.55	54.56	55.37	54.84
	4400					36.24	39.19	41.96	44.51	46.84	48.93	50.75	53.55	55.10	55.27	53.90
	4600					37.60	40.60	43.38	45.92	48.20	50.20	51.91	54.35	55.36	54.78	52.46
	4800					38.93	41.96	44.73	47.24	49.45	51.35	52.91	54.92	55.31	53.90	50.50

续表

型　号	n_1 /r·min^{-1}	z_1	22	24	26	28	30	32	40
		d_1/mm	155.64	169.79	183.94	198.08	212.23	226.38	282.98
XH 型 (p_b22.225mm、b_{s0}101.6mm)	100	P_0/kW	3.30	3.60	3.90	4.20	4.50	4.80	5.99
	200		6.59	7.19	7.79	8.39	8.98	9.58	11.96
	300		9.88	10.77	11.66	12.55	13.44	14.33	17.87
	400		13.15	14.33	15.51	16.69	17.87	19.04	23.69
	500		16.40	17.87	19.33	20.79	22.24	23.69	29.39
	600		19.62	21.37	23.11	24.84	26.56	28.26	34.95
	700		22.82	24.84	26.84	28.83	30.80	32.75	40.34
	800		25.99	28.26	30.52	32.75	34.95	37.13	45.52
	900		29.11	31.64	34.13	36.59	39.01	41.39	50.47
	1000		32.19	34.95	37.67	40.34	42.96	45.52	55.17
	1100		35.23	38.21	41.13	43.99	46.78	49.50	59.57
	1200		38.21	41.39	44.50	47.53	50.47	53.32	63.65
	1300		41.13	44.50	47.78	50.95	54.02	56.96	67.39
	1400		43.99	47.53	50.96	54.25	57.40	60.41	70.74
	1500		46.78	50.47	54.02	57.40	60.62	63.65	73.70
	1600		49.50	53.32	56.96	60.41	63.65	66.67	76.22
	1700		52.15	56.07	59.78	63.26	66.48	69.45	78.27
	1800		54.71	58.71	62.46	65.93	69.11	71.98	79.84
	1900		57.18	61.24	65.00	68.43	71.52	74.24	80.88
	2000		59.57	63.65	67.39	70.74	73.70	76.22	81.37
	2100		61.85	65.94	69.61	72.85	75.63	77.90	81.28
	2200		64.04	68.09	71.67	74.76	77.30	79.27	80.59
	2300		66.12	70.10	73.56	76.44	78.71	80.32	79.26
	2400		68.09	71.98	75.26	77.90	79.84	81.02	77.26
	2500			73.70	76.78	79.12	80.67	81.37	74.56
	2600			75.26	78.09	80.09	81.19	81.35	71.15
	2800			77.90	80.09	81.24	81.28	80.13	
	3000			79.84	81.19	81.28	80.00	77.26	
	3200			81.02	81.35	80.13	77.26	72.60	
	3400			81.41	80.48	77.11	72.95	66.05	
	3600			80.94	78.24	73.94	66.98		

型　号	n_1 /r·min^{-1}	z_1	22	24	26	30	34	40
		d_1/mm	222.34	242.55	262.76	303.19	343.62	404.25
XXH 型 (p_b31.75mm、b_{s0}127mm)	100	P_0/kW	7.44	8.122	8.80	10.15	11.50	13.52
	200		14.87	16.21	17.55	20.23	22.91	26.90
	300		22.24	24.24	26.23	30.20	34.14	39.99
	400		29.54	32.18	34.80	39.99	45.12	52.67
	500		36.75	39.99	43.21	49.55	55.76	64.78
	600		43.85	47.66	51.42	58.80	65.96	76.19
	700		50.80	55.14	59.41	67.70	75.64	86.75
	800		57.59	62.41	67.12	76.19	84.72	96.33
	900		64.19	69.44	74.53	84.20	93.10	104.78
	1000		70.58	76.19	81.58	91.67	100.71	111.97
	1100		76.74	82.64	88.26	98.56	107.45	117.75
	1200		82.64	88.75	94.50	104.79	113.25	121.98
	1300		88.26	94.50	100.28	110.30	118.00	124.53
	1400		93.57	99.86	105.56	115.05	121.63	125.24
	1500		98.56	104.78	110.30	118.96	124.06	123.99
	1600		103.19	109.26	114.46	121.98	125.18	120.62
	1700		107.45	113.24	118.00	124.06	124.93	115.00
	1800		111.31	116.71	120.88	125.12	123.20	106.99

注：[虚线框] 为带轮圆周速度在 33m/s 以上时的功率值，设计时带轮用碳素钢或铸钢。

表 13-1-74　　　　特殊节距制带的基准额定功率

型号	T2.5(b_{s0}10mm)																			
n_1 /r·min^{-1}	z_1																			
	11	12	13	14	15	16	17	18	19	20	22	24	26	28	30	32	34	36	38	40
	P_0/W																			
600	2.1	2.3	2.5	2.7	2.9	3.1	3.3	3.5	3.8	4.1	4.4	4.8	5.2	5.6	6.0	6.4	6.8	7.2	7.6	8.0
800	2.8	3.0	3.3	3.6	3.9	4.2	4.4	4.7	5.0	5.4	5.8	6.3	6.8	7.4	8.0	8.5	9.0	9.5	10.0	10.5
1000	3.2	3.5	3.8	4.2	4.5	4.8	5.2	5.5	5.8	6.2	6.7	7.3	7.8	8.4	9.0	9.6	10.2	11.0	11.7	12.5
1200	3.8	4.3	4.7	5.0	5.4	5.8	6.2	6.6	7.1	7.6	8.1	8.8	9.6	10.4	11.0	11.8	12.6	13.4	14.2	15.0
1400	4.5	5.0	5.4	5.9	6.4	6.9	7.3	7.7	8.2	8.9	9.5	10.4	11.3	12.2	13.0	13.8	14.7	15.6	16.6	17.5
1600	5.1	5.6	6.1	6.7	7.2	7.7	8.2	8.8	9.4	10.1	10.8	11.8	12.9	14.0	15.0	16.0	17.0	18.0	19.0	20.0
1800	5.8	6.4	7.0	7.6	8.0	8.5	9.0	9.5	10.4	11.3	12.2	13.3	14.5	15.6	16.8	17.9	19.0	20.2	21.3	22.5
2000	6.4	7.0	7.7	8.4	8.9	9.5	10.0	10.5	11.5	12.5	13.5	14.8	16.1	17.3	18.6	19.9	21.2	22.5	23.8	25.0
2200	6.5	7.2	7.9	8.7	9.2	9.8	10.4	11.0	11.9	12.8	13.8	15.2	16.6	18.0	19.5	21.1	22.6	24.1	25.2	26.3
2400	7.0	7.7	8.5	9.3	9.9	10.7	11.3	12.0	12.8	13.5	14.3	15.8	17.3	18.9	20.5	21.9	23.4	24.8	26.3	27.5
2600	7.2	8.0	8.8	9.7	10.2	11.0	11.7	12.4	13.2	14.0	14.7	16.1	17.8	19.5	21.2	22.8	24.5	25.9	27.6	28.3
2800	7.6	8.4	9.2	10.1	10.6	11.4	12.1	12.8	13.7	14.6	15.6	17.1	18.6	20.2	21.8	23.3	24.7	26.3	28.1	29.0
3000	7.9	8.8	9.7	10.6	11.4	12.1	12.9	13.7	14.6	15.5	16.3	18.0	19.9	21.7	23.3	24.6	26.0	27.4	28.7	30.0
3200	8.1	9.0	9.9	10.9	11.5	12.2	13.1	14.1	15.0	15.8	16.7	18.5	20.3	22.2	24.0	25.6	27.2	28.9	30.0	31.0
3400	8.4	9.3	10.2	11.1	11.8	12.7	13.6	14.5	15.4	16.3	17.3	19.1	20.9	22.7	24.6	26.1	27.6	29.1	30.5	32.0
3600	8.8	9.6	10.5	11.4	12.1	13.0	13.9	14.8	15.9	16.9	18.3	20.0	21.8	23.6	25.2	27.0	28.8	30.6	31.9	33.5
3800	9.2	10.1	11.1	12.1	12.8	13.7	14.6	15.5	16.7	18.1	19.3	21.1	23.0	24.8	26.6	28.4	30.2	32.0	33.8	35.5
4000	9.8	10.7	11.7	12.7	13.6	14.5	15.5	16.5	17.7	19.0	20.3	22.2	24.1	26.0	28.0	29.9	31.8	33.7	35.6	37.5
4200	10.3	11.3	12.3	13.3	14.3	15.3	16.3	17.3	18.7	20.1	21.4	23.4	25.4	27.4	29.4	31.4	33.4	35.4	37.4	39.4
4400	10.7	11.8	12.9	14.0	15.0	16.0	17.1	18.2	19.4	20.6	21.8	23.9	26.0	28.1	30.2	32.4	34.7	37.0	39.1	41.3
4600	10.9	12.0	13.1	14.2	15.2	16.2	17.3	18.4	19.8	21.0	22.2	24.2	26.3	28.4	30.5	32.7	35.0	37.3	39.5	41.7
4800	11.2	12.2	13.3	14.4	15.4	16.4	17.5	18.6	20.0	21.3	22.7	24.6	26.6	28.7	30.8	33.0	35.3	37.6	39.8	42.2
5000	11.5	12.5	13.5	14.5	15.5	16.6	17.7	18.8	20.3	21.8	23.2	25.2	27.2	29.2	31.1	33.5	35.8	38.2	40.4	42.8
5200	11.7	12.7	13.7	14.7	15.7	16.8	17.9	19.1	20.6	22.1	23.5	25.6	27.8	30.0	32.3	34.5	36.7	38.9	41.1	43.3
5400	12.0	12.9	13.8	14.8	15.9	17.1	18.2	19.4	20.9	22.5	23.9	26.0	28.2	30.4	32.7	35.3	37.9	40.5	43.0	45.5
5600	12.3	13.2	14.1	15.0	16.2	17.4	18.6	19.8	21.5	23.1	24.7	26.3	28.5	30.8	33.1	35.8	38.6	41.4	44.0	46.7
5800	12.6	13.5	14.3	15.2	16.4	17.7	18.9	20.1	21.8	23.5	25.1	26.7	28.9	31.2	33.5	36.5	39.4	42.4	45.4	48.4
6000	12.8	13.7	14.5	15.4	16.6	17.9	19.1	20.4	22.1	23.9	25.5	27.1	29.3	31.7	34.0	37.2	40.4	43.6	46.8	50.0
6200	12.9	13.8	14.7	15.6	16.8	18.1	19.4	20.8	22.5	24.3	25.8	27.4	29.6	32.1	34.4	37.6	40.9	44.1	47.3	50.7
6400	13.0	13.9	14.8	15.8	17.1	18.5	19.9	21.3	22.9	24.7	26.2	27.7	30.0	32.4	34.9	38.2	41.5	44.7	48.0	51.5
6600	13.1	14.0	15.0	16.0	17.3	18.8	20.2	21.7	23.3	25.0	26.6	28.0	30.4	32.8	35.3	38.7	42.2	45.5	48.9	52.2
6800	13.2	14.2	15.2	16.2	17.5	19.1	20.5	22.1	23.7	25.4	27.0	28.4	30.9	33.3	35.8	39.2	42.6	46.0	49.5	53.0
7000	13.4	14.5	15.5	16.5	17.8	19.4	20.9	22.5	24.1	25.8	27.4	28.8	31.3	33.7	36.2	39.7	43.2	46.6	50.1	53.7
7500	13.5	14.6	15.7	16.7	18.0	19.7	21.3	22.9	24.5	26.2	27.8	29.2	31.8	34.1	36.8	40.3	43.9	47.5	51.0	54.5
8000	13.7	14.8	15.9	17.0	18.3	20.1	21.7	23.4	25.0	26.7	28.3	29.7	32.3	34.6	37.3	40.9	44.5	48.1	51.7	55.3

续表

型号	T2.5(b_{s0}10mm)																			
n_1 /r·min^{-1}	z_1																			
	11	12	13	14	15	16	17	18	19	20	22	24	26	28	30	32	34	36	38	40
	P_0/W																			
8500	14.1	15.4	16.7	18.0	19.4	20.9	22.4	23.8	25.4	27.2	28.9	30.5	33.2	35.6	38.3	41.8	45.4	48.9	52.5	56.0
9000	14.5	16.0	17.5	19.1	20.4	21.7	23.1	24.3	26.0	27.9	29.6	31.3	34.1	36.8	39.4	43.0	46.6	50.2	53.8	57.3
9500	14.7	16.3	17.8	19.4	20.7	22.1	23.4	24.8	26.6	28.6	30.3	32.1	35.0	37.7	40.4	43.9	47.5	51.1	54.6	58.0
10000	15.0	16.6	18.2	19.8	21.1	22.6	23.8	25.3	27.4	29.6	31.7	33.9	36.4	38.9	41.4	44.3	48.0	51.6	55.1	58.6
11000	15.3	17.0	18.6	20.2	21.6	23.1	24.3	25.8	28.0	30.2	32.4	34.7	37.3	39.5	42.4	45.8	49.2	52.6	55.8	59.1
12000	15.5	17.1	18.8	20.5	21.9	23.5	24.8	26.3	28.6	30.8	33.1	35.5	38.5	40.7	43.5	46.8	50.1	53.3	56.5	59.8
13000	15.8	17.4	19.1	20.7	22.1	23.8	25.2	26.7	29.1	31.3	33.8	36.1	39.2	41.9	44.5	47.8	51.0	54.2	57.4	60.7
14000	16.1	17.7	19.3	20.9	22.3	24.1	25.4	27.2	29.6	31.8	34.7	36.5	39.5	42.5	45.5	48.8	52.0	55.2	58.4	61.6
15000	16.4	18.0	19.6	21.2	22.8	24.3	26.0	27.6	30.0	32.3	35.1	37.1	40.2	43.3	46.6	49.8	53.1	56.2	59.3	62.5

型号	T5(b_{s0}10mm)																
n_1 /r·min^{-1}	z_1																
	11	12	13	14	15	16	17	18	19	20	21	22	23	24	25	26	27
	P_0/kW																
100	0.002	0.002	0.002	0.002	0.002	0.002	0.003	0.003	0.003	0.003	0.003	0.003	0.003	0.004	0.004	0.004	0.004
200	0.003	0.003	0.004	0.004	0.004	0.005	0.005	0.005	0.006	0.006	0.006	0.007	0.007	0.007	0.007	0.008	0.008
300	0.005	0.005	0.005	0.006	0.006	0.007	0.007	0.008	0.008	0.009	0.009	0.009	0.010	0.010	0.011	0.011	0.012
400	0.006	0.007	0.007	0.008	0.008	0.009	0.010	0.010	0.011	0.011	0.012	0.012	0.013	0.014	0.014	0.015	0.015
500	0.007	0.008	0.009	0.010	0.010	0.011	0.012	0.012	0.013	0.014	0.015	0.015	0.016	0.017	0.017	0.018	0.019
600	0.009	0.010	0.010	0.011	0.012	0.013	0.014	0.015	0.016	0.016	0.017	0.018	0.019	0.020	0.021	0.021	0.022
700	0.010	0.011	0.012	0.013	0.014	0.015	0.016	0.017	0.018	0.019	0.020	0.021	0.022	0.023	0.024	0.024	0.025
800	0.011	0.012	0.013	0.015	0.016	0.017	0.018	0.019	0.020	0.021	0.022	0.023	0.024	0.025	0.026	0.028	0.029
900	0.013	0.014	0.015	0.016	0.017	0.019	0.020	0.021	0.022	0.023	0.025	0.026	0.027	0.028	0.029	0.031	0.032
1000	0.014	0.015	0.016	0.018	0.019	0.020	0.022	0.023	0.024	0.026	0.027	0.028	0.030	0.031	0.032	0.033	0.035
1100	0.015	0.016	0.018	0.019	0.021	0.022	0.023	0.025	0.026	0.028	0.029	0.031	0.032	0.033	0.035	0.036	0.038
1200	0.016	0.018	0.019	0.021	0.022	0.024	0.025	0.027	0.028	0.030	0.032	0.033	0.035	0.036	0.038	0.039	0.041
1300	0.017	0.019	0.021	0.022	0.024	0.026	0.027	0.029	0.031	0.032	0.034	0.036	0.037	0.039	0.041	0.042	0.044
1400	0.019	0.020	0.022	0.024	0.026	0.027	0.029	0.031	0.033	0.034	0.036	0.038	0.040	0.042	0.043	0.045	0.047
1500	0.020	0.022	0.023	0.025	0.027	0.029	0.031	0.033	0.035	0.037	0.039	0.040	0.042	0.044	0.046	0.048	0.050
1700	0.022	0.024	0.026	0.028	0.030	0.032	0.034	0.036	0.038	0.041	0.043	0.045	0.047	0.049	0.051	0.053	0.055
1800	0.023	0.025	0.027	0.029	0.031	0.034	0.036	0.038	0.040	0.042	0.045	0.047	0.049	0.051	0.053	0.055	0.057
1900	0.024	0.026	0.028	0.031	0.033	0.035	0.037	0.040	0.042	0.044	0.047	0.049	0.051	0.053	0.056	0.058	0.060
2000	0.025	0.027	0.030	0.032	0.034	0.037	0.039	0.041	0.044	0.046	0.049	0.051	0.053	0.056	0.058	0.060	0.063
2200	0.027	0.030	0.032	0.035	0.037	0.040	0.043	0.045	0.048	0.050	0.053	0.056	0.058	0.061	0.063	0.066	0.069
2400	0.029	0.032	0.035	0.037	0.040	0.043	0.046	0.048	0.051	0.054	0.057	0.060	0.062	0.065	0.068	0.071	0.074
2600	0.031	0.034	0.037	0.040	0.043	0.046	0.049	0.052	0.055	0.058	0.061	0.064	0.067	0.069	0.072	0.075	0.078
2800	0.033	0.036	0.039	0.042	0.045	0.048	0.051	0.055	0.058	0.061	0.064	0.067	0.070	0.073	0.077	0.080	0.083
3000	0.034	0.038	0.041	0.044	0.048	0.051	0.054	0.057	0.061	0.064	0.068	0.071	0.074	0.077	0.081	0.084	0.087

续表

型号	T5(b_{s0}10mm)																
n_1 /r · min^{-1}	z_1																
	11	12	13	14	15	16	17	18	19	20	21	22	23	24	25	26	27
	P_0/kW																
3200	0.036	0.040	0.043	0.046	0.050	0.053	0.057	0.060	0.064	0.067	0.071	0.074	0.078	0.081	0.084	0.088	0.091
3400	0.038	0.041	0.045	0.048	0.052	0.056	0.059	0.063	0.066	0.070	0.074	0.077	0.081	0.085	0.088	0.092	0.095
3600	0.039	0.043	0.047	0.050	0.054	0.058	0.062	0.065	0.069	0.073	0.077	0.080	0.084	0.088	0.092	0.095	0.099
3800	0.041	0.045	0.049	0.053	0.057	0.060	0.064	0.068	0.072	0.076	0.080	0.084	0.086	0.092	0.096	0.100	0.104
4000	0.043	0.047	0.051	0.055	0.059	0.063	0.067	0.071	0.075	0.079	0.084	0.088	0.092	0.096	0.100	0.104	0.108
4200	0.044	0.048	0.052	0.057	0.061	0.065	0.069	0.073	0.078	0.082	0.086	0.090	0.095	0.099	0.103	0.107	0.111
4400	0.045	0.049	0.054	0.058	0.062	0.067	0.071	0.075	0.080	0.084	0.089	0.093	0.097	0.101	0.106	0.110	0.114
4600	0.046	0.051	0.055	0.060	0.064	0.068	0.073	0.077	0.082	0.086	0.091	0.095	0.099	0.104	0.108	0.113	0.117
4800	0.048	0.052	0.057	0.061	0.066	0.070	0.075	0.080	0.084	0.089	0.094	0.098	0.103	0.107	0.112	0.116	0.121
5000	0.049	0.054	0.059	0.063	0.068	0.073	0.077	0.082	0.087	0.092	0.097	0.101	0.106	0.110	0.115	0.120	0.125
5200	0.051	0.055	0.060	0.065	0.070	0.075	0.080	0.085	0.089	0.094	0.099	0.104	0.109	0.114	0.119	0.123	0.128
5400	0.052	0.057	0.062	0.067	0.072	0.077	0.082	0.087	0.092	0.097	0.102	0.107	0.112	0.117	0.122	0.127	0.132
5600	0.054	0.059	0.064	0.069	0.075	0.080	0.085	0.090	0.095	0.100	0.106	0.111	0.116	0.121	0.126	0.132	0.137
5800	0.055	0.061	0.066	0.071	0.077	0.082	0.087	0.092	0.098	0.103	0.109	0.114	0.119	0.124	0.129	0.135	0.140
6000	0.057	0.062	0.067	0.073	0.078	0.084	0.089	0.094	0.100	0.105	0.111	0.116	0.122	0.127	0.132	0.138	0.143
6200	0.058	0.063	0.069	0.074	0.080	0.085	0.091	0.097	0.102	0.108	0.114	0.119	0.124	0.130	0.135	0.141	0.147
6400	0.059	0.065	0.070	0.076	0.082	0.087	0.093	0.099	0.104	0.110	0.116	0.121	0.127	0.133	0.138	0.144	0.150
6600	0.060	0.066	0.072	0.078	0.083	0.089	0.095	0.100	0.106	0.112	0.118	0.124	0.130	0.135	0.141	0.147	0.153
6800	0.061	0.067	0.073	0.079	0.085	0.091	0.096	0.102	0.108	0.114	0.120	0.126	0.132	0.138	0.144	0.150	0.155
7000	0.063	0.069	0.075	0.081	0.087	0.093	0.099	0.105	0.111	0.118	0.124	0.130	0.136	0.142	0.148	0.154	0.160
7500	0.066	0.072	0.079	0.085	0.091	0.098	0.104	0.110	0.117	0.123	0.130	0.136	0.142	0.148	0.155	0.161	0.168
8000	0.070	0.076	0.083	0.090	0.096	0.103	0.110	0.116	0.123	0.130	0.137	0.143	0.150	0.157	0.163	0.170	0.177
8500	0.072	0.079	0.086	0.093	0.100	0.107	0.114	0.121	0.128	0.135	0.142	0.149	0.156	0.162	0.169	0.176	0.183
9000	0.076	0.083	0.090	0.097	0.105	0.112	0.119	0.126	0.134	0.141	0.149	0.156	0.163	0.170	0.177	0.184	0.192
9500	0.079	0.086	0.094	0.102	0.109	0.116	0.124	0.132	0.139	0.147	0.155	0.162	0.170	0.177	0.185	0.192	0.200
10000	0.082	0.090	0.098	0.106	0.113	0.121	0.129	0.137	0.145	0.153	0.161	0.169	0.176	0.184	0.192	0.200	0.208
11000	0.088	0.096	0.105	0.113	0.122	0.130	0.138	0.147	0.155	0.164	0.173	0.181	0.189	0.197	0.206	0.214	0.223
12000	0.092	0.101	0.110	0.119	0.128	0.136	0.145	0.154	0.163	0.172	0.181	0.190	0.199	0.207	0.216	0.225	0.234
13000	0.096	0.105	0.114	0.124	0.133	0.142	0.151	0.160	0.169	0.179	0.188	0.197	0.206	0.215	0.225	0.234	0.243
14000	0.100	0.110	0.120	0.129	0.139	0.148	0.158	0.168	0.177	0.187	0.197	0.207	0.216	0.226	0.235	0.245	0.254
15000	0.105	0.115	0.125	0.135	0.145	0.154	0.164	0.174	0.185	0.195	0.205	0.215	0.225	0.235	0.245	0.255	0.265

型号	T5(b_{s0}10mm)																
n_1 /r · min^{-1}	z_1																
	28	29	30	31	32	33	34	35	36	37	38	39	40	41	42	43	44
	P_0/kW																
100	0.004	0.004	0.005	0.005	0.005	0.005	0.005	0.005	0.005	0.006	0.006	0.006	0.006	0.006	0.006	0.007	0.007
200	0.008	0.009	0.009	0.009	0.010	0.010	0.010	0.010	0.011	0.011	0.011	0.012	0.012	0.012	0.013	0.013	0.013
300	0.012	0.013	0.013	0.013	0.014	0.014	0.015	0.015	0.016	0.016	0.017	0.017	0.017	0.018	0.018	0.019	0.019
400	0.016	0.017	0.017	0.018	0.018	0.019	0.019	0.020	0.021	0.021	0.022	0.022	0.023	0.023	0.024	0.025	0.025
500	0.020	0.020	0.021	0.022	0.022	0.023	0.024	0.024	0.025	0.026	0.027	0.027	0.028	0.029	0.029	0.030	0.031

续表

型号	T5(b_{s0} 10mm)																
n_1 /r·min^{-1}	z_1																
	28	29	30	31	32	33	34	35	36	37	38	39	40	41	42	43	44
	P_0/kW																
600	0.023	0.024	0.025	0.026	0.026	0.027	0.028	0.029	0.030	0.031	0.031	0.032	0.033	0.034	0.035	0.036	0.037
700	0.026	0.027	0.028	0.029	0.030	0.031	0.032	0.033	0.034	0.035	0.036	0.037	0.038	0.039	0.040	0.041	0.042
800	0.030	0.031	0.032	0.033	0.034	0.035	0.036	0.037	0.038	0.039	0.041	0.042	0.043	0.044	0.045	0.046	0.047
900	0.033	0.034	0.035	0.037	0.038	0.039	0.040	0.041	0.043	0.044	0.045	0.046	0.047	0.049	0.050	0.051	0.052
1000	0.036	0.037	0.039	0.040	0.041	0.043	0.044	0.045	0.047	0.048	0.049	0.051	0.052	0.053	0.054	0.056	0.057
1100	0.039	0.041	0.042	0.043	0.045	0.046	0.048	0.049	0.050	0.052	0.053	0.055	0.056	0.058	0.059	0.060	0.062
1200	0.042	0.044	0.045	0.047	0.048	0.050	0.052	0.053	0.055	0.056	0.058	0.059	0.061	0.062	0.064	0.065	0.067
1300	0.046	0.047	0.049	0.050	0.052	0.054	0.055	0.057	0.059	0.060	0.062	0.064	0.065	0.067	0.069	0.070	0.072
1400	0.049	0.050	0.052	0.054	0.056	0.057	0.059	0.061	0.063	0.065	0.066	0.068	0.070	0.072	0.073	0.075	0.077
1500	0.052	0.054	0.055	0.057	0.059	0.061	0.063	0.065	0.067	0.069	0.070	0.072	0.074	0.076	0.078	0.080	0.082
1700	0.057	0.059	0.061	0.063	0.066	0.068	0.070	0.072	0.074	0.076	0.078	0.080	0.082	0.084	0.086	0.088	0.090
1800	0.060	0.062	0.064	0.066	0.068	0.070	0.073	0.075	0.077	0.079	0.081	0.083	0.086	0.088	0.090	0.092	0.094
1900	0.062	0.065	0.067	0.069	0.071	0.074	0.076	0.078	0.081	0.083	0.085	0.087	0.090	0.092	0.094	0.096	0.099
2000	0.065	0.068	0.070	0.072	0.075	0.077	0.079	0.082	0.084	0.086	0.089	0.091	0.094	0.096	0.098	0.101	0.103
2200	0.071	0.074	0.076	0.079	0.081	0.084	0.087	0.089	0.092	0.094	0.097	0.100	0.102	0.105	0.107	0.110	0.112
2400	0.076	0.079	0.082	0.085	0.087	0.090	0.093	0.096	0.098	0.101	0.104	0.107	0.110	0.112	0.115	0.118	0.121
2600	0.081	0.084	0.087	0.090	0.093	0.096	0.099	0.102	0.105	0.108	0.111	0.114	0.117	0.120	0.122	0.125	0.128
2800	0.086	0.089	0.092	0.095	0.098	0.102	0.105	0.108	0.111	0.114	0.117	0.120	0.123	0.127	0.130	0.133	0.136
3000	0.090	0.094	0.097	0.100	0.104	0.107	0.110	0.113	0.117	0.120	0.123	0.127	0.130	0.133	0.136	0.140	0.143
3200	0.095	0.098	0.102	0.105	0.109	0.112	0.115	0.119	0.122	0.126	0.129	0.133	0.136	0.140	0.143	0.146	0.150
3400	0.099	0.102	0.106	0.110	0.113	0.117	0.120	0.124	0.128	0.131	0.135	0.138	0.142	0.146	0.149	0.153	0.156
3600	0.103	0.106	0.110	0.114	0.118	0.121	0.125	0.129	0.133	0.136	0.140	0.144	0.148	0.151	0.155	0.159	0.163
3800	0.107	0.111	0.115	0.119	0.123	0.127	0.131	0.135	0.139	0.143	0.146	0.150	0.154	0.158	0.162	0.166	0.170
4000	0.112	0.116	0.120	0.124	0.128	0.132	0.136	0.140	0.145	0.149	0.153	0.157	0.161	0.165	0.169	0.173	0.177
4200	0.115	0.120	0.124	0.128	0.132	0.136	0.140	0.145	0.149	0.153	0.157	0.161	0.166	0.170	0.174	0.178	0.182
4400	0.118	0.123	0.127	0.131	0.136	0.140	0.144	0.149	0.153	0.157	0.162	0.166	0.170	0.174	0.179	0.183	0.187
4600	0.121	0.126	0.130	0.135	0.139	0.143	0.148	0.152	0.157	0.161	0.165	0.170	0.174	0.179	0.183	0.188	0.192
4800	0.125	0.130	0.135	0.139	0.144	0.148	0.153	0.157	0.162	0.166	0.171	0.175	0.180	0.185	0.189	0.194	0.198
5000	0.129	0.134	0.139	0.143	0.148	0.153	0.157	0.162	0.167	0.171	0.176	0.181	0.186	0.190	0.195	0.200	0.204
5200	0.133	0.138	0.143	0.148	0.152	0.157	0.162	0.167	0.172	0.176	0.181	0.186	0.191	0.196	0.201	0.206	0.210
5400	0.137	0.142	0.147	0.152	0.156	0.161	0.166	0.171	0.176	0.181	0.186	0.191	0.196	0.201	0.206	0.211	0.216
5600	0.142	0.147	0.152	0.157	0.162	0.167	0.172	0.178	0.183	0.188	0.193	0.198	0.204	0.209	0.214	0.219	0.224
5800	0.145	0.151	0.156	0.161	0.166	0.172	0.177	0.182	0.187	0.193	0.198	0.203	0.209	0.214	0.219	0.224	0.230
6000	0.149	0.154	0.159	0.165	0.170	0.176	0.181	0.186	0.192	0.197	0.203	0.208	0.213	0.219	0.224	0.230	0.235
6200	0.152	0.157	0.163	0.169	0.174	0.180	0.185	0.190	0.196	0.202	0.207	0.213	0.218	0.224	0.229	0.235	0.240
6400	0.155	0.161	0.166	0.172	0.178	0.183	0.189	0.194	0.200	0.206	0.211	0.217	0.223	0.228	0.234	0.240	0.245

续表

型号	T5（b_{s0}10mm）																
n_1 /r·min^{-1}	z_1																
	28	29	30	31	32	33	34	35	36	37	38	39	40	41	42	43	44
	P_0/kW																
6600	0.158	0.164	0.170	0.175	0.181	0.187	0.192	0.198	0.204	0.210	0.216	0.221	0.227	0.233	0.239	0.244	0.250
6800	0.161	0.167	0.173	0.179	0.184	0.190	0.196	0.202	0.208	0.214	0.220	0.226	0.231	0.237	0.243	0.249	0.255
7000	0.166	0.172	0.178	0.184	0.190	0.196	0.202	0.208	0.214	0.220	0.226	0.232	0.238	0.244	0.250	0.256	0.262
7500	0.174	0.180	0.186	0.193	0.199	0.205	0.211	0.218	0.224	0.230	0.237	0.243	0.249	0.256	0.262	0.268	0.275
8000	0.183	0.190	0.196	0.203	0.210	0.216	0.223	0.230	0.236	0.243	0.250	0.256	0.263	0.269	0.276	0.283	0.290
8500	0.190	0.197	0.204	0.211	0.218	0.224	0.231	0.238	0.245	0.252	0.259	0.266	0.273	0.280	0.287	0.293	0.300
9000	0.199	0.206	0.213	0.220	0.228	0.235	0.242	0.249	0.256	0.264	0.271	0.278	0.285	0.292	0.300	0.307	0.314
9500	0.207	0.215	0.222	0.230	0.237	0.245	0.252	0.260	0.267	0.275	0.282	0.290	0.298	0.305	0.313	0.320	0.328
10000	0.215	0.223	0.231	0.239	0.247	0.255	0.262	0.270	0.278	0.286	0.294	0.302	0.309	0.317	0.325	0.333	0.341
11000	0.231	0.239	0.248	0.256	0.265	0.273	0.281	0.290	0.298	0.307	0.315	0.323	0.332	0.340	0.348	0.357	0.365
12000	0.242	0.251	0.260	0.269	0.277	0.286	0.295	0.304	0.313	0.322	0.330	0.339	0.348	0.357	0.366	0.374	0.383
13000	0.252	0.261	0.270	0.280	0.289	0.298	0.307	0.316	0.325	0.334	0.344	0.353	0.362	0.371	0.380	0.389	0.399
14000	0.264	0.273	0.283	0.293	0.302	0.312	0.321	0.331	0.340	0.350	0.360	0.369	0.379	0.388	0.398	0.408	0.417
15000	0.275	0.285	0.295	0.305	0.314	0.325	0.334	0.344	0.354	0.364	0.374	0.384	0.395	0.404	0.414	0.424	0.434

型号	T5（b_{s0}10mm）																
n_1 /r·min^{-1}	z_1																
	45	46	47	48	49	50	51	52	53	54	55	56	57	58	59	60	61
	P_0/kW																
100	0.007	0.007	0.007	0.007	0.007	0.008	0.008	0.008	0.008	0.008	0.008	0.009	0.009	0.009	0.009	0.009	0.009
200	0.014	0.014	0.014	0.014	0.015	0.015	0.015	0.016	0.016	0.016	0.017	0.017	0.017	0.017	0.018	0.018	0.018
300	0.020	0.020	0.020	0.021	0.021	0.022	0.022	0.023	0.023	0.024	0.024	0.024	0.025	0.025	0.026	0.026	0.027
400	0.026	0.026	0.027	0.028	0.028	0.029	0.029	0.030	0.030	0.031	0.032	0.032	0.033	0.033	0.034	0.034	0.035
500	0.032	0.032	0.033	0.034	0.034	0.035	0.036	0.037	0.037	0.038	0.039	0.039	0.040	0.041	0.042	0.042	0.043
600	0.037	0.038	0.039	0.040	0.041	0.042	0.042	0.043	0.044	0.045	0.046	0.047	0.047	0.048	0.049	0.050	0.051
700	0.043	0.044	0.045	0.046	0.047	0.047	0.048	0.049	0.050	0.051	0.052	0.053	0.054	0.055	0.056	0.057	0.058
800	0.048	0.049	0.050	0.051	0.052	0.054	0.055	0.056	0.057	0.058	0.059	0.060	0.061	0.062	0.063	0.064	0.065
900	0.053	0.055	0.056	0.057	0.058	0.059	0.061	0.062	0.063	0.064	0.065	0.067	0.068	0.069	0.070	0.071	0.072
1000	0.058	0.060	0.061	0.062	0.064	0.065	0.066	0.068	0.069	0.070	0.071	0.073	0.074	0.075	0.077	0.078	0.079
1100	0.063	0.065	0.066	0.068	0.069	0.070	0.072	0.073	0.075	0.076	0.077	0.079	0.080	0.082	0.083	0.085	0.086
1200	0.068	0.070	0.072	0.073	0.075	0.076	0.078	0.079	0.081	0.082	0.084	0.085	0.087	0.089	0.090	0.092	0.093
1300	0.074	0.075	0.077	0.079	0.080	0.082	0.084	0.085	0.087	0.089	0.090	0.092	0.093	0.095	0.097	0.098	0.100
1400	0.079	0.080	0.082	0.084	0.086	0.088	0.089	0.091	0.093	0.095	0.096	0.098	0.100	0.102	0.103	0.105	0.107
1500	0.084	0.086	0.087	0.089	0.091	0.093	0.095	0.097	0.099	0.101	0.102	0.104	0.106	0.108	0.110	0.112	0.114
1700	0.093	0.095	0.097	0.099	0.101	0.103	0.105	0.107	0.109	0.111	0.113	0.115	0.118	0.120	0.122	0.124	0.126
1800	0.096	0.099	0.101	0.103	0.105	0.107	0.109	0.112	0.114	0.116	0.118	0.120	0.122	0.125	0.127	0.129	0.131
1900	0.101	0.103	0.105	0.108	0.110	0.112	0.115	0.117	0.119	0.121	0.124	0.126	0.128	0.131	0.133	0.135	0.137

续表

型号	T5（b_{s0}10mm）																
n_1 /r·min^{-1}	z_1																
	45	46	47	48	49	50	51	52	53	54	55	56	57	58	59	60	61
	P_0/kW																
2000	0.105	0.108	0.110	0.113	0.115	0.117	0.120	0.122	0.124	0.127	0.129	0.131	0.134	0.136	0.139	0.141	0.143
2200	0.115	0.118	0.120	0.123	0.125	0.128	0.131	0.133	0.136	0.138	0.141	0.143	0.146	0.149	0.151	0.154	0.156
2400	0.123	0.126	0.129	0.132	0.134	0.137	0.140	0.143	0.146	0.148	0.151	0.154	0.157	0.159	0.162	0.165	0.168
2600	0.131	0.134	0.137	0.140	0.143	0.146	0.149	0.152	0.155	0.158	0.161	0.164	0.167	0.170	0.173	0.176	0.179
2800	0.139	0.142	0.145	0.148	0.152	0.155	0.158	0.161	0.164	0.167	0.170	0.173	0.177	0.180	0.183	0.186	0.189
3000	0.146	0.150	0.153	0.156	0.160	0.163	0.166	0.169	0.173	0.176	0.179	0.183	0.186	0.189	0.192	0.196	0.199
3200	0.153	0.157	0.160	0.164	0.167	0.171	0.174	0.178	0.181	0.184	0.188	0.191	0.195	0.198	0.202	0.205	0.208
3400	0.160	0.164	0.167	0.171	0.174	0.178	0.182	0.185	0.189	0.192	0.196	0.200	0.203	0.207	0.210	0.214	0.217
3600	0.166	0.170	0.174	0.177	0.181	0.185	0.189	0.192	0.196	0.200	0.204	0.207	0.211	0.215	0.219	0.222	0.226
3800	0.174	0.178	0.182	0.186	0.189	0.193	0.197	0.201	0.205	0.209	0.213	0.217	0.221	0.225	0.228	0.232	0.236
4000	0.181	0.185	0.189	0.193	0.198	0.202	0.206	0.210	0.214	0.218	0.222	0.226	0.230	0.234	0.238	0.242	0.246
4200	0.187	0.191	0.195	0.199	0.203	0.208	0.212	0.216	0.220	0.224	0.229	0.233	0.237	0.241	0.245	0.250	0.254
4400	0.192	0.196	0.200	0.205	0.209	0.213	0.218	0.222	0.226	0.230	0.235	0.239	0.243	0.248	0.252	0.256	0.261
4600	0.196	0.201	0.205	0.210	0.214	0.218	0.223	0.227	0.232	0.236	0.241	0.245	0.249	0.254	0.258	0.263	0.267
4800	0.203	0.207	0.212	0.216	0.221	0.226	0.230	0.235	0.239	0.244	0.248	0.253	0.258	0.262	0.267	0.271	0.276
5000	0.209	0.214	0.218	0.223	0.228	0.233	0.237	0.242	0.247	0.251	0.256	0.261	0.266	0.270	0.275	0.280	0.284
5200	0.215	0.220	0.225	0.230	0.235	0.239	0.244	0.249	0.254	0.259	0.264	0.268	0.273	0.278	0.283	0.288	0.293
5400	0.221	0.226	0.231	0.236	0.241	0.246	0.251	0.256	0.261	0.266	0.271	0.276	0.281	0.286	0.291	0.296	0.301
5600	0.229	0.235	0.240	0.245	0.250	0.255	0.260	0.265	0.270	0.276	0.281	0.286	0.291	0.296	0.301	0.307	0.312
5800	0.235	0.240	0.245	0.251	0.256	0.261	0.267	0.272	0.277	0.282	0.288	0.293	0.298	0.304	0.309	0.314	0.319
6000	0.241	0.246	0.251	0.257	0.262	0.268	0.273	0.278	0.284	0.289	0.295	0.300	0.305	0.311	0.316	0.322	0.327
6200	0.246	0.251	0.257	0.262	0.268	0.273	0.279	0.285	0.290	0.295	0.301	0.307	0.312	0.318	0.323	0.329	0.334
6400	0.251	0.257	0.262	0.268	0.273	0.279	0.285	0.290	0.296	0.302	0.307	0.313	0.319	0.324	0.330	0.335	0.341
6600	0.256	0.262	0.267	0.273	0.279	0.285	0.290	0.296	0.302	0.308	0.313	0.319	0.325	0.331	0.336	0.342	0.348
6800	0.261	0.267	0.272	0.278	0.284	0.290	0.296	0.302	0.307	0.313	0.319	0.325	0.331	0.337	0.343	0.349	0.354
7000	0.268	0.274	0.280	0.286	0.292	0.299	0.305	0.311	0.317	0.323	0.329	0.335	0.341	0.347	0.353	0.359	0.365
7500	0.281	0.287	0.294	0.300	0.306	0.313	0.319	0.325	0.331	0.338	0.344	0.350	0.357	0.363	0.369	0.376	0.382
8000	0.296	0.303	0.309	0.316	0.323	0.330	0.336	0.343	0.349	0.356	0.363	0.370	0.376	0.383	0.389	0.396	0.403
8500	0.307	0.314	0.321	0.328	0.335	0.342	0.349	0.356	0.363	0.369	0.376	0.383	0.390	0.397	0.404	0.411	0.418
9000	0.322	0.329	0.336	0.343	0.350	0.358	0.365	0.372	0.379	0.386	0.394	0.401	0.408	0.416	0.423	0.430	0.437
9500	0.335	0.343	0.350	0.358	0.365	0.373	0.380	0.388	0.395	0.403	0.411	0.418	0.426	0.433	0.441	0.448	0.456
10000	0.349	0.356	0.364	0.372	0.380	0.388	0.396	0.403	0.411	0.419	0.427	0.435	0.443	0.450	0.458	0.466	0.474
11000	0.374	0.382	0.390	0.399	0.407	0.416	0.424	0.433	0.441	0.449	0.458	0.466	0.475	0.483	0.491	0.500	0.508
12000	0.392	0.401	0.410	0.418	0.427	0.436	0.445	0.454	0.462	0.471	0.480	0.489	0.498	0.507	0.515	0.524	0.533
13000	0.408	0.417	0.426	0.435	0.444	0.454	0.463	0.472	0.481	0.490	0.499	0.509	0.518	0.527	0.536	0.545	0.554
14000	0.427	0.437	0.446	0.456	0.465	0.475	0.485	0.494	0.504	0.513	0.523	0.533	0.542	0.552	0.561	0.571	0.580
15000	0.444	0.454	0.464	0.474	0.484	0.494	0.504	0.514	0.524	0.534	0.544	0.554	0.564	0.574	0.584	0.594	0.604

续表

型号	T10(b_{s0}10mm)														
n_1 /r·min^{-1}	z_1														
	12	13	14	15	16	17	18	19	20	21	22	23	24	25	26
	P_0/kW														
100	0.007	0.008	0.008	0.009	0.010	0.010	0.011	0.012	0.012	0.013	0.014	0.014	0.014	0.015	0.016
200	0.014	0.015	0.016	0.018	0.019	0.020	0.021	0.023	0.024	0.025	0.026	0.027	0.028	0.030	0.031
300	0.020	0.022	0.024	0.026	0.027	0.029	0.031	0.033	0.034	0.036	0.038	0.040	0.041	0.043	0.045
400	0.026	0.028	0.031	0.033	0.035	0.038	0.040	0.042	0.044	0.047	0.049	0.051	0.053	0.056	0.058
500	0.032	0.035	0.037	0.040	0.043	0.046	0.049	0.051	0.054	0.057	0.060	0.063	0.065	0.068	0.071
600	0.037	0.041	0.044	0.047	0.051	0.054	0.057	0.060	0.064	0.067	0.070	0.074	0.076	0.080	0.083
700	0.042	0.046	0.050	0.054	0.057	0.061	0.065	0.068	0.072	0.076	0.080	0.083	0.087	0.091	0.094
800	0.048	0.052	0.056	0.060	0.064	0.069	0.073	0.077	0.081	0.085	0.089	0.094	0.097	0.102	0.106
900	0.052	0.057	0.062	0.066	0.071	0.075	0.080	0.085	0.089	0.094	0.098	0.103	0.105	0.112	0.117
1000	0.057	0.062	0.067	0.072	0.077	0.082	0.087	0.092	0.097	0.102	0.107	0.112	0.116	0.122	0.127
1100	0.062	0.067	0.073	0.078	0.084	0.089	0.095	0.100	0.105	0.111	0.116	0.122	0.127	0.133	0.138
1200	0.067	0.073	0.079	0.085	0.091	0.096	0.102	0.108	0.114	0.120	0.126	0.132	0.137	0.143	0.149
1300	0.071	0.078	0.084	0.090	0.096	0.103	0.109	0.115	0.122	0.128	0.134	0.140	0.146	0.153	0.159
1400	0.076	0.082	0.089	0.096	0.102	0.109	0.115	0.122	0.129	0.135	0.142	0.149	0.155	0.162	0.168
1500	0.080	0.087	0.094	0.101	0.108	0.116	0.122	0.128	0.135	0.143	0.149	0.156	0.163	0.170	0.177
1600	0.084	0.091	0.098	0.105	0.113	0.120	0.127	0.135	0.142	0.149	0.157	0.164	0.171	0.179	0.186
1700	0.087	0.095	0.102	0.110	0.118	0.125	0.133	0.140	0.148	0.156	0.163	0.171	0.178	0.186	0.194
1800	0.091	0.099	0.107	0.115	0.123	0.131	0.139	0.147	0.155	0.164	0.171	0.179	0.187	0.195	0.203
1900	0.095	0.103	0.111	0.120	0.128	0.136	0.145	0.153	0.161	0.169	0.178	0.186	0.194	0.203	0.211
2000	0.099	0.107	0.116	0.125	0.133	0.142	0.151	0.159	0.168	0.177	0.185	0.194	0.202	0.211	0.220
2100	0.103	0.112	0.121	0.130	0.139	0.148	0.157	0.166	0.175	0.184	0.193	0.202	0.210	0.220	0.229
2200	0.107	0.116	0.125	0.135	0.144	0.153	0.163	0.172	0.181	0.191	0.200	0.209	0.218	0.228	0.237
2300	0.109	0.119	0.128	0.138	0.148	0.157	0.167	0.176	0.186	0.196	0.205	0.215	0.224	0.234	0.243
2400	0.113	0.123	0.133	0.143	0.152	0.162	0.172	0.182	0.192	0.202	0.212	0.222	0.231	0.241	0.251
2500	0.117	0.127	0.137	0.147	0.157	0.167	0.178	0.188	0.198	0.208	0.218	0.229	0.239	0.249	0.259
2600	0.120	0.130	0.141	0.151	0.162	0.172	0.183	0.193	0.204	0.215	0.225	0.235	0.246	0.256	0.267
2700	0.123	0.134	0.145	0.156	0.166	0.177	0.188	0.199	0.210	0.221	0.231	0.242	0.252	0.264	0.274
2800	0.127	0.138	0.149	0.160	0.171	0.182	0.193	0.204	0.215	0.226	0.237	0.248	0.259	0.271	0.282
2900	0.130	0.141	0.152	0.164	0.175	0.186	0.198	0.209	0.221	0.232	0.243	0.255	0.266	0.277	0.289
3000	0.133	0.144	0.156	0.168	0.179	0.191	0.203	0.214	0.226	0.238	0.249	0.261	0.272	0.284	0.296
3100	0.136	0.148	0.160	0.171	0.183	0.195	0.207	0.219	0.231	0.243	0.255	0.267	0.278	0.290	0.302
3200	0.139	0.151	0.163	0.175	0.187	0.199	0.212	0.224	0.236	0.248	0.260	0.272	0.284	0.296	0.309
3300	0.143	0.155	0.168	0.181	0.193	0.206	0.218	0.231	0.243	0.256	0.268	0.281	0.293	0.306	0.318
3400	0.146	0.158	0.171	0.184	0.197	0.210	0.222	0.235	0.248	0.261	0.273	0.286	0.299	0.312	0.324
3500	0.148	0.161	0.174	0.187	0.200	0.213	0.226	0.239	0.252	0.265	0.278	0.291	0.304	0.317	0.330

续表

型号	T10(b_{s0}10mm)														
n_1/r·min^{-1}	z_1														
	12	13	14	15	16	17	18	19	20	21	22	23	24	25	26
	P_0/kW														
3600	0.151	0.164	0.177	0.191	0.204	0.217	0.230	0.243	0.257	0.270	0.283	0.296	0.309	0.323	0.336
3700	0.153	0.167	0.180	0.194	0.207	0.221	0.234	0.247	0.261	0.274	0.288	0.301	0.314	0.328	0.342
3800	0.156	0.169	0.183	0.197	0.210	0.224	0.238	0.251	0.265	0.279	0.292	0.306	0.319	0.338	0.347
3900	0.158	0.172	0.186	0.200	0.213	0.227	0.241	0.255	0.269	0.283	0.296	0.310	0.324	0.338	0.352
4000	0.160	0.174	0.188	0.202	0.216	0.230	0.245	0.258	0.273	0.287	0.301	0.315	0.328	0.343	0.357
4200	0.166	0.181	0.195	0.210	0.224	0.239	0.254	0.268	0.283	0.298	0.312	0.327	0.341	0.356	0.370
4400	0.170	0.185	0.200	0.215	0.230	0.245	0.260	0.274	0.289	0.304	0.319	0.334	0.349	0.364	0.379
4600	0.176	0.191	0.206	0.222	0.237	0.253	0.268	0.283	0.299	0.314	0.330	0.345	0.360	0.376	0.391
4800	0.181	0.197	0.213	0.229	0.244	0.260	0.276	0.292	0.308	0.324	0.340	0.356	0.371	0.387	0.403
5000	0.186	0.203	0.219	0.235	0.252	0.268	0.284	0.301	0.317	0.333	0.349	0.366	0.382	0.398	0.415
5200	0.191	0.208	0.225	0.242	0.258	0.275	0.292	0.309	0.325	0.342	0.359	0.376	0.392	0.409	0.426
5400	0.196	0.213	0.231	0.248	0.265	0.282	0.299	0.316	0.334	0.351	0.368	0.385	0.402	0.420	0.437
5600	0.201	0.218	0.236	0.254	0.271	0.289	0.307	0.324	0.342	0.359	0.377	0.394	0.412	0.430	0.447
5800	0.205	0.223	0.241	0.259	0.277	0.295	0.313	0.331	0.349	0.367	0.385	0.403	0.421	0.439	0.457
6000	0.210	0.228	0.246	0.265	0.283	0.301	0.320	0.338	0.357	0.375	0.393	0.412	0.430	0.448	0.467
6200	0.214	0.232	0.251	0.270	0.289	0.307	0.326	0.345	0.364	0.382	0.401	0.420	0.438	0.457	0.476
6400	0.218	0.237	0.256	0.275	0.294	0.313	0.332	0.351	0.370	0.389	0.408	0.427	0.446	0.465	0.485
6600	0.218	0.237	0.257	0.276	0.295	0.314	0.333	0.352	0.371	0.391	0.409	0.429	0.447	0.467	0.486
6800	0.222	0.241	0.261	0.280	0.299	0.319	0.338	0.358	0.377	0.397	0.416	0.435	0.455	0.474	0.494
7000	0.225	0.245	0.264	0.284	0.304	0.324	0.343	0.363	0.383	0.403	0.422	0.442	0.461	0.481	0.501
7500	0.234	0.254	0.275	0.296	0.316	0.337	0.257	0.378	0.398	0.419	0.439	0.460	0.480	0.501	0.521
8000	0.242	0.263	0.285	0.306	0.327	0.348	0.370	0.391	0.412	0.433	0.454	0.476	0.497	0.518	0.539
8500	0.250	0.271	0.293	0.315	0.337	0.359	0.381	0.402	0.424	0.446	0.468	0.490	0.511	0.533	0.555
9000	0.256	0.278	0.301	0.323	0.345	0.368	0.390	0.412	0.435	0.458	0.480	0.502	0.524	0.547	0.569
9500	0.261	0.284	0.307	0.330	0.352	0.375	0.398	0.421	0.444	0.467	0.490	0.513	0.535	0.558	0.581
10000	0.270	0.294	0.318	0.341	0.365	0.389	0.412	0.436	0.460	0.483	0.507	0.531	0.554	0.578	0.602
11000	0.287	0.312	0.337	0.362	0.387	0.413	0.438	0.463	0.488	0.513	0.538	0.563	0.588	0.614	0.639
12000	0.302	0.328	0.355	0.381	0.407	0.434	0.461	0.487	0.513	0.540	0.566	0.593	0.619	0.646	0.672
13000	0.315	0.342	0.370	0.398	0.425	0.453	0.481	0.508	0.536	0.563	0.591	0.618	0.646	0.673	0.701
14000	0.326	0.354	0.383	0.412	0.440	0.469	0.498	0.526	0.555	0.583	0.612	0.640	0.669	0.697	
15000	0.329	0.357	0.386	0.415	0.443	0.472	0.501	0.530	0.559	0.588	0.616	0.645			

型号	T10(b_{s0}10mm)														
n_1/r·min^{-1}	z_1														
	27	28	29	30	31	32	33	34	35	36	37	38	39	40	41
	P_0/kW														
100	0.017	0.017	0.018	0.019	0.019	0.020	0.021	0.021	0.022	0.022	0.023	0.024	0.024	0.025	0.026
200	0.032	0.034	0.035	0.036	0.037	0.038	0.040	0.041	0.042	0.043	0.045	0.046	0.047	0.048	0.049

续表

型号	T10(b_{s0}10mm)														
n_1 /r·min^{-1}	z_1														
	27	28	29	30	31	32	33	34	35	36	37	38	39	40	41
	P_0/kW														
300	0.047	0.049	0.050	0.052	0.054	0.056	0.058	0.059	0.061	0.063	0.065	0.066	0.068	0.070	0.072
400	0.060	0.063	0.065	0.067	0.069	0.072	0.074	0.076	0.079	0.081	0.083	0.086	0.088	0.090	0.092
500	0.074	0.077	0.079	0.082	0.085	0.088	0.091	0.093	0.096	0.099	0.102	0.105	0.107	0.110	0.113
600	0.087	0.090	0.093	0.097	0.100	0.103	0.106	0.110	0.113	0.116	0.119	0.123	0.126	0.129	0.133
700	0.098	0.102	0.106	0.109	0.113	0.117	0.120	0.124	0.128	0.132	0.135	0.139	0.143	0.146	0.150
800	0.110	0.115	0.119	0.123	0.127	0.131	0.135	0.140	0.144	0.148	0.152	0.156	0.161	0.165	0.169
900	0.121	0.126	0.130	0.135	0.140	0.144	0.149	0.153	0.158	0.163	0.167	0.172	0.176	0.181	0.186
1000	0.132	0.136	0.141	0.146	0.151	0.156	0.161	0.166	0.171	0.176	0.181	0.186	0.191	0.196	0.201
1100	0.144	0.149	0.154	0.160	0.165	0.171	0.176	0.182	0.187	0.192	0.198	0.203	0.209	0.214	0.220
1200	0.155	0.161	0.167	0.173	0.179	0.185	0.191	0.196	0.202	0.208	0.214	0.220	0.226	0.232	0.238
1300	0.165	0.172	0.178	0.184	0.190	0.197	0.203	0.209	0.215	0.222	0.228	0.234	0.241	0.247	0.253
1400	0.175	0.182	0.188	0.195	0.202	0.208	0.215	0.222	0.228	0.235	0.241	0.248	0.255	0.261	0.268
1500	0.184	0.191	0.198	0.205	0.212	0.219	0.226	0.233	0.240	0.247	0.254	0.261	0.268	0.275	0.282
1600	0.193	0.200	0.208	0.215	0.222	0.230	0.237	0.244	0.252	0.259	0.266	0.274	0.281	0.288	0.296
1700	0.202	0.209	0.217	0.225	0.232	0.240	0.247	0.255	0.263	0.270	0.278	0.286	0.293	0.301	0.308
1800	0.212	0.219	0.228	0.236	0.243	0.252	0.260	0.268	0.276	0.284	0.292	0.300	0.308	0.316	0.324
1900	0.219	0.227	0.236	0.244	0.252	0.261	0.269	0.277	0.286	0.294	0.302	0.310	0.319	0.327	0.335
2000	0.229	0.237	0.246	0.255	0.263	0.272	0.280	0.289	0.298	0.306	0.315	0.324	0.332	0.341	0.350
2100	0.238	0.247	0.256	0.265	0.274	0.283	0.292	0.301	0.310	0.319	0.328	0.337	0.346	0.355	0.364
2200	0.247	0.256	0.265	0.275	0.284	0.293	0.303	0.312	0.321	0.331	0.340	0.349	0.359	0.368	0.377
2300	0.253	0.262	0.272	0.282	0.291	0.301	0.310	0.320	0.329	0.339	0.349	0.358	0.368	0.377	0.387
2400	0.261	0.271	0.281	0.291	0.301	0.311	0.321	0.331	0.340	0.350	0.360	0.370	0.380	0.390	0.400
2500	0.270	0.280	0.290	0.300	0.310	0.321	0.331	0.341	0.351	0.361	0.371	0.382	0.392	0.402	0.412
2600	0.278	0.288	0.298	0.309	0.319	0.330	0.341	0.351	0.362	0.372	0.382	0.393	0.404	0.414	0.425
2700	0.285	0.296	0.307	0.318	0.328	0.339	0.350	0.361	0.372	0.382	0.393	0.404	0.415	0.426	0.436
2800	0.293	0.304	0.315	0.326	0.337	0.348	0.359	0.370	0.381	0.393	0.404	0.415	0.426	0.437	0.448
2900	0.300	0.311	0.323	0.334	0.346	0.357	0.368	0.380	0.391	0.402	0.414	0.425	0.437	0.448	0.459
3000	0.307	0.319	0.330	0.342	0.354	0.365	0.377	0.389	0.400	0.412	0.423	0.435	0.447	0.458	0.470
3100	0.314	0.326	0.338	0.350	0.362	0.374	0.386	0.397	0.409	0.421	0.433	0.445	0.457	0.469	0.481
3200	0.321	0.333	0.345	0.357	0.369	0.382	0.394	0.406	0.418	0.430	0.442	0.454	0.467	0.479	0.491
3300	0.331	0.343	0.356	0.368	0.381	0.393	0.406	0.419	0.431	0.444	0.456	0.469	0.481	0.494	0.506
3400	0.337	0.350	0.363	0.376	0.388	0.401	0.414	0.427	0.439	0.452	0.465	0.478	0.490	0.503	0.516
3500	0.343	0.356	0.369	0.382	0.395	0.408	0.421	0.434	0.447	0.460	0.473	0.486	0.499	0.512	0.525
3600	0.349	0.362	0.376	0.389	0.402	0.415	0.429	0.442	0.455	0.468	0.481	0.495	0.508	0.521	0.534
3700	0.355	0.368	0.382	0.395	0.409	0.422	0.436	0.449	0.462	0.476	0.489	0.503	0.516	0.530	0.543

续表

型号	T10（b_{s0}10mm）														
n_1 /r · min^{-1}	z_1														
	27	28	29	30	31	32	33	34	35	36	37	38	39	40	41
	P_0/kW														
3800	0.361	0.374	0.388	0.401	0.415	0.429	0.442	0.456	0.470	0.483	0.497	0.511	0.524	0.538	0.552
3900	0.366	0.380	0.393	0.407	0.421	0.435	0.449	0.463	0.477	0.490	0.504	0.518	0.532	0.546	0.560
4000	0.371	0.385	0.399	0.413	0.427	0.441	0.455	0.469	0.483	0.497	0.511	0.525	0.539	0.553	0.567
4200	0.385	0.399	0.414	0.429	0.443	0.458	0.472	0.487	0.501	0.516	0.530	0.545	0.560	0.574	0.589
4400	0.394	0.409	0.423	0.438	0.453	0.468	0.483	0.498	0.513	0.528	0.543	0.558	0.573	0.587	0.602
4600	0.407	0.422	0.437	0.453	0.468	0.484	0.499	0.515	0.530	0.545	0.560	0.576	0.591	0.607	0.622
4800	0.419	0.435	0.451	0.467	0.483	0.498	0.514	0.530	0.546	0.562	0.578	0.594	0.610	0.625	0.641
5000	0.431	0.447	0.464	0.480	0.496	0.513	0.529	0.546	0.562	0.578	0.594	0.611	0.637	0.643	0.660
5200	0.443	0.460	0.476	0.493	0.510	0.527	0.544	0.560	0.577	0.594	0.610	0.627	0.644	0.661	0.678
5400	0.454	0.471	0.488	0.506	0.523	0.540	0.557	0.575	0.592	0.609	0.626	0.643	0.660	0.677	0.695
5600	0.465	0.482	0.500	0.518	0.535	0.553	0.571	0.588	0.606	0.623	0.641	0.658	0.676	0.694	0.711
5800	0.475	0.493	0.511	0.529	0.547	0.565	0.588	0.601	0.619	0.637	0.655	0.673	0.691	0.709	0.727
6000	0.485	0.503	0.522	0.540	0.558	0.577	0.595	0.614	0.632	0.650	0.669	0.687	0.706	0.724	0.742
6200	0.495	0.513	0.532	0.551	0.569	0.588	0.607	0.626	0.644	0.663	0.682	0.701	0.719	0.738	0.757
6400	0.504	0.523	0.542	0.561	0.580	0.599	0.618	0.637	0.656	0.675	0.694	0.713	0.733	0.751	0.771
6600	0.505	0.524	0.543	0.563	0.582	0.601	0.620	0.639	0.658	0.677	0.696	0.716	0.735	0.754	0.773
6800	0.513	0.532	0.552	0.572	0.591	0.610	0.630	0.649	0.669	0.688	0.707	0.727	0.746	0.766	0.785
7000	0.521	0.540	0.560	0.580	0.599	0.619	0.639	0.659	0.678	0.698	0.718	0.738	0.757	0.777	0.797
7500	0.542	0.562	0.583	0.603	0.624	0.644	0.665	0.685	0.706	0.726	0.747	0.767	0.788	0.808	0.829
8000	0.561	0.582	0.603	0.624	0.645	0.667	0.688	0.709	0.730	0.752	0.773	0.794	0.815	0.836	0.858
8500	0.577	0.599	0.621	0.643	0.665	0.687	0.709	0.730	0.752	0.774	0.796	0.818	0.840	0.861	0.883
9000	0.592	0.614	0.637	0.659	0.681	0.704	0.726	0.749	0.771	0.794	0.816	0.838	0.861	0.883	
9500	0.604	0.627	0.650	0.673	0.696	0.719	0.742	0.765	0.787	0.810	0.833				
10000	0.635	0.649	0.673	0.696	0.720	0.744	0.767	0.791	0.815	0.838					
11000	0.664	0.689	0.714	0.740	0.764	0.790									
12000	0.699	0.725	0.751	0.778											
13000	0.719														

型号	T10（b_{s0}10mm）														
n_1 /r · min^{-1}	z_1														
	42	43	44	45	46	47	48	49	50	51	52	53	54	55	56
	P_0/kW														
100	0.026	0.027	0.027	0.028	0.029	0.029	0.030	0.031	0.031	0.032	0.033	0.033	0.034	0.034	0.035
200	0.051	0.052	0.053	0.054	0.056	0.057	0.058	0.059	0.061	0.062	0.063	0.064	0.065	0.067	0.068
300	0.074	0.075	0.077	0.079	0.081	0.082	0.084	0.086	0.088	0.090	0.091	0.093	0.095	0.097	0.098
400	0.095	0.097	0.099	0.102	0.104	0.106	0.108	0.111	0.113	0.115	0.117	0.120	0.122	0.124	0.127
500	0.116	0.119	0.121	0.124	0.127	0.130	0.133	0.135	0.138	0.141	0.144	0.147	0.149	0.152	0.155
600	0.136	0.139	0.142	0.146	0.149	0.152	0.156	0.159	0.162	0.165	0.169	0.172	0.175	0.179	0.182

续表

型号	T10(b_{s0} 10mm)														
n_1 /r · min^{-1}	z_1														
	42	43	44	45	46	47	48	49	50	51	52	53	54	55	56
	P_0/kW														
700	0.154	0.158	0.161	0.165	0.169	0.172	0.176	0.180	0.184	0.187	0.191	0.195	0.198	0.202	0.206
800	0.173	0.177	0.181	0.186	0.190	0.194	0.198	0.202	0.207	0.211	0.215	0.219	0.223	0.227	0.232
900	0.190	0.195	0.199	0.204	0.208	0.213	0.218	0.222	0.227	0.231	0.236	0.241	0.245	0.250	0.254
1000	0.206	0.211	0.216	0.221	0.226	0.231	0.236	0.241	0.246	0.251	0.256	0.261	0.266	0.271	0.276
1100	0.225	0.230	0.236	0.241	0.247	0.252	0.258	0.263	0.268	0.274	0.279	0.285	0.290	0.296	0.301
1200	0.243	0.249	0.255	0.261	0.267	0.273	0.279	0.284	0.290	0.296	0.302	0.308	0.314	0.320	0.326
1300	0.259	0.266	0.272	0.278	0.284	0.291	0.297	0.303	0.309	0.316	0.322	0.328	0.334	0.341	0.347
1400	0.275	0.282	0.288	0.294	0.301	0.308	0.314	0.321	0.328	0.334	0.341	0.347	0.354	0.361	0.367
1500	0.289	0.296	0.303	0.310	0.317	0.324	0.331	0.338	0.345	0.352	0.359	0.366	0.373	0.380	0.387
1600	0.303	0.310	0.318	0.325	0.332	0.339	0.347	0.354	0.361	0.369	0.376	0.383	0.391	0.398	0.405
1700	0.316	0.324	0.331	0.339	0.347	0.354	0.362	0.369	0.377	0.385	0.392	0.400	0.408	0.415	0.423
1800	0.332	0.340	0.348	0.356	0.364	0.372	0.380	0.388	0.396	0.404	0.412	0.420	0.428	0.436	0.444
1900	0.344	0.352	0.360	0.369	0.377	0.385	0.393	0.402	0.410	0.418	0.427	0.435	0.443	0.451	0.460
2000	0.358	0.367	0.376	0.384	0.393	0.402	0.410	0.419	0.428	0.436	0.445	0.453	0.462	0.471	0.479
2100	0.373	0.382	0.391	0.400	0.409	0.418	0.427	0.436	0.445	0.454	0.463	0.472	0.481	0.490	0.499
2200	0.387	0.396	0.405	0.415	0.424	0.433	0.443	0.452	0.461	0.471	0.480	0.489	0.499	0.508	0.517
2300	0.397	0.406	0.416	0.425	0.435	0.444	0.454	0.463	0.473	0.483	0.492	0.502	0.511	0.521	0.531
2400	0.410	0.420	0.429	0.439	0.449	0.459	0.469	0.479	0.489	0.499	0.509	0.519	0.528	0.538	0.548
2500	0.423	0.433	0.443	0.453	0.463	0.474	0.484	0.494	0.504	0.514	0.525	0.535	0.545	0.555	0.565
2600	0.435	0.446	0.456	0.467	0.477	0.488	0.498	0.509	0.519	0.530	0.540	0.551	0.561	0.572	0.582
2700	0.447	0.458	0.469	0.480	0.490	0.501	0.512	0.523	0.534	0.544	0.555	0.566	0.577	0.588	0.598
2800	0.459	0.470	0.481	0.492	0.503	0.514	0.526	0.537	0.548	0.559	0.570	0.581	0.592	0.603	0.614
2900	0.471	0.482	0.493	0.505	0.516	0.527	0.539	0.550	0.561	0.573	0.584	0.596	0.607	0.618	0.630
3000	0.482	0.493	0.505	0.517	0.528	0.540	0.552	0.563	0.575	0.586	0.598	0.610	0.621	0.633	0.645
3100	0.493	0.504	0.516	0.528	0.540	0.552	0.564	0.576	0.588	0.600	0.611	0.623	0.635	0.647	0.659
3200	0.503	0.515	0.527	0.539	0.552	0.564	0.576	0.588	0.600	0.612	0.624	0.637	0.649	0.661	0.673
3300	0.519	0.531	0.544	0.556	0.569	0.581	0.594	0.606	0.619	0.632	0.644	0.656	0.669	0.681	0.694
3400	0.529	0.541	0.554	0.567	0.580	0.593	0.605	0.618	0.631	0.644	0.656	0.669	0.682	0.695	0.707
3500	0.538	0.551	0.564	0.577	0.590	0.603	0.616	0.629	0.642	0.655	0.668	0.681	0.694	0.707	0.720
3600	0.548	0.561	0.574	0.587	0.600	0.614	0.627	0.640	0.653	0.667	0.680	0.693	0.706	0.719	0.733
3700	0.557	0.570	0.583	0.597	0.610	0.624	0.637	0.651	0.664	0.678	0.691	0.704	0.718	0.731	0.745
3800	0.565	0.579	0.592	0.606	0.620	0.633	0.647	0.661	0.674	0.688	0.702	0.715	0.729	0.743	0.756
3900	0.574	0.587	0.601	0.615	0.629	0.643	0.657	0.670	0.684	0.698	0.712	0.726	0.740	0.753	0.767
4000	0.581	0.595	0.609	0.624	0.638	0.652	0.666	0.680	0.694	0.708	0.722	0.736	0.750	0.764	0.778
4100	0.589	0.603	0.617	0.632	0.646	0.660	0.674	0.689	0.703	0.717	0.731	0.745	0.760	0.774	0.788
4200	0.603	0.618	0.633	0.647	0.662	0.676	0.691	0.705	0.720	0.735	0.749	0.764	0.778	0.793	0.807

续表

型号	T10(b_{s0}10mm)														
n_1 /r·min^{-1}	z_1														
	42	43	44	45	46	47	48	49	50	51	52	53	54	55	56
	P_0/kW														
4300	0.611	0.625	0.640	0.655	0.669	0.684	0.699	0.714	0.726	0.743	0.756	0.773	0.787	0.802	0.817
4400	0.617	0.632	0.647	0.662	0.677	0.692	0.707	0.722	0.738	0.751	0.768	0.781	0.796	0.811	0.826
4500	0.631	0.646	0.662	0.677	0.692	0.707	0.723	0.738	0.753	0.769	0.784	0.799	0.814	0.829	0.845
4600	0.638	0.653	0.668	0.684	0.699	0.715	0.730	0.745	0.761	0.776	0.791	0.807	0.822	0.838	0.853
4800	0.657	0.673	0.689	0.705	0.721	0.736	0.752	0.768	0.784	0.800	0.816	0.832	0.848	0.863	0.879
5000	0.676	0.692	0.709	0.725	0.741	0.758	0.774	0.790	0.807	0.823	0.839	0.856	0.872	0.888	0.905
5200	0.694	0.711	0.728	0.745	0.761	0.778	0.795	0.812	0.828	0.845	0.862	0.879	0.896	0.912	0.929
5400	0.712	0.729	0.746	0.764	0.781	0.798	0.815	0.832	0.849	0.867	0.884	0.901	0.918	0.935	0.953
5600	0.729	0.746	0.764	0.782	0.799	0.817	0.834	0.852	0.870	0.887	0.905	0.922	0.940	0.957	0.975
5800	0.745	0.763	0.781	0.799	0.817	0.835	0.853	0.871	0.889	0.907	0.925	0.943	0.961	0.979	0.997
6000	0.761	0.779	0.797	0.816	0.834	0.852	0.871	0.889	0.908	0.926	0.944	0.963	0.981	0.999	1.018
6200	0.776	0.794	0.813	0.832	0.850	0.869	0.888	0.906	0.925	0.944	0.963	0.981	1.000	1.019	1.038
6400	0.790	0.809	0.828	0.847	0.866	0.885	0.904	0.923	0.942	0.961	0.980	0.999	1.019	1.037	1.057
6600	0.792	0.811	0.830	0.849	0.868	0.888	0.907	0.926	0.945	0.964	0.983	1.002	1.022		
6800	0.805	0.824	0.843	0.863	0.882	0.902	0.921	0.940	0.960	0.979	0.999				
7000	0.816	0.836	0.856	0.876	0.895	0.915	0.935	0.954	0.974	0.994					
7500	0.849	0.870	0.890	0.911	0.931	0.952									
8000	0.879	0.900	0.921	0.943											
8500	0.905														

型号	T20(b_{s0}10mm)																
n_1 /r·min^{-1}	z_1																
	16	17	18	19	20	21	22	23	24	25	26	27	28	29	30	31	32
	P_0/kW																
100	0.039	0.041	0.044	0.046	0.049	0.051	0.053	0.056	0.058	0.061	0.063	0.066	0.068	0.071	0.073	0.076	0.078
200	0.072	0.077	0.081	0.086	0.091	0.095	0.100	0.105	0.109	0.114	0.118	0.123	0.128	0.132	0.137	0.142	0.146
300	0.103	0.109	0.116	0.123	0.129	0.136	0.142	0.149	0.156	0.162	0.169	0.176	0.182	0.189	0.195	0.202	0.209
400	0.130	0.138	0.147	0.155	0.163	0.172	0.180	0.188	0.197	0.205	0.214	0.222	0.230	0.239	0.247	0.255	0.264
500	0.156	0.166	0.176	0.186	0.196	0.206	0.216	0.226	0.236	0.246	0.256	0.267	0.277	0.287	0.297	0.307	0.317
600	0.183	0.195	0.206	0.218	0.230	0.241	0.253	0.265	0.277	0.289	0.300	0.312	0.324	0.336	0.347	0.359	0.371
700	0.204	0.218	0.231	0.244	0.257	0.270	0.283	0.296	0.310	0.323	0.336	0.349	0.362	0.375	0.388	0.401	0.415
800	0.223	0.238	0.252	0.266	0.281	0.295	0.310	0.324	0.338	0.353	0.367	0.381	0.396	0.410	0.425	0.439	0.453
900	0.240	0.255	0.271	0.286	0.302	0.317	0.332	0.348	0.363	0.379	0.394	0.410	0.425	0.440	0.456	0.471	0.487
1000	0.254	0.270	0.287	0.303	0.319	0.335	0.352	0.368	0.384	0.401	0.417	0.433	0.450	0.466	0.482	0.499	0.515

续表

型号	T20(b_{s0}10mm)																
n_1 /r·min^{-1}	z_1																
	16	17	18	19	20	21	22	23	24	25	26	27	28	29	30	31	32
	P_0/kW																
1100	0.276	0.294	0.312	0.330	0.348	0.365	0.383	0.401	0.419	0.436	0.454	0.472	0.490	0.508	0.525	0.543	0.561
1200	0.295	0.315	0.334	0.352	0.372	0.390	0.409	0.428	0.448	0.466	0.485	0.505	0.524	0.542	0.562	0.581	0.599
1300	0.317	0.337	0.358	0.378	0.398	0.418	0.439	0.459	0.480	0.500	0.520	0.541	0.561	0.582	0.602	0.622	0.643
1400	0.334	0.356	0.377	0.399	0.420	0.441	0.463	0.484	0.506	0.527	0.549	0.570	0.592	0.613	0.635	0.656	0.678
1500	0.350	0.373	0.395	0.418	0.441	0.463	0.485	0.508	0.531	0.553	0.576	0.598	0.621	0.643	0.666	0.688	0.711
1600	0.366	0.389	0.413	0.436	0.460	0.483	0.507	0.530	0.554	0.577	0.601	0.624	0.648	0.671	0.695	0.718	0.742
1700	0.384	0.409	0.434	0.458	0.483	0.507	0.532	0.557	0.582	0.606	0.631	0.656	0.680	0.705	0.730	0.755	0.779
1800	0.402	0.428	0.454	0.480	0.506	0.531	0.557	0.583	0.609	0.635	0.661	0.687	0.712	0.738	0.764	0.790	0.816
1900	0.415	0.442	0.468	0.495	0.522	0.548	0.575	0.601	0.628	0.655	0.681	0.708	0.735	0.761	0.788	0.815	0.842
2000	0.432	0.459	0.487	0.515	0.543	0.570	0.598	0.626	0.654	0.681	0.709	0.737	0.765	0.792	0.820	0.848	0.876
2200	0.464	0.493	0.523	0.553	0.583	0.612	0.642	0.672	0.702	0.732	0.762	0.792	0.821	0.851	0.881	0.911	0.940
2400	0.493	0.525	0.557	0.589	0.621	0.652	0.684	0.716	0.747	0.779	0.811	0.843	0.874	0.906	0.938	0.970	1.001
2600	0.521	0.555	0.589	0.622	0.656	0.689	0.723	0.756	0.790	0.823	0.857	0.890	0.924	0.957	0.991	1.024	1.058
2800	0.540	0.575	0.610	0.644	0.679	0.713	0.749	0.783	0.818	0.853	0.887	0.922	0.957	0.992	1.037	1.061	1.096
3000	0.564	0.600	0.636	0.672	0.709	0.744	0.781	0.817	0.854	0.890	0.926	0.962	0.998	1.035	1.071	1.107	1.143
3200	0.585	0.623	0.660	0.698	0.736	0.772	0.811	0.848	0.886	0.923	0.961	0.999	1.036	1.074	1.112	1.149	1.187
3400	0.604	0.643	0.682	0.721	0.760	0.798	0.837	0.876	0.915	0.954	0.993	1.032	1.070	1.109	1.148	1.187	1.226
3600	0.621	0.662	0.701	0.741	0.781	0.821	0.861	0.901	0.941	0.981	1.021	1.061	1.101	1.141	1.181	1.221	1.261
3800	0.637	0.678	0.719	0.759	0.801	0.841	0.882	0.923	0.964	1.005	1.046	1.087	1.128	1.169	1.210	1.251	1.292
4000	0.650	0.692	0.734	0.775	0.817	0.858	0.901	0.942	0.984	1.026	1.068	1.110	1.151	1.193	1.235	1.277	1.318
4200	0.661	0.704	0.746	0.789	0.831	0.873	0.916	0.958	1.001	1.044	1.086	1.129	1.171	1.214	1.256	1.299	1.341
4400	0.681	0.725	0.769	0.813	0.857	0.900	0.944	0.988	1.032	1.076	1.119	1.163	1.207	1.251	1.295	1.339	
4600	0.701	0.746	0.791	0.836	0.881	0.925	0.971	1.016	1.061	1.106	1.151	1.196	1.241	1.286			
4800	0.719	0.765	0.811	0.858	0.904	0.949	0.996	1.042	1.089	1.135	1.181	1.228					
5000	0.736	0.784	0.831	0.878	0.926	0.972	1.020	1.067	1.115	1.162							
5200	0.739	0.787	0.834	0.882	0.930	0.976	1.024	1.072									
5400	0.753	0.802	0.850	0.899	0.947	0.995											
5600	0.754	0.803	0.851	0.899													
5800	0.766	0.815															

型号	T20(b_{s0}10mm)																
n_1 /r·min^{-1}	z_1																
	33	34	35	36	37	38	39	40	41	42	43	44	45	46	47	48	49
	P_0/kW																
100	0.081	0.083	0.086	0.088	0.091	0.093	0.096	0.098	0.101	0.103	0.106	0.108	0.111	0.113	0.116	0.118	0.120
200	0.151	0.156	0.160	0.165	0.169	0.174	0.179	0.183	0.188	0.193	0.197	0.202	0.207	0.211	0.216	0.220	0.225
300	0.215	0.222	0.228	0.235	0.242	0.248	0.255	0.261	0.268	0.275	0.281	0.288	0.295	0.301	0.308	0.314	0.321

续表

型号	T20(b_{s0}10mm)																
n_1 /r·min^{-1}	z_1																
	33	34	35	36	37	38	39	40	41	42	43	44	45	46	47	48	49
	P_0/kW																
400	0.272	0.280	0.289	0.297	0.305	0.314	0.322	0.331	0.339	0.347	0.356	0.364	0.372	0.381	0.389	0.397	0.406
500	0.327	0.337	0.347	0.357	0.367	0.377	0.387	0.397	0.407	0.417	0.427	0.437	0.447	0.457	0.467	0.477	0.487
600	0.383	0.394	0.406	0.418	0.430	0.441	0.453	0.465	0.477	0.488	0.500	0.512	0.524	0.535	0.547	0.559	0.571
700	0.428	0.441	0.454	0.467	0.480	0.493	0.507	0.520	0.533	0.546	0.559	0.572	0.585	0.599	0.612	0.625	0.638
800	0.468	0.482	0.496	0.511	0.525	0.539	0.554	0.568	0.582	0.597	0.611	0.626	0.640	0.654	0.669	0.683	0.697
900	0.502	0.518	0.533	0.548	0.564	0.579	0.592	0.610	0.626	0.641	0.656	0.672	0.687	0.703	0.718	0.733	0.749
1000	0.531	0.548	0.564	0.580	0.597	0.613	0.629	0.646	0.662	0.678	0.695	0.711	0.727	0.744	0.760	0.776	0.793
1100	0.579	0.596	0.614	0.632	0.650	0.668	0.685	0.703	0.721	0.749	0.756	0.774	0.792	0.810	0.828	0.845	0.863
1200	0.618	0.638	0.656	0.676	0.695	0.713	0.733	0.752	0.770	0.789	0.809	0.827	0.846	0.866	0.884	0.903	0.923
1300	0.663	0.684	0.704	0.724	0.745	0.765	0.785	0.806	0.826	0.846	0.867	0.887	0.908	0.928	0.948	0.969	0.989
1400	0.699	0.721	0.742	0.764	0.785	0.807	0.828	0.850	0.871	0.893	0.914	0.936	0.957	0.979	1.000	1.021	1.043
1500	0.733	0.756	0.778	0.801	0.823	0.846	0.869	0.891	0.913	0.936	0.959	0.981	1.004	1.026	1.049	1.071	1.094
1600	0.765	0.789	0.812	0.836	0.859	0.883	0.906	0.930	0.953	0.977	1.000	1.024	1.047	1.071	1.094	1.118	1.141
1700	0.804	0.829	0.853	0.878	0.903	0.927	0.952	0.977	1.001	1.026	1.051	1.076	1.100	1.125	1.150	1.174	1.199
1800	0.842	0.868	0.893	0.919	0.945	0.971	0.997	1.023	1.048	1.074	1.100	1.126	1.152	1.178	1.204	1.229	1.255
1900	0.868	0.895	0.922	0.948	0.975	1.002	1.028	1.055	1.082	1.108	1.135	1.162	1.188	1.215	1.242	1.268	1.295
2000	0.903	0.931	0.959	0.987	1.014	1.042	1.070	1.098	1.125	1.153	1.181	1.209	1.236	1.264	1.292	1.319	1.347
2200	0.970	1.000	1.030	1.060	1.090	1.119	1.149	1.179	1.209	1.238	1.268	1.298	1.328	1.358	1.388	1.417	1.447
2400	1.033	1.065	1.096	1.128	1.160	1.192	1.223	1.255	1.287	1.318	1.350	1.382	1.414	1.446	1.477	1.509	1.541
2600	1.091	1.125	1.158	1.192	1.226	1.259	1.293	1.326	1.360	1.393	1.427	1.460	1.494	1.527	1.561	1.594	1.628
2800	1.131	1.165	1.200	1.235	1.270	1.304	1.339	1.374	1.409	1.443	1.478	1.513	1.547	1.582	1.617		
3000	1.179	1.216	1.252	1.288	1.325	1.361	1.397	1.433	1.469	1.506	1.542	1.578	1.614				
3200	1.224	1.262	1.299	1.337	1.375	1.412	1.450	1.488	1.525	1.563	1.600						
3400	1.264	1.304	1.342	1.381	1.420	1.459	1.498	1.537	1.575								
3600	1.301	1.341	1.381	1.421	1.461	1.500	1.541										
3800	1.332	1.374	1.414	1.456	1.496												
4000	1.360	1.402	1.444														
4200	1.383																

型号	T20(b_{s0}10mm)																
n_1 /r·min^{-1}	z_1																
	50	51	52	53	54	55	56	57	58	59	60	61	62	63	64	65	66
	P_0/kW																
100	0.123	0.125	0.128	0.130	0.133	0.135	0.138	0.140	0.145	0.145	0.148	0.150	0.153	0.155	0.158	0.160	0.163
200	0.230	0.234	0.239	0.244	0.248	0.253	0.258	0.262	0.267	0.271	0.276	0.281	0.285	0.290	0.294	0.298	0.303
300	0.328	0.334	0.341	0.347	0.354	0.361	0.367	0.374	0.380	0.387	0.394	0.400	0.406	0.413	0.419	0.425	0.431
400	0.414	0.422	0.431	0.439	0.448	0.456	0.464	0.473	0.481	0.489	0.498	0.506	0.516	0.525	0.533	0.542	0.550
500	0.497	0.507	0.518	0.528	0.538	0.548	0.558	0.568	0.578	0.588	0.598	0.608	0.618	0.627	0.637	0.647	0.657
600	0.582	0.594	0.606	0.618	0.659	0.641	0.653	0.665	0.676	0.688	0.700	0.712	0.723	0.735	0.747	0.758	0.770
700	0.651	0.664	0.677	0.691	0.704	0.717	0.730	0.743	0.756	0.769	0.783	0.796	0.809	0.822	0.834	0.847	0.860
800	0.712	0.726	0.741	0.755	0.769	0.784	0.798	0.812	0.827	0.841	0.855	0.870	0.885	0.899	0.914	0.929	0.943
900	0.764	0.780	0.795	0.811	0.826	0.842	0.857	0.872	0.888	0.903	0.919	0.934	0.950	0.965	0.981	0.996	1.012
1000	0.809	0.825	0.842	0.858	0.874	0.891	0.907	0.923	0.939	0.956	0.972	0.988	1.004	1.020	1.036	1.053	1.069

续表

型号	T20(b_{s0} 10mm)																
n_1 /r·min^{-1}	z_1																
	50	51	52	53	54	55	56	57	58	59	60	61	62	63	64	65	66
	P_0/kW																
1100	0.881	0.899	0.916	0.934	0.952	0.970	0.987	1.005	1.023	1.041	1.059	1.076	1.094	1.111	1.129	1.147	1.165
1200	0.941	0.960	0.980	0.999	1.017	1.037	1.056	1.074	1.094	1.113	1.131	1.150	1.169	1.187	1.207	1.226	1.244
1300	1.009	1.030	1.050	1.071	1.091	1.111	1.132	1.152	1.172	1.193	1.213	1.233	1.253	1.273	1.293	1.314	1.334
1400	1.064	1.086	1.107	1.129	1.150	1.172	1.193	1.215	1.236	1.258	1.279	1.301	1.322	1.344	1.365	1.387	1.408
1500	1.116	1.139	1.161	1.184	1.206	1.229	1.251	1.274	1.296	1.319	1.341	1.364	1.386	1.408	1.431	1.454	1.476
1600	1.165	1.188	1.212	1.235	1.259	1.282	1.306	1.329	1.353	1.376	1.400	1.423	1.447	1.470	1.494	1.517	1.541
1700	1.224	1.248	1.273	1.298	1.323	1.347	1.372	1.397	1.421	1.446	1.471	1.495	1.519	1.544	1.569	1.593	1.618
1800	1.281	1.307	1.333	1.359	1.385	1.411	1.436	1.462	1.488	1.514	1.540	1.566	1.592	1.618	1.643	1.668	
1900	1.322	1.348	1.375	1.402	1.428	1.455	1.482	1.508	1.535	1.562	1.588	1.615					
2000	1.375	1.403	1.431	1.458	1.486	1.514	1.542	1.569	1.597	1.625	1.652	1.680					
2200	1.477	1.507	1.537	1.566	1.596	1.626	1.656	1.686									
2400	1.572	1.604	1.636	1.668													

型号	T20(b_{s0} 10mm)																
n_1 /r·min^{-1}	z_1																
	67	68	69	70	71	72	73	74	75	76	77	78	79	80	81	82	83
	P_0/kW																
100	0.165	0.168	0.170	0.173	0.175	0.177	0.180	0.182	0.185	0.187	0.189	0.193	0.195	0.198	0.200	0.203	0.205
200	0.308	0.314	0.319	0.323	0.327	0.332	0.337	0.341	0.346	0.351	0.355	0.360	0.365	0.369	0.373	0.378	0.383
300	0.438	0.445	0.451	0.457	0.464	0.470	0.477	0.483	0.490	0.496	0.503	0.509	0.516	0.522	0.529	0.535	0.542
400	0.558	0.567	0.575	0.583	0.591	0.599	0.607	0.615	0.623	0.631	0.639	0.647	0.653	0.662	0.670	0.679	0.687
500	0.667	0.687	0.698	0.697	0.707	0.717	0.727	0.737	0.747	0.757	0.767	0.777	0.787	0.797	0.807	0.817	0.827
600	0.782	0.794	0.806	0.817	0.829	0.841	0.853	0.864	0.876	0.888	0.899	0.911	0.923	0.935	0.946	0.958	0.970
700	0.872	0.885	0.898	0.911	0.924	0.937	0.949	0.962	0.975	0.988	1.001	1.014	1.027	1.040	1.053	1.066	1.079
800	0.958	0.973	0.987	1.002	1.016	1.030	1.044	1.058	1.072	1.086	1.100	1.114	1.128	1.142	1.156	1.170	1.184
900	1.027	1.042	1.057	1.072	1.087	1.102	1.118	1.133	1.148	1.163	1.178	1.193	1.208	1.225	1.240	1.254	1.268
1000	1.085	1.101	1.118	1.134	1.150	1.167	1.183	1.199	1.215	1.231	1.247	1.254	1.270	1.286	1.302	1.319	1.335
1100	1.183	1.200	1.218	1.236	1.253	1.271	1.289	1.307	1.324	1.342	1.360	1.377	1.395	1.412	1.430	1.448	1.466
1200	1.264	1.283	1.301	1.321	1.340	1.359	1.378	1.397	1.416	1.435	1.454	1.473	1.492	1.509	1.528	1.547	1.566
1300	1.354	1.374	1.395	1.415	1.435	1.456	1.476	1.496	1.516	1.537	1.557	1.577	1.597	1.617	1.637	1.658	1.678
1400	1.430	1.451	1.473	1.494	1.516	1.537	1.559	1.580	1.602	1.624	1.645	1.667	1.688	1.709	1.731	1.753	1.774
1500	1.499	1.521	1.544	1.566	1.589	1.611	1.634	1.656	1.679	1.701	1.724	1.746	1.769	1.791			
1600	1.564	1.588	1.611	1.635	1.658	1.682	1.705	1.729	1.753								
1700	1.642	1.666	1.691	1.715													

型号	T20(b_{s0} 10mm)																
n_1 /r·min^{-1}	z_1																
	84	85	86	87	88	89	90	91	92	93	94	95	96	97	98	99	100
	P_0/kW																
100	0.208	0.210	0.213	0.215	0.218	0.220	0.223	0.225	0.228	0.230	0.233	0.235	0.238	0.240	0.243	0.245	0.248
200	0.387	0.391	0.396	0.401	0.406	0.410	0.415	0.420	0.424	0.429	0.434	0.439	0.443	0.448	0.452	0.457	0.462
300	0.548	0.555	0.561	0.568	0.574	0.580	0.586	0.593	0.599	0.606	0.612	0.619	0.626	0.633	0.639	0.646	0.650
400	0.695	0.703	0.711	0.720	0.729	0.738	0.746	0.754	0.762	0.770	0.778	0.786	0.794	0.802	0.810	0.818	0.826
500	0.837	0.847	0.857	0.867	0.877	0.887	0.897	0.907	0.917	0.927	0.937	0.947	0.957	0.967	0.977	0.987	0.997

续表

型号	T20（b_{s0}10mm）																
n_1 /r · min^{-1}	z_1																
	84	85	86	87	88	89	90	91	92	93	94	95	96	97	98	99	100
	P_0/kW																
600	0.981	0.993	1.005	1.016	1.027	1.038	1.050	1.062	1.073	1.084	1.096	1.107	1.118	1.129	1.140	1.151	1.162
700	1.092	1.105	1.118	1.131	1.154	1.167	1.170	1.183	1.196	1.209	1.222	1.235	1.248	1.261	1.274	1.287	1.300
800	1.198	1.212	1.226	1.240	1.254	1.268	1.282	1.296	1.310	1.324	1.338	1.352	1.366	1.380	1.394	1.408	1.422
900	1.282	1.297	1.311	1.326	1.340	1.355	1.369	1.383	1.397	1.412	1.427	1.442	1.456	1.471	1.496	1.510	1.525
1000	1.351	1.367	1.383	1.399	1.416	1.432	1.448	1.464	1.480	1.496	1.512	1.528	1.544	1.560	1.576	1.592	1.608
1100	1.484	1.502	1.520	1.537	1.555	1.573	1.591	1.608	1.626	1.644	1.661	1.679	1.697	1.715	1.732	1.749	1.767
1200	1.585	1.604	1.623	1.642	1.661	1.680	1.699	1.718	1.737	1.756	1.775	1.794	1.813	1.832	1.851	1.870	1.889
1300	1.698	1.718	1.738	1.758	1.778	1.798	1.818	1.838	1.858								
1400	1.796	1.818															

表 13-1-75　　圆弧齿带的基准额定功率（摘自 JB/T 7512.3—1994）

型　号	n_1 /r · min^{-1}	z_1	10	12	14	16	18	20	24	28	32	40	48	56	64	72	80
		d_1 /mm	9.55	11.46	13.37	15.28	17.19	19.10	22.92	26.74	30.56	38.20	45.48	53.48	61.12	68.75	76.39
	20		0.001	0.001	0.001	0.001	0.002	0.002	0.002	0.003	0.003	0.004	0.006	0.007	0.008	0.008	0.008
	40		0.002	0.002	0.002	0.003	0.003	0.003	0.004	0.005	0.006	0.009	0.011	0.013	0.015	0.017	0.019
	60		0.002	0.003	0.003	0.004	0.005	0.005	0.007	0.008	0.010	0.013	0.017	0.020	0.023	0.025	0.028
	100		0.004	0.005	0.006	0.007	0.008	0.009	0.011	0.013	0.016	0.021	0.028	0.033	0.038	0.042	0.047
	200		0.008	0.010	0.011	0.013	0.015	0.017	0.022	0.027	0.032	0.043	0.055	0.066	0.075	0.084	0.094
	300		0.011	0.013	0.016	0.018	0.021	0.024	0.030	0.036	0.043	0.058	0.074	0.087	0.100	0.112	0.125
	400		0.013	0.016	0.019	0.023	0.026	0.030	0.037	0.045	0.053	0.071	0.090	0.107	0.122	0.138	0.153
	500		0.016	0.019	0.023	0.027	0.031	0.035	0.044	0.053	0.062	0.083	0.106	0.125	0.143	0.161	0.179
	600		0.018	0.022	0.027	0.031	0.035	0.040	0.050	0.060	0.071	0.095	0.120	0.142	0.163	0.183	0.203
	700		0.020	0.025	0.030	0.035	0.040	0.045	0.056	0.068	0.080	0.106	0.134	0.159	0.181	0.204	0.227
	800		0.023	0.028	0.033	0.039	0.044	0.050	0.062	0.075	0.088	0.117	0.148	0.174	0.199	0.224	0.249
	870		0.024	0.030	0.035	0.041	0.047	0.053	0.066	0.080	0.094	0.124	0.157	0.185	0.211	0.238	0.264
	900		0.025	0.030	0.036	0.042	0.048	0.055	0.068	0.082	0.096	0.127	0.160	0.189	0.216	0.243	0.270
	1000		0.027	0.033	0.039	0.046	0.052	0.059	0.073	0.088	0.104	0.137	0.173	0.204	0.233	0.262	0.291
	1160		0.030	0.037	0.044	0.051	0.059	0.066	0.082	0.099	0.116	0.153	0.192	0.226	0.258	0.291	0.323
	1200		0.031	0.038	0.045	0.052	0.060	0.068	0.084	0.101	0.119	0.156	0.197	0.232	0.265	0.298	0.330
3M（b_{s0} 6mm）	1400	P_0 /kW	0.035	0.043	0.051	0.059	0.068	0.076	0.094	0.113	0.133	0.175	0.219	0.258	0.295	0.331	0.368
	1450		0.036	0.044	0.052	0.061	0.069	0.078	0.097	0.116	0.137	0.179	0.225	0.264	0.302	0.339	0.377
	1600		0.039	0.047	0.056	0.065	0.075	0.084	0.104	0.125	0.147	0.192	0.241	0.283	0.323	0.363	0.403
	1750		0.042	0.051	0.060	0.070	0.080	0.090	0.112	0.134	0.157	0.205	0.256	0.301	0.344	0.386	0.429
	1800		0.042	0.052	0.062	0.072	0.082	0.092	0.114	0.136	0.160	0.209	0.261	0.307	0.351	0.394	0.437
	2000		0.046	0.056	0.067	0.077	0.089	0.100	0.123	0.148	0.173	0.226	0.281	0.331	0.377	0.423	0.469
	2400		0.053	0.065	0.077	0.089	0.102	0.115	0.141	0.169	0.197	0.257	0.319	0.375	0.427	0.479	0.530
	2800		0.060	0.073	0.086	0.100	0.114	0.129	0.158	0.189	0.221	0.287	0.355	0.416	0.474	0.530	0.586
	3200		0.066	0.081	0.096	0.111	0.126	0.142	0.175	0.209	0.243	0.315	0.389	0.455	0.517	0.578	0.638
	3600		0.073	0.088	0.105	0.121	0.138	0.155	0.191	0.227	0.265	0.342	0.421	0.492	0.558	0.622	0.685
	4000		0.079	0.096	0.113	0.131	0.150	0.168	0.206	0.245	0.285	0.368	0.451	0.526	0.596	0.663	0.727
	5000		0.094	0.114	0.134	0.155	0.177	0.198	0.243	0.288	0.334	0.427	0.521	0.603	0.678	0.749	0.814
	6000		0.108	0.131	0.154	0.178	0.202	0.227	0.277	0.327	0.378	0.481	0.581	0.667	0.743	0.812	0.871
	7000		0.121	0.147	0.173	0.200	0.227	0.254	0.309	0.364	0.419	0.528	0.631	0.718	0.790	0.850	0.896
	8000		0.134	0.163	0.191	0.221	0.250	0.279	0.339	0.398	0.456	0.569	0.673	0.754	0.816	0.861	0.885
	10000		0.159	0.192	0.226	0.259	0.293	0.326	0.393	0.457	0.519	0.631	0.724	0.781	0.804	0.792	0.729
	12000		0.182	0.220	0.257	0.295	0.332	0.368	0.438	0.505	0.566	0.666	0.729	0.739	0.691	0.582	
	14000		0.204	0.245	0.286	0.327	0.366	0.404	0.476	0.541	0.596	0.670	0.683	0.616			

续表

型　号	n_1 /r·min^{-1}	z_1	14	16	18	20	24	28	32	36	40	44	48	56	64	72	80
		d_1 /mm	22.28	25.46	28.65	31.83	38.20	44.56	50.93	57.30	63.66	70.03	76.39	89.13	101.86	114.59	127.32
	20		0.004	0.005	0.006	0.007	0.009	0.011	0.013	0.015	0.017	0.020	0.023	0.027	0.031	0.034	0.038
	40		0.009	0.011	0.012	0.014	0.018	0.021	0.026	0.030	0.035	0.040	0.045	0.054	0.061	0.069	0.077
	60		0.013	0.016	0.018	0.021	0.026	0.032	0.038	0.045	0.052	0.060	0.068	0.080	0.092	0.103	0.115
	100		0.022	0.026	0.030	0.035	0.044	0.054	0.064	0.075	0.087	0.100	0.113	0.134	0.153	0.172	0.192
	200		0.045	0.053	0.061	0.069	0.088	0.107	0.128	0.150	0.174	0.199	0.226	0.268	0.306	0.345	0.383
	300		0.061	0.072	0.083	0.094	0.119	0.145	0.172	0.202	0.233	0.266	0.300	0.356	0.407	0.458	0.509
	400		0.076	0.090	0.103	0.117	0.147	0.179	0.213	0.249	0.286	0.326	0.368	0.436	0.498	0.561	0.623
	500		0.091	0.106	0.122	0.139	0.174	0.211	0.251	0.292	0.336	0.382	0.430	0.510	0.583	0.656	0.728
	600		0.104	0.122	0.140	0.159	0.199	0.241	0.286	0.334	0.383	0.435	0.489	0.580	0.662	0.745	0.827
	700		0.117	0.137	0.158	0.179	0.223	0.271	0.321	0.373	0.428	0.485	0.545	0.646	0.738	0.829	0.921
	800		0.130	0.152	0.174	0.198	0.247	0.299	0.353	0.411	0.471	0.533	0.598	0.709	0.809	0.910	1.010
	870		0.139	0.162	0.186	0.211	0.263	0.318	0.376	0.437	0.500	0.566	0.634	0.751	0.858	0.965	1.071
	900		0.142	0.166	0.191	0.216	0.269	0.326	0.385	0.447	0.512	0.580	0.650	0.769	0.879	0.987	1.096
	1000		0.154	0.180	0.206	0.234	0.291	0.352	0.416	0.483	0.552	0.625	0.699	0.828	0.945	1.062	1.178
	1160		0.173	0.201	0.231	0.262	0.326	0.393	0.464	0.537	0.614	0.694	0.776	0.918	1.047	1.176	1.304
	1200		0.177	0.207	0.237	0.268	0.334	0.403	0.475	0.551	0.629	0.710	0.794	0.939	1.072	1.204	1.334
	1400		0.199	0.232	0.266	0.301	0.375	0.451	0.532	0.615	0.702	0.791	0.884	1.044	1.191	1.336	1.480
5M(b_{s0} 9mm)	1450	P_0 /kW	0.205	0.239	0.274	0.309	0.384	0.463	0.545	0.631	0.720	0.811	0.905	1.071	1.220	1.368	1.515
	1600		0.221	0.257	0.295	0.333	0.414	0.498	0.586	0.677	0.771	0.869	0.969	1.144	1.303	1.461	1.617
	1750		0.236	0.275	0.315	0.356	0.442	0.532	0.625	0.722	0.822	0.925	1.030	1.215	1.384	1.550	1.713
	1800		0.242	0.281	0.322	0.364	0.451	0.543	0.638	0.736	0.838	0.943	1.050	1.239	1.410	1.578	1.745
	2000		0.262	0.305	0.349	0.394	0.488	0.586	0.688	0.794	0.902	1.014	1.128	1.329	1.511	1.689	1.864
	2400		0.301	0.350	0.400	0.451	0.558	0.669	0.784	0.902	1.024	1.148	1.274	1.479	1.697	1.891	2.079
	2800		0.338	0.393	0.449	0.506	0.625	0.748	0.874	1.004	1.137	1.272	1.408	1.649	1.863	2.067	2.262
	3200		0.374	0.434	0.496	0.559	0.688	0.822	0.960	1.100	1.242	1.386	1.531	1.786	2.008	2.217	2.411
	3600		0.409	0.474	0.541	0.609	0.749	0.893	1.040	1.190	1.340	1.492	1.644	1.908	2.134	2.340	2.526
	4000		0.443	0.513	0.585	0.658	0.808	0.961	1.116	1.274	1.431	1.589	1.745	2.015	2.238	2.436	2.604
	5000		0.523	0.605	0.688	0.772	0.943	1.115	1.288	1.459	1.628	1.792	1.951	2.212	2.402	2.541	2.623
	6000		0.598	0.690	0.783	0.877	1.064	1.250	1.433	1.610	1.778	1.973	2.084	2.301	2.411	2.434	2.358
	7000		0.669	0.769	0.870	0.971	1.171	1.365	1.550	1.722	1.880	2.019	2.137	2.268	2.245	2.084	1.766
	8000		0.735	0.843	0.950	1.057	1.264	1.459	1.637	1.794	1.927	2.031	2.101	2.100	1.882		
	10000		0.854	0.972	1.088	1.199	1.403	1.577	1.714	1.804	1.842	1.819	1.729				
	12000		0.956	1.078	1.193	1.299	1.476	1.594	1.643	1.609							
	14000		1.039	1.158	1.354	1.473	1.495	1.403									

第13篇

续表

型号	n_1/r·min^{-1}	z_1	22	24	26	28	30	32	34	36	38	40	44	48	56	64	72	80
		d_1/mm	56.02	61.12	66.21	71.30	76.38	81.49	86.58	91.67	96.77	101.86	112.05	122.23	142.60	162.97	183.35	203.72
	10		0.02	0.02	0.02	0.03	0.04	0.04	0.07	0.08	0.08	0.09	0.10	0.10	0.12	0.14	0.16	0.18
	20		0.04	0.04	0.05	0.06	0.07	0.08	0.14	0.14	0.16	0.17	0.19	0.19	0.22	0.26	0.30	0.33
	40		0.07	0.09	0.10	0.12	0.14	0.16	0.25	0.27	0.29	0.31	0.34	0.37	0.42	0.48	0.54	0.60
	60		0.12	0.13	0.15	0.17	0.21	0.25	0.36	0.38	0.41	0.44	0.48	0.51	0.59	0.68	0.76	0.85
	100		0.19	0.22	0.25	0.28	0.34	0.41	0.54	0.58	0.63	0.68	0.74	0.79	0.92	1.04	1.18	1.31
	200		0.37	0.41	0.47	0.55	0.66	0.78	0.96	1.04	1.12	1.21	1.31	1.42	1.63	1.86	2.08	2.31
	300		0.53	0.59	0.67	0.79	0.94	1.13	1.33	1.44	1.56	1.67	1.82	1.96	2.28	2.57	2.87	3.18
	400		0.69	0.76	0.87	1.01	1.20	1.45	1.66	1.81	1.95	2.10	2.28	2.47	2.86	3.22	3.59	3.96
	500		0.83	0.92	1.04	1.20	1.43	1.73	1.96	2.15	2.33	2.50	2.72	2.94	3.39	3.82	4.24	4.67
	600		0.98	1.07	1.20	1.38	1.64	1.99	2.25	2.47	2.68	2.87	3.13	3.37	3.90	4.37	4.85	5.32
	700		1.14	1.25	1.35	1.54	1.83	2.22	2.51	2.77	3.01	3.23	3.51	3.79	4.37	4.89	5.41	5.92
	800		1.31	1.42	1.54	1.69	1.99	2.41	2.75	3.05	3.32	3.56	3.86	4.18	4.82	5.38	5.92	6.46
	900		1.42	1.54	1.68	1.81	2.10	2.54	2.92	3.24	3.54	3.78	4.11	4.44	5.12	5.70	6.27	6.81
8M(b_{s0} 20mm)	1000	P_0/kW	1.63	1.78	1.92	2.07	2.26	2.73	3.21	3.57	3.90	4.18	4.54	4.89	5.63	6.25	6.85	7.42
	1160		1.89	2.06	2.23	2.40	2.57	2.95	3.54	3.95	4.33	4.63	5.03	5.42	6.22	6.87	7.48	8.04
	1200		1.95	2.13	2.31	2.48	2.66	3.02	3.61	4.04	4.43	4.74	5.14	5.54	6.36	7.01	7.62	8.18
	1400		2.28	2.48	2.69	2.89	3.10	3.23	3.97	4.46	4.92	5.26	5.69	6.12	7.00	7.66	8.25	8.76
	1600		2.60	2.83	3.07	3.30	3.54	3.77	4.28	4.83	5.36	5.72	6.18	6.65	7.56	8.20	8.72	9.06
	1750		2.84	3.10	3.36	3.61	3.86	4.11	4.48	5.09	5.65	6.05	6.53	7.00	7.92	8.51	8.89	9.71
	2000		3.25	3.54	3.83	4.11	4.40	4.68	4.97	5.43	6.11	6.53	7.02	7.50	8.39	8.97	9.94	10.85
	2400		3.88	4.23	4.57	4.91	5.25	5.59	5.92	6.25	6.68	7.15	7.62	8.17	9.37	10.50	11.53	12.48
	2800		4.51	4.91	5.30	5.70	6.09	6.47	6.85	7.23	7.59	7.96	8.68	9.37	10.68	11.86	12.91	13.82
	3200				6.03	6.47	6.90	7.33	7.75	8.17	8.58	8.97	9.75	10.50	11.86	13.05	14.05	14.81
	3500						7.50	7.96	8.41	8.86	9.28	9.71	10.52	11.29	12.67	13.82		
	4000							8.97	9.47	9.94	10.41	10.85	11.70	12.48	13.82			
	4500								10.46	10.96	11.44	11.91	12.76	13.51				
	5000									11.91	12.39	12.85						
	5500										13.23	13.67						

型号	n_1/r·min^{-1}	z_1	28	29	30	32	34	36	38	40	44	48	56	64	72	80
		d_1/mm	124.78	129.23	133.69	142.60	151.52	160.43	169.34	178.25	196.08	213.90	249.55	285.21	320.86	365.51
	10		0.18	0.19	0.19	0.21	0.23	0.27	0.32	0.377	0.41	0.45	0.52	0.60	0.68	0.78
14M(b_{s0} 40mm)	20	P_0/kW	0.37	0.38	0.39	0.42	0.46	0.53	0.63	0.75	0.83	0.90	1.05	1.20	1.35	1.57
	40		0.73	0.75	0.78	0.84	0.93	1.06	1.27	1.50	1.65	1.81	2.10	2.40	2.70	3.13
	60		1.10	1.13	1.17	1.25	1.39	1.59	1.91	2.25	2.48	2.70	3.16	3.60	4.05	4.70

续表

型　号	n_1 /r·min^{-1}	z_1	28	29	30	32	34	36	38	40	44	48	56	64	72	80
		d_1 /mm	124.78	129.23	133.69	142.60	151.52	160.43	169.34	178.25	196.08	213.90	249.55	285.21	320.86	365.51
14M(b_{s0}40mm)	100	P_0 /kW	1.83	1.89	1.95	2.08	2.31	2.65	3.18	3.75	4.13	4.51	5.25	6.01	6.75	7.83
	200		3.65	3.77	3.91	4.12	4.63	5.30	6.36	7.34	8.25	9.00	10.50	12.00	13.50	15.64
	300		5.01	5.25	5.54	5.74	6.87	7.94	9.12	9.86	11.28	13.07	15.73	17.97	20.21	22.89
	400		6.14	6.51	6.90	7.24	8.57	10.44	11.21	12.09	13.71	15.73	19.36	22.29	24.63	27.04
	500		7.19	7.67	8.17	8.65	10.15	12.23	13.11	14.10	15.88	18.05	22.13	25.24	27.83	30.50
	600		8.16	8.76	9.36	9.98	11.63	13.89	14.85	15.94	17.84	20.13	24.56	27.76	30.54	33.40
	700		9.08	9.78	10.48	11.25	13.02	15.43	16.46	17.64	19.64	22.01	26.71	29.93	32.85	35.83
	800		9.95	10.75	11.56	12.46	14.33	16.85	17.97	19.22	21.29	23.71	28.60	31.79	34.79	37.84
	870		10.54	11.41	12.27	13.27	15.21	17.80	18.96	20.25	22.37	24.80	29.80	32.94	35.96	39.16
	1000		11.59	12.57	13.55	14.72	16.76	19.64	20.69	22.05	24.21	26.65	31.76	34.73	37.73	40.72
	1160		12.81	13.92	15.02	16.40	18.54	21.31	22.63	24.06	26.23	28.63	33.75	36.37	39.25	42.01
	1200		13.11	14.25	15.37	16.80	21.75	23.08	24.53	26.69	29.08	34.17	36.73	39.52	42.19	
	1400		14.53	15.79	17.05	18.70	20.94	23.77	25.17	26.67	28.79	31.06	35.90	37.87	40.21	42.28
	1600		15.78	17.24	18.59	20.45	22.72	25.54	26.98	28.51	30.53	32.60	37.00	38.20	39.84	
	1750		16.84	18.25	19.66	21.65	23.92	26.71	28.17	26.70	31.60	33.49	37.40	37.91		
	2000		18.40	19.84	21.29	23.46	25.69	28.38	29.83	31.32	32.97	34.47	37.31	36.44		
	2400		20.82	22.08	23.52	25.83	27.91	30.30	31.66	33.00	34.72	35.14				
	2800		23.48	24.11	25.30	27.52	29.34	31.31	32.47	33.53	33.72	33.33				
	3200			26.36	26.91	28.51	29.97	31.41	32.24	32.88						
	3500				28.25	29.07	29.94	30.92	31.40							
	4000					30.17	29.27									

型　号	n_1 /r·min^{-1}	z_1	34	36	38	40	44	48	52	56	60	64	68	72	80	90
		d_1 /mm	216.45	229.18	241.92	254.65	280.11	305.58	331.04	356.51	381.97	407.44	432.90	458.37	509.30	572.96
20M(b_{s0}115mm)	10	P_0 /kW	2.01	2.16	2.31	2.46	2.69	2.98	3.21	3.43	3.66	3.80	4.03	4.18	4.55	5.00
	20		4.03	4.33	4.55	4.85	5.45	5.89	6.42	6.86	7.31	7.68	8.06	8.18	9.17	10.00
	30		6.04	6.49	6.86	7.31	8.13	8.88	9.62	10.29	10.97	11.49	12.09	12.61	13.73	15.07
	40		7.98	8.58	9.18	9.77	10.82	11.79	12.70	13.80	14.55	15.37	16.11	16.86	18.28	20.07
	50		10.00	10.74	11.41	12.16	13.50	14.77	15.96	17.23	18.20	19.17	20.14	21.04	22.90	25.06
	60		12.01	12.91	13.73	14.62	16.26	17.68	19.17	20.14	21.86	22.97	24.17	25.29	27.45	30.06
	80		16.04	17.23	18.28	19.47	21.63	23.57	25.59	27.53	29.17	30.66	32.15	33.64	36.55	40.06
	100		19.99	21.48	22.90	24.32	27.08	29.54	31.93	34.39	36.40	38.34	40.21	42.07	45.73	50.06
	150		30.06	32.23	34.32	36.48	40.58	44.24	47.89	51.62	54.61	57.44	60.28	63.04	68.48	74.97
	200		40.06	41.78	45.73	48.64	54.01	58.93	63.80	68.71	72.66	76.47	80.20	83.93	91.09	99.67
	300		57.96	62.29	66.17	70.35	78.93	87.80	93.53	99.14	104.66	110.04	115.26	120.40	130.40	142.34

续表

型号	n_1 /r·min^{-1}	z_1	34	36	38	40	44	48	52	56	60	64	68	72	80	90
		d_1 /mm	216.45	229.18	241.92	254.65	280.11	305.58	331.04	356.51	381.97	407.44	432.90	458.37	509.30	572.96
20M(b_{s0}115mm)	400	P_0 /kW	73.03	78.33	78.18	88.40	98.99	110.04	116.97	123.76	130.40	136.82	143.08	149.20	160.99	174.79
	500		87.06	93.25	98.99	105.11	117.57	130.40	138.35	146.14	153.68	160.99	168.00	174.79	187.69	190.39
	600		100.19	107.27	113.77	120.70	134.73	149.20		166.58	174.79	182.62	190.16	197.32	210.75	225.67
	730		116.15	124.21	131.59	139.43	155.32	171.58		190.38	199.11	207.31	215.00	222.23	235.21	248.57
	800		124.28	132.86	140.62	148.83	165.54	182.62	192.62	201.94	210.75	218.95	226.56	233.57	245.73	257.37
	870		132.04	141.07	149.20	157.85	175.31	193.06	203.21	212.61	221.26	229.40	236.78	243.35	254.31	263.64
	970		142.64	152.18	160.76	169.94	188.29	206.87		226.34	234.77	242.30	248.94	254.61	263.04	
	1170		161.88	172.33	181.58	191.42	210.97	230.51		248.27	255.13	260.58	264.61	267.07	267.44	
	1200		164.57	175.09	184.49	194.33	214.03	233.57		250.88	257.37	262.37	265.87	267.74	266.47	
	1460		185.46	196.57	206.19	216.27	235.96	254.98	261.55	265.95	267.96	267.52	264.46			
	1600		194.93	206.12	215.59	225.52	244.54	262.37	266.70	268.04	266.47					
	1750		203.66	214.70	223.60	233.27	251.03	266.99	267.96	265.35						
	2000		214.92	225.14	233.13	241.26	225.36	266.47								

注：表中粗线以下部分带的寿命要降低。

表 13-1-76　　周节制带的基准宽度 b_{s0}、许用工作拉力 T_a 及质量 m

型号	MXL	XXL	XL	L	H	XH	XXH
基准宽度 b_{s0}/mm	6.4		9.5	25.4	76.2	101.6	127.0
许用工作拉力 T_a/N	27	31	50.17	244.46	2100.85	4048.90	6398.03
带的质量 m/kg·m^{-1}	0.007	0.01	0.022	0.095	0.448	1.484	2.473

表 13-1-77　　模数制聚氨酯同步带（抗拉层为钢丝绳）的许用拉力和质量

模数 m/mm	1	1.5	2	2.5	3	4	5	7	10
单位带宽、单位长度的质量 m_b/kg·mm^{-1}·m^{-1}	1.5×10^{-3}	1.8×10^{-3}	2.4×10^{-3}	3×10^{-3}	3.5×10^{-3}	4.8×10^{-3}	6×10^{-3}	8.2×10^{-3}	11.8×10^{-3}
单位带宽的许用拉力 F_a/N·mm^{-1}	4	5	6	8	10	20	25	30	40

表 13-1-78　　圆弧齿带长系数 K_L

项目		节　线　长　L_p/mm							
型号	3M	≤190	—	191~260	—	261~400	—	401~600	>600
	5M	≤440	—	441~550	—	551~800	—	801~1100	>1100
	8M	≤600	—	601~900	—	901~1250	—	1251~1800	>1800
	14M	≤1400	—	1401~1700	1701~2000	2001~2500	2501~3400	>3400	—
	20M	≤2000	2001~2500	—	2501~3400	3401~4600	4601~5600	>5600	—
K_L		0.8	0.85	0.90	0.95	1.00	1.05	1.10	1.20

表 13-1-79　　模数制聚氨酯同步带的许用压强 p_p 和许用剪切应力 τ_p

小带轮转速 n_1/r·min^{-1}	≤100	≤750	≤1000	≤3000	≤10000	≤20000
许用压强 p_p/N·mm^{-2}	2~2.5	1.5~2	1.2~1.6	1.0~1.4	0.6~1.0	0.4~0.6
许用剪切应力 τ_p/N·mm^{-2}	0.5~0.8					

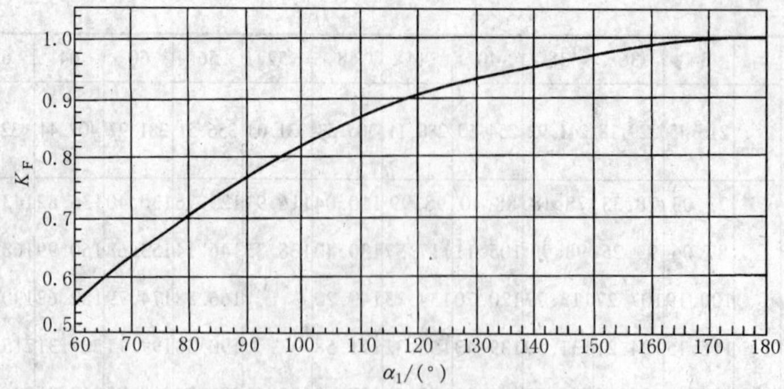

图 13-1-12　矢量相加修正系数

6　带传动的张紧及安装

6.1　张紧方法及安装要求

表 13-1-80　　　　带传动的张紧方法

张紧方法		定期张紧	自动张紧
简图及应用	改变轴间距	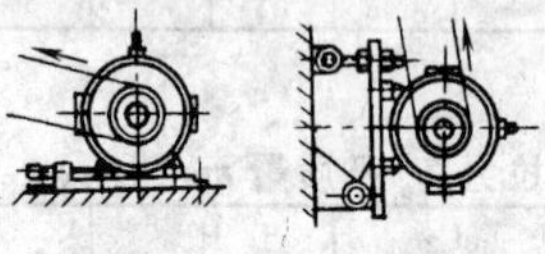 (a)　(b) a 用于水平或接近水平的传动 b 用于垂直或接近垂直的传动	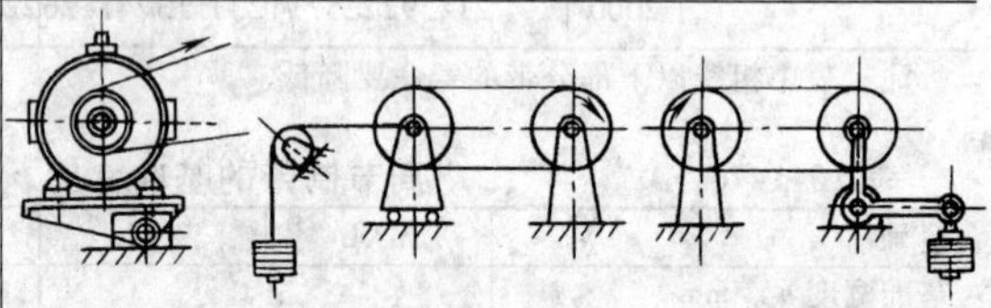 (c)　(d)　(e) c 是靠电机的自重或定子的反力矩张紧，多用于小功率传动。应使电机和带轮的转向有利于减轻配重或减小偏心距 d、e 常用于带传动的试验装置
	张紧轮	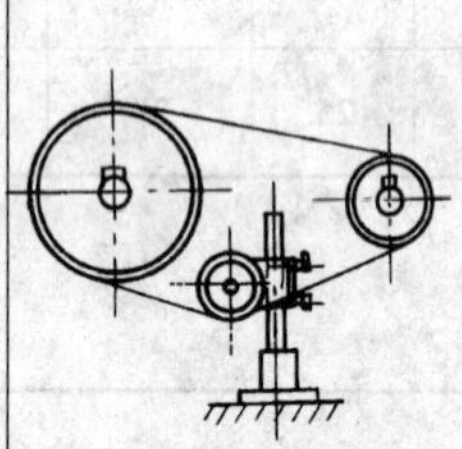 用于 V 带、同步带的固定中心距传动 张紧轮安装在带的松边内周上，其轮缘应与带轮相同，节圆直径 $d_p \geqslant (0.8\sim1)d_1$ d_1——小带轮节圆直径	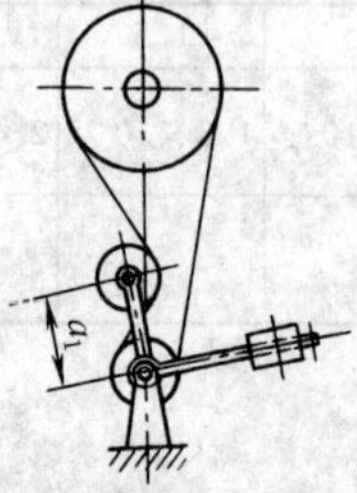 a_1 用于 i 大、a 小的情况，但带的寿命低 应使 $a_1 \geqslant d_1 + d_2$，$\alpha_2 \leqslant 120°$ a_1——张紧轮与小带轮的轴间距 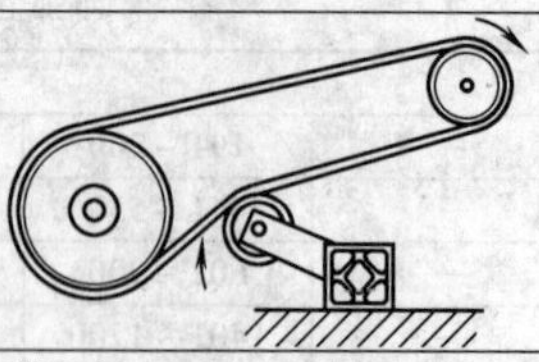 新型橡胶弹簧张紧器 见表 13-2-35、表 13-2-36
改变带长	有接头的平带，定期将带截短，截去长度 $\Delta L = 0.01L$（L—带长）		
同步带张紧轮配置	张紧轮　松边 张紧轮 $z \geqslant z_{min}$	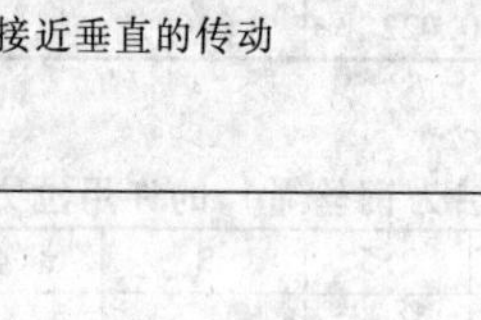 松边　张紧轮（平带轮） 平带轮　$d \geqslant \dfrac{p_b z_{min}}{\pi}$	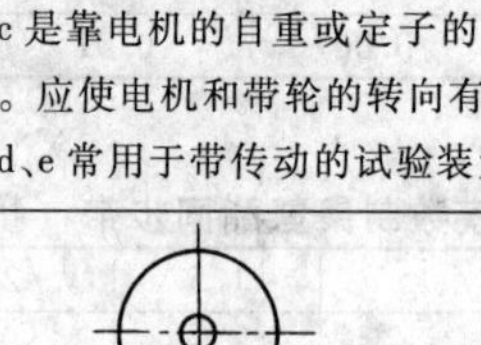

第 13 篇

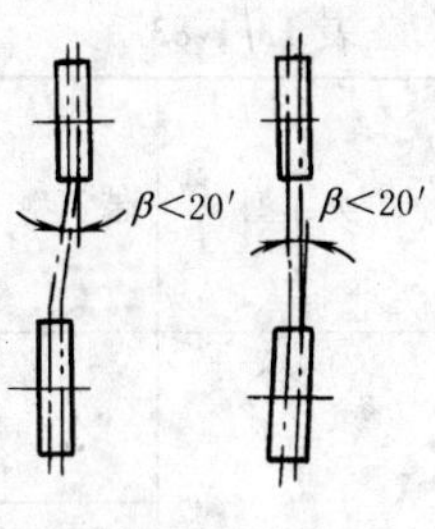

图 13-1-13

安 装 要 求

1）安装前应检查带是否配组，不配组的带、新带和旧带、普通 V 带和窄 V 带不能同组混装使用。

2）联组带在安装前必须检查各轮槽尺寸和槽距，对超过规定偏差的带轮应更换。

3）安装带时不得强行撬入，普通 V 带、基准宽度制窄 V 带应按表 13-1-16、有效宽度制窄 V 带应按表 13-1-18、多楔带应按表 13-1-32、胶帆布平带（环形）应按表 13-1-45、同步带应按表 13-1-70 的有关规定范围将中心距离缩小，待带进入轮槽后，再进行张紧。

4）中心距的调整应使带的张紧适度，所需初张紧力可按下述方法控制，详见本章 6.2。

5）传动装置中，各带轮轴线应相互平行，各带轮相对应的槽型对称平面应重合；V 带误差不得超过 20′，见图 13-1-13，同步带其带轮的共面偏差见表 13-1-81。

6）带传动装置应加防护罩，并应保证通风。

表 13-1-81　　　　带轮共面偏差（摘自 GB/T 11361—1989）

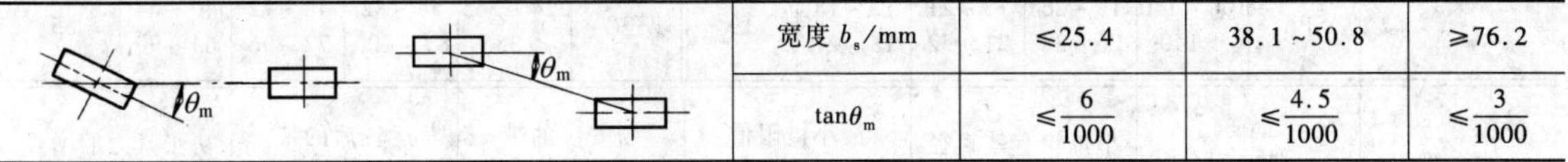

宽度 b_s/mm	≤25.4	38.1～50.8	≥76.2
$\tan\theta_m$	$\leqslant\frac{6}{1000}$	$\leqslant\frac{4.5}{1000}$	$\leqslant\frac{3}{1000}$

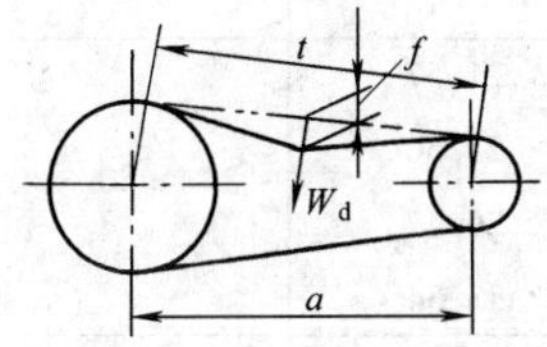

图 13-1-14　初张紧力检测

6.2　初张紧力的检测

带的张紧程度对其传动能力、寿命和轴压力都有很大影响，为了使带的张紧适度，应有一定的初张紧力。初张紧力通常是在带与带轮的两切点中心，加一垂直于带的载荷 W_d，使其产生规定的挠度 f 来控制的（见图 13-1-14）。

6.2.1　V 带的初张紧力（摘自 GB/T 13575.1—1992、GB/T 13575.2—1992）

表 13-1-82

项　目		普通 V 带及基准宽度制窄 V 带	有效宽度制窄 V 带	单位	说　　明
挠度 f		$f=\frac{1.6t}{100}$		mm	a——中心距，mm d_{a1}——小带轮外径，mm d_{a2}——大带轮外径，mm d_{e1}——小带轮有效直径，mm d_{e2}——大带轮有效直径，mm F_0——单根 V 带的初张紧力，N 普通 V 带、基准宽度制窄 V 带和有效宽度制窄 V 带分别见表 13-1-16 中的公式 ΔF_0——初张紧力的增量，N，见表 13-1-83 L_e——带的有效长度，m
切边长 t		$t=\sqrt{a^2-\frac{(d_{a2}-d_{a1})^2}{4}}$ 或实测	$t=\sqrt{a^2-\frac{(d_{e2}-d_{e1})^2}{4}}$	mm	
载荷 W_d	新安装的带	$W_d=\frac{1.5F_0+\Delta F_0}{16}$	$W_d=\frac{1.5F_0+\frac{\Delta F_0 t}{L_e}}{16}$	N	
	运转后的带	$W_d=\frac{1.3F_0+\Delta F_0}{16}$	$W_d=\frac{1.3F_0+\frac{\Delta F_0 t}{L_e}}{16}$		
	最小极限值	$W_{dmin}=\frac{F_0+\Delta F_0}{16}$	$W_d=\frac{F_0+\frac{\Delta F_0 t}{L_e}}{16}$ 联组带的载荷 W_d 以 $\frac{t}{L_e}=1$ 代入式中		

注：W_d 可直接查表 13-1-83。

表 13-1-83　　载荷 W_d 及初张紧力增量 ΔF_0

类　型	带　型	小带轮直径 d_{d1} /mm	带速 v/m·s^{-1} 0~10	10~20	20~30	初张紧力的增量 ΔF_0/N	带　型	小带轮直径 d_{d1} /mm	带速 v/m·s^{-1} 0~10	10~20	20~30	初张紧力的增量 ΔF_0/N
			W_d/N·根$^{-1}$						W_d/N·根$^{-1}$			
普通V带	Z	50~100 >100	5~7 7~10	4.2~6 6~8.5	3.5~5.5 5.5~7	10	C	200~400 >400	36~54 54~85	30~45 45~70	25~38 38~56	29.4
	A	75~140 >140	9.5~14 14~21	8~12 12~18	6.5~10 10~15	15	D	355~600 >600	74~108 108~162	62~94 94~140	50~75 75~108	58.8
	B	125~200 >200	18.5~28 28~42	15~22 22~33	12.5~18 18~27	20	E	500~800 >800	145~217 217~325	124~186 186~280	100~150 150~225	108
基准宽度制窄V带	SPZ	67~95 >95	9.5~14 14~21	8~13 13~19	6.5~11 11~18	12	SPB	160~265 >265	30~45 45~58	26~40 40~52	22~34 34~47	32
	SPA	100~140 >140	18~26 26~38	15~21 21~32	12~18 18~27	19	SPC	224~355 >355	58~82 82~106	48~72 72~96	40~64 64~90	55

类　型	带　型	小带轮有效直径 d_{e1}/mm	最小极限值	新安装的带	运转后的带	初张紧力的增量 ΔF_0/N
			W_d/N·根$^{-1}$			
有效宽度制窄V带联组窄V带	9N,9J	67~90	17.65	24.52	21.57	20
		91~115	19.61	28.44	25.50	
		116~150	22.56	33.34	29.42	
		151~300	25.5	38.25	33.34	
	15N,15J	180~230	57.86	85.32	74.53	40
		231~310	69.63	103.95	90.22	
		311~400	82.38	121.60	105.91	
	25N,25J	315~420	152.98	226.53	197.11	100
		421~520	171.62	253.99	221.63	
		521~630	184.37	272.62	237.32	

注：1. Y 型带初张紧力的增量 $\Delta F_0=6\text{N}$。

2. 普通V带及基准宽度制窄V带部分，表中大值用于新安装的带或要求张紧力较大的传动（如高带速、小包角、超载启动以及频繁的大转矩启动）。

3. 联组窄V带所需初张紧力通常是在最小组合数的联组带上进行测定。测定方法同上，只是所需总载荷 W_d 值应等于单根窄V带所需的 W_d 值乘以联组的单根数。

6.2.2　多楔带的初张紧力（摘自 JB/T 5983—1992）

检测初张紧力的载荷 W_d 见表 13-1-84，使其每 100mm 带长产生 1.5mm 的挠度，即总挠度 $f=\frac{1.5t}{100}$。

表 13-1-84　　载荷 W_d

带型	PJ			PL			PM		
小带轮有效直径 d_{e1}/mm	20~42.5	45~56	60~75	76~95	100~125	132~170	180~236	250~300	315~400
每楔带施加的力 W_d/N·楔$^{-1}$	1.78	2.22	2.67	7.56	9.34	11.11	28.45	34.23	39.12

6.2.3　平带的初张紧力

检测初张紧力的载荷 W_d 见表 13-1-85，使其每 100mm 带长产生 1mm 的挠度，即总挠度 $f=\frac{t}{100}$。

表 13-1-85　　　　　　　　　　　　　**载荷 W_d 值**　　　　　　　　　　　　　N

带宽 b /mm	参考层数																	
	3		4		5		6		7		8		9		10		12	
	W_d																	
	Ⅰ	Ⅱ	Ⅰ	Ⅱ	Ⅰ	Ⅱ	Ⅰ	Ⅱ	Ⅰ	Ⅱ	Ⅰ	Ⅱ	Ⅰ	Ⅱ	Ⅰ	Ⅱ	Ⅰ	Ⅱ
16	4	6	6	9	7	11	8	13	10	15	11	17	13	19	14	21	17	25
20	5	8	7	11	9	13	11	16	12	19	14	21	16	24	18	26	21	32
25	7	10	9	13	11	16	13	20	16	23	18	26	20	30	22	33	26	40
32	8	13	11	17	14	21	17	25	20	30	23	34	25	38	28	42	34	51
40	11	16	14	21	18	26	21	32	25	37	28	42	32	48	35	53	42	64
50	13	20	18	26	22	33	26	40	31	46	35	53	40	60	44	66	53	79
63	17	25	22	33	28	42	33	50	39	58	44	67	50	75	56	83	67	100
71	19	28	25	38	31	47	38	56	44	66	50	75	56	85	63	94	75	113
80	21	32	28	42	35	53	42	64	49	74	56	85	64	95	71	106	85	127
90	24	36	32	48	40	60	48	71	56	83	64	95	71	107	79	119	95	143
100	26	40	35	53	44	66	53	79	62	93	71	106	79	119	88	132	106	159
112	30	44	40	59	49	74	59	89	69	104	79	119	89	133	99	148	119	178
125	33	50	44	66	55	83	66	99	77	116	88	132	99	149	110	166	132	199
140	37	56	49	74	62	93	74	111	87	130	99	148	111	167	124	185	148	222
160	42	64	56	85	71	106	85	127	99	148	113	169	127	191	141	212	169	254
180	48	71	64	95	79	119	95	143	111	167	127	191	143	214	159	238	191	286
200	53	79	71	106	88	132	106	159	124	185	141	212	159	238	177	265	212	318
225	60	89	79	119	99	149	119	179	139	209	159	238	179	268	199	298	238	357
250	66	99	88	132	110	166	132	199	154	232	177	265	199	298	221	331	265	397
280	74	111	99	148	124	185	148	222	173	259	198	297	222	334	247	368	297	445
315	83	125	111	167	139	209	167	250	195	292	222	334	250	375	278	417	334	500
355	94	141	125	188	157	235	188	282	219	329	251	376	282	423	313	470	376	564
400	106	159	141	212	177	265	212	318	247	371	282	424	318	477	353	530	424	636
450	119	179	159	238	199	298	238	357	278	417	318	477	357	536	397	596	477	715
500	132	199	177	265	221	331	265	397	309	463	353	530	397	596	441	662	530	794
560	148	222	198	297	247	371	297	445	346	519	395	593	445	667	494	741	593	890

注：表中的Ⅰ栏为正常张紧应力 $\sigma_0=1.8\mathrm{N/mm^2}$ 下所需的 W_d 值；Ⅱ为考虑新带的最初张紧应力下所需的 W_d 值。

6.2.4 同步带的初张紧力（摘自 GB/T 11361—1989、JB/T 7512.3—1994）

表 13-1-86

项　目	周节制	圆弧齿	单位	说　明
切边长 t	$t=\sqrt{a^2-\frac{(d_2-d_1)^2}{4}}$		mm	a——中心距，mm d_1——小带轮节圆直径，mm d_2——大带轮节圆直径，mm L_p——带长，mm Y——修正系数，见表 13-1-87 F_0——初张紧力，N，见表 13-1-87
挠度 f	$f=\frac{1.6t}{100}$	$f=\frac{t}{64}$	mm	
载荷 W_d	$W_d=\left(F_0+\frac{tY}{L_p}\right)\Big/16$	见表 13-1-88	N	

表 13-1-87　　周节制带的 F_0 与 Y 值　　N

带宽/mm			3.2	4.8	6.4	7.9	9.5	12.7	19.1	25.4	38.1	50.8	76.2	101.6	127.0	带宽/mm		
MXL	F_0	①	6.4	9.8	13.7			76.50	124.55	174.57						①	F_0	L
		②	2.9	5.1	7.6			51.98	87.28	122.59						②		
	Y		0.6	1.0	1.4			4.5	7.7	10.9							Y	
XXL	F_0	①	6.9	10.8	15.7				293.23	420.72	646.28	889.50	1391.62			①	F_0	H
		②	3.2	5.6	8.8				221.64	311.87	486.43	667.86	1047.39			②		
	Y		0.7	1.1	1.6				14.5	20.9	32.2	43.1	69.0				Y	
XL	F_0	①			29.42	37.27	44.71					1009.14	1582.85	2241.88		①	F_0	XH
		②			13.73	19.61	25.52					909.11	1426.92	2021.22		②		
	Y				0.39	0.55	0.77					86.3	138.5	199.8			Y	
												2471.36	3883.57	5506.63	7110.08	①	F_0	XXH
												1114.08	1749.57	2479.21	3202.97	②		
												140.7	227.0	322.3	417.7		Y	

注：1. 表中①表示最大值，②表示推荐值。

2. 小节距，高带速，启动力矩大以及有冲击载荷时，初张紧力应大些，但一般不宜过大，其余情况宜选用推荐值。

表 13-1-88　　圆弧齿的载荷 W_d 值

型　号	带宽 b_s/mm	载荷 W_d/N	型　号	带宽 b_s/mm	载荷 W_d/N
3M	6	2.0	14M	40	49.0
	9	2.9		55	71.5
	15	4.9		85	117.6
5M	9	3.9		115	166.6
	15	6.9		170	254.8
	20	9.8	20M	115	242.7
	25	12.7		170	376.1
	30	15.7		230	521.7
8M	20	17.6		290	655.1
	30	26.5		340	788.6
	50	49.0			
	85	84.3			

模数制同步带的初张紧力 $F_0=\frac{aW_d}{4f}$，式中符号同前。

表 13-1-89　　模数制聚氨酯同步带的 f 值

模数 m/mm	1,1.5	2,2.5	3	4	5	7	10
挠度 f/mm	$(0.05\sim0.08)a$	$(0.04\sim0.06)a$	$(0.03\sim0.05)a$	$(0.02\sim0.03)a$	$(0.015\sim0.025)a$	$(0.01\sim0.015)a$	$(0.007\sim0.01)a$
载荷 W_d/N	$1\times b_s$（b_s—同步带宽度，mm）						

注：检测时一般应控制 $f=10\sim20$mm 左右，否则误差较大，如 a 特别大或特别小时，可相应增减 W_d 值。

第 13 篇

第 2 章 链 传 动

1 短节距传动用精密滚子链

1.1 滚子链的基本参数与尺寸（摘自 GB/T 1243—2006）

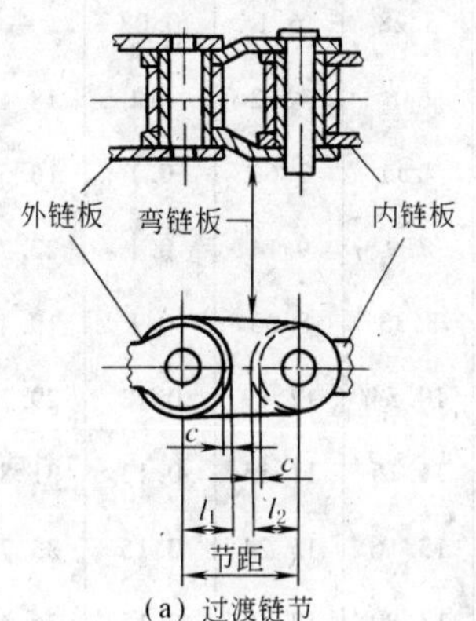

(a) 过渡链节

尺寸 c 表示弯链板与直链板之间回转间隙。

链条通道高度 h_1 是装配好的链条要通过的通道最小高度。

用止锁零件接头的链条全宽是：当一端有带止锁件的接头时，对端部铆头销轴长度为 b_4、b_5 或 b_6 再加上 b_7（或带头锁轴的加 $1.6b_7$），当两端都有止锁件时加 $2b_7$。

对三排以上的链条，其链条全宽为 b_4+p_t（链条排数 -1）。

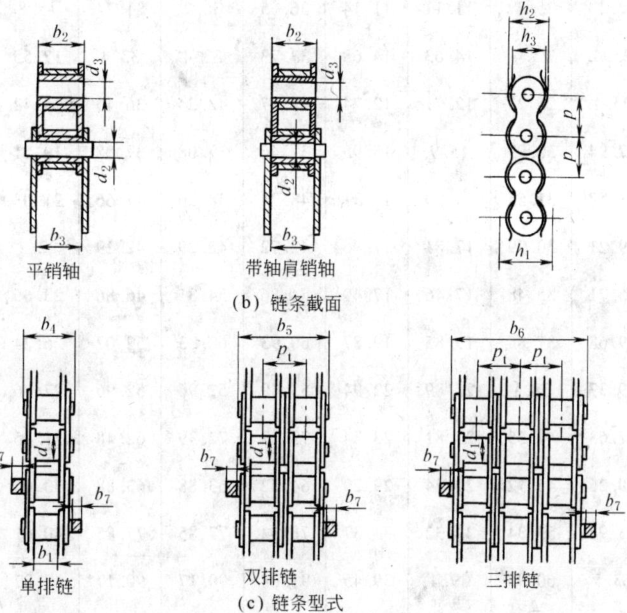

(b) 链条截面

(c) 链条型式

表 13-2-1

ISO 链号	节距 p	滚子 直径 d_1 max	内链节 内宽 b_1 min	销轴 直径 d_2 max	套筒 孔径 d_3 min	链条通 道高度 h_1 min	内链板 高度 h_2 max	外或中 链板 高度 h_3 max	过渡链节尺寸			排距 p_t
									l_1 min	l_2 min	c	
	/mm											
05B	8	5	3	2.31	2.36	7.37	7.11	7.11	3.71	3.71	0.08	5.64
06B	9.525	6.35	5.72	3.28	3.33	8.52	8.26	8.26	4.32	4.32	0.08	10.24
08A	12.7	7.92	7.85	3.98	4	12.33	12.07	10.41	5.28	6.1	0.08	14.38
08B	12.7	8.51	7.75	4.45	4.5	12.07	11.81	10.92	5.66	6.12	0.08	13.92
081	12.7	7.75	3.3	3.66	3.71	10.17	9.91	9.91	5.36	5.36	0.08	—
083	12.7	7.75	4.88	4.09	4.14	10.56	10.3	10.3	5.36	5.36	0.08	—
084	12.7	7.75	4.88	4.09	4.14	11.41	11.15	11.15	5.77	5.77	0.08	—
085	12.7	7.77	6.25	3.58	3.63	10.17	9.91	9.91	5.28	6.1	0.08	—
10A	15.875	10.16	9.4	5.09	5.12	15.35	15.09	13.03	6.6	7.62	0.1	18.11
10B	15.875	10.16	9.65	5.08	5.13	14.99	14.73	13.72	7.11	7.62	0.1	16.59
12A	19.05	11.91	12.57	5.96	5.98	18.34	18.08	15.62	7.9	9.14	0.1	22.78
12B	19.05	12.07	11.68	5.72	5.77	16.39	16.13	16.13	8.33	8.33	0.1	19.46
16A	25.4	15.88	15.75	7.94	7.96	24.39	24.13	20.83	10.54	12.19	0.13	29.29
16B	25.4	15.88	17.02	8.28	8.33	21.34	21.08	21.08	11.15	11.15	0.13	31.88
20A	31.75	19.05	18.9	9.54	9.56	30.48	30.18	26.04	13.16	15.24	0.15	35.76
20B	31.75	19.05	19.56	10.19	10.24	26.68	26.42	26.42	13.89	13.89	0.15	36.45
24A	38.1	22.23	25.22	11.11	11.14	36.55	36.2	31.24	15.8	18.26	0.18	45.44
24B	38.1	25.4	25.4	14.63	14.68	33.73	33.4	33.4	17.55	17.55	0.18	48.36
28A	44.45	25.4	25.22	12.71	12.74	42.67	42.24	36.45	18.42	21.31	0.2	48.87
28B	44.45	27.94	30.99	15.9	15.95	37.46	37.08	37.08	19.51	19.51	0.2	59.56
32A	50.8	28.58	31.55	14.29	14.31	48.74	48.26	41.66	21.03	24.33	0.2	58.55
32B	50.8	29.21	30.99	17.81	17.86	42.72	42.29	42.29	22.2	22.2	0.2	58.55
36A	57.15	35.71	35.48	17.46	17.49	54.86	54.31	46.86	23.65	27.36	0.2	65.84
40A	63.5	39.68	37.85	19.85	19.87	60.93	60.33	52.07	26.24	30.35	0.2	71.55
40B	63.5	39.37	38.1	22.89	22.94	53.49	52.96	52.96	27.76	27.76	0.2	72.29
48A	76.2	47.63	47.35	23.81	23.84	73.13	72.39	62.48	31.45	36.4	0.2	87.83
48B	76.2	48.26	45.72	29.24	29.29	64.52	63.88	63.88	33.45	33.45	0.2	91.21
56B	88.9	53.98	53.34	34.32	34.37	78.64	77.85	77.85	40.61	40.61	0.2	106.6
64B	101.6	63.5	60.96	39.4	39.45	91.08	90.17	90.17	47.07	47.07	0.2	119.89
72B	114.3	72.39	68.58	44.48	44.53	104.67	103.63	103.63	53.37	53.37	0.2	136.27

续表

ISO链号	内链节外宽 b_2 max	外链节内宽 b_3 min	销轴全宽			止锁件附加宽度 b_7 max	测量力			抗拉载荷 Q		
			单排 b_4 max	双排 b_5 max	三排 b_6 max		单排	双排	三排	单排 min	双排 min	三排 min
	/mm						/N			/kN		
05B	4.77	4.9	8.6	14.3	19.9	3.1	50	100	150	4.4	7.8	11.1
06B	8.53	8.66	13.5	23.8	34	3.3	70	140	210	8.9	16.9	24.9
08A	11.18	11.23	17.8	32.3	46.7	3.9	120	250	370	13.8	27.6	41.4
08B	11.3	11.43	17	31	44.9	3.9	120	250	370	17.8	31.1	44.5
081	5.8	5.93	10.2	—	—	1.5	125	—	—	8	—	—
083	7.9	8.03	12.9	—	—	1.5	125	—	—	11.6	—	—
084	8.8	8.93	14.8	—	—	1.5	125	—	—	15.6	—	—
085	9.07	9.2	14	—	—	2	125	—	—	6.7	—	—
10A	13.84	13.89	21.8	39.9	57.9	4.1	200	390	590	21.8	43.6	65.4
10B	13.28	13.41	19.6	36.2	52.8	4.1	200	390	590	22.2	44.5	66.7
12A	17.75	17.81	26.9	49.8	72.6	4.6	280	560	840	31.1	62.3	93.4
12B	15.62	15.75	22.7	42.2	61.7	4.6	280	560	840	28.9	57.8	86.7
16A	22.61	22.66	33.5	62.7	91.9	5.4	500	1000	1490	55.6	111.2	166.8
16B	25.45	25.58	86.1	68	99.9	5.4	500	1000	1490	60	106	160
20A	27.46	27.51	41.1	77	113	6.1	780	1560	2340	86.7	173.5	260.2
20B	29.01	29.14	43.2	79.7	116.1	6.1	780	1560	2340	95	170	250
24A	35.46	35.51	50.8	96.3	141.7	6.6	1110	2220	3340	124.6	249.1	373.7
24B	37.92	38.05	53.4	101.8	150.2	6.6	1110	2220	3340	160	280	425
28A	37.19	37.24	54.9	103.6	152.4	7.4	1510	3020	4540	169	338.1	507.1
28B	46.58	46.71	65.1	124.7	184.3	7.4	1510	3020	4540	200	360	530
32A	45.21	45.26	65.5	124.2	182.9	7.9	2000	4000	6010	222.4	444.8	667.2
32B	45.57	45.7	67.4	126	184.5	7.9	2000	4000	6010	250	450	670
36A	50.85	50.98	73.9	140	206	9.1	2670	5340	8010	280.2	560.5	840.7
40A	54.89	54.94	80.3	151.9	223.5	10.2	3110	6230	9340	347	693.9	1040.9
40B	55.75	55.88	82.6	154.9	227.2	10.2	3110	6230	9340	355	630	950
48A	67.82	67.87	95.5	183.4	271.3	10.5	4450	8900	13340	500.4	1000.8	1501.3
48B	70.56	70.69	99.1	190.4	281.6	10.5	4450	8900	13340	560	1000	1500
56B	81.33	81.46	114.6	221.2	—	11.7	6090	12190	—	850	1600	2240
64B	92.02	92.15	130.9	250.8	—	13	7960	15920	—	1120	2000	3000
72B	103.81	103.94	147.4	283.7	—	14.3	10100	20190	—	1400	2500	3750

注：1. 链号是用英制单位表示的节距，它是以1in/16为1个单位，而米制节距 p = 链号数×25.4mm/16。

2. 链号中A、B表示两个系列：A系列源于美国，流行于全世界；B系列源于英国，主要流行于欧洲。两系列互为补充，我国均生产、使用。

3. 对繁重的工况不推荐使用过渡链节。

4. 表中 b_7 的实际尺寸取决于止锁件的型式，但不得超过表中所给尺寸，详细资料应从链条制造厂得到。

5. 链条最小抗拉载荷应超过标准中规定的试验方法所施加到试样上发生破坏的抗拉载荷的数值。最小抗拉载荷并不是链条的工作载荷，只是不同结构链条之间的比较数据。关于链条应用方面的资料（包括单位长度质量），应向制造厂咨询或查阅公布的数据。

6. 081、083、084、085链条仅有单排型式，故标记中的排数可省略。

7. 标记方法：链号-排数-整链链节数 标准号。

1.2 滚子链传动设计计算

1.2.1 滚子链传动的一般设计计算内容和步骤（摘自 GB/T 18150—2006）

计算的基本依据是滚子链的额定功率曲线（图 13-2-2、图 13-2-3），如图中所述它是在特定条件下制定的。它提供的是以磨损失效为基础并综合考虑其他失效形式而制定的许用传动功率。故表 13-2-2 的计算为常见的一般用途的滚子链传动。其他情况计算见 1.2.2 ~ 1.2.5 节。

已知条件：①传递功率；②主动、从动机械类型、载荷性质；③小链轮和大链轮转速；④ 中心距要求其布置；⑤环境条件。

表 13-2-2

项目	单位	公式及数据	说明
传动比 i		$i=\frac{n_1}{n_2}=\frac{z_2}{z_1}$	n_1——小链轮转速，r/min n_2——大链轮转速，r/min
小链轮齿数 z_1		$z_1 \geqslant z_{min}=17$	为使转动平稳，对高速或承受冲击载荷的链传动：$z_1 \geqslant 25$，且链轮齿应淬硬 z_1、z_2 取奇数、链条节数 L_p 为偶数时，可使链条和链轮轮齿磨损均匀 优先选用齿数：17，19，21，23，25，38，57，76，95 和 114
大链轮齿数 z_2		$z_2=iz_1 \leqslant 114$	
修正功率 P_c	kW	$P_c=Pf_1f_2$	P——传递功率，kW f_1——工况系数，见表 13-2-3 f_2——小链轮齿数系数，见图 13-2-1
链条节距 p	mm	根据修正功率 P_c（取 P_c 等于额定功率 P_c）和小链轮转速 n_1，由图 13-2-2 或图 13-2-3 选用合适的节距 p	为使传动平稳，结构紧凑，宜选用小节距单排链；当速度高、功率大时，则选用小节距多排链，此时应注意安装误差对其传动准确性的影响
初定中心距 a_0	mm	推荐 $a_0=(30\sim50)p$ 脉动载荷、无张紧装置时，$a_0<25p$ i：<4 时 $a_{0min}=0.2z_1(i+1)p$；$\geqslant 4$ 时 $a_{0min}=0.33z_1(i-1)p$ $a_{0max}=80p$	有张紧装置或托板时，a_0 可大于 $80p$。对中心距不能调整的传动，$a_{0max}\approx 30p$
以节距计的初定中心距 a_{0p}	节	$a_{0p}=\frac{a_0}{p}$	
链条节数 L_p	节	$L_p=\frac{z_1+z_2}{2}+2a_{0p}+\frac{f_3}{a_{0p}}$ $f_3=\left(\frac{z_2-z_1}{2\pi}\right)^2$ 见表 13-2-4	计算得到的 L_p 值，应圆整为偶数，以避免使用过渡链节，否则其极限拉伸载荷为正常值的 80% f_3——用齿数计算链条节数的系数

第13篇

续表

项　目	单　位	公式及数据	说　　明
链条长度 L	m	$L=\dfrac{pL_p}{1000}$	
计算中心距 a_c	mm	$z_1 \neq z_2$ 时，$a_c=p(2L_p-z_1-z_2)f_4$ $z_1=z_2=z$ 时，$a_c=\dfrac{p}{2}(L_p-z_1)$	f_4——用齿数计算中心距的系数，见表 13-2-5
实际中心距 a	mm	$a=a_c-\Delta a$ 一般 $\Delta a=(0.002\sim0.004)a_c$	为使链条松边有合适的垂度，需将计算中心距减小 Δa，其垂度 $f=(0.01\sim0.03)a_c$ 对中心距可调的 Δa 取大值，对中心距不可调或无张紧装置的或有冲击振动的传动取小值
链条速度 v	m/s	$v=\dfrac{z_1n_1p}{60\times1000}$	$v\leqslant0.6$m/s，为低速链传动 $v>0.6\sim8$m/s，为中速链传动 $v>8$m/s，为高速链传动
有效圆周力 F_t	N	$F_t=\dfrac{1000P}{v}$	
作用在轴上的力 F	N	水平或倾斜传动：$F\approx(1.15\sim1.20)f_1F_t$ 接近垂直的传动：$F\approx1.05f_1F_t$	
润滑		见图 13-2-9 和表 13-2-37	在链传动使用中，必须给以保证的最低润滑要求
验算小链轮包角 α_1	(°)	$\alpha_1=180°-\dfrac{(z_2-z_1)p}{\pi a}\times57.3°$	$\alpha_1\geqslant120°$

表 13-2-3　　工况系数 f_1（摘自 GB/T 18150—2006）

载荷种类	从动机械	主动机械		
		电动机、汽轮机、燃气轮机、带有液力偶合器的内燃机	带机械式联轴器的内燃机（≥6 缸）频繁启动的电动机（>2 次/日）	带机械式联轴器的内燃机（<6 缸）
平稳运转	离心式泵和压缩机、印刷机械、均匀加料带式输送机、纸张压光机、自动扶梯、液体搅拌机和混料机、回转干燥炉、风机	1.0	1.1	1.3
中等冲击	泵和压缩机（≥3 缸）、混凝土搅拌机、载荷非恒定的输送机、固体搅拌机和混料机	1.4	1.5	1.7
严重冲击	刨煤机、电铲、轧机、球磨机、橡胶加工机械、压力机、剪床、单缸或双缸泵和压缩机、石油钻机	1.8	1.9	2.1

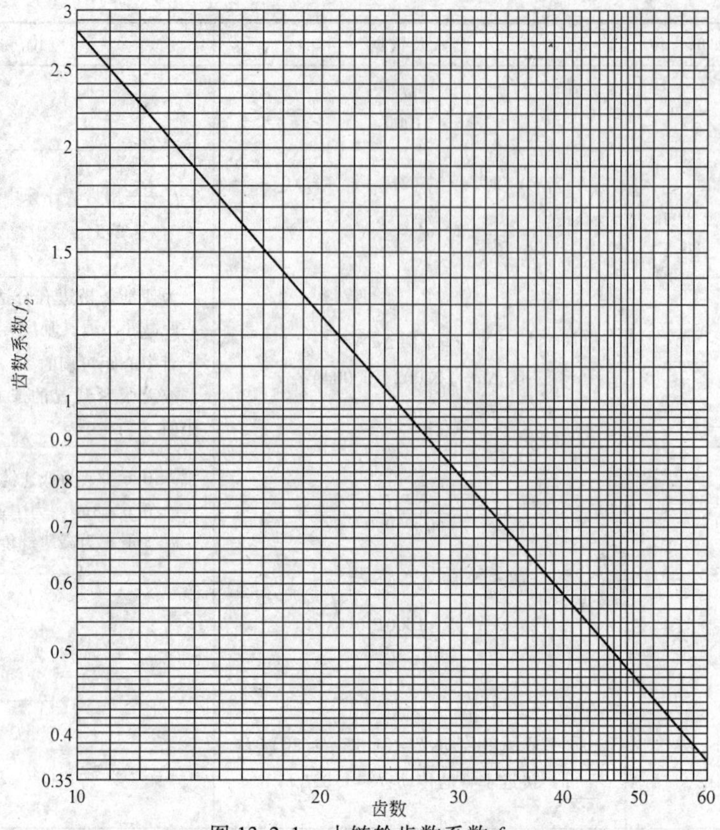

图 13-2-1　小链轮齿数系数f_2

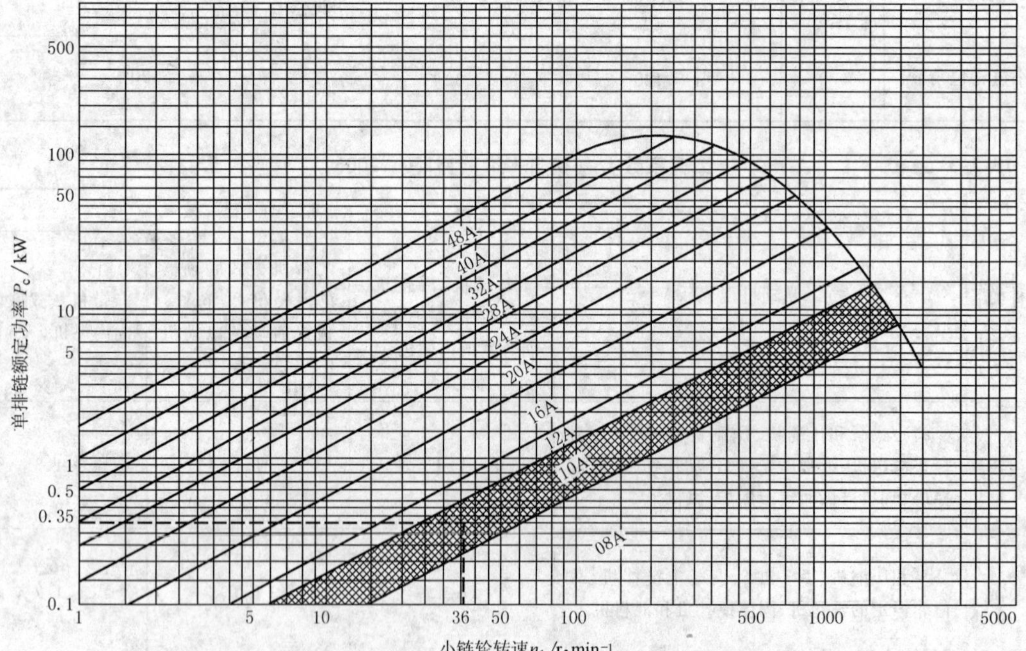

图 13-2-2　符合 GB/T 1243A 系列滚子链的典型承载能力图

注：1. 双排链的额定功率P_c = 单排链的P_c ×1.75；三排链的额定功率P_c = 单排链的P_c ×2.5。

2. 本图的制定条件为安装在水平平行轴上的两链轮传动；小链轮齿数z_1 = 25，无过渡链节的单排链，链条节数L_p = 120节；链传动比i = 3；链条预期使用寿命15000h；工作环境温度 -5 ~ 70℃；链轮正确对中，链条调节保持正确；平稳运转，无过载、冲击或频繁启动；清洁和合适的润滑。

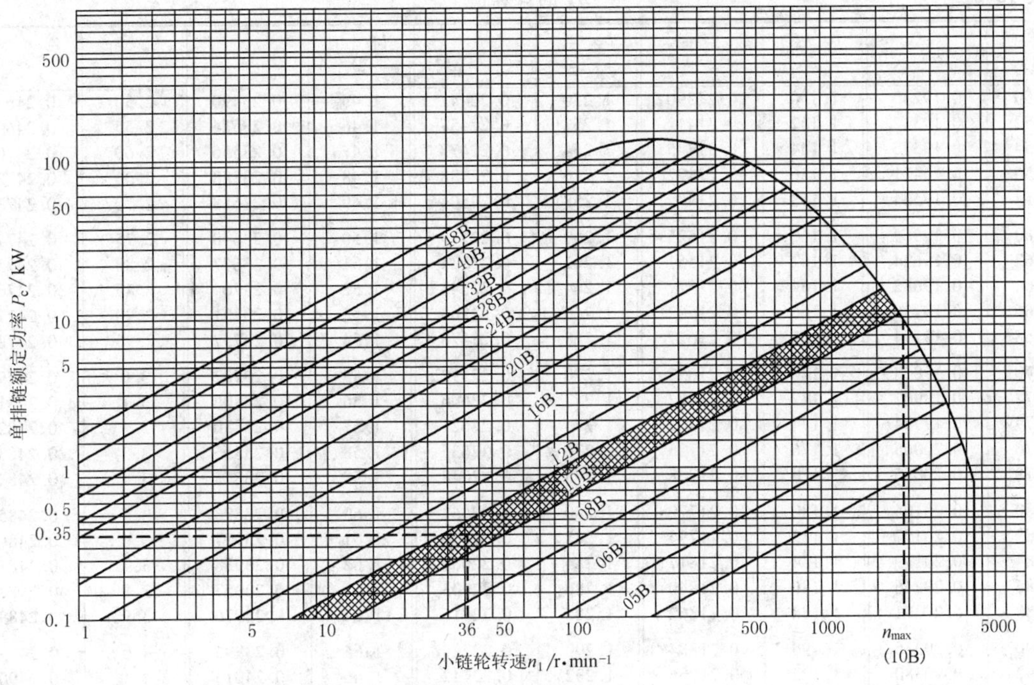

图 13-2-3　符合 GB/T 1243B 系列滚子链的典型承载能力图

注：1. 双排链的额定功率 P_c = 单排链的 $P_c\times1.75$；三排链的额定功率 P_c = 单排链的 $P_c\times2.5$。

2. 本图的制定条件为安装在水平平行轴上的两链轮传动；小链轮齿数 $z_1=25$；无过渡链节的单排链；链条节数 $L_p=120$ 节；链传动比 $i=3$，链条预期使用寿命15000h；工作环境温度 -5～70℃；链轮正确对中，链条调节保持正确；平稳运转，无过载、冲击或频繁启动；清洁和合适的润滑。

表 13-2-4　　$f_3=\left(\frac{z_2-z_1}{2\pi}\right)^2$ **的计算值**（摘自 GB/T 18150—2000）

z_2-z_1	f_3	z_2-z_1	f_3	z_2-z_1	f_3	z_2-z_1	f_3	z_2-z_1	f_3
1	0.0253	21	11.171	41	42.580	61	94.254	81	166.191
2	0.1013	22	12.260	42	44.683	62	97.370	82	170.320
3	0.2280	23	13.400	43	46.836	63	100.536	83	174.500
4	0.4053	24	14.590	44	49.040	64	103.753	84	178.730
5	0.6333	25	15.831	45	51.294	65	107.021	85	183.011
6	0.912	26	17.123	46	53.599	66	110.339	86	187.342
7	1.241	27	18.466	47	55.955	67	113.708	87	191.724
8	1.621	28	19.859	48	58.361	68	117.128	88	196.157
9	2.052	29	21.303	49	60.818	69	120.598	89	200.640
10	2.533	30	22.797	50	63.326	70	124.119	90	205.174
11	3.065	31	24.342	51	62.884	71	127.690	91	209.759
12	3.648	32	25.938	52	68.493	72	131.313	92	214.395
13	4.281	33	27.585	53	71.153	73	134.986	93	219.081
14	4.965	34	29.282	54	73.863	74	138.709	94	223.817
15	5.699	35	31.030	55	76.624	75	142.483	95	228.605
16	6.485	36	32.828	56	79.436	76	146.308	96	233.443
17	7.320	37	34.677	57	82.298	77	150.184	97	238.333
18	8.207	38	36.577	58	85.211	78	154.110	98	243.271
19	9.144	39	38.527	59	88.175	79	158.087	99	248.261
20	10.132	40	40.529	60	91.189	80	162.115	100	253.302

表 13-2-5　　f_4 的计算值

$\frac{L_p-z_1}{z_2-z_1}$	f_4	$\frac{L_p-z_1}{z_2-z_1}$	f_4	$\frac{L_p-z_1}{z_2-z_1}$	f_4	$\frac{L_p-z_1}{z_2-z_1}$	f_4	$\frac{L_p-z_1}{z_2-z_1}$	f_4
1.050	0.19245	1.150	0.21390	1.250	0.22442	1.45	0.23490	2.50	0.24679
1.052	0.19312	1.152	0.21417	1.252	0.22457	1.46	0.23524	2.55	0.24694
1.054	0.19378	1.154	0.21445	1.254	0.22473	1.47	0.23556	2.60	0.24709
1.056	0.19441	1.156	0.21472	1.256	0.22488	1.48	0.23588	2.65	0.24722
1.058	0.19504	1.158	0.21499	1.258	0.22504	1.49	0.23618	2.70	0.24735
1.060	0.19564	1.160	0.21525	1.260	0.22519	1.50	0.23648	2.75	0.24747
1.062	0.19624	1.162	0.21551	1.262	0.22534	1.51	0.23677	2.80	0.24758
1.064	0.19682	1.164	0.21577	1.264	0.22548	1.52	0.23704	2.85	0.24768
1.066	0.19739	1.166	0.21602	1.266	0.22563	1.53	0.23731	2.90	0.24778
1.068	0.19794	1.168	0.21627	1.268	0.22578	1.54	0.23757	2.95	0.24787
1.070	0.19848	1.170	0.21652	1.270	0.22592	1.55	0.23782	3.0	0.24795
1.072	0.19902	1.172	0.21677	1.272	0.22606	1.56	0.23806	3.1	0.24811
1.074	0.19954	1.174	0.21701	1.274	0.22621	1.57	0.23830	3.2	0.24825
1.076	0.20005	1.176	0.21725	1.276	0.22635	1.58	0.23853	3.3	0.24837
1.078	0.20055	1.178	0.21748	1.278	0.22648	1.59	0.23875	3.4	0.24848
1.080	0.20104	1.180	0.21772	1.280	0.22662	1.60	0.23896	3.5	0.24858
1.082	0.20152	1.182	0.21795	1.282	0.22676	1.61	0.23917	3.6	0.24867
1.084	0.20199	1.184	0.21817	1.284	0.22689	1.62	0.23938	3.7	0.24876
1.086	0.20246	1.186	0.21840	1.286	0.22703	1.63	0.23957	3.8	0.24883
1.088	0.20291	1.188	0.21862	1.288	0.22716	1.64	0.23976	3.9	0.24890
1.090	0.20336	1.190	0.21884	1.290	0.22729	1.65	0.23995	4.0	0.24896
1.092	0.20380	1.192	0.21906	1.292	0.22742	1.66	0.24013	4.1	0.24902
1.094	0.20423	1.194	0.21927	1.294	0.22755	1.67	0.24031	4.2	0.24907
1.096	0.20465	1.196	0.21948	1.296	0.22768	1.68	0.24048	4.3	0.24912
1.098	0.20507	1.198	0.21969	1.298	0.22780	1.69	0.24065	4.4	0.24916
1.100	0.20548	1.200	0.21990	1.300	0.22793	1.70	0.24081	4.5	0.24921
1.102	0.20588	1.202	0.22011	1.305	0.22824	1.72	0.24112	4.6	0.24924
1.104	0.20628	1.204	0.22031	1.310	0.22854	1.74	0.24142	4.7	0.24928
1.106	0.20667	1.206	0.22051	1.315	0.22883	1.76	0.24170	4.8	0.24931
1.108	0.20705	1.208	0.22071	1.320	0.22912	1.78	0.24197	4.9	0.24934
1.110	0.20743	1.210	0.22090	1.325	0.22941	1.80	0.24222	5.0	0.24937
1.112	0.20780	1.212	0.22110	1.330	0.22968	1.82	0.24247	5.5	0.24949
1.114	0.20817	1.214	0.22129	1.335	0.22995	1.84	0.24270	6.0	0.24958
1.116	0.20852	1.216	0.22148	1.340	0.23022	1.86	0.24292	7.0	0.24970
1.118	0.20888	1.218	0.22167	1.345	0.23048	1.88	0.24313	8.0	0.24977
1.120	0.20923	1.220	0.22185	1.350	0.23073	1.90	0.24333	9.0	0.24983
1.122	0.20957	1.222	0.22204	1.355	0.23098	1.92	0.24352	10.0	0.24986
1.124	0.20991	1.224	0.22222	1.360	0.23123	1.94	0.24371	11.0	0.24988
1.126	0.21024	1.226	0.22240	1.365	0.23146	1.96	0.24388	12.0	0.24990
1.128	0.21057	1.228	0.22257	1.370	0.23170	1.98	0.24405	13.0	0.24992
1.130	0.21090	1.230	0.22275	1.375	0.23193	2.00	0.24421	14.0	0.24993
1.132	0.21122	1.232	0.22293	1.380	0.23215	2.05	0.24459	15.0	0.24994
1.134	0.21153	1.234	0.22310	1.385	0.23238	2.10	0.24493	20.0	0.24997
1.136	0.21184	1.236	0.22327	1.390	0.23259	2.15	0.24524	25.0	0.24998
1.138	0.21215	1.238	0.22344	1.395	0.23281	2.20	0.24552	30.0	0.24999
1.140	0.21245	1.240	0.22360	1.40	0.23301	2.25	0.24578	>30	0.25
1.142	0.21275	1.242	0.22377	1.41	0.23342	2.30	0.24602		
1.144	0.21304	1.244	0.22393	1.42	0.23381	2.35	0.24623		
1.146	0.21333	1.246	0.22410	1.43	0.23419	2.40	0.24643		
1.148	0.21361	1.248	0.22426	1.44	0.23455	2.45	0.24662		

注：$f_4=\dfrac{1}{2\pi\cos\theta\left(2\dfrac{L_p-z_1}{z_2-z_1}-1\right)}$；$\mathrm{inv}\theta=\pi\left(\dfrac{L_p-z_1}{z_2-z_1}-1\right)$。

1.2.2　滚子链的静强度计算

在低速（$v\leqslant0.6$m/s）重载链传动中，链条的静强度占主要地位。如果仍用典型承载能力图进行计算，结果不经济，因为承载能力图上的安全系数远比静强度安全系数大。当进行有限寿命计算时，若要求使用寿命过短，传动功率过大，也需进行链条的静强度验算。

链条静强度计算式：

$$n=\frac{Q}{f_1F_t+F_c+F_f}\geqslant n_p \tag{13-2-1}$$

式中 n——静强度安全系数；

Q——链条极限拉伸载荷（抗拉载荷），N，见表 13-2-1；

f_1——工况系数，见表 13-2-3；

F_t——有效圆周力，N，见表 13-2-2；

F_c——离心力引起的拉力，N，$F_c=qv^2$；

q——链条质量，kg/m，见表 13-2-6；

v——链条速度，m/s；

F_f——悬垂拉力，N，在 F_f' 和 F_f'' 二者中取大值，

$$F_f'=\frac{K_fqa}{100}$$

$$F_f''=\frac{(K_f+\sin\theta)qa}{100}$$

K_f——系数，见图 13-2-4；

a——链传动中心距，mm；

θ——两轮中心连线对水平面倾角；

n_p——许用安全系数，$n_p=4\sim8$。

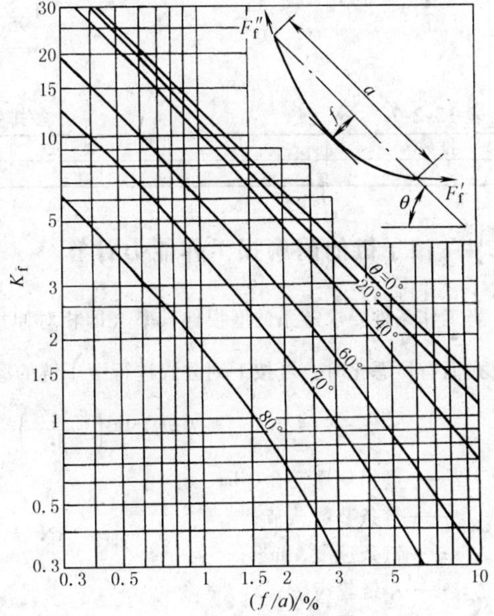

图 13-2-4 确定悬垂拉力的系数 K_f

若以最大尖峰载荷代替 f_1F_t 时，则 $n_p=3\sim6$；若速度较低，从动系统惯性小，不太重要的传动或作用力的确定比较准确时，n_p 可取较小值。

表 13-2-6 单排滚子链质量

节距 p/mm	8.00	9.525	12.7	15.875	19.05	25.40	31.75	38.10	44.45	50.80	63.50	76.20
质量 q/kg·m^{-1}	0.18	0.40	0.60	1.00	1.50	2.60	3.80	5.60	7.50	10.10	16.10	22.60

1.2.3 滚子链的耐疲劳工作能力计算

当链条传递功率超过额定功率、链条的使用寿命要求小于 15000h 时，其疲劳寿命的近似计算法如下。本计算法仅适用于 A 系列标准滚子链，对 B 系列可作为参考。

设 P_0'——链板疲劳强度限定的额定功率；

P_0''——滚子套筒冲击疲劳强度限定的额定功率；

P——要求传递的功率。

铰链不发生胶合的前提下，链传动疲劳寿命计算如下：

当 $\frac{f_1P}{K_p}\geqslant P_0'$ 时

$$T=\frac{10^7}{z_1n_1}\left(\frac{K_pP_0'}{f_1P}\right)^{3.71}\frac{L_p}{100}\quad(\mathrm{h}) \tag{13-2-2}$$

当 $P_0''\leqslant\frac{f_1P}{K_p}<P_0'$ 时

$$T=15000\left(\frac{K_pP_0''}{f_1P}\right)^2\frac{L_p}{100}\quad(\mathrm{h}) \tag{13-2-3}$$

式中 T——使用寿命，h；

z_1——小链轮齿数；

n_1——小链轮转速，r/min；

K_p——多排链排数系数，见表 13-2-7；

f_1——工况系数，见表 13-2-3；

L_p——链条节数，节。

额定功率

$$P_0' = 0.003 z_1^{1.08} n_1^{0.9} \left(\frac{p}{25.4}\right)^{3-0.0028p} \quad (\text{kW}) \tag{13-2-4}$$

$$P_0'' = \frac{950 z_1^{1.5} p^{0.8}}{n_1^{1.5}} \quad (\text{kW}) \tag{13-2-5}$$

表 13-2-7　　多排链排数系数 K_p

排数 n	1	2	3	4	5	6
K_p	1	1.7	2.5	3.3	4	4.6

1.2.4　滚子链的耐磨损工作能力计算

当工作条件要求链条的磨损伸长率（即相对伸长量）$\frac{\Delta p}{p}$明显小于 3% 或润滑条件不符合图 13-2-9 的规定要求方式而有所恶化时，可按下列公式进行滚子链的磨损寿命计算：

$$T = 91500\left(\frac{c_1 c_2 c_3}{p_r}\right)^3 \frac{L_p}{v} \times \frac{z_1 i}{i+1}\left(\frac{\Delta p}{p}\right)\frac{p}{3.2d_2} \quad (\text{h}) \tag{13-2-6}$$

式中 T——磨损使用寿命，h；

L_p——链条节数，节；

v——链条速度，m/s；

z_1——小链轮齿数；

i——传动比；

p——链条节距，mm；

$\left(\frac{\Delta p}{p}\right)$——许用磨损伸长率，按具体条件确定，一般取 3%；

d_2——滚子链销轴直径，mm，见表 13-2-1；

c_1——磨损系数，见图 13-2-5；

c_2——节距系数，见表 13-2-8；

c_3——齿数-速度系数，见图 13-2-6；

p_r——铰链的压强，MPa。

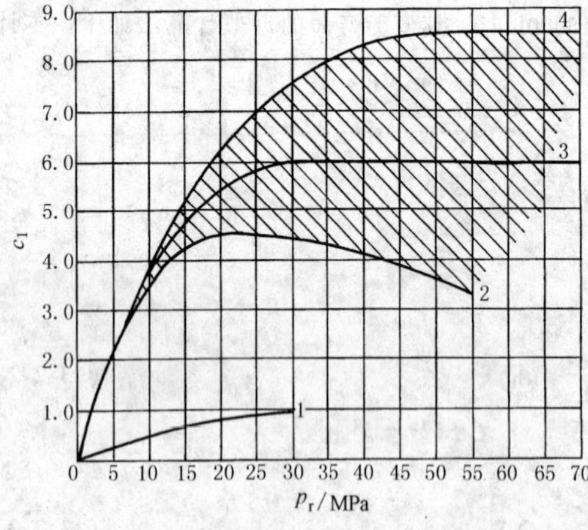

图 13-2-5　磨损系数 c_1

1—干运转，工作温度 <140℃，链速 v<7m/s（干运转使磨损寿命大大下降，应尽可能使润滑条件位于图中的阴影区）；2—润滑不充分，工作温度 <70℃，v<7m/s；3—采用规定的润滑方式（图 13-2-9）；4—良好的润滑条件

表 13-2-8　　节距系数 c_2

节距 p /mm	9.525	12.7	15.875	19.05	25.4
系数 c_2	1.48	1.44	1.39	1.34	1.27
节距 p /mm	31.75	38.1	44.45	50.8	63.5
系数 c_2	1.23	1.19	1.15	1.11	1.03

铰链的压强 p_r 按下式计算：

$$p_r = \frac{f_1 F_t + F_c + F_f}{A} \quad (\text{MPa}) \tag{13-2-7}$$

式中 f_1——工况系数，见表 13-2-3；

F_t——有效拉力（即有效圆周力），N，见表13-2-2；

F_c——离心力引起的拉力，N，见式（13-2-1）；

F_f——悬垂拉力，N，见式（13-2-1）；

A——铰链承压面积，mm²，$A = d_2 \cdot b_2$；

d_2——滚子链销轴直径，mm，见表 13-2-1；

b_2——套筒长度（即内链节外宽），mm，见表 13-2-1。

当使用寿命 T 已定时，可由式（13-2-6）确定许用压强 p_{rp}，用式（13-2-7）进行铰链的压强验算，即

$$p_r \leqslant p_{rp} \quad (\text{MPa})$$

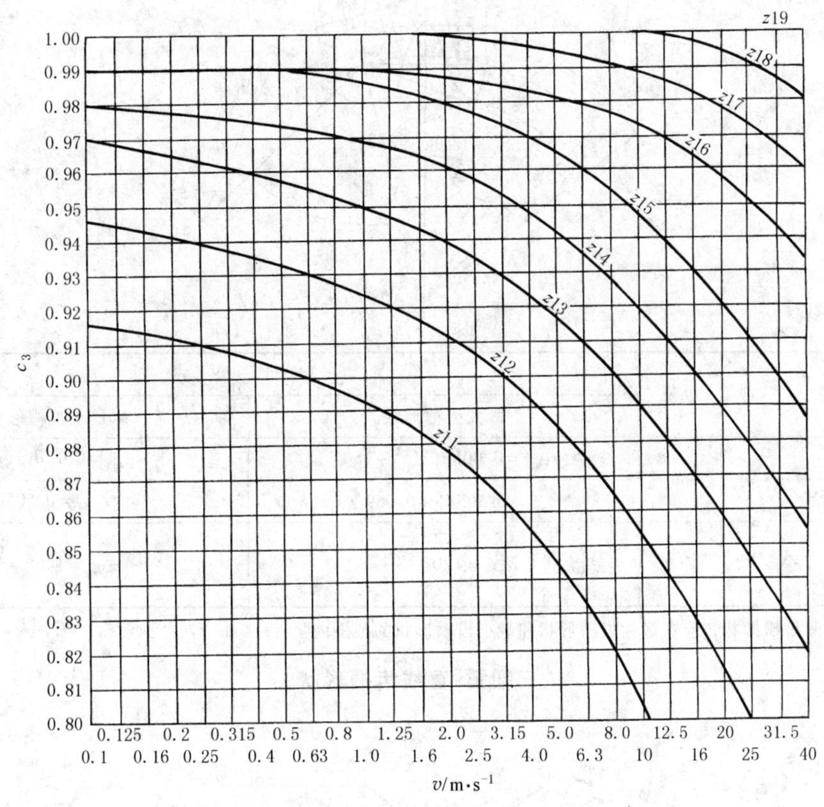

图 13-2-6 齿数-速度系数 c_3

1.2.5 滚子链的抗胶合工作能力计算

由销轴与套筒间的胶合限定的滚子链工作能力（通常为计算小链轮的极限转速）可由下式确定。本公式仅适用于 A 系列标准滚子链。

$$\left(\frac{n_{max}}{1000}\right)^{1.59\lg\frac{p}{25.4}+1.873} = \frac{82.5}{(7.95)^{\frac{p}{25.4}}\ (1.0278)^{z_1}(1.323)^{\frac{F_t}{4450}}} \qquad (13\text{-}2\text{-}8)$$

式中 n_{max}——小链轮不发生胶合的极限转速，r/min；

p——节距，mm；

z_1——小链轮齿数；

F_t——单排链的有效圆周力，N。

本计算式是按规定润滑方式（图 13-2-9）在大量试验基础上建立的。高速运转时，特别要注意润滑条件。

1.3 滚子链链轮

滚子链与链轮的啮合属非共轭啮合传动，故链轮齿形的设计有较大的灵活性。在 GB/T 1243—1997 中，规定了最大和最小齿槽形状，见表 13-2-9。而实际齿槽形状取决于刀具和加工方法，并需处于最小和最大齿侧圆弧半径之间。三圆弧-直线齿形符合上述规定的齿槽形状范围，其齿槽形状见表 13-2-10，链轮基本参数和主要尺寸见表 13-2-11，轴面齿廓尺寸见表 13-2-12，链轮结构尺寸见表 13-2-13。

链轮也可用渐开线齿廓，其链轮滚刀法向齿形尺寸见 GB/T 1243—1997 附录 B。

齿槽形状（摘自 GB/T 1243—1997）

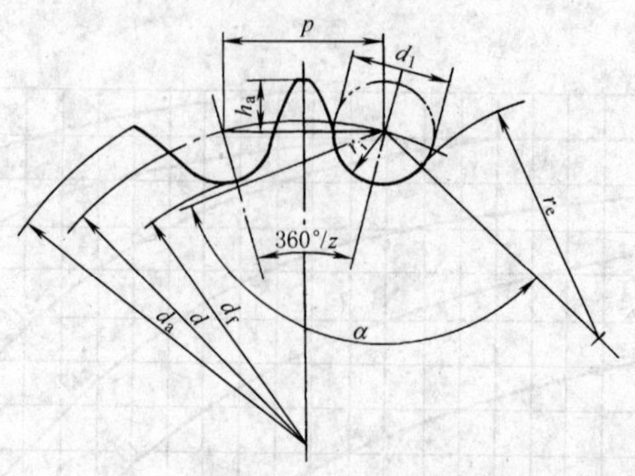

表 13-2-9

名　　称	单位	计　算　公　式	
		最大齿槽形状	最小齿槽形状
齿侧圆弧半径 r_e	mm	$r_{emin}=0.008d_1\ (z^2+180)$	$r_{emax}=0.12d_1\ (z+2)$
滚子定位圆弧半径 r_i		$r_{imax}=0.505d_1+0.069\sqrt[3]{d_1}$	$r_{imin}=0.505d_1$
滚子定位角 α	(°)	$\alpha_{min}=120°-\dfrac{90°}{z}$	$\alpha_{max}=140°-\dfrac{90°}{z}$

注：链轮的实际齿槽形状，应在最大齿槽形状和最小齿槽形状的范围内。

三圆弧-直线齿槽形状

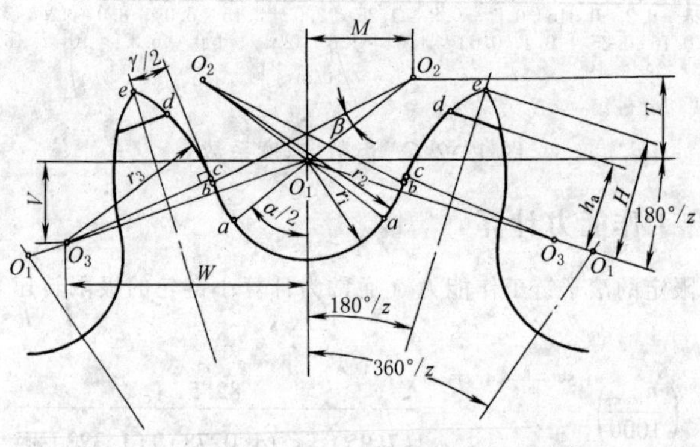

表 13-2-10

名　　称		单位	计　算　公　式
齿沟圆弧半径 r_i		mm	$r_i=0.5025d_1+0.05$
齿沟半角 α/2		(°)	$\alpha/2=55°-\dfrac{60°}{z}$
工作段圆弧中心 O_2 的坐标	M	mm	$M=0.8d_1(\sin\alpha/2)$
	T		$T=0.8d_1(\cos\alpha/2)$
工作段圆弧半径 r_2			$r_2=1.3025d_1+0.05$
工作段圆弧中心角 β		(°)	$\beta=18°-\dfrac{56°}{z}$
齿顶圆弧中心 O_3 的坐标	W	mm	$W=1.3d_1\cos\dfrac{180°}{z}$
	V		$V=1.3d_1\sin\dfrac{180°}{z}$

续表

名　称	单位	计 算 公 式
齿形半角 $\gamma/2$	(°)	$\gamma/2=17°-\frac{64°}{z}$
齿顶圆弧半径 r_3	mm	$r_3=d_1\left(1.3\cos\frac{\gamma}{2}+0.8\cos\beta-1.3025\right)-0.05$
工作段直线部分长度 bc	mm	$\overline{bc}=d_1\left(1.3\sin\frac{\gamma}{2}-0.8\sin\beta\right)$
e 点至齿沟圆弧中心连线的距离 H	mm	$H=\sqrt{r_3^2-\left(1.3d_1-\frac{p_0}{2}\right)^2}$，$p_0=p\left(1+\frac{2r_i-d_1}{d}\right)$

注：齿沟圆弧半径 r_i，允许比上式计算的大 $0.0015d_1+0.06$mm。

链轮基本参数和主要尺寸（摘自 GB/T 1243—1997）

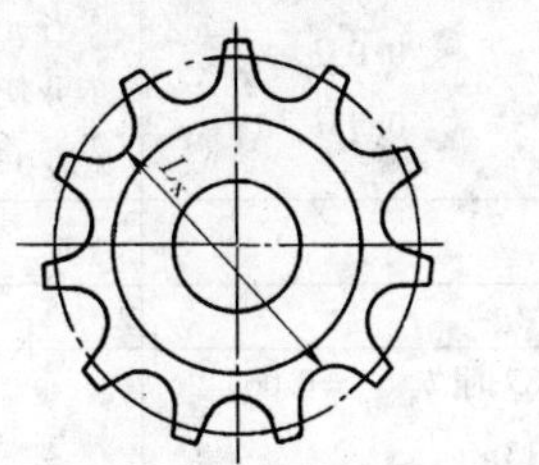

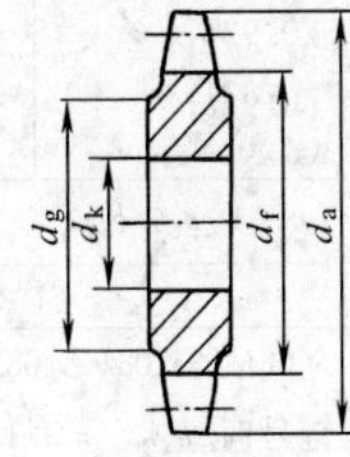

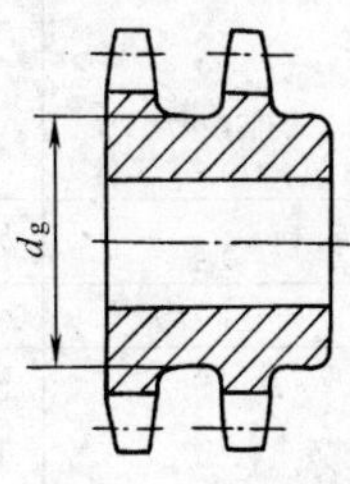

表 13-2-11　　mm

名　称		计 算 公 式	说　明
基本参数	链轮齿数 z		由表 13-2-2 确定
	配用链条的节距 p		见表 13-2-1
	配用链条的滚子外径 d_1		
	配用链条的排距 p_t		
主要尺寸	分度圆直径 d	$d=\frac{p}{\sin\frac{180°}{z}}$	
	齿顶圆直径 d_a	$d_{amax}=d+1.25p-d_1$ $d_{amin}=d+\left(1-\frac{1.6}{z}\right)p-d_1$ 三圆弧-直线齿形 $d_a=p\left(0.54+\cot\frac{180°}{z}\right)$	可在 d_{amax}、d_{amin} 范围内任意选取，但选用 d_{amax} 时，应考虑采用展成法加工，有发生顶切的可能性
	齿根圆直径 d_f	$d_f=d-d_1$	
	分度圆弦齿高 h_a	$h_{amax}=\left(0.625+\frac{0.8}{z}\right)p-0.5d_1$ $h_{amin}=0.5(p-d_1)$ 三圆弧-直线齿形 $h_a=0.27p$	h_a 是为简化放大齿形图绘制而引入的辅助尺寸，h_{amax} 对应 d_{amax}；h_{amin} 对应 d_{amin}
	最大齿根距离 L_x	奇数齿 $L_x=d\cos\frac{90°}{z}-d_1$ 偶数齿 $L_x=d_f=d-d_1$	
	齿侧凸缘（或排间槽）直径 d_g	$d_g<p\cot\frac{180°}{z}-1.04h_2-0.76$	h_2——内链板高度，见表 13-2-1

注：d_a、d_g 计算值取整数舍小数，其他尺寸精确到 0.01mm。

轴面齿廓尺寸（摘自 GB/T 1243—1997）

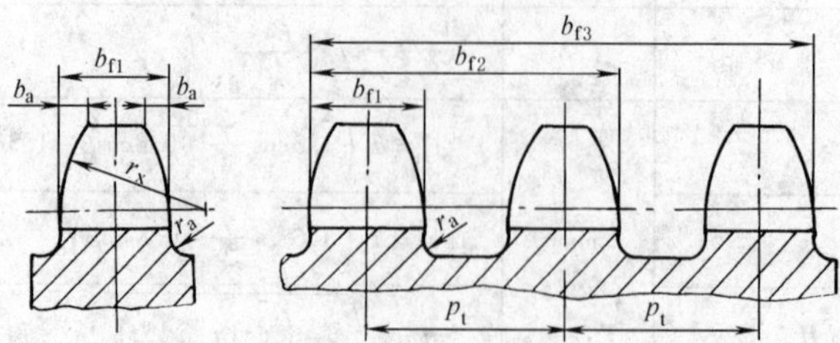

表 13-2-12　　　　mm

名称		计算公式 $p\leqslant12.7$	计算公式 $p>12.7$	说明
齿宽 b_{f1}	单排	$0.93b_1$	$0.95b_1$	当 $p>12.7$ 时，经制造厂同意，亦可使用 $p\leqslant12.7$ 时的齿宽。b_1 见表 13-2-1
	双排、三排	$0.91b_1$	$0.93b_1$	
链轮齿总宽 b_{fn}		$b_{fn}=(n-1)p_t+b_{f1}$		n——排数
齿侧半径 r_x		$r_{x公称}=p$		
齿侧倒角 b_a		链号为 081、083、084 及 085 时，$b_{a公称}=0.06p$ 其他链号时，$b_{a公称}=0.13p$		
齿侧凸缘（或排间槽）圆角半径 r_a		$r_a\approx0.04p$		

注：齿宽 b_{f1} 的偏差为 $h/4$。

表 13-2-13　　　　**链轮结构尺寸**

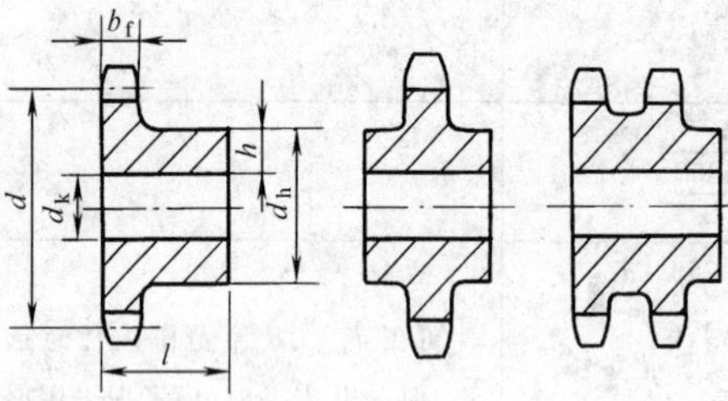

类型	名称	结构尺寸（参考）
整体式钢制小链轮	轮毂厚度 h	$h=K+\dfrac{d_k}{6}+0.01d$ 常数 K：d：<50，50～100，100～150，>150；K：3.2，4.8，6.4，9.5
	轮毂长度 l	$l=3.3h$ $l_{min}=2.6h$
	轮毂直径 d_h	$d_h=d_k+2h$ $d_{hmax}<d_g$，d_g 见表 13-2-11
	齿宽 b_f	见表 13-2-12
腹板式单排铸造链轮	轮毂厚度 h	$h=9.5+\dfrac{d_k}{6}+0.01d$
	轮毂长度 l	$l=4h$
	轮毂直径 d_h	$d_h=d_k+2h$，$d_{hmax}<d_g$，d_g 见表 13-2-11
	齿侧凸缘宽度 b_r	$b_r=0.625p+0.93b_1$，b_1——内链节内宽，见表 13-2-1
	轮缘部分尺寸	$c_1=\dfrac{d-d_g}{2}$ $c_2=0.9p$ $f=4+0.25p$ $g=2t$
	圆角半径 R	$R=0.04p$
	腹板厚度 t	p/mm：9.525，12.7，15.875，19.05，25.4，31.75，38.1，44.45，50.8，63.5，76.2 t/mm：7.9，9.5，10.3，11.1，12.7，14.3，15.9，19.1，22.2，28.6，31.8

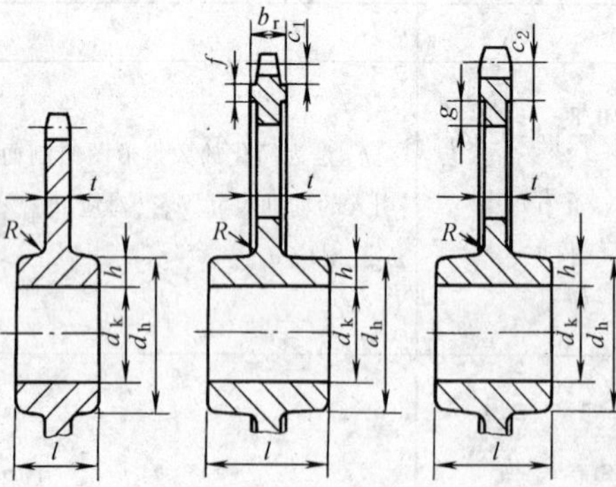

p=9.525～15.875　　$p\geqslant19.05$

$z\leqslant80$　　$z>80$　　z 不限

续表

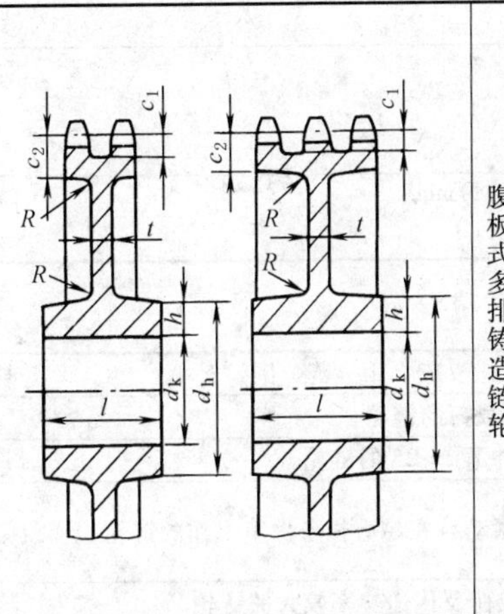

腹板式多排铸造链轮	名称		结构尺寸(参考)										
	圆角半径 R		$R=0.5t$										
	轮毂长度 l		$l=4h$										
	腹板厚度 t	p/mm	9.525	12.7	15.875	19.05	25.4	31.75	38.1	44.45	50.8	63.5	76.2
		t/mm	9.5	10.3	11.1	12.7	14.3	15.9	19.1	22.2	25.4	31.8	38.1
	其余结构尺寸		见腹板式单排铸造链轮										

注：轴孔偏差为 H8。

链轮其他结构

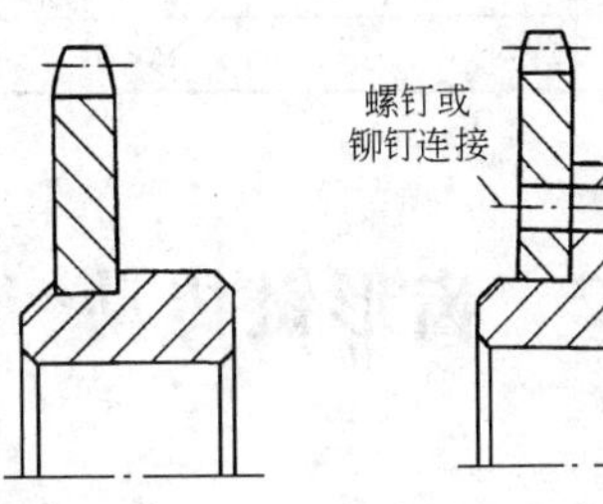

焊接结构　　螺钉或铆钉连接结构

图 13-2-7　链轮结构

表 13-2-14　**齿根圆直径极限偏差及量柱测量距极限偏差**（摘自 GB/T 1243—1997）　mm

项　　目	尺寸段	上偏差	下偏差
齿根圆直径极限偏差、量柱测量距极限偏差	$d_f \leqslant 127$	0	-0.25
	$127 < d_f \leqslant 250$	0	-0.30
	$250 < d_f$	0	h11

表 13-2-15　**量柱测量距 M_R**（摘自 GB/T 1243—1997）

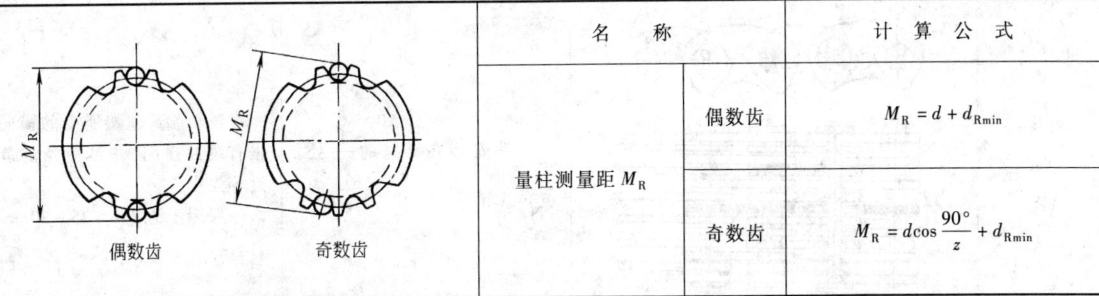

名　称		计 算 公 式
量柱测量距 M_R	偶数齿	$M_R = d + d_{Rmin}$
	奇数齿	$M_R = d\cos\frac{90°}{z} + d_{Rmin}$

注：量柱直径 $d_R = d_1$（d_1—滚子直径最大值），极限偏差为 $^{+0.01}_{0}$ mm。

表 13-2-16　　齿根圆的圆跳动（摘自 GB/T 1243—1997）

项　目	要　求
链轮孔和根圆直径之间的径向圆跳动	不应超过下列两数值中的较大值 $(0.0008d_f+0.08)$mm 或 0.15mm 最大到 0.76mm
轴孔到链轮齿侧平直部分的端面圆跳动	不应超过下列计算值$(0.0009d_f+0.08)$mm 最大到 1.14mm

表 13-2-17　　链轮材料及热处理

材　料	热处理	齿面硬度	应　用　范　围
15、20	渗碳、淬火、回火	50～60HRC	$z \leqslant 25$ 有冲击载荷的链轮
35	正火	160～200HBS	正常工作条件下 $z>25$ 的链轮
45、50 ZG310-570	淬火、回火	40～50HRC	无剧烈冲击振动且在易磨损条件下工作的链轮
15Cr、20Cr	渗碳、淬火、回火	55～60HRC	$z<30$、有动载荷及传递功率较大的链轮
40Cr、35SiMn 35CrMo	淬火、回火	40～50HRC	重要的、要求强度较高、轮齿耐磨的链轮
Q235、Q275	焊接后退火	约 140HBS	中等速度、传递中等功率的链轮
不低于 HT200 的灰铸铁	淬火、回火	260～280HBS	外形复杂、强度要求一般的 $z>50$ 的从动链轮
夹布胶木			$P<6$kW、速度较高、传动要求平稳和无噪声的链轮

2　齿形链传动

2.1　齿形链的分类

表 13-2-18

导向型式	简　图	结　构	特　点
外导式	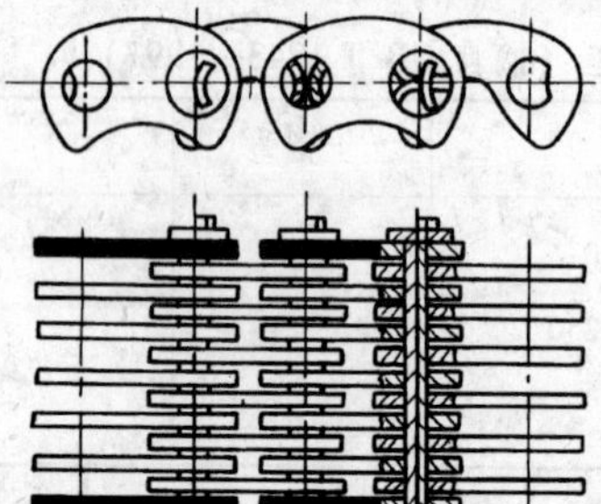	导片安装在链条的两侧	用于节距小、链宽窄的链条
内导式	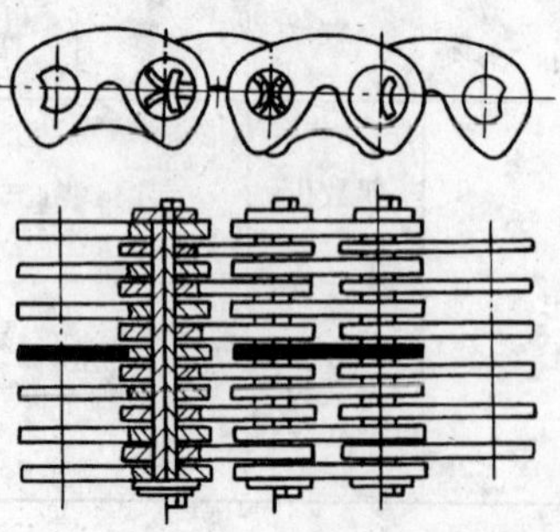	导片安装在链宽的$\frac{1}{2}$处，链轮开导槽	对销轴端部连接所受的横向冲击有缓冲作用，并可使各链节接近等强度 一般用于链宽 $b>25～30$mm

2.2 齿形链的基本参数与尺寸（摘自 GB/T 10855—1989）[1]

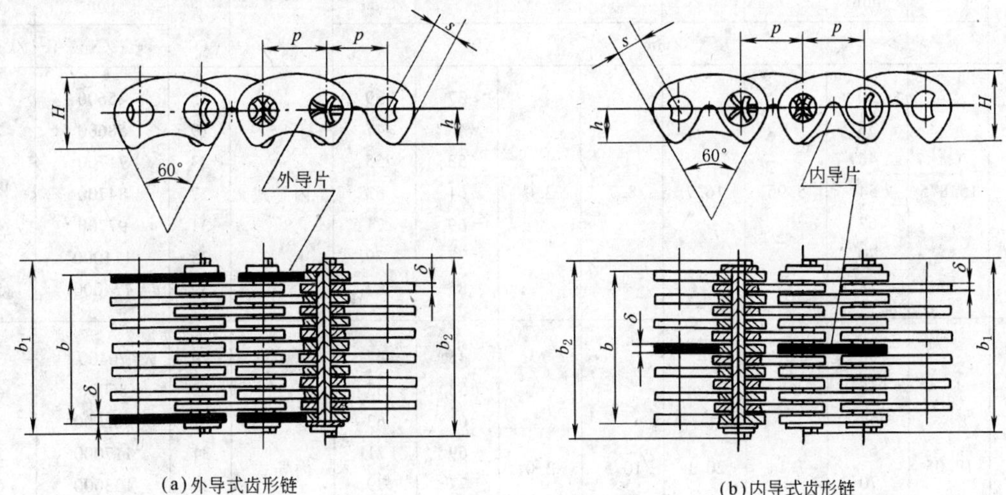

(a) 外导式齿形链　　(b) 内导式齿形链

表 13-2-19

链号	节距 p	链宽 b min	s	H min	h	δ	b_1 max	b_2 max	导向型式	片数 n	极限拉伸载荷 Q min	每米质量 q ≈
	/mm										/N	/kg·m^{-1}
CL06	9.525	13.5	3.57	10.1	5.3	1.5	18.5	20	外导式	9	10000	0.60
		16.5					21.5	23		11	12500	0.73
		19.5					24.5	26		13	15000	0.85
		22.5					27.5	29		15	17500	1.00
		28.5					33.5	35	内导式	19	22500	1.26
		34.5					39.5	41		23	27500	1.53
		40.5					45.5	47		27	32500	1.79
		46.5					51.5	53		31	37500	2.06
		52.5					57.5	59		35	42500	2.33
CL08	12.70	19.5	4.76	13.4	7.0	1.5	24.5	26	外导式	13	23400	1.15
		22.5					27.5	29		15	27400	1.33
		25.5					30.5	32		17	31300	1.50
		28.5					33.5	35	内导式	19	35200	1.68
		34.5					39.5	41		23	43000	2.04
		40.5					45.5	47		27	50800	2.39
		46.5					51.5	53		31	58600	2.74
		52.5					57.5	59		35	66400	3.10
		58.5					63.5	65		39	74300	3.45
		64.5					69.5	71		43	82100	3.81
		70.5					75.5	77		47	89900	4.16

[1] 由于“齿形链和链轮（GB/T 10855—2003）”标准中没有标出链宽 b 等具体参数，选用不方便，本节仍摘录当前国内制造厂沿用的旧标准（GB/T 10855—1989）的产品样本资料。

续表

链号	节距 p	链宽 b min	s	H min	h	δ	b_1 max	b_2 max	导向型式	片数 n	极限拉伸载荷 Q min	每米质量 q ≈
	/mm										/N	/kg · m^{-1}
CL10	15.875	30	5.95	16.7	8.7	2.0	37	39	内导式	15	45600	2.21
		38					45	47		19	58600	2.80
		46					53	55		23	71700	3.39
		54					61	63		27	84700	3.99
		62					69	71		31	97700	4.58
		70					77	79		35	111000	5.17
		78					85	87		39	124000	5.76
CL12	19.05	38	7.14	20.1	10.5	2.0	45	47	内导式	19	70400	3.37
		46					53	55		23	86000	4.08
		54					61	63		27	102000	4.78
		62					69	71		31	117000	5.50
		70					77	79		35	133000	6.20
		78					85	87		39	149000	6.91
		86					93	95		43	164000	7.62
		94					101	103		47	180000	8.33
CL16	25.40	45	9.52	26.7	14.0	3.0	53	56	内导式	15	111000	5.31
		51					59	62		17	125000	6.02
		57					65	68		19	141000	6.73
		69					77	80		23	172000	8.15
		81					89	92		27	203000	9.57
		93					101	104		31	235000	10.98
		105					113	116		35	266000	12.41
		117					125	128		39	297000	13.82
CL20	31.75	57	11.91	33.4	17.5	3.0	67	70	内导式	19	165000	8.42
		69					79	82		23	201000	10.19
		81					91	94		27	237000	11.96
		93					103	106		31	273000	13.73
		105					115	118		35	310000	15.50
		117					127	130		39	346000	17.27
CL24	38.10	69	14.29	40.1	21.0	3.0	81	84	内导式	23	241000	12.22
		81					93	96		27	285000	14.35
		93					105	108		31	328000	16.48
		105					117	120		35	371000	18.61
		117					129	132		39	415000	20.73
		129					141	144		43	458000	22.86
		141					153	156		47	502000	24.99

注：1. 尺寸 s 的偏差为 h10。

2. 标记示例： CL08-22.5 W-60 GB/T 10855—1989

（CL08 —— 链号；22.5 —— 链宽；W —— 导向型式：N(内导式)；W(外导式)；60 —— 链节数）

2.3 齿形链传动设计计算

已知条件：①传动功率；②小链轮、大链轮转速；③传动用途以及原动机种类。

表 13-2-20　　齿形链传动计算内容和步骤

计算项目	单位	公式及数据	说明
传动比 i		$i=\frac{n_1}{n_2}=\frac{z_2}{z_1}$ 一般 $i\leqslant 7$,推荐 $i=2\sim 3.5$,$i_{max}=10$	n_1——小链轮转速,r/min n_2——大链轮转速,r/min
小链轮齿数 z_1		$z_1\geqslant z_{min}$,$z_{min}=15\sim 17$ 通常 $z\geqslant 21$,取奇数齿	若传动空间允许,z_1 宜取较大值
大链轮齿数 z_2		$z_2=iz_1$ $z_{2max}=150$	
链条节距 p	mm	可参考小链轮转速 n_1 选择 n_1 /r·min^{-1}: 2000~5000, 1500~3000, 1200~2500, 1000~2000, 800~1500, 600~1200, 500~900 p: 9.525, 12.7, 15.875, 19.05, 25.4, 31.75, 38.1	应综合考虑传动功率、小链轮转速和传动空间的要求
设计功率 P_d	kW	$P_d=\frac{K_AP}{K_z}$	K_A——工况系数,见表13-2-21 K_z——小链轮齿数系数,见表 13-2-21 P——传动功率,kW
链宽每 1mm 所能传递的额定功率 P_0	kW	根据 p·n_1 和 z_1 查表 13-2-22	
链宽 b	mm	$b\geqslant\frac{P_d}{P_0}=\frac{K_AP}{K_zP_0}$	b 值应按表 13-2-19 选取,若不合适应重定 p 和 z_1

注：其余计算见表 13-2-2。

表 13-2-21　　工况系数 K_A（摘自 GB/T 10855—2003）及小链轮齿数系数 K_{z1}

	应用设备	电动机或液力偶合器连接的发动机		用机械传动直接连接的发动机		液力变矩器传动	
		10h	24h	10h	24h	10h	24h
工况系数 K_A	液体、半液体搅拌器(叶片式、螺旋桨式)	1.1	1.4	1.3	1.6	1.5	1.8
	面包厂的面团搅拌器	1.2	1.5	—	—	—	—
	酿造和蒸馏设备:装瓶机、气锅、炊具、捣磨槽、漏斗秤	1.0	1.3	—	—	—	—
	制砖和黏土器具机械:						
	挤泥机、螺旋土钻、切割台、排风机	1.3	1.6	1.5	1.8	1.7	2.0
	制砖机、干压机、粉碎机、制粒机、混合机、拌土机、碾压机、离心机	1.4	1.7	1.6	1.9	1.8	2.1
	压缩机:离心式、循环式、旋转式	1.1	1.4	1.3	1.6	1.5	1.8

续表

	应用设备		电动机或液力偶合器连接的发动机		用机械传动直接连接的发动机		液力变矩器传动	
			10h	24h	10h	24h	10h	24h
工况系数 K_A	活塞往复式:3缸或大于3缸		1.3	1.6	1.5	1.8	1.7	2.0
		单缸或双缸	1.6	1.9	1.8	2.1	2.0	2.3
	输送机	带式输送(轻物料)、烘箱、干燥箱、恒温箱	1.0	1.3	1.2	1.5	1.4	1.7
		带式输送(矿石、煤、砂子)	1.2	1.5	1.4	1.7	1.6	1.9
		裙板式、挡边式、料斗式、料槽式、提升式	1.4	1.7	1.6	1.9	1.8	2.1
		螺旋式、刮板、链传动式	1.6	1.9	1.8	2.1	2.0	2.3
	棉油厂设备:棉绒去除器、剥绒毛机、蒸煮器		1.4	1.7	1.6	1.9	1.8	2.1
	起重机、卷扬机:主井提升机——正常载荷		1.1	1.4	1.3	1.6	1.5	1.8
	主井提升机——重载荷、倒卸式起重机、料箱起重机		1.4	1.7	1.6	1.9	1.8	2.1
	粉碎机 压碎机	碎煤机、煤炭粉碎机、亚麻粉碎机	1.4	1.7	1.6	1.9	1.8	2.1
		球磨、圆锥破碎、圆锥轧碎、破碎、旋转破碎、环动碎石、哈丁球磨、棒磨、磨管、腭式粉碎	1.6	1.9	1.8	2.1	2.0	2.3
	挖泥机、挖土机、疏浚机:输送式、泵式、码垛式		1.4	1.7	1.6	1.9	1.8	2.1
		矿筛式、筛分式	1.6	1.9	1.8	2.1	2.0	2.3
	斗式提升机:均匀送料		1.2	1.5	1.4	1.7	1.6	1.9
		重载用工况	1.4	1.7	1.6	1.9	1.8	2.1
	通风机和鼓风机:通风机、吸风机、引风机		1.2	1.5	1.4	1.7	1.6	1.9
		离心式、排风机、螺旋桨式通风机	1.3	1.6	1.5	1.8	1.7	2.0
		矿用通风机	1.4	1.7	1.6	1.9	1.8	2.1
		增压鼓风机	1.5	1.8	1.7	2.0	1.9	2.2
	面粉、谷物加工机械	送料机构	1.0	1.3	1.2	1.5	1.4	1.7
		筛面粉机、筛子机、净化器、滚筒机	1.1	1.4	1.3	1.6	1.5	1.8
		谷物分选机、分离机	1.1	1.4	—	—	—	—
		磨碎机、锤磨机、发电机、励磁机	1.2	1.5	1.4	1.7	1.6	1.9
		滚磨机	1.3	1.6	1.5	1.8	1.7	2.0
		主轴驱动装置	1.4	1.7	1.6	1.9	1.8	2.1
	制冰机械		1.5	1.8	1.7	2.0	1.9	2.2
	洗衣机械:湿调器、脱水机、烫布机、洗涤机、洗选机		1.1	1.4	1.3	1.6	1.5	1.8
		转筒式洗衣机	1.2	1.5	1.4	1.7	1.6	1.9
	主传动轴、动力轴	谷物提升机	1.0	1.3	1.2	1.5	1.4	1.7
		轧棉机、轧花机、棉油设备	1.1	1.4	1.3	1.6	1.5	1.8
		煤装卸设备、相似其他设备	1.2	1.5	1.4	1.7	1.6	1.9
		浩纸机	1.3	1.6	1.5	1.8	1.7	2.1
		橡胶设备、轧钢设备、炼钢设备	1.4	1.7	1.6	1.9	1.8	2.1
		制砖厂	1.6	1.9	1.8	2.1	2.0	2.3

续表

	应用设备	电动机或液力偶合器连接的发动机		用机械传动直接连接的发动机		液力变矩器传动	
		10h	24h	10h	24h	10h	24h
工况系数 K_A	机床:钻床、磨床、车床	1.0	1.3	—	—	—	—
	镗磨、凸轮加工机床	1.1	1.3	—	—	—	—
	落锤、吊锤、铣床	1.1	1.4	—	—	—	—
	冲床、剪切机	1.4	1.7	—	—	—	—
	碾磨机:球磨、侧磨、研磨、棒磨、混砂碾、管磨、哈丁圆锥球磨	1.5	1.8	1.7	2.0	—	—
	滚磨机	1.6	1.9	1.8	2.1	—	—
	混凝土搅拌机	1.6	1.9	1.8	2.1	2.0	2.3
	油田机械:复合搅拌装置	1.0	1.3	1.2	1.5	1.4	1.7
	管状泵	1.2	1.5	1.4	1.7	1.6	1.9
	抽泥机、吸泥机	1.3	1.6	1.5	1.8	1.7	2.0
	提升装置	1.6	1.9	1.8	2.1	2.0	2.3
	炼油装置:冷却器、过滤器、烘干炉	1.5	1.8	1.7	2.0	1.9	2.2
	造纸机械:打浆机	1.1	1.4	1.3	1.6	1.5	1.8
	压光机、干燥机、约当发动机、造纸机	1.2	1.5	1.4	1.7	1.6	1.9
	搅拌器	1.3	1.6	1.5	1.8	1.7	2.0
	美式干燥机	1.3	1.6	1.5	1.8	—	—
	纳升发动机	1.4	1.7	1.6	1.9	1.8	2.1
	洗涤机	1.4	1.7	—	—	—	—
	切碎机	1.5	1.8	1.7	2.0	1.9	2.2
	卷筒式升降机	1.5	1.8	1.7	2.0	—	—
	印刷机械:铸造排字机、切纸机、转轮印刷机	1.1	1.4	1.3	1.6	1.5	1.8
	压纹机、印花机、平台印刷机、折页机、折叠机	1.2	1.5	1.4	1.7	1.6	1.9
	杂志印刷机、报纸印刷机	1.5	2.0	—	—	—	—
	泵:旋转泵	1.1	1.4	1.3	1.6	1.5	1.8
	离心泵、齿轮泵	1.2	1.5	1.4	1.7	1.6	1.9
	活塞泵——3缸或3缸以上	1.3	1.6	1.5	1.8	1.7	2.0
	管道泵	1.4	1.7	1.6	1.9	1.8	2.1
	其他类泵	1.5	1.8	1.7	2.0	1.9	2.2
	泥浆泵、活塞泵——单缸或双缸	1.6	1.9	1.8	2.1	2.0	2.3
	橡胶厂机械:密封式混炼机、压光机、混合器、脱料机、碾压机	1.5	1.8	1.7	2.0	1.9	2.2
	橡胶厂设备:压光机、制内胎机、硫化塔	1.5	1.8	1.7	2.0	1.9	2.2
	混合器、压片机、研磨机	1.6	1.9	1.8	2.1	2.0	2.3
	筛分机:空气洗涤器、移动式网筛机	1.0	1.3	1.2	1.5	1.4	1.7
	加煤机	1.1	1.4	—	—	—	—
	多边筛、滚筒筛、移动式	1.2	1.5	1.4	1.7	1.6	1.9
	旋转式、筛砂砾式、筛石子式、振动式	1.5	1.8	1.7	2.0	1.9	2.2
	钢厂:金属拉丝机	1.2	1.5	1.4	1.7	1.6	1.9
	轧机	1.3	1.6	1.5	1.8	1.7	2.0
	纺织机械:细纱机、绞结器、整经机、手纺车、卷轴	1.0	1.3	—	—	—	—
	进料斗、压光机、织布机	1.1	1.4	—	—	—	—

小链轮齿数系数 K_z											
	z	17	19	21	23	25	27	29	31	33	35	37
	K_z	0.77	0.89	1.00	1.11	1.22	1.34	1.45	1.56	1.66	1.77	1.88

表 13-2-22　　链宽每 1mm 的额定功率表（摘自 GB/T 10855—2003）

节距 p	4.76mm											
z_1	$n_1/r \cdot min^{-1}$											
	500	600	700	800	900	1200	1800	2000	3500	5000	7000	9000
	P_0/kW											
15	0.00822	0.00969	0.01116	0.01262	0.01380	0.01761	0.02349	0.02642	0.03905	0.04873	0.05695	0.05754
17	0.00969	0.01145	0.01292	0.01468	0.01615	0.02055	0.02818	0.03083	0.04697	0.05872	0.07046	0.07398
19	0.01086	0.01262	0.01468	0.01615	0.01791	0.02349	0.03229	0.03523	0.05284	0.06752	0.08103	0.08573
21	0.01204	0.01409	0.01615	0.01820	0.01996	0.02554	0.03582	0.03905	0.05960	0.07574	0.09160	0.09835
23	0.01321	0.01556	0.01761	0.01996	0.02202	0.02818	0.03963	0.04316	0.06606	0.08455	0.10275	0.11097
25	0.01439	0.01703	0.01938	0.02173	0.02407	0.03083	0.04316	0.04697	0.07193	0.09189	0.11156	0.12037
27	0.01556	0.01820	0.02084	0.02349	0.02584	0.03376	0.4639	0.05050	0.07721	0.09835	0.11919	0.12830
29	0.01673	0.01967	0.02231	0.02525	0.02789	0.03552	0.04991	0.05431	0.08308	0.10598	0.12918	0.13857
31	0.01761	0.02114	0.02378	0.02672	0.02965	0.03817	0.05314	0.05784	0.08866	0.11274	0.13681	0.14679
33	0.01879	0.2202	0.02525	0.02848	0.03141	0.04022	0.05578	0.06107	0.09307	0.11802	0.14239	—
35	0.01996	0.02349	0.02701	0.03024	0.03347	0.04257	0.05960	0.06488	0.10011	0.12536	0.15149	—
37	0.02084	0.02466	0.02818	0.03171	0.03494	0.04462	0.06195	0.06752	0.10217	0.12888	0.15384	—
40	0.02055	0.02672	0.03053	0.03406	0.03787	0.04815	0.06694	0.07340	0.11068	0.13975	—	—
45	0.02525	0.02995	0.03376	0.03817	0.04198	0.05373	0.07428	0.08074	0.12184	0.15296	—	—
50	0.02789	0.03288	0.03728	0.04022	0.04639	0.05872	0.08162	0.08866	0.13270	0.16587	—	—
润滑方式			Ⅰ					Ⅱ			Ⅲ	

节距 p	9.525mm												
z_1	$n_1/r \cdot min^{-1}$												
	100	500	1000	1200	1500	1800	2000	2500	3000	3500	4000	5000	6000
	P_0/kW												
17①	0.01350	0.06165	0.13505	0.14386	0.15560	0.19083	0.20257	0.23193	0.24954	0.25835	0.25835	—	—
19①	0.01556	0.07340	0.14092	0.15853	0.19083	0.21725	0.23193	0.26716	0.29065	0.29358	0.32294	0.28771	—
21	0.01703	0.08220	0.14973	0.17615	0.21432	0.24367	0.26422	0.29358	0.32294	0.35230	0.35230	0.35230	0.29358
23	0.01850	0.08807	0.16441	0.19376	0.23487	0.27303	0.29358	0.35230	0.38166	0.41102	0.41102	0.41102	0.35230
25	0.02026	0.09688	0.17909	0.21432	0.25835	0.29358	0.32294	0.38166	0.41102	0.44037	0.44037	0.44037	0.41102
27	0.02173	0.10275	0.19964	0.23193	0.27890	0.32294	0.35230	0.41102	0.44037	0.46973	0.52845	0.52845	0.46973
29	0.02349	0.11156	0.021432	0.24954	0.29358	0.35230	0.38166	0.44037	0.46973	0.52845	0.55781	0.55781	0.52845
31	0.2495	0.12037	0.22899	0.26716	0.32294	0.38166	0.41102	0.46973	0.52845	0.55781	0.58716	0.58716	0.55781
33	0.02642	0.12918	0.24367	0.28771	0.35230	0.41102	0.44037	0.52845	0.55781	0.61652	0.61652	0.61652	0.58716
35	0.02818	0.13505	0.25835	0.29358	0.38166	0.44037	0.46973	0.55781	0.58716	0.67524	0.67524	0.67524	0.61652
37	0.02936	0.14386	0.26716	0.32294	0.41102	0.44037	0.46973	0.58716	0.61652	0.70460	0.70460	0.70460	—
40	0.03229	0.15560	0.29358	0.35230	0.44037	0.46973	0.52845	0.61652	0.70460	0.73396	0.76331	0.76231	—
45	0.03817	0.17615	0.32294	0.38166	0.46973	0.55781	0.58716	0.70460	0.76331	0.82203	0.85139	—	—
50	0.04110	0.19376	0.38166	0.44037	0.52845	0.58716	0.67524	0.76331	0.85139	0.88075	—	—	—
润滑方式		Ⅰ			Ⅱ					Ⅲ			

续表

节距 p	12.7mm										
	n_1/r · min^{-1}										
z_1	100	500	700	1000	1200	1800	2000	2500	3000	3500	4000
	P_0/kW										
17[①]	0.02437	0.11156	0.14679	0.18496	0.22019	0.29358	0.32294	0.32294	0.32294	0.32294	—
19[①]	0.02730	0.11156	0.14679	0.22019	0.25835	0.32294	0.38166	0.41102	0.41102	0.41102	—
21	0.02936	0.014679	0.18496	0.25835	0.29358	0.41102	0.41102	0.44037	0.46973	0.46973	—
23	0.3229	0.14679	0.22019	0.29358	0.32294	0.44037	0.46973	0.55781	0.55781	0.55781	0.52845
25	0.03523	0.14679	0.22019	0.29358	0.38166	0.46973	0.52845	0.58716	0.61652	0.61652	0.58716
27	0.03817	0.18496	0.25835	0.32294	0.38166	0.52845	0.55781	0.61652	0.70460	0.70460	0.67524
29	0.04110	0.18496	0.25835	0.38166	0.41102	0.55781	0.61652	0.70460	0.73396	0.73396	0.73396
31	0.04404	0.22019	0.29358	0.38166	0.44037	0.61652	0.67524	0.73396	0.82203	0.82203	0.82203
33	0.04697	0.22019	0.29658	0.41102	0.46973	0.67524	0.70460	0.82203	0.85139	0.88075	0.85139
35	0.05284	0.22019	0.32294	0.44037	0.52845	0.70460	0.73396	0.85139	0.91011	0.91011	0.88075
37	0.05578	0.25835	0.32294	0.46973	0.55781	0.73396	0.76331	0.88075	0.96882	0.86882	—
40	0.05872	0.25835	0.38166	0.52845	0.58716	0.82203	0.85139	0.96882	1.02754	1.02754	—
45	0.07340	0.29358	0.41102	0.55781	0.67524	0.88075	0.88075	1.05690	1.14497	—	—
50	0.07340	0.32294	0.44037	0.61652	0.73396	0.99818	1.05690	1.17433	—	—	—
润滑方式	Ⅰ			Ⅱ					Ⅲ		

节距 p	15.875mm									
	n_1/r · min^{-1}									
z_1	100	500	700	1000	1200	1800	2000	2500	3000	3500
	P_0/kW									
17[①]	0.03817	0.18496	0.22019	0.29358	0.32294	0.41102	0.44037	0.41102	—	—
19[①]	0.04110	0.18496	0.25835	0.38166	0.41102	0.46973	0.52845	0.52845	—	—
21	0.04697	0.22019	0.29658	0.38166	0.44037	0.55181	0.58716	0.58716	0.58716	—
23	0.05284	0.22019	0.32294	0.44037	0.46973	0.61652	0.67524	0.70460	0.67524	—
25	0.05578	0.25835	0.32294	0.46973	0.55781	0.70460	0.73396	0.76331	0.76331	0.70460
27	0.05872	0.29358	0.38166	0.52845	0.58716	0.76331	0.82203	0.85139	0.85139	0.76331
29	0.06165	0.29358	0.41102	0.55781	0.61652	0.82203	0.88075	0.91011	0.91011	0.85139
31	0.07046	0.32294	0.44037	0.58716	0.67524	0.88075	0.91011	0.99818	0.99818	0.91011
33	0.07340	0.32294	0.46973	0.61652	0.73396	0.96882	0.99818	1.05690	1.05690	0.99818
35	0.7633	0.38166	0.46973	0.67524	0.76331	0.99818	1.05690	1.14497	1.14497	1.02754
37	0.08220	0.38166	0.52845	0.70460	0.82203	1.05690	1.14497	1.26240	1.20369	—
40	0.08807	0.41102	0.55781	0.76331	0.88075	1.14497	1.20369	1.29176	—	—
45	0.09982	0.46973	0.61652	0.85139	0.99818	1.29176	1.35048	—	—	—
50	0.11156	0.52845	0.70460	0.96882	1.11561	1.40919	1.46791	—	—	—
润滑方式	Ⅰ		Ⅱ				Ⅲ			

续表

节距 p	19.05mm								
	$n_1/r\cdot min^{-1}$								
z_1	100	500	700	1000	1200	1500	1800	2000	2500
	P_0/kW								
17①	0.05578	0.23780	0.32294	0.41102	0.44037	0.46973	0.52845	0.52845	—
19①	0.05872	0.27303	0.38166	0.44037	0.52845	0.58716	0.61652	0.61652	—
21	0.06752	0.29358	0.41102	0.52845	0.58716	0.67524	0.70460	0.73396	0.70460
23	0.07340	0.32294	0.44037	0.58716	0.67524	0.78396	0.82203	0.82203	0.82203
25	0.08220	0.38166	0.46973	0.61652	0.73396	0.85139	0.91011	0.91011	0.88075
27	0.08514	0.41102	0.52845	0.70460	0.82203	0.91011	0.99818	1.02754	1.02754
29	0.09101	0.44037	0.58716	0.76331	0.88075	0.99818	1.05690	1.11561	1.11561
31	0.09982	0.44037	0.61652	0.82203	0.91011	1.05690	1.17433	1.20369	1.20369
33	0.10569	0.46973	0.67524	0.88075	0.99818	1.14497	1.26240	1.29176	1.29176
35	0.11156	0.52845	0.70460	0.91011	1.05690	1.20369	1.32112	1.35048	1.35048
37	0.11743	0.55781	0.73396	0.99818	1.14497	1.29176	1.40919	1.43855	1.43855
40	0.12918	0.58716	0.82203	1.05690	1.20369	1.40919	1.49727	1.55599	1.55599
45	0.14386	0.67524	0.88075	1.17433	1.35048	1.55599	1.64406	1.70278	—
50	0.15853	0.73396	0.99818	1.32112	1.49727	1.70278	1.79085	—	—
润滑方式	Ⅰ		Ⅱ		Ⅲ				

节距 p	25.4mm										
	$n_1/r\cdot min^{-1}$										
z_1	100	200	300	400	500	700	1000	1200	1500	1800	2000
	P_0/kW										
17①	0.11156	0.18496	0.25835	0.32294	0.41102	0.52845	0.61652	0.67524	—	—	—
19①	0.11156	0.22019	0.29358	0.38166	0.44037	0.58716	0.73396	0.76331	0.82203	—	—
21	0.11156	0.22019	0.32294	0.44037	0.52845	0.67524	0.85139	0.91011	0.96882	0.96882	—
23	0.11156	0.25835	0.38166	0.46973	0.55781	0.73396	0.91011	1.02754	1.11561	1.11561	—
25	0.14679	0.25835	0.41102	0.52845	0.61652	0.82203	1.02754	1.14497	1.20369	1.20369	1.20369
27	0.14679	0.29358	0.44037	0.55781	0.70460	0.88075	1.14497	1.26240	1.35048	1.35048	1.32112
29	0.14679	0.32294	0.46973	0.56716	0.73396	0.96882	1.20369	1.35048	1.46791	1.49727	1.46791
31	0.18496	0.32294	0.46973	0.67524	0.82203	1.02754	1.32112	1.46791	1.58534	1.61470	1.58534
33	0.18496	0.38166	0.52845	0.70460	0.85139	1.11561	1.43855	1.58534	1.73214	1.73214	1.70278
35	0.18496	0.38166	0.55781	0.73396	0.88075	1.17433	1.49727	1.64406	1.79085	1.84957	1.79085
37	0.19964	0.41102	0.58716	0.76331	0.96882	1.26240	1.58534	1.76149	1.90828	1.93764	—
40	0.22019	0.44037	0.67524	0.85139	1.02754	1.32112	1.73214	1.90828	2.05508	—	—
45	0.25835	0.46973	0.73396	0.91011	1.14497	1.49727	1.90828	2.08443	2.23123	—	—
50	0.29358	0.55781	0.82203	1.02754	1.26240	1.64406	2.08443	2.28994	—	—	—
润滑方式	Ⅰ			Ⅱ				Ⅲ			

第13篇

续表

节距 p	31.75mm										
	n_1/r · min^{-1}										
z_1	100	200	300	400	500	600	700	800	1000	1200	1500
	P_0/kW										
19①	0.16441	0.29358	0.44037	0.58716	0.70460	0.76331	0.85139	0.91011	0.99818	1.02754	—
21	0.18496	0.32294	0.52845	0.67524	0.76331	0.88075	0.86882	1.05690	1.17433	1.20369	—
23	0.20257	0.38166	0.55781	0.70460	0.85139	0.99818	1.05690	1.17433	1.32112	1.35048	1.35048
25	0.22019	0.41102	0.58716	0.76331	0.91011	1.05690	1.17433	1.29176	1.46791	1.55599	1.55599
27	0.23487	0.44037	0.67524	0.85139	1.02754	1.17433	1.29176	1.43855	1.58534	1.70278	1.70278
29	0.25248	0.46973	0.70460	0.91011	1.11561	1.26240	1.40919	1.55599	1.73214	1.84957	1.87893
31	0.27303	0.52845	0.76331	0.99818	1.17433	1.35048	1.49727	1.64406	1.87893	1.99636	2.02572
33	0.29065	0.55781	0.82203	1.02754	1.26240	1.43855	1.61470	1.76149	2.02572	2.14315	2.17251
35	0.32294	0.58716	0.85139	1.11561	1.32112	1.55599	1.73214	1.87893	2.14315	2.28994	2.28994
37	0.32294	0.61652	0.88075	1.17433	1.40919	1.61470	1.84957	1.99636	2.23123	2.37802	—
40	0.35230	0.70460	0.99818	1.29176	1.55599	1.76149	1.99636	2.17251	2.43673	2.58352	—
45	0.38166	0.76331	1.11561	1.43855	1.73214	1.99636	2.20187	2.37802	2.67160	—	—
50	0.44037	0.85139	1.26240	1.58534	1.90828	2.17251	2.43673	2.64224	2.93582	—	—
润滑方式		Ⅰ			Ⅱ				Ⅲ		

节距 p	38.1mm										
	n_1/r · min^{-1}										
z_1	100	200	300	400	500	600	700	800	900	1000	1200
	P_0/kW										
19①	0.23487	0.44037	0.61652	0.82203	0.91011	1.02754	1.14497	1.17433	1.20369	1.26240	—
21	0.25835	0.46973	0.70460	0.88075	1.05690	1.17433	1.29176	1.35048	1.43855	1.43855	—
23	0.29358	0.55781	0.76331	0.99818	1.17433	1.32112	1.43855	1.55599	1.61470	1.64406	1.61470
25	0.29358	0.58716	0.85139	1.11561	1.29176	1.46791	1.61470	1.73214	1.79085	1.90828	1.87893
27	0.32294	0.67524	0.91011	1.17433	1.40919	1.58534	1.76149	1.87893	1.99636	2.05508	2.05508
29	0.38166	0.70460	0.99818	1.29176	1.49727	1.73214	1.90828	2.05508	2.17251	2.20187	2.23123
31	0.41102	0.73396	1.05690	1.35048	1.61470	1.87893	2.05508	2.20187	2.31930	2.37802	2.43673
33	0.41102	0.82203	1.14497	1.46791	1.73214	1.99636	2.20187	2.34866	2.49545	2.58352	2.61288
35	0.44037	0.85139	1.20369	1.55599	1.84957	2.08443	2.31930	2.49545	2.64224	2.73032	2.75967
37	0.46973	0.88075	1.29176	1.73214	1.93764	2.23123	2.46609	2.64224	2.81839	2.90646	—
40	0.52845	0.96882	1.40919	1.93764	2.14315	2.43673	2.64224	2.87711	3.08261	—	—
45	0.55781	1.11561	1.58534	1.99636	2.37802	2.73032	2.96518	3.17069	3.31748	—	—
50	0.61652	1.20369	1.73214	2.20187	2.61288	2.96518	3.25876	3.46427	—	—	—
润滑方式	Ⅰ		Ⅱ					Ⅲ			

节距 p	50.8mm								
	n_1/r · min^{-1}								
z_1	100	200	300	400	500	600	700	800	900
	P_0/kW								
19①	0.41102	0.76331	1.05690	1.29176	1.46791	1.58534	1.64406	—	—
21	0.46973	0.85139	1.17433	1.46791	1.55599	1.84957	1.90828	—	—
23	0.49909	0.96882	1.32112	1.61470	1.87893	2.05508	2.17251	2.20187	—
25	0.52845	1.02754	1.43855	1.79085	2.05508	2.28994	2.43673	2.49545	2.49545
27	0.58716	1.11561	1.58534	1.93764	2.28994	2.49545	2.67160	2.75967	2.75967
29	0.61652	1.20369	1.70278	2.14315	2.46609	2.73032	2.90646	3.02890	3.02390

续表

节距 p	50.8mm								
	$n_1/\mathrm{r\cdot min^{-1}}$								
z_1	100	200	300	400	500	600	700	800	900
	P_0/kW								
31	0.67524	1.29176	1.84957	2.28994	2.64224	2.93582	3.11197	3.22941	3.22941
33	0.73396	1.35048	1.93764	2.43673	2.81839	3.11197	3.34684	3.46427	3.46427
35	0.76331	1.46791	2.08443	2.58352	3.02390	3.34684	3.55235	3.66978	3.66978
37	0.82203	1.55599	2.20187	2.73032	3.22941	3.64042	3.75785	3.84593	—
40	0.88075	1.70278	2.37802	2.96518	3.46427	3.78721	4.05144	4.13951	—
45	0.99818	1.87893	2.64224	3.31748	3.84593	4.22758	4.43309	—	—
50	1.11561	2.08443	2.93582	3.66978	4.22758	4.57988	—	—	—
润滑方式	Ⅰ	Ⅱ				Ⅲ			

① 不推荐使用（为获得较好使用效果，小链轮至少应有21齿）。

注：1. 本表制订条件：工况系数 $K_A=1$，链条节数 $L_p\approx100$ 节，按推荐润滑方式润滑，两个链轮共面安装在平行的两个水平轴上，满载荷运转，使用寿命约为15000h。

2. 在实际使用中，若满载工作仅占其中一部分时，则可提高其额定速度。对于有惰轮、多于两个链轮的链传动、复杂工作载荷以及其他特殊工况时，请向链条制造厂咨询。

3. 润滑方式，请见图13-2-9。

2.4 齿形链链轮（摘自GB/T 10855—2003）

表 13-2-23　　节距 $p\geqslant9.52$mm 链轮的齿形尺寸以及直径尺寸、测量尺寸

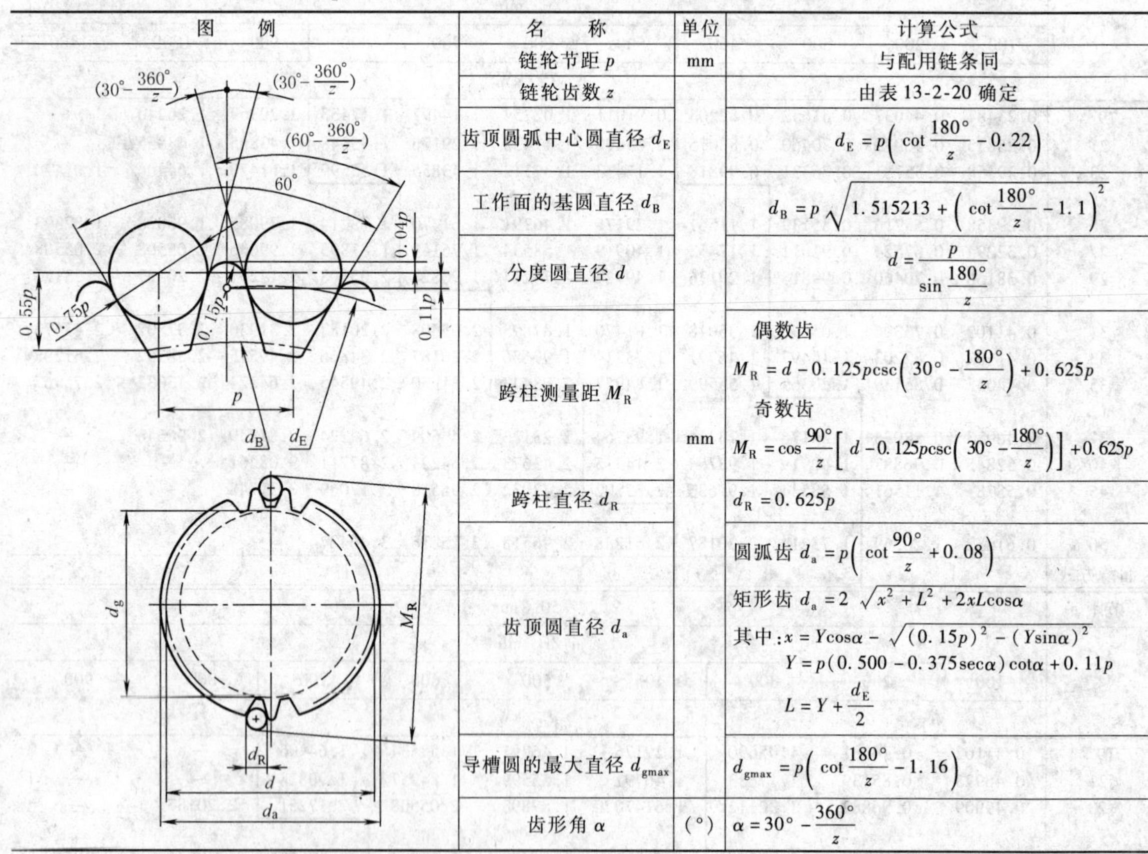

名称	单位	计算公式
链轮节距 p	mm	与配用链条同
链轮齿数 z		由表13-2-20确定
齿顶圆弧中心圆直径 d_E	mm	$d_E=p\left(\cot\frac{180°}{z}-0.22\right)$
工作面的基圆直径 d_B	mm	$d_B=p\sqrt{1.515213+\left(\cot\frac{180°}{z}-1.1\right)^2}$
分度圆直径 d	mm	$d=\frac{p}{\sin\frac{180°}{z}}$
跨柱测量距 M_R	mm	偶数齿 $M_R=d-0.125p\csc\left(30°-\frac{180°}{z}\right)+0.625p$ 奇数齿 $M_R=\cos\frac{90°}{z}\left[d-0.125p\csc\left(30°-\frac{180°}{z}\right)\right]+0.625p$
跨柱直径 d_R	mm	$d_R=0.625p$
齿顶圆直径 d_a	mm	圆弧齿 $d_a=p\left(\cot\frac{90°}{z}+0.08\right)$ 矩形齿 $d_a=2\sqrt{x^2+L^2+2xL\cos\alpha}$ 其中：$x=Y\cos\alpha-\sqrt{(0.15p)^2-(Y\sin\alpha)^2}$ $Y=p(0.500-0.375\sec\alpha)\cot\alpha+0.11p$ $L=Y+\frac{d_E}{2}$
导槽圆的最大直径 d_{gmax}	mm	$d_{gmax}=p\left(\cot\frac{180°}{z}-1.16\right)$
齿形角 α	(°)	$\alpha=30°-\frac{360°}{z}$

注：1. 链轮齿顶可以是圆弧形或者是矩形（车制）。

2. 工作面以下的齿根部形状可随刀具形状有所不同。

3. 表中主要公式数值由表13-2-25（表中数据为 $p=1$mm 的数据）换算。

表 13-2-24　　节距 $p=4.76$mm 链轮的齿形尺寸以及直径尺寸、测量尺寸

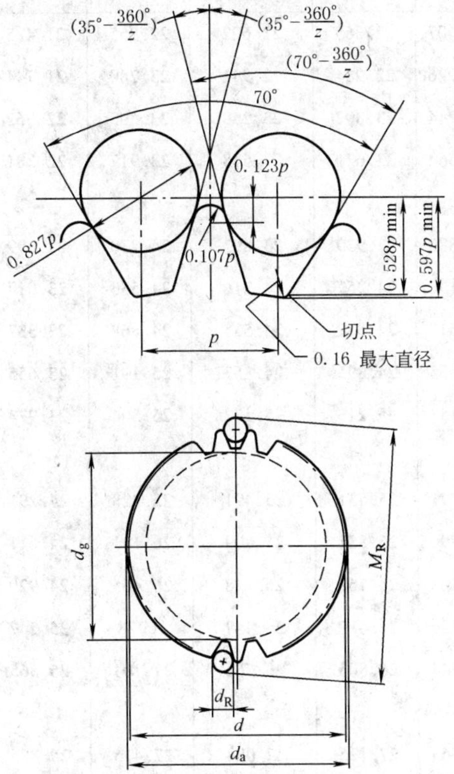

名　称	单位	计　算　公　式
链轮节距 p 链轮齿数 z	mm	与配用链条相同 由表 13-2-20 确定
分度圆直径 d	mm	$d=\dfrac{p}{\sin\dfrac{180^\circ}{z}}$
齿顶圆直径 d_a	mm	$d_a=p\left(\cot\dfrac{180^\circ}{z}-0.032\right)$
导槽圆的最大直径 d_{gmax}	mm	$d_{gmax}=p\left(\cot\dfrac{180^\circ}{z}-1.20\right)$
跨柱测量距 M_R	mm	偶数齿 $M_R=d-0.160p\csc\left(35^\circ-\dfrac{180^\circ}{z}\right)+0.667p$ 奇数齿 $M_R=\cos\dfrac{90^\circ}{z}\left[d-0.160p\csc\left(35^\circ-\dfrac{180^\circ}{z}\right)\right]+0.667p$
跨柱直径 d_R	mm	$d_R=0.667p$

注：表中公式数值见表 13-2-26。

表 13-2-25　　节距 $p=1$mm 链轮的数表　　mm

齿数 z	分度圆直径 d	齿顶圆直径 d_a 圆弧齿顶	齿顶圆直径 d_a 矩形齿顶①	跨柱测量距① M_R	导槽最大直径① d_g
17	5.442	5.429	5.298	5.669	4.189
18	5.759	5.751	5.623	6.018	4.511
19	6.076	6.072	5.947	6.324	4.832
20	6.393	6.393	6.271	6.669	5.153
21	6.710	6.714	6.595	6.974	5.474
22	7.027	7.036	6.919	7.315	5.769
23	7.344	7.356	7.243	7.621	6.116
24	7.661	7.675	7.568	7.960	6.435
25	7.979	7.996	7.890	8.266	6.756
26	8.296	8.315	8.213	8.602	7.075
27	8.614	8.636	8.536	8.909	7.396
28	8.932	8.956	8.859	9.244	7.716

齿数 z	分度圆直径 d	齿顶圆直径 d_a 圆弧齿顶	齿顶圆直径 d_a 矩形齿顶①	跨柱测量距① M_R	导槽最大直径① d_g
29	9.249	9.275	9.181	9.551	8.035
30	9.567	9.595	9.504	9.884	8.355
31	9.885	9.913	9.828	10.192	8.673
32	10.202	10.233	10.150	10.524	8.993
33	10.520	10.553	10.471	10.833	9.313
34	10.838	10.872	10.793	11.164	9.632
35	11.156	11.191	11.115	11.472	9.951
36	11.474	11.510	11.437	11.803	10.270
37	11.792	11.829	11.757	12.112	10.589
38	12.110	12.149	12.077	12.442	10.909
39	12.428	12.468	12.397	12.751	11.228

续表

齿数 z	分度圆直径 d	齿顶圆直径 d_a		跨柱测量距[1] M_R	导槽最大直径[1] d_g
		圆弧齿顶	矩形齿顶[1]		
40	12.746	12.787	12.717	13.080	11.547
41	13.064	13.106	13.037	13.390	11.866
42	13.382	13.425	13.357	13.718	12.185
43	13.700	13.743	13.677	14.028	12.503
44	14.018	14.062	13.997	14.356	12.822
45	14.336	14.381	14.317	14.667	13.141
46	14.654	14.700	14.637	14.994	13.460
47	14.972	15.018	14.957	15.305	13.778
48	15.290	15.337	15.277	15.632	14.097
49	15.608	15.656	15.597	15.943	14.416
50	15.926	15.975	15.917	16.270	14.735
51	16.244	16.293	16.236	16.581	15.053
52	16.562	16.612	16.556	16.907	15.372
53	16.880	16.930	16.876	17.218	15.690
54	17.198	17.249	17.196	17.544	16.009
55	17.517	17.568	17.515	17.857	16.328
56	17.835	17.887	17.834	18.183	16.647
57	18.153	18.205	18.154	18.494	16.965
58	18.471	18.524	18.473	18.820	17.284
59	18.789	18.842	18.793	19.131	17.602
60	19.107	19.161	19.112	19.457	17.921
61	19.426	19.480	19.431	19.769	18.240
62	19.744	19.799	19.750	20.095	18.559
63	20.062	20.117	20.070	20.407	18.877
64	20.380	20.435	20.388	20.731	19.195
65	20.698	20.754	20.708	21.044	19.514
66	21.016	21.072	21.027	21.368	19.832
67	21.335	21.391	21.346	21.682	20.151
68	21.653	21.710	21.665	22.006	20.470
69	21.971	22.028	21.984	22.319	20788
70	22.289	22.347	22.303	22.643	21.107

齿数 z	分度圆直径 d	齿顶圆直径 d_a		跨柱测量距[1] M_R	导槽最大直径[1] d_g
		圆弧齿顶	矩形齿顶[1]		
71	22.607	22.665	22.622	22.955	21.425
72	22.926	22.984	22.941	23.280	21.744
73	23.244	23.302	23.259	23.593	22.062
74	23.562	23.621	23.578	23.917	22.381
75	23.880	23.939	23.897	24.230	22.699
76	24.198	24.257	24.216	24.553	23.017
77	24.517	24.577	24.535	24.868	23.337
78	24.835	24.895	24.853	25.191	23.655
79	25.153	25.213	25.172	25.504	23.973
80	25.471	25.531	25.491	25.828	24.291
81	25.790	25.851	25.809	26.141	24.611
82	26.108	26.169	26.128	26.465	24.929
83	26.426	26.487	26.447	26778	25.247
84	26.744	26.805	26.766	27.101	25.565
85	27.063	27.125	27.084	27.415	25.885
86	27.381	27.443	27.403	27.739	26.203
87	27.699	27.761	27.722	28.052	26.521
88	28.017	28.079	28.040	28.375	26.839
89	28.335	28.397	28.359	28.689	27.157
90	28.654	28.716	28.678	29.013	27.476
91	28.972	29.035	28.997	29.327	29.795
92	29.290	29.353	29.315	29.649	28.113
93	29.608	29.671	29.634	29.963	28.431
94	29.926	29.989	29.953	30.285	28.749
95	30.245	30.308	30.271	30.601	29.068
96	30.563	30.627	30.590	30.923	29.387
97	30.881	30.945	30.909	31.237	29.705
98	31.199	31.263	31.228	31.559	30.023
99	31.518	31.582	31.546	31.874	30.342
100	31.836	31.900	31.865	32.196	30.660
101	32.154	32.218	32.183	32.511	30.978

续表

齿数 z	分度圆直径 d	齿顶圆直径 d_a		跨柱测量距① M_R	导槽最大直径① d_g	齿数 z	分度圆直径 d	齿顶圆直径 d_a		跨柱测量距① M_R	导槽最大直径① d_g
		圆弧齿顶	矩形齿顶①					圆弧齿顶	矩形齿顶①		
102	32.473	32.537	32.502	32.834	31.297	127	40.430	40.497	40.464	40.790	39.257
103	32.791	32.856	32.820	33.148	31.616	128	40.748	40.816	40.782	41.112	39.576
104	33.109	33.174	33.139	33.470	31.934	129	41.066	41.134	41.100	41.427	39.894
105	33.427	33.492	33.457	33.784	32.252	130	41.384	41.452	41.419	41.748	40.212
106	33.746	33.811	33.776	34.107	32.571	131	41.702	41.770	41.738	42.063	40.530
107	34.064	34.129	34.094	34.422	32.889	132	42.020	42.088	42.056	42.384	40.848
108	34.382	34.447	34.413	34.744	33.207	133	42.338	42.406	42.374	42.699	41.166
109	34.701	34.767	34.731	35.059	33.527	134	42.656	42.724	42.693	43.020	41.484
110	35.019	35.084	35.050	35.381	33.844	135	42.975	43.043	43.011	43.336	41.803
111	35.237	35.403	35.368	35.695	34.163	136	43.293	43.362	43.320	43.657	42.122
112	35.655	35.721	35.687	36.017	34.481	137	43.611	43.679	43.647	43.972	42.439
113	35.974	36.040	36.005	36.333	34.800	138	43.930	43.998	43.966	44.295	42.758
114	36.292	36.358	36.324	36.654	35.118	139	44.249	44.317	44.284	44.611	43.077
115	36.610	36.676	36.642	36.969	35.436	140	44.567	44.636	44.603	44.932	43.396
116	36.929	36.995	36.961	37.292	35.755	141	44.885	44.954	44.922	45.247	43.714
117	37.247	37.313	37.270	37.606	36.073	142	45.203	45.271	45.240	45.568	44.031
118	37.565	37.632	37.598	37.928	36.392	143	45.521	45.590	45.558	45.883	44.350
119	37.883	37.950	37.916	38.243	36.710	144	45.840	45.909	45.877	46.205	44.669
120	38.201	38.268	38.235	38.564	37.028	145	46.158	46.227	46.195	46.520	44.987
121	38.519	38.586	38.553	38.879	37.346	146	46.477	46.546	46.514	46.842	45.306
122	38.837	38.904	38.872	39.200	37.664	147	46.796	46.865	46.832	47.159	45.625
123	39.156	39.223	39.190	39.516	37.983	148	47.114	47.183	47.151	47.479	45.943
124	39.475	39.542	39.508	39.839	38.302	149	47.432	47.501	47.469	47.795	46.261
125	39.794	39.861	39.827	40.154	38.621	150	47.750	47.819	47.787	48.116	46.579
126	40.112	40.180	40.145	40.476	38.940						

① 均为最大值。

注：1. 其他节距（$p \geqslant 9.52$mm）为该节距乘以表列数值。

2. 跨柱直径 $d_R = 0.625$mm。

表 13-2-26　　节距 $p=4.76$mm 链轮的数表　　mm

齿数 z	分度圆直径 d	齿顶圆直径 d_a[①]	跨柱测量距 M_R[①]	导槽最大直径 d_g[①]	齿数 z	分度圆直径 d	齿顶圆直径 d_a[①]	跨柱测量距 M_R[①]	导槽最大直径 d_g[①]
11	16.89	16.05	17.55	10.50	51	77.37	77.04	79.02	71.50
12	18.39	17.63	19.33	10.89	52	78.87	78.54	80.59	73.03
13	19.89	19.18	20.85	13.61	53	80.39	80.06	82.07	74.52
14	21.41	20.70	22.56	15.15	54	81.92	81.61	83.64	76.02
15	22.91	22.25	24.03	16.69	55	83.41	83.11	85.12	77.57
16	24.41	23.80	25.70	18.23	56	84.94	84.63	86.66	79.10
17	25.91	25.30	27.15	19.76	57	86.46	86.16	88.16	80.59
18	27.43	26.85	28.80	21.29	58	87.96	87.66	89.69	82.12
19	28.93	28.35	30.25	22.82	59	89.48	89.18	91.19	83.64
20	30.45	29.90	31.90	24.35	60	91.01	90.70	92.74	85.17
21	31.95	31.42	33.32	25.88	61	92.51	92.20	94.21	86.69
22	33.48	32.97	34.98	27.41	62	94.03	93.73	95.78	88.19
23	34.98	34.47	36.40	28.94	63	95.55	95.25	97.28	89.71
24	36.47	35.99	38.02	30.36	64	97.05	96.75	98.81	91.24
25	38.00	37.52	39.47	31.98	65	98.58	98.27	100.30	92.74
26	39.52	39.07	41.07	33.50	66	100.10	99.82	101.85	94.26
27	41.02	40.56	42.52	35.03	67	101.60	101.32	103.33	95.78
28	42.54	42.09	44.12	36.55	68	103.12	102.84	104.88	97.31
29	44.04	43.61	45.59	38.01	69	104.65	104.37	106.38	98.81
30	45.57	45.14	47.17	39.60	70	106.15	105.87	107.90	100.33
31	47.07	46.63	48.62	41.12	71	107.67	107.39	109.40	101.85
32	48.59	48.18	50.22	42.56	72	109.19	108.92	110.95	103.38
33	50.11	49.71	51.69	44.17	73	110.69	110.41	112.42	104.88
34	51.61	51.21	53.24	45.69	74	112.22	111.94	113.97	106.40
35	53.14	52.76	54.74	47.19	75	113.74	113.46	115.47	107.92
36	54.64	54.25	56.29	48.72	76	115.24	114.96	116.99	109.42
37	56.16	55.78	57.76	50.24	77	116.76	116.48	118.49	110.95
38	57.68	57.30	59.33	51.77	78	118.29	118.01	120.04	112.47
39	59.18	58.80	60.81	53.29	79	119.79	119.51	121.54	113.97
40	60.71	60.35	62.38	54.81	80	121.31	121.03	123.09	115.49
41	62.20	61.85	63.83	56.31	81	122.83	122.56	124.59	117.02
42	63.73	63.37	65.40	57.84	82	124.33	124.05	126.11	118.54
43	65.25	64.90	66.88	59.36	83	125.86	125.58	127.61	120.04
44	66.75	66.40	68.45	60.88	84	127.38	127.10	129.16	121.56
45	68.28	67.92	69.93	62.38	85	128.88	128.60	130.63	123.09
46	69.80	69.47	71.50	63.91	86	130.40	130.15	132.18	124.61
47	71.30	70.97	72.95	65.43	87	131.93	131.67	133.68	126.11
48	72.82	72.49	74.52	66.95	88	133.43	133.17	135.20	128.14
49	74.32	73.99	76.00	68.48	89	134.95	134.70	136.70	129.13
50	75.84	75.51	77.55	69.98	90	136.47	136.22	138.25	130.66

续表

齿数 z	分度圆直径 d	齿顶圆直径 d_a①	跨柱测量距 M_R①	导槽最大直径 d_g①	齿数 z	分度圆直径 d	齿顶圆直径 d_a①	跨柱测量距 M_R①	导槽最大直径 d_g①
91	137.97	137.72	139.73	132.18	106	160.73	160.48	162.51	154.94
92	139.50	139.24	141.27	133.71	107	162.26	162.00	164.01	156.44
93	141.02	140.77	142.77	135.20	108	163.75	163.50	165.56	157.96
94	142.52	142.27	144.30	136.73	109	165.30	165.05	167.03	159.49
95	144.04	143.79	145.80	138.25	110	166.78	166.52	168.58	160.99
96	145.57	145.31	147.35	139.78	111	168.28	168.02	170.05	162.50
97	147.07	146.81	148.82	141.27	112	169.80	169.54	171.58	164.03
98	148.59	148.34	150.37	142.80	113	171.32	171.07	173.10	165.56
99	150.11	149.86	151.87	144.32	114	172.85	172.59	174.65	167.06
100	151.61	151.36	153.39	145.82	115	174.40	174.14	176.15	168.58
101	153.14	152.88	154.89	147.35	116	175.87	175.62	177.67	170.10
102	154.66	154.41	156.44	148.87	117	177.39	177.14	179.17	171.60
103	156.15	155.91	157.91	150.39	118	178.92	178.66	180.70	173.13
104	157.66	157.40	159.44	151.89	119	180.42	180.19	182.22	174.65
105	159.21	158.95	160.96	153.42	120	181.91	181.69	183.72	176.15

① 均为最大值。

注：1. d_a 为圆弧齿顶链轮的齿顶圆直径。

2. 跨柱直径 $d_R=3.175\text{mm}$。

节距 $p \geqslant 9.52\text{mm}$ 链条的链宽和链轮齿廓尺寸

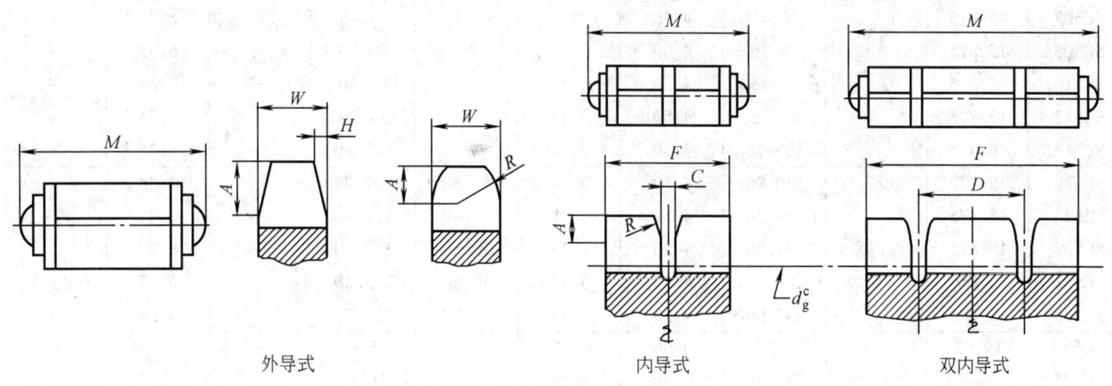

表 13-2-27　　mm

链号	链条节距 p	类型	M max	A	C ±0.13	D ±0.25	F $^{+3.18}_{0}$	H ±0.08	R ±0.08	W $^{+0.25}_{0}$
SC302	9.525	外导	15.09	3.38	—	—	—	1.30	5.08	10.41
SC303	9.525	内导	21.44	3.38	2.54	—	19.05	—	5.08	—
SC304	9.525		27.79	3.38	2.54	—	25.40	—	5.08	—
SC305	9.525		34.14	3.38	2.54	—	31.75	—	5.08	—
SC306	9.525		40.49	3.38	2.54	—	38.10	—	5.08	—
SC307	9.525		46.84	3.38	2.54	—	44.45	—	5.08	—
SC308	9.525		53.19	3.38	2.54	—	50.80	—	5.08	—
SC309	9.525		59.54	3.38	2.54	—	57.15	—	5.08	—
SC310	9.525		65.89	3.38	2.54	—	63.50	—	5.08	—

续表

链号	链条节距 p	类型	M max	A	C ±0.13	D ±0.25	F $^{+3.18}_{0}$	H ±0.08	R ±0.08	W $^{+0.25}_{0}$
SC312	9.525	双内导	78.59	3.38	2.54	25.40	76.20	—	5.08	—
SC316	9.525		103.99	3.38	2.54	25.40	101.60	—	5.08	—
SC320	9.525		129.39	3.38	2.54	25.40	127.00	—	5.08	—
SC324	9.525		154.79	3.38	2.54	25.40	152.40	—	5.08	—
SC402	12.70	外导	19.05	3.33	—	—	—	1.30	5.08	10.41
SC403	12.70	内导	22.22	3.38	2.54	—	19.05	—	5.08	—
SC404	12.70		28.58	3.38	2.54	—	25.40	—	5.08	—
SC405	12.70		34.92	3.38	2.54	—	31.75	—	5.08	—
SC406	12.70		41.28	3.38	2.54	—	38.10	—	5.08	—
SC407	12.70		47.62	3.38	2.54	—	44.45	—	5.08	—
SC408	12.70		53.98	3.38	2.54	—	50.80	—	5.08	—
SC409	12.70		60.32	3.38	2.54	—	57.15	—	5.08	—
SC410	12.70		66.68	3.38	2.54	—	63.50	—	5.08	—
SC411	12.70		73.02	3.38	2.54	—	69.85	—	5.08	—
SC412	12.70		79.38	3.38	2.54	—	76.20	—	5.08	—
SC414	12.70		92.08	3.38	2.54	—	88.90	—	5.08	—
SC416	12.70	双内导	104.78	3.38	2.54	25.40	101.60	—	5.08	—
SC420	12.70		130.18	3.38	2.54	25.40	127.00	—	5.08	—
SC424	12.70		155.58	3.38	2.54	25.40	152.40	—	5.08	—
SC432	12.70		206.38	3.38	2.54	25.40	203.20	—	5.08	—
SC504	15.875	内导	29.36	4.50	3.18	—	25.40	—	6.35	—
SC505	15.875		35.71	4.50	3.18	—	31.75	—	6.35	—
SC506	15.875		42.06	4.50	3.18	—	38.10	—	6.35	—
SC507	15.875		48.41	4.50	3.18	—	44.45	—	6.35	—
SC508	15.875		54.76	4.50	3.18	—	50.80	—	6.35	—
SC510	15.875		67.46	4.50	3.18	—	63.50	—	6.35	—
SC512	15.875		80.16	4.50	3.18	—	76.20	—	6.35	—
SC516	15.875		105.56	4.50	3.18	—	101.60	—	6.35	—
SC520	15.875	双内导	130.96	4.50	3.18	50.80	127.00	—	6.35	—
SC524	15.875		156.36	4.50	3.18	50.80	152.40	—	6.35	—
SC528	15.875		181.76	4.50	3.18	50.80	177.80	—	6.35	—
SC532	15.875		207.16	4.50	3.18	50.80	203.20	—	6.35	—
SC540	15.875		257.96	4.50	3.18	50.80	254.00	—	6.35	—
SC604	19.05	内导	30.15	6.96	4.57	—	25.40	—	9.14	—
SC605	19.05		36.50	6.96	4.57	—	31.75	—	9.14	—
SC606	19.05		42.85	6.96	4.57	—	38.10	—	9.14	—
SC608	19.05		55.55	6.96	4.57	—	50.80	—	9.14	—
SC610	19.05		68.25	6.96	4.57	—	63.50	—	9.14	—
SC612	19.05		80.95	6.96	4.57	—	76.20	—	9.14	—
SC614	19.05		93.65	6.96	4.57	—	88.90	—	9.14	—
SC616	19.05		106.35	6.96	4.57	—	101.60	—	9.14	—
SC620	19.05		131.75	6.96	4.57	—	127.00	—	9.14	—
SC624	19.05		157.15	6.96	4.57	—	152.40	—	9.14	—
SC628	19.05	双内导	182.55	6.96	4.57	101.60	177.80	—	9.14	—
SC632	19.05		207.95	6.96	4.57	101.60	203.20	—	9.14	—
SC636	19.05		233.35	6.96	4.57	101.60	228.60	—	9.14	—
SC640	19.05		258.75	6.96	4.57	101.60	254.00	—	9.14	—
SC648	19.05		309.55	6.96	4.57	101.60	304.80	—	9.14	—

续表

链号	链条节距 p	类型	M max	A	C ±0.13	D ±0.25	F $^{+3.18}_{0}$	H ±0.08	R ±0.08	W $^{+0.25}_{0}$
SC808	25.40	内导	57.15	6.96	4.57	—	50.80	—	9.14	—
SC810	25.40		69.85	6.96	4.57	—	63.50	—	9.14	—
SC812	25.40		82.55	6.96	4.57	—	76.20	—	9.14	—
SC816	25.40		107.95	6.96	4.57	—	101.60	—	9.14	—
SC820	25.40		133.35	6.96	4.57	—	127.00	—	9.14	—
SC824	25.40		158.75	6.96	4.57	—	152.40	—	9.14	—
SC828	25.40	双内导	184.15	6.96	4.57	101.60	177.80	—	9.14	—
SC832	25.40		209.55	6.96	4.57	101.60	203.20	—	9.14	—
SC836	25.40		234.95	6.96	4.57	101.60	228.60	—	9.14	—
SC840	25.40		260.35	6.96	4.57	101.60	254.00	—	9.14	—
SC848	25.40		311.15	6.96	4.57	101.60	304.80	—	9.14	—
SC856	25.40		361.95	6.96	4.57	101.60	355.60	—	9.14	—
SC864	25.40		412.75	6.96	4.57	101.60	406.40	—	9.14	—
SC1010	31.75	内导	71.42	6.96	4.57	—	63.50	—	9.14	—
SC1012	31.75		84.12	6.96	4.57	—	76.20	—	9.14	—
SC1016	31.75		109.52	6.96	4.57	—	101.60	—	9.14	—
SC1020	31.75		134.92	6.96	4.57	—	127.00	—	9.14	—
SC1024	31.75		160.32	6.96	4.57	—	152.40	—	9.14	—
SC1028	31.75		185.72	6.96	4.57	—	177.80	—	9.14	—
SC1032	31.75	双内导	211.12	6.96	4.57	101.60	203.20	—	9.14	—
SC1036	31.75		236.52	6.96	4.57	101.60	228.60	—	9.14	—
SC1040	31.75		261.92	6.96	4.57	101.60	254.00	—	9.14	—
SC1048	31.75		312.72	6.96	4.57	101.60	304.80	—	9.14	—
SC1056	31.75		363.52	6.96	4.57	101.60	355.60	—	9.14	—
SC1064	31.75		414.32	6.96	4.57	101.60	406.40	—	9.14	—
SC1072	31.75		465.12	6.96	4.57	101.60	457.20	—	9.14	—
SC1080	31.75		515.92	6.96	4.57	101.60	508.00	—	9.14	—
SC1212	38.10	内导	85.72	6.96	4.57	—	76.20	—	9.14	—
SC1216	38.10		111.12	6.96	4.57	—	101.60	—	9.14	—
SC1220	38.10		136.52	6.96	4.57	—	127.00	—	9.14	—
SC1224	38.10		161.92	6.96	4.57	—	152.40	—	9.14	—
SC1228	38.10		187.32	6.96	4.57	—	177.80	—	9.14	—
SC1232	38.10	双内导	212.72	6.96	4.57	101.60	203.20	—	9.14	—
SC1236	38.10		238.12	6.96	4.57	101.60	228.60	—	9.14	—
SC1240	38.10		263.52	6.96	4.57	101.60	254.00	—	9.14	—
SC1248	38.10		314.32	6.96	4.57	101.60	304.80	—	9.14	—
SC1256	38.10		365.12	6.96	4.57	101.60	355.60	—	9.14	—
SC1264	38.10		415.92	6.96	4.57	101.60	406.40	—	9.14	—
SC1272	38.10		466.72	6.96	4.57	101.60	457.20	—	9.14	—
SC1280	38.10		517.52	6.96	4.57	101.60	508.00	—	9.14	—
SC1288	38.10		568.32	6.96	4.57	101.60	558.80	—	9.14	—
SC1296	38.10		619.12	6.96	4.57	101.60	609.60	—	9.14	—
SC1616	50.80	内导	114.30	6.96	5.54	—	101.60	—	9.14	—
SC1620	50.80		139.70	6.96	5.54	—	127.00	—	9.14	—
SC1624	50.80		165.10	6.96	5.54	—	152.40	—	9.14	—
SC1628	50.80		190.50	6.96	5.54	—	177.80	—	9.14	—
SC1632	50.80	双内导	215.90	6.96	5.54	101.60	203.20	—	9.14	—
SC1640	50.80		266.70	6.96	5.54	101.60	254.00	—	9.14	—
SC1648	50.80		317.50	6.96	5.54	101.60	304.80	—	9.14	—

续表

链号	链条节距 p	类型	M max	A	C ±0.13	D ±0.25	F $^{+3.18}_{0}$	H ±0.08	R ±0.08	W $^{+0.25}_{0}$
SC1656	50.80	双内导	368.30	6.96	5.54	101.60	355.60	—	9.14	—
SC1664	50.80		419.10	6.96	5.54	101.60	406.40	—	9.14	—
SC1672	50.80		469.90	6.96	5.54	101.60	457.20	—	9.14	—
SC1680	50.80		520.70	6.96	5.54	101.60	508.00	—	9.14	—
SC1688	50.80		571.50	6.96	5.54	101.60	558.80	—	9.14	—
SC1696	50.80		571.50	6.96	5.54	101.60	609.60	—	9.14	—
SC16120	50.80		571.50	6.96	5.54	101.60	762.00	—	9.14	—

注：1. 链号由字母 SC 与表示链条节距和链条公称宽度的数字组成。节距 $p \geqslant 9.52$mm 的链条链号数字的前一位或前二位乘以 3.175mm（1/8in）为链条的节距值，最后二位或三位数乘以 6.35mm（1/4in）为齿形链的公称宽度。

2. M 为链条最大宽度。

3. 外导式链条的导板与齿链板的厚度相同。

4. 切槽刀的端头可以是圆弧形或矩形，d_g 值见表 13-2-25。

节距 p=4.76mm 链条的链宽和链轮齿廓尺寸

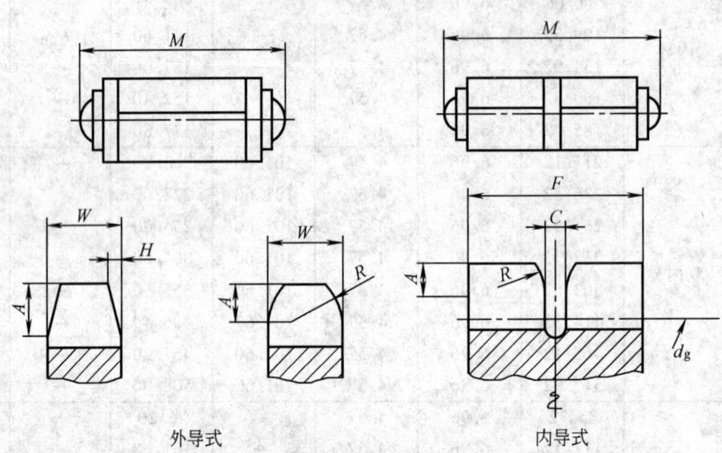

表 13-2-28

mm

链号	链条节距 p	类型	M max	A	C max	F min	H	R	W ±0.08
SC0305	4.76	外导	5.49	1.5	—	—	0.64	2.3	1.91
SC0307	4.76		7.06	1.5	—	—	0.64	2.3	3.51
SC0309	4.76		8.66	1.5	—	—	0.64	2.3	5.11
SC0311[b]	4.76	外导/内导	10.24	1.5	1.27	8.48	0.64	2.3	6.71
SC0313[b]	4.76	外导/内导	11.84	1.5	1.27	10.06	0.64	2.3	8.31
SC0315[b]	4.76	外导/内导	13.41	1.5	1.27	11.66	0.64	2.3	9.91
SC0317	4.76	内导	15.01	1.5	1.27	13.23	—	2.3	—
SC0319	4.76		16.59	1.5	1.27	14.83	—	2.3	—
SC0321	4.76		18.19	1.5	1.27	16.41	—	2.3	—
SC0323	4.76		19.76	1.5	1.27	18.01	—	2.3	—
SC0325	4.76		21.59	1.5	1.27	19.58	—	2.3	—
SC0327	4.76		22.94	1.5	1.27	21.18	—	2.3	—
SC0329	4.76		24.54	1.5	1.27	22.76	—	2.3	—
SC0331	4.76		26.11	1.5	1.27	24.36	—	2.3	—

注：1. 链号由字母 SC 与表示链条节距和链条公称宽度的数字组成。节距 p=4.76mm 的链条链号中 0 后面的第一位数字乘以 1.5875mm（1/16in）为链条节距，最后一位或二位数乘以 0.79375mm（1/32in）为齿形链的公称宽度。

2. 节距 p=4.76mm 齿形链条的链板厚度均为 0.76mm，故链号中的宽度数值也就是链条宽度方向的链板数量。

3. M 为链条最大宽度。

4. 切槽刀的端头可以是圆弧形或矩形，d_g 见表 13-2-26。

节距 $p≥9.52$mm 链轮的轮毂直径见表 13-2-29。

最大轮毂直径（MHD）滚齿 $MHD=p\left(\cot\frac{180}{z}-1.33\right)$

铣齿 $MHD=p\left(\cot\frac{180}{z}-1.25\right)$

用其他方法加工链轮齿的最大轮毂直径可以与上式不同。

当 $z≤31$ 时，链轮的齿面硬度不小于 50HRC。

表 13-2-29　节距 $p=1$mm 时链轮的最大轮毂直径　mm

齿数	滚刀加工	铣刀加工	齿数	滚刀加工	铣刀加工	齿数	滚刀加工	铣刀加工
17	4.019	4.099	22	5.626	5.706	27	7.226	7.306
18	4.341	4.421	23	5.946	6.026	28	7.546	7.626
19	4.662	4.742	24	6.265	6.345	29	7.865	7.945
20	4.983	5.063	25	6.586	6.666	30	8.185	8.265
21	5.304	5.384	26	6.905	6.985	31	8.503	8.583

注：其他节距（$p≥9.52$mm）为该节距乘以表列数值。

表 13-2-30　链轮主要尺寸的公差及圆跳动公差　mm

项目		公差或要求		
		$p=4.76$		$p>9.52$
齿顶圆直径 d_a 公差	矩形齿顶	—		$^{0}_{-0.05p}$
	圆弧齿顶			$d_a=M_R$，见表 13-2-31
导槽圆的最大直径 d_g 公差		$^{0}_{-0.38}$		$^{0}_{-0.76}$
分度圆径向圆跳动公差		d	公差	$0.001d_a$ 但公差≥0.15 ≤0.81
		≤101.6	0.101	
		>101.6	0.203	

表 13-2-31　跨柱测量距 M_R 公差　mm

节距 p	齿数 z									
	至 15	16~24	25~35	36~48	49~63	64~80	81~99	100~120	121~143	144 以上
4.76	-0.1	-0.1	-0.1	-0.1	-0.1	-0.13	-0.13	-0.13	-0.13	-0.13
9.525	-0.13	-0.13	-0.13	-0.15	-0.15	-0.18	-0.18	-0.18	-0.20	-0.20
12.700	-0.13	-0.15	-0.15	-0.18	-0.18	-0.20	-0.20	-0.23	-0.23	-0.25
15.875	-0.15	-0.15	-0.18	-0.20	-0.23	-0.25	-0.25	-0.25	-0.28	-0.30
19.050	-0.15	-0.18	-0.20	-0.23	-0.25	-0.28	-0.28	-0.30	-0.33	-0.36
25.400	-0.18	-0.20	-0.23	-0.25	-0.28	-0.30	-0.33	-0.36	-0.38	-0.40
31.750	-0.20	-0.23	-0.25	-0.28	-0.33	-0.36	-0.38	-0.43	-0.46	-0.48
38.100	-0.20	-0.25	-0.28	-0.33	-0.36	-0.40	-0.43	-0.48	-0.51	-0.56
50.800	-0.25	-0.30	-0.36	-0.40	-0.46	-0.51	-0.56	-0.61	-0.66	-0.71

3 链传动的布置、张紧及润滑

3.1 链传动的布置

表 13-2-32

传动参数	传动布置		说明
	正确	不正确	
$i=2\sim3$ $a=(30\sim50)p$	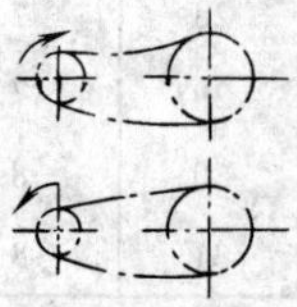		两轮轴线在同一水平面上，链条的紧边在上、在下都不影响工作，但紧边在上较好
$i>2$ $a<30p$	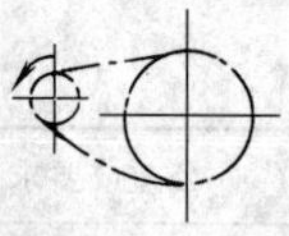	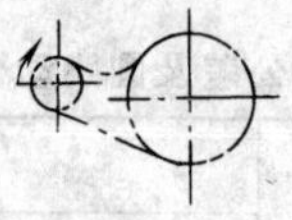	两轮轴线不在同一水平面上，链条的松边不应在上面，否则由于松边垂度增大，导致链条与链轮齿相干扰，破坏正常啮合
$i<1.5$ $a>60p$	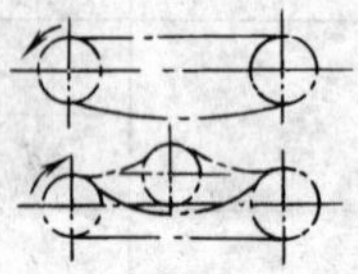	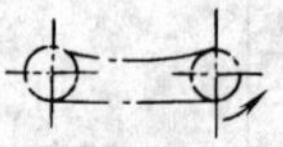	两轮轴线在同一水平面上，链条的松边不应在上面，否则由于链条垂度逐渐增大，引起松边和紧边相碰
i、a 为任意值	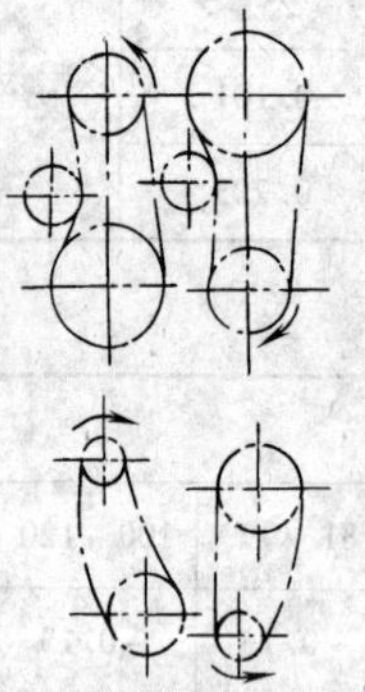	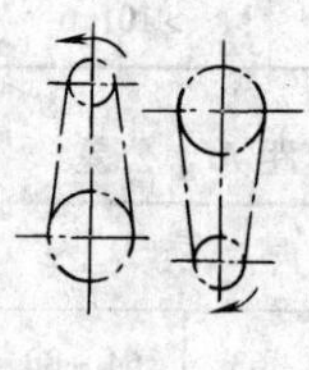	两轮轴线在同一铅垂面内时，链条因磨损垂度逐渐增大，因而减少与下面链轮的有效啮合齿数，导致传动能力降低。为此采用以下措施：中心距可调；张紧装置；上下两轮错开，使其不在同一铅垂面内；尽量将小链轮布置在上方

3.2 链传动的张紧与安装

3.2.1 链传动的张紧与安装误差

单向链传动的张紧程度可用测量松边垂度 f 的大小来表示，图 13-2-8a 为近似的测量 f 的方法，即近似认为两轮公切线与松边最远点的距离为垂度 f。图 13-2-8b 为双侧测量，其松边相当垂度 f 为：

$$f=\sqrt{f_1^2+f_2^2}$$

合适的松边垂度推荐为

$$f=(0.01\sim0.02)a\quad(\text{mm})$$

或

$$f_{\min} \leqslant f \leqslant f_{\max}$$

$$f_{\min} = \frac{0.00036\sqrt{a^3}}{k_v}\cos\alpha$$

$$f_{\max} = 3f_{\min}$$

式中　a——链传动中心距，mm；

$f_{\min}$——最小垂度，mm；

$f_{\max}$——最大垂度，mm；

α——松边对水平面的倾角；

k_v——速度系数，当 $v \leqslant 10\text{m/s}$ 时，$k_v = 1.0$；当 $v > 10\text{m/s}$ 时，$k_v = 0.1v$。

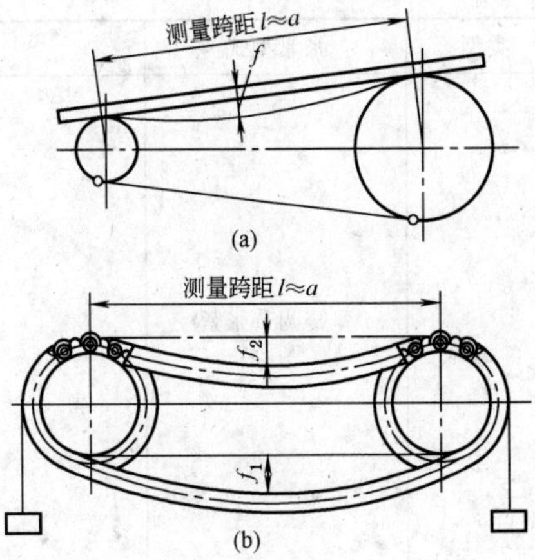

对于重载、经常启动、制动和反转的链传动以及接近垂直的链传动，其松边垂度应适当减小。

(a)　(b)

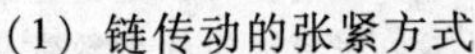

图 13-2-8　垂度测量

(1) 链传动的张紧方式

1) 用调整链轮中心距的方法张紧。对于滚子链传动，其中心距调整量可取为 $2p$；对于齿形链传动，可取为 $1.5p$，p 为链条节距。

2) 用缩短链长方法张紧。当传动没有张紧装置而中心距又不可能调整时，可采用拆去链节、缩短链长的方法，对因磨损而伸长的链条重新张紧。偶数节链条可用缩短一节的方法，如采用过渡链节使抗拉强度有所降低；若缩短两节虽可避免使用过渡链节，有时又会过分张紧，可根据具体设计条件和工况而定。如是奇数节链条，可采取缩短一节的方法，即把过渡链节去掉，比较简单。

3) 用张紧器张紧。下列情况应增设张紧装置：①两轴中心距较大（$a > 50p$ 和脉动载荷下 $a > 25p$）；②两轴中心距过小，松边在上面；③两轴布置使倾角 α 接近 90°；④需要严格控制张紧力；⑤多链轮传动或反向传动；⑥要求减小冲击振动，避免共振；⑦需要增大链轮啮合包角；⑧采用调整中心距或缩短链长的方法有困难。

各种链传动张紧方式见表 13-2-33。

表 13-2-33　链传动张紧方式

类型	张紧型式	简　图	特　点
定期张紧	螺纹调节张紧	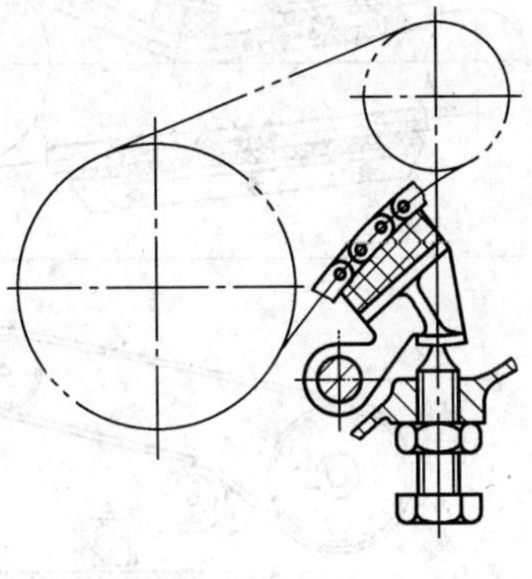	可采用细牙螺纹并带锁紧螺母
	偏心调节张紧	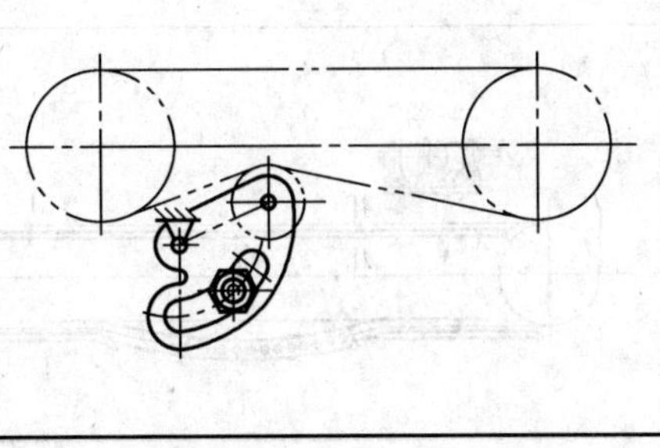	张紧轮一般布置在链条松边，根据需要可以靠近小链轮或大链轮，或者布置在中间位置。张紧轮可以是链轮或辊轮。张紧链轮的齿数常等于小链轮齿数，张紧辊轮常用于垂直或接近于垂直的链传动，其直径可取为 $(0.6\sim0.7)d$，d 为小链轮直径

续表

类型	张紧型式	简　图	特　点
自动张紧	弹簧调节张紧	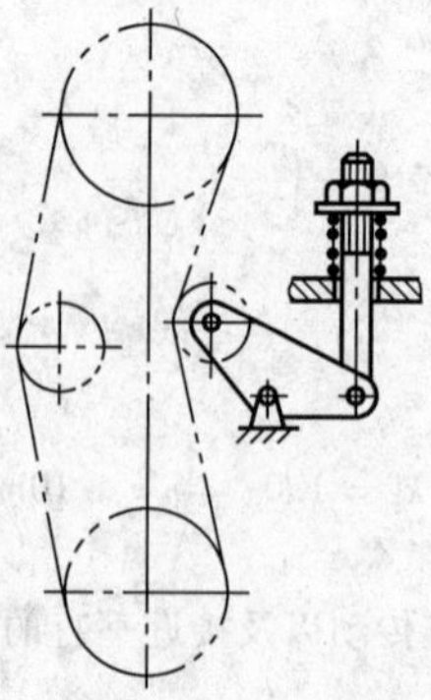	张紧轮一般布置在链条松边,根据需要可以靠近小链轮或大链轮,或者布置在中间位置。张紧轮可以是链轮或辊轮。张紧链轮的齿数常等于小链轮齿数。张紧辊轮常用于垂直或接近于垂直的链传动,其直径可取为(0.6 ~ 0.7)d,d为小链轮直径
	挂重调节张紧	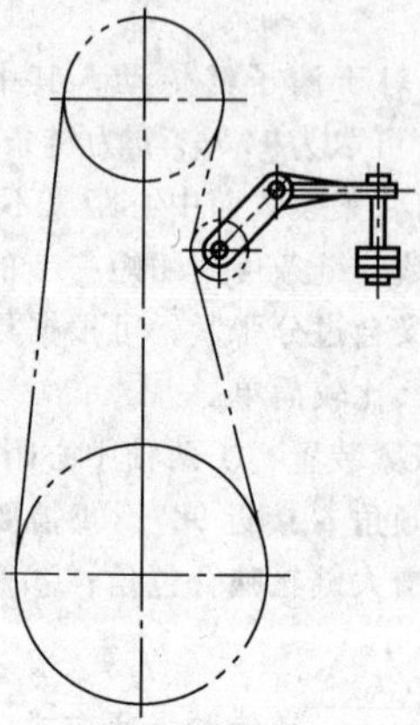	
	液压调节张紧	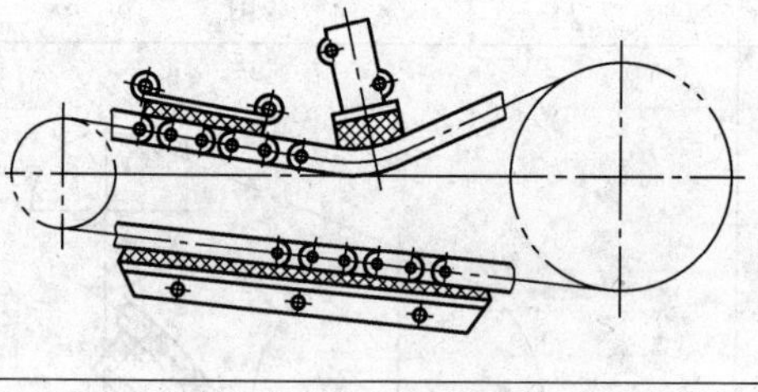	采用液压块与导板相结合的型式,减振效果好,适用于高速场合,如发动机的正时链传动
	新型橡胶弹簧张紧器自动张紧	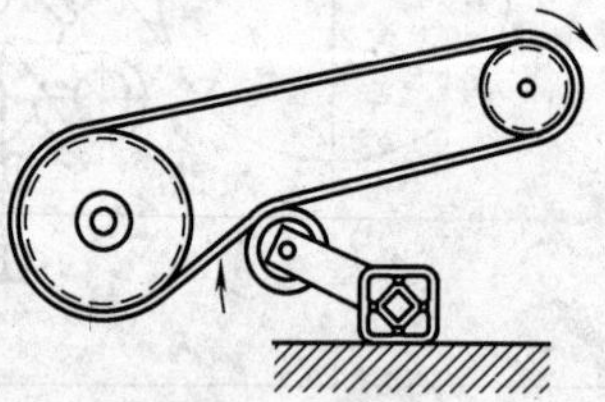	用张紧链轮置于松边,可实现自动张紧。见表 13-2-36
	压板或托板	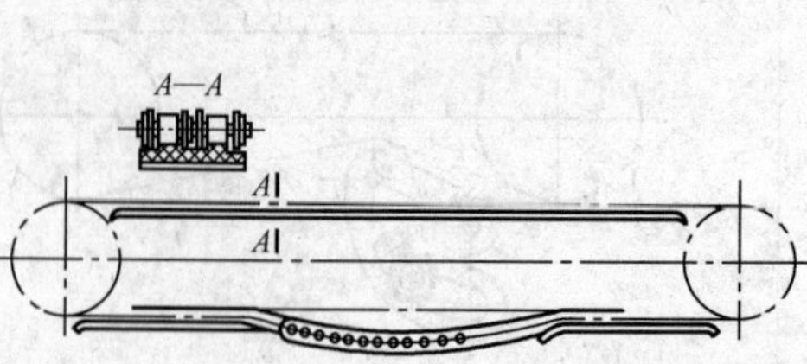	在压板或托板上衬以软钢、塑料或耐油橡胶。在 v 小、i 大时,托板可两边配置,借中间链条的自重下垂张紧,用于中心距 a 较大的传动

（2）链传动的安装误差

表 13-2-34　　　　链传动的安装误差

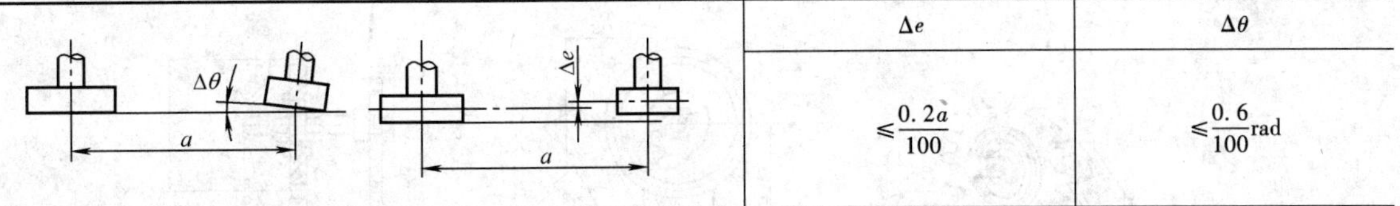

	Δe	Δθ
	$\leqslant\frac{0.2a}{100}$	$\leqslant\frac{0.6}{100}$rad

3.2.2　新型橡胶弹簧张紧器

新型橡胶弹簧张紧器是将链轮或带轮固定在具有摇摆和转动的缓冲器上，在链或带传动中，链或带愈松动，弹性缓冲器的弹性反力愈增加，从而实现链或带传动中链条或传动带的自动张紧。缓冲器基本结构和工作原理是利用内外方管相对角位移挤压内外方管中预压的橡胶棒产生弹性缓冲力。该型产品的型号、规格尺寸及性能参数见表 13-2-35 及表 13-2-36。

表 13-2-35　　　　ZJD 型带轮橡胶弹簧张紧器规格尺寸及性能参数

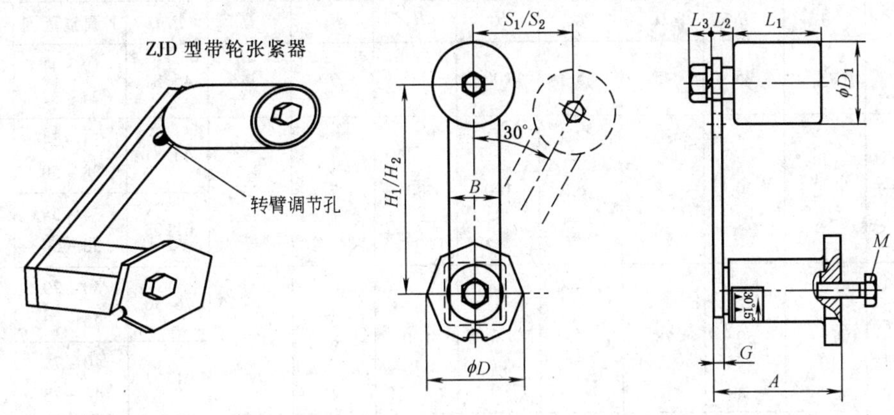

规格尺寸/mm

型号	A	B	D	D_1	G	H_1	H_2	L_1	L_2	L_3	M
ZJD-11	$51^{+1}_{-0.5}$	20	35	30	5	80	60	35	8	13	M8×50
ZJD-15	$64^{+1}_{-0.5}$	25	45	40	5	100	80	45	11	11	M10×60
ZJD-18	$78^{+1}_{-0.5}$	30	58	40	7	100	80	45	13	14	M10×65
ZJD-27	$107^{+2}_{-0.5}$	50	78	60	7	130	100	60	14	16	M12×80
ZJD-38	$140^{+2}_{-0.5}$	60	95	80	10	175	140	90	13	26	M20×110
ZJD-45	200^{+3}_{-1}	70	115	90	12	220	175	135	18	25	M20×145
ZJD-50	212^{+3}_{-1}	80	130	90	20	250	200	135	26	27	M20×150

性　能　参　数

型号	载荷范围 F/N	最大变位 S_1/mm	最大变位 S_2/mm	皮带张紧	最高转速/r·min^{-1}
ZJD-11	0～100	40	30	A	8000
ZJD-15	0～150	50	40	B	8000
ZJD-18	0～300	50	40	B	8000
ZJD-27	0～900	65	50	C	6000
ZJD-38	0～1400	87	70	—	5000
ZJD-45	0～2300	100	87.5	—	4500
ZJD-50	0～3000	125	100	—	4000

注：生产厂为北京古德高机电技术有限公司。

表 13-2-36　　　　ZJL 型链轮橡胶弹簧张紧器的规格尺寸及性能参数

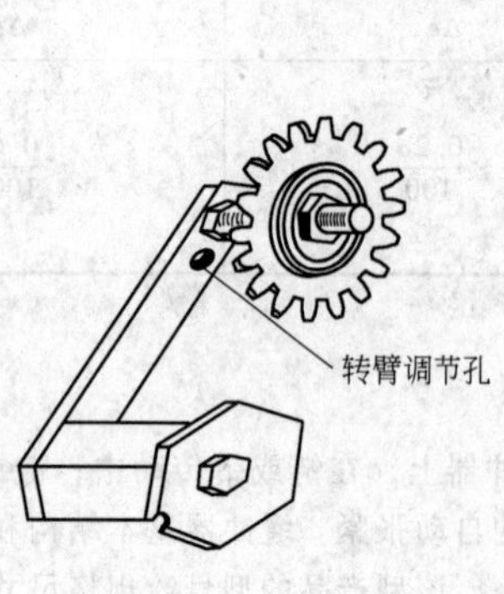

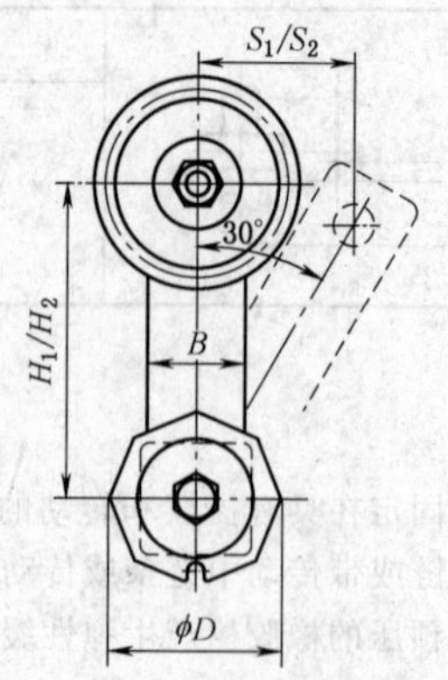

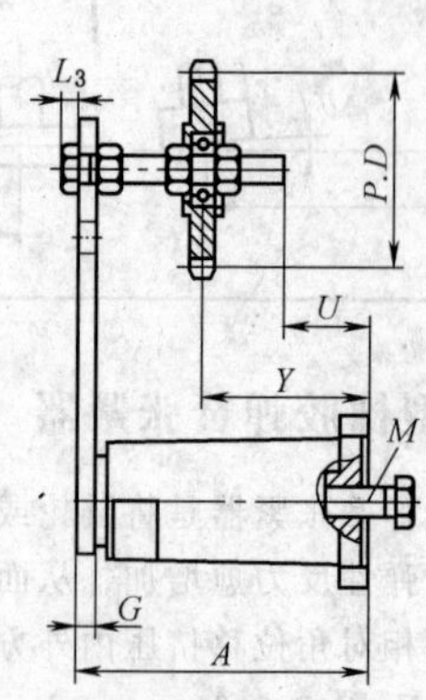

规格尺寸/mm

型号		A	B	D	G	H_1	H_2	L_3	U	P.D	Y 调整范围	M
ZJL-15	06B-1	$64^{+1}_{-0.5}$	25	45	5	100	80	7	9	45.81	19～41	M10×60
	06B-2										24～37	
ZJL-18	06B-1	$78^{+1.5}_{-0.5}$	30	58	6	100	80	7	23	45.81	34～54	M10×60
	06B-2										38～50	
	08B-1									61.08	34～54	
	08B-2										38～50	
ZJL-27	10A-1	$107^{+2}_{-0.5}$	50	78	7	130	100	8	27	76.36	40～79	M12×80
	10A-2										46～73	
	12A-1									91.63	40～79	
	12A-2										46～73	
ZJL-38	16A-1	$140^{+2}_{-0.5}$	60	95	10	175	140	13	40	106.14	60～97	M20×120
	16A-2										67～90	
ZJL-45	20A-1	200^{+3}_{-1}	70	115	12	220	175	13	70	132.67	90～155	M20×140
	20A-2										108～136	
	24A-1									135.23	90～155	M20×160
	24A-2										116～129	
ZJL-50	20A-1	212^{+3}_{-1}	80	130	20	250	200	13	70	132.67	90～155	M20×140
	20A-2										108～136	
	24A-1									135.23	90～155	M20×160
	24A-2										116～129	

性能参数

型号		载荷范围 F/N	最大变位 S_1/mm	最大变位 S_2/mm
ZJL-15	06B-1 06B-2	0～150	50	40
ZJL-18	06B-1 06B-2 08B-1 08B-2	0～300	50	40

续表

型号		性能参数		
		载荷范围 F/N	最大变位 S_1/mm	最大变位 S_2/mm
ZJL-27	10A-1 10A-2 12A-1 12A-2	0 ~ 900	65	50
ZJL-38	16A-1 16A-2	0 ~ 1400	87	70
ZJL-45	20A-1 20A-2 24A-1 24A-2	0 ~ 2300	100	87.5
ZJL-50	20A-1 20A-2 24A-1 24A-2	0 ~ 3000	125	100

注：1. 06B-1 中 06B 表示链轮型号，1 表示单排链轮；06B-2 中 2 表示双排链轮。其他依此类推。

2. 生产厂为北京古德高机电技术有限公司。

3.3 链传动的润滑

润滑对于链传动是十分重要的，合理的润滑能大大减轻链条铰链的磨损，延长其使用寿命。润滑方式的选择见图 13-2-9，润滑方式及其说明见表 13-2-37，链传动用润滑油见表 13-2-38，往链条上给油时应按图 13-2-10 所示。对工作条件恶劣的开式和重载、低速链传动，当难以采用油润滑时，可采用脂润滑。

表 13-2-37　　链传动润滑方式及说明

润滑方式	简图	说明	供油
人工定期润滑		定期在链条的从动边的内外链板间隙处加油	每班加油一次
滴油润滑	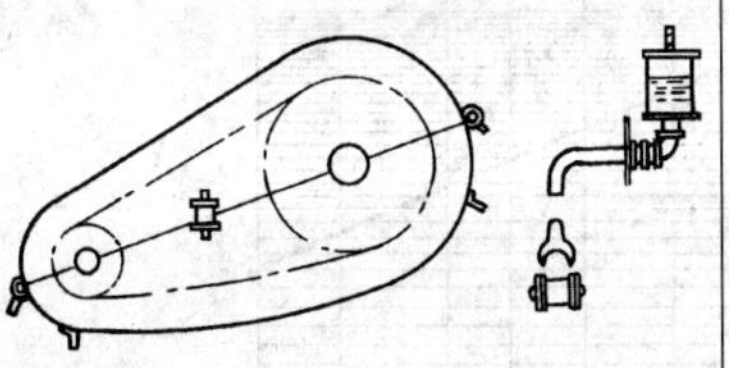	用滴油壶或滴油器在从动边的内外链板间隙处滴油	单排链 5 ~ 20 滴/min，速度高时取大值
油浴润滑	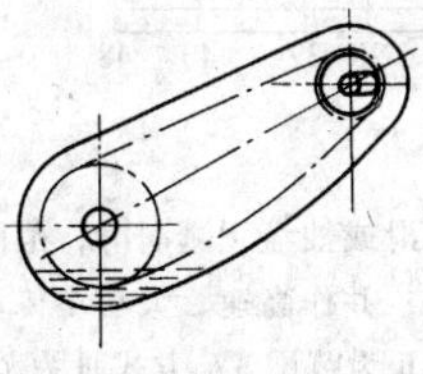	具有密封的外壳，链条浸入油中	链条浸油深度为 6 ~ 12mm，过浅润滑不可靠；过深油易发热变质，且损失大

续表

<table>
<tr><th>润滑方式</th><th>简图</th><th>说明</th><th>供油</th></tr>
<tr><td>飞溅润滑</td><td></td><td>具有密封的外壳,回转时甩油盘将油甩起,经壳体上的集油装置,将油导流到链条上。甩油盘的圆周速度 $v>3\mathrm{m/s}$。当链宽 $b>125\mathrm{mm}$ 时,应在链轮两侧装甩油盘</td><td>链条不浸入油中。甩油盘浸油深度为 12 ~ 25mm</td></tr>
<tr><td>油泵润滑</td><td></td><td>具有密封的外壳,对于高速、重载的链传动采用压力润滑是非常必要的。用油泵强制润滑起到循环冷却作用。喷油嘴应配置在链条的啮入处,其个数应比链条排数多一个</td><td>
<table>
<tr><th colspan="5">每个喷油嘴供油量/$\mathrm{L\cdot min^{-1}}$</th></tr>
<tr><th rowspan="2">链速 v /$\mathrm{m\cdot s^{-1}}$</th><th colspan="4">节距 p/mm</th></tr>
<tr><th>≤19.05</th><th>25.4 ~ 31.75</th><th>38.1 ~ 44.45</th><th>≥50.8</th></tr>
<tr><td>8 ~ 13</td><td>1.0</td><td>1.5</td><td>2.0</td><td>2.5</td></tr>
<tr><td>>13 ~ 18</td><td>2.0</td><td>2.5</td><td>3.0</td><td>3.5</td></tr>
<tr><td>>18 ~ 24</td><td>3.0</td><td>3.5</td><td>4.0</td><td>4.5</td></tr>
</table>
</td></tr>
</table>

注：开式传动和不易润滑的链传动，可定期采用煤油清洗，干燥后浸入 70 ~ 80℃的润滑油中，使铰链间隙充油后安装使用。

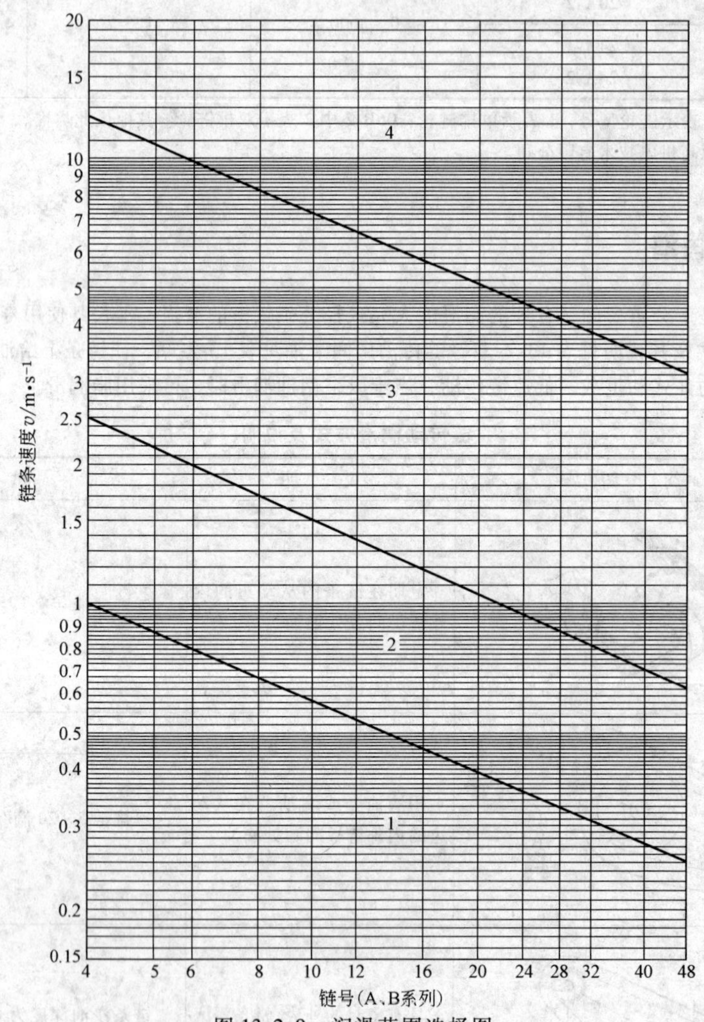

图 13-2-9　润滑范围选择图

范围 1—用油壶或油刷定期人工润滑；范围 2—滴油润滑；范围 3—油池润滑或油盘飞溅润滑；范围 4—油泵压力供油润滑，带过滤器；必要时带油冷却器（当链传动的空间狭小，并作高速、大功率传动时）

注：齿形链传动有三种基本润滑方式。方式Ⅰ为图中范围 1 ~ 2；方式Ⅱ为范围 3；方式Ⅲ为范围 4。

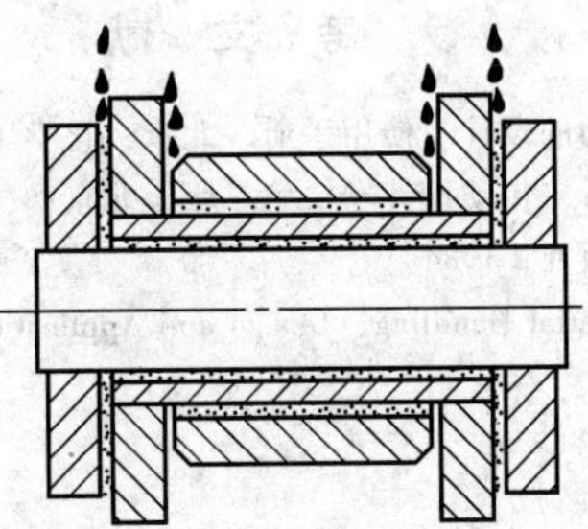

图 13-2-10　链条的正确给油

表 13-2-38　**链传动用润滑油黏度等级**

滚子链	摘自 GB/T 18150—2000	环境温度/℃		≥ -5 ≤ +5	> +5 ≤ +25	> +25 ≤ +45	> +45 ≤ +70
		润滑油的黏度级别		VG68 (SAE20)	VG100 (SAE30)	VG150 (SAE40)	VG220 (SAE50)
齿形链	摘自 GB/T 10855—2003	环境温度/℃		-5 ~ 5	5 ~ 40	40 ~ 50	50 ~ 60
		润滑油的黏度级别	$p=4.76$mm $p=9.52$mm	VG32(SAE10)	VG68(SAE20)	VG100(SAE30)	VG150(SAE40)
			$p\geqslant 12.7$mm	VG68(SAE20)	VG100(SAE30)	VG150(SAE40)	VG220(SAE50)

参 考 文 献

1 张静菊，王桂华，殷鸿梁编. 特种胶带传动的设计与使用手册. 北京：化学工业出版社，1990

2 电机工程手册编辑委员会编. 机械工程手册·传动设计卷. 第二版. 北京：机械工业出版社，1997

3 郑志峰等编. 链传动. 北京：机械工业出版社，1984

4 ACA. Chains for Power Transmission and Material Handling, Design and Applications Handbook. 1982

第 14 篇 齿轮传动

主要撰稿 郭　永　厉始忠　段慧文　徐永年　梁桂明　张光辉　罗文军　余　铭　陈祖元　陈仕贤　厉海祥　欧阳志喜

审　　稿 李钊刚　万始忠　房庆久　姜　勇　陈谌闻　饶振纲　张海臣

1 本篇主要代号表

代　号	意　义	单　位
A	锥齿轮安装距	mm
A_k	外锥高	mm
A_a	冠顶距	mm
a	中心距,标准齿轮及高度变位齿轮的中心距	mm
$a_w(a')$	角度变位齿轮的中心距	mm
b	齿宽	mm
b_{cal}	计算齿宽	mm
b_{eH}	锥齿轮接触强度计算的有效齿宽	mm
b_{eF}	锥齿轮弯曲强度计算的有效齿宽	mm
C	节点;传动精度系数;系数	
C_B	基本齿廓系数	
C_Q	轮坯结构系数	
C_a	齿顶修缘量	μm
C_{ay}	由跑合产生的齿顶修缘量	μm
c	顶隙	mm
c_γ	轮齿单位齿宽总刚度平均值(啮合刚度)	N/(mm · μm)
c'	一对轮齿的单位齿宽的最大刚度(单对齿刚度)	N/(mm · μm)
c^*	顶隙系数	
d	直径、分度圆直径	mm
d_1,d_2	小轮、大轮的分度圆直径	mm
d_{a1},d_{a2}	小轮、大轮的齿顶圆直径	mm
d_{b1},d_{b2}	小轮、大轮的基圆直径	mm
d_{f1},d_{f2}	小轮、大轮的齿根圆直径	mm
$d_w(d')$	节圆直径	mm
$D_M(d_p)$	量柱(球)直径	mm
E	弹性模量(杨氏模量)	N/mm^2
e	辅助量	
F_{bn}	法面基圆周上的名义切向力	N
F_{bt}	端面基圆周上的名义切向力	N
F_t	端面分度圆周上的名义切向力	N
F_{tm}	齿宽中点处分度圆上切向力	N
F_{tH}	计算 $K_{H\alpha}$ 时的切向力	N
F_n	法向力	N
F_r	径向力	N
F_x	轴向力	N
F_β	螺旋线总偏差的允许值	μm
$F_{\beta x}$	初始啮合螺旋线总偏差的允许值	μm
$F_{\beta y}$	跑合后的啮合螺旋线总偏差的允许值	μm
$f_{f\alpha}$	齿廓形状偏差的允许值	μm
f_{ma}	制造安装误差产生的啮合螺旋线总偏差的允许值分量	
f_{pb}	基节极限偏差(可用 GB/T 10095. $1f_{pt}$ 值)	μm
G	切变模量	N/mm^2

续表

代号	意义	单位
g_{va}	锥齿轮啮合线当量长度	
HB	布氏硬度	
HRC	洛氏硬度	
HV1	F=9.8N时的维氏硬度	
HV10	F=98.1N时的维氏硬度	
h	齿高	mm
$h_w(h')$	工作齿高	mm
h'_a	锥齿轮节圆齿顶高	mm
h'_f	锥齿轮节圆点根高	mm
h_{Fa}	载荷作用于齿顶时的弯曲力臂	mm
h_{Fe}	载荷作用于单对齿啮合区外界点时的弯曲力臂	mm
h_a	齿顶高	mm
$\bar{h}_{anm}$	锥齿轮中点法向弦齿高	mm
h_{aP}, h_{fP}	刀具基本齿廓齿顶高和齿根高	mm
h_a^*	齿顶高系数	
h_{an}^*	法面齿顶高系数	
h_{at}^*	端面齿顶高系数	
$\bar{h}_{cn}$	斜齿轮固定弦齿高	mm
$\bar{h}_n$	斜齿轮分度圆弦齿高	mm
h_{a0}	刀具齿顶高	mm
h_{a0}^*	刀具齿顶高系数	
h_f	齿根高	mm
$\bar{h}$	分度圆弦齿高	mm
$\bar{h}_c$	固定弦齿高	mm
h_{f0}	刀具齿根高	mm
i	传动比	
$\mathrm{inv}\alpha$	α角的渐开线函数	
j	侧隙	mm
K	载荷系数	
K_A	使用系数	
$K_{F\alpha}$	弯曲强度计算的齿间载荷分配系数	
$K_{F\beta}$	弯曲强度计算的螺旋线载荷分布系数	
$K_{H\alpha}$	接触强度计算的齿间载荷分配系数	
$K_{H\beta}$	接触强度计算的螺旋线载荷分布系数	
K_m	开式齿轮传动磨损系数	
K_V	动载系数	
k	跨越齿数,跨越槽数(用于内齿轮)	
L	长度	mm
M	弯矩、量柱测量距	N·m
m	模数;当量质量	mm;kg/mm
m_{nm}	锥齿轮中点法向模数	mm
m_n	法向模数	mm
m_p	行星轮的当量质量	
m_{red}	诱导质量	kg/mm
m_s	太阳轮的当量质量	
m_t	端面模数	mm
N	临界转速比;指数	
N_c	持久寿命时循环次数	
N_L	应力循环次数	
N_0	静强度最大循环次数	
N_L	应力循环次数	
n	转速	r/min
n_1, n_2	小轮、大轮的转速	r/min

续表

代　号	意　义	单　位
n_E	临界转速	r/min
n_{E1}	小轮的临界转速	r/min
n_p	轮系的行星轮数	
P	功率	kW
p	齿距，分度圆齿距	mm
p_b	基圆齿距	mm
p_{ba}	法向基圆齿距（法向基节）	mm
p_{bt}	端面基圆齿距（端面基节，基节）	mm
p_n	法向齿距	mm
p_t	端面齿距	mm
q	辅助系数，蜗杆直径系数 单位齿宽柔度	 μm · mm/N
q_s	齿根圆角参数	
R	锥距	mm
R_a	轮廓表面算术平均偏差	μm
R'	节锥距	mm
R_i	小端锥距	mm
R_m	中心锥距	mm
R_x	任意点锥	
R_z	表面微观不平度 10 点高度	μm
r	半径，分度圆半径	mm
r_a	齿顶圆弧半径	mm
r_b	基圆半径	mm
r_f	齿根圆半径	mm
S_F	弯曲强度的计算安全系数	
S_{Fmin}	弯曲强度的最小安全系数	
S_H	接触强度的计算安全系数	
S_{Hmin}	接触强度的最小安全系数	
s	齿厚；分度圆齿厚	mm
s_a	齿顶厚	mm
s_f	齿根厚	mm
s_n	法向齿厚	mm
s_t	端面齿厚	mm
$\bar{s}_n$	斜齿轮分度圆弦齿厚	mm
$\bar{s}_{nm}$	锥齿轮中点法向弦齿厚	mm
$\bar{s}_{cn}$	斜齿轮固定弦齿厚	mm
s_0	刀具齿厚	mm
$\bar{s}$	弦齿厚，分度圆弦齿厚	mm
$\bar{s}_c$	固定弦齿厚	mm
s_{Fn}	危险截面上的齿厚	mm
T_1, T_2	小轮、大轮的名义转矩	N · m
u	齿数比 $u = z_2/z_1 > 1$	
v	线速度，分度圆圆周速度	m/s
W、W_k	公法线长度（跨距）	mm
W^*	$m = 1$ 时公法线长度（跨距）	mm
w_m	单位齿宽平均载荷	N/mm
w_{max}	单位齿宽最大载荷	N/mm
x	径向变位系数	

续表

代　号	意　义	单　位
x_1,x_2	小轮、大轮变位系数	
x_Σ	总变位系数	
x_t	齿厚变动系数，端面变位系数（切向变位系数）	
x_n	法向变位系数	
x_β	齿向跑合系数	
Y_F	载荷作用于单对齿啮合区外界点时的齿廓系数	
Y_{Fa}	载荷作用于齿顶时的齿廓系数	
Y_{Fs}	复合齿廓系数	
Y_K	弯曲强度计算的锥齿轮系数	
Y_{NT}	弯曲强度计算的寿命系数	
Y_{RrelT}	相对齿根表面状况系数	
Y_S	载荷作用于单对齿啮合区外界点时的应力修正系数	
Y_{Sa}	载荷作用于齿顶时的应力修正系数	
Y_{ST}	试验齿轮的应力修正系数	
Y_X	弯曲强度计算的尺寸系数	
Y_β	弯曲强度计算的螺旋角系数	
$Y_{\delta relT}$	相对齿根圆角敏感系数	
Y_ε	弯曲强度计算的重合度系数	
y	中心距变动系数	
y_0	切齿时中心距变动系数	
y_α	齿廓跑合量	μm
y_β	螺旋线跑合量	μm
Δy	齿顶高变动系数	
Z_B,Z_D	小轮、大轮单对齿啮合系数	
Z_E	弹性系数	$\sqrt{N/mm^2}$
Z_H	节点区域系数	
Z_K	接触强度计算的锥齿轮系数	
Z_L	润滑剂系数	
Z_{NT}	接触强度计算的寿命系数	
Z_R	粗糙度系数	
Z_v	速度系数	
Z_W	齿面工作硬化系数	
Z_X	接触强度计算的尺寸系数	
Z_β	接触强度计算的螺旋角系数	
Z_ε	接触强度计算的重合度系数	
z	齿数	
z_1,z_2	小轮、大轮的齿数	
z_n,z_v	斜齿轮的当量齿数	
z_{vm}	锥齿轮副的平均当量齿数	
z_p	平面齿轮齿数	
z_0	刀具齿数	
z_v	当量齿数	
α	压力角，齿廓角	(°)，rad
α_{Fan}	齿顶法向载荷作用角	(°)，rad
α_{Fat}	齿顶端面载荷作用角	(°)，rad
α_{Fen}	单对齿啮合区外界点处法向载荷作用角	(°)，rad
α_{Fet}	单对齿啮合区外界点处端面载荷作用角	(°)，rad
α_M	量柱（球）中心在渐开线上的压力角	(°)，rad
α_A	齿顶圆压力角	(°)，rad
α_{an}	齿顶法向压力角	(°)，rad

第14篇

续表

代　号	意　　义	单　位
α_{at}	齿顶端面压力角	(°),rad
α_{en}	单对齿啮合区外界点处的法向压力角	(°),rad
α_{et}	单对齿啮合区外界点处的端面压力角	(°),rad
α_{m}	锥齿轮中点当量齿轮分圆压力角	(°),rad
α'_{m}	中点当量齿轮啮合角	(°),rad
α_{n}	法向分度圆压力角	(°),rad
α_{t}	端面分度圆压力角	(°),rad
α'	啮合角	(°),rad
α'_{t}	端面分度圆啮合角	(°),rad
α_{y}	任意点 y 的压力角	(°)
α_{0}	刀具齿廓角,锥齿轮的齿廓角	(°)
α'_{0}	切齿时啮合角	(°),rad
β	分度圆螺旋角,端面齿廓角	(°),rad
β_{b}	基圆螺旋角	(°),rad
β_{e}	单对齿啮合区外界点处螺旋角	(°),rad
γ	辅助角	(°),rad
δ	节(分)锥角	(°),rad
δ_{a}	顶锥角	(°),rad
δ_{f}	根锥角	(°),rad
ε_{α}	端面重合度	
ε_{β}	纵向重合度,齿线重合度	
ε_{γ}	总重合度	
η	滑动率,效率	
$\Theta_{1,2}$	小轮、大轮的转动惯量	kg·mm^2
θ_{a}	齿顶角	(°),rad
θ_{f}	齿根角	(°),rad
θ'_{f}	锥齿轮节锥齿根高	
ν	润滑油运动黏度	mm^2/s(cSt)
	泊松比	
ρ	密度,曲率半径	kg/mm^3,mm
ρ_{fp}	基本齿条齿根过渡圆角半径	mm
ρ_{F}	危险截面处齿根圆角半径	mm
ρ_{f}	齿根圆角半径	mm
Σ	轴交角	
σ_{b}	抗拉伸强度	N/mm^2
σ_{F}	计算齿根应力	N/mm^2
σ_{F0}	计算齿根应力基本值	N/mm^2
σ_{FE}	齿轮材料弯曲疲劳强度的基本值	N/mm^2
σ_{FG}	计算齿轮的弯曲极限应力	N/mm^2
σ_{FP}	许用齿根应力	N/mm^2
σ_{Flim}	试验齿轮的弯曲疲劳极限	N/mm^2
σ_{H}	计算接触应力	N/mm^2
σ_{HG}	计算齿轮的接触极限应力	N/mm^2
σ_{H0}	计算接触应力基本值	N/mm^2
σ_{Hp}	许用接触应力	N/mm^2
σ_{Hlim}	试验齿轮的接触疲劳极限	N/mm^2
ψ	几何压力系数,齿厚半径	
ψ_{a}	对中心距的齿宽系数	
ψ_{d}	对分度圆直径的齿宽系数	

第 14 篇

续表

代　号	意　义	单　位
角标 A B C v,n X 0 1 2 Ⅰ Ⅱ	 太阳轮的 内齿轮的 行星轮的 当量的 行星架的 刀具的 小齿轮的，蜗杆的 大齿轮的，蜗轮的 高速级的 低速级的	

注：1. 本表中齿轮几何要素代号是根据 GB/T 2821—2003 和 ISO 701：1998 标准而确定的。

2. 有关齿轮精度的代号基本上未编入。

3. 蜗杆传动、销齿传动及活齿传动等章的代号未编入。

2　齿轮传动总览表

名　称		主要特点	适用范围			
			传动比	传动功率	速　度	应用举例
渐开线圆柱齿轮		传动的速度和功率范围很大；传动效率高，一对齿轮可达 0.98～0.995；精度愈高，润滑愈好，效率愈高；对中心距的敏感性小，互换性好；装配和维修方便；可以进行变位切削及各种修形、修缘，从而提高传动质量；易于进行精密加工，是齿轮传动中应用最广的传动	单级： 7.1（软齿面） 6.3（硬齿面） 两级： 50（软齿面） 28（硬齿面） 三级： 315（软齿面） 180（硬齿面）	低速重载可达5000kW 以上 高速传动可达 40000kW 以上	线速度可达200m/s 以上	高速船用透平齿轮，大型轧机齿轮，矿山、轻工、化工和建材机械齿轮等
摆线针轮传动		有外啮合（外摆线）、内啮合（内摆线）和齿条啮合（渐开线）三种型式。适用于低速、重载的机械传动和粉尘多、润滑条件差等工作环境恶劣的场合，传动效率 η = 0.9～0.93（无润滑油时）或 η = 0.93～0.95（有润滑油时）。与一般齿轮相比，结构简单、加工容易、造价低、拆修方便	一般 5～30		0.05～0.5 m/s	起重机的回转机构，球磨机的传动机构，磷肥工业用的回转化成室，翻盘式真空过滤机的底部传动机构，工业加热炉用的台车拖曳机构。化工行业广为应用
圆弧圆柱齿轮传动	单圆弧齿轮传动	接触强度比渐开线齿轮高；弯曲强度比渐开线齿轮低；跑合性能好；没有根切现象；只有做成斜齿，不能作成直齿；中心距的敏感性比渐开线齿轮大；互换性比渐开线齿轮差；噪声稍大	同渐开线圆柱齿轮	低速重载传动可达3700kW 以上；高速传动可达6000kW	>100m/s	3700kW 初轧机，输出轴转矩 $T = 14 \times 10^5$N·m 轧机主减速器，矿井卷扬机减速齿轮，鼓风机、制氧机、压缩机减速器，3000～6000kW 汽轮发电机齿轮等
	双圆弧齿轮传动	除具有单圆弧齿轮的优点外，弯曲强度比单圆弧齿轮高（一般高 40%～60%），可用同一把滚刀加工一对互相啮合的齿轮，比单圆弧齿轮传动平稳，噪声和振动比单圆弧齿轮小				

续表

名称		主要特点	适用范围			
			传动比	传动功率	速度	应用举例
非圆齿轮传动		非圆齿轮可以实现特殊的运动和实现函数运算，对机构的运动特性很有利，可以提高机构的性能，改善机构的运动条件 如应用在自动机器中，可使机器的工作机构和控制机构具有变速运动可以协调平行工作的机构的循环时间，用非圆齿轮带动铰链连杆机构的主动件时，使铰链连杆机构的运动特性具有所需的形式	瞬时传动比是变化的，平均传动比是整数，大多情况下为1			广泛用于自动机器仪器仪表及解算装置中，辊筒式平板印刷机的自动送纸装置，双色印刷机中的非圆—圆的扇形齿轮，纺织机械中绕线托架机构偏心圆齿轮和卵形齿轮，纸板机的横切机构中的椭圆齿轮，链传送带传动装置中的非圆齿轮，带有椭圆齿轮传动机构的摆动式传送机，连续线绕函数电位计中的非圆齿轮，仪器中的卵形齿轮流量计，大转矩液压马达
锥齿轮传动	直齿锥齿轮传动	比曲线齿锥齿轮的轴向力小，制造也比曲线齿锥齿轮容易	1~8	<370kW	<5m/s	用于机床、汽车、拖拉机及其他机械中轴线相交的传动
	斜齿锥齿轮传动	比直齿锥齿轮总重合度大，噪声较低	1~8	较直齿锥齿轮高	较直齿锥齿轮高，经磨齿后 $v<50\text{m/s}$	用于机床、汽车行业的机械设备中
	曲线齿锥齿轮传动	比直齿锥齿轮传动平稳，噪声小，承载能力大，但由于螺旋角而产生轴向力较大	1~8	<750kW	一般 $v>5\text{m/s}$；磨齿后可达 $v>40\text{m/s}$	用于汽车驱动桥传动，以及拖拉机和机床等传动
准双曲面齿轮传动		比曲线齿锥齿轮传动更平稳，利用偏置距增大小轮直径，因而可以增加小轮刚性，实现两端支承，沿齿长方向有滑动，传动效率比直齿锥齿轮低，需用准双曲面齿轮油	一般1~10；用于代替蜗杆传动时，可达50~100	一般<750 kW	>5m/s	最广泛用于越野及小客车，也用于卡车，可用以代替蜗杆传动
交错轴斜齿轮传动		是由两个螺旋角不等（或螺旋角相等，旋向也相同）的斜齿齿轮组成的齿轮副，两齿轮的轴线可以成任意角度，缺点是齿面为点接触，齿面间的滑动速度大，所以承载能力和传动效率比较低，故只能用于轻载或传递运动的场合				用于空间（在任意方向转向）传动机构
蜗杆传动	普通圆柱蜗杆传动（阿基米德螺旋线蜗杆、渐开线蜗杆及延长渐开线蜗杆）	传动比大，工作平稳，噪声较小，结构紧凑，在一定条件下有自锁性，效率低	8~80	<200kW	<15~35m/s	多用于中、小负荷间歇工作的情况下，如轧钢机压下装置、小型转炉倾动机构等
	圆弧圆柱蜗杆传动（ZC蜗杆）	接触线形状有利于形成油膜，主平面共轭齿面为凸凹齿啮合，传动效率及承载能力均高于普通圆柱蜗杆传动	8~80	<200kW	<15~35m/s	用于中、小负荷间歇工作的情况，如轧钢机压下装置

续表

名称		主要特点	适用范围			
			传动比	传动功率	速度	应用举例
蜗杆传动	环面蜗杆传动(平面齿包络环面蜗杆、直廓环面蜗杆、锥面包络环面蜗杆、渐开面包络环面蜗杆等)	接触线和相对速度夹角接近于90°,有利于形成油膜;同时接触齿数多,当量曲率半径大,因而承载能力大,一般比普通圆柱蜗杆传动大2~3倍。但制造工艺一般比普通圆柱蜗杆要复杂	5~100	<4500kW	<15~35m/s	轧机压下装置,各种绞车、冷挤压机、转炉、军工产品以及其他冶金矿山设备等
锥面蜗杆传动		同时接触齿数多,齿面可得到比较充分的润滑和冷却,易于形成油膜,传动比较平稳,效率比普通圆柱蜗杆传动高,设计计算和制造比较麻烦	10~358			适用于结构要求比较紧凑的场合
普通渐开线齿轮行星传动		体积小,重量轻,承载能力大,效率高,工作平稳,NGW型行星齿轮减速器与普通圆柱齿轮减速器比较,体积和重量可减小30%~50%,效率可稍提高,但结构比较复杂,制造成本比较高	NGW型 单级: 2.8~12.5 两级: 14~160 三级: 100~2000	NGW 型达6500kW	高低速均可	NGW型主要用于冶金、矿山、起重运输等低速重载机械设备;也用于压缩机制氧机,船舶等高速大功率传动
少齿差传动	渐开线少齿差传动	内外圆柱齿轮的齿廓皆采用渐开线,因而可用普通的齿轮机床加工,结构较简单,生产价格也较低,但转臂轴承受径向力较大,这种传动与通用渐开线圆柱齿轮传动(或蜗杆传动)相比较,具有传动比大、体积小、重量轻、结构紧凑等特点 其承受过载荷冲击能力较强,寿命较长,传动效率一般为$\eta=0.8\sim0.9$,但也有达到0.9以上的实例。由于内齿轮采用软齿面,故承载能力略低于摆线针轮行星传动	单级: 10~100,可多级串联,取得更大的传动比	最大: 100kW 常用: ≤55kW	一般高速轴转速小于1500~1800r/min	电工、机械、起重、运输、轻工、化工、食品、粮油、农机、仪表、机床与附件及工程机械等
	摆线少齿差传动(亦称摆线针轮行星传动)	它以外摆线作为行星轮齿的齿廓曲线,在少齿差传动中应用最广,其效率达到$\eta=0.9\sim0.98$(单级传动时);多齿啮合承载能力高,运转平稳,故障少,寿命长;与电动机直联的减速器,结构紧凑,但制造成本较高,主要零部件加工精度要求高,齿形检测困难,大直径摆线轮加工困难	单级: 11~87 两级: 121~5133	常用: <100kW 最大: <220kW		广泛用于冶金、石油、化工、轻工、食品、纺织、印染、国防、工程、起重、运输等各类机械中

续表

名称		主要特点	适用范围			
			传动比	传动功率	速度	应用举例
少齿差传动	圆弧少齿差传动（又称圆弧针齿行星传动，或冕轮减速器）	其结构型式与摆线少齿差传动基本相同，其特点在于：行星轮的齿廓曲线改用凹圆弧代替摆线，轮齿与针齿形成凹凸两圆的内啮合，且曲率半径相差很小，从而提高了接触强度	单级：11～71	0.2～30kW	高速轴转速<1500～1800r/min	用于矿山运输机械、轻工、纺织印染机械中
	活齿少齿差传动（又称"活齿传动"、"滑齿传动"、"滚道传动"、"密切圆传动"）	其特点是固定齿圈上的齿形制成圆弧或其他曲线，行星轮上的各轮齿改用单个的活动构件（如滚珠）代替，当主动偏心盘驱动时，它们将在输出轴盘上的径向槽孔中活动，故称为"活齿"。其效率为 $\eta=0.86\sim0.87$	单级：20～80	<18kW	高速轴转速<1500～1800r/min	用于矿山、冶金机械中
	锥齿少齿差传动（又称"锥齿轮谐波传动"、"章动传动"）	它采用一对少齿差的锥齿轮，以轴线运动的锥轮与另一固定锥轮啮合产生摆转运动代替了原来行星轮的平面运动	单级：≤200			用于矿山机械中
谐波齿轮传动		传动比大、范围宽；元件少、体积小、重量轻；在相同的条件下可比一般减速器的元件少一半，体积和重量可减少20%～50%；同时啮合的齿数多，双波传动在受载情况下同时啮合齿数可达总数的20%～40%，故承载能力高；且误差可相互补偿，故运动精度高。可采用调整波发生器达到无侧隙啮合；运转平稳、噪声低、可通过密封壁传递运动，传动效率也比较高，$i=100$ 时，$\eta=0.69\sim0.90$，$i=400$ 时，$\eta=0.80$，且传动比大时，效率并不显著下降，但主要零件——柔轮的制造工艺比较复杂	单级1.002～1.02（波发生器固定，柔轮主动时）。50～500（柔轮或刚轮固定，波发生器主动时） 150 ～4000m 用行星波发生器 2×10^3（采用复波）	几瓦到几十千瓦		主要用于航空、航天飞行器原子能、雷达系统等，也用于造船、汽车、坦克、机床、仪表、纺织、冶金、起重运输、医疗器械等，如机床进给分度机构，自动控制系统中的执行机构和数据传递装置，光学机械中的精密传动；用于化工设备、大型绞盘；用于高压、高真空的密封式传动；工业机器人、武器系统和无线电跟踪系统

第 1 章 渐开线圆柱齿轮传动

1 渐开线圆柱齿轮的基本齿廓和模数系列(摘自 GB/T 1356—2001)

1.1 渐开线圆柱齿轮的基本齿廓(摘自 GB/T 1356—2001)

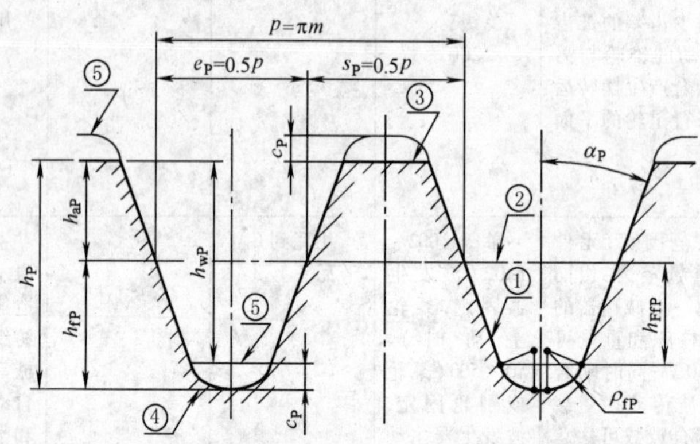

①标准基本齿条齿廓;②基准线;③齿顶线;④齿根线;⑤相啮标准基本齿条齿廓

图 14-1-1 标准基本齿条齿廓和相啮标准基本齿条齿廓

表 14-1-1 代号和单位

符号	意义	单位
c_P	标准基本齿条轮齿与相啮标准基本齿条轮齿之间的顶隙	mm
e_P	标准基本齿条轮齿齿槽宽	mm
h_{aP}	标准基本齿条轮齿齿顶高	mm
h_{fP}	标准基本齿条轮齿齿根高	mm
h_{FfP}	标准基本齿条轮齿齿根直线部分的高度	mm
h_P	标准基本齿条的齿高	mm
h_{wP}	标准基本齿条和相啮标准基本齿条轮齿的有效齿高	mm
m	模数	mm

续表

符号	意义	单位
p	齿距	mm
s_P	标准基本齿条轮齿的齿厚	mm
u_{FP}	挖根量	mm
α_{FP}	挖根角	(°)
α_P	压力角	(°)
ρ_{fP}	基本齿条的齿根圆角半径	mm

表 14-1-2　标准基本齿条齿廓的几何参数

项目	标准基本齿条齿廓的几何参数值
α_P	20°
h_{aP}	$1m$
c_P	$0.25m$
h_{fP}	$1.25m$
ρ_{fP}	$0.38m$

1.1.1 范围

规定了通用机械和重型机械用渐开线圆柱齿轮（外齿或内齿）的标准基本齿条齿廓的几何参数。

适用于 GB/T 1357 规定的标准模数。

规定的齿廓没有考虑内齿轮齿高可能进行的修正，内齿轮对不同的情况应分别计算。

为了确定渐开线类齿轮的轮齿尺寸，在本标准中，标准基本齿条的齿廓仅给出了渐开线类齿轮齿廓的几何参数。它不包括对刀具的定义，但为了获得合适的齿廓，可以根据本标准基本齿条的齿廓规定刀具的参数。

1.1.2 标准基本齿条齿廓

1）标准基本齿条齿廓的几何参数见图 14-1-1 和表 14-1-2，对于不同使用场合所推荐的基本齿条见 1.1.3 节。

2）标准基本齿条齿廓的齿距为 $p=\pi m$。

3）在 h_{aP}加 h_{FfP}高度上，标准基本齿廓的齿侧面为直线。

4）P—P 线上的齿厚等于齿槽宽，即齿距的一半。

$$s_P=e_P=\frac{p}{2}=\frac{\pi m}{2} \tag{14-1-1}$$

式中　s_P——标准基本齿条轮齿的齿厚；

e_P——标准基本齿条轮齿的齿槽宽；

p——齿距；

m——模数。

5）标准基本齿条齿廓的齿侧面与基准线的垂线之间的夹角为压力角 α_P。

6）齿顶线和齿根线分别平行于基准线 P—P，且距 P—P 线之间的距离分别为 h_{aP}和 h_{fP}。

7）标准基本齿条齿廓和相啮标准基本齿条齿廓的有效齿高 h_{wP}等于 $2h_{aP}$。

8）标准基本齿条齿廓的参数用 $P—P$ 线作为基准。

9）标准基本齿条的齿根圆角半径 ρ_{fP} 由标准顶隙 c_P 确定。

对于 $\alpha_P=20°$、$c_P\leqslant0.295m$、$h_{FfP}=1m$ 的基本齿条

$$\rho_{fP\max}=\frac{c_P}{1-\sin\alpha_P} \tag{14-1-2}$$

式中 $\rho_{fP\max}$——基本齿条的最大齿根圆角半径；

c_P——标准基本齿条轮齿和相啮标准基本齿条轮齿的顶隙；

α_P——压力角。

对于 $\alpha_P=20°$、$0.295m<c_P\leqslant0.396m$ 的基本齿条

$$\rho_{fP\max}=\frac{\pi m/4-h_{fP}\tan\alpha_P}{\tan[(90°-\alpha_P)/2]} \tag{14-1-3}$$

式中 h_{fP}——基本齿条轮齿的齿根高。

$\rho_{fP\max}$的中心在齿条齿槽的中心线上。

应该注意，实际齿根圆角（在有效齿廓以外）会随一些影响因素的不同而变化，如制造方法、齿廓修形、齿数。

10）标准基本齿条齿廓的参数 c_P、h_{aP}、h_{fP}和 h_{wP}也可以表示为模数 m 的倍数，即相对于 $m=1$mm 时的值可加一个星号表明，例如：

$$h_{fP}=h_{fP}{}^{*}m$$

1.1.3 不同使用场合下推荐的基本齿条

（1）基本齿条型式的应用

A 型标准基本齿条齿廓推荐用于传递大转矩的齿轮。

根据不同的使用要求可以使用替代的基本齿条齿廓：B 型和 C 型基本齿条齿廓推荐用于通常的使用场合。用一些标准滚刀加工时，可以用 C 型。

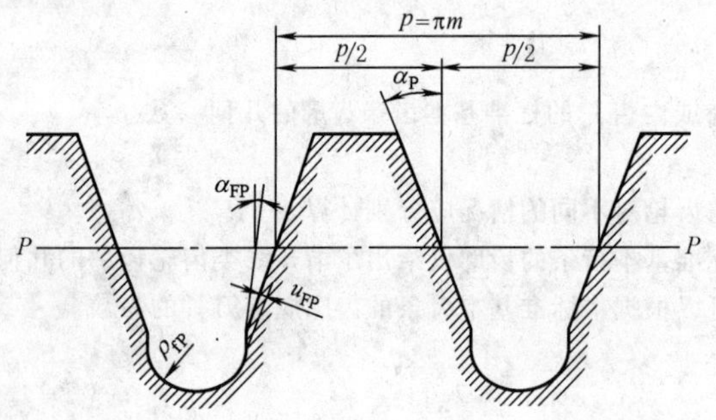

图 14-1-2 具有给定挖根量的基本齿条齿廓

D 型基本齿条齿廓的齿根圆角为单圆弧齿根圆角。当保持最大齿根圆角半径时，增大的齿根高（$h_{fP}=1.4m$，齿根圆角半径 $\rho_{fP}=0.39m$）使得精加工刀具能在没有干涉的情况下工作。这种齿廓推荐用于高精度、传递大转矩的齿轮，因此，齿廓精加工用磨齿或剃齿。在精加工时，要小心避免齿根圆角处产生凹痕，凹痕会导致应力集中。

几种类型基本齿条齿廓的几何参数见表 14-1-3。

（2）具有挖根的基本齿条齿廓

使用具有给定的挖根量 u_{FP}和挖根角 α_{FP}的基本齿条齿廓时，用带凸台的刀具切齿并用磨齿或剃齿精加工齿轮，见图 14-1-2。u_{FP}和 α_{FP}的具体值取决于一些影响因素，如加工方法，在本标准中没有说明加工方法。

表 14-1-3 基本齿条齿廓

项目	基本齿条齿廓类型			
	A	B	C	D
α_P	20°	20°	20°	20°
h_{aP}	$1m$	$1m$	$1m$	$1m$
c_P	$0.25m$	$0.25m$	$0.25m$	$0.4m$
h_{fP}	$1.25m$	$1.25m$	$1.25m$	$1.4m$
ρ_{fP}	$0.38m$	$0.3m$	$0.25m$	$0.39m$

第 14 篇

1.1.4 GB 1356—88 所作的修改

1）标准基本齿条齿廓：standard basic rack tooth profile。

这是 ISO 1122-1：1998 中新出现的术语，现在正式译为“标准基本齿条齿廓”。

原标准题目是“基本齿廓”。

2）ρ_{fP}——基本齿条的齿根圆角半径与齿轮的齿根圆半径的关系，原标准只有一个圆角半径 $\rho_{fP}\approx 0.38$mm。

在 DIN 867—1986 中的说明如下（见图 14-1-3）：基本齿廓的齿根倒圆半径 ρ_{fP} 确定了刀具基本齿廓的齿顶倒圆半径 ρ_{aP0}，圆柱齿轮上加工的齿根圆的曲率半径等于或者大于刀具的齿顶倒圆半径，这取决于齿数和齿廓变位。

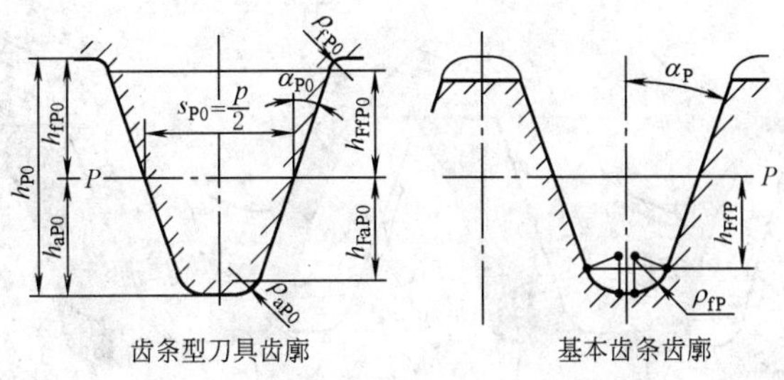

图 14-1-3 DIN 的刀具与齿条的齿廓

3）新代号 h_{FfP} 最早出现在 DIN 867—1986 中。

$$h_{FfP}=h_{fP}-\rho_{fP}\ (1-\sin\alpha_P)$$

大多数情况下，将基本齿条齿廓的齿槽作为齿条型刀具的齿廓。h_{FfP} 与齿条型刀具 h_{FfP0} 是对应关系，即 $h_{FfP}=h_{FfP0}$。不根切的最少变位系数 x_{min}、展成切削的渐开线起始点的直径 d_{Ff} 计算公式都是采用 h_{FfP0}。

德国的 DIN 3960—1987、美国的 AGMA 913-A98 标准，都采用了这个公式计算不根切的最小变位和渐开线起始圆直径。图 14-1-4 是 DIN 3960—1987 相关部分。对于零侧隙计算，$x_{Emin}=x_{min}$。

$$x_{Emin}=\frac{h_{FaP0}}{m_n}-\frac{z\sin^2\alpha_t}{2\cos\beta}\qquad (\text{DIN 3960—1987}\quad 3.6.06)$$

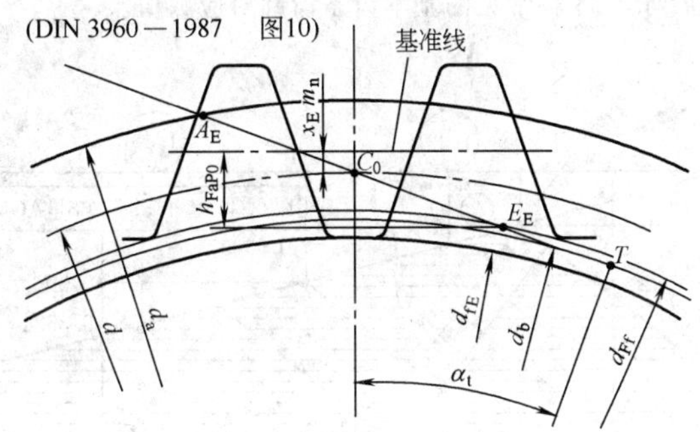

$$d_{Ff1}=\sqrt{\left[d_1\sin\alpha_t-\frac{2(h_{FaP0}-x_E m_n)}{\sin\alpha_t}\right]^2+d_{b1}^2}$$

$$=\sqrt{[d_1-2(h_{FaP0}-x_E m_n)]^2+4(h_{FaP0}-x_E m_n)^2\cot^2\alpha_t}$$

（DIN 3960—1987 3.6.08）

图 14-1-4 DIN 齿廓图

传统的计算公式都将 h_{FaP0} 这个数值用了 h_a（h_{aP}），这样替代只有在标准基本齿条齿廓下是正确的，即 $h_{aP}^*=1$、$h_{fP}^*=1.25$、$\rho_{fP}^*\approx 0.38$（较为精确的近似值为 0.379951）、$\alpha=20°$，这时 $h_{aP}^*=h_{FaP0}^*$。

第14篇

前苏联李特文的《齿轮啮合原理》和日本仙波正庄的《变位齿轮》（用了一个章节）讲解了变模数、变压力角的啮合。

必要条件是：$m_1\cos\alpha_1 = m_2\cos\alpha_2$。就是正确啮合的基本条件是基节相等。这个原理已应用到齿轮刀具。变模数变压力角的滚刀设计已经较为广泛地应用在一些特定的专业领域。

图 14-1-5 是一个例子，用不同齿形角的齿条刀具可以加工出来一样渐开线齿廓。在齿条刀具相同的齿顶圆弧情况下，可以得到不同的渐开线起始圆。这时变位系数也需要计算，较小的压力角对应较大变位系数。目前应用的大变位齿轮实质就是大压力角、较短的齿顶高的传动。问题是齿轮承载能力计算中，例如轮齿刚度 C_γ 的计算，标准中明确规定，该公式的适用范围是：$-0.5\leqslant(x_1+x_2)\leqslant2$（GB/T 19406—2003，GB/T 3480—1997）。标准中多个公式用到这个参数，超过这个范围就等于没有了计算依据。

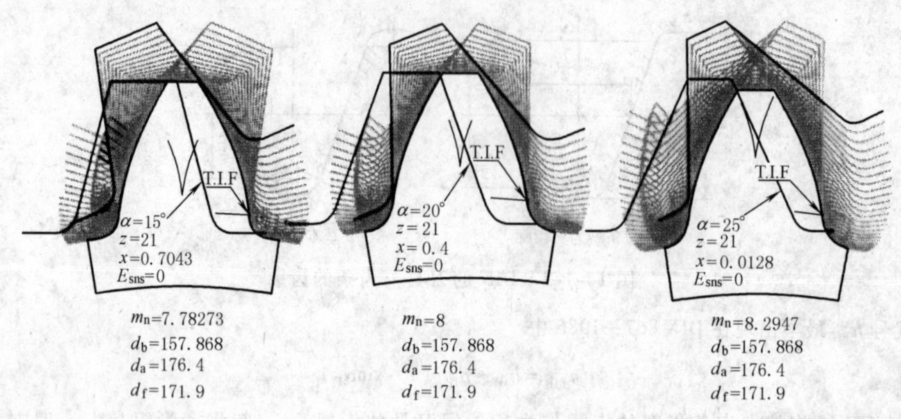

图 14-1-5　用变压力角、变模数的齿条刀具加工同一个齿轮的模拟

当 $\alpha_P=20°$，h_{fP}^*—ρ_{fP}^*—h_{FfP}^* 的相互关系。DIN 867—1987 给出了一个附图，论述了 $\alpha_P=20°$、$h_{aP}^*=1$ 时，ρ_{fP}^* 的计算公式就是 GB/T 1356—2001（2）、（3）两个式子［即式（14-1-2）和式（14-1-3）］。两条直线方程相交于 $h_{fP}^*=1.295$（准确的近似值）。ρ_{fP}^* 必须在阴影区域内。图 14-1-6 补充了 $h_{aP}^*=0.8$ 和 $h_{aP}^*=1.2$ 的对应关系，同时增加了对应的 h_{FfP}^*，表 14-1-4 列出 13 种常见的基本齿条齿廓对应数值。

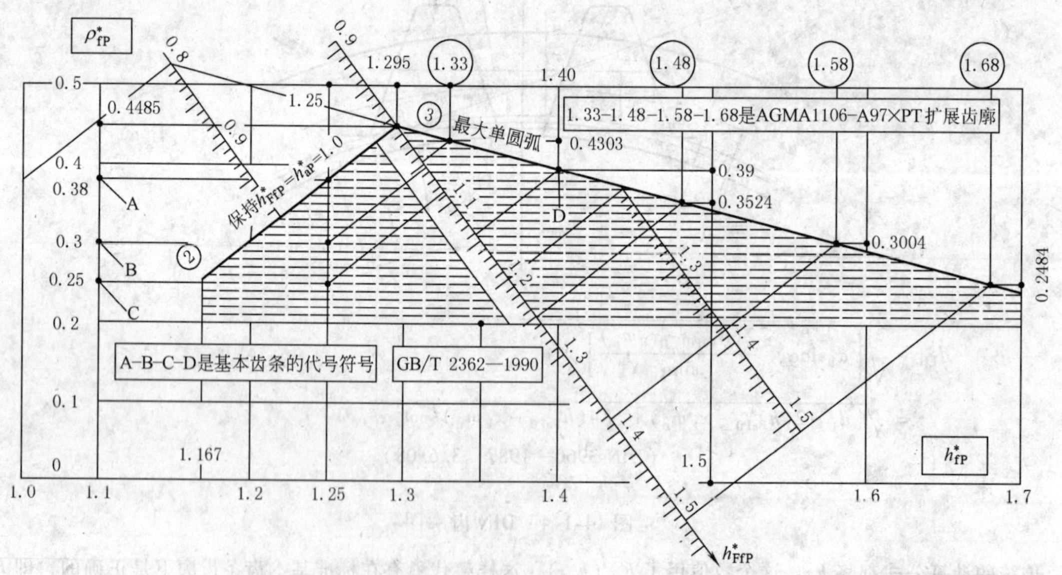

图 14-1-6　$\alpha_P=20°$时 h_{fP}^*—ρ_{fP}^*—h_{FfP}^*关系

表 14-1-4　　　　　　　　　　　　**GB、AGMA、ISO 齿廓参数**

齿廓参数 / 齿廓标准	α_P	h_{aP}^*	h_{fP}^*	c_P^*	ρ_{fP}^*	h_{FfP}^*	不根切的最少齿数 z_{min}
GB/T 1356-A	20°	1	1.25	0.25	0.38	1.0	17.09
GB/T 1356-B	20°	1	1.25	0.25	0.3	1.0526	17.997
GB/T 1356-C	20°	1	1.25	0.25	0.25	1.0855	18.559
GB/T 1356-D	20°	1	1.4	0.40	0.39	1.1434	19.549
GB 2362—1990	20°	1	1.35	0.35	0.2	1.2184	20.831
AGMA 1106 PT	20°	1	1.33	0.33	0.4303	1.0469	17.899
AGMA XPT-2	20°	1.15	1.48	0.33	0.3524	1.248	21.337
AGMA XPT-3	20°	1.25	1.58	0.33	0.3004	1.382	23.628
AGMA XPT-4	20°	1.35	1.68	0.33	0.2484	1.517	25.937
----------	14.5°	1	1.25	0.25	0.30	1.025	32.704
ISO 6336-3.5	20°	1.20	1.50	0.30	0.30	1.3026	22.271
ISO 6336-3.7	22.5°	1	1.25	0.25	0.40	1.0	13.696
ISO 6336-3.8	25°	1	1.25	0.25	0.318	1.0	11.198

注：1. AGMA PT & XPT 是 AGMA 1106-A97 塑料齿轮扩展齿廓（PGT TOOTH FORM）。

2. GB/T 1356-A（B/C/D）是该标准提供的数据。

3. ISO 6336-3.5（.7/.8）是该标准图 13（图 15/16）提供的数据。

对于大多数应用场合，利用 GB/T 1356—2001 标准基本齿条齿廓和有目的地选择变位。就可以得到合适的、能经受使用考验的啮合。

在特殊情况下，可以不执行标准，当需要较大的端面重合度时，可以选择较小的齿廓角 α_P，例如在印刷机械中常常是 $\alpha_P=15°$。

对于重载齿轮传动，有时优先采用 $\alpha_P=22.5°$ 或 $\alpha_P=25°$。这样虽然提高了齿轮的承载能力，但是会使端面重合度变小，齿顶圆齿厚变得更尖一些，在渗碳淬火处理时，可能产生齿顶淬透，在受载时产生崩齿的危险。

通常的啮合 $h_{wP}=2$，现在有的 $h_{wP}=2.25$ 或 $h_{wP}=2.5$ 的所谓"高齿啮合"，这样可以得到特别平稳的传动。但是由于啮合时齿面滑动速度较高，胶合危险增加，齿顶变得更尖也需要注意。这种高齿啮合似乎有扩大的趋势。例如 AGMA 1106-A97 中已经采用 $h_{wP}=2.3$、2.5、2.7 的齿廓（见 AGMA 1106-A97）。

1.2　渐开线圆柱齿轮模数（摘自 GB/T 1357—1987）

表 14-1-5　　　　　　　　　　**渐开线圆柱齿轮模数**（GB/T 1357—1987）

$m<1.0$		$m\geqslant1.0$[ISO 54—1996(6.5)尽量不采用]							
系列		系列		系列		系列		系列	
Ⅰ	Ⅱ	Ⅰ	Ⅱ	Ⅰ	Ⅱ	Ⅰ	Ⅱ	Ⅰ	Ⅱ
0.1 0.12 0.15 0.2 0.25 0.3	0.35	0.4 0.5 0.6 0.8	0.7 0.9	1 1.25 1.5 2 2.5 3 4	1.125 1.375 1.75 2.25 2.75 3.5	5 6 8 10 12	4.5 5.5 (6.5) 7 9 11	16 20 25 32 40 50	14 18 22 28 36 45

注：1. GB/T 1357—1987 中，没有 1.125、1.375；而有（3.25）、（3.75）。

2. ISO 54—1996 中，没有 $m<1.0$ 的 13 个数据。

3. 第Ⅰ系列模数值应优先采用，第Ⅱ系列中的模数值 6.5 应避免使用。

2 渐开线圆柱齿轮传动的参数选择

表 14-1-6

项 目	代 号	选择原则和数值
齿廓角	α_P (α)	1. 一般取标准值：α（或 α_n）$=20°$，特殊情况也可取大齿廓角 22.5°，25°；小齿廓角 14.5°或 15° 2. 端面齿廓角和法向齿廓角的换算关系为：$\tan\alpha_t=\dfrac{\tan\alpha_n}{\cos\beta}$
齿顶高系数	h_{aP}^* (h_a^*)	1. 一般取标准值：h_a^*（或 h_{an}^*）$=1$，特殊情况可取短齿高 0.8（或 0.9），长齿高 1.2 2. 端面齿顶高系数和法向齿顶高系数的换算关系为：$h_{at}^*=h_{an}^*\cos\beta$
顶隙系数	c^*	1. 一般取标准值：c^*（或 c_n^*）$=0.25$，对渗碳淬火磨齿的齿轮取 0.4（$\alpha=20°$），0.35（$\alpha=25°$） 2. 端面顶隙系数和法向顶隙系数的换算关系为：$c_t^*=c_n^*\cos\beta$
模数	m	1. 模数 m（或 m_n）由强度计算或结构设计确定，并应按表 14-1-5 选取标准值 2. 在强度和结构允许的条件下，应选取较小的模数 3. 对软齿面（HB≤350）外啮合的闭式传动，可按下式初选模数 m（或 m_n）： $m=(0.007\sim0.02)a$ 当中心距较大、载荷平稳、转速较高时，可取小值；否则取大值 对硬齿面（HB>350）的外啮合闭式传动，可按下式初选模数 m（或 m_n）： $m=(0.016\sim0.0315)a$ 高速、连续运转、过载较小时，取小值；中速、过载大、短时间歇运转时，取大值 4. 在一般动力传动中，模数 m（或 m_n）不应小于 2mm 5. 端面模数和法向模数的换算关系为：$m_t=\dfrac{m_n}{\cos\beta}$
齿数	z	1. 当中心距（或分度圆直径）一定时，应选用较多的齿数，可以提高重合度，使传动平稳，减小噪声；模数的减小，还可以减小齿轮重量和切削量，提高抗胶合性能 2. 选择齿数时，应保证齿数 z 大于发生根切的最少齿数 z_{min}，对内啮合齿轮传动还要避免干涉（见表 14-1-13） 3. 当中心距 a（或分度圆直径 d_1）、模数 m、螺旋角 β 确定之后，可以按 $z_1=\dfrac{2a\cos\beta}{m_n(u\pm1)}$（外啮合用＋，内啮合用－）计算齿数，若算得的值为小数，应予圆整，并按 $\cos\beta=\dfrac{z_1m_n(u\pm1)}{2a}$ 最终确定 β 4. 在满足传动要求的前提下，应尽量使 z_1、z_2 互质，以便分散和消除齿轮制造误差对传动的影响 5. 当齿数 $z_2>100$ 时，为便于加工，应尽量使 z_2 不是质数
齿数比	u	1. $u=\dfrac{z_2}{z_1}=\dfrac{n_1}{n_2}$，按转速比的要求选取 2. 一般的齿数比范围是： 外啮合：直齿轮 1～10，斜齿轮（或人字齿轮）1～15；硬齿面 1～6.3 内啮合：直齿轮 1.5～10，斜齿轮（或人字齿轮）2～15；常用 1.5～5 螺旋齿轮：1～10

续表

项　目	代 号	选 择 原 则 和 数 值
分度圆螺旋角	β	1. 增大螺旋角 β，可以增大纵向重合度 ε_β，使传动平稳，但轴向力随之增大（指斜齿轮），一般斜齿轮：$\beta=8°\sim20°$ 人字齿轮：$\beta=20°\sim40°$ 小功率、高速取小值；大功率、低速取大值 2. 可适当选取 β，使中心距 a 具有圆整的数值 3. 外啮合：$\beta_1=\beta_2$，旋向相反 内啮合：$\beta_1=\beta_2$，旋向相同 4. 用插齿刀切制的斜齿轮应选用标准刀具的螺旋角 螺旋齿轮：可根据需要确定 β_1 和 β_2
齿宽	b	可参考表 14-1-69 选取推荐的齿宽系数 ψ_d

3　变位齿轮传动和变位系数的选择

3.1　齿轮变位的定义

（1）我国现行标准

GB/T 3374—1992（ISO/R 1122—1：1982）

变位系数　modification coefficients

变位量（径向变位量）　addendum modification（for external gears）

dedendum modification（for internal gears）

圆柱齿轮与产形齿条作紧密啮合时，介于齿轮的分度圆柱面与齿条的基准平面之间沿公垂线量度的距离，称为径向变位量。当基准平面与分度圆柱面分离时，变位量取正值；基准平面与分度圆柱面相割时，取负值。

对于锥齿轮指的是当量圆柱齿轮的径向变位量。

对于圆柱蜗杆副的蜗轮指的是产形蜗杆的分度曲面与蜗轮的分度曲面之间沿连心线量度的距离。

（2）ISO 1122-1：1998 的定义与代号

在 ISO 1122-1：1998 中的“2.18 Tooth generation”这个章节中，将标准基本齿条齿廓，与过去我们称为的齿轮“变位系数”（profile shift coefficient）放置在了一起。

相比较，ISO 1122-1：1998 有如下变化：

1）将过去的“变位系数”（modification coefficients）这个术语改为“profile shift coefficient”。

2）ISO 1122-1：1998〈2.1.8.6〉明确指出，这个定义既适用于外齿也适用于内齿，对于内齿将（外齿）齿廓视为（内齿）齿槽。

应该注意，在 DIN 标准中，对于内齿变位的规定，与上述作了相反规定，即 DIN 标准的 $-xm_n$ 等效于 ISO 的 xm_n，见图 14-1-7（参阅 DIN 3960—1980 2.5.4 节）。

我国的变位正负规定与 ISO 相同。

ISO 1122-1：1998 的术语已经反映在许多国家的图纸和技术文件中，应当对 ISO 的变化有所了解。

3.2　变位齿轮原理

用展成法加工渐开线齿轮时，当齿条刀的基准线与齿轮坯的分度圆相切时，则加工出来的齿轮为标准齿轮；当齿条刀的基准线与轮坯的分度圆不相切时，则加工出来的齿轮为变位齿轮，如图 14-1-8 和图 14-1-9 所示。刀

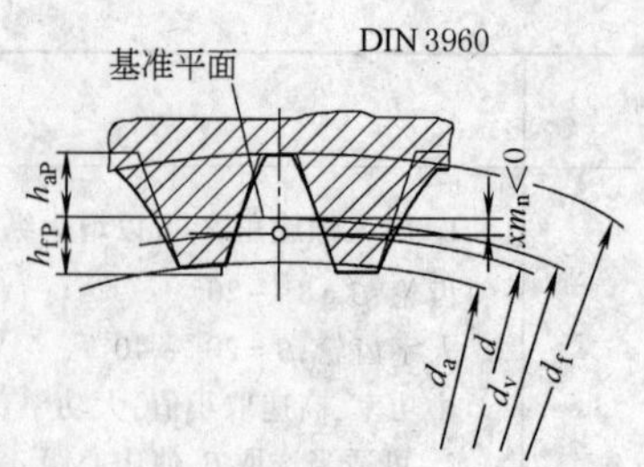

ISO&DIN 外齿轮，正负变位的规定　　DIN 内齿轮，正负变位的规定

图 14-1-7　正负变位的规定

具的基准线和轮坯的分度圆之间的距离称为变位量，用 xm 表示，x 称为变位系数。当刀具离开轮坯中心时（如图 14-1-8），x 取正值（称为正变位）；反之（如图 14-1-9）x 取负值（称为负变位）。

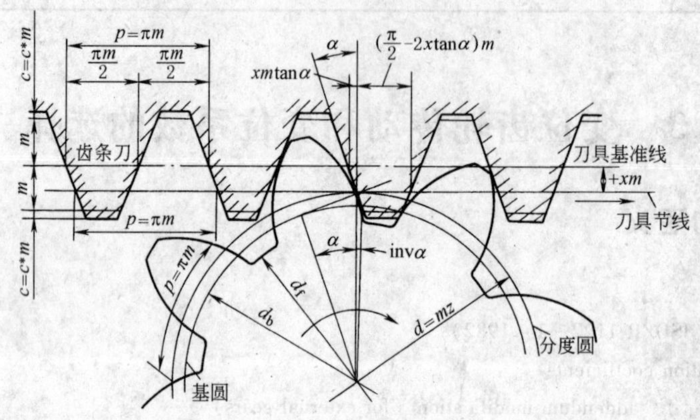

图 14-1-8　用齿条型刀具滚切变位外齿轮

对斜齿轮，端面变位系数和法向变位系数之间的关系为：$x_t=x_n\cos\beta$。

齿轮经变位后，其齿形与标准齿轮同属一条渐开线，但其应用的区段却不相同（见图 14-1-10）。利用这一特点，通过选择变位系数 x，可以得到有利的渐开线区段，使齿轮传动性能得到改善。应用变位齿轮可以避免根切，提高齿面接触强度和齿根弯曲强度，提高齿面的抗胶合能力和耐磨损性能，此外变位齿轮还可用于配凑中心距和修复被磨损的旧齿轮。

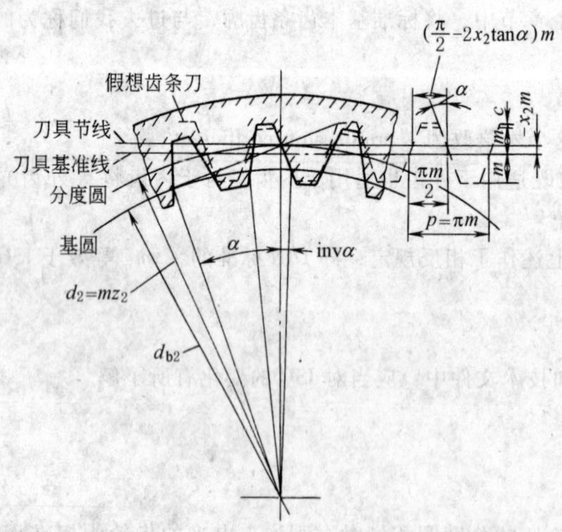

图 14-1-9　用假想齿条型刀具滚切变位内齿轮

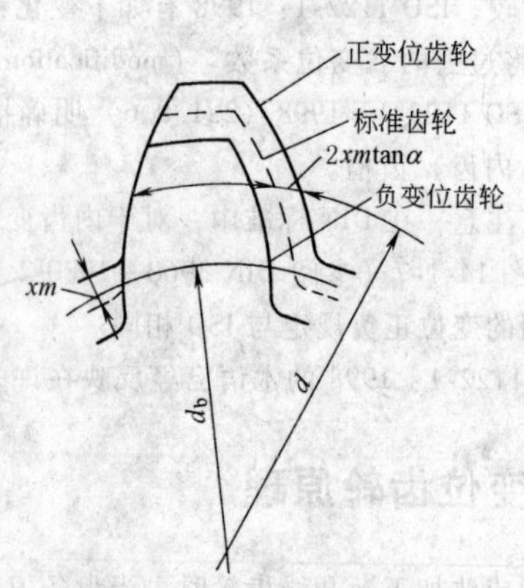

图 14-1-10　变位齿轮的齿廓

3.3 变位齿轮传动的分类和特点

表 14-1-7

	传动类型	标准齿轮传动 $x_{n1}=x_{n2}=0$	变位齿轮传动		
			高变位 $x_{n2}\pm x_{n1}=0$ ($x_{n1}\neq 0$)	角变位 $x_{n2}\pm x_{n1}\neq 0$	
				正传动 $x_{n2}\pm x_{n1}>0$	负传动 $x_{n2}\pm x_{n1}<0$
	名称	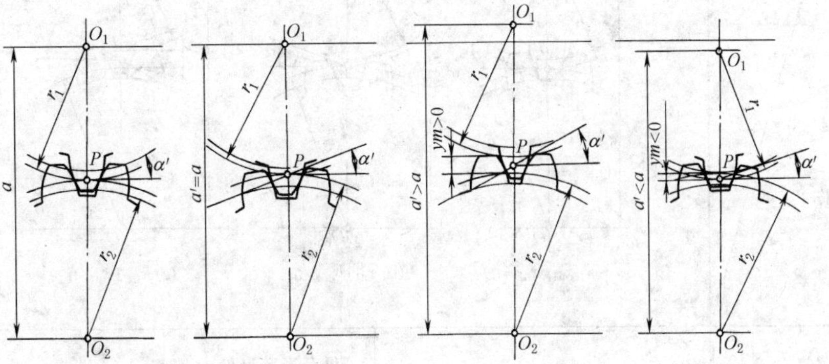 (a) $x_{n1}=x_{n2}=0$	(b) $x_{n1}\pm x_{n2}=0$	(c) $x_{n2}\pm x_{n1}>0$	(d) $x_{n2}\pm x_{n1}<0$
主要几何尺寸	分度圆直径	$d=m_t z$	不变		
	基圆直径	$d_b=d\cos\alpha_t$	不变		
	齿距	$p_t=\pi m_t$	不变		
	啮合角	$\alpha_t'=\alpha_t$	不变	增大	减小
	节圆直径	$d'=d$	不变	增大	减小
	中心距	$a=\frac{1}{2}m_t(z_2\pm z_1)$	不变	增大	减小
	分度圆齿厚	$s_t=\frac{1}{2}\pi m_t$	外齿轮：正变位，增大；负变位，减小 内齿轮：正变位，减小；负变位，增大		
	齿顶圆齿厚	$s_{at}=d_a\left(\frac{\pi}{2z}\pm \mathrm{inv}\alpha_t \mp \mathrm{inv}\alpha_{at}\right)$	正变位，减小；负变位，增大		
	齿根圆齿厚	$s_{ft}=d_f\left(\frac{\pi}{2z}\pm \mathrm{inv}\alpha_t \mp \mathrm{inv}\alpha_{ft}\right)$	正变位，增大；负变位，减小		
	齿顶高	$h_a=h_{an}^* m_n$ （内齿轮应减去 $\Delta h_{an}^* m_n$）	外齿轮：正变位，增大（一般情况）；负变位，减小 内齿轮：正变位，减小（一般情况）；负变位，增大		
	齿根高	$h_f=(h_{an}^*+c_n^*)m_n$	外齿轮：正变位，减小；负变位，增大 内齿轮：正变位，增大；负变位，减小		
	齿高	$h=h_a+h_f$	不变（不计入内齿轮为避免过渡曲线干涉而将齿顶高减小的部分变化）	外啮合：略减 内啮合：略增 }（保证和标准齿轮传动同样顶隙时）	
传动质量指标	端面重合度 ε_α	对 $\alpha=20°$，$h_a^*=1$ 的直齿轮： 外啮合：$1.4<\varepsilon_\alpha<2$ 内啮合：$1.7<\varepsilon_\alpha<2.2$ 对斜齿轮 ε_α 低于上述值	略减	减少	增加
	滑动率 η	小齿轮齿根有较大的 η_{1max}	η_{1max}减小，且可使 $\eta_{1max}=\eta_{2max}$		η_{1max}和 η_{2max}都增大
	几何压力系数 ψ	小齿轮齿根有较大的 ψ_{1max}	ψ_{1max}减小，且可使 $\psi_{1max}=\psi_{2max}$		ψ_{1max}和 ψ_{2max}都增大

续表

传动类型		标准齿轮传动 $x_{n1}=x_{n2}=0$	变位齿轮传动 高变位 $x_{n2}\pm x_{n1}=0$ $(x_{n1}\neq 0)$	角变位 $x_{n2}\pm x_{n1}\neq 0$ 正传动 $x_{n2}\pm x_{n1}>0$	负传动 $x_{n2}\pm x_{n1}<0$
名称		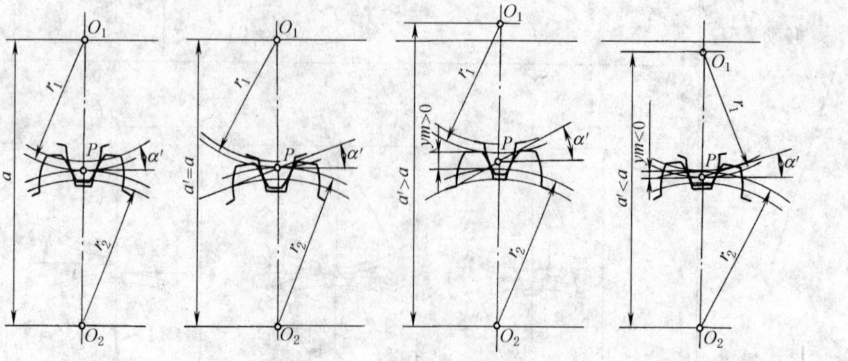 (a) $x_{n1}=x_{n2}=0$	(b) $x_{n1}\pm x_{n2}=0$	(c) $x_{n2}\pm x_{n1}>0$	(d) $x_{n2}\pm x_{n1}<0$
对强度的影响	接触强度		只有当节点处于双齿对啮合区时，才能提高接触强度	对直齿轮，承载能力近似与 $\sin2\alpha'/\sin2\alpha$ 成正比，因此接触强度随着 x_Σ 的增加而提高；当节点位于双齿对啮合区时，对接触强度更为有利。但是增加 x_Σ 对接触强度的有益影响将因 ε_α 的降低而有所抵消，这对斜齿轮更为显著	
	弯曲强度		对外齿轮，当齿数少时，弯曲强度随变位系数的增加而提高；当齿数多时，变位对强度的影响不显著；对高精度齿轮，当增大变位系数时，由于重合度的降低，削弱了变位对提高强度的作用		
齿数限制		$z_1>z_{\min}$，$z_2>z_{\min}$	$z_1+z_2\geqslant 2z_{\min}$	z_1+z_2 可以 $<2z_{\min}$	$z_1+z_2>2z_{\min}$
效率		提高			降低
互换性		较大	较小		
应用		广泛用于各种传动中	1. 用于结构紧凑，要求与标准齿轮的中心距相同的传动中 2. 为不过多地降低大齿轮（负变位）的强度和避免根切，多用于 $z_2\pm z_1$ 较大的场合 3. 用于希望提高齿轮强度，均衡大小齿轮的弯曲强度和滑动率，而又不希望 ε_α 下降很多的场合	1. 多用于结构紧凑，$z_2\pm z_1$ 比较小的场合 2. 用于希望提高并均衡大小齿轮的强度和滑动率，而又允许 ε_α 降低的传动 3. 用于配凑中心距 4. 对斜齿轮一般仅用于配凑中心距	应用较少，一般仅用于配凑中心距或要求具有较大的 ε_α 的场合

注：1. 有“±”或“∓”号处，上面的符号用于外啮合；下面的符号用于内啮合。

2. 对直齿轮，应将表中的代号去掉下角 t 或 n。

第14篇

3.4 选择外啮合齿轮变位系数的限制条件

表 14-1-8

限制条件	校验公式	说明
加工时不根切	1. 用齿条型刀具加工时 $z_{min}=2h_a^*/\sin^2\alpha$ （见表 14-1-9） $x_{min}=h_a^*\dfrac{z_{min}-z}{z_{min}}=h_a^*-\dfrac{z\sin^2\alpha}{2}$ （见表 14-1-9） 2. 用插齿刀加工时 $z'_{min}=\sqrt{z_0^2+\dfrac{4h_{a0}^*}{\sin^2\alpha}(z_0+h_{a0}^*)}-z_0$ （见表 14-1-10） $x_{min}=\dfrac{1}{2}\left[\sqrt{(z_0+2h_{a0}^*)^2+(z^2+2zz_0)\cos^2\alpha}-(z_0+z)\right]$ （见表 14-1-9）	齿数太少（$z<z_{min}$）或变位系数太小（$x<x_{min}$）或负变位系数过大时，都会产生根切 h_a^*——齿轮的齿顶高系数 z——被加工齿轮的齿数 α——插齿刀或齿轮的分度圆压力角 z_0——插齿刀齿数 h_{a0}^*——插齿刀的齿顶高系数
加工时不顶切	用插齿刀加工标准齿轮时 $z_{max}=\dfrac{z_0^2\sin^2\alpha-4h_a^{*2}}{4h_a^*-2z_0\sin^2\alpha}$ （见表 14-1-11）	当被加工齿轮的齿顶圆超过刀具的极限啮合点时，将产生"顶切"
齿顶不过薄	$s_a=d_a\left(\dfrac{\pi}{2z}+\dfrac{2x\tan\alpha}{z}+\mathrm{inv}\alpha-\mathrm{inv}\alpha_a\right)\geqslant(0.25\sim0.4)m$ 一般要求齿顶厚 $s_a\geqslant0.25m$ 对于表面淬火的齿轮，要求 $s_a>0.4m$	正变位的变位系数过大（特别是齿数较少）时，就可能发生齿顶过薄 d_a——齿轮的齿顶圆直径 α——齿轮的分度圆压力角 α_a——齿轮的齿顶压力角 $\alpha_a=\arccos(d_b/d_a)$
保证一定的重合度	$\varepsilon_\alpha=\dfrac{1}{2\pi}[z_1(\tan\alpha_{a1}-\tan\alpha')+z_2(\tan\alpha_{a2}-\tan\alpha')]\geqslant1.2$ （$\alpha=20°$时，可用图 14-1-5 校验）	变位齿轮传动的重合度 ε，却随着啮合角 α' 的增大而减小 α'——齿轮传动的啮合角 α_{a1},α_{a2}——齿轮 z_1 和齿轮 z_2 的齿顶压力角
不产生过渡曲线干涉	1. 用齿条型刀具加工的齿轮啮合时 （1）小齿轮齿根与大齿轮齿顶不产生干涉的条件 $\tan\alpha'-\dfrac{z_2}{z_1}(\tan\alpha_{a2}-\tan\alpha')\geqslant\tan\alpha-\dfrac{4(h_a^*-x_1)}{z_1\sin2\alpha}$ （2）大齿轮齿根与小齿轮齿顶不产生干涉的条件 $\tan\alpha'-\dfrac{z_1}{z_2}(\tan\alpha_{a1}-\tan\alpha')\geqslant\tan\alpha-\dfrac{4(h_a^*-x_2)}{z_2\sin2\alpha}$ 2. 用插齿刀加工的齿轮啮合时 （1）小齿轮齿根与大齿轮齿顶不产生干涉的条件 $\tan\alpha'-\dfrac{z_2}{z_1}(\tan\alpha_{a2}-\tan\alpha')\geqslant\tan\alpha'_{01}-\dfrac{z_0}{z_1}(\tan\alpha_{a0}-\tan\alpha'_{01})$ （2）大齿轮齿根与小齿轮齿顶不产生干涉的条件 $\tan\alpha'-\dfrac{z_1}{z_2}(\tan\alpha_{a1}-\tan\alpha')\geqslant\tan\alpha'_{02}-\dfrac{z_0}{z_2}(\tan\alpha_{a0}-\tan\alpha'_{02})$	当一齿轮的齿顶与另一齿轮根部的过渡曲线接触时，不能保证其传动比为常数，此种情况称为过渡曲线干涉 当所选的变位系数的绝对值过大时，就可能发生这种干涉 用插齿刀加工的齿轮比用齿条型刀具加工的齿轮容易产生这种干涉 α——齿轮 z_1、z_2 的分度圆压力角 α'——该对齿轮的啮合角 α_{a1},α_{a2}——齿轮 z_1、z_2 的齿顶压力角 x_1,x_2——齿轮 z_1、z_2 的变位系数

注：本表给出的是直齿轮的公式，对斜齿轮，可用其端面参数按本表计算。

表 14-1-9　　最少齿数 z_{min} 及最小变位系数 x_{min}

α	20°	20°	14.5°	15°	25°
h_a^*	1	0.8	1	1	1
z_{min}	17	14	32	30	12
x_{min}	$\dfrac{17-z}{17}$	$\dfrac{14-z}{17.5}$	$\dfrac{32-z}{32}$	$\dfrac{30-z}{30}$	$\dfrac{12-z}{12}$

表 14-1-10　　加工标准外齿直齿轮不根切的最少齿数

z_0	12 ~ 16	17 ~ 22	24 ~ 30	31 ~ 38	40 ~ 60	68 ~ 100
h^*_{a0}	1.3	1.3	1.3	1.25	1.25	1.25
z'_{min}	16	17	18	18	19	20

注：本表中数值是按 $\alpha = 20°$，刀具变位系数 $x_0 = 0$ 时算出的，若 $x_0 > 0$，z'_{min} 将略小于表中数值，若 $x_0 < 0$，z'_{min} 将略大于表中值。

表 14-1-11　　不产生顶切的最多齿数

z_0	10	11	12	13	14	15	16	17
z_{max}	5	7	11	16	26	45	101	∞

3.5　外啮合齿轮变位系数的选择

3.5.1　变位系数的选择方法

表 14-1-12

齿轮种类	变位的目的	应用条件	选择变位系数的原则	选择变位系数的方法
直齿轮	避免根切	用于齿数少的齿轮	对不允许削弱齿根强度的齿轮，不能产生根切；对允许削弱齿根强度的齿轮，可以产生少量根切	按选择外啮合齿轮变位系数的限制条件表 14-1-8 中的公式或表 14-1-9和表 14-1-10 进行校验 对可以产生少量根切的齿轮，用下式校验 $x_{min} = \frac{14 - z}{17}$
	提高接触强度	多用于软齿面（≤350HB）的齿轮	应适当选择较大的总变位系数 x_Σ，以增大啮合角，加大齿面当量曲率半径，减小齿面接触应力 还可以通过变位，使节点位于双齿对啮合区，以降低节点处的单齿载荷。这种方法对精度为7级以上的重载齿轮尤为适宜	可以根据使用条件按图 14-1-11 选择变位系数
	提高弯曲强度	多用于硬齿面（>350HB）齿轮	应尽量减小齿形系数和齿根应力集中，并尽量使两齿轮的弯曲强度趋于均衡	可以根据使用条件按图 14-1-11 选择变位系数
	提高抗胶合能力	多用于高速、重载齿轮	应选择较大的总变位系数 x_Σ，以减小齿面接触应力，并应使两齿根的最大滑动率相等	可以根据使用条件按图 14-1-11 选择变位系数
	提高耐磨损性能	多用于低速、重载、软齿面齿轮或开式齿轮		
	配凑中心距	中心距给定时	按给定中心距计算总变位系数 x_Σ，然后进行分配	一般情况可按图 14-1-11 分配总变位系数 x_Σ
斜齿轮	斜齿轮的变位系数基本上可以参照直齿轮的选择原则和方法，但使用图表时要用当量齿数 $z_v = z/\cos^3\beta$ 代替 z，所求出的是法向变位系数 x_n。对角变位的斜齿轮传动，当总变位系数增加时，虽然可以增加齿面的当量曲率半径和齿根圆齿厚，但其接触线长度将缩短，故对承载能力的提高没有显著的效果，一般不推荐 $x_{n\Sigma} > 0.4$ 的变位			

3.5.2　选择变位系数的线图

图 14-1-11 是由哈尔滨工业大学提出的变位系数选择线图，本线图用于小齿轮齿数 $z_1 \geqslant 12$。其右侧部分线图的

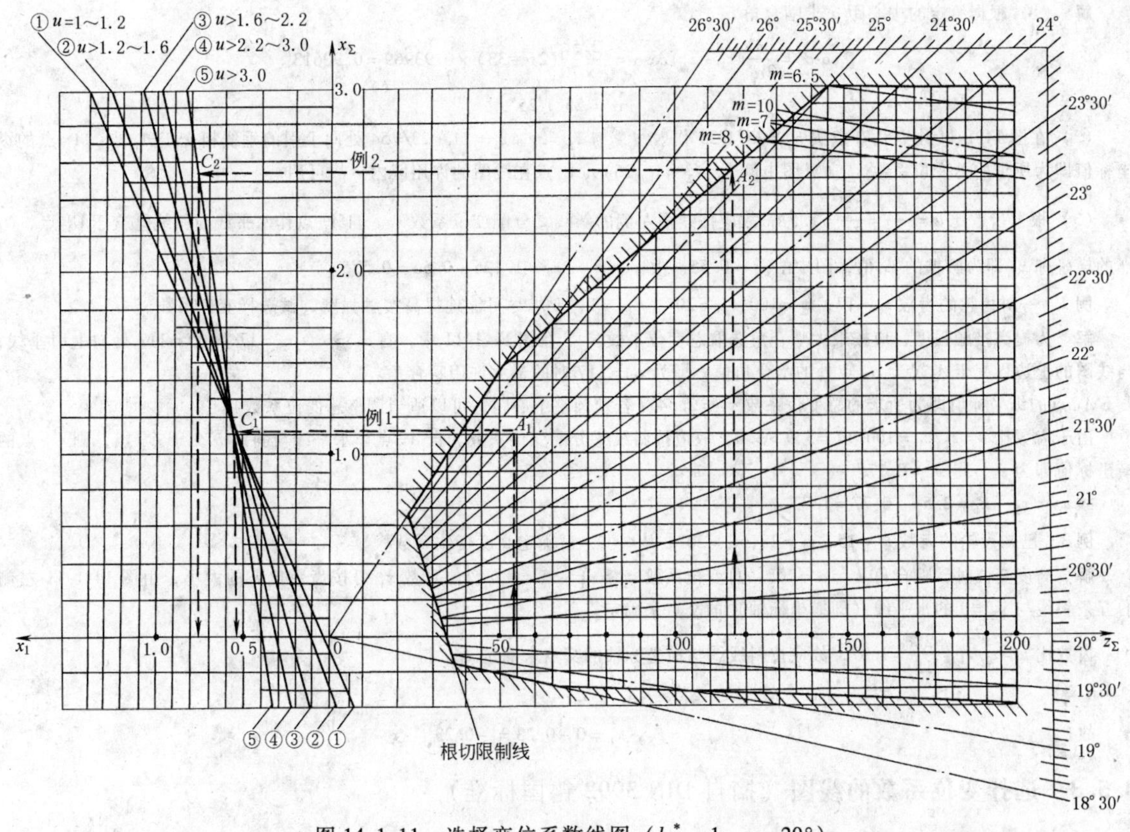

图 14-1-11　选择变位系数线图（$h_a^*=1$，$\alpha=20°$）

横坐标表示一对啮合齿轮的齿数和 z_Σ，纵坐标表示总变位系数 x_Σ，图中阴影线以内为许用区，许用区内各射线为同一啮合角（如 19°，20°，…，24°，25°等）时总变位系数 x_Σ 与齿数和 z_Σ 的函数关系。应用时，可根据所设计的一对齿轮的齿数和 z_Σ 的大小及其他具体要求，在该线图的许用区内选择总变位系数 x_Σ。对于同一 z_Σ，当所选的 x_Σ 越大（即啮合角 α'越大）时，其传动的重合度 ε 就越小（即越接近于 $\varepsilon=1.2$）。

在确定总变位系数 x_Σ 之后，再按照该线图左侧的五条斜线分配变位系数 x_1 和 x_2。该部分线图的纵坐标仍表示总变位系数 x_Σ，而其横坐标则表示小齿轮 z_1 的变位系数 x_1（从坐标原点 0 向左 x_1 为正值，反之 x_1 为负值）。根据 x_Σ 及齿数比 $u=(z_2/z_1)$，即可确定 x_1，从而得 $x_2=x_\Sigma-x_1$。

按此线图选取并分配变位系数，可以保证：

1）齿轮加工时不根切（在根切限制线上选取 x_Σ，也能保证齿廓工作段不根切）；

2）齿顶厚 $s_a>0.4m$（个别情况下 $s_a<0.4m$ 但大于 $0.25m$）；

3）重合度 $\varepsilon\geqslant1.2$（在线图上方边界线上选取 x_Σ，也只有少数情况 $\varepsilon=1.1\sim1.2$）；

4）齿轮啮合不干涉；

5）两齿轮最大滑动率接近或相等（$\eta_1\approx\eta_2$）；

6）在模数限制线（图中 $m=6.5$，$m=7$，…，$m=10$ 等线）下方选取变位系数时，用标准滚刀加工该模数的齿轮不会产生不完全切削现象。该模数限制线是按齿轮刀具“机标（草案）”规定的滚刀长度计算的，若使用旧厂标的滚刀时，可按下式核算滚刀螺纹部分长度 l 是否够用。

$$l\geqslant d_a\sin(\alpha_a-\alpha)+\frac{1}{2}\pi m$$

式中　d_a——被加工齿轮的齿顶圆直径；

α_a——被加工齿轮的齿顶压力角；

α——被加工齿轮的分度圆压力角。

例 1　已知某机床变速箱中的一对齿轮，$z_1=21$，$z_2=33$，$m=2.5\text{mm}$，$\alpha=20°$，$h_a^*=1$，中心距 $a'=70\text{mm}$，试确定变

位系数。

解 （1）根据给定的中心距 a'求啮合角 α'

$$\cos\alpha' = \frac{m}{2\alpha'}(z_1+z_2)\cos\alpha = \frac{2.5}{2\times70}(21+33)\times0.93969 = 0.90613$$

∴ $$\alpha' = 25°1'25''$$

（2）在图 14-1-11 中，由 0 点按 $\alpha' = 25°1'25''$作射线，与 $z_\Sigma = z_1 + z_2 = 21 + 23 = 54$ 处向上引的垂线相交于 A_1 点，A_1 点的纵坐标值即为所求的总变位系数 x_Σ（见图中例 1，$x_\Sigma = 1.125$），A_1 点在线图的许用区内，故可用。

（3）根据齿数比 $u = \frac{z_2}{z_1} = \frac{33}{21} = 1.57$，故应按线图左侧的斜线②分配变位系数 x_1。自 A_1 点作水平线与斜线②交于 C_1 点，C_1 点的横坐标 x_1 即为所求的 x_1 值，图中的 $x_1 = 0.55$。故 $x_2 = x_\Sigma - x_1 = 1.125 - 0.55 = 0.575$。

例 2 一对齿轮的齿数 $z_1 = 17$，$z_2 = 100$，$\alpha = 20°$，$h_a^* = 1$，要求尽可能地提高接触强度，试选择变位系数。

解 为提高接触强度，应按最大啮合角选取总变位系数 x_Σ。在图 14-1-11 中，自 $z_\Sigma = z_1 + z_2 = 17 + 100 = 117$ 处向上引垂线，与线图的上边界交于 A_2 点，A_2 点处的啮合角值，即为 $z_\Sigma = 117$ 时的最大许用啮合角。

A_2 点的纵坐标值即为所求的总变位系数 $x_\Sigma = 2.54$（若须圆整中心距，可以适当调整总变位系数）。

由于齿数比 $u = z_2/z_1 = 100/17 = 5.9 > 3.0$，故应按斜线⑤分配变位系数。自 A_2 点作水平线与斜线⑤交于 C_2 点，则 C_2 点的横坐标值即为 x_1，得 $x_1 = 0.77$。

故 $x_2 = x_\Sigma - x_1 = 2.54 - 0.77 = 1.77$。

例 3 已知齿轮的齿数 $z_1 = 15$，$z_2 = 28$，$\alpha = 20°$，$h_a^* = 1$，试确定高度变位系数。

解 高度变位时，啮合角 $\alpha' = \alpha = 20°$，总变位系数 $x_\Sigma = x_1 + x_2 = 0$，变位系数 x_1 可按齿数比 u 的大小，由图 14-1-11 左侧的五条斜线与 $x_\Sigma = 0$ 的水平线（即横坐标轴）的交点来确定。

齿数比 $u = z_2/z_1 = \frac{28}{15} = 1.87$，故应按斜线③与横坐标轴的交点来确定 x_1，得

$$x_1 = 0.23$$

故 $$x_2 = x_\Sigma - x_1 = 0 - 0.23 = -0.23$$

3.5.3 选择变位系数的线图（摘自 DIN 3992 德国标准）

利用图 14-1-12 可以按对承载能力和传动平稳性的不同要求选取变位系数。图 14-1-12 适用于 $z > 10$ 的外啮合齿轮。当所选的变位系数落在 b 图或 c 图的阴影区内时，要校验过渡曲线干涉；除此之外，干涉条件已满足，不需要验算。b 图中的 $L1 \sim L17$ 线和 c 图中的 $S1 \sim S13$ 线是按两齿轮的齿根强度相等、主动轮齿顶的滑动速度稍大于从动轮齿顶的滑动速度、滑动率不太大的条件，综合考虑做出的。

图 14-1-12 的使用方法如下。

1）按照变位的目的，根据齿数和（$z_1 + z_2$），在 a 图中选出适宜的总变位系数 x_Σ。

2）利用 b 图（减速齿轮）或 c 图（增速齿轮）分配 x_Σ；按$\frac{z_1+z_2}{2}$（可直接由 a 图垂直引下）和$\frac{x_\Sigma}{2}$决定坐标点；过该点引与它相邻的 L 线或 S 线相应的射线；过 z_1 和 z_2 做垂线，与所引射线交点的纵坐标即为 x_1 和 x_2。

3）当大齿轮的齿数 $z_2 > 150$ 时，可按 $z_2 = 150$ 查线图。

4）斜齿轮按 $z_v = z/\cos^3\beta$ 查线图，求出的是 x_n。

例 1 已知齿轮减速装置，$z_1 = 32$、$z_2 = 64$、$m = 3$，该装置传递动力较小，要求运转平稳，求其变位系数。

由图 a，按运转平稳的要求，选用重合度较大的 $P2$，按 $z_1 + z_2 = 96$，得出 $x_\Sigma = -0.20$（图中 A 点）。按表 14-1-13 算得 $a = 143.39$mm，若把中心距圆整为 $a = 143.5$mm，则按表 14-1-13 可算得 $x_\Sigma = -0.164$。由 A 点向下引垂线，在图 b 上找出$\frac{x_\Sigma}{2} = -0.082$的点 B。过 B 点引与 $L9$ 和 $L10$ 相应的射线，由 $z_1 = 32$，得出 $x_1 = 0.06$，则 $x_2 = x_\Sigma - x_1 = -0.224$。由图 14-1-13 查出$\varepsilon_\alpha = 1.79$，可以满足要求。

例 2 已知增速齿轮装置，$z_1 = 14$、$z_2 = 37$、$m_n = 5$、$\beta = 12°$，要求小齿轮不产生根切，且具有良好的综合性能，求其变位系数。

由表 14-1-13 算出 $z_{v1} = 15$、$z_{v2} = 39.5$。因为要求综合性能比较好，因此选用图 a 中的 $P4$，按 $z_{v1} + z_{v2} = 54.5$，求出 $x_{n\Sigma} = 0.3$（图中 D 点）。按表 14-1-13 算得 $a = 131.79$mm，若把中心距圆整为 $a = 132$mm，则按表 14-1-13 可算得 $x_{n\Sigma} = 0.345$。过 D 点向下引垂线，在图 c 中找出$\frac{x_{n\Sigma}}{2} = 0.173$ 的点 E。过 E 点引与 $S6$、$S7$ 相应的射线，由 $z_{v2} = 39.5$ 得出 $x_{n2} = 0.19$，则 $x_{n1} = x_{n\Sigma} - x_{n2} = 0.155$。因为由 z_{v1} 和 x_{n1} 确定的点落在不根切线的右侧，所以不产生根切，可以满足要求。

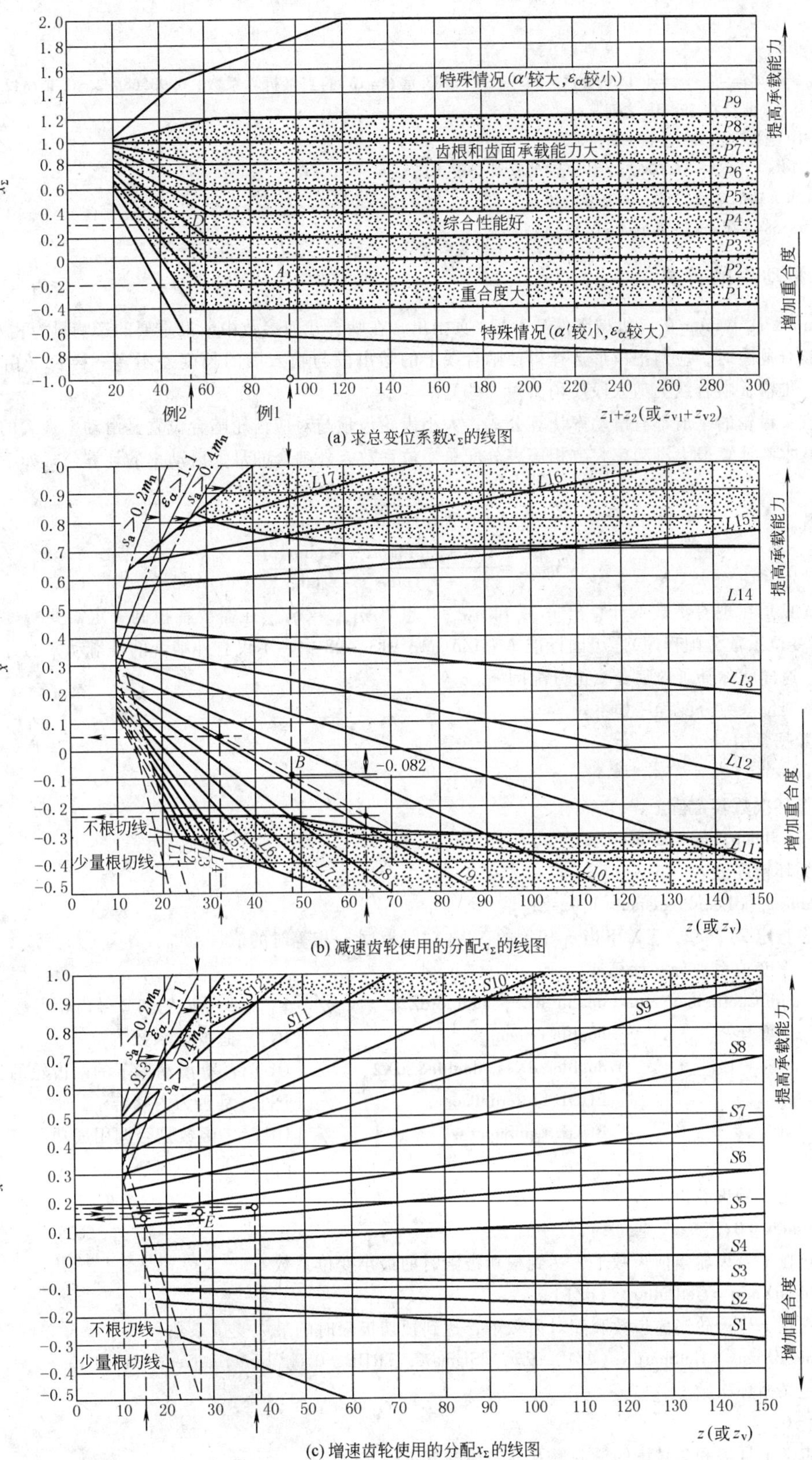

图 14-1-12　选择变位系数的线图

例 3 （本例题取自 DIN 3992—1964 例 2）$m_n=4.5$、$z_1=14$、$z_2=33$、$a_w=134.5$、$\beta=18°$。按照已知中心距求总变位得 0.935684。

求解步骤：

① 用 $(z_1+z_2)/2=47 \rightarrow z_v=1.1483\times47=53.97$，1.1483 是 $\beta=18°$的当量折算系数；0.935684/2 = 0.467842，在增速图中取点，设此点为 B，此点在 $S9$-$S10$ 之间。

② $S9$ 和 $S10$ 延长交点 C。连接 CB 并延长。

③ 在 $z_{v1}=14\times1.1483=16.0762$ 处作 z_v 轴的垂线交于 A 点。

④ 由 A 点作 Y 轴的垂线，得 $x_1=0.397\approx0.4$

⑤ $x_2=0.935684-0.4=0.535684\approx0.5357$

3.5.4　等滑动率的计算

G. Nimann & H. Winter 在《机械零件》2-134 页指出，在啮合几何参数中，最重要的影响量为相对滑动速度。因此，在有胶合危险时，应当把齿形选择得使啮合线上的啮出段与啮入段的长度差不多一样长（由于有不利的啮入冲击——推滑，啮合线上啮入段要稍微短一些）。

大部分有关齿轮的手册都有滑动率计算公式，大小齿轮齿顶与对应齿轮啮合位置是滑动率最大的地方，对于高速传动，基本都计算最大滑动率大致相等去分配总变位系数。外啮合的最大滑动率的计算公式如下：

$$\eta_{1\max}=\frac{(z_1+z_2)(\tan\alpha_{at2}-\tan\alpha_{wt})}{(z_1+z_2)\tan\alpha_{wt}-z_2\tan\alpha_{at2}}$$

$$\eta_{2\max}=\frac{(z_1+z_2)(\tan\alpha_{at1}-\tan\alpha_{wt})}{(z_1+z_2)\tan\alpha_{wt}-z_1\tan\alpha_{at1}}$$

这组公式只是在现有参数下计算出 $\eta_{1\max}$ 和 $\eta_{2\max}$，想要 $\eta_{1\max}\approx\eta_{2\max}$ 还需要在控制一定需要精度下迭代运算（见等滑动率变位系数分配程序）。美国标准 ANSI/AGMA 913-A98 中，不仅有外啮合的等滑动率的计算，也有内啮合的计算，这样就弥补了内啮合变位分配问题。

等滑动率变位系数分配程序如下。

```
// 齿廓数据索引号
int g_ iIndex = 0;
// 迭代循环次数限定值
const int g_ iLoopTime = 1000;
// 迭代循环精度值
const double g_ dLoopPrecision = 1.0e-8;
// 计算在指定 Z1，Z2，∑X 下当 η 相等的 X1，X2，返回 η 相等时的值
// 等滑动率变位系数分配计算
double GetShiftCoefficientYelta (double dZ1, double dZ2,           // [IN]  1 号齿轮和 2 号齿轮齿数
                                 double dSigmaX,                   // [IN]  总变位系数
                                 double&dX1, double& dX2,          // [OUT] 等滑动率下的两齿轮的变位系数
                                 BOOL bInternalGear,               // [IN]  是否为内啮合
                                 BOOL * pbSuccess)                 // [OUT] 函数是否调用成功
{
    // 使用 1 号齿轮齿廓数据
    g_ iIndex = 0;
    // 求在 1 号齿轮当前齿数下，达到根切极限时的最小变位系数
    double dXmin = GetCutterX (dZ1);
    // 求在 1 号齿轮当前齿数和配对齿数下，达到顶切极限时的最大变位系数
    double dXmax = GetSharpX (dZ1, dZ2, dSigmaX, TRUE, 0.0, bInternalGear, NULL);
    // 定义循环次数
    int i = 0;
    // 定义 1 号齿和 2 号齿的滑动率及其差值的变量
    double dYelta1, dYelta2, dDelta;
```

第 14 篇

```
// 以二分法给定 1 号齿轮的变位系数，求出两齿轮的滑动率，并以迭代方式求其滑动率差值在给定精
   度范围之内
// 此时获得的两齿轮的变位系数即是等滑动率下的变位系数分配
do
  {
    // 二分法给定 1 号齿轮变位系数
    dX1 = (dXmin + dXmax)/2.0;
    // 根据总变位求得 2 号齿轮变位系数
    dX2 = dSigmaX + (bInternalGear? dX1: -dX1);
    // 使用 1 号齿轮齿廓数据，计算 1 号齿轮滑动率
    g_ iIndex = 0;
    dYelta1 = GetYelta (TRUE, dZ1, dZ2, dX1, dX2, FALSE);
    // 使用 2 号齿轮齿廓数据，计算 2 号齿轮滑动率
    g_ iIndex = 1;
    dYelta2 = GetYelta (FALSE, dZ1, dZ2, dX1, dX2, FALSE);
    // 计算两滑动率的差值
    dDelta = dYelta2 - dYelta1;
    // 根据滑动率差值，确定下一次循环时，1 号齿轮变位系数取值范围
    if (dDelta > 0.0)
        dXmax = dX1;
    else
        dXmin = dX1;
    // 如果循环次数超出限制 (迭代不成功)，或者滑动率差值在给定精度范围之内 (迭代成功)，推出循环
  } while (i++ < g_ iLoopTime && fabs (dDelta) > g_ dLoopPrecision);
// 如果循环次数超出限制，则标记迭代不成功
if (pbSuccess! = NULL)
    *pbSuccess = (i < g_ iLoopTime);
// 返回迭代后的等滑动率
return dYelta1;
```

这里有几个重要代号，SAP-LPSTC-HPSTC-EAP

SAP---start of the active profile　齿廓啮合起始点

EAP---End of the active profile　齿廓啮合终止点

LPSTC (HPSTC) ---The lowest and highest point of single-tooth-pair contact

单对齿啮合的内 (外) 界点。

AGMA 913-A98 给出了内、外齿轮副等滑动的条件，下面是外啮合的计算 (参见图 14-1-13)。

$$\left(\frac{C_6}{C_1}-1\right)\left(\frac{C_6}{C_5}-1\right)=u^2$$

$$C_6=(r_{b1}+r_{b2})\tan\alpha_{wt}=a_w\sin\alpha_{wt}$$

$$C_1=C_6-\sqrt{r_{a2}^2-r_{b2}^2}$$

$$C_5=\sqrt{r_{a1}^2-r_{b1}^2}$$

$$C_2=C_5-p_{bt}$$

$$C_3=r_{b1}\tan\alpha_{wt}$$

$$C_4=C_1+p_{bt}$$

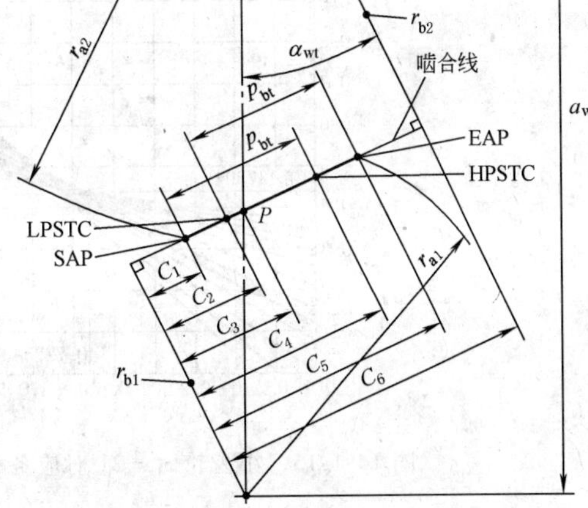

图 14-1-13　AGMA 913-A97 外齿轮副沿啮合线的几个特征点的距离

对 AGMA 913-A98 的算法与本手册增加的等滑动率方法，进行反复对比。结果两者在相同控制精度内是完全

第 14 篇

一样的（见图 14-1-16）。外啮合确认了就扩展到内啮合。这就补充了国内没有等滑动的内啮合计算方法。

下面就是内啮合的情况（见图 14-1-14）。

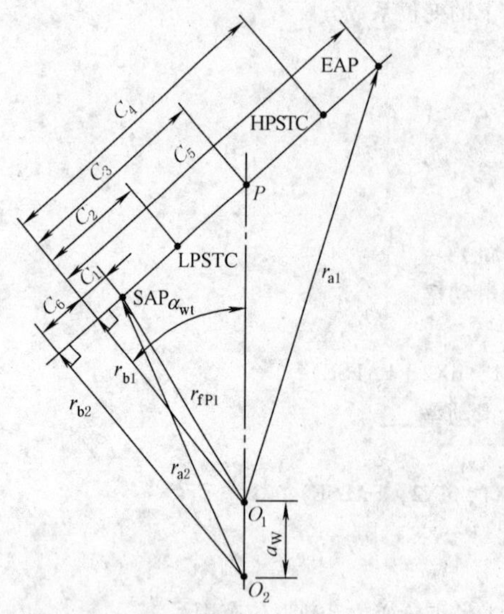

$$\left(\frac{C_6}{C_1}+1\right)\left(\frac{C_6}{C_5}+1\right)=u^2$$

$$C_6=(r_{b2}-r_{b1})\tan\alpha_{wt}=a_w\sin\alpha_{wt}$$

$$C_1=\sqrt{r_{a2}^2-r_{b2}^2}-C_6$$

$$C_5=\sqrt{r_{a1}^2-r_{b1}^2}$$

$$C_2=C_5-p_{bt}$$

$$C_3=r_{b1}\tan\alpha_{wt}$$

$$C_4=C_1+p_{bt}$$

图 14-1-14　AGMA 913-A97 内齿轮副沿啮合线的几个特征点间的距离

经过大量运算，作出图 14-1-15。

每一个 u（z_2/z_1），从总变位 -0.4 开始到总变位 3，每次按照 0.05 增量，计算出等滑动率的 x_1，用（$\sum x$，x_1）在图中描绘出一个点，每个 u 由 70 个点连接。连续作出全部规定的数值。

同图 14-1-11 左侧图形比较，图 14-1-15 考虑了如下情况。

1）同样的齿数比 u（z_2/z_1），对于不同的小齿数 z_1，左面曲线密集区位置（如图 14-1-15 中 $\sum x0.8 \sim \sum x1.0$ 之间）有很大变化。图 14-1-15 是按 $z_1=21$ 计算的。

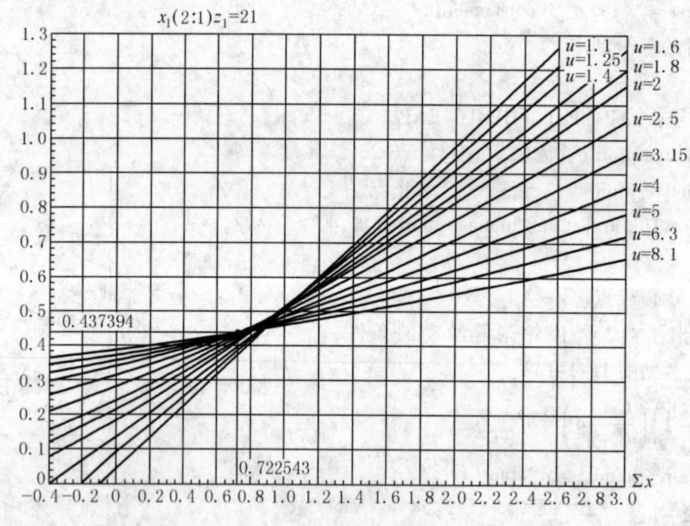

图 14-1-15　小齿轮 $z_1=21$ 对应各种齿数比等滑动率曲线，对于 $z\pm2$ 也适用

2）对于一级（多级也是单个的组合）的 u，规定如下：1.25、1.4、1.6、1.8、2.0、2.24、2.5、2.8、3.15、3.55、4.0、4.5、5.0、5.6、6.3、7.1。

计算过程可以采用全部 u，为了图形清晰有的 u 被忽略了。

按照这个比值，$u\geqslant3$，还有多个组别，图上的 $u=3.15$ 为界限的图形。

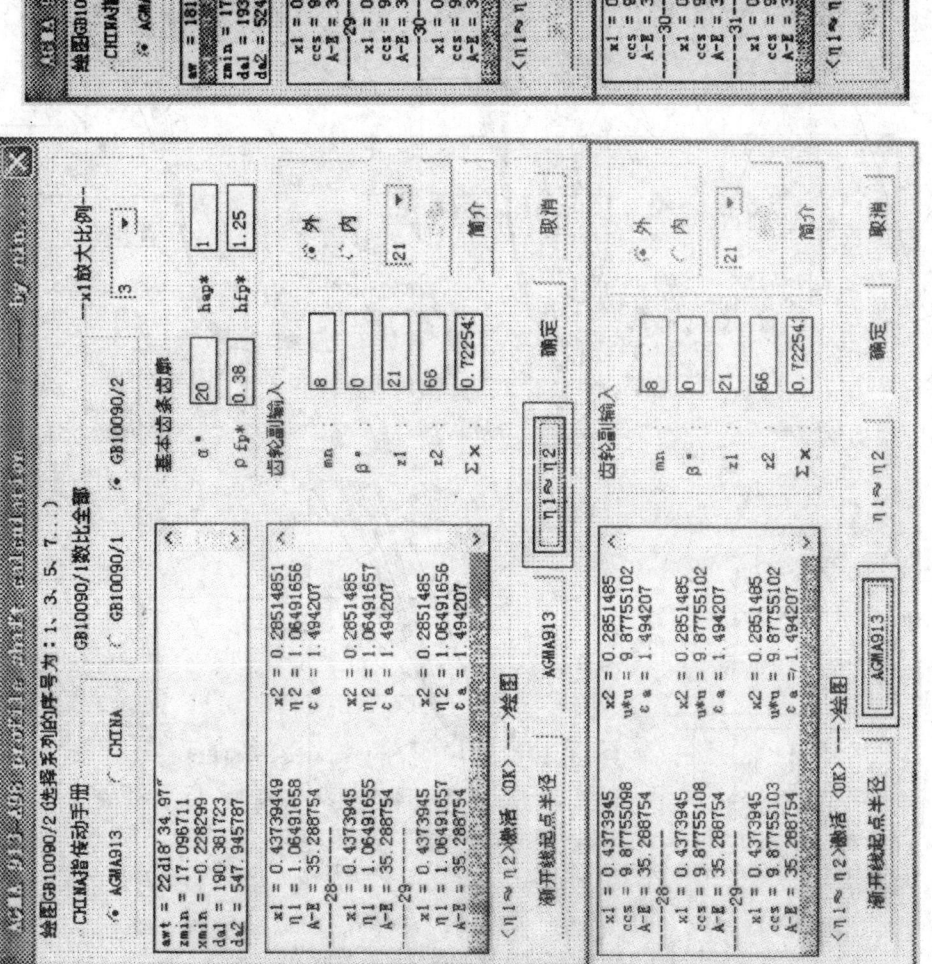

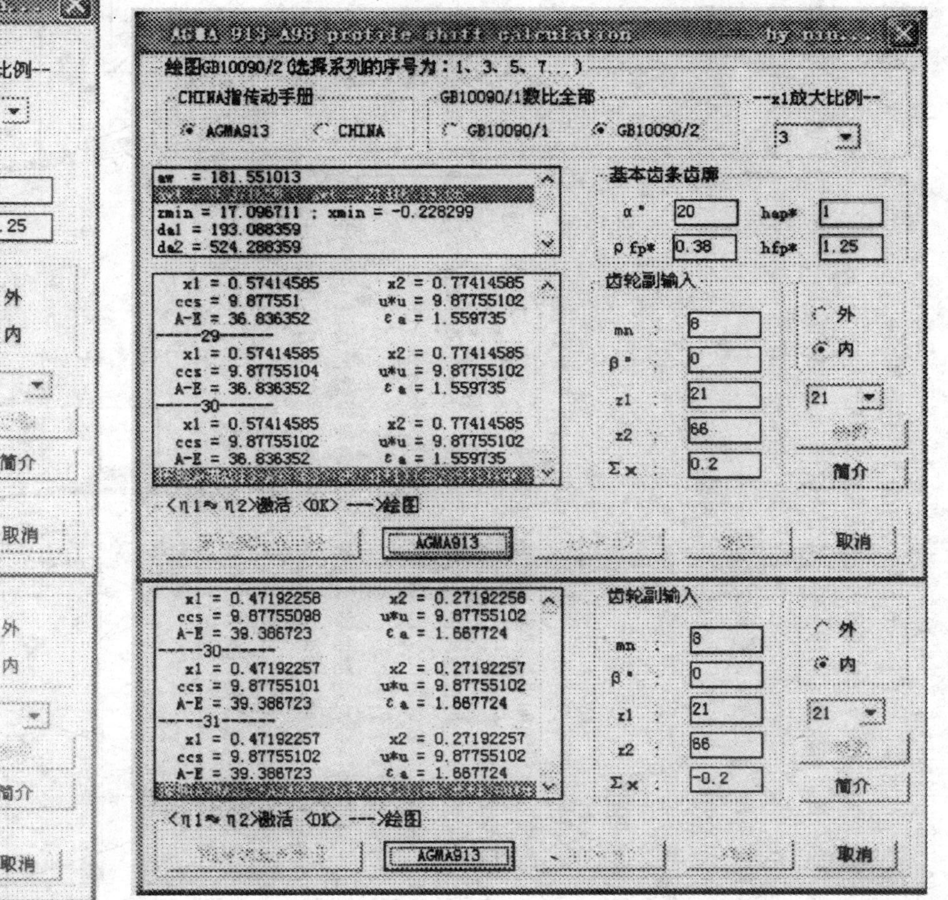

图 14-1-16　外啮合的等滑动率计算与 ANSI/AGMA 913-A98 的比较

图 14-1-17　ANSI/AGMA 913-A98 内啮合等滑动率的计算

3）x_1 的比例，适当增大比例，可以看得清楚一些。

即便是这样放大了的图形，对于 $\sum x=0.5\sim1$ 这个范围，还是很难获得准确的选择点，大多数情况又是这个范围（例如德国西马克就明文规定，这个范围就是他的设计规范）。

为了等滑动系数分配，可以按 $z_1=15\sim40$，每个齿绘制一张上述的图片，这样才是等滑动系数分配。每张按照间隔齿数 3，即 $z_1=15$、18、21、24、27、30、33、36、39、42 做成 10 张上述图形，基本上也可以得到近似的分配，就如同封闭图那样，不过这个数量很少。

美国 ANSI/AGMA 913-A98 将等滑动率计算和等闪温计算并列，说明两者对胶合计算还是有差别的。更详细的计算，请参阅有关标准。

3.5.5 齿根过渡曲线

对于展成加工的齿轮，过渡曲线是加工中自动形成的。由于塑料齿轮、粉末冶金齿轮应用的扩展，这类齿轮是由模具形成的，齿根过渡曲线如果处理得不好，会影响啮合性能。

（1）过渡曲线的类型

用齿条型刀具加工的时候，齿根过渡曲线，随变位系数、刀具齿顶圆弧的变化而变化。图 14-1-18 是在刀具齿顶圆弧固定时，不同变位系数的情况。图 14-1-18a 是齿条刀具参数。

刀具齿顶圆弧中心轨迹如下：

① 当 $x<(h_{fP}-\rho_{fP})$ 时，齿根过渡曲线是延伸渐开线的等距线，见图 14-1-18b、c；

② 当 $x=(h_{fP}-\rho_{fP})$ 时，齿根过渡曲线的曲率半径恰好等于齿条刀具齿顶圆弧半径，见图 14-1-18d；

③ 当 $x>(h_{fP}-\rho_{fP})$ 时，齿根过渡曲线是缩短渐开线的等距线，见图 14-1-18e。

将齿条刀具变成齿轮型刀具，延伸渐开线变成延伸外摆线。

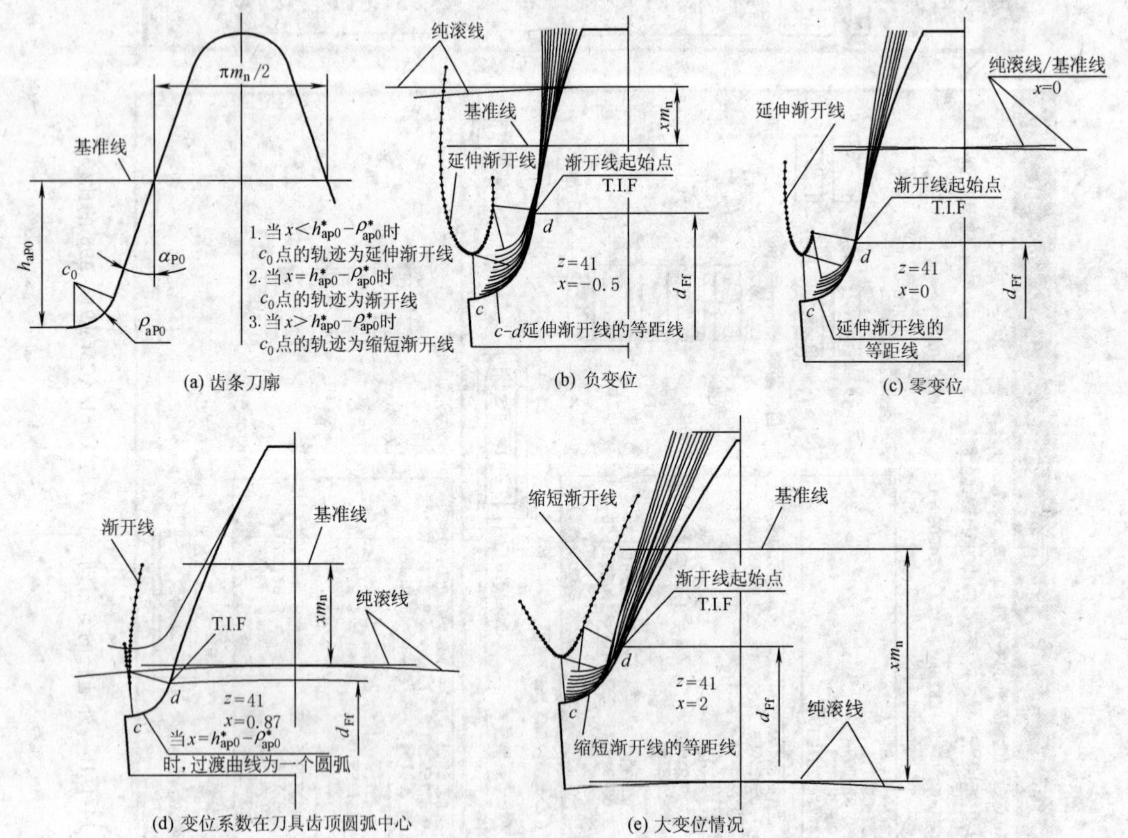

图 14-1-18 齿根过渡曲线与变位系数的关系

图 14-1-18d 的过渡曲线，在理论上是一个与刀具齿顶圆弧一样的圆弧，但是由于刀具是有限齿槽，不可能正好在那个位置有刀刃切削，可能由 1 ~2 个刀刃切出来。

（2）过渡曲线与啮合干涉

在 AGMA 相关标准和 DIN 3960 标准中，都十分注意一对齿轮啮合状况的图形。在 ISO 1328-1：1995 和我国 GB/T 10095. 1—2008 和 GB/Z 18620—2008 中，也引入了这方面的概念。图 14-1-19 中 A-B-C-D-E 的符号已经规范，T_1、T_2 分别表示啮合线与小齿轮和大齿轮的基圆的切点，DIN 3960—1987 又增加了 F_1 和 F_2 两个点，表示小齿轮与大齿轮渐开线的起点，这个起始点直径在 DIN 3960—1987 中用 d_{Ff} 表示（与基本齿条齿廓中的 h_{FfP} 符号的表示有关）。在一些国外图纸中，用"T. I. F"表示这个点。

F_1、F_2 点的位置与加工刀具有关，用滚刀、插齿刀最后加工为成品与磨齿是有差异的。对齿轮 1，进啮点 A 是磨齿时的最大极限直径位置。对于没有根切的齿轮，用各点在啮合线上的位置表示，可以清楚看出啮合关系。

在 DIN 标准中，重视各点的直径大小；在 AGMA 中，重视 T_1 点到各点的距离和各点的"滚动角"。按照 AGMA 2101-C95 的定义，滚动角（Roll Angles）就是该点到切点 T_1 的距离（C_i）与基圆半径（R_b）的关系：$\varepsilon_i = C_i/R_{b1}$。

将图 14-1-19 转化到真实齿轮的啮合关系得图 14-1-20，图中将 $d_{Fa1(2)}$ 与 $d_{Na1(2)}$ 都按 $d_{a1(2)}$ 处理。图中给出了原始参数，齿轮相关参数用对应公式算出。着重分析啮合线上各点，国际上已经通用了的 T_1-F_1-A-B-C-D-E-F_2。在 GB/T 10095. 1 中，将 AF_2 定义为"可用长度"，AE 定义为"有效长度"，这些参数在齿轮精度和齿轮修形都是不可少的。

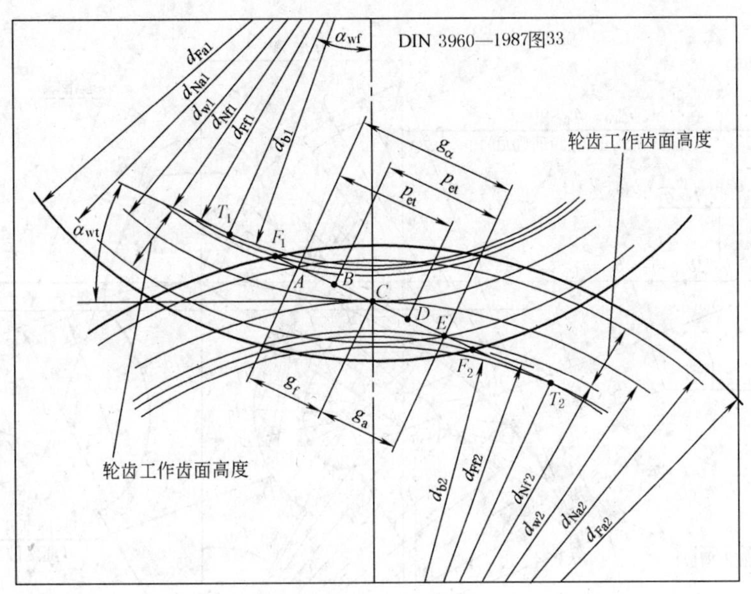

图 14-1-19　齿轮的啮合线

$T_{1(2)}$——小（大）齿轮基圆与啮合线的切点，对应 $d_{b1(2)}$；

$F_{1(2)}$——小（大）齿轮渐开线起始点与啮合线的交点，对应 $d_{Ff1(2)}$；

A——进啮点，大齿轮有效齿顶圆 d_{Na2} 与啮合线的切点，对应小齿 d_{Nf1}；

E——出啮点，小齿轮有效齿顶圆 d_{Na1} 与啮合线的切点，对应小齿 d_{Nf2}；

AE——啮合线长度，符号 g_a。$\varepsilon_\alpha = g_a/p_{bt}$；

$AD = BE = p_{et} = p_{bt}$［DIN 3960—1987（3. 4. 12）］；

AC——进啮点到节点的长度；CE——节点到出啮点的长度；

$d_{Fa1(2)}$——小（大）齿轮与啮合线上的点 $F_{2(1)}$ 的直径

第14篇

(3) 齿条刀具齿根过渡曲线的图解与计算

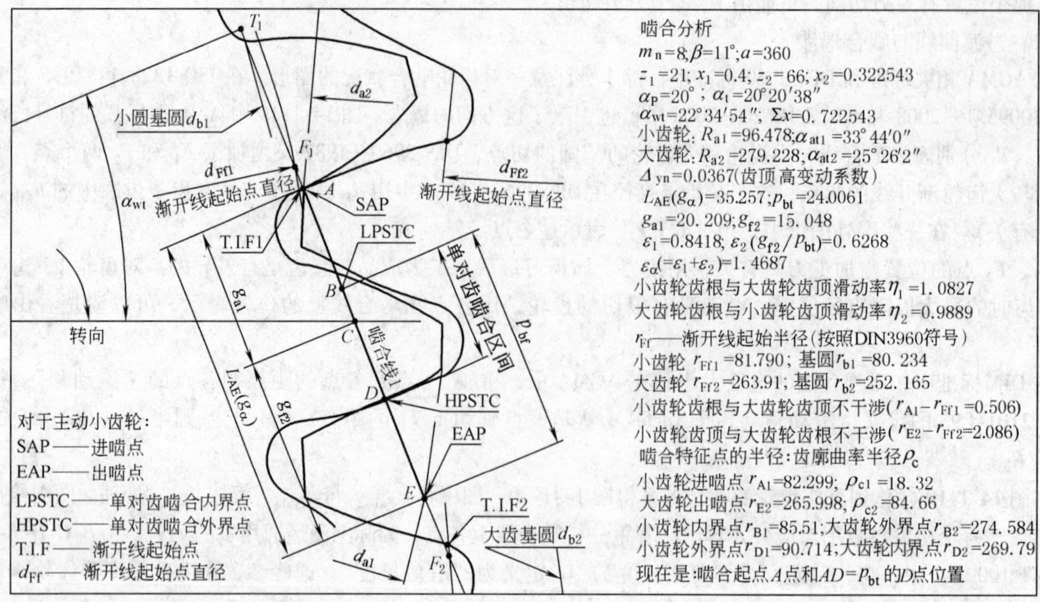

图 14-1-20 齿轮啮合干涉(啮入点,$d_{Ff1}<d_{A1}$;啮出点,$d_{Ff2}<d_{E2}$)

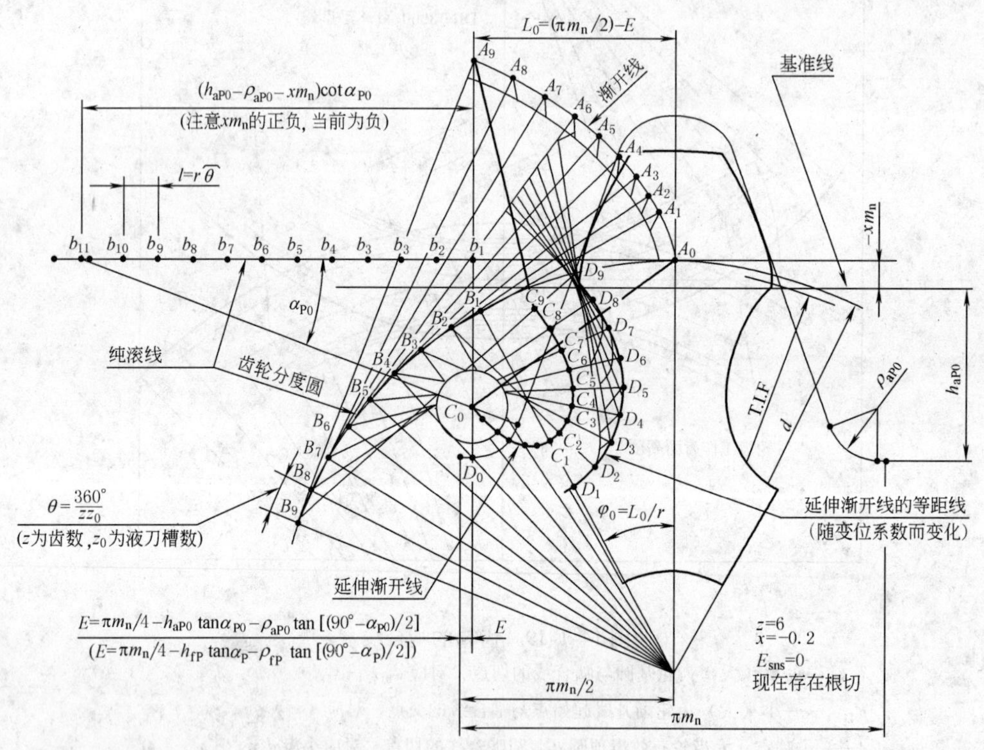

图 14-1-21 齿轮齿根过渡曲线计算图解

图 14-1-21 的解释如下。

1) $D_1 \sim D_n$ 是齿根过渡曲线,它是 $C_1 \sim C_n$ 的等距线;

2) $B_1 \sim B_n$ 与 $b_1 \sim b_n$ 是对应的纯滚关系,即 B_1B_2 的弧长等于 b_1b_2 直线长度;

3) A_0C_0 是刀槽纯滚点到滚刀齿顶圆弧中心的距离,这个距离随变位系数而改变,但是对确定了 x 后,这个数值就是确定的了；

4）$A_1C_1=A_2C_2=A_3C_3=\cdots=A_0C_0$，这个可以视作是刚体连接；

5）$B_1C_1\to D_1$、$B_2C_2\to D_2$、$B_3C_3\to D_3$、…、$B_nC_n\to D_n$，这个是图解法的核心，就是啮合基本定理，即共轭齿廓接触点的法线应当通过啮合节点；

6）以展开角 ϕ 作自变量，按照纯滚动关系，很容易求得上述各点。

上面过程看起来很复杂，掌握了要领用程序实现起来是很容易的。

（4）对于塑料模具齿根圆弧替代注意事项

齿轮齿根圆角对于齿廓系数 Y_F（Y_{Fa}）、齿廓修正系数 Y_S（Y_{Sa}）有重要影响，对于传动载荷的传动中，在允许条件下，尽量将刀具齿顶圆弧做大。塑料齿轮也逐渐从运动传递到传递载荷发展，加大齿轮齿根圆角还便于注塑过程液体的流畅，有利于成型。

好多齿数少的齿轮，流行的处理方法是从渐开线基圆生成点作向心线，如图 14-1-22 所示，配对齿轮与替代直线产生了干涉。产生这种情况后，噪声增大。好多靠适当加大少量中心距，从设计角度是不合适的。

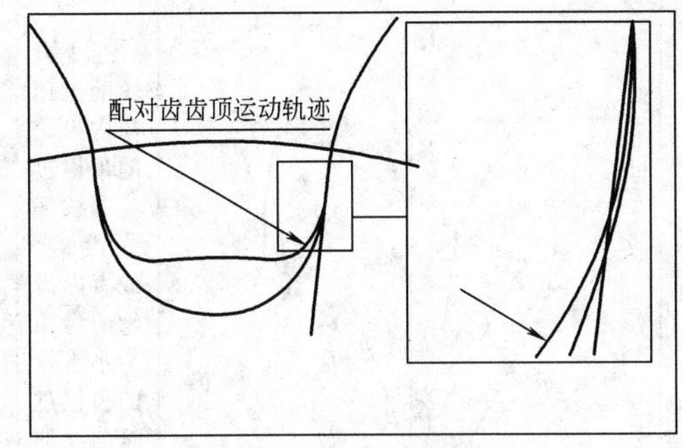

图 14-1-22　齿根过渡曲线用直线、圆弧替代的干涉问题

3.6　内啮合齿轮的干涉

表 14-1-13　　内啮合齿轮的干涉现象和防止干涉的条件

名称	简　图	定　义	不产生干涉的条件	防止干涉的措施	说　明
渐开线干涉		当实际啮合线的端点 B_2 落在理论啮合线的极限点 N_1 的左侧时，便发生渐开线干涉	$\dfrac{z_{02}}{z_2}\geqslant 1-\dfrac{\tan\alpha_{a2}}{\tan\alpha'_{02}}$ 对标准齿轮（$x_1=x_2=0$） $z_2\geqslant\dfrac{z_1^2\sin^2\alpha-4(h_{a2}/m)^2}{2z_1\sin^2\alpha-4(h_{a2}/m)}$	1. 加大齿廓角 2. 加大内齿轮和小齿轮的变位系数	用插齿刀加工内齿轮时，在这种干涉下，内齿轮产生范成顶切。不产生顶切的插齿刀最少齿数见表 14-1-14、表 14-1-15 和表 14-1-16
齿廓重叠干涉		结束啮合的小齿轮的齿顶在退出内齿轮齿槽时，与内齿轮齿顶发生的重叠干涉称为齿廓重叠干涉	$z_1(\text{inv}\alpha_{a1}+\delta_1)-z_2(\text{inv}\alpha_{a2}+\delta_2)+(z_2-z_1)\text{inv}\alpha'\geqslant 0$ 式中 $\delta_1=\arccos\dfrac{r_{a2}^2-r_{a1}^2-a'^2}{2r_{a1}a'}$ $\delta_2=\arccos\dfrac{a'^2+r_{a2}^2-r_{a1}^2}{2r_{a2}a'}$	1. 增大齿廓角 2. 减小齿顶高 3. 加大内齿轮和小齿轮的齿数差 4. 加大内齿轮的变位系数（增大小齿轮的变位系数时，容易引起干涉）	用插齿刀加工内齿轮时，在这种干涉下，内齿轮的齿顶渐开线部分将遭到顶切，不产生重叠干涉时的（z_2-z_1）min 值见表 14-1-18 α_{a1}、α_{a2}——齿轮 1、2 的齿顶压力角 α'——啮合角

续表

名称	简图	定义	不产生干涉的条件	防止干涉的措施	说明
过渡曲线干涉	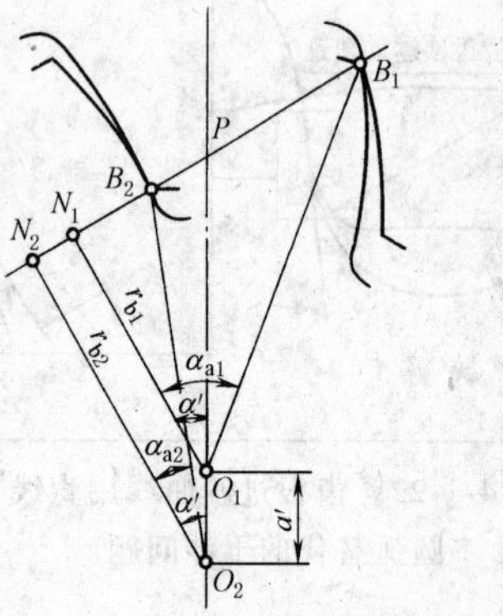	当小齿轮的齿顶与内齿轮的齿根过渡曲线部分接触，或者内齿轮的齿顶与小齿轮的齿根过渡曲线部分接触时，便引起过渡曲线干涉	1. 不产生内齿轮齿根过渡曲线干涉的条件： $(z_2-z_1)\tan\alpha'+z_1\tan\alpha_{a1}$ $\leqslant(z_2-z_{02})\tan\alpha'_{02}+z_{02}\tan\alpha_{a02}$ 2. 不产生小齿轮齿根过渡曲线干涉的条件： 小齿轮用齿条型刀具加工时 $z_2\tan\alpha_{a2}-(z_2-z_1)\tan\alpha'$ $\geqslant z_1\tan\alpha-\dfrac{4(h_a^*-x_1)}{\sin2\alpha}$ 小齿轮用插齿刀加工时 $z_2\tan\alpha_{a2}-(z_2-z_1)\tan\alpha'$ $\geqslant(z_1+z_{01})\tan\alpha'_{01}-z_{01}\tan\alpha_{a01}$	1. 增大内齿轮的变位系数 2. 减少齿顶高	小齿轮齿根过渡曲线干涉容易发生，尤其是标准、高变位及啮合角小的角变位齿轮。相反，内齿轮齿根过渡曲线干涉较不易发生，只有当 $z_1\gg z_0$、$x_1\gg x_0$ 时才会发生 z_{01}、z_{02}——加工齿轮1、齿轮2时，插齿刀齿数 α'_{01}、α'_{02}——加工齿轮1、齿轮2时的啮合角 α_{a01}、α_{a02}——加工齿轮1、齿轮2时的插齿刀的齿顶压力角
径向干涉	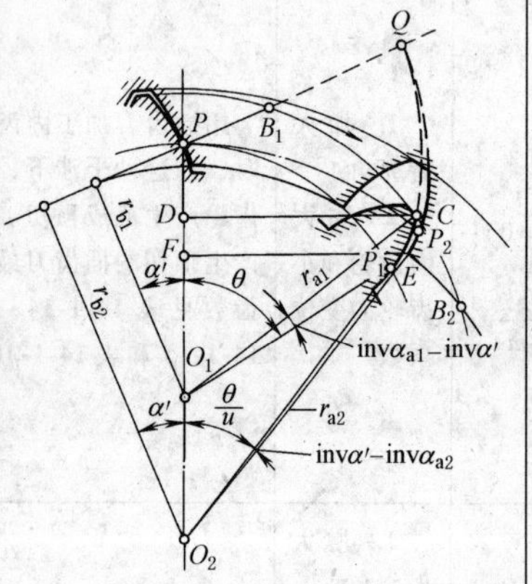	当把小齿轮从内齿轮的中心位置沿径向装入啮合位置时，若 $CD>EF$，则引起径向干涉	$\arcsin\sqrt{\dfrac{1-\left(\dfrac{\cos\alpha_{a1}}{\cos\alpha_{a2}}\right)^2}{1-\left(\dfrac{z_1}{z_2}\right)^2}}$ $+\mathrm{inv}\alpha_{a1}-\mathrm{inv}\alpha'--\dfrac{z_2}{z_1}$ $\left[\arcsin\sqrt{\dfrac{\left(\dfrac{\cos\alpha_{a2}}{\cos\alpha_{a1}}\right)^2-1}{\left(\dfrac{z_2}{z_1}\right)^2-1}}\right.$ $\left.+\mathrm{inv}\alpha_{a2}-\mathrm{inv}\alpha'\right]\geqslant0$ 对标准齿轮（$x_1=x_2=0$）可用以下近似式计算 $\begin{cases}z_2-z_1\geqslant\dfrac{2(h_{a1}+h_{a2})}{m\sin^2\delta}\\\dfrac{2\delta-\sin2\delta}{1-\cos2\delta}=\tan\alpha\end{cases}$	1. 增大齿廓角 2. 减小齿顶高 3. 加大内齿轮和小齿轮的齿数差 4. 加大内齿轮的变位系数（增大小齿轮的变位系数时，容易引起干涉）	1. 用插齿刀加工内齿轮时，在这种干涉下，内齿轮将产生径向进刀顶切 2. 满足径向干涉条件，自然满足齿廓重叠干涉条件 不产生径向干涉的内齿轮最少齿数见表14-1-17

表 14-1-14　加工标准内齿轮时，不产生展成顶切的插齿刀最少齿数 $z_{0\min}$

（$x_2=0$，$x_{02}=0$，$\alpha=20°$）

插齿刀最少齿数 $z_{0\min}$			29	28	27	26	25	24	23	22	21	20	19	18	17	16	15	14
齿顶高系数	$h_a^*=1$	内齿轮齿数 z_2	34	35	36	37	38、39	40、41	42~45	46~52	53~63	64~85	86~160	≥160				
	$h_a^*=0.8$							27	—	28	29	30、31	32~34	35~40	41~50	51~76	77~269	≥270

表 14-1-15　　加工内齿轮不产生展成顶切的插齿刀最少齿数 $z_{0\min}$

$(x_2 - x_{02} \geqslant 0,\ h_a^* = 0.8,\ \alpha = 20°)$

x_{02}	0								-0.105							
x_2	0	0.2	0.4	0.6	0.8	1.0	1.2	1.4	0	0.2	0.4	0.6	0.8	1.0	1.2	1.4
$z_{0\min}$	内齿轮齿数 z_2															
10					20~35	20~53	20~74	20~97					20~27	20~39	20~53	20~69
11				20~28	36~52	54~79	75~100	98~100				20、21	28~36	40~52	54~71	70~100
12				29~48	53~89	80~100						22~30	37~50	53~73	72~98	
13			20~27	49~100	90~100							31~44	51~75	74~100	99、100	
14			28~100								20~28	45~78	76~100			
15	≥77	≥39									29~94	79~100				
16	51~76	28~38								≥57	≥95					
17	41~50	24~27							≥67	29~56						
18	35~40	22、23							47~66	23~28						
19	32~34	21							39~46	21、22						
20	30、31								34~38							
21	29								31~33							
22	28								30							
23	—								29							
24	27								28							
25									27							
x_{02}	-0.263								-0.315							
x_2	0	0.2	0.4	0.6	0.8	1.0	1.2	1.4	0	0.2	0.4	0.6	0.8	1.0	1.2	1.4
$z_{0\min}$	内齿轮齿数 z_2															
10					20、21	20~30	20~39	20~49					20	20~28	20~36	20~46
11					22~27	31~37	40~48	50~60					21~25	29~34	37~44	47~56
12				20~22	28~34	38~47	49~61	61~77				20、21	26~31	35~42	45~55	57~69
13				23~28	35~43	48~60	62~78	78~98				22~26	32~39	43~53	56~69	70~86
14				29~37	44~57	61~79	79~100	99、100				27~33	40~50	54~68	70~88	87~100
15			20~26	38~52	58~79	80~100					20~23	34~44	51~66	69~90	89~100	
16			27~40	53~79	80~100						24~33	45~61	67~92	91~100		
17			41~77	80~100							34~51	62~95	93~100			
18			78~100								52~100	96~100				
19	≥94	≥22								≥23						
20	51~93								≥77	22						
21	39~50								46~76							
22	34~38								36~45							
23	31~33								32~35							
24	29、30								29~31							
25	28								28							

注：1. 此表是按内齿轮齿顶圆公式，$d_{a2} = m(z_2 - 2h_a^* + 2x_2)$ 作出的。

2. 当设计内齿轮齿顶圆直径应用 $d_{a2} = m(z_2 - 2h_a^* + 2x_2 - 2\Delta y)$ 计算时，内齿轮齿顶高比用注 1. 公式计算的高 Δym。即内齿轮的实际齿顶高系数应为 $(h_a^* + \Delta y)$，则查此表时所采用的齿顶高系数应等于或略大于内齿轮的实际齿顶高系数。例如：一内齿轮 $h_a^* = 0.8$，计算得 $\Delta y = 0.1316$，其实际齿顶高系数 $h_a^* + \Delta y = 0.9316$，则应按 $h_a^* = 1$ 查表 14-1-16 有关数值。

表 14-1-16　　加工内齿轮不产生展成顶切的插齿刀最少齿数 $z_{0\min}$

$(x_2 - x_{02} \geqslant 0,\ h_a^* = 1,\ \alpha = 20°)$

x_{02}	0								-0.105							
x_2	0	0.2	0.4	0.6	0.8	1.0	1.2	1.4	0	0.2	0.4	0.6	0.8	1.0	1.2	1.4
$z_{0\min}$	内齿轮齿数 z_2															
10						20~23	20~33	20~43						20	20~28	20~37
11						24~29	34~41	44~55						21~25	29~35	38~45
12					20~24	30~38	42~54	56~71					20、21	26~31	36~43	46~56
13					25~32	39~51	55~72	72~95					22~26	32~39	44~54	57~70
14				20	33~45	52~71	73~100	96~100					27~34	40~51	55~70	71~90
15				21~32	46~70	72~100						20~23	35~45	52~66	71~93	91~100
16				33~64	71~100							24~34	46~64	69~96	94~100	
17				65~100								35~54	65~100	97~100		
18		≥95	≥27									55~100				
19	≥86	53~94	22~26								≥23					

第 14 篇

续表

x_{02}	0								−0.105							
x_2	0	0.2	0.4	0.6	0.8	1.0	1.2	1.4	0	0.2	0.4	0.6	0.8	1.0	1.2	1.4
$z_{0\min}$	内齿轮齿数 z_2															
20	64~85	41~52								≥69	22					
21	53~63	35~40							≥79	44~68						
22	46~52	32~34							60~78	36~43						
23	42~45	30、31							50~59	32~35						
24	40、41	28、29							45~49	29~31						
25	38、39								41~44	28						
26	37								39、40							
27	36								37、38							
28	35								36							
29	34								35							
30									—							
31									34							

x_{02}	−0.263								−0.315							
x_2	0	0.2	0.4	0.6	0.8	1.0	1.2	1.4	0	0.2	0.4	0.6	0.8	1.0	1.2	1.4
$z_{0\min}$	内齿轮齿数 z_2															
10							20~24	20~30							20~23	20~29
11						20~22	25~29	31~37						20、21	24~27	30~35
12						23~26	30~34	38~44						22~25	28~33	36~41
13					20~22	27~31	35~41	45~53					20、21	26~30	34~39	42~49
14					23~27	32~38	42~50	54~64					22~25	31~36	40~46	50~58
15					28~33	39~47	51~62	65~78					26~31	37~43	47~56	59~70
16				20~25	34~41	48~58	63~77	79~97				20~23	32~38	44~52	57~69	71~86
17				26~32	42~52	59~75	78~98	98~100				24~29	39~47	53~65	70~86	87~100
18				33~43	53~70	76~100	99、100					30~38	48~60	66~84	87~100	
19				44~62	71~100							39~51	61~81	85~100		
20			22~38	63~100							20~30	52~74	82~100			
21			39~100								31~55	75~100				
22		≥89									56~100					
23	≥98	40~88								≥56						
24	65~97	32~39							≥87	34~55						
25	52~64	29~31							61~86	29~33						
26	45~51	28							49~60	28						
27	41~44								43~48							
28	39、40								40~42							
29	37、38								37~39							
30	36								36							
31	35								35							
32	34								34							

注：与表14-1-15同。

表14-1-17　新直齿插齿刀的基本参数和被加工内齿轮不产生径向切入顶切的最少齿数 $z_{2\min}$

插齿刀形式	插齿刀分度圆直径 d_0/mm	模数 m/mm	插齿刀齿数 z_0	插齿刀变位系数 x_0	插齿刀齿顶圆直径 d_{a0}/mm	插齿刀齿高系数 h_{a0}^*	x_2								
							0	0.2	0.4	0.6	0.8	1.0	1.2	1.5	2.0
							$z_{2\min}$								
盘形直齿插齿刀	76	1	76	0.630	79.76	1.25	115	107	101	96	91	87	84	81	79
	75	1.25	60	0.582	79.58		96	89	83	78	74	70	67	65	62
碗形直齿插齿刀	75	1.5	50	0.503	80.26		83	76	71	66	62	59	57	54	52
	75.25	1.75	43	0.464	81.24		74	68	62	58	54	51	49	47	45
	76	2	38	0.420	82.68		68	61	56	52	49	46	44	42	40
	76.5	2.25	34	0.261	83.30		59	54	49	45	43	40	39	37	36
	75	2.5	30	0.230	82.41		54	49	44	41	38	34	34	33	31
	77	2.75	28	0.224	85.37	1.3	52	47	42	39	36	34	33	31	30
	75	3	25	0.167	83.81		48	43	38	35	33	31	29	28	26
	78	3.25	24	0.149	87.42		46	41	37	34	31	29	28	27	25
	77	3.5	22	0.126	86.98		44	39	35	31	29	27	26	25	23

续表

插齿刀形式	插齿刀分度圆直径 d_0/mm	模数 m/mm	插齿刀齿数 z_0	插齿刀变位系数 x_0	插齿刀齿顶圆直径 d_{a0}/mm	插齿刀齿高系数 h^*_{a0}	x_2								
							0	0.2	0.4	0.6	0.8	1.0	1.2	1.5	2.0
							$z_{2\min}$								
盘形直齿插齿刀	75	3.75	20	0.105	85.55	1.3	41	36	32	29	27	25	24	22	21
	76	4	19	0.105	87.24		40	35	31	28	26	24	23	21	20
	76.5	4.25	18	0.107	88.46		39	34	30	27	25	23	22	20	19
	76.5	4.5	17	0.104	89.15		38	33	29	26	24	22	21	19	18
盘形直齿插齿刀 碗形直齿插齿刀	100	1	100	1.060	104.6	1.25	156	147	139	132	125	118	114	110	105
	100	1.25	80	0.842	105.22		126	118	111	105	99	94	91	87	83
	102	1.5	68	0.736	107.96		110	102	95	89	85	80	77	74	71
	101.5	1.75	58	0.661	108.19		96	89	83	77	73	69	66	63	61
	100	2	50	0.578	107.31		85	78	72	67	63	60	57	55	52
	101.25	2.25	45	0.528	109.29		78	71	66	61	57	54	52	49	47
	100	2.5	40	0.442	108.46		70	64	59	54	51	48	46	44	42
	99	2.75	36	0.401	108.36	1.3	65	58	53	49	47	44	42	40	38
	102	3	34	0.337	111.28		60	54	50	46	44	41	39	37	35
	100.75	3.25	31	0.275	110.99		56	50	46	42	40	37	36	34	33
	98	3.5	28	0.231	108.72		54	46	42	39	37	34	33	31	30
	101.25	3.75	27	0.180	112.34		49	44	40	37	35	33	31	30	28
	100	4	25	0.168	111.74		47	42	38	35	33	31	29	28	26
	99	4.5	22	0.105	111.65		42	38	34	31	29	27	26	24	23
盘形直齿插齿刀 碗形直齿插齿刀	100	5	20	0.105	114.05	1.3	40	36	32	29	27	25	24	22	21
	104.5	5.5	19	0.105	119.96		39	35	31	28	26	24	23	21	20
	102	6	17	0.105	118.86		37	33	29	26	24	22	21	20	18
	104	6.5	16	0.105	122.27		36	32	28	25	23	21	20	18	17
锥柄直齿插齿刀	25	1.25	20	0.106	28.39	1.25	40	35	32	29	26	25	24	22	21
	27	1.5	18	0.103	31.06		38	33	30	27	24	23	22	20	19
	26.25	1.75	15	0.104	30.99		35	30	26	23	21	20	19	17	16
	26	2	13	0.085	31.34		34	28	24	21	19	17	17	15	14
	27	2.25	12	0.083	33.0		32	27	23	20	18	16	16	14	13
	25	2.5	10	0.042	31.46		30	25	21	18	16	14	14	12	11
	27.5	2.75	10	0.037	34.58		30	25	21	18	16	14	14	12	11

注：表中数值是按新插齿刀和内齿轮齿顶圆直径 $d_{a2}=d_2-2m(h^*_a-x_2)$ 计算而得。若用旧插齿刀或内齿轮齿顶圆直径加大 $\Delta d_a=\frac{15.1}{z_2}m$ 时，表中数值是更安全的。

表 14-1-18　　不产生重叠干涉的条件

z_2	34～77	78～200	z_2	22～32	33～200
$(z_2-z_1)_{\min}$ 当 $d_{a2}=d_2-2m_n$ 时	9	8	$(z_2-z_1)_{\min}$ 当 $d_{a2}=d_2-2m_n+\frac{15.1m_n}{z_2}\cos^3\beta$ 时	7	8

3.7 内啮合齿轮变位系数的选择

内齿轮采用正变位（$x_2>0$）有利于避免渐开线干涉和径向干涉。采用正传动（$x_2-x_1>0$）有利于避免过渡曲线干涉、重叠干涉和提高齿面接触强度（由于内啮合是凸齿面和凹齿面的接触，齿面接触强度高，往往不需要再通过变位来提高接触强度），但重合度随之降低。

内啮合齿轮推荐采用高变位，也可以采用角变位。

选择内啮合齿轮的变位系数以不使齿顶过薄、重合度不过小、不产生任何形式的干涉为限制条件。

对高变位齿轮，一般可选取

$$x_1=x_2=0.5\sim0.65$$

第14篇

行星齿轮传动内啮合齿轮副的变位系数的选择见本篇第5章。

4 渐开线圆柱齿轮传动的几何计算

4.1 标准齿轮传动的几何计算

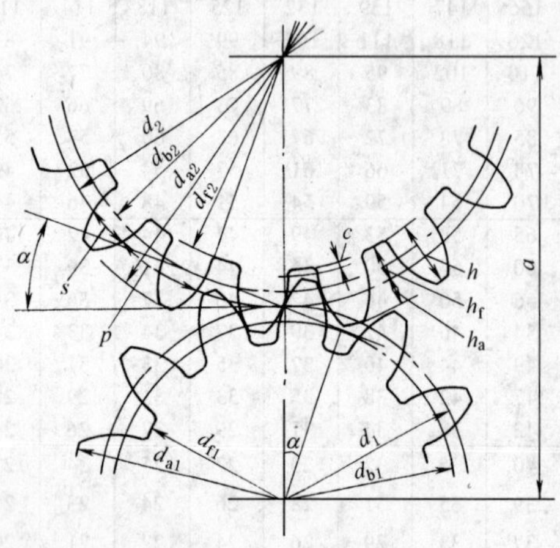

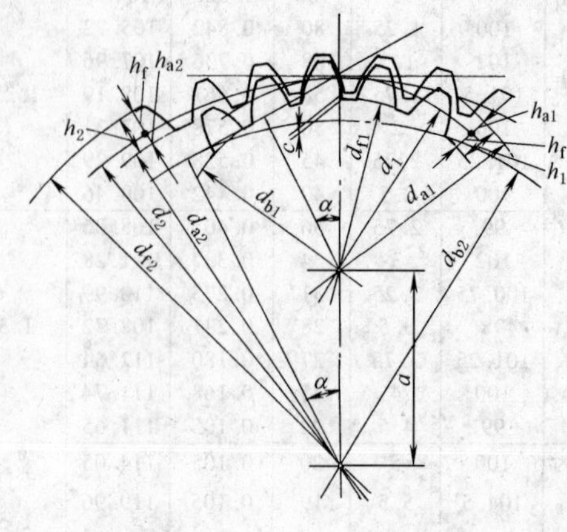

表 14-1-19

项目		代号	计算公式及说明	
			直齿轮(外啮合、内啮合)	斜齿轮(外啮合、内啮合)
分度圆直径		d	$d_1=mz_1$ $d_2=mz_2$	$d_1=m_tz_1=\frac{m_nz_1}{\cos\beta}$ $d_2=m_tz_2=\frac{m_nz_2}{\cos\beta}$
齿顶高	外啮合	h_a	$h_a=h_a^*m$	$h_a=h_{an}^*m_n$
	内啮合		$h_{a1}=h_a^*m$ $h_{a2}=(h_a^*-\Delta h_a^*)m$ 式中,$\Delta h_a^*=\frac{h_a^{*2}}{z_2\tan^2\alpha}$是为避免过渡曲线干涉而将齿顶高系数减小的量。当 $h_a^*=1$、$\alpha=20°$时,$\Delta h_a^*=\frac{7.55}{z_2}$	$h_{a1}=h_{an}^*m_n$ $h_{a2}=(h_{an}^*-\Delta h_{an}^*)m_n$ 式中,$\Delta h_{an}^*=\frac{h_{an}^{*2}\cos^3\beta}{z_2\tan^2\alpha_n}$是为避免过渡曲线干涉而将齿顶高系数减小的量。当 $h_{an}^*=1$、$\alpha_n=20°$时,$\Delta h_{an}^*=\frac{7.55\cos^3\beta}{z_2}$
齿根高		h_f	$h_f=(h_a^*+c^*)m$	$h_f=(h_{an}^*+c_n^*)m_n$
齿高	外啮合	h	$h=h_a+h_f$	$h=h_a+h_f$
	内啮合		$h_1=h_{a1}+h_f$ $h_2=h_{a2}+h_f$	$h_1=h_{a1}+h_f$ $h_2=h_{a2}+h_f$
齿顶圆直径	外啮合	d_a	$d_{a1}=d_1+2h_a$ $d_{a2}=d_2+2h_a$	$d_{a1}=d_1+2h_a$ $d_{a2}=d_2+2h_a$
	内啮合		$d_{a1}=d_1+2h_{a1}$ $d_{a2}=d_2-2h_{a2}$	$d_{a1}=d_1+2h_{a1}$ $d_{a2}=d_2-2h_{a2}$
齿根圆直径		d_f	$d_{f1}=d_1-2h_f$ $d_{f2}=d_2\mp2h_f$	$d_{f1}=d_1-2h_f$ $d_{f2}=d_2\mp2h_f$

续表

项目		代号	计算公式及说明	
			直齿轮（外啮合、内啮合）	斜齿轮（外啮合、内啮合）
中心距		a	$a=\frac{1}{2}(d_2\pm d_1)=\frac{m}{2}(z_2\pm z_1)$	$a=\frac{1}{2}(d_2\pm d_1)=\frac{m_n}{2\cos\beta}(z_2\pm z_1)$
			一般希望 a 为圆整的数值	
基圆直径		d_b	$d_{b1}=d_1\cos\alpha$ $d_{b2}=d_2\cos\alpha$	$d_{b1}=d_1\cos\alpha_t$ $d_{b2}=d_2\cos\alpha_t$
齿顶圆压力角		α_a	$\alpha_{a1}=\arccos\frac{d_{b1}}{d_{a1}}$ $\alpha_{a2}=\arccos\frac{d_{b2}}{d_{a2}}$	$\alpha_{at1}=\arccos\frac{d_{b1}}{d_{a1}}$ $\alpha_{at2}=\arccos\frac{d_{b2}}{d_{a2}}$
重合度	端面重合度	ε_α	$\varepsilon_\alpha=\frac{1}{2\pi}[z_1(\tan\alpha_{a1}-\tan\alpha')\pm z_2(\tan\alpha_{a2}-\tan\alpha')]$	$\varepsilon_\alpha=\frac{1}{2\pi}[z_1(\tan\alpha_{at1}-\tan\alpha_t')\pm z_2(\tan\alpha_{at2}-\tan\alpha_t')]$
			α（或 α_n）$=20°$ 的 ε_α 可由图 14-1-25 或图 14-1-23 查出	
	纵向重合度	ε_β	$\varepsilon_\beta=0$	$\varepsilon_\beta=\frac{b\sin\beta}{\pi m_n}$
	总重合度	ε_γ	$\varepsilon_\gamma=\varepsilon_\alpha$	$\varepsilon_\gamma=\varepsilon_\alpha+\varepsilon_\beta$
当量齿数		z_v		$z_{v1}=\frac{z_1}{\cos^2\beta_b\cos\beta}\approx\frac{z_1}{\cos^3\beta}$ $z_{v2}=\frac{z_2}{\cos^2\beta_b\cos\beta}\approx\frac{z_2}{\cos^3\beta}$

注：有“±”或“∓”号处，上面的符号用于外啮合，下面的符号用于内啮合。

4.2 高变位齿轮传动的几何计算

表 14-1-20

项目		代号	计算公式及说明	
			直齿轮（外啮合、内啮合）	斜齿轮（外啮合、内啮合）
分度圆直径		d	$d_1=mz_1$ $d_2=mz_2$	$d_1=m_tz_1=\frac{m_nz_1}{\cos\beta}$ $d_2=m_tz_2=\frac{m_nz_2}{\cos\beta}$
齿顶高	外啮合	h_a	$h_{a1}=(h_a^*+x_1)m$ $h_{a2}=(h_a^*+x_2)m$	$h_{a1}=(h_{an}^*+x_{n1})m_n$ $h_{a2}=(h_{an}^*+x_{n2})m_n$
	内啮合		$h_{a1}=(h_a^*+x_1)m$ $h_{a2}=(h_a^*-\Delta h_a^*-x_2)m$ 式中，$\Delta h_a^*=\frac{(h_a^*-x_2)^2}{z_2\tan^2\alpha}$是为避免过渡曲线干涉而将齿顶高系数减小的量。当 $h_a^*=1$、$\alpha=20°$时 $\Delta h_a^*=\frac{7.55(1-x_2)^2}{z_2}$	$h_{a1}=(h_{an}^*+x_{n1})m_n$ $h_{a2}=(h_{an}^*-\Delta h_{an}^*-x_{n2})m_n$ 式中，$\Delta h_{an}^*=\frac{(h_{an}^*-x_{n2})^2\cos^3\beta}{z_2\tan^2\alpha_n}$是为避免过渡曲线干涉而将齿顶高系数减小的量。当 $h_{an}^*=1$、$\alpha_n=20°$时 $\Delta h_{an}^*=\frac{7.55(1-x_{n2})^2\cos^3\beta}{z_2}$
齿根高		h_f	$h_{f1}=(h_a^*+c^*-x_1)m$ $h_{f2}=(h_a^*+c^*\mp x_2)m$	$h_{f1}=(h_{an}^*+c_n^*-x_{n1})m_n$ $h_{f2}=(h_{an}^*+c_n^*\mp x_{n2})m_n$
齿高		h	$h_1=h_{a1}+h_{f1}$ $h_2=h_{a2}+h_{f2}$	$h_1=h_{a1}+h_{f1}$ $h_2=h_{a2}+h_{f2}$

续表

项目		代号	计算公式及说明	
			直齿轮（外啮合、内啮合）	斜齿轮（外啮合、内啮合）
齿顶圆直径		d_a	$d_{a1}=d_1+2h_{a1}$ $d_{a2}=d_2\pm2h_{a2}$	$d_{a1}=d_1+2h_{a1}$ $d_{a2}=d_2\pm2h_{a2}$
齿根圆直径		d_f	$d_{f1}=d_1-2h_{f1}$ $d_{f2}=d_2\mp2h_{f2}$	$d_{f1}=d_1-2h_{f1}$ $d_{f2}=d_2\mp2h_{f2}$
中心距		a	$a=\dfrac{1}{2}(d_2\pm d_1)=\dfrac{m}{2}(z_2\pm z_1)$	$a=\dfrac{1}{2}(d_2\pm d_1)=\dfrac{m_n}{2\cos\beta}(z_2\pm z_1)$
			一般希望 a 为圆整的数值	
基圆直径		d_b	$d_{b1}=d_1\cos\alpha$ $d_{b2}=d_2\cos\alpha$	$d_{b1}=d_1\cos\alpha_t$ $d_{b2}=d_2\cos\alpha_t$
齿顶圆压力角		α_a	$\alpha_{a1}=\arccos\dfrac{d_{b1}}{d_{a1}}$ $\alpha_{a2}=\arccos\dfrac{d_{b2}}{d_{a2}}$	$\alpha_{at1}=\arccos\dfrac{d_{b1}}{d_{a1}}$ $\alpha_{at2}=\arccos\dfrac{d_{b2}}{d_{a2}}$
重合度	端面重合度	ε_α	$\varepsilon_\alpha=\dfrac{1}{2\pi}[z_1(\tan\alpha_{a1}-\tan\alpha)\pm z_2(\tan\alpha_{a2}-\tan\alpha)]$	$\varepsilon_\alpha=\dfrac{1}{2\pi}[z_1(\tan\alpha_{at1}-\tan\alpha_t)\pm z_2(\tan\alpha_{at2}-\tan\alpha_t)]$
			α（或 α_n）$=20°$ 的 ε_α 可由图 14-1-25 或图 14-1-23 查出	
	纵向重合度	ε_β	$\varepsilon_\beta=0$	$\varepsilon_\beta=\dfrac{b\sin\beta}{\pi m_n}$
	总重合度	ε_γ	$\varepsilon_\gamma=\varepsilon_\alpha$	$\varepsilon_\gamma=\varepsilon_\alpha+\varepsilon_\beta$
当量齿数		z_v		$z_{v1}=\dfrac{z_1}{\cos^2\beta_b\cos\beta}\approx\dfrac{z_1}{\cos^3\beta}$ $z_{v2}=\dfrac{z_2}{\cos^2\beta_b\cos\beta}\approx\dfrac{z_2}{\cos^3\beta}$

注：1. 有“±”或“∓”号处，上面的符号用于外啮合，下面的符号用于内啮合。

2. 对插齿加工的齿轮，当要求准确保证标准的顶隙时，d_a 和 d_f 应按表 14-1-21 计算。

4.3 角变位齿轮传动的几何计算

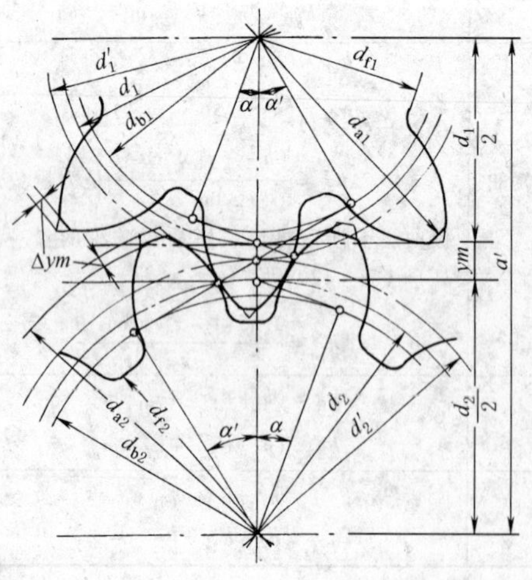

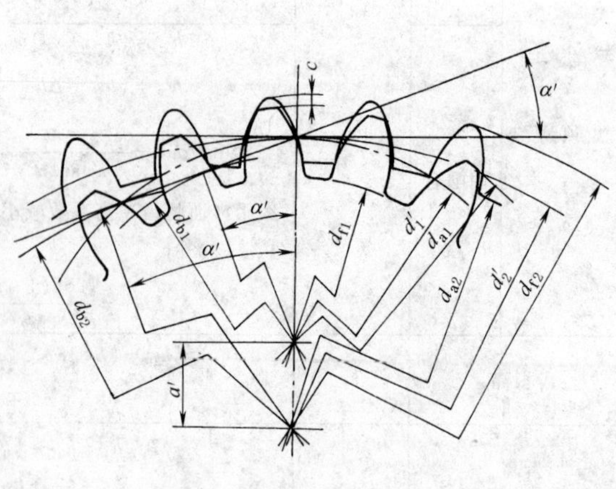

表 14-1-21

	项目	代号	计算公式及说明：直齿轮（外啮合、内啮合）	计算公式及说明：斜齿轮（外啮合、内啮合）
	分度圆直径	d	$d_1=mz_1$ $d_2=mz_2$	$d_1=m_tz_1=\frac{m_nz_1}{\cos\beta}$ $d_2=m_tz_2=\frac{m_nz_2}{\cos\beta}$
已知 x 求 a'	啮合角	α'	$\text{inv}\alpha'=\frac{2(x_2\pm x_1)\tan\alpha}{z_2\pm z_1}+\text{inv}\alpha$	$\text{inv}\alpha_t'=\frac{2(x_{n2}\pm x_{n1})\tan\alpha_n}{z_2\pm z_1}+\text{inv}\alpha_t$
			invα 可由表 14-1-24 查出	
	中心距变动系数	y	$y=\frac{z_2\pm z_1}{2}\left(\frac{\cos\alpha}{\cos\alpha'}-1\right)$	$y_t=\frac{z_2\pm z_1}{2}\left(\frac{\cos\alpha_t}{\cos\alpha_t'}-1\right)$ $y_n=\frac{y_t}{\cos\beta}$
	中心距	a'	$a'=\frac{1}{2}(d_2\pm d_1)+ym=m\left(\frac{z_2\pm z_1}{2}+y\right)$	$a'=\frac{1}{2}(d_2\pm d_1)+y_tm_t=\frac{m_n}{\cos\beta}\left(\frac{z_2\pm z_1}{2}+y_t\right)$
已知 a' 求 x	未变位时的中心距	a	$a=\frac{m}{2}(z_2\pm z_1)$	$a=\frac{m_n}{2\cos\beta}(z_2\pm z_1)$
	中心距变动系数	y	$y=\frac{a'-a}{m}$	$y_t=\frac{a'-a}{m_t}$ $y_n=\frac{a'-a}{m_n}$
	啮合角	α'	$\cos\alpha'=\frac{a}{a'}\cos\alpha$	$\cos\alpha_t'=\frac{a}{a'}\cos\alpha_t$
	总变位系数	x_Σ	$x_\Sigma=(z_2\pm z_1)\frac{\text{inv}\alpha'-\text{inv}\alpha}{2\tan\alpha}$	$x_{n\Sigma}=(z_2\pm z_1)\frac{\text{inv}\alpha_t'-\text{inv}\alpha_t}{2\tan\alpha_n}$
			invα 可由表 14-1-24 查出	
	变位系数	x	$x_\Sigma=x_2\pm x_1$	$x_{n\Sigma}=x_{n2}\pm x_{n1}$
			外啮合齿轮变位系数的分配见表 14-1-12	
滚齿	齿顶高变动系数	Δy	$\Delta y=(x_2\pm x_1)-y$	$\Delta y_n=(x_{n2}\pm x_{n1})-y_n$
	齿顶高	h_a	$h_{a1}=(h_a^*+x_1\mp\Delta y)m$ $h_{a2}=(h_a^*\pm x_2\mp\Delta y)m$	$h_{a1}=(h_{an}^*+x_{n1}\mp\Delta y_n)m_n$ $h_{a2}=(h_{an}^*\pm x_{n2}\mp\Delta y_n)m_n$
	齿根高	h_f	$h_{f1}=(h_a^*+c^*-x_1)m$ $h_{f2}=(h_a^*+c^*\mp x_2)m$	$h_{f1}=(h_{an}^*+c_n^*-x_{n1})m_n$ $h_{f2}=(h_{an}^*+c_n^*\mp x_{n2})m_n$
	齿高	h	$h_1=h_{a1}+h_{f1}$ $h_2=h_{a2}+h_{f2}$	$h_1=h_{a1}+h_{f1}$ $h_2=h_{a2}+h_{f2}$
	齿顶圆直径（外啮合）	d_a	$d_{a1}=d_1+2h_{a1}$ $d_{a2}=d_2+2h_{a2}$	$d_{a1}=d_1+2h_{a1}$ $d_{a2}=d_2+2h_{a2}$
	齿顶圆直径（内啮合）	d_a	$d_{a1}=d_1+2h_{a1}$ $d_{a2}=d_2-2h_{a2}$ 为避免小齿轮齿根过渡曲线干涉，d_{a2} 应满足下式 $d_{a2}\geqslant\sqrt{d_{b2}^2+(2a'\sin\alpha'+2\rho)^2}$ 式中 $\rho=m\left(\frac{z_1\sin\alpha}{2}-\frac{h_a^*-x_1}{\sin\alpha}\right)$	$d_{a1}=d_1+2h_{a1}$ $d_{a2}=d_2-2h_{a2}$ 为避免小齿轮齿根过渡曲线干涉，d_{a2} 应满足下式 $d_{a2}\geqslant\sqrt{d_{b2}^2+(2a'\sin\alpha_t'+2\rho)^2}$ 式中 $\rho=m_t\left(\frac{z_1\sin\alpha_t}{2}-\frac{h_{at}^*-x_{t1}}{\sin\alpha_t}\right)$
	齿根圆直径	d_f	$d_{f1}=d_1-2h_{f1}$ $d_{f2}=d_2\mp2h_{f2}$	$d_{f1}=d_1-2h_{f1}$ $d_{f2}=d_2\mp2h_{f2}$

续表

项目			代号	计算公式及说明 直齿轮(外啮合、内啮合)	计算公式及说明 斜齿轮(外啮合、内啮合)
插齿	插齿刀参数		z_0 x_0 d_{a0}	按表 14-1-25 或根据现场情况选用插齿刀，并确定其参数 z_0、x_0（或 x_{n0}）、d_{a0}，设计时可按中等磨损程度考虑，即可取 x_0（或 x_{n0}）$=0$，$d_{a0}=m(z_0+2h_{a0}^*)$	
	切齿时的啮合角		α'_0	$\mathrm{inv}\alpha'_{01}=\dfrac{2(x_1+x_0)\tan\alpha}{z_1+z_0}+\mathrm{inv}\alpha$ $\mathrm{inv}\alpha'_{02}=\dfrac{2(x_2\pm x_0)\tan\alpha}{z_2\pm z_0}+\mathrm{inv}\alpha$	$\mathrm{inv}\alpha'_{t01}=\dfrac{2(x_{n1}+x_{n0})\tan\alpha_n}{z_1+z_0}+\mathrm{inv}\alpha_t$ $\mathrm{inv}\alpha'_{t02}=\dfrac{2(x_{n2}\pm x_{n0})\tan\alpha_n}{z_2\pm z_0}+\mathrm{inv}\alpha_t$
	切齿时的中心距变动系数		y_0	$y_{01}=\dfrac{z_1+z_0}{2}\left(\dfrac{\cos\alpha}{\cos\alpha'_{01}}-1\right)$ $y_{02}=\dfrac{z_2\pm z_0}{2}\left(\dfrac{\cos\alpha}{\cos\alpha'_{02}}-1\right)$	$y_{t01}=\dfrac{z_1+z_0}{2}\left(\dfrac{\cos\alpha_t}{\cos\alpha'_{t01}}-1\right)$ $y_{t02}=\dfrac{z_2\pm z_1}{2}\left(\dfrac{\cos\alpha_t}{\cos\alpha'_{t02}}-1\right)$
	切齿时的中心距		a'_0	$a'_{01}=m\left(\dfrac{z_1+z_0}{2}+y_{01}\right)$ $a'_{02}=m\left(\dfrac{z_2\pm z_0}{2}+y_{02}\right)$	$a'_{01}=\dfrac{m_n}{\cos\beta}\left(\dfrac{z_1+z_0}{2}+y_{t01}\right)$ $a'_{02}=\dfrac{m_n}{\cos\beta}\left(\dfrac{z_2\pm z_0}{2}+y_{t02}\right)$
	齿根圆直径		d_f	$d_{f1}=2a'_{01}-d_{a0}$ $d_{f2}=2a'_{02}\mp d_{a0}$	$d_{f1}=2a'_{01}-d_{a0}$ $d_{f2}=2a'_{02}\mp d_{a0}$
	齿顶圆直径	外啮合	d_a	$d_{a1}=2a'-d_{f2}-2c^*m$ $d_{a2}=2a'-d_{f1}-2c^*m$	$d_{a1}=2a'-d_{f2}-2c_n^*m_n$ $d_{a2}=2a'-d_{f1}-2c_n^*m_n$
		内啮合		$d_{a1}=d_{f2}-2a'-2c^*m$ $d_{a2}=2a'+d_{f1}+2c^*m$ 为避免小齿轮齿根过渡曲线干涉，d_{a2} 应满足下式 $d_{a2}\geqslant\sqrt{d_{b2}^2+(2a'\sin\alpha'+2\rho_{01\min})^2}$ 式中 $\rho_{01\min}=a'_{01}\sin\alpha'_{01}-\dfrac{1}{2}\sqrt{d_{a0}^2-d_{b0}^2}$	$d_{a1}=d_{f2}-2a'-2c_n^*m_n$ $d_{a2}=2a'+d_{f1}+2c_n^*m_n$ 为避免小齿轮齿根过渡曲线干涉，d_{a2} 应满足下式 $d_{a2}\geqslant\sqrt{d_{b2}^2+(2a'\sin\alpha'_t+2\rho_{01\min})^2}$ 式中 $\rho_{01\min}=a'_{01}\sin\alpha'_{t01}-\dfrac{1}{2}\sqrt{d_{a0}^2-d_{b0}^2}$
节圆直径			d'	$d'_1=2a'\dfrac{z_1}{z_2\pm z_1}$ $d'_2=2a'\dfrac{z_2}{z_2\pm z_1}$	$d'_1=2a'\dfrac{z_1}{z_2\pm z_1}$ $d'_2=2a'\dfrac{z_2}{z_2\pm z_1}$
基圆直径			d_b	$d_{b1}=d_1\cos\alpha$ $d_{b2}=d_2\cos\alpha$	$d_{b1}=d_1\cos\alpha_t$ $d_{b2}=d_2\cos\alpha_t$
齿顶圆压力角			α_a	$\alpha_{a1}=\arccos\dfrac{d_{b1}}{d_{a1}}$ $\alpha_{a2}=\arccos\dfrac{d_{b2}}{d_{a2}}$	$\alpha_{at1}=\arccos\dfrac{d_{b1}}{d_{a1}}$ $\alpha_{at2}=\arccos\dfrac{d_{b2}}{d_{a2}}$
重合度	端面重合度		ε_α	$\varepsilon_\alpha=\dfrac{1}{2\pi}[z_1(\tan\alpha_{a1}-\tan\alpha')\pm z_2(\tan\alpha_{a2}-\tan\alpha')]$ α（或 α_n）$=20°$ 的 ε_α 可由图 14-1-23 查出	$\varepsilon_\alpha=\dfrac{1}{2\pi}[z_1(\tan\alpha_{at1}-\tan\alpha'_t)\pm z_2(\tan\alpha_{at2}-\tan\alpha'_t)]$
	纵向重合度		ε_β	$\varepsilon_\beta=0$	$\varepsilon_\beta=\dfrac{b\sin\beta}{\pi m_n}$
	总重合度		ε_γ	$\varepsilon_\gamma=\varepsilon_\alpha$	$\varepsilon_\gamma=\varepsilon_\alpha+\varepsilon_\beta$
当量齿数			z_v		$z_{v1}=\dfrac{z_1}{\cos^2\beta_b\cos\beta}\approx\dfrac{z_1}{\cos^3\beta}$ $z_{v2}=\dfrac{z_2}{\cos^2\beta_b\cos\beta}\approx\dfrac{z_2}{\cos^3\beta}$

注：1. 有“±”或“∓”号处，上面的符号用于外啮合，下面的符号用于内啮合。

2. 对插齿加工的齿轮，当不要求准确保证标准的顶隙时，可以近似按滚齿加工的方法计算，这对于 $x<1.5$ 的齿轮，一般并不会产生很大的误差。

例 1 已知外啮合直齿轮，$\alpha=20°$、$h_a^*=1$、$z_1=22$、$z_2=65$、$m=4\text{mm}$、$x_1=0.57$、$x_2=0.63$，用滚齿法加工，求其中心距和齿顶圆直径。

（1）中心距

$$\text{inv}\alpha'=\frac{2(x_2+x_1)\tan\alpha}{z_2+z_1}+\text{inv}\alpha=\frac{2\times(0.63+0.57)\tan20°}{65+22}+\text{inv}20°=0.024945$$

由表 14-1-24 查得 $\alpha'=23°35'$。

$$y=\frac{z_2+z_1}{2}\left(\frac{\cos\alpha}{\cos\alpha'}-1\right)=\frac{65+22}{2}\times\left(\frac{\cos20°}{\cos23°35'}-1\right)=1.1018$$

$$\alpha'=m\left(\frac{z_2+z_1}{2}+y\right)=4\times\left(\frac{65+22}{2}+1.1018\right)=178.41\text{mm}$$

（2）齿顶圆直径

$$\Delta y=(x_2+x_1)-y=(0.63+0.57)-1.1018=0.0982$$

$$d_{a1}=mz_1+2(h_a^*+x_1-\Delta y)m=4\times22+2\times(1+0.57-0.0982)\times4=99.77\text{mm}$$

$$d_{a2}=mz_2+2(h_a^*+x_2-\Delta y)m=4\times65+2\times(1+0.63-0.0982)\times4=272.25\text{mm}$$

例 2 例 1 的齿轮用 $z_0=25$、$h_{a0}^*=1.25$ 的插齿刀加工，求齿顶圆直径。

插齿刀按中等磨损程度考虑，$x_0=0$，$d_{a0}=m(z_0+2h_{a0}^*)=4\times(25+2\times1.25)=110\text{mm}$

$$\text{inv}\alpha_{01}'=\frac{2(x_1+x_0)\tan\alpha}{z_1+z_0}+\text{inv}\alpha=\frac{2\times0.57\tan20°}{22+25}+\text{inv}20°=0.0237326$$

由表 14-1-24 查得 $\alpha_{01}'=23°13'$。

$$\text{inv}\alpha_{02}'=\frac{2(x_2+x_0)\tan\alpha}{z_2+z_0}+\text{inv}\alpha=\frac{2\times0.63\tan20°}{65+25}+\text{inv}20°=0.0200000$$

由表 14-1-24 查得 $\alpha_{02}'=21°59'$。

$$y_{01}=\frac{z_1+z_0}{2}\left(\frac{\cos\alpha}{\cos\alpha_{01}'}-1\right)=\frac{22+25}{2}\left(\frac{\cos20°}{\cos23°13'}-1\right)=0.5286$$

$$y_{02}=\frac{z_2+z_0}{2}\left(\frac{\cos\alpha}{\cos\alpha_{02}'}-1\right)=\frac{65+25}{2}\left(\frac{\cos20°}{\cos21°59'}-1\right)=0.6017$$

$$a_{01}'=m\left(\frac{z_1+z_0}{2}+y_{01}\right)=4\times\left(\frac{22+25}{2}+0.5286\right)=96.11\text{mm}$$

$$a_{02}'=m\left(\frac{z_2+z_0}{2}+y_{02}\right)=4\times\left(\frac{65+25}{2}+0.6017\right)=182.41\text{mm}$$

$$d_{f1}=2a_{01}'-d_{a0}=2\times96.11-110=82.22\text{mm}$$

$$d_{f2}=2a_{02}'-d_{a0}=2\times182.41-110=254.82\text{mm}$$

$$d_{a1}=2a'-d_{f2}-2c^*m=2\times178.41-254.82-2\times0.25\times4=100\text{mm}$$

$$d_{a2}=2a'-d_{f1}-2c^*m=2\times178.41-82.22-2\times0.25\times4=272.6\text{mm}$$

4.4 齿轮与齿条传动的几何计算

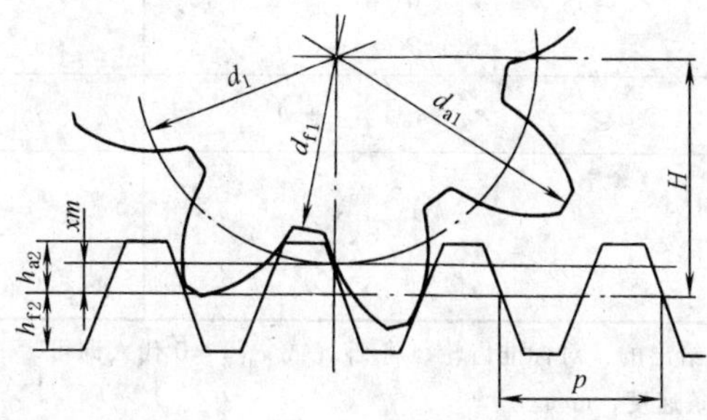

表 14-1-22

项目	代号	计算公式及说明	
		直齿	斜齿
分度圆直径与齿条运动速度的关系		$d_1=\dfrac{60000v}{\pi n_1}$	
分度圆直径	d	$d_1=mz_1$	$d_1=\dfrac{m_n z_1}{\cos\beta}$
齿顶高	h_a	$h_{a1}=(h_a^*+x_1)m$ $h_{a2}=h_a^* m$	$h_{a1}=(h_{an}^*+x_{n1})m_n$ $h_{a2}=h_{an}^* m_n$
齿根高	h_f	$h_{f1}=(h_a^*+c^*-x_1)m$ $h_{f2}=(h_a^*+c^*)m$	$h_{f1}=(h_{an}^*+c_n^*-x_{n1})m_n$ $h_{f2}=(h_{an}^*+c_n^*)m_n$
齿高	h	$h_1=h_{a1}+h_{f1}$ $h_2=h_{a2}+h_{f2}$	$h_1=h_{a1}+h_{f1}$ $h_2=h_{a2}+h_{f2}$
齿顶圆直径	d_a	$d_{a1}=d_1+2h_{a1}$	$d_{a1}=d_1+2h_{a1}$
齿根圆直径	d_f	$d_{f1}=d_1-2h_{f1}$	$d_{f1}=d_1-2h_{f1}$
齿距	p	$p=\pi m$	$p_n=\pi m_n$ $p_t=\pi m_t$
齿轮中心到齿条基准线距离	H	$H=\dfrac{d_1}{2}+xm$	$H=\dfrac{d_1}{2}+x_n m_n$
基圆直径	d_b	$d_{b1}=d_1\cos\alpha$	$d_{b1}=d_1\cos\alpha_t$
齿顶圆压力角	α_a	$\alpha_{a1}=\arccos\dfrac{d_{b1}}{d_{a1}}$	$\alpha_{at1}=\arccos\dfrac{d_{b1}}{d_{a1}}$
重合度 端面重合度 计算法	ε_α	$\varepsilon_\alpha=\dfrac{1}{2\pi}\left[z_1(\tan\alpha_{a1}-\tan\alpha)+\dfrac{4(h_a^*-x_1)}{\sin2\alpha}\right]$	$\varepsilon_\alpha=\dfrac{1}{2\pi}\left[z_1(\tan\alpha_{at1}-\tan\alpha_t)+\dfrac{4(h_{an}^*-x_{n1})\cos\beta}{\sin2\alpha_t}\right]$
重合度 端面重合度 查图法	ε_α	$\varepsilon_\alpha=(1+x_1)\varepsilon_{\alpha1}+\varepsilon_{\alpha2}$	$\varepsilon_\alpha=(1+x_{n1})\varepsilon_{\alpha1}+\varepsilon_{\alpha2}$
		$\varepsilon_{\alpha1}$按$\dfrac{z_1}{1+x_{n1}}$和β查图 14-1-25，$\varepsilon_{\alpha2}$按x_{n1}和β查图 14-1-26	
重合度 纵向重合度	ε_β	$\varepsilon_\beta=0$	$\varepsilon_\beta=\dfrac{b\sin\beta}{\pi m_n}$
重合度 总重合度	ε_γ	$\varepsilon_\gamma=\varepsilon_\alpha$	$\varepsilon_\gamma=\varepsilon_\alpha+\varepsilon_\beta$
当量齿数	z_v		$z_{v1}\approx\dfrac{z_1}{\cos^3\beta}$ $z_{v2}=\infty$

注：1. 表中的公式是按变位齿轮给出的，对标准齿轮，将 x_1（或 x_{n1}）=0 代入即可。

2. n_1—齿轮转速，r/min；v—齿条速度，m/s。

4.5 交错轴斜齿轮传动的几何计算

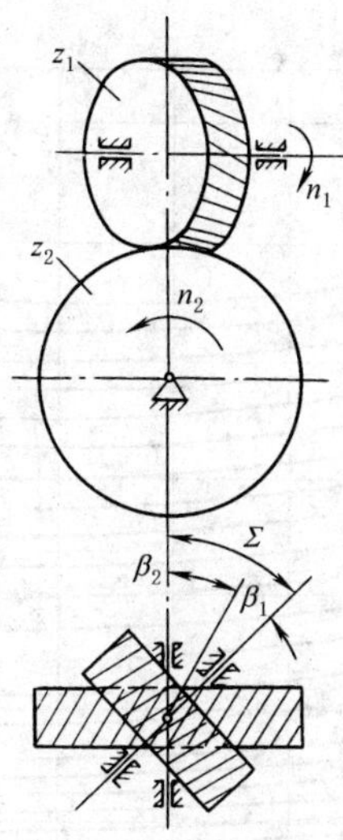

表 14-1-23

名　称	代 号	计 算 公 式	说　明
轴交角	Σ	由结构设计确定,一般 $\Sigma=90°$	
螺旋角	β	旋向相同:$\beta_1+\beta_2=\Sigma$	一般采用较多
		旋向相反:$\beta_1-\beta_2=\Sigma$ (或 $\beta_2-\beta_1=\Sigma$)	多用于 Σ 较小时
中心距	a	$a=\frac{1}{2}(d_1+d_2)$ $=\frac{m_n}{2}\left(\frac{z_1}{\cos\beta_1}+\frac{z_2}{\cos\beta_2}\right)$	
齿数比	u	$u=\frac{z_2}{z_1}=\frac{d_2\cos\beta_2}{d_1\cos\beta_1}$	齿数比不等于分度圆直径比
当 $\Sigma=90°$时			
中心距	a	$a=\frac{m_n z_1}{2}\left(\frac{1}{\sin\beta_2}+\frac{u}{\cos\beta_2}\right)$	
中心距最小的条件		$\cot\beta_2=\sqrt[3]{u}$	当 m_n、z_1、u 给定时，按此条件可得出最紧凑的结构

注：交错轴斜齿轮实际上是两个螺旋角不相等（或螺旋角相等，但旋向相同）的斜齿轮，因此其他尺寸的计算与斜齿轮相同，可按表 14-1-19 进行。

4.6 几何计算中使用的数表和线图

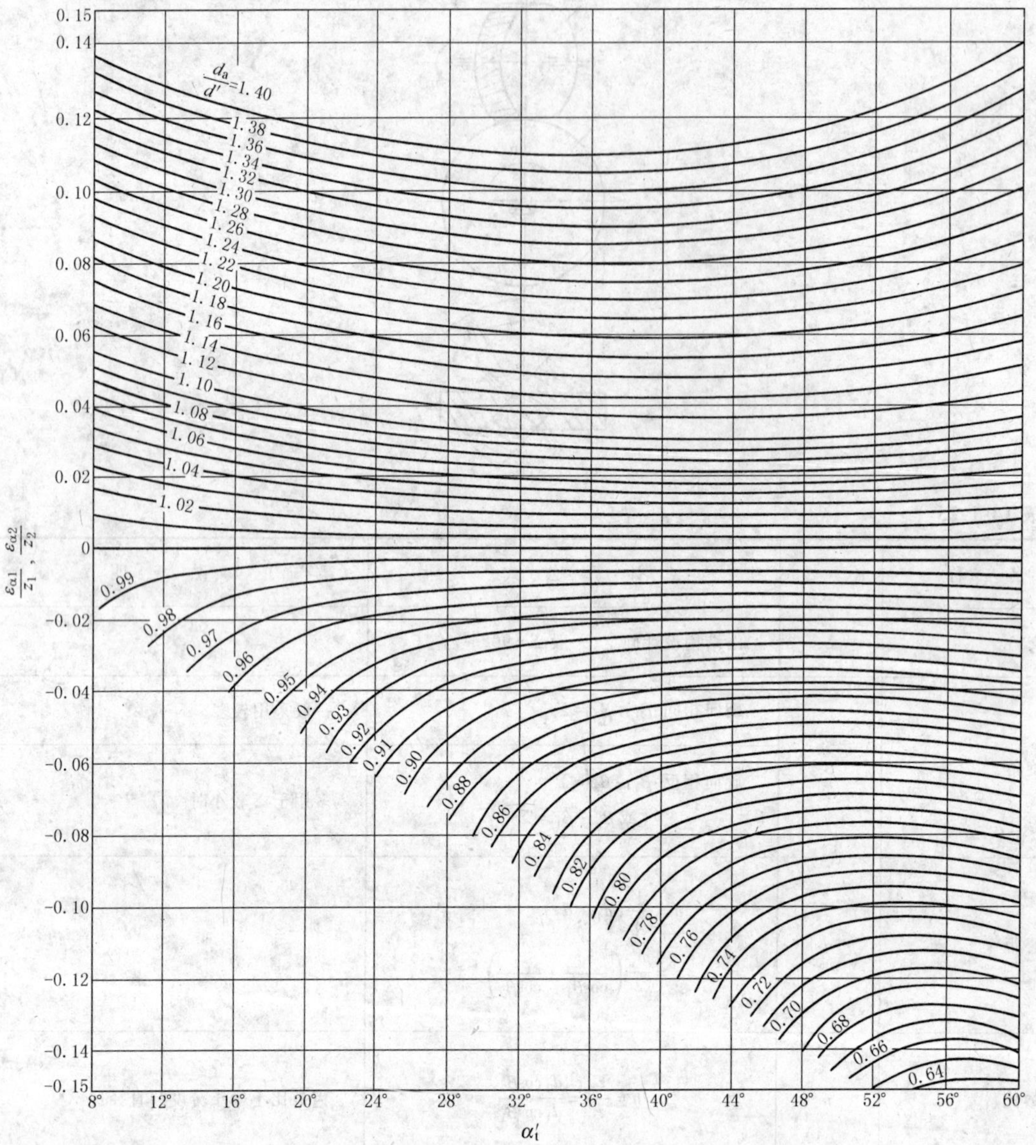

图 14-1-23 端面重合度 ε_α

注：1. 本图适用于 α（或 α_n）$=20°$的各种平行轴齿轮传动。对于外啮合的标准齿轮和高变位齿轮传动，使用图 14-1-25 则更为方便。

2. 使用方法：按 α_t' 和$\dfrac{d_{a1}}{d_1'}$查出$\dfrac{\varepsilon_{\alpha1}}{z_1}$，按 α_t' 和$\dfrac{d_{a2}}{d_2'}$查出$\dfrac{\varepsilon_{\alpha2}}{z_2}$，则 $\varepsilon_\alpha = z_1\left(\dfrac{\varepsilon_{\alpha1}}{z_1}\right) \pm z_2\left(\dfrac{\varepsilon_{\alpha2}}{z_2}\right)$，式中“+”用于外啮合，“−”用于内啮合。

3. α_t' 可由图 14-1-24 查得。

例 1 已知外啮合齿轮传动，$z_1=18$、$z_2=80$、节圆直径 $d_1'=91.84\text{mm}$、$d_2'=408.16\text{mm}$、齿顶圆直径 $d_{a1}=101.73\text{mm}$、$d_{a2}=418.13\text{mm}$、啮合角 $\alpha_t'=22°57'$。

根据 $\alpha_t'=22°57'$，按 $\dfrac{d_{a1}}{d_1'}=\dfrac{101.73}{91.84}=1.108$，$\dfrac{d_{a2}}{d_2'}=\dfrac{418.13}{408.16}=1.024$，分别由图 14-1-23 查得 $\dfrac{\varepsilon_{\alpha1}}{z_1}=-0.039$，$\dfrac{\varepsilon_{\alpha2}}{z_2}=0.0105$，则

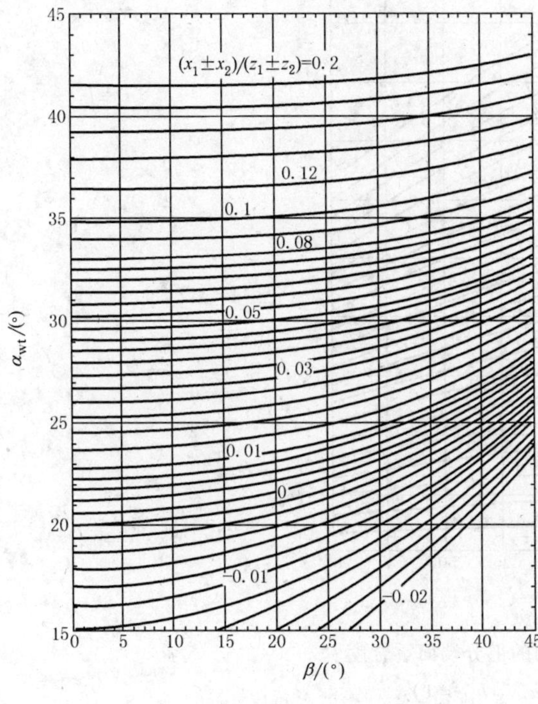

图 14-1-24　端面啮合角 α_{wt}（$\alpha_P=20°$）

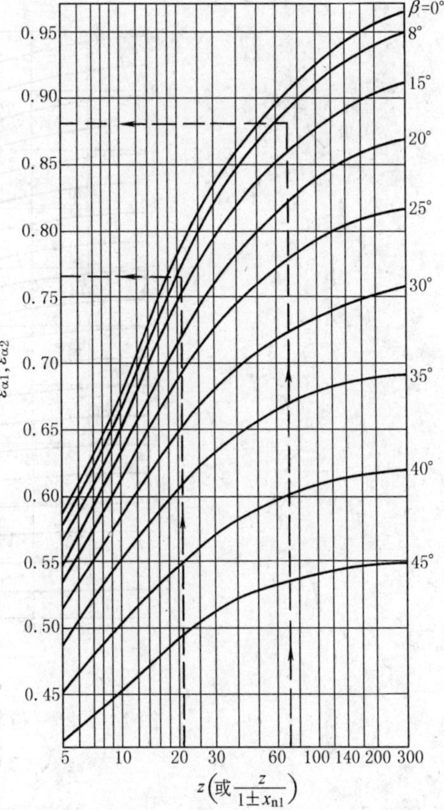

图 14-1-25　外啮合标准齿轮传动和高变位齿轮传动的端面重合度 ε_α（$\alpha=\alpha_n=20°$、$h_a^*=h_{an}^*=1$）

注：使用方法如下。

1. 标准齿轮（$h_{a1}=h_{a2}=m_n$）：按 z_1 和 β 查出 $\varepsilon_{\alpha1}$，按 z_2 和 β 查出 $\varepsilon_{\alpha2}$，$\varepsilon_\alpha=\varepsilon_{\alpha1}+\varepsilon_{\alpha2}$。

2. 高变位齿轮[$h_{a1}=(1+x_{n1})m_n$、$h_{a2}=(1-x_{n1})m_n$]：按$\frac{z_1}{1+x_{n1}}$和 β 查出 $\varepsilon_{\alpha1}$，按$\frac{z_2}{1-x_{n1}}$和 β 查出 $\varepsilon_{\alpha2}$，

$$\varepsilon_\alpha=(1+x_{n1})\varepsilon_{\alpha1}+(1-x_{n1})\varepsilon_{\alpha2}$$

$\varepsilon_\alpha=z_1\left(\frac{\varepsilon_{\alpha1}}{z_1}\right)+z_2\left(\frac{\varepsilon_{\alpha2}}{z_2}\right)=18\times0.039+80\times0.0105=1.54$。

例 2　1. 外啮合斜齿标准齿轮传动，$z_1=21$、$z_2=74$、$\beta=12°$。根据 z_1 和 β 及 z_2 和 β 由图 14-1-25 分别查出 $\varepsilon_{\alpha1}=0.765$，$\varepsilon_{\alpha2}=0.88$（图中虚线），则 $\varepsilon_\alpha=\varepsilon_{\alpha1}+\varepsilon_{\alpha2}=0.765+0.88=1.65$。

2. 外啮合斜齿高变位齿轮传动，$z_1=21$、$z_2=74$、$\beta=12°$、$x_{n1}=0.5$、$x_{n2}=-0.5$。

根据$\frac{z_1}{1+x_{n1}}=\frac{21}{1+0.5}=14$和$\frac{z_2}{1-x_{n1}}=\frac{74}{1-0.5}=148$由图 14-1-25 分别查出 $\varepsilon_{\alpha1}=0.705$，$\varepsilon_{\alpha2}=0.915$，则 $\varepsilon_\alpha=(1+x_{n1})\varepsilon_{\alpha1}+(1-x_{n1})\varepsilon_{\alpha2}=(1+0.5)\times0.705+(1-0.5)\times0.915=1.52$。

例 3　已知直齿齿轮齿条传动，$z_1=18$、$x_1=0.4$。

按$\frac{z_1}{1+x_1}=\frac{18}{1+0.4}=12.86$，$\beta=0°$由图 14-1-25 查出 $\varepsilon_{\alpha1}=0.72$；按 $x_{n1}=0.4$，$\beta=0°$由图 14-1-26 查出 $\varepsilon_{\alpha2}=0.586$；则 $\varepsilon_\alpha=(1+x_1)\times\varepsilon_{\alpha1}+\varepsilon_{\alpha2}=(1+0.4)\times0.72+0.586=1.59$。

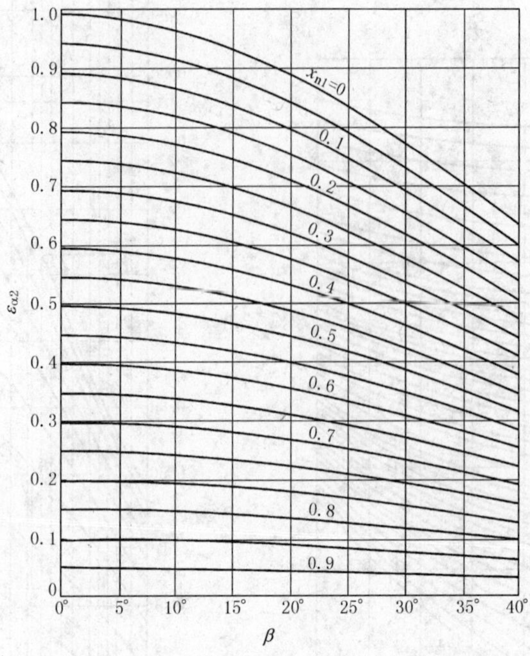

图 14-1-26　齿轮齿条传动的部分端面重合度 $\varepsilon_{\alpha2}$（$\alpha=\alpha_n=20°$、$h_a^*=h_{an}^*=1$）

表 14-1-24　　渐开线函数　$\mathrm{inv}\alpha=\tan\alpha-\alpha$

α/(°)		0′	5′	10′	15′	20′	25′	30′	35′	40′	45′	50′	55′
10	0.00	17941	18397	18860	19332	19812	20299	20795	21299	21810	22330	22859	23396
11	0.00	23941	24495	25057	25628	26208	26797	27394	28001	28616	29241	29875	30518
12	0.00	31171	31832	32504	33185	33875	34575	35285	36005	36735	37474	38224	38984
13	0.00	39754	40534	41325	42126	42938	43760	44593	45437	46291	47157	48033	48921
14	0.00	49819	50729	51650	52582	53526	54482	55448	56427	57417	58420	59434	60460
15	0.00	61498	62548	63611	64686	65773	66873	67985	69110	70248	71398	72561	73738
16	0.0	07493	07613	07735	07857	07982	08107	08234	08362	08492	08623	08756	08889
17	0.0	09025	09161	09299	09439	09580	09722	09866	10012	10158	10307	10456	10608
18	0.0	10760	10915	11071	11228	11387	11547	11709	11873	12038	12205	12373	12543
19	0.0	12715	12888	13063	13240	13418	13598	13779	13963	14148	14334	14523	14713
20	0.0	14904	15098	15293	15490	15689	15890	16092	16296	16502	16710	16920	17132
21	0.0	17345	17560	17777	17996	18217	18440	18665	18891	19120	19350	19583	19817
22	0.0	20054	20292	20533	20775	21019	21266	21514	21765	22018	22272	22529	22788
23	0.0	23049	23312	23577	23845	24114	24386	24660	24936	25214	25495	25778	26062
24	0.0	26350	26639	26931	27225	27521	27820	28121	28424	28729	29037	29348	29660
25	0.0	29975	30293	30613	30935	31260	31587	31917	32249	32583	32920	33260	33602
26	0.0	33947	34294	34644	34997	35352	35709	36069	36432	36798	37166	37537	37910
27	0.0	38287	38666	39047	39432	39819	40209	40602	40997	41395	41797	42201	42607
28	0.0	43017	43430	43845	44264	44685	45110	45537	45967	46400	46837	47276	47718
29	0.0	48164	48612	49064	49518	49976	50437	50901	51368	51838	52312	52788	53268

续表

α/(°)		0′	5′	10′	15′	20′	25′	30′	35′	40′	45′	50′	55′
30	0.0	53751	54238	54728	55221	55717	56217	56720	57226	57736	58249	58765	59285
31	0.0	59809	60336	60866	61400	61937	62478	63022	63570	64122	64677	65236	65799
32	0.0	66364	66934	67507	68084	68665	69250	69838	70430	71026	71626	72230	72838
33	0.0	73449	74064	74684	75307	75934	76565	77200	77839	78483	79130	79781	80437
34	0.0	81097	81760	82428	83100	83777	84457	85142	85832	86525	87223	87925	88631
35	0.0	89342	90058	90777	91502	92230	92963	93701	94443	95190	95942	96698	97459
36	0.	09822	09899	09977	10055	10133	10212	10292	10371	10452	10533	10614	10696
37	0.	10778	10861	10944	11028	11113	11197	11283	11369	11455	11542	11630	11718
38	0.	11806	11895	11985	12075	12165	12257	12348	12441	12534	12627	12721	12815
39	0.	12911	13006	13102	13199	13297	13395	13493	13592	13692	13792	13893	13995
40	0.	14097	14200	14303	14407	14511	14616	14722	14829	14936	15043	15152	15261
41	0.	15370	15480	15591	15703	15815	15928	16041	16156	16270	16386	16502	16619
42	0.	16737	16855	16974	17093	17214	17336	17457	17579	17702	17826	17951	18076
43	0.	18202	18329	18457	18585	18714	18844	18975	19106	19238	19371	19505	19639
44	0.	19774	19910	20047	20185	20323	20463	20603	20743	20885	21028	21171	21315
45	0.	21460	21606	21753	21900	22049	22198	22348	22499	22651	22804	22958	23112
46	0.	23268	23424	23582	23740	23899	24059	24220	24382	24545	24709	24874	25040
47	0.	25206	25374	25543	25713	25883	26055	26228	26401	26576	26752	26929	27107
48	0.	27285	27465	27646	27828	28012	28196	28381	28567	28755	28943	29133	29324
49	0.	29516	29709	29903	30098	30295	30492	30691	30891	31092	31295	31498	31703
50	0.	31909	32116	32324	32534	32745	32957	33171	33385	33601	33818	34037	34257
51	0.	34478	34700	34924	35149	35376	35604	35833	36063	36295	36529	36763	36999
52	0.	37237	37476	37716	37958	38202	38446	38693	38941	39190	39441	39693	39947
53	0.	40202	40459	40717	40977	41239	41502	41767	42034	42302	42571	42843	43116
54	0.	43390	43667	43945	44225	44506	44789	45074	45361	45650	45940	46232	46526
55	0.	46822	47119	47419	47720	48023	48328	48635	48944	49255	49568	49882	50199
56	0.	50518	50838	51161	51486	51813	52141	52472	52805	53141	53478	53817	54159
57	0.	54503	54849	55197	55547	55900	56255	56612	56972	57333	57698	58064	58433
58	0.	58804	59178	59554	59933	60314	60697	61083	61472	61863	62257	62653	63052
59	0.	63454	63858	64265	64674	65086	65501	65919	66340	66763	67189	67618	68050

例 1. inv27°15′ = 0.039432；

$$\text{inv}27°17' = 0.039432 + \frac{2}{5} \times (0.039819 - 0.039432) = 0.039587$$。

2. invα = 0.0060460，由表查得 α = 14°55′。

表 14-1-25　　直齿插齿刀的基本参数（GB/T 6081—2001）

形式	m/mm	z_0	d_0/mm	d_{a0}/mm	h_{a0}^*
	公称分度圆直径 25mm				
锥柄直齿插齿刀	1.00	26	26.00	28.72	1.25
	1.25	20	25.00	28.38	
	1.50	18	27.00	31.04	
	1.75	15	26.25	30.89	
	2.00	13	26.00	31.24	
	2.25	12	27.00	32.90	
	2.50	10	25.00	31.26	
	2.75	10	27.50	34.48	

形式	m/mm	z_0	d_0/mm	d_{a0}/mm	h_{a0}^*
	公称分度圆直径 38mm				
锥柄直齿插齿刀	1.00	38	38.0	40.72	1.25
	1.25	30	37.5	40.88	
	1.50	25	37.5	41.54	
	1.75	22	38.5	43.24	
	2.00	19	38.0	43.40	
	2.25	16	36.0	41.98	
	2.50	15	37.5	44.26	
	2.75	14	38.5	45.88	
	3.00	12	36.0	43.74	
	3.50	11	38.5	47.52	

续表

形式	m/mm	z_0	d_0/mm	d_{a0}/mm	h_{a0}^*
	公称分度圆直径 50mm				
碗形直齿插齿刀	1.00	50	50.00	52.72	
	1.25	40	50.00	53.38	
	1.50	34	51.00	55.04	
	1.75	29	50.75	55.49	
	2.00	25	50.00	55.40	
	2.25	22	49.50	55.56	1.25
	2.50	20	50.00	56.76	
	2.75	18	49.50	56.92	
	3.00	17	51.00	59.10	
	3.50	14	49.00	58.44	
	公称分度圆直径 75mm				
	1.00	76	76.00	78.72	
	1.25	60	75.00	78.38	
	1.50	50	75.00	79.04	
	1.75	43	75.25	79.99	
	2.00	38	76.00	81.40	
	2.25	34	76.50	82.56	
	2.50	30	75.00	81.76	1.25
	2.75	28	77.00	84.42	
	3.00	25	75.00	83.10	
	3.50	22	77.00	86.44	
	4.00	19	76.00	86.80	
	公称分度圆直径 75mm				
盘形直齿插齿刀	1.00	76	76.00	78.50	
	1.25	60	75.00	78.56	
	1.50	50	75.00	79.56	
	1.75	43	75.25	80.67	
	2.00	38	76.00	82.24	
	2.25	34	76.50	83.48	
	2.50	30	75.00	82.34	1.25
	2.75	28	77.00	84.92	
	3.00	25	75.00	83.34	
	3.50	22	77.00	86.44	
	4.00	19	76.00	86.32	

形式	m/mm	z_0	d_0/mm	d_{a0}/mm	h_{a0}^*
	公称分度圆直径 100mm				
盘形直齿插齿刀、碗形直齿插齿刀	1.00	100	100.00	102.62	
	1.25	80	100.00	103.94	
	1.50	68	102.00	107.14	
	1.75	58	101.50	107.62	
	2.00	50	100.00	107.00	
	2.25	45	101.25	109.09	
	2.50	40	100.00	108.36	1.25
	2.75	36	99.00	107.86	
	3.00	34	102.00	111.54	
	3.50	29	101.50	112.08	
	4.00	25	100.00	111.46	
	4.50	22	99.00	111.78	
	5.00	20	100.00	113.90	1.3
	5.50	19	104.50	119.68	
	6.00	18	108.00	124.56	
	公称分度圆直径 125mm				
盘形直齿插齿刀	4.0	31	124.00	136.80	
	4.5	28	126.00	140.14	
	5.0	25	125.00	140.20	
	5.5	23	126.50	143.00	1.3
	6.0	21	126.00	143.52	
	7.0	18	126.00	145.74	
	8.0	16	128.00	149.92	
	公称分度圆直径 160mm				
	6.0	27	162.00	178.20	
	7.0	23	161.00	179.90	1.25
	8.0	20	160.00	181.60	
	9.0	18	162.00	186.30	
	10.0	16	160.00	187.00	
	公称分度圆直径 200mm				
	8	25	200.00	221.60	
	9	22	198.00	222.30	
	10	20	200.00	227.00	1.25
	11	18	198.00	227.70	
	12	17	204.00	236.40	

注：1. 分度圆压力角皆为 $\alpha=20°$。

2. 表中 h_{a0}^* 是在插齿刀的原始截面中的值。

第14篇

5 渐开线圆柱齿轮齿厚的测量计算

5.1 齿厚测量方法的比较和应用

表 14-1-26

测量方法	简图	优点	缺点	应用
公法线长度（跨距）	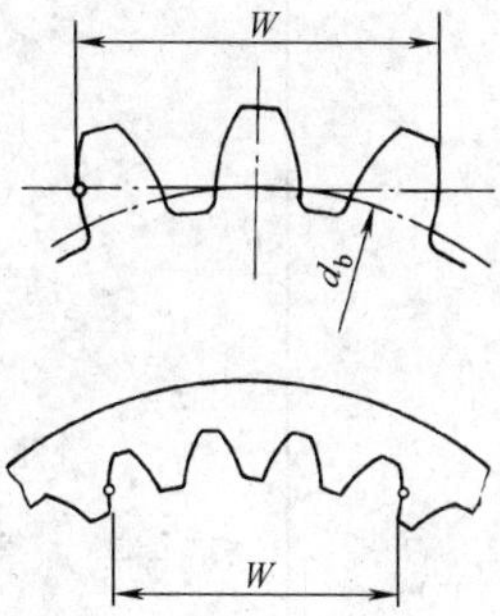 W；d_b；W	1. 测量时不以齿顶圆为基准，因此不受齿顶圆误差的影响，测量精度较高并可放宽对齿顶圆的精度要求 2. 测量方便 3. 与量具接触的齿廓曲率半径较大，量具的磨损较轻	1. 对斜齿轮，当 $b < W_n\sin\beta$ 时不能测量 （图：W_n；$W_n\sin\beta$；b；β） 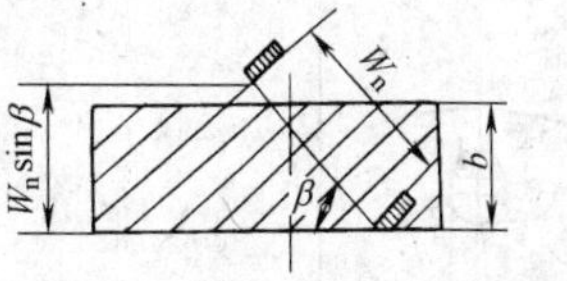 2. 当用于斜齿轮时，计算比较麻烦	广泛用于各种齿轮的测量，但是对大型齿轮因受量具限制使用不多
分度圆弦齿厚	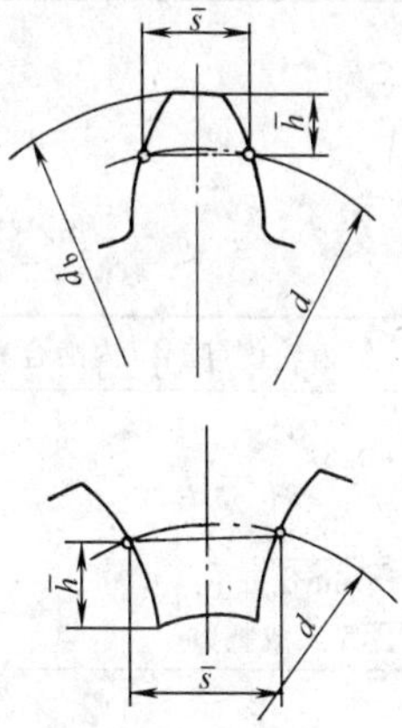 $\bar{s}$；$\bar{h}$；d_b；d；$\bar{h}$；d；$\bar{s}$	与固定弦齿厚相比，当齿轮的模数较小，或齿数较少时，测量比较方便	1. 测量时以齿顶圆为基准，因此对齿顶圆的尺寸偏差及径向圆跳动有严格的要求 2. 测量结果受齿顶圆误差的影响，精度不高 3. 当变位系数较大（$x>0.5$）时，可能不便于测量 4. 对斜齿轮，计算时要换算成当量齿数，增加了计算工作量 5. 齿轮卡尺的卡爪尖部容易磨损	适用于大型齿轮的测量。也常用于精度要求不高的小型齿轮的测量
固定弦齿厚	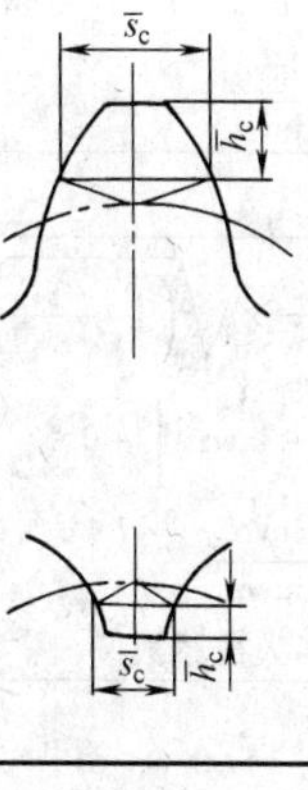 $\bar{s}_c$；$\bar{h}_c$；$\bar{s}_c$；$\bar{h}_c$	计算比较简单，特别是用于斜齿轮时，可省去当量齿数 z_v 的换算	1. 测量时以齿顶圆为基准，因此对齿顶圆的尺寸偏差及径向圆跳动有严格的要求 2. 测量结果受齿顶圆误差的影响，精度不高 3. 齿轮卡尺的卡爪尖部容易磨损 4. 对模数较小的齿轮，测量不够方便	适用于大型齿轮的测量

续表

测量方法	简图	优点	缺点	应用
量柱(球)测量距	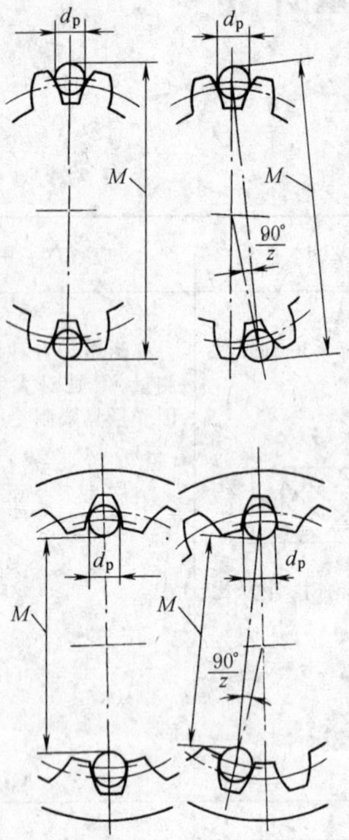	测量时不以齿顶圆为基准,因此不受齿顶圆误差的影响,并可放宽对齿顶圆的加工要求	1. 对大型齿轮测量不方便 2. 计算麻烦	多用于内齿轮和小模数齿轮的测量

5.2 公法线长度(跨距)

表 14-1-27　　公法线长度的计算公式

	项目	代号	直齿轮(外啮合、内啮合)	斜齿轮(外啮合、内啮合)
标准齿轮	跨测齿数(对内齿轮为跨测齿槽数)	k	$k=\frac{\alpha z}{180^\circ}+0.5$ 4 舍 5 入成整数	$k=\frac{\alpha_n z'}{180^\circ}+0.5$ 式中　$z'=z\frac{\text{inv}\alpha_t}{\text{inv}\alpha_n}$ k 值应 4 舍 5 入成整数
			α(或 α_n)$=20^\circ$时的 k 可由表 14-1-29 中的黑体字查出	
	公法线长度	W	$W=W^* m$ $W^*=\cos\alpha[\pi(k-0.5)+z\text{inv}\alpha]$	$W_n=W^* m_n$ $W^*=\cos\alpha_n[\pi(k-0.5)+z'\text{inv}\alpha_n]$ 式中　$z'=z\frac{\text{inv}\alpha_t}{\text{inv}\alpha_n}$
			α(或 α_n)$=20^\circ$时的 W(或 W_n)可按表 14-1-28 的方法求出	
变位齿轮	跨测齿数(对内齿轮为跨测齿槽数)	k	$k=\frac{z}{\pi}\left[\frac{1}{\cos\alpha}\sqrt{\left(1+\frac{2x}{z}\right)^2-\cos^2\alpha}-\frac{2x}{z}\tan\alpha-\text{inv}\alpha\right]+0.5$ 4 舍 5 入成整数	$k=\frac{z'}{\pi}\left[\frac{1}{\cos\alpha_n}\times\sqrt{\left(1+\frac{2x_n}{z'}\right)^2-\cos^2\alpha_n}-\frac{2x_n}{z'}\tan\alpha_n-\text{inv}\alpha_n\right]+0.5$ 式中　$z'=z\frac{\text{inv}\alpha_t}{\text{inv}\alpha_n}$ k 值应 4 舍 5 入成整数
			α(或 α_n)$=20^\circ$时的 k 可由图 14-1-27 查出	

续表

项目		代号	直齿轮(外啮合、内啮合)	斜齿轮(外啮合、内啮合)
变位齿轮	公法线长度	W	$W=(W^*+\Delta W^*)m$ $W^*=\cos\alpha[\pi(k-0.5)+z\text{inv}\alpha]$ $\Delta W^*=2x\sin\alpha$	$W_n=(W^*+\Delta W^*)m_n$ $W^*=\cos\alpha_n[\pi(k-0.5)+z'\text{inv}\alpha_n]$ $z'=z\dfrac{\text{inv}\alpha_t}{\text{inv}\alpha_n}$ $\Delta W^*=2x_n\sin\alpha_n$
			α(或 α_n) $=20°$时的 W(或 W_n)可按表 14-1-28 的方法求出	

表 14-1-28　使用图表法查公法线长度(跨距)

类别	直齿轮(外啮合、内啮合)	斜齿轮(外啮合、内啮合)
标准齿轮	1. 按 $z'=z$ 由表 14-1-29 查出黑体字的 k 和 W^* 2. $W=W^*m$ 例　已知 $z=33$、$m=3$、$\alpha=20°$ 由表 14-1-29 查出 $k=4$ $W^*=10.7946$,则 $W=3\times10.7946=32.384\text{mm}$	1. 按 β 由表 14-1-30 查出$\dfrac{\text{inv}\alpha_t}{\text{inv}\alpha_n}$的值,并按 $z'=z\dfrac{\text{inv}\alpha_t}{\text{inv}\alpha_n}$求出 z'(取到小数点后两位) 2. 按 z'的整数部分由表 14-1-29 查出黑体字的 k 和整数部分的公法线长度 3. 按 z'的小数部分由表 14-1-31 查出小数部分的公法线长度 4. 将整数部分的公法线长度和小数部分的公法线长度相加,即得 W^* 5. $W_n=W^*m_n$ 例　已知 $z=27$、$m_n=4$、$\beta=12°34'$、$\alpha_n=20°$ 由表 14-1-30 查出$\dfrac{\text{inv}\alpha_t}{\text{inv}\alpha_n}=1.0688+0.004\times\dfrac{14}{20}=1.0716$, $z'=1.0716\times27=28.93$ 由表 14-1-29 查出 $k=4$ 和 $z'=28$ 时的 $W^*=10.7246$, 由表 14-1-31 查出 $z'=0.93$ 时的 $W^*=0.013$, $W^*=10.7246+0.013=10.7376$, $W_n=10.7376\times4=42.950\text{mm}$
变位齿轮	1. 按 $z'=z$ 和 x 由图 14-1-27 查出 k 2. 按 $z'=z$ 和 k 由表 14-1-29 查出 W^* 3. 按 x 由表 14-1-32 查出 ΔW^* 4. $W=(W^*+\Delta W^*)m$ 例　已知 $z=33$、$m=3$、$x=0.32$、$\alpha=20°$ 由图 14-1-27 查出 $k=5$ 由表 14-1-29 查出 $W^*=13.7468$ 由表 14-1-32 查出 $\Delta W^*=0.2189$ $W=(13.7468+0.2189)\times3=41.897\text{mm}$	1. 按 β 由表 14-1-30 查出$\dfrac{\text{inv}\alpha_t}{\text{inv}\alpha_n}$的值,并按 $z'=z\dfrac{\text{inv}\alpha_t}{\text{inv}\alpha_n}$求出 z'(取到小数点后两位) 2. 按 z'和 x_n 由图 14-1-27 查出 k 3. 按 z'的整数部分和 k 由表 14-1-29 查出整数部分的公法线长度 4. 按 z'的小数部分由表 14-1-31 查出小数部分的公法线长度 5. 将整数部分的公法线长度和小数部分的公法线长度相加,即得 W^* 6. 按 x_n 由表 14-1-32 查出 ΔW^* 7. $W_n=(W^*+\Delta W^*)m_n$ 例　已知 $z=27$、$m_n=4$、$x_n=0.2$、$\beta=12°34'$、$\alpha_n=20°$ 由表 14-1-30 查出$\dfrac{\text{inv}\alpha_t}{\text{inv}\alpha_n}=1.0688+0.004\times\dfrac{14}{20}=1.0716$, $z'=1.0716\times27=28.93$ 由图 14-1-27 查出 $k=4$, 由表 14-1-29 查出 $z'=28$ 时的 $W^*=10.7246$, 由表 14-1-31 查出 $z'=0.93$ 时的 $W^*=0.013$, $W^*=10.7246+0.013=10.7376$ 由表 14-1-32 查出 $\Delta W^*=0.1368$, $W_n=(10.7376+0.1368)\times4=43.498\text{mm}$

表 14-1-29　公法线长度（跨距）W^*（$m=m_n=1$、$\alpha=\alpha_n=20°$） mm

假想齿数 z'	跨测齿数 k	公法线长度 W^*
8	2	4.5402
9	2	4.5542
10	2	4.5683
11	2	4.5823
12	2	4.5963
13	2	4.6103
	3	7.5624
14	**2**	**4.6243**
	3	7.5764
15	**2**	**4.6383**
	3	7.5904
16	**2**	**4.6523**
	3	7.6044
17	**2**	**4.6663**
	3	7.6184
	4	10.5706
18	2	4.6803
	3	**7.6324**
	4	10.5846
19	2	4.6943
	3	**7.6464**
	4	10.5986
20	2	4.7083
	3	**7.6604**
	4	10.6126
21	2	4.7223
	3	**7.6744**
	4	10.6266
22	2	4.7364
	3	**7.6885**
	4	10.6406
23	2	4.7504
	3	**7.7025**
	4	10.6546
	5	13.6067
24	2	4.7644
	3	**7.7165**
	4	10.6686
	5	13.6207
25	2	4.7784
	3	**7.7305**
	4	10.6826
	5	13.6347
26	2	4.7924
	3	**7.7445**
	4	10.6966
	5	13.6487

假想齿数 z'	跨测齿数 k	公法线长度 W^*
27	2	4.8064
	3	7.7585
	4	**10.7106**
	5	13.6627
28	2	4.8204
	3	7.7725
	4	**10.7246**
	5	13.6767
29	2	4.8344
	3	7.7865
	4	**10.7386**
	5	13.6908
30	2	4.8484
	3	7.8005
	4	**10.7526**
	5	13.7048
	6	16.6569
31	2	4.8623
	3	7.8145
	4	**10.7666**
	5	13.7188
	6	16.6709
32	2	4.8763
	3	7.8285
	4	**10.7806**
	5	13.7328
	6	16.6849
33	2	4.8903
	3	7.8425
	4	**10.7946**
	5	13.7468
	6	16.6989
34	2	4.9043
	3	7.8565
	4	**10.8086**
	5	13.7608
	6	16.7129
35	2	4.9184
	3	7.8705
	4	**10.8227**
	5	13.7748
	6	16.7269
36	2	4.9324
	3	7.8845
	4	10.8367
	5	**13.7888**
	6	16.7409
	7	19.6931

假想齿数 z'	跨测齿数 k	公法线长度 W^*
37	2	4.9464
	3	7.8985
	4	10.8507
	5	**13.8028**
	6	16.7549
	7	19.7071
38	2	4.9604
	3	7.9125
	4	10.8647
	5	**13.8168**
	6	16.7689
	7	19.7211
39	2	4.9744
	3	7.9265
	4	10.8787
	5	**13.8308**
	6	16.7829
	7	19.7351
40	2	4.9884
	3	7.9406
	4	10.8927
	5	**13.8448**
	6	16.7969
	7	19.7491
41	3	7.9546
	4	10.9067
	5	**13.8588**
	6	16.8110
	7	19.7631
	8	22.7152
42	3	7.9686
	4	10.9207
	5	**13.8728**
	6	16.8250
	7	19.7771
43	3	7.9826
	4	10.9347
	5	**13.8868**
	6	16.8390
	7	19.7911
	8	22.7432
44	3	7.9966
	4	10.9487
	5	**13.9008**
	6	16.8530
	7	19.8051
	8	22.7572

假想齿数 z'	跨测齿数 k	公法线长度 W^*
45	3	8.0106
	4	10.9627
	5	13.9148
	6	**16.8670**
	7	19.8191
	8	22.7712
46	3	8.0246
	4	10.9767
	5	13.9288
	6	**16.8810**
	7	19.8331
	8	22.7852
47	3	8.0386
	4	10.9907
	5	13.9429
	6	**16.8950**
	7	19.8471
	8	22.7992
48	4	11.0047
	5	13.9569
	6	**16.9090**
	7	19.8611
	8	22.8133
49	4	11.0187
	5	13.9709
	6	**16.9230**
	7	19.8751
	8	22.8273
	9	25.7794
50	4	11.0327
	5	13.9849
	6	**16.9370**
	7	19.8891
	8	22.8413
	9	25.7934
51	4	11.0467
	5	13.9989
	6	**16.9510**
	7	19.9031
	8	22.8553
	9	25.8074
52	4	11.0607
	5	14.0129
	6	**16.9660**
	7	19.9171
	8	22.8693
	9	25.8214

续表

假想齿数 z'	跨测齿数 k	公法线长度 W^*	假想齿数 z'	跨测齿数 k	公法线长度 W^*	假想齿数 z'	跨测齿数 k	公法线长度 W^*	假想齿数 z'	跨测齿数 k	公法线长度 W^*
53	4	11.0748	61	5	14.1389	69	6	17.2031	77	7	20.2673
	5	14.0269		6	17.0911		7	20.1552		8	23.2194
	6	**16.9790**		**7**	**20.0432**		**8**	**23.1074**		**9**	**26.1715**
	7	19.9311		8	22.9953		9	26.0595		10	29.1237
	8	22.8833		9	25.9475		10	29.0116		11	32.0758
	9	25.8354		10	28.8996		11	31.9638		12	35.0279
54	4	11.0888	62	5	14.1529	70	6	17.2171	78	7	20.2813
	5	14.0409		6	17.1051		7	20.1692		8	23.2334
	6	16.9930		**7**	**20.0572**		**8**	**23.1214**		**9**	**26.1855**
	7	**19.9452**		8	23.0093		9	26.0735		10	29.1377
	8	22.8973		9	25.9615		10	29.0256		11	32.0898
	9	25.8494		10	28.9136		11	31.9778		12	35.0419
55	4	11.1028	63	5	14.1669	71	6	17.2311	79	7	20.2953
	5	14.0549		6	17.1191		7	20.1832		8	23.2474
	6	17.0070		7	20.0712		**8**	**23.1354**		**9**	**26.1996**
	7	**19.9592**		**8**	**23.0233**		9	26.0875		10	29.1517
	8	22.9113		9	25.9755		10	29.0396		11	32.1038
	9	25.8634		10	28.9276		11	31.9918		12	35.0559
56	5	14.0689	64	6	17.1331	72	6	17.2451	80	7	20.3093
	6	17.0210		7	20.0852		7	20.1973		8	23.2614
	7	**19.9732**		**8**	**23.0373**		8	23.1494		**9**	**26.2136**
	8	22.9253		9	25.9895		**9**	**26.1015**		10	29.1657
	9	25.8774		10	28.9416		10	29.0536		11	32.1178
	10	28.8296		11	31.8937		11	32.0058		12	35.0700
57	5	14.0829	65	6	17.1471	73	7	20.2113	81	8	23.2754
	6	17.0350		7	20.0992		8	23.1634		9	26.2276
	7	**19.9872**		**8**	**23.0513**		**9**	**26.1155**		**10**	**29.1797**
	8	22.9393		9	26.0035		10	29.0677		11	32.1318
	9	25.8914		10	28.9556		11	32.0198		12	35.0840
	10	28.8436		11	31.9077		12	34.9719		13	38.0361
58	5	14.0969	66	6	17.1611	74	7	20.2253	82	8	23.2894
	6	17.0490		7	20.1132		8	23.1774		9	26.2416
	7	**20.0012**		**8**	**23.0654**		**9**	**26.1295**		**10**	**29.1937**
	8	22.9533		9	26.0175		10	29.0817		11	32.1458
	9	25.9054		10	28.9696		11	32.0338		12	35.0980
	10	28.8576		11	31.9217		12	34.9859		13	38.0501
59	5	14.1109	67	6	17.1751	75	7	20.2393	83	8	23.3034
	6	17.0630		7	20.1272		8	23.1914		9	26.2556
	7	**20.0152**		**8**	**23.0794**		**9**	**26.1435**		**10**	**29.2077**
	8	22.9673		9	26.0315		10	29.0957		11	32.1598
	9	25.9194		10	28.9836		11	32.0478		12	35.1120
	10	28.8716		11	31.9358		12	34.9999		13	38.0641
60	5	14.1249	68	6	17.1891	76	7	20.2533	84	8	23.3175
	6	17.0771		7	20.1412		8	23.2054		9	26.2696
	7	**20.0292**		**8**	**23.0934**		**9**	**26.1575**		**10**	**29.2217**
	8	22.9813		9	26.0455		10	29.1097		11	32.1738
	9	25.9334		10	28.9976		11	32.0618		12	35.1260
	10	28.8856		11	31.9498		12	35.0139		13	38.0781

续表

假想齿数 z'	跨测齿数 k	公法线长度 W^*	假想齿数 z'	跨测齿数 k	公法线长度 W^*	假想齿数 z'	跨测齿数 k	公法线长度 W^*	假想齿数 z'	跨测齿数 k	公法线长度 W^*
85	8	23.3315	93	9	26.3956	101	10	29.4598	109	11	32.5240
	9	26.2836		10	29.3478		11	32.4119		12	35.4761
	10	**29.2357**		**11**	**32.2999**		**12**	**35.3641**		**13**	**38.4282**
	11	32.1879		12	35.2520		13	38.3162		14	41.3804
	12	35.1400		13	38.2042		14	41.2683		15	44.3325
	13	38.0921		14	41.1563		15	44.2205		16	47.2846
86	8	23.3455	94	9	26.4096	102	10	29.4738	110	11	32.5380
	9	26.2976		10	29.3618		11	32.4259		12	35.4901
	10	**29.2497**		**11**	**32.3139**		**12**	**35.3781**		**13**	**38.4423**
	11	32.2019		12	35.2660		13	38.3302		14	41.3944
	12	35.1540		13	38.2182		14	41.2823		15	44.3465
	13	38.1061		14	41.1703		15	44.2345		16	47.2986
87	8	23.3595	95	9	26.4236	103	10	29.4878	111	11	32.5520
	9	26.3116		10	29.3758		11	32.4400		12	35.5041
	10	**29.2637**		**11**	**32.3279**		**12**	**35.3921**		**13**	**38.4563**
	11	32.2159		12	35.2800		13	38.3442		14	41.4084
	12	35.1680		13	38.2322		14	41.2963		15	44.3605
	13	38.1201		14	41.1843		15	44.2485		16	47.3127
88	8	23.3735	96	9	26.4376	104	10	29.5018	112	11	32.5660
	9	26.3256		10	29.3898		11	32.4540		12	35.5181
	10	**29.2777**		**11**	**32.3419**		**12**	**35.4061**		**13**	**38.4703**
	11	32.2299		12	35.2940		13	38.3582		14	41.4224
	12	35.1820		13	38.2462		14	41.3104		15	44.3745
	13	38.1341		14	41.1983		15	44.2625		16	47.3267
89	8	23.3875	97	9	26.4517	105	10	29.5158	113	11	32.5800
	9	26.3396		10	29.4038		11	32.4680		12	35.5321
	10	**29.2917**		**11**	**32.3559**		**12**	**35.4201**		**13**	**38.4843**
	11	32.2439		12	35.3080		13	38.3722		14	41.4364
	12	35.1960		13	38.2602		14	41.3244		15	44.3885
	13	38.1481		14	41.2123		15	44.2765		16	47.3407
90	9	26.3536	98	9	26.4657	106	10	29.5298	114	11	32.5940
	10	29.3057		10	29.4178		11	32.4820		12	35.5461
	11	**32.2579**		**11**	**32.3699**		**12**	**35.4341**		**13**	**38.4983**
	12	35.2100		12	35.3221		13	38.3862		14	41.4504
	13	38.1621		13	38.2742		14	41.3384		15	44.4025
	14	41.1143		14	41.2263		15	44.2905		16	47.3547
91	9	26.3676	99	10	29.4318	107	10	29.5438	115	11	32.6080
	10	29.3198		11	32.3839		11	32.4960		12	35.5601
	11	**32.2719**		**12**	**35.3361**		**12**	**35.4481**		**13**	**38.5123**
	12	35.2240		13	38.2882		13	38.4002		14	41.4644
	13	38.1761		14	41.2403		14	41.3524		15	44.4165
	14	41.1283		15	44.1925		15	44.3045		16	47.3687
92	9	26.3816	100	10	29.4458	108	11	32.5100	116	11	32.6220
	10	29.3338		11	32.3979		12	35.4621		12	35.5742
	11	**32.2859**		**12**	**35.3501**		**13**	**38.4142**		**13**	**38.5263**
	12	35.2380		13	38.3022		14	41.3664		14	41.4784
	13	38.1902		14	41.2543		15	44.3185		15	44.4305
	14	41.1423		15	44.2065		16	47.2706		16	47.3827

续表

假想齿数 z'	跨测齿数 k	公法线长度 W^*	假想齿数 z'	跨测齿数 k	公法线长度 W^*	假想齿数 z'	跨测齿数 k	公法线长度 W^*	假想齿数 z'	跨测齿数 k	公法线长度 W^*
117	12	35.5882	125	13	38.6523	133	13	38.7644	141	14	41.8286
	13	38.5403		**14**	**41.6045**		14	41.7165		15	44.7807
	14	**41.4924**		15	44.5566		**15**	**44.6686**		**16**	**47.7328**
	15	44.4446		16	47.5087		16	47.6208		17	50.6849
	16	47.3967		17	50.4609		17	50.5729		18	53.6371
	17	50.3488		18	53.4130		18	53.5250		19	56.5892
118	12	35.6022	126	13	38.6663	134	14	41.7305	142	14	41.8426
	13	38.5543		14	41.6185		**15**	**44.6826**		15	44.7947
	14	**41.5064**		**15**	**44.5706**		16	47.6348		**16**	**47.7468**
	15	44.4586		16	47.5227		17	50.5869		17	50.6990
	16	47.4107		17	50.4749		18	53.5390		18	53.6511
	17	50.3628		18	53.4270		19	56.4912		19	56.6032
119	12	35.6162	127	13	38.6803	135	14	41.7445	143	15	44.8087
	13	38.5683		14	41.6325		15	44.6967		**16**	**47.7608**
	14	**41.5204**		**15**	**44.5846**		**16**	**47.6488**		17	50.7130
	15	44.4726		16	47.5367		17	50.6009		18	53.6651
	16	47.4247		17	50.4889		18	53.5530		19	56.6172
	17	50.3768		18	53.4410		19	56.5052		20	59.5694
120	12	35.6302	128	13	38.6944	136	14	41.7585	144	15	44.8227
	13	38.5823		14	41.6465		15	44.7107		16	47.7748
	14	**41.5344**		**15**	**44.5986**		**16**	**47.6628**		**17**	**50.7270**
	15	44.4866		16	47.5507		17	50.6149		18	53.6791
	16	47.4387		17	50.5029		18	53.5671		19	56.6312
	17	50.3908		18	53.4550		19	56.5192		20	59.5834
121	12	35.6442	129	13	38.7084	137	14	41.7725	145	15	44.8367
	13	38.5963		14	41.6605		15	44.7247		16	47.7888
	14	**41.5484**		**15**	**44.6126**		**16**	**47.6768**		**17**	**50.7410**
	15	44.5006		16	47.5648		17	50.6289		18	53.6931
	16	47.4527		17	50.5169		18	53.5811		19	56.6452
	17	50.4048		18	53.4690		19	56.5332		20	59.5974
122	12	35.6582	130	13	38.7224	138	14	41.7865	146	15	44.8507
	13	38.6103		14	41.6745		15	44.7387		16	47.8028
	14	**41.5625**		**15**	**44.6266**		**16**	**47.6908**		**17**	**50.7550**
	15	44.5146		16	47.5788		17	50.6429		18	53.7071
	16	47.4667		17	50.5309		18	53.5951		19	56.6592
	17	50.4188		18	53.4830		19	56.5472		20	59.6114
123	12	35.6722	131	13	38.7364	139	14	41.8005	147	15	44.8647
	13	38.6243		14	41.6885		15	44.7527		16	47.8169
	14	**41.5765**		**15**	**44.6406**		**16**	**47.7048**		**17**	**50.7690**
	15	44.5286		16	47.5928		17	50.6569		18	53.7211
	16	47.4807		17	50.5449		18	53.6091		19	56.6732
	17	50.4329		18	53.4970		19	56.5612		20	59.6254
124	12	35.6862	132	13	38.7504	140	14	41.8145	148	15	44.8787
	13	38.6383		14	41.7025		15	44.7667		16	47.8309
	14	**41.5905**		**15**	**44.6546**		**16**	**47.7188**		**17**	**50.7830**
	15	44.5426		16	47.6068		17	50.6709		18	53.7351
	16	47.4947		17	50.5589		18	53.6231		19	56.6873
	17	50.4469		18	53.5110		19	56.5752		20	59.6394

续表

假想齿数 z'	跨测齿数 k	公法线长度 W^*	假想齿数 z'	跨测齿数 k	公法线长度 W^*	假想齿数 z'	跨测齿数 k	公法线长度 W^*	假想齿数 z'	跨测齿数 k	公法线长度 W^*
149	15	44.8927	157	16	47.9569	165	17	51.0211	173	18	54.0853
	16	47.8449		17	50.9090		18	53.9732		19	57.0374
	17	**50.7970**		**18**	**53.8612**		**19**	**56.9253**		**20**	**59.9895**
	18	53.7491		19	56.8133		20	59.8775		21	62.9417
	19	56.7013		20	59.7654		21	62.8296		22	65.8938
	20	59.6534		21	62.7176		22	65.7817		23	68.8459
150	15	44.9067	158	16	47.9709	166	17	51.0351	174	18	54.0993
	16	47.8589		17	50.9230		18	53.9872		19	57.0514
	17	**50.8110**		**18**	**53.8752**		**19**	**56.9394**		**20**	**60.0035**
	18	53.7631		19	56.8273		20	59.8915		21	62.9557
	19	56.7153		20	59.7794		21	62.8436		22	65.9078
	20	59.6674		21	62.7316		22	65.7957		23	68.8599
151	15	44.9207	159	16	47.9849	167	17	51.0491	175	18	54.1133
	16	47.8729		17	50.9370		18	54.0012		19	57.0654
	17	**50.8250**		**18**	**53.8892**		**19**	**56.9534**		**20**	**60.0175**
	18	53.7771		19	56.8413		20	59.9055		21	62.9697
	19	56.7293		20	59.7934		21	62.8576		22	65.9218
	20	59.6814		21	62.7456		22	65.8098		23	68.8739
152	16	47.8869	160	16	47.9989	168	17	51.0631	176	18	54.1273
	17	**50.8390**		17	50.9511		18	54.0152		19	57.0794
	18	53.7911		**18**	**53.9032**		**19**	**56.9674**		**20**	**60.0315**
	19	56.7433		19	56.8553		20	59.9195		21	62.9837
	20	59.6954		20	59.8074		21	62.8716		22	65.9358
	21	62.6475		21	62.7596		22	65.8238		23	68.8879
153	16	47.9009	161	17	50.9651	169	17	51.0771	177	18	54.1413
	17	50.8530		**18**	**53.9172**		18	54.0292		19	57.0934
	18	**53.8051**		19	56.8693		**19**	**56.9814**		**20**	**60.0455**
	19	56.7573		20	59.8215		20	59.9335		21	62.9977
	20	59.7094		21	62.7736		21	62.8856		22	65.9498
	21	62.6615		22	65.7257		22	65.8378		23	68.9019
154	16	47.9149	162	17	50.9791	170	18	54.0432	178	18	54.1553
	17	50.8670		18	53.9312		**19**	**56.9954**		19	57.1074
	18	**53.8192**		**19**	**56.8833**		20	59.9475		**20**	**60.0595**
	19	56.7713		20	59.8355		21	62.8996		21	63.0117
	20	59.7234		21	62.7876		22	65.8518		22	65.9638
	21	62.6755		22	65.7397		23	68.8039		23	68.9159
155	16	47.9289	163	17	50.9931	171	18	54.0572	179	19	57.1214
	17	50.8810		18	53.9452		19	57.0094		**20**	**60.0736**
	18	**53.8332**		**19**	**56.8973**		**20**	**59.9615**		21	63.0257
	19	56.7853		20	59.8495		21	62.9136		22	65.9778
	20	59.7374		21	62.8016		22	65.8658		23	68.9299
	21	62.6896		22	65.7537		23	68.8179		24	71.8821
156	16	47.9429	164	17	51.0071	172	18	54.0713	180	19	57.1354
	17	50.8950		18	53.9592		19	57.0234		20	60.0876
	18	**53.8472**		**19**	**56.9113**		**20**	**59.9755**		**21**	**63.0397**
	19	56.7993		20	59.8635		21	62.9276		22	65.9918
	20	59.7514		21	62.8156		22	65.8798		23	68.9440
	21	62.7036		22	65.7677		23	68.8319		24	71.8961

第14篇

续表

假想齿数 z'	跨测齿数 k	公法线长度 W^*	假想齿数 z'	跨测齿数 k	公法线长度 W^*	假想齿数 z'	跨测齿数 k	公法线长度 W^*	假想齿数 z'	跨测齿数 k	公法线长度 W^*
181	19	57.1494	186	19	57.2195	191	20	60.2416	196	20	60.3116
	20	60.1016		20	60.1716		21	63.1938		21	63.2638
	21	**63.0537**		**21**	**63.1237**		**22**	**66.1459**		**22**	**66.2159**
	22	66.0058		22	66.0759		23	69.0980		23	69.1680
	23	68.9580		23	69.0280		24	72.0501		24	72.1202
	24	71.9101		24	71.9801		25	75.0023		25	75.0723
182	19	57.1634	187	19	57.2335	192	20	60.2556	197	21	63.2778
	20	60.1156		20	60.1856		21	63.2078		**22**	**66.2299**
	21	**63.0677**		**21**	**63.1377**		**22**	**66.1599**		23	69.1820
	22	66.0198		22	66.0899		23	69.1120		24	72.1342
	23	68.9720		23	69.0420		24	72.0642		25	75.0863
	24	71.9241		24	71.9941		25	75.0163		26	78.0384
183	19	57.1774	188	20	60.1996	193	20	60.2696	198	21	63.2918
	20	60.1296		**21**	**63.1517**		21	63.2218		22	66.2439
	21	**63.0817**		22	66.1039		**22**	**66.1739**		**23**	**69.1961**
	22	66.0338		23	69.0560		23	69.1260		24	72.1482
	23	68.9860		24	72.0081		24	72.0782		25	75.1003
	24	71.9381		25	74.9603		25	75.0303		26	78.0524
184	19	57.1915	189	20	60.2186	194	20	60.2836	199	21	63.3058
	20	60.1436		21	63.1657		21	63.2358		22	66.2579
	21	**63.0957**		**22**	**66.1179**		**22**	**66.1879**		**23**	**69.2101**
	22	66.0478		23	69.0700		23	69.1400		24	72.1622
	23	69.0000		24	72.0221		24	72.0922		25	75.1143
	24	71.9521		25	74.9743		25	75.0443		26	78.0665
185	19	57.2055	190	20	60.2276	195	20	60.2976	200	21	63.3198
	20	60.1576		21	63.1797		21	63.2498		22	66.2719
	21	**63.1097**		**22**	**66.1319**		**22**	**66.2019**		**23**	**69.2241**
	22	66.0619		23	69.0840		23	69.1540		24	72.1762
	23	69.0140		24	72.0361		24	72.1062		25	75.1283
	24	71.9661		25	74.9883		25	75.0583		26	78.0805

注：1. 本表可用于外啮合和内啮合的直齿轮和斜齿轮，使用方法见表 14-1-28。

2. 对直齿轮 $z'=z$，对斜齿轮 $z'=z\dfrac{\text{inv}\alpha_t}{\text{inv}\alpha_n}$。

3. 对内齿轮 k 为跨测齿槽数。

4. 黑体字是标准齿轮（$x=x_n=0$）的跨测齿数 k 和公法线长度 W^*。

表 14-1-30　$\dfrac{inv\alpha_t}{inv\alpha_n}$值（$\alpha_n=20°$）

β	$\frac{inv\alpha_t}{inv20°}$	差值	β	$\frac{inv\alpha_t}{inv20°}$	差值	β	$\frac{inv\alpha_t}{inv20°}$	差值	β	$\frac{inv\alpha_t}{inv20°}$	差值
8°	1.0283	0.0025	17°	1.1358	0.0059	25°	1.3227	0.0103	32°	1.5952	0.0164
8°20′	1.0308	0.0025	17°20′	1.1417	0.0059	25°20′	1.3330	0.0105	32°20′	1.6116	0.0169
8°40′	1.0333	0.0027	17°40′	1.1476	0.0061	25°40′	1.3435	0.0107	32°40′	1.6285	0.0172
9°	1.0360	0.0028	18°	1.1537	0.0063	26°	1.3542	0.0110	33°	1.6457	0.0177
9°20′	1.0388	0.0029	18°20′	1.1600	0.0065	26°20′	1.3652	0.0113	33°20′	1.6634	0.0180
9°40′	1.0417	0.0030	18°40′	1.1665	0.0066	26°40′	1.3765	0.0115	33°40′	1.6814	0.0185
10°	1.0447	0.0031	19°	1.1731	0.0067	27°	1.3880	0.0117	34°	1.6999	0.0189
10°20′	1.0478	0.0032	19°20′	1.1798	0.0069	27°20′	1.3997	0.0120	34°20′	1.7188	0.0193
10°40′	1.0510	0.0034	19°40′	1.1867	0.0071	27°40′	1.4117	0.0123	34°40′	1.7381	0.0198
11°	1.0544	0.0034	20°	1.1938	0.0073	28°	1.4240	0.0126	35°	1.7579	0.0203
11°20′	1.0578	0.0036	20°20′	1.2011	0.0074	28°20′	1.4366	0.0128	35°20′	1.7782	0.0207
11°40′	1.0614	0.0037	20°40′	1.2085	0.0077	28°40′	1.4494	0.0132	35°40′	1.7989	0.0212
12°	1.0651	0.0038	21°	1.2162	0.0078	29°	1.4626	0.0134	36°	1.8201	0.0218
12°20′	1.0689	0.0039	21°20′	1.2240	0.0079	29°20′	1.4760	0.0138	36°20′	1.8419	0.0222
12°40′	1.0728	0.0041	21°40′	1.2319	0.0082	29°40′	1.4898	0.0140	36°40′	1.8641	0.0228
13°	1.0769	0.0042	22°	1.2401	0.0084	30°	1.5038	0.0144	37°	1.8869	0.0233
13°20′	1.0811	0.0043	22°20′	1.2485	0.0085	30°20′	1.5182	0.0147	37°20′	1.9102	0.0239
13°40′	1.0854	0.0044	22°40′	1.2570	0.0088	30°40′	1.5329	0.0150	37°40′	1.9341	0.0245
14°	1.0898	0.0046	23°	1.2658	0.0089	31°	1.5479	0.0154	38°	1.9586	0.0251
14°20′	1.0944	0.0047	23°20′	1.2747	0.0092	31°20′	1.5633	0.0158	38°20′	1.9837	0.0256
14°40′	1.0991	0.0048	23°40′	1.2839	0.0094	31°40′	1.5791	0.0161	38°40′	2.0093	0.0263
15°	1.1039	0.0050	24°	1.2933	0.0096	32°	1.5952		39°	2.0356	
15°20′	1.1089	0.0051	24°20′	1.3029	0.0098						
15°40′	1.1140	0.0052	24°40′	1.3127	0.0100						
16°	1.1192	0.0054	25°	1.3227							
16°20′	1.1246	0.0056									
16°40′	1.1302	0.0056									
17°	1.1358										

表 14-1-31　假想齿数的小数部分的公法线长度（跨距）

（$m_n=1$、$\alpha_n=20°$）　mm

z'	0.00	0.01	0.02	0.03	0.04	0.05	0.06	0.07	0.08	0.09
0.0	0.0000	0.0001	0.0003	0.0004	0.0006	0.0007	0.0008	0.0010	0.0011	0.0013
0.1	0.0014	0.0015	0.0017	0.0018	0.0020	0.0021	0.0022	0.0024	0.0025	0.0027
0.2	0.0028	0.0029	0.0031	0.0032	0.0034	0.0035	0.0036	0.0038	0.0039	0.0041
0.3	0.0042	0.0043	0.0045	0.0046	0.0048	0.0049	0.0050	0.0052	0.0053	0.0055
0.4	0.0056	0.0057	0.0059	0.0060	0.0062	0.0063	0.0064	0.0066	0.0067	0.0069
0.5	0.0070	0.0071	0.0073	0.0074	0.0076	0.0077	0.0078	0.0080	0.0081	0.0083
0.6	0.0084	0.0085	0.0087	0.0088	0.0090	0.0091	0.0092	0.0094	0.0095	0.0097
0.7	0.0098	0.0099	0.0101	0.0102	0.0104	0.0105	0.0106	0.0108	0.0109	0.0111
0.8	0.0112	0.0113	0.0115	0.0116	0.0118	0.0119	0.0120	0.0122	0.0123	0.0125
0.9	0.0126	0.0127	0.0129	0.0130	0.0132	0.0133	0.0134	0.0136	0.0137	0.0139

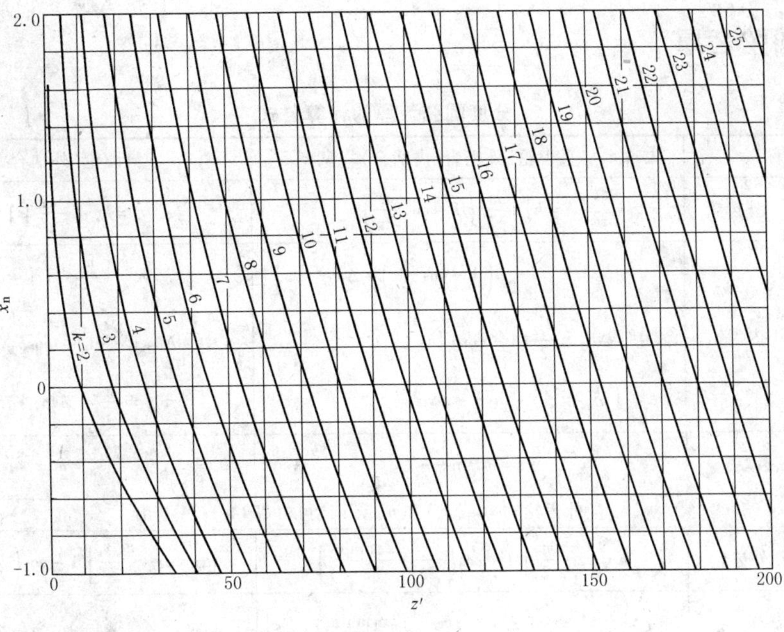

图 14-1-27　跨测齿数 k（$\alpha=\alpha_n=20°$）

表 14-1-32　　变位齿轮的公法线长度跨距附加量 ΔW^*（$m=m_n=1$、$\alpha=\alpha_n=20°$）　mm

x（或 x_n）	0.00	0.01	0.02	0.03	0.04	0.05	0.06	0.07	0.08	0.09
0.0	0.0000	0.0068	0.0137	0.0205	0.0274	0.0342	0.0410	0.0479	0.0547	0.0616
0.1	0.0684	0.0752	0.0821	0.0889	0.0958	0.1026	0.1094	0.1163	0.1231	0.1300
0.2	0.1368	0.1436	0.1505	0.1573	0.1642	0.1710	0.1779	0.1847	0.1915	0.1984
0.3	0.2052	0.2121	0.2189	0.2257	0.2326	0.2394	0.2463	0.2531	0.2599	0.2668
0.4	0.2736	0.2805	0.2873	0.2941	0.3010	0.3078	0.3147	0.3215	0.3283	0.3352
0.5	0.3420	0.3489	0.3557	0.3625	0.3694	0.3762	0.3831	0.3899	0.3967	0.4036
0.6	0.4104	0.4173	0.4241	0.4309	0.4378	0.4446	0.4515	0.4583	0.4651	0.4720
0.7	0.4788	0.4857	0.4925	0.4993	0.5062	0.5130	0.5199	0.5267	0.5336	0.5404
0.8	0.5472	0.5541	0.5609	0.5678	0.5746	0.5814	0.5883	0.5951	0.6020	0.6088
0.9	0.6156	0.6225	0.6293	0.6362	0.6430	0.6498	0.6567	0.6635	0.6704	0.6772
1.0	0.6840	0.6909	0.6977	0.7046	0.7114	0.7182	0.7251	0.7319	0.7388	0.7456
1.1	0.7524	0.7593	0.7661	0.7730	0.7798	0.7866	0.7935	0.8003	0.8072	0.8140
1.2	0.8208	0.8277	0.8345	0.8414	0.8482	0.8551	0.8619	0.8687	0.8756	0.8824
1.3	0.8893	0.8961	0.9029	0.9098	0.9166	0.9235	0.9303	0.9371	0.9440	0.9508
1.4	0.9577	0.9645	0.9713	0.9782	0.9850	0.9919	0.9987	1.0055	1.0124	1.0192
1.5	1.0261	1.0329	1.0397	1.0466	1.0534	1.0603	1.0671	1.0739	1.0808	1.0876
1.6	1.0945	1.1013	1.1081	1.1150	1.1218	1.1287	1.1355	1.1423	1.1492	1.1560
1.7	1.1629	1.1697	1.1765	1.1834	1.1902	1.1971	1.2039	1.2108	1.2176	1.2244
1.8	1.2313	1.2381	1.2450	1.2518	1.2586	1.2655	1.2723	1.2792	1.2860	1.2928
1.9	1.2997	1.3065	1.3134	1.3202	1.3270	1.3339	1.3407	1.3476	1.3544	1.3612

5.3 分度圆弦齿厚

表 14-1-33　　分度圆弦齿厚的计算公式

名称			直齿轮(外啮合、内啮合)	斜齿轮(外啮合、内啮合)
标准齿轮	分度圆弦齿高 $\bar h$	外齿轮	$\bar h = h_a + \frac{mz}{2}\left(1-\cos\frac{\pi}{2z}\right)$	$\bar h_n = h_a + \frac{m_n z_v}{2}\left(1-\cos\frac{\pi}{2z_v}\right)$
		内齿轮	$\bar h_2 = h_{a2} - \frac{mz_2}{2}\left(1-\cos\frac{\pi}{2z_2}\right)+\Delta\bar h_2$ 式中　$\Delta\bar h_2 = \frac{d_{a2}}{2}(1-\cos\delta_{a2})$ $\delta_{a2} = \frac{\pi}{2z_2} - \mathrm{inv}\alpha + \mathrm{inv}\alpha_{a2}$	$\bar h_{n2} = h_{a2} + \frac{m_n z_{v2}}{2}\left(1-\cos\frac{\pi}{2z_{v2}}\right)+\Delta\bar h_2$ 式中　$\Delta\bar h_2 = \frac{d_{a2}}{2}(1-\cos\delta_{a2})$ $\delta_{a2} = \frac{\pi}{2z_2} - \mathrm{inv}\alpha_t + \mathrm{inv}\alpha_{at2}$
	分度圆弦齿厚 $\bar s$		$\bar s = mz\sin\frac{\pi}{2z}$	$\bar s_n = m_n z_v \sin\frac{\pi}{2z_v}$
	外齿轮的 $\bar s$(或 $\bar s_n$)和 $\bar h$(或 $\bar h_n$)可由表 14-1-34 查出			
变位齿轮	分度圆弦齿高 $\bar h$	外齿轮	$\bar h = h_a + \frac{mz}{2}\left[1-\cos\left(\frac{\pi}{2z}+\frac{2x\tan\alpha}{z}\right)\right]$	$\bar h_n = h_a + \frac{m_n z_v}{2}\left[1-\cos\left(\frac{\pi}{2z_v}+\frac{2x_n\tan\alpha_n}{z_v}\right)\right]$
		内齿轮	$\bar h_2 = h_{a2} - \frac{mz_2}{2}\left[1-\cos\left(\frac{\pi}{2z_2}-\frac{2x_2\tan\alpha}{z_2}\right)\right]+$ $\Delta\bar h_2$ 式中　$\Delta\bar h_2 = \frac{d_{a2}}{2}(1-\cos\delta_{a2})$ $\delta_{a2} = \frac{\pi}{2z_2} - \mathrm{inv}\alpha - \frac{2x_2\tan\alpha}{z_2} + \mathrm{inv}\alpha_{a2}$	$\bar h_{n2} = h_{a2} - \frac{m_n z_{v2}}{2}\left[1-\cos\left(\frac{\pi}{2z_{v2}}-\frac{2x_{n2}\tan\alpha_n}{z_{v2}}\right)\right]+$ $\Delta\bar h_2$ 式中　$\Delta\bar h_2 = \frac{d_{a2}}{2}(1-\cos\delta_{a2})$ $\delta_{a2} = \frac{\pi}{2z_2} - \mathrm{inv}\alpha_t - \frac{2x_n\tan\alpha_t}{z_2} + \mathrm{inv}\alpha_{at2}$
	分度圆弦齿厚 $\bar s$		$\bar s = mz\sin\left(\frac{\pi}{2z}\pm\frac{2x\tan\alpha}{z}\right)$	$\bar s_n = m_n z_v \sin\left(\frac{\pi}{2z_v}\pm\frac{2x_n\tan\alpha_n}{z_v}\right)$
	外齿轮的 $\bar s$(或 $\bar s_n$)和 $\bar h$(或 $\bar h_n$)可由表 14-1-35 查出			

注：有“±”号处，正号用于外齿轮，负号用于内齿轮。

表 14-1-34　　标准外齿轮的分度圆弦齿厚 $\bar s$（或 $\bar s_n$）和分度圆弦齿高 $\bar h$（或 $\bar h_n$）

（$m=m_n=1$、$h_a^*=h_{an}^*=1$）　　mm

z（或 z_v）	$\bar s$（或 $\bar s_n$）	$\bar h$（或 $\bar h_n$）	z（或 z_v）	$\bar s$（或 $\bar s_n$）	$\bar h$（或 $\bar h_n$）	z（或 z_v）	$\bar s$（或 $\bar s_n$）	$\bar h$（或 $\bar h_n$）	z（或 z_v）	$\bar s$（或 $\bar s_n$）	$\bar h$（或 $\bar h_n$）
8	1.5607	1.0769	23	1.5696	1.0268	38	1.5703	1.0162	53	1.5706	1.0116
9	1.5628	1.0684	24	1.5697	1.0257	39	1.5704	1.0158	54	1.5706	1.0114
10	1.5643	1.0616	25	1.5698	1.0247	40	1.5704	1.0154	55	1.5706	1.0112
11	1.5655	1.0560	26	1.5698	1.0237	41	1.5704	1.0150	56	1.5706	1.0110
12	1.5663	1.0513	27	1.5699	1.0228	42	1.5704	1.0147	57	1.5706	1.0108
13	1.5670	1.0474	28	1.5700	1.0220	43	1.5704	1.0143	58	1.5706	1.0106
14	1.5675	1.0440	29	1.5700	1.0213	44	1.5705	1.0140	59	1.5706	1.0105
15	1.5679	1.0411	30	1.5701	1.0206	45	1.5705	1.0137	60	1.5706	1.0103
16	1.5683	1.0385	31	1.5701	1.0199	46	1.5705	1.0134	61	1.5706	1.0101
17	1.5686	1.0363	32	1.5702	1.0193	47	1.5705	1.0131	62	1.5706	1.0099
18	1.5688	1.0342	33	1.5702	1.0187	48	1.5705	1.0128	63	1.5706	1.0098
19	1.5690	1.0324	34	1.5702	1.0181	49	1.5705	1.0126	64	1.5706	1.0096
20	1.5692	1.0308	35	1.5703	1.0176	50	1.5705	1.0123	65	1.5706	1.0095
21	1.5693	1.0294	36	1.5703	1.0171	51	1.5705	1.0121	66	1.5706	1.0093
22	1.5695	1.0280	37	1.5703	1.0167	52	1.5706	1.0119	67	1.5707	1.0092

续表

z（或 z_v）	$\bar{s}$（或 $\bar{s}_n$）	$\bar{h}$（或 $\bar{h}_n$）	z（或 z_v）	$\bar{s}$（或 $\bar{s}_n$）	$\bar{h}$（或 $\bar{h}_n$）	z（或 z_v）	$\bar{s}$（或 $\bar{s}_n$）	$\bar{h}$（或 $\bar{h}_n$）	z（或 z_v）	$\bar{s}$（或 $\bar{s}_n$）	$\bar{h}$（或 $\bar{h}_n$）
68	1.5707	1.0091	87	1.5707	1.0071	106	1.5707	1.0058	125	1.5708	1.0049
69	1.5707	1.0089	88	1.5707	1.0070	107	1.5707	1.0058	126	1.5708	1.0049
70	1.5707	1.0088	89	1.5707	1.0069	108	1.5707	1.0057	127	1.5708	1.0049
71	1.5707	1.0087	90	1.5707	1.0069	109	1.5707	1.0057	128	1.5708	1.0048
72	1.5707	1.0086	91	1.5707	1.0068	110	1.5707	1.0056	129	1.5708	1.0048
73	1.5707	1.0084	92	1.5707	1.0067	111	1.5707	1.0056	130	1.5708	1.0047
74	1.5707	1.0083	93	1.5707	1.0066	112	1.5707	1.0055	131	1.5708	1.0047
75	1.5707	1.0082	94	1.5707	1.0066	113	1.5707	1.0055	132	1.5708	1.0047
76	1.5707	1.0081	95	1.5707	1.0065	114	1.5707	1.0054	133	1.5708	1.0046
77	1.5707	1.0080	96	1.5707	1.0064	115	1.5707	1.0054	134	1.5708	1.0046
78	1.5707	1.0079	97	1.5707	1.0064	116	1.5707	1.0053	135	1.5708	1.0046
79	1.5707	1.0078	98	1.5707	1.0063	117	1.5707	1.0053	140	1.5708	1.0044
80	1.5707	1.0077	99	1.5707	1.0062	118	1.5707	1.0052	145	1.5708	1.0043
81	1.5707	1.0076	100	1.5707	1.0062	119	1.5708	1.0052	150	1.5708	1.0041
82	1.5707	1.0075	101	1.5707	1.0061	120	1.5708	1.0051	200	1.5708	1.0031
83	1.5707	1.0074	102	1.5707	1.0060	121	1.5708	1.0051	∞	1.5708	1.0000
84	1.5707	1.0073	103	1.5707	1.0060	122	1.5708	1.0051			
85	1.5707	1.0073	104	1.5707	1.0059	123	1.5708	1.0050			
86	1.5707	1.0072	105	1.5707	1.0059	124	1.5708	1.0050			

注：1. 当模数 m（或 m_n）$\neq 1$ 时，应将查得的结果乘以 m（或 m_n）。

2. 当 h_a^*（或 h_{an}^*）$\neq 1$ 时，应将查得的弦齿高减去（$1-h_a^*$）或（$1-h_{an}^*$），弦齿厚不变。

3. 对斜齿轮，用 z_v 查表，z_v 有小数时，按插入法计算。

表 14-1-35　变位外齿轮的分度圆弦齿厚 $\bar{s}$（或 $\bar{s}_n$）和分度圆弦齿高 $\bar{h}$（或 $\bar{h}_n$）

（$\alpha=\alpha_n=20°$、$m=m_n=1$、$h_a^*=h_{an}^*=1$）　mm

z（或 z_v）	10		11		12		13		14		15		16		17	
x（或 x_n）	$\bar{s}$（或 $\bar{s}_n$）	$\bar{h}$（或 $\bar{h}_n$）	$\bar{s}$（或 $\bar{s}_n$）	$\bar{h}$（或 $\bar{h}_n$）	$\bar{s}$（或 $\bar{s}_n$）	$\bar{h}$（或 $\bar{h}_n$）	$\bar{s}$（或 $\bar{s}_n$）	$\bar{h}$（或 $\bar{h}_n$）	$\bar{s}$（或 $\bar{s}_n$）	$\bar{h}$（或 $\bar{h}_n$）	$\bar{s}$（或 $\bar{s}_n$）	$\bar{h}$（或 $\bar{h}_n$）	$\bar{s}$（或 $\bar{s}_n$）	$\bar{h}$（或 $\bar{h}_n$）	$\bar{s}$（或 $\bar{s}_n$）	$\bar{h}$（或 $\bar{h}_n$）
0.02															1.583	1.057
0.05											1.604	1.093	1.604	1.090	1.605	1.088
0.08											1.626	1.124	1.626	1.121	1.626	1.119
0.10									1.639	1.148	1.640	1.145	1.641	1.142	1.641	1.140
0.12									1.654	1.169	1.655	1.166	1.655	1.163	1.655	1.160
0.15							1.675	1.204	1.676	1.200	1.677	1.197	1.677	1.194	1.677	1.192
0.18							1.697	1.236	1.698	1.232	1.698	1.228	1.699	1.225	1.699	1.223
0.20					1.710	1.261	1.711	1.257	1.712	1.253	1.713	1.249	1.713	1.246	1.713	1.243
0.22					1.725	1.282	1.726	1.278	1.726	1.273	1.727	1.270	1.728	1.267	1.728	1.264
0.25	1.744	1.327	1.745	1.320	1.746	1.314	1.747	1.309	1.748	1.305	1.749	1.301	1.749	1.298	1.750	1.295
0.28	1.765	1.359	1.767	1.351	1.768	1.346	1.769	1.341	1.770	1.336	1.770	1.332	1.771	1.329	1.771	1.326
0.30	1.780	1.380	1.781	1.373	1.782	1.367	1.783	1.362	1.784	1.357	1.785	1.353	1.785	1.350	1.786	1.347
0.32	1.794	1.401	1.796	1.394	1.797	1.388	1.798	1.383	1.798	1.378	1.799	1.374	1.800	1.371	1.800	1.368
0.35	1.815	1.433	1.817	1.426	1.819	1.419	1.820	1.414	1.820	1.410	1.821	1.405	1.822	1.402	1.822	1.399
0.38	1.837	1.465	1.839	1.457	1.841	1.451	1.841	1.446	1.842	1.441	1.843	1.437	1.843	1.433	1.844	1.430
0.40	1.851	1.486	1.853	1.479	1.855	1.472	1.856	1.467	1.857	1.462	1.857	1.458	1.858	1.454	1.858	1.451

续表

z(或z_v)	10		11		12		13		14		15		16		17	
x (或x_n)	$\bar{s}$ (或$\bar{s}_n$)	$\bar{h}$ (或$\bar{h}_n$)	$\bar{s}$ (或$\bar{s}_n$)	$\bar{h}$ (或$\bar{h}_n$)	$\bar{s}$ (或$\bar{s}_n$)	$\bar{h}$ (或$\bar{h}_n$)	$\bar{s}$ (或$\bar{s}_n$)	$\bar{h}$ (或$\bar{h}_n$)	$\bar{s}$ (或$\bar{s}_n$)	$\bar{h}$ (或$\bar{h}_n$)	$\bar{s}$ (或$\bar{s}_n$)	$\bar{h}$ (或$\bar{h}_n$)	$\bar{s}$ (或$\bar{s}_n$)	$\bar{h}$ (或$\bar{h}_n$)	$\bar{s}$ (或$\bar{s}_n$)	$\bar{h}$ (或$\bar{h}_n$)
0.42	1.866	1.508	1.867	1.500	1.870	1.493	1.870	1.488	1.871	1.483	1.872	1.479	1.872	1.475	1.873	1.472
0.45	1.887	1.540	1.889	1.532	1.891	1.525	1.892	1.519	1.893	1.514	1.893	1.510	1.894	1.506	1.895	1.503
0.48	1.908	1.572	1.910	1.564	1.917	1.557	1.913	1.551	1.914	1.546	1.915	1.541	1.916	1.538	1.916	1.534
0.50	1.923	1.593	1.925	1.585	1.926	1.578	1.928	1.572	1.929	1.567	1.929	1.562	1.930	1.558	1.931	1.555
0.52	1.937	1.615	1.939	1.606	1.941	1.599	1.942	1.593	1.943	1.588	1.944	1.583	1.945	1.579	1.945	1.576
0.55	1.959	1.647	1.961	1.638	1.962	1.631	1.964	1.625	1.965	1.620	1.966	1.615	1.966	1.611	1.967	1.607
0.58	1.980	1.679	1.982	1.670	1.984	1.663	1.985	1.656	1.986	1.651	1.987	1.646	1.988	1.642	1.988	1.638
0.60	1.994	1.700	1.996	1.691	1.998	1.684	1.999	1.677	2.001	1.673	2.002	1.667	2.002	1.663	2.003	1.659

z(或z_v)	18		19		20		21		22		23		24		25	
x (或x_n)	$\bar{s}$ (或$\bar{s}_n$)	$\bar{h}$ (或$\bar{h}_n$)	$\bar{s}$ (或$\bar{s}_n$)	$\bar{h}$ (或$\bar{h}_n$)	$\bar{s}$ (或$\bar{s}_n$)	$\bar{h}$ (或$\bar{h}_n$)	$\bar{s}$ (或$\bar{s}_n$)	$\bar{h}$ (或$\bar{h}_n$)	$\bar{s}$ (或$\bar{s}_n$)	$\bar{h}$ (或$\bar{h}_n$)	$\bar{s}$ (或$\bar{s}_n$)	$\bar{h}$ (或$\bar{h}_n$)	$\bar{s}$ (或$\bar{s}_n$)	$\bar{h}$ (或$\bar{h}_n$)	$\bar{s}$ (或$\bar{s}_n$)	$\bar{h}$ (或$\bar{h}_n$)
-0.12					1.482	0.908	1.482	0.906	1.482	0.905	1.482	0.904	1.483	0.903	1.483	0.902
-0.10			1.496	0.930	1.497	0.928	1.497	0.927	1.497	0.925	1.497	0.924	1.497	0.923	1.497	0.922
-0.08			1.511	0.950	1.511	0.949	1.511	0.947	1.511	0.946	1.511	0.945	1.511	0.944	1.512	0.943
-0.05	1.533	0.983	1.533	0.981	1.533	0.979	1.533	0.978	1.533	0.977	1.533	0.976	1.534	0.975	1.534	0.974
-0.02	1.554	1.014	1.554	1.012	1.555	1.010	1.555	1.009	1.555	1.008	1.555	1.006	1.555	1.005	1.555	1.004
0.00	1.569	1.034	1.569	1.032	1.569	1.031	1.569	1.029	1.569	1.028	1.569	1.027	1.570	1.026	1.570	1.025
0.02	1.583	1.055	1.584	1.053	1.584	1.051	1.584	1.050	1.584	1.049	1.584	1.047	1.584	1.046	1.584	1.045
0.05	1.605	1.086	1.605	1.084	1.605	1.082	1.606	1.081	1.606	1.079	1.606	1.078	1.606	1.077	1.606	1.076
0.08	1.627	1.117	1.627	1.115	1.627	1.113	1.627	1.112	1.628	1.110	1.628	1.109	1.628	1.108	1.628	1.107
0.10	1.641	1.138	1.642	1.136	1.642	1.134	1.642	1.132	1.642	1.131	1.642	1.130	1.642	1.128	1.642	1.127
0.12	1.656	1.158	1.656	1.156	1.656	1.154	1.656	1.153	1.657	1.151	1.657	1.150	1.657	1.149	1.657	1.147
0.15	1.678	1.189	1.678	1.187	1.678	1.185	1.678	1.184	1.678	1.182	1.678	1.181	1.679	1.179	1.679	1.178
0.18	1.699	1.220	1.700	1.218	1.700	1.216	1.700	1.215	1.700	1.213	1.700	1.212	1.700	1.210	1.701	1.209
0.20	1.714	1.241	1.714	1.239	1.714	1.237	1.714	1.235	1.715	1.234	1.715	1.232	1.715	1.231	1.715	1.229
0.22	1.728	1.262	1.729	1.259	1.729	1.257	1.729	1.256	1.729	1.254	1.729	1.253	1.729	1.251	1.730	1.250
0.25	1.750	1.293	1.750	1.290	1.750	1.288	1.751	1.287	1.751	1.285	1.751	1.283	1.751	1.281	1.751	1.280
0.28	1.772	1.324	1.772	1.321	1.772	1.319	1.773	1.318	1.773	1.316	1.773	1.314	1.773	1.313	1.773	1.311
0.30	1.786	1.344	1.787	1.342	1.787	1.340	1.787	1.338	1.787	1.336	1.787	1.335	1.788	1.333	1.788	1.332
0.32	1.801	1.365	1.801	1.363	1.801	1.361	1.802	1.359	1.802	1.357	1.802	1.355	1.802	1.354	1.802	1.353
0.35	1.822	1.396	1.823	1.394	1.823	1.392	1.823	1.390	1.824	1.388	1.824	1.386	1.824	1.385	1.824	1.383
0.38	1.844	1.427	1.844	1.425	1.845	1.423	1.845	1.421	1.845	1.419	1.845	1.417	1.846	1.415	1.846	1.414
0.40	1.858	1.448	1.859	1.446	1.859	1.443	1.859	1.441	1.860	1.439	1.860	1.438	1.860	1.436	1.860	1.435
0.42	1.873	1.469	1.873	1.466	1.874	1.464	1.874	1.462	1.874	1.460	1.874	1.458	1.875	1.457	1.875	1.455
0.45	1.895	1.500	1.895	1.497	1.896	1.495	1.896	1.493	1.896	1.491	1.896	1.489	1.896	1.488	1.897	1.486
0.48	1.916	1.531	1.917	1.529	1.917	1.526	1.918	1.524	1.918	1.522	1.918	1.520	1.918	1.518	1.918	1.517
0.50	1.931	1.552	1.931	1.549	1.932	1.547	1.932	1.545	1.932	1.543	1.933	1.541	1.933	1.539	1.933	1.537
0.52	1.945	1.573	1.946	1.570	1.946	1.568	1.947	1.565	1.947	1.563	1.947	1.562	1.947	1.560	1.947	1.558
0.55	1.967	1.604	1.968	1.601	1.968	1.599	1.968	1.596	1.969	1.594	1.969	1.593	1.969	1.591	1.969	1.589
0.58	1.989	1.635	1.989	1.632	1.990	1.630	1.990	1.627	1.990	1.625	1.991	1.624	1.991	1.621	1.991	1.620
0.60	2.003	1.656	2.004	1.653	2.004	1.650	2.005	1.648	2.005	1.646	2.005	1.645	2.005	1.642	2.005	1.641

续表

z(或 z_v)	26～30	31～69	70～200	26	28	30	40	50	60	70	80	90	100	150	200
x (或 x_n)	$\bar{s}$ (或 $\bar{s}_n$)	$\bar{s}$ (或 $\bar{s}_n$)	$\bar{s}$ (或 $\bar{s}_n$)	$\bar{h}$ (或 $\bar{h}_n$)	$\bar{h}$ (或 $\bar{h}_n$)	$\bar{h}$ (或 $\bar{h}_n$)	$\bar{h}$ (或 $\bar{h}_n$)	$\bar{h}$ (或 $\bar{h}_n$)	$\bar{h}$ (或 $\bar{h}_n$)	$\bar{h}$ (或 $\bar{h}_n$)	$\bar{h}$ (或 $\bar{h}_n$)	$\bar{h}$ (或 $\bar{h}_n$)	$\bar{h}$ (或 $\bar{h}_n$)	$\bar{h}$ (或 $\bar{h}_n$)	$\bar{h}$ (或 $\bar{h}_n$)
-0.60	1.134	1.134	1.134	0.413	0.412	0.411	0.408	0.406	0.405	0.405	0.404	0.404	0.403	0.403	0.402
-0.58	1.148	1.149	1.149	0.433	0.432	0.431	0.428	0.427	0.426	0.425	0.424	0.424	0.423	0.423	0.422
-0.55	1.170	1.170	1.170	0.463	0.462	0.461	0.459	0.457	0.456	0.455	0.454	0.454	0.454	0.453	0.452
-0.52	1.192	1.192	1.192	0.494	0.493	0.492	0.489	0.487	0.486	0.485	0.485	0.484	0.484	0.483	0.482
-0.50	1.206	1.207	1.207	0.514	0.513	0.512	0.509	0.507	0.506	0.505	0.505	0.504	0.504	0.503	0.502
-0.48	1.221	1.221	1.221	0.534	0.533	0.532	0.529	0.528	0.526	0.525	0.525	0.524	0.524	0.523	0.522
-0.45	1.243	1.243	1.243	0.565	0.564	0.563	0.560	0.558	0.557	0.556	0.555	0.554	0.554	0.553	0.552
-0.42	1.265	1.265	1.266	0.595	0.594	0.593	0.590	0.588	0.587	0.586	0.585	0.584	0.584	0.583	0.582
-0.40	1.279	1.280	1.280	0.616	0.615	0.614	0.610	0.608	0.607	0.606	0.605	0.605	0.604	0.603	0.602
-0.38	1.294	1.294	1.294	0.636	0.635	0.634	0.630	0.628	0.627	0.626	0.625	0.625	0.624	0.623	0.622
-0.35	1.316	1.316	1.316	0.667	0.665	0.664	0.661	0.659	0.657	0.656	0.655	0.655	0.654	0.653	0.652
-0.32	1.337	1.338	1.338	0.697	0.696	0.695	0.691	0.689	0.687	0.686	0.686	0.685	0.685	0.683	0.682
-0.30	1.352	1.352	1.352	0.718	0.716	0.715	0.711	0.709	0.708	0.707	0.706	0.705	0.705	0.703	0.702
-0.28	1.366	1.367	1.367	0.738	0.737	0.736	0.732	0.729	0.728	0.727	0.726	0.725	0.725	0.723	0.722
-0.25	1.388	1.389	1.389	0.769	0.767	0.766	0.762	0.760	0.758	0.757	0.756	0.755	0.755	0.753	0.752
-0.22	1.410	1.411	1.411	0.799	0.798	0.797	0.792	0.790	0.788	0.787	0.786	0.786	0.785	0.784	0.783
-0.20	1.425	1.425	1.425	0.819	0.818	0.817	0.813	0.810	0.809	0.807	0.806	0.806	0.805	0.804	0.803
-0.18	1.439	1.440	1.440	0.840	0.838	0.837	0.833	0.830	0.829	0.827	0.826	0.826	0.825	0.824	0.823
-0.15	1.461	1.462	1.462	0.871	0.869	0.868	0.863	0.861	0.859	0.858	0.857	0.856	0.855	0.854	0.853
-0.12	1.483	1.483	1.483	0.901	0.899	0.898	0.894	0.891	0.889	0.888	0.887	0.886	0.886	0.884	0.883
-0.10	1.497	1.497	1.498	0.922	0.920	0.919	0.914	0.911	0.909	0.908	0.907	0.906	0.906	0.904	0.903
-0.08	1.512	1.512	1.513	0.942	0.940	0.939	0.934	0.931	0.929	0.928	0.927	0.926	0.926	0.924	0.923
-0.05	1.534	1.534	1.534	0.973	0.971	0.970	0.965	0.962	0.960	0.959	0.957	0.957	0.956	0.954	0.953
-0.02	1.555	1.555	1.556	1.003	1.001	1.000	0.995	0.992	0.990	0.989	0.988	0.987	0.986	0.984	0.983
0.00	1.570	1.571	1.571	1.024	1.022	1.021	1.015	1.012	1.010	1.009	1.008	1.007	1.006	1.004	1.003
0.02	1.585	1.585	1.585	1.044	1.042	1.041	1.036	1.033	1.031	1.029	1.028	1.027	1.026	1.025	1.023
0.05	1.606	1.607	1.607	1.075	1.073	1.072	1.066	1.063	1.061	1.059	1.058	1.057	1.057	1.055	1.053
0.08	1.628	1.629	1.629	1.106	1.104	1.102	1.097	1.093	1.091	1.089	1.088	1.088	1.087	1.085	1.083
0.10	1.643	1.643	1.644	1.126	1.124	1.122	1.117	1.114	1.111	1.110	1.108	1.108	1.107	1.105	1.103
0.12	1.657	1.658	1.658	1.147	1.145	1.143	1.137	1.134	1.132	1.130	1.129	1.128	1.127	1.125	1.124
0.15	1.679	1.679	1.680	1.177	1.175	1.173	1.168	1.164	1.162	1.160	1.159	1.158	1.157	1.155	1.154
0.18	1.701	1.702	1.702	1.208	1.206	1.204	1.198	1.195	1.192	1.190	1.189	1.188	1.187	1.186	1.184
0.20	1.715	1.716	1.716	1.228	1.226	1.224	1.218	1.215	1.212	1.210	1.209	1.208	1.207	1.206	1.204
0.22	1.730	1.731	1.731	1.249	1.247	1.245	1.239	1.235	1.233	1.231	1.229	1.228	1.228	1.226	1.224
0.25	1.752	1.753	1.753	1.280	1.278	1.276	1.269	1.265	1.263	1.261	1.260	1.259	1.258	1.256	1.254
0.28	1.774	1.774	1.775	1.310	1.308	1.306	1.300	1.296	1.293	1.291	1.290	1.289	1.288	1.286	1.284
0.30	1.788	1.789	1.789	1.331	1.329	1.327	1.320	1.316	1.313	1.311	1.310	1.309	1.308	1.306	1.304
0.32	1.803	1.804	1.804	1.351	1.349	1.347	1.340	1.336	1.334	1.332	1.330	1.329	1.328	1.326	1.324
0.35	1.824	1.825	1.826	1.382	1.380	1.378	1.371	1.367	1.364	1.362	1.360	1.359	1.358	1.356	1.354
0.38	1.846	1.847	1.847	1.413	1.410	1.408	1.401	1.397	1.394	1.392	1.391	1.389	1.389	1.386	1.384
0.40	1.861	1.862	1.862	1.433	1.431	1.429	1.422	1.417	1.414	1.412	1.411	1.410	1.409	1.407	1.404

续表

z（或 z_v）	26～30	31～69	70～200	26	28	30	40	50	60	70	80	90	100	150	200
x（或 x_n）	$\bar{s}$（或 $\bar{s}_n$）	$\bar{s}$（或 $\bar{s}_n$）	$\bar{s}$（或 $\bar{s}_n$）	$\bar{h}$（或 $\bar{h}_n$）	$\bar{h}$（或 $\bar{h}_n$）	$\bar{h}$（或 $\bar{h}_n$）	$\bar{h}$（或 $\bar{h}_n$）	$\bar{h}$（或 $\bar{h}_n$）	$\bar{h}$（或 $\bar{h}_n$）	$\bar{h}$（或 $\bar{h}_n$）	$\bar{h}$（或 $\bar{h}_n$）	$\bar{h}$（或 $\bar{h}_n$）	$\bar{h}$（或 $\bar{h}_n$）	$\bar{h}$（或 $\bar{h}_n$）	$\bar{h}$（或 $\bar{h}_n$）
0.42	1.875	1.876	1.877	1.454	1.451	1.449	1.442	1.438	1.435	1.433	1.431	1.430	1.429	1.427	1.424
0.45	1.897	1.898	1.898	1.485	1.482	1.480	1.473	1.468	1.465	1.463	1.461	1.460	1.459	1.457	1.455
0.48	1.919	1.920	1.920	1.516	1.513	1.511	1.503	1.498	1.495	1.493	1.492	1.490	1.489	1.487	1.485
0.50	1.933	1.934	1.935	1.536	1.533	1.531	1.523	1.519	1.516	1.513	1.512	1.510	1.509	1.507	1.505
0.52	1.948	1.949	1.949	1.557	1.554	1.552	1.544	1.539	1.536	1.534	1.532	1.531	1.530	1.527	1.525
0.55	1.970	1.970	1.971	1.587	1.585	1.582	1.574	1.569	1.566	1.564	1.562	1.561	1.560	1.557	1.555
0.58	1.992	1.993	1.993	1.618	1.615	1.613	1.605	1.600	1.597	1.594	1.592	1.591	1.590	1.587	1.585
0.60	2.006	2.007	2.008	1.639	1.636	1.634	1.625	1.620	1.617	1.614	1.613	1.611	1.610	1.608	1.605

注：1. 本表可直接用于高变位齿轮，对角变位齿轮，应将表中查出的 $\bar{h}$（或 $\bar{h}_n$）减去齿顶高变动系数 Δy（或 Δy_n）。

2. 当模数 m（或 m_n）$\neq 1$ 时，应将查得的 $\bar{s}$（或 $\bar{s}_n$）和 $\bar{h}$（或 $\bar{h}_n$）乘以 m（或 m_n）。

3. 对斜齿轮，用 z_v 查表，z_v 有小数时，按插入法计算。

5.4 固定弦齿厚

表 14-1-36　　固定弦齿厚的计算公式

名称			直齿轮（外啮合、内啮合）	斜齿轮（外啮合、内啮合）
标准齿轮	固定弦齿高 $\bar{h}_c$	外齿轮	$\bar{h}_c = h_a - \dfrac{\pi m}{8}\sin 2\alpha$	$\bar{h}_{cn} = h_a - \dfrac{\pi m_n}{8}\sin 2\alpha_n$
		内齿轮	$\bar{h}_{c2} = h_{a2} - \dfrac{\pi m}{8}\sin 2\alpha + \Delta\bar{h}_2$ 式中 $\Delta\bar{h}_2 = \dfrac{d_{a2}}{2}(1-\cos\delta_{a2})$ $\delta_{a2} = \dfrac{\pi}{2z_2} - \mathrm{inv}\alpha + \mathrm{inv}\alpha_{a2}$	$\bar{h}_{cn2} = h_{a2} - \dfrac{\pi m_n}{2}\sin 2\alpha_n + \Delta\bar{h}_2$ 式中 $\Delta\bar{h}_2 = \dfrac{d_{a2}}{2}(1-\cos\delta_{a2})$ $\delta_{a2} = \dfrac{\pi}{2z_2} - \mathrm{inv}\alpha_t + \mathrm{inv}\alpha_{at2}$
	固定弦齿厚 $\bar{s}_c$		$\bar{s}_c = \dfrac{\pi m}{2}\cos^2\alpha$	$\bar{s}_{cn} = \dfrac{\pi m_n}{2}\cos^2\alpha_n$
	$\alpha = 20°$、$h_a^* = 1$（或 $\alpha_n = 20°$、$h_{an}^* = 1$）的 $\bar{h}_c$、$\bar{s}_c$（或 $\bar{h}_{cn}$、$\bar{s}_{cn}$）可由表 14-1-37 查出			
变位齿轮	固定弦齿高 $\bar{h}_c$	外齿轮	$\bar{h}_c = h_a - m\left(\dfrac{\pi}{8}\sin 2\alpha + x\sin^2\alpha\right)$	$\bar{h}_{cn} = h_a - m_n\left(\dfrac{\pi}{8}\sin 2\alpha_n + x_n\sin^2\alpha_n\right)$
		内齿轮	$\bar{h}_{c2} = h_{a2} - m\left(\dfrac{\pi}{8}\sin 2\alpha - x_2\sin^2\alpha\right) + \Delta\bar{h}_2$ 式中 $\Delta\bar{h}_2 = \dfrac{d_{a2}}{2}(1-\cos\delta_{a2})$ $\delta_{a2} = \dfrac{\pi}{2z_2} - \mathrm{inv}\alpha + \mathrm{inv}\alpha_{a2} - \dfrac{2x_2\tan\alpha}{z_2}$	$\bar{h}_{cn2} = h_{a2} - m_n\left(\dfrac{\pi}{8}\sin 2\alpha_n - x_{n2}\sin^2\alpha_n\right) + \Delta\bar{h}_2$ 式中 $\Delta\bar{h}_2 = \dfrac{d_{a2}}{2}(1-\cos\delta_{a2})$ $\delta_{a2} = \dfrac{\pi}{2z_2} - \mathrm{inv}\alpha_t + \mathrm{inv}\alpha_{at2} - \dfrac{2x_{n2}\tan\alpha_t}{z_2}$
	固定弦齿厚 $\bar{s}_c$		$\bar{s}_c = m\left(\dfrac{\pi}{2}\cos^2\alpha \pm x\sin 2\alpha\right)$	$\bar{s}_{cn} = m_n\left(\dfrac{\pi}{2}\cos^2\alpha_n \pm x_n\sin 2\alpha_n\right)$
	$\alpha = 20°$、$h_a^* = 1$（或 $\alpha_n = 20°$、$h_{an}^* = 1$）的外齿轮的 $\bar{h}_c$、$\bar{s}_c$（或 $\bar{h}_{cn}$、$\bar{s}_{cn}$）可由表14-1-38 查出			

注：有“±”号处，+号用于外齿轮，-号用于内齿轮。

表 14-1-37　　标准外齿轮的固定弦齿厚 $\bar{s}_c$（或 $\bar{s}_{cn}$）和固定弦齿高 $\bar{h}_c$（或 $\bar{h}_{cn}$）

（$\alpha=\alpha_n=20°$、$h_a^*=h_{an}^*=1$）　　mm

m（或 m_n）	$\bar{s}_c$（或 $\bar{s}_{cn}$）	$\bar{h}_c$（或 $\bar{h}_{cn}$）	m（或 m_n）	$\bar{s}_c$（或 $\bar{s}_{cn}$）	$\bar{h}_c$（或 $\bar{h}_{cn}$）	m（或 m_n）	$\bar{s}_c$（或 $\bar{s}_{cn}$）	$\bar{h}_c$（或 $\bar{h}_{cn}$）
1.25	1.734	0.934	4.5	6.242	3.364	16	22.193	11.961
1.5	2.081	1.121	5	6.935	3.738	18	24.967	13.456
1.75	2.427	1.308	5.5	7.629	4.112	20	27.741	14.952
2	2.774	1.495	6	8.322	4.485	22	30.515	16.447
2.25	3.121	1.682	6.5	9.016	4.859	25	34.676	18.690
2.5	3.468	1.869	7	9.709	5.233	28	38.837	20.932
2.75	3.814	2.056	8	11.096	5.981	30	41.612	22.427
3	4.161	2.243	9	12.483	6.728	32	44.386	23.922
3.25	4.508	2.430	10	13.871	7.476	36	49.934	26.913
3.5	4.855	2.617	11	15.258	8.224	40	55.482	29.903
3.75	5.202	2.803	12	16.645	8.971	45	62.417	33.641
4	5.548	2.990	14	19.419	10.466	50	69.353	37.379

注：本表也可以用于内齿轮，对于齿顶圆直径按表 14-1-19 计算的内齿轮，应将本表中的 $\bar{h}_c$（或 $\bar{h}_{cn}$）加上 $\left(\Delta\bar{h}_2-\dfrac{7.54}{z_2}\right)$（$\Delta\bar{h}_2$ 的计算方法见表 14-1-36）。

表 14-1-38　　变位外齿轮的固定弦齿厚 $\bar{s}_c$（或 $\bar{s}_{cn}$）和固定弦齿高 $\bar{h}_c$（或 $\bar{h}_{cn}$）

（$\alpha=\alpha_n=20°$、$m=m_n=1$、$h_a^*=h_{an}^*=1$）　　mm

x（或 x_n）	$\bar{s}_c$（或 $\bar{s}_{cn}$）	$\bar{h}_c$（或 $\bar{h}_{cn}$）	x（或 x_n）	$\bar{s}_c$（或 $\bar{s}_{cn}$）	$\bar{h}_c$（或 $\bar{h}_{cn}$）	x（或 x_n）	$\bar{s}_c$（或 $\bar{s}_{cn}$）	$\bar{h}_c$（或 $\bar{h}_{cn}$）	x（或 x_n）	$\bar{s}_c$（或 $\bar{s}_{cn}$）	$\bar{h}_c$（或 $\bar{h}_{cn}$）
-0.40	1.1299	0.3944	-0.11	1.3163	0.6504	0.18	1.5027	0.9065	0.47	1.6892	1.1626
-0.39	1.1364	0.4032	-0.10	1.3228	0.6593	0.19	1.5092	0.9154	0.48	1.6956	1.1714
-0.38	1.1428	0.4120	-0.09	1.3292	0.6681	0.20	1.5156	0.9242	0.49	1.7020	1.1803
-0.37	1.1492	0.4209	-0.08	1.3356	0.6769	0.21	1.5220	0.9330	0.50	1.7084	1.1891
-0.36	1.1556	0.4297	-0.07	1.3421	0.6858	0.22	1.5285	0.9418	0.51	1.7149	1.1979
-0.35	1.1621	0.4385	-0.06	1.3485	0.6946	0.23	1.5349	0.9507	0.52	1.7213	1.2068
-0.34	1.1685	0.4474	-0.05	1.3549	0.7034	0.24	1.5413	0.9595	0.53	1.7277	1.2156
-0.33	1.1749	0.4562	-0.04	1.3613	0.7123	0.25	1.5477	0.9683	0.54	1.7342	1.2244
-0.32	1.1814	0.4650	-0.03	1.3678	0.7211	0.26	1.5542	0.9772	0.55	1.7406	1.2332
-0.31	1.1878	0.4738	-0.02	1.3742	0.7299	0.27	1.5606	0.9860	0.56	1.7470	1.2421
-0.30	1.1942	0.4827	-0.01	1.3806	0.7387	0.28	1.5670	0.9948	0.57	1.7534	1.2509
-0.29	1.2006	0.4915	0.00	1.3870	0.7476	0.29	1.5735	1.0037	0.58	1.7599	1.2597
-0.28	1.2071	0.5003	0.01	1.3935	0.7564	0.30	1.5799	1.0125	0.59	1.7663	1.2686
-0.27	1.2135	0.5092	0.02	1.3999	0.7652	0.31	1.5863	1.0213	0.60	1.7727	1.2774
-0.26	1.2199	0.5180	0.03	1.4063	0.7741	0.32	1.5927	1.0301	0.61	1.7791	1.2862
-0.25	1.2263	0.5268	0.04	1.4128	0.7829	0.33	1.5992	1.0390	0.62	1.7856	1.2951
-0.24	1.2328	0.5357	0.05	1.4192	0.7917	0.34	1.6056	1.0478	0.63	1.7920	1.3039
-0.23	1.2392	0.5445	0.06	1.4256	0.8006	0.35	1.6120	1.0566	0.64	1.7984	1.3127
-0.22	1.2456	0.5533	0.07	1.4320	0.8094	0.36	1.6185	1.0655	0.65	1.8049	1.3215
-0.21	1.2521	0.5621	0.08	1.4385	0.8182	0.37	1.6249	1.0743	0.66	1.8113	1.3304
-0.20	1.2585	0.5710	0.09	1.4449	0.8271	0.38	1.6313	1.0831	0.67	1.8177	1.3392
-0.19	1.2649	0.5798	0.10	1.4513	0.8359	0.39	1.6377	1.0920	0.68	1.8241	1.3480
-0.18	1.2713	0.5886	0.11	1.4578	0.8447	0.40	1.6442	1.1008	0.69	1.8306	1.3569
-0.17	1.2778	0.5975	0.12	1.4642	0.8535	0.41	1.6506	1.1096	0.70	1.8370	1.3657
-0.16	1.2842	0.6063	0.13	1.4706	0.8624	0.42	1.6570	1.1184	0.71	1.8434	1.3745
-0.15	1.2906	0.6151	0.14	1.4770	0.8712	0.43	1.6634	1.1273	0.72	1.8499	1.3834
-0.14	1.2971	0.6240	0.15	1.4835	0.8800	0.44	1.6699	1.1361	0.73	1.8563	1.3922
-0.13	1.3035	0.6328	0.16	1.4899	0.8889	0.45	1.6763	1.1449	0.74	1.8627	1.4010
-0.12	1.3099	0.6416	0.17	1.4963	0.8977	0.46	1.6827	1.1538	0.75	1.8691	1.4098

注：1. 本表可直接用于高变位齿轮[$h_a=(1+x)m$ 或 $h_{an}=(1+x_n)m_n$]，对于角变位齿轮，应将表中查出的 $\bar{h}_c$（或 $\bar{h}_{cn}$）减去齿顶高变动系数 Δy（或 Δy_n）。

2. 当模数 m（或 m_n）≠1 时，应将查得的 $\bar{s}_c$（或 $\bar{s}_{cn}$）和 $\bar{h}_c$（或 $\bar{h}_{cn}$）乘以 m（或 m_n）。

5.5 量柱（球）测量距

表 14-1-39　　圆棒（球）跨距的计算公式

名　称			直齿轮(外啮合、内啮合)	斜齿轮(外啮合、内啮合)
标准齿轮	量柱(球)直径 d_p	外齿轮	对 α(或 α_n) = 20°的齿轮，按 z(斜齿轮用 z_v)和 $x_n=0$ 查图 14-1-28	
		内齿轮	$d_p=1.65m$	$d_p=1.65m_n$
	量柱(球)中心所在圆的压力角 α_M		$\text{inv}\alpha_M=\text{inv}\alpha\pm\dfrac{d_p}{mz\cos\alpha}\mp\dfrac{\pi}{2z}$	$\text{inv}\alpha_{Mt}=\text{inv}\alpha_t\pm\dfrac{d_p}{m_nz\cos\alpha_n}\mp\dfrac{\pi}{2z}$
	量柱(球)测量距 M	偶数齿	$M=\dfrac{mz\cos\alpha}{\cos\alpha_M}\pm d_p$	$M=\dfrac{m_tz\cos\alpha_t}{\cos\alpha_{Mt}}\pm d_p$
		奇数齿	$M=\dfrac{mz\cos\alpha}{\cos\alpha_M}\cos\dfrac{90°}{z}\pm d_p$	$M=\dfrac{m_tz\cos\alpha_t}{\cos\alpha_{Mt}}\cos\dfrac{90°}{z}\pm d_p$
变位齿轮	量柱(球)直径 d_p	外齿轮	对 α(或 α_n) = 20°的齿轮，按 z(斜齿轮用 z_v)和 x_n 查图 14-1-28	
		内齿轮	$d_p=1.65m$	$d_p=1.65m_n$
	量柱(球)中心所在圆的压力角 α_M		$\text{inv}\alpha_M=\text{inv}\alpha\pm\dfrac{d_p}{mz\cos\alpha}\mp\dfrac{\pi}{2z}+\dfrac{2x\tan\alpha}{z}$	$\text{inv}\alpha_{Mt}=\text{inv}\alpha_t\pm\dfrac{d_p}{m_nz\cos\alpha_n}\mp\dfrac{\pi}{2z}+\dfrac{2x_n\tan\alpha_n}{z}$
	量柱(球)测量距 M	偶数齿	$M=\dfrac{mz\cos\alpha}{\cos\alpha_M}\pm d_p$	$M=\dfrac{m_tz\cos\alpha_t}{\cos\alpha_{Mt}}\pm d_p$
		奇数齿	$M=\dfrac{mz\cos\alpha}{\cos\alpha_M}\cos\dfrac{90°}{z}\pm d_p$	$M=\dfrac{m_tz\cos\alpha_t}{\cos\alpha_{Mt}}\cos\dfrac{90°}{z}\pm d_p$

注：1. 有“±”或“∓”号处，上面的符号用于外齿轮，下面的符号用于内齿轮。

2. 量柱（球）直径 d_p 按本表的方法确定后，推荐圆整成接近的标准钢球的直径（以便用标准钢球测量）。

3. 直齿轮可以使用圆棒或圆球，斜齿轮使用圆球。

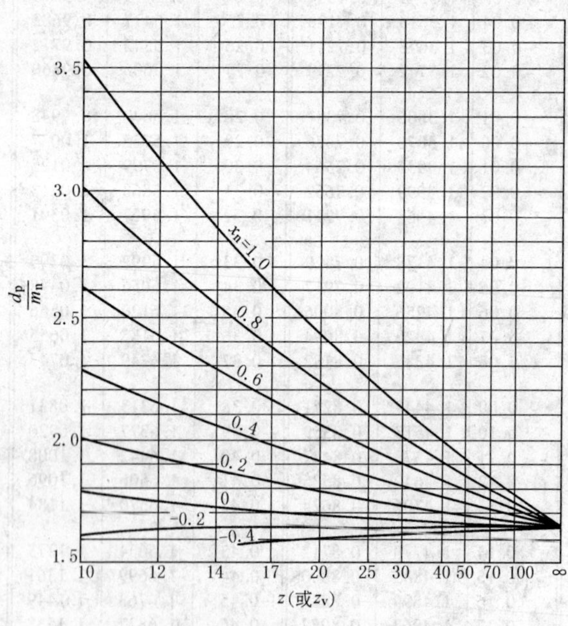

图 14-1-28　测量外齿轮用的圆棒（球）直径$\dfrac{d_p}{m_n}$（$\alpha=\alpha_n=20°$）

6 圆柱齿轮精度

圆柱齿轮是量大面广的机械传动基础零件，在国内外齿轮市场，供需双方都以商品进行设计、制造和贸易。除了材料和热处理的因素外，影响齿轮使用寿命和性能的主要因素是精度质量的高低，这一因素是齿轮精度标准的等级指标衡量水平。

国际 ISO 组织于 1975 年发布第一个齿轮精度标准 ISO 1328—1975parallel involute gears—ISO system of accuracy（平行轴渐开线齿轮—ISO 精度制），除了德国、美国和日本三个国家有异议而没有应用外，世界上绝大多数国家都以等同或等效采用的方式，将 ISO 1328—1975 国际标准转化为本国的国家标准，我国 JB 179—1983，GB 10095—1988、GB/T 10095—1988 都是等效采用 ISO 1328—1975 标准。

为了开展国际贸易和技术进步，由德国和美国的齿轮精度方面专家参加对 ISO 1328—1975 国际标准进行修订，经过 20 年，ISO 组织发布 ISO 1328-1：1995 cylindrical gears—ISO system of accuracy—part1：Definitions and allowable values of deviations relevant to corresponding flanks of gear teeth（圆柱齿轮—ISO 精度制—第 1 部分：轮齿同侧齿面偏差的定义和允许值）和 ISO 1328-2：1997 cylindrical gears—ISO system of accuracy—part2：Definitions and allowable values of deviations relevant to radial composite deviations and runout information（圆柱齿轮—ISO 精度制—第 2 部分：径向综合偏差与径向跳动的定义和允许值）。这两个现行国际标准废止和替代（cancels and replaces）了 ISO 1328—1975 国际标准。

国际 ISO/TC 60 齿轮技术委员会在修订 ISO 1328—1975 国际标准过程中，一致认为应该把齿轮检验方法方面的描述和意见，提高到现代的技术水平，由于内容的增加以及其他考虑，将相关的段落作为一份第 3 类型的技术报告分册发布，这些技术报告不一定复审，它一直用到所提供的资料不再被认为有用或有效为止。

① ISO/TR 10064-1：1992 cylindrical gears—code of inspection practice—part1：Inspection of corresponding flanks of gear teeth（圆柱齿轮—检验实施规范—第 1 部分：轮齿同侧齿面的检验）。

② ISO/TR 10064-2：1996 cylindrical gears—code of inspection practice—part2：Inspection related to radial composite deviations，runout，tooth thickness and backlash（圆柱齿轮—检验实施规范—第 2 部分：径向综合偏差、径向跳动、齿厚和侧隙的检验）。

③ ISO/TR 10064-3：1996 cylindrical gears—code of inspection practice—part3：Recommendations relative to gear blanks，shaft centre distance and parallelism of axes（圆柱齿轮—检验实施规范—第 3 部分：齿轮坯轴中心距和轴线平行度的推荐文件）。

④ ISO/TR 10064-4：1998 cylindrical gears—code of inspection practice—part4：Recommendations relative to surface texture and tooth contact pattern checking（圆柱齿轮—检验实施规范—第 4 部分：表面结构和轮齿接触斑点检验的推荐文件）。

以上由 ISO 1328-1：1995 为主的两项国际标准和四项技术报告组成的成套体系，是包含先进工业国家 100 多年技术经验的完整、简明、先进可行的国际贸易的齿轮精度质量标准。

日本 JISB 1702-1：1998 和 B 1702-2：1998 英国 BS 436：par14：1996 和 par15：1997 法国、韩国等齿轮精度国家标准，都等同采用（IDT）ISO 1328-1：1995、ISO 1328-2：1997 国际标准，废止或替代本国原有国家标准。中国 GB/T 10095. 1—2001、GB/T 10095. 2—2001 国家标准，也是表明等同采用（IDT）ISO 1328-1：1995，ISO 1328-2：1997 国际标准，替代 GB/T 10095—1988 旧国家标准。

ISO/IEC 指南 21：1999《采用国际标准为区域或国家标准》和 GB/T 2000. 2—2001《标准化工作指南第 2 部分：采用国际标准的规则》对等同采用（IDT）都明确“反之亦然原则”，这一原则是指，国际标准可以接受的内容在国家标准中也可以接受；反之，国家标准可以接受的内容，在国际标准中也可以接受。因此，符合国家标准就意味着符合国际标准，符合国际标准也意味着符合国家标准。

由于种种原因，GB/T 10095. 1—2001、GB/T 10095. 2—2001 两个国家标准的文本中，有数十处技术内容与 ISO 1328-1：1995、ISO 1328-2：1997 两个国际标准有明显的差异，国家标准化管理委员会以部委工交函

[2005] 14 号函，要求全国齿轮标准化技术委员会，尽快根据 GB/T 2000.2—2001 国家标准的规定，组织修订 GB/T 10095.1—2001、GB/T 10095.2—2001 两项国家标准和 GB/Z 18620.1 ~ 18620.4—2002 四项国家指导性技术文件。

英文版 ISO 1328-1：1995（E）、ISO 1328-2：1997（E）两项国际标准，在世界上国际齿轮贸易领域应用至今已有十余年，我国南京高速齿轮箱厂、江苏泰隆减速机厂等企业直接应用该标准已有 7 年之久，取得质量和经济效益良好的效果。事实证明该两项国际标准是现代齿轮技术进步的体现，是商品经济中供需双方共赢的齿轮精度质量标准，GB/T 10095—1988 旧国家标准是等效采用被废止 ISO 1328—1975 旧国际标准，它们都缺乏商品质量概念，是 30 年以前落后技术的齿轮精度质量标准，现将现行 ISO 1328-1：1995（E）国际标准英、中文对照和 GB/T 10095—1988 旧国家标准的关键内容进行比较介绍，帮助正确理解和应用齿轮精度标准。

6.1 ISO 1328-1：1995 范围

ISO 1328 规定了单个圆柱齿轮轮齿同侧齿面的精度制。

该标准规定了轮齿各项齿轮精度术语的定义，齿轮精度制的结构及齿距偏差、齿廓总偏差和螺旋线总偏差的允许值。

ISO 1328 的这一部分仅适用于单个齿轮的每个要素，不包括齿轮副。

强烈建议，凡是应用 ISO 1328 的这一部分的用户，都应该非常熟悉 ISO/TR 10064-1 报告中所叙述的方法和步骤。使用不属于 ISO/TR 10064-1 中的技术而采用 ISO 1328 这一部分所规定的极限值是不适宜的。

附录 A 给出了切向综合偏差的公差值计算公式，切向综合偏差也是 ISO 质量的准则，但不是强制性的检验项目。

附录 B 提供了齿廓与螺旋线的形状和斜率偏差的数值，这些数值有时作为有用的资料和评定值使用，但不是强制性的检验项目。

6.1.1 GB/T 10095—1988 旧国家标准主题内容与适用范围

该标准规定了渐开线圆柱齿轮及其齿轮副的误差定义、代号、精度等级、齿坯要求、齿轮及其齿轮副的检验与公差、侧隙和图样标注。

该标准适用于平行轴传动的渐开线圆柱齿轮及其齿轮副。

6.1.2 齿轮精度标准范围的认识

GB/T 10095—1988 标准是把圆柱齿轮及其齿轮副作为企业的产品，以标准特定的各种规定、误差、公差值来衡量精度质量。解释标准内容的最高权威是制定该标准的部门和单位。

ISO 1328-1：1995 国际标准是“ISO 精度制”，制的含义是：不分国家大小、企业规模大小、专家权威高低，都不能把标准文本中的内容增添和删减，一切都要按现行标准中的文本条文确定齿轮精度质量。标准把单个圆柱齿轮作为商品，不包括齿轮副，齿轮副是另一种商品，商品是用户用经济规律达到所需要工作状态的功能，单个圆柱齿轮在工作运转时发生功能的部位，是轮齿同侧齿面的齿距偏差、齿廓总偏差和螺旋线总偏差的允许值，非同侧齿面因有侧隙，运转工作时不接触，其偏差与精度质量没有关系。在标准文本的正文中，检验项目原称误差（error），改称为偏差（deviation），公差值（tolerance values）改称为允许值（allowable values）。检验项目偏差都有专用术语和符号（代号）。在标准文本第 4 章，标准正文中规定评定齿轮精度等级是允许值，其允许值供需双方不必再次商议，在标准的附录中所列的公差值、数值都需要供需双方共同商议认可才能称为允许值。凡是达到允许值要求的合格品的偏差，没有“误”的含义，用合适的价格买到达到允许值要求的合格商品，这是商品经济中供需双方得到共赢的前提。

6.2 规范性引用文件

下列标准中所包含的条文，通过引用文件的文本构成为 ISO 1328 这一部分的条文。本标准出版时，所示版本有法律效力，所有标准都会被修订，使用 ISO 1328 这一部分的各方应探讨标准指出的最高级、最新版本的可能性。IEC 和 ISO 成员均持有现行有效的国际标准记录。

ISO/TR 10064-1：1992 圆柱齿轮—检验实施规范—第 1 部分：轮齿同侧齿面的检验

本节和范围节中明确了 ISO 1328-1 与 ISO/TR 10064-1 的相互关系，我国目前与 GB/T 10095—1988 国家标准配套的 GB/T 13924—1992 渐开线圆柱齿轮精度检验规范国家标准，对 ISO 1328-1 国际标准是不适用的。

明确现行标准版本与被修订标准版本的关系，凡被修订的标准版本中的内容和规定，在现行标准版本中不再出现，这些内容和规定是被废止的和不合法的，被修订的标准版本中内容和规定原本没有，在现行标准版本中新增，它是唯一有权威的合法解释。

流通的商品长期存在被废止和替代的旧质量标准的内容和规定，对国家和企业都是有害的。

6.3 ISO 1328-1：1995 定义

下列定义适用于 ISO 1328 的这一部分的内容。

对于本章没有说明的符号详见第 4 节。

6.3.1 齿距偏差类

1）单个齿距偏差（f_{pt}） 在端面平面上，在接近齿高中部的一个与齿轮轴线同心的圆上，实际齿距与理论齿距之代数差（见图 14-1-29）。

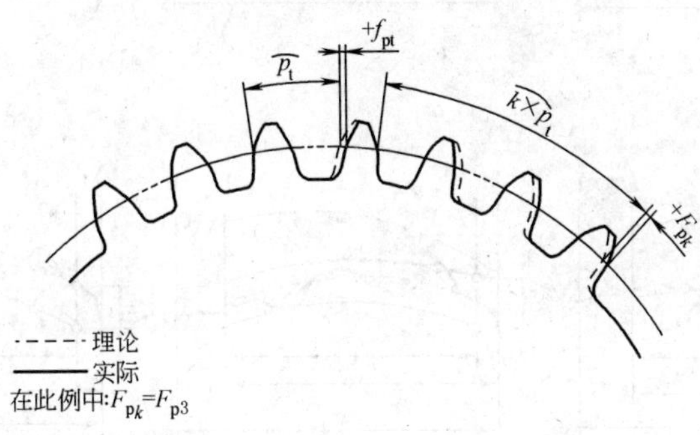

图 14-1-29 齿距偏差

2）齿距累积偏差（F_{pk}） 任意 k 个齿距的实际弧长与理论弧长之代数差（见图 14-1-29）。理论上它等于这 k 个齿距的各单个齿距偏差的代数和。

注：除非另有规定，F_{pk}的计值仅限于不超过圆周八分之一的弧段内，因此，偏差 F_{pk} 的允许值适用于齿距数（k）为 2 至 $z/8$ 的弧段内，通常 F_{pk} 取 $k\approx z/8$ 就足够了。如果对于特殊应用（例如高速齿轮），还需检验较小弧段，应规定相应的 k 值。

3）齿距累积总偏差（F_p） 齿轮同侧齿面任意弧段（$k=1$ 至 $k=z$）的最大齿距累积偏差。它由齿距累积偏差曲线的总幅度值表示。

6.3.2 齿廓偏差类

1）齿廓偏差 实际齿廓偏离设计齿廓的量，在端面内且垂直于渐开线齿廓的方向计值。

① 可用长度（L_{AF}） 等于两条端面基圆切线长之差，一条从基圆伸展到可用齿廓的外界限点，一条从基圆伸展到可用齿廓的内界限点。

依设计而定，可用长度的外界限点在齿顶、齿顶倒角或圆角的起始点（A 点）。对于齿根，可用长度的内界限点在齿根过渡圆弧起始点或根切点（F 点）。

② 有效长度（L_{AE}） 可用长度中对应于有效齿廓的那部分，对于齿顶，有效长度界限点与可用长度的相同

(A 点)。对于齿根，有效长度伸展到与相配齿轮的啮合终点 E（即有效齿廓起始点）。如果相配齿轮是未知的，E 点就是与具有标准基本齿条相啮合的有效齿廓的起始点。

③ 齿廓计值范围（L_α） 可用长度的那一部分，在该部分应遵照规定精度等级的公差。除另有规定外，其长度等于从 E 点开始的有效长度 L_{AE} 的 92%（见图 14-1-30）。

图例 ——·——·—— :设计齿廓 　〰〰 :实际齿廓 　- - - - - - :平均齿廓

（ⅰ）设计齿廓　　不修形的渐开线
　　实际齿廓　　在减薄区偏向体内
（ⅱ）设计齿廓　　修形的渐开线（例）
　　实际齿廓　　在减薄区偏向体内
（ⅲ）设计齿廓　　修形的渐开线（例）
　　实际齿廓　　在减薄区偏向体外

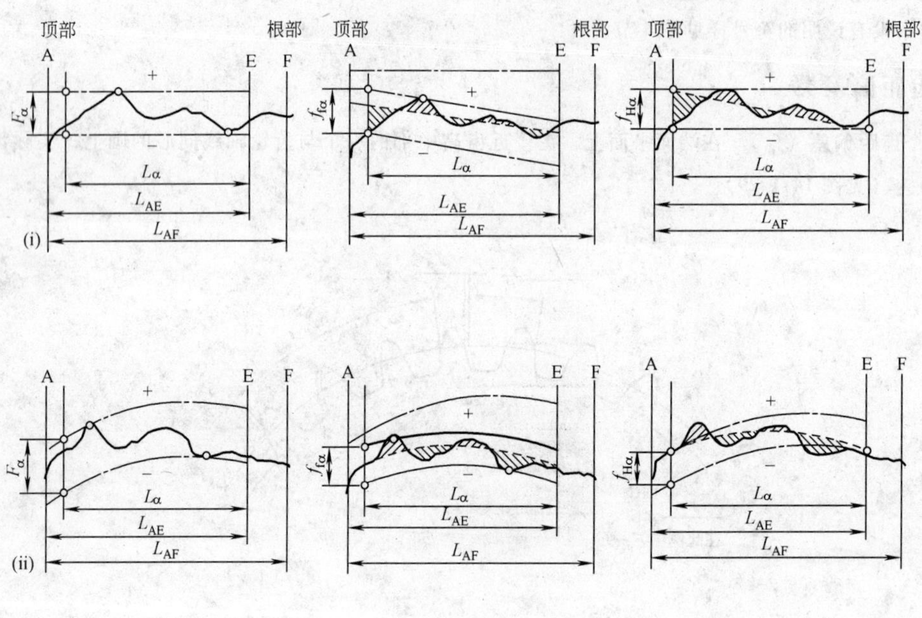

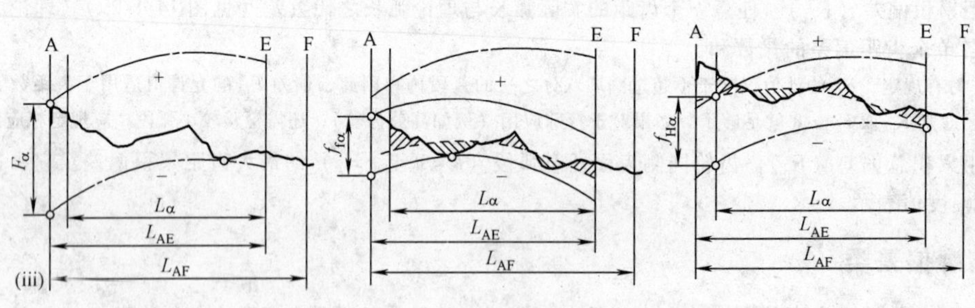

(a) 齿廓总偏差　　(b) 齿廓形状偏差　　(c) 齿廓斜率偏差

图 14-1-30　齿廓偏差

注：齿轮设计者应保证齿廓计值范围对于应用是完全足够的。

对于 L_{AE} 剩下的 8%，即靠近齿顶处，L_{AE} 与 L_α 之差这区段。齿廓总偏差和齿廓形状偏差按下列规则计值：

a）使偏差量增加的偏向体外的正偏差必须计入偏差值；

b）除另有规定外，对于负偏差，其公差为计值范围 L_α 规定公差值的三倍。

注：对于齿廓形状偏差的分析，a）和 b）计值规则是以 6.3.2.1.5 条中定义的平均齿廓迹线为基准的。

④ 设计齿廓　与设计规定一致的齿廓，如果没有另外的规定，指的是端平面内的齿廓。

注：在齿廓曲线中，未经修形的渐开线齿廓迹线通常呈直线，在图 14-1-30 中设计齿廓迹线以点划线表示。

⑤ 一个实测的齿面平均齿廓　它是从设计齿廓迹线纵坐标减去这样一条直线的梯度纵坐标后所得的一条迹线，使得在计值范围内实际齿廓迹线偏离平均齿廓迹线之偏差的平方和为最小。因此，需用“最小二乘法”确定平均齿廓迹线的位置和梯度。

注：平均齿廓是用来确定 $f_{f\alpha}$（图 14-1-30b）和 $f_{H\alpha}$（图 14-1-30c）的辅助齿廓迹线。

2）齿廓总偏差（F_α）　在计值范围 L_α 包容实际齿廓迹线的两条设计齿廓迹线之间的距离，按 6.3.2 中 1）的③条规定（见图 14-1-30a）。

3）齿廓形状偏差（$f_{f\alpha}$）　与平均齿廓迹线完全相同的两条迹线之间的距离，这两条迹线与平均齿廓迹线之间的距离为常数，并且在计值范围 L_α 包容实际齿廓迹线，按 6.3.2 中 1）的③条规定（见图 14-1-30b）。

4）齿廓斜率偏差（$f_{H\alpha}$）　在计值范围 L_α 两端与平均齿廓迹线相交的两条设计齿廓迹线之间的距离（见图 14-1-30c）。

6.3.3　螺旋线偏差

1）螺旋线偏差　实际螺旋线偏离设计螺旋线的量，在端面基圆切线方向上测量。

① 迹线长度　与齿轮的齿宽成正比的长度，不包括轮齿倒角或圆角。

② 螺旋线计值范围（L_β）　除非另有规定，L_β 等于迹线长度在其两端各缩减齿宽的 5% 或一个模数的长度，取两个数值中较小的值。

注：齿轮设计者应保证螺旋线计值范围对于应用是完全足够的。

在两端缩减的区段中，螺旋线总偏差和螺旋线形状偏差要按下列规则计值：

a）使偏差量增加的偏向体外的正偏差必须计入偏差值；

b）除另有规定外，对于负偏差，其公差为计值范围 L_β 规定公差值的三倍。

注：对于分析螺旋线形状偏差，a）和 b）计值规则是以 6.3.3 中 1）的④条中定义的平均螺旋线迹线为基准的。

③ 设计螺线旋线　与设计规定一致的螺旋线。

注：在螺旋线曲线中，未经修形的螺旋线迹线通常呈直线。图 14-1-31 中设计螺旋线迹线以点划线表示。

④ 一个实测的齿面平均螺旋线　它是从设计螺旋线迹线纵坐标减去这样一条直线的梯度纵坐标后所得的一条迹线。使得在计值范围内实际螺旋线迹线偏离平均螺旋线迹线之偏差的平方和为最小，因此，需用“最小二乘法”确定平均螺旋线的位置和梯度。

注：平均螺旋线是用来确定 $f_{f\beta}$（图 14-1-31b）和 $f_{H\beta}$（图 14-1-31c）的一条辅助螺旋线。

2）螺旋线总偏差（F_β）　在计值范围 L_β 包容实际螺旋线迹线的两条设计螺旋线迹线之间的距离，按 3.3.1.2 条规定（见图 14-1-31a）。

3）螺旋线形状偏差（$f_{f\beta}$）　与平均螺旋线迹线完全相同的两条迹线之间的距离，这两条迹线与平均螺旋线迹线之间的距离为常数，并且在计值范围 L_β 包容实际螺旋线迹线，按 6.3.3 中 1）的②条规定（见图 14-1-31b）。

4）螺旋线斜率偏差（$f_{H\beta}$）　在计值范围 L_β 两端与平均螺旋线迹线相交的两条设计螺旋线迹线之间的距离（见图 14-1-31c）。

6.3.4　切向综合偏差

1）切向综合总偏差（F_i'）　被测齿轮与测量齿轮单面啮合检验时，被测齿轮（产品）转动一整转内，齿轮分度圆上实际圆周位移与理论圆周位移的最大差值。

注：在检验过程中只有同侧齿面单面接触（见图 14-1-32）。

2）一齿切向综合偏差（f_i'）　一个齿距内的切向综合偏差值（图 14-1-32）。

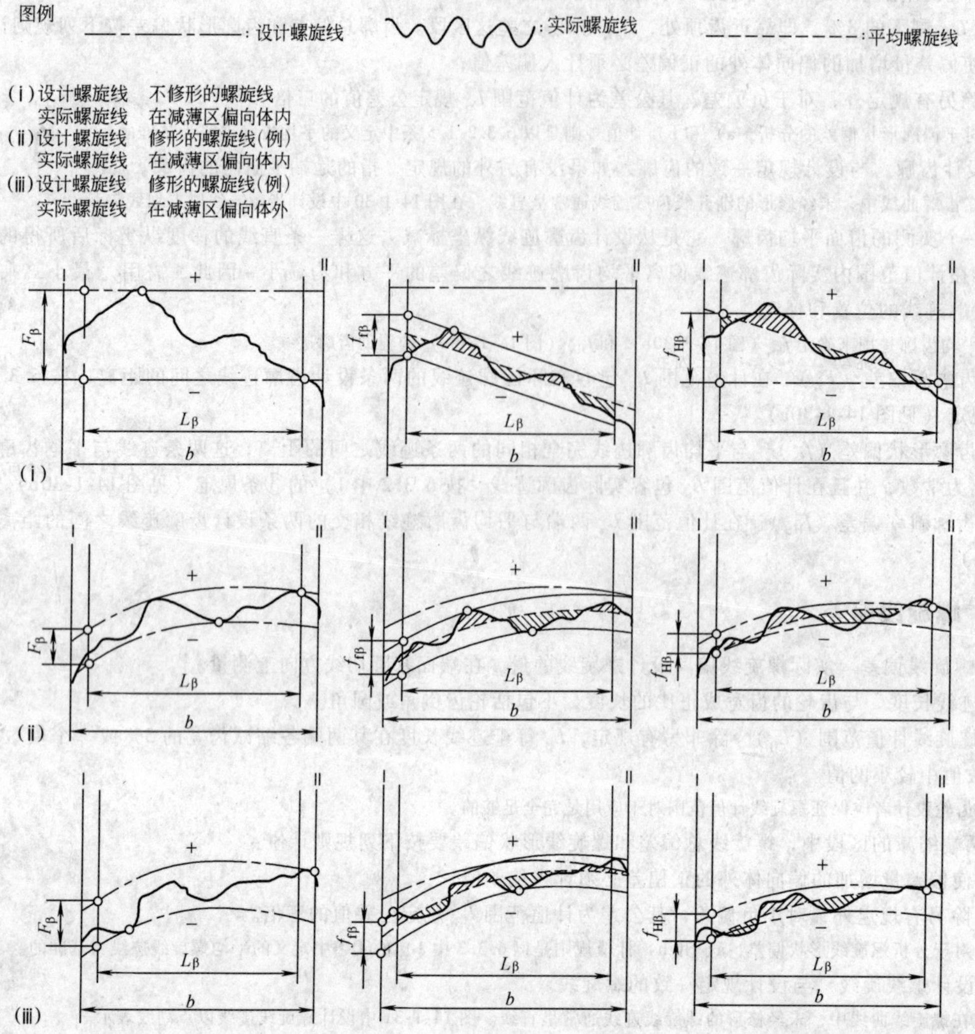

图例
设计螺旋线
实际螺旋线
平均螺旋线
(ⅰ)设计螺旋线　不修形的螺旋线
实际螺旋线　在减薄区偏向体内
(ⅱ)设计螺旋线　修形的螺旋线(例)
实际螺旋线　在减薄区偏向体内
(ⅲ)设计螺旋线　修形的螺旋线(例)
实际螺旋线　在减薄区偏向体外
Ⅰ
Ⅱ
+
−
F_β
$f_{f\beta}$
$f_{H\beta}$
L_β
b
(ⅰ)
(ⅱ)
(ⅲ)

(a) 螺旋线总偏差　(b) 螺旋线形状偏差　(c) 螺旋线斜率偏差

图 14-1-31　螺旋线偏差

检测体旋转一周
F_i'
f_i'
1 25 23 21 19 17 15 13 11 9 7 5 3 1 25
轮齿编号1

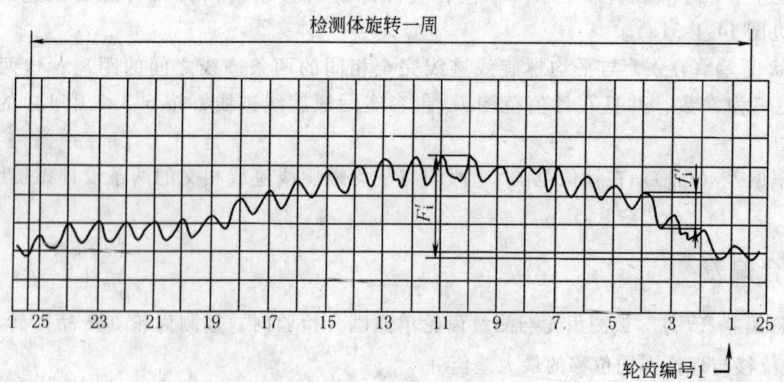

图 14-1-32　切向综合偏差

6.3.5 ISO 1328-1：1995 与 GB/T 10095—1988 标准的检验项目定义比较

等效采用 ISO 1328—1975 的 GB/T 10095—1988 国家标准中齿轮定义的有 14 项，其中基节偏差 Δf_{pb}、齿圈径向跳动 ΔF_r、径向综合误差 $\Delta F_i''$、一齿径向综合误差 $\Delta f_i''$、公法线长度变动 ΔF_w，接触线误差 ΔF_b、轴向齿距偏差 ΔF_{px}、螺旋线波度误差 $\Delta f_{f\beta}$，在 ISO 1328-1：1995（E）国际标准中被废止而消失，另外增加了计值范围、平均迹线、形状和斜率偏差。

1）基节偏差 Δf_{pb}　通常是用便携式比较仪来测量，借助于一个合适的量规标定，直接用来测量与理论基圆齿距比较的偏差，在测量时必须保证比较仪的触头接触点不在齿廓或螺旋线的修形区或减薄区。当手头没有合适的量仪时，测得的基圆齿距偏差可以做推断压力角偏差 f_α 的基础，因为受齿距偏差和齿廓形状偏差的影响，只能在 f_{pt}、$f_{f\alpha}$ 的偏差很小时才能使用。

2）齿圈径向跳动 ΔF_r　它是在齿轮一转范围内，测头在齿槽内于齿高中部双面接触，测头相对于齿轮轴线的最大变动量。径向跳动是受右侧和左侧两个齿面同时接触的影响，两侧齿面的偏差对于径向跳动值可能有相互抵消的影响，见图 14-1-33。实际齿轮只有很小的径向跳动，而有明显的齿距累积总偏差，很明显，同侧齿面偏差例如齿距或齿廓偏差是不可能用测量径向跳动值来获得的，同理，径向综合误差 $\Delta F_i''$和一齿径向综合误差 $\Delta f_i''$也是包含了右侧和左侧齿面综合的成分，想确定同侧齿面的单项偏差是不可能的。

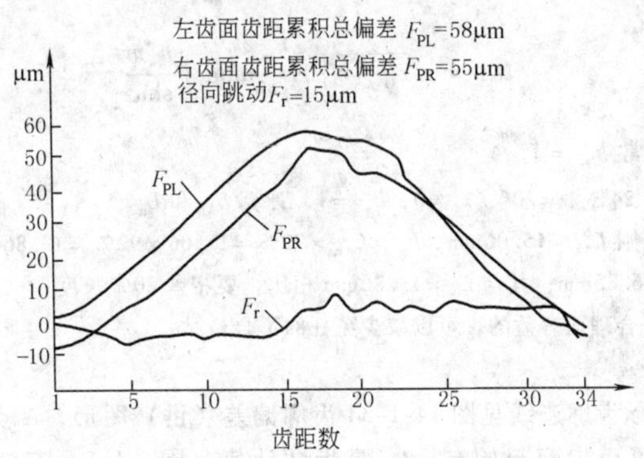

图 14-1-33　实际齿轮只有很小的径向跳动，但有明显的齿距累积偏差

3）公法线长度变动 ΔF_w　它是在齿轮一周范围内，实际公法线长度最大值与最小值之差，这检验项目最大优点是检测手段简单、操作方便，但它设有旋转中心的定位，受齿厚偏差影响，又包含左右两侧齿面偏差成分的量值反映，比径向跳动检验项目更粗糙。ΔF_w 项目只有前苏联 ГОСТ 和 GB/T 10095—1988 国家标准中设立，ISO 1328—1975、ISO 1328-1：1995、ISO 1328-2：1997 国家标准和德国 DIN、美国 AGMA、日本 JIS 标准都没有 ΔF_w 的项目。

4）接触线误差 ΔF_b、轴向齿距偏差 ΔF_{px}、螺旋线波度误差 $\Delta f_{f\beta}$　在 ISO 1328-1：1995 标准形状和斜率偏差中体现。

5）齿廓和螺旋线偏差科学的修订　新标准的齿廓总偏差 F_α、螺旋线总偏差 F_β 的定义和允许值，与旧标准的齿形误差 Δf_f、齿向误差 ΔF_β 的定义和公差是相对应的，根据工作性能和加工切削规律，增加了计值范围、平均迹线、形状和斜率偏差的规定。

① 计值范围的计算　旧标准的齿形计值范围为 L_{AE}，齿向计值范围是齿宽 b 的迹线长度，新标准齿廓计值范围为 L_α，$L_\alpha = L_{AE} \times 92\%$。螺旋线计值范围 L_β，L_β = (b 的迹线长度 − $b \times 10\%$) 或 L_β = (b 的迹线长度 − m)，m 是模数，二者取最小值，新旧标准的齿顶和齿端处都是不包括圆角和倒角。

$L_{AE} \times 8\%$ 和 $b \times 5\%$（一端）处称减薄区。规定：若偏差在减薄区偏向体外的正偏差，必须计入偏差值；若偏差在减薄区偏向体内的负偏差，其公差可放大为计值范围 L_α 规定的公差值的三倍。旧标准没有减薄区，就是齿顶和齿端处，其偏差偏向体内负偏差和偏向体外正偏差一样的公差值。轮齿加工操作工人加工时，是从正偏差逐渐加工缩小到合格尺寸，正偏差超差可以返工再加工成合格品，若负偏差超差，则无法再加工补救，成为不合格的废品或等外品。因此，操作工人尽量做成正偏差的合格品，这样容易在客观上造成顶刃啮合和中凹的危险，其结果对齿轮在实际运转中的性能和强度极为不利。新标准有减薄区，负偏差有公差值三倍的保险，尽量向负偏差方向靠，客观上避免顶刃啮合和减少中凹现象，其结果对齿轮在实际运转中的性能和强度都很有利，另外轮齿加工操作工人可以适当加大粗加工的切削用量，提高生产效益。

L_{AE}有效长度的计算如下。

a. 当已知配对齿轮齿数计算 L_{AE} 值

$$L_{AE}=\sqrt{r_{a1}^2-r_{b1}^2}+\sqrt{r_{a2}^2-r_{b2}^2}-a\sin\alpha'$$

式中 r_{a1}, r_{a2}——被测齿轮和配对齿轮的顶圆半径；

r_{b1}, r_{b2}——被测齿轮和配对齿轮的基圆半径；

a——中心距；

α'——啮合角，$\mathrm{inv}\alpha'=\dfrac{2(x_1+x_2)}{Z_1+Z_2}\tan\alpha+\mathrm{inv}\alpha$；

x_1, x_2——被测齿轮和配对齿轮的变位系数；

Z_1, Z_2——被测齿轮和配对齿轮的齿数；

α——分度圆压力角。

b. 当配对齿轮齿数为未知数计算 L_{AE} 值

$$L_{AE}=\sqrt{r_{a1}^2-r_{b1}^2}-r_{b1}\tan\alpha+\frac{h_a^*m}{\sin\alpha}$$

式中 h_a^*——齿顶高系数，通常 $h_a^*=1$。

例：$m_n=3$，$Z_1=79$，$\beta=8°06'24''$，$\alpha=20°$，$x_1=0$，$h_a^*=1$，计算 L_{AE} 和 L_α。

若已知配对齿轮齿数 $Z_2=22$，则 $L_{AE}=15.06\text{mm}$，$L_\alpha=L_{AE}\times92\%=15.06\times92\%=13.86\text{mm}$；

若配对齿轮为未知，则 $L_{AE}=16.85\text{mm}$，其与 $L_\alpha=13.86\text{mm}$ 相比，要相差 20% 长度；

所以确定 $L_\alpha=13.86\approx14\text{mm}$ 是合理而有益的，可以减少冤枉的不合格品。

② 取值范围的横坐标

a. 齿廓偏差　由实测的实际齿廓迹线见图 14-1-34 齿廓偏差（ⅲ）图形，A 点是轮齿齿顶或倒角的起点；E 点是有效齿廓起始点；F 点是可用齿廓起始点；L_α 是齿廓计值范围；L_{AE}是有效长度；L_{AF}是可用长度。$L_\alpha=L_{AE}\times92\%=\left(\dfrac{23}{25}\right)L_{AE}$，在 x 坐标中，L_α 等分区间为 $N_\alpha=23$，L_α 是 i 为 0 ~ 23，偏差采值点 $n_\alpha=N_\alpha+1=24$，L_{AE} = 减薄区 + L_α，L_{AE}是 i 为 $-2\sim0\sim23$，其等分区为 $N_{AE}=25$，偏差采值点 $n_{AE}=N_{AE}+1=26$。

b. 螺旋线偏差　由实测的实际螺旋线迹线见图 14-1-35 螺旋线偏差（ⅲ）图形，Ⅰ是基准面，Ⅱ是非基准面，b 为齿宽或两端倒角之间的距离，L_β 是螺旋线计值范围，L_β =（b 的迹线长度 $-b\times10\%$）或 L_β =（b 的迹线长度 $-m$）。$L_\beta=b\times90\%=\left(\dfrac{18}{20}\right)b$，两端减薄区各为 $b\times5\%=\left(\dfrac{1}{20}\right)b$，在 x 坐标中，L_β 其等分区间为 $N_\beta=18$，L_β 是 i 为（0 ~ 18），偏差采值点 $n_\beta=N_\beta+1=19$，两端减薄区 i 为 $-1\sim0$ 和 18 ~ 19，齿宽 b 的等分区间为 $N_b=20$，偏差采值点 $n_b=N_b+1=21$。

③ 平均迹线的确定　图 14-1-34 和图 14-1-35 的一个实测的实际齿廓（螺旋线）迹线 y_{Ai}是［——粗实线］；设计齿廓（螺旋线）迹线 y_{Di}是［—·—·—点划线］；（$y_{Di}-y_{Ai}$）迹线是［——细实线］；斜直线迹线 y_{Hi}是［·······点线］；平均齿廓（螺旋线）迹线 y_{Mi}是［------虚线］。

根据平均迹线的定义 $y_{Mi}=y_{Di}-y_{Hi}$，使 $\sum\limits_{i=1}^{n}(y_{Ai}-y_{Mi})^2=\min$

因为

$$(y_{Ai}-y_{Mi})^2=[y_{Ai}-(y_{Di}-y_{Hi})]^2=[y_{Hi}-(y_{Di}-y_{Ai})]^2$$

得

$$\sum_{i=1}^{n}[y_{Hi}-(y_{Di}-y_{Ai})]^2=\min$$

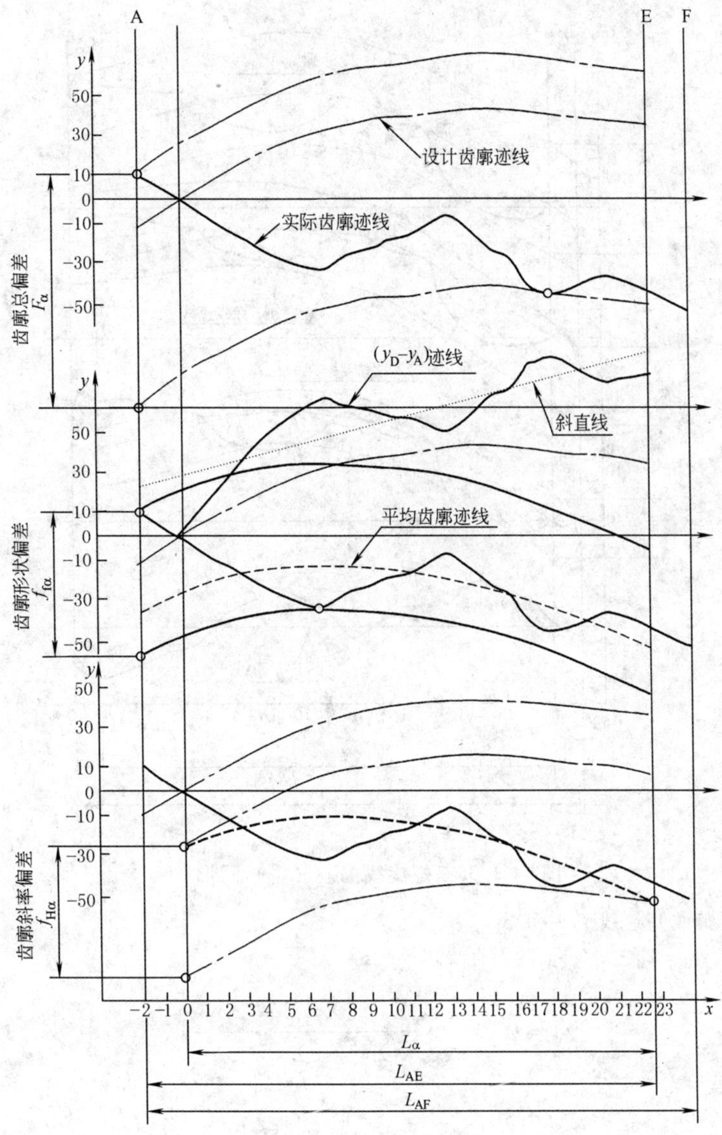

图 14-1-34　齿廓偏差（ⅲ）图形

用最小二乘法可得 $y_{Hi}=k_Hx_i+b_{H0}$ 的斜直线。

斜直线截距

$$y_{H0}=b_{H0}=\frac{\sum(y_{Di}-y_{Ai})\sum x_i^2-\sum x_i\sum[x_i(y_{Di}-y_{Ai})]}{n\sum x_i^2-(\sum x_i)^2}$$

斜直线斜率

$$k_H=\frac{n\sum[x_i(y_{Di}-y_{Ai})]-\sum x_i\sum(y_{Di}-y_{Ai})}{n\sum x_i^2-(\sum x_i)^2}$$

齿廓斜直线截距

$$y_{H23}=b_{H23}=b_{H0}+23k_H$$

螺旋线斜直线截距

$$y_{H18}=b_{H18}=b_{H0}+18k_H$$

当实测的齿面设计齿廓（螺旋线）为不修形的齿廓（螺旋线），$y_{Di}=0$，则平均齿廓（螺旋线）迹线 y_{Mi} 可

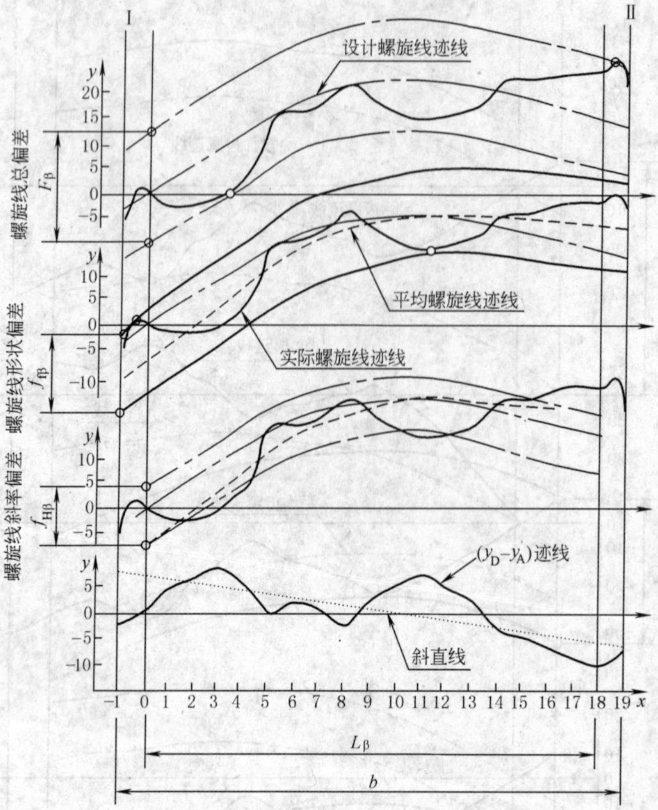

图 14-1-35　螺旋线偏差（ⅲ）图形

以直接在实际齿廓（螺旋线）迹线 y_{Ai} 中求出。

用最小二乘法可得 $y_{Mi}=k_M\cdot x_i+b_{M0}$ 的斜直线。

斜直线截距
$$y_{M0}=b_{M0}=\frac{\sum y_{Ai}\sum x_i^2-\sum x_i\sum(x_i\cdot y_{Ai})}{n\sum x_i^2-(\sum x_i)^2}$$

斜直线斜率
$$k_M=\frac{n\sum(x_i\cdot y_{Ai})-\sum x_i\sum y_{Ai}}{n\sum x_i^2-(\sum x_i)^2}$$

平均齿廓迹线（斜直线）截距　$y_{M23}=b_{M23}=b_{M0}+23k_M$

平均螺旋线迹线（斜直线）截距　$y_{M18}=b_{M18}=b_{M0}+18k_M$

6）齿廓、螺旋线的形状和斜率偏差

增加的齿廓形状偏差 $f_{f\alpha}$、齿廓斜率偏差 $\pm f_{H\alpha}$、螺旋线形状偏差 $f_{f\beta}$、螺旋线斜率偏差 $\pm f_{H\beta}$ 的检验项目，其定义在标准正文中，其数值放在标准参考性附录 B 中，这些项目不必单独测量，是通过总偏差的迹线分析而得到，有一些特殊要求的齿轮，例如空气压缩机等，以上数值对齿轮的性能和强度有重要的影响，供需双方经过协商一致，可以把其中一项或几项的数值定为允许值进行评定，一般的不是强制的单项检验项目。

6.4　符号和术语

6.4.1　齿轮参数和齿轮术语（长度单位：mm）

b　　齿宽　Facewidth

d	分度圆直径 Reference diameter
k	相继齿距数 Number of successive pitches
m	模数 Module
p_t	端面齿距 Transverse pitch
z	齿数 Number of teeth
A	倒角或齿顶圆角起始点 Beginning point of chamfer of tip rounding
E	有效齿廓起始点 Start of active profile
F	可用齿廓起始点 Start of ucable profile
L_{AE}	有效长度 Active length (of base tangent)
L_{AF}	可用长度 Usable length (of base tangent)
L_α	齿廓计值范围 Profile evaluation range
L_β	螺旋线计值范围 Helix evaluation range
Q	精度等级 Accuracy grade
ε_γ	总重合度 Total contact ratio
Ⅰ	基准面 Reference face
Ⅱ	非基准面 Non-reference face

6.4.2 齿轮偏差（单位：μm）

$f_{f\alpha}$	齿廓形状偏差 Profile form deviation
$f_{f\beta}$	螺旋线形状偏差 Helix form deviation
$f_{H\alpha}$❶	齿廓斜率偏差 Profile slope deviation
$f_{H\beta}$❶	螺旋线斜率偏差 Helix slope deviation
f'_i	一齿切向综合偏差 Tooth-to-tooth tangential composite deviation
f_{pt}❶	单个齿距偏差 Single pitch deviation
F'_i	切向综合总偏差 Total tangential composite deviation
F_p	齿距累积总偏差 Total cumulative pitch deviation
F_{pk}❶	齿距累积偏差 Cumulative pitch deviation
F_α	齿廓总偏差 Total profile deviation
F_β	螺旋线总偏差 Total helix deviation

6.5 齿轮精度制的结构

6.5.1 ISO 精度制

ISO 精度制规定了 13 个精度等级，其中 0 级最高而 12 级是最低的精度等级。

在文件中涉及所需精度的叙述时，必须引用包含作为合适的 ISO 1328-1 或 ISO 1328-2 标记。

6.5.2 偏差的允许值

把测量出的偏差与表 14-1-40 ~ 表 14-1-43 中规定的数值作比较，以评定齿轮精度等级，表中数值是用第 6.6 节中对 5 级精度规定的公式乘以级间比值因数计算出来的，两相邻精度等级的级间比值因数等于$\sqrt{2}$，本级数值乘以（或除以）$\sqrt{2}$即可得相邻较高（较低）等级的数值。5 级精度的未圆整的计算值乘以 $2^{0.5(Q-5)}$ 即可得任一精度等级的待求值，式中 Q 是待求值的精度等级。

数值表中没有提供齿距累积偏差 F_{pk} 的允许数值表，F_{pk} 可根据 6.3.1 中 2)、6.5.2 ~ 6.5.4、6.6.1 和 6.6.2 条计算而得。

---

❶ 这些偏差可以是“+”（正）或“-”（负）。

引用第 6.6 节的公式和表 14-1-40 ~ 表 14-1-43，除另有说明外，模数 m 和齿宽 b 均指公称值，不计齿顶和齿端的倒角。

6.5.3 参数范围

各参数的范围和分段的上、下界限值如下（单位：mm）：

① 分度圆直径 d

5/20/50/125/280/560/1000/1600/2500/4000/6000/8000/10000

② 模数（公称模数） m

0.5/2/3.5/6/10/16/25/40/70

③ 齿宽 b

4/10/20/40/80/160/250/400/650/1000

应用第 6.6 节的公式时，参数 m、d 和 b 应取该分段界限值的几何平均值，而不是用实际数值。例如，如果实际模数为 7，分段界限值为 $m=6$ 和 $m=10$，允许偏差用 $m=\sqrt{6\times10}=7.746$ 计算。

当齿轮数据不在规定范围内时，或采购方和供方双方同意，公式中可以用实际的齿轮数据代入。

6.5.4 圆整规则

表 14-1-40 ~ 表 14-1-43 中所列数值是用第 6.6 节的公式计算并圆整后的数值。如果计算值大于 10μm，圆整到最接近的整数值，如果计算值为 5 ~ 10μm，圆整到最接近的尾数为 0.5μm 的小数或整数，如果计算值小于 5μm，圆整到最接近的相差小于 0.1μm 的一位小数或整数。

6.5.5 有效性

在采购文件中，如果所要求的齿轮精度等级，规定为 ISO 1328-1 的某一级而没有其他说明，则 6.1 至 6.5 条各项偏差的允许值均按该精度等级。然而，按协议，对工作和非工作齿面可规定不同精度等级，或对于不同偏差项目可规定不同的精度等级。另外，也可以仅对工作齿面规定所要求的精度等级。

除另有说明外，均在接近齿高中部和齿宽中部的位置测量。当公差数值很小时，尤其是小于 5μm 时，要求测量仪器具有足够的精度，以确保测量值能达到要求的重复精度。

除非另有规定，齿廓和螺旋线偏差应至少测三个齿的两侧齿面，此三个齿应取沿齿轮圆周大致相等的距离处。单个齿距偏差 f_{pt} 则需对每个轮齿的两侧都进行测量。

6.5.6 精度等级与检验项目

ISO 1328-1：1995 国际标准的文本中，没有公差组和检验组组合的概念，唯一明确评定齿轮精度等级是同侧齿面的表 14-1-40 单个齿距偏差 $\pm f_{pt}$、表 14-1-41 齿距累积总偏差 F_p、表 14-1-42 齿廓总偏差 F_α、表 14-1-43 螺旋线总偏差 F_β 四项允许值，若是高速齿轮，一般工作时节圆线速度大于 15m/s 时，再加检齿距累积偏差 F_{pk}。

3 ~ 6 级精度等级齿轮，新旧标准所规定的检验项目都是一样的，这一类精度齿轮都是主机的关键部位。若检验项目不到位，将立竿见影地在主机工作时产生不良反应，还会出现危险的后果。

7 ~ 12 级精度等级齿轮，其经济价格相对较低，生产量也较大，生产每个齿轮都用 f_{pt}、F_p、F_α、F_β 四项偏差检验是不经济的，也是不科学和不现实的，因此新旧标准有不同的规定，旧标准中允许用 $\Delta F_i''$ 或 ΔF_r、ΔF_w 代替 ΔF_p、$\Delta f_i''$、Δf_{pb} 代替 Δf_f 和 Δf_{pt}，接触斑点代替 ΔF_β，这样在图样看来有相应的精度等级，实际上用 f_{pt}、F_p、F_α、F_β 四项偏差允许值评定，就没有相应的精度等级，而且相差很多。这样的齿轮对传动为主要部件的机械设备不能保证应有的质量水平。为此，ISO 1328-1：1995 标准派生出 ISO 1328-2：1997 标准，其标准规定（Statements in documents concerning required accuracy shall include reference to the relevant standard，ISO 1328-1 or ISO 1328-2，as appropriate）文件叙述所需精度，必须包含作为合适的有关标准 ISO 1328-1 或 ISO 1328-2 的标记。ISO 1328-2：1997 标准中径向综合总偏差 F_i''、一齿径向综合偏差 f_i'' 的定义在标准正文中，其公差值在标准参考性附录 A 中，径向跳动 F_r 的定义和公差值都在标准参考性附录 B 中，这三项偏差虽然不能真实反映齿距偏差的 f_{pt}、F_p、齿廓偏差的 F_α、螺旋线偏差的 F_β 的实际情况，但能迅速提供关于生产用的机床、工具或产品齿轮装夹而导致的质量缺陷方面的信息，在大批量生产的齿轮中，用某一种方法生产出来的第一批少量齿轮为了掌握它们是否符合所规定的 ISO 1328-1：1995 国际标准的精度等级，需要仔细进行 f_{pt}、F_p、F_α、F_β 四项偏差的检验。合格稳定后，按此法不变的生产出来的齿轮有什么变化，就可用测量径向综合偏差或径向跳动来发现，不必再重复进行仔细检验，加工完毕以后，将最后加工出来数件再用 ISO 1328-1：1995 国际标准的四项偏差项目核实就可以，这样的批量生产既能全部保证精度质量，又能节省生产的时间和费用。

6.5.7 新旧标准的参数范围

f_{pt}、F_p、F_α、F_β 四项偏差的定义，都是明确在端平面基础上，因此分度圆直径 d_1 公称的模数 m、齿宽 b 都是指端面的。旧标准把公称的模数 m 定为法向模数 m_n，这样会造成斜齿轮的螺旋角大小没有体现，使部分精度等级混乱。

新标准的参数范围有较大幅度的扩大，包含了旧标准所缺的小模数和齿条的精度，分度圆直径 d 由 4000mm 扩大到 10000mm，公称模数 m 由 ≥1～40mm 扩大到 0.5～70mm 和最小到 0.2mm，齿宽 b 由 630mm 扩大到 1000mm。齿条是圆柱齿轮的分度圆直径无限大的一部分，其齿廓和螺旋线成为直线而且简单，齿条副由直齿轮或斜齿轮和齿条组合。国际 ISO、德国 DIN、日本 JIS 等都没有专门的齿条精度标准，其齿条轮齿偏差允许值不能大于其配对圆柱齿轮的轮齿偏差允许值，若配对圆柱齿轮参数不清楚，那么把齿条的长度作为圆柱齿轮的周长。目前我国存在的 GB/T 2363—1990《小模数渐开线圆柱齿轮精度》国家标准和 GB/T 10096—1988《齿条精度》国家标准，都是与 GB/T 10095—1988《渐开线圆柱齿轮精度》国家标准协调而产生的，它们在国际贸易中不被承认。

6.6 5 级精度的齿轮偏差允许值的计算公式

注：符号见第 6.4 节中说明。

6.6.1 单个齿距偏差 f_{pt} 的计算式

$$f_{pt}=0.3(m+0.4\sqrt{d})+4$$

6.6.2 齿距累积偏差 F_{pk} 的计算式

$$F_{pk}=f_{pt}+1.6\sqrt{(k-1)m}$$

6.6.3 齿距累积总偏差 F_p 的计算式

$$F_p=0.3m+1.25\sqrt{d}+7$$

6.6.4 齿廓总偏差 F_α 的计算式

$$F_\alpha=3.2\sqrt{m}+0.22\sqrt{d}+0.7$$

6.6.5 螺旋线总偏差 F_β 的计算式

$$F_\beta=0.1\sqrt{d}+0.63\sqrt{b}+4.2$$

6.6.6 公式中的参数 m、d 和 b 取各分段界限值的几何平均值

按 6.5.3 和 6.5.4 条的规定。

切向综合偏差的公差公式，齿廓形状和斜率偏差、螺旋线的形状和斜率偏差推荐公差的公式，分别在 6.8.2 和表 14-1-45～表 14-1-47 中给出。

6.7 轮齿同侧齿面的偏差允许值

见表 14-1-40～表 14-1-43。

表 14-1-40　　单个齿距偏差 $\pm f_{pt}$

分度圆直径 d /mm	模数 m /mm	精度等级												
		0	1	2	3	4	5	6	7	8	9	10	11	12
		$\pm f_{pt}$/μm												
$5 \leqslant d \leqslant 20$	$0.5 \leqslant m \leqslant 2$	0.8	1.2	1.7	2.3	3.3	4.7	6.5	9.5	13.0	19.0	26.0	37.0	53.0
	$2 < m \leqslant 3.5$	0.9	1.3	1.8	2.6	3.7	5.0	7.5	10.0	15.0	21.0	29.0	41.0	59.0
$20 < d \leqslant 50$	$0.5 \leqslant m \leqslant 2$	0.9	1.2	1.8	2.5	3.5	5.0	7.0	10.0	14.0	20.0	28.0	40.0	56.0
	$2 < m \leqslant 3.5$	1.0	1.4	1.9	2.7	3.9	5.5	7.5	11.0	15.0	22.0	31.0	44.0	62.0
	$3.5 < m \leqslant 6$	1.1	1.5	2.1	3.0	4.3	6.0	8.5	12.0	17.0	24.0	34.0	48.0	68.0
	$6 < m \leqslant 10$	1.2	1.7	2.5	3.5	4.9	7.0	10.0	14.0	20.0	28.0	40.0	56.0	79.0
$50 < d \leqslant 125$	$0.5 \leqslant m \leqslant 2$	0.9	1.3	1.9	2.7	3.8	5.5	7.5	11.0	15.0	21.0	30.0	43.0	61.0
	$2 < m \leqslant 3.5$	1.0	1.5	2.1	2.9	4.1	6.0	8.5	12.0	17.0	23.0	33.0	47.0	66.0
	$3.5 < m \leqslant 6$	1.1	1.6	2.3	3.2	4.6	6.5	9.0	13.0	18.0	26.0	36.0	52.0	73.0
	$6 < m \leqslant 10$	1.3	1.8	2.6	3.7	5.0	7.5	10.0	15.0	21.0	30.0	42.0	59.0	84.0
	$10 < m \leqslant 16$	1.6	2.2	3.1	4.4	6.5	9.0	13.0	18.0	25.0	35.0	50.0	71.0	100.0
	$16 < m \leqslant 25$	2.0	2.8	3.9	5.5	8.0	11.0	16.0	22.0	31.0	44.0	63.0	89.0	125.0
$125 < d \leqslant 280$	$0.5 \leqslant m \leqslant 2$	1.1	1.5	2.1	3.0	4.2	6.0	8.5	12.0	17.0	24.0	34.0	48.0	67.0
	$2 < m \leqslant 3.5$	1.1	1.6	2.3	3.2	4.6	6.5	9.0	13.0	18.0	26.0	36.0	51.0	73.0
	$3.5 < m \leqslant 6$	1.2	1.8	2.5	3.5	5.0	7.0	10.0	14.0	20.0	28.0	40.0	56.0	79.0
	$6 < m \leqslant 10$	1.4	2.0	2.8	4.0	5.5	8.0	11.0	16.0	23.0	32.0	45.0	64.0	90.0
	$10 < m \leqslant 16$	1.7	2.4	3.3	4.7	6.5	9.5	13.0	19.0	27.0	38.0	53.0	75.0	107.0
	$16 < m \leqslant 25$	2.1	2.9	4.1	6.0	8.0	12.0	16.0	23.0	33.0	47.0	66.0	93.0	132.0
	$25 < m \leqslant 40$	2.7	3.8	5.5	7.5	11.0	15.0	21.0	30.0	43.0	61.0	86.0	121.0	171.0
$280 < d \leqslant 560$	$0.5 \leqslant m \leqslant 2$	1.2	1.7	2.4	3.3	4.7	6.5	9.5	13.0	19.0	27.0	38.0	54.0	76.0
	$2 < m \leqslant 3.5$	1.3	1.8	2.5	3.6	5.0	7.0	10.0	14.0	20.0	29.0	41.0	57.0	81.0
	$3.5 < m \leqslant 6$	1.4	1.9	2.7	3.9	5.5	8.0	11.0	16.0	22.0	31.0	44.0	62.0	88.0
	$6 < m \leqslant 10$	1.5	2.2	3.1	4.4	6.0	8.5	12.0	17.0	25.0	35.0	49.0	70.0	99.0
	$10 < m \leqslant 16$	1.8	2.5	3.6	5.0	7.0	10.0	14.0	20.0	29.0	41.0	58.0	81.0	115.0
	$16 < m \leqslant 25$	2.2	3.1	4.4	6.0	9.0	12.0	18.0	25.0	35.0	50.0	70.0	99.0	140.0
	$25 < m \leqslant 40$	2.8	4.0	5.5	8.0	11.0	16.0	22.0	32.0	45.0	63.0	90.0	127.0	180.0
	$40 < m \leqslant 70$	3.9	5.5	8.0	11.0	16.0	22.0	31.0	45.0	63.0	89.0	126.0	178.0	252.0
$560 < d \leqslant 1000$	$0.5 \leqslant m \leqslant 2$	1.3	1.9	2.7	3.8	5.5	7.5	11.0	15.0	21.0	30.0	43.0	61.0	86.0
	$2 < m \leqslant 3.5$	1.4	2.0	2.9	4.0	5.5	8.0	11.0	16.0	23.0	32.0	46.0	65.0	91.0
	$3.5 < m \leqslant 6$	1.5	2.2	3.1	4.3	6.0	8.5	12.0	17.0	24.0	35.0	49.0	69.0	98.0
	$6 < m \leqslant 10$	1.7	2.4	3.4	4.8	7.0	9.5	14.0	19.0	27.0	38.0	54.0	77.0	109.0
	$10 < m \leqslant 16$	2.0	2.8	3.9	5.5	8.0	11.0	16.0	22.0	31.0	44.0	63.0	89.0	125.0
	$16 < m \leqslant 25$	2.3	3.3	4.7	6.5	9.5	13.0	19.0	27.0	38.0	53.0	75.0	106.0	150.0
	$25 < m \leqslant 40$	3.0	4.2	6.0	8.5	12.0	17.0	24.0	34.0	47.0	67.0	95.0	134.0	190.0
	$40 < m \leqslant 70$	4.1	6.0	8.0	12.0	16.0	23.0	33.0	46.0	65.0	93.0	131.0	185.0	262.0

续表

分度圆直径 d /mm	模数 m /mm	精度等级												
		0	1	2	3	4	5	6	7	8	9	10	11	12
		$\pm f_{pt}$/μm												
$1000<d\leqslant1600$	$2\leqslant m\leqslant3.5$	1.6	2.3	3.2	4.5	6.5	9.0	13.0	18.0	26.0	36.0	51.0	72.0	103.0
	$3.5<m\leqslant6$	1.7	2.4	3.4	4.8	7.0	9.5	14.0	19.0	27.0	39.0	55.0	77.0	109.0
	$6<m\leqslant10$	1.9	2.6	3.7	5.5	7.5	11.0	15.0	21.0	30.0	42.0	60.0	85.0	120.0
	$10<m\leqslant16$	2.1	3.0	4.3	6.0	8.5	12.0	17.0	24.0	34.0	48.0	68.0	97.0	136.0
	$16<m\leqslant25$	2.5	3.6	5.0	7.0	10.0	14.0	20.0	29.0	40.0	57.0	81.0	114.0	161.0
	$25<m\leqslant40$	3.1	4.4	6.5	9.0	13.0	18.0	25.0	36.0	50.0	71.0	100.0	142.0	201.0
	$40<m\leqslant70$	4.3	6.0	8.5	12.0	17.0	24.0	34.0	48.0	68.0	97.0	137.0	193.0	273.0
$1600<d\leqslant2500$	$3.5\leqslant m\leqslant6$	1.9	2.7	3.8	5.5	7.5	11.0	15.0	21.0	30.0	43.0	61.0	86.0	122.0
	$6<m\leqslant10$	2.1	2.9	4.1	6.0	8.5	12.0	17.0	23.0	33.0	47.0	66.0	94.0	132.0
	$10<m\leqslant16$	2.3	3.3	4.7	6.5	9.5	13.0	19.0	26.0	37.0	53.0	74.0	105.0	149.0
	$16<m\leqslant25$	2.7	3.8	5.5	7.5	11.0	15.0	22.0	31.0	43.0	61.0	87.0	123.0	174.0
	$25<m\leqslant40$	3.3	4.7	6.5	9.5	130	19.0	27.0	38.0	53.0	75.0	107.0	151.0	213.0
	$40<m\leqslant70$	4.5	6.5	9.0	13.0	18.0	25.0	36.0	50.0	71.0	101.0	143.0	202.0	286.0
$2500<d\leqslant4000$	$6\leqslant m\leqslant10$	2.3	3.3	4.6	6.5	9.0	13.0	18.0	26.0	37.0	52.0	74.0	105.0	148.0
	$10<m\leqslant16$	2.6	3.6	5.0	7.5	10.0	15.0	21.0	29.0	41.0	58.0	82.0	116.0	165.0
	$16<m\leqslant25$	3.0	4.2	6.0	8.5	12.0	17.0	24.0	33.0	47.0	67.0	95.0	134.0	189.0
	$25<m\leqslant40$	3.6	5.0	7.0	10.0	14.0	20.0	29.0	40.0	57.0	81.0	114.0	162.0	229.0
	$40<m\leqslant70$	4.7	6.5	9.5	13.0	19.0	27.0	38.0	53.0	75.0	106.0	151.0	213.0	301.0
$4000<d\leqslant6000$	$6\leqslant m\leqslant10$	2.6	3.7	5.0	7.5	10.0	15.0	21.0	29.0	42.0	59.0	83.0	118.0	167.0
	$10<m\leqslant16$	2.9	4.0	5.5	8.0	11.0	16.0	23.0	32.0	46.0	65.0	92.0	130.0	183.0
	$16<m\leqslant25$	3.3	4.6	6.5	9.0	13.0	18.0	26.0	37.0	52.0	74.0	104.0	147.0	208.0
	$25<m\leqslant40$	3.9	5.5	7.5	11.0	15.0	22.0	31.0	44.0	62.0	88.0	124.0	175.0	248.0
	$40<m\leqslant70$	5.0	7.0	10.0	14.0	20.0	28.0	40.0	57.0	80.0	113.0	160.0	226.0	320.0
$6000<d\leqslant8000$	$10\leqslant m\leqslant16$	3.1	4.4	6.5	9.0	13.0	18.0	25.0	36.0	50.0	71.0	101.0	142.0	201.0
	$16<m\leqslant25$	3.5	5.0	7.0	10.0	14.0	20.0	28.0	40.0	57.0	80.0	113.0	160.0	226.0
	$25<m\leqslant40$	4.1	6.0	8.5	12.0	17.0	23.0	33.0	47.0	66.0	94.0	133.0	188.0	266.0
	$40<m\leqslant70$	5.5	7.5	11.0	15.0	21.0	30.0	42.0	60.0	84.0	119.0	169.0	239.0	338.0
$8000<d\leqslant10000$	$10\leqslant m\leqslant16$	3.4	4.8	7.0	9.5	14.0	19.0	27.0	38.0	54.0	77.0	108.0	153.0	217.0
	$16<m\leqslant25$	3.8	5.5	7.5	11.0	15.0	21.0	30.0	43.0	60.0	85.0	121.0	171.0	242.0
	$25<m\leqslant40$	4.4	6.0	9.0	12.0	18.0	25.0	35.0	50.0	70.0	99.0	140.0	199.0	281.0
	$40<m\leqslant70$	5.5	8.0	11.0	16.0	22.0	31.0	44.0	62.0	88.0	125.0	177.0	250.0	353.0

表 14-1-41　　　　齿距累积总偏差 F_p

分度圆直径 d /mm	模数 m /mm	精度等级 0	1	2	3	4	5	6	7	8	9	10	11	12
		F_p/μm												
$5\leqslant d\leqslant 20$	$0.5\leqslant m\leqslant 2$	2.0	2.8	4.0	5.5	8.0	11.0	16.0	23.0	32.0	45.0	64.0	90.0	127.0
	$2<m\leqslant 3.5$	2.1	2.9	4.2	6.0	8.5	12.0	17.0	23.0	33.0	47.0	66.0	94.0	133.0
$20<d\leqslant 50$	$0.5\leqslant m\leqslant 2$	2.5	3.6	5.0	7.0	10.0	14.0	20.0	29.0	41.0	57.0	81.0	115.0	162.0
	$2<m\leqslant 3.5$	2.6	3.7	5.0	7.5	10.0	15.0	21.0	30.0	42.0	59.0	84.0	119.0	168.0
	$3.5<m\leqslant 6$	2.7	3.9	5.5	7.5	11.0	15.0	22.0	31.0	44.0	62.0	87.0	123.0	174.0
	$6<m\leqslant 10$	2.9	4.1	6.0	8.0	12.0	16.0	23.0	33.0	46.0	65.0	93.0	131.0	185.0
$50<d\leqslant 125$	$0.5\leqslant m\leqslant 2$	3.3	4.6	6.5	9.0	13.0	18.0	26.0	37.0	52.0	74.0	104.0	147.0	208.0
	$2<m\leqslant 3.5$	3.3	4.7	6.5	9.5	13.0	19.0	27.0	38.0	53.0	76.0	107.0	151.0	214.0
	$3.5<m\leqslant 6$	3.4	4.9	7.0	9.5	14.0	19.0	28.0	39.0	55.0	78.0	110.0	156.0	220.0
	$6<m\leqslant 10$	3.6	5.0	7.0	10.0	14.0	20.0	29.0	41.0	58.0	82.0	116.0	164.0	231.0
	$10<m\leqslant 16$	3.9	5.5	7.5	11.0	15.0	22.0	31.0	44.0	62.0	88.0	124.0	175.0	248.0
	$16<m\leqslant 25$	4.3	6.0	8.5	12.0	17.0	24.0	34.0	48.0	68.0	96.0	136.0	193.0	273.0
$125<d\leqslant 280$	$0.5\leqslant m\leqslant 2$	4.3	6.0	8.5	12.0	17.0	24.0	35.0	49.0	69.0	98.0	138.0	195.0	276.0
	$2<m\leqslant 3.5$	4.4	6.0	9.0	12.0	18.0	25.0	35.0	50.0	70.0	100.0	141.0	199.0	282.0
	$3.5<m\leqslant 6$	4.5	6.5	9.0	13.0	18.0	25.0	36.0	51.0	72.0	102.0	144.0	204.0	288.0
	$6<m\leqslant 10$	4.7	6.5	9.5	13.0	19.0	26.0	37.0	53.0	75.0	106.0	149.0	211.0	299.0
	$10<m\leqslant 16$	4.9	7.0	10.0	14.0	20.0	28.0	39.0	56.0	79.0	112.0	158.0	223.0	316.0
	$16<m\leqslant 25$	5.5	7.5	11.0	15.0	21.0	30.0	43.0	60.0	85.0	120.0	170.0	241.0	341.0
	$25<m\leqslant 40$	6.0	8.5	12.0	17.0	24.0	34.0	47.0	67.0	95.0	134.0	190.0	269.0	380.0
$280<d\leqslant 560$	$0.5\leqslant m\leqslant 2$	5.5	8.0	11.0	16.0	23.0	32.0	46.0	64.0	91.0	129.0	182.0	257.0	364.0
	$2<m\leqslant 3.5$	6.0	8.0	12.0	16.0	23.0	33.0	46.0	65.0	92.0	131.0	185.0	261.0	370.0
	$3.5<m\leqslant 6$	6.0	8.5	12.0	17.0	24.0	33.0	47.0	66.0	94.0	133.0	188.0	266.0	376.0
	$6<m\leqslant 10$	6.0	8.5	12.0	17.0	24.0	34.0	48.0	68.0	97.0	137.0	193.0	274.0	387.0
	$10<m\leqslant 16$	6.5	9.0	13.0	18.0	25.0	36.0	50.0	71.0	101.0	143.0	202.0	285.0	404.0
	$16<m\leqslant 25$	6.5	9.5	13.0	19.0	27.0	38.0	54.0	76.0	107.0	151.0	214.0	303.0	428.0
	$25<m\leqslant 40$	7.5	10.0	15.0	21.0	29.0	41.0	58.0	83.0	117.0	165.0	234.0	331.0	468.0
	$40<m\leqslant 70$	8.5	12.0	17.0	24.0	34.0	48.0	68.0	95.0	135.0	191.0	270.0	382.0	540.0
$560<d\leqslant 1000$	$0.5\leqslant m\leqslant 2$	7.5	10.0	15.0	21.0	29.0	41.0	59.0	83.0	117.0	166.0	235.0	332.0	469.0
	$2<m\leqslant 3.5$	7.5	10.0	15.0	21.0	30.0	42.0	59.0	84.0	119.0	168.0	238.0	336.0	475.0
	$3.5<m\leqslant 6$	7.5	11.0	15.0	21.0	30.0	43.0	60.0	85.0	120.0	170.0	241.0	341.0	482.0
	$6<m\leqslant 10$	7.5	11.0	15.0	22.0	31.0	44.0	62.0	87.0	123.0	174.0	246.0	348.0	492.0
	$10<m\leqslant 16$	8.0	11.0	16.0	22.0	32.0	45.0	64.0	90.0	127.0	180.0	254.0	360.0	509.0
	$16<m\leqslant 25$	8.5	12.0	17.0	24.0	33.0	47.0	67.0	94.0	133.0	189.0	267.0	378.0	534.0
	$25<m\leqslant 40$	9.0	13.0	18.0	25.0	36.0	51.0	72.0	101.0	143.0	203.0	287.0	405.0	573.0
	$40<m\leqslant 70$	10.0	14.0	20.0	29.0	40.0	57.0	81.0	114.0	161.0	228.0	323.0	457.0	646.0

续表

分度圆直径 d /mm	模数 m /mm	精度等级												
		0	1	2	3	4	5	6	7	8	9	10	11	12
		F_p/μm												
$1000<d\leqslant1600$	$2\leqslant m\leqslant3.5$	9.0	13.0	18.0	26.0	37.0	52.0	74.0	105.0	148.0	209.0	296.0	418.0	591.0
	$3.5<m\leqslant6$	9.5	13.0	19.0	26.0	37.0	53.0	75.0	106.0	149.0	211.0	299.0	423.0	598.0
	$6<m\leqslant10$	9.5	13.0	19.0	27.0	38.0	54.0	76.0	108.0	152.0	215.0	304.0	430.0	608.0
	$10<m\leqslant16$	10.0	14.0	20.0	28.0	39.0	55.0	78.0	111.0	156.0	221.0	313.0	442.0	625.0
	$16<m\leqslant25$	10.0	14.0	20.0	29.0	41.0	57.0	81.0	115.0	163.0	230.0	325.0	460.0	650.0
	$25<m\leqslant40$	11.0	15.0	22.0	30.0	43.0	61.0	86.0	122.0	172.0	244.0	345.0	488.0	690.0
	$40<m\leqslant70$	12.0	17.0	24.0	34.0	48.0	67.0	95.0	135.0	190.0	269.0	381.0	539.0	762.0
$1600<d\leqslant2500$	$3.5\leqslant m\leqslant6$	11.0	16.0	23.0	32.0	45.0	64.0	91.0	129.0	182.0	257.0	364.0	514.0	727.0
	$6<m\leqslant10$	12.0	16.0	23.0	33.0	46.0	65.0	92.0	130.0	184.0	261.0	369.0	522.0	738.0
	$10<m\leqslant16$	12.0	17.0	24.0	33.0	47.0	67.0	94.0	133.0	189.0	267.0	377.0	534.0	755.0
	$16<m\leqslant25$	12.0	17.0	24.0	34.0	49.0	69.0	97.0	138.0	195.0	276.0	390.0	551.0	780.0
	$25<m\leqslant40$	13.0	18.0	26.0	36.0	51.0	72.0	102.0	145.0	205.0	290.0	409.0	579.0	819.0
	$40<m\leqslant70$	14.0	20.0	28.0	39.0	56.0	79.0	111.0	158.0	223.0	315.0	446.0	603.0	891.0
$2500<d\leqslant4000$	$6\leqslant m\leqslant10$	14.0	20.0	28.0	40.0	56.0	80.0	113.0	159.0	225.0	318.0	450.0	637.0	901.0
	$10<m\leqslant16$	14.0	20.0	29.0	41.0	57.0	81.0	115.0	162.0	229.0	324.0	459.0	649.0	917.0
	$16<m\leqslant25$	15.0	21.0	29.0	42.0	59.0	83.0	118.0	167.0	236.0	333.0	471.0	666.0	942.0
	$25<m\leqslant40$	15.0	22.0	31.0	43.0	61.0	87.0	123.0	174.0	245.0	347.0	491.0	694.0	982.0
	$40<m\leqslant70$	16.0	23.0	33.0	47.0	66.0	93.0	132.0	186.0	264.0	373.0	525.0	745.0	1054.0
$4000<d\leqslant6000$	$6\leqslant m\leqslant10$	17.0	24.0	34.0	48.0	68.0	97.0	137.0	194.0	274.0	387.0	548.0	775.0	1095.0
	$10<m\leqslant16$	17.0	25.0	35.0	49.0	69.0	98.0	139.0	197.0	278.0	393.0	556.0	786.0	1112.0
	$16<m\leqslant25$	18.0	25.0	36.0	50.0	71.0	100.0	142.0	201.0	284.0	402.0	568.0	804.0	1137.0
	$25<m\leqslant40$	18.0	26.0	37.0	52.0	74.0	104.0	147.0	208.0	294.0	416.0	588.0	832.0	1176.0
	$40<m\leqslant70$	20.0	28.0	39.0	55.0	78.0	110.0	156.0	221.0	312.0	441.0	624.0	883.0	1249.0
$6000<d\leqslant8000$	$10\leqslant m\leqslant16$	20.0	29.0	41.0	57.0	81.0	115.0	162.0	230.0	325.0	459.0	650.0	919.0	1299.0
	$16<m\leqslant25$	21.0	29.0	41.0	59.0	83.0	117.0	166.0	234.0	331.0	468.0	662.0	936.0	1324.0
	$25<m\leqslant40$	21.0	30.0	43.0	60.0	85.0	121.0	170.0	241.0	341.0	482.0	682.0	964.0	1364.0
	$40<m\leqslant70$	22.0	32.0	45.0	63.0	90.0	127.0	179.0	254.0	359.0	508.0	718.0	1015.0	1436.0
$8000<d\leqslant10000$	$10\leqslant m\leqslant16$	23.0	32.0	46.0	65.0	91.0	129.0	182.0	258.0	365.0	516.0	730.0	1032.0	1460.0
	$16<m\leqslant25$	23.0	33.0	46.0	66.0	93.0	131.0	186.0	262.0	371.0	525.0	742.0	1050.0	1485.0
	$25<m\leqslant40$	24.0	34.0	48.0	67.0	95.0	135.0	191.0	269.0	381.0	539.0	762.0	1078.0	1524.0
	$40<m\leqslant70$	25.0	35.0	50.0	71.0	100.0	141.0	200.0	282.0	399.0	564.0	798.0	1129.0	1596.0

表 14-1-42　　齿廓总偏差 F_α

分度圆直径 d /mm	模数 m /mm	精度等级 0	1	2	3	4	5	6	7	8	9	10	11	12
		F_α/μm												
$5 \leqslant d \leqslant 20$	$0.5 \leqslant m \leqslant 2$	0.8	1.1	1.6	2.3	3.2	4.6	6.5	9.0	13.0	18.0	26.0	37.0	52.0
	$2 < m \leqslant 3.5$	1.2	1.7	2.3	3.3	4.7	6.5	9.5	13.0	19.0	26.0	37.0	53.0	75.0
$20 < d \leqslant 50$	$0.5 \leqslant m \leqslant 2$	0.9	1.3	1.8	2.6	3.6	5.0	7.5	10.0	15.0	21.0	29.0	41.0	58.0
	$2 < m \leqslant 3.5$	1.3	1.8	2.5	3.6	5.0	7.0	10.0	14.0	20.0	29.0	40.0	57.0	81.0
	$3.5 < m \leqslant 6$	1.6	2.2	3.1	4.4	6.0	9.0	12.0	18.0	25.0	35.0	50.0	70.0	99.0
	$6 < m \leqslant 10$	1.9	2.7	3.8	5.5	7.5	11.0	15.0	22.0	31.0	43.0	61.0	87.0	123.0
$50 < d \leqslant 125$	$0.5 \leqslant m \leqslant 2$	1.0	1.5	2.1	2.9	4.1	6.0	8.5	12.0	17.0	23.0	33.0	47.0	66.0
	$2 < m \leqslant 3.5$	1.4	2.0	2.8	3.9	5.5	8.0	11.0	16.0	22.0	31.0	44.0	63.0	89.0
	$3.5 < m \leqslant 6$	1.7	2.4	3.4	4.8	6.5	9.5	13.0	19.0	27.0	38.0	54.0	76.0	108.0
	$6 < m \leqslant 10$	2.0	2.9	4.1	6.0	8.0	12.0	16.0	23.0	33.0	46.0	65.0	92.0	131.0
	$10 < m \leqslant 16$	2.5	3.5	5.0	7.0	10.0	14.0	20.0	28.0	40.0	56.0	79.0	112.0	159.0
	$16 < m \leqslant 25$	3.0	4.2	6.0	8.5	12.0	17.0	24.0	34.0	48.0	68.0	96.0	136.0	192.0
$125 < d \leqslant 280$	$0.5 \leqslant m \leqslant 2$	1.2	1.7	2.4	3.5	4.9	7.0	10.0	14.0	20.0	28.0	39.0	55.0	78.0
	$2 < m \leqslant 3.5$	1.6	2.2	3.2	4.5	6.5	9.0	13.0	18.0	25.0	36.0	50.0	71.0	101.0
	$3.5 < m \leqslant 6$	1.9	2.6	3.7	5.5	7.5	11.0	15.0	21.0	30.0	42.0	60.0	84.0	119.0
	$6 < m \leqslant 10$	2.2	3.2	4.5	6.5	9.0	13.0	18.0	25.0	36.0	50.0	71.0	101.0	143.0
	$10 < m \leqslant 16$	2.7	3.8	5.5	7.5	11.0	15.0	21.0	30.0	43.0	60.0	85.0	121.0	171.0
	$16 < m \leqslant 25$	3.2	4.5	6.5	9.0	13.0	18.0	25.0	36.0	51.0	72.0	102.0	144.0	204.0
	$25 < m \leqslant 40$	3.8	5.5	7.5	11.0	15.0	22.0	31.0	43.0	61.0	87.0	123.0	174.0	246.0
$280 < d \leqslant 560$	$0.5 \leqslant m \leqslant 2$	1.5	2.1	2.9	4.1	6.0	8.5	12.0	17.0	23.0	33.0	47.0	66.0	94.0
	$2 < m \leqslant 3.5$	1.8	2.6	3.6	5.0	7.5	10.0	15.0	21.0	29.0	41.0	58.0	82.0	116.0
	$3.5 < m \leqslant 6$	2.1	3.0	4.2	6.0	8.5	12.0	17.0	24.0	34.0	48.0	67.0	95.0	135.0
	$6 < m \leqslant 10$	2.5	3.5	4.9	7.0	10.0	14.0	20.0	28.0	40.0	56.0	79.0	112.0	158.0
	$10 < m \leqslant 16$	2.9	4.1	6.0	8.0	12.0	16.0	23.0	33.0	47.0	66.0	93.0	132.0	186.0
	$16 < m \leqslant 25$	3.4	4.8	7.0	9.5	14.0	19.0	27.0	39.0	55.0	78.0	110.0	155.0	219.0
	$25 < m \leqslant 40$	4.1	6.0	8.0	12.0	16.0	23.0	33.0	46.0	65.0	92.0	131.0	185.0	261.0
	$40 < m \leqslant 70$	5.0	7.0	10.0	14.0	20.0	28.0	40.0	57.0	80.0	113.0	160.0	227.0	321.0
$560 < d \leqslant 1000$	$0.5 \leqslant m \leqslant 2$	1.8	2.5	3.5	5.0	7.0	10.0	14.0	20.0	28.0	40.0	56.0	79.0	112.0
	$2 < m \leqslant 3.5$	2.1	3.0	4.2	6.0	8.5	12.0	17.0	24.0	34.0	48.0	67.0	95.0	135.0
	$3.5 < m \leqslant 6$	2.4	3.4	4.8	7.0	9.5	14.0	19.0	27.0	38.0	54.0	77.0	109.0	154.0
	$6 < m \leqslant 10$	2.8	3.9	5.5	8.0	11.0	16.0	22.0	31.0	44.0	62.0	88.0	125.0	177.0
	$10 < m \leqslant 16$	3.2	4.5	6.5	9.0	13.0	18.0	26.0	36.0	51.0	72.0	102.0	145.0	205.0
	$16 < m \leqslant 25$	3.7	5.5	7.5	11.0	15.0	21.0	30.0	42.0	59.0	84.0	119.0	168.0	238.0
	$25 < m \leqslant 40$	4.4	6.0	8.5	12.0	17.0	25.0	35.0	49.0	70.0	99.0	140.0	198.0	280.0
	$40 < m \leqslant 70$	5.5	7.5	11.0	15.0	21.0	30.0	42.0	60.0	85.0	120.0	170.0	240.0	339.0

续表

分度圆直径 d /mm	模数 m /mm	精度等级												
		0	1	2	3	4	5	6	7	8	9	10	11	12
		F_α/μm												
$1000<d\leqslant1600$	$2\leqslant m\leqslant3.5$	2.4	3.4	4.9	7.0	9.5	14.0	19.0	27.0	39.0	55.0	78.0	110.0	155.0
	$3.5<m\leqslant6$	2.7	3.8	5.5	7.5	11.0	15.0	22.0	31.0	43.0	61.0	87.0	123.0	174.0
	$6<m\leqslant10$	3.1	4.4	6.0	8.5	12.0	17.0	25.0	35.0	49.0	70.0	99.0	139.0	197.0
	$10<m\leqslant16$	3.5	5.0	7.0	10.0	14.0	20.0	28.0	40.0	56.0	80.0	113.0	159.0	255.0
	$16<m\leqslant25$	4.0	5.5	8.0	11.0	16.0	23.0	32.0	46.0	65.0	91.0	129.0	183.0	258.0
	$25<m\leqslant40$	4.7	6.5	9.5	13.0	19.0	27.0	38.0	53.0	75.0	106.0	150.0	212.0	300.0
	$40<m\leqslant70$	5.5	8.0	11.0	16.0	22.0	32.0	45.0	64.0	90.0	127.0	180.0	254.0	360.0
$1600<d\leqslant2500$	$3.5\leqslant m\leqslant6$	3.1	4.3	6.0	8.5	12.0	17.0	25.0	35.0	49.0	70.0	98.0	139.0	197.0
	$6<m\leqslant10$	3.4	4.9	7.0	9.5	14.0	19.0	27.0	39.0	55.0	78.0	110.0	156.0	220.0
	$10<m\leqslant16$	3.9	5.5	7.5	11.0	15.0	22.0	31.0	44.0	62.0	88.0	124.0	175.0	248.0
	$16<m\leqslant25$	4.4	6.0	9.0	12.0	18.0	25.0	35.0	50.0	70.0	99.0	141.0	199.0	281.0
	$25<m\leqslant40$	5.0	7.0	10.0	14.0	20.0	29.0	40.0	57.0	81.0	114.0	161.0	228.0	323.0
	$40<m\leqslant70$	6.0	8.5	12.0	17.0	24.0	34.0	48.0	68.0	96.0	135.0	191.0	271.0	383.0
$2500<d\leqslant4000$	$6\leqslant m\leqslant10$	3.9	5.5	8.0	11.0	16.0	22.0	31.0	44.0	62.0	88.0	124.0	176.0	249.0
	$10<m\leqslant16$	4.3	6.0	8.5	12.0	17.0	24.0	35.0	49.0	69.0	98.0	138.0	196.0	277.0
	$16<m\leqslant25$	4.8	7.0	9.5	14.0	19.0	27.0	39.0	55.0	77.0	110.0	155.0	219.0	310.0
	$25<m\leqslant40$	5.5	8.0	11.0	16.0	22.0	31.0	44.0	62.0	88.0	124.0	176.0	249.0	351.0
	$40<m\leqslant70$	6.5	9.0	13.0	18.0	26.0	36.0	51.0	73.0	103.0	145.0	206.0	291.0	411.0
$4000<d\leqslant6000$	$6\leqslant m\leqslant10$	4.4	6.5	9.0	13.0	18.0	25.0	35.0	50.0	71.0	100.0	141.0	200.0	283.0
	$10<m\leqslant16$	4.9	7.0	9.5	14.0	19.0	27.0	39.0	55.0	78.0	110.0	155.0	220.0	311.0
	$16<m\leqslant25$	5.5	7.5	11.0	15.0	22.0	30.0	43.0	61.0	86.0	122.0	172.0	243.0	344.0
	$25<m\leqslant40$	6.0	8.5	12.0	17.0	24.0	34.0	48.0	68.0	96.0	136.0	193.0	273.0	386.0
	$40<m\leqslant70$	7.0	10.0	14.0	20.0	28.0	39.0	56.0	79.0	111.0	158.0	223.0	315.0	445.0
$6000<d\leqslant8000$	$10\leqslant m\leqslant16$	5.5	7.5	11.0	15.0	21.0	30.0	43.0	61.0	86.0	122.0	172.0	243.0	344.0
	$16<m\leqslant25$	6.0	8.5	12.0	17.0	24.0	33.0	47.0	67.0	94.0	113.0	189.0	267.0	377.0
	$25<m\leqslant40$	6.5	9.5	13.0	19.0	26.0	37.0	52.0	74.0	105.0	148.0	209.0	296.0	419.0
	$40<m\leqslant70$	7.5	11.0	15.0	21.0	30.0	42.0	60.0	85.0	120.0	169.0	239.0	338.0	478.0
$8000<d\leqslant10000$	$10\leqslant m\leqslant16$	6.0	8.0	12.0	16.0	23.0	33.0	47.0	66.0	93.0	132.0	186.0	263.0	372.0
	$16<m\leqslant25$	6.5	9.0	13.0	18.0	25.0	36.0	51.0	72.0	101.0	143.0	203.0	287.0	405.0
	$25<m\leqslant40$	7.0	10.0	14.0	20.0	28.0	40.0	56.0	79.0	112.0	158.0	223.0	316.0	447.0
	$40<m\leqslant70$	8.0	11.0	16.0	22.0	32.0	45.0	63.0	90.0	127.0	179.0	253.0	358.0	507.0

表 14-1-43　　螺旋线总偏差 F_β

分度圆直径 d /mm	齿宽 b /mm	精度等级												
		0	1	2	3	4	5	6	7	8	9	10	11	12
		F_β/μm												
$5 \leqslant d \leqslant 20$	$4 \leqslant b \leqslant 10$	1.1	1.5	2.2	3.1	4.3	6.0	8.5	12.0	17.0	24.0	35.0	49.0	69.0
	$10 < b \leqslant 20$	1.2	1.7	2.4	3.4	4.9	7.0	9.5	14.0	19.0	28.0	39.0	55.0	78.0
	$20 < b \leqslant 40$	1.4	2.0	2.8	3.9	5.5	8.0	11.0	16.0	22.0	31.0	45.0	63.0	89.0
	$40 < b \leqslant 80$	1.6	2.3	3.3	4.6	6.5	9.5	13.0	19.0	26.0	37.0	52.0	74.0	105.0
$20 < d \leqslant 50$	$4 \leqslant b \leqslant 10$	1.1	1.6	2.2	3.2	4.5	6.5	9.0	13.0	18.0	25.0	36.0	51.0	72.0
	$10 < b \leqslant 20$	1.3	1.8	2.5	3.6	5.0	7.0	10.0	14.0	20.0	29.0	40.0	57.0	81.0
	$20 < b \leqslant 40$	1.4	2.0	2.9	4.1	5.5	8.0	11.0	16.0	23.0	32.0	46.0	65.0	92.0
	$40 < b \leqslant 80$	1.7	2.4	3.4	4.8	6.5	9.5	13.0	19.0	27.0	38.0	54.0	76.0	107.0
	$80 < b \leqslant 160$	2.0	2.9	4.1	5.5	8.0	11.0	16.0	23.0	32.0	46.0	65.0	92.0	130.0
$50 < d \leqslant 125$	$4 \leqslant b \leqslant 10$	1.2	1.7	2.4	3.3	4.7	6.5	9.5	13.0	19.0	27.0	38.0	53.0	76.0
	$10 < b \leqslant 20$	1.3	1.9	2.6	3.7	5.5	7.5	11.0	15.0	21.0	30.0	42.0	60.0	84.0
	$20 < b \leqslant 40$	1.5	2.1	3.0	4.2	6.0	8.5	12.0	17.0	24.0	34.0	48.0	68.0	95.0
	$40 < b \leqslant 80$	1.7	2.5	3.5	4.9	7.0	10.0	14.0	20.0	28.0	39.0	56.0	79.0	111.0
	$80 < b \leqslant 160$	2.1	2.9	4.2	6.0	8.5	12.0	17.0	24.0	33.0	47.0	67.0	94.0	133.0
	$160 < b \leqslant 250$	2.5	3.5	4.9	7.0	10.0	14.0	20.0	28.0	40.0	56.0	79.0	112.0	158.0
	$250 < b \leqslant 400$	2.9	4.1	6.0	8.0	12.0	16.0	23.0	33.0	46.0	65.0	92.0	130.0	184.0
$125 < d \leqslant 280$	$4 \leqslant b \leqslant 10$	1.3	1.8	2.5	3.6	5.0	7.0	10.0	14.0	20.0	29.0	40.0	57.0	81.0
	$10 < b \leqslant 20$	1.4	2.0	2.8	4.0	5.5	8.0	11.0	16.0	22.0	32.0	45.0	63.0	90.0
	$20 < b \leqslant 40$	1.6	2.2	3.2	4.5	6.5	9.0	13.0	18.0	25.0	36.0	50.0	71.0	101.0
	$40 < b \leqslant 80$	1.8	2.6	3.6	5.0	7.5	10.0	15.0	21.0	29.0	41.0	58.0	82.0	117.0
	$80 < b \leqslant 160$	2.2	3.1	4.3	6.0	8.5	12.0	17.0	25.0	35.0	49.0	69.0	98.0	139.0
	$160 < b \leqslant 250$	2.6	3.6	5.0	7.0	10.0	14.0	20.0	29.0	41.0	58.0	82.0	116.0	164.0
	$250 < b \leqslant 400$	3.0	4.2	6.0	8.5	12.0	17.0	24.0	34.0	47.0	67.0	95.0	134.0	190.0
	$400 < b \leqslant 650$	3.5	4.9	7.0	10.0	14.0	20.0	28.0	40.0	56.0	79.0	112.0	158.0	224.0
$280 < d \leqslant 560$	$10 \leqslant b \leqslant 20$	1.5	2.1	3.0	4.3	6.0	8.5	12.0	17.0	24.0	34.0	48.0	68.0	97.0
	$20 < b \leqslant 40$	1.7	2.4	3.4	4.8	6.5	9.5	13.0	19.0	27.0	38.0	54.0	76.0	108.0
	$40 < b \leqslant 80$	1.9	2.7	3.9	5.5	7.5	11.0	15.0	22.0	31.0	44.0	62.0	87.0	124.0
	$80 < b \leqslant 160$	2.3	3.2	4.6	6.5	9.0	13.0	18.0	26.0	36.0	52.0	73.0	103.0	146.0
	$160 < b \leqslant 250$	2.7	3.8	5.5	7.5	11.0	15.0	21.0	30.0	43.0	60.0	85.0	121.0	171.0
	$250 < b \leqslant 400$	3.1	4.3	6.0	8.5	12.0	17.0	25.0	35.0	49.0	70.0	98.0	139.0	197.0
	$400 < b \leqslant 650$	3.6	5.0	7.0	10.0	14.0	20.0	29.0	41.0	58.0	82.0	111.0	163.0	231.0
	$650 < b \leqslant 1000$	4.3	6.0	8.5	12.0	17.0	24.0	34.0	48.0	68.0	96.0	136.0	193.0	272.0

续表

分度圆直径 d /mm	齿宽 b /mm	精度等级												
		0	1	2	3	4	5	6	7	8	9	10	11	12
		F_β/μm												
560 < d ≤ 1000	10 ≤ b ≤ 20	1.6	2.3	3.3	4.7	6.5	9.5	13.0	19.0	26.0	37.0	53.0	74.0	105.0
	20 < b ≤ 40	1.8	2.6	3.6	5.0	7.5	10.0	15.0	21.0	29.0	41.0	58.0	82.0	116.0
	40 < b ≤ 80	2.1	2.9	4.1	6.0	8.5	12.0	17.0	23.0	33.0	47.0	66.0	93.0	132.0
	80 < b ≤ 160	2.4	3.4	4.8	7.0	9.5	14.0	19.0	27.0	39.0	55.0	77.0	109.0	154.0
	160 < b ≤ 250	2.8	4.0	5.5	8.0	11.0	16.0	22.0	32.0	45.0	63.0	90.0	127.0	179.0
	250 < b ≤ 400	3.2	4.5	6.5	9.0	13.0	18.0	26.0	36.0	51.0	73.0	103.0	145.0	205.0
	400 < b ≤ 650	3.7	5.5	7.5	11.0	15.0	21.0	30.0	42.0	60.0	85.0	120.0	169.0	239.0
	650 < b ≤ 1000	4.4	6.0	9.0	12.0	18.0	25.0	35.0	50.0	70.0	99.0	140.0	199.0	281.0
1000 < d ≤ 1600	20 ≤ b ≤ 40	2.0	2.8	3.9	5.5	8.0	11.0	16.0	22.0	31.0	44.0	63.0	89.0	126.0
	40 < b ≤ 80	2.2	3.1	4.4	6.0	9.0	12.0	18.0	25.0	35.0	50.0	71.0	100.0	141.0
	80 < b ≤ 160	2.6	3.6	5.0	7.0	10.0	14.0	20.0	29.0	41.0	58.0	82.0	116.0	164.0
	160 < b ≤ 250	2.9	4.2	6.0	8.5	12.0	17.0	24.0	33.0	47.0	67.0	94.0	133.0	189.0
	250 < b ≤ 400	3.4	4.7	6.5	9.5	13.0	19.0	27.0	38.0	54.0	76.0	107.0	152.0	215.0
	400 < b ≤ 650	3.9	5.5	8.0	11.0	16.0	22.0	31.0	44.0	62.0	88.0	124.0	176.0	249.0
	650 < b ≤ 1000	4.5	6.5	9.0	13.0	18.0	26.0	36.0	51.0	73.0	103.0	145.0	205.0	290.0
1600 < d ≤ 2500	20 ≤ b ≤ 40	2.1	3.0	4.3	6.0	8.5	12.0	17.0	24.0	34.0	48.0	68.0	96.0	136.0
	40 < b ≤ 80	2.4	3.4	4.7	6.5	9.5	13.0	19.0	27.0	38.0	54.0	76.0	107.0	152.0
	80 < b ≤ 160	2.7	3.8	5.5	7.5	11.0	15.0	22.0	31.0	43.0	61.0	87.0	123.0	174.0
	160 < b ≤ 250	3.1	4.4	6.0	9.0	12.0	18.0	25.0	35.0	50.0	70.0	99.0	141.0	199.0
	250 < b ≤ 400	3.5	5.0	7.0	10.0	14.0	20.0	28.0	40.0	56.0	80.0	112.0	159.0	225.0
	400 < b ≤ 650	4.0	5.5	8.0	11.0	16.0	23.0	32.0	46.0	65.0	92.0	130.0	183.0	259.0
	650 < b ≤ 1000	4.7	6.5	9.5	13.0	19.0	27.0	38.0	53.0	75.0	106.0	150.0	212.0	300.0
2500 < d ≤ 4000	40 ≤ b ≤ 80	2.6	3.6	5.0	7.5	10.0	15.0	21.0	29.0	41.0	58.0	82.0	116.0	165.0
	80 < b ≤ 160	2.9	4.1	6.0	8.5	12.0	17.0	23.0	33.0	47.0	66.0	93.0	132.0	187.0
	160 < b ≤ 250	3.3	4.7	6.5	9.5	13.0	19.0	26.0	37.0	53.0	75.0	106.0	150.0	212.0
	250 < b ≤ 400	3.7	5.5	7.5	11.0	15.0	21.0	30.0	42.0	59.0	84.0	119.0	168.0	238.0
	400 < b ≤ 650	4.3	6.0	8.5	12.0	17.0	24.0	34.0	48.0	68.0	96.0	136.0	192.0	272.0
	650 < b ≤ 1000	4.9	7.0	10.0	14.0	20.0	28.0	39.0	55.0	78.0	111.0	157.0	222.0	314.0
4000 < d ≤ 6000	80 ≤ b ≤ 160	3.2	4.5	6.5	9.0	13.0	18.0	25.0	36.0	51.0	72.0	101.0	143.0	203.0
	160 < b ≤ 250	3.6	5.0	7.0	10.0	14.0	20.0	28.0	40.0	57.0	80.0	114.0	161.0	228.0
	250 < b ≤ 400	4.0	5.5	8.0	11.0	16.0	22.0	32.0	45.0	63.0	90.0	127.0	179.0	253.0
	400 < b ≤ 650	4.5	6.5	9.0	13.0	18.0	25.0	36.0	51.0	72.0	102.0	144.0	203.0	288.0
	650 < b ≤ 1000	5.0	7.5	10.0	15.0	21.0	29.0	41.0	58.0	82.0	116.0	165.0	233.0	329.0

续表

分度圆直径 d /mm	齿宽 b /mm	精度等级												
		0	1	2	3	4	5	6	7	8	9	10	11	12
		$F_\beta/\mu m$												
$6000<d\leqslant8000$	$80\leqslant b\leqslant160$	3.4	4.8	7.0	9.5	14.0	19.0	27.0	38.0	54.0	77.0	109.0	154.0	218.0
	$160<b\leqslant250$	3.8	5.5	7.5	11.0	15.0	21.0	30.0	43.0	61.0	86.0	121.0	171.0	242.0
	$250<b\leqslant400$	4.2	6.0	8.5	12.0	17.0	24.0	34.0	47.0	67.0	95.0	134.0	190.0	268.0
	$400<b\leqslant650$	4.7	6.5	9.5	13.0	19.0	27.0	38.0	53.0	76.0	107.0	151.0	214.0	303.0
	$650<b\leqslant1000$	5.5	7.5	11.0	15.0	22.0	30.0	43.0	61.0	86.0	122.0	172.0	243.0	344.0
$8000<d\leqslant10000$	$80\leqslant b\leqslant160$	3.6	5.0	7.0	10.0	14.0	20.0	29.0	41.0	58.0	81.0	115.0	163.0	230.0
	$160<b\leqslant250$	4.0	5.5	8.0	11.0	16.0	23.0	32.0	45.0	64.0	90.0	128.0	181.0	255.0
	$250<b\leqslant400$	4.4	6.0	9.0	12.0	18.0	25.0	35.0	50.0	70.0	99.0	141.0	199.0	281.0
	$400<b\leqslant650$	4.9	7.0	10.0	14.0	20.0	28.0	39.0	56.0	79.0	112.0	158.0	223.0	315.0
	$650<b\leqslant1000$	5.5	8.0	11.0	16.0	22.0	32.0	45.0	63.0	89.0	126.0	178.0	252.0	357.0

6.8 切向综合偏差的公差（标准的附录）

6.8.1 总则

除在采购文件中另有规定外，切向综合偏差的测量不是强制性的，因此，这些偏差的公差不包括在 ISO 1328 正文中。

然而，当采购方和供方双方同意时，有时也可采用检验切向综合偏差的方法，最好顺带轮齿接触的检验，来替代其他一些检验方法。在 6.3.4 中给出了一齿切向综合偏差和切向综合总偏差的定义。

一齿切向综合偏差 f'_i 的公差值，可通过表 14-1-44 中列出的 f'_i/K 数值乘以系数 K（K 由 6.8.2 确定）求得，或由 6.8.2 的 1）中公式计算，6.8.2 的 1）中为 5 级精度公差值的公式，对于其他精度等级，用第 6.5 节所述的同样规则计算，计算值的圆整，用第 6.5 节所述规则对 $(f'_i/K)\times K$ 进行圆整。

切向综合总偏差 F'_i 的公差值用 6.8.2 的 2）中 5 级精度的公式计算。不同精度等级的公差值的计算和计算值的圆整规则，与第 6.5 节相同。

检验切向综合偏差时，须将被测齿轮与测量齿轮在适当中心距下进行单面啮合，使其具有一定侧隙，并施加一轻微而足够的载荷使得只有同侧齿面单面接触。

6.8.2 5 级精度公差的公式

注所用符号已在第 6.4 节说明

1）一齿切向综合偏差 f'_i 的计算式

$$f'_i=K(4.3+f_{pt}+F_\alpha)$$

即

$$f'_i=K(9+0.3m+3.2\sqrt{m}+0.34\sqrt{d})$$

当 $\varepsilon_\gamma<4$ 时，$K=0.2\left(\frac{\varepsilon_\gamma+4}{\varepsilon_\gamma}\right)$；当 $\varepsilon_\gamma\geqslant4$ 时，$K=0.4$。

如果被测齿轮与测量齿轮的齿宽不同，计算 ε_γ 时，取较小的齿宽值。

如果齿廓或螺旋线在较宽范围修形，检验时 ε_γ 的有效值和 K 会受到很大的影响，因而，在评定测量结果时，这些因素必须考虑在内，在这种情况下，对检验条件和记录曲线的评定另行专门协议。

2）切向综合总偏差 F'_i 的计算式

$$F'_i=F_p+f'_i$$

表 14-1-44 商值 f'_i/K

分度圆直径 d /mm	模数 m /mm	精度等级												
		0	1	2	3	4	5	6	7	8	9	10	11	12
		$(f'_i/K)/\mu m$												
$5 \leqslant d \leqslant 20$	$0.5 \leqslant m \leqslant 2$	2.4	3.4	4.8	7.0	9.5	14.0	19.0	27.0	38.0	54.0	77.0	109.0	154.0
	$2 < m \leqslant 3.5$	2.8	4.0	5.5	8.0	11.0	16.0	23.0	32.0	45.0	64.0	91.0	129.0	182.0
$20 < d \leqslant 50$	$0.5 \leqslant m \leqslant 2$	2.5	3.6	5.0	7.0	10.0	14.0	20.0	29.0	41.0	58.0	82.0	115.0	163.0
	$2 < m \leqslant 3.5$	3.0	4.2	6.0	8.5	12.0	17.0	24.0	34.0	48.0	68.0	96.0	135.0	191.0
	$3.5 < m \leqslant 6$	3.4	4.8	7.0	9.5	14.0	19.0	27.0	38.0	54.0	77.0	108.0	153.0	217.0
	$6 < m \leqslant 10$	3.9	5.5	8.0	11.0	16.0	22.0	31.0	44.0	63.0	89.0	125.0	177.0	251.0
$50 < d \leqslant 125$	$0.5 \leqslant m \leqslant 2$	2.7	3.9	5.5	8.0	11.0	16.0	22.0	31.0	44.0	62.0	88.0	124.0	176.0
	$2 < m \leqslant 3.5$	3.2	4.5	6.5	9.0	13.0	18.0	25.0	36.0	51.0	72.0	102.0	144.0	204.0
	$3.5 < m \leqslant 6$	3.6	5.0	7.0	10.0	14.0	20.0	29.0	40.0	57.0	81.0	115.0	162.0	229.0
	$6 < m \leqslant 10$	4.1	6.0	8.0	12.0	16.0	23.0	33.0	47.0	66.0	93.0	132.0	186.0	263.0
	$10 < m \leqslant 16$	4.8	7.0	9.5	14.0	19.0	27.0	38.0	54.0	77.0	109.0	154.0	218.0	308.0
	$16 < m \leqslant 25$	5.5	8.0	11.0	16.0	23.0	32.0	46.0	65.0	91.0	129.0	183.0	259.0	366.0
$125 < d \leqslant 280$	$0.5 \leqslant m \leqslant 2$	3.0	4.3	6.0	8.5	12.0	17.0	24.0	34.0	49.0	69.0	97.0	137.0	194.0
	$2 < m \leqslant 3.5$	3.5	4.9	7.0	10.0	14.0	20.0	28.0	39.0	56.0	79.0	111.0	157.0	222.0
	$3.5 < m \leqslant 6$	3.9	5.5	7.5	11.0	15.0	22.0	31.0	44.0	62.0	88.0	124.0	175.0	247.0
	$6 < m \leqslant 10$	4.4	6.0	9.0	12.0	18.0	25.0	35.0	50.0	70.0	100.0	141.0	199.0	281.0
	$10 < m \leqslant 16$	5.0	7.0	10.0	14.0	20.0	29.0	41.0	58.0	82.0	115.0	163.0	231.0	326.0
	$16 < m \leqslant 25$	6.0	8.5	12.0	17.0	24.0	34.0	48.0	68.0	96.0	136.0	192.0	272.0	384.0
	$25 < m \leqslant 40$	7.5	10.0	15.0	21.0	29.0	41.0	58.0	82.0	116.0	165.0	233.0	329.0	465.0
$280 < d \leqslant 560$	$0.5 \leqslant m \leqslant 2$	3.4	4.8	7.0	9.5	14.0	19.0	27.0	39.0	54.0	77.0	109.0	154.0	218.0
	$2 < m \leqslant 3.5$	3.8	5.5	7.5	11.0	15.0	22.0	31.0	44.0	62.0	87.0	123.0	174.0	246.0
	$3.5 < m \leqslant 6$	4.2	6.0	8.5	12.0	17.0	24.0	34.0	48.0	68.0	96.0	136.0	192.0	271.0
	$6 < m \leqslant 10$	4.8	6.5	9.5	13.0	19.0	27.0	38.0	54.0	76.0	108.0	153.0	216.0	305.0
	$10 < m \leqslant 16$	5.5	7.5	11.0	15.0	22.0	31.0	44.0	62.0	88.0	124.0	175.0	248.0	350.0
	$16 < m \leqslant 25$	6.5	9.0	13.0	18.0	26.0	36.0	51.0	72.0	102.0	144.0	204.0	289.0	408.0
	$25 < m \leqslant 40$	7.5	11.0	15.0	22.0	31.0	43.0	61.0	86.0	122.0	173.0	245.0	346.0	489.0
	$40 < m \leqslant 70$	9.5	14.0	19.0	27.0	39.0	55.0	78.0	110.0	155.0	220.0	311.0	439.0	621.0
$560 < d \leqslant 1000$	$0.5 \leqslant m \leqslant 2$	3.9	5.5	7.5	11.0	15.0	22.0	31.0	44.0	62.0	87.0	123.0	174.0	247.0
	$2 < m \leqslant 3.5$	4.3	6.0	8.5	12.0	17.0	24.0	34.0	49.0	69.0	97.0	137.0	194.0	275.0
	$3.5 < m \leqslant 6$	4.7	6.5	9.5	13.0	19.0	27.0	38.0	53.0	75.0	106.0	150.0	212.0	300.0
	$6 < m \leqslant 10$	5.0	7.5	10.0	15.0	21.0	30.0	42.0	59.0	84.0	118.0	167.0	236.0	334.0
	$10 < m \leqslant 16$	6.0	8.5	12.0	17.0	24.0	33.0	47.0	67.0	95.0	134.0	189.0	268.0	379.0
	$16 < m \leqslant 25$	7.0	9.5	14.0	19.0	27.0	39.0	55.0	77.0	109.0	154.0	218.0	309.0	437.0
	$25 < m \leqslant 40$	8.0	11.0	16.0	23.0	32.0	46.0	65.0	92.0	129.0	183.0	259.0	366.0	518.0
	$40 < m \leqslant 70$	10.0	14.0	20.0	29.0	41.0	57.0	81.0	115.0	163.0	230.0	325.0	460.0	650.0

续表

分度圆直径 d /mm	模数 m /mm	精度等级												
		0	1	2	3	4	5	6	7	8	9	10	11	12
		(f'_i/K)/μm												
$1000<d\leqslant1600$	$2\leqslant m\leqslant3.5$	4.8	7.0	9.5	14.0	19.0	27.0	38.0	54.0	77.0	108.0	153.0	217.0	307.0
	$3.5<m\leqslant6$	5.0	7.5	10.0	15.0	21.0	29.0	41.0	59.0	83.0	117.0	166.0	235.0	332.0
	$6<m\leqslant10$	5.5	8.0	11.0	16.0	23.0	32.0	46.0	65.0	91.0	129.0	183.0	259.0	366.0
	$10<m\leqslant16$	6.5	9.0	13.0	18.0	26.0	36.0	51.0	73.0	103.0	145.0	205.0	290.0	410.0
	$16<m\leqslant25$	7.5	10.0	15.0	21.0	29.0	41.0	59.0	83.0	117.0	166.0	234.0	331.0	468.0
	$25<m\leqslant40$	8.5	12.0	17.0	24.0	34.0	49.0	69.0	97.0	137.0	194.0	275.0	389.0	550.0
	$40<m\leqslant70$	11.0	15.0	21.0	30.0	43.0	60.0	85.0	120.0	170.0	241.0	341.0	482.0	682.0
$1600<d\leqslant2500$	$3.5\leqslant m\leqslant6$	5.5	8.0	11.0	16.0	23.0	32.0	46.0	65.0	92.0	130.0	183.0	259.0	367.0
	$6<m\leqslant10$	6.5	9.0	13.0	18.0	25.0	35.0	50.0	71.0	100.0	142.0	200.0	283.0	401.0
	$10<m\leqslant16$	7.0	10.0	14.0	20.0	28.0	39.0	56.0	79.0	111.0	158.0	223.0	315.0	446.0
	$16<m\leqslant25$	8.0	11.0	16.0	22.0	31.0	45.0	63.0	89.0	126.0	178.0	252.0	356.0	504.0
	$25<m\leqslant40$	9.0	13.0	18.0	26.0	37.0	52.0	73.0	103.0	146.0	207.0	292.0	413.0	585.0
	$40<m\leqslant70$	11.0	16.0	22.0	32.0	45.0	63.0	90.0	127.0	179.0	253.0	358.0	507.0	717.0
$2500<d\leqslant4000$	$6\leqslant m\leqslant10$	7.0	10.0	14.0	20.0	28.0	39.0	56.0	79.0	111.0	157.0	223.0	315.0	445.0
	$10<m\leqslant16$	7.5	11.0	15.0	22.0	31.0	43.0	61.0	87.0	122.0	173.0	245.0	346.0	490.0
	$16<m\leqslant25$	8.5	12.0	17.0	24.0	34.0	48.0	68.0	97.0	137.0	194.0	274.0	387.0	548.0
	$25<m\leqslant40$	10.0	14.0	20.0	28.0	39.0	56.0	79.0	111.0	157.0	222.0	315.0	445.0	629.0
	$40<m\leqslant70$	12.0	17.0	24.0	34.0	48.0	67.0	95.0	135.0	190.0	269.0	381.0	538.0	761.0
$4000<d\leqslant6000$	$6\leqslant m\leqslant10$	8.0	11.0	16.0	22.0	31.0	44.0	62.0	88.0	125.0	176.0	249.0	352.0	498.0
	$10<m\leqslant16$	8.5	12.0	17.0	24.0	34.0	48.0	68.0	96.0	136.0	192.0	271.0	384.0	543.0
	$16<m\leqslant25$	9.5	13.0	19.0	27.0	38.0	53.0	75.0	106.0	150.0	212.0	300.0	425.0	601.0
	$25<m\leqslant40$	11.0	15.0	21.0	30.0	43.0	60.0	85.0	121.0	170.0	241.0	341.0	482.0	682.0
	$40<m\leqslant70$	13.0	18.0	25.0	36.0	51.0	72.0	102.0	144.0	204.0	288.0	407.0	576.0	814.0
$6000<d\leqslant8000$	$10\leqslant m\leqslant16$	9.5	13.0	19.0	26.0	37.0	52.0	74.0	105.0	148.0	210.0	297.0	420.0	594.0
	$16<m\leqslant25$	10.0	14.0	20.0	29.0	41.0	58.0	81.0	115.0	163.0	230.0	326.0	461.0	652.0
	$25<m\leqslant40$	11.0	16.0	23.0	32.0	46.0	65.0	92.0	130.0	183.0	259.0	366.0	518.0	733.0
	$40<m\leqslant70$	14.0	19.0	27.0	38.0	54.0	76.0	108.0	153.0	216.0	306.0	432.0	612.0	865.0
$8000<d\leqslant10000$	$10\leqslant m\leqslant16$	10.0	14.0	20.0	28.0	40.0	56.0	80.0	113.0	159.0	225.0	319.0	451.0	637.0
	$16<m\leqslant25$	11.0	15.0	22.0	31.0	43.0	61.0	87.0	123.0	174.0	246.0	348.0	492.0	695.0
	$25<m\leqslant40$	12.0	17.0	24.0	34.0	49.0	69.0	97.0	137.0	194.0	275.0	388.0	549.0	777.0
	$40<m\leqslant70$	14.0	20.0	28.0	40.0	57.0	80.0	114.0	161.0	227.0	321.0	454.0	642.0	909.0

注：f'_i的公差值，由表中值乘以K计算得出。

6.9 齿廓与螺旋线的形状和斜率偏差的数值（参改性数值）

6.9.1 总则

由于齿廓与螺旋线的形状和斜率偏差不是强制性的单项检验项目，在 ISO 1328 中不作为标准要素，然而，由于形状和斜率偏差对齿轮的性能有重要影响，故在表 14-1-45 至表 14-1-47 中提供有关数值。在 6.3.2 的 3）、4）和 6.3.3 的 3）、4）中分别给出了齿廓与螺旋线的形状和斜率偏差的定义。

6.9.2 5 级精度数值的计算公式

1）齿廓形状偏差 $f_{f\alpha}$ 的计算式

$$f_{f\alpha}=2.5\sqrt{m}+0.17\sqrt{d}+0.5$$

2）齿廓斜率偏差 $f_{H\alpha}$ 的计算式

$$f_{H\alpha}=2\sqrt{m}+0.14\sqrt{d}+0.5$$

3）螺旋线形状偏差 $f_{f\beta}$ 和螺旋线斜率偏差 $f_{H\beta}$ 的计算式

$$f_{f\beta}=f_{H\beta}=0.07\sqrt{d}+0.45\sqrt{b}+3$$

4）计算不同精度等级的形状和斜率偏差数值的规则，以及对这些值的圆整规则与第 6.5 节相同。

表 14-1-45　　齿廓形状偏差 $f_{f\alpha}$

分度圆直径 d /mm	模数 m /mm	精度等级												
		0	1	2	3	4	5	6	7	8	9	10	11	12
		$f_{f\alpha}$/μm												
$5\leqslant d\leqslant 20$	$0.5\leqslant m\leqslant 2$	0.6	0.9	1.3	1.8	2.5	3.5	5.0	7.0	10.0	14.0	20.0	28.0	40.0
	$2<m\leqslant 3.5$	0.9	1.3	1.8	2.6	3.6	5.0	7.0	10.0	14.0	20.0	29.0	41.0	58.0
$20<d\leqslant 50$	$0.5\leqslant m\leqslant 2$	0.7	1.0	1.4	2.0	2.8	4.0	5.5	8.0	11.0	16.0	22.0	32.0	45.0
	$2<m\leqslant 3.5$	1.0	1.4	2.0	2.8	3.9	5.5	8.0	11.0	16.0	22.0	31.0	44.0	62.0
	$3.5<m\leqslant 6$	1.2	1.7	2.4	3.4	4.8	7.0	9.5	14.0	19.0	27.0	39.0	54.0	77.0
	$6<m\leqslant 10$	1.5	2.1	3.0	4.2	6.0	8.5	12.0	17.0	24.0	34.0	48.0	67.0	95.0
$50<d\leqslant 125$	$0.5\leqslant m\leqslant 2$	0.8	1.1	1.6	2.3	3.2	4.5	6.5	9.0	13.0	18.0	26.0	36.0	51.0
	$2<m\leqslant 3.5$	1.1	1.5	2.1	3.0	4.3	6.0	8.5	12.0	17.0	24.0	34.0	49.0	69.0
	$3.5<m\leqslant 6$	1.3	1.8	2.6	3.7	5.0	7.5	10.0	15.0	21.0	29.0	42.0	59.0	83.0
	$6<m\leqslant 10$	1.6	2.2	3.2	4.5	6.5	9.0	13.0	18.0	25.0	36.0	51.0	72.0	101.0
	$10<m\leqslant 16$	1.9	2.7	3.9	5.5	7.5	11.0	15.0	22.0	31.0	44.0	62.0	87.0	123.0
	$16<m\leqslant 25$	2.3	3.3	4.7	6.5	9.5	13.0	19.0	26.0	37.0	53.0	75.0	106.0	149.0
$125<d\leqslant 280$	$0.5\leqslant m\leqslant 2$	0.9	1.3	1.9	2.7	3.8	5.5	7.5	11.0	15.0	21.0	30.0	43.0	60.0
	$2<m\leqslant 3.5$	1.2	1.7	2.4	3.4	4.9	7.0	9.5	14.0	19.0	28.0	39.0	55.0	78.0
	$3.5<m\leqslant 6$	1.4	2.0	2.9	4.1	6.0	8.0	12.0	16.0	23.0	33.0	46.0	65.0	93.0
	$6<m\leqslant 10$	1.7	2.4	3.5	4.9	7.0	10.0	14.0	20.0	28.0	39.0	55.0	78.0	111.0
	$10<m\leqslant 16$	2.1	2.9	4.0	6.0	8.5	12.0	17.0	23.0	33.0	47.0	66.0	94.0	133.0
	$16<m\leqslant 25$	2.5	3.5	5.0	7.0	10.0	14.0	20.0	28.0	40.0	56.0	79.0	112.0	158.0
	$25<m\leqslant 40$	3.0	4.2	6.0	8.5	12.0	17.0	24.0	34.0	48.0	68.0	96.0	135.0	191.0

续表

分度圆直径 d /mm	模数 m /mm	精度等级												
		0	1	2	3	4	5	6	7	8	9	10	11	12
		$f_{f\alpha}$/μm												
$280<d\leqslant560$	$0.5\leqslant m\leqslant2$	1.1	1.6	2.3	3.2	4.5	6.5	9.0	13.0	18.0	26.0	36.0	51.0	72.0
	$2<m\leqslant3.5$	1.4	2.0	2.8	4.0	5.5	8.0	11.0	16.0	22.0	32.0	45.0	64.0	90.0
	$3.5<m\leqslant6$	1.6	2.3	3.3	4.6	6.5	9.0	13.0	18.0	26.0	37.0	52.0	74.0	104.0
	$6<m\leqslant10$	1.9	2.7	3.8	5.5	7.5	11.0	15.0	22.0	31.0	43.0	61.0	87.0	123.0
	$10<m\leqslant16$	2.3	3.2	4.5	6.5	9.0	13.0	18.0	26.0	36.0	51.0	72.0	102.0	145.0
	$16<m\leqslant25$	2.7	3.8	5.5	7.5	11.0	15.0	21.0	30.0	43.0	60.0	85.0	121.0	170.0
	$25<m\leqslant40$	3.2	4.5	6.5	9.0	13.0	18.0	25.0	36.0	51.0	72.0	101.0	144.0	203.0
	$40<m\leqslant70$	3.9	5.5	8.0	11.0	16.0	22.0	31.0	44.0	62.0	88.0	125.0	177.0	250.0
$560<d\leqslant1000$	$0.5\leqslant m\leqslant2$	1.4	1.9	2.7	3.8	5.5	7.5	11.0	15.0	22.0	31.0	43.0	61.0	87.0
	$2<m\leqslant3.5$	1.6	2.3	3.3	4.6	6.5	9.0	13.0	18.0	26.0	37.0	52.0	74.0	104.0
	$3.5<m\leqslant6$	1.9	2.6	3.7	5.5	7.5	11.0	15.0	21.0	30.0	42.0	59.0	84.0	119.0
	$6<m\leqslant10$	2.1	3.0	4.3	6.0	8.5	12.0	17.0	24.0	34.0	48.0	68.0	97.0	137.0
	$10<m\leqslant16$	2.5	3.5	5.0	7.0	10.0	14.0	20.0	28.0	46.0	56.0	79.0	112.0	159.0
	$16<m\leqslant25$	2.9	4.1	6.0	8.0	12.0	16.0	23.0	33.0	46.0	65.0	92.0	131.0	185.0
	$25<m\leqslant40$	3.4	4.8	7.0	9.5	14.0	19.0	27.0	38.0	54.0	77.0	109.0	154.0	217.0
	$40<m\leqslant70$	4.1	6.0	8.5	12.0	17.0	23.0	33.0	47.0	65.0	93.0	132.0	187.0	264.0
$1000<d\leqslant1600$	$2\leqslant m\leqslant3.5$	1.9	2.7	3.8	5.5	7.5	11.0	15.0	21.0	30.0	42.0	60.0	85.0	120.0
	$3.5\leqslant m\leqslant6$	2.1	3.0	4.2	6.0	8.5	12.0	17.0	24.0	34.0	48.0	67.0	95.0	135.0
	$6<m\leqslant10$	2.4	3.4	4.8	7.0	9.5	14.0	19.0	27.0	38.0	54.0	76.0	108.0	153.0
	$10<m\leqslant16$	2.7	3.9	5.5	7.5	11.0	15.0	22.0	31.0	44.0	62.0	87.0	124.0	175.0
	$16<m\leqslant25$	3.1	4.4	6.5	9.0	13.0	18.0	25.0	35.0	50.0	71.0	100.0	142.0	201.0
	$25<m\leqslant40$	3.6	5.0	7.5	10.0	15.0	21.0	29.0	41.0	58.0	82.0	117.0	165.0	233.0
	$40<m\leqslant70$	4.4	6.0	8.5	12.0	17.0	25.0	35.0	49.0	70.0	99.0	140.0	198.0	280.0
$1600<d\leqslant2500$	$3.5\leqslant m\leqslant6$	2.4	3.4	4.8	6.5	9.5	13.0	19.0	27.0	38.0	54.0	76.0	108.0	152.0
	$6<m\leqslant10$	2.7	3.8	5.5	7.5	11.0	15.0	21.0	30.0	43.0	60.0	85.0	120.0	170.0
	$10<m\leqslant16$	3.0	4.2	6.0	8.5	12.0	17.0	24.0	34.0	48.0	68.0	96.0	136.0	192.0
	$16<m\leqslant25$	3.4	4.8	7.0	9.5	14.0	19.0	27.0	39.0	55.0	77.0	109.0	154.0	218.0
	$25<m\leqslant40$	3.9	5.5	8.0	11.0	16.0	22.0	31.0	44.0	63.0	89.0	125.0	177.0	251.0
	$40<m\leqslant70$	4.6	6.5	9.5	13.0	19.0	26.0	37.0	53.0	74.0	105.0	149.0	210.0	297.0
$2500<d\leqslant4000$	$6\leqslant m\leqslant10$	3.0	4.3	6.0	8.5	12.0	17.0	24.0	34.0	48.0	68.0	96.0	136.0	193.0
	$10<m\leqslant16$	3.4	4.7	6.5	9.5	13.0	19.0	27.0	38.0	54.0	76.0	107.0	152.0	214.0
	$16<m\leqslant25$	3.8	5.5	7.5	11.0	15.0	21.0	30.0	42.0	60.0	85.0	120.0.	170.0	240.0
	$25<m\leqslant40$	4.3	6.0	8.5	12.0	17.0	24.0	34.0	48.0	68.0	96.0	136.0	193.0	273.0
	$40<m\leqslant70$	5.0	7.0	10.0	14.0	20.0	28.0	40.0	56.0	80.0	113.0	160.0	226.0	320.0
$4000<d\leqslant6000$	$6\leqslant m\leqslant10$	3.4	4.8	7.0	9.5	14.0	19.0	27.0	39.0	55.0	77.0	109.0	155.0	219.0
	$10<m\leqslant16$	3.8	5.5	7.5	11.0	15.0	21.0	30.0	43.0	60.0	85.0	120.0	170.0	241.0
	$16<m\leqslant25$	4.2	6.0	8.5	12.0	17.0	24.0	33.0	47.0	67.0	94.0	133.0	189.0	267.0
	$25<m\leqslant40$	4.7	6.5	9.5	13.0	19.0	26.0	37.0	53.0	75.0	106.0	150.0	212.0	299.0
	$40<m\leqslant70$	5.5	7.5	11.0	15.0	22.0	31.0	43.0	61.0	87.0	122.0	173.0	245.0	346.0
$6000<d\leqslant8000$	$10\leqslant m\leqslant16$	4.2	6.0	8.5	12.0	17.0	24.0	33.0	47.0	67.0	94.0	133.0	188.0	266.0
	$16<m\leqslant25$	4.6	6.5	9.0	13.0	18.0	26.0	37.0	52.0	73.0	103.0	146.0	207.0	292.0
	$25<m\leqslant40$	5.0	7.0	10.0	14.0	20.0	29.0	41.0	57.0	81.0	115.0	162.0	230.0	325.0
	$40<m\leqslant70$	6.0	8.0	12.0	16.0	23.0	33.0	46.0	66.0	93.0	131.0	186.0	263.0	371.0
$8000<d\leqslant10000$	$10\leqslant m\leqslant16$	4.5	6.5	9.0	13.0	18.0	25.0	36.0	51.0	72.0	102.0	144.0	204.0	288.0
	$16<m\leqslant25$	4.9	7.0	10.0	14.0	20.0	28.0	39.0	56.0	79.0	111.0	157.0	222.0	314.0
	$25<m\leqslant40$	5.5	7.5	11.0	15.0	22.0	31.0	43.0	61.0	87.0	123.0	173.0	245.0	347.0
	$40<m\leqslant70$	6.0	8.5	12.0	17.0	25.0	35.0	49.0	70.0	98.0	139.0	197.0	278.0	393.0

表 14-1-46 齿廓斜率偏差 $\pm f_{H\alpha}$

分度圆直径 d /mm	模数 m /mm	精度等级												
		0	1	2	3	4	5	6	7	8	9	10	11	12
		$\pm f_{H\alpha}$/μm												
$5 \leqslant d \leqslant 20$	$0.5 \leqslant m \leqslant 2$	0.5	0.7	1.0	1.5	2.1	2.9	4.2	6.0	8.5	12.0	17.0	24.0	33.0
	$2 < m \leqslant 3.5$	0.7	1.0	1.5	2.1	3.0	4.2	6.0	8.5	12.0	17.0	24.0	34.0	47.0
$20 < d \leqslant 50$	$0.5 \leqslant m \leqslant 2$	0.6	0.8	1.2	1.6	2.3	3.3	4.6	6.5	9.5	13.0	19.0	26.0	37.0
	$2 < m \leqslant 3.5$	0.8	1.1	1.6	2.3	3.2	4.5	6.5	9.0	13.0	18.0	26.0	36.0	51.0
	$3.5 < m \leqslant 6$	1.0	1.4	2.0	2.8	3.9	5.5	8.0	11.0	16.0	22.0	32.0	45.0	63.0
	$6 < m \leqslant 10$	1.2	1.7	2.4	3.4	4.8	7.0	9.5	14.0	19.0	27.0	39.0	55.0	78.0
$50 < d \leqslant 125$	$0.5 \leqslant m \leqslant 2$	0.7	0.9	1.3	1.9	2.6	3.7	5.5	7.5	11.0	15.0	21.0	30.0	42.0
	$2 \leqslant m \leqslant 3.5$	0.9	1.2	1.8	2.5	3.5	5.0	7.0	10.0	14.0	20.0	28.0	40.0	57.0
	$3.5 < m \leqslant 6$	1.1	1.5	2.1	3.0	4.3	6.0	8.5	12.0	17.0	24.0	34.0	48.0	68.0
	$6 < m \leqslant 10$	1.3	1.8	2.6	3.7	5.0	7.5	10.0	15.0	21.0	29.0	41.0	58.0	83.0
	$10 < m \leqslant 16$	1.6	2.2	3.1	4.4	6.5	9.0	13.0	18.0	25.0	35.0	50.0	71.0	100.0
	$16 < m \leqslant 25$	1.9	2.7	3.8	5.5	7.5	11.0	15.0	21.0	30.0	43.0	60.0	86.0	121.0
$125 < d \leqslant 280$	$0.5 \leqslant m \leqslant 2$	0.8	1.1	1.6	2.2	3.1	4.4	6.0	9.0	12.0	18.0	25.0	35.0	50.0
	$2 < m \leqslant 3.5$	1.0	1.4	2.0	2.8	4.0	5.5	8.0	11.0	16.0	23.0	32.0	45.0	64.0
	$3.5 < m \leqslant 6$	1.2	1.7	2.4	3.3	4.7	6.5	9.5	13.0	19.0	27.0	38.0	54.0	76.0
	$6 < m \leqslant 10$	1.4	2.0	2.8	4.0	5.5	8.0	11.0	16.0	23.0	32.0	45.0	64.0	90.0
	$10 < m \leqslant 16$	1.7	2.4	3.4	4.8	6.5	9.5	13.0	19.0	27.0	38.0	54.0	76.0	108.0
	$16 < m \leqslant 25$	2.0	2.8	4.0	5.5	8.0	11.0	16.0	23.0	32.0	45.0	64.0	91.0	129.0
	$25 < m \leqslant 40$	2.4	3.4	4.8	7.0	9.5	14.0	19.0	27.0	39.0	55.0	77.0	109.0	155.0
$280 < d \leqslant 560$	$0.5 \leqslant m \leqslant 2$	0.9	1.3	1.9	2.6	3.7	5.5	7.5	11.0	15.0	21.0	30.0	42.0	60.0
	$2 < m \leqslant 3.5$	1.2	1.6	2.3	3.3	4.6	6.5	9.0	13.0	18.0	26.0	37.0	52.0	74.0
	$3.5 < m \leqslant 6$	1.3	1.9	2.7	3.8	5.5	7.5	11.0	15.0	21.0	30.0	43.0	61.0	86.0
	$6 < m \leqslant 10$	1.6	2.2	3.1	4.4	6.5	9.0	13.0	18.0	25.0	35.0	50.0	71.0	100.0
	$10 < m \leqslant 16$	1.8	2.6	3.7	5.0	7.5	10.0	15.0	21.0	29.0	42.0	59.0	83.0	118.0
	$16 < m \leqslant 25$	2.2	3.1	4.3	6.0	8.5	12.0	17.0	24.0	35.0	49.0	69.0	98.0	138.0
	$25 < m \leqslant 40$	2.6	3.6	5.0	7.5	10.0	15.0	21.0	29.0	41.0	58.0	80.0	116.0	164.0
	$40 < m \leqslant 70$	3.2	4.5	6.5	9.0	13.0	18.0	25.0	36.0	50.0	71.0	101.0	143.0	202.0
$560 < d \leqslant 1000$	$0.5 \leqslant m \leqslant 2$	1.1	1.6	2.2	3.2	4.5	6.5	9.0	13.0	18.0	25.0	36.0	51.0	72.0
	$2 < m \leqslant 3.5$	1.3	1.9	2.7	3.8	5.5	7.5	11.0	15.0	21.0	30.0	43.0	61.0	86.0
	$3.5 < m \leqslant 6$	1.5	2.2	3.0	4.3	6.0	8.5	12.0	17.0	24.0	34.0	49.0	69.0	97.0
	$6 < m \leqslant 10$	1.7	2.5	3.5	4.9	7.0	10.0	14.0	20.0	28.0	40.0	56.0	79.0	112.0
	$10 < m \leqslant 16$	2.0	2.9	4.0	5.5	8.0	11.0	16.0	23.0	32.0	46.0	65.0	92.0	129.0
	$16 < m \leqslant 25$	2.3	3.3	4.7	6.5	9.5	13.0	19.0	27.0	38.0	53.0	75.0	106.0	150.0
	$25 < m \leqslant 40$	2.8	3.9	5.5	8.0	11.0	16.0	22.0	31.0	44.0	62.0	88.0	125.0	176.0
	$40 < m \leqslant 70$	3.3	4.7	6.5	9.5	13.0	19.0	27.0	38.0	53.0	76.0	107.0	151.0	214.0

续表

分度圆直径 d /mm	模数 m /mm	精度等级												
		0	1	2	3	4	5	6	7	8	9	10	11	12
		$\pm f_{H\alpha}/\mu m$												
$1000<d\leqslant1600$	$2\leqslant m\leqslant3.5$	1.5	2.2	3.1	4.4	6.0	8.5	12.0	17.0	25.0	35.0	49.0	70.0	99.0
	$3.5\leqslant m\leqslant6$	1.7	2.4	3.5	4.9	7.0	10.0	14.0	20.0	28.0	39.0	55.0	78.0	110.0
	$6<m\leqslant10$	2.0	2.8	3.9	5.5	8.0	11.0	16.0	22.0	31.0	44.0	62.0	88.0	125.0
	$10<m\leqslant16$	2.2	3.1	4.5	6.5	9.0	13.0	18.0	25.0	36.0	50.0	71.0	101.0	142.0
	$16<m\leqslant25$	2.5	3.6	5.0	7.0	10.0	14.0	20.0	29.0	41.0	58.0	82.0	115.0	163.0
	$25<m\leqslant40$	3.0	4.2	6.0	8.5	12.0	17.0	24.0	33.0	47.0	67.0	95.0	134.0	189.0
	$40<m\leqslant70$	3.5	5.0	7.0	10.0	14.0	20.0	28.0	40.0	57.0	80.0	113.0	160.0	227.0
$1600<d\leqslant2500$	$3.5\leqslant m\leqslant6$	2.0	2.8	3.9	5.5	8.0	11.0	16.0	22.0	31.0	44.0	62.0	88.0	125.0
	$6<m\leqslant10$	2.2	3.1	4.4	6.0	8.5	12.0	17.0	25.0	35.0	49.0	70.0	99.0	139.0
	$10<m\leqslant16$	2.5	3.5	4.9	7.0	10.0	14.0	20.0	28.0	39.0	55.0	78.0	111.0	157.0
	$16<m\leqslant25$	2.8	3.9	5.5	8.0	11.0	16.0	22.0	31.0	44.0	63.0	89.0	126.0	178.0
	$25<m\leqslant40$	3.2	4.5	6.5	9.0	13.0	18.0	25.0	36.0	51.0	72.0	102.0	144.0	204.0
	$40<m\leqslant70$	3.8	5.5	7.5	11.0	15.0	21.0	30.0	43.0	60.0	85.0	121.0	170.0	241.0
$2500<d\leqslant4000$	$6\leqslant m\leqslant10$	2.5	3.5	4.9	7.0	10.0	14.0	20.0	28.0	39.0	56.0	79.0	112.0	158.0
	$10<m\leqslant16$	2.7	3.9	5.5	7.5	11.0	15.0	22.0	31.0	44.0	62.0	88.0	124.0	175.0
	$16<m\leqslant25$	3.1	4.3	6.0	8.5	12.0	17.0	24.0	35.0	49.0	69.0	98.0	139.0	196.0
	$25<m\leqslant40$	3.5	4.9	7.0	10.0	14.0	20.0	28.0	39.0	55.0	78.0	111.0	157.0	222.0
	$40<m\leqslant70$	4.1	5.5	8.0	11.0	16.0	23.0	32.0	46.0	65.0	92.0	130.0	183.0	259.0
$4000<d\leqslant6000$	$6\leqslant m\leqslant10$	2.8	4.0	5.5	8.0	11.0	16.0	22.0	32.0	45.0	63.0	90.0	127.0	179.0
	$10<m\leqslant16$	3.1	4.4	6.0	8.5	12.0	17.0	25.0	35.0	49.0	70.0	98.0	139.0	197.0
	$16<m\leqslant25$	3.4	4.8	7.0	9.5	14.0	19.0	27.0	38.0	54.0	77.0	109.0	154.0	218.0
	$25<m\leqslant40$	3.8	5.5	7.5	11.0	15.0	22.0	30.0	43.0	61.0	86.0	122.0	172.0	244.0
	$40<m\leqslant70$	4.4	6.0	9.0	12.0	18.0	25.0	35.0	50.0	70.0	99.0	141.0	199.0	281.0
$6000<d\leqslant8000$	$10\leqslant m\leqslant16$	3.4	4.8	7.0	9.5	14.0	19.0	27.0	39.0	54.0	77.0	109.0	154.0	218.0
	$16<m\leqslant25$	3.7	5.5	7.5	11.0	15.0	21.0	30.0	42.0	60.0	84.0	119.0	169.0	239.0
	$25<m\leqslant40$	4.1	6.0	8.5	12.0	17.0	23.0	33.0	47.0	66.0	94.0	132.0	187.0	265.0
	$40<m\leqslant70$	4.7	6.5	9.5	13.0	19.0	27.0	38.0	53.0	76.0	107.0	151.0	214.0	302.0
$8000<d\leqslant10000$	$10\leqslant m\leqslant16$	3.7	5.0	7.5	10.0	15.0	21.0	29.0	42.0	59.0	83.0	118.0	167.0	236.0
	$16<m\leqslant25$	4.0	5.5	8.0	11.0	16.0	23.0	32.0	45.0	64.0	91.0	128.0	181.0	257.0
	$25<m\leqslant40$	4.4	6.0	9.0	12.0	18.0	25.0	35.0	50.0	71.0	100.0	141.0	200.0	283.0
	$40<m\leqslant70$	5.0	7.0	10.0	14.0	20.0	28.0	40.0	57.0	80.0	113.0	160.0	226.0	320.0

表 14-1-47　　螺旋线形状偏差 $f_{f\beta}$ 和螺旋线斜率偏差 $\pm f_{H\beta}$

分度圆直径 d /mm	齿宽 b /mm	精度等级												
		0	1	2	3	4	5	6	7	8	9	10	11	12
		$f_{f\beta}$ 和 $\pm f_{H\beta}$/μm												
$5 \leqslant d \leqslant 20$	$4 \leqslant b \leqslant 10$	0.8	1.1	1.5	2.2	3.1	4.4	6.0	8.5	12.0	17.0	25.0	35.0	49.0
	$10 < b \leqslant 20$	0.9	1.2	1.7	2.5	3.5	4.9	7.0	10.0	14.0	20.0	28.0	39.0	56.0
	$20 < b \leqslant 40$	1.0	1.4	2.0	2.8	4.0	5.5	8.0	11.0	16.0	22.0	32.0	45.0	64.0
	$40 < b \leqslant 80$	1.2	1.7	2.3	3.3	4.7	6.5	9.5	13.0	19.0	26.0	37.0	53.0	75.0
$20 < d \leqslant 50$	$4 \leqslant b \leqslant 10$	0.8	1.1	1.6	2.3	3.2	4.5	6.5	9.0	13.0	18.0	26.0	36.0	51.0
	$10 < b \leqslant 20$	0.9	1.3	1.8	2.5	3.6	5.0	7.0	10.0	14.0	20.0	29.0	41.0	58.0
	$20 < b \leqslant 40$	1.0	1.4	2.0	2.9	4.1	6.0	8.0	12.0	16.0	23.0	33.0	46.0	65.0
	$40 < b \leqslant 80$	1.2	1.7	2.4	3.4	4.8	7.0	9.5	14.0	19.0	27.0	38.0	54.0	77.0
	$80 < b \leqslant 160$	1.4	2.0	2.9	4.1	6.0	8.0	12.0	16.0	23.0	33.0	46.0	65.0	93.0
$50 < d \leqslant 125$	$4 \leqslant b \leqslant 10$	0.8	1.2	1.7	2.4	3.4	4.8	6.5	9.5	13.0	19.0	27.0	38.0	54.0
	$10 < b \leqslant 20$	0.9	1.3	1.9	2.7	3.8	5.5	7.5	11.0	15.0	21.0	30.0	43.0	60.0
	$20 < b \leqslant 40$	1.1	1.5	2.1	3.0	4.3	6.0	8.5	12.0	17.0	24.0	34.0	48.0	68.0
	$40 < b \leqslant 80$	1.2	1.8	2.5	3.5	5.0	7.0	10.0	14.0	20.0	28.0	40.0	56.0	79.0
	$80 < b \leqslant 160$	1.5	2.1	3.0	4.2	6.0	8.5	12.0	17.0	24.0	34.0	48.0	67.0	95.0
	$160 < b \leqslant 250$	1.8	2.5	3.5	1.0	7.0	10.0	14.0	20.0	28.0	40.0	56.0	80.0	113.0
	$250 < b \leqslant 400$	2.1	2.9	4.1	6.0	8.0	12.0	16.0	23.0	33.0	46.0	66.0	93.0	132.0
$125 < d \leqslant 280$	$4 \leqslant b \leqslant 10$	0.9	1.3	1.8	2.5	3.6	5.0	7.0	10.0	14.0	20.0	29.0	41.0	58.0
	$10 < b \leqslant 20$	1.0	1.4	2.0	2.8	4.0	5.5	8.0	11.0	16.0	23.0	32.0	45.0	64.0
	$20 < b \leqslant 40$	1.1	1.6	2.2	3.2	4.5	6.5	9.0	13.0	18.0	25.0	36.0	51.0	72.0
	$40 < b \leqslant 80$	1.3	1.8	2.6	3.7	5.0	7.5	10.0	15.0	21.0	29.0	42.0	59.0	83.0
	$80 < b \leqslant 160$	1.5	2.2	3.1	4.4	6.0	8.5	12.0	17.0	25.0	35.0	49.0	70.0	99.0
	$160 < b \leqslant 250$	1.8	2.6	3.6	5.0	7.5	10.0	15.0	21.0	29.0	41.0	58.0	83.0	117.0
	$250 < b \leqslant 400$	2.1	3.0	4.2	6.0	8.5	12.0	17.0	24.0	34.0	48.0	68.0	96.0	135.0
	$400 < b \leqslant 650$	2.5	3.5	5.0	7.0	10.0	14.0	20.0	28.0	40.0	56.0	80.0	113.0	160.0
$280 < d \leqslant 560$	$10 \leqslant b \leqslant 20$	1.1	1.5	2.2	3.0	4.3	6.0	8.5	12.0	17.0	24.0	34.0	49.0	69.0
	$20 < b \leqslant 40$	1.2	1.7	2.4	3.4	4.8	7.0	9.5	14.0	19.0	27.0	38.0	54.0	77.0
	$40 < b \leqslant 80$	1.4	1.9	2.7	3.9	5.5	8.0	11.0	16.0	22.0	31.0	44.0	62.0	88.0
	$80 < b \leqslant 160$	1.6	2.3	3.2	4.6	6.5	9.0	13.0	18.0	26.0	37.0	52.0	73.0	104.0
	$160 < b \leqslant 250$	1.9	2.7	3.8	5.5	7.5	11.0	15.0	22.0	30.0	43.0	61.0	86.0	122.0
	$250 < b \leqslant 400$	2.2	3.1	4.4	6.0	9.0	12.0	18.0	25.0	35.0	50.0	70.0	99.0	140.0
	$400 < b \leqslant 650$	2.6	3.6	5.0	7.5	10.0	15.0	21.0	29.0	41.0	58.0	82.0	116.0	165.0
	$650 < b \leqslant 1000$	3.0	4.3	6.0	8.5	12.0	17.0	24.0	34.0	49.0	69.0	97.0	137.0	194.0

续表

分度圆直径 d /mm	齿宽 b /mm	精度等级												
		0	1	2	3	4	5	6	7	8	9	10	11	12
		$f_{f\beta}$和$\pm f_{H\beta}$/μm												
$560<d\leqslant1000$	$10\leqslant b\leqslant20$	1.2	1.7	2.3	3.3	4.7	6.5	9.5	13.0	19.0	26.0	37.0	53.0	75.0
	$20<b\leqslant40$	1.3	1.8	2.6	3.7	5.0	7.5	10.0	15.0	21.0	29.0	41.0	58.0	83.0
	$40<b\leqslant80$	1.5	2.1	2.9	4.1	6.0	8.5	12.0	17.0	23.0	33.0	47.0	66.0	94.0
	$80<b\leqslant160$	1.7	2.4	3.4	4.9	7.0	9.5	14.0	19.0	27.0	39.0	55.0	78.0	110.0
	$160<b\leqslant250$	2.0	2.8	4.0	5.5	8.0	11.0	16.0	23.0	32.0	45.0	64.0	90.0	128.0
	$250\leqslant b\leqslant400$	2.3	3.2	4.6	6.5	9.0	13.0	18.0	26.0	37.0	52.0	73.0	103.0	146.0
	$400<b\leqslant650$	2.7	3.8	5.5	7.5	11.0	15.0	21.0	30.0	43.0	60.0	85.0	121.0	171.0
	$650<b\leqslant1000$	3.1	4.4	6.5	9.0	13.0	18.0	25.0	35.0	50.0	71.0	100.0	142.0	200.0
$1000<d\leqslant1600$	$20\leqslant b\leqslant40$	1.4	2.0	2.8	3.9	5.5	8.0	11.0	16.0	22.0	32.0	45.0	63.0	89.0
	$40<b\leqslant80$	1.6	2.2	3.1	4.4	6.5	9.0	13.0	18.0	25.0	35.0	50.0	71.0	100.0
	$80<b\leqslant160$	1.8	2.6	3.6	5.0	7.5	10.0	15.0	21.0	29.0	41.0	58.0	82.0	116.0
	$160<b\leqslant250$	2.1	3.0	4.2	6.0	8.5	12.0	17.0	24.0	34.0	47.0	67.0	95.0	134.0
	$250<b\leqslant400$	2.4	3.4	4.8	6.5	9.5	13.0	19.0	27.0	38.0	54.0	76.0	108.0	153.0
	$400<b\leqslant650$	2.8	3.9	5.5	8.0	11.0	16.0	22.0	31.0	44.0	63.0	89.0	125.0	177.0
	$650<b\leqslant1000$	3.2	4.6	6.5	9.0	13.0	18.0	26.0	37.0	52.0	73.0	103.0	146.0	207.0
$1600<d\leqslant2500$	$20\leqslant b\leqslant40$	1.5	2.1	3.0	4.3	6.0	8.5	12.0	17.0	24.0	34.0	48.0	68.0	96.0
	$40<b\leqslant80$	1.7	2.4	3.4	4.8	6.5	9.5	13.0	19.0	27.0	38.0	54.0	76.0	108.0
	$80<b\leqslant160$	1.9	2.7	3.9	5.5	7.5	11.0	15.0	22.0	31.0	44.0	62.0	87.0	124.0
	$160<b\leqslant250$	2.2	3.1	4.4	6.0	9.0	12.0	18.0	25.0	35.0	50.0	71.0	100.0	141.0
	$250<b\leqslant400$	2.5	3.5	5.0	7.0	10.0	14.0	20.0	28.0	40.0	57.0	80.0	113.0	160.0
	$400<b\leqslant650$	2.9	4.1	6.0	8.0	12.0	16.0	23.0	33.0	46.0	65.0	92.0	130.0	184.0
	$650<b\leqslant1000$	3.3	4.7	6.5	9.5	13.0	19.0	27.0	38.0	53.0	76.0	107.0	151.0	214.0
$2500<d\leqslant4000$	$40\leqslant b\leqslant80$	1.8	2.6	3.6	5.0	7.5	10.0	15.0	21.0	29.0	41.0	58.0	83.0	117.0
	$80<b\leqslant160$	2.1	2.9	4.1	6.0	8.5	12.0	17.0	23.0	33.0	47.0	66.0	94.0	133.0
	$160<b\leqslant250$	2.4	3.3	4.7	6.5	9.5	13.0	19.0	27.0	38.0	53.0	75.0	106.0	150.0
	$250<b\leqslant400$	2.6	3.7	5.5	7.5	11.0	15.0	21.0	30.0	42.0	60.0	85.0	120.0	169.0
	$400<b\leqslant650$	3.0	4.3	6.0	8.5	12.0	17.0	24.0	34.0	48.0	68.0	97.0	137.0	193.0
	$650<b\leqslant1000$	3.5	4.9	7.0	10.0	14.0	20.0	28.0	39.0	56.0	79.0	112.0	158.0	223.0
$4000<d\leqslant6000$	$80\leqslant b\leqslant160$	2.2	3.2	4.5	6.5	9.0	13.0	18.0	25.0	36.0	51.0	72.0	101.0	144.0
	$160<b\leqslant250$	2.5	3.6	5.0	7.0	10.0	14.0	20.0	29.0	40.0	57.0	81.0	114.0	161.0
	$250<b\leqslant400$	2.8	4.0	5.5	8.0	11.0	16.0	22.0	32.0	45.0	64.0	90.0	127.0	180.0
	$400<b\leqslant650$	3.2	4.5	6.5	9.0	13.0	18.0	26.0	36.0	51.0	72.0	102.0	144.0	204.0
	$650<b\leqslant1000$	3.7	5.0	7.5	10.0	15.0	21.0	29.0	41.0	58.0	83.0	117.0	165.0	234.0

续表

分度圆直径 d /mm	齿宽 b /mm	精度等级												
		0	1	2	3	4	5	6	7	8	9	10	11	12
		$f_{f\beta}$和 $\pm f_{H\beta}$/μm												
$6000<d\leqslant8000$	$80\leqslant b\leqslant160$	2.4	3.4	4.8	7.0	9.5	14.0	19.0	27.0	39.0	54.0	77.0	109.0	154.0
	$160<b\leqslant250$	2.7	3.8	5.5	7.5	11.0	15.0	21.0	30.0	43.0	61.0	86.0	122.0	172.0
	$250<b\leqslant400$	3.0	4.2	6.0	8.5	12.0	17.0	24.0	34.0	48.0	67.0	95.0	135.0	190.0
	$400<b\leqslant650$	3.4	4.7	6.5	9.5	13.0	19.0	27.0	38.0	54.0	76.0	107.0	152.0	215.0
	$650<b\leqslant1000$	3.8	5.5	7.5	11.0	15.0	22.0	31.0	43.0	61.0	86.0	122.0	173.0	244.0
$8000<d\leqslant10000$	$80\leqslant b\leqslant160$	2.5	3.6	5.0	7.0	10.0	14.0	20.0	29.0	41.0	58.0	81.0	115.0	163.0
	$160<b\leqslant250$	2.8	4.0	5.5	8.0	11.0	16.0	23.0	32.0	45.0	64.0	90.0	128.0	181.0
	$250<b\leqslant400$	3.1	4.4	6.0	9.0	12.0	18.0	25.0	35.0	50.0	70.0	100.0	141.0	199.0
	$400<b\leqslant650$	3.5	4.9	7.0	10.0	14.0	20.0	28.0	40.0	56.0	79.0	112.0	158.0	224.0
	$650<b\leqslant1000$	4.0	5.5	8.0	11.0	16.0	22.0	32.0	45.0	63.0	90.0	127.0	179.0	253.0

6.10 ISO 1328-2：1997 径向综合偏差

6.10.1 径向综合总偏差 F''_i

径向综合总偏差是在径向（双面）综合检验时，产品齿轮的左右齿面同时与测量齿轮接触，并转过一整圈时出现的中心距最大值和最小值之差。图 14-1-36 显示的是其图形的实例。

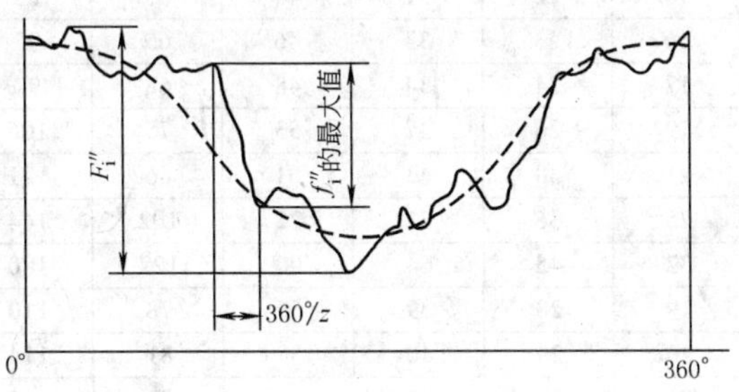

图 14-1-36　径向综合偏差图示

径向综合总偏差 F''_i的 5 级精度公差的公式

$$F''_i=3.2m_n+1.01\sqrt{d}+6.4$$

径向综合总偏差 F''_i的公差值表格见表 14-1-48。

6.10.2 一齿径向综合偏差 f''_i

一齿径向综合偏差是当产品齿轮所有轮齿啮合一整转中相应于一个齿距，即 360°/z 内的径向综合偏差值，产品齿轮所有轮齿最大值 f''_i不应超过规定的允许值（见图 14-1-36）

一齿径向综合偏差 f''_i的 5 级精度公差的公式

$$f''_i=2.96m_n+0.01\sqrt{d}+0.8$$

一齿径向综合偏差 f''_i的公差值表格见表 14-1-49。

表 14-1-48　　　　径向综合总偏差 F''_i

分度圆直径 d/mm	法向模数 m_n/mm	精度等级								
		4	5	6	7	8	9	10	11	12
		F''_i/μm								
$5 \leqslant d \leqslant 20$	$0.2 \leqslant m_n \leqslant 0.5$	7.5	11	15	21	30	42	60	85	120
	$0.5 < m_n \leqslant 0.8$	8.0	12	16	23	33	46	66	93	131
	$0.8 < m_n \leqslant 1.0$	9.0	12	18	25	35	50	70	100	141
	$1.0 < m_n \leqslant 1.5$	10	14	19	27	38	54	76	108	153
	$1.5 < m_n \leqslant 2.5$	11	16	22	32	45	63	89	126	179
	$2.5 < m_n \leqslant 4.0$	14	20	28	39	56	79	112	158	223
$20 < d \leqslant 50$	$0.2 \leqslant m_n \leqslant 0.5$	9.0	13	19	26	37	52	74	105	148
	$0.5 < m_n \leqslant 0.8$	10	14	20	28	40	56	80	113	160
	$0.8 < m_n \leqslant 1.0$	11	15	21	30	42	60	85	120	169
	$1.0 < m_n \leqslant 1.5$	11	16	23	32	45	64	91	128	181
	$1.5 < m_n \leqslant 2.5$	13	18	26	37	52	73	103	146	207
	$2.5 < m_n \leqslant 4.0$	16	22	31	44	63	89	126	178	251
	$4.0 < m_n \leqslant 6.0$	20	28	39	56	79	111	157	222	314
	$6.0 < m_n \leqslant 10$	26	37	52	74	104	147	209	295	417
$50 < d \leqslant 125$	$0.2 \leqslant m_n \leqslant 0.5$	12	16	23	33	46	66	93	131	185
	$0.5 < m_n \leqslant 0.8$	12	17	25	35	49	70	98	139	197
	$0.8 < m_n \leqslant 1.0$	13	18	26	36	52	73	103	146	206
	$1.0 < m_n \leqslant 1.5$	14	19	27	39	55	77	109	154	218
	$1.5 < m_n \leqslant 2.5$	15	22	31	43	61	86	122	173	244
	$2.5 < m_n \leqslant 4.0$	18	25	36	51	72	102	144	204	288
	$4.0 < m_n \leqslant 6.0$	22	31	44	62	88	124	176	248	351
	$6.0 < m_n \leqslant 10$	28	40	57	80	114	161	227	321	454
$125 < d \leqslant 280$	$0.2 \leqslant m_n \leqslant 0.5$	15	21	30	42	60	85	120	170	240
	$0.5 < m_n \leqslant 0.8$	16	22	31	44	63	89	126	178	252
	$0.8 < m_n \leqslant 1.0$	16	23	33	46	65	92	131	185	261
	$1.0 < m_n \leqslant 1.5$	17	24	34	48	68	97	137	193	273
	$1.5 < m_n \leqslant 2.5$	19	26	37	53	75	106	149	211	299
	$2.5 < m_n \leqslant 4.0$	21	30	43	61	86	121	172	243	343
	$4.0 < m_n \leqslant 6.0$	25	36	51	72	102	144	203	287	406
	$6.0 < m_n \leqslant 10$	32	45	64	90	127	180	255	360	509
$280 < d \leqslant 560$	$0.2 \leqslant m_n \leqslant 0.5$	19	28	39	55	78	110	156	220	311
	$0.5 < m_n \leqslant 0.8$	20	29	40	57	81	114	161	228	323
	$0.8 < m_n \leqslant 1.0$	21	29	42	59	83	117	166	235	332
	$1.0 < m_n \leqslant 1.5$	22	30	43	61	86	122	172	243	344
	$1.5 < m_n \leqslant 2.5$	23	33	46	65	92	131	185	262	370
	$2.5 < m_n \leqslant 4.0$	26	37	52	73	104	146	207	293	414
	$4.0 < m_n \leqslant 6.0$	30	42	60	84	119	169	239	337	477
	$6.0 < m_n \leqslant 10$	36	51	73	103	145	205	290	410	580
$560 < d \leqslant 1000$	$0.2 \leqslant m_n \leqslant 0.5$	25	35	50	70	99	140	198	280	396
	$0.5 < m_n \leqslant 0.8$	25	36	51	72	102	144	204	288	408
	$0.8 < m_n \leqslant 1.0$	26	37	52	74	104	148	209	295	417
	$1.0 < m_n \leqslant 1.5$	27	38	54	76	107	152	215	304	429
	$1.5 < m_n \leqslant 2.5$	28	40	57	80	114	161	228	322	455
	$2.5 < m_n \leqslant 4.0$	31	44	62	88	125	177	250	353	499
	$4.0 < m_n \leqslant 6.0$	35	50	70	99	141	199	281	398	562
	$6.0 < m_n \leqslant 10$	42	59	83	118	166	235	333	471	665

表 14-1-49 一齿径向综合偏差 f''_i

分度圆直径 d/mm	法向模数 m_n/mm	精度等级								
		4	5	6	7	8	9	10	11	12
		f''_i/μm								
$5 \leqslant d \leqslant 20$	$0.2 \leqslant m_n \leqslant 0.5$	1.0	2.0	2.5	3.5	5.0	7.0	10	14	20
	$0.5 < m_n \leqslant 0.8$	2.0	2.5	4.0	5.5	7.5	11	15	22	31
	$0.8 < m_n \leqslant 1.0$	2.5	3.5	5.0	7.0	10	14	20	28	39
	$1.0 < m_n \leqslant 1.5$	3.0	4.5	6.5	9.0	13	18	25	36	50
	$1.5 < m_n \leqslant 2.5$	4.5	6.5	9.5	13	19	26	37	53	74
	$2.5 < m_n \leqslant 4.0$	7.0	10	14	20	29	41	58	82	115
$20 < d \leqslant 50$	$0.2 \leqslant m_n \leqslant 0.5$	1.5	2.0	2.5	3.5	5.0	7.0	10	14	20
	$0.5 < m_n \leqslant 0.8$	2.0	2.5	4.0	5.5	7.5	11	15	22	31
	$0.8 < m_n \leqslant 1.0$	2.5	3.5	5.0	7.0	10	14	20	28	40
	$1.0 < m_n \leqslant 1.5$	3.0	4.5	6.5	9.0	13	18	25	36	51
	$1.5 < m_n \leqslant 2.5$	4.5	6.5	9.5	13	19	26	37	53	75
	$2.5 < m_n \leqslant 4.0$	7.0	10	14	20	29	41	58	82	116
	$4.0 < m_n \leqslant 6.0$	11	15	22	31	43	61	87	123	174
	$6.0 < m_n \leqslant 10$	17	24	34	48	67	95	135	190	269
$50 < d \leqslant 125$	$0.2 \leqslant m_n \leqslant 0.5$	1.5	2.0	2.5	3.5	5.0	7.5	10	15	21
	$0.5 < m_n \leqslant 0.8$	2.0	3.0	4.0	5.5	8.0	11	16	22	31
	$0.8 < m_n \leqslant 1.0$	2.5	3.5	5.0	7.0	10	14	20	28	40
	$1.0 < m_n \leqslant 1.5$	3.0	4.5	6.5	9.0	13	18	26	36	51
	$1.5 < m_n \leqslant 2.5$	4.5	6.5	9.5	13	19	26	37	53	75
	$2.5 < m_n \leqslant 4.0$	7.0	10	14	20	29	41	58	82	116
	$4.0 < m_n \leqslant 6.0$	11	15	22	31	44	62	87	123	174
	$6.0 < m_n \leqslant 10$	17	24	34	48	67	95	135	191	269
$125 < d \leqslant 280$	$0.2 \leqslant m_n \leqslant 0.5$	1.5	2.0	2.5	3.5	5.5	7.5	11	15	21
	$0.5 < m_n \leqslant 0.8$	2.0	3.0	4.0	5.5	8.0	11	16	22	32
	$0.8 < m_n \leqslant 1.0$	2.5	3.5	5.0	7.0	10	14	20	29	41
	$1.0 < m_n \leqslant 1.5$	3.0	4.5	6.5	9.0	13	18	26	36	52
	$1.5 < m_n \leqslant 2.5$	4.5	6.5	9.5	13	19	27	38	53	75
	$2.5 < m_n \leqslant 4.0$	7.5	10	15	21	29	41	58	82	116
	$4.0 < m_n \leqslant 6.0$	11	15	22	31	44	62	87	124	175
	$6.0 < m_n \leqslant 10$	17	24	34	48	67	95	135	191	270
$280 < d \leqslant 560$	$0.2 \leqslant m_n \leqslant 0.5$	1.5	2.0	2.5	4.0	5.5	7.5	11	15	22
	$0.5 < m_n \leqslant 0.8$	2.0	3.0	4.0	5.5	8.0	11	16	23	32
	$0.8 < m_n \leqslant 1.0$	2.5	3.5	5.0	7.5	10	15	21	29	41
	$1.0 < m_n \leqslant 1.5$	3.5	4.5	6.5	9.0	13	18	26	37	52
	$1.5 < m_n \leqslant 2.5$	5.0	6.5	9.5	13	19	27	38	54	76
	$2.5 < m_n \leqslant 4.0$	7.5	10	15	21	29	41	59	83	117
	$4.0 < m_n \leqslant 6.0$	11	15	22	31	44	62	88	124	175
	$6.0 < m_n \leqslant 10$	17	24	34	48	68	96	135	191	271
$560 < d \leqslant 1000$	$0.2 \leqslant m_n \leqslant 0.5$	1.5	2.0	3.0	4.0	5.5	8.0	11	16	23
	$0.5 < m_n \leqslant 0.8$	2.0	3.0	4.0	6.0	8.5	12	17	24	33
	$0.8 < m_n \leqslant 1.0$	2.5	3.5	5.5	7.5	11	15	21	30	42
	$1.0 < m_n \leqslant 1.5$	3.5	4.5	6.5	9.5	13	19	27	38	53
	$1.5 < m_n \leqslant 2.5$	5.0	7.0	9.5	14	19	27	38	54	77
	$2.5 < m_n \leqslant 4.0$	7.5	10	15	21	30	42	59	83	118
	$4.0 < m_n \leqslant 6.0$	11	16	22	31	44	62	88	125	176
	$6.0 < m_n \leqslant 10$	17	24	34	48	68	96	136	192	272

6.11 ISO 1328-2：1997 径向跳动的允许值及公差表

6.11.1 径向跳动 F_r

齿轮径向跳动 F_r 的值，为测头（球形、圆柱形、砧形）相继放置在每个齿槽内时，从它到齿轮轴线的最大和最小径向距离之差。在每次检查中间，测头在近似齿高中部处与左右齿面接触，图 14-1-37 显示的一个径向跳动的图例，在图中，偏心距是径向跳动的一部分（见 ISO/TR 16004-2）。

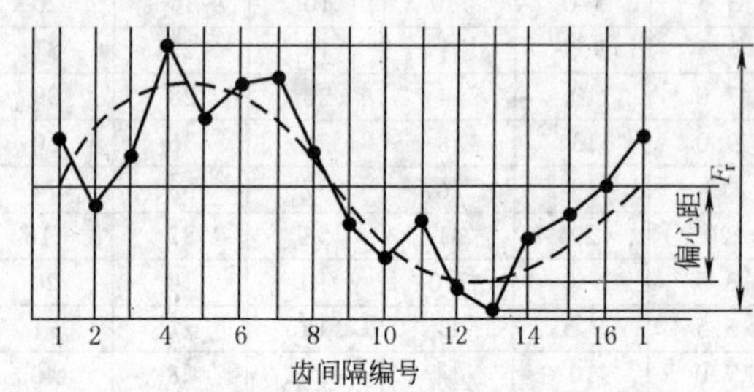

图 14-1-37　16 个齿的齿轮径向跳动示图

6.11.2 5 级精度径向跳动 F_r 公差的推荐公式

在下面的公式里，要使用模数和直径的实际值

$$F_r = 0.8F_p = 0.24m_n + 1.0\sqrt{d} + 5.6$$

与径向综合偏差一样，它们有相同的精度制。

6.11.3 径向跳动公差（见表 14-1-50）

表 14-1-50　径向跳动公差 F_r

分度圆直径 d/mm	模数 m_n/mm	精度等级 0	1	2	3	4	5	6	7	8	9	10	11	12
		F_r/μm												
$5 \leq d \leq 20$	$0.5 \leq m_n \leq 2.0$	1.5	2.5	3.0	4.5	6.5	9.0	13	18	25	36	51	72	102
	$2.0 < m_n \leq 3.5$	1.5	2.5	3.5	4.5	6.5	9.5	13	19	27	38	53	75	106
$20 < d \leq 50$	$0.5 \leq m_n \leq 2.0$	2.0	3.0	4.0	5.5	8.0	11	16	23	32	46	65	92	130
	$2.0 < m_n \leq 3.5$	2.0	3.0	4.0	6.0	8.5	12	17	24	34	47	67	95	134
	$3.5 < m_n \leq 6.0$	2.0	3.0	4.5	6.0	8.5	12	17	25	35	49	70	99	139
	$6.0 < m_n \leq 10$	2.5	3.5	4.5	6.5	9.5	13	19	26	37	52	74	105	148
$50 < d \leq 125$	$0.5 \leq m_n \leq 2.0$	2.5	3.5	5.0	7.5	10	15	21	29	42	59	83	118	167
	$2.0 \leq m_n \leq 3.5$	2.5	4.0	5.5	7.5	11	15	21	30	43	61	86	121	171
	$3.5 < m_n \leq 6.0$	3.0	4.0	5.5	8.0	11	16	22	31	44	62	88	125	176
	$6.0 < m_n \leq 10$	3.0	4.0	6.0	8.0	12	16	23	33	46	65	92	131	185
	$10 < m_n \leq 16$	3.0	4.5	6.0	9.0	12	18	25	35	50	70	99	140	198
	$16 < m_n \leq 25$	3.5	5.0	7.0	9.5	14	19	27	39	55	77	109	154	218
$125 < d \leq 280$	$0.5 \leq m_n \leq 2.0$	3.5	5.0	7.0	10	14	20	28	39	55	78	110	156	221
	$2.0 < m_n \leq 3.5$	3.5	5.0	7.0	10	14	20	28	40	56	80	113	159	225
	$3.5 < m_n \leq 6.0$	3.5	5.0	7.0	10	14	20	29	41	58	82	115	163	231
	$6.0 < m_n \leq 10$	3.5	5.5	7.5	11	15	21	30	42	60	85	120	169	239
	$10 < m_n \leq 16$	4.0	5.5	8.0	11	16	22	32	45	63	89	126	179	252
	$16 < m_n \leq 25$	4.5	6.0	8.5	12	17	24	34	48	68	96	136	193	272
	$25 < m_n \leq 40$	4.5	6.5	9.5	13	19	27	38	54	76	107	152	215	304

续表

分度圆直径 d/mm	模数 m_n/mm	精度等级												
		0	1	2	3	4	5	6	7	8	9	10	11	12
		F_r/μm												
$280<d\leqslant560$	$0.5\leqslant m_n\leqslant2.0$	4.5	6.5	9.0	13	18	26	36	51	73	103	146	206	291
	$2.0<m_n\leqslant3.5$	4.5	6.5	9.0	13	18	26	37	52	74	105	148	209	269
	$3.5<m_n\leqslant6.0$	4.5	6.5	9.5	13	19	27	38	53	75	106	150	213	301
	$6.0<m_n\leqslant10$	5.0	7.0	9.5	14	19	27	39	55	77	109	155	219	310
	$10<m_n\leqslant16$	5.0	7.0	10	14	20	29	40	57	81	114	161	228	323
	$16<m_n\leqslant25$	5.5	7.5	11	15	21	30	43	61	86	121	171	242	343
	$25<m_n\leqslant40$	6.0	8.5	12	17	23	33	47	66	94	132	187	265	374
	$40<m_n\leqslant70$	7.0	9.5	14	19	27	38	54	76	108	153	216	306	432
$560<d\leqslant1000$	$0.5\leqslant m_n\leqslant2.0$	6.0	8.5	12	17	23	33	47	66	94	133	188	266	376
	$2.0<m_n\leqslant3.5$	6.0	8.5	12	17	24	34	48	67	95	134	190	269	380
	$3.5<m_n\leqslant6.0$	6.0	8.5	12	17	24	34	48	68	96	136	193	272	385
	$6.0<m_n\leqslant10$	6.0	8.5	12	17	25	35	49	70	98	139	197	279	394
	$10<m_n\leqslant16$	6.5	9.0	13	18	25	36	51	72	102	144	204	288	407
	$16<m_n\leqslant25$	6.5	9.5	13	19	27	38	53	76	107	151	214	302	427
	$25<m_n\leqslant40$	7.0	10	14	20	29	41	57	81	115	162	229	324	459
	$40<m_n\leqslant70$	8.0	11	16	23	32	46	65	91	129	183	258	365	517
$1000<d\leqslant1600$	$2.0\leqslant m_n\leqslant3.5$	7.5	10	15	21	30	42	59	84	118	167	236	334	473
	$3.5<m_n\leqslant6.0$	7.5	11	15	21	30	42	60	85	120	169	239	338	478
	$6.0<m_n\leqslant10$	7.5	11	15	22	30	43	61	86	122	172	243	344	487
	$10<m_n\leqslant16$	8.0	11	16	22	31	44	63	88	125	177	250	354	500
	$16<m_n\leqslant25$	8.0	11	16	23	33	46	65	92	130	184	260	368	520
	$25<m_n\leqslant40$	8.5	12	17	24	34	49	69	98	138	195	276	390	552
	$40<m_n\leqslant70$	9.5	13	19	27	38	54	76	108	152	215	305	431	609
$1600<d\leqslant2500$	$3.5\leqslant m_n\leqslant6.0$	9.0	13	18	26	36	51	73	103	145	206	291	411	582
	$6.0<m_n\leqslant10$	9.0	13	18	26	37	52	74	104	148	209	295	417	590
	$10<m_n\leqslant16$	9.5	13	19	27	38	53	75	107	151	213	302	427	604
	$16<m_n\leqslant25$	9.5	14	19	28	39	55	78	110	156	220	312	441	624
	$25<m_n\leqslant40$	10	14	20	29	41	58	82	116	164	232	328	463	655
	$40<m_n\leqslant70$	11	16	22	32	45	63	89	126	178	252	357	504	713
$2500<d\leqslant4000$	$6.0\leqslant m_n\leqslant10$	11	16	23.	32	45	64	90	127	180	255	360	510	721
	$10<m_n\leqslant16$	11	16	23	32	46	65	92	130	183	259	367	519	734
	$16<m_n\leqslant25$	12	17	24	33	47	67	94	133	188	267	377	533	754
	$25<m_n\leqslant40$	12	17	25	35	49	69	98	139	196	278	393	555	785
	$40<m_n\leqslant70$	13	19	26	37	53	75	105	149	211	298	422	596	843

续表

分度圆直径 d/mm	模数 m_n/mm	精度等级												
		0	1	2	3	4	5	6	7	8	9	10	11	12
		F_r/μm												
$4000 < d \leqslant 6000$	$6.0 \leqslant m_n \leqslant 10$	14	19	27	39	55	77	110	155	219	310	438	620	876
	$10 < m_n \leqslant 16$	14	20	28	39	56	79	111	157	222	315	445	629	890
	$16 < m_n \leqslant 25$	14	20	28	40	57	80	114	161	227	322	455	643	910
	$25 < m_n \leqslant 40$	15	21	29	42	59	83	118	166	235	333	471	665	941
	$40 < m_n \leqslant 70$	16	22	31	44	62	88	125	177	250	353	499	706	999
$6000 < d \leqslant 8000$	$6.0 \leqslant m_n \leqslant 10$	16	23	32	45	64	91	128	181	257	363	513	726	1026
	$10 \leqslant m_n \leqslant 16$	16	23	32	46	65	92	130	184	260	367	520	735	1039
	$16 < m_n \leqslant 25$	17	23	33	47	66	94	132	187	265	375	530	749	1059
	$25 < m_n \leqslant 40$	17	24	34	48	68	96	136	193	273	386	545	771	1091
	$40 < m_n \leqslant 70$	18	25	36	51	72	102	144	203	287	406	574	812	1149
$8000 < d \leqslant 10000$	$6.0 \leqslant m_n \leqslant 10$	18	26	36	51	72	102	144	204	289	408	577	816	1154
	$10 \leqslant m_n \leqslant 16$	18	26	36	52	73	103	146	206	292	413	584	826	1168
	$16 < m_n \leqslant 25$	19	26	37	52	74	105	148	210	297	420	594	840	1188
	$25 < m_n \leqslant 40$	19	27	38	54	76	108	152	216	305	431	610	862	1219
	$40 < m_n \leqslant 70$	20	28	40	56	80	113	160	226	319	451	639	903	1277

6.12 偏差位置的识别

结合轮齿的测量，识别偏差的方便办法是阐明其涉及的位置，如单个右齿面、左齿面、齿距或它们的成组。通过下述的常规方法，就可正确确定偏差的位置。

6.12.1 右或左齿面

选定齿轮的一面作基准面，并标上字母“Ⅰ”，另一个非基准面为“Ⅱ”。

对着基准面进行观察，看到齿和齿顶，则右齿面在右边，左齿面在左边。

右和左齿面分别用字母“R”和“L”表示。

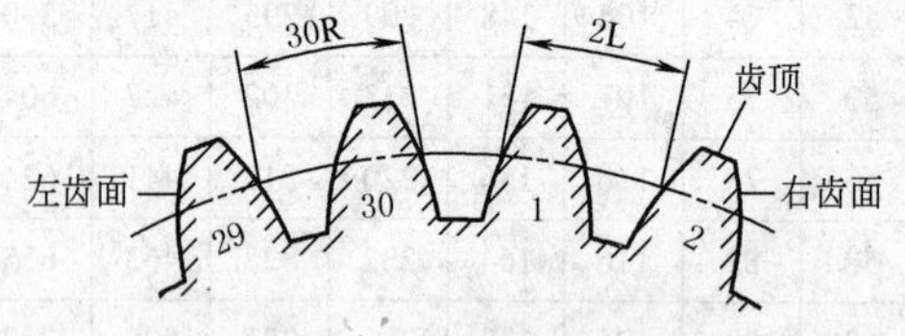

图 14-1-38 外齿轮的标记和编号

30R—第 30 齿距，右齿面；

2L—第 2 齿距，左齿面

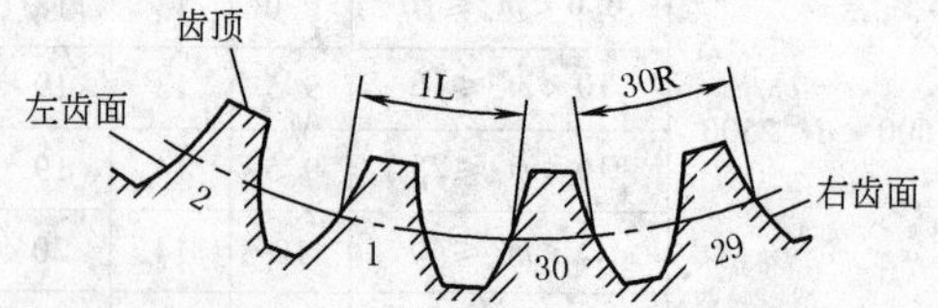

图 14-1-39 内齿轮的标记和编号

1L—第 1 齿距，左齿面；

30R—第 30 齿距，右齿面

6.12.2 斜齿轮的右旋或左旋

外齿或内齿斜齿轮的螺旋，由右旋或左旋表示，螺旋方向分别由字母“r”和“l”表示。

从一面看，当增加与观察者的距离时，横断面显示连续的顺时针（逆时针）移动，为右旋（左旋）齿轮。

6.12.3 齿与齿面的编号

对着齿轮的基准面看，以顺时针方向顺序地数齿数，齿数后写上字母 R 或 L，表示它是右或左齿面，比如“齿面 29L”。

6.12.4 齿距的编号

单个齿距的编号和下个齿的编号有关，第 N 齿距介于“$N-1$”齿和第“N”齿的同侧齿面之间，用字母 R 或 L 表示齿距是介于右齿面还是左齿面之间，例如“齿面 2L”（见图 14-1-38）。

6.12.5 *k* 个齿距数

偏差符号的下标“k”表示所要测量偏差的相邻齿距的个数，实际中，数字往往取代 k，比如 F_{p3} 表示 3 个齿距的齿距累积偏差。

6.12.6 检验的规定

测量通常应在邻近齿高的中部和/或齿宽的中间进行，如果齿宽大于 250mm，则应增加两个齿廓测量部位，即在距齿宽每侧约 15% 的齿宽处测量，齿廓和螺旋线偏差应至少在 3 个以上均布的位置同侧的齿面上测量。

为了保证测量精度，检测仪器应定期采用经认可的标准块进行校准。

6.13 单个齿距和齿距累积偏差的检验

圆柱齿轮的单个齿距偏差 f_{pt}、齿距累积偏差 F_{pk}、齿距累积总偏差 F_p 的定义与旧标准的齿距偏差 Δf_{pt}、k 个齿距累积误差 ΔF_{pk}、齿距累积误差 ΔF_p 的定义对应相当，除了允许值不一致外，其所用的制齿机床、量仪、测量方法和计算都是通用的。

齿距偏差的检验包括测量其实际值（角度值）或者沿齿轮圆周上同侧齿面间距离作比较测量。

ISO 1328-1：1995 国际标准文本中图 14-1-29 齿距偏差举例见表 14-1-51 和图 14-1-40。

表 14-1-51　　单个齿距检验的示例

N	1	2	3	4	5	6	7	8	9	10	11	12	13	14	15	16	17	18
A	25	23	26	24	19	19	22	19	20	18	23	21	19	21	24	25	27	21
B	22.00																	
C	+3	+1	+4	+2	−3	−3	0	−3	−2	−4	+1	−1	−3	−1	+2	+3	+5	−1
D	+3	+4	+8	+10	+7	+4	+4	+1	−1	−5	−4	−5	−8	−9	−7	−4	+1	0

注：单个齿距检验的示例，表中数值系假设值，实际操作时，整数是很难碰到的。

N——齿距号；

A——用两个触头的齿距比较仪测得的数值，并不是确定的绝对偏差值；

B——所有 A 值的数学平均值；

C——齿距偏差 f_{pt}，A 的各个数值与平均值 B 之差；

D——齿距累积偏差，由 f_{pt}（C）值接连相加获得，参见表 14-1-51 和图 14-1-40 中的描述，相对于第 18 齿距和第 1 齿距间的齿面。

当用角度齿距测量方法时（即用一个触头的仪器），在每个测量位置上，将实际测量得的角度减去理论角度，再将此差值（弧度）乘以触头齿面接触点的径向距离，即可得到 D 值。而 C 值则可以 N 号齿面的 D 值减去 $N-1$ 号齿面的 D 值获得。

a. 单个齿距偏差 f_{pt}，$f_{ptmax}=+5\mu m$，在齿距 17。

b. 齿距累积偏差 F_{pk}，相对于齿面 18，F_{pkmax} = 齿距累积总偏差 $F_p=19\mu m$ 在齿面 4 和 14 之间，$F_{p3max}=10\mu m$ 在齿面 14 和 17 之间。

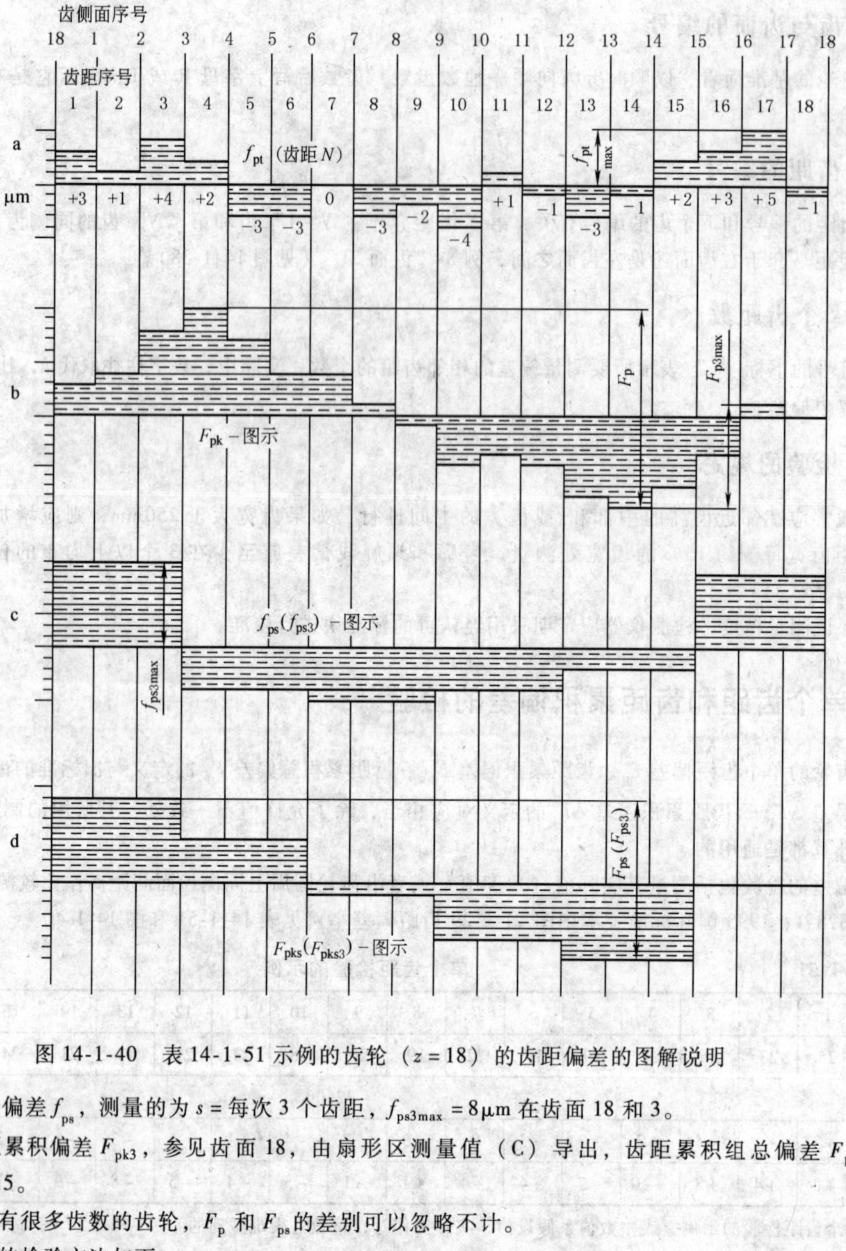

图 14-1-40　表 14-1-51 示例的齿轮（$z=18$）的齿距偏差的图解说明

c. 扇形区齿距偏差 f_{ps}，测量的为 s = 每次 3 个齿距，$f_{ps3max}=8\mu m$ 在齿面 18 和 3。

d. 扇形区齿距累积偏差 F_{pk3}，参见齿面 18，由扇形区测量值（C）导出，齿距累积组总偏差 $F_{ps}=F_{ps3}=15\mu m$ 在齿面 3 和 15。

一般地，对于有很多齿数的齿轮，F_p 和 F_{ps} 的差别可以忽略不计。

单个齿距精度的检验方法如下。

检验齿距精度最常用的装置，一种是有两个触头的齿距比较仪，另一种是只有一个测量触头的角度分度仪，对实施这两种检验方法分别在本节 1)、2）中阐述。

不带旋转工作台的坐标测量机也可用来测量齿距和齿距偏差，所采用的有关相对运动与本节 2）中所述的原理基本相当。

1）用齿距比较仪（两个触头）检验单个齿距

两个测头的位置，应在齿轮轴心的同样半径上，并在同一横截面内，测头移动的方向要与测量圆相切。

因为很难得到半径距离的精确数值，这样的测量仪很少用于检测端面齿距的真实的数值。这样，这种仪器最合适的用途，是齿距偏差的确定。

一些齿距比较仪装备了导向滑轨，使测头容易达到固定的径向深度，一般到轮齿中部的附近（图 14-1-41），被检的齿轮慢慢地转动，绕着轴心连续地或间歇地转动，而导向滑轨上的测头在测量部位来回移动。

2）用角度转位法（一个触头）检验单个齿距（图 14-1-42）

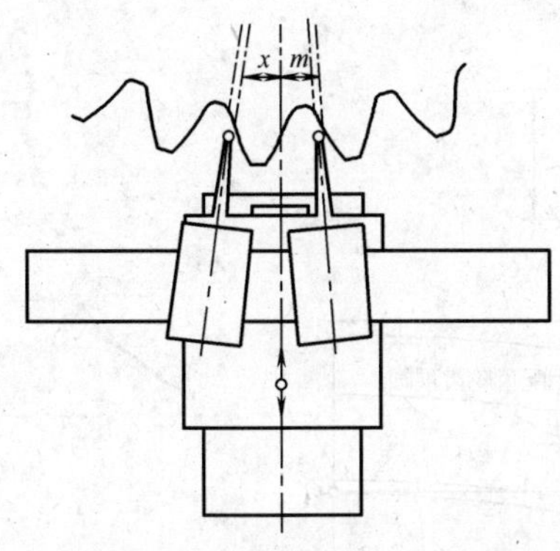

图 14-1-41 使用齿距比较仪测量齿距偏差

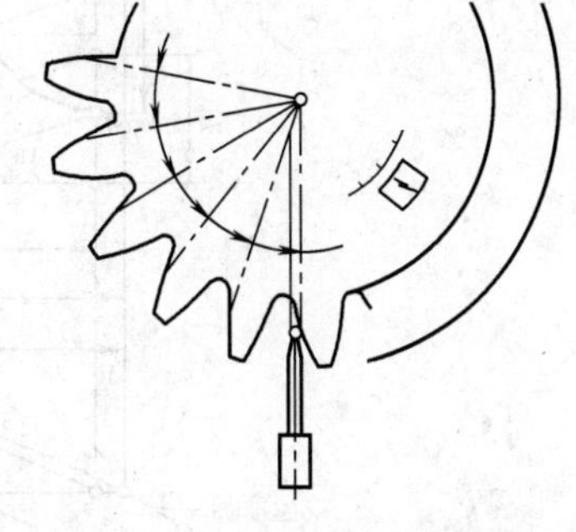

图 14-1-42 用角度转位法检验齿距

这个过程涉及分度转位器的使用，其精密度必须和齿轮直径相一致。

对每个齿面，测量头在预先设定要检测的部位上径向来回移动，就可测得偏离理论位置的位置偏差，相对于所选定的基准齿面或零齿面，这个测得的数据代表了相关齿面的位置偏差，这样记录的数据曲线应显示出齿轮在圆周上的齿距累积偏差（F_{pk}）。

第 N 个齿面的位置偏差减去第 $N-1$ 个的，就是每个单个齿距偏差，负值要适当地表示出来。

6.14 齿廓偏差的检验

按定义，齿廓偏差是在端平面上垂直于齿廓的偏差值，然而，偏差也可在齿面的法向测量，然后把测得的数值除以 $\cos\beta_b$，经这样的换算后再与公差极限值比较。

6.14.1 齿廓图

齿廓图包括齿廓迹线，它是由齿轮齿廓检验设备在纸上或其他适当的介质上画出来的齿廓偏差曲线，齿廓迹线如偏离了直线，其偏离量即表示与被检齿轮的基圆所展成的渐开线齿廓的偏差。

齿廓修形也表现为偏离了渐开线，但这种情况不能作为偏离“设计齿廓”的偏差来对待。

沿齿廓图上任何一点，各可与一个半径、一个基圆切线长度和一个渐开线滚动展开角相联系。

图 14-1-43 是一个齿廓的示例以及其与相应齿廓迹线的关系和有关的术语。关于齿廓迹线术语的详细定义和概念在 ISO 1328 第 1 部分中叙述。

齿廓计值范围 L_α 等于有效长度 L_{AE} 再从其顶端或倒棱处减去 8%，这样做是为了在评定时排除在切削过程中非有意的多切掉的顶部，而这样做并不损害齿轮的功能，在评价齿廓总偏差（F_α）和齿廓形状偏差（$f_{f\alpha}$）时，在这 8% 区域内如有超出设计齿廓的材料，从而增加其偏差量时必须计算进去，而在该区域内如多切去金属而形成的偏差值，其公差可予增大。

6.14.2 齿廓图的评定

1）图 14-1-30 齿廓偏差（iii）的图解

其齿廓迹线的设计齿廓为修形的渐开线，减薄区迹线偏向体外，见图 14-1-34 和表 14-1-52。

可得 $\sum x_{23}=276$；$\sum x_{23}^2=4334$；$\sum(y_{D23}-y_{A23})=1385$；$\sum x_{23}(y_{D23}-y_{A23})=18947$

斜直线截距

$$y_{H0}=b_{H0}=\frac{1385\times4334-276\times18947}{24\times4334-(276)^2}=27.7$$

斜率

$$k_H=\frac{24\times18947-276\times1385}{24\times4334-(276)^2}=2.6$$

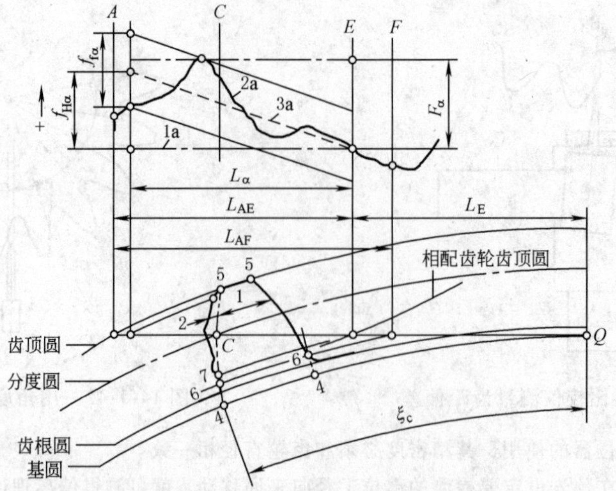

图 14-1-43　齿轮齿廓和齿廓示意图

1—设计齿廓；2—实际齿廓；3—平均齿廓；1a—设计齿廓迹线；2a—实际齿廓迹线；3a—平均齿廓迹线；4—渐开线起始点；5—齿顶点；5-6—可用齿廓；5-7—有效齿廓；C-Q—C 点基圆切线长度；ξ_c—C 点渐开线展开角；Q—滚动的起点［端面基圆切线的切点］；A—轮齿齿顶或倒角的起点；C—设计齿廓在分度圆上的一点；E—有效齿廓起始点；F—可用齿廓起始点；L_{AF}—可用长度；L_{AE}—有效长度；L_α—齿廓计值范围；L_E—到有效齿廓的起点基圆切线长度；F_α—齿廓总偏差；$f_{f\alpha}$—齿廓形状偏差；$f_{H\alpha}$—齿廓斜率偏差

表 14-1-52　　**齿廓偏差（iii）的数据**

x_i	−2	−1	0	1	2	3	4	5	6	7	8	9	10
x_i^2			0	1	4	9	16	25	36	49	64	81	100
y_{Di}	−14	−8	0	6	10	16	22	26	29	33	35	37	38
y_{Ai}	11	5	0	−7	−13	−18	−24	−28	−32	−33	−27	−24	−20
$(y_{Di}-y_{Ai})$			0	13	23	34	46	54	61	66	62	61	58
$x_i(y_{Di}-y_{Ai}$			0	13	46	102	184	270	366	462	496	549	580
y_{Hi}	23	25	28	30	34	36	38	41	43	46	49	51	54
$(y_{Di}-y_{Hi})=y_{Mi}$	−37	−33	−28	−24	−20	−20	−16	−15	−14	−13	−14	−14	−16
x_i	11	12	13	14	15	16	17	18	19	20	21	22	23
x_i^2	121	144	169	196	225	256	289	324	361	400	441	484	529
y_{Di}	39	41	42	43	44	43	42	41	40	39	38	37	36
y_{Ai}	−18	−13	−8	−13	−21	−26	−40	−44	−43	−39	−36	−39	−42
$(y_{Di}-y_{Ai})$	57	54	50	56	65	69	82	85	83	78	74	76	78
$x_i(y_{Di}-y_{Ai})$	637	648	650	784	975	1104	1394	1530	1577	1560	1554	1672	1794
y_{Hi}	56	59	62	64	67	69	72	75	77	80	82	85	88
$(y_{Di}-y_{Hi})=y_{Mi}$	−17	−18	−20	−21	−23	−26	−30	−34	−37	−41	−44	−48	−52

齿廓斜直线截距

$$y_{H23}=b_{H23}=b_{H0}+23k_H=27.7+23\times2.6=87.6$$

取

$$y_{H0}=b_{H0}=28;y_{H23}=b_{H23}=88$$

由 y_H 值求出

$$y_{Mi}=y_{Di}-y_{Hi}\ (见表 14\text{-}1\text{-}52 和图 14\text{-}1\text{-}34)$$

a. 齿廓总偏差 F_α　按定义因为（$L_{AE}-L_\alpha$）减薄区的偏差偏向体外的正偏差，必须计入偏差值。

$$F_\alpha=(y_{Ai}-y_{Di})_{max}+(y_{Di}-y_{Ai})_{max}=(y_{A-2}-y_{D-2})+(y_{D18}-y_{A18})$$

$$=[11-(-14)]+[41-(-44)]=25+85=110\mu m$$

b. 齿廓形状偏差 $f_{f\alpha}$　按定义因为减薄区偏差偏向体外的正偏差，必须计入偏差值。

$$f_{f\alpha}=(y_{Ai}-y_{Mi})_{max}+(y_{Mi}-y_{Ai})_{max}=(y_{A-2}-y_{M-2})+(y_{M7}-y_{A7})$$

$$=[11-(-37)]+[-13-(-33)]=48+20=68\mu m$$

c. 齿廓斜率偏差 $f_{H\alpha}$　按定义，

$$f_{H\alpha}=(y_{M0}-y_{D0})+(y_{D23}-y_{M23})=[(-28)-0]+[36-(-52)]=-28+88=60\mu m$$

2）图 14-1-44 齿廓偏差（i）图解

其齿廓迹线的设计齿廓迹线为不修形的渐开线，$y_{Di}=0$，减薄区迹线偏向体内，见图 14-1-44 和表 14-1-53。

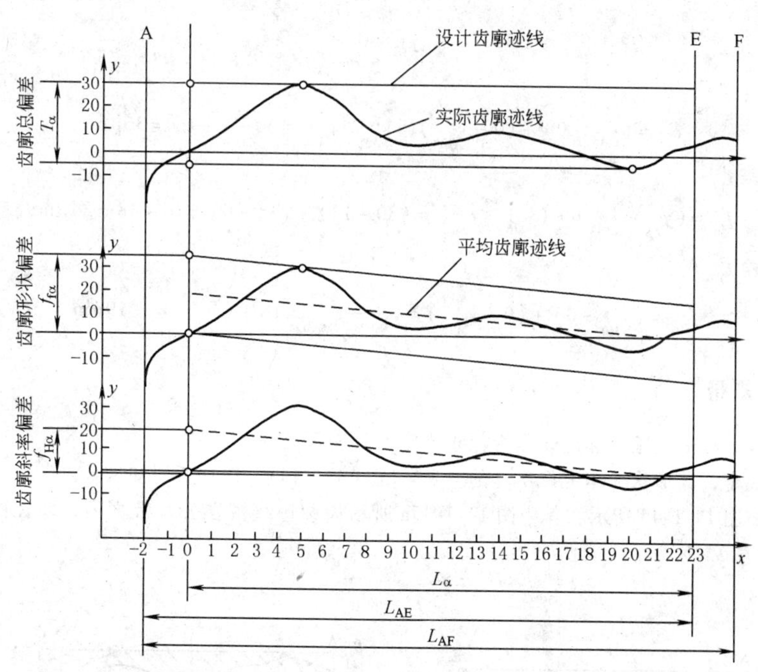

图 14-1-44　齿廓偏差（i）的图形

可得　$\sum x_{23}=276$；$\sum x_{23}^2=4334$；$\sum y_{A23}=197$；$\sum x_{23}y_{A23}=1293$

平均齿廓迹线（斜直线）截距

$$y_{M0}=b_{M0}=\frac{197\times4334-276\times1293}{24\times4334-(276)^2}=18$$

斜率

$$k_H=\frac{24\times1293-276\times197}{24\times4334-(276)^2}=-0.8384$$

平均齿廓迹线（斜直线）截距

$$y_{M23}=b_{M23}=b_{M0}+23k_M=18+23\times(-0.8384)=-1.43$$

取 $y_{M0}=b_{M0}=18$；$y_{M23}=b_{M23}=-1$ 列于表 14-1-53 和图 14-1-44。

表 14-1-53　　　　齿廓偏差（i）的数据

x_i	-2	-1	0	1	2	3	4	5	6	7	8	9	10
y_{Ai}	-20	-4	0	5	12	20	26	30	26	20	10	7	4
x_iy_{Ai}			0	5	24	60	104	150	156	140	80	63	40
y_{Mi}	20	19	18	17	16	15	14	14	13	12	11	10	9
x_i	11	12	13	14	15	16	17	18	19	20	21	22	23
y_{Ai}	5	6	8	10	8	6	3	0	-4	-6	-4	2	3
x_iy_{Ai}	55	72	104	140	120	96	51	0	-76	-120	-84	44	69
y_{Mi}	9	8	7	6	5	4	4	3	2	1	0	-1	-1

① 齿廓总偏差 F_α：

因为

$$y_{Di}=0$$

则

$$F_\alpha=(y_{A5}-0)+(0-y_{A20})=y_{A5}-y_{A20}=30-(-6)=36\mu m$$

② 齿廓形状偏差 $f_{f\alpha}$：

$$f_{f\alpha}=(y_{A5}-y_{M5})+(y_{M0}-y_{A0})=(30-14)+(18-0)=16+18=34\mu m$$

③ 齿廓斜率偏差 $f_{H\alpha}$：

$$f_{H\alpha}=(y_{M0}-0)+(0-y_{M23})=y_{M0}-y_{M23}=18-(-1)=+19\mu m$$

6.14.3　齿廓公差带

一个方便的检验方法是检验齿廓迹线是否位于规定的公差带之内。

很多公差带的规定，其形状大体上像字母的“K”（图 14-1-45），即众所周知“K 图”。

这种图的应用如图 14-1-45 所示，其中图 14-1-45a 所示齿廓迹线落在公差带之内，而在图 14-1-45b 中则没有达到。

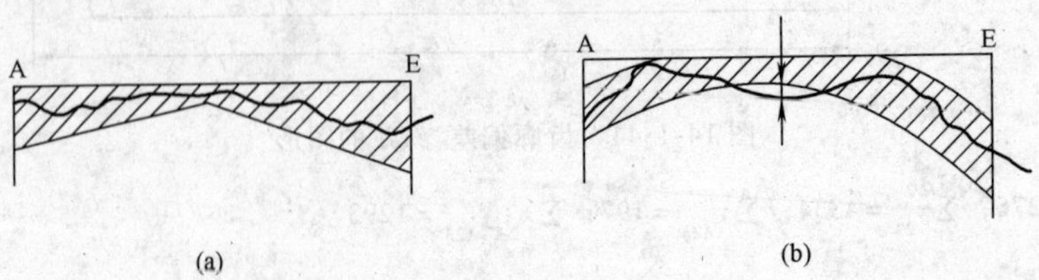

图 14-1-45　用公差带法检验齿廓精度

如果需要的话，也可综合应用两种齿廓精度评定方法（即用某一质量等级的标准公差和用公差带法），如图14-1-46所示。

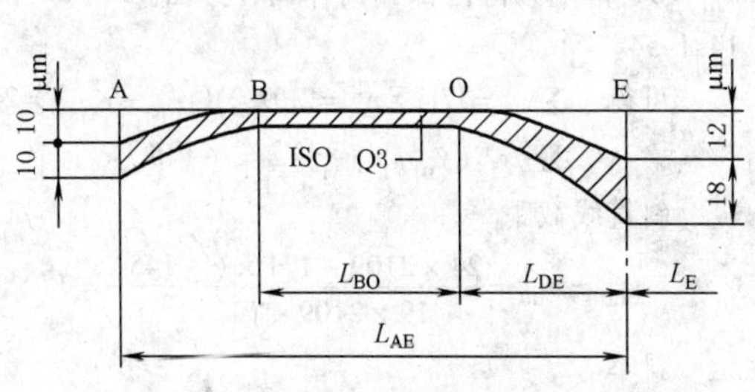

图14-1-46　不同齿廓区段用不同公差实例

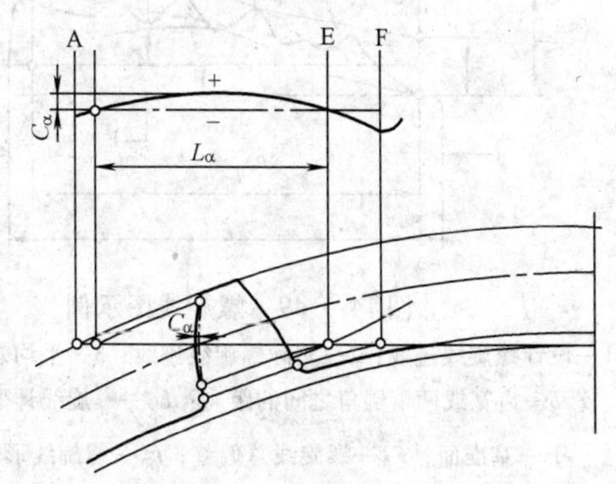

图14-1-47　齿廓的凸度 C_α

6.14.4　齿廓凸度 C_α

在有些应用中，适当的齿廓修形涉及顶部和根部，修削使轮齿从中间开始逐渐向顶部和根部形成弓形，如图14-1-47所示。

渐开线曲率增加的高度可用下面方法确定。

在线图中，用一条直线将齿廓迹线与计值范围（L_α）两端的交点连起来，如图14-1-48所示，在这条直线与另一条和它平行且相切于平均曲线间的距离（在记录偏差的方向测量），就等于该齿廓的凸度（C_α）。

有意做成的凸形齿所产生的齿廓线图，其设计齿廓和平均齿廓迹线通常呈抛物线。

6.15　螺旋线偏差的检验

按定义，螺旋线偏差是在端面基圆切线方向测量的实际螺旋线与设计螺旋线之间的差值，如果偏差是在齿面的法向测量，则应除以 $\cos\beta_b$，以换算成端面的偏差量，然后才能与公差极限值比较。

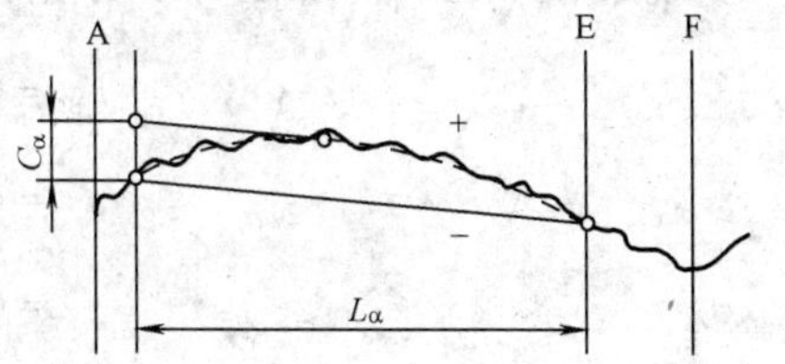

图14-1-48　齿廓凸度 C_α 的确定

6.15.1　螺旋线图

螺旋线图包括螺旋线迹线，它是由螺旋线检验设备在纸上或其他适当的介质上画出来的曲线，此曲线如偏离了直线，其偏离量即表示实际的螺旋线与不修形螺旋线的偏差。

设计者所采用的螺旋线修形，也表现为同直线的偏离，但这种情况不能作为“设计螺旋线”的偏差来对待。见ISO 1382第1部分3.3.1.3条。

有时迹线长度放大来表示较小齿宽，或缩小表示较大的齿宽。“线迹长度”见ISO 1328第1部分3.3.1.1条。

关于右和左螺旋线，可分别用字母“r”、“l”作为标记或下标。

在图14-1-49一个典型的螺旋线图例子中，可看到设计螺旋线未修形时齿面的螺旋线偏差，如果“设计螺旋线”是鼓形，齿端减薄或别的修形时，则其迹线应为适当形状的曲线。

有关螺旋线迹线的详细术语、定义和概念，已在ISO 1328第1部分中叙述。

螺旋线计值范围 L_β 等于迹线长度两端各减去5%的迹线长度，但减去量不超过1个模数（$1\times m$），所以要提出此减去量是为了有些机加工的条件所引起的，非有意的少量端部减薄不计入偏差量的评定中去，在评定螺旋线总偏差（F_β）和螺旋线形状偏差（$f_{f\beta}$）时，若在5%区域内有多余的材料，则增加的偏差必须考虑进去，而在这区域内如多切去金属而形成的偏差值，其公差可予增大。

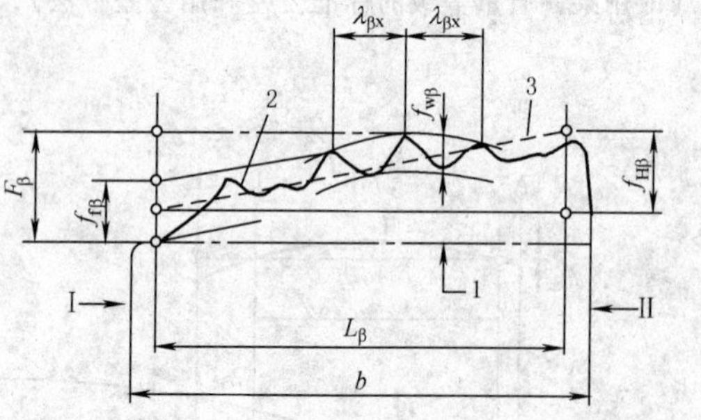

图 14-1-49　螺旋线图示例

1—设计螺旋线迹线；2—实际螺旋线迹线；3—平均螺旋线迹线；b—齿宽或两端倒角之间的距离；L_β—螺旋线计值范围；Ⅰ—基准面；F_β—螺旋线总偏差；$f_{f\beta}$—螺旋线形状偏差；$f_{H\beta}$—螺旋线斜率偏差；$\lambda_{\beta x}$—波度曲线轴向波长；$f_{w\beta}$—波长曲线波高；Ⅱ—非基准面

6.15.2　螺旋线图的评定

1）图 14-1-35 螺旋线偏差（ⅲ）的图解

其螺旋线迹线的设计螺旋线为不修形螺旋线 $y_{Di}=0$，两端减薄区都偏向体内，见图 14-1-35 和表 14-1-54。

可得　$\sum x_{18}=171$；$\sum x_{18}^2=2109$；$\sum(y_{D18}-y_{A18})=24$；$\sum[x_{18}(y_{D18}-y_{A18})]=-145$

斜直线截距

$$y_{H0}=b_{H0}=\frac{24\times2109-171\times(-145)}{19\times2109-(171)^2}=7$$

斜率

$$k_H=\frac{19\times(-145)-171\times24}{19\times2109-(171)^2}=-0.633$$

斜直线截距

$$y_{H18}=b_{H18}=b_0+18k_H=7+18\times(-0.633)=-4.4$$

由 y_H 值求出 $y_{Mi}=y_{Di}-y_{Hi}$ 列于表 14-1-54 和图 14-1-35。

① 螺旋线总偏差 F_β：按定义，因为减薄区的偏差偏向体外正偏差，必须计入偏差值。

$$\begin{aligned}F_\beta&=(y_{Ai}-y_{Di})_{max}+(y_{Di}-y_{Ai})_{max}\\&=(y_{A18.5}-y_{D18.5})+(y_{D3}-y_{A3})\\&=(26-14)+(9-0)\\&=12+9\\&=21\mu m\end{aligned}$$

② 螺旋线形状偏差 $f_{f\beta}$：按定义因为减薄区的偏差偏向体外正偏差，必须计入偏差值。

$$\begin{aligned}f_{f\beta}&=(y_{Ai}-y_{Mi})_{max}+(y_{Mi}-y_{Ai})_{max}\\&=(y_{A-0.5}-y_{M-0.5})+(y_{M11}-y_{A11})\\&=[1-(-8)]+(20-14)\\&=9+6\\&=15\mu m\end{aligned}$$

③ 螺旋线斜率偏差 $f_{H\beta}$：按定义，

$$\begin{aligned}f_{H\beta}&=(y_{M0}-y_{D0})+(y_{D18}-y_{M18})\\&=(-7-0)+(15-19)\\&=-7-4=-11\mu m\end{aligned}$$

表 14-1-54 **螺旋线偏差（iii）的数据**

x_i	−1	↖	0	1	2	3	4	5	6	7	8	9
x_i^2			0	1	4	9	16	25	36	49	64	81
y_{Di}	−3	−1	0	3	6	9	12	16	18	19	20	21
y_{Ai}	−5	1	0	−2	−1	0	5	16	16	18	22	18
$(y_{Di}-y_{Ai})$	2	−2	0	5	7	9	7	0	2	1	−2	3
$x_i(y_{Di}-y_{Ai})$			0	5	14	27	28	0	12	7	−16	27
y_{Hi}	7.63	7.3	7	6.3	5.7	5.1	4.4	3.8	3.2	2.5	1.9	1.3
$(y_{Di}-y_{Hi})=y_{Mi}$	−10.6	−8	−7	−3	0	4	8	12	15	17	18	20

x_i	10	11	12	13	14	15	16	17	18	↗	19
x_i^2	100	121	144	169	196	225	256	289	324		
y_{Di}	22	22	21	20	19	18	17	16	15	14	13
y_{Ai}	16	14	16	17	22	22	23	24	24	26	20
$(y_{Di}-y_{Ai})$	6	8	5	3	−3	−4	−6	−8	−9		
$x_i(y_{Di}-y_{Ai})$	60	88	60	39	−42	−60	−96	−136	−162		
y_{Hi}	0.6	0	−0.6	−1.3	−1.9	−2.5	−3.2	−3.8	−4.4	−5	−6
$(y_{Di}-y_{Hi})=y_{Mi}$	21	22	22	21	21	21	20	20	19	19	19

2）图 14-1-50 螺旋线偏差（i）的图解

其螺旋线迹线的设计螺旋线为不修形螺旋线 $y_{Di}=0$，两端减薄区都偏向体内，见图 14-1-50 和表 14-1-55。

表 14-1-55 **螺旋线偏差（i）的数据**

x_i	−1	0	1	2	3	4	5	6	7	8	9	10	11	12	13	14	15	16	17	18	19
y_{Ai}	−20	0	7	13	22	23	12	2	−17	−26	−25	−23	−22	−21	−22	−31	−43	−50	−55	−58	−65
x_iy_{Ai}		0	7	26	66	92	60	12	−119	−208	−225	−230	−242	−252	−286	−434	−645	−800	−935	−1044	
y_{Mi}		20	16	12	8	4	0	−4	−8	−12	−17	−21	−25	−29	−33	−37	−41	−45	−49	−53	

可得 $\sum x_{18}=171$；$\sum x_{18}^2=2109$；$\sum y_{A18}=-314$；$\sum x_{18}y_{A18}=-5157$

平均螺旋线（斜直线）截距

$$y_{M0}=b_{M0}=\frac{(-314)\times 2109-171\times(-5157)}{19\times 2109-(171)^2}=20$$

斜率

$$k_M=\frac{19\times(-5157)-171\times(-314)}{19\times 2109-(171)^2}=-4.09$$

平均螺旋线（斜直线）截距

$$\begin{aligned}y_{M18}&=b_{M18}=b_{M0}+18k_M\\&=20+18\times(-4.09)\\&=-53\end{aligned}$$

取

$$y_{M0}=b_{M0}=20$$

$$y_{M18}=b_{M18}=-53$$

第 14 篇

列于图 14-1-50 和表 14-1-55

① 螺旋线总偏差 F_β：由于

$$y_{Di}=0$$

则

$$\begin{aligned}F_\beta &=(y_{A4}-0)+(0-y_{A18})\\&=y_{A4}-y_{A18}\\&=23-(-58)\\&=23+58=81\mu m\end{aligned}$$

② 螺旋线形状偏差 $f_{f\beta}$

$$\begin{aligned}f_{f\beta}&=(y_{A4}-y_{M4})+(y_{M0}-y_{A0})\\&=(23-4)+(20-0)\\&=19+20=39\mu m\end{aligned}$$

③ 螺旋线斜率偏差 $f_{H\beta}$

$$\begin{aligned}f_{H\beta}&=(y_{M0}-0)+(0-y_{M18})\\&=y_{M0}-y_{M18}\\&=20-(-53)\\&=20+53=73\mu m\end{aligned}$$

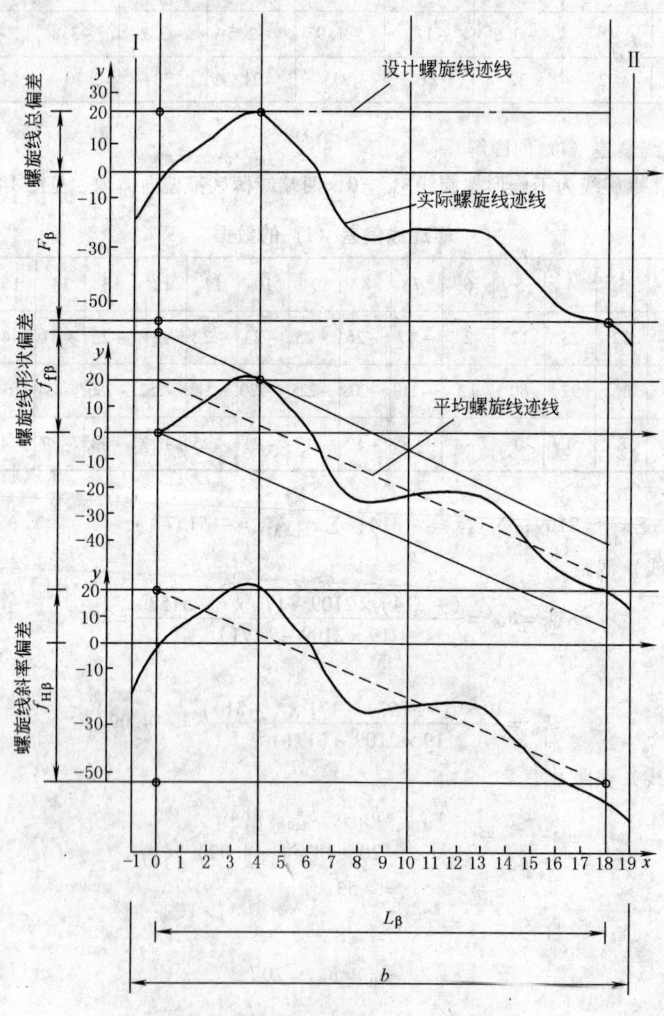

图 14-1-50　螺旋线偏差（i）的图形

6.15.3 螺旋线公差带

检测螺旋线精度的一个简便方法，是看迹线是否在给定公差带内。

这个方法实质上和“齿廓公差带”是同样的，见6.14.3。

6.15.4 轮齿的鼓度 C_β

在线图中，未修整齿面的螺旋线迹线是用一条直线来表示，而鼓形齿的齿面其相应的迹线是弓形曲线，在线图中，鼓形齿齿面的设计螺旋线和平均螺旋线迹线通常是抛物线，见图14-1-51。

轮齿鼓度 C_β 的评定步骤，与6.14.4中阐述的齿廓凸度 C_α 是类似的。

6.15.5 波度

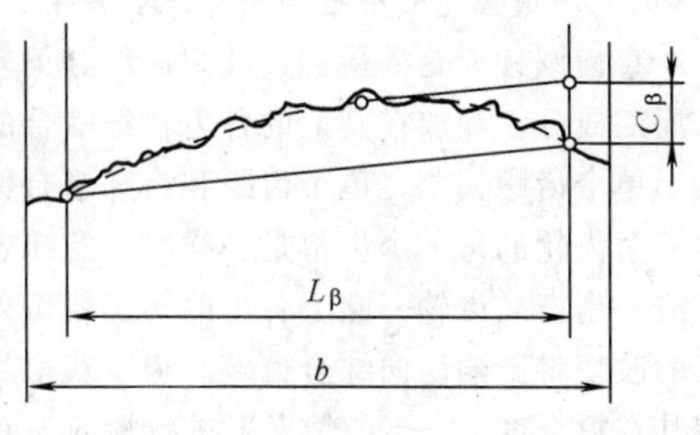

图14-1-51 轮齿的鼓度 C_β

波度是螺旋线形状偏差，具有不变的波长和基本不变的高度，切齿机床传动链元件的扰动是导致出现波度通常的主要原因，特别是：

① 刀架进给丝杠的扰动；

② 分度蜗杆传动中蜗杆的扰动。

由于原因①所造成的波度的波长，在沿螺旋线方向测量时，等于进给丝杠的螺距除以 $\cos\beta$。

由于原因②所造成的波度，其波长为

$$\lambda_\beta = \frac{d \times \pi}{z_M \times \sin\beta}$$

由于原因②所造成的波度，其波数（投影到端面上计数）等于主分度蜗轮的齿数 z_M。这可能造成在噪声谱中那部分刺耳的钝音，其频率相当于被测齿轮的旋转速度（转数）乘以 z_M。

图14-1-52说明了在螺旋线检测仪器上装置波度测量附件的应用方法，这将在下面讨论。

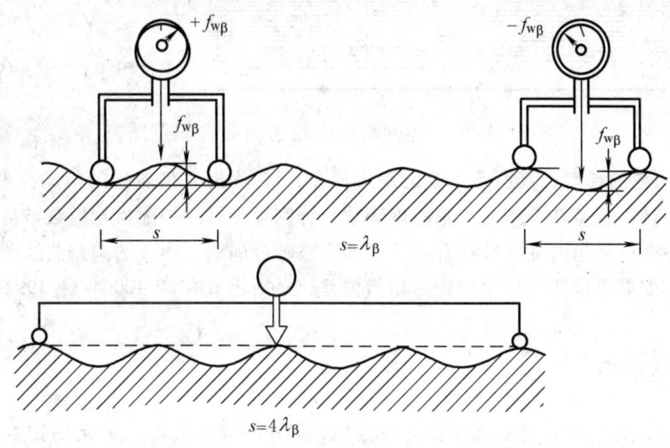

图14-1-52 波度曲线检测原理

在检测原因①或②造成的波度曲线时，计算出相关的波长，把附件的球形定位脚放在奇数个波长的间距上，随后使定位脚沿螺旋线滑动，波度的数值由位于定位脚中间的测头显示出来。

图中可看到，当测头接触波峰而后又接触波谷时，就如图显示的那样，测头的位移等于两倍波高，这个特点提高了仪器的灵敏度，测量结果以图的形式绘制出来。

需要注意的是，若定位脚的间距为偶数个波长时（图14-1-52 $s=4\lambda_\beta$），波度就显示不出来了。

6.16 切向综合偏差的检验

齿廓和螺旋线偏差是检测3~4个轮齿的代表性数据。若要全部轮齿同侧齿面的偏差，只有切向综合偏差

的切向综合总偏差 F_i'和一齿切向综合偏差 f_i'能显示，其与 GB/T 10095—1988 旧国家标准中切向综合误差$\Delta F_i'$和一齿切向综合误差 $\Delta f_i'$的定义的含义是一样的，标准把它们的定义放在正文的文本中，其作用和公差值放在标准的附录 A，此附录 A 也是 ISO 质量准则，由于其公差值比齿距、齿廓等单项偏差的允许值成熟时间晚一些，另外检验时需要有测量齿轮和检测装置的条件。标准文本中指出它们不是强制性检验项目，需要供需双方认可后才能成为允许值。切向综合偏差的检验方法，最好是和轮齿接触的检验同时进行，有时可以用来替代其他的检验方法，这是在缺乏单项齿廓、螺旋线测量仪器的场合使用的一种办法，例如：船舰用大型齿轮，高速齿轮、圆锥齿轮、航天齿轮等，但轮齿接触的检验一定要使用 ISO/TR 10064-4：1998 技术报告的规定办法才有效。

① 一个产品齿轮和一个测量齿轮组合用于检验。产品齿轮转一周后，即产生适用的记录，见图 14-1-53 直齿圆柱齿轮切向综合偏差图。测量齿轮的精度将影响检验的结果，如测量齿轮的精度比被检验的产品齿轮的精度至少高 4 级时，测量齿轮的不精确性可忽略不计；如果达不到相差 4 级时，则测量齿轮的不精确性，必须考虑进去。

直齿圆柱齿轮的检验，其切向综合偏差的记录图见图 14-1-53。包括齿轮和测量齿轮啮合作完整圈旋转数的长周期成分，和加在其上的各齿相继啮合的短周期成分，其表示产品齿轮的轮齿各要素的偏差的综合，记录图中表示单个齿距偏差，单个齿距和齿廓组合偏差，以及近似的齿距累积总偏差。关于螺旋线偏差，偏差大小和符号对一个齿轮的每一个齿都是一样时，意味着相啮合时有一致的局部接触区，因此，切向综合偏差不会受影响。如果沿一个产品齿轮一圈上各齿的螺旋线偏差的大小和符号均改变时，则切向综合偏差将受到影响，螺旋线偏差大小的改变将影响切向综合偏差。为了获得尽可能多的有用数据，测量齿轮在齿顶不变尖的情况下尽量加大齿高，使其在重合度 $\varepsilon_a=1$ 的情况下进行检验。斜齿轮检验当总重合度 $\varepsilon_r<2$ 时，斜齿轮的啮合情况与重合度 $\varepsilon_a<2$ 的直齿轮是类似的。

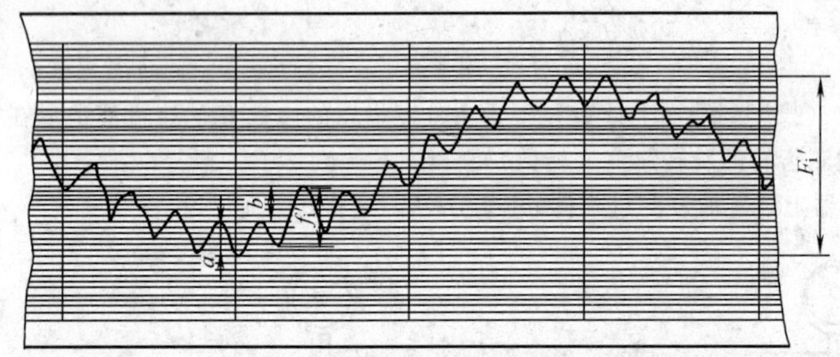

图 14-1-53　直齿圆柱齿轮切向综合偏差图

② 一对相配的产品齿轮的检验，其所产生的偏差（F'和f'），称为“齿轮副的传动偏差”。为了完全确定完整的偏差谱图，必须继续旋转，直至两个产品齿轮的旋转数，分别等于另一相配齿轮齿数被齿轮副两个齿数的最大公因数除所得的数，用这种方法确定的旋转数符合齿轮副的完整啮合周期，形成的偏差曲线图反映出齿轮副中两个齿轮的轮齿要素的各分量。如果要检测出单个齿轮的轮齿偏差，必须用 GB/TR 10064-1：1992 技术报告的数据处理。

6.17　径向综合偏差的测量

径向综合偏差检验时，所用的装置上能安放一对齿轮，其中一个齿轮装在固定的轴上，另一个齿轮则装在带有滑道的轴上，该滑道带一弹簧装置，从而使两个齿轮在径向能紧密地啮合（见图 14-1-54）。旋转中测量出中心距的变动量，如果需要的话，可将中心距变动曲线图展现出来。

对于大多数检验目的，要用一个测量齿轮对产品齿轮作此项检验。测量齿轮需要做得很精确，以达到其对径向综合的影响可忽略不计，在此情况下，当一个产品齿轮旋转一整周后，就能展现出一个可接受的记录来。

被检验齿轮径向综合总偏差 F_i''等于齿轮旋转一整周中最大的中心距变动量，它可以从记录下来的线图上确定。一齿径向综合偏差 f_i''等于齿轮转过一个齿距角时其中心距的变动量（见图 14-1-36）。

径向综合偏差包含了右侧和左侧齿面综合的成分，故而，想确定同侧齿面的单项偏差是不可能的。但其测量可迅速提供关于生产用机床、工具或因产品齿轮装夹而导致的质量缺陷方面的信息。此法主要用于大批量生产的齿轮，以及小模数齿轮的检验。

对产品齿轮的装夹和检验方法作适当的校准后，此测量过程还可用来确定产品齿轮最小侧隙啮合的中心距，具体办法可参见 ISO/TR 10064-3：1996 关于轴中心距和轴线平行度的推荐意见。

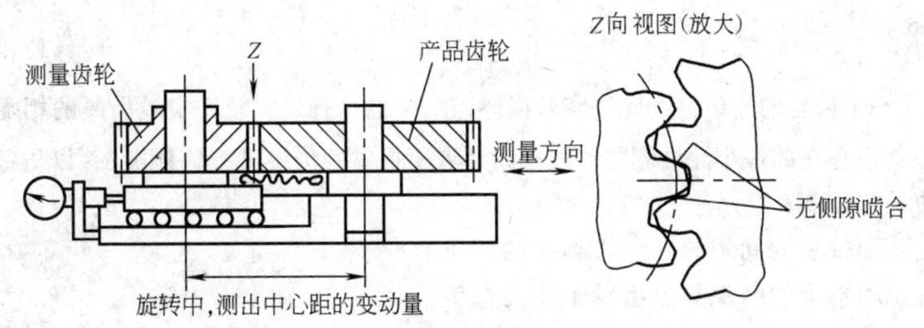

图 14-1-54 测量径向综合偏差的原理

6.18 径向跳动的测量及偏心距的确定

轮齿的径向跳动 F_r，是指一个适当的测头（球、砧、圆柱或棱柱体）在齿轮旋转时逐齿地放置于每个齿槽中，相对于齿轮的基准轴线的最大和最小径向位置之差（见图 14-1-55）。

如果用球、圆柱或砧在齿槽中与齿的两端都接触，则可应用 ISO 1328-2 标准中附录 B 所列的公差表。

当齿轮的径向综合偏差被测量时，就不需要再测量径向跳动。

很明显，单侧齿面偏差，例如齿距或齿廓偏差是不可能用测量径向跳动的值来获得的。例如，有两个精度等级非常不同的齿轮（按 ISO 1328-1 衡量），可能有相同的径向跳动值。测量径向跳动所能获得的信息的详细程度，主要取决于切削过程中的知识和加工机床的特性。

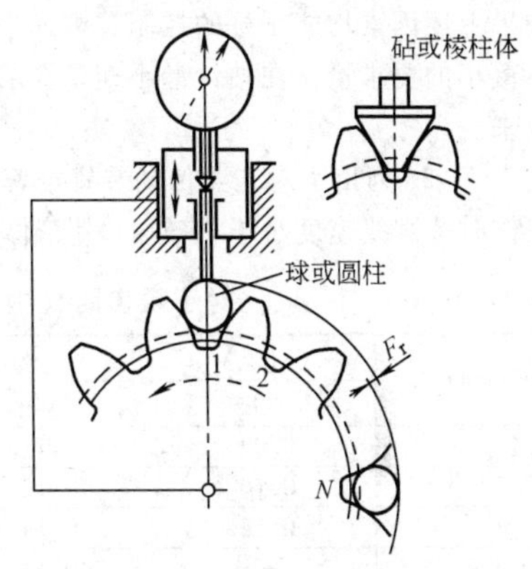

图 14-1-55 测量径向跳动的原理

6.19 圆柱齿轮的齿厚和侧隙

6.19.1 侧隙

在一对装配好的齿轮副中，侧隙 j 是相啮齿轮齿间的间隙，它是在节圆上齿槽宽度超过相啮合的齿齿厚的量。侧隙可以在法向平面上或沿啮合线（见图 14-1-56）测量，但是它是在端平面上或啮合平面（基圆切平面）上计算和规定的。

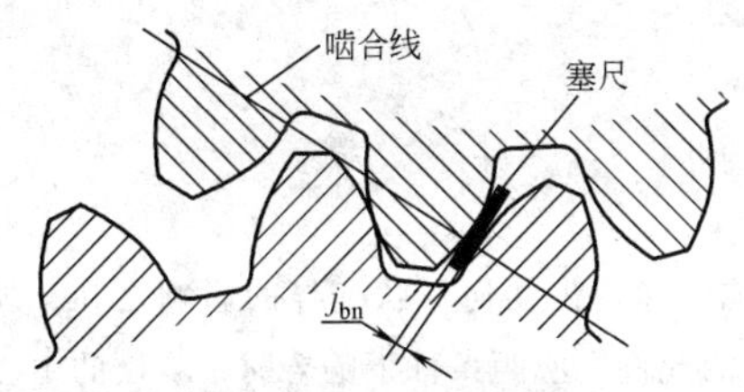

图 14-1-56 用塞尺测量侧隙（法向平面）

单个齿轮并没有侧隙，它只有齿厚，相啮齿的侧隙是由一对齿轮运行时的中心距以及每个齿轮的实效齿厚所控制的。

所有相啮的齿轮必定要有些侧隙。必须要保证非工作齿面不会相互接触，在一个已定的啮合中，侧隙在运行中由于受速度、温度、负载等的变动而变化。在静态可测量的条件下，必须有足够的侧隙，以保证在带负载运行于最不利的工作条件下仍有足够的侧隙。

侧隙需要的量与齿轮的大小、精度、安装和应用情况有关。

6.19.2 最大齿厚

齿轮的最大齿厚是这样确定的，即假定齿轮在最小中心距时与一个理想的相配齿轮啮合，能存在所需的最小侧隙。齿厚偏差使最大齿厚从其最大值减小，从而增加了侧隙。

对于 $x=0$ 的齿轮，理论齿厚或公称齿厚通常等于分度圆上的齿距的一半。除非有专门的规定，一个未装配的齿轮其实际最大齿厚常常比理论值要小，因为制造者常常以减小齿厚来实现侧隙。

第14篇

6.19.3 最小侧隙

最小侧隙j_{bnmin}是当一个齿轮的齿以最大允许实效齿厚与一个也具有最大允许实效齿厚的相配齿在最紧的允许中心距相啮合时，在静态条件下存在的最小允许侧隙。这是设计者所提供的传统“允许侧隙”，以防备下列所述情况：

① 箱体、轴和轴承的偏斜；

② 由于箱体的偏差和轴承的间隙导致齿轮轴线的不对准；

③ 由于箱体的偏差和轴承的间隙导致齿轮轴线的歪斜；

④ 安装误差，例如轴的偏心；

⑤ 轴承径向跳动；

⑥ 温度影响（箱体与齿轮零件的温度差，中心距和材料差异所致）；

⑦ 旋转零件的离心胀大；

⑧ 其他因素，例如由于润滑剂的允许污染以及非金属齿轮材料的溶胀。

如果上述因素均能很好的控制，则最小侧隙值可以很小，每一个因素均可用分析其公差来进行估计，然后可计算出最小的要求量，在估计最小期望要求值时，也需要用判断和经验，因为在最坏情况时的公差，不大可能都叠加起来。

表 14-1-56 列出了对工业传动装置推荐的最小侧隙，这传动装置有是用黑色金属齿轮和黑色金属的箱体制造的，工作时节圆线速度小于 15m/s，其箱体、轴和轴承都采用常用的商业制造公差。

表 14-1-56　　对于粗齿距（中、大模数）齿轮最小侧隙 j_{bnmin} 的推荐数据

m_n/mm	最小中心距 a_i/mm					
	50	100	200	400	800	1600
1.5	0.09	0.11	—	—	—	
2	0.10	0.12	0.15	—	—	—
3	0.12	0.14	0.17	0.24	—	—
5	—	0.18	0.21	0.28	—	—
8	—	0.24	0.27	0.34	0.47	—
12	—	—	0.35	0.42	0.55	—
18	—	—	—	0.54	0.67	0.94

表 14-1-56 中的数值，也可用下列公式进行计算

$$j_{bnmin}=\frac{2}{3}\times(0.06+0.0005a_i+0.03m_n)$$

注意：a_i 必须是一个绝对值。

$$j_{bn}=|(E_{sns1}+E_{sns2})|\cos\alpha_n$$

6.19.4 最大侧隙

一对齿轮副中的最大侧隙j_{bnmax}，是齿厚公差，中心距变动的影响，和轮齿几何形状变异的影响之和，理论的最大侧隙发生于两个理想的齿轮按最小齿厚的规定制成，且在最松的允许中心距条件下啮合时，最松的中心距对外齿轮的指最大的，对内齿轮是指最小的。

通常，最大侧隙并不影响传递运动的性能和平稳性，同时，实效齿厚偏差也不是在选择齿轮的精度等级时的主要考虑因素。在这些情况下，选择齿厚及其测量方法并非关键，可以用最方便的方法。在很多应用场合，允许用较宽的齿厚公差或工作侧隙，这样做不会影响齿轮的性能和承载能力，却可以获得较经济的制造成本。除非十分必要，不应该采用很紧的齿厚公差，因为这对于制造成本有很大的影响。当最大侧隙必须严格控制的情况下，对各影响因素必须仔细地研究，有关齿轮的精度等级、中心距公差和测量方法，必须仔细地予以规定。

很可能需要规定一个更为精密的精度等级，以便保持最大侧隙在要求的极限范围之内。

最小工作侧隙不应当成为零或负值。由于工作侧隙是由装配侧隙和工作状态所确定的，它们包括挠度的影响，安装误差，轴承的径向跳动，温度的作用以及其他未知因素，因而必须区别开装配侧隙和工作侧隙。

侧隙不是一个固定值，由于制造公差和工作状态等原因，它在不同的轮齿位置上是变动的。

6.19.5 齿厚公差

用于轮齿的特定尺寸公差的作用，取决于装配。另外，尺寸的测量取决于所用的方法及轮齿的几何偏差，如在 ISO 1328-1 和 ISO/TR 10064-1 中所论述的。为了确定这些作用，计算应在端平面上进行，因为最终的齿轮传动运动和侧隙，常常是在圆周上测得的值。

齿厚与侧隙的给定值，是由设计人员按其应用情况选定的，在分度圆柱面垂直于齿线方向来规定和测量其值，可能是方便的。通常是以同类型成熟产品的经验数据作参考。

1）齿厚上偏差 E_{sns}

齿厚上偏差取决于分度圆直径和允许差，其选择大体上与轮齿精度无关。

齿厚上偏差与实际法向最小侧隙 J_{bn} 的关系是

$$J_{bn} = |(E_{sns1} + E_{sns2})|\cos\alpha_n$$

如果 E_{sns1} 和 E_{sns2} 相等，则 $E_{sns} = J_{bn}/2\cos\alpha_n$，小齿轮和大齿轮的切削深度和根部间隙相等，并且重合度为最大。

2）齿厚下偏差 E_{sni}

齿厚下偏差是综合了齿厚上偏差及齿厚公差后获得的，由于上、下偏差都使齿厚减薄，从齿厚上偏差中应减去公差值。

$$E_{sni} = E_{sns} - T_{sn}$$

E_{sni} 和 E_{sns} 应有适当的正负号。

注意

$$T_{sn} = T_{st}\cos\beta$$

3）法向齿厚公差 T_{sn}

法向齿厚公差的选择，基本上与轮齿的精度无关，它主要应由制造设备来控制。公差应尽量采用能经济地制造的较小值。

6.19.6 齿厚、轮齿跨距和跨球（圆柱）尺寸的测量

测得的齿厚常被用来评价整个齿的尺寸或一个给定齿轮的全部齿尺寸。它可根据测头接触点间或两条很短的接触线间距离的少数几次测量来计值，这些接触点的状态和位置是由测量法的类型（跨距、球、圆柱或轮齿卡尺）以及单个要素偏差的影响来确定的。习惯上常假设整个齿轮依靠一次或两次测量来表明其特性。

控制相配齿轮的齿厚是十分重要的，以保证它们在规定的侧隙下运行。

测量弦齿厚也有其局限性，由于齿厚卡尺的两个测量腿与齿面只是在其顶尖角处接触而不是在其平面接触，故测量必须要由有经验的操作者进行。另一点是，由于齿顶圆柱面的精确度和同轴度的不确定性，以及测量标尺分辨率很差，使测量不甚可靠。如果可能的话，应采用更可靠的跨距、圆柱销或球测量法来代替此法。

跨距测量法在 GB/T 10095—1988 标准中称公法线长度测量。

这三种测量法的测量工具、方法和计算的尺寸国内外资料的结果都是一样的。由于齿轮变位的概念国内外不同，只是在公式中有正负符号之别，国内外所列的各公式都是正确的，故可以放心选用各种设计手册中的计算公式和表格。

6.20 齿轮坯的精度

有关齿轮轮齿精度（齿廓偏差、相邻齿距偏差等）的参数的数值，只有明确其特定的旋转轴线时才有意义。当测量时齿轮围绕其旋转的轴如有改变，则这些参数测量值也将改变。因此在齿轮的图纸上必须把规定轮齿公差的基准轴线明确表示出来，事实上所有整个齿轮的几何形状均以其为准。

齿轮坯的尺寸偏差和齿轮箱体的尺寸偏差对于齿轮副的接触条件和运行状况有着极大的影响。由于在加工齿轮坯和箱体时保持较紧的公差，比加工高精度的轮齿要经济得多，因此应首先根据拥有的制造设备的条件，尽量使齿轮坯和箱体的制造公差保持最小值。这种办法，可使加工的齿轮有较松的公差，从而获得更为经济的整体设计。

6.20.1 基准轴线与工作轴线之间的关系

基准轴线是制造者（和检验者）用来对单个零件确定轮齿几何形状的轴线，设计者的责任是确保基准轴线得到足够清楚和精确的确定，从而保证齿轮相应于工作轴线的技术要求得以满足。

满足此要求的最常用的方法是确定基准轴线使其与工作轴线重合，即将安装面作为基准面。

然而，在一般情况下首先需确定一个基准轴线，然后将其他所有的轴线（包括工作轴线及可能还有一些制造轴线）用适当的公差与之相联系，在此情况下，公差链中所增加的链节的影响应该考虑进去。

6.20.2 确定基准轴线的方法

一个零件的基准轴线是用基准面来确定的，有三种基本方法实现。

（1）第1种方法

如图14-1-57所示，用两个“短的”圆柱或圆锥形基准面上设定的两个圆的圆心来确定轴线上的两个点。

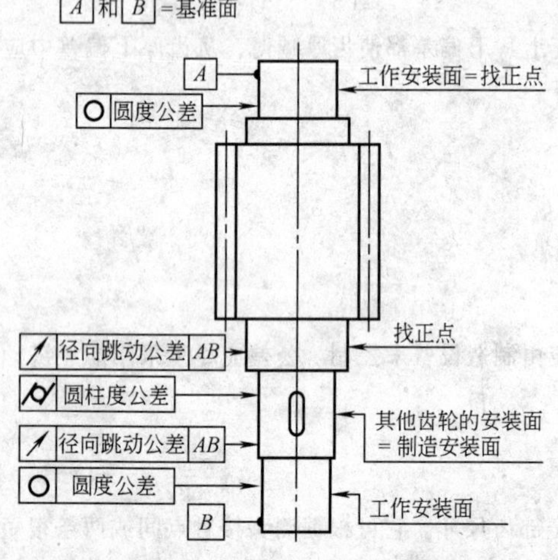

图14-1-57 轴齿轮应用公差示例

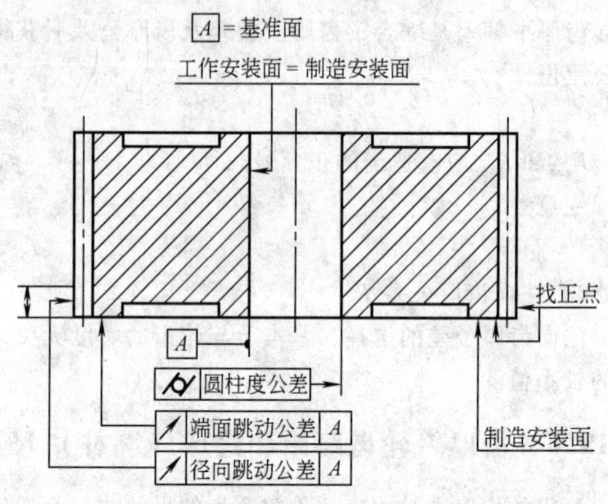

图14-1-58 齿轮应用公差示例

（2）第2种方法

如图14-1-58所示，用一个“长的”圆柱或圆锥形的面来同时确定轴线的位置和方向。孔的轴线可以用与之相匹配正确地装配的工作芯轴的轴线来代表。

（3）第3种方法

如图14-1-59所示，轴线的位置用一个“短的”圆柱形基准面上的一个圆的圆心来确定，而其方向则用垂直于此轴线的一基准端面来确定。

如果采用第1种或第3种方法，其圆柱或圆锥形基准面必须是轴向很短的，以保证它们自己不会单独确定另一条轴线。在第3种方法中，基准端面的直径应该越大越好。

一根与小齿轮做成一体的轴常常有一段需安装大齿轮的地方，此安装面的公差值，必须选择得与大齿轮的质量要求相适应。

6.20.3 中心孔的应用

在制造和检验时，对待与轴做成一体的小齿轮最常用也是最满意的方法，是将该零件安置于两端的顶尖上，这样，两个中心孔就确定了它的基准轴线，齿轮公差及（轴承）安装面的公差均须相对于此轴线来规定（见图14-1-60），而且很明显，安装面相对于中心孔的跳动公差必须规定很紧的公差值（见6.7.6条）。

务必注意中心孔60°接触角范围内应对准成一直线。

6.20.4 基准面的形状公差

基准面的要求精度取决于：

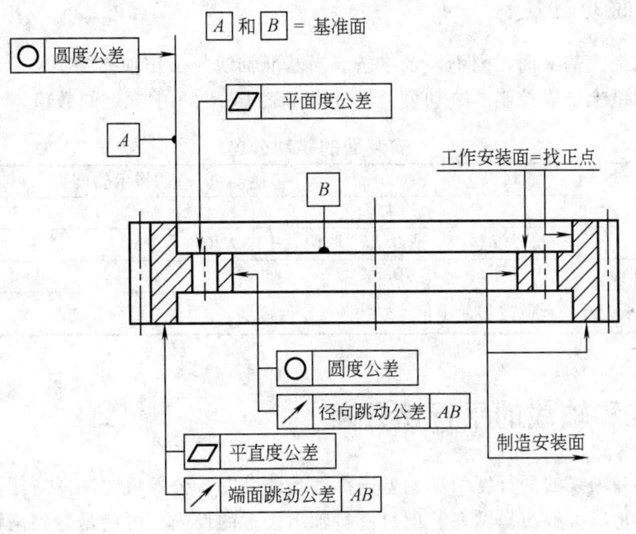

图 14-1-59 "短的"圆柱形基准面的应用公差示例

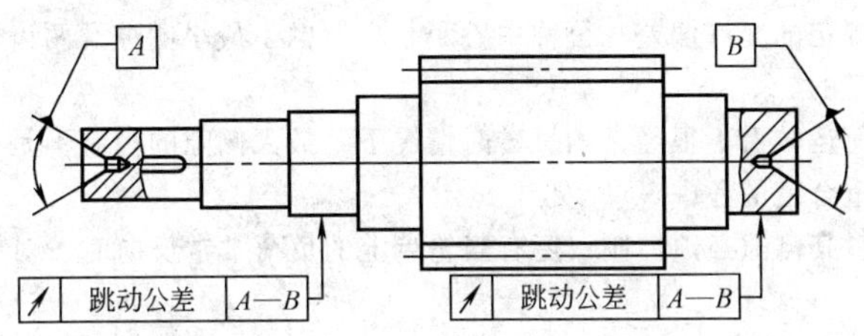

图 14-1-60 用中心孔确定基准轴线

① 规定的齿轮精度，这些面的极限值应确定得大大紧于单个轮齿的极限值；

② 这些面的相对位置，一般地说，跨距占轮齿分度圆直径的比例越大，给定的公差可以越松。

这些面的精度要求，必须在零件图上规定。

所有基准面的形状公差不应大于表 14-1-57 中所规定的数值。公差应减至最小。

表 14-1-57 **基准面与安装面的形状公差**

确定轴线的基准面	公差项目		
	圆度	圆柱度	平面度
两个"短的"圆柱或圆锥形基准面	$0.04(L/b)F_\beta$ 或 $0.1F_p$ 取两者中之小值		
一个"长的"圆柱或圆锥形基准面		$0.04(L/b)F_\beta$ 或 $0.1F_p$ 取两者中之小值	
一个短的圆柱面和一个端面	$0.06F_p$		$0.06(D_d/b)F_\beta$

6.20.5 工作及制造安装面的形状公差

工作安装面的形状公差，不应大于表 14-1-57 中所给定的数值。如果用了另外的制造安装面时，应采用同样的限制。

6.20.6 工作轴线的跳动公差

如果工作安装面被选择为基准面，则不涉及本条。当基准轴线与工作轴线并不重合时，则工作安装面相对于基准轴线的跳动必须在图纸上予以控制。跳动公差不应大于表 14-1-58 中规定的数值。

表 14-1-58　　安装面的跳动公差

确定轴线的基准面	跳动量(总的指示幅度)	
	径向	轴向
仅圆柱或圆锥形基准面	$0.15(L/b)F_{\beta}$ 或 $0.3F_{p}$ 取两者中之大值	
一圆柱基准面和一端面基准面	$0.3F_{p}$	$0.2(D_{d}/b)F_{\beta}$
注:齿轮坯的公差应减至能经济地制造的最小值		

6.21 中心距偏差和轴线的平行度公差

设计者应对中心距 a 和轴线的平行度两项偏差选择适当的公差。公差值的选择应按其使用要求能保证相啮合轮齿间的侧隙和齿长方向正确接触。提供在装配时调整轴承位置的设施，可能是达到高精度要求最为有效的技术措施。然而，在很多情况下，其成本之高昂很难令人接受。

6.21.1 中心距允许偏差

中心距公差是指设计者规定的允许偏差，公称中心距是在考虑了最小侧隙及两齿轮的齿顶和其相啮的非渐开线齿廓齿根部分的干涉后确定的。

在齿轮只是单方向带负荷运转而不很经常的反转时情况下，最大侧隙的控制不是一个重要的考虑因素，此时中心距允许偏差主要取决于重合度的考虑。

在控制运动用的齿轮中，其侧隙必须控制；还有当轮齿上的负荷常常反向时，对中心距的公差必须很仔细地考虑下列因素：

① 轴、箱体和轴承的偏斜；

② 由于箱体的偏差和轴承的间隙导致齿轮轴线的不一致；

③ 由于箱体的偏差和轴承的间隙导致齿轮轴线的错斜；

④ 安装误差；

⑤ 轴承跳动；

⑥ 温度的影响（随箱体和齿轮零件间的温差，中心距和材料不同而变化）；

⑦ 旋转件的离心伸胀；

⑧ 其他因素，例如润滑剂污染的允许程度及非金属齿轮材料的溶胀。

当确定影响侧隙偏差的所有尺寸的公差时，应该遵照 ISO/TR 10064-2 中关于齿厚公差和侧隙的推荐内容。

高速传动装置中心距公差的选择，还有其他考虑，不属于本报告的范围。

齿轮传动中，有一个齿轮带动若干个齿轮（或反过来）的情形，例如行星齿轮传动中有若干个行星轮；又如全桥驱动车的分动器或动力输出齿轮，在此情况下，为了使所有的啮合得到适当的负荷分配并有正确的工作条件，需要限制中心距的允许偏差。这种条件，要求对工作和制造的限制条件作详细的研究，不属于本报告的范围。

ISO 1328—1975 和 GB/T 10095—1988 标准对一般传动装置的中心距尺寸公差和轮齿齿厚公差都有一定的规定，它们都是 20 世纪 70 年代根据机械制造水平而确定的。ISO/TR 10064-3 技术报告不对中心距尺寸公差和齿厚公差提出明确的公差规定，要求根据当代现有制造设备可行的经济的公差，若中心距和轮齿齿厚公差发生超差，可以相互配合互补，只要保证有最小侧隙和一定的重合度就可以。

6.21.2 轴线平行度公差

由于轴线平行度偏差的影响与其向量的方向有关，对“轴线平面内的偏差”$f_{\Sigma\delta}$ 和“垂直平面上的偏差”$f_{\Sigma\beta}$ 作了不同的规定（见图 14-1-61）。

“轴线平面内的偏差” $f_{\Sigma\delta}$是在两轴线的公共平面上测量的，这公共平面是用两轴承跨距中较长的一个 L 和另一根轴上的一个轴承来确定的，如果两个轴承的跨距相同，则用小齿轮轴和大齿轮轴的一个轴承。“垂直平面上的偏差” $f_{\Sigma\beta}$是在与轴线公共平面相垂直的“交错轴平面”上测量的。

每项平行度偏差是以与有关轴轴承间距离 L(“轴承中间距” L) 相关连的值来表示的，见图 14-1-61。

轴线平面内的轴线偏差影响螺旋线啮合偏差，它的影响是工作压力角的正弦函数，而垂直平面上的轴线偏差的影响则是工作压力角的余弦函数。可见一定量的垂直平面上偏差导致的啮合偏差将比同样大小的平面内偏差导致的啮合偏差要大 2 ~3 倍。因此，对这两种偏差要素要规定不同的最大推荐值。

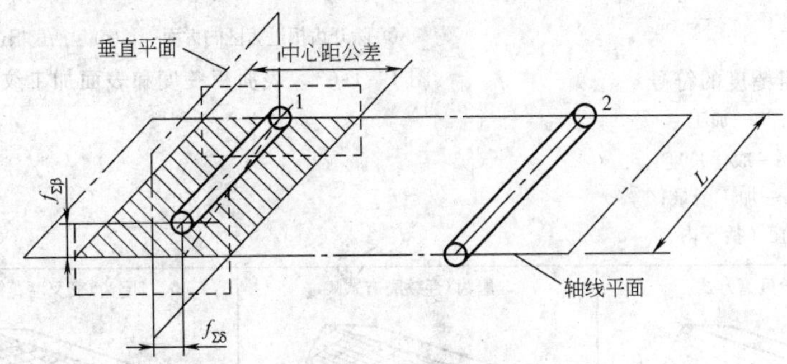

图 14-1-61 轴线平行度偏差

6.21.3 轴线偏差的推荐最大值

① 垂直平面上偏差 $f_{\Sigma\beta}$的推荐最大值为

$$f_{\Sigma\beta}=0.5\left(\frac{L}{b}\right)F_{\beta}$$

② 轴线平面内偏差 $f_{\Sigma\delta}$的推荐最大值为

$$f_{\Sigma\delta}=2f_{\Sigma\beta}$$

6.22 轮齿齿面粗糙度

轮齿齿面粗糙度在旧精度标准中没有体现，它对齿轮的传动噪声、振动、表面承载能力的点蚀、胶合和磨损，弯曲强度的齿根过渡曲面状况都有一定的影响。

该部分内容在 ISO/TR 10064-4：1998 技术报告中作为推荐文件。

6.22.1 图样上应标注齿面粗糙度的数据

当用户已规定时或当设计和运行要求必需时，在图样上应标出完工状态表面粗糙度的适当的数据，如图 14-1-62和图 14-1-63 所示。

6.22.2 测量仪器

触针式测量仪器通常用来测量表面粗糙度。可采用以下几种类型的仪器来进行测量，不同的测量方法对测量不确定度的影响有不同的特性（见图 14-1-64)。

① 在被测表面上滑行的一个或一对导头的仪器（仪器有一平直的基准平面)；

② 一个在具有名义表面形状的基准平面上滑行的导头；

③ 一个具有可调整的或可编程的与导头组合一起的基准线生成器，例如，可由一个坐标测量机来实现基准线；

④ 用一个无导头的传感器和一个具有较大测量范围的平直基准对形状、波纹度和表面粗糙度进行评定。

根据 ISO 标准，触针的针尖半径应为 2μm 或 5μm 或 10μm，触针的圆锥角可为 60°或 90°。此外，有关仪器特性的详细资料查 ISO 3274，在表面测量的报告中应注明针尖半径和触针角度。

在对表面粗糙度或波纹度进行测量时，需要用无导头传感器和一个被限定截止的滤波器，它压缩表面轮廓的

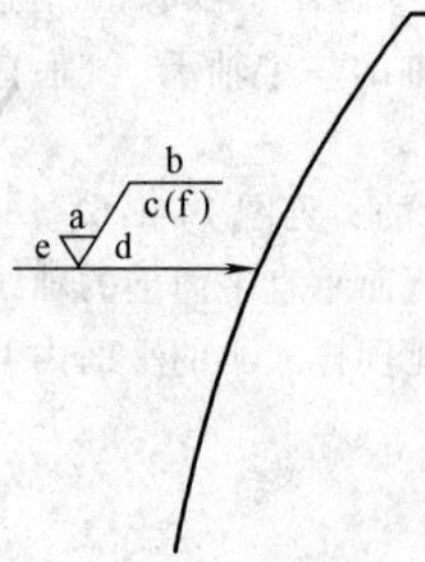

图 14-1-62　表面粗糙度的符号

a—R_a 或 R_z，μm；b—加工方法、表面处理等；c—取样长度；d—加工纹理方向；e—加工余量；f—粗糙度的其他数值（括号内）

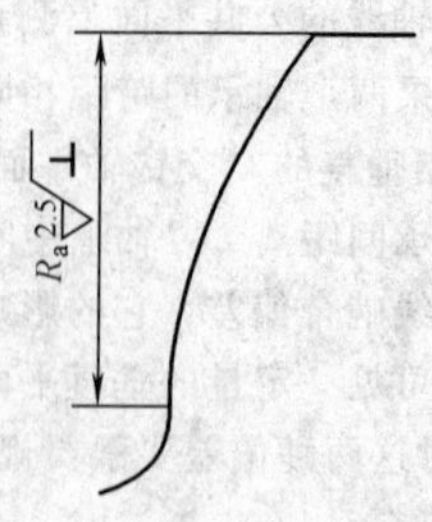

(a) 除开齿根过渡区的齿面

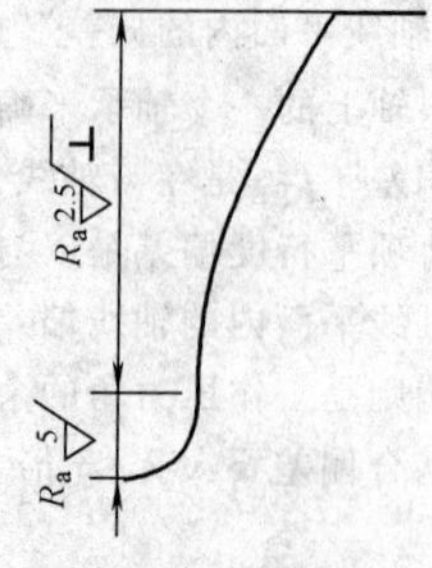

(b) 包括齿根过渡区的齿面

图 14-1-63　表面粗糙度和表面加工纹理方向的符号

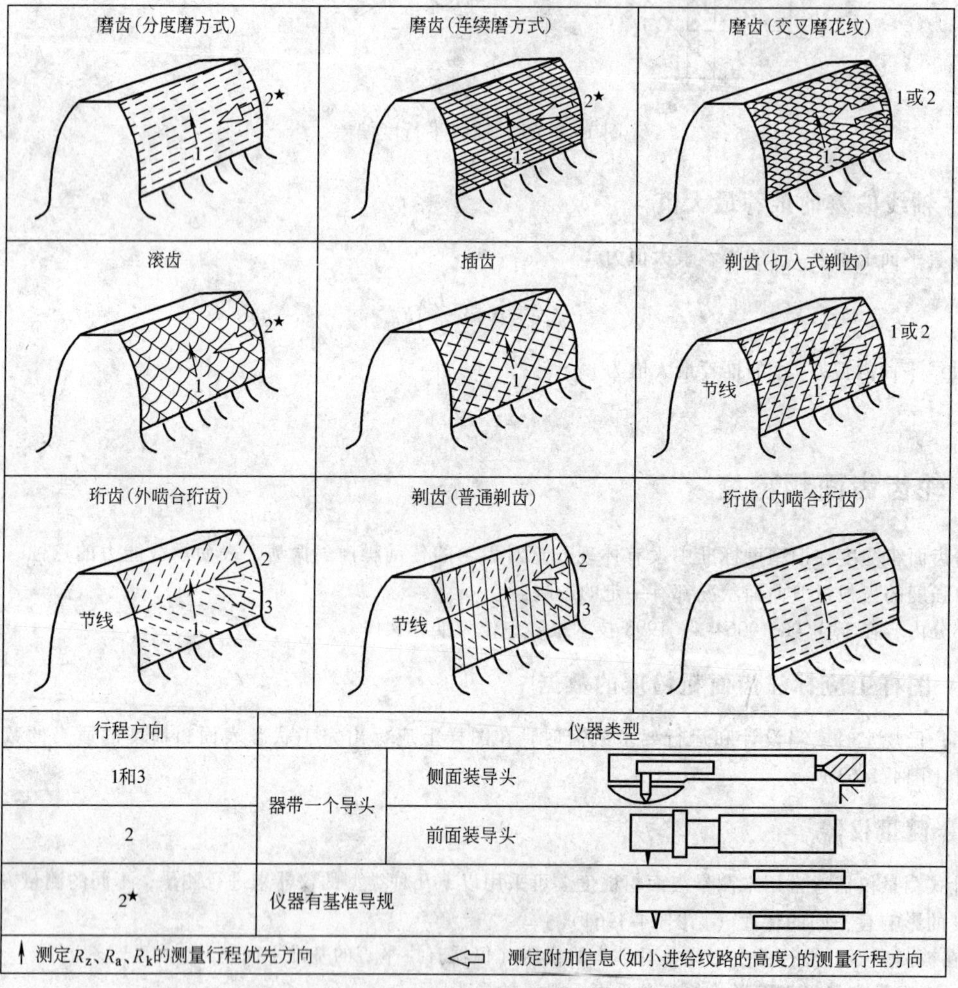

磨齿（分度磨方式）	磨齿（连续磨方式）	磨齿（交叉磨花纹）
1　2★	1　2★	1　1或2
滚齿	插齿	剃齿（切入式剃齿）
1　2★	1	1　1或2　节线
珩齿（外啮合珩齿）	剃齿（普通剃齿）	珩齿（内啮合珩齿）
1　2　3　节线	1　2　3　节线	1

行程方向	仪器类型		
1和3	器带一个导头	侧面装导头	
2		前面装导头	
2★	仪器有基准导规		

↑ 测定 R_z、R_a、R_k 的测量行程优先方向　⇦ 测定附加信息（如小进给纹路的高度）的测量行程方向

图 14-1-64　仪器特性及和制造方法相关的测量行程方向

长波成分或短波成分。测量仪器仅适用于某些特定的截止波长，表 14-1-59 给出了适当的截止波长的参考值。必须要认真选择合适的触针针尖半径，取样长度和截止滤波器，见 ISO 3274、ISO 4288 和 ISO 11562，否则测量中就会出现系统误差。

根据波纹度、加工纹理方向和测量仪器的影响的功能考虑，可能要选择一种不同的截止值。

表 14-1-59　　滤波和截止波长

模　　数	标准工作齿高	标准截止波长	工作齿高内的截止波数
1.5	3.0	0.2500	12
2.0	4.0	0.2500	16
2.5	5.0	0.2500	20
3.0	6.0	0.2500	24
4.0	8.0	0.8000	10
5.0	10.0	0.8000	12
6.0	12.0	0.8000	15
7.0	14.0	0.8000	17
8.0	16.0	0.8000	20
9.0	18.0	0.8000	22
10.0	20.0	0.8000	25
11.0	22.0	0.8000	27
12.0	24.0	0.8000	30
16.0	32.0	2.5000	13
20.0	40.0	2.5000	16
25.0	50.0	2.5000	20
50.0	100.0	8.0000	12

6.22.3　齿轮齿面表面粗糙度的测量

在测量表面粗糙度时，触针的轨迹应与表面加工纹理的方向相垂直，见图 14-1-65 和图 14-1-66 中所示方向，测量还应垂直于表面，因此，触针应尽可能紧跟齿面的弯曲的变化。

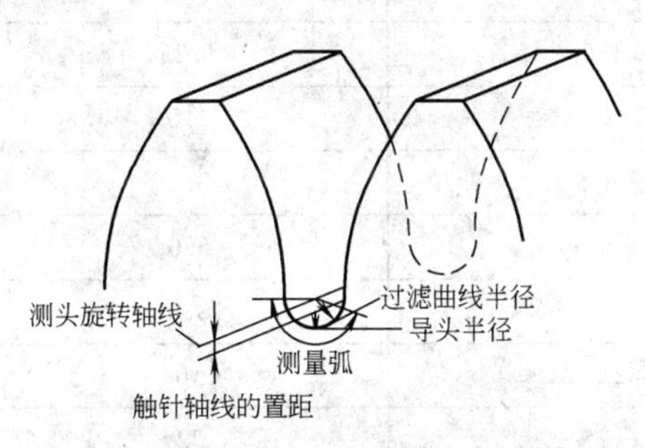

图 14-1-65　齿根过渡曲面粗糙度的测量

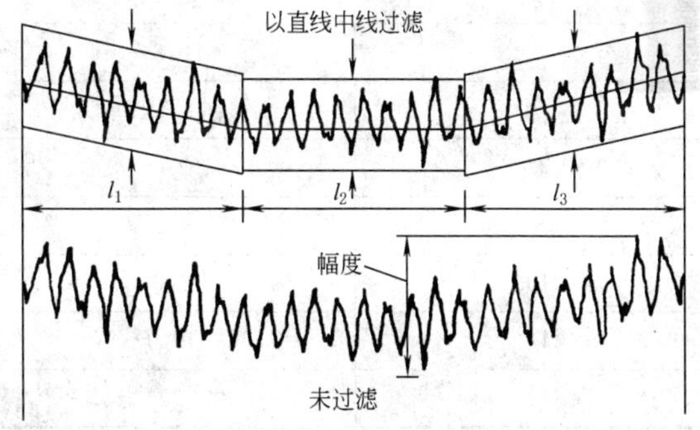

图 14-1-66　取样长度和滤波的影响

在对轮齿齿根的过渡区表面粗糙度测量时，整个方向应与螺旋线正交，因此，需要使用一些特殊的方法，图 14-1-65 中表示了一种适用的测量方法，传感器的头部，在触针前面，有一半径为 r（小于齿根过渡曲线的半径 R）的导头，安装在一根可旋转的轴上，当这轴转过约 100°角度时，触针的针尖描绘出一条同齿根过渡区接近的圆弧。当齿根过渡区足够大，并且该装置细心的定位时方可进行表面粗糙度测量。

注意：导头直接作用于表面，其半径 r 应使 $r>(50\lambda_c)$ 以避免因导头引起的测量不确定度。

使用导头形式的测量仪器进行测量还有另一种办法，选择一种适当的铸塑材料（如树脂等）制作一个相反的复制品。当对较小模数齿轮的齿根过渡部分的表面粗糙度进行测量时，这种方法是特别有用的。在使用这种方法时，需要记住的一点：在评定过程中齿廓的记录曲线的凸凹是相反的。

（1）评定测量结果

直接测得的表面粗糙度参数值，可直接与规定的允许值比较。

参数值通常是按沿齿廓取的几个接连的取样长度上的平均值确定的，但是应考虑到表面粗糙度会沿测量行程有规律地变化，因此，确定单个取样长度的表面粗糙度值，可能是有益的，为了改进测量数值的统计上的准确性，可从几个平行的测量迹线计算其算术平均值。

如不用相对于基准有关的导头测量轮廓可望获得最好的结果，这就是第 6.22.2 中②和④所提到的那种设备情况。

参见 6.22.2 中表面粗糙度、波纹度、形状和形状偏差同时被评定的情况。

在此情况下，为了将表面粗糙度从轮廓的较长波长的组成中分离出来，在按 ISO 11562 和 ISO 4288 用相位校正滤波器进行滤波之前，首先必须将名义的形状成分消除。

当齿轮齿廓太小，以致无法在 5 个接连的取样长度进行测量时，允许在分离的齿上取单个取样长度进行测量（见 ISO 4288：1996 第 7 章）。

为了避免使用滤波器时评定长度的部分损失，可以在没有标准滤波过程的情况下，在单个取样长度上评定粗糙度。图 14-1-66 说明为消除形状成分等，将（没有滤波器）轨迹轮廓细分为短的取样长度 l_1、l_2、l_3 等所产生的滤波效果。为了同标准方法的滤波结果相比较，取样长度应与截止值 λ_c 为同样的值。

（2）参数值

从参数得出的值应该与规定值进行比较，规定的参数值应优先从表 14-1-60 和表 14-1-61 中所给出的范围中选择，无论是 R_a 还是 R_z 都可用作为一种判断依据，两者不应在同一部分使用。

表 14-1-60　　算术平均偏差 R_a 的推荐极限值　　μm

等　级	R_a		
	模　数		
	$m<6$	$6<m<25$	$m>25$
1		0.04	
2		0.08	
3		0.16	
4		0.32	
5	0.5	0.63	0.80
6	0.8	1.00	1.25
7	1.25	1.6	2.0
8	2.0	2.5	3.2
9	3.2	4.0	5.0
10	5.0	6.3	8.0
11	10.0	12.5	16
12	20	25	32

注意：表 14-1-60 和表 14-1-61 中关于 R_a 和 R_z 相当的表面状况等级并不与特定的制造工艺相应，这一点特别对于表中 1 级到 4 级的表列值。

6.23　轮齿接触斑点的检验

这一节，将对获得与分析接触斑点的方法进行解释，还给出对齿轮精度估计的指导。

检验产品齿轮副在其箱体内所产生的接触斑点，可以帮助我们对轮齿间载荷分布进行评估。

产品齿轮和测量齿轮的接触斑点，可用于装配后的齿轮的螺旋线和齿廓精度的评估。

表 14-1-61　　微观不平度十点高度 R_z 的推荐极限值　　μm

等级	R_z		
	模数		
	$m<6$	$6<m<25$	$m>25$
1		0.25	
2		0.50	
3		1.0	
4		2.0	
5	3.2	4.0	5.0
6	5.0	6.3	8.0
7	8.0	10.0	12.5
8	12.5	16	20
9	20	25	32
10	32	40	50
11	63	80	100
12	125	160	200

6.23.1 检测条件

① 精度　产品齿轮和测量齿轮副轻载下接触斑点，可以安装在机架上的齿轮相啮合得到。为此，重要的是，齿轮轴线的不平行度，在等于产品齿轮齿宽的长度上的数值，尽可能在接近的位置上测定，不得超过 0.005mm。同时也要保证测量齿轮的齿宽不小于产品齿轮的齿宽，通常这意味着对于斜齿轮需要一个专用的测量齿轮，对于大齿轮来说，这样的测量齿轮可以是一个特制的产品齿轮的样品，并保留它，便于替换损坏了的齿轮的备件的生产。

相配的产品齿轮副的接触斑点也可以在相啮合的机架上获得。

② 载荷分布　产品齿轮副在其箱体内的轻载接触斑点，有助于评估载荷的可能分布，在其检验过程中，齿轮的轴颈应当位于它们的工作位置，这可以通过对轴承轴颈加垫片调整来达到。

③ 印痕涂料　适用的印痕涂料有：装配工的蓝色印痕涂料和其他专用涂料。应选择那些能确保油膜层厚度在 0.006～0.012mm 的应用方法。

④ 印痕涂料层厚度的标定　这对判明接触斑点的检查结果是很重要的，操作者掌握了稳定的工艺后，就可来确立印痕涂料层的厚度。在垂直于切平面的方向上以一个已知小角度移动齿轮的轴线，即在轴承座上加垫片并观察接触斑点的变化，这标定工作应该有规范地进行，以确保印痕涂料、测试载荷和操作工人的技术都不改变。

⑤ 测试载荷　用于获得轻载齿轮接触斑点所施加的载荷，应恰好够保证被测齿面保持稳定地接触。

⑥ 记录测试结果　接触斑点通常以画草图、照片、录像记录下来，或用透明胶带覆盖接触斑点上，再把粘住接触斑点的涂料的胶带撕下来，贴在优质的白卡片上。

6.23.2 操作者的培训

要完成以上操作的人员，应训练正确地操作，并定期检查他们的效果，以确保操作效能的一致性。

6.23.3 接触斑点的判断

接触斑点可以给出齿长方向配合不准确的程度，包括齿长方向的不准确配合和波纹度，也给出齿廓不准确性的程度，必须强调的是，做出的任何结论都带有主观的，只能是近似的并且依赖于有关人员的经验。

(1) 与测量齿轮相啮的接触斑点

图 14-1-67～图 14-1-70 所示的是产品齿轮与测量齿轮对滚产生的典型的接触斑点示意图。

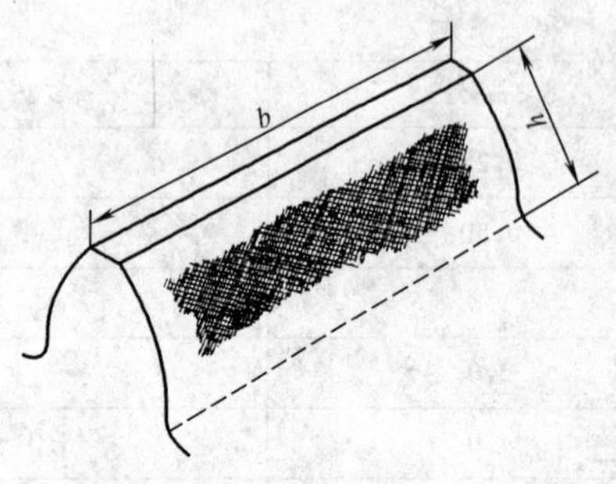

图 14-1-67 典型的规范 接触近似为：齿宽 b 的 80% 有效齿面高度 h 的 70%，齿端修薄

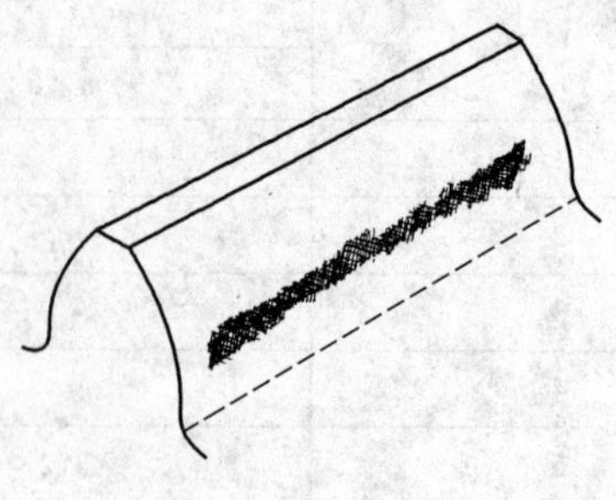

图 14-1-68 齿长方向配合正确，有齿廓偏差

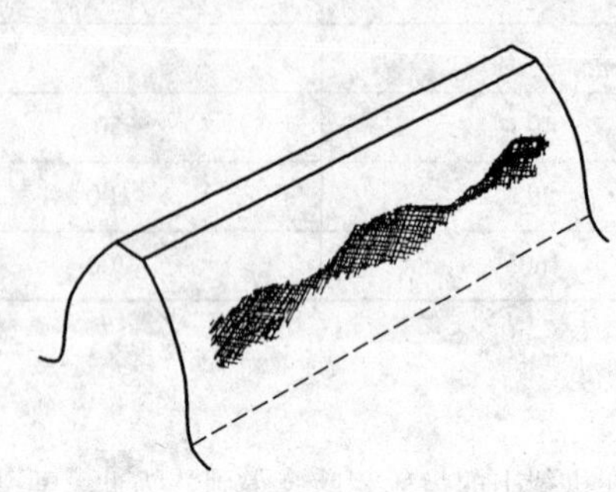

图 14-1-69 波纹度

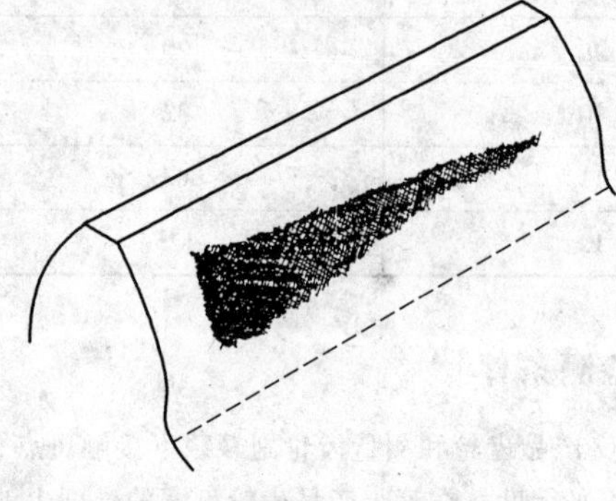

图 14-1-70 有螺旋线偏差、齿廓正确，有齿端修薄

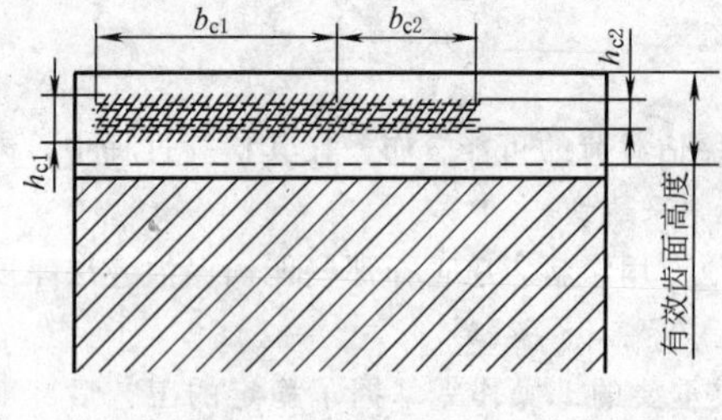

图 14-1-71 接触斑点分布的示意图

(2) 齿轮精度和接触斑点

图 14-1-71 和表 14-1-62、表 14-1-63 给出了在齿轮装配后（空载）检测时，我们所预计的在齿轮的精度等级和接触斑点分布之间关系的一般指示，必须记住实际的接触斑点不一定同图 14-1-71 中所示的一致，在啮合机架上所获得的齿轮检查结果应当是相似的。图 14-1-71、表 14-1-62 和表 14-1-63 对齿廓和螺旋线修形的齿面是不适用的。

注意：这些表格试图描述那些从通过直接的测量，证明符合表列精度的齿轮副中获得的最好接触斑点，不要把它理解为证明齿轮精度等级的可替代方法。

表 14-1-62　斜齿轮装配后的接触斑点

精度等级按 ISO 1328	b_{c1} 占齿宽的	h_{c1} 占有效齿面高度的	b_{c2} 占齿宽的	h_{c2} 占有效齿面高度的
4 级及更高	50%	50%	40%	30%
5 和 6	45%	40%	35%	20%
7 和 8	35%	40%	35%	20%
9 至 12	25%	40%	25%	20%

表 14-1-63　直齿轮装配后的接触斑点

精度等级按 ISO 1328	b_{c1} 占齿宽的	h_{c1} 占有效齿面高度的	b_{c2} 占齿宽的	h_{c2} 占有效齿面高度的
4 级及更高	50%	70%	40%	50%
5 和 6	45%	50%	35%	30%
7 和 8	35%	50%	35%	30%
9 至 12	25%	50%	25%	30%

7 齿条精度

齿条是圆柱齿轮分度圆直径为无限大的一部分，端面齿廓和螺旋线均为直线。齿条副是圆柱齿轮和齿条的啮合，形成圆周运动与直线运动的转换。GB/T 10096—1988 齿条精度国家标准是由 GB/T 10095—1988 渐开线圆柱齿轮精度国家标准派生配套而形成的。目前因 GB/T 10095—1988 标准是等效采用已被作废的 ISO 1328—1975 国际标准，被等同采用 ISO 1328-1：1995 和 ISO 1328-2：1997 国际圆柱齿轮精度标准的国家标准替代，因此 GB/T 10096—1988 齿条精度国家标准失去现行实用的意义。

国际 ISO 和德国 DIN、美国 INSI/AGMA 等都没有专门的齿条精度标准，它们的齿条精度由圆柱齿轮精度标准体现。齿条副的圆柱齿轮和齿条是相同的偏差允许值，若圆柱齿轮的参数为未知，则齿条的精度等级以齿条长度折算为分度圆的圆周值进行计值。

8 渐开线圆柱齿轮承载能力计算

渐开线圆柱齿轮承载能力计算，目前国际上有如下三大标准。

① DIN 3990。

② ANSI/AGMA 2001-(B88、C95、D04)，对应的公制版为：

ANSI/AGMA 2101-(B88、C95、D04)。

③ ISO 6336.1/.2/.3/…/.5

最近将 ISO/TR 10495：1997 晋升为 ISO/DIS 6336.6（草案）

同时颁布了一系列衍生标准

ISO 9082：	车辆齿轮承载能力计算
ISO 9083：2001（……）	船舶齿轮承载能力计算
ISO 9084：1998（JB/T 8830—2001）	高速齿轮承载能力计算
ISO 9085：2002（GB/T 19406—2003）	工业齿轮承载能力计算

由于 GB/T 3480—1997 精度质量是 GB/T 10095—1988 标准，现已由等同采用 ISO 1328-1：1995 的 GB/T 10095.1 替代 GB/T 10095—1988 标准，因此与 ISO 6336 比较可达等效水平。最近又将 ISO 6336.5：1996 等同到了 GB/T 8539—2000，JB/T 8830、GB/T 19406 都是等同采用了相应的 ISO 标准。本手册以下部分取材于 GB/T 3480—1997。各专业领域请参照各自专业标准。

本节主要根据 GB/T 3480—1997 渐开线圆柱齿轮承载能力计算方法和 GB/T 10063—1988 通用机械渐开线圆柱齿轮承载能力简化计算方法，初步确定渐开线圆柱齿轮尺寸。齿面接触强度核算和轮齿弯曲强度核算的方法，适合于钢和铸铁制造的、基本齿廓符合 GB/T 1356 的内、外啮合直齿、斜齿和人字齿（双斜齿）圆柱齿轮传动，基本齿廓与 GB/T 1356 相类似但个别齿形参数值略有差异的齿轮，也可参照本法计算其承载能力。

8.1 可靠性与安全系数

不同的使用场合对齿轮有不同的可靠度要求。齿轮工作的可靠性要求是根据其重要程度、工作要求和维修难易等方面的因素综合考虑决定的。一般可分为下述几类情况。

① 低可靠度要求　齿轮设计寿命不长，对可靠度要求不高的易于更换的不重要齿轮，或齿轮设计寿命虽不短，但对可靠性要求不高。这类齿轮可靠度可取为 90%。

② 一般可靠度要求　通用齿轮和多数的工业应用齿轮，其设计寿命和可靠性均有一定要求。这类齿轮工作可靠度一般不大于 99%。

③ 较高可靠度要求　要求长期连续运转和较长的维修间隔，或设计寿命虽不很长但可靠性要求较高的高参数齿轮，一旦失效可能造成较严重的经济损失或安全事故，其可靠度要求高达 99.9%。

④ 高可靠度要求　特殊工作条件下要求可靠度很高的齿轮，其可靠度要求甚至高达 99.99% 以上。

目前，可靠性理论虽已开始用于一些机械设计，且已表明只用强度安全系数并不能完全反映可靠性水平，但是在齿轮设计中将各参数作为随机变量处理尚缺乏足够数据。所以，标准 GB/T 3480 仍将设计参数作为确定值处理，仍然用强度安全系数或许用应力作为判据，而通过选取适当的安全系数来近似控制传动装置的工作可靠度要求。考虑到计算结果和实际情况有一定偏差，为保证所要求的可靠性，必须使计算允许的承载能力有必要的安全裕量。显然，所取的原始数据越准确，计算方法越精确，计算结果与实际情况偏差就越小，所需的安全裕量就可以越小，经济性和可靠性就更加统一。

具体选择安全系数时，需注意以下几点。

① 本节所推荐的齿轮材料疲劳极限是在失效概率为 1% 时得到的。可靠度要求高时，安全系数应取大些；反之，则可取小些。

② 一般情况下弯曲安全系数应大于接触安全系数，同时断齿比点蚀的后果更为严重，也要求弯曲强度的安全裕量应大于接触强度安全裕量。

③ 不同的设计方法推荐的最小安全系数不尽相同，设计者应根据实际使用经验或适合的资料选定。如无可用资料时，可参考表 14-1-100 选取。

④ 对特定工作条件下可靠度要求较高的齿轮安全系数取值，设计者应做详细分析，并且通常应由设计制造部门与用户商定。

8.2 轮齿受力分析

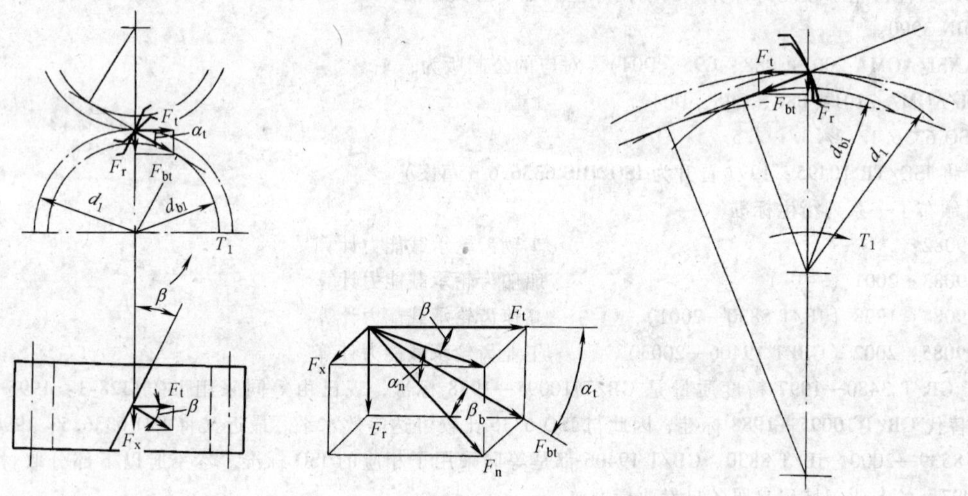

表 14-1-64

作用力	单位	计算公式		
		直齿轮	斜齿轮	人字齿轮
切向力 F_t	N	$F_t=\dfrac{2000T_{1(或2)}}{d_{1(或2)}}$	$T_{1(或2)}=\dfrac{9549P_{kW}}{n_{1(或2)}}=\dfrac{7024P_{PS}}{n_{1(或2)}}$	
径向力 F_r		$F_r=F_t\tan\alpha$	$F_r=F_t\tan\alpha_t=F_t\dfrac{\tan\alpha_n}{\cos\beta}$	
轴向力 F_x		0	$F_x=F_t\tan\beta$	0
法向力 F_n		$F_n=\dfrac{F_t}{\cos\alpha}$	$F_n=\dfrac{F_t}{\cos\beta\cos\alpha_n}$	

注：代号意义及单位：

$T_{1(或2)}$—小齿轮（或大齿轮）的额定转矩，N·m；

P_{kW}—额定功率，kW；

P_{PS}—额定功率，马力（PS）；

其余代号和单位同前。

8.3 齿轮主要尺寸的初步确定

齿轮传动的主要尺寸可按下述任何一种方法初步确定。

① 参照已有的相同或类似机械的齿轮传动，用类比法确定。

② 根据具体工作条件、结构、安装及其他要求确定。

③ 按齿面接触强度的计算公式确定中心距 a 或小齿轮的直径 d_1，根据弯曲强度计算确定模数 m。对闭式传动，应同时满足接触强度和弯曲强度的要求；对开式传动，一般只按弯曲强度计算，并将由公式算得的 m（或 m_n）值增大 10% ~20%。

主要尺寸初步确定之后，原则上应进行强度校核，并根据校核计算的结果酌情调整初定尺寸。对于低精度的、不重要的齿轮，也可以不进行强度校核计算。

8.3.1 齿面接触强度❶

在初步设计齿轮时，根据齿面接触强度，可按下列公式之一估算齿轮传动的尺寸

$$a \geqslant A_a(u \pm 1)\sqrt[3]{\frac{KT_1}{\psi_a u \sigma_{HP}^2}} \quad (\text{mm})$$

$$d_1 \geqslant A_d\sqrt[3]{\frac{KT_1}{\psi_d \sigma_{HP}^2} \cdot \frac{u \pm 1}{u}} \quad (\text{mm})$$

对于钢对钢配对的齿轮副，常系数值 A_a、A_d 见表 14-1-65，对于非钢对钢配对的齿轮副，需将表中值乘以修正系数，修正系数列于表 14-1-66。以上二式中的“+”用于外啮合，“-”用于内啮合。

表 14-1-65　钢对钢配对齿轮副的 A_a、A_d 值

螺旋角 β	直齿轮 $\beta=0°$	斜齿轮 $\beta=8°\sim15°$	斜齿轮 $\beta=25°\sim35°$
A_a	483	476	447
A_d	766	756	709

表 14-1-66　修正系数

小齿轮	钢			铸　钢			球墨铸铁		灰铸铁
大齿轮	铸　钢	球墨铸铁	灰铸铁	铸　钢	球墨铸铁	灰铸铁	球墨铸铁	灰铸铁	灰铸铁
修正系数	0.997	0.970	0.906	0.994	0.967	0.898	0.943	0.880	0.836

齿宽系数 $\psi_a=\dfrac{\psi_d}{0.5(u\pm1)}$按表 14-1-67 圆整。“+”号用于外啮合，“-”号用于内啮合。ψ_d 的推荐值见表 14-1-69。

载荷系数 K，常用值 $K=1.2\sim2$，当载荷平稳，齿宽系数较小，轴承对称布置，轴的刚性较大，齿轮精度较高（6 级以上），以及齿的螺旋角较大时取较小值；反之取较大值。

许用接触应力 σ_{HP}，推荐按下式确定

$$\sigma_{HP} \approx 0.9\sigma_{Hlim} \quad (\text{N/mm}^2)$$

式中　σ_{Hlim}——试验齿轮的接触疲劳极限，见 8.4.1（13）。取 σ_{Hlim1} 和 σ_{Hlim2} 中的较小值。

表 14-1-67　齿宽系数 ψ_a

0.2	0.25	0.3	0.35	0.4	0.45	0.5	0.6

注：对人字齿轮应为表中值的 2 倍。

8.3.2 齿根弯曲强度

在初步设计齿轮时，根据齿根弯曲强度，可按下列公式估算齿轮的法向模数

$$m_n \geqslant A_m\sqrt[3]{\frac{KT_1 Y_{Fs}}{\psi_d z_1^2 \sigma_{FP}}} \quad (\text{mm})$$

系数 A_m 列于表 14-1-68。

表 14-1-68　系数 A_m 值

螺旋角 β	直齿轮 $\beta=0°$	斜齿轮 $\beta=8°\sim15°$	斜齿轮 $\beta=25°\sim35°$
A_m	12.6	12.4	11.5

❶ 初步设计时齿面接触强度与齿根弯曲强度的计算公式摘自 GB/T 10063。

第 14 篇

许用齿根应力 σ_{FP}，推荐按下式确定。

轮齿单向受力　　$\sigma_{FP} \approx 0.7\sigma_{FE}$　(N/mm^2)

轮齿双向受力或开式齿轮　　$\sigma_{FP} \approx 0.5\sigma_{FE} = \sigma_{Flim}$　(N/mm^2)

σ_{Flim}——试验齿轮的弯曲疲劳极限，见 8.4.2 节中的（8）；

Y_{Fs}——复合齿廓系数，$Y_{Fs} = Y_{Fa} Y_{sa}$；

σ_{FE}——齿轮材料的弯曲疲劳强度的基本值，见 8.4.2 节中的（8）。

表 14-1-69　　齿宽系数 ψ_d 的推荐范围

支承对齿轮的配置	载荷特性	ψ_d 的最大值		ψ_d 的推荐值	
		工作齿面硬度			
		一对或一个齿轮 ≤350HB	两个齿轮都是 >350HB	一对或一个齿轮 ≤350HB	两个齿轮都是 >350HB
对称配置并靠近齿轮	变动较小	1.8(2.4)	1.0(1.4)	0.8～1.4	0.4～0.9
	变动较大	1.4(1.9)	0.9(1.2)		
非对称配置	变动较小	1.4(1.9)	0.9(1.2)	结构刚性较大时（如两级减速器的低速级） 0.6～1.2	0.3～0.6
	变动较大	1.15(1.65)	0.7(1.1)	结构刚性较小时 0.4～0.8	0.2～0.4
悬臂配置	变动较小	0.8	0.55		
	变动较大	0.6	0.4		

注：1. 括号内的数值用于人字齿轮，其齿宽是两个半人字齿轮齿宽之和。

2. 齿宽与承载能力成正比，当载荷一定时，增大齿宽可以减小中心距，但螺旋线载荷分布的不均匀性随之增大。在必须增大齿宽的时候，为避免严重的偏载，齿轮和齿轮箱应具有较高的精度和足够的刚度。

3. $\psi_d = \frac{b}{d_1}$，$\psi_a = \frac{b}{a}$，$\psi_d = 0.5(u+1)\psi_a$，对中间有退刀槽（宽度为 l）的人字齿轮：$\psi_d = 0.5(u+1)\left(\psi_a - \frac{l}{a}\right)$。

4. 螺旋线修形的齿轮，ψ_d 值可大于表列的推荐范围。

8.4　疲劳强度校核计算（摘自 GB/T 3480—1997）

本节介绍 GB/T 3480—1997 渐开线圆柱齿轮承载能力计算方法的主要内容。标准适用于钢、铸铁制造的，基本齿廓符合 GB/T 1356 的内、外啮合直齿，斜齿和人字齿（双斜齿）圆柱齿轮传动。

8.4.1　齿面接触强度核算

（1）齿面接触强度核算的公式（表 14-1-70）

标准把赫兹应力作为齿面接触应力的计算基础，并用来评价接触强度。赫兹应力是齿面间应力的主要指标，但不是产生点蚀的惟一原因。例如在应力计算中未考虑滑动的大小和方向、摩擦系数及润滑状态等，这些都会影响齿面的实际接触应力。

齿面接触强度核算时，取节点和单对齿啮合区内界点的接触应力中的较大值，小轮和大轮的许用接触应力 σ_{Hp} 要分别计算。下列公式适用于端面重合度 $\varepsilon_\alpha < 2.5$ 的齿轮副。

在任何啮合瞬间，大、小齿轮的接触应力总是相等的。齿面最大接触应力一般出现在小齿轮单对齿啮合区内界点 B、节点 C 及大齿轮单对齿啮合区内界点 D 这三个特征点之一处上，见图 14-1-72。产生点蚀危险的实际接

触应力通常出现在 C、D 点或其间（对大齿轮），或在 C、B 点或其间（对小齿轮）。接触应力基本值 σ_{H0} 是基于节点区域系数 Z_H 计算得节点 C 处接触应力基本值 σ_{H0}，当单对齿啮合区内界点处的应力超过节点处的应力时，即 Z_B 或 Z_D 大于 1.0 时，在确定大、小齿轮计算应力 σ_H 时应乘以 Z_D，Z_B 予以修正；当 Z_B 或 Z_D 不大于 1.0 时，取其值为 1.0。

对于斜齿轮，当纵向重合度 $\varepsilon_\beta \geqslant 1$ 时，一般节点接触应力较大；当纵向重合度 $\varepsilon_\beta < 1$ 时，接触应力由与斜齿轮齿数相同的直齿轮的 σ_H 和 $\varepsilon_\beta = 1$ 的斜齿轮的 σ_H 按 ε_β 作线性插值确定。

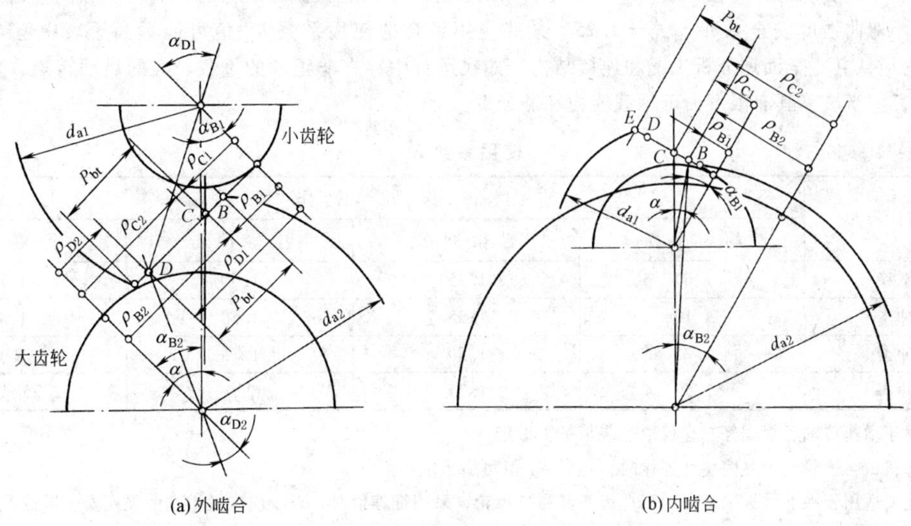

图 14-1-72　节点 C 及单对齿啮区 B、D 处的曲率半径

表 14-1-70　　齿面接触强度核算的公式

项目		公式	说明
强度条件		$\sigma_H \leqslant \sigma_{HP}$ 或 $S_H \geqslant S_{Hmin}$	σ_H——齿轮的计算接触应力，N/mm² σ_{HP}——齿轮的许用接触应力，N/mm² S_H——接触强度的计算安全系数 S_{Hmin}——接触强度的最小安全系数
计算接触应力	小轮	$\sigma_{H1} = Z_B \sigma_{H0} \sqrt{K_A K_V K_{H\beta} K_{H\alpha}}$	K_A——使用系数，见本节(3) K_V——动载系数，见本节(4) $K_{H\beta}$——接触强度计算的齿向载荷分布系数，见本节(5) $K_{H\alpha}$——接触强度计算的齿间载荷分配系数，见本节(6) Z_B，Z_D——小轮及大轮单对齿啮合系数，见本节(8) σ_{H0}——节点处计算接触应力的基本值，N/mm²
	大轮	$\sigma_{H2} = Z_D \sigma_{H0} \sqrt{K_A K_V K_{H\beta} K_{H\alpha}}$	
计算接触应力的基本值		$\sigma_{H0} = Z_H Z_E Z_\varepsilon Z_\beta \sqrt{\frac{F_t}{d_1 b} \frac{u \pm 1}{u}}$ “+”号用于外啮合， “-”号用于内啮合	F_t——端面内分度圆上的名义切向力，N，见表 14-1-64 b——工作齿宽，mm，指一对齿轮中的较小齿宽 d_1——小齿轮分度圆直径，mm u——齿数比，$u = z_2/z_1$，z_1，z_2 分别为小轮和大轮的齿数 Z_H——节点区域系数，见本节(9) Z_E——弹性系数，$\sqrt{N/mm^2}$，见本节(10) Z_ε——重合度系数，见本节(11) Z_β——螺旋角系数，见本节(12)
许用接触应力		$\sigma_{Hp} = \frac{\sigma_{HG}}{S_{Hmin}}$ $\sigma_{HG} = \sigma_{Hlim} Z_{NT} Z_L Z_v Z_R Z_W Z_x$	σ_{HG}——计算齿轮的接触极限应力，N/mm² σ_{Hlim}——试验齿轮的接触疲劳极限，N/mm²，见本节(13) Z_{NT}——接触强度计算的寿命系数，见本节(14) Z_L——润滑剂系数，见本节(15) Z_v——速度系数，见本节(15) Z_R——粗糙度系数，见本节(15) Z_W——工作硬化系数，见本节(16) Z_x——接触强度计算的尺寸系数，见本节(17)
计算安全系数		$S_H = \frac{\sigma_{HG}}{\sigma_H} = \frac{\sigma_{Hlim} Z_{NT} Z_L Z_v Z_R Z_W Z_x}{\sigma_H}$	

(2) 名义切向力 F_t

可按齿轮传递的额定转矩或额定功率按表 14-1-64 中公式计算。变动载荷时，如果已经确定了齿轮传动的载荷图谱，则应按当量转矩计算分度圆上的切向力，见 8.4.4。

(3) 使用系数 K_A

使用系数 K_A 是考虑由于齿轮啮合外部因素引起附加动载荷影响的系数。这种外部附加动载荷取决于原动机和从动机的特性、轴和联轴器系统的质量和刚度以及运行状态。使用系数应通过精密测量或对传动系统的全面分析来确定。当不能实现时，可参考表 14-1-71 查取。该表适用于在非共振区运行的工业齿轮和高速齿轮，采用表荐值时其最小弯曲强度安全系数 $S_{Fmin}=1.25$。某些应用场合的使用系数 K_A 值可能远高于表中值（甚至高达 10），选用时应认真、全面地分析工况和连接结构。如在运行中存在非正常的重载、大的启动转矩、重复的中等或严重冲击，应当核算其有限寿命下承载能力和静强度。

表 14-1-71　　使用系数 K_A

原动机工作特性	工作机工作特性			
	均匀平稳	轻微冲击	中等冲击	严重冲击
均匀平稳	1.00	1.25	1.50	1.75
轻微冲击	1.10	1.35	1.60	1.85
中等冲击	1.25	1.50	1.75	2.0
严重冲击	1.50	1.75	2.0	2.25 或更大

注：1. 对于增速传动，根据经验建议取上表值的 1.1 倍。

2. 当外部机械与齿轮装置之间挠性连接时，通常 K_A 值可适当减小。

3. 数据主要适用于在非共振区运行的工业齿轮和高速齿轮，采用推荐值时，至少应取最小弯曲强度安全系数 $S_{Fmin}=1.25$。

4. 选用时应全面分析工况和连接结构，如在运行中存在非正常的重载、大的启动转矩、重复的中等或严重冲击，应当核算其有限寿命下承载能力和静强度。

原动机工作特性及工作机工作特性示例分别见表 14-1-72 和表 14-1-73。

表 14-1-72　　原动机工作特性示例

工作特性	原动机
均匀平稳	电动机(例如直流电动机)、均匀运转的蒸气轮机、燃气轮机(小的,启动转矩很小)
轻微冲击	蒸汽轮机、燃气轮机、液压装置、电动机(经常启动,启动转矩较大)
中等冲击	多缸内燃机
强烈冲击	单缸内燃机

表 14-1-73　　工作机工作特性示例

工作特性	工作机
均匀平稳	发电机、均匀传送的带式运输机或板式运输机、螺旋输送机、轻型升降机、包装机、机床进刀传动装置、通风机、轻型离心机、离心泵、轻质液体拌和机或均匀密度材料拌和机、剪切机、冲压机①、回转齿轮传动装置、往复移动齿轮装置②
轻微冲击	不均匀传动(例如包装件)的带式运输机或板式运输机、机床的主驱动装置、重型升降机、起重机中回转齿轮装置、工业与矿用风机、重型离心机、离心泵、黏稠液体或变密度材料的拌和机、多缸活塞泵、给水泵、挤压机(普通型)、压延机、转炉、轧机③(连续锌条、铝条以及线材和棒料轧机)
中等冲击	橡胶挤压机、橡胶和塑料作间断工作的拌和机、球磨机(轻型)、木工机械(锯片、木车床)、钢坯初轧机③④、提升装置、单缸活塞泵
强烈冲击	挖掘机(铲斗传动装置、多斗传动装置、筛分传动装置、动力铲)、球磨机(重型)、橡胶揉合机、破碎机(石料,矿石)、重型给水泵、旋转式钻探装置、压砖机、剥皮滚筒、落砂机、带材冷轧机③⑤、压坯机、轮碾机

①额定转矩 = 最大切削、压制、冲击转矩。②额定载荷为最大启动转矩。③额定载荷为最大轧制转矩。④转矩受限流器限制。⑤带钢的频繁破碎会导致 K_A 上升到 2.0。

（4）动载系数 K_V

动载系数 K_V 是考虑齿轮制造精度、运转速度对轮齿内部附加动载荷影响的系数，定义为

$$K_V=\frac{\text{传递的切向载荷}+\text{内部附加动载荷}}{\text{传递的切向载荷}}$$

影响动载系数的主要因素有：由基节和齿廓偏差产生的传动误差；节线速度；转动件的惯量和刚度；轮齿载荷；轮齿啮合刚度在啮合循环中的变化。其他的影响因素还有：跑合效果、润滑油特性、轴承及箱体支承刚度及动平衡精度等。

在通过实测或对所有影响因素作全面的动力学分析来确定包括内部动载荷在内的最大切向载荷时，可取 K_V 等于1。不能实现时，可用下述方法之一计算动载系数。

① 一般方法　K_V 的计算公式见表 14-1-74。

表 14-1-74　　运行转速区间及其动载系数 K_V 的计算公式

运行转速区间	临界转速比 N	对运行的齿轮装置的要求	K_V 计算公式	备　注
亚临界区	$N\leqslant N_s$	多数通用齿轮在此区工作	$K_V=NK+1=N(C_{V1}B_p+C_{V2}B_f+C_{V3}B_k)+1$ （1）	在 $N=1/2$ 或 2/3 时可能出现共振现象，K_V 大大超过计算值，直齿轮尤甚。此时应修改设计。在 $N=1/4$ 或 1/5 时共振影响很小
主共振区	$N_s<N\leqslant1.15$	一般精度不高的齿轮（尤其是未修缘的直齿轮）不宜在此区运行。$\varepsilon_\gamma>2$ 的高精度斜齿轮可在此区工作	$K_V=C_{V1}B_p+C_{V2}B_f+C_{V4}B_k+1$ （2）	在此区内 K_V 受阻尼影响极大，实际动载与按式（2）计算所得值相差可达 40%，尤其是对未修缘的直齿轮
过渡区	$1.15<N<1.5$		$K_V=K_{V(N=1.5)}+\frac{K_{V(N=1.15)}-K_{V(N=1.5)}}{0.35}(1.5-N)$ （3）	$K_{V(N=1.5)}$ 按式（4）计算 $K_{V(N=1.15)}$ 按式（2）计算
超临界区	$N\geqslant1.5$	绝大多数透平齿轮及其他高速齿轮在此区工作	$K_V=C_{V5}B_p+C_{V6}B_f+C_{V7}$ （4）	1. 可能在 $N=2$ 或 3 时出现共振，但影响不大 2. 当轴齿轮系统的横向振动固有频率与运行的啮合频率接近或相等时，实际动载与按式（4）计算所得值可相差 100%，应避免此情况

注：1. 表中各式均将每一齿轮副按单级传动处理，略去多级传动的其他各级的影响。非刚性连接的同轴齿轮，可以这样简化，否则应按表 14-1-77 中第 2 类型情况处理。

2. 亚临界区中当 $(F_tK_A)/b<100\text{N/mm}$ 时，$N_s=0.5+0.35\sqrt{\frac{F_tK_A}{100b}}$；其他情况时，$N_s=0.85$。

3. 表内各式中：

N—临界转速比，见表 14-1-75；

C_{V1}—考虑齿距偏差的影响系数；

C_{V2}—考虑齿廓偏差的影响系数；

C_{V3}—考虑啮合刚度周期变化的影响系数；

C_{V4}—考虑啮合刚度周期性变化引起齿轮副扭转共振的影响系数；

C_{V5}—在超临界区内考虑齿距偏差的影响系数；

C_{V6}—在超临界区内考虑齿廓偏差的影响系数；

C_{V7}—考虑因啮合刚度的变动，在恒速运行时与轮齿弯曲变形产生的分力有关的系数；

B_p、B_f、B_k—分别考虑齿距偏差、齿廓偏差和轮齿修缘对动载荷影响的无量纲参数。其计算公式见表 14-1-79。

$C_{V1}\sim C_{V7}$ 按表14-1-78 的相应公式计算或由图 14-1-73 查取。

表 14-1-75　　　　临界转速比 N

项　目	单位	计 算 公 式	项　目	单位	计 算 公 式
临界转速比		$N=\frac{n_1}{n_{E1}}$	小、大轮转化到啮合线上的单位齿宽当量质量	kg/mm	$m_1=\frac{\Theta_1}{br_{b1}^2}$ $m_2=\frac{\Theta_2}{br_{b2}^2}$
临界转速	r/min	$n_{E1}=\frac{30\times10^3}{\pi z_1}\sqrt{\frac{c_\gamma}{m_{red}}}$ c_γ——齿轮啮合刚度，N/(mm · μm)，见本节（7）	转动惯量	kg · mm²	$\Theta_1=\frac{\pi}{32}\rho_1 b_1(1-q_1^4)d_{m1}^4$ $\Theta_2=\frac{\pi}{32}\rho_2 b_2(1-q_2^4)d_{m2}^4$
诱导质量	kg/mm	$m_{red}=\frac{m_1 m_2}{m_1+m_2}$ 对一般外啮合传动 $m_{red}=\frac{\pi}{8}\left(\frac{d_{m1}}{d_{b1}}\right)^2\times\frac{d_{m1}^2}{\frac{1}{(1-q_1^4)\rho_1}+\frac{1}{(1-q_2^4)\rho_2 u^2}}$ ρ_1、ρ_2——齿轮材料密度，kg/mm³ 对行星传动和其他较特殊的齿轮，其 m_{red} 见表 14-1-76 和表 14-1-77	平均直径	mm	$d_m=\frac{1}{2}(d_a+d_f)$ d_a　d_f　D_i　d_b
			轮缘内腔直径与平均直径比		$q=\frac{D_i}{d_m}$（对整体结构的齿轮，$q=0$）

表 14-1-76　　　　行星传动齿轮的诱导质量 m_{red}

齿轮组合	m_{red}计算公式或提示	备　注
太阳轮(S)｜行星轮(P)	$m_{red}=\frac{m_P m_S}{n_P m_P+m_S}$	n_P——轮系的行星轮数 m_S，m_P——太阳轮、行星轮的当量质量，可用表 14-1-75 中求小、大齿轮当量质量的公式计算
行星轮(P)｜固定内齿圈	$m_{red}=m_P=\frac{\pi}{8}\frac{d_{mP}^4}{d_{bP}^2}(1-q_P^4)\rho_P$	把内齿圈质量视为无穷大处理 ρ_P——行星轮材料密度 d_m，d_b，q 定义及计算参见表 14-1-75 及表中图
行星轮（P）｜转动内齿圈	m_{red}按表 14-1-75 中一般外啮合的公式计算，有若干个行星轮时可按单个行星轮分别计算	内齿圈的当量质量可当作外齿轮处理

表 14-1-77 较特殊结构形式的齿轮的诱导质量 m_{red}

	齿轮结构形式	计算公式或提示	备　注
1	小轮的平均直径与轴颈相近	采用表 14-1-75 一般外啮合的计算公式 因为结构引起的小轮当量质量增大和扭转刚度增大(使实际啮合刚度 c_γ 增大)对计算临界转速 n_{E1} 的影响大体上相互抵消	
2	两刚性连接的同轴齿轮	较大的齿轮质量必须计入,而较小的齿轮质量可以略去	若两个齿轮直径无显著差别时,一起计入
3	两个小轮驱动一个大轮	可分别按小轮 1-大轮 小轮 2-大轮 两个独立齿轮副分别计算	此时的大轮质量总是比小轮质量大得多
4	中间轮	$m_{red}=\dfrac{2}{\left(\dfrac{1}{m_1}+\dfrac{2}{m_2}+\dfrac{1}{m_3}\right)}$ 等效刚度 $c_\gamma=\dfrac{1}{2}(c_{\gamma1-2}+c_{\gamma2-3})$	m_1, m_2, m_3 为主动轮、中间轮、从动轮的当量质量 $c_{\gamma1-2}$——主动轮、中间轮啮合刚度 $c_{\gamma2-3}$——中间轮、从动轮啮合刚度

表 14-1-78 C_V 系数值

系数代号 \ 总重合度	$1<\varepsilon_\gamma\leqslant2$	$\varepsilon_\gamma>2$
C_{V1}	0.32	0.32
C_{V2}	0.34	$\dfrac{0.57}{\varepsilon_\gamma-0.3}$
C_{V3}	0.23	$\dfrac{0.096}{\varepsilon_\gamma-1.56}$
C_{V4}	0.90	$\dfrac{0.57-0.05\varepsilon_\gamma}{\varepsilon_\gamma-1.44}$
C_{V5}	0.47	0.47
C_{V6}	0.47	$\dfrac{0.12}{\varepsilon_\gamma-1.74}$

系数代号 \ 总重合度	$1<\varepsilon_\gamma\leqslant1.5$	$1.5<\varepsilon_\gamma\leqslant2.5$	$\varepsilon_\gamma>2.5$
C_{V7}	0.75	$0.125\sin[\pi(\varepsilon_\gamma-2)]+0.875$	1.0

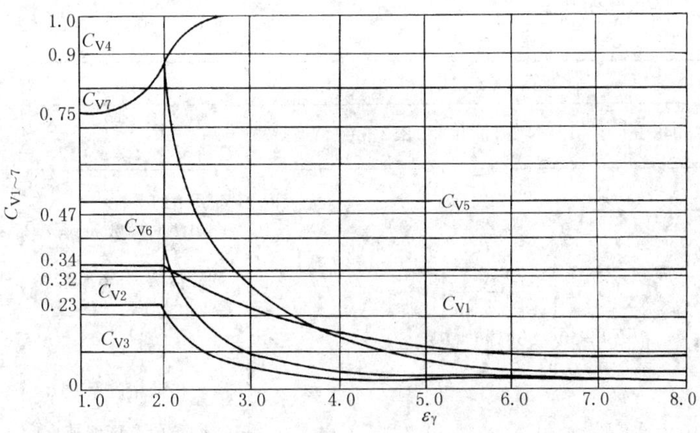

图 14-1-73 系数 C_{V1}, …, C_{V7} 的数值

第 14 篇

表 14-1-79

B_p	$B_p=\dfrac{c'f_{pbeff}}{\dfrac{F_tK_A}{b}}$	c'——单对齿轮刚度，见 8.4.1（7） C_a——沿齿廓法线方向计量的修缘量，μm，无修缘时，用由跑合产生的齿顶磨合量 C_{ay}（μm）值代替 f_{pbeff}、f_{feff}——分别为有效基节偏差和有效齿廓公差，μm，与相应的跑合量 y_p，y_f 有关。齿轮精度低于 5 级者，取 $B_k=1$
B_f	$B_f=\dfrac{c'f_{feff}}{\dfrac{F_tK_A}{b}}$	
B_k	$B_k=\left\|1-\dfrac{c'C_a}{\dfrac{F_tK_A}{b}}\right\|$	

C_{ay}	当大、小轮材料相同时 $C_{ay}=\dfrac{1}{18}\left(\dfrac{\sigma_{Hlim}}{97}-18.45\right)^2+1.5$	
	当大、小轮材料不同时 $C_{ay}=0.5(C_{ay1}+C_{ay2})$	C_{ay1}、C_{ay2} 分别按上式计算
f_{pbeff}	$f_{pbeff}=f_{pb}-y_p$	如无 y_p，y_f 的可靠数据，可近似取 $y_p=y_f=y_\alpha$
f_{feff}	$f_{feff}=f_f-y_f$	y_α 见表 14-1-91 f_{pb}，f_f 通常按大齿轮查取

② 简化方法　K_V 的简化法基于经验数，主要考虑齿轮制造精度和节线速度的影响。K_V 值可由图 14-1-74 选取。该法适用于缺乏详细资料的初步设计阶段时 K_V 的取值。

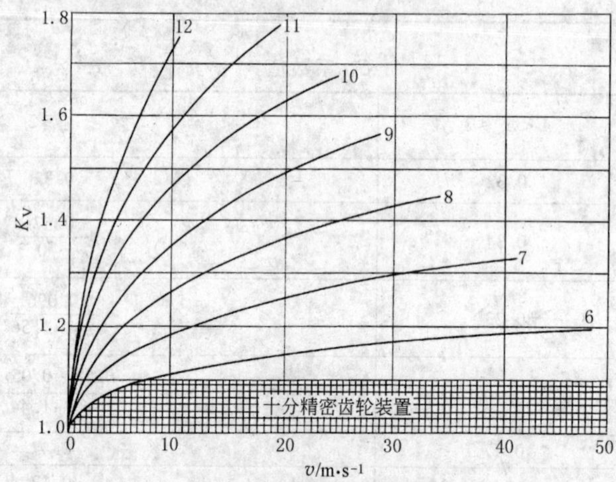

图 14-1-74　动载系数 K_V

注：6～12 为齿轮传动精度系数。

对传动精度系数 $C\leqslant 5$ 的高精度齿轮，在良好的安装和对中精度以及合适的润滑条件下，K_V 为 1.0～1.1。C 值可按表 14-1-80 中的公式计算。

对其他齿轮，K_V 值可按图 14-1-74 选取，也可由表 14-1-80 的公式计算。

表 14-1-80

项　目	计 算 公 式	备　　注
传动精度系数 C	$C=-0.5048\ln(z)-1.144\ln(m_n)+2.852\ln(f_{pt})+3.32$	分别以 z_1、f_{pt1} 和 z_2、f_{pt2} 代入计算，取大值，并将 C 值圆整，$C=6\sim12$
动载系数 K_V	$K_V=\left[\dfrac{A}{A+\sqrt{200v}}\right]^{-B}$ $A=50+56(1.0-B)$ $B=0.25(C-5.0)^{0.667}$	适用的条件 a. 法向模数 $m_n=1.25\sim50$mm； b. 齿数 $z=6\sim1200$ $\left(当\ m_n>8.33\text{mm 时},z=6\sim\dfrac{10000}{m_n}\right)$ c. 传动精度系数 $C=6\sim12$ d. 齿轮节圆线速度 $v_{max}\leqslant\dfrac{[A+(14-C)]^2}{200}$

(5) 螺旋线载荷分布系数 $K_{H\beta}$

螺旋线载荷分布系数 $K_{H\beta}$ 是考虑沿齿宽方向载荷分布不均匀对齿面接触应力影响的系数

$$K_{H\beta}=\frac{w_{max}}{w_m}=\frac{(F/b)_{max}}{F_m/b}$$

式中 w_{max}——单位齿宽最大载荷，N/mm；

w_m——单位齿宽平均载荷，N/mm；

F_m——分度圆上平均计算切向力，N。

影响齿向载荷分布的主要因素有：

a. 齿轮副的接触精度它主要取决于齿轮加工误差、箱体镗孔偏差、轴承的间隙和误差、大小轮轴的平行度、跑合情况等；

b. 轮齿啮合刚度、齿轮的尺寸结构及支承形式及轮缘、轴、箱体及机座的刚度；

c. 轮齿、轴、轴承的变形，热膨胀和热变形（这对高速宽齿轮尤其重要）；

d. 切向、轴向载荷及轴上的附加载荷（例如带或链传动）；

e. 设计中有无元件变形补偿措施（例如齿向修形）。

由于影响因素众多，确切的载荷分布系数应通过实际的精密测量和全面分析已知的各影响因素的量值综合确定。如果通过测量和检查能确切掌握轮齿的接触情况，并作相应地修形，经螺旋线修形补偿的高精度齿轮副，在给定的运行条件下，其螺旋线载荷接近均匀分布，$K_{H\beta}$ 接近于1。在无法实现时，可按下述两种方法之一确定。

① 一般方法　按基本假定和适用范围计算 $K_{H\beta}$。基本假定和适用范围：

a. 沿齿宽将轮齿视为具有啮合刚度 c_γ 的弹性体，载荷和变形都呈线性分布；

b. 轴齿轮的扭转变形按载荷沿齿宽均布计算，弯曲变形按载荷集中作用于齿宽中点计算，没有其他额外的附加载荷；

c. 箱体、轴承、大齿轮及其轴的刚度足够大，其变形可忽略；

d. 等直径轴或阶梯轴，d_{sh} 为与实际轴产生同样弯曲变形量的当量轴径；

e. 轴和小齿轮的材料都为钢；小齿轮轴可以是实心轴或空心轴（其内径应 $<0.5d_{sh}$），齿轮的结构支承形式见图 14-1-75，偏心距 $s/l\le0.3$。

$K_{H\beta}$ 的计算公式见表 14-1-81，当 $K_{H\beta}>1.5$ 时，通常应采取措施降低 $K_{H\beta}$ 值。

表 14-1-81

项　目		计 算 公 式
齿向载荷分布系数 $K_{H\beta}$	当 $\sqrt{\frac{2w_m}{F_{\beta y}c_\gamma}}\le1$ 时	$K_{H\beta}=2(b/b_{cal})=\sqrt{\frac{2F_{\beta y}c_\gamma}{w_m}}$
	当 $\sqrt{\frac{2w_m}{F_{\beta y}c_\gamma}}>1$ 时	$K_{H\beta}=\frac{2(b_{cal}/b)}{2(b_{cal}/b)-1}=1+0.5\frac{F_{\beta y}c_\gamma}{w_m}$
单位齿宽平均载荷 w_m /N·mm^{-1}		$w_m=\frac{F_tK_AK_V}{b}=\frac{F_m}{b}$
轮齿啮合刚度 c_γ		见 8.4.1(7)
计算齿宽 b_{cal}		按实际情况定

项　目		计 算 公 式
跑合后啮合螺旋线偏差 $F_{\beta y}$/μm		$F_{\beta y}=F_{\beta x}-y_\beta=F_{\beta x}x_\beta$①
初始啮合螺旋线偏差 $F_{\beta x}$/μm	受载时接触不良	$F_{\beta x}=1.33f_{sh}+f_{ma}$②；$F_{\beta x}\ge F_{\beta xmin}$
	受载时接触良好	$F_{\beta x}=\lvert 1.33f_{sh}-f_{\beta6}\rvert$③；$F_{\beta x}\ge F_{\beta xmin}$
	受载时接触理想	$F_{\beta x}=F_{\beta xmin}$
	$F_{\beta xmin}$	$F_{\beta xmin}$ 取 $0.005w_m$ 和 $0.5F_\beta$ 之大值
综合变形产生的啮合螺旋线偏差分量 f_{sh}/μm		$f_{sh}=w_mf_{sh0}=(F_m/b)f_{sh0}$
单位载荷作用下的啮合螺旋线偏差 f_{sh0}/μm·mm·N^{-1}	一般齿轮	0.023γ④
	齿端修薄的齿轮	0.016γ
	修形或鼓形修整的齿轮	0.012γ

① y_β、x_β 分别为螺旋线跑合量（μm）和螺旋线跑合系数，用表 14-1-82 公式计算。

② f_{ma} 为制造、安装误差产生的啮合螺旋线偏差分量（μm），用表 14-1-83 公式计算。

③ $f_{\beta6}$ 为 GB/T 10095.1 或 ISO 1328-1：1995 规定的 6 级精度的螺旋线总偏差的允许值 F_β（μm）。

④ γ 为小齿轮结构尺寸系数，用表 14-1-84 公式计算。

表 14-1-82　　y_β、x_β 计算公式

齿轮材料	螺旋线跑合量 y_β(μm),跑合系数 x_β	适用范围及限制条件
结构钢、调质钢、珠光体或贝氏体球墨铸铁	$y_\beta=\frac{320}{\sigma_{Hlim}}F_{\beta x}$ $x_\beta=1-\frac{320}{\sigma_{Hlim}}$	$v>10$m/s 时,$y_\beta\leqslant 12800/\sigma_{Hlim}$,$F_{\beta x}\leqslant 40\mu m$; $5<v\leqslant 10$m/s 时,$y_\beta\leqslant 25600/\sigma_{Hlim}$,$F_{\beta x}\leqslant 80\mu m$; $v\leqslant 5$m/s 时,y_β 无限制
灰铸铁、铁素体球墨铸铁	$y_\beta=0.55F_{\beta x}$ $x_\beta=0.45$	$v>10$m/s 时,$y_\beta\leqslant 22\mu m$,$F_{\beta x}\leqslant 40\mu m$; $5<v\leqslant 10$m/s 时,$y_\beta\leqslant 45\mu m$,$F_{\beta x}\leqslant 80\mu m$; $v\leqslant 5$m/s 时,y_β 无限制
渗碳淬火钢、表面硬化钢、氮化钢、氮碳共渗钢、表面硬化球墨铸铁	$y_\beta=0.15F_{\beta x}$ $x_\beta=0.85$	$y_\beta\leqslant 6\mu m$,$F_{\beta x}\leqslant 40\mu m$

注：1. σ_{Hlim}—齿轮接触疲劳极限值，N/mm^2，见本节（13）。

2. 当大小齿轮材料不同时，$y_\beta=(y_{\beta 1}+y_{\beta 2})/2$,$x_\beta=(x_{\beta 1}+x_{\beta 2})/2$，式中下标 1，2 分别表示小、大齿轮。

表 14-1-83　　f_{ma}计算公式　　μm

类别		确定方法或公式
粗略数值	某些高精度的高速齿轮	$f_{ma}=0$
	一般工业齿轮	$f_{ma}=15$
给定精度等级	装配时无检验调整	$f_{ma}=1.0F_\beta$
	装配时进行检验调整(对研,轻载跑合,调整轴承,螺旋线修形,鼓形齿等)	$f_{ma}=0.5F_\beta$
	齿端修薄	$f_{ma}=0.7F_\beta$
给定空载下接触斑点长度 b_{c0}		$f_{ma}=\frac{b}{b_{c0}}S_c$ S_c——涂色层厚度,一般为 2~20μm,计算时可取 $S_c=6\mu m$ 如按最小接触斑点长度 b_{c0min} 计算 $f_{ma}=\frac{2}{3}\times\frac{b}{b_{c0min}}S_c$ 如测得最长和最短的接触斑点长度 $f_{ma}=\frac{1}{2}\left(\frac{b}{b_{c0min}}+\frac{b}{b_{c0max}}\right)S_c$

表 14-1-84　　小齿轮结构尺寸系数 γ

齿轮形式	γ 的计算公式	B^*	
		功率不分流	功率分流,通过该对齿轮 $k\%$ 的功率
直齿轮及单斜齿轮	$\left[\left\lvert B^*+k'\frac{ls}{d_1^2}\left(\frac{d_1}{d_{sh}}\right)^4-0.3\right\rvert+0.3\right]\left(\frac{b}{d_1}\right)^2$	$B^*=1$	$B^*=1+2(100-k)/k$
人字齿轮或双斜齿轮	$2\left[\left\lvert B^*+k'\frac{ls}{d_1^2}\left(\frac{d_1}{d_{sh}}\right)^4-0.3\right\rvert+0.3\right]\left(\frac{b_B}{d_1}\right)^2$	$B^*=1.5$	$B^*=0.5+(200-k)/k$

注：l—轴承跨距，mm；s—小轮齿宽中点至轴承跨距中点的距离，mm；d_1—小轮分度圆直径，mm；d_{sh}—小轮轴弯曲变形当量直径，mm；k'—结构系数，见图 14-1-75；b_B—单斜齿轮宽度，mm。

k'		图 号	结 构 示 图	
刚 性	非刚性			
0.48	0.8	(a)	T^* s l/2 l/2	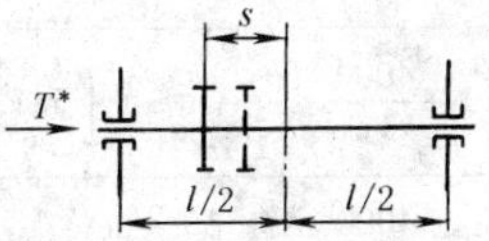 $s/l<0.3$
-0.48	-0.8	(b)	T^* s l/2 l/2	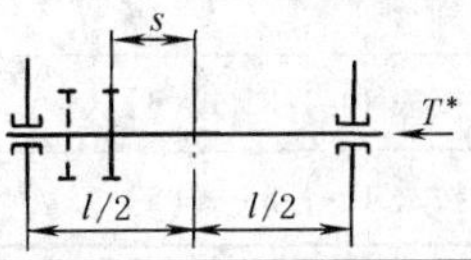 $s/l<0.3$
1.33	1.33	(c)	T^* l s	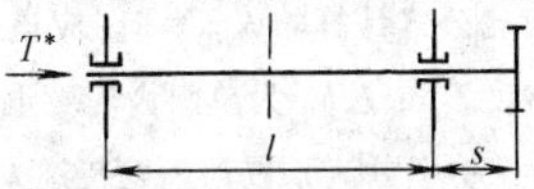 $s/l<0.5$
-0.36	-0.6	(d)	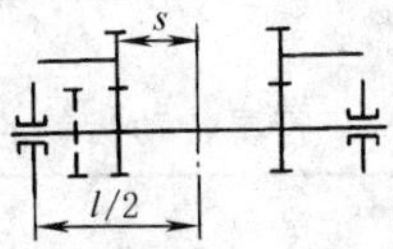 s l/2	$s/l<0.3$
-0.6	-1.0	(e)	s l/2	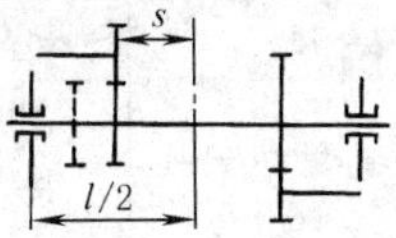 $s/l<0.3$

图 14-1-75 小齿轮结构系数 k'

注:1. 对人字齿轮或双斜齿轮,图中实、虚线各代表半边斜齿轮中点的位置,s 按用实线表示的变形大的半边斜齿轮的位置计算,b 取单个斜齿轮宽度。

2. 图中,$d_1/d_{sh}\geqslant 1.15$ 为刚性轴,$d_1/d_{sh}<1.15$ 为非刚性轴。通常采用键连接的套装齿轮都属非刚性轴。

3. 齿轮位于轴承跨距中心时($s\approx 0$),最好按下面典型结构齿轮的公式计算 $K_{H\beta}$。

4. 当采用本图以外的结构布置形式或 s/l 超过本图规定的范围,或轴上作用有带轮或链轮之类的附加载荷时,推荐做进一步的分析。

② 典型结构齿轮的 $K_{H\beta}$

适用条件:符合①中 a、b、c,并且小齿轮直径和轴径相近,轴齿轮为实心或空心轴(内孔径应小于 $0.5d_{sh}$),对称布置在两轴承之间,($s/l\approx 0$);非对称布置时,应把估算出的附加弯曲变形量加到 f_{ma} 上。

符合上述条件的单对齿轮、轧机齿轮和简单行星传动的 $K_{H\beta}$ 值可按表 14-1-85、表 14-1-86 和表 14-1-87 中的公式计算。

表 14-1-85　　单对齿轮的 $K_{H\beta}$ 计算公式

齿轮类型	修形情况	$K_{H\beta}$ 计 算 公 式	
直齿轮、斜齿轮	不修形	$K_{H\beta}=1+\dfrac{4000}{3\pi}x_\beta\dfrac{c_\gamma}{E}\left(\dfrac{b}{d_1}\right)^2\left[5.12+\left(\dfrac{b}{d_1}\right)^2\left(\dfrac{l}{b}-\dfrac{7}{12}\right)\right]+\dfrac{x_\beta c_\gamma f_{ma}}{2F_m/b}$	(1)
	部分修形	$K_{H\beta}=1+\dfrac{4000}{3\pi}x_\beta\dfrac{c_\gamma}{E}\left(\dfrac{b}{d_1}\right)^4\left(\dfrac{l}{b}-\dfrac{7}{12}\right)+\dfrac{x_\beta c_\gamma f_{ma}}{2F_m/b}$	(2)
	完全修形	$K_{H\beta}=1+\dfrac{x_\beta c_\gamma f_{ma}}{2F_m/b}$,且 $K_{H\beta}\geqslant 1.05$	(3)
人字齿轮或双斜齿轮	不修形	$K_{H\beta}=1+\dfrac{4000}{3\pi}x_\beta\dfrac{c_\gamma}{E}\left[3.2\left(\dfrac{2b_B}{d_1}\right)^2+\left(\dfrac{B}{d_1}\right)^4\left(\dfrac{l}{B}-\dfrac{7}{12}\right)\right]+\dfrac{x_\beta c_\gamma f_{ma}}{F_m/b_B}$	(4)
	完全修形	$K_{H\beta}=1+\dfrac{x_\beta c_\gamma f_{ma}}{F_m/b_B}$,且 $K_{H\beta}\geqslant 1.05$	(5)

注:1. 本表各公式适用于全部转矩从轴的一端输入的情况,如同时从轴的两端输入或双斜齿轮从两半边斜齿轮的中间输入,则应做更详细的分析。

2. 部分修形指只补偿扭转变形的螺旋线修形;完全修形指同时可补偿弯曲、扭转变形的螺旋线修形。

3. B—包括空刀槽在内的双斜齿全齿宽,mm;b_B—单斜齿轮宽度,mm,对因结构要求而采用超过一般工艺需要的大齿槽宽度的双斜齿轮,应采用一般方法计算;F_m—分度圆上平均计算切向力,N。

第 14 篇

表 14-1-86　　　　**轧机齿轮的 $K_{H\beta}$ 计算公式**

是否修形	齿轮类型	$K_{H\beta}$ 计 算 公 式
不修形	直齿轮、斜齿轮	$1+\frac{4000}{3\pi}x_{\beta}\frac{c_{\gamma}}{E}\left(\frac{b}{d_1}\right)^2\left[5.12+7.68\frac{100-k}{k}+\left(\frac{b}{d_1}\right)^2\left(\frac{l}{b}-\frac{7}{12}\right)\right]+\frac{x_{\beta}c_{\gamma}f_{ma}}{2F_m/b}$
	双斜齿轮或人字齿轮	$1+\frac{4000}{3\pi}x_{\beta}\frac{c_{\gamma}}{E}\left[\left(\frac{2b_B}{d_1}\right)^2\left(1.28+1.92\frac{100-k/2}{k/2}\right)+\left(\frac{B}{d_1}\right)^4\left(\frac{l}{B}-\frac{7}{12}\right)\right]+\frac{x_{\beta}c_{\gamma}f_{ma}}{F_m/b_B}$
完全修形	直齿轮、斜齿轮	按表 14-1-85 式(3)
	双斜齿轮或人字齿轮	按表 14-1-85 式(5)

注：1. 如不修形按双斜齿或人字齿轮公式计算的 $K_{H\beta}>2$，应核查设计，最好用更精确的方法重新计算。

2. B 为包括空刀槽在内的双斜齿宽度，mm；b_B 为单斜齿轮宽度，mm。

3. k 表示当采用一对轴齿轮，$u=1$，功率分流，被动齿轮传递 $k\%$ 的转矩，$(100-k)\%$ 的转矩由主动齿轮的轴端输出，两齿轮皆对称布置在两端轴承之间。

表 14-1-87　　　　**行星传动齿轮的 $K_{H\beta}$ 计算公式**

齿轮副		轴承形式	修 形 情 况	$K_{H\beta}$ 计 算 公 式
直齿轮、单斜齿轮	太阳轮(S)|行星轮(P)	Ⅰ	不修形	$1+\frac{4000}{3\pi}n_Px_{\beta}\frac{c_{\gamma}}{E}\times5.12\left(\frac{b}{d_S}\right)^2+\frac{x_{\beta}c_{\gamma}f_{ma}}{2F_m/b}$
			修形（仅补偿扭转变形）	按表 14-1-85 式(3)
		Ⅱ	不修形	$1+\frac{4000}{3\pi}x_{\beta}\frac{c_{\gamma}}{E}\left[5.12n_P\left(\frac{b}{d_S}\right)^2+2\left(\frac{b}{d_P}\right)^4\left(\frac{l_P}{b}-\frac{7}{12}\right)\right]+\frac{x_{\beta}c_{\gamma}f_{ma}}{2F_m/b}$
			完全修形（弯曲和扭转变形完全补偿）	按表 14-1-85 式(3)
	内齿轮(H)|行星轮(P)	Ⅰ	修形或不修形	按表 14-1-85 式(3)
		Ⅱ	不修形	$1+\frac{8000}{3\pi}x_{\beta}\frac{c_{\gamma}}{E}\left(\frac{b}{d_P}\right)^4\left(\frac{l_P}{b}-\frac{7}{12}\right)+\frac{x_{\beta}c_{\gamma}f_{ma}}{2F_m/b}$
			修形（仅补偿弯曲变形）	按表 14-1-85 式(3)
人字齿轮或双斜齿轮	太阳轮(S)|行星轮(P)	Ⅰ	不修形	$1+\frac{4000}{3\pi}n_Px_{\beta}\frac{c_{\gamma}}{E}\times3.2\left(\frac{2b_B}{d_S}\right)^2+\frac{x_{\beta}c_{\gamma}f_{ma}}{F_m/b_B}$
			修形（仅补偿扭转变形）	按表 14-1-85 式(5)
		Ⅱ	不修形	$1+\frac{4000}{3\pi}x_{\beta}\frac{c_{\gamma}}{E}\left[3.2n_P\left(\frac{2b_B}{d_S}\right)^2+2\left(\frac{B}{d_P}\right)^4\left(\frac{l_P}{B}-\frac{7}{12}\right)\right]+\frac{x_{\beta}c_{\gamma}f_{ma}}{F_m/b_B}$
			完全修形（弯曲和扭转变形完全补偿）	按表 14-1-85 式(5)
	内齿轮(H)|行星轮(P)	Ⅰ	修形或不修形	按表 14-1-85 式(5)
		Ⅱ	不修形	$1+\frac{8000}{3\pi}x_{\beta}\frac{c_{\gamma}}{E}\left(\frac{B}{d_P}\right)^4\left(\frac{l_P}{B}-\frac{7}{12}\right)+\frac{x_{\beta}c_{\gamma}f_{ma}}{F_m/b_B}$
			修形（仅补偿弯曲变形）	按表 14-1-85 式(5)

注：1. Ⅰ，Ⅱ表示行星轮及其轴承在行星架上的安装形式：Ⅰ—轴承装在行星轮上，转轴刚性固定在行星架上；Ⅱ—行星轮两端带轴颈的轴齿轮，轴承装在转架上。

2. d_S—太阳轮分度圆直径，mm；d_P—行星轮分度圆直径，mm；l_P—行星轮轴承跨距，mm；B—包括空刀槽在内的双斜齿宽度，mm；b_B—单斜齿轮宽度，mm；B、b_B 见表 14-1-86。

3. $F_m=F_tK_AK_VK_r/n_P$

K_r—行星传动不均载系数；

n_P—行星轮个数。

③ 简化方法　适用范围如下。

a. 中等或较重载荷工况：对调质齿轮，单位齿宽载荷 F_m/b 为 400～1000N/mm；对硬齿面齿轮，F_m/b 为 800～1500N/mm。

b. 刚性结构和刚性支承，受载时两轴承变形较小可忽略；齿宽偏置度 s/l（见图 14-1-75）较小，符合表 14-1-88、表 14-1-89 限定范围。

c. 齿宽 b 为 50～400mm，齿宽与齿高比 b/h 为 3～12，小齿轮宽径比 b/d_1 对调质的应小于 2.0，对硬齿面的应小于 1.5。

d. 轮齿啮合刚度 c_γ 为 15～25N/(mm·μm)。

e. 齿轮制造精度对调质齿轮为 5～8 级，对硬齿面齿轮为 5～6 级；满载时齿宽全长或接近全长接触（一般情况下未经螺旋线修形）。

f. 矿物油润滑。

符合上述范围齿轮的 $K_{H\beta}$ 值可按表 14-1-88 和表 14-1-89 中的公式计算。

表 14-1-88　　调质齿轮 $K_{H\beta}$ 的简化计算公式

$$K_{H\beta}=a_1+a_2\left[1+a_3\left(\frac{b}{d_1}\right)^2\right]\left(\frac{b}{d_1}\right)^2+a_4 b$$

精度等级		a_1	a_2	a_3(支撑方式)			a_4
				对称	非对称	悬臂	
装配时不作检验调整	5	1.14	0.18	0	0.6	6.7	2.3×10^{-4}
	6	1.15	0.18	0	0.6	6.7	3.0×10^{-4}
	7	1.17	0.18	0	0.6	6.7	4.7×10^{-4}
	8	1.23	0.18	0	0.6	6.7	6.1×10^{-4}
装配时检验调整或对研跑合	5	1.10	0.18	0	0.6	6.7	1.2×10^{-4}
	6	1.11	0.18	0	0.6	6.7	1.5×10^{-4}
	7	1.12	0.18	0	0.6	6.7	2.3×10^{-4}
	8	1.15	0.18	0	0.6	6.7	3.1×10^{-4}

表 14-1-89　　硬齿面齿轮 $K_{H\beta}$ 的简化计算公式

$$K_{H\beta}=a_1+a_2\left[1+a_3\left(\frac{b}{d_1}\right)^2\right]\left(\frac{b}{d_1}\right)^2+a_4 b$$

精度等级		a_1	a_2	a_3(支撑方式)			a_4
				对称	非对称	悬臂	
装配时不作检验调整;首先用 $K_{H\beta}\leqslant1.34$ 计算							
$K_{H\beta}\leqslant1.34$	5	1.09	0.26	0	0.6	6.7	2.0×10^{-4}
$K_{H\beta}>1.34$		1.05	0.31	0	0.6	6.7	2.3×10^{-4}
$K_{H\beta}\leqslant1.34$	6	1.09	0.26	0	0.6	6.7	3.3×10^{-4}①
$K_{H\beta}>1.34$		1.05	0.31	0	0.6	6.7	3.8×10^{-4}
装配时检验调整或跑合:首先用 $K_{H\beta}\leqslant1.34$ 计算							
$K_{H\beta}\leqslant1.34$	5	1.05	0.26	0	0.6	6.7	1.0×10^{-4}
$K_{H\beta}>1.34$		0.99	0.31	0	0.6	6.7	1.2×10^{-4}
$K_{H\beta}\leqslant1.34$	6	1.05	0.26	0	0.6	6.7	1.6×10^{-4}
$K_{H\beta}>1.34$		1.00	0.31	0	0.6	6.7	1.9×10^{-4}

① GB/T 3480—1997 误为 0.47×10^{-3}。

（6）齿间载荷分配系数 $K_{H\alpha}$、$K_{F\alpha}$

齿间载荷分配系数是考虑同时啮合的各对轮齿间载荷分配不均匀影响的系数。影响齿间载荷分配系数的主要因素有：受载后轮齿变形；轮齿制造误差，特别是基节偏差；齿廓修形；跑合效果等。

应优先采用经精密实测或对所有影响因素精确分析得到的齿间载荷分配系数。一般情况下，可按下述方法确定。

① 一般方法　$K_{H\alpha}$、$K_{F\alpha}$ 按表 14-1-90 中的公式计算。

② 简化方法　简化方法适用于满足下列条件的工业齿轮传动和类似的齿轮传动：钢制的基本齿廓符合 GB/T 1356 的外啮合和内啮合齿轮；直齿轮和 $\beta\leqslant30°$ 的斜齿轮；单位齿宽载荷 $F_{tH}/b\geqslant350$N/mm（当 $F_{tH}/b\geqslant350$N/mm

时，计算结果偏于安全；当 $F_{tH}/b<350\text{N/mm}$ 时，因 $K_{H\alpha}$、$K_{F\alpha}$ 的实际值较表值大，计算结果偏于不安全）。

$K_{H\alpha}$ 可按表 14-1-92 查取。

表 14-1-90　$K_{H\alpha}$、$K_{F\alpha}$ 计算公式

项　目	公式或说明
齿间载荷分配系数 $K_{H\alpha}$①	当总重合度 $\varepsilon_\gamma \leqslant 2$ $K_{H\alpha}=K_{F\alpha}=\dfrac{\varepsilon_\gamma}{2}\left[0.9+0.4\dfrac{c_\gamma(f_{pb}-y_\alpha)}{F_{tH}/b}\right]$ 当总重合度 $\varepsilon_\gamma>2$ $K_{H\alpha}=K_{F\alpha}=0.9+0.4\sqrt{\dfrac{2(\varepsilon_\gamma-1)}{\varepsilon_\gamma}}\times\dfrac{c_\gamma(f_{pb}-y_\alpha)}{F_{tH}/b}$ 若 $K_{H\alpha}>\dfrac{\varepsilon_\gamma}{\varepsilon_\alpha Z_\varepsilon^2}$，则取 $K_{H\alpha}=\dfrac{\varepsilon_\gamma}{\varepsilon_\alpha Z_\varepsilon^2}$ 若 $K_{F\alpha}>\dfrac{\varepsilon_\gamma}{\varepsilon_\alpha Y_\varepsilon}$，则取 $K_{F\alpha}=\dfrac{\varepsilon_\gamma}{\varepsilon_\alpha Y_\varepsilon}$ 若 $K_{H\alpha}<1.0$，则取 $K_{H\alpha}=1.0$ 若 $K_{F\alpha}<1.0$，则取 $K_{F\alpha}=1.0$
啮合刚度 c_γ	见 8.4.1(7)
基节极限偏差 f_{pb}	通常以大轮的基节极限偏差计算；当有适宜的修缘时，按此值的一半计算

项　目	公式或说明
计算 $K_{H\alpha}$ 时的切向力 F_{tH}	$F_{tH}=F_tK_AK_VK_{H\beta}$，各符号见本节(2)～(5)
总重合度 ε_γ	$\varepsilon_\gamma=\varepsilon_\alpha+\varepsilon_\beta$
端面重合度 ε_α	$\varepsilon_\alpha=\dfrac{0.5\left(\sqrt{d_{a1}^2-d_{b1}^2}\pm\sqrt{d_{a2}^2-d_{b2}^2}\right)+a'\sin\alpha_t'}{\pi m_t\cos\alpha_t}$
纵向重合度 ε_β	$\varepsilon_\beta=\dfrac{b\sin\beta}{\pi m_n}$
齿廓跑合量 y_α	见表 14-1-91
重合度系数 Z_ε	见本节(11)
弯曲强度计算的重合度系数 Y_ε	见 8.4.2(6)

① 对于斜齿轮，如计算得到的 $K_{H\alpha}$ 值过大，则应调整设计参数，使得 $K_{H\alpha}$ 及 $K_{F\alpha}$ 不大于 ε_α。同时，公式 $K_{H\alpha}$、$K_{F\alpha}$ 仅适用于齿轮基节偏差在圆周方向呈正常分布的情况。

表 14-1-91　齿廓跑合量 y_α

齿轮材料	齿廓跑合量 $y_\alpha/\mu\text{m}$	限制条件
结构钢、调质钢、珠光体和贝氏体球墨铸铁	$y_\alpha=\dfrac{160}{\sigma_{H\lim}}f_{pb}$	$v>10\text{m/s}$ 时，$y_\alpha\leqslant\dfrac{6400}{\sigma_{H\lim}}\mu\text{m}$，$f_{pb}\leqslant 40\mu\text{m}$； $5<v\leqslant 10\text{m/s}$ 时，$y_\alpha\leqslant\dfrac{12800}{\sigma_{H\lim}}\mu\text{m}$，$f_{pb}\leqslant 80\mu\text{m}$； $v\leqslant 5\text{m/s}$ 时，y_α 无限制
铸铁、素体球墨铸铁	$y_\alpha=0.275f_{pb}$	$v>10\text{m/s}$ 时，$y_\alpha\leqslant 11\mu\text{m}$，$f_{pb}\leqslant 40\mu\text{m}$； $5<v\leqslant 10\text{m/s}$ 时，$y_\alpha\leqslant 22\mu\text{m}$，$f_{pb}\leqslant 80\mu\text{m}$； $v\leqslant 5\text{m/s}$ 时，y_α 无限制
渗碳淬火钢或氮化钢、氮碳共渗钢	$y_\alpha=0.075f_{pb}$	$y_\alpha\leqslant 3\mu\text{m}$

注：1. f_{pb}—齿轮基节极限偏差，μm；$\sigma_{H\lim}$—齿轮接触疲劳极限，N/mm^2，见本节（13）。

2. 当大、小齿轮的材料和热处理不同时，其齿廓跑合量可取为相应两种材料齿轮副跑合量的算术平均值。

表 14-1-92　齿间载荷分配系数 $K_{H\alpha}$，$K_{F\alpha}$

<table>
<tr><td colspan="2">K_AF_t/b</td><td colspan="7">≥100N/mm</td><td><100N/mm</td></tr>
<tr><td colspan="2">精度等级</td><td>5</td><td>6</td><td>7</td><td>8</td><td>9</td><td>10</td><td>11～12</td><td>5级及更低</td></tr>
<tr><td rowspan="2">硬齿面
直齿轮</td><td>$K_{H\alpha}$</td><td colspan="2" rowspan="2">1.0</td><td rowspan="2">1.1</td><td rowspan="2">1.2</td><td colspan="4">$1/Z_\varepsilon^2\geqslant 1.2$</td></tr>
<tr><td>$K_{F\alpha}$</td><td colspan="4">$1/Y_\varepsilon\geqslant 1.2$</td></tr>
<tr><td rowspan="2">硬齿面
斜齿轮</td><td>$K_{H\alpha}$</td><td rowspan="2">1.0</td><td rowspan="2">1.1</td><td rowspan="2">1.2</td><td rowspan="2">1.4</td><td colspan="4" rowspan="2">$\varepsilon_\alpha/\cos^2\beta_b\geqslant 1.4$</td></tr>
<tr><td>$K_{F\alpha}$</td></tr>
<tr><td rowspan="2">非硬齿面
直齿轮</td><td>$K_{H\alpha}$</td><td colspan="3" rowspan="2">1.0</td><td rowspan="2">1.1</td><td rowspan="2">1.2</td><td colspan="3">$1/Z_\varepsilon^2\geqslant 1.2$</td></tr>
<tr><td>$K_{F\alpha}$</td><td colspan="3">$1/Y_\varepsilon\geqslant 1.2$</td></tr>
<tr><td rowspan="2">非硬齿面
斜齿轮</td><td>$K_{H\alpha}$</td><td colspan="2" rowspan="2">1.0</td><td rowspan="2">1.1</td><td rowspan="2">1.2</td><td rowspan="2">1.4</td><td colspan="3" rowspan="2">$\varepsilon_\alpha/\cos^2\beta_b\geqslant 1.4$</td></tr>
<tr><td>$K_{F\alpha}$</td></tr>
</table>

注：1. 经修形的 6 级精度硬齿面斜齿轮，取 $K_{H\alpha}=K_{F\alpha}=1$。

2. 表右部第 5，8 行若计算 $K_{F\alpha}>\dfrac{\varepsilon_\gamma}{\varepsilon_\alpha Y_\varepsilon}$，则取 $K_{F\alpha}=\dfrac{\varepsilon_\gamma}{\varepsilon_\alpha Y_\varepsilon}$。

3. Z_ε 见本节（11），Y_ε 见 8.4.2（6）。

4. 硬齿面和软齿面相啮合的齿轮副，齿间载荷分配系数取平均值。

5. 小齿轮和大齿轮精度等级不同时，则按精度等级较低的取值。

6. 本表也可以用于灰铸铁和球墨铸铁齿轮的计算。

第14篇

(7) 轮齿刚度——单对齿刚度 c'和啮合刚度 c_γ

轮齿刚度定义为使一对或几对同时啮合的精确轮齿在 1mm 齿宽上产生 1μm 挠度所需的啮合线上的载荷。直齿轮的单对齿刚度 c'为一对轮齿的最大刚度，斜齿的 c'为一对轮齿在法截面内的最大刚度。啮合刚度 c_γ 为端面内轮齿总刚度的平均值。

影响轮齿刚度的主要因素有：轮齿参数、轮体结构、法截面内单位齿宽载荷、轴毂连接结构和形式、齿面粗糙度和齿面波度、齿向误差、齿轮材料的弹性模量等。

轮齿刚度的精确值可由实验测得或由弹性理论的有限元法计算确定。在无法实现时，可按下述方法之一确定。

① 一般方法　对于基本齿廓符合 GB/T 1356、单位齿宽载荷 $K_AF_t/b \geqslant 100\text{N/mm}$、轴-毂处圆周方向传力均匀（小齿轮为轴齿轮形式、大轮过盈连接或花键连接）、钢质直齿轮和螺旋角 $\beta \leqslant 45°$的外啮合齿轮，c'和 c_γ 可按表 14-1-93 给出的公式计算。对于不满足上述条件的齿轮，如内啮合、非钢质材料的组合、其他形式的轴-毂连接、单位齿宽载荷 $K_AF_t/b < 100\text{N/mm}$ 的齿轮，也可近似应用。

② 简化方法　对基本齿廓符合 GB/T 1356 的钢制刚性盘状齿轮，当 $\beta \leqslant 30°$，$1.2 < \varepsilon_\alpha < 1.9$ 且 $K_AF_t/b \geqslant 100\text{N/mm}$ 时，取 $c' = 14\text{N/(mm·μm)}$、$c_\gamma = 20\text{N/(mm·μm)}$。非实心齿轮的 c'、c_γ 用轮坯结构系数 C_R 折算。其他基本齿廓的齿轮的 c'、c_γ 可用表 14-1-93 中基本齿廓系数 C_B 折算。非钢对钢配对的齿轮的 c'、c_γ 可用表 14-1-93 中 c_γ 计算式折算。

表 14-1-93　c'、c_γ 计算公式

项　目	计 算 公 式	项　目	计 算 公 式
单对齿刚度 c' /N·mm^{-1}·μm^{-1}	钢对钢齿轮　$c' = c'_{th}C_MC_RC_B\cos\beta$ 其他材料配对　$c' = c'_{st}\zeta$ c'_{st}为钢的 c'	轮坯结构系数 C_R	对于实心齿轮，可取 $C_R = 1$ 对轮缘厚度 S_R 和辐板厚度 b_s 的非实心齿轮 $C_R = 1 + \dfrac{\ln(b_s/b)}{5e^{S_R/(5m_n)}}$ 若 $b_s/b < 0.2$，取 $b_s/b = 0.2$；若 $b_s/b > 1.2$，取 $b_s/b = 1.2$；若 $S_R/m_n < 1$，取 $S_R/m_n = 1$
单对齿刚度的理论值 c'_{th}/N·mm^{-1}·μm^{-1}	$c'_{th} = \dfrac{1}{q'}$	基本齿廓系数 C_B	$C_B = [1 + 0.5(1.2 - h_{fp}/m_n)] \times [1 - 0.02(20° - \alpha_n)]$ 对基本齿廓符合 $\alpha = 20°$，$h_{ap} = m_n$，$h_{fp} = 1.2m_n$，$\rho_{fp} = 0.2$ 的齿轮，$C_B = 1$ 若小轮和大轮的齿根高不一致 $C_B = 0.5(C_{B1} + C_{B2})$，$C_{B1}$、$C_{B2}$分别为小、大齿轮基本齿廓系数，按上式计算
轮齿柔度的最小值 q'/mm·μm·N^{-1}	$q' = 0.04723 + \dfrac{0.15551}{z_{n1}} + \dfrac{0.25791}{z_{n2}} - 0.00635x_1 - 0.11654\dfrac{x_1}{z_{n1}} \mp 0.00193x_2 - 0.24188\dfrac{x_2}{z_{n2}} + 0.00529x_1^2 + 0.00182x_2^2$ （式中∓的“-”用于外啮合，“+”用于内啮合） 对于内啮合齿轮，z_{n2}应取为无限大	系数 ζ	$\zeta = \dfrac{E}{E_{st}}$　　$E = \dfrac{2E_1E_2}{E_1 + E_2}$ E_{st}为钢的 E 对钢与铸铁配对：$\zeta = 0.74$ 对铸铁与铸铁配对：$\zeta = 0.59$
理论修正系数 C_M	一般取 $C_M = 0.8$	啮合刚度 c_γ	$c_\gamma = (0.75\varepsilon_\alpha + 0.25)c'$

注：1. 当 $K_AF_t/b < 100\text{N/mm}$ 时，$c' = c'_{th}C_MC_RC_B\cos\beta\left(\dfrac{K_AF_t/b}{100}\right)^{0.25}$。

2. 一对齿轮副中，若一个齿轮为平键连接，配对齿轮为过盈或花键连接，由表中公式计算的 c'增大 5%；若两个齿轮都为平键连接，由公式计算的 c'增大 10%。

3. 啮合刚度 c_γ 的计算式适用于直齿轮和螺旋角 $\beta \leqslant 30°$的斜齿轮。对 $\varepsilon_\alpha < 1.2$ 的直齿轮的 c_γ，需将计算值减小 10%。

4. z_{n1}、z_{n2}为小、大（斜）齿轮的当量齿数，分别见表 14-1-19 中的 z_{v1}、z_{v2}。

(8) 小轮及大轮单对齿啮合系数 Z_B、Z_D

$\varepsilon_\alpha \leqslant 2$ 时的单对齿啮合系数 Z_B 是把小齿轮节点 C 处的接触应力转化到小轮单对齿啮合区内界点 B 处的接触应力的系数；Z_D 是把大齿轮节点 C 处的接触应力转化到大轮单对齿啮合区内界点 D 处的接触应力的系数，见图 14-1-72。

单对齿啮合系数由表 14-1-94 公式计算与判定。

表 14-1-94　　　　Z_B、Z_D 的确定

<table>
<tr><th rowspan="2">参数计算式</th><th colspan="3">判定条件</th></tr>
<tr><th colspan="2">端面重合度 $\varepsilon_\alpha<2$</th><th>$\varepsilon_\alpha>2$ 时</th></tr>
<tr><td rowspan="2">$$M_1=\frac{\tan\alpha_t'}{\sqrt{\left[\sqrt{\frac{d_{a1}^2}{d_{b1}^2}-1}-\frac{2\pi}{z_1}\right]\left[\sqrt{\frac{d_{a2}^2}{d_{b2}^2}-1}-(\varepsilon_\alpha-1)\frac{2\pi}{z_2}\right]}}$$
$$M_2=\frac{\tan\alpha_t'}{\sqrt{\left[\sqrt{\frac{d_{a2}^2}{d_{b2}^2}-1}-\frac{2\pi}{z_2}\right]\left[\sqrt{\frac{d_{a1}^2}{d_{b1}^2}-1}-(\varepsilon_\alpha-1)\frac{2\pi}{z_1}\right]}}$$</td><td>外啮合齿轮</td><td>直齿轮：
当 $M_1>1$ 时，$Z_B=M_1$；当 $M_1\leqslant1$ 时，$Z_B=1$。
当 $M_2>1$ 时，$Z_D=M_2$；当 $M_2\leqslant1$ 时，$Z_D=1$。
斜齿轮：
当纵向重合度 $\varepsilon_\beta\geqslant1.0$ 时，$Z_B=1$，$Z_D=1$。
当纵向重合度 $\varepsilon_\beta<1.0$ 时，
$Z_B=M_1-\varepsilon_\beta(M_1-1)$　当 $Z_B<1$ 时，取 $Z_B=1$。
$Z_D=M_2-\varepsilon_\beta(M_2-1)$　当 $Z_D<1$ 时，取 $Z_D=1$</td><td rowspan="2">对于 $2<\varepsilon_\alpha\leqslant3$ 的高精度齿轮副，任何端截面内的总切向力由连续啮合的两对或三对轮齿共同承担。对于这样的齿轮副，取两对齿啮合外界点计算其接触应力。可用本表中的公式计算 M_1 和 M_2，但此时用表 14-1-70 中的公式计算 σ_{H0} 时，应用总切向力来代替式中的 F_t。这样计算的接触应力偏大，因此，安全系数偏于保守</td></tr>
<tr><td>内啮合齿轮</td><td>取 $Z_B=1$，$Z_D=1$</td></tr>
</table>

(9) 节点区域系数 Z_H

节点区域系数 Z_H 是考虑节点处齿廓曲率对接触应力的影响，并将分度圆上切向力折算为节圆上法向力的系数。

$$Z_H=\sqrt{\frac{2\cos\beta_b\cos\alpha_t'}{\cos^2\alpha_t\sin\alpha_t'}}$$

式中　$\alpha_t=\arctan\left(\frac{\tan\alpha_n}{\cos\beta}\right)$

$\beta_b=\arctan(\tan\beta\cos\alpha_t)$

$\mathrm{inv}\alpha_t'=\mathrm{inv}\alpha_t+\frac{2(x_2\pm x_1)}{z_2\pm z_1}\tan\alpha_n$ （“+”用于外啮合，“-”用于内啮合）

对于法面齿形角 α_n 为 20°、22.5°、25°的内、外啮合齿轮，Z_H 也可由图 14-1-76、图 14-1-77 和图 14-1-78 根据 $(x_1+x_2)/(z_1+z_2)$ 及螺旋角 β 查得。

(10) 弹性系数 Z_E

弹性系数 Z_E 是用以考虑材料弹性模量 E 和泊松比 ν 对赫兹应力的影响，其数值可按实际材料弹性模量 E 和泊松比 ν 由下式计算得出。某些常用材料组合的 Z_E 可参考表 14-1-95 查取

$$Z_E=\sqrt{\frac{1}{\pi\left(\frac{1-\nu_1^2}{E_1}+\frac{1-\nu_2^2}{E_2}\right)}}$$

(11) 重合度系数 Z_ε

重合度系数 Z_ε 用以考虑重合度对单位齿宽载荷的影响。Z_ε 可由下表所列公式计算或按图 14-1-79 查得。

(12) 螺旋角系数 Z_β

螺旋角系数 Z_β 是考虑螺旋角造成的接触线倾斜对接触应力影响的系数，$Z_\beta=\sqrt{\cos\beta}$，也可按图 14-1-80 查得。

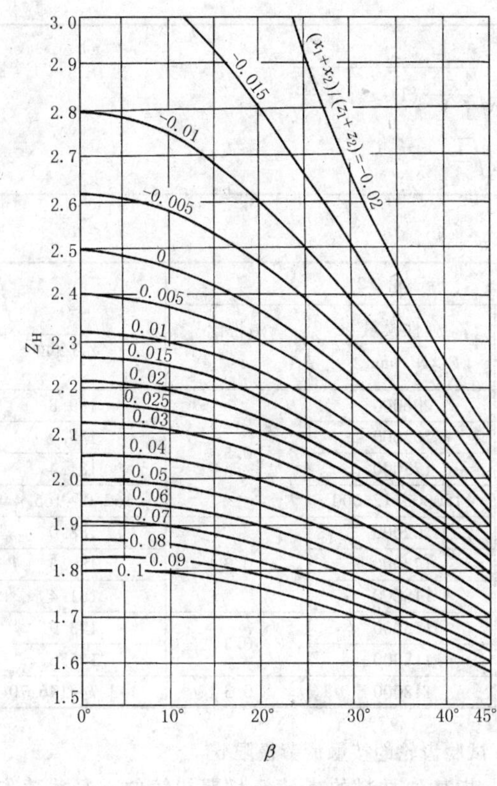

图 14-1-76　$\alpha_n=20°$时的节点区域系数 Z_H

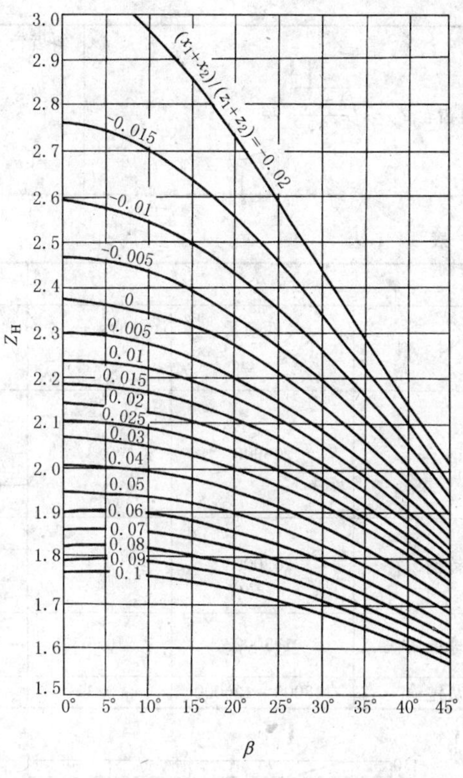

图 14-1-77　$\alpha_n=22.5°$时的节点区域系数 Z_H

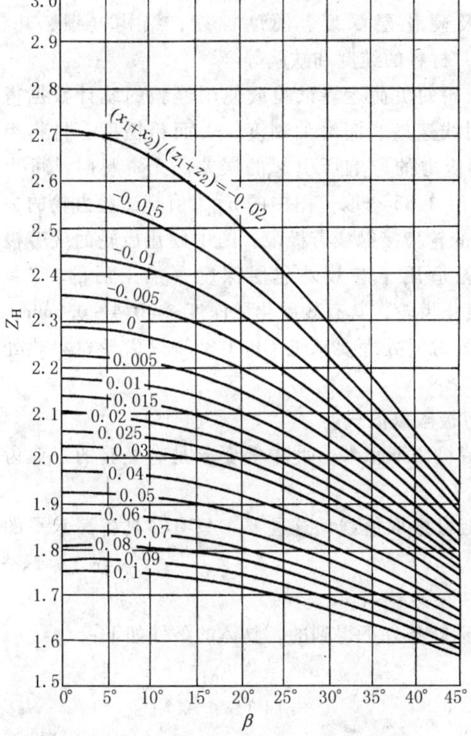

图 14-1-78　$\alpha_n=25°$时的节点区域系数 Z_H

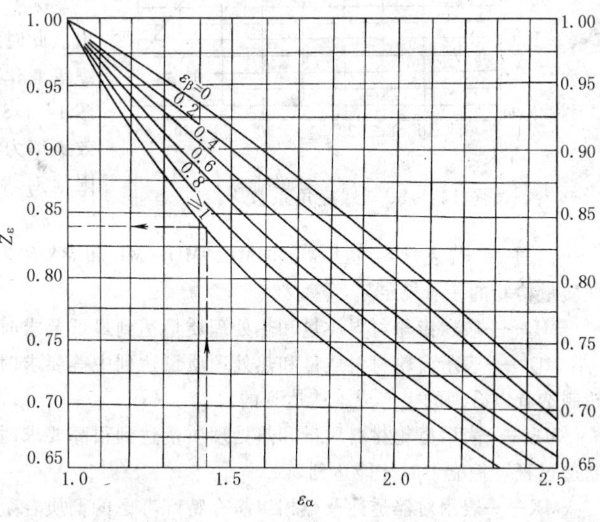

图 14-1-79　重合度系数 Z_ε

第 14 篇

Z_ε 计算式

直齿轮	斜齿轮
直齿轮 $Z_\varepsilon=\sqrt{\dfrac{4-\varepsilon_\alpha}{3}}$	当 $\varepsilon_\beta<1$ 时 $Z_\varepsilon=\sqrt{\dfrac{4-\varepsilon_\alpha}{3}(1-\varepsilon_\beta)+\dfrac{\varepsilon_\beta}{\varepsilon_\alpha}}$ 当 $\varepsilon_\beta\geqslant1$ 时 $Z_\varepsilon=\sqrt{\dfrac{1}{\varepsilon_\alpha}}$

表 14-1-95　　**弹性系数 Z_E**

齿轮1 材料	弹性模量 $E_1/\text{N}\cdot\text{mm}^{-2}$	泊松比 ν_1	齿轮2 材料	弹性模量 $E_2/\text{N}\cdot\text{mm}^{-2}$	泊松比 ν_2	Z_E $/\sqrt{\text{N/mm}^2}$
钢	206000	0.3	钢	206000	0.3	189.8
			铸钢	202000		188.9
			球墨铸铁	173000		181.4
			灰铸铁	118000~126000		162.0~165.4
铸钢	202000	0.3	铸钢	202000	0.3	188.0
			球墨铸铁	173000		180.5
			灰铸铁	118000		161.4
球墨铸铁	173000	0.3	球墨铸铁	173000	0.3	173.9
			灰铸铁	118000		156.6
灰铸铁	118000~126000	0.3	灰铸铁	118000	0.3	143.7~146.70

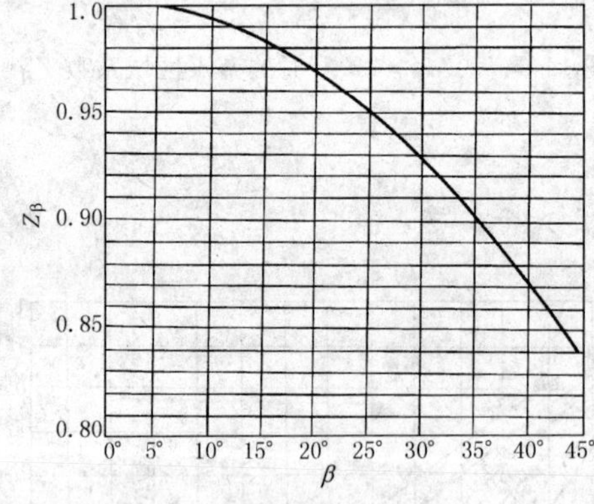

图 14-1-80　螺旋角系数 Z_β

(13) 试验齿轮的接触疲劳极限 σ_{Hlim}

σ_{Hlim}是指某种材料的齿轮经长期持续的重复载荷作用（对大多数材料，其应力循环数为 5×10^7）后，齿面不出现进展性点蚀时的极限应力。主要影响因素有：材料成分，力学性能，热处理及硬化层深度、硬度梯度，结构（锻、轧、铸），残余应力，材料的纯度和缺陷等。

σ_{Hlim}可由齿轮的负荷运转试验或使用经验的统计数据得出。此时需说明线速度、润滑油黏度、表面粗糙度、材料组织等变化对许用应力的影响所引起的误差。无资料时，可由图 14-1-81～图 14-1-85 查取。图中的 σ_{Hlim} 值是试验齿轮的失效概率为 1% 时的轮齿接触疲劳极限。图中硬化齿轮的疲劳极限值对渗碳齿轮适用于有效硬化层深度（加工后的）$\delta\geqslant0.15m_n$，对于氮化齿轮，其有效硬化层深度 $\delta=0.4\sim0.6$mm。

在图中，代表材料质量等级的 ML、MQ、ME 和 MX 线所对应的材料处理要求见 GB/T 8539《齿轮材料热处理质量检验的一般规定》。

ML——表示齿轮材料质量和热处理质量达到最低要求时的疲劳极限取值线。

MQ——表示齿轮材料质量和热处理质量达到中等要求时的疲劳极限取值线。此中等要求是有经验的工业齿轮制造者以合理的生产成本能达到的。

ME——表示齿轮材料质量和热处理质量达到很高要求时的疲劳极限取值线。这种要求只有在具备高水平的制造过程可控能力时才能达到。

MX——表示对淬透性及金相组织有特殊考虑的调质合金钢的取值线。

图 14-1-81～图 14-1-85 中提供的 σ_{Hlim} 值是试验齿轮在标准的运转条件下得到的。具体的条件如下：

中心距　$a=100$mm；

螺旋角　$\beta=0°$（$Z_\beta=1$）；

模数　$m=3\sim5$mm；

齿面的微观不平度 10 点高度　$R_z=3\mu$m（$Z_R=1$）；

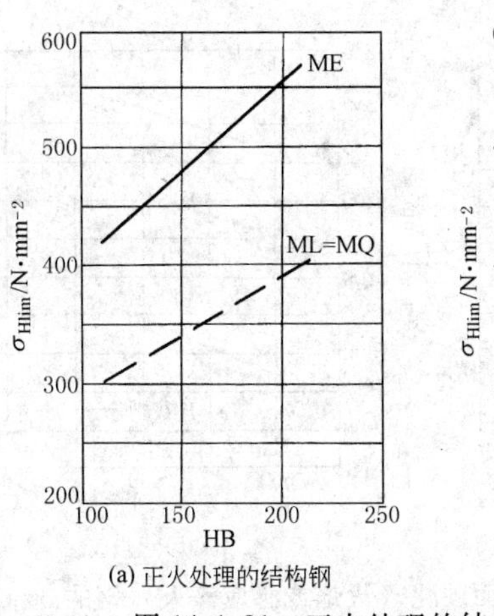

(a) 正火处理的结构钢

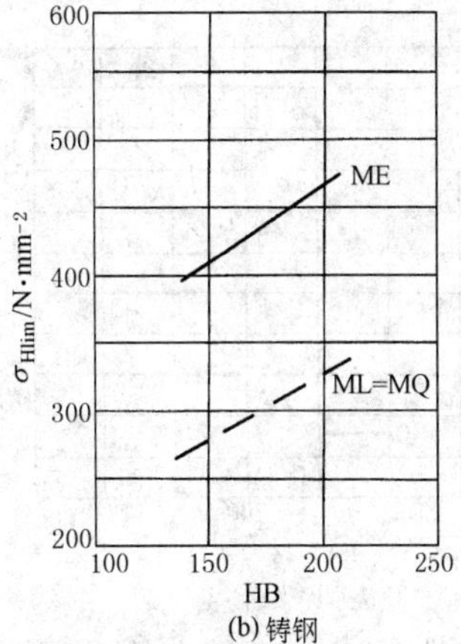

(b) 铸钢

图 14-1-81　正火处理的结构钢和铸钢的 σ_{Hlim}

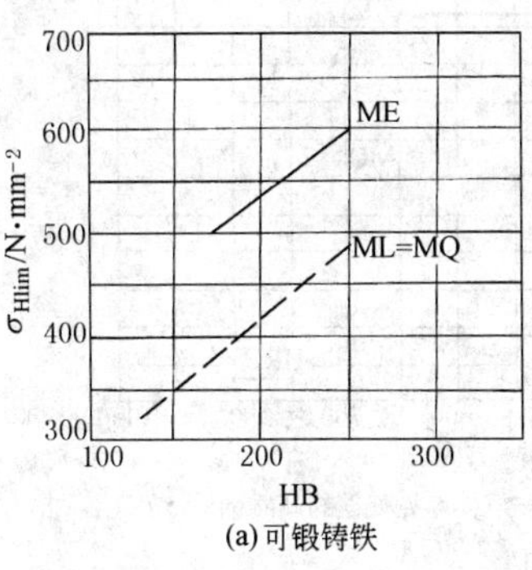

(a) 可锻铸铁

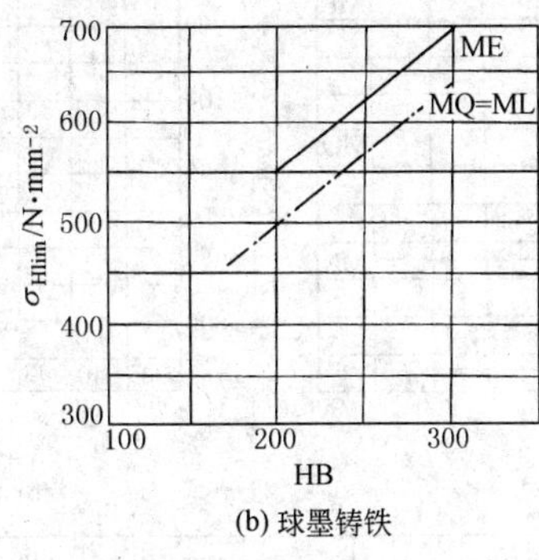

(b) 球墨铸铁

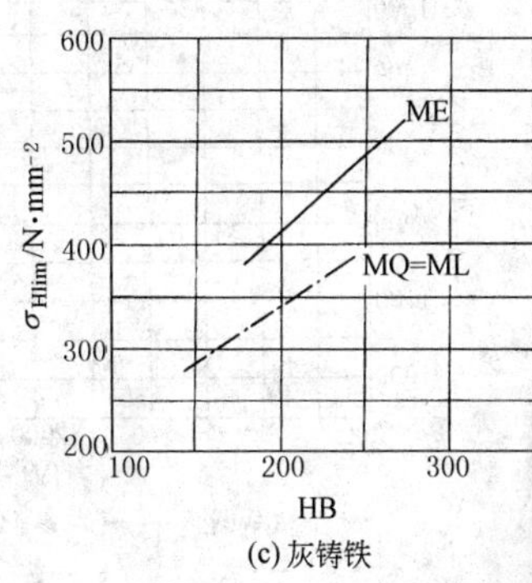

(c) 灰铸铁

图 14-1-82　铸铁的 σ_{Hlim}

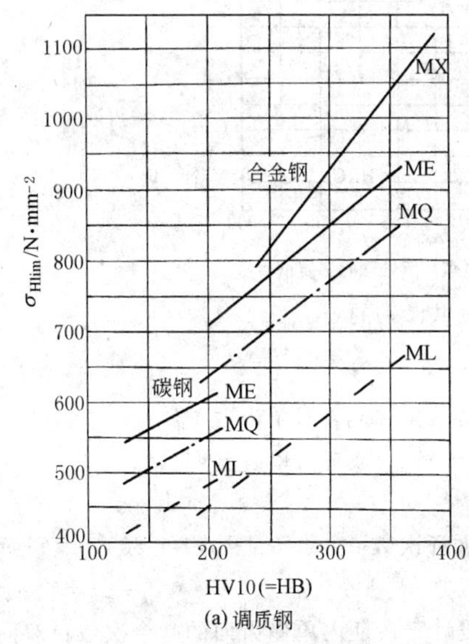

(a) 调质钢

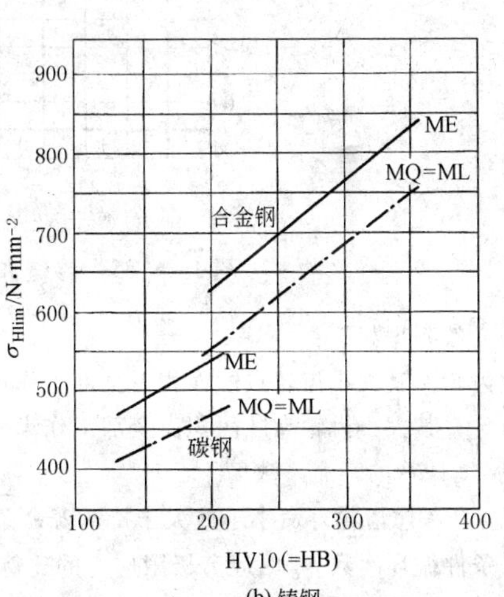

(b) 铸钢

图 14-1-83　调质处理的碳钢、合金钢及铸钢的 σ_{Hlim}

圆周线速度　$v=10\text{m/s}$（$Z_v=1$）；

润滑剂黏度　$\nu_{50}=100\text{mm}^2/\text{s}$（$Z_L=1$）；

相啮合齿轮的材料相同（$Z_W=1$）；

齿轮精度等级　4～6 级（ISO 1328-1：1995 或 GB/T 10095.1）；

载荷系数　$K_A=K_V=K_{H\beta}=K_{H\alpha}=1$。

第
14
篇

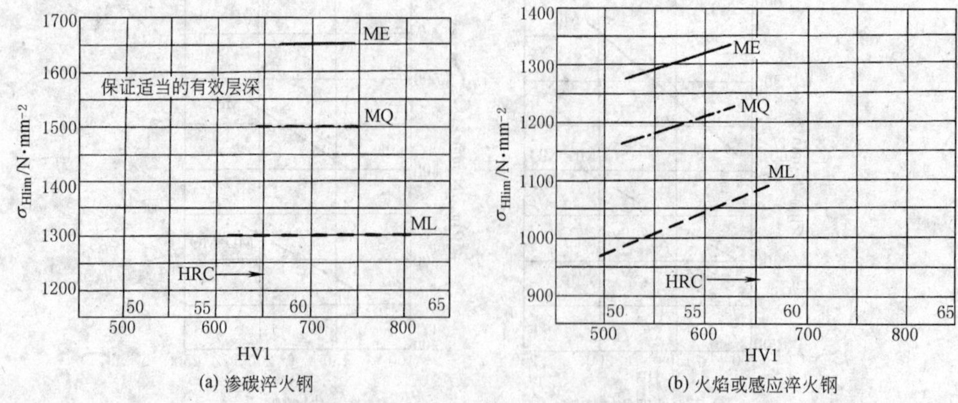

(a) 渗碳淬火钢　　(b) 火焰或感应淬火钢

图 14-1-84　渗碳淬火钢和表面硬化（火焰或感应淬火）钢的 σ_{Hlim}

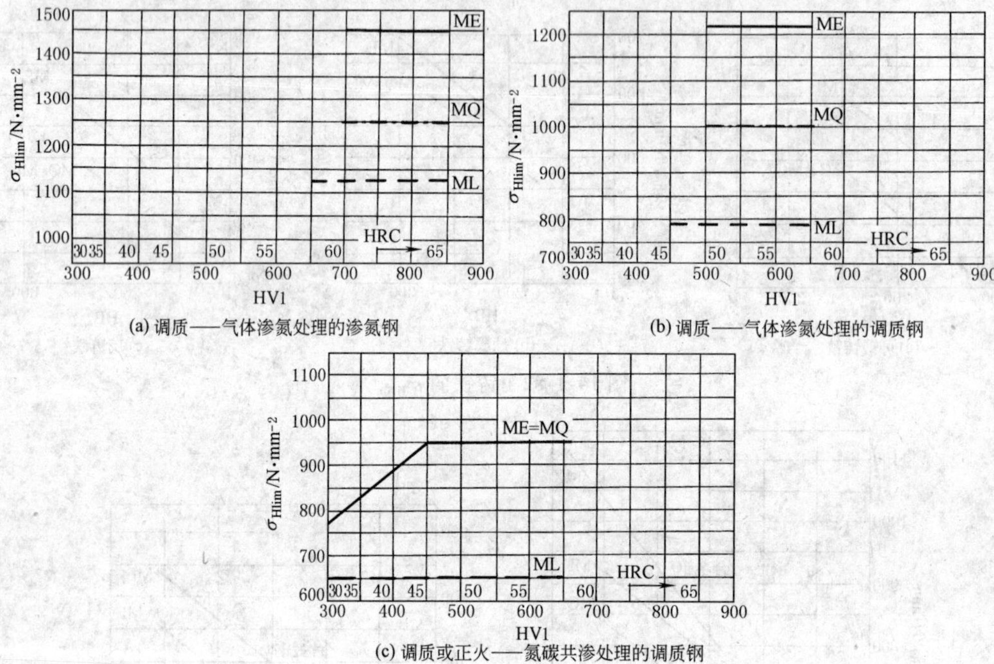

(a) 调质——气体渗氮处理的渗氮钢　　(b) 调质——气体渗氮处理的调质钢

(c) 调质或正火——氮碳共渗处理的调质钢

图 14-1-85　渗氮和氮碳共渗钢的 σ_{Hlim}

试验齿轮的失效判据如下：

对于非硬化齿轮，其大小齿轮点蚀面积占全部工作齿面的 2%，或者对单齿占 4%；

对于硬化齿轮，其大小齿轮点蚀面积占全部工作齿面的 0.5%，或者对单齿占 4%。

(14) 接触强度计算的寿命系数 Z_{NT}

寿命系数 Z_{NT} 是考虑齿轮寿命小于或大于持久寿命条件循环次数 N_{c} 时（见图 14-1-86），其可承受的接触应力值与其相应的条件循环次数 N_{c} 时疲劳极限应力的比例的系数。

当齿轮在定载荷工况工作时，应力循环次数 N_{L} 为齿轮设计寿命期内单侧齿面的啮合次数；双向工作时，按啮合次数较多的一侧计算。当齿轮在变载荷工况下工作并有载荷图谱可用时，应按 8.4.4 的方法核算其强度安全系数；对于缺乏工作载荷图谱的非恒定载荷齿轮，可近似地按名义载荷乘以使用系数 K_{A} 来核算其强度。

条件循环次数 N_{c} 是齿轮材料 S-N（即应力-循环次数）曲线上一个特征拐点的循环次数，并取该点处的寿命系数为 1.0，相应的 S-N 曲线上的应力称为疲劳极限应力。

接触强度计算的寿命系数 Z_{NT} 应根据实际齿轮实验或经验统计数据得出 S-N 曲线求得，它与一对相啮合齿轮的材料、热处理、直径、模数、齿面粗糙度、节线速度及使用的润滑剂有关。当直接采用 S-N 曲线确定和 S-N

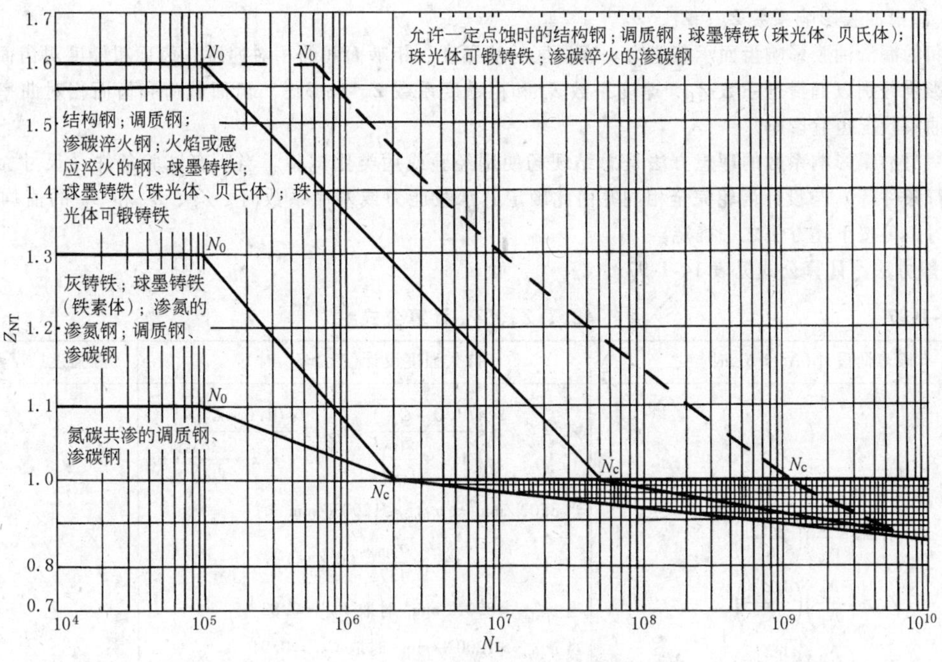

图 14-1-86 接触强度的寿命系数 Z_{NT}

曲线实验条件完全相同的齿轮寿命系数 Z_{NT}时，应将有关的影响系数 Z_R、Z_v、Z_L、Z_W、Z_x 的值均取为 1.0。

当无合适的上述实验或经验数据可用时，Z_{NT}可由表 14-1-96 的公式计算或由图 14-1-86 查取。

表 14-1-96　　接触强度的寿命系数 Z_{NT}

材料及热处理		静强度最大循环次数 N_0	持久寿命条件循环次数 N_c	应力循环次数 N_L	Z_{NT}计算公式
结构钢	允许有一定点蚀	$N_0=6\times10^5$	$N_c=10^9$	$N_L\leqslant6\times10^5$	$Z_{NT}=1.6$
				$6\times10^5<N_L\leqslant10^7$	$Z_{NT}=1.3\left(\frac{10^7}{N_L}\right)^{0.0738}$
调质钢				$10^7<N_L\leqslant10^9$	$Z_{NT}=\left(\frac{10^9}{N_L}\right)^{0.057}$
				$10^9<N_L\leqslant10^{10}$	$Z_{NT}=\left(\frac{10^9}{N_L}\right)^{0.0706}$ (见注)
球墨铸铁(珠光体、贝氏体)球光体可锻铸铁；渗碳淬火的渗碳钢；感应淬火或火焰淬火的钢和球墨铸铁	不允许有点蚀	$N_0=10^5$	$N_c=5\times10^7$	$N_L\leqslant10^5$	$Z_{NT}=1.6$
				$10^5<N_L\leqslant5\times10^7$	$Z_{NT}=\left(\frac{5\times10^7}{N_L}\right)^{0.0756}$
				$5\times10^7<N_L\leqslant10^{10}$	$Z_{NT}=\left(\frac{5\times10^7}{N_L}\right)^{0.0306}$ (见注)
灰铸铁、球墨铸铁(铁素体)；渗氮处理的渗氮钢、调质钢、渗碳钢			$N_c=2\times10^6$	$N_L\leqslant10^5$	$Z_{NT}=1.3$
				$10^5<N_L\leqslant2\times10^6$	$Z_{NT}=\left(\frac{2\times10^6}{N_L}\right)^{0.0875}$
				$2\times10^6<N_L\leqslant10^{10}$	$Z_{NT}=\left(\frac{2\times10^6}{N_L}\right)^{0.0191}$ (见注)
氮碳共渗的调质钢、渗碳钢				$N_L\leqslant10^5$	$Z_{NT}=1.1$
				$10^5<N_L\leqslant2\times10^6$	$Z_{NT}=\left(\frac{2\times10^6}{N_L}\right)^{0.0318}$
				$2\times10^6<N_L\leqslant10^{10}$	$Z_{NT}=\left(\frac{2\times10^6}{N_L}\right)^{0.0191}$ (见注)

注：当优选材料、制造工艺和润滑剂，并经生产实践验证时，这几个式子可取 $Z_{NT}=1.0$。

第 14 篇

(15) 润滑油膜影响系数 Z_L、Z_v、Z_R

齿面间的润滑油膜影响齿面承载能力。润滑区的油黏度、相啮面间的相对速度、齿面粗糙度对齿面间润滑油膜状况的影响分别以润滑剂系数 Z_L、速度系数 Z_v 和粗糙度系数 Z_R 来考虑。齿面载荷和齿面相对曲率半径对齿面间润滑油膜状况也有影响。

确定润滑油膜影响系数的理想方法是总结现场使用经验或用类比试验。当所有试验条件（尺寸、材料、润滑剂及运行条件等）与设计齿轮完全相同并由此确定其承载能力或寿命系数时，Z_L、Z_v 和 Z_R 的值均等于 1.0。当无资料时，可按下述方法之一确定。

① 一般方法　计算公式见表 14-1-97。

表 14-1-97　Z_L、Z_v、Z_R 计算公式

有限寿命设计（$N_L<N_c$ 时）	持久强度设计（$N_L \geqslant N_c$ 时）	静强度（$N_L \leqslant N_0$ 时）
$Z_L=\left(\frac{N_0}{N_L}\right)\left(\frac{\lg Z_{LC}}{K_n}\right)$ $Z_v=\left(\frac{N_0}{N_L}\right)\left(\frac{\lg Z_{vC}}{K_n}\right)$ $Z_R=\left(\frac{N_0}{N_L}\right)\left(\frac{\lg Z_{RC}}{K_n}\right)$ $K_n=\lg(N_0/N_c)$ 对结构钢，调质钢，球墨铸铁（珠光体、贝氏体），珠光体可锻铸铁，渗碳淬火钢，感应淬火或火焰淬火的钢、球墨铸铁 $K_n=-3.222$（允许一定点蚀） $K_n=-2.699$（不允许点蚀） 对可锻铸铁，球墨铸铁（铁素体），渗氮处理的渗氮钢、调质钢、渗碳钢，氮碳共渗的调质钢、渗碳钢 $K_n=-1.301$ 式中： Z_{LC}，Z_{vC}，Z_{RC} 为 $N_L=N_c$ 时得到的持久强度的值（即表中按 $N_L=N_c$ 算得的 Z_L、Z_v、Z_R） N_0、N_c 值见表 14-1-96	$Z_L=C_{ZL}+\frac{4(1.0-C_{ZL})}{\left(1.2+\frac{80}{\nu_{50}}\right)^2}=C_{ZL}+\frac{4(1.0-C_{ZL})}{\left(1.2+\frac{134}{\nu_{40}}\right)^2}$ ①② 当 $850\text{N/mm}^2 \leqslant \sigma_{Hlim} \leqslant 1200\text{N/mm}^2$ 时 $C_{ZL}=\frac{\sigma_{Hlim}}{4375}+0.6357$ ② 当 $\sigma_{Hlim}<850\text{N/mm}^2$ 时取 $C_{ZL}=0.83$ 当 $\sigma_{Hlim}>1200\text{N/mm}^2$ 时取 $C_{ZL}=0.91$	$Z_L=Z_v=Z_R=1$
	$Z_v=C_{Zv}+\frac{2(1.0-C_{Zv})}{\sqrt{0.8+\frac{32}{v}}}$ 当 $850\text{N/mm}^2 \leqslant \sigma_{Hlim} \leqslant 1200\text{N/mm}^2$ 时 $C_{Zv}=0.85+\frac{\sigma_{Hlim}-850}{350}\times 0.08$ 当 $\sigma_{Hlim}<850\text{N/mm}^2$ 时以 850N/mm^2 代入计算 当 $\sigma_{Hlim}>1200\text{N/mm}^2$ 时以 1200N/mm^2 代入计算 v——节点线速度，m/s	
	$Z_R=\left(\frac{3}{R_{z10}}\right)^{C_{zR}}$（极限条件为：$Z_R \leqslant 1.15$）③ 当 $850\text{N/mm}^2 \leqslant \sigma_{Hlim} \leqslant 1200\text{N/mm}^2$ 时 $C_{zR}=0.32-0.0002\sigma_{Hlim}$ 当 $\sigma_{Hlim}<850\text{N/mm}^2$ 时，$C_{zR}=0.15$ 当 $\sigma_{Hlim}>1200\text{N/mm}^2$ 时，$C_{zR}=0.08$ Z_L、Z_v、Z_R 也可由图 14-1-87～图 14-1-89 查取②	

① ν_{50}—在 50℃ 时润滑油的名义运动黏度，mm^2/s（cSt）；

ν_{40}—在 40℃ 时润滑油的名义运动黏度，mm^2/s（cSt）。

② 公式及图 14-1-87 适用于矿物油（加或不加添加剂）。应用某些具有较小摩擦系数的合成油时，对于渗碳钢齿轮 Z_L 应乘以系数 1.1，对于调质钢齿轮应乘以系数 1.4。

③ R_{z10}—相对（峰-谷）平均粗糙度

$$R_{z10}=\frac{R_{z1}+R_{z2}}{2}\sqrt[3]{\frac{10}{\rho_{red}}}$$

R_{z1}，R_{z2}—小齿轮及大齿轮的齿面微观不平度 10 点高度，μm。如经事先跑合，则 R_{z1}，R_{z2} 应为跑合后的数值；若粗糙度以 R_a 值（R_a = CLA 值 = AA 值）给出，则可近似取 $R_z \approx 6R_a$。

ρ_{red}—节点处诱导曲率半径，mm；$\rho_{red}=\rho_1\rho_2(\rho_1 \pm \rho_2)$。式中"+"用于外啮合，"-"用于内啮合，$\rho_1$，$\rho_2$ 分别为小轮及大轮节点处曲率半径；对于小齿轮-齿条啮合，$\rho_{red}=\rho_1$；$\rho_{1,2}=0.5d_{b1,2}\tan\alpha_t'$，式中 d_b 为基圆半径。

第 14 篇

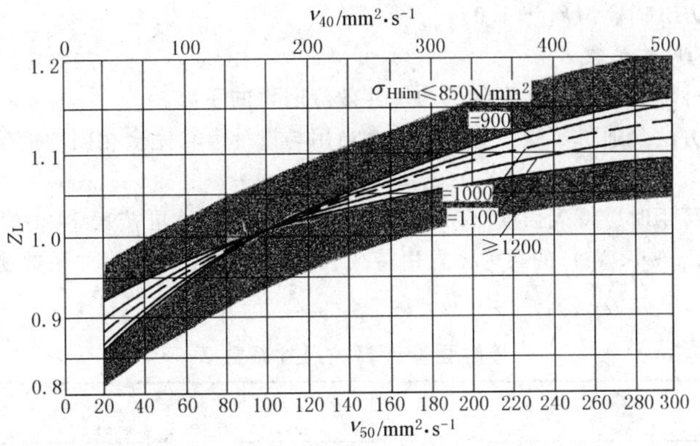

图 14-1-87　润滑剂系数 Z_L

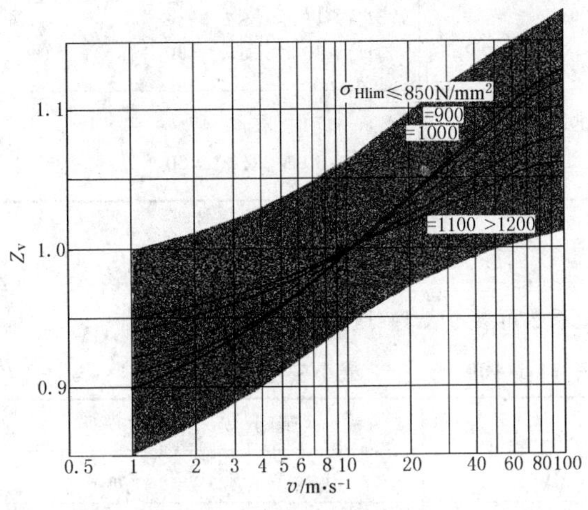

图 14-1-88　速度系数 Z_v

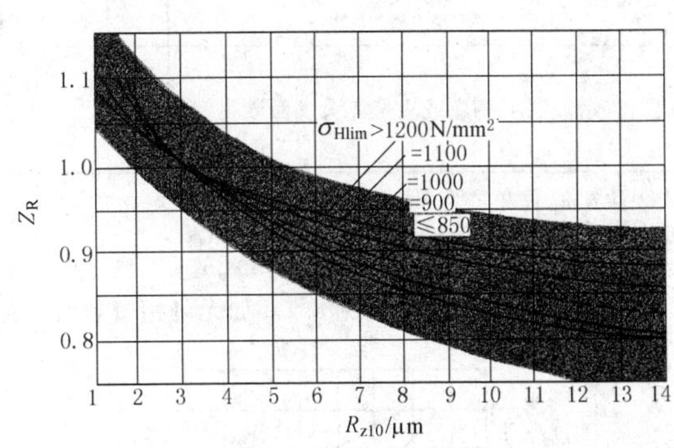

图 14-1-89　粗糙度系数 Z_R

② 简化方法　Z_L、Z_v、Z_R 的乘积在持久强度和静强度设计时由表 14-1-98 查得。对于应力循环次数 N_L 小于持久寿命条件循环次数 N_c 的有限寿命设计，（$Z_LZ_vZ_R$）值由其持久强度（$N_L \geqslant N_c$）和静强度（$N_L \leqslant N_0$）时的值参照表 14-1-97 的公式插值确定。

表 14-1-98　　**简化计算的（$Z_LZ_vZ_R$）值**

计算类型	加工工艺及齿面粗糙度 R_{z10}	$(Z_LZ_vZ_R)_{N_0,N_c}$
持久强度（$N_L \geqslant N_c$）	R_{z10} >4μm 经展成法滚、插或刨削加工的齿轮副	0.85
	研、磨或剃齿的齿轮副（R_{z10} >4μm）；滚、插、研磨的齿轮与 R_{z10} ≤4μm 的磨或剃齿轮啮合	0.92
	R_{z10} <4μm 的磨削或剃的齿轮副	1.00
静强度（$N_L \leqslant N_0$）	各种加工方法	1.00

（16）齿面工作硬化系数 Z_W

工作硬化系数 Z_W 是用以考虑经光整加工的硬齿面小齿轮在运转过程中对调质钢大齿轮齿面产生冷作硬化，从而使大齿轮的许用接触应力得以提高的系数。

Z_W 可由公式 $Z_W = 1.2 - \dfrac{HB - 130}{1700}$ 计算或由图 14-1-90 取得。此公式和图的使用条件为：小齿轮齿面微观不平度 10 点高度 R_z < 6μm，大齿轮齿面硬度为 130～470HB。当 <130HB

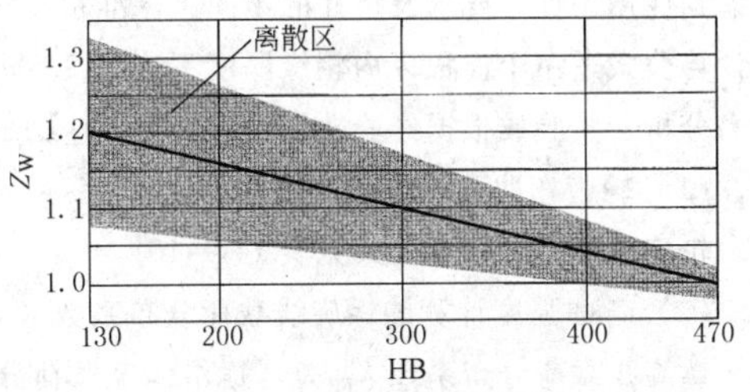

图 14-1-90　工作硬化系数 Z_W

第 14 篇

时，取 $Z_W=1.2$；当 >470HB 时，取$Z_W=1.0$。

(17) 接触强度计算的尺寸系数 Z_x

尺寸系数是考虑因尺寸增大使材料强度降低的尺寸效应因素的系数。

确定尺寸系数的理想方法是通过实验或经验总结。当用与设计齿轮完全相同的齿轮进行实验得到齿面承载能力或寿命系数时，$Z_x=1.0$。静强度（$N_L \leqslant N_0$）的 $Z_x=1.0$。

当无实验或经验数据可用时，持久强度（$N_L \geqslant N_c$）的尺寸系数 Z_x 可按表 14-1-99 所列公式计算或由图 14-1-91 查取。有限寿命（$N_0<N_L<N_c$）的尺寸系数由持久强度和静强度时的尺寸系数值参照表 14-1-97 左栏公式插值确定。

表 14-1-99　　接触强度计算的尺寸系数 Z_x

材　　料	Z_x	备　　注
调质钢、结构钢	$Z_x=1.0$	
短时间液体渗氮钢；气体渗氮钢	$Z_x=1.067-0.0056m_n$	$m_n<12$ 时，取 $m_n=12$ $m_n>30$ 时，取 $m_n=30$
渗碳淬火钢、感应或火焰淬火表面硬化钢	$Z_x=1.076-0.0109m_n$	$m_n<7$ 时，取 $m_n=7$ $m_n>30$ 时，取 $m_n=30$

注：m_n 是单位为 mm 的齿轮法向模数值。

(18) 最小安全系数 S_{Hmin}（S_{Fmin}）

安全系数选取的原则见 8.1。如无可用资料时，最小安全系数可参考表 14-1-100 选取。

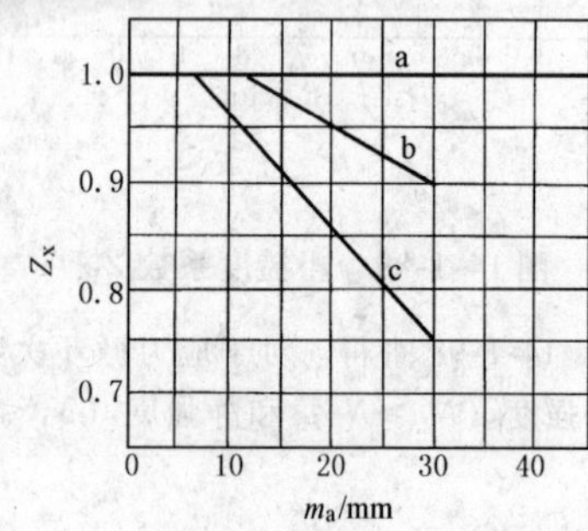

图 14-1-91　接触强度计算的尺寸系数 Z_x

a—结构钢、调质钢、静强度计算时的所有材料；b—短时间液体渗氮钢，气体渗氮钢；c—渗碳淬火钢、感应或火焰淬火表面硬化钢

表 14-1-100　　最小安全系数参考值

使用要求	最小安全系数	
	S_{Fmin}	S_{Hmin}
高可靠度	2.00	1.50～1.60
较高可靠度	1.60	1.25～1.30
一般可靠度	1.25	1.00～1.10
低可靠度	1.00	0.85

注：1. 在经过使用验证或对材料强度、载荷工况及制造精度拥有较准确的数据时，可取表中 S_{Fmin} 下限值。

2. 一般齿轮传动不推荐采用低可靠度的安全系数值。

3. 采用低可靠度的接触安全系数值时，可能在点蚀前先出现齿面塑性变形。

第 14 篇

8.4.2　轮齿弯曲强度核算

标准以载荷作用侧的齿廓根部的最大拉应力作为名义弯曲应力，并经相应的系数修正后作为计算齿根应力。考虑到使用条件、要求及尺寸的不同，标准将修正后的试件弯曲疲劳极限作为许用齿根应力。给出的轮齿弯曲强度计算公式适用于齿根以内轮缘厚度不小于 $3.5m_n$ 的圆柱齿轮。对于不符合此条件的薄轮缘齿轮，应作进一步应力分析、实验或根据经验数据确定其齿根应力的增大率。

(1) 轮齿弯曲强度核算的公式

轮齿弯曲强度核算公式见表 14-1-101。

(2) 弯曲强度计算的螺旋线载荷分布系数 $K_{F\beta}$

螺旋线载荷分布系数 $K_{F\beta}$ 是考虑沿齿宽载荷分布对齿根弯曲应力的影响。对于所有的实际应用范围，$K_{F\beta}$ 可按下式计算

表 14-1-101　　轮齿弯曲强度核算公式

项目	公式	说明
强度条件	$\sigma_F \leqslant \sigma_{Fp}$　或　$S_F \geqslant S_{Fmin}$	σ_F——齿轮的计算齿根应力,N/mm^2 σ_{Fp}——齿轮的许用齿根应力,N/mm^2 S_F——弯曲强度的计算安全系数 S_{Fmin}——弯曲强度的最小安全系数,见 8.4.1(18)
计算齿根应力	$\sigma_F = \sigma_{F0} K_A K_V K_{F\beta} K_{F\alpha}$	$K_{F\beta}$——弯曲强度计算的齿向载荷分布系数,见本节(2) $K_{F\alpha}$——弯曲强度计算的齿间载荷分配系数,见本节(3) σ_{F0}——齿根应力的基本值,N/mm^2,对于大、小齿轮应分别确定
齿根应力的基本值①③	方法一 $\sigma_{F0} = \dfrac{F_t}{bm_n} Y_F Y_S Y_\beta$ 方法二　仅适用于 $\varepsilon_\alpha < 2$ 的齿轮传动 $\sigma_{F0} = \dfrac{F_t}{bm_n} Y_{Fa} Y_{Sa} Y_\varepsilon Y_\beta$	F_t——端面内分度圆上的名义切向力,N b——工作齿宽(齿根圆处)②,mm m_n——法向模数,mm; Y_F——载荷作用于单对齿啮合区外界点时的齿形系数,见本节(4) Y_S——载荷作用于单对齿啮合区外界点时的应力修正系数,见本节(5) Y_β——螺旋角系数,见本节(7) Y_{Fa}——载荷作用于齿顶时的齿形系数,见本节(4) Y_{Sa}——载荷作用于齿顶时的应力修正系数,见本节(5) Y_ε——弯曲强度计算的重合度系数,见本节(6)
许用齿根应力	$\sigma_{FP} = \dfrac{\sigma_{FG}}{S_{Fmin}}$ $\sigma_{FG} = \sigma_{Flim} Y_{ST} Y_{NT} Y_{\delta relT} Y_{RrelT} Y_X$ 大、小齿轮的许用齿根应力要分别确定	σ_{FG}——计算齿轮的弯曲极限应力,N/mm^2 σ_{Flim}——试验齿轮的齿根弯曲疲劳极限,N/mm^2,见本节(8) Y_{ST}——试验齿轮的应力修正系数,如用本标准所给 σ_{Flim} 值计算时,取 $Y_{ST}=2.0$ Y_{NT}——弯曲强度计算的寿命系数,见本节(9) S_{Fmin}——弯曲强度的最小安全系数,见 8.4.1(18) $Y_{\delta relT}$——相对齿根圆角敏感系数,见本节(11) Y_{RrelT}——相对齿根表面状况系数,见本节(12) Y_X——弯曲强度计算的尺寸系数,见本节(10)
计算安全系数	$S_F = \dfrac{\sigma_{FG}}{\sigma_F} = \dfrac{\sigma_{Flim} Y_{ST} Y_{NT}}{\sigma_{F0}} \times \dfrac{Y_{\delta relT} Y_{RrelT} Y_X}{K_A K_V K_{F\beta} K_{F\alpha}}$	K_A、K_V 同 8.4.1(3)、(4) $K_{F\beta}$——弯曲强度计算的齿向载荷分布系数,见本节(2) $K_{F\alpha}$——弯曲强度计算的齿间载荷分配系数,见本节(3)

① 对于计算精确度要求较高的齿轮，应优先采用方法一。在对计算结果有争议时，以方法一为准。

② 若大、小齿轮宽度不同时，最多把窄齿轮的齿宽加上一个模数作为宽齿轮的工作齿宽；对于双斜齿或人字齿轮 $b=b_B\times 2$，b_B 为单个斜齿轮宽度；轮齿如有齿端修薄或鼓形修整，b 应取比实际齿宽较小的值。

③ 薄轮缘齿轮齿根应力基本值的计算见 8.4.5。

$$K_{F\beta} = (K_{H\beta})^N$$

式中　$K_{H\beta}$——接触强度计算的螺旋线载荷分布系数，见 8.4.1（5）；

N——幂指数

$$N = \frac{(b/h)^2}{1+(b/h)+(b/h)^2}$$

式中　b——齿宽，mm，对人字齿或双斜齿齿轮，用单个斜齿轮的齿宽；

h——齿高，mm。

b/h 应取大小齿轮中的小值。

第 14 篇

图 14-1-92 给出按以上二式确定的近似解。

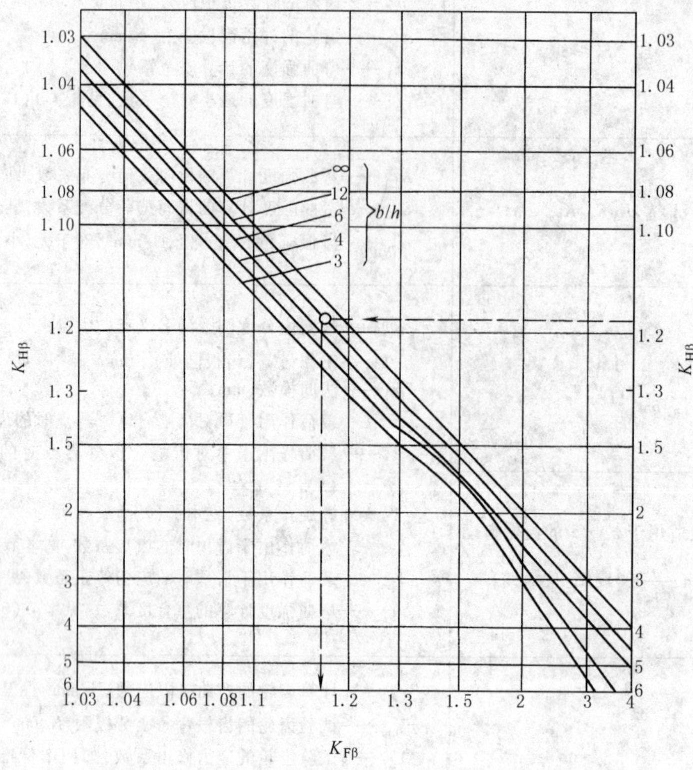

图 14-1-92 弯曲强度计算的螺旋线载荷分布系数 $K_{F\beta}$

(3) 弯曲强度计算的齿间载荷分配系数 $K_{F\alpha}$

螺旋线载荷分配系数 $K_{F\alpha}$ 的含义、影响因素、计算方法与使用表格与接触强度计算的螺旋线载荷分配系数 $K_{H\alpha}$ 完全相同，且 $K_{F\alpha}=K_{H\alpha}$。详见 8.4.1 (6)。

(4) 齿廓系数 Y_F、Y_{Fa}

齿廓系数用于考虑齿廓对名义弯曲应力的影响，以过齿廓根部左右两过渡曲线与 30°切线相切点的截面作为危险截面进行计算。

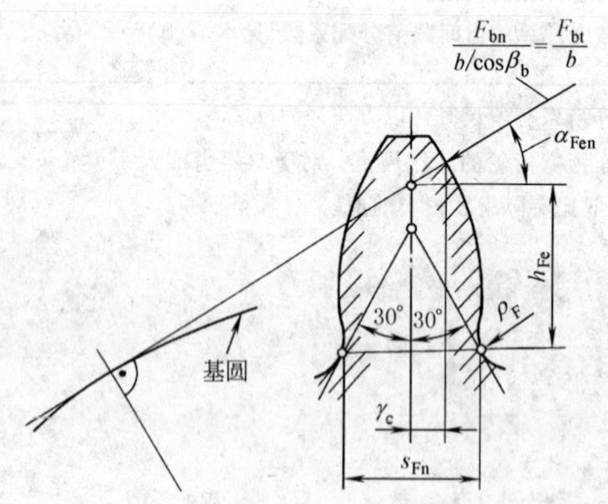

图 14-1-93 影响外齿轮齿廓系数 Y_F 的各参数

① 齿廓系数 Y_F 齿廓系数 Y_F 是考虑载荷作用于单对齿啮合区外界点时齿廓对名义弯曲应力的影响（见图 14-1-93）。

外齿轮的齿廓系数 Y_F 可由下式计算

$$Y_F=\frac{6\left(\frac{h_{Fe}}{m_n}\right)\cos\alpha_{Fen}}{\left(\frac{s_{Fn}}{m_n}\right)^2\cos\alpha_n}$$

式中 m_n——齿轮法向模数，mm；

α_n——法向分度圆压力角；

α_{Fen}，h_{Fe}，s_{Fn}的定义见图 14-1-93。

用齿条刀具加工的外齿轮，Y_F 可用表 14-1-102 中的公式计算。但此计算需满足下列条件：a. 30°切线的切点位于由刀具齿顶圆角所展成的齿根过渡曲线上；b. 刀具齿顶必须有一定大小的圆角（即 $\rho_{fP}\neq0$），刀具的基本齿廓尺寸见图 14-1-94。

表 14-1-102　　外齿轮齿廓系数 Y_F 的有关公式

序号	名称	代号	计算公式	备注
1	刀尖圆心至刀齿对称线的距离	E	$\frac{\pi m_n}{4}-h_{fP}\tan\alpha_n+\frac{s_{pr}}{\cos\alpha_n}-(1-\sin\alpha_n)\frac{\rho_{fP}}{\cos\alpha_n}$	h_{fP}——基本齿廓齿根高 $s_{pr}=p_r-q$ 见图 14-1-94
2	辅助值	G	$\frac{\rho_{fP}}{m_n}-\frac{h_{fP}}{m_n}+x$	x——法向变位系数
3	基圆螺旋角	β_b	$\arccos[\sqrt{1-(\sin\beta\cos\alpha_n)^2}]$	
4	当量齿数	z_n	$\frac{z}{\cos^2\beta_b\cos\beta}\approx\frac{z}{\cos^3\beta}$	
5	辅助值	H	$\frac{2}{z_n}\left(\frac{\pi}{2}-\frac{E}{m_n}\right)-\frac{\pi}{3}$	
6	辅助角	θ	$(2G/z_n)\tan\theta-H$	用牛顿法解时可取初始值 $\theta=-H/(1-2G/z_n)$
7	危险截面齿厚与模数之比	$\frac{s_{Fn}}{m_n}$	$z_n\sin\left(\frac{\pi}{3}-\theta\right)+\sqrt{3}\left(\frac{G}{\cos\theta}-\frac{\rho_{fP}}{m_n}\right)$	
8	30°切点处曲率半径与模数之比	$\frac{\rho_F}{m_n}$	$\frac{\rho_{fP}}{m_n}+\frac{2G^2}{\cos\theta(z_n\cos^2\theta-2G)}$	
9	当量直齿轮端面重合度	$\varepsilon_{\alpha n}$	$\frac{\varepsilon_\alpha}{\cos^2\beta_b}$	ε_α 见表 14-1-90 中计算式
10	当量直齿轮分度圆直径	d_n	$\frac{d}{\cos^2\beta_b}=m_n z_n$	
11	当量直齿轮基圆直径	d_{bn}	$d_n\cos\alpha_n$	
12	当量直齿轮顶圆直径	d_{an}	d_n+d_a-d	d_a——齿顶圆直径 d——分度圆直径
13	当量直齿轮单对齿啮合区外界点直径	d_{en}	$2\sqrt{\left[\sqrt{\left(\frac{d_{an}}{2}\right)^2-\left(\frac{d_{bn}}{2}\right)^2}\mp\pi m_n\cos\alpha_n(\varepsilon_{\alpha n}-1)\right]^2+\left(\frac{d_{bn}}{2}\right)^2}$ 注：式中"∓"处对外啮合取"－",对内啮合取"＋"	
14	当量齿轮单齿啮合外界点压力角	α_{en}	$\arccos\left(\frac{d_{bn}}{d_{en}}\right)$	
15	外界点处的齿厚半角	γ_e	$\frac{1}{z_n}\left(\frac{\pi}{2}+2x\tan\alpha_n\right)+\mathrm{inv}\alpha_n-\mathrm{inv}\alpha_{en}$	
16	当量齿轮单齿啮合外界点载荷作用角	α_{Fen}	$\alpha_{en}-\gamma_e$	
17	弯曲力臂与模数比	$\frac{h_{Fe}}{m_n}$	$\frac{1}{2}\left[(\cos\gamma_e-\sin\gamma_e\tan\alpha_{Fen})\frac{d_{en}}{m_n}-z_n\cos\left(\frac{\pi}{3}-\theta\right)-\frac{G}{\cos\theta}+\frac{\rho_{fP}}{m_n}\right]$	
18	齿廓系数	Y_F	$\frac{6\left(\frac{h_{Fe}}{m_n}\right)\cos\alpha_{Fen}}{\left(\frac{s_{Fn}}{m_n}\right)^2\cos\alpha_n}$	

注：1. 表中长度单位为 mm，角度单位为 rad。

2. 计算适用于标准或变位的直齿轮和斜齿轮。对于斜齿轮，齿廓系数按法截面确定，即按当量齿数 z_n 进行计算。大、小齿轮的 Y_F 应分别计算。

内齿轮的齿廓系数 Y_F 不仅与齿数和变位系数有关，且与插齿刀的参数有关。为了简化计算，可近似地按替代齿条计算（见图 14-1-95）。替代齿条的法向齿廓与基本齿条相似，齿高与内齿轮相同，法向载荷作用角 α_{Fen} 等于 α_n，并以脚标 2 表示内齿轮。Y_F 可用表 14-1-103 中的公式进行计算。

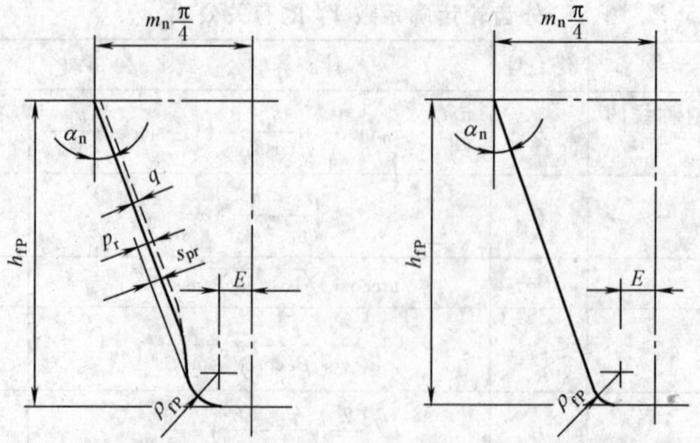

(a) 挖根型　　(b) 普通型

图 14-1-94　刀具基本齿廓尺寸

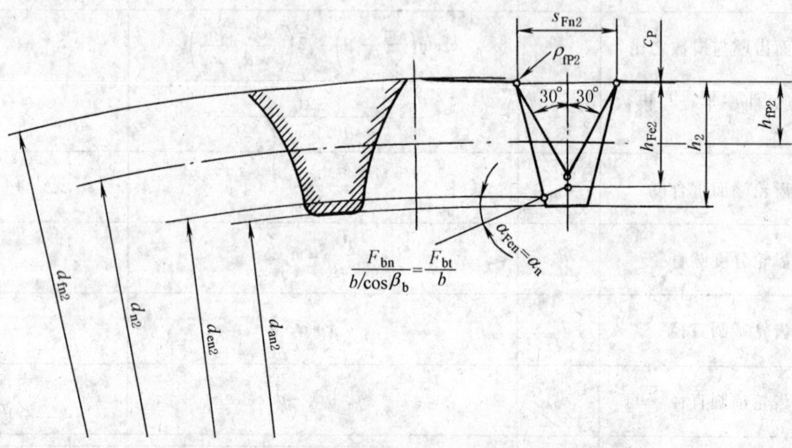

图 14-1-95　影响内齿轮齿廓系数 Y_F 的各参数

表 14-1-103　　内齿轮齿廓系数 Y_F 的有关公式（适用于 $z_2>70$）

序号	名　　称	代号	计 算 公 式	备　注
1	当量内齿轮分度圆直径	d_{n2}	$\frac{d_2}{\cos^2\beta_b}=m_n z_n$	d_2——内齿轮分度圆直径
2	当量内齿轮根圆直径	d_{fn2}	$d_{n2}+d_{f2}-d_2$	d_{f2}——内齿轮根圆直径
3	当量齿轮单齿啮合区外界点直径	d_{en2}	同表 14-1-102 第 13 项公式	式中"±"、"∓"符号应采用内啮合的
4	当量内齿轮齿根高	h_{fP2}	$\frac{d_{fn2}-d_{n2}}{2}$	
5	内齿轮齿根过渡圆半径	ρ_{F2}	当 ρ_{F2} 已知时取已知值；当 ρ_{F2} 未知时取为 $0.15m_n$	
6	刀具圆角半径	ρ_{fP2}	当齿轮型插齿刀顶端 ρ_{fP2} 已知时取已知值；当 ρ_{fP2} 未知时，取 $\rho_{fP2}\approx\rho_{F2}$	
7	危险截面齿厚与模数之比	$\frac{s_{Fn2}}{m_n}$	$2\left(\frac{\pi}{4}+\frac{h_{fP2}-\rho_{fP2}}{m_n}\tan\alpha_n+\frac{\rho_{fP2}-s_{pr}}{m_n\cos\alpha_n}-\frac{\rho_{fP2}}{m_n}\cos\frac{\pi}{6}\right)$	$s_{pr}=p_r-q$，见图 14-1-94
8	弯曲力臂与模数之比	$\frac{h_{Fe2}}{m_n}$	$\frac{d_{fn2}-d_{en2}}{2}-\left[\frac{\pi}{4}-\left(\frac{d_{fn2}-d_{en2}}{2m_n}-\frac{h_{fP2}}{m_n}\right)\tan\alpha_n\right]\times\tan\alpha_n-\frac{\rho_{fP2}}{m_n}\left(1-\sin\frac{\pi}{6}\right)$	
9	齿廓系数	Y_F	$\left(\frac{6h_{Fe2}}{m_n}\right)\Big/\left(\frac{s_{Fn2}}{m_n}\right)^2$	

注：表中长度单位为 mm，角度单位为 rad。

② 齿廓系数 Y_{Fa}　齿廓系数 Y_{Fa} 是考虑当载荷作用于齿顶时齿廓对名义弯曲应力的影响，用于近似计算，且 Y_{Fa} 只能与 Y_ε 一起使用。

外齿轮的齿廓系数 Y_{Fa} 可由下式确定（参见图 14-1-96）。

$$Y_{Fa}=\frac{6\left(\frac{h_{Fa}}{m_n}\right)\cos\alpha_{Fan}}{\left(\frac{s_{Fn}}{m_n}\right)^2\cos\alpha_n}$$

公式适用于 $\varepsilon_{\alpha n}<2$ 的标准或变位的直齿轮和斜齿轮。大、小轮的 Y_{Fa} 应分别确定。

对于斜齿轮，齿廓系数按法截面确定，即按当量齿数 z_n 确定，当量齿数 z_n 可用表 14-1-102 中公式计算。

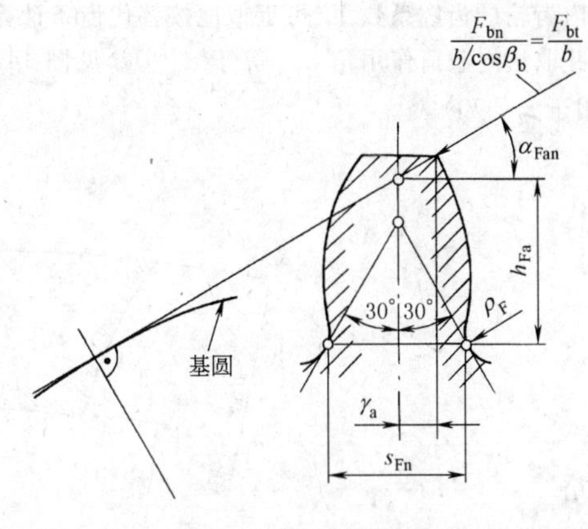

图 14-1-96　影响外齿轮齿廓系数 Y_{Fa} 的各参数

用齿条刀具加工的外齿轮的 Y_{Fa} 可按表 14-1-104 中的公式计算，或按图 14-1-98～图 14-1-102 相应查取。不同参数的齿廓所适用的图号见表 14-1-106。

图 14-1-98～图 14-1-102 的图线适用于齿顶不缩短的齿轮。对于齿顶缩短的齿轮，实际弯曲力臂比不缩短时稍小一些，因此用以上图线查取的值偏于安全。

表 14-1-104　外齿轮齿廓系数 Y_{Fa} 的有关公式

序　号	名　　称	代　号	计　算　公　式	备　　注
1	刀尖圆心至刀齿对称线的距离	E	$\frac{\pi m_n}{4}-h_{fP}\tan\alpha_n+\frac{s_{pr}}{\cos\alpha_n}-(1-\sin\alpha_n)\frac{\rho_{fP}}{\cos\alpha_n}$	h_{fP}——基本齿廓齿根高 s_{pr}——p_r-q，见图 14-1-94
2	辅助值	G	$\frac{\rho_{fP}}{m_n}-\frac{h_{fP}}{m_n}+x$	x——法向变位系数
3	基圆螺旋角	β_b	$\arccos\left[\sqrt{1-(\sin\beta\cos\alpha_n)^2}\right]$	
4	当量齿数	z_n	$\frac{z}{\cos^2\beta_b\cos\beta}$	
5	辅助值	H	$\frac{2}{z_n}\left(\frac{\pi}{2}-\frac{E}{m_n}\right)-\frac{\pi}{3}$	
6	辅助角	θ	$(2G/z_n)\tan\theta-H$	用牛顿法解时可取初始值 $\theta=-H/(1-2G/z_n)$
7	危险截面齿厚与模数之比	$\frac{s_{Fn}}{m_n}$	$z_n\sin\left(\frac{\pi}{3}-\theta\right)+\sqrt{3}\left(\frac{G}{\cos\theta}-\frac{\rho_{fP}}{m_n}\right)$	ρ_{fP}/m_n 按表 14-1-102 中 $\frac{\rho_F}{m_n}$ 式计算
8	当量齿轮齿顶压力角	α_{an}	$\arccos\left[\frac{\cos\alpha_n}{1+\frac{(d_a-d)}{m_n z_n}}\right]$	d_a——齿顶圆直径 d——齿分圆直径
9	齿顶厚半角	γ_a	$\frac{0.5\pi+2x\tan\alpha_n}{z_n}+\mathrm{inv}\alpha_n-\mathrm{inv}\alpha_{an}$	
10	当量齿轮齿顶载荷作用角	α_{Fan}	$\alpha_{an}-\gamma_a=\tan\alpha_{an}-\mathrm{inv}\alpha_n-\frac{0.5\pi+2x\tan\alpha_n}{z_n}$	
11	弯曲力臂与模数之比	$\frac{h_{Fa}}{m_n}$	$0.5z_n\left[\frac{\cos\alpha_n}{\cos\alpha_{Fan}}-\cos\left(\frac{\pi}{3}-\theta\right)\right]+0.5\left(\frac{\rho_{fP}}{m_n}-\frac{G}{\cos\theta}\right)$	
12	齿廓系数	Y_{Fa}	$\left(6\times\frac{h_{Fa}}{m_n}\cos\alpha_{Fan}\right)\Big/\left(\frac{s_{Fn}}{m_n}\right)^2\cos\alpha_n$	

注：长度单位为 mm，角度单位为 rad。

内齿轮的齿廓系数 Y_{Fa} 可近似地按替代齿条计算。此替代齿条的法向齿廓与基本齿条相似，齿高与内齿轮相同，并取法向载荷作用角 α_{Fan} 等于 α_n（参见图 14-1-97）。以脚标 2 表示内齿轮。有关计算公式见表 14-1-105（适用于 $z_2>70$）。

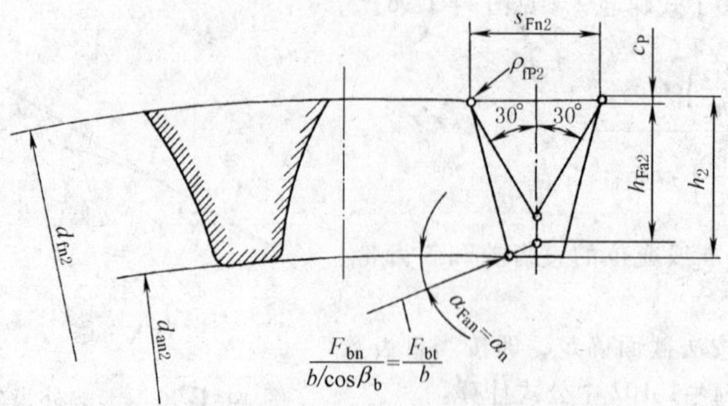

图 14-1-97　影响内齿轮齿廓系数 Y_{Fa} 的各参数

表 14-1-105　　内齿轮齿廓系数 Y_{Fa} 的有关公式

序号	名称	代号	计算公式	备注
1	当量内齿轮分圆直径	d_{n2}	$\frac{d_2}{\cos^2\beta_b}=m_nz_n$	d_2——内齿轮分圆直径
2	当量内齿轮根圆直径	d_{fn2}	$d_{n2}+d_{f2}-d_2$	d_{f2}——内齿轮根圆直径
3	当量内齿轮顶圆直径	d_{an2}	$d_{n2}+d_{a2}-d_2$	d_{a2}——内齿轮顶圆直径
4	当量内齿轮齿根高	h_{fP2}	$\frac{d_{fn2}-d_{n2}}{2}$	
5	内齿轮齿根过渡圆半径	ρ_{F2}	当 ρ_{F2} 已知时取已知值；当 ρ_{F2} 未知时取为 $0.15m_n$	
6	刀具圆角半径	ρ_{fP2}	当齿轮型插齿刀顶端 ρ_{fP2} 已知时取已知值；当 ρ_{fP2} 未知时取 $\rho_{fP2}\approx\rho_{F2}$	
7	危险截面齿厚与模数之比	$\frac{s_{Fn2}}{m_n}$	$2\left[\frac{\pi}{4}+\frac{h_{fP2}-\rho_{fP2}}{m_n}\tan\alpha_n+\frac{\rho_{fP2}-s_{pr}}{m_n\cos\alpha_n}-\frac{\rho_{fP2}}{m_n}\cos\frac{\pi}{6}\right]$	$s_{pr}=p_r-q$，见图 14-1-94
8	弯曲力臂与模数之比	$\frac{h_{Fa2}}{m_n}$	$\frac{d_{fn2}-d_{an2}}{2m_n}-\left[\frac{\pi}{4}-\left(\frac{d_{fn2}-d_{an2}}{2m_n}-\frac{h_{fP2}}{m_n}\right)\tan\alpha_n\right]\tan\alpha_n-\frac{\rho_{fP2}}{m_n}\left(1-\sin\frac{\pi}{6}\right)$	
9	齿廓系数	Y_{Fa}	$(6h_{Fa2}/m_n)/(s_{Fn2}/m_n)^2$	

注：1. 对变位齿轮，仍取标准齿高。
2. 长度单位为 mm，角度单位为 rad。

与图 14-1-98～图 14-1-102 各齿廓参数相对应的内齿轮齿廓系数 Y_{Fa} 也可由表 14-1-106 查取。

表 14-1-106　　几种基本齿廓齿轮的 Y_{Fa}

基本齿廓				外齿轮	内齿轮
α_n	$\frac{h_{aP}}{m_n}$	$\frac{h_{fP}}{m_n}$	$\frac{\rho_{fP}}{m_n}$	Y_{Fa}	Y_{Fa} $\rho_F=0.15m_n,h=h_{aP}+h_{fP}$
20°	1	1.25	0.38	图 14-1-98	2.053
20°	1	1.25	0.3	图 14-1-99	2.053
22.5°	1	1.25	0.4	图 14-1-100	1.87
20°	1	1.4	0.4	图 14-1-101	（已挖根）
25°	1	1.25	0.318	图 14-1-102	1.71

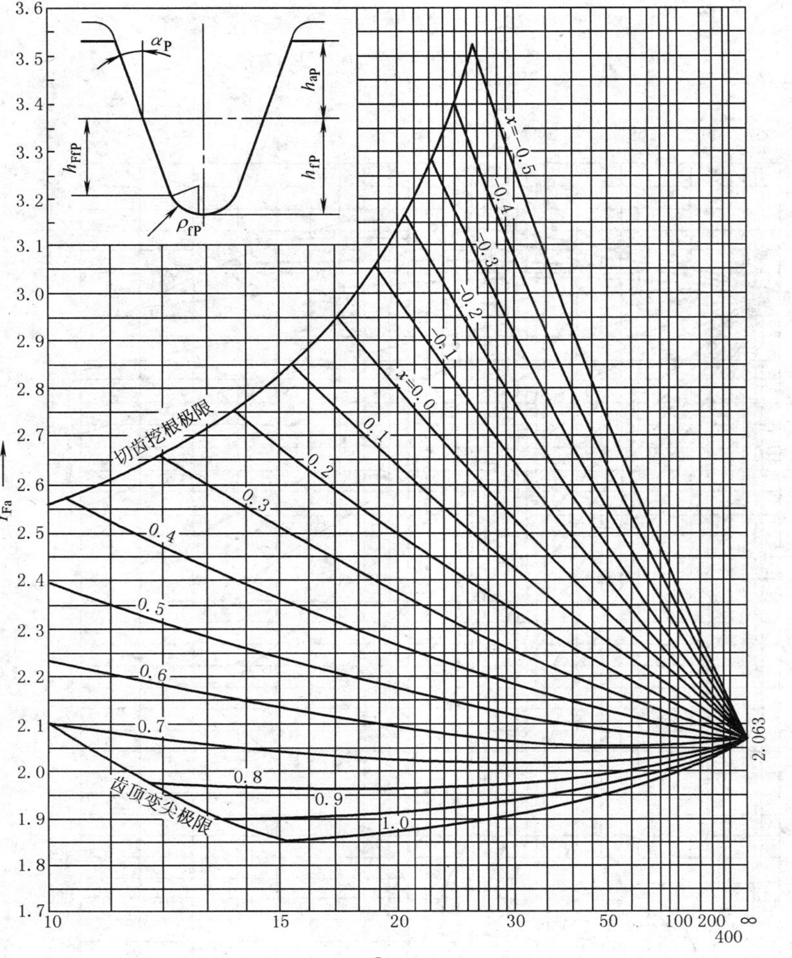

图 14-1-98　外齿轮齿廓系数 Y_{Fa}

$\alpha_P=20°$，$h_{aP}/m_n=1$；$h_{fP}/m_n=1.25$；$\rho_{fP}/m_n=0.38$

对内齿轮当 $\rho_{fP}/m_n=0.15$ 时，$Y_{Fa}=1.87$

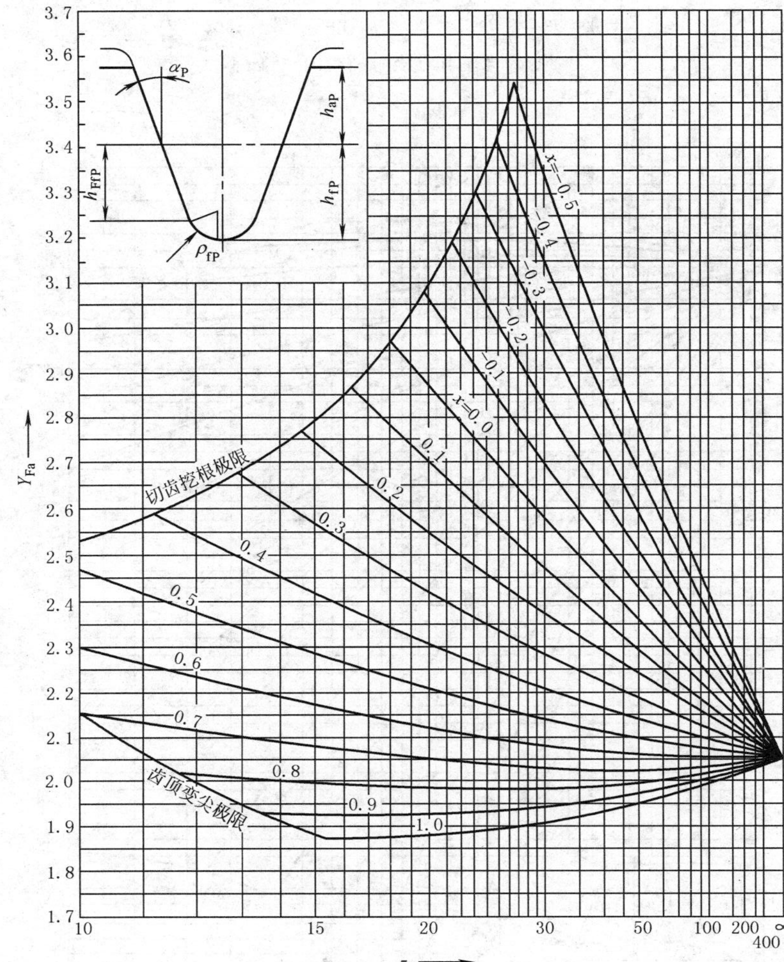

图 14-1-99　外齿轮齿廓系数 Y_{Fa}

$\alpha_P=20°$；$h_{aP}/m_n=1$；$h_{fP}/m_n=1.25$；$\rho_{fP}/m_n=0.30$

对内齿轮当 $\rho_{fP}/m_n=0.15$ 时，$Y_{Fa}=2.053$

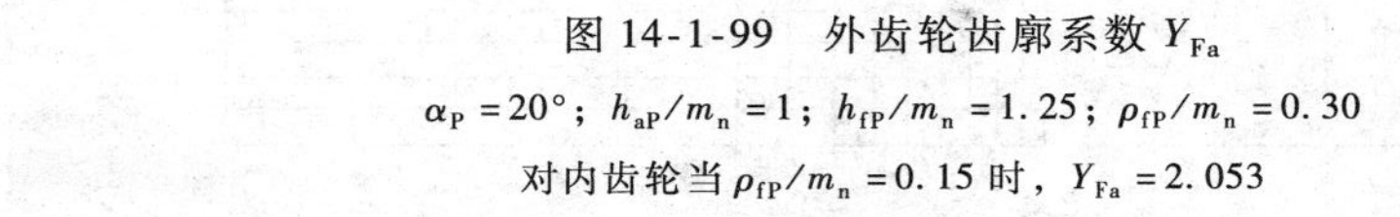

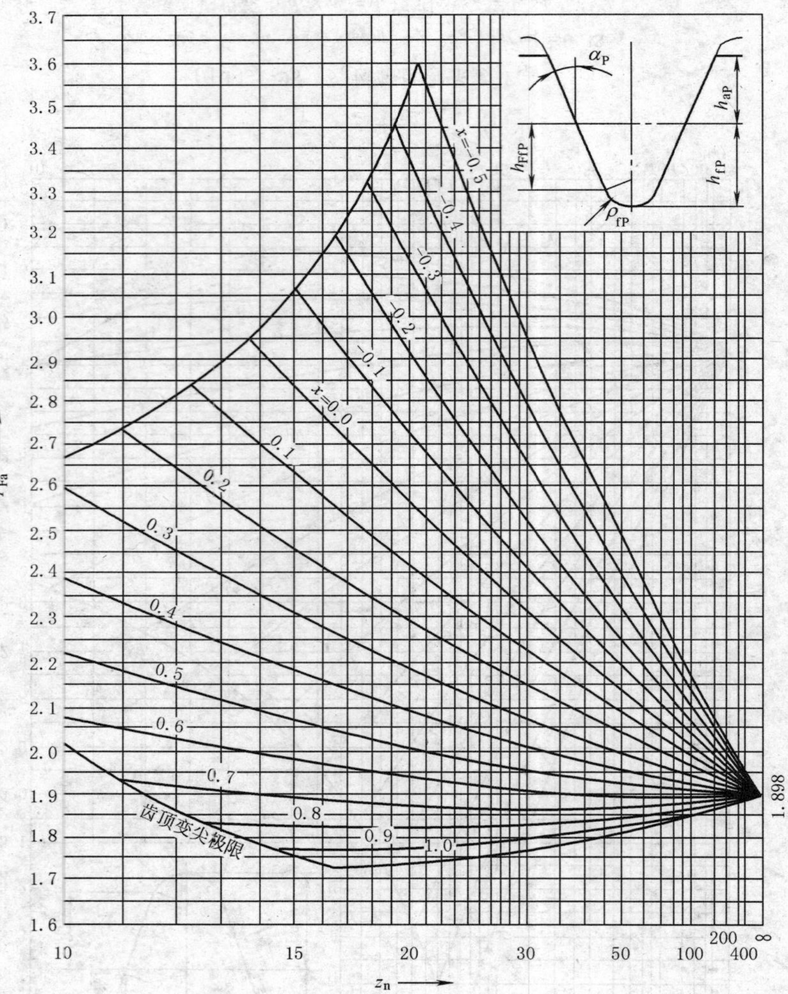

图 14-1-100 外齿轮齿廓系数 Y_{Fa}

$\alpha_P=22.5°$，$h_{aP}/m_n=1$；$h_{fP}/m_n=1.25$；$\rho_{fP}/m_n=0.40$

对内齿轮当 $\rho_{fP}/m_n=0.15$ 时，$Y_{Fa}=1.87$

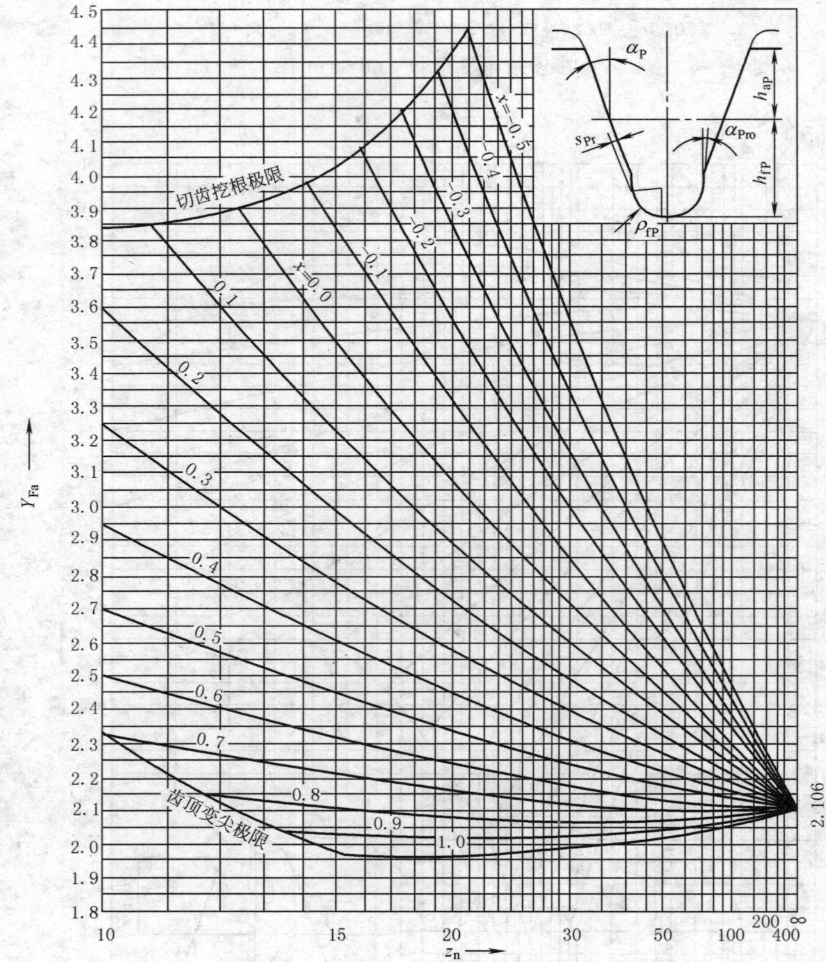
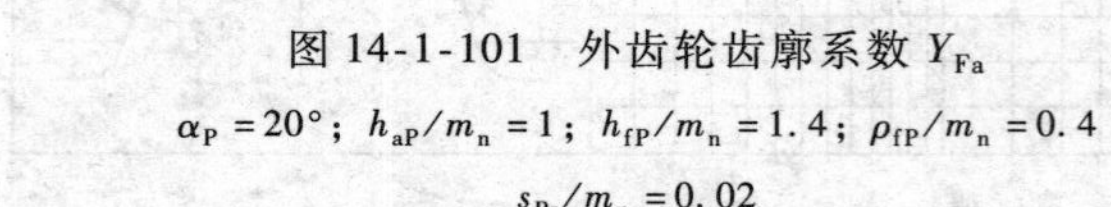

图 14-1-101 外齿轮齿廓系数 Y_{Fa}

$\alpha_P=20°$；$h_{aP}/m_n=1$；$h_{fP}/m_n=1.4$；$\rho_{fP}/m_n=0.4$

$s_{Pr}/m_n=0.02$

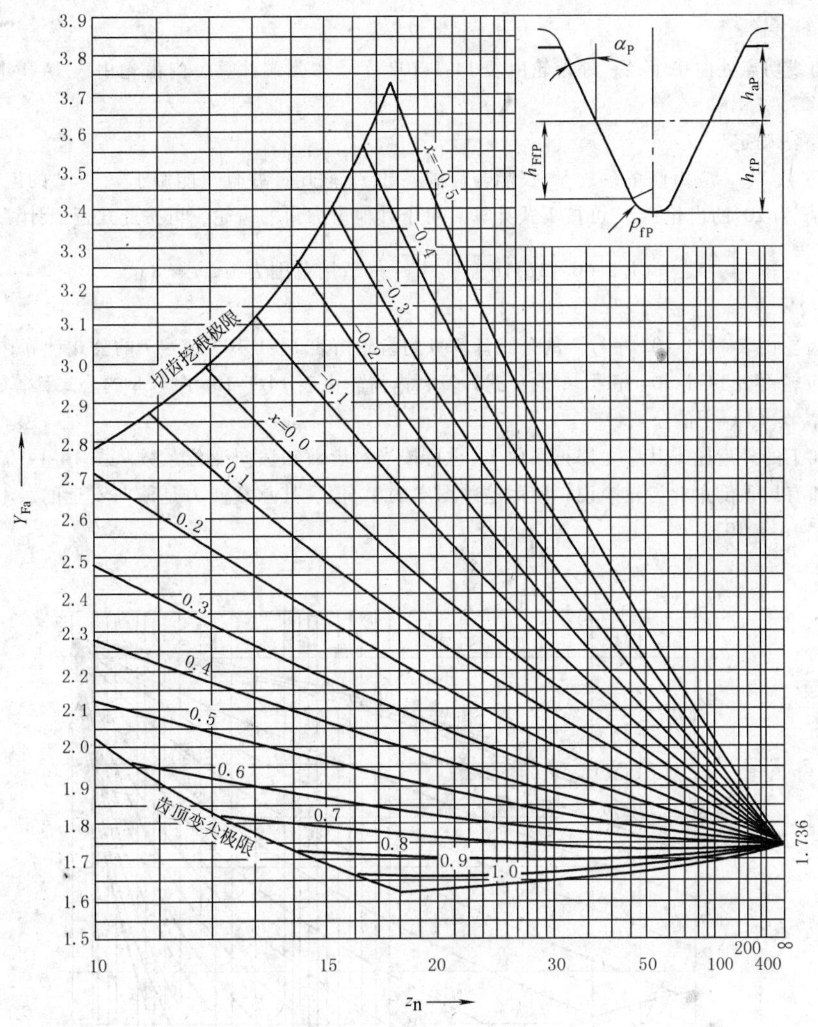

图 14-1-102　外齿轮齿廓系数 Y_{Fa}

$\alpha_P=25°$；$h_{aP}/m_n=1.0$，$h_{fP}/m_n=1.25$；$\rho_{fP}/m_n=0.318$

（5）应力修正系数 Y_S、Y_{Sa}

应力修正系数 Y_S 和 Y_{Sa} 是将名义弯曲应力换算成齿根局部应力的系数。它考虑了齿根过渡曲线处的应力集中效应，以及弯曲应力以外的其他应力对齿根应力的影响。

应力修正系数不仅取决于齿根过渡曲线的曲率，还和载荷作用点的位置有关。Y_S 用于载荷作用于单对齿啮合区外界点的计算方法（方法一），Y_{Sa} 则用于载荷作用于齿顶的计算方法（方法二）。

① 应力修正系数 Y_S　应力修正系数 Y_S 仅能与齿廓系数 Y_F 联用。对于齿廓角 α_n 为 20°的齿轮，Y_S 可按下式计算。对于其他齿廓角的齿轮，可按此式近似计算 Y_S

$$Y_S=(1.2+0.13L)q_s^{\frac{1}{1.21+2.3/L}}\quad（适用范围为 1\leqslant q_s<8）$$

式中　L——齿根危险截面处齿厚与弯曲力臂的比值

$$L=\frac{s_{Fn}}{h_{Fe}}$$

s_{Fn}——齿根危险截面齿厚。外齿轮由表 14-1-102 序号 7 的公式计算，内齿轮按表 14-1-103 序号 7 的公式计算；

h_{Fe}——弯曲力臂。外齿轮由表 14-1-102 序号 17 的公式计算，内齿轮由表 14-1-103 序号 8 的公式计算；

q_s——齿根圆角参数，其值为

$$q_s = \frac{s_{Fn}}{2\rho_F}$$

ρ_F——30°切线切点处曲率半径，外齿轮由表 14-1-102 序号 8 公式计算，内齿轮由表 14-1-103 序号 5 的公式计算。

Y_S 不宜用图解法确定。

② 应力修正系数 Y_{Sa}　应力修正系数 Y_{Sa}仅能与齿廓系数 Y_{Fa}联用，并且只能用于 $\varepsilon_{\alpha n}<2$ 的齿轮传动。

对于齿廓角 α_n 为 20°的齿轮，Y_{Sa}可按下式计算。对于其他齿廓角的齿轮，可按此式近似计算 Y_{Sa}

$$Y_{Sa} = (1.2 + 0.13L_a) q_s^{\frac{1}{1.21 + 2.3/L_a}} \quad (\text{适用范围为 } 1 \leqslant q_s < 8)$$

式中　$L_a = s_{Fn}/h_{Fa}$；

s_{Fn}——外齿轮由表 14-1-102 序号 7 的公式计算，内齿轮由表 14-1-103 序号 7 的公式计算；

h_{Fa}——外齿轮由表 14-1-104 序号 11 的公式计算，内齿轮由表 14-1-105 序号 8 的公式计算；

q_s——按本节（1）中的公式计算。

用齿条刀具加工的外齿轮，其应力修正系数 Y_{Sa}也可按当量齿数和法向变位系数从图 14-1-103 ~ 图 14-1-107 查取。对于短齿和有齿顶倒角的齿轮来说，使用这些图中的 Y_{Sa}值，其承载能力是偏向安全的。不同参数的齿廓所适用的图号见表 14-1-107。

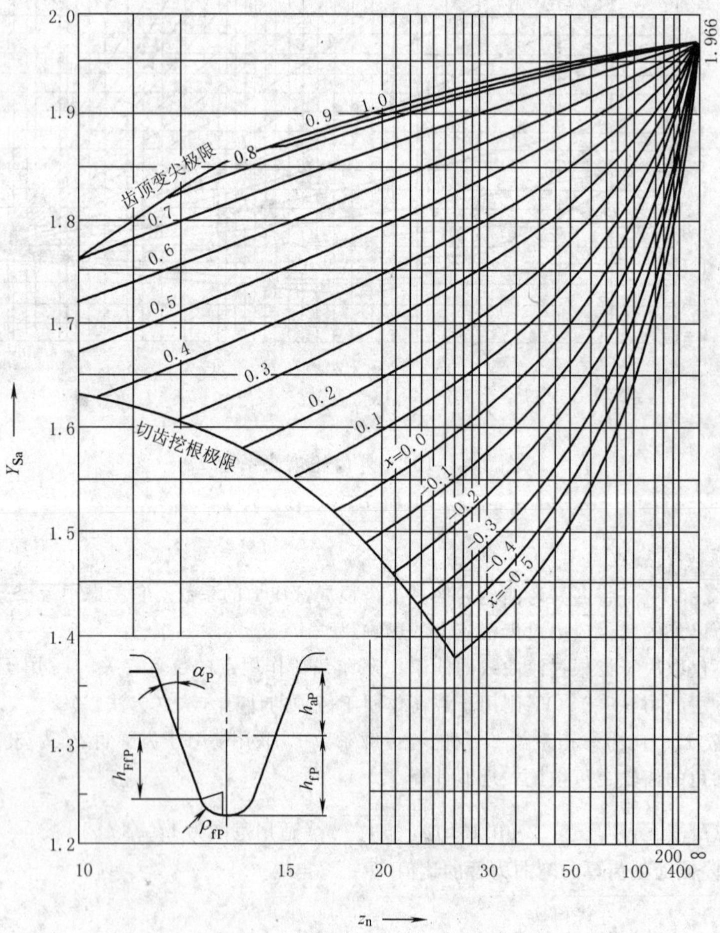

图 14-1-103　外齿轮应力修正系数 Y_{Sa}

$\alpha_p=20°$；$h_{aP}/m_n=1$；$h_{fP}/m_n=1.25$；$\rho_{fp}/m_n=0.38$

对内齿轮：当 $\rho_{fp}/m_n=0.15$ 时，$Y_{Sa}=2.65$

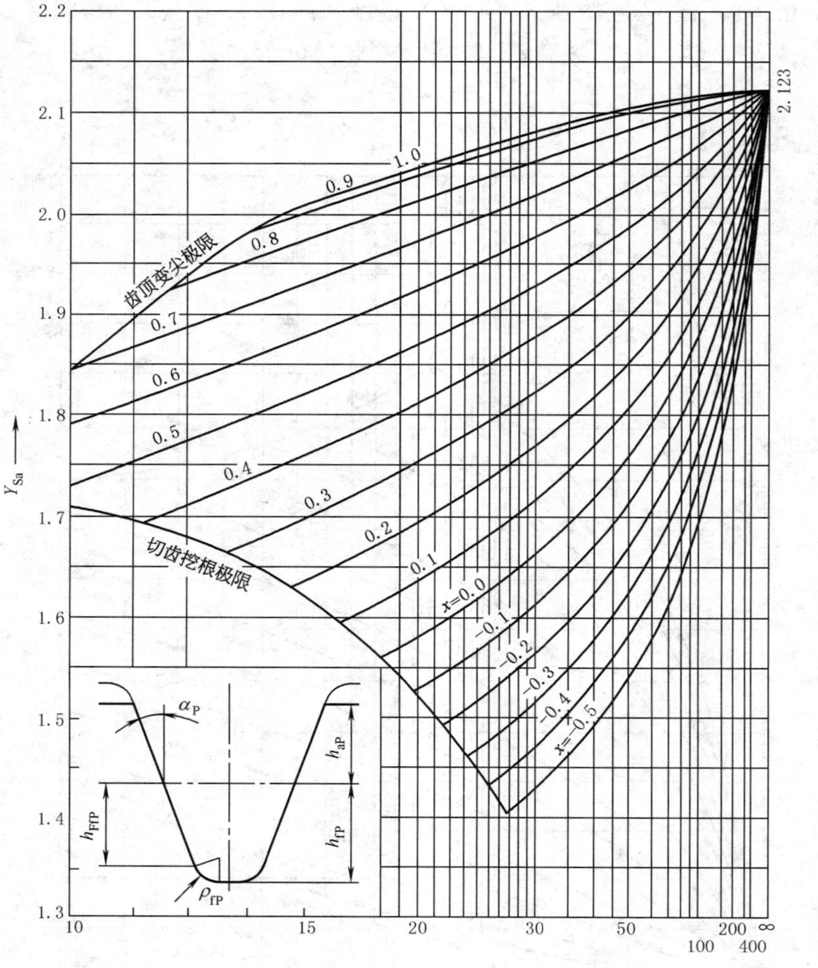

图 14-1-104　外齿轮应力修正系数 Y_{Sa}

$\alpha_P=20°$；$h_{aP}/m_n=1$；$h_{fP}/m_n=1.25$；$\rho_{fP}/m_n=0.30$

对内齿轮：当 $\rho_{fP}/m_n=0.15$ 时，$Y_{Sa}=2.65$

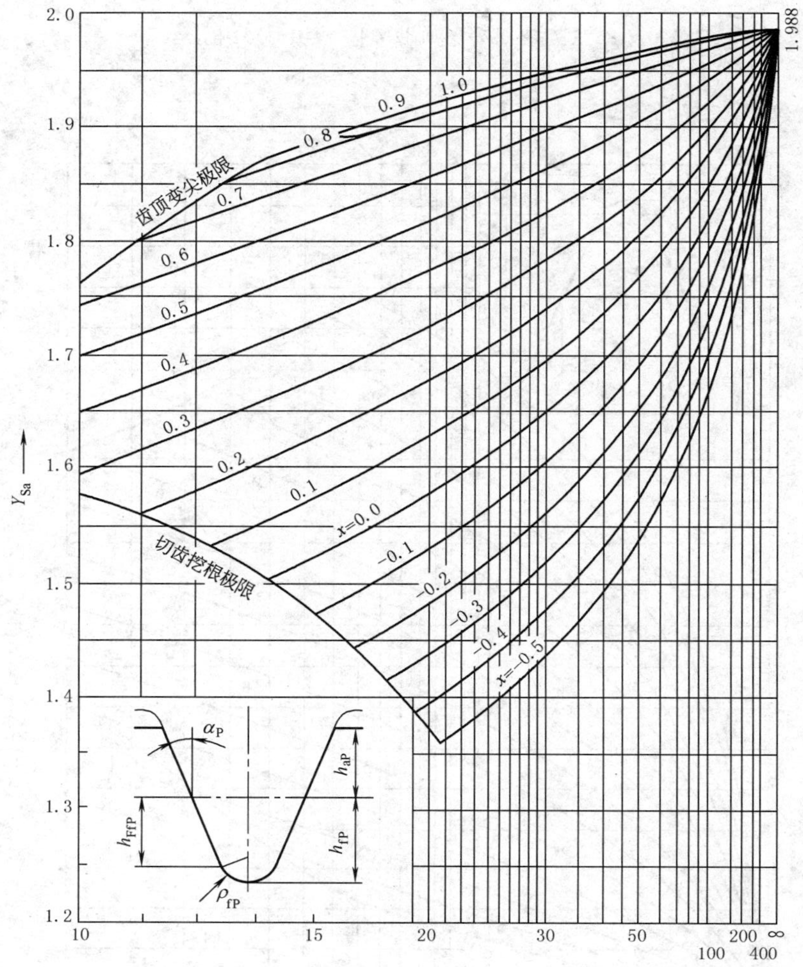

图 14-1-105　外齿轮应力修正系数 Y_{Sa}

$\alpha_P=22.5°$；$h_{aP}/m_n=1$；$h_{fP}/m_n=1.25$；$\rho_{fP}/m_n=0.4$

对内齿轮：当 $\rho_{fP}/m_n=0.15$ 时，$Y_{Sa}=2.76$

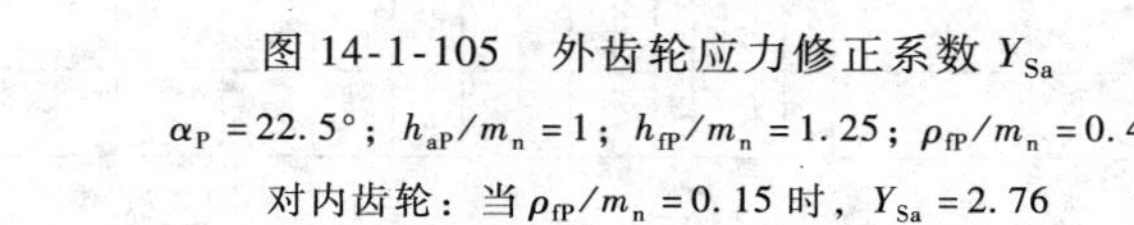

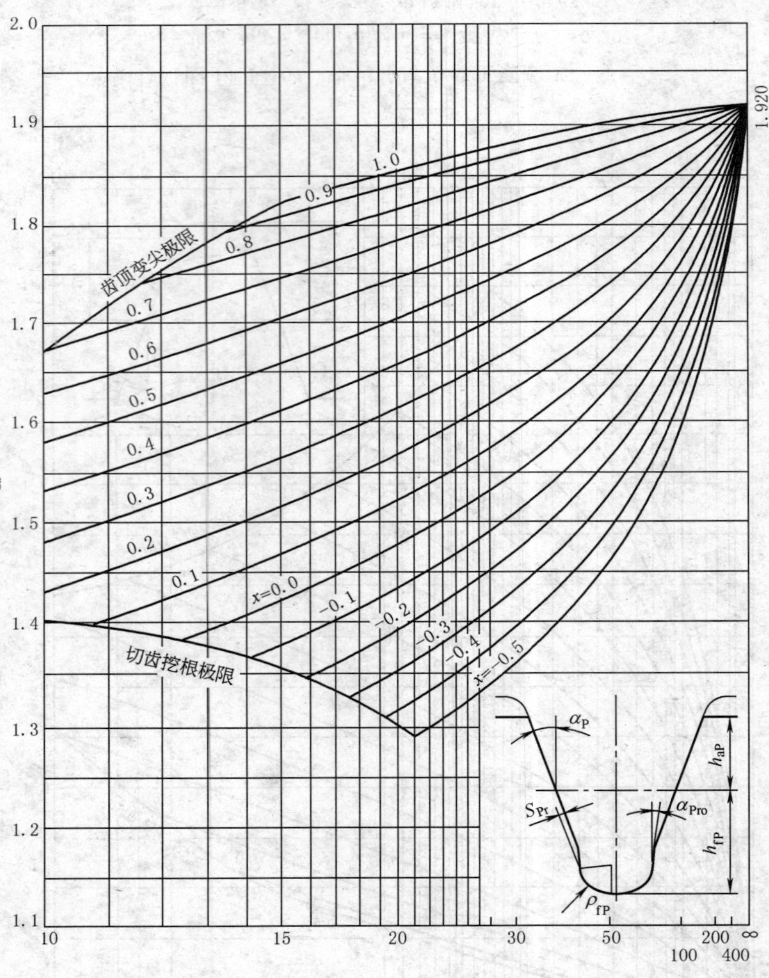

图 14-1-106　外齿轮应力修正系数 Y_{Sa}

$\alpha_P=20°$；$h_{aP}/m_n=1$；$h_{fP}/m_n=1.4$；$\rho_{fP}/m_n=0.4$；$s_{Pr}/m_n=0.02$

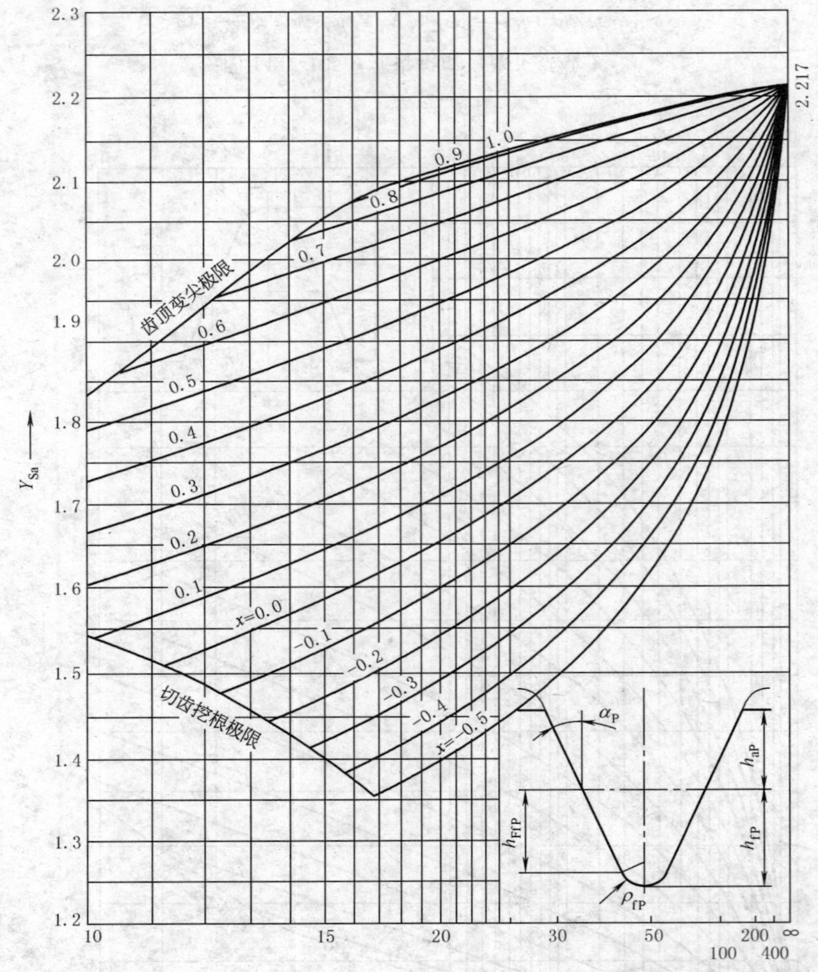

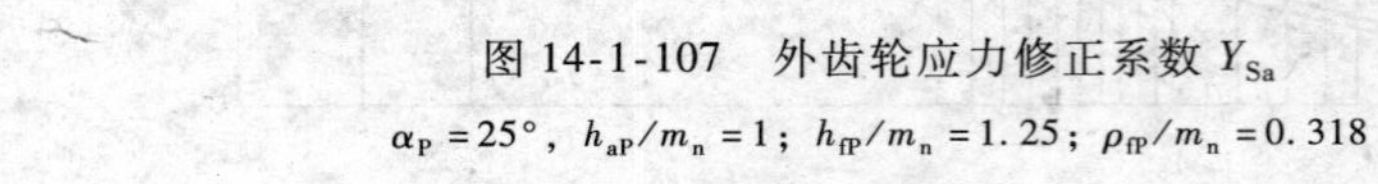

图 14-1-107　外齿轮应力修正系数 Y_{Sa}

$\alpha_P=25°$，$h_{aP}/m_n=1$；$h_{fP}/m_n=1.25$；$\rho_{fP}/m_n=0.318$

表 14-1-107　　几种基本齿廓齿轮的 Y_{Sa}

基本齿廓				外齿轮	内齿轮
α_n	$\frac{h_{aP}}{m_n}$	$\frac{h_{fP}}{m_n}$	$\frac{\rho_{fP}}{m_n}$	Y_{Sa}	Y_{Sa} $\rho_F = 0.15m_n, h = h_{aP} + h_{fP}$
20°	1	1.25	0.38	图 14-1-103	2.65
20°	1	1.25	0.3	图 14-1-104	2.65
22.5°	1	1.25	0.4	图 14-1-105	2.76
20°	1	1.4	0.4	图 14-1-106	（已挖根）
25°	1	1.25	0.318	图 14-1-107	2.87

③ 齿根有磨削台阶齿轮的应力修正系数　靠近齿根危险截面的磨削台阶（参见图 14-1-108），将使齿根的应力集中增加很多，因此其应力集中系数要相应增加。计算时应以 Y_{Sg} 代替 Y_S，Y_{Sag} 代替 Y_{Sa}

$$Y_{Sg} = \frac{1.3Y_S}{1.3 - 0.6\sqrt{\frac{t_g}{\rho_g}}} \qquad Y_{Sag} = \frac{1.3Y_{Sa}}{1.3 - 0.6\sqrt{\frac{t_g}{\rho_g}}}$$

上述二式仅适用于 $\sqrt{t_g/\rho_g} > 0$ 的情况。

当磨削台阶高于齿根 30°切线切点时，其磨削台阶的影响将比上二式计算所得的值小。

Y_{Sg} 和 Y_{Sag} 也考虑了齿根厚度的减薄。

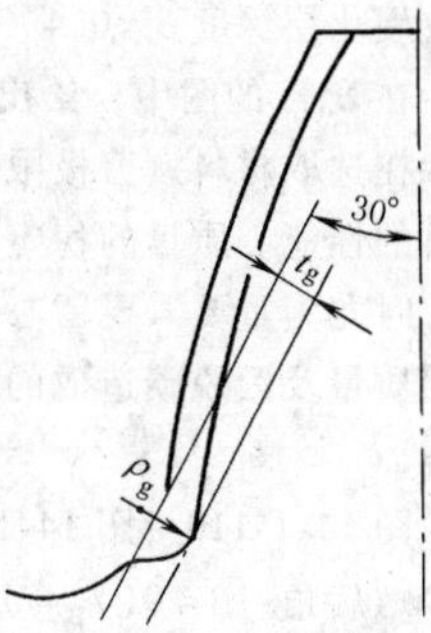

图 14-1-108　齿根磨削台阶

（6）弯曲强度计算的重合度系数 Y_ε

重合度系数 Y_ε 是将载荷由齿顶转换到单对齿啮合区外界点的系数。

Y_ε 可用下式计算

$$Y_\varepsilon = 0.25 + \frac{0.75}{\varepsilon_{\alpha n}}$$

式中　$\varepsilon_{\alpha n}$——当量齿轮的端面重合度，

$$\varepsilon_{\alpha n} = \frac{\varepsilon_\alpha}{\cos^2\beta_b}$$

（7）弯曲强度计算的螺旋角系数 Y_β

螺旋角系数 Y_β 是考虑螺旋角造成的接触线倾斜对齿根应力产生影响的系数。其数值可由下式计算

$$Y_\beta = 1 - \varepsilon_\beta \frac{\beta}{120°} \geqslant Y_{\beta\min}$$

$$Y_{\beta\min} = 1 - 0.25\varepsilon_\beta \geqslant 0.75$$

上面式中：当 $\varepsilon_\beta > 1$ 时，按 $\varepsilon_\beta = 1$ 计算，当 $Y_\beta < 0.75$ 时，取 $Y_\beta = 0.75$；当 $\beta > 30°$时，按 $\beta = 30°$计值。

螺旋角系数 Y_β 也可根据 β 角和纵向重合度 ε_β 由图 14-1-109 查取。

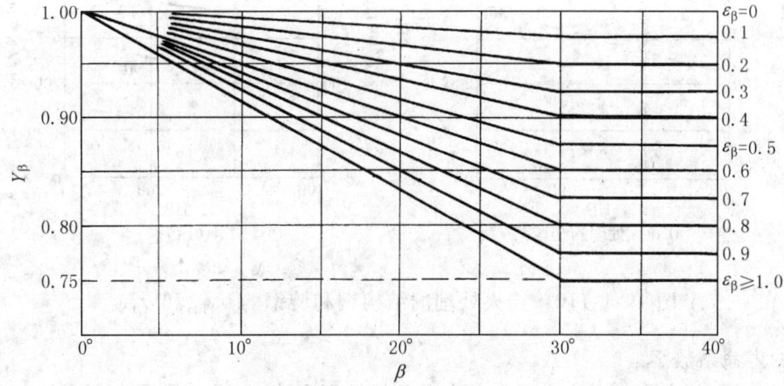

图 14-1-109　螺旋角系数 Y_β

第 14 篇

(8) 试验齿轮的弯曲疲劳极限 σ_{Flim}

σ_{Flim}是指某种材料的齿轮经长期的重复载荷作用（对大多数材料其应力循环数为 3×10^6）后，齿根保持不破坏时的极限应力。其主要影响因素有：材料成分，力学性能，热处理及硬化层深度、硬度梯度，结构（锻、轧、铸），残余应力，材料的纯度和缺陷等。

σ_{Flim}可由齿轮的负荷运转试验或使用经验的统计数据得出。此时需阐明线速度、润滑油黏度、表面粗糙度、材料组织等变化对许用应力的影响所引起的误差。

无资料时，可参考图 14-1-110 ~ 图 14-1-114 根据材料和齿面硬度查取 σ_{Flim}值。

图中的 σ_{Flim}值是试验齿轮的失效概率为 1% 时的轮齿弯曲疲劳极限。对于其他失效概率的疲劳极限值，可用适当的统计分析方法得到。

图中硬化齿轮的疲劳极限值对渗碳齿轮适用于有效硬化层深度（加工后的）$\delta \geqslant 0.15m_n$，对于氮化齿轮，其有效硬化层深度 $\delta = 0.4 \sim 0.6$mm。

在 σ_{Flim}的图中，给出了代表材料质量等级的三条线，其对应的材料处理要求见 GB/T 8539。

在选取材料疲劳极限时，除了考虑上述等级对材料质量热处理质量的要求是否有把握达到外，还应注意所用材料的性能、质量的稳定性以及齿轮精度以外的制造质量同图列数值来源的试验齿轮的异同程度。这在选取 σ_{Flim}时尤为重要。要留心一些常不引人注意的影响弯曲强度的因素，如实际加工刀具圆角的控制，齿根过渡圆角表面质量及因脱碳造成的硬度下降等。有可能出现齿根磨削台阶而计算中又未计 Y_{Sg}时，在选取 σ_{Flim}时也应予以考虑。

图 14-1-110 ~ 图 14-1-114 中提供的 σ_{Flim}值是在标准运转条件下得到的。具体的条件如下：

螺旋角　$\beta = 0(Y_\beta = 1)$

模数　$m = 3 \sim 5$mm$(Y_x = 1)$

应力修正系数　$Y_{ST} = 2$

齿根圆角参数　$q_s = 2.5(Y_{\delta relT} = 1)$

齿根圆角表面的微观不平度10点高度　$R_z = 10\mu m(Y_{RrelT} = 1)$

齿轮精度等级　4 ~ 7级（ISO 1328-1:1995或 GB/T 10095.1）

基本齿廓按 GB/T 1356

齿宽　$b = 10 \sim 50$mm

载荷系数　$K_A = K_V = K_{F\beta} = K_{F\alpha} = 1$

以上图中的 σ_{Flim}值适用于轮齿单向弯曲的受载状况；对于受对称双向弯曲的齿轮（如中间轮、行星轮），应将图中查得 σ_{Flim}值乘上系数 0.7；对于双向运转工作的齿轮，其 σ_{Flim}值所乘系数可稍大于 0.7。

图中，σ_{FE}为齿轮材料的弯曲疲劳强度的基本值（它是用齿轮材料制成无缺口试件，在完全弹性范围内经受脉动载荷作用时的名义弯曲疲劳极限）。$\sigma_{FE} = Y_{ST}\sigma_{Flim}$，$Y_{ST} = 2.0$。

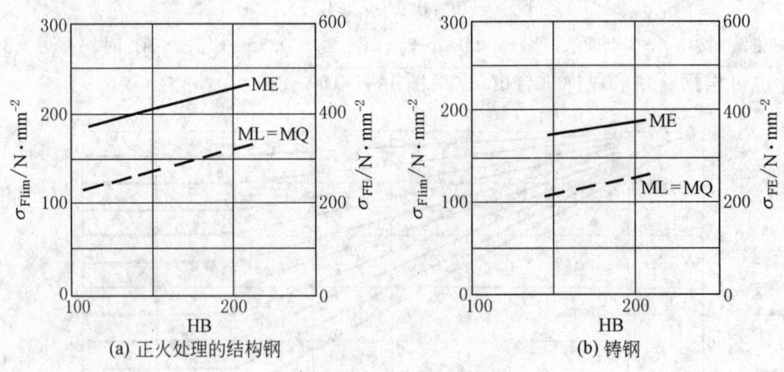

图 14-1-110　正火处理的结构钢和铸钢的 σ_{Flim}和 σ_{FE}

(9) 弯曲强度的寿命系数 Y_{NT}

寿命系数 Y_{NT}是考虑齿轮寿命小于或大于持久寿命条件循环次数 N_c 时（见图 14-1-115），其可承受的弯曲应力值与相应的条件循环次数 N_c 时疲劳极限应力的比例系数。

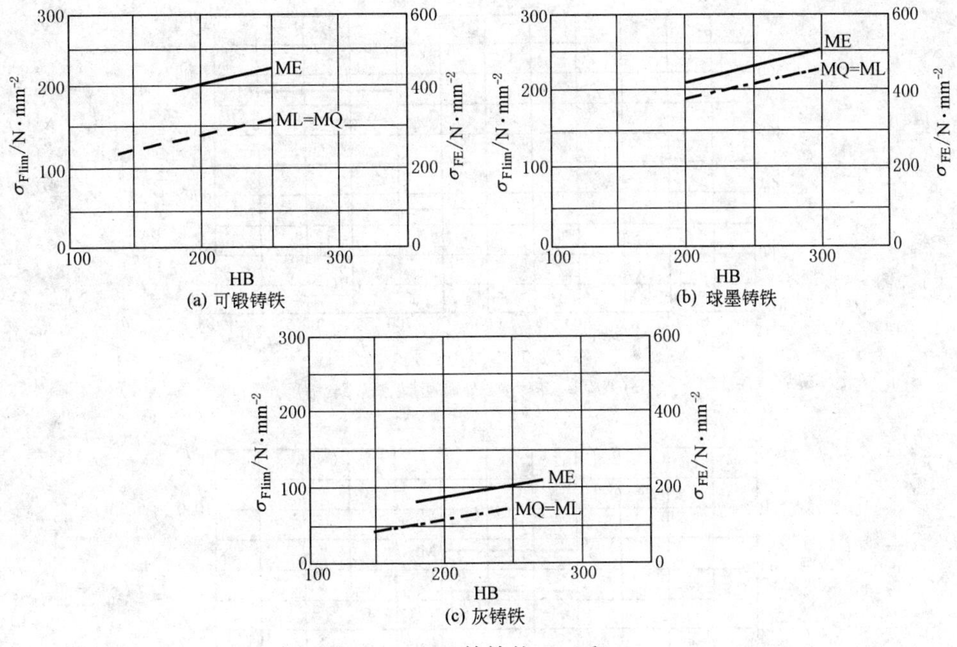

图 14-1-111　铸铁的 σ_{Flim} 和 σ_{FE}

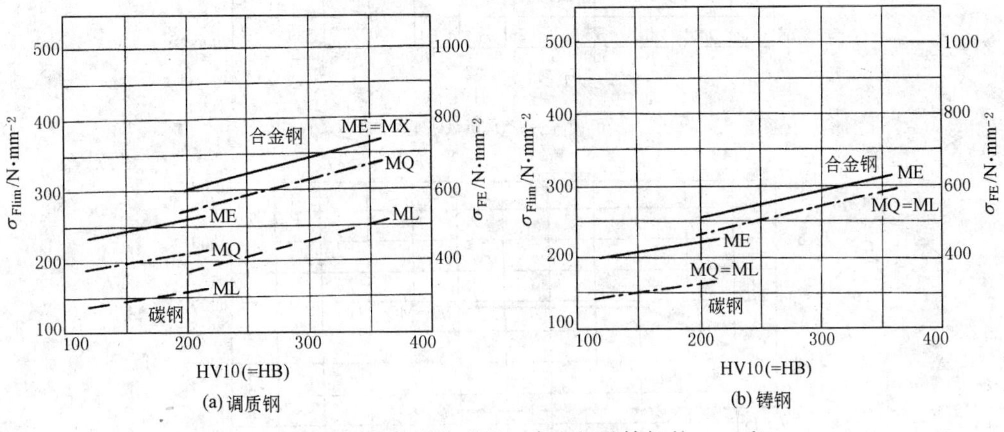

图 14-1-112　调质处理的碳钢、合金钢及铸钢的 σ_{Flim} 和 σ_{FE}

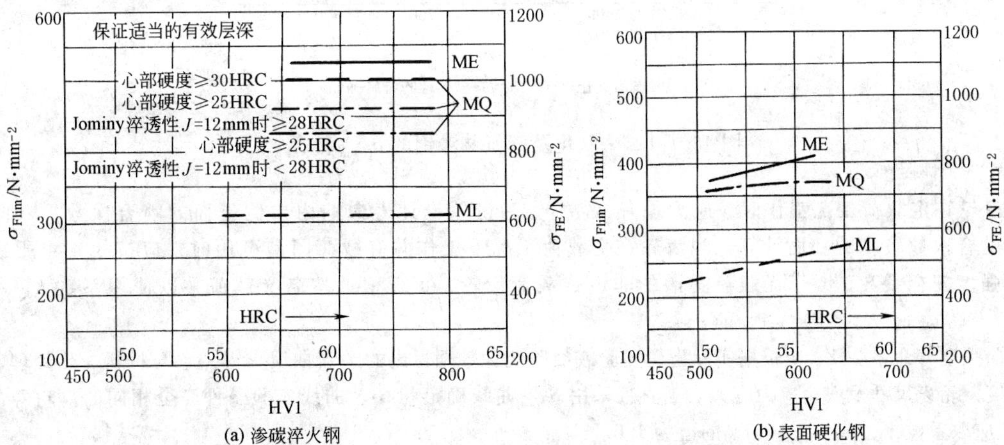

图 14-1-113　渗碳淬火钢和表面硬化（火焰或感应淬火）钢的 σ_{Flim} 和 σ_{FE}

第 14 篇

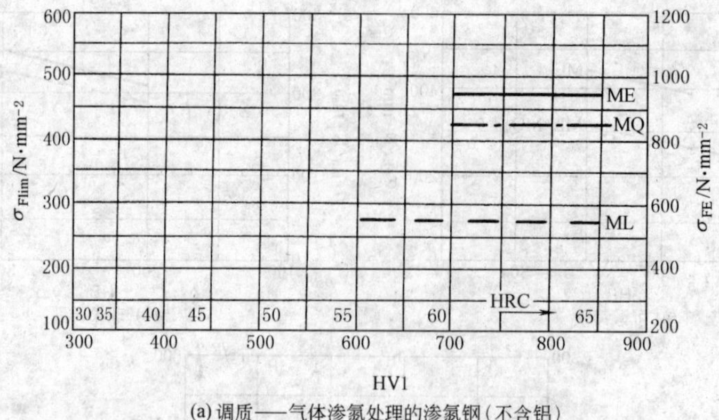

(a) 调质——气体渗氮处理的渗氮钢（不含铝）

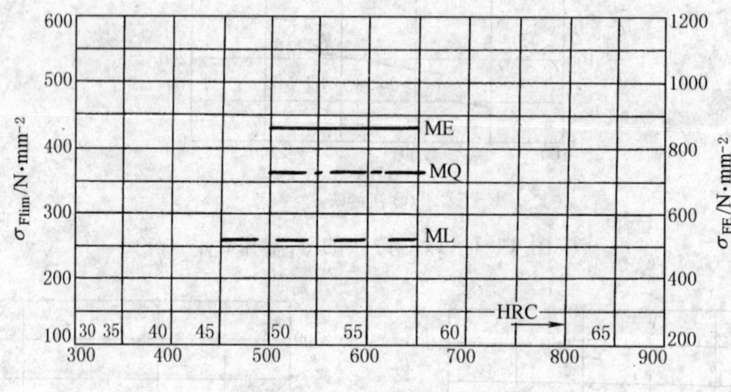

(b) 调质——气体渗氮处理的调质钢

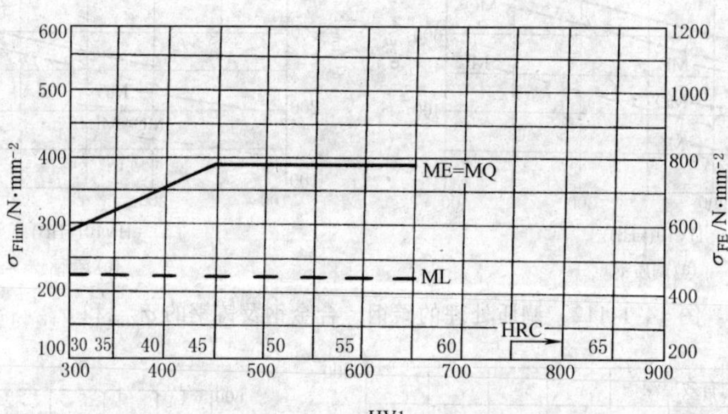

(c) 调质或正火——氮碳共渗处理的调质钢

图 14-1-114　氮化及碳氮共渗钢的 σ_{Flim} 和 σ_{FE}

当齿轮在定载荷工况工作时，应力循环次数 N_L 为齿轮设计寿命期内单侧齿面的啮合次数；双向工作时，按啮合次数较多的一面计算。当齿轮在变载荷工况下工作并有载荷图谱可用时，应按 8.4.4 所述方法核算其强度安全系数，对于无载荷图谱的非恒定载荷齿轮，可近似地按名义载荷乘以使用系数 K_A 来核算其强度。

弯曲强度寿命系数 Y_{NT}应根据实际齿轮实验或经验统计数据得出的 S-N 曲线求得，它与材料、热处理、载荷平稳程度、轮齿尺寸及残余应力有关。当直接采用 S-N 曲线确定和 S-N 曲线实验条件完全相同的齿轮寿命系数 Y_{NT}时，应取系数 $Y_{\delta relT}$，Y_{RrelT}，Y_X 的值为 1.0。

当无合适的上述实验或经验数据可用时，Y_{NT}可由表 14-1-108 中的公式计算得出，也可由图 14-1-115 查取。

表 14-1-108　　弯曲强度的寿命系数 Y_{NT}

材料及热处理	静强度最大循环次数 N_0	持久寿命条件循环次数 N_c	应力循环次数 N_L	Y_{NT}计算公式
球墨铸铁(珠光体、贝氏体);珠光体可锻铸铁;调质钢	$N_0=10^4$	$N_c=3\times10^6$	$N_L\leqslant10^4$	$Y_{NT}=2.5$
			$10^4<N_L\leqslant3\times10^6$	$Y_{NT}=\left(\frac{3\times10^6}{N_L}\right)^{0.16}$
			$3\times10^6<N_L\leqslant10^{10}$	$Y_{NT}=\left(\frac{3\times10^6}{N_L}\right)^{0.02}$ (见注)
渗碳淬火的渗碳钢;火焰淬火、全齿廓感应淬火的钢、球墨铸铁			$N_L\leqslant10^3$	$Y_{NT}=2.5$
			$10^3<N_L\leqslant3\times10^6$	$Y_{NT}=\left(\frac{3\times10^6}{N_L}\right)^{0.115}$
			$3\times10^6<N_L\leqslant10^{10}$	$Y_{NT}=\left(\frac{3\times10^6}{N_L}\right)^{0.02}$ (见注)
结构钢;渗氮处理的渗氮钢、调质钢、渗碳钢;灰铸铁、球墨铸铁(铁素体)	$N_0=10^3$	$N_c=3\times10^6$	$N_L\leqslant10^3$	$Y_{NT}=1.6$
			$10^3<N_L\leqslant3\times10^6$	$Y_{NT}=\left(\frac{3\times10^6}{N_L}\right)^{0.05}$
			$3\times10^6<N_L\leqslant10^{10}$	$Y_{NT}=\left(\frac{3\times10^6}{N_L}\right)^{0.02}$ (见注)
氮碳共渗的调质钢、渗碳钢			$N_L\leqslant10^3$	$Y_{NT}=1.1$
			$10^3<N_L\leqslant3\times10^6$	$Y_{NT}=\left(\frac{3\times10^6}{N_L}\right)^{0.012}$
			$3\times10^6<N_L\leqslant10^{10}$	$Y_{NT}=\left(\frac{3\times10^6}{N_L}\right)^{0.02}$ (见注)

注：当优选材料、制造工艺和润滑剂，并经生产实践验证时，这些计算式可取 $Y_{NT}=1.0$。

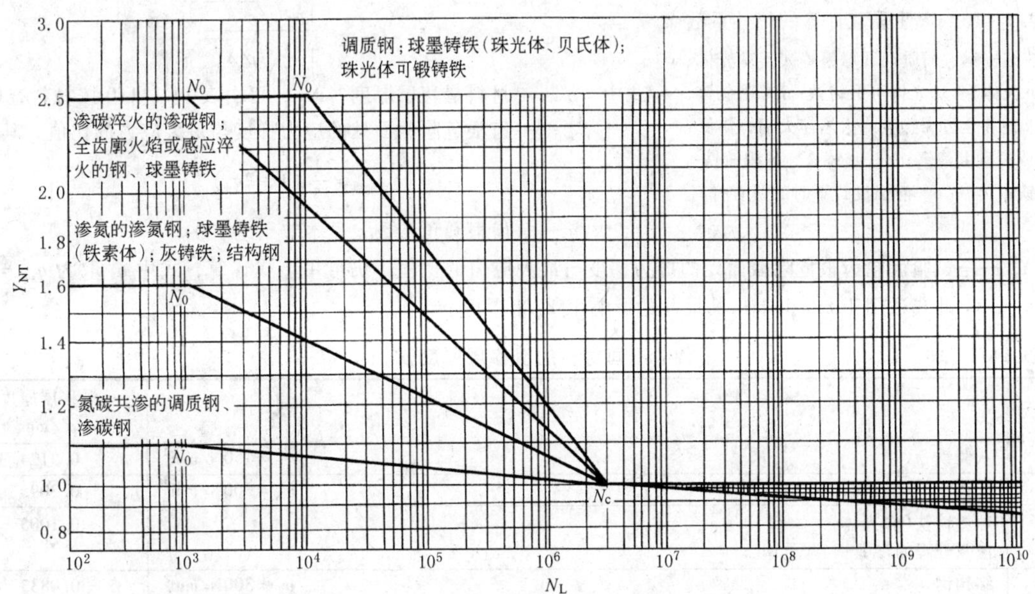

图 14-1-115　弯曲强度的寿命系数 Y_{NT}

(10) 弯曲强度尺寸系数 Y_x

尺寸系数 Y_x 是考虑因尺寸增大使材料强度降低的尺寸效应因素，用于弯曲强度计算。确定尺寸系数最理想的方法是通过实验或经验总结。当用与设计齿轮完全相同尺寸、材料和工艺的齿轮进行实验得到齿面承载能力或寿命系数时，应取 Y_x 值为 1.0。静强度 ($N_L\leqslant N_0$) 的 $Y_x=1.0$。当无实验资料时，持久强度 ($N_L\geqslant N_c$) 的尺寸

系数 Y_x 可按表 14-1-109 的公式计算，也可由图 14-1-116 查取。

表 14-1-109　　弯曲强度计算的尺寸系数 Y_x

	材　　料	Y_x	备　　注
持久寿命 $N_L \geq N_c$	结构钢、调质钢、球墨铸铁（珠光体、贝氏体）、珠光体可锻铸铁	$1.03-0.006m_n$	当 $m_n<5$ 时，取 $m_n=5$ 当 $m_n>30$ 时，取 $m_n=30$
	渗碳淬火钢和全齿廓感应或火焰淬火钢、渗氮钢或氮碳共渗钢	$1.05-0.01m_n$	当 $m_n<5$ 时，取 $m_n=5$ 当 $m_n>25$ 时，取 $m_n=25$
	灰铸铁、球墨铸铁（铁素体）	$1.075-0.015m_n$	当 $m_n<5$ 时，取 $m_n=5$ 当 $m_n>25$ 时，取 $m_n=25$
有限寿命（$N_0<N_L<N_c$）的尺寸系数		$Y_x=Y_{xc}+\dfrac{\lg\left(\dfrac{N_L}{N_c}\right)}{\lg\left(\dfrac{N_0}{N_c}\right)}\times(1-Y_{xc})$	Y_{xc}——持久寿命时的尺寸系数 N_0、N_L、N_c 见表 14-1-108
静强度（$N_L \leq N_0$）的尺寸系数		$Y_x=1.0$	

（11）相对齿根圆角敏感系数 $Y_{\delta relT}$

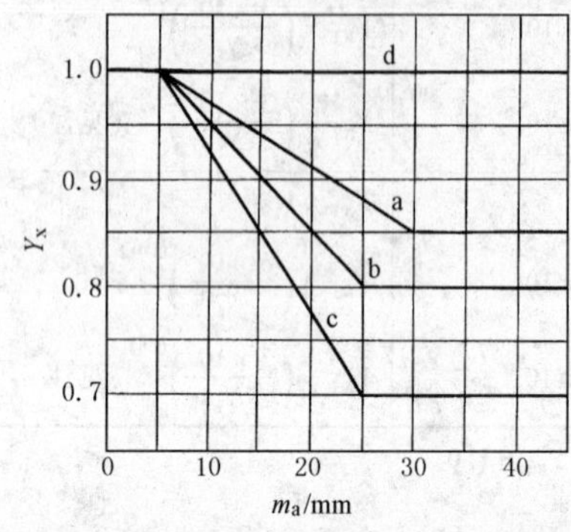

图 14-1-116　弯曲强度计算的尺寸系数 Y_x

a—结构钢、调质钢、球墨铸铁（珠光体、贝氏体）、珠光体可锻铸铁；b—渗碳淬火钢和全齿廓感应或火焰淬火钢，渗氮或氮碳共渗钢；c—灰铸铁，球墨铸铁（铁素体）；d—静强度计算时的所有材料

齿根圆角敏感系数表示在轮齿折断时，齿根处的理论应力集中超过实际应力集中的程度。

相对齿根圆角敏感系数 $Y_{\delta relT}$ 是考虑所计算齿轮的材料、几何尺寸等对齿根应力的敏感度与试验齿轮不同而引进的系数。定义为所计算齿轮的齿根圆角敏感系数与试验齿轮的齿根圆角敏感系数的比值。

在无精确分析的可用的数据时，可按下述方法分别确定 $Y_{\delta relT}$ 值。

① 持久寿命时的相对齿根圆角敏感系数 $Y_{\delta relT}$　持久寿命时的相对齿根圆角敏感系数 $Y_{\delta relT}$ 可按下式计算得出，也可由图 14-1-117 查得（当齿根圆角参数在 $1.5<q_s<4$ 的范围内时，$Y_{\delta relT}$ 可近似地取为 1，其误差不超过 5%）。

$$Y_{\delta relT}=\frac{1+\sqrt{\rho' X^*}}{1+\sqrt{\rho' X_T^*}}$$

式中　ρ'——材料滑移层厚度，mm，可由表 14-1-110 按材料查取；

X^*——齿根危险截面处的应力梯度与最大应力的比值，其值

$$X^*\approx\frac{1}{5}(1+2q_s)$$

q_s——齿根圆角参数，见本节（5）①；

X_T^*——试验齿轮齿根危险截面处的应力梯度与最大应力的比值，仍可用上式计算，式中 q_s 取为 $q_{sT}=2.5$，此式适用于 $m=5$mm，其尺寸的影响用 Y_x 来考虑。

表 14-1-110　　不同材料的滑移层厚度 ρ'

序号	材　　料		滑移层厚度 ρ'/mm
1	灰铸铁	$\sigma_b=150\text{N/mm}^2$	0.3124
2	灰铸铁、球墨铸铁（铁素体）	$\sigma_b=300\text{N/mm}^2$	0.3095
3a	球墨铸铁（珠光体）		0.1005
3b	渗氮处理的渗氮钢、调质钢		
4	结构钢	$\sigma_s=300\text{N/mm}^2$	0.0833
5	结构钢	$\sigma_s=400\text{N/mm}^2$	0.0445
6	调质钢，球墨铸铁（珠光体、贝氏体）	$\sigma_s=500\text{N/mm}^2$	0.0281
7	调质钢，球墨铸铁（珠光体、贝氏体）	$\sigma_{0.2}=600\text{N/mm}^2$	0.0194
8	调质钢，球墨铸铁（珠光体、贝氏体）	$\sigma_{0.2}=800\text{N/mm}^2$	0.0064
9	调质钢，球墨铸铁（珠光体、贝氏体）	$\sigma_{0.2}=1000\text{N/mm}^2$	0.0014
10	渗碳淬火钢，火焰淬火或全齿廓感应淬火的钢和球墨铸铁		0.0030

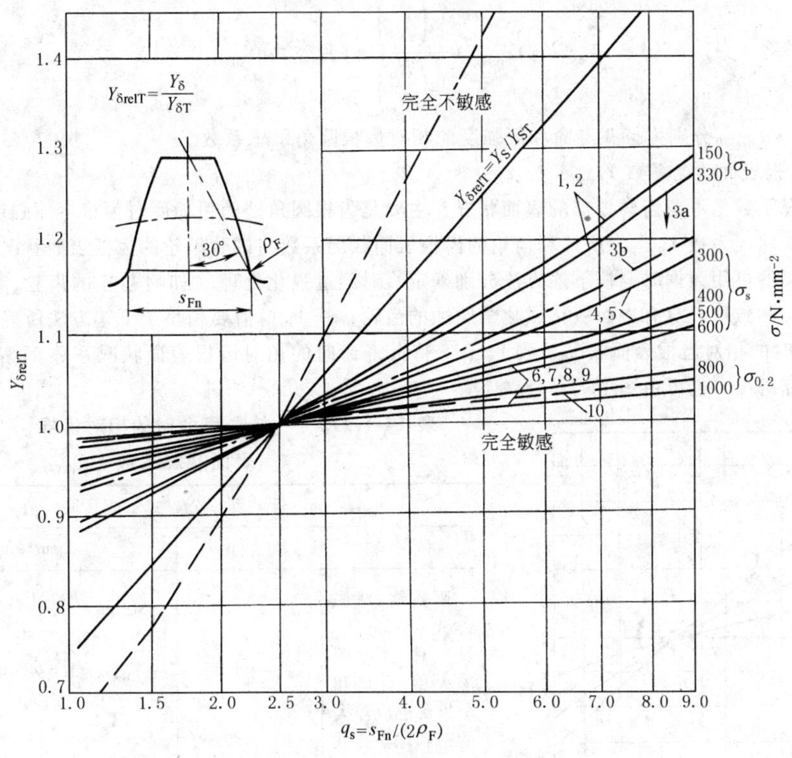

图 14-1-117　持久寿命时的相对齿根圆角敏感系数 $Y_{\delta relT}$

注：图中材料数字代号见表 14-1-110 中的序号

② 静强度的相对齿根圆角敏感系数 $Y_{\delta relT}$　静强度的 $Y_{\delta relT}$ 值可按表 14-1-111 中的相应公式计算得出（当应力修正系数在 $1.5<Y_S<3$ 的范围内时，静强度的相对敏感系数 $Y_{\delta relT}$ 近似地可取为：Y_S/Y_{ST}；但此近似数不能用于氮化的调质钢与灰铸铁）。

表 14-1-111　　静强度的相对齿根圆角敏感系数 $Y_{\delta relT}$

计算公式	备注
结构钢 $Y_{\delta relT}=\dfrac{1+0.93(Y_S-1)\sqrt[4]{\dfrac{200}{\sigma_s}}}{1+0.93\sqrt[4]{\dfrac{200}{\sigma_s}}}$	Y_S——应力修正系数，见本节(5)① σ_s——屈服强度
调质钢、铸铁和球墨铸铁（珠光体、贝氏体） $Y_{\delta relT}=\dfrac{1+0.82(Y_S-1)\sqrt[4]{\dfrac{300}{\sigma_{0.2}}}}{1+0.82\sqrt[4]{\dfrac{300}{\sigma_{0.2}}}}$	$\sigma_{0.2}$——发生残余变形 0.2% 时的条件屈服强度
渗碳淬火钢、火焰淬火和全齿廓感应淬火的钢、球墨铸铁 $Y_{\delta relT}=0.44Y_S+0.12$	表层发生裂纹的应力极限
渗氮处理的渗氮钢、调质钢 $Y_{\delta relT}=0.20Y_S+0.60$	表层发生裂纹的应力极限
灰铸铁和球墨铸铁（铁素体） $Y_{\delta relT}=1.0$	断裂极限

③ 有限寿命的齿根圆角敏感系数 $Y_{\delta relT}$　有限寿命的 $Y_{\delta relT}$ 可用线性插入法从持久寿命的 $Y_{\delta relT}$ 和静强度的 $Y_{\delta relT}$ 之间得到。

$$Y_{\delta relT}=Y_{\delta relTc}+\frac{\lg\left(\frac{N_L}{N_c}\right)}{\lg\left(\frac{N_0}{N_c}\right)}\times(Y_{\delta relT0}-Y_{\delta relTc})$$

式中，$Y_{\delta relTc}$、$Y_{\delta relT0}$分别为持久寿命和静强度的相对齿根圆角敏感系数。

（12）相对齿根表面状况系数 Y_{RrelT}

齿根表面状况系数是考虑齿廓根部的表面状况，主要是齿根圆角处的粗糙度对齿根弯曲强度的影响。

相对齿根表面状况系数 Y_{RrelT} 为所计算齿轮的齿根表面状况系数与试验齿轮的齿根表面状况系数的比值。

在无精确分析的可用数据时，按下述方法分别确定。对经过强化处理（如喷丸）的齿轮，其 Y_{RrelT} 值要稍大于下述方法所确定的数值。对有表面氧化或化学腐蚀的齿轮，其 Y_{RrelT} 值要稍小于下述方法所确定的数值。

① 持久寿命时的相对齿根表面状况系数 Y_{RrelT}　持久寿命时的相对齿根表面状况系数 Y_{RrelT} 可按表 14-1-112 中的相应公式计算得出，也可由图 14-1-118 查得。

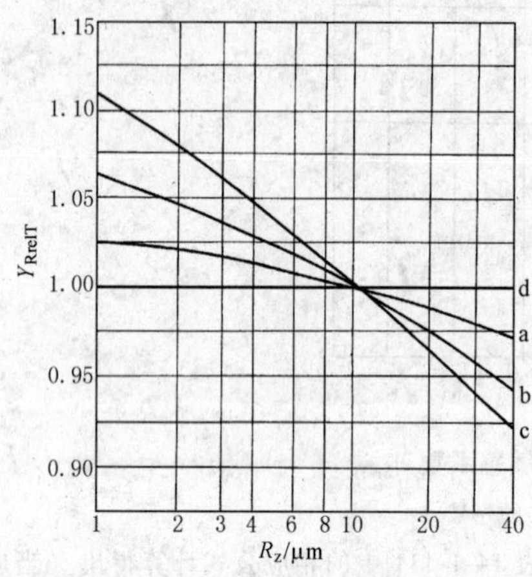

图 14-1-118　相对齿根表面状况系数 Y_{RrelT}

a—灰铸铁，铁素体球墨铸铁，渗氮处理的渗氮钢、调质钢；b—结构钢；c—调质钢，球墨铸铁（珠光体、铁素体），渗碳淬火钢，全齿廓感应或火焰淬火钢；d—静强度计算时的所有材料

表 14-1-112　持久寿命时的相对齿根表面状况系数 Y_{RrelT}

材　料	计算公式或取值	
	$R_z<1\mu m$	$1\mu m\leqslant R_z<40\mu m$
调质钢，球墨铸铁（珠光体、贝氏体），渗碳淬火钢，火焰和全齿廓感应淬火的钢和球墨铸铁	$Y_{RrelT}=1.120$	$Y_{RrelT}=1.674-0.529(R_z+1)^{0.1}$
结构钢	$Y_{RrelT}=1.070$	$Y_{RrelT}=5.306-4.203(R_z+1)^{0.01}$
灰铸铁，球墨铸铁（铁素体），渗氮的渗氮钢、调质钢	$Y_{RrelT}=1.025$	$Y_{RrelT}=4.299-3.259(R_z+1)^{0.005}$

注：R_z 为齿根表面微观不平度 10 点高度。

② 静强度的相对齿根表面状况系数 Y_{RrelT}　静强度的相对齿根表面状况系数 Y_{RrelT} 等于 1。

③ 有限寿命的相对齿根表面状况系数 Y_{RrelT}　有限寿命的 Y_{RrelT} 可从持久寿命的 Y_{RrelT} 和静强度的 Y_{RrelT} 之间用线性插入法得到。

$$Y_{RrelT}=Y_{RrelTc}+\frac{\lg\left(\frac{N_L}{N_c}\right)}{\lg\left(\frac{N_0}{N_c}\right)}\times(Y_{RrelT0}-Y_{RrelTc})$$

式中，Y_{RrelTc}、Y_{RrelT0}分别为持久寿命和静强度的相对齿根表面状况系数。

8.4.3　齿轮静强度核算

当齿轮工作可能出现短时间、少次数（不大于表 14-1-96 和表 14-1-108 中规定的 N_0 值）的超过额定工况的大载荷，如使用大启动转矩电机，在运行中出现异常的重载荷或有重复性的中等甚至严重冲击时，应进行静强度核算。作用次数超过上述表中规定的载荷应纳入疲劳强度计算。

静强度核算的计算公式见表 14-1-113。

8.4.4　在变动载荷下工作的齿轮强度核算

在变动载荷下工作的齿轮，应通过测定和分析计算确定其整个寿命的载荷图谱，按疲劳累积假说（Miner 法则）确定当量转矩 T_{eq}，并以当量转矩 T_{eq} 代替名义转矩 T 按表 14-1-64 求出切向力 F_t，再应用 8.4.1 和 8.4.2 所述方法分别进行齿面接触强度核算和轮齿弯曲强度核算，此时取 $K_A=1$。当无载荷图谱时，则可用名义载荷近似校核齿轮的齿面强度和轮齿弯曲强度。

表 14-1-113　静强度核算公式

强度条件	齿面静强度 $\sigma_{Hst} \leqslant \sigma_{HPst}$ 当大、小齿轮材料 σ_{HPst} 不同时，应取小者进行核算 弯曲静强度 $\sigma_{Fst} \leqslant \sigma_{FPst}$	σ_{Hst}——静强度最大齿面应力，N/mm² σ_{HPst}——静强度许用齿面应力，N/mm² σ_{Fst}——静强度最大齿根弯曲应力，N/mm² σ_{FPst}——静强度许用齿根弯曲应力，N/mm²
静强度最大齿面应力 σ_{Hst}	$\sigma_{Hst}=\sqrt{K_V K_{H\beta} K_{H\alpha}} Z_H Z_E Z_\varepsilon Z_\beta \sqrt{\dfrac{F_{cal}}{d_1 b}\dfrac{u\pm1}{u}}$	K_V，$K_{H\beta}$，$K_{H\alpha}$ 取值见本表注 2、3、4 Z_H，Z_E，Z_ε，Z_β 及 u，b 等代号意义及计算见 8.4.1
静强度最大齿根弯曲应力 σ_{Fst}	$\sigma_{Fst}=K_V K_{F\beta} K_{F\alpha}\dfrac{F_{cal}}{bm_n}Y_F Y_S Y_\beta$ 或 $\sigma_{Fst}=K_V K_{F\beta} K_{F\alpha}\dfrac{F_{cal}}{bm_n}Y_{Fa} Y_{Sa} Y_\varepsilon Y_\beta$	K_V，$K_{F\beta}$，$K_{F\alpha}$ 见本表注 2、3、4 Y_F，Y_{Fa}，Y_S，Y_{Sa}，Y_ε，Y_β 见 8.4.2
静强度许用齿面接触应力 σ_{HPst}	$\sigma_{HPst}=\dfrac{\sigma_{Hlim} Z_{NT}}{S_{Hmin}} Z_W$	σ_{Hlim}——接触疲劳极限应力，N/mm²，见 8.4.2 Z_{NT}——静强度接触寿命系数，此时取 $N_L=N_0$，见表 14-1-96 Z_W——齿面工作硬化系数，见 8.4.1(16) S_{Hmin}——接触强度最小安全系数
静强度许用齿根弯曲应力 σ_{FPst}	$\sigma_{FPst}=\dfrac{\sigma_{Flim} Y_{ST} Y_{NT}}{S_{Fmin}} Y_{\delta relT}$	σ_{Flim}——弯曲疲劳极限应力，N/mm²，见 8.4.2(8) Y_{ST}——试验齿轮的应力修正系数，$Y_{ST}=2.0$ Y_{NT}——弯曲强度寿命系数，此时取 $N_L=N_0$，见 8.4.2(9) $Y_{\delta relT}$——相对齿根圆角敏感系数，见 8.4.2(11) S_{Fmin}——弯曲强度最小安全系数，见 8.4.1(18)
计算切向力	$F_{cal}=\dfrac{2000T_{max}}{d}$	F_{cal}——计算切向载荷，N d——齿轮分度圆直径，mm T_{max}——最大转矩，N·m

注：1. 因已按最大载荷计算，取使用系数 $K_A=1$。

2. 对在启动或堵转时产生的最大载荷或低速工况，可取动载系数 $K_V=1$；其余情况 K_V 按 8.4.1（4）取值。

3. 螺旋线载荷分布系数 $K_{H\beta}$，$K_{F\beta}$ 见 8.4.1（5）和 8.4.2（2），但此时单位齿宽载荷应取 $w_m=\dfrac{K_V F_{cal}}{b}$。

4. 齿间载荷分配系数 $K_{H\alpha}$、$K_{F\alpha}$ 取值同 8.4.1（6）和 8.4.2（3）。

当量载荷（转矩 T_{eq}）求法如下。

图 14-1-119 是以对数坐标的某齿轮的承载能力曲线与其整个工作寿命的载荷图谱，图中 T_1、T_2、T_3、…为经整理后的实测的各级载荷，N_1、N_2、N_3、…为与 T_1、T_2、T_3、…相对应的应力循环次数。小于名义载荷 T 的 50% 的载荷（如图中 T_5），认为对齿轮的疲劳损伤不起作用，故略去不计，则当量应力循环次数 N_{eq} 为

$$N_{eq}=N_1+N_2+N_3+N_4$$
$$N_i=60n_i kh_i$$

式中　N_i——第 i 级载荷应力循环次数；

n_i——第 i 级载荷作用下齿轮的转速；

k——齿轮每转一周同侧齿面的接触次数；

h_i——在 i 级载荷作用下齿轮的工作小时数。

根据 Miner 法则（疲劳累积假说），此时的当量载荷为

$$T_{eq}=\left(\frac{N_1T_1^p+N_2T_2^p+N_3T_3^p+N_4T_4^p}{N_{eq}}\right)^{1/p}$$

常用齿轮材料的 p 值列于表 14-1-114。

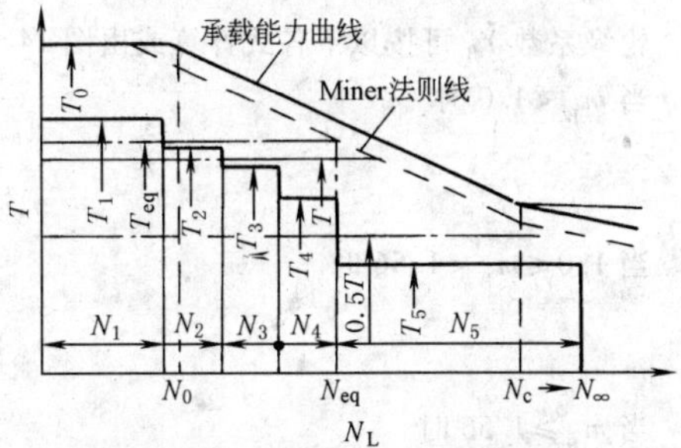

图 14-1-119　承载能力曲线与载荷图谱

第 14 篇

表 14-1-114　　常用的齿轮材料的特性数

计算方法	齿轮材料及热处理方法	N_0	工作循环次数 N_L	p
接触强度（疲劳点蚀）	结构钢；调质钢；珠光体、贝氏体球墨铸铁；珠光体可锻铸铁；调质钢、渗碳钢经表面淬火（允许有一定量点蚀）	6×10^5	$6\times10^5<N_L\leqslant10^7$	6.77
			$10^7<N_L\leqslant10^9$	8.78
			$10^9<N_L\leqslant10^{10}$	7.08
	结构钢；调质钢；珠光体、贝氏体球墨铸铁；珠光体可锻铸铁；调质钢、渗碳钢经表面淬火（不允许出现点蚀）	10^5	$10^5<N_L\leqslant5\times10^7$	6.61
			$5\times10^7<N_L\leqslant10^{10}$	16.30
	调质钢、氮化钢经氮化，灰铸铁，铁素体球墨铸铁	10^5	$10^5<N_L\leqslant2\times10^6$	5.71
			$2\times10^6<N_L\leqslant10^{10}$	26.20
	碳氮共渗的调质钢、渗碳钢	10^5	$10^5<N_L\leqslant2\times10^6$	15.72
			$2\times10^6<N_L\leqslant10^{10}$	26.20
弯曲强度	调质钢，珠光体、贝氏体球墨铸铁，珠光体可锻铸铁	10^4	$10^4<N_L\leqslant3\times10^6$	6.23
			$3\times10^6<N_L\leqslant10^{10}$	49.91
	调质钢、渗碳钢经表面淬火	10^3	$10^3<N_L\leqslant3\times10^6$	8.74
			$3\times10^6<N_L\leqslant10^{10}$	49.91
	调质钢、氮化钢经氮化，结构钢，灰铸铁，铁素体球墨铸铁	10^3	$10^3<N_L\leqslant3\times10^6$	17.03
			$3\times10^6<N_L\leqslant10^{10}$	49.91
	调质钢、渗碳钢经碳氮共渗		$10^3<N_L\leqslant3\times10^6$	84.00
			$3\times10^6<N_L\leqslant10^{10}$	49.91

当计算 T_{eq} 时，若 $N_{eq}<N_0$（材料疲劳破坏最少应力循环次数）时，取 $N_{eq}=N_0$；当 $N_{eq}>N_c$ 时，取 $N_{eq}=N_c$。

在变动载荷下工作的齿轮又缺乏载荷图谱可用时，可近似地用常规的方法即用名义载荷乘以使用系数 K_A 来确定计算载荷。当无合适的数值可用时，使用系数 K_A 可参考表 14-1-71 确定。这样，就将变动载荷工况转化为非变动载荷工况来处理，并按 8.4.1 和 8.4.2 有关公式核算齿轮强度。

8.4.5　薄轮缘齿轮齿根应力基本值

计算分析表明，当齿轮的轮缘厚度 S_R 相对地小于轮齿全齿高 h_t 时（S_R 及 h_t 见图 14-1-120），齿轮的齿根弯曲应力将明显增大。当轮缘齿高比 $m_B=S_R/h_t\geqslant2.0$ 时，m_B 对齿根弯曲应力没有影响。

轮缘系数 Y_B 没有考虑加工台阶、缺口、箍环、键槽等结构对齿根弯曲应力的影响。

在薄轮缘齿轮齿根应力基本值 σ_{F0} 计算时，应增加轮缘系数 Y_B，用以考虑轮缘齿高比 m_B 对齿根弯曲应力的影响。

即对表 14-1-101 中方法一计算 σ_{F0} 时，应改写成下式

$$\sigma_{F0}=\frac{F_t}{bm_n}Y_F Y_S Y_\beta Y_B$$

对表 14-1-101 中方法二计算 σ_{F0} 时，应改写成下式

$$\sigma_{F0}=\frac{F_t}{bm_n}Y_{Fa} Y_{Sa} Y_\varepsilon Y_\beta Y_B$$

式中　Y_B——轮缘系数，其他符号同前。

轮缘系数 Y_B 可按以下各式计算或由图 14-1-120 查取。

当 $m_B<1.0$ 时

$$Y_B=1.6\ln\left(\frac{2.242}{m_B}\right)$$

当 $1.0\leqslant m_B<1.56$ 时

$$Y_B=0.656\ln\left(\frac{7.161}{m_B}\right)$$

当 $m_B\geqslant1.56$ 时

$$Y_B=1.0$$

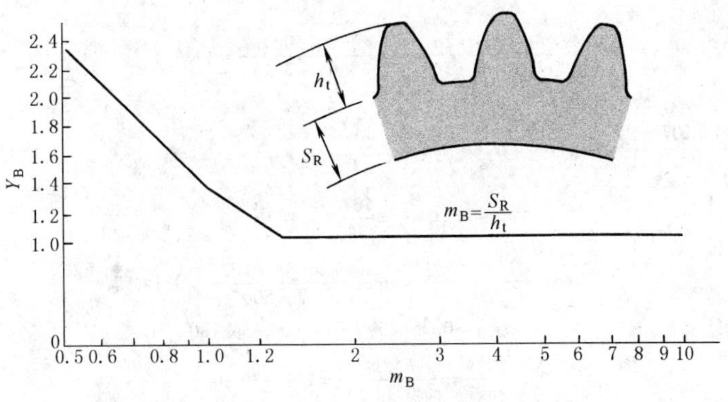

图 14-1-120 轮缘系数 Y_B

8.5 开式齿轮传动的计算

开式齿轮传动一般只需计算其弯曲强度，计算时，仍可使用表 14-1-101 的公式，考虑到开式齿轮容易磨损而使齿厚减薄，因此，应在算得的齿根应力 σ_F 上乘以磨损系数 K_m。K_m 值可根据轮齿允许磨损的程度，按表 14-1-115 选取。

对重载、低速开式齿轮传动，除按上述方法计算弯曲强度外，还建议计算齿面接触强度，此时许用接触应力应为闭式齿轮传动的 1.05～1.1 倍。

表 14-1-115 磨损系数 K_m

已磨损齿厚占原齿厚的百分数/%	K_m	说　明
10	1.25	这个百分数是开式齿轮传动磨损报废的主要指标，可按有关机器设备维修规程要求确定
15	1.40	
20	1.60	
25	1.80	
30	2.00	

8.6 计算例题

如图 14-1-121 所示球磨机传动简图，试设计其单级圆柱齿轮减速器。已知小齿轮传递的额定功率 $P=250\text{kW}$，小齿轮的转速 $n_1=750\text{r/min}$，名义传动比 $i=3.15$，单向运转，满载工作时间 50000h。

解 (1) 选择齿轮材料

小齿轮：37SiMnMoV，调质，硬度 320～340HB。

大齿轮：35SiMn，调质，硬度 280～300HB。

由图 14-1-83 和图 14-1-112 按 MQ 级质量要求取值，得 $\sigma_{Hlim1}=800\text{N/mm}^2$、$\sigma_{Hlim2}=760\text{N/mm}^2$ 和 $\sigma_{Flim1}=320\text{N/mm}^2$、$\sigma_{Flim2}=300\text{N/mm}^2$。

(2) 初步确定主要参数

1) 按接触强度初步确定中心距

按斜齿轮从表 14-1-65 选取 $A_a=476$，按齿轮对称布置，速度中等，冲击载荷较大，取载荷系数 $K=2.0$。按表 14-1-69，选 $\psi_d=0.8$，则 $\psi_a=0.38$，按表 14-1-67 圆整取齿宽系数 $\psi_a=0.35$。

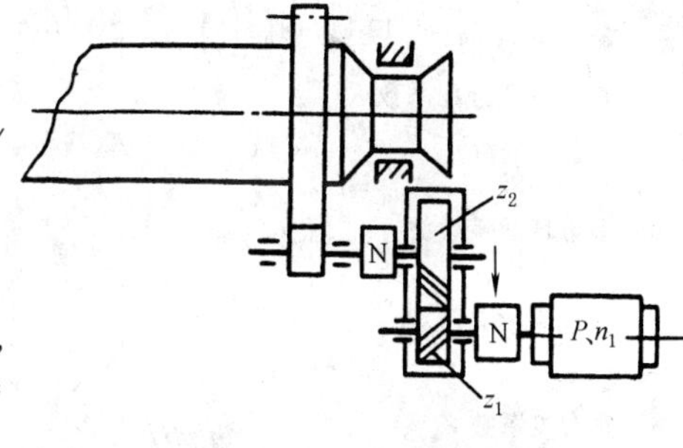

图 14-1-121 传动简图

齿数比　$u=i=3.15$

许用接触应力 σ_{Hp}：$\sigma_{Hp}\approx0.9\sigma_{Hlim}=0.9\times760=684\text{N/mm}^2$

小齿轮传递的转矩 T_1

$$T_1=\frac{9549P}{n_1}=\frac{9549\times250}{750}=3183\text{N}\cdot\text{m}$$

中心距 a

$$a\geqslant A_a(u+1)\sqrt[3]{\frac{KT_1}{\psi_a u\sigma_{Hp}^2}}=476(3.15+1)\sqrt[3]{\frac{2\times3183}{0.35\times3.15\times684^2}}=456.5\text{mm}$$

取　$a=500\text{mm}$

2) 初步确定模数、齿数、螺旋角、齿宽、变位系数等几何参数

$$m_n=(0.007\sim0.02)a=(0.007\sim0.02)\times500=3.5\sim10\text{mm}$$

取 $m_n = 7\text{mm}$

由公式 $$\frac{z_1}{\cos\beta} = \frac{2a}{m_n(1+u)} = \frac{2\times500}{7\times(1+3.15)} = 34.4$$

取 $z_1 = 34$

$z_2 = iz_1 = 3.15\times34 = 107.1$

取 $z_2 = 107$

实际传动比 $$i_0 = \frac{z_2}{z_1} = \frac{107}{34} = 3.147$$

螺旋角 $$\beta = \arccos\frac{m_n(z_1+z_2)}{2a} = \arccos\frac{7\times(34+107)}{2\times500} = 9°14'55''$$

齿宽 $$b = \psi_a a = 0.35\times500 = 175\text{mm}\quad 取 180$$

小齿轮分度圆直径 $$d_1 = \frac{m_n z_1}{\cos\beta} = \frac{7\times34}{\cos9°14'55''} = 241.135\text{mm}$$

大齿轮分度圆直径 $$d_2 = \frac{m_n z_2}{\cos\beta} = \frac{7\times107}{\cos9°14'55''} = 758.865$$

采用高度变位，由图 14-1-11 查得：$x_1 = 0.38\quad x_2 = -0.38$

齿轮精度等级为 7 级

(3) 齿面接触强度核算

1) 分度圆上名义切向力 F_t

$$F_t = \frac{2000T_1}{d_1} = \frac{2000\times3183}{241.135} = 26400\text{N}$$

2) 使用系数 K_A

原动机为电动机，均匀平稳，工作机为水泥磨，有中等冲击，查表 14-1-71 $K_A = 1.5$。

3) 动载系数 K_V

齿轮线速度 $$v = \frac{\pi d_1 n_1}{60\times1000} = \frac{\pi\times241.135\times750}{60\times1000} = 9.5\text{m/s}$$

由表 14-1-80 公式计算传动精度系数 C

$$C = -0.5048\ln(z) - 1.144\ln(m_n) + 2.825\ln(f_{pt}) + 3.32$$

$$z = z_1 = 30\qquad f_{pt} = 25\mu\text{m}(大轮)$$

$$C = -0.5048\ln30 - 1.144\ln10 + 2.825\ln25 + 3.32 = 8.062$$

圆整取 $C = 8$　查图 14-1-74　$K_V = 1.25$

4) 螺旋线载荷分布系数 $K_{H\beta}$

由表 14-1-88，齿轮装配时对研跑合

$$K_{H\beta} = 1.12 + 0.18\left(\frac{b}{d_1}\right)^2 + 0.23\times10^{-3}b = 1.12 + 0.18\times\left(\frac{180}{241.135}\right)^2 + 0.23\times10^{-3}\times180 = 1.262$$

5) 齿间载荷分配系数 $K_{H\alpha}$

$$K_A F_t/b = 1.5\times26400/180 = 220\text{N/mm}$$

查表 14-1-92 得：$K_{H\alpha} = 1.1$

6) 节点区域系数 Z_H

$$x_\Sigma = 0\quad \beta = 9°14'55''，查图 14-1-76\quad Z_H = 2.47$$

7) 弹性系数 Z_E

由表 14-1-95 $$Z_E = 189.8\sqrt{\text{N/mm}^2}$$

8) 重合度系数 Z_ε

纵向重合度 $\varepsilon_\beta = \frac{b\sin\beta}{\pi m_n} = \frac{180\times\sin9°14'55''}{\pi\times7} = 1.315$

端面重合度 $\frac{z_1}{1+x_{n1}} = \frac{34}{1+0.38} = 24.64$，$\frac{z_2}{1-x_{n2}} = \frac{107}{1-0.38} = 172.58$，由图 14-1-72 $\varepsilon_{\alpha1} = 0.79\quad \varepsilon_{\alpha2} = 0.93$

则 $$\varepsilon_\alpha = (1+x_{n1})\varepsilon_{\alpha1} + (1-x_{n2})\varepsilon_{\alpha2} = (1+0.38)\times0.79 + (1-0.38)\times0.93 = 1.667$$

由图 14-1-79 查得 $Z_\varepsilon = 0.775$

9) 螺旋角系数 Z_β

$$Z_\beta = \sqrt{\cos\beta} = \sqrt{\cos9°14'55''} = 0.993$$

10) 小齿轮、大齿轮的单对齿啮合系数 Z_B、Z_D

按表 14-1-94 的判定条件，由于 $\varepsilon_\beta = 1.315 > 1.0$，取 $Z_B = 1$，$Z_D = 1$。

11) 计算接触应力 σ_H

由表 14-1-70 公式可得

$$\sigma_{H1}=Z_B\ \sqrt{K_AK_VK_{H\beta}K_{H\alpha}}Z_HZ_EZ_\varepsilon Z_\beta\sqrt{\frac{F_t}{d_1b}\times\frac{u+1}{u}}$$

$$=1.0\times\sqrt{1.5\times1.25\times1.262\times1.1}\times2.47\times189.8\times0.775\times0.993\times\sqrt{\frac{26400}{241.135\times180}\times\frac{3.147+1}{3.147}}$$

$$=521.1\text{N/mm}^2$$

由于 $Z_D=Z_B=1$，所以 $\sigma_{H2}=\sigma_{H1}=521.1\text{N/mm}^2$

12）寿命系数 Z_{NT}

应力循环次数　$N_{L1}=60n_1t=60\times750\times50000=2.25\times10^9$

$$N_{L2}=60n_2t=60\times\frac{750}{3.133}\times50000=7.18\times10^8$$

由表 14-1-96 公式计算

$$Z_{NT1}=\left(\frac{10^9}{N_{L1}}\right)^{0.0706}=\left(\frac{10^9}{2.25\times10^9}\right)^{0.0706}=0.944$$

$$Z_{NT2}=\left(\frac{10^9}{N_{L2}}\right)^{0.057}=\left(\frac{10^9}{0.718\times10^9}\right)^{0.057}=1.02$$

13）润滑油膜影响系数 $Z_LZ_vZ_R$

由表 14-1-98，经展成法滚、插的齿轮副 $R_{z10}>4\mu m$、$Z_LZ_vZ_R=0.85$

14）齿面工作硬化系数 Z_W

由图 14-1-90　　$Z_{W1}=1.08$　$Z_{W2}=1.11$

15）尺寸系数 Z_x

由表 14-1-99　　$Z_X=1.0$

16）安全系数 S_H

$$S_{H1}=\frac{\sigma_{Hlim1}Z_{NT1}Z_LZ_vZ_RZ_{W1}Z_X}{\sigma_{H1}}=\frac{800\times0.944\times0.85\times1.08\times1.0}{521.1}=1.33$$

$$S_{H2}=\frac{\sigma_{Hlim2}Z_{NT2}Z_LZ_vZ_RZ_{W2}Z_X}{\sigma_{H2}}=\frac{760\times1.02\times0.85\times1.11\times1.0}{521.1}=1.40$$

S_{H1}、S_{H2}均达到表 14-1-100 规定的较高可靠度时，最小安全系数 $S_{Hmin}=1.25\sim1.30$ 的要求。齿面接触强度核算通过。

（4）轮齿弯曲强度核算

1）螺旋线载荷分布系数 $K_{F\beta}$

$$K_{F\beta}=(K_{H\beta})^N$$

$$N=\frac{(b/h)^2}{1+b/h+(b/h)^2}\quad b=180\text{mm}\quad h=2.25m_n=2.25\times7=15.75\text{mm}$$

$$N=\frac{(180/15.75)^2}{1+180/15.75+(180/15.75)^2}=0.913$$

$$K_{F\beta}=(1.262)^{0.913}=1.24$$

2）螺旋线载荷分配系数 $K_{F\alpha}$

$$K_{F\alpha}=K_{H\alpha}=1.1$$

3）齿廓系数 $Y_{F\alpha}$

当量齿数

$$z_{n1}=\frac{z_1}{\cos^3\beta}=\frac{34}{\cos^3 9°14'55''}=35.36$$

$$z_{n2}=\frac{z_2}{\cos^3\beta}=\frac{107}{\cos^3 9°14'55''}=111.28$$

由图 14-1-98　$Y_{F\alpha1}=2.17$　$Y_{F\alpha2}=2.30$

4）应力修正系数 $Y_{S\alpha}$

由图 14-1-103　$Y_{S\alpha1}=1.81$　$Y_{S\alpha2}=1.69$

5）重合度系数 Y_ε

$$Y_\varepsilon=0.25+\frac{0.75}{\varepsilon_{\alpha n}}$$

$$\varepsilon_{\alpha n}=\frac{\varepsilon_\alpha}{\cos^2\beta_b}$$

由表 14-1-104 知

$$\beta_b=\arccos\left[\sqrt{1-(\sin\beta\cos\alpha_n)^2}\right]$$

$$\cos\beta_b=\sqrt{1-(\sin\beta\cos\alpha_n)^2}=\sqrt{1-(\sin9°14'55''\cos20°)^2}=0.9885$$

第 14 篇

$$\varepsilon_{\alpha n}=\frac{1.667}{0.9885^2}=1.71$$

$$Y_\varepsilon=0.25+\frac{0.75}{1.71}=0.689$$

6）螺旋角系数 Y_β

由图 14-1-109　根据 β、ε_β 查得　$Y_\beta=0.92$

7）计算齿根应力 σ_F

因 $\varepsilon_\alpha=1.667<2$，用表 14-1-101 中方法二。

$$\sigma_F=\frac{F_t}{bm_n}Y_{F\alpha}Y_{S\alpha}Y_\varepsilon Y_\beta K_A K_V K_{F\beta}K_{F\alpha}$$

$$\sigma_{F1}=\frac{26400}{180\times7}\times2.17\times1.81\times0.689\times0.92\times1.5\times1.25\times1.24\times1.1=133.4\text{N/mm}^2$$

$$\sigma_{F2}=\frac{26400}{180\times7}\times2.30\times1.69\times0.689\times0.92\times1.5\times1.25\times1.24\times1.1=132\text{N/mm}^2$$

8）试验齿轮的应力修正系数 Y_{ST}

见表 14-1-101，$Y_{ST}=2.0$

9）寿命系数 Y_{NT}

由表 14-1-108

$$Y_{NT}=\left(\frac{3\times10^6}{N_L}\right)^{0.02}$$

$$Y_{NT1}=\left(\frac{3\times10^6}{2.25\times10^9}\right)^{0.02}=0.876$$

$$Y_{NT2}=\left(\frac{3\times10^6}{7.18\times10^8}\right)^{0.02}=0.896$$

10）相对齿根角敏感系数 $Y_{\delta relT}$

由 8.4.2 5)①齿根圆角参数　$q_s=\dfrac{S_{Fn}}{2\rho_F}$,用表 14-1-102 所列公式进行计算。由图 14-1-98 知：$h_{fp}/m_n=1.25$　$\rho_{fp}/m_n=0.38$

$$G_1=\frac{\rho_{fp}}{m_n}-\frac{h_{fp}}{m_n}+x=0.38-1.25+0.38=-0.49$$

$$E=\frac{\pi m_n}{4}-h_{fp}\tan\alpha_n+\frac{S_{pr}}{\cos\alpha_n}-(1-\sin\alpha_n)\frac{\rho_{fp}}{\cos\alpha_n}=\frac{\pi\times7}{4}-1.25\times7\times\tan20^\circ+0-(1-\sin20^\circ)\frac{0.38\times7}{\cos20^\circ}=0.451$$

$$H_1=\frac{2}{z_{n1}}\left(\frac{\pi}{2}-\frac{E}{m_n}\right)-\frac{\pi}{3}=\frac{2}{35.36}\times\left(\frac{\pi}{2}-\frac{0.451}{7}\right)-\frac{\pi}{3}=-0.962$$

$$\theta_1=-\frac{H_1}{1-\dfrac{2G}{z_{n1}}}=-\frac{(-0.962)}{1-\dfrac{2\times(-0.49)}{35.36}}=0.936\text{rad}$$

$$\frac{S_{Fn1}}{m_n}=z_{n1}\sin\left(\frac{\pi}{3}-\theta_1\right)+\sqrt{3}\left(\frac{G}{\cos\theta_1}-\frac{\rho_{fp}}{m_n}\right)=35.36\times\sin\left(\frac{\pi}{3}-0.936\right)+\sqrt{3}\times\left[\frac{-0.49}{\cos(0.936)}-0.38\right]=1.834$$

$$S_{Fn1}=1.834\times7=12.838\text{mm}$$

$$\frac{\rho_{F1}}{m_n}=\frac{\rho_{fp}}{m_n}+\frac{2G^2}{\cos\theta_1(z_{n1}\cos^2\theta-2G)}=0.38+\frac{2\times(-0.49)^2}{\cos(0.936)\times[35.36\times\cos^2(0.936)-2\times(-0.49)]}=0.4404$$

$$\rho_{F1}=0.4404\times7=3.083\text{mm}$$

$$q_{s1}=\frac{S_{Fn1}}{2\rho_{F1}}=\frac{12.838}{2\times3.083}=2.082$$

同样计算可知：$1.5<q_{s1}(q_{s2})<4$

$$Y_{\delta relT}=1.0$$

11）相对齿根表面状况系数 Y_{RrelT}

由图 14-1-118，齿根表面微观不平度 10 点高度为 $R_{z10}=12.5\mu\text{m}$ 时

$$Y_{RrelT}=1.0$$

12）尺寸系数 Y_x

由表 14-1-109 的公式

$$Y_x=1.03-0.006m_n=1.03-0.006\times7=0.988$$

13）弯曲强度的安全系数 S_F

$$S_F=\frac{\sigma_{Flim}Y_{ST}Y_{NT}Y_{\delta relT}Y_{RrelT}Y_x}{\sigma_F}$$

$$S_{F1}=\frac{320\times 2\times 0.876\times 1.0\times 1.0\times 0.988}{133.4}=4.15$$

$$S_{F2}=\frac{300\times 2\times 0.896\times 1.0\times 1.0\times 0.988}{132}=4.02$$

S_{F1}、S_{F2}均达到表 14-1-100 规定的较高可靠度时最小安全系数 $S_{Fmin}=1.6$ 的要求。轮齿弯曲强度核算通过。

9 齿轮材料[1]

齿轮材料及其热处理是影响齿轮承载能力和使用寿命的关键因素，也是影响齿轮生产质量和成本的主要环节。选择齿轮材料及其热处理时，要综合考虑轮齿的工作条件（如载荷性质和大小、工作环境等）、加工工艺、材料来源及经济性等因素，以使齿轮在满足性能要求的同时，生产成本也最低。

齿轮用材料主要有钢、铸铁、铜合金。

9.1 齿轮用钢

齿轮用各类钢材和热处理的特点及适用条件见表 14-1-116，调质及表面淬火齿轮用钢的选择见表 14-1-117，渗碳齿轮用钢的选择见表 14-1-118，渗氮齿轮用钢的选择见表 14-1-119，渗碳深度的选择见表 14-1-120，常用齿轮钢材的化学成分见表 14-1-121，常用齿轮钢材的力学性能见表 14-1-122，齿轮工作齿面硬度及其组合应用示例见表 14-1-123。

表 14-1-116　　各类材料和热处理的特点及适用条件

材　料	热处理	特　　点	适　用　条　件
调质钢	调质或正火	1. 经调质后具有较好的强度和韧性,常在 220 ~ 300HB 的范围内使用 2. 当受刀具的限制而不能提高调质小齿轮的硬度时,为保持大小齿轮之间的硬度差,可使用正火的大齿轮,但强度较调质者差 3. 齿面的精切可在热处理后进行,以消除热处理变形,保持轮齿精度 4. 不需要专门的热处理设备和齿面精加工设备,制造成本低 5. 齿面硬度较低,易于跑合,但是不能充分发挥材料的承载能力	广泛用于对强度和精度要求不太高的一般中低速齿轮传动,以及热处理和齿面精加工比较困难的大型齿轮
	高频淬火	1. 齿面硬度高,具有较强的抗点蚀和耐磨损性能;心部具有较好的韧性,表面经硬化后产生残余压缩应力,大大提高了齿根强度;通常的齿面硬度范围是:合金钢 45 ~ 55HRC,碳素钢 40 ~ 50HRC 2. 为进一步提高心部强度,往往在高频淬火前先调质 3. 高频淬火时间短 4. 为消除热处理变形,需要磨齿,增加了加工时间和成本,但是可以获得高精度的齿轮 5. 当缺乏高频设备时,可用火焰淬火来代替,但淬火质量不易保证 6. 表面硬化层深度和硬度沿齿面不等 7. 由于急速加热和冷却,容易淬裂	广泛用于要求承载能力高、体积小的齿轮
渗碳钢	渗碳淬火	1. 齿面硬度很高,具有很强的抗点蚀和耐磨损性能;心部具有很好的韧性,表面经硬化后产生残余压缩应力,大大提高了齿根强度;一般齿面硬度范围是 56 ~ 62HRC 2. 切削性能较好 3. 热处理变形较大,热处理后应磨齿,增加了加工时间和成本,但是可以获得高精度的齿轮 4. 渗碳深度可参考表 14-1-120 选择	广泛用于要求承载能力高、耐冲击性能好、精度高、体积小的中型以下的齿轮
氮化钢	氮化	1. 可以获得很高的齿面硬度,具有较强的抗点蚀和耐磨损性能;心部具有较好的韧性,为提高心部强度,对中碳钢往往先调质 2. 由于加热温度低,所以变形很小,氮化后不需要磨齿 3. 硬化层很薄,因此承载能力不及渗碳淬火齿轮,不宜用于冲击载荷的条件下 4. 成本较高	适用于较大且较平稳的载荷下工作的齿轮,以及没有齿面精加工设备而又需要硬齿面的条件下
铸钢	正火或调质,以及高频淬火	1. 可以制造复杂形状的大型齿轮 2. 其强度低于同种牌号和热处理的调质钢 3. 容易产生铸造缺陷	用于不能锻造的大型齿轮
铸铁		1. 价钱便宜 2. 耐磨性好 3. 可以制造复杂形状的大型齿轮 4. 有较好的铸造和切削工艺性 5. 承载能力低	灰铸铁和可锻铸铁用于低速、轻载、无冲击的齿轮;球墨铸铁可用于载荷和冲击较大的齿轮

表 14-1-117　　调质及表面淬火齿轮用钢的选择

<table>
<tr><th colspan="3">齿　轮　种　类</th><th>钢 号 选 择</th><th>备　注</th></tr>
<tr><td colspan="3">汽车、拖拉机及机床中的不重要齿轮</td><td rowspan="2">45</td><td>调　质</td></tr>
<tr><td colspan="3">中速、中载车床变速箱、钻床变速箱次要齿轮及高速、中载磨床砂轮齿轮</td><td>调质 + 高频淬火</td></tr>
<tr><td colspan="3">中速、中载较大截面机床齿轮</td><td rowspan="2">40Cr、42SiMn、35SiMn、45MnB</td><td>调　质</td></tr>
<tr><td colspan="3">中速、中载并带一定冲击的机床变速箱齿轮及高速、重载并要求齿面硬度高的机床齿轮</td><td>调质 + 高频淬火</td></tr>
<tr><td rowspan="5">起重机械、运输机械、建筑机械、水泥机械、冶金机械、矿山机械、工程机械、石油机械等设备中的低速重载大齿轮</td><td rowspan="2">一般载荷不大、截面尺寸也不大，要求不太高的齿轮</td><td>Ⅰ</td><td>35、45、55</td><td rowspan="5">1. 少数直径大、载荷小、转速不高的末级传动大齿轮可采用 SiMn 钢正火
2. 根据齿轮截面尺寸大小及重要程度，分别选用各类钢材（从Ⅰ到Ⅴ，淬透性逐渐提高）
3. 根据设计，要求表面硬度大于 40HRC 者应采用调质 + 表面淬火</td></tr>
<tr><td>Ⅱ</td><td>40Mn、50Mn2、40Cr、35SiMn、42SiMn</td></tr>
<tr><td>截面尺寸较大，承受较大载荷，要求比较高的齿轮</td><td>Ⅲ</td><td>35CrMo、42CrMo、40CrMnMo、35CrMnSi、40CrNi、40CrNiMo、45CrNiMoV</td></tr>
<tr><td rowspan="2">截面尺寸很大、承受载荷大、并要求有足够韧性的重要齿轮</td><td>Ⅳ</td><td>35CrNi2Mo、40CrNi2Mo</td></tr>
<tr><td>Ⅴ</td><td>30CrNi3、34CrNi3Mo、37SiMn2MoV</td></tr>
</table>

表 14-1-118　　渗碳齿轮用钢的选择

<table>
<tr><th>齿　轮　种　类</th><th>选 择 钢 号</th></tr>
<tr><td>汽车变速箱、分动箱、起动机及驱动桥的各类齿轮</td><td rowspan="4">20Cr、20CrMnTi、20CrMnMo、25MnTiB、20MnVB、20CrMo</td></tr>
<tr><td>拖拉机动力传动装置中的各类齿轮</td></tr>
<tr><td>机床变速箱、龙门铣电动机及立车等机械中的高速、重载、受冲击的齿轮</td></tr>
<tr><td>起重、运输、矿山、通用、化工、机车等机械的变速箱中的小齿轮</td></tr>
<tr><td>化工、冶金、电站、铁路、宇航、海运等设备中的汽轮发电机、工业汽轮机、燃汽轮机、高速鼓风机、透平压缩机等的高速齿轮，要求长周期、安全可靠地运行</td><td rowspan="2">12Cr2Ni4、20Cr2Ni4、20CrNi3、18Cr2Ni4W、20CrNi2Mo、20Cr2Mn2Mo、17CrNiMo6</td></tr>
<tr><td>大型轧钢机减速器齿轮、人字机座轴齿轮，大型皮带运输机传动轴齿轮、锥齿轮、大型挖掘机传动箱主动齿轮，井下采煤机传动齿轮，坦克齿轮等低速重载、并受冲击载荷的传动齿轮</td></tr>
</table>

注：其中一部分可进行碳氮共渗。

表 14-1-119　　渗氮齿轮用钢的选择

齿 轮 种 类	性 能 要 求	选 择 钢 号
一般齿轮	表面耐磨	20Cr、20CrMnTi、40Cr
在冲击载荷下工作的齿轮	表面耐磨、心部韧性高	18CrNiWA、18Cr2Ni4WA、30CrNi3、35CrMo
在重载荷下工作的齿轮	表面耐磨、心部强度高	30CrMnSi、35CrMoV、25Cr2MoV、42CrMo
在重载荷及冲击下工作的齿轮	表面耐磨、心部强度高、韧性高	30CrNiMoA、40CrNiMoA、30CrNi2Mo
精密耐磨齿轮	表面高硬度、变形小	38CrMoAlA、30CrMoAl

表 14-1-120　　渗碳深度的选择　　mm

模　数	>1 ~ 1.5	>1.5 ~ 2	>2 ~ 2.75	>2.75 ~ 4	>4 ~ 6	>6 ~ 9	>9 ~ 12
渗碳深度	0.2 ~ 0.5	0.4 ~ 0.7	0.6 ~ 1.0	0.8 ~ 1.2	1.0 ~ 1.4	1.2 ~ 1.7	1.3 ~ 2.0

注：1. 本表是气体渗碳的概略值，固体渗碳和液体渗碳略小于此值。

2. 近来，对模数较大的齿轮，渗碳深度有大于表值的倾向。

表 14-1-121　　常用齿轮钢材的化学成分（质量分数）　　%

序号	钢号	C	Si	Mn	Mo	W	Cr	Ni	V	Ti	B	Al
1	40Mn2	0.37～0.44	0.20～0.40	1.40～1.80								
2	50Mn2	0.47～0.55	0.20～0.40	1.40～1.80								
3	35SiMn	0.32～0.40	1.10～1.40	1.10～1.40								
4	42SiMn	0.39～0.45	1.10～1.40	1.10～1.40								
5	37SiMn2MoV	0.33～0.39	0.60～0.90	1.60～1.90	0.40～0.50				0.05～0.12			
6	20MnTiB	0.17～0.24	0.20～0.40	1.30～1.60						0.06～0.12	0.0005～0.0035	
7	25MnTiB	0.22～0.28	0.20～0.40	1.30～1.60						0.06～0.12	0.0005～0.0035	
8	15MnVB	0.12～0.18	0.20～0.40	1.20～1.60					0.07～0.12			
9	20MnVB	0.17～0.24	0.20～0.40	1.50～1.80					0.07～0.12		0.0005～0.0035	
10	45MnB	0.42～0.49	0.20～0.40	1.10～1.40							0.0005～0.0035	
11	30CrMnSi	0.27～0.34	0.90～1.20	0.80～1.10			0.80～1.10					
12	35CrMnSi	0.32～0.39	1.10～1.40	1.80～1.10			1.10～1.40					
13	50CrV	0.47～0.54	0.20～0.40	0.50～0.80			0.80～1.10		0.10～0.20			
14	20CrMnTi	0.17～0.24	0.20～0.40	0.80～1.10			1.00～1.30			0.06～0.12		
15	20CrMo	0.17～0.24	0.20～0.40	0.40～0.70	0.15～0.25		0.80～1.10					
16	35CrMo	0.30～0.40	0.20～0.40	0.40～0.70	0.15～0.25		0.80～1.10					
17	42CrMo	0.38～0.45	0.20～0.40	0.50～0.80	0.15～0.25		0.90～1.20					
18	20CrMnMo	0.17～0.24	0.20～0.40	0.90～1.20	0.20～0.30		1.10～1.40					
19	40CrMnMo	0.37～0.45	0.20～0.40	0.90～1.20	0.20～0.30		0.90～1.20					
20	25Cr2MoV	0.22～0.29	0.20～0.40	0.40～0.70	0.25～0.35		1.50～1.80		0.15～0.30			
21	35CrMoV	0.30～0.38	0.20～0.40	0.40～0.70	0.20～0.30		1.00～1.30		0.10～0.20			
22	38CrMoAl	0.35～0.42	0.20～0.40	0.30～0.60	0.15～0.25		1.35～1.65					0.70～1.10
23	20Cr	0.17～0.24	0.20～0.40	0.50～0.80			0.70～1.00					
24	40Cr	0.37～0.45	0.20～0.40	0.50～0.80			0.80～1.10					
25	40CrNi	0.37～0.44	0.20～0.40	0.50～0.80			0.45～0.75	1.00～1.40				
26	12CrNi2	0.10～0.17	0.20～0.40	0.30～0.60			0.60～0.90	1.50～2.00				
27	12CrNi3	0.10～0.17	0.20～0.40	0.30～0.60			0.60～0.90	2.75～3.25				
28	20CrNi3	0.17～0.24	0.20～0.40	0.30～0.60			0.60～0.90	2.75～3.25				
29	30CrNi3	0.27～0.34	0.20～0.40	0.30～0.60			0.60～0.90	2.75～3.25				
30	12Cr2Ni4	0.10～0.17	0.20～0.40	0.30～0.60			1.25～1.75	3.25～3.75				
31	20Cr2Ni4	0.17～0.24	0.20～0.40	0.30～0.60			1.25～1.75	3.25～3.75				
32	40CrNiMo	0.37～0.44	0.20～0.40	0.50～0.80	0.15～0.25		0.60～0.90	1.25～1.75				
33	45CrNiMoV	0.42～0.49	0.20～0.40	0.50～0.80	0.20～0.30		0.80～1.10	1.30～1.80	0.10～0.20			
34	30CrNi2MoV	0.27～0.43	0.20～0.40	0.30～0.60	0.15～0.25		0.60～0.90	2.00～2.50	0.15～0.30			
35	18Cr2Ni4W	0.13～0.19	0.20～0.40	0.30～0.60		0.80～1.20	1.35～1.65	4.00～4.50				

表 14-1-122　　常用齿轮钢材的力学性能

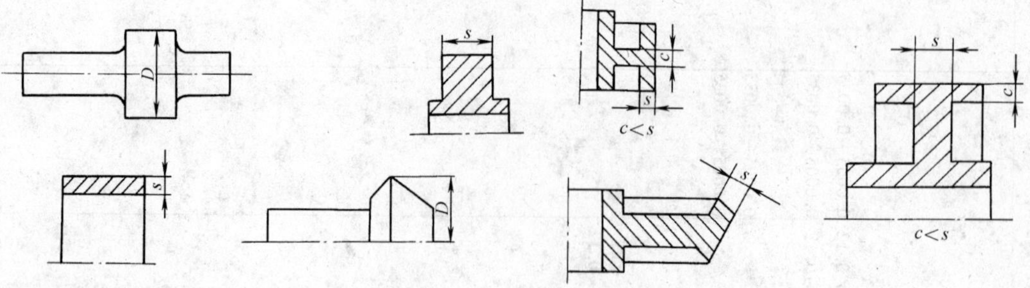

钢号	热处理状态	截面尺寸		力学性能					硬度 HBS
		直径 D/mm	壁厚 s/mm	σ_b /N·mm^{-2}	σ_s /N·mm^{-2}	δ_5 /%	ψ /%	a_k /J·cm^{-2}	
42Mn2	调　质	50 100	25 50	≥794 ≥745	≥588 ≥510	≥17 ≥15.5	≥59 —	≥63.7 ≥19.6	— —
50Mn2	正火+高温回火	≤100 100～300 300～500	≤50 50～150 150～250	≥735 ≥716 ≥686	≥392 ≥373 ≥353	≥14 ≥13 ≥12	≥35 ≥33 ≥30	— — —	187～241 187～241 187～241
	调　质	≤80	≤40	≥932	≥686	≥9	≥40	—	255～302
35SiMn	调　质	<100 100～300 300～400 400～500	<50 50～150 150～200 200～250	≥735 ≥735 ≥686 ≥637	≥490 ≥441 ≥392 ≥373	≥15 ≥14 ≥13 ≥11	45 ≥35 ≥30 ≥28	58.8 49.0 41.1 39.2	≥222 217～269 217～225 196～255
42SiMn	调　质	≤100 100～200 200～300 300～500	≤50 50～100 100～150 150～250	≥784 ≥735 ≥686 ≥637	≥510 ≥461 ≥441 ≥373	≥15 ≥14 ≥13 ≥10	≥45 ≥42 ≥40 ≥40	≥39.2 ≥29.2 ≥29.2 ≥24.5	229～286 217～269 217～255 196～255
37SiMn2MoV	调　质	200～400 400～600 600～800 1270	100～200 200～300 300～400 635	≥814 ≥765 ≥716 834/878	≥637 ≥588 ≥539 677/726	≥14 ≥14 ≥12 1.90/18.0	≥40 ≥40 ≥35 45.0/40.0	≥39.2 ≥39.2 ≥34.3 28.4/22.6	241～286 241～269 229～241 241/248
20MnTiB	淬火+低、中温回火	25	12.5	≥1451 ≥1402 ≥1275	— — —	δ_{10}≥7.5 δ_{10}≥7 δ_{10}≥8	≥56 ≥53 ≥59	≥98.1 ≥98.1 ≥98.1	HRC≥47 HRC≥47 HRC≥42
20MnVB	渗碳+淬火+低温回火	≤120	≤60	1500	—	11.5	45	127.5	心 398
45MnB	调　质	45	22.5	824 ≥834	598 559	14 16	60 59	103 —	表 241 表 277
30CrMnSi	调　质	<100 100～200	<50 50～100	≥834 ≥706	≥588 ≥461	≥12 ≥16	≥35 ≥35	≥58.8 ≥49.0	240～292 207～229
50CrV	调　质	40～100 100～250	20～50 50～125	981～1177 785～981	≥785 ≥588	≥11 ≥13	≥45 ≥50	— —	— —
20CrMnTi (18CrMnTi)	渗碳+淬火+低温回火	30 ≤80 100	15 ≤40 50	≥1079 ≥981 ≥883	≥883 ≥785 686	≥8 ≥9 ≥10	≥50 ≥50 ≥40	≥78.5 ≥78.5 ≥92.2	— 表 56～62HRC 心 240～300
20CrMo	淬火+低温回火	30	15	≥775	≥433	≥21.2	≥55	≥92.2	≥217

续表

钢号	热处理状态	截面尺寸		力学性能					硬度 HBS
		直径 D/mm	壁厚 s/mm	σ_b /N·mm^{-2}	σ_s	δ_5 /%	ψ	a_k /J·cm^{-2}	
35CrMo	调质	50~100 100~240 100~300 300~500 500~800	50~50 50~120 50~150 150~250 250~400	735~883 686~834 ≥686 ≥637 ≥588	539~686 >441 ≥490 ≥441 ≥392	14~16 >15 ≥15 ≥15 ≥12	45~50 ≥45 ≥50 ≥35 ≥30	68.6~88.3 ≥49.0 ≥68.6 ≥39.2 ≥29.4	217~255 207~269 — 207~269 207~269
42CrMo	调质	40~100 100~250 100~250 250~300 300~500	20~50 50~125 50~125 125~150 150~250	883~1020 735~883 735 637 588	>686 >539 589 490 441	≥12 ≥14 ≥14 ≥14 10	≥50 ≥55 40 35 30	49.0~68.6 49.0~78.5 58.8 39.2 39.2	— — 207~269 207~269 207~269
20CrMnMo	渗碳+淬火+低温回火	30 ≤100	15 ≤50	≥1079 ≥834	≥785 ≥490	≥7 ≥15	≥40 ≥40	≥39.2 ≥39.2	表56~62HRC 心28~33HRC 表56~62HRC 心28~33HRC
40CrMnMo	调质	150 300 400 500	75 150 200 250	≥778 ≥811 ≥786 ≥748	≥758 ≥655 ≥532 ≥484	≥14.8 ≥16.8 ≥16.8 ≥14.0	≥56.4 ≥52.2 ≥43.7 ≥46.2	≥83.4 — ≥49.0 ≥42.2	288 255 249 213
25Cr2MoV	调质	25 150 ≤200	12.5 75 ≤100	≥932 ≥834 ≥735	≥785 ≥735 ≥588	≥14 ≥15 ≥16	≥55 ≥50 ≥50	≥78.5 ≥58.8 ≥58.8	≤247 269~321 241~277
35CrMoV	调质	120 240 500	60 120 250	≥883 ≥834 657	≥785 ≥686 490	≥15 ≥12 14	≥50 ≥45 40	≥68.6 ≥58.8 49.0	— — 212~248
38CrMoAl	调质	40 80 100 120 160	20 40 50 60 80	≥941 ≥922 ≥922 ≥912 ≥765	≥785 ≥735 ≥706 ≥686 ≥588	≥18 ≥16 ≥16 ≥15 ≥14	≥58 ≥56 ≥54 ≥52 ≥45	— — — — ≥58.8	— — — — 241~285
20Cr	渗碳+淬火+低温回火	60 60	30 30	≥637 637~931	≥392 392~686	≥13 13~20	≥40 45~55	49.0 49.0~78.5	心部≥178 $\frac{1}{3}$半径处>182
40Cr	调质	100~300 300~500 500~800	50~150 150~250 250~400	≥686 ≥637 ≥588	≥490 ≥441 ≥343	≥14 ≥10 ≥8	≥45 ≥35 ≥30	≥392 ≥29.4 ≥19.2	241~286 229~269 217~255
40Cr	C-N共渗淬火,回火	<40	<20	1373~1569	1177~1373	7	25	—	43~53HRC
40CrNi	调质	100~300	50~150	≥785	≥569	≥9	≥38	≥49.0	225
40CrNi	调质	300~500 500~700	150~250 250~350	≥735 ≥686	≥549 ≥530	≥8 ≥8	≥36 ≥35	≥44.1 ≥44.1	255 255
12CrNi2	渗碳+淬火+低温回火	20 30 60	10 15 30	≥686 ≥785 ≥932	≥539 ≥588 ≥686	≥12 ≥12 ≥12	≥50 ≥50 ≥50	≥88.3 ≥78.5 ≥88.3	表HRC≥58 表HRC≥58 表HRC≥58
12CrNi3	渗碳+淬火+低温回火	30 <40	15 <20	≥932 ≥834	≥686 ≥686	≥10 ≥10	≥50 ≥50	≥98.1 ≥78.5	表HRC≥58 心225~302 表HRC≥58 心≥241

续表

钢号	热处理状态	截面尺寸 直径 D/mm	截面尺寸 壁厚 s/mm	力学性能 σ_b /N·mm^{-2}	σ_s /N·mm^{-2}	δ_5 /%	ψ /%	a_k /J·cm^{-2}	硬度 HBS
20CrNi3	渗碳+淬火+低温回火	30 30	15 15	≥932 ≥1079	≥735 ≥883	≥11 ≥7	≥55 ≥50	≥98.1 ≥88.3	表HRC≥58 表HRC≥58 心284~415
30CrNi3	调　质	<100 100~300	50 50~150	≥785 ≥735	≥559 ≥539	≥16 ≥15	≥50 ≥45	≥68.6 ≥58.8	≥241 ≥241
12Cr2Ni4	渗碳+淬火+低温回火 渗碳+高温回火+淬火+低温回火	15 30	7.5 15	≥1079 ≥1177	≥834 ≥1128	≥10 ≥10	≥50 ≥55	≥88.3 ≥78.5	表HRC≥60 表HRC≥60 心302~388
20Cr2Ni4	渗碳+淬火+低温回火 渗碳+淬火+低温回火	25 30	12.5 15	≥1177 ≥1177	≥1079 ≥1079	≥10 ≥9	≥45 ≥45	≥78.5 ≥78.5	表HRC≥60 表HRC≥60 心305~405
40CrNiMo	调　质	120 240 ≤250 ≤500	60 120 ≤125 ≤250	≥834 ≥785 686~834 588~734	≥686 ≥588 ≥490 ≥392	≥13 ≥13 ≥14 ≥18	≥50 ≥45 — —	≥78.5 ≥58.8 ≥49.0 ≥68.6	— — — —
45CrNiMoV	调　质	25 60	12.5 30	≥1030 ≥1471	≥883 ≥1324	≥8 ≥7	≥30 ≥35	≥68.6 ≥39.2	— —
	退火+调质	100	50	≥1030 ≥883	≥883 ≥686	≥9 ≥10	≥40 ≥45	≥49.0 ≥58.8	321~363 260~321
30CrNi2MoV	调　质	120	60	≥883	≥735	≥12	≥50	≥78.5	—
18Cr2Ni4W	渗碳+淬火+低温回火	15	7.5	≥1128	≥834	≥11	≥45	≥98.1	表HRC≥58 心340~387
		30	15	≥1128	≥834	≥12	≥50	≥98.1	表HRC≥58 心HRC35~47
		60	30	≥1128	≥834	≥12	≥50	≥98.1	表HRC≥58 心341~367
		60~100	30~50	≥1128	≥834	≥11	≥45	≥88.3	表HRC≥58 心341~367
铸钢、合金铸钢									
ZG 310-570	正　火			570	310				163~197
ZG 340-640	正　火			640	340				179~207
ZG 40Mn2	正火、回火 调　质			588 834	392 686				≥197 269~302
ZG 35SiMn	正火、回火 调　质			569 637	343 412				163~217 197~248
ZG 42SiMn	正火、回火 调　质			588 637	373 441				163~217 197~248
ZG 50SiMn	正火、回火			686	441				217~255
ZG 40Cr	正火、回火 调　质			628 686	343 471				≤212 228~321
ZG 35Cr1Mo	正火、回火 调　质			588 686	392 539				179~241 179~241
ZG 35CrMnSi	正火、回火 调　质			686 785	343 588				163~217 197~269

第14篇

表 14-1-123　　齿轮工作齿面硬度及其组合的应用举例

齿面类型	齿轮种类	热处理		两轮工作齿面硬度差	工作齿面硬度组合举例		备注
		小齿轮	大齿轮		小齿轮	大齿轮	
软齿面(HB≤350)	直齿	调质	正火 调质	$20\sim25\geqslant(HB)_{1min}-(HB)_{2max}>0$	240~270HB 260~290HB	180~210HB 220~250HB	用于重载中低速固定式传动装置
	斜齿及人字齿	调质	正火 正火 调质	$(HB)_{1min}-(HB)_{2max}\geqslant20\sim30$	240~270HB 260~290HB 270~300HB	160~190HB 180~210HB 220~250HB	
软硬组合齿面($HB_1>350$，$HB_2\leqslant350$)	斜齿及人字齿	表面淬火	调质 调质	齿面硬度差很大	45~50HRC 45~50HRC	270~300HB 200~230HB	用于负荷冲击及过载都不大的重载中低速固定式传动装置
		渗碳	调质		56~62HRC	200~230HB	
硬齿面(HB>350)	直齿、斜齿及人字齿	表面淬火	表面淬火	齿面硬度大致相同	45~50HRC		用在传动尺寸受结构条件限制的情形和运输机器上的传动装置
		渗碳	渗碳		56~62HRC		

注：1. 滚刀和插齿刀所能切削的齿面硬度一般不应超过 HB=300（个别情况下允许对尺寸较小的齿轮将其硬度提高到 HB=320~350）。
2. 对重要传动的齿轮表面应采用高频淬火并沿齿沟进行。
3. 通常渗碳后的齿轮要进行磨齿。
4. 为了提高抗胶合性能建议小轮和大轮采用不同牌号的钢来制造。

9.2 齿轮用铸铁

与钢齿轮相比，铸铁齿轮具有切削性能好、耐磨性高、缺口敏感低、减振性好、噪声低及成本低的优点，故铸铁常用来制造对强度要求不高、但耐磨的齿轮。

常用齿轮铸铁性能对比见表 14-1-124，常用灰铸铁、球墨铸铁的力学性能见表 14-1-125，球墨铸铁的组织状态和力学性能见表 14-1-126，球墨铸铁齿轮的齿根弯曲疲劳强度见表 14-1-127，球墨铸铁齿轮的接触疲劳强度见表 14-1-128，石墨化退火黑心可锻铸铁和珠化体可锻铸铁的力学性能见表 14-1-129。

表 14-1-124　　常用齿轮铸铁性能对比

性能 \ 铸铁种类	灰铸铁	珠光体型可锻铸铁	球墨铸铁
抗拉强度 σ_b/MPa	100~350	450~700	400~1200
屈服强度 $\sigma_{0.2}$/MPa	—	270~530	250~900
伸长率 δ/%	0.3~0.8	2~6	2~18
弹性模量 E/GPa	103.5~144.8	155~178	159~172
弯曲疲劳极限 σ_{-1}/MPa	0.33~0.47①	220~260	206~343④ 145~353⑤
硬度(HBS)	150~280	150~290	121HBS~43HRC
冲击韧度 a_k/J·cm^{-2}	9.8~15.68②③ 14.7~27.44 21.56~29.4	5~20	5~150④ 14(11),12(9)⑥
齿根弯曲疲劳极限 σ_F/MPa	50~110	140~230	150~320
齿面接触疲劳极限 σ_H/MPa	300~520	380~580	430~1370
减振性(相邻振幅比值的对数)应力为110MPa	6.0	3.30	2.2~2.5

① 弯曲疲劳比，弯曲疲劳极限与抗拉强度之比，设计时推荐使用 0.35 的疲劳比。
② 分别为珠光体灰铸铁范围：154~216，216~309，和大于 309MPa 的对应值。
③ 按 ISO R946 标准，在 ϕ20mm 试棒上测得。
④ 无缺口试样。
⑤ 有缺口试样(45°，V 形)，上贝氏体球墨铸铁。
⑥ V 形缺口(单铸试块)，球墨铸铁 QT 400-18，括号外数据分别为试验温度 23℃ ±5℃ 和 −20℃ ±2℃ 时 3 个试样的平均值；括号内的数据则分别为前述 2 种试验温度下单个试样的值。

表 14-1-125　　常用灰铸铁、球墨铸铁的力学性能

材料牌号	热处理种类	截面尺寸		力学性能		硬度	
		直径 D/mm	壁厚 s/mm	σ_b/N·mm^{-2}	σ_s/N·mm^{-2}	HB	HRC
HT 250			>4.0~10 >10~20 >20~30 >30~50	270 240 220 200		175~263 164~247 157~236 150~225	
HT 300			>10~20 >20~30 >30~50	290 250 230		182~273 169~255 160~241	
HT 350			>10~20 >20~30 >30~50	340 290 260		197~298 182~273 171~257	
QT 500-7				500	320	170~230	
QT 600-3				600	370	190~270	
QT 700-2				700	420	225~305	
QT 800-2				800	480	245~335	
QT 900-2				900	600	280~360	

表 14-1-126　　球墨铸铁的组织状态和力学性能

球铁种类	热处理状态	σ_b/MPa	δ/%	HBS	a_k/J·cm^{-2}
铁素体	铸态	450~550	10~20	130~210	30~150
铁素体	退火	400~500	18~25	130~180	60~150
珠光体+铁素体	铸态或退火	500~600	7~10	170~230	20~80
珠光体	铸态	600~750	3~4	190~270	15~30
珠光体	正火	700~950	3~5	225~305	20~50
珠光体+碎块状铁素体	仍保留奥氏体化正火	600~900	4~9	207~285	30~80
贝氏体+碎块状铁素体	仍保留奥氏体化等温淬火	900~1100	2~6	32~40HRC	40~100
下贝氏体	等温淬火	≥1100	≥5	38~48HRC	30~100
回火索氏体	淬火,550~600℃回火	900~1200	1~5	32~43HRC	20~60
回火马氏体	淬火,200~250℃回火	700~800	0.5~1	50~61HRC	10~20

表 14-1-127　　球墨铸铁齿轮的齿根弯曲疲劳强度

球铁种类	硬度	$P=0.5$ 时疲劳曲线方程	失效概率 P	循环基数 N_0	疲劳极限 σ_{Flim} /MPa
珠光体	244HBS	$\sigma_F^{3.209}N=4.0733\times10^{14}$	0.50	5×10^6	292.0
			0.01	5×10^6	198.2
上贝氏体	37HRC	$\sigma_F^{5.1704}N=2.272\times10^{19}$	0.50	3×10^6	308.48
			0.01	3×10^6	289.45
下贝氏体	43.5HRC	$\sigma_F^{4.8870}N=2.0116\times10^{18}$	0.50	3×10^6	263.01
			0.01	3×10^6	236.91
下贝氏体	41.8HRC	$\sigma_F^{3.8928}N=1.7844\times10^{16}$	0.50	3×10^6	324.25
			0.01	3×10^6	307.35
钒钛下贝氏体	32.3HRC	$\sigma_F^{2.6307}N=2.5074\times10^{13}$	0.50	3×10^6	427.84
			0.01	3×10^6	407.45
合金钢(调质)	37.5HRC		0.01	3×10^6	305.0
合金铸铁(调质)	37.5HRC		0.01	3×10^6	255.0

表 14-1-128　　球墨铸铁齿轮的接触疲劳强度

球铁种类	硬度	P=0.5 时疲劳曲线方程	失效概率 P	循环基数 N_0	疲劳极限 σ_{Hlim} /MPa
铁素体	180HBS	$\sigma_H^{14.161}N=5.194\times10^{46}$	0.50	5×10^7	569.1
			0.01	5×10^7	536.5
珠光体+铁素体	226HBS	$\sigma_H^{8.394}N=2.242\times10^{31}$	0.50	5×10^7	657
			0.01	5×10^7	632
珠光体	253HBS	$\sigma_H^{7.941}N=3.688\times10^{30}$	0.50	5×10^7	758
			0.01	5×10^7	715
下贝氏体	41HRC	$\sigma_H^{4.5}N=1.307\times10^{21}$	0.50	10^7	1371
			0.01	10^7	1235
铁素体(软渗氮)	64HRC	$\sigma_H^{20.83}N=2.307\times10^{70}$	0.50	10^7	1100
			0.01	10^7	1060

表 14-1-129　　石墨化退火黑心可锻铸铁和珠光体可锻铸铁的力学性能

类型	牌号 A	牌号 B	试样直径 /mm	抗拉强度 σ_b MPa ≥	屈服强度 $\sigma_{0.2}$ MPa ≥	伸长率 δ/% (L=3d)	硬度 HBS
黑心可锻铸铁	KTH300-06		12 或 15	300		6	<150
		KTH330-08		330		8	
	KTH350-10			350	200	10	
		KTH370-12		370		12	
珠光体可锻铸铁	KTZ450-06		12 或 15	450	270	6	150~200
	KTZ550-04			550	340	4	180~250
	KTZ650-02			650	430	2	210~260
	KTZ700-02			700	530	2	210~290

9.3　齿轮用铜合金

常用齿轮铜合金材料的化学成分见表 14-1-130，各种铜合金的主要特性及用途见表 14-1-131，常用齿轮铜合金的力学性能见表 14-1-132，常用齿轮铸造铜合金的物理性能见表 14-1-133。

表 14-1-130　　常用齿轮铜合金材料的化学成分（质量分数）

序号	合金名称（合金牌号）	Cu	Fe	Al	Pb	Sn	Si	Ni	Mn	P	Zn
		主要化学成分/%									
1	60-1-1 铝黄铜 (HAl60-1-1)	58.0~61.0	0.70~1.50	0.70~1.50	≤0.40	—	—	—	0.10~0.60	≤0.01	余量
2	66-6-3-2 铝黄铜 (HAl66-6-3-2)	64.0~68.0	2.0~4.0	6.0~7.0	≤0.50	≤0.2	—	—	1.5~2.5	≤0.02	余量
3	25-6-3-3 铝黄铜 (ZCuZn25Al6Fe3Mn3)	60.0~66.0	2.0~4.0	4.5~7.0	—	—	—	—	—	—	余量
4	40-2 铅黄铜 (ZCuZn40Pb2)	58.0~63.0	—	0.2~0.8	0.5~2.5	—	—	—	—	—	余量
5	38-2-2 锰黄铜 (ZCuZn38Mn2Pb2)	57.0~60.0	—	—	1.5~2.5	—	—	—	1.5~2.5	—	余量
6	6.5-0.1 锡青铜 (QSn6.5-0.1)	余量	≤0.05	≤0.002	≤0.02	6.0~7.0	≤0.002	—	—	0.10~0.25	—

续表

序号	合金名称（合金牌号）	主要化学成分/%									
		Cu	Fe	Al	Pb	Sn	Si	Ni	Mn	P	Zn
7	7-0.2 锡青铜（QSn7-0.2）	余量	≤0.05	≤0.01	≤0.02	6.0～8.0	≤0.02	—	—	0.10～0.25	—
8	5-5-5 锡青铜（ZCuSn5Pb5Zn5）	余量	—	—	4.0～6.0	4.0～6.0	—	—	—	—	4.0～6.0
9	10-1 锡青铜（ZCuSn10P1）	余量	—	—	—	9.0～11.5	—	—	—	0.5～1.0	—
10	10-2 锡青铜（ZCuSn10Zn2）	余量	—	—	—	9.0～11.0	—	—	—	—	1.0～3.0
11	5 铝青铜（QAl5）	余量	≤0.5	4.0～6.0	≤0.03	≤0.1	≤0.1	—	≤0.5	≤0.01	≤0.5
12	7 铝青铜（QAl7）	余量	≤0.5	6.0～8.0	≤0.03	≤0.1	≤0.1	—	≤0.5	≤0.01	≤0.5
13	9-4 铝青铜（QAl9-4）	余量	2.0～4.0	8.0～10.0	≤0.01	≤0.1	≤0.1	—	≤0.5	≤0.01	≤1.0
14	10-3-1.5 铝青铜（QAl10-3-1.5）	余量	2.0～4.0	8.5～10.0	≤0.03	≤0.1	≤0.1	—	1.0～2.0	≤0.01	≤0.5
15	10-4-4 铝青铜（QAl10-4-4）	余量	3.5～5.5	9.5～11.0	≤0.02	≤0.1	≤0.1	3.5～5.5	≤0.3	≤0.01	≤0.5
16	9-2 铝青铜（ZCuAl9Mn2）	余量	—	8.0～10.0	—	—	—	—	1.5～2.5	—	—
17	10-3 铝青铜（ZCuAl10Fe3）	余量	2.0～4.0	8.5～11.0	—	—	—	—	—	—	—
18	10-3-2 铝青铜（ZCuAl10Fe3Mn2）	余量	2.0～4.0	9.0～11.0	—	—	—	—	1.0～2.0	—	—
19	8-13-3-2 铝青铜（ZCuAl8Mn13Fe3Ni2）	余量	2.5～4.0	7.0～8.5	—	—	—	1.8～2.5	11.5～14.0	—	—
20	9-4-4-2 铝青铜（ZCuAl9Fe4Ni4Mn2）	余量	4.0～5.0	8.5～10.0	—	—	—	4.0～5.0	0.8～2.5	—	—

表 14-1-131　各种铜合金的主要特性及用途

序号	合金牌号	主要特性	用途
1	HAl60-1-1	强度高，耐蚀性好	耐蚀齿轮、蜗轮
2	HAl66-6-3-2	强度高，耐磨性好，耐蚀性好	大型蜗轮
3	ZCuZn25Al6Fe3Mn3	有很高的力学性能，铸造性能良好，耐蚀性较好，有应力腐蚀开裂倾向，可以焊接	蜗轮
4	ZCuZn40Pb2	有好的铸造性能和耐磨性，切削加工性能好，耐蚀性较好，在海水中有应力腐蚀倾向	齿轮
5	ZCuZn38Mn2Pb2	有较高的力学性能和耐蚀性，耐磨性较好，切削性能较好	蜗轮
6	QSn6.5-0.1	强度高、耐磨性好，压力及切削加工性能好	精密仪器齿轮
7	QSn7-0.2	强度高，耐磨性好	蜗轮

续表

序号	合金牌号	主 要 特 性	用 途
8	ZCuSn5Pb5Zn5	耐磨性和耐蚀性好，减摩性好，能承受冲击载荷，易加工，铸造性能和气密性较好	较高载荷，中等滑动速度下工作蜗轮
9	ZCuSn10Zn2	硬度高，耐磨性极好，有较好的铸造性能和切削加工性能，在大气和淡水中有良好的耐蚀性	高载荷，耐冲击和高滑动速度(8m/s)下齿轮、蜗轮
10	ZCuSn10Zn2	耐蚀性、耐磨性和切削加工性能好，铸造性能好，铸件气密性较好	中等及较多负荷和小滑动速度的齿轮、蜗轮
11	QAl5	较高的强度和耐磨性及耐蚀性	耐蚀齿轮、蜗轮
12	QAl7	强度高，较高的耐磨性及耐蚀性	高强、耐蚀齿轮、蜗轮
13	QAl9-4	高强度，高减摩性和耐蚀性	高载荷齿轮、蜗轮
14	QAl10-3-1.5	高的强度和耐磨性，可热处理强化，高温抗氧化性，耐蚀性好	高温下使用齿轮
15	QAl10-4-4	高温(400℃)力学性能稳定，减摩性好	高温下使用齿轮
16	ZCuAl9Mn2	高的力学性能，在大气、淡水和海水中耐蚀性好，耐磨性好，铸造性能好，组织紧密，可以焊接，不易钎焊	耐蚀、耐磨齿轮、蜗轮
17	ZCuAl10Fe3	高的力学性能，在大气、淡水和海水中耐磨性和耐蚀性好，可以焊接，不易钎焊，大型铸件自700℃空冷可以防止变脆	高载荷大型齿轮、蜗轮
18	ZCuAl10Fe3Mn2	高的力学性能和耐磨性，可热处理，高温下耐蚀性和抗氧化性好，在大气、淡水和海水中耐蚀性好，可焊接，不易钎焊，大型铸件自700℃空冷可以防止变脆	高温、高载荷，耐蚀齿轮、蜗轮
19	ZCuAl8Mn13Fe3Ni2	很高的力学性能，耐蚀性好，应力腐蚀疲劳强度高，铸造性能好，合金组织紧密，气密性好，可以焊接，不易钎焊	高强、耐腐蚀重要齿轮、蜗轮
20	ZCuAl9Fe4Ni4Mn2	很高的力学性能，耐蚀性好，应力腐蚀疲劳强度高，耐磨性良好，在400℃以下具有耐热性，可热处理，焊接性能好，不易钎焊，铸造性能尚好	要求高强度、耐蚀性好及400℃以下工作重要齿轮、蜗轮

表 14-1-132　　常用齿轮铜合金的力学性能

序号	合金牌号	状态	力学性能，不低于					
			抗拉强度 σ_b/MPa	屈服强度 $\sigma_{0.2}$/MPa	伸长率/% δ_5	伸长率/% δ_{10}	冲击韧度 a_k/J·cm^{-2}	HBS
1	HAl60-1-1	软态[①]	440	—	—	18	—	95
		硬态[②]	735	—	—	8	—	180
2	HAl66-6-3-2	软态	>35	—	—	7	—	—
		硬态	—	—	—	—	—	—
3	ZCuZn25Al6Fe3Mn3	S[③]	725	380	10	—	—	160
		J[④]	740	400	7	—	—	170
4	ZCuZn40Pb2	S	220	—	15	—	—	80
		J	280	120	20	—	—	90
5	ZCuZn38Mn2Pb2	S	245	—	10	—	—	70
		J	345	—	18	—	—	80
6	QSn6.5-0.1	软态	343~441	196~245	60~70	—	—	70~90
		硬态	686~784	578~637	7.5~1.2	—	—	160~200

续表

序号	合金牌号	状态	力学性能,不低于					
			抗拉强度 σ_b/MPa	屈服强度 $\sigma_{0.2}$/MPa	伸长率/% δ_5	δ_{10}	冲击韧度 a_k/J·cm^{-2}	HBS
7	QSn7-0.2	软态	353	225	64	55	174	≥70
		硬态	—	—	—	—	—	—
8	ZCuSn5Pb5Zn5	S	200	90	13	—	—	60
		J	200	90	13	—	—	60
9	ZCuSn10P1	S	200	130	3	—	—	80
		J	310	170	2	—	—	90
10	ZCuSn10Zn2	S	240	120	12	—	—	70
		J	245	140	6	—	—	80
11	QAl5	软态	372	157	65	—	108	60
		硬态	735	529	5	—	—	200
12	QAl7	软态	461	245	70	—	147	70
		硬态	960	—	3	—	—	154
13	QAl9-4	软态	490~588	196	40	12~15	59~69	110~190
		硬态	784~980	343	5	—	—	160~200
14	QAl10-3-1.5	软态	590~610	206	9~13	8~12	59~78	130~190
		硬态	686~882	—	9~12	—	—	160~200
15	QAl10-4-4	软态	590~690	323	5~6	4~5	29~39	170~240
		硬态	880~1078	539~588	—	—	—	180~240
16	ZCuAl9Mn2	S	390	—	20	—	—	85
		J	440	—	20	—	—	95
17	ZCuAl10Fe3	S	490	180	13	—	—	100
		J	540	200	15	—	—	110
18	ZCuAl10FeMn2	S	490	—	15	—	—	110
		J	540	—	20	—	—	120
19	ZCuAl8Mn13Fe3Ni2	S	645	280	20	—	—	160
		J	670	310	18	—	—	170
20	ZCuAl9Fe4Ni4Mn2	S	630	250	16	—	—	160

①软态为退火态。②硬态为压力加工态。③S—砂型铸造。④J—金属型铸造。

表 14-1-133　　常用齿轮铸造铜合金的物理性能

序号	合金牌号	密度 /g·cm^{-3}	线膨胀系数 /10^{-6}℃$^{-1}$	热导率 /W·m^{-1}·K^{-1}	电阻率 /Ω·mm^2·m^{-1}	弹性模量 /MPa
3	ZCuZn25Al6Fe3Mn3	8.5	19.8	49.8		
4	ZCuZn40Pb2	8.5	20.1	83.7	0.068	
5	ZCuZn38Mn2Pb2	8.5		71.2	0.118	
8	ZCuSn5Pb5Zn5	8.7	19.1	102.2	0.080	89180
9	ZCuSn10P1	8.7	18.5	48.9	0.213	73892
10	ZCuSn10Zn2	8.6	18.2	55.2	0.160	89180
16	ZCuAl9Mn2		20.1	71.2	0.110	
17	ZCuAl10Fe3	7.5	18.1	49.4	0.124	109760
18	ZCuAl10Fe3Mn2	7.5	16.0	58.6	0.125	98000
19	ZCuAl8Mn13Fe3Ni2	7.4	16.7	41.8	0.174	124460
20	ZCuAl9Fe4Ni4Mn2	7.6	15.1	75.3	0.193	124460

10 圆柱齿轮结构

表 14-1-134

mm

结构形式		轴齿轮	锻造齿轮	
适用条件		$d_a < 2D_1$ 或 $\delta < 2.5m_t$	$d_a \leqslant 200$	$d_a \leqslant 500$
结构图		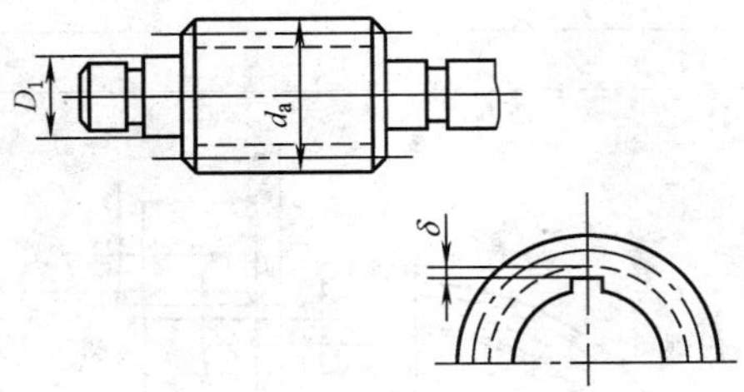	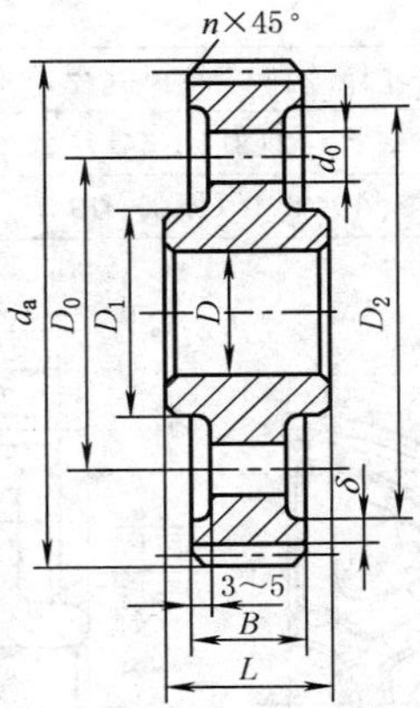	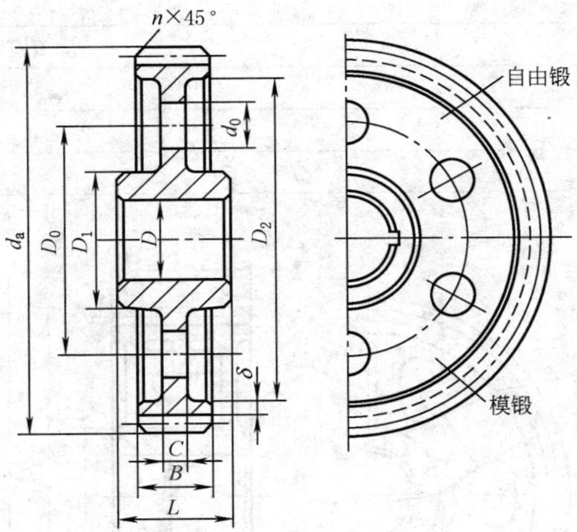
尺寸	D_1		$1.6D$	
	L		$(1.2 \sim 1.5)D, L \geqslant B$	
	δ		$2.5m_n$，但不小于 8～10	$(2.5 \sim 4)m_n$，但不小于 8～10
	C			$0.3B$（自由锻），$(0.2 \sim 0.3)B$（模锻）
	D_0		$0.5(D_1 + D_2)$	
	d_0		$0.25(D_2 - D_1)$，当 $d_0 < 10$ 时不必作孔	
	n		$0.5m_n$	

续表

结构形式		铸造齿轮		
适用条件		平腹板：$d_a \leqslant 500$，斜腹板：$d_a \leqslant 600$	$d_a = 400 \sim 1000$，$B \leqslant 200$	$d_a > 1000$，$B = 200 \sim 450$（上半部），$B > 450$（下半部）
结构图		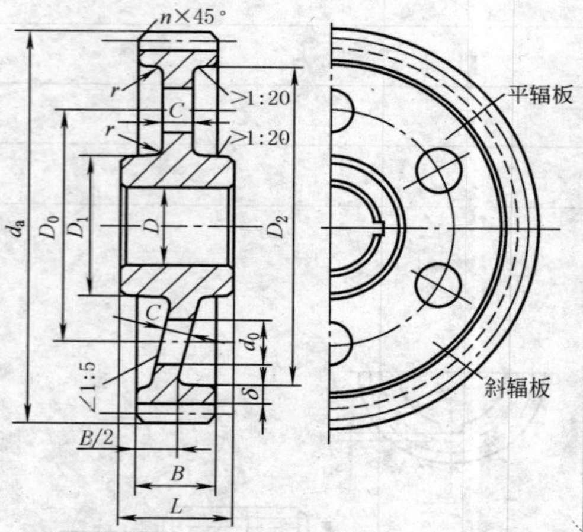	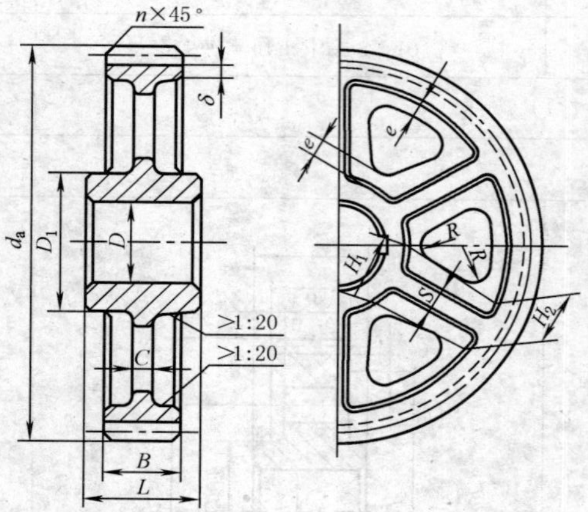	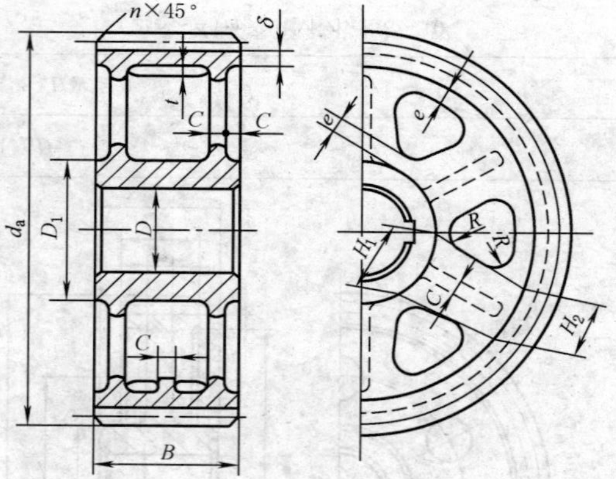
尺寸	D_1	$1.6D$（铸钢），$1.8D$（铸铁）		
	L	$(1.2 \sim 1.5)D$，$L \geqslant B$		
	δ	$(2.5 \sim 4)m_n$，但不小于 8		
	H_1		$0.8D$	
	H_2		$0.8H_1$	
	C	$0.2B$，但不小于 10	$H_1/5$，但不小于 10	
	S	$H_1/6$，但不小于 10		
	e		$(0.8 \sim 1.0)\delta$	
	D_0	$0.5(D_1 + D_2)$		
	d_0	$0.25(D_2 - D_1)$		
	R		按靠近轮毂的部分用单圆弧连接的条件决定	
	t			$0.8e$
	n	$0.5m_n$		

续表

结构形式		镶圈齿轮	焊接齿轮	
适用条件		$d_a>600$	$d_a<1000, B<240$	$d_a>1000, B>240$
结构图		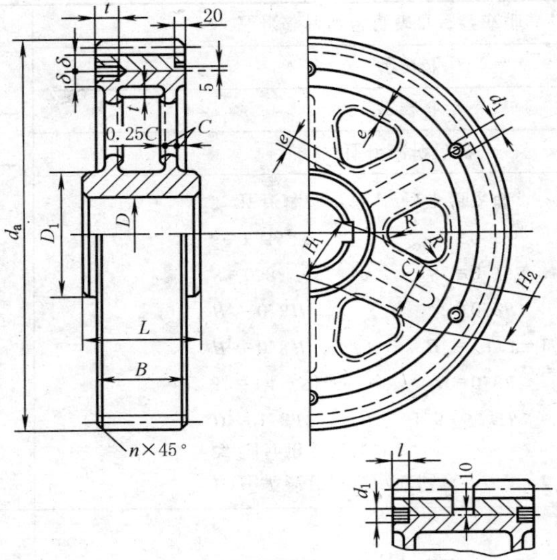	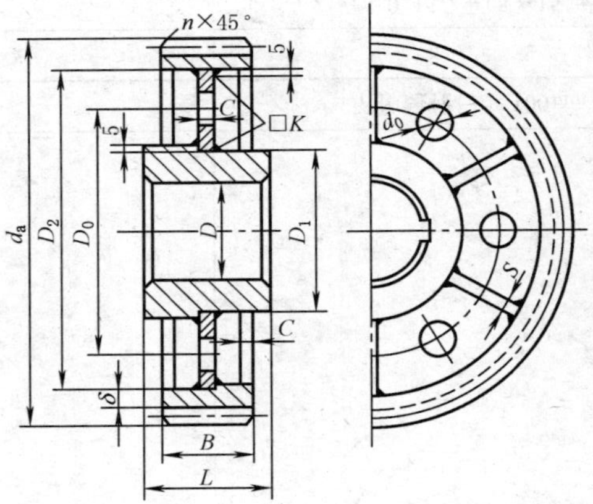	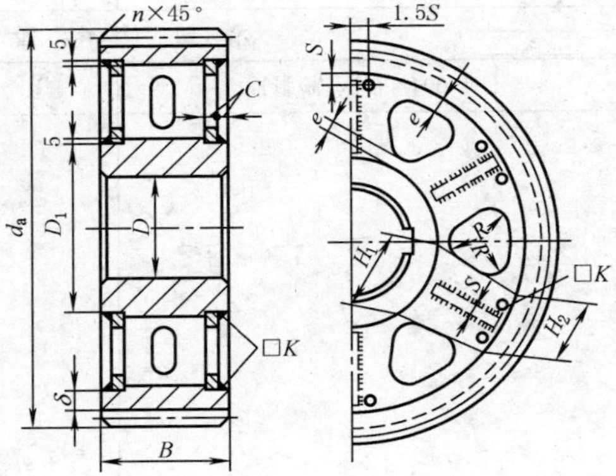
尺寸	D_1	1.6D(铸钢),1.8D(铸铁)	1.6D	
	L	(1.2~1.5)D,$L \geqslant B$		
	δ	4m_n,但不小于15	2.5m_n,但不小于8	
	H_1	0.8D		0.8D
	H_2	0.8H_1		0.8H_1
	C	0.15B	(0.1~0.15)B,但不小于8	
	S		0.8C	
	e	(0.8~1.0)δ		0.2D
	D_0		0.5(D_1+D_2)	
	d_0		0.25(D_2-D_1),当$d_2<10$时不必作孔	
	R	按靠近轮毂的部分用单圆弧连接的条件决定		按靠近轮毂的部分用单圆弧连接的条件决定
	t	0.8e		
	n	0.5m_n		
	d_1	(0.05~0.1)D		
	l	3d_1		
	K		0.67C	

续表

<table>
<tr><td>结构形式</td><td colspan="3">剖分式齿轮</td></tr>
<tr><td>结构图</td><td> 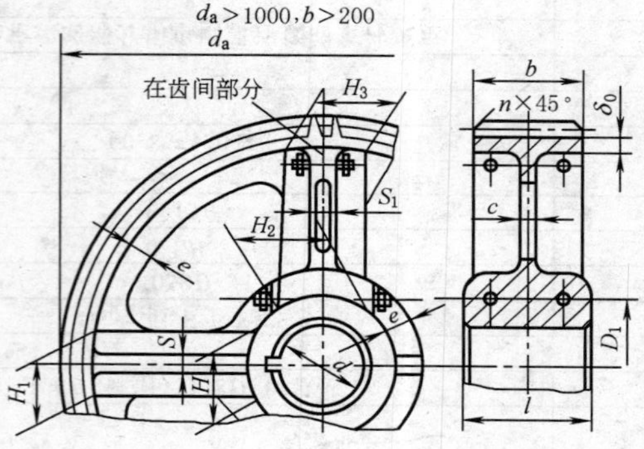$d_a>1000, b>200$
d_a
在齿间部分
H_3 S_1 H_2 e S H H_1 d
b $n\times45°$ δ_0 c D_1 l</td><td> 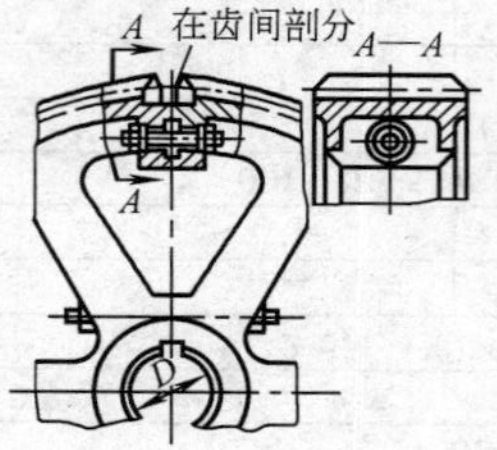在两轮辐之间剖分的结构
在齿间剖分
A A A—A</td><td> 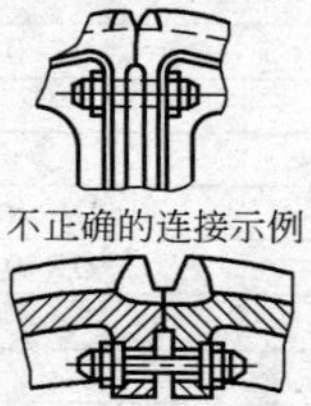不正确的连接示例
不正确的连接示例</td></tr>
<tr><td rowspan="4">说明</td><td colspan="3">1. 轮辐数和齿数应取偶数
2. 剖分轮辐的尺寸：
$D_1=1.8d$　　$1.5d>l\geqslant b$
$\delta_0=(4\sim5)m_t$　　$H=0.8d$
$H_1=0.8H$　　$H_2=(1.4\sim1.5)H$
$H_3=0.8H_2$　　$c=0.2b$
$S=0.8c$　　$S_1=0.75S$
$e=1.5\delta_0$　　$n=0.5m_n$
3. 连接螺栓直径 d_1 按下值选取：</td></tr>
<tr><td>连接螺栓位置</td><td>单排螺栓（$B<100$mm）</td><td>双排螺栓（$B>100$mm）</td></tr>
<tr><td>轮缘处</td><td colspan="2">根据计算确定</td></tr>
<tr><td>轮毂处</td><td>$d_1=0.15D+(8\sim15)$mm</td><td>$d_1=0.12D+(8\sim15)$mm</td></tr>
<tr><td></td><td colspan="3">4. 连接螺栓应尽量靠近轮缘或轴线；在轮缘处用双头螺柱；在轮毂处若螺栓为单排、轮辐数大于 4，应采用双头螺柱；若螺栓为双排，可采用螺栓</td></tr>
</table>

注：1. 为便于装配，通常小齿轮的齿宽 B 比大齿轮宽 5～10mm。

2. 当 $L\geqslant D>100$mm 时，轮毂孔内中部可以制出一个凹槽，其直径 $D'=D+6$mm，长度 $L'=\frac{L}{2}-12$mm。

3. 镶圈式结构齿圈与铸铁轮心的配合过盈推荐按表 14-1-135 选取。

4. 用滚刀切制人字齿轮时，中间退刀槽尺寸见表 14-1-136。

表 14-1-135 **钢制齿圈与铸铁轮心配合的推荐过盈**

名义直径 D		孔的偏差		轴的偏差		过盈量	
大于	到	下偏差	上偏差	上偏差	下偏差	最大值	最小值
mm		μm					
500	600	0	+80	+560	+480	560	400
600	700	0	+125	+700	+575	700	450
700	800	0	+150	+800	+650	800	500
800	1000	0	+200	+950	+750	950	550
1000	1200	0	+275	+1200	+925	1200	650
1200	1500	0	+375	+1500	+1125	1500	750
1500	1800	0	+500	+1900	+1400	1900	900
1800	2000	0	+600	+2200	+1600	2200	1000
2000	2200	0	+650	+2400	+1750	2400	1100
2200	2500	0	+700	+2600	+1900	2600	1200
2500	2800	0	+800	+2900	+2100	2900	1300
2800	3000	0	+900	+3200	+2300	3200	1400
3000	3200	0	+950	+3450	+2500	3450	1550
3200	3500	0	+1000	+3600	+2600	3600	1600
3500	3800	0	+1100	+4000	+2900	4000	1800
3800	4000	0	+1200	+4300	+3100	4300	1900

注：1. 对于用两个齿圈镶套的人字齿轮（下图），应该用于转矩方向固定的场合，并在选择轮齿倾斜方向时应注意使轴向力方向朝齿圈中部。

2. 允许传递转矩的计算见本手册第 2 卷第 5 篇。

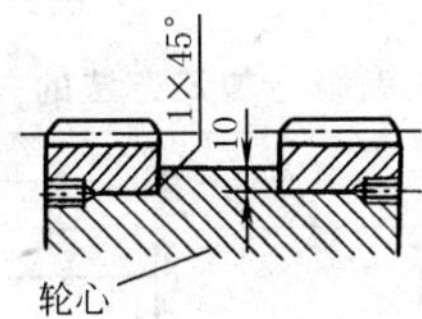

标准滚刀切制人字齿轮的中间退刀槽尺寸

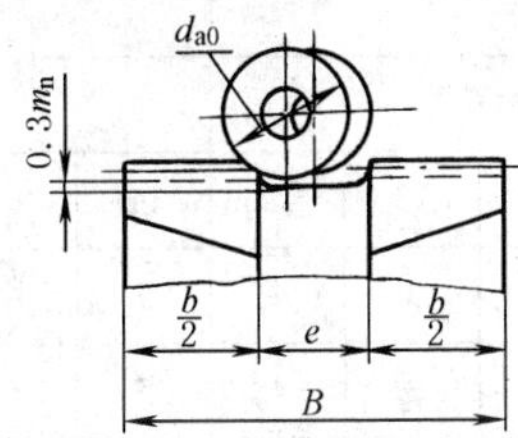

表 14-1-136 mm

m_n	中间退刀槽宽 e			m_n	中间退刀槽宽 e		
	$\beta=15°\sim25°$	$\beta>25°\sim35°$	$\beta>35°\sim45°$		$\beta=15°\sim25°$	$\beta>25°\sim35°$	$\beta>35°\sim45°$
2	28	30	34	9	95	105	110
2.5	34	36	40	10	100	110	115
3	38	40	45	12	115	125	135
3.5	45	50	55	14	135	145	155
4	50	55	60	16	150	165	175
4.5	55	60	65	18	170	185	195
5	60	65	70	20	190	205	220
6	70	75	80	22	215	230	250
7	75	80	85	28	290	310	325
8	85	90	95				

注：用非标准滚刀切制人字齿轮的中间退刀槽宽 e 可按下式计算

$$e=2\sqrt{h(d_{a0}-h)\left[1-\left(\frac{m_n}{d_0}\right)^2\right]+\frac{m_n}{d_0}\left[l_0+\frac{(h_{a0}-x)m_n+c}{\tan\alpha_n}\right]}$$

式中　l_0—滚刀长度，其他代号同前。

11　圆柱齿轮零件工作图

齿轮设计工作者，根据圆柱齿轮的用途、使用要求、工作条件及其他技术要求，经过各种强度和几何尺寸的计算，选择合适材料和热处理方案，以最佳效益确定齿轮精度等级，若已知传动链末端元件传动精度，按照传动链误差的传动规律，分配各级齿轮副的传动精度来确定该设计的齿轮精度等级。常用齿轮的精度等级，其使用范围、加工方法见表 14-1-137、表 14-1-138、表 14-1-139，供选择齿轮精度等级时参考。

圆柱齿轮零件工作图（简称图样）由图形、齿轮参数表、技术要求三部分组成。

GB/T 6443—1986《渐开线圆柱齿轮图样上应注明的尺寸数据》国家标准是等效采用 ISO 1340—1976《圆柱齿轮——向制造工业提供的买方要求的资料》国际标准，具体规定如下。

表 14-1-137　　各种机器的传动所应用的精度等级

类型	精度等级	类型	精度等级	类型	精度等级	类型	精度等级
测量齿轮	2~5	汽车底盘	5~8	拖拉机	6~9	矿用绞车	8~10
透平齿轮	3~6	轻型汽车	5~8	通用减速器	6~9	起重机械	6~10
金属切削机床	3~8	载货汽车	6~9	轧钢机	5~9	农业机械	8~11
内燃机车	5~7	航空发动机	4~8				

表 14-1-138　　精度等级与加工方法的关系

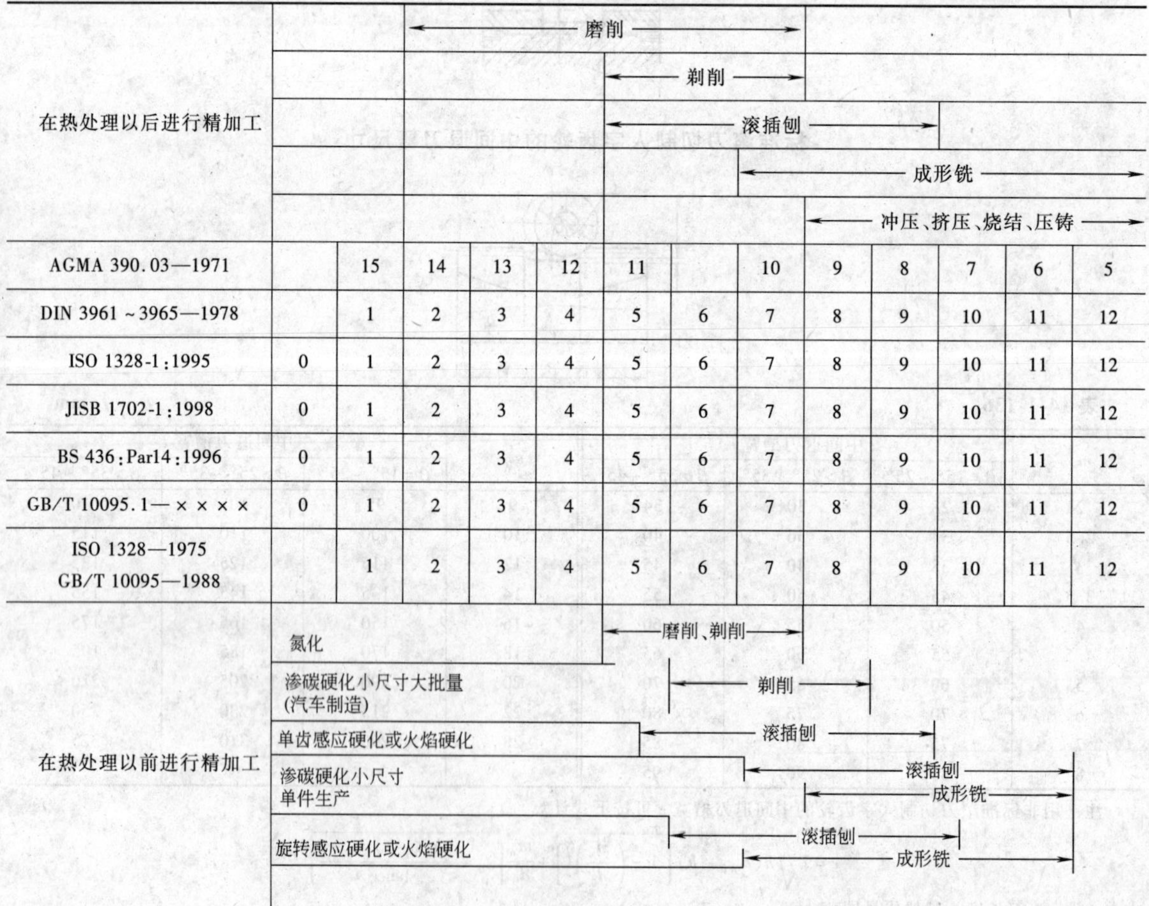

在热处理以后进行精加工													
AGMA 390.03—1971		15	14	13	12	11		10	9	8	7	6	5
DIN 3961~3965—1978		1	2	3	4	5	6	7	8	9	10	11	12
ISO 1328-1:1995	0	1	2	3	4	5	6	7	8	9	10	11	12
JISB 1702-1:1998	0	1	2	3	4	5	6	7	8	9	10	11	12
BS 436:Par14:1996	0	1	2	3	4	5	6	7	8	9	10	11	12
GB/T 10095.1—××××	0	1	2	3	4	5	6	7	8	9	10	11	12
ISO 1328—1975 GB/T 10095—1988		1	2	3	4	5	6	7	8	9	10	11	12
在热处理以前进行精加工													

表 14-1-139　　圆柱齿轮各级精度的应用范围

要素		精度等级 4	5	6	7	8	9
工作条件及应用范围	机床	高精度和精密的分度链末端齿轮	一般精度的分度链末端齿轮高精度和精密的分度链的中间齿轮	Ⅴ级机床主传动的重要齿轮一般精度的分度链的中间齿轮油泵齿轮	Ⅳ级和Ⅲ级以上精度等级机床的进给齿轮	一般精度的机床齿轮	没有传动精度要求的手动齿轮
圆周速度 /m·s⁻¹	直齿轮	>30	>15~30	>10~15	>6~10	<6	
	斜齿轮	>50	>30~50	>15~30	>8~15	<8	
工作条件及应用范围	航空船舶车辆	需要很高平稳性,低噪声的船用和航空齿轮	需要高平稳性、低噪声的船用和航空齿轮 需要很高平稳性、低噪声的机车和轿车的齿轮	用于高速传动有高平稳性、低噪声要求的机车、航空、船舶和轿车的齿轮	用于有平稳性和低噪声要求的航空、船舶和轿车的齿轮	用于中等速度较平稳传动的载货汽车和拖拉机的齿轮	用于较低速和噪声要求不高的载货汽车第一挡与倒挡拖拉机和联合收割机齿轮
圆周速度 /m·s⁻¹	直齿轮	>35	>20	≤20	≤15	≤10	≤4
	斜齿轮	>70	>35	≤35	≤25	≤15	≤6
工作条件及应用范围	动力齿轮	用于很高速度的透平传动齿轮	用于高速的透平传动齿轮重型机械进给机构和高速重载齿轮	用于高速传动的齿轮,工业机器有高可靠性要求的齿轮,重型机械的功率传动齿轮,作业率很高的起重运输机械齿轮	用于高速和适度功率或大功率和适度速度条件下的齿轮 冶金、矿山、石油、林业、轻工、工程机械和小型工业齿轮箱(普通减速器)有可靠性要求的齿轮	用于中等速度、较平稳传动的齿轮 冶金、矿山、石油、林业、轻工、化工、工程机械、起重运输机械和小型工业齿轮箱(普通减速器)的齿轮	用于一般性工作和噪声要求不高的齿轮 受载低于计算载荷的传动齿轮,速度大于1m/s 的开式齿轮传动和转盘的齿轮
圆周速度 /m·s⁻¹	直齿轮	>70	>30	<30	<15	<10	≤4
	斜齿轮				<25	<15	≤6
工作条件及应用范围	其他	检验7~8级精度齿轮,其他的测量齿轮	检验8~9级精度齿轮的测量齿轮,印刷机械印刷辊子用的齿轮	读数装置中特别精密传动的齿轮	读数装置的传动及具有非直齿的速度传动齿轮,印刷机械传动齿轮	普通印刷机传动的齿轮	
单级传动功率		不低于0.99(包括轴承不低于0.982)			不低于0.98(包括轴承不低于0.975)	不低于0.97(包括轴承不低于0.965)	不低于0.96(包括轴承不低于0.95)

11.1　需要在工作图中标注的一般尺寸数据

① 顶圆直径及其公差

② 分度圆直径

③ 齿宽

④ 孔(轴)径及其公差

⑤ 定位面及其要求(径向和端面跳动公差应标注在分度圆附近)

⑥ 轮齿表面粗糙度(轮齿齿面粗糙度标注在齿高中部圆上或另行标注)

11.2 需要在参数表中列出的数据

① 齿廓类型

② 法向模数 m_n

③ 齿数 z

④ 齿廓齿形角 α

⑤ 齿顶高系数 h_a^*

⑥ 螺旋角 β

⑦ 螺旋方向 $R(L)$

⑧ 径向变位系数 x

⑨ 齿厚，公称值及其上、下偏差

a. 首先选用跨距［公法线长度］测量法，其 W_k 公称值及上偏差 E_{bns}、下偏差 E_{bni} 和跨测齿数 K。

b. 当齿轮结构和尺寸不允许用跨距测量法，则采用跨球（圆柱）尺寸［量柱（球）测量距］测量法，其 M_d 公称值及上偏差 E_{yns}、下偏差 E_{yni} 和球（圆柱）的尺寸［量柱（球）的直径］D_M。

c. 以上两法其客观条件都有困难时，才用不甚可靠的弦齿厚测量法，弦齿厚［法向齿厚］S_{ync} 公称值及上偏差 E_{syns}、下偏差 E_{syni} 和弦齿顶高 h_{yc}。

⑩ 配对齿轮的图号及其齿数

⑪ 齿轮精度等级

a. 当单件或少量数件圆柱齿轮生产时，选用等级 ISO 1328-1:1995。

b. 当批量生产圆柱齿轮时，选用等级 ISO 1328-1:1995 和等级 ISO 1328-2:1997。

c. 齿轮工作齿面和非工作齿面，选用同一精度等级，也可选用不同精度等级的组合。

⑫ 检验项目、代号及其允许值

a. 等级 ISO 1328-1：1995 其齿轮线速度 <15m/s 时，检验项目为 $\pm f_{pt}$、F_p、F_x、F_α 四个偏差项目和相应允许值，当齿轮线速度 >15m/s 时，再加检 F_{pk}。

b. 等级 ISO 1328-2：1997，检验项目为 F_i'' 和 f_i'' 二个偏差项目和相应允许值，当缺乏测量齿轮和装置，以及齿轮模数 $m_n>10$mm 时，可用 F_r 偏差项目和相应允许值。

c. 供需双方协商一致，具备高于被检齿轮精度等级 4 个等级的测量齿轮和装置，其 F_i'、f_i' 二个偏差项目可以代替 $\pm f_{pt}$、F_{pk}、F_p 的偏差项目。

d. 检验项目要标明相应的计值范围 L_α 和 L_β。

e. 根据齿轮产品特殊需要，供需双方协商一致，可以标明齿廓和螺旋线的形状和斜率偏差 $f_{f\alpha}$、$f_{f\beta}$、$f_{H\alpha}$、$f_{H\beta}$ 的全部或部分的数值转化为允许值。

11.3 其他

① 对于带轴的小齿轮，以及轴、孔不作为定心基准的大齿轮，在切齿前必须规定作定心检查用的表面最大径向跳动。

② 轴齿轮应用两端中心孔，由中心孔确定齿轮的基准轴线是最满意的方法，齿轮公差及（轴承）安装面的公差均相对于此轴线来规定，安装面相对于中心孔的跳动公差必须规定，是加工设备条件能制造的最小公差值，中心孔采用 B 型较大的尺寸，中心孔 60°接触角范围内应对准一直线，60°角锥面表面粗糙度至少为 R_a0.8μm。

③ 为检验轮齿的加工精度，对某些齿轮尚需指出其他一些技术参数（如基圆直径），或其他作为检验用的尺寸参数和形位公差（如齿顶圆柱面等）。

④ 当采用设计齿廓、设计螺旋线时，应在图样上详述其参数。

⑤ 给出必要的技术要求，（如材料热处理、硬度、探伤、表面硬化、齿根圆过渡，以及其他等）。

11.4 齿轮工作图示例

图样中参数表，一般放在图样右上角，参数表中列出参数项目可以根据实际情况增减，检验项目的允许值确定齿轮精度等级，图样中技术要求，一般放在图形下方空余地方。具体示例见图 14-1-122 和图 14-1-123。

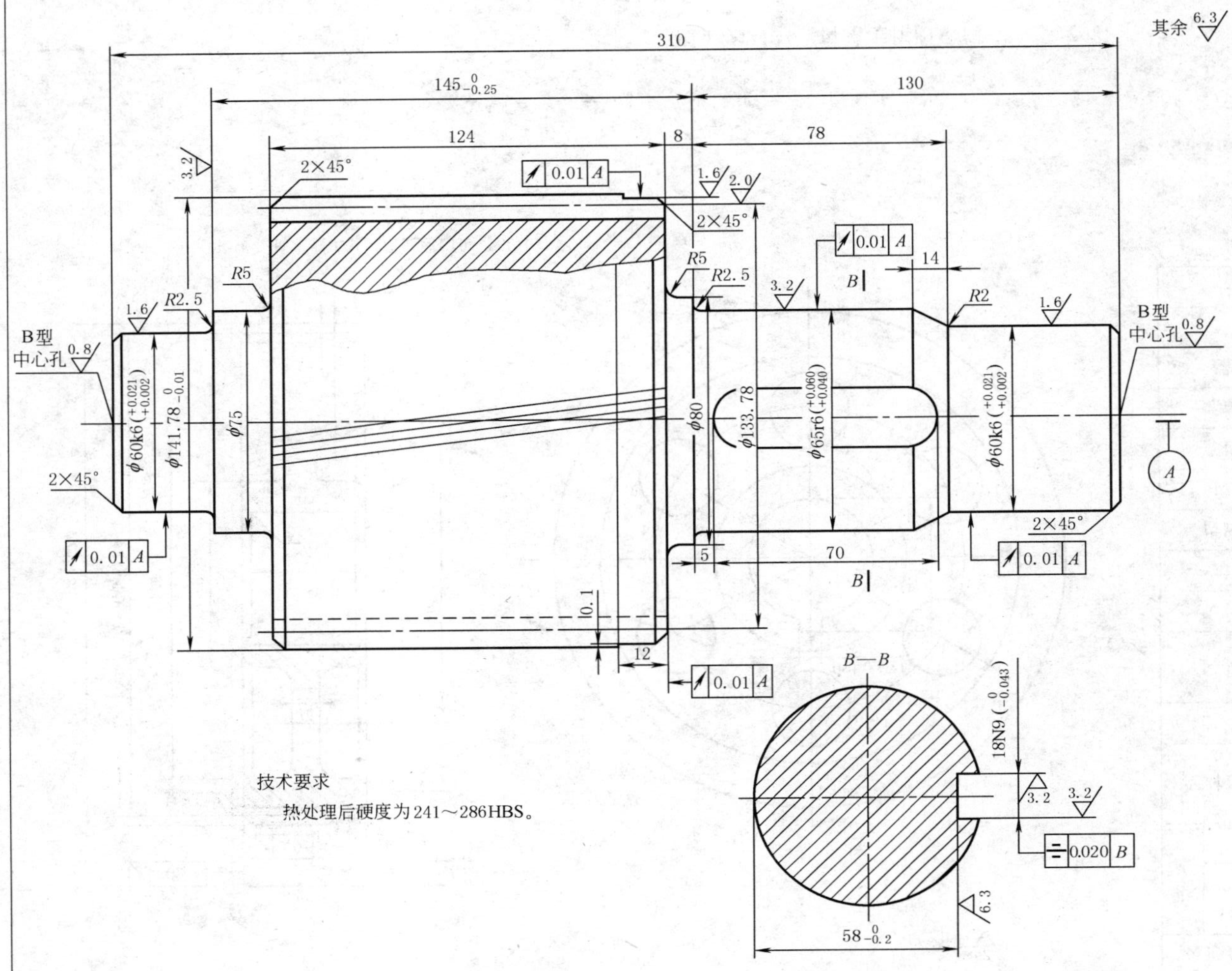

齿廓类型		渐开线	齿顶高系数	h_a^*	1
模数	m	4	螺旋角	β	9°22′
齿数	z	33	螺旋方向		左
齿形角	α	20	变位系数	x	0
齿厚	跨距（公法线长度）及上、下偏差		$W_k \frac{E_{bns}}{E_{bni}}$	$43.25^{-0.11}_{-0.22}$	
	跨测齿数		K	4	
配对齿轮	图号				
	齿数		z_2	115	
齿轮精度等级			8 ISO 1328-1：1995 8 ISO 1328-2：1997		
检验项目			代号	允许值/mm	
单个齿距偏差			$\pm f_{pt}$	±0.020	
齿距累积总偏差			F_p	0.072	
齿廓计值范围			L_α	20.28	
齿廓总偏差			F_α	0.030	
螺旋线计值范围			L_β	116	
螺旋线总偏差			F_β	0.035	
径向跳动			F_γ	0.058	

技术要求

热处理后硬度为241～286HBS。

图 14-1-122　轴齿轮工作图示例

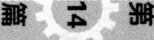

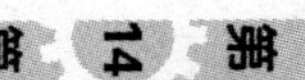

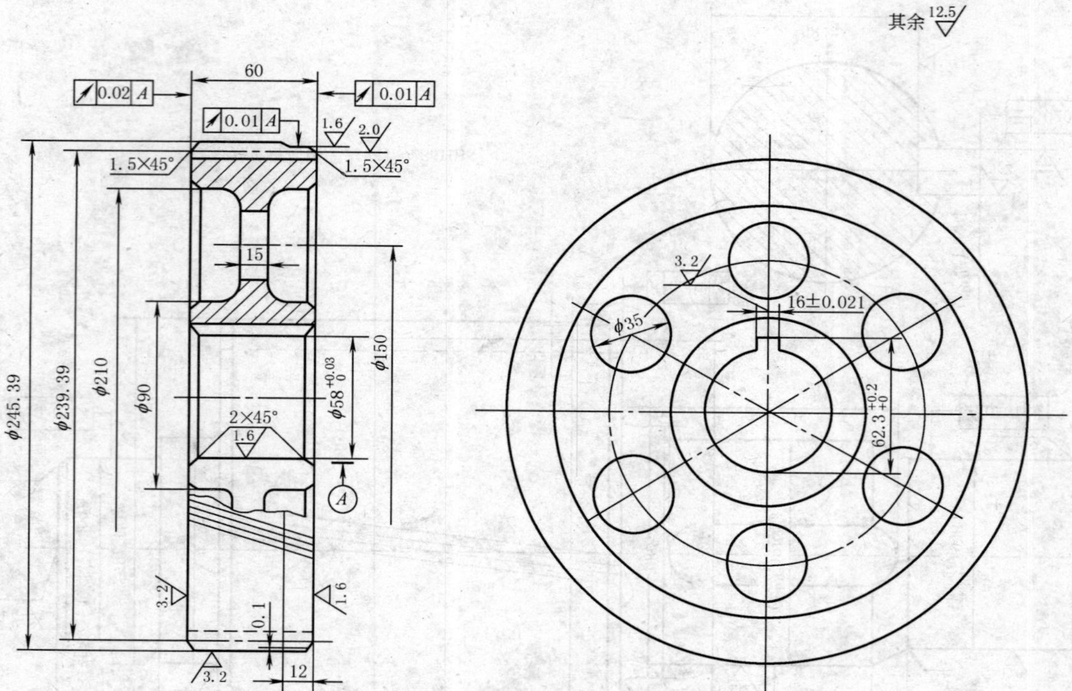

齿廓类型	渐开线		齿顶高系数	h_a^*	1
模数	m	3	螺旋角	β	8°06′34″
齿数	z	79	螺旋方向		右
齿形角	α	20°	变位系数	x	0
齿厚	跨距（公法线长度）及上、下偏差		$W_k \frac{E_{bns}}{E_{bni}}$	$87.55^{-0.13}_{-0.22}$	
齿厚	跨测齿数		K	10	
配对齿轮	图号				
配对齿轮	齿数		z_2	22	
齿轮精度等级			8 ISO 1328-1：1995 8 ISO 1328-2：1997		
检验项目			代号	允许值/mm	
单个齿距偏差			$\pm f_{pt}$	±0.018	
齿距累积总偏差			F_p	0.070	
齿廓计值范围			L_α	15.11	
齿廓总偏差			F_α	0.025	
螺旋线计值范围			L_β	48.0	
螺旋线总偏差			F_β	0.029	
径向跳动			F_γ	0.056	

其余 12.5

技术要求：调质处理210～250HB。

图 14-1-123　齿轮工作图示例

第2章 圆弧圆柱齿轮传动

1 概述

1.1 圆弧齿轮传动的基本原理

圆弧圆柱齿轮简称圆弧齿轮，因其轮齿工作齿廓曲线为圆弧而得名。在国际上称为 Wildhaber-Novikov 齿轮，简称 W-N 齿轮。

圆弧齿轮分为单圆弧齿轮和双圆弧齿轮，其基本齿廓分别见表 14-2-2 图和表 14-2-3 图。单圆弧齿轮轮齿的工作齿廓曲线为一段圆弧。相啮合的一对齿轮副，一个齿轮的轮齿制成凸齿，配对的另一个齿轮的轮齿制成凹齿，凸齿的工作齿廓在节圆柱以外，凹齿的工作齿廓在节圆柱以内。为了不降低小齿轮的强度和刚度，通常把配对的小齿轮制成凸齿，大齿轮制成凹齿。

双圆弧齿轮轮齿的工作齿廓曲线为两段圆弧。在一个轮齿上，节圆柱以外的齿廓为凸圆弧（凸齿）、节圆柱以内的齿廓为凹圆弧（凹齿），凸凹圆弧之间用一段过渡圆弧连接（也可用切线连接），形成台阶，称为分阶式双圆弧齿轮。两个配对齿轮的齿廓相同。

圆弧齿轮传动分为单圆弧齿轮传动和双圆弧齿轮传动（图 14-2-1）。以端面圆弧齿廓啮合传动为例，说明圆弧齿轮和渐开线齿轮啮合传动时的本质区别。圆弧齿轮啮合时，在端面上为凸凹圆弧曲线接触，当凸圆弧和凹圆弧的半径相等时，齿面上的接触迹线为沿齿高分布的一段圆弧线，连续啮合传动，这条圆弧接触迹线由啮入端沿齿向线移动到啮出端。渐开线直齿轮啮合时，在端面上为凸凸曲线接触，齿面上的接触迹线为沿齿宽（轴向）分布的一条直线，连续啮合传动，这条接触迹线从齿根（主动轮啮入）移动到齿顶（主动轮啮出）。

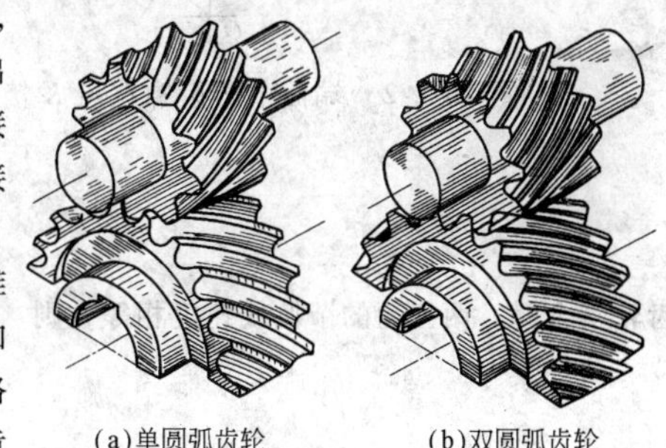

(a)单圆弧齿轮　　(b)双圆弧齿轮

图 14-2-1　圆弧齿轮传动

要在制造装配上实现圆弧齿轮沿齿高方向的线接触，那是很难的，它要求啮合凸凹齿廓圆弧半径相等且圆心在节点上，无误差加工，无误差装配。实际上圆弧齿轮齿廓设计要求，凸弧齿廓半径略小于凹弧齿廓半径，凸凹弧圆心分布在节线两侧（称为双偏共轭齿廓，如果凸弧圆心在节线上称为单偏共轭齿廓），这就给制造装配带来极大的方便。由于凸凹圆弧齿廓有半径差，端面圆弧齿廓啮合时，只有两齿廓圆心与节点共线，才在两齿廓内切点接触（图 14-2-2 中 K 点），并立即分离，而与它相邻的端面齿廓瞬间进入接触，又分离，如此重复实现啮合传动，根据这一特点，圆弧齿轮传动又称为圆弧点啮合齿轮传动。相啮合的两齿面经长期跑合（磨合），凸齿齿廓在接触点处的曲率半径逐渐增大，凹齿齿廓在接触点处的曲率半径逐渐减小，两工作齿面的齿廓曲率半径逐渐趋于相等，两齿廓圆心逐渐趋向节点，就可逐步实现沿齿高方向的线接触，即所谓的线啮合传动（实际上齿面受载变形后是区域接触）。

在图 14-2-2 中，K 点具有双重性，它是端面两齿廓啮合时的啮合点，又是两齿面的瞬时接触点。作为啮合点，两齿廓在该点的公法线必须通过节点 P。啮合点由啮入到啮出在空间沿轴向移动，其轨迹 K_aK_b（图 14-2-3）称为啮合线。P 点也在空间沿轴向移动，其轨迹 P_aP_b（图 14-2-3）称为节线（即节点连线，不同于齿廓中的节线）。啮合线和节线都是平行于轴线的直线。作为接触点在齿面上留下的轨迹 K_bK_c 和 K_bK_c'（图 14-2-3）分别为两条螺旋线。

当相啮合的两齿轮分别以 ω_1 和 ω_2 回转时，啮合点 K 以匀速 v_0 沿啮合线 K_aK_b 移动，同时在两齿面上分别形成两条螺旋接触迹线，其螺旋参数分别为

$$K_1=\frac{v_0}{\omega_1};\ K_2=\frac{v_0}{\omega_2} \tag{14-2-1}$$

传动比

$$i_{12}=\frac{\omega_1}{\omega_2}=\frac{K_2}{K_1} \tag{14-2-2}$$

上式表明传动比与角速度成正比，与螺旋参数成反比。同一齿面的螺旋参数是不变的，所以齿面上接触迹线位置的偏移并不影响传动比。设 d_1、d_2 分别为两齿轮的节圆直径，β_1、β_2 分别为两齿轮节圆柱上的螺旋角，节圆柱上的螺旋参数分别为

$$\left.\begin{aligned}K_1&=\frac{d_1}{2}\cot\beta_1\\K_2&=\frac{d_2}{2}\cot\beta_2\end{aligned}\right\} \tag{14-2-3}$$

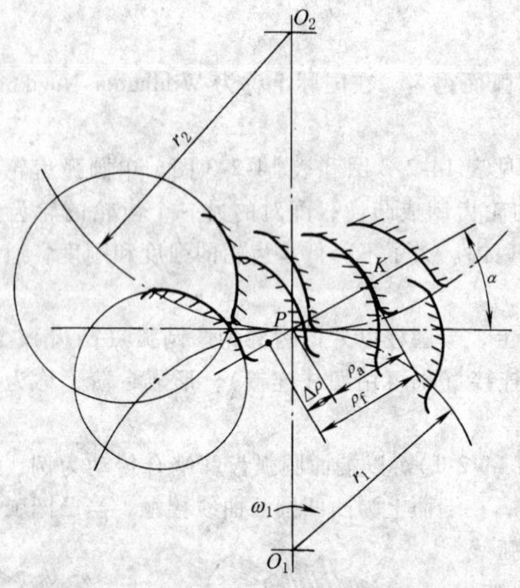

图 14-2-2　端面上两齿廓在点 K 接触

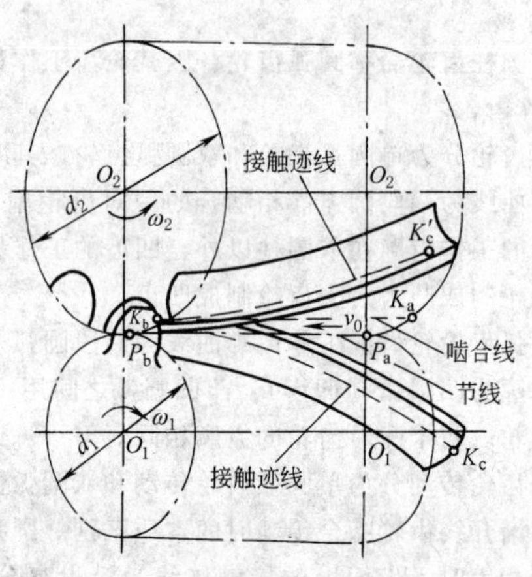

图 14-2-3　圆弧齿轮的啮合线和齿面接触迹线

$$i_{12}=\frac{\omega_1}{\omega_2}=\frac{K_2}{K_1}=\frac{d_2\cot\beta_2}{d_1\cot\beta_1} \tag{14-2-4}$$

齿轮啮合时，两齿轮的节圆线速度相等，则

$$i_{12}=\frac{\omega_1}{\omega_2}=\frac{d_2}{d_1} \tag{14-2-5}$$

比较式（14-2-4）和式（14-2-5）得出 $\beta_1=\beta_2=\beta$。

由于圆弧齿轮的啮合线平行于轴线，在啮合传动的每一瞬间，在同一轴截面（包括端面）上只能有一个啮合点，所以其端面重合度为零，圆弧齿轮必须制成斜齿轮才能啮合传动。为了保持连续啮合，必须在前一对齿脱开之前，后一对齿已进入啮合，即纵向重合度 $\varepsilon_\beta=\frac{b}{p_x}\geqslant1$（图 14-2-4）。为了保证匀速传动，两齿轮的轴向齿距必须相等，即 $p_{x1}=p_{x2}=p_x$，而

$$\left.\begin{aligned}p_{x1}&=\pi m_{n1}/\sin\beta_1\\p_{x2}&=\pi m_{n2}/\sin\beta_2\end{aligned}\right\} \tag{14-2-6}$$

由于 $\beta_1=\beta_2=\beta$，所以 $m_{n1}=m_{n2}=m_n$，即一对相啮合的齿轮的模数必须相等。

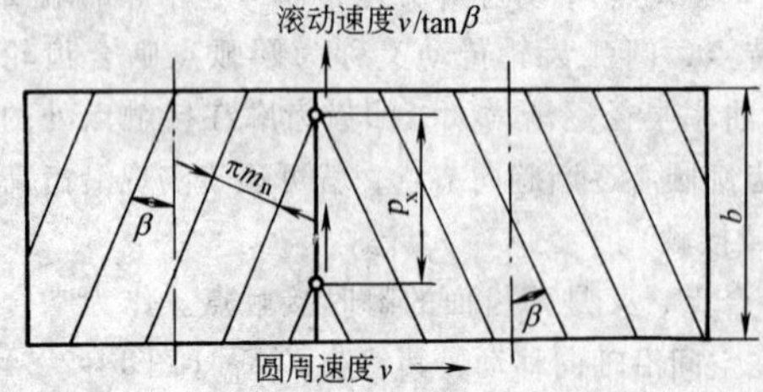

图 14-2-4　轴向齿距 p_x 和纵向重合度

综上所述，要保证圆弧齿轮能以恒定传动比连续匀速传动，必须使一对啮合齿轮的模数相等、螺旋角相等方向相反、纵向重合度等于或大于1。这就是圆弧齿轮连续啮合传动的三要素。

单圆弧齿轮啮合传动，当主动轮是凸齿齿廓时，顺着旋转方向看，主动轮和被动轮齿廓在节点后啮合（接触），称为节点后啮合传动，反之称为节点前啮合传动（图 14-2-5a、b），单圆弧齿轮传动只有一条啮合线。双圆弧齿轮啮合传动（图 14-2-5c），既有节点前啮合（图中 K_A 点），又有节点后啮合（图中 K_T 点），有两条啮合线，称为节点前后啮合传动或双啮合线传动。双圆弧齿轮啮合传动时，同一轮齿上的凸凹齿廓都参与啮合，在参数相同条件下，其接触点数比单圆弧齿轮增加一倍，减小了齿面接触应力。另外双圆弧齿轮轮齿根部齿厚较大，提高了抗弯强度。所以双圆弧齿轮有较高的承载能力，已得到广泛应用，正逐步取代单圆弧齿轮传动。

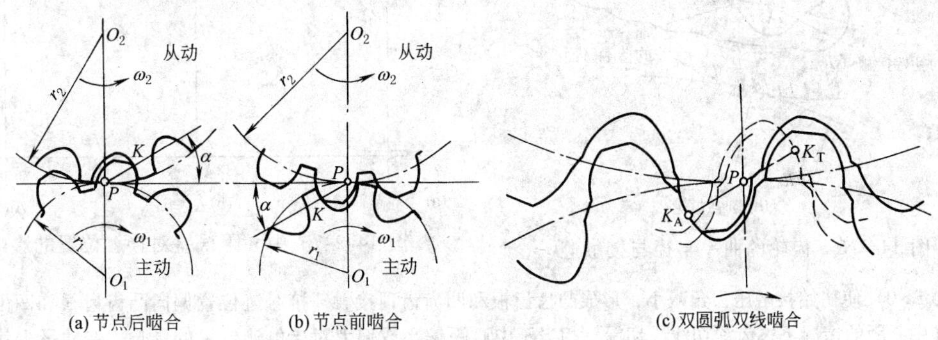

图 14-2-5　节点前、后啮合情况

1.2　圆弧齿轮传动的特点

圆弧齿轮传动不同于渐开线齿轮，除基本传动原理外，还有以下主要特点。

（1）齿面接触强度高

圆弧齿轮的齿面接触应力是一个复杂的三维问题，但接触应力的大小与垂直于瞬时接触迹线平面内的相对曲率半径 ρ 有关，ρ 越大接触应力越小。圆弧齿轮是凸凹齿廓接触，有很大的相对曲率半径（图 14-2-6b）。设 u 为一对啮合齿轮的齿数比，则圆弧齿轮的相对曲率半径为

$$\rho_H = \frac{R_{n1} R_{n2}}{R_{n1} + R_{n2}} = \frac{d_1}{2\sin\alpha_n \sin^2\beta} \times \frac{u}{u+1} \tag{14-2-7}$$

同参数渐开线齿轮的相对曲率半径为

$$\rho_j = \frac{R_{n1} R_{n2}}{R_{n1} + R_{n2}} = \frac{d_1 \sin\alpha_n}{2\cos^2\beta} \times \frac{u}{u+1} \tag{14-2-8}$$

比较上两式可知，当 $\beta = 10° \sim 30°$ 的范围时，参数相同的圆弧齿轮与渐开线齿轮相比较，圆弧齿轮的相对曲率半径大约是渐开线齿轮的 20～200 倍，β 越小 ρ 越大。而且圆弧齿轮经跑合后沿齿高线是区域接触（图 14-2-6b），所以其齿面接触强度远远超过渐开线齿轮。

（2）具有良好的跑合性能

圆弧齿轮凸凹啮合齿面的相对曲率很小，齿面间的离合度也小，转动起来很容易跑合。当凸凹齿廓圆弧半径差 $\Delta\rho$ 由于跑合消失后，啮合齿面沿齿高方向各处的相对滑动速度基本相等。所以圆弧齿轮经跑合后，齿面磨损缓慢、均匀光滑，有利于形成油膜。

（3）齿面间容易建立动压油膜

圆弧齿轮跑合后齿面光滑，啮合传动时接触点沿齿向线的滚动速度非常大 $v_0 = v/\sin\beta$（图 14-2-6b），β 越小 v_0 越大，这对建立齿面间的动压油膜极为有利。较厚的油膜可以提高抗胶合能力，提高承载能力，减少摩擦损耗，提高传动效率。

（4）齿面接触迹位置易受中心距和切深变动量影响

圆弧齿轮初始接触（跑合前），在端面齿廓上是一个点，在齿面上是一条沿齿向的螺旋迹线（简称接触迹也称接触带）。中心距和切深的变动量会影响初始接触压力角的大小（图 14-2-7），在标准切深情况下，中心距偏小（即 $\Delta a < 0$）使初始接触压力角增大，形成凸齿齿顶和凹齿齿根接触，接触迹位置偏向凸齿齿顶和凹齿齿根。

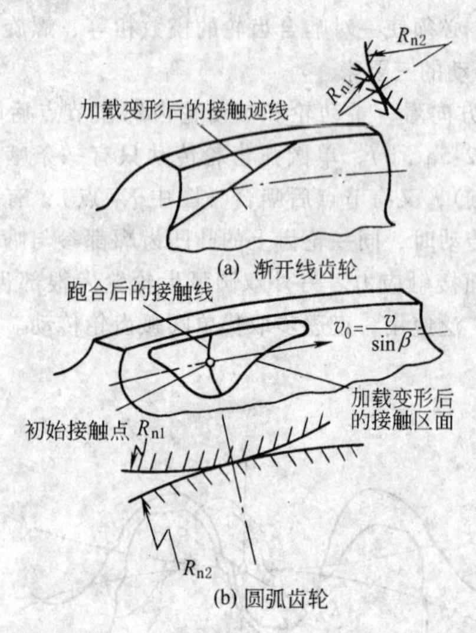

图 14-2-6　齿轮的曲率半径与接触迹

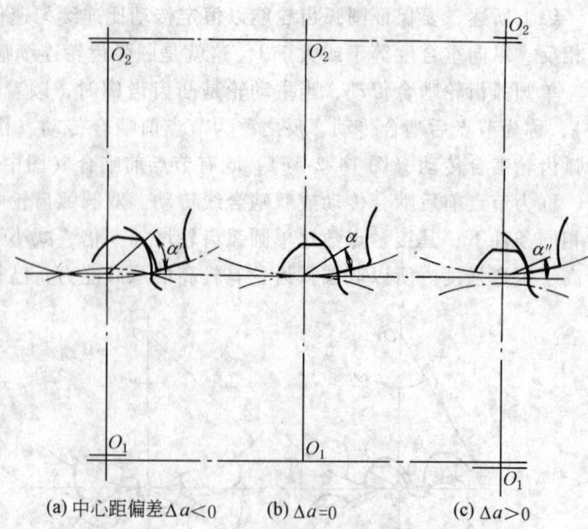

图 14-2-7　中心距误差对接触位置的影响

反之（即 $\Delta a>0$）使初始接触压力角减小，形成凸齿齿根和凹齿齿顶接触，接触迹位置偏向凸齿齿根和凹齿齿顶。同样，在标准中心距的情况下，齿深切浅或切深，相当于中心距偏小或偏大对接触迹位置的影响。变动量也就是加工中的偏差，中心距偏差和切深偏差对接触迹位置的影响可以相互叠加也可抵消，加工中应严格按公差要求控制中心距和切深的偏差，尽量减小其综合影响。否则，过大的偏差都会降低齿轮的承载能力，影响传动的平稳性。

（5）只有纵向重合度

圆弧齿轮传动中，轴向齿距偏差对啮合的影响，犹如渐开线齿轮传动中基节偏差的影响，会引起啮入和啮出冲击，增大振动，影响承载能力。加工中应注意控制齿向误差和轴向齿距偏差。

（6）没有根切现象可以取较少的齿数

渐开线齿轮齿数很少时，基圆就会大于齿根圆，制齿时就易产生根切，削弱齿根强度，所以有最少齿数限制。圆弧齿轮没有这一问题，齿数可以取得很少，但要保证齿轮和轴的强度和刚度。

1.3　圆弧齿轮的加工工艺

目前圆弧齿轮最常用的加工方法是滚齿。滚齿工艺包括软齿面和中硬齿面滚齿以及渗碳液火硬齿面刮削（滚刮）工艺，分别采用高速钢滚刀、氮化钛涂层滚刀和钴高速钢滚刀，以及镶片式硬质合金滚刀。采用滚齿工艺还可以进行齿端修形（修薄），以减小齿端效应的影响和啮合时的冲击。单圆弧齿轮滚齿需用两把滚刀，凸齿滚刀滚切凹齿齿轮，凹齿滚刀滚切配对的凸齿齿轮。双圆弧齿轮滚齿，只需一把滚刀就可以滚切出两个配对齿轮。

圆弧齿轮还可以用指状铣刀成形加工，老式机械分度加工方法制造精度低、效率低，很少采用。如有可能采用数控加工，也是一种有效的制造工艺。

圆弧齿轮主要采用外啮合传动，很少采用内啮合传动，因为插斜齿设备较为复杂，所以目前较少采用插齿工艺。即使是渐开线齿轮，也多采用插直齿（如行星齿轮传动），很少采用插斜齿工艺。

采用成形磨齿工艺可有效地提高圆弧齿轮的齿面硬度和几何精度，进一步提高其承载能力，但因其齿形复杂，目前尚未见采用磨齿工艺。

齿面精整加工工艺主要是采用蜗杆型软砂轮（PVA 砂轮）珩齿。多用于齿面渗氮的高速齿轮，降低表面粗糙度、改善齿面精度、提高传动的平稳性。

对于齿面接触状况稍差的齿轮副，允许采用悬浮式（金刚砂均匀分布在膏内呈悬浮状）糊状研磨膏进行研齿，但要注意保护好轴承，研后清洗干净。研磨时间不宜太长，以免严重损伤齿廓。

1.4　圆弧齿轮的应用与发展

正因为圆弧齿轮具有承载能力高、工艺简单、制造成本低等优点，近 50 年来在我国得到长足发展，已广泛应用于冶金轧钢、矿山输送、采油炼油、化工化纤、发电设备、轻工榨糖、建材水泥、交通航运等行业的高低速齿轮传动。目前在低速应用的最大模数为30mm。高速应用的最大功率为7700kW（用于江西九江炼油厂）。最高线速度达到117m/s，齿面载荷系数为1.88MPa（用于浙江镇海炼油厂）。与此同时还制订了一系列技术标准，它们是GB/T 1840—1989齿轮模数，GB/T 12759—1991双圆弧齿轮基本齿廓，GB/T 13799—1992双圆弧齿轮承载能力计算方法，GB/T 14348—1993双圆弧齿轮滚刀，GB/T 15752—1995基本术语，GB/T 15753—1995齿轮精度。这表明圆弧齿轮在我国已形成独立完整的齿轮传动体系。随着渗碳淬火硬齿面双圆弧齿轮滚刮制造技术的研究成功和应用，必将促进圆弧齿轮成形磨齿工艺的研究和发展，进一步提高圆弧齿轮的承载能力和使用寿命。圆弧齿轮的发展与计算机技术的应用是分不开的，在郑州机械研究所已有成套的计算机辅助设计（CAD）软件，供使用者选用。

2 圆弧齿轮的模数、基本齿廓和几何尺寸计算

2.1 圆弧齿轮的模数系列

GB/T 1840—1989标准规定了圆弧齿轮的法向模数系列（见表14-2-1），此系列适用于单、双圆弧齿轮。

表 14-2-1 圆弧齿轮模数系列（摘自GB/T 1840—1989） mm

第一系列	1.5	2	2.5	3	4	5	6	8	10	12	16	20	25	32	40	50
第二系列		2.25	2.75	3.5	4.5	5.5	7	9		14	18	22	28	36	45	

注：优先采用第一系列。

2.2 圆弧齿轮的基本齿廓

圆弧齿轮的基本齿廓是指基本齿条（或齿条形刀具）在法平面内的齿廓。按基本齿廓标准制成的刀具（如滚刀），用同一种模数的滚刀可以加工不同齿数和不同螺旋角的齿轮。所以，实际使用的圆弧齿轮都是法面圆弧齿轮，法面圆弧齿轮传动的基本原理和端面圆弧齿轮相同，但加工方便。

2.2.1 单圆弧齿轮的滚刀齿形

JB 929—1967规定了单圆弧齿轮滚刀法面齿形的标准。滚刀法面齿形及其参数见表14-2-2。

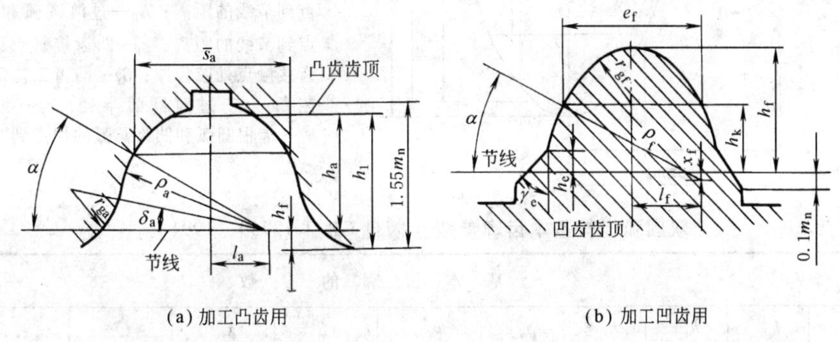

(a) 加工凸齿用　(b) 加工凹齿用

表 14-2-2 （单）圆弧齿轮滚刀法面齿形参数（摘自JB 929—1967）

参数名称	代号	加工凸齿	加工凹齿	
		$m_n=2\sim30$mm	$m_n=2\sim6$mm	$m_n=7\sim30$mm
压力角	α	30°	30°	30°
接触点离节线高度	h_k	$0.75m_n$	$0.75m_n$	$0.75m_n$
齿廓圆弧半径	ρ_a,ρ_f	$1.5m_n$	$1.65m_n$	$1.55m_n+0.6$
齿顶高	h_a	$1.2m_n$	0	0

续表

参数名称	代号	加工凸齿	加工凹齿	
		$m_n=2\sim30\text{mm}$	$m_n=2\sim6\text{mm}$	$m_n=7\sim30\text{mm}$
齿根高	h_f	$0.3m_n$	$1.36m_n$	$1.36m_n$
全齿高	h	$1.5m_n$	$1.36m_n$	$1.36m_n$
齿廓圆心偏移量	l_a,l_f	$0.529037m_n$	$0.6289m_n$	$0.5523m_n+0.5196$
齿廓圆心移距量	x_a,x_f	0	$0.075m_n$	$0.025m_n+0.3$
接触点处齿厚	$\bar{s}_a,\bar{s}_f$	$1.54m_n$	$1.5416m_n$	$1.5616m_n$
接触点处槽宽	e_a,e_f	$1.6016m_n$	$1.60m_n$	$1.58m_n$
接触点处侧隙	j	—	$0.06m_n$	$0.04m_n$
凹齿齿顶倒角高度	h_e	—	$0.25m_n$	$0.25m_n$
凹齿齿顶倒角	γ_e	—	30°	30°
凸齿工艺角	δ_a	8°47′34″	—	—
齿根圆弧半径	r_g	$0.6248m_n$	$0.6227m_n$	$\dfrac{2.935m_n+0.9}{2}-\dfrac{l_f^2}{2(0.165m_n+0.3)}$

注：JB 929—1967 标准已于 1994 年废止，现在没有新的单圆弧圆柱齿轮基本齿廓标准，有的工厂老产品中仍在使用 JB 929—1967 齿形，所以将其齿形和参数列出供查阅。

2.2.2 双圆弧齿轮的基本齿廓

GB/T 12759—1991 标准规定了双圆弧齿轮基本齿条在法平面内的齿廓。齿廓图形及参数见表 14-2-3，侧隙见表 14-2-4。

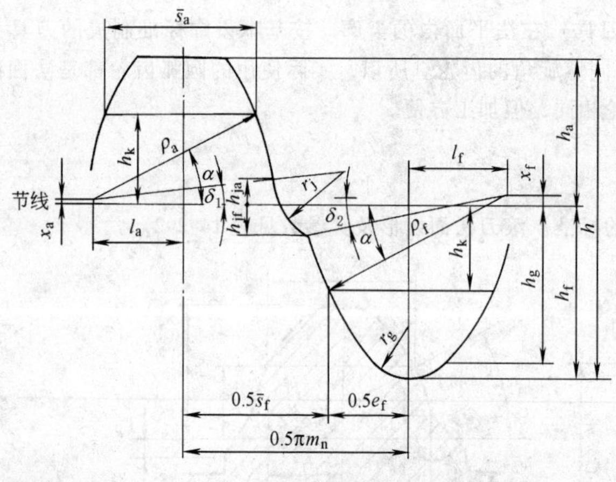

α—压力角；h—全齿高；h_a—齿顶高；h_f—齿根高；ρ_a—凸齿齿廓圆弧半径；ρ_f—凹齿齿廓圆弧半径；x_a—凸齿齿廓圆心移距量；x_f—凹齿齿廓圆心移距量；l_a—凸齿齿廓圆心偏移量；l_f—凹齿齿廓圆心偏移量；$\bar{s}_a$—凸齿接触点处弦齿厚；h_k—接触点到节线的距离；h_{ja}—过渡圆弧和凸齿圆弧的切点到节线的距离；h_{jf}—过渡圆弧和凹齿圆弧的交点到节线的距离；e_f—凹齿接触点处槽宽；$\bar{s}_f$—凹齿接触点处弦齿厚；δ_1—凸齿工艺角；δ_2—凹齿工艺角；r_j—过渡圆弧半径；r_g—齿根圆弧半径；h_g—齿根圆弧和凹齿圆弧的切点到节线的距离

表 14-2-3　双圆弧齿轮基本齿廓参数（摘自 GB/T 12759—1991）

法向模数 m_n /mm	基本齿廓的参数										
	α	h^*	h_a^*	h_f^*	ρ_a^*	ρ_f^*	x_a^*	x_f^*	l_a^*	$\bar{s}_a^*$	h_k^*
1.5～3	24°	2	0.9	1.1	1.3	1.420	0.0163	0.0325	0.6289	1.1173	0.5450
>3～6	24°	2	0.9	1.1	1.3	1.410	0.0163	0.0285	0.6289	1.1173	0.5450
>6～10	24°	2	0.9	1.1	1.3	1.395	0.0163	0.0224	0.6289	1.1173	0.5450
>10～16	24°	2	0.9	1.1	1.3	1.380	0.0163	0.0163	0.6289	1.1173	0.5450
>16～32	24°	2	0.9	1.1	1.3	1.360	0.0163	0.0081	0.6289	1.1173	0.5450
>32～50	24°	2	0.9	1.1	1.3	1.340	0.0163	0.0000	0.6289	1.1173	0.5450

续表

法向模数 m_n /mm	基本齿廓的参数									
	l_f^*	h_{ja}^*	h_{jf}^*	e_f^*	$\bar{s}_f^*$	δ_1	δ_2	r_j^*	r_g^*	h_g^*
1.5～3	0.7086	0.16	0.20	1.1773	1.9643	6°20′52″	9°25′31″	0.5049	0.4030	0.9861
>3～6	0.6994	0.16	0.20	1.1773	1.9643	6°20′52″	9°19′30″	0.5043	0.4004	0.9883
>6～10	0.6957	0.16	0.20	1.1573	1.9843	6°20′52″	9°10′21″	0.4884	0.3710	1.0012
>10～16	0.6820	0.16	0.20	1.1573	1.9843	6°20′52″	9°0′59″	0.4877	0.3663	1.0047
>16～32	0.6638	0.16	0.20	1.1573	1.9843	6°20′52″	8°48′11″	0.4868	0.3595	1.0095
>32～50	0.6455	0.16	0.20	1.1573	1.9843	6°20′52″	8°35′01″	0.4858	0.3520	1.0145

注：表中带 * 号者，是指该尺寸与法向模数 m_n 的比值，例如：$h^*=h/m_n$；$\rho_a^*=\rho_a/m_n$ 等。

表 14-2-4 **侧隙**

法向模数 m_n/mm	1.5～3	>3～6	>6～10	>10～16	>16～32	>32～50
侧隙 j	$0.06m_n$	$0.06m_n$	$0.04m_n$	$0.04m_n$	$0.04m_n$	$0.04m_n$

双圆弧齿轮齿廓参数计算公式：

$$h_k^*=x_a^*+\rho_a^*\sin\alpha$$

$$x_f^*=\rho_f^*\sin\alpha-h_k^*$$

$$\bar{s}_a^*=2(\rho_a^*\cos\alpha-l_a^*)$$

$$l_f^*=l_a^*-0.5j^*+(\rho_f^*-\rho_a^*)\cos\alpha$$

$$e_f^*=2(\rho_f^*\cos\alpha-l_f^*)$$

$$\bar{s}_f^*=\pi-e_f^*$$

$$\delta_1=\arcsin\left(\frac{h_{ja}^*-x_a^*}{\rho_a^*}\right)$$

$$\delta_2=\arcsin\left(\frac{h_{jf}^*+x_f^*}{\rho_f^*}\right)$$

$$r_g^*=\frac{\rho_f^{*2}-l_f^{*2}-(h_f^*+x_f^*)^2}{2(\rho_f^*-h_f^*-x_f^*)}=\frac{1}{2}\left[(\rho_f^*+h_f^*+x_f^*)-\frac{l_f^{*2}}{\rho_f^*-h_f^*-x_f^*}\right]$$

$$h_g^*=\frac{\rho_f^*(h_f^*+x_f^*-r_g^*)}{\rho_f^*-r_g^*}-x_f^*$$

$$r_j^*=\frac{1}{2}\left[\frac{\omega^2+(h_{ja}^*+h_{jf}^*)^2}{\omega\cos\delta_1-(h_{ja}^*+h_{jf}^*)\sin\delta_1}\right]$$

式中 $\omega=0.5\pi+l_a^*+l_f^*-\rho_a^*\cos\delta_1-\rho_f^*\cos\delta_2$

如果标准齿廓不能满足设计和使用要求，可以依据上述计算公式设计新的非标齿廓。需要指出的是，齿廓设计对承载能力和传动质量影响很大。标准齿廓的制订，是经过了设计计算、光弹试验、台架承载能力试验、工业使用验证、多种方案反复论证，并经历了统一齿形、JB 4021—1981 齿形，才确定了现行的基本齿廓国家标准。经 20 多年的工业使用实践，证明该基本齿廓是可靠的、经济实用的。设计非标齿廓一定要持科学的严肃认真的态度。

2.3 圆弧齿轮的几何参数和尺寸计算

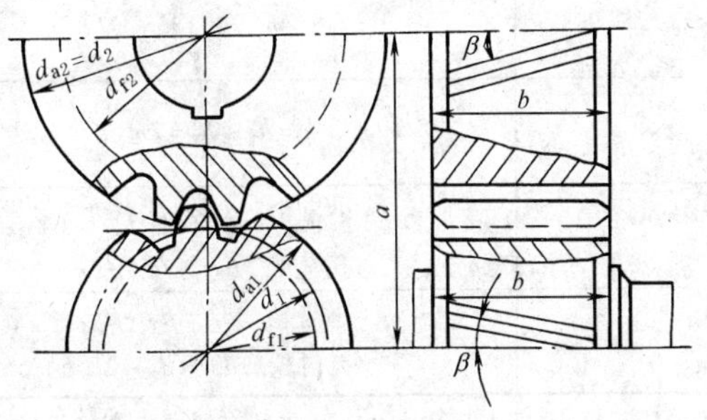

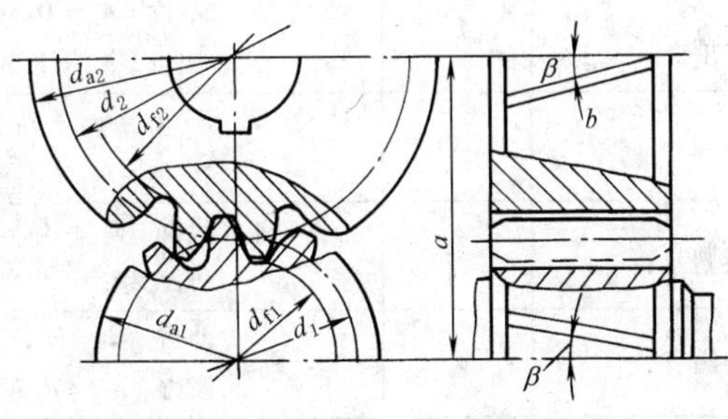

第14篇

表 14-2-5　　圆弧齿轮几何参数和尺寸计算

参数名称	代号	计算公式	
		单圆弧齿轮	双圆弧齿轮
中心距	a	$a=\frac{1}{2}(d_1+d_2)=\frac{m_n(z_1+z_2)}{2\cos\beta}$ 由强度计算或结构设计确定	
法向模数	m_n	$\frac{m_n}{a}=0.01\sim0.02$（特殊用途可达 0.04） 由弯曲强度计算或结构设计确定，取标准值（表 14-2-1）	
齿数和	z_Σ	$z_\Sigma=\frac{2a\cos\beta}{m_n}$按初选螺旋角 β 计算 单斜齿 $\beta=10°\sim20°$；人字齿 $\beta=25°\sim35°$	
齿数	z	小齿轮　$z_1=\frac{z_\Sigma}{1+i}=\frac{2a\cos\beta}{(1+i)m_n}$ 大齿轮　$z_2=iz_1$ 按给定传动比 $i\geqslant1$ 计算，齿数取整数	
齿数比	u	$u=\frac{z_2}{z_1}$校验传动比误差	
螺旋角	β	$\cos\beta=\frac{m_n(z_1+z_2)}{2a}$准确到秒	
齿宽	b	单斜齿　$b=\varphi_a a$　　$\varphi_a=0.4\sim0.8$ 人字齿　$b=\varphi_a a$　　$\varphi_a=0.3\sim0.6$（单边）	
纵向重合度	ε_β	$\varepsilon_\beta=\frac{b}{p_x}=\frac{b\sin\beta}{\pi m_n}$　　b——有效齿宽（扣除齿端修薄）	
同一齿上凸齿和凹齿两接触点间的轴向距离	q_{TA}		$q_{TA}=\frac{0.5(\pi m_n-j)+2(l_a+x_a\cot\alpha)}{\sin\beta}-2\left(\rho_a+\frac{x_a}{\sin\alpha}\right)\cos\alpha\sin\beta$
接触点距离系数	λ		$\lambda=\frac{q_{TA}}{p_x}$
总重合度	ε_γ	$\varepsilon_\gamma=\varepsilon_\beta$	$\varepsilon_\gamma=\varepsilon_\beta+\lambda$（当 $\varepsilon_\beta\geqslant\lambda$）
分度圆直径	d	小齿轮　$d_1=\frac{2az_1}{z_1+z_2}=\frac{m_nz_1}{\cos\beta}$ 大齿轮　$d_2=\frac{2az_2}{z_1+z_2}=\frac{m_nz_2}{\cos\beta}$	
齿顶高	h_a	凸齿　$h_{a1}=1.2m_n$ 凹齿　$h_{a2}=0$	$h_a=0.9m_n$
齿根高	h_f	凸齿　$h_{f1}=0.3m_n$ 凹齿　$h_{f2}=1.36m_n$	$h_f=1.1m_n$
全齿高	h	凸齿　$h_1=h_{a1}+h_{f1}=1.5m_n$ 凹齿　$h_2=h_{f2}=1.36m_n$	$h=h_a+h_f=2m_n$
齿顶圆直径	d_a	凸齿　$d_{a1}=d_1+2h_{a1}$ 凹齿　$d_{a2}=d_2$	小齿轮　$d_{a1}=d_1+2h_a$ 大齿轮　$d_{a2}=d_2+2h_a$
齿根圆直径	d_f	凸齿　$d_{f1}=d_1-2h_{f1}$ 凹齿　$d_{f2}=d_2-2h_{f2}$	小齿轮　$d_{f1}=d_1-2h_f$ 大齿轮　$d_{f2}=d_2-2h_f$

注：齿顶高、齿根高及其所决定的径向尺寸，仅适用于 JB 929—1967、GB/T 12759—1991 及与其有相同齿高的齿廓。

2.4 圆弧齿轮的主要测量尺寸计算

本节介绍的测量尺寸计算方法见表 14-2-6，除公法线长度是精确计算法外，其余均是近似计算法。精确计算法可参阅参考文献［3、5］。

表 14-2-6　　圆弧齿轮主要测量尺寸计算

项目	简　图	计　算　公　式	
		单圆弧凸齿和双圆弧齿轮	单圆弧凹齿
弦齿厚（法向）$\bar{s}$	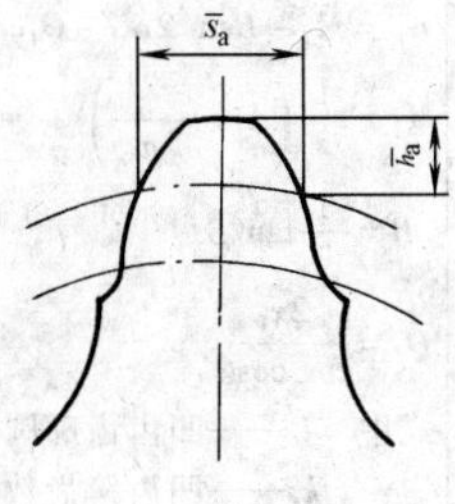	$\bar{s}_a = 2\left(\rho_a + \frac{x_a}{\sin\alpha}\right)\cos(\alpha+\delta_a) - m_n z_v \sin\delta_a$ $\delta_a = \frac{2(l_a + x_a\cot\alpha)}{m_n z_v}$ 式中　α——基本齿廓的压力角； δ_a——凸齿齿廓圆弧的圆心偏角 测量齿高的计算公式 $\bar{h}_a = h_a - \left(\rho_a + \frac{x_a}{\sin\alpha}\right)\sin(\alpha+\delta_a) + \frac{m_n z_v}{2}(1-\cos\delta_a)$ $z_v = \frac{z}{\cos^3\beta}$	$\bar{s}_f = 2\left\{\frac{m_n z_v}{2}\sin\left(\frac{\pi}{z_v}+\delta_f\right) - \left(\rho_f - \frac{x_f}{\sin\alpha}\right)\cos\left[\alpha - \left(\frac{\pi}{z_v}+\delta_f\right)\right]\right\}$ $\bar{h}_f = \frac{m_n z_v}{2}\left[1-\cos\left(\frac{\pi}{z_v}+\delta_f\right)\right] + \left(\rho_f - \frac{x_f}{\sin\alpha}\right)\sin\left[\alpha - \left(\frac{\pi}{z_v}+\delta_f\right)\right]$ $\delta_f = \frac{2(l_f - x_f\cot\alpha)}{m_n z_v}$ 式中　δ_f——凹齿齿廓圆弧的圆心偏角
弦齿深（法向）$\bar{h}$	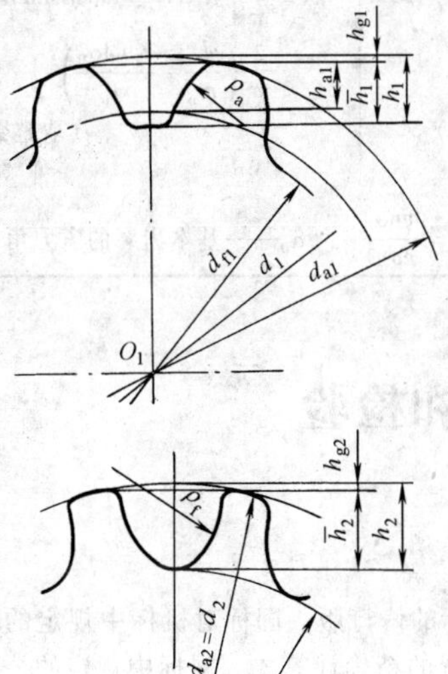	$\bar{h} = h - h_g + \frac{1}{2}(d'_a - d_a)$ 式中　h——全齿高；　d'_a——齿顶圆直径实测值； h_g——弓高；　d_a——齿顶圆直径	
		对于单圆弧齿轮凸齿和双圆弧齿轮，弓高 h_g $h_g = \frac{1}{4}(z_v m_n + 2h_a)\left(\frac{\pi}{z_v} - \frac{s_a}{z_v m_n + 2h_a}\right)^2$ $s_a = \left(0.742 - \frac{0.43}{z_v}\right)m_n$ （凸齿单圆弧齿轮 JB 929—1967） $s_a = \left(0.6491 - \frac{0.61}{z_v}\right)m_n$ （双圆弧齿轮 GB/T 12759—1997） 式中　h_a——凸齿齿顶高； z_v——当量齿数； s_a——齿顶厚，随齿数减少而变窄，拟合成上述公式	对于单圆弧齿轮凹齿弓高 h_g $h_g = \frac{1}{z_v m_n}\left(\sqrt{\rho_f^2 - (h_e + x_f)^2} + h_e\tan\gamma_e - l_f\right)^2$ 式中　ρ_f——凹齿齿廓圆弧半径； h_e——凹齿齿顶倒角高度； x_f——凹齿齿廓圆心移距量； γ_e——凹齿齿顶倒角； l_f——凹齿齿廓圆心偏移量
齿根圆斜径 L_f	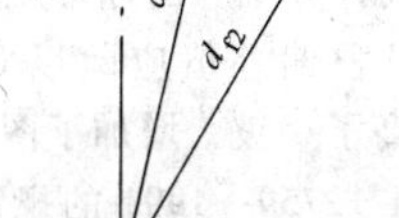	对偶数齿，测齿根圆直径 d_f　　$d_f = d - 2h_f$ 对奇数齿，测齿根圆斜径 L_f　　$L_f = d_f\cos\frac{90°}{z}$	

续表

<table>
<tr><td rowspan="2">项目</td><td rowspan="2">简 图</td><td colspan="2">计 算 公 式</td></tr>
<tr><td>单圆弧凸齿和双圆弧齿轮</td><td>单圆弧凹齿</td></tr>
<tr><td rowspan="4">公法线长度
W</td><td rowspan="4"></td><td colspan="2">$$W=\frac{d\sin^2\alpha_t+2x}{\sin\alpha_n}\pm 2\rho$$
$$\tan\alpha_n=\tan\alpha_t\cos\beta$$
式中 d——分度圆直径；
x——齿廓圆心移距量：凸齿 x_a，凹齿 x_f；
ρ——齿廓圆弧半径：凸齿 ρ_a，用正（+）号；凹齿 ρ_f，用负（-）号；
α_n——测点法向压力角；
α_t——测点端面压力角
测点端面压力角，需求解超越方程（误差在1″以内）</td></tr>
<tr><td>$\alpha_{ta}=M_a-B\sin 2\alpha_{ta}-Q_a\cot\alpha_{ta}$ (rad)
$M_a=\frac{1}{z}\left[(k_a-1)\pi-\frac{2l_a}{m_n}\right]$
$B=\frac{1}{2}\tan^2\beta$
$Q_a=\frac{2x_a}{zm_n\cos\beta}$
式中 l_a——凸齿齿廓圆心偏移量；
k_a——凸齿跨齿数</td><td>$\alpha_{tf}=M_f-B\sin 2\alpha_{tf}-Q_f\cot\alpha_{tf}$ (rad)
$M_f=\frac{1}{z}\left(k_f\pi+\frac{2l_f}{m_n}\right)$
$B=\frac{1}{2}\tan^2\beta$
$Q_f=\frac{2x_f}{zm_n\cos\beta}$
式中 l_f——凹齿齿廓圆心偏移量；
k_f——凹齿跨齿数</td></tr>
<tr><td>k_a 的计算：
$$k_a=\frac{z}{\pi}\left[\alpha_{t0}+\frac{1}{2}\tan^2\beta\sin2\alpha_{t0}\right]+\frac{2}{\pi}\left(\frac{l_a}{m_n}+\frac{x_a\cot\alpha_0}{m_n}\right)+1$$
（取整数）</td><td>k_f 的计算：
$$k_f=\frac{z}{\pi}\left[\alpha_{t0}+\frac{1}{2}\tan^2\beta\sin2\alpha_{t0}\right]-\frac{2}{\pi}\left(\frac{l_f}{m_n}-\frac{x_f\cot\alpha_0}{m_n}\right)$$
（取整数）</td></tr>
<tr><td colspan="2">式中
α_{t0}的单位为 rad。 $\tan\alpha_{t0}=\frac{\tan\alpha_0}{\cos\beta}$ α_0——基本齿廓的压力角</td></tr>
</table>

3 圆弧齿轮传动的精度和检验

3.1 精度标准和精度等级的确定

GB/T 15753—1995《圆弧圆柱齿轮精度》国标是 JB 4021—1985 机标的修订版。国标对机标中规定的某些误差的名称和定义作了适当修改，并给出了齿轮副接触迹线沿齿高方向位置的精确计算式。国标中规定的公差数值是以双圆弧齿轮为主，用于单圆弧齿轮时，标准中的弦齿深和齿根圆直径极限偏差值应除以 0.75，其商和 JB 4021—1985 中的标准值一致。齿坯基准端面跳动的精度比 JB 4021—1985 提高了一级，增加了图样标注规定。

国标适用于平行轴传动的圆弧圆柱齿轮及齿轮副。齿轮的齿廓应符合 GB/T 12759—1991 的规定（也适用于符合 JB 929—1967 规定的单圆弧齿轮）。模数符合 GB/T 1840—1989 规定，法向模数范围 1.5 ~ 40mm。标准规定的分度圆直径最大至 4000mm。

国标中规定的精度等级从高到低分 4、5、6、7、8 五级。按照误差特性及其对传动性能的影响，将齿轮的各项公差分为Ⅰ、Ⅱ、Ⅲ三个公差组（见表 14-2-9）。根据使用要求的不同，三个公差组的精度允许选用不同等级，但同一公差组内的各项公差应取相同的精度等级。

圆弧齿轮的侧隙，由基本齿廓标准规定，与齿轮精度无关。单、双圆弧齿轮齿廓标准规定的侧隙相同，当模数 $m_n=1.5\sim6$mm 时，侧隙为 $0.06m_n$，当 $m_n\geqslant7$mm 时，侧隙为 $0.04m_n$。切深偏差和中心距偏差都会改变侧隙大小，但同时也改变初始接触迹沿齿高方向的位置，对承载能力和轮齿强度极为不利。因此，决不允许采用改变切齿深度和中心距的方法来获得所期望的侧隙，如因使用需要，确需改变侧隙，最好是采用具有所需侧隙的滚刀进行加工（即设计非标的特殊齿形）。一般讲，圆弧齿轮传动的实际侧隙不应小于规定值的三分之二。

齿轮精度等级的确定，主要根据齿轮的用途、使用要求和工作条件，可参考表 14-2-7 选取。目前尚无成熟的工艺方法加工 4 级精度的齿轮，故齿轮精度等级选用表中不推荐 4 级精度。

表 14-2-7　　精度等级选用表

精度等级	加 工 方 法	适 用 工 况	节圆线速度/$m \cdot s^{-1}$
5 级（高精度）	采用中硬齿面调质处理，在高精度滚齿机上用 AA 级滚刀切齿，齿面硬化处理（离子渗氮等）并进行珩齿	要求传动很平稳，振动、噪声小，节线速度高及齿面载荷系数大的齿轮，例如透平齿轮	至 120
6 级（精密）	采用中硬齿面调质处理，在高精度滚齿机上用 AA 级滚刀切齿，齿面硬化处理（离子渗氮等）并进行珩齿	要求传动平稳，振动、噪声较小，节线速度较高，齿面载荷系数较大的齿轮，例如汽轮机、鼓风机、压缩机齿轮等	至 100
7 级（中等精度）	采用中硬齿面调质处理，在较精密滚齿机上用 A 级滚刀切齿。小齿轮可进行齿面硬化处理（离子碳氮共渗等），也可采用渗碳淬火硬齿面，采用硬质合金镶片滚刀加工	中等速度的重载齿轮，例如轧钢机齿轮，矿井提升机，带式输送机、球磨机、榨糖机以及起重运输机械的主传动齿轮等	至 25
8 级（低精度）	采用中硬齿面或软齿面调质处理，在普通滚齿机上用 A 级或 B 级滚刀切齿	一般用途的低速齿轮，例如抽油机齿轮、通用减速器齿轮等	至 10

3.2 齿轮、齿轮副误差及侧隙的定义和代号（摘自 GB/T 15753—1995）

表 14-2-8　　齿轮、齿轮副误差及侧隙的定义和代号（摘自 GB/T 15753—1995）

序号	名　称	代号	定　义
1	切向综合误差 切向综合公差	$\Delta F_i'$ F_i'	被测齿轮与理想精确的测量齿轮单面啮合时，在被测齿轮一转内，实际转角与公称转角之差的总幅度值，以分度圆弧长计值
2	一齿切向综合误差 一齿切向综合公差	$\Delta f_i'$ f_i'	被测齿轮与理想精确的测量齿轮单面啮合时，在被测齿轮一齿距角内，实际转角与公称转角之差的最大幅度值，以分度圆弧长计值
3	齿距累积误差 k 个齿距累积误差 齿距累积公差 k 个齿距累积公差	ΔF_p ΔF_{pk} F_p F_{pk}	在检查圆①上任意两个同侧齿面间的实际弧长与公称弧长之差的最大差值 在检查圆上，k 个齿距的实际弧长与公称弧长之差的最大差值，k 为 2 到小于 $\frac{z}{2}$ 的整数
4	齿圈径向跳动 齿圈径向跳动公差	ΔF_r F_r	在齿轮一转范围内，测头在齿槽内，于凸齿或凹齿中部双面接触，测头相对于齿轮轴线的最大变动量
5	公法线长度变动 公法线长度变动公差	ΔF_W F_W	在齿轮一周范围内，实际公法线长度最大值与最小值之差 $\Delta F_W = W_{max} - W_{min}$
6	齿距偏差 齿距极限偏差	Δf_{pt} $\pm f_{pt}$	在检查圆上，实际齿距与公称齿距之差 用相对法测量时，公称齿距是指所有实际齿距的平均值
7	齿向误差 一个轴向齿距内的齿向误差 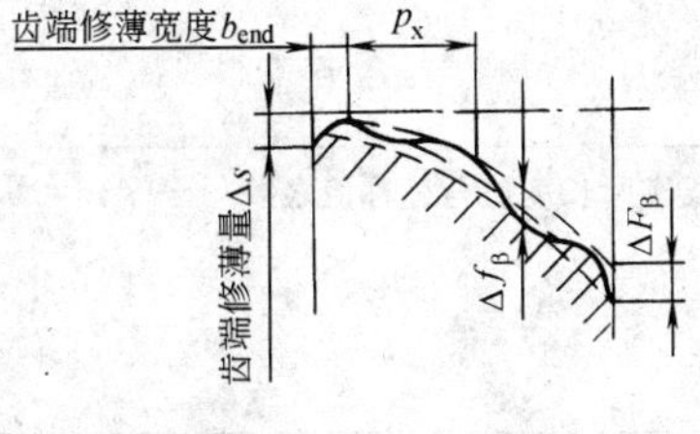 齿端修薄宽度 b_{end}　p_x　齿端修薄量 Δs　Δf_β　ΔF_β 齿向公差 一个轴向齿距内的齿向公差	ΔF_β Δf_β F_β f_β	在检查圆柱面上，在有效齿宽范围内（端部倒角部分除外），包容实际齿向线的两条最近的设计齿线之间的端面距离 在有效齿宽中，任一轴向齿距范围内，包容实际齿线的两条最近的设计齿线之间的端面距离 设计齿线可以是修正的圆柱螺旋线，包括齿端修薄及其他修形曲线 齿宽两端的齿向误差只允许逐渐偏向齿体内

第 14 篇

续表

序号	名　　称	代号	定　　义
8	轴向齿距偏差	ΔF_{px}	在有效齿宽范围内,与齿轮基准轴线平行而大约通过凸齿或凹齿中部的一条直线上,任意两个同侧齿面间的实际距离与公称距离之差。沿齿面法线方向计值
	一个轴向齿距偏差 	Δf_{px}	在有效齿宽范围内,与齿轮基准轴线平行而大约通过凸齿或凹齿中部的一条直线上,任一轴向齿距内,两个同侧齿面间的实际距离与公称距离之差。沿齿面法线方向计值
	轴向齿距极限偏差 一个轴向齿距极限偏差	$\pm F_{px}$ $\pm f_{px}$	
9	螺旋线波度误差 螺旋线波度公差	$\Delta f_{f\beta}$ $f_{f\beta}$	在有效齿宽范围内,凸齿或凹齿中部的实际齿线波纹的最大波幅。沿齿面法线方向计值
10	弦齿深偏差 	ΔE_h	在齿轮一周内,实际弦齿深减去实际外圆直径偏差后与公称弦齿深之差 在法面中测量
	弦齿深极限偏差	$\pm E_h$	
11	齿根圆直径偏差	ΔE_{df}	齿根圆直径实际尺寸和公称尺寸之差,对于奇数齿可用齿根圆斜径代替 斜径的公称尺寸 L_f 为
	齿根圆直径极限偏差	$\pm E_{df}$	$L_f = d_f \cos\dfrac{90°}{z}$
12	齿厚偏差 	ΔE_s	接触点所在圆柱面上,法向齿厚实际值与公称值之差
	齿厚极限偏差 　上偏差 　下偏差 　公差	 E_{ss} E_{si} T_s	
13	公法线长度偏差 公法线长度极限偏差 　上偏差 　下偏差 　公差	ΔE_W E_{Ws} E_{Wi} T_W	在齿轮一周内,公法线实际长度值与公称值之差
14	齿轮副的切向综合误差	$\Delta F'_{ic}$	在设计中心距下安装好的齿轮副,在啮合转动足够多的转数内,一个齿轮相对于另一个齿轮的实际转角与公称转角之差的总幅度值。以分度圆弧长计值
	齿轮副的切向综合公差	F'_{ic}	

续表

序号	名称	代号	定义
15	齿轮副的一齿切向综合误差 齿轮副的一齿切向综合公差	$\Delta f'_{ic}$ f'_{ic}	安装好的齿轮副，在啮合转动足够多的转数内，一个齿轮相对于另一个齿轮，一个齿距的实际转角与公称转角之差的最大幅度值。以分度圆弧长计值
16	齿轮副的接触迹线 接触迹线位置偏差 b′ b″ h名义 下偏差 上偏差 b′ b″ h名义 上偏差 下偏差 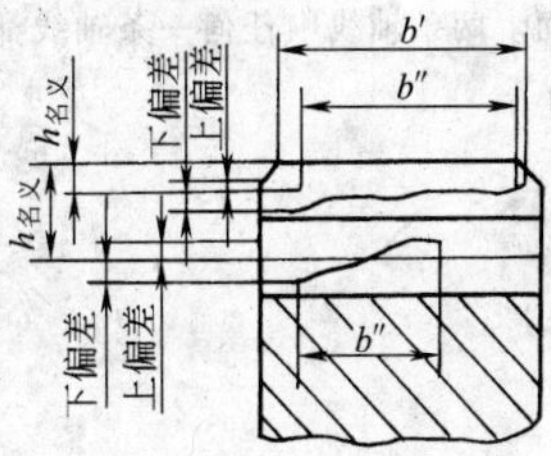 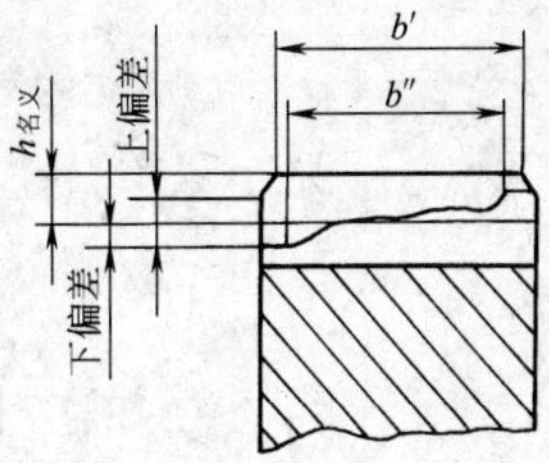 接触迹线沿齿宽分布的长度		凸凹齿面瞬时接触时，由于齿面接触弹性变形而形成的挤压痕迹 装配好的齿轮副，跑合之前，着色检验，在轻微制动下，齿面实际接触迹线偏离名义接触迹线的高度 对于双圆弧齿轮 凸齿：$h_{名义}=\left(0.355-\dfrac{1.498}{z_v+1.09}\right)m_n$ 凹齿：$h_{名义}=\left(1.445-\dfrac{1.498}{z_v-1.09}\right)m_n$ 对于单圆弧齿轮： 凸齿：$h_{名义}=\left(0.45-\dfrac{1.688}{z_v+1.5}\right)m_n$ 凹齿：$h_{名义}=\left(0.75-\dfrac{1.688}{z_v-1.5}\right)m_n$ z_v——当量齿数，$z_v=\dfrac{z}{\cos^3\beta}$ z——齿数 β——螺旋角 沿齿长方向，接触迹线的长度 b'' 与工作长度 b' 之比即 $\dfrac{b''}{b'}\times100\%$
17	齿轮副的接触斑点 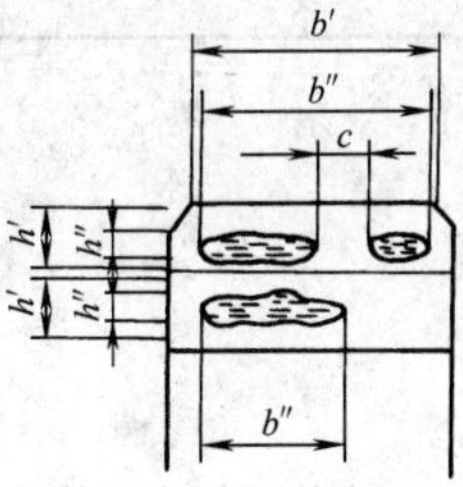 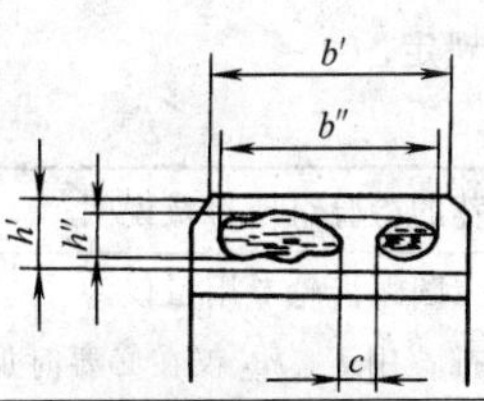 b′ b″ c h′ h″ b″ b′ b″ h′ h″ c		装配好的齿轮副，经空载检验，在名义接触迹线位置附近齿面上分布的接触擦亮痕迹 接触痕迹的大小在齿面展开图上用百分数计算 沿齿长方向：接触痕迹的长度 b''（扣除超过模数值的断开部分 c）与工作长度 b'②之比的百分数，即 $\dfrac{b''-c}{b'}\times100\%$ 沿齿高方向：接触痕迹的平均高度 h'' 与工作高度 h' 之比的百分数，即 $\dfrac{h''}{h'}\times100\%$
18	齿轮副的侧隙 圆周侧隙 法向侧隙 最大极限侧隙 最小极限侧隙	j_t j_n j_{tmax} j_{nmax} j_{tmin} j_{nmin}	装配好的齿轮副，当一个齿轮固定时，另一个齿轮的圆周晃动量。以接触点所在圆上的弧长计值 装配好的齿轮副，当工作齿面接触时，非工作齿面之间的最小距离
19	齿轮副的中心距偏差 齿轮副的中心距极限偏差	Δf_a $\pm f_a$	在齿轮副的齿宽中间平面内，实际中心距与公称中心距之差

续表

序号	名　　称	代号	定　　义
20	轴线的平行度误差 x 方向轴线的平行度误差	Δf_x	一对齿轮的轴线，在其基准平面[H]上投影的平行度误差。在等于齿宽的长度上测量
	y 方向轴线的平行度误差	Δf_y	一对齿轮的轴线，在垂直于基准平面，并且平行于基准轴线的平面[V]上投影的平行度误差。在等于齿宽的长度上测量 注：包含基准轴线，并通过由另一轴线与齿宽中间平面相交的点所形成的平面，称为基准平面。两条轴线中任何一条轴线都可以作为基准轴线
	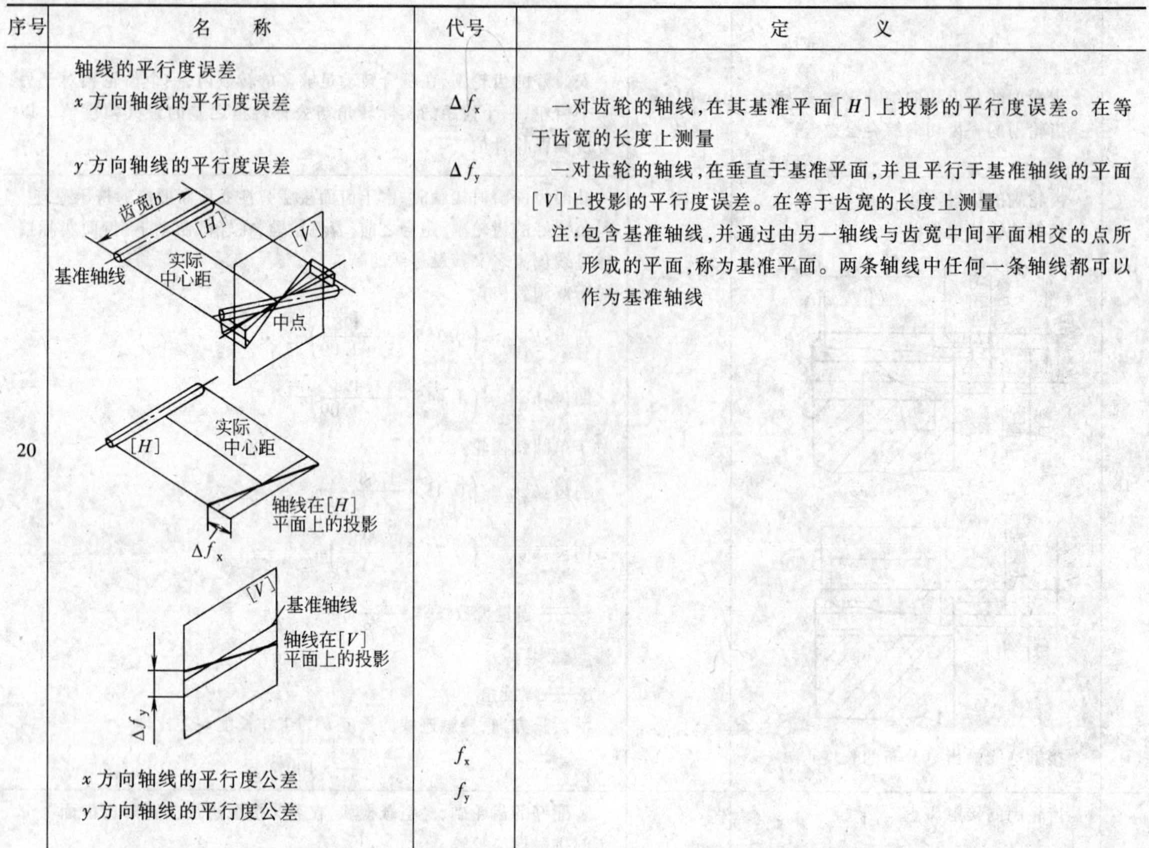		
	x 方向轴线的平行度公差	f_x	
	y 方向轴线的平行度公差	f_y	

① 检查圆是指位于凸齿或凹齿中部与分度圆同心的圆。

② 工作长度 b' 是指全齿长扣除小齿轮两端修薄长度。

3.3　公差分组及其检验

圆弧齿轮三个公差组的检验项目和推荐的检验组项目见表 14-2-9。

根据齿轮副的工作要求、生产批量、齿轮规格和计量条件，在公差组中，可任选一个给定精度的检验组来检验齿轮。也可按用户提出的精度和检验项目进行检验。各项目检验结果应符合标准规定。

表 14-2-9　　公差分组及推荐的检验组项目

公差组	公差与极限偏差项目	误差特性及其影响	推荐的检验组项目及说明
Ⅰ	F'_i、F_p(F_{pk}) F_r、F_w	以齿轮一转为周期的误差，主要影响传递运动的准确性和低频的振动、噪声	F'_i 目前尚无圆弧齿轮专用量仪 F_p(F_{pk})，推荐用 F_p，F_{pk} 仅在必要时加检 F_r 与 F_w 可用于7.8级齿轮，当其中有一项超差时，应按 F_p 鉴定和验收
Ⅱ	f'_i、f_{pt}、f_β、f_{px}、$f_{f\beta}$	在齿轮一周内，多次周期性重复出现的误差，影响传动的平稳性和高频的振动、噪声	f'_i 目前尚无圆弧齿轮专用量仪 推荐用 f_{pt} 与 f_β(或 f_{px})；对于6级及高于6级的齿轮加检 $f_{f\beta}$ 8级精度齿轮允许只检 f_{pt}
Ⅲ	F_β、F_{px} E_{df}、E_h (E_w、E_s)	齿向误差、轴向齿距偏差，主要影响载荷沿齿向分布的均匀性 齿形的径向位置误差，影响齿高方向的接触部位和承载能力	推荐用 F_β 与 E_{df}(或 E_h)，或用 F_{px} 与 E_{df}(或 E_h)，必要时加检 E_w 或 E_s

续表

公差组	公差与极限偏差项目	误差特性及其影响	推荐的检验组项目及说明
齿轮副	F'_{ic}、f'_{ic} 接触迹线位置偏差、接触斑点及齿侧间隙	综合性误差，影响工作平稳性和承载能力	可用传动误差测量仪检查 F'_{ic} 和 f'_{ic} 跑合前检查接触迹线位置和侧隙，合格后进行跑合。跑合后检查接触斑点

注：参照 GB/T 15753—1995《圆弧圆柱齿轮精度》。

3.4 检验项目的极限偏差及公差值（摘自 GB/T 15753—1995）

圆弧齿轮部分检验项目的极限偏差及公差值与齿轮几何参数的计算式见表 14-2-10。

表 14-2-10　极限偏差及公差计算式

精度等级	F_p		F_r		F_w		f_{pt}		F_β		E_h			E_{df}	
	$A\sqrt{L}+C$		$Am_n+B\sqrt{d}+C$ $B=0.25A$		$B\sqrt{d}+C$		$Am_n+B\sqrt{d}+C$ $B=0.25A$		$A\sqrt{b}+C$		$Am_n+B\sqrt[3]{d}+C$			$Am_n+B\sqrt[3]{d}$	
	A	C	A	C	B	C	A	C	A	C	A	B	C	A	B
4	1.0	2.5	0.56	7.1	0.34	5.4	0.25	3.15	0.63	3.15	0.72	1.44	2.16	1.44	2.88
5	1.6	4	0.90	11.2	0.54	8.7	0.40	5	0.80	4	0.9	1.8	2.7	1.8	3.6
6	2.5	6.3	1.40	18	0.87	14	0.63	8	1	5					
7	3.55	9	2.24	28	1.22	19.4	0.90	11.2	1.25	6.3	1.125	2.25	3.375	2.25	4.5
8	5	12.5	3.15	40	1.7	27	1.25	16	2	10					

注：d—齿轮分度圆直径；b—轮齿宽度；L—分度圆弧长；m_n—齿轮法向模数。

其他项目的极限偏差及公差按下列公式计算：

切向综合公差 F'_i　$F'_i=F_p+f_\beta$

一齿切向综合公差 f'_i　$f'_i=0.6(f_{pt}+f_\beta)$

螺旋线波度公差 $f_{f\beta}$　$f_{f\beta}=f'_i\cos\beta$

轴向齿距极限偏差 F_{px}　$F_{px}=F_\beta$

一个轴向齿距极限偏差 f_{px}　$f_{px}=f_\beta$

中心距极限偏差 f_a　$f_a=0.5(\mathrm{IT6,IT7,IT8})$

公法线长度公差 T_w　$E_{ws}=-2\sin\alpha(-E_h)$

$E_{wi}=-2\sin\alpha(+E_h)$

$T_w=E_{ws}-E_{wi}$

齿厚公差 T_s　$E_{ss}=-2\tan\alpha(-E_h)$

$E_{si}=-2\tan\alpha(+E_h)$

$T_s=E_{ss}-E_{si}$

齿轮副的切向综合公差 F'_{ic}　$F'_{ic}=F'_{i1}+F'_{i2}$

当两齿轮的齿数比为不大于 3 的整数且采用选配时，F'_{ic} 可比计算值压缩 25% 或更多。齿轮副的一齿切向综合公差 f'_{ic}　$f'_{ic}=f'_{i1}+f'_{i2}$

各检验项目的极限偏差及公差值见表 14-2-11 ~ 表 14-2-21。

表 14-2-11　齿距累积公差 F_p 及 k 个齿距累积公差 F_{pk} 值　μm

L/mm		精度等级				
大于	到	4	5	6	7	8
—	32	8	12	20	28	40
32	50	9	14	22	32	45
50	80	10	16	25	36	50
80	160	12	20	32	45	63
160	315	18	28	45	63	90
315	630	25	40	63	90	125
630	1000	32	50	80	112	160
1000	1600	40	63	100	140	200
1600	2500	45	71	112	160	224

续表

L/mm		精度等级				
大于	到	4	5	6	7	8
2500	3150	56	90	140	200	280
3150	4000	63	100	160	224	315
4000	5000	71	112	180	250	355
5000	7200	80	125	200	280	400

注：1. F_p 和 F_{pk} 按分度圆弧长 L 查表。

查 F_p 时，取 $L=\frac{1}{2}\pi d=\frac{\pi m_n z}{2\cos\beta}$

查 F_{pk} 时，取 $L=\frac{K\pi m_n}{\cos\beta}$（$k$ 为 2 到小于 $z/2$ 的整数）

2. 除特殊情况外，对于 F_{pk}，k 值规定取为小于 $z/6$ 或 $z/8$ 的最大整数。

式中　d—分度圆直径；m_n—法向模数；z—齿数；β—分度圆螺旋角。

表 14-2-12　　齿圈径向跳动公差 F_r 值　　μm

分度圆直径/mm		法向模数/mm	精度等级				
大于	到		4	5	6	7	8
—	125	1.5~3.5	9	14	22	36	50
		>3.5~6.3	11	16	28	45	63
		>6.3~10	13	20	32	50	71
		>10~16	—	22	36	56	80
125	400	1.5~3.5	10	16	25	40	56
		>3.5~6.3	13	18	32	50	71
		>6.3~10	14	22	36	56	80
		>10~16	16	25	40	63	90
		>16~25	20	32	50	80	112
400	800	1.5~3.5	11	18	28	45	63
		>3.5~6.3	13	20	32	50	71
		>6.3~10	14	22	36	56	80
		>10~16	18	28	45	71	100
		>16~25	22	36	56	90	125
		>25~40	28	45	71	112	160
800	1600	1.5~3.5	—	—	—	—	—
		>3.5~6.3	14	22	36	56	80
		>6.3~10	16	25	40	63	90
		>10~16	18	28	45	71	100
		>16~25	22	36	56	90	125
		>25~40	28	45	71	112	160
1600	2500	1.5~3.5	—	—	—	—	—
		>3.5~6.3	—	—	—	—	—
		>6.3~10	18	28	45	71	100
		>10~16	20	32	50	80	112
		>16~25	25	40	63	100	140
		>25~40	32	50	80	125	180
2500	4000	1.5~3.5	—	—	—	—	—
		>3.5~6.3	—	—	—	—	—
		>6.3~10	—	—	—	—	—
		>10~16	22	36	56	90	125
		>16~25	25	40	63	100	140
		>25~40	32	50	80	125	180

表 14-2-13　　公法线长度变动公差 F_w 值　　μm

分度圆直径/mm		精度等级				
大于	到	4	5	6	7	8
—	125	8	12	20	28	40
125	400	10	16	25	36	50
400	800	12	20	32	45	63
800	1600	16	25	40	56	80
1600	2500	18	28	45	71	100
2500	4000	25	40	63	90	125

表 14-2-14　　齿距极限偏差 $\pm f_{pt}$　　μm

分度圆直径/mm		法向模数/mm	精度等级				
大于	到		4	5	6	7	8
—	125	1.5~3.5	4.0	6	10	14	20
		>3.5~6.3	5.0	8	13	18	25
		>6.3~10	5.5	9	14	20	28
		>10~16	—	10	16	22	32
125	400	1.5~3.5	4.5	7	11	16	22
		>3.5~6.3	5.5	9	14	20	28
		>6.3~10	6.0	10	16	22	32
		>10~16	7.0	11	18	25	36
		>16~25	9.0	14	22	32	45
400	800	1.5~3.5	5.0	8	13	18	25
		>3.5~6.3	5.5	9	14	20	28
		>6.3~10	7.0	11	18	25	36
		>10~16	8.0	13	20	28	40
		>16~25	10	16	25	36	50
		>25~40	13	20	32	45	63
800	1600	>3.5~6.3	6.0	10	16	22	32
		>6.3~10	7.0	11	18	25	36
		>10~16	8.0	13	20	28	40
		>16~25	10	16	25	36	50
		>25~40	13	20	32	45	63
1600	2500	>6.3~10	8.0	13	20	28	40
		>10~16	9.0	14	22	32	45
		>16~25	11	18	28	40	56
		>25~40	14	22	36	50	71
2500	4000	>10~16	10	16	25	36	50
		>16~25	11	18	28	40	56
		>25~40	14	22	36	50	71

表 14-2-15　　齿向公差 F_β 值（一个轴向齿距内齿向公差 f_β 值）　　μm

有效齿宽(轴向齿距)/mm		精度等级				
大于	到	4	5	6	7	8
—	40	5.5	7	9	11	18
40	100	8.0	10	12	16	25
100	160	10	12	16	20	32
160	250	12	16	19	24	38
250	400	14	18	24	28	45
400	630	17	22	28	34	55

注：一个轴向齿距内的齿向公差按轴向齿距查表。

表 14-2-16　　轴线平行度公差

x 方向轴线平行度公差 $f_x = F_\beta$	F_β 见表 14-2-15
y 方向轴线平行度公差 $f_y = \frac{1}{2}F_\beta$	

表 14-2-17　　中心距极限偏差 $\pm f_a$　　μm

第Ⅱ公差组精度等级			4	5,6	7,8
f_a			$\frac{1}{2}$IT6	$\frac{1}{2}$IT7	$\frac{1}{2}$IT8
齿轮副的中心距/mm	大于	到 120	11	17.5	27
	120	180	12.5	20	31.5
	180	250	14.5	23	36
	250	315	16	26	40.5
	315	400	18	28.5	44.5
	400	500	20	31.5	48.5
	500	630	22	35	55
	630	800	25	40	62
	800	1000	28	45	70
	1000	1250	33	52	82
	1250	1600	39	62	97
	1600	2000	46	75	115
	2000	2500	55	87	140
	2500	3150	67.5	105	165

表 14-2-18　　弦齿深极限偏差 $\pm E_h$　　μm

分度圆直径/mm		法向模数/mm	精度等级		
大于	到		4	5,6	7,8
—	50	1.5~3.5	10	12	15
		>3.5~6.3	12	15	19
50	80	1.5~3.5	11	14	17
		>3.5~6.3	13	16	20
		>6.3~10	15	19	24
80	120	1.5~3.5	12	15	18
		>3.5~6.3	14	18	21
		>6.3~10	17	21	26
		>10~16	—	—	32
120	200	1.5~3.5	13	16	21
		>3.5~6.3	15	19	23
		>6.3~10	18	23	27
		>10~16	—	—	34
		>16~32	—	—	49
200	320	1.5~3.5	15	18	23
		>3.5~6.3	17	21	26
		>6.3~10	20	24	30
		>10~16	—	—	36
		>16~32	—	—	53
320	500	1.5~3.5	17	21	24
		>3.5~6.3	18	23	27
		>6.3~10	21	26	32
		>10~16	—	—	38
		>16~32	—	—	57

续表

分度圆直径/mm		法向模数/mm	精度等级		
大于	到		4	5,6	7,8
500	800	1.5~3.5	18	23	—
		>3.5~6.3	20	26	30
		>6.3~10	23	28	34
		>10~16	—	—	42
		>16~32	—	—	57
800	1250	>3.5~6.3	23	28	34
		>6.3~10	25	31	38
		>10~16	—	—	45
		>16~32	—	—	60
1250	2000	>3.5~6.3	25	31	38
		>6.3~10	27	34	42
		>10~16	—	—	49
		>16~32	—	—	68
2000	3150	>3.5~6.3	27	34	—
		>6.3~10	30	38	45
		>10~16	—	—	53
		>16~32	—	—	68
3150	4000	>3.5~6.3	30	38	—
		>6.3~10	36	45	49
		>10~16	—	—	57
		>16~32	—	—	75

注：对于单圆弧齿轮，弦齿深极限偏差取 $\pm E_h/0.75$。

表 14-2-19　　齿根圆直径极限偏差 $\pm E_{df}$　　μm

分度圆直径/mm		法向模数/mm	精度等级		
大于	到		4	5,6	7,8
—	50	1.5~3.5	15	19	23
		>3.5~6.3	19	24	30
50	80	1.5~3.5	17	21	26
		>3.5~6.3	21	26	33
		>6.3~10	27	34	42
80	120	1.5~3.5	19	24	29
		>3.5~6.3	23	28	36
		>6.3~10	29	36	45
		>10~16	—	—	57
120	200	1.5~3.5	22	27	33
		>3.5~6.3	26	32	38
		>6.3~10	32	39	49
		>10~16	—	—	60
		>16~32	—	—	90
200	320	1.5~3.5	24	30	38
		>3.5~6.3	29	36	42
		>6.3~10	34	42	53
		>10~16	—	—	64
		>16~32	—	—	94

续表

分度圆直径/mm		法向模数/mm	精度等级		
大于	到		4	5,6	7,8
320	500	1.5～3.5	27	34	42
		>3.5～6.3	32	39	50
		>6.3～10	38	48	57
		>10～16	—	—	68
		>16～32	—	—	98
500	800	1.5～3.5	32	39	—
		>3.5～6.3	36	45	53
		>6.3～10	41	51	60
		>10～16	—	—	75
		>16～32	—	—	105
800	1250	>3.5～6.3	41	51	60
		>6.3～10	46	57	68
		>10～16	—	—	83
		>16～32	—	—	113
1250	2000	>6.3～10	48	60	75
		>10～16	—	—	90
		>16～32	—	—	120
2000	3150	>6.3～10	60	75	—
		>10～16	—	—	105
		>16～32	—	—	135
3150	4000	>10～16	—	—	120
		>16～32	—	—	150

注：对于单圆弧齿轮，齿根圆直径极限偏差取 $\pm E_{df}/0.75$。

表 14-2-20　接触迹线长度和位置偏差

齿轮类型及检验项目			精度等级				
			4	5	6	7	8
双圆弧齿轮	接触迹线位置偏差		$\pm 0.11m_n$	$\pm 0.15m_n$		$\pm 0.18m_n$	
	按齿长不少于工作齿长/%	第一条	95	90	90	85	80
		第二条	75	70	60	50	40
单圆弧齿轮	接触迹线位置偏差		$\pm 0.15m_n$	$\pm 0.20m_n$		$\pm 0.25m_n$	
	按齿长不少于工作齿长/%		95	90		85	

表 14-2-21　接触斑点　%

齿轮类型及检验项目			精度等级				
			4	5	6	7	8
双圆弧齿轮	按齿高不少于工作齿高		60	55	50	45	40
	按齿长不少于工作齿长	第一条	95	95	90	85	80
		第二条	90	85	80	70	60
单圆弧齿轮	按齿高不少于工作齿高		60	55	50	45	40
	按齿长不少于工作齿长		95	95	90	85	80

注：对于齿面硬度≥300HBS 的齿轮副，其接触斑点沿齿高方向应为≥$0.3m_n$。

3.5　齿坯公差（摘自 GB/T 15753—1995）

齿坯公差包括尺寸公差和基准面的形位公差。尺寸和形状公差见表 14-2-22。圆弧齿轮在加工、检验和装配时的径向基准面和轴向辅助基准面应尽量一致，并在齿轮零件图上标出。基准面的形位公差见表 14-2-23 和表 14-2-24。

表 14-2-22　　齿坯尺寸和形状公差

齿轮精度等级①		4	5	6	7	8
孔	尺寸公差 形状公差	IT4	IT5	IT6	IT7	
轴	尺寸公差 形状公差	IT4	IT5		IT6	
顶圆直径②		IT6			IT7	

① 当三个公差组的精度等级不同时，按最高的精度等级确定公差值。

② 当顶圆不作测量齿深和齿厚的基准时，尺寸公差按 IT11 给定，但不大于 $0.1m_n$。

表 14-2-23　齿轮基准面的径向圆跳动公差　μm

分度圆直径/mm		精度等级		
大于	到	4	5,6	7,8
—	125	7	11	18
125	400	9	14	22
400	800	12	20	32
800	1600	18	28	45
1600	2500	25	40	63
2500	4000	40	63	100

表 14-2-24　齿轮基准面的端面圆跳动公差　μm

分度圆直径/mm		精度等级		
大于	到	4	5,6	7,8
—	125	2.8	7	11
125	400	3.6	9	14
400	800	5	12	20
800	1600	7	18	28
1600	2500	10	25	40
2500	4000	16	40	63

3.6　图样标注及应注明的尺寸数据

1）在齿轮工作图上应注明齿轮的精度等级和侧隙系数。当采用标准齿廓滚刀加工时，可不标注侧隙系数。

① 三个公差组的精度不同，采用标准齿廓滚刀加工：

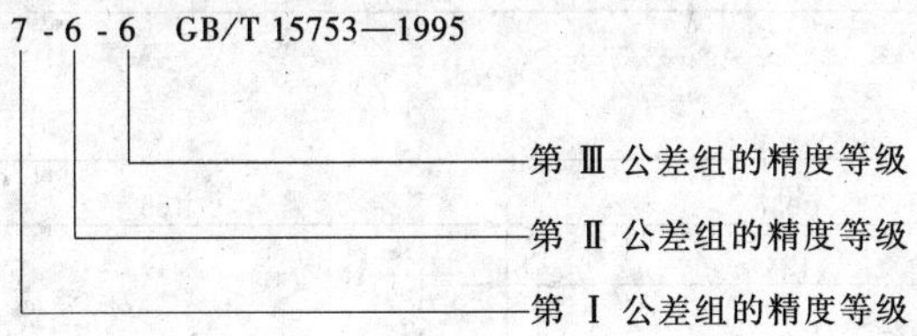

② 三个公差组的精度相同，采用标准齿廓滚刀加工：

7　　GB/T 15753—1995

第Ⅰ、Ⅱ、Ⅲ 公差组的精度等级

③ 三个公差组的精度相同，侧隙有特殊要求 $j_n = 0.07m_n$：

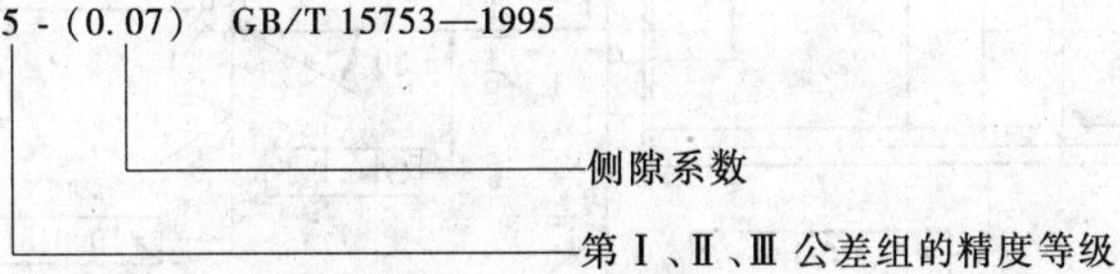

2）在图样上应标注的主要尺寸数据有：顶圆直径及其公差，分度圆直径，根圆直径及其公差，齿宽，孔（轴）径及其公差。基准面（包括端面、孔圆柱面和轴圆柱面）的形位公差。轮齿表面及基准面的粗糙度。轮齿表面粗糙度见表 14-2-25 的推荐值，其余表面（包括基准面）的粗糙度，可根据配合精度和使用要求确定。

表 14-2-25　　圆弧齿轮的齿面粗糙度

精度等级	5、6 级	7 级		8 级	
法向模数 m_n/mm	1.5～10	1.5～10	>10	1.5～10	>10
跑合前的齿面粗糙度 R_a/μm	0.8	2.5	3.2	3.2	6.3

3）在图样右上角用表格列出齿轮参数以及应检验的项目代号和公差值等（见图 14-2-8 上的表）。检验项目根据传动要求确定。常检的项目有：齿距累积公差 F_p、齿圈径向跳动公差 F_r、齿距极限偏差 $\pm f_{pt}$、齿向公差 F_β、齿根圆直径极限偏差（或弦齿深、弦齿厚、公法线平均长度极限偏差）等。除齿根圆直径极限偏差标在图样上外，弦齿深、弦齿厚和公法线平均长度极限偏差均列在表格内。接触迹线位置和接触斑点检验要求列在装配图上。

4）对齿轮材料的力学性能、热处理、锻铸件质量、动静平衡以及其他特殊要求，均以技术要求的形式，用文字或表格标注在右下角标题栏上方，或附近其他合适的地方。

圆弧齿轮的零件工作图见图 14-2-8，其中技术要求、材料及热处理、放大图和剖面图略去。

法向模数	m_n	4	齿廓	GB/T 12759—1991	
齿数	z	29	压力角	α	24°
螺旋角	β	13°15′41″	顶高系数	h_a^*	0.9
旋向		右	齿高系数	h^*	2
精度等级	7 GB/T 15753—1995				
检验项目公差					
Ⅰ	齿距累积公差			F_p	0.063
	齿圈径向跳动公差			F_r	0.045
Ⅱ	齿距极限偏差			$\pm f_{pt}$	±0.018
Ⅲ	齿向公差			F_β	0.02
	齿根圆直径极限偏差			$\pm E_{df}$	见图
配对齿轮	图号				
	齿数				
中心距及极限偏差					

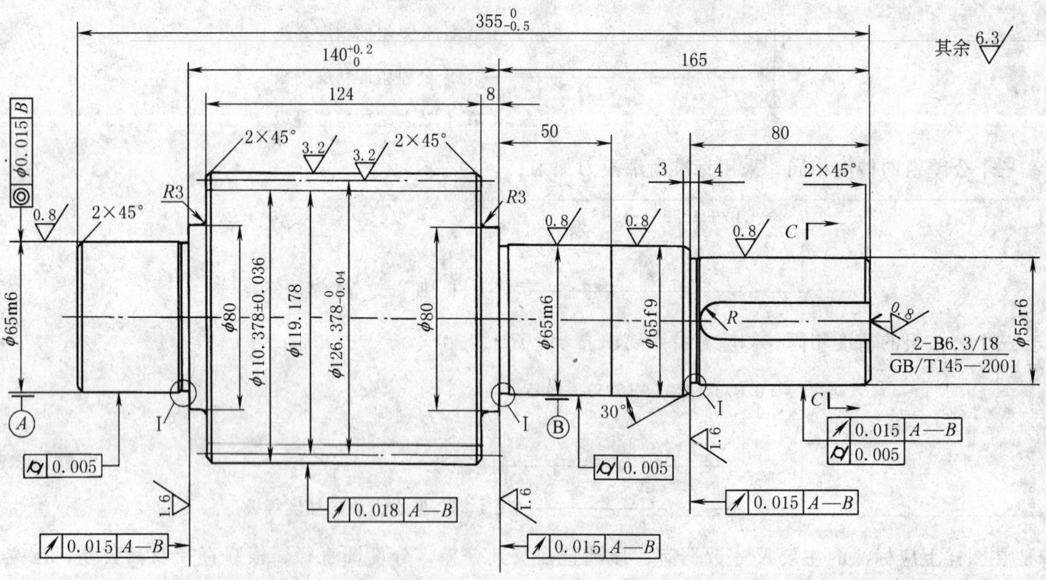

图 14-2-8　圆弧齿轮的零件工作图

4　圆弧齿轮传动的设计及强度计算

4.1　基本参数选择

圆弧齿轮传动的主要参数（z、m_n、ε_β、β、φ_d 和 φ_a 等）对传动的承载能力和工作质量有很大的影响（见表 14-2-26）。各参数之间有密切的联系，相互影响，相互制约，选择时应根据具体工作条件，并注意它们之间的基本关系：

$$d_1=\frac{z_1 m_n}{\cos\beta} \tag{14-2-9}$$

$$\varepsilon_\beta=\frac{b}{p_x}=\frac{b\sin\beta}{\pi m_n} \tag{14-2-10}$$

$$a=\frac{m_n(z_1+z_2)}{2\cos\beta} \tag{14-2-11}$$

$$\varphi_d=\frac{b}{d_1}=\frac{\pi\varepsilon_\beta}{z_1\tan\beta} \tag{14-2-12}$$

$$\varphi_a=\frac{b}{a}=\frac{2\pi\varepsilon_\beta}{(z_1+z_2)\tan\beta} \tag{14-2-13}$$

表 14-2-26　　基本参数选择

参数名称	选　择　原　则
小齿轮齿数 z_1	1. 圆弧齿轮没有根切现象,z_1 不受根切齿数限制,但 z_1 太少,不能保证轴的强度和刚度 2. 当 d、b 一定时,z_1 少则 m_n 大,不易保证应有的 ε_β 3. 在满足弯曲强度条件下,应取较大的 z_1 推荐:中低速传动　$z_1=16\sim35$ 　　　高速传动　　$z_1=25\sim50$
法向模数 m_n	1. 模数按弯曲强度或结构设计确定,并取标准值 2. 一般减速器,推荐 $m_n=(0.01\sim0.02)a$,平稳连续运转取小值 3. 当 d、b 一定时,m_n 小则 ε_β 大,传动平稳,且 m_n 小,齿面滑动速度小,摩擦功小,可提高抗胶合能力 4. 在有冲击载荷且轴承对称布置时,推荐 $m_n=(0.025\sim0.04)a$
纵向重合度 ε_β	1. 纵向重合度可写成整数部分 μ_ε 和尾数 $\Delta\varepsilon$,即 $\varepsilon_\beta=\mu_\varepsilon+\Delta\varepsilon$;一般 $\mu_\varepsilon=2\sim5$,推荐 $\Delta\varepsilon=0.25\sim0.4$ 2. 中低速传动 $\mu_\varepsilon\geqslant2$,高速传动 $\mu_\varepsilon\geqslant3$ 3. 高精度齿轮、大 β 角的人字齿轮,μ_ε 取大值,可提高传动平稳性和承载能力。但必须严格控制齿距误差、齿向误差、轴线平行度误差和轴系变形量 4. $\Delta\varepsilon$ 太小,啮入冲击大,端面效应也大,易崩角 5. 增大 $\Delta\varepsilon$,端部齿根应力有所减小,但 $\Delta\varepsilon>0.4$ 以后,应力减少缓慢,不经济 6. 选 $\Delta\varepsilon$ 应考虑修端情况(见修端长度的确定)
螺旋角 β	1. 螺旋角增大,齿面瞬时接触迹宽度减小,当 ε_β 一定时,齿面接触应力增大,接触强度降低 2. 当齿轮圆周速度一定时,β 增大,齿面滚动速度减小,不利于形成油膜 3. β 增大,轴向力也增大,轴承负担加重 4. 当 b、m_n 一定时,β 增大,ε_β 也增大,传动平稳,并使弯曲强度和接触强度提高,特别对弯曲强度更有利 推荐:单斜齿 $\beta=10°\sim20°$,人字齿 $\beta=25°\sim35°$
齿宽系数 φ_a、φ_d	齿宽系数影响齿向载荷分配,应根据载荷特性、加工精度、传动结构布局和系统刚度来确定。通常推荐减速器的齿宽系数: 单斜齿　$\varphi_a=\frac{b}{a}=0.4\sim0.8$　　$\varphi_d=0.4\sim1.4$ 人字齿　$\varphi_a=\frac{b}{a}=0.3\sim0.6$($b$ 为半侧齿宽) 对于单级传动的齿轮箱,应取较大的齿宽系数

续表

<table>
<tr><th>参数名称</th><th>选　择　原　则</th></tr>
<tr><td>齿宽 b</td><td>齿宽可根据齿宽系数和中心距(或齿轮分度圆直径)确定。也可根据重合度和啮合特性确定。双圆弧齿轮啮合特性和齿宽的关系如下：
啮合特性与齿宽的关系
<table>
<tr><th>最少接触点数与最少啮合齿对数</th><th>代号</th><th>齿宽 b 的选择范围</th></tr>
<tr><td>$2m$ 点接触
m 对齿啮合</td><td>ε_{2md}
ε_{mz}</td><td>$mp_x \leqslant b \leqslant (m+1)p_x - q_{TA}$</td></tr>
<tr><td>$2m$ 点接触
$(m+1)$对齿啮合</td><td>ε_{2md}
$\varepsilon_{(m+1)z}$</td><td>$(m+1)p_x - q_{TA} < b < mp_x + q_{TA}$</td></tr>
<tr><td>$(2m+1)$点接触
$(m+1)$对齿啮合</td><td>$\varepsilon_{(2m+1)d}$
$\varepsilon_{(m+1)z}$</td><td>$mp_x + q_{TA} \leqslant b < (m+1)p_x$</td></tr>
<tr><td colspan="3">表中的 m 为齿宽 b 含 p_x 的整倍数值</td></tr>
</table></td></tr>
</table>

设计时可先确定齿宽系数，再用式（14-2-13）来调整 z_1、β 和 ε_β。也可先确定 z_1、β 和 ε_β，再用式（14-2-13）来校核 φ_a。最好是用计算机程序进行参数优化设计。

对于常用的 ε_β 值：$\varepsilon_\beta=1.25$；$\varepsilon_\beta=2.25$；$\varepsilon_\beta=3.25$ 等，可用图 14-2-9 来选取一组合适的 φ_d、z_1 和 β 值。

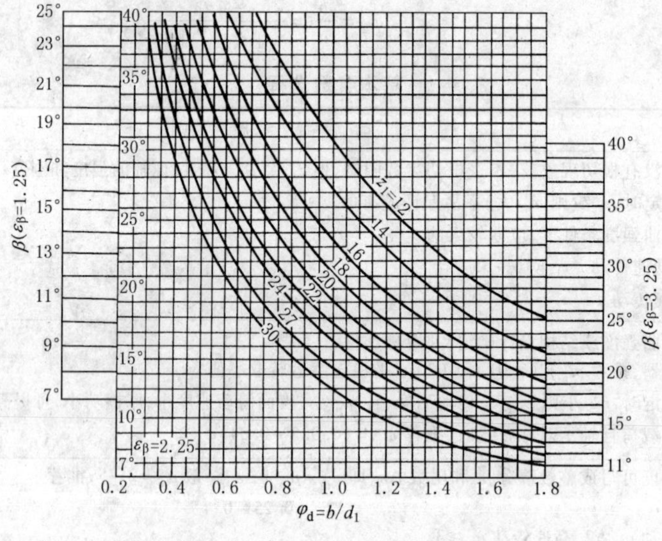

图 14-2-9　φ_d 与 z_1、β 的关系

4.2　圆弧齿轮的强度计算

圆弧齿轮和渐开线齿轮一样，在使用中其损伤的表现形式有轮齿折断、齿面点蚀、齿面胶合、齿面塑变、齿面磨损等。它还有一种特殊的损伤为齿端崩角，这是由于其啮入和啮出时齿端受集中载荷作用所致。在使用中哪一种是主要损伤形式，则与设计参数、材料热处理、加工装配质量、润滑、跑合及载荷状况有关。其中危害最大的是轮齿折断，往往会引起重大事故。轮齿折断与轮齿的抗弯强度密切相关。齿面点蚀和严重胶合，也会形成轮齿折断的疲劳源，诱发断齿，要求齿面应有足够的抗疲劳强度。

圆弧齿轮啮合受力，其弯曲应力和接触应力是一个复杂的三维问题，不能像渐开线齿轮那样简化为悬臂梁进行弯曲应力分析，以赫兹公式为基础进行接触应力分析，它必须确切计入正压力 F_n、齿向相对曲率半径 ρ 和材料的诱导弹性模量 E 的影响。经过大量的试验研究和应力测量，并经理论分析和数学归纳，得出适合圆弧齿轮强度计算的齿根应力和齿面接触应力的计算公式。又经大量的生产应用实践，制订出 GB/T 13799—1992《双圆弧圆柱齿轮承载能力计算方法》国家标准，以下着重介绍该标准。由于单、双圆弧齿轮啮合原理和受力分析是一样的，依据标准中的计算公式，根据单圆弧齿轮的齿廓参数（JB 929—1967），拟合出单圆弧齿轮的强度计算公式和计算用图表，供设计者参考。

GB/T 13799—1992 规定的计算方法，适用于符合 GB/T 12759—1991 齿廓标准规定的双圆弧齿轮，齿轮精度符合 GB/T 15753—1995 的规定。

4.2.1 双圆弧齿轮的强度计算公式

表 14-2-27　GB/T 12759—1991 型双圆弧齿轮强度计算公式（摘自 GB/T 13799—1992）

项　目	单位	齿根弯曲强度	齿面接触强度
计算应力	MPa	$\sigma_F=\left(\dfrac{T_1K_AK_VK_1K_{F2}}{2\mu_\varepsilon+K_{\Delta\varepsilon}}\right)^{0.86}\times\dfrac{Y_EY_uY_\beta Y_FY_{End}}{z_1m_n^{2.58}}$	$\sigma_H=\left(\dfrac{T_1K_AK_VK_1K_{H2}}{2\mu_\varepsilon+K_{\Delta\varepsilon}}\right)^{0.73}\times\dfrac{Z_EZ_uZ_\beta Z_a}{z_1m_n^{2.19}}$
法向模数	mm	$m_n\geqslant\left(\dfrac{T_1K_AK_VK_1K_{F2}}{2\mu_\varepsilon+K_{\Delta\varepsilon}}\right)^{1/3}\times\left(\dfrac{Y_EY_uY_\beta Y_FY_{End}}{z_1\sigma_{FP}}\right)^{1/2.58}$	$m_n\geqslant\left(\dfrac{T_1K_AK_VK_1K_{H2}}{2\mu_\varepsilon+K_{\Delta\varepsilon}}\right)^{1/3}\times\left(\dfrac{Z_EZ_uZ_\beta Z_a}{z_1\sigma_{HP}}\right)^{1/2.19}$
小齿轮名义转矩	N · mm	$T_1=\dfrac{2\mu_\varepsilon+K_{\Delta\varepsilon}}{K_AK_VK_1K_{F2}}m_n^{\ 3}\times\left(\dfrac{z_1\sigma_{FP}}{Y_EY_uY_\beta Y_FY_{End}}\right)^{1/0.86}$	$T_1=\dfrac{2\mu_\varepsilon+K_{\Delta\varepsilon}}{K_AK_VK_1K_{H2}}m_n^{\ 3}\times\left(\dfrac{z_1\sigma_{HP}}{Z_EZ_uZ_\beta Z_a}\right)^{1/0.73}$
许用应力	MPa	$\sigma_{FP}=\sigma_{Flim}Y_NY_x/S_{Fmin}\geqslant\sigma_F$	$\sigma_{HP}=\sigma_{Hlim}Z_NZ_LZ_v/S_{Hmin}\geqslant\sigma_H$
安全系数		$S_F=\sigma_{Flim}Y_NY_x/\sigma_F\geqslant S_{Fmin}$	$S_H=\sigma_{Hlim}Z_NZ_LZ_v/\sigma_H\geqslant S_{Hmin}$

该公式适用于经正火、调质或渗氮处理的钢制齿轮和球墨铸铁齿轮。公式中的长度单位为 mm；力单位为 N；T_1 为小齿轮的名义转矩，对人字齿轮取其值的一半即 $T_1/2$，μ_ε和 $K_{\Delta\varepsilon}$按半边齿宽取值；式中各参数的意义和确定方法见表 14-2-29。

4.2.2 单圆弧齿轮的强度计算公式

表 14-2-28　JB 929—1967 型单圆弧齿轮强度计算公式

项　目	单位	齿根弯曲强度	齿面接触强度
计算应力	MPa	凸齿　$\sigma_{F1}=\left(\dfrac{T_1K_AK_VK_1K_{F2}}{\mu_\varepsilon+K_{\Delta\varepsilon}}\right)^{0.79}\times\dfrac{Y_{E1}Y_{u1}Y_{\beta1}Y_{F1}Y_{End1}}{z_1m_n^{2.37}}$	$\sigma_H=\left(\dfrac{T_1K_AK_VK_1K_{H2}}{\mu_\varepsilon+K_{\Delta\varepsilon}}\right)^{0.7}\times\dfrac{Z_FZ_uZ_\beta Z_a}{z_1m_n^{2.1}}$
		凹齿　$\sigma_{F2}=\left(\dfrac{T_1K_AK_VK_1K_{F2}}{\mu_\varepsilon+K_{\Delta\varepsilon}}\right)^{0.73}\times\dfrac{Y_{E2}Y_{u2}Y_{\beta2}Y_{F2}Y_{End2}}{z_1m_n^{2.19}}$	
法向模数	mm	凸齿　$m_n\geqslant\left(\dfrac{T_1K_AK_VK_1K_{F2}}{\mu_\varepsilon+K_{\Delta\varepsilon}}\right)^{1/3}\times\left(\dfrac{Y_{E1}Y_{u1}Y_{\beta1}Y_{F1}Y_{End1}}{z_1\sigma_{FP1}}\right)^{1/2.37}$	$m_n\geqslant\left(\dfrac{T_1K_AK_VK_1K_{H2}}{\mu_\varepsilon+K_{\Delta\varepsilon}}\right)^{1/3}\times\left(\dfrac{Z_EZ_uZ_\beta Z_a}{z_1\sigma_{HP}}\right)^{1/2.1}$
		凹齿　$m_n\geqslant\left(\dfrac{T_1K_AK_VK_1K_{F2}}{\mu_\varepsilon+K_{\Delta\varepsilon}}\right)^{1/3}\times\left(\dfrac{Y_{E2}Y_{u2}Y_{\beta2}Y_{F2}Y_{End2}}{z_1\sigma_{FP2}}\right)^{1/2.19}$	

续表

项　目	单位	齿根弯曲强度	齿面接触强度
小轮（凸齿）名义转矩	N·mm	凸齿　$T_1=\dfrac{\mu_\varepsilon+K_{\Delta\varepsilon}}{K_A K_V K_1 K_{F2}}m_n^{\ 3}\times\left(\dfrac{z_1\sigma_{FP1}}{Y_{E1}Y_{u1}Y_{\beta1}Y_{F1}Y_{End1}}\right)^{1/0.79}$ 凹齿　$T_1=\dfrac{\mu_\varepsilon+K_{\Delta\varepsilon}}{K_A K_V K_1 K_{F2}}m_n^{\ 3}\times\left(\dfrac{z_1\sigma_{FP2}}{Y_{E2}Y_{u2}Y_{\beta2}Y_{F2}Y_{End2}}\right)^{1/0.73}$	$T_1=\dfrac{\mu_\varepsilon+K_{\Delta\varepsilon}}{K_A K_V K_1 K_{H2}}m_n^{\ 3}\times\left(\dfrac{z_1\sigma_{HP}}{Z_E Z_u Z_\beta Z_a}\right)^{1/0.7}$
许用应力	MPa	$\sigma_{FP}=\sigma_{Flim}Y_N Y_x/S_{Fmin}\geqslant\sigma_F$	$\sigma_{HP}=\sigma_{Hlim}Z_N Z_L Z_v/S_{Hmin}\geqslant\sigma_H$
安全系数		$S_F=\sigma_{Flim}Y_N Y_x/\sigma_F\geqslant S_{Fmin}$	$S_H=\sigma_{Hlim}Z_N Z_L Z_v/\sigma_H\geqslant S_{Hmin}$

公式的适用范围及说明同双圆弧齿轮。

4.2.3　强度计算公式中各参数的确定方法

表 14-2-29　　强度计算公式中各参数的确定方法

名　　称	确定依据	名　　称	确定依据
使用系数 K_A	查表 14-2-30	齿形系数 Y_F	查图 14-2-15
动载系数 K_V	查图 14-2-10	齿端系数 Y_{End}	查图 14-2-16
接触迹间载荷分配系数 K_1	查图 14-2-11	接触弧长系数 Z_a	查图 14-2-18
弯曲强度计算的接触迹内载荷分布系数 K_{F2}	查表 14-2-31	试验齿轮的弯曲疲劳极限 σ_{Flim}	查图 14-2-19
接触强度计算的接触迹内载荷分布系数 K_{H2}	查表 14-2-31	试验齿轮的接触疲劳极限 σ_{Hlim}	查图 14-2-20
重合度的整数部分 μ_ε	按表 14-2-26	尺寸系数 Y_x	查图 14-2-21
接触迹系数 $K_{\Delta\varepsilon}$	查图 14-2-12	弯曲强度计算的寿命系数 Y_N	查图 14-2-22a
弯曲强度计算的弹性系数 Y_E	查表 14-2-32	接触强度计算的寿命系数 Z_N	查图 14-2-22b
接触强度计算的弹性系数 Z_E	查表 14-2-32	润滑剂系数 Z_L	查图 14-2-23
双圆弧齿轮的齿数比系数 Y_u、Z_u	查图 14-2-13a	速度系数 Z_v	查图 14-2-24
单圆弧齿轮的齿数比系数 Z_u、Y_u	查图 14-2-13b	弯曲强度计算的最小安全系数 S_{Fmin}	
双圆弧齿轮的螺旋角系数 Y_β、Z_β	查图 14-2-14a	接触强度计算的最小安全系数 S_{Hmin}	
单圆弧齿轮的螺旋角系数 Z_β、Y_β	查图 14-2-14b		

有关双圆弧齿轮强度计算用的图表均摘自 GB/T 13799—1992 标准。有关单圆弧齿轮强度计算用的图表均引自参考文献［1］。

（1）小齿轮的名义转矩 T_1

$$T_1=9550\times10^3\frac{P_1}{n_1}\quad(\text{N}\cdot\text{mm})\tag{14-2-14}$$

式中　P_1——小齿轮传递的名义功率，kW；

n_1——小齿轮转速，r/min。

（2）使用系数 K_A

使用系数是考虑由于啮合外部因素引起的动力过载影响的系数。这种过载取决于工作机和原动机的载荷特性、传动零件的质量比、联轴器类型以及运行状况。使用系数最好是通过实测或对系统的全面分析来确定。当缺乏这种资料时，可参考表 14-2-30 选取。

第14篇

表 14-2-30 使用系数 K_A

原动机工作特性及其示例	工作机工作特性及其示例			
	均匀平稳 如发电机、均匀传动的带式输送机或板式输送机、螺旋输送机、通风机、轻型离心机、离心泵、离心式空调压缩机	轻微振动 如不均匀传动的带式输送机或板式输送机、起重机回转齿轮装置、工业与矿用风机、重型离心机、离心泵、离心式空气压缩机	中等振动 如轻型球磨机、提升装置、轧机、橡胶挤压机、单缸活塞泵、叶瓣式鼓风机、糖业机械	强烈振动 如挖掘机、重型球磨机、钢坯初轧机、压坯机、旋转钻机、挖泥机、破碎机、污水处理用离心泵、泥浆泵
均匀平稳 如电动机，均匀转动的蒸汽轮机，燃汽轮机	1.00	1.25	1.50	≥1.75
轻微振动 如蒸汽轮机，燃汽轮机，经常起动的大电动机	1.10	1.35	1.60	≥1.85
中等振动 如多缸内燃机	1.25	1.50	1.75	≥2.00
强烈振动 如单缸内燃机	1.50	1.75	2.00	≥2.25

注：1. 表中数值仅适用于在非共振区运转的齿轮装置。
2. 对于增速传动，根据经验建议取表值的 1.1 倍。
3. 对外部机械与齿轮装置之间有挠性连接时，通常 K_A 值可适当减小。

(3) 动载系数 K_V

动载系数是考虑轮齿接触迹在啮合过程中的冲击和由此引起齿轮副的振动而产生的内部附加动载影响的系数。其值可按齿轮的圆周速度 v 及平稳性精度查图 14-2-10。

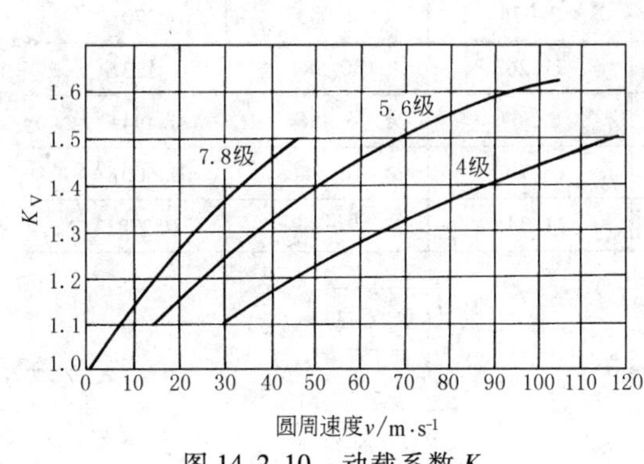

图 14-2-10 动载系数 K_V

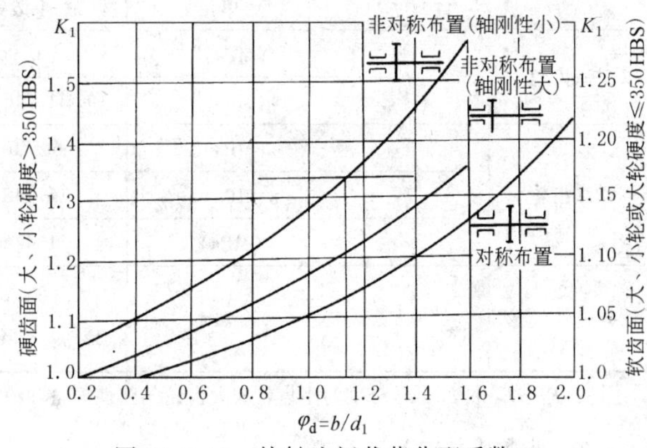

图 14-2-11 接触迹间载荷分配系数 K_1

(4) 接触迹间载荷分配系数 K_1

接触迹间载荷分配系数是考虑由齿向误差、齿距误差、轮齿和轴系受载变形等引起载荷沿齿宽方向在各接触迹之间分配不均的影响系数。K_1 值可由图 14-2-11 查取。对人字齿轮 b 是半侧齿宽。

(5) 接触迹内载荷分布系数 K_{H2}、K_{F2}

接触迹内载荷分布系数是考虑由于齿面接触迹线位置沿齿高的偏移而引起应力分布状态改变对强度的影响系数。K_{H2} 及 K_{F2} 值可按接触精度查表 14-2-31。

表 14-2-31 接触迹内载荷分布系数

精度等级		4	5	6	7	8
K_{H2}	双圆弧	1.05	1.15	1.23	1.39	1.49
	单圆弧	1.06	1.16	1.24	1.41	1.52
K_{F2}		1.05	1.08		1.10	

(6) 接触迹系数 $K_{\Delta\varepsilon}$

接触迹系数是考虑纵向重合度尾数 $\Delta\varepsilon$ 对轮齿应力的影响系数。当 $\Delta\varepsilon$ 较大时，在相应于 $\Delta\varepsilon$ 的这部分齿宽，即使在最不利的情况下，也有部分接触迹参与承担载荷，使轮齿应力有所下降。双圆弧齿轮的 $K_{\Delta\varepsilon}$ 值可按 $\Delta\varepsilon$ 由图 14-2-12a 查取，单圆弧齿轮的 $K_{\Delta\varepsilon}$ 值可由图 14-2-12b 查取。对于齿端修薄的齿轮，应根据减去齿端修薄长度后的有效齿长部分的 $\Delta\varepsilon$ 来查图（当 $20° < \beta < 25°$ 时采用插值法查取）。

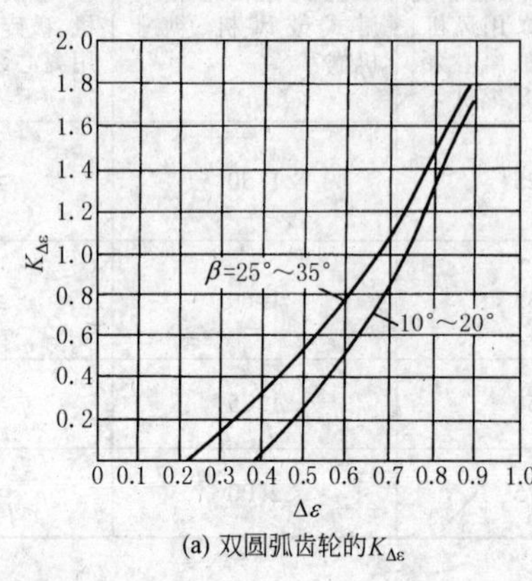

(a) 双圆弧齿轮的 $K_{\Delta\varepsilon}$

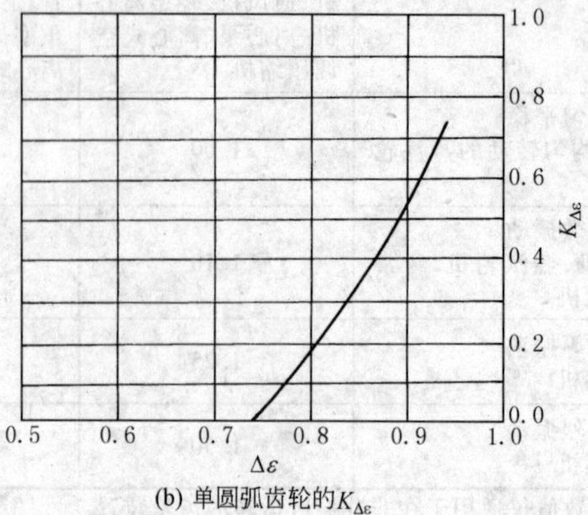

(b) 单圆弧齿轮的 $K_{\Delta\varepsilon}$

图 14-2-12 接触迹系数 $K_{\Delta\varepsilon}$

(7) 弹性系数 Y_E、Z_E

弹性系数是考虑材料的弹性模量 E 及泊松比 ν 对轮齿应力影响的系数。其值可按表 14-2-32 查取。

表 14-2-32 弹性系数 Y_E、Z_E

项目		单位	锻钢-锻钢	锻钢-铸钢	锻钢-球墨铸铁	其他材料
双圆弧齿轮	Y_E	$(MPa)^{0.14}$	2.079	2.076	2.053	$0.370E^{0.14}$
	Z_E	$(MPa)^{0.27}$	31.346	31.263	30.584	$1.123E^{0.27}$
单圆弧齿轮	Y_{E1}	$(MPa)^{0.21}$	6.580	6.567	6.456	$0.494E^{0.21}$
	Y_{E2}	$(MPa)^{0.27}$	16.748	16.703	16.341	$0.600E^{0.27}$
	Z_E	$(MPa)^{0.3}$	31.436	31.343	30.589	$0.778E^{0.3}$
诱导弹性模量	E	MPa	$E=\dfrac{2}{\dfrac{1-\nu_1^2}{E_1}+\dfrac{1-\nu_2^2}{E_2}}$			

注：E_1、E_2 和 ν_1、ν_2 分别为小齿轮和大齿轮的弹性模量和泊松比。

(8) 齿数比系数 Y_u、Z_u

齿数比系数是考虑不同的齿数比具有不同的齿面相对曲率半径，从而影响轮齿应力的系数。其值可按图 14-2-13查取或按图中公式计算。

(9) 螺旋角系数 Y_β、Z_β

螺旋角系数是考虑螺旋角影响齿面相对曲率半径，从而影响轮齿应力的系数。其值可按图 14-2-14 查取或按图中公式计算。

(10) 齿形系数 Y_F

齿形系数是考虑轮齿几何形状对齿根应力影响的系数。它是用折截面法计算得来的，已考虑了齿根应力集中的影响，其值可按当量齿数 Z_v 查图 14-2-15。

(11) 齿端系数 Y_{End}

齿端系数是考虑接触迹在齿轮端部时，端面以外没有齿根来参与承担弯曲力矩，以致端部齿根应力增大的影响系数。对于未修端的齿轮，Y_{End} 值可根据 ε_β 及 β 由图 14-2-16 查取（当 β 不是图中值时用插值法查取）。

对于齿端修薄的齿轮，$Y_{End}=1$。如图 14-2-17 所示，齿端修薄量 $\Delta S=(0.01\sim0.04)m_n$（按法向齿厚计量）。高精度齿轮取较小值，低精度齿轮取较大值；大模数齿轮取较小值，小模数齿轮取较大值。

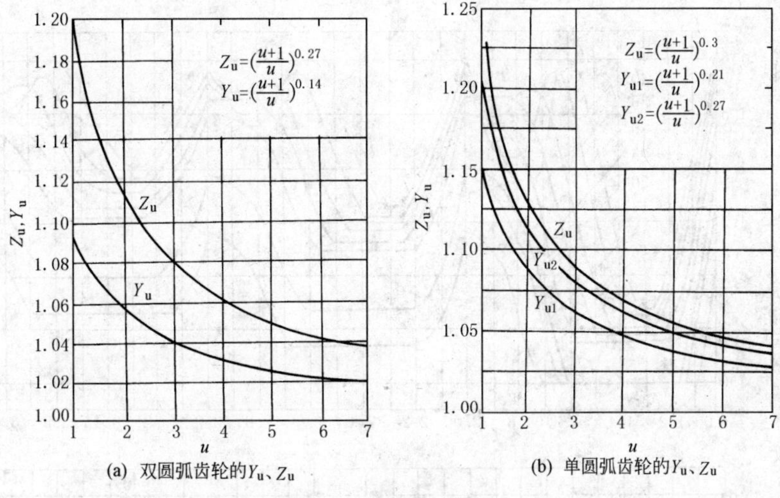

(a) 双圆弧齿轮的Y_u、Z_u (b) 单圆弧齿轮的Y_u、Z_u

图 14-2-13 齿数比系数 Y_u、Z_u

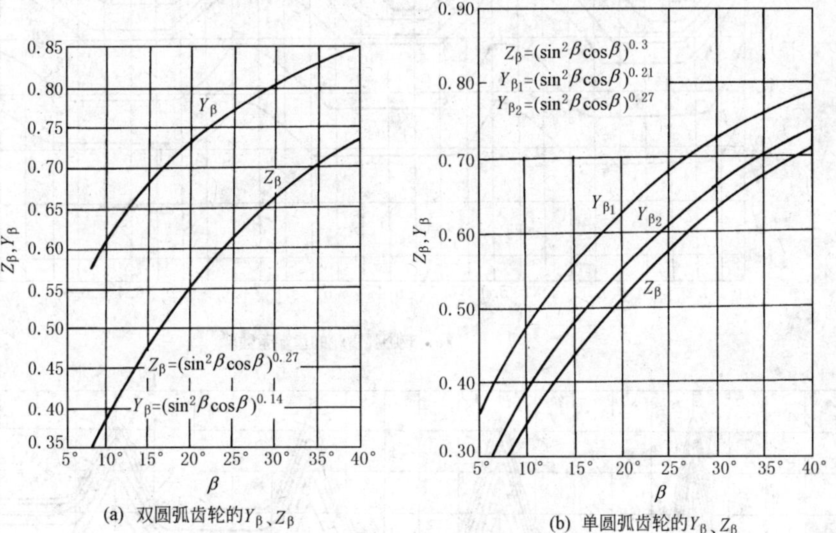

(a) 双圆弧齿轮的Y_β、Z_β (b) 单圆弧齿轮的Y_β、Z_β

图 14-2-14 螺旋角系数 Y_β、Z_β

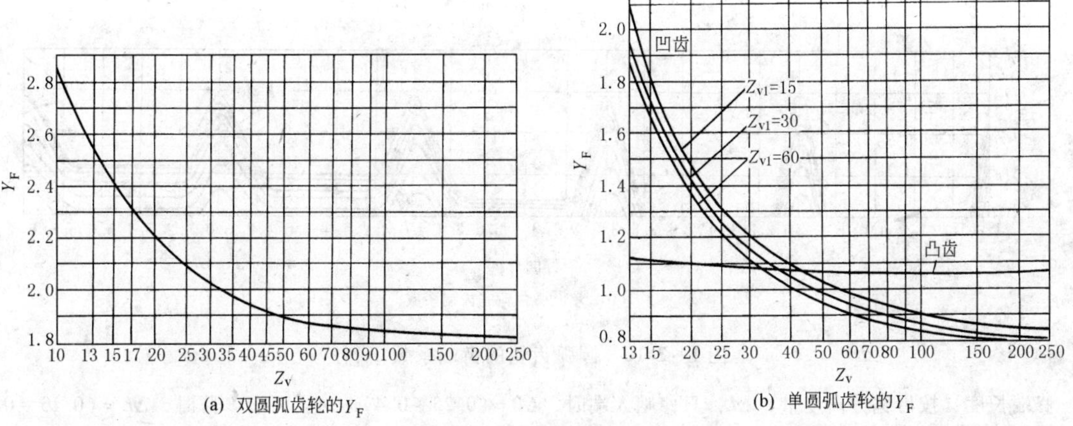

(a) 双圆弧齿轮的Y_F (b) 单圆弧齿轮的Y_F

图 14-2-15 齿形系数 Y_F

第 14 篇

(a) 双圆弧齿轮的齿端系数

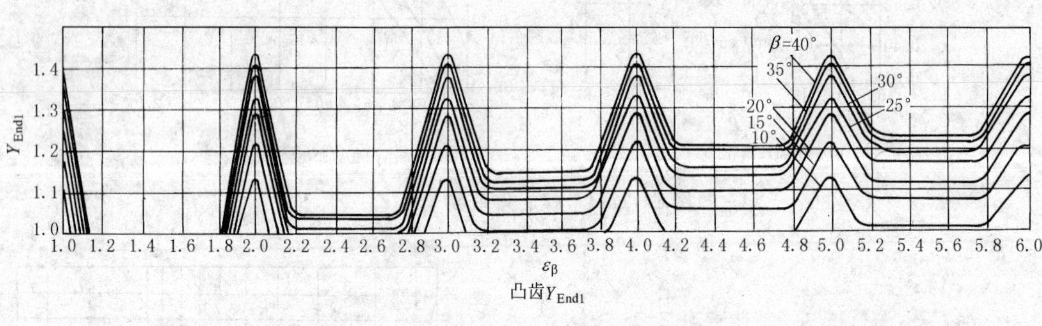

凸齿Y_{End1}

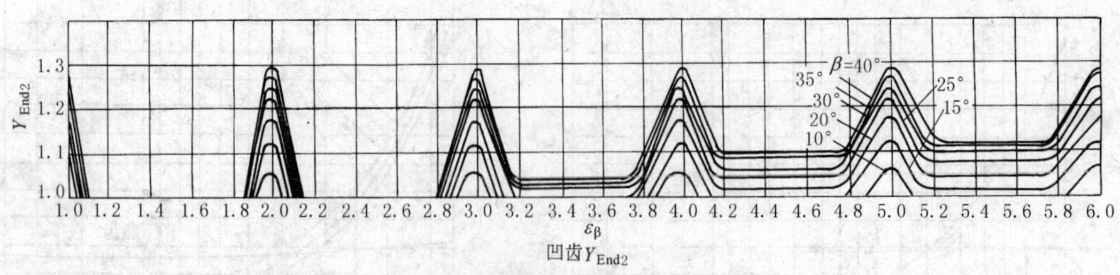

凹齿Y_{End2}

(b) 单圆弧齿轮的齿端系数

图 14-2-16　圆弧齿轮的齿端系数 Y_{End}

修端长度（按齿宽方向度量）ΔL：只修啮入端时，$\Delta L=(0.25\sim0.4)p_x$；当两端修薄时，$\Delta L=(0.13\sim0.2)p_x$，此时 $\Delta\varepsilon$ 应取较大值。

（12）接触弧长系数 Z_a

接触弧长系数是考虑齿面接触弧的有效工作长度对齿面接触应力的影响系数。单圆弧齿轮，一对齿只有一个接触弧，Z_a 值可查图 14-2-18a。双圆弧齿轮，当齿数比不等于 1 时，一个齿轮的上齿面和下齿面的接触弧长不一样，接触弧长系数应取两个齿轮的平均值，即 $Z_a=0.5(Z_{a1}+Z_{a2})$，Z_{a1} 和 Z_{a2} 值可按小齿轮和大齿轮的当量齿数 z_{v1} 和 z_{v2} 查图 14-2-18b。

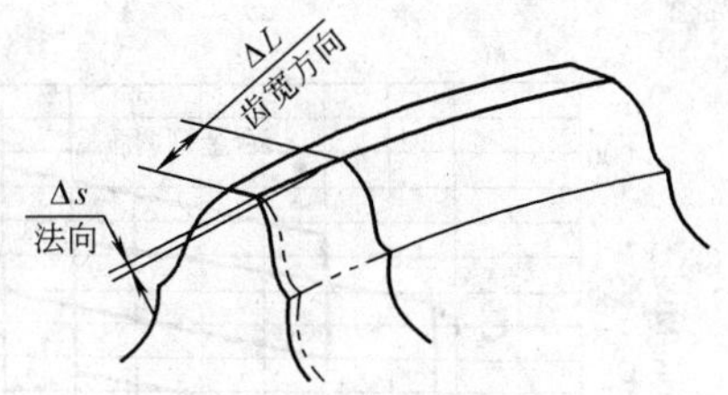

图 14-2-17　齿端修薄

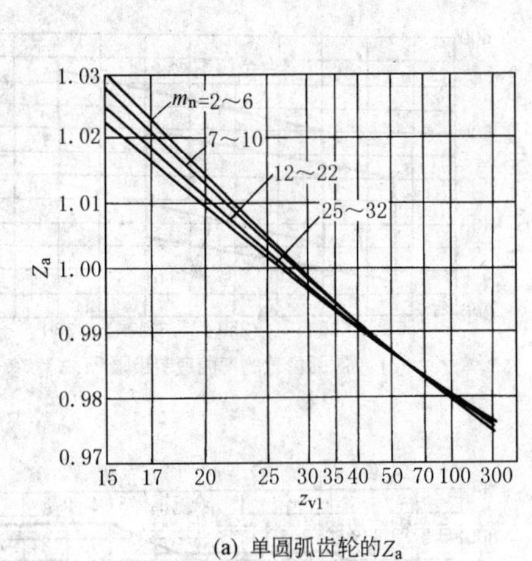

(a) 单圆弧齿轮的Z_a

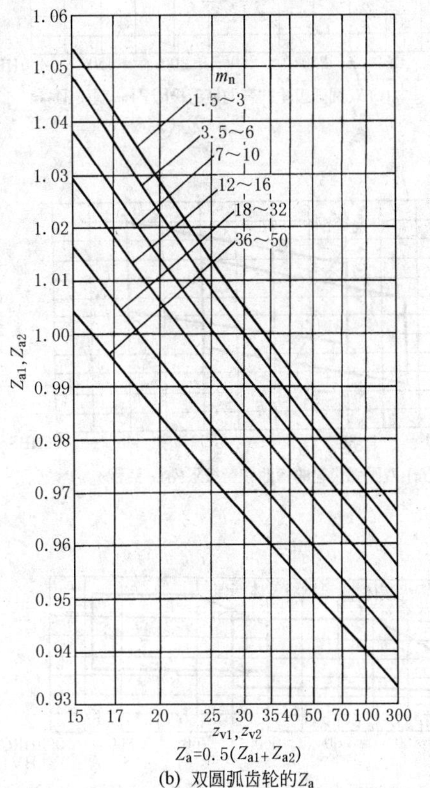

(b) 双圆弧齿轮的Z_a

图 14-2-18　接触弧长系数 Z_a

（13）弯曲疲劳极限 σ_{Flim}

弯曲疲劳极限是指某种材料的齿轮经长期持续的重复载荷（应力循环基数 $N_0=3\times10^6$）作用后，轮齿保持不破坏时的极限应力。它可由齿轮的载荷运转试验或经验统计数据获得。当缺乏资料时，可参考图 14-2-19，根据材料和齿面硬度取值。

当材料、工艺、热处理性能良好时，可在区域图的上半部取值，否则在下半部取值，一般取中间值。对于正反向传动的齿轮或受对称双向弯曲的齿轮（如中间轮），应将图中查得的弯曲疲劳极限数值乘以 0.7。

对于渗氮钢齿轮，要求轮齿心部硬度大于等于 300HBS。

（14）接触疲劳极限 σ_{Hlim}

接触疲劳极限是指某种材料的齿轮经长期持续的重复载荷（应力循环基数 $N_0=5\times10^7$）作用后，齿面保持不破坏时的极限应力。它可由齿轮的载荷运转试验或经验统计数据获得。当缺乏资料时，可参考图 14-2-20，根据材料和齿面硬度取值。

当材料、工艺、热处理性能良好时，可在区域图的上半部取值，否则在下半部取值，一般取中间值。

对于渗氮钢齿轮，要求轮齿心部硬度大于等于 300HBS。

（15）尺寸系数 Y_x

尺寸系数是考虑实际齿轮模数大于试验齿轮模数而使材料强度降低的尺寸效应。其值可由图 14-2-21 查取。

（16）寿命系数 Y_N、Z_N

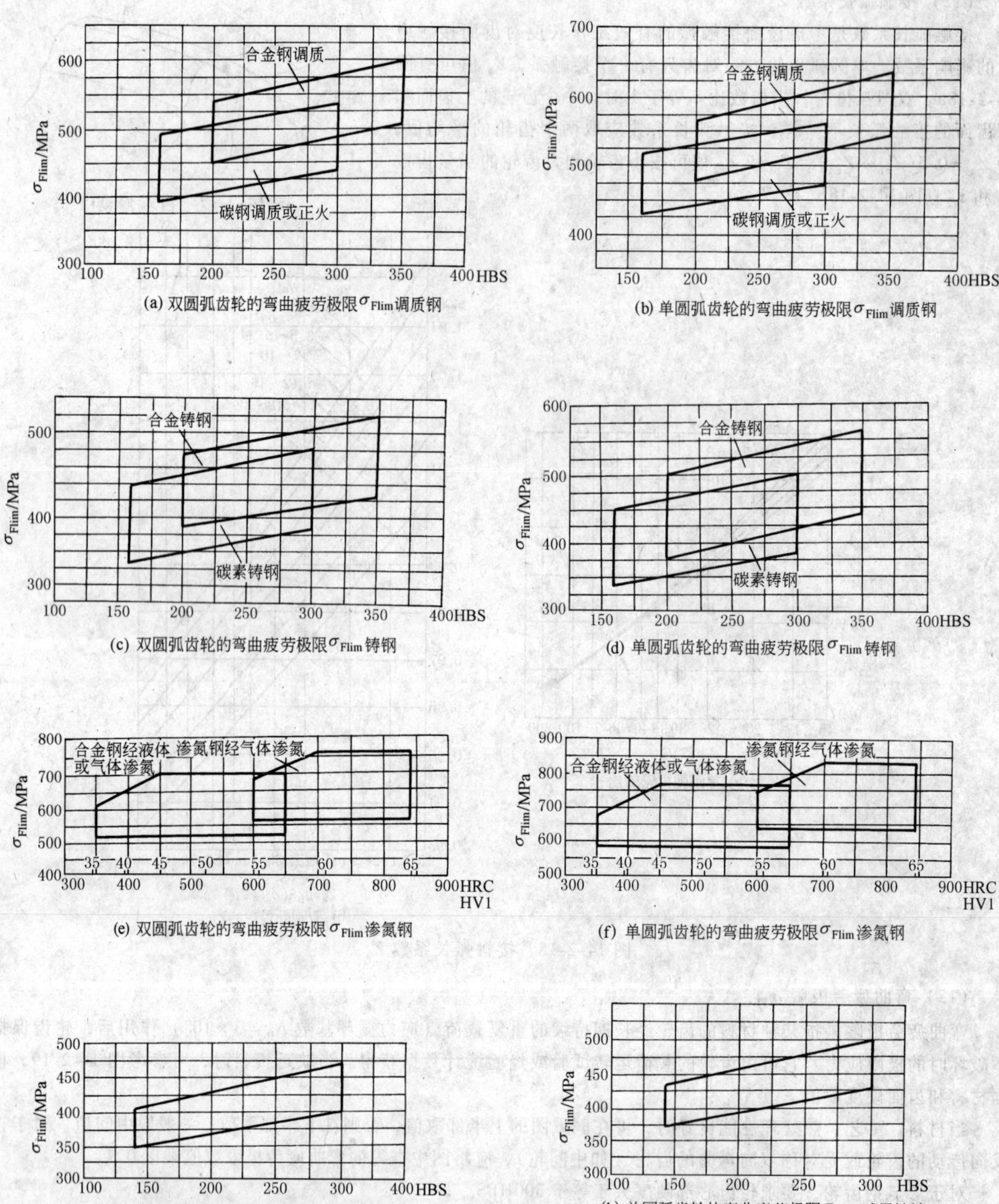

(a) 双圆弧齿轮的弯曲疲劳极限σ_{Flim}调质钢

(b) 单圆弧齿轮的弯曲疲劳极限σ_{Flim}调质钢

(c) 双圆弧齿轮的弯曲疲劳极限σ_{Flim}铸钢

(d) 单圆弧齿轮的弯曲疲劳极限σ_{Flim}铸钢

(e) 双圆弧齿轮的弯曲疲劳极限σ_{Flim}渗氮钢

(f) 单圆弧齿轮的弯曲疲劳极限σ_{Flim}渗氮钢

(g) 双圆弧齿轮的弯曲疲劳极限σ_{Flim}球墨铸铁

(h) 单圆弧齿轮的弯曲疲劳极限σ_{Flim}球墨铸铁

图 14-2-19　弯曲疲劳极限 σ_{Flim}

寿命系数是考虑齿轮只要求有限寿命时可以提高许用应力的系数。对于有限寿命设计，寿命系数可根据应力循环次数 N_L 查图 14-2-22。对于变载荷下工作的齿轮，在已知载荷图时，应根据当量循环次数 N_v 查图。

（17）润滑剂系数 Z_L

润滑剂系数是考虑所用的润滑油种类及黏度对齿面接触应力的影响系数。其值可按图 14-2-23 查取。

在相同工况条件下，圆弧齿轮的润滑油黏度应比渐开线齿轮高。通常低速传动多采用 220、320 和 460 工业闭式齿轮油（GB/T 5903—1995），高速传动多采用 32 号和 46 号汽轮机油（GB/T 11120—1989）。

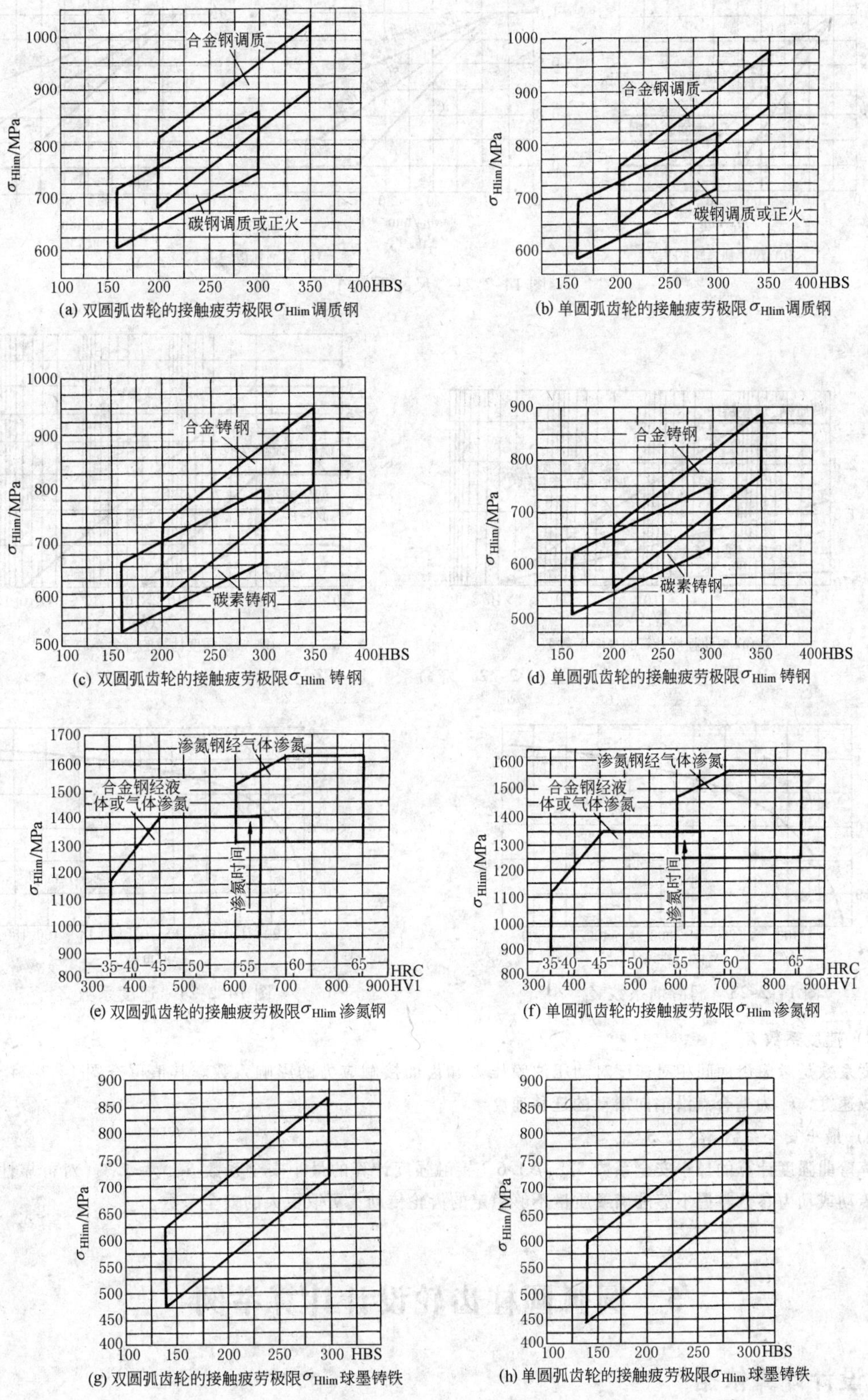

图 14-2-20　接触疲劳极限 σ_{Hlim}

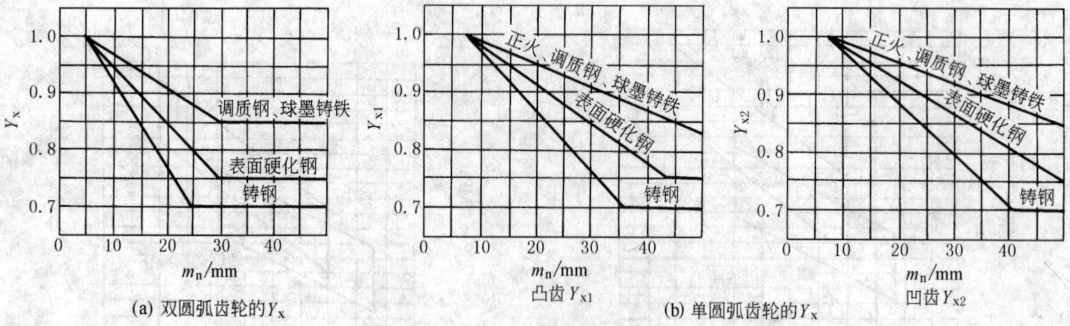

(a) 双圆弧齿轮的 Y_x　　(b) 单圆弧齿轮的 Y_x

图 14-2-21　尺寸系数 Y_x

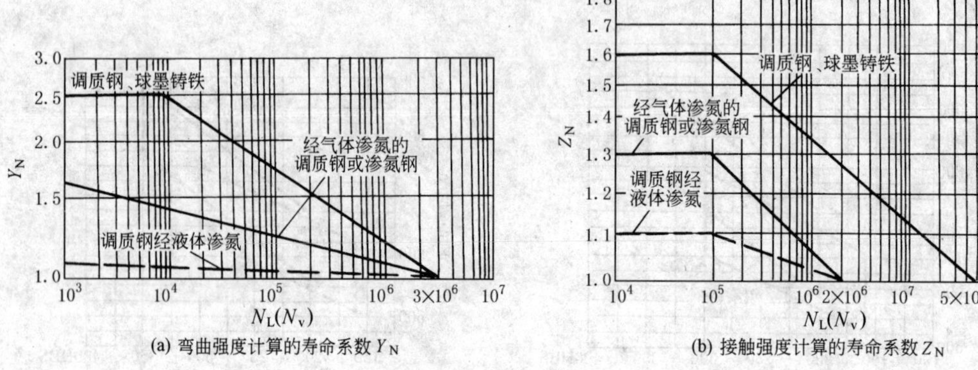

(a) 弯曲强度计算的寿命系数 Y_N　　(b) 接触强度计算的寿命系数 Z_N

图 14-2-22　寿命系数 Y_N、Z_N

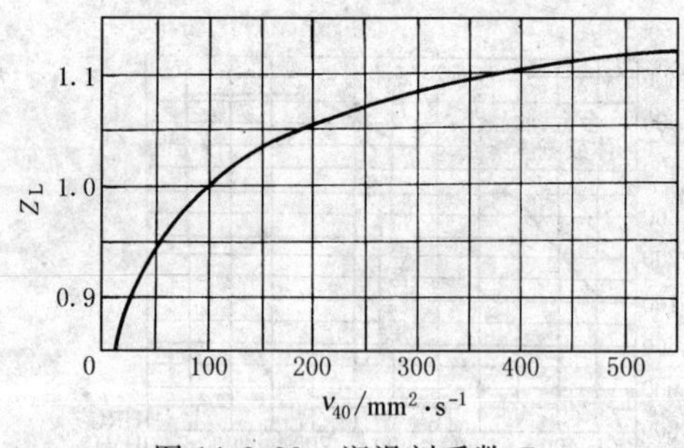

图 14-2-23　润滑剂系数 Z_L

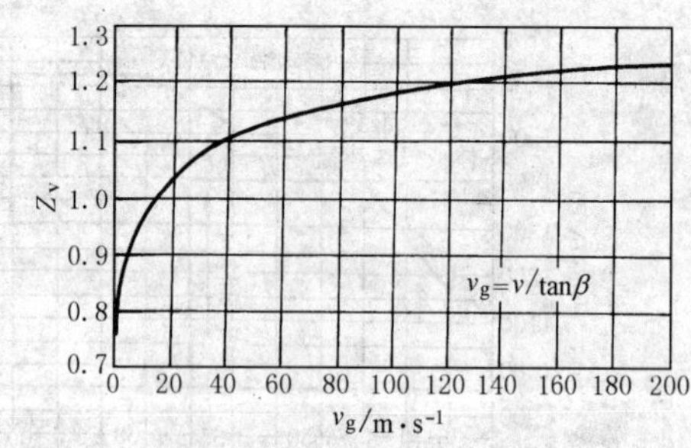

图 14-2-24　速度系数 Z_v

(18) 速度系数 Z_v

速度系数是考虑齿面间相对速度对动压油膜压力和齿面接触应力的影响系数。其值可查图 14-2-24。图中 v 为圆周线速度，v_g 为啮合点沿轴向滚动的迁移速度。

(19) 最小安全系数 S_{Fmin}、S_{Hmin}

推荐弯曲强度计算的最小安全系数 $S_{Fmin} \geqslant 1.6$，接触强度计算的最小安全系数 $S_{Hmin} \geqslant 1.3$。对可靠性要求高的齿轮传动或动力参数掌握不够准确或质量不够稳定的齿轮传动，可取更大的安全系数。

5　圆弧圆柱齿轮设计计算举例

5.1　设计计算依据

圆弧齿轮设计计算的依据是项目的设计任务书或使用单位提出的设计技术要求。高速齿轮传动和低速齿轮传动的要求略有不同，但综合起来应包括以下主要内容。

① 传递功率（kW）或输出转矩（N·m），或运行载荷图；

② 输入转速（r/min）、输出转速（r/min）或速比，工作时的旋向，是否正反转运行；

③ 使用寿命（h 或 a）；

④ 润滑方式和油品，润滑油温升和轴承温度限制，环境温度；

⑤ 振动和噪声要求；

⑥ 动平衡要求（高速齿轮），静平衡要求（多用于低速铸件）；

⑦ 传动系统的原动机和工作机工况；

⑧ 输入输出连接尺寸要求及受力情况，安装尺寸（包括润滑油管道尺寸）要求；

⑨ 其他要求，如高速齿轮传动输入轴配有盘车机构等。

5.2 高速双圆弧齿轮设计计算举例

例 1 某炼油厂烟汽轮机用的高速双圆弧齿轮箱设计计算。设计技术要求如下：电动机功率 $P=9000\text{kW}$，转速 $n_2=1485\text{r/min}$，鼓风机转速 $n_1=6054\text{r/min}$。当电动机启动并驱动齿轮箱和鼓风机进入额定工况时，为增速传动。以后烟汽轮机工作并驱动鼓风机、带动齿轮箱和电机（变成发电机），这时为减速传动。无论增速或减速，齿轮旋向不变，两侧齿面无规律地交替受力，轮齿承受交变载荷。外循环油泵喷油润滑，选用 ISOVG46 号汽轮机油。采用动压滑动轴承，轴承温度不高于 80℃。齿轮箱噪声不高于 92dB（A）。每天 24h 连续运行，要求持久寿命设计。要求齿轮做动平衡。有连接安装尺寸要求，装有盘车机构。

（1）齿轮设计，确定齿轮参数

1）结构设计。因传递功率较大，采用单级人字齿轮结构，齿形为 GB/T 12759—1991 标准双圆弧齿廓，齿轮精度不低于 6 级（GB/T 15753—1995）。

2）确定齿轮参数。采用郑州机械研究所编制的“双圆弧齿轮计算机辅助设计软件”进行参数优化设计、几何尺寸计算和强度校核计算，大致计算过程如下。

a. 选择材料及热处理工艺，确定极限应力。大、小齿轮材料均选用 42CrMo，锻坯，采用中硬齿面调质处理（轮齿心部硬度大于 300HBS）。齿面进行深层离子渗氮，齿面硬度不低于 650HV1。材料的极限应力查图 14-2-19e 得 $\sigma_{\text{Flim}}=620\text{MPa}$；查图 14-2-20e得 $\sigma_{\text{Hlim}}=1150\text{MPa}$。

b. 选取最小安全系数 $S_{\min}$。由于传递功率较大，是生产线上的关键设备，要求高可靠性运行。最小安全系数值应稍大于标准推荐值。取弯曲强度计算的最小安全系数 $S_{\text{Fmin}}=1.8$；接触强度计算的最小安全系数$S_{\text{Hmin}}=1.5$。

c. 齿数 z。小齿轮齿数的确定，根据表 14-2-26 高速齿轮传动，由于速比较大，小齿轮齿数 z_1 不能选得太大，如果 z_1 大，齿轮和箱体都大，不经济。根据安装尺寸要求，适当选 z_1，取 $z_1=26$。

大齿轮齿数 $z_2=z_1\dfrac{n_1}{n_2}=26\times\dfrac{6054}{1485}=105.9959$，取 $z_2=106$。

d. 纵向重合度 ε_β。根据表 14-2-26，人字齿轮结构，暂取 $\beta=30°$，$\varphi_a=0.3$。按式（14-2-13）初算单侧纵向重合度，高速齿轮传动，最好 $\varepsilon_\beta\geqslant3$。

$$\varepsilon_\beta=\varphi_a(z_1+z_2)\tan\beta/2\pi=0.3\times(26+106)\tan30°/2\pi=3.639$$

初算结果表明重合度尾数较大。因高速传动有噪声限制，应将齿端修薄。

e. 模数 m_n。按表 14-2-27 中弯曲强度计算公式初算法向模数

$$m_n\geqslant\left(\frac{T_1K_AK_VK_1K_{F2}}{2\mu_\varepsilon+K_{\Delta\varepsilon}}\right)^{1/3}\left(\frac{Y_EY_uY_\beta Y_FY_{\text{End}}}{z_1\sigma_{\text{FP}}}\right)^{1/2.58}$$

式中各参数值的确定如下。

转矩 T_1：$T_1=\dfrac{T}{2}=\dfrac{1}{2}\left(9550\times10^3\dfrac{P}{n_1}\right)=\dfrac{9550\times10^3\times9000\times26}{2\times1485\times106}=7098342\quad\text{N}\cdot\text{mm}$

使用系数 K_A：查表 14-2-30，按轻微振动增速传动 $K_A=1.35\times1.1=1.485$。

动载系数 K_V：查图 14-2-10，按 6 级精度，初定速度 50m/s，得 $K_V=1.38$。

接触迹间载荷分配系数 K_1：查图 14-2-11，按硬齿面对称布置，（φ_d 按表 14-2-26 的中间值 0.9），得 $K_1=1.08$。

接触迹内载荷分布系数 K_{F2}：查表 14-2-31，6 级精度得 $K_{F2}=1.08$。

弹性系数 Y_E：查表 14-2-32，锻钢-锻钢，得 $Y_E=2.079$。

齿数比系数 Y_u：查图 14-2-13a 或按式$\left(\dfrac{u+1}{u}\right)^{0.14}=Y_u$ 计算，当 $u=\dfrac{106}{26}=4.077$ 时，得 $Y_u=1.031$。

螺旋角系数 Y_β：查图 14-2-14a，当 $\beta=30°$时，$Y_\beta=0.81$。

齿形系数 Y_F：查图 14-2-15a，当 $Z_v=26/\cos^3 30°=40.029$ 时，$Y_{F1}=1.95$。

齿端系数 Y_{End}：因齿端修薄，$Y_{End}=1$。

重合度的整数部分值 μ_ε：$\mu_\varepsilon=3$。

接触迹系数 $K_{\Delta\varepsilon}$：假定重合度的尾数部分 $\Delta\varepsilon$ 全部修去，$K_{\Delta\varepsilon}=0$。

许用应力 σ_{FP}：

$$\sigma_{FP}=\frac{0.7\sigma_{Flim}Y_N Y_x}{S_{Fmin}}$$

式中 0.7 为交变载荷系数。

寿命系数 Y_N：查图 14-2-22a，设计为持久寿命 $Y_N=1$。

尺寸系数 Y_x：因模数未定，暂取 $Y_x=1$。

最小安全系数 S_{Fmin}：$S_{Fmin}=1.8$。

$$\sigma_{FP}=\frac{0.7\times620\times1\times1}{1.8}=241.111\text{MPa}$$

将上列各参数值代入表 14-2-27 中弯曲强度计算的模数计算式得

$$m_n\geqslant\left(\frac{7098342\times1.485\times1.38\times1.08\times1.08}{2\times3+0}\right)^{1/3}\times\left(\frac{2.079\times1.031\times0.81\times1.95\times1}{26\times241.111}\right)^{1/2.58}$$

$$=7.656\text{mm}$$

取标准模数　$m_n=8$mm

计算中心距 a

$$a=\frac{m_n(z_1+z_2)}{2\cos\beta}=\frac{8\times(26+106)}{2\cos30°}=609.682$$

按优先数系列考虑取中心距　$a=600$mm。

计算螺旋角 β

$$\beta=\arccos\frac{m_n(z_1+z_2)}{2a}=\arccos\frac{8\times(26+106)}{2\times600}$$

$$=28.35763658°=28°21'27.49''$$

f. 齿宽 b。按初选的重合度 3.639 计算齿宽

$$b=p_x\varepsilon_\beta=\frac{\pi m_n\varepsilon_\beta}{\sin\beta}=\frac{\pi\times8\times3.639}{\sin28°21'27.49''}=192.55$$

经圆整取　$b=190$mm，为单侧齿宽。

计算重合度 ε_β：

$$\varepsilon_\beta=\frac{b}{p_x}=\frac{b\sin\beta}{\pi m_n}=\frac{190\times\sin28°21'27.49''}{8\pi}=3.59$$

取齿端修薄后的有效齿宽为 175mm，此时的有效重合度为

$$\varepsilon_\beta=\frac{175\times\sin28°21'27.49''}{8\pi}=3.307$$

齿端修薄长度为

$$\Delta L=(3.59-3.307)p_x=0.283p_x$$

符合标准推荐的只修一端（啮入端）的修薄长度要求。

g. 确定的齿轮参数。模数 $m_n=8$mm，齿数 $z_1=26$、$z_2=106$，螺旋角 $\beta=28°21'27.49''$，中心距 $a=600$mm，齿宽 $b=190$（单侧齿宽，含修薄长度），有效纵向重合度 $\varepsilon_\beta=3.307$，轴向齿距 $p_x=\frac{m_n\pi}{\sin\beta}=52.914$mm，小齿轮分度圆直径 $d_1=\frac{m_n z_1}{\cos\beta}=236.364$mm，大齿轮分度圆直径 $d_2=\frac{m_n z_2}{\cos\beta}=963.636$mm。

计算圆周线速度 v：　$v=\frac{\pi d_1 n_1}{60\times1000}=74.927\text{m/s}$

计算当量齿数 z_v：　$z_{v1}=\frac{z_1}{\cos^3\beta}=38.153$，$z_{v2}=\frac{z_2}{\cos^3\beta}=155.546$

（2）齿轮强度校核计算

1）校核轮齿齿根弯曲疲劳强度。按表 14-2-27 中的公式计算齿根弯曲应力

$$\sigma_{F1}=\left(\frac{T_1K_AK_VK_1K_{F2}}{2\mu_\varepsilon+K_{\Delta\varepsilon}}\right)^{0.86}\frac{Y_EY_uY_\beta Y_{F1}Y_{End}}{z_1m_n^{2.58}}\quad\text{(MPa)}$$

小齿轮名义转矩 T_1： $T_1=7098342\text{N}\cdot\text{mm}$。

使用系数 K_A： $K_A=1.485$。

动载系数 K_V：查图 14-2-10，按 6 级精度，$v=74.927\text{m/s}$，得 $K_V=1.52$。

接触迹间载荷分配系数 K_1：查图 14-2-11，按硬齿面对称布置，$\dfrac{b}{d_1}=0.74$（按有效齿宽 175mm 计算），得$K_1=1.06$。

接触迹内载荷分布系数 K_{F2}：$K_{F2}=1.08$。

接触迹系数 $K_{\Delta\varepsilon}$：查图 14-2-12a，按有效纵向重合度 $\varepsilon_\beta=3.307$，其中 $\mu_\varepsilon=3$，$\Delta\varepsilon=0.307$。按 $\Delta\varepsilon=0.307$ 查25°～30°曲线，得 $K_{\Delta\varepsilon}=0.14$。

弹性系数 Y_E：$Y_E=2.079$。

齿数比系数 Y_u：$Y_u=1.031$。

螺旋角系数 Y_β：查图 14-2-14a，或按式 $(\sin^2\beta\cos\beta)^{0.14}=Y_\beta$ 计算得 $Y_\beta=0.797$。

齿形系数 Y_F：查图 14-2-15a，按当量齿数 $z_{v1}=38.153$，$z_{v2}=155.546$ 分别查，得 $Y_{F1}=1.95$，$Y_{F2}=1.82$。

齿端系数 Y_{End}：因齿端修薄，$Y_{End}=1$。

将上列各参数值代入弯曲应力计算公式得：

$$\sigma_{F1}=\left(\frac{7098342\times1.485\times1.52\times1.06\times1.08}{2\times3+0.14}\right)^{0.86}\times\frac{2.079\times1.031\times0.797\times1.95\times1}{26\times8^{2.58}}$$

$$=222.028\quad\text{MPa}$$

$$\sigma_{F2}=\sigma_{F1}\frac{Y_{F2}}{Y_{F1}}=207.226\ (\text{MPa})$$

按表 14-2-27 中公式计算安全系数 S_F： $S_F=\dfrac{0.7\sigma_{Flim}Y_NY_x}{\sigma_F}$

寿命系数 Y_N：$Y_N=1$。

尺寸系数 Y_x：查图 14-2-21a，按 $m_n=8\text{mm}$，得 $Y_x=0.97$。

将各参数值代入计算公式：

$$S_{F1}=\frac{0.7\sigma_{Flim}Y_NY_x}{\sigma_{F1}}=\frac{0.7\times620\times1\times0.97}{222.028}=1.896$$

$$S_{F2}=\frac{0.7\sigma_{Flim}Y_NY_x}{\sigma_{F2}}=\frac{0.7\times620\times1\times0.97}{207.226}=2.032$$

S_{F1} 和 S_{F2} 均大于 S_{Fmin}，齿根弯曲疲劳强度校核通过。

2）校核齿面接触疲劳强度。按表 14-2-27 中的公式计算齿面接触应力：

$$\sigma_H=\left(\frac{T_1K_AK_VK_1K_{H2}}{2\mu_\varepsilon+K_{\Delta\varepsilon}}\right)^{0.73}\frac{Z_EZ_uZ_\beta Z_a}{z_1m_n^{2.19}}\quad(\text{MPa})$$

式中 T_1、K_A、K_V、K_1、μ_ε、$K_{\Delta\varepsilon}$等同弯曲应力计算中的值。其余参数值如下：

接触迹内载荷分布系数 K_{H2}：查表 14-2-31，按 6 级精度得 $K_{H2}=1.23$。

弹性系数 Z_E：查表 14-2-32，锻钢-锻钢，$Z_E=31.346$。

齿数比系数 Z_u：查图 14-2-13a，或按式$\left(\dfrac{u+1}{u}\right)^{0.27}=Z_u$ 计算得 $Z_u=1.061$。

螺旋角系数 Z_β：查图 14-2-14a，或按式 $(\sin^2\beta\cos\beta)^{0.27}=Z_\beta$ 计算得 $Z_\beta=0.646$。

接触弧长系数 Z_a：查图 14-2-18a，按当量齿数 $Z_{v1}=38.153$ 和 $Z_{v2}=155.546$，得 $Z_{a1}=0.983$，$Z_{a2}=0.961$。$Z_a=\dfrac{1}{2}(Z_{a1}+Z_{a2})=0.972$。

将上列各参数值代入接触应力计算公式得：

$$\sigma_H=\left(\frac{7098342\times1.485\times1.52\times1.06\times1.23}{2\times3+0.14}\right)^{0.73}\times\frac{31.346\times1.061\times0.646\times0.972}{26\times8^{2.19}}$$

$$=495.733\text{MPa}$$

计算安全系数 S_H

按表 14-2-27 中公式：$S_H=\dfrac{\sigma_{Hlim}Z_NZ_LZ_v}{\sigma_H}$

寿命系数 Z_N：查图 14-2-22b，因持久寿命，$Z_N=1$。

润滑剂系数 Z_L：查图 14-2-23，按黏度 $\nu_{40}=46\text{mm}^2/\text{s}$，得 $Z_L=0.943$。

速度系数 Z_v：查图 14-2-24，按 $v_g=\dfrac{v}{\tan\beta}=138.82\text{m/s}$，得 $Z_v=1.21$。

将各参数值代入计算公式： $S_H=\dfrac{1150\times1\times0.943\times1.21}{495.733}=2.647$

第 14 篇

S_H 大于 S_{Hmin}，齿面接触疲劳强度校核通过。

5.3 低速重载双圆弧齿轮设计计算举例

例 2 某钢铁公司初轧连轧机主传动双圆弧齿轮减速器齿轮强度校核计算。该减速器电机驱动功率 $P=4000$kW，转速 248r/min，单向运转。第一级中心距 $a_1=1175$mm，速比 $i_1=1.8$。第二级中心距 $a_2=1617$mm，速比 $i_2=2.2$。采用外循环喷油润滑，油品为 220 号极压工业齿轮油。每天 24h 连续运转，设计寿命为 80000h。要求Ⅱ轴和Ⅲ轴双轴输出。有安装连接尺寸要求。原设计为软齿面渐开线齿轮，第一级模数为 26mm，第二级模数为 30mm。减速器传动简图见图 14-2-25。

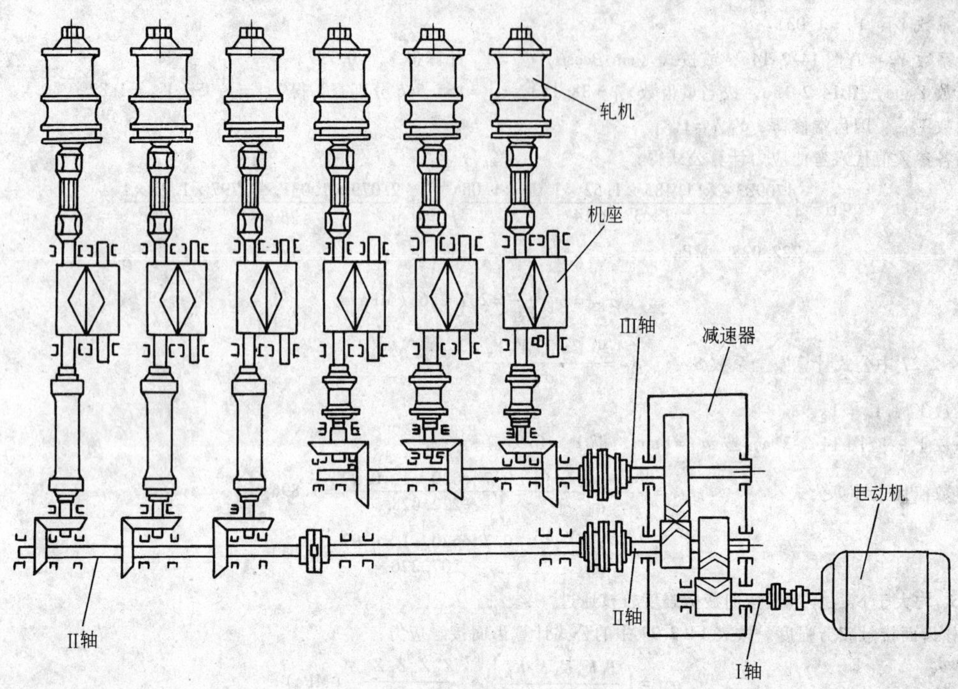

图 14-2-25 减速器传动简图

(1) 齿轮设计，确定齿轮参数

减速器第一输出轴（Ⅱ轴）带动 4～6 架轧机，扭矩相对较小。第二输出轴（Ⅲ轴）带动 1～3 架轧机，传递扭矩很大。设计采用人字齿轮结构，齿形为 GB/T 12759—1991 标准双圆弧齿廓，齿轮精度为 7 级（GB/T 15753—1995），齿面硬度为软齿面。

该减速器为设备改造项目，设计时受中心距和速比限制，齿轮参数优化设计只能在模数、齿数和螺旋角三者之间优化组合。设计时进行了模数 20mm、25mm 和 30mm 的比较设计，最终第一级和第二级都选取模数 20mm，较为合适。

第一级齿轮参数：$m_n=20$mm，$z_1=36$，$z_2=64$，$\beta=30°40'21''$，单侧齿宽 $b=325$mm。

第二级齿轮参数：$m_n=20$mm，$z_1=43$，$z_2=95$，$\beta=31°24'47''$，单侧齿宽 $b=305$mm。

仅以第二级为例进行强度校核计算。第二级齿轮的有关参数如下。

小齿轮转速 n_1：$n_1=n\times\dfrac{36}{64}=248\times\dfrac{36}{64}=139.5$r/min。

小齿轮分度圆直径 d_1：$d_1=\dfrac{m_n z_1}{\cos\beta}=1007.696$mm。

大齿轮分度圆直径 d_2：$d_2=\dfrac{m_n z_2}{\cos\beta}=2226.305$mm。

齿数比 u：$u=\dfrac{z_2}{z_1}=2.209$（要求速比 2.2）。

单侧纵向重合度 ε_β：$\varepsilon_\beta=\dfrac{b\sin\beta}{\pi m_n}=2.53$，其中 $\mu_\varepsilon=2$，$\Delta\varepsilon=0.53$，齿端不修薄。

齿轮圆周线速度 v：$v=\dfrac{\pi d_1 n_1}{60\times1000}=7.36$m/s。

齿轮当量齿数 z_v：$z_{v1}=\dfrac{z_1}{\cos^3\beta}=69.177$，$z_{v2}=\dfrac{z_2}{\cos^3\beta}=152.83$。

小齿轮材料为37SiMn2MoV，锻件，进行调质处理，齿面硬度260～290HBS；大齿轮材料为ZG35CrMo，铸钢件，进行调质处理，齿面硬度220～250HBS。

小齿轮材料的弯曲疲劳极限 σ_{Flim1}：查图14-2-19a，得 $\sigma_{Flim1}=520MPa$。

小齿轮材料的接触疲劳极限 σ_{Hlim1}：查图14-2-20a，得 $\sigma_{Hlim1}=840MPa$。

大齿轮材料的弯曲疲劳极限 σ_{Flim2}：查图14-2-19c，得 $\sigma_{Flim2}=440MPa$。

大齿轮材料的接触疲劳极限 σ_{Hlim2}：查图14-2-20c，得 $\sigma_{Hlim2}=680MPa$。

最小安全系数 S_{min}：按标准推荐值 $S_{Fmin}=1.6$，$S_{Hmin}=1.3$。

(2) 齿轮强度校核计算

1) 校核轮齿齿根弯曲疲劳强度

按表14-2-27中的公式计算齿根弯曲应力：

$$\sigma_{F1}=\left(\frac{T_1K_AK_VK_1K_{F2}}{2\mu_\varepsilon+K_{\Delta\varepsilon}}\right)^{0.86}\frac{Y_EY_uY_\beta Y_{F1}Y_{End}}{z_1m_n^{2.58}}\quad(MPa)$$

小齿轮名义转矩 T_1：

$T_1=\frac{T}{2}=\frac{1}{2}\left(9549\times10^3\frac{P}{n_1}\right)=136917562.7N\cdot mm$，计算中略去了第一级传动的效率损失。

使用系数 K_A：查表14-2-30，中等振动，$K_A=1.5$。

动载系数 K_V：查图14-2-10，按7级精度，$v=7.36m/s$，得 $K_V=1.1$。

接触迹间载荷分配系数 K_1：查图14-2-11，按软齿面，非对称布置（轴刚性较大），$\varphi_d=\frac{b}{d_1}=0.303$，得$K_1=1.01$。

接触迹内载荷分布系数 K_{F2}：查表14-2-31，7级精度，$K_{F2}=1.1$。

接触迹系数 $K_{\Delta\varepsilon}$：查图14-2-12a，$\Delta\varepsilon=0.53$，得 $K_{\Delta\varepsilon}=0.6$。

弹性系数 Y_E：查表14-2-32，锻钢-铸钢，得 $Y_E=2.076$。

齿数比系数 Y_u：查图14-2-13a，或按式$\left(\frac{u+1}{u}\right)^{0.14}=Y_u$ 计算得，$Y_u=1.054$。

螺旋角系数 Y_β：查图14-2-14a，或按式 $(\sin^2\beta\cos\beta)^{0.14}=Y_\beta$ 计算，得 $Y_\beta=0.815$。

齿形系数 Y_F：查图14-2-15a，按当量齿数 $z_{v1}=69.177$，$z_{v2}=152.83$ 得 $Y_{F1}=1.865$，$Y_{F2}=1.82$。

齿端系数 Y_{End}：查图14-2-16a，用插值法，$\varepsilon_\beta=2.53$ 查取，$\beta=30°$时 $Y_{End}=1.35$，$\beta=35°$时 $Y_{End}=1.47$，当$\beta=31°24'47''$时 $Y_{End}=1.384$。

将上列各参数值代入弯曲应力计算公式得：

$$\sigma_{F1}=\left(\frac{136917562.7\times1.5\times1.1\times1.01\times1.1}{2\times2+0.6}\right)^{0.86}\times\frac{2.076\times1.054\times0.815\times1.865\times1.384}{43\times20^{2.58}}$$
$$=212.152MPa$$

$$\sigma_{F2}=\sigma_{F1}\frac{Y_{F2}}{Y_{F1}}=207.033MPa$$

按表14-2-27中公式计算安全系数 S_F：　$S_F=\frac{\sigma_{Flim}Y_NY_x}{\sigma_F}$

寿命系数 Y_N：查图14-2-22a，因循环次数大于 3×10^6，得 $Y_N=1$。

尺寸系数 Y_x：查图14-2-21a，按 $m_n=20mm$，得 $Y_{x1}=0.91$，$Y_{x2}=0.77$。

将各参数值代入计算公式：

$$S_{F1}=\frac{\sigma_{Flim1}Y_NY_{x1}}{\sigma_{F1}}=\frac{520\times1\times0.91}{212.152}=2.23$$

$$S_{F2}=\frac{\sigma_{Flim2}Y_NY_{x2}}{\sigma_{F2}}=\frac{440\times1\times0.77}{207.033}=1.64$$

S_{F1}和S_{F2}均大于S_{Fmin}，齿根弯曲疲劳强度校核通过。

2) 校核齿面接触疲劳强度

按表14-2-27中的公式计算齿面接触应力：

$$\sigma_H=\left(\frac{T_1K_AK_VK_1K_{H2}}{2\mu_\varepsilon+K_{\Delta\varepsilon}}\right)^{0.73}\frac{Z_EZ_uZ_\beta Z_a}{z_1m_n^{2.19}}\quad(MPa)$$

式中 T_1、K_A、K_V、K_1、μ_ε、$K_{\Delta\varepsilon}$等同弯曲应力计算中的值，其余参数如下。

接触迹内载荷分布系数 K_{H2}：查表14-2-31，按7级精度得 $K_{H2}=1.39$。

弹性系数 Z_E：查表14-2-32，锻钢-铸钢，得 $Z_E=31.263$。

齿数比系数 Z_u：查图14-2-13a，或按式$\left(\frac{u+1}{u}\right)^{0.27}=Z_u$ 计算得 $Z_u=1.106$。

螺旋角系数 Z_β：查图 14-2-14a，或按式 $(\sin^2\beta\cos\beta)=Z_\beta$ 计算得 $Z_\beta=0.674$。

接触弧长系数 Z_a：查图 14-2-18a，按当量齿数 $Z_{v1}=69.177$，$Z_{v2}=152.83$，得 $Z_{a1}=0.954$，$Z_{a2}=0.945$。$Z_a=\frac{1}{2}(Z_{a1}+Z_{a2})=0.9495$。

将上列各参数值代入接触应力计算公式得：

$$\sigma_H=\left(\frac{136917562.7\times1.5\times1.1\times1.01\times1.39}{2\times2+0.6}\right)^{0.73}\times\frac{31.263\times1.106\times0.674\times0.9495}{43\times20^{2.19}}$$

$$=384.005\text{MPa}$$

按表 14-2-27 中公式计算安全系数 S_H：$S_H=\frac{\sigma_{Hlim}Z_NZ_LZ_v}{\sigma_H}$

寿命系数 Z_N：查图 14-2-22b，因循环次数大于 5×10^7，$Z_N=1$。

润滑剂系数 Z_L：查图 14-2-23，按 $\nu_{40}=220\text{mm}^2/\text{s}$，得 $Z_L=1.06$。

速度系数 Z_v：查图 14-2-24，按 $v_g=\frac{v}{\tan\beta}=12.05\text{m/s}$，得 $Z_v=0.98$。

计算公式：

$$S_{H1}=\frac{\sigma_{Hlim1}Z_NZ_LZ_v}{\sigma_H}=\frac{840\times1\times1.06\times0.98}{384.005}=2.27$$

$$S_{H2}=\frac{\sigma_{Hlim2}Z_NZ_LZ_v}{\sigma_H}=\frac{680\times1\times1.06\times0.98}{384.005}=1.84$$

S_{H1} 和 S_{H2} 均大于 S_{Hmin}，齿面接触疲劳强度校核通过。

第3章 锥齿轮传动❶

1 锥齿轮传动的基本类型、特点及应用

表 14-3-1

分类方法	基本类型	简图	主要特点	应用范围
按轴交角分	正交传动		轴交角 $\Sigma=90°$	最广
	斜交传动		轴交角 $\Sigma\neq90°$ $0°<\Sigma<180°$	一般用于 $15°\leqslant\Sigma\leqslant165°$
	共轴线传动		轴交角 $\Sigma=0°$	内啮合联轴器
			轴交角 $\Sigma=180°$	端面齿盘离合器
按节平面的齿线分	直线齿 直齿锥齿轮		1. 齿形简单,制造容易,成本较低 2. 承载能力较低 3. 噪声较大(经磨削后,噪声可大为降低) 4. 装配误差及轮齿变形易产生偏载,为减小这种影响可以制成鼓形齿 5. 轴向力较小,且方向离开锥顶	1. 多用于低速、轻载而稳定的传动,一般用于圆周速度 $v\leqslant5$m/s或转速 $n\leqslant1000$r/min 2. 对于大型齿轮传动,当用仿型法加工时,其使用周速 $v\leqslant2$m/s 3. 磨齿后可用于 $v=75$m/s 的传动

❶ 用直刃（齿条形）刀具切出的锥齿轮，其齿廓曲线不是球面渐开线，而是8字形啮合的空间曲线，但它在齿高一段十分近似于球面渐开线。

续表

分类方法	基本类型		简图	主要特点	应用范围
按节平面的齿线分	直线齿	斜齿锥齿轮	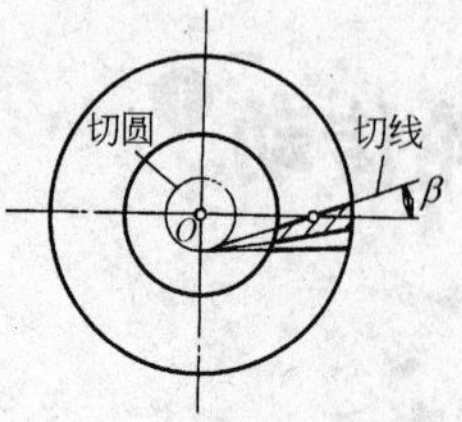	与直齿锥齿轮相比： 1. 承载能力较大，噪声较小 2. 轴向力大，其方向与转向有关 3. 其齿线是斜交直线，并切于一切圆	1. 多用于大型机械，模数 $m>15\text{mm}$ 的传动 2. 在低速（$v<12\text{m/s}$）、重载或有冲击的传动中，由于加工条件的限制而不能采用曲线齿时，可用它代替 3. 磨齿后可用于高速传动
	曲线齿	弧齿锥齿轮	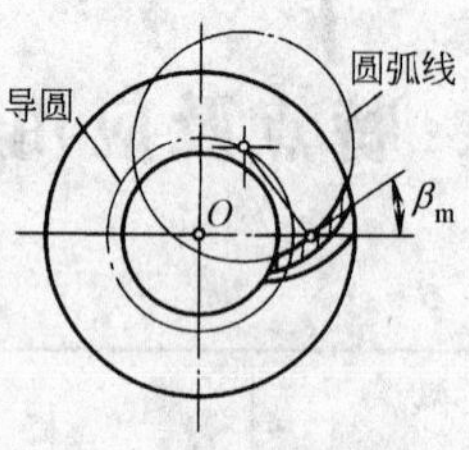	1. 齿线是一段圆弧 2. 承载能力高，运转平稳，噪声小 3. 齿面呈局部接触，装配误差及轮齿变形对偏载的影响不显著 4. 轴向力大，其方向与齿轮的转向有关 5. 可以磨齿	1. 多用于大载荷、周速 $v>5\text{m/s}$ 或转速 $n>1000\text{r/min}$，要求噪声小的传动 2. 磨齿后可用于高速传动（$v=40\sim100\text{m/s}$）
		零度弧齿锥齿轮	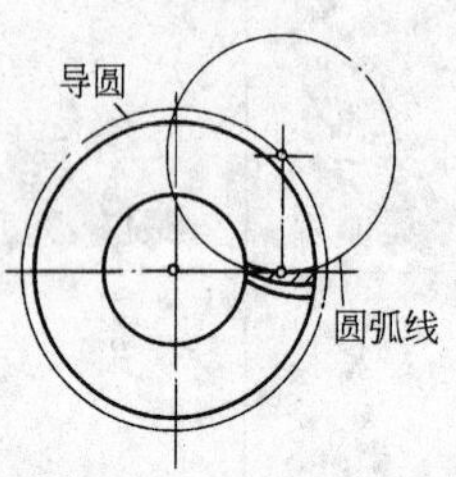	1. 齿线也是一段圆弧，且齿宽中点螺旋角 $\beta_m=0°$ 2. 承载能力略高于直齿锥齿轮，与鼓形直齿相近 3. 齿面呈局部接触，对偏载的敏感性界于直齿和弧齿之间 4. 轴向力的大小、方向与直齿锥齿轮相近 5. 可以磨齿	1. 用于周速 $v<5\text{m/s}$ 或转速 $n<1000\text{r/min}$ 的中、低速传动 2. 可在不改变支承装置的情况下，代替直齿锥齿轮传动，使传动性能得以改善 3. 磨齿后可用于高速
		摆线齿锥齿轮	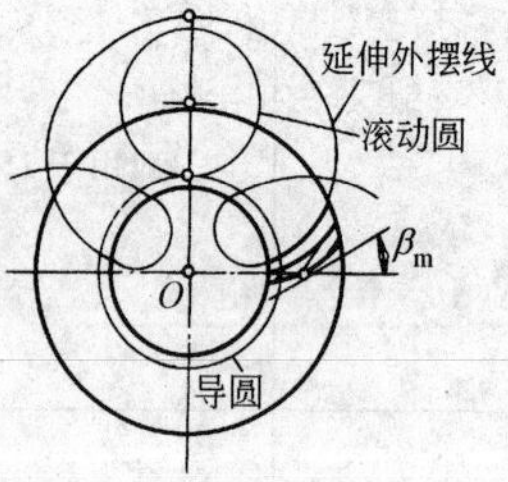	1. 齿线较复杂，是延伸外摆线（或称长幅外摆线） 2. 加工时机床调整方便，计算简单 3. 传动性能与弧齿锥齿轮基本相同 4. 不能磨齿	应用范围与弧齿锥齿轮基本相同，尤其适用于单件或中小批生产
按齿高分	收缩齿	不等顶隙收缩齿	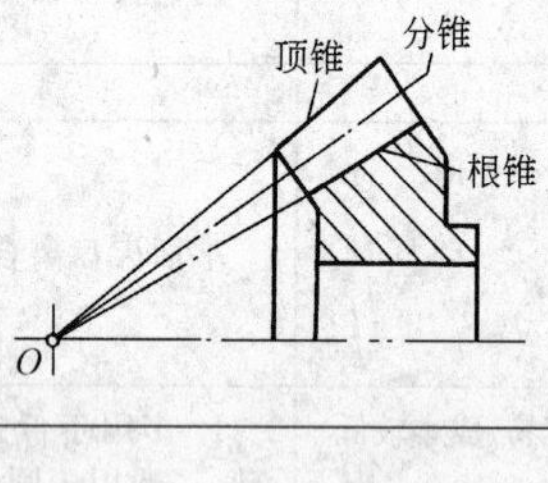	1. 从轮齿的大端到小端齿高逐渐减小，且顶锥、根锥和分锥的顶点相重合 2. 齿轮副的顶隙从齿的大端到小端也是逐渐减小的，在小端容易因错位而"咬死" 3. 小端的齿根圆角半径较小，齿根强度较弱，且小端齿顶较薄	过去广泛应用于直齿锥齿轮，近来有被等顶隙收缩齿取代的趋势
		等顶隙收缩齿	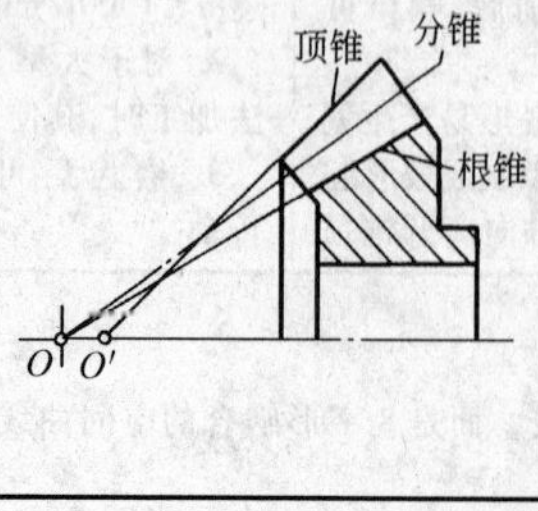	1. 从轮齿的大端到小端齿高逐渐减小，且顶锥的顶点不与分锥和根锥的顶点相重合 2. 齿轮副的顶隙沿齿长保持与大端相等的值（一齿轮的顶锥母线与另一齿轮的根锥母线平行） 3. 可以增大小端的齿根圆角半径，减小应力集中，提高齿根强度；同时可增大刀具的刀尖圆角，提高刀具的寿命；还可减小小端齿顶过薄和因错位而"咬死"的可能性	1. 直齿锥齿轮推荐使用等顶隙收缩齿 2. 弧齿锥齿轮和较大模数的零度弧齿锥齿轮（如 $m>2.5\text{mm}$）大多采用等顶隙收缩齿

续表

分类方法	基本类型		简图	主要特点	应用范围
按齿高分	收缩齿	双重收缩齿		1. 从轮齿的大端到小端齿高急剧减小，且顶锥、根锥和分锥三者的顶点都不相重合 2. 齿轮副的顶隙沿齿长保持与大端相等的值，因此其特点与等顶隙收缩齿相同 3. 齿宽中点两个侧面的螺旋角接近相等，便于用双重双面法加工，以提高生产率	用于双重双面法加工的零度弧齿锥齿轮（$m \leqslant 2.5$mm 的零度弧齿锥齿轮常采用双重双面法加工）
	等高齿			1. 轮齿的大端与小端齿高相等，即齿轮的顶锥角、分锥角、根锥角都相等 2. 加工时机床调整方便，计算简单 3. 小端处易产生根切和齿顶过薄，使齿轮的强度削弱，因此其齿宽系数和齿数有一定的限制	1. 摆线齿锥齿轮都采用等高齿 2. 弧齿锥齿轮也可以采用等高齿 3. 一般应用范围： 齿宽系数 $\phi_R \leqslant 0.25$ 小轮齿数 $z_1 \geqslant 9$ 平面齿轮齿数 $z_c \geqslant 25$

2　锥齿轮的变位与齿形制

2.1　锥齿轮的变位

（1）径向变位

用范成法加工锥齿轮时，若刀具所构成的产形齿轮的分度面与被加工的锥齿轮的分度面相切，则加工出来的齿轮为标准齿轮；当把产形齿轮的分度面沿被加工齿轮的当量齿轮径向移开一段距离 xm 时，则加工出来的齿轮为径向变位齿轮（图 14-3-1），xm 称为变位量（m 为模数，x 称为变位系数），刀具远离被加工齿轮时 x 为正，反之 x 为负，在相互啮合的一对齿轮中，若 $x_\Sigma = x_1 + x_2 = 0$，且 $x_2 = -x_1$，则称其为高变位；若 $x_\Sigma = x_1 + x_2 \neq 0$，则称其为角变位。径向变位可以避免根切，提高轮齿承载能力和改善传动性能。其中高变位计算简单，应用较广。锥齿轮经径向变位后，其啮合情况如图 14-3-2 所示。

（2）切向变位

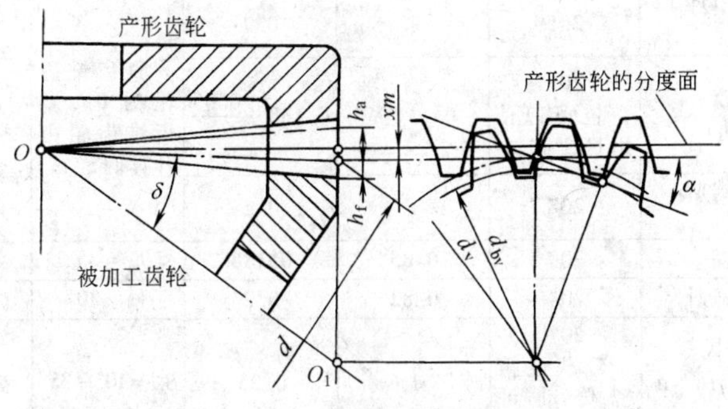

图 14-3-1　锥齿轮的径向变位

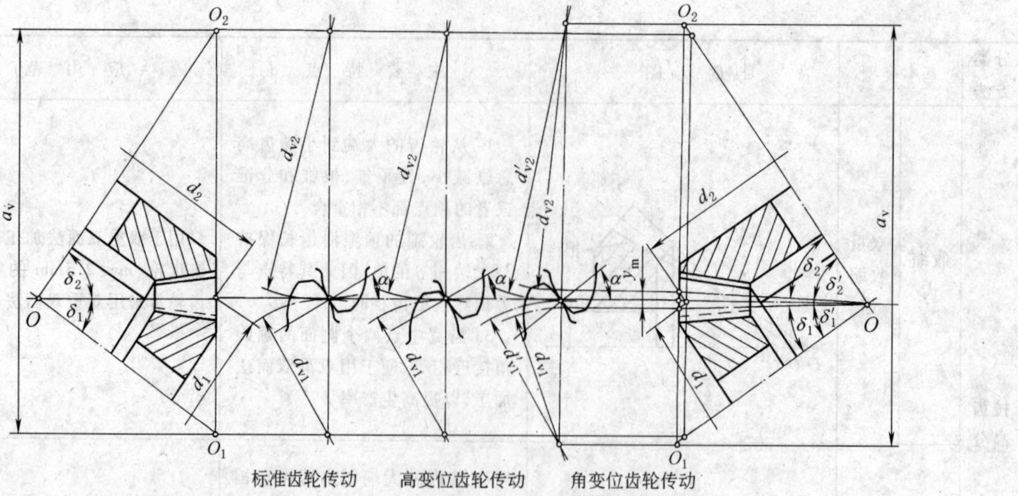

标准齿轮传动　　高变位齿轮传动　　角变位齿轮传动

图 14-3-2　标准齿轮和径向变位齿轮的啮合情况

用范成法加工锥齿轮时，当加工轮齿两侧的两刀刃在其所构成的产形齿轮的分度面上的距离为 $\pi m/2$ 时，加工出来的齿轮为标准齿轮；若改变两刀刃之间的距离，则加工出来的齿轮为切向变位齿轮，变位量用 $x_t m$ 表示（m 为模数，x_t 称为切向变位系数）。变位使齿厚增加时，x_t 为正值；反之 x_t 为负值。为均衡大小齿轮的弯曲强度，常采用 $x_{t\Sigma}=x_{t1}+x_{t2}=0$ 的切向变位，此时除齿厚有所变化外，其他参数并不变化（见图 14-3-3）。若 $x_{t\Sigma}$ 任设值则称为任设值切向变位。

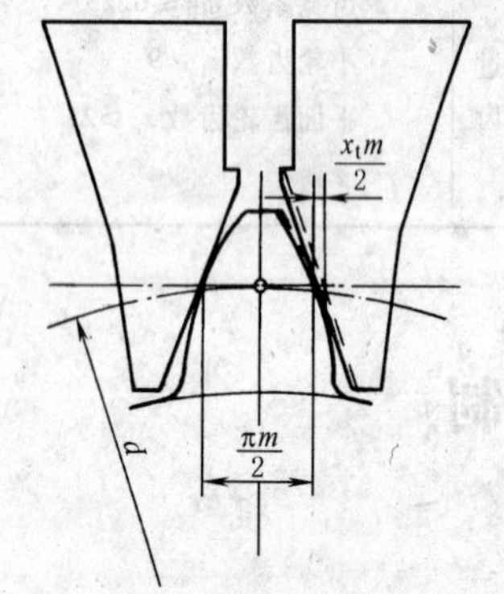

图 14-3-3　直齿锥齿轮的切向变位

（3）高-切综合变位

切向变位和高变位常常一起使用，称为高-切综合变位。它不仅可以改善传动性能、均衡大小齿轮的强度，而且还可以改善由于高变位所引起的小齿轮齿顶厚度过薄的现象。

（4）非零综合变位

一种新型锥齿轮[1]，其综合变位之和为正或负值：$x_\Sigma+0.5x_{t\Sigma}\tan\alpha\neq0$。

2.2　锥齿轮的齿形制

锥齿轮的齿形制很多，现将我国常用的几种齿形制列于表 14-3-2。

表 14-3-2　锥齿轮的常用齿形制

齿轮类型		齿形制	基准齿形参数				变位方式	齿高
			齿形角 α	齿顶高系数 h_a^*	顶隙系数 c^*	螺旋角 β		
直线齿	直齿锥齿轮 斜齿锥齿轮	GB/T 12369—1990	20°	1	0.2	直齿锥齿轮为 0°，斜齿锥齿轮由计算确定	未规定	推荐用等顶隙收缩齿，也可以用不等顶隙收缩齿
		格里森（Gleason）	20° 也可以使用14.5°或25°	1	$0.188+\frac{0.05}{m}$		高-切变位	
		埃尼姆斯（Энимс）	20°	1	0.2		高-切变位	
曲线齿	弧齿锥齿轮	格里森	20°	0.85	0.188	$\beta_m=35°$	高-切变位	等顶隙收缩齿
		埃尼姆斯	20°	0.82	0.2	$\beta_m>30°$	高-切变位	
		洛-卡氏（Лопато и Кабатов）	20° 轻载或精密传动可用16°	1	0.25	$\beta_m=10°\sim35°$	高-切变位	等高齿

续表

<table>
<tr><td colspan="2" rowspan="2">齿轮类型</td><td rowspan="2">齿形制</td><td colspan="4">基准齿形参数</td><td rowspan="2">变位方式</td><td rowspan="2">齿高</td></tr>
<tr><td>齿形角 α</td><td>齿顶高系数 h_a^*</td><td>顶隙系数 c^*</td><td>螺旋角 β</td></tr>
<tr><td rowspan="3">曲线齿</td><td>零度弧齿锥齿轮</td><td>格里森</td><td>20°
对于重载可采用22.5°或25°</td><td>1</td><td>$0.188+\frac{0.05}{m}$</td><td>0°</td><td>高-切变位</td><td>一般采用等顶隙收缩齿；当 $m\leqslant2.5$ 时，常采用双重收缩齿</td></tr>
<tr><td rowspan="2">摆线齿锥齿轮</td><td>奥利康（Oerlikon）</td><td>20°、17.5°</td><td rowspan="2">1</td><td>0.15</td><td rowspan="2">β_p 由刀盘确定（见表14-3-18）</td><td rowspan="2">高-切变位</td><td rowspan="2">等高齿</td></tr>
<tr><td>克林根堡（Klingelnberg）</td><td>20°</td><td>0.20</td></tr>
<tr><td colspan="2">能容纳各种齿线的锥齿轮</td><td>非零分锥综合变位</td><td>任意</td><td>$\cos\beta_m$</td><td>0.20</td><td>任意</td><td>角-切变位</td><td>任意</td></tr>
</table>

注：1. GB/T 12369—1990 基本齿廓的齿根圆角 $\rho_f=0.3m_{en}$，在啮合条件允许下，可取 $\rho_f=0.35m_{en}$；齿廓可修缘，齿顶最大修缘量：齿高方向 $0.6m_n$，齿厚方向 $0.02m_n$；齿形角也可采用 $\alpha_n=14.5°$ 或 25°。

2. 在一般传动中，格里森齿形制和埃尼姆斯齿形制可以互相代用。

3. 非零分锥综合变位是一种新的齿形制，其设计参数的选择较为灵活，有利于优化设计。详见参考文献 [1]。

3 锥齿轮传动的几何计算

3.1 直线齿锥齿轮传动的几何计算

直齿锥齿轮传动的几何计算

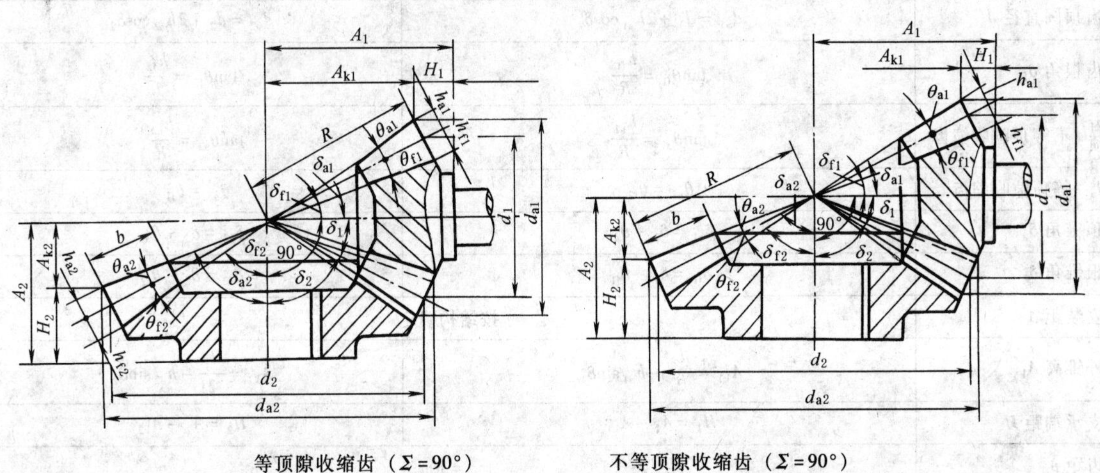

等顶隙收缩齿（$\Sigma=90°$）　　不等顶隙收缩齿（$\Sigma=90°$）

表 14-3-3

<table>
<tr><td rowspan="2">项目</td><td colspan="2">计算公式及说明</td></tr>
<tr><td>小齿轮</td><td>大齿轮</td></tr>
<tr><td>齿形角 α</td><td colspan="2" rowspan="3">根据所选定的齿形制，按表 14-3-2 确定</td></tr>
<tr><td>齿顶高系数 h_a^*</td></tr>
<tr><td>顶隙系数 c^*</td></tr>
<tr><td>大端端面模数 m</td><td colspan="2">根据强度计算或类比法确定，并按表 14-3-5 取标准值</td></tr>
<tr><td>齿数比 u</td><td colspan="2">$u=\frac{z_2}{z_1}=\frac{n_1}{n_2}\geqslant1$ 按传动要求确定，一般 $u<6$</td></tr>
</table>

第14篇

续表

项　目	计算公式及说明 小　齿　轮	计算公式及说明 大　齿　轮
齿数 z	1. 通常 $z_1=16\sim30$ 2. 不产生根切的最少齿数 $z_{\min}=\dfrac{2h_a^*}{\sin^2\alpha}\cos\delta$ 3. 选取最少齿数时可参考表 14-3-6 4. 当分度圆直径确定之后,推荐按图 14-3-5 选取 z_1	
变位系数 x,x_t	1. 对于 $u=1$:$x_1=x_2=0,x_{t1}=x_{t2}=0$ 2. 对于格里森齿制:$x_1=0.46\left(1-\dfrac{1}{u^2}\right)$,$x_2=-x_1$;$x_{t1}$ 按图 14-3-4 选取,$x_{t2}=-x_{t1}$ 3. 对于埃尼姆斯齿制:x_1 按表 14-3-8 选取,$x_2=-x_1$;x_{t1} 按表 14-3-9 选取,$x_{t2}=-x_{t1}$	
节锥角 δ	$\tan\delta_1=\dfrac{\sin\Sigma}{u+\cos\Sigma}$	$\delta_2=\Sigma-\delta_1$
分度圆直径 d	$d_1=mz_1$	$d_2=mz_2$
锥距 R	$R=\dfrac{d_1}{2\sin\delta_1}=\dfrac{d_2}{2\sin\delta_2}$	
齿宽系数 ϕ_R	齿宽系数不宜取得过大,否则将引起小端齿顶过薄,齿根圆角半径过小,应力集中过大,故一般取 $\phi_R=\dfrac{1}{4}\sim\dfrac{1}{3}$	
齿宽 b	$b=\phi_R R$,但不得大于 $10m$	
齿顶高 h_a	$h_{a1}=(h_a^*+x_1)m$	$h_{a2}=(h_a^*+x_2)m$
齿高 h	$h=(2h_a^*+c^*)m$	
齿根高 h_f	$h_{f1}=h-h_{a1}$	$h_{f2}=h-h_{a2}$
齿顶圆直径 d_a	$d_{a1}=d_1+2h_{a1}\cos\delta_1$	$d_{a2}=d_2+2h_{a2}\cos\delta_2$
齿根角 θ_f	$\tan\theta_{f1}=\dfrac{h_{f1}}{R}$	$\tan\theta_{f2}=\dfrac{h_{f2}}{R}$
齿顶角 θ_a 不等顶隙收缩齿	$\tan\theta_{a1}=\dfrac{h_{a1}}{R}$	$\tan\theta_{a2}=\dfrac{h_{a2}}{R}$
齿顶角 θ_a 等顶隙收缩齿	$\theta_{a1}=\theta_{f2}$	$\theta_{a2}=\theta_{f1}$
顶锥角 δ_a	$\delta_{a1}=\delta_1+\theta_{a1}$	$\delta_{a2}=\delta_2+\theta_{a2}$
根锥角 δ_f	$\delta_{f1}=\delta_1-\theta_{f1}$	$\delta_{f2}=\delta_2-\theta_{f2}$
安装距 A	按结构确定	
外锥高 A_k	$A_{k1}=\dfrac{d_2}{2}-h_{a1}\sin\delta_1$	$A_{k2}=\dfrac{d_1}{2}-h_{a2}\sin\delta_2$
支承端距 H	$H_1=A_1-A_{k1}$	$H_2=A_2-A_{k2}$
齿距 p	$p=\pi m$	
分度圆弧齿厚 s	$s_1=m\left(\dfrac{\pi}{2}+2x_1\tan\alpha+x_{t1}\right)$	$s_2=p-s_1$
分度圆弦齿厚 $\bar{s}$	$\bar{s}_1=\dfrac{d_1}{\cos\delta_1}\sin\Delta_1\approx s_1-\dfrac{s_1^3\cos^2\delta_1}{6d_1^2}$ 式中　$\Delta_1=\dfrac{s_1\cos\delta_1}{d_1}$　(rad)	$\bar{s}_2=\dfrac{d_2}{\cos\delta_2}\sin\Delta_2\approx s_2-\dfrac{s_2^3\cos^2\delta_2}{6d_2^2}$ 式中　$\Delta_2=\dfrac{s_2\cos\delta_2}{d_2}$　(rad)
分度圆弦齿高 $\bar{h}$	$\bar{h}_1=\dfrac{d_{a1}-d_1\cos\Delta_1}{2\cos\delta_1}\approx h_{a1}+\dfrac{s_1^2}{4d_1}\cos\delta_1$	$\bar{h}_2=\dfrac{d_{a2}-d_2\cos\Delta_2}{2\cos\delta_2}\approx h_{a2}+\dfrac{s_2^2}{4d_2}\cos\delta_2$

续表

项　　目	计算公式及说明	
	小　齿　轮	大　齿　轮
当量齿数 z_v	$z_{v1}=\dfrac{z_1}{\cos\delta_1}$	$z_{v2}=\dfrac{z_2}{\cos\delta_2}$
端面重合度 ε_α	$\varepsilon_\alpha=\dfrac{1}{2\pi}[z_{v1}(\tan\alpha_{va1}-\tan\alpha)+z_{v2}(\tan\alpha_{va2}-\tan\alpha)]$ 式中　$\alpha_{va1}=\arccos\dfrac{z_{v1}\cos\alpha}{z_{v1}+2h_a^*+2x_1}$，$\alpha_{va2}=\arccos\dfrac{z_{v2}\cos\alpha}{z_{v2}+2h_a^*+2x_2}$ ε_α 可由图 14-3-9 查出	

斜齿锥齿轮传动的几何计算

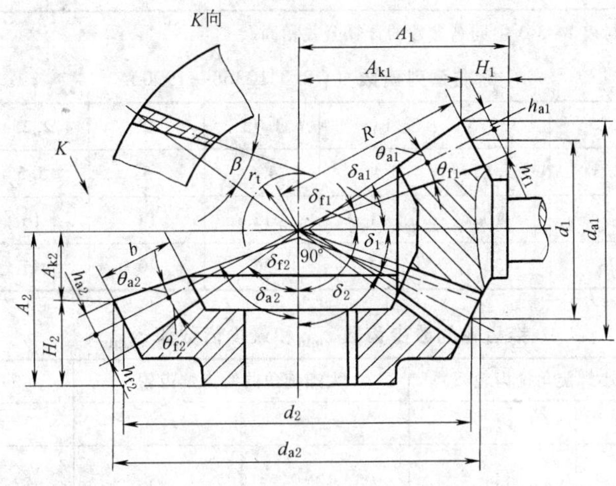

等顶隙收缩齿（$\Sigma=90°$）

表 14-3-4

项　　目	计算公式及说明	
	小　齿　轮	大　齿　轮
螺旋角 β	1. 最好齿线重合度 $\varepsilon_\beta\geqslant1$　$\tan\beta\geqslant\dfrac{\pi(R-b)m\varepsilon_\beta}{Rb}$ 2. 旋向的规定：从锥顶看齿轮，当齿线从小端到大端是顺时针旋转时，为右旋；反之为左旋 3. 旋向的选用：大小齿轮的旋向应相反，且其产生的轴向力应使两齿轮趋于分离，如做不到时，也应使小齿轮趋向分离（轴向力方向的确定见本章第 5 节）	
齿根角 θ_f	$\tan\theta_{f1}=\dfrac{h_{f1}}{R\cos^2\beta}$	$\tan\theta_{f2}=\dfrac{h_{f2}}{R\cos^2\beta}$
切圆半径 r_t	$r_t=R\sin\beta$	
分度圆弧齿厚 s	$s_1=\left(\dfrac{\pi}{2}+\dfrac{2x_1\tan\alpha}{\cos\beta}+x_{t1}\right)m$	$s_2=\pi m-s_1$
弦齿厚 $\bar{s}_n$	$\bar{s}_{n1}=\left(1-\dfrac{s_1\sin2\beta}{4R}\right)\left(s_1-\dfrac{s_1^3\cos^2\delta_1}{6d_1^2}\right)\cos\beta$	$\bar{s}_{n2}=\left(1-\dfrac{s_2\sin2\beta}{4R}\right)\left(s_2-\dfrac{s_2^3\cos^2\delta_2}{6d_2^2}\right)\cos\beta$
弦齿高 $\bar{h}_n$	$\bar{h}_{n1}=\left(1-\dfrac{s_1\sin2\beta}{4R}\right)\left(h_{a1}+\dfrac{s_1^2}{4d_1}\cos\delta_1\right)$	$\bar{h}_{n2}=\left(1-\dfrac{s_2\sin2\beta}{4R}\right)\left(h_{a2}+\dfrac{s_2^2}{4d_2}\cos\delta_2\right)$
当量齿数 z_v	$z_{v1}=\dfrac{z_1}{\cos\delta_1\cos^3\beta}$	$z_{v2}=\dfrac{z_2}{\cos\delta_2\cos^3\beta}$

续表

项　目	计 算 公 式 及 说 明	
	小　齿　轮	大　齿　轮
端面重合度 ε_α	$\varepsilon_\alpha=\frac{1}{2\pi}\left[\frac{z_1}{\cos\delta_1}(\tan\alpha_{vat1}-\tan\alpha_t)+\frac{z_2}{\cos\delta_2}(\tan\alpha_{vat2}-\tan\alpha_t)\right]$ 式中　$\alpha_t=\arctan\left(\frac{\tan\alpha}{\cos\beta}\right)$ $\alpha_{vat1}=\arccos\frac{z_1\cos\alpha_t}{z_1+2(h_a^*+x_1)\cos\delta_1}$ $\alpha_{vat2}=\arccos\frac{z_2\cos\alpha_t}{z_2+2(h_a^*+x_2)\cos\delta_2}$ $\alpha=20°$时的 ε_α 值可由图 14-3-9 查出	

注：其他几何尺寸的计算与表 14-3-3 中同名参数的计算公式相同。

表 14-3-5　　标准系列模数（GB/T 12368—1990）　　mm

1	1.125	1.25	1.375	1.5	1.75	2	2.25	2.5	2.75
3	3.25	3.5	3.75	4	4.5	5	5.5	6	6.5
7	8	9	10	11	12	14	16	18	20
22	25	28	30	32	36	40	45	50	

表 14-3-6　　锥齿轮的最少齿数 z_{min} 和最少齿数和 $z_{\Sigma min}$

用　途	直齿及小螺旋角锥齿轮		大螺旋角曲线齿锥齿轮		非零变位大螺旋角锥齿轮	
	z_{min}	$z_{\Sigma min}$	z_{min}	$z_{\Sigma min}$	z_{min}	$z_{\Sigma min}$
工业用 $\alpha=20°$ $h_a^*=\cos\beta_m$	13 ≥14	44 34	12 13～14 ≥15	45 40 34	10 11 ≥12	30 27 24
汽车，高减速比①	6～8 9～12	35～40 24～38	6～9 10～11	40 38	3～5 6～9	35 25

① 采用大齿形角、短齿高，大螺旋角，大正值变位（$x_1>0.5$）以消除根切，见参考文献［1］。

表 14-3-7　　直齿及零度弧齿锥齿轮高变位系数（格里森齿制，$\Sigma=90°$）

u	x	u	x	u	x	u	x
<1.00	0.00	1.15～1.17	0.12	1.42～1.45	0.24	2.06～2.16	0.36
1.00～1.02	0.01	1.17～1.19	0.13	1.45～1.48	0.25	2.16～2.27	0.37
1.02～1.03	0.02	1.19～1.21	0.14	1.48～1.52	0.26	2.27～2.41	0.38
1.03～1.04	0.03	1.21～1.23	0.15	1.52～1.56	0.27	2.41～2.58	0.39
1.04～1.05	0.04	1.23～1.25	0.16	1.56～1.60	0.28	2.58～2.78	0.40
1.05～1.06	0.05	1.25～1.27	0.17	1.60～1.65	0.29	2.78～3.05	0.41
1.06～1.08	0.06	1.27～1.29	0.18	1.65～1.70	0.30	3.05～3.41	0.42
1.08～1.09	0.07	1.29～1.31	0.19	1.70～1.76	0.31	3.41～3.94	0.43
1.09～1.11	0.08	1.31～1.33	0.20	1.76～1.82	0.32	3.94～4.82	0.44
1.11～1.12	0.09	1.33～1.36	0.21	1.82～1.89	0.33	4.82～6.81	0.45
1.12～1.14	0.10	1.36～1.39	0.22	1.89～1.97	0.34	>6.81	0.46
1.14～1.15	0.11	1.39～1.42	0.23	1.97～2.06	0.35		

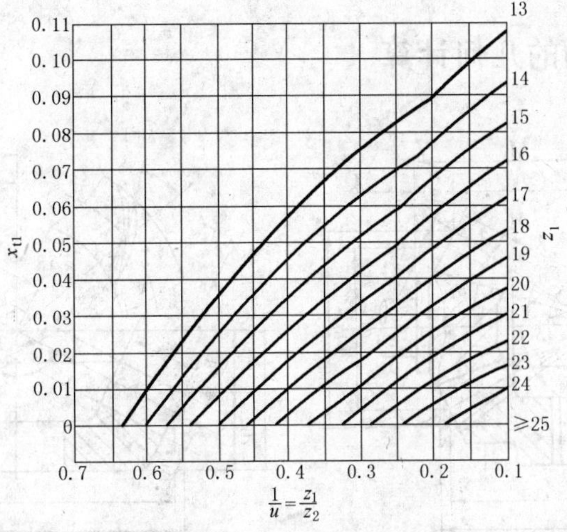

图 14-3-4 直齿及零度弧齿锥齿轮切向变位系数 x_t（格里森齿制，$\alpha=20°$）

表 14-3-8 直齿锥齿轮高变位系数 x_1（埃尼姆斯齿制，$\Sigma=90°$）

齿数比 $u=\frac{z_2}{z_1}$	x_1											
	小轮齿数 z_1											
	10	11	12	13	14	15	18	20	25	30	35	40
1.02～1.05	—	—	—	—	0.05	0.04	0.04	0.04	0.03	0.03	0.02	0.02
>1.05～1.09	—	—	—	—	0.07	0.07	0.06	0.05	0.05	0.04	0.03	0.03
>1.09～1.14	—	—	—	—	0.10	0.10	0.08	0.08	0.06	0.05	0.04	0.04
>1.14～1.18	—	—	—	0.13	0.12	0.11	0.10	0.09	0.08	0.07	0.06	0.06
>1.18～1.22	—	—	—	0.15	0.14	0.14	0.13	0.12	0.10	0.09	0.08	0.07
>1.22～1.27	—	—	—	0.19	0.18	0.17	0.15	0.14	0.12	0.10	0.09	0.08
>1.27～1.32	—	—	—	0.22	0.21	0.20	0.18	0.16	0.13	0.11	0.10	0.09
>1.32～1.39	—	—	0.25	0.24	0.23	0.22	0.20	0.18	0.15	0.13	0.12	0.10
>1.39～1.46	—	—	0.29	0.27	0.26	0.25	0.22	0.21	0.17	0.15	0.13	0.12
>1.46～1.54	—	—	0.33	0.31	0.30	0.27	0.25	0.23	0.20	0.18	0.16	0.14
>1.54～1.65	—	—	0.37	0.35	0.33	0.30	0.27	0.25	0.22	0.19	0.17	0.15
>1.65～1.80	—	0.41	0.39	0.38	0.36	0.34	0.30	0.27	0.24	0.21	0.19	0.16
>1.80～1.95	—	0.44	0.42	0.40	0.38	0.36	0.33	0.30	0.26	0.22	0.20	0.19
>1.95～2.10	0.49	0.48	0.47	0.44	0.42	0.40	0.36	0.34	0.29	0.25	0.22	0.20
>2.10～2.40	0.53	0.51	0.49	0.47	0.45	0.42	0.39	0.36	0.32	0.27	0.24	0.22
>2.40～2.70	0.57	0.54	0.51	0.49	0.47	0.45	0.42	0.39	0.34	0.30	0.26	0.24
>2.70～3.00	0.59	0.55	0.52	0.51	0.49	0.47	0.43	0.40	0.35	0.31	0.27	0.25
>3.00～4.00	0.60	0.56	0.53	0.52	0.50	0.48	0.44	0.42	0.36	0.32	0.28	0.25
>4.00～6.00	0.61	0.58	0.54	0.53	0.51	0.49	0.45	0.43	0.37	0.34	0.30	0.26
>6.00	0.62	0.60	0.55	0.54	0.52	0.50	0.46	0.44	0.38	0.35	0.31	—

表 14-3-9 直齿锥齿轮切向变位系数 x_{t1}（埃尼姆斯齿制，$\Sigma=90°$）

齿数比 u	小齿轮齿数 z_1	切向变位系数 x_{t1}	齿数比 u	小齿轮齿数 z_1	切向变位系数 x_{t1}
1.09～1.14	14～40	0.01	>2.1～2.4	10～14	0.06
>1.14～1.18	13～40	0.01	>2.1～2.4	15～40	0.07
>1.18～1.32	13～40	0.02	>2.4～3.0	10～40	0.07
>1.32～1.39	12～40	0.02	>3.0～4.0	10～40	0.08
>1.39～1.46	12～40	0.03	>4.0～6.0	10～14	0.09
>1.46～1.65	12～40	0.04	4.0～6.0	15～40	0.08
>1.65～1.95	11～40	0.05	6.0 以上	10～13	0.10
>1.95～2.10	10～40	0.06	6.0 以上	14～35	0.09

3.2 弧齿锥齿轮传动的几何计算

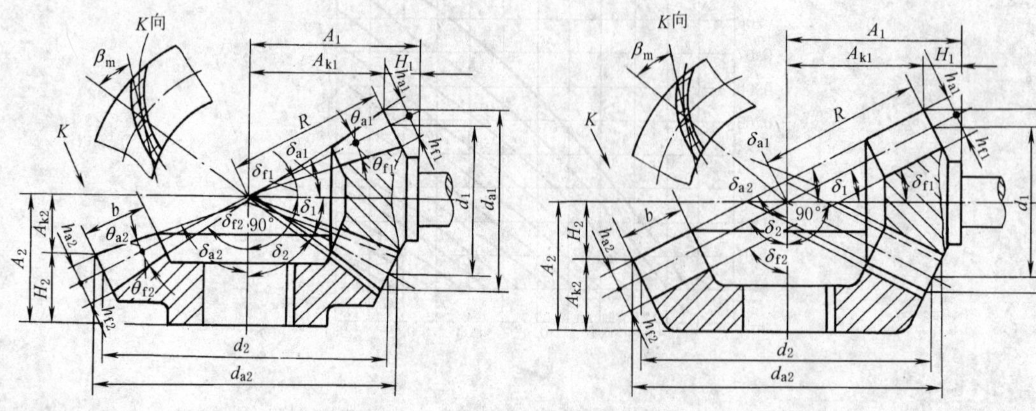

表 14-3-10

项　目	计 算 公 式 及 说 明		
	零度弧齿锥齿轮	弧 齿 锥 齿 轮	
	等顶隙收缩齿、双重收缩齿 （格里森齿制）	等顶隙收缩齿 （格里森齿制、埃尼姆斯齿制）	等高齿（洛-卡氏齿制）
齿形角 α 齿顶高系数 h_a^* 顶隙系数 c^*	根据所选定的齿形制，按表 14-3-2 确定		
大端端面模数 m	$m=\dfrac{d_1}{z_1}=\dfrac{d_2}{z_2}$，根据强度计算或类比法确定，可以取非标准或非整数的数值		
齿数比 u	$u=\dfrac{z_2}{z_1}=\dfrac{n_1}{n_2}$，按传动要求确定，一般 $u=1\sim10$		
齿数 z	1. 不产生根切的最少齿数 $z_{\min}=\dfrac{2h_a^*}{\sin^2\alpha_m}\cos\delta\cos^3\beta_m$ 2. 选取最少齿数时可参考表 14-3-6 3. 当分度圆直径确定后，推荐按图 14-3-5 或图 14-3-6 选取 z_1		推荐的小齿轮最少齿数见表 14-3-11
变位系数 x,x_t	$x_1=0.46\left(1-\dfrac{1}{u^2}\right)$，$x_2=-x_1$，或按表 14-3-7 选取 x_{t1} 按图 14-3-4 选取，$x_{t2}=-x_{t1}$	格里森齿制： $x_1=0.39\left(1-\dfrac{1}{u^2}\right)$，$x_2=-x_1$，或按表 14-3-15 选取 x_{t1} 按图 14-3-7 选取，$x_{t2}=-x_{t1}$ 埃尼姆斯齿制： x_1 见表 14-3-16，$x_2=-x_1$ x_{t1} 见表 14-3-17，$x_{t2}=-x_{t1}$	$\beta_1>10°$ 时，$x_1=0.4\left(1-\dfrac{1}{u^2}\right)$，$x_2=-x_1$ $\beta_1=10°$ 时，$x_1=0.47$，$x_2=-x_1$ 用简单双面法加工，且 $u<1.5$ 时，$x_{t1}=0.18\cos\beta_t$，$x_{t2}=-x_{t1}$ 其他条件下，$x_{t1}=x_{t2}=0$
齿宽中点螺旋角 β_m	$\beta_{m1}=\beta_{m2}=0°$，两轮旋向相反（旋向的规定见右栏）	1. 等顶隙收缩齿的标准螺旋角 $\beta_m=35°$，等高齿的螺旋角 $\beta_m=10°\sim35°$，两轮齿宽中点的螺旋角数值相等，旋向相反 2. 增大螺旋角可以增加齿线重合度，提高传动平稳性，降低噪声，但轴向力也随之增大 3. 决定螺旋角大小时，至少使齿线重合度 $\varepsilon_\beta\geqslant1.25$，如果条件允许可使 $\varepsilon_\beta=1.5\sim2.0$。$\varepsilon_\beta$ 和 β_m 的关系可利用图 14-3-8 确定 4. 旋向规定：从锥顶看齿轮，当齿线从小端到大端是顺时针旋转时，为右旋；反之为左旋 5. 选定旋向时，大小齿轮的旋向应相反，其产生的轴向力应使两齿轮趋向分离，如果做不到时，也应使小齿轮趋向分离（轴向力方向的确定见本章第 5 节）	

续表

项　目	计算公式及说明		
	零度弧齿锥齿轮	弧齿锥齿轮	
	等顶隙收缩齿、双重收缩齿（格里森齿制）	等顶隙收缩齿（格里森齿制、埃尼姆斯齿制）	等高齿（洛-卡氏齿制）
分锥角 δ	$\tan\delta_1=\dfrac{\sin\Sigma}{u+\cos\Sigma},\delta_2=\Sigma-\delta_1$		
分度圆直径 d	$d_1=mz_1,d_2=mz_2$		
锥距 R	$R=\dfrac{d_1}{2\sin\delta_1}=\dfrac{d_2}{2\sin\delta_2}$		
齿宽系数 ϕ_R	$\phi_R=\dfrac{b}{R}\leqslant\dfrac{1}{4}$	$\phi_R=\dfrac{b}{R}=\dfrac{1}{3.5}\sim\dfrac{1}{3}$	$\phi_R=\dfrac{b}{R}=\dfrac{1}{4}\sim\dfrac{1}{3}$
齿宽 b	取 $b=\phi_R R$ 和 $b=10m$ 中的较小值		
齿顶高 h_a	$h_{a1}=(h_a^*+x_1)m$ $h_{a2}=(h_a^*+x_2)m$		$h_{a1}=(h_a^*+x_1)(1-\phi_R)m$ $h_{a2}=(h_a^*+x_2)(1-\phi_R)m$
齿高 h	$h=(2h_a^*+c^*)m$		$h=(2h_a^*+c^*)(1-\phi_R)m$
齿根高 h_f	$h_{f1}=h-h_{a1}$ $h_{f2}=h-h_{a2}$		$h_{f1}=h-h_{a1}$ $h_{f2}=h-h_{a2}$
齿顶圆直径 d_a	$d_{a1}=d_1+2h_{a1}\cos\delta_1,d_{a2}=d_2+2h_{a2}\cos\delta_2$		
齿根角 θ_f	$\theta_{f1}=\arctan\dfrac{h_{f1}}{R}+\Delta\theta_f$ $\theta_{f2}=\arctan\dfrac{h_{f2}}{R}+\Delta\theta_f$ 等顶隙收缩齿 $\Delta\theta_f=0$ 双重收缩齿 $\Delta\theta_f$ 见表 14-3-12	$\tan\theta_{f1}=\dfrac{h_{f1}}{R}$ $\tan\theta_{f2}=\dfrac{h_{f2}}{R}$	
齿顶角 θ_a	$\theta_{a1}=\theta_{f2},\theta_{a2}=\theta_{f1}$		
顶锥角 δ_a	$\delta_{a1}=\delta_1+\theta_{a1},\delta_{a2}=\delta_2+\theta_{a2}$		$\delta_{a1}=\delta_1,\delta_{a2}=\delta_2$
根锥角 δ_f	$\delta_{f1}=\delta_1-\theta_{f1},\delta_{f2}=\delta_2-\theta_{f2}$		$\delta_{f1}=\delta_1,\delta_{f2}=\delta_2$
外锥高 A_k	$A_{k1}=R\cos\delta_1-h_{a1}\sin\delta_1,A_{k2}=R\cos\delta_2-h_{a2}\sin\delta_2$		
安装距 A	按结构确定，一般凑成整数		
支承端距 H	$H_1=A_1-A_{k1},H_2=A_2-A_{k2}$		
弧齿厚 s	$s_1=m\left(\dfrac{\pi}{2}+\dfrac{2x_1\tan\alpha}{\cos\beta}+x_{t1}\right),s_2=\pi m-s_1$ 式中 β 为大端螺旋角，按表 14-3-13 计算		
弦齿厚 $\bar{s}_n$	根据切齿方法确定，一般由机床调整计算		
弦齿高 $\bar{h}_n$	根据切齿方法确定，一般由机床调整计算		
当量齿数 z_v	$z_{v1}=\dfrac{z_1}{\cos\delta_1},z_{v2}=\dfrac{z_2}{\cos\delta_2}$	$z_{v1}=\dfrac{z_1}{\cos\delta_1\cos^3\beta_m},z_{v2}=\dfrac{z_2}{\cos\delta_2\cos^3\beta_m}$	
重合度：端面重合度 ε_α	$\varepsilon_\alpha=\dfrac{1}{2\pi}[z_{v1}(\tan\alpha_{va1}-\tan\alpha)+z_{v2}(\tan\alpha_{va2}-\tan\alpha)]$ 式中 $\alpha_{va1}=\arccos\dfrac{z_{v1}\cos\alpha}{z_{v1}+2h_a^*+2x_1}$ $\alpha_{va2}=\arccos\dfrac{z_{v2}\cos\alpha}{z_{v2}+2h_a^*+2x_2}$	$\varepsilon_\alpha=\dfrac{1}{2\pi}\left[\dfrac{z_1}{\cos\delta_1}(\tan\alpha_{vat1}-\tan\alpha_t)+\dfrac{z_2}{\cos\delta_2}(\tan\alpha_{vat2}-\tan\alpha_t)\right]$ 式中 $\alpha_t=\arctan\left(\dfrac{\tan\alpha}{\cos\beta_m}\right)$ $\alpha_{vat1}=\arccos\dfrac{z_1\cos\alpha_t}{z_1+2(h_a^*+x_1)\cos\delta_1}$ $\alpha_{vat2}=\arccos\dfrac{z_2\cos\alpha_t}{z_2+2(h_a^*+x_2)\cos\delta_2}$	
	$\alpha=20°$时，ε_α 值可由图 14-3-9 查出		
重合度：齿线重合度 ε_β	$\varepsilon_\beta=0$	$\varepsilon_\beta\approx\dfrac{1}{1-0.5\phi_R}\times\dfrac{b\tan\beta_m}{\pi m}$	
		$b/R=0.3$ 时，ε_β 可由图 14-3-8 查出	
重合度：总重合度 ε_γ	$\varepsilon_\gamma=\varepsilon_\alpha$	$\varepsilon_\gamma=\sqrt{\varepsilon_\alpha^2+\varepsilon_\beta^2}$	

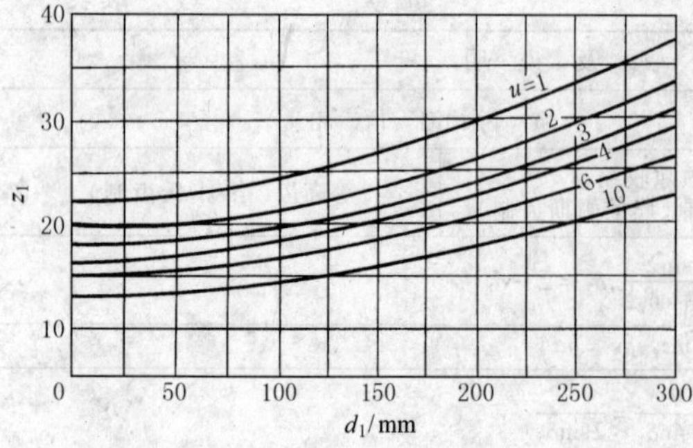

图 14-3-5　直齿及零度弧齿锥齿轮小轮齿数 z_1

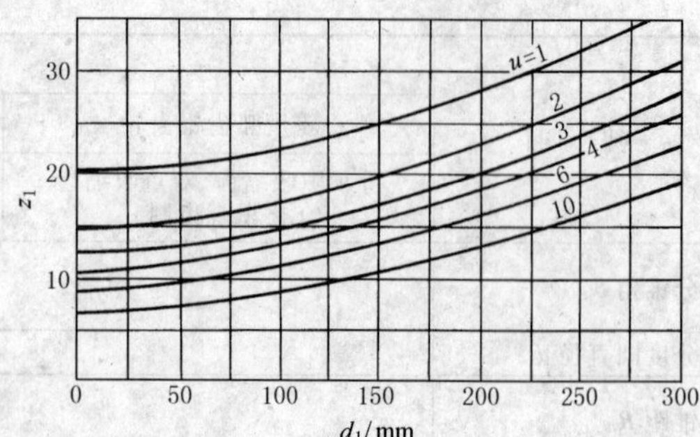

图 14-3-6　弧齿锥齿轮小轮齿数 z_1（$\beta_m=35°$）

表 14-3-11　**等高齿弧齿锥齿轮小轮齿数 z_1**

切齿方法	齿形角 α	中点螺旋角 β_m	传动比 i	小齿轮最少齿数				R/D_0	锥距 R /mm
				$i=1.0\sim1.5$	$i=1.5\sim2.5$	$i=2.5\sim3.5$	$i=3.5\sim10$		
单面法	20°	10°~35°	1~10	19	16	13	10	0.55~0.9	50~810
简单双面法	20°	10°~35°	1~10	23	18	14	10	0.67~1.0	60~800

表 14-3-12　**双重收缩齿零度弧齿锥齿轮齿根角增量 $\Delta\theta_f$**

齿形角 α	20°	22°30′	25°
平面齿轮齿数 z_p	$z_p=\dfrac{2R}{m}=\sqrt{z_1^2+z_2^2}$		
齿根角增量 $\Delta\theta_f$	$\Delta\theta_f=\dfrac{6668}{z_p}-\dfrac{1512\sqrt{d_1\sin\delta_2}}{z_pb}-\dfrac{355.6}{z_pm}$	$\Delta\theta_f=\dfrac{4868}{z_p}-\dfrac{1512\sqrt{d_1\sin\delta_2}}{z_pb}-\dfrac{355.6}{z_pm}$	$\Delta\theta_f=\dfrac{3412}{z_p}-\dfrac{1512\sqrt{d_1\sin\delta_2}}{z_pb}-\dfrac{355.6}{z_pm}$

表 14-3-13　**弧齿锥齿轮螺旋角计算公式**

名称	代号	计算公式
任意点螺旋角	β_x	$\sin\beta_x=\dfrac{1}{d_0}\left[R_x+\dfrac{R_m(d_0\sin\beta_m-R_m)}{R_x}\right]$
大端螺旋角	β	$\sin\beta=\dfrac{1}{d_0}\left[R+\dfrac{R_m(d_0\sin\beta_m-R_m)}{R}\right]$
小端螺旋角	β_i	$\sin\beta_i=\dfrac{1}{d_0}\left[R_i+\dfrac{R_m(d_0\sin\beta_m-R_m)}{R_i}\right]$
说明		R_x——任意点锥距； R_m——中点锥距，$R_m=R-\dfrac{b}{2}$； R_i——小端锥距，$R_i=R-b$； d_0——铣刀盘名义直径，其值已标准化，见表 14-3-14

表 14-3-14　**铣刀盘名义直径 d_0**

名义直径 d_0		螺旋角 β_m/(°)	锥距 R/mm	最大齿高 /mm	最大齿宽 /mm	最大模数 /mm
英制，in	公制，mm	推荐值				
1/2	12.7	≤15	6~13	3.5	4	1.75
1⅒	27.94	≤25	13~19	3.5	6.5	1.75
1½	38.10	≤25	19~25	5	8	2.5
2	50.8	≤25	25~38	5	11	2.5

续表

名义直径 d_0		螺旋角 β_m/(°)	锥距 R/mm	最大齿高/mm	最大齿宽/mm	最大模数/mm
英制,in	公制,mm	推荐值				
3½	88.9	0~15 >15	20~40 36~65	8.7	20	3.5
6	152.4	0~15 >15	35~70 60~100	10	30	4.5 5
9	228.6	0~15 15~25 >25	60~120 90~160 90~160	15	50	6.5 7.5 8
12	304.8	0~15 15~25 >25	90~180 140~210 140~210	20	65	9 10 11
18	457.2	0~15 15~25 >25	160~240 190~320 190~320	28	100	12 14 15
21	533.4	0~15 15~25 >25	190~280 220~370 220~370	35	115	14 16 17.5
24	609.6	0~15 15~25 >25	210~320 250~420 250~420	40	130	16 18 20
27	685.8	0~15 15~25 >25	240~360 280~480 280~480	45	150	18 20 22.5
30	762	0~15 15~25 >25	270~400 320~530 320~530	50	170	20 22 25
33	838.2	0~15 15~25 >25	290~440 350~590 350~590	55	190	22 24 27.5
36	914.4	0~15 15~25 >25	320~480 380~640 380~640	60	210	24 26 30
39	990.6	0~15 15~25 >25	340~490 400~690 400~690	65	230	26 28 32.5
42	1066.8	0~15 15~25 >25	370~560 440~740 440~740	70	250	28 30 35

注：1. 本表只适用于收缩齿弧齿锥齿轮。

2. $d_0 \geqslant 21$in 的铣刀盘只用于大型弧齿锥齿轮加工机床。

表 14-3-15　弧齿锥齿轮高变位系数（格里森齿制）

u	x	u	x	u	x	u	x
<1.00	0.00	1.15~1.17	0.10	1.41~1.44	0.20	1.99~2.10	0.30
1.00~1.02	0.01	1.17~1.19	0.11	1.44~1.48	0.21	2.10~2.23	0.31
1.02~1.03	0.02	1.19~1.21	0.12	1.48~1.52	0.22	2.23~2.38	0.32
1.03~1.05	0.03	1.21~1.23	0.13	1.52~1.57	0.23	2.38~2.58	0.33
1.05~1.06	0.04	1.23~1.26	0.14	1.57~1.63	0.24	2.58~2.82	0.34
1.06~1.08	0.05	1.26~1.28	0.15	1.63~1.68	0.25	2.82~3.17	0.35
1.08~1.09	0.06	1.28~1.31	0.16	1.68~1.75	0.26	3.17~3.67	0.36
1.09~1.11	0.07	1.31~1.34	0.17	1.75~1.82	0.27	3.67~4.56	0.37
1.11~1.13	0.08	1.34~1.37	0.18	1.82~1.90	0.28	4.56~7.00	0.38
1.13~1.15	0.09	1.37~1.41	0.19	1.90~1.99	0.29	>7.00	0.39

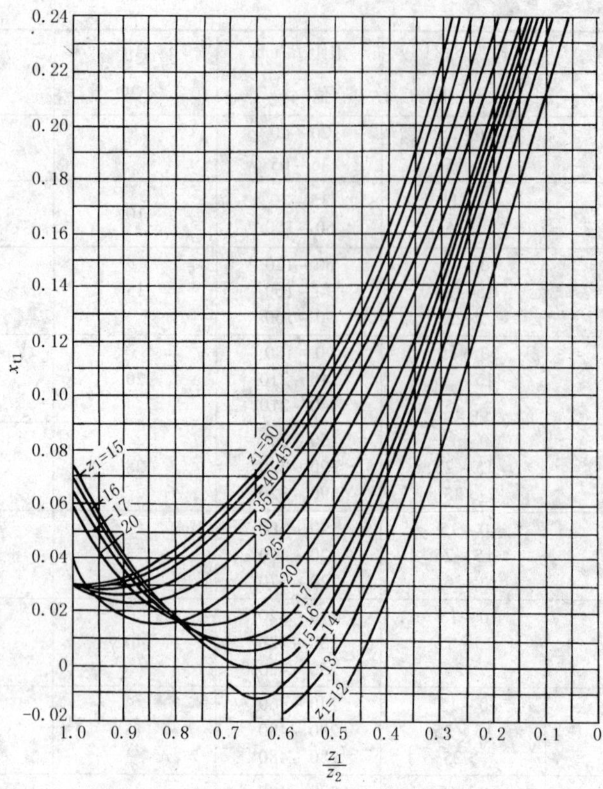

图 14-3-7 弧齿锥齿轮切向变位系数 x_t［格里森齿制 Σ（或当量 Σ）=90°］

表 14-3-16 弧齿锥齿轮高变位系数 x_1（埃尼姆斯齿制，$\Sigma=90°$，$\beta_m=35°$）

u \ z_1	10	11	12	13	14	15	18	20	25	30	35	40
1.00～1.02	—	—	—	0	0	0	0	0	0	0	0	0
1.02～1.05	—	—	—	0.02	0.02	0.02	0.02	0.01	0.01	0.01	0.01	0.01
1.05～1.08	—	—	—	0.03	0.03	0.03	0.03	0.03	0.02	0.02	0.01	0.01
1.08～1.12	—	—	—	0.04	0.03	0.03	0.03	0.03	0.02	0.02	0.02	0.01
1.12～1.16	—	—	—	0.06	0.06	0.05	0.05	0.04	0.04	0.03	0.03	0.02
1.16～1.20	—	—	—	0.08	0.08	0.07	0.07	0.06	0.05	0.05	0.04	0.04
1.20～1.25	—	—	—	0.10	0.10	0.09	0.08	0.07	0.06	0.06	0.05	0.05
1.25～1.30	—	—	—	0.12	0.12	0.10	0.09	0.09	0.08	0.07	0.06	0.05
1.30～1.35	—	—	—	0.14	0.14	0.12	0.10	0.10	0.09	0.07	0.06	0.06
1.35～1.40	—	0.18	0.17	0.16	0.15	0.14	0.12	0.11	0.09	0.08	0.07	0.06
1.40～1.50	—	0.20	0.19	0.18	0.17	0.16	0.14	0.12	0.10	0.09	0.08	0.07
1.50～1.60	0.24	0.23	0.22	0.20	0.19	0.18	0.16	0.14	0.12	0.11	0.09	0.08
1.60～1.80	0.27	0.25	0.24	0.22	0.21	0.20	0.18	0.16	0.14	0.12	0.10	0.09
1.80～2.0	0.30	0.28	0.26	0.25	0.24	0.23	0.20	0.18	0.15	0.13	0.12	0.10
2.0～2.25	0.32	0.30	0.28	0.27	0.26	0.24	0.22	0.20	0.17	0.14	0.13	0.11
2.25～2.5	0.34	0.32	0.30	0.29	0.28	0.26	0.24	0.22	0.18	0.15	0.13	0.12
2.5～3.0	0.37	0.35	0.32	0.31	0.30	0.28	0.25	0.23	0.19	0.16	0.14	0.13
3.0～3.5	0.38	0.35	0.33	0.31	0.30	0.29	0.26	0.24	0.19	0.17	0.13	0.13
3.5～4.5	0.38	0.36	0.34	0.32	0.31	0.30	0.26	0.24	0.20	0.18	0.15	0.14
4.5～6	0.38	0.37	0.35	0.33	0.31	0.31	0.27	0.25	0.21	0.18	0.16	0.14
>6	0.38	0.37	0.35	0.33	0.32	0.31	0.28	0.26	0.22	0.19	0.17	—

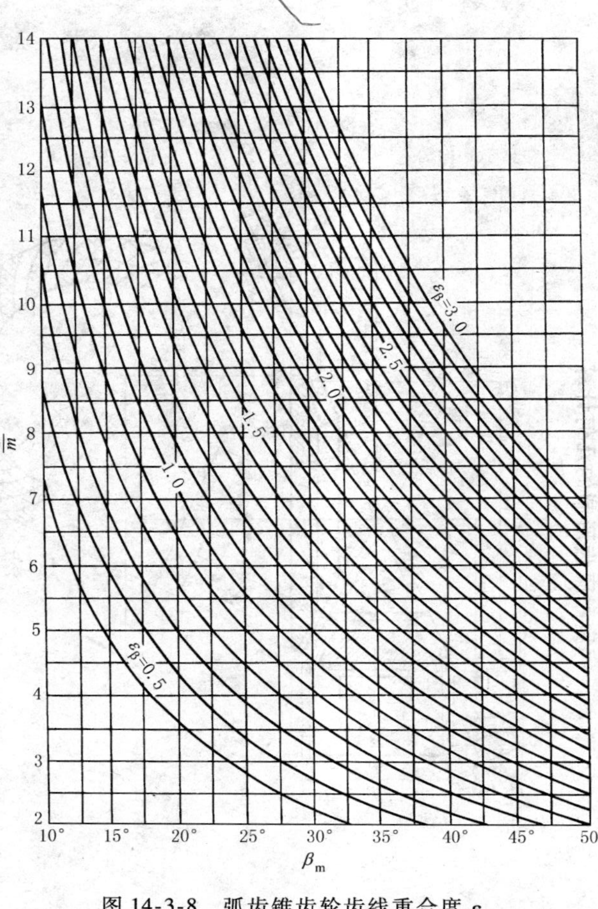

图 14-3-8　弧齿锥齿轮齿线重合度 ε_β

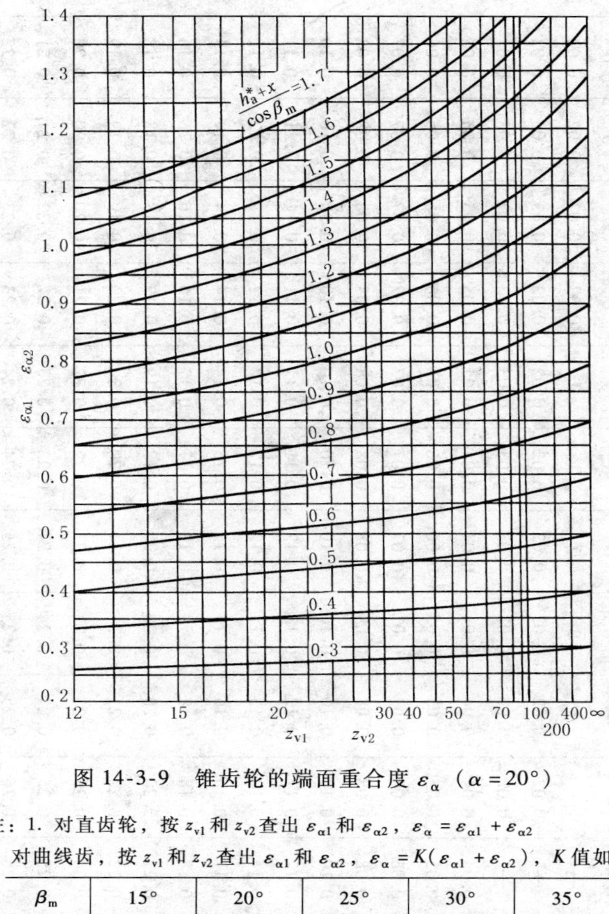

图 14-3-9　锥齿轮的端面重合度 ε_α（$\alpha=20°$）

注：1. 对直齿轮，按 z_{v1} 和 z_{v2} 查出 $\varepsilon_{\alpha1}$ 和 $\varepsilon_{\alpha2}$，$\varepsilon_\alpha=\varepsilon_{\alpha1}+\varepsilon_{\alpha2}$

2. 对曲线齿，按 z_{v1} 和 z_{v2} 查出 $\varepsilon_{\alpha1}$ 和 $\varepsilon_{\alpha2}$，$\varepsilon_\alpha=K(\varepsilon_{\alpha1}+\varepsilon_{\alpha2})$，$K$ 值如下：

β_m	15°	20°	25°	30°	35°
K	0.941	0.897	0.842	0.779	0.709

表 14-3-17　　弧齿锥齿轮切向变位系数 x_{t1}（埃尼姆斯齿制，$\Sigma=90°$，$\beta_m=35°$）

u \ z_1	10	11	12	13	14	15	18	20	25	30	35	40
1.00～1.15	—	—	—	0	0	0	0	0	0	0	0	0
1.15～1.30	—	—	—	0	0	0	0	0.02	0.02	0.02	0.02	0.02
1.30～1.45	—	0.02	0.02	0.02	0.02	0.02	0.02	0.02	0.03	0.03	0.03	0.03
1.45～1.60	—	0.02	0.02	0.02	0.03	0.03	0.03	0.03	0.03	0.03	0.03	0.03
1.60～1.75	0.04	0.04	0.04	0.04	0.04	0.04	0.05	0.05	0.05	0.05	0.05	0.05
1.75～1.90	0.05	0.05	0.05	0.05	0.06	0.06	0.06	0.06	0.06	0.06	0.06	0.06
1.90～2.05	0.06	0.06	0.07	0.07	0.07	0.07	0.07	0.07	0.07	0.07	0.07	0.07
2.05～2.25	0.08	0.08	0.08	0.08	0.08	0.08	0.08	0.08	0.08	0.08	0.08	0.08
2.25～2.50	0.10	0.10	0.10	0.10	0.10	0.10	0.10	0.10	0.10	0.10	0.10	0.10
2.50～2.75	0.12	0.12	0.12	0.12	0.12	0.11	0.11	0.11	0.11	0.11	0.11	0.11
2.75～3.00	0.14	0.13	0.13	0.13	0.13	0.12	0.12	0.12	0.12	0.12	0.12	0.12
3.0～3.5	0.17	0.16	0.16	0.15	0.15	0.15	0.14	0.14	0.14	0.14	0.14	0.13
3.5～4.0	0.18	0.18	0.18	0.18	0.17	0.17	0.17	0.16	0.16	0.16	0.16	0.15
4.0～4.5	0.21	0.20	0.20	0.20	0.20	0.19	0.19	0.19	0.18	0.18	0.18	0.18
4.5～5.0	0.22	0.22	0.21	0.21	0.21	0.20	0.20	0.20	0.19	0.19	0.19	0.19
5.0～6.0	0.24	0.24	0.23	0.23	0.23	0.22	0.22	0.21	0.20	0.20	0.20	0.20
6.0～7.0	0.25	0.25	0.24	0.24	0.24	0.23	0.23	0.22	0.22	0.21	0.21	—
7.0～8.0	0.26	0.26	0.25	0.25	0.25	0.24	0.24	0.23	0.23	0.22	0.22	—
8.0～9.0	0.27	0.27	0.26	0.26	0.26	0.25	0.25	0.24	0.24	0.23	0.23	—
9.0～10.0	0.29	0.28	0.28	0.27	0.27	0.26	0.26	0.25	0.25	0.24	0.24	—

3.3　摆线等高齿锥齿轮传动的几何计算

奥利康齿形制的几何计算

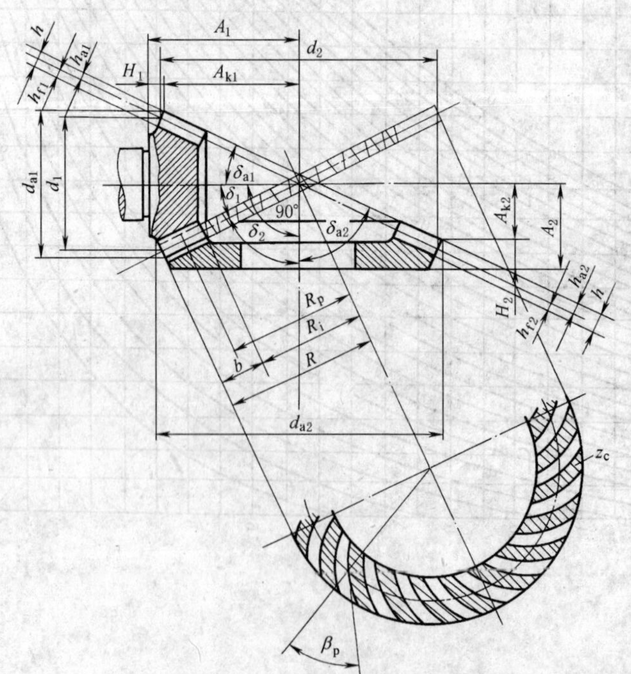

表 14-3-18

项　目	计算公式及说明	例题(长度单位:mm)
齿形角 α	EN 刀盘:$\alpha=20°$ TC 刀盘:$\alpha=17°30'$	选 TC 刀盘,$\alpha=17°30'$
大端端面模数 m	根据强度要求或类比法确定	$m=6.35$
齿数比 u	$u=\frac{z_2}{z_1}=\frac{n_1}{n_2}$,按传动要求确定,一般 $u=1\sim10$	$u=1.35$
齿数 z	z_1 和 z_2 最好没有公因数,与刀盘的刀片组数 z_w 最好也没有公因数	$z_1=23,z_2=uz_1=1.35\times23=31.05$,取 $z_2=31$,则实际齿数比 $u=1.3479$
分锥角 δ	$\delta_1=\arctan\frac{z_1}{z_2},\delta_2=90°-\delta_1$	$\tan\delta_1=\frac{23}{31}=0.741935$ $\delta_1=36°34'22''$ $\delta_2=53°25'38''$
分度圆直径 d	$d_1=mz_1,d_2=mz_2$	$d_1=6.35\times23=146.05$ $d_2=6.35\times31=196.85$
锥距 R	$R=\frac{d_1}{2\sin\delta_1}=\frac{d_2}{2\sin\delta_2}$	$R=\frac{146.05}{2\times\sin36°34'22''}=122.56$
齿宽 b	$b=\left(\frac{1}{4}\sim\frac{1}{3}\right)R$	$b=32$
假想平面齿轮齿数 z_c	$z_c=\frac{z_2}{\sin\delta_2}$	$z_c=\frac{31}{\sin53°25'28''}=38.60$
参考点锥距 R_p	$R_p=R-0.415b$	$R_p=122.56-0.415\times32$ $=109.28$
小端锥距 R_i	$R_i=R-b$	$R_i=122.56-32=90.56$
齿宽中点螺旋角 β_m	在 $\beta_m=30°\sim45°$范围内初选一值。一般可预选 $\beta_m=35°$	取 $\beta_m=35°$,小齿轮右旋,大齿轮左旋
初定参考点螺旋角 β_p'	$\beta_p'=0.914(\beta_m+6)°$	$\beta_p'=0.914\times(35°+6°)$ $=37.5°$
选择铣刀盘	根据 R_p 和 β_p' 按图 14-3-10 决定标准刀盘半径 r_b,并按选用的 r_b 求出相应的螺旋角 β_p'',然后由表 14-3-19 确定刀盘号和刀片组数 z_w	由图 14-3-10 确定 $r_b=70,\beta_p''=39.5°$,由表 14-3-19选刀盘号为 TC5-70,$z_w=5$
选择刀片型号	根据 z_c 及 β_p'' 按图 14-3-11 及表 14-3-19 确定刀片号,并查出刀片平均节点半径 r_w 的平方值 r_w^2	由图 14-3-11 查出 A 点,它介于 2 号与 3 号刀片之间。由表 14-3-19 选 3 号刀片,$r_w^2=5039.24$
参考点法向模数 m_p	$m_p=2\sqrt{\frac{R_p^2-r_w^2}{z_c^2-z_w^2}}$	$m_p=2\sqrt{\frac{109.28^2-5039.24}{38.60^2-5^2}}$ $=4.341$
参考点实际螺旋角 β_p	$\cos\beta_p=\frac{m_pz_c}{2R_p}$	$\cos\beta_p=\frac{4.341\times38.60}{2\times109.28}=0.76667$ $\beta_p=39°57'$
齿高 h	$h=2.15m_p+0.35$	$h=2.15\times4.341+0.35$ $=9.68$

续表

项　　目	计算公式及说明	例题(长度单位:mm)
铣刀轴倾角 $\Delta\alpha$	应尽量使 δ_2 小于由图 14-3-12 所确定的 δ_{2max},满足这一条件时,$\Delta\alpha=0$。若 $\delta_2>\delta_{2max}$,应通过加大螺旋角、增加齿数、降低齿顶高(最低可达 $0.9m_p$)等方法使 $\delta_2<\delta_{2max}$;另外也可以通过倾斜铣刀轴的方法加大 δ_{2max},铣刀轴倾角 $\Delta\alpha$ 可为1°30′或 3°,其相应的 δ_{2max} 见图 14-3-13 或图14-3-14	由$\frac{r_b}{h}=\frac{70}{9.75}=7.18$ 和 $\beta_p=39°57'$查图 14-3-12 得 $\delta_{2max}=79°48'>\delta_2$,$\therefore\ \Delta\alpha=0°$
高变位系数 x	$z_1\geqslant16$ 时,$x_1=0$ $z_1<16$ 时,$x_1\geqslant1-\dfrac{R_i\dfrac{z_1}{z_2}f-0.35}{m_p}$ $f=\dfrac{\sin^2(\alpha-\Delta\alpha)}{\cos^2\beta_i}$ β_i——小端螺旋角,查图 14-3-15 $x_2=-x_1$	$\because\ z_1=23>16$ $\therefore\ x_1=x_2=0$
齿顶高 h_a	$h_{a1}=(1+x_1)m_p$,$h_{a2}=(1+x_2)m_p$	$h_{a1}=4.34$,$h_{a2}=4.34$
齿根高 h_f	$h_{f1}=h-h_{a1}$,$h_{f2}=h-h_{a2}$	$h_{f1}=9.68-4.34=5.34$ $h_{f2}=5.34$
切向变位系数 x_t	$x_{t1}=\dfrac{u-1}{50}$,$u<2$ 时,$x_{t1}=0$ $x_{t2}=-x_{t1}$	$\because\ u=1.35<2$ $\therefore\ x_{t1}=x_{t2}=0$
齿顶圆直径 d_a	$d_{a1}=d_1+2h_{a1}\cos\delta_1$ $d_{a2}=d_2+2h_{a2}\cos\delta_2$	$d_{a1}=146.05+2\times4.34\cos36°34'22''=153.02$ $d_{a2}=196.85+2\times4.34\cos53°25'38''=202.02$
外锥高 A_k	$A_{k1}=R\cos\delta_1-h_{a1}\sin\delta_1$ $A_{k2}=R\cos\delta_2-h_{a2}\sin\delta_2$	$A_{k1}=95.84$ $A_{k2}=69.54$
安装距 A	按结构确定	$A_1=134$ $A_2=145$
支承端距 H	$H_1=A_1-A_{k1}$ $H_2=A_2-A_{k2}$	$H_1=38.16$ $H_2=75.46$
大端螺旋角 β	查图 14-3-16	由 $\beta_p=39°57'$,$\frac{R}{R_p}=\frac{122.56}{109.28}=1.12$ 查得 $\beta=47°54'$
弧齿厚 s	$s_1=m\left(\dfrac{\pi}{2}+\dfrac{2x_1\tan\alpha}{\cos\beta}+x_{t1}\right)$ $s_2=\pi m-s_1$	$s_1=6.35\times\dfrac{\pi}{2}=9.975$ $s_2=\pi\times6.35-9.975=9.975$

注:1. 瑞士 Oerlikon 工厂的埃洛德(Eloid)齿形、德国 Klingelnberg 工厂的希克洛-帕洛德(Zyklo-Polloid)齿形和意大利的Fiat工厂齿形都属于摆线齿。

2. 奥利康摆线齿锥齿轮分 N 型(普通型)和 G 型(特型)两种。本章只介绍目前广泛采用的 N 型,G 型只用于小螺旋角或小锥距($R_p<55$)的锥齿轮。

3. TC 刀盘是旧刀盘,EN 刀盘是新刀盘。EN 刀盘的工作转速比 TC 刀盘高,因而可提高生产效率,降低齿面粗糙度数值,并有利于去毛刺。

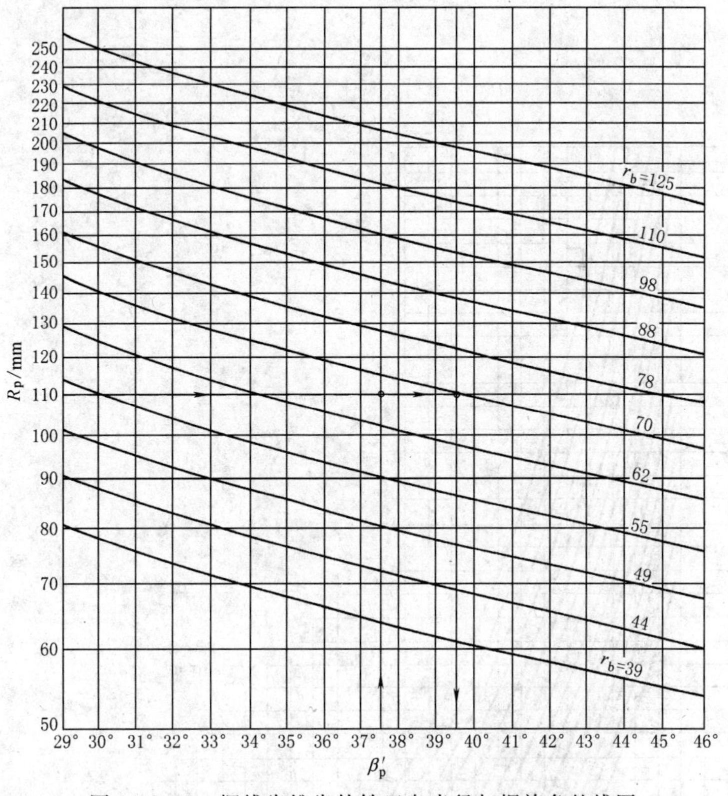

图 14-3-10 摆线齿锥齿轮铣刀盘半径与螺旋角的线图

例 当 $R_p=110\text{mm}$、$\beta'_p=37.5°$时，查得 r_b 在 62 和 70 之间（略靠近 70），选取标准刀盘半径 $r_b=70$，则对应的螺旋角 $\beta''_p=39.5°$

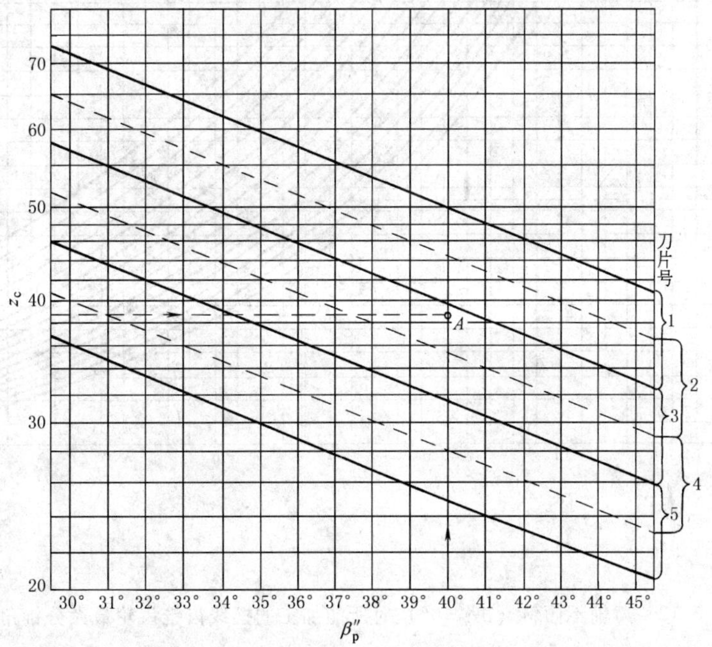

图 14-3-11 选择摆线齿锥齿轮刀片型号用的线图

例 选用 TC5-70 刀盘时，$z_c=38.6$，$\beta''_p=39.5°$，其交点 A 介于 3 号及 2 号刀片之间，由表 14-3-19 选为 3 号刀片，即刀片号为 70/3

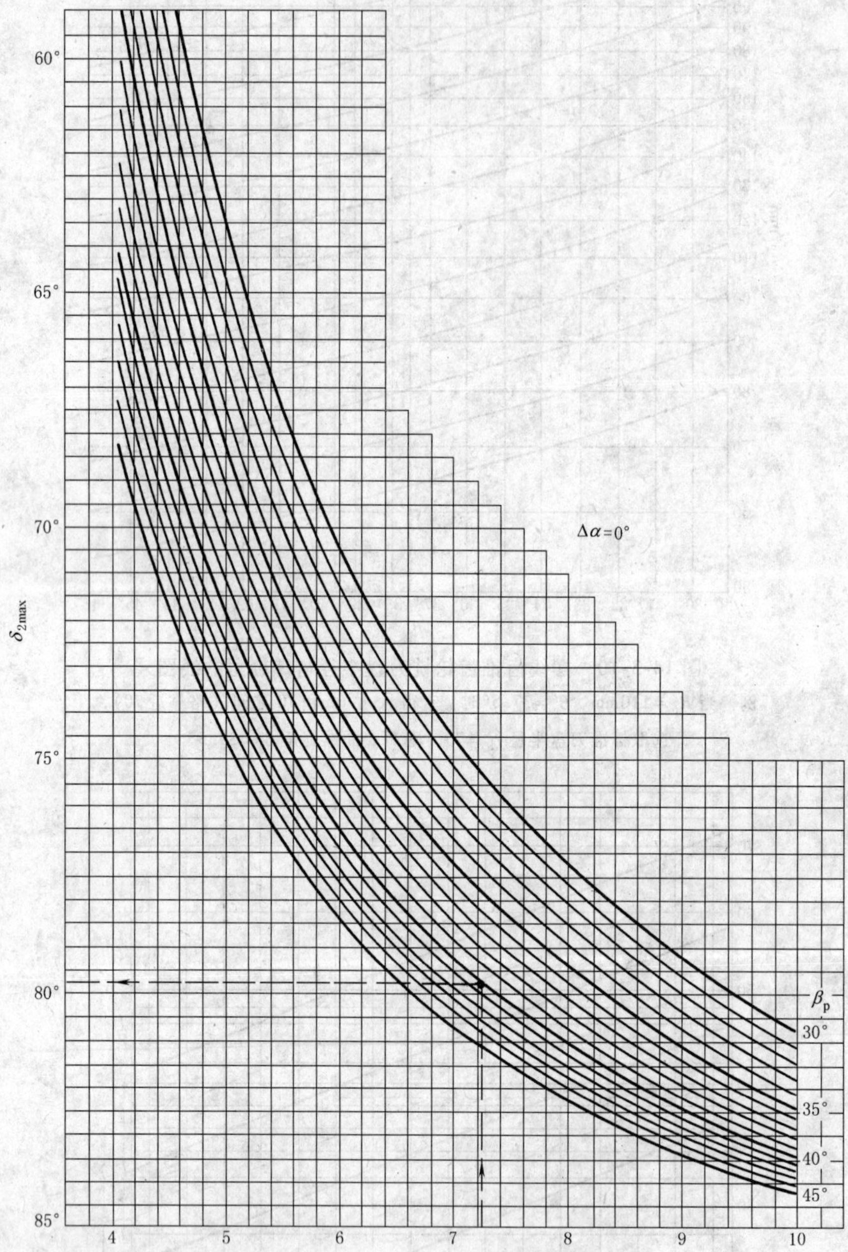

$\Delta\alpha=0°$

δ_{2max}

60°
65°
70°
75°
80°
85°

β_p
30°
35°
40°
45°

4 5 6 7 8 9 10

$\frac{r_b}{h}$

图 14-3-12　刀轴不倾斜（$\Delta\alpha=0°$）时所能加工的摆线齿锥齿轮最大分锥角 δ_{2max}

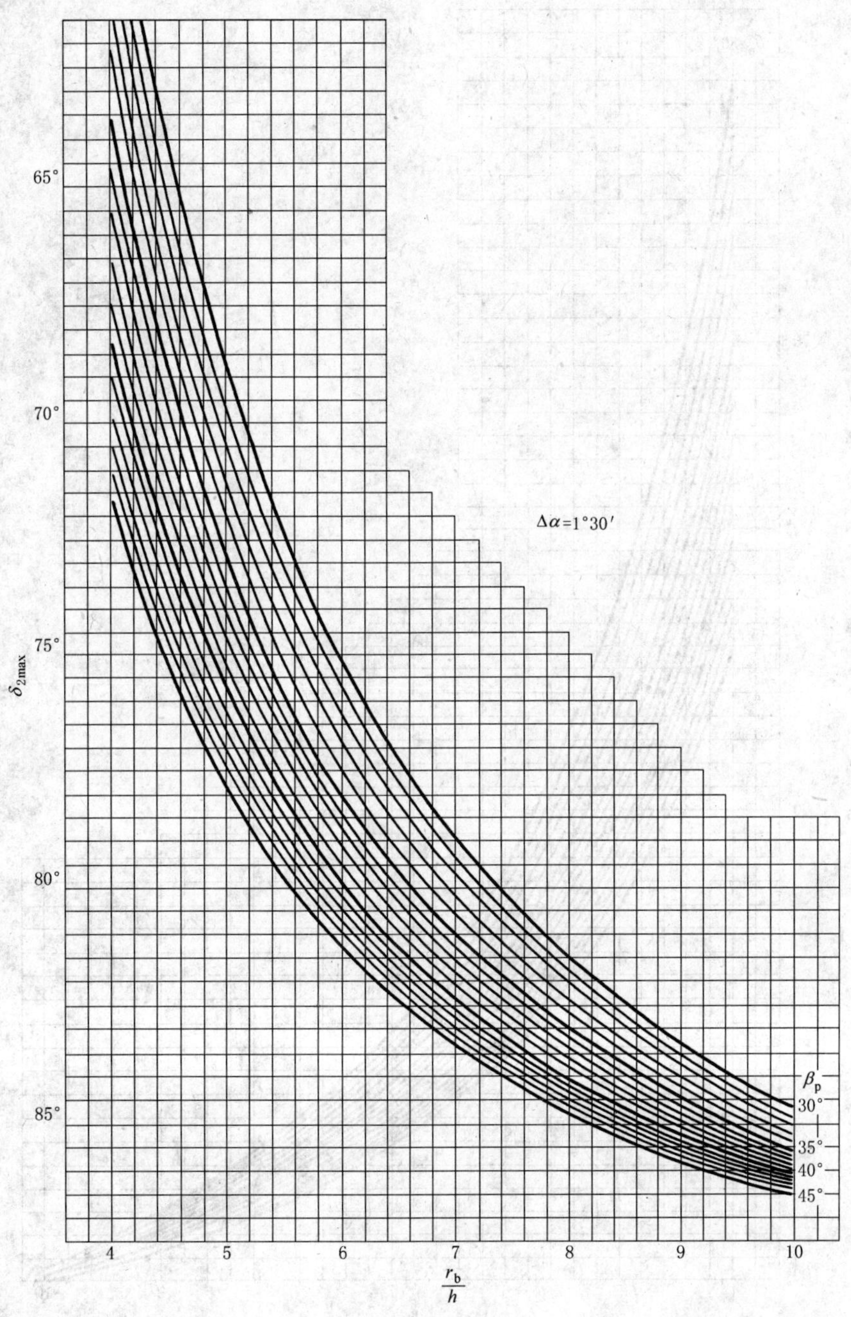

图 14-3-13　刀轴倾斜角 $\Delta\alpha=1°30'$时所能加工的摆线齿锥齿轮最大分锥角 δ_{2max}

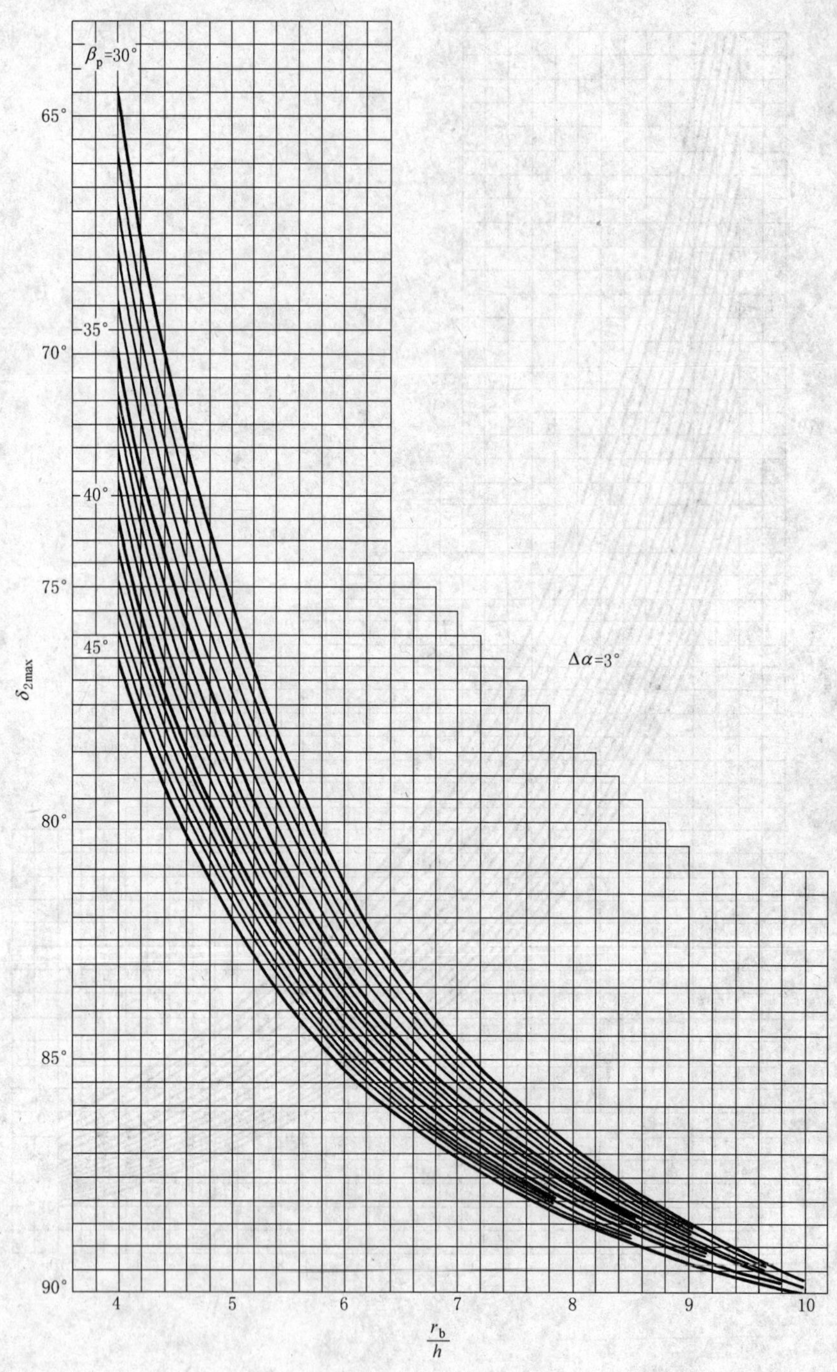

图 14-3-14　刀轴倾斜角 $\Delta\alpha=3°$时所能加工的摆线齿锥齿轮最大分锥角 δ_{2max}

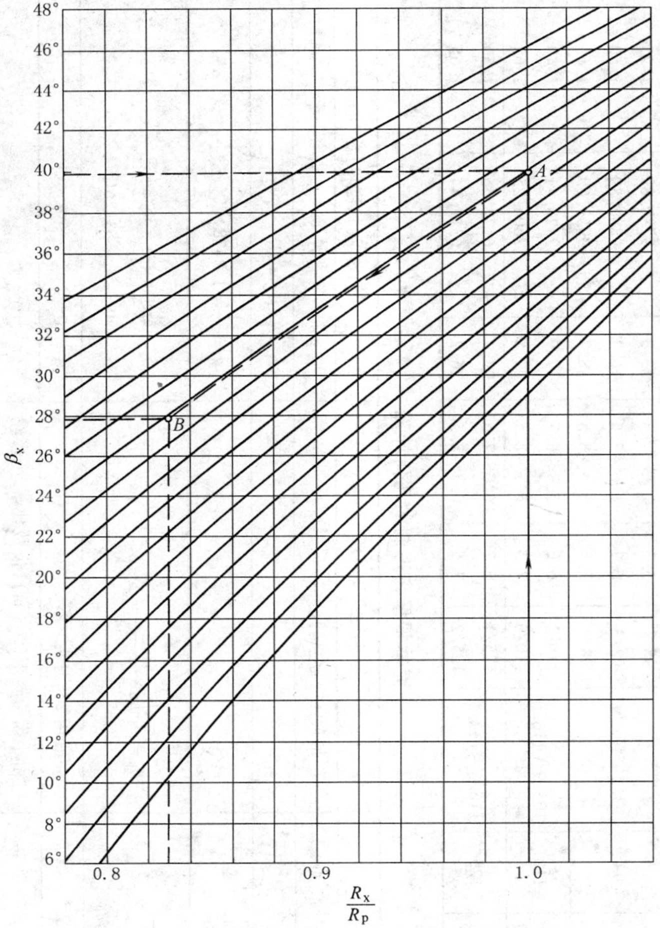

图 14-3-15　摆线齿锥齿轮靠小端任意点的螺旋角 β_x

例　已知 $\beta_p=39°57'$，求 $\frac{R_x}{R_p}=\frac{R_i}{R_p}=0.829$ 处的 β_x。先由 $\frac{R_x}{R_p}=1$ 和 $\beta_p=39°57'$ 确定 A 点，由 A 点沿图中曲线方向去和横坐标 $\frac{R_x}{R_p}=0.829$ 的垂线相交，其交点 B 的纵坐标即为 $\beta_x=27.8°$

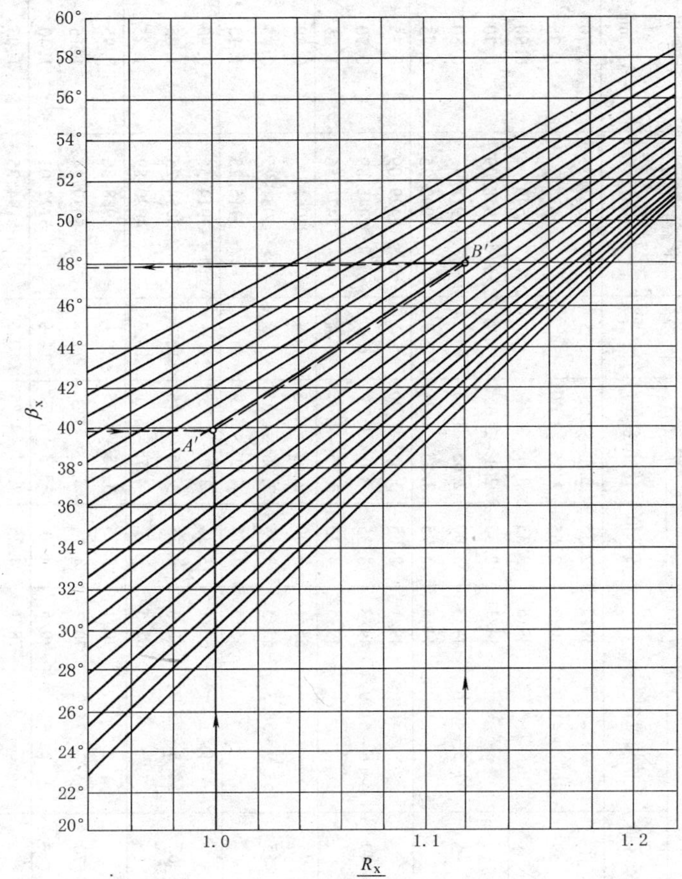

图 14-3-16　摆线齿锥齿轮靠大端的任意点螺旋角 β_x

例　已知 $\beta_p=39°57'$，求 $\frac{R_x}{R_p}=\frac{R}{R_p}=1.12$ 处的 β_x。由 $\frac{R_x}{R_p}=1$ 和 $\beta_p=39°57'$ 确定 A' 点，由 A' 点沿图中曲线方向去和横坐标 $\frac{R_x}{R_p}=1.12$ 的垂线相交，其交点 B' 的纵坐标即为 $\beta_x=47.9°$

表 14-3-19 EN 型及 TC 型刀盘及刀片参数表

刀盘号	刀片组数 z_w	刀盘半径 r_b/mm		刀片号	参考点法向模数 m_p/mm		滚动圆半径 E_{bw}/mm	刀片平均节点半径的平方 r_w^2/mm²	EN 型刀尖圆角半径 r_{kw}/mm
		名义值	使用范围		名义值	使用范围			
EN3-39 TC3-39	3	39	36.7～41.3	39/2	2.35	2.1～2.65	3.5	1533.25	0.70
				39/3	2.65	2.35～3.00	4	1537	0.75
				39/5	3.35	3.0～3.75	5	1546	0.90
EN4-44 TC4-44	4	44	41.3～46.6	44/1	2.35	2.1～2.65	4.7	1958.09	0.70
				44/3	3.00	2.65～3.35	6	1972	0.80
				44/5	3.75	3.35～4.25	7.5	1992.25	0.95
EN4-49 TC4-49	4	49	46.6～51.9	49/1	2.65	2.35～3.00	5.3	2429.09	0.75
				49/3	3.35	3.0～3.75	6.7	2445.89	0.90
				49/5	4.25	3.75～4.75	8.4	2471.56	1.05
EN4-55 TC4-55	4	55	51.9～58.3	55/1	3.00	2.65～3.35	6	3061	0.80
				55/3	3.75	3.35～4.25	7.5	3081.25	0.95
				55/5	4.75	4.25～5.3	9.5	3115.25	1.15
EN5-62 TC5-62	5	62	58.3～65.7	62/1	3.35	3.0～3.75	8.4	3914.56	0.90
				62/3	4.25	3.75～4.75	10.5	3954.25	1.05
				62/5	5.3	4.75～6.0	13.3	4020.89	1.25
EN5-70 TC5-70	5	70	65.7～74.2	70/1	3.75	3.35～4.25	9.4	4988.36	0.95
				70/3	4.75	4.25～5.3	11.8	5039.24	1.15
				70/5	6.0	5.3～6.7	14.9	5122.01	1.40
EN5-78 TC5-78	5	78	74.2～82.7	78/1	4.25	3.74～4.75	10.5	6194.25	1.05
				78/3	5.3	4.75～6.0	13.3	6260.89	1.25
				78/5	6.7	6.0～7.5	16.7	6362.89	1.50
EN5-88 TC5-88	5	88	82.7～93.2	88/1	4.75	4.25～5.3	11.8	7883.24	1.15
				88/3	6.0	5.3～6.7	14.9	7966.01	1.40
				88/5	7.5	6.7～8.5	18.7	8093.69	1.65
EN5-98 TC5-98	5	98	93.2～103.9	98/1	5.3	4.75～6.0	13.3	9780.89	1.25
				98/3	6.7	6.0～7.5	16.7	9882.89	1.50
				98/5	7.5	6.7～8.5	18.7	9953.69	1.65
EN6-110 TC6-110	6	110	103.9～116.6	110/1	6.0	5.3～6.7	17.9	12420.41	1.40
				110/3	7.5	6.7～8.5	22.5	12606.25	1.65
EN7-125 TC7-125	7	125	116.6～132.5	125/1	6.7	6.0～7.5	23.4	16172.56	1.50
				125/2	7.5	6.7～8.5	26.2	16311.44	1.65

表 14-3-20 克林根堡齿形制的几何计算

项　目	计算公式及说明	例题[①]（长度单位：mm）
轴交角 Σ	一般取 $15° \leqslant \Sigma \leqslant 165°$	$\Sigma = 90°$
齿数 z	$z_1 \geqslant z_{min}$	$z_1 = 23, z_2 = 31$
齿数比 u	z_2/z_1	$u = \dfrac{31}{23} = 1.3478$
节锥角 δ	$\delta_1 = \arctan \dfrac{\sin\Sigma}{u + \cos\Sigma} = \Sigma - \delta_2$	$\delta_1 = \arctan \dfrac{1}{u} = 36°34'$ $\delta_2 = 90° - \delta_1 = 53°26'$
齿形角 α	一般用 20° 刀头	$\alpha = 20°$
大齿轮分度圆直径 d_2	由小齿轮转矩（N·m），齿数比 u，小齿轮转数 n_1（r/min）可得出： $d_2 = 11.788 n_1^{0.07143} \left(T_1 \dfrac{u^3}{u^2 + 1} \right)^{0.35714}$	$d_2 = 196.85$

续表

<table>
<tr><th colspan="2">项　目</th><th>计算公式及说明</th><th>例题[①]（长度单位：mm）</th></tr>
<tr><td colspan="2">大端端面模数 m</td><td>$m=d_2/z_2$</td><td>$m=6.35$ 即径节 $p_d=4$</td></tr>
<tr><td colspan="2">小齿轮分度圆直径 d_1</td><td>$d_1=mz_1$</td><td>$d_1=146.05$</td></tr>
<tr><td colspan="2">锥距 R</td><td>$R=0.5d_2/\sin\delta_2$</td><td>$R=122.557$</td></tr>
<tr><td colspan="2" rowspan="2">齿宽 b</td><td>中、重载传动：$3.5\leqslant R/b\leqslant 5$</td><td rowspan="2">$b=32$</td></tr>
<tr><td>重载传动：$3\leqslant R/b\leqslant 3.5$</td></tr>
<tr><td colspan="2">中点锥距 R_m</td><td>$R_m=R-0.5b$</td><td>$R_m=106.557$</td></tr>
<tr><td colspan="2">初定中点螺旋角 β'_m</td><td>β'_m 建议选择 30°～45°</td><td>初定 $\beta'_m=35°$</td></tr>
<tr><td colspan="2">中点法向模数 m_{nm}</td><td>$m'_{nm}=\dfrac{R_m}{R}\cdot m\cos\beta'_m$，圆整为如下的标准化系列 m_{nm}
1，1.5，2，2.5，3，3.5，4，4.5，5，6，7，8，9，10，15，25，30</td><td>$m'_{nm}=4.523$
圆整为：$m_{nm}=4.5$</td></tr>
<tr><td colspan="2">校正螺旋角 β_m</td><td>$\beta_m=\arccos\dfrac{m_{nm}}{m'_{nm}}\cos\beta'_m$</td><td>$\beta_m=35.4051°$
$\approx 35°24'$</td></tr>
<tr><td rowspan="4">选择刀盘参数</td><td>r_0</td><td rowspan="2">由 m_{nm} 值和机床型号，查对图 14-3-17 得出刀盘半径 r_0 和刀盘模数 m_0</td><td>AMK400 机床 $r_0=100$</td></tr>
<tr><td>m_0</td><td>$m_0=36$</td></tr>
<tr><td>z_0</td><td>刀片组数 z_0 与刀盘大小有关<table><tr><td>参数</td><td colspan="2">小　型</td><td colspan="4">通用刀盘</td></tr><tr><td>r_0</td><td>25</td><td>30</td><td>55</td><td>100</td><td>135</td><td>170</td></tr><tr><td>z_0</td><td>2</td><td>3</td><td colspan="4">5</td></tr></table></td><td>$z_0=5$</td></tr>
<tr><td>γ</td><td>刀盘导程角 $\gamma=\arcsin\dfrac{m_{nm}z_0}{zr_0}$</td><td>$\gamma=6.4594°$
$\approx 6°28'$</td></tr>
<tr><td colspan="2">机器距 M_d</td><td>$M_d=\sqrt{R_m^2+r_0^2-2R_mr_0\sin(\beta_m-\gamma)}\leqslant M_{dlim}$<table><tr><td>机床</td><td>AMK 250</td><td>AMK 400</td><td>AMK 630</td><td>AMK 852</td><td>AMK 1602</td></tr><tr><td>M_{dlim}</td><td>≤150</td><td>≤250</td><td>≤280</td><td>≤440</td><td>≤900
≥250</td></tr></table></td><td>$M_d=127.916<250$（AMK400）</td></tr>
<tr><td colspan="2">安装距 A</td><td>结构形式</td><td>$A_1=134$，$A_2=145$</td></tr>
<tr><td colspan="2">高变位系数 x_n</td><td>按等滑动率准则计算[②]
$x_{n1}=2\left(1-\dfrac{1}{u^2}\right)\sqrt{\dfrac{\cos^3\beta_m}{z_1}}=-x_{n2}$</td><td>$x_{n1}=0.1380$
≈ 0.14
$x_{n2}=-0.14$</td></tr>
<tr><td colspan="2">切向变位系数 x_{tn}</td><td>$x_{tn1}=-x_{tn2}$<table><tr><td>u</td><td>1</td><td>>1 至 <6</td><td>>6</td></tr><tr><td>x_{tn1}</td><td>0</td><td>0.05</td><td>0.10</td></tr></table></td><td>$x_{tn1}=0.05$
$x_{tn2}=-0.05$</td></tr>
<tr><td colspan="2">齿高 h</td><td>$h=2.25m_{nm}$</td><td>$h=10.125$</td></tr>
<tr><td colspan="2">齿顶高 h_a</td><td>$h_a=(1+x_n)m_{nm}$</td><td>$h_{a1}=5.13$
$h_{a2}=3.87$</td></tr>
<tr><td colspan="2">顶圆直径 d_a</td><td>$d_a=d+2h_a\cos\delta$</td><td>$d_{a1}=154.29$
$d_{a2}=201.46$</td></tr>
<tr><td colspan="2">外锥高 A_a</td><td>$A_a=R\cos\delta-h_a\sin\delta$</td><td>$A_{a1}=38.632$
$A_{a2}=75.083$</td></tr>
<tr><td colspan="2">支承端距 H_a</td><td>$H_a=A-A_a$</td><td>$H_{a1}=38.632$
$H_{a2}=75.083$</td></tr>
<tr><td colspan="2">法向当量齿数 z_{vn}</td><td>$z_{vn}=\dfrac{z}{\cos\delta\cos^3\beta_m}$</td><td>$z_{vn1}=52.889$
$z_{vn2}=96.080$</td></tr>
</table>

续表

项　目	计算公式及说明	例题①（长度单位：mm）
中点侧隙 j_{nm}	R：80～120，>120～200，>200～320，>320～500，>500～800，>800～1200 j_{nm}：0.14，0.18，0.22，0.30，0.35，0.45	$j_{nm}=0.18$
精加工双边留量 j'_s	m：2～3，>3～6，>6～12，>12～15 j'_s：0.4，0.7，1，1.25	$j'_s=1$
中点法向弧齿厚半角 φ_n	$\varphi_n=\dfrac{180°}{\pi z_{vn}}\left[\dfrac{\pi}{2}+2x_n\tan\alpha+x_{tn}\right]$	$\varphi_{n1}=1.866°$ $\varphi_{n2}=0.846°$
中点法向弦齿厚 $\bar{s}_{nm}$	$\bar{s}_{nm}=m_{nm}z_{vn}\sin\varphi_n-\dfrac{j_{nm}}{2}$	$\bar{s}_{nm1}=7.750\ _{-0.09}^{0}$ $\bar{s}_{nm2}=6.385\ _{-0.09}^{0}$
中点法向弦齿高 h_{anm}	$h_{anm}=h_a+\dfrac{m_{nm}z_{vn}(1-\cos\varphi_n)}{2}$	$h_{anm1}=5.193$ $h_{anm2}=3.894$

① 为便于对照，本例题使用了表 14-3-18 中的例题。

② 本齿形制计算式非常复杂，此处采用埃尼姆斯等滑动率曲线的拟合公式，简单而取值接近。

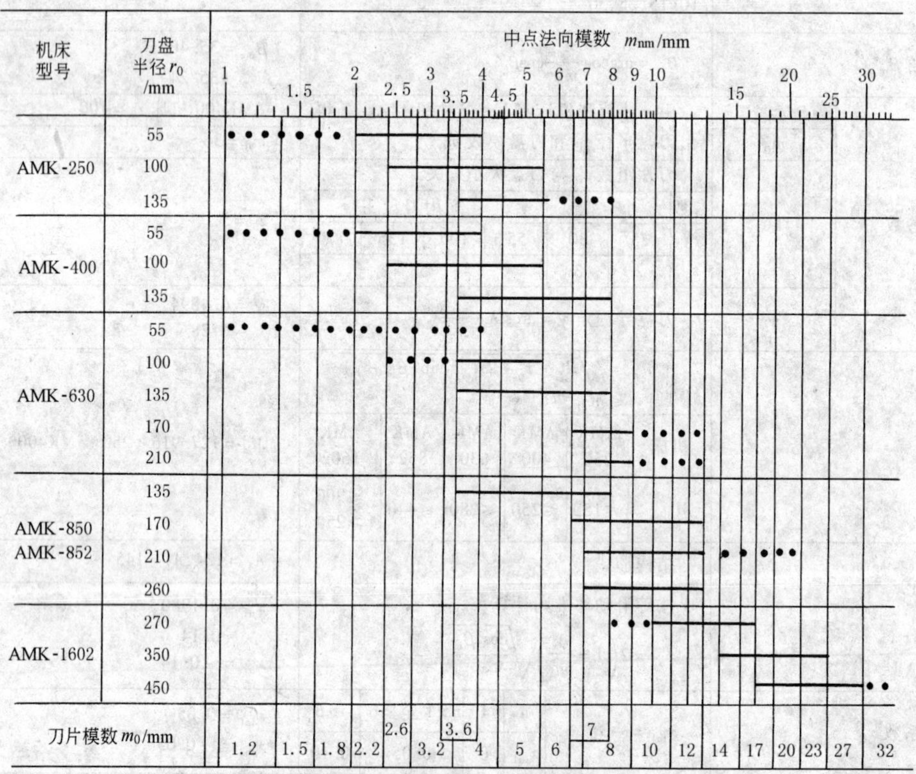

图 14-3-17　克林根堡刀盘半径 r_0 与刀片模数 m_0 的选择

注：——标准范围；……可延伸范围。

4　新型“非零”分度锥综合变位锥齿轮齿形制及其几何计算[1,5,6]

4.1　新型锥齿轮特征及齿形制

“非零”分度锥综合变位曲线齿轮副是在分度圆锥上作径向与切向综合变位，变位系数和不为零，且轴交角不改变的曲线齿锥齿轮。其特征为：

1）在分度圆锥上进行综合变位，变位后分度圆锥与节圆锥相互分离。设两者锥角为δ和δ'，则有

$$\Delta\delta=\delta'-\delta\neq 0 \tag{14-3-1}$$

2）综合变位可在端面辅助圆锥上，或其展开面（当量端面极薄的圆柱齿轮副）上表示，其变位值不为零。设综合变位系数和为x_h，则有：

$$x_h=x_\Sigma+0.5x_{t\Sigma}\cos\alpha_t\neq 0 \tag{14-3-2}$$

式中　x_Σ——径向变位系数之和，$x_\Sigma=x_1+x_2$；

$x_{t\Sigma}$——切向变位系数之和，$x_{t\Sigma}=x_{t1}+x_{t2}$；

α_t——端面分度圆上的压力角。

3）变位前后的轴交角不改变。综合径向变位的主体是径向变位。径向角变位的结构特征是：节锥不变，分锥变位，变位后两锥分离。两锥分离的形式可以有共锥顶和异锥顶等三种形式，如图14-3-18所示（图中O_1、O_2为分锥锥顶，O'为节锥锥顶）。每种形式都可形成一副基本三角结构。以共锥顶方式为例（图14-3-19a），设节圆半径为r'，分度圆半径为r，$\Delta r=r'-r$，则当：

$x_\Sigma>0$时，$\Delta r>0$，分锥缩小，称为“缩式”；

$x_\Sigma<0$时，$\Delta r<0$，分锥扩大，称为“扩式”。

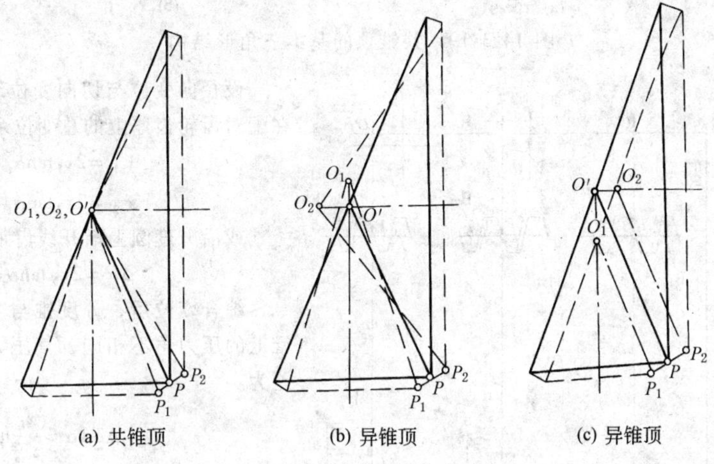

图14-3-18　两锥分离的形式（以$x_h>0$为例）

在基本三角形结构（参看图14-3-19）的基础上，可沿节锥母线向内截取或向外延长到某一点P，过P作与$\overline{O_{01}O_{02}}$的平行线$\overline{O_1O_2}$构成派生的三角形结构。派生三角形结构与基本三角形结构对于顶点O形成位似图形。因P是任意点，故派生的位似图形有许多种，但可以分为两类。设派生结构的锥距为R'，基本结构的锥距为R_0，$\Delta R=R'-R_0$，则

当P点远离锥顶O时，$\Delta R>0$，图形放大，称为“大式”；

当P点靠近锥顶O时，$\Delta R<0$，图形缩小，称为“小式”。

其中　当$\overline{P_0P_1}/\!/\overline{OO_1}$，$\overline{P_0P_2}/\!/\overline{OO_2}$时，$P$点图形具有分度圆等模数性质。

4）在“非零”变位的曲线齿锥齿轮副中，采用“任意值”的切向变化，即：$x_{t\Sigma}$为任意设计值。

这种任意值的切向变位，除了平衡强度外，还可以缓冲尖顶和根切现象。

切向变位就是产生冠轮的当量齿轮（B_1、B_2）即齿条刀具沿切线方向移位，其移位量$\Delta t=x_tm$，亦即在展成运动中，切出的齿轮沿齿厚方向有增量Δs（参看图14-3-20）。切向变位系数之和有两种情况。

① $x_{t\Sigma}=0$，为普通锥齿轮的零切向变位，其正增量和负增量互相补偿，齿距p不变，当量中心距$\overline{O_1O_2}$不变。

② $x_{t\Sigma}\neq 0$，为非零切向变位，它使齿距p改变，因为当量中心距也必然改变。切向的$x_{t\Sigma}$（通过齿条副的啮合关系）折算到沿中心距的径向变动总量为：

$$x'_\Sigma=\Delta\alpha'=0.5x_{t\Sigma}\cot\alpha_t \tag{14-3-3}$$

5）如径向变位与切向变位综合，沿径向的总变位系数为x_h，则有

$$x_h=x_\Sigma+x'_\Sigma=x_\Sigma+0.5x_{t\Sigma}\cot\alpha_t\neq 0$$

第14篇

(a) $x_h>0$

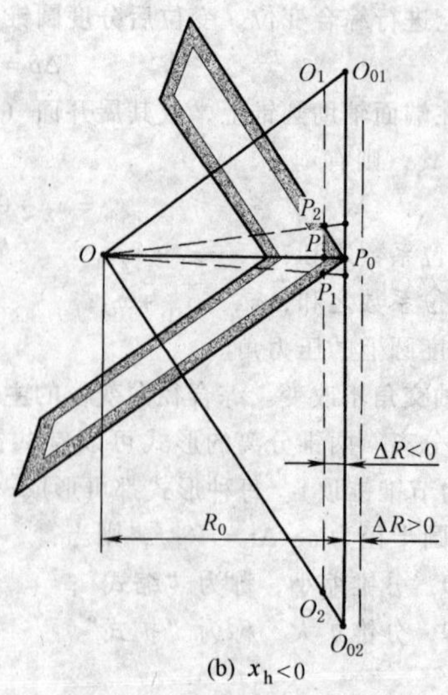

图 14-3-19　共锥顶的基本三角形结构

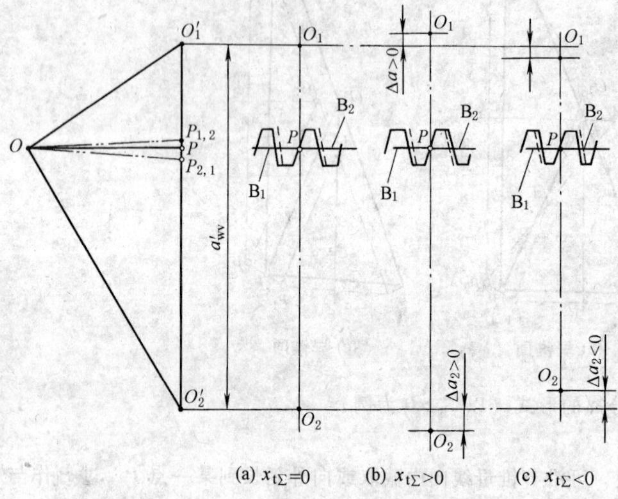

图 14-3-20　任意切向变位和的组成形式

设径向变位与切向变位综合后，沿切向分配在配对齿轮齿厚上的总变位系数为 x_s，则

$$\left.\begin{aligned} x_{s1} &= 2x_1\tan\alpha_t + x_{t1} \\ x_{s2} &= 2x_2\tan\alpha_t + x_{t2} \end{aligned}\right\} \qquad (14\text{-}3\text{-}4)$$

或沿分度圆上渐开线齿距的增量系数为

$$\Delta P = 2x_{\Sigma}\tan\alpha_t + x_{t\Sigma}$$

综合变位后，分度锥与节锥分离，分离后两锥上的压力角不相同，其压力角的渐开线函数之差为

$$\Delta \text{inv}\alpha = \frac{x_h}{z_{vm}}\tan\alpha_t \qquad (14\text{-}3\text{-}5)$$

式中　z_{vm}——锥齿轮副的平均当量齿数。

综合变位后，端面当量齿轮副的中心距变动系数为

$$\gamma = (C_a - 1)\ z_{vm} \qquad (14\text{-}3\text{-}6)$$

式中　C_a——综合变位后与变位前的中心距之比。

综合变位后，反变位系数为

$$\sigma = x_{\Sigma} - \gamma \qquad (14\text{-}3\text{-}7)$$

σ 值不受传统变位规律（$\sigma>0$）的限制，它可以是任意值，即

$$\sigma \geqslant 0 \text{ 或 } \sigma < 0 \qquad (14\text{-}3\text{-}8)$$

关于“非零”变位原理的详细介绍可参看参考文献［1］。

6）本齿形制有如下优点：

① 可以针对不同工况、不同失效形式，提出不同的目标函数，获得高强度（一般取 $x_h>0$）。

② 可在要求高综合强度的条件下获得长寿命与高可靠性（一般取 $x_h>0$）。

③ 可以以提高总重合度（$\varepsilon_\gamma>2$ 甚至 $\varepsilon_\gamma>3$）为目标，获得低噪声，高承载能力（一般取 $x_h<0$）。

④ 可以在无根切，强度平衡的条件下减少齿数（$z_1<5$ 甚至 $z_1=3$）（一般取 $x_h>x_{1min}+x_{2min}>0$）。

⑤ 适应于各种带直刃（齿条）形工具、用展成法切齿的锥齿轮加工机床所提供的各种齿线（直齿、斜齿、弧齿、摆线）和各种齿高式（收缩、等高）的锥齿轮。

7）在选取变位系数时亦可采用封闭图。图 14-3-21 为两个封闭图的例子，其坐标分别为 x_1、x_2 和 x_{t1}、x_{t2}，表示无干涉、无根切、无齿顶变尖和连续啮合（$\varepsilon_\alpha>1.1$）。

表 14-3-21 为“非零”分度锥综合变位锥齿轮的几何计算公式。

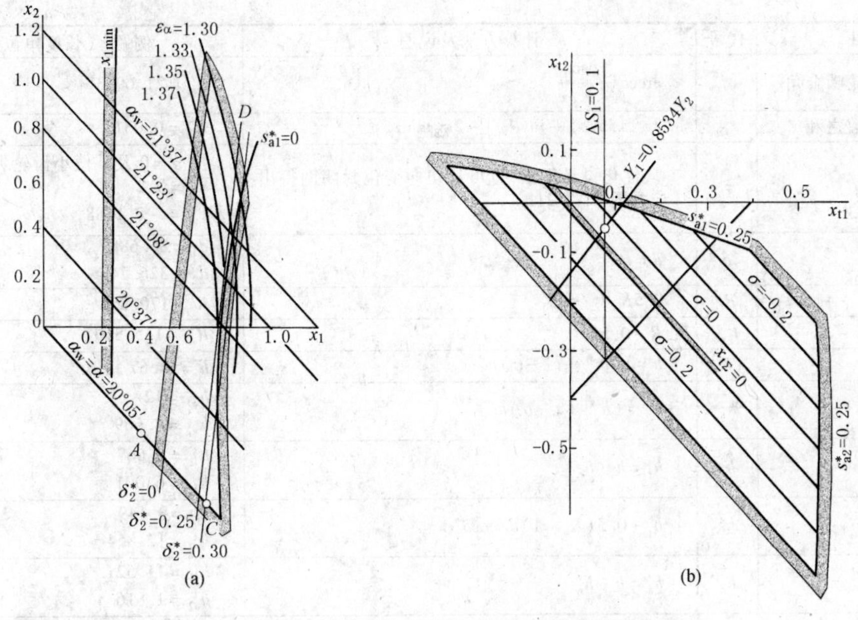

图 14-3-21　用两个封闭图优选非零变位系数

4.2　新型锥齿轮的几何计算

表 14-3-21　“非零”分度锥综合变位锥齿轮的几何计算公式

项　目	代号	计算方法及说明	例题[①]（长度单位：mm）
类型		适用于各种直齿、斜齿、弧齿、摆线齿锥齿轮	弧齿锥齿轮
轴交角	Σ	任意	$\Sigma=90°$
齿数比	u	z_2/z_1	$u=\frac{49}{13}=3.769$
节锥角	δ'	$\delta_1'=\arctan\left(\frac{\sin\Sigma}{u+\cos\Sigma}\right)=90°-\delta_2'$	$\delta_1'=14°52'$ $\delta_2'=75°08'$
分度圆大端端面模数	m	设传统（零传动）的分度圆模数为 m_0，则对 Δr 结构，m_0/K_a；对 ΔR 结构，m_0	$m_0=6.74$ $m=6.6683$
齿形角	α_0	任意选用	$\alpha_0=20°$
螺旋角（旋向）	β_m	任意设计	$\beta_m=5.5°$
齿顶高系数	h_a^*	任意，也可取 $h_a^*=\cos\beta_m$	$h_a^*=1$
顶隙系数	c^*	任意，一般取 0.2	$c^*=0.2$
齿宽	b	任意，对正交传动，一般为 $R/4\sim R/3$	$b=50$
刀具参数	d_0	铣刀盘公称直径，取标准系列	$d_0=12\text{in}$ $=304.8\text{mm}$
径向变位系数	x	从优化设计得出，也可从径向变位封闭图得出（参看图 14-3-21a）	取节点区双对齿啮合特性曲线： $x_1=0.8>0$ $x_2=0.3>0$
齿高变动系数	σ	σ 可为任意值：当 $\sigma>0$ 时，齿高削短；$\sigma<0$ 时，齿高加长；$\sigma=0$ 时，齿高不变	取 $\sigma=0$
平均当量齿轮齿数	z_{vm}	$z_{vm}=0.5\left(\frac{z_1}{\cos\delta_1'}+\frac{z_2}{\cos\delta_2'}\right)$	$z_{vm}=102.266$
节锥与分锥的比值	K_a	当 $\sigma=0$ 时：$K_a=\frac{x_\Sigma}{z_{vm}}+1$	$K_a=1.01076$
中点当量齿轮分度圆压力角	α_m	$\arctan\frac{\tan\alpha_0}{\cos\beta_m}$	$\alpha_m=20.085°$

续表

项　目	代号	计算方法及说明	例题①（长度单位：mm）
中点当量齿轮啮合角	α'_m	$\arccos\dfrac{\cos\alpha_m}{K_a}$	$\alpha'_m=21.6913°$
切向变位系数之和	$x_{t\Sigma}$	$2z_{vm}[\mathrm{inv}\alpha'_m-\mathrm{inv}\alpha_m]-2x_\Sigma\tan\alpha_m$	$x_{t\Sigma}=0.0312$
切向变位系数	x_t	从优化设计得出，也可从切向变位封闭图得出（参看图 14-3-21b）	按 $\sigma=0$ 及补偿小齿轮尖顶得： $x_{t1}=0.2$ $x_{t2}=-0.1688$
分度圆直径	d	$d=mz$	$d_1=86.688$ $d_2=326.747$
节锥距	R'	$0.5K_ad_2/\sin\delta'_2$	$R'=170.850$
中点锥距	R_m	$R-0.5b$	$R_m=145.850$
齿全高	h	$h=(2h_a^*+c^*-\sigma)m$	$h=14.67$
分圆齿顶高	h_a	$h_a=(h_a^*+x-\sigma)m$	$h_{a1}=12$ $h_{a2}=8.669$
分圆齿根高	h_f	$h_f=h-h_a$	$h_{f1}=2.667$ $h_{f2}=6.001$
节圆齿根高	h'_f	$h_f+0.5(K_a-1)d/\cos\delta'$	$h'_{f1}=3.149$ $h'_{f2}=12.854$
节圆齿顶高	h'_a	$h'_a=h-h'_f$	$h'_{a1}=11.521$ $h'_{a2}=1.816$
节锥齿根角	θ'_f	$\theta'_f=\arctan\dfrac{h'_f}{R'}$，对等高齿，$\theta'_f=0$	$\theta'_{f1}=1.056°$ $\theta'_{f2}=4.303°$
根锥角	δ_f	$\delta'-\theta'_{f1}$ 对等高齿，$\delta_f=\delta$	$\delta_{f1}=13°48'$ $\delta_{f2}=70°50'$
顶锥角	δ_a	对等顶隙收缩齿，$\delta_{a1}=\delta'_1+\theta f'_2$ $\delta_{a2}=\delta'_2+\theta f'_1$	$\delta_{a1}=19°10'$ $\delta_{a2}=76°12'$
顶圆直径	d_a	$d_a=K_d+2h'_a\cos\delta$	$d_{a1}=109.89$ $d_{a2}=331.19$
冠顶距	A_a	$A_a=R'\cos\delta'-h'_a\sin\delta'$	$A_{a1}=162.176$ $A_{a2}=42.055$
安装距	A	由结构尺寸确定	$A_1=168, A_2=80$
大端螺旋角	β	对弧线齿： $\beta=\arcsin\left[\dfrac{R_m}{R'}\sin\beta_m+\dfrac{R'}{d_0}\left(1-\dfrac{R_m^2}{R'^2}\right)\right]$	$\beta=13°31'28''$
轮冠距	H_a	$A-A_a$	$H_{a1}=5.824$ $H_{a2}=37.945$
大端分度圆弧齿厚	s	$s=\left(\dfrac{\pi}{2}+2x\dfrac{\tan\alpha_0}{\cos\beta}+x_t\right)_m$	$s_1=15.80$ $s_2=10.85$

① 非零形制的具体设计方案可以很多，所举例题是 $x_\Sigma>0$，$\sigma=0$，基本结构中的缩式（$\Delta r>0$），以节点区双对齿啮合为目标的设计。

4.3　锥齿轮“非零变位——正传动”的专利说明

1）专利设计基准——采用常规的极薄的（$b\to0$）“当量齿轮”副

2）正传动设计——选择正传动节锥 δ' 与分锥 δ 分离为两套的设计，并具有下列性质：

$\delta'>\delta$，使锥齿轮具有高强度效果。或在等载荷条件下缩小体积，即在小型化的基础上具有高强度的效果。

3）专利的保证——正传动会带来增大轴交角 Σ，两者的矛盾，用专利来解决：即按速比减少两节锥角 δ' 来保持 Σ 的不改变。

4）正传动的制造——采用新工艺来实现，即在原有带滚动机构的机床上切齿。

5）应用——此专利成功地在汽车（一汽），拖拉机（一拖），大型装载机（9t）、立式铣床、汽艇、大型立磨机上应用。

6）正传动的非零变位系数和 $x=x_1+x_2>0$ 不受传动比 u 的限制，可以尽量提高 $x_1+x_2=x_\Sigma$ 值，以取得最高强度的效果而无缺陷，可以按 A 与 B 两种情况处理：

第14篇

工况	A	B
u	≤1	>1
x_Σ	0.5+0.5=1	0.8~0.9

u	≤1	>1	
x_1	0.5	0.1	0.15
x_2	0.5	0.8	0.85
x_Σ	1	0.9	1

7）负传动　$x_1>0$，$x_1+x_2<0$——只用于低噪声锥齿轮副如立式铣床（可降低约 2dB 噪声）。

8）通过 A 增加重合度，B 提高制造精度如齿根部的修形，C 提高瞬时比啮合精度，都可降低噪声。

5　轮齿受力分析

5.1　作用力的计算

作用力计算公式见表 14-3-22。当已知切向力 F_{tm}时，也可用图 14-3-22 确定轴向力 F_{x1}、F_{x2}对正交传动（$\Sigma=90°$），可通过 $F_{r1}=F_{x2}$、$F_{r2}=F_{x1}$确定径向力。

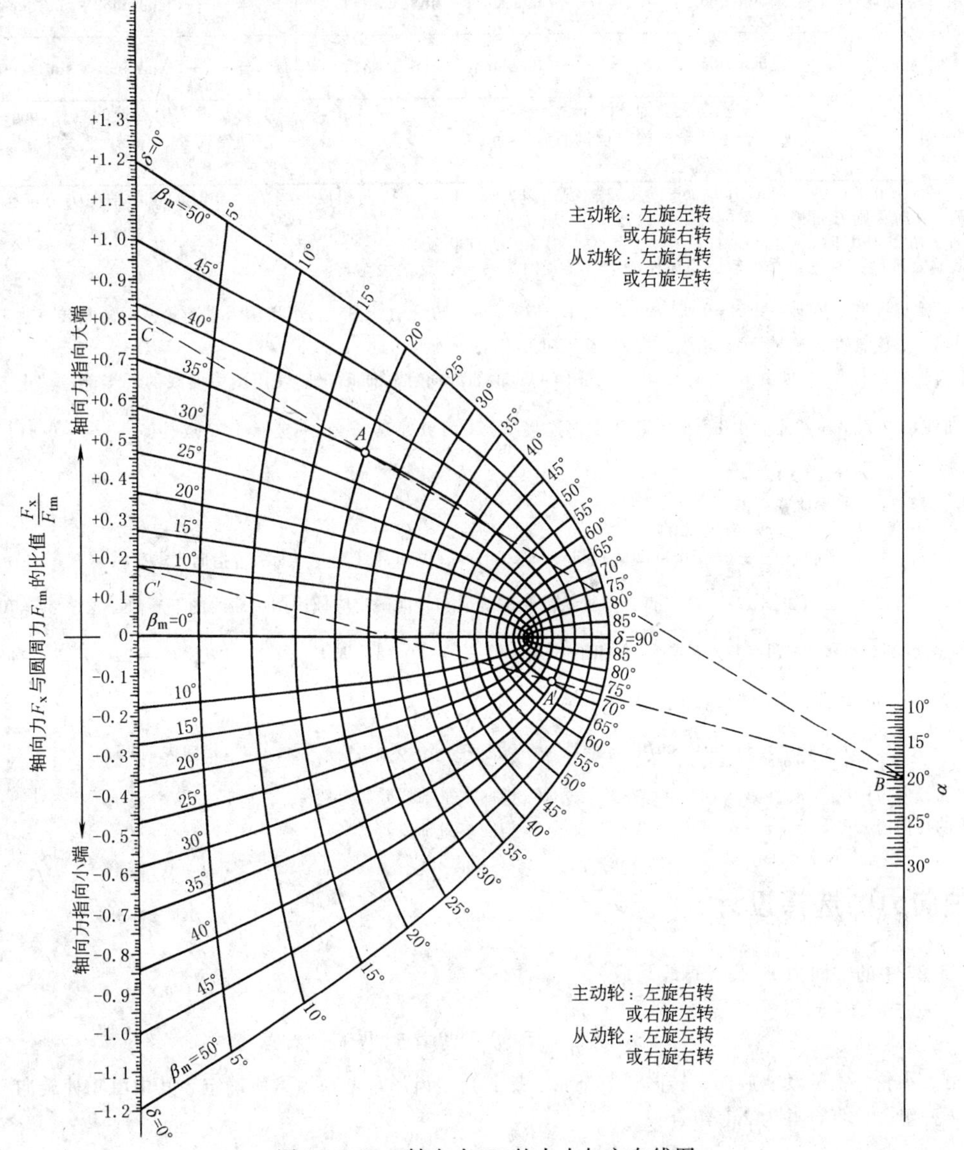

图 14-3-22　轴向力 F_x 的大小与方向线图

表 14-3-22　　作用力计算公式　　N

传动类型		直齿	曲线齿、斜齿			
			主动轮:左旋左转 从动轮:右旋右转	主动轮:右旋右转 从动轮:左旋左转	主动轮:左旋右转 从动轮:右旋左转	主动轮:右旋左转 从动轮:左旋右转
简图		左转或右转 右转或左转	右转 右旋 左旋 左转	左转 左旋 右旋 右转	左转 右旋 左旋 右转	右转 左旋 右旋 左转
齿宽中点处分度圆上的切向力 F_{tm}		$F_{tm}=\frac{2000T_1}{d_{m1}}=\frac{2000T_1}{d_1(1-0.5\phi_R)}=\frac{19\times10^6P}{n_1d_1(1-0.5\phi_R)}$				
齿宽中点处的径向力 F_r	主动轮	$F_{r1}=F_{tm}\tan\alpha\cos\delta_1$	$F_{r1}=\frac{F_{tm}}{\cos\beta_m}(\tan\alpha\cos\delta_1-\sin\beta_m\sin\delta_1)$		$F_{r1}=\frac{F_{tm}}{\cos\beta_m}(\tan\alpha\cos\delta_1+\sin\beta_m\sin\delta_1)$	
	从动轮	$F_{r2}=F_{tm}\tan\alpha\cos\delta_2$	$F_{r2}=\frac{F_{tm}}{\cos\beta_m}(\tan\alpha\cos\delta_2+\sin\beta_m\sin\delta_2)$		$F_{r2}=\frac{F_{tm}}{\cos\beta_m}(\tan\alpha\cos\delta_2-\sin\beta_m\sin\delta_2)$	
齿宽中点处的轴向力 F_x	主动轮	$F_{x1}=F_{tm}\tan\alpha\sin\delta_1$	$F_{x1}=\frac{F_{tm}}{\cos\beta_m}(\tan\alpha\sin\delta_1+\sin\beta_m\cos\delta_1)$		$F_{x1}=\frac{F_{tm}}{\cos\beta_m}(\tan\alpha\sin\delta_1-\sin\beta_m\cos\delta_1)$	
	从动轮	$F_{x2}=F_{tm}\tan\alpha\sin\delta_2$	$F_{x2}=\frac{F_{tm}}{\cos\beta_m}(\tan\alpha\sin\delta_2-\sin\beta_m\cos\delta_2)$		$F_{x2}=\frac{F_{tm}}{\cos\beta_m}(\tan\alpha\sin\delta_2+\sin\beta_m\cos\delta_2)$	
说明		T_1——主动轮转矩，N·m d_1——主动轮大端分度圆直径，mm ϕ_R——齿宽系数			d_{m1}——主动轮齿宽中点处的直径，mm n_1——主动轮转速，r/min P——传递功率，kW	

注：1. 当 $F_r>0$ 时，表示径向力方向指向本身轴线；当 $F_r<0$ 时，则方向相反。当 $F_x>0$ 时，表示轴向力方向指向锥齿轮大端；当 $F_x<0$ 时，则方向相反。

2. 当轴交角 $\Sigma=90°$时，$F_{x1}=F_{r2}$；$F_{r1}=F_{x2}$（大小相等，方向相反）。

3. 转向确定准则：从锥顶看齿轮，当齿轮顺时针转动时为右转，反之为左转。

例　一对螺旋锥齿轮传动，其 $\Sigma=90°$、$\delta_1=20°$、$\delta_2=70°$、$\alpha=20°$、$\beta_m=35°$，小齿轮为主动轮，左旋左转（逆时针），大齿轮为从动轮、右旋右转（顺时针），求轴向力 F_x 及径向力 F_r 的大小与方向。

解　小齿轮的轴向力 F_{x1}可由图 14-3-22 求得：根据主动轮的旋向和转向确定应使用图中曲线的上半部，求出 $\delta_1=20°$与 $\beta_m=35°$两曲线的交点 A。然后，由 $\alpha=20°$定 B 点，连接 B、A 两点并延长交$\frac{F_x}{F_{tm}}$坐标于 C 点，得$\frac{F_x}{F_{tm}}\approx+0.81$，即 $F_{x1}=+0.81F_{tm}$（“+”表示 F_{x1}指向大端）。

亦可由表 14-3-22 公式计算求得：

$$F_{x1}=\frac{F_{tm}}{\cos35°}(\tan20°\sin20°+\sin35°\cos20°)=+0.81F_{tm}\text{（“+”表示 }F_{x1}\text{指向大端）}$$

大齿轮的轴向力 F_{x2}也可由图 14-3-22 求得：根据从动轮的旋向和转向确定应使用图中曲线的下半部，求出 $\delta_2=70°$与 $\beta_m=35°$两曲线的交点 A'。连接 BA'两点并延长交$\frac{F_x}{F_{tm}}$坐标于 C'点，得$\frac{F_x}{F_{tm}}=+0.18$，即 $F_{x2}=+0.18F_{tm}$（“+”表示 F_{x2}指向大端）。

亦可由表 14-3-22 公式计算求得：

$$F_{x2}=\frac{F_{tm}}{\cos35°}(\tan20°\sin70°-\sin35°\cos70°)=+0.18F_{tm}\text{（“+”表示 }F_{x2}\text{指向大端）}$$

小齿轮的径向力：$F_{r1}=F_{x2}=+0.18F_{tm}$（“+”表示 F_{r1}指向本身轴线）

大齿轮的径向力：$F_{r2}=F_{x1}=+0.81F_{tm}$（“+”表示 F_{r2}指向本身轴线）

5.2　轴向力的选择设计

表 14-3-22 中的轴向力 F_x 公式可改写成：

$$\frac{F_{x1、2}\cos\beta_m}{F_{tm}\cos\delta_{1、2}}=\tan\alpha\tan\delta_{1、2}\pm\sin\beta_m$$

其正负号由大小轮、主从动、旋向、转向、节锥角、螺旋角、齿形角七项因素所确定，其中由 2 种旋向与 2 种转向构成的 4 种组合，可合并为 2 套组合：

同向组合（左旋与左转/右旋与右转）

第 14 篇

异向组合（左旋与右转/右旋与左转）

它们与减速/增速传动相结合，构成4套（ac、ad、bc、bd）组合（即8种组合），见表14-3-23。

表 14-3-23　　轴向力方向（正负号）的组合选择

a	b	c	d
减速传动	增速传动	同向组合	异向组合
小轮主动	大轮主动	+	−
大轮从动	小轮从动	−	+

轴向力选择要求：小轮 F_{x1} 方向指向大端（即 $F_{x1}>0$），大轮 F_{x2} 最好也指向大端（$F_{x2}>0$），至少从组合中选一组 F_{x2} 的绝对值较小者。对直齿和零度曲齿传动，$\because \beta_m=0$，$\therefore F_{x1}>0$，$F_{x2}>0$。对一般曲齿传动，当齿数比、大小轮、主从动、转向初定后，可从螺旋角、齿形角、旋向三者与适当的组合中去优选。例如下述四种常见工况：

（1）减速曲齿锥齿轮传动——选同向组合（ac），此时 $F_{x1}>0$，F_{x2} 带负号，如希望 $F_{x2}\geqslant 0$，则有 $\tan\alpha\tan\delta_2\geqslant\sin\beta_m$，对正交传动，选择 β_m 与 α，使 $\sin\beta_m/\tan\alpha\leqslant u$。

（2）增速曲齿锥齿轮传动——选异向组合（bd），此时 $F_{x1}>0$，F_{x2} 带负号。如希望 $F_{x2}\geqslant 0$，则有 $\tan\alpha\tan\delta_2\geqslant\sin\beta_m$，对正交传动，选择 β_m 与 α，使 $\sin\beta_m/\tan\alpha\leqslant u$。

（3）双向（正反转）曲齿锥齿轮减速传动——选双向中受载较大的转向的同向组合（ac），此时 $F_{x1}=0$，F_{x2} 带负号；当受载较小的转向传动时，变为异向组合（ad），此时 F_{x1} 带负号，可设计 $F_{x1}>0$，即 $\tan\alpha\tan\delta_1\geqslant\sin\beta_m$。对正交传动，选择 β_m 与 α，使 $\tan\alpha/\sin\beta_m\geqslant u$。

（4）双向曲齿锥齿轮增速传动——对受载较大的转向选异向组合（bd），此时的 $F_{x1}>0$；对受载较小的转向，变成同向组合（bc），此时的 F_{x1} 带负号，可设计 $F_{x1}>0$。对正交传动，设计成 $\tan\alpha/\sin\beta_m\geqslant u$。

6　锥齿轮传动的强度计算

锥齿轮传动的强度计算，包括接触强度和弯曲强度计算。

为了简化设计工作，在一般情况下，对于闭式传动，先按接触强度初步确定主要尺寸，然后进行接触强度和弯曲强度的校核；对于不重要的闭式传动，强度校核也可从略。

对于开式传动，一般只按弯曲强度进行初步计算，这时应将计算载荷乘上一个磨损系数 K_m，其值见表14-1-115，必要时也可再校核一下弯曲强度。

6.1　主要尺寸的初步确定

目前国际上锥齿轮强度计算公式有ISO和美国AGMA两个互不相容的系统。根据参考文献［3］的分析和处理，导出一套供初步设计通用的“统一公式”，如表14-3-24所示。

表 14-3-24　　初步计算公式

齿轮类型		接触强度	弯曲强度
正交传动	直齿及零度弧齿	$d_1=eZ_bZ_\phi\sqrt[3]{\dfrac{T_1K_AK_{H\beta}}{u\sigma_{Hlim}^2}}$ (mm)	$d_1=50\sqrt[3]{\dfrac{T_1K_AK_{F\beta}}{\sqrt{u^2+1}}\times\dfrac{Y_F}{\sigma_{Flim}}\times\sqrt[4]{z_1}}$ (mm)
	弧齿、斜齿、摆线齿		$d_1=42\sqrt[3]{\dfrac{T_1K_AK_{F\beta}}{\sqrt{u^2+1}}\times\dfrac{Y_F}{\sigma_{Flim}}\times\sqrt[4]{z_1}}$ (mm)
斜交传动		$d_1=eZ_bZ_\phi\sqrt[3]{\dfrac{T_1K_AK_{H\beta}\sin\Sigma}{u\sigma_{Hlim}^2}}$ (mm)	

注：1. 接触强度的计算公式仅适用于钢对钢的齿轮副，当配对材料不同时，应将计算所得的 d_1 值乘以下列数值：
钢对铸铁：0.90　　铸铁对铸铁：0.83
2. 对于重要传动，应将计算所得的 d_1 值增大15%左右。
3. 表中代号说明如下：d_1—小齿轮大端分度圆直径，mm；e—锥齿轮类型几何系数，见表14-3-25；Z_b—变位后强度影响系数，见表14-3-26；Z_ϕ—齿宽比系数，见表14-3-27；T_1—小齿轮转矩，N·m；K_A—使用系数，见表14-1-71；$K_{H\beta}$、$K_{F\beta}$—齿向载荷分布系数，见式（14-3-12）；σ_{Hlim}、σ_{Flim}—试验齿轮的接触、弯曲疲劳极限，见表14-3-28；Y_F—齿形系数，见式（14-3-9）；Σ—轴交角。

表 14-3-25　　锥齿轮类型几何系数 *e*

<table>
<tr><td rowspan="2">类型</td><td colspan="2">直　　齿</td><td colspan="3">曲　　齿</td></tr>
<tr><td>非鼓形齿</td><td>鼓形齿</td><td>10°</td><td>25°</td><td>35°</td></tr>
<tr><td>e 值</td><td>1200</td><td colspan="2">1100</td><td>1000</td><td>950</td></tr>
</table>

表 14-3-26　　变位后强度影响系数 Z_b

<table>
<tr><td>变位类型</td><td>零传动 $x_1+x_2=0$</td><td colspan="2">正传动 $x_1+x_2>0$</td><td colspan="2">负传动 $x_1+x_2<0$</td></tr>
<tr><td>适用范围</td><td>格里森
奥利康
克林根堡
埃尼姆斯</td><td>节点区双
齿对啮合
$\delta_2>0.15$</td><td>大啮合角
传动</td><td>双齿对
传动
$\varepsilon_\gamma \geqslant 2.4$</td><td>三齿对
传动
$\varepsilon_\gamma>3$</td></tr>
<tr><td>$Z_b^{\dagger}$ 值</td><td>1</td><td>0.85～0.9</td><td>0.93～0.97</td><td>0.85～0.9</td><td>0.8</td></tr>
</table>

表 14-3-27　　齿宽比系数 Z_ϕ

<table>
<tr><td>ϕ_R</td><td>$\frac{1}{3.5}$</td><td>$\frac{1}{3}$</td><td>$\frac{1}{4}$</td><td>$\frac{1}{5}$</td><td>$\frac{1}{6}$</td><td>$\frac{1}{8}$</td><td>$\frac{1}{10}$</td><td>$\frac{1}{11}$</td><td>$\frac{1}{12}$</td></tr>
<tr><td rowspan="2">适用范围(参考)</td><td colspan="3">$\Sigma=90°$</td><td colspan="6">$\Sigma \neq 90°$</td></tr>
<tr><td>通用</td><td>大 β 的收缩齿</td><td>小 β 或等高齿</td><td>135°</td><td>45°</td><td>30°</td><td>20°</td><td>15°</td><td>10°</td></tr>
<tr><td>Z_ϕ 值</td><td>1.683</td><td>1.629</td><td>1.735</td><td>1.834</td><td>1.926</td><td>2.088</td><td>2.229</td><td>2.294</td><td>2.355</td></tr>
</table>

注：如 ϕ_R 值未知，可取 $\phi_R=\frac{1}{3.5}$，即 $Z_\phi=1.683$。

表 14-3-28　　试验齿轮的疲劳极限 σ_{Hlim}、σ_{Flim}　　$N \cdot mm^{-2}$

材　料	σ_{Hlim}(中段值)	σ_{Flim}(中值/下值)	材　料	σ_{Hlim}(中段值)	σ_{Flim}(中值/下值)
合金钢渗碳淬火	1450～1500	300/220	中碳钢调质	550～650	220/170
感应或火焰淬火	1130～1200	320/240	球墨铸铁	500～620	220/170
氮化钢	1130～1200	400/250			
合金钢调质	750～850	300/220	灰铸铁	340～420	75/60

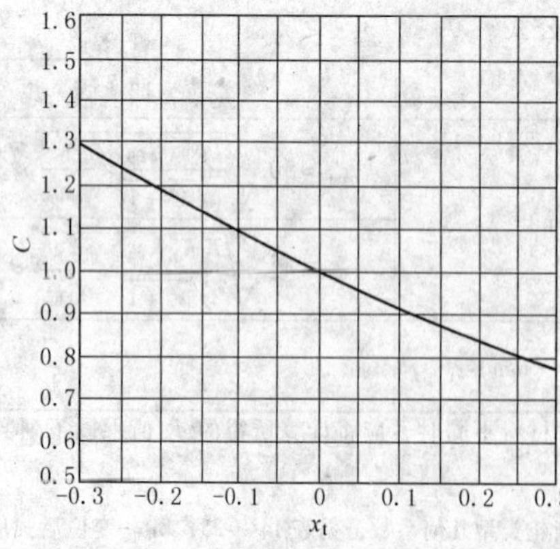

图 14-3-23　有切向变位时的修正系数 C

齿形系数 Y_F：

$$Y_F = CY_{F0} \qquad (14\text{-}3\text{-}9)$$

式中　C——有切向变位时的修正系数，其值由图 14-3-23 查取；

Y_{F0}——无切向变位时的齿形系数，由图 14-3-24～图 14-3-26 查取。对斜齿，应将大端螺旋角 β 换算为中点螺旋角 β_m 查图，其换算关系为：

$$\sin\beta_m = \frac{\sin\beta}{1-0.5\phi_R}$$

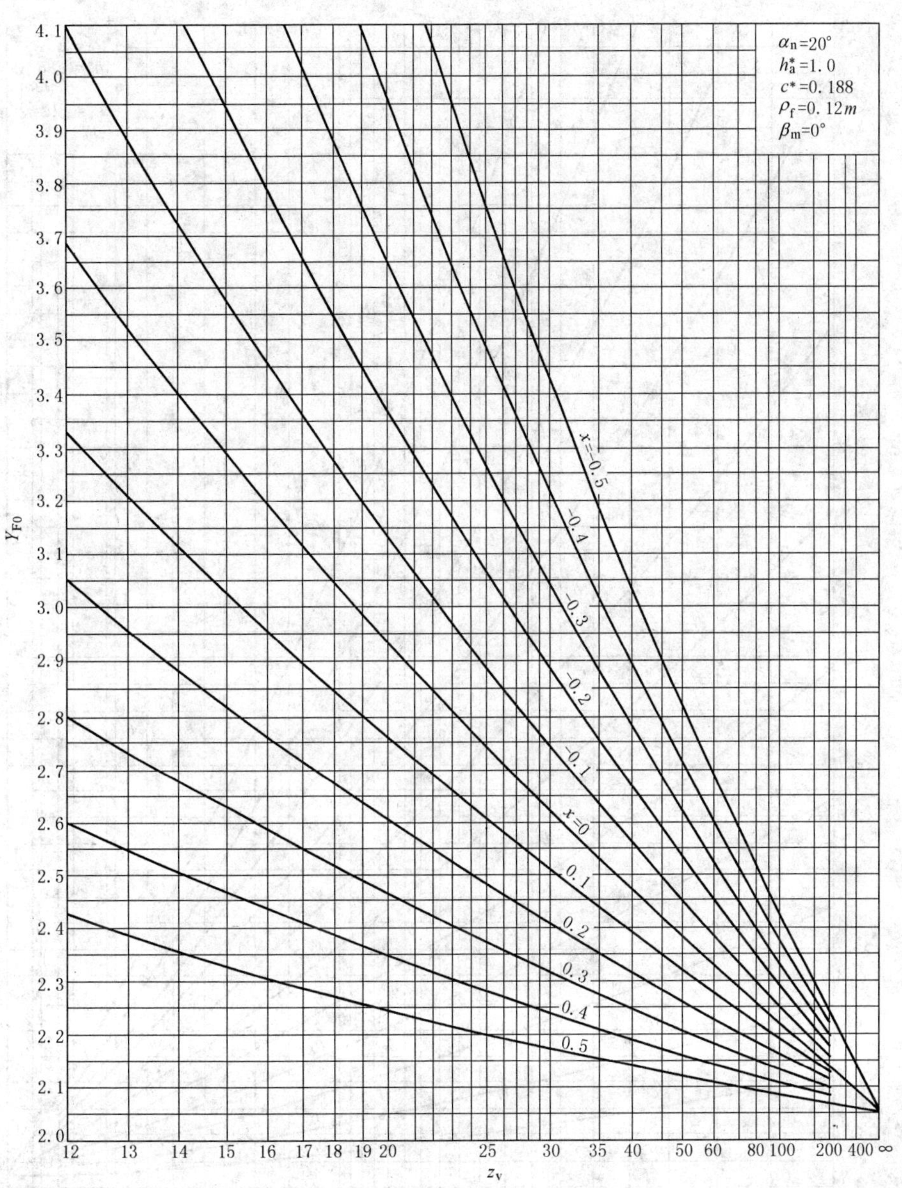

图 14-3-24　无切向变位的齿形系数 Y_{F0}（$\beta_m=0°$）

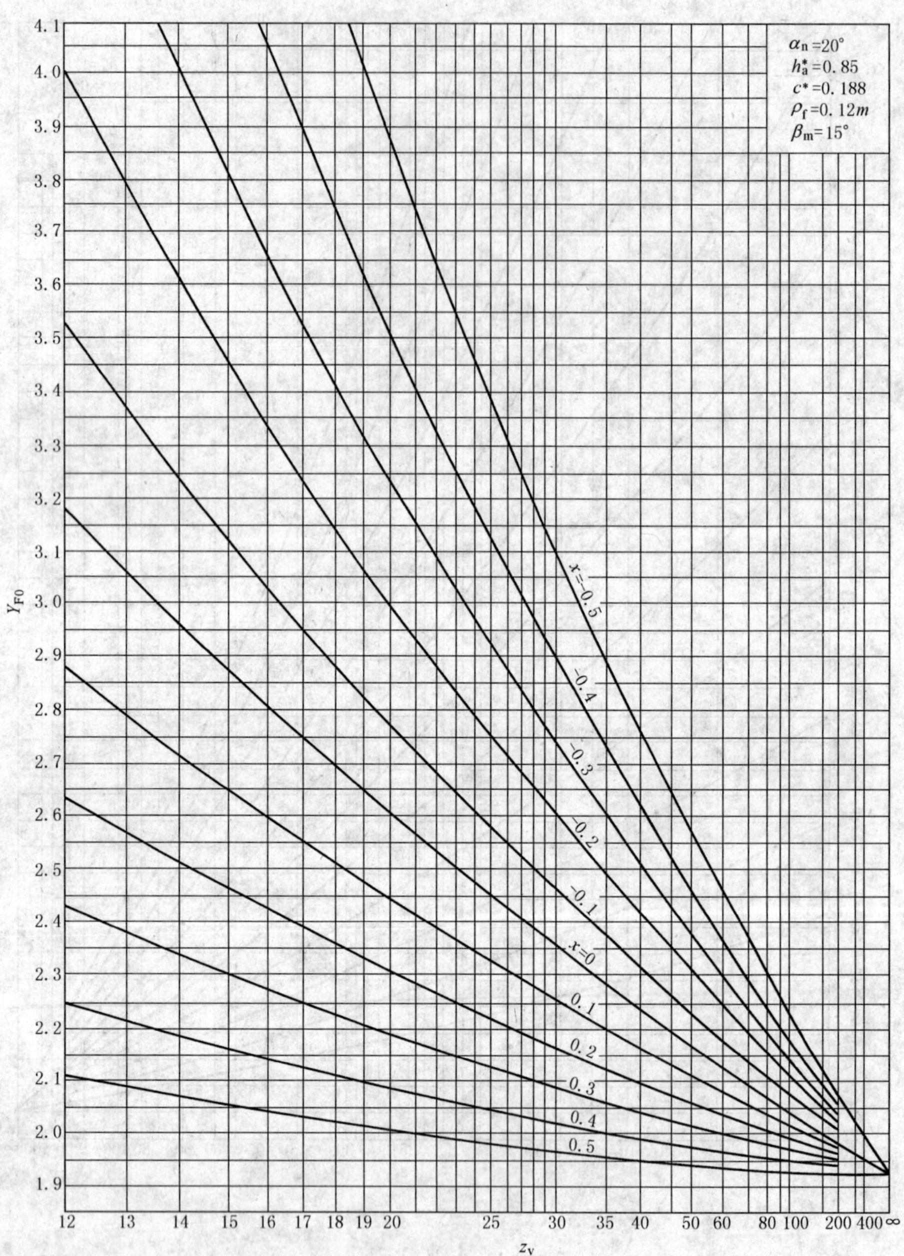

图 14-3-25 无切向变位的齿形系数 Y_{F0}（$\beta_m=15°$）

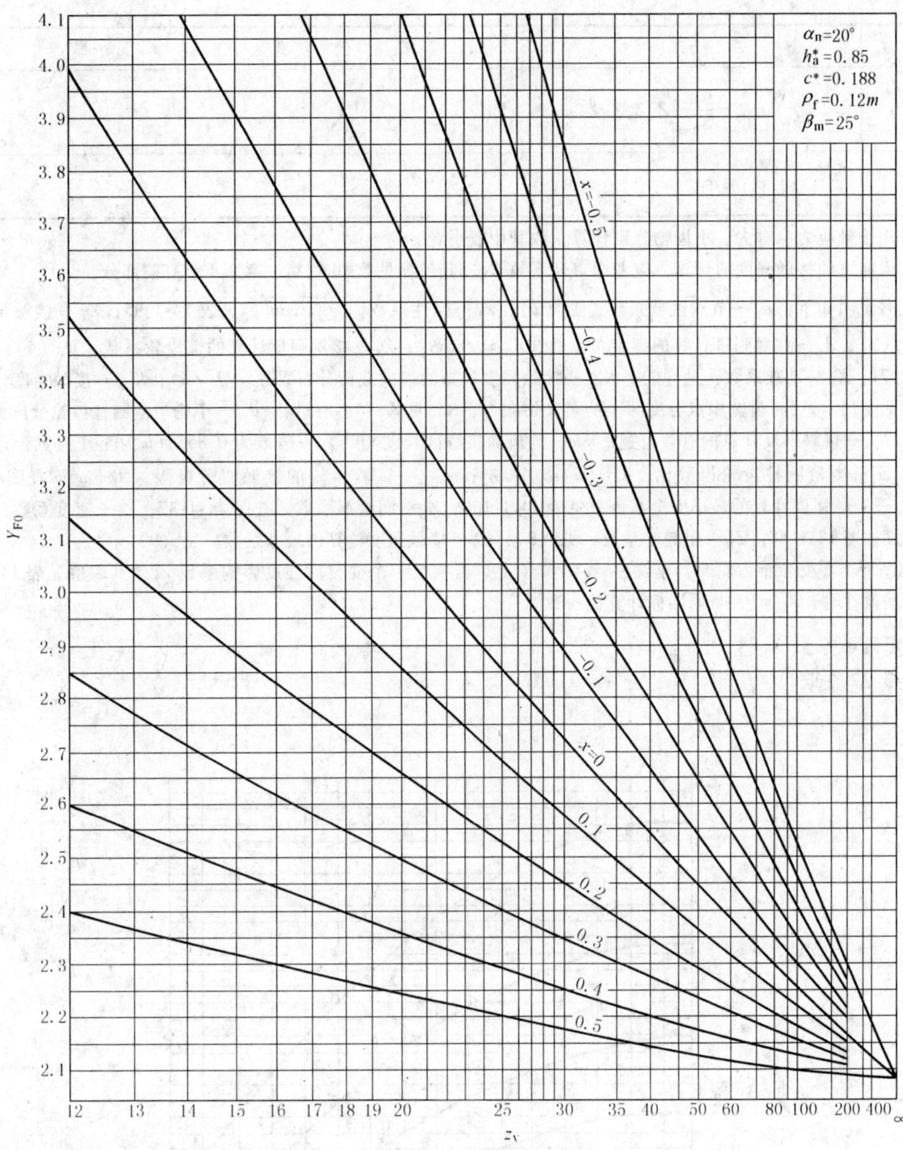

图 14-3-26 无切向变位的齿形系数 Y_{F0}（β_m =35°）

6.2 接触强度校核计算（摘自 GB/T 10062.2—2003）

（1）接触强度计算公式

表 14-3-29

项 目		计 算 公 式
计算接触应力	斜交传动	$\sigma_H = Z_H Z_E Z_\varepsilon Z_\beta Z_K \sqrt{\frac{K_A K_V K_{H\beta} K_{H\alpha} F_{tm}}{d_{v1} b_{eH}} \times \frac{u_v + 1}{u_v}}$ （N/mm²）
	正交传动	$\sigma_H = Z_H Z_E Z_\varepsilon Z_\beta Z_K \sqrt{\frac{K_A K_V K_{H\beta} K_{H\alpha} F_{tm}}{d_{m1} b_{eH}} \times \frac{\sqrt{u^2 + 1}}{u}}$ （N/mm²）

续表

项　目	计　算　公　式
许用接触应力	$\sigma_{Hp}=\dfrac{\sigma_{Hlim}}{S_{Hmin}}Z_L Z_v Z_R Z_X$
强度条件	$\sigma_H \leqslant \sigma_{Hp}$

注：1. 许用接触应力应对大、小齿轮分别计算，取其中较小者。

2. 对有限寿命下的接触强度的计算，应考虑寿命系数 Z_N，其值参见第 14 篇第 1 章 8.4 节有关部分。

3. 式中代号说明如下：Z_H—节点区域系数，见（2）；Z_E—弹性系数，$\sqrt{N/mm^2}$，见表 14-1-95；Z_ε—接触强度计算的重合度系数，见（3）；Z_β—接触强度计算的螺旋角系数，$Z_\beta=\sqrt{\cos\beta_m}$；$Z_K$—接触强度计算的锥齿轮系数，见（4）；$K_A$—使用系数，见表 14-1-71；$K_V$—动载系数，见（5）；$K_{H\beta}$—接触强度计算的齿向载荷分布系数，见（6）；$K_{H\alpha}$—接触强度计算的齿向载荷分配系数，见（7）；$F_{tm}$—齿宽中点分度圆上的名义切向力，N，见式（14-3-11）；d_{v1}—小轮当量圆柱齿轮分度圆直径，mm，见表 14-3-31；b_{eH}—接触强度计算的有效齿宽，mm，与齿面接触区长度相当，一般取为 0.85b（b 为工作齿宽，指一对齿轮中的较小齿宽）；u_v—当量圆柱齿轮齿数比，$u_v=u\cos\delta_1/\cos\delta_2$；$\sigma_{Hlim}$—试验齿轮的接触疲劳极限，N/mm²，查图 14-1-81～图 14-1-85；S_{Hmin}—接触强度计算的最小安全系数，见表 14-1-100；Z_L—润滑剂系数，查图 14-1-87；Z_v—速度系数，用齿宽中点分度圆圆周速度查图 14-1-88；Z_R—粗糙度系数，见（8）；Z_X—接触强度计算的尺寸系数，见（9）。

4. 当采用新型非零变位锥齿轮时，建议在 σ_H 计算值上，再乘上一个变位后强度影响系数 Z_b，其取值见表 14-3-26（当采用传统的零传动设计时，$Z_b=1$，与原国标计算值一致）。

（2）节点区域系数 Z_H

由图 14-3-27 查取。

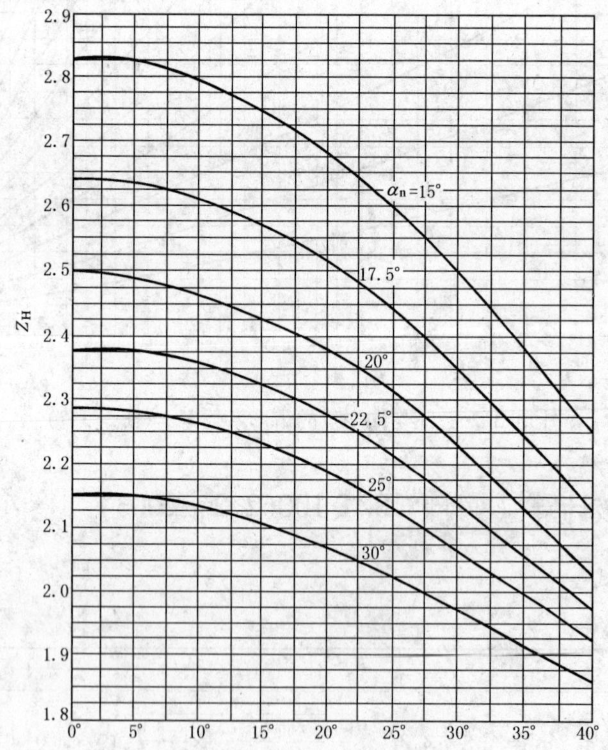

图 14-3-27　节点区域系数 Z_H

（3）接触强度计算的重合度系数 Z_ε

表 14-3-30　重合度系数 Z_ε

类型	直齿	斜齿、弧齿	
		$\varepsilon_{v\beta}<1$	$\varepsilon_{v\beta}\geqslant 1$
Z_ε	$Z_\varepsilon=\sqrt{\dfrac{4-\varepsilon_{v\alpha}}{3}}$	$Z_\varepsilon=\sqrt{\dfrac{4-\varepsilon_{v\alpha}}{3}(1-\varepsilon_{v\beta})+\dfrac{\varepsilon_{v\beta}}{\varepsilon_{v\alpha}}}$	$Z_\varepsilon=\sqrt{\dfrac{1}{\varepsilon_{v\alpha}}}$

注：$\varepsilon_{v\alpha}$和$\varepsilon_{v\beta}$按表 14-3-31 计算。

表 14-3-31　当量圆柱齿轮的重合度 $\varepsilon_{v\alpha}$、$\varepsilon_{v\beta}$

项目	代号	计算公式	
		小齿轮	大齿轮
分度圆直径	d_v	$d_{v1}=\dfrac{R-0.5b}{R\cos\delta_1}d_1$	$d_{v2}=\dfrac{R-0.5b}{R\cos\delta_2}d_2$
中心距	a_v	$a_v=\dfrac{1}{2}(d_{v1}+d_{v2})$	
齿顶圆直径	d_{va}	$d_{va1}=d_{v1}+2(h_{a1}-0.5b\tan\theta_{a1})$	$d_{va2}=d_{v2}+2(h_{a2}-0.5b\tan\theta_{a2})$
端面齿形角	α_{vt}	$\alpha_{vt}=\arctan(\tan\alpha/\cos\beta_m)$	
基圆直径	d_{vb}	$d_{vb1}=d_{v1}\cos\alpha_{vt}$	$d_{vb2}=d_{v2}\cos\alpha_{vt}$
啮合线长度	$g_{v\alpha}$	$g_{v\alpha}=0.5\left(\sqrt{d_{va1}^2-d_{vb1}^2}+\sqrt{d_{va2}^2-d_{vb2}^2}\right)-a_v\sin\alpha_{vt}$	
端面重合度	$\varepsilon_{v\alpha}$	$\varepsilon_{v\alpha}=\dfrac{g_{v\alpha}R}{\pi m(R-0.5b)\cos\alpha_{vt}}$	
纵向重合度	$\varepsilon_{v\beta}$	$\varepsilon_{v\beta}=\dfrac{0.85bR\tan\beta_m}{\pi m(R-0.5b)}$	

注：当大、小轮齿宽不等时，用较小齿宽计算。

(4) 接触强度计算的锥齿轮系数 Z_K

Z_K 是考虑锥齿轮齿形与渐开线齿形的差异及轮齿刚度沿齿宽变化对齿面接触强度的影响。当齿顶和齿根修形适当时，取 $Z_K=0.85$。

(5) 动载系数 K_V

$$K_V=NK+1 \tag{14-3-10}$$

式中　N——临界转数比，即小齿轮转数 n_1 与临界转数 n_{E1} 之比，

$$N=0.084\times\frac{z_1 v_{tm}}{100}\sqrt{\frac{u^2}{u^2+1}}$$

对工业及车辆传动，建议在亚临界区使用，即

$$N\leqslant 0.85$$

v_{tm}——中点圆周速度 $\pi d_{m1}n_1/60000$，m/s；

u——锥齿轮副齿数比，$z_2/z_1\geqslant 1$；

K——当 $N\leqslant 0.85$ 时，其值为

$$K=\frac{(f_{pt}-y_\alpha)c'}{K_A F_{tm}/b_{eH}}C_{v12}+C_{v3}$$

f_{pt}——齿距极限偏差，μm，通常按大轮查表 14-3-43；

y_α——跑合量，μm，其值如表 14-3-32；

c'——单对齿刚度，取 14N/(mm·μm)；

C_{v12}，C_{v3}——$N\leqslant 0.85$ 时的系数，其值如表 14-3-33；

F_{tm}——作用在锥齿轮齿宽中点端面分度圆上的名义切向力，N，按下式计算：

$$F_{tm}=\frac{2000T_{1,2}}{d_{m1,2}}\quad(\text{N}) \tag{14-3-11}$$

$T_{1,2}$——名义转矩，$T_{1,2}=9550P/n_{1,2}$，N·m；

P——名义功率，kW；

n——转速，r/min。

表 14-3-32　　跑合量 y_α

材　　料	y_α
硬齿面钢	$0.075f_{pt}<3\mu m$
调质钢	$160f_{pt}/\sigma_{Hlim}$
铸铁	$0.275f_{pt}$

注：当小、大齿轮材料不同时，y_α 为两轮所确定值的算术平均值。

表 14-3-33

	$1<\varepsilon_{v\gamma}<2$	$\varepsilon_{v\gamma}>2$
C_{v12}	0.66	$0.32+0.57/(\varepsilon_{v\gamma}-0.3)$
C_{v3}	0.23	$0.096/(\varepsilon_{v\gamma}-1.56)$

注：$\varepsilon_{v\gamma}$—总重合度，$\varepsilon_{v\gamma}=\varepsilon_{v\alpha}+\varepsilon_{v\beta}$。

（6）齿向载荷分布系数 $K_{H\beta}$、$K_{F\beta}$

$$K_{H\beta}=K_{F\beta}=1.5K_{H\beta be} \tag{14-3-12}$$

表 14-3-34　　轴承系数 $K_{H\beta be}$

应　　用	两轮都是两端支承	两轮都是悬臂支承	一轮两端支承，一轮悬臂支承
工业、船舶	1.10	1.50	1.25
飞机、车辆	1	1.25	1.10

对非鼓形直齿锥齿轮，应将由式（14-3-12）求得的值适当增大。

（7）齿间载荷分配系数 $K_{H\alpha}$、$K_{F\alpha}$（DIN3991）

表 14-3-35

<table>
<tr><td colspan="3">K_AF_{tm}/b_{eH}</td><td colspan="7">≥100N/mm</td><td><100N/mm</td></tr>
<tr><td colspan="3">精度级</td><td>5 以上</td><td>6</td><td>7</td><td>8</td><td>9</td><td>10</td><td>11 以下</td><td>所有</td></tr>
<tr><td rowspan="6">硬齿面</td><td rowspan="2">直　齿</td><td>$K_{H\alpha}$</td><td colspan="2" rowspan="2">1</td><td rowspan="2">1.1</td><td rowspan="2">1.2</td><td colspan="4">$1/Z_\varepsilon^2\geqslant1.2$</td></tr>
<tr><td>$K_{F\alpha}$</td><td colspan="4">$1/Y_\varepsilon\geqslant1.2$</td></tr>
<tr><td>曲齿、斜齿</td><td>$K_{H\alpha}=K_{F\alpha}$</td><td>1</td><td>1.1</td><td>1.2</td><td>1.4</td><td colspan="4">$\varepsilon_\alpha/\cos^2\beta_{bm}\geqslant1.4$</td></tr>
<tr><td rowspan="2">直　齿</td><td>$K_{H\alpha}$</td><td colspan="3" rowspan="2">1</td><td rowspan="2">1.1</td><td rowspan="2">1.2</td><td colspan="3">$1/Z_\varepsilon^2\geqslant1.2$</td></tr>
<tr><td>$K_{F\alpha}$</td><td colspan="3">$1/Y_\varepsilon\geqslant1.2$</td></tr>
<tr><td>曲齿、斜齿</td><td>$K_{H\alpha}=K_{F\alpha}$</td><td colspan="2">1</td><td>1.1</td><td>1.2</td><td>1.4</td><td colspan="3">$\varepsilon_\alpha/\cos^2\beta_{bm}\geqslant1.4$</td></tr>
</table>

（8）粗糙度系数 Z_R

$$Z_R=\left(\frac{3}{R_{z100}}\right)^{C_{zR}}\quad（极限条件：Z_R\leqslant1.15）$$

式中　C_{zR}——指数；

当 $850N/mm^2\leqslant\sigma_{Hlim}\leqslant1200N/mm^2$ 时，

$$C_{zR}=0.12+\frac{1000-\sigma_{Hlim}}{5000}$$

当 $\sigma_{Hlim}<850N/mm^2$ 时，取 $C_{zR}=0.15$；

当 $\sigma_{Hlim}>1200N/mm^2$ 时，取 $C_{zR}=0.08$；

R_{z100}——相对微观不平度十点高度（相对于 $a_v=100mm$ 试验齿轮）；

$$R_{z100}=\frac{R_{z1}+R_{z2}}{2}\sqrt[3]{\frac{100}{a_v}}$$

R_{z1}、R_{z2}——小轮、大轮的微观不平度十点高度，μm；$R_z=(4\sim5)R_a$；如齿面经过跑合，应取跑合后的数值；

a_v——当量圆柱齿轮中心距，mm，按表 14-3-31 计算。

Z_R 值也可由下图查取。

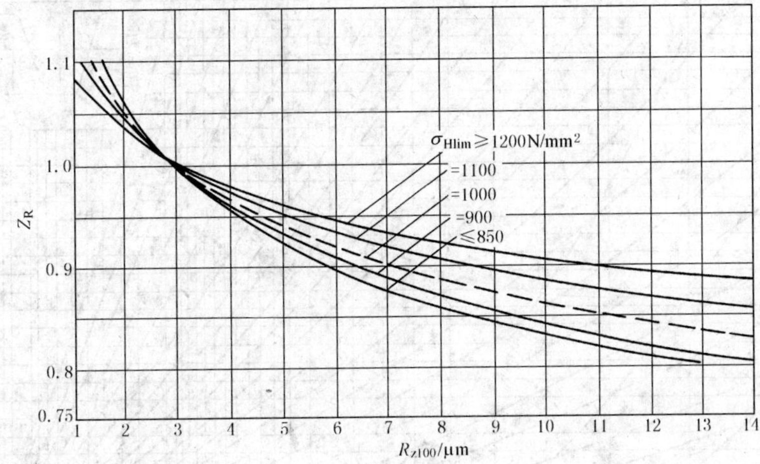

(9) 接触强度计算的尺寸系数 Z_X

表 14-3-36

材　　料	计　算　公　式	极　限　值
调质钢、铸铁	$Z_X=1$	$Z_X=1$
表面硬化钢	$Z_X=1.05-0.005m_{nm}$	$0.9\leqslant Z_X\leqslant 1$
氮化钢	$Z_X=1.08-0.011m_{nm}$	$0.75\leqslant Z_X\leqslant 1$

注：m_{mn}的计算见表 14-3-37 注。

6.3 弯曲强度校核计算（摘自 GB/T 10062.3—2003）

(1) 弯曲强度计算公式

表 14-3-37

项　目	计　算　公　式
计算齿根应力	$\sigma_F=\dfrac{K_AK_VK_{F\beta}K_{F\alpha}F_{tm}}{b_{eF}m_{nm}}Y_{Fa}Y_{Sa}Y_\varepsilon Y_\beta Y_K$　(N/mm²)
许用齿根应力	$\sigma_{FP}=\dfrac{\sigma_{Flim}Y_{ST}}{S_{Fmin}}Y_{\delta relT}Y_{RrelT}Y_X$　(N/mm²)
强度条件	$\sigma_F\leqslant\sigma_{FP}$

注：1. 应分别对大、小齿轮进行计算。

2. 式中代号说明如下：K_A—使用系数，见表 14-1-71；K_V—动载系数，见 6.2 节（5）；$K_{F\beta}$—弯曲强度计算的齿向载荷分布系数，见 6.2 节（6）；$K_{F\alpha}$—弯曲强度计算的齿间载荷分配系数，见 6.2 节（7）；b_{eF}—弯曲强度计算的有效齿宽，mm，$b_{eF}=b_{eH}=0.85b$；m_{nm}—齿宽中点法向模数，mm，$m_{nm}=m(R-0.5b)\cos\beta_m/R$；$Y_{Fa}$—齿形系数，见（2）；$Y_{Sa}$—应力修正系数，见（3）；$Y_\varepsilon$—弯曲强度计算的重合度系数，见（4）；$Y_\beta$—弯曲强度计算的螺旋角系数，见（5）；$Y_K$—弯曲强度计算的锥齿轮系数，取 $Y_K=1$；σ_{Flim}—试验齿轮的弯曲疲劳极限，N/mm²，查图 14-1-110 ~ 图 14-1-114；Y_{ST}—试验齿轮的应力修正系数，取 $Y_{ST}=2.0$；S_{Fmin}—弯曲强度的最小安全系数，见表 14-1-100；$Y_{\delta relT}$—相对齿根圆角敏感系数，查图 14-1-117；Y_{RrelT}—相对齿根表面状况系数，查表 14-1-112；Y_X—弯曲强度计算的尺寸系数，查图 14-1-116（横坐标用 m_{nm}）。

(2) 齿形系数 Y_{Fa}

用展成法加工的齿轮的齿形系数如图 14-3-28 所示，图中 z_{vn} 为当量圆柱齿轮的齿数，按下式计算：

$$z_{vn}=\frac{z}{\cos\delta\cos^2\beta_{vb}\cos\beta_m}\tag{14-3-13}$$

$$\beta_{vb}=\arcsin(\sin\beta_m\cos\alpha_n)\tag{14-3-14}$$

(3) 应力修正系数 Y_{Sa}

由图 14-3-29 查取。

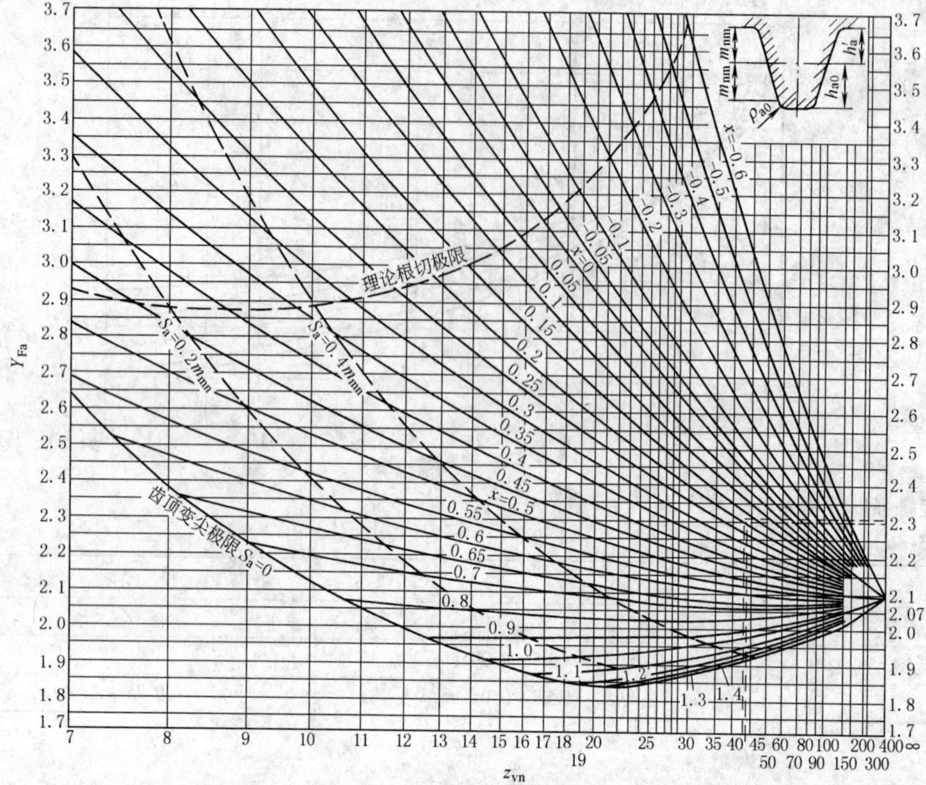

图 14-3-28 齿形系数 Y_{Fa}

$\alpha_n=20°$；$h_a/m_{nm}=1$；$h_{a0}/m_{nm}=1.25$；$\rho_{a0}/m_{nm}=0.25$；$x_t=0$

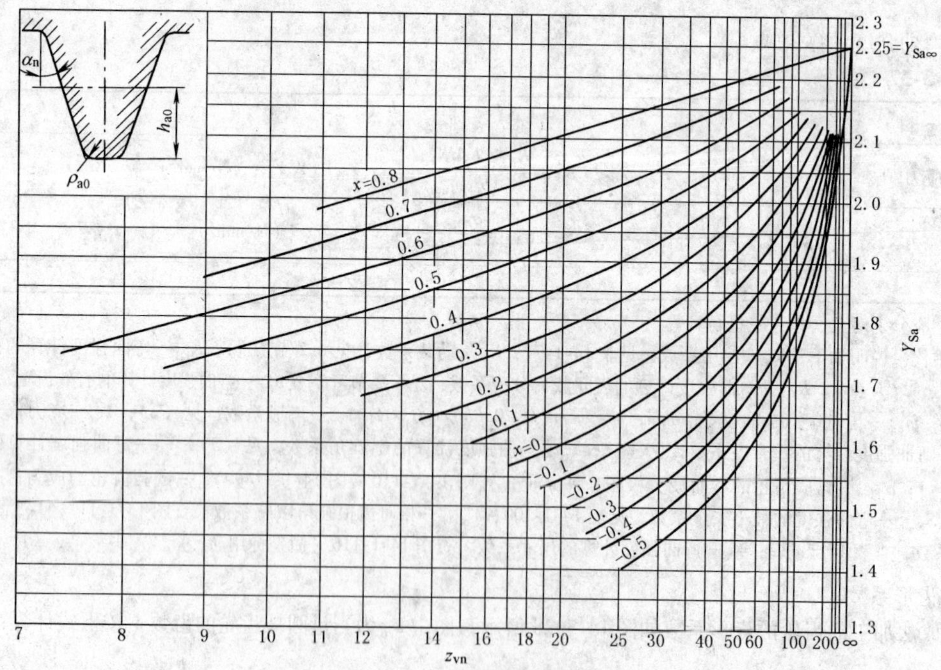

图 14-3-29 应力修正系数 Y_{Sa}

$\alpha_n=20°$；$h_a/m_{nm}=1$；$h_{a0}/m_{nm}=1.25$；$\rho_{a0}/m_{nm}=0.25$；$x_t=0$

（4）弯曲强度计算的重合度系数 Y_ε

$$Y_\varepsilon = 0.25 + \frac{0.75\cos^2\beta_{vb}}{\varepsilon_{v\alpha}} \tag{14-3-15}$$

式中 $\varepsilon_{v\alpha}$——按表 14-3-31 计算；

β_{vb}——按式（14-3-14）计算。

（5）弯曲强度计算的螺旋角系数 Y_β

$$Y_\beta = 1 - \varepsilon_{v\beta}\frac{\beta_m}{120°} \tag{14-3-16}$$

式中 β_m——齿宽中点螺旋角，（°）；

$\varepsilon_{v\beta}$——按表 14-3-31 计算。

使用式（14-3-16）时，若 $\varepsilon_{v\beta}>1$，取 $\varepsilon_{v\beta}=1$；若 $\beta_m>30°$，取 $\beta_m=30°$。

7 锥齿轮精度（摘自 GB/T 11365—1989）

本节介绍的 GB/T 11365—1989 适用于中点法向模数 $m_n \geqslant 1$mm 的直齿、斜齿、曲线齿锥轮和准双曲面齿轮。

7.1 定义及代号

表 14-3-38　　齿轮、齿轮副误差及侧隙的定义和代号

名　　称	定　　义
切向综合误差 $\Delta F_i'$ 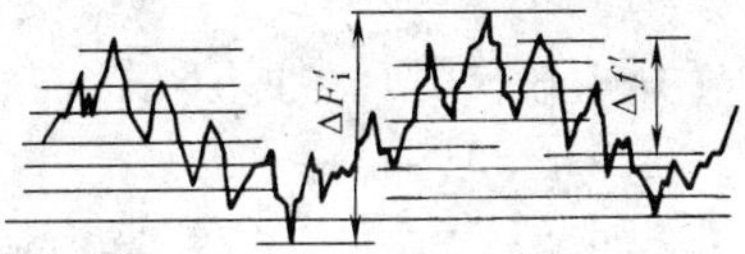 切向综合公差 F_i'	被测齿轮与理想精确的测量齿轮按规定的安装位置单面啮合时，被测齿轮一转内，实际转角与理论转角之差的总幅度值。以齿宽中点分度圆弧长计
一齿切向综合误差 $\Delta f_i'$ 一齿切向综合公差 f_i'	被测齿轮与理想精确的测量齿轮按规定的安装位置单面啮合时，被测齿轮一齿距角内，实际转角与理论转角之差的最大幅度值。以齿宽中点分度圆弧长计
轴交角综合误差 $\Delta F_{i\Sigma}''$ 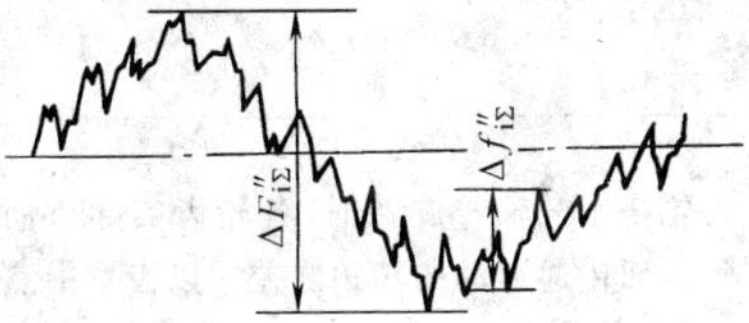 轴交角综合公差 $\Delta F_{i\Sigma}''$	被测齿轮与理想精确的测量齿轮在分锥顶点重合的条件下双面啮合时，被测齿轮一转内，齿轮副轴交角的最大变动量。以齿宽中点处线值计
一齿轴交角综合误差 $\Delta f_{i\Sigma}''$ 一齿轴交角综合公差 $f_{i\Sigma}''$	被测齿轮与理想精确的测量齿轮在分锥顶点重合的条件下双面啮合时，被测齿轮一齿距角内，齿轮副轴交角的最大变动量。以齿宽中点处线值计
周期误差 $\Delta f_{zk}'$ 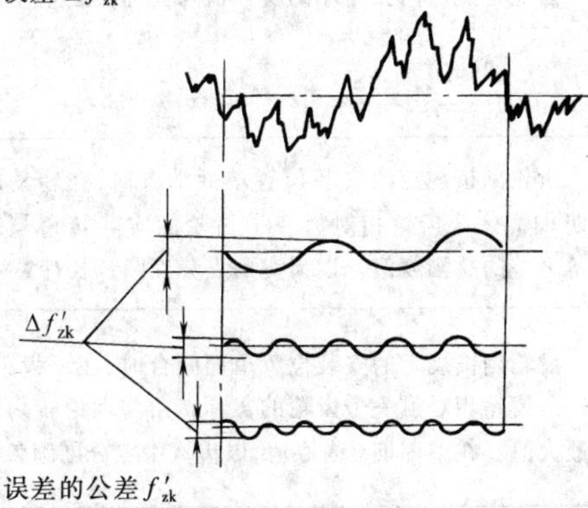 周期误差的公差 f_{zk}'	被测齿轮与理想精确的测量齿轮按规定的安装位置单面啮合时，被测齿轮一转内，二次（包括二次）以上各次谐波的总幅度值

第 14 篇

续表

名称	定义
齿距累积误差 ΔF_p 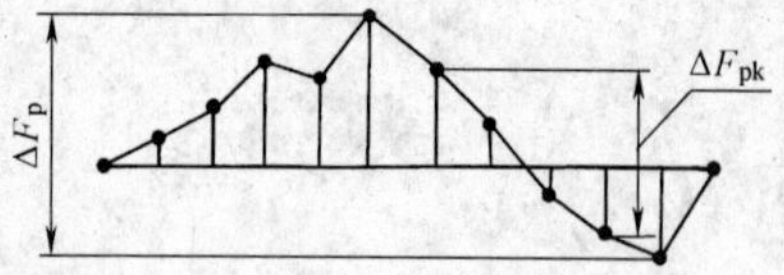 齿距累积公差 F_p	在中点分度圆[1]上，任意两个同侧齿面间的实际弧长与公称弧长之差的最大绝对值
k 个齿距累积误差 ΔF_{pk} k 个齿距累积公差 F_{pk}	在中点分度圆[1]上，k 个齿距的实际弧长与公称弧长之差的最大绝对值。k 为 2 到小于 $z/2$ 的整数
齿圈跳动 ΔF_r 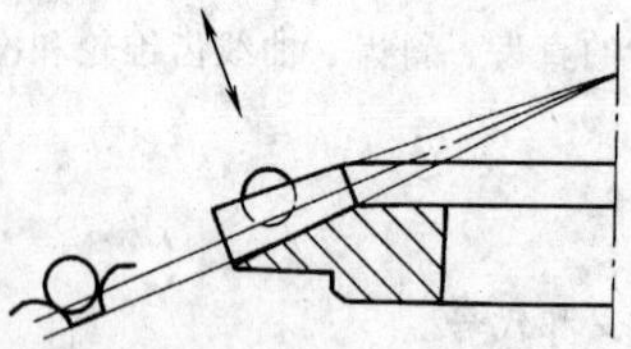 齿圈跳动公差 F_r	齿轮一转范围内，测头在齿槽内与齿面中部双面接触时，沿分锥法向相对齿轮轴线的最大变动量
齿距偏差 Δf_{pt} 实际齿距 公称齿距 Δf_{pt} 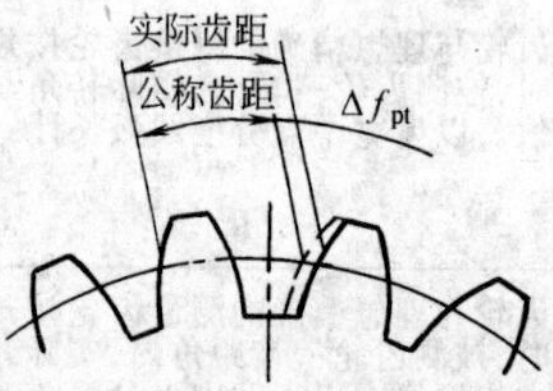 齿距极限偏差 上偏差 $+f_{pt}$ 下偏差 $-f_{pt}$	在中点分度圆[1]上，实际齿距与公称齿距之差
齿形相对误差 Δf_c 齿形相对误差的公差 f_c	齿轮绕工艺轴线旋转时，各轮齿实际齿面相对于基准实际齿面传递运动的转角之差。以齿宽中点处线值计
齿厚偏差 $\Delta E_{\bar{s}}$ 齿厚极限偏差 上偏差 $E_{\bar{s}s}$ 下偏差 $E_{\bar{s}i}$ 公　差 $T_{\bar{s}}$	齿宽中点法向弦齿厚的实际值与公称值之差
齿轮副切向综合误差 $\Delta F'_{ic}$ 齿轮副切向综合公差 F'_{ic}	齿轮副按规定的安装位置单面啮合时，在转动的整周期[2]内，一个齿轮相对另一个齿轮的实际转角与理论转角之差的总幅度值。以齿宽中点分度圆弧长计
齿轮副一齿切向综合误差 $\Delta f'_{ic}$ 齿轮副一齿切向综合公差 f'_{ic}	齿轮副按规定的安装位置单面啮合时，在一齿距角内，一个齿轮相对另一个齿轮的实际转角与理论转角之差的最大值。在整周期[2]内取值，以齿宽中点分度圆弧长计

第 14 篇

续表

名称	定义
齿轮副轴交角综合误差 $\Delta F''_{i\Sigma c}$ 齿轮副轴交角综合公差 $F''_{i\Sigma c}$	齿轮副在分锥顶点重合条件下双面啮合时，在转动的整周期②内，轴交角的最大变动量。以齿宽中点处线值计
齿轮副一齿轴交角综合误差 $\Delta f''_{i\Sigma c}$ 齿轮副一齿轴交角综合公差 $f''_{i\Sigma c}$	齿轮副在分锥顶点重合条件下双面啮合时，在一齿距角内，轴交角的最大变动量。在整周期②内取值，以齿宽中点处线值计
齿轮副周期误差 $\Delta f'_{zkc}$ 齿轮副周期误差的公差 f'_{zkc}	齿轮副按规定的安装位置单面啮合时，在大轮一转范围内，二次(包括二次)以上各次谐波的总幅度值
齿轮副齿频周期误差 $\Delta f'_{zzc}$ 齿轮副齿频周期误差的公差 f'_{zzc}	齿轮副按规定的安装位置单面啮合时，以齿数为频率的谐波的总幅度值
接触斑点 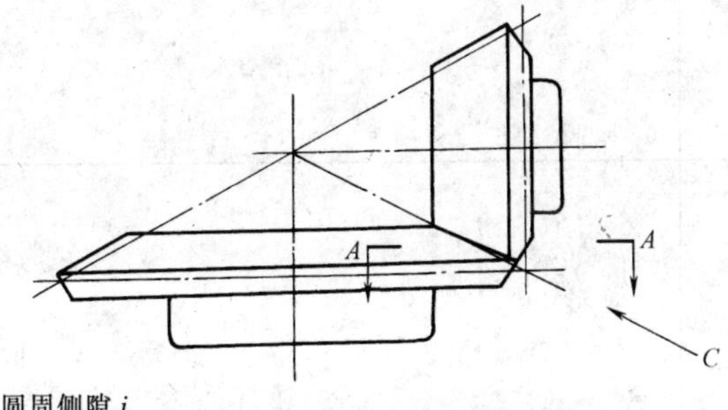 	安装好的齿轮副(或被测齿轮与测量齿轮)在轻微力的制动下运转后，在齿轮工作齿面上得到的接触痕迹 接触斑点包括形状、位置、大小三方面的要求 接触痕迹的大小按百分比确定： 沿齿长方向——接触痕迹长度 b''与工作长度 b'之比，即$\frac{b''}{b'}\times100\%$ 沿齿高方向——接触痕迹高度 h''与接触痕迹中部的工作齿高 h'之比，即$\frac{h''}{h'}\times100\%$
齿轮副侧隙 圆周侧隙 j_t 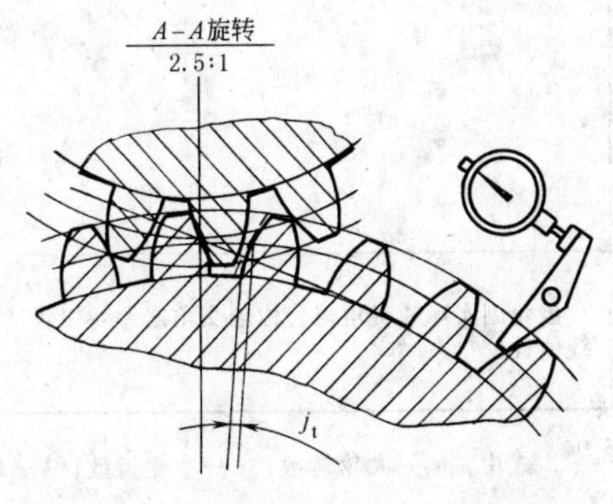 	齿轮副按规定的位置安装后，其中一个齿轮固定时，另一个齿轮从工作齿面接触到非工作齿面接触所转过的齿宽中点分度圆弧长

第14篇

续表

名　　　　　　称	定　　　　　　义
法向侧隙 j_n 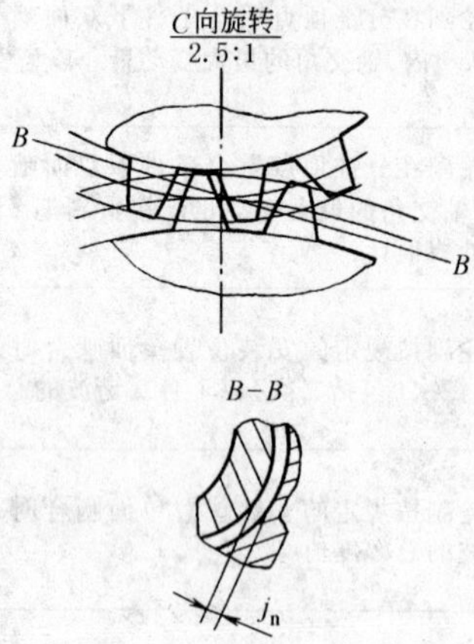	齿轮副按规定的位置安装后，工作齿面接触时，非工作齿面间的最小距离。以齿宽中点处计
最小圆周侧隙 j_{tmin} 最大圆周侧隙 j_{tmax} 最小法向侧隙 j_{nmin} 最大法向侧隙 j_{nmax}	$j_n = j_t \cos\beta \cos\alpha$
齿轮副侧隙变动量 ΔF_{vj} 齿轮副侧隙变动公差 F_{vj}	齿轮副按规定的位置安装后，在转动的整周期②内，法向侧隙的最大值与最小值之差
齿圈轴向位移 Δf_{AM} 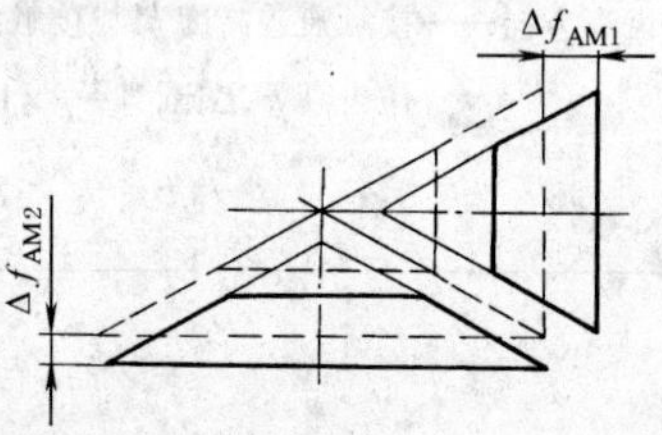 齿圈轴向位移极限偏差 上偏差 $+f_{AM}$ 下偏差 $-f_{AM}$	齿轮装配后，齿圈相对于滚动检查机上确定的最佳啮合位置的轴向位移量
齿轮副轴间距偏差 Δf_a 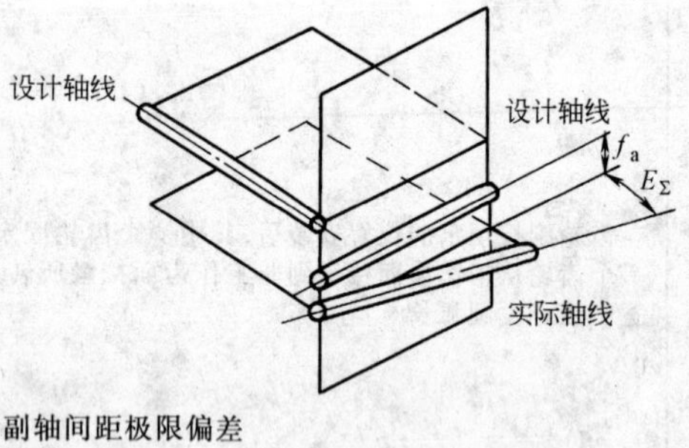 齿轮副轴间距极限偏差 上偏差 $+f_a$ 下偏差 $-f_a$	齿轮副实际轴间距与公称轴间距之差
齿轮副轴交角偏差 ΔE_Σ 齿轮副轴交角极限偏差 上偏差 $+E_\Sigma$ 下偏差 $-E_\Sigma$	齿轮副实际轴交角与公称轴交角之差。以齿宽中点处线值计

①允许在齿面中部测量。②齿轮副转动整周期按下式计算：$n_2 = \frac{z_1}{X}$，式中，n_2—大轮转数；z_1—小轮齿数；X—大小轮齿数的最大公约数。

7.2 精度等级

1）标准对齿轮及齿轮副规定12个精度等级。第1级的精度最高，第12级的精度最低。

2）将齿轮和齿轮副的公差项目分成三个公差组：

第Ⅰ公差组　齿轮　F'_i、$F''_{i\Sigma}$、F_p、F_{pk}、F_r

　　　　　　齿轮副　F'_{ic}、$F''_{i\Sigma c}$、F_{vj}

第Ⅱ公差组　齿轮　f'_i、$f''_{i\Sigma}$、f'_{zk}、f_{pt}、f_c

　　　　　　齿轮副　f'_{ic}、$f''_{i\Sigma c}$、f'_{zkc}、f'_{zzc}、f_{AM}

第Ⅲ公差组　齿轮　接触斑点

　　　　　　齿轮副　接触斑点f_a

3）根据使用要求，允许各公差组选用不同的精度等级。但对齿轮副中大、小轮的同一公差组，应规定同一精度等级。

4）允许工作齿面和非工作齿面选用不同的精度等级（$F''_{i\Sigma}$、$F''_{i\Sigma c}$、$f''_{i\Sigma}$、$f''_{i\Sigma c}$、F_r、F_{vj}除外）。

7.3 齿轮的检验与公差

根据齿轮的工作要求和生产规模，在以下各公差组中，任选一个检验组评定和验收齿轮的精度等级。检验组可由订货的供需双方协商确定。

第Ⅰ公差组的检验组：

$\Delta F'_i$（用于4~8级精度）；

$\Delta F''_{i\Sigma}$（用于7~12级精度的直齿锥齿轮；用于9~12级精度的斜齿、曲线齿锥齿轮）；

ΔF_p与ΔF_{pk}（用于4~6级精度）；

ΔF_p（用于7~8级精度）；

ΔF_r（用于7~12级精度，其中7~8级用于中点分度圆直径大于1600mm的齿轮）。

第Ⅱ公差组的检验组：

$\Delta f'_i$（用于4~8级精度）；

$\Delta f''_{i\Sigma}$（用于7~12级精度的直齿锥齿轮；用于9~12级精度的斜齿，曲线齿锥齿轮）；

$\Delta f'_{zk}$（用于4~8级精度、齿线重合度ε_β大于表14-3-39界限值的齿轮）；

Δf_{pt}与Δf_c（用于4~6级精度）；

Δf_{pt}（用于7~12级精度）。

第Ⅲ公差组的检验组：

接触斑点。

7.4 齿轮副的检验与公差

1）齿轮副精度包括Ⅰ、Ⅱ、Ⅲ公差组和侧隙四方面要求。当齿轮副安装在实际装置上时，应检验安装误差项目Δf_{AM}、Δf_a、ΔE_Σ。

2）根据齿轮副的工作要求和生产规模，在以下各公差组中，任选一个检验组评定和验收齿轮副的精度。检验组可由订货的供需双方确定。

第Ⅰ公差组的检验组：

$\Delta F'_{ic}$（用于4~8级精度）；

$\Delta F''_{i\Sigma c}$（用于7~12级精度的直齿锥齿轮副；用于9~12级精度的斜齿、曲线齿锥齿轮副）；

ΔF_{vj}（用于9~12级精度）。

第Ⅱ公差组的检验组：

$\Delta f'_{ic}$（用于4~8级精度）；

$\Delta f''_{i\Sigma c}$（用于7~12级精度的直齿锥齿轮副；用于9~12级精度的斜齿、曲线齿锥齿轮副）；

$\Delta f'_{zkc}$（用于4~8级精度、纵向重合度ε_β大于等于表14-3-39界限值的齿轮副）；

$\Delta f'_{zzc}$（用于 4～8 级精度、纵向重合度 ε_β 小于表 14-3-39 界限值的齿轮副）。

第Ⅲ公差组的检验组：

接触斑点。

表 14-3-39　ε_β 的界限值

第Ⅲ公差组精度等级	4～5	6～7	8
纵向重合度 ε_β 界限值	1.35	1.55	2.0

7.5　齿轮副侧隙

1）标准规定齿轮副的最小法向侧隙种类为 6 种：a、b、c、d、e 和 h。最小法向侧隙值以 a 为最大，h 为零（如图 14-3-30 所示）。最小法向侧隙种类与精度等级无关。

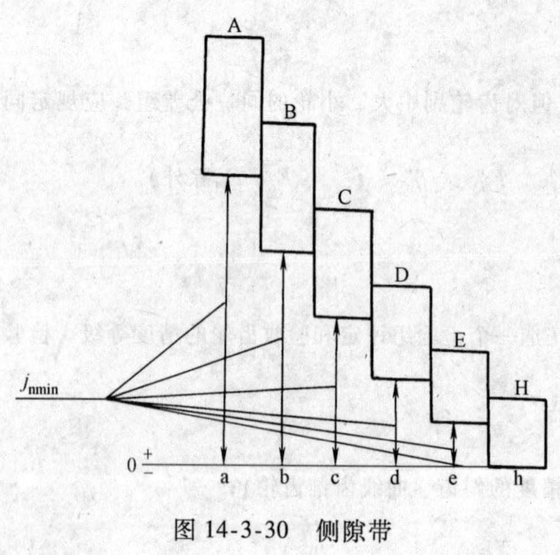

图 14-3-30　侧隙带

2）最小法向侧隙种类确定后，按表 14-3-50 和表 14-3-55 查取 $E_{\bar{s}s}$ 和 $\pm E_\Sigma$。

3）最小法向侧隙 j_{nmin} 按表 14-3-49 规定。有特殊要求时，j_{nmin} 可不按表 14-3-49 所列数值确定。此时，用线性插值法由表 14-3-50 和表 14-3-55 计算 $E_{\bar{s}s}$ 和 $\pm E_\Sigma$。

4）最大法向侧隙 j_{nmax} 按 $j_{nmax}=(|E_{\bar{s}s1}+E_{\bar{s}s2}|+T_{\bar{s}1}+T_{\bar{s}2}+E_{\bar{s}\Delta1}+E_{\bar{s}\Delta2})\cos\alpha_n$ 规定。$E_{\bar{s}\Delta}$ 为制造误差的补偿部分，由表 14-3-52 查取。

5）标准规定齿轮副的法向侧隙公差种类为 5 种：A、B、C、D 和 H，法向侧隙公差种类与精度等级有关。允许不同种类的法向侧隙公差和最小法向侧隙组合。在一般情况下，推荐法向侧隙公差种类与最小法向侧隙种类的对应关系如图 14-3-30 所示。

6）齿厚公差 $T_{\bar{s}}$ 按表 14-3-51 规定。

7.6　图样标注

在齿轮工作图上应标注齿轮的精度等级和最小法向侧隙种类及法向侧隙公差种类的数字（字母）代号。

标注示例：

齿轮的三个公差组精度同为 7 级，最小法向侧隙种类为 b，法向侧隙公差种类为 B：

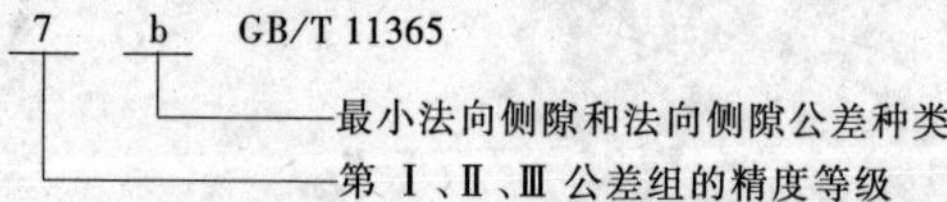

齿轮的三个公差组精度同为 7 级，最小法向侧隙为 400μm，法向侧隙公差种类为 B：

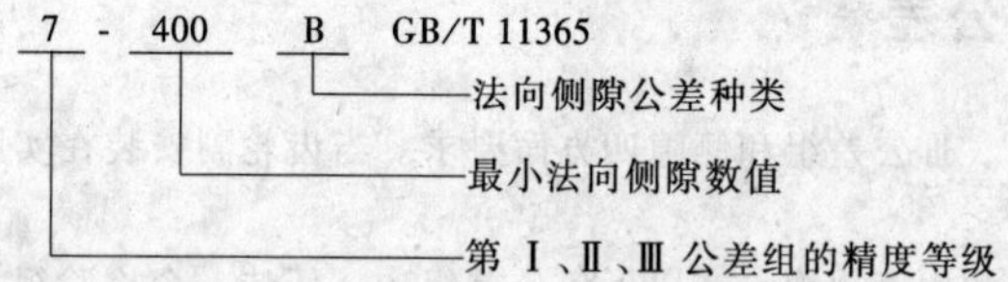

齿轮的第Ⅰ公差组精度为 8 级，第Ⅱ、Ⅲ公差组精度为 7 级，最小法向侧隙种类为 c，法向侧隙公差种类为 B：

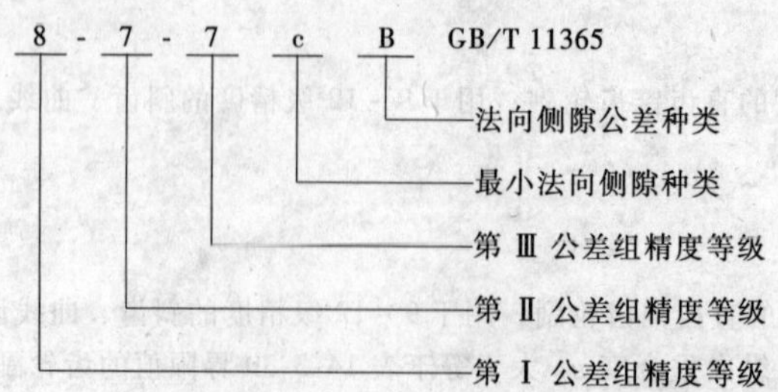

第 14 篇

7.7 齿轮公差与极限偏差数值

表 14-3-40　　齿距累积公差 F_p 和 k 个齿距累积公差 F_{pk} 值　　μm

L/mm		精度等级								
大于	到	4	5	6	7	8	9	10	11	12
—	11.2	4.5	7	11	16	22	32	45	63	90
11.2	20	6	10	16	22	32	45	63	90	125
20	32	8	12	20	28	40	56	80	112	160
32	50	9	14	22	32	45	63	90	125	180
50	80	10	16	25	36	50	71	100	140	200
80	160	12	20	32	45	63	90	125	180	250
160	315	18	28	45	63	90	125	180	250	355
315	630	25	40	63	90	125	180	250	355	500
630	1000	32	50	80	112	160	224	315	450	630
1000	1600	40	63	100	140	200	280	400	560	800
1600	2500	45	71	112	160	224	315	450	630	900
2500	3150	56	90	140	200	280	400	560	800	1120
3150	4000	63	100	160	224	315	450	630	900	1250
4000	5000	71	112	180	250	355	500	710	1000	1400
5000	6300	80	125	200	280	400	560	800	1120	1600

注：F_p 和 F_{pk} 按中点分度圆弧长 L 查表：查 F_p 时，取 $L=\frac{1}{2}\pi\alpha=\frac{\pi m_n z}{2\cos\beta}$；查 F_{pk} 时，取 $L=\frac{k\pi m_n}{\cos\beta}$（没有特殊要求时，$k$ 值取 $z/6$ 或最接近的整齿数）。

表 14-3-41　　齿圈跳动公差 F_r 值　　μm

中点分度圆直径/mm		中点法向模数/mm	精度等级					
大于	到		7	8	9	10	11	12
—	125	≥1~3.5	36	45	56	71	90	112
		>3.5~6.3	40	50	63	80	100	125
		>6.3~10	45	56	71	90	112	140
		>10~16	50	63	80	100	120	150
125	400	≥1~3.5	50	63	80	100	125	160
		>3.5~6.3	56	71	90	112	140	180
		>6.3~10	63	80	100	125	160	200
		>10~16	71	90	112	140	180	224
		>16~25	80	100	125	160	200	250
400	800	≥1~3.5	63	80	100	125	160	200
		>3.5~6.3	71	90	112	140	180	224
		>6.3~10	80	100	125	160	200	250
		>10~16	90	112	140	180	224	280
		>16~25	100	125	160	200	250	315
		>25~40	—	140	180	224	280	360
800	1600	≥1~3.5	—	—	—	—	—	—
		>3.5~6.3	80	100	125	160	200	250
		>6.3~10	90	112	140	180	224	280
		>10~16	100	125	160	200	250	315
		>16~25	112	140	180	224	280	360
		>25~40	—	160	200	260	315	420

续表

中点分度圆直径/mm 大于	到	中点法向模数/mm	精度等级 7	8	9	10	11	12
1600	2500	≥1～3.5	—	—	—	—	—	—
		>3.5～6.5	—	—	—	—	—	—
		>6.3～10	100	125	160	200	250	315
		>10～16	112	140	180	224	280	355
		>16～25	125	160	200	250	315	400
		>25～40	—	190	240	300	380	480
		>40～55	—	220	280	340	450	560
2500	4000	≥1～3.5	—	—	—	—	—	—
		>3.5～6.3	—	—	—	—	—	—
		>6.3～10	—	—	—	—	—	—
		>10～16	125	160	200	250	315	400
		>16～25	140	180	224	280	355	450
		>25～40	—	224	280	355	450	560
		>40～55	—	240	320	400	530	630

表 14-3-42　周期误差的公差 f'_{zk} 值（齿轮副周期误差的公差 f'_{zkc} 值）　μm

中点分度圆直径/mm		中点法向模数/mm	精度等级 4									5								
			齿轮在一转(齿轮副在大轮一转)内的周期数																	
大于	到		≥2～4	>4～8	>8～16	>16～32	>32～63	>63～125	>125～250	>250～500	>500	≥2～4	>4～8	>8～16	>16～32	>32～63	>63～125	>125～250	>250～500	>500
—	125	≥1～6.3	4.5	3.2	2.4	1.9	1.5	1.3	1.2	1.1	1	7.1	5	3.8	3	2.5	2.1	1.9	1.7	1.6
		>6.3～10	5.3	3.8	2.8	2.2	1.8	1.5	1.4	1.2	1.1	8.5	6	4.5	3.6	2.8	2.5	2.1	1.9	1.8
125	400	≥1～6.3	6.3	4.5	3.4	2.8	2.2	1.9	1.8	1.5	1.4	10.5	7.1	5.6	4.5	3.4	3	2.8	2.4	2.2
		>6.3～10	7.1	5	4	3	2.5	2.1	1.9	1.7	1.6	11	8	6.5	4.8	4	3.2	3	2.6	2.5
400	800	≥1～6.3	8.5	6	4.5	3.6	2.8	2.5	2.2	2	1.9	13	9.5	7.1	5.6	4.5	4	3.4	3	2.8
		>6.3～10	9	6.7	5	3.8	3	2.6	2.2	2.1	2	14	10.5	8	6	5	4.2	3.6	3.2	3
800	1600	≥1～6.3	9	6.7	5	4	3.2	2.6	2.4	2.2	2	14	10.5	8	6.3	5	4.2	3.8	3.4	3.2
		>6.3～10	11	8	6	4.8	3.8	3.2	2.8	2.6	2.5	16	15	10	7.5	6.3	5.3	4.8	4.2	4
1600	2500	≥1～6.3	10.5	7.5	5.6	4.5	3.6	3	2.6	2.5	2.2	16	11	8.5	7.1	5.6	4.8	4.2	4	3.6
		>6.3～10	12	8.5	6.5	5	4	3.6	3	2.8	2.6	19	14	10.5	8	6.7	5.6	5	4.5	4.2
2500	4000	≥1～6.3	11	8	6.3	4.8	4	3.4	3	2.8	2.6	18	13	10	7.5	6.3	5.3	4.8	4.2	4
		>6.3～10	13	9.5	7.1	5.6	4.5	3.8	3.4	3	2.8	21	15	11	9	7.1	6	5.3	5	4.5

中点分度圆直径/mm		中点法向模数/mm	精度等级 6									7				
			齿轮在一转(齿轮副在大轮一转)内的周期数													
大于	到		≥2～4	>4～8	>8～16	>16～32	>32～63	>63～125	>125～250	>250～500	>500	≥2～4	>4～8	>8～16	>16～32	>32～63
—	125	≥1～6.3	11	8	6	4.8	3.8	3.2	3	2.6	2.5	17	13	10	8	6
		>6.3～10	13	9.5	7.1	5.6	4.5	3.8	3.4	3	2.8	21	15	11	9	7.1
125	400	≥1～6.3	16	11	8.5	6.7	5.6	4.8	4.2	3.8	3.6	25	18	13	10	9
		>6.3～10	18	13	10	7.5	6	5.3	4.5	4.2	4	28	20	16	12	10
400	800	≥1～6.3	21	51	11	9	7.1	6	5.3	5	4.8	32	24	18	4	11
		>6.3～10	22	17	12	9.5	7.5	6.7	6	5.3	5	36	26	19	15	12
800	1600	≥1～6.3	24	17	13	10	8	7.5	7	6.3	6	36	26	20	16	13
		>6.3～10	27	20	15	12	9.5	8	7.1	6.7	6.3	42	30	22	18	15
1600	2500	≥1～6.3	26	19	4	11	9	7.5	6.7	6.3	5.6	40	30	22	17	14
		>6.3～10	30	21	16	12	10	8	7.5	1.7	6.7	45	34	26	20	16
2500	4000	≥1～6.3	28	21	16	12	10	8	7.5	6.7	6.3	45	32	25	19	16
		>6.3～10	32	22	17	14	11	9.5	8.5	7.5	7.1	53	38	28	22	18

第 14 篇

续表

中点分度圆直径/mm		中点法向模数/mm	精度等级												
			7				8								
			齿轮在一转(齿轮副在大轮一转)内的周期数												
大于	到		>63~125	>125~250	>250~500	>500	≥2~4	>4~8	>8~16	>16~32	>32~63	>63~125	>125~250	>250~500	>500
—	125	≥1~6.3	5.3	4.5	4.2	4	25	18	13	10	8.5	7.5	6.7	6	5.6
		>6.3~10	6	5.3	5	4.5	28	21	16	12	10	8.5	7.5	7	6.7
125	400	≥1~6.3	7.5	6.7	6	5.6	36	26	19	15	12	10	9	8.5	8
		>6.3~10	8	7.5	6.7	6.3	40	30	22	17	14	12	10.5	10	8.5
400	800	≥1~6.3	10	8.5	8	7.5	45	32	25	19	16	13	12	11	10
		>6.3~10	10	9.5	8.5	8	50	36	28	21	17	15	13	12	11
800	1600	≥1~6.3	11	10	8.5	8	53	38	28	22	18	15	14	12	11
		>6.3~10	12	11	10	9.5	63	44	32	26	22	18	16	14	13
1600	2500	≥1~6.3	22	11	9.5	9	56	42	30	24	20	17	15	14	13
		>6.3~10	14	12	11	10	67	50	36	28	22	19	17	16	15
2500	4000	≥1~6.3	13	12	11	10	63	45	34	28	22	19	17	15	14
		>6.3~10	15	14	12	11	71	53	40	30	25	22	19	18	16

表 14-3-43　齿距极限偏差 $\pm f_{pt}$ 值　μm

中点分度圆直径/mm		中点法向模数/mm	精度等级								
大于	到		4	5	6	7	8	9	10	11	12
—	125	≥1~3.5	4	6	10	14	20	28	40	56	80
		>3.5~6.3	5	8	13	18	25	36	50	71	100
		>6.3~10	5.5	9	14	20	28	40	56	80	112
		>10~16	—	11	17	24	34	48	67	100	130
125	400	≥1~3.5	4.5	7	11	16	22	32	45	63	90
		>3.5~6.3	5.5	9	14	20	28	40	56	80	112
		>6.3~10	6	10	16	22	32	45	63	90	125
		>10~16	—	11	18	25	36	50	71	100	140
		>16~25	—	—	—	32	45	63	90	125	180
400	800	≥1~3.5	5	8	13	18	25	36	50	71	100
		>3.5~6.3	5.5	9	14	20	28	40	56	80	112
		>6.3~10	7	11	18	25	36	50	71	100	140
		>10~16	—	12	20	28	40	56	80	112	160
		>16~25	—	—	—	36	50	71	100	140	200
		>25~40	—	—	—	—	63	90	125	180	250
800	1600	≥1~3.5	—	—	—	—	—	—	—	—	—
		>3.5~6.3	—	10	16	22	32	45	63	90	125
		>6.3~10	7	11	18	25	36	50	71	100	140
		>10~16	—	13	20	28	40	56	80	112	160
		>16~25	—	—	—	36	50	71	100	140	200
		>25~40	—	—	—	—	63	90	125	180	250
1600	2500	≥1~3.5	—	—	—	—	—	—	—	—	—
		>3.5~6.3	—	—	—	—	—	—	—	—	—
		>6.3~10	8	13	20	28	40	56	80	112	160
		>10~16	—	14	22	32	45	63	90	125	180
		>16~25	—	—	—	40	56	80	112	160	224
		>25~40	—	—	—	—	71	100	140	200	280
		>40~55	—	—	—	—	90	125	180	250	355
2500	4000	≥1~3.5	—	—	—	—	—	—	—	—	—
		>3.5~6.3	—	—	—	—	—	—	—	—	—
		>6.3~10	—	—	—	32	—	—	—	—	—
		>10~16	—	16	25	36	50	71	100	140	200
		>16~25	—	—	—	40	56	80	112	160	224
		>25~40	—	—	—	—	71	100	140	200	280
		>40~55	—	—	—	—	95	140	180	280	400

表 14-3-44　　齿形相对误差的公差 f_c 值　　μm

中点分度圆直径/mm 大于	到	中点法向模数 /mm	精度等级 4	5	6	7	8
—	125	≥1~3.5	3	4	5	8	10
		>3.5~6.3	4	5	6	9	13
		>6.3~10	4	6	8	11	17
		>10~16	—	7	10	15	22
125	400	≥1~3.5	4	5	7	9	13
		>3.5~6.3	4	6	8	11	15
		>6.3~10	5	7	9	13	19
		>10~16	—	8	11	17	25
		>16~25	—	—	—	22	34
400	800	≥1~3.5	5	6	9	12	18
		>3.5~6.3	5	7	10	14	20
		>6.3~10	6	8	11	16	24
		>10~16	—	9	13	20	30
		>16~25	—	—	—	25	38
		>25~40	—	—	—	—	53
800	1600	≥1~3.5	—	—	—	—	—
		>3.5~6.3	6	9	13	19	28
		>6.3~10	7	10	14	21	32
		>10~16	—	11	16	25	38
		>16~25	—	—	—	30	48
		>25~40	—	—	—	—	60
1600	2500	≥1~3.5	—	—	—	—	—
		>3.5~6.3	—	—	—	—	—
		>6.3~10	9	13	19	28	45
		>10~16	—	14	21	32	50
		>16~25	—	—	—	38	56
		>25~40	—	—	—	—	71
		>40~55	—	—	—	—	90
2500	4000	≥1~3.5	—	—	—	—	—
		>3.5~6.3	—	—	—	—	—
		>6.3~10	—	—	—	—	—
		>10~16	—	18	28	42	61
		>16~25	—	—	—	48	75
		>25~40	—	—	—	—	90
		>40~55	—	—	—	—	105

表 14-3-45　　齿轮副轴交角综合公差 $F''_{i\Sigma c}$ 值　　μm

中点分度圆直径/mm 大于	到	中点法向模数 /mm	精度等级 7	8	9	10	11	12
—	125	≥1~3.5	67	85	110	130	170	200
		>3.5~6.3	75	95	120	150	190	240
		>6.3~10	85	105	130	170	220	260
		>10~16	100	120	150	190	240	300
125	400	≥1~3.5	100	125	160	190	250	300
		>3.5~6.3	105	130	170	200	260	340
		>6.3~10	120	150	180	220	280	360
		>10~16	130	160	200	250	320	400
		>16~25	150	190	220	280	375	450

第14篇

续表

中点分度圆直径/mm		中点法向模数/mm	精度等级					
大于	到		7	8	9	10	11	12
400	800	≥1~3.5	130	160	200	260	320	400
		>3.5~6.3	140	170	220	280	340	420
		>6.3~10	150	190	240	300	360	450
		>10~16	160	200	260	320	400	500
		>16~25	180	240	280	360	450	560
		>25~40	—	280	340	420	530	670
800	1600	≥1~3.5	150	180	240	280	360	450
		>3.5~6.3	160	200	250	320	400	500
		>6.3~10	180	220	280	360	450	560
		>10~16	200	250	320	400	500	600
		>16~25	—	280	340	450	560	670
		>25~40	—	320	400	500	630	800
1600	2500	≥1~3.5	—	—	—	—	—	—
		>3.5~6.3	—	—	—	—	—	—
		>6.3~10	—	—	—	—	—	—
		>10~16	—	—	—	—	—	—
		>16~25	—	—	—	—	—	—
		>25~40	—	—	—	—	—	—
		>40~55	—	—	—	—	—	—
2500	4000	≥1~3.5	—	—	—	—	—	—
		>3.5~6.3	—	—	—	—	—	—
		>6.3~10	—	—	—	—	—	—
		>10~16	—	—	—	—	—	—
		>16~25	—	—	—	—	—	—
		>25~40	—	—	—	—	—	—
		>40~55	—	—	—	—	—	—

表 14-3-46　侧隙变动公差 F_{vj} 值　μm

直径/mm		中点法向模数/mm	精度等级			
大于	到		9	10	11	12
—	125	≥1~3.5	75	90	120	150
		>3.5~6.3	80	100	130	160
		>6.3~10	90	120	150	180
		>10~16	105	130	170	200
125	400	≥1~3.5	110	140	170	200
		>3.5~6.3	120	150	180	220
		>6.3~10	130	160	200	250
		>10~16	140	170	220	280
		>16~25	160	200	250	320
400	800	≥1~3.5	140	180	220	280
		>3.5~6.3	150	190	240	300
		>6.3~10	160	200	260	320
		>10~16	180	220	280	340
		>16~25	200	250	300	380
		>25~40	240	300	380	450

续表

直径/mm		中点法向模数/mm	精度等级			
大于	到		9	10	11	12
800	1600	≥1~3.5	—	—	—	—
		>3.5~6.3	170	220	280	360
		>6.3~10	200	250	320	400
		>10~16	220	270	340	440
		>16~25	240	300	380	480
		>25~40	280	340	450	530
1600	2500	≥1~3.5	—	—	—	—
		>3.5~6.3	—	—	—	—
		>6.3~10	220	280	340	450
		>10~16	250	300	400	500
		>16~25	280	360	450	560
		>25~40	320	400	500	630
		>40~55	360	450	560	710
2500	4000	≥1~3.5	—	—	—	—
		>3.5~6.3	—	—	—	—
		>6.3~10	—	—	—	—
		>10~16	280	340	420	530
		>16~25	320	400	500	630
		>25~40	375	450	560	710
		>40~55	420	530	670	800

注：1. 取大小轮中点分度圆直径之和的一半作为查表直径。

2. 对于齿数比为整数，且不大于3的齿轮副，当采用选配时，可将侧隙变动公差 F_{vj} 值压缩25%或更多。

表 14-3-47　齿轮副一齿轴交角综合公差 $f''_{i\Sigma c}$ 值　μm

中点分度圆直径/mm		中点法向模数/mm	精度等级					
大于	到		7	8	9	10	11	12
—	125	≥1~3.5	28	40	53	67	85	100
		>3.5~6.3	36	50	60	75	95	120
		>6.3~10	40	56	71	90	110	140
		>10~16	48	67	85	105	140	170
125	400	≥1~3.5	32	45	60	75	95	120
		>3.5~6.3	40	56	67	80	105	130
		>6.3~10	45	63	80	100	125	150
		>10~16	50	71	90	120	150	190
400	800	≥1~3.5	36	50	67	80	105	130
		>3.5~6.3	40	56	75	90	120	150
		>6.3~10	50	71	85	105	140	170
		>10~16	56	80	100	130	160	200
800	1600	≥1~3.5	—	—	—	—	—	—
		>3.5~6.3	45	63	80	105	130	160
		>6.3~10	50	71	90	120	150	180
		>10~16	56	80	110	140	170	210
1600	2500	≥1~3.5	—	—	—	—	—	—
		>3.5~6.3	—	—	—	—	—	—
		>6.3~10	56	80	100	130	160	200
		>10~16	63	110	120	150	180	240
2500	4000	≥1~3.5	—	—	—	—	—	—
		>3.5~6.3	—	—	—	—	—	—
		>6.3~10	—	—	—	—	—	—
		>10~16	71	100	125	160	200	250

第14篇

表 14-3-48 齿轮副齿频周期误差的公差 f'_{zzc} 值 μm

齿数		中点法向模数 /mm	精度等级				
大于	到		4	5	6	7	8
—	16	≥1～3.5	4.5	6.7	10	15	22
		>3.5～6.3	5.6	8	12	18	28
		>6.3～10	6.7	10	14	22	32
16	32	≥1～3.5	5	7.1	10	16	24
		>3.5～6.3	5.6	8.5	13	19	28
		>6.3～10	7.1	11	16	24	34
		>10～16	—	13	19	28	42
32	63	≥1～3.5	5	7.5	11	17	24
		>3.5～6.3	6	9	14	20	30
		>6.3～10	7.1	11	17	24	36
		>10～16	—	14	20	30	45
63	125	≥1～3.5	5.3	8	12	18	25
		>3.5～6.3	6.7	10	15	22	32
		>6.3～10	8	12	18	26	38
		>10～16	—	15	22	34	48
125	250	≥1～3.5	5.6	8.5	13	19	28
		>3.5～6.3	7.1	11	16	24	34
		>6.3～10	8.5	13	19	30	42
		>10～16	—	16	24	36	53
250	500	≥1～3.5	6.3	9.5	14	21	30
		>3.5～6.3	8	12	18	28	40
		>6.3～10	9	15	22	34	48
		>10～16	—	18	28	42	60
500	—	≥1～3.5	7.1	11	16	24	34
		>3.5～6.3	9	14	21	30	45
		>6.3～10	11	14	25	38	56
		>10～16	—	21	32	48	71

注：1. 表中齿数为齿轮副中大轮齿数。

2. 表中数值用于齿线有效重合度 $\varepsilon_{\beta e}$≤0.45 的齿轮副。对 $\varepsilon_{\beta e}$>0.45 的齿轮副，按以下规定压缩表值：

$\varepsilon_{\beta e}$>0.45～0.58 时，表值乘以 0.6；$\varepsilon_{\beta e}$>0.58～0.67 时，表值乘以 0.4；

$\varepsilon_{\beta e}$>0.67 时，表值乘以 0.3。$\varepsilon_{\beta e}$为 ε_{β} 乘以齿长方向接触斑点大小百分比的平均值。

表 14-3-49 最小法向侧隙 j_{nmin} 值 μm

中点锥距/mm		小轮分锥角/(°)		最小法向侧隙种类					
大于	到	大于	到	h	e	d	c	b	a
—	50	—	15	0	15	22	36	58	90
		15	25	0	21	33	52	84	130
		25	—	0	25	39	62	100	160
50	100	—	15	0	21	33	52	84	130
		15	25	0	25	39	62	100	160
		25	—	0	30	46	74	120	190
100	200	—	15	0	25	39	62	100	160
		15	25	0	35	54	87	140	220
		25	—	0	40	63	100	160	250
200	400	—	15	0	30	46	74	120	190
		15	25	0	46	72	115	185	290
		25	—	0	52	81	130	210	320
400	800	—	15	0	40	63	100	160	250
		15	25	0	57	89	140	230	360
		25	—	0	70	110	175	280	440

续表

中点锥距/mm		小轮分锥角/(°)		最小法向侧隙种类					
大于	到	大于	到	h	e	d	c	b	a
800	1600	—	15	0	52	81	130	210	320
		15	25	0	80	125	200	320	500
		25	—	0	105	165	260	420	660
1600	—	—	15	0	70	110	175	280	440
		15	25	0	125	195	310	500	780
		25	—	0	175	280	440	710	1100

注：正交齿轮副按中点锥距 R 查表。非正交齿轮副按下式算出的 R'查表：

$$R'=\frac{R}{2}(\sin2\delta_1+\sin2\delta_2)$$ 式中 δ_1 和 δ_2 为小、大轮分锥角。

表 14-3-50　　齿厚上偏差 $E_{\bar{s}s}$值　　μm

	中点法向模数/mm	中点分度圆直径/mm											
		<125			>125~400			>400~800			>800~1600		
		分锥角/(°)											
基本值		≤20	>20~45	>45	≤20	>20~45	>45	≤20	>20~45	>45	≤20	>20~45	>45
	≥1~3.5	-20	-20	-22	-28	-32	-30	-36	-50	-45	—	—	—
	>3.5~6.3	-22	-22	-25	-32	-32	-30	-38	-55	-45	-75	-85	-80
	>6.3~10	-25	-25	-28	-36	-36	-34	-40	-55	-50	-80	-90	-85
	>10~16	-28	-28	-30	-36	-38	-36	-48	-60	-55	-80	-100	-85
	>16~25	—	—	—	-40	-40	-40	-50	-65	-60	-80	-100	-90

	最小法向侧隙种类	第Ⅱ公差组精度等级						
		4~6	7	8	9	10	11	12
系数	h	0.9	1.0	—	—	—	—	—
	e	1.45	1.6	—	—	—	—	—
	d	1.8	2.0	2.2	—	—	—	—
	c	2.4	2.7	3.0	3.2	—	—	—
	b	3.4	3.8	4.2	4.6	4.9	—	—
	a	5.0	5.5	6.0	6.6	7.0	7.8	9.0

注：1. 各最小法向侧隙种类和各精度等级齿轮的 $E_{\bar{s}s}$值，由基本值栏查出的数值乘以系数得出。

2. 当轴交角公差带相对零线不对称时，$E_{\bar{s}s}$值应作如下修正：增大轴交角上偏差时，$E_{\bar{s}s}$加上（$E_{\Sigma s}-|E_{\Sigma}|$）$\tan\alpha$；减小轴交角上偏差时，$E_{\bar{s}s}$减去（$|E_{\Sigma i}|-|E_{\Sigma}|$）$\tan\alpha$。式中：$E_{\Sigma s}$—修改后的轴交角上偏差；$E_{\Sigma i}$—修改后的轴交角下偏差；$E_{\Sigma}$—表 14-3-55 中数值。

3. 允许把小、大轮齿厚上偏差（$E_{\bar{s}s1}$，$E_{\bar{s}s2}$）之和重新分配在两个齿轮上。

表 14-3-51　　齿厚公差 $T_{\bar{s}}$值　　μm

齿圈跳动公差		法向侧隙公差种类				
大于	到	H	D	C	B	A
—	8	21	25	30	40	52
8	10	22	28	34	45	55
10	12	24	30	36	48	60
12	16	26	32	40	52	65
16	20	28	36	45	58	75
20	25	32	42	52	65	85
25	32	38	48	60	75	95
32	40	42	55	70	85	110
40	50	50	65	80	100	130
50	60	60	75	95	120	150
60	80	70	90	110	130	180
80	100	90	110	140	170	220

续表

齿圈跳动公差		法向侧隙公差种类				
大于	到	H	D	C	B	A
100	125	110	130	170	200	260
125	160	130	160	200	250	320
160	200	160	200	260	320	400
200	250	200	250	320	380	500
250	320	240	300	400	480	630
320	400	300	380	500	600	750
400	500	380	480	600	750	950
500	630	450	500	750	950	1180

表 14-3-52　最大法向侧隙（j_{nmax}）的制造误差补偿部分 $E_{\bar{s}\Delta}$ 值　μm

第Ⅱ公差组精度等级	中点法向模数/mm	中点分度圆直径/mm											
		≤125			>125~400			>400~800			>800~1000		
		分锥角/(°)											
		≤20	>20~45	>45	≤20	>20~45	>45	≤20	>20~45	>45	≤20	>20~45	>45
4~6	≥1~3.5	18	18	20	25	28	28	32	45	40	—	—	—
	>3.5~6.3	20	20	22	28	28	28	34	50	40	67	75	72
	>6.3~10	22	22	25	32	32	30	36	50	45	72	80	75
	>10~16	25	25	28	32	34	32	45	55	50	72	90	75
	>16~25	—	—	—	36	36	36	45	56	45	72	90	85
7	≥1~3.5	20	20	22	28	32	30	36	50	45	—	—	—
	>3.5~6.3	22	22	25	32	32	30	38	55	45	75	85	80
	>6.3~10	25	25	28	36	36	34	40	55	50	80	90	85
	>10~16	28	28	30	36	38	36	48	60	55	80	100	85
	>16~25	—	—	—	40	40	40	50	65	60	80	100	95
8	≥1~3.5	22	22	24	30	36	32	40	55	50	—	—	—
	>3.5~6.3	24	24	28	36	36	32	42	60	50	80	90	85
	>6.3~10	28	28	30	40	40	38	45	60	55	85	100	95
	>10~16	30	30	32	40	42	40	55	65	60	85	110	95
	>16~25	—	—	—	45	45	45	55	72	65	85	110	105
9	≥1~3.5	24	24	25	32	38	36	45	65	55	—	—	—
	≥3.5~6.3	25	25	30	38	38	36	45	65	55	90	100	95
	>6.3~10	30	30	32	45	45	40	48	65	60	95	110	100
	>10~16	32	32	36	45	45	45	48	70	65	95	120	100
	>16~25	—	—	—	48	48	48	60	75	70	95	120	115
10	≥1~3.5	25	25	28	36	42	40	48	65	60	—	—	—
	>3.5~6.3	28	28	32	42	42	40	50	70	60	95	110	105
	>6.3~10	32	32	36	48	48	45	50	70	65	105	115	110
	>10~16	36	36	40	48	50	48	60	80	70	105	130	110
	>16~25	—	—	—	50	50	50	65	85	80	105	130	125
11	≥1~3.5	30	30	32	40	45	45	50	70	65	—	—	—
	>3.5~6.3	32	32	36	45	45	45	55	80	65	110	125	115
	>6.3~10	36	36	40	50	50	50	60	80	70	115	130	125
	>10~16	40	40	45	50	55	50	70	85	80	115	145	125
	>16~25	—	—	—	60	60	60	70	95	85	115	145	140
12	≥1~3.5	32	32	35	45	50	48	60	80	70	—	—	—
	>3.5~6.3	35	35	40	50	50	48	60	90	70	120	135	130
	>6.3~10	40	40	45	60	60	55	65	90	80	130	145	135
	>10~16	45	45	48	60	60	60	75	95	90	130	160	135
	>16~25	—	—	—	65	65	65	80	105	95	130	160	150

表 14-3-53　　齿圈轴向位移极限偏差 $\pm f_{AM}$ 值　　μm

中点锥距/mm	大于	—			50			100			200			400			800			1600		
	到	50			100			200			400			800			1600			—		
分锥角/(°)	大于	—	20	45	—	20	45	—	20	45	—	20	45	—	20	45	—	20	45	—	20	45
	到	20	45	—	20	45	—	20	45	—	20	45	—	20	45	—	20	45	—	20	45	—
精度等级 4	中点法向模数/mm ≥1~3.5	5.6	4.8	2	19	16	6.5	42	36	15	95	80	34	210	180	75	—	—	—	—	—	—
	>3.5~6.3	3.2	2.6	1.1	10.5	9	3.6	22	19	8	50	42	18	110	95	40	—	—	—	—	—	—
	>6.3~10	—	—	—	6.7	5.6	2.4	15	13	5	32	28	12	71	60	25	160	—	—	—	—	—
5	≥1~3.5	9	7.5	3	30	25	10.5	60	50	21	130	110	48	300	250	105	—	—	—	—	—	—
	>3.5~6.3	5	4.2	1.7	16	14	6	36	50	13	80	67	28	180	160	63	—	—	—	—	—	—
	>6.3~10	—	—	—	11	9	3.8	24	20	8.5	53	45	18	110	95	40	250	—	—	—	—	—
	>10~16	—	—	—	8	7.1	3	16	14	5.6	36	30	12	75	63	26	160	140	60	—	—	—
6	≥1~3.5	14	12	5	48	40	17	105	90	38	240	200	85	530	450	190	—	—	—	—	—	—
	>3.5~6.3	8	6.7	2.8	26	22	9.5	60	50	21	130	105	45	280	240	100	—	—	—	—	—	—
	>6.3~10	—	—	—	17	15	6	38	32	13	85	71	30	180	150	63	380	—	—	—	—	—
	>10~16	—	—	—	13	11	4.5	28	24	10	60	50	21	130	110	45	280	240	100	—	—	—
7	≥1~3.5	20	17	74	67	56	24	150	130	53	340	280	120	750	630	270	—	—	—	—	—	—
	>3.5~6.3	11	9.5	4	38	32	13	80	71	30	180	150	63	400	340	140	—	—	—	—	—	—
	>6.3~10	—	—	—	24	21	8.5	53	45	19	120	100	40	250	210	90	560	—	—	—	—	—
	>10~16	—	—	—	18	16	6.7	40	34	14	85	71	30	180	160	67	400	340	140	—	—	—
	>16~25	—	—	—	—	—	—	30	26	11	67	56	22	140	120	50	300	250	105	630	530	220
8	≥1~3.5	28	24	10	95	80	34	200	180	75	480	400	170	1050	900	380	—	—	—	—	—	—
	>3.5~6.3	16	13	5.6	53	45	17	120	100	40	250	210	90	560	480	200	—	—	—	—	—	—
	>6.3~10	—	—	—	34	30	12	75	63	26	170	140	60	360	300	125	750	—	—	—	—	—
	>10~16	—	—	—	26	22	9	56	48	20	120	100	42	260	220	90	560	480	200	—	—	—
	>16~25	—	—	—	—	—	—	45	46	15	95	80	32	200	170	70	420	360	150	900	750	320
	>25~40	—	—	—	—	—	—	36	30	13	75	63	26	160	130	56	340	280	120	710	600	260
	>40~55	—	—	—	—	—	—	—	—	—	67	56	22	140	120	48	280	240	100	600	500	210
9	≥1~3.5	40	34	14	140	120	48	300	260	105	670	560	240	1500	1300	530	—	—	—	—	—	—
	>3.5~6.3	22	19	8	75	63	26	160	140	60	360	300	130	800	670	280	—	—	—	—	—	—
	>6.3~10	—	—	—	50	42	17	105	90	38	240	200	85	500	440	180	1100	—	—	—	—	—

续表

中点锥距/mm	大于	—			50			100			200			400			800			1600		
	到	50			100			200			400			800			1600			—		
分锥角/(°)	大于	—	20	45	—	20	45	—	20	45	—	20	45	—	20	45	—	20	45	—	20	45
	到	20	45	—	20	45	—	20	45	—	20	45	—	20	45	—	20	45	—	20	45	—
精度等级 9	>10~16	—	—	—	38	30	13	80	67	28	170	150	60	380	300	130	800	670	280	—	—	—
	>16~25	—	—	—	—	—	—	63	53	22	130	110	48	280	240	100	600	500	210	1200	1050	450
	>25~40	—	—	—	—	—	—	50	42	18	105	90	38	220	190	80	480	400	170	1000	850	360
	>40~55	—	—	—	—	—	—	—	—	—	95	80	32	190	170	71	400	340	140	850	710	300
10	≥1~3.5	56	48	20	190	160	67	420	360	150	950	800	340	2100	1700	750	—	—	—	—	—	—
	>3.5~6.3	32	26	11	105	90	38	240	190	80	500	420	180	1100	950	400	—	—	—	—	—	—
	>6.3~10	—	—	—	71	60	24	150	130	53	320	280	120	710	600	250	1500	—	—	—	—	—
	>10~16	—	—	—	50	45	18	110	95	40	240	200	85	500	440	180	1100	950	400	—	—	—
	>16~25	—	—	—	—	—	—	85	75	30	190	160	67	400	340	140	420	360	150	1700	1500	630
	>25~40	—	—	—	—	—	—	71	60	25	150	130	53	320	260	110	670	560	240	1400	1200	500
	>40~55	—	—	—	—	—	—	—	—	—	130	110	45	280	240	100	560	480	200	1200	1000	420
11（中点法向模数/mm）	≥1~3.5	80	67	28	280	220	95	600	500	210	1300	1100	500	3000	2500	1050	—	—	—	—	—	—
	>3.5~6.3	45	38	16	150	130	53	820	280	120	750	600	260	1600	1400	560	—	—	—	—	—	—
	>6.3~10	—	—	—	100	85	34	210	180	75	480	400	160	1000	850	360	2200	—	—	—	—	—
	>10~16	—	—	—	75	63	26	160	130	56	340	280	120	750	630	260	1600	1300	560	—	—	—
	>16~25	—	—	—	—	—	—	120	105	45	260	220	95	560	480	200	1200	1000	420	2500	2100	900
	>25~40	—	—	—	—	—	—	100	85	36	210	180	75	450	380	160	950	780	340	2000	1700	700
	>40~55	—	—	—	—	—	—	—	—	—	190	160	67	380	320	140	800	670	280	1700	1400	600
12	≥1~3.5	110	95	40	380	320	130	850	710	300	1900	1600	670	4200	3600	1500	—	—	—	—	—	—
	>3.5~6.3	63	53	22	210	180	75	450	580	160	1000	850	360	2200	1900	800	—	—	—	—	—	—
	>6.3~10	—	—	—	140	120	48	300	250	105	670	560	240	1400	1200	600	3000	—	—	—	—	—
	>10~16	—	—	—	105	90	36	220	190	80	480	400	170	1000	850	360	2200	1900	800	—	—	—
	>16~25	—	—	—	—	—	—	170	150	60	380	300	130	800	670	280	1700	1400	600	3600	3000	1300
	>25~40	—	—	—	—	—	—	140	120	50	300	250	105	630	390	220	1300	1100	450	2800	2400	1000
	>40~55	—	—	—	—	—	—	—	—	—	260	220	90	560	450	190	1100	950	400	2400	2000	850

注：1. 表中数值用于非修形齿轮。对修形齿轮，允许采用低一级的 $\pm f_{AM}$ 值。

2. 表中数值用于 $\alpha=20°$ 的齿轮，对 $\alpha\neq20°$ 的齿轮，表中数值乘以 $\sin20°/\sin\alpha$。

表 14-3-54　　轴间距极限偏差 $\pm f_a$ 值　　μm

中点锥距/mm		精度等级								
大于	到	4	5	6	7	8	9	10	11	12
—	50	10	10	12	18	28	36	67	105	180
50	100	12	12	15	20	30	45	75	120	200
100	200	13	15	18	25	36	55	90	150	240
200	400	15	18	25	30	45	75	120	190	300
400	800	18	25	30	36	60	90	150	250	360
800	1600	25	36	40	50	85	130	200	300	450
1600	—	32	45	56	67	100	160	280	420	630

注：表中数值用于无纵向修形的齿轮副。对纵向修形的齿轮副，允许采用低 1 级的 $\pm f_a$ 值。

表 14-3-55　　轴交角极限偏差 $\pm E_\Sigma$ 值　　μm

中点锥距/mm		小轮分锥角/(°)		最小法向侧隙种类				
大于	到	大于	到	h、e	d	c	b	a
—	50	—	15	7.5	11	18	30	45
		15	25	10	16	26	42	63
		25	—	12	19	30	50	80
50	100	—	15	10	16	26	42	63
		15	25	12	19	30	50	80
		25	—	15	22	32	60	95
100	200	—	15	12	19	30	50	80
		15	25	17	26	45	71	110
		25	—	20	32	50	80	125
200	400	—	15	15	22	32	60	95
		15	25	24	36	56	90	140
		25	—	26	40	63	100	160
400	800	—	15	20	32	50	80	125
		15	25	28	45	71	110	180
		25	—	34	56	85	140	220
800	1600	—	15	26	40	63	100	160
		15	25	40	63	100	160	250
		25	—	53	85	130	210	320
1600	—	—	15	34	66	85	140	222
		15	25	63	95	160	250	380
		25	—	85	140	220	340	530

注：1. $\pm E_\Sigma$ 的公差带位置相对于零线，可以不对称或取在一侧。

2. 表中数值用于正交齿轮副。对非正交齿轮副，取为 $\pm j_{nmin}/2$。

3. 表中数值用于 $\alpha=20°$ 的齿轮副。对 $\alpha\neq20°$ 的齿轮副，表值应乘以 $\sin20°/\sin\alpha$。

表 14-3-56　　F'_i、f'_i、$F''_{i\Sigma}$、$f''_{i\Sigma}$、F'_{ic}、f'_{ic} 的计算公式

公差名称	计算式	公差名称	计算式
切向综合公差	$F'_i=F_p+1.15f_c$	一齿轴交角综合公差	$f''_{i\Sigma}=0.7f''_{i\Sigma c}$
一齿切向综合公差	$f'_i=0.8(f_{pt}+1.15f_c)$	齿轮副切向综合公差	$F'_{ic}=F'_{i1}+F'_{i2}$ ①
轴交角综合公差	$F''_{i\Sigma}=0.7F''_{i\Sigma c}$	齿轮副一齿切向综合公差	$f'_{ic}=f'_{i1}+f'_{i2}$

① 当两齿轮的齿数比为不大于 3 的整数，且采用选配时，可将 F'_{ic} 值压缩 25% 或更多。

第 14 篇

表 14-3-57　极限偏差及公差与齿轮几何参数的关系式

精度等级	F_p		F_r				f_{pt}		f_c		f'_{zzc}			f_a	
	$F_p=B\sqrt{d}+C$ $F_{pk}=0.8B\sqrt{L}+C$		$\frac{1}{Am_n+B\sqrt{d}}+C$ $B=0.25A$		$\frac{2}{Am_n+B\sqrt{d}}+C$ $B=1.4A$		$Am_n+B\sqrt{d}+C$ $B=0.25A$		$0.84(Am_n+Bd+C)$ $B=0.0125A$		Am_nB+zC			$A\sqrt{0.3R}+C$	
	B	C	A	C	A	C	A	C	A	C	A	B	C	A	C
4	1.25	2.5	0.9	11.2	0.4	4.8	0.25	3.15	0.21	3.4	2.5	0.315	0.115	0.94	4.7
5	2	4	1.4	18	0.63	7.5	0.4	5	0.34	4.2	3.46	0.349	0.123	1.2	6
6	3.15	6	2.24	28	1	12	0.63	8	0.53	5.3	5.15	0.344	0.126	1.5	7.5
7	4.45	9	3.15	40	1.4	17	0.9	11.2	0.84	6.7	7.69	0.348	0.125	1.87	9.45
8	6.3	12.5	4	50	1.75	21	1.25	16	1.34	8.4	9.27	0.185	0.072	3	15
9	9	18	5	63	2.2	26.5	1.8	22.4	2.1	13.4	—	—	—	4.75	24
10	12.5	25	6.3	80	2.75	33	2.5	31.5	3.35	21	—	—	—	7.5	37.5
11	17.5	35.5	8	100	3.44	41.5	3.55	45	5.3	34	—	—	—	12	60
12	25	50	10	125	4.3	51.5	5	63	8.4	53	—	—	—	19	94.5

$$F_{vj}=1.36F_r\quad f'_{zk}=f'_{zkc}=(K^{-0.6}+0.13)F_r\text{（按高 1 级的 }F_r\text{ 值计算）；}$$

$$\pm f_{AM}=\frac{R\cos\delta}{8m_n}f_{pt};F''_{i\Sigma c}=1.96F_r;f''_{i\Sigma c}=1.96f_{pt}$$

注：1. 符号含义：d—中点分度圆直径；m_n—中点法向模数；z—齿数；L—中点分度圆弧长；R—中点锥距；δ—分锥角；K—齿轮在一转（齿轮副在大轮一转）内的周期数（适于 f'_{zk}、f'_{zkc}）。

2. F_r 值，取表中关系式 1 和关系式 2 计算所得的较小值。

表 14-3-58　接触斑点

精度等级	4~5	6~7	8~9	10~12
沿齿长方向/%	60~80	50~70	35~65	25~55
沿齿高方向/%	65~85	55~75	40~70	30~60

注：1. 表中数值范围用于齿面修形的齿轮。对齿面不作修形的齿轮，其接触斑点大小不小于其平均值。

2. 接触斑点的形状、位置和大小，由设计者根据齿轮的用途、载荷和轮齿刚性及齿线形状特点等条件自行规定，对齿面修形的齿轮，在齿面大端、小端和齿顶边缘处，不允许出现接触斑点。

7.8 齿坯公差

表 14-3-59　齿坯尺寸公差

精度等级	4	5	6	7	8	9	10	11	12
轴径尺寸公差	IT4	IT5		IT6		IT7			
孔径尺寸公差	IT5	IT6		IT7		IT8			
外径尺寸极限偏差	0 -IT7	0 -IT8				0 -IT9			

注：当三个公差组精度等级不同时，公差值按最高的精度等级查取。

表 14-3-60　齿坯顶锥母线跳动和基准端面跳动公差　μm

跳动公差		大于	到	精度等级			
				4	5~6	7~8	9~12
顶锥母线跳动公差	外径/mm	—	30	10	15	25	50
		30	50	12	20	30	60
		50	120	15	25	40	80
		120	250	20	30	50	100
		250	500	25	40	60	120
		500	800	30	50	80	150
		800	1250	40	60	100	200
		1250	2000	50	80	120	250
		2000	3150	60	100	150	300
		3150	5000	80	120	200	400

第14篇

续表

跳动公差		大于	到	精度等级 4	5~6	7~8	9~12
基准端面跳动公差	基准端面直径/mm	—	30	4	6	10	15
		30	50	5	8	12	20
		50	120	6	10	15	25
		120	250	8	12	20	30
		250	500	10	15	25	40
		500	800	12	20	30	50
		800	1250	15	25	40	60
		1250	2000	20	30	50	80
		2000	3150	25	40	60	100
		3150	5000	30	50	80	120

注：当三个公差组精度等级不同时，公差值按最高的精度等级查取。

表 14-3-61　　齿坯轮冠距和顶锥角极限偏差

中点法向模数/mm	轮冠距极限偏差/μm	顶锥角极限偏差/(′)
≤1.2	0 -50	+15 0
>1.2~10	0 -75	+8 0
>10	0 -100	+8 0

7.9 应用示例

已知正交弧齿锥齿轮副：齿数 $z_1=30$；齿数 $z_2=28$；中点法向模数 $m_n=2.7376$mm；中点法向压力角 $\alpha_n=20°$；中点螺旋角 $\beta=35°$；齿宽 $b=27$mm；精度等级 6-7-6C GB 11365。该齿轮副的各项公差或极限偏差见表14-3-62。

表 14-3-62　　锥齿轮精度示例　　μm

检验对象	项目名称	代号	公差或极限偏差 大轮	小轮	说明	
齿轮	切向综合公差	F_i'	41		$F_i'=F_p+1.15f_c$	
	齿距累积公差	F_p	32		按表 14-3-40	
	k 个齿轮累积公差	F_{pk}	25		按表 14-3-40	
	一齿切向综合公差	f_i'	19		$f_i'=0.8(f_{pt}+1.15f_c)$	
	周期误差的公差	f_{zk}'	17		周期数 K: ≥2~4	齿线重合度 ε_β 大于表14-3-39界限值，按表 14-3-42 选取
			13		>4~8	
			10		>8~16	
			8		>16~32	
			6		>32~63	
			5.3		>63~125	
			4.5		>125~250	
			4.2		>250~500	
			4		>500	
	齿距极限偏差	$\pm f_{pt}$	±14		按表 14-3-43	
	齿形相对误差的公差	f_c	8		按表 14-3-44	
	齿厚上偏差	$E_{\bar{s}s}$	-59	-54	按表 14-3-50	
	齿厚公差	$T_{\bar{s}}$	52		按表 14-3-51	

续表

检验对象	项目名称	代号	公差或极限偏差		说明
			大轮	小轮	
齿轮副	齿轮副切向综合公差	F'_{ic}	82		$F'_{ic}=F'_{i1}+F'_{i2}$
	齿轮副一齿切向综合公差	f'_{ic}	38		$f'_{ic}=f'_{i1}+f'_{i2}$
	齿轮副周期误差的公差	f'_{zkc}	同 f'_{zk}		按表 14-3-42
	接触斑点	沿齿长	50%~70%		按表 14-3-58
		沿齿高	55%~75%		
	最小法向侧隙	j_{nmin}	74		按表 14-3-49
	最大法向侧隙	j_{nmax}	240		$j_{nmax}=(E_{\bar{s}s1}+E_{\bar{s}s2}+T_{\bar{s}1}+T_{\bar{s}2}+E_{\bar{s}\Delta1}+E_{\bar{s}\Delta2})\cos\alpha_n$
安装精度	齿圈轴向位移极限偏差	$\pm f_{AM}$	±24	+56	按表 14-3-53
	轴间距极限偏差	$\pm f_a$	±20		按表 14-3-54
	轴交角极限偏差	$\pm E_{\Sigma}$	±32		按表 14-3-55

7.10 齿轮的表面粗糙度

表 14-3-63

名称	精度性质	精度等级	表面粗糙度 $R_a/\mu m$	示意图
齿侧面	工作平稳性精度	7 8 9 10	1.6 3.2 6.3 12.5	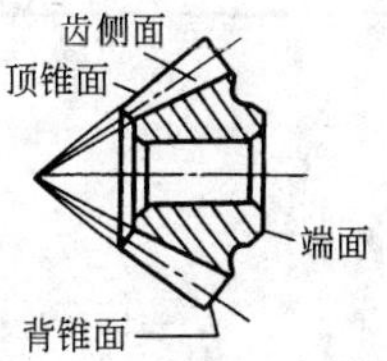 齿侧面 顶锥面 端面 背锥面
端面	运动精度	8 9、10	3.2 6.3	
顶锥面		8 9、10	3.2 6.3	
背锥面		8 9、10	6.3 12.5	

8 结构设计

8.1 锥齿轮支承结构

表 14-3-64

支承方式		简图	特点与应用	结构参数与轴承配置	
小齿轮	大齿轮				
悬臂式	悬臂式	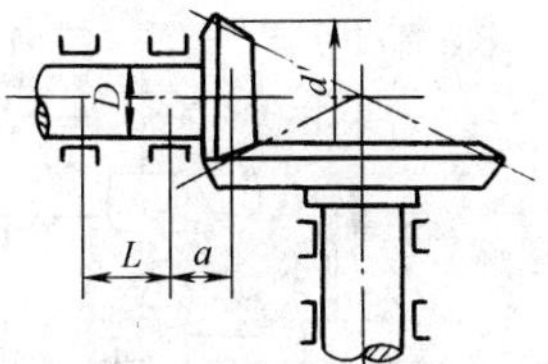 D d L a	支承刚性差，但结构简单，装拆方便。用于一般中、轻载传动	悬臂式	轴承距离 $L\geqslant 2a$ 且 $L>0.7d$ 轴　径 $D>a$ 轴挠度 $y<0.025$mm 轴承应采用轴套装入机壳内(图 14-3-31)，便于调整。圆锥滚子轴承应背靠背布置，以增大轴承支反力作用点间的距离，提高轴的刚度。曲线齿和斜齿锥齿轮正反转时可能产生两个方向的轴向力，因此，需有两个方向的轴向锁紧(图 14-3-32)
悬臂式	简支式	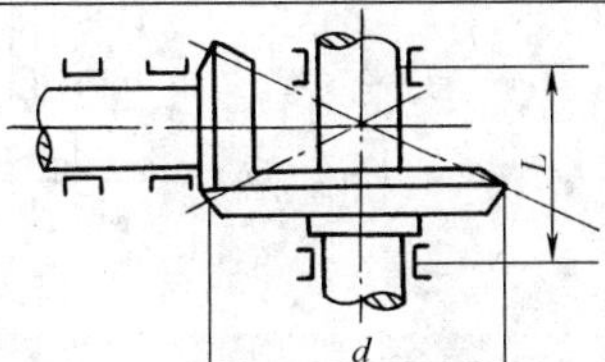 L d	支承刚性好，结构较复杂，装拆较繁。多用于中、轻载传动，尤其是径向力 $F_{r2}>F_{r1}$（不计方向）的情况		

第 14 篇

续表

支承方式		简图	特点与应用	结构参数与轴承配置	
小齿轮	大齿轮				
简支式	悬臂式		支承刚性好，结构较复杂，装拆较繁。多用于中、轻载传动，尤其是径向力 $F_{r1}>F_{r2}$（不计方向）的情况	简支式	轴承距离：$L>0.7d$ 但应紧凑 轴挠度：$y<0.025\text{mm}$ 小齿轮一端通常采用径向轴承支承径向力，而另一端轴承支承径向力和轴向力（图 14-3-33）。轴承可直接装入机壳内或用轴套装入机壳。大齿轮宜用面对面布置的圆锥滚子轴承（图 14-3-34），以减小轴承支反力作用点间的距离，增加轴的刚度。轴承的距离应足够大，以供给调整齿轮用的空间。曲线齿和斜齿锥齿轮同样需有两个方向的轴向锁紧
简支式	简支式		支承刚性最好，结构复杂，装拆不便。用于重载和冲击大的传动		

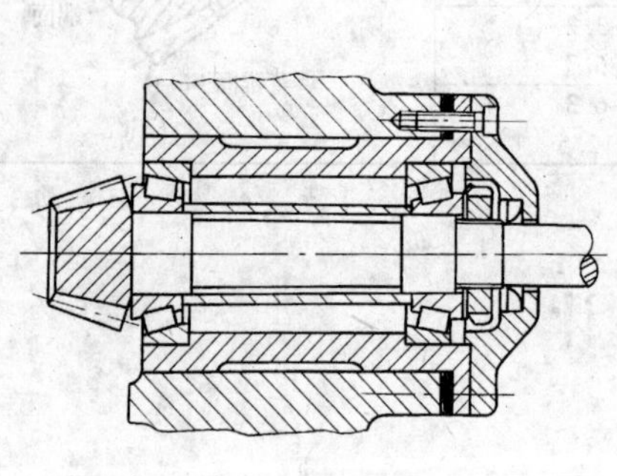

图 14-3-31

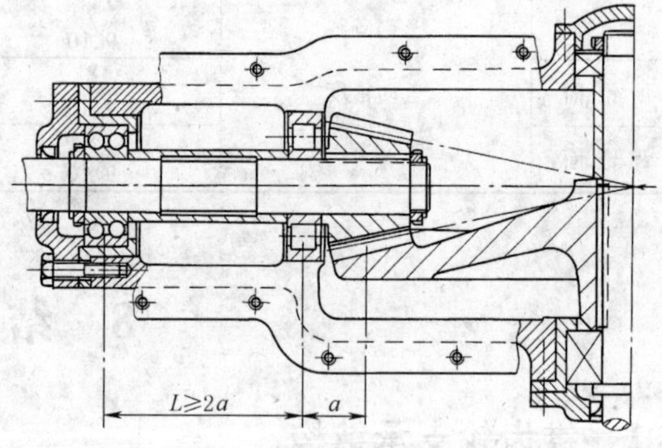

图 14-3-32

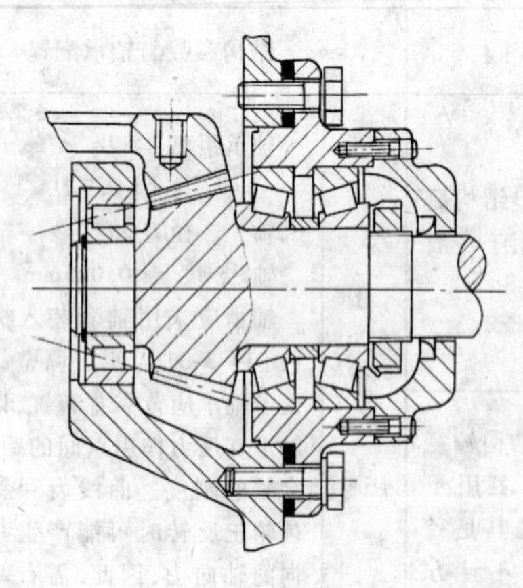

图 14-3-33

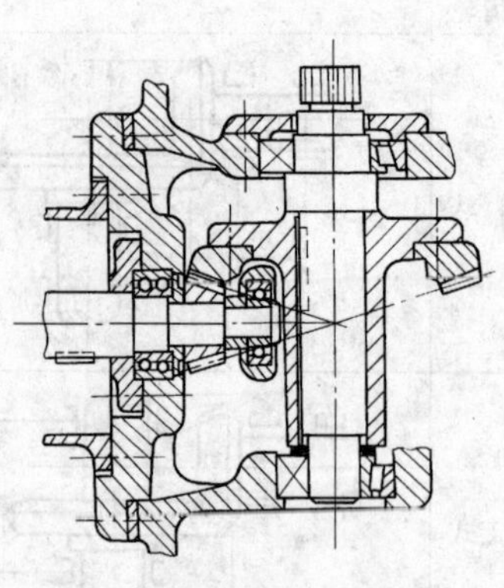

图 14-3-34

8.2 锥齿轮轮体结构

表 14-3-65

型式	结构图	说明
齿轮轴	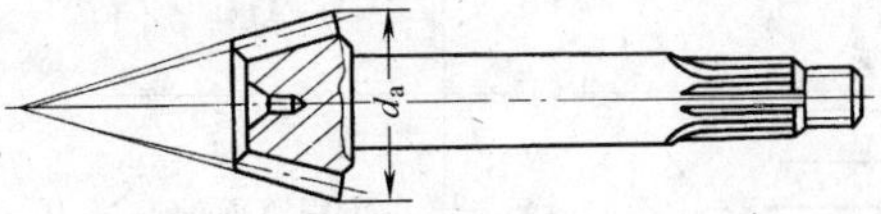 d_a	锥齿轮对安装精度和轴的刚度非常敏感，故小齿轮，尤其是悬臂式支承最好与轴作成一体 齿轮轴两端应具有中心孔或外螺纹，使切齿时能可靠地固定
	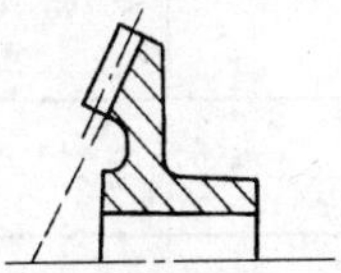	曲线齿锥齿轮的轮毂与齿根的延长线不得相交，避免切齿时相碰
整体齿轮(用于齿轮直径小于180mm)	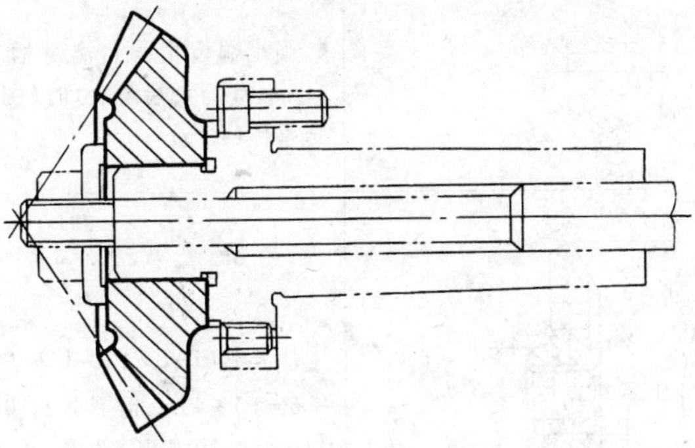	齿轮应有足够的刚性，以保证其正常地工作和切齿时的装夹，因此应尽可能不采用小的安装孔、薄的辐板，轴孔两端的环形凸台对增加刚度十分有效
	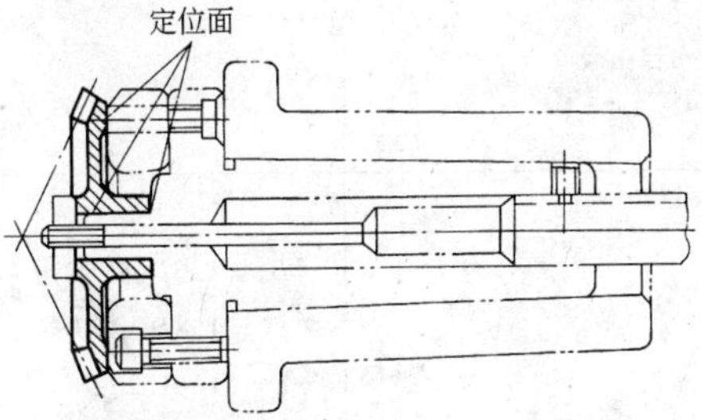 定位面	当齿轮分度圆直径是轮毂直径二倍以上时，应增设辅助支承面，以增加切齿时的刚性
组合齿轮(用于齿轮直径大于180mm)	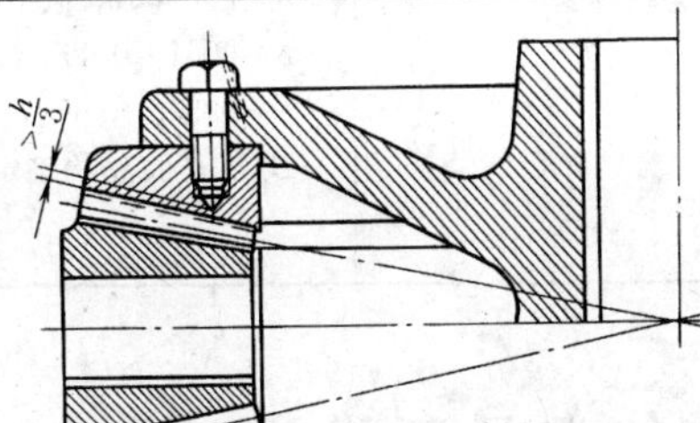 $>\frac{h}{3}$	齿圈热处理变形小 为防止螺钉松动，可用销钉锁紧(如图) 螺孔底部与齿根间最小距离不小于$\frac{h}{3}$(h为全齿高)常用于轴向力指向大端的场合
	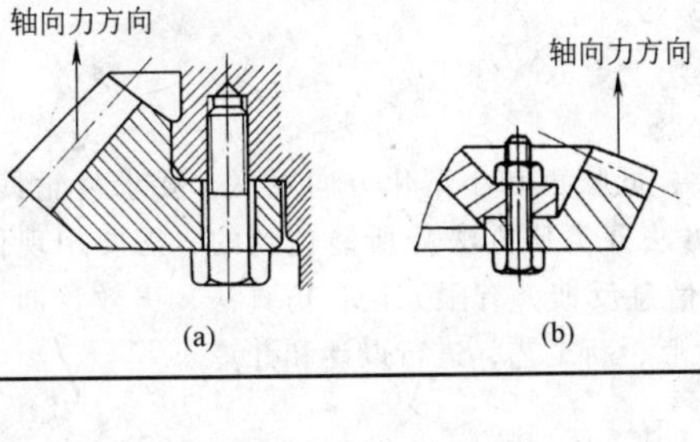 轴向力方向 轴向力方向 (a) (b)	当轴向力朝向锥顶时，为使螺钉不承受拉伸力，应按图示方向连接。图 a 常用于双支承式结构；图 b 用于悬臂式支承结构

续表

型式	结构图	说明
组合齿轮（用于齿轮直径大于180mm）	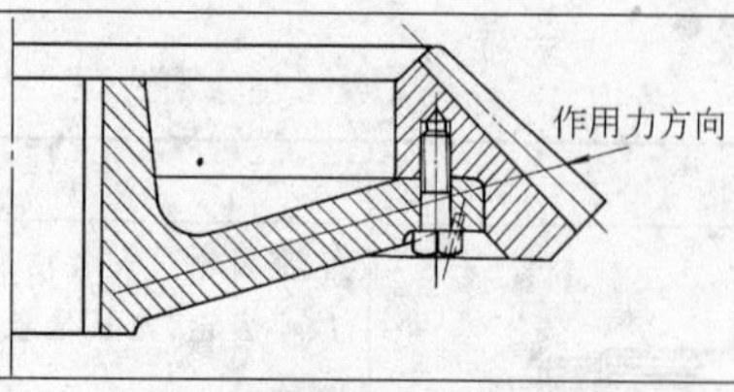 作用力方向	常用于分锥角近似为45°的场合 作用力方向应与轮毂辐板方向相一致，以减小变形
	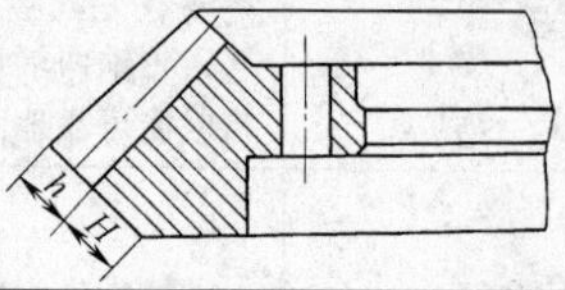	齿根下面的厚度 H 一般不应小于全齿高，即 $H>h$，通常取 $H=(3\sim4)m$

表 14-3-66　　锥齿轮结构尺寸

结构图	结构尺寸
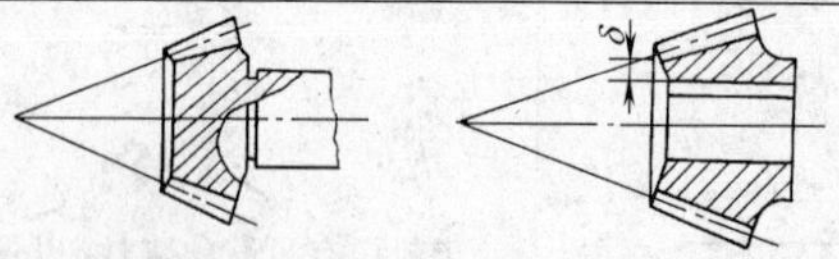 (a)　(b)	当小端齿根圆角离键槽顶部的距离 $\delta<1.6m$（m 为大端模数）时（图 b），齿轮与轴作成整体（图 a）
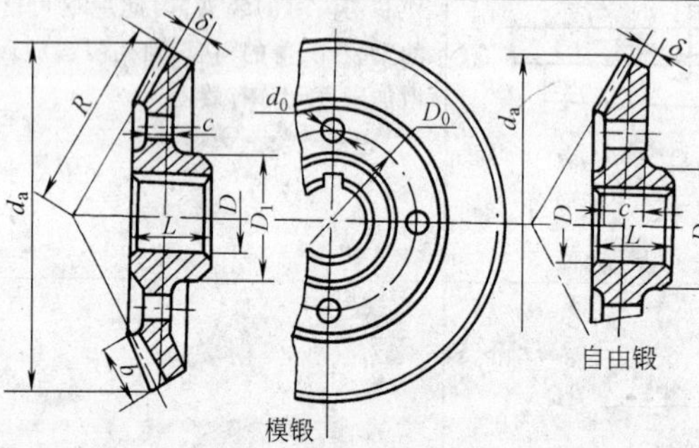 模锻　自由锻	$D_1=1.6D$；$L=(1\sim1.2)D$ $\delta=(3\sim4)m$，但不小于 10mm $c=(0.1\sim0.17)R$，D_0、d_0 按结构确定
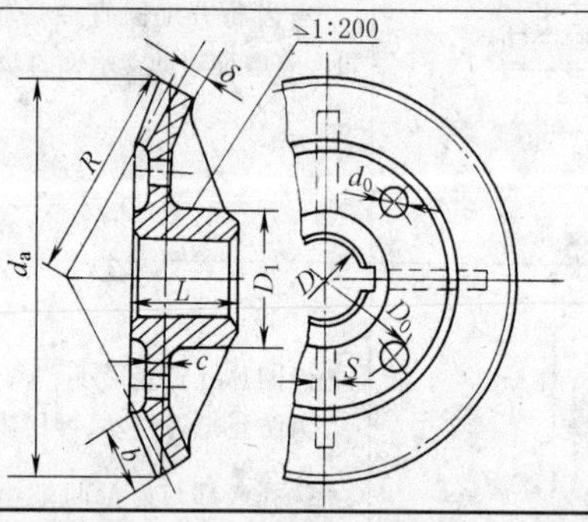 ≥1:200	$D_1=1.6D$（铸钢） $D_1=1.8D$（铸铁） $L=(1\sim1.2)D$ $\delta=(3\sim4)m$，但不小于 10mm $c=(0.1\sim0.17)R$，但不小于 10mm $S=0.8c$，但不小于 10mm D_0、d_0 按结构确定

9　设计方法与产品开发设计

9.1　设计方法简述

1）随着机械产品向重载、高速、可靠、高效、低噪声和小型化方向发展，要求齿轮具有高强度、长寿命、低噪声、小体积等高传动品质。此非传统的经验方法（类比方法）所能达到的，需要用现代设计法。它是运用创造性思维和现代设计技术（优化设计，载荷谱信息反馈，有限元法，仿真法，失效诊断，可靠性设计，计算机辅助设计……），采用行之有效的新材料、新齿形、新工艺，进行设计和计算。

2）可以根据不同的条件，进行手算的或机算的优化设计，采用新材料、新齿形、新工艺。

3）按设计性质，可分为新产品设计、老产品改进设计、引进产品的国产化设计三类，其设计步骤见表 14-3-67。

表 14-3-67　　一般设计步骤

有关章节	新产品设计	老产品改进设计	引进产品国产化设计
9.2	锥齿轮传动品质的分析		
1.8	选型	测绘	
6.1	初步设计	改进设计	国产化设计
3	几何计算		
5	强度校核		
8	绘图		

9.2　锥齿轮传动品质的分析

锥齿轮传动品质分析是锥齿轮设计的第一步。例如：对新产品设计，要分析用户提出的功能、外观和成本要求；对老产品改进，要分析用户反馈回来的传动品质问题。可从以下五个方面进行分析。

（1）锥齿轮的损伤分析

锥齿轮的损伤形式，有与圆柱齿轮传动共同的地方，如点蚀、片蚀、胶合、断齿、磨损和塑性变形等。另一方面，由于大小端参数不同和轴相交的特点，常有小端压溃、干涉、大端断轴，小端轮缘裂开等特殊损伤。需要根据锥齿轮的特点认真分析，以便对症下药。参考文献［7］有比较好的分析损伤的思路，可供参考。

（2）分析锥齿轮的精度

主要是超差问题，有的是切齿时产生的，有的是热处理变形引起的。前者要靠技术工人的经验；后者要找到规律性。从设计角度，要注意结构的刚性和匀称性。

（3）分析锥齿轮的结构

主要分析支承刚性（参看 8.1 节）和结构强度的薄弱环节。后者可参看参考文献［7］中“改善轮体薄弱部位的设计”一节。为避免轮体薄弱环节的损伤，有时可以在其他非关键零件中有意设薄弱环节或加安全、卸载装置。

对于锥齿轮副的两体结构（一个锥齿轮轴在甲部件，另一个配对锥齿轮在乙部件），在大修后将会发生微量的锥顶点分离（例如偏移距 $E=1\text{mm}$）。此时，若按相交轴传动设计，就得不到正确的啮合，必须用“微偏轴齿轮”代替锥齿轮。对此，可参考文献［7］中“微偏轴齿轮设计”一章。

（4）分析锥齿轮的齿形

例如是否有根切、齿顶变尖、过切、重切等。可参考文献［7］中“关于保证齿形完整性的质量要求”一节。

（5）分析锥齿轮传动的啮合性能

如不出现干涉，磨损低，等弯曲强度，节点区双齿对啮合，低比滑等。对此，可参考文献［7］中“关于改进齿面强度方面的质量指标”一节。

在改进传动性能的各种技术措施中，最省事、最经济的办法往往是改进设计。例如对于噪声高的齿轮，如果采用磨齿，既增加费用又费时，但如果从设计方面改用高重合度锥齿轮（见 9.5 节），就会在不用磨齿的情况下得到低噪声齿轮。

9.3　锥齿轮设计的选型

（1）常规设计的选型

改进设计就是在原机械结构条件下（一般不变更齿轮箱结构）对原齿轮设计进行设计参数方面的改变，以获得更好的传动品质（如增大承载能力，加快速度，延长寿命，降低噪声，对齿轮轮体结构的薄弱环节加以改进等），也可说是有条件的设计选型。

国产化设计就是在国内材料质量和工艺条件下，将引进齿轮设计加以必要的改变，使国产齿轮的传动品质，与原国家产品齿轮媲美。除了英制改公制和选择相当的国产材料等工作以外，主要是由于国产材料（含热处理规定）的性能比国外相当材料的性能差，因而使国产齿轮在同等尺寸、同等精度条件下强度降低，寿命缩短，为此要作补救措施。例如选用优质材料，提高制造精度，改进设计以提高强度。前二者措施将提高成本，后者如获成功则是物美价廉的理想措施，这措施也可看作是设计强化的选型。

下面提出一些选型设计参考资料（见表 14-3-68 ~ 表 14-3-71）。

表 14-3-68　　锥齿轮类型的选择

锥齿轮类型		直齿	斜齿	曲齿
特征	强度比	弱($d_1=100$)	中($d_1=83\sim90$)	强($d_1=80\sim83$)①
	噪声	高	中	低
	加工费用	低(刨齿)		高(铣齿)
	速度	低速	中速	高速
	轴向力	安全(离开锥顶)	选择得当,主传动可离开锥顶	

① 根据实践，曲齿中的弧齿、外摆线齿、等高齿弧线锥齿轮的强度没有多大区别。

表 14-3-69　　支承刚性的选择

支承形式	简支	一简支,一悬臂	悬臂
刚性	好	中	差

表 14-3-70　　材料和热处理后品质的选择

钢材	铬镍钢	铬钢	氮化钢	调质钢	结构钢	球铁	铸铁
σ_{Hlim}比	1.88	1.47	1.3	1	0.84	0.70	0.50
σ_{Flim}比	1.53	1.23	1.3	1	0.77	0.67	0.25
耐冲击性	很高	高		中	低		很低
耐磨性	很高	高	中	低			中
热后变形	较小	较大	小	中			
价格比	4	2	3	1	0.7	0.5	0.3
用途(推荐)	很重要的传动、重载高速传动	重要传动(带冲击)、重载传动	重要传动(平稳性)、中载传动		一般传动、轻载传动、辅助传动		不重要传动、轻载传动
用例	飞机 坦克 舰船	汽车、卡车 工程机械 内燃机车	矿山机械、冶金机械 机床、纺织 机械		农用机械、轻工机械		农用机械、食品机械

表 14-3-71　　按载荷大小选择材料

材料	低碳钢		中碳钢		球墨铸铁	灰铸铁
级别	1	2~4	5~6	7	8	9
综合强度比	5	4	3	2.3	2	1
齿面硬度	硬		中硬			
计算载荷	重载:$T_c>10000\text{N}\cdot\text{m}, m>12$					
		中载:$T_c>500\sim10000\text{N}\cdot\text{m}, m>3\sim12$				
			轻载:$T_c<500\text{N}\cdot\text{m}, m<3$			

（2）改进设计的选型

推荐采用新型非零变位锥齿轮，它有下述五个优点，见表 14-3-72。

并可在现有的任何锥齿轮加工机床和刀具用单面法或双面法（要特有的切齿调整数据）展成切出新齿形，不必另做工艺装备投资，故极易推广。

1）正传动的设计模型——$x_1+x_2>0$

① 它可以增大压力角 $\Delta\alpha$，提高接触强度。

② 它可以增加齿厚 Δs，提高抗磨损能力。

③ 它可以降低滑动率 η，提高抗胶合能力。

④ 它可以增加齿根齿厚 Δs_F，提高弯曲强度。

⑤ 提高 4 种强度，提高结合强度，延长寿命。

表 14-3-72　　在相同制造精度、相同材料热处理、相同模数条件下的对比

传动性能	长寿命	高强度	低噪声	小体积	大齿数比	齿廓对照
世界各国通用	1	1	A(dB)	1	<8	零传动
本发明技术	>1.5	>1.2	A−2	<2/3	>8	正传动
专利号	8476		8571		8477	通用(零传动) 新型(正传动) $\Delta\alpha$ Δs_F
	正传动		负传动		小型传动	

在等强度下，可减小体积；或在同体积下，可提高综合强度。

a. 用于工程机械：拖拉机、装载机、压路机。

b. 用于内燃机车。

c. 用于连续作业传动机械：煤机、冶金机械、隧道机械、探矿机。

d. 用于船舶：水翼船（V 形传动）、汽艇（舷外机）。

2）负传动的设计模型——$x_1+x_2<0$

降低 α，提高 ε_γ，增加平稳性，降低噪声。

a. 用于立式传动机床——立式铣床。

b. 用于室内相交轴传动装置。

3）小型传动的设计模型——$x_1+x_2\geqslant x_{1\min}+x_{2\min}$，$z_2+z_1\geqslant 26$

a. 用于微型传动（mini）。

b. 用于无链条自行车传动。

4）用于现有各国通用锥齿轮所不能胜任的特殊要求的传动

a. 用于少齿数传动，$z_{\min}\leqslant 4$。

b. 用于大减速比传动（一级传动代替两级传动），$z_2/z_1\geqslant 8\sim 12$。

c. 用于小轴交角传动，$\Sigma<20°$。

9.4　强化设计及实例

强化设计是指在相同材质、尺寸、精度下，通过设计的方法，达到提高强度的目的。其主要途径如下。

1）采用优质材料。

2）加大齿轮尺寸（见表 14-3-24，取较大 d_1 值）。

3）采用先进的齿形制，例如采用高变位 $x_1>0$，强化较弱的小齿轮；用正传动变位代替零传动的高变位（x_2 不必取负值，而是大幅度地加大 x_1，如 $x_1>1$）[1]。

其中第三种办法是比较可取的办法。

强化设计可有三种效果：①体积不变，增大强度；②强度不变，缩小体积；③既增大强度，又缩小体积。实例如下。

已知：有一中型轮式拖拉机中央传动的曲齿锥齿轮，传递额定转矩 $T_1=572\text{N}\cdot\text{m}$，$\beta_m=5.5°$，$u=3.77$。由多缸柴油机驱动，齿轮用 20CrMnTi 渗碳淬火，齿面硬度 58～62HRC，齿宽系数 $\phi_K\approx\frac{1}{4}$，小齿轮轴悬臂支承，大齿轮轴双跨支承。需作强化抗点蚀能力和延长工作寿命的设计。

设计步骤如下。

（1）按初步设计及表 14-3-26 节点区双对齿啮合设计

$z_b\geqslant 0.85$，$K_A=1.5$，$K_\beta=1.5$，$\sigma_{\text{Hlim}}=1500\text{N/mm}^2$，$e=1100$，$\Sigma=90°$

$$d_{\text{H1}}\geqslant eZ_bZ_\phi\left[\frac{K_AK_\beta T_1\sin\Sigma}{u\ (\sigma_{\text{Hlim}})^2}\right]^{1/3}=1100\times 0.85\times 1.735\times\left[\frac{1.5\times 1.5\times 572\times\sin 90°}{3.77\times 1500^2}\right]^{1/3}\approx 86.688\text{mm}$$

（2）选定齿数 z 和模数 m

最少齿数的选择，见表 14-3-74，选 $z_1=13$，则 $z_2=uz_1=49.01$，取 $z_2=49$。

$$m=\frac{d_{H1}}{z_1}=\frac{86.688}{13}=6.6683\text{mm}$$

（3）选择变位系数

本例属非零正传动，$x_h>0$。由于受壳体体积限制，采用 Δr 式中的“小式”。用 4 个独立的设计变量 x_1，x_2，x_{t1}，x_{t2} 作为优化设计的主体。目标函数可选为节点区经常存在双对齿参加啮合，实现既增大强度，又缩小体积的效果。取 $\delta_2'>0.15$（参看图 14-3-21）。

本例的螺旋角 $\beta_m=5.5°$，接近于零度曲齿锥齿轮。可借用直齿锥齿轮的封闭图（如图 14-3-21）取 $x_1=0.8$，$x_2=0.3$；$x_\Sigma=x_1+x_2=1.1>0$。

切向变位无现成的封闭图可借用，只能估算。由于 $x_1=0.8$ 使小齿轮齿顶趋于变尖，可用切向正变位使之加厚，取 $x_{t1}=0.2$。

x_{t2} 由另一条件确定，即弯曲强度平衡 $Y_1=KY_2$，或保持标准齿全高，即 $\sigma=0$。本例采用 $\sigma=0$，可得 $x_{t2}=x_{t\Sigma}-x_{t1}=0.0312-0.2=-0.1688$。

（4）按新齿形制进行几何计算

其结果见表 14-3-21。

（5）强度验算

按 6.2 节进行。可按国标 GB/T 10062—1988 公式验算。也可按美国标准 ANSI/AGMA 2003-A86 公式验算，见参考文献［7］。

齿面接触强度验算如下。

由表 14-3-29 计算接触应力

$$\sigma_H=Z_HZ_EZ_\varepsilon Z_\beta Z_K\times\sqrt{\frac{K_AK_VK_{H\beta}K_{H\alpha}F_{tm}}{b_{eH}\alpha_{m1}}}\times\sqrt{\frac{u^2+1}{u^2}}$$

1）节点区域系数 Z_H——查图 14-3-27 或按下式计算。

$$Z_H=\sqrt{\frac{2\cos\beta_b}{\cos^2\alpha_t\tan\alpha_{Wt}}}$$

$$\beta_b\approx\beta_{bm}\approx\arcsin[\sin\beta_m\cos\alpha_0]=\arcsin[\sin5.5°\cos20°]\approx5.1674°$$

$$\alpha_t\approx\alpha_m=20.085°\qquad\alpha_{Wt}\approx\alpha'_{Wm}=21.6913°$$

$$Z_H=\sqrt{\frac{2\cos5.1674°}{\cos^2 20.085°\tan21.6913°}}=2.383$$

2）弹性系数 Z_E，由表 14-1-95 查得，钢对钢，$Z_E=189.3\sqrt{\text{N/mm}^2}$

3）重合度系数 Z_ε，由表 14-3-30

$$Z_\varepsilon=\sqrt{\frac{(4-\varepsilon_\alpha)(1-\varepsilon_\beta)}{3}+\frac{\varepsilon_\beta}{\varepsilon_\alpha}}$$

$$m_m=\frac{R_m}{R}m=\frac{145.85}{170.85}\times6.6683=5.6925\text{mm}$$

$$\varepsilon_\beta=\frac{b_{eH}\tan\beta_m}{\pi m_m}=\frac{0.85\times50\tan5.5°}{\pi\times5.6925}=0.229<1$$

$$r_{amv1}=\frac{R_md_{a1}}{2R\cos\delta_1}=\frac{145.85\times109.89}{2\times170.85\times\cos14°52'}=48.529\text{mm}$$

$$r_{amv2}=\frac{R_md_{a2}}{2R\cos\delta_2}=\frac{145.85\times331.19}{2\times170.85\times\cos75°8'}=550.975\text{mm}$$

$$r_{bmv1}=\frac{R_md_1\cos\alpha_m}{2R\cos\delta_1}=\frac{145.85\times86.688\times\cos20.085°}{2\times170.85\times\cos14°52'}=35.955\text{mm}$$

$$r_{bmv2}=\frac{R_md_2\cos\alpha_m}{2R\cos\delta_2}=\frac{145.85\times326.747\times\cos20.085°}{2\times170.85\times\cos75°8'}=510.525\text{mm}$$

$$g_{\alpha m}=\sqrt{r_{amv1}^2-r_{bmv1}^2}+\sqrt{r_{amv2}^2-r_{bmv2}^2}-(r_{bmv1}+r_{bmv2})\tan\alpha'_m=22.4\text{mm}$$

$$p_m=\pi m_m\cos\alpha_m=\pi\times5.6925\times\cos20.085°=16.8\text{mm}$$

$$\varepsilon_\alpha=g_{\alpha m}/p_m=22.4/16.8=1.33$$

$$Z_\varepsilon=\sqrt{\frac{(4-1.33)\times(1-0.229)}{3}+\frac{0.229}{1.33}}=0.926$$

4）螺旋角系数 $Z_{\beta}=\sqrt{\cos\beta_{m}}=\sqrt{\cos 5.5^{\circ}}=0.998$

5）有效宽度 $b_{eH}=b_{eF}=0.85b=0.85\times50=42.5\text{mm}$

6）锥齿轮系数 $Z_{K}=0.85$

7）使用系数 $K_{A}=1.5$

8）齿宽中点分锥上的圆周力

$$d_{m1}=R_{m}d_{1}/R=74\text{mm}$$

$$F_{tm}=\frac{2000T_{1}}{d_{m1}}=\frac{2000\times572}{74}=15459.5\text{N}$$

9）动载系数由式（14-3-2）即 $K_{V}=NK+1$

$$N=0.084\times\frac{z_{1}v_{tm}}{100}\sqrt{\frac{u^{2}}{u^{2}+1}}$$

$$K=\frac{K_{1}b_{eH}}{K_{A}F_{tm}}+C_{v3}$$

$$n_{1}=\frac{n_{e}}{i}=\frac{2200}{3.3}=666.67\text{r/min}$$

$$u=3.769$$

齿宽中点分锥上的圆周速度

$$v_{tm}=\frac{\pi d_{m1}n_{1}}{60000}=\frac{\pi\times74\times666.7}{60000}=2.584\text{m/s}$$

$N=0.0273<0.85$，处于亚临界区。

$$K_{1}=147$$

$$C_{v3}=0.23$$

$$K=\frac{147\times42.5}{1.5\times15459.5}+0.23=0.499$$

$$K_{V}=NK+1=0.0273\times0.499+1=1.013$$

10）齿向载荷分布系数 $K_{H\beta}=1.5K_{H\beta be}=1.5\times1.1=1.65$（$K_{H\beta be}$由表 14-3-34 查得）。

11）齿间载荷分配系数 $K_{H\alpha}$。因$\frac{K_{A}F_{tm}}{b_{eH}}=545.6\text{N/mm}>100\text{N/mm}$，由表 14-3-35，得 $K_{H\alpha}=1.4$（8 级精度）。

12）润滑剂系数 Z_{L}。由图 14-1-87，40 号机械油，50℃时的平均运动黏度 $\nu_{50}=40\text{mm}^{2}/\text{s}$，对 $\sigma_{H\lim}=1500\text{N/mm}^{2}>1200$ 的淬硬钢 $Z_{L}\approx0.95$。

13）速度系数 Z_{v}。由图 14-1-88，当 $v_{tm}>2.58\text{m/s}$，$\sigma_{H\lim}>1200\text{N/mm}^{2}$ 时，$Z_{v}\approx0.97$。

14）粗糙度系数 Z_{R}。由本章 6.2 节（8）的图中，当 $R_{z100}\approx3.6\mu\text{m}$，$\sigma_{H\lim}>1200\text{N/mm}^{2}$ 时，$Z_{R}\approx0.98$。

15）温度系数 Z_{T} 取为 1。

16）尺寸系数 Z_{X} 取为 1。

17）最小安全系数 $S_{H\min}$。当失效概率为 1% 时，$S_{H\min}=1$。

18）极限应力值 $\sigma_{H\lim}$。由图 14-1-84 20CrMrTi，齿面硬度 58～62HRC 时，按 MQ 取值，$\sigma_{H\lim}=1500\text{N/mm}^{2}$。

用上述数据代入

$$\begin{aligned}\sigma_{H}&=Z_{H}Z_{E}Z_{\varepsilon}Z_{\beta}Z_{K}\times\sqrt{\frac{K_{A}K_{V}K_{H\beta}K_{H\alpha}F_{tm}}{b_{eH}d_{m1}}\times\frac{\sqrt{u^{2}+1}}{u}}\\&=2.383\times189.3\times0.926\times0.998\times0.85\times\sqrt{\frac{1.5\times1.013\times1.65\times1.4\times15459.5}{42.5\times74}\times\frac{\sqrt{3.769^{2}+1}}{3.769}}\\&=1496.8\text{N/mm}^{2}\end{aligned}$$

许用接触应力 $\sigma_{Hp}=\frac{Z_{L}Z_{v}Z_{R}Z_{X}\sigma_{H\lim}}{Z_{T}S_{H\min}}=\frac{0.95\times0.97\times0.98\times1\times1500}{1\times1}\approx1355\text{N/mm}^{2}<\sigma_{H}$，不安全。

由于 ISO 公式未考虑非零变位的影响。而实际上本例采用了“节点区至少有两对齿保持啮合”，故需按表 14-3-26 进行修正，即取变位类型影响系数 $Z_{b}=0.85$ 修正。

修正后 $\sigma_{H}'=Z_{b}\sigma_{H}=0.85\times1496.8\approx1272\text{N/mm}^{2}$

即 $S_{H}=\sigma_{HP}/\sigma_{H}\approx1.07>S_{H\min}$，故安全

齿根弯曲强度验算如下（由表 14-3-37 计算）。

齿根弯曲应力

$$\sigma_{F1,2}=\frac{K_A K_V K_{F\beta} K_{F\alpha} F_{tm} Y_{Fa1,2} Y_{Sa1,2}}{b_{eF} m_{nm}} Y_{\varepsilon} Y_{\beta} Y_K$$

1）齿向载荷分布系数 $K_{F\beta}=K_{H\beta}=1.65$。

2）齿间载荷分配系数 $K_{F\alpha}=K_{H\alpha}=1.4$。

3）有效宽度 $b_{eF}=b_{eH}=0.856=42.5$。

4）最小安全系数 S_{Fmin}。若按国标取 1，按失效率 1%（见表 14-1-100）（而按 DIN3991 取 1.4），根据传动件重要程度在 1～1.4 之间选择。

5）应力修正系数 $Y_{ST}=2$。

6）锥齿轮系数 $Y_K=1$。

7）中点法向模数 $m_{nm}=m_m\cos\beta_m=5.6925\cos5.5°\approx5.666$。

8）齿廓系数 Y_{Fa}。

$z_{vn1}=\dfrac{z_1}{\cos\delta_1\cos^3\beta_m}\approx13.64$，由图 14-3-28，当 $x_1=0.8$ 时，$Y_{Fa1}=2.03$；

$z_{vn2}=\dfrac{z_2}{\cos\delta_2\cos^3\beta_m}\approx194$，由图 14-3-28，当 $x_2=0.3$ 时，$Y_{Fa2}=2.09$。

9）应力修正数 Y_{Sa}。由图 14-3-29 得，$Y_{Sa1}=2.03$，$Y_{Sa2}=2.14$。

10）重合度系数 Y_ε。由式（14-3-15）得

$$Y_\varepsilon=\frac{1}{4}+\frac{3\cos^2\beta_{bm}}{4\varepsilon_\alpha}=\frac{1}{4}+\frac{3\cos^2 5.1674°}{4\times1.34}=0.805$$

11）螺旋角系数 Y_β。由式（14-3-16）得

$$\varepsilon_\beta<1，故\ Y_\beta=1-\frac{\varepsilon_\beta\beta_m}{120}=1-\frac{0.179\times5.5°}{120}=0.99$$

12）相对齿根圆角敏感系数 $Y_{\delta relT}$。根据图 14-1-117，由 $Y_{Sa1}=2.03$，得 $Y_{\delta relT1}=1.015$；由 $Y_{Sa2}=2.14$，得 $Y_{\delta relT2}=1.020$。

13）相对齿根表面状况系数 Y_{RrelT}。由图 14-1-118，$Y_{RrelT}=1.674-0.529(R_z+1)^{0.1}=1.02$。

14）尺寸系数 Y_X。由表 14-1-109，令 $m_{nm}=5.55$，$Y_X=1.05-0.01m_{nm}=0.995$。

15）弯曲极限应力值 σ_{Flim}。由图 14-1-110～图 14-1-114，MQ 为 $\sigma_{Flim}=470N/mm^2$，ML 为 $\sigma_{Flim}=320N/mm^2$。

考虑到我国钢材的弯曲强度偏低，可靠性差，建议取平均值，$\sigma_{Flim}=400N/mm^2$。又 $K_A=1.5$，$K_\beta=1.013$，将上述有关值，分别代入表 14-3-29，可得：

小轮计算齿根应力 $\sigma_{F1}=K_A K_V K_{F\beta} K_{F\alpha} F_{tm} Y_{Fa} Y_{Sa} Y_\varepsilon Y_\beta Y_K/(b_{eF} m_{nm})$

$=1.5\times1.013\times1.65\times1.4\times15459.5\times2.03\times2.03\times0.805\times0.99\times1/(42.5\times5.666)=740N/mm^2$

大轮计算齿根应力 $\sigma_{F2}=\sigma_{F1} Y_{Fa2} Y_{Sa2}/(Y_{Fa1} Y_{Sa1})=740\times2.09\times2.14/(2.03\times2.03)=803N/mm^2$

小轮许用齿根应力 $\sigma_{Fp1}=\sigma_{Flim} Y_{ST} Y_{RrelT} Y_X Y_{\delta relT1}/S_{Fmin}=400\times2\times1.02\times0.995\times1.015/1=824N/mm^2$

大轮许用齿根应力 $\sigma_{Fp2}=\sigma_{Fp1} Y_{\delta relT2}/Y_{\delta relT1}=824\times1.02/1.015=828N/mm^2$

可见，均通过（$\sigma_F<\sigma_{Fp}$）

实际安全系数　$S_{F1}=\sigma_{Fp1}/\sigma_{F1}=1.11$

$S_{F2}=\sigma_{Fp2}/\sigma_{F2}=1.03$

9.5 柔化设计及实例

柔化是指在尺寸、材质、精度等不变的条件下，通过设计，达到传动平稳，噪声降低。其主要途径有：

1）选用吸振材料，例如复合材料、塑料，或用减振结构；

2）减少齿轮尺寸，以降低圆周速度；

3）采用大重合度。例如采用长齿高制（$h_a^*>1$）、大螺旋角（增加齿向重合度 ε_β），采用新型的负传动设计等。

对日用机械和轻载传动，可采用吸振材料，但中载以上则仍采用钢材；减少直径可降低圆周速度，但又引起强度的降低；采用大螺旋角将引起轴向力的增大和齿形的歪曲程度，一般 $\beta_m<40°$；增大 h_a^* 将引起齿顶变尖，

一般 $h_a^* <1.1$。

负传动（$x_1 + x_2 <0$）不但可以增加齿廓重合度 ε_α，而且可减少齿顶变尖程度，可将 h_a^* 提高得多些，使 $h_a^* >1.1$。所以以“负传动 + 大齿高”的方案为最佳。

实例：一立式铁床，主轴头装有一对曲齿锥齿轮，经测定属主要噪声源。整机噪声超过 84dB，要求对此锥齿轮进行改进设计，使噪声降到 83dB 以下。

已知：原设计 $z_1 = z_2 = 29$，$\alpha_0 = 20°$，$\beta_m = 35°$，$h_a^* = 0.65$，$x_1 = x_2 = 0$，$m = 5.111$，$b = 30$。

设计：采用负传动和负传动加大齿高两个方案。

表 14-3-73

参数	m	z	β_m	$x_1 = x_2$	h_a^*	ε_α	ε_β	ε_γ
原方案	5.1111	29	35°	0	0.85	1.33	1.54	2.03
新方案Ⅰ	5.1111	29	35°	-0.2	1.1	1.75	1.54	2.33
新方案Ⅱ	3.64	41	38°	-0.25	1			3.05

效果：实验证明，原方案的实际总重合度即使在满载下也比理论（计算）的总重合度 ε_γ 为小，达不到“双对齿”传动。这是因为，理论计算时假设接触区是布满整个工作齿面（例如沿全齿高 $zh_a^* m$），而实际上不是如此。新方案Ⅰ经过实验可达到“双对齿”传动，因此传动平稳，噪声降低 2～3dB，达到柔化要求，而且由于在传动全过程中有两对齿分担载荷，承载能力也有所提高。

9.6 小型化设计及实例

小型化设计是指在模数、传动比相同的条件下，通过优化设计，得出齿数很少、尺寸最小的齿轮副来，达到体积小、结构紧凑、节约材料，减少重量，降低能耗、提高传动效率等目的。

小型化设计主要措施是减少齿数 z_1；而减少齿数少又会产生根切。为此采取下列措施。

1）选用大齿形角，例如 22.5°，25°。大齿形角将引起齿顶变尖，并需订购大齿形角的刀具，后者将增加成本。

2）选用短齿，例如取 $h_a^* <0.85$。短齿将大大减少齿廓的端面重合度 ε_α，此时 $\varepsilon_\alpha <1$。

3）小齿轮径向正变位，如取 $x_1 >0.4$。大 x_1 值亦引起齿顶变尖，对常用的零传动还引起大齿轮强度减弱（齿厚减薄）。

为了综合平衡各因素的利弊，Gleason 工厂的齿形制规定：一般工业传动的最少齿数为 $z_{min} = 12$；高减速和车辆传动的最少齿数为 $z_{min} = 6$。对超小型化设计，如采用新型的少齿数正传动设计[1,5]，经过优化，可以做到：一般工业传动的 $z_{min} = 9$；高减速车辆传动的 $z_{min} = 3$。

按传动比和传动功能，锥齿轮小型化设计可分为 4 类（参看表 14-3-74）：换向-小变速、中减速、高减速和超高减速，各有不同的设计要求。

（1）换向-小变速传动（$u = 1 \sim 1.5$）的小型化设计要点

当 u 较小时，对零传动，不但 z_{min} 较大，而且不能充分利用变位（此时 $x = 0 \sim 0.22$）来改善传动性能，此时建议采用正传动。

1）最少齿数 z_{min} 的选择。可参考表 14-3-74。

2）选择径向变位系数 x 的准则。$u = 1 \sim 1.1$ 时。可按等比滑动准则 $\eta_1 = \eta_2$ 选择；$u > 1.1 \sim 1.5$ 时，可按等滑动系数 $U_1 = U_2$ 选择。

3）保证有足够的总重合度 ε_γ。这类传动的齿廓（端面）重合度 ε_α 往往小于 1.25，要靠齿向（齿线）重合度 ε_β 来补偿 ε_γ。由于 ε_β 与 β_m 和 b 有关，因此要增大螺旋角 β_m 和稍微加大齿宽 b。

4）当 $x_1 \leqslant \cos\beta_m$ 时，可不必验算“干涉”和“齿顶变尖”。

小变速实例：一高速车辆前桥分动箱内有一对小增速-转向曲线齿锥齿轮传动。体积过大，容易胶合损伤，要求作小型化和强化抗胶合能力的改进设计。

第14篇

表 14-3-74　　最少齿数 z_{min}

传动类别		换向-小变速				中减速		高减速	超高减速
						减速	大减速		
齿数比 u		1~1.1	>1.1~1.2	>1.2~1.4	>1.4~1.5	>1.5~4	>4~6	>6~10	>10~13
z_{min}	零传动	17	16	15	14	13~9	8~6	6~5	—
	正传动	12	11			10~8	7~6	5	4~3

已知：$u=19/15$，$\alpha_0=20°$，$\beta_m=35°$、$h_a^*=0.85$，$b^*\approx3.6$，$m=12.2$。

设计：采用正传动设计，参考表 14-3-74 选最少齿数 z_{min}，其计算结果列于表 14-3-75 中。

效果：由表 14-3-75 可知，在分度圆端面模数 m 相同时的效果如下。

表 14-3-75　　小增速-换向传动小型化设计实例

参数		原设计	新设计
增速齿数比	u	19/15≈1.2667	14/11≈1.2727
径向变位系数之和	x_1+x_2	0.147+(−0.147)=0	0.613+0.387=1>0
径向变位系数根切界限	x_{min}	0.140+(−0.157)=−0.017	0.38+0.16=0.54
大端分度圆模数	m/mm	12.2	12.2
中点法向啮合角	α'_{nm}	20°	24°42′
小齿轮滑动比	$\eta_1=U_1$	1.11	0.90
大齿轮滑动系数	U_2	1.01	0.90
小齿轮分度圆弧齿厚	s_1/mm	20.76	27.78
大齿轮分度圆弧齿厚	s_2/mm	17.57	24.60
齿廓重合度	ε_α	1.26	1.05
中点螺旋角	β_m	35°	37°
总重合度	ε_γ	1.59	1.48

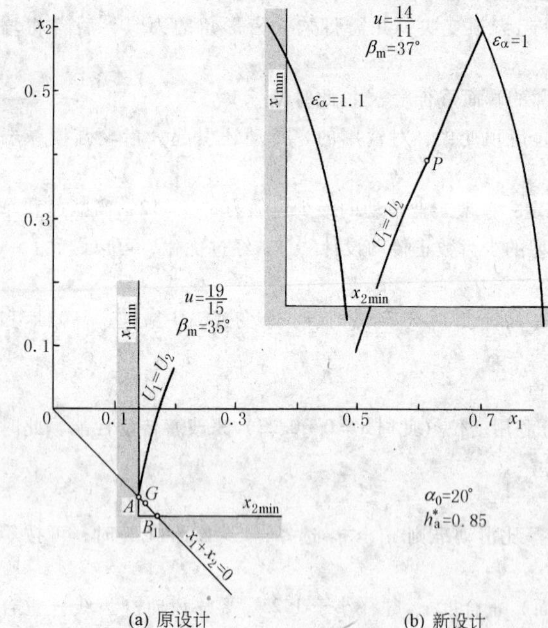

图 14-3-35　小增速传动小型化设计实例的封闭图比较

1）新、原设计都能满足等滑动系数 $U_1\approx U_2$ 的要求。

2）新、原设计接触强度比大致为：

$$\frac{\sin24°42'}{\sin20°}\approx1.221$$

新设计约提高 20%。

3）新、原设计抗磨损能力大致为：

小齿轮$\frac{27.78}{20.76}\approx1.338$，大齿轮$\frac{24.60}{17.57}\approx1.400$，新设计大致提高 30% 以上。

4）新设计由于齿厚变厚，导致齿根也相应变厚，弯曲强度提高 20% 以上。

5）用比滑表示，新、原设计抗胶合能力之比为：

$$\frac{1.1}{0.9}\approx1.222$$

新设计提高 20% 以上。

6）由于新设计的上述 4 类抗损伤能力都能提高 20% 以上，故新设计提高了综合强度，提高了可靠性。

7）由两个设计的径向变位封闭图（见图 14-3-35。为便于比较，将原设计与新设计两个封闭图的坐标重合）可知，原设计（零传动）无根切点 x_{min} 与变位系数 x 取值之间十分接近，即 x 几乎无选择余地；而新设计的 x 值有充分的优选空间，并且在新设计的封闭图（可选用区）上远离零传动的 $\overline{AB_1}$ 线段，即在新设计齿数比 14/11 条件下，不可能进行零传动设计。由此可显出正传动对小型化的优越性。新设计与原设计的体积比 r_V 在模数与齿宽比 ϕ_R 相同的条件下为：$r_V=\left[\frac{11}{15}\right]^3\approx0.4$。

8）新设计惟一的缺点是齿廓重合度 ε_α 有所降低，可通过加大螺旋角 β_m 来补偿。实际上总重合度 1.48 与 1.59 的差别无关重要。

（2）中等减速传动（指 $u>1.5\sim6$ 的减速和增速传动）的小型化设计要点

1）最少齿数 z_{min} 的选择。见表 14-3-76。

表 14-3-76　曲线齿锥齿轮中减速传动的最少齿数 z_{min}（$\alpha_0=20°$，$\beta_m=35°$，$h_a^*=0.85$）

齿数比 u		>1.5～2	>2～2.5	>2.5～4	>4～5	>5～6
z_{min}	零传动	13～12	12～11	10～9	8～7	6
	正传动	10	9	8	7	6

2）齿数比 $u>1.5\sim4$ 的小型化设计准则。可按 $U_1\approx U_2$ 选择变位系数。为保持足够的重合度，例如总重合度 $\varepsilon_\gamma\geqslant1.1$，可提高 h_a^* 到 0.9 或加大 β_m。

3）齿数比 $u>4\sim6$ 的小型化设计准则。可按节点区双齿对啮合 $\delta_2^*\geqslant0.15$ 选择变位系数。为避免干涉，取 $x_1\leqslant h_a^*$。

中减速实例：一游艇尾舷推进器的传动箱内有一对曲齿锥齿轮传动。考虑到传动箱在水下的横截面所产生的阻力将影响前进速度，要求小型化。

已知：$\alpha_0=20°$，$\beta_m=35°$，$u=27/14\approx1.9286$

设计：由表 14-3-76，选择 $z_1=9$，$z_2=uz_1\approx17$。按 $U_1=U_2$ 选择 x_1 及 x_2，相应得出传动性质参数如表 14-3-77 所示。

表 14-3-77　中等变速传动小型化设计实例

参数		原设计	新设计
减速齿数比	u	27/14≈1.929	17/9≈1.889
径向变位系数之和	x_1+x_2	0.285+(−0.285)=0	0.596+0.304=0.9>0
径向变位系数根切界限	x_{min}	0.188+(−0.829)<0	0.495+(−0.114)>0
齿高系数	h_a^*	0.85	0.85
大端分度圆模数	m/mm	2.54	2.54
中点法向啮合角	α'_{nm}	20°	23°52′
小齿轮滑动比	$\eta_1=U_1$	0.902	0.729
大齿轮滑动系数	U_2	0.562	0.729
小齿轮分度圆弧齿厚	s_1/mm	4.633	5.330
大齿轮分度圆弧齿厚	s_2/mm	3.347	4.673
齿廓重合度	ε_α	1.238	1.042
总重合度	ε_γ	1.84	1.18

效果：由表 14-3-77 可知效果如下。

1）新设计与原设计齿轮横截面面积之比 $r_A=[d_2'/d_2]^2=(z_2'/z_2)^2=(17/27)^2\approx0.4$。新设计的体积也较原设计为小，两者之比约为 0.25。

2）新设计具有等滑动系数的传动品质（$U_1\approx U_2$，大、小齿轮副大致同期磨损）。

3）在模数相同的条件下，新设计的强度反而有所提高，抗点蚀、抗断齿、抗胶合、抗磨损的综合强度提高约 15%以上。

4）由两个设计的径向变位的两个封闭图（见图 14-3-36）可知，零传动线（$\overline{OG}$直线上的线段$\overline{AB}$）位于正传动（$u=17/9$）可用区之外，其情况与图 14-3-35 相似。

（3）高减速和超高减速传动（指 $u>6\sim10$ 的高减速比传动和 $u>10\sim13$ 的超减速比传动）的小型化设计

高减速比在常规下不可能实现零传动，因为它带来了很大的大齿轮尺寸，不但要加大箱体，而且加工也困难。如尽量缩小小齿轮的尺寸，则在同样模数的条件下，必须减少小齿轮的齿数，从而容易出现根切。如采用大的径向变位系数 x_1，又容易发生“齿顶变尖”，对于零传动，还会引起大轮变弱（因必须加大负值的 x_2）。因此零传动只能实现 $u\leqslant10$（实际上 $u=7$ 已经达到极限）；要实现 $u>10$，必须采用正传动。此时仍可用一级减速代

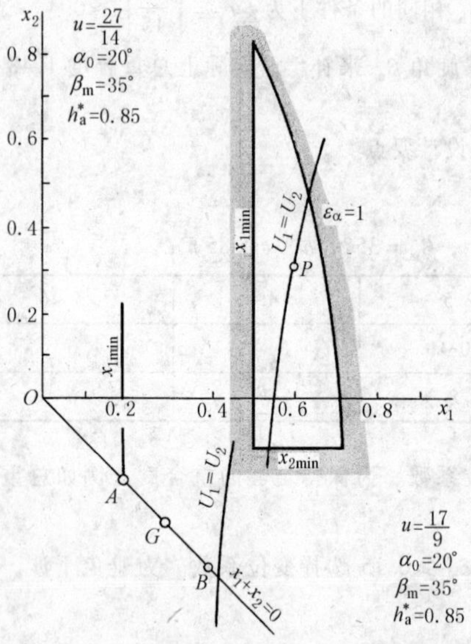

(a) 原设计　　(b) 新设计

图 14-3-36　中等减速传动的小型化设计实例的封闭图比较

替二级减速，减小体积，使结构紧凑。

例如，$u=7.8$ 的传动，当小齿轮载荷为 $T_1=1570\text{N}\cdot\text{m}$ 时，若采用零传动，$d_1\approx 91\text{mm}$，$d_2\approx 710\text{mm}$，而由于箱体尺寸的限制，只能容纳 $d_2\leqslant 550\text{mm}$ 的传动。为保证总重合度 $\varepsilon_\gamma\geqslant 2$，改用正传动，$\beta_m=37°30'$，$h_a^*=0.8$，$u=39/5$。变位系数的相应的无根切（$x_{min}$）、无齿顶变尖（$x_{max}$）界限分别为：$x_{min}=0.655$，$x_{max}=0.650$，故取 $x_1=0.66$。

此时可以保证“无根切”（$x_1>x_{min}$），而发生的“齿顶变尖”（$S_{a1}^*\approx 0$）可用切向变位 $x_{t1}=0.2$ 去补偿，以获得 $S_{a1}^*\approx 0.3$ 的理想齿形。

（超）高减速比小型化设计参数的优化综合数据如表 14-3-78。

表 14-3-78

减速比 i	>6~7	>7~9	>9~11	>11~13
小轮齿数 z_1	≥6	≥5	≥4	≥3
螺旋角 β_m	37°	37.5°~38°	38.5°~39°	39.5°~40°
齿高系数 h_a^*	0.85	0.80	0.74	0.67
径向变位系数　$x_1=x_2=0.66$				
切向变位系数　$x_{t1}=0.2$				
齿形角　$\alpha_0\geqslant 20°$				
顶隙系数　$c^*\leqslant 0.20$				

高减速比实例：一煤机垂直减速机构，减速比为 7.8，原设计为二级减速，要求尺寸紧凑，改为一级减速。减速箱体要求空间尺寸为 $d_2\leqslant 550\text{mm}$。

已知：功率 $P=250\text{kW}$，小齿轮转速 $n_1=1490\text{r/min}$，效率 $\eta\approx 0.98$，小齿轮设计转矩 $T_1\approx 1570\text{N}\cdot\text{m}$；减速比 $i=8$ 改为 $i=7.8$，电动机带动，$K_A=1.25$（轻度冲击）；小齿轮悬臂，大齿轮双跨，刚性较好，$K_\beta=1.6\sim1.8$；齿宽比 $\phi_R=b/R=0.3\sim\dfrac{1}{3}$，$Z_\phi=1.665\sim1.629$；材料为低碳淬火钢，$\sigma_{Hlim}=1500$（铬钢）~1550（铬镍钢）$\text{N/mm}^2$，渗碳淬火后齿面硬度 58~62HRC：螺旋角 $\beta_m=36°\sim40°$，选用 37°30'；锥齿轮类型几何系数（表 14-3-25）$e=960$；刀盘参数取 $\alpha_0=20°$，$c^*=0.2$，$h_a^*\approx\cos\beta_m=0.7933\approx 0.8$。

设计：用新型正传动代替常规零传动。

1）初齿设计及主要参数的确定。

① 初定小齿轮直径

$$d_1\geqslant d_{Hmin}\approx eZ_\phi Z_b\left[\frac{K_A K_\beta T_1}{u(\sigma_{Hlim})^2}\right]^{1/3}=90.9Z_b\quad(\text{mm})$$

强度系数 Z_b 与传动类型和材质有关，见表 14-3-79。

表 14-3-79

传动类型	常规零传动		新型正传动（$\varepsilon_\gamma>2$）	
材料	低碳铬钢	低碳铬镍钢	低碳铬钢	低碳铬镍钢
Z_b	1	0.95	0.82	0.78
d_1/mm	91	86	74.5	70.5
d_2/mm	709.8	670.8	581.1	549.9
设计方案	a	b	c	d

为满足 $d_2\leqslant 550\text{mm}$ 的要求，采用 d 设计方案，取 $d_1=70.5\text{mm}$。

② 齿数 z。取 $z_1=5$，$z_2=uz_1=39$

③ 模数 m。

$$m=d_1/z_1=70.5/5=14.1\text{mm}$$

④ 计算节锥角 δ'。

$$\delta_2' = \arctan u = 82°42', \quad \delta_1' = 90° - \delta_2' = 7°18'$$

⑤ 齿宽 b。对重型传动，取较长齿宽，$b=(0.155\sim0.163)d_1/\cos\delta_2'=86\sim90\text{mm}$，取 $b=88\text{mm}$

⑥ 径向变位系数。$x_{t1}+x_{t2}=0.2-0.178=0.022>0$

⑦ 大端切向变位系数。$x_{t1}+x_{t2}=0.2-0.178=0.022>0$

⑧ 刀盘直径 d_0。$d_0=18\text{in}=457.2\text{mm}$

⑨ 材料。20Cr2Ni4A 或相当的 Cr、Ni 钢，58～62HRC。

⑩ 精度等级。铣齿，精度 7～8 级，热处理后配研或电火花处理。

2）齿形几何尺寸列于表 14-3-80 中。

表 14-3-80 mm

项　目	代号	小齿轮 $z_1=5$	大齿轮 $z_2=39$	项　目	代号	小齿轮 $z_1=5$	大齿轮 $z_2=39$
节锥距	R'	279.55		顶锥角	δ_a	12°02′	83°44′
齿全高	h	25.38		顶圆直径	d_a	111.34	555.14
节圆直径	d'	71.09	554.56	倒角后顶圆直径	d_a''	110	550
节圆齿顶高	h_a'	22.285	2.275	冠顶距	A_a	274.70	33.29
根锥角	δ_f	6°16′	77°58′	大端分度圆弧齿厚	s	34.33	29.00

绘出工作图，见图 14-3-43。

3）强度验算，从略。

效果：现用一二级传动和上述一级零传动在体积上进行比较。

设将一级的减速比 i 分解为两级的 i_1（圆锥齿轮减速比）$\times i_2$（圆柱齿轮减速比），$i=7.8=i_1i_2\approx 3.4\times2.29412$

① 第一级锥齿轮副减速传动采用零传动，$T_1=1570\text{N}\cdot\text{m}$，$i_1=3.4$。由初步设计公式得 $d_1\geqslant d_{H1}=119.8\text{mm}$，取 $d_1=120\text{mm}$。

由表 14-3-74，当 $u=3.4$ 时，零传动的 $z_{min}=10=z_1$，故 $m=d_1/z_1=12$，$z_2=i_1z_1=34$，$d_2=mz_2=12\times34=408\text{mm}$。

节锥距 $R'\approx222\text{mm}$，齿宽 $b=\phi_R R'=65\text{mm}$。

② 第二级为圆柱齿轮副减速传动，输入转矩 $T_2=i_1T_1=5338\text{N}\cdot\text{m}$。模数 $m'\geqslant12$。按零传动，取圆柱齿轮的 $z'_{min}=17=z_1'$，则有

$d_1'=m'z_1'=12\times17=204\text{mm}$，取 205mm。$z_2'=i_2'z_1'=2.29412\times17\approx39$，$d_2'=m'z_2'=468\text{mm}$，取 470mm。齿宽 $b'=50\text{mm}$。

4）如采用一级锥齿轮零传动，当 $T_1=1570\text{N}\cdot\text{m}$，$i=7.8$，$m=14.1$ 时，

$z_1''=d''/m=86/14.1=6.1$，取 $z_1''=6$，$d_1''=mz_1''=84.6\text{mm}$；

$z_2''=iz_1''=46.8$，取 $z_2''=47$，$d_2''=mz_2''=662.7\text{mm}$。

节锥距 $R'\approx334$，齿宽 $b''=90\text{mm}$。

5）三种减速箱尺寸对比如表 14-3-81。

表 14-3-81

设计方案	二级减速传动	一级减速零传动	一级减速正传动
长/mm	777	663	550
宽/mm	120	85	71
高/mm	470	663	550
体积/m³	0.04382	0.03736	0.02148
体积比	1	0.85	0.5

其结构对照如图 14-3-37 所示。

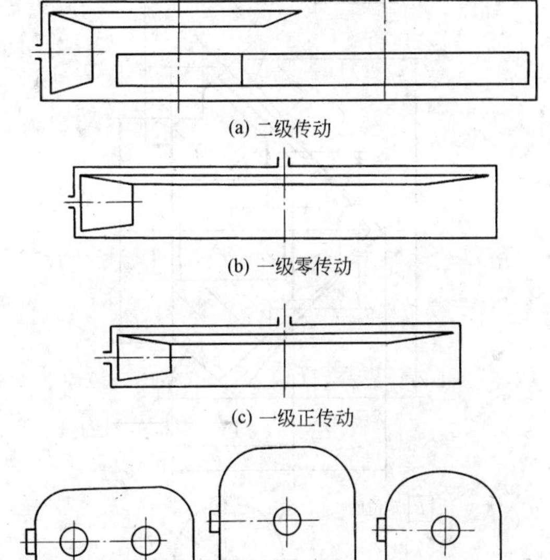

图 14-3-37　三种减速传动箱结构比较

10 工作图规定及其实例

10.1 工作图规定

工作图一般分为投影图样、数据表格、技术要求和标题栏四部分。GB/T 12371—1990《锥齿轮图样上应注明的尺寸数据》作了如下规定：

(1) 需要在图样上标注的一般尺寸数据

齿顶圆直径及其公差；齿宽；顶锥角；背锥角；孔（轴）径及其公差；定位面（安装基准面）；从分锥（或节锥）顶点至定位面的距离及其公差；从齿尖至定位面的距离及其公差；从前锥端面至定位面的距离；齿面粗糙度（若需要，包括齿根表面及齿根圆角处的表面粗糙度）。

(2) 需要用表格列出的数据及参数

模数（一般为大端端面模数）；齿数（对扇形齿轮应注明全齿数）；基本齿廓（符合 GB/T 12369 时仅注明法向齿形角，不符合时则应以图样表明其特性）；分度圆直径（对于高度变位锥齿轮，等于节圆直径）；分度锥角（对于高度变位锥齿轮，等于节锥角）；根锥角；锥距；螺旋角及螺旋方向；高度变位系数（径向变位系数）；切向变位系数（齿厚变位系数）；测量齿厚及其公差；测量齿高；精度等级；接触斑点的高度沿齿高方向的百分比，长度沿齿长方向的百分比；全齿高；轴交角；侧隙；配对齿轮齿数；配对齿轮图号；检查项目代号及其公差值。

(3) 其他

齿轮的技术要求除在图样中以符号、公差表示及在参数表中以数值表示外，还可用文字在图右下方逐条列出；图样中的参数表一般放在图样的右上角；参数表中列出的参数项目可根据需要增减，检查项目可根据使用要求确定，但应符合 GB/T 11365 的规定。

工作图示例

工作图示例见图 14-3-38 和图 14-3-39。

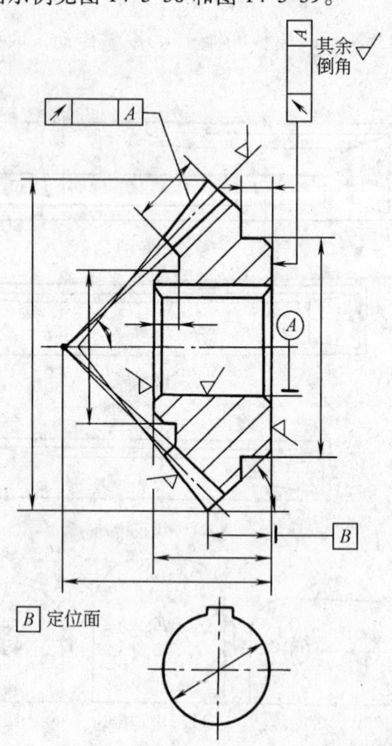

模数		m
齿数		z
法向齿形角		α
分度圆直径		d
分锥角		δ
根锥角		δ_f
锥距		R
螺旋角及方向		β
变位系数	高度	x
	切向	x_t
测量	齿厚	$\bar{s}$
	齿高	$\bar{h}_a$
精度等级		
接触斑点	齿高	
	齿长	
全齿高		h
轴交角		Σ
侧隙		j
配对齿轮齿数		z_M
配对齿轮图号		
公差组	项目代号	公差值

图 14-3-38 工作图示例（未标注具体数字）

10.2 零件图实例

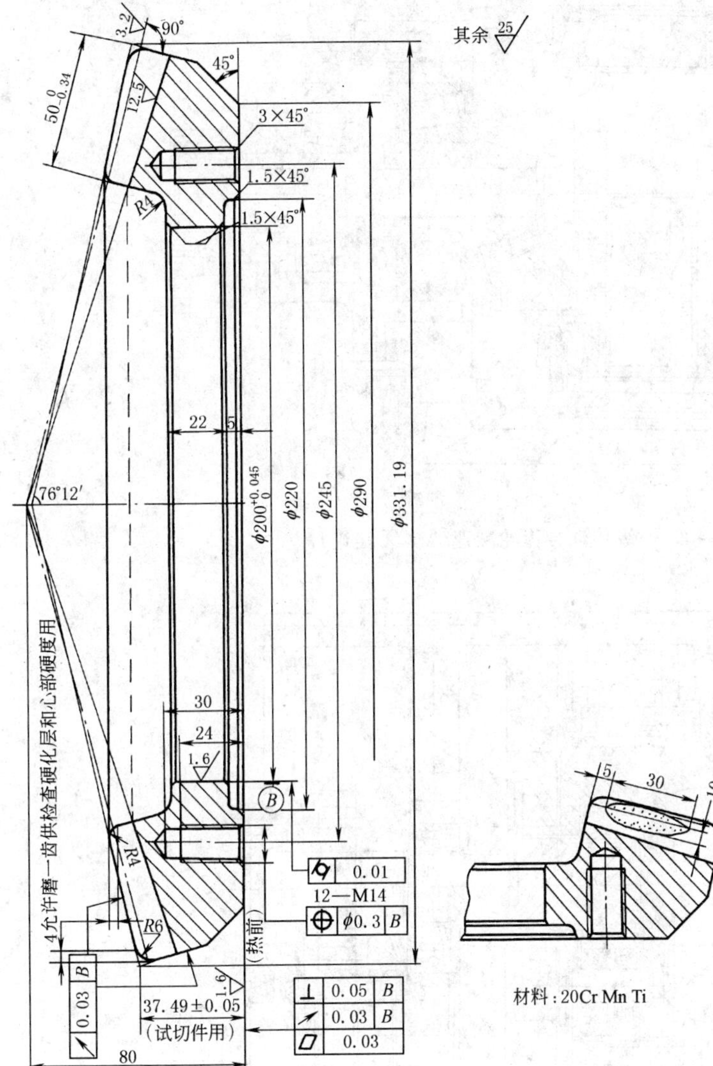

模数		m	6.6683
齿数		z	49
法向齿形角		α_n	20°
分度圆直径		d	326.75
节锥角		δ	75°08′
根锥角		δ_f	70°50′
锥距		R	170.84
螺旋角及方向		β	5°30′右
变位系数	高度	x	0.30
	切向	x_t	-0.17
测量	齿厚	$\bar{s}$	
	齿高	$\bar{h}_a$	
精度等级		8—GB 11365	
接触斑点	齿高	60%，10mm	
	齿长	60%，30mm	
全齿高		h	14.67
轴交角		Σ	90°
侧隙		j	0.25~0.4
配对齿轮齿数		z_M	13
配对齿轮图号			60.158
公差组		项目代号	公差值
齿型		非零分锥变位锥齿	

技术要求：

1. 正火 156～217HB，渗碳深 1.3～1.8 齿面 58～64HRC，心部 28～38HRC。M14 孔不得淬硬。
2. 安装距 80±0.2，印痕位置如图 14-3-39，略偏齿顶。在配对机上不得有异常噪声。
3. 零件表面不得有裂纹、结疤和金属分层。
4. 试切件大端齿顶尖保留至切齿后再倒 R6 圆角。
5. 去尖角、毛刺，大端端面倒锐边。
6. 热后配对打号。

图 14-3-39 工作图示例

10.3 含锥齿轮副的装配图实例

（1）一级传动锥齿轮副减速器装配图（见图 14-3-40）

（2）高减速比圆锥-圆柱行星齿轮减速器及其改进（见图 14-3-41 和图 14-3-42）

图 14-3-41 所示为采煤机减速器（改进前），因零变位锥齿轮传动的传动比最大为 $u=7$，因此与圆柱齿轮组成两级传动。传动比为

$$u=\frac{33}{12}\times\frac{43}{15}=7.88$$

采用非零变位新齿形制的锥齿轮，可用一级锥齿轮传动代替两级传动，以减少体积。传动比为

$$u=39/5=7.8$$

此时，径向变位系数 $x_\Sigma=0.66+0.66=1.32>0$

切向变位系数 $x_{t\Sigma}=0.022+0=0.022>0$

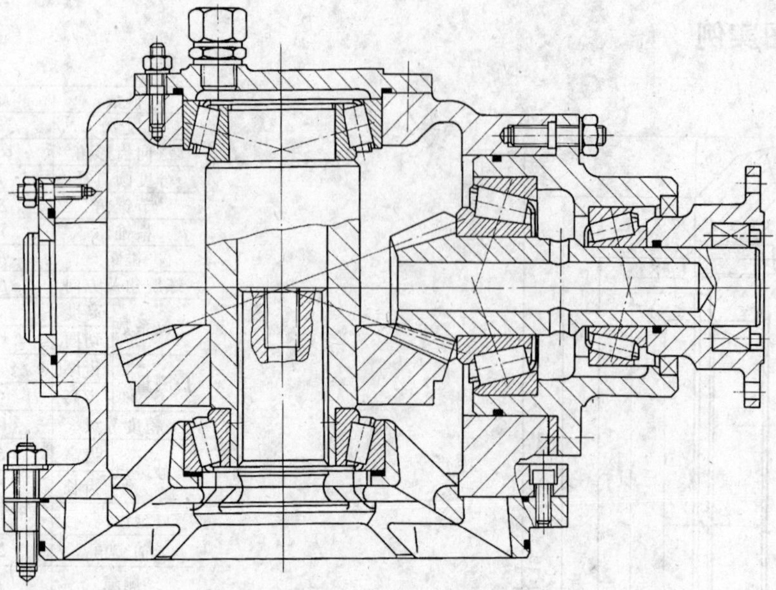

图 14-3-40　一级传动锥齿轮减速器（无键式）

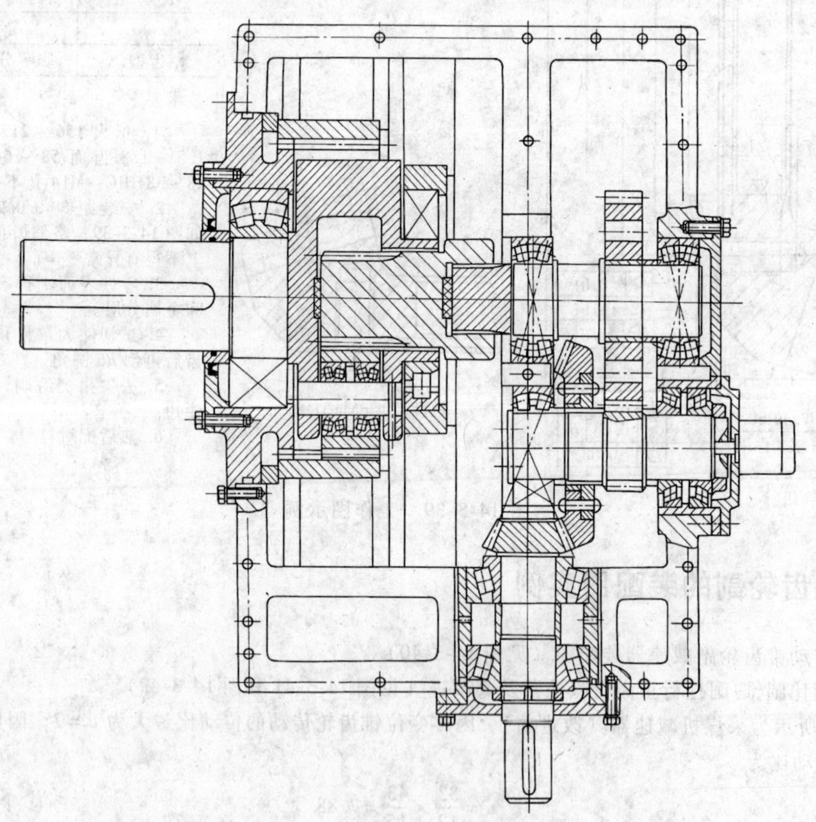

图 14-3-41　锥齿轮-柱齿轮二级减速器（改进前）

图 14-3-42 为改进后的减速器。由于减少了一级传动，而且采用了小齿数的锥齿轮，则改进前后体积比为 12.8:1。为了加强运转的安全性，利用节省下来的空间中的一部分增加一套制动机构，与输入轴共轴线。

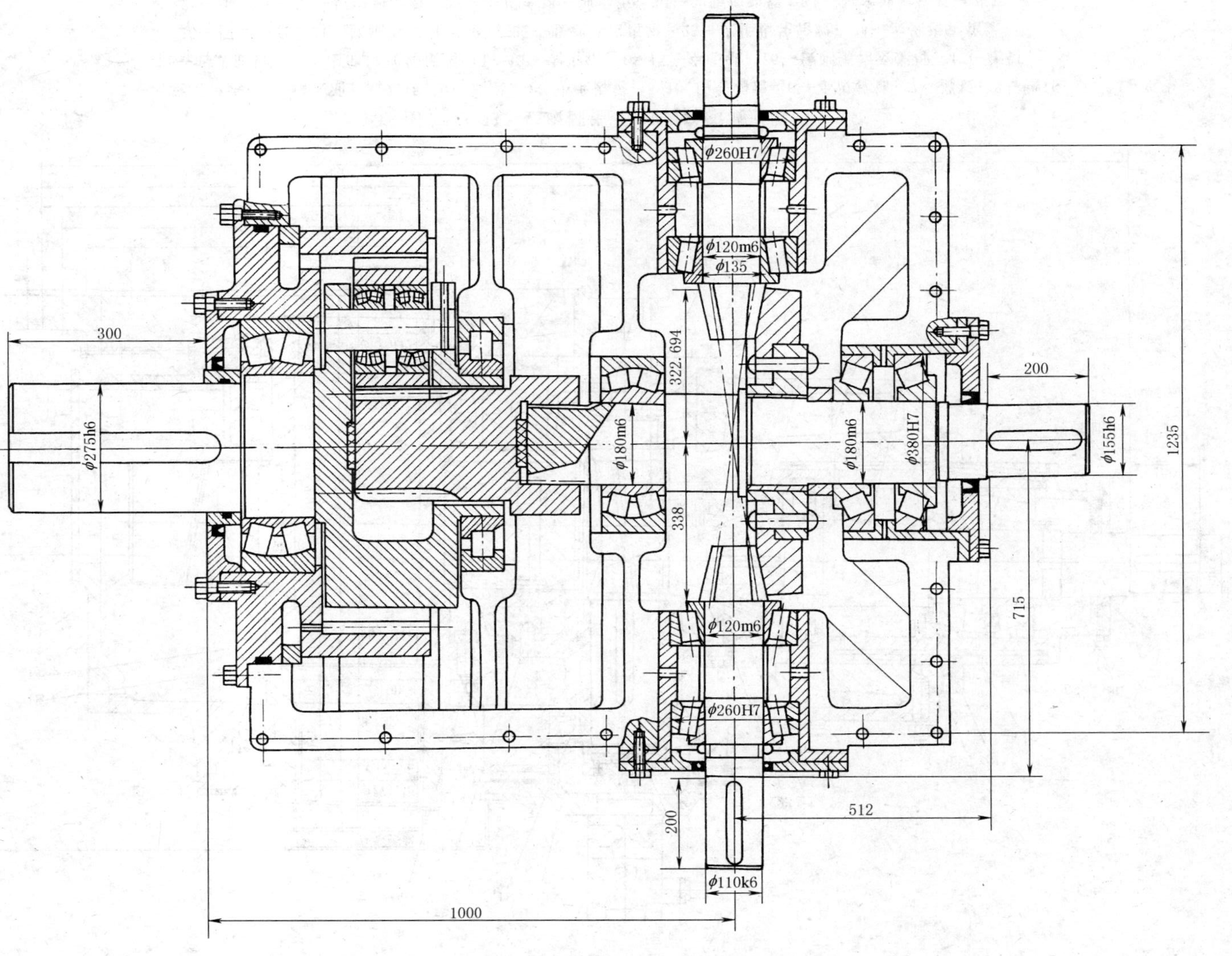

图 14-3-42 高减速比新型锥齿轮一级减速器（改进后）

(3) 二级圆锥-圆柱齿轮箱减速器装配图（见图 14-3-43）

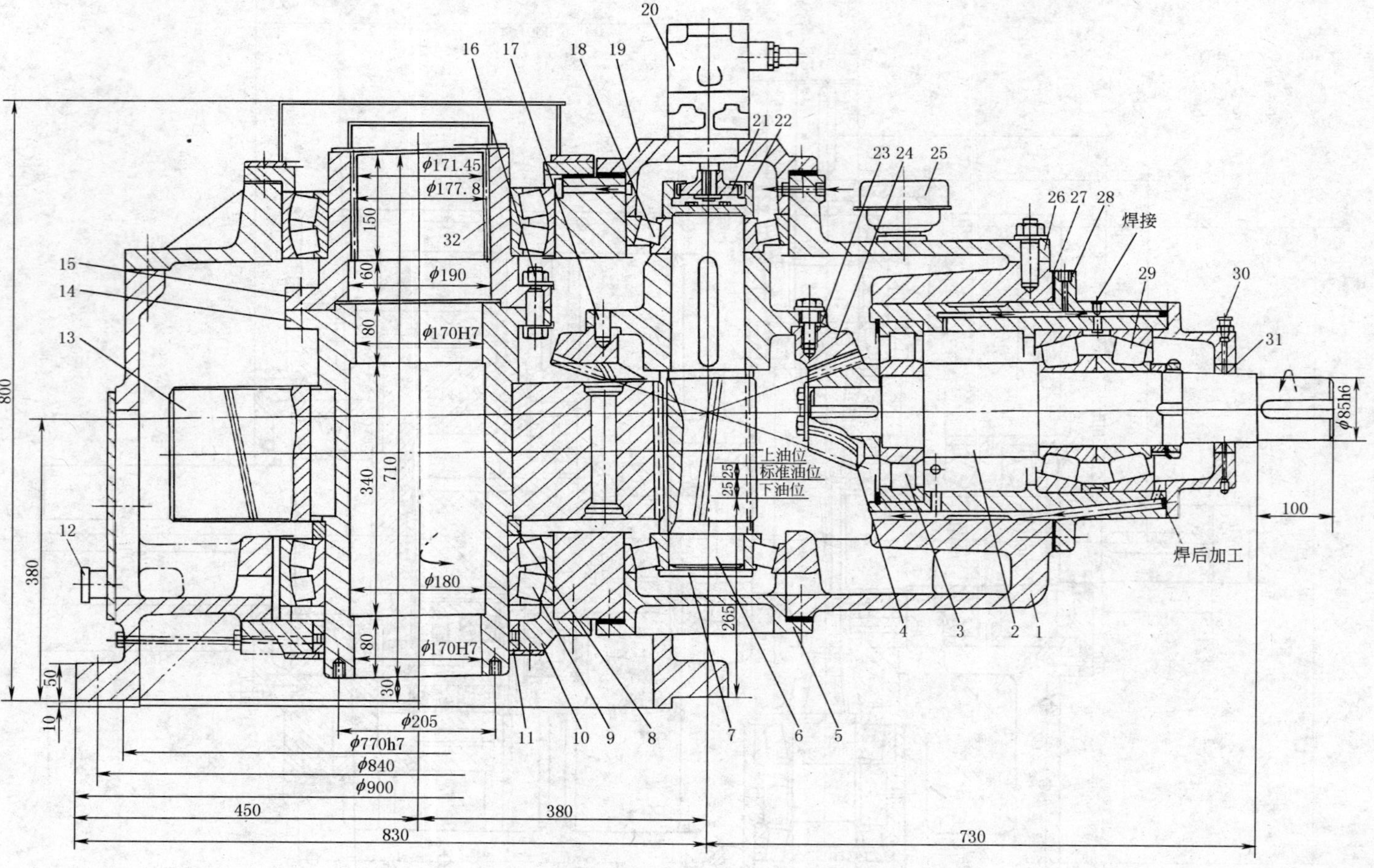

图 14-3-43　二级圆锥-圆柱齿轮箱减速器

1—齿轮箱壳体；2—输入油；3,9,18,29—轴承；4—小锥齿轮；5,10,19—端盖；6—小齿轮轴；7—端板；8—垫环；11—唇式油封；12—出油口（外接阀门）；13—大齿轮；14,15—空心轴；16—铰制螺栓及螺母；17—销钉；20—摆线油泵；21—联轴器（外齿轮）；22—联轴器内齿轮；23—大锥齿轮轮毂；24—大锥齿轮轮缘；25—通气器；26—齿轮箱上盖；27—垫片；28—轴承箱；30—油脂加油器；31—唇式油封；32—花键

（4）斜交轴二级圆锥-圆柱齿轮减速器装配图

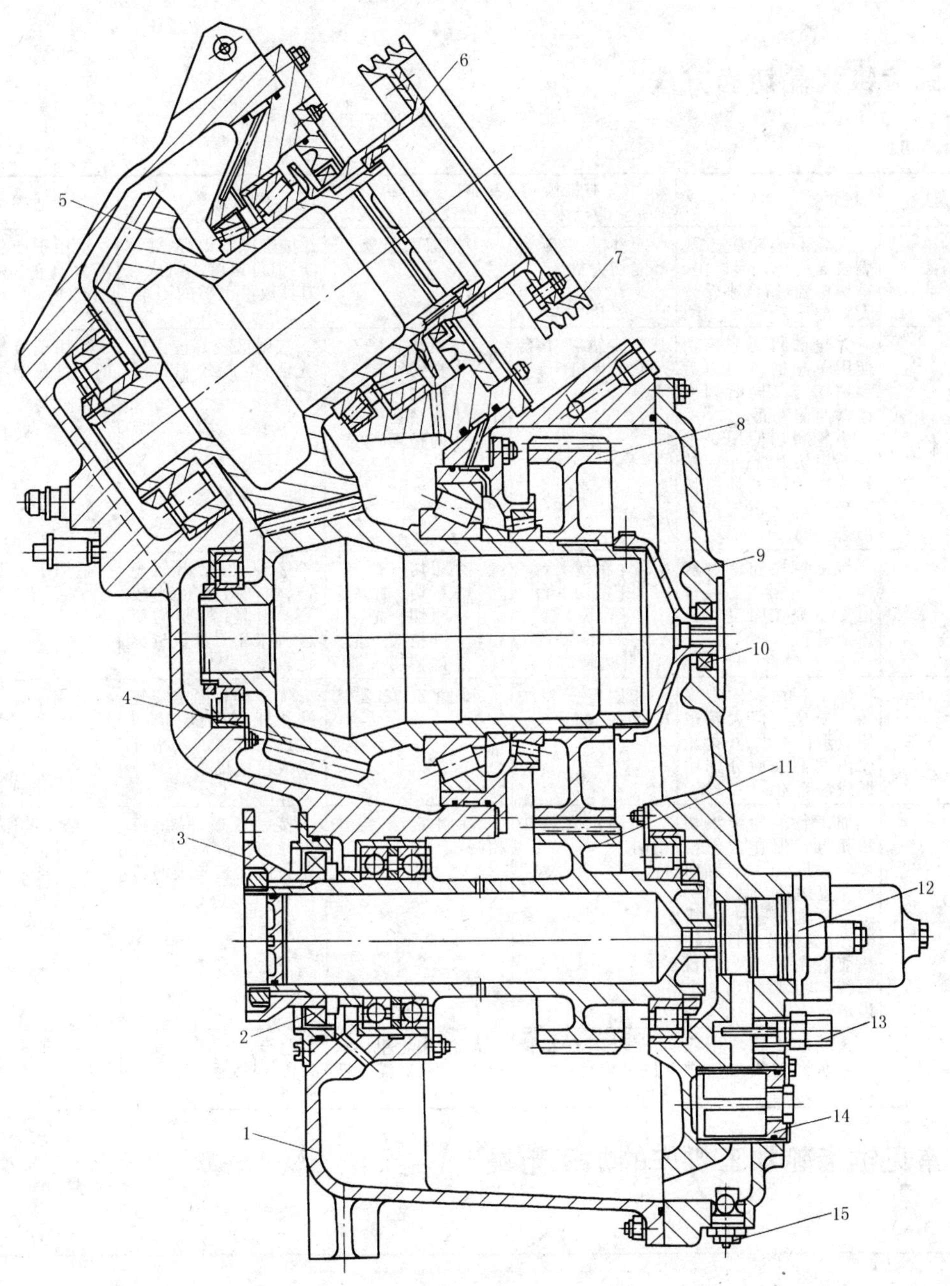

图 14-3-44　圆柱-圆锥二级减速器（斜交轴式）

1—主壳体；2—端面密封；3—输入法兰；4—主动螺旋锥齿轮；5—从动螺旋锥齿轮；6—输出法兰；7—风扇传动皮带轮；8—从动斜齿轮；9—后盖；10—密封圈；11—主动斜齿轮；12—油泵；13—温度传感器；14—滤油器；15—磁性销检测器

11 附　　录

11.1 弧齿锥齿轮切齿方法

表 14-3-82

<table>
<tr><th colspan="2">切齿方法</th><th>加工特性</th><th>加工一对锥齿轮所需的机床数</th><th>加工一对锥齿轮所需的刀盘数</th><th>优缺点</th><th>适用范围</th></tr>
<tr><td colspan="2">单刀号单面切削法</td><td>大轮和小轮轮齿两侧表面粗切一起切出，精切单独进行，小轮按大轮配切</td><td>至少需要 1 台万能切齿机床</td><td>一把双面刀盘</td><td>接触区不太好，效率低；但可以解决机床和刀具数量不够的困难</td><td>适用于产品质量要求不太高的单件或小批生产</td></tr>
<tr><td rowspan="4">双面切削法</td><td>单台双面切削法</td><td>大轮的粗切和精切使用单独的粗切刀盘和精切刀盘同时切出齿槽两侧表面
小轮粗切使用一把双面粗切刀盘；小轮精切分别用一把外精切刀盘和内精切刀盘切出齿槽的两侧面</td><td>至少需要 1 台万能切齿机床</td><td>大轮{粗切一把、精切一把
小轮{粗切一把、外精切一把、内精切一把</td><td>接触区较好齿面较光洁，生产效率较前者高</td><td>适用于质量要求较高的小批或中批生产</td></tr>
<tr><td>固定安装法</td><td>加工特性和单台双面切削法相同。但每道工序都在固定的机床上进行</td><td>大轮{粗切 1 台、精切 1 台
小轮{粗切 1 台、外精切 1 台、内精切 1 台</td><td>大轮{粗切一把、精切一把
小轮{粗切一把、外精切一把、内精切一把</td><td>接触区好，齿面光洁，生产效率也比较高。但是，需要的切齿机床和刀盘数量都比较多</td><td>适用于大批量生产</td></tr>
<tr><td>半滚切法</td><td>加工特性和固定安装法相同。但大轮采用成形法切出，小齿轮轮齿两侧表面分别用展成法切出</td><td>和固定安装法相同</td><td>和固定安装法相同</td><td>优缺点和固定安装法相同，但大轮精切比用展成法的效率可以成倍地提高</td><td>适用于 $i>2.5$ 的大批量流水生产</td></tr>
<tr><td>螺旋成形法</td><td>加工特性和半滚切法相同。但在大轮精切时，刀盘还具有轴向的往复运动，即每当一个刀片通过一个齿槽时，刀盘就沿其自身轴线前后往复一次，刀盘每转一转，就切出一个齿槽</td><td>和固定安装法相同</td><td>和固定安装法相同</td><td>接触区最理想，齿面光洁，生产效率高。是目前比较先进的新工艺</td><td>和半滚切法相同</td></tr>
<tr><td colspan="2">双重双面法</td><td>大轮和小轮均用双面刀盘同时切出齿槽两侧表面</td><td>大轮、小轮粗精切各 1 台，共用 4 台</td><td>大轮、小轮粗切精切各 1 把，共需 4 把</td><td>生产率比固定安装法高，但接触区不易控制，质量较差</td><td>适用于大批量生产模数小于 2.5 及传动比为 1:1 的齿轮</td></tr>
</table>

11.2 常见锥齿轮加工机床的加工范围

表 14-3-83

<table>
<tr><th rowspan="2">类型</th><th rowspan="2">加工机床型号、</th><th colspan="5">最大加工范围</th><th rowspan="2">加工精度/级</th><th rowspan="2">备注</th></tr>
<tr><th>节圆直径 d/mm</th><th>模数 m/mm</th><th>锥距 R/mm</th><th>齿宽 b/mm</th><th>齿数比 u</th></tr>
<tr><td rowspan="7">直齿锥齿轮</td><td>Y2312</td><td>125</td><td>2.5</td><td>63</td><td>20</td><td>10</td><td>7~8</td><td></td></tr>
<tr><td>Y236</td><td>610</td><td>8</td><td>305</td><td>90</td><td>10</td><td>7~8</td><td>与“526”同</td></tr>
<tr><td>Y2350</td><td>500</td><td>10</td><td>250</td><td>90</td><td>10</td><td></td><td></td></tr>
<tr><td>Y2380</td><td>800</td><td>20</td><td>400</td><td>160</td><td>8</td><td>8</td><td>可加工鼓形齿</td></tr>
<tr><td>Y23160</td><td>1600</td><td>30</td><td>850</td><td>270</td><td></td><td></td><td></td></tr>
<tr><td>5П23</td><td>125</td><td>2.5</td><td>63</td><td></td><td>10</td><td>7~8</td><td></td></tr>
<tr><td>5A26</td><td>500</td><td>8</td><td>300</td><td>90</td><td>10</td><td></td><td></td></tr>
</table>

续表

类型	加工机床型号	最大加工范围					加工精度/级	备注
		节圆直径 d/mm	模数 m/mm	锥距 R/mm	齿宽 b/mm	齿数比 u		
直齿锥齿轮	526	610	8	305		10	7~8	
	5284	1500	25	750	235	10		
	格利森 14 号	610	8.5	305		10	7~8	
	114 号	406	10.6	179	63	10		
	24A 号	901	20.4	457	152	10		
	710 号	216	6.35	114	36			
	15KH	210	5	105	50	7.5		
	75KH	750	20	400		7.5	7~8	可加工斜齿
	60H	600	9	305		10	7~8	可加工鼓形齿
	160K	1650	30	930	250	8		
	ZFTK500×10	500	10		71	8		
	ZStWK1200×24	200	24	600	200	8		
	K4a	1600	~30	885	300	8		
弧齿锥齿轮	Y225	500	10	180($\beta_m=0°$) 260($\beta_m=30°$)	65	10	7	
	YS2250	500	10	260 ($\beta_m=30°$)	65	10	7	
	Y2280	800	15	420	100	10	7	
	Y2212	125	2.5	65	20	10		
	Y2235	350	10	180	60	10		
	Y2080	840	15	420 ($\beta_m=30°$)	100	10	5~6	
	525	450	10	260		10	6~7	
	528C	800	15	420	100	10	6~7	
	格利森 16 号	350	10	260		10	6~7	
	28 号,26 号	600	10	420		10	6~7	
	ZFWKK460×10	350	10	260		10	6~7	
	116 号	400	12.7	230	70	任何实用值		
摆线齿锥齿轮	YJ2250	500	12	260		10	6~7	
	Spiromotic 2 号	540	13.6	280		8	6~7	

11.3 ANSI/AGMA 2005—B88 与 GB/T 11365—1989 锥齿轮精度等级对照

（1）编制依据

美国锥齿轮（含准双曲面齿轮）精度标准源于美国齿轮制造者协会（AGMA），而中国标准则源于东欧经互会。

（2）精度制的粗略对照

两套标准制截然不同，很难对照，但可粗略地求同存异，举例如下。

1）级别序号相反。中国级别的序号越大，精度越低；美国则相反。

GB/T 11365 与美国 AGMA 锥齿轮精度的对比见图 14-3-45。

2）中点分度圆（节圆）直径的分段不同，中国以范围值表示，美国以平均值表示。比较时可将中国的范围值用平均值表示，取其相近一段对照，见表 14-3-84。

表 14-3-84

d_m	AGMA	80	150	300	600
	GB	70	260		600

3）模数分段不同，中国用有范围的法向模数 m_{nm} 表示，美国用平均端面模数 m 表示。比较时可粗略按 $m_{nm}\approx0.8m_m$，取相近值对照，见表 14-3-85。

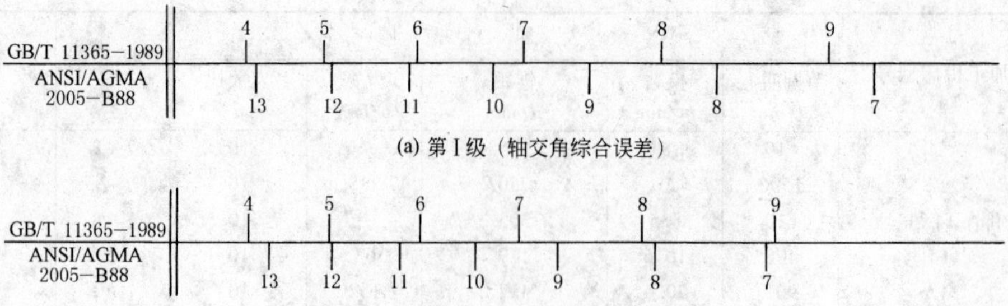

GB/T 11365—1989: 4 5 6 7 8 9
ANSI/AGMA 2005—B88: 13 12 11 10 9 8 7

(a) 第Ⅰ级（轴交角综合误差）

GB/T 11365—1989: 4 5 6 7 8 9
ANSI/AGMA 2005—B88: 13 12 11 10 9 8 7

(b) 第Ⅱ级（一齿轴交角综合误差）

图 14-3-45　GB 与美国 AGMA 精度级对照

表 14-3-85

AGMA	m_m	6	12.5		25
GB	m_m	5 （3.5～6.3）	8 （6.3～10）	13 （10～16）	20 （16～25）

4）许用齿距累积误差的测量依据不同，中国用半圆周 L 表示，美国用模数和直径 d_m 表示。L 折算为 $2L/\pi=d_m$。见表 14-3-86。

表 14-3-86

AGMA	d_m	150	300	600
GB	d_m	150	300	520
	平均 L	240	370	800

（3）齿距偏差值 f_{pt} 的粗略对照

将大体对应的中点直径 d_m 与大体对应的模数 m_m 的常用部分组合，组成可比的齿距偏差值 f_{pt}，按表 14-3-87 进行对比。

表 14-3-87

美国锥齿轮精度（ANSI/AGMA 2005—B88）

d_m	m_m	齿距偏差值 $\pm f_{pt}$/μm							
80	3	5	8	9	13	18	25	36	46
	6	5	8	10	15	20	28	41	56
150	6	5	8	10	17	20	28	41	56
300	12.5	8	10	13	19	25	36	51	69
600	12.5	8	10	15	20	28	38	56	74
	25	—	—	15	23	28	46	64	84
精度级		13	12	11	10	9	8	7	6

精度级		4	5	6	7	8	9	10
70	2.25	4	6	10	14	20	28	40
	5	5	8	13	18	25	36	50
260	8	6	10	16	22	32	45	63
	13	—	11	18	25	36	50	71
600	13	—	12	20	28	40	56	80
	20		—	—	36	50	71	100
d_m	m_m	齿距偏差值 $\pm f_{pt}$/μm						

中国锥齿轮精度（GB/T 11365—1989）

表 14-3-88

美国锥齿轮精度（ANSI/AGMA 2005—B88）

d_m	m_m	许用齿距累积误差/μm						
150	6	19	28	38	53	74	104	170
300	12.5	33	46	61	86	122	173	260
600	12.5	38	53	71	102	147	208	330
精度级		13	12	11	10	9	8	7

精度级		4	5	6	7	8	9
150	240	18	28	45	63	90	125
300	470	25	40	63	90	125	180
520	800	32	50	80	112	160	221
d_m	L	齿距累积误差 F_p/μm					

中国锥齿轮精度（GB/T 11365—1989）

（4）齿距累积误差　F_p 的粗略对照

将大体对应的中点直径 d_m（中国标准按半圆周 L 折算），与大体对应的模数 m_m 的常用部分组合。但由于中国的齿距累积公差 F_p 的标准与模数无关，而美国标准的许用齿距累积误差与模数有关，在同一 d_m 条件下，不同模数的 F_p 值可相差 2～3 倍。故可比性很差。只能按 d_m 常用的模数取 F_p 值，如表 14-3-88 所示。

11.4　锥齿轮传动的基本形式

图 14-3-46 所示为圆锥齿轮传动的基本形式。传动结构由两轴Ⅰ与Ⅱ及相应的小锥齿轮 z_1 与大锥齿轮 z_2 组成，也可以是由多回转轴组成的传动机构。

图 a、b、c、d 为正交轴传动，用得最多，其中图 b 为钝角传动（$\Sigma>90°$），图 c 为锐角传动（$\Sigma<90°$），图 b 与图 c 合称为斜交轴传动。

根据齿数比 $u=z_2/z_1$ 取值不同，分为三种机构：等速传动机构（$u=1$）；减速传动机构（$u>1$，z_1 的轴Ⅰ为主动轴）；增速传动机构（$u>1$，z_2 的轴Ⅱ为主动轴）。

1）平面啮合传动机构（图 d、f）。图 d 所示为平面齿轮与圆锥齿轮啮合，图 f 所示为圆柱齿轮与平面齿轮啮合，多用于轻载传动和操纵机构。

2）内啮合传动机构（图 e）。可用于行星传动。

3）变速塔式机构（图 n）。

4）联轴器和离合器机构（图 g、h）。图 g 是内啮合；图 h 是端面齿盘啮合。两者属于共线传动，传动时没有啮合运动，是 $\Sigma=180°$ 或 0°的一种特例。

5）变旋转方向的换向机构（图 m）。当Ⅱ轴与左侧锥齿轮啮合时，经过Ⅰ轴推移到右侧锥齿轮啮合时，Ⅰ轴旋转方向即反转。

6）行星机构（图 i）。Ⅲ轴为摆杆，又称摆陀式行星机构。

7）差动机构（图 l）。Ⅱ轴为摆杆，如用于车辆差速器和齿轮加工机床，三轴中“两进（主动）一出（从动）”，有Ⅱ轴输出和Ⅲ轴输出两种形式。

8）分流传动机构（图 j）。动力由Ⅰ轴分别传至Ⅱ轴和Ⅲ轴，即一进（主动）两出（从动）。

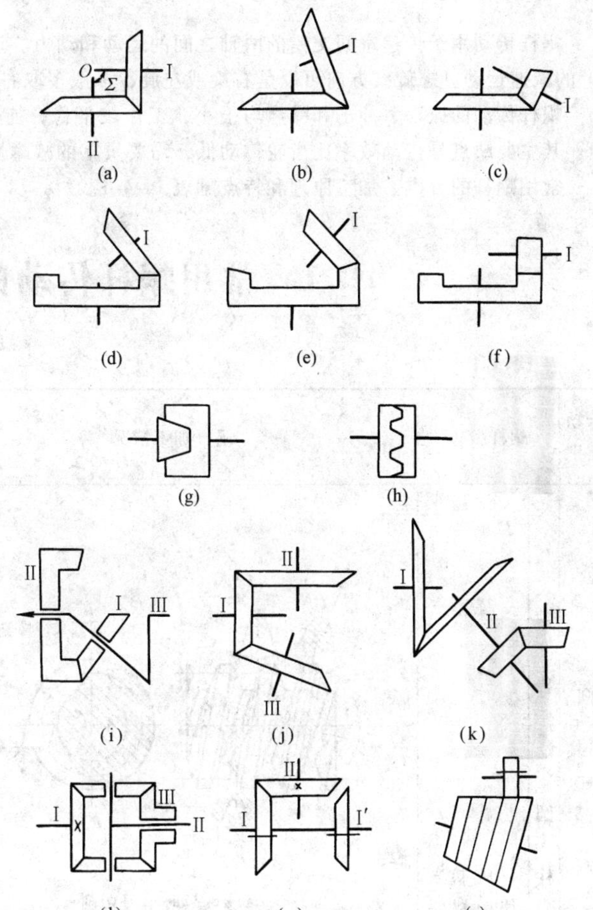

图 14-3-46　锥齿轮传动的基本形式

9）万向回转轴机构（图 k）。Ⅱ轴可以绕Ⅰ轴旋转到任一位置传动，在此基础上，Ⅲ轴可绕Ⅱ轴旋转到任一位置传动，故Ⅲ轴与Ⅰ轴的相对位置可调整至立体空间任何角度，如用于数控机床。

第4章　蜗杆传动

蜗杆传动用于传递空间交错的两轴之间的运动和动力。运动可以是增速或减速，最常用的是两轴交错角 $\Sigma=90°$ 的减速运动。螺旋线方向可以是右旋或左旋，一般多取右旋。蜗杆和蜗轮的螺旋线方向必须一致。

蜗杆传动的振动、冲击和噪声均很小，工作较平稳，能以单级传动获得较大的传动比，结构紧凑，可以自锁。其主要缺点是传动效率比齿轮传动低，需要贵重的减摩性有色金属。

常用蜗杆的分类、加工原理和特点见表 14-4-1。

1　常用蜗杆传动的分类及特点

表 14-4-1

传动类别	蜗杆型式		蜗杆加工情况	特点及使用范围	同时啮合齿数	承载能力比较	传动效率	体积比
圆柱蜗杆传动	普通圆柱蜗杆传动	阿基米德圆柱蜗杆(ZA 型)	N—N　A—A　2α　阿基米德螺旋线　γ　A　N (a)$\gamma\leqslant3°$时单刀切削 A　γ　2α　A—A　阿基米德螺旋线 (b)$\gamma>3°$时双刀切削	加工方便，应用较广泛。但导角大时加工较困难。不易磨削，传动效率较低，齿面磨损较快。因此，一般用于头数较少、载荷较小、转速较低或不太重要的传动	2 以下	1	0.5～0.8（自锁时0.4～0.45）	1

续表

传动类别	蜗杆型式	蜗杆加工情况	特点及使用范围	同时啮合齿数	承载能力比较	传动效率	体积比
圆柱蜗杆传动	普通圆柱蜗杆传动 法向直廓圆柱蜗杆(ZN型)	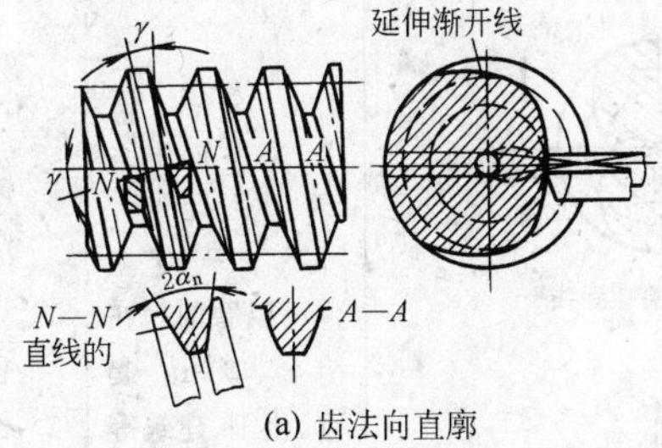 延伸渐开线 $N—N$ 直线的 $A—A$ (a) 齿法向直廓 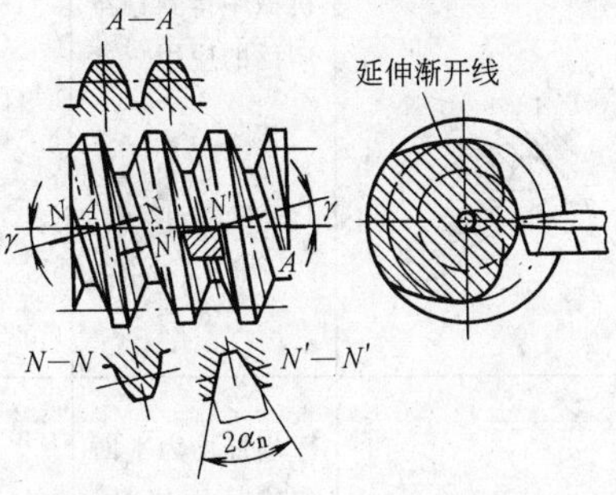 延伸渐开线 $N—N$ $N'—N'$ (b) 齿槽法向直廓	容易实现磨削，因此加工精度容易保证，效率较高。一般用于头数较多(3头以上)、转速较高和要求较精密的传动中，如滚齿机、磨齿机上的精密蜗杆副等				
	渐开线圆柱蜗杆(ZI型)	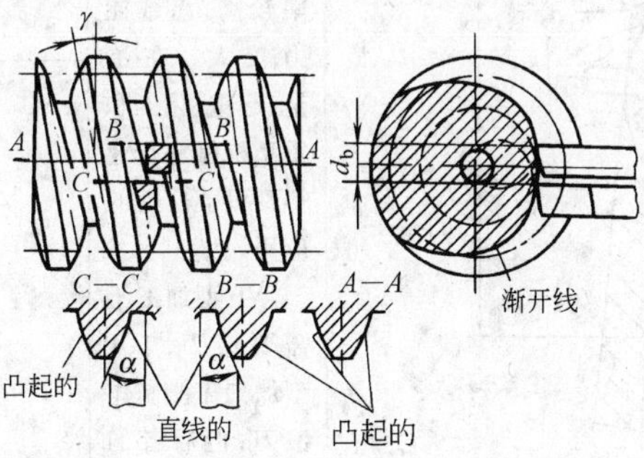 渐开线 $C—C$ $B—B$ $A—A$ 凸起的 直线的 凸起的	同上	2以下	1	可达0.9	1
	锥面包络圆柱蜗杆(ZK型)	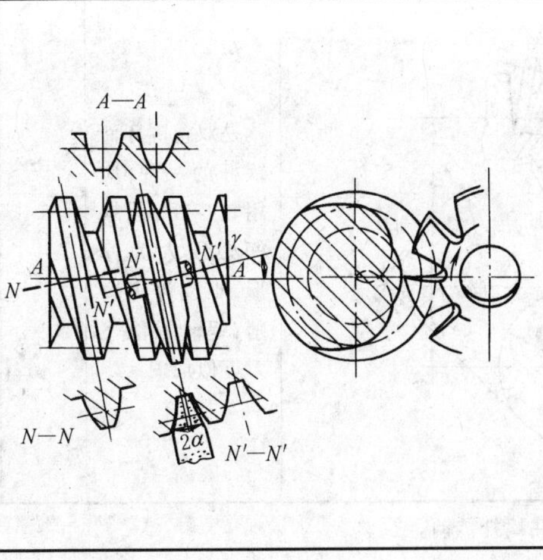 $A—A$ $N—N$ $N'—N'$	加工容易，可以磨削。因此能获得较高的精度。开始得到较广泛的应用				

续表

传动类别	蜗杆型式	蜗杆加工情况	特点及使用范围	同时啮合齿数	承载能力比较	传动效率	体积比
圆柱蜗杆传动	圆弧圆柱蜗杆(ZC型)	阿基米德螺旋线 A—A A—A	可以磨削。在冶金、矿山、起重、化工、建筑等机械中得到日益广泛的应用	2~3	1.5~2	0.65~0.95	0.6~0.8
环面蜗杆传动	平面一次包络环面蜗杆(TVP型)	ω_1 ω_2 a d_b	蜗杆均为平面包络环面蜗杆，可淬硬磨削，因此加工精度、效率较高，承载能力较大。在冶金、起重、化工和重型机械等行业得到日益广泛的应用 TVP型加工不需要滚刀，TOP型加工需要制作滚刀，但后者的承载能力更大	是ZA型的三倍左右	2左右	可达0.9左右	0.8
	平面二次包络环面蜗杆(TOP型)						
	直廓环面蜗杆(球面蜗杆)(TSL型)	ω_1 ω_2 左刃车刀 槽底车刀 右刃车刀 a d_b	是双包围环面蜗杆的一种；应用较广泛，但蜗杆必须人为修形，难以淬火磨削；蜗轮只能飞刀近似加工	$\frac{z_2}{10}$	1.5~4	0.85~0.95	0.5~0.6

注：ZA型、ZN型、ZI型、ZK型总称为普通圆柱蜗杆传动。

2 圆柱蜗杆传动

2.1 圆柱蜗杆传动主要参数的选择

普通圆柱蜗杆传动及锥面包络圆柱蜗杆传动的主要参数

基本齿廓 圆柱蜗杆的基本齿廓是指基本蜗杆在给定截面上的规定齿形。基本齿廓的尺寸参数在蜗杆的轴平面内规定见图 14-4-1。

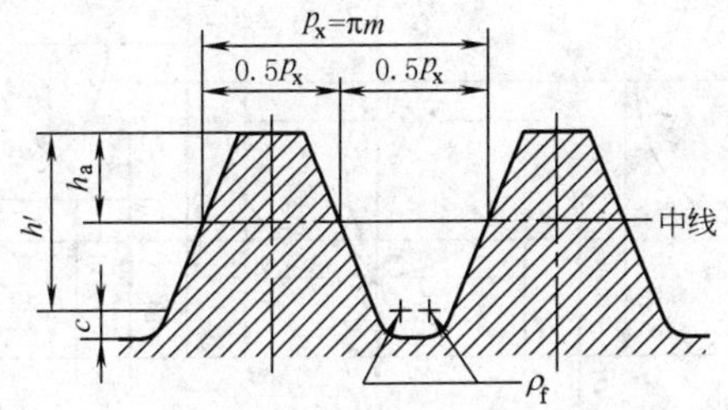

图 14-4-1 圆柱蜗杆的基本齿廓（摘自 GB/T 10087—1988）

模数 m 圆柱蜗杆传动将蜗杆的轴向模数 $m_x\left(m_x=\dfrac{p_x}{\pi}\right)$ 定为标准值，蜗轮的端面模数 m 与蜗杆的轴向模数相等（即 $m=m_x$），故 m 也是标准值。模数应按强度要求确定，并应按表 14-4-2 选取标准值。

中心距 a 一般圆柱蜗杆传动的减速装置的中心距 a 应按表 14-4-3 数值选取。

蜗杆分度圆直径 d_1 普通圆柱蜗杆分度圆直径 d_1 按表 14-4-4 选取标准值。

表 14-4-2 **蜗杆模数 m 值**（摘自 GB/T 10088—1988） mm

1,1.25,(1.5),1.6,2,2.5,(3),3.15,(3.5),4,(4.5),5,(5.5),(6),6.3,(7),8,10,(12),12.5,(14),16,20,25,31.5,40

注：括号中数字为第 2 系列，尽量不用；其余为第 1 系列。

表 14-4-3 **圆柱蜗杆传动中心距 a 值**（摘自 GB/T 10085—1988） mm

40,50,63,80,100,125,160,(180),200,(225),250,(280),315,(355),400,(450),500

注：括号中数字为第 2 系列，尽量不用；其余为第 1 系列。

表 14-4-4 **蜗杆分度圆直径 d_1 值**（摘自 GB/T 10088—1988） mm

4,4.5,5,5.6,(6),6.3,7.1,(7.5),8,(8.5),9,10,11.2,12.5,14,(15),16,18,20,22.4,25,28,(30),31.5,35.5,(38),40,45,(48),50,(53),56,(60),63,(67),71,(75),80,(85),90,(95),100,(106),112,(118),125,(132),140,(144),160,(170),180,(190),200,224,250,280,(300),315,355,400

注：括号中数字为第 2 系列，尽量不用。

蜗杆分度圆柱导程角 γ

$$\tan\gamma=\frac{mz_1}{d_1}=\frac{z_1}{q},\ q=\frac{d_1}{m}$$

式中 q——蜗杆直径系数，在旧标准中 q 曾是一个重要参数，但新标准 GB/T 10085—1988 将 d_1 标准化，因此 q 不再是重要的自变量。

作动力传动时，为提高传动效率，γ 应取得大些，但过大会使蜗杆和蜗轮滚刀的制造增加困难。因此，一般

取 $\gamma<30°$；当传动要求具有自锁性能时，应使 $\gamma\leqslant\rho'$（ρ'—当量摩擦角，参考有关资料），当采用滑动轴承时，一般取 $\gamma\leqslant6°$，当采用滚动轴承时，一般取 $\gamma\leqslant5°$，但这时的传动效率较低。

表 14-4-5 列出蜗杆的基本尺寸和参数供设计参考，该表适用于 ZA、ZI、ZN 和 ZK 蜗杆。

变位系数 x_2 圆柱蜗杆传动变位的主要目的是配凑中心距。此外，通过变位还可以提高承载能力和效率，消除蜗轮轮齿根切现象。根据使用要求，还可以改变接触线的位置使之有利于润滑。

蜗杆传动的变位方法与渐开线圆柱齿轮相似，即利用改变切齿时刀具与轮坯的径向位置来实现变位。在蜗杆传动的中间平面中，其啮合状况相当于齿轮齿条传动，因此蜗杆不变位，其尺寸也不改变，只是蜗轮变位，变位后蜗轮的节圆仍然与分度圆重合，而蜗杆的节圆不再与分度圆重合。图 14-4-2 为几种变位情况，a'为变位后的中心距，a 是变位前的中心距。

变位系数 x_2 过大会使蜗轮齿顶变尖，过小会使蜗轮轮齿根切。对普通圆柱蜗杆传动，一般取 $-1\leqslant x_2\leqslant1$。

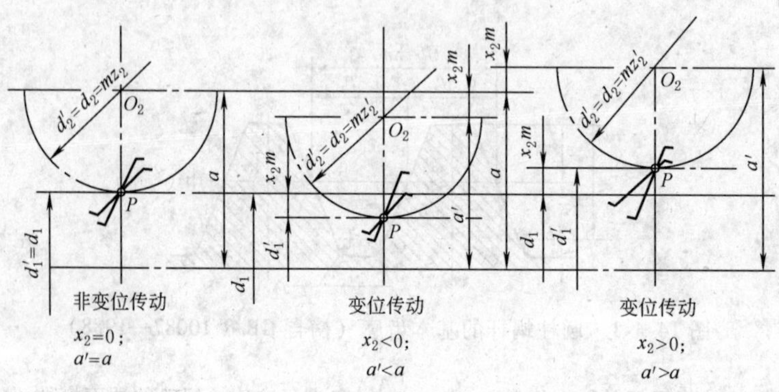

图 14-4-2 蜗杆传动的变位

圆柱蜗杆、蜗轮参数的匹配见表 14-4-6。表中所列参数的匹配关系适用于表 14-4-3 规定中心距的 ZA、ZN、ZI 和 ZK 蜗杆传动。

表 14-4-5 **蜗杆的基本尺寸和参数**（摘自 GB/T 10085—1988）

模数 m /mm	轴向齿距 p_x /mm	分度圆直径 d_1 /mm	头数 z_1	直径系数 q	齿顶圆直径 d_{a1} /mm	齿根圆直径 d_{f1} /mm	分度圆柱导程角 γ	说明
1	3.141	18	1	18.000	20	15.6	3°10′47″	自锁
1.25	3.927	20	1	16.000	22.5	17	3°34′35″	
		22.4	1	17.920	24.9	19.4	3°11′38″	自锁
1.6	5.027	20	1	12.500	23.2	16.16	4°34′26″	
			2				9°05′25″	
			4				17°44′41″	
		28	1	17.500	31.2	24.16	3°16′14″	自锁
2	6.283	(18)	1	9.000	22	13.2	6°20′25″	
			2				12°31′44″	
			4				23°57′45″	
		22.4	1	11.200	26.4	17.6	5°06′08″	
			2				10°07′29″	
			4				19°39′14″	
			6				28°10′43″	

续表

模数 m /mm	轴向齿距 p_x /mm	分度圆直径 d_1 /mm	头数 z_1	直径系数 q	齿顶圆直径 d_{a1} /mm	齿根圆直径 d_{f1} /mm	分度圆柱导程角 γ	说明
2	6.283	(28)	1	14.000	32	23.2	4°05′08″	
			2				8°07′48″	
			4				15°56′43″	
		35.5	1	17.750	39.5	30.7	3°13′28″	自锁
2.5	7.854	(22.4)	1	8.960	27.4	16.4	6°22′06″	
			2				12°34′59″	
			4				24°03′26″	
		28	1	11.200	33	22	5°06′08″	
			2				10°07′29″	
			4				19°39′14″	
			6				28°10′43″	
		(35.5)	1	14.200	40.5	29.5	4°01′42″	
			2				8°01′02″	
			4				15°43′55″	
		45	1	18.000	50	39	3°10′47″	自锁
3.15	9.896	(28)	1	8.889	34.3	20.4	6°25′08″	
			2				12°40′49″	
			4				24°13′40″	
		35.5	1	11.270	41.8	27.9	5°04′15″	
			2				10°03′48″	
			4				19°32′29″	
			6				28°01′50″	
		(45)	1	14.286	51.3	37.4	4°00′15″	
			2				7°58′11″	
			4				15°38′32″	
		56	1	17.778	62.3	48.4	3°13′10″	自锁
4	12.566	(31.5)	1	7.875	39.5	21.9	7°14′13″	
			2				14°15′00″	
			4				26°55′40″	
		40	1	10.000	48	30.4	5°42′38″	
			2				11°18′36″	
			4				21°48′05″	
			6				30°57′50″	

续表

模数 m /mm	轴向齿距 p_x /mm	分度圆直径 d_1 /mm	头数 z_1	直径系数 q	齿顶圆直径 d_{a1} /mm	齿根圆直径 d_{f1} /mm	分度圆柱导程角 γ	说明
4	12.566	(50)	1	12.500	58	40.4	4°34′26″	
			2				9°05′25″	
			4				17°44′41″	
		71	1	17.750	79	61.4	3°13′28″	自锁
5	15.708	(40)	1	8.000	50	28	7°07′30″	
			2				14°02′10″	
			4				26°33′54″	
		50	1	10.000	60	38	5°42′38″	
			2				11°18′36″	
			4				21°48′05″	
			6				30°57′50″	
		(63)	1	12.600	73	51	4°32′16″	
			2				9°01′10″	
			4				17°36′45″	
		90	1	18.000	100	78	3°10′47″	自锁
6.3	19.792	(50)	1	7.936	62.6	34.9	7°10′53″	
			2				14°08′39″	
			4				26°44′53″	
		63	1	10.000	75.6	47.9	5°42′38″	
			2				11°18′36″	
			4				21°48′05″	
			6				30°57′50″	
		(80)	1	12.698	92.6	64.8	4°30′10″	
			2				8°57′02″	
			4				17°29′04″	
		112	1	17.778	124.6	96.9	3°13′10″	自锁
8	25.133	(63)	1	7.875	79	43.8	7°14′13″	
			2				14°15′00″	
			4				26°53′40″	
		80	1	10.000	96	60.8	5°42′38″	
			2				11°18′36″	
			4				21°48′05″	
			6				30°57′50″	
		(100)	1	12.500	116	80.8	4°34′26″	
			2				9°05′25″	

续表

模数 m /mm	轴向齿距 p_x /mm	分度圆直径 d_1 /mm	头数 z_1	直径系数 q	齿顶圆直径 d_{a1} /mm	齿根圆直径 d_{f1} /mm	分度圆柱导程角 γ	说明
8	25.133	(100)	4	12.500	116	80.8	17°44′41″	
		140	1	17.500	156	120.8	3°16′14″	自锁
10	31.416	(71)	1	7.100	91	47	8°01′02″	
			2				15°43′55″	
			4				29°23′46″	
		90	1	9.000	110	66	6°20′25″	
			2				12°31′44″	
			4				23°57′45″	
			6				33°41′24″	
		(112)	1	11.200	132	88	5°06′08″	
			2				10°07′29″	
			4				19°39′14″	
		160	1	16.000	180	136	3°34′35″	
12.5	39.270	(90)	1	7.200	115	60	7°50′26″	
			2				15°31′27″	
			4				29°03′17″	
		112	1	8.960	137	82	6°22′06″	
			2				12°34′59″	
			4				24°03′26″	
		(140)	1	11.200	165	110	5°06′29″	
			2				10°07′29″	
			4				19°39′14″	
		200	1	16.000	225	170	3°34′35″	
16	50.265	(112)	1	7.000	144	73.6	8°07′48″	
			2				15°56′43″	
			4				29°44′42″	
		140	1	8.750	172	101.6	6°31′11″	
			2				12°52′30″	
			4				24°34′02″	
		(180)	1	11.250	212	141.6	5°04′47″	
			2				10°04′50″	
			4				19°34′23″	
		250	1	15.625	283	211.6	3°39′43″	
20	62.832	(140)	1	7.000	180	92	8°07′48″	
			2				15°56′43″	

续表

模数 m /mm	轴向齿距 p_x /mm	分度圆直径 d_1 /mm	头数 z_1	直径系数 q	齿顶圆直径 d_{a1} /mm	齿根圆直径 d_{f1} /mm	分度圆柱导程角 γ	说　明
20	62.832	(140)	4	7.000	180	92	29°44′42″	
		160	1	8.000	200	112	7°07′30″	
			2				14°02′10″	
			4				26°33′54″	
		(224)	1	11.200	264	176	5°06′08″	
			2				10°07′29″	
			4				19°39′14″	
		315	1	15.750	355	267	3°37′59″	
25	78.540	(180)	1	7.200	230	120	7°54′26″	
			2				15°31′27″	
			4				27°03′17″	
		200	1	8.000	250	140	7°07′30″	
			2				14°02′10″	
			4				26°33′54″	
		(280)	1	11.200	330	220	5°06′08″	
			2				10°07′29″	
			4				19°39′14″	
		400	1	16.000	450	340	3°34′35″	

注：1. 括号中的数字尽可能不采用。

2. 本表所指的自锁是导程角 γ 小于 3°30′的圆柱蜗杆。

表 14-4-6　　蜗杆、蜗轮参数的匹配（摘自 GB/T 10085—1988）

中心距 a /mm	传动比 i	模数 m /mm	蜗杆分度圆直径 d_1 /mm	蜗杆头数 z_1	蜗轮齿数 z_2	蜗轮变位系数 x_2	说　明
40	4.83	2	22.4	6	29	−0.100	
	7.25	2	22.4	4	29	−0.100	
	9.5[①]	1.6	20	4	38	−0.250	
	—	—	—	—	—	—	
	14.5	2	22.4	2	29	−0.100	
	19[①]	1.6	20	2	38	−0.250	
	29	2	22.4	1	29	−0.100	
	38[①]	1.6	20	1	38	−0.250	
	49	1.25	20	1	49	−0.500	
	62	1	18	1	62	0.000	自锁
50	4.83	2.5	28	6	29	−0.100	
	7.25	2.5	28	4	29	−0.100	
	9.75[①]	2	22.4	4	39	−0.100	
	12.75	1.6	20	4	51	−0.500	
	14.5	2.5	28	2	29	−0.100	
	19.5[①]	2	22.4	2	39	−0.100	
	25.5	1.6	20	2	51	−0.500	
	29	2.5	28	1	29	−0.100	
	39[①]	2	22.4	1	39	−0.100	
	51	1.6	20	1	51	−0.500	
	62	1.25	22.4	1	62	+0.040	自锁
	—	—	—	—	—	—	
	82[①]	1	18	1	82	0.000	自锁

续表

中心距 a /mm	传动比 i	模数 m /mm	蜗杆分度圆直径 d_1 /mm	蜗杆头数 z_1	蜗轮齿数 z_2	蜗轮变位系数 x_2	说明
63	4.83	3.15	35.5	6	29	-0.1349	
	7.25	3.15	35.5	4	29	-0.1349	
	9.75①	2.5	28	4	39	+0.100	
	12.75	2	22.4	4	51	+0.400	
	14.5	3.15	35.5	2	29	-0.1349	
	19.5①	2.5	28	2	39	+0.100	
	25.5	2	22.4	2	51	+0.400	
	29	3.15	35.5	1	29	-0.1349	
	39①	2.5	28	1	39	+0.100	
	51	2	22.4	1	51	+0.400	
	61	1.6	28	1	61	+0.125	自锁
	67	1.6	20	1	67	-0.375	
	82①	1.25	22.4	1	82	+0.440	自锁
80	5.17	4	40	6	31	-0.500	
	7.75	4	40	4	31	-0.500	
	9.75①	3.15	35.5	4	39	+0.2619	
	13.25	2.5	28	4	53	-0.100	
	15.5	4	40	2	31	-0.500	
	19.5①	3.15	35.5	2	39	+0.2619	
	26.5	2.5	28	2	53	-0.100	
	31	4	40	1	31	-0.500	
	39①	3.15	35.5	1	39	+0.2619	
	53	2.5	28	1	53	-0.100	
	62	2	35.5	1	62	+0.125	自锁
	69	2	22.4	1	69	-0.100	
	82①	1.6	28	1	82	+0.250	自锁
100	5.17	5	50	6	31	-0.500	
	7.75	5	50	4	31	-0.500	
	10.25①	4	40	4	41	-0.500	
	13.25	3.15	35.5	4	53	-0.3889	
	15.5	5	50	2	31	-0.500	
	20.5①	4	40	2	41	-0.500	
	26.5	3.15	35.5	2	53	-0.3889	
	31	5	50	1	31	-0.500	
	41①	4	40	1	41	-0.500	
	53	3.15	35.5	1	53	-0.3889	
	62	2.5	45	1	62	0.000	自锁

续表

中心距 a /mm	传动比 i	模数 m /mm	蜗杆分度圆直径 d_1 /mm	蜗杆头数 z_1	蜗轮齿数 z_2	蜗轮变位系数 x_2	说 明
100	70	2.5	28	1	70	-0.600	
	82[①]	2	35.5	1	82	+0.125	自锁
125	5.17	6.3	63	6	31	-0.6587	
	7.75	6.3	63	4	31	-0.6587	
	10.25[①]	5	50	4	41	-0.500	
	12.75	4	40	4	51	+0.750	
	15.5	6.3	63	2	31	-0.6587	
	20.5[①]	5	50	2	41	-0.500	
	25.5	4	40	2	51	+0.750	
	31	6.3	63	1	31	-0.6587	
	41[①]	5	50	1	41	-0.500	
	51	4	40	1	51	+0.750	
	62	3.15	56	1	62	-0.2063	自锁
	69	3.15	35.5	1	69	-0.4524	
	82[①]	2.5	45	1	82	0.000	自锁
160	5.17	8	80	6	31	-0.500	
	7.75	8	80	4	31	-0.500	
	10.25[①]	6.3	63	4	41	-0.1032	
	13.25	5	50	4	53	+0.500	
	15.5	8	80	2	31	-0.500	
	20.5[①]	6.3	63	2	41	-0.1032	
	26.5	5	50	2	53	+0.500	
	31	8	80	1	31	-0.500	
	41[①]	6.3	63	1	41	-0.1032	
	53	5	50	1	53	+0.500	
	62	4	71	1	62	+0.125	自锁
	70	4	40	1	70	0.000	
	83[①]	3.15	56	1	83	+0.4048	自锁
180	—	—	—	—	—	—	
	7.25	10	71	4	29	-0.050	

续表

中心距 a /mm	传动比 i	模数 m /mm	蜗杆分度圆直径 d_1 /mm	蜗杆头数 z_1	蜗轮齿数 z_2	蜗轮变位系数 x_2	说明
180	9.5①	8	63	4	38	-0.4375	
	12	6.3	63	4	48	-0.4286	
	15.25	5	50	4	61	+0.500	
	19①	8	63	2	38	-0.4375	
	24	6.3	63	2	48	-0.4286	
	30.5	5	50	2	61	+0.500	
	38①	8	63	1	38	-0.4375	
	48	6.3	63	1	48	-0.4286	
	61	5	50	1	61	+0.500	
	71	4	71	1	71	+0.625	自锁
	80①	4	40	1	80	0.000	
200	5.17	10	90	6	31	0.000	
	7.75	10	90	4	31	0.000	
	10.25①	8	80	4	41	-0.500	
	13.25	6.3	63	4	53	+0.246	
	15.5	10	90	2	31	0.000	
	20.5①	8	80	2	41	-0.500	
	26.5	6.3	63	2	53	+0.246	
	31	10	90	1	31	0.000	
	41①	8	80	1	41	-0.500	
	53	6.3	63	1	53	+0.246	
	62	5	90	1	62	0.000	自锁
	70	5	50	1	70	0.000	
	82①	4	71	1	82	+0.125	自锁
225	7.25	12.5	90	4	29	-0.100	
	9.5①	10	71	4	38	-0.050	
	11.75	8	80	4	47	-0.375	
	15.25	6.3	63	4	61	+0.2143	
	19.5①	10	71	2	38	-0.050	
	23.5	8	80	2	47	-0.375	
	30.5	6.3	63	2	61	+0.2143	

续表

中心距 a /mm	传动比 i	模数 m /mm	蜗杆分度圆直径 d_1 /mm	蜗杆头数 z_1	蜗轮齿数 z_2	蜗轮变位系数 x_2	说明
225	38[①]	10	71	1	38	-0.050	
	47	8	80	1	47	-0.375	
	61	6.3	63	1	61	+0.2143	
	71	5	90	1	71	+0.500	自锁
	80[①]	5	50	1	80	0.000	
250	7.75	12.5	112	4	31	+0.020	
	10.25[①]	10	90	4	41	0.000	
	13	8	80	4	52	+0.250	
	15.5	12.5	112	2	31	+0.020	
	20.5[①]	10	90	2	41	0.000	
	26	8	80	2	52	+0.250	
	31	12.5	112	1	31	+0.020	
	41[①]	10	90	1	41	0.000	
	52	8	80	1	52	+0.250	
	61	6.3	112	1	61	+0.2937	
	70	6.3	63	1	70	-0.3175	
	81[①]	5	90	1	81	+0.500	自锁
280	7.25	16	112	4	29	-0.500	
	9.5[①]	12.5	90	4	38	-0.200	
	12	10	90	4	48	-0.500	
	15.25	8	80	4	61	-0.500	
	19[①]	12.5	90	2	38	-0.200	
	24	10	90	2	48	-0.500	
	30.5	8	80	2	61	-0.500	
	38[①]	12.5	90	1	38	-0.200	
	48	10	90	1	48	-0.500	
	61	8	80	1	61	-0.500	
	71	6.2	112	1	71	+0.0556	自锁
	80[①]	6.2	63	1	80	-0.5556	
315	7.75	16	140	4	31	-0.1875	

第14篇

续表

中心距 a /mm	传动比 i	模数 m /mm	蜗杆分度圆直径 d_1 /mm	蜗杆头数 z_1	蜗轮齿数 z_2	蜗轮变位系数 x_2	说　明
315	10.25①	12.5	112	4	41	+0.220	
	13.25	10	90	4	53	+0.500	
	15.5	16	140	2	31	-0.1875	
	20.5①	12.5	112	2	41	+0.220	
	26.5	10	90	2	53	+0.500	
	31	16	140	1	31	-0.1875	
	41①	12.5	112	1	41	+0.220	
	53	10	90	1	53	+0.500	
	61	8	140	1	61	+0.125	
	69	8	80	1	69	-0.125	
	82①	6.3	112	1	82	+0.1111	自锁
355	7.25	20	140	4	29	-0.250	
	9.5①	16	112	4	38	-0.3125	
	12.25	12.5	112	4	49	-0.580	
	15.25	10	90	4	61	+0.500	
	19①	16	112	2	38	-0.3125	
	24.5	12.5	112	2	49	-0.580	
	30.5	10	90	2	61	+0.500	
	38①	16	112	1	38	-0.3125	
	49	12.5	112	1	49	-0.580	
	61	10	90	1	61	+0.500	
	71	8	140	1	71	+0.125	自锁
	79①	8	80	1	79	-0.125	
400	7.75	20	160	4	31	+0.500	
	10.25①	16	140	4	41	+0.125	
	13.5	12.5	112	4	54	+0.520	
	15.5	20	160	2	31	+0.500	
	20.5①	16	140	2	41	+0.125	
	27	12.5	112	2	54	+0.520	
	31	20	160	1	31	+0.050	

续表

中心距 a /mm	传动比 i	模数 m /mm	蜗杆分度圆直径 d_1 /mm	蜗杆头数 z_1	蜗轮齿数 z_2	蜗轮变位系数 x_2	说明
400	41①	16	140	1	41	+0.125	
	54	12.5	112	1	54	+0.520	
	63	10	160	1	63	+0.500	
	71	10	90	1	71	0.000	
	82①	8	140	1	82	+0.250	自锁
450	7.25	25	180	4	29	-0.100	
	9.75①	20	140	4	39	-0.500	
	12.25	16	112	4	49	+0.125	
	15.75	12.5	112	4	63	+0.020	
	19.5①	20	140	2	39	-0.500	
	24.5	16	112	2	49	+0.125	
	31.5	12.5	112	2	63	+0.020	
	39①	20	140	1	39	-0.500	
	49	16	112	1	49	+0.125	
	63	12.5	112	1	63	+0.020	
	73	10	160	1	73	+0.500	
	81①	10	90	1	81	0.000	
500	7.75	25	200	4	31	+0.500	
	10.25①	20	160	4	41	+0.500	
	13.25	16	140	4	53	+0.375	
	15.5	25	200	2	31	+0.500	
	20.5①	20	160	2	41	+0.500	
	26.5	16	140	2	53	+0.375	
	31	25	200	1	31	+0.500	
	41①	20	160	1	41	+0.500	
	53	16	140	1	53	+0.375	
	63	12.5	200	1	63	+0.500	
	71	12.5	112	1	71	+0.020	
	83①	10	160	1	83	+0.500	

① 为基本传动比。

注：本表所指的自锁，只有在静止状态和无振动时才能保证。

圆弧圆柱蜗杆传动的主要参数

ZC_1 蜗杆的基本齿廓 蜗杆法截面齿廓为基本齿廓，圆环面砂轮包络成形，在法截面和轴截面内的尺寸参数应符合图 14-4-3 的规定。

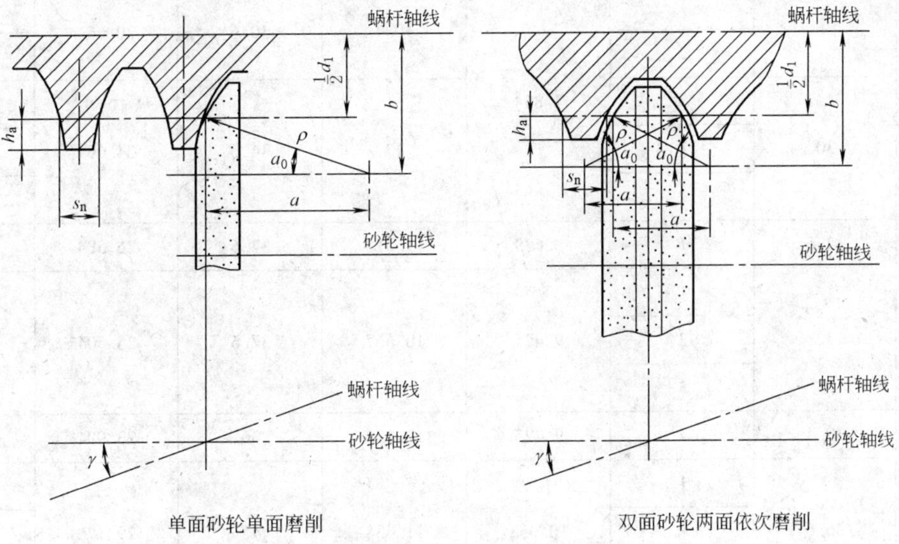

(a) 法截面齿廓及砂轮安装示意图

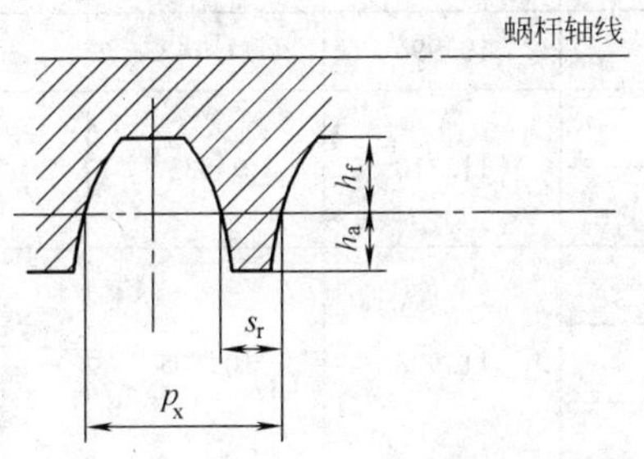

(b) 轴截面齿廓

图 14-4-3 ZC_1 蜗杆的基本齿廓

砂轮轴线与蜗杆轴线的公垂线，对单面砂轮单面磨削通过蜗杆齿廓分圆点；对双面砂轮两面依次磨削通过砂轮对称中心平面。

砂轮轴线与蜗杆轴线的轴交角等于蜗杆分度圆柱导程角 γ。砂轮轴截面产形角 $\alpha_0=23°\pm0.5°$，砂轮圆弧中心坐标 $a=\rho\cos\alpha_0$，$b=\dfrac{1}{2}d_1+\rho\sin\alpha_0$。

砂轮轴截面圆弧半径 ρ，当 $m\leqslant10$ 时，$\rho=(5.5\sim6.0)m$；当 $m>10$ 时，$\rho=(5\sim5.5)m$，小模数取大系数。

ZC_1 蜗杆的基本尺寸和参数见表 14-4-7。ZC_1 蜗杆蜗轮啮合参数搭配见表 14-4-8。

表 14-4-7 **ZC_1 蜗杆基本尺寸和参数**（摘自 GB/T 9147—1999）

模数 m /mm	分度圆直径 d_1 /mm	头数 z_1	轴向齿距 p_x /mm	直径系数 q	齿顶圆直径 d_{a1}/mm	齿根圆直径 d_{f1}/mm	分度圆柱导程角 γ
2	26	1	6.283	13	29.6	21.824	4°23′55″
		2					8°44′46″
2.25	26.5	1	7.068	11.778	30.6	21.744	4°51′11″

续表

模数 m /mm	分度圆直径 d_1 /mm	头数 z_1	轴向齿距 p_x /mm	直径系数 q	齿顶圆直径 d_{a1}/mm	齿根圆直径 d_{f1}/mm	分度圆柱导程角 γ
2.5	26	1	7.854	10.4	30.6	20.664	5°29′32″
		2					10°53′8″
	30	3		12	34.6	24.664	14°2′11″
		1					4°45′49″
		2					9°27′44″
2.75	32.5	1	8.639	11.818	37.6	26.584	4°50′12″
3	32	1	9.425	10.667	37.6	25.504	5°21′21″
		2					10°37′11″
		3					15°42′31″
	30.4	4	9.425	10.133	36	23.904	21°32′28″
3.2	36.6	1	10.053	11.438	43	29.176	4°59′48″
		2					9°55′7″
		3					14°41′50″
3.5	39	1	10.996	11.143	46	30.880	5°7′41″
3.6	35.4	4	11.310	9.833	42	27.744	22°8′8″
		5					26°57′8″
3.8	38.4	1	11.938	10.105	46	29.584	5°39′6″
		2					11°11′43″
		3					16°32′5″
4	44	1	12.566	11	52	34.720	5°11′40″
		2					10°18′17″
		3					15°15′18″
4.4	47.2	1	13.823	10.727	56	36.992	5°19′33″
		2					10°33′40″
4.5	43.6	4	14.137	9.689	52	33.856	22°25′58″
		5					27°17′45″
4.8	46.4	1	15.080	9.667	56	35.264	5°54′21″
		2					11°41′22″
		3					17°14′29″
5	55	1	15.708	11	65	43.4	5°11′40″
5.2	54.6	1	16.336	10.5	65	42.536	5°26′25″
		2					10°47′4″
		3					15°56′43″

续表

模数 m /mm	分度圆直径 d_1 /mm	头数 z_1	轴向齿距 p_x /mm	直径系数 q	齿顶圆直径 d_{a1}/mm	齿根圆直径 d_{f1}/mm	分度圆柱导程角 γ
5.6	58.8	1	17.593	10.5	70	45.808	5°26′25″
		2					10°47′3″
5.8	49.4	4	18.221	8.517	60	31.104	25°9′23″
		5					30°24′53″
6.2	57.6	1	19.478	9.290	70	43.216	6°8′37″
		2					12°8′57″
		3					17°53′46″
6.5	67	1	20.420	10.308	80	51.920	5°32′28″
		2					10°58′50″
		3					16°13′38″
7.1	70.8	1	22.305	9.972	85	54.328	5°43′36″
		2					11°20′28″
7.3	61.8	4	22.934	8.466	75	46.488	25°17′25″
		5					30°34′0″
7.8	69.4	1	24.504	8.897	85	51.304	6°24′46″
		2					12°40′7″
		3					18°37′58″
7.9	82.2	1	24.819	10.405	98	63.872	5°29′23″
8.2	78.6	1	25.761	9.585	95	59.576	5°57′21″
		2					11°47′9″
		3					17°22′44″
9	84	1	28.274	9.333	102	63.120	6°6′56″
		2					12°5′41″
9.1	91.8	1	28.589	10.088	110	70.688	5°39′40″
9.2	80.6	3	28.902	8.761	99	59.256	18°54′10″
9.5	73	4	29.845	7.684	90	53.280	27°29′57″
		5					33°3′5″
10	82	1	31.416	8.2	102	58.8	6°57′11″
		2					13°42′25″
		3					20°5′43″
10.5	99	1	32.968	9.429	120	74.640	6°3′15″
		2					11°58′34″
		3					17°39′0″

第14篇

续表

模数 m /mm	分度圆直径 d_1 /mm	头数 z_1	轴向齿距 p_x /mm	直径系数 q	齿顶圆直径 d_{a1}/mm	齿根圆直径 d_{f1}/mm	分度圆柱导程角 γ
11.5	107	1	36.128	9.304	130	80.320	6°8′4″
		2					12°7′53″
11.8	93.5	4	37.070	7.924	115	68.56	26°47′6″
		5					32°15′9″
12.5	105	1	39.270	8.4	130	76	6°47′20″
		2					13°23′33″
		3					19°39′14″
13	119	1	40.841	9.154	145	88.84	6°14′4″
		2					12°19′29″
		3					18°8′44″
14.5	127	1	45.553	8.759	156	93.36	6°30′48″
		2					12°51′46″
15	111	4	47.124	7.4	138	79.68	28°23′35″
		5					34°2′45″
16	124	1	50.266	7.75	156	86.88	7°21′9″
		2					14°28′13″
		3					21°9′41″
	165	1		10.313	197	127.88	5°32′19″
		2					10°58′32″
18	136	1	56.549	7.556	172	94.24	7°23′22″
		2					14°49′35″
		3					21°39′22″
19	141	4	59.69	7.421	175	101.56	28°19′30″
		5					33°58′14″
20	148	1	62.832	7.4	188	101.6	7°41′46″
		2					15°7′26″
		3					22°4′4″
	165	4		8.25	199	125.56	25°51′59″
		6					36°1′39″
22	160	1	69.115	7.273	204	108.96	7°49′44″
		3					22°24′58
24	172	1	75.398	7.167	220	116.32	7°56′36″

表 14-4-8　ZC_1 蜗杆蜗轮啮合参数搭配（摘自 GB/T 9147—1999）

中心距 a /mm	公称传动比 i	模数 m /mm	蜗杆分度圆直径 d_1/mm	蜗杆头数 z_1	蜗轮齿数 z_2	蜗轮变位系数 x_2	实际传动比 i_a
63	5	3.6	35.4	5	24	0.583	4.8
	6.3	3.6	35.4	4	25	0.083	6.25
	8	3	30.4	4	31	0.433	7.75
	10	3	32	3	31	0.167	10.33
	12.5	2.5	30	3	38	0.2	12.67
	16	3	32	2	31	0.167	15.5
	20	2.5	26	2	39	0.5	19.5
	25	2	26	2	49	0.5	24.5
	31.5	3	32	1	31	0.167	31
	40	2.5	26	1	39	0.5	39
	50	2	26	1	49	0.5	49
80	5	4.5	43.6	5	24	0.933	4.8
	6.3	4.5	43.6	4	25	0.433	6.25
	8	3.6	35.4	4	33	0.806	8.25
	10	3.8	38.4	3	31	0.5	10.33
	12.5	3.2	36.6	3	37	0.781	12.33
	16	3.8	38.4	2	31	0.5	15.5
	20	3	32	2	41	0.833	20.5
	25	2.5	30	2	51	0.5	25.5
	31.5	3.8	38.4	1	31	0.5	31
	40	3	32	1	41	0.833	41
	50	2.5	30	1	51	0.5	51
	63	2.25	26.5	1	59	0.167	59
100	5	5.8	49.4	5	24	0.983	4.8
	6.3	5.8	49.4	4	25	0.483	6.25
	8	4.5	43.6	4	33	0.878	8.25
	10	4.8	46.4	3	31	0.5	10.33
	12.5	4	44	3	37	1	12.33
	16	4.8	46.4	2	31	0.5	15.5
	20	3.8	38.4	2	41	0.763	20.5
	25	3.2	36.6	2	49	1.031	24.5
	31.5	4.8	46.4	1	31	0.5	31
	40	3.8	38.4	1	41	0.763	41
	50	3.2	36.6	1	50	0.531	50
	63	2.75	32.5	1	60	0.455	60

续表

中心距 a /mm	公称传动比 i	模数 m /mm	蜗杆分度圆直径 d_1/mm	蜗杆头数 z_1	蜗轮齿数 z_2	蜗轮变位系数 x_2	实际传动比 i_a
125	5	7.3	61.8	5	24	0.890	4.8
	6.3	7.3	61.8	4	25	0.390	6.25
	8	5.8	49.4	4	33	0.793	8.25
	10	6.2	57.6	3	31	0.016	10.33
	12.5	5.2	54.6	3	37	0.288	12.33
	16	6.2	57.6	2	31	0.016	15.5
	20	4.8	46.4	2	41	0.708	20.5
	25	4	44	2	51	0.250	25.5
	31.5	6.2	57.6	1	30	0.516	30
	40	4.8	46.4	1	41	0.708	41
	50	4	44	1	50	0.750	50
	63	3.5	39	1	59	0.643	59
140	6.3	7.3	61.8	5	29	0.445	5.8
	8	7.3	61.8	4	29	0.445	7.25
	10	6.5	67	3	31	0.885	10.33
	12.5	6.2	57.6	3	35	0.435	11.67
	16	6.5	67	2	31	0.885	15.5
	20	5.6	58.8	2	39	0.250	19.5
	25	4.4	47.2	2	51	0.955	25.5
	31.5	6.5	67	1	31	0.885	31
	40	5.6	58.8	1	39	0.250	39
	50	4.4	47.2	1	51	0.955	51
	63	4	44	1	58	0.5	58
160	5	9.5	73	5	24	1	4.8
	6.3	9.5	73	4	25	0.5	6.25
	8	7.3	61.8	4	34	0.685	8.5
	10	7.8	69.4	3	31	0.564	10.33
	12.5	6.5	67	3	37	0.962	12.33
	16	7.8	69.4	2	31	0.564	15.5
	20	6.2	57.6	2	41	0.661	20.5
	25	5.2	54.6	2	49	1.019	24.5
	31.5	7.8	69.4	1	31	0.564	31
	40	6.2	57.6	1	41	0.661	41
	50	5.2	54.6	1	50	0.519	50
	63	4.4	47.2	1	61	0.5	61

续表

中心距 a /mm	公称传动比 i	模数 m /mm	蜗杆分度圆直径 d_1/mm	蜗杆头数 z_1	蜗轮齿数 z_2	蜗轮变位系数 x_2	实际传动比 i_a
180	6.3	9.5	73	5	29	0.605	5.8
	8	9.5	73	4	29	0.605	7.25
	10	9.2	80.6	3	29	0.685	9.67
	12.5	7.8	69.4	3	36	0.628	12
	16	8.2	78.6	2	33	0.659	16.5
	20	7.1	70.8	2	39	0.866	19.5
	25	5.6	58.8	2	52	0.893	26
	31.5	8.2	78.6	1	33	0.659	33
	40	7.1	70.8	1	40	0.366	40
	50	5.6	58.8	1	52	0.893	52
	63	5	55	1	60	0.5	60
200	5	11.8	93.5	5	24	0.987	4.8
	6.3	11.8	93.5	4	25	0.487	6.25
	8	9.5	73	4	33	0.711	8.25
	10	10	82	3	31	0.4	10.33
	12.5	8.2	78.6	3	38	0.598	12.67
	16	10	82	2	31	0.4	15.5
	20	7.8	69.4	2	41	0.692	20.5
	25	6.5	67	2	51	0.115	25.5
	31.5	10	82	1	31	0.4	31
	40	7.8	69.4	1	41	0.692	41
	50	6.5	67	1	50	0.615	50
	63	5.6	58.8	1	60	0.464	60
225	6.3	11.8	93.5	5	29	0.606	5.8
	8	11.8	93.5	4	29	0.606	7.25
	10	10.5	99	3	32	0.714	10.67
	12.5	10	82	3	36	0.4	12
	16	10.5	99	2	32	0.714	16
	20	9	84	2	39	0.833	19.5
	25	7.1	70.8	2	52	0.704	26
	31.5	10.5	99	1	32	0.714	32
	40	9	84	1	40	0.333	40
	50	7.1	70.8	1	52	0.704	52
	63	6.5	67	1	58	0.462	58

续表

中心距 a /mm	公称传动比 i	模数 m /mm	蜗杆分度圆直径 d_1/mm	蜗杆头数 z_1	蜗轮齿数 z_2	蜗轮变位系数 x_2	实际传动比 i_a
250	5	15	111	5	24	0.967	4.8
	6.3	15	111	4	26	0.467	6.25
	8	11.8	93.5	4	33	0.724	8.25
	10	12.5	105	3	31	0.3	10.33
	12.5	10.5	99	3	37	0.595	12.33
	16	12.5	105	2	31	0.3	15.5
	20	10	82	2	41	0.4	20.5
	25	8.2	78.6	2	51	0.195	25.5
	31.5	12.5	105	1	31	0.3	31
	40	10	82	1	41	0.4	41
	50	8.2	78.6	1	50	0.695	50
	63	7.1	70.8	1	59	0.725	59
280	6.3	15	111	5	29	0.467	5.8
	8	15	111	4	29	0.467	7.25
	10	13	119	3	32	0.962	10.67
	12.5	12.5	105	3	36	0.2	12
	16	13	119	2	32	0.962	16
	20	11.5	107	2	39	0.196	19.5
	25	9	84	2	51	0.944	25.5
	31.5	13	119	1	32	0.962	32
	40	11.5	107	1	39	0.196	39
	50	9	84	1	51	0.944	51
	63	7.9	82.2	1	59	0.741	59
315	5	19	141	5	24	0.868	4.8
	6.3	19	141	4	25	0.368	6.25
	8	15	111	4	33	0.8	8.25
	10	16	124	3	31	0.3125	10.33
	12.5	13	119	3	38	0.654	12.67
	16	16	124	2	31	0.3125	15.5
	20	12.5	105	2	41	0.5	20.5
	25	10.5	99	2	49	0.786	24.5
	31.5	16	124	1	31	0.3125	31
	40	12.5	105	1	41	0.5	41
	50	10.5	99	1	50	0.286	50
	63	9.1	91.8	1	59	0.071	59

续表

中心距 a /mm	公称传动比 i	模数 m /mm	蜗杆分度圆直径 d_1/mm	蜗杆头数 z_1	蜗轮齿数 z_2	蜗轮变位系数 x_2	实际传动比 i_a
355	6.3	19	141	5	29	0.474	5.8
	8	19	141	4	29	0.474	7.25
	10	18	136	3	31	0.444	10.33
	12.5	16	124	33	35	0.8125	11.67
	16	18	136	2	31	0.444	15.5
	20	14.5	127	2	39	0.603	19.5
	25	11.5	107	2	51	0.717	25.5
	31.5	18	136	1	31	0.444	31
	40	14.5	127	1	39	0.603	39
	50	11.5	107	1	51	0.717	51
	63	10.5	99	1	58	0.095	58
400	5	20	165	6	31	0.375	5.17
	6.3	19	141	5	33	0.842	6.6
	8	19	141	4	33	0.842	8.25
	10	20	148	3	31	0.8	10.33
	12.5	18	136	3	35	0.944	11.67
	16	20	148	2	31	0.8	15.5
	20	16	124	2	41	0.625	20.5
	25	13	119	2	51	0.692	25.5
	31.5	20	148	1	31	0.8	31
	40	16	124	1	41	0.625	41
	50	13	119	1	51	0.692	51
	63	11.5	107	1	59	0.631	59
450	8	19	141	5	39	0.474	7.8
	10	19	141	4	39	0.474	9.75
	12.5	20	148	3	37	0.3	12.33
	16	16	124	3	47	0.75	15.67
	20	18	136	2	41	0.722	20.5
	25	14.5	127	2	52	0.655	26
	31.5	22	160	1	32	0.818	32
	40	18	136	1	41	0.722	41
	50	14.5	127	1	52	0.655	52
	63	13	119	1	59	0.538	59

续表

中心距 a /mm	公称传动比 i	模数 m /mm	蜗杆分度圆直径 d_1/mm	蜗杆头数 z_1	蜗轮齿数 z_2	蜗轮变位系数 x_2	实际传动比 i_a
500	6.3	20	165	6	41	0.375	6.83
	10	20	165	4	41	0.375	10.25
	12.5	22	160	3	37	0.591	12.33
	16	18	136	3	47	0.5	15.67
	20	20	148	2	41	0.8	20.5
	25	16	165	2	51	0.594	25.5
	31.5	24	172	1	33	0.75	33
	40	20	148	1	41	0.8	41
	50	16	165	1	51	0.594	51
	63	14.5	127	1	59	0.604	59

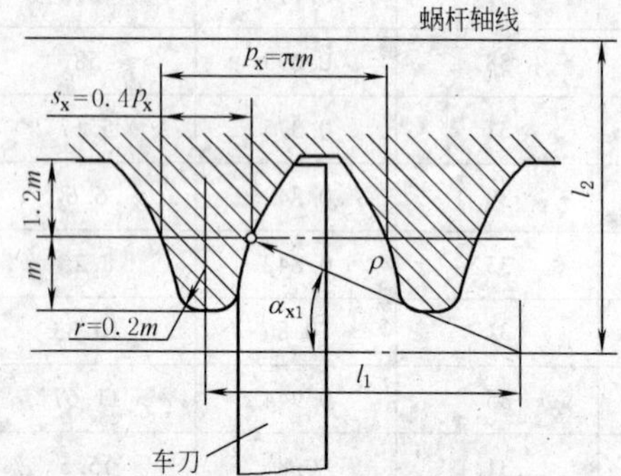

图 14-4-4　ZC_3 蜗杆基本齿廓

ZC_3 蜗杆的基本齿廓（见图 14-4-4）

齿廓曲率半径 ρ 的大小直接影响接触线形状、啮合区大小和综合曲率半径大小，从而影响到啮合性能和承载能力。推荐 ρ 值范围为：$\rho=(5\sim5.5)m$，且通常 $z_1=1\sim2$ 时 $\rho=5m$，$z_1=3$ 时 $\rho=5.3m$，$z_1=4$ 时 $\rho=5.5m$。

齿形角 α_{x1} 推荐范围为 $\alpha_{x1}=20°\sim24°$，通常取 $d_{x_1}=23°$。

圆弧中心坐标值　$l_1=\rho\cos\alpha_{x1}+\dfrac{1}{2}s_x$

$$l_2=\rho\sin\alpha_{x1}+\frac{1}{2}d_1$$

ZC_3 蜗杆蜗轮啮合参数搭配见表 14-4-9。

表 14-4-9　ZC_3 蜗杆蜗轮啮合参数搭配（摘自 JB/Z 149—1978 及 JB 7935—1999）

中心距 a /mm	传动比代号	公称传动比 i	模数 m /mm	蜗杆分度圆直径 d_1 /mm	蜗杆头数 z_1	齿廓圆弧半径 ρ/mm	变位系数 x_2	蜗轮齿数 z_2	实际传动比 i_0
80	1	8	3.5	44	4	20	1.071	31	7.75
	2	10			3	19			10.33
	4	16			2	18			15.5
	7	31.5			1				31
	3	12.5	3	38	3	16	0.833	39	13
	5	20			2	15			19.5
	8	40			1				39
	6	25	2.5	32	2	13	0.60	50	26
	9	50			1				50
100	1	8	4.5	52	4	25	0.944	31	7.75
	2	10			3	24			10.33
	4	16			2	23			15.5
	7	31.5			1				31
	3	12.5	4	44	3	21	0.5	38	12.67
	5	20			2	20			19
	8	40			1				38
	6	25	3	38	2	15	1	52	26
	9	50			1				52

续表

中心距 a /mm	传动比代号	公称传动比 i	模数 m /mm	蜗杆分度圆直径 d_1 /mm	蜗杆头数 z_1	齿廓圆弧半径 ρ/mm	变位系数 x_2	蜗轮齿数 z_2	实际传动比 i_0
125	1	8	5.5	62	4	30	0.591	33	8.25
	2	10	6	63	3	32	0.583	30	10
	4 7	16 31.5	5.5	62	2 1	28	0.591	33	16.5 33
	3	12.5	5	55	3	26	0.5	38	12.67
	5 8	20 40	4.5	52	2 1	23	1	42	21 42
	6 9	25 50	4	44	2 1	20	0.75	50	25 60
160	1	8	7	76	4	39	0.929	33	8.25
	2	10	8	80	3	42	0.5	29	9.67
	4 7	16 31.5	7	76	2 1	35	0.929	33	16.5 33
	3	12.5	6	74	3	32	1	39	13
	5 8	20 40		63	2 1	30	0.917	41	20.5 41
	6 9	25 50	5	55	2 1	25	1	51	25.5 51
200	1	8	9	90	4	50	0.722	33	8.25
	2	10	10	98	3	53	0.5	29	9.67
	4 7	16 31.5	9	90	2 1	45	0.722	33	16.5 33
	3	12.5	8	80	3	42	0.5	39	13
	5 8	20 40			2 1	40			19.5 39
	6 9	20 50	8	74	2 1	30	1.167	52	26 52
250	1 2 4 7	8 10 16 31.5	12	114	4 3 2 1	66 64 60	0.583	31	7.75 10.33 15.5 31
	3 5 8	12.5 20 40	10	98	3 2 1	53 50	0.6	39	13 19.5 39
	6 9	25 50	8	80	2 1	40	0.75	51	25.5 51

续表

中心距 a /mm	传动比代号	公称传动比 i	模数 m /mm	蜗杆分度圆直径 d_1 /mm	蜗杆头数 z_1	齿廓圆弧半径 ρ/mm	变位系数 x_2	蜗轮齿数 z_2	实际传动比 i_0
280	1 2 4 7	8 10 16 31.5	14	126	4 3 2 1	77 74 70	0.5	30	7.5 10 15 30
	3 5 8	12.5 20 40	11	112	3 2 1	58 55	0.864	39	13 19.5 39
	6 9	25 50	9	90	2 1	45	0.611	51	25.5 51
320	1 2 4 7	8 10 16 31.5	16	128	1 3 2 1	88 85 80	0.5	31	7.75 10.33 15.5 31
	3	12.5	12	132	3	64	1.167	40	13.33
	5 8	20 40		114	2 1	60	0.917	42	21 42
	6 9	25 50	10	98	2 1	50	1.1	52	26 52
360	1 2 4 7	8 10 16 31.5	18	144	4 3 2 1	99 95 90	0.5	31	7.75 10.33 15.5 31
	3	12.5	14		3	74	1.071	39	13
	5 8	20 40		126	2 1	70	0.714	41	20.5 41
	6 9	25 50	12	114	2 1	60	0.75	49	24.5 49
400	1 2 4 7	8 10 16 31.5	20	156	4 3 2 1	110 106 110	0.6	31	7.75 10.33 15.5 31
	3 5 8	12.5 20 40	16	144	3 2 1	85 80	1	39	13 19.5 39
	6 9	25 50	14	126	2 1	70	0.571	47	23.5 47
450	1 2 4 7	8 10 16 31.5	22	170	4 3 2 1	121 117 110	1.091	31	7.75 10.33 15.5 31
	3 5 8	12.5 20 40	18	168 144	3 2 1	95 90	0.833 0.5	39 41	13 20.5 41
	6 9	25 50	14		2 1	70	1	52	26 52

第14篇

续表

中心距 a /mm	传动比代号	公称传动比 i	模数 m /mm	蜗杆分度圆直径 d_1 /mm	蜗杆头数 z_1	齿廓圆弧半径 ρ/mm	变位系数 x_2	蜗轮齿数 z_2	实际传动比 i_0
500	1	8	25	180	4	138	0.7	31	7.75
	2	10			3	133			10.33
	4	16			2	125			15.5
	7	31.5			1				31
	3	12.5	20	180	3	106	1	39	13
	5	20		156	2	100	0.6	41	20.5
	8	40			1				41
	6	25	16	144	2	80	0.75	52	26
	9	50			1				52

2.2 圆柱蜗杆传动的几何尺寸计算

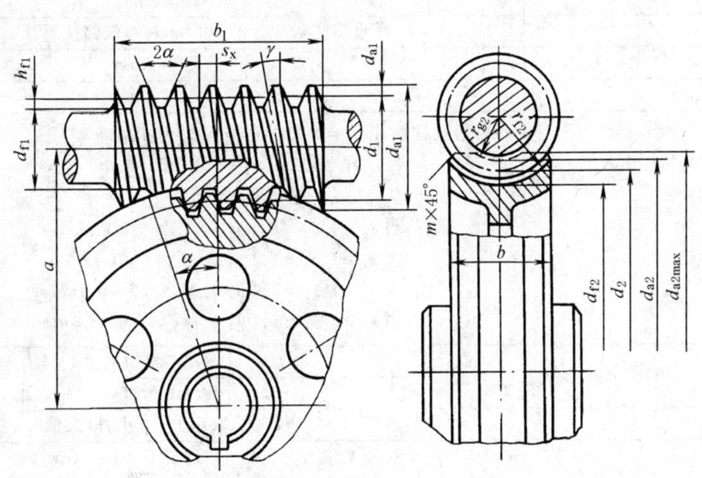

表 14-4-10　　圆柱蜗杆传动的几何尺寸计算

项　目	计算公式及说明	
蜗杆轴向模数(蜗轮端面模数)m	按表 14-4-12 的强度条件或用类比法确定,并应符合表 14-4-2 或表 14-4-5、表 14-4-7 数值;当按结构设计时,$m=\dfrac{2a}{q+z_2+2x_2}$	
传动比 i	$i=\dfrac{n_1}{n_2}=\dfrac{z_2}{z_1}$;推荐采用表 14-4-6 或表 14-4-8 或表 14-4-9 数值	尺寸 z_1、z_2 和 q 值,推荐按表 14-4-6或表 14-4-8 或表 14-4-9 选取
蜗杆头数 z_1	一般取 $z_1=1\sim4$	
蜗轮齿数 z_2	$z_2=iz_1$	
蜗杆直径系数(蜗杆特性系数)q	$q=\dfrac{d_1}{m}$;按表 14-4-12 的强度条件确定	
蜗轮变位系数 x_2	$x_2=\dfrac{a}{m}-\dfrac{d_1+d_2}{2m}$ 对普通圆柱蜗杆传动,一般取 $-1\leqslant x_2\leqslant1$; 对圆弧圆柱蜗杆传动,一般取 $x_2=0.5\sim1.5$,推荐取 $x_2=0.7\sim1.2$	
中心距 a	$a=(d_1+d_2+2x_2m)/2$;标准系列值见表 14-4-3	
蜗杆分度圆柱导程角 γ	$\tan\gamma=\dfrac{z_1}{q}=mz_1/d_1$	
蜗杆节圆柱导程角 γ'	$\tan\gamma'=\dfrac{z_1}{q+2x_2}$	

第 14 篇

续表

<table>
<tr><th>项　目</th><th colspan="2">计算公式及说明</th></tr>
<tr><td>蜗杆轴向齿形角 α</td><td rowspan="2">阿基米德圆柱蜗杆
$\alpha=20°\quad \tan\alpha_n=\tan\alpha\cos\gamma$</td><td rowspan="2">渐开线圆柱蜗杆，法向直廓圆柱蜗杆，锥面包络圆柱蜗杆
$\tan\alpha=\dfrac{\tan\alpha_n}{\cos\gamma}\quad \alpha_n=20°$</td></tr>
<tr><td>蜗杆(轮)法向齿形角 α_n</td></tr>
<tr><td>顶隙 c</td><td colspan="2">$c=c^*m$，一般顶隙系数 $c^*=0.2$，ZC_1 蜗杆 $c^*=0.16$</td></tr>
<tr><td>蜗杆、蜗轮齿顶高 h_{a1}、h_{a2}</td><td colspan="2">$h_{a1}=h_a^*m=\dfrac{1}{2}(d_{a1}-d_1)$；$h_{a2}=m(h_a^*+x_2)=\dfrac{1}{2}(d_{a2}-d_2)$。一般齿顶高系数 $h_a^*=1$</td></tr>
<tr><td>蜗杆、蜗轮齿根高 h_{f1}、h_{f2}</td><td colspan="2">$h_{f1}=(h_a^*+c^*)m=\dfrac{1}{2}(d_1-d_{f1})$；$h_{f2}=\dfrac{1}{2}(d_2-d_{f2})=m(h_a^*-x_2+c^*)$</td></tr>
<tr><td>蜗杆、蜗轮分度圆直径 d_1、d_2</td><td colspan="2">$d_1=q\cdot m$；$d_2=m\cdot z_2=2a-d_1-2x_2m$</td></tr>
<tr><td>蜗杆、蜗轮节圆直径 d_1'、d_2'</td><td colspan="2">$d_1'=(q+2x_2)m=d_1+2x_2m$；$d_2'=d_2$</td></tr>
<tr><td>蜗杆、齿顶圆直径 d_{a1}、蜗轮喉圆直径 d_{a2}</td><td colspan="2">$d_{a1}=(q+2)m$；$d_{a2}=(z_2+2+2x_2)m\quad d_{a1}=d_1+2h_{a1}=d_1+2h_a^*m$；
$d_{a2}=d_2+2h_{a2}$</td></tr>
<tr><td>蜗杆、蜗轮齿根圆直径 d_{f1}、d_{f2}</td><td colspan="2">$d_{f1}=d_1-2h_{f1}$；$d_{f2}=d_2-2h_{f2}$</td></tr>
<tr><td>蜗杆轴向齿距 p_x</td><td colspan="2">$p_x=\pi m$</td></tr>
<tr><td>蜗杆轴向齿厚 s_x</td><td colspan="2">普通圆柱蜗杆　$s_x=0.5\pi m$；圆弧圆柱蜗杆 $s_x=0.4\pi m$</td></tr>
<tr><td>蜗杆法向齿厚 s_n</td><td colspan="2">$s_n=s_x\cos\gamma$</td></tr>
<tr><td>蜗杆分度圆法向弦齿高 $\bar{h}_{n1}$</td><td colspan="2">$\bar{h}_{n1}=m$</td></tr>
<tr><td>蜗杆螺纹部分长度 b_1</td><td colspan="2">普通圆柱蜗杆：$z_1=1,2$ 时 $b_1\geqslant(12+0.1z_2)m$
$z_1=3,4$ 时 $b_1\geqslant(13+0.1z_2)m$
ZC_1 蜗杆：$b\approx2.5m\sqrt{z_2+1}$
ZC_3 蜗杆：当 $x_2<1,z_1=1,2$ 时 $b\geqslant(12.5+0.1z_2)m$
当 $x_2\geqslant1,z_1=1,2$ 时，$b_1\geqslant(13+0.1z_2)m$
当 $x_2<1,z_1=3,4$ 时 $b_1\geqslant(13.5+0.1z_2)m$
当 $x_2\geqslant1,z_1=3,4$ 时 $b_1\geqslant(14+0.1z_2)m$</td></tr>
<tr><td>蜗轮最大外圆直径 $d_{a2\max}$</td><td colspan="2"><table><tr><td>z_1</td><td>1</td><td>2、3</td><td>4</td><td>圆弧圆柱蜗杆</td></tr><tr><td>$d_{a2\max}\leqslant$</td><td>$d_{a2}+2m$</td><td>$d_{a2}+1.5m$</td><td>$d_{a2}+m$</td><td>$d_{a2}+m$</td></tr></table></td></tr>
<tr><td>蜗轮轮缘宽度 b_2</td><td colspan="2">$b_2=(0.67\sim0.75)d_{a1}$。z_1 大，取小值；z_1 小，取大值</td></tr>
<tr><td>蜗轮咽喉母圆半径 r_{g2}</td><td colspan="2">$r_{g2}=a-\dfrac{1}{2}d_{a2}$</td></tr>
<tr><td>蜗轮齿根圆弧半径 r_{f2}</td><td colspan="2">$r_{f2}=0.5d_{a1}+0.2m$</td></tr>
</table>

2.3　圆柱蜗杆传动的受力分析

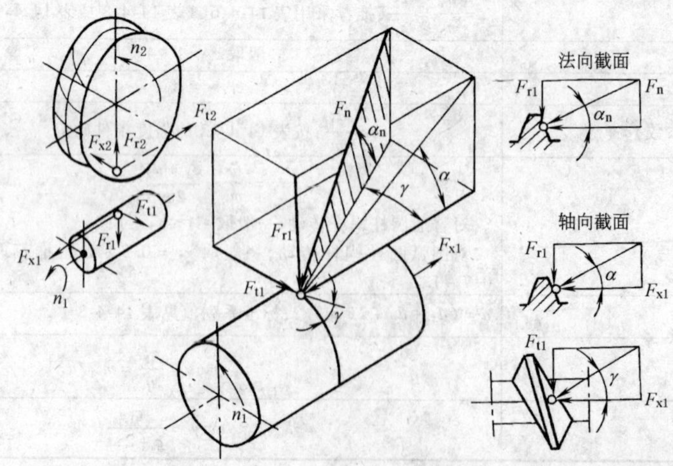

表 14-4-11 蜗杆传动力的计算公式

项　　目	计 算 公 式	单　　位	说　　明
蜗杆圆周力 F_{t1} 蜗轮轴向力 F_{x2}	$F_{t1}=F_{x2}=\dfrac{2000T_1}{d_1}$	N	T_1 的单位为 N·m d_1 的单位为 mm
蜗杆轴向力 F_{x1} 蜗轮圆周力 F_{t2}	$F_{x1}=-F_{t2}=F_{t1}\cot\gamma$	N	
蜗杆径向力 F_{r1} 蜗轮径向力 F_{r2}	$F_{r1}=-F_{r2}=F_{x1}\tan\alpha$	N	$\alpha=20°$
法向力 F_n ($\cos\alpha_n\approx\cos\alpha$)	$F_n=\dfrac{F_{x1}}{\cos\gamma\ \cos\alpha_n}\approx\dfrac{-F_{t2}}{\cos\gamma\ \cos\alpha}$	N	
蜗杆轴传递的转矩 T_1	$T_1=9550\dfrac{P_1}{n_1}=9550\dfrac{P_2}{i\eta n_2}=\dfrac{T_2}{i\eta}$	N·m	P_1、P_2 的单位为 kW n_1、n_2 的单位为 r/min T_2 的单位为 N·m

注：1. 本表公式除 T_1 与 T_2、P_2 的关系式外，均未计入摩擦力。

2. 判断力的方向时应记住：当蜗杆为主动时，F_{t1}的方向与螺牙在啮合点的运动方向相反；F_{t2}的方向与轮齿在啮合点的运动方向相同；F_{r1}、F_{r2}的方向分别由啮合点指向轴心。如下图所示。

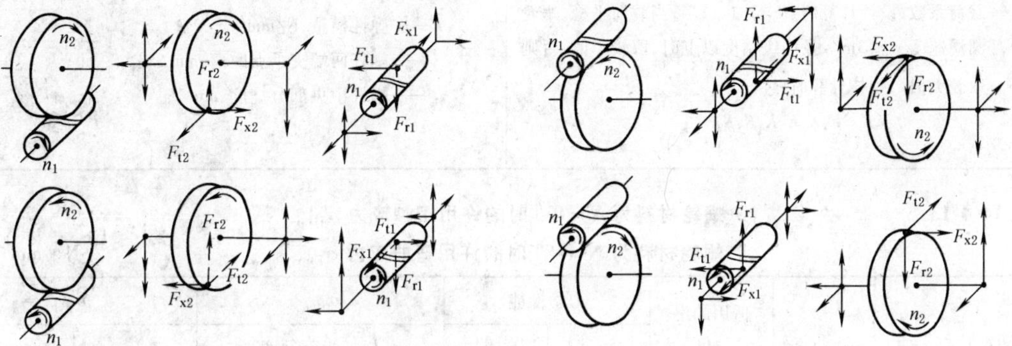

2.4 圆柱蜗杆传动强度计算和刚度验算

圆柱蜗杆传动的破坏形式，主要是蜗轮轮齿表面产生胶合、点蚀和磨损，而轮齿的弯曲折断却很少发生。因此，通常多按齿面接触强度计算。只是当 $z_2>80\sim100$ 时，才进行弯曲强度核算。可是，当蜗杆作传动轴时，必须按轴的计算方法进行强度计算和刚度验算。

圆弧圆柱蜗杆传动的轮齿弯曲强度较接触强度大得更多。故一般不进行轮齿弯曲强度计算。

表 14-4-12 圆柱蜗杆传动强度计算和刚度验算公式

项　　目	普通圆柱蜗杆传动	圆弧圆柱蜗杆传动
接触强度设计公式	$m\sqrt[3]{q}\geqslant\sqrt[3]{\left(\dfrac{15150}{z_2\sigma_{Hp}}\right)^2KT_2}$ (mm)	$a\geqslant481\sqrt[3]{\dfrac{KK_zT_2}{\sigma_{Hp}K_{gL}}}$ (mm)
接触强度校核公式	$\sigma_H=\dfrac{14783}{d_2}\sqrt{\dfrac{KT_2}{d_1}}\leqslant\sigma_{Hp}$ (N/mm²)	$\sigma_H=3289\sqrt{\dfrac{KK_zT_2}{a^3K_{gL}}}\leqslant\sigma_{Hp}$ (N/mm²)
弯曲强度校核公式	$\sigma_F=\dfrac{2000T_2K}{d_2'\ d_1'\ mY_2\cos\gamma}\leqslant\sigma_{Fp}$ (N/mm²)	
刚度验算公式	$y_1\leqslant0.0025d_1$ (mm)，或 $y_1\leqslant\dfrac{\sqrt{F_{t1}^2+F_{r1}^2}\cdot L^3}{4.8E\cdot I}$ (mm)	

续表

说明

$m\sqrt[3]{q}$——见表 14-4-5，查得 m 和 q 的值

σ_{Hp}——许用接触应力，N/mm²，视材料取，对于锡青铜蜗轮：

$$\sigma_{Hp}=\sigma_{Hbp}Z_sZ_N$$

σ_{Hbp}——$N=10^7$ 时蜗轮材料的许用接触应力，N/mm²，见表 14-4-13，对于其他材料的蜗轮直接查表 14-4-14

Z_s——滑动速度影响系数，由图 14-4-5 查得

Z_N——寿命系数，由图 14-4-7 查得

σ_{Fp}——许用弯曲应力，N/mm²，$\sigma_{Fp}=\sigma_{Fbp}Y_N$

σ_{Fbp}——$N=10^6$ 时蜗轮材料的许用弯曲应力，N/mm²，由表 14-4-13查得

Y_N——寿命系数，由图 14-4-7 查得

T_2——蜗轮轴传递的转矩，N·m

Y_2——蜗轮齿形系数，由图 14-4-6 查得

K——载荷系数，设计计算时：$K=1.1\sim1.4$，当载荷平稳、蜗轮圆周速度 $v_2\leqslant3$m/s 及 7 级精度以上时，取较小值，否则取较大值。校核计算时：

$$K=K_1K_2K_3K_4K_5K_6$$

K_1——动载荷系数。当 $v_2\leqslant3$m/s 时，$K_1=1$，$v_2>3$m/s 时，$K_1=1.1\sim1.2$

K_2——啮合质量系数，由表 14-4-15 查取

K_3——小时载荷率系数，由图 14-4-8 查得

K_4——环境温度系数，由表 14-4-16 查取

K_5——工作情况系数，由表 14-4-17 查取

K_6——风扇系数。不带风扇时，$K_6=1$，带风扇时，由图 14-4-9 查得

K_z——齿数系数，由图 14-4-10 查得

K_{gL}——几何参数系数，由图 14-4-11 查得

I——蜗杆中央部分惯性矩

$$I=\frac{\pi d_{f1}^4}{64}\text{mm}^4$$

E——弹性模量，N/mm²

L——蜗杆两端支承点距离，mm

y_1——蜗杆中央部分挠度，mm

表 14-4-13　蜗轮材料为 $N=10^7$ 时的许用接触应力 σ_{Hbp}
蜗轮材料为 $N=10^6$ 时的许用弯曲应力 σ_{Fbp}

$\text{N}\cdot\text{mm}^{-2}$

蜗轮材料	铸造方法	适用的滑动速度 v_s /m·s⁻¹	力学性能		σ_{Hbp}		σ_{Fbp}	
					蜗杆齿面硬度			
			σ_s	σ_b	≤350HB	>45HRC	一侧受载	两侧受载
ZCuSn10Pb1	砂　模	≤12	137	220	180	200	50	30
	金属模	≤25	196	310	200	220	70	40
ZCuSn5Pb5Zn5	砂　模	≤10	78	200	110	125	32	24
	金属模	≤12			135	150	40	28
ZCuAl10Fe3	砂　模	≤10	196	490	见表 14-4-14		80	63
	金属模			540			90	80
ZCuAl10Fe3Mn2	砂　模	≤10	—	490			—	—
	金属模			540			100	90
ZCuZn38Mn2Pb2	砂　模	≤10	—	245			60	55
	金属模			345			—	—
HT150	砂　模	≤2	—	150			40	25
HT200	砂　模	≤2～5	—	200			47	30
HT250	砂　模	≤2～5	—	250			55	35

表 14-4-14　　无锡青铜、黄铜及铸铁的许用接触应力 σ_{Hbp}　　$N \cdot mm^{-2}$

蜗轮材料	蜗杆材料	滑动速度 $v_s/m \cdot s^{-1}$							
		0.25	0.5	1	2	3	4	6	8
ZCuAl10Fe3、ZCuAl10Fe3Mn2	钢经淬火*	—	245	225	210	180	160	115	90
ZCuZn38Mn2Pb2	钢经淬火*	—	210	200	180	150	130	95	75
HT200、HT150(120～150HB)	渗碳钢	160	130	115	90	—	—	—	—
HT150(120～150HB)	调质或淬火钢	140	110	90	70	—	—	—	—

注：标有＊的蜗杆如未经淬火，其 σ_{Hbp} 值需降低 20%。

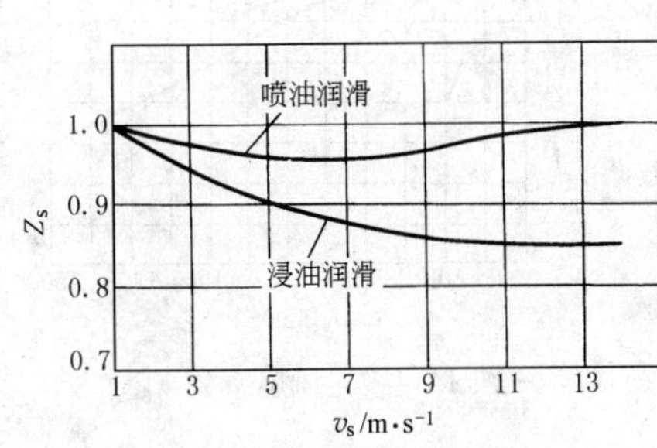

图 14-4-5　滑动速度影响系数 Z_s

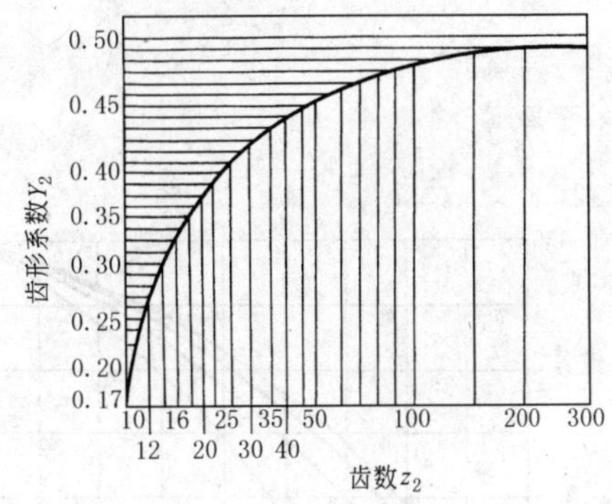

图 14-4-6　齿形系数 Y_2

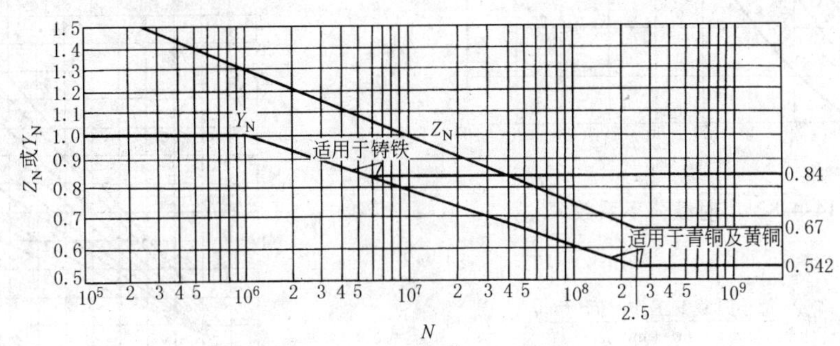

图 14-4-7　寿命系数 Z_N 及 Y_N

注：N 为应力循环次数。稳定载荷时：$N = 60 n_2 t$

变载荷时：

接触 $N_H = 60 \sum n_i t_i \left(\dfrac{T_{2i}}{T_{2max}} \right)^4$；弯曲 $N_F = 60 \sum n_i t_i \left(\dfrac{T_{2i}}{T_{2max}} \right)^9$

式中　t——总的工作时间，h；

n_2——蜗轮转速，r/min；

n_i，t_i，T_{2i}——分别为蜗轮在不同载荷下的转速，r/min；工作时间，h；和转矩，N · m；

T_{2max}——蜗轮传递的最大转矩，N · m。

表 14-4-15　　啮合质量系数 K_2

传动类型	精度等级	啮合情况		K_2
普通圆柱蜗杆传动	7	啮合面积符合有关规定要求，啮合部位偏于啮出口		0.95～0.99
	8	啮合面积符合有关规定要求，啮合部位偏于啮出口		1.0
	9	啮合面积不符合有关规定要求，啮合部位不偏于啮出口		1.1～1.2
圆弧圆柱蜗杆传动	7	工作前经满载荷充分跑合，啮合面积符合有关规定要求，啮合部位在蜗轮齿顶偏啮出口呈“月牙形”		1.0
	8,9	工作前经满载荷充分跑合，啮合面积不符合有关规定的要求，啮合部位不偏啮出口或不呈“月牙形”	a=63～150mm	1.1～1.2
			a≥150～500mm	1.15～1.25

表 14-4-16　　环境温度系数 K_4

蜗杆转速 /r·min^{-1}	环境温度/℃					蜗杆转速 /r·min^{-1}	环境温度/℃				
	0~25	25~30	30~35	35~40	40~45		0~25	25~30	30~35	35~40	40~45
1500	1.00	1.09	1.18	1.52	1.87	750	1.00	1.07	1.13	1.37	1.62
1000	1.00	1.08	1.16	1.46	1.78	500	1.00	1.05	1.09	1.18	1.36

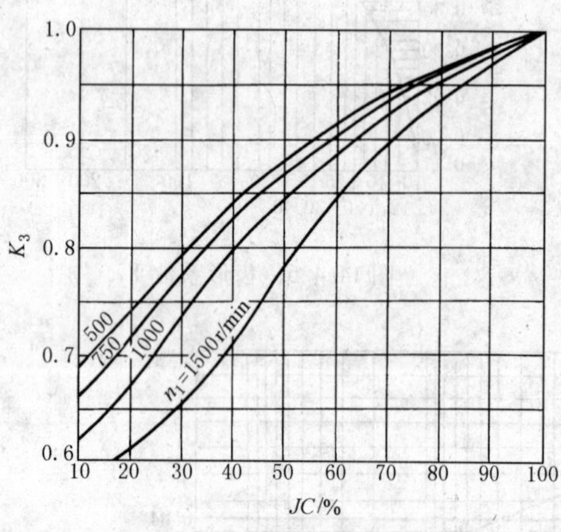

图 14-4-8　小时载荷率系数 K_3

注：1. 小时载荷率 $JC=\frac{\text{每小时载荷工作时间（min）}}{60\text{（min）}}\times 100\%$

2. 小时载荷率以每小时工作最长时间计算。

3. 当 $JC<15\%$ 时，按 15% 计算。

4. 连续工作 1h，取 $JC=100\%$。

5. 转向频繁交替时，取工作时间之和。

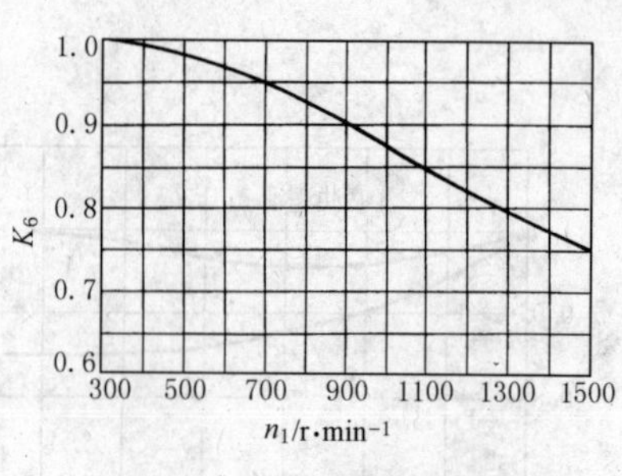

图 14-4-9　风扇系数 K_6

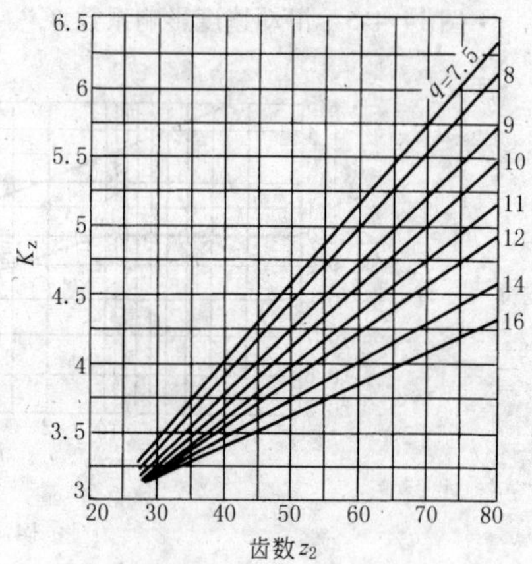

图 14-4-10　齿数系数 K_z

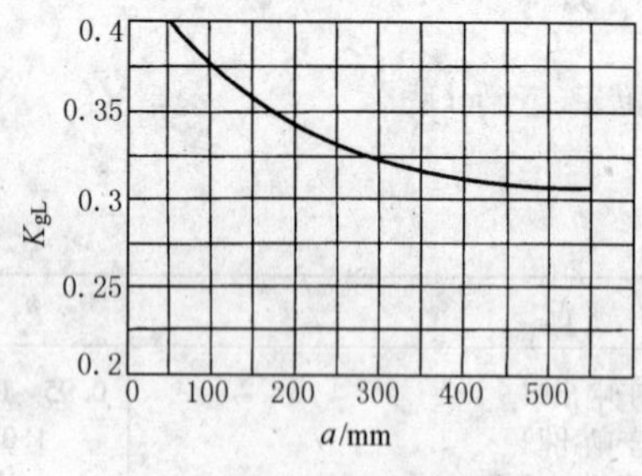

图 14-4-11　几何参数系数 K_{gL}

表 14-4-17　　工作情况系数 K_5

载荷性质	均匀、无冲击	不均匀、小冲击	不均匀、大冲击
启动次数/次·h^{-1}	<25	25~50	>50
启动载荷	小	较大	大
K_5	1.0	1.15	1.2

2.5　圆柱蜗杆传动滑动速度和传动效率计算

（1）滑动速度 v_s

是指蜗杆和蜗轮在节点处的滑动速度（见图 14-4-12）。滑动速度 v_s 可按下式求得

$$v_s=\frac{v_1}{\cos\gamma'}=\frac{d_1'\ n_1}{19100\cos\gamma'}\quad(\mathrm{m/s})$$

当 $d_1'=d_1$ 时，

$$v_s=\frac{mn_1}{19100}\sqrt{z_1^2+q^2}\quad(\mathrm{m/s})$$

在进行力的分析或强度计算时，v_s 的概略值可按图 14-4-13 确定。图中，普通圆柱蜗杆传动用实线，圆弧圆柱蜗杆传动用虚线。

（2）传动效率 η

传动效率的精确计算见有关减速器散热计算部分。在进行力的分析或强度计算时，可按下式进行估算

普通圆柱蜗杆传动：$\eta=(100-3.5\sqrt{i})\%$

圆弧圆柱蜗杆传动：在相同条件下，当传动比 $i=8\sim50$ 时，圆弧圆柱蜗杆传动比普通圆柱蜗杆传动高3%～9%。

2.6　提高圆柱蜗杆传动承载能力和传动效率的方法简介

提高圆柱蜗杆传动的承载能力和传动效率的重要途径是降低共轭齿面间的摩擦因数和接触应力值。实现合理的啮合部位，采用人工油涵结构等方法，均能改善润滑条件和扩大实际接触面积，因而，就降低了摩擦因数和接触应力值。表 14-4-18 列出了常用的几种方法供参考。

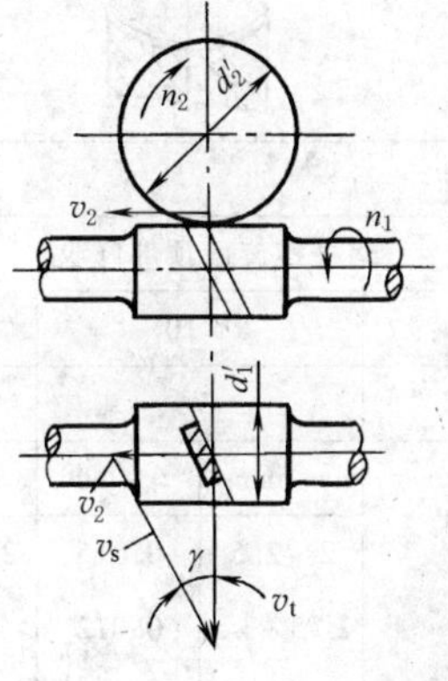

图 14-4-12　滑动速度

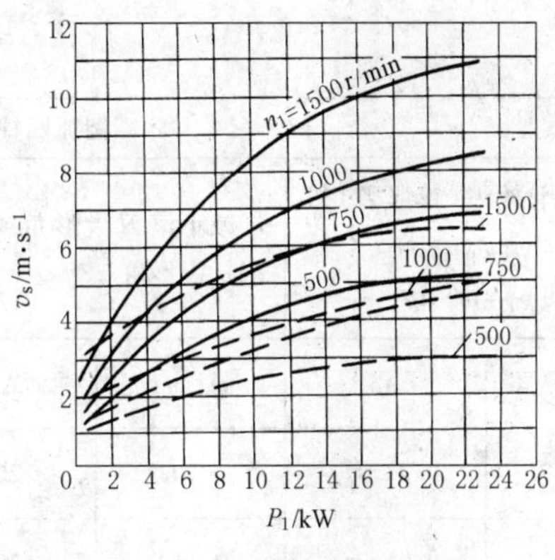

图 14-4-13　滑动速度曲线

表 14-4-18　提高承载能力和传动效率的方法

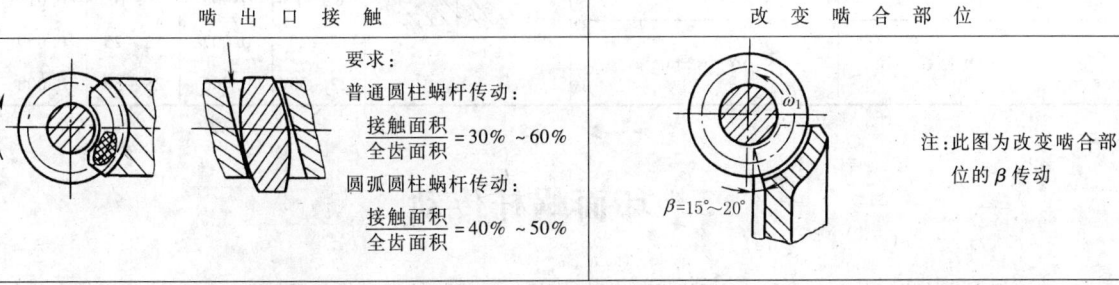

啮出口接触	改变啮合部位
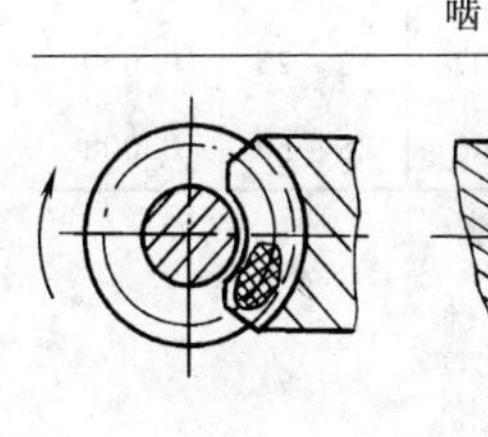 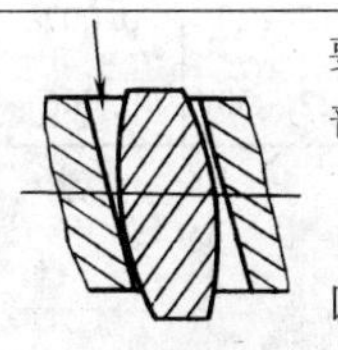 要求： 普通圆柱蜗杆传动： $\frac{接触面积}{全齿面积}=30\%\sim60\%$ 圆弧圆柱蜗杆传动： $\frac{接触面积}{全齿面积}=40\%\sim50\%$	ω_1　$\beta=15°\sim20°$ 注：此图为改变啮合部位的 β 传动
消除不利的啮合部位	
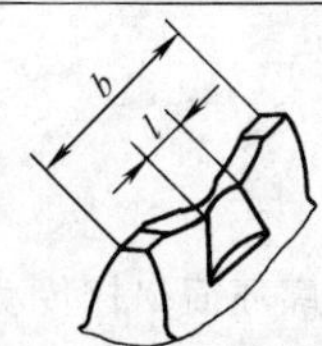 挖窝宽度：$l\leqslant\frac{b}{3}$ 挖窝深度：至齿根 挖窝位置：单向传动靠啮入口；双向传动在正中间	轮齿挖窝蜗轮 立铣刀外径 $d_0=\frac{5}{6}\pi m\cos\alpha$ 注：当 $m>10$mm 时，挖窝时应将铣刀向两边（两相邻齿）靠一下

续表

啮 出 口 接 触	改 变 啮 合 部 位
制 造 人 工 油 涵	
用大滚刀切削蜗轮 $(1\sim1.25)m$ 加工蜗轮时, $a_{02}=a+(r_{a0}-r_{f2})$	移动滚刀位置 $(0.2\sim0.4)m$　$(0.3\sim0.6)m$ 啮出口　啮入口
搬动刀架角度加工蜗轮 蜗轮毛坯轴线　90°　加工啮出口时　30′　1°30′ 滚刀轴线　加工啮入口时	加大蜗轮顶圆圆弧半径 $(0.6\sim0.9)m$

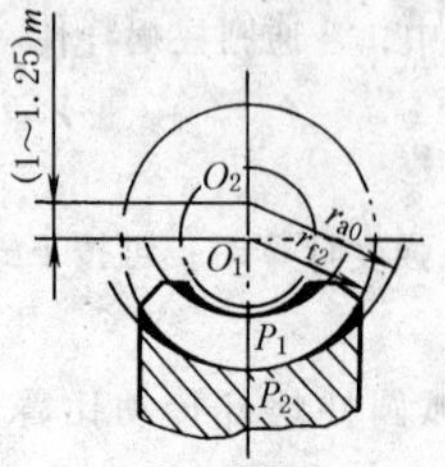

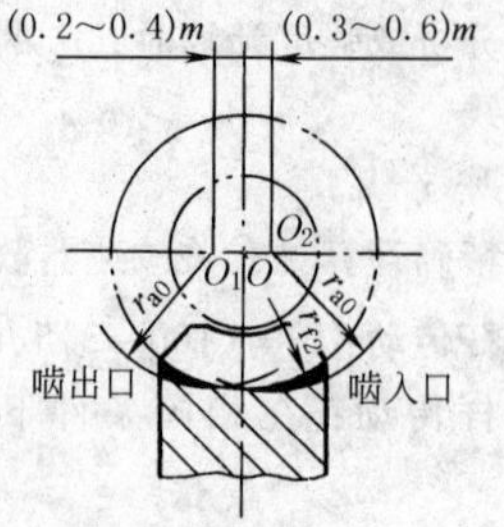

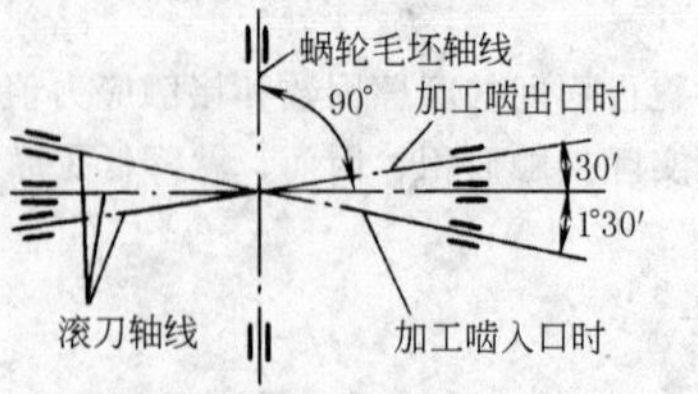

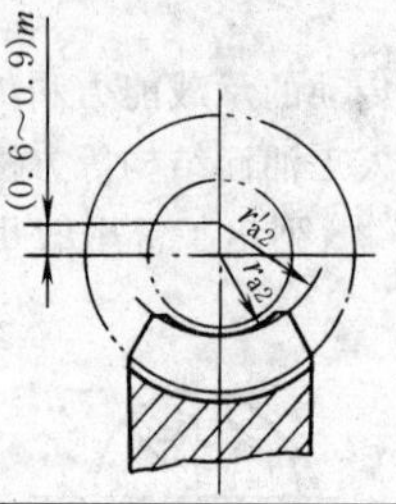

圆弧圆柱蜗杆传动实现月牙形接触

减小蜗轮滚刀(或飞刀)的齿廓圆弧半径 ρ_0 使 $\rho_0=\rho-\Delta\rho$		减小滚刀齿形角或增大蜗杆齿形角 α	
x_2	$\Delta\rho$	m/mm	$\Delta\alpha$
0.5～0.75	$0.04\pi m_x$	3～6	20′
>0.75～1	$0.05\pi m_x$	7～12	30′
>1～1.5	$0.06\pi m_x$	13～25	35′
ρ——蜗杆齿廓圆弧半径		$\Delta\alpha=\alpha-\alpha_0$	

蜗杆螺旋面顶部修缘				
蜗杆圆周速度/m·s^{-1}	>10		>6	
蜗杆精度等级	7		8	
$\Delta_f m$　$0.45m$	m/mm	Δ_f/mm	m/mm	Δ_f/mm
	2～2.5	0.015	2～2.75	0.02
	2.75～3.5	0.012	3～3.5	0.0175
	3.75～5	0.010	3.75～8	0.015
	5.5～7	0.009	5.5～8	0.012
	8～11	0.008	9～16	0.010
	12～20	0.007	18～25	0.009
	22～30	0.006	28～50	0.008

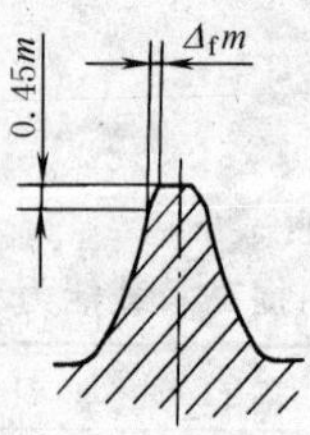

3　环面蜗杆传动

环面蜗杆传动的蜗杆外形，是以一个凹圆弧为母线绕蜗杆轴线回转而形成的回转面，故称圆环回转面蜗杆，简称环面蜗杆。

3.1　环面蜗杆传动的分类及特点

环面蜗杆传动的类别，取决于形成螺旋齿面的母线或母面。母线为直线时，称为直廓环面蜗杆传动（TSL型）；母面为平面时，称为平面包络环面蜗杆传动。

第14篇

平面包络环面蜗杆传动泛指平面一次包络环面蜗杆传动（TVP 型）和平面二次包络环面蜗杆传动（TOP 型）两种，在平面一次包络环面蜗杆传动中，又有直齿平面包络环面蜗杆传动和斜齿平面包络环面蜗杆传动之分。

直廓环面蜗杆传动（TSL 型）和平面二次包络环面蜗杆传动，都是多齿接触和双接触线接触。因此，扩大了接触面积、改善了油膜形成条件、增大了齿面间的相对曲率半径等，这就是提高传动效率和承载能力的原因所在；平面一次包络环面蜗杆传动虽是单接触线接触，但也有多齿接触等优点，所以其传动效率和承载能力也比圆柱蜗杆传动大得多。

平面包络环面蜗杆比较容易实现完全符合其啮合原理的精确加 工和淬硬磨削，尤其对于平面一次包络环面蜗杆传动的制作还较容易。

3.2 环面蜗杆传动的形成原理

直廓环面蜗杆的形成原理

在图 14-4-14 中，设空间有一轴线 $O_1—O_1$，通过该轴线的平面 P 绕 $O_1—O_1$ 以角速度 ω_1 回转。与此同时，在平面 P 上有一直线 $N—N$，它距平面 P 上一点 O_2 的垂直距离为 $d_b/2$，以角速度 ω_2 绕 O_2 回转。这样，直线 $N—N$ 在空间形成的轨迹面，就是直廓环面蜗杆的螺旋齿面。直线 $N—N$ 也就是形成该蜗杆螺旋齿面的母线。

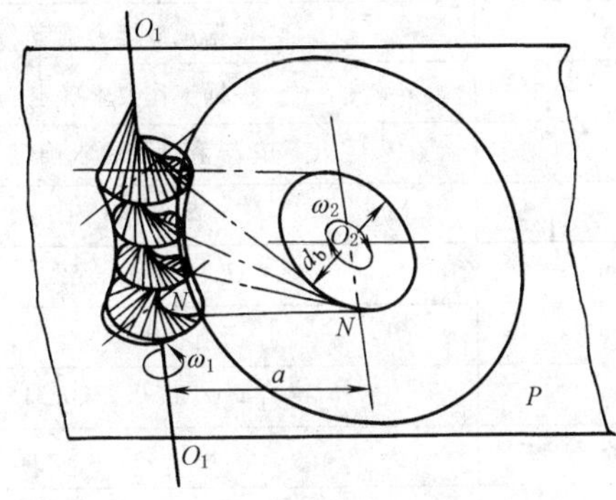

图 14-4-14　直廓环面蜗杆形成原理

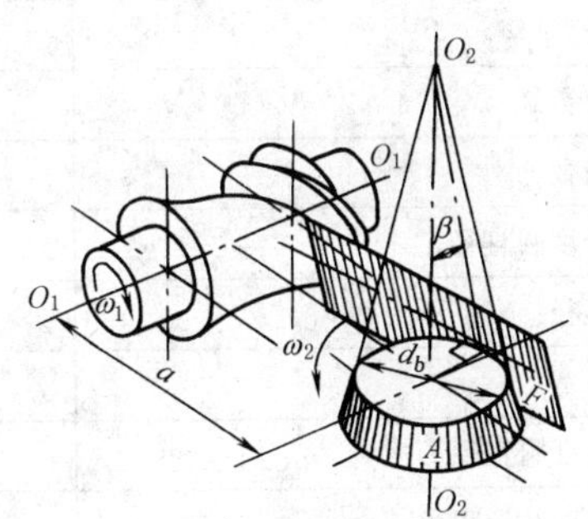

图 14-4-15　平面包络蜗杆形成原理

平面包络环面蜗杆的形成原理

如图 14-4-15 所示，设平面 F 与圆锥 A 外表面相切，并一起绕轴线 $O_2—O_2$ 以角速度 ω_2 回转。与此同时，蜗杆毛坯绕其轴线 $O_1—O_1$ 以角速度 ω_1 回转。这样，平面 F 在蜗杆毛坯上形成的轨迹面便是平面包络环面蜗杆的螺旋齿面。平面 F 就是形成该蜗杆螺旋齿面的母面。

平面包络环面蜗杆的螺旋齿面，实际上是以平面齿齿轮的齿面为母面经过共轭运动包络形成的。因此，该平面包络环面蜗杆与该平面齿齿轮组成的传动副，称作平面一次包络环面蜗杆传动。

在图 14-4-15 中，当母平面 F 与刀座轴线 $O_2—O_2$ 的夹角 $\beta=0$ 时，是直廓平面包络环面蜗杆，适于传递运动；当母平面 F 与刀座轴线 $O_2—O_2$ 的夹角 $\beta>0$ 时，是斜齿平面包络环面蜗杆，适于传递动力。

平面二次包络环面蜗杆传动，其蜗轮齿面则是由上述蜗杆的齿面为母面包络形成的，即由与该蜗杆参数、形状完全一致的滚刀展成。构成该传动副，需两次包络运动，故称平面二次包络环面蜗杆传动。

3.3 环面蜗杆传动的参数选择和几何尺寸计算

首先根据承载能力的要求确定中心距 a，再按直廓环面蜗杆传动（表 14-4-19）和平面二次包络环面蜗杆传动（表 14-4-20）分别计算几何尺寸。

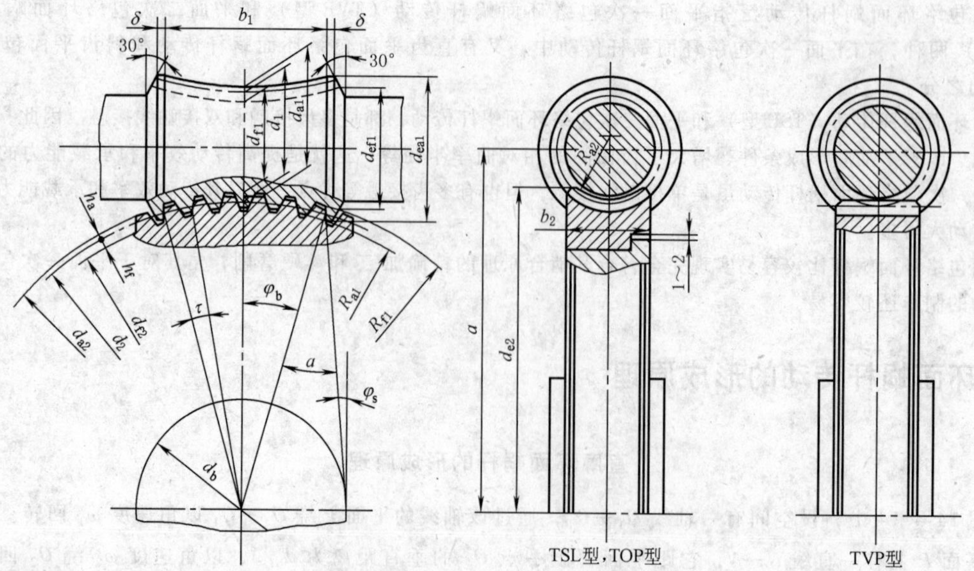

表 14-4-19　　直廓环面蜗杆传动参数和几何尺寸计算

名　　称	代号/单位	计算公式和说明
中心距	a/mm	根据承载能力确定
传动比	i_{12}	根据工作要求确定
蜗杆头数	z_1	按 i_{12} 和使用要求确定
蜗轮齿数	z_2	$z_2 = i_{12} z_1$
蜗杆分度圆直径	d_1/mm	$d_1 \approx 0.681 a^{0.875}$
基圆直径	d_b/mm	$d_b \approx 0.625a$
蜗轮齿宽	b_2/mm	$b_2 \approx \psi_a a$（ψ_a 按 0.25、0.315 选）
蜗轮分度圆直径	d_2/mm	$d_2 = 2a - d_1$
蜗杆分度圆导程角	γ/(°)	$\gamma = \arctan[d_2/(i_{12} d_1)]$
齿距角	τ/(°)	$\tau = 360°/z_2$
蜗杆包围蜗轮齿数	z'	$z_2 < 40$ 时 $z' = 4$ $z_2 \geqslant 40$ 时 $z' = z_2/10$（4 舍 5 入）
蜗杆包围蜗轮工作半角	φ_h/(°)	$\varphi_h = 0.5\tau(z' - 0.45)$ $\varphi_h = 0.5\tau(z' - 0.50)$（用于等齿厚）
蜗杆工作长度	b_1/mm	$b_1 = d_2 \sin\varphi_w$
蜗轮端面模数	m_t/mm	$m_t = d_2/z_2$
径向间隙	c/mm	$c \approx 0.2 m_t$
齿根圆角半径	ρ_f/mm	$\rho_f = c$
齿顶倒角尺寸	c_a/mm	$c_a = 0.6c$
齿顶高	h_a/mm	$h_a = 0.75 m_t$
全齿高	h/mm	$h = 1.7 m_t$
蜗杆齿顶圆直径	d_{a1}/mm	$d_{a1} = d_1 + 2h_a$
蜗杆齿根圆直径	d_{f1}/mm	$d_{f1} = d_{a1} - 2h$
蜗轮齿顶圆直径	d_{a2}/mm	$d_{a2} = d_2 + 2h_a$

续表

名　称	代号/单位	计算公式和说明
蜗轮齿根圆直径	d_{f2}/mm	$d_{f2}=d_{a2}-2h$
蜗杆齿顶圆弧半径	R_{a1}/mm	$R_{a1}=a-d_{a1}/2$
蜗杆齿根圆弧半径	R_{f1}/mm	$R_{f1}=a-d_{f1}/2$
分度圆压力角	α/(°)	$\alpha=\arcsin(d_b/d_2)$
圆周齿侧间隙	j_t/mm	由表 14-4-67 查得
圆周齿侧间隙半角	α_j/(°)	$\alpha_j=\arcsin(j_t/d_2)$
蜗杆齿厚半角	γ_1/(°)	$\gamma_1=0.225\tau-\alpha_j$ $\gamma_1=0.25\tau-\alpha_j$(用于等齿厚)
蜗轮齿厚半角	γ_2/(°)	$\gamma_2=0.275\tau$ $\gamma_2=0.25\tau$(用于等齿厚)
蜗杆轴线截面齿形半角	α_1/(°)	$\alpha_1=\alpha+\gamma_1$
蜗轮齿形角	α_2/(°)	$\alpha_2=\alpha_1-0.5\tau+\alpha_j$
蜗杆螺旋入口修形量	Δ_f/mm	$\Delta_f=(0.0003+0.000034i_{12})a$
蜗杆中间平面齿厚修形减薄量	Δs_{n1}/mm	$\Delta s_{n1}=2\Delta_f\left(0.3-\frac{56.7}{z_2\varphi_w}\right)^2\cos\gamma$ 等齿厚时 $\Delta s_{n1}=2\Delta_f\left(0.3-\frac{63}{z_2\varphi_w}\right)^2\cos\gamma$
蜗杆中间平面法向弦齿厚	$\bar{s}_{n1}$/mm	$\bar{s}_{n1}=d_2\sin\gamma_1\cos\gamma$ 中间平面有修形量时 $\bar{s}_{n1}=d_2\sin\gamma_1\cos\gamma-\Delta s_{n1}$
蜗杆法向弦齿厚测量齿高	$\bar{h}_{a1}$/mm	$\bar{h}_{a1}=h_a-0.5d_2(1-\cos\gamma_1)$
蜗轮中间平面法向弦齿厚	$\bar{s}_{n2}$/mm	$\bar{s}_{n2}=d_2\sin\gamma_2\cos\gamma$
蜗轮法向弦齿厚测量齿高	$\bar{h}_{a2}$/mm	$\bar{h}_{a2}=h_a+0.5d_2(1-\cos\gamma_2)$
蜗杆外径处肩带宽度	δ/mm	$\delta=0.5m_t$(圆整)
蜗杆螺旋入口修缘量	Δ_j/mm	$\Delta_j=0.03h$
入口修缘对应角	ψ/(°)	$\psi=\psi_w-0.6\tau$
蜗杆顶圆最大直径	d_{ea1}/mm	$d_{ea1}=2[a-(R_{a1}^2-0.25L_w^2)^{0.5}]$
蜗杆齿根圆最大直径	d_{ef1}/mm	$d_{ef1}=0.5\{(L+d_{ea1}+2a)-[(L+d_{ea1}+2a)^2-2(L+d_{ea1})^2-8(a^2-R_{f1}^2)]^{0.5}\}$
蜗轮齿顶圆最大直径	d_{ea2}/mm	作图确定
蜗杆齿顶圆弧半径	R_{a2}/mm	$R_{a2}\geqslant 0.53d_{f1}$
工作起始角	φ_s/(°)	$\varphi_s=\alpha-\varphi_h$

注：1. 通常蜗杆和蜗轮的齿厚角分别为 0.45τ 和 0.55τ，当中心距 $a\leqslant160$mm、传动比 $i_{12}>25$ 时，为防止蜗轮刀具刀顶过窄，可按等齿厚分配。

2. 表中算例按抛物线修形计算，若按其他方法修形，相关公式应作变动。

表 14-4-20　　平面二次包络环面蜗杆传动的参数和几何尺寸计算

名　称	代号/单位	计算公式和说明
中心距	a/mm	根据承载能力确定
传动比	i_{12}	根据工作要求确定
蜗杆头数	z_1	根据 i_{12} 和工作要求确定
蜗轮齿数	z_2	$z_2=i_{12}z_1$

续表

名　称	代号/单位	计算公式和说明
蜗杆分度圆直径	d_1/mm	$d_1 \approx k_1 a$(圆整) $i_{12} > 20, k_1 = 0.33 \sim 0.38$ $i_{12} > 10, k_1 = 0.36 \sim 0.42$ $i_{12} \leqslant 10, k_1 = 0.40 \sim 0.50$
蜗轮分度圆直径	d_2/mm	$d_2 = 2a - d_1$
蜗轮端面模数	m_t/mm	$m_t = d_2 / z_2$
齿顶高	h_a/mm	$h_a = 0.7 m_t$
齿根高	h_f/mm	$h_f = 0.9 m_t$
全齿高	h/mm	$h = h_a + h_f$
齿顶间隙	c/mm	$c = 0.2 m_t$
蜗杆齿根圆直径	d_{f1}/mm	$d_{f1} = d_1 - 2h_f$
蜗杆齿顶圆直径	d_{a1}/mm	$d_{a1} = d_1 + 2h_a$
蜗杆齿根圆弧半径	R_{f1}/mm	$R_{f1} = a - 0.5 d_{f1}$
蜗杆齿顶圆弧半径	R_{a1}/mm	$R_{a1} = a - 0.5 d_{a1}$
蜗轮齿根圆直径	d_{f2}/mm	$d_{f2} = d_2 - 2h_f$
蜗轮齿顶圆直径	d_{a2}/mm	$d_{a2} = d_2 + 2h_a$
蜗杆喉部分度圆导程角	γ/(°)	$\gamma = \arctan[d_2/(d_1 i_{12})]$
齿距角	τ/(°)	$\tau = 360/z_2$
主基圆直径	d_b/mm	$d_b = k_2 a$(圆整) $k_2 = 0.5 \sim 0.67$ 一般取 $k_2 = 0.63$,小传动比可取较小值
蜗轮分度圆压力角	α/(°)	$\alpha = \arcsin(d_b/d_2)$ ($\alpha = 20° \sim 25°$)
蜗杆包围蜗轮齿数	z'	$z' = z_2/10$(圆整)
蜗杆包围蜗轮的工作半角	φ_h/(°)	$\varphi_h = 0.5\tau(z' - 0.45)$
工作起始角	φ_s/(°)	$\varphi_s = \alpha - \varphi_h$
蜗轮齿宽	b_2/mm	$b_2 = (0.9 \sim 1.0) d_{f1}$(圆整)
蜗杆工作长度	b_1/mm	$b_1 = d_2 \sin\varphi_w$
蜗杆外径处肩带宽度	δ/mm	$\delta \leqslant m_t$
蜗杆最大齿顶圆直径	d_{ea1}/mm	$d_{ea1} = 2[a - (R_{a1}^2 - 0.25 b_1^2)^{0.5}]$
蜗杆最大齿根圆直径	d_{ef1}/mm	$d_{ef1} = 2[a - (R_{f1}^2 - 0.25 b_1^2)^{0.5}]$
蜗轮分度圆齿距	p_t/mm	$p_t = \pi m_t$
圆周齿侧间隙	j/mm	由表 14-4-71 查得
蜗轮分度圆齿厚	s_2/mm	$i_{12} > 10$ 时,$s_2 = 0.55 p_t$ $i_{12} \leqslant 10$ 时,$s_2 = p_t - s_1 - j$
蜗杆分度圆弧齿厚	s_1/mm	$i_{12} > 10$ 时,$s_1 = p_t - s_2 - j$ $i_{12} \leqslant 10$ 时,$s_1 = k_3 p_t$ $z_1 < 4$ 时,$k_3 \approx 0.45$ $z_1 = 4, k_3 = 0.46$ $z_1 = 5, k_3 = 0.47$ $z_1 = 6, k_3 = 0.48$ $z_1 = 8, k_3 = 0.49$

续表

名　　称			代号/单位	计算公式和说明
产形面倾角			$\beta/(°)$	$\tan\beta\approx\dfrac{\cos(\alpha+\Delta)\dfrac{d_2}{2a}\cos\alpha}{\cos(\alpha+\Delta)-\dfrac{d_2}{2a}\cos\alpha}\times\dfrac{1}{i_{12}}$ $i_{12}\geqslant30,\Delta=8°;i_{12}<30,\Delta=6°$ $i_{12}<10,\Delta=1°\sim4°$或$\Delta=i_{12}(0.1°\sim0.2°)$
蜗杆分度圆法向齿厚			s_{n1}/mm	$s_{n1}=s_1\cos\gamma$
蜗轮分度圆法向齿厚			s_{n2}/mm	$s_{n2}=s_2\cos\gamma$
蜗轮齿顶圆弧半径			R_{a2}/mm	$R_{a2}=0.53d_{f1}$
蜗杆齿厚测量齿高			$\overline{h}_{a1}$/mm	$\overline{h}_{a1}=h_a-0.5d_2\{1-\cos[\arcsin(s_1/d_2)]\}$
蜗轮齿厚测量齿高			$\overline{h}_{a2}$/mm	$\overline{h}_{a2}=h_a+0.5d_2\{1-\cos[\arcsin(s_2/d_2)]\}$
蜗杆修缘值	入口端	修缘值	e_a/mm	$e_a=0.3\sim1$
		修缘长度	E_a/mm	$E_a=(1/4\sim1)p_t$
	出口端	修缘值	e_b/mm	$e_b=0.2\sim0.8$
		修缘长度	E_b/mm	$E_b=(1/3\sim1)p_t$

3.4　环面蜗杆传动的修型和修缘计算

环面蜗杆的修型，是为了使传动获得较高的承载能力和传动效率。环面蜗杆啮入口或啮出口的修缘，是为了保证蜗杆螺牙能平稳地进入啮合或退出啮合。

(1) 直廓环面蜗杆

直廓环面蜗杆的修型，是将“原始型”直廓环面蜗杆（如图14-4-16细实线部分所示，特点为等齿厚）的螺牙从中间向两端逐渐减薄而成（如图14-4-16实线部分所示，其特点是近似于“原始型”蜗杆磨损后的形状）。目前在工业生产中使用的直廓环面蜗杆传动一般均经修型，即“修正型”。“修正型”又有“全修型”和“对称修型”等修型形式。“全修型”的修型曲线其特征是没有拐点，极值点对应的角度值等于$1.42\varphi_w$。修型曲线按抛物线确定（即“全修型”的蜗杆螺牙的螺旋线在展开的全长上与“原始型”的偏离数值），其方程为：

$$\Delta_y=\Delta_f\left(0.3-0.7\frac{\varphi_y}{\varphi_w}\right)^2$$

式中　Δ_f——啮入口修型量，见表14-4-22；

φ_y——用来确定Δ_y的角度值。

实现“全修型”环面蜗杆传动，需要结构较复杂的专用机床，故当前应用较少。

“对称修型”是在增大中心距、成形圆直径和改变分齿挂轮的速比后，对“原始型”蜗杆进行修型而获得的。“对称修型”的修型曲线接近于“全修型”的修型曲线。因此，“对称修型”也可获得较好的啮合性能。由于实现“对称修型”为需增设新的专用机

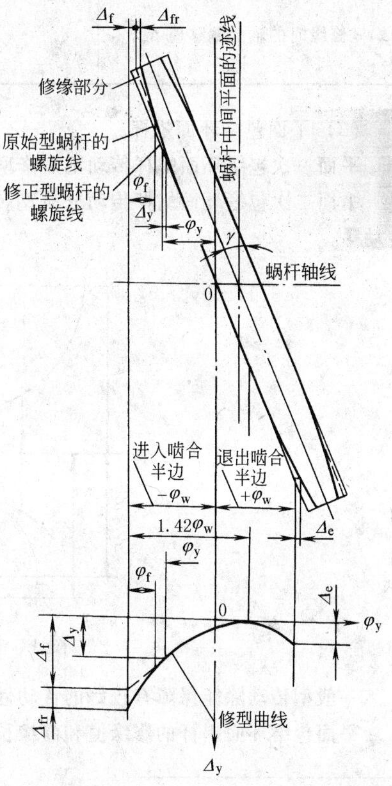

图14-4-16　直廓环面蜗杆螺牙截面展开图

第14篇

床，故当前应用较广。

“对称修型”的修型计算公式见表 14-4-21。

表 14-4-21　　直廓环面蜗杆对称修型计算

项　　目	计 算 公 式 及 说 明
传动比增量系数 K_i	$$K_i=\frac{\Delta_f\cos(0.42\varphi_w+\alpha)}{0.5d_2[\sin(0.42\varphi_w+\alpha)-\sin\varphi_0-1.42\varphi_w\cos(0.42\varphi_w+\alpha)]+\Delta_f\cos\alpha}$$ 式中　$1.42\varphi_w$ 以弧度计
分齿挂轮速比 i_0	$i_0=\frac{i}{1-K_i}=\frac{z'_2}{z_1}$；$z'_2$——假想蜗轮齿数
中心距增量 Δ_a	$$\Delta_a=\frac{K_i d_2\cos\alpha}{2[\cos(a+0.42\varphi_w)-K_i\cos\alpha]}$$
修型成形圆直径 d_{b0}	$d_{b0}=d_b+2\Delta_a\sin\alpha$
修型方程 Δ_y	$$\Delta_y=\left\{\frac{\Delta_a}{\cos\alpha}[\sin\alpha-\sin(a+\psi)]+K_i\psi\left(\Delta_a+\frac{d_2}{2}\right)\right\}-\left\{\frac{\Delta_a}{\cos\alpha}[\sin\alpha-\sin(\alpha+0.42\varphi_w)]+0.42\varphi_w K_i\left(\Delta_a+\frac{d_2}{2}\right)\right\}$$ 式中　$K_i\psi$ 和 $0.42\varphi_w K_i$ 以弧度计，$-\varphi_w\leqslant\psi\leqslant+\varphi_w$
蜗杆修缘时中心距再增加值 Δ'_a	$$\Delta'_a=\frac{\Delta_{fr}\cos(\psi_r+\psi_0)}{\sin\psi_r}$$
蜗杆修缘时的轴向偏移值 Δ_x	$$\Delta_x=\frac{\Delta_{fr}\sin(\psi_r+\psi_0)}{\sin\psi_r}$$

（2）平面包络环面蜗杆

平面一次包络环面蜗杆传动不需修型。

平面二次包络环面蜗杆传动分典型传动和一般型传动两种传动型式，如图 14-4-17 所示，推荐采用一般型传动❶。

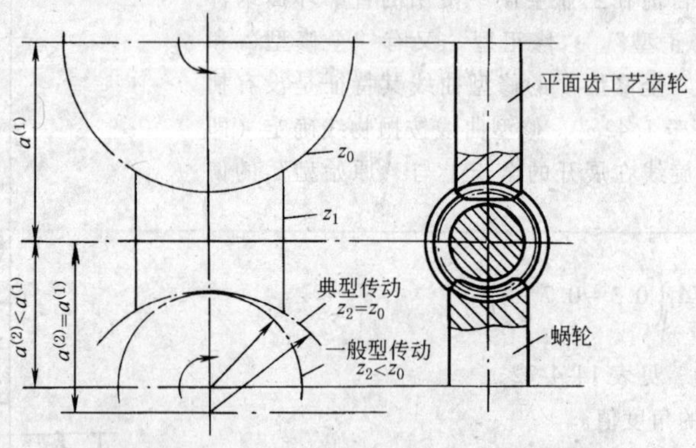

图 14-4-17　平面二次包络环面蜗杆传动类型

一般型传动除能保障有较好的传动性能外，还可方便蜗轮副的合装。

平面包络环面蜗杆的修缘值和修缘长度列于表 14-4-22 和表 14-4-23。

❶ 实现一般型传动需采取必要的工艺措施，设计时，可与首都钢铁公司机械厂联系。

表 14-4-22　　平面包络不面蜗杆的修缘值 Δ_{fr}　　mm

传动比 i	中心距 a						
	50~125	140~200	225~320	360~500	560~800	900~1250	1400~1600
5~22.4	0.2	0.25	0.3	0.4	0.55	0.7	0.85
25~40	0.25	0.3	0.4	0.55	0.7	0.85	1.0
45~63	0.3	0.4	0.55	0.7	0.85	1.0	1.2
71~90	0.4	0.55	0.7	0.85	1.0	1.2	1.4

注：蜗杆啮出口修缘值 $\Delta_{fc}=\frac{2}{3}\Delta_{fr}$。

表 14-4-23　　平面包络环面蜗杆的修缘长度

蜗杆包围蜗轮齿数 z'	3、3.5	4	5	6	7	8
啮入口修缘长度 $\Delta_{\psi r}$	$p/2$	$p/2$	$2p/3$	$2p/3$	p	p
啮出口修缘长度 $\Delta_{\psi c}$	$p/3$	$p/2$	$p/2$	$2p/3$	$3p/4$	p

注：p—蜗轮齿距，mm。

3.5 环面蜗杆传动承载能力计算

直廓环面蜗杆传动承载能力计算

已知直廓环面蜗杆传动的传动比 i_{12}、蜗杆转速 n_1 和输入功率 P_1 或输出转矩 T_2，设计标准传动时可按 JB/T 7936—1999 中的额定输入功率 P_1 和额定输出转矩 T_2（见表 14-4-24）查得中心距 a。设计非标准传动时，则可按表 14-4-24 粗选的中心距 a 值计算许用输入功率（AGMA441.04），根据蜗杆实际传递功率值，经过修正后得到中心距 a 的终值。

蜗杆的许用输入功率按下式计算

$$P_{1P}=0.75K_aK_bK_iK_vn_1/i_{12}\geqslant P_{c1}$$

式中　n_1——蜗杆转速，r/min；

K_a——中心距系数，由表 14-4-25 查得或由以下公式求得

当 50mm≤a≤125mm 时

$$K_a=1.081953\times10^{-6}a^{2.86409}$$

当 125mm<a≤1000mm 时

$$K_a=1.97707\times10^{-6}a^{2.71517}$$

K_b——齿宽和材料系数，由表 14-4-25 查得或由计算求得，当 50mm≤a≤1000mm 时

$$K_b=0.377945+5.748350\times10^{-3}a-1.3153\times10^{-5}a^2+1.37559\times10^{-8}a^3-5.253\times10^{-12}a^4$$

表 14-4-24　　额定输入功率 P_1 和额定输出转矩 T_2（摘自 JB/T 7936—1999）

公称传动比 i	输入转速 n_1 /r·min^{-1}	功率、转矩代号	中心距 a/mm										
			100	125	160	200	250	280	315	355	400	450	500
			额定输入功率 P_1/kW，额定输出转矩 T_2/N·m										
10	1500	P_1	11.5	20.8	35.4	65.5	111.0	145.0	190.0	248.0	329.0	431.0	526.0
		T_2	665	1220	2100	3840	6660	8670	11380	14900	19720	26450	32260
	1000	P_1	92	16.8	28.9	53.7	92.3	122.0	161.0	213.0	293.0	369.0	464.0
		T_2	790	1460	2530	4660	8190	10800	14290	18910	25080	33470	42080
	750	P_1	8.0	14.8	25.6	47.8	82.9	110.0	147.0	196.0	260.0	338.0	433.0
		T_2	910	1700	2960	5490	9740	12910	17300	23030	30500	40590	51990
	500	P_1	6.1	11.6	20.5	38.7	68.1	90.7	122.0	163.0	217.0	284.0	367.0
		T_2	1040	1970	3520	6600	11870	15800	21260	28390	37740	50550	65350
	300	P_1	4.2	8.1	14.6	28.1	50.8	68.5	93.3	126.0	169.0	223.0	289.0
		T_2	1170	2250	4140	7890	14570	19670	26770	36160	48470	65360	84880

续表

公称传动比 i	输入转速 n_1 /r·min^{-1}	功率转矩代号	中心距 a/mm										
			100	125	160	200	250	280	315	355	400	450	500
			额定输入功率 P_1/kW,额定输出转矩 T_2/N·m										
12.5	1500	P_1	10.6	19.4	33.0	58.3	99.4	130.0	171.0	223.0	293.0	384.0	475.0
		T_2	725	1330	2290	4050	7060	9210	12110	15830	20760	27830	34440
	1000	P_1	8.4	15.6	26.8	47.7	82.2	109.0	145.0	191.0	263.0	330.0	418.0
		T_2	845	1580	2740	4890	8620	11420	15190	20010	26490	35330	44800
	750	P_1	7.3	13.6	23.7	42.4	73.6	97.6	131.0	175.0	232.0	303.0	389.0
		T_2	970	1820	3210	5740	10210	13540	18170	24250	32140	42920	55170
	500	P_1	5.5	10.5	18.7	34.1	60.2	80.4	108.0	145.0	193.0	253.0	327.0
		T_2	1100	2090	3760	6870	12400	16540	22290	29830	39670	53200	68850
	300	P_1	3.7	7.2	13.1	24.6	44.5	60.2	82.2	111.0	149.0	198.0	257.0
		T_2	1200	2320	4290	8050	14920	20190	27540	37310	50100	67750	88130
14	1500	P_1	9.3	17.3	29.4	51.8	88.3	115.0	151.0	197.0	260.0	342.0	419.0
		T_2	705	1300	2250	3970	6910	9000	11810	15440	20360	27380	33560
	1000	P_1	7.4	13.9	23.9	42.5	73.2	97.0	129.0	169.0	224.0	294.0	370.0
		T_2	830	1550	2710	4810	8470	11220	14890	19580	25910	34740	43730
	750	P_1	6.4	12.2	21.1	37.8	65.6	87.0	117.0	155.0	206.0	269.0	345.0
		T_2	950	1800	3170	5650	10050	13310	17850	23780	31530	42040	53940
	500	P_1	4.9	9.4	16.8	30.5	53.8	71.7	96.5	129.0	172.0	225.0	291.0
		T_2	1080	2070	3710	6770	12220	16280	21910	29280	38960	52230	67560
	300	P_1	3.3	6.5	11.8	22.1	40.0	54.0	73.6	99.5	133.0	176.0	229.0
		T_2	1170	2280	4210	7880	14600	19720	26870	36330	48760	65880	85610
16	1500	P_1	8.1	14.8	25.2	45.6	78.0	102.0	134.0	175.0	230.0	301.0	390.0
		T_2	690	1250	2170	4130	7210	9440	12430	16230	21240	28430	36860
	1000	P_1	6.5	11.9	20.7	37.3	64.4	85.0	114.0	150.0	198.0	259.0	334.0
		T_2	815	1490	2630	4990	8790	11630	15560	20510	27020	36240	46650
	750	P_1	5.7	10.5	18.2	33.1	57.6	76.4	103.0	137.0	182.0	237.0	306.0
		T_2	940	1740	3050	5850	10400	13820	18540	24750	32840	43910	56530
	500	P_1	4.3	8.2	14.5	26.6	47.1	62.8	84.7	113.0	151.0	198.0	256.0
		T_2	1070	2020	3620	6980	12610	16850	22720	30420	40480	54360	68970
	300	P_1	2.9	5.7	10.3	19.1	34.7	46.9	64.1	86.9	117.0	155.0	201.0
		T_2	1160	2240	4130	8050	14950	20250	27660	37490	50390	68260	88870
18	1500	P_1	7.4	13.5	23.0	41.7	71.5	93.6	124.0	162.0	211.0	275.0	357.0
		T_2	705	1270	2210	4180	7340	9600	12700	16580	21620	28830	37460
	1000	P_1	6.0	10.8	18.8	34.1	58.9	77.7	104.0	138.0	181.0	237.0	306.0
		T_2	845	1510	2660	5050	8920	11760	15750	20900	27400	36760	47420
	750	P_1	5.1	9.5	16.6	30.2	52.6	69.7	93.7	125.0	166.0	217.0	280.0
		T_2	950	1760	3100	5920	10550	13980	18810	25110	33320	44640	57500
	500	P_1	3.9	7.4	13.2	24.2	42.9	57.2	77.3	104.0	138.0	181.0	234.0
		T_2	1070	2040	3660	7030	12760	17020	23000	30820	41020	55150	71380
	300	P_1	2.6	5.1	9.3	17.3	31.4	42.6	58.3	79.1	106.0	141.0	184.0
		T_2	1150	2220	4100	7970	14860	20110	27530	37360	50250	68230	88860
20	1500	P_1	6.4	11.9	20.3	35.9	61.2	79.9	105.0	137.0	180.0	237.0	292.0
		T_2	700	1300	2250	3980	6950	9070	11910	15540	20450	27510	33890
	1000	P_1	5.1	9.6	16.5	29.4	50.7	66.7	88.8	118.0	156.0	203.0	257.0
		T_2	825	1550	2700	4810	8490	11180	14880	19730	26130	34860	44120
	750	P_1	4.4	8.4	14.6	26.1	45.4	60.2	80.7	108.0	143.0	186.0	239.0
		T_2	940	1790	3160	5650	10060	13350	17900	23860	31650	42290	54320
	500	P_1	3.4	6.5	11.6	21.1	37.2	49.6	66.8	89.3	119.0	156.0	202.0
		T_2	1070	2060	3700	6760	12230	16300	21950	29350	39060	52450	67870

续表

公称传动比 i	输入转速 n_1 /r·min^{-1}	功率转矩代号	中心距 a/mm										
			100	125	160	200	250	280	315	355	400	450	500
			额定输入功率 P_1/kW,额定输出转矩 T_2/N·m										
20	300	P_1	2.3	4.5	8.1	15.2	27.5	37.2	50.8	68.7	62.3	122.0	158.0
		T_2	1140	2230	4130	7730	14380	19420	26500	35850	48150	65190	84770
22.4	1500	P_1	6.1	11.1	18.9	33.4	57.1	74.6	98.4	128.0	168.0	220.0	285.0
		T_2	730	1310	2270	4020	7040	9190	12120	15800	20700	27740	35920
	1000	P_1	4.7	8.8	15.2	27.3	47.2	62.2	82.9	110.0	145.0	190.0	245.0
		T_2	830	1540	2710	4840	8590	11320	15090	20060	26390	35350	45580
	750	P_1	4.1	7.8	13.5	24.3	42.2	56.0	75.2	100.0	133.0	174.0	224.0
		T_2	960	1800	3190	5690	10150	13470	18100	21420	32000	42780	55070
	500	P_1	3.1	6.0	10.7	19.5	34.5	46.1	62.2	83.1	111.0	145.0	188.0
		T_2	1080	2060	3720	6800	12300	16420	22170	29640	39450	52960	68580
	300	P_1	2.1	4.1	7.5	14.0	25.5	34.4	47.1	63.7	85.7	113.0	147.0
		T_2	1150	2220	4130	7740	14400	19480	26640	36050	48460	65650	85490
25	1500	P_1	5.7	10.4	17.7	31.3	53.5	70.1	92.4	121.0	158.0	206.0	268.0
		T_2	740	1340	2320	4100	4180	9400	12390	16190	21150	28270	36730
	1000	P_1	4.5	8.2	14.3	25.5	44.1	58.3	77.6	103.0	136.0	178.0	230.0
		T_2	860	1570	2770	4930	8740	11540	15360	20390	26850	36070	46590
	750	P_1	3.9	7.2	12.6	22.7	39.4	52.4	70.3	93.8	125.0	163.0	210.0
		T_2	980	1830	3230	5800	10330	13710	18410	24580	32630	43700	56290
	500	P_1	2.9	5.6	10.0	18.2	32.2	43.0	58.0	77.8	104.0	136.0	176.0
		T_2	1090	2090	3770	6900	12500	16700	22530	30180	40190	54030	69960
	300	P_1	2.0	3.8	6.9	13.0	23.7	32.1	43.8	59.5	80.0	106.0	138.0
		T_2	1160	2240	4170	7830	14580	19760	26990	36620	49250	66850	87070
28	1500	P_1	5.2	9.4	16.1	28.5	49.0	64.2	84.9	111.0	145.0	188.0	244.0
		T_2	740	1330	2310	4100	7200	9430	12490	16310	21250	28310	36760
	1000	P_1	4.1	7.5	13.0	23.2	40.3	53.2	71.1	94.1	125.0	162.0	210.0
		T_2	855	1560	2750	4920	8740	11540	15420	20400	27040	35990	46670
	750	P_1	3.5	6.6	11.5	20.6	36.0	47.7	64.2	85.7	114.0	149.0	192.0
		T_2	960	1810	3210	5780	10330	13690	18410	24590	32640	43810	56460
	500	P_1	2.6	5.0	9.0	16.5	29.3	37.1	52.9	70.9	94.4	124.0	161.0
		T_2	1060	2040	3690	6770	12310	16430	22220	29780	39660	53420	69150
	300	P_1	1.8	3.4	6.3	11.8	21.5	29.1	39.8	54.0	72.7	96.4	126.0
		T_2	1120	2190	4060	7630	14270	19330	26460	35940	48360	65810	85740
31.5	1500	P_1	4.2	7.7	13.1	25.6	44.0	57.6	76.4	99.9	130.0	169.0	218.0
		T_2	660	120	2070	4100	7220	9480	12560	16420	21400	28390	36760
	1000	P_1	3.3	6.2	10.7	20.8	36.1	47.7	63.7	84.4	121.0	145.0	188.0
		T_2	765	1420	2490	4930	8760	11580	15470	20490	29370	36130	46860
	750	P_1	2.6	5.5	9.5	18.4	32.2	42.7	57.4	76.6	102.0	133.0	172.0
		T_2	890	1660	2910	5770	10320	13680	18410	24580	32670	43880	56650
	500	P_1	2.6	4.3	7.5	14.7	26.1	34.9	47.3	63.4	84.5	111.0	144.0
		T_2	980	1860	3350	6630	12100	16170	21880	29340	39130	52740	68350
	300	P_1	1.5	2.9	5.4	10.4	19.0	25.8	35.4	48.1	64.8	86.0	112.0
		T_2	1070	2060	3800	7540	14120	19140	26330	35660	48100	65520	85500
35.5	1500	P_1	3.8	7.0	11.9	23.1	39.7	52.2	69.4	90.8	118.0	153.0	198.0
		T_2	660	1200	2070	4070	7180	9440	12530	16420	21370	28280	36610
	1000	P_1	3.0	5.6	9.7	18.7	32.5	43.1	57.7	76.4	101.0	132.0	170.0
		T_2	770	1420	2480	4850	8650	11470	15360	20340	26910	35920	46450
	750	P_1	2.6	4.9	8.6	16.6	29.0	38.5	51.8	69.2	92.0	121.0	156.0
		T_2	880	1650	2900	5700	10220	13560	18270	24390	32440	43600	56540

续表

公称传动比 i	输入转速 n_1 /$r \cdot min^{-1}$	功率转矩代号	中心距 a/mm										
			100	125	160	200	250	280	315	355	400	450	500
			额定输入功率 P_1/kW,额定输出转矩 T_2/N·m										
35.5	500	P_1	2.0	3.8	6.8	13.2	23.5	31.4	42.6	57.2	76.3	100.0	130.0
		T_2	970	1840	3320	6550	11950	15980	21660	29060	38770	52300	68030
	300	P_1	1.4	2.6	4.8	9.4	17.1	23.2	31.8	43.2	58.4	77.5	101.0
		T_2	1030	2000	3690	7280	13680	18570	25490	34670	46800	63870	83660
40	1500	P_1	3.3	6.1	10.4	18.4	31.5	41.1	54.1	70.6	92.7	122.0	151.0
		T_2	640	1200	2070	3660	6410	8370	11010	14360	18870	25410	31420
	1000	P_1	2.6	4.9	8.5	15.1	26.1	34.3	45.7	60.4	79.8	105.0	133.0
		T_2	740	1420	2480	4410	7840	10310	13710	18120	23850	32300	40960
	750	P_1	2.3	4.3	7.5	13.4	23.3	30.9	41.5	55.3	73.4	95.9	123.0
		T_2	860	1640	28900	5170	9250	12270	16450	21930	29120	39020	50170
	500	P_1	1.7	3.3	5.9	10.8	19.1	25.5	34.3	45.9	61.1	80.1	104.0
		T_2	940	1820	3290	6010	10910	14550	19610	26220	34910	47040	60880
	300	P_1	1.2	2.3	4.2	7.8	14.1	19.1	26.1	35.3	47.4	62.6	81.5
		T_2	1000	1960	3630	6800	12710	17180	23450	31730	42650	58000	75460
45	1500	P_1	3.1	5.7	9.7	17.1	29.3	38.3	50.5	65.8	86.2	113.0	146.0
		T_2	650	1190	2050	3630	6370	8330	11000	14330	18750	25180	32660
	1000	P_1	2.4	4.5	7.8	13.9	24.1	31.8	42.5	56.1	74.1	97.0	126.0
		T_2	745	1380	2440	4360	7740	10230	13660	18040	23820	31980	41510
	750	P_1	2.1	4.0	6.9	12.4	21.6	28.6	38.5	51.3	68.1	89.0	115.0
		T_2	860	1610	2850	5120	9150	12140	16320	21760	28880	38740	49900
	500	P_1	1.6	3.1	5.5	10.0	17.6	23.6	31.8	42.5	56.6	74.3	96.2
		T_2	950	1810	3280	6000	10920	14570	19680	26310	35040	47220	61160
	300	P_1	1.1	2.1	3.8	7.2	13.0	17.6	24.1	32.6	43.8	57.9	75.5
		T_2	980	1910	3550	6660	12470	16880	23080	31260	42040	57230	74560
50	1500	P_1	2.9	5.3	9.0	15.9	27.3	35.8	47.2	61.7	80.6	105.0	137.0
		T_2	650	1190	2060	3630	6390	8370	11040	14430	18850	25240	32810
	1000	P_1	2.3	4.2	7.3	13.0	22.5	29.7	39.6	52.5	69.2	90.4	117.0
		T_2	750	1390	2460	4350	7750	10230	13660	18090	23840	32000	41430
	750	P_1	2.0	3.7	6.4	11.6	20.1	26.7	35.8	47.9	63.6	83.2	107.0
		T_2	850	1610	2850	5120	9150	12150	16320	21800	28940	38910	50150
	500	P_1	1.5	2.8	5.1	9.3	16.4	21.9	29.6	39.7	52.8	69.3	89.8
		T_2	940	1800	3260	5990	10900	14560	19650	26330	35070	47340	61320
	300	P_1	1.0	1.9	3.5	6.6	12.0	16.3	22.3	30.3	40.8	54.0	70.3
		T_2	970	1890	3520	6620	12400	16800	22960	31160	41930	57270	74560
56	1500	P_1	2.6	4.8	8.2	14.5	24.9	32.6	43.2	56.4	73.5	95.5	124.0
		T_2	640	1170	2040	3600	6360	8330	11030	14420	18780	25080	32540
	1000	P_1	2.1	3.8	6.6	11.8	20.5	27.0	36.1	47.8	62.9	82.3	107.0
		T_2	745	1370	2410	4300	7680	10130	13540	17940	23620	31750	41270
	750	P_1	1.8	3.3	5.8	10.5	18.3	24.2	32.6	43.5	57.7	75.7	97.6
		T_2	840	1580	2810	5060	9070	12020	16190	21610	28690	38670	49850
	500	P_1	1.4	2.6	4.6	8.4	14.9	19.8	26.8	36.0	47.9	63.0	81.6
		T_2	930	1760	3210	5890	10770	14380	19440	26070	34720	46960	60800
	300	P_1	0.9	1.7	3.2	6.0	10.9	14.7	20.2	27.4	36.9	48.9	63.8
		T_2	940	1840	3440	6470	12170	16480	22590	30670	41310	56490	73630
63	1500	P_1	—	—	—	12.9	22.2	29.2	38.7	50.6	65.9	85.3	110.0
		T_2	—	—	—	3630	6420	8420	11160	14600	19030	25300	32730
	1000	P_1	—	—	—	10.5	18.2	24.1	32.2	42.6	56.3	73.4	94.8
		T_2	—	—	—	4340	7710	10200	13660	18080	23880	32000	41370
	750	P_1	—	—	—	9.3	16.3	21.6	29.0	38.7	51.5	67.5	87.2
		T_2	—	—	—	5080	9120	12100	16290	21750	28910	38960	50320
	500	P_1	—	—	—	7.4	13.2	17.6	23.9	32.0	42.7	56.1	72.7
		T_2	—	—	—	5900	10790	14460	19520	26190	34930	47260	61240
	300	P_1	—	—	—	5.3	9.6	13.0	17.9	24.3	32.8	43.5	56.7
		T_2	—	—	—	6440	12120	16440	22560	30660	41360	56620	73900

注：1. 表内数值为工况系数 $K_A=1.0$ 时的额定承载能力。

2. 启动时或运转中的尖峰负荷允许取表内数值的2.5倍。

K_i——传动比系数，由表 14-4-26 查得或由以下公式求得

当 $8 \leqslant i_{12} \leqslant 16$ 时

$$K_i = 0.806 i_{12} / (i_{12} + 1.7)$$

当 $16 < i_{12} \leqslant 80$ 时

$$K_i = 0.7581 i_{12} / (i_{12} + 0.54)$$

当 $i_{12} > 80$ 时

$$K_i = 0.753$$

K_v——速率系数，由表 14-4-27 查得或由下式求得

$$K_v = 2C / (2 + 0.9838 v^{0.85})$$

v——齿面平均滑动速度（m/s）由下式求得

$$v = \pi d_1 n_1 / (6 \times 10^4 \cos\gamma_m)$$

式中，当 $v = 0 \sim 0.6$m/s 时，$C = 0.75$；$v = 1 \sim 18$m/s 时，$C = 0.8$；v 不在上述范围内时，一律取 $C = 0.78$。

表 14-4-25　　中心距系数 K_a 及齿宽和材料系数 K_b

中心距 a/mm	中心距系数 K_a	齿宽和材料系数 K_b	中心距 a/mm	中心距系数 K_a	齿宽和材料系数 K_b
63	0.154085	0.691244	400	22.9647	1.31871
80	0.305373	0.760461	500	42.0909	1.35505
100	0.578616	0.834481	630	78.8334	1.39110
125	1.096350	0.916558	800	150.802	1.45010
160	1.90803	1.01386	1000	276.398	1.47620
200	3.49714	1.10314	1250	463.300	1.51100
250	6.40974	1.18738	1600	1062.80	1.55700
315	12.0050	1.26180			

表 14-4-26　　传动比系数 K_i

i_{12}	8	10	12	16	20	24	32	40	48	64	80
K_i	0.665	0.690	0.706	0.727	0.737	0.741	0.746	0.748	0.750	0.752	0.753

表 14-4-27　　速率系数 K_v

齿面平均滑动速度 v/m·s^{-1}	0.10	0.20	0.40	0.60	0.80	1.00	2	3	4	5
K_v	0.701	0.666	0.612	0.569	0.554	0.536	0.424	0.355	0.308	0.273
齿面平均滑动速度 v/m·s^{-1}	6	7	8	9	10	12	16	20	24	30
K_v	0.246	0.224	0.206	0.191	0.178	0.158	0.129	0.107	0.094	0.079

蜗杆计算功率 P_{c1}（kW）按下式计算

$$P_{c1} = K_A P_1 / (K_F K_{MP})$$

式中　P_1——蜗杆实际传递功率，kW；

K_A——使用系数，由表 14-4-28 查得；

K_F——制造精度系数，由表 14-4-29 查得；

K_{MP}——材料搭配系数，由表 14-4-30 查得。

第14篇

表 14-4-28　　使用系数 K_A

每天工作小时数 /h	载荷性质			
	均匀	中等冲击	较大冲击	剧烈冲击
0.5	0.6	0.8	0.9	1.1
1.0	0.7	0.9	1.0	1.2
2.0	0.9	1.0	1.2	1.3
10.0	1.0	1.2	1.3	1.5
24.0	1.2	1.3	1.5	1.75

表 14-4-29　　制造精度系数 K_F

精度等级	6	7	8
K_F	1	0.9	0.8

表 14-4-30　　材料搭配系数 K_{MP}

蜗杆硬度	蜗轮材料	适用齿面滑动速度/m·s^{-1}	K_{MP}
≥53HRC，=32～38HRC	ZCuSn10P1 ZCuSn5Pb5Zn5	<30	1.0
	ZCuAl10Fe3	<8	0.8
	HT150	<3	0.4
≤280HB	ZCuSn10P1 ZCuSn5Pb5Zn5	<10	0.85
	ZCuAl10Fe3	<4	0.75
	HT150	<2	0.3

平面二次包络环面蜗杆传动承载能力计算

已知平面二次包络环面蜗杆传动的传动比 i_{12}、蜗杆转速 n_1，输入功率 P_1 或输出转矩 T_2，可按 GB/T 16444—1996 中的额定输入功率 P_1 和额定输出转矩 T_2（见表 14-4-31）查得中心距 a。

功率表按工作载荷平稳、每天工作 8h、每小时启动次数不大于 10 次、启动转矩为额定转矩的 2.5 倍、小时负荷率 $JC=100\%$、环境温度为 20℃时，给出额定输入功率 P_1 及额定输出转矩 T_2。当所设计传动的工作条件与上述情况不相同时，需要按以下公式计算：

机械功率和输出转矩为

$$P_1 \geqslant P_{1w} K_A K_1$$

$$T_2 \geqslant T_{2w} K_A K_1$$

热功率和输出转矩为

$$P_1 \geqslant P_{1w} K_2 K_3 K_4$$

$$T_2 \geqslant T_{2w} K_2 K_3 K_4$$

式中　P_{1w}——实际输入功率，kW；

T_{2w}——实际输出转矩，N·m；

K_A——使用系数，见表 14-4-32；

K_1——启动频率系数，见表 14-4-33；

K_2——小时负荷率系数，见表 14-4-34；

K_3——环境温度系数，见表 14-4-35；

K_4——冷却方式系数，见表 14-4-36。

传动效率可参考表 14-4-37。

表 14-4-31 平面二次包络环面蜗杆传动功率表（摘自 GB/T 16444—1996）

公称传动比 i	输入转速 n_1 /r·min^{-1}	功率转矩	中心距 a/mm 80	100	125	140	160	180	200	225	250	280	315	355	400	450	500	560	630	710
			额定输入功率 P_1/kW，额定输出转矩 T_2/N·m																	
10	1500	P_1	6.71	11.5	19.7	25.9	35.7	47.5	61.2	81.4	105	138	183	245	261	347				
		T_2	384	666	1141	1516	2093	2811	3626	4870	6280	8343	11087	14795	15787	20979				
	1000	P_1	6.20	10.6	18.2	23.9	33.0	43.9	56.6	75.2	97.0	127	169	226	241	320	413	543	722	963
		T_2	533	923	1581	2102	2901	3897	5025	6749	8703	11563	15366	20505	21881	29076	37495	49291	65499	87408
	750	P_1	5.22	8.94	15.3	20.1	27.8	36.9	47.6	63.3	81.6	107	143	190	203	270	348	457	608	811
		T_2	591	1019	1755	2333	3220	4326	5579	7494	9664	12842	17064	22772	24300	32290	41640	54740	72740	97071
	500	P_1	4.20	7.20	12.3	16.2	22.4	29.7	38.3	50.9	65.7	86.3	115	153	163	217	280	368	489	652
		T_2	697	1202	2071	2754	3801	5107	6586	8849	11412	15167	20145	26896	28700	38137	49181	64653	85913	114649
12.5	1500	P_1	5.88	10.1	17.3	22.7	31.3	41.7	53.7	71.4	92.0	121	161	215	229	304	392			
		T_2	417	722	1237	1645	2270	3066	3954	5311	6849	9100	12092	16137	17220	22882	29508			
	1000	P_1	5.26	9.00	15.4	20.3	28.0	37.2	48.0	63.8	82.2	108	144	192	205	272	351	461	612	817
		T_2	558	968	1658	2204	3042	4109	5298	7117	9178	12194	16204	21624	23074	30661	39540	51980	69072	92176
	750	P_1	4.31	7.39	12.7	16.7	23.0	30.5	39.4	52.3	67.5	88.7	118	157	168	223	288	378	503	671
		T_2	604	1041	1794	2386	3293	4448	5737	7665	9884	13135	17454	23292	24854	33027	42591	55993	74401	99287
	500	P_1	3.29	5.65	9.67	12.7	17.6	23.3	30.1	40.0	51.5	67.8	90.0	120	128	170	220	289	384	512
		T_2	676	1166	2009	2672	3688	4956	6392	8589	11076	14722	19563	25819	27857	37018	47737	62755	83390	111283
14	1500	P_1	5.45	9.34	16.0	21.0	29.0	38.6	49.8	66.1	85.3	112	149	199	212	282	364	478		
		T_2	430	745	1277	1688	2330	3165	4082	5483	7070	9395	12484	16660	17777	23623	30463	40047		
	1000	P_1	4.90	8.40	14.4	18.9	26.1	34.7	44.8	59.5	76.7	101	134	179	191	254	327	430	571	762
		T_2	580	1005	1723	2277	3143	4269	5506	7396	9537	12673	16840	22472	23980	31865	41092	54020	71783	95793
	750	P_1	4.00	6.85	11.7	15.4	21.3	28.3	36.5	48.5	62.6	82.3	109	146	156	207	267	351	466	622
		T_2	620	1075	1853	2464	3401	4544	5860	7917	10209	13568	18029	24060	25674	34116	43995	57836	76854	102560
	500	P_1	3.06	5.24	8.98	11.8	16.3	21.7	27.9	37.1	47.8	62.9	83.6	112	119	158	204	268	356	476
		T_2	695	1205	2078	2761	3814	5097	6572	8833	11391	15143	20122	26852	28653	38075	49101	64548	85773	114463

续表

公称传动比 i	输入转速 n_1 /r·min^{-1}	功率转矩	80	100	125	140	160	180	200	225	250	280	315	355	400	450	500	560	630	710
			中心距 a/mm;额定输入功率 P_1/kW,额定输出转矩 T_2/N·m																	
16	1500	P_1	4.98	8.54	14.6	19.2	26.5	35.3	45.5	60.4	77.9	102	136	182	194	258	332	437		
		T_2	446	774	1326	1763	2433	3233	4169	5663	7303	9706	12897	17211	18365	24441	31470	41372		
	1000	P_1	4.51	7.73	13.2	17.4	24.0	31.9	41.2	54.7	70.6	92.8	123	165	176	233	301	395	525	701
		T_2	606	1051	1801	2394	3305	4391	5663	7692	9920	13183	17517	23377	24945	33147	42746	56194	74604	99648
	750	P_1	3.65	6.25	10.7	14.1	19.4	25.8	33.3	44.3	57.1	75.0	99.7	133	142	189	243	320	425	567
		T_2	643	1108	1920	2553	3524	4735	6106	8114	10464	14062	18685	24935	26608	35357	45595	59940	79650	106292
	500	P_1	2.62	4.84	8.29	10.9	15.0	20.0	25.8	34.3	44.2	58.1	77.2	103	110	146	188	248	329	439
		T_2	725	1250	2154	2865	3954	5316	6855	9214	11881	15797	20991	28013	29892	39721	52223	67338	89480	119410
18	1500	P_1	4.59	7.86	13.5	17.7	24.4	32.5	41.9	55.7	71.8	94.4	125	167	179	237	306	402		
		T_2	460	793	1359	1817	2508	3351	4321	5742	7405	9951	13223	17646	18829	25021	32266	42417		
	1000	P_1	3.92	6.72	11.5	15.1	20.9	27.8	35.8	47.6	61.4	80.7	107	143	153	203	262	344	457	610
		T_2	587	1017	1742	2316	3197	4296	5540	7362	9493	12757	16952	22623	24140	32078	41367	54381	72263	96434
	750	P_1	3.29	5.65	9.67	12.7	17.6	23.3	30.1	40.0	51.5	67.8	90.0	120	128	170	220	289	384	512
		T_2	646	1113	1929	2565	3540	4785	6170	8246	10633	13978	18574	24787	26743	35537	45827	60245	80055	106832
	500	P_1	2.51	4.30	7.37	9.69	13.4	17.8	22.9	30.5	39.3	51.6	68.6	91.6	97.7	130	167	220	292	390
		T_2	716	1235	2128	2831	3908	5254	6776	9109	11746	15620	20756	27698	29556	39275	50647	66582	88475	118068
20	1500	P_1	4.20	7.19	12.3	16.2	22.4	29.7	38.3	50.9	65.7	86.3	115	153	163	217	280	368		
		T_2	462	797	1365	1815	2505	3386	4367	5835	7524	9882	13144	17541	18925	25148	32431	42634		
	1000	P_1	3.61	6.18	10.6	13.9	19.2	25.5	32.9	43.8	56.5	74.2	98.6	132	140	187	241	316	420	561
		T_2	593	1021	1761	2341	3231	4367	5632	7525	9704	12757	16952	22623	24408	32434	41826	54985	73066	97505
	750	P_1	2.98	5.11	8.75	11.5	15.9	21.1	27.2	36.2	46.6	61.3	81.5	109	116	154	199	261	347	463
		T_2	641	1106	1917	2549	3519	4783	6168	8243	10629	14052	18672	24918	26598	35332	45563	59898	79594	106217
	500	P_1	2.31	3.97	6.79	8.93	12.3	16.4	21.1	28.1	36.2	47.6	63.2	84.4	90.1	120	154	203	270	360
		T_2	725	1250	2154	2866	3956	5320	6860	9223	11894	15817	21018	28049	23930	39772	51289	67425	89596	119564

续表

公称传动比 i	输入转速 n_1 /r·min^{-1}	功率转矩	中心距 a/mm 80	100	125	140	160	180	200	225	250	280	315	355	400	450	500	560	630	710
			额定输入功率 P_1/kW，额定输出转矩 T_2/N·m																	
22.4	1500	P_1	3.84	6.59	11.3	14.8	20.5	27.2	35.1	46.6	60.1	79.1	105	140	150	199	256	337		
		T_2	496	808	1384	1841	2541	3435	4429	5919	7633	10147	13483	17993	19200	25514	32902	43253		
	1000	P_1	3.29	5.65	9.67	12.7	17.6	23.3	30.1	40.0	51.5	67.8	90.0	120	128	170	220	289	384	512
		T_2	599	1039	1780	2367	3267	4416	5695	7610	9813	13046	17336	23134	24686	32803	42302	55611	73897	98614
	750	P_1	2.75	4.70	8.06	10.6	14.6	19.4	25.1	33.3	43.0	56.5	75.0	100	107	142	183	241	320	427
		T_2	654	1134	1943	2584	3567	4851	6256	8360	10781	14334	19048	25419	27124	36043	46480	61103	81195	108353
	500	P_1	2.12	3.63	6.22	8.18	11.3	15.0	19.3	25.7	33.1	43.6	57.9	77.2	82.4	110	141	186	247	329
		T_2	729	1258	2155	2868	3959	5325	6867	9234	11908	15935	21174	28257	30857	41004	52878	69513	92371	123268
25	1500	P_1	3.45	5.91	10.1	13.3	18.4	24.4	31.5	41.9	54.0	71.0	94.3	126	134	178	230	303		
		T_2	467	810	1387	1845	2546	3423	4414	5898	7606	10056	13363	17832	19028	25285	32607	42866		
	1000	P_1	2.94	5.04	8.64	11.4	15.7	20.8	26.9	35.7	46.0	60.5	80.4	107	114	152	196	258	343	457
		T_2	590	1023	1773	2358	3255	4376	5643	7541	9724	12856	17083	22797	24326	32325	41685	54800	72819	97176
	750	P_1	2.51	4.30	7.37	9.69	13.4	17.8	22.9	30.5	39.3	51.6	68.6	91.6	97.7	130	167	220	292	390
		T_2	663	1143	1971	2622	3619	4865	6274	8434	10876	14463	19218	25646	27367	36365	46896	61650	81921	109323
	500	P_1	1.88	3.23	5.23	7.27	10.0	13.3	17.2	22.8	29.5	38.7	51.5	68.7	73.3	97.4	126	165	219	293
		T_2	710	1225	2112	2811	3880	5187	6689	9052	14091	15716	20883	27869	29738	39516	50959	66991	89019	118795
28	1500	P_1	3.10	5.31	9.10	12.0	16.5	21.9	28.3	37.6	48.7	63.7	84.7	113	121	160	207	272		
		T_2	453	786	1354	1791	2472	3324	4287	5763	7432	9940	13209	17627	18810	24995	32232	42373		
	1000	P_1	2.71	4.64	7.95	10.4	14.4	19.2	24.7	32.8	42.3	55.7	74.0	98.7	105	140	180	237	315	421
		T_2	593	1023	1764	2346	3239	4355	5616	7550	9737	13023	17306	23094	24643	32746	42229	55514	73768	98443
	750	P_1	2.27	3.90	6.68	8.78	12.1	16.1	20.8	27.6	35.6	46.8	62.2	83.0	88.5	118	152	199	265	354
		T_2	657	1133	1953	2589	3587	4823	6220	8364	10786	14346	19063	25439	27146	36072	46517	61152	81260	108441
	500	P_1	1.80	3.09	5.30	6.96	9.61	12.8	16.5	21.9	28.2	37.1	49.3	65.8	70.2	93.3	120	158	210	280
		T_2	743	1281	2196	2905	4010	5397	6959	9365	12077	16174	21492	28681	30604	40668	52444	68943	91613	122257

续表

公称传动比 i	输入转速 n_1 /r·min^{-1}	功率转矩	80	100	125	140	160	180	200	225	250	280	315	355	400	450	500	560	630	710
			中心距 a/mm;额定输入功率 P_1/kW,额定输出转矩 T_2/N·m																	
31.5	1500	P_1	2.78	4.77	8.18	10.7	14.8	19.7	25.4	33.8	43.6	57.3	76.1	102	108	144	186	244		
		T_2	447	770	1328	1768	2440	3282	4232	5691	7339	9763	12974	17313	18475	24550	31658	41618		
	1000	P_1	2.43	4.17	7.14	9.39	13.0	17.2	22.2	29.5	38.0	50.0	66.5	88.7	94.6	126	162	213	283	378
		T_2	585	1009	1740	2315	3196	4299	5543	7455	9614	12789	16994	22678	24199	32156	41468	54514	72440	96670
	750	P_1	1.80	3.09	5.30	6.96	9.61	12.8	16.5	21.9	28.2	37.1	49.3	65.8	70.2	93.3	120	158	210	280
		T_2	572	986	1700	2263	3123	4201	5418	7287	9397	12502	16613	22170	23657	31436	40539	53293	70818	94505
	500	P_1	1.57	2.69	4.61	6.06	8.36	11.1	14.3	19.0	24.5	32.3	42.9	57.2	61.1	81.1	105	138	183	244
		T_2	708	1221	2106	2787	3847	5146	6636	8932	11519	15337	20380	27196	29021	38563	49730	65376	86873	115930
35.5	1500	P_1	2.43	4.17	7.14	9.39	13.0	17.2	22.2	29.5	38.0	50.0	66.5	88.7	94.6	126	162	213		
		T_2	431	744	1283	1697	2343	3152	4065	5468	7051	9439	12543	16738	17861	23734	30606	40235		
	1000	P_1	2.20	3.76	6.45	8.48	11.7	15.6	20.0	26.6	34.4	45.2	60.0	80.1	85.5	114	146	193	256	341
		T_2	584	1008	1738	2299	3174	4270	5507	7408	9553	12788	16993	22677	24198	32155	41466	54512	72437	96666
	750	P_1	1.88	3.23	5.53	7.27	10.0	13.3	17.2	22.8	29.5	38.7	51.5	68.7	73.3	97.4	126	165	219	293
		T_2	655	1130	1949	2595	3582	4820	6216	8363	10784	14352	19072	25451	27158	36089	46539	61180	81298	108490
	500	P_1	1.49	2.55	4.38	5.75	7.94	10.6	13.6	18.1	23.3	30.6	40.7	54.4	58.0	77.1	99.4	131	174	232
		T_2	738	1273	2196	2906	4011	5402	6966	9318	12016	16108	21405	28565	30481	40503	52232	68665	91243	121762
40	1500	P_1	2.27	3.90	6.68	8.78	12.1	16.1	20.8	27.6	35.6	46.8	62.2	83.0	88.5	118	152	199	265	
		T_2	440	759	1310	1744	2408	3240	4178	5623	7251	9651	12825	17115	18263	24268	31295	41141	54669	
	1000	P_1	1.88	3.23	5.53	7.27	10.0	13.3	17.2	22.8	29.5	38.7	51.5	68.7	73.3	97.4	126	165	219	293
		T_2	547	943	1626	2165	2989	4022	5187	6980	9001	11981	15920	21246	22671	30125	38849	51071	67864	90564
	750	P_1	1.65	2.82	4.84	6.36	8.78	11.7	15.0	20.0	25.8	33.9	45.0	60.1	64.1	85.2	110	144	192	256
		T_2	629	1085	1872	2494	3442	4633	5975	8041	10370	13805	18345	24481	26123	34712	44764	58847	78198	104354
	500	P_1	1.22	2.08	3.57	4.69	6.48	8.61	11.1	14.8	19.0	25.0	33.2	44.3	47.3	62.9	81.1	107	142	189
		T_2	659	1138	1964	2617	3613	4867	6276	8452	10900	14520	19295	25748	27475	36510	47082	61895	82247	109758

续表

公称传动比 i	输入转速 n_1 /r·min⁻¹	功率转矩	中心距 a/mm																	
			80	100	125	140	160	180	200	225	250	280	315	355	400	450	500	560	630	710
			额定输入功率 P_1/kW,额定输出转矩 T_2/N·m																	
45	1500	P_1	2.04	3.49	5.99	7.87	10.9	14.4	18.6	24.7	31.9	41.9	55.7	74.4	79.4	105	136	179	238	
		T_2	435	751	1304	1737	2397	3227	4161	5600	7222	9614	12776	17049	18193	24175	31175	40983	54459	
	1000	P_1	1.76	3.02	5.18	6.81	9.40	12.5	16.1	21.4	27.6	36.3	48.2	64.4	68.7	91.3	118	155	206	274
		T_2	565	975	1693	2293	3112	4189	5401	7270	9375	12480	16584	22131	23615	31381	40468	53199	70692	94338
	750	P_1	1.57	2.69	4.61	6.06	8.36	11.1	14.3	19.0	24.5	32.3	42.9	57.2	61.1	81.1	105	138	183	244
		T_2	661	1140	1966	2602	3592	4837	6238	8343	10759	14237	18918	25246	26939	35797	46163	60686	80641	107615
	500	P_1	1.29	2.22	3.80	5.00	6.90	9.16	11.8	15.7	20.2	26.6	35.4	47.2	50.4	66.9	86.3	113	151	201
		T_2	773	1334	2303	3069	4238	5712	7364	9852	12705	17046	22651	30227	32255	42861	55272	72661	96554	128849
50	1500	P_1	1.84	3.16	5.41	7.12	9.82	13.1	16.8	22.4	28.8	37.9	50.4	87.2	71.7	95.3	123	162	215	
		T_2	428	744	1275	1699	2345	3157	4072	5482	7069	9414	12510	16694	17814	23671	30525	40129	53324	
	1000	P_1	1.61	2.76	4.72	6.21	8.57	11.4	14.7	19.5	25.2	33.1	43.9	58.6	62.6	83.2	107	141	187	250
		T_2	560	974	1668	2223	3068	4132	5328	7173	9250	12318	16369	21844	23309	30974	39943	52509	69776	93115
	750	P_1	1.33	2.28	3.92	5.15	7.10	9.44	12.2	16.2	20.9	27.4	36.4	48.6	51.9	69.0	88.9	117	155	207
		T_2	611	1055	1820	2425	3347	4508	5814	7828	10095	13446	17867	23843	25442	33808	43598	57315	76161	101636
	500	P_1	1.02	1.74	2.99	3.94	5.43	7.22	9.31	12.4	16.0	21.0	27.9	37.2	39.7	52.7	68.0	89.4	119	159
		T_2	662	1143	1973	2631	3632	4895	6313	8507	10970	14622	19430	25929	27668	36766	47412	62328	82823	110526
56	1500	P_1	1.69	2.89	4.95	6.51	8.99	11.9	15.4	20.5	26.4	34.7	46.1	61.5	65.6	87.2	112	148	196	
		T_2	430	747	1280	1706	2355	3172	4090	5471	7150	9523	12654	16887	18019	23944	30878	40592	53940	
	1000	P_1	1.45	2.49	4.26	5.60	7.73	10.3	13.2	17.6	22.7	29.8	39.7	52.9	56.5	75.0	96.8	127	169	226
		T_2	555	964	1652	2202	3039	4094	5279	7062	9228	12291	16332	21795	23257	30905	39854	52393	69620	92907
	750	P_1	1.33	2.28	3.92	5.14	7.10	9.44	12.2	16.2	20.9	27.4	36.4	48.6	51.9	69.0	88.9	117	155	207
		T_2	670	1157	1996	2661	3673	4948	6381	8595	11083	14766	19621	24184	27940	37128	47879	62942	83639	111615
	500	P_1	1.10	1.88	3.22	4.24	5.85	7.78	10.0	13.3	17.2	22.6	30.0	40.1	42.7	56.8	73.2	96.3	128	171
		T_2	787	1359	2345	3106	4287	5780	7453	10118	13048	17274	22954	30631	32686	43434	56011	73633	97845	130572
63	1500	P_1	1.49	2.55	4.38	5.75	7.94	10.6	13.6	18.1	23.3	30.7	40.7	54.4	58.0	77.1	99.4	131	174	
		T_2	418	727	1246	1661	2293	3090	3984	5367	6921	9221	12254	16352	17449	23187	29901	39308	52234	
	1000	P_1	1.33	2.28	3.92	5.15	7.10	9.44	12.2	16.2	20.9	27.4	36.4	48.6	51.9	69.0	88.9	117	155	207
		T_2	562	976	1673	2230	3078	4147	5347	7203	9289	12376	16446	21946	23419	31119	40130	52756	70103	93551
	750	P_1	1.22	2.08	3.57	4.69	6.48	8.61	11.1	14.8	19.0	25.0	33.2	44.3	47.3	62.9	81.1	107	142	189
		T_2	673	1162	2005	2673	3690	4972	6412	8638	11279	14845	19726	26324	28090	37327	48135	63279	84087	112213
	500	P_1	0.82	1.41	2.42	3.18	4.39	5.83	7.52	9.99	12.9	16.9	22.5	30.0	32.1	42.6	54.9	72.2	96.0	128
		T_2	644	1112	1921	2563	3538	4771	6153	8297	10699	14269	18961	25303	27000	35879	46268	60824	80825	107859

表 14-4-32　　使用系数 K_A

原动机	载荷性质（工作机特性）	每日工作时间/h				
		≤0.5	>0.5~1	>1~2	>2~10	>10
电动机、汽轮机、燃气轮机（启动转矩小，偶然作用）	均匀	0.6	0.7	0.9	1.0	1.2
	轻度冲击	0.8	0.9	1.0	1.2	1.3
	中等冲击	0.9	1.0	1.2	1.3	1.5
	强烈冲击	1.1	1.2	1.3	1.5	1.75
汽轮机、燃气轮机、液动机或电动机（启动转矩大，经常作用）	均匀	0.7	0.8	1.0	1.1	1.3
	轻度冲击	0.9	1.0	1.1	1.3	1.4
	中等冲击	1.0	1.1	1.3	1.4	1.6
	强烈冲击	1.1	1.3	1.4	1.6	1.9
多缸内燃机	均匀	0.8	0.9	1.1	1.3	1.4
	轻度冲击	1.0	1.1	1.3	1.4	1.5
	中等冲击	1.1	1.3	1.4	1.5	1.8
	强烈冲击	1.3	1.4	1.5	1.8	2.0
单缸内燃机	均匀	0.9	1.1	1.3	1.4	1.6
	轻度冲击	1.1	1.3	1.4	1.6	1.8
	中等冲击	1.3	1.4	1.6	1.8	2
	强烈冲击	1.4	1.6	1.8	2.0	>2.0

表 14-4-33　　启动频率系数 K_1

每小时启动次数	≤10	>10~60	>60~400
启动频率系数 K_1	1	1.1	1.2

表 14-4-34　　小时负荷率系数 K_2

小时负荷率 JC/%	100	80	60	40	≤20
小时负荷率系数 K_2	1	0.95	0.88	0.77	0.6

注：JC = [每小时负荷时间（min）/60]×100%。

表 14-4-35　　环境温度系数 K_3

环境温度/℃	0~10	>10~20	>20~30	>30~40	>40~50
环境温度系数 K_3	0.89	1	1.14	1.33	1.6

表 14-4-36　　冷却方式系数 K_4

冷却方式	中心距 a/mm	蜗杆转速 n_1/r·min^{-1}			
		1500	1000	750	500
自然冷却（无风扇）	80	1	1	1	1
	100~225	1.37	1.59	1.59	1.33
	250~710	1.57	1.85	1.89	1.78
风扇冷却	80~710	1			

第14篇

表 14-4-37　　平面二次包络环面蜗杆传动效率 η　　%

公称传动比 i	输入转速 n_1 /r·min^{-1}	中心距 a/mm									
		80	100	125	140	160	180	200	225	250	280~710
10	1500	90	91	91	92	92	93	93	94	94	95
	1000	90	91	91	92	92	93	93	94	94	95
	750	89	89.5	90	91	91	92	92	93	93	94
	500	87	87.5	88	89	89	90	90	91	91	92
12.5	1500	89	90	90	91	91	92.5	92.5	93.5	93.5	94.5
	1000	89	90	90	91	91	92.5	92.5	93.5	93.5	94.5
	750	88	88.5	89	90	90	91.5	91.5	92	92	93
	500	86	86.5	87	88	88	89	89	90	90	91
14	1500	88.5	89.5	89.5	91	91	92	92	93	93	94
	1000	88.5	89.5	89.5	91	91	92	92	93	93	94
	750	87	88	88.5	89.5	89.5	91	91	91.5	91.5	92.5
	500	85	86	86.5	87.5	87.5	88	88	89	89	90
16	1500	88	89	89	90	90	91	91	92	92	93
	1000	88	89	89	90	90	91	91	92	92	93
	750	86.5	87	88	89	89	90	90	91	91	92
	500	84	84.5	85	86	86	87	87	88	88	89
18	1500	87.5	88	88	89.5	89.5	90	90	91	91	92
	1000	87	88	88	89	89	90	90	91	91	92
	750	85.5	86	87	88	88	89.5	89.5	90	90	91
	500	83	83.5	84	85	85	86	86	87	87	88
20	1500	86.5	87	87	88	88	89.5	89.5	90	90	91
	1000	86	86.5	87	88	88	89.5	89.5	90	90	91
	750	84.5	85	86	87	87	89	89	89.5	89.5	90
	500	82	82.5	83	84	84	85	85	86	86	87
22.4	1500	85.5	86	86	87	87	88.5	88.5	89	89	90
	1000	85	86	86	87	87	88.5	88.5	89	89	90
	750	83.5	84.5	84.5	85.5	85.5	87.5	87.5	88	88	89
	500	80.5	81	81	82	82	83	83	84	84	85.5
25	1500	85	86	86	87	87	88	88	88.5	88.5	89
	1000	84	85	86	87	87	88	88	88.5	88.5	89
	750	83	83.5	84	85	85	86	86	87	87	88
	500	79	79.5	80	81	81	81.5	81.5	83	81	85
28	1500	82.5	83	83.5	84	84	85	85	86	86	87.5
	1000	82	82.5	83	84	84	85	85	86	86	87.5

续表

公称传动比 i	输入转速 n_1 /r·min⁻¹	中心距 a/mm									
		80	100	125	140	160	180	200	225	250	280~710
28	750	81	81.5	82	83	83	84	84	85	85	86
	500	77	77.5	77.5	78	78	79	79	80	80	81.5
31.5	1500	80	80.5	81	82	82	83	83	84	84	85
	1000	80	80.5	81	82	82	83	83	84	84	85
	750	79	79.5	80	81	81	82	82	83	83	84
	500	75	75.5	76	76.5	76.5	77	77	78	78	79
35.5	1500	78.5	79	79.5	80	80	81	81	82	82	83.5
	1000	78.5	79	79.5	80	80	81	81	82	82	83.5
	750	77	77.5	78	79	79	80	80	81	81	82
	500	73	73.5	74	74.5	74.5	75.5	75.5	76	76	77.5
40	1500	76	76.5	77	78	78	79	79	80	80	81
	1000	76	76.5	77	78	78	79	79	80	80	81
	750	75	75.5	76	77	77	78	78	79	79	80
	500	71	71.5	72	73	73	74	74	75	75	76
45	1500	74.5	75	76	77	77	78	78	79	79	80
	1000	74.5	75	76	77	77	78	78	79	79	80
	750	73.5	74	74.5	75	75	76	76	76.5	76.5	77
	500	69.5	70	70.5	71.5	71.5	72.5	72.5	73	73	74.5
50	1500	73	74	74	75	75	76	76	77	77	78
	1000	73	74	74	75	75	76	76	77	77	78
	750	72	72.5	73	74	74	75	75	76	76	77
	500	68	68.5	69	70	70	71	71	72	72	73
56	1500	71.5	72.5	72.5	73.5	73.5	74.5	74.5	75	76	77
	1000	71.5	72.5	72.5	73.5	73.5	74.5	74.5	75	76	77
	750	70.5	71	71.5	72.5	72.5	73.5	73.5	74.5	74.5	75.5
	500	67	67.5	68	68.5	68.5	69.5	69.5	71	71	71.5
63	1500	70	71	71	72	72	73	73	74	74	75
	1000	70	71	71	72	72	73	73	74	74	75
	750	69	69.5	70	71	71	72	72	73	73	74
	500	65	65.5	66	67	67	68	68	69	69	70

4 蜗杆传动精度

4.1 圆柱蜗杆传动精度（摘自 GB/T 10089—1988）

适用范围

本节介绍的 GB/T 10089—1988 适用于轴交角 $\Sigma=90°$、模数 $m\geqslant 1$mm 的圆柱蜗杆、蜗轮及传动，其蜗杆分度圆直径 $d_1\leqslant 400$mm，蜗轮分度圆直径 $d_2\leqslant 4000$mm，蜗杆型式可为 ZA 型、ZI 型、ZN 型、ZK 型和 ZC 型。

术语定义和代号

表 14-4-38

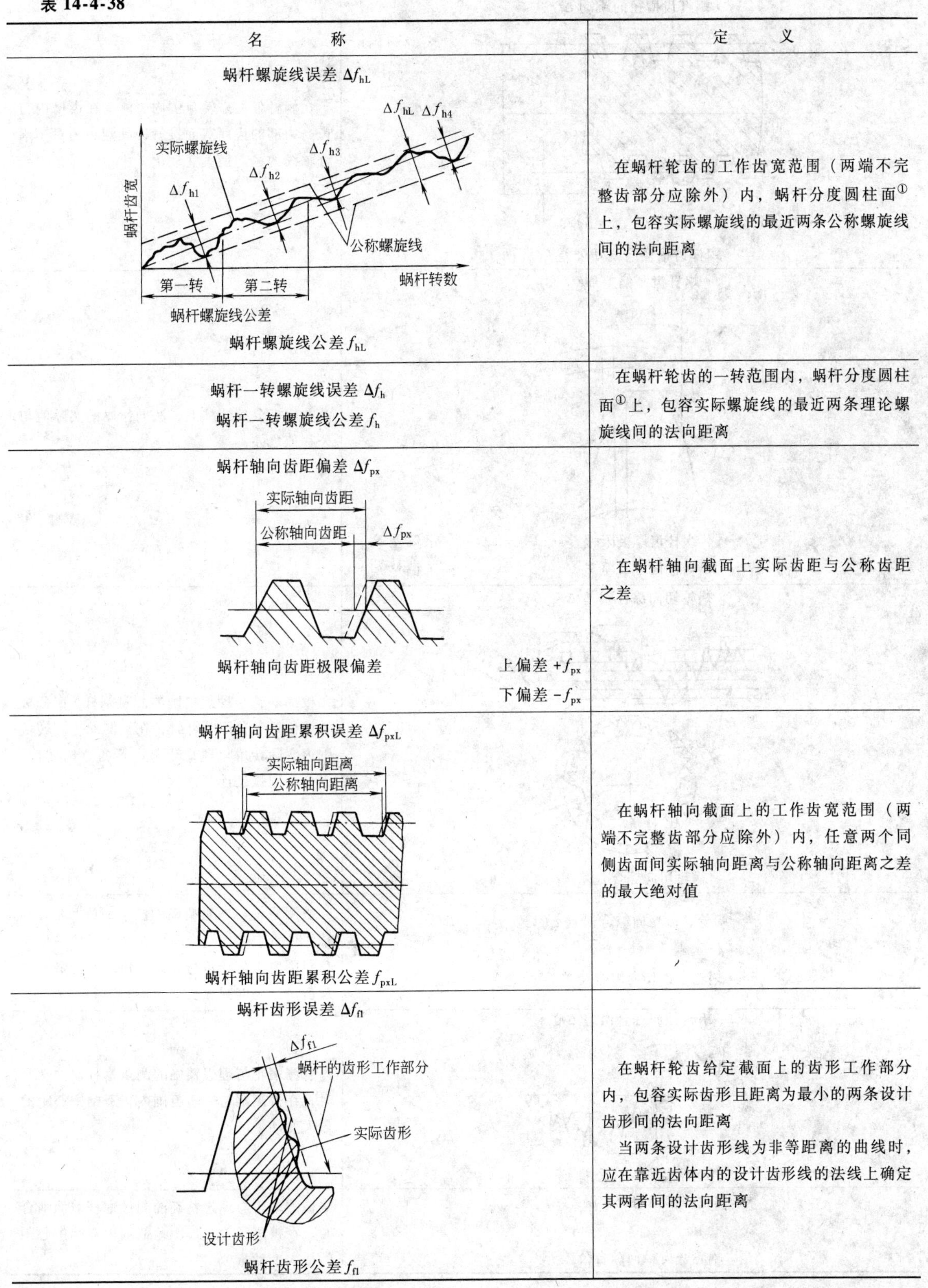

名　　称	定　　义
蜗杆螺旋线误差 Δf_{hL} 蜗杆螺旋线公差 f_{hL}	在蜗杆轮齿的工作齿宽范围（两端不完整齿部分应除外）内，蜗杆分度圆柱面[①]上，包容实际螺旋线的最近两条公称螺旋线间的法向距离
蜗杆一转螺旋线误差 Δf_h 蜗杆一转螺旋线公差 f_h	在蜗杆轮齿的一转范围内，蜗杆分度圆柱面[①]上，包容实际螺旋线的最近两条理论螺旋线间的法向距离
蜗杆轴向齿距偏差 Δf_{px} 蜗杆轴向齿距极限偏差　上偏差 $+f_{px}$　下偏差 $-f_{px}$	在蜗杆轴向截面上实际齿距与公称齿距之差
蜗杆轴向齿距累积误差 Δf_{pxL} 蜗杆轴向齿距累积公差 f_{pxL}	在蜗杆轴向截面上的工作齿宽范围（两端不完整齿部分应除外）内，任意两个同侧齿面间实际轴向距离与公称轴向距离之差的最大绝对值
蜗杆齿形误差 Δf_{f1} 蜗杆齿形公差 f_{f1}	在蜗杆轮齿给定截面上的齿形工作部分内，包容实际齿形且距离为最小的两条设计齿形间的法向距离 当两条设计齿形线为非等距离的曲线时，应在靠近齿体内的设计齿形线的法线上确定其两者间的法向距离

续表

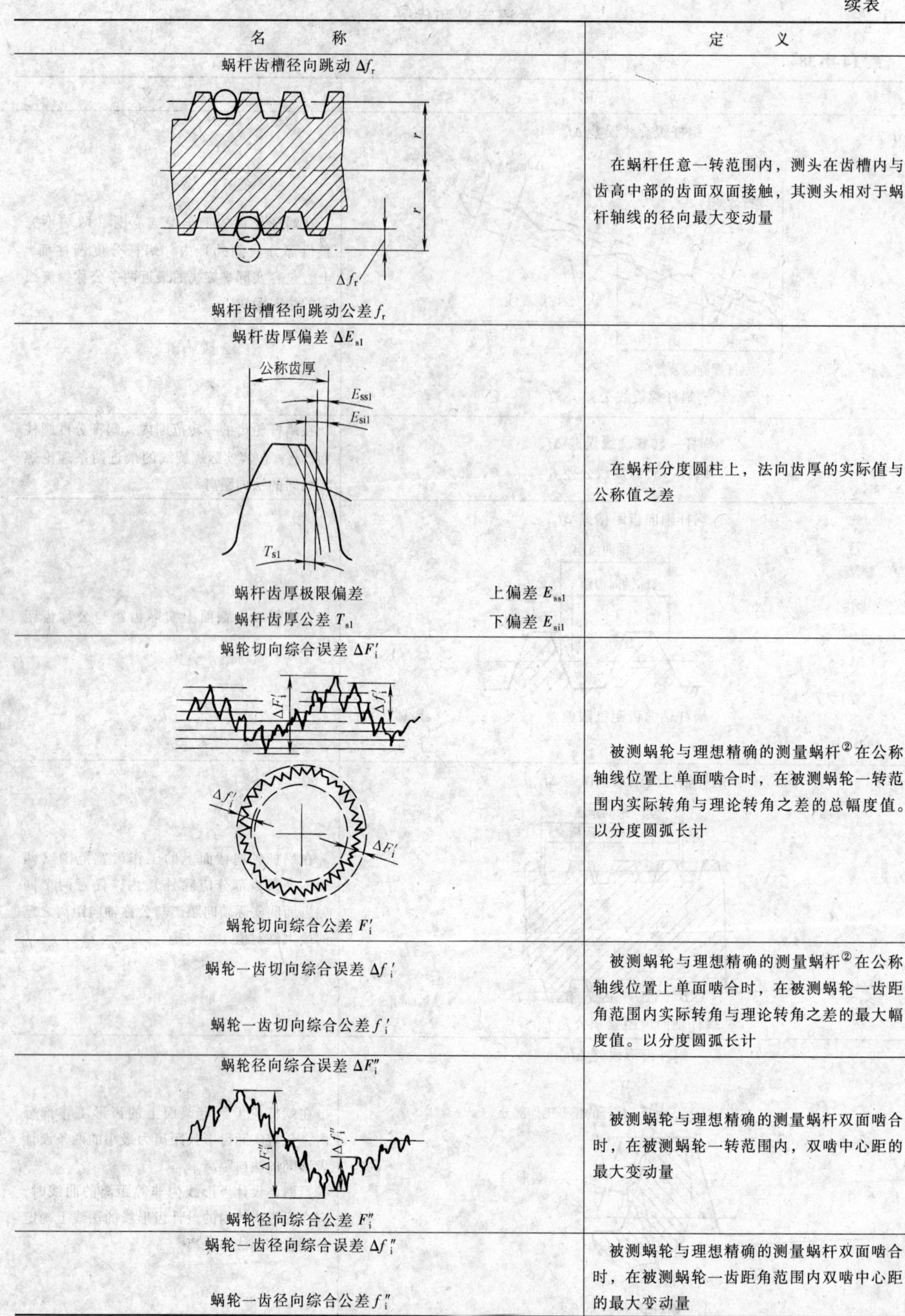

名称	定义
蜗杆齿槽径向跳动 Δf_r 蜗杆齿槽径向跳动公差 f_r	在蜗杆任意一转范围内，测头在齿槽内与齿高中部的齿面双面接触，其测头相对于蜗杆轴线的径向最大变动量
蜗杆齿厚偏差 ΔE_{s1} 蜗杆齿厚极限偏差　上偏差 E_{ss1}　下偏差 E_{si1} 蜗杆齿厚公差 T_{s1}	在蜗杆分度圆柱上，法向齿厚的实际值与公称值之差
蜗轮切向综合误差 $\Delta F_i'$ 蜗轮切向综合公差 F_i'	被测蜗轮与理想精确的测量蜗杆②在公称轴线位置上单面啮合时，在被测蜗轮一转范围内实际转角与理论转角之差的总幅度值。以分度圆弧长计
蜗轮一齿切向综合误差 $\Delta f_i'$ 蜗轮一齿切向综合公差 f_i'	被测蜗轮与理想精确的测量蜗杆②在公称轴线位置上单面啮合时，在被测蜗轮一齿距角范围内实际转角与理论转角之差的最大幅度值。以分度圆弧长计
蜗轮径向综合误差 $\Delta F_i''$ 蜗轮径向综合公差 F_i''	被测蜗轮与理想精确的测量蜗杆双面啮合时，在被测蜗轮一转范围内，双啮中心距的最大变动量
蜗轮一齿径向综合误差 $\Delta f_i''$ 蜗轮一齿径向综合公差 f_i''	被测蜗轮与理想精确的测量蜗杆双面啮合时，在被测蜗轮一齿距角范围内双啮中心距的最大变动量

续表

名　称	定　义
蜗轮齿距累积误差 ΔF_p 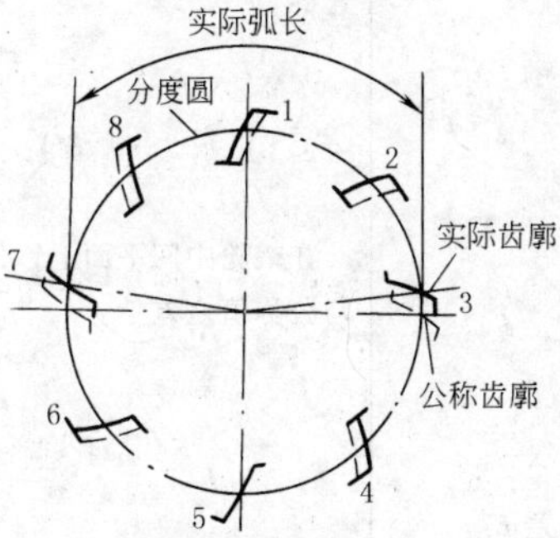 蜗轮齿距累积公差 F_p	在蜗轮分度圆上[③]，任意两个同侧齿面间的实际弧长与公称弧长之差的最大绝对值
蜗轮 k 个齿距累积误差 ΔF_{pk} 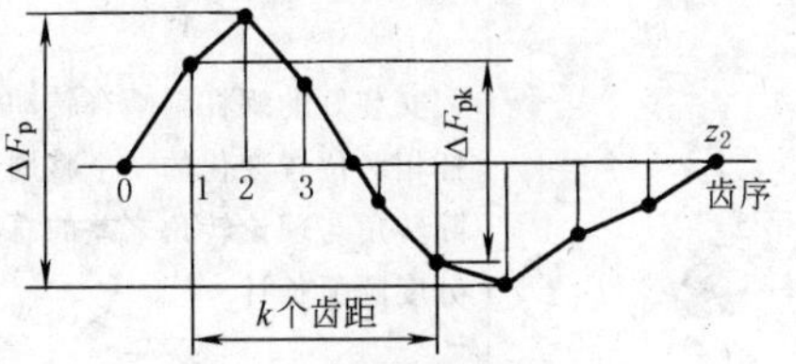 蜗轮 k 个齿距累积公差 F_{pk}	在蜗轮分度圆上[③]，k 个齿距内同侧齿面间的实际弧长与公称弧长之差的最大绝对值 k 为 2 到小于$\frac{1}{2}z_2$ 的整数
蜗轮齿圈径向跳动 ΔF_r 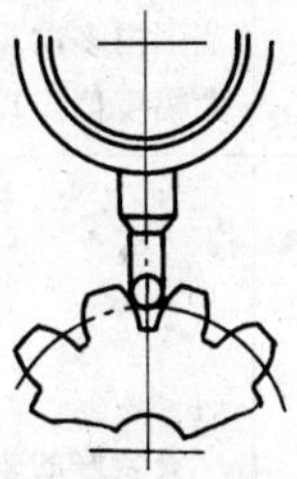 蜗轮齿圈径向跳动公差 F_r	在蜗轮一转范围内，测头在靠近中间平面的齿槽内与齿高中部的齿面双面接触，其测头相对于蜗轮轴线径向距离的最大变动量
蜗轮齿距偏差 Δf_{pt} 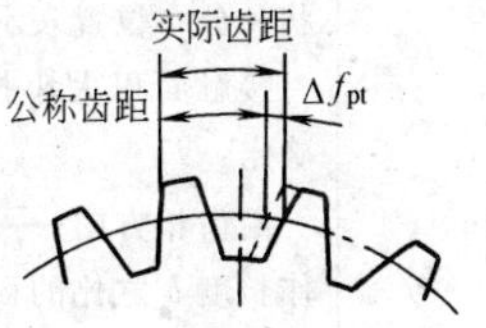 蜗轮齿距极限偏差 上偏差 $+f_{pt}$ 下偏差 $-f_{pt}$	在蜗轮分度圆上[③]，实际齿距与公称齿距之差 用相对法测量时，公称齿距是指所有实际齿距的平均值
蜗轮齿形误差 Δf_{f2} 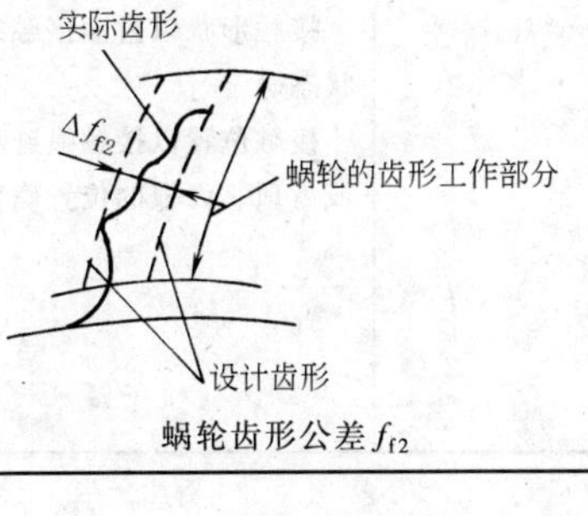 蜗轮齿形公差 f_{f2}	在蜗轮轮齿给定截面上的齿形工作部分内，包容实际齿形且距离为最小的两条设计齿形线间的法向距离 当两条设计齿形线为非等距离曲线时，应在靠近齿体内的设计齿形线的法线上确定其两者间的法向距离

续表

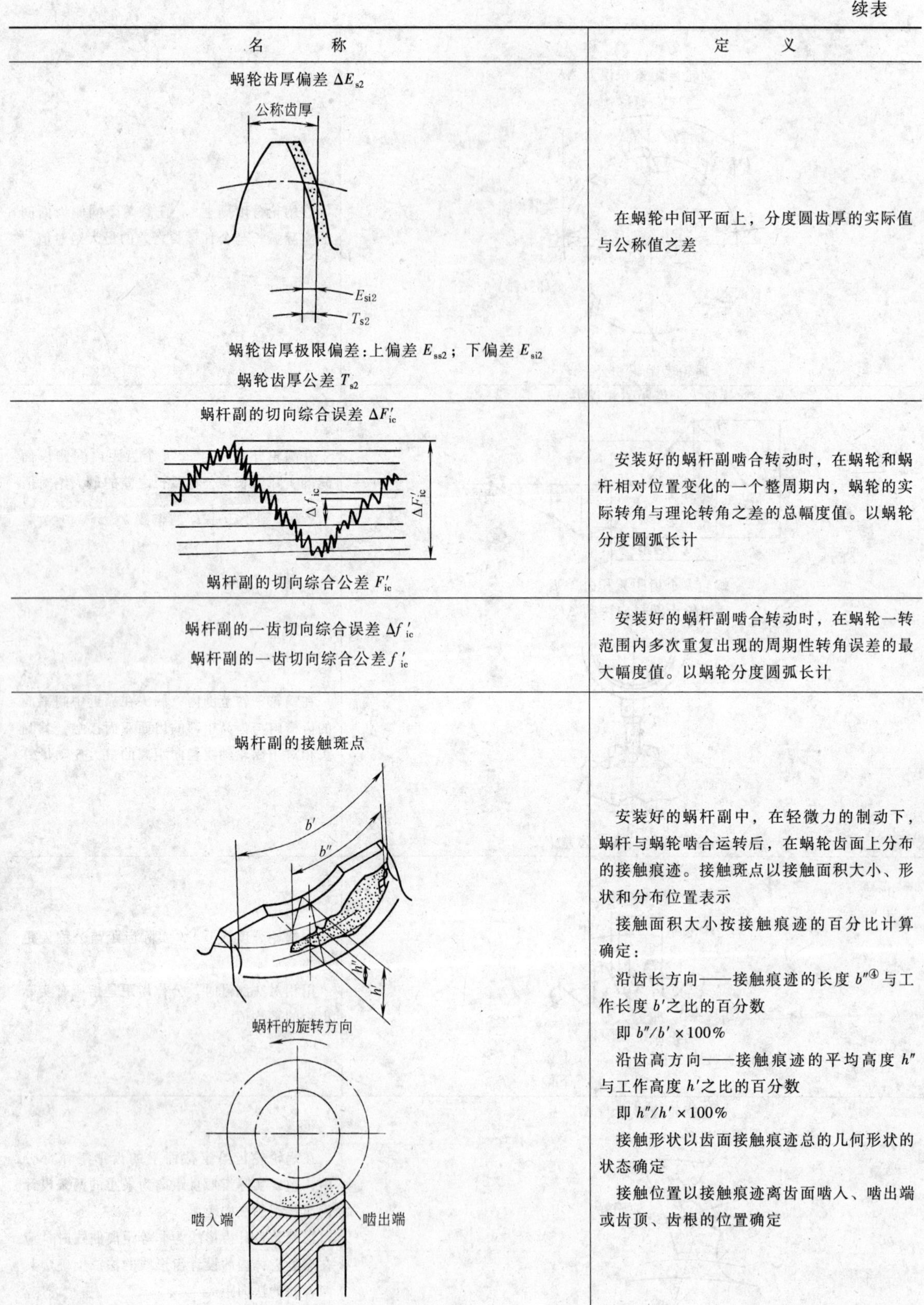

名　　称	定　　义
蜗轮齿厚偏差 ΔE_{s2} 公称齿厚 E_{si2} T_{s2} 蜗轮齿厚极限偏差:上偏差 E_{ss2}；下偏差 E_{si2} 蜗轮齿厚公差 T_{s2}	在蜗轮中间平面上，分度圆齿厚的实际值与公称值之差
蜗杆副的切向综合误差 $\Delta F'_{ic}$ $\Delta f'_{ic}$　$\Delta F'_{ic}$ 蜗杆副的切向综合公差 F'_{ic}	安装好的蜗杆副啮合转动时，在蜗轮和蜗杆相对位置变化的一个整周期内，蜗轮的实际转角与理论转角之差的总幅度值。以蜗轮分度圆弧长计
蜗杆副的一齿切向综合误差 $\Delta f'_{ic}$ 蜗杆副的一齿切向综合公差 f'_{ic}	安装好的蜗杆副啮合转动时，在蜗轮一转范围内多次重复出现的周期性转角误差的最大幅度值。以蜗轮分度圆弧长计
蜗杆副的接触斑点 b'　b''　h''　h' 蜗杆的旋转方向 啮入端　啮出端	安装好的蜗杆副中，在轻微力的制动下，蜗杆与蜗轮啮合运转后，在蜗轮齿面上分布的接触痕迹。接触斑点以接触面积大小、形状和分布位置表示 接触面积大小按接触痕迹的百分比计算确定： 沿齿长方向——接触痕迹的长度 b''④与工作长度 b'之比的百分数 即 $b''/b' \times 100\%$ 沿齿高方向——接触痕迹的平均高度 h''与工作高度 h'之比的百分数 即 $h''/h' \times 100\%$ 接触形状以齿面接触痕迹总的几何形状的状态确定 接触位置以接触痕迹离齿面啮入、啮出端或齿顶、齿根的位置确定

续表

名　　称	定　　义
蜗杆副的中心距偏差 Δf_a 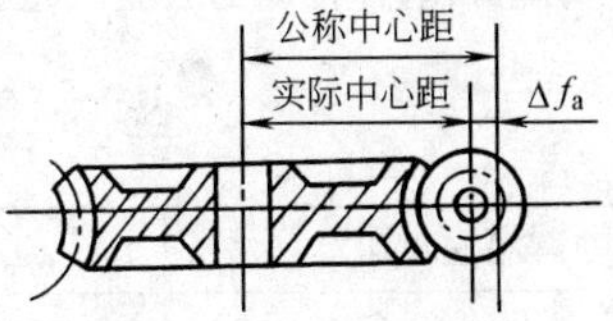 蜗杆副的中心距极限偏差　上偏差 $+f_a$　下偏差 $-f_a$	在安装好的蜗杆副中间平面内，实际中心距与公称中心距之差
蜗杆副的中间平面偏移 Δf_x 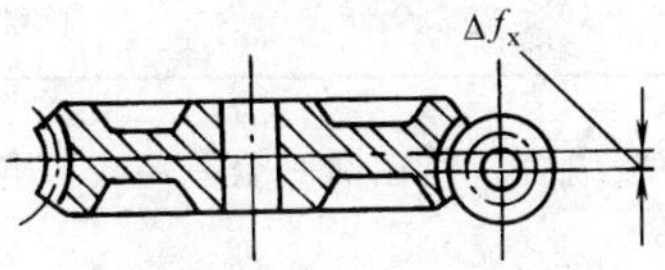 蜗杆副的中间平面极限偏差　上偏差 $+f_x$　下偏差 $-f_x$	在安装好的蜗杆副中，蜗轮中间平面与传动中间平面之间的距离
蜗杆副的轴交角偏差 Δf_Σ 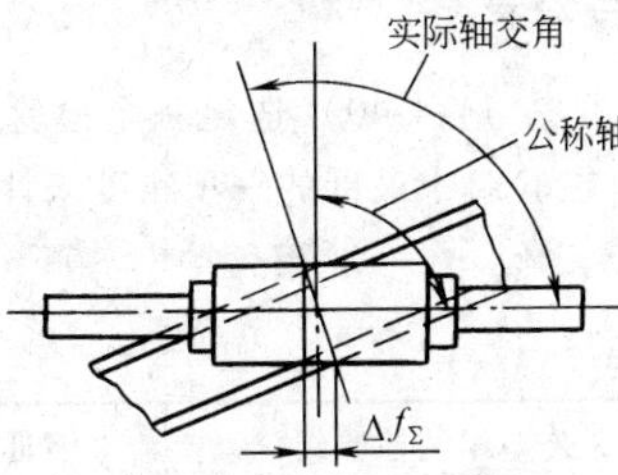 蜗杆副的轴交角极限偏差　上偏差 $+f_\Sigma$　下偏差 $-f_\Sigma$	在安装好的蜗杆副中，实际轴交角与公称轴交角之差 偏差值按蜗轮齿宽确定，以其线性值计
蜗杆副的侧隙 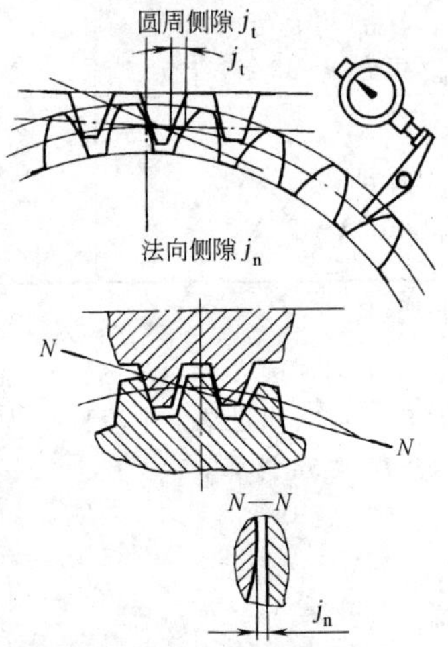 最小圆周侧隙 j_{tmin}　最小法向侧隙 j_{nmin} 最大圆周侧隙 j_{tmax}　最大法向侧隙 j_{nmax}	在安装好的蜗杆副中，蜗杆固定不动时，蜗轮从工作齿面接触到非工作齿面接触所转过的分度圆弧长 在安装好的蜗杆副中，蜗杆和蜗轮的工作齿面接触时，两非工作齿面间的最小距离

① 允许在靠近蜗杆分度圆柱的同轴圆柱面上检验。
② 允许用配对蜗杆代替测量蜗杆进行检验。这时，也即为蜗杆副的误差。
③ 允许在靠近中间平面的齿高中部进行测量。
④ 在确定接触痕迹长度 b''时，应扣除超过模数值的断开部分。

精度等级

1）该标准对蜗杆、蜗轮和蜗杆传动规定12个精度等级；第1级的精度最高，第12级的精度最低。

2）按照公差的特性对传动性能的主要保证作用，将蜗杆、蜗轮和蜗杆传动的公差（或极限偏差）分成三个公差组，见表14-4-39。

表 14-4-39 公差组

项　目	第Ⅰ公差组	第Ⅱ公差组	第Ⅲ公差组
蜗　杆		$f_h, f_{hL}, f_{px}, f_{pxL}, f_r$	f_{f1}
蜗　轮	$F_i', F_i'', F_p, F_{pk}, F_r$	f_i', f_i'', f_{pt}	f_{f2}
传　动	F_{ic}'	f_{ic}'	接触斑点，f_a, f_Σ, f_x

3）根据使用要求不同，允许各公差组选用不同的精度等级组合，但在同一公差组中，各项公差与极限偏差应保持相同的精度等级。

4）蜗杆和配对蜗轮的精度等级一般取成相同，也允许取成不相同。对有特殊要求的蜗杆传动，除 F_r，F_i''，f_i''，f_r 项目外，其蜗杆、蜗轮左右齿面的精度等级也可取成不相同。

蜗杆、蜗轮的检验与公差

1）根据蜗杆传动的工作要求和生产规模，在各公差组中（见表14-4-40）选定一个检验组来评定和验收蜗杆、蜗轮的精度。当检验组中有两项或两项以上的误差时，应以检验组中最低的一项精度来评定蜗杆、蜗轮的精度等级。

表 14-4-40 公差组的检验组

项　目	第Ⅰ公差组的检验组	第Ⅱ公差组的检验组	第Ⅲ公差组的检验组
蜗　杆		$\Delta f_h, \Delta f_{hL}$（用于单头蜗杆）； $\Delta f_{px}, \Delta f_{hL}$（用于多头蜗杆）； $\Delta f_{px}, \Delta f_{pxL}, \Delta f_r$； $\Delta f_{px}, \Delta f_{pxL}$（用于7～9级）； Δf_{px}（用于10～12级）	Δf_{f1}
蜗　轮	$\Delta F_i'$；$\Delta F_p, \Delta F_{pk}$； ΔF_p（用于5～12级）； ΔF_r（用于9～12级）； $\Delta F_i''$（用于7～12级）	$\Delta f_i'$； $\Delta f_i''$（用于7～12级）； Δf_{pt}（用于5～12级）	Δf_{f2}

注：当蜗杆副的接触斑点有要求时，蜗轮的齿形误差 Δf_{f2} 可不进行检验。

2）蜗杆、蜗轮各检验项目的公差或极限偏差的数值见表14-4-41～表14-4-48。表中数值是以蜗杆、蜗轮的工作轴线为测量的基准轴线，当实际的测量基准不符合此条件时，应从测量结果中消除基准不同所带来的影响。当蜗杆或蜗轮的几何参数超出表列范围时，可按表14-4-57、表14-4-58计算。

3）蜗轮的 F_i'、f_i' 值按下列关系式计算确定

$$F_i' = F_p + f_{f2}$$

$$f_i' = 0.6(f_{pt} + f_{f2})$$

4）当基本蜗杆齿形角 $\alpha \neq 20°$ 时，蜗杆齿槽径向跳动公差 f_r、蜗轮齿圈径向跳动公差 F_r、蜗轮径向综合公差 F_i'' 和蜗轮一齿径向综合公差 f_i'' 的公差值应为以上规定的公差值乘以 $\sin 20°/\sin\alpha$。

传动的检验与公差

1）蜗杆传动的精度主要以传动切向综合误差 $\Delta F_{ic}'$、传动一齿切向综合误差 $\Delta f_{ic}'$ 和传动接触斑点的形状、分布位置与面积大小来评定。

对 5 级和 5 级精度以下的传动，允许用蜗杆副的切向综合误差（ΔF_i）、一齿切向综合误差（$\Delta f_i'$）来代替 $\Delta F_{ic}'$、$\Delta f_{ic}'$ 的检验，或以蜗杆、蜗轮相应公差组的检验组中最低结果来评定传动的第Ⅰ、Ⅱ公差组的精度等级。

对不可调中心距的蜗杆传动，检验接触斑点的同时，还应检验 Δf_a、Δf_x 和 Δf_Σ。

2）蜗杆传动各检验项目的公差或极限偏差的数值见表 14-4-49～表14-4-52。当蜗杆或蜗轮的几何参数超出表列范围时，可按表14-4-57和表14-4-58计算。

3）F_{ic}'、f_{ic}'按下列关系式计算确定

$$F_{ic}' = F_p + f_{ic}'$$

$$f_{ic}' = 0.7(f_i' + f_h)$$

4）进行传动切向综合误差 $\Delta F_{ic}'$、一齿切向综合误差 $\Delta f_{ic}'$和接触斑点检验的蜗杆传动，允许相应的第Ⅰ、Ⅱ、Ⅲ公差组的蜗杆、蜗轮检验组和 Δf_a、Δf_x、Δf_Σ 中任意一项误差超差。

蜗杆传动的侧隙规定

1）本标准按蜗杆传动的最小法向侧隙大小，将侧隙种类分为八种：a、b、c、d、e、f、g 和 h。最小法向侧隙值以 a 为最大，h 为零，其他依次减小，如图 14-4-18 所示。侧隙种类与精度等级无关。

2）蜗杆传动的侧隙要求，应根据工作条件和使用要求用侧隙种类的代号（字母）表示。各种侧隙的最小法向侧隙 j_{nmin} 值按表 14-4-53 的规定。当超出表列范围时，可按表 14-4-59 选取。

对可调中心距传动或蜗杆、蜗轮不要求互换的传动，允许传动的侧隙规范用最小侧隙 j_{tmin}（或 j_{nmin}）和最大侧隙 j_{tmax}（或 j_{nmax}）来规定，具体由设计确定。

3）传动的最小法向侧隙由蜗杆齿厚的减薄量来保证，即取蜗杆齿厚上偏差 $E_{ss1} = -(j_{nmin}/\cos\alpha_n + E_{s\Delta})$，齿厚下偏差 $E_{si1} = E_{ss1} - T_{s1}$，$E_{s\Delta}$ 为制造误差的补偿部分。最大法向侧隙由蜗杆、蜗轮齿厚公差 T_{s1}、T_{s2} 确定。蜗轮齿厚上偏差 $E_{ss2} = 0$，下偏差 $E_{si2} = -T_{s2}$。对各精度等级的 T_{s1}、$E_{s\Delta}$ 和 T_{s2} 值分别按表 14-4-54～表 14-4-56 的规定。当超出表列范围时，可按表 14-4-57～表 14-4-59 计算。

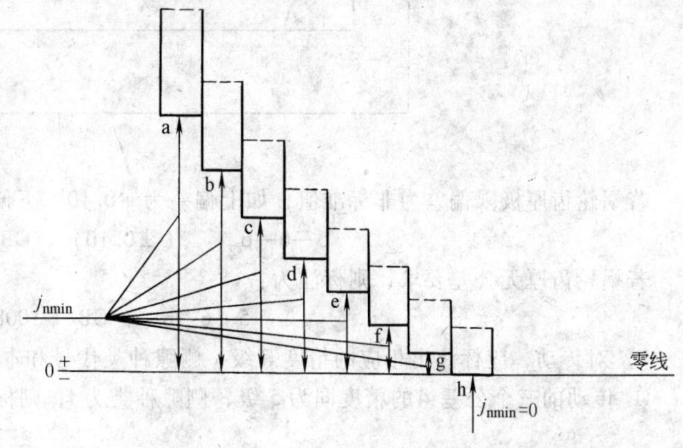

图 14-4-18 侧隙种类

对可调中心距传动或不要求互换的传动，其蜗轮的齿厚公差可不作规定，蜗杆齿厚的上、下偏差由设计确定。

4）对各种侧隙种类的侧隙规范数值系蜗杆传动在 20℃时的情况，未计入传动发热和传动弹性变形的影响。传动中心距的极限偏差 $\pm f_a$ 按表 14-4-50 的规定。

图 样 标 注

1）在蜗杆、蜗轮工作图上，应分别标注其精度等级、齿厚极限偏差或相应的侧隙种类代号和本标准代号，标注示例如下。

① 蜗杆的第Ⅱ、Ⅲ公差组的精度等级为 5 级，齿厚极限偏差为标准值，相配的侧隙种类为 f，则标注为：

蜗杆 5 f GB/T 10089—1988

- 10089—1988：本标准代号
- f：侧隙种类代号
- 5：第Ⅱ、Ⅲ公差组的精度等级

若蜗杆齿厚极限偏差为非标准值，如上偏差为－0.27，下偏差为－0.40，则标注为：

$$蜗杆\quad 5\quad \begin{pmatrix}-0.27\\-0.40\end{pmatrix}\text{GB/T 10089—1988}$$

② 蜗轮的三个公差组的精度同为 5 级，齿厚极限偏差为标准值，相配的侧隙种类为 f，则标注为：

5 f GB/T 10089—1988

本标准代号

侧隙种类代号

第Ⅰ、Ⅱ、Ⅲ公差组的精度等级

③ 蜗轮的第Ⅰ公差组的精度为 5 级，第Ⅱ、Ⅲ公差组的精度为 6 级，齿厚极限偏差为标准值，相配的侧隙种类为 f，则标注为：

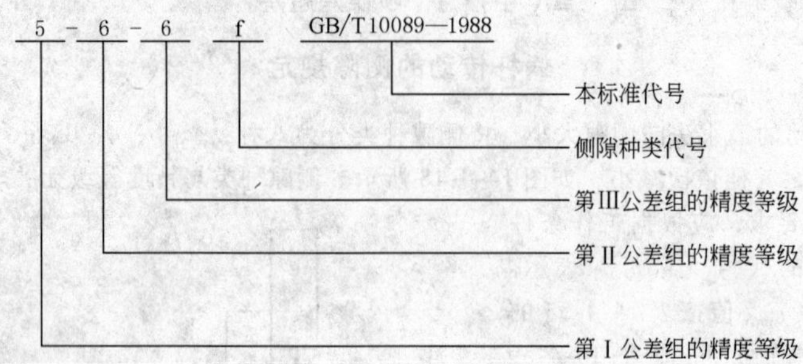

若蜗轮齿厚极限偏差为非标准值，如上偏差为 +0.10，下偏差为 -0.10，则标注为：

5—6—6 (±0.10) GB/T 10089—1988

若蜗轮齿厚无公差要求，则标注为：

5—6—6 GB/T 10089—1988

2）对传动，应标注出相应的精度等级、侧隙种类代号和本标准代号，标注示例如下。

① 传动的三个公差组的精度同为 5 级，侧隙种类为 f，则标注为：

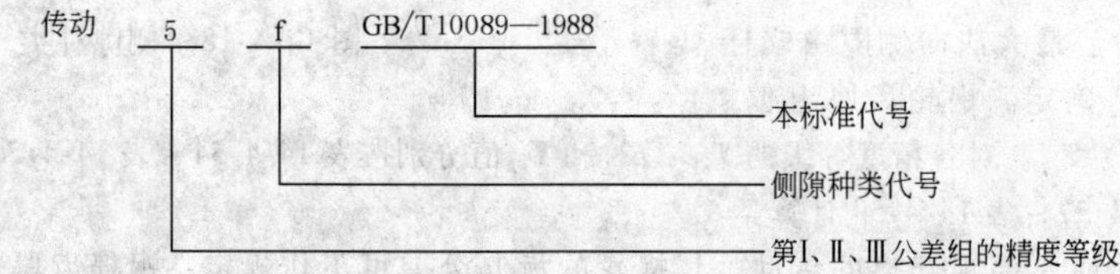

② 传动的第Ⅰ公差组的精度为 5 级，第Ⅱ、Ⅲ公差组的精度为 6 级，侧隙种类为 f，则标注为：

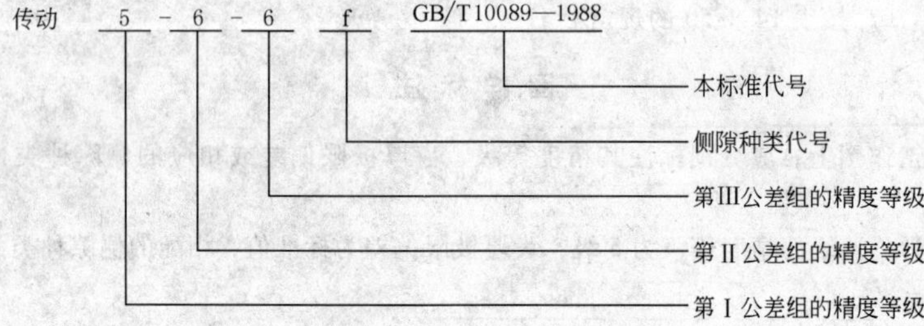

若侧隙为非标准值时，如 $j_{tmin}=0.03\text{mm}$，$j_{tmax}=0.06\text{mm}$，则标注为：

$$\text{传动}\quad 5\text{—}6\text{—}6\quad \begin{pmatrix}0.03\\0.06\end{pmatrix}\ t\quad \text{GB/T 10089—1988}$$

若为法向侧隙时，则标注为：

$$\text{传动}\quad 5\text{—}6\text{—}6\quad \begin{pmatrix}0.03\\0.06\end{pmatrix}\quad \text{GB/T 10089—1988}$$

公差或极限偏差数值

表 14-4-41　　蜗杆的公差和极限偏差 f_h、f_{hL}、f_{px}、f_{pxL}、f_{f1} 值　　μm

代号	模数 m/mm	精度等级											
		1	2	3	4	5	6	7	8	9	10	11	12
f_h	≥1~3.5	1.0	1.7	2.8	4.5	7.1	11	14	—	—	—	—	—
	>3.5~6.3	1.3	2.0	3.4	5.6	9	14	20	—	—	—	—	—
	>6.3~10	1.7	2.8	4.5	7.1	11	18	25	—	—	—	—	—
	>10~16	2.2	3.6	5.6	9	15	24	32	—	—	—	—	—
	>16~25	—	—	—	—	—	32	45	—	—	—	—	—
f_{hL}	≥1~3.5	2	3.4	5.6	9	14	22	32	—	—	—	—	—
	>3.5~6.3	2.6	4.2	7.1	11	17	28	40	—	—	—	—	—
	>6.3~10	3.4	5.6	9	14	22	36	50	—	—	—	—	—
	>10~16	4.5	7.1	11	18	32	45	63	—	—	—	—	—
	>16~25	—	—	—	—	—	63	90	—	—	—	—	—
f_{px}	≥1~3.5	0.7	1.2	1.9	3.0	4.8	7.5	11	14	20	28	40	56
	>3.5~6.3	1.0	1.4	2.4	3.6	6.3	9	14	20	25	36	53	75
	>6.3~10	1.2	2.0	3.0	4.8	7.5	12	17	25	32	48	67	90
	>10~16	1.6	2.5	4	6.3	10	16	22	32	46	63	85	120
	>16~25	—	—	—	—	—	22	32	45	63	85	120	160
f_{pxL}	≥1~3.5	1.3	2	3.4	5.3	8.5	13	18	25	36	—	—	—
	>3.5~6.3	1.7	2.6	4	6.7	10	16	24	34	48	—	—	—
	>6.3~10	2.0	3.4	5.3	8.5	13	21	32	45	63	—	—	—
	>10~16	2.8	4.4	7.1	11	17	28	40	56	80	—	—	—
	>16~25	—	—	—	—	—	40	53	75	100	—	—	—
f_{f1}	≥1~3.5	1.1	1.8	2.8	4.5	7.1	11	16	22	32	45	60	85
	>3.5~6.3	1.6	2.4	3.6	5.6	9	14	22	32	45	60	80	120
	>6.3~10	2.0	3.0	4.8	7.5	12	19	28	40	53	75	110	150
	>10~16	2.6	4.0	6.7	11	16	25	36	53	75	100	140	200
	>16~25	—	—	—	—	—	36	53	75	100	140	190	270

注：f_{px}应为正、负值（±）。

表 14-4-42　　蜗杆齿槽径向跳动公差 f_r 值　　μm

分度圆直径 d_1/mm	模数 m/mm	精度等级											
		1	2	3	4	5	6	7	8	9	10	11	12
≤10	≥1~3.5	1.1	1.8	2.8	4.5	7.1	11	14	20	28	40	56	75
>10~18	≥1~3.5	1.1	1.8	2.8	4.5	7.1	12	15	21	29	41	58	80
>18~31.5	≥1~6.3	1.2	2.0	3.0	4.8	7.5	12	16	22	30	42	60	85
>31.5~50	≥1~10	1.2	2.0	3.2	5.0	8.0	13	17	23	32	45	63	90
>50~80	≥1~16	1.4	2.2	3.6	5.6	9.0	14	18	25	36	48	71	100
>80~125	≥1~16	1.6	2.5	4.0	6.3	10	16	20	28	40	56	80	110
>125~180	≥1~25	1.8	3.0	4.5	7.5	12	18	25	32	45	63	90	125
>180~250	≥1~25	2.2	3.4	5.3	8.5	14	22	28	40	53	75	105	150
>250~315	≥1~25	2.6	4.0	6.3	10	16	25	32	45	63	90	120	170
>315~400	≥1~25	2.8	4.5	7.5	11.5	18	28	36	53	71	100	140	200

表 14-4-43　　蜗轮齿距累积公差 F_p 及 k 个齿距累积公差 F_{pk} 值　　μm

分度圆弧长 L/mm	精度等级											
	1	2	3	4	5	6	7	8	9	10	11	12
≤11.2	1.1	1.8	2.8	4.5	7	11	16	22	32	45	63	90
>11.2~20	1.6	2.5	4.0	6	10	16	22	32	45	63	90	125
>20~32	2.0	3.2	5.0	8	12	20	28	40	56	80	112	160
>32~50	2.2	3.6	5.5	9	14	22	32	45	63	90	125	180
>50~80	2.5	4.0	6.0	10	16	25	36	50	71	100	140	200
>80~160	3.2	5.0	8.0	12	20	32	45	63	90	125	180	250
>160~315	4.5	7.0	11	18	28	45	63	90	125	180	250	355
>315~630	6.0	10	16	25	40	63	90	125	180	250	355	500
>630~1000	8.0	12	20	32	50	80	112	160	224	315	450	630
>1000~1600	10	16	25	40	63	100	140	200	280	400	560	800
>1600~2500	11	18	28	45	71	112	160	224	315	450	630	900
>2500~3150	14	22	36	56	90	140	200	280	400	560	800	1120
>3150~4000	16	25	40	63	100	160	224	315	450	630	900	1250
>4000~5000	18	28	45	71	112	180	250	355	500	710	1000	1400
>5000~6300	20	32	50	80	125	200	280	400	560	800	1120	1600

注：1. F_p 和 F_{pk} 按分度圆弧长 L 查表：

查 F_p 时，取 $L=\frac{1}{2}\pi d_2=\frac{1}{2}\pi m z_2$；

查 F_{pk} 时，取 $L=k\pi m$（k 为 2 到小于 $z_2/2$ 的整数）。

2. 除特殊情况外，对于 F_{pk}，k 值规定取为小于 $z_2/6$ 的最大整数。

表 14-4-44　　蜗轮齿圈径向跳动公差 F_r 值　　μm

分度圆直径 d_2/mm	模数 m/mm	精度等级											
		1	2	3	4	5	6	7	8	9	10	11	12
≤125	≥1~3.5	3.0	4.5	7.0	11	18	28	40	50	63	80	100	125
	>3.5~6.3	3.6	5.5	9.0	14	22	36	50	63	80	100	125	160
	>6.3~10	4.0	6.3	10	16	25	40	56	71	90	112	140	180
>125~400	≥1~3.5	3.6	5.0	8	13	20	32	45	56	71	90	112	140
	>3.5~6.3	4.0	6.3	10	16	25	40	56	71	90	112	140	180
	>6.3~10	4.5	7.0	11	18	28	45	63	80	100	125	160	200
	>10~16	5.0	8	13	20	32	50	71	90	112	140	180	224
>400~800	≥1~3.5	4.5	7.0	11	18	28	45	63	80	100	125	160	200
	>3.5~6.3	5.0	8.0	13	20	32	50	71	90	112	140	180	224
	>6.3~10	5.5	9.0	14	22	36	56	80	100	125	160	200	250
	>10~16	7.0	11	18	28	45	71	100	125	160	200	250	315
	>16~25	9.0	14	22	36	56	90	125	160	200	250	315	400
>800~1600	≥1~3.5	5.0	8.0	13	20	32	50	71	90	112	140	180	224
	>3.5~6.3	5.5	9.0	14	22	36	56	80	100	125	160	200	250
	>6.3~10	6.0	10	16	25	40	63	90	112	140	180	224	280
	>10~16	7.0	11	18	28	45	71	100	125	160	200	250	315
	>16~25	9.0	14	22	36	56	90	125	160	200	250	315	400

续表

分度圆直径 d_2/mm	模数 m/mm	精度等级											
		1	2	3	4	5	6	7	8	9	10	11	12
>1600~2500	≥1~3.5	5.5	9.0	14	22	36	56	80	100	125	160	200	250
	>3.5~6.3	6.0	10	16	25	40	63	90	112	140	180	224	280
	>6.3~10	7.0	11	18	28	45	71	100	125	160	200	250	315
	>10~16	8.0	13	20	32	50	80	112	140	180	224	280	355
	>16~25	10	16	25	40	63	100	140	180	224	280	355	450
>2500~4000	≥1~3.5	6.0	10	16	25	40	63	90	112	140	180	224	280
	>3.5~6.3	7.0	11	18	28	45	71	100	125	160	200	250	315
	>6.3~10	8.0	13	20	32	50	80	112	140	180	224	280	355
	>10~16	9.0	14	22	36	56	90	125	160	200	250	315	400
	>16~25	10	16	25	40	63	100	140	180	224	280	355	450

表 14-4-45　　蜗轮径向综合公差 F_i'' 值　　μm

分度圆直径 d_2/mm	模数 m/mm	精度等级											
		1	2	3	4	5	6	7	8	9	10	11	12
≤125	≥1~3.5	—	—	—	—	—	—	56	71	90	112	140	180
	>3.5~6.3	—	—	—	—	—	—	71	90	112	140	180	224
	>6.3~10	—	—	—	—	—	—	80	100	125	160	200	250
>125~400	≥1~3.5	—	—	—	—	—	—	63	80	100	125	160	200
	>3.5~6.3	—	—	—	—	—	—	80	100	125	160	200	250
	>6.3~10	—	—	—	—	—	—	90	112	140	180	224	280
	>10~16	—	—	—	—	—	—	100	125	160	200	250	315
>400~800	≥1~3.5	—	—	—	—	—	—	90	112	140	180	224	280
	>3.5~6.3	—	—	—	—	—	—	100	125	160	200	250	315
	>6.3~10	—	—	—	—	—	—	112	140	180	224	280	355
	>10~16	—	—	—	—	—	—	140	180	224	280	355	450
	>16~25	—	—	—	—	—	—	180	224	280	355	450	560
>800~1600	≥1~3.5	—	—	—	—	—	—	100	125	160	200	250	315
	>3.5~6.3	—	—	—	—	—	—	112	140	180	224	280	355
	>6.3~10	—	—	—	—	—	—	125	160	200	250	315	400
	>10~16	—	—	—	—	—	—	140	180	224	280	355	450
	>16~25	—	—	—	—	—	—	180	224	280	355	450	560
>1600~2500	≥1~3.5	—	—	—	—	—	—	112	140	180	224	280	355
	>3.5~6.3	—	—	—	—	—	—	125	160	200	250	315	400
	>6.3~10	—	—	—	—	—	—	140	180	224	280	355	450
	>10~16	—	—	—	—	—	—	160	200	250	315	400	500
	>16~25	—	—	—	—	—	—	200	250	315	400	500	630
>2500~4000	≥1~3.5	—	—	—	—	—	—	125	160	200	250	315	400
	>3.5~6.3	—	—	—	—	—	—	140	180	224	280	355	450
	>6.3~10	—	—	—	—	—	—	160	200	250	315	400	500
	>10~16	—	—	—	—	—	—	180	224	280	355	450	560
	>16~25	—	—	—	—	—	—	200	250	315	400	500	630

表 14-4-46　蜗轮一齿径向综合公差 f''_i 值　μm

分度圆直径 d_2/mm	模数 m/mm	精度等级											
		1	2	3	4	5	6	7	8	9	10	11	12
≤125	≥1～3.5	—	—	—	—	—	—	20	28	36	45	56	71
	>3.5～6.3	—	—	—	—	—	—	25	36	45	56	71	90
	>6.3～10	—	—	—	—	—	—	28	40	50	63	80	100
>125～400	≥1～3.5	—	—	—	—	—	—	22	32	40	50	63	80
	>3.5～6.3	—	—	—	—	—	—	28	40	50	63	80	100
	>6.3～10	—	—	—	—	—	—	32	45	56	71	90	112
	>10～16	—	—	—	—	—	—	36	50	63	80	100	125
>400～800	≥1～3.5	—	—	—	—	—	—	25	36	45	56	71	90
	>3.5～6.3	—	—	—	—	—	—	28	40	50	63	80	100
	>6.3～10	—	—	—	—	—	—	32	45	56	71	90	112
	>10～16	—	—	—	—	—	—	40	56	71	90	112	140
	>16～25	—	—	—	—	—	—	50	71	90	112	140	180
>800～1600	≥1～3.5	—	—	—	—	—	—	28	40	50	63	80	100
	>3.5～6.3	—	—	—	—	—	—	32	45	56	71	90	112
	>6.3～10	—	—	—	—	—	—	36	50	63	80	100	125
	>10～16	—	—	—	—	—	—	40	56	71	90	112	140
	>16～25	—	—	—	—	—	—	50	71	90	112	140	180
>1600～2500	≥1～3.5	—	—	—	—	—	—	32	45	56	71	90	112
	>3.5～6.3	—	—	—	—	—	—	36	50	63	80	100	125
	>6.3～10	—	—	—	—	—	—	40	56	71	90	112	140
	>10～16	—	—	—	—	—	—	45	63	80	100	125	160
	>16～25	—	—	—	—	—	—	56	80	100	125	160	200
>2500～4000	≥1～3.5	—	—	—	—	—	—	36	50	63	80	100	125
	>3.5～6.3	—	—	—	—	—	—	40	56	71	90	112	140
	>6.3～10	—	—	—	—	—	—	45	63	80	100	125	160
	>10～16	—	—	—	—	—	—	50	71	90	112	140	180
	>16～25	—	—	—	—	—	—	56	80	100	125	160	200

表 14-4-47　蜗轮齿距极限偏差 $\pm f_{pt}$ 值　μm

分度圆直径 d_2/mm	模数 m/mm	精度等级											
		1	2	3	4	5	6	7	8	9	10	11	12
≤125	≥1～3.5	1.0	1.6	2.5	4.0	6	10	14	20	28	40	56	80
	>3.5～6.3	1.2	2.0	3.2	5.0	8	13	18	25	36	50	71	100
	>6.3～10	1.4	2.2	3.6	5.5	9	14	20	28	40	56	80	112
>125～400	≥1～3.5	1.1	1.8	2.8	4.5	7	11	16	22	32	45	63	90
	>3.5～6.3	1.4	2.2	3.6	5.5	9	14	20	28	40	56	80	112
	>6.3～10	1.6	2.5	4.0	6.0	10	16	22	32	45	63	90	125
	>10～16	1.8	2.8	4.5	7.0	11	18	25	36	50	71	100	140
>400～800	≥1～3.5	1.2	2.0	3.2	5.0	8	13	18	25	36	50	71	100
	>3.5～6.3	1.4	2.2	3.6	5.5	9	14	20	28	40	56	80	112
	>6.3～10	1.8	2.8	4.5	7.0	11	18	25	36	50	71	100	140
	>10～16	2.0	3.2	5.0	8.0	13	20	28	40	56	80	112	160
	>16～25	2.5	4.0	6.0	10	16	25	36	50	71	100	140	200

续表

分度圆直径 d_2/mm	模数 m/mm	精度等级											
		1	2	3	4	5	6	7	8	9	10	11	12
>800~1600	≥1~3.5	1.2	2.0	3.6	5.5	9	14	20	28	40	56	80	112
	>3.5~6.3	1.6	2.5	4.0	6.0	10	16	22	32	45	63	90	125
	>6.3~10	1.8	2.8	4.5	7.0	11	18	25	36	50	71	100	140
	>10~16	2.0	3.2	5.0	8.0	13	20	28	40	56	80	112	160
	>16~25	2.5	4.0	6.0	10	16	25	36	50	71	100	140	200
>1600~2500	≥1~3.5	1.6	2.5	4.0	6.0	10	16	22	32	45	63	90	125
	>3.5~6.3	1.8	2.8	4.5	7.0	11	18	25	36	50	71	100	140
	>6.3~10	2.0	3.2	5.0	8.0	13	20	28	40	56	80	112	160
	>10~16	2.2	3.6	5.5	9.0	14	22	32	45	63	90	125	180
	>16~25	2.8	4.5	7.0	11	18	28	40	56	80	112	160	224
>2500~4000	≥1~3.5	1.8	2.8	4.5	7.0	11	18	25	36	50	71	100	140
	>3.5~6.3	2.0	3.2	5.0	8.0	13	20	28	40	56	80	112	160
	>6.3~10	2.2	3.6	5.5	9.0	14	22	32	45	63	90	125	180
	>10~16	2.5	4.0	6.0	10	16	25	36	50	71	100	140	200
	>16~25	2.8	4.5	7.0	11	18	28	40	56	80	112	160	224

表 14-4-48　　蜗轮齿形公差 f_{f2} 值　　μm

分度圆直径 d_2/mm	模数 m/mm	精度等级											
		1	2	3	4	5	6	7	8	9	10	11	12
≤125	≥1~3.5	2.1	2.6	3.6	4.8	6	8	11	14	22	36	56	90
	>3.5~6.3	2.4	3.0	4.0	5.3	7	10	14	20	32	50	80	125
	>6.3~10	2.5	3.4	4.5	6.0	8	12	17	22	36	56	90	140
>125~400	≥1~3.5	2.4	3.0	4.0	5.3	7	9	13	18	28	45	71	112
	>3.5~6.3	2.5	3.2	4.5	6.0	8	11	16	22	36	56	90	140
	>6.3~10	2.6	3.6	5.0	6.5	9	13	19	28	45	71	112	180
	>10~16	3.0	4.0	5.5	7.5	11	16	22	32	50	80	125	200
>400~800	≥1~3.5	2.6	3.4	4.5	6.5	9	12	17	25	40	63	100	160
	>3.5~6.3	2.8	3.8	5.0	7.0	10	14	20	28	45	71	112	180
	>6.3~10	3.0	4.0	5.5	7.5	11	16	24	36	56	90	140	224
	>10~16	3.2	4.5	6.0	9.0	13	18	26	40	63	100	160	250
	>16~25	3.8	5.3	7.5	10.5	16	24	36	56	90	140	224	355
>800~1600	≥1~3.5	3.0	4.2	5.5	8.0	11	17	24	36	56	90	140	224
	>3.5~6.3	3.2	4.5	6.0	9.0	13	18	28	40	63	100	160	250
	>6.3~10	3.4	4.8	6.5	9.5	14	20	30	45	71	112	180	280
	>10~16	3.6	5.0	7.5	10.5	15	22	34	50	80	125	200	315
	>16~25	4.2	6.0	8.5	12	19	28	42	63	100	160	250	400
>1600~2500	≥1~3.5	3.8	5.3	7.5	11	16	24	36	50	80	125	200	315
	>3.5~6.3	4.0	5.5	8.0	11.5	17	25	38	56	90	140	224	355
	>6.3~10	4.0	6.0	8.5	12	18	28	40	63	100	160	250	400
	>10~16	4.2	6.5	9.0	13	20	30	45	71	112	180	280	450
	>16~25	4.8	7.0	10.5	15	22	36	53	80	125	200	315	500
>2500~4000	≥1~3.5	4.5	6.5	10	14	21	32	50	71	112	180	280	450
	>3.5~6.3	4.8	7.0	10	15	22	34	53	80	125	200	315	500
	>6.3~10	5.0	7.5	10.5	16	24	36	56	90	140	224	355	560
	>10~16	5.3	7.5	11	17	25	38	60	90	140	224	355	560
	>16~25	5.5	8.5	13	19	28	45	67	100	160	250	400	630

表 14-4-49　　传动接触斑点的要求

精度等级	接触面积的百分比/%		接触形状	接触位置
	沿齿高不小于	沿齿长不小于		
1 和 2	75	70	接触斑点在齿高方向无断缺，不允许成带状条纹	接触斑点痕迹的分布位置趋近齿面中部，允许略偏于啮入端。在齿顶和啮入、啮出端的棱边处不允许接触
3 和 4	70	65		
5 和 6	65	60		
7 和 8	55	50	不作要求	接触斑点痕迹应偏于啮出端，但不允许在齿顶和啮入、啮出端的棱边接触
9 和 10	45	40		
11 和 12	30	30		

注：采用修形齿面的蜗杆传动，接触斑点的要求可不受本标准规定的限制。

表 14-4-50　　传动中心距极限偏差 $\pm f_a$ 值　　μm

传动中心距 a/mm	精度等级											
	1	2	3	4	5	6	7	8	9	10	11	12
≤30	3	5	7	11	17		26		42		65	
>30～50	3.5	6	8	13	20		31		50		80	
>50～80	4	7	10	15	23		37		60		90	
>80～120	5	8	11	18	27		44		70		110	
>120～180	6	9	13	20	32		50		80		125	
>180～250	7	10	15	23	36		58		92		145	
>250～315	8	12	16	26	40		65		105		160	
>315～400	9	13	18	28	45		70		115		180	
>400～500	10	14	20	32	50		78		125		200	
>500～630	11	15	22	35	55		87		140		220	
>630～800	13	18	25	40	62		100		160		250	
>800～1000	15	20	28	45	70		115		180		280	
>1000～1250	17	23	33	52	82		130		210		330	
>1250～1600	20	27	39	62	97		155		250		390	
>1600～2000	24	32	46	75	115		185		300		460	
>2000～2500	29	39	55	87	140		220		350		550	

表 14-4-51　　传动轴交角极限偏差 $\pm f_\Sigma$ 值　　μm

蜗轮齿宽 b_2/mm	精度等级											
	1	2	3	4	5	6	7	8	9	10	11	12
≤30	—	—	5	6	8	10	12	17	24	34	48	67
>30～50	—	—	5.6	7.1	9	11	14	19	28	38	56	75
>50～80	—	—	6.5	8	10	13	16	22	32	45	63	90
>80～120	—	—	7.5	9	12	15	19	24	36	53	71	105
>120～180	—	—	9	11	14	17	22	28	42	60	85	120
>180～250	—	—	—	13	16	20	25	32	48	67	95	135
>250	—	—	—	—	—	22	28	36	53	75	105	150

第14篇

表 14-4-52　　传动中间平面极限偏移 $\pm f_x$ 值　　μm

传动中心距 a/mm	精度等级 1	2	3	4	5　6	7　8	9　10	11　12
≤30	—	—	5.6	9	14	21	34	52
>30 ~ 50	—	—	6.5	10.5	16	25	40	64
>50 ~ 80	—	—	8	12	18.5	30	48	72
>80 ~ 120	—	—	9	14.5	22	36	56	88
>120 ~ 180	—	—	10.5	16	27	40	64	100
>180 ~ 250	—	—	12	18.5	29	47	74	120
>250 ~ 315	—	—	13	21	32	52	85	130
>315 ~ 400	—	—	14.5	23	36	56	92	145
>400 ~ 500	—	—	16	26	40	63	100	160
>500 ~ 630	—	—	18	28	44	70	112	180
>630 ~ 800	—	—	20	32	50	80	130	200
>800 ~ 1000	—	—	23	36	56	92	145	230
>1000 ~ 1250	—	—	27	42	66	105	170	270
>1250 ~ 1600	—	—	32	50	78	125	200	315
>1600 ~ 2000	—	—	37	60	92	150	240	370
>2000 ~ 2500	—	—	44	70	112	180	280	440

表 14-4-53　　传动的最小法向侧隙 j_{nmin} 值　　μm

传动中心距 a/mm	侧隙种类 h	g	f	e	d	c	b	a
≤30	0	9	13	21	33	52	84	130
>30 ~ 50	0	11	16	25	39	62	100	160
>50 ~ 80	0	13	19	30	46	74	120	190
>80 ~ 120	0	15	22	35	54	87	140	220
>120 ~ 180	0	18	25	40	63	100	160	250
>180 ~ 250	0	20	29	46	72	115	185	290
>250 ~ 315	0	23	32	52	81	130	210	320
>315 ~ 400	0	25	36	57	89	140	230	360
>400 ~ 500	0	27	40	63	97	155	250	400
>500 ~ 630	0	30	44	70	110	175	280	440
>630 ~ 800	0	35	50	80	125	200	320	500
>800 ~ 1000	0	40	56	90	140	230	360	560
>1000 ~ 1250	0	46	66	105	165	260	420	660
>1250 ~ 1600	0	54	78	125	195	310	500	780
>1600 ~ 2000	0	65	92	150	230	370	600	920
>2000 ~ 2500	0	77	110	175	280	440	700	1100

注：传动的最小圆周侧隙 $j_{tmin} \approx j_{nmin} / (\cos\gamma' \cos\alpha_n)$

式中　γ'—蜗杆节圆柱导程角；α_n—蜗杆法向齿形角。

表 14-4-54　　蜗杆齿厚公差 T_{s1} 值　　μm

模数 m/mm	精度等级 1	2	3	4	5	6	7	8	9	10	11	12
≥1 ~ 3.5	12	15	20	25	30	36	45	53	67	95	130	190
>3.5 ~ 6.3	15	20	25	32	38	45	56	71	90	130	180	240
>6.3 ~ 10	20	25	30	40	48	60	71	90	110	160	220	310
>10 ~ 16	25	30	40	50	60	80	95	120	150	210	290	400
>16 ~ 25	—	—	—	—	85	110	130	160	200	280	400	550

注：1. 精度等级按蜗杆第Ⅱ公差组确定。

2. 对传动最大法向侧隙 j_{nmax} 无要求时，允许蜗杆齿厚公差 T_{s1} 增大，最大不超过两倍。

表 14-4-55　　蜗杆齿厚上偏差（E_{ss1}）中的误差补偿部分 $E_{s\Delta}$ 值　　μm

精度等级	模数 m /mm	传动中心距 a/mm															
		≤30	>30~50	>50~80	>80~120	>120~180	>180~250	>250~315	>315~400	>400~500	>500~630	>630~800	>800~1000	>1000~1250	>1250~1600	>1600~2000	>2000~2500
1	≥1~3.5	3.8	4.2	4.8	5.3	6.5	8.0	9.0	10	11	12	14	16	18	20	25	30
	>3.5~6.3	4.4	4.8	5.3	6.0	6.8	8.0	9.0	10	11	12	14	16	18	20	25	30
	>6.3~10	5.0	5.3	5.6	6.3	7.1	8.0	9.0	10	11	12	14	16	18	20	25	30
	>10~16	—	—	—	7.1	8.0	9.0	10	11	12	14	14	16	18	22	25	30
2	≥1~3.5	6.3	7.1	8.0	9.0	10	11	13	14	15	16	18	20	22	28	32	40
	>3.5~6.3	6.8	8.0	9.0	9.0	10	11	13	14	15	16	18	20	24	28	32	40
	>6.3~10	8	9	10	10	11	12	14	15	16	18	20	22	24	28	32	40
	>10~16	—	—	—	12	12	13	15	16	16	18	20	22	25	28	36	40
3	≥1~3.5	10	10	12	13	15	16	17	19	22	24	26	28	32	40	48	56
	>3.5~6.3	11	11	13	14	15	17	18	20	22	24	26	30	36	40	48	56
	>6.3~10	12	13	14	15	16	18	19	20	22	24	28	30	36	40	48	56
	>10~16	—	—	—	17	18	20	20	22	24	25	28	32	36	40	48	58
4	≥1~3.5	15	16	18	20	22	25	28	30	32	36	40	46	53	63	75	90
	>3.5~6.3	16	18	19	22	24	26	30	32	36	38	42	48	56	63	75	90
	>6.3~10	19	20	22	24	25	28	30	32	36	38	45	50	56	65	80	90
	>10~16	—	—	—	28	30	32	32	36	38	40	45	50	56	65	80	90
5	≥1~3.5	25	25	28	32	36	40	45	48	51	56	63	71	85	100	115	140
	>3.5~6.3	28	28	30	36	38	40	45	50	53	58	65	75	85	100	120	140
	>6.3~10	—	—	—	38	40	45	48	50	56	60	68	75	85	100	120	145
	>10~16	—	—	—	—	45	48	50	56	60	65	71	80	90	105	120	145
6	≥1~3.5	30	30	32	36	40	45	48	50	56	60	65	75	85	100	120	140
	>3.5~6.3	32	36	38	40	45	48	50	56	60	63	70	75	90	100	120	140
	>6.3~10	42	45	45	48	50	52	56	60	63	68	75	80	90	105	120	145
	>10~16	—	—	—	58	60	63	65	68	71	75	80	85	95	110	125	150
	>16~25	—	—	—	—	75	78	80	85	85	90	95	100	110	120	135	160
7	≥1~3.5	45	48	50	56	60	71	75	80	85	95	105	120	135	160	190	225
	>3.5~6.3	50	56	58	63	68	75	80	85	90	100	110	125	140	160	190	225
	>6.3~10	60	63	65	71	75	80	85	90	95	105	115	130	140	165	195	225
	>10~16	—	—	—	80	85	90	95	100	105	110	125	135	150	170	200	230
	>16~25	—	—	—	—	115	120	120	125	130	135	145	155	165	185	210	240
8	≥1~3.5	50	56	58	63	68	75	80	85	90	100	110	125	140	160	190	225
	>3.5~6.3	68	71	75	78	80	85	90	95	100	110	120	130	145	170	195	230
	>6.3~10	80	85	90	90	95	100	100	105	110	120	130	140	150	175	200	235
	>10~16	—	—	—	110	115	115	120	125	130	135	140	155	165	185	210	240
	>16~25	—	—	—	—	150	155	155	160	160	170	175	180	190	210	230	260
9	≥1~3.5	75	80	90	95	100	110	120	130	140	155	170	190	220	260	310	360
	>3.5~6.3	90	95	100	105	110	120	130	140	150	160	180	200	225	260	310	360
	>6.3~10	110	115	120	125	130	140	145	155	160	170	190	210	235	270	320	370
	>10~16	—	—	—	160	165	170	180	185	190	200	220	230	255	290	335	380
	>16~25	—	—	—	—	215	220	225	230	235	245	255	270	290	320	360	400

续表

精度等级	模数 m/mm	传动中心距 a/mm															
		≤30	>30~50	>50~80	>80~120	>120~180	>180~250	>250~315	>315~400	>400~500	>500~630	>630~800	>800~1000	>1000~1250	>1250~1600	>1600~2000	>2000~2500
10	≥1~3.5	100	105	110	115	120	130	140	145	155	165	185	200	230	270	310	360
	>3.5~6.3	120	125	130	135	140	145	155	160	170	180	200	210	240	280	320	370
	>6.3~10	155	160	165	170	175	180	185	190	200	205	220	240	260	290	340	380
	>10~16	—	—	—	210	215	220	225	230	235	240	260	270	290	320	360	400
	>16~25	—	—	—	—	280	285	290	295	300	305	310	320	340	370	400	440
11	≥1~3.5	140	150	160	170	180	190	200	220	240	250	280	310	350	410	480	560
	>3.5~6.3	180	185	190	200	210	220	230	250	260	280	300	330	370	420	490	570
	>6.3~10	220	230	230	240	250	260	270	280	290	310	330	350	390	440	510	590
	>10~16	—	—	—	290	300	310	310	320	340	350	370	390	430	470	530	610
	>16~25	—	—	—	—	400	410	410	420	430	440	450	470	500	540	600	670
12	≥1~3.5	190	190	200	210	220	230	240	250	270	280	310	330	370	430	490	580
	>3.5~6.3	250	250	250	260	270	280	290	300	310	320	340	370	410	460	520	600
	>6.3~10	290	300	300	310	310	320	330	340	350	360	380	400	440	480	540	620
	>10~16	—	—	—	400	400	410	410	420	430	440	450	470	500	540	600	670
	>16~25	—	—	—	—	520	530	530	540	540	550	560	580	600	640	680	750

注：精度等级按蜗杆的第Ⅱ公差组确定。

表 14-4-56　　蜗轮齿厚公差 T_{s2} 值　　μm

分度圆直径 d_2/mm	模数 m/mm	精度等级											
		1	2	3	4	5	6	7	8	9	10	11	12
≤125	≥1~3.5	30	32	36	45	56	71	90	110	130	160	190	230
	>3.5~6.3	32	36	40	48	63	85	110	130	160	190	230	290
	>6.3~10	32	36	45	50	67	90	120	140	170	210	260	320
>125~400	≥1~3.5	30	32	38	48	60	80	100	120	140	170	210	260
	>3.5~6.3	32	36	45	50	67	90	120	140	170	210	260	320
	>6.3~10	32	36	45	56	71	100	130	160	190	230	290	350
	>10~16	—	—	—	—	80	110	140	170	210	260	320	390
	>16~25	—	—	—	—	—	130	170	210	260	320	390	470
>400~800	≥1~3.5	32	36	40	48	63	85	110	130	160	190	230	290
	>3.5~6.3	32	36	45	50	67	90	120	140	170	210	260	320
	>6.3~10	32	36	45	56	71	100	130	160	190	230	290	350
	>10~16	—	—	—	—	85	120	160	190	230	290	350	430
	>16~25	—	—	—	—	—	140	190	230	290	350	430	550
>800~1600	≥1~3.5	32	36	45	50	67	90	120	140	170	210	260	320
	>3.5~6.3	32	36	45	56	71	100	130	160	190	230	290	350
	>6.3~10	32	36	48	60	80	110	140	170	210	260	320	390
	>10~16	—	—	—	—	85	120	160	190	230	290	350	430
	>16~25	—	—	—	—	—	140	190	230	290	350	430	550
>1600~2500	≥1~3.5	32	36	45	56	71	100	130	160	190	230	290	350
	>3.5~6.3	32	38	48	60	80	110	140	170	210	260	320	390
	>6.3~10	36	40	50	63	85	120	160	190	230	290	350	430
	>10~16	—	—	—	—	90	130	170	210	260	320	390	490
	>16~25	—	—	—	—	—	160	210	260	320	390	490	610
>2500~4000	≥1~3.5	32	38	48	60	80	110	140	170	210	260	320	390
	>3.5~6.3	36	40	50	63	85	120	160	190	230	290	350	430
	>6.3~10	36	45	53	67	90	130	170	210	260	320	390	490
	>10~16	—	—	—	—	100	140	190	230	290	350	430	550
	>16~25	—	—	—	—	—	160	210	260	320	390	490	610

注：1. 精度等级按蜗轮第Ⅱ公差组确定。
2. 在最小法向侧隙能保证的条件下，T_{s2} 公差带允许采用对称分布。

表 14-4-57　　极限偏差和公差与蜗杆几何参数的关系式

精度等级	f_h		f_{hL}		$\pm f_{px}$		f_{pxL}		f_r		f_{f1}		T_{s1}	
	$f_h=Am+C$		$f_{hL}=Am+C$		$f_{px}=Am+C$		$f_{pxL}=Am+C$		$f_r=Ad_1+C$		$f_{f1}=Am+C$		$T_{s1}=Am+C$	
	A	C	A	C	A	C	A	C	A	C	A	C	A	C
1	0.110	0.8	0.22	1.64	0.08	0.56	0.132	1.02	0.005	1.0	0.13	0.80	1.23	8.9
2	0.180	1.32	0.364	2.62	0.12	0.92	0.212	1.63	0.007	1.52	0.21	1.33	1.5	11.1
3	0.284	2.09	0.575	4.15	0.19	1.45	0.335	2.55	0.011	2.4	0.34	2.1	1.9	13.9
4	0.45	3.3	0.91	6.56	0.3	2.28	0.53	4.03	0.018	3.8	0.53	3.3	2.4	17.3
5	0.72	5.2	1.44	10.4	0.48	3.6	0.84	6.38	0.028	6.0	0.84	5.2	3.0	21.6
6	1.14	8.2	2.28	16.5	0.76	5.7	1.33	10.1	0.044	9.5	1.33	8.2	3.8	27
7	1.6	11.5	3.2	23.1	1.08	8.2	1.88	14.3	0.063	13.4	1.88	11.8	4.7	33.8
8	—	—	—	—	1.51	11.4	2.64	20	0.088	18.8	2.64	16.3	5.9	42.2
9	—	—	—	—	2.10	16	3.8	28	0.124	26.4	3.69	22.8	7.3	52.8
10	—	—	—	—	3.0	22.4	—	—	0.172	36.9	5.2	32	10.2	73.8
11	—	—	—	—	4.2	31	—	—	0.24	52	7.24	44.8	14.4	103.4
12	—	—	—	—	5.8	44	—	—	0.34	72	10.2	63	20.1	144.7

注：m—蜗杆轴向模数，mm；d_1—蜗杆分度圆直径，mm。

表 14-4-58　　极限偏差和公差与蜗轮几何参数的关系式

精度等级	F_p（或 F_{pk}）		F_r		F''_i		$\pm f_{pt}$		f''_i		f_{f2}		$\pm f_\Sigma$	
	$F_p=B\sqrt{L}+C$		$F_r=Am+B\sqrt{d_2}+C$ $B=0.25A$		$F''_i=Am+B\sqrt{d_2}+C$ $B=0.25A$		$f_{pt}=Am+B\sqrt{d_2}+C$ $B=0.25A$		$f''_i=Am+B\sqrt{d_2}+C$ $B=0.25A$		$f_{f2}=Am+B\sqrt{d_2}+C$ $B=0.0125A$		$f_\Sigma=B\sqrt{b_2}+C$	
	B	C	A	C	A	C	A	C	A	C	A	C	B	C
1	0.25	0.63	0.224	2.8	—	—	0.063	0.8	—	—	0.063	2	—	—
2	0.40	1	0.355	4.5	—	—	0.10	1.25	—	—	0.10	2.5	—	—
3	0.63	1.6	0.56	7.1	—	—	0.16	2	—	—	0.16	3.15	0.50	2.5
4	1	2.5	0.90	11.2	—	—	0.25	3.15	—	—	0.25	4	0.63	3.2
5	1.6	4	1.40	18	—	—	0.40	5	—	—	0.40	5	0.8	4
6	2.5	6.3	2.24	28	—	—	0.63	8	—	—	0.63	6.3	1	5
7	3.55	9	3.15	40	4.5	56	0.90	11.2	1.25	16	1	8	1.25	6.3
8	5	12.5	4	50	5.6	71	1.25	16	1.8	22.4	1.6	10	1.8	8
9	7.1	18	5	63	7.1	90	1.8	22.4	2.24	28	2.5	16	2.5	11.2
10	10	25	6.3	80	9.0	112	2.5	31.5	2.8	35.5	4	25	3.55	16
11	14	35.5	8	100	11.2	140	3.55	45	3.55	45	6.3	40	5	22.4
12	20	50	10	125	14.0	180	5	63	4.5	56	10	63	7.1	31.5

注：1. m—模数，mm；d_2—蜗轮分度圆直径，mm；L—蜗轮分度圆弧长，mm；b_2—蜗轮齿宽，mm。

2. $d_2 \leqslant 400$mm 的 F_r、F''_i 公差按表中所列关系式再乘以 0.8 确定。

表 14-4-59　　极限偏差或公差间的相关关系式

代号	精度等级											
	1	2	3	4	5	6	7	8	9	10	11	12
f_a	$\frac{1}{2}$IT4	$\frac{1}{2}$IT5	$\frac{1}{2}$IT6	$\frac{1}{2}$IT7	$\frac{1}{2}$IT8		$\frac{1}{2}$IT9		$\frac{1}{2}$IT10		$\frac{1}{2}$IT11	
f_x	$0.8f_a$											
j_{nmin}	h(0)，g(IT5)，f(IT6)，e(IT7)，d(IT8)，c(IT9)，b(IT10)，a(IT11)											

续表

代号	精度等级											
	1	2	3	4	5	6	7	8	9	10	11	12
j_{nmax}	$(\lvert E_{ss1}\rvert + T_{s1} + T_{s2}\cos\gamma')\cos\alpha_n + 2\sin\alpha_n\sqrt{\frac{1}{4}F_r^2 + f_a^2}$											
j_t	$\approx j_n/(\cos\gamma'\cos\alpha_n)$											
E_{ss1}	$-(j_{nmin}/\cos\alpha_n + E_{s\Delta})$											
$E_{s\Delta}$	$\sqrt{f_a^2 + 10f_{px}^2}$											
T_{s2}	$1.3F_r + 25$											

注：γ'—蜗杆节圆柱导程角；α_n—蜗杆法向齿形角；IT—标准公差，见 GB/T 1800.3—1998。

齿坯公差

蜗杆、蜗轮在加工、检验、安装时的径向、轴向基准面应尽可能一致，并应在相应的零件工作图上标注。

表 14-4-60　　蜗杆、蜗轮齿坯尺寸和形状公差

精度等级		1	2	3	4	5	6	7	8	9	10	11	12
孔	尺寸公差	IT4	IT4	IT4		IT5	IT6	IT7		IT8		IT8	
	形状公差	IT1	IT2	IT3		IT4	IT5	IT6		IT7		—	
轴	尺寸公差	IT4	IT4	IT4		IT5		IT6		IT7		IT8	
	形状公差	IT1	IT2	IT3		IT4		IT5		IT6		—	
齿顶圆直径公差		IT6		IT7			IT8			IT9		IT11	

注：1. 当三个公差组的精度等级不同时，按最高精度等级确定公差。

2. 当齿顶圆不作测量齿厚基准时，尺寸公差按 IT11 确定，但不得大于 0.1mm。

3. IT 为标准公差，见表 14-4-59 注。

表 14-4-61　　蜗杆、蜗轮齿坯基准面径向和端面圆跳动公差　　μm

基准面直径 d/mm	精度等级					
	1～2	3～4	5～6	7～8	9～10	11～12
≤31.5	1.2	2.8	4	7	10	10
>31.5～63	1.6	4	6	10	16	16
>63～125	2.2	5.5	8.5	14	22	22
>125～400	2.8	7	11	18	28	28
>400～800	3.6	9	14	22	36	36
>800～1600	5.0	12	20	32	50	50
>1600～2500	7.0	18	28	45	71	71
>2500～4000	10	25	40	63	100	100

注：1. 当三个公差组的精度等级不同时，按最高精度等级确定公差。

2. 当以齿顶圆作为测量基准时，也即为蜗杆、蜗轮的齿坯基准面。

4.2　直廓环面蜗杆、蜗轮精度（摘自 GB/T 16848—1997）

本节介绍的 GB/T 16848—1997 适用于轴交角为 90°、中心距为 80～1250mm 的动力直廓环面蜗杆传动。

定义及代号

直廓环面蜗杆、蜗轮和蜗杆副的误差及侧隙的定义和代号见表 14-4-62。

表 14-4-62　　蜗杆、蜗轮和蜗杆副的误差及侧隙的定义和代号

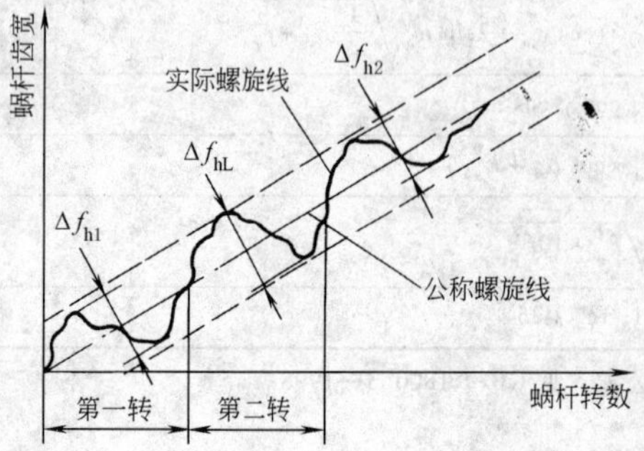

名　称	代号	定　义
蜗杆螺旋线误差 （图：蜗杆齿宽、实际螺旋线、Δf_{h2}、Δf_{hL}、Δf_{h1}、公称螺旋线、蜗杆转数、第一转、第二转）	Δf_{hL}	在蜗杆的工作齿宽范围内，分度圆环面上，包容实际螺旋线的与公称螺旋线保持恒定间距的最近两条螺旋线间的法向距离 多头蜗杆的螺旋线误差分别由每条螺纹线测得
蜗杆螺旋线公差	f_{hL}	
蜗杆一转螺旋线误差	Δf_h	一转范围内的蜗杆螺旋线误差
蜗杆一转螺旋线公差	f_h	
蜗杆分度误差	Δf_{zL}	在多头蜗杆的喉平面上，每个螺旋面与分度圆交点的等分性误差
蜗杆分度公差	f_{zL}	
蜗杆圆周齿距偏差 （图：实际圆周齿距、公称圆周齿距、Δf_{px}）	Δf_{px}	在轴向剖面内，蜗杆分度圆环面上，两相邻同侧齿面间的实际弧长和公称弧长之差
蜗杆圆周齿距极限偏差 上偏差 下偏差	 $+f_{px}$ $-f_{px}$	
蜗杆圆周齿距累积误差 （图：公称圆周距离、实际圆周距离）	Δf_{pxL}	在轴向剖面内，蜗杆分度圆环面上，任意两个同侧齿面间（不包括修缘部分），实际弧长与公称弧长之差的最大绝对值
蜗杆圆周齿距累积公差	f_{pxL}	
蜗杆齿形误差 （图：Δf_{f1}、蜗杆的工作齿形部分、实际齿形、设计齿形）	Δf_{f1}	在蜗杆的轴向剖面上，工作齿宽范围内，齿形工作部分，包容实际齿形线的最近两条设计齿形线间的法向距离
蜗杆齿形公差	f_{f1}	

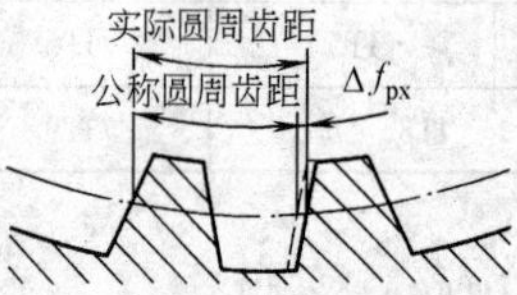

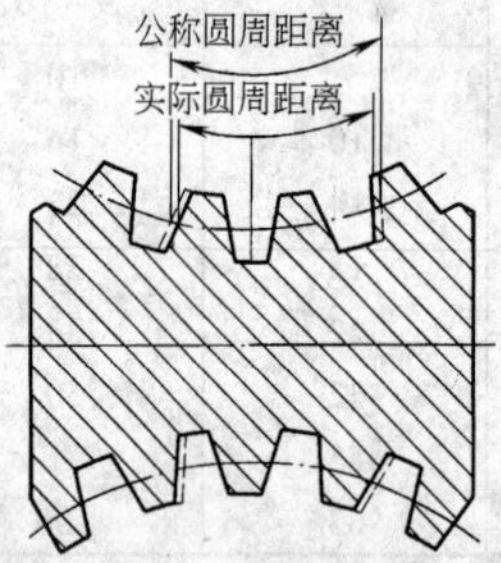

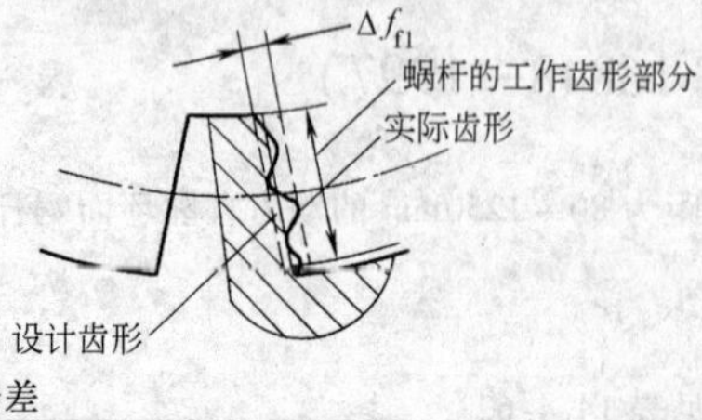

第 14 篇

续表

名　称	代号	定　义
蜗杆齿槽的径向跳动	Δf_r	在蜗杆的轴向剖面上，一转范围内，测头在齿槽内与齿高中部齿面双面接触，其测头相对于配对蜗轮中心沿径向距离的最大变动量
蜗杆齿槽径向跳动公差	f_r	
蜗杆法向弦齿厚偏差	ΔE_{s1}	在蜗杆喉部的法向弦齿高处，法向弦齿厚的实际值与公称值之差
蜗杆法向弦齿厚极限偏差		
上偏差	E_{ss1}	
下偏差	E_{si1}	
蜗杆法向弦齿厚公差	T_{s1}	
蜗轮齿距累积误差	ΔF_p	在蜗轮分度圆上，任意两个同侧齿面间的实际弧长与公称弧长之差的最大绝对值
蜗轮齿距累积公差	F_p	
蜗轮齿圈的径向跳动	ΔF_r	在蜗轮的一转范围内，测头在靠近中间平面的齿槽内，与齿高中部的齿面双面接触，相对蜗轮轴线径向距离的最大变动量
蜗轮齿圈径向跳动公差	F_r	
蜗轮齿距偏差	Δf_{pt}	在蜗轮分度圆上，实际齿距与公称齿距之差 用相对法测量时，公称齿距是指所有实际齿距的平均值
蜗轮齿距极限偏差		
上偏差	$+f_{pt}$	
下偏差	$-f_{pt}$	

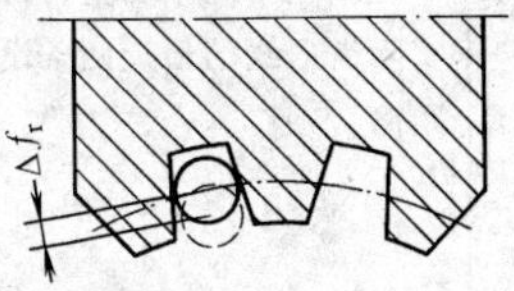

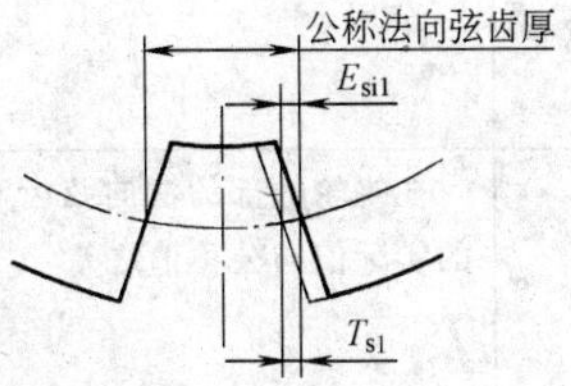

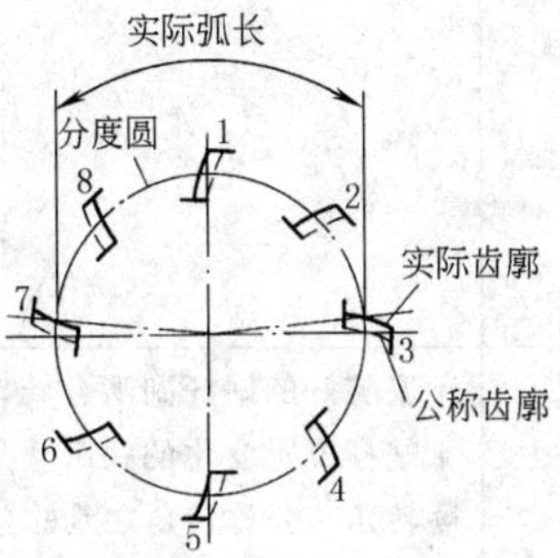

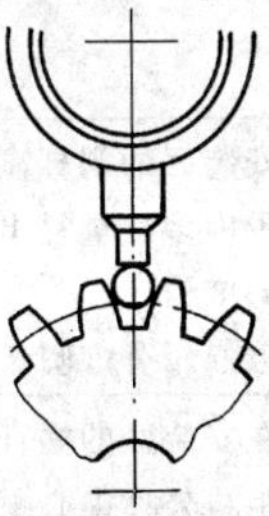

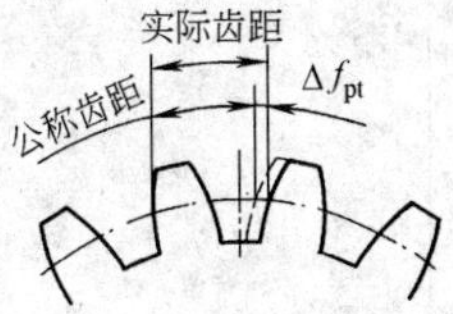

续表

名　称	代号	定　义
蜗轮齿形误差 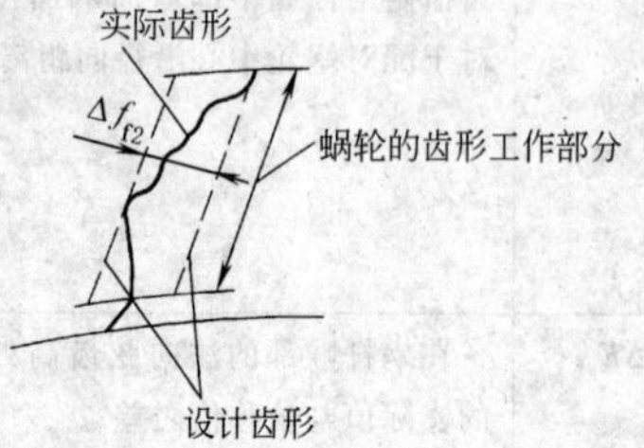 实际齿形 Δf_{f2} 蜗轮的齿形工作部分 设计齿形	Δf_{f2}	在蜗轮中间平面上，齿形工作部分内，包容实际齿形线的最近两条设计齿形线间的法向距离
蜗轮齿形公差	f_{f2}	
蜗轮法向弦齿厚偏差 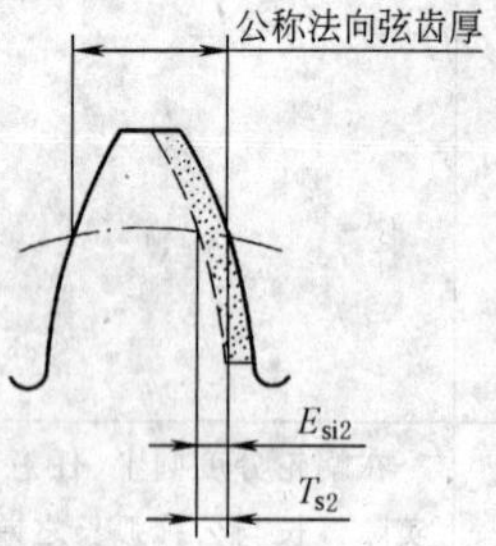 公称法向弦齿厚 E_{si2} T_{s2}	ΔE_{s2}	在蜗轮喉部的法向弦齿高处，法向弦齿厚的实际值与公称值之差
蜗轮法向弦齿厚极限偏差 上偏差 下偏差	 E_{ss2} E_{si2}	
蜗轮法向弦齿厚公差	T_{s2}	
蜗杆副的切向综合误差 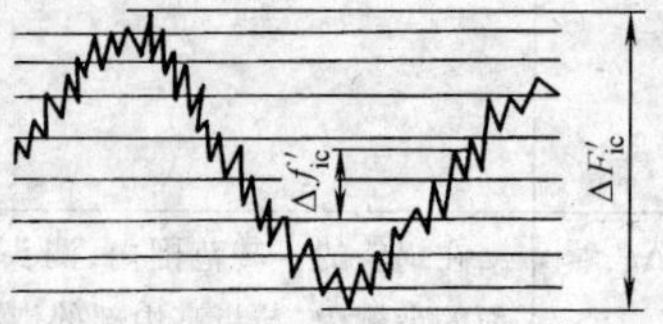 $\Delta f'_{ic}$ $\Delta F'_{ic}$	$\Delta F'_{ic}$	安装好的蜗杆副啮合转动时，在蜗轮相对于蜗杆位置变化的一个整周期内，蜗轮的实际转角与公称转角之差的总幅度值。以蜗轮分度圆弧长计
蜗杆副的切向综合公差	F'_{ic}	
蜗杆副的一齿切向综合误差	$\Delta f'_{ic}$	安装好的蜗杆副啮合转动时，在蜗轮一转范围内多次重复出现的周期性转角误差的最大幅度值
蜗杆副的切向综合公差	f'_{ic}	以蜗轮分度圆弧长计
蜗杆副的中心距偏差 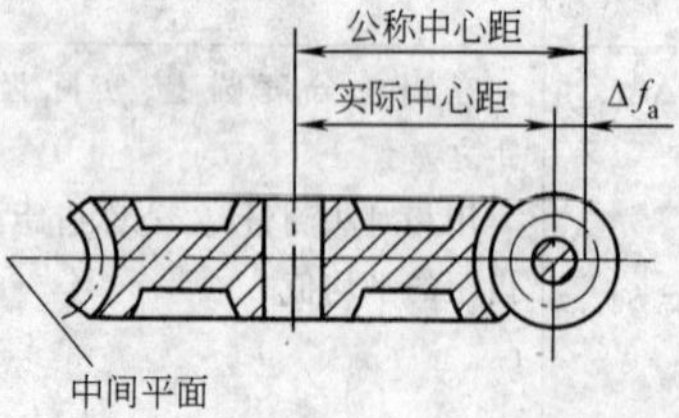 公称中心距 实际中心距 Δf_a 中间平面	Δf_a	在安装好的蜗杆副的中间平面内，实际中心距与公称中心距之差
蜗杆副的中心距极限偏差 上偏差 下偏差	 $+f_a$ $-f_a$	

第14篇

续表

名　称	代号	定　义
蜗杆副的接触斑点 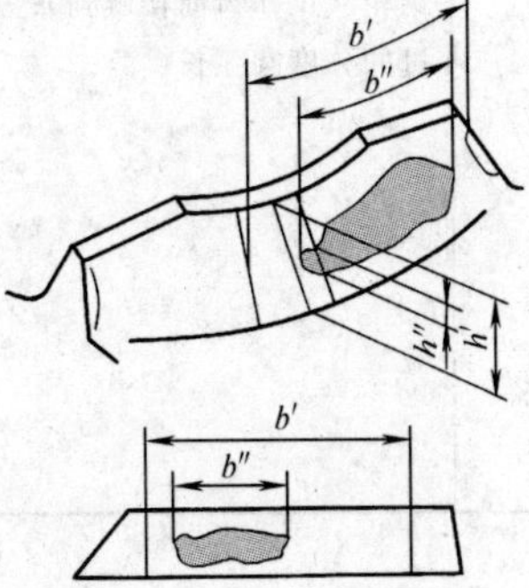		安装好的蜗杆副，在轻微制动下，转动后，蜗杆、蜗轮齿面上出现的接触痕迹 以接触面积大小、形状和分布位置表示，接触面积大小按接触痕迹的百分比计算确定： 沿齿长方向——接触痕迹的长度 b'' 与理论长度 b' 之比，即 $(b''/b')\times100\%$ 沿齿高方向——接触痕迹的平均高度 h'' 与理论高度 h' 之比，即 $(h''/h')\times100\%$ 蜗杆接触斑点的分布位置齿高方向应趋于中间，齿长方向趋于入口处，齿顶和两端部棱边处不允许接触
蜗杆副的蜗杆喉平面偏移 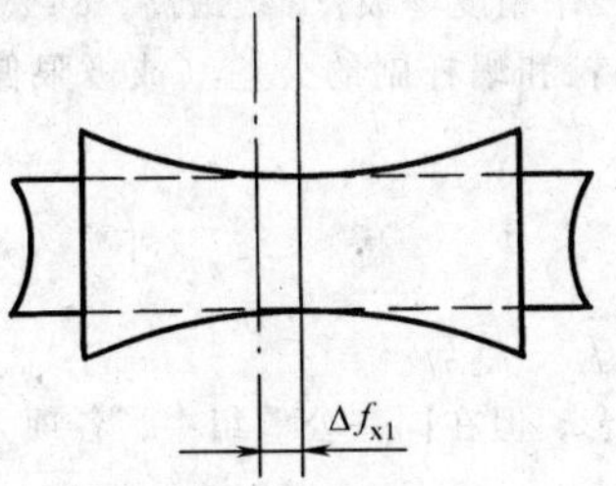	Δf_{x1}	在安装好的蜗杆副中，蜗杆喉平面的实际位置和公称位置之差
蜗杆副的蜗杆喉平面极限偏差 上偏差 下偏差	 $+f_{x1}$ $-f_{x1}$	
蜗杆副的蜗轮中间平面偏移 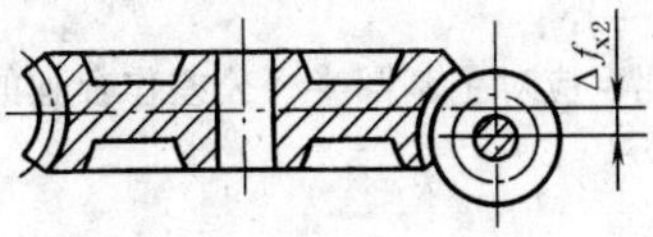	Δf_{x2}	在安装好的蜗杆副中，蜗轮中间平面的实际位置和公称位置之差
蜗杆副的蜗轮中间平面极限偏差 上偏差 下偏差	 $+f_{x2}$ $-f_{x2}$	
蜗杆副的轴交角偏差 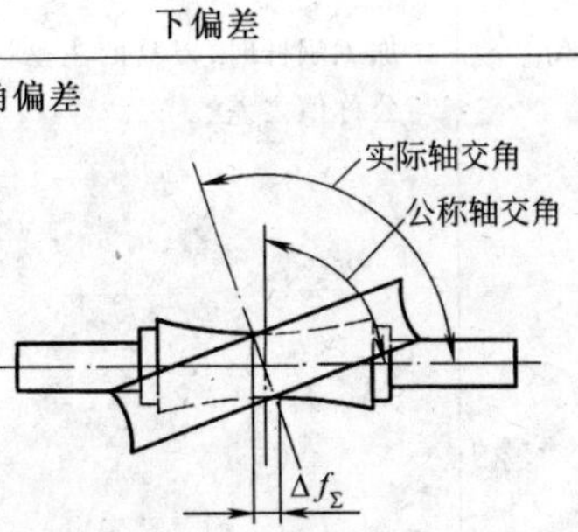 实际轴交角 公称轴交角	Δf_{Σ}	在安装好的蜗杆副中，实际轴交角与公称轴交角之差 偏差值按蜗轮齿宽确定，以其线性值计
蜗杆副轴交角极限偏差 上偏差 下偏差	 $+f_{\Sigma}$ $-f_{\Sigma}$	

第14篇

续表

名　称	代号	定　义
蜗杆副的圆周侧隙 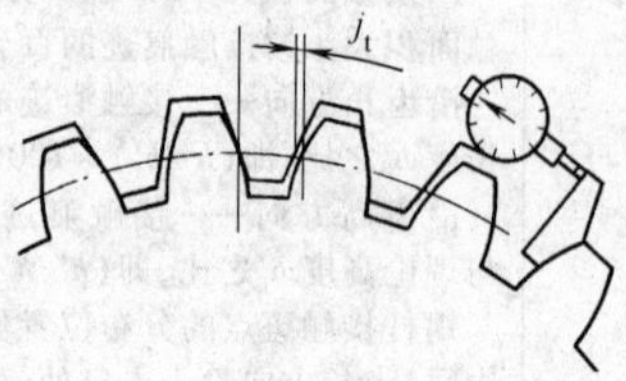	j_t	在安装好的蜗杆副中，蜗杆固定不动时，蜗轮从工作齿面接触到非工作齿面接触所转过的分度圆弧长
最小圆周侧隙	j_{tmin}	

精度等级

1）该标准对直廓环面蜗杆、蜗轮和蜗杆传动规定了6，7，8三个精度等级，6级最高，8级最低。

2）按照公差的特性对传动性能的主要保证作用，将蜗杆、蜗轮和蜗杆副的公差（或极限偏差）分为三个公差组。

第Ⅰ公差组：蜗轮 F_p，F_r；蜗杆副 $\Delta F'_{ic}$。

第Ⅱ公差组：蜗杆 f_h，f_{hL}，f_{px}，f_{pxL}，f_r；蜗轮 f_{pt}；蜗杆副 $\Delta f'_{ic}$。

第Ⅲ公差组：蜗杆 f_{f1}；蜗轮 f_{f2}；蜗杆副的接触斑点，f_a，f_Σ，f_{x1}，f_{x2}。

3）根据使用要求不同，允许各公差组选用不同的公差等级组合，但在同一公差组中，各项公差与极限偏差应保持相同的精度等级。

4）蜗杆和配对蜗轮的精度等级一般取成相同，也允许取成不相同。对有特殊要求的蜗杆传动，除 F_r、f_r 项目外，其蜗杆、蜗轮左右齿面的精度等级也可取成不相同。

齿坯要求

1）蜗杆、蜗轮在加工、检验和安装时的径向、轴向基准面应尽可能一致，并应在相应的零件工作图上予以标注。

加工蜗杆时，刀具的主基圆半径对蜗杆精度有较大影响，因此，应对主基圆半径公差作合理的控制。主基圆半径。误差定义见表14-4-63，主基圆半径公差值见表14-4-64。

表 14-4-63　主基圆半径误差定义

名　称	代号	定　义
主基圆半径误差 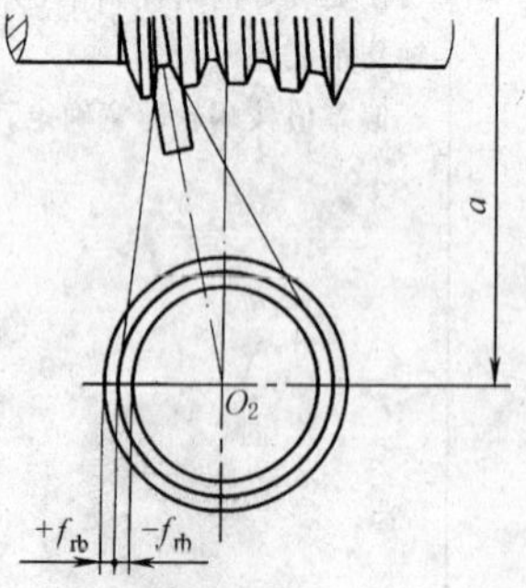	Δf_{rb}	加工蜗杆时，刀具的主基圆半径的实际值与公称值之差
主基圆半径公差	$\pm f_{rb}$	

表 14-4-64　　主基圆半径公差　　μm

名称	代号	中心距/mm											
		80~160			>160~315			>315~630			>630~1250		
		精度等级											
		6	7	8	6	7	8	6	7	8	6	7	8
主基圆半径公差	f_{rb}	20	30	45	25	40	60	35	55	80	50	80	120

2）蜗杆、蜗轮的齿坯公差包括轴、孔的尺寸、形状和位置公差，以及基准面的跳动。各项公差值见表14-4-65。

表 14-4-65　　蜗杆蜗轮齿坯公差　　μm

名称	中心距/mm											
	80~160			>160~315			>315~630			>630~1250		
	精度等级											
	6	7	8	6	7	8	6	7	8	6	7	8
蜗杆喉部直径公差	h7	h8	h9	h7	h8	h9	h7	h8	h9	h7	h8	h9
蜗杆基准轴颈径向跳动公差	12	15	30	15	20	35	20	27	48	25	35	55
蜗杆两定位端面的跳动公差	12	15	20	17	20	25	22	25	30	27	30	35
蜗杆喉部径向跳动公差	15	20	25	20	25	27	27	35	45	35	45	60
蜗杆基准端面的跳动公差	15	20	30	20	30	40	30	45	60	40	60	80
蜗轮齿坯外径与轴孔的同心度公差	15	20	30	20	35	50	25	40	60	40	60	80
蜗轮喉部直径公差	h7	h8	h9	h7	h8	h9	h7	h8	h9	h7	h8	h9

蜗杆、蜗轮的检验与公差

1）根据蜗杆传动的工作要求和生产规模，在各公差组中选定一个检验组来评定和验收蜗杆、蜗轮的精度。当检验组中有两项或两项以上的误差时，应以检验组中最低的一项精度来评定蜗杆、蜗轮的精度等级。

第Ⅰ公差组的检验组：蜗轮 ΔF_p；ΔF_r。

第Ⅱ公差组的检验组：蜗杆 Δf_h，Δf_{hL}（用于单头蜗杆）；Δf_{zL}（用于多头蜗杆）；Δf_{px}，Δf_{pxL}，Δf_r；Δf_{px}，Δf_{pxL}。蜗轮 Δf_{pt}。

第Ⅲ公差组的检验组：蜗杆 Δf_{f1}；蜗轮 Δf_{f2}。

当蜗杆副的接触斑点有要求时，蜗轮的齿形误差 Δf_{f2} 可不进行检验。

2）对于各精度等级，蜗杆、蜗轮各检验项目的公差或极限偏差的数值见表 14-4-66。

表 14-4-66　　蜗杆和蜗轮的公差及极限偏差　　μm

名称		代号	中心距/mm											
			80~160			>160~315			>315~630			>630~1250		
			精度等级											
			6	7	8	6	7	8	6	7	8	6	7	8
蜗杆螺旋线公差		f_{hL}	34	51	68	51	68	85	68	102	119	127	153	187
蜗杆一转螺旋线公差		f_h	15	22	30	21	30	37	30	45	53	45	60	68
蜗杆分度误差	$z_2/z_1\neq$整数	f_{zl}	20	30	40	28	40	50	40	60	70	60	80	90
	$z_2/z_1=$整数		25	37	50	35	50	62	50	75	87	75	100	112
蜗杆圆周齿距极限偏差		f_{px}	±10	±15	±20	±14	±20	±25	±20	±30	±35	±30	±40	±45
蜗杆圆周齿距累积公差		f_{pxL}	20	30	40	30	40	50	40	60	70	75	90	110
蜗杆齿形公差		f_{f1}	14	22	32	19	28	40	25	36	53	36	53	75
蜗杆径向跳动公差		f_r	10	15	25	15	20	30	20	25	35	25	35	50
蜗杆法向弦齿厚上偏差		E_{ss1}	0	0	0	0	0	0	0	0	0	0	0	0
蜗杆法向弦齿厚下偏差	双向回转	E_{si1}	35	50	75	60	100	150	90	140	200	140	200	250
	单向回转		70	100	150	120	200	300	180	200	400	280	350	450
蜗轮齿距累积公差		F_p	67	90	125	90	135	202	135	180	247	180	270	360
蜗轮齿圈径向跳动公差		F_r	40	56	71	50	71	90	63	90	112	80	112	140
蜗轮齿距极限偏差		$\pm f_{pt}$	15	20	25	20	30	45	30	40	55	40	60	80

续表

名称	代号	中心距/mm											
		80~160			>160~315			>315~630			>630~1250		
		精度等级											
		6	7	8	6	7	8	6	7	8	6	7	8
蜗轮齿形公差	f_{f2}	14	22	32	19	28	40	25	36	53	36	53	75
蜗轮法向弦齿厚上偏差	E_{ss2}	0	0	0	0	0	0	0	0	0	0	0	0
蜗轮法向弦齿厚下偏差	E_{si2}	75	100	150	100	150	200	150	200	280	220	300	400

3）该标准规定的公差值是以蜗杆、蜗轮的工作轴线为测量的基准轴线。当实际测量基准不符合该规定时，应从测量结果中消除基准不同所带来的影响。

蜗杆副的检验与公差

蜗杆副的精度主要以 $\Delta F'_{ic}$，$\Delta f'_{ic}$ 以及 Δf_a，Δf_{x1}，Δf_{x2}，Δf_Σ 和接触斑点的形状、分布位置与面积大小来评定。蜗杆副公差及极限偏差的数值见表 14-4-67。

表 14-4-67 蜗杆副公差及极限偏差 μm

名称	代号	中心距/mm											
		80~160			>160~315			>315~630			>630~1250		
		精度等级											
		6	7	8	6	7	8	6	7	8	6	7	8
蜗杆副的切向综合公差	F'_{ic}	63	90	125	80	112	160	100	140	200	140	200	280
蜗杆副的一齿切向综合公差	f'_{ic}	18	27	35	27	35	45	35	55	63	67	80	100
蜗杆副的中心距极限偏移	f_a	+20	+25	+60	+30	+50	+100	+45	+75	+120	+65	+100	+150
		−10	−15	−30	−20	−30	−50	−25	−45	−75	−35	−60	−100
蜗杆副的蜗杆中间平面偏移	f_{x1}	±15	±20	±25	±25	±40	±50	±40	±60	±80	±65	±90	±120
蜗杆副的蜗轮中间平面偏移	f_{x2}	±30	±50	±75	±60	±100	±150	±100	±150	±220	±150	±200	±300
蜗杆副的轴交角极限偏差	f_Σ	±15	±20	±30	±20	±30	±45	±30	±45	±65	±40	±60	±80
蜗杆副的圆周侧隙	j_t	250			380			530			750		
蜗杆副的最小圆周侧隙	j_{tmin}	95			130			190			250		
蜗轮齿面接触斑点/%		在理论接触区上 按高度 不小于85(6级)80(7级)70(8级) 按宽度 不小于80(6级)70(7级)60(8级)											
蜗杆齿面接触斑点/%		在工作长度上不小于80(6级)70(7级)60(8级) 工作面入口可接触较重，两端修缘部分不应接触											

蜗杆副的侧隙规定

1）蜗杆副的侧隙分为最小圆周侧隙和圆周侧隙，侧隙种类与精度等级无关。

2）根据工作条件和使用要求选用侧隙。蜗杆副的最小圆周侧隙和圆周侧隙见表 14-4-67。

图 样 标 注

在蜗杆、蜗轮工作图上，应分别标注其精度等级、齿厚极限偏差和本标准代号，标注示例如下。

1）蜗杆的第Ⅱ、Ⅲ公差组的精度等级为6级，齿厚极限偏差为标准值，则标注为：

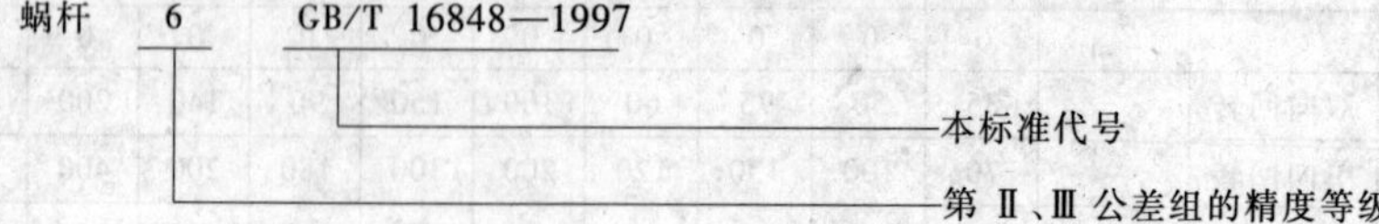

若蜗杆齿厚极限偏差为非标准值，如上偏差为：－0.27，下偏差为：－0.40，则标注为：

蜗杆 6 $\begin{pmatrix} -0.27 \\ -0.40 \end{pmatrix}$ GB/T 16848—1997

2）蜗轮的三个公差组的精度同为6级，齿厚极限偏差为标准值，则标注为：

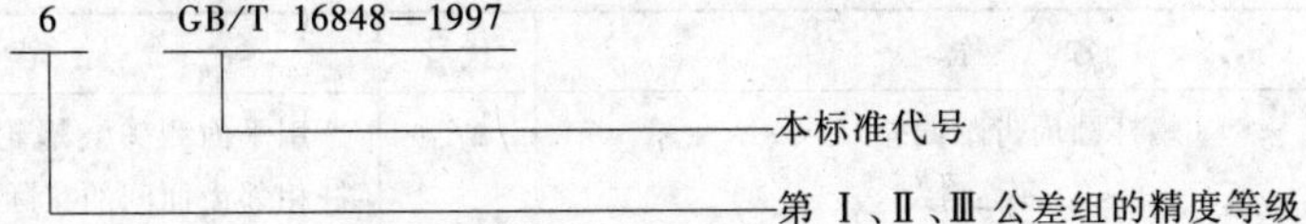

蜗轮的第Ⅰ公差组的精度为6级，第Ⅱ、Ⅲ公差组的精度为7级，齿厚极限偏差为标准值，则标注为：

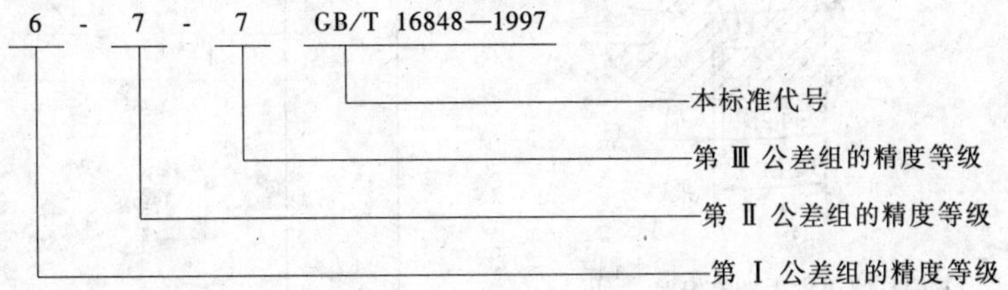

若蜗轮齿厚极限偏差为非标准值，如上偏差为：+0.10，下偏差为：-0.10，则标注为：

6-7-7　（±0.10）　GB/T 16848—1997

3）对蜗杆副，应标注出相应的精度等级、侧隙、本标准代号，标注示例如下。

蜗杆副的三个公差组的精度等级同为6级，侧隙为标准侧隙，则标注为：

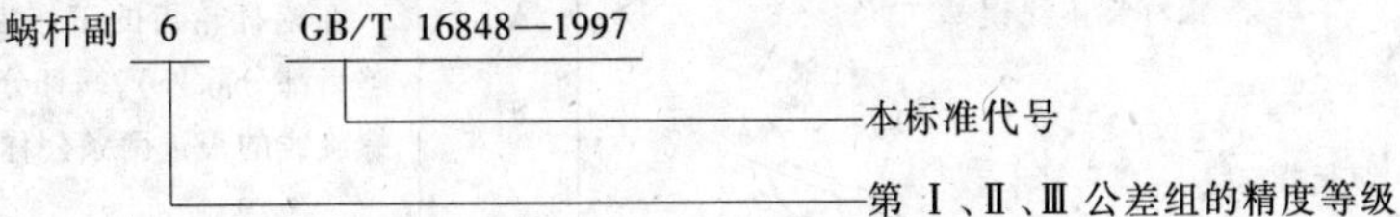

蜗杆副的第Ⅰ公差组的精度为6级，第Ⅱ、Ⅲ公差组的精度为7级，侧隙为：$j_t=0.2\text{mm}$，$j_{tmin}=0.1\text{mm}$，则标注为：

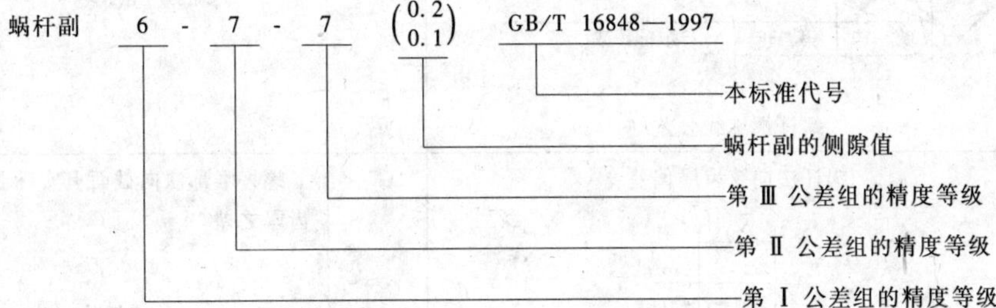

4.3 平面二次包络环面蜗杆传动精度（摘自 GB/T 16445—1996）

本节介绍的 GB/T 16445—1996 适用于轴交角为90°、中心距为0～1250mm的平面二次包络环面蜗杆副。

蜗杆、蜗轮误差的定义及代号

蜗杆、蜗轮误差的定义及代号见表14-4-68。

表 14-4-68

类别	序号	名　称	代号	定　义
蜗杆精度	1	蜗杆圆周齿距累积误差 理论弧长 实际弧长 ΔF_{p1} 平面测头 蜗杆圆周齿距累积公差	ΔF_{p1} F_{p1}	用平面测头绕蜗轮轴线作圆弧测量时，在蜗杆有效螺纹长度内（不包含修缘部分），同侧齿面实际距离与公称距离之差的最大绝对值

续表

类别	序号	名称	代号	定义
蜗杆精度	2	蜗杆圆周齿距偏差	Δf_{p1}	用平面测头绕蜗轮轴线作圆弧测量时，蜗杆相邻齿面间的实际距离与公称距离之差
		蜗杆圆周齿距极限偏差 上偏差 下偏差	$+f_{p1}$ $-f_{p1}$	
	3	蜗杆分度误差 蜗杆分度公差	Δf_{z1} f_{z1}	在垂直于蜗杆轴线的平面内，蜗杆每条螺纹的等分性误差，以喉平面上计算圆的弧长表示
	4	蜗杆螺旋线误差	Δf_{h1}	在蜗杆轮齿的工作齿宽范围内（两端不完整齿部分除外），蜗杆分度圆环面上包容实际螺旋线的最近两条公称螺旋线间的法向距离
		蜗杆螺旋线公差	f_{h1}	
	5	蜗杆法向弦齿厚偏差	ΔE_{s1}	螺杆喉部法向截面上实际弦齿厚与公称弦齿厚之差
		蜗杆法向弦齿厚极限偏差 上偏差 下偏差	E_{ss1} E_{si1}	
		螺杆齿厚公差	T_{s1}	
	6	蜗轮齿圈径向跳动	ΔF_{r2}	蜗轮齿槽相对蜗轮旋转轴线距离的变动量，在蜗轮中间平面测量
		蜗轮齿圈径向跳动公差	F_{r2}	

续表

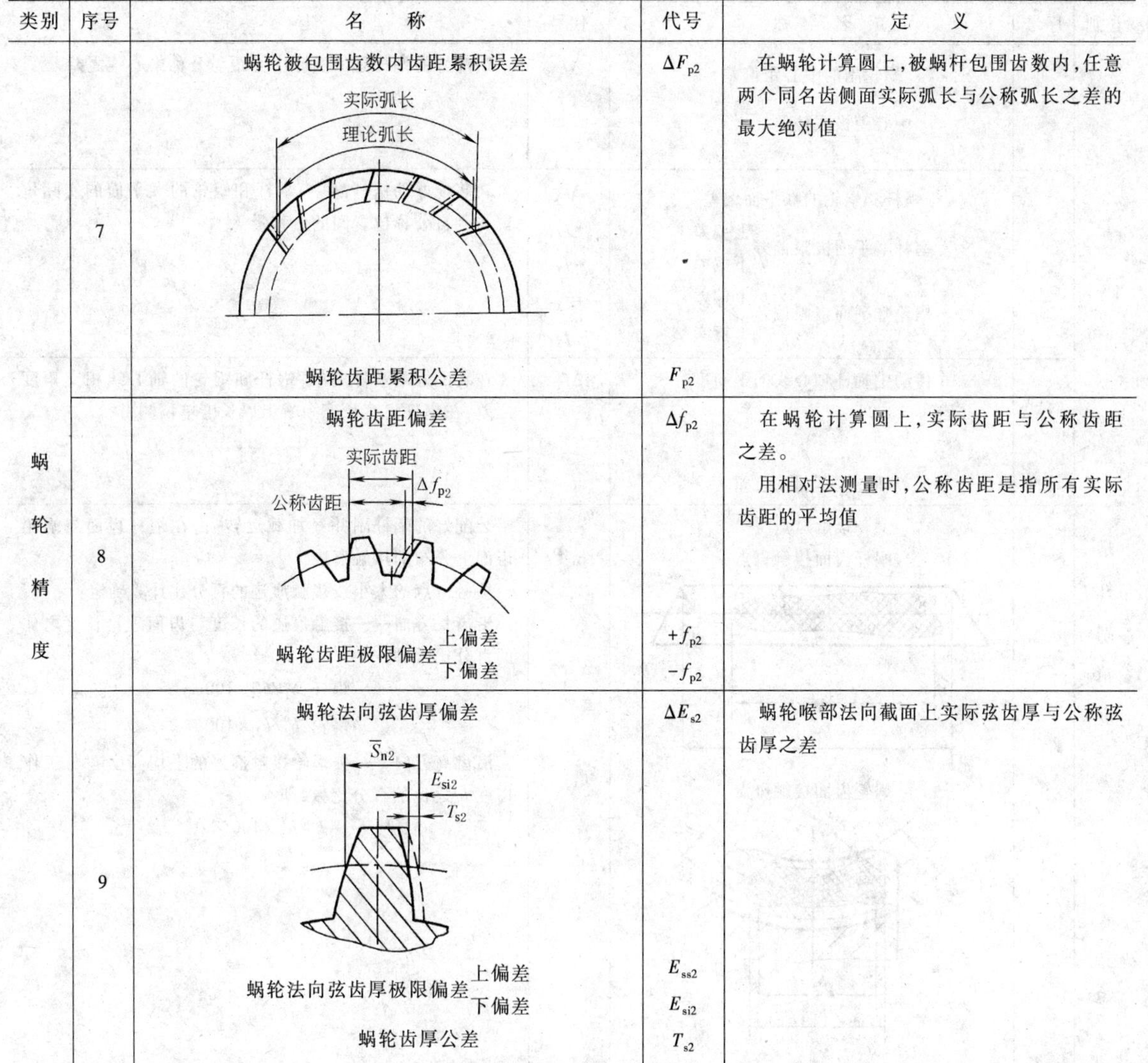

类别	序号	名　　称	代号	定　　义
蜗轮精度	7	蜗轮被包围齿数内齿距累积误差	ΔF_{p2}	在蜗轮计算圆上，被蜗杆包围齿数内，任意两个同名齿侧面实际弧长与公称弧长之差的最大绝对值
		蜗轮齿距累积公差	F_{p2}	
	8	蜗轮齿距偏差	Δf_{p2}	在蜗轮计算圆上，实际齿距与公称齿距之差。 用相对法测量时，公称齿距是指所有实际齿距的平均值
		蜗轮齿距极限偏差 上偏差	$+f_{p2}$	
		蜗轮齿距极限偏差 下偏差	$-f_{p2}$	
	9	蜗轮法向弦齿厚偏差	ΔE_{s2}	蜗轮喉部法向截面上实际弦齿厚与公称弦齿厚之差
		蜗轮法向弦齿厚极限偏差 上偏差	E_{ss2}	
		蜗轮法向弦齿厚极限偏差 下偏差	E_{si2}	
		蜗轮齿厚公差	T_{s2}	

蜗杆副误差的定义及代号

蜗杆副误差的定义及代号见表 14-4-69。

表 14-4-69

类别	序号	名　　称	代号	定　　义
蜗杆副精度	1	蜗杆副的切向综合误差 Δf_{ic}　ΔF_{ic}	ΔF_{ic}	一对蜗杆副，在其标准位置正确啮合时，蜗轮旋转一周范围内，实际转角与理论转角之差的总幅度值，以蜗轮计算圆弧长计
		蜗杆副的切向综合公差	F_{ic}	
	2	蜗轮副的一齿切向综合误差	Δf_{ic}	安装好的蜗杆副啮合转动时，在蜗轮一转范围内多次重复出现的周期性转角误差的最大幅度值，以蜗轮计算圆弧长计
		蜗轮副的一齿切向综合公差	f_{ic}	

续表

类别	序号	名称	代号	定义
蜗杆副精度	3	蜗轮副的中心距偏差 中心距极限偏差 上偏差 下偏差	Δf_a $+f_a$ $-f_a$	装配好的蜗杆副的实际中心距与公称中心距之差
	4	蜗杆和蜗轮的喉平面偏差 蜗杆喉平面极限偏差 上偏差 下偏差 蜗轮喉平面极限偏差 上偏差 下偏差	Δf_X $+f_{X1}$ $-f_{X1}$ $+f_{X2}$ $-f_{X2}$	在装配好的蜗杆副中，蜗杆和蜗轮的喉平面的实际位置与各自公称位置间的偏移量
	5	传动中蜗杆轴心线的歪斜度 轴心线歪斜度公差	Δf_Y f_Y	在装配好的蜗杆副中，蜗杆和蜗轮的轴心线相交角度之差，在蜗杆齿宽长度一半上以长度单位测量
	6	接触斑点 蜗杆齿面接触斑点 b''_1 b'_1 蜗轮齿面接触斑点 h' h'' b''_2 b'_2		装配好的蜗杆副并经加载运转后，在蜗杆齿面与蜗轮齿面上分布的接触痕迹 接触斑点的大小按接触痕迹的百分比计算确定： 沿齿长方向——接触痕迹的长度与齿面理论长度之比的百分比数，即 蜗杆：$b''_1/b'_1\times100\%$ 蜗轮：$b''_2/b'_2\times100\%$ 沿齿高方向——按蜗轮接触痕迹的平均高度 h'' 与工作高度 h' 之比的百分比数，即 $h''/h'\times100\%$
	7	蜗杆副的侧隙 圆周侧隙 法向侧隙	j_t j_n	在安装好的蜗杆副中，蜗杆固定不动时，蜗轮从工作齿面接触到非工作齿面接触所转过的计算圆弧长 在安装好的蜗杆副中，蜗杆和蜗轮的工作齿面接触时，两非工作齿面间的最小距离

注：在计算蜗杆螺旋面理论长度 b'_1 时，应减去不完整部分的出口和入口及入口处的修缘长度。

精度等级

1）该标准根据使用要求对蜗杆、蜗轮和蜗杆副规定了 6、7、8 级三个精度等级。

2）按公差特性对传动性能的主要保证作用，将蜗杆、蜗轮和蜗杆副的公差（或极限偏差）分成三个公差组。

第Ⅰ公差组：蜗杆 F_{p1}；蜗轮 F_{r2}，F_{p2}；蜗杆副 F_i。

第Ⅱ公差组：蜗杆 f_{p1}，f_{z1}，f_{h1}；蜗轮 f_{p2}；蜗杆副 f_i。

第Ⅲ公差组：蜗杆-；蜗轮-；蜗杆副的接触斑点，f_a，f_{X1}，f_{X2}，f_Y。

3）根据使用要求不同，允许各公差组选用不同的精度等级组合，但在同一公差组中，各项公差与极限偏差应保持相同的精度等级。

第14篇

4）蜗杆和配对蜗轮的精度等级一般取成相同，也允许取成不同。

齿坯要求

1）蜗杆、蜗轮在加工、检验、安装时的径向、轴向基准面应尽可能一致，并应在相应的零件工作图上予以标注。

2）蜗杆、蜗轮的齿坯公差包括尺寸、形状和位置公差，以及基准面的跳动，各项公差值，见表 14-4-72。

蜗杆、蜗轮及蜗杆副的检验

（1）蜗杆的检验

1）蜗杆的齿厚公差 T_{s1}、喉部直径公差 t_1 为每件必测的项目。

2）蜗杆圆周齿距累积误差 ΔF_{p1}、圆周齿距偏差 Δf_{p1}、分度误差 Δf_{z1}（用于多头蜗杆）和螺旋线误差 Δf_{h1} 根据用户要求进行检测。

3）蜗杆的各项公差值和极限偏差值见表 14-4-70，齿坯公差值见表 14-4-72。

（2）蜗轮的检验

1）蜗轮的齿厚公差 T_{s2}、蜗轮喉部直径公差 t_7 为每件必测项目。

2）蜗轮的齿距累积误差 ΔF_{p2}、齿距偏差 Δf_{p2} 和齿圈径向跳动 ΔF_{r2} 根据用户要求进行检测。

3）蜗轮的各项公差值和极限偏差值见表 14-4-70，齿坯公差见表 14-4-72。

（3）蜗杆副的检验

1）对蜗杆副的接触斑点和齿侧隙的检验：当减速器整机出厂时，每台必须检测。若蜗杆副为成品出厂时，允许按 10% ~30% 的比率进行抽检。但至少有一副对研检查（应使用 CT_1，CT_2 专用涂料）。

2）对蜗杆副的中心距偏差 Δf_a、喉平面偏差 Δf_{X1}、Δf_{X2} 和轴线歪斜度 Δf_Y、一齿切向综合误差 Δf_{ic}，当用户有特殊要求时进行检测；切向综合误差 ΔF_{ic}，只在精度为 6 级，用户又提出要求时进行检测。其公差值及极限偏差值见表 14-4-71。

蜗杆传动的侧隙规定

1）该标准根据用户使用要求将侧隙分为标准保证侧隙 j 和最小保证侧隙 j_{min}。j 为一般传动中应保证的侧隙、j_{min} 用于要求侧隙尽可能小，而又不致卡死的场合。对特殊要求，允许在设计中具体确定。

2）j 与 j_{min} 与精度无关，具体数值见表 14-4-71。

3）蜗杆副的侧隙由蜗杆法向弦齿厚减薄量来保证，即取上偏差为 $E_{ss1}=j\cos\alpha$（或 $j_{min}\cos\alpha$），公差为 T_{s1}；蜗轮法向弦齿厚的上偏差 $E_{ss2}=0$，下偏差即为公差 $E_{si2}=T_{s2}$。

蜗杆、蜗轮的公差及极限偏差

表 14-4-70　　蜗杆、蜗轮公差及极限偏差　　μm

名称			代号	中心距/mm											
				≥80 ~160			>160 ~315			>315 ~630			>630 ~1250		
				精度等级											
				6	7	8	6	7	8	6	7	8	6	7	8
蜗杆	蜗杆圆周齿距累积公差		F_{p1}	20	30	40	30	40	50	40	60	70	75	90	110
	蜗杆圆周齿距极限偏差		$\pm f_{p1}$	±10	±15	±20	±14	±20	±25	±20	±30	±35	±30	±40	±45
	蜗杆分度公差	$z_2/z_1\neq$整数	f_{z1}	10	15	20	14	20	25	20	30	35	30	40	45
		$z_2/z_1=$整数		25	37	50	35	50	62	50	75	87	75	100	112
	蜗杆螺旋线误差的公差		f_{h1}	28	40	—	36	50	—	45	63	—	63	90	—
	蜗杆法向弦齿厚公差	双向回转	T_{s1}	35	50	75	60	100	150	90	140	200	140	200	250
		单向回转		70	100	150	120	200	300	180	280	400	280	350	450
蜗轮	蜗轮齿圈径向跳动公差		F_{r2}	15	20	30	20	30	40	25	40	60	35	55	80
	蜗轮齿距累积公差		F_{p2}	15	20	25	20	30	45	30	40	55	40	60	80
	蜗轮齿距极限偏差		$\pm f_{p2}$	±13	±18	±25	±18	±25	±36	±20	±28	±40	±26	±36	±50
	蜗轮法向弦齿厚公差		T_{s2}	75	100	150	100	150	200	150	200	280	220	300	400

蜗杆副精度与公差

表 14-4-71　　　　**蜗杆副公差及极限偏差**　　　　μm

名称	代号	中心距/mm											
		≥80~160			>160~315			>315~630			>630~1250		
		精度等级											
		6	7	8	6	7	8	6	7	8	6	7	8
蜗杆副的切向综合公差	F_{ic}	63	90	125	80	112	160	100	140	200	140	200	280
蜗杆副的一齿切向综合公差	f_{ic}	40	63	80	60	75	110	70	100	140	100	140	200
中心距极限偏差	$+f_a$	+20	+25	+60	+30	+50	+100	+45	+75	+120	+65	+100	+150
	$-f_a$	-10	-15	-30	-20	-30	-50	-25	-45	-75	-35	-60	-100
蜗杆喉平面极限偏差	$+f_{X1}$ $-f_{X1}$	±15	±20	±25	±25	±40	±50	±40	±60	±80	±65	±90	±120
蜗轮喉平面极限偏差	$+f_{X2}$ $-f_{X2}$	±30	±50	±75	±60	±100	±150	±100	±150	±220	±150	±200	±300
轴心线歪斜度公差	f_Y	15	20	30	20	30	45	30	45	65	40	60	80
蜗杆齿面接触斑点		在工作长度上不小于85%(6级),80%(7级),70%(8级);工作面入口可接触较重,两端修缘部分不应接触											
蜗轮齿面接触斑点		在理论接触区上按高度不小于85%(6级),80%(7级),70%(8级);按宽度不小于80%(6级),70%(7级),60%(8级)											
圆周侧隙　最小保证侧隙	j_{min}	95			130			190			250		
圆周侧隙　标准保证侧隙	j	250			380			530			750		

图样标注

在蜗杆、蜗轮工作图上，应分别标注其精度等级、侧隙代号或法向弦齿厚偏差和本标准代号。

标注示例：

1）蜗杆精度等级为6级，法向弦齿厚公差为标准值，侧隙取标准侧隙，则标注为

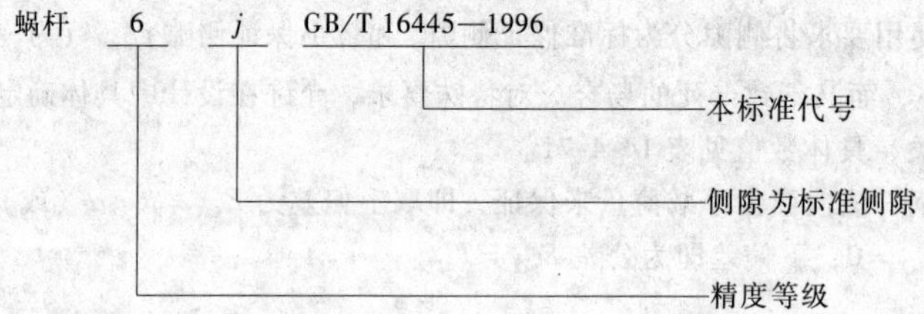

2）若蜗杆法向弦齿厚公差为非标准值，如上偏差为 -0.25，下偏差为 -0.4，则标注为

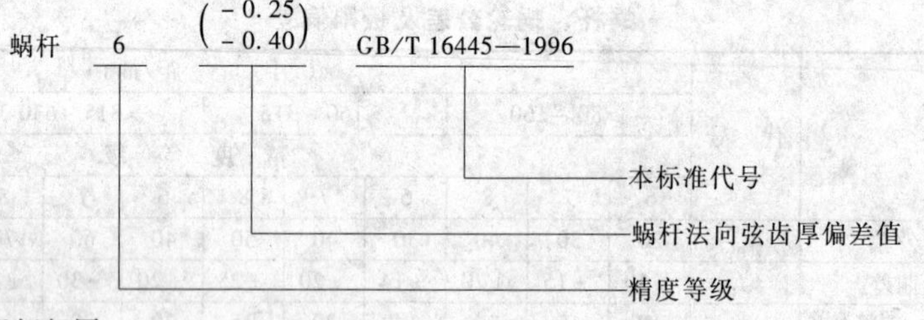

蜗轮标注方法与蜗杆相同。

3）对蜗杆副应标注出相应的精度等级、侧隙代号和本标准代号。标注示例：

① 蜗杆副三个公差组的精度同为7级，标准侧隙，则标注为

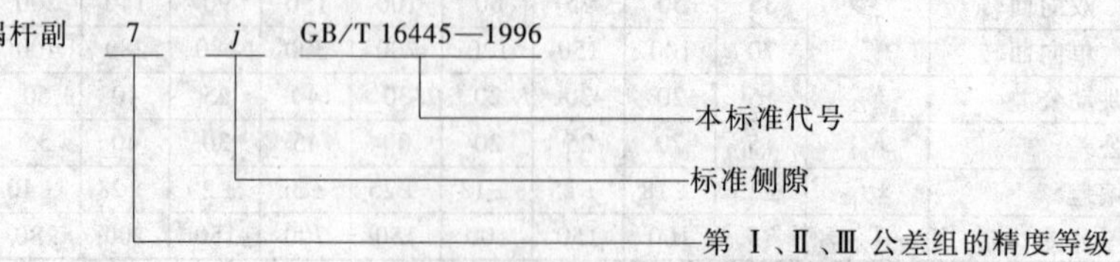

② 蜗杆副的第Ⅰ公差组为7级，第Ⅱ、第Ⅲ公差组的精度为6级，侧隙为最小保证侧隙 j_{min}，则标注为

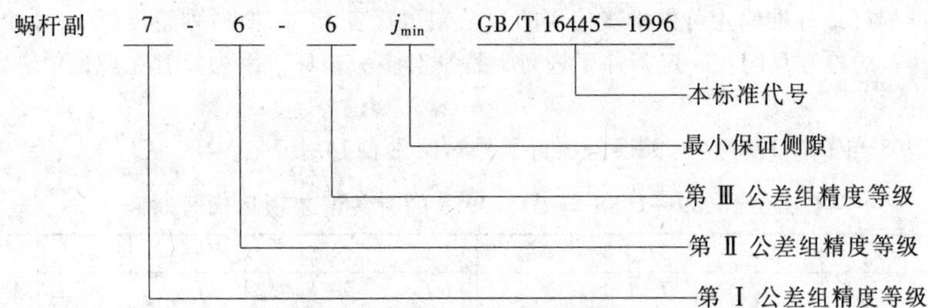

表 14-4-72　　蜗杆、蜗轮齿坯尺寸和形状公差　　μm

名　　称	代号	中心距/mm ≥80~160			>160~315			>315~630			>630~1250		
		精度等级 6	7	8	6	7	8	6	7	8	6	7	8
蜗杆喉部外圆直径公差	t_1	h7	h8	h9	h7	h8	h9	h7	h8	h9	h7	h8	h9
蜗杆喉部径向跳动公差	t_2	12	15	30	15	20	35	20	27	40	25	35	50
蜗杆两基准端面的跳动公差	t_3	12	15	20	17	20	25	22	25	30	27	30	35
蜗杆喉平面至基准端面距离公差	t_4	±50	±75	±100	±75	±100	±130	±100	±130	±180	±130	±180	±200
蜗轮基准端面的跳动公差	t_5	15	20	30	20	30	40	30	45	60	40	60	80
蜗轮齿坯外径与轴孔的不同心度公差	t_6	15	20	30	20	35	50	25	40	60	40	60	80
蜗轮喉部直径公差	t_7	h7	h8	h9	h7	h8	h9	h7	h8	h9	h7	h8	h9

4.4 德国圆柱蜗杆蜗轮精度技术简介

蜗杆蜗轮精度在国际 ISO、德国 DIN、法国 NFE 和日本 JIS 等都没有专门的标准。

德国仅在 DIN 3975《轴交角为90°圆柱蜗杆传动的概念和参数》中对蜗杆、蜗轮及传动的误差检验项目、侧隙规范的误差定义，代号作了全面规定。设计、制造和验收时，各项公差值系按传动的用途专门拟定：对蜗轮，以圆柱齿轮公差 DIN 3962~3964 为基础；对蜗杆，以单头滚刀公差 DIN 3968 为基础。

表 14-4-73 所列的精度参考值与下列误差有关：齿廓总误差 F_{f1} 与 F_{f2}，齿距偏差 f_{px1} 与 f_{px2}，齿圈径向跳动 f_{ei} 与 F_{r2}（圆球法测量），螺旋导程误差 f_{p2}，或跨 3 个齿的齿距累积误差 F_{pk2}（在单头或双头蜗杆时）。其公差极限可以根据 DIN 3962 的 $F_{p2/8}$ 来确定。

表 14-4-73　　蜗杆传动的精度（DIN 3961 至 3964 的精度等级）的选用指示

精度等级 蜗杆①蜗轮①与箱体②	精度等级 中心距③	应用范围
4~5	6④	机床、调速器、瞄准器的分度传动机构(对此特别要限制偏摆)运转要求非常平稳，且 $v_{m1}>5$m/s 的传动装置
5~6	7④	升降机、回转机构，运转平稳的功率传动装置 $v_{m1}>5$m/s
8~9	8④	对运转平稳性没有特殊要求的工业用蜗杆传动装置 $v_{m1}<10$m/s
制造：蜗杆一般渗碳淬硬或表面硬化处理，磨齿，表面粗糙度 R_z 必要时抛光，蜗轮用滚刀范成并进行跑合		
10~12	10④	副传动机构，手动机构，调节机构 $v_{m1}<3$m/s
制造：蜗杆、车削或铣削，粗糙度 R_z，蜗轮用滚刀范成		

① 据 DIN 3961 至 3963 各种啮合误差见正文，蜗轮上的齿形误差并不十分重要，因齿面要进行跑合，齿距偏差与齿距累积误差以及齿圈径向跳动公差规定值见表 14-4-75。

② 轴线平行度按 DIN 3964 的规定。

③ 据 DIN 3964。

④ 适用于单头与双头蜗杆，多头蜗杆的中心距精度要求还要高一些。

注：德国 DIN 标准化组织明确 DIN 3961~3964 标准等效采用 ISO 1328—1：1995，ISO 1328—2：1997、ISO/TR 10064—1~ISO/TR 10064—4 的国际标准和技术报告。其检验项目的公差值也是等效。

第14篇

与标准蜗杆或标准蜗轮直接配啮时检查单面切向啮合误差 F'_i 与单面切向一齿综合误差 f'_i，在蜗杆与蜗轮直接配啮时（没有标准蜗杆或标准蜗轮可供检查使用的）公差可比表 14-4-73 所列精度低 1 ~ 2 个等级。

径向一齿综合误差的检查只能在一定条件下进行，特别对多头蜗杆，因为只有在理论中心距时才能完美地传递旋转运动。

GB/T 10089—1988 与 DIN 3975 的有关误差项目代号对照见表 14-4-74。

表 14-4-74　　GB/T 10089—1988 与 DIN 3975 的有关误差项目代号对照

GB/T 10089—1988	Δf_{f1}	Δf_{f2}	Δf_{px}	Δf_{pt}	Δf_r	ΔF_r	Δf_{h1}	ΔF_p	$\Delta F'_i$	$\Delta f'_i$
DIN 3975	F_{f1}	F_{f2}	f_{px1}	f_{p2}	f_{e1}	F_{r2}	f_{pz1}	F_{p2}	F'_i	f'_i

最简单而常用的检查承载能力和运转状态的主要方法是：对于在传动装置中配啮的蜗杆和蜗轮用着色法，检查在轻载下旋转一周之后蜗轮齿面上的接触斑点，对接触斑点所希望的大小和位置见图 14-4-19 所示。

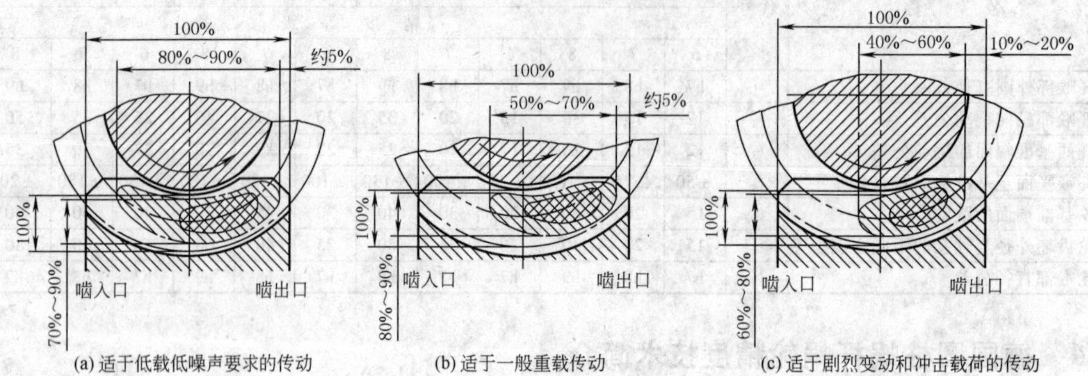

(a) 适于低载低噪声要求的传动　(b) 适于一般重载传动　(c) 适于剧烈变动和冲击载荷的传动

图 14-4-19　蜗杆传动轻载涂色试验下接触区的合理分布情况

此外还应注意下列几点。

1）为避免轮齿变形所致的齿顶、齿根或齿侧受载，接触斑点不应达到全齿高与全齿宽。

2）为有利于润滑油膜的形成，接触斑点应偏于齿面出口处（效率 90%，在可逆运转时，例如升降机蜗杆传动应位于中央）。偏于齿面入口处（效率 84%）的接触斑点会导致损耗功率增加胶合危险。

3）在对噪声要求高的场合，接触斑点面积要大，并应偏于齿根。

4）在重载，特别是冲击载荷下，宜使齿高和齿宽方向的接触斑点减少，并使之偏于蜗轮齿顶。

对于圆柱蜗杆可以通过刀具修正及借助调整垫圈，使蜗轮作轴向位移来把接触斑点调整到所希望的大小和位置。

侧隙：正常情况下（力流方向不变）的侧隙概略值见图 14-4-20（可通过测量转角来检查侧隙的均匀性），对于精密控制或分度机构可通过双螺距（变齿厚）蜗杆来调整侧隙。

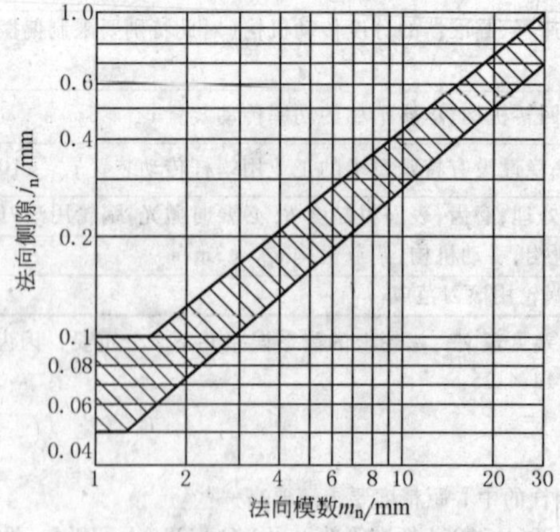

图 14-4-20　蜗杆传动常用的法向侧隙范围

表 14-4-75　　德国 DIN 3962 标准中齿距偏差（单个齿距偏差）f_p，齿距累积误差（齿距累积总偏差）F_p、径向跳动 F_r 的公差值　　μm

精度等级	分度圆直径/mm	>50~125					>125~280						>280~560						>560~1000						>1000~1600						>1600~2500					
		模数 m/mm																																		
	项目符号	1~2	>2~3.55	>3.55~6	>6~10	>10~16	1~2	>2~3.55	>3.55~6	>6~10	>10~16	>16~25	1~2	>2~3.55	>3.55~6	>6~10	>10~16	>16~25	1~2	>2~3.55	>3.55~6	>6~10	>10~16	>16~25	1~2	>2~3.55	>3.55~6	>6~10	>10~16	>16~25	1~2	>2~3.55	>3.55~6	>6~10	>10~16	>16~25
4	f_p	4	4	4	5	6	4	4	4.5	5.5	6	8	4.5	4.5	5	6	7	8	5	5	5.5	6	7	9	5	5	6	7	8	9	6	6	6	7	8	10
	F_p	14	14	16	16	18	16	16	18	20	20	22	18	18	20	22	22	25	20	20	22	25	25	28	20	22	25	28	28	32	22	25	25	28	32	36
	F_r	7	8	9	11	12	8	9	11	12	14	16	9	11	12	14	16	18	10	12	14	16	16	18	11	14	16	16	18	20	12	14	14	18	20	22
5	f_p	5	5	6	7	9	5.5	6	7	8	9	11	6	6	7	8	10	12	7	7	8	9	10	12	7	7	8	9	11	14	8	8	9	10	12	14
	F_p	18	20	20	22	25	20	22	25	25	28	32	25	25	28	28	32	36	28	28	32	32	36	40	32	32	36	36	40	45	32	36	36	40	45	50
	F_r	10	11	12	14	18	11	12	14	16	20	22	12	14	16	18	22	25	14	16	18	20	25	25	16	18	20	22	25	28	18	20	22	25	28	32
6	f_p	7	7	9	10	12	8	8	9	11	12	16	8	8	10	11	14	16	9	9	11	11	14	18	10	11	12	12	16	18	11	12	12	14	15	20
	F_p	25	28	28	32	32	28	32	36	36	40	40	32	36	40	40	45	45	36	40	45	45	50	56	40	45	50	50	56	56	45	50	56	56	63	63
	F_r	14	16	18	20	25	16	18	20	25	28	28	18	20	25	25	28	32	20	22	25	28	32	36	22	25	28	32	36	40	25	28	32	36	40	45
7	f_p	10	10	12	14	18	11	11	12	14	18	22	12	12	14	16	20	22	12	12	16	16	20	25	14	14	16	18	22	25	16	16	18	20	22	28
	F_p	32	36	40	45	45	40	45	45	56	56	56	45	50	56	63	63	72	50	56	63	71	71	80	56	63	71	71	80	90	63	71	71	80	90	90
	F_r	18	22	25	28	32	22	25	28	32	36	40	25	28	32	36	40	45	28	32	36	40	45	50	32	36	40	45	50	56	32	40	45	50	56	63
8	f_p	14	14	16	20	25	16	16	18	20	25	32	16	16	20	22	28	32	18	18	20	25	28	36	20	22	22	25	32	36	22	25	26	28	32	40
	F_p	50	50	56	63	63	56	63	71	71	80	80	63	71	80	80	90	90	71	80	90	90	100	110	80	90	100	100	110	110	90	100	110	110	125	125
	F_r	28	32	36	40	45	32	36	40	46	50	56	36	40	45	50	56	63	40	45	50	56	63	71	45	50	56	63	71	80	45	56	63	71	80	80
9	f_p	20	20	25	25	32	22	22	25	28	36	45	22	22	28	32	36	45	25	25	28	32	40	50	28	28	32	36	40	50	32	32	36	40	45	56
	F_p	63	71	80	90	90	80	90	90	100	110	110	90	100	110	110	125	125	100	110	125	125	140	140	110	125	140	140	160	160	125	140	140	160	180	180
	F_r	36	45	50	56	63	45	50	56	63	71	80	50	56	63	71	80	90	56	63	71	80	90	100	63	71	80	90	100	110	63	80	90	100	110	110

5 蜗杆、蜗轮的结构及材料

5.1 蜗杆、蜗轮的结构

蜗杆一般与轴制成一体（图 14-4-21），只在个别情况下 $\left(\frac{d_{f1}}{d} \geqslant 1.7\text{时}\right)$ 才采用蜗杆齿圈配合于轴上。车制的蜗杆，轴径 $d = d_{f1} - (2 \sim 4)\text{mm}$（图 14-4-21a）；铣制的蜗杆和环面蜗杆，轴径 d 可大于 d_{f1}（图 14-4-21b、c）。

蜗轮的典型结构见表 14-4-76。

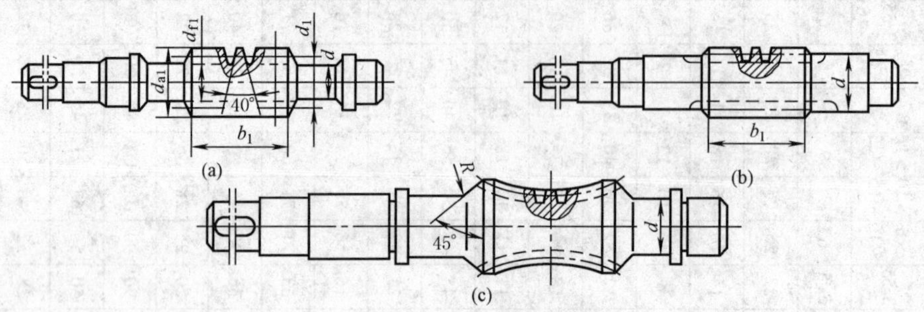

图 14-4-21 蜗杆的结构

表 14-4-76 蜗轮的几种典型结构

结构型式	图例	公式	特点及应用范围
轮箍式	(a) (b) (c)	$e \approx 2m$ $f \approx 2 \sim 3\text{mm}$ $d_0 \approx (1.2 \sim 1.5)m$ $l \approx 3d_0 \approx (0.3 \sim 0.4)b$ $l_1 \approx l + 0.5d_0$ $\alpha_0 = 10°$ $b_1 \geqslant 1.7m$ $D_1 = (1.6 \sim 2)d$ $L_1 = (1.2 \sim 1.8)d$ $K = e = 2m$ d_0' ——由螺栓组的计算确定	青铜轮缘与铸铁轮心通常采用$\frac{H7}{r6}$配合，如图 a 所示 为了防止轮缘的轴向窜动，除加台肩外，还可用螺钉固定，如图 b、c 所示 轮缘和轮心的结合形式及轮心辐板的结构形式可根据具体情况选择 轴向力的方向尽量与装配时轮缘压入的方向一致

续表

结构型式	图　例	公　式	特点及应用范围
螺栓连接式	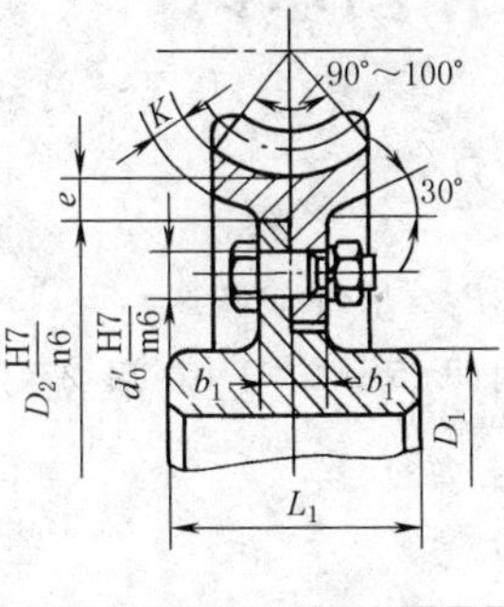	$e\approx 2m$ $f\approx 2\sim 3\text{mm}$ $d_0\approx(1.2\sim 1.5)m$ $l\approx 3d_0\approx(0.3\sim 0.4)b$ $l_1\approx l+0.5d_0$ $\alpha_0=10°$ $b_1\geqslant 1.7m$ $D_1=(1.6\sim 2)d$ $L_1=(1.2\sim 1.8)d$ $K=e=2m$ d_0'——由螺栓组的计算确定	以光制螺栓连接，轮缘和轮心螺栓孔要同时铰制。螺栓数量按剪切计算确定，并以轮缘受挤压校核轮缘材料，许用挤压应力 $\sigma_{pp}=0.3\sigma_s$（σ_s——轮缘材料屈服点）
镶铸式	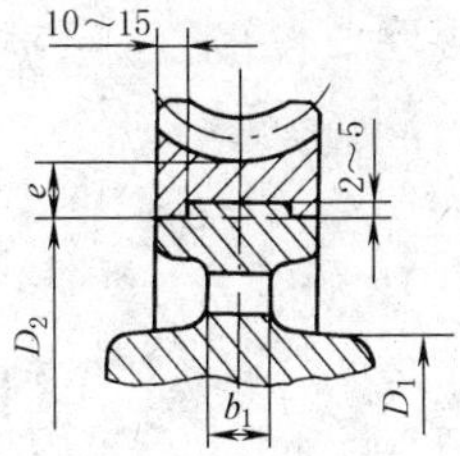	$D_0\approx\dfrac{D_2+D_1}{2}$ $D_3\approx\dfrac{D_0}{4}$	青铜轮缘镶铸在铸铁轮心上，并在轮心上预制出凸键，以防滑动。凸键的宽度及数量视载荷大小而定；此结构适用于大批量生产
整体式	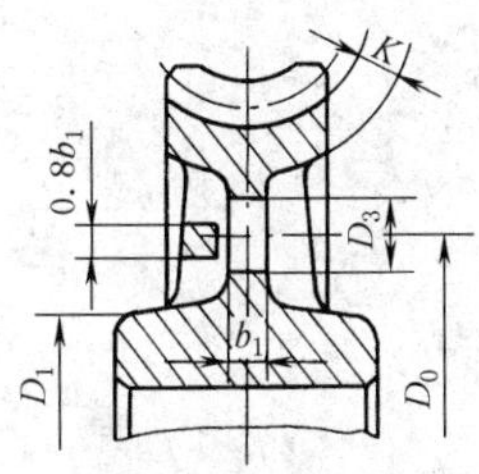		适用于直径小于 100mm 的青铜蜗轮和任意直径的铸铁蜗轮

5.2　蜗杆、蜗轮材料选用推荐

表 14-4-77

名称	材　料　牌　号	使　用　特　点	应　用　范　围
蜗杆	20、15Cr、20Cr、20CrNi、 20MnVB、20SiMnVB 20CrMnTi、20CrMnMo	渗碳淬火（56～62HRC）并磨削	用于高速重载传动
	45、40Cr、40CrNi、 35SiMn、42SiMn、35CrMo 37SiMn2MoV、38SiMnMo	淬火（45～55HRC）并磨削	
	45	调质处理	用于低速轻载传动
蜗轮	ZCuSn10Pb1 ZCuSn5Pb5Zn5	抗胶合能力强，机械强度较低（$\sigma_b<350\text{N/mm}^2$），价格较贵	用于滑动速度较大（$v_s=5\sim 15\text{m/s}$）及长期连续工作处
	ZCuAl10Fe3 ZCuAl10Fe3Mn2	抗胶合能力较差，但机械强度较高（$\sigma_b>300\text{N/mm}^2$），与其相配的蜗杆必须经表面硬化处理，价格较廉	用于中等滑动速度（$v_s\leqslant 8\text{m/s}$）
	ZCuZn38Mn2Pb2		
	HT150 HT200	机械强度低，冲击韧性差，但加工容易，且价廉	用于低速轻载传动（$v_s<2\text{m/s}$）

注：可以选用合适的新型材料。

6　蜗杆传动设计计算及工作图示例

6.1　圆柱蜗杆传动设计计算示例

某轧钢车间需设计一台普通圆柱蜗杆减速器。已知蜗杆轴输入功率 $P_1=10\text{kW}$，转速 $n_1=1450\text{r/min}$，传动比 $i=20$，要求使用10年，每年工作300日，每日工作16h，每小时载荷时间15min，每小时启动次数为20～50次。启动载荷较大，并有较大冲击，工作环境温度35～40℃。

解：

1. 选择材料和加工精度

蜗杆选用20CrMnTi，芯部调质，表面渗碳淬火，>45HRC；

蜗轮选用ZCuSn10Pb1，金属模铸造；

加工精度8级。

2. 初选几何参数

选 $z_1=2$；$z_2=z_1 i=2\times20=40$

3. 计算蜗轮输出转矩 T_2

粗算传动效率 η：$\eta=(100-3.5\sqrt{i})\%=(100-3.5\sqrt{20})\%=0.843$

$$T_2=9550\frac{P_1\eta i}{n_1}=9550\frac{10\times0.843\times20}{1450}=1110\text{N}\cdot\text{m}$$

4. 确定许用接触应力 σ_{Hp}

根据表14-4-12当蜗轮材料为锡青铜时，$\sigma_{\text{Hp}}=\sigma_{\text{Hbp}}Z_sZ_N$

由表14-4-13查得 $\sigma_{\text{Hbp}}=220\text{N/mm}^2$

由图14-4-13查得滑动速度 $v_s=8.35\text{m/s}$

采用浸油润滑，由图14-4-5求得 $Z_s=0.86$

由图14-4-7的注中公式求得 $N=60n_2t=60\frac{1450}{20}\times10\times300\times16\times\frac{15}{60}=5.22\times10^7$

根据 N 由图14-4-7查得 $Z_N=0.81$

所以
$$\sigma_{\text{Hp}}=220\times0.86\times0.81=153\ \text{N/mm}^2$$

5. 求载荷系数 K

由表14-4-12知：
$$K=K_1K_2K_3K_4K_5K_6$$

设 $v_2<3\text{m/s}$，按表14-4-12取 $K_1=1$；查表14-4-15，8级精度时 $K_2=1$；由于 $JC=\frac{15}{60}=25\%$，由图14-4-8得 $K_3=0.63$；由表14-4-16查得 $K_4=1.52$；由表14-4-17查得 $K_5=1.2$；由图14-4-9查得 $K_6=0.76$。

所以
$$K=1\times1\times0.63\times1.52\times1.2\times0.76=0.873$$

6. 计算 m 和 q 值

$$m\sqrt[3]{q}\geqslant\sqrt[3]{\left(\frac{15150}{z_2\sigma_{\text{Hp}}}\right)^2KT_2}$$

$$\geqslant\sqrt[3]{\left(\frac{15150}{40\times153}\right)^2 0.873\times1110}=18.11\text{mm}$$

查表14-4-5，取 $m=10$，$q=8$，

7. 主要几何尺寸计算

$$a=0.5m(q+z_2+2x_2)=0.5\times10\times(8+40+0)=240\text{mm}$$

$$d_1=d_1'=qm=8\times10=80\text{mm}$$

$$d_2=mz_2=10\times40=400\text{mm}$$

8. 蜗轮齿面接触强度校核验算

$$\sigma_{\text{H}}=\frac{14783}{400}\sqrt{\frac{0.873\times1110}{80}}=128.6\text{N/mm}^2$$

因为 $\sigma_{\text{H}}<\sigma_{\text{Hp}}$，所以接触强度够了。

9. 散热计算

从略。

10. 工作图

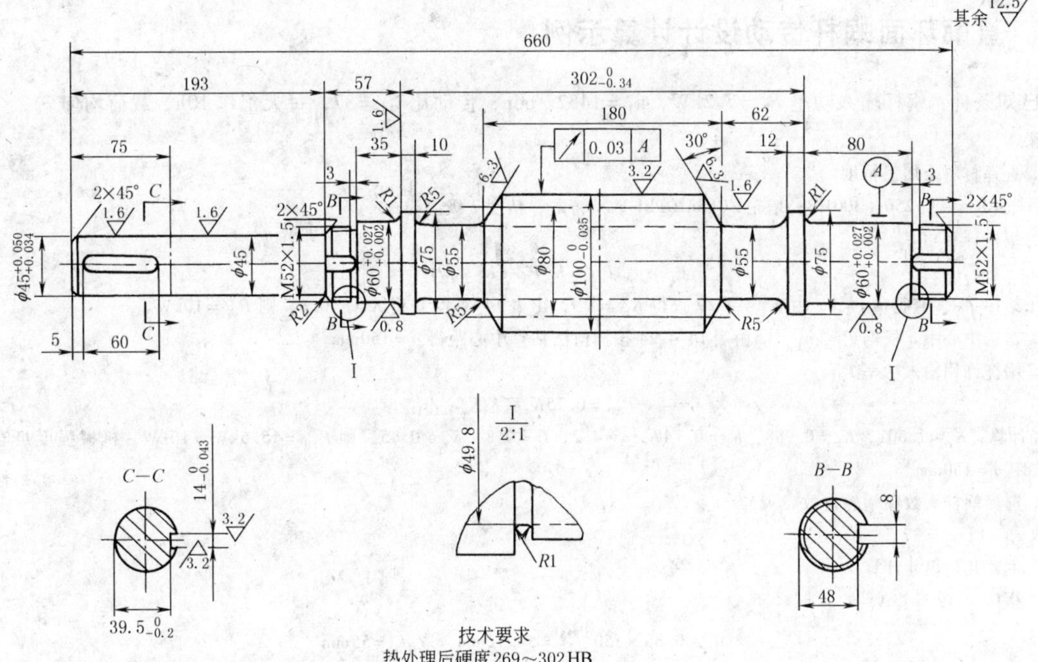

蜗杆类型		ZA 型	蜗杆类型		ZA 型	蜗杆类型		ZA 型	蜗杆类型		ZA 型
模　数	m	10	导　程	P_2	62.83	精度等级		8d GB/T 10089—1988		Δf_{px}	±0.025
齿　数	z_1	2	导程角	γ	14°02′10″	配对蜗轮	图号	图 14-4-23	Ⅱ	Δf_{pxL}	0.045
齿形角	α	20°	螺旋方向		右		齿数	40		Δf_r	0.025
齿顶高系数	h_{a1}^*	1	法向齿厚	s_1	$15.71_{-0.267}^{-0.177}$	公差组	检验项目	公差(或极限偏差)值	Ⅲ	Δf_{f1}	0.04

图 14-4-22　普通圆柱蜗杆传动蜗杆工作图

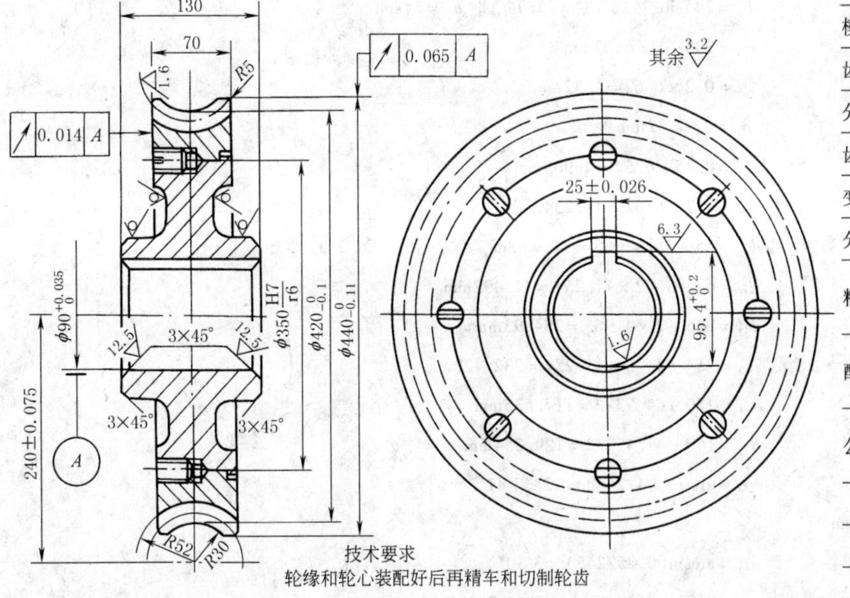

模数	m	10
齿数	z_2	40
分度圆直径	d_2	400
齿顶高系数	h_{a2}^*	1
变位系数	x_z	0
分度圆齿厚	s_2	$15.7_{-0.16}^{0}$
精度等级		8d GB/T 10089—1988
配对蜗杆	图号	图 14-4-22
	齿数	2
公差组	检验项目	公差(或极限偏差)值
Ⅰ	ΔF_p	0.125
Ⅱ	Δf_{pt}	0.032
Ⅲ	Δf_{f2}	0.028

图 14-4-23　普通圆柱蜗杆传动蜗轮工作图

6.2 直廓环面蜗杆传动设计计算示例

已知条件：蜗杆输入功率 $P_1=7.2\text{kW}$，$n_1=1452\text{r/min}$，传动比 $i_{12}=37$，每天工作 10h，载荷均匀。

解：

1. 选择材料及加工精度

蜗杆 40Cr 调质 250～300HB；蜗轮 ZCuSn10Pb1 砂型铸造；精度 7 级。

2. 蜗杆计算功率

$$P_{c1}=K_A P_1/(K_F K_{MP})$$

由表 14-4-28 查得 $K_A=1$，由表 14-4-29 查得 $K_F=0.9$，由表 14-4-30 查得 $K_{MP}=0.8$，则 $P_{c1}=10\text{kW}$。

3. 初选中心距 a 根据 P_1、n_1、i_{12} 由表 14-4-24 按插值法估算中心距得 $a=150\text{mm}$。

4. 蜗杆许用输入功率 P_{1P}

$$P_{1P}=0.75K_a K_b K_i K_v n_1/i_{12}$$

经计算，$K_a=1.601$，$K_b=0.988$，$K_i=0.747$，$v\approx4.2$，$C=0.8$，$K_v\approx0.45$，则 $P_{1P}=15.6\text{kW}>10\text{kW}$，机械强度足够，故取中心距 $a=150\text{mm}$。

5. 选择蜗杆头数和蜗轮齿数

取 $z_1=1$，$z_2=37$。

6. 主要几何尺寸计算

按表 14-4-19 计算

$$d_1\approx0.68\times150^{0.875}=54.52\text{mm}，取\ d_1=55\text{mm}$$

$$d_b\approx0.625\times150=93.75\text{mm}，取\ d_b=94\text{mm}$$

$$b_2\approx0.25\times150=37.5\text{mm}，取\ b_2=40\text{mm}$$

$$d_2=2\times150-55=245\text{mm}$$

$$\gamma=\arctan\frac{245}{37\times55}=6°51'54''$$

$$\tau=\frac{360°}{37}=9°43'47''$$

z' 按表14-4-19取 $z'=4$

$$\varphi_h=0.5\times9°43'47''\times(4-0.5)=17°1'37''$$

$$b_1=245\sin17°16'13''=72.74，取\ b_1=74\text{mm}$$

$$m_t=245/37=6.62\text{mm}$$

$$c=0.2\times6.62=1.32\text{mm}$$

$$\rho_f=c=1.32\text{mm}$$

$$h_a=0.75\times6.62=4.965\text{mm}$$

$$h=1.7\times6.62=11.254\text{mm}$$

$$d_{a1}=55+2\times4.965=64.93\text{mm}$$

$$d_{f1}=64.93-2\times11.254=41.492\text{mm}$$

$$d_{a2}=245+2\times4.965=254.93\text{mm}$$

$$d_{f2}=254.93-2\times11.254=232.422\text{mm}$$

$$R_{a1}=150-64.93/2=117.535\text{mm}$$

$$R_{f1}=150-41.492/2=129.254\text{mm}$$

$$\alpha=\arcsin(94/245)=22°33'41''$$

j_t 由表14-4-67查得 $j_t=0.25\text{mm}$

$$\alpha_j=\arcsin(0.25/245)=3'30''$$

$$\gamma_1=0.25\times9°43'47''-3'30''=2°22'26''$$

$$\gamma_2=0.25\times9°43'47''=2°25'56''$$

$$\Delta_f = (0.0003 + 0.000034 \times 37) \times 150 = 0.234\text{mm}$$

$$\bar{s}_{n1} = \left[245\sin 2°22'26'' - 2 \times 0.234 \times \left(0.3 - \frac{63}{37 \times 17°1'37''}\right)^2\right] \times \cos 6°51'54'' = 10.057\text{mm}$$

$$\bar{h}_{a1} = 4.965 - 0.5 \times 245 \times (1 - \cos 2°22'26'') = 4.86\text{mm}$$

$$\bar{s}_{n2} = 245\sin 2°25'56''\cos 6°51'54'' = 10.294\text{mm}$$

$$\bar{h}_{a2} = 4.965 + 0.5 \times 245 \times (1 - \cos 2°25'56'') = 5.075\text{mm}$$

$\delta \leqslant 6.62$mm，取 $\delta = 5$mm

$$\varphi_s = 22°33'41'' - 17°1'37'' = 5°32'4''$$

7. 工作图

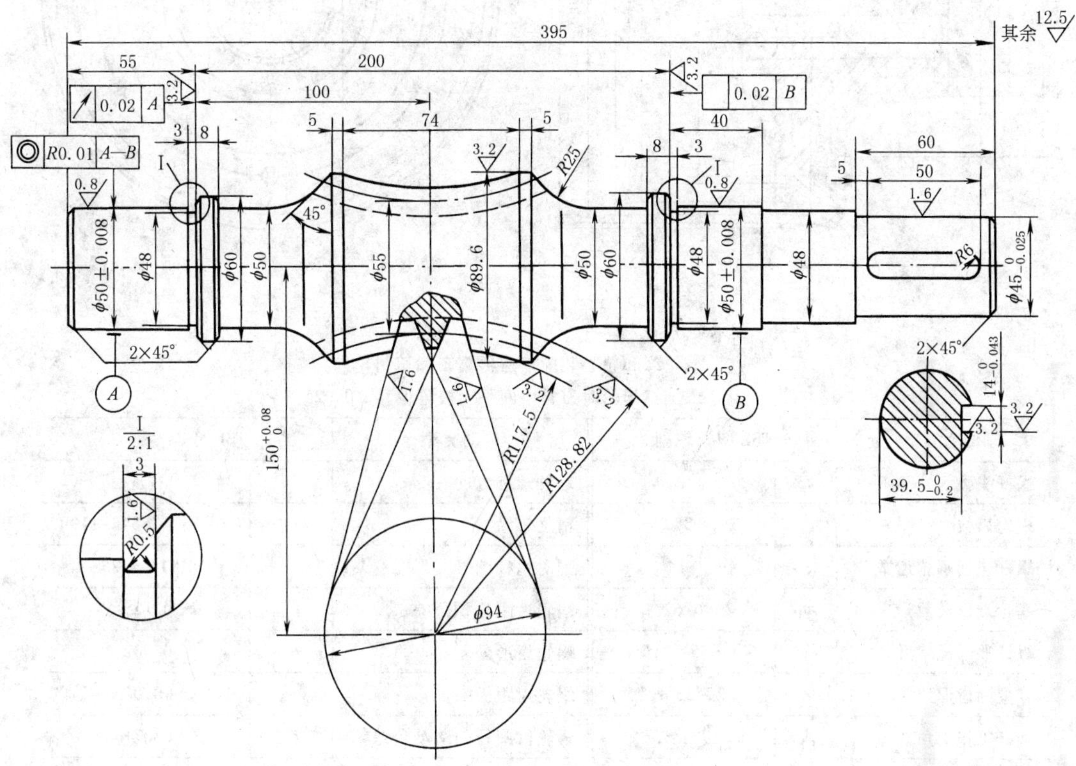

技术要求：

1. 调质硬度 250 ~ 300HB。
2. 未标注切削圆角 $R = 2.5$mm。

传动类型		TSL 型蜗杆副	传动类型		TSL 型蜗杆副
蜗杆头数	z_1	1	精度等级		7　GB/T 16848—1997
蜗轮齿数	z_2	37	配对蜗轮图号		图 14-4-26
蜗杆包围蜗轮齿数	z'	4	蜗杆圆周齿距极限偏差	$\pm f_{px}$	±0.020
轴面模数	m_x	6.62	蜗杆圆周齿距累积公差	f_{pxL}	0.040
蜗杆喉部螺旋升角	γ	6°51′54″	蜗杆齿形公差	f_{f1}	0.032
分度圆齿形角	α	22°33′41″	蜗杆螺旋线公差	f_{hL}	0.068
蜗杆工作半角	φ_w	17°1′37″	蜗杆一转螺旋线公差	f_h	0.030
蜗杆螺旋方向		右旋	蜗杆径向跳动公差	f_r	0.025

图 14-4-24　直廓环面蜗杆传动蜗杆工作图

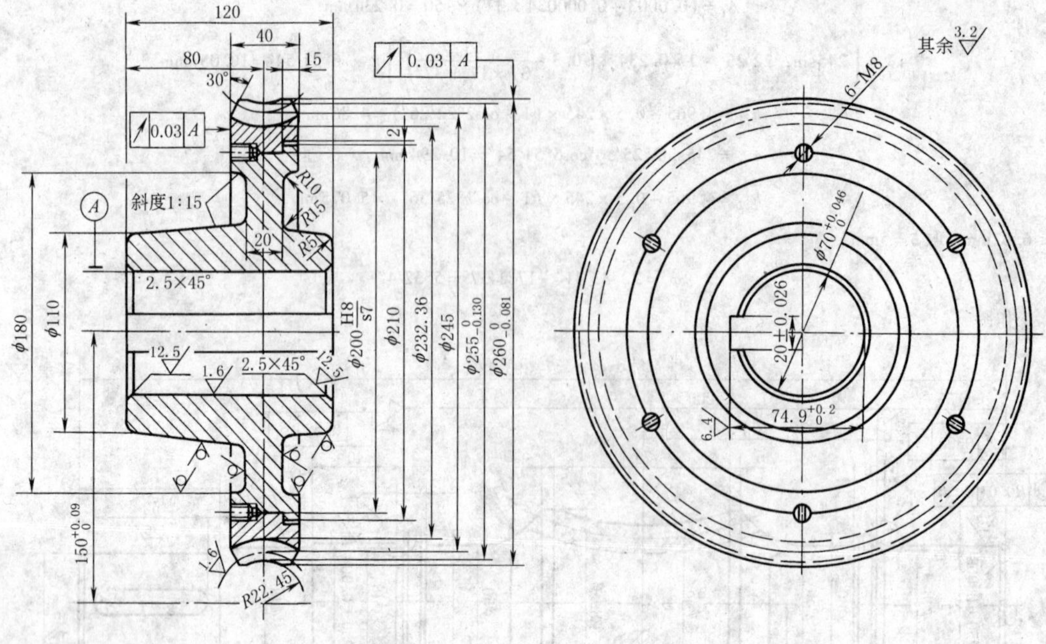

技术要求：

1. 轮缘和轮心装配好后再精车和切制轮齿。
2. 加工蜗轮时刀具中间平面极限偏移 ±0.025。

传动类型		TSL 型蜗轮副	传动类型		TSL 型蜗轮副
蜗杆头数	z_1	1	蜗杆螺旋方向		右旋
蜗轮齿数	z_2	37	精度等级		7 GB/T 16848—1997
蜗杆包围蜗轮齿数	z'	4	配对蜗杆图号		图 14-4-25
蜗轮端面模数	m_t	6.62	蜗轮齿距累积公差	F_p	0.125
蜗杆喉部螺旋升角	γ	6°51′54″	蜗轮齿形公差	f_{f2}	0.032
分度圆齿形角	α	22°33′41″	蜗轮齿距极限偏移	$\pm f_{pt}$	±0.025
蜗杆工作半角	φ_w	17°1′37″	蜗轮齿圈径向跳动公差	F_r	0.071

图 14-4-25 直廓环面蜗杆传动蜗轮工作图

6.3 平面二次包络环面蜗杆传动设计计算示例

轮胎硫化机压下装置的减速器拟采用平面二次包络环面蜗杆传动。已知蜗杆转速 $n_1=1000\text{r/min}$，传动比 $i_{12}=63$，蜗轮输出转矩 $T_{2w}=14000\text{N}\cdot\text{m}$，每天连续工作 8h，轻度冲击，启动不频繁。

解：

1. 选择材料及加工精度

蜗杆 40Cr，调质 240～280HB，齿面辉光离子氮化，表面硬度 1100～1200HV。蜗轮 ZCuAl10Fe3，加工精度 7 级。

2. 选择中心距 a

输出转矩 $$T_2 \geqslant T_{2w}K_AK_1$$

查表 14-4-32 得 $K_A=1.3$，查表 14-4-33 得 $K_1=1$，则 $T_2 \geqslant 14000\times1.3\times1=18200\text{N}\cdot\text{m}$

验算热功率 $$T_2 \geqslant T_{2w}K_2K_3K_4$$

查表 14-4-34 得 $K_2=1$，查表 14-4-35 得 $K_3=1.14$，查表 14-4-36 得 $K_4=1$，则 $T_2 \geqslant 14000\times1\times1.14\times1=15960\text{N}\cdot\text{m}$

查表 14-4-31，取 $a=355\text{mm}$。

3. 基本参数的选择

$z_1=1$，$z_2=63$，$d_1=0.33\times355=117.15$，取 $d_1=110\text{mm}$

4. 几何尺寸计算

$$d_2=2\times355-110=600\text{mm}$$

$$m_t=600/63=9.524\text{mm}$$

$$h_a=0.7\times9.524=6.667\text{mm}$$

$$h_f=0.9\times9.524=8.572\text{mm}$$

$$h=6.667+8.572=15.239\text{mm}$$

$$c=0.2\times9.524=1.905\text{mm}$$

$$d_{f1}=110-2\times8.572=92.856\text{mm}$$

$$d_{a1}=110+2\times6.667=123.334\text{mm}$$

$$R_{f1}=355-0.5\times92.856=308.572\text{mm}$$

$$R_{a1}=355-0.5\times123.334=293.333\text{mm}$$

$$d_{f2}=600-2\times8.572=582.856\text{mm}$$

$$d_{a2}=600+2\times6.667=613.334\text{mm}$$

$$\gamma=\arctan\frac{600}{110\times63}=4°56'54''$$

$$\tau=360°/63=5°42'50''$$

$d_b=0.63\times355=223.65$，取 $d_b=230\text{mm}$

$$\alpha=\arcsin\frac{230}{600}=22°32'24''$$

$z'\leqslant\frac{63}{10}+0.5=6.8$，取 $z'=6$

$$\varphi_h=0.5\times5°42'50''\times(6-0.45)=15°51'23''$$

$$\varphi_s=22°32'24''-15°51'23'=6°41'1''$$

$b_2=0.9\times92.856=83.570$，取 $b_2=84\text{mm}$

$b_1=600\sin15°51'23''=163.932$，取 $b_1=160\text{mm}$

$\delta\leqslant9.524$，取 $\delta=9\text{mm}$

$$d_{ea1}=2\times[355-(293.333^2-0.25\times160^2)^{0.5}]=145.574\text{mm}$$

$$d_{ef1}=2\times[355-(308.572^2-0.25\times160^2)^{0.5}]=113.957\text{mm}$$

$$P_t=9.524\pi=29.921$$

j 查表14-4-68，得 $j=0.53\text{mm}$

$$s_2=0.55\times29.921=16.456\text{mm}$$

$$s_1=29.921-16.456-0.53=12.935\text{mm}$$

$$\beta=\arctan\frac{600\cos(22°32'24''+8°)\cos22°32'24''/(2\times355)}{63\times[\cos(22°32'24''+8°)-600\cos22°32'24''/(2\times355)]}=7°31'36''，取\ \beta=7°30'$$

$$s_{n1}=12.935\cos4°56'54''=12.887\text{mm}$$

$$s_{n2}=16.456\cos4°56'54''=16.395\text{mm}$$

$R_{a2}=0.53\times92.856=49.214$，取 $R_{a2}=50\text{mm}$

$$h_{a1}=6.667-0.5\times600\times\{1-\cos[\arcsin(12.935/600)]\}=6.597\text{mm}$$

$$h_{a2}=6.667+0.5\times600\times\{1-\cos[\arcsin(16.456/600)]\}=6.780\text{mm}$$

5. 工作图

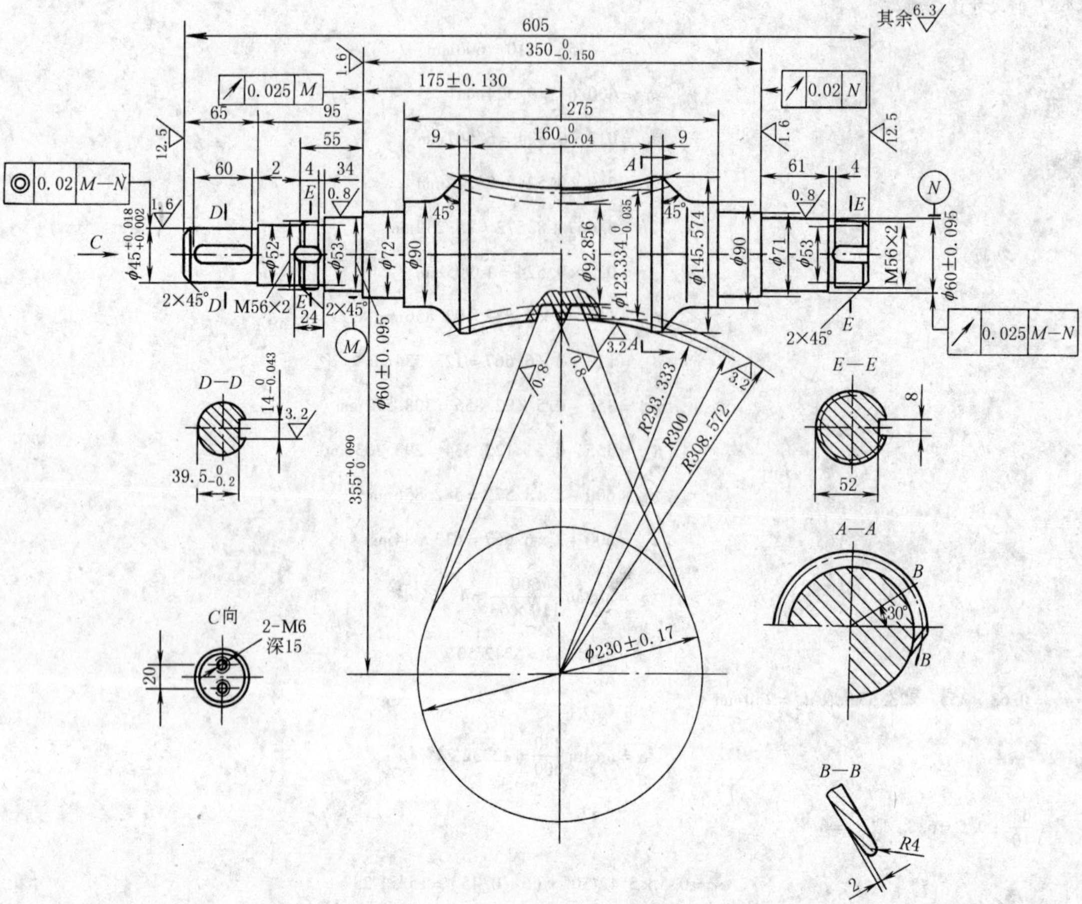

技术要求：

1. 整体调质 240～280HB，齿表面淬火 50～55HRC。
2. 未标注切削圆角 R1.5～3。
3. 螺纹端部按 A—A、B—B 所示铣去尖角并修圆。

传动类型		TOP 型蜗杆副	传动类型		TOP 型蜗杆副
蜗杆头数	z_1	1	配对蜗轮图号		图 14-4-27
蜗轮齿数	z_2	63	蜗杆螺牙啮入口修缘值	e_a	0.85
蜗杆包围蜗轮齿数	z'	6	蜗杆螺牙啮出口修缘值	e_b	0.57
轴向模数	m_x	9.524	蜗杆圆周齿距累积公差	F_{p1}	0.060
蜗杆喉部螺旋导程角	γ	4°56′54″	蜗杆圆周齿距极限偏差	f_{p1}	±0.030
分度圆齿形角	α	22°32′24″	蜗杆分度公差	f_{z1}	0.075
蜗杆工作半角	φ_w	15°51′23″	蜗杆螺旋线误差的公差	f_{h1}	0.063
母平面倾斜角	β	7°30′±0.08°	精度等级		7*j* GB/T 16445—1996
蜗杆螺旋方向		右	蜗杆法向弦齿厚公差	T_{s1}	0.140
精度等级		7	蜗杆喉部外圆直径公差	t_1	h8

图 14-4-26 平面二次包络环面蜗杆传动蜗杆工作图

第 14 篇

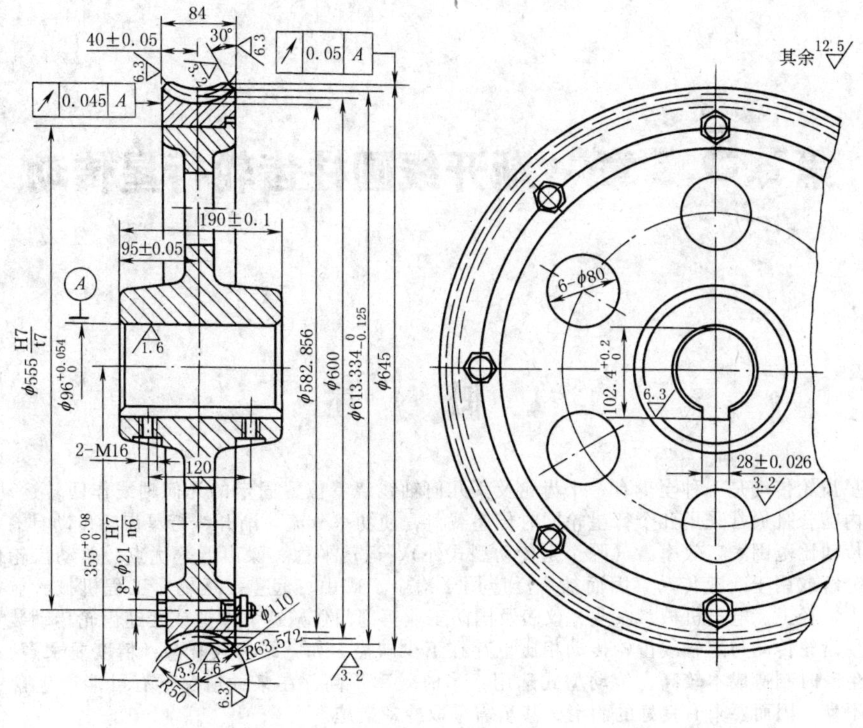

技术要求：

1. 轮缘和轮心装配好后再精车和切制轮齿。
2. 齿底刀痕的尖峰部分要铣平。
3. 加工蜗轮时刀具中间平面极限偏差 ±0.08。

传动类型		TOP 型蜗轮副	传动类型		TOP 型蜗轮副
蜗杆头数	z_1	1	蜗杆螺旋方向		右
蜗轮齿数	z_2	63	精度等级		7
蜗杆包围蜗轮齿数	z'	6	配对蜗杆图号		图 14-4-26
蜗轮端面模数	m_t	9.524	蜗轮齿距累积公差	F_{p2}	0.04
蜗杆喉部螺旋升角	γ	4°56′54″	蜗轮齿圈径向跳动公差	F_{r2}	0.04
分度圆齿形角	α	22°32′24″	蜗轮齿距极限偏差	f_{p2}	±0.028
蜗杆工作半角	φ_w	15°51′23″	蜗轮法向弦齿厚公差	T_{s2}	0.200
母平面倾斜角	β	7°30′	精度等级		7j GB/T 16445—1996

图 14-4-27　平面二次包络环面蜗杆传动蜗轮工作图

第章　渐开线圆柱齿轮行星传动

1 概　　述

渐开线行星齿轮传动是一种至少有一个齿轮及其几何轴线绕着位置固定的几何轴线作回转运动的齿轮传动。这种传动多用内啮合且通常采用几个行星轮同时传递载荷，使功率分流。渐开线行星齿轮传动具有结构紧凑、体积和质量小、传动比范围大、效率高（除个别传动型式外）、运转平稳、噪声低等优点，差动齿轮传动还可用于速度的合成与分解或用于变速传动，因而被广泛应用于冶金、矿山、起重、运输、工程机械、航空、船舶、透平、机床、化工、轻工、电工机械、农业、仪表及国防工业等部门作减速、增速或变速齿轮传动装置。

渐开线行星齿轮传动与定轴线齿轮传动相比也存在不少缺点，如：结构较复杂，精度要求高，制造较困难，小规格、单台生产时制造成本较高，传动型式选用不当时效率不高，在某种情况下有可能产生自锁。由于体积小，导致散热不良，因而要求有良好的润滑，甚至需采取冷却措施。

设计人员在进行传动设计时要综合考虑行星齿轮传动的上述优缺点和限制条件，根据传动的使用条件和要求，正确、合理地选择传动方案。

2 传动型式及特点

最常见的行星齿轮传动机构是 NGW 型行星传动机构，如图 14-5-1 所示。

行星齿轮传动的型式可按两种方式划分：按齿轮啮合方式不同有 NGW、NW、NN、WW、NGWN 和 N 等类型；按基本构件的组成情况不同有 2Z-X、3Z、Z-X-V、Z-X 等类型。其中 N 类型——Z-X-V 和 Z-X 型传动称为少齿差传动。代表类型的字母的含义是：N——内啮合，W——外啮合，G——公用行星轮，Z——中心轮，X——行星架，V——输出构件。如 NGW 表示内啮合齿轮副（N），外啮合齿轮副（W）和公用行星轮（G）组成的行星齿轮传动机构。又如 2Z-X 表示其基本构件具有两个中心轮和一个行星架的行星齿轮传动机构。目前我国还有沿用前苏联按基本构件组成情况分类的习惯，前述 Z、X、V 相应的符号是 K、H、V。

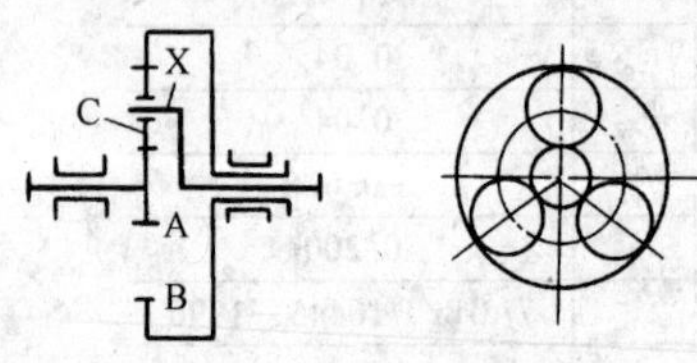

图 14-5-1　NGW（2Z-X）型行星齿轮传动

表 14-5-1 列出了常用行星齿轮传动的型式及其特点。

表 14-5-1　　常用行星齿轮传动的传动型式及特点

传动型式	简图	性能参数			特点
		传动比	效率	最大功率/kW	
NGW（2Z-X 负号机构）		$i_{AX}^{B}=2.1\sim13.7$，推荐2.8～9	0.97～0.99	不限	效率高，体积小，重量轻，结构简单，制造方便，传递功率范围大，轴向尺寸小，可用于各种工作条件。单级传动比范围较小。单级、二级和三级传动均在机械传动中广泛应用
NW（2Z-X 负号机构）		$i_{AX}^{B}=1\sim50$ 推荐 7～21			效率高，径向尺寸比 NGW 型小，传动比范围较 NGW 型大，可用于各种工作条件。但双联行星齿轮制造、安装较复杂，故$\lvert i_{AX}^{B}\rvert\leqslant7$时不宜采用

续表

传动型式	简图	性能参数			特点
		传动比	效率	最大功率/kW	
NN(2Z-X 正号机构)	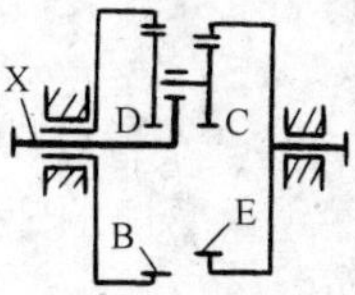	推荐值: $i_{XE}^{B}=8\sim30$	效率较低,一般为 0.7~0.8	≤40	传动比大,效率较低,适用于短期工作传动。当行星架 X 从动时,传动比 $\|i\|$ 大于某一值后,机构将发生自锁。常用三个行星轮
WW(2Z-X 正号机构)	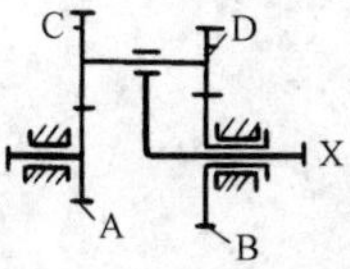	$i_{XA}^{B}=1.2\sim$ 数千	$\|i_{XA}^{B}\|=1.2\sim5$ 时,效率可达 0.9~0.7,$i>5$ 以后,随 $\|i\|$ 增加陡降	≤20	传动比范围大,但外形尺寸及重量较大,效率很低,制造困难,一般不用于动力传动。运动精度低,也不用于分度机构。当行星架 X 从动时,$\|i\|$ 从某一数值起会发生自锁。常用作差速器;其传动比取值为 $i_{AB}^{X}=1.8\sim3$,最佳值为 2,此时效率可达 0.9
NGWN(Ⅰ)型(3Z)	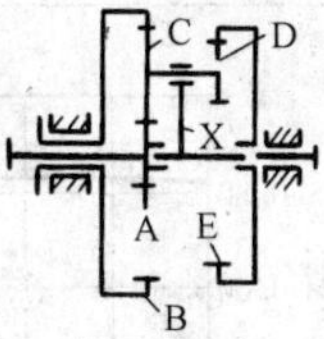	小功率传动 $i_{AE}^{B}\leqslant500$;推荐:$i_{AE}^{B}=20\sim100$	0.8~0.9 随 i_{AE}^{B} 增加而下降	短期工作≤120,长期工作≤10	结构紧凑,体积小,传动比范围大,但效率低于 NGW 型,工艺性差,适用于中小功率或短期工作。若中心轮 A 输出,当 $\|i\|$ 大于某一数值时会发生自锁
NGWN(Ⅱ)型(3Z)	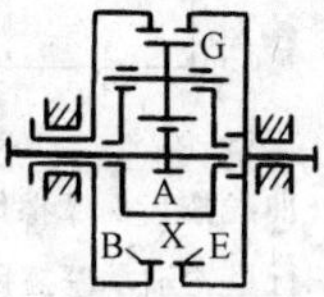	$i_{AE}^{B}=60\sim500$ 推荐:$i_{AE}^{B}=64\sim300$	0.7~0.84 随 i_{AE}^{B} 增加而下降	短期工作≤120,长期工作≤10	结构更紧凑,制造,安装比上列(Ⅰ)型传动方便。由于采用单齿圈行星轮,需角度变位才能满足同心条件。效率较低,宜用于短期工作。传动自锁情况同上

注:1. 为了表示方便起见,简图中未画出固定件,性能参数栏内除注明外,应为某一构件固定时的数值。

2. 传动型式栏内的"正号"、"负号"机构,系指当行星架固定时,主动和从动齿轮旋转方向相同时为正号机构,反之为负号机构。

3. 表中所列效率是包括啮合效率、轴承效率和润滑油搅动飞溅效率等在内的传动效率,啮合效率的计算方法可见表 14-5-2。

4. 传动比代号的说明见 3.1 中(1)传动比代号。

表 14-5-2　　行星齿轮传动的传动比及啮合效率计算公式

传动型式	简图	传动比计算公式	啮合效率计算公式及图形	
NGW(2Z-X 负号机构)	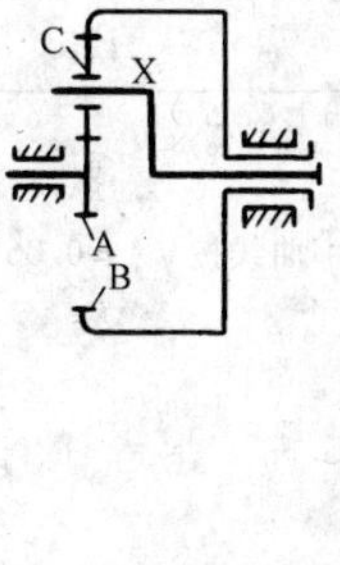	$i_{AX}^{B}=1+\dfrac{z_B}{z_A}$ $i_{XA}^{B}=\dfrac{1}{i_{AX}^{B}}$	$\eta_{AX}^{B}=\eta_{XA}^{B}=1-\dfrac{\psi^{X}}{1+\|i_{BA}^{X}\|}$	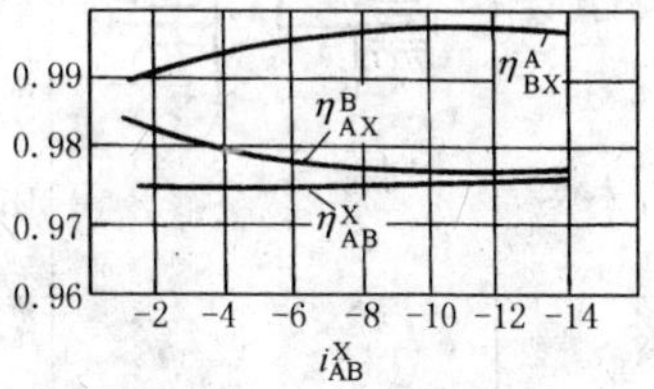 (效率曲线按 $\psi^{X}=0.025$ 作出)
		$i_{BX}^{A}=1+\dfrac{z_A}{z_B}$ $i_{XB}^{A}=\dfrac{1}{i_{BX}^{A}}$	$\eta_{BX}^{A}=\eta_{XB}^{A}=1-\dfrac{\psi^{X}}{1+\|i_{AB}^{X}\|}$	
		i^{X} 数值: $i_{AB}^{X}=-\dfrac{z_B}{z_A}$ $i_{BA}^{X}=\dfrac{1}{i_{AB}^{X}}=-\dfrac{z_A}{z_B}$	$\eta_{AB}^{X}=\eta_{BA}^{X}=1-\psi^{X}$	

续表

传动型式	简图	传动比计算公式	啮合效率计算公式及图形	
NW(2Z-X 负号机构)	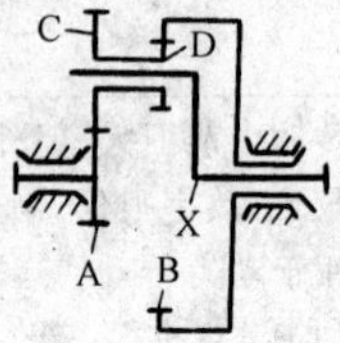	$i_{AX}^{B}=1+\dfrac{z_B z_C}{z_A z_D}$ $i_{XA}^{B}=\dfrac{1}{i_{AX}^{B}}$	$\eta_{AX}^{B}=\eta_{XA}^{B}=1-\dfrac{\psi^X}{1+\lvert i_{BA}^{X}\rvert}$	
		$i_{BX}^{A}=1+\dfrac{z_A z_D}{z_C z_B}$ $i_{XB}^{A}=\dfrac{1}{i_{BX}^{A}}$	$\eta_{BX}^{A}=\eta_{XB}^{A}=1-\dfrac{\psi^X}{1+\lvert i_{AB}^{X}\rvert}$	
		i^X 数值: $i_{AB}^{X}=-\dfrac{z_B z_C}{z_A z_D}$ $i_{BA}^{X}=\dfrac{1}{i_{AB}^{X}}$	$\eta_{AB}^{X}=\eta_{BA}^{X}=1-\psi^X$	
NN(2Z-X 正号机构)	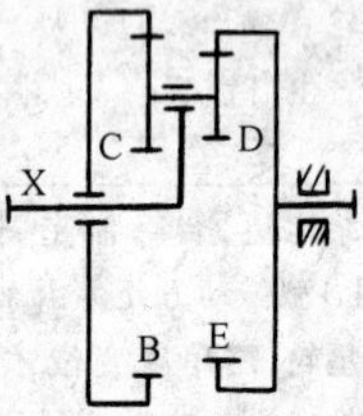	$i_{XE}^{B}=\dfrac{1}{1-i_{EB}^{X}}$ $i_{EB}^{X}=\dfrac{z_D z_B}{z_E z_C}$	$\eta_{XE}^{B}=1-\dfrac{i_{EB}^{X}\psi^X}{i_{EB}^{X}-1+\psi^X}$ $=1-\dfrac{z_B z_D\psi^X}{z_B z_D-z_E z_C(1-\psi^X)}$ $\eta_{EX}^{B}=1-\dfrac{i_{EB}^{X}}{i_{EB}^{X}-1}\psi^X$ $=1-\dfrac{z_B z_D}{z_B z_D-z_E z_C}\psi^X$	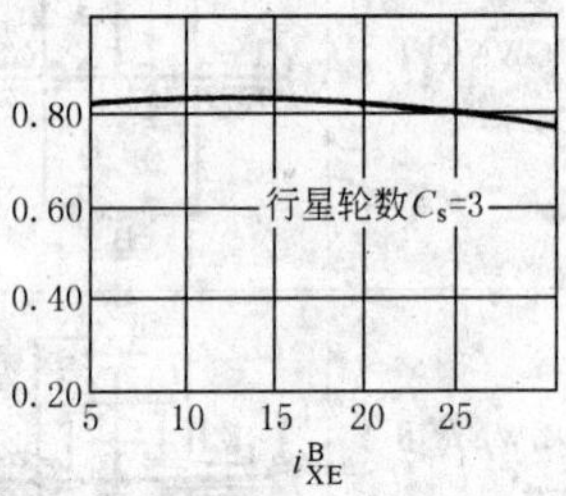 行星轮数C_s=3 (曲线按齿面摩擦因数 $\mu_z=0.12$、行星轮轴承摩擦因数 $\mu=0.006$ 作出,见参考文献[2])
WW(2Z-X 正号机构)		$i_{XA}^{B}=\dfrac{z_A z_D}{z_A z_D-z_B z_C}$ $i_{XB}^{A}=\dfrac{z_B z_C}{z_B z_C-z_A z_D}$ $i_{AX}^{B}=1-\dfrac{z_B z_C}{z_A z_D}$ $i_{BX}^{A}=1-\dfrac{z_A z_D}{z_B z_C}$ i^X 数值: $i_{AB}^{X}=\dfrac{z_B z_C}{z_A z_D}$ $i_{BA}^{X}=\dfrac{z_A z_D}{z_B z_C}$	$i_{AB}^{X}>1$: $\eta_{XA}^{B}=\dfrac{1-\psi^X}{1+\lvert i_{XA}^{B}\rvert\psi^X}$ $\eta_{XB}^{A}=\dfrac{1-\psi^X}{1+\lvert i_{XB}^{A}\rvert\psi^X}$ $\eta_{AX}^{B}=1-\lvert i_{XA}^{B}-1\rvert\psi^X$ $\eta_{BX}^{A}=1-\lvert i_{XB}^{A}-1\rvert\psi^X$	(效率曲线按 $\psi^X=0.06$ 作出)
			$0<i_{AB}^{X}<1$: $\eta_{XA}^{B}=\dfrac{1}{1+\lvert i_{XA}^{B}-1\rvert\psi^X}$ $\eta_{XB}^{A}=\dfrac{1}{1+\lvert i_{XB}^{A}-1\rvert\psi^X}$ $\eta_{AX}^{B}=\dfrac{1-\lvert i_{XA}^{B}\rvert\psi^X}{1-\psi^X}$ $\eta_{BX}^{A}=\dfrac{1-\lvert i_{XB}^{A}\rvert\psi^X}{1-\psi^X}$	

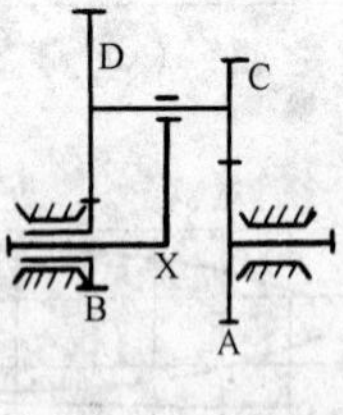

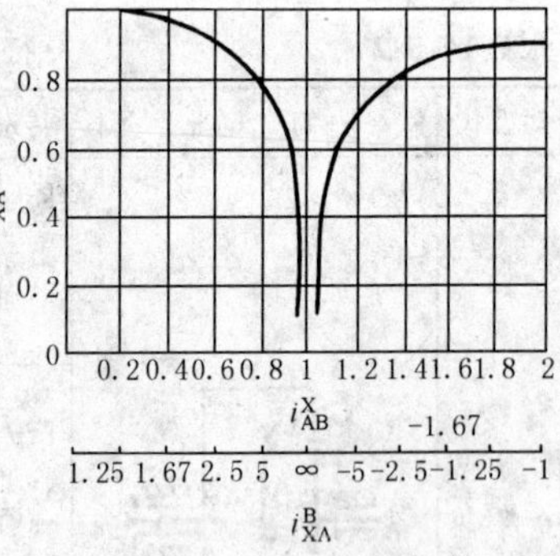

续表

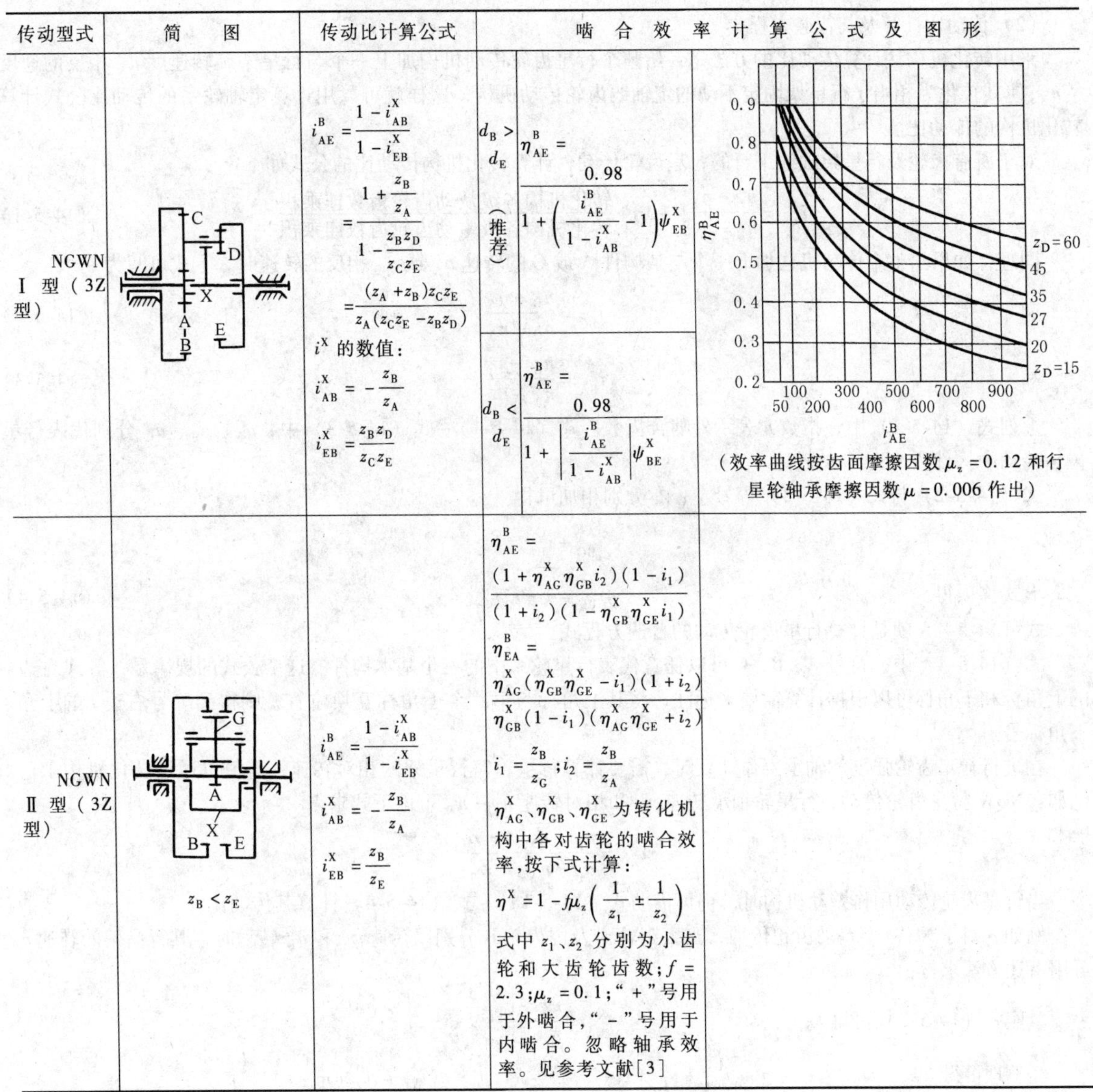

传动型式	简图	传动比计算公式	啮合效率计算公式及图形
NGWN Ⅰ型（3Z型）		$i_{AE}^{B}=\frac{1-i_{AB}^{X}}{1-i_{EB}^{X}}=\frac{1+\frac{z_B}{z_A}}{1-\frac{z_B z_D}{z_C z_E}}=\frac{(z_A+z_B)z_C z_E}{z_A(z_C z_E-z_B z_D)}$ i^X 的数值： $i_{AB}^{X}=-\frac{z_B}{z_A}$ $i_{EB}^{X}=\frac{z_B z_D}{z_C z_E}$	$d_B>d_E$（推荐）：$\eta_{AE}^{B}=\frac{0.98}{1+\left(\frac{i_{AE}^{B}}{1-i_{AB}^{X}}-1\right)\psi_{EB}^{X}}$ $d_B<d_E$：$\eta_{AE}^{B}=\frac{0.98}{1+\left\vert\frac{i_{AE}^{B}}{1-i_{AB}^{X}}\right\vert\psi_{BE}^{X}}$ （效率曲线按齿面摩擦因数 $\mu_z=0.12$ 和行星轮轴承摩擦因数 $\mu=0.006$ 作出）
NGWN Ⅱ型（3Z型）	$z_B<z_E$	$i_{AE}^{B}=\frac{1-i_{AB}^{X}}{1-i_{EB}^{X}}$ $i_{AB}^{X}=-\frac{z_B}{z_A}$ $i_{EB}^{X}=\frac{z_B}{z_E}$	$\eta_{AE}^{B}=\frac{(1+\eta_{AG}^{X}\eta_{GB}^{X}i_2)(1-i_1)}{(1+i_2)(1-\eta_{GB}^{X}\eta_{GE}^{X}i_1)}$ $\eta_{EA}^{B}=\frac{\eta_{AG}^{X}(\eta_{GB}^{X}\eta_{GE}^{X}-i_1)(1+i_2)}{\eta_{GB}^{X}(1-i_1)(\eta_{AG}^{X}\eta_{GE}^{X}+i_2)}$ $i_1=\frac{z_B}{z_G}$；$i_2=\frac{z_B}{z_A}$ η_{AG}^{X}、η_{GB}^{X}、η_{GE}^{X} 为转化机构中各对齿轮的啮合效率，按下式计算： $\eta^{X}=1-f\mu_z\left(\frac{1}{z_1}\pm\frac{1}{z_2}\right)$ 式中 z_1、z_2 分别为小齿轮和大齿轮齿数；$f=2.3$；$\mu_z=0.1$；“+”号用于外啮合，“-”号用于内啮合。忽略轴承效率。见参考文献[3]

3 传动比与效率

3.1 传动比

在行星齿轮传动中，由于行星轮的运动不是定轴线传动，不能用计算定轴传动比的方法来计算其传动比，而采用固定行星架的所谓转化机构法以及图解法、矢量法、力矩法等，其中最常用的是转化机构法。现简述如下。

(1) 传动比代号

行星齿轮传动中，其传动比代号的含义如下：

i □□ ——— 从动件代号（上标□——— 固定件代号；下标第一个□——— 主动件代号）

例如：i_{AX}^{B}表示当构件 B 固定时由主动构件 A 到从动构件 X 的传动比。

（2）传动比计算及其普遍方程式

采用转化机构法计算传动比的方法是：给整个行星齿轮传动机构加上一个与行星架旋转速度 n_X 相反的速度 $-n_X$，使其转化为相当于行星架固定不动的定轴线齿轮传动机构，这样就可以用计算定轴轮系的传动比公式计算转化机构的传动比。

对于所有齿轮及行星架轴线平行的行星齿轮传动，计算转化机构传动比的公式如下

$$i_{AB}^{X}=\frac{n_A-n_X}{n_B-n_X}(-1)^n\frac{\text{转化机构各级从动齿轮齿数连乘积}}{\text{转化机构各级主动齿轮齿数连乘积}} \tag{14-5-1}$$

同理，如果给整个传动机构加上一个与某构件 A 或 C 的转速 n_A 或 n_C 相反的转速时，上式可写为

$$i_{BC}^{A}=\frac{n_B-n_A}{n_C-n_A} \tag{14-5-2}$$

和

$$i_{BA}^{C}=\frac{n_B-n_C}{n_A-n_C} \tag{14-5-3}$$

上列式（14-5-1）中，指数 n 表示外啮合齿数。式（14-5-1）~式（14-5-3）中，n_A、n_B、n_C 分别代表行星齿轮传动中构件 A、B、C 的转速。

式（14-5-2）与式（14-5-3）等号左、右分别相加可得

$$i_{BC}^{A}+i_{BA}^{C}=1$$

上式移项得：

$$i_{BC}^{A}=1-i_{BA}^{C} \tag{14-5-4}$$

式（14-5-4）就是计算行星齿轮传动的普遍方程式。

式（14-5-4）中，符号 A、B、C 可以任意代表行星轮系中的三个基本构件。这个公式的规律是：等式左边 i 的上角标和下角标可以根据计算需要来标注，将其上角标与第二个下角标互换位置，则得到等号右边 i 的上角、下角标号。

在进行行星齿轮强度和轴承寿命计算时，需要计算行星轮对行星架的相对转速，其值可通过转化机构求得。例如：NGW 行星齿轮传动，行星轮轴承转速 n_C 和相对转速 n_C-n_X 可由下式求得

$$i_{AC}^{X}=\frac{n_A-n_X}{n_C-n_X}=\frac{-Z_C}{Z_A}$$

当行星齿轮传动用作差动机构时，仍可借助式（14-5-1）~式（14-5-4）计算其传动比。

例如，对于 NGW 型差动齿轮传动，当太阳轮 A 及内齿轮 B 分别以转速 n_A 和 n_B 转动时，其行星架的转速 n_X 可用下述方法求得：

参照式（14-5-2）可得

$$i_{XA}^{B}=\frac{n_X-n_B}{n_A-n_B}$$

经整理可得

$$n_X=n_A i_{XA}^{B}+n_B\left(1-i_{XA}^{B}\right)=n_A i_{XA}^{B}+n_B i_{XB}^{A}=n_X^{B}+n_X^{A}$$

即

$$\left.\begin{aligned}n_X&=n_A i_{XA}^{B}+n_B i_{XB}^{A}\\ n_X&=n_X^{B}+n_X^{A}\end{aligned}\right\} \tag{14-5-5}$$

式中 n_X^{B}——当 B 轮不动时，行星架的转速；

n_X^{A}——当 A 轮不动时，行星架的转速。

由式（14-5-5）可见：NGW 型差动齿轮传动行星架的转速等于固定 A 轮时得到的转速与固定 B 轮时得到的转速的代数和。

3.2 效率

在行星齿轮传动中，其单级传动总效率 η 由以下各主要部分组成

$$\eta=\eta_m\eta_B\eta_S$$

式中 η_m——考虑齿轮啮合摩擦损失的效率（简称啮合效率）；

η_B——考虑轴承摩擦损失的效率（简称轴承效率）；

第14篇

η_S——考虑润滑油搅动和飞溅液力损失的效率。

因为效率值接近于 1，所以上式可以用损失系数来表达：

$$\left.\begin{aligned} \eta &= 1-\psi = 1-(\psi_m+\psi_B+\psi_S) \\ \psi &= \psi_m+\psi_B+\psi_S \end{aligned}\right\} \tag{14-5-6}$$

式中 ψ——传动损失系数；

$\psi_m=1-\eta_m$，$\psi_B=1-\eta_B$，$\psi_S=1-\eta_S$，分别为考虑啮合、轴承摩擦、润滑油搅动和飞溅损失的系数。确定各损失系数后便可由上列关系式确定相应效率值。

（1）啮合效率 η_m 及损失系数 ψ_m

啮合效率由表 14-5-2 中的公式计算求得。效率 η 上下角标的标记方法、意义与传动比的标法相同。

啮合效率的计算公式中，ψ^X 为行星架固定时传动机构中各齿轮副啮合损失系数之和，即

$$\psi^X=\sum\psi_i$$

而
$$\psi_i=f\mu_z\left(\frac{1}{z_1}\pm\frac{1}{z_2}\right)$$

式中 f——与两轮齿顶高系数 h_a^* 有关的系数，当 $h_a^*\leqslant m_n$ 时，取 $f=2.3$；

μ_z——齿面摩擦因数，NGW 和 NW 型传动取 $\mu_z=0.05\sim0.1$，WW 和 NGWN 型传动取 $\mu_z=0.1\sim0.12$；

z_1 和 z_2——齿轮副的齿数，内啮合时 z_2 为内齿轮齿数；式中，"+" 用于外啮合，"-" 用于内啮合。

对于 NGWN 型传动，$\psi_{BE}^X=\psi_{EB}^X=\psi_{BC}^X=\psi_{DE}^X$。

（2）轴承效率 η_B

滚动轴承的效率值可直接由有关设计手册中查得。必要时，也可按下式确定损失系数 ψ_B 后求得。

$$\psi_B=\frac{\sum T_{fi}n_i}{T_2n_2} \tag{14-5-7}$$

式中 T_{fi}——第 i 只轴承的摩擦力矩，N·cm；

n_i——第 i 只轴承的转速，r/min；

T_2——从动轴上的转矩，N·cm；

n_2——从动轴上的转速，r/min。

当计算行星轮轴承的损失系数值时，上式中的 n_i 为行星轮相对于行星架的转速，即 $n_C^X=n_C-n_X$。

滚动轴承的摩擦力矩可近似地按下式确定：

$$T_f=0.5Fd\,\mu_0 \quad (\text{N}\cdot\text{cm})$$

式中 d——滚动轴承内径，cm；

μ_0——当量摩擦因数，由有关设计手册查取；

F——滚动轴承的载荷，N。

（3）搅油损失系数 ψ_S

当齿轮浸入润滑油的深度为模数值的 2～3 倍时，其搅油损失系数 ψ_S 可由下式确定：

$$\psi_S=2.8\frac{vb}{P}\sqrt{\nu\frac{200}{z_\Sigma}} \tag{14-5-8}$$

式中 v——齿轮圆周速度，m/s；

b——浸入润滑油的齿轮宽度，cm；

P——传递功率，kW；

ν——润滑油在工作温度下的黏度，mm^2/s；

z_Σ——齿数和。

当齿轮为喷油润滑时，ψ_S 值为按上式求得数值的 0.7 倍。

对于载荷周期变化的情况，若其间温度变化不大，上式中的功率 P 应取平均值，其值为

$$P_m=\frac{\sum P_it_i}{\sum t_i} \tag{14-5-9}$$

式中 P_i——在时间 t_i 内的功率值，kW；

t_i——功率变化周期的持续时间。

4 主要参数的确定

4.1 行星轮数目与传动比范围

在传递动力时，行星轮数目越多越容易发挥行星齿轮传动的优点，但行星轮数目的增加，不仅使传动机构复杂化、制造难度增加、提高成本，而且会使其载荷均衡困难，而且由于邻接条件限制又会减小传动比的范围。因而在设计行星齿轮传动时，通常采用 3 个或 4 个行星轮，特别是 3 个行星轮。行星轮数目与其对应的传动比范围见表 14-5-3。

表 14-5-3　　行星轮数目与传动比范围的关系

行星轮数目 C_s	传动比范围			
	NGW(i_{AX}^B)	NGWN	NW(i_{AX}^B)	WW(i_{AX}^B)
3	2.1 ~ 13.7	$\frac{z_C}{z_D}\times\frac{m_C}{m_D}<1$ 时	1.55 ~ 21	−7.35 ~ 0.88
4	2.1 ~ 6.5		1.55 ~ 9.9	−3.40 ~ 0.77
5	2.1 ~ 4.7	$i_{AE}^B=-\infty\sim2.2$	1.55 ~ 7.1	−2.40 ~ 0.70
6	2.1 ~ 3.9		1.55 ~ 5.9	−1.98 ~ 0.66
8	2.1 ~ 3.2	$\frac{z_C}{z_D}>1$ 时	1.55 ~ 4.8	−1.61 ~ 0.61
10	2.1 ~ 2.8		1.55 ~ 4.3	−1.44 ~ 0.59
12	2.1 ~ 2.6	$i_{AE}^B=4.7\sim+\infty$（与行星轮数目无关）	1.55 ~ 4.0	−1.34 ~ 0.57

注：1. 表中数值为在良好设计条件下，单级传动比可能达到的范围。在一般设计中，传动比若接近极限值时，通常需要进行邻接条件的验算。

2. m_C 及 m_D 为 C 轮及 D 轮的模数。

4.2 齿数的确定

（1）确定齿数应满足的条件

行星齿轮传动各齿轮齿数的选择，除去应满足渐开线圆柱齿轮齿数选择的原则（见第 1 章表 14-1-3）外，还须满足表 14-5-4 所列传动比条件、同心条件、装配条件和邻接条件。

（2）配齿方法及齿数组合表

对于 NGW、NW、NN 及 NGWN 型传动，绝大多数情况下均可直接从表 14-5-5、表 14-5-6、表 14-5-8、表 14-5-11、表 14-5-12 中直接选取所需齿数组合，不必自行配齿。下列各型传动的配齿方法仅供特殊需要。WW 型传动应用较少，只列出了配齿方法。

表 14-5-4　　行星齿轮传动齿轮齿数确定的条件

条件		传动型式			
		NGW	NGWN	WW	NW
传动比条件		保证实现给定的传动比,传动比的计算公式见表 14-5-2			
同心条件	原理	为了保证正确的啮合,各对啮合齿轮之间的中心距必须相等。例如 NGW 型传动,太阳轮 A 与行星轮 C 的中心距 a_{AC} 应等于行星轮 C 与内齿轮 B 的中心距 a_{CB},即 $a_{AC}=a_{CB}$			
	标准及高变位齿轮	$z_A+z_C=z_B-z_C$ 或 $z_B=z_A+2z_C$	$m_{tA}(z_A+z_C)=$ $m_{tB}(z_B-z_C)=m_{tE}(z_E-z_D)$	$m_{tA}(z_A+z_C)$ $=m_{tB}(z_B+z_D)$	$m_{tA}(z_A+z_C)$ $=m_{tB}(z_B-z_D)$
	角变位齿轮	$\frac{z_A+z_C}{\cos\alpha'_{tAC}}$ $=\frac{z_B-z_C}{\cos\alpha'_{tCB}}$	$m_{tA}(z_A+z_C)\frac{\cos\alpha_{tAC}}{\cos\alpha'_{tAC}}$ $=m_{tB}(z_B-z_C)\frac{\cos\alpha_{tCB}}{\cos\alpha'_{tCB}}$ $=m_{tE}(z_E-z_D)\frac{\cos\alpha_{tDE}}{\cos\alpha'_{tDE}}$	$m_{tA}(z_A+z_C)\frac{\cos\alpha_{tAC}}{\cos\alpha'_{tAC}}$ $=m_{tB}(z_B+z_D)\frac{\cos\alpha_{tDB}}{\cos\alpha'_{tDB}}$	$m_{tA}(z_A+z_C)\frac{\cos\alpha_{tAC}}{\cos\alpha'_{tAC}}$ $=m_{tB}(z_B-z_D)\frac{\cos\alpha_{tDB}}{\cos\alpha'_{tDB}}$

续表

<table>
<tr><td rowspan="2">条 件</td><td colspan="4">传 动 型 式</td></tr>
<tr><td>NGW</td><td>NGWN</td><td>WW</td><td>NW</td></tr>
<tr><td rowspan="3">装配条件</td><td colspan="4">保证各行星轮能均布地安装于两中心齿轮之间,并且与两个中心轮啮合良好,没有错位现象</td></tr>
<tr><td>为了简化计算和装配,应使太阳轮与内齿轮的齿数和等于行星轮数目 C_s 的整数倍,即
$\frac{z_A+z_B}{C_s}=n$
或$\frac{i_{AX}^{B}z_A}{C_s}=n$</td><td>1. 通常取中心轮齿数 z_A、z_B 和 z_E 或(z_A+z_B)及 z_E 均为行星轮数目 C_s 的整数倍
此时双联行星齿轮的两个齿轮的相对位置应这样确定:C 轮和 D 轮各有一个齿槽的对称线须位于同一个轴平面(θ 平面)内,两齿槽的对称线可在行星轮轴线的同侧(图 b)或两侧(图 a)。装配情况见图 d
2. 亦可按右栏内 NW 型传动的公式计算。此时 z_B 应以 z_E 代之</td><td colspan="2">若双联行星齿轮的两个齿轮的相对位置是在安装时确定的(安装时可以调整),则行星传动的齿轮齿数不受本条件限制,满足其他条件即可
若双联行星齿轮的两个齿轮的相对位置是在制造时确定的(如同一坯料切出),则必须满足以下条件
1. 当中心轮 z_A、z_B 为 C_s 的整数倍时(此时计算和装配最简单),双联行星齿轮的两个齿轮的相对位置应该使 C 轮和 D 轮各有一个齿槽的对称线位于同一个轴平面(θ 平面)内。对 NW 型传动,应位于行星轮轴线的两侧(图 a),装配情况见图 c。对 WW 型传动,应位于行星轮轴线的同侧(图 b)
2. 当一个或两个中心轮的齿数非 C_s 的整数倍时:
WW 传动:$\frac{z_A+z_B}{C_s}+\left(1+\frac{z_D}{z_C}\right)\left(E_A\pm n-\frac{z_A}{C_s}\right)=n$
NW 传动:$\frac{z_A+z_B}{C_s}+\left(1-\frac{z_D}{z_C}\right)\left(E_A\pm n-\frac{z_A}{C_s}\right)=n$
式中 E_A、n——整数
当$\frac{z_A}{C_s}$=整数时,$E_A=\frac{z_A}{C_s}$,n 从 1、2、3…中选取
当$\frac{z_A}{C_s}\neq$整数时,E_A 为稍大于$\frac{z_A}{C_s}$的整数,n 从 0、1、2、3…中选取</td></tr>
<tr><td colspan="4">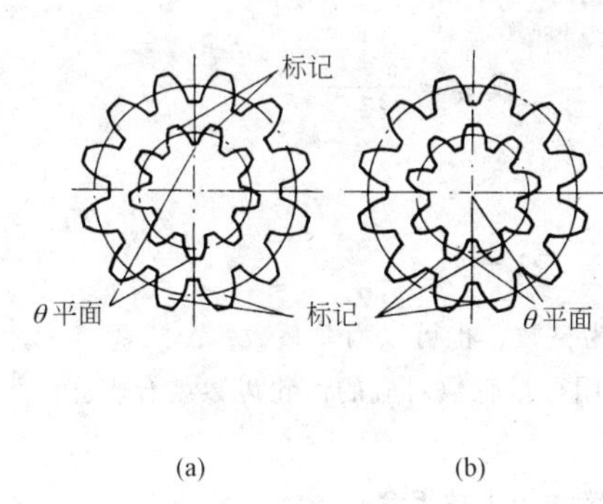

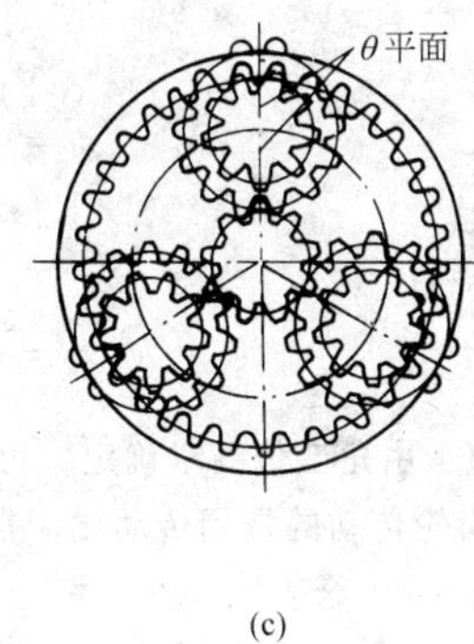

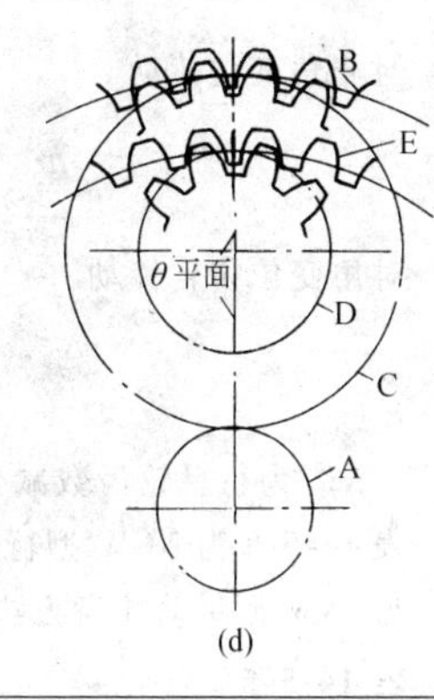
</td></tr>
<tr><td>邻接条件</td><td colspan="4">必须保证相邻两行星轮互不相碰,并留有大于 0.5 倍模数的间隙,即行星轮齿顶圆半径之和小于其中心距 L,如图所示
$2r_{aC}<L$ 或 $d_{aC}<2a\sin\frac{\pi}{C_s}$
式中 r_{aC}、d_{aC}——行星轮齿顶圆半径和直径。当行星轮为双联齿轮时,应取其中之大值
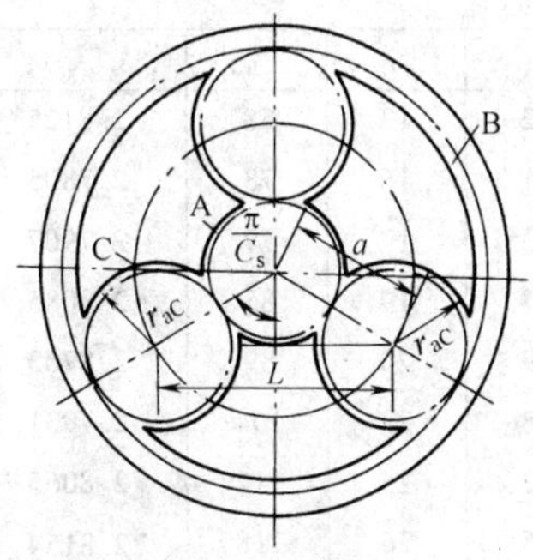
</td></tr>
</table>

续表

条件	传动型式			
	NGW	NGWN	WW	NW
邻接条件	$(z_A+z_C)\sin\frac{180°}{C_s}>$ $z_C+2(h_a^*+x_C)$	$z_C>z_D$ 时 $(z_A+z_C)\sin\frac{180°}{C_s}>$ $z_C+2(h_a^*+x_C)$；$z_C<z_D$ 时，$(z_E-z_D)\sin\frac{180°}{C_s}>$ $z_D+2(h_a^*+x_D)$	$z_C>z_D$ 时 $(z_A+z_C)\sin\frac{180°}{C_s}>$ $z_C+2(h_a^*+x_C)$；$z_C<z_D$ 时 $(z_B-z_D)\sin\frac{180°}{C_s}>$ $z_D+2(h_a^*+x_D)$	$z_E>z_D$ 时 $(z_A+z_C)\sin\frac{180°}{C_s}>z_C+$ $2(h_a^*+x_C)$；$z_C<z_D$ 时 $(z_B-z_D)\sin\frac{180°}{C_s}>z_D+$ $2(h_a^*+x_D)$

注：1. 对直齿轮，可将表中代号的下角标 t 去掉。

2. h_a^*—齿顶高系数，x_C、x_D—C 轮、D 轮变位系数，C_s—行星轮数目，α_t—端面啮合角。

1）NGW 型传动的配齿方法及齿数组合表[3]

对于一般动力传动用行星传动，不要求十分精确的传动比，在已知要求的传动比 i_{AX}^B 的情况下，可按以下步骤选配齿数。

① 根据 i_{AX}^B，按表 14-5-3 选取行星轮数目 C_s，通常选 $C_s=3\sim4$。

② 根据齿轮强度及传动平稳性等要求确定太阳轮齿数 z_A。

③ 根据下列条件试凑 Y 值：

（a）$Y=i_{AX}^B z_A$——传动比条件；

（b）$Y/C_s=$ 整数——装配条件；

（c）Y 应为偶数——同心条件。但当采用不等啮合角的角变位传动时，Y 值也可以是奇数。

④ 计算内齿圈及行星轮齿数 z_B 和 z_C

$$z_B=Y-z_A$$

对非角变位传动

$$z_C=\frac{Y}{2}-z_A \text{ 或 } z_C=\frac{z_B-z_A}{2}$$

对角变位齿轮传动

$$z_C=\frac{z_B-z_A}{2}-\Delta z_C$$

式中，Δz_C 为行星轮齿数减少值，由角变位要求确定，可为整数，也可以为非整数，$\Delta z_C=0.5\sim2$。

表 14-5-5 为 NGW 型行星齿轮传动的常用传动比，常用行星轮数对应的齿轮齿数组合表。

2）NW 型传动配齿方法及齿数组合表[3]

表 14-5-5　NGW 型行星齿轮传动的齿数组合

$i=2.8$											
$C_s=3$				$C_s=4$				$C_s=5$			
z_A	z_C	z_B	i_{AX}^B	z_A	z_C	z_B	i_{AX}^B	z_A	z_C	z_B	i_{AX}^B
32	13	58	2.8125	33	13	59	2.7879	32	13	58	2.8125
41	16	73	2.7805	37	15	67	2.8108	39	16	71	2.8205
43	17	77	2.7907	43	17	77	2.7907	43	17	77	2.7907
47	19	85	2.8085	46	19	85	2.8085	45	19	84	2.8261
49	20	89	2.8763	53	21	95	2.7925	64	26	116	2.8125
58	23	104	2.7931	59	23	105	2.7797	71	29	129	2.8169
62	25	112	2.8065	67	27	121	2.8060	79	31	141	2.7848
65	26	118	2.8154	71	29	129	2.8169	89	36	161	2.8090
73	29	131	2.7945	79	31	141	2.7848	104	41	186	2.7885

续表

$i=2.8$											
$C_s=3$				$C_s=4$				$C_s=5$			
z_A	z_C	z_B	i_{AX}^B	z_A	z_C	z_B	i_{AX}^B	z_A	z_C	z_B	i_{AX}^B
75	30	135	*2. 8000	81	33	147	2. 8148	118	47	212	2. 7966
77	31	139	2. 8052	89	35	159	2. 7865	121	49	219	2. 8099
92	37	166	2. 8043	97	39	175	2. 8041	132	53	238	2. 8030
118	47	212	2. 7966	121	49	219	2. 8099	146	59	264	2. 8082
				123	49	221	2. 7967	154	61	276	2. 7922
				141	57	255	2. 8085	161	64	289	2. 7950
				153	61	275	2. 7974	168	67	302	2. 7976

$i=3.15$											
$C_s=3$				$C_s=4$				$C_s=5$			
z_A	z_C	z_B	i_{AX}^B	z_A	z_C	z_B	i_{AX}^B	z_A	z_C	z_B	i_{AX}^B
25	14	53	3. 1200	23	13	49	3. 1304	22	13	48	3. 1818
29	16	61	3. 1034	29	17	63	3. 1724	29	16	61	3. 1034
31	18	68	3. 1935	33	19	71	3. 1515	32	18	68	*3. 1250
32	19	70	3. 1875	37	21	79	3. 1351	35	20	75	*3. 1429
35	20	76	*3. 1714	41	23	87	3. 1220	37	20	78	*3. 1081
37	21	80	3. 1622	43	25	93	3. 1628	41	24	89	3. 1707
40	23	86	3. 1500	53	31	115	3. 1698	54	31	116	3. 1481
44	25	94	3. 1364	67	39	145	3. 1642	55	32	120	3. 1818
53	31	115	3. 1698	71	41	153	3. 1549	67	38	143	3. 1343
55	32	119	3. 1636	75	43	161	3. 1467	79	46	171	3. 1646
67	38	143	3. 1343	79	45	169	3. 1392	83	47	177	3. 1325
70	41	152	3. 1714	81	47	175	3. 1605	86	49	184	3. 1395
74	43	160	3. 1622	85	49	183	3. 1529	89	51	191	3. 1461
82	47	176	3. 1463	97	55	207	3. 1340	92	53	198	3. 1522
86	49	184	3. 1395	121	69	259	3. 1405	98	57	212	3. 1633
97	56	209	3. 1546	123	71	265	3. 1545	121	59	269	3. 1405

$i=3.55$											
$C_s=3$				$C_s=4$				$C_s=5$			
z_A	z_C	z_B	i_{AX}^B	z_A	z_C	z_B	i_{AX}^B	z_A	z_C	z_B	i_{AX}^B
22	17	56	3. 5455	23	17	57	3. 4785	23	17	57	3. 4783
25	20	65	*3. 6000	25	19	63	3. 5200	24	18	61	3. 5417
29	22	73	3. 5172	29	23	75	3. 5862	25	20	65	*3. 6000
32	25	82	3. 5625	33	25	83	3. 5152	27	20	68	*3. 35185
37	29	95	3. 5675	37	29	95	3. 5676	28	22	72	*3. 5214
41	32	106	*3. 5854	45	35	115	*3. 5556	31	24	79	3. 5484
45	35	116	3. 5217	47	37	121	3. 5745	35	27	90	*3. 5714
47	37	121	3. 5745	53	41	135	3. 5472	37	28	93	3. 5135
48	37	123	3. 5625	55	43	141	3. 5636	42	33	108	*3. 5714
49	38	125	3. 5510	61	47	155	3. 5410	45	35	115	*3. 5556
52	41	134	3. 5769	69	53	175	3. 5362	48	37	122	3. 5417
56	43	142	3. 5357	73	57	187	3. 5616	54	41	136	3. 5185
61	47	155	3. 5410	77	59	195	3. 5325	73	57	187	3. 5616
73	56	185	3. 5342	79	61	201	3. 5443	76	59	194	3. 5526
76	59	194	3. 5526	83	65	213	3. 5663	79	61	201	3. 5443
86	67	220	3. 5581	87	67	221	3. 5402	82	63	208	3. 5366

续表

$i=4.0$											
$C_s=3$				$C_s=4$				$C_s=5$			
z_A	z_C	z_B	i_{AX}^B	z_A	z_C	z_B	i_{AX}^B	z_A	z_C	z_B	i_{AX}^B
20	19	58	3.9000	22	22	66	*4.0000	18	17	52	3.8889
22	23	68	4.0909	25	27	79	4.1600	22	23	68	4.0909
23	22	67	3.9130	27	29	85	4.1481	23	22	67	3.9130
26	25	76	3.9231	29	31	91	4.1379	25	25	75	*4.0000
27	27	81	4.0000	31	33	97	4.1290	27	25	78	3.8889
29	28	85	3.9310	33	33	99	*4.0000	28	27	82	3.9286
32	31	94	3.9375	37	39	115	4.1081	29	31	91	4.1379
38	37	112	3.9474	39	41	121	4.1026	32	33	98	4.0625
44	43	130	3.9545	43	45	133	4.0930	33	32	97	3.9394
47	49	145	4.0851	45	47	139	4.0889	38	37	112	3.9474
50	49	148	3.9600	47	49	145	4.0851	39	41	121	4.1026
56	55	166	3.9643	49	49	147	4.0000	48	47	142	3.9583
59	58	175	3.9661	55	57	169	4.0727	42	40	123	3.9286
62	61	184	3.9677	57	59	175	4.0702	58	57	172	3.9655
68	67	202	3.9706	61	63	187	4.0656	63	62	187	3.9683
74	73	220	3.9730	67	69	205	4.0597	68	67	202	3.9706

$i=4.5$								$i=5.0$			
$C_s=3$				$C_s=4$				$C_s=3$			
z_A	z_C	z_B	i_{AX}^B	z_A	z_C	z_B	i_{AX}^B	z_A	z_C	z_B	i_{AX}^B
17	22	61	4.5882	17	21	59	4.4705	16	23	62	4.8750
19	23	65	4.4211	19	23	65	4.4211	17	25	67	4.9412
23	28	79	4.4348	21	27	75	*4.5714	19	29	77	5.0526
25	32	89	4.5600	23	29	81	4.5217	20	31	82	5.1000
27	33	93	*4.4444	25	31	87	4.4800	23	34	91	4.9565
28	35	98	4.5000	26	32	90	*4.4615	28	41	110	4.9286
32	38	109	4.4063	33	41	115	4.4818	31	47	125	5.0323
35	43	121	4.4571	35	43	121	4.4571	40	59	158	4.9500
37	45	128	4.4595	41	51	143	4.4878	44	67	178	5.0455
41	52	145	4.5366	47	59	165	4.5106	47	70	187	4.9787
52	65	182	4.5000	49	61	171	4.4898	52	77	205	4.9615
53	67	187	4.5283	50	62	174	4.4800	55	83	221	5.0182
59	73	205	4.4746	53	67	187	4.5283	56	85	226	5.0357
61	77	215	4.5246	59	73	205	4.4746	59	88	235	4.9831
68	85	238	4.5000	61	77	215	4.5246	64	95	254	4.9688
71	88	247	4.4789	71	89	249	4.5070	65	97	259	4.9846

$i=5.0$				$i=5.6$				$i=6.3$			
$C_s=4$				$C_s=3$				$C_s=3$			
z_A	z_C	z_B	i_{AX}^B	z_A	z_C	z_B	i_{AX}^B	z_A	z_C	z_B	i_{AX}^B
17	25	67	4.9412	13	23	59	5.5385	13	29	71	6.4615
19	29	77	5.0526	14	25	64	5.5714	14	31	76	6.4286
21	31	83	4.9574	16	29	74	5.6250	16	35	86	6.3750
23	35	93	5.0435	17	31	79	5.6471	17	37	91	6.3529
25	37	99	4.9600	19	35	89	5.6842	19	41	101	6.3158
29	43	115	4.9655	20	37	94	5.7000	20	43	106	6.3000
31	47	125	5.0323	22	41	104	5.7273	22	47	116	6.2727
35	53	141	5.0786	29	52	133	5.5862	23	49	121	6.2609
37	55	147	4.9730	31	56	143	5.6129	25	54	133	6.3200

续表

$i=5.0$				$i=5.6$				$i=6.3$			
$C_s=4$				$C_s=3$				$C_s=3$			
z_A	z_C	z_B	i_{AX}^B	z_A	z_C	z_B	i_{AX}^B	z_A	z_C	z_B	i_{AX}^B
47	71	189	5.0713	40	71	182	5.5500	26	55	136	6.2308
49	73	195	4.9796	41	73	187	5.5610	28	39	146	6.2143
51	77	205	5.0196	44	79	202	5.5909	31	66	164	*6.2903
55	83	221	5.0182	46	83	212	5.6087	35	76	187	6.3429
59	89	237	5.0160	47	85	217	5.6170	37	80	197	6.3243
63	95	253	5.0159	50	91	232	5.6400	41	88	217	6.2927
65	97	259	4.9846	52	95	242	5.6538	47	100	247	6.2553

$i=7.1$				$i=8.0$				$i=9.0$			
$C_s=3$				$C_s=3$				$C_s=3$			
z_A	z_C	z_B	i_{AX}^B	z_A	z_C	z_B	i_{AX}^B	z_A	z_C	z_B	i_{AX}^B
13	32	77	6.9231	13	38	89	7.8462	14	49	112	9.0000
14	37	88	7.2857	14	43	100	8.1429	16	56	128	*9.0000
16	41	98	7.1250	16	47	110	7.8750	17	58	133	8.8236
17	43	103	7.0588	17	49	115	7.7647	19	68	155	9.1579
19	50	119	7.2632	17	52	121	8.1176	20	70	160	*9.0000
20	51	122	7.1000	20	61	142	8.1000	22	77	176	9.0000
22	56	134	*7.0909	22	65	152	7.9091	23	82	187	9.1304
23	58	139	7.0435	26	79	184	8.0769	25	89	203	9.1200
26	67	160	7.1538	28	83	194	7.9286	26	91	208	9.0000
28	71	170	7.0714	29	88	205	8.0690	28	98	224	*9.0000
29	73	175	7.0345	31	92	215	7.9355	29	101	232	9.0000
35	91	217	7.2000	32	97	226	8.0625	31	108	248	9.0000
38	97	232	7.1053	34	101	236	7.9412	32	112	256	*9.0000
41	106	253	7.1707	35	106	247	8.0571	34	119	272	9.0000
46	119	284	7.1739	40	119	278	7.9500	35	121	277	8.9143
47	121	289	7.1489	41	124	289	8.0488	37	128	293	8.9189

$i=10.0$				$i=11.2$				$i=12.5$			
$C_s=3$				$C_s=3$				$C_s=3$			
z_A	z_C	z_B	i_{AX}^B	z_A	z_C	z_B	i_{AX}^B	z_A	z_C	z_B	i_{AX}^B
13	53	119	10.1538	14	61	136	10.7143	13	71	155	12.9231
14	58	130	10.2857	16	71	158	10.8750	14	73	160	12.4286
16	65	146	10.1250	16	74	164	*11.2500	16	83	182	12.3750
17	67	151	9.8824	17	76	169	10.9412	16	86	188	*12.7500
19	77	173	10.1053	17	79	175	11.2941	17	88	193	12.3529
20	79	178	9.9000	19	86	191	11.0526	19	98	215	12.3158
22	89	200	10.0909	20	91	202	11.1000	20	106	232	*12.6000
23	91	205	9.9130	22	101	224	11.1818	22	116	254	*12.5455
25	98	221	9.8400	23	106	235	11.2174	23	118	259	12.2609
26	103	232	9.9231	26	121	268	11.3077	23	121	265	12.5217
28	113	254	10.0714	28	125	278	10.9286	25	131	287	12.4800
29	115	259	9.9310	28	128	284	*11.1429	26	135	298	12.4615
29	118	265	10.1379	29	130	289	10.9655	26	139	304	12.6923
31	122	275	9.8710	29	133	295	11.1724	28	147	323	12.5357
32	130	292	*10.1250	31	143	317	11.2258	29	152	334	*12.5172
34	144	302	*9.8824					31	163	357	12.5161

注：1. 表中齿数满足装配条件、同心条件（带“__”者除外）和邻接条件，且$\frac{z_A}{z_C}$、$\frac{z_B}{z_C}$、$\frac{z_A}{C_s}$、$\frac{z_B}{C_s}$无公因数（带“*”者除外），以提高传动平稳性。

2. 本表除带“__”者外，可直接用于非变位、高变位和等角变位传动（$\alpha'_{tAC}=\alpha'_{tCB}$）。表中各齿数组合当采用不等角角变位（$\alpha'_{tAC}>\alpha'_{tCB}$）时，应将表中$z_C$值适当减少1~2齿，以适应变位需要。

3. 带“__”者必须进行不等角角变位，以满足同心条件。

4. 当齿数少于17且不允许根切时，应进行变位。

5. 表中i为名义传动比，其所对应的不同齿数组合应根据齿轮强度条件选择；i_{AX}^B为实际传动比。

NW 型传动通常取 z_A、z_B 为行星轮数目 C_s 的整数倍。常用传动方式为 B 轮固定，A 轮主动，行星架输出。为获得较大传动比和较小外形尺寸，应选择 z_A、z_D 均小于 z_C。为使齿轮接近等强度，z_C 与 z_D 之值相差越小越好。综合考虑，一般取 $z_D = z_C -$（3~8）为宜。

图 14-5-2

在 NW 传动中，若所有齿轮的模数及齿形角相同，且 $z_A + z_C = z_B - z_D$，则由同心条件可知，其啮合角 $\alpha'_{tAC} = \alpha'_{tBD}$。为了提高齿轮承载能力，可使两啮合角稍大于 20°，以便 A、D 两轮进行正变位。选择齿数时，取 $z_A + z_C < z_B - z_D$，但 z_B 会因此增大，从而导致传动的外廓尺寸加大。

NW 型传动按下列步骤配齿。

① 根据强度、运转平稳性和避免根切等条件确定太阳轮齿数 z_A，常取 z_A 为 C_s 的倍数。

② 根据结构设计对两对齿轮副径向轮廓尺寸比值 D_1/D_2（图 14-5-2）的要求拟定 Y 值，再由传动比 i^B_{AX} 和 Y 值查图 14-5-3 确定系数 α，然后，按下列各式计算 i_{DB}、i_{AC}、β 值和齿数 z_D、z_B、z_C。

$$i_{DB} = \sqrt{\frac{i^B_{AX} - 1}{\alpha}} \qquad i_{AC} = \alpha i_{DB}$$

$$\beta = \frac{i_{AC} + 1}{i_{DB} - 1} \qquad z_D = \beta z_A$$

$$z_B = i_{DB} z_D \qquad z_C = i_{AC} z_A$$

③ 根据算出的齿数，按前述装配条件的两个限制条件对其进行调整并确定 z_D、z_B 和 z_C。为了使确定的齿数仍能满足同心条件，可以将其中一个行星轮的齿数 z_C 留在最后确定，在确定该齿数 z_C 时，要同时考虑同心条件，即对于非角变位齿轮传动：

$$z_C = z_{\Sigma AC} - z_A \text{ 或 } z_D = z_B - z_{\Sigma AC}$$

对不等啮合角的角变位传动：

$$z_C = z_{\Sigma AC} - z_A - \Delta z \text{ 或 } z_D = z_B - z_{\Sigma AC} - \Delta z$$

$$z_{\Sigma AC} = z_A + z_C$$

式中　Δz——角变位要求行星轮 C 或 D 应减少的齿数，一般取 $\Delta z = 1 \sim 2$。

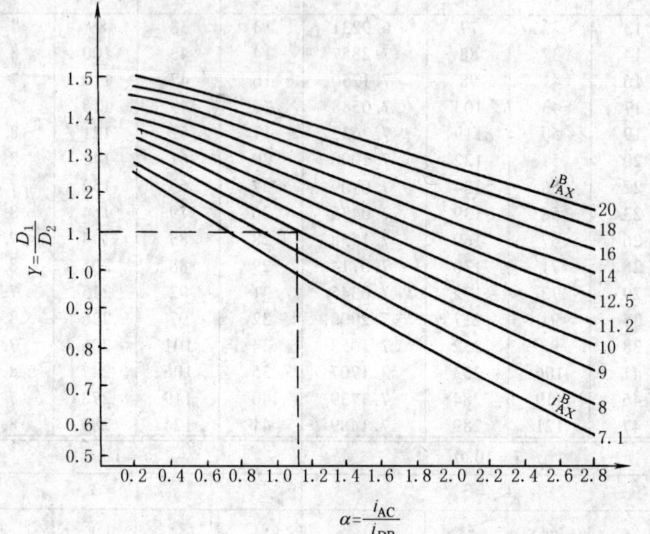

图 14-5-3　根据 $Y=\dfrac{D_1}{D_2}$ 和 i^B_{AX} 确定 $\alpha=\dfrac{i_{AC}}{i_{DB}}$ 的线图

④ 校核传动比，同时根据表 14-5-4 校核邻接条件。

NW 型行星齿轮传动常用传动比对应的齿轮齿数组合见表 14-5-6。

表 14-5-6　$C_s=3$ 的 NW 型行星传动的齿数组合

i^B_{AX}	z_A	z_B	z_C	z_D	i^B_{AX}	z_A	z_B	z_C	z_D	i^B_{AX}	z_A	z_B	z_C	z_D	i^B_{AX}	z_A	z_B	z_C	z_D
7.000	21	63	28	14	7.097	15	78	34	29	7.200	21	93	42	30	7.286	21	72	33	18
7.000	12	54	24	18	•7.106	21	102	44	35	7.205	21	81	37	23	7.286	15	66	30	21
7.000	18	60	27	15	7.109	15	84	36	33	7.222	18	96	42	36	7.317	21	111	49	41
7.000	18	81	36	27	7.111	15	75	33	27	7.224	18	99	43	38	7.330	21	108	48	39
7.041	21	111	48	42	7.111	18	66	30	18	•7.248	18	96	41	35	•7.361	21	108	47	38
7.045	21	114	49	44	•7.118	15	60	26	17	7.250	18	90	40	32	7.367	21	78	36	21
7.053	21	105	46	38	•7.125	15	84	35	32	7.250	18	105	45	42	7.374	21	87	40	26
•7.055	21	87	38	26	7.143	21	96	43	32	•7.255	18	66	29	17	•7.380	15	66	29	20
•7.058	18	81	35	26	•7.154	15	75	32	26	•7.260	18	105	44	41	7.384	21	102	46	35
•7.059	21	111	47	41	7.159	18	75	34	23	•7.261	21	93	41	29	7.404	18	81	37	26
7.071	21	102	45	36	•7.190	18	60	26	14	7.283	18	87	39	30	•7.413	12	69	29	26
•7.088	12	54	23	17	7.200	15	69	31	23	7.286	18	72	33	21	7.429	15	54	25	14

续表

i_{AX}^{B}	z_A	z_B	z_C	z_D	i_{AX}^{B}	z_A	z_B	z_C	z_D	i_{AX}^{B}	z_A	z_B	z_C	z_D	i_{AX}^{B}	z_A	z_B	z_C	z_D
7.429	21	99	45	33	7.957	21	84	40	23	8.438	21	102	49	32	9.063	15	90	43	32
7.475	15	84	37	32	7.971	18	78	37	23	8.485	18	114	52	44	9.067	15	66	33	18
•7.482	21	99	44	32	•7.982	12	51	23	14	8.488	18	111	51	42	9.100	12	54	27	15
•7.500	21	78	35	20	8.000	21	105	49	35	8.500	12	63	30	21	9.120	15	87	42	30
7.500	15	90	39	36	•8.000	15	78	35	26	8.519	18	87	42	27	9.138	12	63	31	20
7.500	21	84	39	24	8.000	15	63	30	18	•8.520	18	111	50	41	9.195	18	93	46	29
7.500	18	78	36	24	8.000	18	90	42	30	8.522	18	105	49	36	•9.200	15	87	41	29
•7.514	15	90	38	35	8.028	18	69	33	18	8.543	21	99	48	30	9.211	18	108	52	38
7.538	15	75	34	26	•8.057	15	57	26	14	8.556	18	102	48	36	9.229	15	72	36	21
7.552	18	96	43	35	8.065	21	102	48	33	8.600	15	57	28	14	9.264	18	105	51	36
7.563	12	45	21	12	•8.069	18	90	41	29	•8.609	15	75	35	23	•9.282	15	66	32	17
7.567	21	93	43	29	8.088	21	90	43	26	8.610	18	102	47	35	9.293	12	78	37	29
7.576	18	93	42	33	8.125	12	57	27	18	•8.613	12	63	29	20	9.308	15	81	40	26
7.578	18	111	42	45	•8.134	21	102	47	32	8.617	15	93	43	35	9.323	18	90	45	27
•7.587	18	111	47	44	8.143	18	75	36	21	•8.622	18	87	41	26	9.330	12	60	30	18
•7.594	18	78	35	23	•8.165	15	63	29	17	8.636	15	90	42	33	•9.333	18	105	50	35
•7.609	21	84	38	23	8.171	18	108	49	41	•8.640	21	99	47	29	9.333	12	75	36	27
•7.620	18	93	41	32	8.178	18	114	51	45	8.659	15	63	31	17	•9.357	12	54	26	14
7.632	21	108	40	38	8.179	18	105	48	39	8.667	18	69	34	17	•9.400	15	72	35	20
7.667	18	60	28	14	•8.215	18	105	47	38	•8.688	15	90	41	32	•9.413	12	75	35	26
7.667	18	87	40	29	•8.216	18	69	32	17	8.708	18	75	37	20	9.422	18	99	49	32
7.686	18	66	31	17	8.229	15	69	33	21	8.724	15	84	40	29	9.450	15	78	39	24
•7.714	21	105	47	35	8.233	15	93	42	36	8.750	18	93	45	30	•9.462	18	90	44	26
•7.758	21	90	41	26	8.242	15	96	43	38	8.800	15	81	39	27	9.500	12	69	34	23
7.769	12	45	20	13	8.251	21	96	46	29	8.800	12	73	36	30	•9.529	12	60	29	17
7.777	21	99	46	32	•8.263	15	93	41	35	8.805	12	81	37	32	9.533	18	96	48	30
7.800	18	72	34	20	•8.265	12	57	26	17	8.821	18	111	52	41	•9.591	15	78	38	23
7.800	12	51	24	15	8.273	18	96	45	33	8.824	12	57	28	17	9.600	15	87	43	29
7.820	15	60	31	20	8.280	15	84	39	30	8.826	18	81	40	23	9.643	12	66	33	21
7.856	12	69	31	26	•8.292	18	75	35	20	8.835	21	93	46	26	9.644	18	96	47	29
7.857	15	90	40	35	8.313	18	81	39	24	•8.839	18	93	44	29	9.667	18	105	52	35
7.857	18	108	48	42	8.328	12	75	34	29	•8.845	12	78	35	29	9.711	15	84	42	27
7.867	18	111	49	44	•8.333	18	96	44	32	8.846	12	72	34	26	9.758	18	102	51	33
7.871	21	78	37	20	8.333	12	72	33	27	8.846	18	108	51	39	9.800	15	62	34	17
•7.878	18	108	47	41	•8.338	15	84	38	29	•8.892	15	81	38	26	•9.800	12	66	32	20
•7.888	15	87	38	32	•8.360	15	69	32	20	8.895	18	108	50	38	•9.831	15	84	41	26
7.890	15	81	37	29	8.364	12	81	36	33	8.906	12	69	33	24	9.846	18	90	46	26
•7.897	12	75	32	29	•8.383	12	81	35	32	8.933	18	102	49	35	•9.854	18	102	50	32
7.905	15	96	41	38	8.400	15	78	37	26	8.965	21	99	49	29	•9.880	15	72	37	20
7.915	18	117	50	47	8.413	12	66	31	23	8.994	18	87	43	26	•9.894	12	75	37	26
•7.936	21	96	44	29	8.414	18	90	43	29	•9.000	12	69	32	23	10.000	12	54	28	14
7.943	18	93	43	32	•8.435	18	81	38	23	9.000	18	99	48	33	10.043	15	78	40	23

续表

i^{B}_{AX}	z_A	z_B	z_C	z_D	i^{B}_{AX}	z_A	z_B	z_C	z_D	i^{B}_{AX}	z_A	z_B	z_C	z_D	i^{B}_{AX}	z_A	z_B	z_C	z_D
10.118	12	60	31	17	12.273	21	99	55	23	•14.000	12	96	52	32	16.500	15	105	62	28
10.310	12	81	40	29	12.284	15	99	53	31	•14.097	15	105	58	31	16.500	12	111	62	37
•10.512	15	99	49	34	12.333	18	102	56	28	•14.147	18	102	58	25	16.516	15	111	65	31
10.625	12	63	33	18	12.371	12	90	47	31	14.200	15	99	56	28	16.712	18	102	61	22
10.706	15	99	50	34	12.500	12	87	46	29	•14.276	15	111	61	34	16.954	15	102	61	26
•10.838	15	105	52	37	12.529	15	105	56	34	14.323	15	105	59	31	17.232	18	105	64	23
10.857	12	69	36	21	•12.610	12	81	43	25	14.373	18	102	59	25	•17.457	15	108	64	28
•10.882	12	63	32	17	12.667	18	105	58	29	14.494	15	111	62	34	•17.592	15	102	61	25
10.884	12	81	41	28	12.688	15	102	55	32	14.500	12	99	54	33	17.714	15	108	65	28
11.000	12	78	40	26	•12.786	21	99	55	22	14.600	15	102	58	29	17.864	15	102	62	25
11.027	15	105	53	37	12.867	12	93	49	32	•14.630	18	99	57	23	17.914	12	111	64	35
11.103	15	102	52	35	12.880	12	81	44	25	14.663	12	87	49	26	18.097	15	111	67	29
•11.349	18	105	55	31	•13.115	12	84	45	26	14.686	18	105	61	26	•18.179	12	111	65	35
11.400	15	102	52	34	13.248	21	102	58	23	•15.086	15	102	58	28	18.231	15	105	64	26
11.500	12	63	34	17	13.284	15	102	56	31	15.329	15	102	59	28	•18.333	15	108	65	27
11.538	18	105	56	31	13.292	18	105	59	28	15.467	18	105	62	25	•18.412	12	111	64	34
•11.552	18	102	54	29	•13.460	21	102	59	23	15.723	15	99	58	26	•18.707	15	111	67	28
11.600	15	102	53	34	13.517	15	99	55	29	15.724	15	105	61	29	18.879	12	102	61	29
11.638	12	69	37	20	13.641	18	102	58	26	15.800	15	111	64	32	•19.518	12	102	61	28
11.725	15	99	52	32	•13.650	15	102	55	31	15.849	12	111	61	38	19.821	12	102	62	28
11.747	18	102	55	29	13.672	12	90	49	29	16.029	18	102	61	23	20.367	12	111	67	32
11.880	21	102	56	25	13.688	15	105	58	32	•16.250	15	105	61	28	•20.992	12	111	67	31
•12.071	15	99	52	31	•13.805	21	102	58	22	•16.250	12	111	61	37	21.290	12	111	68	31
•12.131	18	102	55	28	13.880	12	84	46	25	•16.277	15	111	64	31	21.923	12	102	64	26
12.163	12	81	43	26	13.897	15	111	61	35	•16.312	15	99	58	25					

注：1. 本表 z_A 及 z_B 都是 3 的倍数，适用于 $C_s=3$ 的行星传动。个别组的 z_A、z_B 也同时是 2 的倍数，也可适用于 $C_s=2$ 的行星传动。

2. 带"·"记号者，$z_A+z_C \neq z_B-z_D$，用于角变位传动；不带"·"者，$z_A+z_C=z_B-z_D$，可用于高变位或非变位传动。

3. 当齿数小于 17 且不允许根切时，应进行变位。

4. 表中同一个 i^{B}_{AX} 而对应有几个齿数组合时，则应根据齿轮强度选择。

5. 表中齿数系按模数 $m_{tA}=m_{tB}$ 条件列出。

3）多个行星轮的 NN 型传动配齿方法及齿数组合表[3]

表 14-5-7 C_s 一定时按邻接条件决定的 $(i^{B}_{AX})_{max}$、$(z_C/z_A)_{max}$、$(z_B/z_C)_{min}$

<table>
<tr><td colspan="3">行星轮数 C_s</td><td>2</td><td>3</td><td>4</td><td>5</td><td>6</td><td>7</td><td>8</td></tr>
<tr><td rowspan="2">NGW 型
$(i^{B}_{AX})_{max}$</td><td rowspan="4">小轮齿数
z_{1min}</td><td>>13</td><td rowspan="5">不限</td><td>12.7</td><td>5.77</td><td>4.1</td><td>3.53</td><td>3.21</td><td>3</td></tr>
<tr><td>>18</td><td>12.8</td><td>6.07</td><td>4.32</td><td>3.64</td><td>3.28</td><td>3.05</td></tr>
<tr><td rowspan="2">$(z_C/z_A)_{max}$</td><td>>13</td><td>5.35</td><td>1.88</td><td>1.05</td><td>0.75</td><td>0.60</td><td>0.5</td></tr>
<tr><td>>18</td><td>5.4</td><td>2.04</td><td>1.16</td><td>0.82</td><td>0.64</td><td>0.52</td></tr>
<tr><td colspan="3">$(z_B/z_C)_{min}$</td><td>2.1</td><td>2.47</td><td>2.87</td><td>3.22</td><td>3.57</td><td>3.93</td></tr>
<tr><td colspan="3">对于重载的 NGW 型
$(i^{B}_{AX})_{max}$</td><td>—</td><td>12</td><td>4.5</td><td>3.5</td><td>3</td><td>2.8</td><td>2.6</td></tr>
</table>

注：表中 $(z_C/z_A)_{max}$ 可用于 NW 型、WW 型和 NN 型，但以 $z_C>z_D$，$z_B>z_A$ 为前提。

行星轮数目大于 1 的 NN 型传动，其配齿方法按如下步骤进行。

① 计算各齿轮的齿数。首先应根据设计要求确定固定内齿圈的齿数 z_B，然后选取两个中心轮或两个行星轮的齿数差值 e，再由下式计算各齿轮齿数，同时要检查齿数最少的行星轮是否会发生根切，齿数最多的行星轮是否超过表 14-5-7 规定的邻接条件。不符合要求时，要改变 e 值重算，直至这两项通过为止。e 为≥1 的整数，当传动比为负值时，e 取负值。

$$z_D = \frac{e z_B}{(z_B - e)/i_{XA}^B + e}$$

式中　i_{XA}^B——要求的传动比。

$$e = z_B - z_A = z_D - z_C \qquad z_A = z_B - e \qquad z_C = z_D - e$$

② 确定齿数。在计算出各齿轮齿数的基础上，根据满足各项条件的要求圆整齿数。其具体做法与 NW 型传动一样。对于一般的行星齿轮传动，为了配齿方便，常取各轮齿数及 e 值均为行星轮数 C_s 的倍数；而对于高速重载齿轮传动，为保证其良好的工作平稳性，各啮合齿轮的齿数间不应有公约数。因此，选配齿数时 e 值不能取 C_s 的倍数。

③ 按下式验算传动比。其值与要求的传动比差值一般不应超过 4%。

$$i_{XE}^B = \frac{z_C z_E}{z_C z_E - z_B z_D}$$

表 14-5-8 为行星轮数目 $C_s=3$（有时也可为 $C_s=2$）的 NN 型行星齿轮传动常用传动比对应的齿数组合。

表 14-5-8　多个行星轮的 NN 型行星传动的齿数组合[4]

i_{XE}^B	z_B	z_E	z_C	z_D	i_{XE}^B	z_B	z_E	z_C	z_D
8.00	51	48	17	14	11.00	69	66	23	20
8.00	63	60	18	15	11.20	51	48	21	18
8.26	72	69	19	16	11.31	57	54	22	19
8.50	45	42	17	14	11.40	39	36	19	16
8.50	54	51	18	15	11.50	63	60	23	20
8.68	96	93	21	18	11.50	72	69	24	21
8.75	93	90	21	18	11.73	69	66	24	21
8.80	36	33	16	13	11.81	60	57	23	20
8.84	42	39	17	14	11.88	102	99	27	24
8.90	69	66	20	17	12.00	66	63	24	21
9.00	48	45	18	15	12.00	75	72	25	22
9.10	81	78	21	18	12.00	99	96	27	24
9.30	63	60	20	17	12.25	45	42	21	18
9.50	51	48	19	16	12.31	63	60	24	21
9.50	60	57	20	17	12.50	69	66	25	22
9.70	81	78	22	19	12.50	78	75	26	23
9.75	42	39	18	15	12.60	87	84	28	25
9.80	66	63	21	18	12.67	60	57	24	21
9.86	93	90	23	20	12.80	66	63	25	22
9.96	90	87	23	20	12.92	93	90	28	25
10.00	54	51	20	17	13.00	72	69	26	23
10.00	63	60	21	18	13.00	81	78	27	24
10.23	60	57	21	18	13.10	90	87	28	25
10.30	69	66	22	19	13.24	78	75	27	24
10.50	57	54	21	18	13.30	69	66	26	23
10.50	66	63	22	19	13.50	75	72	27	24
10.73	63	60	22	19	13.60	54	51	24	21
10.80	84	81	24	21	13.65	66	63	26	23
10.95	81	78	24	21	13.75	102	99	30	17
11.00	60	57	22	19	13.80	72	69	27	24

续表

i_{XE}^{B}	z_B	z_E	z_C	z_D	i_{XE}^{B}	z_B	z_E	z_C	z_D
14.00	39	36	21	18	17.88	81	78	33	30
14.00	78	75	28	25	17.96	87	84	34	31
14.24	84	81	29	26	18.00	51	48	27	24
14.30	42	39	22	19					
14.50	81	78	29	26	18.00	102	99	36	33
					18.29	99	96	36	33
14.50	90	87	30	27	18.36	84	81	34	31
14.73	87	84	30	27	18.40	72	69	32	29
14.80	78	75	29	26	18.46	90	87	35	32
15.00	63	60	27	24					
15.00	84	81	30	27	18.60	66	63	31	28
					18.60	96	93	36	33
15.00	93	90	31	28	18.81	81	78	34	31
15.24	90	87	31	28	18.86	75	72	33	30
15.29	81	78	30	27	18.95	93	90	36	33
15.40	36	33	21	18					
15.50	87	84	31	28	19.00	60	57	30	27
					19.20	39	36	24	21
15.50	96	93	32	29	19.29	84	81	35	32
15.63	78	75	30	27	19.33	90	87	36	33
15.74	42	39	23	20	19.38	63	60	31	28
15.95	69	66	29	26					
16.00	63	60	28	25	19.44	96	93	37	34
					19.46	72	69	33	30
16.00	75	72	30	27	19.59	102	99	38	35
16.00	90	87	32	29	19.77	87	84	36	33
16.12	81	78	31	28	19.90	75	72	34	31
16.20	57	54	27	24					
16.24	96	93	33	30	19.93	99	96	38	35
					20.00	57	54	30	27
16.43	72	69	30	27	20.17	69	66	33	30
16.46	66	63	29	26	20.25	84	81	36	33
16.50	93	90	33	30	20.35	78	75	35	32
16.50	102	99	34	31					
16.62	84	81	32	29	20.58	72	69	34	31
					20.72	87	84	37	34
16.74	99	96	34	31	20.80	81	78	36	33
16.79	90	87	33	30	20.80	99	96	39	36
16.91	75	72	31	28	21.00	48	45	28	25
16.98	81	78	32	29					
17.00	54	51	27	24	21.00	66	63	33	30
					21.00	75	72	35	32
17.00	96	93	34	31	21.25	54	51	30	27
17.11	87	84	33	30	21.37	69	66	34	31
17.29	93	90	34	31	21.46	57	54	31	28
17.40	78	75	32	29					
17.50	66	63	30	27	21.67	93	90	39	36
					21.71	87	84	38	35
17.50	99	96	35	32	21.76	72	69	34	31
17.77	60	57	29	26	21.86	81	78	37	34

续表

i_{XE}^{B}	z_B	z_E	z_C	z_D	i_{XE}^{B}	z_B	z_E	z_C	z_D
22.00	36	33	24	21	26.23	96	93	44	41
					26.53	90	87	43	40
22.00	63	60	33	30	26.60	60	57	35	32
22.18	90	87	39	36	26.65	81	78	41	38
22.30	84	81	38	35					
22.64	93	90	40	37	26.67	99	96	45	42
22.75	87	84	39	36	26.79	66	63	37	34
					26.94	93	90	44	41
22.98	81	78	38	35	26.97	69	66	38	35
23.00	72	69	36	33	27.00	39	36	27	24
23.10	102	99	42	39					
23.20	90	87	40	37	27.00	84	81	42	39
23.37	75	72	37	34	27.35	48	45	31	28
					27.43	75	72	40	37
23.40	84	81	39	36	27.70	78	75	41	38
23.45	63	60	34	31	27.74	90	87	44	41
23.58	99	96	42	39					
23.75	78	75	38	35	27.77	99	97	46	43
23.83	87	84	40	37	28.00	45	42	30	27
					28.00	81	78	42	39
24.00	39	36	26	23	28.13	93	90	45	42
24.00	69	66	36	33	28.20	102	99	47	44
24.27	90	87	41	38					
24.55	84	81	40	37	28.32	84	81	43	40
24.75	57	54	33	30	28.46	63	60	37	34
					28.50	60	57	36	33
24.80	51	48	31	28	28.60	69	66	39	36
24.96	87	84	41	38	28.65	87	84	44	41
25.00	48	45	30	27					
25.00	63	60	35	32	28.75	72	69	40	37
25.00	78	75	39	36	28.90	54	51	34	31
					28.94	75	72	41	38
25.15	96	93	43	40	29.00	42	39	29	26
25.20	66	63	36	33	29.00	90	87	45	42
25.37	81	78	40	37					
25.44	69	66	37	34	29.17	78	75	42	39
25.60	99	96	45	42	29.33	51	48	33	30
					29.36	93	90	46	43
25.71	72	69	38	35	29.42	81	78	43	40
25.74	84	81	41	38	29.70	84	81	44	41
25.80	93	90	43	40					
26.00	42	39	28	25	29.73	96	93	47	44
26.00	75	72	39	36	30.00	48	45	32	29
					30.00	87	84	45	42
26.13	87	84	42	39					

注：1. 本表的传动比为 $i_{XE}^{B}=8\sim30$，其传动比计算式如下

$$i_{XE}^{B}=\frac{z_C z_E}{z_C z_E - z_B z_D}$$

2. 本表内的所有齿轮的模数均相同，且各种方案均满足下列条件

$$z_B - z_C = z_E - z_D;\ z_B - z_E = z_C - z_D = e$$

3. 本表适用于行星轮数 $C_s=3$ 的 NN 型传动（有的也适用于 $C_s=2$ 的传动），其中心轮齿数 z_B 和 z_E 均为 C_s 的倍数。

4. 本表内的齿数均满足关系式 $z_B>z_E$ 和 $z_C>z_D$。

4）WW 型传动的配齿方法[3]

由于 WW 型传动只在很小的传动比范围内才有较高的效率，且具有外形尺寸和质量大、制造较困难等缺点，故一般只用于差速器及大传动比运动传递等特殊用途。为应用方便，下面对 WW 型传动的配齿方法作简单介绍。

① 传动比 $|i_{XA}^{B}|<50$ 时的配齿方法。该方法适用于 $|i_{XA}^{B}|<50$，并需满足装配等条件时使用，在给定传动比 i_{XA}^{B} 的情况下，其配齿步骤如下。

a. 确定齿数差 $e=z_A-z_B=z_D-z_C=1\sim8$。e 值也表示了 A-C 与 B-D 齿轮副径向尺寸的差值，由结构设计要求确定。

b. 确定计算常数 $K=\dfrac{z_A}{i_{XA}^{B}}-e$。为了避免 z_D 太大，通常取 $|K|\geqslant0.5$。从结构设计的观点出发，最好取 $|K|=1$，$|e|=1$。

c. 按下式计算齿数

$$z_A=(K+e)i_{XA}^{B} \qquad z_D=\frac{e}{K}(z_A-e)$$

$$z_B=z_A-e \qquad z_C=z_D-e$$

对于 $|K|=1$，$|e|=1$ 的情况，上列各式将变为

$$z_A=\pm2i_{XA}^{B}$$

$$z_D=z_B=z_A\mp1$$

$$z_C=z_D\mp1=z_A\mp2$$

式中，“±”号和“∓”号，上面的符号用于正传动比，下面的符号用于负传动比。

d. 确定齿数。齿数主要按装配条件确定，其作法与 NW 传动相同。当 $|K|=1$，$|e|=1$ 时，只要使 z_A 为 C_s 的倍数加 1（正 i_{XA}^{B}），或减 1（负 i_{XA}^{B}）即可满足。

e. 按下式验算传动比并验算邻接条件

$$i_{XA}^{B}=\frac{z_Az_D}{z_Az_D-z_Bz_C}$$

对于传动比 $|i_{XA}^{B}|<50$ 的 WW 型传动，为制造方便，让两个行星轮的齿数相等，即 $z_C=z_D$，并制成一个宽齿轮，便得到具有公共行星轮的 WW 型传动，而 z_A 与 z_B 之差仍为 1～2 个齿。这样，其传动比公式将简化为

$$i_{XA}^{B}=\frac{z_Az_D}{z_Az_D-z_Bz_C}=\frac{z_A}{z_A-z_B}$$

令 $z_A-z_B=e'$，则 $z_A=e'i_{XA}^{B}$，$z_B=z_A-e'$，$z_C=z_D$。

显然，$e'=1\sim2$，且负传动比时取负值。

因为 $e'=1$ 的 WW 型传动不能满足 $C_s\neq1$ 的装配条件，所以此种情况下，只采用一个行星轮。

$e'=2$ 的二齿差 WW 型传动，由于 z_A 与 z_B 之差为 2，当 z_A 为偶数时，满足 $C_s=2$ 的装配条件，故可采用两个行星轮。

由于 $C_s=1$ 或 2，不必验算邻接条件。

对于具有公共行星轮的 WW 型传动，因为两对齿轮副齿数 $z_{\Sigma AC}$ 与 $z_{\Sigma BD}$ 的差值为 1～2，故可用角变位满足同心条件。

② 传动比 $|i_{XA}^{B}|>50$ 时的配齿方法。当 $|i_{XA}^{B}|>50$ 时，一般不按满足非角变位传动的同心条件和装配条件，而是以满足传动比条件按下述方法进行配齿。由于这种配齿方法所得两对齿轮副的齿数和之差仅为 2 个齿，故可通过角变位来满足同心条件；在给定行星轮数目而不满足装配条件时，可以依靠双联行星轮两齿圈在加工或装配时调整相对位置来实现装配。也可以只用一个行星轮，这样就不必考虑装配条件的限制。邻接条件仍可按表 14-5-7进行校验。

配齿步骤如下。

a. 根据要求的传动比 i_{XA}^{B} 的大小按表 14-5-9 选取 δ 值（$\delta = z_A z_D - z_B z_C$）。

表 14-5-9

传动比范围	δ	传动比范围	δ
$10000 > \lvert i_{XA}^{B} \rvert > 2500$	1	$400 > \lvert i_{XA}^{B} \rvert > 100$	4 ~ 6
$2500 > \lvert i_{XA}^{B} \rvert > 1000$	2	$100 > \lvert i_{XA}^{B} \rvert > 50$	7 ~ 10
$1000 > \lvert i_{XA}^{B} \rvert > 400$	3		

b. 按下列公式计算齿数：

$$z_A = \sqrt{\delta i_{XA}^{B} + \left(\frac{\delta - 1}{2}\right)^2} - \frac{\delta - 1}{2}$$

$$z_D = z_A + \delta - 1 \qquad z_C = z_A + \delta \qquad z_B = z_D - \delta$$

c. 按下式验算传动比：

$$i_{XA}^{B} = \frac{z_A z_D}{\delta}$$

d. 验算邻接条件。

5）NGWN 型传动配齿方法及齿数组合表[3,4]

NGWN 型传动由高速级 NGW 型和低速级 NN 型传动组成，其配齿问题转化为二级串联的 2Z-X 类传动来解决。除按二级传动分别配齿外，尚需考虑两级之间的传动比分配并满足共同的同心条件。常用的 $C_s = 3$，且两个中心轮或行星轮之齿数差 e 为 C_s 之倍数的 NGWN 型传动配齿步骤如下。

① 根据要求的传动比 i_{AE}^{B} 的大小查表 14-5-10 选取适当的 e 和 z_B 值。当传动比为负值时，e 取负值，z_B 和 e 应为 C_s 的倍数。

表 14-5-10　　与 i_{AE}^{B} 相适应的 e 和 z_B

i_{AE}^{B}	12 ~ 35	35 ~ 50	50 ~ 70	70 ~ 100	> 100
e	15 ~ 6	12 ~ 6	9 ~ 6	6 ~ 3	3
z_B	60 ~ 100	60 ~ 120	60 ~ 120	70 ~ 120	80 ~ 120

② 根据 i_{AE}^{B} 按下式分配传动比

$$i_{XE}^{B} = \frac{i_{AE}^{B}}{\dfrac{i_{AE}^{B} e}{z_B - e} + 2} \qquad i_{AX}^{B} = \frac{i_{AE}^{B}}{i_{XE}^{B}}$$

③ 计算各轮齿数

$$z_A = \frac{z_B}{i_{AX}^{B} - 1}$$

由上式算出的 z_A 应四舍五入取整数；为满足装配条件，z_A 为 $C_s = 3$ 的倍数；若是非角变位传动，还应使 z_B 与 z_A 同时为奇数或偶数，以满足同心条件。若 z_A 不能满足这几项要求，应重选 z_B 或 e 值另行计算。

$$z_C = \frac{1}{2}(z_B - z_A)$$

$$z_E = z_B - e$$

$$z_D = z_C - e$$

④ 按下式验算传动比

$$i_{AE}^{B} = \left(\frac{z_B}{z_A} + 1\right)\frac{z_E z_C}{z_E z_C - z_B z_D}$$

必要时，还应根据 i_{AX}^{B} 和 z_E / z_D 的比值查表 14-5-7 验算邻接条件。

表 14-5-11 为部分传动比 i_{AE}^{B} 对应的齿轮齿数组合表。

表 14-5-11　　$C_s=3$ 的 NGWN 型行星传动的齿数组合[1,4]

i_{AE}^{B}	齿数					i_{AE}^{B}	齿数				
	z_A	z_B	z_E	z_C	z_D		z_A	z_B	z_E	z_C	z_D
11.58	15	60	48	22	10	20.00*	18	90	75	36	21
11.78	21	72	60	25	13	20.24	21	78	69	28	19
12.51	21	72	60	26	14	20.25*	12	66	54	27	15
13.22*	18	60	51	21	12	20.32	21	108	90	43	25
13.45	21	84	69	31	16	20.65	18	81	69	32	20
13.48*	21	75	63	27	15	20.74	12	57	48	23	14
14.52	21	78	66	28	16	20.80*	21	99	84	39	24
15.00*	18	72	60	27	15	20.85	15	66	57	25	16
15.00	18	81	66	31	16	20.86	21	90	78	34	22
15.08*	21	87	72	33	18	21.00*	12	48	42	18	12
15.27	18	63	54	23	14	21.00*	15	75	63	30	18
15.79	15	66	54	26	14	21.00*	18	60	54	21	15
15.80	18	81	66	32	17	21.00*	18	72	63	27	18
16.40	15	60	51	22	13	21.12	21	108	90	44	26
16.43*	21	81	69	30	18	21.19	18	93	78	37	22
16.49	21	72	63	25	16	21.68	15	84	69	35	20
16.82	21	90	75	35	20	21.86	21	90	78	35	23
16.87*	18	84	69	33	18	21.90	12	69	57	28	16
16.89*	18	66	57	24	15	21.92	21	102	87	40	25
17.10*	15	69	57	27	15	22.00*	18	84	72	33	21
17.10	18	75	63	29	17	22.14*	21	111	93	45	27
17.17	15	78	63	31	16	22.15	18	93	78	38	23
17.47	12	63	51	25	13	22.23	15	66	57	26	17
17.50*	12	54	45	21	12	22.57	18	75	66	28	19
17.52	21	72	63	26	17	22.67*	12	60	51	24	15
17.55	21	84	72	31	19	22.83	21	102	87	41	26
17.61	15	60	51	23	14	22.86*	21	81	72	30	21
17.83*	21	93	78	36	21	22.91	18	105	87	43	25
17.96	18	87	72	34	19	22.94	18	63	57	22	16
18.00*	15	51	45	18	12	23.04*	15	87	72	36	21
18.11	15	78	63	32	17	23.10*	12	78	63	33	18
18.31	18	69	60	25	16	23.14*	21	93	81	36	24
18.33*	18	78	66	30	18	23.19	21	114	96	46	28
18.45	15	72	60	28	16	23.24	12	69	57	29	17
18.46	21	84	72	32	20	23.38	12	51	45	19	13
18.85	18	87	72	35	20	23.39	18	87	75	34	22
18.86*	21	75	66	27	18	23.40*	18	96	81	39	24
18.87	21	96	81	37	22	23.72	15	78	66	32	20
19.19	15	72	60	29	17	23.80*	15	57	51	21	15
19.20*	15	63	54	24	15	23.82	18	105	87	44	26
19.28	12	57	48	22	13	23.89	18	75	66	29	20
19.33*	21	105	87	42	24	24.00*	15	69	60	27	18
19.36*	15	81	66	33	18	24.00*	21	105	90	42	27
19.48	18	69	60	26	17	24.05	21	114	96	47	29
19.61	18	81	69	31	19	24.43	15	90	75	37	22
19.64*	21	87	75	33	21	24.46	21	96	84	37	25
19.71	21	96	81	38	23	24.54	18	87	75	35	25
19.98	15	54	48	19	13	24.67	12	63	54	25	16

续表

i_{AE}^{B}	齿数					i_{AE}^{B}	齿数				
	z_A	z_B	z_E	z_C	z_D		z_A	z_B	z_E	z_C	z_D
24.67	12	81	66	34	19	29.57*	21	75	69	27	21
24.67	18	99	84	40	25	29.72*	18	117	99	49	31
25.00*	12	72	60	30	18	29.76	21	114	99	47	32
25.00*	18	108	90	45	27	30.00*	15	87	75	36	24
25.14*	21	117	99	48	30	30.25*	12	78	66	33	21
25.19	21	108	93	43	28	30.27	21	90	81	35	26
25.29*	15	81	69	33	21	30.40*	15	63	57	24	18
25.40	12	51	45	20	14	30.44*	18	96	84	39	27
25.55	21	96	84	38	26	30.55*	18	84	75	33	24
25.56*	18	78	69	30	21	30.89	18	69	63	26	20
25.58	15	90	75	38	23	30.72	12	57	51	22	16
25.64	21	84	75	32	23	30.73	12	69	60	28	19
25.73	18	99	84	41	26	31.00*	18	108	93	45	30
25.91	21	72	66	25	19	31.00*	21	105	93	42	30
25.94	12	81	66	35	20	31.35	15	78	69	31	22
26.00*	18	90	78	36	24	31.36*	15	99	84	42	27
26.05	15	60	54	22	16	31.50	15	48	45	16	13
26.18	21	108	93	44	29	31.61	21	117	102	48	33
26.26	21	120	102	49	31	31.68	21	78	72	28	22
26.67*	18	66	60	24	18	31.95	18	99	87	40	28
26.82	12	75	63	31	19	32.00*	21	93	84	36	27
26.90*	21	99	87	39	27	32.11*	18	120	102	51	33
26.93	15	84	72	34	22	32.24	12	81	69	34	22
27.04*	15	93	78	39	24	32.44	21	120	105	49	34
27.07*	18	102	87	42	27	32.51	21	108	96	43	31
27.18	21	120	102	50	32	32.53	18	111	96	46	31
27.19	18	111	93	47	29	32.97	15	102	87	43	28
27.24*	21	87	78	33	24	33.00*	18	72	66	27	21
27.28	18	81	72	31	22	33.06	12	57	51	23	17
27.38	15	72	63	29	20	33.07	15	78	69	32	23
27.43*	21	111	96	45	30	33.25	15	90	78	38	26
27.50	18	93	81	37	25	33.31	18	99	87	41	29
27.53	21	72	66	26	20	33.57	21	120	105	50	35
27.60*	12	84	69	36	21	33.77	21	96	87	37	28
27.97	15	60	54	23	17	33.91	12	81	69	35	23
27.99*	12	54	48	21	15	35.00*	12	72	63	30	21
28.32	12	75	63	32	20	35.00*	18	102	90	42	30
28.34	21	102	90	40	28	35.10	15	66	60	26	20
28.43	18	105	90	43	28	35.10*	15	93	81	39	27
28.44*	18	114	96	48	30	35.20*	15	81	72	33	24
28.54	15	96	81	40	25	35.20*	18	114	99	48	33
28.59*	12	66	57	27	18	35.28	21	96	87	38	29
28.70	21	114	99	46	31	35.36*	21	111	99	45	33
28.73	18	81	72	32	23	35.40	18	75	69	28	22
28.83	18	69	63	25	19	35.71*	21	81	75	30	24
29.33*	15	75	66	30	21	35.92*	18	90	81	36	27
29.52	21	102	90	41	29	36.00*	12	84	72	36	24
29.57	18	105	90	44	29	36.00*	12	60	54	24	18

续表

i_{AE}^{B}	齿数					i_{AE}^{B}	齿数				
	z_A	z_B	z_E	z_C	z_D		z_A	z_B	z_E	z_C	z_D
36.75	18	117	102	49	34	48.29	18	63	60	22	19
36.96	21	114	102	46	34	48.40	12	69	63	28	22
37.14*	21	99	90	39	30	48.53*	15	93	84	39	30
37.40	15	84	75	34	25	48.57*	21	111	102	45	36
37.46	18	75	69	29	23	49.71*	21	93	87	36	30
37.80*	15	69	63	27	21	50.00*	12	84	75	36	27
38.03	18	93	84	37	28	50.40*	15	57	54	21	18
38.06	18	117	102	50	35	50.52	18	87	81	34	28
38.33	21	114	102	47	35	50.55	18	105	96	43	34
38.40*	15	51	48	18	15	51.00*	18	120	108	51	39
38.72	21	102	93	40	31	51.09	15	96	87	40	31
39.56	12	75	66	32	23	51.75	18	63	60	23	20
39.67*	18	120	105	51	36	52.57	18	105	96	44	35
39.76	18	93	84	38	29	52.61	21	114	105	47	38
40.00*	18	78	72	30	24	54.20	12	51	48	20	17
40.00*	18	108	96	45	33	54.86*	21	117	108	48	39
40.00	21	84	78	32	26	55.00*	12	72	66	30	24
40.00*	21	117	105	48	36	55.00	15	60	57	22	19
40.60	15	72	66	28	22	55.00*	15	81	75	33	27
40.60*	15	99	87	42	30	55.00*	18	108	99	45	36
40.68	21	102	93	41	32	56.00*	15	99	90	42	33
41.60*	15	87	78	36	27	56.00*	18	66	63	24	21
41.70	21	120	108	49	37	56.00*	18	90	84	36	30
41.72	12	63	57	26	20	57.57	21	72	69	26	23
41.84	18	111	99	46	34	57.57*	21	99	93	39	33
41.89*	18	96	87	39	30	58.74	12	75	69	31	25
42.17*	12	78	69	33	24	59.08	18	93	87	37	31
42.43*	21	87	81	33	27	59.15	21	120	111	50	41
42.45	15	54	51	19	16	59.50*	12	54	51	21	18
42.62	18	81	75	31	25	59.65	18	111	102	47	38
42.63	15	102	90	43	31	60.46	21	102	96	40	34
42.67*	21	105	96	42	33	61.28	15	84	78	35	29
43.16	21	120	108	50	38	61.71*	21	75	72	27	24
43.98	15	90	81	37	28	61.78	18	93	87	38	32
44.33*	18	60	57	21	18	62.22*	18	114	105	48	39
44.38	15	102	90	44	32	64.00*	15	63	60	24	21
44.90	18	81	75	32	26	64.29	18	69	66	26	23
45.00*	12	48	45	18	15	64.80*	15	87	81	36	30
45.00*	12	66	60	27	21	64.85	18	117	108	49	40
45.07	21	90	84	34	28	65.00*	18	96	90	39	33
45.33*	18	114	102	48	36	65.06	12	57	54	22	19
45.95	18	99	90	41	32	66.00*	12	78	72	33	27
46.00	15	54	51	20	17	66.00	21	78	75	28	25
46.00*	15	75	69	30	24	66.00*	21	105	99	42	36
46.04	15	90	81	38	29	68.41	15	90	84	37	31
47.17	12	81	72	35	26	69.00*	18	72	69	27	24
47.67*	18	84	78	33	27	69.09	21	108	102	43	37
48.22*	18	102	93	42	33	69.75	21	78	75	29	26

续表

i_{AE}^{B}	齿数					i_{AE}^{B}	齿数				
	z_A	z_B	z_E	z_C	z_D		z_A	z_B	z_E	z_C	z_D
69.89*	18	120	111	51	42	121.17	15	84	81	34	31
70.08	12	81	75	34	28	122.23	18	93	90	37	34
71.22	18	99	93	41	35	122.59	12	75	72	31	28
71.79	21	108	102	44	38	124.70	21	102	99	40	37
73.71	15	66	63	26	23	127.28	15	84	81	35	32
73.87	18	75	72	28	25	127.82	18	93	90	38	35
74.28*	21	81	78	30	27	129.49	12	75	72	82	29
74.67*	18	102	96	42	36	129.91	21	102	99	41	38
75.00*	21	111	105	45	39	134.33*	18	96	93	39	36
75.40*	15	93	87	39	33	134.40*	15	87	84	36	33
76.00*	12	60	57	24	21	136.00*	21	105	102	42	39
78.00*	12	84	78	36	30	137.50*	12	78	75	33	30
78.17	18	75	72	29	26	141.02	18	99	96	40	37
78.28	21	114	108	46	40	141.71	15	90	87	37	34
79.17	15	96	90	40	34	142.23	21	108	105	43	40
79.20*	15	69	66	27	24	145.76	12	81	78	34	31
81.33	18	105	99	44	38	147.03	18	99	96	41	38
82.24	12	63	60	25	22	147.81	21	108	105	44	41
83.33*	18	78	75	30	27	148.34	15	90	87	38	35
84.57*	21	117	111	48	42	153.31	12	81	78	35	32
84.89	15	72	69	28	25	154.00*	18	102	99	42	39
88.80*	15	99	93	42	36	154.28*	21	111	108	45	42
88.00*	21	87	84	33	30	156.00*	15	93	90	39	36
88.04	21	120	114	49	43	160.90	21	114	111	46	43
88.76	18	111	105	46	40	161.13	18	105	102	43	40
94.50*	12	66	63	27	24	162.00*	12	84	81	36	33
94.67	15	102	96	44	38	163.86	15	96	93	40	37
96.00*	15	75	72	30	27	166.85	21	114	111	47	44
96.00*	18	114	108	48	42	167.58	18	105	102	44	41
99.00*	18	84	81	33	30	171.01	15	96	93	41	38
101.41	12	69	66	28	25	173.71	21	117	114	48	45
102.23	15	78	75	31	28	175.00*	18	108	105	45	42
102.86*	21	93	90	36	33	179.20*	15	99	96	42	39
103.54	18	117	111	50	44	180.72	21	120	117	49	46
104.78	18	87	84	34	31	182.58	18	111	108	46	43
107.66	12	69	66	29	26	187.04	21	120	117	50	47
107.67*	18	120	114	51	45	187.60	15	102	99	43	40
107.82	15	78	75	32	29	189.47	18	111	108	47	44
108.31	21	96	93	37	34	195.27	15	102	99	44	41
109.93	18	87	84	35	32	197.33*	18	114	111	48	45
113.16	21	96	93	38	35	205.37	18	117	114	49	46
114.40*	15	81	78	33	30	212.27	18	117	114	50	47
115.00*	12	72	69	30	27	221.00*	18	120	117	51	48
116.00*	18	90	87	36	33	225.00*	12	192	180	90	78
118.86*	21	99	96	39	36						

注：1. 本表适用于各齿轮端面模数相等且 $C_s=3$ 的行星齿轮传动。表中个别组的 z_A、z_B 及 z_E 也同时是 2 的倍数，这些齿数组合可适用于 $C_s=2$ 的行星传动。

2. 表中有"*"者适用于变位传动和非变位传动；无"*"者仅适用于角变位传动。

3. 本表全部采用 $z_C>z_D$、$z_B>z_E$ 及 $z_C>z_A$，$z_B-z_C=z_E-z_D$。

4. 当齿数少于 17 且不允许根切时，应进行变位。

5. 表中同一个 i_{AE}^{B} 而对应有 n 个齿数组合时，则应根据齿轮强度选择。

6）单齿圈行星轮 NGWN 型行星传动配齿方法及齿数组合表[3,4]

对于 NGWN 型行星传动，在最大齿数相同的条件下，当行星轮齿数 $z_C=z_D$ 时，不仅能获得较大的传动比，而且制造方便，减少装配误差，使各行星轮之间载荷分配均匀，传动更平稳。虽然由于角变位增大啮合角而存在轴承寿命、传动效率和接触强度降低等缺点，近年来应用仍有所增加，受到人们的欢迎。这种具有公用行星轮的单齿圈 NGWN 型传动配齿步骤如下。

① 选取行星轮个数 C_s（一般取 $C_s=3$）、z_A 和齿数差 $\Delta=z_E-z_B$（Δ 应尽量减小，其最小绝对值等于 C_s）。

② 根据要求的传动比 i_{AE}^{B} 按下式计算 z_E、z_B 和 z_C。

$$z_E=\frac{1}{2}\sqrt{(z_A-\Delta)^2+4i_{AE}^{B}z_A\Delta}-\frac{z_A-\Delta}{2}$$

$$z_B=z_E-\Delta$$

如果 $z_B<z_E$，z_E 与 z_A 之差为偶数时

$$z_C=\frac{1}{2}(z_E-z_A)-1$$

z_E 与 z_A 之差为奇数时

$$z_C=\frac{1}{2}(z_E-z_A)-0.5$$

如果 $z_B>z_E$，z_B 与 z_A 之差为偶数时

$$z_C=\frac{1}{2}(z_B-z_A)-1$$

z_B 与 z_A 之差为奇数时

$$z_C=\frac{1}{2}(z_B-z_A)-0.5$$

③ 验算装配条件。

④ 按下式验算传动比

$$i_{AE}^{B}=\left(\frac{z_B}{z_A}+1\right)\left(\frac{z_E}{z_E-z_B}\right)$$

⑤ 必要时验算邻接条件。

⑥ 为满足同心条件进行齿轮变位计算。

表 14-5-12 为 $C_s=3$ 的单齿圈行星轮 NGWN 型传动部分传动比 i_{AE}^{B} 对应的齿轮齿数组合表。

表 14-5-12　　$C_s=3$ 的单齿圈行星轮 NGWN 型传动齿数组合[4]

i_{AE}^{B}	z_A	z_B	z_E	z_G	i_{AE}^{B}	z_A	z_B	z_E	z_G
44.213	15	36	39	11	79.200	15	51	54	19
50.399	15	39	42	13	79.200*	30	69	72	20
52.000	12	36	39	13	79.300	20	58	61	20
54.000	15	42	45	14	79.750*	24	63	66	20
59.499	12	39	42	14	80.500	16	53	56	19
64.000	15	45	48	16	81.000	21	60	63	20
67.500	12	42	45	16	81.600*	25	65	68	21
69.000*	18	51	54	17	81.882	17	55	58	20
69.440*	25	59	62	18	83.333	18	57	60	20
70.000	14	46	49	17	83.462*	26	67	70	21
71.400	15	48	51	17	84.842	19	59	62	21
72.500*	20	55	58	18	85.000	12	48	51	19
72.875	16	50	53	18	85.000*	30	72	75	22
73.500*	24	60	63	19	85.333*	27	69	72	22
73.600*	30	66	69	19	85.615	13	50	53	19
74.412	17	52	55	18	86.250*	24	66	69	22
75.400*	25	62	65	19	86.400	20	61	64	21
76.000	18	54	57	19	87.400	15	54	57	20
77.632	19	56	59	19	88.000	21	63	66	22
78.000	14	49	52	18	88.500	16	56	59	21

续表

i_{AE}^{B}	z_A	z_B	z_E	z_G	i_{AE}^{B}	z_A	z_B	z_E	z_G
89.636	22	65	68	22	114.750	16	65	68	25
89.706	17	58	61	21	114.750	24	78	81	28
89.846*	26	70	73	23	115.000	12	57	60	23
90.999	18	60	63	22	115.294	17	67	70	26
91.000*	30	75	78	23	115.310	29	85	88	29
91.304	23	67	70	23	116.000	18	69	72	26
92.368	19	62	65	22	116.200	25	80	83	28
93.000*	24	69	72	23	116.842	19	71	74	27
93.500*	28	74	77	24	117.000*	30	87	90	29
93.800	20	64	67	23	117.692	26	82	85	29
94.500	12	51	54	20	117.800	20	73	76	27
94.769	13	53	56	21	118.857	21	75	78	28
95.286	14	55	58	21	119.222	27	84	87	29
95.286	21	66	69	23	120.000	22	77	80	28
95.345*	29	76	79	24	120.786	28	86	89	30
96.000	15	57	60	22	121.217	23	79	82	29
96.462*	26	73	76	24	122.379	29	88	91	30
96.818	22	68	71	24	122.500	24	81	84	29
96.875	16	59	62	22	123.840	25	83	86	30
97.200*	30	78	81	25	124.000	30	90	93	31
97.882	17	61	64	23	124.200	15	66	69	26
98.222*	27	75	78	25	124.250	16	68	71	27
98.391	23	70	73	24	124.429	14	64	67	26
99.000	18	63	66	23	124.529	17	70	73	27
100.000	24	72	75	25	125.000	13	62	65	25
100.000*	28	77	80	25	125.000	18	72	75	28
100.211	19	65	68	24	125.231	26	85	88	30
101.500	20	67	70	25	125.632	19	74	77	28
101.640	25	74	77	25	126.000	12	60	63	25
102.857	21	69	72	25	126.400	20	76	79	29
103.308	26	76	79	26	127.286	21	78	81	29
103.600*	30	81	84	26	127.313	32	94	97	32
104.273	22	71	74	25	128.143	28	89	92	31
104.385	13	56	59	22	128.273	22	80	83	30
104.500	12	54	57	22	129.348	23	82	85	30
104.571	14	58	61	23	129.655	29	91	94	32
105.000	15	60	63	23	130.500	24	84	87	31
105.625	16	62	65	24	131.200	30	93	96	32
106.412	17	64	67	24	131.720	25	86	89	31
106.714*	28	80	83	27	133.000	26	88	91	32
107.250	24	75	78	26	134.118	17	73	76	29
107.333	18	66	69	25	134.125	16	71	74	28
108.368	19	68	71	25	134.333	18	75	78	29
108.448*	29	82	85	27	134.400	15	69	72	28
108.800	25	77	80	27	134.737	19	77	80	30
109.500	20	70	73	26	135.000	14	67	70	27
110.200*	30	84	87	28	135.300	20	79	82	30
110.385	26	79	82	27	135.714	28	92	95	33
110.714	21	72	75	26	136.000	13	65	68	27
112.000	22	74	77	27	136.000	21	81	84	31
112.000	27	81	84	28	137.138	29	94	97	33
113.384	23	76	79	27	137.500	12	63	66	26
113.643	28	83	86	28	137.739	23	85	88	32
114.286	14	61	64	24	138.600	30	96	99	34
114.400	15	63	66	25	138.750	24	87	90	32
114.462	13	59	62	24	139.840	25	89	92	33

续表

i_{AE}^{B}	z_A	z_B	z_E	z_G	i_{AE}^{B}	z_A	z_B	z_E	z_G
141.000	26	91	94	33	170.200	30	108	111	40
142.222	27	93	96	34	173.714	21	93	96	37
143.500	28	95	98	34	173.900	20	91	94	36
144.000	18	78	81	31	174.250	24	99	102	38
144.158	19	80	83	31	174.720	25	101	104	39
144.375	16	74	77	30	175.000	12	72	75	31
144.500	20	82	85	32	175.000	18	87	90	35
144.828	29	97	100	35	175.308	26	103	106	39
145.000	15	72	75	29	176.000	17	85	88	35
145.000	21	84	87	32	176.000	27	105	108	40
145.636	22	86	89	33	176.786	28	107	110	40
146.000	14	70	73	29	177.655	29	109	112	41
146.200	30	99	102	35	178.600	30	111	114	41
146.391	23	88	91	33	179.200	15	81	84	34
147.250	24	90	93	34	183.636	22	98	101	39
147.462	13	68	71	28	183.750	24	102	105	40
148.200	25	92	95	34	184.300	20	94	97	38
149.231	26	94	97	35	184.615	13	77	80	33
149.500	12	66	69	28	185.000	19	92	95	37
150.333	27	96	99	35	185.000	27	108	111	41
151.500	28	98	101	36	186.000	18	90	93	37
152.724	29	100	103	36	187.200	30	114	117	43
153.895	19	83	86	33	188.500	12	75	78	32
154.000	18	81	84	32	189.125	16	86	89	36
154.000	20	85	88	33	191.400	15	84	87	35
154.000	30	102	105	37	193.500	24	105	108	41
154.286	21	87	90	34	193.600	25	107	110	42
154.353	17	79	82	32	193.846	26	109	112	42
154.727	22	89	92	34	194.222	27	111	114	43
155.000	16	77	80	31	194.714	28	113	116	43
155.304	23	91	94	35	195.000	20	97	100	39
156.000	15	75	78	31	195.310	29	115	118	44
156.000	24	93	96	35	196.000	19	95	98	39
156.800	25	95	98	36	196.000	30	117	120	44
157.429	14	73	76	30	197.333	18	93	96	38
157.692	26	97	100	36	201.250	16	89	92	37
158.667	27	99	102	37	202.500	12	78	81	34
159.714	28	101	104	37	203.500	24	108	111	43
160.828	29	103	106	38	203.667	27	114	117	44
162.000	12	69	72	29	204.000	15	87	90	37
162.000	30	105	108	38	204.000	28	116	119	45
163.800	20	88	91	35	204.448	29	118	121	45
164.333	18	84	87	34	205.000	21	102	105	41
165.000	17	82	85	33	205.000	30	120	123	46
165.000	24	96	99	37	206.000	20	100	103	41
165.640	25	98	101	37	209.000	18	96	99	40
166.000	16	80	83	33	213.333	27	117	120	46
166.385	26	100	103	38	213.440	25	113	116	45
167.400	15	78	81	32	213.500	28	119	122	46
169.286	14	76	79	32	213.750	16	92	95	39

续表

i_{AE}^{B}	z_A	z_B	z_E	z_G	i_{AE}^{B}	z_A	z_B	z_E	z_G
213.750	24	111	114	44	255.000	26	127	130	51
214.200	30	123	126	47	256.000	25	125	128	51
215.000	22	107	110	43	257.250	24	123	126	50
216.000	21	105	108	43	258.400	15	99	102	43
217.000	12	81	84	35	259.000	18	108	111	46
217.000	15	90	93	38	263.200	30	138	141	55
217.300	20	103	106	42	263.500	12	90	93	40
221.000	14	88	91	38	264.286	14	97	100	42
221.000	18	99	102	41	265.000	27	132	135	53
223.345	29	124	127	48	265.500	20	115	118	48
223.385	26	118	121	47	266.000	26	130	133	53
223.600	30	126	129	49	267.240	25	128	131	52
223.720	25	116	119	46	267.500	16	104	107	45
224.250	24	114	117	46	268.750	24	126	129	52
225.000	23	112	115	45	272.727	22	122	125	51
226.000	22	110	113	45	273.000	15	102	105	44
226.625	16	95	98	40	273.600	30	141	144	56
228.900	20	106	109	44	275.000	28	137	140	55
230.400	15	93	96	40	276.000	27	135	138	55
232.000	12	84	87	37	278.300	20	118	121	50
233.103	29	127	130	50	278.720	25	131	134	54
233.200	30	129	132	50	280.000	12	93	96	41
233.333	18	102	105	43	280.500	24	129	132	53
234.240	25	119	122	48	281.875	16	107	110	46
235.000	14	91	94	39	284.200	30	144	147	58
235.000	24	117	120	47	285.000	29	142	145	57
236.000	23	115	118	47	286.000	18	114	117	49
238.857	21	111	114	46	286.000	28	140	143	57
239.875	16	98	101	42	287.222	27	138	141	56
240.800	20	109	112	45	288.000	15	105	108	46
243.000	30	132	135	52	288.000	21	123	126	52
243.158	19	107	110	45	290.440	25	134	137	55
243.667	27	126	129	50	291.400	20	121	123	51
244.200	15	96	99	41	292.500	24	132	135	55
245.000	25	122	125	49	294.913	23	130	133	54
246.000	18	105	108	44	295.000	30	147	150	59
246.000	24	120	123	49	295.286	14	103	106	45
247.500	12	87	90	38	296.000	29	145	148	59
249.412	17	103	106	44	296.625	16	110	113	48
250.714	21	114	117	47	297.000	12	96	99	43
253.000	20	112	115	47	297.214	28	143	146	58
253.000	30	135	138	53	298.667	27	141	144	58
253.500	16	101	104	43	300.000	18	117	120	50
254.222	27	129	132	52					

注：1. 本表的传动比为 $i_{AE}^{B}=64\sim300$，其传动比计算式为

$$i_{AE}^{B}=\left(1+\frac{z_B}{z_A}\right)\times\frac{z_E}{z_E-z_B}$$

2. 表中的中心轮 A 的齿数为 $z_A=12\sim30$（仅有一个 $z_A>30$），且大都满足下列关系式

$$z_A\leqslant z_G \text{（除标有＊号外）}$$

$$z_B<z_E$$

3. 本表适用于行星轮数 $C_s=3$ 的单齿圈 NGWN 型传动（有的也适用于 $C_s=2$ 的传动），且满足下列安装条件

$$\frac{z_A+z_B}{C_s}=C\text{（整数）},\quad \frac{z_A+z_E}{C_s}=C'\text{（整数）}$$

4. 本表中的各轮齿数关系也适合于中心轮 E 固定的单齿圈 NGWN 型传动；但应按下式换算 $i_{AB}^{E}=1-i_{AE}^{B}$ 或 $|i_{AB}^{E}|=i_{AE}^{B}-1$。

4.3 变位方式及变位系数的选择

在渐开线行星齿轮传动中，合理采用变位齿轮可以获得如下效果：获得准确的传动比、改善啮合质量和提高承载能力，在保证所需传动比前提下得到合理的中心距、在保证装配及同心等条件下使齿数的选择具有较大的灵活性。

变位齿轮有高变位和角变位，两者在渐开线行星齿轮传动中都有应用。高变位主要用于消除根切和使相啮合齿轮的滑动比及弯曲强度大致相等。角变位主要用于更灵活地选择齿数，拼凑中心距，改善啮合特性及提高承载能力。由于高变位的应用在某些情况下受到限制，因此角变位在渐开线行星齿轮传动中应用更为广泛。

常用行星齿轮传动的变位方法及变位系数可按表 14-5-13 及图 14-5-4、图 14-5-5 和图 14-5-6 确定。

表 14-5-13　　常用行星齿轮传动变位方式及变位系数的选择

传动型式	高　变　位	角　变　位
NGW	1. $i_{AX}^{B}<4$　太阳轮负变位，行星轮和内齿轮正变位。即 $-x_A=x_C=x_B$ x_A 和 x_C 按图 14-5-4 及图 14-5-5 确定，也可按本篇第 1 章的方法选择	1. 不等角变位 应用较广。通常使啮合角在下列范围： 外啮合：$\alpha'_{AC}=24°\sim26°30'$（个别甚至达 29°50′） 内啮合：$\alpha'_{CB}=17°30'\sim21°$ 此法是在 z_A 和 z_B 不变，而将 z_C 减少 1～2 齿的情况下实现的。 这样可以显著提高外啮合的承载能力。根据初选齿数，利用图 14-5-4 预计啮合角大小（初定啮合角于上述范围内）；然后计算出 $x_{\Sigma AC}$、$x_{\Sigma CB}$，最后按图 14-5-5 或本篇第 1 章的方法分配变位系数
	2. $i_{AX}^{B}\geqslant4$　太阳轮正变位，行星轮和内齿轮负变位。即 $x_A=-x_C=-x_B$ x_A 和 x_C 按图 14-5-4 及图 14-5-5 确定，也可按本篇第 1 章的方法选择	2. 等角变位 各齿轮齿数关系不变，即 $z_A+z_C=z_B-z_C$ 变位系数之间的关系为： $x_B=2x_C+x_A$ 变位系数大小以齿轮不产生根切为准。总变位系数不能过大，否则影响内齿轮弯曲强度。通常取啮合角 $\alpha'_{AC}=\alpha'_{CB}=22°$ 对于直齿轮传动，当 $z_A<z_C$ 时推荐取 $x_A=x_C=0.5$
		3. 当传动比 $i_{AX}^{B}\leqslant5$ 时，推荐取 $\alpha'_{AC}=24°\sim25°$，$\alpha'_{CB}=20°$，即外啮合为角变位，内啮合为高变位。此时，$\alpha'_{CB}=\frac{1}{2}m\times(z_B-z_C)$，式中， z_C——齿数减少后的实际行星轮齿数
NW	1. 内齿轮 B 及行星轮 D 采用正变位，即 $x_D=x_B$ 2. $z_A<z_C$ 时，太阳轮 A 正变位，行星轮 C 负变位，即 $x_A=-x_C$ 3. $z_A>z_C$ 时，太阳轮 A 负变位，行星轮 C 正变位，即 $-x_A=x_C$ 4. x_A 和 x_C 按图 14-5-4 及图 14-5-5 确定，也可按本篇第 1 章的方法选择	一般情况下：　取 $\alpha_{AC}=22°\sim27°$ 和 $x_{\Sigma AC}>0$ 当 $z_C<z_D$ 时：　取 $\alpha_{DB}=17°\sim20°$ 和 $x_{\Sigma DB}\leqslant0$ 当 $z_C>z_D$ 时：　取 $\alpha_{DB}=20°$ 和 $x_{\Sigma DB}\approx0$ 用图 14-5-4 预计啮合角大小，确定各齿轮啮合副变位系数和，然后按图 14-5-5 或本篇第 1 章的方法分配变位系数
NGWN（Ⅰ）型	1. 内齿轮 E 及行星轮 D 采用正变位，即 $x_D=x_E$ 2. 当 $z_A<z_C$ 时： 如果 $z_A<17$，太阳轮 A 采用正变位，行星轮 C 与内齿轮 B 采用负变位，即 $x_A=-x_C=-x_B$ 如果 $z_A>17$，太阳轮无根切危险时，因行星轮受力较大，行星轮不宜采用负变位，故不宜采用高变位传动	1. $z_A+z_C=z_B-z_C=z_E-z_D$ 由于未变位时的中心距 $a_{AC}=a_{CB}=a_{DE}$；啮合角 $\alpha'_{AC}=\alpha'_{CB}=\alpha'_{DE}$。因此可采用非变位传动，亦可采用等角变位 2. $z_A+z_C<z_B-z_C=z_E-z_D$ 由于未变位时的中心距 $a_{AC}<a_{CB}=a_{DE}$，则当 $z_B>z_E$ 时，建议取中心距 $a'=a'_{CB}=a'_{DE}$。于是，$a'_{AC}<a$；则 A-C 传动即可实现 $x_{\Sigma AC}>0$ 的变位。根据初选齿数，利用图 14-5-4 预计啮合角大小，然后计算出各对啮合副变位系数和。最后按图 14-5-5 或本篇第 1 章的方法分配变位系数

续表

<table>
<tr><th>传动型式</th><th>高 变 位</th><th>角 变 位</th></tr>
<tr><td>NGWN
（Ⅰ）型</td><td>3. 当 $z_A > z_C$ 时：太阳轮 A 负变位，行星轮 C 及内齿轮 B 正变位即 $-x_A = x_C = x_B$
4. x_A 和 x_C 按图 14-5-4 和图 14-5-5 确定，也可按本篇第 1 章的方法选择</td><td>当 $z_A < z_C$ 时，C-B 传动和 D-E 传动都不必变位
3. $z_A + z_C > z_B - z_C = z_E - z_D$
由于未变位时的中心距 $a_{AC} > a_{CB} = a_{DE}$，此时不可避免要使内齿轮正变位，而降低内齿轮弯曲强度（在 NGWN 传动中，由于内啮合副承担比外啮合副大得多的圆周力，故不宜使内齿轮正变位，仅在必要时，可取较小的变位系数），因此一般较少用于重载传动。建议中心距 $a' = a_{AC} - (0.3 \sim 0.5)(a_{AC} - a_{CB})$。同样用图 14-5-4 预计啮合角大小，并确定各啮合副变位系数和，再按图 14-5-5 或本篇第 1 章的方法分配变位系数
4. $z_B - z_C < z_A + z_C < z_E - z_D$
可使 D-E 传动不变位或高变位；使 A-C 及 C-B 传动实现 $x_{\Sigma AC} > 0$ 及 $x_{\Sigma CB} > 0$ 的变位</td></tr>
<tr><td>NGWN
（Ⅱ）型</td><td></td><td>1[5]. 在一般情况下，内齿圈的变位系数推荐采用 $x_E = +0.25$，而内齿圈 E 和 B 的顶圆直径按 $d_{aE} = d_{aB} = d_E - 1.4m = (z_E - 1.4)m$ 计算；行星轮 C 的顶圆直径 d_{aC} 应由 A-C 外啮合齿轮副的几何尺寸计算确定。以避免切齿和啮合传动中的齿廓干涉。
2. C-E 齿轮副啮合角的选取应使其中心轮 A 的变位系数为 $x_A \approx 0.3$。
（1）当齿数差 $z_E - z_A$ 为奇数，且变位系数 $x_C = x_E = +0.25$ 时，可使 $x_A \approx 0.3$。
（2）当齿数差 $z_E - z_A$ 为偶数时，C-E 齿轮副的啮合角 α'_E 根据 z_E 值由图 14-5-6 的线图选取可使 $x_A \approx 0.3$。
（3）若允许中心轮 A 有轻微根切，则可取其变位系数 $x_A = 0.20 \sim 0.25$。当齿数差 $z_E - z_A$ 为奇数和变位系数 $x_C = x_E = 0.27 \sim 0.32$ 时，可满足上述条件。此时 C-E 齿轮副的啮合角 $\alpha'_E = 20°$，为高度变位</td></tr>
</table>

注：1. 表中数值均指各传动型式中齿轮模数相同。

2. 对斜齿轮传动，表中 x 为法向变位系数 x_n，α' 为端面啮合角。

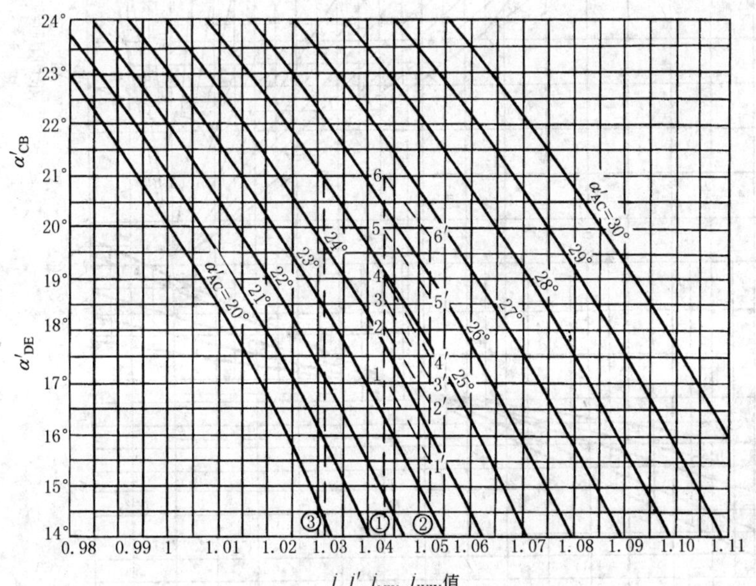

图 14-5-4 变位传动的端面啮合角

$j = \dfrac{z_B - z_C}{z_A + z_C}$（用于 NGW 型）；$j' = \dfrac{z_E - z_D}{z_A + z_C}$（连同 j 用于 NGWN 型）；

$j_{NW} = \dfrac{z_B - z_D}{z_A + z_C}$（用于 NW 型）；$j_{WW} = \dfrac{z_B + z_D}{z_A + z_C}$（用于 WW 型）

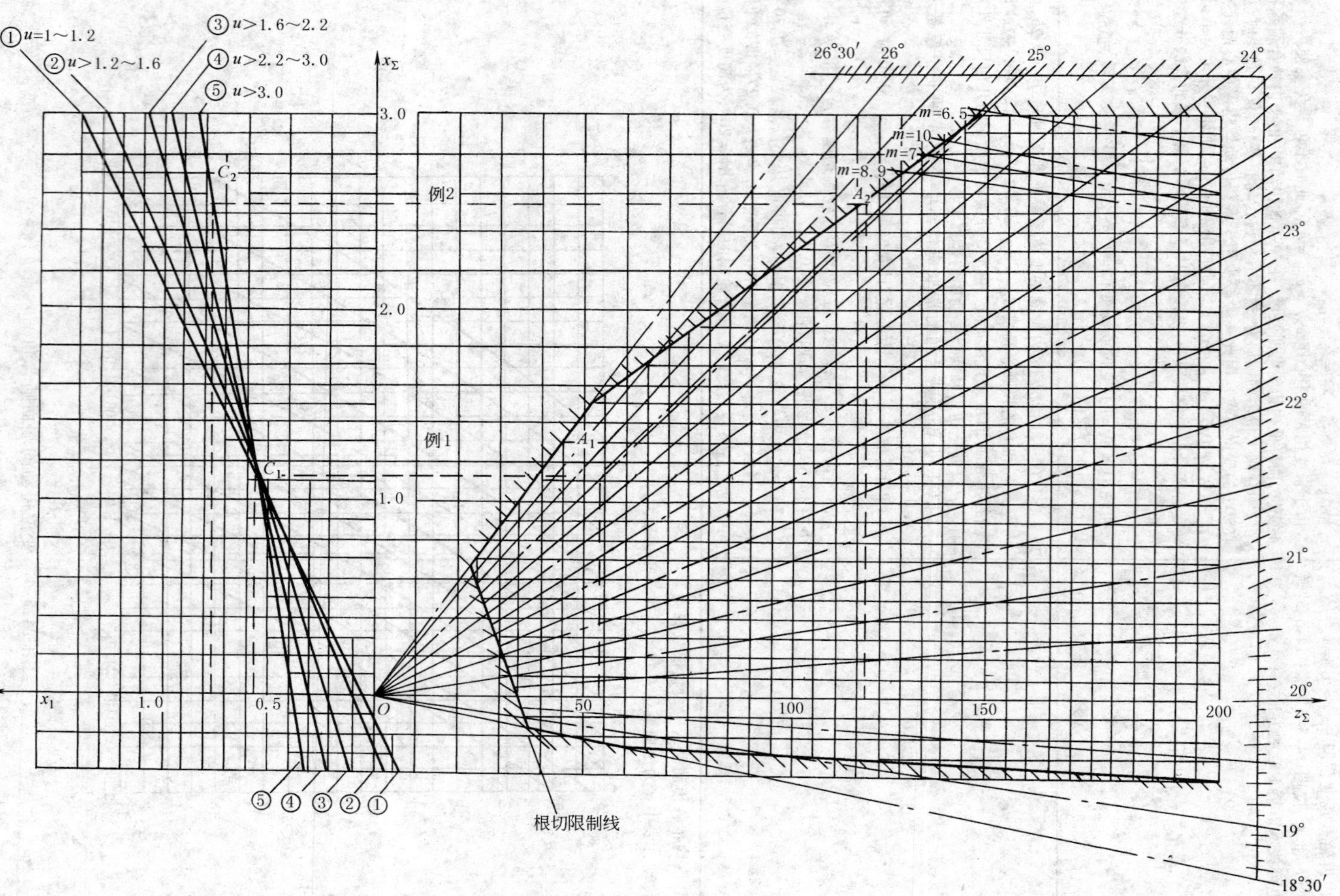

图 14-5-5 选择变位系数的线图（$\alpha=20°$，$h_a^*=1.0$，u 为齿数比，m 为模数）[4]

图 14-5-4 应用示例

例 1 求 $j=1.043$ 的 NGW 型行星齿轮传动的啮合角 α'_{AC}、α'_{CB}。

解 在横坐标上取 $j=1.043$ 之①点，由①点向上引垂线，可在此垂线上取无数点作为 α'_{AC}与 α'_{CB}的组合，如 1 点（$\alpha'_{AC}=23°30'$、$\alpha'_{CB}=17°$），…，6 点（$\alpha'_{AC}=26°30'$、$\alpha'_{CB}=21°$）。从中选取比较适用的啮合角组合，如 2 ~ 5 点之间各点。

例 2 求 $j=1.043$、$j'=1.052$ 的 NGWN 型行星齿轮传动的各啮合角组合。

解 先按 j 值及 j' 值由①点和②点分别做垂线，①点的垂线上，1，2，…，6 的对应点为②点垂线上的 1′，2′，…，6′。从而得啮合角组合，如 1—1′（$\alpha'_{AC}=23°30'$、$\alpha'_{CB}=17°$、$\alpha'_{DE}=15°20'$）…6—6′（$\alpha'_{AC}=26°30'$、$\alpha'_{CB}=21°$、$\alpha'_{DE}=19°45'$）等无数个啮合角组合，从中选取比较合适的啮合角组合，如可选 $\alpha'_{AC}=26°$、$\alpha'_{CB}=20°25'$、$\alpha'_{DE}=19°$的啮合角组合。

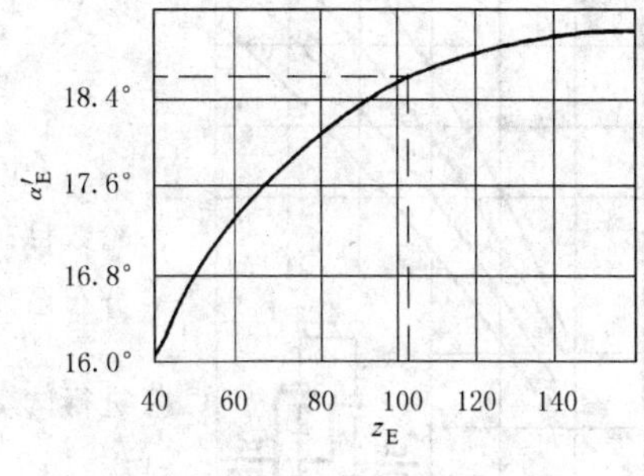

图 14-5-6 确定 NGWN（Ⅱ）型传动啮合角的线图[5]

例 3 求 $j_{NW}=1.031$ 的 NW 型行星齿轮传动的啮合角组合。

解 按 j_{NW}值在横坐标上找到③点，由③点向上做垂线，从垂线上无数点中选取比较合适的啮合角组合，如 $\alpha'_{AC}=24°15'$、$\alpha'_{DE}=20°$的一点。

图 14-5-5 应用示例

已知：一对齿轮，齿数 $z_1=21$，$z_2=33$，模数 $m=2.5$mm，中心距 $a'=70$mm。确定其变位系数。

解 1）根据确定的中心距 a'求啮合角 α'。

$$\cos\alpha'=\frac{m}{2a'}(z_1+z_2)\cos\alpha=\frac{2.5}{2\times70}\times(21+33)\cos20°=0.90613$$

因此，$\alpha'=\arccos0.90613=25°01'25''$

2）图 14-5-5 中，由 O 点按 $\alpha'=25°01'25''$作射线，与 $z_\Sigma=z_1+z_2=21+33=54$ 处向上引垂线，相交于 A_1 点，A_1 点纵坐标即为所求总变位系数 x_Σ（见图中例，$x_\Sigma=1.12$）。A_1 点在线图许用区内，故可用。

x_Σ 也可根据 α'按无侧隙啮合方程式 $x_\Sigma=\dfrac{(z_2\pm z_1)(\mathrm{inv}\alpha'-\mathrm{inv}\alpha)}{2\tan\alpha}$求得。

3）根据齿数比 $u=\dfrac{z_2}{z_1}=\dfrac{33}{21}=1.57$，故应按该图左侧的斜线 2 分配变位系数，即自 A_1 点作水平线与斜线 2 交于 C_1 点；C_1 点的横坐标 $x_1=0.55$，则 $x_2=x_\Sigma-x_1=1.12-0.55=0.57$。

4.4 齿形角 α

渐开线行星齿轮传动中，为便于采用标准刀具，通常采用齿形角 $\alpha=20°$的齿轮。而在 NGW 型行星齿轮传动中，因为在各轮之间由啮合所产生的径向力相互抵消或近似抵消，所以可以采用齿形角 $\alpha>20°$的齿轮，低速重载可用 $\alpha=25°$。增大齿形角不仅可以提高齿轮副的弯曲与接触强度，还可以增加径向力，有利于载荷在各行星轮之间的均匀分布。

4.5 多级行星齿轮传动的传动比分配

多级行星齿轮传动各级传动比的分配原则是获得各级传动的等强度和最小的外形尺寸。在两级 NGW 型行星齿轮传动中，欲得到最小的传动径向尺寸，可使低速级内齿轮分度圆直径 $d_{BⅡ}$ 与高速级内齿轮分度圆直径 $d_{BⅠ}$ 之比（$d_{BⅡ}/d_{BⅠ}$）接近于 1。通常使 $d_{BⅡ}/d_{BⅠ}=1\sim1.2$。

NGW 型两级行星齿轮传动的传动比可利用图 14-5-7 进行分配（图中 i_1 和 i 分别为高速级及总的传动比）先按下式计算数值 E，而后根据总传动比 i 和算出的 E 值查线图确定高速级传动比 $i_Ⅰ$ 后，低速级传动比 $i_Ⅱ$ 由式 $i_Ⅱ=i/i_Ⅰ$ 求得。

$$E=AB^3 \tag{14-5-10}$$

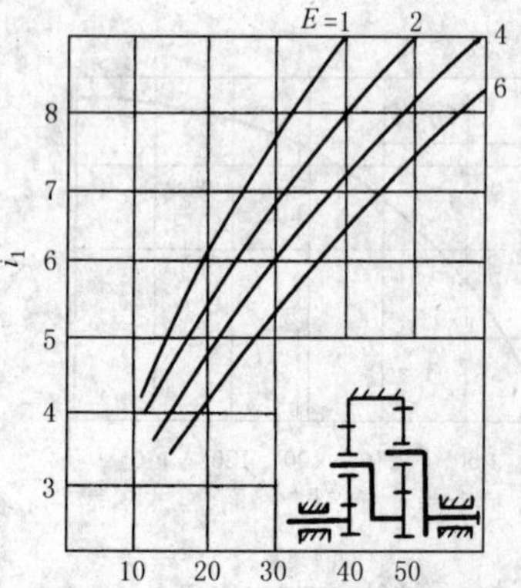

式中，$B=\dfrac{d_{\mathrm{B\,II}}}{d_{\mathrm{B\,I}}}$

$$A=\frac{C_{\mathrm{s\,II}}\,\psi_{\mathrm{d\,II}}\,K_{\mathrm{c\,I}}\,K_{\mathrm{VI}}\,K_{\mathrm{H\beta\,I}}\,Z_{\mathrm{N\,II}}^{2}\,Z_{\mathrm{W\,II}}^{2}\,\sigma_{\mathrm{Hlim\,II}}^{2}}{C_{\mathrm{s\,I}}\,\psi_{\mathrm{d\,I}}\,K_{\mathrm{c\,II}}\,K_{\mathrm{VII}}\,K_{\mathrm{H\beta\,II}}\,Z_{\mathrm{N\,I}}^{2}\,Z_{\mathrm{W\,I}}^{2}\,\sigma_{\mathrm{Hlim\,I}}^{2}}$$

式中和图中代号的角标Ⅰ和Ⅱ分别表示高速级和低速级；C_{s} 为行星轮数目；K_{c} 为载荷分布系数，按表 14-5-18 选取；$K_{\mathrm{H\beta}}$为接触强度的载荷分布系数，其他代号见本篇第 1 章。K_{V}、$K_{\mathrm{H\beta}}$及 Z_{N}^{2} 的比值，可用类比法进行试凑，或取三项比值的乘积$\left(\dfrac{K_{\mathrm{V\,I}}\,K_{\mathrm{H\beta\,I}}\,Z_{\mathrm{N\,II}}^{2}}{K_{\mathrm{V\,II}}\,K_{\mathrm{H\beta\,II}}\,Z_{\mathrm{N\,I}}^{2}}\right)$等于 1.8 ~ 2。齿面工作硬化系数 Z_{W} 按第 1 章方法确定，一般可取$Z_{\mathrm{W}}=1$。如果全部采用硬度 > 350HB 的齿轮时，可取$\dfrac{Z_{\mathrm{W\,II}}^{2}}{Z_{\mathrm{W\,I}}^{2}}=1$。最后算得之 E 值如果大于6，则取$E=6$。

图 14-5-7　两级 NGW 型传动比分配

5　行星齿轮传动齿轮强度计算

5.1　受力分析

行星齿轮传动的主要受力构件有中心轮，行星轮、行星架、行星轮轴及轴承等。为进行轴及轴承的强度计算，需分析行星齿轮传动中各构件的载荷情况。在进行受力分析时，假定各套行星轮载荷均匀，这样仅分析一套即可，其他类同。各构件在输入转矩作用下都处于平衡状态，构件间的作用力等于反作用力。图 14-5-8 ~ 图 14-5-10分别为 NGW、NW、NGWN 型直齿或人字齿轮行星传动的受力分析图。表 14-5-14 ~ 表 14-5-16 分别为与之对应的各元件受力计算公式。

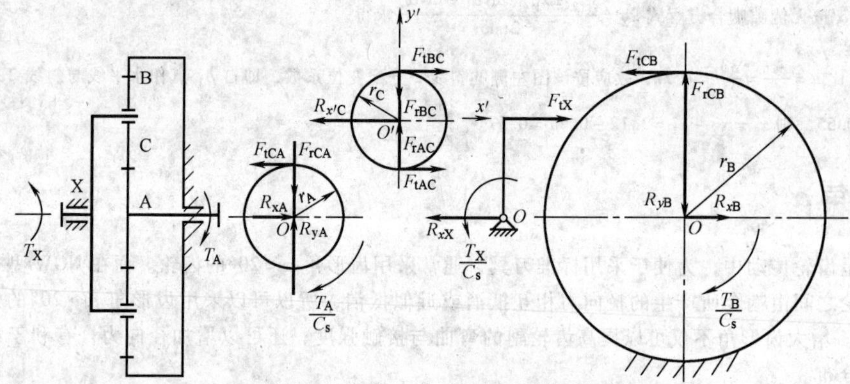

图 14-5-8　NGW 型行星齿轮传动受力分析

表 14-5-14　NGW 型各元件受力计算公式

项　目	太阳轮 A	行星轮 C	行星架 X	内齿轮 B
切向力	$F_{\mathrm{tCA}}=\dfrac{1000T_{\mathrm{A}}}{C_{\mathrm{s}}r_{\mathrm{A}}}$	$F_{\mathrm{tAC}}=F_{\mathrm{tCA}}\approx F_{\mathrm{tBC}}$	$F_{\mathrm{tX}}=R_{x'\mathrm{C}}\approx 2F_{\mathrm{tAC}}$	$F_{\mathrm{tCB}}=F_{\mathrm{tBC}}\approx F_{\mathrm{tCA}}$
径向力	$F_{\mathrm{rCA}}=F_{\mathrm{tCA}}\dfrac{\tan\alpha_{\mathrm{n}}}{\cos\beta}$	$F_{\mathrm{rAC}}=F_{\mathrm{tCA}}\dfrac{\tan\alpha_{\mathrm{n}}}{\cos\beta}\approx F_{\mathrm{rBC}}$	$R_{y'\mathrm{X}}\approx 0$	$F_{\mathrm{rCB}}=F_{\mathrm{rBC}}$
单个行星轮，作用在轴上或行星轮轴上的力	$R_{x\mathrm{A}}=F_{\mathrm{rCA}}$ $R_{y\mathrm{A}}=F_{\mathrm{rCA}}$	$R_{x'\mathrm{C}}\approx 2F_{\mathrm{tAC}}$ $R_{y'\mathrm{C}}\approx 0$	$R_{x\mathrm{X}}=F_{\mathrm{tX}}\approx 2F_{\mathrm{tAC}}$ $R_{y\mathrm{X}}\approx 0$	$R_{x\mathrm{B}}=F_{\mathrm{tCB}}$ $R_{y\mathrm{B}}=F_{\mathrm{rCB}}$

续表

项　　目	太阳轮 A	行星轮 C	行星架 X	内齿轮 B
各行星轮作用在轴上的总力及转矩	$\sum R_{xA}=0$ $\sum R_{yA}=0$ $T_A=\dfrac{F_{tCA}r_A C_s}{1000}$	$\sum R_{xC}=0$ $\sum R_{yC}=0$ 对行星轮轴（O'轴）的转矩 $T_{O'}=0$	$\sum R_{xX}=0$ $\sum R_{yX}=0$ $T_X=-T_A i_{AX}^{B}$	$\sum R_{xB}=0$ $\sum R_{yB}=0$ $T_B=T_A\dfrac{z_B}{z_A}$

注：1. 表中公式适用于行星轮数目 $C_s\geqslant 2$ 的直齿或人字齿轮行星传动。对 $C_s=1$ 的传动，则 $\sum R_{xA}=R_{xA}$，$\sum R_{yA}=R_{yA}$，$\sum R_{xC}=R_{xC}$，$\sum R_{xX}=R_{xX}$，$\sum R_{xB}=R_{xB}$，$\sum R_{yB}=R_{yB}$。

2. 式中 α_n 为法向压力角，β 为分度圆上的螺旋角，r_A 为太阳轮分度圆半径。

3. 转矩单位为 N · m；长度单位为 mm；力的单位为 N。

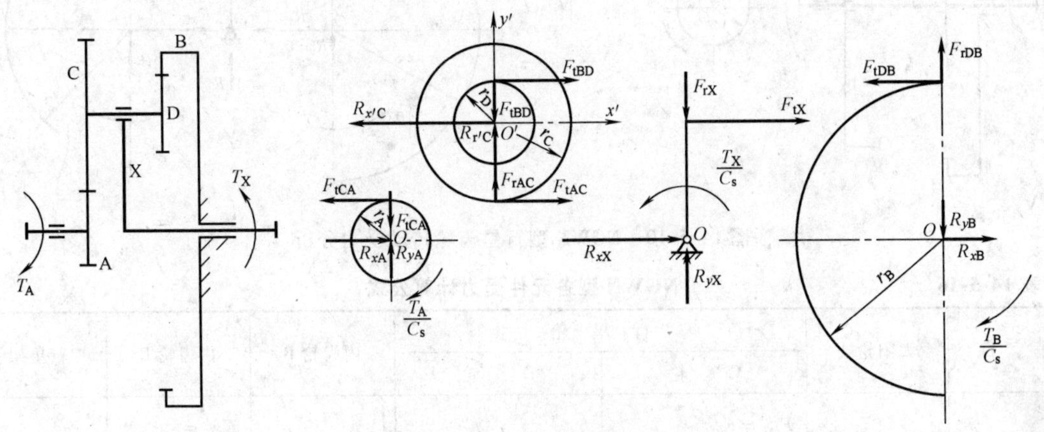

图 14-5-9　NW 型行星齿轮传动受力分析

表 14-5-15　　NW 型各元件受力计算公式

项　　目	太阳轮 A	行星轮 C	行星轮 D	行星架 X	内齿轮 B
切向力	$F_{tCA}=\dfrac{1000T_A}{C_s r_A}$	$F_{tAC}=F_{tCA}$	$F_{tBD}=F_{tCA}\dfrac{z_C}{z_D}$	$F_{tX}=R_{x'C}=$ $F_{tAC}+F_{tBD}$	$F_{tDB}=F_{tBD}$
径向力	$F_{rCA}=F_{tCA}\dfrac{\tan\alpha_n}{\cos\beta}$	$F_{rAC}=F_{rCA}$	$F_{rBD}=F_{tBD}\dfrac{\tan\alpha_n}{\cos\beta}$	$F_{rX}=R_{y'C}=$ $F_{rBD}-F_{rAC}$	$F_{rDB}=F_{rBD}$
单个行星轮作用在轴上或行星轮轴上的力	$R_{xA}=F_{tCA}$ $R_{yA}=F_{tCA}$	对行星轮轴： x'轴向 A　$R_{x'A}$　F_{tAC}　F_{tBD}　$R_{x'B}$　B y'轴向 A　$R_{y'A}$　F_{rAC}　F_{rBD}　$R_{y'B}$　D		$R_{xX}=F_{tX}$ $R_{yX}=F_{tX}$	$R_{xB}=F_{tDB}$ $R_{yB}=F_{rDB}$
各行星轮作用在轴上的总力及转矩	$\sum R_x=0$ $\sum R_y=0$ $T_A=\dfrac{F_{tCA}r_A C_s}{1000}$	$\sum R_{xCD}=0$ $\sum R_{yCD}=0$ 对 O'轴转矩：$T_{O'}=0$		$\sum R_{xX}=0$ $\sum R_{yX}=0$ $T_X=-Ti_{AX}^{B}$	$\sum R_{xB}=0$ $\sum R_{yB}=0$ $T_B=T_A(i_{AX}^{B}-1)$

注：1. 表中公式适用于行星轮数目 $C_s\geqslant 2$ 的直齿或人字齿轮行星传动。

2. 式中 α_n 为法向压力角，β 为分度圆上的螺旋角，r_A 为太阳轮分度圆半径。

3. 转矩单位为 N · m；长度单位为 mm；力的单位为 N。

当计算行星轮轴承时，轴承受载情况在中低速的条件下可按表中公式计算。而在高速时，还要考虑行星轮在公转时产生的离心力 F_{rc}，它作为径向力作用在轴承上。

$$F_{rc}=Ga\left(\frac{\pi n_X}{30}\right)^2 \quad (\mathrm{N}) \tag{14-5-11}$$

式中 G——行星轮质量，kg；

n_X——行星架转速，r/min；

a——齿轮传动的中心距，m。

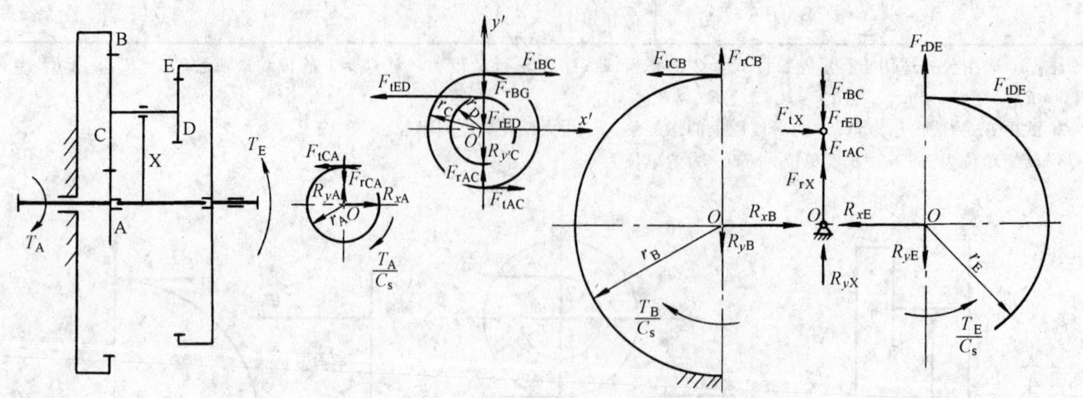

图 14-5-10　NGWN 型行星齿轮传动受力分析

表 14-5-16　　NGWN 型各元件受力计算公式

项　目	太阳轮 A	行星轮		内齿轮 B	内齿轮 E	行星架 X
		C　轮	D　轮			
切向力	$F_{tCA}=\frac{1000T_A}{r_A C_s}$	$F_{tAC}=F_{tCA}$ $F_{tBC}=F_{tED}\mp F_{tAC}$ $=F_{tDE}\mp F_{tCA}$	$F_{tED}=F_{tBC}\pm F_{tAC}$	$F_{tCB}=F_{tBC}$	$F_{tDE}=\frac{1000T_A i_{AE}^B}{r_E C_s}$	$F_{tX}=0$
径向力	$F_{rCA}=F_{tCA}\frac{\tan\alpha_n}{\cos\beta}$	$F_{rAC}=F_{rCA}F_{rBC}$ $=F_{tBC}\frac{\tan\alpha_n}{\cos\beta}$	$F_{rED}=F_{tED}\frac{\tan\alpha_n}{\cos\beta}$	$F_{rCB}=F_{tCB}\frac{\tan\alpha_n}{\cos\beta}$	$F_{rDE}=F_{tDE}\frac{\tan\alpha_n}{\cos\beta}$	$F_{rX}=F_{tBC}+F_{rED}-F_{rAC}$
单个行星轮作用在轴上或行星轮轴上的力	$R_{xA}=F_{tCA}$ $R_{yA}=F_{rCA}$	$F_{tBC}\pm F_{tA}$　$R_{x'B}$ x'轴向 A　B $R_{x'A}$　F_{tED} $R_{y'B}$　$R_{y'A}$ y'轴向 A　B $F_{rBC}-F_{rAC}$　F_{rED}		$R_{xB}=F_{tCB}$ $R_{yB}=F_{rCB}$	$R_{xE}=F_{tDE}$ $R_{yE}=F_{rDE}$	$R_{xX}=0$ $R_{yX}=F_{rX}$
各行星轮作用在轴上的总力及转矩	$\sum R_{xA}=0$ $\sum R_{yA}=0$ $T_A=\frac{F_{tCA}r_A C_s}{1000}$	$\sum R_{xCD}=0$ $\sum R_{yCD}=0$ 对行星轮轴（O'轴）转矩 $T_{O'}=0$		$\sum R_{xB}=0$ $\sum R_{yB}=0$ $T_B=T_A(i_{AE}^B-1)$	$\sum R_{xE}=0$ $\sum R_{yE}=0$ $T_E=-T_A i_{AE}^B$	$\sum R_{xX}=0$ $\sum R_{yX}=0$ $T_X=0$

注：1. 表中公式适用于 A 轮输入、B 轮固定、E 轮输出、行星轮数目 $C_s\geqslant2$ 的直齿或人字齿轮行星传动。NGWN（Ⅱ）型传动为行星轮齿数 $Z_C=Z_D$ 时的一种特殊情况。

2. 式中 α_n 为法向压力角，β 为分度圆上的螺旋角，各公式未计入效率的影响。

3. i_{AE}^B 应带正负号。当 $i_{AE}^B<0$ 时，n_A 与 n_E 转向相反，F_{tED}、F_{tBC}、F_{tCB}、F_{tDE} 方向与图示方向相反。式中“±”、“∓”符号，上面用于 $i_{AE}^B>0$，下面用于 $i_{AE}^B<0$。

4. 转矩单位为 N·m；长度单位为 mm；力的单位为 N。

5.2 行星齿轮传动强度计算的特点

每一种行星齿轮传动皆可分解为相互啮合的几对齿轮副，因此其齿轮强度计算可以采用本篇第 1 章计算公式。但需要考虑行星传动的结构特点（多行星轮）和运动特点（行星轮既自转又公转等）。在一般条件下，NGW 型行星齿轮传动的承载能力主要取决于外啮合，因而首先要计算外啮合的齿轮强度。NGWN 型传动往往取各齿轮模数相同，承载能力一般取决于低速级齿轮。通常由于这种传动要求有较大的传动比和较小的径向尺寸，而常常选择齿数较多，模数较小的齿轮。在这种情况下，应先进行弯曲强度计算。

5.3 小齿轮转矩 T_1 及切向力 F_t

小齿轮转矩 T_1 及切向力 F_t 按表 14-5-17 所列公式计算。

表 14-5-17

传动型式	转矩 T_1						切向力 F_t/N
	A-C 传动		C-B 传动	D-B 传动		D-E 传动	
	$z_A \leqslant z_C$	$z_A > z_C$		$z_D \leqslant z_B$	$z_D > z_B$		
NGW NW WW	$\dfrac{T_A}{C_s}K_c$	$\dfrac{T_A}{C_s}K_c\dfrac{z_C}{z_A}$			$\dfrac{T_A}{C_s}K_c\dfrac{z_C z_B}{z_A z_D}$	—	$F_t=\dfrac{2000T_1}{d_1}$
NGWN	$\dfrac{T_A}{C_s}K_c$	$\dfrac{T_A}{C_s}K_c\dfrac{z_C}{z_A}$	$\dfrac{T_A(i_{AE}^B\eta_{AE}^B-1)}{C_s}K_c\dfrac{z_C}{z_B}$	—		$\dfrac{T_A i_{AE}^B\eta_{AE}^B}{C_s}K_c\dfrac{z_D}{z_E}$	

注：1. T_1 是各传动中小齿轮所传递的转矩，N · m；d_1 是各传动中小齿轮的分度圆直径，mm；T_A 是 A 轮的转矩，N · m；效率 η_{AE}^B 见表 14-5-2；载荷不均匀系数 K_c 见表 14-5-18 或表 14-5-19。

2. 表中各传动型式的传动简图见表 14-5-1。

5.4 行星齿轮传动载荷不均匀系数

各类行星齿轮传动的载荷不均匀系数要根据其传动型式和有无浮动构件的情况，分别按表 14-5-18 或表 14-5-19 确定。

表 14-5-18　　NGW、NW、WW 型行星齿轮传动载荷不均匀系数 K_c

传动情况	Ⅰ			Ⅱ		Ⅲ		
	传动中无浮动构件			传动中有一个或两个基本构件浮动		杠杆连动均载机构		
	普通齿轮	内齿轮制成柔性结构，且不压装在箱体内	一年内轮齿减薄超过 30μm	齿轮精度为 6 级或高于 6 级或齿轮转速低于 300r/min	齿轮精度低于 6 级或齿轮转速超过 300r/min	两行星轮连动机构	三行星轮连动机构	四行星轮连动机构
K_{cH}	图 14-5-11a、c	$1+(K_{cH图}-1)0.5$	1	1	1.1	1.05～1.1	1.1～1.15	1.1～1.15
K_{cF}	图 14-5-11b、d	$1+(K_{cF图}-1)0.7$	1	1	1.15	1.05～1.1	1.1～1.15	1.1～1.15

注：1. 传动情况Ⅰ及Ⅱ适用于行星轮数 $C_s=3$ 的传动；传动情况Ⅰ也适用于 $C_s=2$ 的传动。

2. K_{cH} 用于接触强度计算，K_{cF} 用于弯曲强度计算。

3. $K_{cH图}$ 及 $K_{cF图}$ 为由图 14-5-11 中查得的 K_{cH} 及 K_{cF} 值。

4. 所有查得的 K_c 值大于 2 时，取 $K_c=2$。

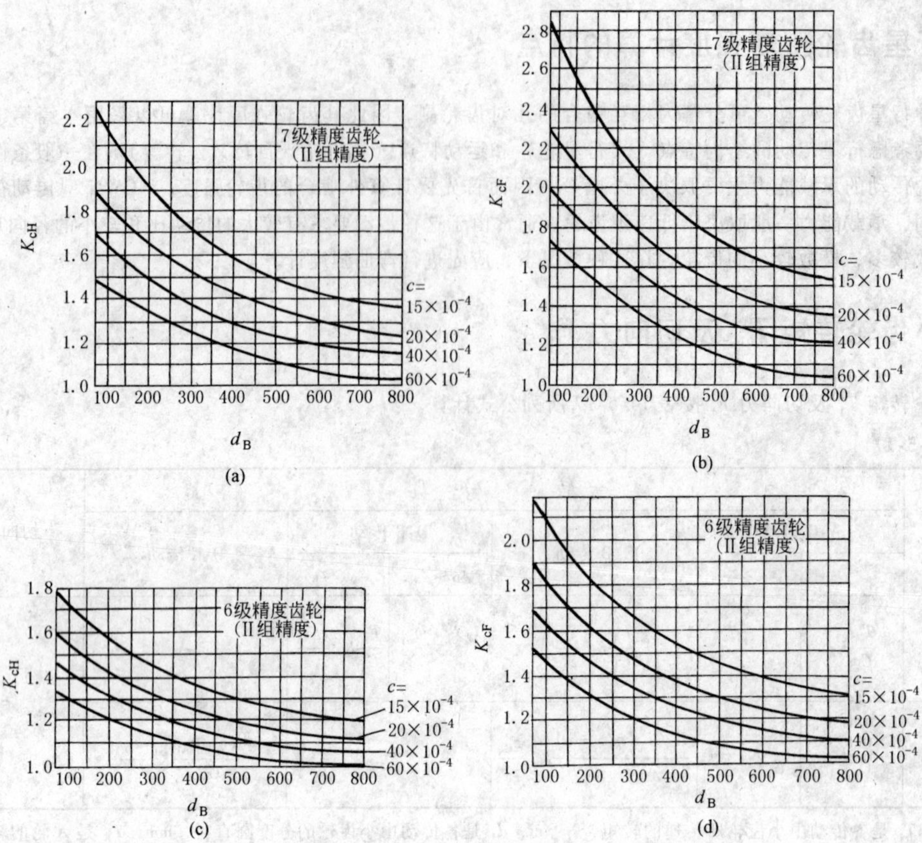

(a)

(b)

(c)

(d)

图 14-5-11　载荷不均匀系数 K_c

d_B—内齿轮分度圆直径，mm；$c=\dfrac{2T_A}{\psi_d d_A^3}\left(1+\dfrac{z_A}{z_C}\right)$（N/mm²）

（式中 d_A—太阳轮分度圆直径，mm；T_A—太阳轮转矩，N·mm，

$\psi_d=\dfrac{b}{d}$—齿宽系数；z_A 和 z_C—太阳轮和行星轮齿数）

表 14-5-19　　**$C_s=3$ 的 NGWN 型行星齿轮传动载荷不均匀系数 K_c**

传动情况	两个基本构件浮动	E 轮浮动		B 轮浮动	
		$d_A>d_C$	$d_A<d_C$	$d_D>d_C$	$d_D<d_C$
K_{cHA}	1	$1+(K_{cFA}-1)\dfrac{2}{3}$			
K_{cFA}	1	2~2.5（齿轮为 6 级精度时取低值，8 级精度时取高值，7 级精度时取平均值）			
K_{cHB}	1	$1+0.5(K_{cHA}-1)\dfrac{z_B}{z_A\lvert i_{AB}^E\rvert}$	$1+(K_{cHA}-1)\dfrac{z_B}{z_A\lvert i_{AB}^E\rvert}$	1	
K_{cFB}		$1+0.5(K_{cFA}-1)\dfrac{z_B}{z_A\lvert i_{AB}^E\rvert}$	$1+(K_{cFA}-1)\dfrac{z_B}{z_A\lvert i_{AB}^E\rvert}$		
K_{cHE}	1	1		$1+(K_{cHA}-1)\dfrac{z_E z_C}{z_A z_D\lvert i_{AE}^B\rvert}$	$1+0.5(K_{cHA}-1)\dfrac{z_E z_C}{z_A z_D\lvert i_{AE}^B\rvert}$
K_{cFE}				$1+(K_{cFA}-1)\dfrac{z_E z_C}{z_A z_D\lvert i_{AE}^B\rvert}$	$1+0.5(K_{cFA}-1)\dfrac{z_E z_C}{z_A z_D\lvert i_{AE}^B\rvert}$

注：1. 除 K_{cFA} 外，若求得 K_c 值大于 2，则取 $K_c=2$。

2. K_{cH} 用于接触强度计算，K_{cF} 用于弯曲强度计算。K_{cH} 和 K_{cF} 由图 14-5-11 查取。角标 A、B、E 分别代表 A、B、E 轮。

5.5 应力循环次数

应力循环次数应根据齿轮相对于行星架的转速确定。当载荷恒定时，应力循环次数按表 14-5-20 确定。

表 14-5-20　　应力循环次数 N

项　目	计 算 公 式	说　明
太阳轮 A	$N_A=60(n_A-n_X)C_st$	t 为齿轮同侧齿面总工作时间(h)，n_A、n_B、n_E、n_C、n_X 分别代表太阳轮 A，内齿轮 B、E、行星轮 C 和行星架 X 的转速(r/min)
内齿轮 B	$N_B=60(n_B-n_X)C_st$	
内齿轮 E	$N_E=60(n_E-n_X)C_st$	
行星轮 C、D	$N_C=N_D=60(n_C-n_X)t$	

注：1. 单向或双向回转的 NGW 及 NGWN 型传动，计算齿面接触强度时，$N_C=30(n_C-n_X)\left[1+\left(\frac{z_A}{z_B}\right)^3\right]t$。

2. 对于承受交变载荷的行星传动，应将 N_A、N_B、N_C 及 N_E 各式中的 t 用 $0.5t$ 代替（但 NGW 型及 NGWN 型的 N_C 计算式中的 t 不变）。

5.6 动载系数 K_V 和速度系数 Z_V

动载系数 K_V 和速度系数 Z_V 按齿轮相对于行星架 X 的圆周速度 $v^X=\frac{\pi d_1'(n_1-n_X)}{60\times1000}$ (m/s)，查图 14-1-74（或按表 14-1-80、表 14-1-74 计算）和图 14-1-88（或按表 14-1-97、表 14-1-98 计算）求出。式中，d_1' 为小齿轮的节圆直径，mm；n_1 为小齿轮的转速，r/min；n_X 为行星架的转速，r/min。

5.7 齿向载荷分布系数 $K_{H\beta}$、$K_{F\beta}$

对于一般的行星齿轮传动，齿轮强度计算中的齿向载荷分布系数 $K_{H\beta}$、$K_{F\beta}$ 可用本篇第 1 章的方法确定；对于重要的行星齿轮传动，应考虑行星传动的特点，用下述方法确定。

计算弯曲强度时：
$$K_{F\beta}=1+(\theta_b-1)\mu_F \tag{14-5-12}$$
计算接触强度时：
$$K_{H\beta}=1+(\theta_b-1)\mu_H \tag{14-5-13}$$

式中　μ_F，μ_H——齿轮相对于行星架的圆周速度 v^X 及大齿轮齿面硬度 HB_2 对 $K_{F\beta}$ 及 $K_{H\beta}$ 的影响系数（图 14-5-12）；

θ_b——齿宽和行星轮数目对 $K_{F\beta}$ 和 $K_{H\beta}$ 的影响系数。对于圆柱直齿或人字齿轮行星传动，如果行星架刚性好，行星轮对称布置或者行星轮采用调位轴承，因而使太阳轮和行星轮的轴线偏斜可以忽略不计时，θ_b 值由图 14-5-13 查取。

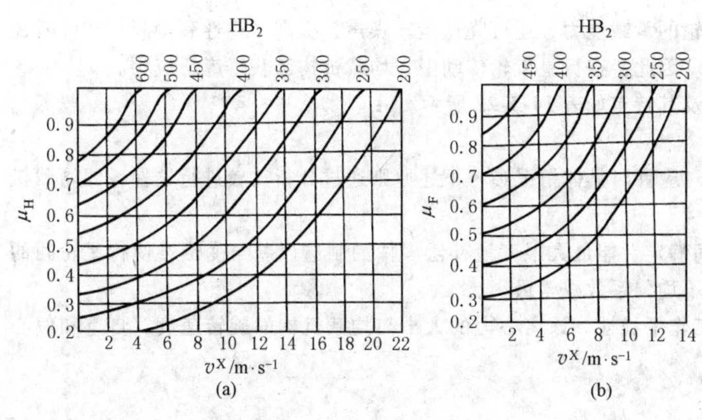

图 14-5-12　确定 μ_H 及 μ_F 线图

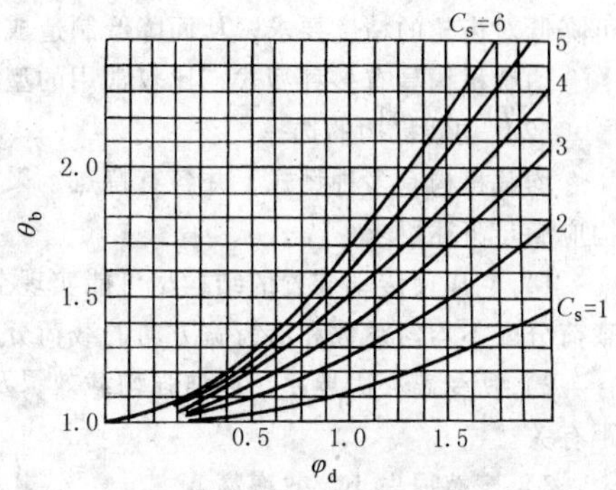

图 14-5-13　确定 θ_b 的线图

如果 NGW 型和 NW 型行星齿轮传动的内齿轮宽度与行星轮分度圆直径的比值小于或等于 1 时，可取 $K_{F\beta}=K_{H\beta}=1$。

5.8　疲劳极限值σ_{Hlim}和σ_{Flim}的选取

试验齿轮的接触疲劳极限值 σ_{Hlim}和弯曲疲劳极限值 σ_{Flim}按第 1 章的有关框图选取。但试验结果和工业应用情况表明，内啮合传动的接触强度往往低于计算结果，因此，在进行内啮合传动的接触强度计算时，应将选取的 σ_{Hlim}值适当降低。建议当内齿轮齿数 z_B 与行星轮齿数 z_C 之间的关系为 $2\leqslant\frac{z_B}{z_C}\leqslant 4$ 时，降低 8%；$z_B<2z_C$ 时，降低 16%；$z_B>4z_C$ 时，可以不降低。

对于 NGW 型传动，工作中无论是否双向运转，其行星轮齿根均承受交变载荷，故弯曲强度应按对称循环考虑。对于单向运转的传动，应将选取的 σ_{Flim}值乘以 0.7；对于双向运转的传动，应乘以 0.7~0.9。

5.9　最小安全系数 S_{min}

行星齿轮传动齿轮强度计算的最小安全系数 S_{Hmin}和 S_{Fmin}可按表 14-5-21 选取。

表 14-5-21　　最小安全系数 S_{Hmin}和 S_{Fmin}

可靠性要求	计算接触强度时的最小安全系数 S_{Hmin}	计算弯曲强度时的最小安全系数 S_{Fmin}
一般可靠度的行星传动	1.12	1.25
较高可靠度的行星传动	1.25	1.6

6　结构设计与计算

第 14 篇

6.1　均载机构

（1）均载机构的类型和特点

行星齿轮传动通常采用几个行星轮分担载荷，因而使其具有体积和质量小、承载能力高等突出优点。

为了充分发挥行星齿轮传动的上述优点，通常采用均载机构来补偿不可避免的制造误差，以均衡各行星轮传递的载荷。

采用均载机构不仅可以均衡载荷，提高齿轮的承载能力，还可降低运转噪声，提高平稳性和可靠性，同时还可降低对齿轮的精度要求，从而降低制造成本。因此，在行星齿轮传动中，均载机构已获得广泛应用。

均载机构具有多种型式，比较常用的型式及其特点如表 14-5-22 所示。

（2）均载机构的选择

均载机构有多种型式，并各有特点，采用时应针对具体情况参考下述原则通过分析比较进行选择，即均载机构应满足下述要求。

1）它应使传动装置的结构尽可能实现空间静定，能最大限度地补偿零件的制造误差与变形，使行星轮间的载荷分配不均匀系数和沿齿宽方向的载荷分布不均匀系数减至最小。

2）所受离心力要小，以增强均载效果及工作平稳性。该离心力的大小与均载机构的旋转速度、自重和偏心距有关。

3）摩擦损失小，效率高。

4）均载构件受力要大，受力大则补偿动作灵敏，效果好。

表 14-5-22　　均载机构的型式与特点

型式		简图	载荷不均匀系数 K_c	特点
基本构件浮动的均载机构	原理	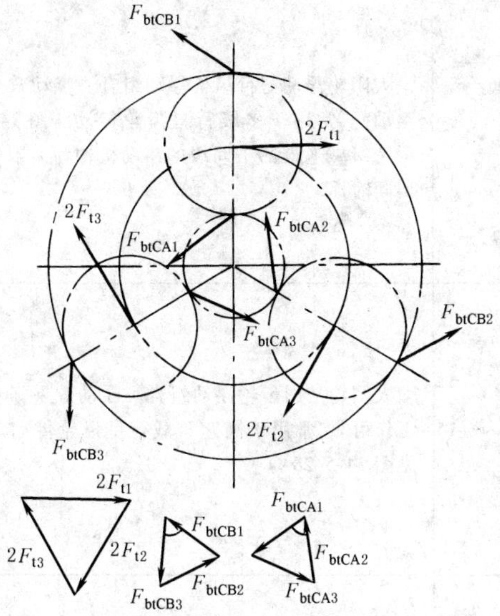 F_{btCB1}　$2F_{t1}$　$2F_{t3}$　F_{btCA1}　F_{btCA2}　F_{btCB2}　F_{btCA3}　F_{btCB3}　$2F_{t2}$　$2F_{t1}$　$2F_{t3}$　$2F_{t2}$　F_{btCB1}　F_{btCB3}　F_{btCB2}　F_{btCA1}　F_{btCA2}　F_{btCA3}		主要适用于三个行星轮的行星齿轮传动。其基本构件(太阳轮、内齿轮或行星架)没有固定的径向支承,在受力不平衡的条件下,可以径向游动(又称浮动),以使各行星轮均匀分担载荷 均载机构工作原理如左图所示。由于基本构件的浮动,使三个基本构件上所承受的三种力 $2F_t$、F_{btCA}、F_{btCB} 各自形成力的封闭等边三角形(即形成三角形的各力相等),而达到均载的目的。由于零件必定存在制造误差,其力封闭图形实际上只是近似的等边三角形,为此引入了考虑实际情况的载荷不均匀系数 K_c。基本构件浮动的最常用方法是采用双联齿轮联轴器。一般有一个基本构件浮动,即可起到均载作用,采用二个基本构件浮动时,效果更好
	太阳轮浮动	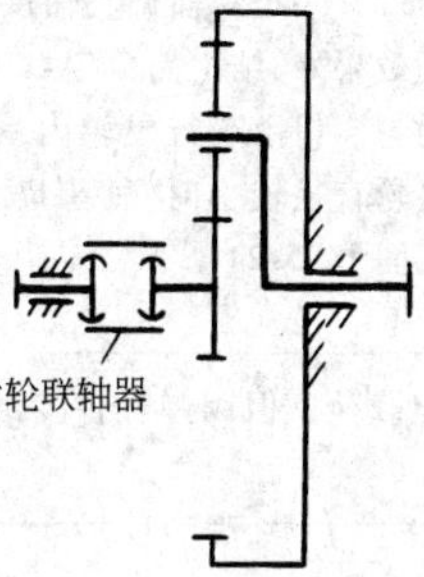 齿轮联轴器	1.1~1.15	太阳轮通过双联齿轮联轴器与高速轴连接。太阳轮重量小,惯性小,浮动灵敏,机构简单,容易制造,通用性强,广泛用于中低速工作情况。其结构见图 14-5-22 和图 14-5-23
	内齿轮浮动	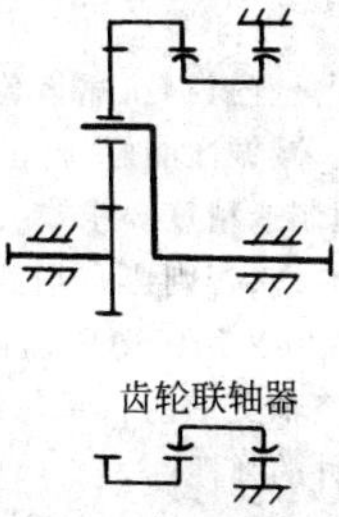 齿轮联轴器	1.1~1.2	内齿轮通过双联齿轮联轴器与机体相连接。轴向尺寸较小,但由于浮动件尺寸大,重量大,加工不方便,浮动灵敏性差。由于结构关系,NGWN 型行星齿轮传动较常用,其结构见图 14-5-28 内齿轮部分
	行星架浮动	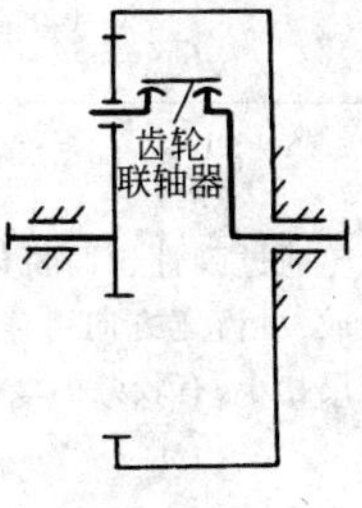 齿轮联轴器	1.15~1.2	行星架通过双联齿轮联轴器与低速轴相连接,其结构见图 14-5-26。NGW 型传动中,由于行星架受力较大(二倍圆周力),有利于浮动。行星架浮动不要支承,可简化结构,尤其利于多级行星齿轮传动(图 14-5-31)。但由于行星架自重大,速度高会产生较大离心力,影响浮动效果,所以常用于速度不高的场合

续表

型式		简图	载荷不均匀系数 K_c	特点
基本构件浮动的均载机构	太阳轮与行星架同时浮动	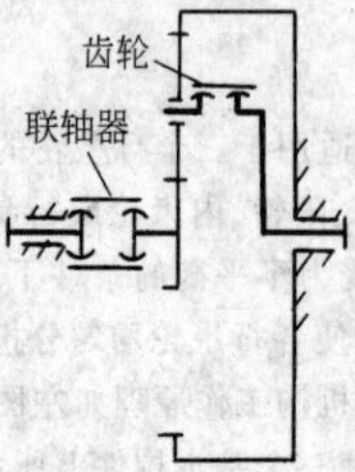 齿轮 联轴器	1.05～1.2	太阳轮浮动与行星架浮动组合。浮动效果比单独浮动好，常用于多级行星齿轮传动。图 14-5-36 所示三级减速器的中间级的浮动机构为太阳轮与行星架同时浮动
	太阳轮和内齿轮同时浮动	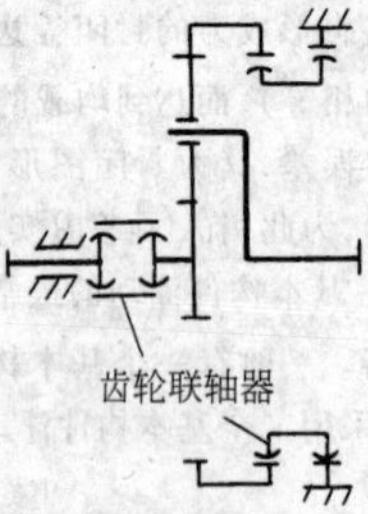 齿轮联轴器	1.05～1.15	太阳轮与内齿轮浮动组合。浮动效果好，噪声小，工作可靠，常用于高速重载行星齿轮传动。其结构见图 14-5-28
	无多余约束浮动	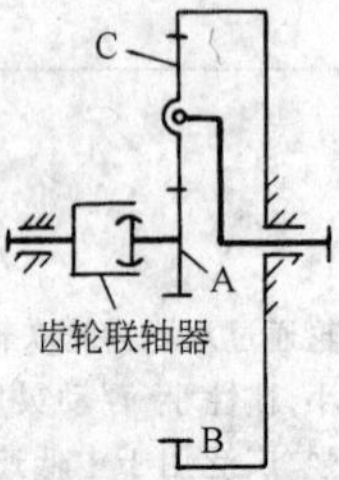 C A 齿轮联轴器 B		太阳轮利用单联齿轮联轴器进行浮动，而在行星轮中设置一个球面调心轴承，使机构中无多余约束。浮动效果好，结构简单，A-C 传动沿齿向载荷分布比较均匀。但由于行星轮内只能装设一个轴承，所以行星轮直径较小时，轴承尺寸较小，寿命较短，其结构见图 14-5-24
弹性件均载机构	原理	利用弹性元件的弹性变形补偿制造、安装误差，使各行星轮均匀分担载荷。但因弹性件变形程度不同，从而影响载荷均匀分配。载荷不均匀系数与弹性元件的刚度、制造误差成正比		
	齿轮本身的弹性变形	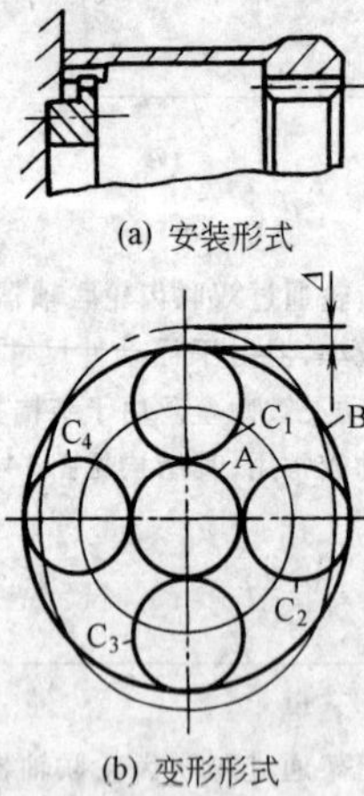 (a) 安装形式 C_1 B C_4 A C_2 C_3 (b) 变形形式		采用薄壁内齿轮，靠齿轮薄壁的弹性变形达到均载目的。减振性能好，行星轮数目可大于 3，零件数量少，但制造精度要求高，悬臂的长度、壁厚和柔性要设计合理，否则影响均载效果，使齿向载荷集中。图 14-5-40 采用了薄壁内齿轮、细长柔性轴的太阳轮和中空轴支承的行星轮结构，以尽可能地增加各基本构件的弹性
弹性件均载机构	弹性销法	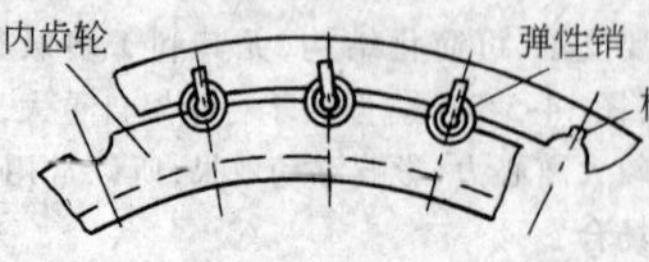 内齿轮 弹性销 机体		内齿轮通过弹性销与机体固定，弹性销由多层弹簧圈组成，沿齿宽方向可连装几段弹性销。这种结构径向尺寸小，有较好的缓冲减振性能

续表

型式		简图	载荷不均匀系数 K_c	特点
弹性件均载机构	弹性件支承行星轮	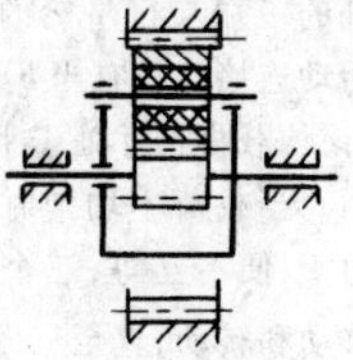 (a) 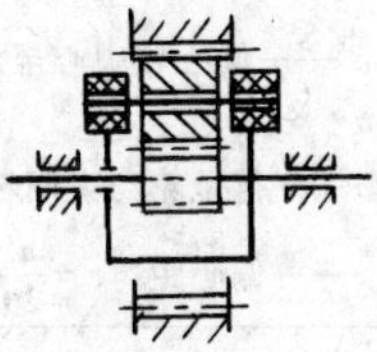 (b)		在行星轮孔与行星轮轴之间(图 a)或行星轮轴与行星架之间(图 b)安装非金属(如尼龙类)的弹性衬套。结构简单、缓冲性能好,行星轮数可大于 3。但非金属弹性衬套有老化和热膨胀等缺点,不能承受较大离心力
	柔性轴支承行星轮	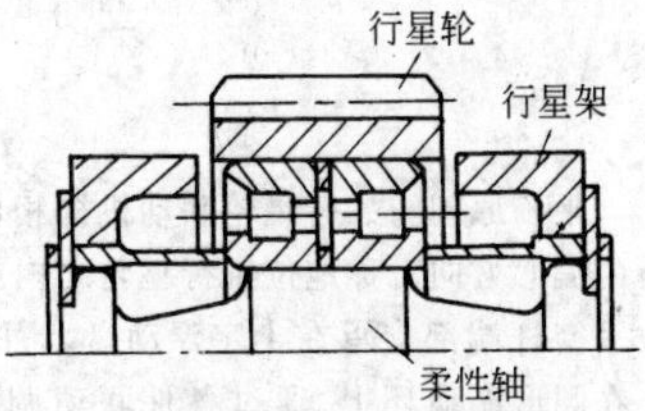 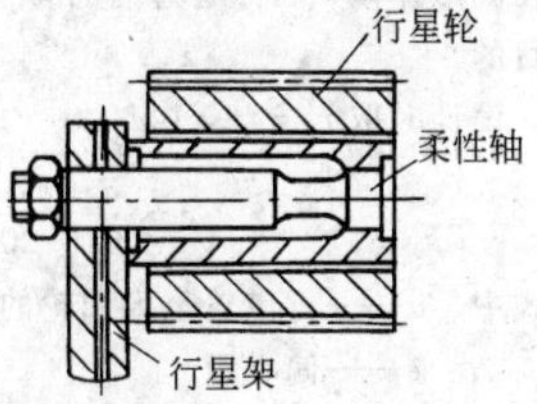 行星轮 行星架 柔性轴 行星轮 柔性轴 行星架		利用行星轮轴较大的变形来调节各行星轮之间的载荷分布,克服了非金属弹性元件存在的缺点,扩大了使用范围
行星轮自动调位均载机构	原理	借杠杆联锁机构使行星轮浮动,达到均载目的。均载效果好,但结构复杂。为了提高灵敏度,偏心轴用滚针轴承支承,使整个传动的轴承数量增多。行星轮轴承必须装在行星轮内,故对小传动比的机构,由于行星轮较小,采用该均载机构受到轴承寿命的限制。一般宜用于中低速传动		
	二行星轮联动机构	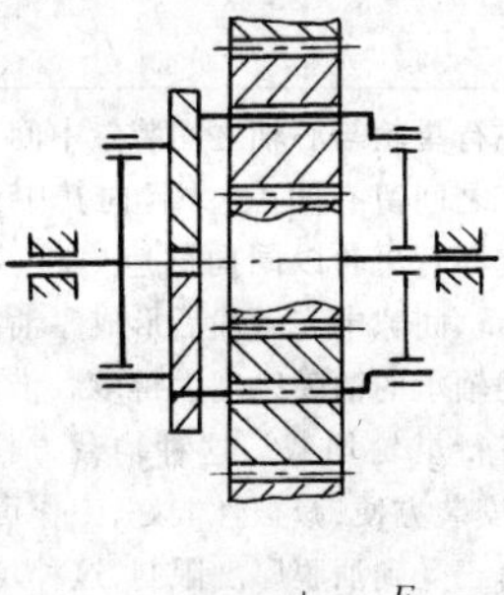 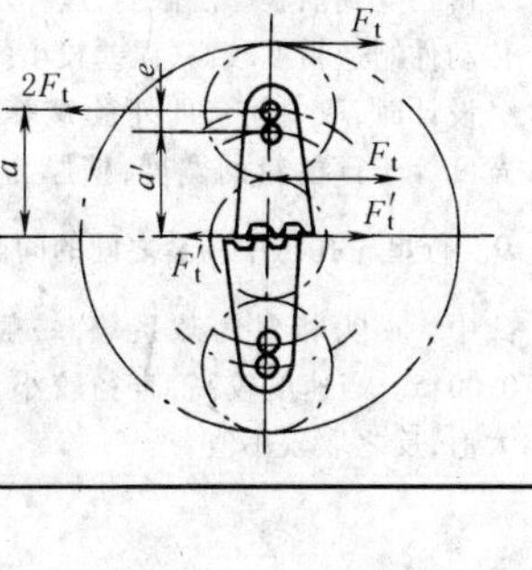 $2F_t$ e a a' F_t F'_t	1.05 ~ 1.1	行星轮对称安装,在两个行星轮的偏心轴上,分别固定一对互相啮合的扇形齿轮(相当于连杆),浮动效果好,灵敏度高 当二行星轮受载均匀时,二扇形齿轮间受力相等,处于平衡状态,没有相对运动 当二个行星轮受载不均匀时,受力较大的行星轮将带动扇形齿轮绕其本身轴线转动,使该行星轮减载;另一个扇形齿轮反方向转动,使受力较小的行星轮加载,行星轮载荷便得到重新分配,直到载荷均衡为止 扇形齿轮上的圆周力 $F=2F_t\dfrac{e}{a'}$ 式中 e——偏心距,$e=\dfrac{a}{30}$; a'——杠杆回转半径(扇形齿节圆半径),$a'=a-e$; F_t——齿轮切向力; a——啮合中心距

续表

型式		简图	载荷不均匀系数 K_c	特点
杠杆联动均载机构	三行星轮联动机构	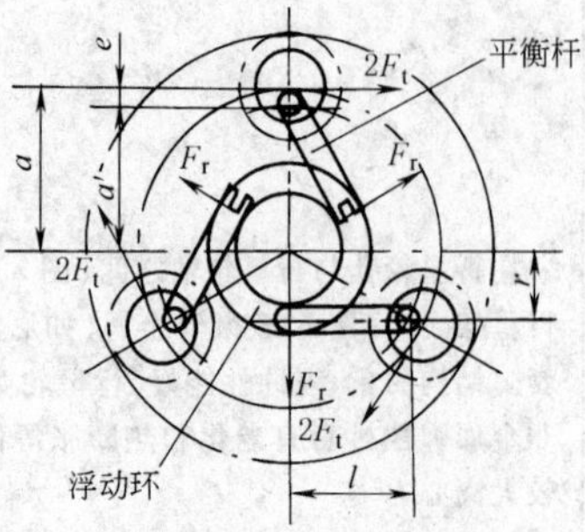 浮动环中心圆半径 $r=0.5a'$ 平衡杆长度 $l=a'\cos30°$	1.1~1.15	平衡杆的一端与行星轮的偏心轴固接，另一端与浮动环活动连接。只有当6个啮合点所受的力大小相等时，该均载机构才处于平衡状态，各构件间没有相对运动。当载荷不均匀时，作用在浮动环上的三个径向力 F_r 便不互等，三个圆周力亦不互等，浮动环产生移动和转动，直至三力平衡为止 浮动环上的力 $F_r=\dfrac{2F_te}{a'\cos30°}$ 式中 a'——偏心轴中心至浮动环中心的距离，$a'=a-e$； a——行星轮与太阳轮的中心距； e——偏心距 $e=\dfrac{a'}{20}$
	四连杆联动机构	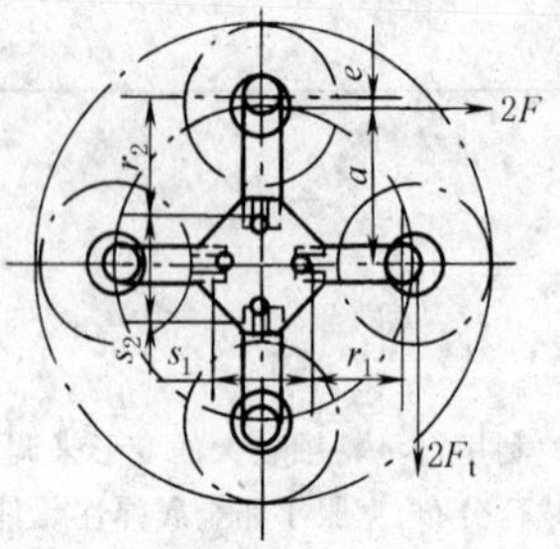 (a) 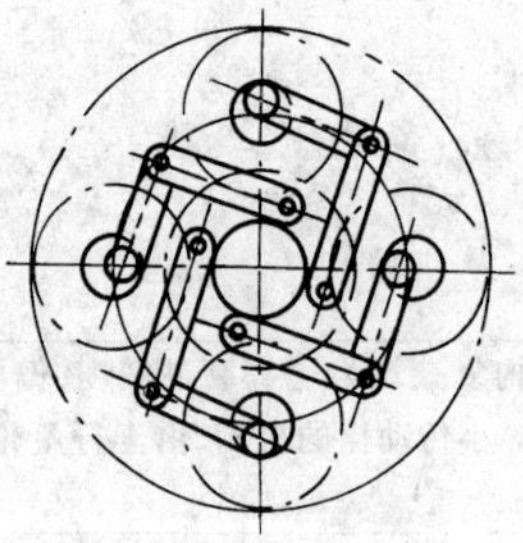 (b)	1.1~1.15	平衡原理与三行星轮联动机构相似。四个偏心轴的偏心方向对称地位于行星轮之内或外。图a所示平衡杆端部支承在十字浮动盘上；图b中连杆支承在圆形浮动环上，通过各件联动调整，以达到均载目的 设计时取 $r_1=r_2=14e$ $e=\dfrac{a}{30}\sim\dfrac{a}{20}$ 式中 a——行星轮至太阳轮的中心距； e——偏心距
	弹性油膜浮动均载	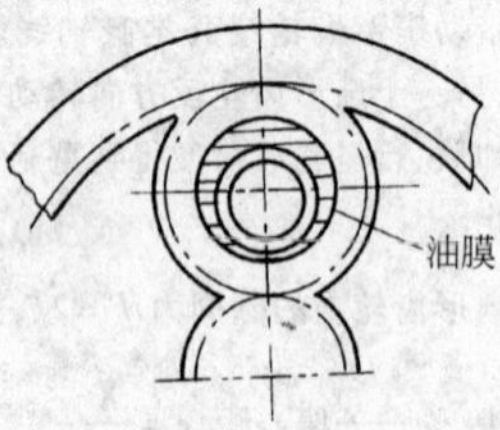	1.09~1.1（齿轮精度为5~6级时） 1.3~1.5（齿轮精度为8级）	在行星轮与心轴之间装置中间套，中间套与行星轮孔之间留有间隙，并且向其中注油。工作时，中间套与行星轮以同向同速一起运转并承受同样的载荷。间隙中充满油后形成厚油膜，其厚度比普通滑动轴承的油膜厚度大得多。借助厚油膜的弹性，使各行星轮均载。这种均载方法效果好，结构简单，安装方便，减振性能好，工作可靠 由于受到油膜厚度限制，这种均载方式只适用于传动件制造精度较高、误差较小的场合 设计时，取中间套的外径 D 等于行星轮的孔径，宽度等于行星轮的宽度，壁厚为 $s=(0.2\sim0.25)D$。行星轮孔与中间套之间的间隙为 $\delta=\dfrac{1}{2}\psi D$ 式中 ψ 为相对间隙系数，一般取 $\psi=0.0015\sim0.0045$。当速度较高，直径较小，载荷较大时取较大值，反之取较小值

5）均载构件在均载过程中的位移量应较小，亦即均载机构所补偿的等效误差数值要小。

6）应具有一定的缓冲与减振性能。

7）应有利于传动装置整体结构的布置，使结构简化，便于制造、安装和维修。尤其在多级行星齿轮传动中，合理选择均载机构对简化结构十分重要。

8）要适用于标准化、系列化产品，使之便于组织成批生产。

在设计行星传动时，不宜随意增加均载环节，以免结构复杂化和出现不合理现象。尽管均载机构可以补偿制造误差，但并非因此可以放弃必要的制造精度。因为均载是通过构件在运动过程中的位移和变形实现的，其精度过低会降低均载效果，导致噪声、振动和齿面磨损加剧，甚至造成损坏事故。

（3）均载机构浮动件的浮动量计算

分析和计算浮动件的浮动量，目的在于验证所选择的均载机构是否能满足浮动量要求，设计及结构是否合理，或根据已知的浮动量确定各零件尺寸偏差。因零件有制造误差，要求浮动构件有相应的位移，如果浮动件不能实现等量位移，正常的动力传递就会受到影响。所以，位移量就是要求浮动件应该达到的浮动量。

对于 NGW 型行星齿轮传动，为补偿各零件制造误差对浮动构件浮动量的要求见表 14-5-23，其他型式的行星齿轮传动亦可参考该表。如 NGWN 型传动中，A、C、B 轮和行星架 X 相当于 NGW 型传动，可直接使用表中公式，但需另外考虑 D、E 轮的制造误差对浮动量的要求。表中计算公式考虑了大啮合角变位齿轮的采用以及内外啮合角相差较大等因素，其计算结果较精确符合实际。

从表 14-5-23 中可知，行星轮偏心误差在最不利的情况下对浮动量影响极大，故在成批生产中可选取重量及偏心误差相近的行星轮进行分组，然后测量一组行星轮的偏心方向并做出标记，在装配时使各行星轮的偏心方向与各自的中心线（行星架中心与行星轮轴孔中心的连线）成相同的角度，使行星轮偏心误差的影响基本抵消。还有一种降低行星轮偏心误差影响的措施是：将一组行星轮一起在滚齿机上加工，并做出标记，完成全部工序以后，不必测量偏心即可均衡地装在行星架上。

表 14-5-23　NGW 型行星齿轮传动均载机构浮动构件的浮动量要求[5]

名称	零件制造误差	浮动太阳轮所需浮动量	浮动内齿轮所需浮动量	浮动行星架所需浮动量
零件制造误差对浮动量的要求	行星架上行星轮轴孔中心的径向（中心距）误差 f_a	$E_{Ta}=\frac{2}{3}f_a\frac{\sin\delta}{\cos\delta'}$	$E_{Na}=\frac{2}{3}f_a\frac{\sin\beta}{\cos\beta'}$	$E_{Xa}\approx 0$
	行星架上行星轮轴孔中心的切向误差 e_t	$E_{Tt}=\frac{2}{3}e_t(\cos\alpha_w+\cos\alpha_n)$	$E_{Nt}=\frac{2}{3}e_t(\cos\alpha_w+\cos\alpha_n)$	$E_{Xt}=e_t\frac{\cos\frac{\alpha_w-\alpha_n}{2}}{\sin\left(30°+\frac{\alpha_w-\alpha_n}{2}\right)+\cos\frac{\alpha_w-\alpha_n}{2}}$
	太阳轮偏心误差 e_A	$E_{TA}=e_A$	$E_{NA}=e_A$	$E_{XA}=\frac{e_A}{\sqrt{(\cos\alpha_w+\cos\alpha_n)^2+\frac{\sin^2\delta}{\cos^2\delta'}}}$
	行星轮偏心误差 e_C	$E_{TC}=\frac{4}{3}e_C(\cos\alpha_w+\cos\alpha_n)$	$E_{NC}=\frac{4}{3}e_C(\cos\alpha_w+\cos\alpha_n)$	$E_{XC}=\frac{e_C}{\sqrt{(\cos\alpha_w+\cos\alpha_n)^2+\frac{\sin^2\delta}{\cos^2\delta'}}}$
	内齿轮偏心误差 e_B	$E_{TB}=e_B$	$E_{NB}=e_B$	$E_{XB}=\frac{e_B}{\sqrt{(\cos\alpha_w+\cos\alpha_n)^2+\frac{\sin^2\beta}{\cos^2\beta'}}}$
	行星架偏心误差 e_X	$E_{TX}=e_X\sqrt{(\cos\alpha_w+\cos\alpha_n)^2+\frac{\sin^2\delta}{\cos^2\delta'}}$	$E_{NX}=e_X\sqrt{(\cos\alpha_w+\cos\alpha_n)^2+\frac{\sin^2\beta}{\cos^2\beta'}}$	$E_{XX}=e_X$

续表

名称	零件制造误差	浮动太阳轮所需浮动量	浮动内齿轮所需浮动量	浮动行星架所需浮动量
合理装配对浮动量的要求	平方和浮动量	$E_T^2=e_A^2+e_B^2+\frac{16}{9}e_C^2(\cos\alpha_w+\cos\alpha_n)^2+e_X^2\left[(\cos\alpha_w+\cos\alpha_n)^2+\frac{\sin^2\delta}{\cos^2\delta'}\right]+\frac{4}{9}e_t^2(\cos\alpha_w+\cos\alpha_n)^2+\frac{4}{9}f_a^2\frac{\sin^2\delta}{\cos^2\delta'}$	$E_N^2=e_A^2+e_B^2+\frac{16}{9}e_C^2(\cos\alpha_w+\cos\alpha_n)^2+e_X^2\left[(\cos\alpha_w+\cos\alpha_n)^2+\frac{\sin^2\beta}{\cos^2\beta'}\right]+\frac{4}{9}e_t^2(\cos\alpha_w+\cos\alpha_n)^2+\frac{4}{9}f_a^2\frac{\sin^2\delta}{\cos^2\delta'}$	$E_X^2=\frac{e_A^2+\frac{16}{9}e_C^2(\cos\alpha_w+\cos\alpha_n)^2}{(\cos\alpha_w+\cos\alpha_n)^2+\frac{\sin^2\delta}{\cos^2\delta'}}+\frac{e_B^2}{(\cos\alpha_w+\cos\alpha_n)^2+\frac{\sin^2\beta}{\cos^2\beta'}}e_X^2+e_t^2\frac{\cos^2\frac{1}{2}(\alpha_w-\alpha_n)}{\left[\sin\left(30°+\frac{\alpha_w-\alpha_n}{2}\right)+\cos\frac{\alpha_w-\alpha_n}{2}\right]^2}$

注：1. α_w—外啮合齿轮副啮合角；α_n—内啮合齿轮副啮合角；δ—行星架上行星轮轴孔之间的中心角偏差；$\delta'=\arctan\frac{\sin\alpha_n}{\cos\alpha_w}$；$\alpha=\alpha_w-\delta'$；$\beta'=\arctan\frac{\sin\alpha_w}{\cos\alpha_n}$；$\beta=\beta'-\alpha_n$。

2. f_a 按本章 7.2 行星架的技术要求（1）中有关要求确定。

3. e_t 可按式 $e_t=a\sin\delta$ 计算。工程上常选 $\delta\leqslant 2'$。由于角度偏差 δ 难于直接测量，工程上常用测量行星架上行星轮轴孔的孔距偏差 f_l 来代替。而 f_l 按 7.2 中（2）有关要求确定。f_l 与 f_a 及 δ 之间的几何关系为：$f_l=\frac{a\delta}{2}+\sqrt{3}\times f_a$（式中 δ 的单位为 rad）。

（4）浮动机构齿轮联轴器的设计与计算

1）齿轮联轴器的结构与特点[3]

在行星齿轮传动中，广泛使用齿轮联轴器来保证浮动机构中的浮动构件在受力不平衡时产生位移，以使各行星轮之间载荷分布均匀。齿轮联轴器有单联和双联两种结构，其结构简图及特点见表 14-5-24。

表 14-5-24　齿轮联轴器的类型

名　称	简　图	特　点
单联齿轮联轴器	b　浮动齿轮　内齿轮　ω　L	内齿套固定不动，浮动齿轮只能偏转一个角度，因而会引起载荷沿齿宽方向分布不均匀，为改善这种状况，需有较大的轴向尺寸，推荐 $L/b>4$ 为了减小轴向尺寸常用于无多余约束浮动机构中
双联齿轮联轴器	浮动齿轮　内齿轮　E (a) 太阳轮　E (b)	内齿套浮动，因此浮动齿轮可以平行位移，保证了啮合齿轮的载荷沿齿宽均匀分布。如果太阳轮直径较大，可以制成如图 b 所示的结构，这样既可减小轴向尺寸，又可减小浮动件的质量

注：为便于外齿轮在内齿套中转动，通常外齿轮齿顶沿齿向做成圆弧形，或采用鼓形齿轮。

齿轮联轴器采用渐开线齿形，按其外齿轴套轮齿沿齿宽方向的截面形状区分有直齿和鼓形齿两种（见图 14-5-14）。直齿联轴器用于与内齿轮（或行星架）制成一体的浮动用齿轮联轴器，其许用倾斜角小，一般不大于 0.5°，且承载能力较低，易磨损，寿命较短。直齿联轴器的齿宽很窄，常取齿宽与齿轮节圆之比 $b_w/d'=0.01\sim0.03$。鼓形齿联轴器许用倾斜角大（可达 3°以上），承载能力和寿命都比直齿的高，因而使用越来越广泛。

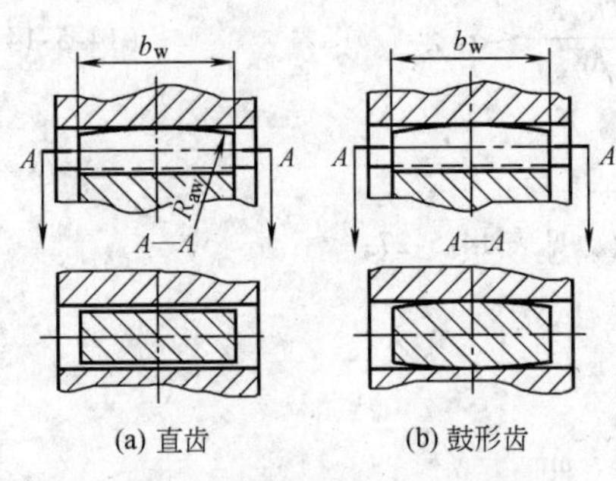

(a) 直齿　　(b) 鼓形齿

图 14-5-14　联轴器轮齿截面形状

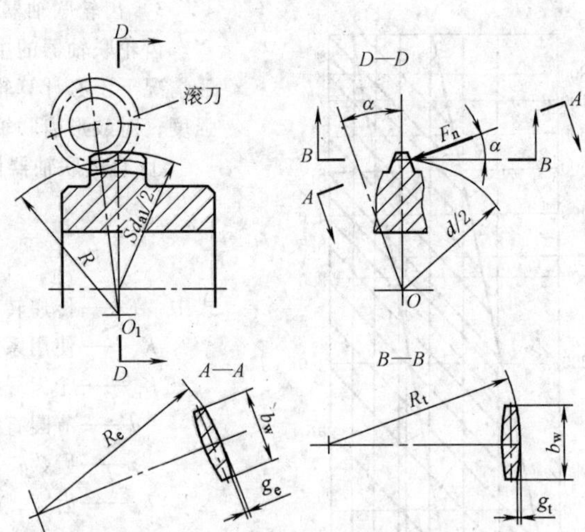

图 14-5-15　鼓形齿的几何特性参数图示

R—鼓形齿的位移圆半径；b_w—鼓形齿齿宽；
R_t—鼓形齿工作圆切向截面齿廓曲线的曲率半径；
Sd_{a1}—齿顶圆球面直径；R_e—鼓形齿法向截面齿廓曲线的
曲率半径；g_t 和 g_e—鼓形齿单侧减薄量；α—压力角

但其外齿通常要用数控滚齿机或数控插齿机才能加工（鼓形齿的几个几何特性参数见图 14-5-15）。鼓形齿多用于外啮合中心轮（太阳轮）或行星架端部直径较小、承受转矩较大的齿轮联轴器。鼓形齿的齿宽较大，常取 $b_w/d'=0.2\sim0.3$。齿轮联轴器通常设计成内齿圈的齿宽 b_n 稍大于外齿轮的齿宽 b_w，常取 $b_n/b_w=1.15\sim1.25$。

齿轮联轴器内齿套外壳的壁厚 δ 按浮动构件确定。太阳轮浮动的联轴器，取 $\delta=(0.05\sim0.10)d'$。当节圆直径较小时，其系数取大值，反之取小值。内齿套浮动的联轴器，为降低外壳变形引起的载荷不均，应设计成薄壁外壳。其壁厚 δ 与其中性层半径 ρ 之间的关系为 $\delta\leqslant(0.02\sim0.04)\rho$。

为限制联轴器的浮动构件轴向自由窜动，常采用矩形截面的弹性挡圈或球面顶块作轴向定位，但均须留有合理的轴向间隙。球面顶快间隙取为 $j_o=0.5\sim1.5$mm，而挡圈的间隙按式 $j_o=d'E_{xx}/L_g$ 确定，式中，d'—联轴器的节圆直径，mm；E_{xx}—浮动构件的浮动量，mm；L_g—联轴器两端齿宽中线之间的距离，mm。

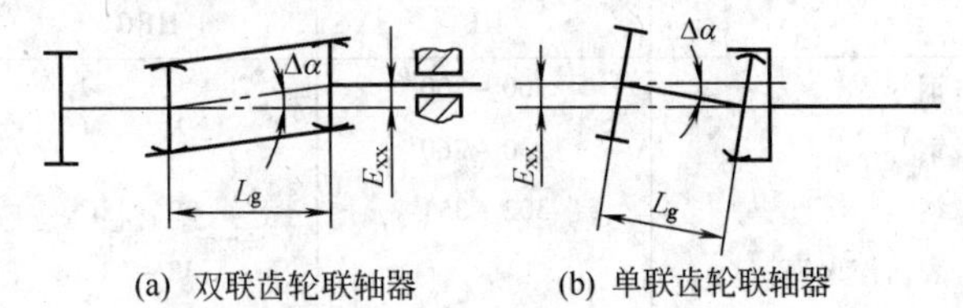

(a) 双联齿轮联轴器　　(b) 单联齿轮联轴器

图 14-5-16　倾斜角 Δα 的确定

联轴器所需倾斜角 $\Delta\alpha$ 根据被浮动构件所需浮动量 E_{xx} 确定，其计算式为：$\Delta\alpha$（弧度）$=E_{xx}/L_g$。当给定 $\Delta\alpha$ 时，也可按此式确定联轴器长度 L_g（见图 14-5-16）。联轴器许用倾斜角推荐采用 $\Delta\alpha\leqslant1°$，最大不超过 1.5°。

齿轮联轴器大多数采用内齿齿根圆和外齿齿顶圆定心的方式定心；配合一般采用 F8/h8 或 F8/h7。某些加工精度高，侧隙小的齿轮联轴器，也采用齿侧定心，径向则无配合要求。由于要满足轴线倾斜角的要求，齿轮联轴器的侧隙比一般齿轮传动要大；所需侧隙取决于浮动构件的浮动量、轴线的偏斜度和制造、安装精度等。从强度考虑，可以将所需总侧隙大部或全部分配在内齿轮上。

2）齿轮联轴器基本参数的确定

① 设计齿轮联轴器首先要依据行星传动总体结构的要求先行确定节圆（或分度圆）直径，而后根据该直径参考图 14-5-17 在其虚线左侧范围内选取一组相应的模数 m 和齿数 z。

② 根据结构要求按经验公式初定齿宽 b_w。用于内啮合中心轮浮动的齿轮联轴器，按式 $b_w=(0.01\sim0.03)d$ 确定；用于外啮合中心轮或其他构件浮动的中间零件组成的联轴器，按式 $b_w=(0.2\sim0.3)d$ 确定。

③ 在确定齿轮联轴器使用工况的条件下，按式（14-5-14）或式（14-5-15）校核其强度，如不符合要求，要改变参数重新计算，直到符合要求。

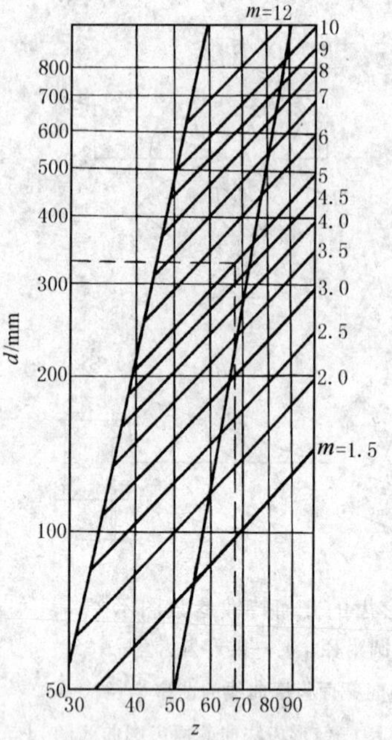

图 14-5-17 z、d、m 概略值间的关系（推荐的概略值 z、d、m 组合位于虚线画出的范围内）

3）齿轮联轴器的强度计算

齿轮联轴器的主要失效形式是磨损，极少发生断齿的情况，因此一般情况下不必计算轮齿的弯曲强度。通常对直齿联轴器计算其齿面挤压强度；对鼓形齿联轴器则计算其齿面接触强度。

① 直齿联轴器齿面的挤压应力 σ_p 应符合下式要求

$$\sigma_p=\frac{2000TK_AK_m}{dzb_whK_w}\leqslant\sigma_{pp}\quad(\text{MPa})\tag{14-5-14}$$

式中 T——传递转矩，N·m；

K_A——使用系数，见表 14-1-71；

K_m——轮齿载荷分布系数，见表 14-5-27；

d——节圆直径，mm；

z——齿数；

b_w——齿宽，mm；

h——轮齿径向接触高度，mm；

K_w——轮齿磨损寿命系数，见表 14-5-26，根据齿轮转速而定，齿轮联轴器每转一转时，轮齿有一个向前和一个向后的摩擦，而导致磨损；

σ_{pp}——许用挤压应力，MPa，见表 14-5-25。

② 鼓形齿联轴器齿面的接触应力 σ_H 应符合下式要求

$$\sigma_H=1900\frac{K_A}{K_w}\sqrt{\frac{2000T}{dzhR_e}}\leqslant\sigma_{Hp}\quad(\text{MPa})\tag{14-5-15}$$

式中 R_e——齿廓曲线鼓形圆弧半径，mm；

σ_{Hp}——许用接触应力，MPa，见表 14-5-25；

其余代号意义同上。

表 14-5-25 许用应力 σ_{pp} 和 σ_{Hp}

材料	硬度		许用挤压应力 σ_{pp}/MPa	许用接触应力 σ_{Hp}/MPa
	HB	HRC		
钢	160~200		10.5	42
钢	230~260		14	56
钢	302~351	33~38	21	84
表面淬火钢		48~53	28	84
渗碳淬火钢		58~63	35	140

表 14-5-26 磨损寿命系数 K_w

循环次数	1×10^4	1×10^5	1×10^6	1×10^7	1×10^8	1×10^9	1×10^{10}
K_w	4	2.8	2.0	1.4	1.0	0.7	0.5

表 14-5-27 轮齿载荷分布系数 K_m

单位长度径向位移量/cm·cm^{-1}	齿宽/mm			
	12	25	50	100
0.001	1	1	1	1.5
0.002	1	1	1.5	2
0.004	1	1.3	2	2.5
0.008	1.5	2	2.5	3

4）齿轮联轴器的几何计算[11]

齿轮联轴器的几何计算通常在通过强度计算以后进行；计算方法与定心方式、变位与否、采用刀具及加工方法等有关。表 14-5-28 所列为变位啮合、外径定心、采用标准刀具，加工方便而适用的两种方法，可根据需要选择其一。

表 14-5-28　　齿轮联轴器的几何计算

已知条件及说明：模数 m 及齿数 z 由承载能力确定；$\alpha=20°\sim30°$，一般采用20°；角位移 $\Delta\alpha$ 由安装及使用条件确定，在行星齿轮传动中，一般对直齿，$\Delta\alpha=0.5°$；对鼓形齿，$\Delta\alpha=1°\sim1.5°$，推荐 $\Delta\alpha=1°$

项目	代号	方法 A	方法 B
		外齿(w)齿顶高 $h_{aw}=1.0m$，内齿(n)齿根高 $h_{fn}=1.0m$，采用角变位使外齿齿厚增加，内齿齿厚减薄，内齿插齿时不必切向变位，一般取变位系数 $x_n=0.5$，而 x_w 和 x_n 须满足下列关系式 $x_n-x_w=\dfrac{J_n}{2m\sin\alpha}$	外齿(w)齿顶高 $h_{aw}=1.0m$，齿根高 $h_{fw}=1.25m$；内齿(n)齿根高 $h_{fn}=1.0m$，齿顶高 $h_{an}=0.8m$；插齿刀用标准刀具磨去0.25m 高度的齿顶改制而成。内外齿齿厚相等，内齿插齿时不必做切向变位
		计算公式	
分度圆直径	d	$d=mz$	$d=mz$
径向变位系数	x_w x_n	$x_w=x_n-\dfrac{J_n}{2m\sin\alpha}$； $x_n=x_w+\dfrac{J_n}{2\sin\alpha}$；一般取 $x_n=0.5$	$x_w=0$； $x_n=0.5$
齿顶高	h_{aw}，h_{an}	$h_{aw}=1.0m$；$h_{an}=(1-x_n)m$	$h_{aw}=1.0m$；$h_{an}=0.8m$
齿根高	h_{fw}，h_{fn}	$h_{fw}=(1.25-x_w)m$；$h_{fn}=1.0m$	$h_{fw}=1.25m$，$h_{fn}=1.0m$
齿顶圆球面直径	Sd_{aw}	$Sd_{aw}=(d+2h_{aw})$	$Sd_{aw}=(d+2h_{aw})$
齿顶圆直径	d_{an}	$d_{an}=d-2h_{an}$	$d_{an}=d-2h_{an}$
齿根圆直径	d_{fw}，d_{fn}	$d_{fw}=d-2h_{fw}$；$d_{fn}=d+2h_{fn}$	$d_{fw}=d-2h_{fw}$；$d_{fn}=d+2h_{fn}$
齿宽	b_w，b_n	按 $b_w=(0.2\sim0.3)d$ 初定；$b_n=(1.15\sim1.25)b_w$	
位移圆半径	R	根据承载能力计算，初定 $R=(0.5\sim2.0)d$[b_w 与 R 须满足关系式：$b_w/R>1.2\phi_t\tan\Delta\alpha$；式中，$\phi_t$ 为曲率系数，见表 14-5-29]	
鼓形齿单侧减薄量	g_t，g_e	$g_t=\dfrac{b_w^2}{8R}\tan\alpha$；$g_e=g_t\cos\alpha$	
最小理论法向侧隙	J_{nmin}	$J_{nmin}=2\phi_t R\left(\dfrac{\tan^2\Delta\alpha}{\cos\alpha}+\sqrt{\cos^2\alpha-\tan^2\alpha}-\cos\alpha\right)$	
制造误差补偿量	δ_n	$\delta_n=[(F_{p1}+F_{p2})\cos\alpha+(f_{f1}+f_{f2})+(F_g+F_{\beta2})]$；式中，$F_{p2}$，$F_{p1}$ 为内、外齿齿距累积公差；f_{f2}，f_{f1} 为内、外齿齿形公差；$F_{\beta2}$ 为齿向公差(以上见 GB/T 10095—1988)；F_g 为鼓形外齿齿面鼓度对称度公差(见表 14-5-30)	
设计法向侧隙	J_n	$J_n=J_{nmin}+\delta_n$	
外齿跨测齿数	k	查本篇第 1 章表 14-1-27	
公法线长度	W_k	$W_k=(W^*+\Delta W^*)m$；查本篇第 1 章表 14-1-27 和表 14-1-29	

续表

已知条件及说明：模数 m 及齿数 z 由承载能力确定；$\alpha=20°\sim30°$，一般采用20°；角位移 $\Delta\alpha$ 由安装及使用条件确定，在行星齿轮传动中，一般对直齿，$\Delta\alpha=0.5°$；对鼓形齿，$\Delta\alpha=1°\sim1.5°$，推荐 $\Delta\alpha=1°$

<table>
<tr><td rowspan="2">项目</td><td rowspan="2">代号</td><td>方法 A</td><td>方法 B</td></tr>
<tr><td>外齿(w)齿顶高 $h_{aw}=1.0m$，内齿(n)齿根高 $h_{fn}=1.0m$，采用角变位使外齿齿厚增加，内齿齿厚减薄，内齿插齿时不必切向变位，一般取变位系数 $x_n=0.5$，而 x_w 和 x_n 须满足下列关系式：$x_n-x_w=\frac{J_n}{2m\sin\alpha}$</td><td>外齿(w)齿顶高 $h_{aw}=1.0m$，齿根高 $h_{fw}=1.25m$；内齿(n)齿根高 $h_{fn}=1.0m$，齿顶高 $h_{an}=0.8m$；插齿刀用标准刀具磨去0.25m 高度的齿顶改制而成。内外齿齿厚相等，内齿插齿时不必做切向变位</td></tr>
<tr><td></td><td></td><td colspan="2">计 算 公 式</td></tr>
<tr><td>公法线长度偏差</td><td>E_{ws}</td><td colspan="2">$E_{ws}=0$；$E_{wi}=-E_w$；查表14-5-31</td></tr>
<tr><td>内齿量棒直径</td><td>d_p</td><td colspan="2">$d_p=(1.65\sim1.95)m$</td></tr>
<tr><td>量棒中心所在圆的压力角</td><td>α_M</td><td>$\text{inv}\alpha_M=\text{inv}\alpha+\frac{\pi}{2z}+\frac{2x_n m\sin\alpha-d_p}{mz\cos\alpha}$</td><td>$\text{inv}\alpha_M=\text{inv}\alpha+\frac{\pi}{2}-\frac{d_p}{mz\cos\alpha}$</td></tr>
<tr><td>量棒直径校验</td><td></td><td colspan="2">d_p 须满足：$\frac{\cos\alpha}{\cos\alpha_M}d-d_{an}<d_p<d_{fn}-\frac{\cos\alpha}{\cos\alpha_M}d$</td></tr>
<tr><td>量棒距</td><td>M</td><td colspan="2">偶数齿：$M=\frac{d\cos\alpha}{\cos\alpha_M}-d_p$；奇数齿：$M=\frac{d\cos\alpha}{\cos\alpha_M}\cos\frac{90°}{z}-d_p$</td></tr>
<tr><td>量棒距偏差</td><td>E_{ms}
E_{mi}</td><td colspan="2">上偏差：偶数齿，$E_{ms}=\frac{E_w}{\sin\alpha_M}$；奇数齿，$E_{ms}=\frac{E_w}{\sin\alpha_M}\cos\frac{90°}{z}$
下偏差：$E_{mi}=0$</td></tr>
</table>

表 14-5-29　$\alpha=20°$的曲率系数

齿数 z	25	30	35	40	45	50	55	60	65	70	75	80
ϕ_t	2.42	2.45	2.47	2.49	2.51	2.53	2.55	2.57	2.58	2.59	2.60	2.61
ϕ_e	2.53	2.57	2.61	2.64	2.66	2.68	2.70	2.72	2.74	2.75	2.76	2.77

表 14-5-30　齿面鼓度对称度公差 F_g

齿轮精度等级	齿宽 b_w/mm				
	≤30	>30~50	>50~75	>75~100	>100~150
7	0.03	0.042	0.055	0.078	0.105
8	0.04	0.050	0.065	0.090	0.115

表 14-5-31　齿轮公法线长度偏差 E_w

齿轮精度等级	分度圆直径/mm				
	≤50	>50~125	>125~200	>200~400	>400~800
6	0.034	0.040	0.045	0.050	0.055
7	0.038	0.050	0.055	0.070	0.080
8	0.048	0.070	0.080	0.090	0.115

6.2 行星轮结构

行星轮结构根据传动型式、传动比大小、轴承类型及轴承的安装形式而定。NGW 型和 NW 型传动常用的行星轮结构见表14-5-32。

表 14-5-32　　　　行星轮结构

应保证行星轮轮缘厚度 $\delta > 3m$，否则须进行强度或刚度校核 在一般情况下，行星轮齿宽与直径的比为：$\psi_d = 0.5 \sim 0.7$，硬齿面取较小值，即 $\psi_d = 0.5$ 为使行星轮内孔配合直径加工方便，切齿简单，制造精度易保证，应采用行星轮内孔无台肩结构 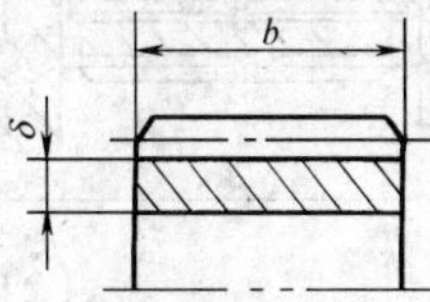	轴承装在行星轮内，弹簧挡圈装在轴承内侧，因而增大了轴承间距，减小了行星轮倾斜。但拆卸轴承比较复杂 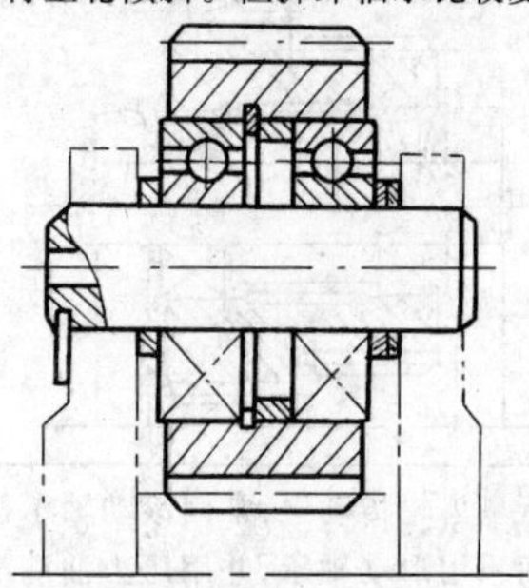
整体双联齿轮断面急剧变化处会引起应力集中，须使 $\delta \geqslant (3 \sim 4)m$；必要时应进行强度校核 整体双联齿轮的小齿圈不能磨齿 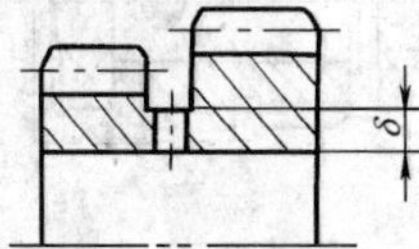	特点同上图：采用圆柱滚子轴承，用于载荷较大的场合 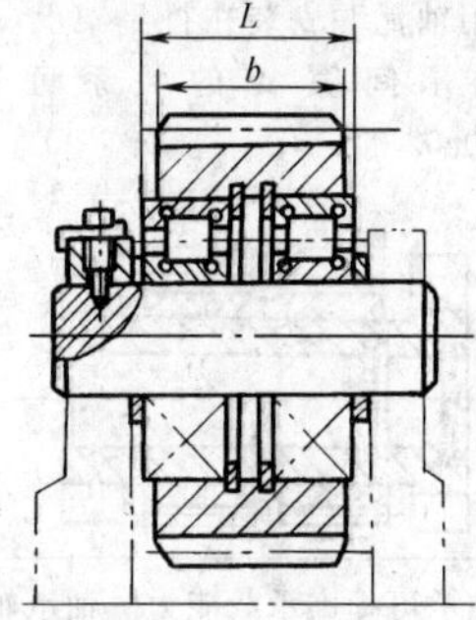
为使结构紧凑、简单和便于安装，轴承装入行星轮内，弹簧挡圈装在轴承外侧。由于轴承距离较近，当两个轴承原始径向间隙不同时，会引起较大的轴承倾斜，使齿轮载荷集中 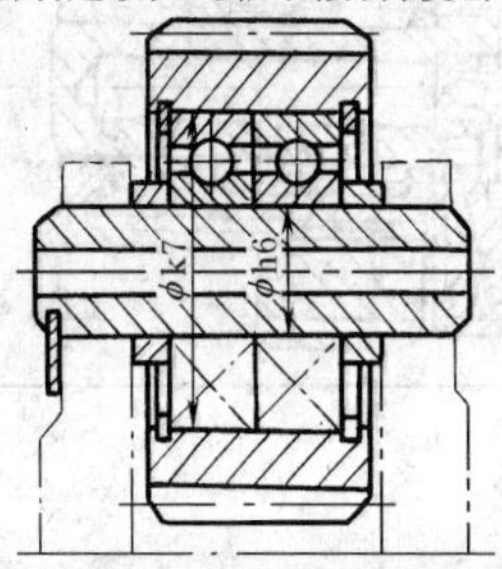	采用无多余约束浮动机构时，行星轮内设置一个球面调心轴承，可使 A-C 传动的载荷沿齿宽均匀分布 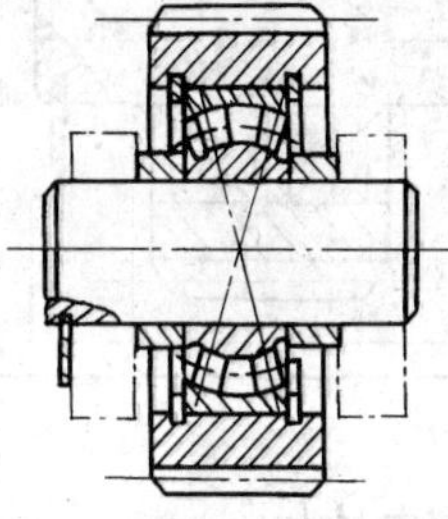
当传动比 $i_{AX}^{B} \leqslant 4$ 时，行星轮直径较小，通常只能将行星轮轴承安装在行星架上，这样会使行星架的轴向尺寸加大，并需采取剖分式结构，加工和装配较复杂 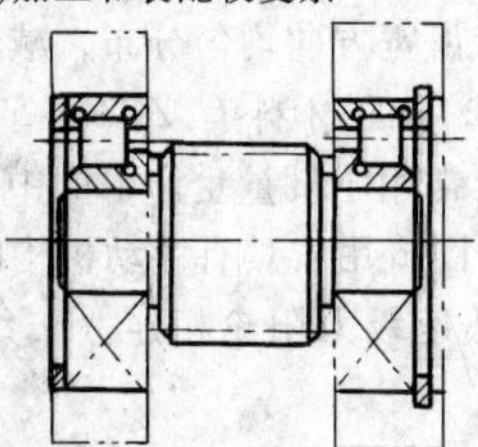	行星轮的径向尺寸受限制时，可采用滚针轴承。行星轮的轴向固定用单列向心球轴承，该轴承不承受径向载荷 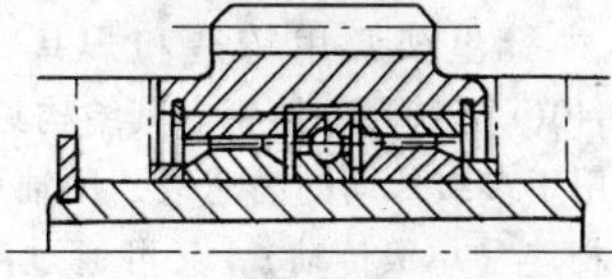

续表

当载荷较大,用单列向心球轴承承载能力不足时,可采用双列向心球面滚子轴承 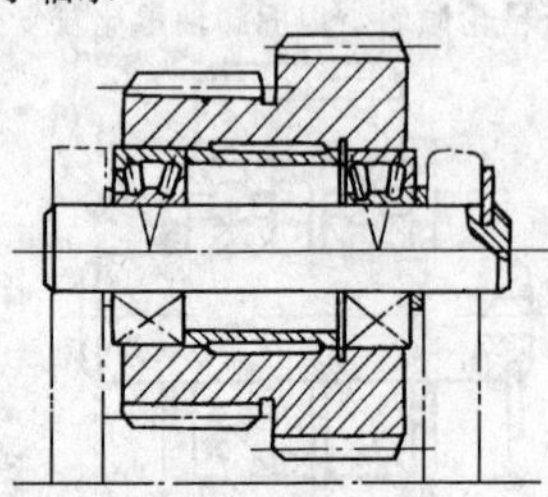	当行星轮直径较小时,为提高轴承寿命,可采用专用三列无保持架小直径滚子轴承 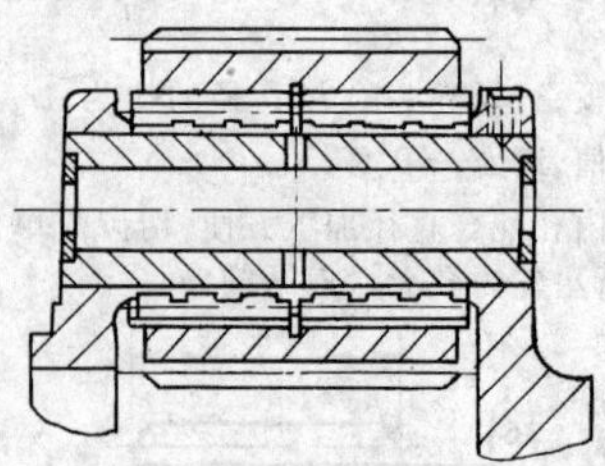
在高速重载行星齿轮传动中,常因滚动轴承极限转速和承载能力的限制而采用滑动轴承,并用压力油润滑。为使行星轮有可靠的基准孔和减磨材料层的应力不变,通常将减磨材料浇在行星轮轴表面上。当 $l/d>1$ 时,可以做成双轴承式,以提高承载能力并使载荷均匀分布。高速传动用双联齿轮结构的轴承推荐用轴瓦并安装在行星架上。轴承长度 l、轴颈直径 d 及轴承间隙 Δ 的关系可取 $l/d=1\sim2$;$\Delta/d=0.0025\sim0.02$ 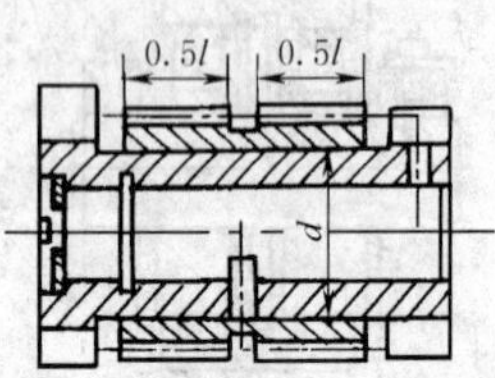 	由于双联行星轮结构会产生较大力矩,故使行星轮轴线偏斜而产生载荷集中。为了减少载荷集中,可将轴承安装在行星架上,以得到最大的轴承间距。由于行星轮轴不承受转矩,故齿轮和轴可用短键或销钉连接 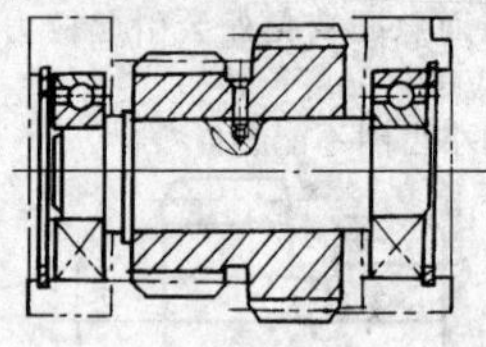
采用圆锥滚子轴承可提高承载能力。轴承轴向间隙用垫片调节;为便于拆卸,在两轴承间安设隔离环 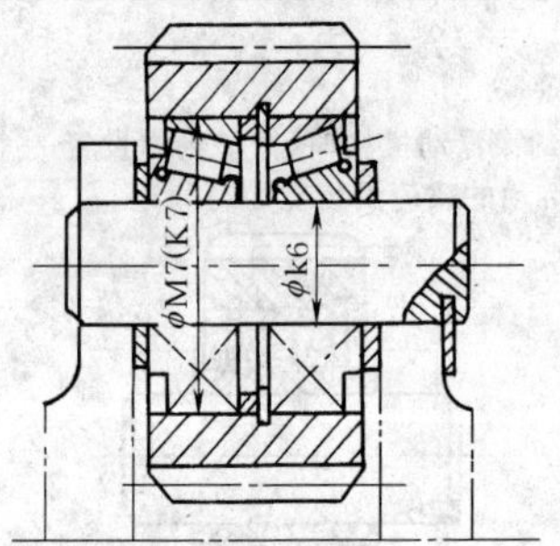 	如果双联行星轮需要磨齿时,须设计成装配式。两行星轮的精确位置用定位销定位或从工艺上来保证。大齿轮磨齿前,应牢固地固定在已加工完的小齿轮上,再进行磨齿 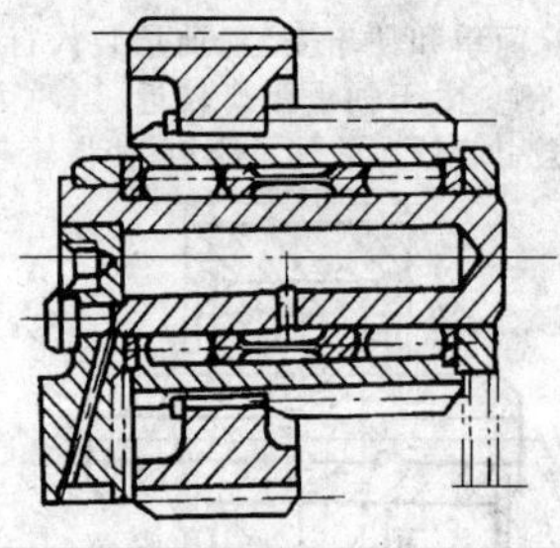

6.3 行星架结构[1,6]

行星架是行星齿轮传动中结构比较复杂的一个重要零件。在最常用的 NGW 型传动中，它也是承受外力矩最大（除 NGWN 型外）的零件。行星架有双壁整体式、双壁剖分式和单壁式三种型式。其结构如图 14-5-18 所示。

当传动比较大时，例如 NGW 型单级传动，$i_{AX}^{B}\geqslant4$ 时，行星轮轴承一般安装在行星轮内，拟采用双壁整体式行星架。此类行星架刚度大，受载变形小，因而有利于行星轮所受载荷沿齿宽方向均匀分布，减少振动和噪声。

双壁整体式行星架常用铸造和焊接工艺制造。铸造行星架常选用的材料有 ZG310-570、ZG340-640、ZG35SiMn、ZG40Cr 等牌号的铸钢。其结构见图 14-5-18a ~ d。铸造行星架常用于批量生产中的中、小型行星减速器。其中图 a 用于多级传动的高速级，用轴承支承，其轴心线固定不动。图 b 用于具有浮动机构的场合，其内齿既可与输出轴相连（单级传动），又可通过浮动齿套与中间级太阳轮或低速级太阳轮相连（一级和多级传动）。图 c 和图 d 用于多级传动的低速级，并与低速轴相连。

焊接行星架通常用于单件生产的大型行星齿轮传动中，其结构如图 14-5-18e 和图 14-5-18f 所示。

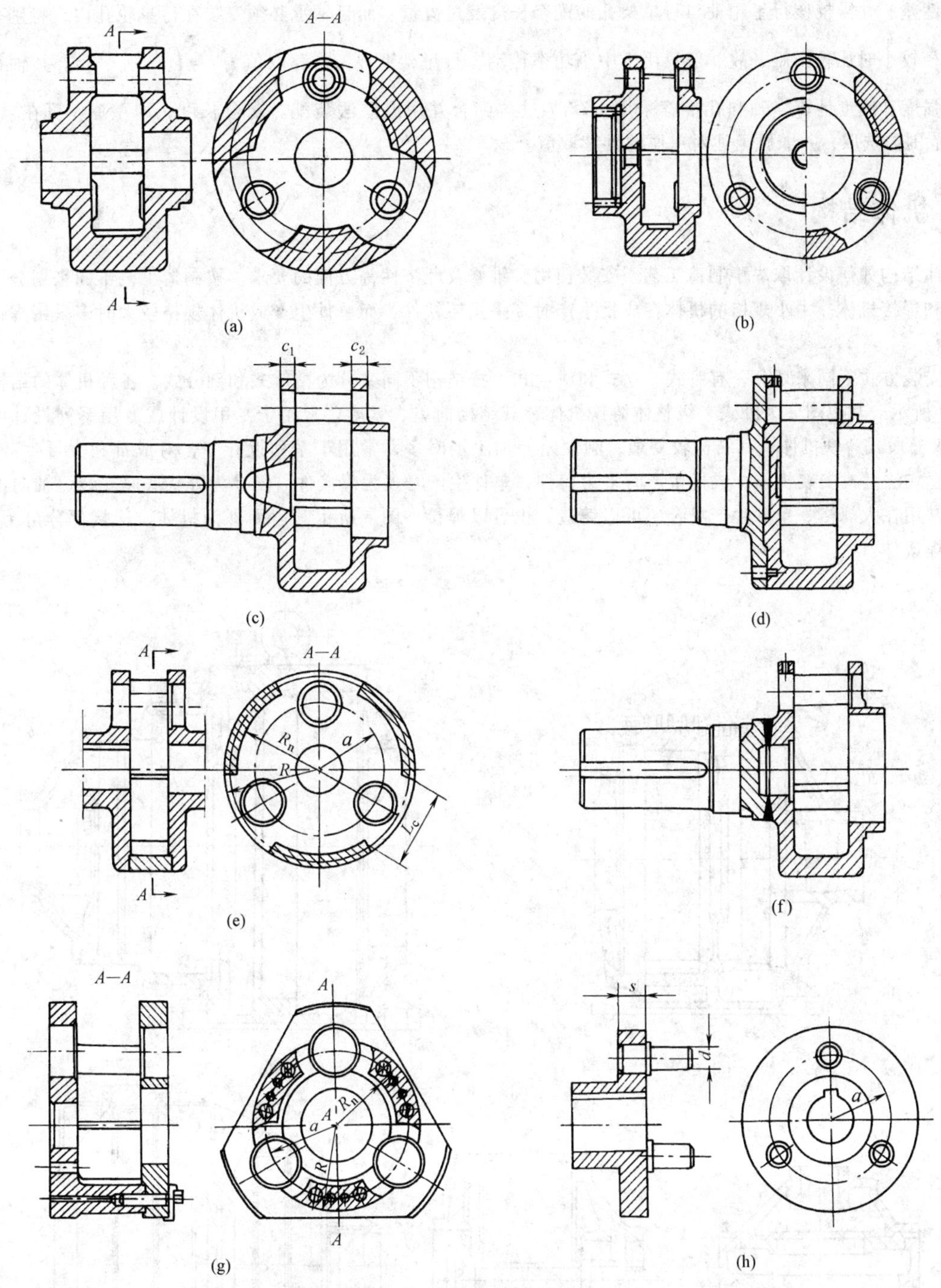

图 14-5-18　行星架结构

双壁剖分式行星架较整体式行星架结构复杂，主要用于高速行星传动和传动比较小的低速行星传动。例如传动比 $i_{AX}^{B}<4$ 的 NGW 型行星传动，其行星轮轴承要装在行星架上。为满足装配要求，必须采用如图 14-5-18g 所示具有剖分式结构的行星架。剖分式行星架一般采用铸钢或锻钢材料制造，其结构较复杂，刚性较差。

双壁整体式和双壁剖分式行星架的两个侧板通过中间连接板（梁）连接在一起。两个侧板的厚度，当不安装轴承时可按经验公式选取：$c_1=(0.25\sim0.30)a$，$c_2=(0.20\sim0.25)a$。开口长度 L_c 应比行星轮外径大 10mm 以上。连接板内圆半径 R_n 按下式确定：$R_n=(0.85\sim0.50)R$（参看图 14-5-18e 和图 14-5-18g）。

单壁式行星架结构简单，装配方便，轴向尺寸小（见图 14-5-18h），但因行星轮轴呈悬臂状态，受力情况不好，刚性差，并需校核行星轮轴与行星架孔的配合长度及过盈量，而且轴承必须安装在行星轮孔内，特别是当行星轮直径较小时比较困难，故一般只用于中小功率传动。行星架壁厚 s 推荐取值为 $s=\left(\frac{1}{3}\sim\frac{1}{4}\right)a$。其轴径 d 要按弯曲强度和刚度计算。轴和孔推荐采用 H7/u7 过盈配合并用温差法装配。配合长度，即壁厚 s 可在 $(1.5\sim2.5)d$ 范围内选取，并兼顾上述对壁厚的推荐取值。

6.4 机体结构[6]

机体结构如何设计取决于制造工艺、安装使用、维修及经济性等方面的要求。按制造工艺不同来划分，有铸造机体和焊接机体。中小规格的机体在成批生产时多采用铸铁件，而单件生产或机体规格较大时多采用焊接方法制造。

按安装方式不同来划分，有卧式、立式和法兰式。按结构不同又分为整体式和剖分式。各种机体的结构如图 14-5-19 所示。其中图 a 为卧式二级整体铸铁机体，其结构简单、紧凑，常用于专用设计或专用系列设计中。图 b 为二级分段式铸铁机体，其结构较复杂，刚性差，加工工时多，常用于系列设计中，对成批和大量生产有利。图 c 为立式法兰式安装机体，成批生产时多为铸件，单件生产时多为焊接件。图 d 为卧式底座安装、轴向剖分式结构，常用在大规格、单件生产场合，可以铸造，也可以焊接。图 e 所示其齿圈即为机体，连接部分可为铸件，也可为焊接件。

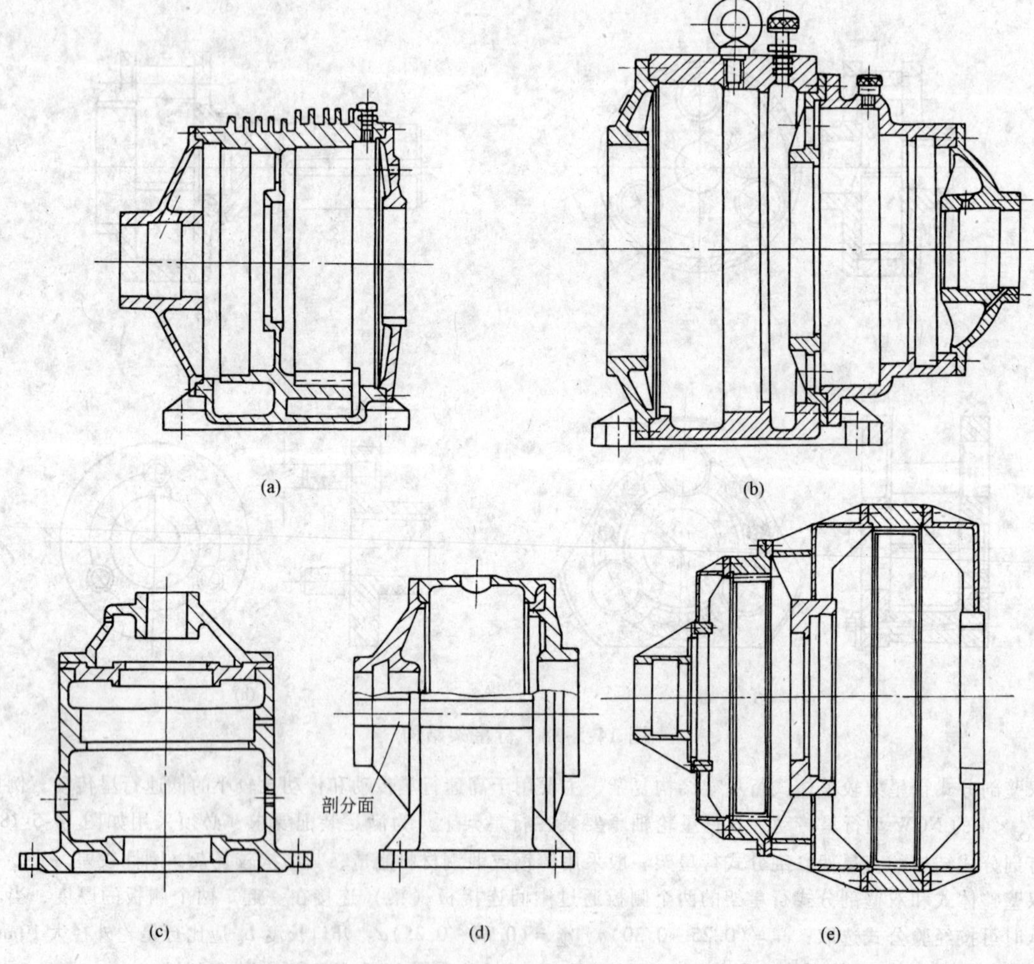

图 14-5-19 机体结构

铸铁机体各部尺寸（如图 14-5-20 所示）可按表 14-5-33 中所列的经验公式确定，其中壁厚 δ 按表 14-5-34 选定或按下式计算：

$$\delta = 0.56 K_t K_d \sqrt[4]{T_D} \geqslant 6\text{mm}$$

式中 K_t——机体表面形状系数，当无散热筋时取 $K_t = 1$，有散热筋时取 $K_t = 0.8 \sim 0.9$；

K_d——与内齿圈直径有关的系数，当内齿圈分度圆直径 $d_b \leqslant 650\text{mm}$ 时，取 $K_d = 1.8 \sim 2.2$，当 $d_b > 650\text{mm}$ 时，取 $K_d = 2.2 \sim 2.6$；

T_D——作用于机体上的转矩，N · m。

机体表面散热筋尺寸按图 14-5-21 中所列的关系式确定。

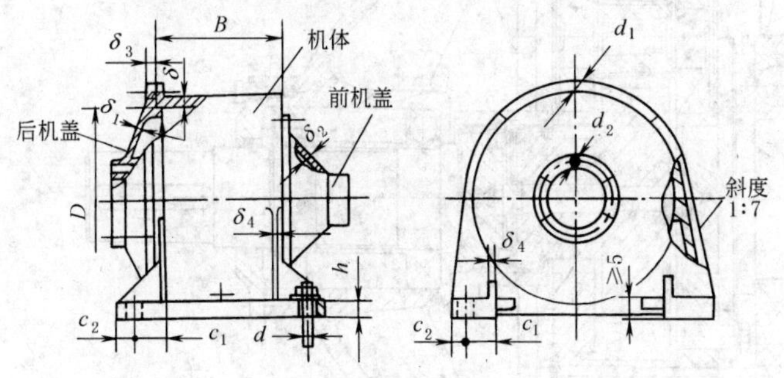

图 14-5-20 机体结构尺寸代号

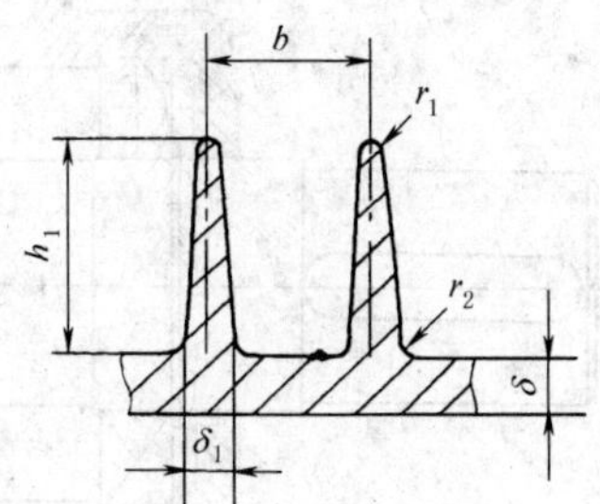

图 14-5-21 散热筋尺寸

$h_1 = (2.5 \sim 4)\delta; b = 2.5\delta$

$r_1 = 0.25\delta$；$r_2 = 0.5\delta$；$\delta_1 = 0.8\delta$

表 14-5-33 行星减（增）速器铸造机体结构尺寸 mm

名　　称	代号	计 算 方 法
机体壁厚	δ	见表 14-5-34 或 δ 计算公式
前机盖壁厚	δ_2	$\delta_2 = 0.8\delta \geqslant 6$
后机盖壁厚	δ_1	$\delta_1 = \delta$
机盖(机体)法兰凸缘厚度	δ_3	$\delta_3 = 1.25d_1$
加强筋厚度	δ_4	$\delta_4 = \delta$
加强筋斜度		2°
机体宽度	B	$B \geqslant 4.5 \times$ 齿轮宽度
机体内壁直径	D	按内齿轮直径及固定方式确定
机体机盖紧固螺栓直径	d_1	$d_1 = (0.85 - 1)\delta \geqslant 8$
轴承端盖螺栓直径	d_2	$d_2 = 0.8d_1 \geqslant 8$
地脚螺栓直径	d	$d = 3.1\sqrt[4]{T_D} \geqslant 12$
机体底座凸缘厚度	h	$h = (1 \sim 1.5)d$
地脚螺栓孔的位置	c_1	$c_1 = 1.2d + (5 \sim 8)$
	c_2	$c_2 = d + (5 \sim 8)$

注：1. T_D—作用于机体上的转矩 N · m。

2. 尺寸 c_1 和 c_2 要按扳手空间要求校核。

3. 本表尚未包括的其他尺寸，可参考第 16 篇第 1 章的表 16-1-5 中有关内容确定。

4. 对于焊接机体，表中的尺寸关系仅供参考。

表 14-5-34 铸造机体的壁厚

尺寸系数 K_δ	壁厚 δ/mm
≤0.6	6
>0.6 ~ 0.8	7
>0.8 ~ 1.0	8
>1.0 ~ 1.25	>8 ~ 10
>1.25 ~ 1.6	>10 ~ 13
>1.6 ~ 2.0	>13 ~ 15
>2.0 ~ 2.5	>15 ~ 17
>2.5 ~ 3.2	>17 ~ 21
>3.2 ~ 4.0	>21 ~ 25
>4.0 ~ 5.0	>25 ~ 30
>5.0 ~ 6.3	>30 ~ 35

注：1. 尺寸系数 $K_\delta = \frac{3D + B}{1000}$，$D$ 为机体内壁直径 mm，B 为机体宽度 mm。

2. 对有散热片的机体，表中 δ 值应降低 10% ~ 20%。

3. 表中 δ 值适合于灰铸铁，对于其他材料可按性能适当增减。

4. 对于焊接机体，表中 δ 可作参考，一般应降低 30% 左右使用。

6.5 行星齿轮减速器结构图例

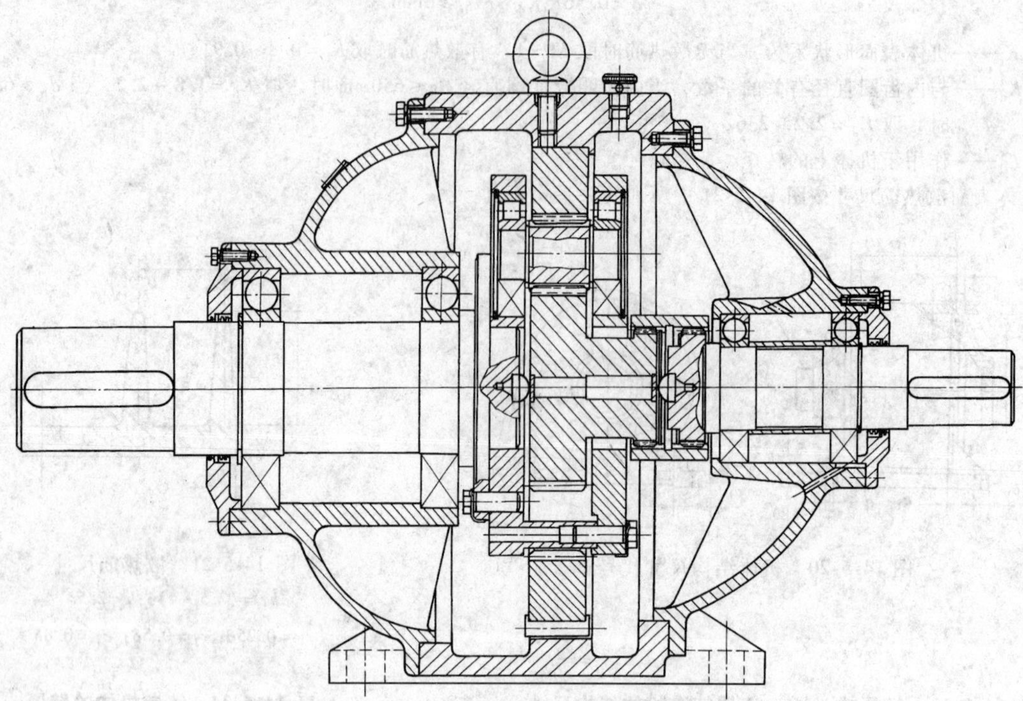

图 14-5-22　NGW 型单级行星减速器

（太阳轮浮动，$i_{AX}^{B}=2.8\sim4.5$，$z_A>z_C$）

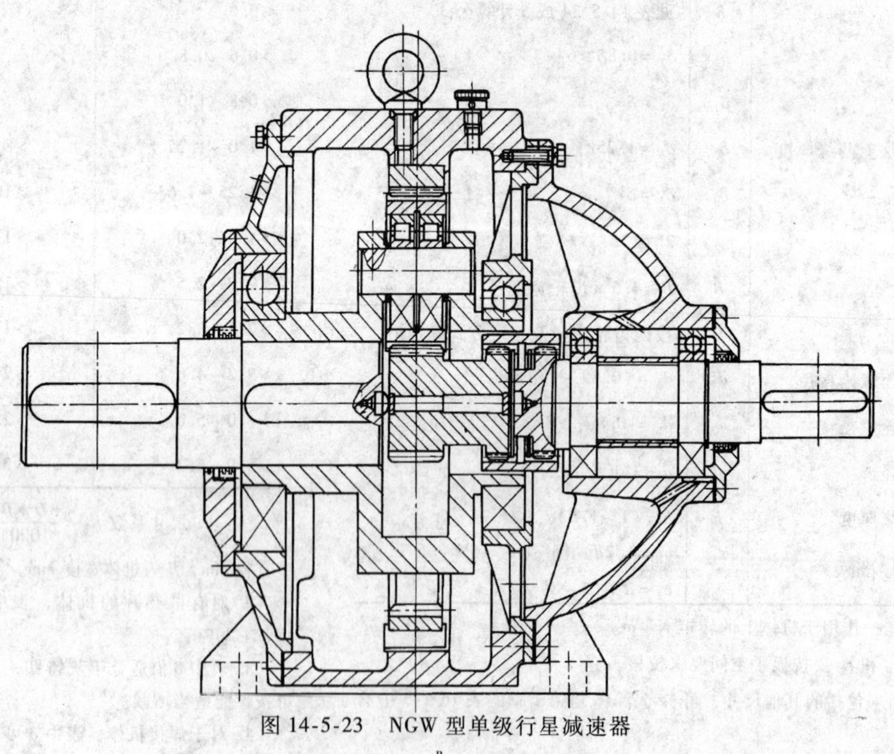

图 14-5-23　NGW 型单级行星减速器

（太阳轮浮动，$i_{AX}^{B}>4.5$，$z_A<z_C$）

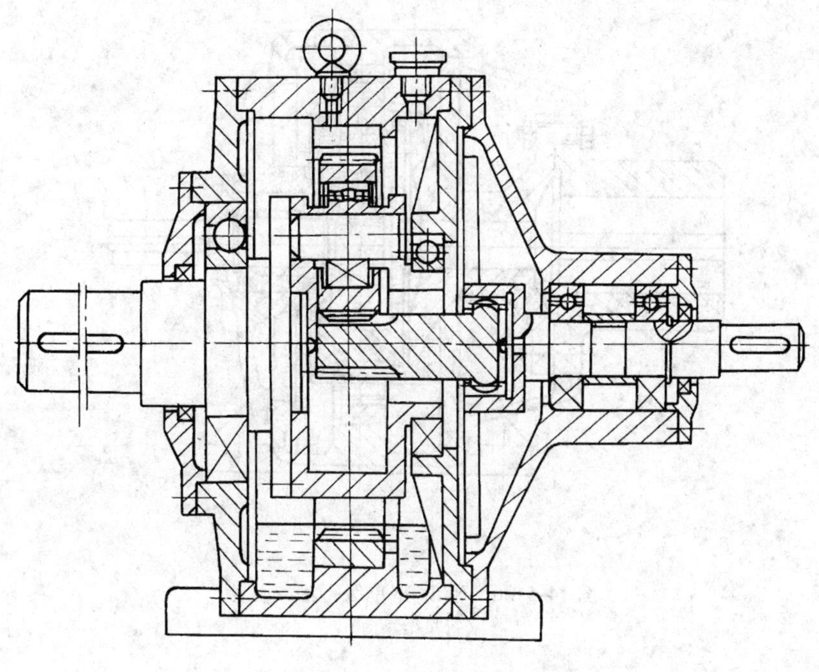

图 14-5-24　NGW 型单级行星减速器[6]

（无多余约束的浮动 $z_A < z_C$）

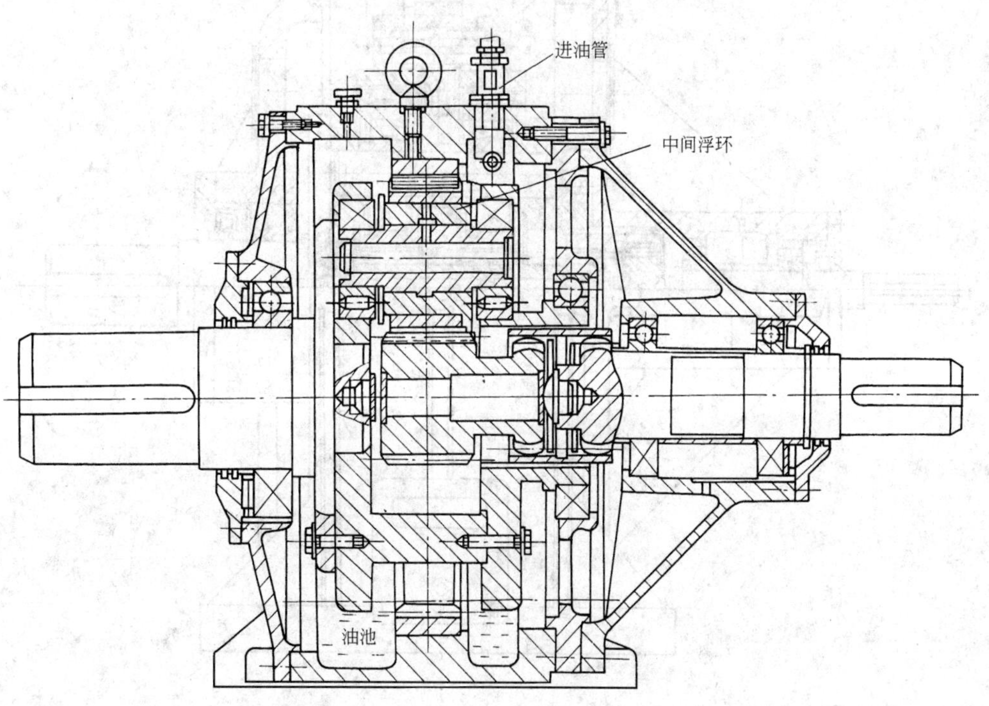

图 14-5-25　NGW 型行星齿轮减速器[3]

（弹性油膜浮动与太阳轮浮动均载）

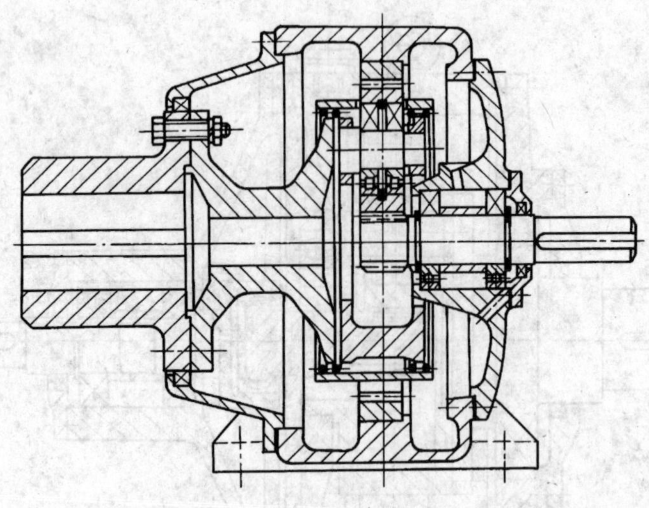

图 14-5-26　NGW 型单级行星减速器
（行星架浮动）

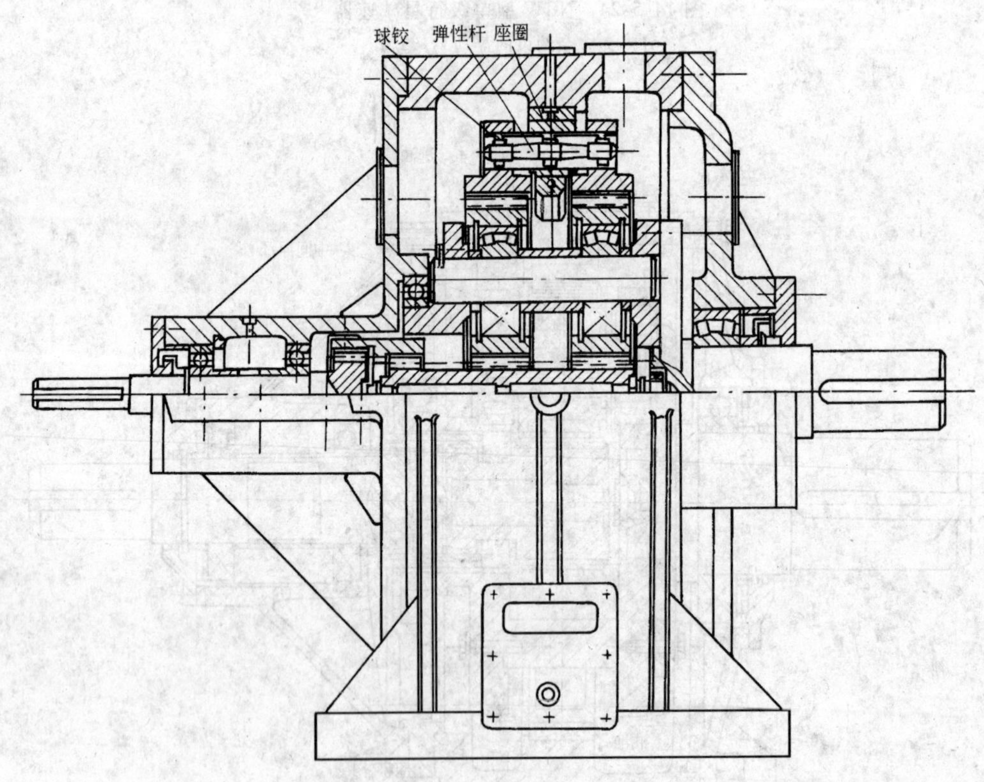

图 14-5-27　双排直齿 NGW 型大规格行星减速器[3]
（两排内齿轮之间采用弹性杆均载，高速端的端盖为轴向剖分式）

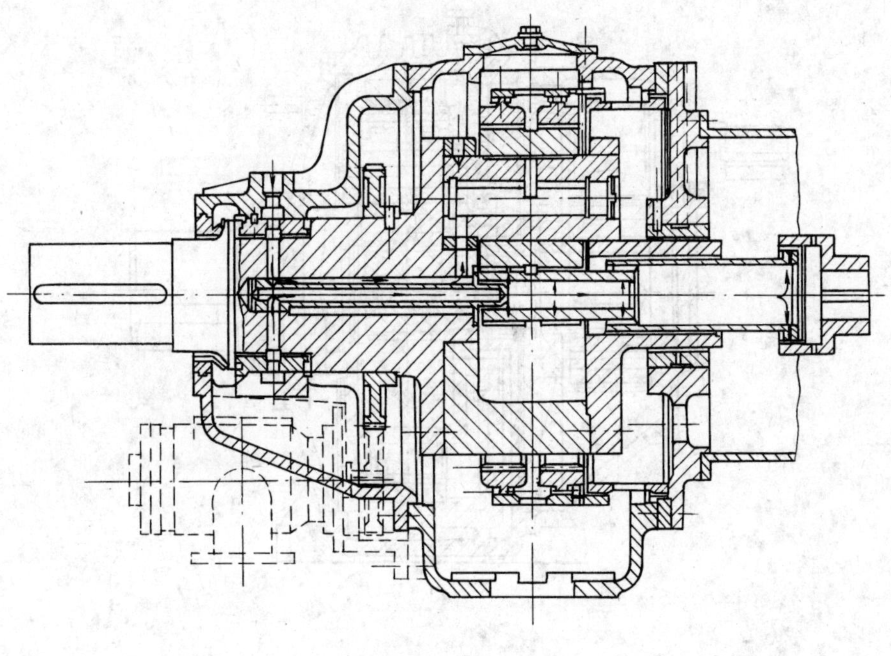

图 14-5-28　NGW 型高速行星增（减）速器
（太阳轮与内齿圈同时浮动）[7]

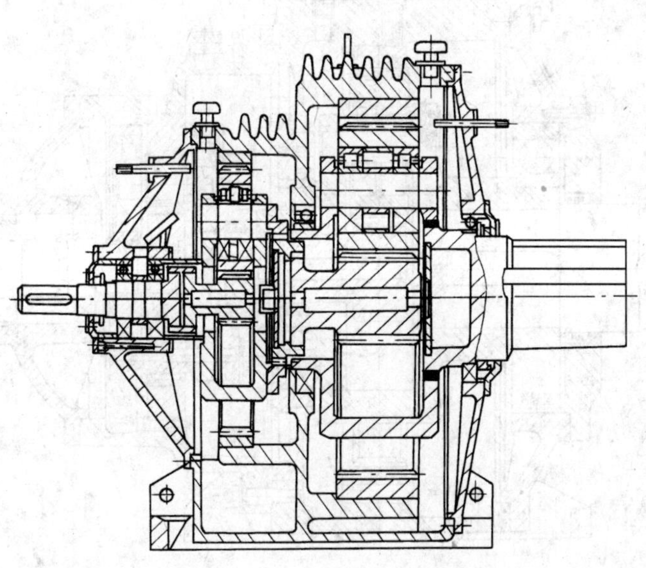

图 14-5-29　NGW 型二级行星减速器[6]
（高速级太阳轮与行星架同时浮动，低速级太阳轮浮动）

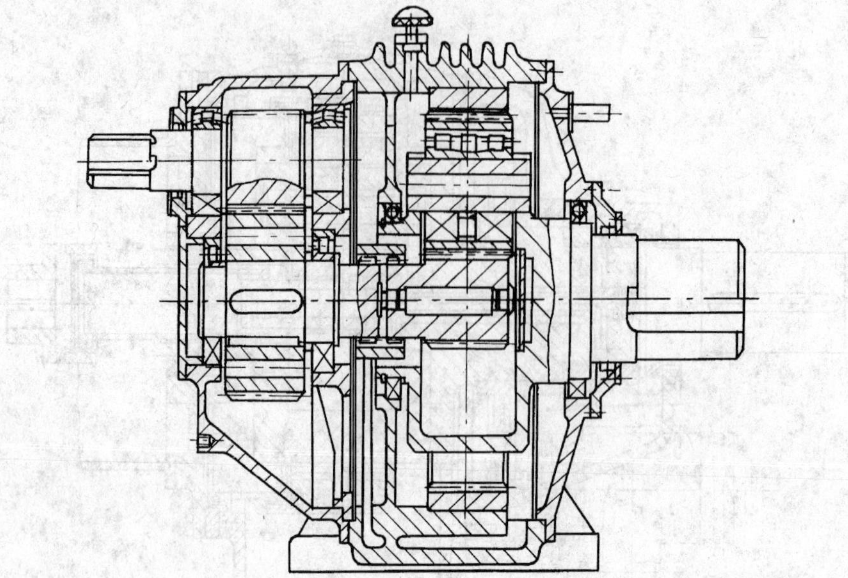

图 14-5-30　定轴齿轮传动与 NGW 型组合的行星减速器[6]
(低速级太阳轮浮动)

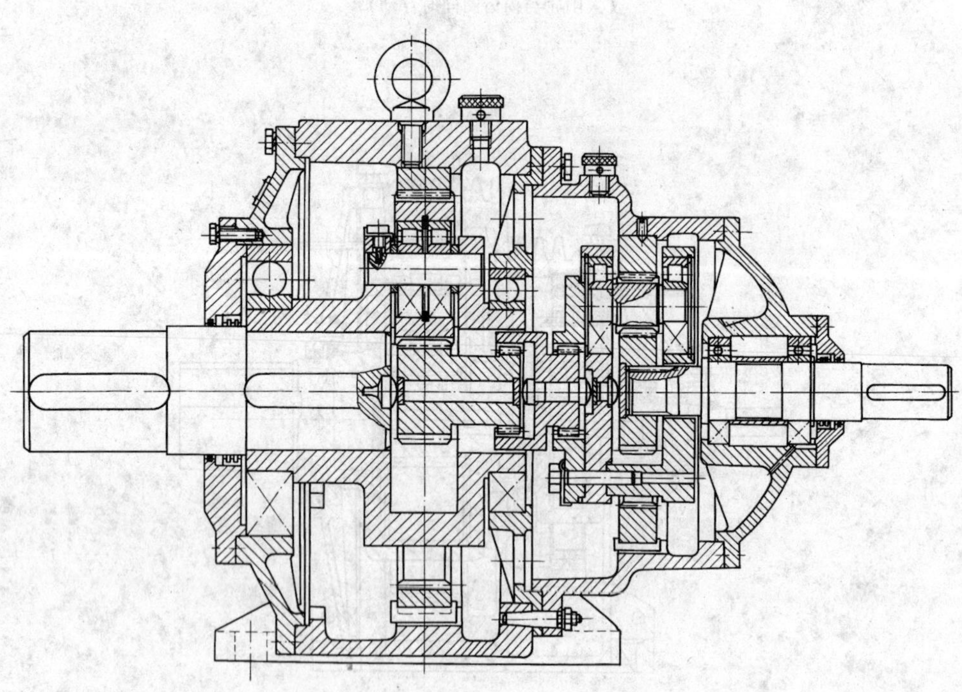

图 14-5-31　NGW 型二级行星减速器
(高速级行星架浮动，低速级太阳轮浮动)

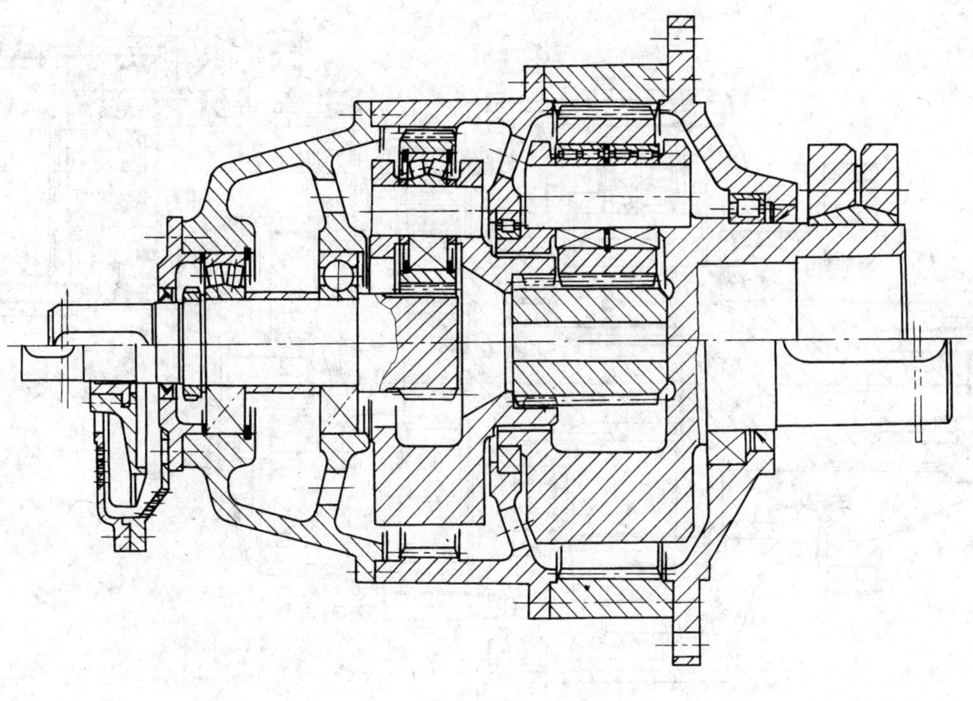

图 14-5-32 法兰式 NGW 型二级行星减速器[3]

（高速级行星架浮动，低速级太阳轮浮动；低速轴采用平键连接或缩套无键连接）

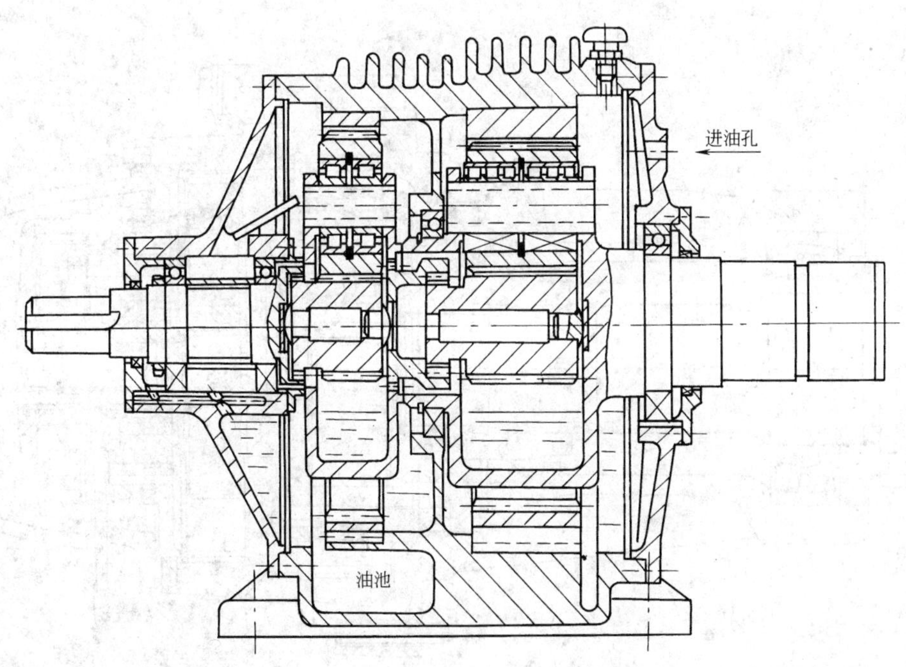

图 14-5-33 二级 NGW 型大规格行星减速器[3]

（高速级太阳轮与行星架浮动，低速级太阳轮浮动）

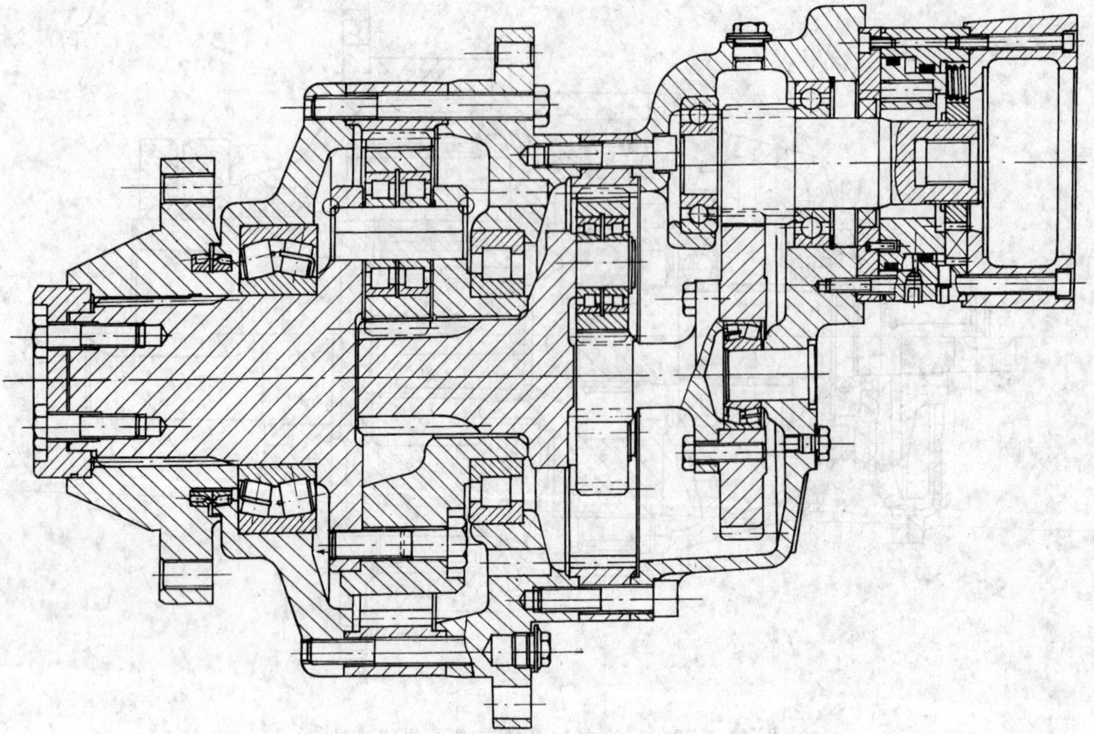

图 14-5-34 挖掘机用行走型行星减速器[9]

（二级 NGW 型传动与一级平行轴传动组合；低速级太阳轮浮动，中间级行星架浮动；高速级带制动器）

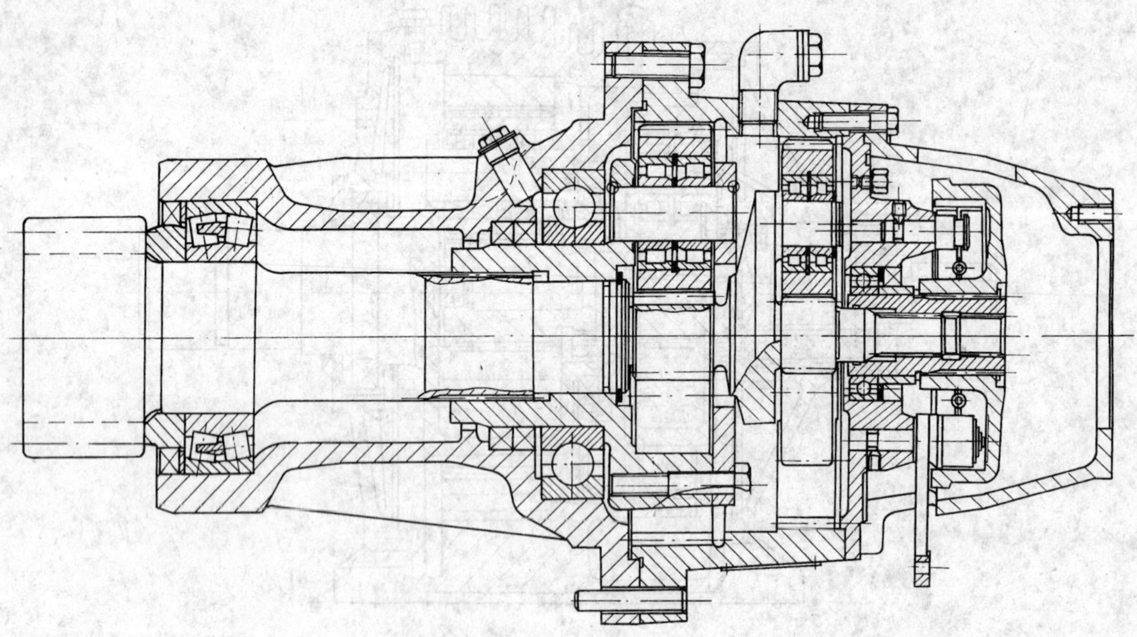

图 14-5-35 挖掘机用回转型行星减速器[10]

（高速级行星架浮动，低速级太阳轮浮动）

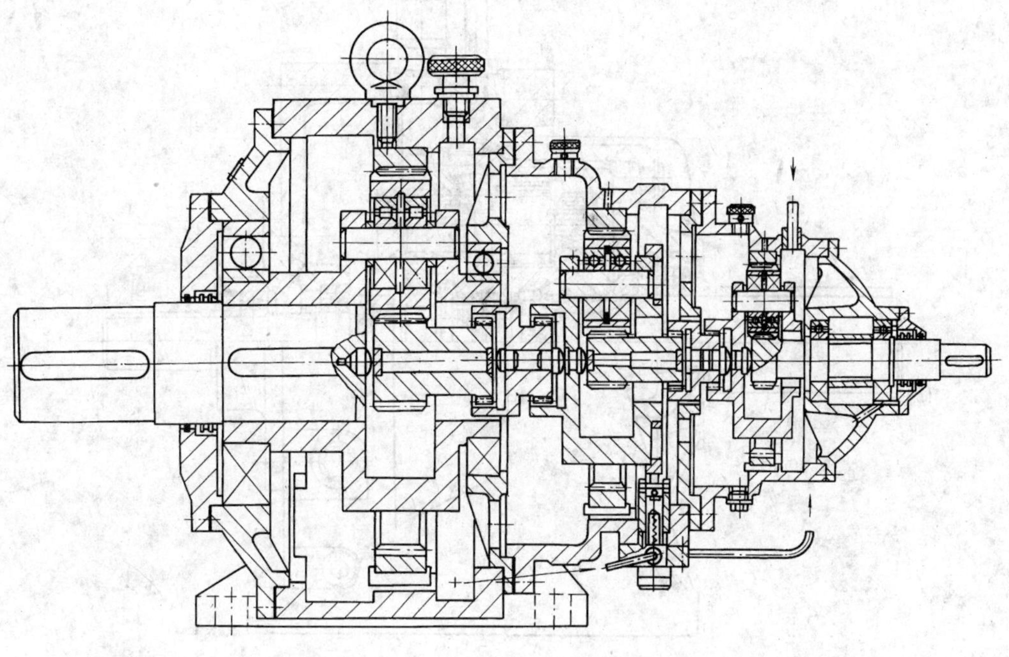

图 14-5-36　NGW 型三级行星减速器
（一级：行星架浮动；二级：太阳轮与行星架同时浮动；三级：太阳轮浮动）

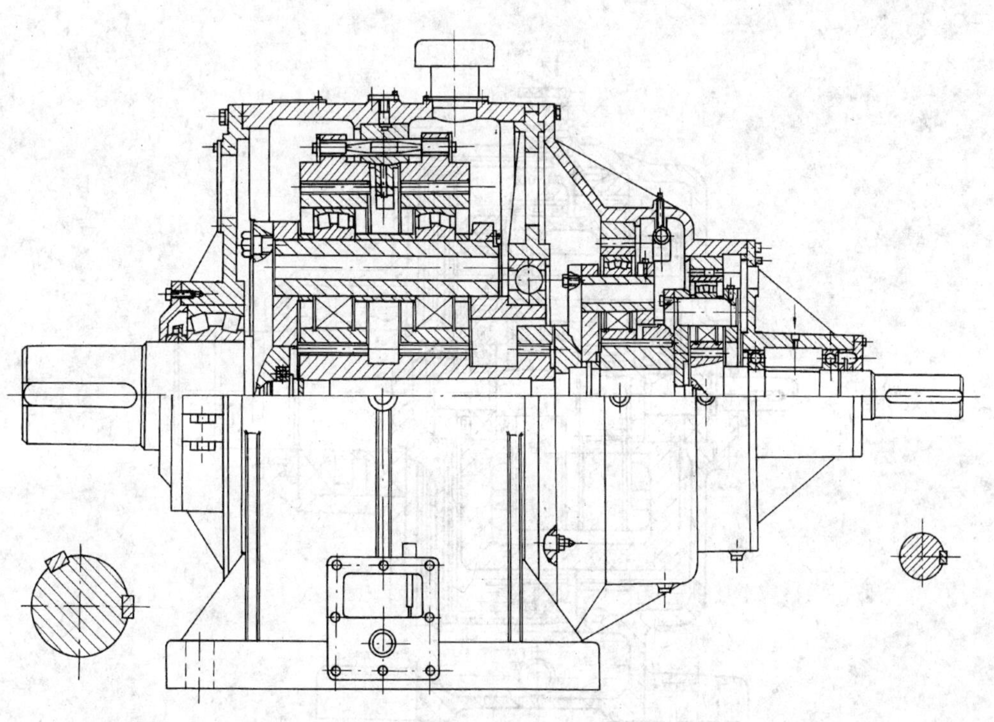

图 14-5-37　NGW 型三级大规格行星减速器[8]
（高速级行星架浮动，中间级太阳轮与行星架同时浮动，
低速级太阳轮浮动并采用双排齿轮，两排内齿轮以弹性杆均载）

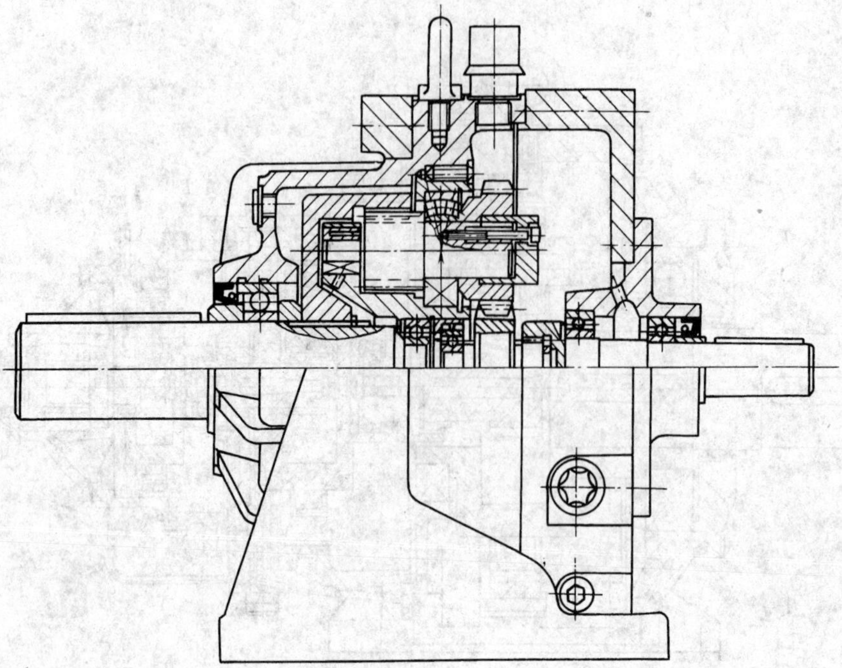

图 14-5-38　行星架固定的 NW 型准行星减速器[3]

（传动比 $i=5\sim50$，两个行星轮与水平方向成 45°，双联行星轮采用弹性胀套连接，加工、装配方便）

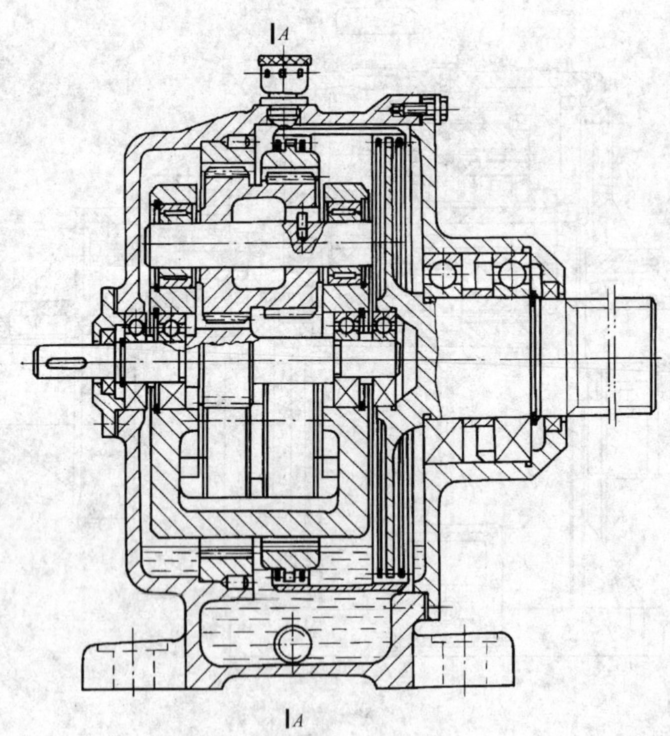

图 14-5-39　NGWN（Ⅰ）型行星减速器

（内齿轮通过浮动，双联齿轮联轴器与输出轴相连，太阳轮不浮动）

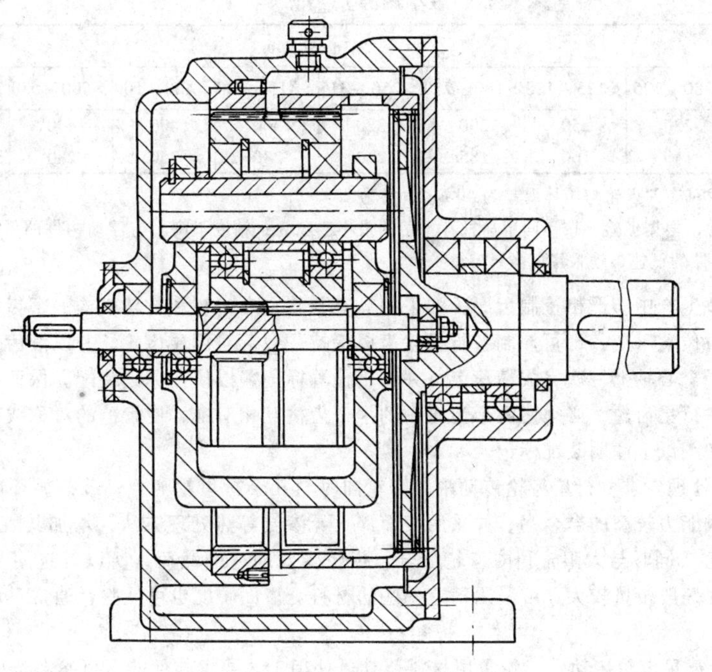

图 14-5-40　NGWN（Ⅱ）型行星减速器[3]

（采用薄壁弹性输出内齿轮，并以齿轮联轴器与输出轴相连，太阳轮不浮动）

7　主要零件的技术要求

7.1　对齿轮的要求

1）精度等级　行星齿轮传动中，一般多采用圆柱齿轮，若有合理的均载机构，齿轮精度等级可根据其相对于行星架的圆周速度 v_X 由表 14-5-35 确定。通常与普通定轴齿轮传动的齿轮精度相当或稍高。一般情况下，齿轮精度应不低于 8-7-7 级。对于中、低速行星齿轮传动，推荐齿轮精度：太阳轮、行星轮不低于 7 级，常用 6 级；内齿轮不低于 8 级，常用 7 级；对于高速行星齿轮传动，其太阳轮和行星轮精度不低于 5 级，内齿轮精度不低于 6 级。齿轮精度的检验项目及极限偏差应符合 GB/T 10095—1988《渐开线圆柱齿轮精度》的规定。

表 14-5-35　　圆柱齿轮精度等级与圆周速度的关系[6]

精　度　等　级		5	6	7	8
圆周速度 v_X/m·s^{-1}	直齿轮	>20	≤15	≤10	≤6
	斜齿轮	>40	≤30	≤20	≤12

2）齿轮副的侧隙　齿轮啮合侧隙一般应比定轴齿轮传动稍大。推荐按表 14-5-36 的规定选取，并以此计算出齿厚或公法线平均长度的极限偏差，再圆整到 GB/T 10095—1988 所规定的偏差代号所对应的数值。

3）齿轮联轴器的齿轮精度　一般取 8 级，其侧隙应稍大于一般定轴齿轮传动。

4）对行星轮制造方面的几点要求　由表 14-5-23 可知，行星轮的偏心误差对浮动量的影响最大，因此对其齿圈径向跳动公差应严格要求。在成批生产中，应选取偏心误差相近的行星轮为一组，装配时使同组各行星轮的偏心方向对各自中心线（行星架中心与该行星轮轴孔中心的连线）呈相同角度，这样可使行星轮的偏心误差的

表 14-5-36　　最小侧隙 j_{nmin}[6]　　μm

侧隙种类	中心距/mm									
	≤80	>80~125	>125~180	>180~250	>250~315	>315~400	>400~500	>500~630	>630~800	>800~1000
a	190	220	250	290	320	360	400	440	500	560
b	120	140	160	185	210	230	250	280	320	360

注：1. 表中 a 类侧隙对应的齿轮与箱体温差为 40℃；b 类为 25℃。

2. 对于行星齿轮传动，根据经验，按不同用途推荐采用的最小侧隙为：精度不高，有浮动构件的低速传动采用 a 类；精度较高（>7 级）有浮动构件的低速传动采用 b 类。

影响降到最小。在单件生产中应严格控制齿厚，如采用具有砂轮自动修整和补偿机构的磨齿机进行磨齿，可保证砂轮与被磨齿轮的相对位置不变，即可控制各行星轮齿厚保持一致。对调质齿轮，并以滚齿作为最终加工时，应将几个行星轮安装在一个心轴上一次完成精滚齿，并作出位置标记，以便按标记装配，保证各行星轮啮合处的齿厚基本一致。对于双联行星齿轮，必须使两个齿轮中的一个齿槽互相对准，使齿槽的对称线在同一轴平面内，并按装配条件的要求，在图纸上注明装配标记。

5）齿轮材料和热处理要求　行星齿轮传动中太阳轮同时与几个行星轮啮合，载荷循环次数最多，因此在一般情况下，应选用承载能力较高的合金钢，并采用表面淬火、渗氮等热处理方法，增加其表面硬度。在 NGW 和 NGWN 传动中，行星轮 C 同时与太阳轮和内齿轮啮合，齿轮受双向弯曲载荷，所以常选用与太阳轮相同的材料和热处理。内齿轮强度一般裕量较大，可采用稍差一些的材料。齿面硬度也可低些，通常只调质处理，也可表面淬火和渗氮。

表 14-5-37 所列为行星齿轮传动中齿轮常用材料及其热处理工艺要求与性能，可参考选用。

表 14-5-37　　常用齿轮材料热处理工艺及性能[6]

齿轮	材料	热处理	表面硬度	芯部硬度	σ_{Hlim} /N·mm^{-2}	σ_{Flim} /N·mm^{-2}
太阳轮 行星轮	20CrMnTi $20CrNi_2MoA$	渗碳 淬火	57~61 HRC	35~40 HRC	1450	400 280
内齿圈	40Cr 42CrMo	调质	262~302 HBS	—	700	250

对于渗碳淬火的齿轮，兼顾其制造成本、齿面接触疲劳强度与齿根弯曲疲劳强度，有效硬化层深度可取为 $h_c=(0.15\sim0.20)m_n$。推荐的有效硬化层深度 h_c 与齿轮模数 m_n 的对应关系见表 14-5-38。

表 14-5-38　　太阳轮、行星轮有效硬化层深度推荐值[6]

模数 m_n/mm	有效硬化层深度及偏差/mm	模数 m_n/mm	有效硬化层深度及偏差/mm
2.0	$0.4^{+0.3}_{0}$	2.5	$0.5^{+0.3}_{0}$
3.0	$0.6^{+0.3}_{0}$	(3.5)	$0.7^{+0.3}_{0}$
4.0	$0.8^{+0.3}_{0}$	(4.5)	$0.85^{+0.3}_{0}$
5.0	$0.95^{+0.3}_{0}$	6.0	$1.1^{+0.3}_{0}$
(7.0)	$1.25^{+0.4}_{0}$	8.0	$1.35^{+0.4}_{0}$
10	$1.5^{+0.4}_{0}$	12	$1.7^{+0.5}_{0}$
16	$2.2^{+0.5}_{0}$	(18)	$2.5^{+0.5}_{0}$
20	$2.7^{+0.6}_{0}$	(22)	$2.9^{+0.6}_{0}$
25	$3.3^{+0.6}_{0}$		

对于表面氮化的齿轮，其轮齿芯部要有足够的硬度（强度），使其能在很高的压力作用下可靠地支撑氮化层。氮化层深度一般为 0.25~0.6mm，大模数齿轮可达 0.8~1.0mm。常用模数的氮化层深度见表 14-5-39。

表 14-5-39　　齿轮模数与渗氮层深度的关系[6]

模数 m/mm	公称深度/mm	深度范围/mm	模数 m/mm	公称深度/mm	深度范围/mm
≤1.25	0.15	0.1~0.25	4.5~6	0.50	0.45~0.55
1.5~2.5	0.30	0.25~0.40	>6	0.60	>0.5
3~4	0.40	0.35~0.50			

7.2 行星架的技术要求

(1) 中心距极限偏差 f_a

行星架上各行星轮轴孔与行星架基准轴线的中心距偏差会引起行星轮径向位移，从而影响齿轮的啮合侧隙，还会由于各中心距偏差的数值和方向不同而导致影响行星轮轴孔距相对误差并使行星架产生偏心，因而影响行星轮均载。为此，要求各中心距的偏差等值且方向相同，即各中心距之间的相对误差等于或接近于零，一般控制在0.01~0.02mm 之间。中心距极限偏差 $\pm f_a$ 之值可按下式计算：

$$f_a \leqslant \pm \frac{8\sqrt[3]{a}}{1000} \quad (\text{mm})$$

(2) 各行星轮轴孔的相邻孔距偏差 f_1

相邻行星轮轴孔距偏差 f_1 是对各行星轮间载荷分配均匀性影响较大的因素，必须严格控制。其值主要取决于各轴孔的分度误差，即取决于机床和工艺装备的精度。f_1 之值按下式计算：

$$f_1 \leqslant \pm (3\sim4.5)\frac{\sqrt{a}}{1000} \quad (\text{mm})$$

式中，a 为中心距，mm。括号中的数值，高速行星传动取小值，一般中低速行星传动取较大值。

各孔距偏差 f_1 间的相互差值（即相邻两孔实测弦距的相对误差）Δf_1 也应控制在 $\Delta f_1=(0.4\sim0.6)f_1$ 范围内。

(3) 行星轮轴孔对行星架基准轴线的平行度公差 f'_x 和 f'_y

f'_x 和 f'_y 是控制齿轮副接触精度的公差，其值按下式计算：

$$f'_x = f_x \frac{B}{b} \quad (\mu\text{m})$$

$$f'_y = f_y \frac{B}{b} \quad (\mu\text{m})$$

式中　f_x 和 f_y——在全齿宽上，x 方向和 y 方向的轴线平行度公差，μm，按 GB/T 10095—1988 选取；

B——行星架上两壁轴孔对称线（支点距）间的距离；

b——齿轮宽度。

(4) 行星架的偏心误差 e_X

行星架的偏心误差 e_X 可根据相邻行星轮轴孔距偏差求得。一般取 $e_X \leqslant \frac{1}{2}f_1$。

(5) 平衡试验

为保证传动装置运转的平稳性，对中、低速行星传动的行星架应进行静平衡试验，许用不平衡力矩按表14-5-40确定。

表 14-5-40　行星架的许用不平衡力矩

行星架外圆直径/mm	<200	200~350	350~500
许用不平衡力矩/N·m	0.15	0.25	0.50

对于高速行星传动的行星架，应在其上全部零件装配完成后进行该组件的整体动平衡试验。

7.3 浮动件的轴向间隙

对于采用基本构件浮动均载机构的行星传动，其每一浮动构件的两端与相邻零件间需留有 $\delta=0.5\sim1.0$mm 的轴向间隙，否则不仅会影响浮动和均载效果，还会导致摩擦发热和产生噪声。间隙的大小通常通过控制有关零件轴向尺寸的制造偏差和装配时返修有关零件的端面来实现，并且对于小规格行星传动其轴向间隙取小值，大规格行星传动取较大值。

7.4 其他主要零件的技术要求

机体、机盖、输入轴、输出轴等零件的相互配合表面、定位面及安装轴承的表面之间的同轴度、径向跳动和端面跳动可按 GB/T 1184 形位公差现行标准中的 5～7 级精度选用相应的公差值。上述较高的精度用于高速行星传动。一般行星传动通常采用 6～7 级精度。

各零件主要配合表面的尺寸精度一般不低于 GB/T 1800～GB/T 1804 公差与配合标准中的 7 级精度，常用 H7/h6 或 H7/k6。

8 行星齿轮传动设计计算例题

例 设计一台用于带式输送机的 NGW 型行星齿轮减速器（减速器采用直齿圆柱齿轮）。高速轴通过联轴器与电机直接连接；电机功率 $P=75\text{kW}$，转速 $n_1=1000\text{r/min}$。减速器输出转速 $n_2=32\text{r/min}$。

（1）计算传动比 i

$$i=\frac{n_1}{n_2}=\frac{1000}{32}=31.25$$

根据表 14-5-3 得之知，单级传动比最大为 13.7，故该 NGW 型行星齿轮减速器须采用二级行星传动。

（2）分配传动比

先按式 14-5-10 计算出数值 E，而后利用图 14-5-7 分配传动比。

用角标Ⅰ表示高速级参数，Ⅱ表示低速级参数。设高速级与低速级齿轮材料及齿面硬度相同，即 $\sigma_{\text{Hlim I}}=\sigma_{\text{Hlim II}}$。

取行星轮个数 $C_{\text{s I}}=C_{\text{s II}}$，齿面硬化系数 $Z_{\text{W I}}=Z_{\text{W II}}$，载荷分布系数 $K_{\text{C I}}=K_{\text{C II}}$，齿宽系数比 $\frac{\psi_{\text{d I}}}{\psi_{\text{d II}}}=1.2$，直径比 $B=\frac{d_{\text{B II}}}{d_{\text{B I}}}=1.2$，$\frac{K_{\text{V I}}K_{\text{H}\beta\text{ I}}Z_{\text{N II}}^2}{K_{\text{V II}}K_{\text{H}\beta\text{ II}}Z_{\text{N I}}^2}=1.9$，$A=\frac{C_{\text{s II}}\psi_{\text{d II}}K_{\text{C I}}K_{\text{V I}}K_{\text{H}\beta\text{ I}}Z_{\text{N II}}^2Z_{\text{W II}}^2\sigma_{\text{Hlim II}}^2}{C_{\text{s I}}\psi_{\text{d I}}K_{\text{C II}}K_{\text{V II}}K_{\text{H}\beta\text{ II}}Z_{\text{N I}}^2Z_{\text{W I}}^2\sigma_{\text{Hlim I}}^2}=2.28$，$E=AB^3=3.94$。

根据 $i=31.25$，$E=3.94$ 查图 14-5-7 得 $i_{\text{I}}=6.2$，而 $i_{\text{II}}=i/i_{\text{I}}=31.25/6.2\approx5$。

（3）高速级计算

1）确定齿数

为提高设计效率，一般不必自行配齿，只须首先将分配的传动比适当调整即可直接查表确定齿数。查表 14-5-5，可知本题中只需将 $i_{\text{I}}=6.2$ 调整为 6.3，$i_{\text{II}}=5$ 不变即可。这样总传动比误差仅为 0.8%，远小于一般减速器实际传动比允许的误差 4%，完全符合要求。

查表 14-5-3，取 $C_s=3$，而后查表 16-5-5，在 $i=6.3$，$C_s=3$ 一栏中选取齿数组合：$z_A=16$，$z_C=35$，$z_B=86$，$i=6.375$。

2）按接触强度初算 A-C 传动中心距和模数

输入转矩 $$T_{\text{I}}=9550\frac{P}{n_1}=9550\frac{75}{1000}=716.25\text{N}\cdot\text{m}$$

设载荷不均匀系数 $K_C=1.15$；

在一对 A-C 传动中，小轮（太阳轮）传递的转矩为

$$T_A=\frac{T_{\text{I}}}{C_s}K_C=\frac{716.25}{3}\times1.15=274.6\text{N}\cdot\text{m}$$

齿数比 $u=\frac{z_C}{z_A}=\frac{35}{16}\approx2.19$

太阳轮和行星轮的材料选用 20CrMnTi 渗碳淬火，齿面硬度要求为：太阳轮 59～63HRC，行星轮 53～58HRC；$\sigma_{\text{Hlim}}=1500\text{MPa}$；许用接触应力 $\sigma_{\text{Hp}}=0.9\sigma_{\text{Hlim}}=1500\times0.9=1350\text{MPa}$。

取齿宽系数 $\psi_a=0.5$，载荷系数 $K=1.8$，按本篇第 1 章 8.3.1 齿面接触强度计算公式计算中心距

$$a=A_a(u+1)\sqrt[3]{\frac{KT_A}{\psi_A u\sigma_{\text{Hp}}^2}}=483(2.19+1)\sqrt[3]{\frac{1.8\times274.6}{0.5\times2.19\times1350^2}}=96.8\text{mm}$$

模数 $m=\frac{2a}{z_A+z_C}=\frac{2\times96.8}{16+35}=3.8\text{mm}$，取模数 $m=4\text{mm}$。

为提高啮合齿轮副的承载能力，将 z_C 减少 1 个齿，改为 $z_C=34$，并进行不等角变位，则 A-C 传动未变位时的中心距为

$$a_{AC}=\frac{m}{2}(z_A+z_C)=\frac{4}{2}(16+34)=100\text{mm}$$

根据系数 $j=\dfrac{z_B-z_C}{z_A+z_C}=\dfrac{86-34}{16+34}=1.04$，查图 14-5-4，预取啮合角 $\alpha_{AC}=24°$则 $\alpha_{CB}\approx 18.3°$。

A-C 传动中心距变动系数为

$$y_{AC}=\frac{1}{2}(z_A+z_C)\times\left(\frac{\cos\alpha}{\cos\alpha'_{AC}}-1\right)=\frac{1}{2}\times(16+34)\times\left(\frac{\cos20°}{\cos24°}-1\right)=0.716$$

则中心距 $a'=a_{AC}+y_{AC}m=100+0.716\times4=102.86\text{mm}$

取实际中心距为：$a'=103\text{mm}$。

3）计算 *A-C* 传动的实际中心距变动系数 y_{AC} 和啮合角 α'_{AC}

$$y_{AC}=\frac{a'-a_{AC}}{m}=\frac{103-100}{4}=0.75$$

$$\cos\alpha'_{AC}\frac{a_{AC}}{a}\cos\alpha=\frac{100}{103}\cos20°=0.91232293$$

∴ $$\alpha'_{AC}=24°10'18''$$

4）计算 *A-C* 传动的变位系数

$$x_{\Sigma AC}=(z_A+z_C)\frac{\text{inv}\alpha'_{AC}-\text{inv}\alpha}{2\tan\alpha}=(16+34)\times\frac{\text{inv}24°10'18''-\text{inv}20°}{2\tan20°}=0.662$$

用图 14-5-5 校核，$z_{\Sigma AC}=16+34=50$ 和 $x_{\Sigma AC}=0.662$ 均在许用区内，可用。

根据 $x_{\Sigma AC}=0.662$，实际的 $u=34/16=2.13$，在图 14-5-5 中，x_Σ 纵坐标上 0.662 处向左作水平直线与③号斜线（$u>1.6\sim2.2$）相交，其交点向下作垂直线，与 x_1 横坐标的交点即为太阳轮的变位系数 $x_A=0.42$，行星轮的变位系数为：$x_C=x_{\Sigma AC}-x_A=0.662-0.42=0.242$

5）计算 *C-B* 传动的中心距变动系数 y_{CB} 和啮合角 α'_{CB}

C-B 传动未变位时的中心距为：$a_{CB}=\dfrac{m}{2}(z_B-z_C)=\dfrac{4}{2}(86-34)=104$

则 $$y_{CB}=\frac{a'-a_{CB}}{m}=\frac{103-104}{4}=-0.25$$

$$\cos\alpha'_{CB}=\frac{a_{CB}}{a'}\cos\alpha=\frac{104}{103}\cos20°=0.94881585$$

∴ $$\alpha'_{CB}=18°24'39''$$

6）计算 *C-B* 传动的变位系数

$$x_{\Sigma CB}=(z_B-z_C)\frac{\text{inv}\alpha'_{CB}-\text{inv}\alpha}{2\tan\alpha}=(86-34)\frac{\text{inv}18°24'39''-\text{inv}20°}{2\tan20°}=-0.004077$$

$$x_B=x_{\Sigma CB}+x_C=-0.004077+0.242=0.238$$

7）计算几何尺寸

按第 1 章表 14-1-21 的公式分别计算 *A*、*C*、*B* 齿轮的分度圆直径、齿顶圆直径、基圆直径、端面重合度等（略）。

8）验算 *A-C* 传动的接触强度和弯曲强度（详细计算过程从略）

强度计算公式同本篇第 1 章定轴线齿轮传动。接触强度验算按表 14-1-70 所列公式。弯曲强度验算按表 14-1-101 所列公式。

确定系数 K_V 和 Z_v 所用的圆周速度用相对于行星架的圆周速度

$$v^X=\frac{\pi mz_An_1\left(1-\dfrac{1}{i_1}\right)}{1000\times60}=\frac{\pi\times4\times16\left(1-\dfrac{1}{6.3}\right)}{1000\times60}=2.82\text{m/s}$$

由式（14-5-12）和式（14-5-13）确定 $K_{F\beta}$ 和 $K_{H\beta}$。

$$K_{F\beta}=1+(\theta_b-1)\mu_F$$
$$K_{H\beta}=1+(\theta_b-1)\mu_H$$

由图 14-5-12 得 $\mu_H=0.95$，$\mu_F=1.0$

$$\psi_d=\frac{0.5a}{d_A}=\frac{0.5\times103}{mz_A}=\frac{0.5\times103}{4\times16}=0.805$$

由图 14-5-13 得 $\theta_b=1.26$

$$K_{F\beta}=1+(1.26-1)\times1=1.26$$
$$K_{H\beta}=1+(1.26-1)\times0.95=1.247$$

其他系数及参数的确定和强度计算过程同本篇第 1 章。计算结果如下（安全）：

太阳轮的接触应力 $\sigma_{HA}=1328.7\text{MPa}<\sigma_{Hp}=1350\text{MPa}$；

行星轮的接触应力 $\sigma_{HC}=1267.8\text{MPa}<\sigma_{Hp}=1350\text{MPa}$；

太阳轮的弯曲应力 $\sigma_{FA}=337\text{MPa}<\sigma_{Fp}=784\text{MPa}$；

行星轮的弯曲应力 $\sigma_{FC}=341\text{MPa}<\sigma_{Fp}=784\text{MPa}$。

由于齿轮强计算极为繁复，费时，因此在目前已有多种软件产品面世的情况下，完全可以借助计算机软件高效地完成设计计算工作。

9）根据接触强度计算结果确定内齿轮材料

根据表 14-1-70 的公式得

$$\sigma_{\text{Hlim}} \geqslant \frac{\sqrt{\frac{F_t}{d_1 b} \times \frac{u-1}{u} K_A K_V K_{H\beta} K_{H\alpha}} \times Z_H Z_E Z_\varepsilon Z_\beta}{Z_N Z_L Z_V Z_R Z_W Z_X}$$

计算结果：$\sigma_{\text{Hlim}} \geqslant 802\text{MPa}$（在计算过程中，取 $S_{\text{Hmin}}=1.0$）

根据 σ_{Hlim} 选用 40Cr 并进行氮化处理，表面硬度达 52～55HRC 即可。

10）*C-B* 的弯曲强度验算（略）

（4）低速级计算

低速级输入转矩 $T_{\text{II}}=T_{\text{I}}\times i_{\text{I}}\times\eta=716.25\times6.375\times0.98=4475\text{N}\cdot\text{m}$

传动比 $i_{\text{II}}=5$

计算过程同高速级（略）。

计算结果：齿轮材料、热处理及齿面硬度同高速级。

主要参数为：高速级 $z_A=16$，$z_C=34$，$z_B=86$，$a'=103$，$m=4$，$x_A=0.42$，$x_C=0.242$，$x_B=0.238$，$\alpha'_{AC}=24°10'18''$，$\alpha'_{CB}=18°24'39''$。

9　高速行星齿轮传动设计制造要点[6]

高速行星齿轮传动已广泛应用于航空、船舶、发电设备、压缩机等领域。传递的功率越来越大，速度越来越高。齿轮圆周速度一般达 30～50m/s，有的已超过 100m/s，传递的功率达 54600kW。由于功率大，速度高，而且大多数是长期连续运转，因而要求具有高的技术性能。与中低速行星齿轮传动相比，高速行星齿轮传动在设计、制造方面具有如下特点。

1）在传动型式上多用 NGW 型，并采用人字齿轮，压力角为 20°或 22°30′，螺旋角为 18°～30°，法向齿顶高系数为 0.9，并采用较小的模数，以提高齿轮的接触疲劳强度和运转平稳性。

2）采用具有双联齿轮联轴器的太阳轮和内齿圈同时浮动的均载机构。为提高均载效果及运转质量，齿轮和行星架等主要零件均要求高精度，一般为 4～6 级。行星架组件要进行严格的动平衡试验。对于传动比较大的单级传动，其太阳轮直径较小，尚需对轮齿进行修形。

3）由于行星轮转速很高，滚动轴承的许用极限转速和寿命已不能满足要求，因而高速行星传动一般都采用巴氏合金滑动轴承，且其合金材料是采用离心浇注法或堆焊法将其镶嵌在行星轮心轴表面上。合金层的厚度控制在 1mm 左右为最佳。轴承间隙一般为轴承直径的 0.002～0.0025 倍，在直径小、速度高的情况下取小值，反之取大值。

4）滑动轴承的压强是影响使用寿命的一个重要因素，其实际压强不应超过许用压强 $p_p=3\sim4\text{N/mm}^2$，最大为 4.5N/mm^2。滑动轴承的压强 p 按下式计算

$$p=\frac{F}{ld}\quad(\text{N/mm}^2)$$

式中　l——轴承长度，mm；

d——轴承直径，mm；

F——由齿轮啮合圆周力 F_t 与其所受离心力 F_W 合成的作用于轴承上的总径向力，N。

$$F=\sqrt{(2F_t)^2+F_W^2}$$

5）在高速情况下，必须考虑行星轮受到的离心力对轴承寿命的影响。其值高达轴承总载荷的 80%～90%，离心力 F_W 按下式计算

$$F_W=Ma'\left(\frac{\pi n_X}{30}\right)^2\quad(\text{N})$$

式中　M——行星轮的质量，kg；

第 14 篇

n_X——行星架的转速，r/min；

a'——行星轮与太阳轮的中心距，m。

一般情况下，当内齿圈直径 $d_B \leqslant 500$mm 时，行星架转速 n_X 不得大于 3000r/min；当 $d_B > 500$mm 时，n_X 不得大于 1500r/min。若 n_X 超过上述规定值则采用将行星架固定，由内齿圈输出的准行星传动。

6）因为高速行星齿轮传动采用的模数较小，因而断齿为其主要失效形式。轮齿弯曲强度是限制高速行星传动的主要条件。

7）高速行星传动对润滑要求很高，必须有可靠的循环润滑系统和严格的使用与维护技术。润滑油通过太阳轮轴孔和行星轮轴孔在离心力作用下喷向啮合齿间和轴承表面。行星轮轴上导油孔的方向应沿行星架半径的方向，使流油方向与离心力方向相同，导油孔中的导油管起隔离和过滤杂质的作用，见图 14-5-41a。对于行星架固定的传动，导油孔为心轴上沿行星架半径方向的通孔，即油流可以从上下两个方向导入，见图 14-5-41c。

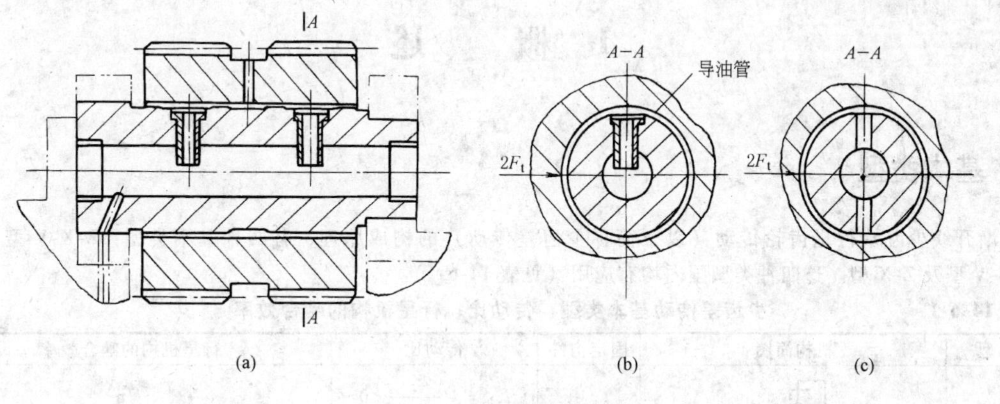

图 14-5-41　行星轮滑动轴承

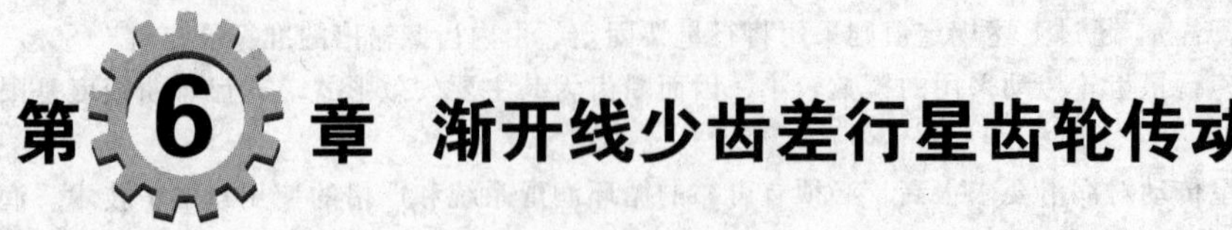

第6章 渐开线少齿差行星齿轮传动

1 概 述

1.1 基本类型

按渐开线少齿差行星齿轮传动（以下简称少齿差传动）的构成原理，有四种基本类型：Z-X-V 型、2Z-X 型、2Z-V 型及 Z-X 型。这四种类型国内均有应用（见表 14-6-1）。

表 14-6-1　少齿差传动基本类型、传动比、行星机构的啮合效率

类型		机构简图	固定构件	传动比	行星机构的啮合效率
Z-X-V (K-H-V)			2	$i_{XV}=-\frac{z_1}{z_2-z_1}<0$ $\|i_{XV}\|$大	$\eta_e=\frac{\eta_e^X}{1-i_{XV}(1-\eta_e^X)}$
			V	$i_{X2}=\frac{z_2}{z_2-z_1}>0$ $\|i_{X2}\|$大	$\eta_e=\frac{1}{i_{X2}(1-\eta_e^X)+\eta_e^X}$
2Z-X (2K-H)	Ⅰ型	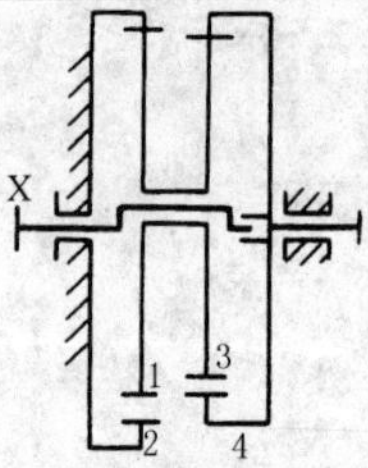	2	$i_{X4}=\frac{z_1z_4}{z_1z_4-z_2z_3}$ $\|i_{X4}\|$大	$i_{X4}<0$ 时 $\eta_e=\frac{\eta_e^X}{1-i_{X4}(1-\eta_e^X)}$ $i_{X4}>0$ 时 $\eta_e=\frac{1}{1+(i_{X4}-1)(1-\eta_e^X)}$
	Ⅱ型		2	$i_{X4}=\frac{z_1z_4}{z_1z_4-z_2z_3}<0$ $\|i_{X4}\|$较小	$\eta_e=\frac{\eta_e^X}{1-i_{X4}(1-\eta_e^X)}$
2Z-V (2K-V)			2	$i_{3V}=\frac{z_2z_4}{z_3(z_2-z_1)}+1$ i_{3V}大	$\eta_e{}^{[2]}=\frac{(i_1-1)[(i_2\eta_{34}+1)i_1-\eta_{12}]}{(i_1-\eta_{12})[(i_2+1)i_1-1]}$ 式中　$i_1=\frac{z_2}{z_1},i_2=\frac{z_4}{z_3}$ η_{12}——齿轮1和2定轴传动的啮合效率； η_{34}——齿轮3和4定轴传动的啮合效率

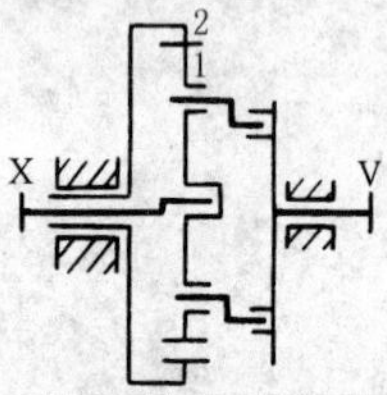

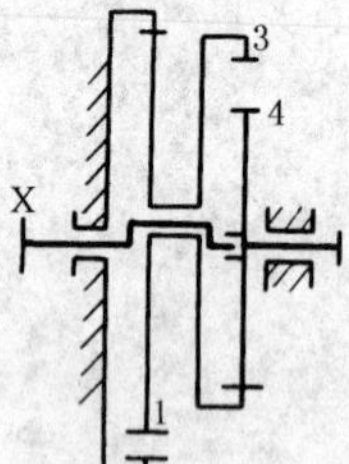

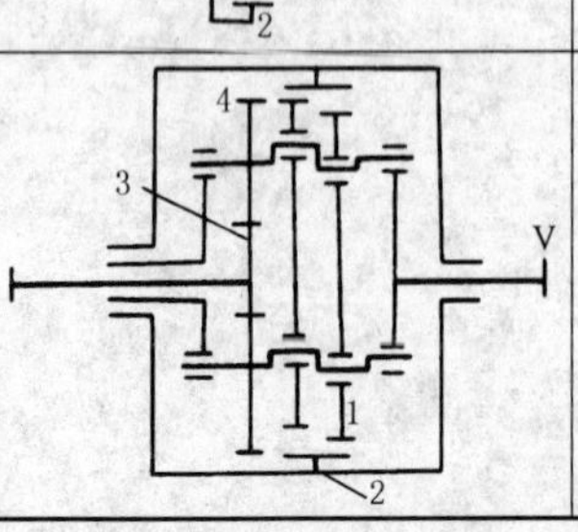

续表

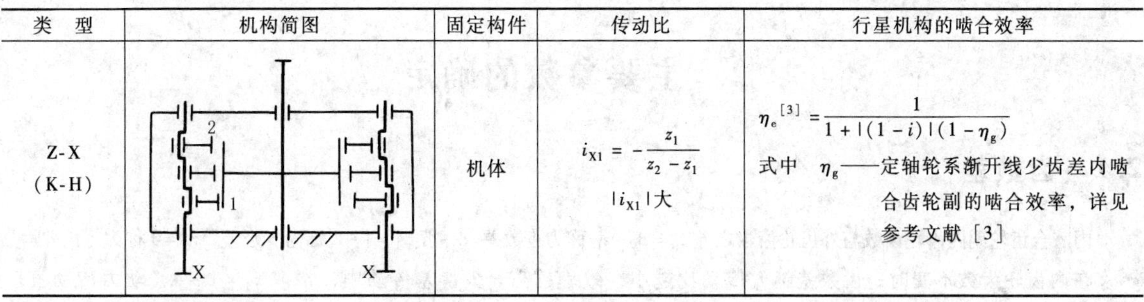

类 型	机构简图	固定构件	传动比	行星机构的啮合效率
Z-X (K-H)		机体	$i_{X1}=-\frac{z_1}{z_2-z_1}$ $\lvert i_{X1}\rvert$大	η_e[3] $=\frac{1}{1+\lvert(1-i)\rvert(1-\eta_g)}$ 式中 η_g——定轴轮系渐开线少齿差内啮合齿轮副的啮合效率，详见参考文献［3］

注：1. 传动比应带着其正负号代入 η_e 的计算式。

2. 2Z-X 型传动的 η_e^X 是两对齿轮啮合效率的乘积。

3. 表中类型栏（K-H-V）等为前苏联的分类代号，我国仍常用。

1.2 传动比

少齿差传动多用于减速，其传动比的计算式见表 14-6-1。如 $i<0$ 系指主动轴与从动轴转向相反，但通常均称其绝对值（下同）。

单级传动比：Z-X-V 型及 Z-X 型从 10～100 左右，在允许效率较低时，实例中单级传动比达几百甚至几千，传动比小于 30 时，应选用表 14-6-1 中外齿轮输出 $\lvert i_{X4}\rvert$ 较小的Ⅱ型传动方案；2Z-V 型前置一级外啮合圆柱齿轮传动，其传动比可在 50～300 之间方便地调整，其前级传动比取 1.5～3 为宜。

1.3 效率

减速用少齿差传动的效率 η，主要由三部分组成，即

$$\eta\approx\eta_e\eta_p\eta_b \tag{14-6-1}$$

式中 η_e——行星机构的啮合效率；

η_p——传输机构的效率；

η_b——转臂轴承的效率。

η_e 的计算式见表 14-6-1。η_e^X 的计算式见式（14-6-10）[4]。η_p 的计算式见表 14-6-12。η_b 的计算式见表 14-6-13[5,6]。

上述效率计算忽略了许多不易计算的因素，且摩擦因数也难以取得确切，故只能作为设计阶段的参考数值，而以实测值为评价依据。

传动比（绝对值）增大、传递功率减小、转速增高时，效率降低。国内目前产品的效率实测数值，当传动比在 100 以内时，$\eta\approx0.7\sim0.93$，个别的达 0.95 以上。

1.4 传递功率与输出转矩

渐开线齿轮的模数可以很小，故可传递微小功率。国内已有 $m=0.2$mm 的少齿差传动装置。目前国内产品传递功率多为 0.37～18.5kW。

我国生产的三环减速器[7]，其标准 SH 型单级传动最大中心距 1070mm，最小传动比 17，最大功率 610kW，输出转矩 469kN·m。其公称中心距为 1180mm，传动比为 15750 的超大型传动最大输出转矩达 900kN·m。

1.5 精密传动的空程误差（回差）

国内已成功地将少齿差传动用于精密机械传动，其空程误差视制造精度与装配精度而定。国内的产品能达到 3′～1.8′。

2 主要参数的确定

2.1 齿数差

内啮合齿轮副内齿轮齿数与外齿轮齿数之差 $z_d = z_2 - z_1$ 称为齿数差。一般 $z_d = 1 \sim 8$ 称为少齿差，$z_d = 0$ 称为零齿差。

在内齿轮齿数不变时，齿数差越大传动比越小，效率越高。少齿差传动中，常取 $z_d = 1 \sim 4$，动力传动宜取 $z_d \geqslant 2$。零齿差用作传输机构，因加工较麻烦，现较少用。

2.2 齿数

（1）Z-X-V 型及 Z-X 型传动齿数的确定

在已知要求的传动比时，选定齿数差即可直接由传动比计算式求得 z_1，并进而求得 z_2。

（2）2Z-V 型传动齿数的确定

先将要求的总传动比合理分配为两级，而后参照 Z-X-V 型传动确定齿数的方法确定内啮合齿轮副的齿数 z_1 和 z_2。将 z_1 和 z_2 之值代入传动比计算式便可确定同步齿轮的齿数 z_3 和 z_4。

（3）2Z-X 型传动齿数的确定[13]

1）内齿轮输出时［2Z-X（Ⅰ）型］

① 行星轮为双联齿轮　已知传动比 i_{X4}，$z_d = z_2 - z_1 = z_4 - z_3$，$z_C = z_2 - z_4 = z_1 - z_3 \neq 0$，则

$$z_2 = \frac{1}{2}\left[z_d + z_C + \sqrt{(z_d + z_C)^2 - 4z_d z_C(1 - i_{X4})}\right] \tag{14-6-2}$$

将 z_2 圆整为整数，即可求得其余各齿轮的齿数。为了应用方便，利用计算机排出了部分常用传动比对应的齿数组合表（表 14-6-2）。

② 公共行星轮[8]　已知传动比 $30 < i_{X4} < 100$，行星轮两齿圈的齿数相等，即 $z_1 = z_3$，且两中心轮的齿数差为 1。这就是所谓具有公共行星轮的 NN 型少齿差传动（亦称为奇异齿轮传动）。其配齿公式为

$$\left.\begin{aligned} z_4 &= \pm i_{X4} \\ z_2 &= z_4 \mp 1 \\ z_1 &= z_3 \leqslant z_2 - z_d \\ i_{X4} &= \frac{z_4}{z_4 - z_2} \end{aligned}\right\} \tag{14-6-3}$$

式中，z_d 为内齿轮与行星轮的齿数差。当采用 20°压力角的标准齿轮传动时，若最小内齿轮齿数 $z_N = 40 \sim 80$，取 $z_d = 7$；若 $z_N = 80 \sim 100$，取 $z_d = 6$。当选取的齿数差 z_d 小于前面的数值时，要通过角变位及缩短齿顶高来避免干涉。

上式中，"±"和"∓"号，上面的符号用于正传动比，下面的符号用于负传动比。

表 14-6-2　2Z-X（Ⅰ）型（NN 型）少齿差传动的传动比与齿数组合表[17]

齿轮齿数				传动比	错齿数	齿数差	齿轮齿数				传动比	错齿数	齿数差
z_1	z_2	z_3	z_4	i_{X4}	z_C	z_d	z_1	z_2	z_3	z_4	i_{X4}	z_C	z_d
40	41	30	31	124.000	10	1	38	40	30	32	76.000	8	2
41	42	31	32	131.200	10	1	41	43	32	34	77.444	9	2
39	40	30	31	134.333	9	1	44	46	34	36	79.200	10	2
42	43	32	33	138.600	10	1	39	41	31	33	80.438	8	2
40	41	31	32	142.222	9	1	42	44	33	35	81.667	9	2
43	44	33	34	146.200	10	1	45	47	35	37	83.250	10	2
38	39	30	31	147.250	8	1	37	39	30	32	84.571	7	2
41	42	32	33	150.333	9	1	40	42	32	34	85.000	8	2
40	42	30	32	64.000	10	2	43	45	34	36	86.000	9	2
41	43	31	33	67.650	10	2	46	48	36	38	87.400	10	2
39	41	30	32	69.333	9	2	38	40	31	33	89.571	7	2
42	44	32	34	71.400	10	2	41	43	33	35	89.688	8	2
40	42	31	33	73.333	9	2	44	46	35	37	90.444	9	2
43	45	33	35	75.250	10	2	47	49	37	39	91.650	10	2

续表

齿轮齿数				传动比	错齿数	齿数差	齿轮齿数				传动比	错齿数	齿数差
z_1	z_2	z_3	z_4	i_{X4}	z_C	z_d	z_1	z_2	z_3	z_4	i_{X4}	z_C	z_d
42	44	34	36	94.500	8	2	39	41	34	36	140.400	5	2
39	41	32	34	94.714	7	2	47	49	40	42	141.000	7	2
45	47	36	38	95.000	9	2	54	56	45	47	141.000	9	2
36	38	30	32	96.000	6	2	51	53	43	45	143.438	8	2
48	50	38	40	96.000	10	2	35	37	31	33	144.375	4	2
43	45	35	37	99.438	8	2	58	60	48	50	145.000	10	2
46	48	37	39	99.667	9	2	44	46	38	40	146.667	6	2
40	42	33	35	100.000	7	2	55	57	46	48	146.667	9	2
49	51	39	41	100.450	10	2	48	50	41	43	147.429	7	2
37	39	31	33	101.750	6	2	40	42	35	37	148.000	5	2
47	49	38	40	104.444	9	2	52	54	44	46	149.500	8	2
44	46	36	38	104.500	8	2	59	61	49	51	150.450	10	2
50	52	40	42	105.000	10	2	40	43	30	33	44.000	10	3
41	43	34	36	105.429	7	2	41	44	31	34	46.467	10	3
38	40	32	34	107.667	6	2	39	42	30	33	47.667	9	3
48	50	39	41	109.333	9	2	42	45	32	35	49.000	10	3
51	53	41	43	109.650	10	2	40	43	31	34	50.370	9	3
45	47	37	39	109.688	8	2	43	46	33	36	51.600	10	3
42	44	35	37	111.000	7	2	38	41	30	33	52.250	8	3
35	37	30	32	112.000	5	2	41	44	32	35	53.148	9	3
39	41	33	35	113.750	6	2	44	47	34	37	54.267	10	3
49	51	40	42	114.333	9	2	39	42	31	34	55.250	8	3
52	54	42	44	114.400	10	2	42	45	33	36	56.000	9	3
46	48	38	40	115.000	8	2	45	48	35	38	57.000	10	3
43	45	36	38	116.714	7	2	37	40	30	33	58.143	7	3
36	38	31	33	118.800	5	2	40	43	32	35	58.333	8	3
53	55	43	45	119.250	10	2	43	46	34	37	58.926	9	3
50	52	41	43	119.444	9	2	46	49	36	39	59.800	10	3
40	42	34	36	120.000	6	2	41	44	33	36	61.500	8	3
47	49	39	41	120.438	8	2	38	41	31	34	61.524	7	3
44	46	37	39	122.571	7	2	44	47	35	38	61.926	9	3
54	56	44	46	124.200	10	2	47	50	37	40	62.667	10	3
51	53	42	44	124.667	9	2	42	45	34	37	64.750	8	3
37	39	32	34	125.800	5	2	39	42	32	35	65.000	7	3
48	50	40	42	126.000	8	2	45	48	36	39	65.000	9	3
41	43	35	37	126.417	6	2	48	51	38	41	65.600	10	3
45	47	38	40	128.571	7	2	36	39	30	33	66.000	6	3
55	57	45	47	129.250	10	2	43	46	35	38	68.083	8	3
52	54	43	45	130.000	9	2	46	49	37	40	68.148	9	3
49	51	41	43	131.688	8	2	40	43	33	36	68.571	7	3
38	40	33	35	133.000	5	2	49	52	39	42	68.600	10	3
42	44	36	38	133.000	6	2	37	40	31	34	69.889	6	3
56	58	46	48	134.400	10	2	47	50	38	41	71.370	9	3
46	48	39	41	134.714	7	2	44	47	36	39	71.500	8	3
53	55	44	46	135.444	9	2	50	53	40	43	71.667	10	3
34	36	30	32	136.000	4	2	41	44	34	37	72.238	7	3
50	52	42	44	137.500	8	2	38	41	32	35	73.889	6	3
57	59	47	49	139.650	10	2	48	51	39	42	74.667	9	3
43	45	37	39	139.750	6	2	51	54	41	44	74.800	10	3

续表

齿轮齿数				传动比	错齿数	齿数差	齿轮齿数				传动比	错齿数	齿数差
z_1	z_2	z_3	z_4	i_{X4}	z_C	z_d	z_1	z_2	z_3	z_4	i_{X4}	z_C	z_d
45	48	37	40	75.000	8	3	60	63	50	53	106.000	10	3
42	45	35	38	76.000	7	3	41	44	36	39	106.600	5	3
35	38	30	33	77.000	5	3	57	60	48	51	107.667	9	3
39	42	33	36	78.000	6	3	50	53	43	46	109.524	7	3
52	55	42	45	78.000	10	3	61	64	51	54	109.800	10	3
49	52	40	43	78.037	9	3	46	49	40	43	109.889	6	3
46	49	38	41	78.583	8	3	54	57	46	49	110.250	8	3
43	46	36	39	79.857	7	3	37	40	33	36	111.000	4	3
53	56	43	46	81.267	10	3	58	61	49	52	111.704	9	3
50	53	41	44	81.481	9	3	42	45	37	40	112.000	5	3
36	39	31	34	81.600	5	3	62	65	52	55	113.667	10	3
40	43	34	37	82.222	6	3	51	54	44	47	114.143	7	3
47	50	39	42	82.250	8	3	55	58	47	50	114.583	8	3
44	47	37	40	83.810	7	3	47	50	41	44	114.889	6	3
54	57	44	47	84.600	10	3	59	62	50	53	115.815	9	3
51	54	42	45	85.000	9	3	38	41	34	37	117.167	4	3
48	51	40	43	86.000	8	3	43	46	38	41	117.533	5	3
37	40	32	35	86.333	5	3	63	66	53	56	117.600	10	3
41	44	35	38	86.556	6	3	52	55	45	48	118.857	7	3
45	48	38	41	87.857	7	3	56	59	48	51	119.000	8	3
55	58	45	48	88.000	10	3	48	51	42	45	120.000	6	3
52	55	43	46	88.593	9	3	60	63	51	54	120.000	9	3
49	52	41	44	89.833	8	3	33	36	30	33	121.000	3	3
42	45	36	39	91.000	6	3	64	67	54	57	121.600	10	3
38	41	33	36	91.200	5	3	44	47	39	42	123.200	5	3
56	59	46	49	91.467	10	3	39	42	35	38	123.500	4	3
46	49	39	42	92.000	7	3	57	60	49	52	123.500	8	3
53	56	44	47	92.259	9	3	53	56	46	49	123.667	7	3
34	37	30	33	93.500	4	3	61	64	52	55	124.259	9	3
50	53	42	45	93.750	8	3	49	52	43	46	125.222	6	3
57	60	47	50	95.000	10	3	65	68	55	58	125.667	10	3
43	46	37	40	95.556	6	3	58	61	50	53	128.083	8	3
54	57	45	48	96.000	9	3	34	37	31	34	128.444	3	3
39	42	34	37	96.200	5	3	54	57	47	50	128.571	7	3
47	50	40	43	96.238	7	3	62	65	53	56	128.593	9	3
51	54	43	46	97.750	8	3	45	48	40	43	129.000	5	3
58	61	48	51	98.600	10	3	66	69	56	59	129.800	10	3
35	38	31	34	99.167	4	3	40	43	36	39	130.000	4	3
55	58	46	49	99.815	9	3	50	53	44	47	130.556	6	3
44	47	38	41	100.222	6	3	59	62	51	54	132.750	8	3
48	51	41	44	100.571	7	3	63	66	54	57	133.000	9	3
40	43	35	38	101.333	5	3	55	58	48	51	133.571	7	3
52	55	44	47	101.833	8	3	67	70	57	60	134.000	10	3
59	62	49	52	102.267	10	3	46	49	41	44	134.933	5	3
56	59	47	50	103.704	9	3	51	54	45	48	136.000	6	3
36	39	32	35	105.000	4	3	35	38	32	35	136.111	3	3
45	48	39	42	105.000	6	3	41	44	37	40	136.667	4	3
49	52	42	45	105.000	7	3	64	67	55	58	137.481	9	3
53	56	45	48	106.000	8	3	60	63	52	55	137.500	8	3

续表

齿轮齿数				传动比	错齿数	齿数差	齿轮齿数				传动比	错齿数	齿数差
z_1	z_2	z_3	z_4	i_{X4}	z_C	z_d	z_1	z_2	z_3	z_4	i_{X4}	z_C	z_d
68	71	58	61	138.267	10	3	50	54	40	44	55.000	10	4
56	59	49	52	138.667	7	3	41	45	34	38	55.643	7	4
47	50	42	45	141.000	5	3	38	42	32	36	57.000	6	4
52	55	46	49	141.556	6	3	48	52	39	43	57.333	9	4
65	68	56	59	142.037	9	3	51	55	41	45	57.375	10	4
61	64	53	56	142.333	8	3	45	49	37	41	57.656	8	4
69	72	59	62	142.600	10	3	42	46	35	39	58.500	7	4
42	45	38	41	143.500	4	3	35	39	30	34	59.500	5	4
57	60	50	53	143.857	7	3	52	56	42	46	59.800	10	4
36	39	33	36	144.000	3	3	49	53	40	44	59.889	9	4
66	69	57	60	146.667	9	3	39	43	33	37	60.125	6	4
70	73	60	63	147.000	10	3	46	50	38	42	60.375	8	4
48	51	43	46	147.200	5	3	43	47	36	40	61.429	7	4
53	56	47	50	147.222	6	3	53	57	43	47	62.275	10	4
62	65	54	57	147.250	8	3	50	54	41	45	62.500	9	4
58	61	51	54	149.143	7	3	36	40	31	35	63.000	5	4
43	46	39	42	150.500	4	3	47	51	39	43	63.156	8	4
40	44	30	34	34.000	10	4	40	44	34	38	63.333	6	4
41	45	31	35	35.875	10	4	44	48	37	41	64.429	7	4
39	43	30	34	36.833	9	4	54	58	44	48	64.800	10	4
42	46	32	36	37.800	10	4	51	55	42	46	65.167	9	4
40	44	31	35	38.889	9	4	48	52	40	44	66.000	8	4
43	47	33	37	39.775	10	4	37	41	32	36	66.600	5	4
38	42	30	34	40.375	8	4	41	45	35	39	66.625	6	4
41	45	32	36	41.000	9	4	55	59	45	49	67.375	10	4
44	48	34	38	41.800	10	4	45	49	38	42	67.500	7	4
39	43	31	35	42.656	8	4	52	56	43	47	67.889	9	4
42	46	33	37	43.167	9	4	49	53	41	45	68.906	8	4
45	49	35	39	43.875	10	4	42	46	36	40	70.000	6	4
37	41	30	34	44.929	7	4	56	60	46	50	70.000	10	4
40	44	32	36	45.000	8	4	38	42	33	37	70.300	5	4
43	47	34	38	45.389	9	4	46	50	39	43	70.643	7	4
46	50	36	40	46.000	10	4	53	57	44	48	70.667	9	4
41	45	33	37	47.406	8	4	50	54	42	46	71.875	8	4
38	42	31	35	47.500	7	4	34	38	30	34	72.250	4	4
44	48	35	39	47.667	9	4	57	61	47	51	72.675	10	4
47	51	37	41	48.175	10	4	43	47	37	41	73.458	6	4
42	46	34	38	49.875	8	4	54	58	45	49	73.500	9	4
45	49	36	40	50.000	9	4	47	51	40	44	73.857	7	4
39	43	32	36	50.143	7	4	39	43	34	38	74.100	5	4
48	52	38	42	50.400	10	4	51	55	43	47	74.906	8	4
36	40	30	34	51.000	6	4	58	62	48	52	75.400	10	4
46	50	37	41	52.389	9	4	55	59	46	50	76.389	9	4
43	47	35	39	52.406	8	4	35	39	31	35	76.562	4	4
49	53	39	43	52.675	10	4	44	48	38	42	77.000	6	4
40	44	33	37	52.857	7	4	48	52	41	45	77.143	7	4
37	41	31	35	53.958	6	4	40	44	35	39	78.000	5	4
47	51	38	42	54.833	9	4	52	56	44	48	78.000	8	4
44	48	36	40	55.000	8	4	59	63	49	53	78.175	10	4

续表

齿轮齿数				传动比	错齿数	齿数差
z_1	z_2	z_3	z_4	i_{X4}	z_C	z_d
56	60	47	51	79.333	9	4
49	53	42	46	80.500	7	4
45	49	39	43	80.625	6	4
36	40	32	36	81.000	4	4
60	64	50	54	81.000	10	4
53	57	45	49	81.156	8	4
41	45	36	40	82.000	5	4
57	61	48	52	82.333	9	4
61	65	51	55	83.875	10	4
50	54	43	47	83.929	7	4
46	50	40	44	84.333	6	4
54	58	46	50	84.375	8	4
58	62	49	53	85.389	9	4
37	41	33	37	85.562	4	4
42	46	37	41	86.100	5	4
62	66	52	56	86.800	10	4
51	55	44	48	87.429	7	4
55	59	47	51	87.656	8	4
47	51	41	45	88.125	6	4
59	63	50	54	88.500	9	4
63	67	53	57	89.775	10	4
38	42	34	38	90.250	4	4
43	47	38	42	90.300	5	4
52	56	45	49	91.000	7	4
56	60	48	52	91.000	8	4
60	64	51	55	91.667	9	4
48	52	42	46	92.000	6	4
64	68	54	58	92.800	10	4
33	37	30	34	93.500	3	4
57	61	49	53	94.406	8	4
44	48	39	43	94.600	5	4
53	57	46	50	94.643	7	4
61	65	52	56	94.889	9	4
39	43	35	39	95.062	4	4
65	69	55	59	95.875	10	4
49	53	43	47	95.958	6	4
58	62	50	54	97.875	8	4
62	66	53	57	98.167	9	4
54	58	47	51	98.357	7	4
45	49	40	44	99.000	5	4
66	70	56	60	99.000	10	4
34	38	31	35	99.167	3	4
40	44	36	40	100.000	4	4
50	54	44	48	100.000	6	4
59	63	51	55	101.406	8	4
63	67	54	58	101.500	9	4
55	59	48	52	102.143	7	4
67	71	57	61	102.175	10	4
46	50	41	45	103.500	5	4
51	55	45	49	104.125	6	4
64	68	55	59	104.889	9	4
35	39	32	36	105.000	3	4
60	64	52	56	105.000	8	4
41	45	37	41	105.062	4	4
68	72	58	62	105.400	10	4
56	60	49	53	106.000	7	4
47	51	42	46	108.100	5	4
52	56	46	50	108.333	6	4
65	69	56	60	108.333	9	4
61	65	53	57	108.656	8	4
69	73	59	63	108.675	10	4
57	61	50	54	109.929	7	4
42	46	38	42	110.250	4	4
36	40	33	37	111.000	3	4
66	70	57	61	111.833	9	4
70	74	60	64	112.000	10	4
62	66	54	58	112.375	8	4
53	57	47	51	112.625	6	4
48	52	43	47	112.800	5	4
58	62	51	55	113.929	7	4
71	75	61	65	115.375	10	4
67	71	58	62	115.389	9	4
43	47	39	43	115.562	4	4
63	67	55	59	116.156	8	4
54	58	48	52	117.000	6	4
37	41	34	38	117.167	3	4
49	53	44	48	117.600	5	4
59	63	52	56	118.000	7	4
72	76	62	66	118.800	10	4
68	72	59	63	119.000	9	4
64	68	56	60	120.000	8	4
44	48	40	44	121.000	4	4
55	59	49	53	121.458	6	4
60	64	53	57	122.143	7	4
73	77	63	67	122.275	10	4
50	54	45	49	122.500	5	4
69	73	60	64	122.667	9	4
38	42	35	39	123.500	3	4
65	69	57	61	123.906	8	4
74	78	64	68	125.800	10	4
56	60	50	54	126.000	6	4
61	65	54	58	126.357	7	4
70	74	61	65	126.389	9	4
45	49	41	45	126.562	4	4
51	55	46	50	127.500	5	4
66	70	58	62	127.875	8	4
75	79	65	69	129.375	10	4
39	43	36	40	130.000	3	4

续表

齿轮齿数				传动比	错齿数	齿数差	齿轮齿数				传动比	错齿数	齿数差
z_1	z_2	z_3	z_4	i_{X4}	z_C	z_d	z_1	z_2	z_3	z_4	i_{X4}	z_C	z_d
71	75	62	66	130.167	9	4	78	82	68	72	140.400	10	4
57	61	51	55	130.625	6	4	74	78	65	69	141.833	9	4
62	66	55	59	130.643	7	4	54	58	49	53	143.100	5	4
67	71	59	63	131.906	8	4	41	45	38	42	143.500	3	4
46	50	42	46	132.250	4	4	65	69	58	62	143.929	7	4
52	56	47	51	132.600	5	4	48	52	44	48	144.000	4	4
76	80	66	70	133.000	10	4	79	83	69	73	144.175	10	4
72	76	63	67	134.000	9	4	33	37	31	35	144.375	2	4
63	67	56	60	135.000	7	4	70	74	62	66	144.375	8	4
58	62	52	56	135.333	6	4	60	64	54	58	145.000	6	4
32	36	30	34	136.000	2	4	75	79	66	70	145.833	9	4
68	72	60	64	136.000	8	4	80	84	70	74	148.000	10	4
40	44	37	41	136.667	3	4	55	59	50	54	148.500	5	4
77	81	67	71	136.675	10	4	66	70	59	63	148.500	7	4
53	57	48	52	137.800	5	4	71	75	63	67	148.656	8	4
73	77	64	68	137.889	9	4	76	80	67	71	149.889	9	4
47	51	43	47	138.062	4	4	61	65	55	59	149.958	6	4
64	68	57	61	139.429	7	4	49	53	45	49	150.062	4	4
59	63	53	57	140.125	6	4	42	46	39	43	150.500	3	4
69	73	61	65	140.156	8	4							

注：1. 齿轮代号 $z_1 \sim z_4$ 见表 14-6-1 中 2Z-X（Ⅰ）型机构简图。

2. 齿数差 $z_d = z_2 - z_1 = z_4 - z_3$，取 $z_d = 1 \sim 4$。

3. 错齿数 $z_C = z_1 - z_3$，取 $z_C = 3 \sim 10$。

4. 传动比 $i_{X4} = \dfrac{z_1 z_4}{z_1 z_4 - z_2 z_3} = \dfrac{(z_3 + z_d)(z_3 + z_C)}{z_d z_C}$。

2）外齿轮输出时［2Z-X（Ⅱ）型］[1]

已知条件：传动比 i_{X4}，$z_d = z_2 - z_1 = z_3 - z_4$，

$$z_C = z_2 - z_3 = z_1 - z_4 \neq 0$$

则

$$z_1 = \frac{1}{2}\sqrt{(2z_d i_{X4} - z_C)^2 + 4(z_d z_C - z_d^2) i_{X4}} - z_d i_{X4} + \frac{z_C}{2} \tag{14-6-4}$$

将 z_1 圆整为整数，便可求得其余各齿轮的齿数。

3）注意事项

① 按上述式（14-6-2）和式（14-6-4）计算后如发现齿数不合适，可改变 z_d 及 z_C 重新计算。

② 当内齿轮齿数太少时，有时选不到适合的插齿刀，需重新计算。必要时应验算插齿时的径向干涉，验算式见本篇第 1 章表 14-1-13。

③ 计算时，传动比及 z_C 均应带着其正负号代入式（14-6-2）或式（14-6-4）。传动比 i_{X4} 的计算式见表14-6-1。

2.3 齿形角和齿顶高系数 [9]

本书采用齿形角 $\alpha = 20°$，必要时也可用非标准齿形角。中国发明专利《ZL 89104790.5 双层齿轮组合传动》中便采用了非标准齿形角，并对提高效率取得良好效果。当齿数差为 1 时，取 $\alpha = 14° \sim 25°$；齿数差≥2 时，取$\alpha = 6° \sim 14°$。

在齿形角 $\alpha = 20°$时，齿顶高系数 h_a^* 取 0.6～0.8。当 h_a^* 减小时，啮合角 α'也减小，有利于提高效率。但 h_a^* 太小时，变位系数太小会发生外齿轮切齿干涉（根切）或插齿加工时的负啮合。对于前述发明专利采用非标准齿形角的情况，其齿顶高系数 h_a^* 的取值为 0.06～0.6，称之为超短齿。

加工齿轮的刀具无需专用短齿刀具，可直接采用具有正常齿顶高的标准齿轮滚刀及插齿刀。

2.4 外齿轮的变位系数 [10]

变位系数需满足啮合方程式

$$\mathrm{inv}\alpha' = \mathrm{inv}\alpha + 2\tan\alpha \frac{x_2 - x_1}{z_2 - z_1} \tag{14-6-5}$$

变位系数还需要满足几何限制条件，主要限制条件有两个：

重合度 ε_α 应符合

$$\varepsilon_\alpha = \frac{1}{2\pi}[z_1(\tan\alpha_{a1} - \tan\alpha') - z_2(\tan\alpha_{a2} - \tan\alpha')] > 1 \tag{14-6-6}$$

齿廓重叠干涉验算值 G_s 应符合

$$G_s = z_1(\mathrm{inv}\alpha_{a1} + \delta_1) - z_2(\mathrm{inv}\alpha_{a2} + \delta_2) + z_d \mathrm{inv}\alpha' > 0 \tag{14-6-7}$$

式中

$$\delta_1 = \arccos \frac{d_{a2}^2 - d_{a1}^2 - 4a'^2}{4a' d_{a1}} \tag{14-6-8}$$

$$\delta_2 = \arccos \frac{d_{a2}^2 - d_{a1}^2 - 4a'^2}{4a' d_{a2}} \tag{14-6-9}$$

式（14-6-8）、(14-6-9）中 a'为啮合中心距，d_{a1}和 d_{a2}分别为外齿轮和内齿轮的齿顶圆直径。

按照表 14-6-3 选取外齿轮的变位系数 x_1 可保证啮合齿轮副的重合度 $\varepsilon \geqslant 1$，且其顶隙 $c_{12} = 0.25m$。表中列出了对应于 $\varepsilon = 1.05$ 和 $c_{12} = 0.25m$ 时 x_1 的上限值。表中不带“*”的数值表示 x_1 取值上限受到 $\varepsilon = 1.05$ 的限制，其值与插齿刀无关。带“*”的数值表示 x_1 上限受到顶隙 $c_{12} = 0.25m$ 的限制，其值与插齿刀有关。若实际选用的插齿刀与表 14-6-3 的注解不同，表中数值可供估算。估算方法是，插齿刀齿数 $z_0 \leqslant 25$ 或齿顶高 $h_{a0} > 1.25m$ 或变位系数 $x_0 > 0$ 时，x_1 上限值会略大于表 14-6-3 中数值，反之则小于表中之值。建议选用 x_1 时，距离其上限值留有裕量，这样，顶隙验算会很容易通过。

表 14-6-3　外齿轮变位系数 x_1 的上限值

$z_2 - z_1$	z_1	h_a^*			$z_2 - z_1$	z_1	h_a^*		
		1	0.8	0.6			1	0.8	0.6
1	40	0.70*	0.15	−0.5	3	40	0.30*	0.95	0.25
	60	1.15*	0.30	−0.7		60	0.55*	1.30*	0.35
	100	1.75*	0.70	−1.0		100	0.85*	1.75*	0.60
2	40	0.45*	0.95	0	4	40	0.20*	0.90*	0.35
	60	0.75*	1.35*	0.10		60	0.40*	1.25*	0.50
	100	1.20*	1.95*	0.19		100	0.65*	1.70*	0.85

注：1. 插齿刀参数 $z_0 = 25$，$h_{a0} = 0$，$x_0 = 0$。

2. 可插值求 x_1 上限值。

2.5　啮合角与变位系数差 [10]

在齿数差与齿顶高系数确定的情况下，要满足主要限制条件，关键在于决定变位系数差与啮合角。变位系数差及对应的啮合角按表 14-6-4 选取。表中数值是按外齿轮齿数 $z_1 = 100$，变位系数 $x_1 = 0$ 时，取 $G_s = 0.1$ 计算出来的。若 $z_1 < 100$ 或 $x_1 > 0$，按表 14-6-4 选取 α'与 $x_2 - x_1$ 之值，G_s 会略大于 0.1。在 $z_1 \geqslant 30$，$x_1 \leqslant 1.5$ 的范围内，G_s 最大值不超过 0.4。

表 14-6-4　啮合角 α'与变位系数差 $x_2 - x_1$ 的选用推荐值

$z_2 - z_1$	$h_a^* = 1$		$h_a^* = 0.8$		$h_a^* = 0.6$	
	$x_2 - x_1$	$\alpha'/(°)$	$x_2 - x_1$	$\alpha'/(°)$	$x_2 - x_1$	$\alpha'/(°)$
1	0.80	58.1877	0.58	54.0920	0.39	49.1563
2	0.54	44.8182	0.38	40.9630	0.22	35.6431
3	0.39	37.1760	0.26	33.6032	0.14	29.1319
4	0.29	32.1917	0.18	28.9061	0.09	25.3393
5	0.21	28.4885	0.12	25.6149	0.04	22.2339
6	0.15	25.7948	0.07	23.1101	0.00	20.0000
7	0.09	23.3792	0.02	20.8588	0.00	20.0000
8	0.05	21.7872	0.00	20.0000	0.00	20.0000

2.6 内齿轮的变位系数 [10]

在确定外齿轮变位系数 x_1 和变位系数差（x_2-x_1）以后，内齿轮变位系数根据关系式 $x_2=x_1+(x_2-x_1)$ 即可求出。

2.7 主要设计参数的选择步骤

1）根据要求的传动比选择齿数差及齿数，再根据啮合角要求确定齿顶高系数。

2）根据表 14-6-3 查出外齿轮变位系数的上限值，选取 x_1 小于其上限值，即可满足重合度 $\varepsilon\geqslant1.05$ 和顶隙 $C_{12}\geqslant0.25m$ 的要求。

3）按照表 14-6-4 选用啮合角 α' 与变位系数差（x_2-x_1），可确保满足齿廓重叠干涉条件 $G_s\geqslant0.1$。

4）根据 $x_2=x_1+(x_2-x_1)$ 求出内齿轮变位系数 x_2。

5）进行内齿轮副的各种几何尺寸计算并校核各项限制条件。

由于现今的各种机械设计手册大都编写了利用计算机编制的少齿差内啮合齿轮副几何参数表，其中的参数完全满足各项限制条件，可供设计人员方便地选用，所以按上述“主要设计参数的选择步骤”选择参数并计算齿轮几何尺寸，校核各项限制条件只有在特殊情况下才会应用。一般情况下可直接从现成的参数表中选取所需的参数。

2.8 齿轮几何尺寸与主要参数的选用

在设计时，可从表 14-6-5 ~ 表 14-6-8 选择齿轮几何尺寸与主要参数。其 $\varepsilon_\alpha\geqslant1.05$，$G_s\geqslant0.05$。其他有关说明如下。

1）表 14-6-5 ~ 表 14-6-8 各个尺寸均需乘以齿轮的模数。

2）齿轮顶圆直径按下式计算：

$$d_{a1}=d_1+2m(h_a^*+x_1),\ d_{a2}=d_2-2m(h_a^*-x_2)$$

3）量柱测量距 M 的计算。直齿变位齿轮的量柱直径 d_p 与量柱中心圆压力角 α_M 的计算方法与顺序如下（上边符号用于外齿轮，下边符号用于内齿轮）：

$$\alpha_x=\arccos\frac{\pi m\cos\alpha}{d_a\mp2h_a^*m}$$

$$\alpha_{Mx}=\tan\alpha_x-\mathrm{inv}\alpha\pm\frac{\pi}{2z}-\frac{2x\tan\alpha}{z}$$

$$d_{px}=mz\cos\alpha\left(\mp\mathrm{inv}\alpha+\frac{\pi}{2z}\mp\frac{2x\tan\alpha}{z}\pm\mathrm{inv}\alpha_{Mx}\right)$$

将 d_{px} 圆整为 d_p，按表 14-1-39 中的公式计算 α_M 和 M。

4）公法线平均长度的极限偏差 E_{Wm} 与量柱测量距平均长度的极限偏差 E_{Mm} 的计算。公法线平均长度的极限偏差参考 JB/ZQ 4074—1997，量柱测量距平均长度的极限偏差由以下各式计算：

偶数齿外齿轮 $E_{Mms}=\dfrac{E_{Wms}}{\sin\alpha_M}$，$E_{Mmi}=\dfrac{E_{Wmi}}{\sin\alpha_M}$；

奇数齿外齿轮 $E_{Mms}=\dfrac{E_{Wms}}{\sin\alpha_M}\cos\dfrac{90°}{z}$，$E_{Mmi}=\dfrac{E_{Wmi}}{\sin\alpha_M}\cos\dfrac{90°}{z}$；

偶数齿内齿轮 $E_{Mms}=\dfrac{-E_{Wmi}}{\sin\alpha_M}$，$E_{Mmi}=\dfrac{-E_{Wms}}{\sin\alpha_M}$；

奇数齿内齿轮 $E_{Mms}=\dfrac{-E_{Wmi}}{\sin\alpha_M}\cos\dfrac{90°}{z}$，$E_{Mmi}=\dfrac{-E_{Wms}}{\sin\alpha_M}\cos\dfrac{90°}{z}$。

5）在设计具有公共行星轮的 2Z-X（Ⅰ）型双内啮合少齿差传动时，可从表 14-6-9 或表 14-6-10 选取齿轮几何尺寸与主要参数。

表 14-6-5　　　　一齿差内齿轮副几何尺寸及参数

（$h_a^* = 0.7$，$\alpha = 20°$，$m = 1$，$a' = 0.750$，$\alpha' = 51.210°$）　　mm

外齿轮					内齿轮							
齿数 z_1	变位系数 x_1	顶圆直径 d_{a1}	跨齿数 k_1	公法线长度 W_{k1}	齿数 z_2	变位系数 x_2	顶圆直径 d_{a2}	跨齿槽数 k_2	公法线长度 W_{k2}	量柱直径 d_p	量柱测量距 M	量柱中心圆压力角 α_M
29	-0.1279	30.141	3	7.698	30	0.3313	29.263	4	10.979	1.7	28.308	20.041°
30	-0.1300	31.140	4	10.664	31	0.3309	30.262	4	10.993	1.7	29.267	20.036°
31	-0.1302	32.140	4	10.678	32	0.3307	31.261	5	13.959	1.7	30.307	20.032°
32	-0.1304	33.139	4	10.691	33	0.3305	32.261	5	13.973	1.7	31.269	20.030°
33	-0.1304	34.139	4	10.705	34	0.3305	33.261	5	13.987	1.7	32.306	20.029°
34	-0.1304	35.139	4	10.719	35	0.3306	34.261	5	14.001	1.7	33.271	20.029°
35	-0.1302	36.140	4	10.734	36	0.3307	35.261	5	14.015	1.7	34.307	20.029°
36	-0.1300	37.140	4	10.748	37	0.3309	36.262	5	14.029	1.7	35.274	20.030°
37	-0.1297	38.141	4	10.762	38	0.3312	37.262	5	14.043	1.7	36.308	20.031°
38	-0.1294	39.141	4	10.776	39	0.3315	38.263	5	14.058	1.7	37.277	20.033°
39	-0.1290	40.142	5	13.743	40	0.3319	39.264	5	14.072	1.7	38.309	20.035°
40	-0.1286	41.143	5	13.757	41	0.3323	40.265	6	17.038	1.7	39.280	20.038°
41	-0.1281	42.144	5	13.771	42	0.3328	41.266	6	17.053	1.7	40.311	20.041°
42	-0.1275	43.145	5	13.786	43	0.3334	42.267	6	17.067	1.7	41.283	20.044°
43	-0.1270	44.146	5	13.800	44	0.3340	43.268	6	17.081	1.7	42.313	20.047°
44	-0.1263	45.147	5	13.814	45	0.3346	44.269	6	17.096	1.7	43.287	20.050°
45	-0.1257	46.149	5	13.829	46	0.3353	45.271	6	17.110	1.7	44.316	20.054°
46	-0.1250	47.150	5	13.843	47	0.3360	46.272	6	17.125	1.7	45.291	20.057°
47	-0.1242	48.152	5	13.858	48	0.3367	47.273	6	17.139	1.7	46.319	20.061°
48	-0.1235	49.153	6	16.825	49	0.3374	48.275	7	20.106	1.7	47.295	20.064°
49	-0.1227	50.155	6	16.839	50	0.3382	49.276	7	20.121	1.7	48.322	20.068°
50	-0.1219	51.156	6	16.854	51	0.3390	50.278	7	20.135	1.7	49.299	20.072°
51	-0.1210	52.158	6	16.868	52	0.3399	51.280	7	20.150	1.7	50.325	20.076°
52	-0.1201	53.160	6	16.883	53	0.3408	52.282	7	20.164	1.7	51.303	20.079°
53	-0.1192	54.162	6	16.897	54	0.3417	53.283	7	20.179	1.7	52.329	20.083°
54	-0.1183	55.163	6	16.912	55	0.3426	54.285	7	20.194	1.7	53.308	20.087°
55	-0.1174	56.165	6	16.927	56	0.3435	55.287	7	20.208	1.7	54.332	20.090°
56	-0.1165	57.167	7	19.894	57	0.3445	56.289	7	20.223	1.7	55.312	20.094°
57	-0.1155	58.169	7	19.908	58	0.3454	57.291	8	23.190	1.7	56.336	20.098°
58	-0.1145	59.171	7	19.923	59	0.3464	58.293	8	23.204	1.7	57.317	20.101°
59	-0.1135	60.173	7	19.938	60	0.3474	59.295	8	23.219	1.7	58.340	20.105°
60	-0.1124	61.175	7	19.952	61	0.3485	60.297	8	23.234	1.7	59.322	20.108°
61	-0.1114	62.177	7	19.967	62	0.3495	61.299	8	23.248	1.7	60.344	20.112°
62	-0.1104	63.179	7	19.982	63	0.3505	62.301	8	23.263	1.7	61.327	20.115°
63	-0.1093	64.181	7	19.996	64	0.3516	63.303	8	23.278	1.7	62.348	20.119°
64	-0.1082	65.184	7	20.011	65	0.3527	64.305	8	23.293	1.7	63.332	20.122°
65	-0.1071	66.186	8	22.978	66	0.3538	65.308	8	23.307	1.7	64.353	20.125°
66	-0.1060	67.188	8	22.993	67	0.3549	66.310	9	26.274	1.7	65.336	20.128°
67	-0.1049	68.190	8	23.008	68	0.3560	67.312	9	26.289	1.7	66.357	20.132°
68	-0.1038	69.192	8	23.022	69	0.3572	68.314	9	26.304	1.7	67.341	20.135°
69	-0.1027	70.195	8	23.037	70	0.3583	69.317	9	26.319	1.7	68.362	20.138°
70	-0.1015	71.197	8	23.052	71	0.3594	70.319	9	26.333	1.7	69.347	20.141°
71	-0.1003	72.199	8	23.067	72	0.3606	71.321	9	26.348	1.7	70.366	20.144°
72	-0.0992	73.202	8	23.082	73	0.3618	72.324	9	26.363	1.7	71.352	20.147°
73	-0.0980	74.204	8	23.096	74	0.3629	73.326	9	26.378	1.7	72.371	20.150°

续表

外齿轮					内齿轮							
齿数 z_1	变位系数 x_1	顶圆直径 d_{a1}	跨齿数 k_1	公法线长度 W_{k1}	齿数 z_2	变位系数 x_2	顶圆直径 d_{a2}	跨齿槽数 k_2	公法线长度 W_{k2}	量柱直径 d_p	量柱测量距 M	量柱中心圆压力角 α_M
74	−0.0968	75.206	9	26.063	75	0.3641	74.328	9	26.393	1.7	73.357	20.153°
75	−0.0956	76.209	9	26.078	76	0.3653	75.331	10	29.360	1.7	74.376	20.156°
76	−0.0973	77.205	9	26.091	77	0.3636	76.327	10	20.372	1.7	75.356	20.147°
77	−0.0959	78.208	9	26.106	78	0.3650	77.330	10	29.387	1.7	76.375	20.151°
78	−0.0946	79.211	9	26.121	79	0.3663	78.333	10	29.402	1.7	77.362	20.154°
79	−0.0933	80.213	9	26.136	80	0.3676	79.335	10	29.417	1.7	78.380	20.157°
80	−0.0920	81.216	9	26.151	81	0.3689	80.338	10	29.432	1.7	79.368	20.160°
81	−0.0007	82.219	9	26.166	82	0.3703	81.341	10	29.447	1.7	80.385	20.163°
82	−0.0893	83.221	9	26.180	83	0.3716	82.343	10	29.462	1.7	81.373	20.166°
83	−0.0880	84.224	10	29.148	84	0.3729	83.346	10	29.477	1.7	82.391	20.169°
84	−0.0866	85.227	10	29.162	85	0.3743	84.349	11	32.444	1.7	83.379	20.172°
85	−0.0853	86.229	10	29.177	86	0.3756	85.351	11	32.459	1.7	84.396	20.175°
86	−0.0840	87.232	10	29.192	87	0.3770	86.354	11	32.474	1.7	85.385	20.178°
87	−0.0826	88.235	10	29.207	88	0.3783	87.357	11	32.489	1.7	86.401	20.180°
88	−0.0812	89.238	10	29.222	89	0.3797	88.359	11	32.504	1.7	87.390	20.183°
89	−0.0799	90.240	10	29.237	90	0.3810	89.362	11	32.518	1.7	88.407	20.186°
90	−0.0785	91.243	10	29.252	91	0.3824	90.365	11	32.533	1.7	89.396	20.188°
91	−0.0772	92.246	10	29.267	92	0.3837	91.367	11	32.548	1.7	90.412	20.191°
92	−0.0758	93.248	11	32.234	93	0.3851	92.370	11	32.563	1.7	91.402	20.193°
93	−0.0745	94.251	11	32.249	94	0.3864	93.373	12	35.530	1.7	92.418	20.196°
94	−0.0731	95.254	11	32.264	95	0.3878	94.376	12	35.545	1.7	93.407	20.198°
95	−0.0718	96.256	11	32.279	96	0.3891	95.378	12	35.560	1.7	94.423	20.200°
96	−0.0704	97.259	11	32.294	97	0.3905	96.381	12	35.575	1.7	95.413	20.203°
97	−0.0690	98.262	11	32.309	98	0.3919	97.384	12	35.590	1.7	96.428	20.205°
98	−0.0676	99.265	11	32.324	99	0.3933	98.387	12	35.605	1.7	97.419	20.207°
99	−0.0663	100.267	11	32.339	100	0.3947	99.389	12	35.620	1.7	98.434	20.209°
100	−0.0649	101.270	11	32.354	101	0.3960	100.392	12	35.635	1.7	99.424	20.211°
101	−0.0636	102.273	12	35.321	102	0.3974	101.395	13	38.602	1.7	100.439	20.213°

表 14-6-6　二齿差内齿轮副几何尺寸及参数

($h_a^*=0.65$, $\alpha=20°$, $m=1$, $a'=1.200$, $\alpha'=38.457°$)　mm

外齿轮					内齿轮							
齿数 z_1	变位系数 x_1	顶圆直径 d_{a1}	跨齿数 k_1	公法线长度 W_{k1}	齿数 z_2	变位系数 x_2	顶圆直径 d_{a2}	跨齿槽数 k_2	公法线长度 W_{k2}	量柱直径 d_p	量柱测量距 M	量柱中心圆压力角 α_M
29	−0.0261	30.248	4	10.721	31	0.2709	30.242	4	10.952	1.7	29.146	19.407°
30	−0.0259	31.248	4	10.735	32	0.2711	31.242	4	10.966	1.7	30.186	19.429°
31	−0.0255	32.249	4	10.749	33	0.2715	32.243	5	13.932	1.7	31.150	19.451°
32	−0.0250	33.250	4	10.764	34	0.2720	33.244	5	13.947	1.7	32.188	19.472°
33	−0.0244	34.251	4	10.778	35	0.2726	34.245	5	13.961	1.7	33.154	19.493°
34	−0.0238	35.252	4	10.792	36	0.2733	35.247	5	13.976	1.7	34.191	19.514°
35	−0.0230	36.254	4	10.807	37	0.2740	36.248	5	13.990	1.7	35.159	19.534°
36	−0.0222	37.256	4	10.821	38	0.2748	37.250	5	14.005	1.7	36.194	19.554°
37	−0.0213	38.257	5	13.788	39	0.2758	38.252	5	14.019	1.7	37.164	19.573°
38	−0.0203	39.259	5	13.803	40	0.2767	39.253	5	14.034	1.7	38.198	19.592°

续表

外齿轮					内齿轮								
齿数 z_1	变位系数 x_1	顶圆直径 d_{a1}	跨齿数 k_1	公法线长度 W_{k1}	齿数 z_2	变位系数 x_2	顶圆直径 d_{a2}	跨齿槽数 k_2	公法线长度 W_{k2}	量柱直径 d_p	量柱测量距 M	量柱中心圆压力角 α_M
39	-0.0193	40.261	5	13.818	41	0.2777	40.255	6	17.001	1.7	39.170	19.611°
40	-0.0182	41.264	5	13.832	42	0.2788	41.258	6	17.016	1.7	40.202	19.629°
41	-0.0171	42.266	5	13.847	43	0.2799	42.260	6	17.030	1.7	41.176	19.646°
42	-0.0159	43.268	5	13.862	44	0.2811	43.262	6	17.045	1.7	42.207	19.663°
43	-0.0147	44.271	5	13.877	45	0.2823	44.265	6	17.060	1.7	43.182	19.679°
44	-0.0134	45.273	5	13.892	46	0.2836	45.267	6	17.075	1.7	44.212	19.695°
45	-0.0121	46.276	5	13.907	47	0.2849	46.270	6	17.090	1.7	45.188	19.711°
46	-0.0108	47.278	6	16.874	48	0.2862	47.272	6	17.105	1.7	46.217	19.726°
47	-0.0095	48.281	6	16.889	49	0.2875	48.275	6	17.120	1.7	47.195	19.740°
48	-0.0081	49.284	6	16.903	50	0.2889	49.278	7	20.087	1.7	48.223	19.755°
49	-0.0067	50.287	6	16.918	51	0.2903	50.281	7	20.102	1.7	49.201	19.768°
50	-0.0052	51.290	6	16.933	52	0.2918	51.284	7	20.117	1.7	50.228	19.782°
51	-0.0038	52.292	6	16.948	53	0.2932	52.286	7	20.132	1.7	51.208	19.795°
52	-0.0023	53.295	6	16.963	54	0.2947	53.289	7	20.147	1.7	52.234	19.808°
53	0	54.300	6	16.979	55	0.2970	54.294	7	20.162	1.7	53.217	19.825°
54	0	55.300	6	16.993	56	0.2970	55.294	7	20.176	1.7	54.239	19.828°
55	0.0023	56.305	7	19.961	57	0.2993	56.299	7	20.192	1.7	55.222	19.844°
56	0.0039	57.308	7	19.976	58	0.3009	57.302	7	20.207	1.7	56.247	19.855°
57	0.0055	58.311	7	19.991	59	0.3025	58.305	8	23.174	1.7	57.229	19.866°
58	0.0071	59.314	7	20.006	60	0.3041	59.308	8	23.189	1.7	58.253	19.877°
59	0.0087	60.317	7	20.021	61	0.3057	60.311	8	23.204	1.7	59.236	19.887°
60	0.0103	61.321	7	20.036	62	0.3073	61.315	8	23.220	1.7	60.260	19.898°
61	0.0119	62.324	7	20.051	63	0.3089	62.318	8	23.235	1.7	61.243	19.907°
62	0.0136	63.327	7	20.067	64	0.3106	63.321	8	23.250	1.7	62.266	19.917°
63	0.0153	64.331	8	23.034	65	0.3123	64.325	8	23.265	1.7	63.251	19.927°
64	0.0170	65.334	8	23.049	66	0.3140	65.328	8	23.280	1.7	64.273	19.936°
65	0.0187	66.337	8	23.064	67	0.3157	66.331	8	23.295	1.7	65.258	19.945°
66	0.0204	67.341	8	23.079	68	0.3174	67.335	9	26.263	1.7	66.280	19.954°
67	0.0221	68.344	8	23.094	69	0.3191	68.338	9	26.278	1.7	67.266	19.962°
68	0.0238	69.348	8	23.110	70	0.3208	69.342	9	26.293	1.7	68.287	19.970°
69	0.0255	70.351	8	23.125	71	0.3226	70.345	9	26.308	1.7	69.273	19.979°
70	0.0273	71.355	8	23.140	72	0.3243	71.349	9	26.323	1.7	70.294	19.986°
71	0.0290	72.358	8	23.155	73	0.3260	72.352	9	26.339	1.7	71.280	19.994°
72	0.0308	73.362	9	26.123	74	0.3278	73.356	9	26.354	1.7	72.301	20.002°
73	0.0325	74.365	9	26.138	75	0.3295	74.359	9	26.369	1.7	73.288	20.009°
74	0.0343	75.369	9	26.153	76	0.3313	75.363	10	29.336	1.7	74.308	20.016°
75	0.0361	76.372	9	26.168	77	0.3331	76.366	10	29.352	1.7	75.295	20.023°
76	0.0379	77.376	9	26.183	78	0.3349	77.370	10	29.367	1.7	76.315	20.030°
77	0.0397	78.379	9	26.199	79	0.3367	78.373	10	29.382	1.7	77.303	20.037°
78	0.0415	79.383	9	26.214	80	0.3385	79.377	10	29.397	1.7	78.322	20.044°
79	0.0433	80.387	9	26.229	81	0.3403	80.381	10	29.412	1.7	79.311	20.050°
80	0.0451	81.390	9	26.244	82	0.3421	81.384	10	29.428	1.7	80.329	20.056°
81	0.0469	82.394	10	29.212	83	0.3439	82.388	10	29.443	1.7	81.318	20.063°
82	0.0487	83.397	10	29.227	84	0.3458	83.392	10	29.458	1.7	82.337	20.069°
83	0.0506	84.401	10	29.242	85	0.3476	84.395	11	32.426	1.7	83.326	20.075°
84	0.0524	85.405	10	29.258	86	0.3494	85.399	11	32.441	1.7	84.344	20.080°
85	0.0542	86.408	10	29.273	87	0.3512	86.402	11	32.456	1.7	85.333	20.086°

续表

外齿轮					内齿轮							
齿数 z_1	变位系数 x_1	顶圆直径 d_{a1}	跨齿数 k_1	公法线长度 W_{k1}	齿数 z_2	变位系数 x_2	顶圆直径 d_{a2}	跨齿槽数 k_2	公法线长度 W_{k2}	量柱直径 d_p	量柱测量距 M	量柱中心圆压力角 α_M
86	0.0561	87.412	10	29.288	88	0.3531	87.406	11	32.471	1.7	86.351	20.092°
87	0.0579	88.416	10	29.303	89	0.3549	88.410	11	32.487	1.7	87.341	20.097°
88	0.0597	89.419	10	29.319	90	0.3568	89.414	11	32.502	1.7	88.359	20.102°
89	0.0616	90.423	10	29.334	91	0.3586	90.417	11	32.517	1.7	89.349	20.108°
90	0.0635	91.427	11	32.301	92	0.3605	91.421	11	32.532	1.7	90.366	20.113°
91	0.0654	92.431	11	32.317	93	0.3624	92.425	11	32.548	1.7	91.357	20.118°
92	0.0672	93.434	11	32.332	94	0.3642	93.428	12	35.515	1.7	92.373	20.123°
93	0.0691	94.438	11	32.347	95	0.3661	94.432	12	35.530	1.7	93.364	20.127°
94	0.0710	95.442	11	32.362	96	0.3680	95.436	12	35.546	1.7	94.381	20.132°
95	0.0728	96.446	11	32.378	97	0.3698	96.440	12	35.561	1.7	95.372	20.137°
96	0.0747	97.449	11	32.393	98	0.3717	97.443	12	35.576	1.7	96.388	20.141°
97	0.0766	98.453	11	32.408	99	0.3736	98.447	12	35.592	1.7	97.380	20.146°
98	0.0785	99.457	12	35.376	100	0.3755	99.451	12	35.607	1.7	98.396	20.150°
99	0.0804	100.461	12	35.391	101	0.3774	100.455	12	35.622	1.7	99.387	20.155°
100	0.0822	101.464	12	35.406	102	0.3792	101.458	12	35.637	1.7	100.403	20.159°
101	0.0842	102.468	12	35.422	103	0.3812	102.462	13	38.605	1.7	101.395	20.163°

表 14-6-7　　三齿差内齿轮副几何尺寸及参数

（$h_a^*=0.6$，$\alpha=20°$，$m=1$，$a'=1.600$，$\alpha'=28.241°$）　　mm

外齿轮					内齿轮							
齿数 z_1	变位系数 x_1	顶圆直径 d_{a1}	跨齿数 k_1	公法线长度 W_{k1}	齿数 z_2	变位系数 x_2	顶圆直径 d_{a2}	跨齿槽数 k_2	公法线长度 W_{k2}	量柱直径 d_p	量柱测量距 M	量柱中心圆压力角 α_M
29	0.0564	30.313	4	10.777	32	0.1772	31.154	4	10.902	1.7	29.988	18.386°
30	0.0560	31.312	4	10.791	33	0.1769	32.154	4	10.916	1.7	30.950	18.436°
31	0.0558	32.312	4	10.805	34	0.1767	33.153	5	13.882	1.7	31.987	18.484°
32	0.0557	33.311	4	10.819	35	0.1766	34.153	5	13.896	1.7	32.953	18.530°
33	0.0558	34.312	4	10.833	36	0.1766	35.153	5	13.910	1.7	33.988	18.574°
34	0.0559	35.312	4	10.847	37	0.1767	36.153	5	13.924	1.7	34.955	18.617°
35	0.0561	36.312	4	10.861	38	0.1769	37.154	5	13.938	1.7	35.989	18.658°
36	0.0563	37.313	5	13.827	39	0.1771	38.154	5	13.952	1.7	36.959	18.608°
37	0.0567	38.313	5	13.842	40	0.1775	39.155	5	13.966	1.7	37.991	18.736°
38	0.0571	39.314	5	13.856	41	0.1779	40.156	5	13.981	1.7	38.962	18.773°
39	0.0576	40.315	5	13.870	42	0.1784	41.157	5	13.995	1.7	39.993	18.808°
40	0.0581	41.316	5	13.885	43	0.1789	42.158	6	16.961	1.7	40.966	18.842°
41	0.0587	42.317	5	13.899	44	0.1795	43.159	6	16.976	1.7	41.996	18.875°
42	0.0593	43.319	5	13.913	45	0.1802	44.160	6	16.990	1.7	42.970	18.907°
43	0.0600	44.320	5	13.928	46	0.1809	45.162	6	17.005	1.7	43.999	18.937°
44	0.0608	45.322	5	13.942	47	0.1816	46.163	6	17.019	1.7	44.975	18.967°
45	0.0616	46.323	6	16.909	48	0.1824	47.165	6	17.034	1.7	46.003	18.995°
46	0.0624	47.325	6	16.924	49	0.1832	48.166	6	17.048	1.7	46.980	19.023°
47	0.0623	48.326	6	16.938	50	0.1840	49.168	6	17.063	1.7	48.007	19.049°
48	0.0641	49.328	6	16.953	51	0.1849	50.170	6	17.078	1.7	48.985	19.075°
49	0.0650	50.330	6	16.967	52	0.1859	51.172	7	20.044	1.7	50.011	19.100°
50	0.0660	51.332	6	16.982	53	0.1868	52.174	7	20.059	1.7	50.990	19.124°
51	0.0670	52.334	6	16.997	54	0.1878	53.176	7	20.074	1.7	52.015	19.147°
52	0.0680	53.336	6	17.012	55	0.1888	54.178	7	20.088	1.7	52.995	19.170°

续表

外齿轮					内齿轮							
齿数 z_1	变位系数 x_1	顶圆直径 d_{a1}	跨齿数 k_1	公法线长度 W_{k1}	齿数 z_2	变位系数 x_2	顶圆直径 d_{a2}	跨齿槽数 k_2	公法线长度 W_{k2}	量柱直径 d_p	量柱测量距 M	量柱中心圆压力角 α_M
53	0.0690	54.338	7	19.978	56	0.1898	55.180	7	20.103	1.7	54.020	19.192°
54	0.0701	55.340	7	19.993	57	0.1909	56.182	7	20.118	1.7	55.000	19.213°
55	0.0711	56.342	7	20.008	58	0.1920	57.184	7	20.132	1.7	56.024	19.234°
56	0.0723	57.345	7	20.023	59	0.1931	58.186	7	20.147	1.7	57.006	19.254°
57	0.0734	58.347	7	20.037	60	0.1942	59.188	7	20.162	1.7	58.029	19.273°
58	0.0745	59.349	7	20.052	61	0.1953	60.191	8	23.129	1.7	59.011	19.292°
59	0.0757	60.351	7	20.067	62	0.1965	61.193	8	23.144	1.7	60.034	19.310°
60	0.0769	61.354	7	20.082	63	0.1977	62.195	8	23.159	1.7	61.017	19.328°
61	0.0781	62.356	7	20.097	64	0.1989	63.198	8	23.173	1.7	62.039	19.345°
62	0.0793	63.359	8	23.064	65	0.2001	64.200	8	23.188	1.7	63.023	19.362°
63	0.0805	64.361	8	23.078	66	0.2013	65.203	8	23.203	1.7	64.044	19.378°
64	0.0817	65.363	8	23.093	67	0.2026	66.205	8	23.218	1.7	65.028	19.394°
65	0.0830	66.366	8	23.108	68	0.2038	67.208	8	23.233	1.7	66.049	19.409°
66	0.0843	67.369	8	23.123	69	0.2051	68.210	9	26.200	1.7	67.034	19.424°
67	0.0856	68.371	8	23.138	70	0.2064	69.213	9	26.215	1.7	68.055	19.439°
68	0.0869	69.374	8	23.153	71	0.2077	70.215	9	26.230	1.7	69.040	19.453°
69	0.0882	70.376	8	23.168	72	0.2090	71.218	9	26.244	1.7	70.060	19.467°
70	0.0895	71.379	8	23.183	73	0.2103	72.221	9	26.259	1.7	71.046	19.481°
71	0.0908	72.382	9	26.150	74	0.2116	73.223	9	26.274	1.7	72.066	19.494°
72	0.0922	73.384	9	26.165	75	0.2130	74.226	9	26.289	1.7	73.052	19.507°
73	0.0935	74.387	9	26.179	76	0.2143	75.229	9	26.304	1.7	74.071	19.519°
74	0.0949	75.390	9	26.194	77	0.2157	76.231	9	26.319	1.7	75.058	19.531°
75	0.0962	76.392	9	26.209	78	0.2171	77.234	10	29.286	1.7	76.077	19.544°
76	0.0976	77.395	9	26.224	79	0.2184	78.237	10	29.301	1.7	77.064	19.555°
77	0.0990	78.398	9	26.239	80	0.2198	79.240	10	29.316	1.7	78.083	19.567°
78	0.1004	79.401	9	26.254	81	0.2212	80.242	10	29.331	1.7	79.070	19.578°
79	0.1018	80.404	9	26.269	82	0.2226	81.245	10	29.346	1.7	80.088	19.589°
80	0.1032	81.406	10	29.236	83	0.2240	82.248	10	29.361	1.7	81.077	19.599°
81	0.1046	82.409	10	29.251	84	0.2255	83.251	10	29.376	1.7	82.094	19.610°
82	0.1061	83.412	10	29.266	85	0.2269	84.254	10	29.391	1.7	83.083	19.620°
83	0.1075	84.415	10	29.281	86	0.2283	85.257	10	29.406	1.7	84.100	19.630°
84	0.1089	85.418	10	29.296	87	0.2297	86.259	11	32.373	1.7	85.089	19.640°
85	0.1103	86.421	10	29.311	88	0.2312	87.262	11	32.388	1.7	86.106	19.649°
86	0.1118	87.424	10	29.326	89	0.2326	88.265	11	32.403	1.7	87.095	19.659°
87	0.1133	88.427	10	29.341	90	0.2341	89.268	11	32.418	1.7	88.112	19.668°
88	0.1147	89.429	10	29.356	91	0.2355	90.271	11	32.433	1.7	89.101	19.677°
89	0.1162	90.432	11	32.323	92	0.2370	91.274	11	32.448	1.7	90.118	19.685°
90	0.1177	91.435	11	32.338	93	0.2385	92.277	11	32.463	1.7	91.108	19.694°
91	0.1191	92.438	11	32.353	94	0.2399	93.280	11	32.478	1.7	92.124	19.702°
92	0.1207	93.441	11	32.368	95	0.2415	94.283	11	32.493	1.7	93.114	19.711°
93	0.1221	94.444	11	32.383	96	0.2429	95.286	12	35.460	1.7	94.130	19.719°
94	0.1236	95.447	11	32.398	97	0.2444	96.289	12	35.475	1.7	95.120	19.727°
95	0.1251	96.450	11	32.413	98	0.2459	97.292	12	35.490	1.7	96.136	19.734°
96	0.1266	97.453	11	32.429	99	0.2474	98.295	12	35.505	1.7	97.127	19.742°
97	0.1281	98.456	11	32.444	100	0.2489	99.298	12	35.520	1.7	98.142	19.750°
98	0.1296	99.459	12	35.411	101	0.2504	100.301	12	35.535	1.7	99.133	19.757°
99	0.1311	100.462	12	35.426	102	0.2519	101.304	12	35.550	1.7	100.148	19.764°
100	0.1326	101.465	12	35.441	103	0.2534	102.307	12	35.565	1.7	101.139	19.771°
101	0.1342	102.468	12	35.456	104	0.2550	103.310	12	35.580	1.7	102.154	19.778°

表 14-6-8　　　　　　　　四齿差内齿轮副几何尺寸及参数

（$h_a^* = 0.6$，$\alpha = 20°$，$m = 1$，$a' = 2.060$，$\alpha' = 24.172°$）　　　　mm

外齿轮					内齿轮							
齿数 z_1	变位系数 x_1	顶圆直径 d_{a1}	跨齿数 k_1	公法线长度 W_{k1}	齿数 z_2	变位系数 x_2	顶圆直径 d_{a2}	跨齿槽数 k_2	公法线长度 W_{k2}	量柱直径 d_p	量柱测量距 M	量柱中心圆压力角 α_M
29	0.0847	30.369	4	10.797	33	0.1509	32.102	4	10.898	1.7	30.894	18.135°
30	0.0843	31.369	4	10.810	34	0.1505	33.101	5	13.864	1.7	31.930	18.192°
31	0.0840	32.368	4	10.824	35	0.1502	34.100	5	13.878	1.7	32.895	18.246°
32	0.0838	33.368	4	10.838	36	0.1500	35.100	5	13.891	1.7	33.930	18.298°
33	0.0838	34.368	4	10.852	37	0.1499	36.100	5	13.905	1.7	34.898	18.347°
34	0.0838	35.368	4	10.866	38	0.1500	37.100	5	13.919	1.7	35.931	18.395°
35	0.0839	36.368	5	13.832	39	0.1501	38.100	5	13.933	1.7	36.901	18.441°
36	0.0841	37.368	5	13.846	40	0.1503	39.101	5	13.948	1.7	37.933	18.486°
37	0.0843	38.369	5	13.860	41	0.1505	40.101	5	13.962	1.7	38.904	18.528°
38	0.0847	39.369	5	13.875	42	0.1509	41.102	5	13.976	1.7	39.935	18.569°
39	0.0851	40.370	5	13.889	43	0.1513	42.103	6	16.942	1.7	40.907	18.609°
40	0.0855	41.371	5	13.903	44	0.1517	43.103	6	16.957	1.7	41.937	18.647°
41	0.0860	42.372	5	13.918	45	0.1522	44.104	6	16.971	1.7	42.911	18.683°
42	0.0866	43.373	5	13.932	46	0.1528	45.106	6	16.985	1.7	43.940	18.718°
43	0.0872	44.374	5	13.946	47	0.1534	46.107	6	17.000	1.7	44.915	18.752°
44	0.0879	45.376	6	16.913	48	0.1540	47.108	6	17.014	1.7	45.943	18.785°
45	0.0886	46.377	6	16.928	49	0.1548	48.110	6	17.029	1.7	46.920	18.817°
46	0.0893	47.379	6	16.942	50	0.1555	49.111	6	17.043	1.7	47.947	18.847°
47	0.0901	48.380	6	16.957	51	0.1563	50.113	6	17.058	1.7	48.924	18.877°
48	0.0909	49.382	6	16.971	52	0.1571	51.114	7	20.025	1.7	49.950	18.905°
49	0.0917	50.383	6	16.986	53	0.1579	52.116	7	20.039	1.7	50.929	18.933°
50	0.0926	51.385	6	17.000	54	0.1588	53.118	7	20.054	1.7	51.954	18.960°
51	0.0935	52.387	6	17.015	55	0.1597	54.119	7	20.068	1.7	52.934	18.986°
52	0.0944	53.389	6	17.030	56	0.1606	55.121	7	20.083	1.7	53.958	19.011°
53	0.0954	54.391	7	19.996	57	0.1616	56.123	7	20.098	1.7	54.939	19.035°
54	0.0964	55.393	7	20.011	58	0.1626	57.125	7	20.112	1.7	55.963	19.058°
55	0.0974	56.395	7	20.026	59	0.1636	58.127	7	20.127	1.7	56.944	19.081°
56	0.0984	57.397	7	20.040	60	0.1646	59.129	7	20.142	1.7	57.967	19.103°
57	0.0995	58.399	7	20.055	61	0.1657	60.131	8	23.109	1.7	58.950	19.125°
58	0.1005	59.401	7	20.070	62	0.1667	61.133	8	23.123	1.7	59.972	19.145°
59	0.1016	60.403	7	20.085	63	0.1678	62.136	8	23.138	1.7	60.955	19.165°
60	0.1027	61.405	7	20.099	64	0.1689	63.138	8	23.153	1.7	61.977	19.185°
61	0.1038	62.408	7	20.114	65	0.1700	64.140	8	23.168	1.7	62.960	19.204°
62	0.1050	63.410	8	23.081	66	0.1712	65.142	8	23.182	1.7	63.982	19.223°
63	0.1062	64.412	8	23.096	67	0.1723	66.145	8	23.197	1.7	64.966	19.241°
64	0.1076	65.415	8	23.111	68	0.1735	67.147	8	23.212	1.7	65.987	19.258°
65	0.1085	66.417	8	23.126	69	0.1747	68.149	8	23.227	1.7	66.971	19.275°
66	0.1097	67.419	8	23.140	70	0.1759	69.152	9	26.194	1.7	67.992	19.292°
67	0.1109	68.422	8	23.155	71	0.1771	70.154	9	26.209	1.7	68.977	19.308°
68	0.1121	69.424	8	23.170	72	0.1783	71.157	9	26.223	1.7	69.997	19.324°
69	0.1134	70.427	8	23.185	73	0.1796	72.159	9	26.238	1.7	70.983	19.339°
70	0.1146	71.429	8	23.200	74	0.1808	73.162	9	26.253	1.7	72.002	19.354°
71	0.1159	72.432	9	26.167	75	0.1820	74.164	9	26.268	1.7	72.989	19.369°
72	0.1172	73.434	9	26.182	76	0.1833	75.167	9	26.283	1.7	74.008	19.383°
73	0.1184	74.437	9	26.197	77	0.1846	76.169	9	26.298	1.7	74.994	19.397°
74	0.1197	75.439	9	26.211	78	0.1859	77.172	9	26.313	1.7	76.013	19.410°

续表

外齿轮					内齿轮							
齿数 z_1	变位系数 x_1	顶圆直径 d_{a1}	跨齿数 k_1	公法线长度 W_{k1}	齿数 z_2	变位系数 x_2	顶圆直径 d_{a2}	跨齿槽数 k_2	公法线长度 W_{k2}	量柱直径 d_p	量柱测量距 M	量柱中心圆压力角 α_M
75	0.1210	76.442	9	26.226	79	0.1872	78.174	10	29.280	1.7	77.000	19.424°
76	0.1223	77.445	9	26.241	80	0.1885	79.177	10	29.295	1.7	78.018	19.436°
77	0.1237	78.447	9	26.256	81	0.1898	80.180	10	29.310	1.7	79.006	19.449°
78	0.1250	79.450	9	26.271	82	0.1911	81.182	10	29.324	1.7	80.024	19.461°
79	0.1263	80.453	9	26.286	83	0.1925	82.185	10	29.339	1.7	81.012	19.473°
80	0.1277	81.455	10	29.253	84	0.1938	83.188	10	29.354	1.7	82.030	19.485°
81	0.1290	82.458	10	29.268	85	0.1952	84.190	10	29.369	1.7	83.018	19.497°
82	0.1304	83.461	10	29.283	86	0.1965	85.193	10	29.384	1.7	84.035	19.508°
83	0.1317	84.463	10	29.298	87	0.1979	86.196	11	32.351	1.7	85.024	19.519°
84	0.1331	85.466	10	29.313	88	0.1993	87.199	11	32.366	1.7	86.041	19.530°
85	0.1345	86.469	10	29.328	89	0.2006	88.201	11	32.381	1.7	87.030	19.540°
86	0.1358	87.472	10	29.343	90	0.2020	89.204	11	32.396	1.7	88.047	19.551°
87	0.1372	88.474	10	29.358	91	0.2034	90.207	11	32.411	1.7	89.036	19.561°
88	0.1386	89.477	11	32.325	92	0.2048	91.210	11	32.426	1.7	90.052	19.571°
89	0.1400	90.480	11	32.340	93	0.2062	92.212	11	32.441	1.7	91.042	19.580°
90	0.1414	91.483	11	32.355	94	0.2076	93.215	11	32.456	1.7	92.058	19.590°
91	0.1429	92.486	11	32.370	95	0.2090	94.218	11	32.471	1.7	93.048	19.599°
92	0.1443	93.489	11	32.385	96	0.2104	95.221	12	35.438	1.7	94.064	19.608°
93	0.1457	94.491	11	32.400	97	0.2118	96.224	12	35.453	1.7	95.054	19.617°
94	0.1471	95.494	11	32.415	98	0.2133	97.227	12	35.468	1.7	96.070	19.626°
95	0.1485	96.497	11	32.429	99	0.2147	98.229	12	35.483	1.7	97.060	19.634°
96	0.1500	97.500	11	32.445	100	0.2162	99.232	12	35.498	1.7	98.076	19.643°
97	0.1514	98.503	12	35.412	101	0.2176	100.235	12	35.513	1.7	99.066	19.651°
98	0.1528	99.506	12	35.427	102	0.2190	101.238	12	35.528	1.7	100.082	19.659°
99	0.1543	100.509	12	35.442	103	0.2205	102.241	12	35.543	1.7	101.073	19.667°
100	0.1557	101.511	12	35.457	104	0.2219	103.244	12	35.558	1.7	102.087	19.675°
101	0.1572	102.514	12	35.472	105	0.2234	104.247	13	38.525	1.7	103.079	19.683°

表 14-6-9　2Z-X（Ⅰ）型奇异二齿差～三齿差双内啮合齿轮副几何参数表[17]　mm

外齿轮 1					固定内齿轮 2										
齿数 z_1	变位系数 x_1	顶圆直径 d_{a1}	跨齿数 k_1	公法线长度 W_{k1}	齿数 z_2	变位系数 x_2	顶圆直径 d_{a2}	跨齿槽数 k_2	公法线长度 W_{k2}	量柱直径 d_{p2}	量柱测量距 M_2	量柱中心圆压力角 α_{M2}	重合度 $\varepsilon_{\alpha1\text{-}2}$	齿廓重叠干涉验算 $G_{a1\text{-}2}$	啮合角 $\alpha'_{1\text{-}2}$
27	0.3956	29.291	4	10.981	29	1.6452	29.571	6	17.768		29.402	28.9663	0.990	1.873	
28	0.3956	30.291	4	10.995	30	1.6452	30.571	6	17.782		30.457	28.7584	0.994	1.872	
29	0.4955	31.491	5	14.030	31	1.7450	31.771	6	17.865		31.565	29.0055	0.980	1.874	
30	0.4955	32.491	5	14.044	32	1.7450	32.771	6	17.879		32.618	28.8100	0.985	1.874	
31	0.4955	33.491	5	14.058	33	1.7450	33.771	6	17.893		33.587	28.6235	0.989	1.873	
32	0.4955	34.491	5	14.072	34	1.7450	34.771	7	20.859	1.7	34.636	28.4452	0.993	1.873	55.0415
33	0.4955	35.491	5	14.086	35	1.7450	35.771	7	20.873		35.607	28.2747	0.997	1.872	
34	0.4955	36.491	5	14.100	36	1.7450	36.771	7	20.887		36.653	28.1114	1.000	1.871	
35	0.4955	37.491	5	14.114	37	1.7450	37.771	7	20.901		37.626	27.9548	1.004	1.871	
36	0.5954	38.691	6	17.148	38	1.8450	38.971	7	20.983		38.815	28.1928	0.992	1.873	
37	0.5954	39.691	6	17.162	39	1.8450	39.971	7	20.997		39.789	28.0432	0.995	1.872	
38	0.5954	40.691	6	17.176	40	1.8450	40.971	7	21.011		40.831	27.8993	0.999	1.872	

续表

外齿轮1					固定内齿轮2								重合度	齿廓重叠干涉验算	啮合角
齿数 z_1	变位系数 x_1	顶圆直径 d_{a1}	跨齿数 k_1	公法线长度 W_{k1}	齿数 z_2	变位系数 x_2	顶圆直径 d_{a2}	跨齿槽数 k_2	公法线长度 W_{k2}	量柱直径 d_{p2}	量柱测量距 M_2	量柱中心圆压力角 α_{M2}	$\varepsilon_{\alpha 1\text{-}2}$	$G_{a1\text{-}2}$	$\alpha'_{1\text{-}2}$
39	0.5954	41.691	6	17.190	41	1.8450	41.971	8	23.977		41.807	27.7608	1.002	1.871	
40	0.5954	42.691	6	17.204	42	1.8450	42.971	8	23.991		42.846	27.6274	1.005	1.871	
41	0.5954	43.691	6	17.218	43	1.8450	43.971	8	24.005		43.823	27.4988	1.008	1.870	
42	0.5954	44.691	6	17.232	44	1.8450	44.971	8	24.019		44.860	27.3747	1.011	1.870	
43	0.5954	45.691	6	17.246	45	1.8450	45.971	8	24.033		45.838	27.2548	1.014	1.869	
44	0.6953	46.891	7	20.281	46	1.9449	47.171	8	24.116		47.023	27.4787	1.003	1.871	
45	0.6953	47.891	7	20.295	47	1.9449	48.171	8	24.130		48.002	27.3628	1.006	1.871	
46	0.6953	48.891	7	20.309	48	1.9449	49.171	9	27.096		49.036	27.2506	1.008	1.870	
47	0.6953	49.891	7	20.323	49	1.9449	50.171	9	27.110		50.016	27.1419	1.011	1.870	
48	0.6953	50.891	7	20.337	50	1.9449	51.171	9	27.124		51.049	27.0367	1.014	1.869	
49	0.6953	51.891	7	20.351	51	1.9449	52.171	9	27.138		52.030	26.9347	1.016	1.869	
50	0.6953	52.891	7	20.365	52	1.9449	53.171	9	27.152		53.062	26.8357	1.018	1.869	
51	0.7953	54.091	8	23.399	53	2.0448	54.371	9	27.234		54.194	27.0455	1.009	1.870	
52	0.7953	55.091	8	23.413	54	2.0448	55.371	9	27.248		55.225	26.9491	1.011	1.870	
53	0.7953	56.091	8	23.427	55	2.0448	56.371	9	27.262		56.207	26.8554	1.014	1.869	
54	0.7953	57.091	8	23.441	56	2.0448	57.371	10	30.228		57.237	26.7643	1.016	1.869	
55	0.7953	58.091	8	23.455	57	2.0448	58.371	10	30.242		58.220	26.6758	1.018	1.869	
56	0.7953	59.091	8	23.469	58	2.0448	59.371	10	30.256		59.248	26.5896	1.020	1.868	
57	0.7953	60.091	8	23.483	59	2.0448	60.371	10	30.270		60.232	26.5057	1.022	1.868	
58	0.7953	61.091	8	23.497	60	2.0448	61.371	10	30.284		61.259	26.4241	1.024	1.868	
59	0.8951	62.290	9	26.532	61	2.1446	62.571	10	30.367		62.396	26.6195	1.016	1.869	
60	0.8951	63.290	9	26.546	62	2.1446	63.571	10	30.381	1.7	63.423	26.5395	1.018	1.869	55.0415
61	0.8951	64.290	9	26.560	63	2.1446	64.571	11	33.347		64.408	26.4614	1.020	1.868	
62	0.8951	65.290	9	26.574	64	2.1446	65.570	11	33.361		65.434	26.3853	1.022	1.868	
63	0.8951	66.290	9	26.588	65	2.1446	66.570	11	33.375		66.419	26.3110	1.023	1.868	
64	0.8951	67.290	9	26.602	66	2.1446	67.570	11	33.389		67.444	26.2385	1.025	1.868	
65	0.8951	68.290	9	26.616	67	2.1446	68.570	11	33.403		68.430	26.1677	1.027	1.867	
66	0.9950	69.490	10	29.650	68	2.2445	69.770	11	33.485		69.609	26.3511	1.019	1.868	
67	0.9950	70.490	10	29.664	69	2.2445	70.770	11	33.499		70.595	26.2814	1.021	1.868	
68	0.9950	71.490	10	29.678	70	2.2445	71.770	11	33.513		71.619	26.2133	1.023	1.868	
69	0.9950	72.490	10	29.692	71	2.2445	72.770	12	36.479		72.606	26.1467	1.024	1.868	
70	0.9950	73.490	10	29.706	72	2.2445	73.770	12	36.493		73.629	26.0816	1.026	1.867	
71	0.9950	74.490	10	29.720	73	2.2445	74.770	12	36.507		74.616	26.0180	1.028	1.867	
72	0.9950	75.490	10	29.734	74	2.2445	75.770	12	36.521		75.638	25.9557	1.029	1.867	
73	1.0949	76.690	11	32.769	75	2.3444	76.970	12	36.604		76.781	26.1281	1.022	1.868	
74	1.0949	77.690	11	32.783	76	2.3444	77.970	12	36.618		77.803	26.0666	1.024	1.868	
75	1.0949	78.690	11	32.797	77	2.3444	78.970	12	36.632		78.791	26.0064	1.025	1.867	
76	1.0949	79.690	11	32.811	78	2.3444	79.970	13	39.598		79.813	25.9474	1.027	1.867	
77	1.0949	80.690	11	32.825	79	2.3444	80.970	13	39.612		80.801	25.8896	1.028	1.867	
78	1.0949	81.690	11	32.839	80	2.3444	81.970	13	39.626		81.822	25.8329	1.030	1.867	
79	1.0949	82.690	11	32.853	81	2.3444	82.970	13	39.640		82.810	25.7774	1.031	1.866	
80	1.1949	83.890	11	32.935	82	2.4444	84.170	13	39.722		83.988	25.9399	1.025	1.868	
81	1.1949	84.890	12	35.901	83	2.4444	85.170	13	39.736		84.977	25.8849	1.026	1.867	
82	1.1949	85.890	12	35.915	84	2.4444	86.170	13	39.750		85.997	25.8310	1.028	1.867	
83	1.1949	86.890	12	35.929	85	2.4444	87.170	13	39.764		86.986	25.7781	1.029	1.867	
84	1.1949	87.890	12	35.943	86	2.4444	88.170	14	42.730		88.005	25.7262	1.030	1.867	

续表

外齿轮1					固定内齿轮2								重合度	齿廓重叠干涉验算	啮合角
齿数 z_1	变位系数 x_1	顶圆直径 d_{a1}	跨齿数 k_1	公法线长度 W_{k1}	齿数 z_2	变位系数 x_2	顶圆直径 d_{a2}	跨齿槽数 k_2	公法线长度 W_{k2}	量柱直径 d_{p2}	量柱测量距 M_2	量柱中心圆压力角 α_{M2}	$\varepsilon_{\alpha1\text{-}2}$	$G_{a1\text{-}2}$	$\alpha'_{1\text{-}2}$
85	1.1949	88.890	12	35.957	87	2.4444	89.170	14	42.744		88.995	25.6753	1.032	1.866	
86	1.1949	89.890	12	35.971	88	2.4444	90.170	14	42.758		90.014	25.6253	1.033	1.866	
87	1.1949	90.890	12	35.985	89	2.4444	91.170	14	42.772		91.003	25.5761	1.034	1.866	
88	1.2947	92.089	13	39.020	90	2.5442	92.369	14	42.855		92.180	25.7288	1.028	1.867	
89	1.2947	93.089	13	39.034	91	2.5442	93.369	14	42.869		93.170	25.6801	1.029	1.867	
90	1.2947	94.089	13	39.048	92	2.5442	94.369	14	42.883		94.188	25.6322	1.031	1.867	
91	1.2947	95.089	13	39.062	93	2.5442	95.369	15	45.849	1.7	95.178	25.5852	1.032	1.866	55.0415
92	1.2947	96.089	13	39.076	94	2.5442	96.369	15	45.863		96.196	25.5390	1.033	1.866	
93	1.2947	97.089	13	39.090	95	2.5442	97.369	15	45.877		97.187	25.4935	1.034	1.866	
94	1.2947	98.089	13	39.104	96	2.5442	98.369	15	45.891		98.204	25.4489	1.036	1.866	
95	1.3945	99.289	13	39.186	97	2.6440	99.569	15	45.973		99.354	25.5936	1.030	1.867	
96	1.3945	100.289	14	42.152	98	2.6440	100.569	15	45.987		100.371	25.5492	1.031	1.866	
97	1.3945	101.289	14	42.166	99	2.6440	101.569	15	46.001		101.362	25.5055	1.032	1.866	
98	1.3945	102.289	14	42.180	100	2.6440	102.569	15	46.015		102.379	25.4626	1.033	1.866	

输出内齿轮3								重合度	齿廓重叠干涉验算	啮合角	共同参数			
齿数 z_3	变位系数 x_3	顶圆直径 d_{a3}	跨齿槽数 k_3	公法线长度 W_{k3}	量柱直径 d_{p3}	量柱测量距 M_3	量柱中心圆压力角 α_{M3}	$\varepsilon_{\alpha1\text{-}3}$	$G_{s1\text{-}3}$	$\alpha'_{1\text{-}3}$	中心距 a'	模数 m	压力角 α	齿顶高系数 h_a^*
30	0.5741	29.571	5	14.098		28.767	22.2895	1.251	0.033					
31	0.5741	30.571	5	14.112		29.728	22.2235	1.255	0.030					
32	0.6739	31.771	5	14.194		30.947	22.9164	1.220	0.047					
33	0.6739	32.771	5	14.208		31.910	22.8395	1.225	0.044					
34	0.6739	33.771	5	14.222		32.949	22.7667	1.230	0.041					
35	0.6739	34.771	5	14.236		33.914	22.6975	1.234	0.039					
36	0.6739	35.771	6	17.202		34.951	22.6317	1.239	0.036					
37	0.6739	36.771	6	17.216		35.918	22.5691	1.243	0.034					
38	0.6739	37.771	6	17.230		36.953	22.5094	1.247	0.032					
39	0.7739	38.971	6	17.312		38.098	23.0601	1.220	0.045					
40	0.7739	39.971	6	17.326		39.132	22.9940	1.224	0.043					
41	0.7739	40.971	6	17.340		40.103	22.9308	1.228	0.041					
42	0.7739	41.971	6	17.354		41.134	22.8702	1.232	0.038					
43	0.7739	42.971	6	17.368	1.7	42.106	22.8120	1.236	0.036	30.7423	1.64	1.0	20°	0.75
44	0.7739	43.971	7	20.335		43.137	22.7562	1.239	0.034					
45	0.7739	44.971	7	20.349		44.110	22.7026	1.243	0.033					
46	0.7739	45.971	7	20.363		45.139	22.6511	1.246	0.031					
47	0.8738	47.171	7	20.445		46.289	23.1006	1.224	0.042					
48	0.8738	48.171	7	20.459		47.317	23.0449	1.228	0.040					
49	0.8738	49.171	7	20.473		48.292	22.9912	1.231	0.038					
50	0.8738	50.171	7	20.487		49.319	22.9395	1.234	0.036					
51	0.8738	51.171	8	23.453		50.296	22.8894	1.238	0.035					
52	0.8738	52.171	8	23.467		51.322	22.8411	1.241	0.033					
53	0.8738	53.171	8	23.481		52.299	22.7944	1.244	0.031					
54	0.9737	54.371	8	23.563		53.499	23.1792	1.225	0.041					
55	0.9737	55.371	8	23.577		54.478	23.1296	1.228	0.039					
56	0.9737	56.371	8	23.591		55.502	23.0815	1.231	0.037					

续表

输出内齿轮 3								重合度 $\varepsilon_{\alpha 1\text{-}3}$	齿廓重叠干涉验算 $G_{s1\text{-}3}$	啮合角 $\alpha'_{1\text{-}3}$	共同参数			
齿数 z_3	变位系数 x_3	顶圆直径 d_{a3}	跨齿槽数 k_3	公法线长度 W_{k3}	量柱直径 d_{p3}	量柱测量距 M_3	量柱中心圆压力角 α_{M3}				中心距 a'	模数 m	压力角 α	齿顶高系数 h_a^*
57	0.9737	57.371	8	23.605		56.481	23.0349	1.234	0.036					
58	0.9737	58.371	8	23.619		57.504	22.9897	1.237	0.034					
59	0.9737	59.371	9	26.586		58.484	22.9458	1.240	0.033					
60	0.9737	60.371	9	26.600		59.507	22.9033	1.242	0.032					
61	0.9737	61.371	9	26.614		60.487	22.8619	1.245	0.030					
62	1.0735	62.570	9	26.696		61.684	23.1941	1.228	0.038					
63	1.0735	63.570	9	26.710		62.665	23.1506	1.231	0.037					
64	1.0735	64.570	9	26.724		63.687	23.1083	1.234	0.036					
65	1.0735	65.570	9	26.738		64.669	23.0671	1.236	0.034					
66	1.0735	66.570	10	29.704		65.689	23.0270	1.239	0.033					
67	1.0735	67.570	10	29.718		66.672	22.9889	1.241	0.032					
68	1.0735	68.570	10	29.732		67.692	22.9500	1.244	0.031					
69	1.1734	69.770	10	29.814		68.849	23.2454	1.229	0.038					
70	1.1734	70.770	10	29.828		69.869	23.2057	1.231	0.037					
71	1.1734	71.770	10	29.842		70.852	23.1670	1.234	0.035					
72	1.1734	72.770	10	29.856		71.871	23.1293	1.236	0.034					
73	1.1734	73.770	10	29.870		72.856	23.0924	1.238	0.033					
74	1.1734	74.770	11	32.837		73.874	23.0565	1.241	0.032					
75	1.1734	75.770	11	32.851		74.859	23.0213	1.243	0.031					
76	1.2734	76.970	11	32.933		76.051	23.2873	1.230	0.037					
77	1.2734	77.970	11	32.947		77.036	23.2508	1.232	0.036					
78	1.2734	78.970	11	32.961		78.054	23.2152	1.234	0.035					
79	1.2734	79.970	11	32.975	1.7	79.039	23.1803	1.236	0.034	30.7423	1.64	1.0	20°	0.75
80	1.2734	80.970	11	32.989		80.056	23.1462	1.238	0.033					
81	1.2734	81.970	11	33.003		81.042	23.1129	1.240	0.032					
82	1.2734	82.970	12	35.969		82.059	23.0802	1.242	0.031					
83	1.3733	84.170	12	36.051		83.219	23.3221	1.230	0.037					
84	1.3733	85.170	12	36.065		84.236	23.2883	1.232	0.036					
85	1.3733	86.170	12	36.079		85.222	23.2553	1.234	0.035					
86	1.3733	87.170	12	36.093		86.239	23.2229	1.236	0.034					
87	1.3733	88.170	12	36.107		87.225	23.1912	1.238	0.033					
88	1.3733	89.170	12	36.121		88.241	23.1601	1.240	0.032					
89	1.3733	90.170	13	39.088		89.229	23.1297	1.242	0.031					
90	1.3733	91.170	13	39.102		90.244	23.0998	1.243	0.030					
91	1.4731	92.369	13	39.184		91.405	23.3195	1.232	0.036					
92	1.4731	93.369	13	39.198		92.420	23.2887	1.234	0.035					
93	1.4731	94.369	13	39.212		93.408	23.2586	1.236	0.034					
94	1.4731	95.369	13	39.226		94.423	23.2289	1.238	0.033					
95	1.4731	96.369	13	39.240		95.411	23.1998	1.240	0.032					
96	1.4731	97.369	13	39.254		96.426	23.1713	1.241	0.031					
97	1.4731	98.369	14	42.220		97.414	23.1432	1.243	0.030					
98	1.5729	99.569	14	42.302		98.602	23.3462	1.233	0.035					
99	1.5729	100.569	14	42.316		99.591	23.3174	1.235	0.034					
100	1.5729	101.569	14	42.330		100.605	23.2892	1.236	0.034					
101	1.5729	102.569	15	42.344		101.594	23.2614	1.238	0.033					

注：1. 当模数 $m\neq1$ 时，d_a、W_k、d_p、M、a' 均应乘以 m 之数值。

2. 当按本表内轮 2 固定、内轮 3 输出时，转向与输入轴相同；传动比 i 与 z_3 数值相同。

3. 若需要，也可内轮 3 固定，内轮 2 输出，此时转向与输入轴相反；传动比 i 与 z_2 数值相同。

第 14 篇

表 14-6-10　　2Z-X（Ⅰ）型奇异三齿差～四齿差双内啮合齿轮副几何参数表[17]　　mm

外齿轮1					固定内齿轮2								重合度	齿廓重叠干涉验算	啮合角
齿数 z_1	变位系数 x_1	顶圆直径 d_{a1}	跨齿数 k_1	公法线长度 W_{k1}	齿数 z_2	变位系数 x_2	顶圆直径 d_{a2}	跨齿槽数 k_2	公法线长度 W_{k2}	量柱直径 d_{p2}	量柱测量距 M_2	量柱中心圆压力角 α_{M2}	$\varepsilon_{\alpha1\text{-}2}$	$G_{a1\text{-}2}$	$\alpha'_{1\text{-}2}$
26	-0.1020	27.296	3	7.675	29	0.9904	28.536	5	14.368		28.425	25.4068	1.164	1.676	
27	-0.1057	28.289	3	7.686	30	0.9867	29.529	5	14.380		29.509	25.2419	1.167	1.676	
28	-0.1128	29.274	3	7.695	31	0.9797	30.514	5	14.389		30.418	25.0648	1.171	1.675	
29	-0.1197	30.261	4	10.657	32	0.9727	31.501	5	14.398		31.451	24.8968	1.175	1.675	
30	-0.1247	31.251	4	10.667	33	0.9677	32.491	6	17.361		32.407	24.7477	1.178	1.675	
31	-0.1313	32.237	4	10.677	34	0.9611	33.477	6	17.370		33.438	24.5967	1.182	1.674	
32	-0.1378	33.224	4	10.686	35	0.9546	34.464	6	17.380		34.394	24.4529	1.185	1.674	
33	-0.1442	34.212	4	10.696	36	0.9482	35.452	6	17.390		35.422	24.3158	1.188	1.674	
34	-0.1505	35.199	4	10.706	37	0.9419	36.439	6	17.400		36.380	24.1848	1.191	1.673	
35	-0.1568	36.186	4	10.715	38	0.9356	37.426	6	17.403		37.406	24.0596	1.194	1.673	
36	-0.1630	37.174	4	10.725	39	0.9294	38.414	6	17.419		38.365	23.9397	1.197	1.673	
37	-0.1676	38.165	4	10.736	40	0.9248	39.405	6	17.430		39.392	23.8334	1.199	1.673	
38	-0.1736	39.153	4	10.746	41	0.9189	40.393	6	17.440		40.353	23.7237	1.201	1.672	
39	-0.1795	40.141	5	13.708	42	0.9129	41.381	7	20.402		41.375	23.6185	1.203	1.672	
40	-0.1854	41.129	5	13.718	43	0.9070	42.369	7	20.412		42.338	23.5174	1.206	1.672	
41	-0.1912	42.118	5	13.728	44	0.9012	43.358	7	20.422		43.359	23.4202	1.208	1.672	
42	-0.1956	43.109	5	13.739	45	0.8969	44.349	7	20.433		44.325	23.3341	1.209	1.671	
43	-0.2012	44.098	5	13.749	46	0.8912	45.338	7	20.443		45.345	23.2445	1.211	1.671	
44	-0.2068	45.086	5	13.759	47	0.8856	46.326	7	20.453		46.309	23.1582	1.213	1.671	
45	-0.2124	46.075	5	13.770	48	0.8800	47.315	7	20.463		47.328	23.0750	1.215	1.671	
46	-0.2165	47.067	5	13.781	49	0.8759	48.307	7	20.474		48.296	23.0014	1.216	1.671	
47	-0.2219	48.056	5	13.791	50	0.8705	49.296	7	20.485		49.314	22.9244	1.218	1.670	
48	-0.2272	49.046	5	13.801	51	0.8652	50.286	8	23.447	1.7	50.281	22.8500	1.219	1.670	48.3271
49	-0.2325	50.035	6	16.764	52	0.8599	51.275	8	23.458		51.297	22.7782	1.221	1.670	
50	-0.2378	51.024	6	16.774	53	0.8546	52.264	8	23.468		52.265	22.7088	1.222	1.670	
51	-0.2430	52.014	6	16.785	54	0.8494	53.254	8	23.478		53.281	22.6417	1.224	1.670	
52	-0.2482	53.004	6	16.795	55	0.8442	54.244	8	23.489		54.250	22.5768	1.225	1.670	
53	-0.2520	53.996	6	16.807	56	0.8404	55.236	8	23.500		55.267	22.5197	1.226	1.669	
54	-0.2570	54.986	6	16.817	57	0.8354	56.226	8	23.511		56.237	22.4593	1.227	1.669	
55	-0.2619	55.976	6	16.828	58	0.8305	57.216	8	23.521		57.251	22.4009	1.228	1.669	
56	-0.2668	56.966	6	16.839	59	0.8256	58.206	8	23.532		58.221	22.3444	1.230	1.669	
57	-0.2716	57.957	6	16.849	60	0.8208	59.197	8	23.543		59.235	22.2897	1.231	1.669	
58	-0.2776	58.945	6	16.859	61	0.8148	60.185	9	26.505		60.204	22.2316	1.232	1.669	
59	-0.2824	59.935	7	19.822	62	0.8100	61.175	9	26.516		61.217	22.1799	1.233	1.669	
60	-0.2872	60.926	7	19.833	63	0.8053	62.166	9	26.526		62.189	22.1299	1.234	1.669	
61	-0.2918	61.916	7	19.844	64	0.8006	63.156	9	26.537		63.201	22.0814	1.235	1.668	
62	-0.2965	62.907	7	19.854	65	0.7960	64.147	9	26.548		64.174	22.0345	1.236	1.668	
63	-0.3010	63.898	7	19.865	66	0.7914	65.138	9	26.559		65.185	21.9890	1.237	1.668	
64	-0.3055	64.889	7	19.876	67	0.7869	66.129	9	26.570		66.159	21.9449	1.237	1.668	
65	-0.3099	65.880	7	19.887	68	0.7825	67.120	9	26.581		67.170	21.9022	1.238	1.668	
66	-0.3154	66.869	7	19.897	69	0.7770	68.109	9	26.591		68.142	21.8565	1.239	1.668	
67	-0.3198	67.860	7	19.908	70	0.7727	69.100	10	29.554		69.153	21.8162	1.240	1.668	
68	-0.3241	68.852	7	19.920	71	0.7684	70.092	10	29.565		70.128	21.7771	1.241	1.668	
69	-0.3293	69.841	8	22.882	72	0.7631	71.081	10	29.576		71.136	21.7353	1.241	1.668	
70	-0.3335	70.833	8	22.893	73	0.7589	72.073	10	29.587		72.112	21.6984	1.242	1.668	
71	-0.3387	71.823	8	22.904	74	0.7537	73.063	10	29.597		73.120	21.6588	1.243	1.667	

续表

外齿轮 1					固定内齿轮 2								重合度 $\varepsilon_{\alpha 1\text{-}2}$	齿廓重叠干涉验算 $G_{a1\text{-}2}$	啮合角 $\alpha'_{1\text{-}2}$
齿数 z_1	变位系数 x_1	顶圆直径 d_{a1}	跨齿数 k_1	公法线长度 W_{k1}	齿数 z_2	变位系数 x_2	顶圆直径 d_{a2}	跨齿槽数 k_2	公法线长度 W_{k2}	量柱直径 d_{p2}	量柱测量距 M_2	量柱中心圆压力角 α_{M2}			
72	-0.3428	72.814	8	22.915	75	0.7496	74.054	10	29.609		74.096	21.6240	1.244	1.667	
73	-0.3479	73.804	8	22.925	76	0.7446	75.044	10	29.619		75.103	21.5866	1.244	1.667	
74	-0.3519	74.796	8	22.937	77	0.7406	76.036	10	29.630		76.080	21.5538	1.245	1.667	
75	-0.3568	75.786	8	22.947	78	0.7357	77.026	10	29.641		77.088	21.5185	1.246	1.667	
76	-0.3616	76.777	8	22.958	79	0.7308	78.017	10	29.652		78.063	21.4841	1.246	1.667	
77	-0.3665	77.767	8	22.969	80	0.7259	79.007	11	32.614		79.070	21.4505	1.247	1.667	
78	-0.3703	78.759	9	25.932	81	0.7221	79.999	11	32.626		80.048	21.4212	1.247	1.667	
79	-0.3750	79.750	9	25.943	82	0.7175	80.990	11	32.637		81.055	21.3896	1.248	1.667	
80	-0.3796	80.741	9	25.954	83	0.7128	81.981	11	32.647		82.031	21.3588	1.248	1.667	
81	-0.3842	81.732	9	25.965	84	0.7083	82.972	11	32.658		83.038	21.3289	1.249	1.667	
82	-0.3887	82.723	9	25.976	85	0.7038	83.963	11	32.669		84.015	21.2997	1.250	1.667	
83	-0.3931	83.714	9	25.987	86	0.6993	84.954	11	32.680		85.022	21.2714	1.250	1.667	
84	-0.3975	84.705	9	25.998	87	0.6950	85.945	11	32.691	1.7	85.999	21.2439	1.251	1.666	48.3271
85	-0.4027	85.695	9	26.008	88	0.6898	86.935	11	32.702		87.004	21.2143	1.251	1.666	
86	-0.4070	86.686	9	26.019	89	0.6855	87.926	12	35.665		87.982	21.1881	1.252	1.666	
87	-0.4112	87.678	9	26.030	90	0.6812	88.918	12	35.676		88.988	21.1626	1.252	1.666	
88	-0.4162	88.668	10	28.993	91	0.6763	89.908	12	35.687		89.965	21.1353	1.253	1.666	
89	-0.4203	89.659	10	29.004	92	0.6721	90.899	12	35.698		90.971	21.1111	1.253	1.666	
90	-0.4252	90.650	10	29.015	93	0.6673	91.890	12	35.709		91.949	21.0852	1.254	1.666	
91	-0.4291	91.642	10	29.026	94	0.6633	92.882	12	35.720		92.955	21.0623	1.254	1.666	
92	-0.4339	92.632	10	29.037	95	0.6586	93.872	12	35.731		93.933	21.0378	1.254	1.666	
93	-0.4385	93.623	10	29.048	96	0.6539	94.863	12	35.741		94.937	21.0138	1.255	1.666	
94	-0.4431	94.614	10	29.059	97	0.6493	95.854	12	35.752		95.916	20.9905	1.255	1.666	
95	-0.4469	95.606	10	29.070	98	0.6455	96.846	12	35.764		96.922	20.9700	1.256	1.666	
96	-0.4513	96.597	10	29.081	99	0.6411	97.837	13	38.727		97.901	20.9480	1.256	1.666	
97	-0.4564	97.587	10	29.092	100	0.6361	98.827	13	38.737		98.904	20.9245	1.257	1.666	

输出内齿轮 3								重合度 $\varepsilon_{\alpha 1\text{-}3}$	齿廓重叠干涉验算 $G_{s1\text{-}3}$	啮合角 $\alpha'_{1\text{-}3}$	共同参数			
齿数 z_3	变位系数 x_3	顶圆直径 d_{a3}	跨齿槽数 k_3	公法线长度 W_{k3}	量柱直径 d_{p3}	量柱测量距 M_3	量柱中心圆压力角 α_{M3}				中心距 a'	模数 m	压力角 α	齿顶高系数 h_a^*
30	0.0408	28.536	4	10.781		27.673	16.3135	1.644	0.033					
31	0.0372	29.529	4	10.792		28.628	16.4050	1.633	0.035					
32	0.0301	30.514	4	10.801		29.652	16.4395	1.627	0.035					
33	0.0232	31.501	4	10.811		30.601	16.4737	1.622	0.035					
34	0.0181	32.491	4	10.821		31.627	16.5318	1.616	0.035					
35	0.0115	33.477	4	10.831		32.579	16.5659	1.613	0.035					
36	0.0050	34.464	5	13.792		33.600	16.5991	1.610	0.035					
37	-0.0014	35.452	5	13.802	1.7	34.554	16.6314	1.607	0.035	27.5630	2.12	1.0	20°	0.75
38	-0.0077	36.439	5	13.812		35.573	16.6628	1.604	0.035					
39	-0.0139	37.426	5	13.821		36.529	16.6932	1.602	0.035					
40	-0.0202	38.414	5	13.831		37.548	16.7226	1.600	0.035					
41	-0.0247	39.405	5	13.842		38.509	16.7688	1.597	0.035					
42	-0.0307	40.393	5	13.852		39.526	16.7972	1.596	0.035					
43	-0.0367	41.381	5	13.862		40.486	16.8248	1.594	0.035					
44	-0.0425	42.369	5	13.872		41.502	16.8514	1.593	0.035					

续表

输出内齿轮3											共同参数			
齿数 z_3	变位系数 x_3	顶圆直径 d_{a3}	跨齿槽数 k_3	公法线长度 W_{k3}	量柱直径 d_{p3}	量柱测量距 M_3	量柱中心圆压力角 α_{M3}	重合度 $\varepsilon_{\alpha 1\text{-}3}$	齿廓重叠干涉验算 $G_{s1\text{-}3}$	啮合角 $\alpha'_{1\text{-}3}$	中心距 a'	模数 m	压力角 α	齿顶高系数 h_a^*
45	-0.0484	43.358	5	13.882		42.463	16.8772	1.592	0.035					
46	-0.0527	44.349	6	16.845		43.481	16.9168	1.590	0.035					
47	-0.0548	45.338	6	16.858		44.443	16.9418	1.589	0.035					
48	-0.0640	46.326	6	16.865		45.458	16.9660	1.588	0.035					
49	-0.0696	47.315	6	16.875		46.421	16.9896	1.587	0.035					
50	-0.0737	48.307	6	16.887		47.438	17.0251	1.585	0.035					
51	-0.0793	49.296	6	16.899		48.403	17.0481	1.584	0.035					
52	-0.0844	50.286	6	16.908		49.416	17.0705	1.584	0.035					
53	-0.0897	51.275	6	16.918		50.382	17.0923	1.583	0.035					
54	-0.0950	52.264	6	16.928		51.394	17.1136	1.582	0.035					
55	-0.1002	53.254	6	16.939		52.361	17.1344	1.582	0.035					
56	-0.1054	54.244	7	19.901		53.373	17.1547	1.581	0.035					
57	-0.1092	55.236	7	19.913		54.344	17.1847	1.580	0.035					
58	-0.1141	56.226	7	19.923		55.355	17.2048	1.579	0.035					
59	-0.1191	57.216	7	19.934		56.325	17.2246	1.579	0.035					
60	-0.1239	58.206	7	19.944		57.335	17.2440	1.578	0.035					
61	-0.1288	59.197	7	19.955		58.305	17.2632	1.578	0.035					
62	-0.1348	60.185	7	19.965		59.313	17.2734	1.578	0.035					
63	-0.1396	61.175	7	19.976		60.284	17.2916	1.577	0.035					
64	-0.1443	62.166	7	19.987		61.293	17.3095	1.577	0.035					
65	-0.1490	63.156	7	19.997		62.265	17.3272	1.577	0.035					
66	-0.1536	64.147	8	22.960		63.274	17.3448	1.576	0.035					
67	-0.1582	65.138	8	22.971	1.7	64.247	17.3622	1.576	0.035	27.5630	2.12	1.0	20°	0.75
68	-0.1627	66.129	8	22.982		65.256	17.3794	1.575	0.035					
69	-0.1671	67.120	8	22.993		66.229	17.3966	1.575	0.035					
70	-0.1726	68.109	8	23.003		67.235	17.4068	1.575	0.035					
71	-0.1769	69.100	8	23.014		68.209	17.4235	1.574	0.035					
72	-0.1812	70.092	8	23.026		69.218	17.4401	1.574	0.035					
73	-0.1865	71.081	8	23.036		70.190	17.4503	1.574	0.035					
74	-0.1907	72.073	8	23.047		71.198	17.4665	1.573	0.035					
75	-0.1959	73.063	8	23.057		72.171	17.4768	1.573	0.035					
76	-0.2000	74.054	9	26.021		73.179	17.4927	1.573	0.035					
77	-0.2050	75.044	9	26.031		74.153	17.5029	1.573	0.035					
78	-0.2090	76.036	9	26.043		75.161	17.5187	1.572	0.035					
79	-0.2139	77.026	9	26.053		76.135	17.5291	1.572	0.035					
80	-0.2188	78.017	9	26.064		77.141	17.5394	1.572	0.035					
81	-0.2236	79.007	9	26.075		78.116	17.5496	1.572	0.035					
82	-0.2275	79.999	9	26.086		79.123	17.5648	1.572	0.035					
83	-0.2321	80.990	9	26.097		80.099	17.5753	1.572	0.035					
84	-0.2367	81.981	9	26.108		81.104	17.5858	1.571	0.035					
85	-0.2413	82.972	10	29.071		82.080	17.5963	1.571	0.035					
86	-0.2458	83.963	10	29.082		83.085	17.6068	1.571	0.035					
87	-0.2503	84.954	10	29.093		84.062	17.6174	1.571	0.035					
88	0.2546	85.945	10	29.104		85.067	17.6281	1.571	0.035					
89	-0.2598	86.935	10	29.114		86.043	17.6347	1.571	0.035					
90	-0.2641	87.926	10	29.125		87.048	17.6452	1.571	0.035					

第14篇

续表

输出内齿轮3								重合度 $\varepsilon_{\alpha 1\text{-}3}$	齿廓重叠干涉验算 $G_{s1\text{-}3}$	啮合角 $\alpha'_{1\text{-}3}$	共同参数			
齿数 z_3	变位系数 x_3	顶圆直径 d_{a3}	跨齿槽数 k_3	公法线长度 W_{k3}	量柱直径 d_{p3}	量柱测量距 M_3	量柱中心圆压力角 α_{M3}				中心距 a'	模数 m	压力角 α	齿顶高系数 h_a^*
91	-0.2683	88.918	10	29.136		88.026	17.6559	1.570	0.035					
92	-0.2733	89.908	10	29.147		89.029	17.6628	1.570	0.035					
93	-0.2774	90.899	10	29.158		90.007	17.6735	1.570	0.035					
94	-0.2823	91.890	10	29.169		91.010	17.6806	1.570	0.035					
95	-0.2863	92.882	11	32.132		91.989	17.6914	1.570	0.035					
96	-0.2910	93.872	11	32.143	1.7	92.993	17.6989	1.570	0.035	27.5630	2.12	1.0	20°	0.75
97	-0.2957	94.863	11	32.154		93.970	17.7064	1.570	0.035					
98	-0.3003	95.854	11	32.165		94.973	17.7140	1.570	0.035					
99	-0.3040	96.846	11	32.176		95.954	17.7249	1.569	0.035					
100	-0.3084	97.837	11	32.187		96.957	17.7330	1.569	0.035					
101	-0.3135	98.827	11	32.198		97.934	17.7381	1.569	0.035					

注：1. 当模数 $m\neq1$ 时，d_a、W_k、d_p、M、a'均应乘以 m 之数值。

2. 当按本表内轮 2 固定，内轮 3 输出时，转向与输入轴相同；传动比 i 与 z_3 数值相同。

3. 若需要，也可内轮 3 固定，内轮 2 输出，此时转向与输入轴相反；传动比 i 与 z_2 数值相同。

3 效率计算

3.1 一对齿轮的啮合效率

根据参考文献［4］，一对齿轮的啮合效率 η_e^X 的计算式[6]为

$$\eta_e^X = 1 - \pi\mu_e\left(\frac{1}{z_1}-\frac{1}{z_2}\right)(E_1+E_2) \tag{14-6-10}$$

式中，E_1、E_2、μ_e 见表 14-6-11。

表 14-6-11　E_1、E_2、μ_e 的数值

项目	范围	E_1	E_2
$\varepsilon_{\alpha1}$或$\varepsilon_{\alpha2}$	≥0 且≤1	$0.5-\varepsilon_{\alpha1}+\varepsilon_{\alpha1}^2$	$0.5-\varepsilon_{\alpha2}+\varepsilon_{\alpha2}^2$
	>1	$\varepsilon_{\alpha1}-0.5$	$\varepsilon_{\alpha2}-0.5$
	<0	$0.5-\varepsilon_{\alpha1}$	$0.5-\varepsilon_{\alpha2}$
齿廓摩擦因数 μ_e	内齿轮插齿，外齿轮磨齿或剃齿	约 0.07～0.08	
	内齿轮插齿，外齿轮滚齿或插齿	约 0.09～0.10	

注：$\varepsilon_{\alpha1}=\frac{z_1}{2\pi}(\tan\alpha_{a1}-\tan\alpha')$；$\varepsilon_{\alpha2}=\frac{z_2}{2\pi}(\tan\alpha'-\tan\alpha_{a2})$。

3.2 传输机构（输出机构）的效率

表 14-6-12　传输机构的效率 η_p

类型	传输机构	η_p	说明
Z-X-V 内齿轮固定（K-H-V）	销孔式	$1-\frac{4\mu_p a' z_2 r_s}{\pi R_w r_p(z_2-z_1)}$	μ_p——销套与销孔或浮动盘间摩擦因数，销套不转时，$\mu_p=0.07\sim0.1$；销套回转时，$\mu_p=0.008\sim0.01$ r_s——柱销半径，mm r_p——销套外圆半径，mm R_w——销孔中心圆半径，mm
	浮动盘式	$\left(\frac{1}{1+\frac{2\mu_p a'}{\pi R_w}}\right)^2$	

3.3 转臂轴承的效率

表 14-6-13　　转臂轴承的效率 η_b

类　型	传输机构	输出构件	η_b	说　　明
Z-X-V (K-H-V)	销孔式		$1-\dfrac{\mu_b d_n}{mz_d\cos\alpha}\sqrt{\left(\dfrac{r_{b1}}{r_w}\right)^2+\dfrac{2r_{b1}}{r_w}\sin\alpha'+1}$	μ_b——滚动轴承摩擦因数，单列向心球轴承或短圆柱滚子轴承 $\mu_b=0.002$ d_n——滚动轴承内径，mm $r_w=\dfrac{\pi}{4}R_w$ z_1——双联行星轮输入侧齿数 z_3——双联行星轮输出侧齿数
	浮动盘式		$1-\dfrac{\mu_b d_n}{mz_d\cos\alpha}$	
2Z-X (2K-H)		内齿轮	$1-\dfrac{\mu_b d_n}{mz_d\cos\alpha}\times\dfrac{z_1+z_3}{\lvert z_1-z_3\rvert}$	
		外齿轮	$1-\dfrac{\mu_b d_n}{mz_d\cos\alpha}$	

4　受力分析与强度计算

4.1 主要零件的受力分析

表 14-6-14

类　型	名　称	项　　目	Z-X-V(K-H-V)型传动		2Z-X(2K-H)型传动
			内齿轮固定	内齿轮输出	内齿轮 4 输出
Z-X-V 或 2Z-X（K-H-V 或 2K-H）	齿轮	分度圆切向力 F_t	$\dfrac{2000T_2}{d_1}$	$\dfrac{2000T_2z_1}{d_1z_2}$	$\dfrac{2000T_2z_3}{d_3z_4}$
		节圆切向力 F_t'	$\dfrac{2000T_2\cos\alpha'}{d_1\cos\alpha}$	$\dfrac{2000T_2z_1\cos\alpha'}{d_1z_2\cos\alpha}$	$\dfrac{2000T_2z_3\cos\alpha'}{d_3z_4\cos\alpha}$
		径向力 F_r	$\dfrac{2000T_2\sin\alpha'}{d_1\cos\alpha}$	$\dfrac{2000T_2z_1\sin\alpha'}{d_1z_2\cos\alpha}$	$\dfrac{2000T_2z_3\sin\alpha'}{d_3z_4\cos\alpha}$
		法向力 F_n	$\dfrac{2000T_2}{d_1\cos\alpha}$	$\dfrac{2000T_2z_1}{d_1z_2\cos\alpha}$	$\dfrac{2000T_2z_3}{d_3z_4\cos\alpha}$
Z-X-V (K-H-V)	销孔式传输机构	各柱销作用于行星轮上合力的近似最大值 F_Σ	$\dfrac{4000T_2}{\pi R_w}$	$\dfrac{4000T_2z_1}{\pi R_wz_2}$	
		行星轮对柱销的最大作用力 Q_{max}	$\dfrac{4000T_2}{z_wR_w}$	$\dfrac{4000T_2z_1}{z_wR_wz_2}$	
		转臂轴承受力 F_R	$\sqrt{F_t'^2+(F_r+F_\Sigma)^2}$		
	浮动盘式传输机构	柱销受力 Q	$\dfrac{500T_2}{R_w}$	$\dfrac{500T_2z_1}{R_wz_2}$	
		转臂轴承受力 F_R	$\dfrac{2000T_2}{d_1\cos\alpha}$	$\dfrac{2000T_2z_1}{d_1z_2\cos\alpha}$	
2Z-X (2K-H)	内齿轮输出	转臂轴承受力 F_R			$\dfrac{2000T_2z_3}{d_3z_4\cos\alpha}$

注 1. T_2 为输出转矩。Z-X-V 型的各计算式用于单偏心（即行星轮个数为 1）时，在双偏心（即行星轮个数为 2）时，以 $0.6T_2$ 代替 T_2。

2. d_1—行星轮分度圆直径；R_w—柱销中心圆半径；z_w—柱销数目。

3. 转矩的单位为 N·m，力的单位为 N，长度单位为 mm。

第 14 篇

4.2 主要零件的强度计算

表 14-6-15

名称	项目	计 算 公 式	说 明
齿轮	轮齿强度计算	渐开线少齿差内齿轮副受力后是多齿接触，实测实际接触齿数为 3 ~ 9[8,11]。作用于一个齿的最大载荷不超过总载荷的 40% ~ 50%；作用于齿顶的载荷仅为总载荷的 25% ~ 30%。齿轮强度计算可将其载荷除以承载能力系数 K_ε 后采用本篇第 1 章表 14-1-101 轮齿弯曲强度核算公式计算，且只需计算弯曲强度。K_ε 可以近似地由本表中线图查取（其中 z 为齿数）。 齿轮也可按下列简化公式验算其轮齿弯曲强度或确定其模数[18]。 $\sigma_F=\dfrac{F_t K_A K_V F_{F1}}{2bm}\leqslant\sigma_{Fp}$； $\sigma_{Fp}=\sigma_{Flim}Y_X Y_N$； $m\geqslant\sqrt[3]{\dfrac{T_1 Y_F K_A K_V}{\psi_d z_1^2\sigma_{Fp}}}$	σ_F——外齿轮或内齿轮的齿根弯曲应力，MPa F_t——齿轮分度圆上的圆周力，N T_1——外齿轮传递的转矩，N · mm b——齿宽，mm m——模数，mm K_A——使用系数，按表 14-1-71 查取 K_V——动载系数，按本表中线图查取 Y_F——齿轮的齿形系数：当其顶圆直径符合计算式 $d_{a2}=d_2-2m(h_a^{※}-x_2)$ 或选用表 14-6-5 ~ 表 14-6-8 中组合齿轮参数时，可由本表中查取 σ_{Fp}——许用弯曲应力，MPa σ_{Flim}——试验齿轮的弯曲极限应力，MPa Y_X——与弯曲应力相关的尺寸系数，查本表线图 Y_N——与齿根弯曲应力相关的寿命系数，查本表线图 ψ_d——齿宽系数，此外取 $\psi_d=0.1\sim0.2$ z——齿数
		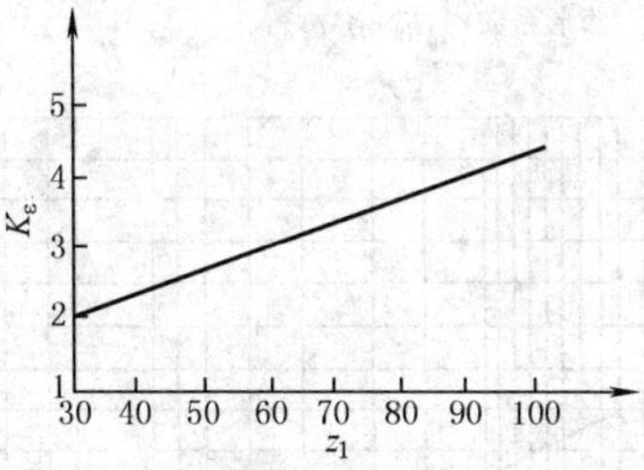 承载能力系数 K_ε	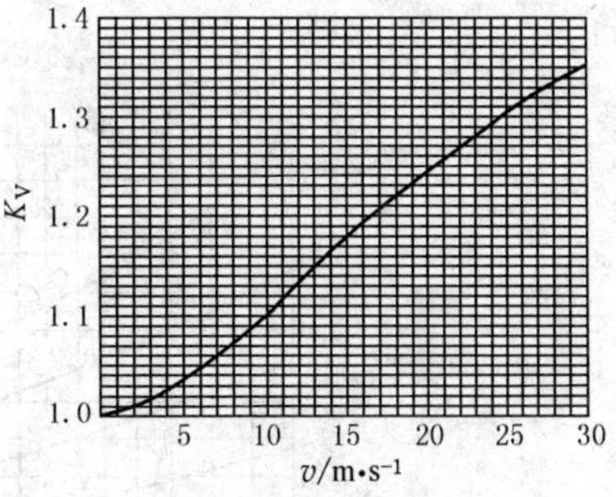 动载系数 K_V
		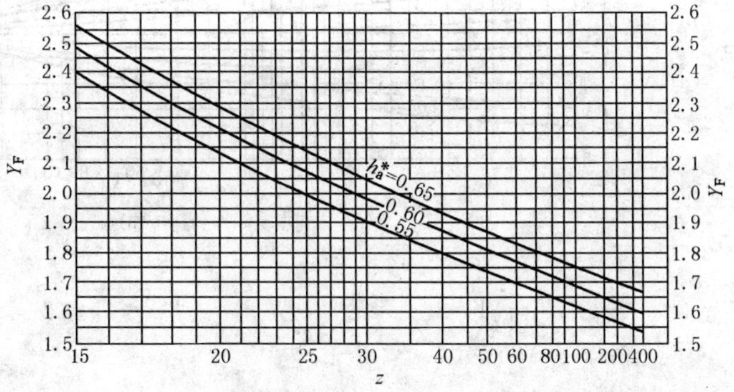 齿形系数 Y_F（h_a^*=0.55、0.6、0.65）	

续表

名称	项目	计算公式	说明
齿轮	轮齿强度计算	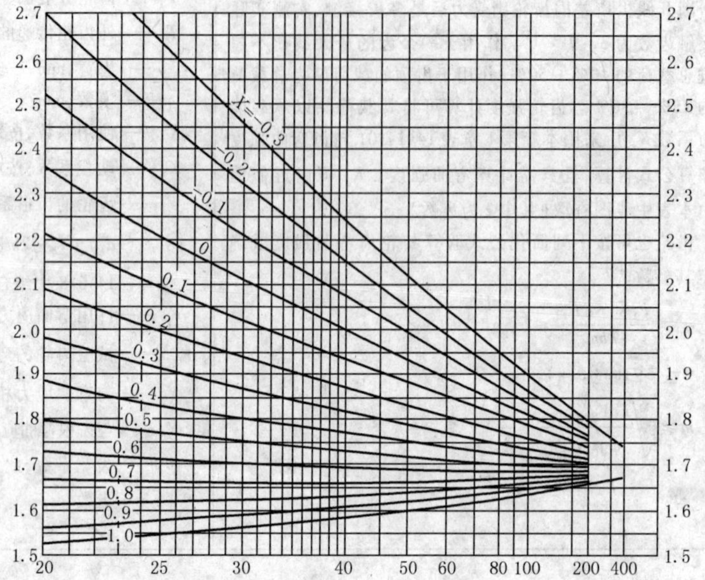 齿形系数 Y_F (h_a^*=0.7) 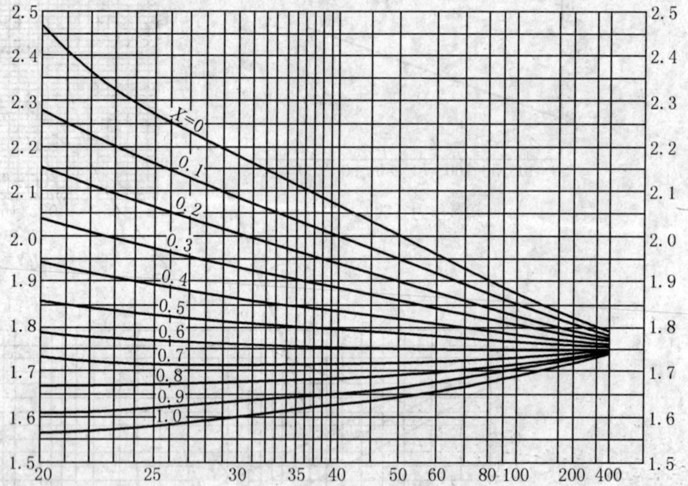 齿形系数 Y_F (h_a^*=0.75)	

齿形系数 Y_F (h_a^*=0.7)

齿形系数 Y_F (h_a^*=0.75)

续表

名称	项目	计算公式	说明
齿轮	轮齿强度计算	(见下列图表)	

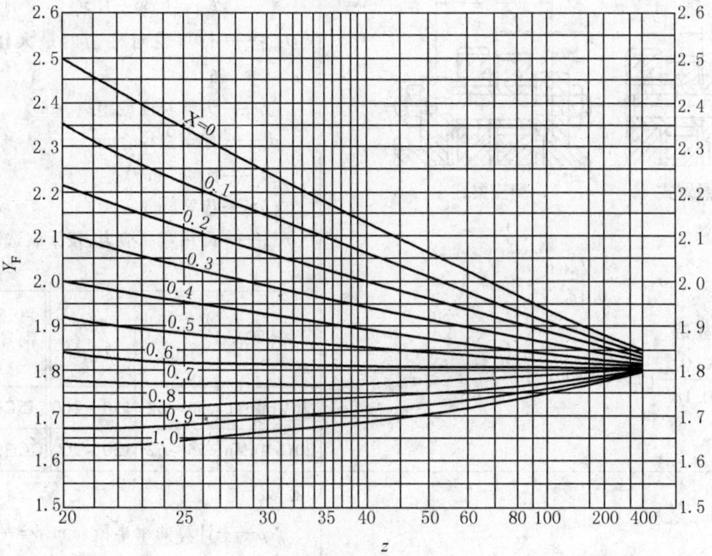

Y_F

齿形系数$Y_F(h_a^*=0.8)$

内齿轮的齿形系数Y_F

h_a^*	0.55	0.60	0.65	0.70	0.75	0.80	1.0
Y_F	1.55	1.61	1.61	1.72	1.78	1.83	2.06

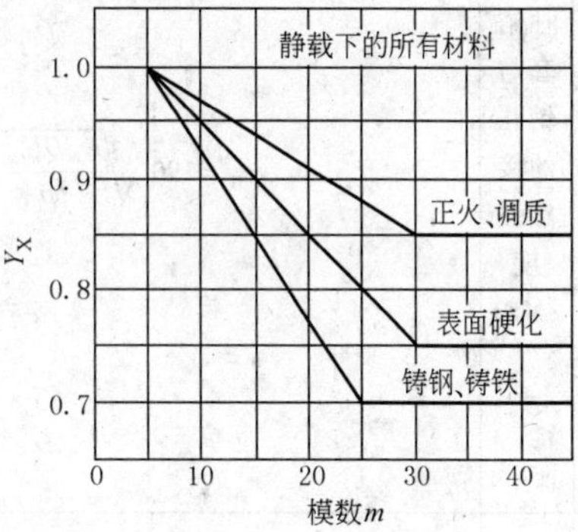

静载下的所有材料

模数m

尺寸系数Y_X

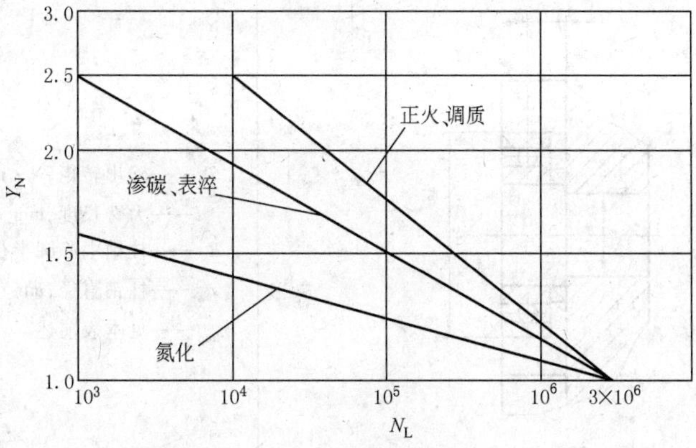

寿命系数Y_N

续表

<table>
<tr><th>名称</th><th>项目</th><th>计算公式</th><th>说明</th></tr>
<tr><td rowspan="2">销孔式传输机构</td><td>柱销弯曲强度/MPa</td><td>悬臂式 简支梁式
1. 悬臂式柱销
$$\sigma_{be}=\frac{K_m Q_{max} L}{0.1 d_s^3}\leqslant\sigma_{bep}$$
2. 简支梁式柱销
$$\sigma_{be}=\frac{K_m Q_{max}}{0.1 d_s^3}[L-(0.5b+l)]\frac{0.5b+l}{L}\leqslant\sigma_{bep}$$</td><td>K_m——制造及安装误差对柱销载荷的影响系数，$K_m=1.35\sim1.5$
Q_{max}——行星轮对柱销的最大作用力，N，见表14-6-14
L——力臂长度或距离，mm
d_s——柱销直径，mm
l——距离，mm
b——齿宽，mm
σ_{bep}——许用弯曲应力，按下表选取
<table><tr><th>钢号</th><th>表面硬度 HRC</th><th>σ_{bep} /MPa</th><th>钢号</th><th>表面硬度 HRC</th><th>σ_{bep} /MPa</th></tr><tr><td>20CrMnTi</td><td>56～62</td><td>150～200</td><td>45Cr</td><td>45～55</td><td>120～150</td></tr><tr><td>20CrMnMo</td><td>56～62</td><td>150～200</td><td>GCr15</td><td>60～64</td><td>150～200</td></tr></table></td></tr>
<tr><td>柱销套与销孔的接触强度/MPa</td><td>$$\sigma_H=190\sqrt{\frac{K_m Q_{max}}{b\rho}}\leqslant\sigma_{Hp}$$</td><td>ρ——计算曲率半径，mm，$\rho=\frac{r_{x1}r_{x2}}{r_{x2}-r_{x1}}$
r_{x1}——销套外圆半径，mm
r_{x2}——销孔半径，mm
Q_{max}——行星轮对柱销的最大作用力，N，见表14-6-14
b——销套与行星轮的接触宽度，mm
σ_{Hp}——许用接触应力，按下表选取
<table><tr><th>硬度</th><th><300HB</th><th>>30HRC</th></tr><tr><td>σ_{Hp}/MPa</td><td>2.5～3HB</td><td>25～30HRC</td></tr></table></td></tr>
<tr><td>浮动盘式传输机构</td><td>柱销弯曲强度/MPa</td><td>l d_s d_c
$$\sigma_{be}=\frac{5000T_2 l}{R_w d_s^3}\leqslant\sigma_{bep}$$</td><td>T_2——输出转矩，N·m
l——力臂长度，mm
R_w——柱销中心圆半径，mm
d_s——柱销直径，mm
σ_{bep}——见木表前述</td></tr>
</table>

第14篇

续表

<table>
<tr><th>名称</th><th>项目</th><th>计算公式</th><th>说明</th></tr>
<tr><td>传输机构浮动盘式</td><td>销套与滑槽平面的接触强度/MPa</td><td>$\sigma_H = 8485\sqrt{\frac{T_2}{2R_w L_H d_c}} \leqslant \sigma_{Hp}$</td><td>$L_H$——销套或滚动轴承与滑槽的接触宽度,mm
d_c——销套或滚动轴承外径,mm
σ_{Hp}——同前所述</td></tr>
<tr><td>轴承</td><td>寿命计算</td><td colspan="2">转臂轴承只承受径向载荷,一般选用短圆柱滚子轴承或向心球轴承。寿命计算方法按本书第2卷第7篇,计算时,轴承转速系行星齿轮相对于转臂的转速。其余轴承也应按受力进行寿命计算</td></tr>
</table>

5 结构设计

少齿差行星齿轮传动有多种结构型式，可按传动类型、传输机构型式、高速轴偏心的数目、安装型式等进行分类。

5.1 按传动类型分类的结构型式

少齿差行星齿轮传动按传动类型可分为Z-X-V型、2Z-X型、2Z-V型及Z-X型。Z-X-V型根据主动轮的运动规律又分为行星式和平动式，平动式的驱动齿轮没有自转运动。通常根据所需传动比 i 的大小（指绝对值，下同）来选择传动的类型。

当 $i<30$ 时宜用Z-X-V型或外齿轮输出的2Z-X（Ⅱ）型；$i=30\sim100$ 时宜用Z-X-V或内齿轮输出的2Z-X（Ⅰ）型；$i>100$ 时可用2Z-X（负号机构）与Z-X-V型串联，当效率不重要时，可用内齿轮输出的2Z-X（Ⅰ）型；若需 i 很大时，可用双级Z-X-V或2Z-X型串联，也可取其一与3Z型串联。

5.2 按传输机构类型分类的结构型式

表14-6-16 少齿差行星齿轮传动传输机构类型及特点

<table>
<tr><th>传动类型</th><th colspan="3">传输机构类型</th><th>特点</th><th>应用及说明</th><th>图号</th></tr>
<tr><td rowspan="5">Z-X-V</td><td rowspan="4">销孔式</td><td colspan="2"></td><td>机构效率高,承载能力大,结构较复杂,销孔精度要求高是产品质量的关键。制造成本高,转臂轴承载荷大</td><td rowspan="4">这是最常见的结构型式,应用较广。可用于连续运转的较大功率传动
最为常见的结构型式是动力经柱销传至低速轴输出,被驱动的外齿轮作行星运动。亦可固定柱销,动力由内齿轮输出,例如用作卷扬机、车轮,这种情况被驱动的外齿轮作平面圆周运动</td><td></td></tr>
<tr><td colspan="2">悬臂式</td><td>柱销固定端与销盘为过盈配合,另一端悬臂插入驱动轮销孔中。结构较简单,但柱销受力状况不佳,磨损不均匀。采用双偏心结构时主要由一片行星轮受力</td><td>图14-6-1
图14-6-3
图14-6-7</td></tr>
<tr><td colspan="2">简支式</td><td>柱销受力状况大为改善,但对柱销两端支承孔的同轴度及位置度要求高,否则安装困难,且受力实际上不能改善</td><td>图14-6-2
及
图14-6-5</td></tr>
<tr><td>悬臂式</td><td>加均载环</td><td>在悬臂式柱销的一端套上均载环,可改善柱销受力状况,使柱销的弯曲应力降低约40%~50%</td><td>图14-6-4</td></tr>
<tr><td colspan="3">浮动盘式</td><td>比柱销式结构简单,但浮动盘本身加工要求较高。装拆方便,使用效果好。制造成本与承载能力略低于销孔式</td><td>适用于连续运转,传递中、小功率(国外最大为33kW)</td><td>图14-6-9
及
图14-6-10</td></tr>
</table>

续表

传动类型	传输机构类型	特　　点	应用及说明	图　号
2Z-X	齿轮啮合	第一对内啮合齿轮传动减速后的动力，经第二对内啮合齿轮再减速（或等速）输出。其等速输出者称为零齿差传输机构，即第二对的内、外齿轮齿数相同但有足够的侧隙以形成适当的中心距[8] 此种型式结构简单，用齿轮传力，无需加工精度要求较高的传输机构。零件少，容易制造，成本低于以上各种型式 可实现很大或极大的传动比，但传动比越大则效率也越低。通常单级 $i\leqslant100$	当第一对与第二对齿轮构成差动减速时，通常这两对齿轮的模数及齿数差均相同。但在需要时也可以用不同的模数和齿数差（中心距必须相等） 第二对齿轮用零齿差作传输机构时，取较大的模数，且只适用于配合一齿差或二齿差 有文献建议，传动比 $i=40\sim100$ 时，用零齿差作传输机构输出；$i=5\sim30$ 时，用一齿差或二齿差 零齿差内齿轮副需要切向变位，若无专用刀具，则生产率较低，现较少用	图 14-6-13 及 图 14-6-14
2Z-V	曲柄式	结构较新，传输机构的加工工艺比销孔式改善，易于获得大传动比。因作用力波动，使转臂、转臂轴承、齿轮等零件受力情况复杂，有待深入研究。设计时应仔细分析计算	双曲柄受力情况不好，适合于传递小功率 三曲柄受力情况有改善，可用于中等功率、较大转矩传动	双曲柄见图 14-6-22 三曲柄见图 14-6-24
Z-X	曲柄式	是一种新型结构，传动效率高，加工工艺比销孔式传输机构改善。可实现大功率、大转矩传动	外齿轮输出动力，结构简单，但传动轴上存在不平衡力偶矩，主要用于重载低转速	图 14-6-25

5.3　按高速轴偏心数目分类的结构型式

表 14-6-17

种　类	特　　点	图号或表号
单偏心	只有一个驱动轮，结构简单。但须于偏心对称的方向上加平衡重，以抵消驱动轮公转时引起的惯性力，使运转平稳	图 14-6-13
双偏心	两个驱动轮于径向相错 180°安装，以实现惯性力的平衡，但出现了惯性力偶未予平衡。运转较平稳，应用较多	图 14-6-1 及 图 14-6-2
三偏心	三片驱动环板间，相邻两片可按 120°布置。中国发明专利“三环减速器”已成多系列，实测效率最高达 95.4%，是很好的应用实例 其他型式的传动，也能够采用三偏心结构	图 14-6-25

5.4　按安装型式分类的结构型式

少齿差传动可设计成卧式、立式、侧装式、仰式、轴装式及 V 带轮-轴装式等多种型式。输入端可为电动机直联，亦可带轴伸。输出端可为轴伸型，亦可为孔输出。其中输入输出端均带轴伸的卧式传动应用最广，带电动机的立式传动次之。

第 14 篇

5.5 结构图例

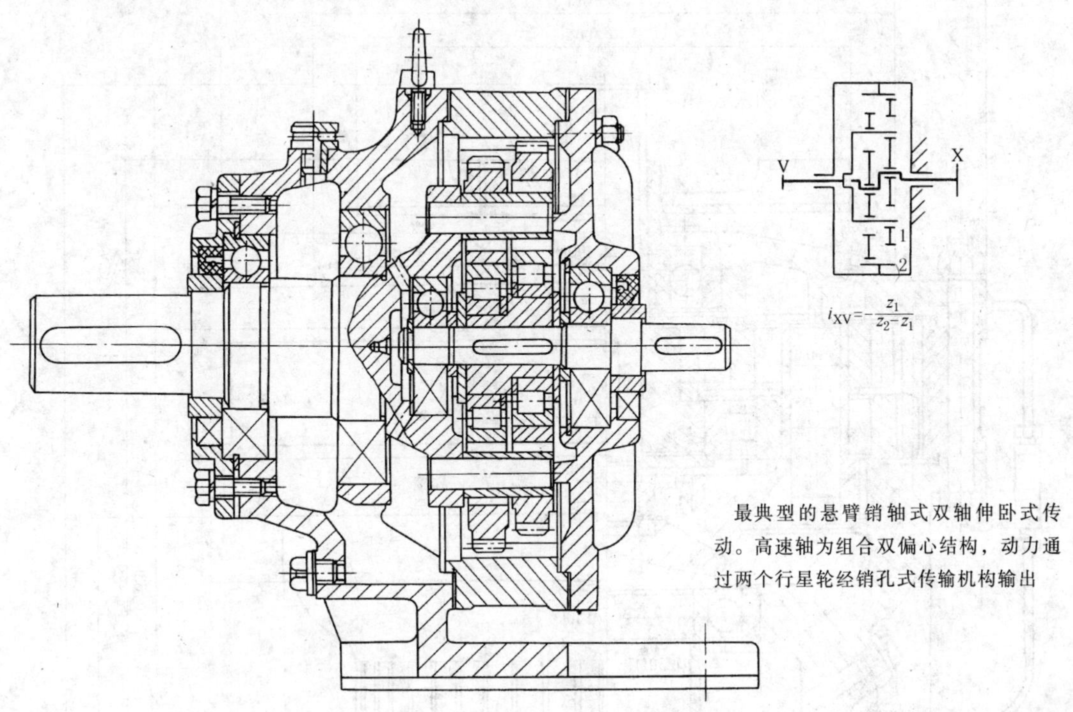

最典型的悬臂销轴式双轴伸卧式传动。高速轴为组合双偏心结构，动力通过两个行星轮经销孔式传输机构输出

图 14-6-1 销孔式 Z-X-V 型少齿差减速器[15]

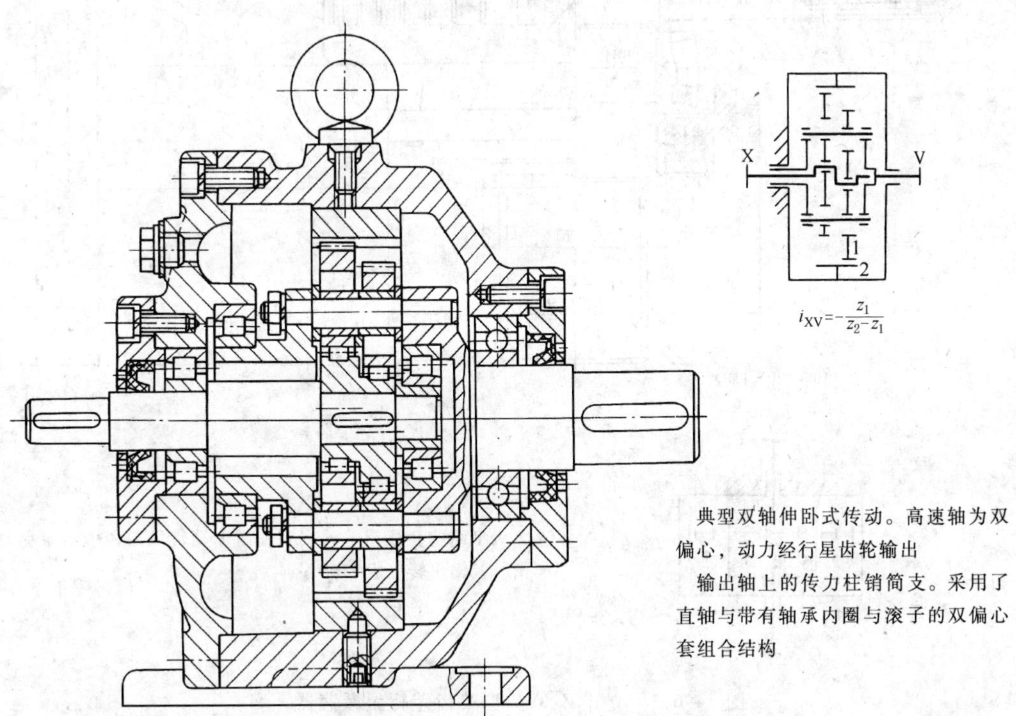

典型双轴伸卧式传动。高速轴为双偏心，动力经行星齿轮输出

输出轴上的传力柱销简支。采用了直轴与带有轴承内圈与滚子的双偏心套组合结构

图 14-6-2 S系列销孔式 Z-X-V 型少齿差减速器

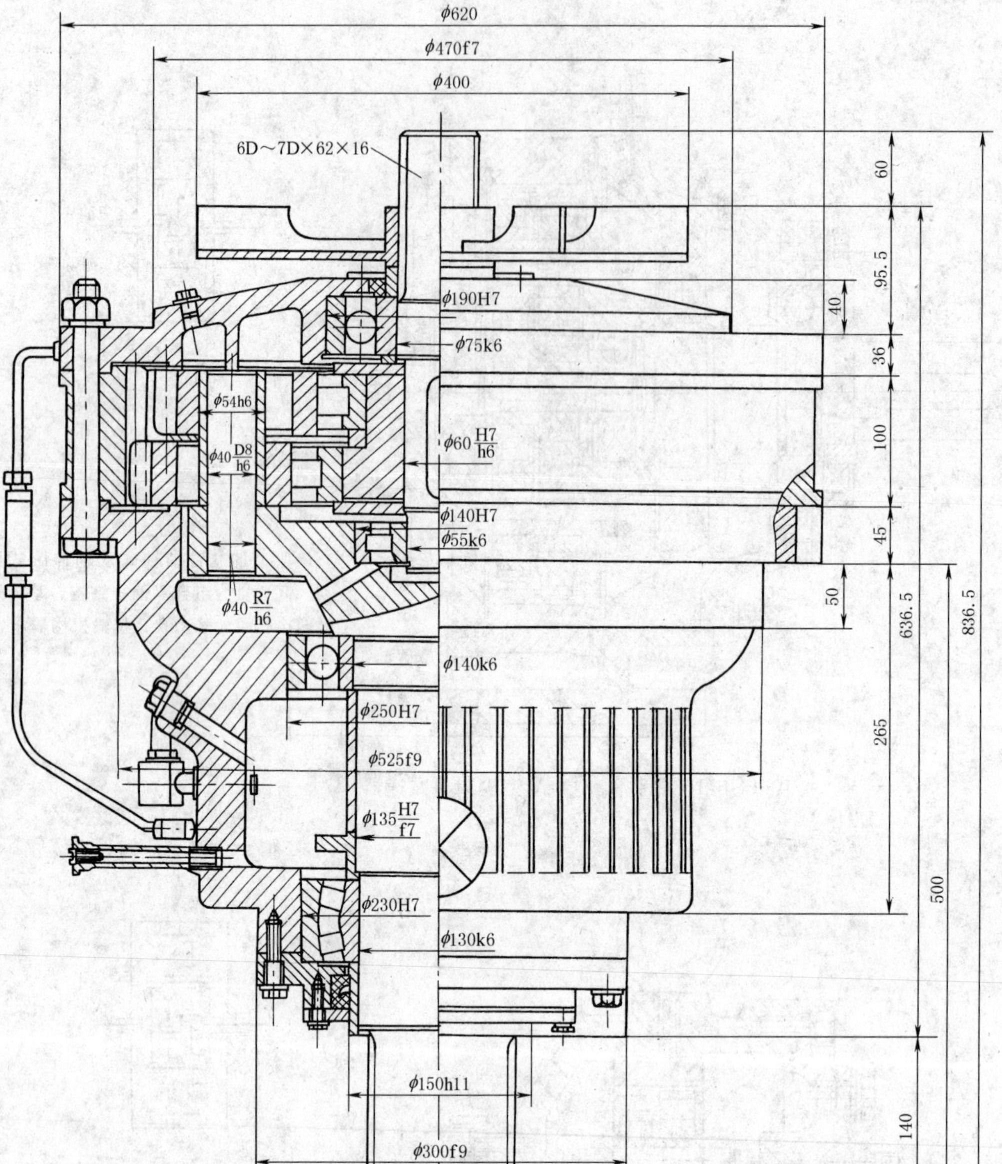

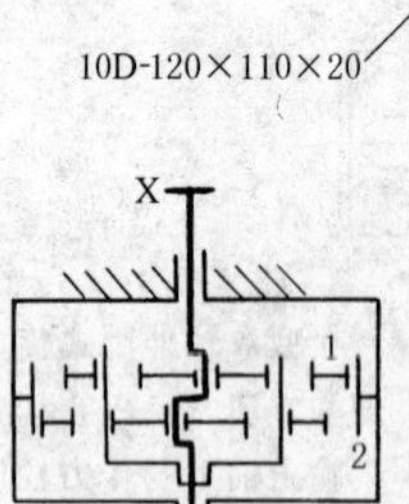

$i_{XV}=-\frac{z_1}{z_2-z_1}$　　大型结构，柱销悬臂安装，高速端带风扇，由油泵循环润滑。其输出转矩达 25kN · m

图 14-6-3　立式 Z-X-V 型二齿差行星减速器

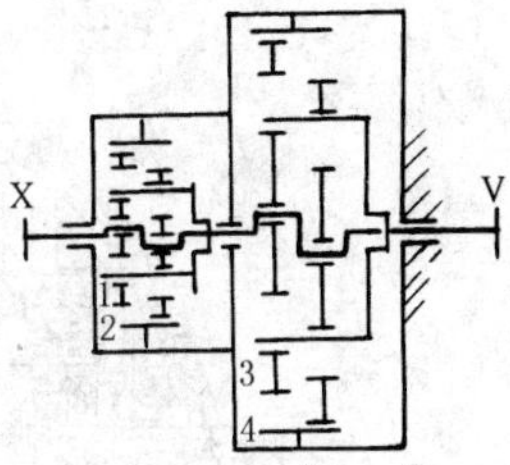

$i_{XV}=\frac{z_1}{z_2-z_1}\times\frac{z_3}{z_4-z_3}$

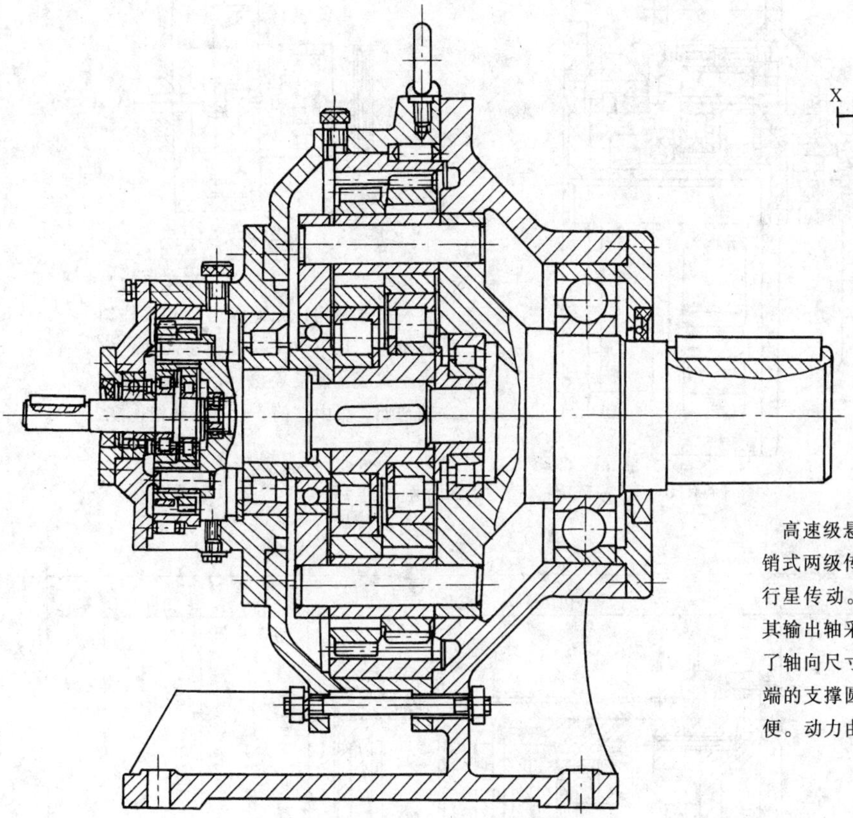

高速级悬臂柱销式与低速级简支柱销式两级传动串联。两级均为双偏心行星传动。低速级采用偏心套结构，其输出轴采用了一个滑动轴承，缩短了轴向尺寸。低速级柱销与位于输入端的支撑圆盘采用过盈配合，拆卸不便。动力由外齿轮输出

图 14-6-4　双级销孔式 Z-X-V 型少齿差减速器[15]

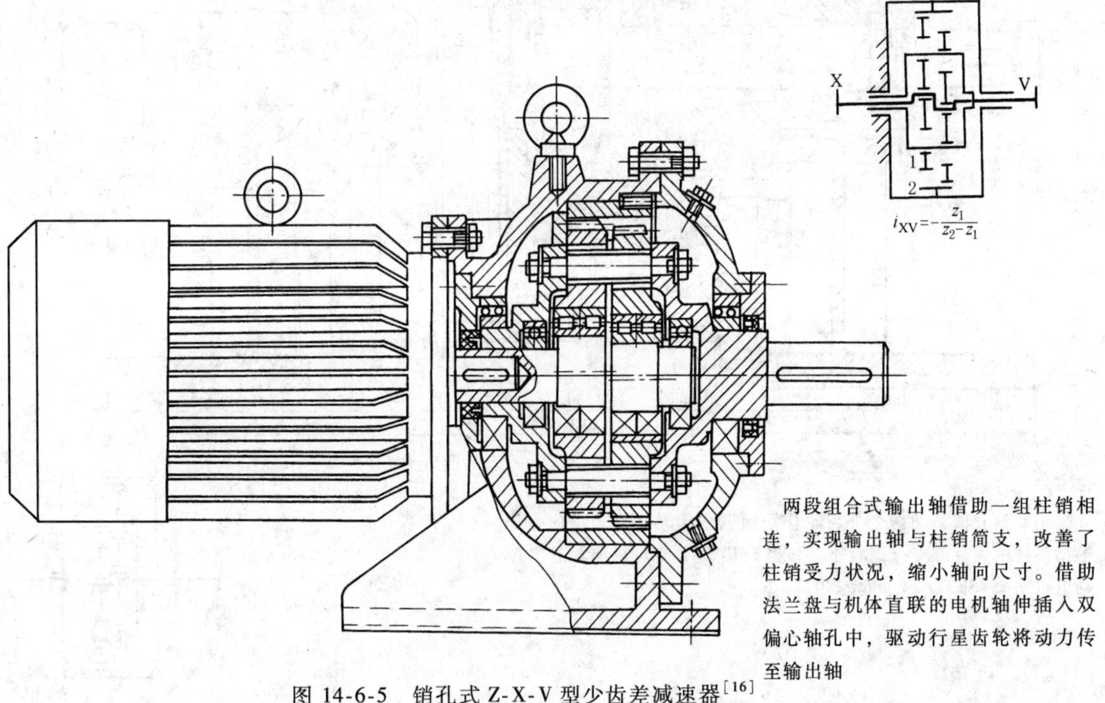

$i_{XV}=-\frac{z_1}{z_2-z_1}$

两段组合式输出轴借助一组柱销相连，实现输出轴与柱销简支，改善了柱销受力状况，缩小轴向尺寸。借助法兰盘与机体直联的电机轴伸插入双偏心轴孔中，驱动行星齿轮将动力传至输出轴

图 14-6-5　销孔式 Z-X-V 型少齿差减速器[16]

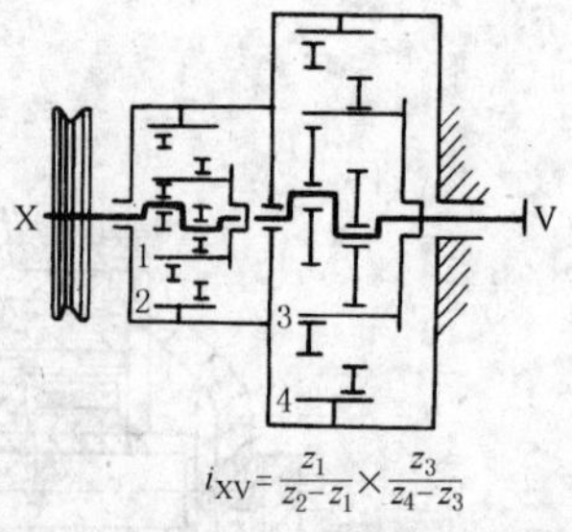

$$i_{XV}=\frac{z_1}{z_2-z_1}\times\frac{z_3}{z_4-z_3}$$

两级少齿差传动串联。高速级为悬臂柱销式结构；低速级为简支梁柱销式结构，且中空式双偏心输入轴包容中空式法兰连接输出轴。高速级输出轴与低速级中空偏心轴以花键相连接

图 14-6-6　轴装式 Z-X-V 型少齿差减速器

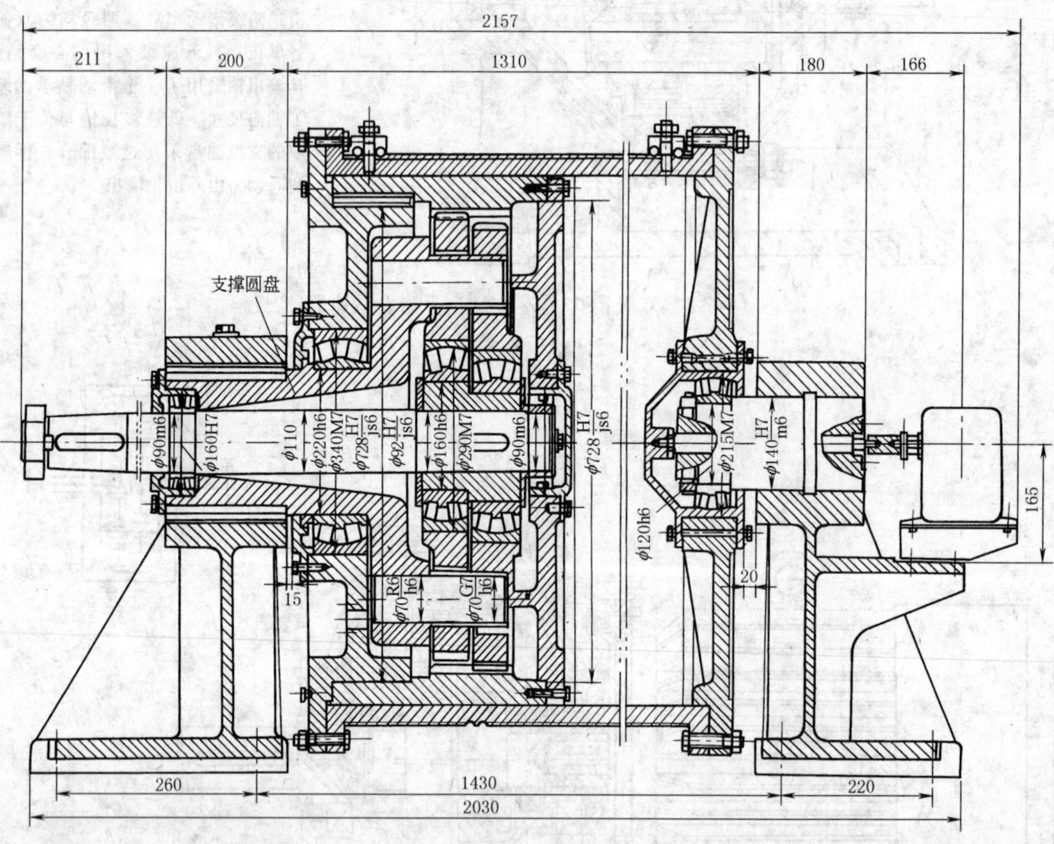

采用双偏心轴驱动两个外齿轮作平面圆周运动，动力由内齿圈输出。柱销固定于支撑圆盘上，该圆盘借助平键与机座相连。驱动电机功率 45kW。起重量达 30t

$$i_{X2}=\frac{z_2}{z_2-z_1}$$

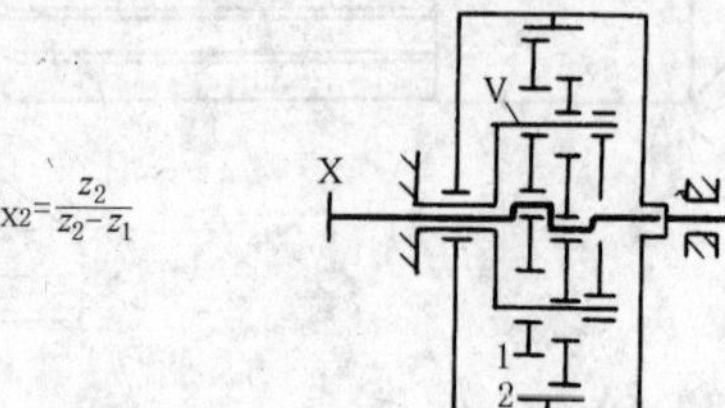

图 14-6-7　内齿轮输出的少齿差卷扬滚筒（Z-X-V 传动）

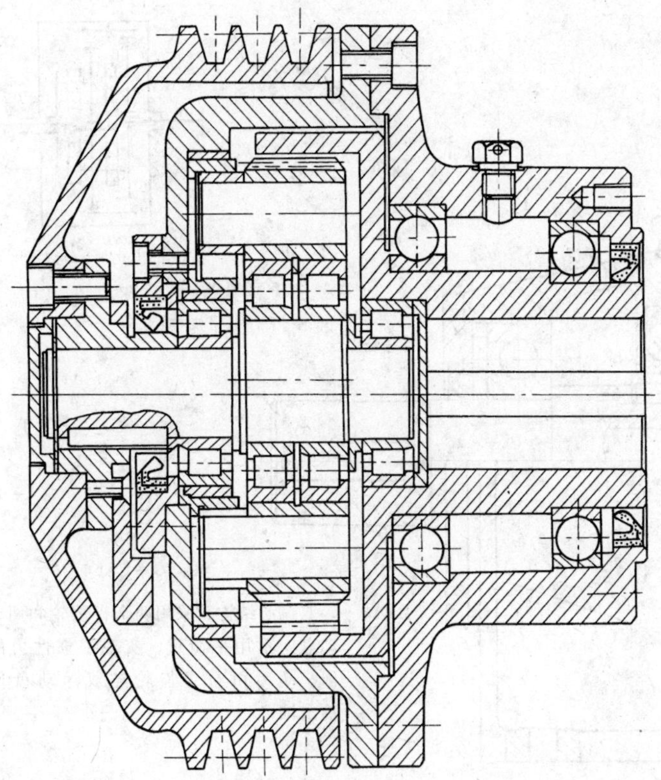

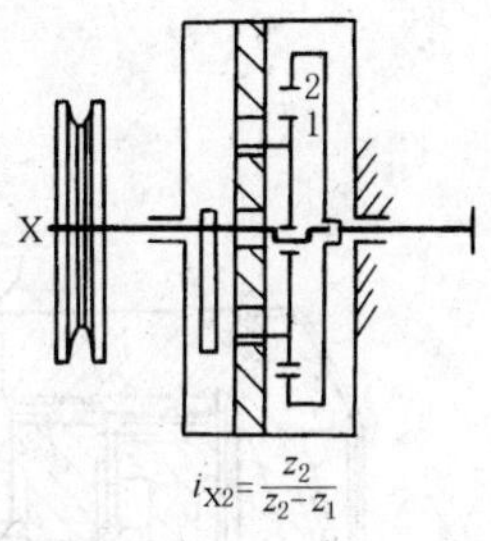

柱销悬臂安装于被驱动的外齿轮上并插入与机体固联的孔板中；驱动轮作平面运动；固定机体，内齿轮输出或固定内齿轮机体输出

图 14-6-8　V 带轮式 Z-X-V 型少齿差减速器[14]

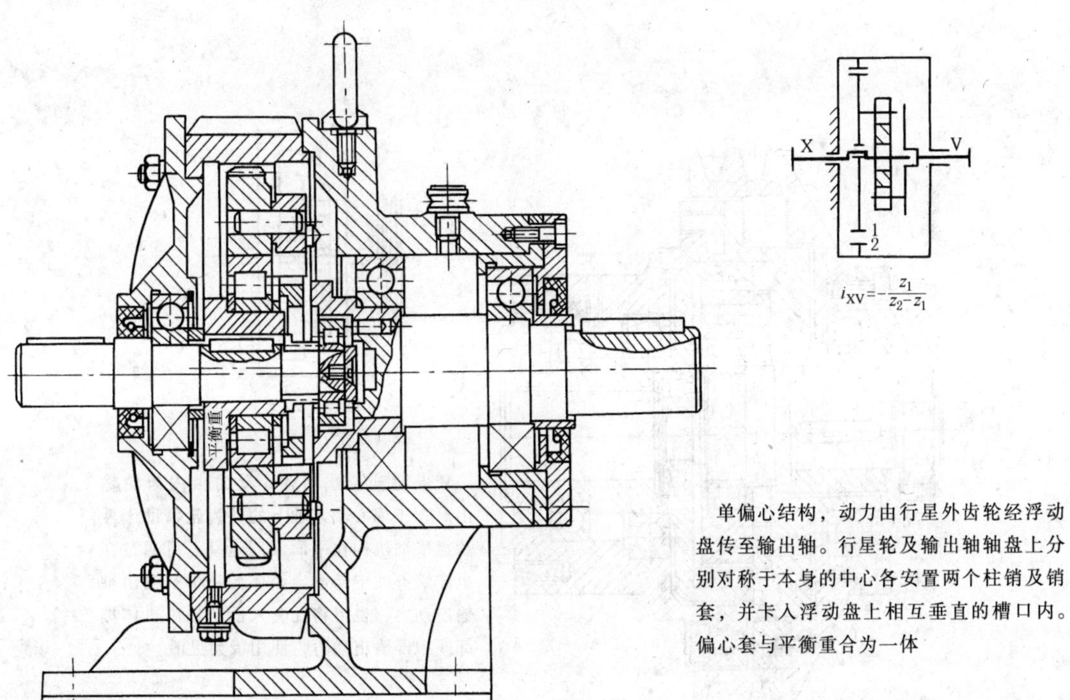

单偏心结构，动力由行星外齿轮经浮动盘传至输出轴。行星轮及输出轴轴盘上分别对称于本身的中心各安置两个柱销及销套，并卡入浮动盘上相互垂直的槽口内。偏心套与平衡重合为一体

图 14-6-9　单偏心浮动盘式少齿差减速器（Z-X-V 型）[15]

X V

1
2

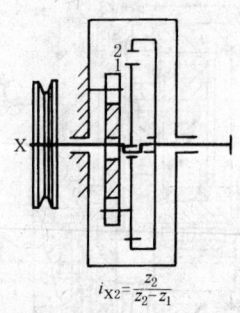

$i_{XV}=-\frac{z_1}{z_2-z_1}$

双偏心结构，采用两个行星轮和两个浮动盘，不用平衡重，实现了惯性力的平衡。动力由行星齿轮经双浮动盘传至输出轴

图 14-6-10　双偏心浮动盘式少齿差减速器（Z-X-V 型）[15]

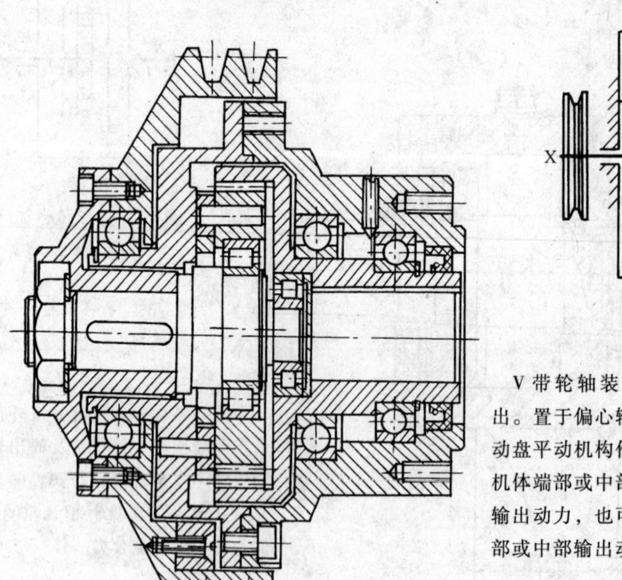

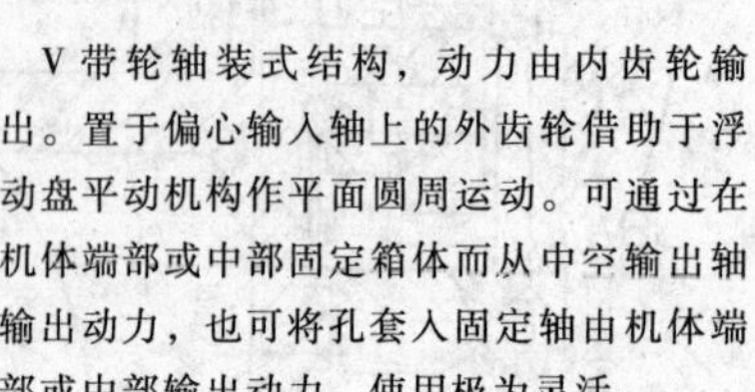

V 带轮轴装式结构，动力由内齿轮输出。置于偏心输入轴上的外齿轮借助于浮动盘平动机构作平面圆周运动。可通过在机体端部或中部固定箱体而从中空输出轴输出动力，也可将孔套入固定轴由机体端部或中部输出动力，使用极为灵活

图 14-6-11　V 带轮浮动盘式少齿差减速器（Z-X-V 型）

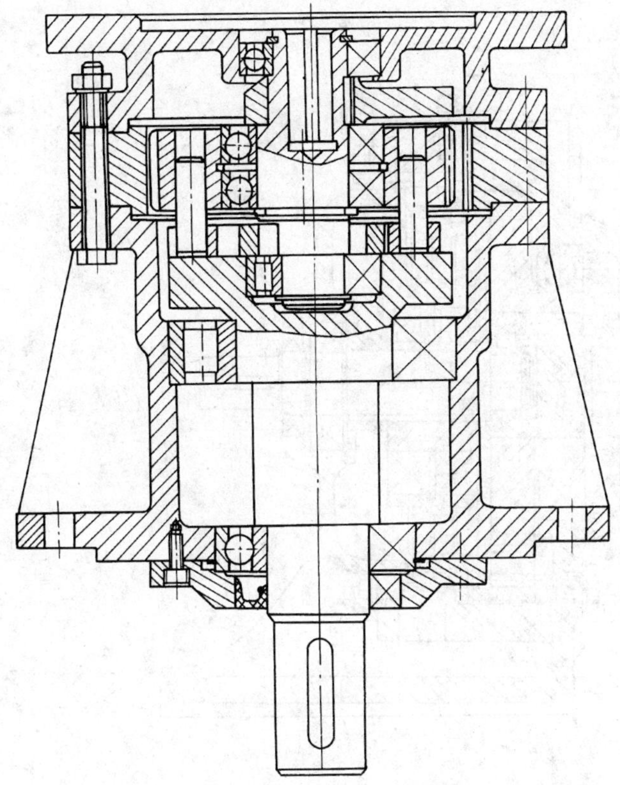

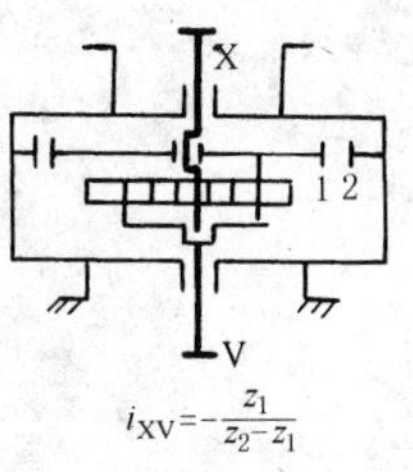

$$i_{XV}=-\frac{z_1}{z_2-z_1}$$

单偏心单浮动盘结构。动力由行星齿轮经浮动盘传至输出轴，立式，输入端及输出端均带连接法兰

图 14-6-12 单偏心浮动盘式立式少齿差减速器（Z-X-V 型）[14]

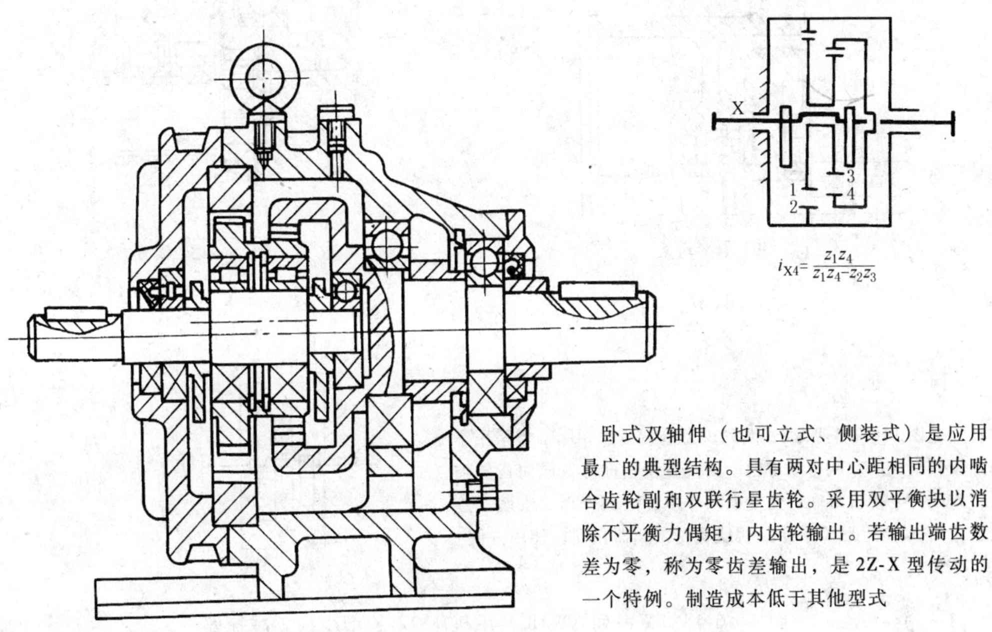

$$i_{X4}=\frac{z_1z_4}{z_1z_4-z_2z_3}$$

卧式双轴伸（也可立式、侧装式）是应用最广的典型结构。具有两对中心距相同的内啮合齿轮副和双联行星齿轮。采用双平衡块以消除不平衡力偶矩，内齿轮输出。若输出端齿数差为零，称为零齿差输出，是 2Z-X 型传动的一个特例。制造成本低于其他型式

图 14-6-13 SJ 系列 2Z-X（Ⅰ）型少齿差行星减速器

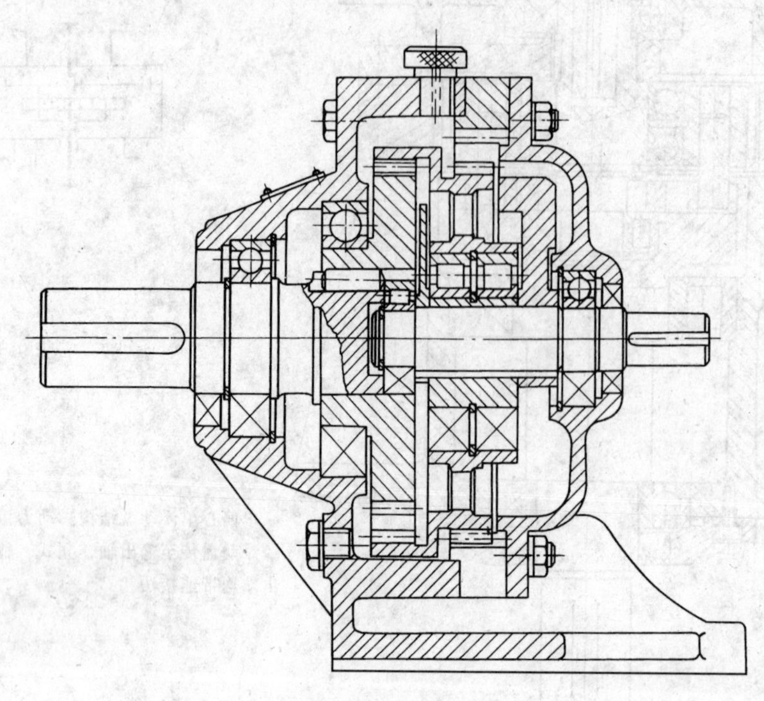

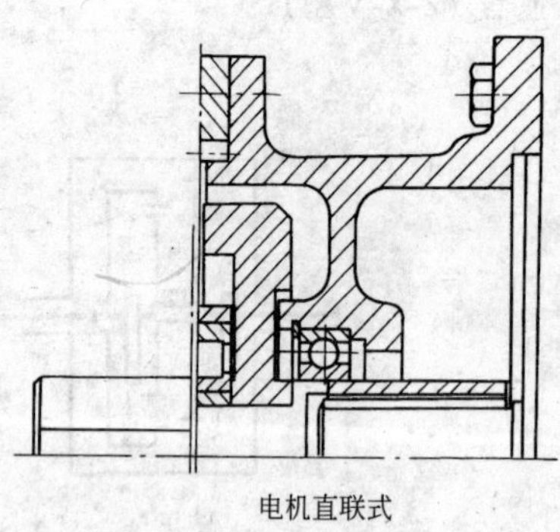

电机直联式

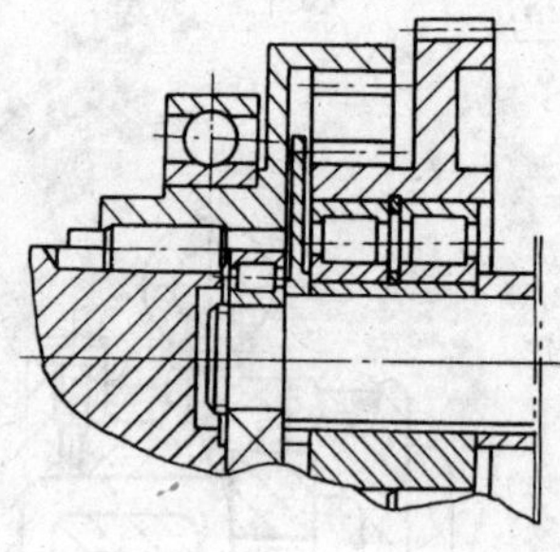

内齿轮输出

特点与图 14-6-13 所示 SJ 系列少齿差减速器相同，但采用了内外齿轮组成的双联行星齿轮。更换少量零件可变成内齿轮输出；或改为电动机直联。便于系列化生产。其外形、安装、连接尺寸与 A 型（原 X 系列）摆线针轮减速器相同，使用方便

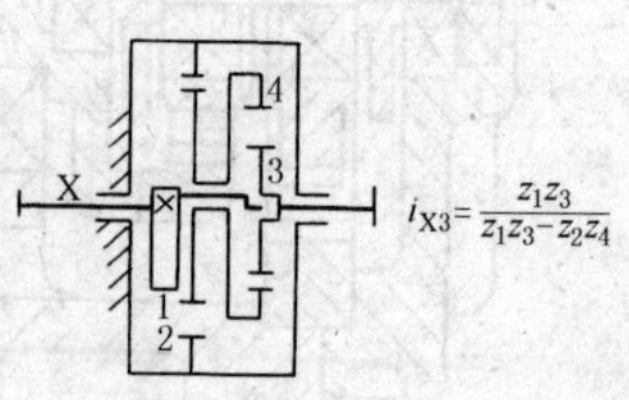

$$i_{X3}=\frac{z_1z_3}{z_1z_3-z_2z_4}$$

图 14-6-14　X 系列 XW18 共用机座 2Z-X 型少齿差减速器

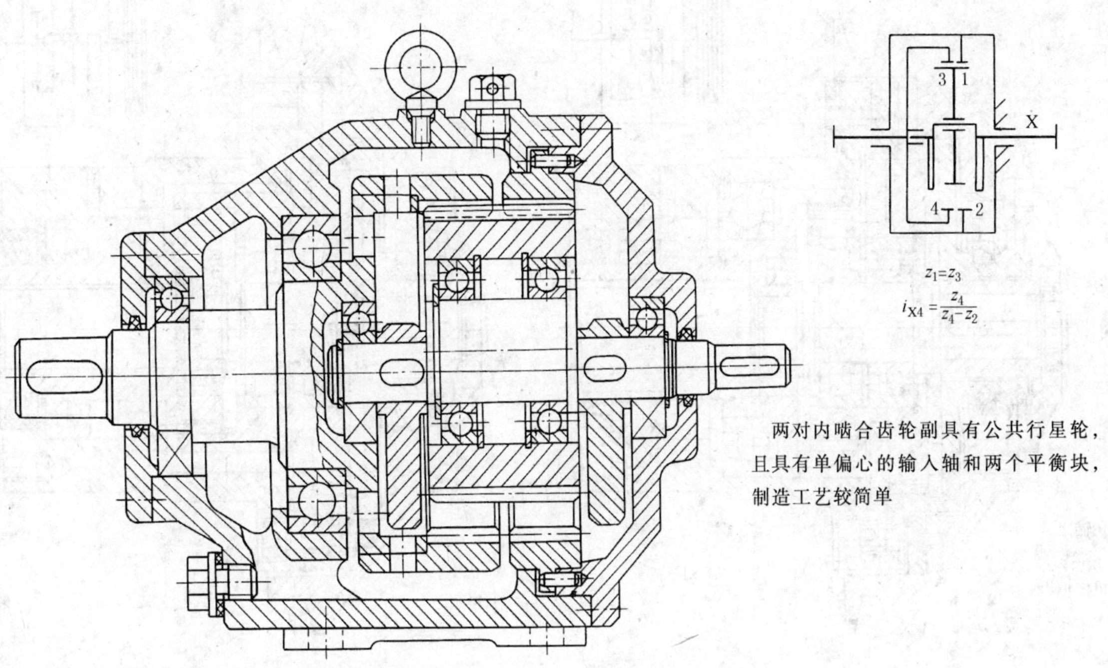

$z_1=z_3$

$$i_{X4}=\frac{z_4}{z_4-z_2}$$

两对内啮合齿轮副具有公共行星轮，且具有单偏心的输入轴和两个平衡块，制造工艺较简单

图 14-6-15　具有公共行星轮的 NN 型［2Z-X（Ⅰ）型］少齿差减速器[15]

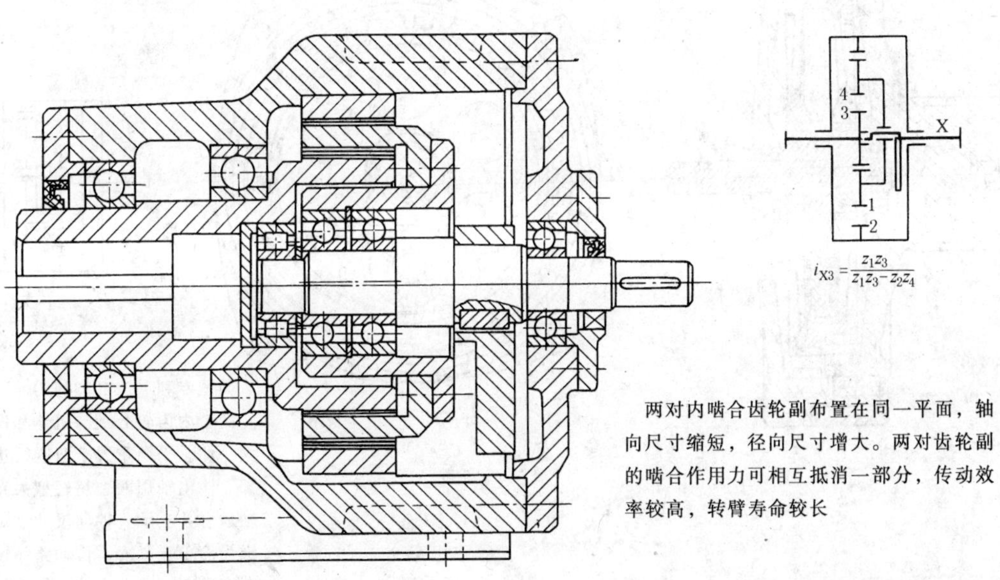

$$i_{X3}=\frac{z_1z_3}{z_1z_3-z_2z_4}$$

两对内啮合齿轮副布置在同一平面，轴向尺寸缩短，径向尺寸增大。两对齿轮副的啮合作用力可相互抵消一部分，传动效率较高，转臂寿命较长

图 14-6-16　具有内外同环齿轮的 NN 型［2Z-X（Ⅱ）型］少齿差减速器[17]

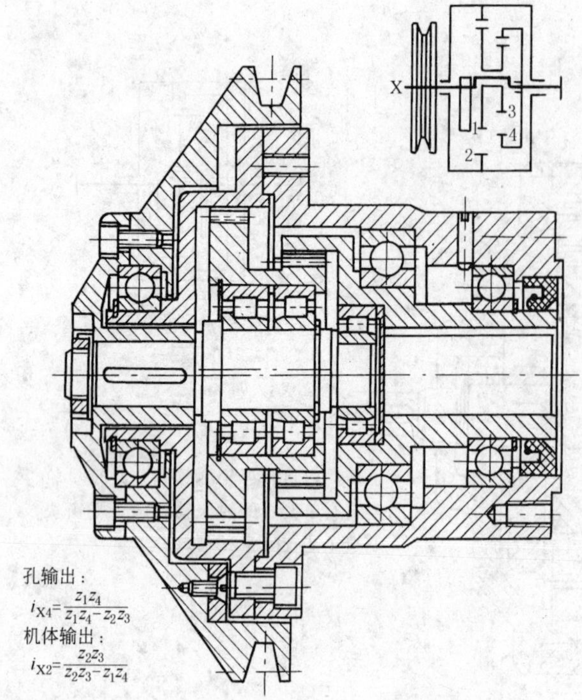

X
1
2
3
4
孔输出：
$i_{X4}=\frac{z_1z_4}{z_1z_4-z_2z_3}$
机体输出：
$i_{X2}=\frac{z_2z_3}{z_2z_3-z_1z_4}$

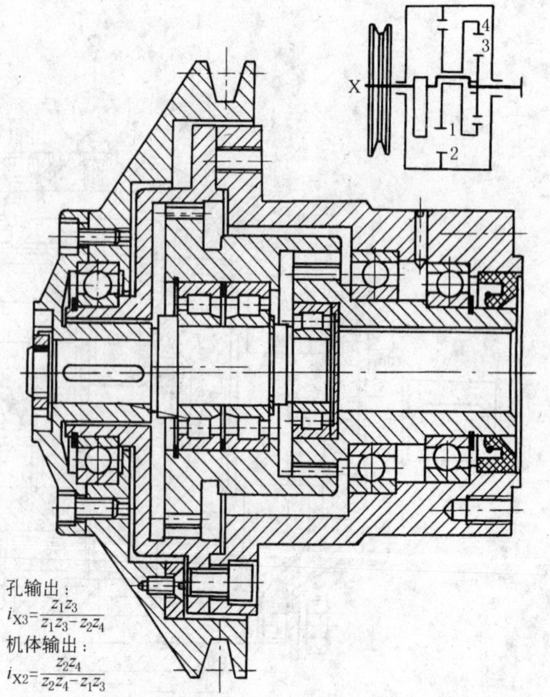

X
1
2
3
4
孔输出：
$i_{X3}=\frac{z_1z_3}{z_1z_3-z_2z_4}$
机体输出：
$i_{X2}=\frac{z_2z_4}{z_2z_4-z_1z_3}$

V 带轮轴装结构。可固定机体，由轴孔输出动力；也可固定插入轴孔的轴，由机体端部或中部通过螺栓连接输出动力

加工工艺性好，制造成本较低

图 14-6-17　V 带轮轴装式减速器［2Z-X（Ⅰ）型］　　图 14-6-18　V 带轮轴装式减速器［2Z-X（Ⅱ）型］

30°
X
1
2
3
4
$i_{X4}=\frac{z_1z_4}{z_1z_4-z_2z_3}$

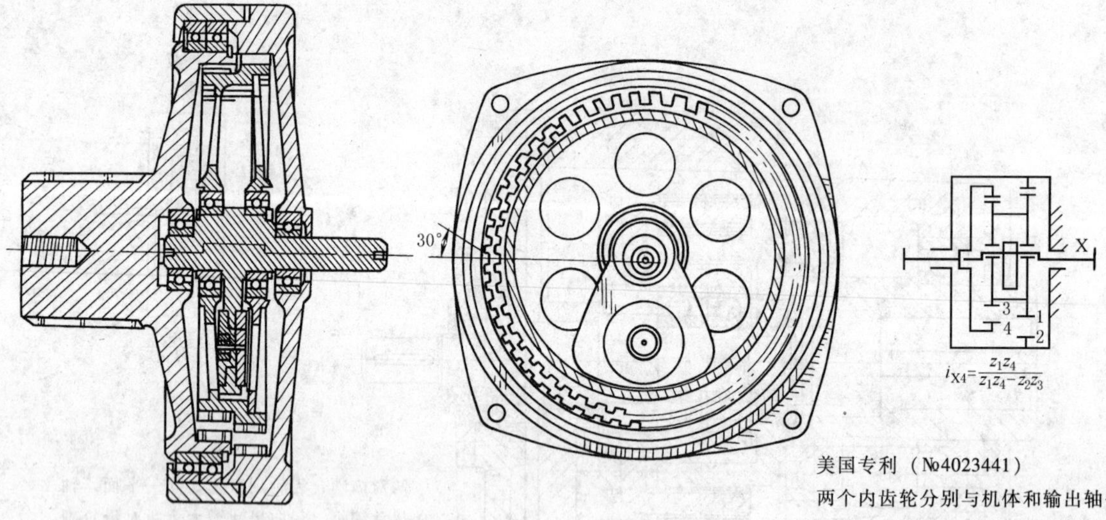

美国专利（№4023441）

两个内齿轮分别与机体和输出轴合为一体。平衡重置于双联行星齿轮内部。输出轴用两个超轻型大直径滚动轴承合并支承，轴向尺寸缩短。结构极为简单、紧凑，传动路线短，可实现高效率。两个大轴承价格很高且很难买到

图 14-6-19　轴向尺寸小的 2Z-X 型少齿差减速器

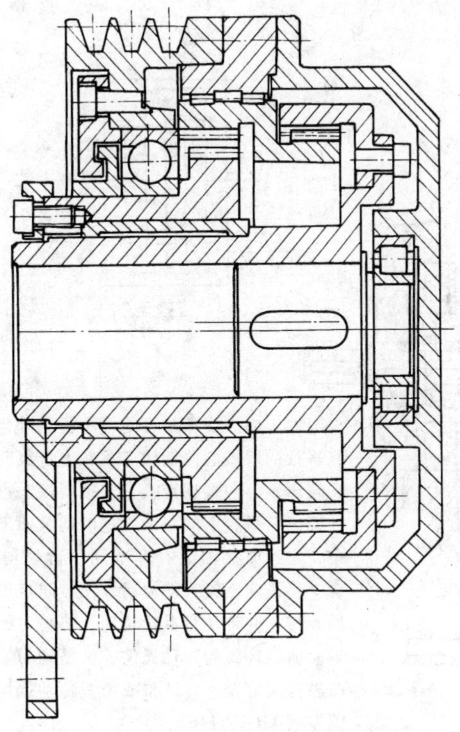

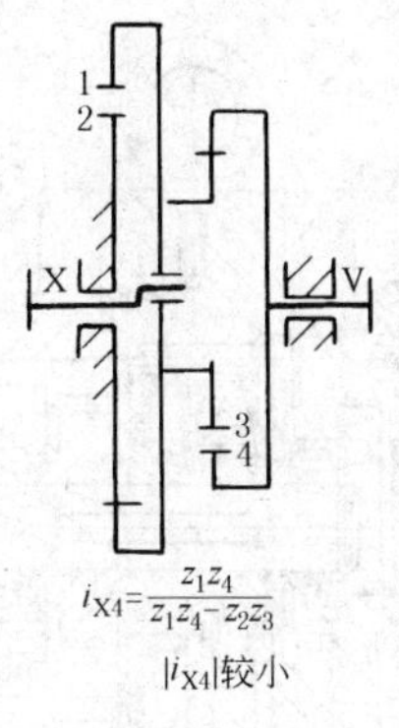

$i_{X4}=\frac{z_1z_4}{z_1z_4-z_2z_3}$

$|i_{X4}|$较小

动力经V带轮输入，驱动由内外齿轮组成的双联齿轮。外齿轮2为固定件。动力经内齿圈传至空心轴输出。该减速器可实现的传动比范围不很大

图 14-6-20 V带轮式NN型少齿差减速器（2Z-X型）[17]

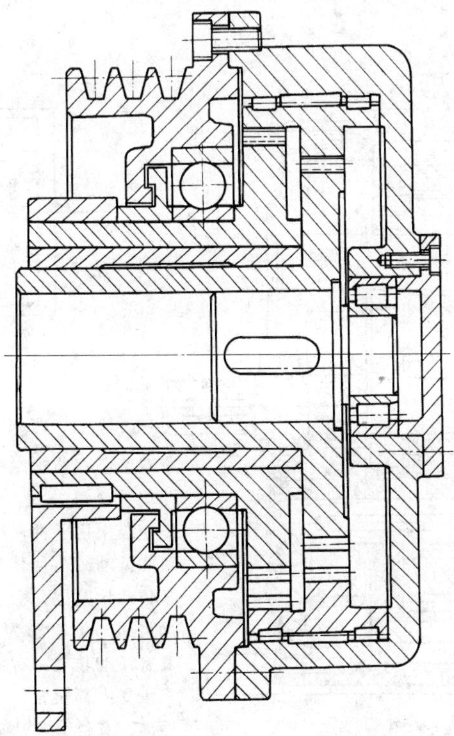

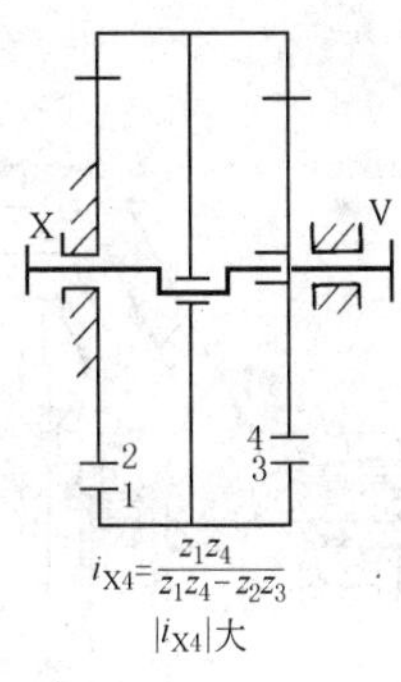

$i_{X4}=\frac{z_1z_4}{z_1z_4-z_2z_3}$

$|i_{X4}|$大

动力经V带轮输入，驱动由两个内齿圈构成的双联齿轮。外齿轮2为固定件，动力经外齿轮4输出。该减速器可方便地实现100以上的较大的传动比

图 14-6-21 V带轮式NN型少齿差减速器（2Z-X型）[17]

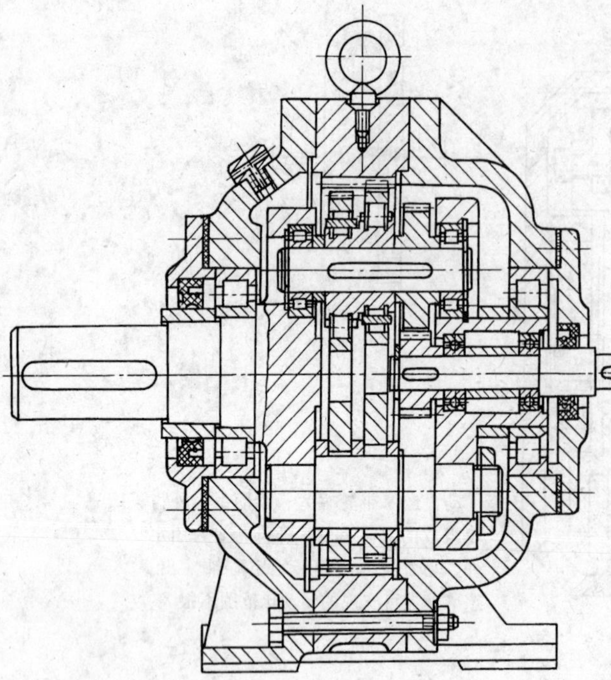

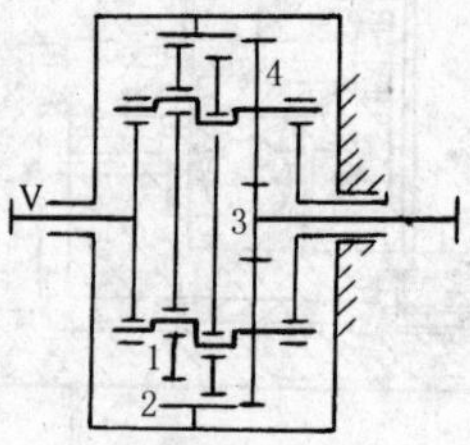

$$i_{3V}=\frac{z_4 z_2}{z_3(z_2-z_1)}+1$$

与固定内齿圈相啮合的两个行星外齿轮，通过两根相互平行的双偏心曲柄轴支承在本身有双支承的组合框架式输出轴的两端圆盘上，连接两端圆盘的两根高刚性横柱穿越行星轮上的两个有足够间隙而不致妨碍运动的孔中，每根曲柄轴上有一个同步齿轮与输入轴齿轮相啮合。当高速轴输入动力后，便经同步齿轮驱动两根曲柄轴旋转，并带动行星轮转动，将动力经曲柄轴传给输出轴。曲柄轴既为驱动元件，又是动力输出元件。这种结构轴向尺寸较小，调整或增大传动比均较方便。详见法国专利 FR 2571462

图 14-6-22　曲柄式少齿差减速器（2Z-V 型）

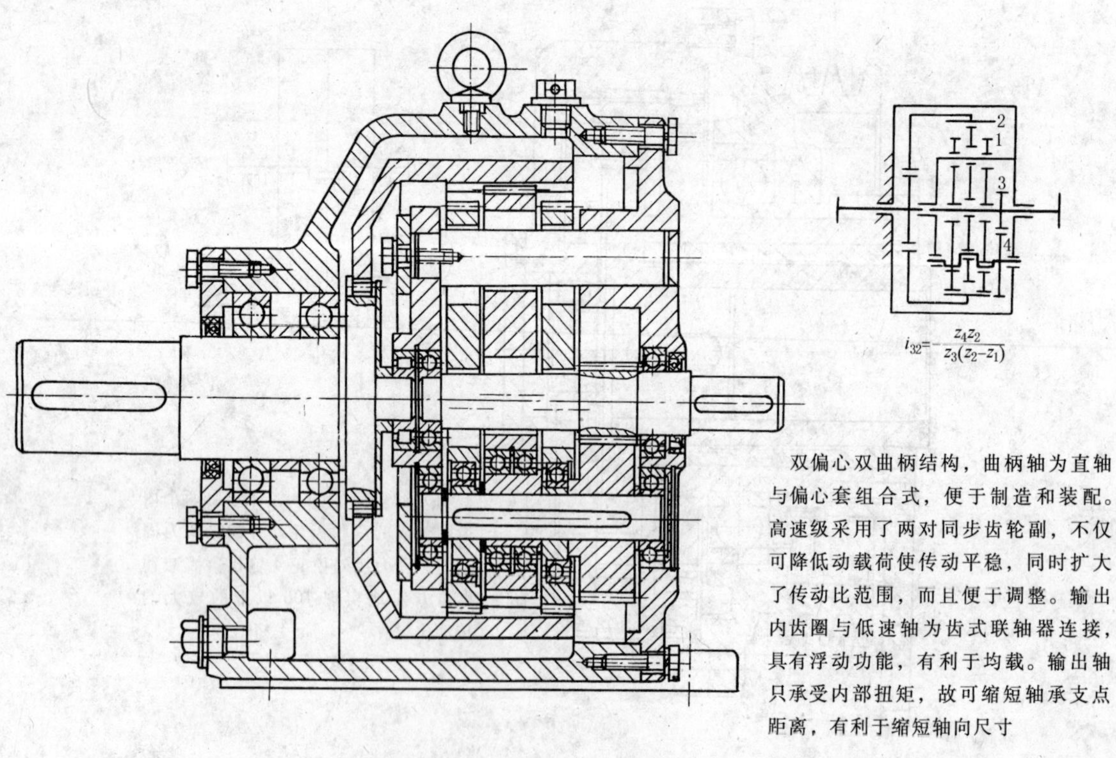

双偏心双曲柄结构，曲柄轴为直轴与偏心套组合式，便于制造和装配。高速级采用了两对同步齿轮副，不仅可降低动载荷使传动平稳，同时扩大了传动比范围，而且便于调整。输出内齿圈与低速轴为齿式联轴器连接，具有浮动功能，有利于均载。输出轴只承受内部扭矩，故可缩短轴承支点距离，有利于缩短轴向尺寸

图 14-6-23　双偏心双曲柄式少齿差减速器（2Z-V 型）

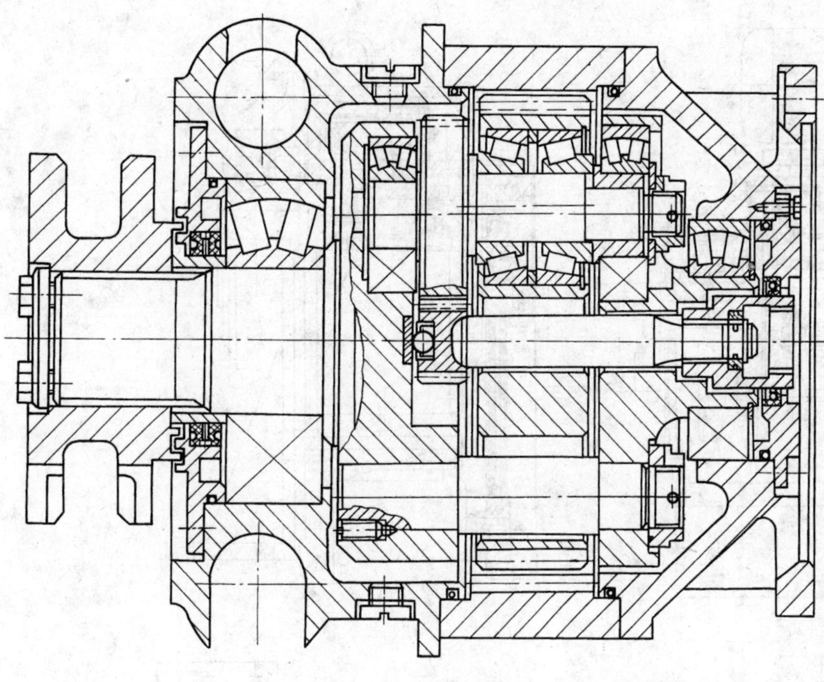

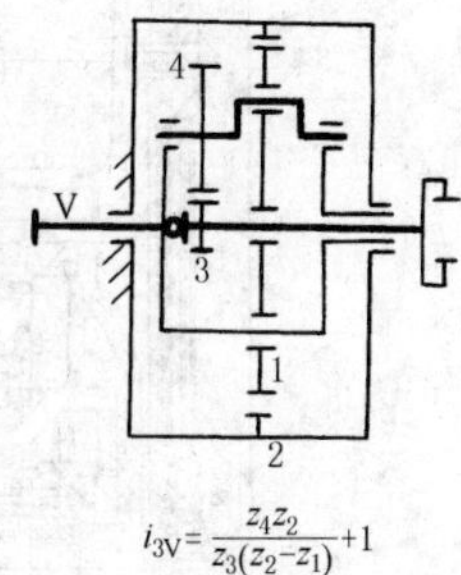

$$i_{3V}=\frac{z_4 z_2}{z_3(z_2-z_1)}+1$$

本机为前苏联 20 世纪 80 年代 K103 薄煤层采煤机用减速器，带有一级减速兼同步齿轮的 2Z-V 型少齿差传动。其特点为：(1) 驱动三个同步兼减速齿轮的中心轮为细长轴式柔性浮动中心轮，并经齿形联轴器输入动力；(2) 同步齿轮置于输出侧；(3) 少齿差部分为单偏心传动，只有一个行星轮；(4) 行星轮借助安装于其上并支撑在输出轴组合式框架上的三根曲柄轴的驱动作平面圆周运动，减速运动经曲柄轴传给输出轴。其功率 37kW，传动比 144，最大牵引力 220kN

图 14-6-24　单偏心三曲柄少齿差减速器（2Z-V 型）

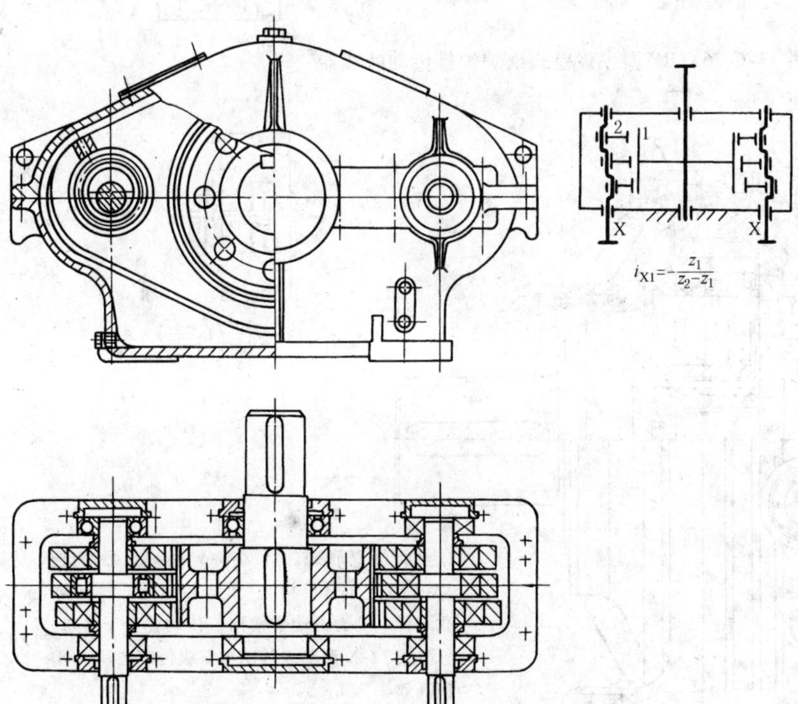

$$i_{X1}=-\frac{z_1}{z_2-z_1}$$

三片内齿轮环板间可按 120° 布置。两根三偏心曲柄轴置于被动轴两侧，支承并驱动与输出外齿轮啮合的三片内齿轮环板作平面运动。两根曲柄轴可一为主动、一为被动，或同时作为主动驱动。被动轴简支，箱体水平剖分，便于维修，轴向尺寸小。传动比大传动路线短，效率高，承载能力大，过载能力强。但传动轴上存在不平衡的力偶矩，因而主要用于重载、低速的情况。该减速器已发展多个派生系列，在国内冶金行业应用颇广

图 14-6-25　SH 型三环减速器（Z-X 型传动）

卧式　　　　侧装式

该结构系中国专利二次偏心包容式少齿差减速器的应用实例。通过引入二次偏心机构使 Z-X-V 型传动置入 2Z-X 型传动腹腔中，轴向尺寸大幅度压缩，动力经 Z-X-V 型传动减速后，传给 2Z-X 型传动再次减速并由内齿轮输出，可实现数以千计或万计的大传动比

该机轴向尺寸超短，效率高，重量轻，节能、节材

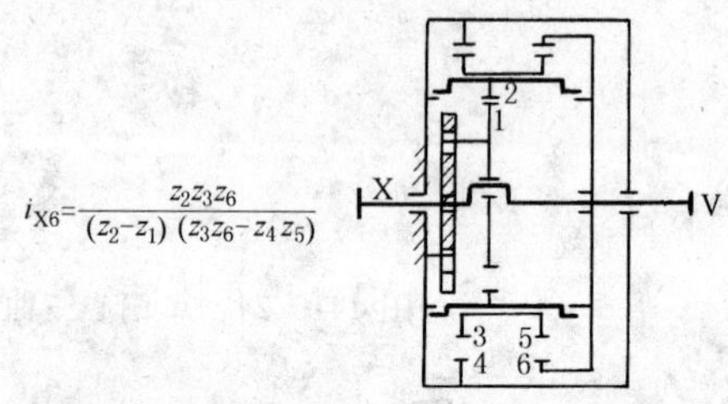

$$i_{X6}=\frac{z_2z_3z_6}{(z_2-z_1)(z_3z_6-z_4z_5)}$$

图 14-6-26　RP 型少齿差式锅炉炉排传动减速器

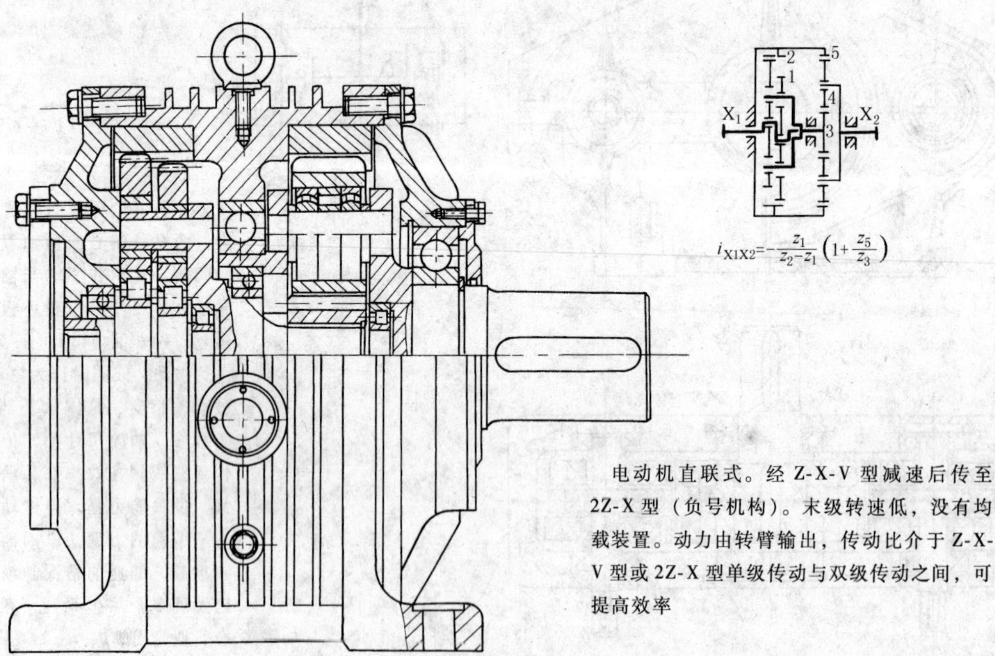

$$i_{X1X2}=-\frac{z_1}{z_2-z_1}\left(1+\frac{z_5}{z_3}\right)$$

电动机直联式。经 Z-X-V 型减速后传至 2Z-X 型（负号机构）。末级转速低，没有均载装置。动力由转臂输出，传动比介于 Z-X-V 型或 2Z-X 型单级传动与双级传动之间，可提高效率

图 14-6-27　XID3-250 电动机直联两级减速器

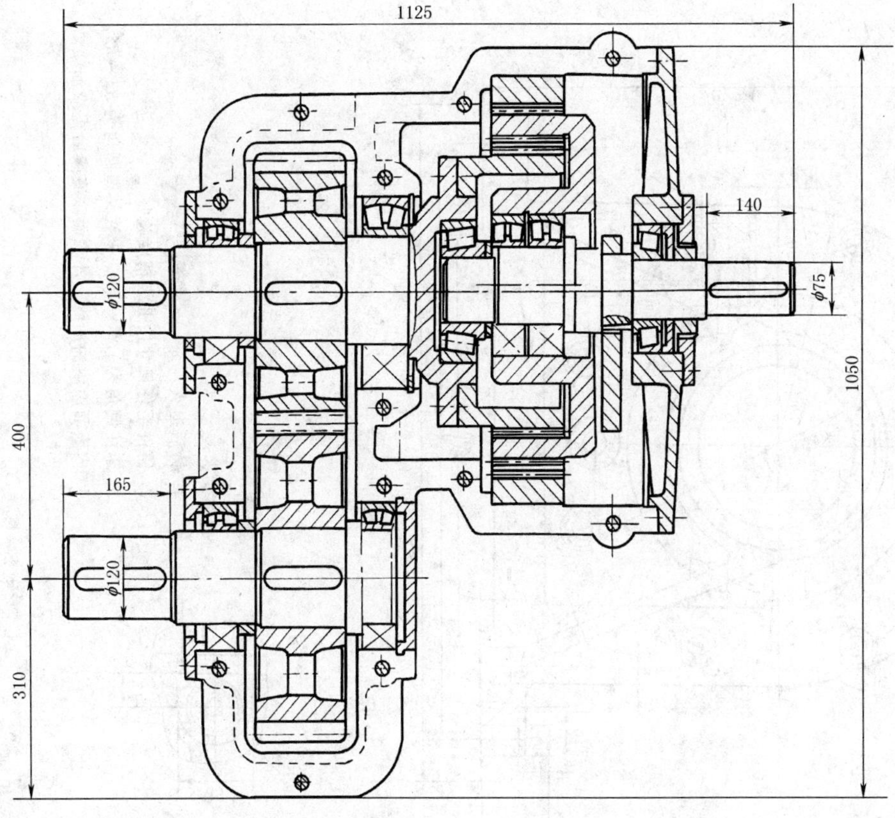

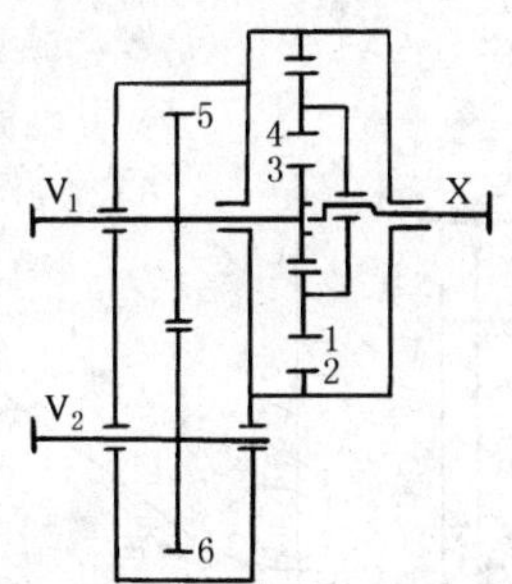

前级为同环 NN 型少齿差传动。两对内啮合齿轮副布置在同一平面内，其轴向尺寸缩短，径向尺寸增大。将一个内齿轮与机体相连，动力经 z_5 和 z_6 齿轮副由两根低速轴输出。由高速轴到两根低速轴的传动比为：

$$i_{XV1}=\frac{z_1 z_3}{z_1 z_3-z_2 z_4}$$

$$i_{XV2}=\frac{z_1 z_3 z_6}{(z_1 z_3-z_2 z_4) z_5}$$

图 14-6-28　NN 型少齿差-平行轴传动组合减速器[17]

6　使用性能及其示例

6.1　使用性能

设计的少齿差减速器在结构上应具有良好的使用性能，例如体积和质量小、效率高、寿命长、噪声低、输入轴与输出轴同轴线，以及有合理的连接和安装基准，容易装、拆与维修等。

6.2　设计结构工艺性

设计的少齿差减速器除了具备良好的使用性能以外，还要能够在国内一般工厂拥有的机床、设备上比较容易地制造出精度较高的零件，以及合乎性能要求的减速器。本节以图 14-6-14 为例，讨论其主要零件的加工工艺性。

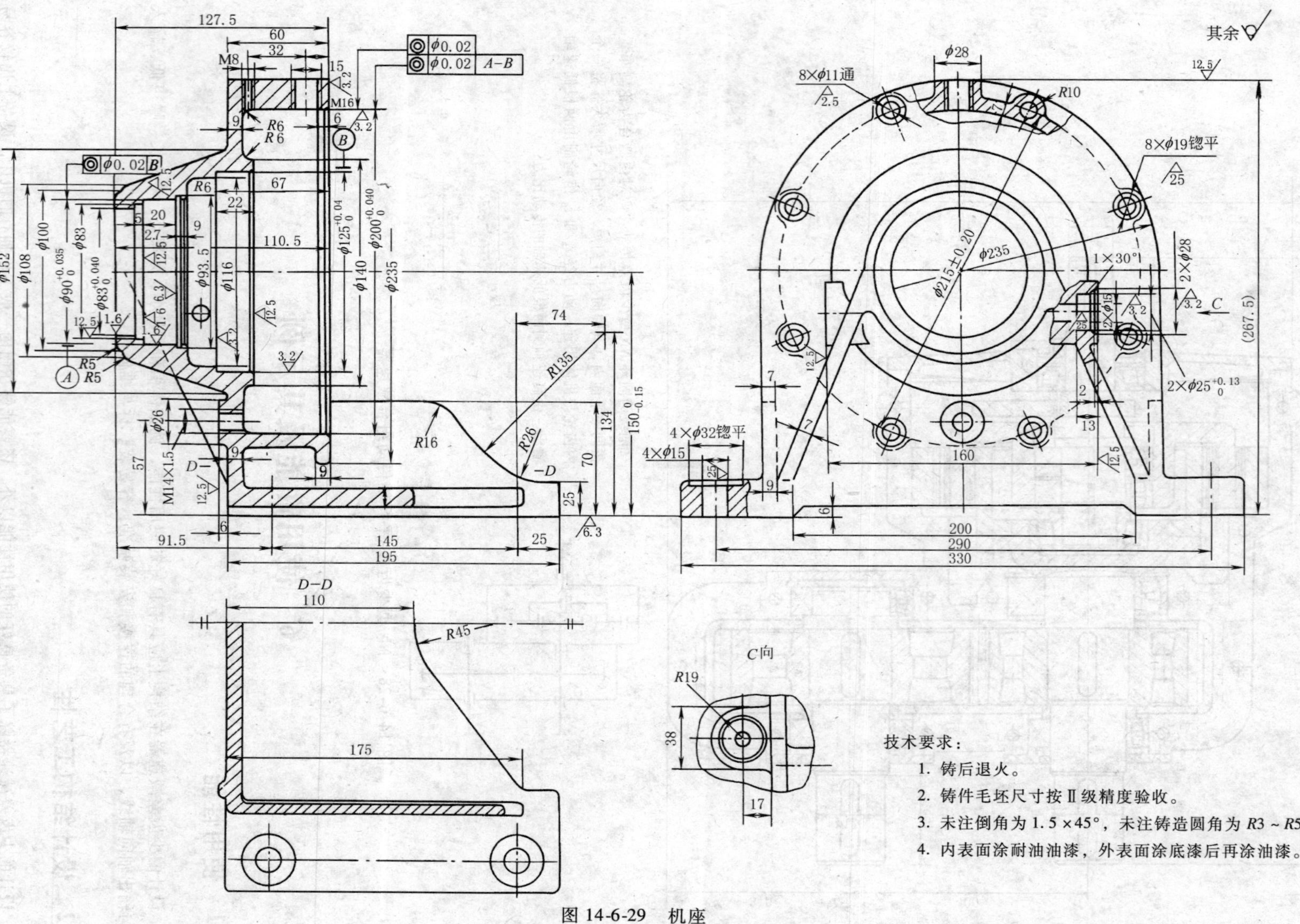
其余
D−D
C向
技术要求：
1. 铸后退火。
2. 铸件毛坯尺寸按Ⅱ级精度验收。
3. 未注倒角为 1.5×45°，未注铸造圆角为 R3～R5。
4. 内表面涂耐油油漆，外表面涂底漆后再涂油漆。

图 14-6-29　机座

（1）机座（图 14-6-29）

设计机座时，对要求有较高同轴度的各个孔，应尽量设计成从一端到另一端依次由大孔到小孔，以便在精镗孔工序一次装卡即能按顺序镗出各个不同直径的孔。

在需要挡轴承或是安放橡胶油封的部位，应采用孔用弹性挡圈，尽可能不设计台阶。

（2）内齿圈（图 14-6-30）

设计内齿圈时，由于其左端的止口外径（$\phi200$）和右端安装大端盖的内孔（$\phi177$）均需要用作定心基准，因此应将内孔设计成略小于内齿轮的顶圆直径，才便于一次装卡就能车成内孔及外圆，以保证各个直径的同轴度。

（3）内齿轮顶圆直径（图 14-6-30）

在插齿时，一般以内齿轮顶圆为定心基准。因此在设计同一个机座而传动比不同的内齿圈时，宜尽量将各内齿轮顶圆直径设计得互相接近，见表 14-6-18，这样才可以将同一机座中所有的内齿圈右端与大端盖配合的直径，设计成略小于顶圆直径的统一的整数值（图 14-6-30 中的 $\phi177$），既节省加工工时，也给装配带来方便。

表 14-6-18　　内齿轮顶圆直径及止口孔径

项　目	代号	数　值										
公称传动比	i	6	35	71	11	17	25	29	43	87	100	59
内齿轮顶圆直径	d_{a2}	177.42			178.32	177.62	178.29		178.45			179.18
止口孔径		177										

（4）内齿圈的结构（图 14-6-30 及图 14-6-31）

在内齿轮输出时，若内齿轮齿顶圆直径 $d_{a4} \leqslant 150\text{mm}$，可将内齿圈与低速轴设计成一个整体，以利于提高制造精度。

而在 $d_{a4} > 150\text{mm}$ 时，因受插齿机的限制，有时需要将内齿圈与低速轴分别设计成两个零件，并采用$\frac{H7}{k6}$过渡配合，如图 14-6-31 及图 14-6-32 所示。

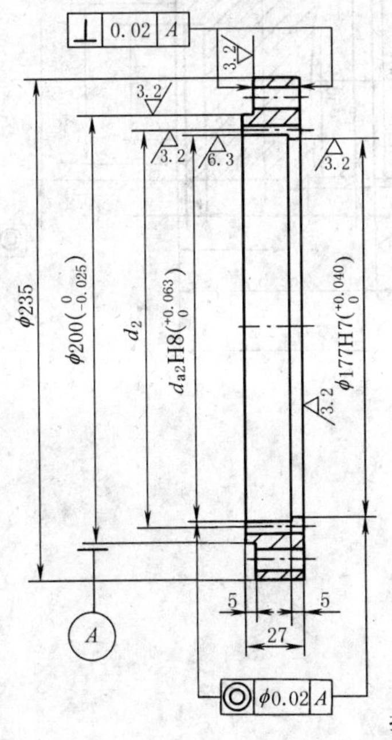

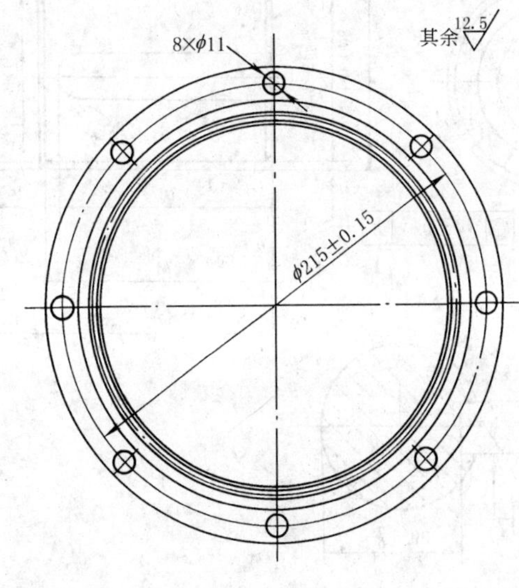

技术要求：

1. 调质 217～245HB。
2. 未注倒角 1×45°。

图 14-6-30　内齿圈

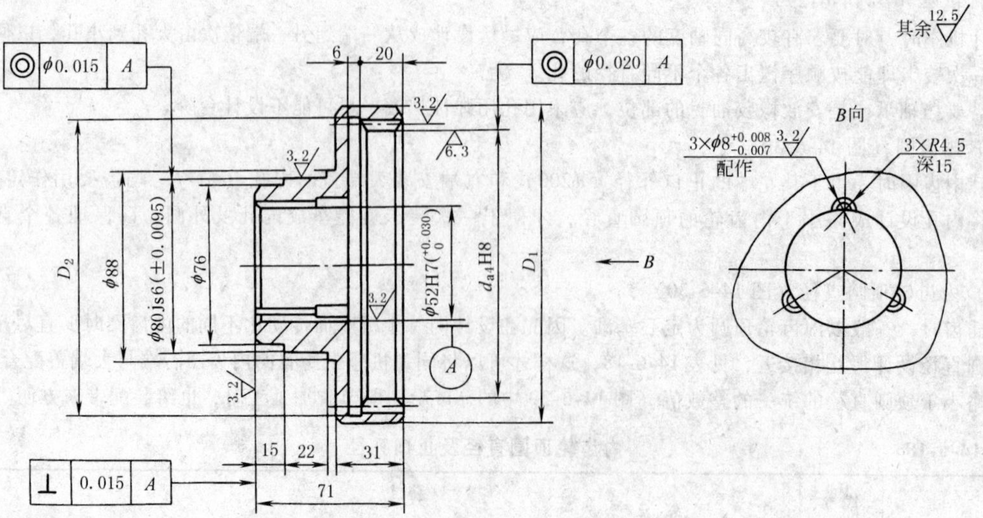

技术要求：

1. 调质 217 ~ 245HB。
2. 未注倒角 1.5 × 45°。
3. 3 × *R*4.5、3 × $\phi 8^{+0.003}_{-0.007}$与图 14-6-24 配作。

图 14-6-31　与低速轴装成一体的内齿圈

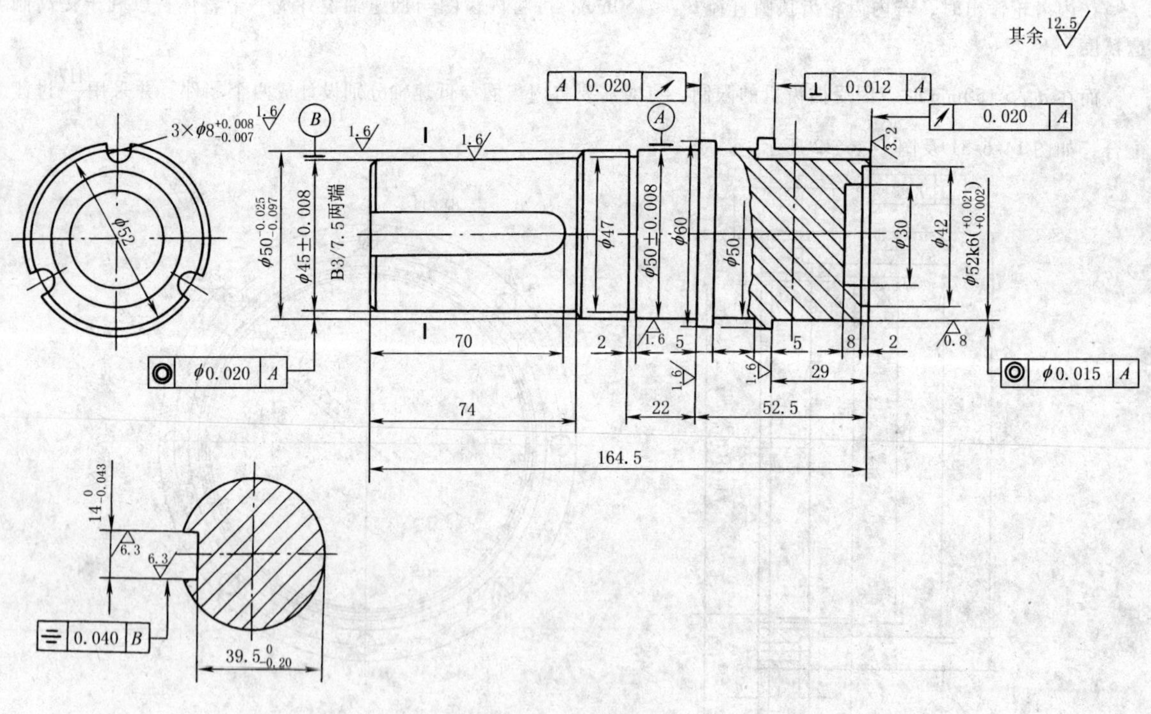

技术要求：

1. 调质 240 ~ 270HB。
2. 未注倒角 1.5 × 45°

图 14-6-32　与内齿圈装成一体的低速轴

（5）高速轴

为了制造方便，高速轴宜设计成直轴（图 14-6-33）与偏心套（图 14-6-34）组合，并以平键连接。

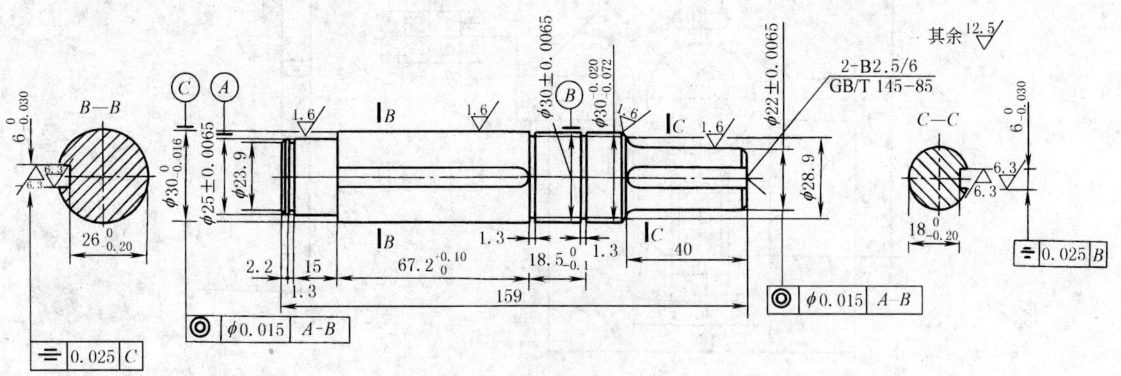

技术要求：

1. 未注倒角 1×45°。
2. 未注圆角 $R1$。
3. 调质 240～270HB。

图 14-6-33 高速轴

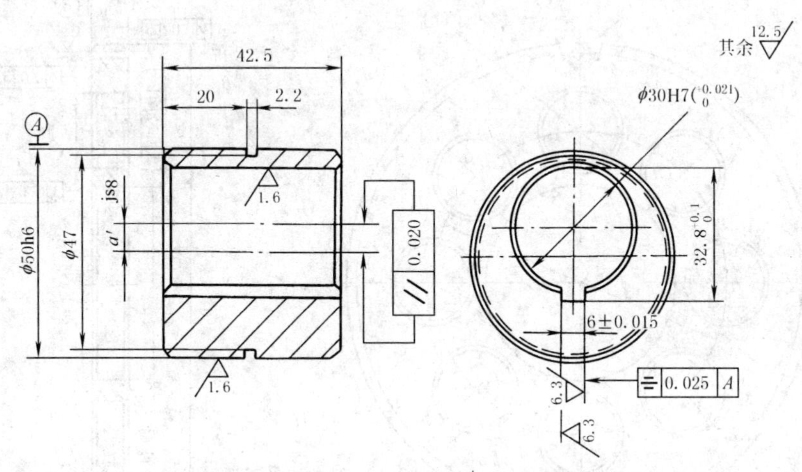

技术要求：

1. 调质 217～245HB。
2. 未注倒角 1×45°。

图 14-6-34 偏心套

（6）销孔

为了提高接触强度及耐磨性，又具有良好的工艺性，对采用销孔式传输机构的行星齿轮等分孔，在镗孔后可镶入销轴套，该轴套采用轴承钢 GCr15 或 GCr9 制作。

（7）浮动盘和行星齿轮

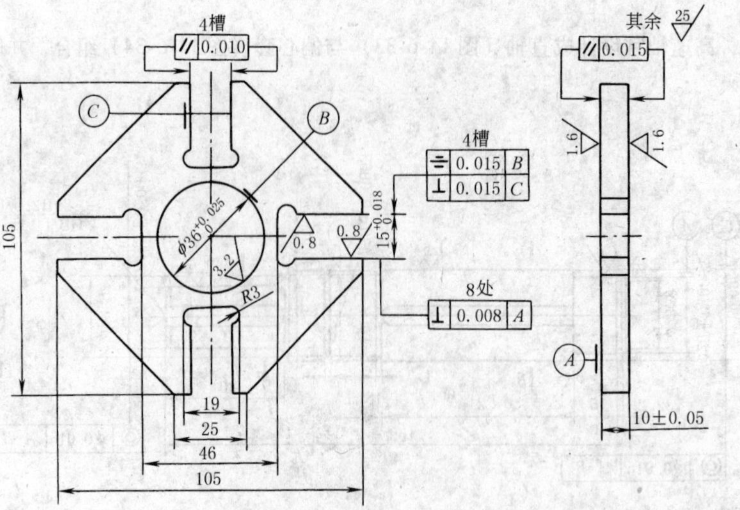

技术要求：

1. 所有尖角倒钝 *R*0.1。
2. 精加工后探伤检验不得有裂纹。
3. 淬火 60～63HRC。

图 14-6-35　浮动盘

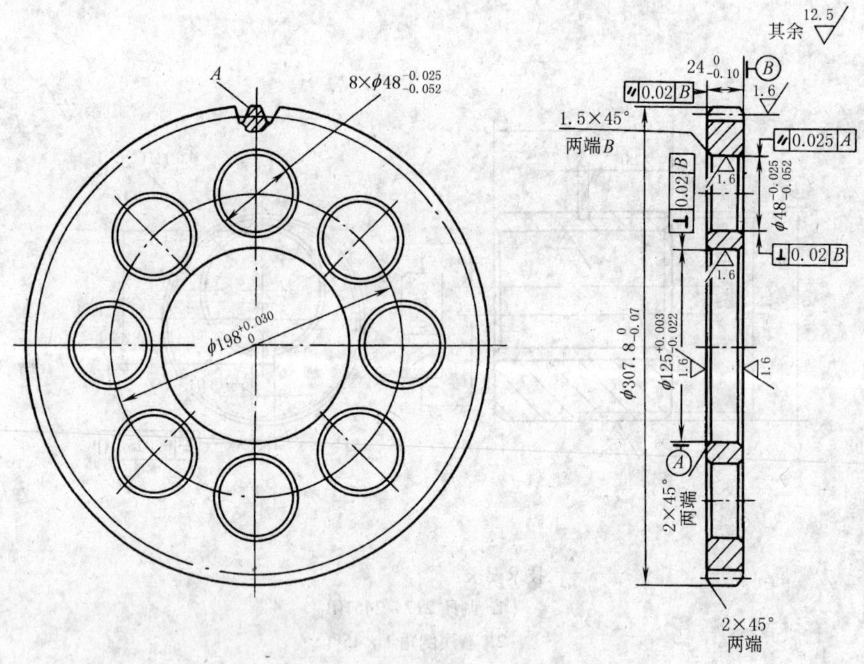

技术要求：

1. 调质 220～250HB。
2. 8×$\phi48^{-0.025}_{-0.052}$相邻孔距差不大于 0.03，孔距累积误差不大于 0.05。
3. $\phi48^{-0.025}_{-0.052}$孔中心和 *A* 齿中心不重合误差不大于 0.05。
4. 一组齿轮（二件）的公法线长度差不大于 0.015。

图 14-6-36　行星齿轮

7 主要零件的技术要求、材料选择及热处理方法

7.1 主要零件的技术要求

1）高速轴偏心距，即齿轮中心距的极限偏差，见表 14-6-19。

表 14-6-19　齿轮中心距的极限偏差

标准号	GB/T 2363—1990			GB/T 10095—1988			GB/T 1801—1999				
标准名称	小模数渐开线圆柱齿轮精度制			渐开线圆柱齿轮精度			极限与配合　公差带和配合的选择				
齿轮精度等级	7～8										
中心距/mm	≤12	>12 到 20	>20 到 32	>6 到 10	>10 到 18	>18 到 30	≤3	>3 到 6	>6 到 10	>10 到 18	>18 到 30
偏差代号	$\pm f_a$			$\pm f_a$			js8				
偏差数值/μm	11	14	17	11	13.5	16.5	±7	±9	±11	±13	±16

注：在齿轮中心距很小且齿轮精度为 8 级时，中心距极限偏差可用 js9。

2）行星齿轮与内齿轮的精度不低于 8 级（GB/T 10095—1988）。

3）销孔的公称尺寸，除销套外径加上 2 倍偏心距尺寸以外，还应再加适量的补偿间隙 δ_M。在一般动力传动中，δ_M 的数值见表 14-6-20。在精密传动中，δ_M 的数值约为表 14-6-20 中数值的一半。

表 14-6-20　行星齿轮销孔的补偿间隙　mm

内齿轮分度圆直径 d_2	≤100	>100，≤220	>220，≤390	>390，≤550	>550
补偿间隙 δ_M	0.10	0.12	0.14	0.15	0.20～0.30

4）行星齿轮销孔及输出轴盘柱销孔相邻孔距差的公差 δt、孔距累积误差的公差 δt_Σ，可参照表 14-6-21 选取。此项要求对于传动的性能极为重要，如有条件，宜尽量提高制造精度，选取更小的公差值。

表 14-6-21　销孔孔距差的公差及孔距累积误差的公差

行星轮分度圆直径/mm	≤200	>200～300	>300～500	>500～800	>800
销孔相邻孔距差的公差 δt/μm	<30	<40	<50	<60	<70
销孔孔距累积误差的公差 δt_Σ/μm	<60	<80	<100	<120	<140

5）主要零件的公差及零件间的配合见表 14-6-22。

表 14-6-22

项　目	公差或配合代号	项　目	公差或配合代号
与滚动轴承配合的轴	js6、j6、k6、m6	镶套孔径	H7、H8、G7、F7
行星轮中心轴承孔	J6、Js6、K6、M6	输出轴盘等分孔与柱销	$\frac{R7}{h6}$、$\frac{H7}{r6}$、$\frac{H7}{r5}$
行星轮等分孔	H7		
销套孔与柱销	$\frac{H7}{f6}$、$\frac{H7}{f5}$、$\frac{F7}{h6}$、$\frac{G7}{h6}$	与滚动轴承配合的孔	H7
销套外径	h6、h5	输出轴与齿轮孔（2Z-X 型）	$\frac{H7}{k6}$
行星轮等分孔与镶套外径	$\frac{H7}{p6}$、$\frac{H7}{p5}$、$\frac{H7}{r6}$、$\frac{H7}{r5}$	浮动盘槽与销套外径或滚动轴承外径	$\frac{H7}{f6}$、$\frac{H7}{f5}$、$\frac{F7}{h6}$、$\frac{G7}{h6}$

6）机座、高速轴、低速轴、行星齿轮、内齿轮、偏心套、浮动盘、销套、镶套、柱销等主要零件的同轴度、圆跳动或全跳动、位置度、垂直度、平行度、圆度等形位公差尤为重要，必须按 GB/T 1182、1184 在图样上予以明确规定。

7.2 主要零件的常用材料及热处理方法

表 14-6-23

零件名称	材　料	热处理	硬　度	说　明
齿轮	45、40Cr、40MnB、35CrMoV	调质	<270HB	通用型系列产品可用 45 或 40Cr 做内、外齿轮。内齿轮也可用 QT600-3
	45、40Cr、35CrMn、38CrMoAl	齿面淬火 氮化	50～55HRC 或 45～50HRC ≤900HV	
	20Cr、20CrMnTi	渗碳淬火	58～62HRC	
柱销 销套 浮动盘	GCr15	淬火	销套、浮动盘 58～62HRC	20CrMnMoVBA 主要用于有冲击载荷的柱销或浮动盘
	20CrMnMoVBA	渗碳淬火	柱销、浮动盘 60～64HRC	
轴	45、40Cr、40MnB	调质	≤300HB	
机座、端盖、壳体	HT200			铸后退火

第 7 章 销齿传动

1 销齿传动的特点及应用

销齿传动属于齿轮传动的一种特殊形式（图 14-7-1）。其中，具有圆销齿的大齿轮称之为销轮；而另一个具有一般齿轮轮齿齿形的小齿轮仍称之为齿轮。

销齿传动有外啮合、内啮合和齿条啮合三种型式，其齿轮轮齿的齿廓曲线依次分别为外摆线、周摆线和渐开线等（图 14-7-2～图 14-7-4）。使用时，一般常以齿轮作为主动，因为当以销轮作为主动时，齿轮的轮齿齿顶先进入啮合，将会降低其传动效率，故很少用销轮作为主动。

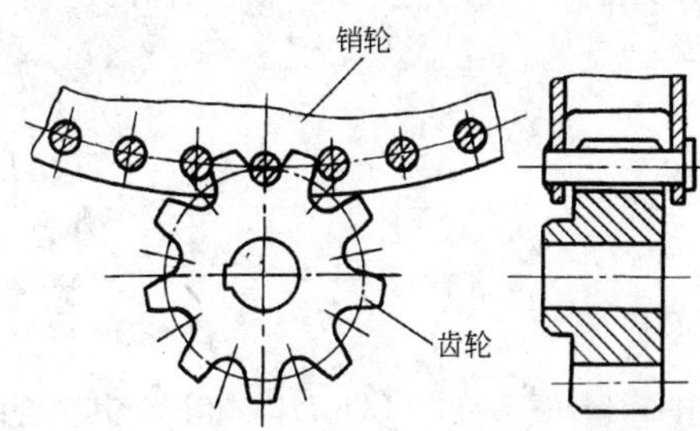

图 14-7-1　外啮合销齿传动

由于销轮的轮齿是圆销形，故与一般齿轮相比，它具有结构简单、加工容易、造价低、拆修方便等优点，故以销轮代替尺寸较大的一般渐开线齿轮时，将具有很大的经济性。特别是个别销齿破坏时，只须个别更换，不致整个销轮报废。

销齿传动适用于低速、重载的机械传动和粉尘多、润滑条件差等工作环境较恶劣的场合中。其圆周速度范围一般约为 0.05～0.50m/s，但亦有少数情况低于或高于此范围；其传动比范围一般为 $i=5\sim30$；传动效率 $\eta=0.9\sim0.93$（无润滑油时）或 $\eta=0.93\sim0.95$（有润滑油时）。

销齿传动较广泛地应用于起重运输、化工、冶金、矿山乃至游乐园等部门的一些低速而大型的机械设备中。

第 14 篇

2 销齿传动工作原理

如图 14-7-2 所示，为外啮合销齿传动的工作原理图。设 1、2 两轮的节圆外切于节点 P。在轮 2 节圆圆周上取一点 B，使其起始位置重合于节点 P，而设想两轮各绕其中心 O_1、O_2 按图中箭头所示方向作相对纯滚动，当轮 1 转过 θ_1 角而轮 2 相应地转过 θ_2 角时，B 点则达到图中的 B'点位置。下面讨论 B 点的运动轨迹：因 B 点系属于轮 2 节圆圆周上的一点，就其绝对运动轨迹来说，即为与该圆圆周相重合的一圆弧；而就其相对于轮 1 的相对运动轨迹来说，则为一外摆线 bb'。今把 B 点视为轮 2（销轮）上直径等于零的一个销齿（称为点齿），而把外摆线 bb'作为轮 1（齿轮）上的一齿廓，那么，它们就构成了一对理论上的销齿传动，称为点齿啮合传动。如果使两轮按上述相反的方向转动，则可得到另一条与 bb'反向的外摆线 Bb'，于是 bb'与 Bb'即构成齿轮上的一个点齿啮合齿形（如图虚线所示）。显然，当点齿啮合传动时，其啮合线是与轮 2 的节圆圆周相重合的一段圆弧，此外，两圆应为定传动比传动。

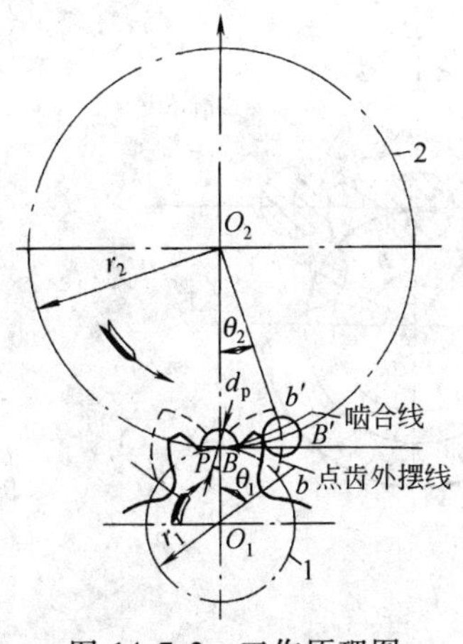

图 14-7-2　工作原理图

实际的销轮，其销齿是具有一定尺寸的，若在齿轮上某一点齿啮合齿形的齿廓曲线上取一系列的点分别作为圆心，以销齿的半径为半径，作出一圆族，然后作出此圆族的内包络线，即可得到齿轮实际齿形的齿廓（如图中实线所示），此实际齿形的齿廓曲线即为点齿啮合齿形曲线的等距外摆线。当实际的齿轮齿形与具有一定直径的销齿啮合传动时，其啮合线不再是一圆弧，而变为一蚶形（Limacon）曲线（见图 14-7-2），其参数方程为

$$\left.\begin{aligned} x &= \left(2r_2\sin\frac{\theta_2}{2} - \frac{d_p}{2}\right)\cos\frac{\theta_2}{2} \\ y &= \left(2r_2\sin\frac{\theta_2}{2} - \frac{d_p}{2}\right)\sin\frac{\theta_2}{2} \end{aligned}\right\} \tag{14-7-1}$$

式中　r_2——销轮节圆半径，mm；

d_p——销轮销齿直径，mm；

θ_2——销轮转角，rad。

如将式（14-7-1）中的 r_2 变为负值时，两圆心 O_2 与 O_1 则居于节点 P 的同一侧，即两轮节圆变成内切，得到内啮合销齿传动（如图 14-7-3 所示），此时，其点齿啮合齿廓曲线即变成周摆线（Pericyloid），齿轮的实际齿廓曲线应为此周摆线的等距周摆线。在内啮合传动时，因销轮的转动方向与外啮合者相反，故其转角 θ_2 应为负值。今以 $-r_2$ 及 $-\theta_2$ 依次代替式（14-7-1）中的 r_2 及 θ_2，即可得到内啮合销齿传动的啮合线参数方程：

$$\left.\begin{aligned} x &= \left(2r_2\sin\frac{\theta_2}{2} - \frac{d_p}{2}\right)\cos\frac{\theta_2}{2} \\ y &= -\left(2r_2\sin\frac{\theta_2}{2} - \frac{d_p}{2}\right)\sin\frac{\theta_2}{2} \end{aligned}\right\} \tag{14-7-2}$$

式中各符号意义与式（14-7-1）相同。其啮合线亦为一蚶形曲线（图 14-7-3）。

当销轮的半径 $r_2\to\infty$ 时，则演变成销齿齿条传动（图 14-7-4）。此时，齿轮的实际齿廓曲线则是一渐开线，而其啮合线则为与销齿齿条节线相重合的一段直线（图 14-7-4），其参数方程为

$$\left.\begin{aligned} x &= r_1\theta_1 - \frac{d_p}{2} \\ y &= 0 \end{aligned}\right\} \tag{14-7-3}$$

第 14 篇

式中　r_1——齿轮节圆半径，mm；

d_p——销轮销齿直径，mm；

θ_1——齿轮转角，rad。

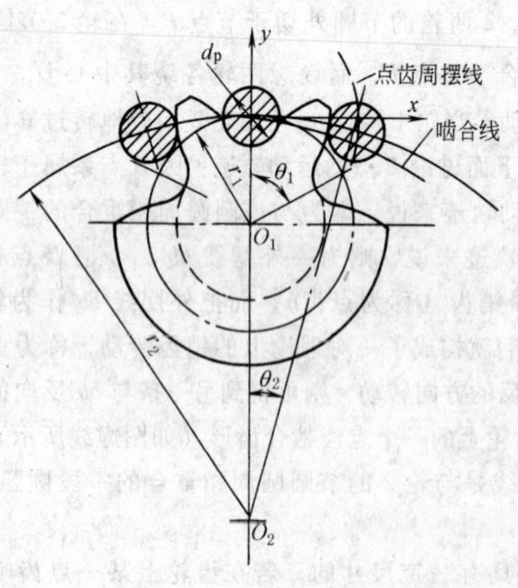

图 14-7-3　内啮合销齿传动

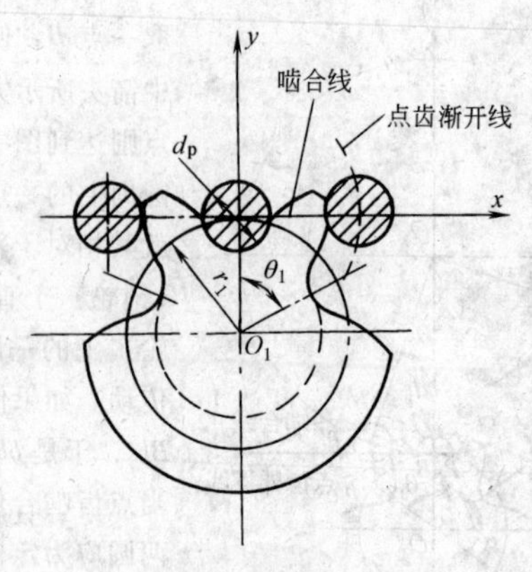

图 14-7-4　销齿齿条传动

3 销齿传动几何尺寸计算

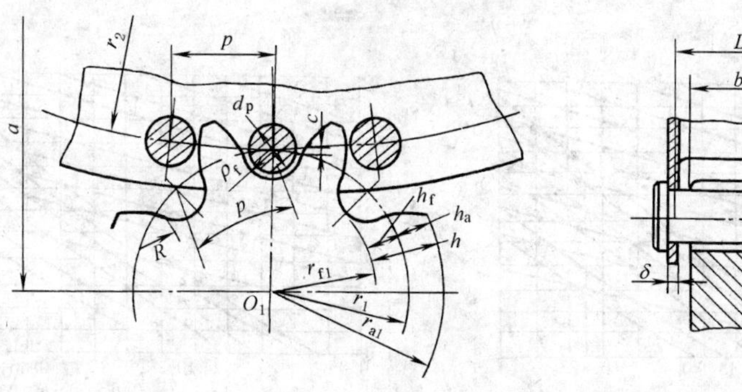

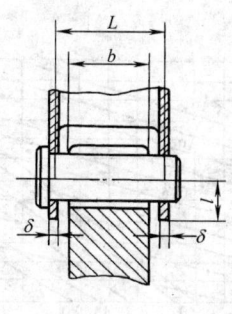

表 14-7-1

mm

项　目	计 算 公 式 及 说 明		
	外啮合	内啮合	齿条啮合
齿轮齿数 z_1	一般取 $z_1=9\sim18$ 齿(最小齿数可用到 7 齿)		
销轮齿数 z_2	$z_2=iz_1$		按使用要求决定
传动比 i	$i=\dfrac{n_1}{n_2}=\dfrac{z_2}{z_1}\geqslant1$		
销轮销齿直径 d_p	根据表 14-7-2 强度计算决定		
齿距 p	一般值:$d_p/p=0.4\sim0.5$;推荐值:$d_p/p=0.475$		
齿轮节圆直径 d_1、半径 r_1	$d_1=\dfrac{p}{\pi}z_1$、$r_1=\dfrac{p}{2\pi}z_1$		应满足齿条速度要求:$d_1=\dfrac{60\times1000v}{\pi n_1}$
销轮节圆直径 d_2、半径 r_2	$d_2=\dfrac{p}{\pi}z_2$、$r_2=\dfrac{p}{2\pi}z_2$		$d_2=\infty$
齿轮齿根圆角半径 ρ_f	$\rho_f=(0.515\sim0.52)d_p$		
齿轮齿根圆角半径中心至节圆距离 c	$c=(0.04\sim0.05)d_p$		
齿轮齿顶高 h_a	按 z_1 及 $\dfrac{d_p}{p}$ 两值查图 14-7-5 求得;推荐值 $h_a=(0.8\sim0.9)d_p$		
齿轮齿根高 h_f	$h_f=\rho_f+c$		
齿轮全齿高 h	$h=h_a+h_f$		
齿轮齿廓过渡圆弧半径 R	$R=(0.3\sim0.4)d_p$		
齿轮齿顶圆直径 d_{a1}、半径 r_{a1}	$d_{a1}=d_1+2h_a$、$r_{a1}=r_1+h_a$		
齿轮齿根圆直径 d_{f1}、半径 r_{f1}	$d_{f1}=d_1-2h_f$、$r_{f1}=r_1-h_f$		
中心距 a	$a=r_1+r_2=\dfrac{z_2+z_1}{2\pi}\times p$	$a=r_2-r_1=\dfrac{z_2-z_1}{2\pi}\times p$	$a=\infty$
齿轮齿宽系数 φ	$\varphi=1.5\sim2.5$		
齿轮齿宽 b	$b=\varphi d_p$		
销齿计算长度(夹板间距)L	$L=(1.2\sim1.6)b$		
销齿中心至夹板边缘距离 l	$l=(1.5\sim2)d_p$		
销轮夹板厚度 δ	$\delta=(0.25\sim0.5)d_p$(当取较小值时,应按表 14-7-2 进行强度校核)		
重合度 ε	按 z_1 和 d_p/p 两值由图 14-7-5 直接查得(为了保证啮合连续性和传动平稳性,建议 ε 的许用值不小于 1.1~1.3)		

(1) 线图(图 14-7-5)的使用方法

线图分为两组:z_1、d_p/p 和 $(h_a/p)_{max}$ 为第一组;z_1、h_a/p 和 ε 为第二组。首先根据已知的 z_1 和 d_p/p 值,利用第一组线图查出 h_a/p 的最大值 $(h_a/p)_{max}$,此即为齿轮齿顶不变尖的最大许用值。然后选一小于 $(h_a/p)_{max}$ 的值作为采用的 h_a/p 值。最后根据 z_1 和 h_a/p 值利用第二组线图查出相应的 ε 值。

（2）线图使用举例

已知外啮合销齿传动，$z_1=13$ 齿，$d_p/p=0.48$。按图 a 中的 $z_1=13$ 和 $d_p/p=0.48$ 的两曲线交于 A 点，自 A 点作垂线交横坐标得 $(h_a/p)_{max}=0.475$。选取 $h_a/p=0.43$，再在横坐标 0.43 处作垂线交 $z_1=13$ 之曲线交于 B 点，最后过 B 点作水平线交纵坐标得 $\varepsilon=1.28$。

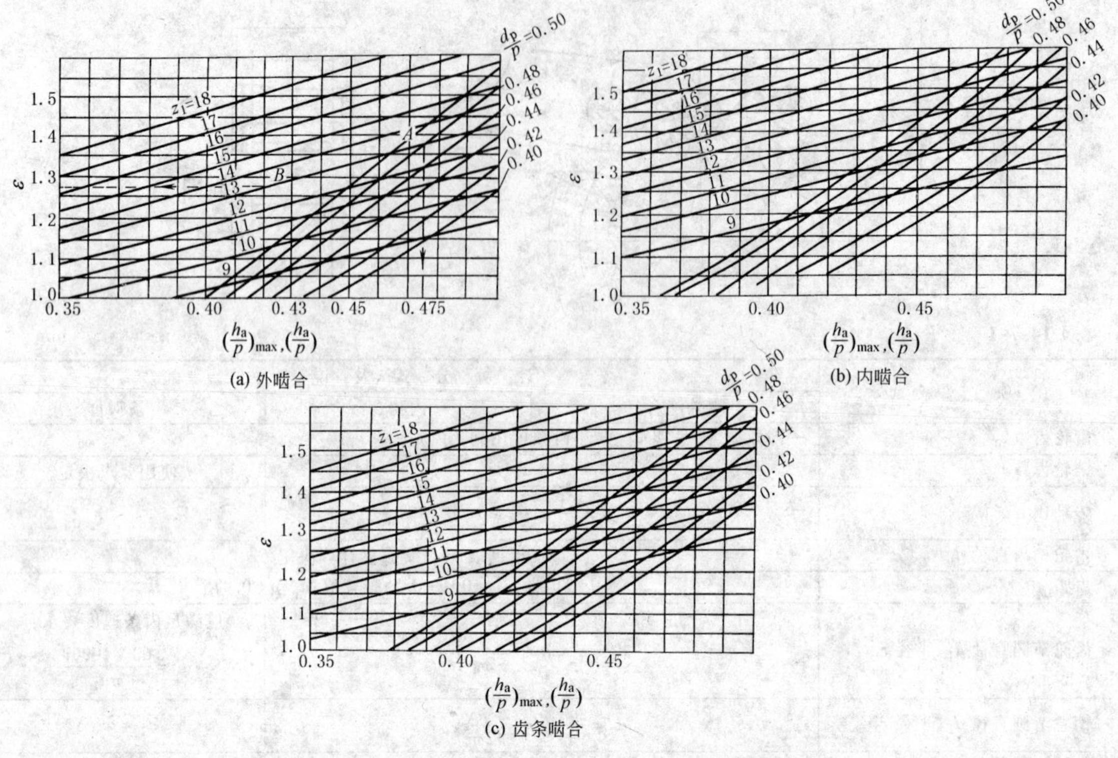

图 14-7-5　z_1、d_p/p、$(h_a/p)_{max}$、h_a/p、ε 的关系线图

4　销齿传动的强度计算

销齿传动的强度计算，应首先按表面接触强度条件（同时还保证具有一定的抗磨强度及滚压强度）计算出销轮销齿直径 d_p 的值，然后按 d_p/p 比值计算出齿距 p，最后再分别对销轮销齿和齿轮轮齿进行弯曲强度验算（若采用本章所推荐的材料，并且是按表 14-7-1 中所推荐的 d_p/p 比值范围来确定 p 值时，齿轮轮齿已有足够的弯曲强度，验算则可省略）。销轮夹板厚度 δ 可按表 14-7-2 验算其挤压应力条件。

表 14-7-2　　强度计算公式

项　目	计算公式	说　明
接触强度	设计公式 $d_p \geqslant \frac{310}{\sigma_{Hp}} \times \sqrt{\frac{F_t}{\varphi}}$ (mm) 或 $d_p \geqslant 843 \times \sqrt[3]{\frac{T_2(d_p/p)}{iz_1\varphi\sigma_{Hp}}}$ (mm) 验算公式 $\sigma_H = \frac{310}{d_p} \cdot \sqrt{\frac{F_t}{\varphi}} \leqslant \sigma_{Hp}$ (MPa)	d_p——销轮销齿直径，mm F_t——额定负荷下圆周力，N σ_{Hp}——许用接触应力，MPa（见表 14-7-3） φ——齿轮齿宽系数（见表 14-7-1） T_2——额定负荷下销轮转矩，N·m p——齿距，mm（见表 14-7-1） i——传动比 z_1——齿轮齿数 σ_H——计算接触应力，MPa

续表

项　　目	计算公式	说　　明
弯曲强度	齿轮轮齿验算公式 $\sigma_{F1}=\dfrac{16F_c}{b\cdot p}\leqslant\sigma_{F1p}$(MPa) 销轮销齿验算公式 $\sigma_{F2}=\dfrac{2.5F_t}{d_p^{\ 3}}\left(L-\dfrac{b}{2}\right)\leqslant\sigma_{F2p}$(MPa)	σ_{F1}——齿轮轮齿计算弯曲应力,MPa σ_{F2}——销齿计算弯曲应力,MPa b——齿轮齿宽,mm(见表14-7-1) σ_{F1p}——齿轮轮齿许用弯曲应力,MPa(见表14-7-3) σ_{F2p}——销齿许用应力,MPa(见表14-7-4) L——销齿计算长度,mm(见表14-7-1)
夹板挤压强度	验算公式 $\sigma_{pr}=\dfrac{F_t}{2d_p\cdot\delta}\leqslant\sigma_{prp}$(MPa)	δ——销轮夹板厚度,mm(见表14-7-1) σ_{prp}——许用挤压应力,对钢Q235 $\sigma_{prp}=98\sim118$MPa σ_{pr}——计算挤压应力,MPa

注：1. 接触强度计算公式的建立条件：①两轮轮齿材料均为钢，即 $E_1=E_2=2.1\times10^5$MPa；②以两轮轮齿在节点处接触时作为计算位置，此时两轮齿接触点处的曲率半径分别为：$\rho_1=1.5d_p$、$\rho_2=0.5d_p$。

2. 当两轮轮齿的材料不同时，应取其中 σ_{Hp} 较小者计算。

5　常用材料及许用应力

齿轮轮齿常用材料有ZG340-640、45和40Cr；销齿常用材料有45和40Cr。

为了提高齿面抗磨损性能，两轮轮齿可进行表面淬火处理，淬硬深度2～4mm，硬度40～50HRC。但进行强度计算时仍以表中数据为准。

表 14-7-3　　许用接触应力 σ_{Hp} 及齿轮轮齿许用弯曲应力 σ_{F1p}　　MPa

材　料			齿轮轮齿、销齿许用接触应力 σ_{Hp}				齿轮轮齿弯曲应力 σ_{F1p}	
牌　号	热处理	硬　度	齿轮、销轮转速/r·min^{-1}				载　荷	
			10	25	50	100	对称循环	脉动循环
ZG340-640	正火+回火	170～228	941	921	872	774	113	176
	正火+回火	187～241	1058	1039	1009	941	132	206
45	正　火	167～217	1058	1039	1009	941	137	211
	调　质	207～255	1176	1156	1127	1058	142	216
40Cr	调　质	241～285	1411	1391	1362	1294	167	245

注：表中 σ_{F1p} 的数值在材料实际截面不超过100mm^2 时适用，当超过时，应随材料的 σ_b 值的减小而相应地按其同样的比例减小。

表 14-7-4　　销齿许用弯曲应力 σ_{F2p}

计算公式	说　　明				
对称循环载荷 $\sigma_{F2p}=\dfrac{\sigma_{-1}}{K}\dfrac{1}{S_p}$(MPa) 脉动循环载荷 $\sigma_{F2p}=\dfrac{2\sigma_{-1}}{K+\eta}\dfrac{1}{S_p}$(MPa)	σ_{-1}——疲劳极限：$\sigma_{-1}=0.43\sigma_b$。对45，正火，$\sigma_b=529\sim588$MPa；40Cr，调质，$\sigma_b=686\sim882$MPa S_p——许用安全系数：1.4～1.6 η——不对称循环敏感系数，碳钢 $\eta=0.2$；合金钢 $\eta=0.3$	K——销齿表面状况系数，其值如下			
		加工方法	齿面粗糙度 R_a/μm	$\sigma_b\leqslant$ 588MPa	$\sigma_b>$ 588MPa
		磨	1.6	1.10	1.15
		车	6.3	1.15	1.20
		车	25	1.25	1.35
		锻、轧	100	1.40	1.60

6　销轮轮缘的结构型式

销轮轮缘的结构型式有不可拆式、可拆式和双排可拆式等几种，现推荐于表14-7-5。

表 14-7-5　　推荐的轮缘结构型式

结构型式	图　　例	特　　点
不可拆式		结构简单，连接可靠，不易松脱。但检修、更换不方便，焊接时易变形
可拆式		安装、检修、更换均方便
		但较易脱落
双排可拆式		当传动尺寸较大时，便于无心磨床加工圆柱销；当齿宽 b 较大时，可以防止齿向误差之影响

7　齿轮齿形的绘制

齿轮齿形的绘制可采用轨迹作图法或近似作图法，现依次分述于表 14-7-6 及表 14-7-7 中。除此之外，还可仿效套筒滚子链轮齿形的画法。

表 14-7-6　　齿轮齿形的轨迹作图法

图　　例	作　图　步　骤
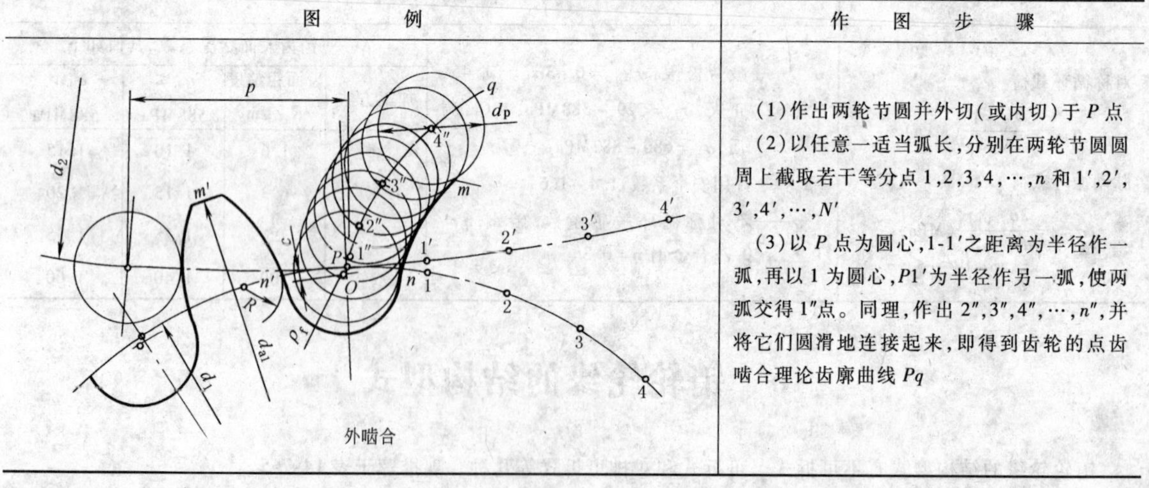 外啮合	(1)作出两轮节圆并外切(或内切)于 P 点 (2)以任意一适当弧长，分别在两轮节圆圆周上截取若干等分点 1,2,3,4,…,n 和 1′,2′,3′,4′,…,N' (3)以 P 点为圆心，1-1′之距离为半径作一弧，再以 1 为圆心，$P1'$为半径作另一弧，使两弧交得 1″点。同理，作出 2″,3″,4″,…,n''，并将它们圆滑地连接起来，即得到齿轮的点齿啮合理论齿廓曲线 Pq

续表

图例	作图步骤
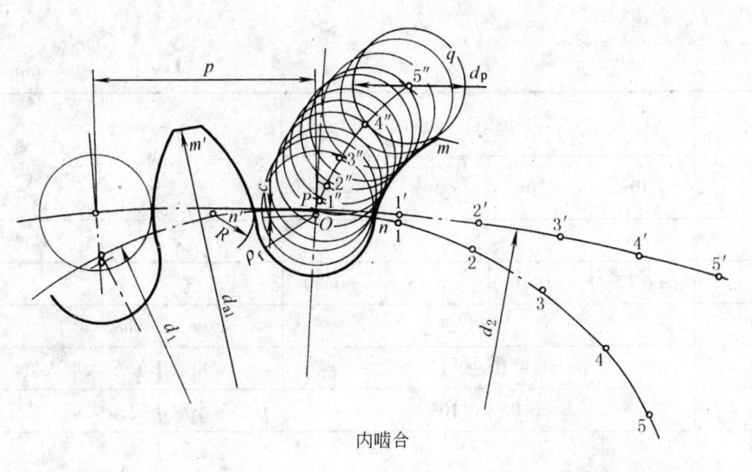 内啮合	(4)在 Pq 曲线上取一系列的点，并分别以各点作为圆心，以 $d_p/2$ 为半径，画出一圆族，再作该圆的内包络线 mn，此即其某齿齿顶的一侧齿廓曲线 (5)以齿轮轮心为圆心，以 $d_{a1}/2$ 为半径作出齿顶圆 (6)以点 n 为圆心，以 ρ_f 为半径画一弧，又以齿轮轮心为圆心，以($d_1/2-c$)为半径画另一弧，两弧交于 O 点，再以 O 点为圆心，以 ρ_f 为半径，作出齿根圆弧(ρ_f 的数据见表 14-7-1) (7)以 R(其数据见表 14-7-1)为半径，作出齿顶与齿根之间的过渡圆弧 (8)以上所画出的为某齿之一侧齿廓，依对称关系则可画出另一侧齿廓
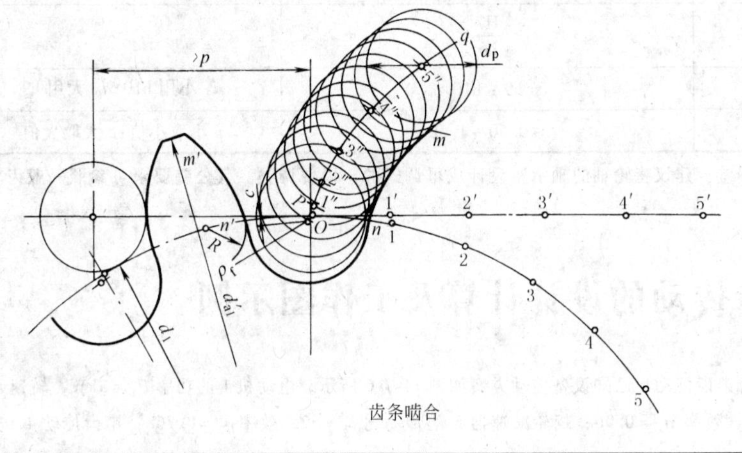 齿条啮合	

表 14-7-7　齿轮齿形的近似作图法

图例	作图步骤
p P d_p ρ_f O_c n R $\rho_m=1.5d_p$ d_{a1} d_1 e O_1	(1)以 O_1 为圆心，$d_1/2$ 为半径，作出齿轮节圆 (2)在节圆上任取一点 P，以 P 为圆心，$d_p/2$ 为半径，作出销齿外径 (3)量出 $\overline{PO}=c$，得到 O_c 点，以 O_c 为圆心，ρ_f 为半径，作出齿根圆弧(c 与 ρ_f 的数据见表 14-7-1) (4)以齿根圆弧与节圆圆周的交点 n 为心，ρ_m(齿顶部分工作齿廓曲线的平均曲率，取 $\rho_m=1.5d_p$)为半径，作弧交节圆圆周于 e 点，再以 e 点为圆心，ρ_m 为半径，从 n 点起始作圆弧，则得某齿一侧齿顶部分的工作齿廓 (5)以 R(数据见表 14-7-1)为半径，作出齿顶与齿根的过渡圆弧，再以 O_1 为圆心($d_1/2+h_a$)为半径，作出齿顶圆。至此，得到了齿轮一侧的工作齿廓。最后，利用轮齿的对称关系，则可作出另一侧的工作齿廓，于是完成一个轮齿齿廓

8 销齿传动的公差配合

表 14-7-8 mm

项目	齿距 p				备注
	$<10\pi$	$<20\pi$	$<30\pi$	$<50\pi$	
齿轮的制造公差与配合					
齿距 p 的公差	±0.05	±0.10	±0.15	±0.20	
齿顶圆直径 d_a 的偏差	h8				h8
齿顶圆对轴孔中心的圆跳动量	≤0.10～0.15				p 小取小值；p 大取大值
齿面与轴孔轴线平行度公差	0.05～0.10				p 小取小值；p 大取大值
销轮的制造公差与配合					
销齿孔中心距（齿距）的偏差	±0.15	±0.25	±0.40	±0.55	
销齿与夹板孔的配合	$\frac{H7}{h6}$				
节圆直径 d_2 的偏差	h9～h10				d_2 小用 h10；d_2 大用 h9
节圆圆周对轴孔中心的圆跳动量	≤0.50～1.50				p 小取小值；p 大取大值

注：表中未给出安装时中心距 a 的偏差。建议将轮轴的轴承座设计成可调式的，以便调整。其公差要求可参照一般齿轮的中心距偏差。

9 销齿传动的设计计算及工作图示例

例 试设计一双向回转工作的外啮合销齿传动。已知设备传动方案如图 14-7-6 所示，电动机 1 的功率 $P_1=3\text{kW}$，转速 $n_1=1400\text{r/min}$；V 带传动 2 的传动比 $i_1=2.6$，效率 $\eta_1=0.96$；蜗轮减速器 3 的传动比 $i_2=52$，效率$\eta_2=0.768$；销齿传动 4，其转速 $n_2=0.375\text{r/min}$，效率 $\eta_p=0.93$。

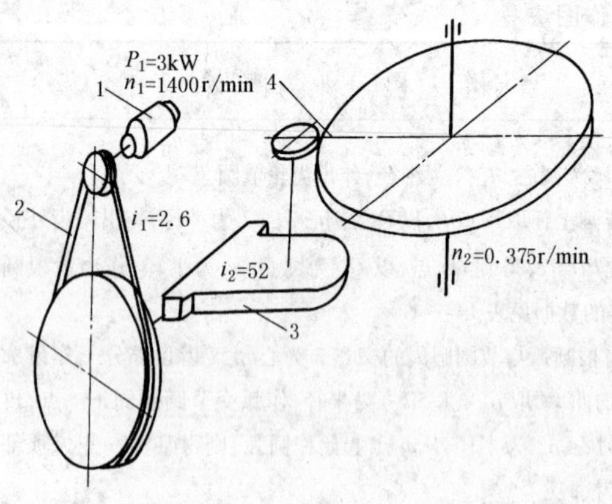

图 14-7-6 设备传动方案

(1) 计算销轮轴转矩 T_2

设备总传动比 $i_z=\frac{n_1}{n_2}=\frac{1400}{0.375}\approx3733$

销齿传动比 $i=\frac{i_z}{i_1 i_2}=\frac{3733}{2.6\times52}\approx27.6$

销轮功率 $P_2=P_1\eta_1\eta_2\eta_p=3\times0.96\times0.768\times0.93\approx2.6\text{kW}$

销轮轴转矩 $T_2=9550\times\frac{P_2}{n_2}=9550\times\frac{2.06}{0.375}\approx52461\text{N}\cdot\text{m}$

(2) 选定材料及确定其许用应力

销齿材料采用 45 号钢，经正火处理，硬度为 167～217HB，按 10r/min 查表 14-7-3 得 $\sigma_{Hp}=1058\text{MPa}$；查表 14-7-4，按对称循环载荷计算 σ_{F2p}：

$$\sigma_{F2p}=\frac{\sigma_{-1}}{K}\times\frac{1}{S_p}=\frac{0.43\times529}{1.35}\times\frac{1}{1.6}=105\text{MPa}$$

齿轮材料采用 45 号钢，经调质处理，HB＝207～255，按 10r/min 查表 14-7-3 得 $\sigma_{Hp}=1176\text{MPa}$；$\sigma_{F1p}=142\text{MPa}$。

(3) 选定 φ、z_1、d_p/p 和确定 h_a/p、z_2 等参数按表 14-7-1 取$\varphi=1.5$，$z_1=13$，$d_p/p-0.475$

则

销轮齿数 $z_2=iz_1=27.6\times13=358.8$，取 360 齿

销齿传动实际传动比

$$i'=\frac{z_2}{z_1}=\frac{360}{13}=27.69$$

销齿实际转速 $$n_2'=\frac{27.6}{27.69}\times 0.375\approx 0.374\text{r/min}$$

实际总传动比 $$i_z'=i_1\times i_2\times i'=2.6\times 52\times 27.69\approx 3744$$

按 $z_1=13$、$d_p/p=0.475$ 查图 14-7-5a 得 $(h_a/p)_{max}=0.478$。为了保证齿顶不变尖而具有一定厚度，以及重合度 ε 的许用值不小于 1.1～1.3，则试取 $h_a/p=0.43$。

按 $z_1=13$、$h_a/p=0.43$ 查图 14-7-5a 得 $\varepsilon=1.28$，落在其许用范围内，故适合。

（4）按强度计算确定销齿直径 d_p

按表 14-7-2 中接触强度计算公式计算 d_p：

$$d_p\geqslant 843\times\sqrt[3]{\frac{T_2(d_p/p)}{i'z_1\varphi\sigma_{Hp}^2}}=843\times\sqrt[3]{\frac{52461\times 0.475}{27.69\times 13\times 1.5\times 1058^2}}=29.12\text{mm}$$

取 $d_p=30$mm。

按表 14-7-2 中弯曲强度验算公式校核 d_p：

$$F_t=\frac{T_2}{r_2}=\frac{T_2}{z_2p/2\pi}=\frac{2\pi T_2}{z_2\times\dfrac{d_p}{0.475}}=\frac{2\pi\times 5246\times 10^3\times 0.475}{360\times 30}=14497\text{N}$$

$b=\varphi d_p=1.5\times 30=45$mm

取 $L=1.6b$，则 $L=1.6\times 45=72$mm。代入弯曲强度验算公式得

$$\sigma_{F2}=\frac{2.5F_t}{d_p^3}\times\left(L-\frac{b}{2}\right)=\frac{2.5\times 14497}{30^3}\times\left(72-\frac{45}{2}\right)=66.44\text{MPa}$$

$\sigma_{F2}\leqslant\sigma_{F2p}=66.4$MPa，故销齿弯曲强度足够。

按表 14-7-2 中弯曲强度验算公式来校核齿轮轮齿弯曲强度

$$\sigma_{F1}=\frac{16F_t}{bp}=\frac{16\times 14497}{45\times\dfrac{30}{0.475}}=81.61\text{MPa}$$

$\sigma_{F1}\leqslant\sigma_{F1p}=142$MPa，故齿轮轮齿弯曲强度足够。

（5）几何尺寸计算（参看表 14-7-1）

齿轮齿数 $z_1=13$

销轮齿数 $z_2=360$

销齿直径 $d_p=30$mm

齿距 $p=\dfrac{d_p}{0.475}=\dfrac{30}{0.475}=63.16$mm

齿轮节圆直径 $d_1=pz_1/\pi=63.16\times 13/\pi=261.4$mm

销轮节圆直径 $d_2=pz_2/\pi=63.16\times 360/\pi=7237.6$mm

齿轮齿根圆角半径 $\rho_f=(0.515\sim 0.52)d_p=(0.515\sim 0.52)\times 30=15.45\sim 15.6$mm，取 $\rho_f=15.5$mm

齿轮齿根圆角半径中心至节圆圆周距离

$$c=(0.04\sim 0.05)d_p=(0.04\sim 0.05)\times 30=1.2\sim 1.5\text{mm，取 }c=1.5\text{mm}$$

齿轮齿顶高 $h_a=0.43p=0.43\times 63.16=27.16$mm

齿轮齿根高 $h_f=\rho_f+c=15.5+1.5=17$mm

齿轮全齿高 $h=h_a+h_f=27.16+17=44.16$mm

齿轮齿廓过渡圆弧半径

$$R=(0.3\sim 0.4)d_p=(0.3\sim 0.4)\times 30=9\sim 12\text{mm，取 }R=10\text{mm}$$

齿轮齿顶圆直径 $d_{a1}=d_1+2h_a=261.4+2\times 27.16=315.7$mm

齿轮齿根圆直径 $d_{f2}=d_1-2h_f=26.14-2\times 17=227.4$mm

中心距　$a=\dfrac{d_1+d_2}{2}=\dfrac{261.4+7237.6}{2}=3749.5\text{mm}$

齿轮齿宽　$b=1.5d_p=1.5\times30=45\text{mm}$

销齿计算长度　$L=1.6b=1.6\times45=72\text{mm}$

销齿中心至夹板边缘距离

$$l=(1.5\sim2)d_p=(1.5\sim2)\times30=45\sim60\text{mm},\text{取 } l=45\text{mm}$$

销轮夹板厚度　$\delta=(0.25\sim0.5)d_p=(0.25\sim0.5)\times30=7.5\sim15\text{mm},\text{取 }\delta=10\text{mm}$

验算夹板挤压强度：按表 14-7-2 中验算公式验算，并取许用挤压应力 $\sigma_{prp}=98\text{MPa}$

$$\sigma_{pr}=\frac{F_t}{2d_p\delta}=\frac{14497}{2\times30\times10}=24.6\text{MPa}$$

$\sigma_{pr}\leqslant\sigma_{prp}=98\text{MPa}$，夹板挤压强度足够。

（6）绘制零件工作图（见图 14-7-7、图 14-7-8）

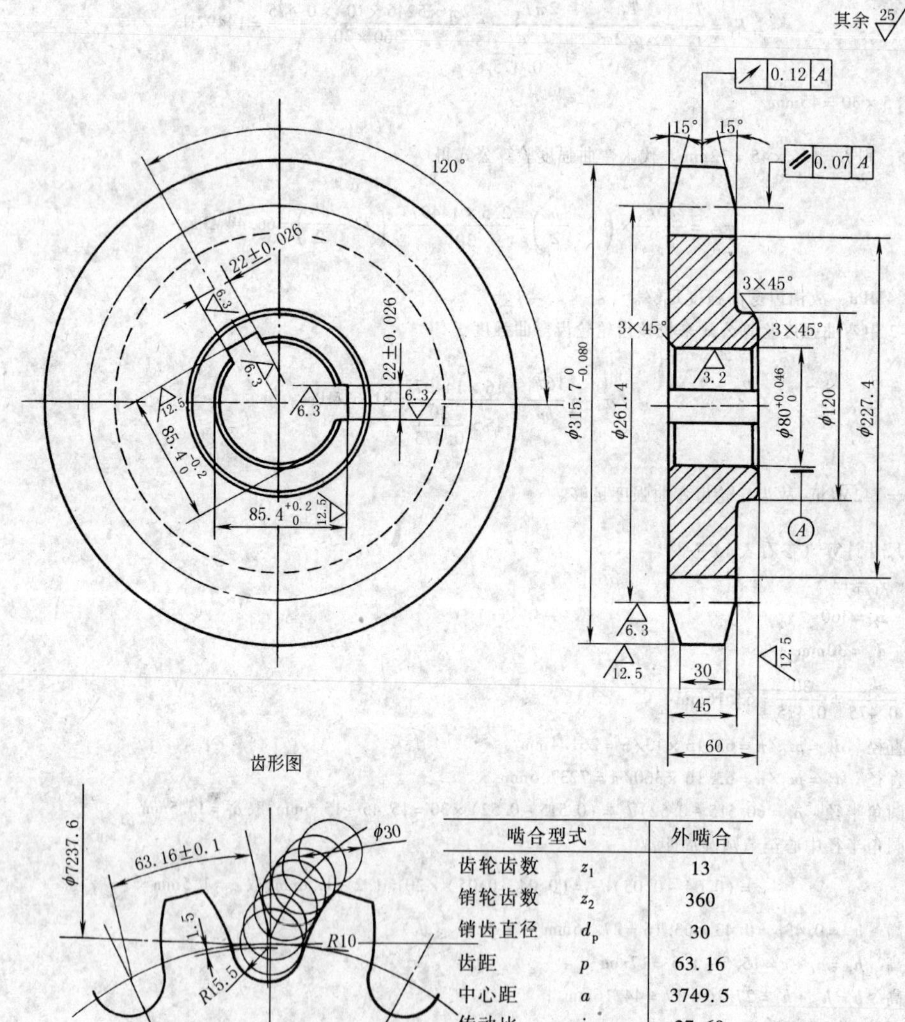

啮合型式		外啮合
齿轮齿数	z_1	13
销轮齿数	z_2	360
销齿直径	d_p	30
齿距	p	63.16
中心距	a	3749.5
传动比	i_p	27.69

图 14-7-7　齿轮工作图

注：齿面高频淬火，淬硬深度 2mm，表面硬度 50HRC。

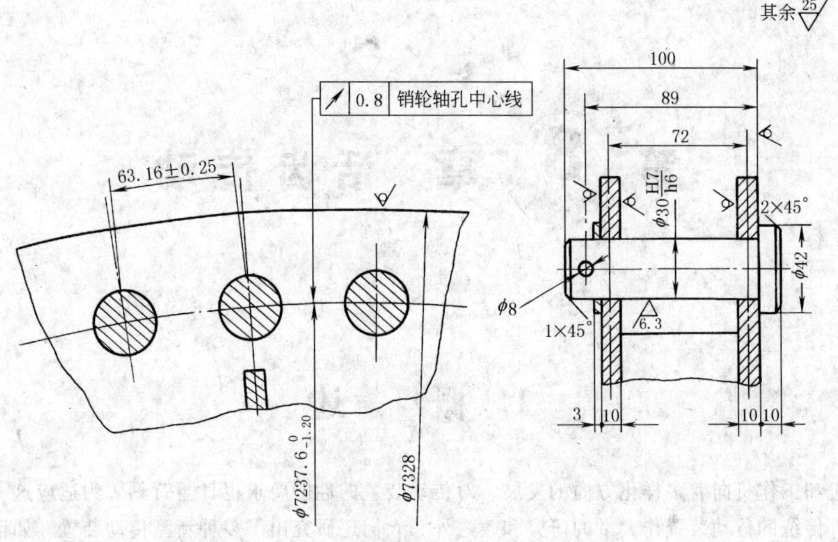

注：销齿面高频淬火，淬硬深度 2mm，表面硬度 40HRC。

啮合型式		外啮合	啮合型式		外啮合
齿轮齿数	z_1	13	齿距	p	63.16
销轮齿数	z_2	360	中心距	a	3749.5
销齿直径	d_p	30	传动比	i'_p	27.69

图 14-7-8 销轮工作图

第 8 章 活齿传动

1 概 述

随着原动机和工作机向着多样化方向的发展，对传动装置的性能要求也日益苛刻。为适应这一要求，除对齿轮、蜗杆蜗轮等传统的传动装置作大量的研究和改进外，人们还研究出了多种新型传动装置，如谐波传动、摆线针轮传动等。这些传动都成功地应用于许多行业的各种机械装置中。

活齿传动是一种新型传动。美、俄、英、德等国早年均有研究，有的已形成商品上市，但都以各自的结构特点命名，如偏心圆传动、滑齿传动、随动齿传动等。20 世纪 70 年代以来，中国也先后发明了多种新型传动，其中有好几种是属于活齿传动类的，也是以其某些结构特点来命名，例如滚道减速器、滚珠密切圆传动、变速轴承、推杆减速器等。中国学者经过多年研究，于 1979 年提出活齿波动传动的论述，认为活齿传动是一种有别于其他刚性啮合传动的独立传动类型。这类传动也有多种结构形式，但它们在原理上有共同特点，都是利用一组中间可动件来实现刚性啮合传动；在啮合的过程中，相邻活齿啮合点间的距离是变化的，这些啮合点沿圆周方向形成蛇腹蠕动式的切向波，实现了连续传动。这些都是独特的，因此将这种传动命名为“活齿波动传动”，简称“活齿传动”。这一命名已为本行业所采用。前面提到的几种新型传动，以及活齿针轮减速器、套筒活齿传动等，都属于活齿传动。

活齿传动与一般少齿差行星齿轮传动类似，单级传动比大；都是同轴传动，但同时啮合齿数更多，承载能力和抗冲击能力较强；由于不需要一般少齿差行星齿轮传动所必需的输出机构，使得结构比较紧凑，功率损耗小。活齿传动可广泛用于石油化工、冶金矿山、轻工制药、粮油食品、纺织印染、起重运输及工程机械等行业的机械中作减速用。需要时，也可作增速用。

中国的活齿传动技术发展比较迅速，多种活齿减速器都通过了试制试用阶段，逐步形成规模生产。但对比传统的减速器来说，应用还不普遍，标准化、系列化工作还不完善。活齿传动潜在的优良性能还没有充分开发出来，未能在国民经济中创造出较大的经济效益。因此，在行业中普及和推广活齿传动技术，正是当务之急。

本章将介绍的全滚动活齿传动，是一种新型活齿传动，其特点是改进了传力结构，基本上消除了现有活齿传动中的滑动摩擦，使活齿传动的优良特性得以进一步发挥。实验室试验和与其他同类产品的对比试验均证实其性能优良，这一新型传动现正在逐步推广之中。

2 活齿传动工作原理

活齿传动由 3 个基本构件组成：激波器（J）、活齿齿轮（H）和固齿齿轮（G）。工作时，激波器周期性地推动可作往复运动的活齿，这些活齿与固齿齿廓的啮合点形成了蛇腹蠕动式的切向波，从而与固齿齿轮形成连续的驱动关系。这种切向波形成的条件是活齿与固齿的齿数不同，它们的齿距 t 不相等，即 $t_g \neq t_h$。正是由于齿距不同，啮合时发生了“错齿运动”，这种相对运动使得活齿与固齿之间的传动成为可能。

现以作直线运动的活齿传动模型，来说明这种“错齿运动”的发生过程，从而了解活齿传动的基本原理。

作直线布置时，传动原理的机构模型如图 14-8-1 所示。此时，激波器 J 是凸轮板，活齿齿轮 H 是装有一组活齿的活齿架，固齿齿轮 G 是齿条。

设 L 为激波器的一个波长，对应于此波长内的活齿齿数为 z_h，固齿齿数为 z_g。设计时取

$$z_g = z_h \pm 1$$

式中　“+”——当 H 固定时，“+”表示 J 与 G 同向传动；

“-”——当 H 固定时，“-”表示 J 与 G 反向传动。

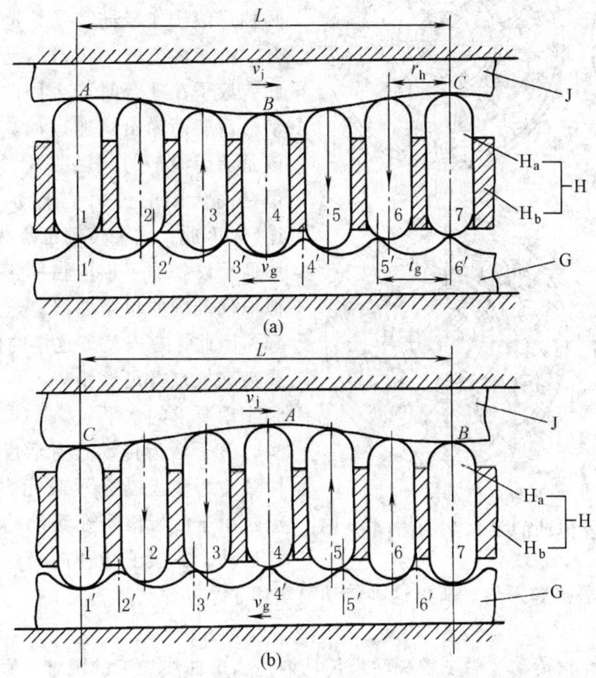

图 14-8-1　活齿传动原理的机构模型

J—激波器（凸轮板）；H—活齿齿轮（H_a—活齿；H_b—活齿架）；G—固齿齿轮（齿条）

图 14-8-1 所示为 $z_g = z_h - 1$ 时的情况。当如图 14-8-1a 所示状态时，若活齿架 H_b 固定，凸轮板 J 若向右移动，则将逐一压下右边诸活齿，活齿的齿头推动齿条 G 向左移动；同时放松左边诸活齿，而正在向左移动的齿条的各个齿，分别将左边的活齿顶起，并贴近凸轮板。当凸轮板向右移动了 $L/2$ 后，状态如图 14-8-1b 所示。此时，若继续向右移动凸轮板，则将压下左边诸活齿，推动齿条继续向左移动，致使右侧诸活齿被齿条驱动而复位。即当连续不断地向右移动凸轮板时，每隔半个波长 $L/2$，凸轮板就交替下压左边和右边的活齿，推动齿条连续不断地向左移动，反之亦然。啮合是连续、重叠而交替进行的，所以不存在死点。

可以看出，当凸轮板移动一个波长 L 时，活齿与固齿之间错动一个齿，即齿条移动了一个齿距 t_g，这就是错齿运动。

因此，由图 14-8-1 可以得出 J 与 G 之间的传动比 i_{JG} 为

$$i_{JG} = \frac{L}{t_g} = \frac{z_g \times t_g}{t_g} = z_g$$

同理，当齿条固定时，凸轮板移动一个波长 L 时，活齿与固齿之间同样错动一个齿，即活齿架移动了一个齿距 t_h，因此可以得出 J 与 H 之间的传动比 i_{JH} 为

$$i_{JH} = \frac{L}{t_h} = \frac{z_h \times t_h}{t_h} = z_h$$

上述活齿传动的三个基本构件，任意固定其中一件，则其他两件可互为主、从动件。三件间也可形成差动传动。

3　活齿传动结构类型简介

将上述直线运动的活齿传动模型绕成圆环，就形成旋转运动的径向活齿传动。利用上述活齿传动的基本原理，采用不同的活齿结构和不同的啮合方案，形成了多种类型的活齿传动。中国现有的、具有代表性的几种活齿传动基本结构如图 14-8-2 所示。

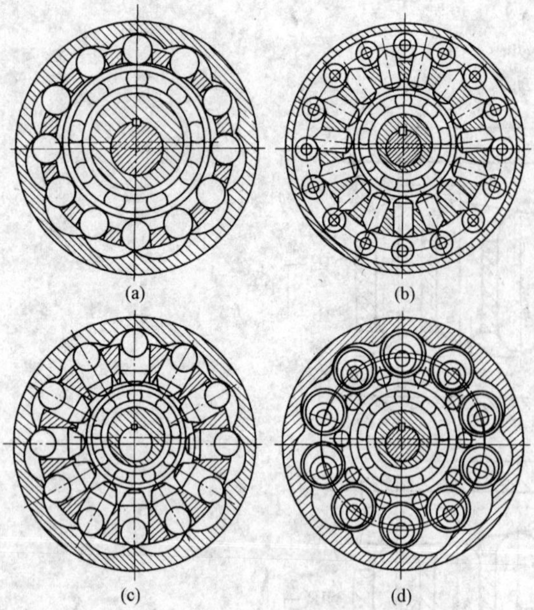

(a) (b)

(c) (d)

图 14-8-2　几种活齿传动的基本结构简图

（1）滚子活齿传动

图 14-8-2a 所示为滚子活齿传动。这种传动是由偏心轮通过滚动轴承驱动一组装于活齿架径向槽中的圆柱形滚子作径向运动，迫使滚子与内齿圈的齿相啮合。由于内齿圈的齿数与活齿的齿数相差一个齿，因此，滚子在啮合时产生周向错齿运动，由滚子直接推动活齿架而输出减速运动。这种传动的内齿圈齿廓应该是活齿滚子的共轭曲线。由于这种传动的活齿滚轮是在内齿圈的齿廓上滚动，内齿齿廓也被称为“滚道”，因此，这种传动也称为“滚道减速器”。为了能用通用设备加工出内齿圈齿廓，有人用多段圆弧来近似取代准确的包络曲线。这种齿廓称为“密切圆”齿廓，因此，有人就称这样的传动为“密切圆传动”。只要齿廓拟合得足够精确，传动的瞬时速比误差可以达到实用要求的水平。

滚子活齿传动具有活齿传动所共有的同轴传动结构紧凑、多齿啮合承载能力大和过载能力强的特点，但是由于活齿滚子在滚动的同时，又在径向槽内作往复运动，在滚子与径向槽的接触传力点处，将产生较大的相对滑动，引起摩擦、磨损和发热。所以这种传动只实用于小功率传动。

（2）活齿针轮传动

图 14-8-2b 所示为活齿针轮传动。为了解决活齿传动内齿齿廓曲线加工的困难，吸取摆线针轮传动的成功经验，采用针轮为内齿圈；活齿为分布于活齿盘径向孔中的圆柱形活齿销，其上端与针轮针齿相啮合的部分做成楔形的两个斜面。活齿的齿数与针齿的齿数相差一个齿。驱动部分仍然是装于输入轴上的偏心盘和转臂轴承。传动时，偏心盘通过转臂轴承驱动活齿销在活齿盘的径向孔中作径向运动，活齿销的楔形齿头与针齿相啮合，迫使活齿产生周向错齿运动，由活齿销推动活齿盘直接输出减速运动。由于活齿为一圆柱体，有人称这种传动为“销齿传动”或“推杆传动”。

活齿针轮传动结构简单、紧凑，多齿啮合承载能力大。但与针齿啮合的活齿的楔形啮合部分是一种近似齿形，影响到传动的平稳性和噪声，使得其应用受到限制。若将楔形齿头也做成包络曲线的齿面，技术上是可行的，但给加工又带来新的麻烦。同样，活齿与活齿盘之间也存在滑动摩擦，也有磨损和发热问题，但由于是以较大的圆柱面承受载荷，摩擦和磨损的问题较滚子活齿传动有所改善。

（3）T 形活齿传动

图 14-8-2c 所示为 T 形活齿传动。该传动是综合上述 a、b 两种传动的某些特点而形成的一种活齿传动。其中驱动部分和前两种传动一样；内齿圈与 a 相同，活齿架与 b 相同。

活齿由顶杆和滚子两部分组成：顶杆为圆柱状结构，装于活齿盘的径向孔中，顶部做成月牙形；滚子为一圆柱体，置于顶杆的月牙形槽中，是活齿的啮合部分。顶杆轴线与滚子的轴线相垂直，组成“T 形活齿”。正是由于这个缘故，有人称这种传动为“T 形活齿传动”。也有人从活齿是由两件组成这一角度来看，称为“组合活齿传动”。有的设计者将顶杆的两端都做成月牙形，两端都装上滚子，以减少顶杆尾部与偏心轮上轴承外环的摩擦；并且将整个活齿传动做成一个通用机芯部件，好像滚动轴承一样，供设计者选用，称为“变速轴承”。

T 形活齿传动由于滚子和内齿圈的齿廓可以形成准确的共轭关系，因此可以克服活齿针轮传动不平稳的缺点；活齿的顶杆以较大的圆柱面与活齿盘接触传力，而且滚子的滚转所产生的滑动摩擦转移到顶杆的月牙槽中，使得活齿与活齿盘之间磨损和发热的问题得以缓解。因此，T 形活齿传动的运转较为平稳，比前两种传动具有更高的承载能力。但是，T 形活齿传动由于需要加工月牙槽，尺寸链增加了三个环节，使制造难度增大，传动精度降低。顶杆与活齿盘和活齿之间仍然有往复的滑动摩擦，使得传动效率仍不理想，磨损和发热的问题依然存在。在顶杆的下部加装滚子的办法更增加了结构的复杂性和加工难度，增大了传动误差，而顶杆与转臂轴承接触处的滑动摩擦和磨损问题并不严重，加装滚子的办法只转移了滑动摩擦的位置，实际上并不能改善传动的性能，反而会造成负面的影响。由此可见，活齿传动中的滑动摩擦问题仍然是限制活齿传动应用的主要障碍。

(4) 套筒活齿传动

图 14-8-2d 所示为套筒活齿传动。该传动与其他活齿传动有很大的不同，它是以尺寸较大的圆形套筒作为活齿，以隔离滚子来限定套筒活齿的角向分布而不需要活齿盘。在套有滚动轴承的偏心盘驱动下，全部套筒活齿和隔离滚子随偏心盘一起作平面运动，形成一个轮齿可以自转的“行星齿轮”。由于其轮齿是作滚摆运动的圆形，因此，与之相啮合的内齿圈的齿廓为内摆线。只有在这个内齿圈的限定下，这个由套筒活齿和隔离滚子组合成的行星齿轮才能存在。这个行星齿轮与内齿圈相啮合而产生的自转和少齿差行星齿轮传动一样，也需要一个输出机构来输出运动。该传动采用了与摆线针轮传动相同的销轴输出机构（W 机构），即将输出轴销轴盘上带套的销轴直接插入套筒活齿的内孔，内孔在销轴上滚转而传动。

套筒活齿传动的特点是：内齿齿廓是内摆线，可以用范成法加工；作为活齿的套筒，具有较好的柔性，可以补偿加工误差的影响；可以使多齿啮合的齿间有均载作用；可以缓解冲击载荷的影响；传力件之间基本上是滚动接触，传动效率较高。但是，这种传动要求套筒活齿具有较大的直径才能具有足够的柔性，才能满足输出机构的结构和强度要求。这就限制了这种传动不可能具有较大的速比，使活齿传动单级速比大、多齿啮合的优点不能发挥。另外，由于有输出机构的存在，对于传动效率、传动精度、承载能力和制造成本都有负面的影响。

套筒活齿传动从原理来看应该不属于活齿传动类型。因为它虽然也是通过一组中间可动件来实现刚性啮合传动，但工作时啮合齿距是不变的。它和摆线针轮传动、少齿差行星齿轮传动更为相近。所不同的是该传动的“行星齿轮”是由套筒和分离滚柱组成。而且这个行星齿轮只有在与之形成包络的内齿圈的包围下才能存在。因此可以认为是一种“离散结构的行星齿轮”。套筒活齿传动实质上属于少齿差行星齿轮传动的另一个理由是：和摆线针轮传动、少齿差行星齿轮传动一样，都需要一个输出机构，而活齿传动是不需要输出机构的。但由于它是在中国多种活齿传动发展的高峰时期出现的，从结构上来看，“轮齿”也是活动的，因此也被列为活齿传动。为了从多方面了解中国现有的活齿传动的情况，本章在这里也一并介绍。

4 全滚动活齿传动（ORT 传动）

从上面介绍的几种活齿传动可以看出，在一般情况下，活齿传动中至少有一个啮合件的齿廓必须是按包络原理而得出的特殊曲线。这就使得这种活齿传动在实际使用中受到限制，不易普遍推广。为了克服这一困难，有些活齿传动就是以简单的直线或圆弧齿廓来近似地取代特殊曲线的廓，使活齿传动能在实用所必需的精度范围内，实现等速共轭运动。滚珠密切圆传动以及活齿针轮传动就是属于这一类的活齿传动。当然，这种近似共轭曲线的取代，必然使传动性能受到严重影响。近年来，数控加工技术的发展，使得特殊曲线齿廓的加工不再成为困难。采用理想的包络曲线，使活齿传动的优良特性得以发挥。因此，准确包络曲线的活齿传动得到新的发展。另一方面，从上面介绍的几种活齿传动还可以看出，除套筒活齿传动以外，现有的各种活齿传动的基本结构中，在传力零件间不可避免地存在滑动摩擦，使得磨损和发热问题严重，传动效率不能提高。这个问题成为限制活齿传动优良性能得以发挥的主要障碍，也成为研究活齿传动的同行们所共同关注的问题。套筒活齿传动就是企图解决这一问题的一个实例。只不过套筒活齿传动虽然消除了滑动摩擦，但失去了活齿传动速比大、同时啮合齿数多、不需要输出机构等重要特点。它实质上回到少齿差行星齿轮传动的范畴。

本章介绍的全滚动活齿传动，就是为了消除现有活齿传动中的滑动摩擦的一种成功的尝试。在全滚动活齿传动中，既能实现等速共轭传动，又能做到全部传力零件之间基本上是处于滚动接触状态，使得全滚动活齿传动的优越性能得以充分发挥。

4.1 全滚动活齿传动的基本结构

全滚动活齿传动简称 ORT 传动（Oscillatory Roller Transmission）。如图 14-8-3 所示，它是由以下三个部件组成。

(1) 激波器

由装于输入轴上的偏心轮 1，外套一个滚动轴承 2 和激波盘 3 组成。滚动轴承 2 也称为激波轴承或转臂轴承。

(2) 活齿齿轮

以圆套筒形滚轮 4 用滚针轴承 5 支承于销轴 6 上作为活齿；活齿架由直接与输出轴相连接的活齿盘 8 和传力

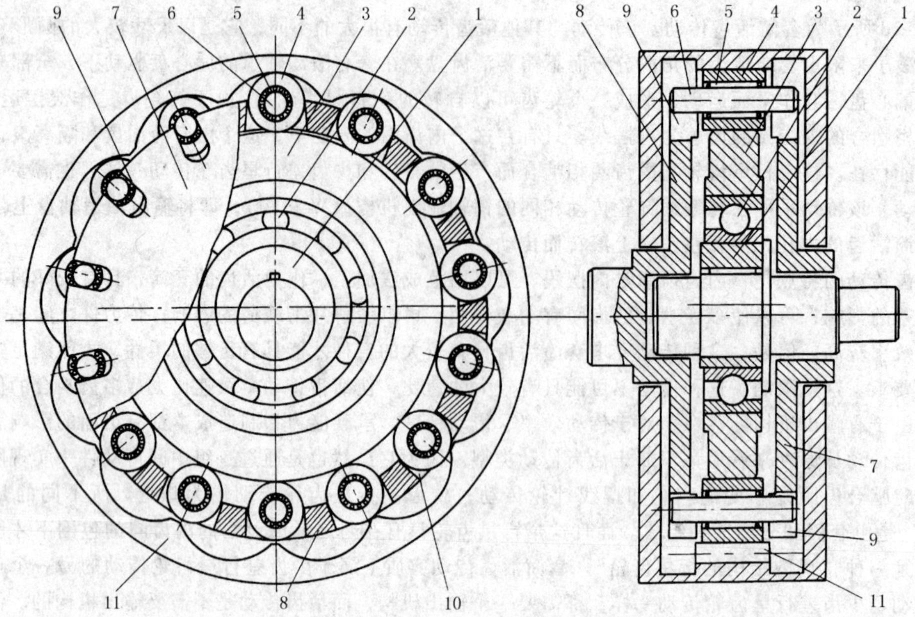

图 14-8-3　ORT 传动的基本结构简图

1—偏心轮（偏心圆盘）；2—滚动轴承；3—激波盘；4—圆套筒形滚轮；
5—滚针轴承；6—销轴；7—传力盘；8—活齿盘；9—径向销轴槽；10—滚轮槽；11—固齿齿轮

盘 7 相连接而成。活齿盘 8 上开有 z_h 个均匀分布的径向销轴槽 9 和滚轮槽 10，传力盘 7 只对应地开有 z_h 个均匀分布的径向销轴槽 9。销轴槽 9 与销轴 6 为动配合，而滚轮槽 10 与滚轮 4 之间留有较大间隙。z_h 个活齿以销轴 6 的两端支承于活齿盘 8 和传力盘 7 的销轴槽 9 中，滚轮 4 随之卧入活齿槽中，组成活齿齿轮。工作时，销轴 6 在激波器的驱动下在销轴槽 9 中沿径向滚动，而滚轮 4 不与滚轮槽 10 接触。对于一般传动，可以省去滚针轴承 5 而将滚轮 4 直接套在销轴 6 上。由于在工作时滚轮 4 与销轴 6 之间只有断续的低速相对滑动，而且摩擦条件较好，对传动性能影响不大。

（3）固齿齿轮

固齿齿轮 11 是一个具有 $z_g = z_h \pm 1$ 个内齿的齿圈，其齿廓曲线是圆形滚轮 4，在偏心圆激波器的驱动下作径向运动，同时又按速比 i 作等速周向运动时的包络曲线。

将以上三个部件同轴安装，就组成了 ORT 传动。基本结构简图如图 14-8-3 所示。采用这一基本结构，使活齿传动的优点得以充分发挥。首先，活齿滚轮尺寸不大，一级传动中可以安排较多的活齿，做到多齿啮合，传动比大；其次，内齿圈的齿廓采用准确的包络曲线，啮合齿之间可以实现准确的共轭啮合，保证活齿传动多齿啮合，传动平稳的特点；其三，这一方案的传力结构，可以做到全部运动件间基本上处于滚动接触状态，实现高承载能力和高效率的传动。

ORT 传动本身的试验和与多种现有传动的对比试验，均证实了这种传动的优越性，使活齿传动这一性能优良的传动装置在推广应用中处于有利地位。现在，ORT 传动已获得中国发明专利权和美国发明专利权，并且在中国的一些行业应用成功，正在逐步推广应用中。

运用 ORT 传动原理可以开发出通用的 ORT 减速器系列。这种通用的传动部件可广泛用于石油化工、冶金矿山、轻工制药、粮油食品、纺织印染、起重运输及工程机械等行业的机械中作减速用；需要时，也可作增速用。

在一些受空间尺寸限制而不能单独用减速器的机械装置，可将 ORT 传动直接设计在专用部件之中，可满足在极为紧凑的空间尺寸限制下，实现大速比、大扭矩、高效率的传动。

4.2　ORT 传动的运动学

将本章第 2 节所述的作直线运动模型的一个或若干个波长绕成圆形，使活齿和固齿均呈径向分布，则形成径向活齿传动。一般取一个波长，则形成单波径向活齿传动。此时，只要能正确设计激波器（凸轮）的轮廓曲线和活齿、固齿的齿廓曲线，就能实现上述三构件间的相对运动关系，实现瞬时速比恒定的径向活齿传动。以圆形滚轮作为活齿，以偏心圆盘为激波器，以准确包络曲线为内齿齿廓的固齿齿轮所组成的 ORT 传动，就是这种传动的典型，如图 14-8-3 所示。由于 ORT 传动中活齿的齿廓和激波器都选用圆形，因此，只要按包络原理设计固齿齿廓曲线，就可实现恒定速比的传动。

图 14-8-3 中，偏心圆盘 1 固定在输入轴上，激波盘 3 用滚动轴承 2 装于偏心圆盘 1 上，组成激波器 J。圆套筒形滚轮 4、滚针轴承 5 和销轴 6 组成活齿。活齿架由活齿盘 8 和传力盘 7 连接而成，活齿销轴 6 的两端支承在活齿架上的径向槽 9 中可沿径向滚动。一组活齿装于活齿架上组成活齿齿轮 H。固齿齿轮 G 固定在壳体上，与激波器 J 和活齿齿轮 H 同心地安装于同一轴线上。固齿齿轮的齿廓做成活齿由偏心圆激波器以 n_j 转速驱动，固齿齿轮按 $n_g = n_j/i$ 转速转动时活齿滚轮的包络曲线制作。

设激波器 J 的转速为 n_j，活齿齿轮 H 的转速为 n_h，固齿齿轮的转速为 n_g。根据相对运动原理，用转化机构法，可求得三构件之间的运动关系

$$i_{jg}^{h} = \frac{n_j - n_h}{n_g - n_h} = \frac{z_g}{z_g - z_h} = \frac{z_g}{a} = \pm z_g$$

式中 z_g——固齿齿轮齿数；

z_h——活齿齿轮齿数；

a——激波器波数，$a = z_g - z_h$，ORT 传动为单波激波器 $a = \pm 1$。

上式表明活齿传动中三个基本构件的运动关系。固定不同的构件，可以得到相应的传动比计算公式。见表 14-8-1。

表 14-8-1　几种不同方式的传动比

传动方式		传动比	主从件转向	应用
活齿架固定（$n_h = 0$）	$\frac{H}{J \to G}$	$i_{jg} = \frac{z_g}{z_g - z_h}$	当 $z_g > z_h$ 时，同向 当 $z_g < z_h$ 时，反向	大减速比传动
	$\frac{H}{G \to J}$	$i_{gj} = \frac{z_g - z_h}{z_g}$	当 $z_g > z_h$ 时，同向 当 $z_g < z_h$ 时，反向	大增速比传动
固齿轮固定（$n_g = 0$）	$\frac{G}{J \to H}$	$i_{jh} = \frac{-z_h}{z_g - z_h}$	当 $z_g > z_h$ 时，反向 当 $z_g < z_h$ 时，同向	大减速比传动
	$\frac{G}{H \to J}$	$i_{hj} = \frac{z_g - z_h}{-z_h}$	当 $z_g > z_h$ 时，反向 当 $z_g < z_h$ 时，同向	大增速比传动
激波器固定（$n_j = 0$）	$\frac{J}{G \to H}$	$i_{gh} = \frac{z_h}{z_g}$	同向	速比甚小的减速或增速传动
	$\frac{J}{H \to G}$	$i_{hg} = \frac{z_g}{z_h}$	同向	速比甚小的减速或增速传动

4.3 基本参数和几何尺寸

ORT 传动有传动比、齿数、固齿分度圆直径、活齿滚轮直径、偏心量等五个基本参数。根据设计要求选定这些参数后，可按照图 14-8-4 计算出 ORT 传动的几何尺寸。

4.3.1 基本参数

（1）传动比

ORT 传动用作减速器时，最基本的传动形式是：固齿齿轮 G 固定，由激波器 J 输入，经活齿齿轮 H 输出。此时，减速器传动比的计算公式为

$$i_{jh}^{g} = \pm z_h$$

式中 “+”——表示同向传动，此时 $z_g < z_h$；

“-”——表示反向传动，此时 $z_g > z_h$。

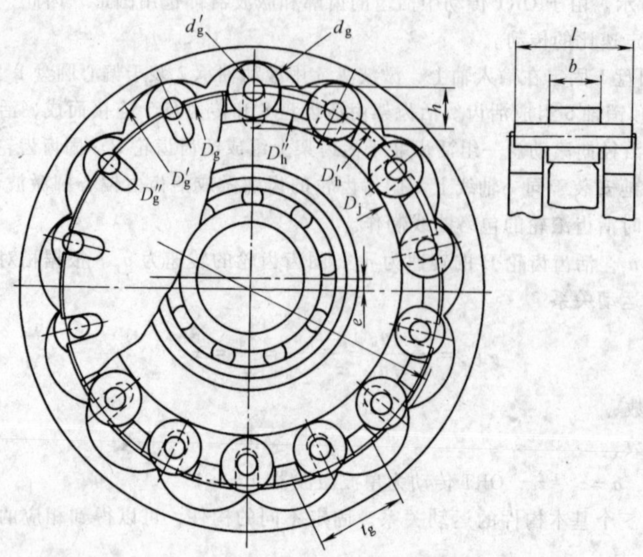

图 14-8-4　ORT 活齿传动的主要参数和几何尺寸

D_g—固齿齿轮分度圆直径；z_g—固齿齿轮齿数；i—传动比

$t_g = D_g \times \sin(180°/z_g)$；$d_g = (0.4 \sim 0.6)t_g$；$d'_g = (0.4 \sim 0.7)t_g$

$e = (0.15 \sim 0.24)d_g$；$R_j = D_g/2 - d_g/2 - e$；$D_j = 2R_j$；$D'_g = D_g + d_g$

$D''_g = D'_g - 4e$；$D'_h = D''_g - (0.4 \sim 2)$；$D''_h = 2(R_j + e + 0.2 \sim 0.5)$

$b = (1 \sim 1.5)d_g$；$l = 2b$；$h = d_g/2 + d'_g/2$

考虑到有利于减少 ORT 活齿减速器中的损耗和便于结构设计，一般按同向传动设计。

传动比是设计时给定的参数。ORT 减速器的传动比在下列范围选取：

单级传动，取 $i = 6 \sim 45$；

双级传动，取 $i = 36 \sim 1600$。

（2）齿数

由传动比计算公式可知：

活齿齿数 $z_h = i$

固齿齿数 $z_g = i \pm 1$

同向传动时，取负号，$z_g = z_h - 1$

反向传动时，取正号，$z_g = z_h + 1$

（3）固齿齿轮分度圆 D_g

固齿齿轮分度圆 D_g 是决定减速器结构尺寸大小和承载能力的基本参数，其值由强度计算和结构设计确定。初步设计时，可参照现有的相近类型的减速器选定，最后由强度计算确定。另外，固齿齿轮分度圆 D_g 的选定，还要考虑标准化和系列化设计的要求。同时，还要考虑加工条件的限制。固齿齿轮分度圆 D_g 选定后，可根据固齿齿数 z_g 计算出固齿弦齿距 t_g，此参数用作选定某些参数时的依据。

固齿弦齿距由以下公式计算

$$t_g = D_g \sin\frac{180°}{z_g}$$

（4）活齿滚轮 d_g 和销轴直径 d'_g

活齿滚轮直径 d_g 是根据活齿与固齿的共轭特性和结构的可行性来选定的。一般取

$$d_g = (0.4 \sim 0.6)t_g$$

第14篇

活齿滚轮直径太大时，易发生齿尖干涉，减少共轭齿数；太小则不利于强度和结构安排。设计时，通过齿廓曲线计算和齿廓的静态模拟图来判断和选定。

一般情况下，活齿滚轮直接用销轴支承，销轴直径 d'_g 取

$$d'_g=(0.4\sim0.7)d_g$$

当要求传动效率高而活齿滚轮直径又许可时，活齿滚轮和销轴之间可以用滑动轴承套、滚针轴承或其他滚动轴承支承；当滚轮直径很小时，也可以不用活齿滚轮而直接用销轴作为活齿与固齿啮合而传动。一般销轴应尽量选用标准滚针或滚柱。

(5) 偏心距 e

偏心距 e 的大小直接影响啮入深度、压力角和受力特性。同时，偏心距 e 还是影响齿廓曲线和啮合特性的重要参数。设计时，也要通过齿廓曲线计算和齿廓的静态模拟来判断和选定。

初步选定，然后按正确啮合条件进行修正计算。

初选时，可取 $$e=(0.15\sim0.24)d_g$$

4.3.2 几何尺寸

基本参数选定后，可按图 14-8-5 计算 ORT 活齿传动各部的几何尺寸。

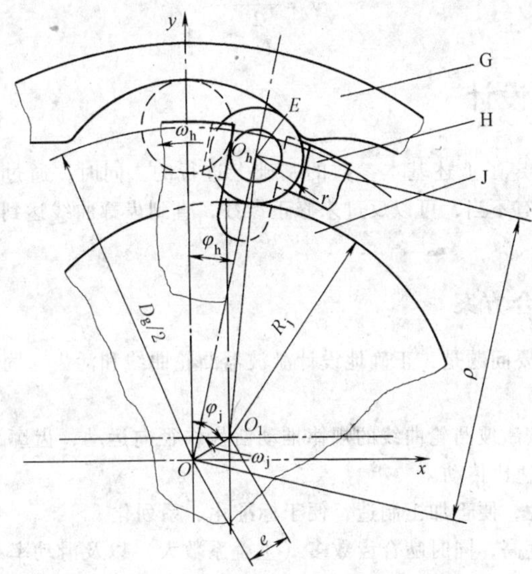

图 14-8-5 ORT 传动固齿齿廓曲线计算

(1) 激波器

激波器的主要尺寸是激波盘的外径 D_j

$$D_j=2\times\left(\frac{D_g}{2}-\frac{d_g}{2}-e\right)$$

激波盘的内径由偏心轮上所选滚动轴承的外径而定。当激波盘的外径 D_j 较小而偏心轮上所选滚动轴承的外径较大时，可用该滚动轴承的外环直接作为激波盘。为了适应滚动轴承外径的标准尺寸，设计时可根据所选轴承的外径来调整参数 D_g、d_g 和 e，使其满足上述公式的要求。

(2) 固齿齿轮

当基本参数选定后，固齿齿轮的尺寸如下：

固齿齿轮齿根圆直径

$$D'_g=D_g+d_g$$

固齿齿轮齿顶圆直径

$$D''_g=D'_g-4e$$

(3) 活齿齿轮

活齿齿轮是由一组活齿滚轮装在活齿架中组成，活齿滚轮的径向尺寸在参数选择时已经确定，此处只要确定

活齿滚轮的轴向尺寸和活齿架的基本尺寸。

活齿滚轮的宽度

$$b=(0.6\sim1.2)d_g$$

活齿销轴长度

$$l=(1.8\sim2.2)b$$

活齿架外径

$$D'_h=D''_g-2\Delta_1$$

式中，外径间隙　$\Delta_1=0.2\sim1$，随机型增大而取较大值。活齿架内径

$$D''_h=2\times\left(\frac{D_j}{2}+e\right)+2\Delta_2$$

式中，内径间隙　$\Delta_2=0.2\sim0.5$，随机型增大而取较大值。

销轴槽深度

$$h=\frac{d_g}{2}+\frac{d'_g}{2}$$

销轴槽轴向宽度，即活齿盘和传力盘在该处的厚度

$$b'=\frac{l-b}{2}$$

4.4　ORT 传动的齿廓设计

ORT 传动的齿廓设计是在选定了上述基本参数的基础上进行的。同时，通过齿廓曲线的计算和图形绘制，也可验证参数选择是否合理。如有不当，可以反过来修正参数，直到齿廓曲线达到较为理想的状态。因此，参数选择和齿廓设计是交错进行的。

4.4.1　齿廓设计原则和啮合方案

上述径向活齿传动的一个重要问题是，正确地设计激波器凸轮曲线和活齿、固齿的齿廓曲线。设计这些曲线时应遵循以下原则。

1）作等速运动的激波器，按激波凸轮曲线的规律推动活齿作径向运动，齿廓设计必须保证按此规律运动的活齿能恒速地驱动固齿，实现恒速比传动。

2）齿廓必须有良好的工艺性，便于加工制造，便于标准化、系列化。

3）必须保证共轭齿廓的强度高，同时啮合齿数多（重叠系数大）以及滑动率小等。

研究表明，不同的激波规律所要求的齿廓也不相同。实际上，凸轮与活齿、活齿和固齿是两对高副，是四条曲线的关系，其相互啮合都应按共轭原理，用包络法求出共轭曲线。为了便于设计和简化结构，可以先将其中三条曲线选定为便于制造的简单曲线，然后用包络法设计第四条曲线。

解决这一问题可以采用以下的不同方案。

1）先将激波器和活齿齿底设定为某种简单曲线，使活齿被激波器驱动的规律为已知条件，再设定固齿齿廓为某种简单曲线（直线或圆弧），并绕固齿齿轮中心以 $n_g=n_j/i$ 等速转动，活齿齿头齿廓做成活齿与固齿相对运动时固齿齿廓的包络曲线。

2）先将激波器和活齿齿底设定为某种简单曲线，使活齿被激波器驱动的规律为已知条件，再设定活齿齿头齿廓为某种简单曲线（直线或圆弧），并绕固齿齿轮中心以 $n_h=n_j/i$ 等速转动，固齿齿廓做成活齿与固齿相对运动时活齿齿廓的包络曲线。

3）活齿齿头和固齿齿廓均选用简单曲线并按设定的速比关系相对运动，再设定活齿齿底为直线或圆弧而激波器的轮廓设计成两齿廓等速共轭运动所需的曲线。

4）活齿齿头和固齿齿廓均选用简单曲线并按设定的速比关系相对运动，再设定激波器的轮廓为圆弧而活齿齿底设计成两齿廓等速共轭运动所需的曲线。这一方案常因活齿齿底太小而无法实现。

前两种简称为“正包络”方案。目前，国内外类似的活齿传动多采用正包络方案（2）。如德国的偏心圆传动，中国的滚道减速器和活齿针轮减速器等均属于此类。

后两种简称为“反包络”方案，或包络的逆解法。这种方案在原理上是可以实现的，但在实际结构中，凸轮与活齿之间不易于实现滚动摩擦。故不宜用于大功率、高效率的传动。

在两种正包络方案中，为了使激波凸轮便于制造和减少滑动，较为理想的结构是，在偏心圆外面套一滚动轴承，组成具有滚动摩擦的偏心圆激波器。因此，在活齿齿廓和固齿齿廓之间，只要选定其中之一，另一就可用包络法求得。现有的多种活齿传动，都是按这种方案设计的。

4.4.2 ORT 传动的齿廓曲线

ORT 传动的齿廓是采用正包络方案设计的。它是用带销轴的圆柱形滚轮作为活齿，活齿的齿头和齿底就是同一圆弧；用圆盘通过滚动轴承套在偏心圆上作为激波器；固齿齿廓做成活齿滚轮按激波器驱动，固齿齿轮以 $n_h = n_j / i$ 等速转动时，活齿齿廓的包络曲线。当选定了 ORT 传动的基本参数后，可以用图 14-8-5 求得固齿齿廓曲线各点所在的坐标值。

（1）活齿滚轮中心 O_h 点的轨迹方程$\begin{pmatrix} x_{Oh} \\ y_{Oh} \end{pmatrix}$

$$x_{Oh} = \rho \sin\varphi_h$$
$$y_{Oh} = \rho \cos\varphi_h$$

上式中 ρ 为活齿滚轮的向径。

$$\rho = e\cos(\varphi_j - \varphi_h) + \sqrt{(R_j + r)^2 - e^2 \sin^2(\varphi_j - \varphi_h)}$$

（2）活齿滚轮中心 O_h 点轨迹的单位外法矢量

$$\boldsymbol{n}_O = \begin{pmatrix} \boldsymbol{n}_{Ox} \\ \boldsymbol{n}_{Oy} \end{pmatrix} \qquad n_{Ox} = \frac{-B}{C}$$

$$n_{Oy} = \frac{A}{C}$$

式中

$$A = F\sin\varphi_h + \rho\cos\varphi_h$$
$$B = F\cos\varphi_h - \rho\sin\varphi_h$$
$$C = \sqrt{A^2 + B^2}$$

$$F = \frac{d\rho}{d\varphi_h} = -(1-i)\ e\sin(\varphi_j - \varphi_h) - \frac{(i-1)\ e^2 \sin(\varphi_j - \varphi_h)\cos(\varphi_j - \varphi_h)}{\sqrt{(R_j + r)^2 - e^2 \sin^2(\varphi_j - \varphi_h)}}$$

（3）固齿轮齿廓矢量方程（$\boldsymbol{\rho}_E$）

分别计算出上述各项后，可算出单位外法矢量分量$\boldsymbol{n}_{Ox}$、$\boldsymbol{n}_{Oy}$的数值，然后由下式求得固齿轮齿廓矢径矢量值

$$\boldsymbol{\rho}_E = \begin{pmatrix} \boldsymbol{x}_E \\ \boldsymbol{y}_E \end{pmatrix} = \begin{pmatrix} \boldsymbol{x}_{Oh} + \boldsymbol{n}_{Ox} r \\ \boldsymbol{y}_{Oh} + \boldsymbol{n}_{Oy} r \end{pmatrix}$$

当选定 ORT 传动的基本参数后，将上述公式的 φ_h 用 $\varphi_h = \varphi_j / i$ 代入，再以 φ_j 为变数，并选取适当步长，通过计算机，可以以足够的精度求得固齿齿廓曲线的坐标值。

4.5 ORT 传动的典型结构

图 14-8-6 为 ORT 传动设计成通用活齿减速器的典型结构。为了使内部受力均衡而使传动平稳和增大可传动的功率，该减速器设计成双排活齿传动对称布置的结构。两排激波器相错 180°，两排活齿齿轮对齐而两排固齿齿轮相错半个齿距。这样安排可以使偏心引起的惯性力得以平衡，但两排不在同一平面而产生的惯性力偶矩仍然不能消除。好在 ORT 传动与摆线针轮等少齿差传动一样，一般均用在转速不太高的场合。实际试验和应用证实，ORT 传动产品运转的平稳性完全可以满足使用要求。

图 14-8-6 所示的典型结构，激波器 J 由输入轴 1、偏心轮 3、滚动轴承 4 和激波盘 5 所组成。活齿由圆筒形滚轮 7 和销轴 6 组成。两排活齿架由左右传力盘 10、2 和活齿盘 8 三件用一组螺钉 12 连接成一个整体的双排活齿架。活齿以销轴的两端支承在活齿架的销轴槽中，形成双排活齿齿轮 H。然后，整个活齿齿轮与输出轴 14 用

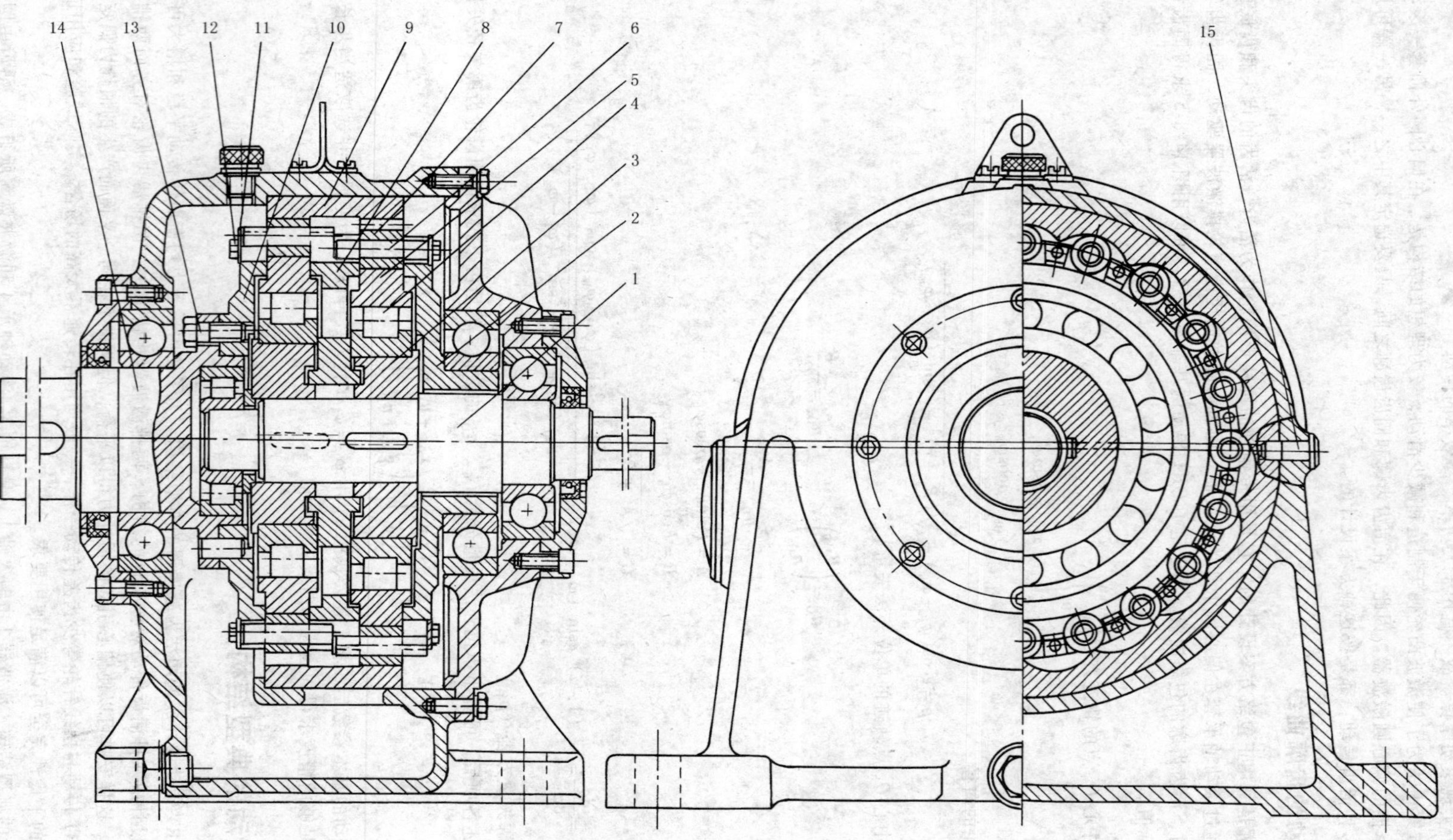

图 14-8-6　通用 ORT 活齿减速器的典型结构

1—输入轴；2,10—右、左传力盘；3—偏心轮；4—滚动轴承；5—激波盘；6—销轴；7—圆筒形滚轮（6 和 7 组成活齿）；
8—活齿盘；9—固齿齿轮；11—垫圈；12,13—螺钉；14—输出轴；15—销钉

螺钉 13 或其他方式连接，并用滚动轴承支承在壳体上，成为减速器的输出转子。固齿齿轮 G 对应于活齿齿轮 H，做有两排固齿，两排固齿相错半个齿距，整个固齿齿轮 9 用销钉 15 固定在壳体上。由此，激波器 J、活齿齿轮 H 和固齿齿轮 G 三个部件同轴安装于壳体中，然后，在壳体上装上必要的附件，如油面指示器、透气塞、油堵螺丝、吊环等，这样就组成了通用 ORT 减速器。

如果将壳体做成立式的结构，就成为立式 ORT 减速器。

将两级或多级活齿传动串联成多级传动，可以得到大传动比的两级或多级活齿减速器。

4.6 ORT 传动的主要特点

（1）多齿啮合，承载能力大

突破一般刚性啮合传动大多仅少数 1～2 对齿啮合的限制，用活齿可径向伸缩的特性，避免轮齿间的相互干涉，实现了多齿啮合。同时啮合的齿数理论上可以达到 50%。因此，ORT 传动具有很高的承载能力和抗冲击过载的能力。体积和传动比相同时，比齿轮传动的承载能力大 6 倍，比蜗杆传动的承载能力大 5 倍。

（2）滚动接触，传动效率高

基本上能实现全部相互传力的零件之间，均为滚动接触，减少摩擦损耗，使得传动效率高。在常用的传动比范围（$i=6\sim40$）内，效率均在 90% 以上，通常可达 92%～96%。

传动比 $i=20$，功率 $P=7\text{kW}$ 的 ORT 减速器的实测效率如下：

跑合后，效率 $\eta=0.93$；

经 500h 寿命考核后，效率 $\eta=0.96$。

（3）传动比大，结构紧凑

因为 ORT 减速器的传动比 $i=z_h$，所以单级传动即可获得大传动比，一般可达 6～40。这和一般少齿差齿轮传动、摆线针轮传动一样，比普通齿轮传动、行星齿轮传动的传动比大得多。由此，与同功率、同传动比的齿轮减速器相比，体积将缩小 2/3，比蜗杆减速器缩小 1/2。

（4）结构简单，不需要输出机构

一般少齿差行星传动和摆线针轮传动，都必须有等速输出机构。该输出机构不仅结构复杂，而且影响传动性能。使传动效率、承载能力、输出刚度和精度降低。实践证实，这个输出机构还是摆线减速器故障率很高的部件。ORT 减速器中，活齿滚轮与固齿啮合而产生的减速运动是通过活齿架直接输出的，省去了摆线减速器必不可少的输出机构，不仅简化了结构，降低成本，还改善了传动性能。

（5）输出刚度大，回差小

由于多齿同时啮合，受载情况类似花键，又由于没有输出机构，转矩由活齿架直接输出，所以有高的扭转刚度和小的回差。这对于要求精确定位的设备，如机器人、工作转台等，具有重要意义。试验证实，精度等级相同时，ORT 减速器的回差，仅为摆线减速器回差的 1/5～1/10。

（6）传动平稳，转矩波动小

由于多齿同时啮合，又没有输出机构，而且每个齿的啮合是按等速共轭原理设计和制造的。在这种情况下，传动的平稳性和转矩波动主要决定于加工精度。而多齿啮合制造误差的影响为单齿啮合的 1/3～1/5。因此，在精度等级相同时，ORT 减速器传动平稳，转矩波动小。

4.7 ORT 传动的强度估算

活齿传动的重要特点是多齿啮合，正是这个特点使得活齿传动的承载能力大。但是，这个特点也使得活齿传动的受力分析和强度计算问题变得十分复杂，目前还没有较为成熟的计算方法。

本节介绍一种简要可行的强度估算方法。经样机性能测试和寿命考核证实，这一简要强度估算方法，目前还是可行的。更为准确和完善的强度计算方法，还有待进一步研究和发展。

4.7.1 ORT 传动的工作载荷

设计一个传动装置时，首先要知道该装置所承担的：

工作转矩 T_2（N · cm）；

工作转速 n_2（r/min）。

由此可得出传动装置所传递的（载荷）功率 P_2（kW）

$$P_2 = \frac{T_2 n_2}{955000}$$

然后根据此载荷功率计算所需的原动机（如电动机）功率 P_1（kW）

$$P_1 = \frac{N_2}{\eta}$$

式中的 η 为传动装置的总效率。在按功率 P_1 选取原动机时，同时选定原动机的驱动转速 n_1（m/min）。由此可确定为传动装置的传动比 i

$$i = \frac{n_1}{n_2}$$

在选定原动机和确定传动比 i 后，可算出传动装置的输入轴的转矩 T_1（N·cm）。

4.7.2 激波器轴承的受力和寿命估算

（1）激波器轴承的受力

$$T_1 = \frac{T_2}{i\eta}$$

激波器是活齿传动的主动部分，其动力是由偏心轮通过激波轴承传给激波盘的。其受力情况如图 14-8-7 所示。

激波盘上驱动活齿进行啮合的一侧，受有诸活齿的作用力 F_i。这些作用力的大小随着活齿啮合的位置不同，其大小是不相同的，如图 14-8-7 的虚线所示；力的作用点相对于偏心矩 e 的角向位置也在 $360°/z_h$ 的角度范围内交替变化。但从每一个活齿在激波盘驱动的整个过程的展开图来分析，可以看出：在激波盘进入驱动作用的前 45°范围内，活齿滚轮与固齿的齿顶部分啮合；在激波盘退出作用驱动的后 45°范围内，活齿滚轮与固齿的齿根部分啮合。由于在固齿齿顶和齿根部分留有径向间隙，在这两个 45°范围内，啮合基本上是无效的。因此可以认为不发生作用力。

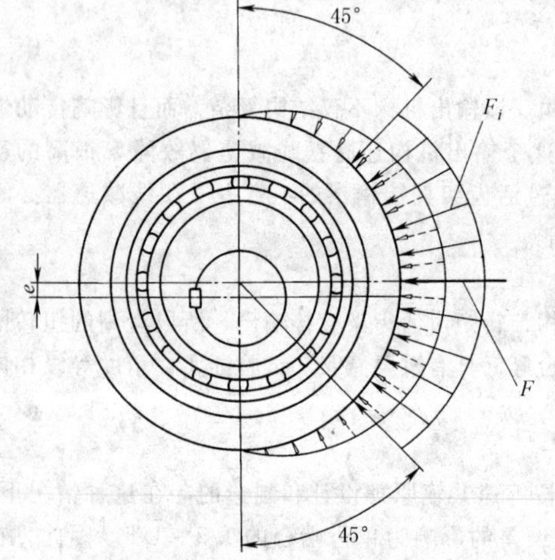

图 14-8-7 激波轴承的受力分析

在激波盘驱动部分的 90°前后 45°范围内，是活齿滚轮与固齿啮合的主要作用阶段。在这个范围内，活齿滚轮与固齿基本上在近似直线的齿腹部分啮合，作用力 F_i 的大小是相近的；其分布对于 90°点也是对称的，如图 14-8-7 的实线所示。因此，可以用一个作用于 90°点的集中力 F 来取代。

由此可求得单排激波器轴承所受之力 F（N）为

$$F = \frac{T_1}{2e}$$

式中 T_1——输入轴的转矩，N·cm；

e——偏心矩，cm。

（2）激波轴承的类型选择

激波轴承的功用是将偏心轮的径向驱动力传给激波盘，从而驱动诸活齿。工作时，激波轴承只承受径向载荷，不承受轴向载荷。因此，一般均选用主要用于承受径向载荷的轴承。

最常用的是深沟球轴承。当激波盘尺寸不大时，可以不用激波盘，以激波轴承的外圈直接驱动活齿。

当传递的载荷较大时，可选用单列短圆柱滚子轴承。同样，当激波盘尺寸不大时，也可以不用激波盘，以激波轴承的外圈直接驱动活齿。如果激波器径向尺寸不够时，还可选用无外圈圆柱滚子轴承，直接装在激波盘内。图 14-8-6 所示的 ORT 减速器的典型结构图中的激波器就采用了这种结构。采用这种结构时，激波盘的材料和内孔的尺寸精度要求，均应按轴承的要求来设计。

对于大型的低速重载活齿减速器，有时要选用双列的调心滚子轴承才能满足寿命要求。此时，激波轴承的选择往往决定于所选激波轴承的极限转速。

（3）激波轴承的寿命估算

当选定激波轴承的类型和计算出该轴承所受的力 F（N）后，可直接应用滚动轴承寿命计算的基本公式，估算激波轴承的寿命。

轴承的寿命 L_h（h）的计算公式

$$L_h = \frac{10^6}{60n}\left(\frac{C}{F}\right)^{\varepsilon}$$

式中 L_h——激波轴承的额定寿命，h；

n——激波轴承的工作转速，r/min；

ε——滚动轴承寿命指数，球轴承 $\varepsilon=3$，滚子轴承 $\varepsilon=10/3$；

C——滚动轴承的额定动载荷，N，可由手册查出；

F——激波轴承的当量动载荷。由于激波轴承只受径向载荷，故此处即激波轴承的工作载荷，N。

减速器的使用要求不同，对激波轴承所要求的额定寿命 L_h 可根据实际情况决定。

以下数据可供设计时作为参考：

间断使用的减速器 $L_h=4000\sim14000$h；

一般减速器 $L_h=12000\sim20000$h；

重要的减速器 $L_h\geqslant50000$h。

4.7.3 ORT 传动啮合件的受力和强度估算

（1）ORT 传动啮合件的受力分析

活齿传动在工作时，每一个瞬时有多个齿同时啮合，而且每一个活齿的啮合点位置也是不同的；不同的啮合位置，活齿滚轮和固齿间的压力角也是变化的。因此啮合件间的受力情况十分复杂，不便于工程计算。考虑以下实际情况而进行简化，可以在实用可行的范围内，得出啮合件的计算载荷。

1）假设活齿传动在有效啮合范围内，载荷是均匀分布的。前面分析激波盘受力情况时已提到：由于在固齿齿顶和齿根部分留有径向间隙，在这两个45°范围内，啮合基本上是无效的。因此可以认为不发生作用力。在激波盘驱动部分的90°前后45°范围内，是活齿滚轮与固齿啮合的主要作用阶段。在这个范围内，活齿滚轮与固齿基本上在近似直线的齿腹部分啮合，作用力的大小是相近的。

2）假设以分度圆半径 $D_g/2$，作为诸活齿滚轮与固齿啮合的平均半径。

活齿传动的偏心距 e 相对于活齿传动的分度圆半径 $D_g/2$ 是比较小的，一般要小一个数量级。而活齿滚轮与固齿的有效啮合点沿径向的变化量仅在一个 e 的范围内。因此，为了简化计算，以分度圆半径 $D_g/2$ 作为诸活齿滚轮与固齿啮合的平均半径，在工程上是可行的。

由此可求出活齿滚轮与固齿齿廓在啮合点的受力，单排活齿的总切向力 F_T（N）：

$$F_T = T_2/D_g$$

取有效啮合的活齿为理论啮合齿数的一半，由此得出单个活齿滚轮驱动活齿架转动的切向力 F_t（N）：

$$F_t = 2F_T/z_h$$

前已述及，活齿滚轮与固齿基本上在固齿齿廓的近似直线的齿腹部分啮合。如果按前述参数选择的方法合理地选定参数，固齿齿廓近似直线部分的压力角 α，一般在50°～55°左右，则准确的数值可以从齿廓曲线计算数值中取得。由此，如图14-8-8所示，可计算出：

活齿滚轮垂直作用于固齿齿廓的法向力 F_n（N）

$$F_n = F_t/\cos\alpha$$

活齿滚轮作用于激波盘的径向力 F_r（N）

$$F_r = F_t\times\tan\alpha$$

（2）ORT 传动啮合件的强度计算

活齿是由活齿滚轮和销轴组成。在传动时，围绕着活齿有A、B、C三个高副和一个低副D在同时接触传力。如图14-8-8所示。其中，A、B、C三个高副，可用赫兹（Hertz）公式进行接触强度计算。低副D可按滑动轴承进行表面承压强度计算。由于活齿传动的齿高很小而齿根非常肥厚，完全不必进行弯曲强度计算。

1）A副——活齿滚轮和固齿齿廓的接触强度计算

活齿滚轮和固齿齿廓在啮合的过程中，接触的情况是变化的。通常，在齿顶时活齿滚轮与凸弧曲面接触；在齿根时与凹弧曲面接触；在齿腹部分与一近似平面接触。根据大量实际设计的齿廓啮合情况来看：在整个啮合过程中，啮合点主要集中在齿顶偏上的齿腹部分，而在齿顶和齿根部分较少。另外，齿廓设计时，在齿顶和齿根部分有意留有进行间隙。因此，对于 A 副，可取活齿滚轮与固齿齿腹处接触传力作为计算点，此时的接触状态相当于圆柱与平面的接触。

由此，可用圆柱与平面相接触的应力计算公式，验算其接触强度 σ_k（N/mm²）

$$\sigma_k = 0.418\sqrt{\frac{F_n \times E}{b \times r}} \leqslant \sigma_{kp}$$

式中 E——相接触的两件的材料的弹性系数，相接触的两件均为钢件，$E = 206 \times 10^{-3}\text{N/mm}^2$；

b——活齿滚轮的宽度，mm；

r——活齿滚轮的半径，mm，$r = d_g/2$；

σ_{kp}——许用接触应力，N/mm²，$\sigma_{kp} = \sigma_{0k}/S_k$；

σ_{0k}——材料的接触疲劳强度极限，N/mm²，σ_{0k}的数值与材料及其热处理状态有关，可从表 14-8-2 选用；

S_k——安全系数。一般，$S_k = 1.1 \sim 1.3$，随轮齿表面硬度的增高和使用场合的重要性要求而取较高数值。

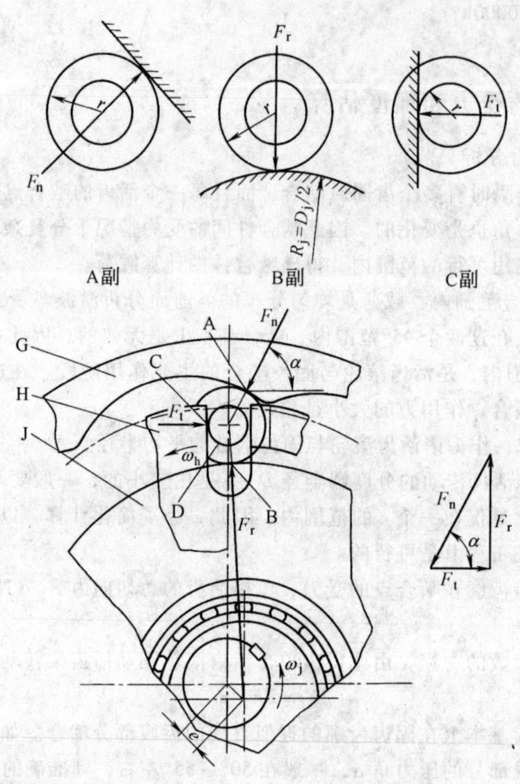

图 14-8-8 活齿传动啮合点的受力情况

表 14-8-2 **材料接触疲劳强度极限 σ_{0k}**

材料种类	热处理方法	齿面硬度	σ_{0k}/N · mm⁻²
碳素钢和合金钢	正火、调质	HB≤350	2HB + 70
	整体淬火	35 ~ 38HRC	18HRC + 150
	表面淬火	40 ~ 50HRC	17HRC + 200
合金钢	渗碳淬火	56 ~ 65HRC	23HRC
	氮化	550 ~ 750HV	1050

2）B 副——活齿滚轮和激波盘的接触强度计算

在传动的过程中，活齿滚轮和激波盘之间是以径向力 F_r 相互作用的，其接触状态是典型的圆柱体与圆柱体相接触。

由此，可用圆柱与圆柱相接触的应力计算公式，验算其接触强度 σ_k（N/mm^2）

$$\sigma_k = 0.418\sqrt{\left(\frac{F_r \times E}{b}\right)\left[\frac{2(d_g + D_j)}{D_j d_g}\right]} \leqslant \sigma_{kp}$$

式中　D_j——激波盘直径，mm；

d_g——活齿滚轮直径，mm；

其余同上。

3）C 副——活齿销轴和活齿架的接触强度计算

在传动的过程中，活齿销轴和活齿架的销轴槽之间是以切向力 F_t 相互作用的，其接触状态是典型的圆柱体与平面相接触。由此，可用圆柱与平面相接触的应力计算公式，验算其接触强度 σ_k（N/mm^2）：

$$\sigma_k = 0.418\sqrt{\frac{F_t E}{b' r'}} \leqslant \sigma_{kp}$$

式中　b'——销轴和销轴槽的接触线长度，mm；

r'——销轴半径，mm，$r' = d'_g/2$；

其余同上。

4）D 副——活齿滚轮和活齿销轴的承压强度计算

活齿滚轮是通过销轴将切向力 F_t 传给活齿架的。活齿滚轮在激波盘的驱动下与固齿啮合而滚动；销轴随之在销轴槽上滚动。两者的转动方向和转速是不相同的。因此，活齿滚轮与销轴之间是在切向力 F_t 的作用下作相对转动，其状况与滑动轴承相同。但是它们之间的相对转动是低速的、断续的，只要控制接触表面的承压，使其间的油膜不破坏，就能维持其运转寿命。

由此，可用圆柱滑动轴承的承压能力计算公式，验算其接触表面的承压强度 p（N/mm^2）：

$$p = \frac{F_t}{b \times d'_g} \leqslant p_p$$

式中　b——活齿滚轮的宽度，mm；

d'_g——销轴直径，mm；

p_p——许用压强，N/mm^2，对于钢件对钢件，可取

$$p_p \leqslant (100 \sim 170)\,N/mm^2$$

对于某些大型 ORT 传动，活齿滚轮与销轴之间可以用复合轴承套、滚针轴承或其他滚动轴承。此时，可按相应的轴承计算方法进行强度验算。

第9章 点线啮合圆柱齿轮传动

齿轮啮合从性质来分，一般分为两大类，一类为线啮合齿轮传动，如渐开线齿轮、摆线齿轮，它们啮合时的接触线是一条直线或曲线（图 14-9-1a）。渐开线齿轮由于制造简单且有可分性等特点，因而在工业上普遍应用，在齿轮中占有主导地位。但是渐开线齿轮传动大部分的应用为凸齿廓与凸齿廓相啮合，接触应力大，承载能力较低。在 20 世纪 50 年代从前苏联引进了圆弧齿轮传动技术，圆弧齿轮是一对凹凸齿廓的啮合传动，它是点啮合齿轮传动，它们啮合时的接触线是一个点，受载变形后为一个面接触（图 14-9-1b），接触应力小，承载能力大。但制造比较麻烦，需要专用滚刀，而当中心距有误差时，承载能力下降。

点线啮合齿轮传动的小齿轮是一个变位的渐开线短齿齿轮（斜齿），大齿轮的上齿部为渐开线的凸齿齿廓，下齿部为过渡曲线的凹齿齿廓（斜齿）。因此，在啮合传动时既有接触线为直线的线啮合，又同时存在凹凸齿廓接触的点啮合，在受载变形后就形成一个面接触。故称为点线啮合齿轮传动，如图 14-9-1c 所示。

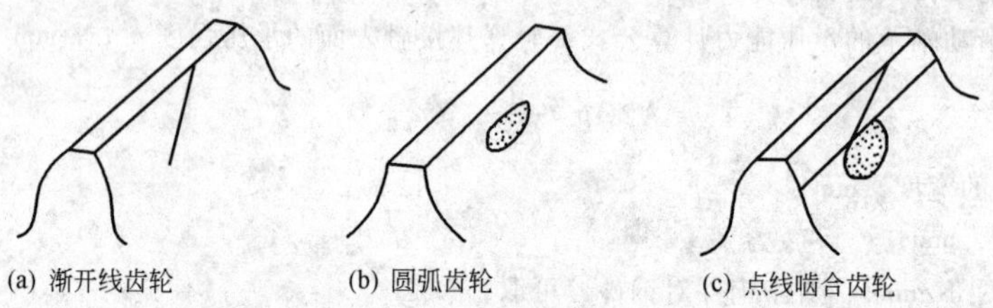

图 14-9-1 三种齿轮的接触状态

1 点线啮合齿轮传动的类型、特点、啮合特性及应用

1.1 点线啮合齿轮传动的类型

点线啮合齿轮传动可以制成三种形式。

1）单点线啮合齿轮传动。小齿轮为一个变位的渐开线短齿，大齿轮的上部为渐开线凸齿廓，下齿部为过渡曲线的凹齿廓，大小齿轮（斜齿或直齿）组成单点线啮合齿轮传动，如图 14-9-2 所示。

2）双点线啮合齿轮传动。大小齿轮齿高的一半为渐开线凸齿廓，另一半为过渡曲线的凹齿廓，大小齿轮啮合时形成双点啮合与线啮合，因此称双点线啮合齿轮（直齿或斜齿）传动，如图 14-9-3 所示。

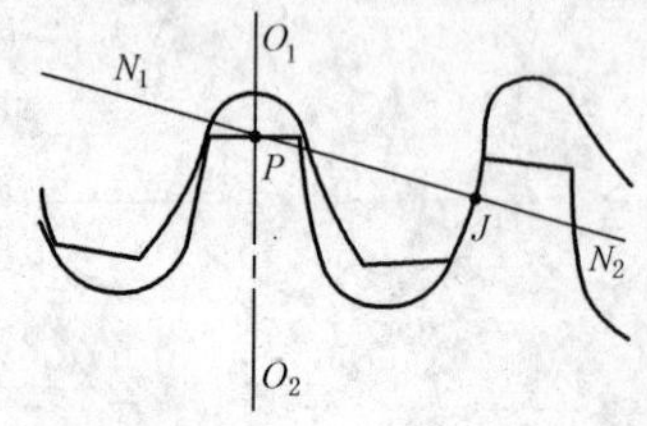

图 14-9-2 单点线啮合齿轮传动

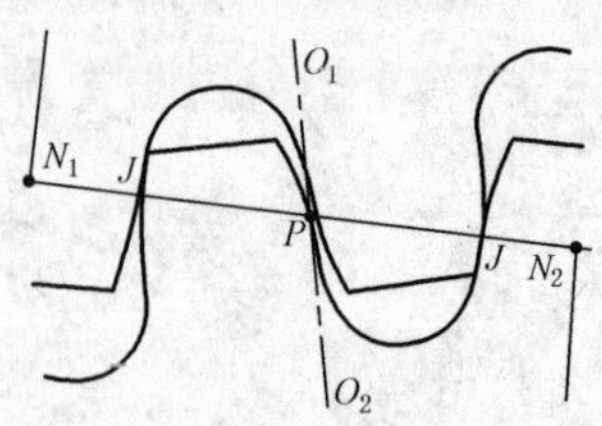

图 14-9-3 双点线啮合齿轮传动

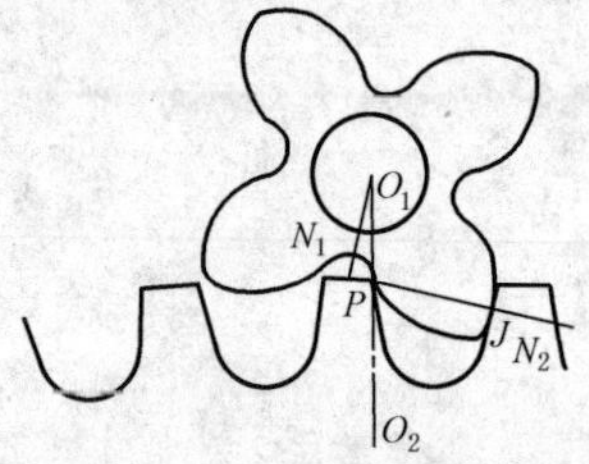

图 14-9-4 少齿数点线啮合齿轮传动

3）少齿数点线啮合齿轮传动。这种传动的小齿轮最少齿数可以达 2～3 齿，因而其传动比可以很大，如图 14-9-4 所示。

1.2 点线啮合齿轮传动的特点

1）制造简单。点线啮合齿轮可以用滚切渐开线齿轮的滚刀与渐开线齿轮一样在滚齿机上滚切而成。还可以在磨削渐开线齿轮的磨齿机上，磨削点线啮合齿轮。因此一般能加工渐开线齿轮的工厂均能制造点线啮合齿轮。不像圆弧齿轮需要专用滚刀，它的测量工具与渐开线齿轮相同。

2）具有可分性。点线啮合齿轮传动与渐开线齿轮传动一样，具有可分性，因此中心距的制造误差不会影响瞬时传动比和接触线的位置。

3）跑合性能好、磨损小。点线啮合齿轮采用了特殊的螺旋角，滚齿以后螺旋线误差基本上为零，当两齿轮孔的平行度保证的情况下，齿长方向就能达 100% 的接触。此外，当参数选择合适时，凹凸齿廓的贴合度很高，如图 14-9-2 在 J 点以下，凹凸齿廓全部接触，因此略加跑合就能达到全齿高的接触，形成面接触状态，如图 14-9-2 所示，跑合以后齿面粗糙度下降，磨损减小。

4）齿面间容易建立动压油膜。如图 14-9-2 所示，点线啮合齿轮在没有达到 J 点形成面啮合时，它像滑动轴承那样形成楔形间隙就容易形成油膜。当达到 J 点形成面啮合以后，在转动的过程中这个啮合面向齿长方向移动的速度很大，对建立动压油膜有利，可以提高承载能力，减少齿面磨损，提高传动效率。

5）强度高、寿命长。点线啮合齿轮既有线啮合又有点啮合，在点啮合部分是一个凹凸齿廓接触，它的综合曲率半径比渐开线齿轮的综合曲率半径大，因此，接触强度高，经过承载能试验，点线啮合齿轮传动的接触强度比渐开线齿轮传动提高 1～2 倍。点线啮合齿轮的小齿轮与大齿轮的齿高均比渐开线齿轮短。而且从接触迹分析可以知道渐开线齿轮的弯曲应力有两个波峰，而点线啮合齿轮弯曲应力基本上只有一个波峰，其峰值也比渐开线齿轮小，在相同参数条件下，渐开线齿轮不仅受载大，而且循环次数相当于点线啮合齿轮的 2 倍。因此点线啮合齿轮的弯曲应力比渐开线齿轮要小，根据试验，弯曲强度提高 15% 左右。齿轮的折断方式也不同，渐开线齿轮大部分为齿端倾斜断裂，圆弧齿轮为齿的中部呈月牙状断裂，而点线啮合齿轮则为全齿长断裂。在相同条件下寿命比渐开线齿轮要长。

6）噪声低。齿轮的噪声有啮合噪声与啮入冲击噪声两大部分，对于啮合噪声则与齿轮精度和综合刚度有关系。点线啮合齿轮的综合刚度比渐开线齿轮要低很多。而且点线啮合齿轮的啮合角通常在 10°左右，比渐开线齿轮小很多。在传递同样圆周力下法向力就要小。冲击噪声与一对齿轮刚进入时的冲击力有关。如图 14-9-2 可以看出当第二对齿进入啮合时，第一对齿在 J 部位承受的载荷很大，而刚进入啮合时的一对齿轮承受的载荷就很小，从接触迹分析可以看到一对渐开线齿轮与一对点线啮合齿轮各位置的载荷分配比例也可看出点线啮合齿轮的载荷很小。因此当一对齿轮进入啮合时的啮入冲击就非常小。这两种因素加在一起是造成点线啮合齿轮噪声低的主要原因，根据实验与实践应用表明点线啮合齿轮传动的噪声比渐开线齿轮要低得多，甚至要低 5～10dB（A）。由于受载以后齿面的贴合度增加，因此随着载荷的增加，噪声还要下降 2～3dB（A），这与所有的齿轮传动都不同。

7）点线啮合齿轮小齿轮的齿数可以很少，甚至可以达到 2～3 齿。这是因为点线啮合齿轮的齿高比渐开线齿轮要短，小齿轮不存在齿顶变尖的问题，又可以采用正变位使其不发生根切。因此齿数可以很少。但是通常受滚齿机滚切最小齿数的影响，齿数大于 8 齿。而磨齿时通常受磨齿机的影响，齿数大于 11 齿。在相同中心距下，由于齿数可以减少，因而模数就可以增大，弯曲强度可以提高，另外传动比也可以增大。

8）材料省、切削时间短、滚刀寿命长。点线啮合齿轮的大小齿轮均为短齿，因此切齿深度比渐开线齿轮要浅。点线啮合齿轮的大齿轮其顶圆直径比分度圆直径还要小，因此大齿轮节约材料约 10% 左右。

9）可制成各种硬度的齿轮。点线啮合齿轮可以采用渐开线齿轮所有热处理的方法来提高强度，可以做成软齿面、中硬齿面、硬齿面齿轮，以适应不同场合的应用和不同精度的要求。

1.3 点线啮合齿轮传动的啮合特性

点线啮合齿轮通常是在普通滚齿机上用齿轮滚刀来加工或在磨齿机上用砂轮磨削而成。

（1）齿廓方程式

用齿条形刀具加工时，按照 GB/T 1356—1988 渐开线齿轮基准齿形及参数如图 14-9-5 所示（端面齿形）及

瞬时滚动时 φ 时的位置如图 14-9-6 所示，得到了被加工齿轮齿廓的普遍方程式：

$$\left.\begin{aligned}x&=(r-x_1)\cos\varphi+(r\varphi-y_1)\sin\varphi\\y&=(r-x_1)\sin\varphi-(r\varphi-y_1)\cos\varphi\end{aligned}\right\}$$

φ 为齿条刀具的滚动角，其值为：

$$\varphi=\frac{\overset{\frown}{P_0N}}{r}=\frac{PN}{r}$$

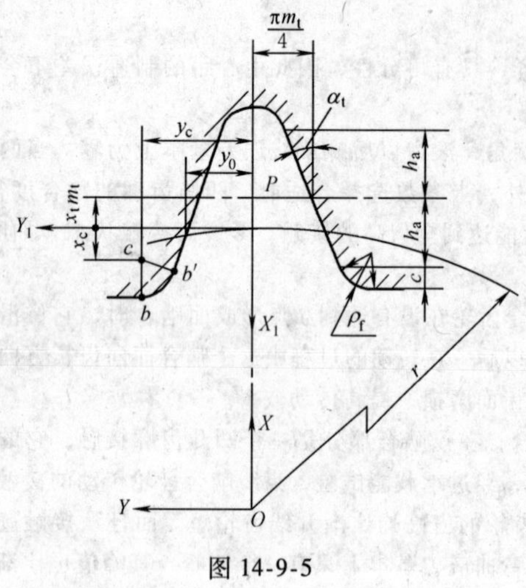

图 14-9-5

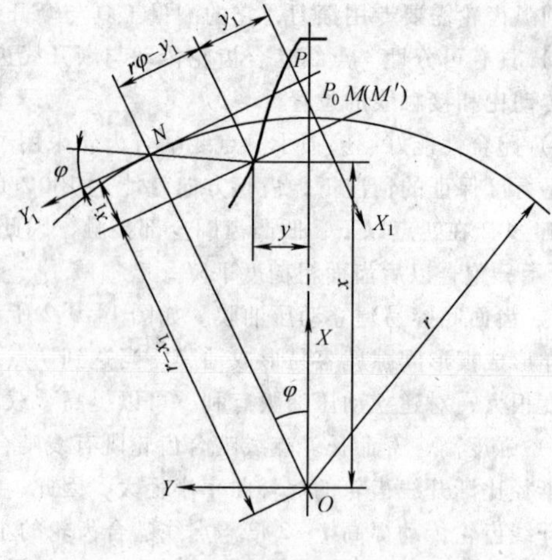

图 14-9-6

若取刀具齿廓上一系列的点（x_1，y_1）及 φ 值，就得到一系列的点（x，y），将这些点连接起来得到齿轮齿廓。

1）点线啮合齿轮中渐开线方程式：

$$\left.\begin{aligned}x&=\left[r-\frac{1}{2}(r\varphi-y_0')\sin2\alpha_t\right]\cos\varphi+(r\varphi-y_0')\cos^2\alpha_t\sin\varphi\\y&=\left[r-\frac{1}{2}(r\varphi-y_0')\sin2\alpha_t\right]\sin\varphi+(r\varphi-y_0')\cos^2\alpha_t\cos\varphi\end{aligned}\right\}$$

式中　$y_0'=\dfrac{m_n}{\cos\beta}(0.78539815+x_n\tan\alpha_n)$；$r=\dfrac{zm_n}{2\cos\beta}$；$\tan\alpha_t=\dfrac{\tan\alpha_n}{\cos\beta}$；

φ——滚动角。

2）点线啮合齿轮过渡曲线方程式

$$\left.\begin{aligned}x&=(r-x_1)\cos\varphi+x_1\tan\gamma\sin\varphi\\y&=(r-x_1)\sin\varphi-x_1\tan\gamma\cos\varphi\end{aligned}\right\}$$

式中　$x_1=x_c'+\cos\beta\sqrt{\left(\dfrac{\rho_f}{\cos\beta}\right)^2-(y_c'-y_1)^2}$；$x_c'=(0.87-x_n)m_n$；

$\tan\gamma=\dfrac{(x_1-x_c')(y_c'-y_1)}{\left(\dfrac{\rho_f}{\cos\beta}\right)^2-(y_c'-y_1)^2}$；$y_c'=1.50645159\dfrac{m_n}{\cos\beta}$

式中符号参见图 14-9-5、图 14-9-6。

（2）啮合特性

一对点线啮合齿轮在啮合时，其啮合过程包括两部分：一部分为两齿轮的渐开线部分相互啮合，形成线接触，在端面有重合度。另一部分为小齿轮的渐开线和大齿轮的渐开线与过渡曲线的交点 J 相互接触，形成点啮合。

1）符合齿廓啮合基本定律。点线啮合齿轮在啮合时其啮合线 N_1N_2 为两基圆的内公切线，如图 14-9-7 所示。传动时，大齿轮与小齿轮开始啮合点为 B_2，终止啮合点为 J（B_1）（大齿轮上渐开线与过渡曲线的交点）。因此

在 B_2 到 J 之间形成线啮合。在终止啮合点 J 处形成点啮合，啮合点沿轴线方向平移。其接触点的公法线均通过节点 P，因此它符合齿廓啮合基本定律。

2）具有连续传动的条件

小齿轮的渐开线齿廓与大齿轮 J 点以上部分渐开线啮合，只要满足：

$$B_2J/p_b>1$$

就具有连续传动的条件。上式中 p_b 是齿轮的基圆齿距。

点线啮合齿轮在通常情况下做成斜齿，也可以做成直齿。

3）能满足正确啮合的条件

斜齿点线啮合齿轮传动同普通渐开线斜齿轮传动相同，只要满足：

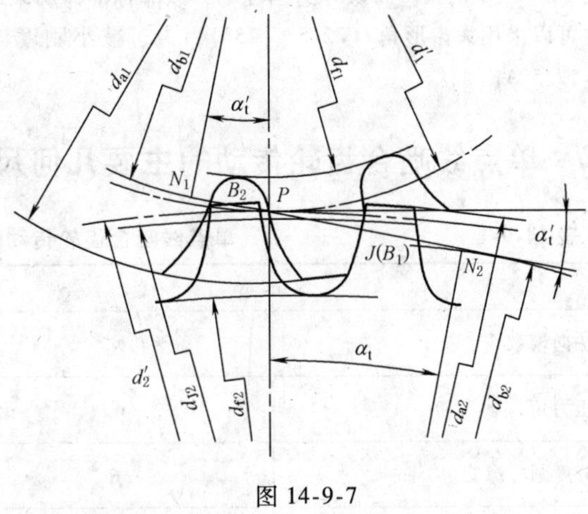

图 14-9-7

$$m_{n1}=m_{n2}=m_n;\ \alpha_{n1}=\alpha_{n2}=\alpha_n;\ \beta_1=-\beta_2$$

就能满足正确啮合的条件。

4）具有变位齿轮的特点

点线啮合齿轮传动同普通渐开线齿轮传动一样，可按无侧隙啮合方程式确定变位系数和：

$$x_\Sigma=\frac{z_1+z_2}{2\tan\alpha_n}(\text{inv}\alpha_t'-\text{inv}\alpha_t)$$

5）接触点处的曲率半径

一对齿轮在到达啮合终点 J 时，为了增加凸凹齿接触处的接触面积和避免干涉，应使小齿轮与大齿轮在啮合点 J 处的曲率半径小于大齿轮在 J 点处的曲率半径：

$$\rho_{J1}\leqslant\rho_{J2}$$

1.4 点线啮合齿轮传动的应用及发展

点线啮合齿轮已经过 20 多年的理论研究、台架试验与工业应用。目前主要应用在国内，部分产品随设备出口，而在国外应用，在国外还没有见到有关点线啮合齿轮的报道。在国内已广泛用于冶金、矿山、起重、运输、化工等行业的减速器中。某柴油机厂在柴油机（如 YC6M 系列柴油机中）的定时齿轮系列采用了点线啮合齿轮以降低噪声，目前已生产了数千台。湖北鄂州重型机械厂生产的三辊卷板机，七辊、十一辊校平机等全部采用点线啮合齿轮传动减速箱（该厂已不生产渐开线齿轮）。目前已开发出 DNK、DQJ、DZQ 三个中硬齿轮系列的减速器和一个硬齿面系列减速器。其中 DQJ 系列减速器已作为部级标准系列，代号为 JB/T 10468—2004，硬齿面系列减速器已获得国家专利，专利号：ZL200520099260.5。减速器已经生产的模数 $m_n=1\sim28$mm，中心距 $a=48\sim1100$mm（单级中心距），功率 $P=0.14\sim1000$kW，现在已有数千台减速器在数百个单位使用。有些减速器已使用 10 年以上，情况良好。目前，国内大部分工厂对点线啮合齿轮还认识不足，没有认识到它的优越性，因此不敢应用这种齿轮传动。随着人们对这种齿轮的逐步认识，特别是解决了硬齿面点线啮合齿轮的磨齿问题，这种齿轮将会得到更广泛的应用和发展。武汉理工大学机械设计教研室已有成套计算机辅助设计（CAD）软件，可供使用者选用。

2 点线啮合齿轮传动的参数和主要几何尺寸计算

2.1 基本齿廓和模数系列

点线啮合齿轮的基本齿廓和模数系列与普通渐开线齿轮完全相同。由于齿轮使用场合及使用要求的不同，可将表 14-9-1 中的某些参数作适当变动，以非标准齿廓来满足某些齿轮的特殊要求，例如：提高弯曲强度和接触强度可以采用大齿形角（22.5°，25°）；为了减小刚度、降低噪声、增大重合度可采用高齿（如取 $h_a^* = 1.2$，$\alpha_n = 17.5°$）。

2.2 单点线啮合齿轮传动的主要几何尺寸计算

表 14-9-1 单点线啮合齿轮传动的主要几何尺寸计算

名　称	代　号	计 算 式
法向模数	m_n	由强度计算或结构设计确定，并取标准值
压力角	α_n	$\alpha_n = 20°$（根据需要可选其他压力角）
分度圆柱螺旋角	β	取 $\beta = 8° \sim 30°$ 具体值可按表 14-9-4 选取
分度圆直径	d	$d = \dfrac{m_n z}{\cos\beta}$
端面压力角	α_t	$\alpha_t = \arctan\left(\dfrac{\tan\alpha_n}{\cos\beta}\right)$
基圆直径	d_b	$d_b = d\cos\alpha_t$
理论中心距	a	$a = \dfrac{m_n(z_1 + z_2)}{2\cos\beta}$
实际中心距	a'	$a' = \dfrac{m_n(z_1 + z_2)\cos\alpha_n}{2\cos\beta\cos\alpha_t'}$
端面啮合角	α_t'	$\alpha_t' = \arccos\left(\dfrac{a\cos\alpha_t}{a'}\right)$
小齿轮顶圆直径	d_{a1}	$d_{a1} \leqslant 2\left[a' - \dfrac{d_2}{2} + (1 - x_{n2})m_n\right]$
大齿轮顶圆直径	d_{a2}	$d_{a2} \leqslant 2\sqrt{\left(\dfrac{d_{b2}}{2}\right)^2 + \left[a'\sin\alpha_t' - \dfrac{m_n}{\sin\alpha_t}(x_{n1} - x_{n1\min})\right]^2}$
总变位系数	$x_{n\Sigma}$	$x_{n\Sigma} = \dfrac{z_1 + z_2}{2\tan\alpha_n}(\mathrm{inv}\alpha_t' - \mathrm{inv}\alpha_t)$
小齿轮变位系数	x_{n1}	$x_{n1} = x_{n\Sigma} - x_{n2}$
小齿轮最小变位系数	$x_{n1\min}$	$x_{n1\min} = 1 - \dfrac{z_1\sin^2\alpha_t}{2\cos\beta}$
齿根圆直径	d_f	$d_f = d - 2(1.25 - x_n)m_n$
全齿高	h	$h = \dfrac{d_a - d_f}{2}$

续表

名　称	代　号	计 算 式
分度圆齿厚	s	$s=\frac{m_n}{\cos\beta}\left(\frac{\pi}{2}+2x_n\tan\alpha_n\right)$
顶圆齿厚	s_a	$s_a=r_a\left[\frac{s}{r}-2(\mathrm{inv}\alpha_a-\mathrm{inv}\alpha_t)\right]$
渐开线与过渡曲线交点 J 处的半径	r_j	$r_j=m_n\sqrt{\frac{Z^2\cos^2\alpha_t}{4\cos\beta}+\frac{(x_n-x_{nmin})^2}{\sin^2\alpha_t}}$
J 点的齿厚	s_j	$s_j=r_j\left[\frac{s}{r}-2(\mathrm{inv}\alpha_j-\mathrm{inv}\alpha_t)\right]$
J 点的压力角	α_j	$\alpha_j=\arctan\frac{2(x_n-x_{nmin})\cos\beta}{Z\sin\alpha_t\cos\alpha_t}$

2.3　单点线啮合齿轮传动主要测量尺寸计算

单点线啮合齿轮应分别对小齿轮与大齿轮进行测量。小齿轮是一个渐开线变位短齿，可以用测量渐开线齿轮的方法进行测量，对于中小模数齿轮的测量用公法线长度较好，齿顶圆不为基准，对齿顶圆的制造精度可以降低，但齿宽 $b>W_n\sin\beta$，由于小齿轮是一个短齿且变位系数较大，要卡的齿要求在齿廓的中部，必须考虑齿顶降低系数，否则就容易卡到齿的顶部。对于大模数和受量具尺寸限制的齿轮则可采用分度圆齿厚和固定弦齿厚进行测量，但对齿顶圆的尺寸精度要求高，计算公式列于表 14-9-2。大齿轮为一个大负变位的齿轮，渐开线部分较短，公法线无法测量，因此只能测量齿顶螺旋线的法向距离，称之为法线长度。因为以齿顶作为测量基准，所以齿顶圆的尺寸精度要求高，计算公式见表 14-9-2。

表 14-9-2　　单点线啮合齿轮主要测量尺寸计算

小齿轮	公法线长度	跨齿数 k 公法线长度 W_n	$k=\frac{z_1}{\pi}\left[\frac{\sqrt{\left(1+\frac{2x_{n1}-\Delta y}{z_1}\cos\beta\right)^2-\cos^2\alpha_t}}{\cos\alpha_t\cos^2\beta_b}-\frac{2x_{n1}}{z_1}\tan\alpha_n-\mathrm{inv}\alpha_t\right]+0.5$ $\Delta y=x_{n\Sigma}-y, y=\frac{a'-a}{m_n}$ $W_n=m_n\{\cos\alpha_n[\pi(k-0.5)+z_1\mathrm{inv}\alpha_t]+2x_{n1}\sin\alpha_n\}$
	分度圆弦齿厚	分度圆弦齿高 $\bar{h}_{n1}$ 分度圆弦齿厚 $\bar{s}_{n1}$	$\bar{h}_{n1}=h_{a1}+\frac{m_nz_{1v}}{2}\left[1-\cos\left(\frac{\pi}{2z_{1v}}+\frac{2x_{n1}\tan\alpha_n}{z_{1v}}\right)\right]$ $\bar{s}_{n1}=m_nz_{1v}\sin\left(\frac{\pi}{2z_{1v}}+\frac{2x_{n1}\tan\alpha_n}{z_{1v}}\right)$ $z_{1v}=\frac{z_1}{\cos^3\beta}$ 式中　$h_{a1}=r_{a1}-r_1$
	固定弦齿厚	固定弦齿高 $\bar{h}_c$ 固定弦齿厚 $\bar{s}_{cn}$	$\bar{h}_c=\frac{d_{a1}-d_1}{2}-\bar{s}_{cn}\frac{\tan\alpha_n}{2}$ $\bar{s}_{cn}=m_n\cos^2\alpha_n\left(\frac{\pi}{2}+2x_{n1}\tan\alpha_n\right)$
	跨齿数	k	$k=\frac{z_2}{10}+0.6$

续表

大齿轮	法线长度	W_n	$W_n=\frac{2r_{a2}\sin^2\alpha_s}{\sin\alpha}$ $\alpha=\arctan(\tan\alpha_s\cos\beta_{a2})$ $\alpha_s=\frac{\varphi_s}{2}$ φ_s 用迭代法求解 $\varphi_s=\varphi_{si}-\frac{(\varphi_{si}-\theta_{a2})+\tan^2\beta_{a2}\sin\varphi_{si}}{1+\tan^2\beta_{a2}\cos\varphi_{si}}$ 初取 $\varphi_{so}=\theta_{a2}\sin^2\beta_{a2}$ $\beta_{a2}=\arctan\left(\tan\beta\frac{r_{a2}}{r_2}\right)$ $\theta_{a2}=\frac{t_s}{r_{a2}}$ $t_s=(k-1)p_{a2}+s_{a2}$ $p_{a2}=\frac{2\pi r_{a2}}{z_2}$ s_{a2}——大齿轮顶圆齿厚

2.4 普通渐开线齿轮改为点线啮合齿轮的实例

点线啮合齿轮的设计计算已有完整的程序，可将齿轮箱中的普通渐开线齿轮在中心距和传动比不变的条件下，全部更换成点线啮合齿轮，以提高齿轮箱的承载能力和降低齿轮箱的噪声。也可以按承载能力要求设计齿轮传动的中心距和各部分几何尺寸。表 14-9-3 是普通渐开线齿轮改为点线啮合齿轮的实例。

表 14-9-3　　普通渐开线齿轮改为点线啮合齿轮的实例

名　称	代号	普通渐开线齿轮		点线啮合齿轮	
		小齿轮	大齿轮	小齿轮	大齿轮
中心距/mm	a	316		316	
齿数	z	16	87	16	90
传动比	i	5.437		5.625	
法向模数/mm	m_n	6		6	
螺旋角	β	12°		14°44′32″	
变位系数	x_n	0.2691	-0.253	0.4177	-2.21
顶圆直径/mm	d_a	113.374	542.625	111.8	538
分度圆直径/mm	d	98.144	533.6628	99.268	558.382
齿高	h	$2.25m_n$	$2.25m_n$	$1.87m_n$	$1.76m_n$

3 点线啮合齿轮传动的参数选择及封闭图

点线啮合齿轮传动的参数选择比渐开线齿轮传动复杂，各参数之间有密切关系，又相互制约。主要的参数有：法向模数 m_n、齿数 z、端面重合度 ε_α、纵向重合度 ε_β、齿宽系数 ψ_a 或 ψ_d 以及变位系数 x_2（或 x_1）和分度圆柱螺旋角 β。其中 x_2 和 β 必须从封闭图中选取。

3.1 模数 m_n 的选择

齿轮的模数 m_n 取决于齿轮轮齿的弯曲承载能力计算。只要轮齿的弯曲强度满足，齿轮的模数取得小一点较好。对齿轮的胶合也有好处。

通常可取 $m_n=(0.01\sim0.03)a$。式中 a 为中心距。对于大中心距、载荷平稳、工作连续的传动，m_n 可取较小值；对于小中心距、载荷不稳、间断工作的传动，m_n 可取较大值。对于高速传动，为了增加传动的平稳性，m_n 可取较小值。对于轧钢机人字齿轮座等有尖峰载荷的场合，可取 $m_n=(0.025\sim0.04)a$。所取的 m_n 应取标准值。在一般情况下 $m_n=0.02a$。

3.2 齿数的选择

齿数的选择应与模数统一考虑，在中心距一定的情况下，增加齿数减小模数则增加重合度，另一方面模数减小则可减小点线啮合齿轮相对滑动，对胶合有好处。因此，在满足强度的条件下，选择齿数多些为好。点线啮合齿轮的最少齿数可取到 $z_{min}=2\sim4$，一般为了滚齿加工方便，可取 $z_1\geqslant8$，磨齿加工随磨齿机磨削最少齿数而定，一般可取 $z_1\geqslant11$，在中心距不变的情况下，如果模数不变，小齿轮齿数减少就可以增大传动比。可以将 4 级传动改为 3 级传动或者 3 级传动改为 2 级传动。当然取较少齿数时，要考虑轴的强度。另一方面在中心距一定，传动比不变的情况下，齿数减少模数增大，则可以提高弯曲强度，提高承载能力，这对于间断工作或硬齿面齿轮传动是有利的。

3.3 重合度

点线啮合齿轮与渐开线齿轮一样，除了有端面重合度 ε_α 以外，还有轴向重合度 ε_β，通常要使轴向重度 $\varepsilon_\beta\geqslant1$，这样传动更平稳。一般要使总重合度 $\varepsilon_\gamma=\varepsilon_\alpha+\varepsilon_\beta>1.25$，最好要使 $\varepsilon_\gamma\geqslant2.25$。若要求噪声特别低时，可使 $\varepsilon_\alpha\geqslant2$。

3.4 齿宽系数

对于通用齿轮箱通常取 $\psi_a=b/a$，其标准有：0.2、0.25、0.3、0.35、0.4、0.45、0.5、0.6。对于中硬齿面与硬齿面通用齿轮箱，通常可取齿宽系数 $\psi_a=0.35$，0.4；对于软齿面通用齿轮箱可取 $\psi_a=0.4$。若要采用 $\psi_d=\frac{b}{d_1}$时，则 $\psi_d=0.5(1+i)\psi_a$。

3.5 螺旋角 β 的选择

螺旋角 β 的选择比较复杂，它与大齿轮的变位系数 x_2 有关，必须与封闭图配合选取，在不同的 β、x_2 下就可以得到不同的尺寸，以至于影响到齿轮强度的大小和磨损的程度。一般来说螺旋角 β 大些，则可增加纵向重合度，对传动平稳性有利，但轴向力增大。通常 $\beta=8°\sim30°$ 的范围内选取。对于多级传动，应使低速级的螺旋角 β 小于高速级的螺旋角 β，这样就可使低速级的轴向力不至于过大。

点线啮合齿轮的螺旋角 β 的具体选择与渐开线齿轮不同。渐开线齿轮为了使每个中心距的齿数和为常数，如 ZQ 减速器的 β 选择为 8°6′34″，齿数和 $z_c=99$，有些齿轮考虑强度的问题选用优化参数 9°22′，有的选择整数角度如 12°，13°等。但是这些角度的选择均没有考虑滚齿加工、差动挂轮的误差，造成螺旋线的误差，齿长方向接触很难达到 100%。点线啮合齿轮螺旋角的选用与它们不同，在滚齿的时候，考虑差动挂轮的误差，以及考虑大小齿轮在不同的滚齿机上滚切时差动挂轮的误差。表 14-9-4 的螺旋角就是考虑滚齿机差动挂轮而得到的，如果按表 14-9-4 选取螺旋角，保证在同一台滚齿机上或者两台滚齿机差动挂轮搭配成相同的螺旋角或误差最小，在箱体平行度保证的情况下，齿长方向接触可达到 100%，部分滚齿机的差动挂轮，$i_{差}$ 的计算参看表 14-9-5。

表 14-9-4　　螺旋角 β 与 k 值

k	β	k	β	k	β
40	7°13′09″	82	55′42″	124	55′37″
41	24′02″	83	15°06′53″	125	23°07′21″
42	34′56″	84	18′04″	126	19′06″
43	45′50″	85	29′17″	127	30′52″
44	56′44″	86	40′29″	128	42′40″
45	8°07′38″	87	51′43″	129	54′28″
46	18′33″	88	16°02′57″	130	24°06′17″
47	27′28″	89	14′11″	131	18′08″
48	40′23″	90	25′27″	132	29′59″
49	51′19″	91	36′42″	133	41′52″
50	9°02′15″	92	47′59″	134	53′46″
51	13′11″	93	59′16″	135	25°05′41″
52	24′08″	94	17°10′34″	136	17′37″
53	35′05″	95	21′53″	137	29′34″
54	46′02″	96	33′12″	138	41′33″
55	57′	97	44′32″	139	53′32″
56	10°07′58″	98	55′53″	140	26°05′33″
57	18′56″	99	18°07′14″	141	17′35″
58	29′55″	100	18′36″	142	29′39″
59	40′54″	101	29′59″	143	41′44″
60	51′54″	102	41′23″	144	53′50″
61	11°02′54″	103	52′47″	145	27°05′57″
62	13′54″	104	19°04′13″	146	18′05″
63	24′55″	105	15′39″	147	30′15″
64	35′57″	106	27′05″	148	42′27″
65	46′58″	107	38′33″	149	54′39″
66	58′01″	108	50′01″	150	28°06′53″
67	12°09′03″	109	20°02′31″	151	19′09″
68	20′06″	110	13′01″	152	31′25″
69	31′10″	111	24′32″	153	43′35″
70	42′14″	112	36′04″	154	56′03″
71	53′18″	113	47′36″	155	29°08′24″
72	13°04′23″	114	59′10″	156	20′47″
73	15′29″	115	21°10′44″	157	33′11″
74	26′35″	116	22′20″	158	45′37″
75	37′41″	117	33′56″	159	58′04″
76	48′48″	118	45′33″	160	30°10′33″
77	59′56″	119	57′12″	161	23′03″
78	14°11′04″	120	22°08′51″	162	35′35″
79	22′13″	121	20′31″	163	48′09″
80	33′22″	122	32′12″		
81	44′32″	123	43′54″		

表 14-9-5 差动挂轮的计算

机床型号	原差动挂轮计算公式 $i_差$	"k"值差动挂轮计算公式 i_k
Y38,Y38A	$\frac{7.95775\sin\beta}{m_n z_D}=\frac{25}{m_n}\times\frac{\sin\beta}{z_D\pi}$	$\frac{k}{40m_n z_D}$
YZ3132,YA3180,YW3180	$\frac{6\sin\beta}{m_n z_D}=\frac{1376}{73}\times\frac{\sin\beta}{m_n z_D\pi}$	$\frac{172}{73}\times\frac{k}{125m_n z_D}$
Y38-1	$\frac{6.96301\sin\beta}{m_n z_D}=\frac{175}{8}\times\frac{\sin\beta}{m_n z_D\pi}$	$\frac{7}{8}\times\frac{k}{40m_n z_D}$
Y3180	$\frac{6.9320827\sin\beta}{m_n z_D}=\frac{196}{9}\times\frac{\sin\beta}{m_n z_D\pi}$	$\frac{49}{9}\times\frac{k}{250m_n z_D}$
Y3215	$\frac{9.8145319\sin\beta}{m_n z_D}=\frac{185}{6}\times\frac{\sin\beta}{m_n z_D\pi}$	$\frac{37}{6}\times\frac{k}{200m_n z_D}$
Y3180H, YB3180H, Y3150E, YM3180H, YB3150E 等	$\frac{9\sin\beta}{m_n z_D}=\frac{820}{29}\times\frac{\sin\beta}{m_n z_D\pi}$	$\frac{41}{29}\times\frac{k}{50m_n z_D}$
Y3150	$\frac{8.355615\sin\beta}{m_n z_D}=\frac{105}{4}\times\frac{\sin\beta}{m_n z_D\pi}$	$\frac{21}{4}\times\frac{k}{200m_n z_D}$
YM3120H	$\frac{7\sin\beta}{m_n z_D}=22\times\frac{\sin\beta}{m_n z_D\pi}$	$\frac{11}{500}\times\frac{k}{m_n z_D}$
YBA3132	$\frac{6\sin\beta}{12m_n z_D}=\frac{355}{226}\times\frac{\sin\beta}{m_n z_D\pi}$	$\frac{71}{226}\times\frac{k}{200m_n z_D}$
YBA3120	$\frac{3\sin\beta}{m_n z_D}=\frac{688}{73}\times\frac{\sin\beta}{m_n z_D\pi}$	$\frac{86}{73}\times\frac{k}{125m_n z_D}$

注：z_D—滚刀头数。

例：已知 $m_n=6$，$\beta=14°44'32''$，$k=81$，Y38A 滚齿机上加工，滚刀头数 $z_D=1$，试计算 Y38A 差动挂轮。

解：由表 14-9-5 知，Y38A 的 $i_k=\frac{k}{40m_n z_D}=\frac{81}{40\times6\times1}=\frac{27}{80}$，然后将$\frac{27}{80}$分解成$\frac{a}{b}\times\frac{c}{d}$的挂轮数值。

若大齿轮在 Y3180H 上加工，试计算 Y3180H 差动挂轮。Y3180H 的 $i_k=\frac{41}{29}\times\frac{k}{50m_n z_D}=\frac{41}{29}\times\frac{81}{50\times6\times1}=\frac{41\times27}{29\times100}=\frac{1107}{2900}$，然后将$\frac{1107}{2900}$分解成$\frac{a}{b}\times\frac{c}{d}$的挂轮数值，就可保证两台机床加工出来的螺旋角 β 一致。

3.6 封闭图的制定

渐开线齿轮变位系数选择的封闭图，是 1954 年前苏联学者 B. A. 加夫里连科（B. A. Гаврилеко）首先提出，后经 T. П. 鲍洛托夫斯卡娅（T. П Болотовская）等人完善，解决了变位系数与许多影响因素之间的关系。但是点线啮合齿轮不能采用该封闭图，因为它所得的变位系数不在该封闭图之内，因此必须创立自己选择参数的封闭图。点线啮合齿轮大部分做成斜齿，也可以做成直齿。做成直齿时其参数选择比较简单，齿轮齿数决定后只与 x_2 有关，是一种单因素变量。而做成斜齿轮时，参数的选择就非常复杂，它与 β 和 x_2 有关。要解决这个问题，最好的办法就是采用封闭图选择，这样才能正确、直观地选择合理的参数。如果参数选择不当，甚至会产生严重干涉，以至于无法正常工作，或者齿厚太薄造成齿轮强度不足，大量计算表明封闭图与中心距 a、模数 m 无关，而主要与齿数

z_1、z_2 和刀具的参数有关。当刀具参数一定时，只与一对齿轮 z_1、z_2 有关。不同的 z_1、z_2 就有不同的封闭图。

（1）封闭图中各曲线的意义

典型的封闭图如图 14-9-8 所示，其横坐标为 x_2，纵坐标为 β。它由如下曲线组成。

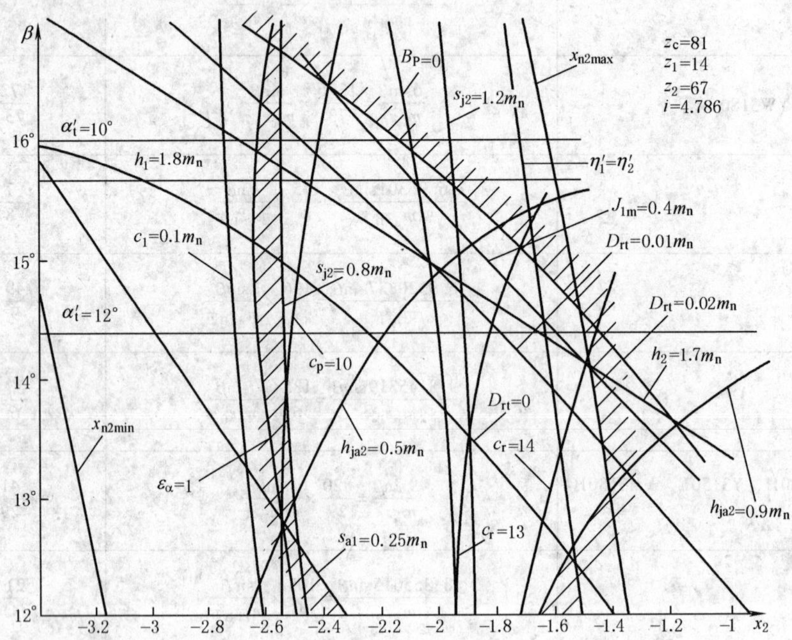

图 14-9-8　典型的封闭图

x_{n2max}——大齿轮的最大变位系数，即小齿轮根切限制曲线，

$$x_{n2max}=x_{n\Sigma}-x_{n1min}$$

x_{n1min}——小齿轮不发生根切最小变位系数。

x_{n2min}——大齿轮根切限制曲线。

s_{a1}——小齿轮齿顶厚限制曲线，$s_{a1}=0$，$0.25m_n$。

$c_1=0$，$0.1m_n$——大齿轮齿顶与小齿轮齿根间隙为 0 或 $0.1m_n$ 时的限制曲线。

s_{j2}——大齿轮上的渐开线与过渡曲线相交处 J 点的齿厚，$s_{j2}=0.8m_n$，$1.2m_n$。

D_{rt}——小齿轮齿顶旋动曲线与大齿轮过渡曲线的干涉量，$D_{rt}=0$，$0.01m_n$，$0.02m_n$。

$B_P=0$——大齿轮顶圆通过节点与小齿轮相啮合（称节点啮合）：

当 $r_{a1}>O_1P$　$r_{a2}<O_2P$，则为节点后啮合；

当 $r_{a1}>O_1P$　$r_{a2}>O_2P$，则为节点前后啮合；

当 $r_{a1}>O_1P$　$r_{a2}=O_2P$，节点啮合。

J_{1m}——大齿轮的 J 点与小齿轮啮合时的啮合弧长 $J_{1m}=0.4m_n$。

ε_α——端面重合度，$\varepsilon_\alpha=1$，1.2。

h_{ja2}——大齿轮上渐开线部分的高度，$h_{ja2}=0.5m_n$，$0.9m_n$。

α'_t——大齿轮与小齿轮啮合时的端面啮合角，$\alpha'_t=10°$，12°，14°。

h_1——小齿轮的全齿高，$h_1=1.6m_n$，$1.8m_n$，它与 x_2 无关，只与 β 有关，为水平直线。

h_2——大齿轮的全齿高 $h_2=1.6m_n$，$1.7m_n$，$1.8m_n$。

c_r——大小齿轮啮合时的综合刚度，$c_r=13$，14。

c_p——大小齿轮啮合时的单齿刚度，$c_p=10$。

$\eta'_1=\eta'_2$——大小齿轮滑动率相等曲线。

在封闭图中，随着齿数的改变，各曲线随之而变，上述曲线不一定均显示出来，但均有主要曲线，有时只有部分曲线。

第 14 篇

(2) 参数选择的范围

① 大小齿轮不能发生根切：$x_2 > x_{n2min}$、$x_2 < x_{n2max}$。

② 小齿轮齿顶不发生变尖，大齿轮必须有一定的齿厚：$s_{a1} > 0$ 或 $0.25m_n$，$s_{j2} \geqslant 0.8m_n$。

③ 大齿轮齿顶必须与小齿轮齿根有一定的间隙：$c_1 > 0$ 或 $0.1m_n$。

④ 小齿轮齿顶旋动曲线不能与大齿轮过渡曲线干涉量过大：$D_{rt} < 0.01m_n$ 或 $0.02m_n$。

⑤ 大齿轮上渐开线的高度不能太高：$h_{ja2} \leqslant 0.9m_n$。

由于参数选择的范围确定，则通常有 5~6 条曲线就组成封闭图，在图中又表示了点线啮合齿轮啮合的性质，如接触弧长、重合度、刚度等。因而其选择的范围就很大，灵活性很好。

(3) 封闭图中参数对性能的影响

① β 一定时，"$-x_2$" 减小，则：ε_α 增大；s_{j2}增大；弯曲强度增大；接触强度增大；干涉量 D_{rt}增大；啮合弧长 J_{1m}增大；大齿轮上渐开线部分增大；综合刚度 c_r 增大；由节点后啮合变为节点前后啮合；啮合角 α_t'不变；小齿轮齿高 h_1 不变；大齿轮齿高 h_2 减小。

② "$-x_2$" 一定时，β 减小，则：啮合角 α_t'增大；接触强度增大；大齿轮上渐开线部分增大；综合刚度 c_r 略有增大；小齿轮齿高 h_1 增大；大齿轮齿高 h_2 增大；ε_α 基本不变；s_{j2}基本不变；弯曲强度减小；干涉量 D_{rt}减小；啮合弧长 J_{1m}减小。

(4) 封闭图的变态

例如刀具圆角半径系数 ρ_f^* 的改变。

通常滚刀的圆角半径系数 $\rho_f^* = 0.38$。实际刀具的圆角半径系数 $\rho_f^* = 0.3$。

当 ρ_f^* 下降时，往往出现在模数较小的滚刀以及硬齿面的刮齿与磨齿中的 $\rho_f^* = 0.1$，图形的改变如图 14-9-9 所示，通常干涉量曲线 D_{rt}上移，当 c_r 与 D_{rt}相同的情况下，$\beta\uparrow$，$\alpha_t'\downarrow$，$\varepsilon_\alpha\uparrow$。

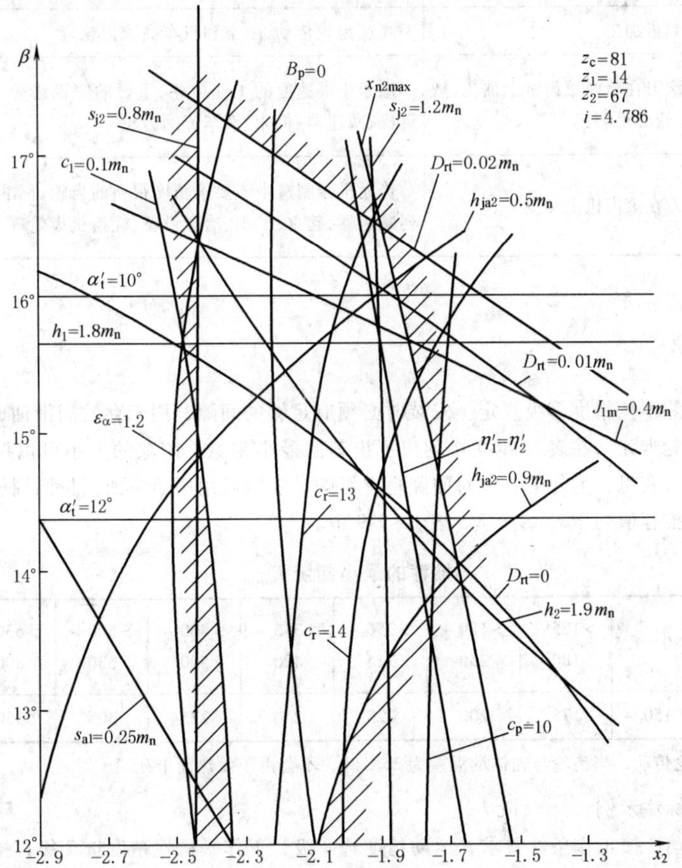

图 14-9-9

4 点线啮合齿轮传动的精度与公差

点线啮合齿轮，其小齿轮是一个渐开线变位的短齿，大齿轮上齿部为渐开线凸齿齿廓，下齿部为过渡曲线凹齿齿廓，并且是用渐开线齿轮滚刀加工，因此目前可参照渐开线齿轮公差，其凹齿部分又像圆弧齿轮，故部分内容又可参照圆弧齿轮公差。

4.1 齿轮副误差及侧隙的定义和代号

齿轮副误差和侧隙的定义和代号与渐开线齿轮相同。

4.2 精度等级及其选择

点线啮合齿轮的精度等级与渐开线齿轮一样，分为运动精度、工作平稳性精度、接触精度和齿侧间隙四部分；点线啮合齿轮的精度目前常用的一般为5~8级，前三种精度，允许在同一齿轮上采用不同的等级，例如标准齿轮减速器中的齿轮，属于中、低速重载齿轮，以接触精度为主，常用7级，其他精度可低于7级。精度等级的选择可按表14-9-6。

表14-9-6 按工作情况和圆周速度选择精度等级

精度等级	加工方法	工作情况	圆周速度/m·s^{-1}
6级	用磨齿或剃齿加工	高速齿轮传动,航空和汽车高速齿轮	≤30
7级	用高精度滚刀在精密滚齿机上加工,或剃齿,淬硬齿轮必须磨齿	用于中等速度的工业齿轮,重要的车辆齿轮、轧钢机、减速器、机床、汽车等的齿轮	≤20
8级	用普通滚刀在滚齿机上加工	普通机器制造中不要求精度很高的齿轮,标准系列减速器,起重、矿山、冶金设备、轧钢机齿轮等	≤12

4.3 齿轮的侧隙

点线啮合齿轮的侧隙不按精度等级规定。安装时必须有足够的间隙，用于存贮润滑油，形成油膜抵消温升和制造的影响以及防止齿轮卡死，在表14-9-7中列出了推荐的最小侧隙。侧隙的大小可以用公法线长度偏差、齿厚偏差和法线长度偏差来获得，另外中心距对间隙也有影响，安装后用压铅法或测量圆周侧隙来检查。公法线长度及法线长度极限偏差推荐值列于表14-9-8、表14-9-9中。

表14-9-7 推荐的最小侧隙 j_{nmin}

中心距 a/mm	≤80	>80~125	>125~180	>180~250	>250~315	>315~400	>400~500	>500~630	>630~800	>800~1000	>1000~1250
j_{nmin}/μm	120	150	175	200	225	250	275	305	350	390	460

注：对于钢和铸铁齿轮传动，当齿轮与壳体的温差为25℃时，不会由于发热而卡死。

精度等级及侧隙的标注示例：

若点线啮合齿轮传动，按工作条件要求，运动精度选8级，工作平稳性精度选7级，接触精度选7级，则标注为：级8—7—7 GB/T 10095—2001

若精度均选为7级，则标注为：级7 GB/T 10095—2001

表 14-9-8　点线啮合小齿轮公法线长度极限偏差参考值　μm

Ⅱ组精度	分度圆直径/mm	偏差名称	法向模数/mm				
			>1~3.5	>3.5~6.3	>6.3~10	>10~16	>16~25
7	<80	E_{bms} E_{bmi}	-112 -168	-118 -175	-120 -180		
	>80~125	E_{bms} E_{bmi}	-120 -180	-144 -216	-155 -230	-170 -250	
	>125~180	E_{bms} E_{bmi}	-150 -240	-170 -270	-190 -300	-210 -330	-240 -370
	>180~250	E_{bms} E_{bmi}	-150 -240	-170 -270	-190 -300	-210 -330	-240 -370
	>250~315	E_{bms} E_{bmi}	-160 -256	-200 -320	-210 -330	-230 -360	-260 -395
	>315~400	E_{bms} E_{bmi}	-180 -300	-200 -320	-210 -330	-230 -360	-260 -395
	>400~500	E_{bms} E_{bmi}	-200 -330	-210 -340	-220 -350	-240 -380	-270 -420
	>500~630	E_{bms} E_{bmi}		-220 -350	-240 -390	-250 -410	-288 -458
	>630~800	E_{bms} E_{bmi}		-240 -400	-260 -420	-280 -455	-300 -490
8	<80	E_{bms} E_{bmi}	-120 -200	-150 -250	-168 -280		
	>80~125	E_{bms} E_{bmi}	-120 -200	-150 -250	-168 -280	-190 -310	
	>125~180	E_{bms} E_{bmi}	-170 -265	-180 -300	-200 -330	-220 -360	-270 -420
	>180~250	E_{bms} E_{bmi}	-170 -265	-180 -300	-200 -330	-220 -360	-270 -420
	>250~315	E_{bms} E_{bmi}	-190 -290	-220 -350	-240 -390	-250 -410	-300 -470
	>315~400	E_{bms} E_{bmi}	-200 -300	-220 -350	-240 -390	-250 -410	-300 -470
	>400~500	E_{bms} E_{bmi}	-250 -400	-280 -440	-300 -480	-310 -500	-378 -578
	>500~630	E_{bms} E_{bmi}		-280 -440	-300 -480	-310 -500	-378 -578
	>630~800	E_{bms} E_{bmi}		-320 -520	-340 -560	-360 -590	-400 -640

表 14-9-9 **点线啮合大齿轮法线长度极限偏差参考值** μm

Ⅱ组精度	分度圆直径/mm	偏差名称	法向模数/mm				
			>1~3.5	>3.5~6.3	>6.3~10	>10~16	>16~25
7	<80	E_{bms}	-80	-82	-85		
		E_{bmi}	-120	-122	-130		
	>80~125	E_{bms}	-80	-82	-85		
		E_{bmi}	-120	-122	-130		
	>125~180	E_{bms}	-115	-118	-120	-130	-135
		E_{bmi}	-185	-198	-208	-230	-250
	>180~250	E_{bms}	-115	-118	-120	-130	-135
		E_{bmi}	-185	-198	-208	-230	-250
	>250~315	E_{bms}	-128	-132	-138	-150	-162
		E_{bmi}	-208	-217	-228	-250	-287
	>315~400	E_{bms}	-128	-132	-138	-150	-162
		E_{bmi}	-208	-217	-228	-250	-287
	>400~500	E_{bms}	-145	-150	-188	-200	-216
		E_{bmi}	-235	-245	-275	-305	-346
	>500~630	E_{bms}	-145	-150	-188	-200	-216
		E_{bmi}	-235	-245	-275	-305	-346
	>630~800	E_{bms}	-145	-150	-188	-200	-216
		E_{bmi}	-235	-245	-275	-305	-346
	>800~1000	E_{bms}		-160	-200	-230	-260
		E_{bmi}		-275	-320	-360	-400
	>1000~1250	E_{bms}			-220	-240	-300
		E_{bmi}			-360	-400	-480
	>1250~1600	E_{bms}			-220	-240	-300
		E_{bmi}			-360	-400	-480
	>1600~2000	E_{bms}			-240	-260	-320
		E_{bmi}			-400	-420	-500
8	<80	E_{bms}	-90	-100	-112		
		E_{bmi}	-140	-150	-168		
	>80~125	E_{bms}	-90	-100	-112		
		E_{bmi}	-140	-150	-168		
	>125~180	E_{bms}	-120	-125	-128	-144	-150
		E_{bmi}	-200	-225	-238	-264	-280

续表

Ⅱ组精度	分度圆直径/mm	偏差名称	法向模数/mm				
			>1～3.5	>3.5～6.3	>6.3～10	>10～16	>16～25
8	>180～250	E_{bms} E_{bmi}	-120 -200	-125 -225	-128 -238	-144 -264	-150 -280
	>250～315	E_{bms} E_{bmi}	-132 -220	-140 -250	-144 -262	-160 -285	-180 -320
	>315～400	E_{bms} E_{bmi}	-132 -220	-140 -250	-144 -262	-160 -285	-180 -320
	>400～500	E_{bms} E_{bmi}	-160 -265	-170 -285	-200 -325	-210 -345	-230 -380
	>500～630	E_{bms} E_{bmi}	-160 -265	-170 -285	-200 -325	-210 -345	-230 -380
	>630～800	E_{bms} E_{bmi}	-160 -265	-170 -285	-200 -325	-210 -345	-230 -380
	>800～1000	E_{bms} E_{bmi}		-190 -315	-210 -345	-220 -380	-250 -430
	>1000～1250	E_{bms} E_{bmi}			-250 -410	-280 -460	-300 -500
	>1250～1600	E_{bms} E_{bmi}			-270 -430	-300 -480	-320 -520
	>1600～2000	E_{bms} E_{bmi}			-300 -460	-320 -500	-340 -540

4.4 接触斑点

点线啮合齿轮的接触斑点见表14-9-10。

表14-9-10 **点线啮合齿轮接触斑点**

接触斑点	精度等级		接触斑点	精度等级	
	7级	8级		7级	8级
按齿高不小于	40%	35%	按齿长不小于	70%	60%

4.5 齿坯精度

(1) 齿顶圆直径公差

① 小齿轮齿顶圆公差：可参照渐开线圆柱齿轮要求选取。

② 大齿轮齿顶圆公差：6、7、8级按IT8。

(2) 齿坯外圆径向跳动与端面跳动：可参照渐开线圆柱齿轮要求选取。

5　点线啮合齿轮传动的齿轮零件工作图

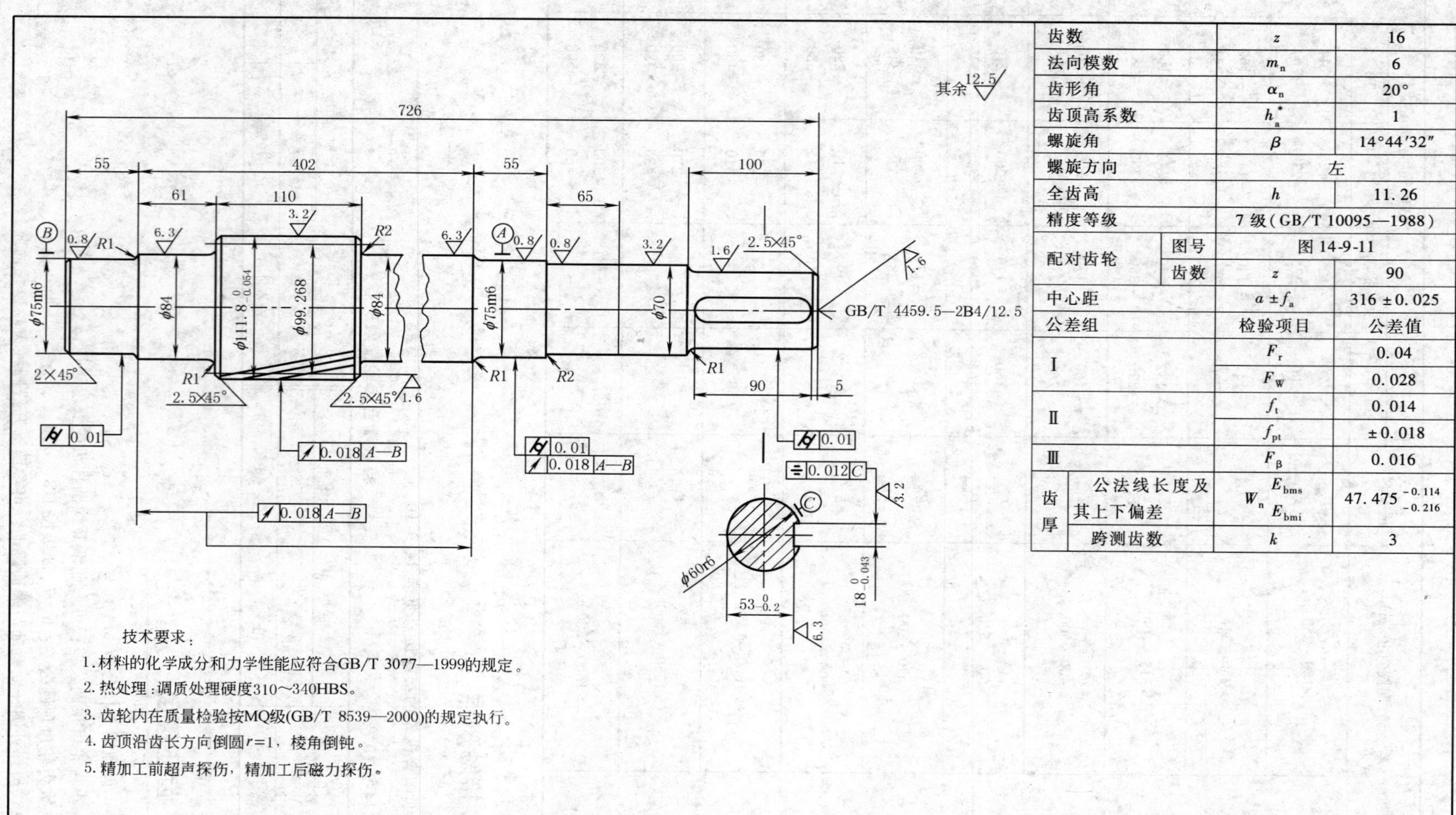

齿数		z	16
法向模数		m_n	6
齿形角		α_n	20°
齿顶高系数		h_a^*	1
螺旋角		β	14°44′32″
螺旋方向		左	
全齿高		h	11.26
精度等级		7级（GB/T 10095—1988）	
配对齿轮	图号	图 14-9-11	
	齿数	z	90
中心距		$a \pm f_a$	316±0.025
公差组		检验项目	公差值
Ⅰ		F_r	0.04
		F_W	0.028
Ⅱ		f_t	0.014
		f_{pt}	±0.018
Ⅲ		F_β	0.016
齿厚	公法线长度及其上下偏差	W_n E_{bms} E_{bmi}	$47.475^{-0.114}_{-0.216}$
	跨测齿数	k	3

技术要求：

1. 材料的化学成分和力学性能应符合GB/T 3077—1999的规定。
2. 热处理：调质处理硬度310～340HBS。
3. 齿轮内在质量检验按MQ级(GB/T 8539—2000)的规定执行。
4. 齿顶沿齿长方向倒圆r=1，棱角倒钝。
5. 精加工前超声探伤，精加工后磁力探伤。

图 14-9-10　小齿轮零件工作图

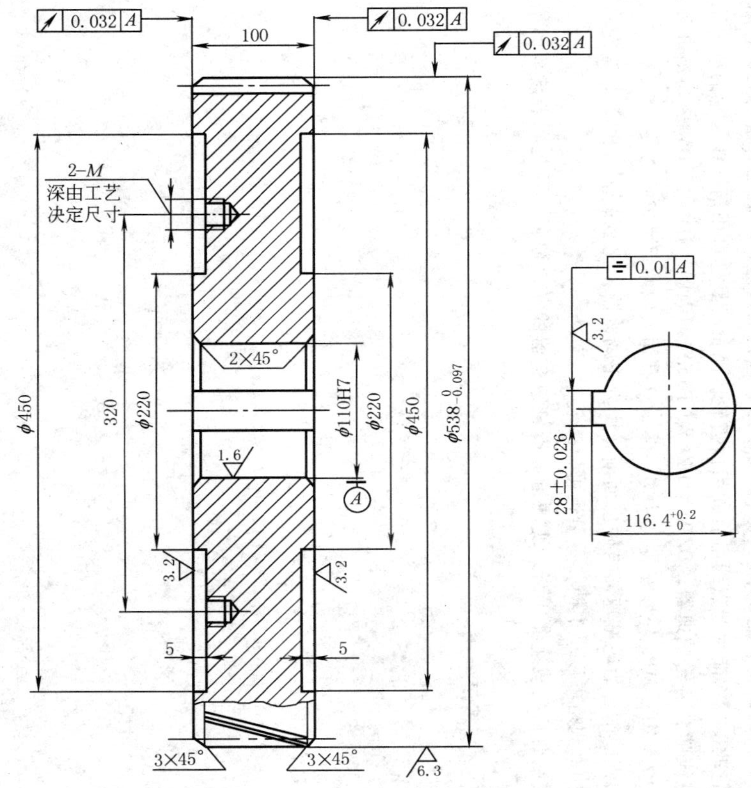

齿数		z	90
法向模数		m_n	6
齿形角		α_n	20°
齿顶高系数		h_a^*	1
螺旋角		β	14°44′32″
螺旋方向		右	
全齿高		h	10.57
精度等级		7 级(GB/T 10095—1988)	
配对齿轮	图号	图 14-9-10	
	齿数	z	16
中心距		$a \pm f_a$	316 ±0.025
公差组		检验项目	公差值
Ⅰ		F_r	0.071
		F_W	0.045
Ⅱ		f_t	0.020
		f_{pt}	±0.020
Ⅲ		F_β	0.016
齿厚	法线长度及其上下偏差	W_n E_{bms} E_{bmi}	$167.219^{-0.150}_{-0.245}$
	跨测齿数	k	10

技术要求：

1. 材料的化学成分和力学性能应符合GB/T 3077—1999的规定。
2. 热处理：调质处理硬度300～330HBS。
3. 齿轮内在质量检验按MQ级(GB/T 8539—2000)的规定执行。
4. 齿顶沿齿长方向倒圆$R=0.6$，棱角倒钝。
5. 精加工前超声探伤，精加工后磁力探伤。

图 14-9-11　大齿轮零件工作图

6 点线啮合齿轮传动的系列产品简介

6.1 DQJ 点线啮合齿轮减速器

DQJ 点线啮合齿轮减速器是中硬齿面齿轮减速器，中华人民共和国机械工业标准 JB/T 10468—2004。它是具有我国自己知识产权的新型传动。这种减速器的特点如下。

1）制造简单。点线啮合齿轮可以用渐开线齿轮滚刀在滚齿机上滚切而成。因此，生产渐开线齿轮的工厂均能制造，测量工具只用渐开线齿轮测量工具即可。它的结构与 QJ 渐开线齿轮减速器完全相同，只有输入轴端尺寸略有改变。

2）承载能力高。DQJ 点线啮合齿轮减速器比 QJ 渐开线齿轮减速器承载能力提高 30% 左右，传递相同功率规格可以小 1 档，重量可减轻 35% 左右。

3）噪声低。试验与实践应用表明，点线啮合齿轮的噪声要比渐开线齿轮低得多，可以低 5 ~ 10dB(A)，并且随着载荷的增加，噪声还要下降 2 ~ 3dB(A)。

这种减速器目前江苏泰隆与泰兴减速器厂生产。

6.2 硬齿面点线啮合齿轮减速器

硬齿面点线啮合齿轮减速器，已获得国家专利，专利号 ZL200520099260.5 硬齿面点线啮合齿轮减速器具体型号为 DZDY、DZLY、DZSY、DMP1、DMP2、DMP3。减速器的特点如下。

1）制造简单。点线啮合硬齿面齿轮，先在滚齿机上滚切以后，进行热处理，然后在磨齿机上进行磨齿。大多数能生产渐开线硬齿面齿轮的工厂均能生产点线啮合硬齿面齿轮，测量工具也可用渐开线齿轮的测量工具。

2）结构简单。硬齿面点线啮合齿轮减速器，DZDY、DZLY、DZSY、DMP1、DMP2、DMP3 与渐开线硬齿面减速器 ZDY、ZLY、ZSY、MP1、MP、MP3 外形安装尺寸均一致，只有输入轴端尺寸略有改变。

3）承载能力高。硬齿面点线啮合齿轮减速器与硬齿面渐开线齿轮减速器相比承载能力提高 30% 左右，在单级与两级传动中，传递相同功率规格可以小 1 档，重量也可以减轻很多。

4）噪声低。硬齿面点线啮合齿轮减速器比渐开线硬齿面齿轮减速器的噪声要低，并且随着载荷的增加，噪声还要下降 2 ~ 3dB(A)。

这种减速器目前江苏泰隆减速器厂生产。

第10章 塑料齿轮

1 概 述

表 14-10-1 **塑料齿轮分类、特点、比较和发展概况**

<table>
<tr><td rowspan="5">分类</td><td>名　称</td><td>特　点</td><td>发展概况</td></tr>
<tr><td>运动型塑料齿轮</td><td>传递载荷轻微的仪器、仪表及钟表用齿轮</td><td>目前我国对这类齿轮已有相当开发生产实力，如深圳某企业生产的产品，已出口欧、美、日</td></tr>
<tr><td>动力型塑料齿轮</td><td>传递载荷较大的汽车（雨刮、摇窗、启动电机等）及减速器用齿轮</td><td>对高性能动力型齿轮的开发比较滞后，与发达国家相比，有一定差距</td></tr>
<tr><td>热塑性塑料齿轮</td><td colspan="2">主要用于功率较小的传动齿轮，模数较小，仍多为 $m \leq 1.5$mm</td></tr>
<tr><td>热固性增强塑料齿轮</td><td colspan="2">主要用于模数较大，强度较高的动力传动齿轮</td></tr>
<tr><td rowspan="2">与金属齿轮比较</td><td>性能特点</td><td colspan="2">与塑料齿轮相比，金属齿轮的机械强度高、刚性好、温度和湿度变化对尺寸稳定性的影响小。而塑料齿轮则有较大的线胀系数，没有玻纤增强的工程塑料，如聚甲醛其线胀系数是钢的 4.5 倍左右、尼龙更大到 7.5 倍左右。因此，一对齿轮在高温下工作，设计人员必须对这种热膨胀情况予以充分的考虑，否则会因为在高温下轮系的顶隙或侧隙过小而发生“胶合”，而在低温时又出现啮合重合度过小等问题
塑料齿轮的应用，同时也是一种满足低噪声运行要求的重要途径。这就要求有高精度、新型齿形和润滑性与柔韧性兼优的材料出现。塑料齿轮自身具有一定的自润性能，如果是采用添加有 PTFE、硅油等的复合材料，齿轮即可在没有润滑条件下长期工作。这类自润性塑料齿轮更是打印机、传真机和相机等产品的最佳选择。因为这些齿轮不需要外加润滑油剂，不会对工作环境和使用者造成污染
与金属齿轮相比，塑料还可以采用色母或色粉进行着色处理，使模塑齿轮具有各种各样鲜艳美丽的色彩。在电动玩具、石英钟表等产品中装配这类五颜六色的齿轮，既显得美观大方、又方便装配操作
与金属齿轮相比，当前塑料齿轮的最大弱点在于它的弹性模量较小，其轮齿的弯曲强度、齿形和尺寸精度较低。齿轮用热塑性材料种类繁多，其发展由于缺乏有关这类齿轮强度、磨损、磨耗和使用寿命等可靠的计算方法和可靠数据而受到限制。因此，在动力传动中，设计人员提出塑料齿轮的“以塑代钢”方案备受质疑的现象时有发生。对于汽车动力传动等用塑料齿轮，通常要求按产品设计特性规范，通过对样机特性和寿命的型式试验来验证轮系的设计和材料选择的可行性</td></tr>
<tr><td>成型工艺</td><td colspan="2">与金属齿轮相比，模塑成型工艺的固有特点大大提高了设计上的自由度，确保了齿轮制造的高效率、低成本。可以用一次模塑成型内齿轮、齿轮组件、蜗杆和蜗轮等产品。这类产品如果采用金属制造，则加工工序长、技术难度大、生产成本高。因此，如图 a ~ f 所示各种复杂塑料齿轮组件已在汽车、仪表、家用电器和钟表等产品中获得广泛应用</td></tr>
</table>

续表

<table>
<tr><td>与金属齿轮比较</td><td>成型工艺</td><td>
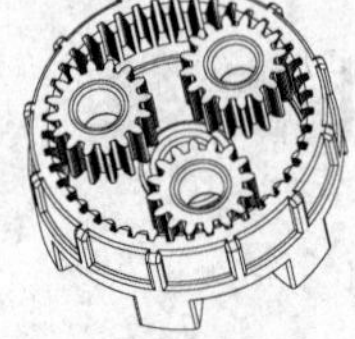
(a) 行星轮系齿轮
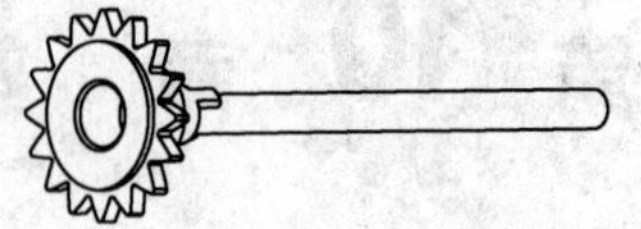
(b) 齿轮轴组件
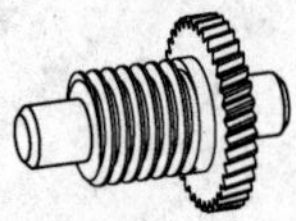
(c) 蜗杆-斜齿轮
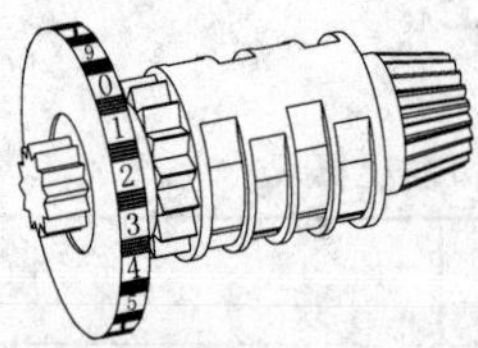
(d) 凸轮计数组件
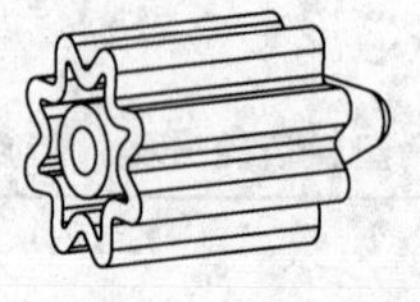
(e) 异型齿轮组件
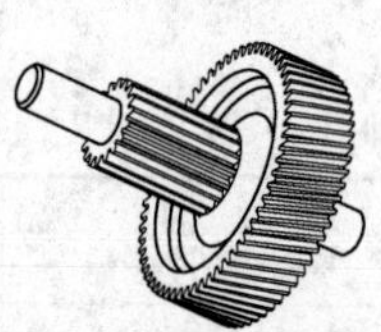
(f) 双联齿轮组件

模塑直齿轮型腔一般可采用EDM电火花线切割成型工艺加工，其原理是采用一根通电的金属丝，按事先编制的程序进行切割成型。这种线切割成型方法，除了要详尽了解齿轮渐开线和齿根的准确形状之外，再没有其他要求。此法不采用基本齿条按展成原理来确定轮齿的几何尺寸和齿根，而是通过一配对齿轮按展成原理来创成最大实体齿廓齿轮，并确定齿轮几何尺寸。这种现代制模先进工艺也大大扩展了轮系齿形设计上的自由度，设计者可以不再受基本齿条概念的约束，通过CAD等电算软件对齿轮轮系进行优化设计和校核</td></tr>
<tr><td colspan="2">塑料齿轮设计、应用、发展概况</td><td>在我国，塑料齿轮起步于20世纪70年代初。模塑齿轮的开发应用大致经历了以下三个阶段：①水、电、气三表计数齿轮、各种机械或电动玩具齿轮；②洗衣机定时器、石英闹钟和全塑石英手表、相机、家用电器、文仪办公设备等齿轮；③汽车雨刮、摇窗、启动电机和电动座椅驱动器（HDM、VDM等）中的斜齿轮、蜗轮和蜗杆等[1]。当前我国塑料齿轮制造业主要集中在浙、粤、闽等沿海地区，塑料齿轮的产量和质量均能基本满足国内目前包括汽车工业在内的产品需求
今天，塑料齿轮已经深入到许多不同的应用领域，如家用电器、玩具、仪器仪表、钟表、文仪办公设备、结构控制设施、汽车和导弹等，成为完成机械运动和动力传递等的重要基础零件
由于塑件在成型工艺上的优势，以及可以模塑成型更大、更精密和更高强度的齿轮，从而促进塑料齿轮得以快速发展。早期塑料齿轮发展趋势一般是直径不大于25mm，传输功率不超过0.2kW的直齿轮。现在可以做成许多不同类型和结构，传输动力可达1.5kW，直径范围已达100～150mm的模塑齿轮。有人预测几年后，塑料齿轮成型直径可望达到450mm，传输功率可提升到7.5kW以上
《塑料齿轮齿形尺寸》美国国家标准（ANSI/AGMA 1006-A97米制单位版）[3]，为动力传动用塑料齿轮设计推出了一种新版本的基本齿条AGMA PT。此基本齿条的最大特点是齿根采用全圆弧，可以在塑料齿轮设计的许多应用场合中优先选用。该标准还阐述了采用基本齿条展成渐开线齿廓的一般概念，包括任何以齿轮齿厚和少数几个数据，推算出圆柱直齿和斜齿齿轮尺寸的说明，并附有公式和示范计算；公式和计算采用ISO规定的符号和公制单位。还编写有几个附录，详细介绍了所推荐的几种试验性基本齿条参数；另外还提出了一种不用基本齿条和模数等概念来确定齿轮几何参数的新途径</td></tr>
</table>

2 塑料齿轮设计

热塑性的材料特性以及塑料齿轮的成型工艺与金属齿轮有着本质上的区别，在设计塑料齿轮时，需要更加深入地了解传动轮系中塑料齿轮的特点，以及如何充分利用和发挥这类模塑齿轮的独特性能。

2.1 塑料齿轮的齿形制

塑料齿轮与金属齿轮一样，普遍采用渐开线齿形。而在钟表等计时仪器仪表中，为了提高传动效率和节能降耗的目的，仍采用圆弧齿形。

2.1.1 渐开线齿形制

表 14-10-2　渐开线圆柱直齿轮基本齿条

特点、适用范围	运动传动用（简称运动型）塑料齿轮多为小模数圆柱直齿齿轮，其齿廓采用渐开线齿形制。适应于小模数渐开线圆柱齿轮国家标准 GB 2363—90，模数 $m_n<1.00$mm 系列。随着汽车用塑料齿轮所需承载负荷越来越大，这类齿轮模数已逐渐扩展到 $m_n\approx2.00$mm 系列；适应于渐开线圆柱齿轮国家标准 GB/T 10095—2001（与 ISO 1328:1997 等同） 我国现行的齿轮基本齿条标准见 GB/T 1356—2001《通用机械和重型机械用圆柱齿轮　标准基本齿条齿廓》[4]（与 ISO 53:1998 等同） 当渐开线圆柱齿轮的基圆无穷增大时，齿轮将变成齿条，渐开线齿廓将逼近直线形齿廓，正是这一点成为统一齿轮齿廓的基础。基本齿条标准不仅要统一压力角，而且还要统一齿廓各部分的几何尺寸 为了确定渐开线类圆柱齿轮的轮齿尺寸，国标[4]中标准基本齿条齿廓仅给出了渐开线类齿轮齿廓的几何参数。它不包括对刀具的限定，但对采用展成法加工齿轮渐开线齿廓时，可以采用与标准基本齿条相啮的基本齿条来规定切齿刀具齿廓的几何参数
标准基本齿条齿廓和相啮标准基本齿条齿廓	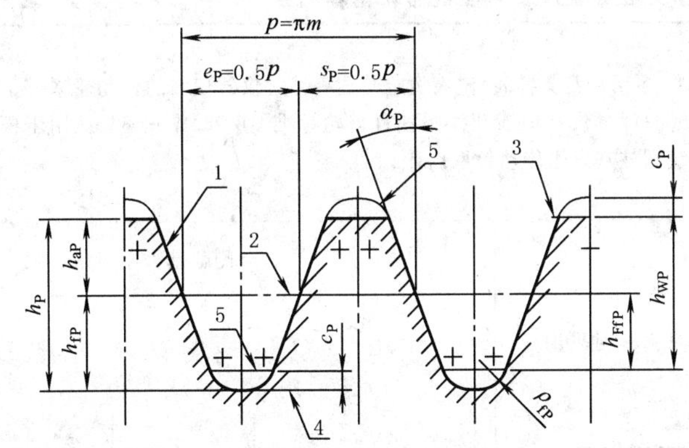 1—标准基本齿条齿廓； 2—基准线； 3—齿顶线； 4—齿根线； 5—相啮标准基本齿条齿廓
标准基本齿条齿廓	标准基本齿条齿廓是指基本齿条的法向截形，基本齿条相当于齿数 $z=\infty$、分度圆直径 $d=\infty$ 的外齿轮。上图为 GB/T 1356—2001 所定义的标准基本齿条齿廓和与之相啮的标准基本齿条齿廓[5]
相啮标准齿条齿廓	相啮标准齿条齿廓是指齿条齿廓在基准线 P—P 上对称于标准基本齿条齿廓，且相对于标准基本齿条齿廓偏移了半个齿距的齿廓

第14篇

续表

	符号	定　义	单位	符号	定　义	单位
代号与单位	c_P	标准基本齿条轮齿与相啮标准基本齿条轮齿之间的顶隙	mm	h_P	标准基本齿条的齿高	mm
				h_{WP}	标准基本齿条和相啮标准基本齿条轮齿的有效齿高	
	e_P	标准基本齿条轮齿齿槽宽		m	模数	
	h_{aP}	标准基本齿条轮齿齿顶高		p	齿距	
	h_{fP}	标准基本齿条轮齿齿根高		s_P	标准基本齿条轮齿的齿厚	
	h_{FfP}	标准基本齿条轮齿齿根直线部分的高度		α_P	压力角(或齿形角)	(°)
				ρ_{fP}	基本齿条的齿根圆角半径	mm

标准基本齿条齿廓几何参数

1. 标准基本齿条齿廓的几何构型及其几何参数见上图和上表；
2. 标准基本齿条齿廓的齿距为 $p=\pi m$；
3. 在 $h_{aP}+h_{FfP}$ 的高度上，标准基本齿条的齿侧面齿廓为直线；
4. 在基准线 P—P 上的齿厚与齿槽宽度相等，即齿距的一半；
5. 标准基本齿条的齿侧面直线齿廓与基准线的垂线之间的夹角为压力角 α_P。齿顶线平行于基准线 P—P，距离 P—P 线之间距离为 h_{aP}；齿根线亦平行于基准线 P—P，距离 P—P 线之间距离为 h_{fP}；
6. 标准根据不同的使用要求，推荐使用四种类型替代的基本齿条齿廓（见文献[5]中表4），在通常情况下多使用B、C型

项　目	α_P	h_{aP}	c_P	h_{fP}	ρ_{fP}
标准基本齿条齿廓的几何参数值	20°	1m	0.25m	1.25m	0.38m

当渐开线圆柱齿轮 $m\geqslant 1$mm 时，允许齿顶修缘。其修缘量的大小，由设计者确定。当齿轮 $m<1$mm 时，一般不需齿顶修缘；$h_{fP}=1.35m$

表 14-10-3　　计时仪器用渐开线圆柱直齿轮基本齿条

适用范围

计时仪器用渐开线圆柱直齿塑料齿轮，多用在石英钟表、洗衣机定时器等计时仪器仪表的传动轮系。由哈尔滨工业大学原计时仪器用渐开线齿形研究组编制的计时仪器用渐开线圆柱直齿轮标准 GB 9821.4—88，适用于模数 $m=0.08\sim1.00$mm，齿数 $z\geqslant 7$ 的计时仪器用渐开线圆柱直齿轮传动轮系设计

基本齿条齿廓

无侧隙基本齿条　　　　有侧隙基准本齿条

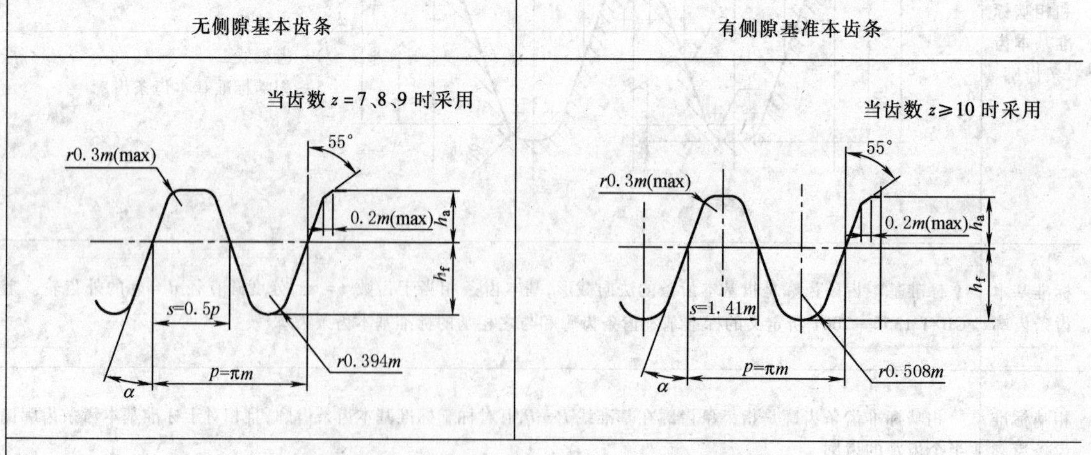

齿形角 $\alpha=20°$；齿顶高 $h_a=m$；齿根高 $h_f=1.4m$；齿厚：无侧隙 $s=0.5\pi m$，有侧隙 $s=1.41m$

第14篇

计时仪器用渐开线圆柱直齿轮传动的计算公式见表 14-10-4。当 $z_1+z_2<34$，模数 $m=1\text{mm}$，减速传动变位齿轮副的中心距 a'见表 14-10-5。当模数 $m=0.08\sim1\text{mm}$，小齿轮 $z_1=7$，大齿轮 $z_2\geqslant20$ 的减速渐开线变位齿轮几何参数的计算公式见表 14-10-6。有关的公差项目、精度等级、极限偏差或公差值等参见 GB 9821.3—88。

表 14-10-4　　计时仪器用渐开线圆柱直齿轮传动几何尺寸计算公式

序号	名　称	代号	标准直齿轮计算公式	变位直齿轮计算公式
1	模数	m	适应 $m=0.12\sim1.0\text{mm}$	适应 $m=0.12\sim1.0\text{mm}$
2	齿数	z	适应于 $z_1\geqslant17$	适应于 $z_1=8\sim16, z_2\geqslant10$
3	变位系数	x_1	$x_1=0$	$z_1=8\sim11, \Delta=0.003, x_1=\dfrac{17-z_1}{17}+\Delta$ $z_1=12\sim16, \Delta=0.004$
		x_2	$x_2=0$	当 $z_1+z_2\geqslant34, x_2=-x_1$ 当 $z_1+z_2<34, x_2=0$
4	压力角	α	$\alpha=20°$	$\alpha=20°$
5	啮合角	α'	$\alpha'=\alpha=20°$	当 $z_1+z_2\geqslant34, \alpha=\alpha'=20°$ 当 $z_1+z_2<34$, $\text{inv}\alpha'=\dfrac{2(x_1+x_2)}{z_1+z_2}\tan\alpha+\text{inv}\alpha$
6	顶隙系数	c^*	$c^*=0.4$	$c^*=0.4$
7	顶隙	c	$c=c^*m$	当 $z_1+z_2\geqslant34, c=c^*m$ 当 $z_1+z_2<34$, $c=a'-\dfrac{(z_1+z_2)m}{2}-x_1m+0.4m$
8	法向侧隙	j_n	$j_n=0.3m$	$z_1\geqslant10, j_n=0.3m$ $z_1=8\sim9, j_n=0.15m$
9	分度圆直径	d	$d=zm$	$d_1=z_1m, d_2=z_2m$
10	节圆直径	d'	$d'=d$	当 $z_1+z_2\geqslant34$ 时, $d'=d$ 当 $z_1+z_2<34$ 时, $d_1'=d_1\dfrac{\cos\alpha}{\cos\alpha'}, d_2'=d_2$
11	顶圆直径	d_a	$d_a=(z+2)m$	$d_a=(z+2+2x)m$
12	根圆直径	d_f	$d_f=(z-2.8)m$	$d_f=(z-2.8+2x)m$
13	中心距	a, a'	$a=\dfrac{1}{2}(z_1+z_2)m$	当 $z_1+z_2\geqslant34$ 时, $a=\dfrac{1}{2}(z_1+z_2)m$ 当 $z_1+z_2<34$ 时, $a'=\dfrac{1}{2}(d_1'+d_2)$

表 14-10-5　$m=1$、$z_1+z_2<34$ 减速传动变位齿轮副中心距 a'　mm

z_2 \ z_1	8	9	10	11	12	13	14	15	16
10	9.756	10.221	10.685						
11	10.221	10.685	11.146	11.606					
12	10.685	11.146	11.606	12.064	12.521				
13	11.146	11.606	12.064	12.521	12.977	13.431			
14	11.606	12.064	12.521	12.977	13.431	13.883	14.334		
15	12.064	12.521	12.977	13.431	13.883	14.334	14.784	15.232	
16	12.521	12.977	13.431	13.883	14.334	14.784	15.232	15.679	16.125
17	12.972	13.426	13.879	14.330	14.779	15.227	15.674	16.119	15.563
18	13.474	13.927	14.380	14.830	15.280	15.728	16.174	16.620	
19	13.975	14.429	14.881	15.331	15.780	16.228	16.674		
20	14.477	14.930	15.381	15.832	16.281	16.728			
21	14.978	15.431	15.882	16.332	16.782				
22	15.480	15.932	16.383	16.833					
23	15.981	16.433	16.884						
24	16.482	16.934							
25	16.983								

表 14-10-6　$z_1=7$、$z_2\geqslant 20$ 减速渐开线变位齿轮几何参数的计算公式

序号	名　称	代号	计　算　公　式
1	模数	m	$m=0.08\sim1.0\text{mm}$
2	齿数	z	$z_1=7, z_2\geqslant 20$
3	变位齿轮	x_1	$z_1=7$ 时, $x_1=0.414$
		x_2	$z_1=20\sim26$ 时, $x_2=0$ $z_2>26$ 时, $x_2=-0.501$
4	压力角、啮合角	α, α'	见表 14-10-4
5	顶隙	c	当 $z_1+z_2>34$ 时, $c=0.577m$ 当 $z_1+z_2<34$ 时, $c=a'-\frac{m}{2}(z_1+z_2)-x_1m+0.4m$
6	侧隙(法向)	j_n	当 $z_1+z_2\geqslant 34$ 时, $j_n=0.27m$ 当 $z_1+z_2<34$ 时, $j_n=0.23m$
7	中心距	a	$z_1=7, z_2>26, a=\frac{m}{z}(z_1+z_2)$
		a'	$z_1=7, z_2=20\sim26$, $a'=\frac{m}{z}(z_1+z_2)+m[(z_2-20)\times0.0012+0.475]$
8	分度圆、节圆、顶圆、根圆直径	d、d'、d_a、d_f	见表 14-10-4

表 14-10-7　　AGMA PT 塑料齿轮基本齿条齿廓[3]

适用范围

"塑料齿轮齿形尺寸"ANSI/AGMA 1106-A97(*Tooth Proportions for Plastic Gears*)推出的 AGMA PT(PT 为 Plastic Gearing Toothform 的缩写)为适应动力传动(简称动力型)塑料齿轮设计的基本齿条

AGMA PT 基本齿条齿廓

m 或 $m_n = 1\text{mm}$

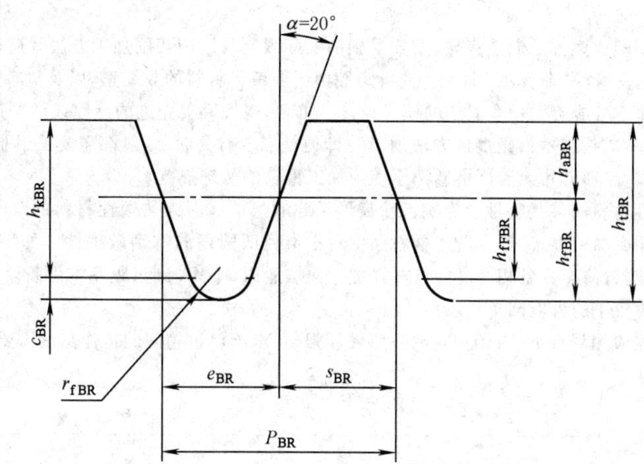

c_{BR}——顶隙
h_{fFBR}——齿根直线段齿廓高
r_{fBR}——齿根圆弧半径
e_{BR}——齿槽宽
h_{kBR}——工作齿高
s_{BR}——齿厚
h_{aBR}——齿顶高
h_{tBR}——全齿高
α——齿形角
h_{fBR}——齿根高
P_{BR}——齿距

AGMA 标准基本齿条几何参数

图中标注出了齿廓的全部参数。这些尺寸参数的值列于下表,同时还列出 AGMA 细齿距标准和 ISO 粗齿距(多数为粗齿距)标准的规定值,以资比较。表中所有数据全部以单位模数($m = 1\text{mm}$)为基准。将表中数据乘以所要设计齿轮的模数即可求得该齿轮齿形的尺寸参数。AGMA PT 基本齿条所定义的参数代号与国标有所不同,本章在介绍按 AGMA PT 基本齿条设计计算齿轮几何参数时,仍将沿用该标准所采用的参数代号不变

基本齿形参数	AGMA PT	ANSI/AGMA 1003-G93 细齿距	ISO 53(1974) 粗齿距	说　明
齿形角 α①	20°	20°	20°	①即直齿轮分度圆压力角或斜齿轮分度圆法向压力角 ②表中数据乘以齿轮模数之后,再加上括号内的数值 ③ ANSI/AGMA 1003-G93 标准中写明零齿根圆角半径意味着滚刀齿顶圆角为尖角。在实际处理上,将此顶角视为最小半径圆角 ④h_{fFBR} 为齿根直线段齿廓与齿根圆弧相切点至齿条节线的距离
齿距 P_{BR}	3.14159	3.14159	3.14159	
齿厚 s_{BR}	1.57080	1.57080	1.57080	
齿顶高 h_{aBR}	1.00000	1.00000	1.00000	
全齿高 h_{tBR}	2.33000	2.20000(+0.05000)②	2.25000	
齿根圆弧半径 r_{fBR}	0.43032	0.00000③	0.38000	
齿根高 h_{fBR}	1.33000	1.20000(+0.05000)②	1.25000	
工作齿高 h_{kBR}	2.00000	2.00000	2.00000	
顶隙 c_{BR}	0.33000	0.20000(+0.05000)②	0.25000	
齿根直线段齿廓高 h_{fFBR}④	1.04686	1.2000(+0.05000)③	1.05261	
齿槽宽 e_{BR}	1.57080	1.57080	1.57080	

续表

比较	比较表中三种基本齿条几何参数，最大差别是 AGMA PT 的齿根圆角半径的增大，其值相当于齿根全圆弧半径。同时也是保证齿根直线段高度 $h_{fFKB} \geqslant 1.1m$ 的最大可能圆角半径。这样便保证了 AGMA PT 与其他 AGMA 基本齿条的兼容性。有关 AGMA PT 的齿廓修形以及几种试验性基本齿条的设计计算等，还将在本章另作详细介绍
AGMA PT 基本齿条是基于塑料齿轮的右列特性而制定的	1)采取模塑成型方法制造齿轮，所要受到的实际限制与采用切削加工方法制造齿轮有所不同，每种模具都具有它自身的"非标准"属性。模具型腔由于要考虑材料的收缩率，以及塑料收缩率的异向性，其型腔几何尺寸不可能遵循一个固定的模式设计。再者，现代模具先进的型腔线切割加工方法，已与切削刀具无关(即不需按基本齿条展成方法加工)，即便是二者有关联，一般都需要采用非标准的专用刀具。因此，模塑齿轮齿形尺寸无需严格遵循原切削加工齿轮的传统规范 2)热塑性材料的某些特性会影响齿轮齿形尺寸的选取。因为热塑性材料的分子结构和排列定向，不管是采取什么加工方式，都会造成材料强度对小半径凹圆角的特别敏感性。如果齿轮齿根能避免这类小圆角，则轮齿便能具备相当高的弯曲强度。而按照原 AGMA 细齿距基本齿条设计制造的齿轮，其轮齿通常会形成较小的齿根圆角 3)在某些应用场合下，由于塑料的热膨性较强，要求配对齿轮间的工作高度需要比其他标准齿形的许用值要大
渐开线齿形制的主要特点	按以上三种渐开线基本齿条设计的齿轮轮系，具有以下主要特点： 1)在传动过程中瞬时传动比为常数、稳定不变； 2)中心距变动不影响传动比； 3)两齿轮的啮合线是一条直线； 4)能与直线齿廓的齿条相啮合。 综上所述几点可以看出：渐开线齿轮不仅能够准确而平稳地传递运动，保证轮系的瞬时传动比稳定不变，而且又不受中心距变动的影响，并还能与直线齿廓的齿条相啮合。就是以上特点给齿轮齿廓的切削加工及其检测带来极大的方便，即可以采用直线型齿廓的齿条刀具，按展成原理滚切成形加工渐开线齿轮齿形。也正是这些特点，使渐开线齿形制在机械传动领域中获得长盛不衰的广泛采用

2.1.2 计时仪器用圆弧齿形制

由天津大学原圆弧齿形研究组负责编制的我国第一部计时仪器用圆弧齿轮国家标准 GB 9821.2—88，主要适应于钟表、定时器等计时仪器仪表用圆弧齿轮（俗称修正摆线齿轮或钟表齿轮），模数范围为 $m=0.05\sim1.00$mm。国内外有关这类标准还将 $z\leqslant20$ 的圆弧齿轮简称龆轮，$z>20$ 的圆弧齿轮简称轮片。

（1）齿形

1）齿形类型

表 14-10-8

分　类	适　用　范　围
第一类型齿形	适用于传递力矩稳定性要求较高的增速传动轮系齿轮；也可用于传递稳定性要求不高的，轮片既可主动也可从动的双向传动轮系的计时仪器用圆弧齿形
第二类型齿形	适用于要求传动灵活的减速传动轮系齿轮

2）齿形及代号

表 14-10-9　　计时仪器用圆弧齿轮齿形参数、系数及代号说明

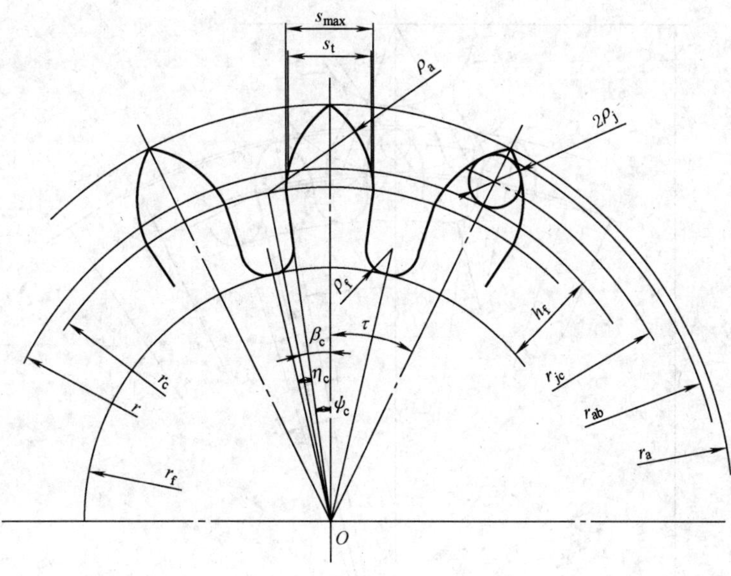

代号	说　明	代号	说　明
r_a	齿顶圆半径(无齿尖圆弧)	r_{ab}	齿顶圆半径(有齿尖圆弧)
r	分度圆半径	r_c	中心圆半径
r_f	齿根圆半径	r_{jc}	齿尖圆弧中心圆半径
ρ_a	齿顶圆弧半径	ρ_j	齿尖圆弧半径
ρ_f	齿根圆弧半径	h_f	齿根高
s_{max}	最大齿厚	s_t	端面齿厚
β_c	过齿顶圆弧中心的径向线与轮齿的平分线间的夹角	η_c	过齿根圆弧中心的径向线与齿廓径向直线的夹角
ψ_c	过齿的平分线与齿廓径向线间夹角	τ	齿距角
ρ_{a1}^*	小齿轮齿顶圆弧半径系数	ρ_{a2}^*	大齿轮齿顶圆弧半径系数
Δr_{c1}^*	小齿轮中心圆位移系数	Δr_{c2}^*	大齿轮中心圆位移系数
s_{c1}^*	小齿轮端面齿厚系数	s_{c2}^*	大齿轮端面齿厚系数
c	顶隙	h_{f2}^*	最小齿根高系数

3）计时仪器用圆弧齿轮传动几何尺寸计算

计时仪器用圆弧齿轮，与计时仪器用渐开线齿轮不同，没有基本齿条和齿形变位修正的概念。

计时仪器用圆弧齿轮齿形参数的系数值，根据齿形类型的不同、齿数的不同而不同，参见表 14-10-11；圆弧齿轮顶隙系数 $c^* \geqslant 0.4$。

表 14-10-10　　计时仪器用圆弧齿轮传动实例几何尺寸的计算公式

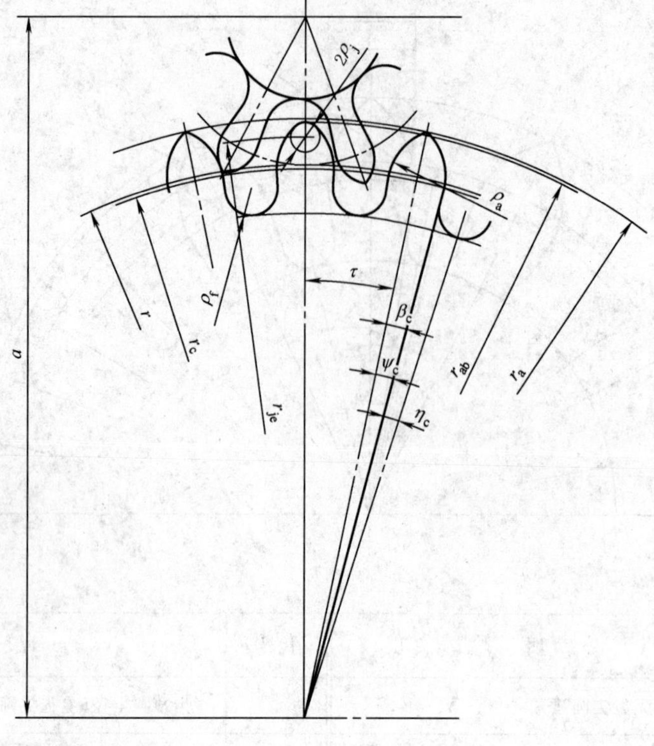

名　称	代号及单位	计 算 公 式	算　例 $z_1=8, m=0.2\text{mm}, z_2=30$
分度圆半径	r/mm	$r=zm/2$	$r_1=0.8, r_2=3$
中心距	a/mm	$a=(z_1+z_2)m/2$	$a=3.8$
齿数比[4]	μ	$\mu=z_2/z_1$	$\mu=3.75$
齿距角	τ	$\tau=360/z$(度)或 $\tau=2\pi/z$(弧度)	$\tau_1=45°, \tau_2=12°$
齿距	p_t/mm	$p_t=\pi m$	$p_t=0.62832$
中心圆半径	r_c/mm	$r_c=r-\Delta r_c^* m$	$r_{c1}=0.79, r_{c2}=2.978$
齿顶圆弧半径	ρ_a/mm	$\rho_a=\rho_a^* m$	$\rho_{a1}=0.2, \rho_{a2}=0.32$
齿顶圆弧衔接点圆半径	r_{ax}/mm	$r_{ax}=\sqrt{r_c^2-\rho_a^2}$	$r_{ax1}=0.76426, r_{ax2}=2.96076$
参数角	β_c	$\beta_c=\arccos\dfrac{r^2+r_c^2-\rho_a^2}{2rr_c}-\dfrac{s_t^*}{z}$	$\beta_{c1}=6.91436°$ $\beta_{c2}=3.124°$
顶隙	c/mm	$c=c^* m$	$c=0.08$
齿尖圆弧半径	ρ_j/mm	$\rho_j=(0.2\sim0.4)m$(本例取0.4)	$\rho_{j1}=0, \rho_{j2}=0.08$

续表

名　称	代号及单位	计 算 公 式	算　例 $z_1=8, m=0.2\text{mm}, z_2=30$
齿顶圆半径	r_a/mm	无齿尖圆弧 $r_a=r_c\cos\beta_c+\sqrt{\rho_a^2-r_c^2\sin^2\beta_c}$ 有齿尖圆弧 $r_{ab}=r_{jc}+\rho_j$ $r_{jc}=r_c\cos\beta_c+\sqrt{(\rho_a-\rho_j)^2-r_c^2\sin^2\beta_c}$	$r_{a1}=0.9602$ $r_{ab}=3.24937$ $r'_{a2}=3.23038$
齿根圆半径	r_f/mm	大齿轮齿根圆半角 $r_{f2}=r_2-h_{f2}^*m$ 小齿轮齿根圆半角 $r_{f1}=r_1-(r_{a2}-r_2)-c$	$r_{f1}=0.47063$ $r_{f1}=2.74$
齿距角	ψ_c	$\psi_c=\arcsin\left(\dfrac{\rho_a}{r_c}\right)-\beta_c$	$\psi_{c1}=7.7505°$ $\psi_{c2}=2.9554°$
齿距角 η_c	η_c	$\eta_c=\dfrac{\pi}{z}-\psi_c$（弧度）	$\eta_{c1}=14.7495°$ $\eta_{c2}=2.9554°$
齿根圆弧半径	ρ_f/mm	$\rho_f=\dfrac{r_f\sin\eta_c}{1-\sin\eta_c}$	$\rho_{f1}=0.16075$ $\rho_{f2}=0.14895$
端面齿厚	s_t	$s_t=s_t^*m$	$s_{t1}=0.21, s_{t2}=0.314$
最大齿厚	s_{max}	$s_{max}=2(\rho_a-r_c\sin\beta_c)$	$s_{max1}=0.21, s_{max2}=0.3154$

表 14-10-11　　计时仪器用圆弧齿轮齿形参数的系数值

<table>
<tr><th>齿形类型</th><th>小齿轮齿数 z_1</th><th>ρ_{a1}^*</th><th>Δr_{c1}^*</th><th>ρ_{a2}^*</th><th>Δr_{c2}^*</th><th>s_{t1}^*</th><th>s_{t2}^*</th><th>h_{f2}^*</th></tr>
<tr><td rowspan="6">第一类型</td><td>6</td><td rowspan="6">1.00</td><td>0.01</td><td rowspan="3">1.60</td><td>0.19</td><td rowspan="4">1.05</td><td rowspan="6">1.57</td><td rowspan="6">1.30</td></tr>
<tr><td>7</td><td>0.02</td><td>0.16</td></tr>
<tr><td>8</td><td>0.05</td><td>0.11</td></tr>
<tr><td>9</td><td>0.13</td><td rowspan="3">2.00</td><td>0.28</td></tr>
<tr><td>10～11</td><td>0.15</td><td>0.23</td><td rowspan="2">1.25</td></tr>
<tr><td>≥12</td><td>0.19</td><td>0.15</td></tr>
<tr><td>第二类型</td><td>6～20</td><td>0.90</td><td>0</td><td>1.20</td><td>0.40</td><td>1.30</td><td>1.30</td><td>1.30</td></tr>
</table>

计时仪器用圆弧齿轮标准 GB/T 9821—88 附录 A.1 给出模数 $m=1\text{mm}$，$z_1=6\sim20$ 第一类型齿形的齠轮主要尺寸；附录 A.2 给出模数 $m=1\text{mm}$ 第二类型齿形的齠轮主要尺寸。附录 B.1 给出了模数 $m=1\text{mm}$ 第一类型齿形的部分轮片齿顶圆直径计算值；附录 B.2 给出模数 $m=1\text{mm}$ 第二类型齿形的部分轮片齿顶圆直径计算值。

（2）计时仪器用圆弧齿轮传动的主要特点

1）在传动中传动比保持恒定，但瞬时传动比不为常数；

2）在传动中只能是一对齿在工作，即重合度等于 1。因此，其传动的准确性不如渐开线齿轮高；

3）输出力矩变动小，传动力矩平稳，传动效率比渐开线齿轮高；

4）圆弧齿轮的最少齿数为 6，单级传动比大、轮系结构紧凑；

5）齿侧间隙较大，保证轮系传动灵活、避免卡滞现象发生。

比较以上两种不同齿形制齿轮的主要特点，由于计时仪器用圆弧齿轮的瞬时传动比有变化，传动不够准确、平稳。因此，不适宜精密和高速齿轮传动。但一些对传动比变动量要求不高的运动型低速传动机构，诸如手表、高档石英钟等计时用产品机芯中的走时传动轮系，由于这种圆弧齿轮具有传动效率高，传动力矩平稳，单级传动比大等优点，因此在国内外钟表等计时产品行业仍在广泛应用。

2.2 塑料齿轮的轮齿设计

运动传动型塑料齿轮轮系设计，齿轮轮齿可优先参考国标所定义的标准基本齿条进行设计。其轮齿与金属齿轮基本相同，可选用标准所规定的模数序列值、标准压力角 α（或 α_n）= 20°等参数值。动力传递型塑料齿轮轮系的齿轮轮齿可优先选用 AGMA PT 基本齿条设计。本节将重点介绍采用 AGMA PT 基本齿条设计塑料齿轮轮齿的主要特点。

2.2.1 轮齿齿根倒圆

表 14-10-12

<table>
<tr><td rowspan="5">轮齿齿根倒圆</td><td>采用全圆弧齿根</td><td colspan="2">按 AGMA PT 基本齿条设计的塑料齿轮轮齿采用全圆弧齿根；除了增强齿根的弯曲强度和提高传递载荷的能力外，还有另外一个目的：为了在模塑时促使塑胶熔体更加流畅地注入型腔齿槽内，以减少内应力的形成和使塑胶在冷却凝固过程中的散热更加均匀。这种模塑齿轮的几何形状和尺寸会更趋稳定</td></tr>
<tr><td rowspan="4">两种不同基本齿条设计齿轮齿根圆弧应力分布图</td><td>负荷 ② ② ③ ①
(a) AGMA细齿距齿轮（小圆弧齿根）</td><td>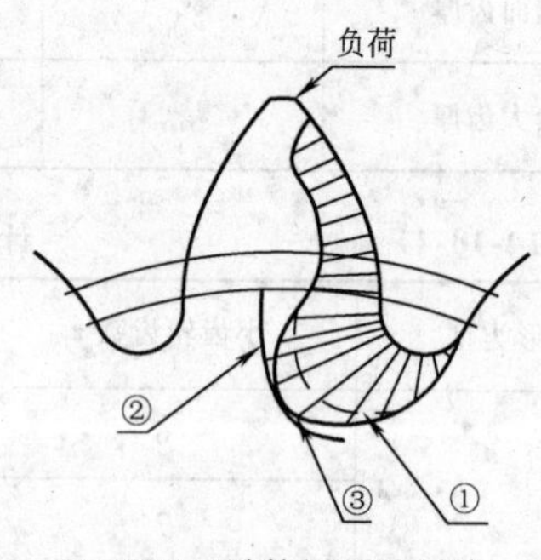
(b) AGMA PT齿轮（全圆弧齿根）</td></tr>
<tr><td colspan="2">①—Lewis；②—Dolan & Broghamer；③—Boundary Eiement Method
小齿轮主要参数：模数 1.0mm；齿数 12；齿厚 1.95mm</td></tr>
<tr><td>根据 ANSI/AGMA 1003—G93 细齿距基本齿条设计的 $z=12$ 小齿轮，为小圆弧齿根</td><td>根据 AGMA PT 基本齿条设计的同一齿轮，为全圆弧齿根</td></tr>
<tr><td colspan="2">图中对每种齿根圆角分别示出了反映齿根处所产生的应力状况的三个应力分布图。最里面曲线内是“Lewis”的应力图，其应力值是根据 Lewis（路易斯）基本方程，不计入应力集中的影响而求得的。中间曲线内是“Dolan 和 Broghamer”的应力图，计入了应力集中的影响，AGMA 标准的齿轮强度计算通常便是对这一影响作出的估算。最外面曲线是“Boundary Eiement Method”的应力图，是采用边界元方法算得的应力。以上三种计算法，由 AGMA PT 基本齿条标准所确定的齿根圆角，其应力水平都比 AGMA 细齿距基本齿条标准所确定的齿轮齿根圆角要低</td></tr>
</table>

续表

滚切齿轮齿根过渡曲线

滚切成形的齿轮(或 EDM 用电极)齿根曲线,是由延伸渐开线所形成的齿根圆角,主要取决于滚刀齿顶两侧的圆角半径。齿顶圆角半径愈大,则齿轮齿根处延长渐开线的曲率半径也愈大,所形成的“圆角”的曲率半径也就大。当载荷施加于轮齿齿顶上时,在齿根圆角处所产生的弯矩最大。在较小的齿根圆角周围所形成的应力集中,会增大弯曲应力。齿根圆角半径越大,这种应力集中便越小,轮齿承受施加载荷的能力便越强。齿轮传动属于典型的反复载荷,齿根圆角越大的特点更加适用这类反复载荷的传递

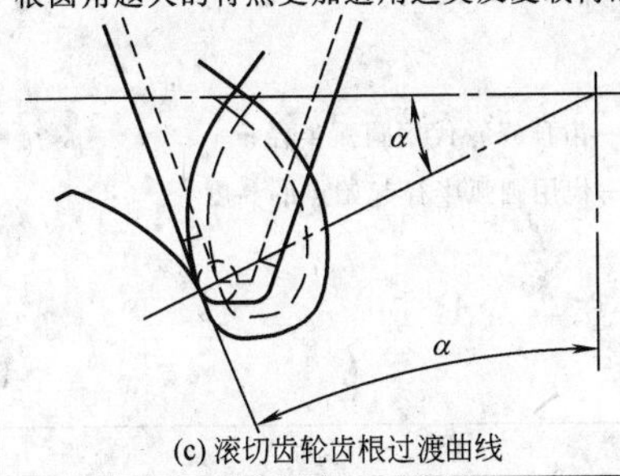

(c) 滚切齿轮齿根过渡曲线

由齿条型刀具按展成原理,所滚切成形的齿轮齿根圆角延长渐开线(在 ANSI/AGMA 1006-A97 中称“次摆线”),其曲率半径变化范围从齿根曲线底部的最小,至与渐开线齿侧衔接处的最大,如图 c 所示。当齿数较少和齿厚较小的齿轮,这一变化十分明显。所有由齿条型刀具展成滚切的齿轮齿根圆角曲线,均存在这一现象,只是大小程度不同而已。采用圆弧来替代齿根圆角延伸渐开线,对齿轮型腔制造工艺(线切割编程)或齿根圆角的检验和投影样板绘制均有好处。须注意的是这种代用圆弧,不要使齿根圆角处的材料增加至足以引起与配对齿轮齿顶发生干涉的程度。另一方面,在齿根圆角危险截面处过小的圆弧半径,会降低轮齿的弯曲强度。还可以采取两段不同半径的光顺相接圆弧,来替代齿根曲率变化较大的延伸渐开线[6]

2.2.2 轮齿高度修正

表 14-10-13

标准渐开线齿轮采用20°压力角、两倍模数的轮齿工作齿高。然而,对于弹性模量低、温度敏感性高的不同摩擦、磨损系数的热塑性塑料齿轮而言,要求比标准齿轮具有更大的工作齿高。这种工作齿高增大的轮齿,更能适应塑料齿轮的热膨胀、化学膨胀和吸湿膨胀等所引起的中心距变动,保证轮系在以上环境条件下工作的重合度 $\varepsilon \geqslant 1$

据 ANSI/AGMA 1006-A97 介绍,William Mckinley(威廉·麦金利)曾提出一种非标准基本齿条,这一种基本齿条已获得美国塑料齿轮业内的广泛采用,并且常用来代替 AGMA 细齿距标准基本齿条。因为这些齿形尺寸含有模塑齿轮优先选用的尺寸,并且已经为业内所公认,经过作某些变更后,在编制 AGMA PT 过程中已用作范本。这种非标准基本齿条包括有四种型别,其中第一种型号中的啮合高度,也即工作高度与其他几个 AGMA 标准相同。这种型号的应用最为广泛,所以 AGMA PT 仍选定它作为新齿形尺寸的标准基本齿条。其他三种实验性基本齿条的啮合高度均有所增大,但增大的程度又有所不同。其中,PGT-4 的齿顶高为 $1.33m$。设计者可根据不同的需要自行选定

AGMA PT 三种($m=1$mm)实验性基本齿条齿廓

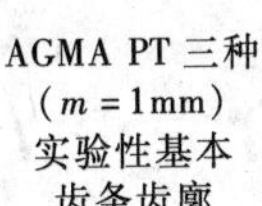

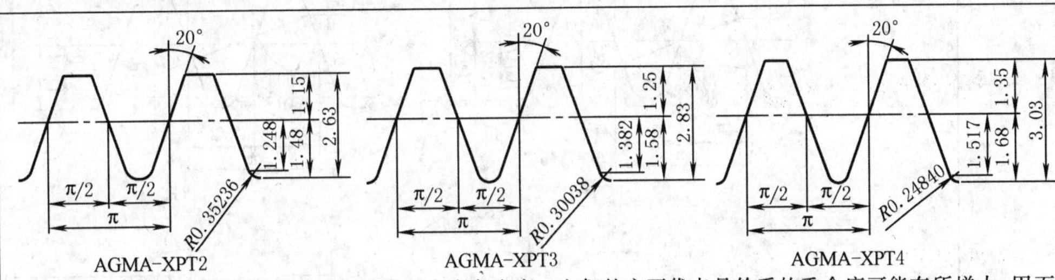

AGMA-XPT2　　AGMA-XPT3　　AGMA-XPT4

上图是 AGMA PT 所推荐的三种实验性基本齿条齿廓。它们的主要优点是轮系的重合度可能有所增大,因而对有效中心距变动的适应性较高。但对于齿数少以及增加齿厚来避免根切的齿轮,这一优点又将会受到限制。需适当注意的是全齿高不得增大到引起轮齿机械强度降低的程度,原因不仅在于轮齿过长,还在于齿根圆角半径减小将造成应力集中现象会有所加剧

AGMA PT 基本齿条的某些参数会影响轮齿的齿根圆角应力,因而影响轮齿的弯曲强度。从一方面说,AGMA PT 齿根高略大,有增大齿根处弯矩的倾向。但是,由于轮齿齿底处的齿厚较宽,会对齿根圆角半径减小所引发的应力集中现象有所减轻。两者所形成的综合效应所带来的有利因素通常会胜过上述程度轻微的有害影响。

以上 AGMA PT 三种实验性基本齿条的参数见下表。

AGMA PT 三种实验性基本齿条参数

	基本齿形参数	AGMA XPT-2	AGMA XPT-3	AGMA XPT-4
$m=1$mm	压力角 α	20°	20°	20°
	圆周齿距 P_{BR}	3.14159	3.14159	3.14159
	齿厚 s_{BR}	1.57080	1.57080	1.57080
	齿顶高 h_{aBR}	1.15000	1.25000	1.35000
	全齿高 h_{tBR}	2.63000	2.83000	3.03000
	齿根圆弧半径 r_{fBR}	0.35236	0.30038	0.24840
	齿根高 h_{fBR}	1.48000	1.58000	1.68000
	工作齿高 h_{kBR}	2.30000	2.50000	2.70000
	顶隙 C_{BR}	0.33000	0.33000	0.33000
	齿根直线段高 h_{fFBR}	1.24816	1.38236	1.51656
	齿槽宽 e_{BR}	1.57080	1.57080	1.57080

设计注意

不要采用由 AGMA PT 基本齿条与表中三种实验性基本齿条中任一种所设计的齿轮相啮合。而且,也不可以采用表中任两种不同实验性基本齿条所设计的齿轮相啮合,以免造成两齿轮轮齿间“干涉”

2.2.3 轮齿齿顶修缘

表 14-10-14

<table>
<tr><td rowspan="2">AGMA PT 齿顶修缘的基本齿条齿形</td><td>
(a)

R_{TBR}——齿顶修缘代用圆弧半径；
h_{aTBR}——代用圆弧半径起始点的高度</td></tr>
<tr><td>这是 AGMA PT 推荐的一种对塑料齿轮轮齿齿顶修缘基本齿条。这种实验性基本齿条如图 a 所示，即将两侧齿廓沿着连接齿顶附近切除一层呈细薄片材料。基本齿条齿顶附近所切除的一小段直线齿廓，由一小段圆弧齿廓（$R=4m$）所代替来实现齿顶修缘。塑料齿轮齿顶修缘的主要目的，在于能缓解伴随与啮合轮齿相毗连的轮齿之间，在传递载荷发生突然变化的情况下（尤其是当齿轮经受重载荷轮齿出现弯曲变形时），对其降低齿轮的啮合噪声是有效的。采用这种齿顶修缘措施时，须注意避免修形过量。齿廓修缘起始点过“低”或齿顶修缘过度，不但不会改善齿轮的啮合质量，反而会引起载荷冲击力增大；从而造成弯曲应力、噪声和振动的增大。此外，这种实验性基本齿条的齿顶修缘还有较多的技术难度，只有当传递重载荷和出现较大啮合噪声等特殊情况下方可考虑使用</td></tr>
<tr><td rowspan="2">四种 $m=1$mm 齿顶修缘试验性基本齿条</td><td>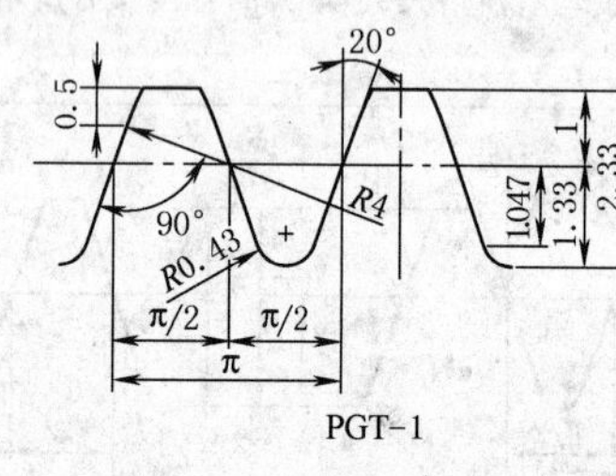

PGT-1

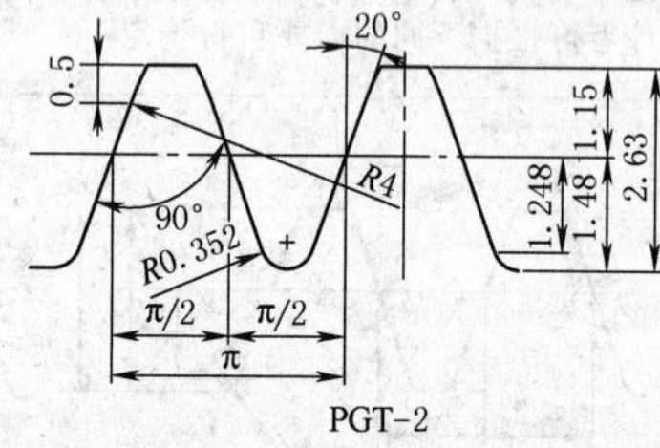

PGT-2

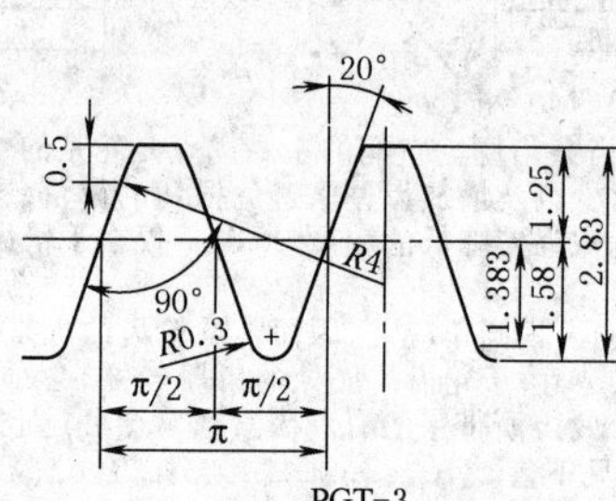

PGT-3

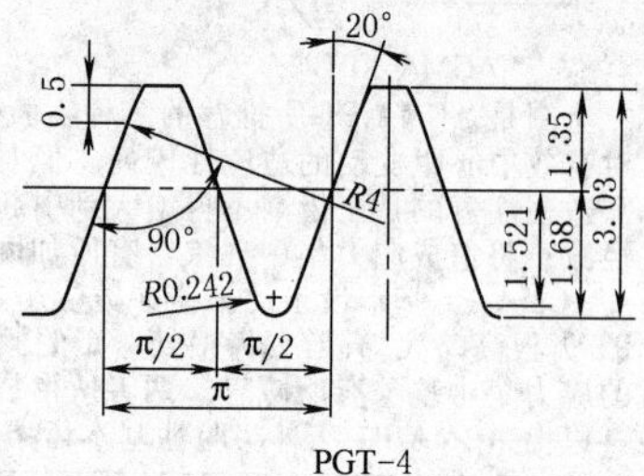

PGT-4

(b)</td></tr>
<tr><td>当采用这类实验性基本齿条时，需要将齿顶修缘基本齿条作为塑料齿轮设计图中的组成部分提供给施工者。
ANSI/AGMA 1106-A97 的附件 D 中列出了用于这类修形基本齿条对所切成的齿轮齿形有关几何参数的计算公式。
将齿顶高度增大与齿顶修缘的组合修形基本齿条，受到塑料齿轮制造业内的广泛重视。上图是参考文献[7]推荐的四种不同型号的模数 $m=1$mm 的组合修形基本齿条。这类组合修形基本齿条，实质上即是 AGMA PT 标准型和三种试验性基本齿条与该标准所推荐的齿顶修缘基本齿条的组合。本章已将原图中英制单位转换为公制单位</td></tr>
</table>

2.2.4 压力角的修正

表 14-10-15

增大压力角的优缺点	ISO、AGMA 和 GB 等齿轮标准均定义 20°为标准压力角。当压力角增大,这是一个被认可为降低轮齿弯曲和接触应力的措施,总的效果是提高强度、减小磨损。由于齿顶滑移现象减轻,效率也会有所改进。对少齿数齿轮,还有另一个优点,也即减少了对增加齿厚来避免根切的需要。增大压力角的基本齿条实例可见于 AGMA201.02(已于1995年撤消)中的 AGMA"粗齿距齿形"的 25°压力角型。但是,也存在一些缺点:齿顶宽度和齿根圆角半径有所减小。将本类型基本齿条的压力角增大修正与增大全齿高组合使用的可能性是较小的。因为支承齿轮的轴承的载荷有所增大,受力方向也会有所变动。中心距变动所引起的侧隙变动较之压力角为 20°时要大
减小压力角	基本齿条也可以修正为减小压力角,这一修正型的一个实例已有很长一段历史。这便是现在已基本淘汰了的英制齿轮压力角为 14.5°的基本齿条。减小压力角的优、缺点,正好与上述压力角增大相反
减小压力角增大重合度	对于重合度或侧隙控制,有比承载能力更紧要的应用场合,这类小压力角基本齿条的修正可以使设计效果有所改进。在某些场合凭借减小齿形角与增大全齿高的结合,有可能挽回各种强度损失,可以理想地达到使重合度超过 2 的程度。由于使载荷分布于更多数目同时啮合的轮齿上,可以绰绰有余的抵消各个单齿所降低的强度。这种通过减小压力角来达到增大重合度,改善传动质量的做法,已在国内外汽车各种电机蜗杆-蜗轮副设计中得到广泛应用。在这类蜗杆-蜗轮传动轮系中,通常采用减薄齿厚金属蜗杆和增肥齿厚的模塑斜齿轮相组合
基本齿条修正成两个不同压力角	基本齿条还可以修正成有两个不同的压力角,例如齿轮轮齿两侧压力角如下图所示[3],分别为 25°、15°。有一些场合,应用这样一种特殊基本齿条具备有潜在的设计优点。需要这种形式的典型情况是载荷只限于单向传动,或者如果载荷方向是变更的,这两个方向有着不同的工作要求。采取两个不同压力角的设计,选用其中一个来最大限度地满足与一组齿侧有关的设计目标,另一个用来弥补前者的不足之处。例如,将大压力角用于承载负荷的齿侧,这有助于降低接触应力;而将小压力角用于非承载齿侧,这样可以增大齿顶厚,又可增大全齿高。反之,也可选择小压力角用于承载负荷的齿侧,以提高重合度或减小工作啮合角;而将大齿形角用于非承载的齿侧,可以起到增强轮齿弯曲强度的作用
比较	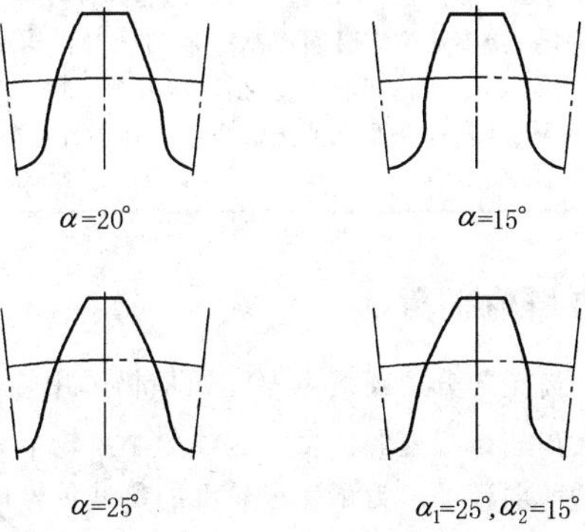 四种不同压力角渐开线齿廓的比较图

2.2.5 避免齿根根切及其齿根“限缩”现象

表 14-10-16

同一种少齿数渐开线齿轮的两种齿形“限缩”效应比较	齿轮型腔齿廓 模塑齿轮齿廓 （$z=10$、$y=0.25$、$r_f=0.35$） （$z=10$、$y=0.45$、r_f—全圆弧） 根切“限缩”效应突显　　根切“限缩”效应消除 （a）同一少齿数渐开线齿轮齿根“限缩”比较 当圆柱渐开线齿轮的压力角 $\alpha=20°$、齿数少于17、基本齿条变位量又不够大时，采用齿轮滚刀展成滚切加工的齿轮齿根处会出现根切。这种根切将严重削弱轮齿强度，特别是塑料齿轮应予以避免。此外，这类根切还将带来另一类模塑成型问题，当齿根圆角较小时，轮齿根切更加突显。即齿轮在模塑成型的冷却、收缩过程中，根切状态会在型腔齿槽内相对狭窄部位引发“限缩”现象，限制齿轮径向和周向的自由综合收缩。图a所示为两个齿数相同的 $m=1$mm 小齿轮齿根不同的“限缩”效应。在左图中，齿根圆角较小的小齿轮，基本齿条的变位量 $y=0.25$ 时，其齿根的“限缩”效应仍显著。而右图所示，当齿根为全圆弧，基本齿条变位量增大为 $y=0.45$，则这种“限缩”现象已基本消除。在计时仪器用渐开线齿轮轮系设计中，为了提高单级齿轮副的传动比，小齿轮齿数往往为 $z<10$。如果仍按标准所定义的参数设计齿轮，则这种少齿数齿轮的齿根将出现严重的“限缩”效应。为了避免这种情况的发生，最好的解决方案是对少齿数齿轮的基本齿条采取足够大的正变位修正和齿根全圆弧的设计方案
非标准圆弧齿形	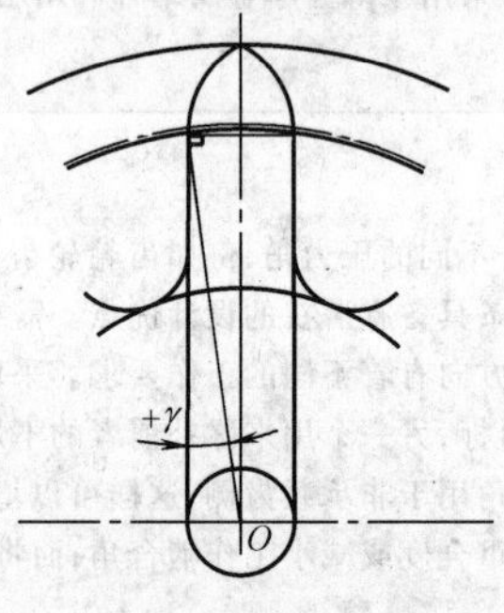 （b）非标准圆弧齿形 计时仪器用圆弧齿轮齿形，由于分度圆齿厚要比齿根厚度大，如果塑料圆弧齿轮仍按这种标准齿形设计，就会出现以下不良情况：一是轮齿齿根处的弯曲强度最弱；二是轮齿的“限缩”效应会影响模塑齿轮的收缩和顶出脱模。为了避免以上情况出现，图b中推荐一种非标准计时仪器用圆弧齿轮齿形[6]。这种圆弧齿形的主要特点是轮齿的齿根段为非径向直线，它相对标准圆弧齿形的径向直线齿根，已向轮齿体外偏转了一个 $+\gamma$ 角。这种非径向直线齿根的金属圆弧齿轮，最早出现在前苏联兵器工业高炮时间控制引信的延时机构中。因为高射炮弹在发射瞬间，要承受极大的瞬时加速度和冲击力，为了增强圆弧齿轮齿根强度，适应极其恶劣的工作条件，特采用了这种非标准圆弧齿轮齿形 圆弧齿轮啮合传动分析研究表明，这种非标准圆弧齿根非径向性齿轮，对其轮系的传动啮合曲线特性的影响甚小，可以忽略不计

2.2.6 大小齿轮分度圆弧齿厚的平衡

在塑料齿轮轮系设计中，两个齿轮的分度圆弧齿厚，如果仍采用金属齿轮弧齿厚的设计方式（$s_1\approx s_2$），那么少齿数小齿轮的轮齿齿根要比大齿轮齿根瘦弱许多。这样的小齿轮承载负荷的能力将要比大齿轮低得多，小齿轮的齿根强度就成为轮系设计中的薄弱环节。为了使齿轮副的负载传输能力最佳化和保证合理的侧隙要求，小齿轮的分度圆弧齿厚应适当增大，大齿轮的弧齿厚则应适当减小。有关通过调整两齿轮分度圆弧齿厚，在保证合理啮合侧隙的前提下，达到两齿轮轮齿在齿根处的弧齿厚基本相同要求。由于小齿轮参与啮合的频率是大齿轮的 i（传动比）倍，因此，小齿轮齿根弧齿厚应大于大齿轮齿根弧齿厚，就显得更为合理。

2.3 塑料齿轮的结构设计

表 14-10-17

<table>
<tr><td rowspan="2">塑件名义壁厚的基本要求</td><td>名义壁厚</td><td>塑料齿轮的结构设计与其他塑料零件一样,有一个共同的核心问题,即塑件在冷凝过程中的收缩。"名义壁厚"[8]是对任何好的塑件设计方案都同样重要的指标之一。它基本上决定了塑件的形状与结构。尽管对于注塑成型塑件来说,并没有一个平均壁厚之类的概念,但十分常见的塑件壁厚多控制为 3mm 左右。而名义壁厚的变化,也是很重要的,应在一定范围内。对于低收缩率材料的名义壁厚变化应小于 25%,而高收缩率材料则应小于 15%。如果需要对壁厚作更大的改变,就必须对塑件壁厚作出必要的技术处理。因为塑件壁厚变化较大时,厚壁和薄壁的冷凝快慢、收缩大小不均,这样就会导致塑件弯曲变形和尺寸超差</td></tr>
<tr><td>名义壁厚设计及其效果</td><td>必须把握好塑件名义壁厚和内角倒圆两个基本准则。下图为双联齿轮设计示例:
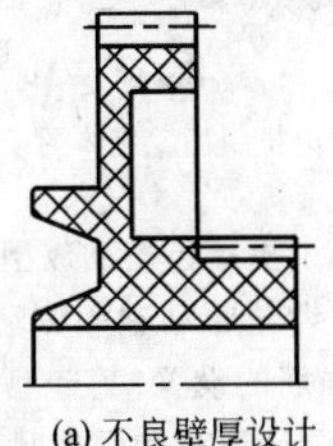
(a) 不良壁厚设计
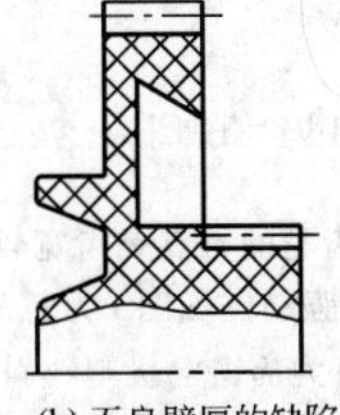
(b) 不良壁厚的缺陷
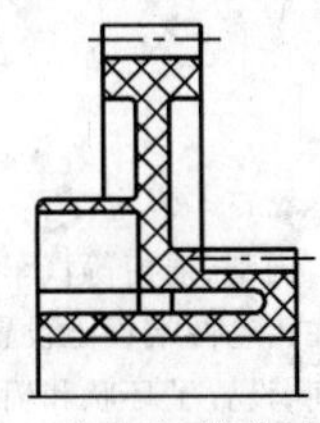
(c) 合理壁厚的效果
图 a 各部壁厚差异较大和内角处没有倒圆为不良设计;图 b 为不良设计注塑成型的塑料齿轮,出现轮缘凹陷,内孔口向内翘曲和模具制造成本较高等缺陷;图 c 为较好的设计方案。其优点是:
1)塑件各部壁厚基本一致,2)齿轮腹板的结构和位置合理,3)降低了模具的制造成本,4)基本上消除了塑件出现如图 b 所示的各种不良缺陷</td></tr>
<tr><td colspan="2">两壁交汇处避免出现尖角</td><td>
(d) 两壁厚交汇处尖角(差的)
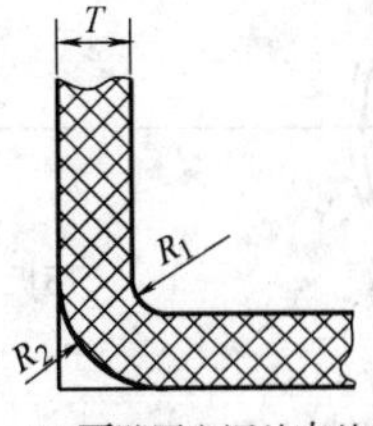

(e) 两壁厚交汇处内外倒圆
R_1=0.5T
R_2=1.5T
(但R_1>0.5mm)
当塑件的两壁交汇成一个内角时,就会出现应力集中和塑胶熔体流动不畅等现象。当将此处型腔两成型面交汇处倒圆时,即可改善塑胶熔体流动的途径,又可使塑件获得比较均匀的壁厚,还可将应力扩散至一较大的区域。通常内角倒圆半径范围为名义壁厚的 25% ~75%。较大的倒圆半径虽然会减小应力集中,但会使塑件倒圆处的壁厚变大。当内角处有相对应的外角时,即可通过调整外角半径值,就可满足塑件保持一个较均匀壁厚的要求。如图 e 所示,塑件内角倒圆半径为名义壁厚的 50%,则外角倒圆半径取 150%</td></tr>
<tr><td>名义壁上的加强筋</td><td>筋的高度、壁厚和间距</td><td>所有齿宽较厚、形状复杂的塑料齿轮,都在名义壁上设置如图 f、g、h 所示凸筋。塑料齿轮最常见的是加强筋,其目的:一是增强齿轮的刚性和提高塑件尺寸的稳定性;二是控制注入型腔塑胶熔体的流程;三是减轻齿轮的重量,节省材料
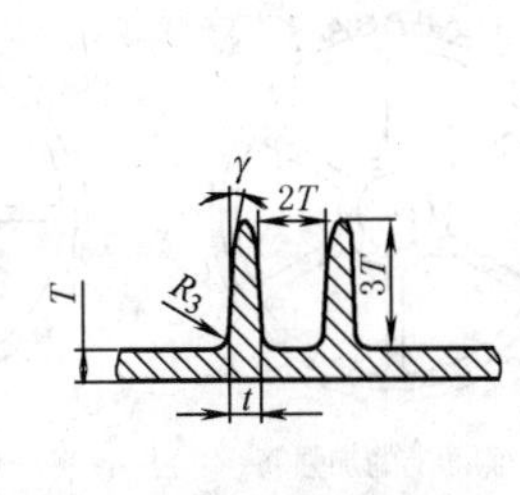

(f) 加强筋
t=0.50T～0.75T
(g) 角板
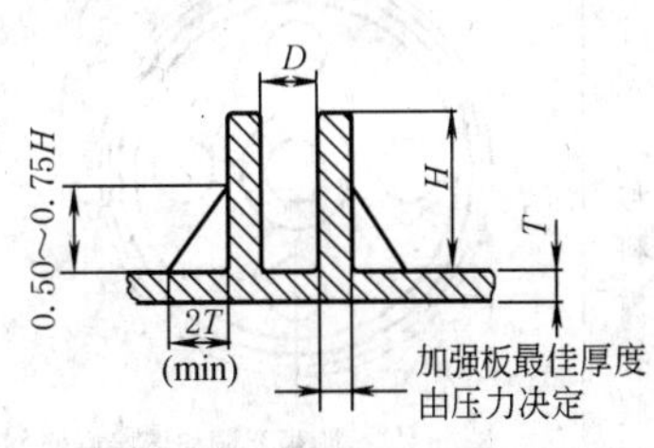

(h) 加强板
通常塑件凸筋的高度不应超过名义壁厚的 2.5 ~3 倍[8];尽管较高的凸筋会增强齿轮的刚性,但也可能造成塑胶熔体的填充和排气困难,以致很难准确成型。因此,往往采用两条矮筋代替一条高筋的设计方案。凸筋的厚度对于高收缩率材料,推荐取为名义壁厚的一半,对于低收缩率材料,则大约为 75%。凸筋的合理厚度将有助于控制凸筋与名义壁接合处的收缩,接合处应倒圆,最小倒圆半径可取壁厚的 25%。取较大的倒圆半径将会增加接合处的厚度,会在设置凸筋处的塑件外表面上出现凹陷。当需要使用多条凸筋时,筋与筋之间的距离不应小于两倍名义壁厚。凸筋间距太小,可能会造成凸筋处很难冷凝,并产生较大的残余内应力</td></tr>
</table>

续表

名义壁上的加强筋	不同加强筋的实例	(i) 雨刮电机斜齿轮侧视图 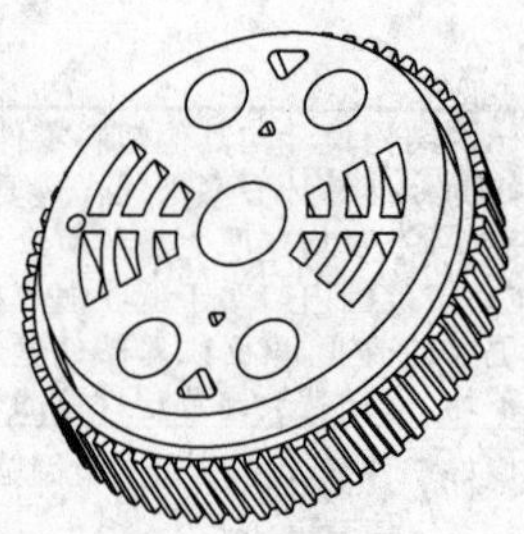 (j) 摇窗电机斜齿轮立体图 雨刮、摇窗等汽车电机中的塑料斜齿轮的特点是齿宽较厚，直径较大。为了提高齿轮的成型精度和机械强度，通常在齿轮两端面上设置有不同形式的加强筋。如图 i 为轿车雨刮电机塑料斜齿轮驱动轴一侧端面上的轮缘与轮毂之间，设置了环状和辐射式加强筋。图 j 为摇窗电机塑料斜齿轮的沉孔和加强筋的设置，其造型美观适用，既减轻塑件重量、增强刚性，提高注塑成型精度和尺寸稳定性，还节约了制造成本。在设计环状和辐射状凸筋时，应保证这类凸筋不会影响斜齿轮的顶出与旋转脱模
齿轮的轮缘—轮毂	带轮缘—轮毂的塑料齿轮设计	s 轮缘厚度(1.25～3)s 轮毂 腹板 (k) 与齿轮齿厚相关的腹板厚度 最简单塑料齿轮的基体结构是片状齿轮。这种只有单一名义壁的齿轮，由于没有壁厚变化，从理论上讲将不会有不均匀的收缩。这类齿轮的厚度一般不要超过 6mm，当齿轮厚度大于 4.5mm 时，设计成腹板和轮毂—轮缘式的基体结构，将有利于动力传递的要求[8] 当设计带轮缘—轮毂的塑料齿轮时，必须对齿轮基体结构各个部位的厚度作周密考虑。轮齿的厚度和齿高已经由齿轮的强度要求所决定，困难在于确定齿轮的哪个部分应选作为名义壁，以及它的性能、作用与其他部分之间的关系。齿轮的各个部位按照塑件的基本设计准则，应满足模塑成型的工艺要求。因此，对于任何设计准则，毫无疑问也要作出一些相应的妥协和调整，尽量做到基本满足准则要求 如果将轮齿视为轮缘上的突起部分，则轮缘(或轮毂)的厚度如图 k 所示，可取齿厚 s 的 1.25～3 倍。而腹板和轮毂至少应和轮缘一样厚。由于轮缘—轮毂是设置在腹板上，为了便于塑胶熔体更好的填充和提高齿轮结构的强度，腹板的厚度应该比轮缘更厚一些。但腹板的厚度仍不应超过轮缘厚度的 1.25～3 倍。为了便于塑胶熔体的填充和减少出现应力集中，应对塑件基体结构上所有内角进行倒圆，倒圆半径为壁厚的 50%～75%
	塑料齿轮腹板设计	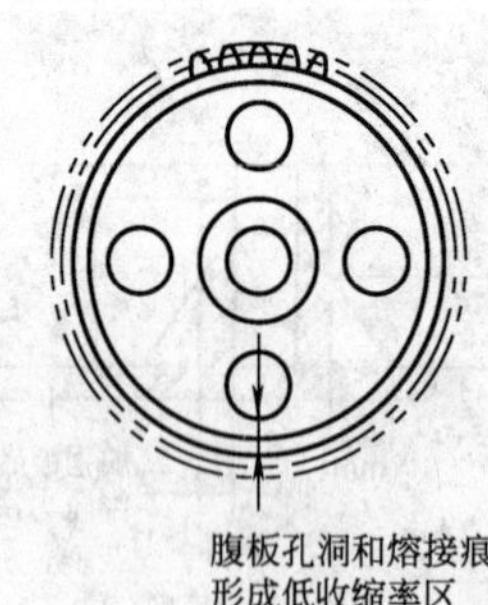 圆形孔洞 扁形孔洞 (l) 塑料齿轮腹板上应避免设置孔洞 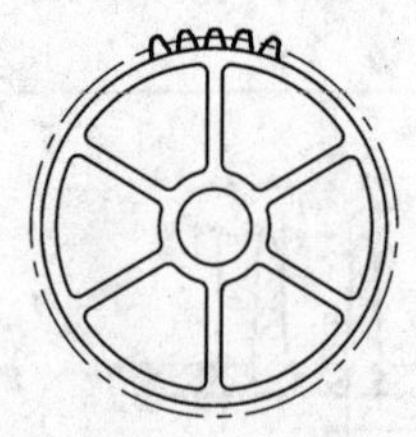 一侧面上的加强筋 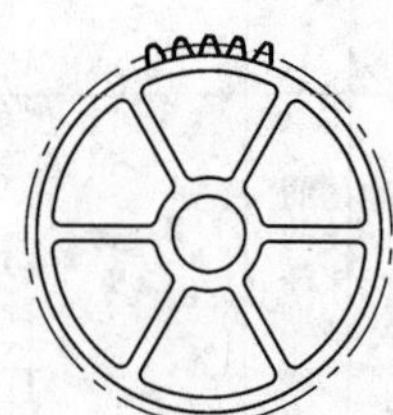 另一侧面上的加强筋 (m) 塑料齿轮腹板两侧面上加强筋的位置 在塑料齿轮的腹板上设计孔洞减轻塑件重量和降低成本的做法应该避免。因为在塑件孔洞周围的表面增加皱纹，并在齿圈上如图 l 所示，将产生高、低收缩区，使得齿轮齿顶圆直径偏差和圆度误差变大；这种不良的基体结构设计还削弱了齿轮的强度

续表

齿轮的轮缘—轮毂	塑料齿轮腹板设计	与上相同的原因，在腹板上的加强筋的设置也会影响齿轮的精度。因此，除了为适应动力传动之需要，应尽量避免。如果必须设置，就应该在齿轮的两侧设置如图 m 所示的方位刚好对称错开的加强筋，尽量降低塑件高、低收缩区的影响
金属嵌件	带金属嵌件的塑料齿轮设计	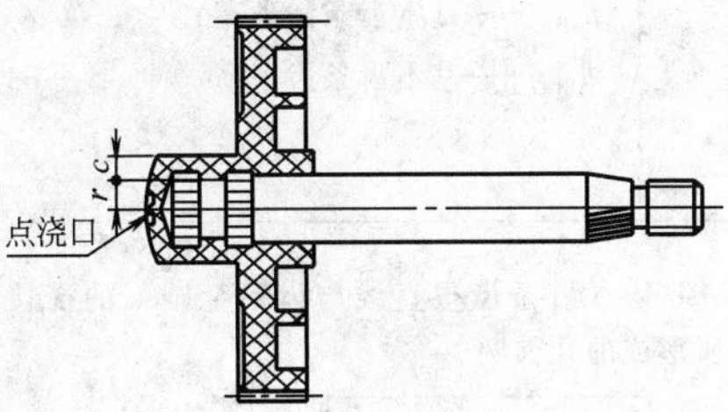 雨刮电机斜齿轮 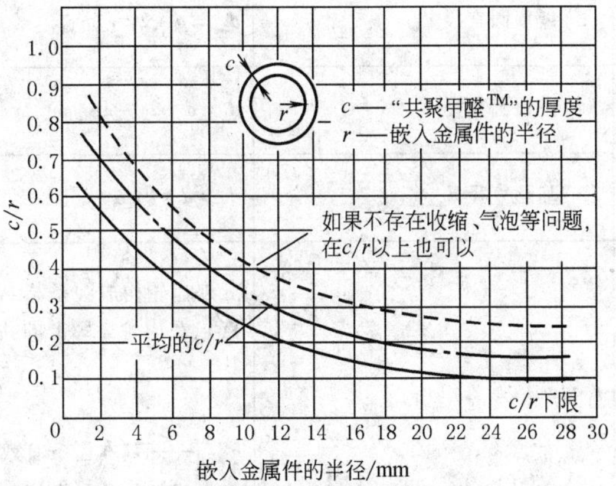 (n)带金属嵌件的塑料齿轮设计 汽车雨刮器的驱动轴，是嵌埋在塑料斜齿轮中的金属嵌件，这类金属嵌件如图 n 左图所示。在设计带金属嵌件的塑料齿轮结构时，必须注意以下两个结构性问题[9]
	塑胶层的厚度	嵌埋有金属轴类嵌件的塑件，由于塑料的成型收缩会引起塑件包裹层产生应力，如果塑胶包裹层太薄，这种应力可能会导致制品开裂。如果在塑胶层处还有熔接痕时，更要注意这类情况的出现。塑胶层的厚度取决于金属嵌件的直径大小，可参照图 n 右图中所示关系确定
	金属轴的嵌埋段结构	为了防止在动力传输中，斜齿轮与驱动轴之间出现滑转现象，可将嵌埋段滚轧成直纹三角滚花。为了防止驱动轴相对斜齿轮产生轴向位移，在花键段中部加工有凹槽。金属嵌件的凹槽的深度不宜过大，防止嵌件凹槽处塑胶成型收缩产生应力集中，致使塑件发生破损

2.4 AGMA PT 基本齿条确定齿轮齿形尺寸的计算

采用 AGMA PT 基本齿条确定圆柱直齿齿轮齿形尺寸，只需由已确定了模数 m、齿数 z 和齿厚 s 等少数几项原始数据即可计算出来。对于斜齿轮也同样适用，但须将基本齿条的模数 m 改为斜齿轮的法向模数 m_n，基本齿条的压力角 α 改为斜齿轮的法向压力角 α_n。

表 14-10-18　圆柱齿轮齿形尺寸的计算

	计算项目	计算公式及说明	
1.圆柱直齿外齿轮齿形尺寸的计算	已知圆柱直齿外齿轮原始齿轮数据：模数 m、齿数 z、齿厚 s AGMA PT 基本齿条参数，见表 14-10-7		
	(1)分度圆直径(基准圆直径)d	$d=zm$	z——齿数 m——模数 s——分度圆弧齿厚 s_{BR}——基本齿条齿厚 α——基本齿条压力角(或直齿轮分度圆压力角、或斜齿轮分度圆法向压力角) h_{aBR}——基本齿条齿顶高 h_{fBR}——基本齿条齿根高
	(2)基本齿条变位量 y	$y=\dfrac{s-s_{BR}}{2\tan\alpha}$	
	(3)齿顶圆直径 d_{ae}	$d_{ae}=d+2y+2h_{aBR}$	
	(4)齿根圆直径 d_f	$d_f=d+2y-2h_{fBR}$	
	(5)基圆直径 d_b	$d_b=d\times\cos\alpha$	
圆柱直齿外齿轮的导出齿形参数	(6)构成圆直径 d_F	外齿轮构成圆是指 AGMA PT 基本齿条齿根直线与齿根全圆弧的衔接点(即相切点)，在齿轮齿廓上的共轭点所形成的几何圆 $d_F=\sqrt{d_b+\dfrac{(2y+d\sin^2\alpha-2h_{fFBR})^2}{\sin^2\alpha}}$ h_{fFBR}——基本齿条有效齿根高(衔接点至基准线的距离) 本式括号项如果等于或大于零，即为非根切齿轮	
	(7)齿顶宽度 s_{ae}	$s_{ae}=d_{ae}\left(\dfrac{s}{d}+\mathrm{inv}\alpha-\mathrm{inv}\alpha_{ae}\right)$	α_{ae}——直齿轮齿顶圆渐开线压力角 $\alpha_{ae}=\arccos\left(\dfrac{d_b}{d_{ae}}\right)$
	(8)齿根圆角	齿轮齿根圆角，取决于滚刀尺寸和齿顶构型。其确切形状可由滚刀齿顶在展成过程所构成的图形中测得，采用解析法计算十分复杂[10]。当滚刀齿顶为两圆弧时，则这类齿根过渡曲线理论上是一条延伸渐开线的等距线。在设计上可采用一段或二段圆弧来替代齿根理论曲线	
2.圆柱直齿内齿轮齿形尺寸的计算	(1)齿顶圆直径 d_{ai}	$d_{ai}=d-2y-2h_{aBR}$	齿顶圆直径 d_{ai} 不得小于齿轮基圆直径 d_b
	(2)齿根圆直径 d_f	$d_f=d-2y+2h_{fBR}$	
	(3)构成圆直径 d_F	内齿轮构成圆直径 d_F 取决于造型母齿轮的尺寸。确定此直径的解析计算繁杂，但对内齿轮几何参数的确定并不重要，故讨论从略	
	(4)齿顶圆的齿顶宽度 s_{ai}	$s_{ai}=d_{ai}\left(\dfrac{s}{d}-\mathrm{inv}\alpha+\mathrm{inv}\alpha_{ai}\right)$	α_{ai}——内齿轮齿顶圆渐开线压力角按下式计算， $\alpha_{ai}=\arccos\left(\dfrac{d_b}{d_{ai}}\right)$
	(5)齿根圆角形状	内齿轮齿根圆角，取决于其造型母齿轮的尺寸和齿顶构型。其确切形状可由母齿轮齿顶在展成过程所构成的图形中测得，这种齿根圆角形状也可采用单一半径的近似圆弧代替	

续表

	计算项目	计算公式及说明	
	已知斜齿轮原始齿轮数据：模数 m_n、齿数 z、法向齿厚 s_n、螺旋角 β		
3. 圆柱斜齿外齿轮齿形尺寸的计算	(1)分度圆直径(基准圆直径) d	$d=\dfrac{zm_n}{\cos\beta}$	m_n——法向模数 β——分度圆螺旋角
	(2)齿条变位量 y	$y=\dfrac{s_n-s_{BR}}{2\tan\alpha}$	s_n——分度圆法向齿厚
	(3)齿顶圆直径 d_{ae}	$d_{ae}=d+2y+2h_{aBR}$	
	(4)齿根圆直径 d_f	$d_f=d+2y-2h_{fBR}$	
	(5)分度圆端面压力角 α_t	$\alpha_t=\arctan\left(\dfrac{\tan\alpha}{\cos\beta}\right)$	
	(6)基圆直径 d_b	$d_b=d\cos\alpha_t$	
	(7)构成圆直径 d_F	$d_F=\sqrt{d_b^2+\dfrac{(2y+d\sin\alpha_t^2-2h_{fFBR})^2}{\sin\alpha_t^2}}$ 本式括号项如果等于或大于零，即为非根切齿轮	h_{fFBR}——基本齿条有效齿根高(衔接点至基准线的距离)
	(8)法向齿顶宽度 s_{nae}	$s_{nae}=s_{tae}\cos\beta_{ae}$	s_{tae}——齿顶圆端面齿顶宽度 $s_{tae}=\alpha_{ae}\dfrac{s_n}{d\cos\beta}+\text{inv}\alpha_t-\text{inv}\alpha_{tae}$ α_{tae}——齿顶圆端面压力角 $\alpha_{tae}=\arccos\left(\dfrac{d_b}{d_{ae}}\right)$ β_{ae}——齿顶圆螺旋角 $\beta_{ae}=\arctan\left(\dfrac{d_{ae}\tan\beta}{d}\right)$
	(9)端面齿根圆角形状	斜齿轮端面齿根圆角形状，同样取决于滚刀参数和齿顶构型。其确切形状可由滚刀基本齿条齿廓展成运动所生成的过渡曲线中测得	
4. 圆柱斜齿内齿轮齿形尺寸的计算	(1)齿顶圆直径 d_{ai}	$d_{ai}=d-2y=2h_{aBR}$	
	(2)齿根圆直径 d_f	$d_f=d-2y=2h_{fBR}$	
	(3)构成圆直径 d_F	与直齿内齿轮构成圆直径 d_F 相同，取决于造型母齿轮的尺寸。d_F 对内齿轮几何参数的确定并不重要，故讨论从略	
	(4)齿顶圆法向齿顶宽度 s_{nai}	$s_{nai}=s_{tai}\cos\beta_{ai}$ 式中 s_{tai}——内直径端面齿顶宽度按下式计算： $s_{tai}=d_{ai}\left(\dfrac{s_n}{d\cos\beta}-\text{inv}\alpha_t+\text{inv}\alpha_{tai}\right)$ α_{tai}——齿顶圆端面压力角按下式计算： $\alpha_{tai}=\arccos\left(\dfrac{d_b}{d_{ai}}\right)$ β_{ai}——齿顶圆螺旋角按下式计算： $\beta_{ai}=\arctan\left(\dfrac{d_{ai}\tan\beta}{d}\right)$	
	(5)齿根圆角形状	斜齿内齿轮与直齿内齿轮一样，这种齿根圆角形状也常采用单半径的近似圆弧代替	

2.4.1 AGMA PT 基本齿条确定齿轮齿顶修缘的计算

表 14-10-19

	计 算 项 目	计 算 公 式 及 说 明
采用试验性基本齿条所确定的齿轮齿顶修缘的结果，可以通过从齿顶修缘基本齿条的展成运动所构成齿廓图形中测得。对于直齿或斜齿外齿轮的齿顶修缘量也可以采用以下近似计算法求得。这种近似计算所产生的误差很小，故没有必要采用繁杂的解析法求解		
圆柱直齿外齿轮的齿顶修缘	(1)齿顶修缘起点直径 d_T	$d_T=\sqrt{d^2+4d(h_{aTBR}+y)+\left[\dfrac{z(h_{aTBR}+y)}{\sin\alpha}\right]^2}$ 式中 d——分度圆直径，$d=zm$ y——齿条变位量，$y=\dfrac{s-s_{BR}}{2\tan\alpha}$ h_{aTBR}——基本齿条齿顶修缘起点的齿顶高。当小直齿轮的 $d_T\geqslant d_{ae}$ 时，该齿轮齿顶修缘的条件即不复存在
	(2)齿顶修缘量 v_{Tae}（法向深度）计算	$v_{Tae}\approx\dfrac{(h_{aeBR}-h_{aTBR})^2}{2R_{TBR}\cos^2\alpha}$ 式中 R_{TBR}——基本齿条齿顶修缘半径； h_{aTBR}——基本齿条齿顶修缘起点至基准线的距离； h_{aeBR}——与齿轮齿顶圆相对应的基本齿条齿顶高， $h_{aeBR}=0.5d_b\sin\alpha(\tan\alpha_{ae}-\tan\alpha)-y$ d_b——基圆直径，$d_b=d\cos\alpha$； α_{ae}——齿顶圆压力角，$\alpha_{ae}=\arccos\left(\dfrac{d_b}{d_{ae}}\right)$； y——齿条变位量，同上
	(3)齿顶修缘后的齿顶宽度 s_{Tae} 的近似值计算	$s_{Tae}\approx s_{ae}-\dfrac{2v_{Tae}}{\cos\alpha_{ae}}$ s_{ae}——无齿顶修缘的齿顶宽度， $s_{ae}=d_{ae}\left(\dfrac{s}{d}+\mathrm{inv}\alpha-\mathrm{inv}\alpha_{ae}\right)$
圆柱斜齿外齿轮的齿顶修缘	(1)齿轮齿顶修缘起点直径 d_T	$d_T=\sqrt{d^2+4d(h_{aTBR}+y)+\left[\dfrac{2(h_{aTBR}+y)}{\sin\alpha_t}\right]^2}$ 式中 d——分度圆直径，$d=\dfrac{zm}{\cos\beta}$； y——齿条变位量，$y=\dfrac{s_n-s_{BR}}{2\tan\alpha}$； α_t——分度圆端面压力角，$\alpha_t=\arctan\left(\dfrac{\tan\alpha}{\cos\beta}\right)$； h_{aTBR}——基本齿条齿顶修缘起点的齿顶高，见表 14-10-14， 当小斜齿轮的 $d_T\geqslant d_{ae}$ 时，该斜齿轮齿顶修缘的条件已不复存在
	(2)齿顶修缘量 v_{Tae}（法向深度）计算	$v_{Tae}\approx\dfrac{(h_{aeBR}-h_{aTBR})^2}{2R_{TBR}\cos^2\alpha}$ 式中 R_{TBR}——基本齿条齿顶修缘半径； h_{aTBR}——基本齿条齿顶修缘起点至基准线的距离； h_{aeBR}——与齿轮齿顶圆相对应的基本齿条齿顶高， $h_{aeBR}=0.5d_b\sin\alpha_t(\tan\alpha_{tae}-\tan\alpha_t)-y$ d_b——基圆直径，$d_b=d\cos\alpha_1$； α_t——分度圆端面压力角，$\alpha_t=\arctan\left(\dfrac{\tan\alpha}{\cos\beta}\right)$； α_{tae}——齿顶圆端面压力角，$\alpha_{tae}=\arccos\left(\dfrac{d_b}{d_{ae}}\right)$； y——齿条变位量，$y=\dfrac{s_n-s_{BR}}{2\tan\alpha}$

续表

	计算项目	计算公式及说明	
圆柱斜齿外齿轮的齿顶修缘	(3)齿顶修缘后的端面齿顶宽度 s_{Tae} 的近似值计算	$$s_{\mathrm{Tae}} \approx s_{\mathrm{ae}} - \frac{2v_{\mathrm{Tae}}}{\cos\alpha_{\mathrm{ae}}}$$ 式中 s_{ae}——无齿顶修缘的端面齿顶宽度 $$s_{\mathrm{ae}} = \alpha_{\mathrm{ae}} \frac{s_{\mathrm{n}}}{d\cos\beta} + \mathrm{inv}\alpha_{\mathrm{t}} - \mathrm{inv}\alpha_{\mathrm{tae}}$$	
	(4)齿顶修缘后的齿顶法向宽度 s_{nTae} 的近似值计算	无齿顶修缘的法向齿顶宽度 s_{nTae}，$$s_{\mathrm{nTae}} = s_{\mathrm{tae}}\cos\beta_{\mathrm{ae}}$$ 齿顶修缘后的法向齿顶宽度 s_{nTae} 按下式计算：$$s_{\mathrm{nTae}} \approx s_{\mathrm{nae}} - \frac{2v_{\mathrm{nTae}}}{\cos\alpha_{\mathrm{nae}}}$$	α_{nae}——齿顶圆法向压力角，按下式计算：$$\alpha_{\mathrm{nae}} = \arctan(\tan\alpha_{\mathrm{tae}}\cos\beta_{\mathrm{ae}})$$ β_{ae}——齿顶圆螺旋角，$$\beta_{\mathrm{ae}} = \arctan\left(\frac{d_{\mathrm{ae}}\tan\beta}{d}\right)$$

2.4.2 圆柱外齿轮齿顶倒圆后的齿廓参数计算

表 14-10-20

基于一些设计方面的原因，要使齿轮直径略不同于由设定齿厚和基本齿条所确定的数值。例如，齿顶圆的直径稍许增大一些，可显著改进齿轮啮合的重合度，而又不引起配对齿轮齿根干涉。另一方面，由于齿顶倒圆会使有效齿顶圆直径有所变小，特别是少齿数的小齿轮，由基本齿条直接导出的齿顶圆直径，为了避免根切，可能会使得相应的齿顶宽太窄，甚至齿顶变尖。大齿轮齿顶宽度不存在上述问题，即使是齿顶修缘，也没有必要计算齿顶是否变尖

同样也由于设计方面的理由，要使内齿轮的齿顶圆直径不同于基本齿条所确定的值。一个十分重要的原因是配对小齿轮的齿顶与内齿轮齿顶二者之间可能发生的干涉，特别是小齿轮和内齿轮二者的齿数差不够大时，就有可能出现这类现象。增大内齿轮齿顶圆直径，常足以消除这类干涉。对内齿轮的齿顶宽度也不需要计算

	计算项目	计算公式及说明	
直齿外齿轮齿顶齿廓参数的计算	外齿轮齿顶倒圆后的齿廓参数如图所示		
	(1)齿顶余齿宽度 s_{aeR}	$$s_{\mathrm{aeR}} \approx s_{\mathrm{ae}} - 2r_{\mathrm{T}}\tan[0.5(90° - \alpha_{\mathrm{ae}})]$$ 式中 s_{ae}——齿轮齿顶宽度，$s_{\mathrm{ae}} = d_{\mathrm{ae}}\left(\frac{s}{d} + \mathrm{inv}\alpha - \mathrm{inv}\alpha_{\mathrm{ae}}\right)$； r_{T}——齿顶圆角半径，由设计者根据需要确定； α_{ae}——齿顶圆渐开线压力角，$\alpha_{\mathrm{ae}} = \arccos\left(\frac{d_{\mathrm{b}}}{d_{\mathrm{ae}}}\right)$	
	(2)有效齿顶圆直径 d_{aeE}	$d_{\mathrm{aeE}} \approx d_{\mathrm{ae}} - 2r_{\mathrm{T}}(1 - \sin\alpha_{\mathrm{ae}})$	d_{ae}——齿顶圆直径，$d_{\mathrm{ae}} = d + 2y + 2h_{\mathrm{aBR}}$
	(3)有效齿顶宽度 s_{aeE}	$s_{\mathrm{aeE}} \approx s_{\mathrm{aeR}} + 2r_{\mathrm{T}}\cos\alpha_{\mathrm{ae}}$	

续表

斜齿直齿外齿轮齿顶齿廓参数计算	(1)齿顶法向余齿宽 s_{naeR}	$s_{naeR} \approx s_{nae} - 2r_T \tan[0.5(90° - \alpha_{nae})]$ 式中 s_{nae}——齿轮法向齿顶宽度,$s_{nae} = s_{tae}\cos\beta_{ae}$; r_T——齿顶圆角半径,由设计者确定; α_{nae}——齿顶圆渐开线法向压力角	
	(2)有效齿顶圆直径 d_{aeE}	$d_{aeE} \approx d_{ae} - 2r_T(1 - \sin\alpha_{nae})$	d_{ae}——齿顶圆直径
	(3)有效法向齿顶宽度 s_{naeE}	$s_{naeE} \approx s_{naeR} + 2r_T\cos\alpha_{nae}$	

2.5 齿轮 M 值、公法线长度 W_k 的计算

2.5.1 M 值的计算

表 14-10-21

渐开线齿轮 M 值的计算示意图

偶数齿　　奇数齿

(a)

在图 a 中,令 r_p 为量柱中心到被测齿轮中心的距离,d_p 为量柱直径,通常可优先选用检测螺纹用三针作为量柱。压力角 $\alpha=20°$的不同模数齿轮的 M 值测量,可参照下表选择三针。测量 M 值的最佳量柱直径选择原则:要求量柱与齿轮齿槽两侧齿廓在分度圆附近相接触。但非标准压力角或变位齿轮,按下表选择的三针与被测齿轮的接触点可能偏离分度圆较远,在这种情况下需要先凭目测选择基本符合上述要求的专用量柱后,再进行 M 值的计算

$\alpha=20°$的不同模数齿轮的三针直径 d_p

m	0.1	0.15	0.2	0.25	0.3	0.4	0.5
d_p	0.201	0.291	0.402	0.433	0.572	0.724	0.866
m	0.6	0.7	0.8	1.0	1.25	1.5	
d_p	1.008	1.302	1.441	1.732	2.311	2.595	

	计算项目	计算公式及说明	
圆柱直齿外齿轮 M 值	对于偶数齿	$M = D_M + d_p$	$D_M = 2r_p = d\dfrac{\cos\alpha}{\cos\alpha_M}$ $\text{inv}\alpha_M = \dfrac{d_p}{mz\cos\alpha} + \text{inv}\alpha - \dfrac{\pi}{2z} + 2x\dfrac{\tan\alpha}{z}$
	对于奇数齿	$M = D_M\cos\dfrac{\pi}{2z} + d_p$	
圆柱斜齿外齿轮 M 值	对于偶数齿	圆柱斜齿轮 M 值,应在端面上进行计算 $M = D_M + d_p$	$D_M = 2r_p = d\dfrac{\cos\alpha_t}{\cos\alpha_{Mt}} = \dfrac{m_n z}{\cos\beta}\times\dfrac{\cos\alpha_t}{\cos\alpha_{Mt}}$ $\text{inv}\alpha_{Mt} = \dfrac{d_p}{m_n z\cos\alpha_n} + \text{inv}\alpha_t - \dfrac{\pi}{2z} + 2x_n\dfrac{\tan\alpha_n}{z}$ $\tan\alpha_t = \dfrac{\tan\alpha_n}{\cos\beta}$ β——分度圆柱上的螺旋角
	对于奇数齿	$M = D_M\cos\dfrac{\pi}{2z} + d_p$	

续表

	计算项目		计算公式及说明
直齿内齿轮 *M* 值	对于偶数齿	直齿内齿轮 *M* 值计算与外齿轮类似，但末项前的运算符号易号 $M = D_M - d_p$	$D_M = 2r_p = d\dfrac{\cos\alpha}{\cos\alpha_M}$ $\mathrm{inv}\alpha_M = \dfrac{\pi}{2z} + \mathrm{inv}\alpha - \dfrac{d_p}{mz\cos\alpha} + 2x\dfrac{\tan\alpha}{z}$
	对于奇数齿	$M = D_M\cos\left(\dfrac{\pi}{2z}\right) - d_p$	
	采用以上公式的 *M* 值计算比较费事，一些齿轮测量手册针对标准齿轮在公式中引用了相关系数，通过查表来简化计算[11]。但是塑料齿轮的压力角，特别是齿轮型腔和 EDM 加工用的齿轮电极均为非标准压力角，因此无法引入这类系数来简化 *M* 值的计算		
蜗杆 *M* 值	阿基米德蜗杆 *M* 值的计算	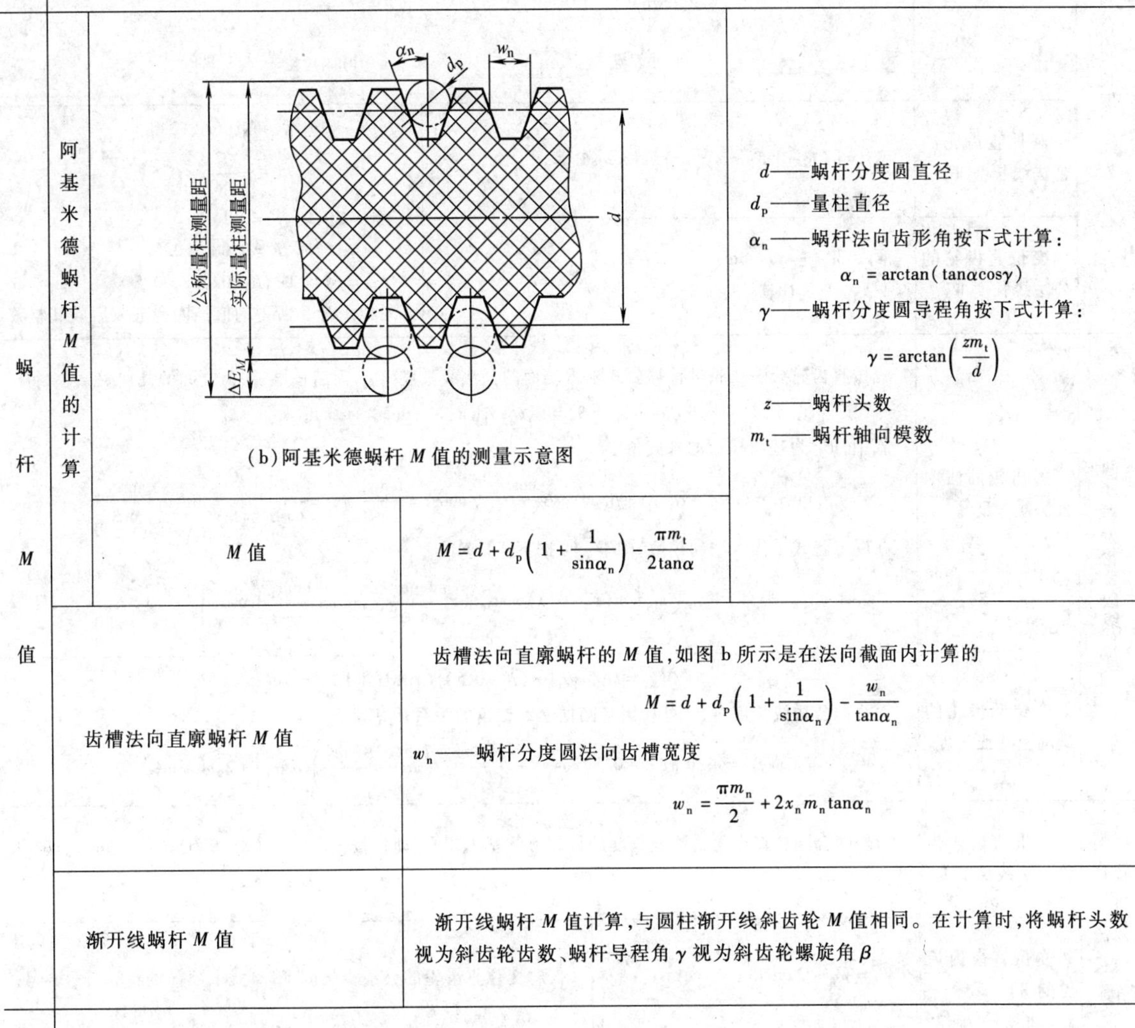(b)阿基米德蜗杆 *M* 值的测量示意图	d——蜗杆分度圆直径 d_p——量柱直径 α_n——蜗杆法向齿形角按下式计算： $\alpha_n = \arctan(\tan\alpha\cos\gamma)$ γ——蜗杆分度圆导程角按下式计算： $\gamma = \arctan\left(\dfrac{zm_t}{d}\right)$ z——蜗杆头数 m_t——蜗杆轴向模数
	M 值	$M = d + d_p\left(1 + \dfrac{1}{\sin\alpha_n}\right) - \dfrac{\pi m_t}{2\tan\alpha}$	
	齿槽法向直廓蜗杆 *M* 值	齿槽法向直廓蜗杆的 *M* 值，如图 b 所示是在法向截面内计算的 $M = d + d_p\left(1 + \dfrac{1}{\sin\alpha_n}\right) - \dfrac{w_n}{\tan\alpha_n}$ w_n——蜗杆分度圆法向齿槽宽度 $w_n = \dfrac{\pi m_n}{2} + 2x_n m_n\tan\alpha_n$	
	渐开线蜗杆 *M* 值	渐开线蜗杆 *M* 值计算，与圆柱渐开线斜齿轮 *M* 值相同。在计算时，将蜗杆头数视为斜齿轮齿数、蜗杆导程角 γ 视为斜齿轮螺旋角 β	
蜗轮 *M* 值	从理论上讲，蜗轮的 *M* 值应采用钢球进行直接测量。但由于蜗轮 *M* 值的计算非常繁杂，不同类型的蜗轮 *M* 值的计算公式各异，均需通过多次渐近法求得所需的精确值，无法直接求解，既费时又易出错。有关蜗轮 *M* 值的计算，参考文献[11]作了详细介绍，本节讨论从略 在生产中普遍采用两标准蜗杆代替两钢球测量蜗轮 *M* 值，更接近实际使用情况。将在本章第 5 节中介绍这种测量方法		

2.5.2 公法线长度的计算

表 14-10-22

<table>
<tr><th colspan="2">计算项目</th><th colspan="2">计 算 公 式 及 说 明</th></tr>
<tr><td rowspan="3">圆柱直齿轮公法线长度</td><td>渐开线齿轮公法线长度检测</td><td colspan="2">圆柱直齿内、外齿轮的公法线长度计算原理见下图 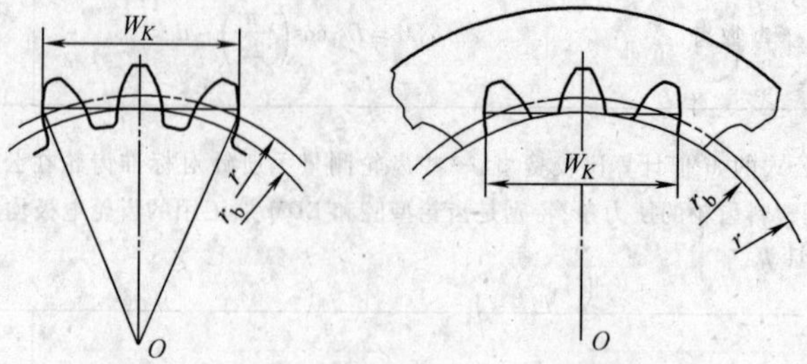
(a) 外齿轮　　(b) 内齿轮</td></tr>
<tr><td>圆柱直齿轮的公法线长度 W_K</td><td>$W_K=[(K-0.5)\pi+z\times\mathrm{inv}\alpha]m\cos\alpha$</td><td rowspan="2">$K$——跨齿数，可按下式求得：
$K=\dfrac{\alpha}{180}z+0.5$
当 $\alpha=20°$ 时，$K=0.11z+0.5$
$\alpha=15°$ 时，$K=0.08z+0.5$
$\alpha=14.5°$ 时，$K=0.08z+0.5$
对以上计算所得的值经四舍五入后取其整数</td></tr>
<tr><td>变位直齿轮的公法线长度 W'_K</td><td>$W'_K=W_K+2xm\sin\alpha$
W_K 按上式计算</td></tr>
<tr><td rowspan="2">圆柱斜齿轮公法线长度</td><td>斜齿轮的法向公法线长度</td><td colspan="2">先按直齿轮公法线长度计算公式求得端面的公法线长度 W_{Kt}，而后按端、法面之间的几何关系，求得
$W_{Kn}=W_{Kt}\cos\beta_b=m_t\cos\alpha_t[\pi(K-0.5)+z\times\mathrm{inv}\alpha_t]\cos\beta_b$
式中，β_b 为基圆柱上的螺旋角
$\mathrm{inv}\alpha_t=\tan\alpha_t-\alpha_t$，$\cos\beta_b=\cos\beta\dfrac{\cos\alpha_n}{\cos\alpha_t}$，$\tan\alpha_t=\dfrac{\tan\alpha_n}{\cos\beta}$，$m_t=\dfrac{m_n}{\cos\beta}$，$\alpha_t=\arctan\dfrac{\tan\alpha_n}{\cos\beta}$
在以上各式中代入法向模数，则 W_{Kn} 可按下式计算：
$W_{Kn}=m_n\left[\pi(K-0.5)\cos\alpha_n+z\left(\dfrac{\tan\alpha_n}{\cos\beta}-\arctan\dfrac{\tan\alpha_n}{\cos\beta}\right)\cos\alpha_n\right]$</td></tr>
<tr><td>变位斜齿轮的端面公法线长度</td><td colspan="2">$W'_{Kt}=m_t\cos\alpha_t[\pi(K-0.5)+z\mathrm{inv}\alpha_t]+2x_tm_t\sin\alpha_t$
而法向公法线长度 W'_{Kn}，可利用基圆柱上螺旋角的关系计算如下：
$W'_{Kn}=W'_{Kt}\cos\beta_b=m_n\left[\pi(K-0.5)\cos\alpha_n+z\left(\dfrac{\tan\alpha_n}{\cos\beta}-\arctan\dfrac{\tan\alpha_n}{\cos\beta}\right)\cos\alpha_n\right]+2xm_n\sin\alpha_n$</td></tr>
<tr><td rowspan="2">内啮合直齿轮公法线长度</td><td>标准直齿内齿轮公法线长度 W_i</td><td colspan="2">与外啮合圆柱直齿轮公法线长度的计算方法基本相同，即仍按式 $W_K=[(K-0.5)\pi+z\times\mathrm{inv}\alpha]m\cos\alpha$ 计算</td></tr>
<tr><td>变位直齿内齿轮的 W_i</td><td>$W_i=W_K-2xm\sin\alpha$</td><td>仅将变位直齿轮的公法线长度 W'_K 算式末项前的运算符号易号</td></tr>
<tr><td>内啮合斜齿轮公法线长度</td><td colspan="3">与外啮合圆柱斜齿轮公法线长度的计算方法基本相同，按直齿轮公法线长度计算式 $W_K=[(K-0.5)\pi+zx\mathrm{inv}\alpha]m\cos\alpha$ 求得斜齿轮端面公法线长度 W_{it}。但变位直齿内齿轮的 W_i，应将式 $W'_K=W_K+2xm\sin\alpha$ 末项前的运算符号易号，即
$W_{it}=W_i-2xm\sin\alpha$
由于内斜齿轮法向公法线长度不便进行直接测量，一般多在万能工具显微镜上进行端面公法线长度 W_{it} 测量</td></tr>
</table>

第 14 篇

2.6 塑料齿轮的应力分析及强度计算

目前，国内外塑料齿轮的应力分析及强度计算，基本上仍沿袭金属齿轮应力分析与强度计算公式的基础上，加入一些有关塑料物性与安全系数。用来模塑齿轮的热塑性材料的品种繁多，但有关所需的材料物性数据很难查找。即使能找到材料厂商提供的物性表中的相关数据，但也会出现诸如厂商所给出的值不能用作质量要求、技术规格和强度计算的依据等限制。

当今，应用在汽车等工业中的各种电机驱动器均制定有产品特性规范，要求塑料齿轮轮系通过规范中所规定的机械强度、耐疲劳、耐久寿命、耐化学和盐雾以及老化等多项特性型式试验。其中，如极限扭矩等还要求在低温（－40℃）、中温（23℃）和高温（80℃）下试验，当载荷增加到规范值的 2 倍以上时仍不破裂，才可停止试验。只有轮系通过了严格的产品特性试验，方可证明所设计制造的塑料齿轮轮系的参数和材料的选用是可行的。本节仅简要介绍美国原 LNP 公司推荐的计算方法和英国 VICTREX 在试验的基础上评价齿轮强度的做法。

表 14-10-23

轮齿副在传动过程中的作用力	在轮系传动过程中，每个轮齿都是一个一端支承在轮缘上的悬臂梁。在轮系传递力的过程中，该作用力企图使悬臂梁弯曲并把它从轮缘上剪切下来。因此，齿轮材料需要具备较高的抗弯曲强度和刚性 另一个作用力为齿面压应力，是由摩擦力和点接触（或线接触）在齿面产生的压应力（赫兹接触应力） 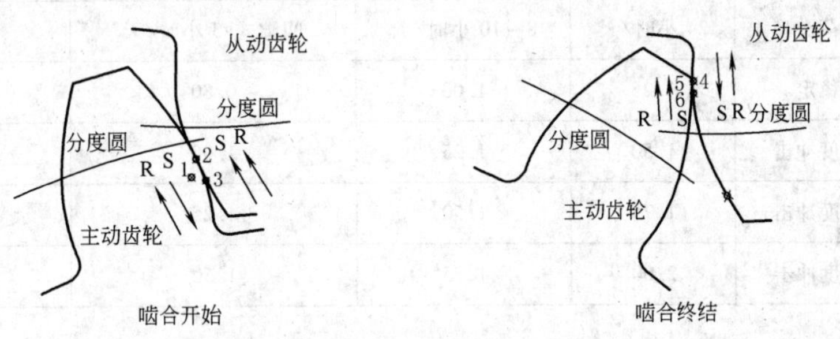 （a）轮齿副在啮合过程中的作用力 在齿轮副传动过程中两轮齿副齿面间相互滚动，同时又相互滑移。一旦轮齿副开始啮合上，即出现初始接触载荷。齿轮的滚动作用把接触应力（是一种特殊的压应力）推进至接触点的正前方。同时，由于齿轮啮合部分的接触长度有所不同，遂发生滑移现象。这样便产生摩擦力，在接触点正后方形成拉伸应力区。图 a 中“R”的箭头所指为滚动方向；“S”的箭头所指为滑移方向。在两个运动方向相反的区域，合力所引起的问题最多 如左图所示，齿轮副刚好开始啮合。在驱动齿轮上点“1”处，齿轮材料由于向节点方向的滚动作用处于压缩状态；而由于背离节点的滑动运动的摩擦阻力而处于拉伸状态。这两个力的合力能够引起齿面裂纹、齿面疲劳和热积蓄；这些因素都可能引起严重的点蚀 从动齿轮上点“2”处，滚动和滑动为同一方向，朝向节点。这使点 2 处的材料承受压力（由滚动所致），而点“3”处的材料承受拉力（由滑动所致）。此处的受力状况没有驱动齿轮严重 如右图所示，为这对齿轮副啮合的终结状况。滚动运动仍为相同的方向，但滑动运动改变了方向。现在，从动齿轮齿根承受的载荷最高，因为点“4”同时承受压缩（由滚动）和拉伸（由滑动）载荷。驱动齿轮齿顶承受的应力较前者为轻，因为点“5”处于压应力状态，而点“6”为拉应力状态 在节点处，滑动力将改变方向，出现零滑动点（单纯滚动）。因此，可能会被误认为齿轮在此区段齿面的失效最轻。其实不然，节点区段是发生严重失效情况的首发区域之一。虽然节点处已不见复合应力，但可见较高的单位载荷。在齿轮副开始啮合或终止啮合时，前一对轮齿和后一对轮齿都会承受一定的载荷。因而，单位负载有所降低。当齿轮在节线处或略高于节点处啮合时，即出现最高的点载荷。在这一点上，一对轮齿副通常要承受全部或绝大部分载荷。这就是可能导致疲劳失效、严重热积蓄和齿面损伤的主要原因 齿轮最重要的部分是轮齿。如果无轮齿，齿轮无异就变成摩擦轮，几乎不能用来传递有序运动或动力。齿轮的承载能力，基本上是对其轮齿进行估算的。虽然齿轮的原型试验始终是被推荐的，但是比较耗费财力和时间，因此需要有一种粗略评估齿轮强度的计算方法

续表

计算公式	说明
当载荷作用于节点处，标准齿轮轮齿的弯曲应力 S_b 可采用刘易斯公式计算（已将参考文献[8]中的英制计算式换算成公制计算式）： $$S_b=\frac{F}{m\times Y}$$ 试验表明，当对轮齿在节点处施加切向载荷，而啮合的轮齿副数趋近1时，轮齿载荷为最大。如果齿轮轮系所需传输的功率为已知，则可推导出以下形式的计算公式： $$S_b=\frac{3700.61kW}{m\times f\times Y\times d\times S}$$ 另一种修正的刘易斯公式引入了节圆线速度和使用因数 $$S_b=\frac{41.01\times(1968.5+V)\times kW\times C_s}{m\times f\times y\times V}$$ 使用因数用来说明输入扭矩的类型和齿轮副工作循环的周期，其典型数值如下表所示：	F——齿轮节点处切向载荷 m——模数，mm f——齿面宽度，mm Y——载荷作用于节点处塑料齿轮刘易斯齿形因数 kW——功率，kW d——分度圆直径，mm S——转速，r/min V——节圆线速度，m/min y——齿顶刘易斯齿形因数 C_s——使用因数

轮齿的弯曲应力以及强度计算

	工作循环周期				
	载荷类型	24小时/天	8～10小时/天	间隙式-3小时/天	偶然式-0.5小时/天
使用因数 C_s	稳定	1.25	1.00	0.80	0.50
	轻度冲击	1.50	1.25	1.00	0.80
	中度冲击	1.75	1.50	1.25	1.00
	重度冲击	2.00	1.75	1.50	1.25

对于各种应力（计算）公式，都可以许用应力 S_{all} 来替代 S_b 以便求解其他变量。安全应力（也即许用应力）并不是数据表中所列的标准应力数值，而是以标准齿形的齿轮进行实际材料试验，而测得的许用应力。许用应力在其数值中已包含了材料安全系数。对任何一种材料，许用应力与许多因素有密切的关系。这些因素包括以下几点：①寿命循环次数，②工作环境，③节圆线速度，④匹配齿面的状态，⑤润滑

因为许用应力等于强度值除以材料的安全系数（$S_{all}=S/n$），可以由此推算出齿轮的安全系数。安全系数是指部件在其使用寿命期间，能适应以上各种因素，发挥其正常工效，而不发生失效的能力

安全系数可以有多种不同的定义途径，但基本上是表示所容许的因素与引起失效的因素二者的关系。安全系数可以有以下三种基本应用方式：总安全系数可用于材料性能，如强度；也可用于载荷；或者多个安全系数可以分别用于各个载荷和材料性能

后一种用法常是最有用的，因为可以研究每个载荷，然后用一个安全系数确定其绝对的最大载荷。此后，把各个最大载荷用于应力分析，使得几何尺寸及边界条件得出许用应力。将强度安全系数用于最终使用条件下的材料强度，由此可以确定许用应力极限

载荷安全系数可按惯常方式确定。但是，塑料的强度安全系数难以确定。这是因为塑料的强度不是一个常数，而是在最终使用条件下的一种强度统计分布。因此，设计人员需要了解最终使用条件，例如温度、应变速率和载荷持续时间。需要了解模塑过程，以便掌握熔接痕的位置情况、各向异性效应、残余应力和过程变量。了解材料极其重要，因为对材料在最终使用条件下的性能了解愈清楚，所确定的安全系数愈正确，塑件最终可获得最优的几何尺寸。情况愈是不清楚，未知数愈多，所需的安全系数便愈大。即便对应条件已进行了细致的了解和分析，所推荐的最小安全系数应取为2

如果不掌握预先计算好的许用应力数据，而对塑料来说，通常没有这类数据，则齿轮设计人员必须极其审慎地考虑以上提及的一切因素，以便能够确定正确的安全系数，进而计算 S_{all}。不限于是否有类似的现成经验，仍很有必要建立原型模塑件，在所要求的应用条件下对齿轮进行型式试验。目前有两种常用材料（聚甲醛POM和尼龙PA66），提供有预先计算的许用应力值（见图b）。这两种材料已广泛应用于齿轮，其许用应力也是由供货商所提供的[8]

续表

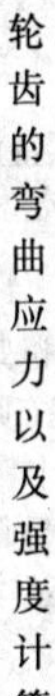

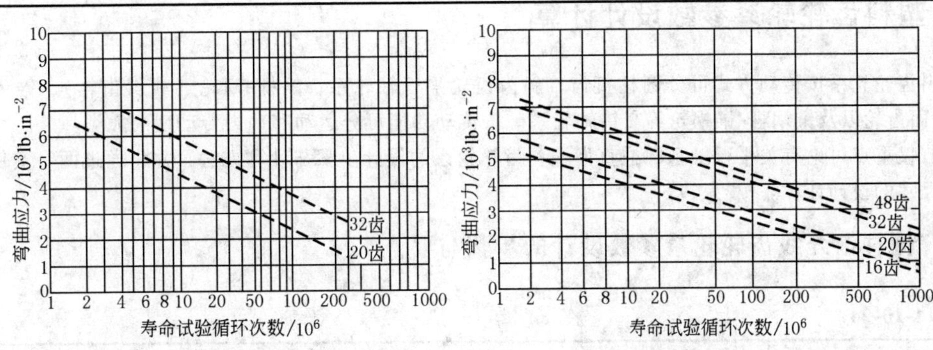

聚甲醛 POM 齿轮轮齿最大弯曲应力　　尼龙 PA66 齿轮轮齿最大弯曲应力

(b) 两种常用塑料的齿轮轮齿最大弯曲应力

至此，所考察的公式，它所研究的是力图将轮齿弯曲并把它从轮缘上剪切下来的力。这类力，由于静载荷或疲劳作用引起轮齿开裂而使齿轮失效。在研究齿轮作用时，还有另一类力，由于轮齿之间啮合并作相对运动而产生轮齿表面应力。这类应力有可能引起齿轮轮齿表面点蚀或失效。为确保具备所要求的使用寿命，齿轮设计必须确保齿面动态应力不超出材料表面疲劳极限的范围

计 算 公 式	说 明
下列公式是从两个圆柱体之间接触应力 S_H 的赫兹理论导出的，计算式中的符号和单位仍保持与参考文献[8]相同 $$S_H=\sqrt{\frac{w_t}{fD_p}\times\frac{1}{\pi\left(\frac{1-\mu_p^2}{E_p}+\frac{1-\mu_g^2}{E_g}\right)}\times\frac{1}{\frac{\cos\phi\sin\phi}{2}\times\frac{m_g}{m_g+1}}}$$	w_t——传递的载荷，马力 D_p——小齿轮的节圆直径，英寸 μ——泊松比 E——弹性模量 ϕ——压力角 m——传动比(N_g/N_p) N_p——小齿轮齿数 N_g——大齿轮齿数

计算出齿轮的接触应力，然后与材料的表面疲劳极限比较。但是，对塑料此项数据很少能从物性表中查到。因此，再一次强调，确定这类数据的最佳途径，仍是通过对齿轮副在使用条件下进行运转试验。不过，以上计算可以使设计人员对于以下的情况有一个概念，即相对于材料的纯粹抗压强度，齿轮齿面承受的应力已达到何种程度。而材料的抗压强度可以从物性表中很便捷地获得

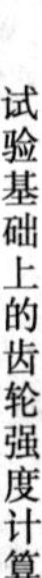

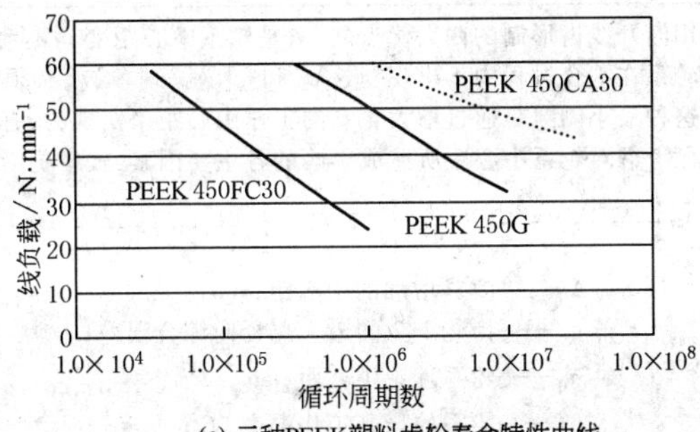

(c) 三种PEEK塑料齿轮寿命特性曲线

英国威克斯(VICTREX)在计算齿轮轮齿强度时，最关注的机械特性是最大面压和齿根弯曲强度。它们是齿轮齿形和几何尺寸计算的重要因素。在一项与德国柏林理工大学合作进行的综合研究计划中，威克斯公司对非增强型 PEEK 450G、耐磨改性型 PEEK 450FC30 和碳纤增强型 PEEK 450CA30 小齿轮的承载强度作了详细研究。如图 c 所示，是以上材料在 50% 失效概率下的寿命特性曲线，三种材料均达到很高的水平[12]。然后将这些数值代入通用公式，就可计算出轮齿齿根和齿面实际的负载能力。由此可见，VICTREX 齿轮强度计算是建立在试验基础之上的方法

2.7 塑料齿轮轮系参数设计计算

塑料齿轮轮系按传动方式可分圆柱直齿、斜齿齿轮平行轴轮系；蜗杆-蜗轮（或斜齿轮）、锥齿轮、圆柱直齿轮-平面齿轮以及锥蜗杆-锥蜗轮等交错轴轮系。按传动功能可分运动和动力传动型两大类。

本节仅重点讨论有关平行轴系圆柱直齿塑料齿轮轮系的设计步骤与计算方法，并将通过两个实例介绍这类齿轮几何尺寸的设计计算。

2.7.1 圆柱渐开线齿轮轮系参数设计的步骤与要点

表 14-10-24

步　骤	要　点
(1)了解轮系的工作任务与环境条件	首先对所设计的塑料齿轮轮系的类型和主要工作任务(传输功率的大小、传动比、转速等),工作环境及其温度范围,安装空间及其使用寿命等要求进行详细调查了解,尽可能多的收集相关数据
(2)拟定轮系初步设计方案和轮齿的主要参数	根据所收集到的数据,拟定轮系初步设计方案(齿数、模数、压力角、直齿或斜齿齿轮),选用齿轮材料的类型等
(3)轮系参数的设计计算	运动型传动轮系对强度的要求低,轮系参数设计的风险很小,对齿轮强度一般不做过多的考虑和要求。在设计时,可沿用金属仪表齿轮的设计步骤与方法[13],只是对个别参数作一些调整或处理(见实例一)。设计这类轮系最重要的一点,是确保相互啮合轮齿之间有足够的齿侧间隙,以防传动卡滞或卡死现象出现(有回隙要求的轮系例外)。而动力型传动轮系,由于所需传输负荷较大,因此,塑料齿轮的承载能力和失效形式也就成为其设计者所关注的首要问题。在设计时,可采用 AGMA PT 基本齿条和三种试验性基本齿条计算齿轮几何尺寸的步骤与方法(见实例二)
(4)轮系齿轮的精度级别	由于受到材料收缩率、注塑工艺、设备、模具以及热膨胀等多种因素的影响,注塑成型齿轮精度比较低,一般为国标 9~10 级或 10 级以下。滚切加工塑料齿轮精度为国标 7~8 级或 8 级以下
(5)避免齿根根切和齿顶变尖的验算	当小齿轮的齿数≤17 时,直齿轮的齿根可能出现根切,随着齿数的减少根切愈严重,这种齿根根切是塑料齿轮所不允许的。在设计中,一般都可以通过正变位加以避免 对于 $h_a^*=1$,$\alpha=20°$的直齿轮,避免根切的最小变位系数按下式计算: $$x_{\min}=\frac{17-z}{17}$$ 符合 AGMA PT 三种试验性基本齿条所设计的少齿数齿轮,由于齿顶高系数大于 1,避免根切需用式 $2y+d\sin^2\alpha-2h_{\mathrm{fFBR}}\geqslant 0$ 作出判断(见表 14-10-18) 设计少齿数齿轮,当选用的正变位较大时,特别是采用 AGMA PT 三种试验性基本齿条,轮齿齿顶又会出现"变尖"现象。这也是塑料齿轮所不允许的,可通过调整齿顶圆直径来避免齿顶变尖。有关以上避免齿根根切和齿顶变尖的验算,参见本章 2.4 节中相关公式
(6)调整中心距满足轮系最小侧隙要求	采用渐开线齿形制的四大优点之一,是轮系中心距变动不会对传动比和啮合质量产生影响。为了保证轮系在啮合过程中不出现"胶合"和"卡死"现象,就必须保证轮系在极端条件下的最小侧隙要求。这种最小侧隙是通过增大轮系的工作中心距来实现的,有关中心距的调整量可用下式进行计算。该式已考虑对轮系中心距所造成影响的各主要因素,式中仍沿用参考文献[7]原参数不变 $$\Delta a=\frac{F''_{\mathrm{i1(max)}}+F''_{\mathrm{i2(max)}}}{2}+a_0\left[(T-21)\left(\frac{\delta_1\times z_1}{z_1+z_2}+\frac{\delta_2\times z_2}{z_1+z_2}-\delta_{\mathrm{H}}\right)+\left(\frac{\eta_1\times z_1}{z_1+z_2}+\frac{\eta_2\times z_2}{z_1+z_2}-\eta_{\mathrm{H}}\right)\right]+\frac{r'_1+r'_2}{2}$$ 式中　Δa——要求增加的中心距,mm; $F''_{\mathrm{i1(max)}}$、$F''_{\mathrm{i2(max)}}$——齿轮 1、2 的最大总径向综合误差; a_0——轮系理论中心距,mm; T——轮系的最高工作温度,℃; δ_1,δ_2——齿轮 1、2 所选材料的线胀系数,℃$^{-1}$; δ_{H}——齿轮箱材料的线胀系数,℃$^{-1}$; z_1,z_2——齿轮 1、2 的齿数; η_1,η_2——齿轮 1、2 所选材料的吸湿膨胀,mm/mm; η_{H}——齿轮箱材料的吸湿膨胀,mm/mm; r'_1,r'_2——支承齿轮 1、2 的轴承最大允许径跳

续表

<table>
<tr><th>步　骤</th><th colspan="2">要　点</th></tr>
<tr><td rowspan="6">(6)调整中心距满足轮系最小侧隙要求</td><td colspan="2">线胀系数通常可在材料供应商提供的物性表中查到。而吸湿所引起的膨胀一般很难查到，而且它又不等于通常物性表中的吸水率，如果轮系不是暴露在高湿度下工作，大多数塑料的吸湿膨胀量是很微小的；并且当注塑应力的逐渐释放致使塑件产生轻微收缩时，其吸湿膨胀可能被抵消
对于如尼龙类吸湿材料，吸湿膨胀也许比热膨胀更为重要。一些常用齿轮塑料的许可吸湿膨胀如下表所示。对于表中没有列出的材料，建议用聚碳酸酯的数据替代低吸湿性材料，用尼龙 PA66 的数据替代吸湿性齿轮[7]</td></tr>
<tr><td rowspan="5">常用齿轮塑料许可吸湿量</td><td>塑料名称 | 吸湿量/$mm \cdot mm^{-1}$</td></tr>
<tr><td>聚甲醛(POM) | 0.0005</td></tr>
<tr><td>尼龙 PA66 | 0.0025</td></tr>
<tr><td>尼龙 PA66 +30% 玻璃纤维 | 0.0015</td></tr>
<tr><td>聚碳酸酯 | 0.0005</td></tr>
<tr><td>(7)轮系重合度的校核</td><td colspan="2">对金属小模数齿轮传动的重合度要求一般取 $\varepsilon \geqslant 1.2$[13]，而对塑料齿轮传动的重合度应该比金属齿轮更大一些。当圆柱直齿轮几何参数确定之后，可按下式进行轮系重合度的校核
$$\varepsilon = \frac{1}{2\pi}[z_1(\tan\alpha'_{a1} - \tan\alpha') + z_2(\tan\alpha'_{a2} - \tan\alpha')]$$
式中　α'——啮合角(即节圆压力角)，对标准齿轮传动 $\alpha' = \alpha$；
α'_{a1}，α'_{a2}——分别为齿轮 1、2 的有效齿顶圆处(即扣除齿顶倒圆后)的压力角，α'_{a1}、α'_{a2} 可由下式求得
$$\alpha'_{a1} = a\cos\frac{r_{b1}}{r'_{a1}};\alpha'_{a2} = a\cos\frac{r_{b2}}{r'_{a2}}$$</td></tr>
<tr><td>(8)轮系承载能力的估算</td><td colspan="2">根据所选用材料的拉伸强度和轮系所传输的功率，参照本章 2.6 节介绍的方法对齿轮的承载能力和强度进行粗略估算，本节实例从略</td></tr>
<tr><td colspan="3">(9)制定轮系参数表和绘制齿轮产品图</td></tr>
</table>

2.7.2　平行轴系圆柱齿轮轮系参数实例设计计算

表 14-10-25　　**圆柱直齿外啮合齿轮轮系设计计算**　　mm

<table>
<tr><td rowspan="9">实例一、某仪表运动型传动齿轮轮系</td><td colspan="2">已知条件</td><td colspan="5">传动比 $i = 3.0$、理论中心距 $a = 15$(允许调整)</td></tr>
<tr><td colspan="2">初选轮系参数</td><td colspan="5">模数 $m = 0.5$，齿数 $z_1 = 15$、$z_2 = 45$，压力角 $\alpha = 20°$，齿顶倒圆半径 $r_{T1} = 0.05$、$r_{T2} = 0.1$，设计中心距 $a = 15.25$</td></tr>
<tr><td colspan="2">材料选择</td><td colspan="5">小齿轮-POM(M25 或 100P)、大齿轮-POM(M90 或 500P)</td></tr>
<tr><td>齿轮几何尺寸计算</td><td colspan="6">按国标 GB 2363—90 基本齿条的要求(齿形参数及代号见表 14-10-2)，先按 $x_1 = 0.53$，$x_2 = 0$，$h^*_{a1} = h^*_{a2} = 1$ 外啮合角变位圆柱齿轮几何尺寸计算公式设计[4]。但轮齿齿根按全圆弧半径设计，其轮系参数计算见下表中"常规计算"列。对该组计算数据验算表明，当中心距已增大 0.25mm，但在只计入中心距和齿轮公法线长度公差的情况下，轮系的齿侧啮合间隙仍显得过小。为此，进行多次调整后，由 $x_1 = 0.53$，$x_2 = -0.15$，$h^*_{a1} = h^*_{a2} = 1.15$ 所求得轮系参数见下表中"修正计算"列。再次验算表明两齿轮齿形参数能保证轮系在较宽广的环境温度条件下，仍能满足轮系的最小侧隙和重合度等基本要求。实例轮系齿轮的产品齿形参数见下表中轮系齿形参数</td></tr>
<tr><td rowspan="5">轮系参数设计计算</td><td>序号</td><td>参数名称</td><td>代号</td><td>计算公式</td><td>常规计算</td><td>修正计算</td></tr>
<tr><td></td><td></td><td></td><td>已知条件：
$a', z_1, z_2, m, \alpha, c^*, h^*_a$</td><td colspan="2">$a' = 15.25$，$z_1 = 15$，$z_2 = 45$，$m = 0.5$，$\alpha = 20°$，$c^* = 0.35$，$h^*_a = 1$</td></tr>
<tr><td>1</td><td>分度圆直径</td><td>d</td><td>$d = mz$</td><td colspan="2">$d_1 = 7.5$，$d_2 = 22.5$</td></tr>
<tr><td>2</td><td>理论中心距</td><td>a</td><td>$a = \frac{d_1 + d_2}{2}$</td><td colspan="2">$a = 15.25$</td></tr>
<tr><td>3</td><td>中心距变动系数</td><td>y'</td><td>$y' = \frac{a' - a}{m}$</td><td colspan="2">$y' = 0.5$</td></tr>
</table>

第 14 篇

续表

实例一、某仪表运动型传动齿轮轮系		序号	参数名称		代号	计算公式	常规计算	修正计算
	轮系参数设计计算	4	啮合角		α'	$\cos\alpha'=\frac{a}{a'}\cos\alpha$	$\alpha'=22.4388°$	
		5	总变位系数		x_Σ	$x_\Sigma=\frac{(z_1+z_2)(\mathrm{inv}\alpha'+\mathrm{inv}\alpha)}{2\tan\alpha}$	$x_\Sigma=0.5298$	
		6	变位系数分配		x	按设计要求选择 $x_\Sigma=x_1+x_2$	$x_1=0.53$ $x_2=0$	$x_1=0.5$ $x_2=-0.15$
		7	齿高变动系数		$\Delta y'$	$\Delta y'=x_\Sigma-y'$	$\Delta y'=0.0298$	$\Delta y'=0.0298$
		8	齿顶圆直径		d_a	$d_a=d+2m(h_a^*+x-\Delta y')$	$d_{a1}=9, d_{a2}=23.47$	$d_{a1}=9.12, d_{a2}=23.47$
		9	齿根圆直径		d_f	$d_f=d+2m(h_a^*+c^*-x)$	$d_{f1}=6.68, d_{f2}=21.15$	$d_{f1}=6.5, d_{f2}=20.85$
		10	节圆直径		d_w	$d_{w1}=\frac{2a'z_1}{z_1+z_2}, d_{w2}=\frac{2a'z_2}{z_1+z_2}$	$d_{w1}=7.625, d_{w2}=22.875$	
		11	基圆直径		d_b	$d_b=d\cos\alpha$	$d_{b1}=7.048, d_{b2}=21.1431$	
		12	齿距		p	$p=\pi m$	$p=1.5708$	
		13	基圆齿距		p_b	$p_b=p\cos\alpha$	$p_b=1.4761$	
		14	齿顶高		h_a	$h_a=m(h_a^*+x-\Delta y')$	$h_{a1}=0.75, h_{a2}=0.485$	$h_{a1}=0.81, h_{a2}=0.485$
		15	齿根高		h_f	$h_f=m(h_a^*+c^*-x)$	$h_{f1}=0.41, h_{f2}=0.675$	$h_{f1}=0.5, h_{f2}=0.825$
		16	全齿高		h	$h=h_a+h_f$	$h=1.16$	$h=1.31$
		17	顶隙		c	$c=c^*m$	$c=0.175$	
		18	齿顶倒圆半径		ρ_a	按设计要求选择	$\rho_{a1}=0.05, \rho_{a2}=0.1$	
		19	齿根倒圆半径		ρ_f	从图 a 中测得		$\rho_{f1}\approx0.221, \rho_{f2}\approx0.248$
	测量尺寸(仅选其中一种)	20	公法线	跨越齿数	k	$k=\frac{\alpha}{180}z+0.5-\frac{2x\tan\alpha}{\pi}$ (取整数)	$k_1=2, k_2=5$	
				长度	W	$W=m\cos\alpha[\pi(k-0.5)+z\mathrm{inv}\alpha+2x\tan\alpha]$	$W_1=2.5, W_2=6.96$	$W_1=2.490, W_2=6.906$
		21	M值测量	量柱直径	d_p	$d_p=(1.68-1.9)m$ (优先螺纹三针中选取)	$d_{p1}=1.00, d_{p2}=1.00$	
				量柱中心处压力角	α_M	$\mathrm{inv}\alpha_M=\mathrm{inv}\alpha+\frac{d_p}{d\cos\alpha}-\frac{\pi}{2z}+\frac{2x\tan\alpha}{z}$	$\alpha_{M1}=33.57005°$ $\alpha_{M2}=24.26759°$	$\alpha_{1M}=33.387°$ $\alpha_{2M}=23.5629°$
				量柱测量距离	M	偶数齿：$M=\frac{d\cos\alpha}{\cos\alpha_M}+d_p$		
						奇数齿：$M=\frac{d\cos\alpha}{\cos\alpha_M}\cos\left(\frac{90°}{z}\right)+d_p$	$M_1=9.41214$ $M_2=24.17834$	$M_1=9.3944$ $M_2=24.0523$

续表

实例一、某仪表中的运动型传动齿轮轮系

轮系齿形参数表(实例一)

小齿轮			大齿轮		
模数	m	0.5	模数	m	0.5
齿数	z_1	15	齿数	z_2	45
压力角	α	20°	压力角	α	20°
变位系数	x_1	0.5	变位系数	x_2	-0.15
分度圆直径	d_1	$\phi 7.5$	分度圆直径	d_2	$\phi 22.5$
齿顶圆直径	d_{a1}	$\phi 9.12^{+0}_{-0.05}$	齿顶圆直径	d_{a2}	$\phi 23.47^{+0}_{-0.1}$
齿根圆直径	d_{f1}	$\phi 6.5^{+0}_{-0.07}$	齿根圆直径	d_{f2}	$\phi 20.85^{+0}_{-0.15}$
跨越齿数	k_1	2	跨越齿数	k_2	5
公法线长度	W_{k1}	$2.49^{+0}_{-0.025}$	公法线长度	W_{k2}	$6.906^{+0}_{-0.05}$
齿顶倒圆半径	ρ_{a1}	R0.06	齿顶倒圆半径	ρ_{a2}	R0.1
齿根全圆弧半径	ρ_{f1}	R0.221	齿根全圆弧半径	ρ_{f2}	R0.248
配对齿轮齿数	z_2	45	配对齿轮齿数	z_1	15
中心距	a	15.25±0.025			
精度等级		9 级(GB 2362—90)			

轮系齿轮名义齿廓啮合图

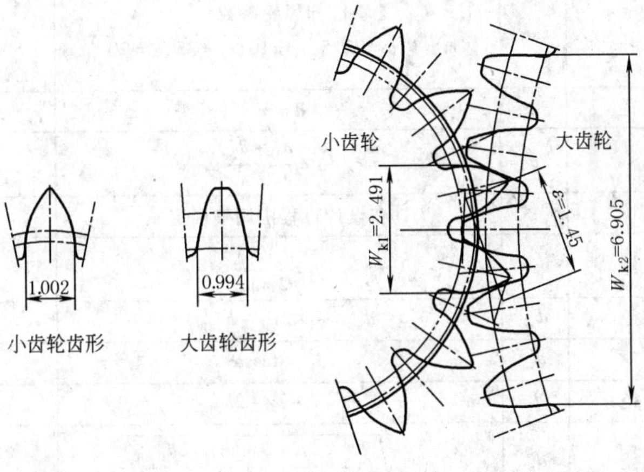

小齿轮齿形　　大齿轮齿形

(a)

为了确保齿轮数据计算正确无误,可通过计算机 CAD 辅助设计软件绘制出齿轮名义齿廓(即齿轮最大实体齿廓)及其啮合图,即可检查轮系的名义啮合侧隙、重合度、齿根宽度以及公法线长度 W_k 或 M 值等。在图 a 中,直接测得的齿轮参数如下

小齿轮:$W_{k1}=2.491$,$s_{f1}\approx1.002$,$\rho_{f1}\approx0.221$

大齿轮:$W_{k2}=6.905$,$s_{f2}\approx0.994$,$\rho_{f2}\approx0.248$

轮系名义齿廓重合度:$\varepsilon\approx1.45$

轮系最小侧隙:$\Delta=0.061$,节圆处法向侧隙:$\Delta_{jn}=0.107$

以上实测结果与调整后的轮系参数"修正计算"所得的数据基本一致;两齿轮的齿根厚度也基本相同

实例二、某汽车电机动力传动型齿轮轮系		
	已知条件	传动比 $i=3.5$、中心距 $a_0=a=22.5$(不调整)
	轮系初选参数	模数 $m=1\text{mm}$,齿数 $z_1=10$、$z_2=35$,弧齿厚 $s_1=1.95$、$s_2=1.195$,齿顶倒圆半径 $r_{T1}=0.06$,$r_{T2}=0.1$
	材料选择	小齿轮-POM(M25 或 100P)、大齿轮-POM(M90 或 500P)

续表

实例二、某汽车电机动力传动型齿轮轮系

齿轮几何尺寸计算

本实例采用 AGMA PT 基本齿条设计齿轮几何尺寸，有关基本齿条参数及其代号见表 14-10-7

基本齿条数据：$\alpha=20°$，$p_{BR}=\pi m=3.1416$，$h_{aBR}=1.00m=1.00$，$h_{fBR}=1.33m=1.33$，$h_{fFBR}=1.04686m=1.0469$，$s_{BR}=1.5708m=1.5708$

根据以上轮系初选参数和基本齿条数据，按 2.4 中 AGMA PT 基本齿条设计齿轮尺寸的公式进行齿轮参数计算。本实例设计中，在中心距 a_0 保持不变条件下，通过相关参数的调整，满足以下技术要求：

①首先根据轮系初选的分圆齿厚 $s_1=1.95$、$s_2=1.195$，校核小齿轮有无根切与齿顶是否变尖。由于小齿轮出现根切，应对齿厚进行调整；

②所调整后的齿轮齿厚 s_1、s_2，还应保证轮系能适应高低温的工作条件下、两齿轮存在制造和安装偏差等条件下，不会出现轮系齿轮轮齿胶合和卡死现象；

③如果小齿轮齿顶宽度过小，还可适当调整小齿轮齿顶圆直径加以避免，要求齿顶宽度基本满足 $s_{ea}\approx0.275m$。大小齿轮的有效齿顶圆直径还应保证轮系的重合度平均值 $\varepsilon_{AVG}\geqslant1.2$，在极端条件下不允许齿轮出现"脱啮"现象，即要求轮系最小重合度 $\varepsilon_{min}\geqslant1$；

④由于传动比较大，小齿轮齿数少，无法做到两齿轮齿根宽度相同。本实例的齿根宽度 $s_{f1}\geqslant s_{f2}$，较好地满足了大小齿轮齿根强度要求；

⑤由于实例小齿轮的齿数少，因 $d_T<d_{ae}$、齿顶修缘的条件已不复存在；又因本实例的模数较小，故对大齿轮的齿顶修缘，其作用也不大，故产品图未给出齿顶修缘参数

由于对齿轮齿顶修缘存在以下技术难度：①采用 EDM 精密电火花成型加工齿轮型腔，所需电极要求采用基本齿条型的滚刀加工，这类专用滚刀的制造难度大、成本高；②采用 EDM 慢走丝线切割成型加工齿轮型腔，要求设计者根据与齿顶修缘基本齿条相啮的基本齿条，采用展成法求得型腔齿顶修缘段的共轭曲线，其计算过程复杂；③电极及型腔齿形的检测；④可能存在某些常规设计理念所不易发现的隐患，因此，对于这类齿轮的齿顶修缘，设计者应持慎重态度

轮系参数设计计算

序号	参数名称	代号	计算公式	设计计算
			已知齿轮参数： $m=1,a=22.5,z_1=10,z_2=35,\alpha=20°$	已知基本齿条参数： $\alpha=20°,p_{BR}=3.1416,h_{aBR}=1.00,$ $h_{fBR}=1.33,h_{fFBR}=1.069,s_{BR}=1.5708$
1	分度圆直径	d	$d=mz$	$d_1=10,d_2=35$
2	中心距	a	$a=\dfrac{d_1+d_2}{2}$	$a=22.5$
3	齿厚	s	在设计过程中调整确定	$s_1=1.91,s_2=1.14$
4	齿条变位量	y	$y=\dfrac{s-s_{BR}}{2\tan\alpha}$	$y_1=0.466,y_2=-0.5918$
5	齿顶圆直径	d_{ae}	$d_{ae}=d+2(y+h_{aBR})$	$d_{ae1}=12.932,d_{ae2}=35.816$
6	基圆直径	d_b	$d_b=d\cos\alpha$	$d_{b1}=9.3969,d_{b2}=32.8892$
7	齿根圆直径	d_f	$d_f=d+2y-2h_{fBR}$	$d_{f1}=8.272,d_{f2}=31.1564$
8	构成圆直径	d_F	$d_F=\sqrt{d_b^2+\dfrac{(2y+d\sin^2\alpha_t-2h_{fFBR})^2}{\sin^2\alpha_t}}$	$d_{F1}=9.397,d_{F2}=32.977$
9	无根切判断式	B_T	$B_T=(2y+d\sin^2\alpha_t-2h_{fFBR})\geqslant0$	$B_{T1}=0.008,B_{T2}=0.8169$
10	齿顶修缘 起点直径	d_T	$d_T=\sqrt{d^2+4d(h_{aTBR}+y)+\left[\dfrac{z(h_{aTBR}+y)}{\sin\alpha}\right]^2}$	$d_{T1}=13.059>d_{ae1}$（不能修缘） $d_{T2}=34.82<d_{ae2}$（齿顶修缘）
11	计算用参数	h_{aeBR}	$h_{aeBR}=0.5d_b\sin\alpha(\tan\alpha_{ae}-\tan\alpha)-y$	$h_{aeBR1}=0.4685,h_{aeBR2}=0.9699$
12	齿顶修缘半径	R_{TBR}	$R_{TBR}=4.0m_n$	$R_{TBR2}=4$
13	齿顶倒圆半径	r_T	由设计者确定	$r_{T1}=0.06,r_{T2}=0.1$
14	齿顶修缘量	ν_{Tae}	$\nu_{Tae}\approx\dfrac{(h_{aeBR}-h_{aTBR})^2}{2R_{TBR}\cos^2\alpha}$	$\nu_{Tae2}=0.0312$
15	无修缘齿顶宽	s_{ae}	$s_{ae}=d_{ae}\left(\dfrac{s}{d}+\mathrm{inv}\alpha-\mathrm{inv}\alpha_{ae}\right)$	$s_{ae1}=0.214$
16	修缘齿顶宽	s_{Tae}	$s_{Tae}\approx s_{ae}-\dfrac{2\nu_{Tae}}{\cos\alpha_{ae}}$	$s_{Tae2}\approx0.774$
17	顶隙	c_{BR}	$c_{BR}=a-\dfrac{d_{ae}+d_f}{2}$	$c_{BR1}=c_{BR2}=0.454$
18	齿根倒圆半径	ρ_f	从图 b 中测得	$\rho_{f1}\approx0.48635,\rho_{f2}\approx0.68083$

续表

实例	类别	序号	参数名称		代号	计算公式		设计计算
实例二、某汽车电机动力传动型齿轮轮系	测量尺寸（仅选一种）	19	公法线	跨越齿数	k	$k=\frac{\alpha}{180}z+0.5-\frac{2x\tan\alpha}{\pi}$（取整数）		$k_1=2,k_2=3$
				长度	W	$W=m\cos\alpha[\pi(k-0.5)+z\text{inv}\alpha+2x\tan\alpha]$		$W_1=4.887,W_2=7.466$
		20	M值测量	量柱直径	d_p	$d_p=(1.68-1.9)m$（优先螺纹三针中选取）		$d_{p1}=1.9,d_{p2}=1.732$
				量柱中心处压力角	α_M	$\text{inv}\alpha_M=\text{inv}\alpha+\frac{d_p}{d\cos\alpha}-\frac{\pi}{2z}+\frac{2x\tan\alpha}{z}$		$\alpha_{M1}=35.52674°$ $\alpha_{M2}=17.78962°$
				量柱测量距	M	偶数齿	$M=\frac{d\cos\alpha}{\cos\alpha_M}+d_p$	$M_1=13.446$
						奇数齿	$M=\frac{d\cos\alpha}{\cos\alpha_M}\cos\left(\frac{90°}{z}\right)+d_p$	$M_2=35.238$

产品轮系齿形参数表（实例二）

小齿轮参数			大齿轮参数		
模数	m	1	模数	m	1
齿数	z_1	10	齿数	z_2	35
压力角	α	20°	压力角	α	20°
基本齿条变位量	y_1	0.466	基本齿条变位量	y_2	-0.5918
分度圆直径	d_1	$\phi10$	分度圆直径	d_2	$\phi35$
齿顶圆直径	d_{a1}	$\phi12.93^{+0}_{-0.05}$	齿顶圆直径	d_{a2}	$\phi35.82^{+0}_{-0.1}$
齿根圆直径	d_{f1}	$\phi8.27^{+0}_{-0.07}$	齿根圆直径	d_{f2}	$\phi31.15^{+0}_{-0.12}$
跨越齿数	k_1	2	跨越齿数	k_2	3
公法线长度	W_1	$4.89^{+0}_{-0.03}$	公法线长度	W_2	$7.46^{+0}_{-0.05}$
齿顶倒圆半径	r_{T1}	R0.06	齿顶倒圆半径	r_{T2}	R0.1
齿根全圆弧半径	ρ_{f1}	R0.486	齿根全圆弧半径	ρ_{f2}	R0.681
配对齿轮齿数	z_2	35	配对齿轮齿数	z_1	10
中心距	a	22.5 ±0.035			
精度等级		9~10级（GB 2362—90）			

轮系齿轮名义齿廓啮合图

1.884
小齿轮齿形
1.553
大齿轮齿形
小齿轮
大齿轮
$W_{k1}=4.887$
$W_{k2}=7.466$
2.1~3

(b)

续表

实例二、某汽车电机动力传动型齿轮轮系	轮系齿轮名义齿廓啮合图	同样可通过计算机CAD辅助设计软件，绘制出两齿轮名义齿廓（即齿轮最大实体齿廓）及其啮合图，即可检查两齿轮轮齿的名义齿廓啮合侧隙、重合度、两齿轮齿根宽度以及 W_k、M 值等。在图 b 中，可分别测得如下参数 小齿轮：$W_{k1}=4.887$，$s_{f1}\approx1.884$，$\rho_{f1}\approx0.486$ 大齿轮：$W_{k2}=7.466$，$s_{f2}\approx1.553$，$\rho_{f2}\approx0.681$ 轮系名义齿廓重合度：$\varepsilon=1.24$ 轮系最小侧隙：$\Delta=0.092$，节圆法向侧隙：$\Delta_{jn}=0.125$ 以上实测结果与调整后的轮系参数设计计算所得的齿轮数据基本一致，说明本实例的调整设计计算是可行的

3　塑料齿轮材料

表 14-10-26

材料名称	特性和应用
聚甲醛（POM）	聚甲醛吸湿性特小，可保证齿轮长时间的尺寸稳定性和在较宽广温度范围内的抗疲劳、耐腐蚀等优良特性和自润滑性能，一直是塑料齿轮的首选工程塑料。作为一种最常用、最重要的齿轮用材料，已有40多年的历史
尼龙（PA6、PA66和PA46等）	具有良好的坚韧性和耐用度等优点，是另一种常用的齿轮工程塑料。但尼龙具有较强的吸湿性，会引起了塑件性能和尺寸发生变化。因此，尼龙齿轮不适合在精密传动领域应用
聚对苯二酰对苯二胺（PPA）	具有高热变形稳定性，可以在较高较宽的温度范围内和高湿度环境中，保持其优越的机械强度、硬度、耐疲劳性及抗蠕变性能。可以在某些PA6、PA66齿轮所无法承受的高温、高湿条件下，仍拥有正常工作的能力
PBT聚酯	可模塑出表面非常光滑的齿轮，未经填充改性塑件的最高工作温度可达150℃，玻纤增强后的产品工作温度可达170℃。它的传动性能良好，也被经常应用于齿轮结构件中
聚碳酸酯（PC）	具有优良的抗冲击和耐候性、硬度高、收缩率小和尺寸稳定等优点。但聚碳酸酯的自润滑性能、耐化学性能和耐疲劳性能较差。这种材料无色透明，易于着色，塑件美观，在仪器仪表精密齿轮传动中，仍多有应用
液晶聚合物（LCP）	早已成功应用于注塑模数特小的精密塑料齿轮。这种齿轮具有尺寸稳定性好、高抗化学性和低成型收缩等特点。该材料早已用于注塑成型手表塑料齿轮
ABS和LDPE	通常不能满足塑料齿轮的润滑性能、耐疲劳性能、尺寸稳定性以及耐热、抗蠕变、抗化学腐蚀等性能要求。但也多用于各种玩具等运动型传动领域 热塑性弹性体模塑齿轮柔韧性更好，能够很好地吸收传动所产生的冲击负荷，使齿轮噪声低、运行更平稳。常用共聚酯类的热塑性弹性体模塑低动力高速传动齿轮，这种齿轮在运行时即使出现一些变形偏差，同样也能够降低运行噪声
聚苯硫醚（PPS）	具有高硬度、尺寸稳定性、耐疲劳和耐化学性能以及工作温度可达到200℃。聚苯硫醚齿轮的应用正扩展到汽车等齿轮传动工作条件要求十分苛刻的应用领域
聚醚醚酮（PEEK 450G）	具有耐高温、高综合力学性能、耐磨损和耐化学腐蚀等特性。它是已成功应用于大负载动力传动齿轮中的一种高性能塑料

注：1. 聚甲醛由美国Dupont公司于1959年开发，并首先实现了均聚甲醛的工业化生产。美国Celanese公司于1960年开发以三聚甲醛和环氧乙烷合成共聚甲醛技术，并于1962年实现了工业化生产。我国也早于1959年先后进行了均、共聚甲醛研制开发工作，但目前国内的生产技术和产品质量与国外知名品牌比较，仍有不小差距。

2. 尼龙（PA）由美国Dupont公司于1939年实现纤维树脂工业化生产，1950年开始应用于注塑制品，1963年开发应用于模塑齿轮。

3.1 聚甲醛 （POM）

3.1.1 聚甲醛的物理特性、综合特性及注塑工艺（推荐）[14]

表 14-10-27

主要物理特性		(1)较高的抗拉强度与坚韧性、突出的抗疲劳强度； (2)摩擦因数小，耐磨性好，PV 值高，并有一定的自润性； (3)耐潮湿、汽油、溶剂及对其他天然化学品有很好的抵抗力； (4)极小的吸水性能、良好的尺寸稳定性能； (5)耐冲击强度较高，但对缺口冲击敏感性也高； (6)塑件模塑成型的收缩率大
综合特性及注塑工艺	结构	部分晶体
	密度	1.41 ~ 1.42g/cm^3
	物理性能	坚硬、刚性、坚韧，在 -40℃低温下也不易开裂；高抗热性、高抗磨损性、良好的抗摩擦性能；低吸水性、无毒
	化学性能	抗弱酸、弱碱溶液、汽油、苯、酒精；但不抗强酸
	识别方法	高易燃性。燃烧时火焰呈浅蓝色，滴落离开明火仍能燃烧；当熄灭时有福尔马林气味
	料筒温度	喂料区:40 ~ 50℃(50℃)　区 1:160 ~ 180℃(180℃)　区 2:180 ~ 250℃(190℃) 区 3:185 ~ 205℃(200℃)　区 4:195 ~ 215℃(205℃)　区 5:195 ~ 215℃(205℃) 喷嘴:190 ~ 215℃(205℃) 括号内的温度建议作为基本设定值，行程利用率为 35% 和 65%，模件流长与壁厚之比为 50:1 到100:1
	预烘干	一般不需要。若材料受潮，可在 100℃下烘干约 4 小时
	熔融温度	205 ~ 215℃
	料筒保温	170℃以下(短时间停机)
	模具温度	80 ~ 120℃
	注射压力	100 ~ 150MPa，对截面厚度为 3 ~ 4mm 的厚壁制品件，注射压力约为 100MPa，对薄壁制品件可升至 150MPa
	保压压力	取决于制品壁厚和模具温度。保压时间越长，零件收缩越小，保压应为 80 ~ 100MPa，模内压力可达60 ~ 70MPa。需要精密成型的齿轮，保持注射压力和保压为相同水平是很有利的(没有压力降)。在相同的循环时间条件下，延长保压时间，成型重量不再增加，这意味着保压时间已为最优。通常保压时间为总循环时间的 30%，成型重量仅为标准重量的 95%，此时收缩率为 2.3%。成型重量达到 100%时，收缩率为 1.85%。均衡的和低的收缩率有利于制品尺寸保持稳定
	背压	5 ~ 10MPa
	注射速度	中等注射速度，如果注射速度太慢或模具型腔与熔料温度太低，制品表面往往容易出现皱纹或缩孔

续表

综合特性及注塑工艺	螺杆转速	最大螺杆转速折合线速度为0.7m/s，将螺杆转速设置为能在冷却时间结束前完成塑化过程即可，螺杆扭矩要求为中等
	计量行程(最小值~最大值)	(0.5~3.5)D，D为料筒直径
	余料量	2~6mm，取决于计量行程和螺杆直径
	回收率	一般塑件可用100%的回料，精密塑件最多可加20%回料
	收缩率	约为2%(1.8%~3.0%)，24h后收缩停止
	浇口系统	壁厚平均的小制品可用点式浇口，浇口横截面应为制品最厚截面50%~60%。当模腔内有障碍物(型芯或嵌件等)时，浇口以正对着障碍物注射为好
	机器停工时段	生产结束前5~10min关闭加热系统，设背压为零，清空料筒。当更换其他树脂时，如PA或PC，可用PE清洗料筒
	料筒设备	标准螺杆，止逆环，直通喷嘴

注：1. 以上推荐的注塑工艺，在模塑齿轮时，可根据实际情况作相应调整。

2. 我国聚甲醛生产厂家主要有云天化、大庆等。

3.1.2 几种齿轮用聚甲醛性能

表14-10-28　“云天化”四种聚甲醛标准等级的性能①

性能		测试条件	ISO测试方法	单位	牌号			
					M25	M90	M120	M270
力学性能	熔融指数	190℃ 2.16kg	1133	g/10min	2.5	9	13	27
	拉伸屈服强度	23℃	527	MPa	60	62	62	65
	屈服伸长率	23℃	527	%	14	13	11	8
	断裂伸长率	23℃	527	%	65	50	45	30
	标称断裂伸长率	23℃	527	%	40	30	25	20
	拉伸弹性模量	23℃	527	MPa	2350	2700	2800	3000
	弯曲强度	23℃	178	MPa	57	61	64	68
	弯曲模量	23℃	179	MPa	2100	2400	2500	2600
	简支梁缺口冲击强度	23℃	179/IeA	kJ/m²	8	7	6	5
	悬臂梁缺口冲击强度	23℃	180/IA	kJ/m²	9	7.5	7	6
	球压痕硬度	23℃ 358N 30S	2039	MPa	135	140	140	140
	洛氏硬度	23℃	2039	MPa	M82 R114	M82 R114	M82 R114	M82 R114

续表

性能		测试条件	ISO 测试方法	单位	牌号			
					M25	M90	M120	M270
热性能	热变形温度	1.8MPa	75	℃	110	115	115	120
	熔点	DSC	3146	℃	172	172	1752	172
	维卡软化点	50N 10N	306 B50 306 A50	℃	150 163	150 163	150 163	150 163
	线胀系数	30～60℃	ASTM D696	$1\times10^{-5}K^{-1}$	11	11	11	11
	比热容	20℃		J/(g·K)	1.48	1.48	1.48	1.48
电性能	最高连续使用温度			℃	100	100	100	100
	体积电阻率	20℃	IEC93	Ω·cm	10^{15}	10^{15}	10^{15}	10^{15}
	表面电阻率	20℃	IEC93	Ω	10^{15}	10^{15}	10^{15}	10^{15}
	20℃时介电常数	50Hz 1kHz 1MHz	IEC250		3.9 3.9 3.9	3.9 3.9 3.9	3.9 3.9 3.9	3.9 3.9 3.9
	20℃时损耗因素	50Hz 1kHz 1MHz	IEC250	$\times10^{-4}$	20 10 85	20 10 85	20 10 85	20 10 85
	介电强度	20℃	IEC243	kV/mm	25	25	25	25
	抗电弧性	21℃ 65% RH	ASTM D495	mm	1.9	1.9	1.9	1.9
	抗漏失性	21℃ 65% RH	IEC167	$\times10^{14}\Omega$	7.5	7.5	7.5	7.5
	对比电弧径迹指数		IEC112	CTf	600	600	600	600
其他性能	密度	23℃	1183	g/cm^3	1.41	1.41	1.41	1.41
	可燃性		UL94 FMVSS		HB B50	HB B50	HB B50	HB B50
	吸水率	23℃	62	%	0.7	0.7	0.7	0.7
	水分吸收率	23℃ 50% RH	62	%	0.2	0.2	0.2	0.2
	注射收缩率	24h 4mm	流动方向 垂直方向	% %	2.9～3.1 1.9～2.2	2.8～2.9 2.1～2.4	2.7～2.9 2.1～2.3	2.5～2.7 2.0～2.2

① 表中的数值是由云天化公司生产的多组制品测得的平均值，不能看作任何一组的保证值，表中所列出的值不能用作质量要求、技术规格和强度计算的依据。由于生产和操作时有许多因素会影响产品的性能，因此建议用对产品进行测试，测得其特定值或确定是否适用于预期用途。

表 14-10-29 DuPont Delrin 三种均聚甲醛的性能

	性能	测试条件	ISO 测试方式	单位	通用级	高韧性	低磨损、磨耗
					500P	100P	500AL
力学性能	屈服点应力 -5mm/min -50mm/min	-20℃ 23℃ 23℃	527—1/2	MPa	83 — 70	83 — 71	80 — 64
	屈服点应变 -5mm/min -50mm/min	-20℃ 23℃ 23℃	527—1/2	%	14 — 16	21 — 25	7 — 10
	拉伸系数 -1mm/min -50mm/min	-20℃ 23℃ 23℃	527—1/2	MPa	3900 3200 —	3900 3000 —	3700 2900 —
	破裂点应变 -50mm/min	23℃	527—1/2	%	40	65	35
	埃佐缺口冲击试验(Izod)	-40℃ 23℃	(1993) 180/IeA	kJ/m^2	6 7	8 12	— 6
	夏比缺口冲击试验(Charpy)	-30℃ 23℃	(1993) 179/IeA	kJ/m^2	8 9	10 15	— 7
热性能	热变形温度(HDT) -0.45MPa 无退火 -1.8MPa 无退火		75 75	℃ ℃	160 95	165 95	166 102
	维卡软化温度(Vicat)	10N 50N	306A50 306B50	℃ ℃	174 160	174 160	174 160
	熔点		3146 Method C2	℃	178	178	178
	线胀系数		11359	$1\times10^{-4}K^{-1}$	1.2	1.2	1.2
电性能	表面电阻率		IEC93	Ω	1×10^{13}	1×10^{15}	7×10^{14}
	体积电阻率		IEC93	Ω·cm	1×10^{13}	1×10^{15}	7×10^{15}
	介电强度		IEC243	kV/mm	32	32	—
	耗散因数	100Hz 1MHz	IEC250 IEC250	10^{-4} 10^{-4}	200 50	200 —	— —
其他性能	密度		1183	g/cm^3	1.42	1.42	1.38
	吸水率 —平衡于50%相对湿度 —沉浸 24 小时 —饱和		62	%	0.28 0.32 1.40	0.28 0.32 1.40	— — —

续表

性能		测试条件	ISO 测试方式	单位	通用级	高韧性	低磨损、磨耗
					500P	100P	500AL
其他性能	熔流率		1133	g/10min	15	2.3	15
	UL阻燃性等级		UL94		HB	HB	HB
	洛氏硬度(Rockwell)		2039 (R+M)		M92 M120	M92 R120	— —
摩擦及磨耗	磨耗速度率(塑料对塑料)			$10^{-6}mm^{-3}$ (N·m)	1600	1600	22
	动态摩擦因数(塑料对塑料)				0.21~0.52	0.21~0.52	0.16
	磨耗速度率(塑料对钢料)			$10^{-6}mm^{-3}$ (N·m)	13~14	13~14	6
	动态摩擦因数(塑料对钢料)				0.32~0.41	0.32~0.41	0.18

注：不应该采用表中提供的数据建立规格限定或者单独作为设计的依据。杜邦不作担保和假设并无责任将这信息作为任何相关用途。

3.2 尼龙（PA66、PA46）

3.2.1 尼龙 PA66

尼龙是工程塑料中最大、最重要的品种，具有强大的生命力。当今，主要是通过改性来实现尼龙的高强度、高刚性，改善尼龙的吸水性，提高塑件的尺寸稳定性以及低温脆性、耐热性、耐磨性、阻燃性和阻隔性，从而适用于各种不同要求的产品用途。为了提高 PA66 的力学特性，已通过添加增强、增韧、阻燃和润滑等各种各样的改性剂，开发出多种品质优良的改性材料。其中，玻璃纤维就是最常见的添加剂，有时为了提高抗冲击性还加入合成橡胶，如 EPDM 和 SBR 等。这些材料已广泛应用于汽车、电器、通信和机械等产业。

表 14-10-30　　PA66 的物理特性、综合特性及注塑工艺（推荐）[14]

主要物理特性		(1)PA66在聚酰胺中有较高的熔点，是一种半晶体-晶体材料； (2)在较高温度条件下，也能保持较好的强度和刚度； (3)材质坚硬、刚性好，很好的抗磨损、抗摩擦及自润滑性能； (4)模塑成型后，仍然具有吸湿性，塑件的尺寸稳定性较差； (5)黏性较低，因此流动性很好(但不如PA6)，但其黏度对温度变化很敏感； (6)PA66具有好的抗溶性，但对酸和一些氯化剂的抵抗力较弱
综合特性及注塑工艺	结构	部分晶体
	密度	1.14g/cm^3
	物理性能	当含水量为2%～3%时，则非常坚韧；当干燥时较脆。具有好的颜色淀积性，无毒，与各种填充材料容易结合

第 14 篇

续表

综合特性及注塑工艺	化学性能	具有好的抗油剂、汽油、苯、碱溶液溶剂以及氯化碳氢化合物,以及酯和酮的性能。但不抗臭氧,盐酸,硫酸和双氧水
	识别方法	可燃,离开明火后仍能继续燃烧,燃烧时起泡并有滴落,焰心为蓝色,外圈为黄色,发出燃烧角质物等气味
	料筒温度	喂料区:60~90℃(80℃)　区1:260~290℃(280℃)　区2:260~290℃(280℃) 区3:280~290℃(290℃)　区4:280~290℃(290℃)　区5:280~290℃(290℃) 喷嘴:280~290℃(290℃) 括号内的温度建议作为基本设定值,行程利用率为35%和65%,模件流长与壁厚之比,为50:1到100:1。喂料区和区1的温度是直接影响喂料效率,提高这些温度可使喂料更均匀
	熔融温度	270~290℃,应避免高于300℃
	料筒保温	240℃以下(短时间停机)
	模具温度	60~100℃,建议80℃
	注射压力	100~160MPa,如果是加工薄截面长流道制品(如电线扎带),则需达到180MPa
	保压压力	注射压力的50%,由于材料凝结相对较快,短的保压时间已足够,降低保压压力可减少制品内应力
	背压	2~8MPa,需要准确调节,因背压太高会造成塑化不均
	注射速度	建议采用相对较快的注射速度,模具应有良好的排气系统,否则制品上易出现焦化现象
	螺杆转速	高螺杆转速,线速度为1m/s。然而,最好将螺杆转速设置低一点,只要能在冷却时间结束前完成塑化过程即可。对螺杆的扭矩要求较低
	计量行程(最小值~最大值)	(0.5~3.5)D,D为料筒直径
	余料量	2~6mm,取决于计量行程和螺杆直径
	预烘干	在80℃温度下烘干2~4h;如果加工前材料是密封未受潮,则不用烘干。尼龙吸水性较强,应保存在防潮容器内和封闭的料斗内,当含水量超过0.25%,就会造成成型改变
	回收率	回料的加入率,可根据产品的要求确定
	收缩率	0.7%~2.0%,填充30%玻璃纤维为0.4%~0.7%;在流程方向和与流程垂直方向上的收缩率差异较大。如果塑件顶出脱模后的温度仍超过60℃,制品应该逐渐冷却。这样可降低成型后收缩,使制品具有更好的尺寸稳定性和小的内应力;建议采用蒸气法冷却,尼龙制品还可通过特殊配制的液剂来检查应力
	浇口系统	点式、潜伏式,片式或直浇口都可采用。建议在主流道和分流道上设置有盲孔或凹槽冷料井。可使用热流道,由于熔料可加工温度范围较窄,热流道应提供闭环温度控制
	料筒设备	标准螺杆,特殊几何尺寸有较高塑化能力;止逆环,直通喷嘴,对注塑纤维增强材料,应采用双金属螺杆和料筒
	机器停工时段	无需用其他料清洗,在高于240℃下,熔料残留在料筒内时间可达20min,此后材料容易发生热降解

表 14-10-31　　三种 DuPont Zytel 齿轮用尼龙性能

性　能		测试条件	ASTM 测试方式	单位	普通型	33%玻纤增强	超强	说　明
					101L NC010	70G33L NC010	ST801 NC010	
力学性能	拉伸强度	-40℃ 23℃ 77℃	D638	MPa	— 83 —	214 186 110	— 51.7 —	
	屈服拉伸强度		D638	MPa	83	—	50	
	断裂延长		D638	%	60	3	60	
	屈服延长		D638	%	5	—	5.5	
	泊松比				0.41	0.39	0.41	
	剪切强度		D732	MPa	—	86	—	
	弯曲模量		D790	MPa	2830	8965	1689	
	弯曲强度		D790	MPa	—	262	68	
	变形量(13.8MPa,50℃)		D621	%	—	0.8	—	
	Izod 冲击		D256	J/m	53(缺口)	117	907	
热性能	热变形温度(HDT) -0.45MPa -1.8MPa		D648	℃ ℃	210 65	260 249	216 71	
	CLTE,流动		D696	E-4/K	0.7	0.8	1.2	1. 没有特别指明时,力学性能测量温度为23℃ 2. 表中"—"表示没有相关测试数据 3. 此资料是根据我们最新的知识并涵盖由杜邦提供且最近公布的有关商业的和试验的信息。由于使用的条件是不在杜邦的控制下,杜邦不保证、表达或默许,和不承担与任何使用此资料有关的一切责任
	熔点		D3418	℃	262	262	263	
电器性能	体积电阻率		D257	Ω·cm	1×10^{15}	1×10^{15}	7×10^{14}	
	介电强度,短时间的		D149	kV/mm	—	20.9	—	
	介电强度,逐步的		D149	kV/mm	—	17.3	—	
	介电常数	1E2Hz 1E3Hz 1E6Hz	D150		4.0 3.9 3.6	— 4.5 3.7	3.2 3.2 2.9	
	耗散因数	1E2Hz 1E3Hz 1E6Hz	D150		0.01 0.02 0.02	— 0.02 0.02	0.01 0.01 0.02	
阻燃性能	最小厚度的阻燃等级		UL 94		V-2	HB	HB	
	最小测试阻燃厚度		UL 94	mm	0.71	0.71	0.81	
	高电压弧延伸速率		UL 746A	mm/min	—	32.2	—	
	发热线着火时间		UL 746A	s	—	9	—	
其他性能	密度		D792	g/cm^3	1.14	1.38	1.08	
	洛氏硬度	M 标准 R 标准	D785		79 121	101 —	— —	
	挺度磨损 CS-17 轮,1kg,1000 循环		D1044	mg	—	—	5~6	
	吸水率 —沉浸 24 小时 —饱和		D570	%	1.2 8.5	0.7 5.4	1.2 6.7	
	收缩率,3.2mm,流动方向			%	1.5	0.2	1.8	

续表

<table>
<tr><td colspan="2" rowspan="2">性　能</td><td rowspan="2">测试条件</td><td rowspan="2">ASTM测试方式</td><td rowspan="2">单位</td><td>普通型</td><td>33%玻纤增强</td><td>超强</td><td rowspan="2">说　明</td></tr>
<tr><td>101L NC010</td><td>70G33L NC010</td><td>ST801 NC010</td></tr>
<tr><td rowspan="5">注塑工艺</td><td>融化温度范围</td><td></td><td></td><td>℃</td><td>280 ~ 305</td><td>290 ~ 305</td><td>288 ~ 293</td><td rowspan="5">1. 没有特别指明时,力学性能测量温度为23℃
2. 表中"—"表示没有相关测试数据
3. 此资料是根据我们最新的知识并涵盖由杜邦提供且最近公布的有关商业的和试验的信息。由于使用的条件是不在杜邦的控制下,杜邦不保证、表达或默许,和不承担与任何使用此资料有关的一切责任</td></tr>
<tr><td>模温范围</td><td></td><td></td><td>℃</td><td>40 ~ 95</td><td>65 ~ 120</td><td>38 ~ 93</td></tr>
<tr><td>注塑湿度要求</td><td></td><td></td><td>%</td><td><0.2</td><td><0.2</td><td><0.2</td></tr>
<tr><td>干燥温度</td><td></td><td></td><td>℃</td><td>—</td><td>80</td><td>—</td></tr>
<tr><td>干燥时间,除湿干燥机</td><td></td><td></td><td>h</td><td>—</td><td>2 ~ 4</td><td>—</td></tr>
</table>

3.2.2　尼龙 PA46

PA46 是尼龙大家族中的一种新系列，于 1935 年发明于实验室中；由荷兰 DSM 于 1990 年实现工业化生产；是一种高性能尼龙材料。

表 14-10-32

<table>
<tr><td colspan="2">主要物理特性</td><td>(1)高温稳定性好,能适应在100℃以上环境下工作;
(2)流动性好,注塑周期比 PA6 缩短 30% 左右;
(3)高结晶度,高抗拉强度,高温下塑件力学性能的保持能力较好;
(4)动态摩擦因数低,即使是在高 PV 值下仍表现良好;
(5)抗疲劳性能好,在高温下能保持齿轮有较长的使用寿命</td></tr>
<tr><td rowspan="6">综合特性及注塑工艺(推荐)</td><td>结构</td><td>部分结晶(未填充)</td></tr>
<tr><td>密度</td><td>1.18g/cm³</td></tr>
<tr><td>物理性能</td><td>浅黄色,良好的耐温性能,高模量、高强度、高刚性、高抗疲劳性;良好的抗蠕变、抗磨损和磨耗;良好的流动性</td></tr>
<tr><td>化学性能</td><td>很好的抗化学和抗油性</td></tr>
<tr><td>料筒温度</td><td>喷嘴:280 ~ 300℃(295℃)　　区 4:290 ~ 300℃(295℃)
区 1:300 ~ 320℃(310℃)　　区 5:280 ~ 290℃(290℃)
区 2:295 ~ 315℃(305℃)　　喂料区:60 ~ 90℃(80℃)
区 3:295 ~ 315℃(300℃)　　以上括号内的温度为推荐温度</td></tr>
<tr><td>烘干温度</td><td>热风干燥机为 115 ~ 125℃/4 ~ 8h;除湿干燥机为 80 ~ 85℃/4 ~ 6h(建议使用除湿干燥机)</td></tr>
</table>

续表

综合特性及注塑工艺(推荐)	熔融温度	295 ~ 300℃
	模具温度	80 ~ 120℃(建议在 100℃以上)
	注射压力	80 ~ 140MPa
	保压压力	注塑压力的 30% ~50%
	背压	0.5 ~ 1MPa
	注射速度	尽可能快(但应防止因注射速度过快使产品焦化)
	螺杆转速	100 ~ 150r/min
	射退	2 ~ 10mm,取决于计量行程和螺杆直径,在喷嘴不流涎的前提下,应尽可能小
	回收率 收缩率	精密齿轮可添加 10% 回料,一般用途齿轮为 20% 以上。见物性表

表 14-10-33　　三种齿轮用 DSM Stanyl PA46 性能

物性参数		测试方法	单位	TW341	TW271F6	TW241F10	说明
流变性能				干态/湿态	干态/湿态	干态/湿态	表中 TW341 为热稳定、润滑等级;TW241F10 为 50% 玻纤增强,热稳定、强化等级;TW271F6 为 15% PTFE 及 30% 玻纤增强、热稳定、耐摩擦磨耗改良等级 TW241F6、TW241F10 已用于汽车启动电机内齿轮;TW271F6 已用于模塑汽车电子节气门齿轮
	模塑收缩率(平行)	ISO 294-4	%	2	0.5	0.4	
	模塑收缩率(垂直)	ISO 294-4	%	2	13	0.9	
力学性能				干/湿	干/湿	干/湿	
	拉伸模量	ISO 527-1/-2	MPa	3300/ 1000	9000/ 6000	16000/ 10000	
	拉伸模量(120℃)	ISO 527-1/-2	MPa	800	5500	8200	
	拉伸模量(160℃)	ISO 527-1/-2	MPa	650	5000	7400	
	断裂应力	ISO 527-1/-2	MPa	100/55	190/110	250/160	
	断裂压力(120℃)	ISO 527-1/-2	MPa	50	100	140	
	断裂压力(160℃)	ISO 527-1/-2	MPa	40	85	120	
	断裂伸长率	ISO 527-1/-2	%	40/ >50	3.7/7	2.7/5	
	断裂张力(120℃)	ISO 527-1/-2	MPa	>50		5	
	断裂张力(160℃)	ISO 527-1/-2	MPa	>50		5	
	弯曲模量	ISO 178	MPa	3000/ 900	8500/ 5700	14000/ 9000	
	弯曲模量(120℃)	ISO 178	MPa	800		7300	
	弯曲模量(160℃)	ISO 178	MPa	600		6500	
	无缺口简支梁冲击强度(+23℃)	ISO 179/IeU	kJ/m^2	N/N		90/100	
	无缺口简支梁冲击强度(-40℃)	ISO 179/IeU	kJ/m^2	N/N		80	
	简支梁缺口冲击强度(+23℃)	ISO 179/IeA	kJ/m^2	12/45	14/22	16/24	
	简支梁缺口冲击强度(-40℃)	ISO 179/IeA	kJ/m^2	9/12	11/11	12/12	
	Izod 缺口冲击强度(23℃)	ISO 180/IA	kJ/m^2	10/40	12/19	16/24	
	Izod 缺口冲击强度(-40℃)	ISO 180/IA	kJ/m^2	9/12	10/10	12/12	

续表

物性参数		测试方法	单位	TW341	TW271F6	TW241F10	说明
热性能				干态/湿态	干态/湿态	干态/湿态	表中 TW341 为热稳定、润滑等级；TW241F10 为 50% 玻纤增强，热稳定、强化等级；TW271F6 为 15% PTFE 及 30% 玻纤增强、热稳定、耐摩擦磨耗改良等级 TW241F6、TW241F10 已用于汽车启动电机内齿轮；TW271F6 已用于模塑汽车电子节气门齿轮
	熔融温度(10℃/min)	ISO 11357-1/-3	℃	295	295	295	
	热变形温度(1.80MPa)	ISO 75-1/-2	℃	190	290	290	
	线胀系数(平行)	ISO 11359-1/-2	E-4/℃	0.85	0.2	0.2	
	线胀系数(垂直)	ISO 11359-1/-2	E-4/℃	1.1	0.8	0.8	
	1.5mm 名义厚度时的燃烧性	IEC 60695-11-10	class	V-2	HB	HB	
	测试用试样的厚度	IEC 60695-11-10	mm	1.5	1.5	1.5	
	厚度为 h 时的燃烧性	IEC 60695-11-10	class	V-2	HB	HB	
	测试用试样的厚度	IEC 60695-11-10	mm	0.75	0.9	0.75	
	热量索引 5000hrs	IEC 60216/ISO 527 -1/ -2	℃	152	177	177	
电性能				干态/湿态	干态/湿态	干态/湿态	
	体积电阻率	IEC 60093	Ω·m	LE13/LE7	LE12/LE7	LE12/LE8	
	介电强度	IEC 60243-1	kV/mm	25/15	30/20	30/20	
	相对漏电起痕指数	IEC 60112	—	400/400	300/300	300/300	
	颇塑性能			干态			
	吸湿性	Sim to ISO 62	%	3.7			
	密度	ISO 1183	kg/m³	1180			

3.3 聚醚醚酮（PEEK）

聚醚醚酮（PEEK 450G）是一种结晶性不透明淡茶灰色的芳香族超热塑性树脂，由英国威克斯（Victrex）于 1978 年发明，1981 年工业化生产，这种材料是近二十多年来国内外业内所公认的高性能工程塑料。我国吉林大学依靠自主创新研发成功，也于 1987 年开始小批量生产。

目前，PEEK 聚合物已在汽车齿轮中获得多项应用。近年来，PEEK450G 又在汽车电动座椅驱动器中找到了新的应用前景，采用塑料蜗杆取代钢蜗杆实现“以塑代钢”已取得了进展。但由于这种高性能热塑性材料，国内外均未真正形成大批量生产能力。因此，材料的价格十分昂贵。另一方面这种材料的料温、模温特高，一般的注塑机难以胜任。鉴于以上两个方面的原因，也制约了这种材料的广泛应用。

3.3.1 PEEK 450G 的主要物理特性、综合特性及加工工艺（推荐）

表 14-10-34

主要物理特性		(1)高温性能。PEEK 聚合物和混合物的玻璃态转化温度通常为 143℃、熔点为 343℃。独立测试显示,聚合物的热变形温度高达 315℃,且连续工作温度高达 260℃ (2)高综合力学性能。PEEK 聚合物的机械强度高、坚韧性好、耐冲击性能强、传动噪声低等,可大幅度提高齿轮的使用寿命 (3)耐磨损性能。PEEK 聚合物具有优良的耐摩擦和耐磨损性能,其中以专门配方(添加有 PTFE)的润滑级 450FC30 和 150FC30 材料表现最佳。这些材料在宽广的压力、速度、温度和接触面粗糙度的范围内,都表现出良好的耐磨损性能 (4)耐化学腐蚀性能。PEEK 聚合物在大多数化学环境下具有优良的耐腐蚀性能,即使在温度升高的情况下亦然。在一般环境中,唯一能够熔解这种聚合物的只有浓硫酸
综合特性及加工工艺(推荐)	结构	部分结晶高聚物
	密度	1.3g/cm^3
	物理性能	通常含水率低于 0.5%。非常坚韧,刚性好,高的耐摩擦、耐磨损性能。无毒,无卤天然阻燃,低烟,耐高温
	化学性能	化学性能稳定,耐各种有机、无机化学试剂、油剂;还耐有机、无机酸,弱碱和强碱,但不耐浓硫酸
	识别方法	难燃,离开火焰后不能继续燃烧,本色呈淡米黄色
	料筒温度	后部:350～370℃ 中部:355～380℃ 前部:365～390℃ 喷嘴:365～395℃
	烘干温度	150℃为 3 小时或 160℃为 2h(露点 -40℃),确保含水率低于 0.02%(模塑齿轮建议使用除湿干燥机)
	熔融温度	370～390℃
	料筒保温	300℃(停机时间 3h 以内的料筒允许温度)
	模具温度	175～190℃
	注射压力	70～140MPa,对于填充增强牌号可能需要更高的压力
	保压压力	40～100MPa,对于狭长流道,可能需要更高保压压力
	背压	3MPa
	注射速度	建议采用相对较高的注射速度,保证充模效果
	螺杆转速	50～100r/min
	计量行程	最小值～最大值为(0.5～3.5)D(D——料筒直径)
	余料量	2～6mm,取决于计量行程和螺杆直径
	回收率	无填充牌号回收料添加不超过 30%;填充牌号回收料添加不超过 10%
	收缩率	见物性表

续表

综合特性及加工工艺(推荐)	浇口系统	适用于大部分浇口形式，但应避免细长形浇口，建议最小浇口直径或厚度为 1 ~ 2mm，尽量不使用潜伏式浇口。为了节省昂贵的原材料、降低生产成本，注射模应采用热流道
	机器停工时段	开停机需用本料或专用高温清洗料清洗螺杆和料筒，停机时间不超过 1h，不需要降低温度；停机时间超过 1h，则需降低料筒温度到 340℃ 以下，如果停机时间在 3h 以内，需要降低料筒温度到 300℃ 以下，如果带料停机时间超过 3h 以上，在开机前，需要清洗料筒
	料筒设备	大部分通用螺杆均能适用，建议螺杆长径比的最小值 16:1，但应优先选用 18:1 或24:1 的螺杆。压缩比 2:1 至 3:1 之间，止逆环必须一直安装在螺杆顶部，止逆环与螺杆之间的空隙应能使材料不受限制地流过。料筒材料需经过硬化处理，应避免使用铜或铜合金(会导致材料降解)。模具模腔和型芯材料要求采用耐热合金模具钢，在注塑成型温度下仍具有 52 ~ 54HRC 的硬度值

3.3.2 齿轮用 PEEK 聚合材料的性能

表 14-10-35 三种 Victrex PEEK 材料的性能

特 性	状 态	测 试 方 法	单位	PEEK 450G	PEEK 450CA30	PEEK 450FC30	说 明
拉伸强度	屈服，23℃ 屈服，130℃ 屈服，250℃ 断裂，23℃ 断裂，130℃ 断裂，250℃	ISO527-2/1B/50 ISO527-2/1B50	MPa MPa	100 51 13	 220 124 60	 134 82 40	表中的 PEEK 450G 为纯料颗粒的通用等级； PEEK 450CA30 为碳纤维强化颗粒的强化等级； PEEK 450FC30 为润滑等级
拉伸延伸率	断裂，23℃ 屈服，23℃	ISO527-2/1B50	%	34 5	1.8	2.2	
拉伸模量	23℃	ISO527-2/1B50	GPa	3.5	22.3	10.1	
弯曲强度	23℃ 120℃ 250℃	ISO178	MPa	163 100 13	298 260 105	186 135 36	
弯曲模量	23℃ 120℃ 250℃	ISO178	GPa	4.0 4.0 0.3	19 18 5.1	8.2 8.0 3.0	
Charpy 冲击强度	2mm 缺口，23℃ 0.25mm 缺口，23℃	ISO179-1e	$kJ \cdot m^{-2}$	35 8.2	7.8 5.4		
拉伸强度	屈服，23℃ 断裂，23℃	ASTM D638tV ASTM D638tV	MPa MPa	97	 228	 138	
拉伸延伸率	断裂，23℃ 屈服，23℃	ASTM D638tV	%	65 5	2	2.2	

第 14 篇

续表

特 性	状 态	测 试 方 法	单位	PEEK 450G	PEEK 450CA30	PEEK 450FC30	说 明
拉伸模量	23℃	ASTM D638tV	GPa	3.5	22.3	10.1	表中的 PEEK 450G 为纯料颗粒的通用等级；PEEK 450CA30 为碳纤维强化颗粒的强化等级；PEEK 450FC30 为润滑等级
弯曲强度	23℃	ASTMD790	MPa	156	331	211	
弯曲模量	23℃	ASTMD790	GPa	4.1	19	9.5	
切变强度	23℃	ASTMD3846	MPa	53	85		
切变模量	23℃	ASTMD3846	GPa	1.3			
压缩强度	平行于流动方向,23℃ 90°于流动方向,23℃	ASTMD695	MPa	118 119	240 153	150 127	
泊松比	23℃	ASTMD638tV		0.4	0.44		
洛氏硬度	M 级	ASTMD785		99	107		
Irod 冲击强度	0.25mm 缺口，23℃无缺口,23℃	ASTMD256	$J\cdot m^{-2}$	94 无断裂	120 643	90 444	
颜色			n/a	原色/浅褐色/黑色	黑色	黑色	
密度	结晶态 非结晶态	ISO1183	$g\cdot cm^{-3}$	1.30 1.26	1.40	1.44	
典型结晶度		n/a		35	30	30	
成型收缩率	流动方向,3mm,170℃成型 垂直方向,3mm,170℃成型 流动方向,3mm,210℃成型 垂直方向,3mm,210℃成型 流动方向,6mm,170℃成型 垂直方向,6mm,170℃成型 流动方向,6mm,210℃成型 垂直方向,6mm,210℃成型	n/a	$mm\cdot mm^{-1}$	0.012 0.015 0.014 0.017 0.017 0.018 0.023 0.022	0.000 0.005 0.001 0.005 0.002 0.006 0.002 0.007	0.003 0.005 0.003 0.006 0.004 0.007 0.004 0.007	
吸水性	24h,23℃ 平衡,23℃	ISO62	%	0.50 0.50	0.06	0.06	
熔点		DSC	℃	343	343	343	
玻璃态转化温度(T_g)		DSC	℃	143	143	143	
比热容		DSC	$kJ\cdot kg^{-1}\cdot ℃^{-1}$	2.16	1.8	1.8	
线胀系数	$<T_g$ $>T_g$	ASTMD696	$\times10^{-5}℃^{-1}$	4.7 10.8	1.5	2.2	
热变形温度	1.8MPa	ISO75	℃	152	315	>293	
热导率		ASTMC177	$W\cdot m^{-1}\cdot ℃^{-1}$	0.25	0.92	0.78	
连续使用温度	电气 机械(没有冲击) 机械(有冲击)	UL746B	℃	260 240 180	 240 200	 240 180	

3.4 塑料齿轮材料的匹配及其改性研究

3.4.1 最常用齿轮材料的匹配

表 14-10-36

匹配类型	效果及应用
两种聚甲醛齿轮匹配	摩擦与磨损，没有聚甲醛与淬硬钢齿轮匹配时优良 尽管如此，完全由聚甲醛匹配的齿轮轮系，仍获得广泛的应用(如电器、时钟、定时器等小型精密减速和其他轻微载荷运动型机械传动轮系中)。如果一对啮合齿轮均采用 Delrin 聚甲醛模塑而成，即使采用不同等级，如 100 与 900F，或与 500CL 匹配，都不会改进耐摩擦与磨损性能
Delrin 聚甲醛与 Zytel 尼龙匹配	在许多场合下，能够显著改进耐摩擦与磨耗性能。在要求较长使用寿命场合，这一组合特别有效。并且当不允许进行初始润滑时，尤其会显示出色的优点
	凡是两个塑料齿轮匹配的场合，都必须考虑传统热塑性材料导热性差的影响。散热问题取决于传动装置的总体设计，当两种材料都是较强的隔热材料时，对这一问题需要作专门的考虑
塑料齿轮与金属齿轮匹配	如果是塑料齿轮与金属齿轮匹配，轮系的散热问题要好得多，因而可以传递较高的载荷 塑料齿轮与金属齿轮匹配的轮系运转性能较好，比塑料与塑料匹配轮系齿轮的摩擦及磨耗要轻。但只有当金属齿轮具有淬硬齿面，这种效果会更加突出 一种十分常见轮系的第一个小齿轮被当作电机驱动轴，直接嵌装入电机转子体内，由于热量可从电磁线圈和轴承直接传递至驱动轴，会使齿轮轮齿的温度升高；并可能会超过所预设的温度。因此，设计人员应该特别重视对电机的充分冷却问题 受牙形加工工艺限制，在汽车雨刮、摇窗器中均普遍采用金属轧牙或铣牙蜗杆与塑料斜齿轮轮系匹配，这已是一种十分典型的匹配方式，也是塑料齿轮应用最成功的范例之一

第14篇

3.4.2 齿轮用材料的改性研究

在汽车工业的驱动下，随着对塑料齿轮所传输载荷的增大，降低传动噪声等要求，对材料的改性尤为重要。

表 14-10-37

齿轮工况变化	材料改性要求	齿轮工况变化	材料改性要求
当对啮合噪声的要求比传递动力更重要时	多选用未填充材料	当对传递动力的要求比啮合噪声更重要时	应首选增强性材料

改性举例	1. 当聚甲醛共聚物填充 25% 的短玻纤(2mm 或更短)的填料后，它的拉伸强度在高温下增大 2 倍，硬度提升 3 倍。使用长玻纤(10mm 或者更长)填料可提高强度、抗蠕变能力、尺寸稳定性、韧性、硬度、耐磨损性等以及其他的更多性能。因为可获得需要的硬度、良好的可控热膨胀性能，在大尺寸齿轮和结构应用领域，长玻纤增强材料正成为一种具有吸引力的备选材料 2. 对未填充和分别填充碳纤维、聚四氟乙烯(PTFE)的几种常用的齿轮用材料进行改性研究，并通过原型样机型式试验结果表明：经碳纤维填充的材料的抗拉强度和弯曲弹性模量增大、工作温度提高、热膨胀系数降低；碳纤维的用量以 20% 为宜。而填充 PTFE 则显著改善了塑料齿轮的耐摩擦、磨损性能；材料改性后的齿轮性能可与铸铁、铝合金和铜合金齿轮媲美。PTFE 的用量达到 10% 时，材料的强度没有大的下降，但摩擦、磨损系数显著降低。参考文献[15]还对热塑性材料的改性机理进行了分析研究

3.5 塑料齿轮的失效形式

表 14-10-38

	节点附近断裂[16]	齿根附近处断裂
	动力传动轮系中塑料齿轮有多种多样的失效形式，其中齿轮轮齿断裂的主要失效形式有两类：一是轮齿在齿根附近处断裂；二是轮齿在节点附近处断裂	
失效形式	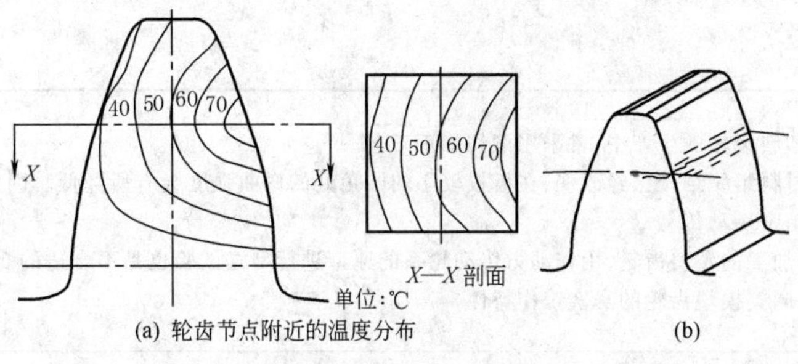 (a) 轮齿节点附近的温度分布 (b)	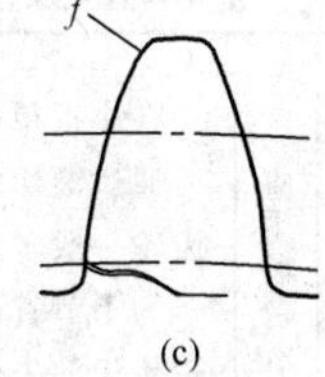 (c)
失效原因	在齿轮传动中，齿面摩擦热和材料黏弹性内耗热所引起的轮齿的温升分布情况如图 a 所示。在节点附近形成高温区，由于温度的升高，材料的拉伸强度则会明显降低。在这种情况下，危险点不是在齿根部位，而是在节点附近。随着运转次数的增加，危险点附近首先产生点蚀和裂纹，然后逐渐扩展直至节点附近的轮齿断裂 当齿轮由中速到高速传递动力时，在节点 P 到最大负荷点之间的区间内，由于材料的高温无法很快释放出去，造成齿面软化而出现点蚀。进而在齿宽中间部位沿轴向产生细小裂纹。随着传动的进行，裂纹向齿宽方向发展，直至两端面，最后引起轮齿在节线附近发生断裂。这种失效多发区因模数、齿数、负荷及其他传动条件的不同而有所差异，但基本上集中在节点附近最大负荷点上下的区域内 节点附近断裂如图 b 所示。是由于材料的抗热能力差，在啮合过程中，轮齿齿面摩擦热和齿面内部黏弹性体材料受到挤压后分子间的内耗热所引起的温升，以及机械负荷共同作用所产生的一种失效形式	齿根附近处折断如图 c 所示。当轮齿进入啮合起始点 f 承载时，轮齿齿根处所承受的拉伸负荷（或弯曲负荷）最大。这种拉伸负荷在某一瞬时可能会引发裂纹，并逐渐向体内延伸，直至轮齿断裂。这种失效通常发生在高负荷、低速运转的工况下和当齿轮齿根圆角太小、应力过分集中、轮齿抗弯强度不足时
降低节点处断裂失效的优化设计要点	轮齿节点附近断裂失效，主要是塑料的抗热能力差所引起的。如何抑制热的生成和将热量迅速扩散出去，是塑料齿轮轮系设计中的重要课题。日本学者通过数百对钢齿轮与滚切加工的塑料齿轮样机传动啮合试验，提出以下塑料齿轮轮齿参数的优化设计意见[17]： （1）齿数 z　通过选择比较多的齿数，来减小齿根处的滑动速度，降低摩擦热量的生成； （2）模数 m　尽量选择小一些的模数值，降低齿面间的相对滑动速度，使每对轮齿的啮合时间缩短，所生成的热量也会有所减少。一般情况下，所选取的模数 m 可上靠标准模数系列推荐值； （3）压力角 α　取标准压力角 $\alpha=20°$，为增大轮系重合度，可选较小的压力角；为增强齿根弯曲强度，可选较大的压力角； （4）齿宽 B　根据轮齿齿根强度的需要，可适当增大； （5）蜗杆蜗轮组合　钢蜗杆与塑料蜗轮（或斜齿轮）组合比塑料蜗杆塑料蜗轮（斜齿轮）组合的效果更佳	

4　塑料齿轮的制造

塑料齿轮是一种既有几何尺寸精度要求，又有机械强度要求的精密塑件。特别是动力传动型塑料齿轮，十分重视对其力学性能的保证。因此，模塑齿轮不能按一般塑件对待，对其注塑机及周边设备、注射模设计制造及其注塑工艺，都与一般塑件有不同的要求。

4.1　塑料齿轮的加工工艺

表 14-10-39

滚切加工	应用场合	在小批单件或精度要求较高塑料齿轮的生产中,常采用滚切加工工艺 通过滚切加工的齿轮齿根的材料组织结构已经改变,在齿根较小的圆角处的弯曲强度会有所降低。因此,这类塑料齿轮一般多用于仪器仪表中的精密运动传动 为了节省试验成本,采用滚切加工的塑料齿轮,用作动力传动轮系的原型进行型式试验也是不合适的。因为这类齿轮轮齿的失效,并不能全面反映同类模塑齿轮的真实工作特性
	注意事项	1. 采用滚切加工的塑料齿轮的精度,比模数齿轮一般要提高 1 ~ 2 级 2. 采用齿宽较大的聚甲醛模塑坯件进行滚切加工的齿轮(或蜗轮),其模数不可太大,因为在坯件体内存在许多大大小小真空缩孔。这类孔洞很可能就出现在轮齿根部或附近,因此,降低了轮齿的强度。如果有充分理由必须采取这种工艺,最好采用模塑留有滚切裕量的齿坯加工 3. 在滚切加工塑料齿轮时,公法线长度尺寸是较难控制的。由于尼龙或聚甲醛的质地柔韧,在切削加工中,由于刀刃摩擦会产生大量切削热,使齿部出现热膨胀。这种齿轮在加工中,其公法线长度误差的分散性较大,特别是搁置一段时间以后,公法线长度还要膨胀许多 4. 对玻纤增强齿轮加工时,其材质对滚刀刀刃的磨损更为严重,在大批量生产中应采用硬质合金滚刀滚切加工塑料齿轮
	加工实例	某厂在滚切加工一种 $m=1\text{mm}$、$z=30$ 的尼龙 PA66 渐开线齿轮生产中,采用乳化液湿切加工来降低切削热,并将公法线长度控制在超下限 0.01 ~ 0.03mm。而后将齿轮置入 60 ~ 80℃ 热水中,浸泡 1 ~ 2h 后晾干。搁置一段时间以后,塑料齿轮公法线长度基本上未出现膨胀现象
模塑成型	工艺特性及影响	塑胶在模塑成型过程中,在齿轮齿根圆角处,会形成应力集中区,这类应力会导致轮齿齿根圆角的弯曲强度降低;齿轮齿根圆角半径越小,轮齿的弯曲强度越低。现将这种情况的出现和所造成的影响,通过下图中的塑胶熔体流程路线分别描述如下。 当塑胶熔体注入模腔齿槽时,熔体流程方向主要取决于流动过程中所产生的剪切应力。当绕过小凸圆角的流程或流速骤变这一类突变齿轮齿根圆角形状对模塑齿轮轮齿成形的影响过程,会在型腔齿槽表面附近造成不规则的流动现象(与湍流现象类似但不等同)如图 a 左所示。此处的熔体就地迅速凝固,后果是形成模塑齿轮齿根小圆角处,因 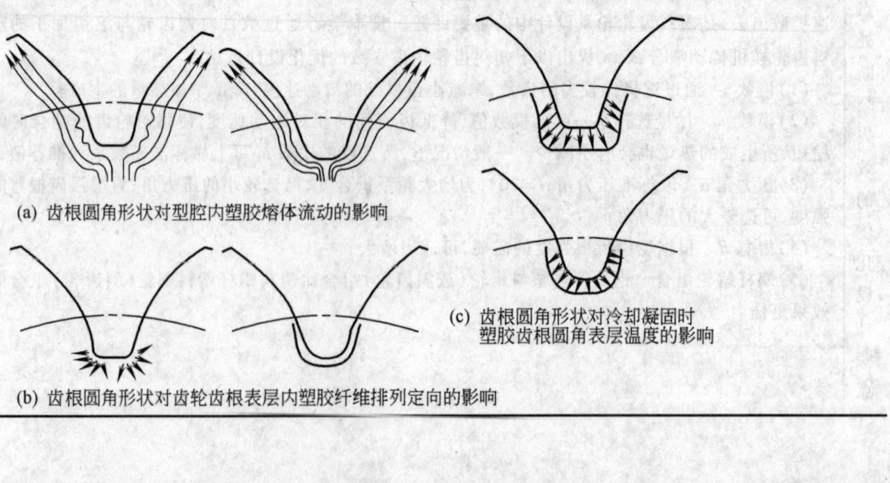 (a) 齿根圆角形状对型腔内塑胶熔体流动的影响 (b) 齿根圆角形状对齿轮齿根表层内塑胶纤维排列定向的影响 (c) 齿根圆角形状对冷却凝固时塑胶齿根圆角表层温度的影响

续表

模塑成型	工艺特性及影响	内应力过分集中而降低了轮齿弯曲强度。此后，由于时间、温度、潮湿或在化学环境下使用等影响，使得这种应力逐渐释放出来，从而造成齿轮几何尺寸和精度发生变化 对于纤维增强塑料这种类型的注塑流动需要引起注意。如果模塑齿轮的齿根为全圆弧，塑料熔体注入模腔齿槽时，塑胶熔体流程的型式呈平滑连续流动过程，型腔齿根大凸圆角表面附近材料中的纤维会顺应流程方向呈流线式排列。但是，如果熔体流过的型腔齿根是较尖的小凸圆角，则纤维将会呈小凸圆角径向排列，如图 b 左所示。这样的纤维排列状况不但不能对轮齿齿根小圆角起到增强作用，反而降低了齿轮的弯曲强度，甚至给轮齿埋伏下断裂失效隐患。再者，纤维排列定向不良，还会造成塑件收缩不均和几何尺寸不良等后果
	注意事项	1. 有利于塑胶熔体在型腔内冷却均匀的设计，对模塑尺寸稳定和低应力的塑件是十分重要的。型腔齿根小凸圆角处，对塑胶熔体的流动如同“尖角”，在其型腔表面会形成一片沿导热路径很狭窄的区域，如图 c 左所示。所造成的后果是在邻近的塑胶熔体凝固时，成为过热区域。如果型腔齿根小凸圆角如同“尖角”，也会出现类似的导热不良问题，从而引起此区域内的温度升高，使得上述情况进一步加剧。塑件体内冷却速率不匀所产生的收缩力，会使齿轮轮齿齿根附近形成空隙或局部应力高度集中。此外，这类不受控制、不稳定应力，会使齿轮轮齿齿廓产生不可预测的几何变形 2. 齿根圆角如果是全圆弧半径，便可降低轮齿圆角处塑胶的温差和由此产生的收缩应力，减轻齿廓变形及对轮齿弯曲强度所造成的损失

4.2 注塑机及其辅助设备

20 世纪 80 年代以前，国内用于模塑齿轮生产的注塑机具十分简陋，主要是原上海文教厂等生产的 15T、30T 柱塞式液压立式注塑机。这类注塑机，多采用一模一腔模具注射塑料齿轮，齿轮尺寸的一致性较好，但劳动强度很大。有时也采用一模二腔模具，很少采用一模四腔模具注射齿轮。到上世纪 90 年代，这类立式注塑机已被螺杆式立式注塑机所取代。与此同时，以震德、东华、开元和德马格-海天等合资企业生产的电脑控制的系列液压卧式注塑机占领了国内塑机的主要市场。

采用这类全液压式注塑机加工塑料齿轮，多为一模四腔。要求不高的塑料齿轮注射模可多达一模八腔、一模十六腔等。模具型腔越多生产效率越高，但齿轮的尺寸一致性愈差，对精密塑料齿轮不适合。

4.2.1 注塑机

表 14-10-40　　注塑机的类型、特点和参数

类型	特点
立式注塑机	国内已有多家民营、合资或外资立式注塑机生产厂商，主要生产双柱、四柱螺杆式立式系列注塑机。此外，还有双滑板式、角式注射和转盘式立式注塑机。由于齿轮零件一般为小型塑件，因此应以选择小型机为主。注塑带金属嵌件的汽车用齿轮（如雨刮电机斜齿轮），可选用双滑板式、转盘式注塑机，可大幅度提高生产效率
卧式注塑机	随着塑料制品多样化市场需求越来越大，注塑机设备的升级换代也越来越快。目前国内注塑机主要是全液压式，由于环保和节能的要求，以及伺服电机的成熟应用和价格的大幅度下降，近年来全电动式的精密注塑机越来越多

第 14 篇

续表

类型		特点
卧式注塑机	全液压式注塑机	在成型精密、形状复杂的制品方面有许多独特优势，它从传统的单缸充液式、多缸充液式发展到现在的两板直压式。其中以两板直压式最具代表性，但其控制技术难度大，机械加工精度高，液压技术也难掌握
	全电动式注塑机	有一系列优点，特别是在环保和节能方面具有优势。由于使用伺服电机注射控制精度较高，转速也较稳定，还可以实现多级调节。但全电动式注塑机在使用寿命上不如全液压式注塑机，而全液压式注塑机要保证精度就必须使用带闭环控制的伺服阀，而伺服阀价格昂贵，使这类注塑机的成本提升
	电动-液压式注塑机	是集液压和电驱动于一体的新型注塑机，它融合了全液压式注塑机的高性能和全电动式的节能优点，这种复合式注塑机已成为注塑机技术发展方向。由于注塑产品的成本构成中，电费占了相当大的比例；依据注塑机设备工艺的需求，注塑机油泵马达耗电占整个设备耗电量的比例高达50% ~65%，因而极具节能潜力。设计与制造新一代“节能型”注塑机，就成为迫切需要关注和解决的问题。因此，这类新型注塑机给注塑行业带来了新的飞速发展的机遇
	在模塑齿轮生产中，卧式注塑机已成为的主要机型。下表中列出宁波海天、香港震雄、德国德马格（Demag）和阿博格（Arburg）比较适合模塑齿轮的注塑机。其中阿博格 170U 150-30 小型精密注塑机的注射控制方式有两种：注射闭环控制的标准方式和螺杆精确定位的可选方式。它是一种具有螺杆精确定位功能的小直径螺杆注塑机，采用直压式合模，比较适合特小模数齿轮和细小精密零件的模塑成型加工。此外，由于全电动式注塑机具有注射控制精度较高，转速较稳定等优点，小规格注塑机的使用寿命也不会成为问题。因此，这类全电动式注塑机也是比较适合模塑齿轮生产的机型	

	项目	单位	宁波海天 HTF60W1-1		香港震雄 MJ35		德国德马格	日本东芝 EC40C	德国阿博格 170U 150-30
			A	B	A	B	Ergotech 35-80	Y	30（双泵、欧标）
国内外几种小型注塑机的主要参数	螺杆直径	mm	22	26	22	25	18	22	15/18
	螺杆长径比（L/D）		24	20.3	23:1	20:1	20	20	17.7/14.5
	理论容量	cm^3	38	53	43	55	23	38	10.6/15.3
	注射重量	g	35	48	40	50	20	35	9.5/14
	注射压力	MPa	266	191	225	174	280	258	220/200
	螺杆转速	r/min	0 ~230		0 ~200			420	357 ~430
	合模装置						35		
	合模力	kN	600		350		350	400	150
	开模行程	mm	270		230			250	200

续表

	项目	单位	宁波海天 HTF60W1-1		香港震雄 MJ35		德国 德马格	日本东芝 EC40C	德国阿博格 170U 150-30
			A	B	A	B	Ergotech 35-80	Y	30 （双泵、欧标）
国内外几种小型注塑机的主要参数	拉杆内距	mm	310×310		280×260		280×280	320×320	170×170
	最大模厚	mm	330		300		—	320	350
	最小模厚	mm	120		80		180	150	150
	顶出行程	mm	70		60		100	60	75
	顶出力	kN	22		27		26	20	16
	顶出杆根数	根	1					3	
	最大油泵压力	MPa	16		17.0				21.0
	油泵马达	kW	7.5		5.5		7.5		7.5
	电热功率	kW	4.55		4.2		5	3.9	
	外形尺寸 （$L \times W \times H$）	m	3.64×1.2×1.76		3.0×1.0×1.6		3.3×1.2×2	3.4×1.1 ×1.6	2.64×1.17×1.17
	重量	t	2.3		1.6		2.6	2.6	1.65
	料斗容积	kg	25				35		8
	油箱容积	L	210		105		140		120

精密齿轮对注塑机的要求

塑料齿轮的尺寸小、公差要求严，属于精密注塑类型产品。因此，对其注塑机及其周边设备有较高的技术要求：

1. 机床的刚性好，锁模、射出系统选用全闭环控制，确保机械运动稳定性和重复性精度。开、合模位置精度：开≤0.05mm，合≤0.01mm；

2. 注塑压力、速度稳定，注射位置精度（保压终止点）≤0.05mm，预塑位置精度≤0.03mm，每模生产周期的误差≤2s；

3. 定、动模板平行度：锁模力为零或锁模力为最大时，平行度≤0.03mm；由于结构原因，直压式机的模板平行度要高于曲臂式机；

4. 选用双金属螺杆、料筒，聚甲醛改性材料，应选用不锈钢双金属螺杆、料筒。料筒、螺杆的温控精度≤±3℃；

5. 小尺寸齿轮和蜗杆，应选用锁模力较小的小直径螺杆机型；缩短熔料在料筒中的停留时间，避免材料出现高温降解等问题

4.2.2 辅助设备配置

用来模塑精密塑件的注塑机周边辅助设备种类繁多，有模温机、干燥机和除湿干燥机、冷水机、真空中央供料系统、热流道温控计和机械手等。其中，最重要的是模温机和除湿干燥机。

表 14-10-41

<table>
<tr><td rowspan="10">模温机</td><td>分类</td><td colspan="7">分为水式普通型(室温 -5~180℃)和油式高温型(室温 +5~350℃)模温机两大类</td></tr>
<tr><td>功能</td><td colspan="7">模温机是专为控制模具温度而设计的,在注塑加工之前,能使模具迅速达到所需的温度并保持稳定。在塑料齿轮大量生产中,由于齿轮的尺寸精度和力学性能要求,模塑成型过程中的塑胶熔体的注射温度和模具型腔温度必须保持稳定。因此,模温机是确保模具型腔温度稳定必不可少的周边设备。此外,结晶性聚合物必须达到材料自身玻璃态转化温度,才能开始结晶。为了加快结晶的进程,还必须有足够高的模具成型温度,才能保证材料在短时间内的充分结晶。否则塑件在使用过程中,由于温度升高到玻璃态转化温度,材料又将发生二次结晶而导致齿轮尺寸的变化。根据材料的物性要求,可选择不同功能的模温机为模具型腔提供足够高的模具温度</td></tr>
<tr><td>主要技术要求</td><td colspan="7">1. 温度传感器探头应安装在型腔体内,便于对模温的优化控制;
2. 模温机与机床电脑通信,实现对模温机故障实时报警;
3. 模温机内存水量少(3L),传热快,调节稳定;
4. 模温的温控精度要求 PID ±1℃;
5. 模温机具有流量监视功能</td></tr>
<tr><td rowspan="5">几种常用齿轮材料注塑的模温要求</td><td>材料牌号</td><td>组织结构</td><td>玻璃态转化温度 T_g/℃</td><td>熔融温度(熔点温度)/℃</td><td>热变形温度/℃(1.8MPa)</td><td colspan="2">模具温度/℃</td></tr>
<tr><td>POM 100P</td><td>部分结晶</td><td>-70[18]</td><td>(178)</td><td>95</td><td colspan="2">80~120</td></tr>
<tr><td>PA66 101LNG010</td><td>部分结晶</td><td>50</td><td>(262)</td><td>65</td><td colspan="2">60~100</td></tr>
<tr><td>PA46 TW341</td><td>部分结晶</td><td>78</td><td>295~300</td><td>190</td><td colspan="2">80~120</td></tr>
<tr><td>PEEK 450G</td><td>部分结晶</td><td>143</td><td>370~390</td><td>152</td><td colspan="2">175~190</td></tr>
<tr><td>模温机的选用</td><td colspan="7">根据上表中的前三种材料模塑成型所需模具温度要求,可选用水式模温机;而 PEEK 450G 材料应选用油式高温模温机。根据模塑成型蜗杆等的特殊需要,还可采用双温模温机</td></tr>
<tr><td colspan="8"></td></tr>
<tr><td rowspan="11">除湿干燥机</td><td>功能</td><td colspan="7">任何热塑性材料都有不同程度的吸湿性。其中,尼龙类材料的吸湿性较强,聚甲醛的吸湿性极小。塑料中的水分对模塑成型十分有害:一是在塑件体内要出现气体缩孔,二是在高温下材料易发生降解,降低组织结晶度和塑件的机械强度。因此,高性能塑料要求在注塑前进行除湿干燥处理。采用稳定性高的低露点干燥风(-32℃以下),搭配适当的干燥温度才能保证最终塑料的含湿率降低到 0.02% 以下。经过除湿干燥的塑料模塑成型的产品,具有最佳的物理性质及表面光泽度。某些除湿干燥机,由于其密闭循环系统上可以低至 -50℃以下的低露点干燥风,能促进塑料快速释放体内水分至干燥风。经干燥除湿处理后的塑料可以有效地避免塑件浇口处出现缩水、银纹或凹坑等缺陷</td></tr>
<tr><td rowspan="10">几种齿轮材料的除湿干燥要求</td><td rowspan="2">材料牌号</td><td rowspan="2">吸水率/% 23℃(24h)</td><td colspan="2">热风干燥机</td><td colspan="2">除湿干燥机(露点 -40℃)</td><td rowspan="2">除湿干燥后的含水量/%</td></tr>
<tr><td>温度/℃</td><td>时间/h</td><td>温度/℃</td><td>时间/h</td></tr>
<tr><td rowspan="2">POM 100P</td><td rowspan="2">0.28</td><td colspan="2">未受潮不干燥</td><td colspan="2">未受潮不干燥</td><td rowspan="2"><0.2</td></tr>
<tr><td>100</td><td>4</td><td></td><td></td></tr>
<tr><td rowspan="2">PA66 101LNC010</td><td rowspan="2">1.2</td><td colspan="2">未受潮不干燥</td><td colspan="2">未受潮不干燥</td><td rowspan="2"><0.2</td></tr>
<tr><td>80</td><td>2~4</td><td></td><td></td></tr>
<tr><td rowspan="2">PA46 TW341</td><td rowspan="2">3.7</td><td>115</td><td>8</td><td>80</td><td>6</td><td rowspan="2"></td></tr>
<tr><td>120</td><td>6</td><td>85</td><td>4</td></tr>
<tr><td rowspan="2">PEEK 450G</td><td rowspan="2">0.50</td><td></td><td></td><td>150</td><td>3</td><td rowspan="2"><0.02</td></tr>
<tr><td></td><td></td><td>160</td><td>2</td></tr>
</table>

4.3 齿轮注射模的设计

在塑料齿轮制造中，注射模的设计与制造是最重要的环节。齿轮注射模的结构与其他塑件一样，同样具有支撑、成型、导向、顶出、流道和温控等六大系统。由于齿轮的尺寸精度和质量要求较高，因此在型腔、浇口、排气以及冷却水道的设计上，会有较大不同。此外，对模具定、动模型腔的精定位系统也十分重要。

4.3.1 齿轮注射模设计的主要步骤

在塑料制品的现代化专业生产中，塑件设计人员与模具设计人员，在一般情况下是分属不同部门、工厂，甚至不同行业、地区和国别。制品设计人员往往只从产品性能、精度和外观等方面提出要求，而不关心或不熟悉如何才能制造出合格的塑件。当然，模具设计人员的首要任务，就是全力去满足制品的设计要求，但由于受到塑料特性和模具结构等诸多因素的限制，模具设计人员就需要与制品设计人员就塑件的形状、结构、分型面、浇口位置和大小、顶出和熔接痕的位置等充分交换意见。如果制品设计结构不符合塑料特性和注射模的结构设计要求，就应该在保证产品设计功能要求的前提下进行再设计；经制品设计方审核认可后，方可作为模具设计的依据。在确定制品的最终结构之后才能开始进行模具设计。

表 14-10-42　　塑料齿轮注射模设计的主要步骤

步　骤	设 计 内 容	步　骤	设 计 内 容
1. 模具结构的设计方案	(1)确定采用二板式、三板式或侧抽芯滑块式等； (2)确定分型面； (3)确定浇口系统位置、方式，如点浇口、潜伏式以及侧浇口等； (4)精定位的设计； (5)顶出方式，如推杆、套管以及推板顶出等； (6)排气系统设置； (7)冷却水(油)道系统的设置	3. 模板设计 4. 型腔零部件设计 5. 选用模架及其动、定模板等的详细设计 6. 确认所选用注塑机的参数(注塑机的型号与规格等)	(1)型腔数量及其排列； (2)分流道的布局设计 (1)型腔装配关系的设计； (2)型腔零部件图的详细设计
2. 齿轮型腔设计	(1)确定齿轮型腔外形尺寸的大小； (2)确定收缩率，根据材料厂家提供的物性表、有关参考资料及其经验式通过工艺试验确定，并记入制品图； (3)齿轮型腔结构设计		

以上有关塑料齿轮注射模设计已有不少资料作了详细论述，本节先对齿轮注射模与其他塑件有所不同的设计特点作一讨论，后分别就直齿轮、斜齿轮和蜗杆注射模的整体结构作简要介绍。

4.3.2 齿轮型腔结构设计

表 14-10-43　　几种齿轮型腔结构设计

圆柱直齿轮型腔结构[19]	齿轮制品结构	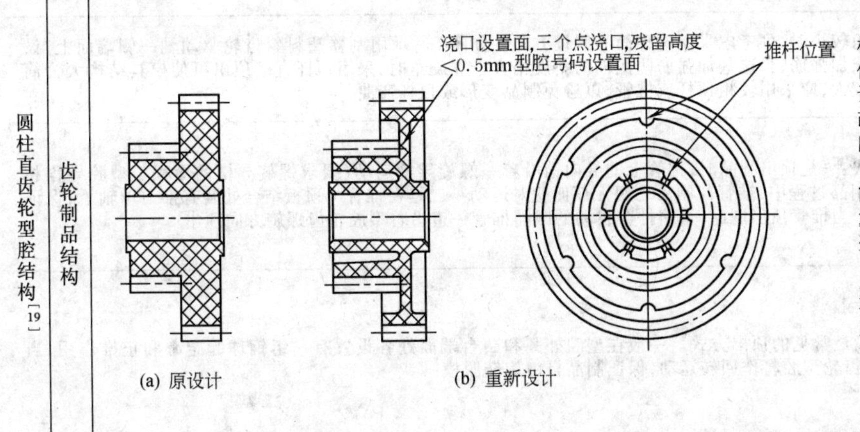 (a) 原设计　(b) 重新设计	原设计齿轮制品如图a所示。根据塑件模塑成型工艺需要和保证模塑成型质量要求，重新设计的制品结构，如图b所示。在改造设计中主要注意了以下问题 (1)将极不均匀的壁厚尽可能改均匀一些，这样虽然使形状复杂了，但防止缩坑而引起塑件变形和尺寸精度； (2)确定顶出杆的数量、位置，留出足够的顶出面积，要求顶出合力中心与齿轮轴线基本重合，保证塑件顶出顺利； (3)确定浇口位置(3个点浇口)、浇口残留高度等； (4)确定型腔编号的设置面。

续表

<table>
<tr><td colspan="2"></td><td colspan="2">分体式组合型腔结构</td><td>整体型腔结构</td></tr>
<tr><td>圆柱直齿轮型腔结构[19]</td><td>相应的模具型腔结构设计(有两种结构)</td><td colspan="2">(c) 组合型腔
是一种典型的分体式组合结构。其主要优点是大小齿轮型腔齿圈,均可采用慢走丝线切割工艺成型加工。缺点是各组合件的尺寸、位置度和配合精度要求高,加工难度大,制造成本高</td><td>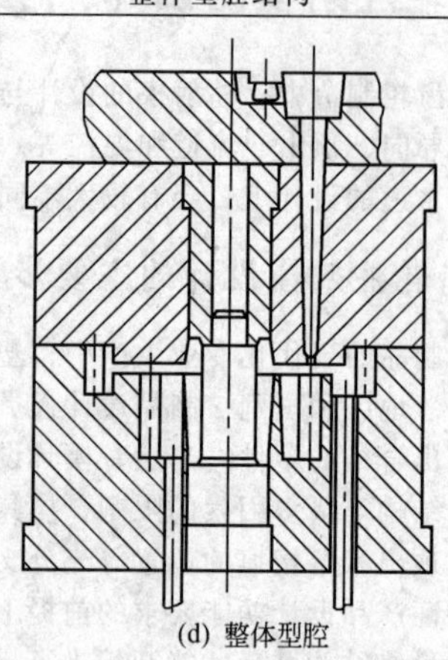
(d) 整体型腔
采用EDM精密电火花成型工艺,分别加工大小齿轮型腔齿圈,即可提高齿轮型腔和模塑齿轮的精度</td></tr>
<tr><td rowspan="5">圆柱斜齿轮型腔结构</td><td>型腔结构</td><td colspan="3">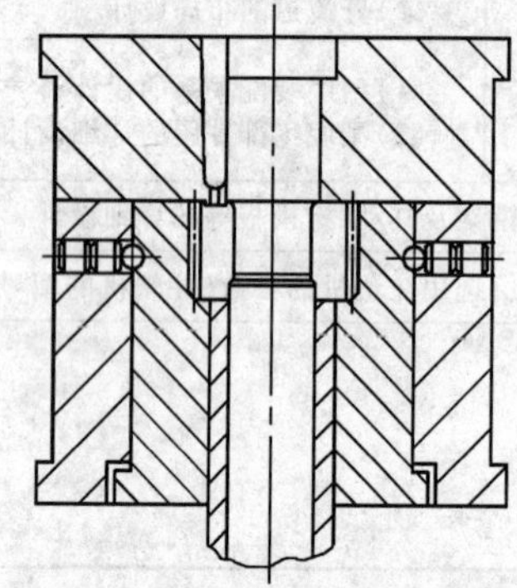
(f) 雨刮电机斜齿轮侧视图

(f) 雨刮电机斜齿轮侧视图
图e所示的斜齿轮型腔,是一种具有自由回转脱模功能、结构紧凑、设计新颖的结构。型腔齿圈是采用EMD精密电火花成型加工完成的。本型腔采用了套筒式推管,顶出时推管和斜齿轮塑件不旋转,由齿轮型腔自由旋转来实现斜齿轮的顶出脱模。为了实现这一目的,在型腔外套上加工有6个横孔,内装有6颗钢球,与型腔外圆上的环形沟槽构成简易“向心止推轴承”。使之在推管顶出的同时,型腔会随之灵活回转,实现斜齿轮的顺利脱模</td></tr>
<tr><td rowspan="4">模塑斜齿轮脱模方式</td><td colspan="3">模塑斜齿轮在脱模过程中,塑件要沿着型腔轮齿导程角方向作回转运动。有三种不同的方式来实现斜齿轮不受障碍的顺利脱模</td></tr>
<tr><td>强制脱模</td><td colspan="2">当斜齿轮螺旋角较小时,可考虑采用这种简易脱模方式。如图f所示雨刮器塑料斜齿轮驱动轴一侧端面上,设置了环状和辐射式加强筋,当这些加强筋两侧面的斜度稍大于螺旋角时,采用顶杆直接顶出可使模具结构大为简化。但因顶出力较大,应采用较粗顶杆或推管,以避免制品变形或顶杆弯曲</td></tr>
<tr><td>推管旋转脱模</td><td colspan="2">有以下两种方式:一是顶出制品时,推管上的导向销沿着一螺旋导槽运动(要求螺旋导槽的导程与型腔导程相同),保证在顶出制品过程中,推管与制品之间无任何相对运动。二是在推管与顶板结合处装有推力球轴承,保证推管能自由转动。当推管顶出制品时,塑件会自动的跟随推管一道沿着型腔轮齿螺旋方向顶出</td></tr>
<tr><td>齿轮型腔旋转脱模</td><td colspan="2">这是一种斜齿轮最常见的顶出方式。一般在型腔外圆和凸台端面处各设置有一组钢球起定心和止推作用,当顶杆顶出制品时,齿轮型腔将作回转运动,保证制品自由旋转脱模</td></tr>
</table>

续表

蜗杆型腔结构	整体式蜗杆型腔及其驱动机构	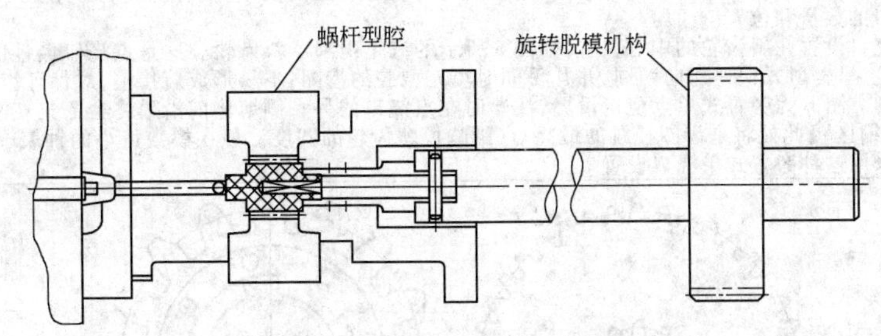 (g)整体式蜗杆型腔及其旋转脱模驱动机构 整体式蜗杆型腔用于精度要求较高、传动速度较快,有噪声要求的蜗杆模塑成型。 整体式蜗杆型腔及其驱动机构取决于蜗杆塑件的脱模方式,大体可分为“自由式”和“同步式”两大类 (1)“自由式”整体式蜗杆型腔及其驱动机构的特点:通过旋转型腔,推动蜗杆塑件向上“自由式”退出型腔脱模。这种方式最为常见 (2)“同步式”整体式蜗杆型腔及其驱动机构的特点:型腔固定,通过旋转型芯,实现蜗杆塑件向下“同步式”退出型腔脱模 “同步式”旋转脱模,是指蜗杆从固定型腔中旋出运动,与型腔模板向前开模运动必须实现同步。如图 g 所示。蜗杆型腔为固定式结构,嵌入蜗杆塑件体内的型芯,在旋转脱模机构的驱动下,执行蜗杆旋转脱模运动。如果蜗杆本体上没有设计可供型芯嵌入的异型孔或扁槽等结构,在不影响蜗杆功能的前提下,应作适当的结构性调整设计。“同步式”旋转脱模的模具结构,要比“自由式”更复杂。因为模具在脱模机构的驱动下实现型芯旋转的同时,还要驱动螺杆(或螺母)旋转来实现型腔模板“同步”移动。以上旋转脱模机构用驱动机构有以下不同方式:液压抽芯通过长齿条推动脱模型芯(或型腔)旋转;微电机或液压马达通过齿轮轮系或蜗杆—蜗轮驱动脱模型芯(或型腔)旋转来实现。国外一些企业已开发有液压马达—齿轮驱动脱模型芯(或型腔)旋转脱模附件,这类专用附件已经序列化,可供模具设计人员选用
	滑块式蜗杆型腔结构	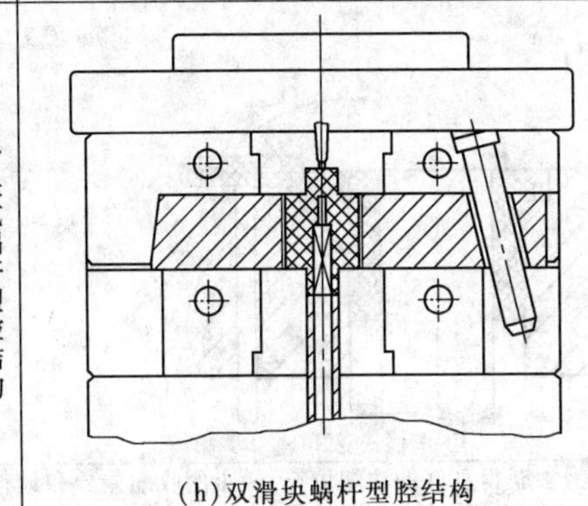 (h)双滑块蜗杆型腔结构 滑块式蜗杆型腔可分双滑块、三滑块和四滑块式等多种结构,其中以双滑块式最普遍。如图 h 所示,这种双滑块型腔是通过定模板上的斜导柱合、开模。与模具开模运动的同时,在斜导柱的推动下,双滑块型腔与模塑蜗杆分离,并通过顶杆等方式将蜗杆顶出。这种双滑块型腔只适用于导程角较小的蜗杆模塑成型,当导程角较大时,由于滑块型腔在分型面附近将产生“螺旋干涉”效应,开模时型腔螺纹牙面的“强制脱模”会在模塑蜗杆牙面上留下局部拉伤痕迹 由于 3 ~4 滑块式蜗杆型腔开、合模机构复杂、滑块型腔加工难度大,在应用上受到限制。但这类型腔不存在双滑块分型面处的“螺旋干涉”效应,因此在导程角较大的蜗杆注射模中仍可采用 蜗杆与带喉径的塑料蜗轮啮合,是比与斜齿轮啮合质量更好的一种传动方式。但当 POM 蜗轮喉径与外径的差值大于外径的 4% 以上,模塑蜗轮就很难进行强制脱模。在这种情况下,唯一的办法是将蜗轮型腔设计成多滑块式的组合结构,每一个滑块成型几颗轮齿。这种蜗轮注射模的结构复杂、加工难度大、制造费用高,一般很少采用

4.3.3 浇口系统设置

表 14-10-44

浇口的数量和位置	单点浇口注塑	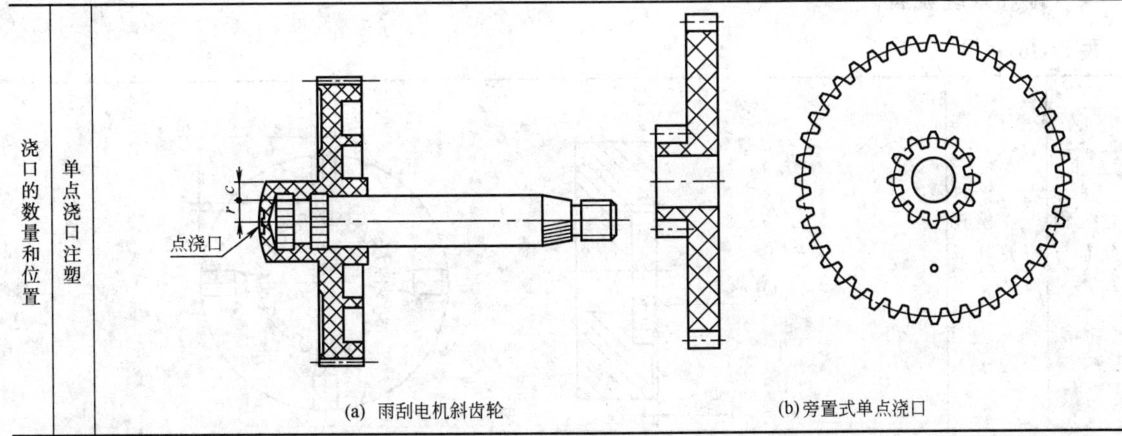 (a) 雨刮电机斜齿轮 (b)旁置式单点浇口

续表

浇口的数量和位置	单点浇口注塑	齿轮注射模多采用点浇口注塑,点浇口的位置对齿轮综合径向误差(简称圆度)影响较大。根据齿轮的精度要求,设置点浇口的数量和位置。 单点浇口设置在斜齿轮的中心位置,如图 a 所示的汽车雨刮器斜齿轮。这是点浇口最佳的设置方式,注塑时熔体射入型腔后,呈辐射式快速射向四周,并几乎同时填充型腔的齿圈,不易形成熔接痕,对保证齿轮齿圈圆度和轮齿强度都十分有利。图 b 为旁置式单点浇口设置,注塑时在点浇口的另一侧熔体前沿最终会汇集在某轮齿处形成熔接痕;形成一"低收缩区",此处将是齿圈径跳的最高点,影响模塑齿轮的圆度。但在模数特小的钟表、玩具类齿轮中因位置受限,仍广泛采用这种旁置式单浇口设置
	多点式浇口注塑	(c) 三点均布式浇口　　(d) 8 点浇口的设置 如果齿轮位置允许,应采用 2 点、3 点或更多点式浇口设置。其中以 3 点式浇口设置最为常见,如图 c 所示。这种浇口设置的熔体将在面浇口附近的径向中间处形成熔接痕,由于熔体到达此处的时间已大大缩短,所形成的"低收缩区"倾向也有所减小。因此,3 点浇口的模塑齿轮齿圈圆度会有明显改善[8]。如图 d 所示,某汽车用 $m=2.25$mm,$z=16$,$B=11.5$mm齿轮,采用了 8 点式浇口设置,其齿轮圆度与中心单点浇口模塑齿轮相近
浇口的结构型式		直射式点浇口结构　　潜伏式点浇口结构 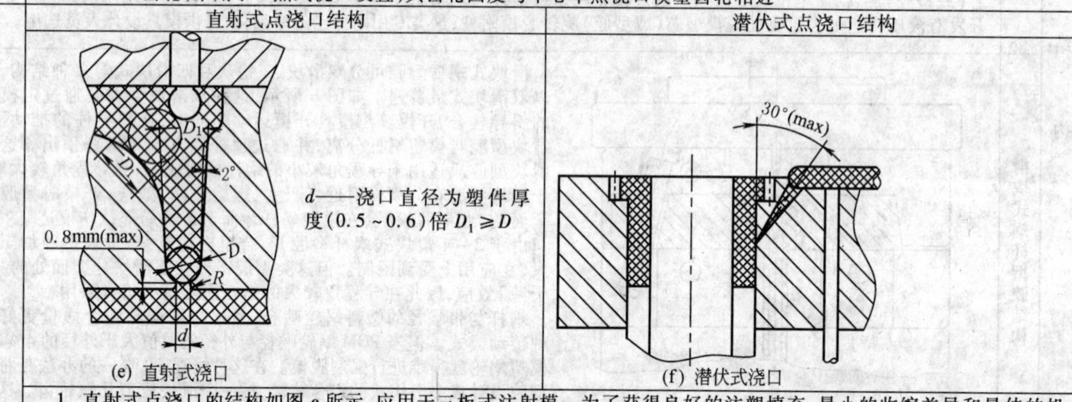 (e) 直射式浇口　　(f) 潜伏式浇口 1. 直射式点浇口的结构如图 e 所示,应用于三板式注射模。为了获得良好的注塑填充,最小的收缩差异和最佳的机械特性,无论点浇口的数量多少,建议点浇口的直径等于或略大于齿轮基体的"名义壁厚"的 50%[20]。但浇口的直径也不可过大,应以不影响浇口与制品的正常分离为宜 2. 对于某些管式结构齿轴,还可采用二板式注射模,所采用的潜伏式点浇口如图 f 所示。这种点浇口的直径应比直射式点浇口小,否则将影响塑件的顶出和塑件圆管表面质量 3. 还有环状、薄片、扇形、隔膜式等浇口,但在齿轮注射模中均较少应用

4.3.4 排气系统设置

表 14-10-45

排气槽的分布与加工	在模具型腔分型面上	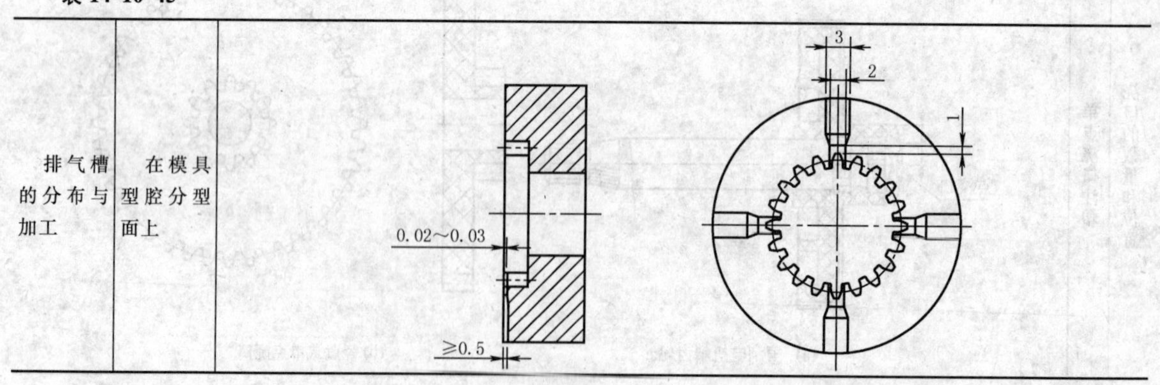

续表

<table>
<tr><td rowspan="3">排气槽的分布与加工</td><td>在模具型腔分型面上</td><td>模具型腔排气系统是设置在分型面上的。通常的做法是让型腔高出模板 0.03 ~ 0.05mm,在型腔分型面上加开排气槽。排气系统的结构如图所示,排气通道分为两段:与型腔齿圈相通段的槽深为 0.02 ~ 0.03mm、长度小于等于 1mm;另一段与模板相通的槽深大于等于 0.5mm</td></tr>
<tr><td>在模具顶杆或推杆上</td><td>除了以上型腔分型面的排气措施外,还可在模具顶杆或推管上开设排气槽。即在顶杆或推管的上端仅保留 1mm 的完整段,以下部分进行"削边"处理,利于排气畅通</td></tr>
<tr><td>在流道系统上</td><td>此外,流道系统加工有排气槽,也有助于减少必须从型腔分型面上的排气量。由于流道边缘的毛边并不重要,因此这类排气槽的深度可大一些(0.06 ~ 0.08mm)</td></tr>
<tr><td>对聚甲醛齿轮注射模的排水系统的设计更应特别重视</td><td colspan="2">聚甲醛由于排气不良所造成烧焦现象,仅出现一个不醒目的白点,在塑料件外观上很不容易发现;而其他类型树脂排气不良,会在塑料件上形成发黑和烧焦等痕迹,易发现。为了使聚甲醛的排气不良较为醒目,可在注塑之前用一种碳氢或煤油为基的喷剂喷洒在模具型腔成型表面。如果模具排气不足,此类碳氢物会在空气受困的部位形成黑点,采用这种方法对于发现多型腔模具的排气问题特别有效[20]
聚甲醛齿轮注射模的排气系统如果不畅,会在应该排气的地方以及发生有限度排气的模具缝隙处形成模垢的逐渐积累。这种模垢为一种白色坚硬的固体物,是在注塑过程中由瓦斯残留物变化而成的。如果模具排气系统畅通,能让这些瓦斯与空气一起排出。排气不畅还会造成模具型腔和注塑机螺杆、料筒表面腐蚀形成麻点或凹坑,这是由于型腔或螺杆、料筒长期持续裸露在由空气与瓦斯气急速压缩而产生的高温环境下所造成的。因此,齿轮型腔应采用耐腐蚀的模具钢制造,注塑机可采用不锈钢制造的螺杆和料筒
因此,聚甲醛齿轮注射模的排气系统十分重要,在模具设计制造及其初次试模时,对此应予以特别注意</td></tr>
</table>

4.3.5 冷却水(油)道系统的设置

表 14-10-46

<table>
<tr><td>功能</td><td colspan="2">模温机的冷却水(油)是通过管道输送到模具定、动模板的水(油)道内,其主要目的是要将在注塑成型过程中,由塑胶熔体带给模具的高温及时的传递出去;使模具保持一定的温度,以便控制型腔内塑胶的冷却和结晶速度,提高塑件质量和生产效率。特别是 PEEK 450G 等高性能半结晶型材料,如果模温未达到材料玻璃态转化温度,材料的结晶度不够将会严重降低齿轮(或蜗杆)的机械强度</td></tr>
<tr><td>设置的形式</td><td colspan="2">齿轮型腔的环形冷却水道
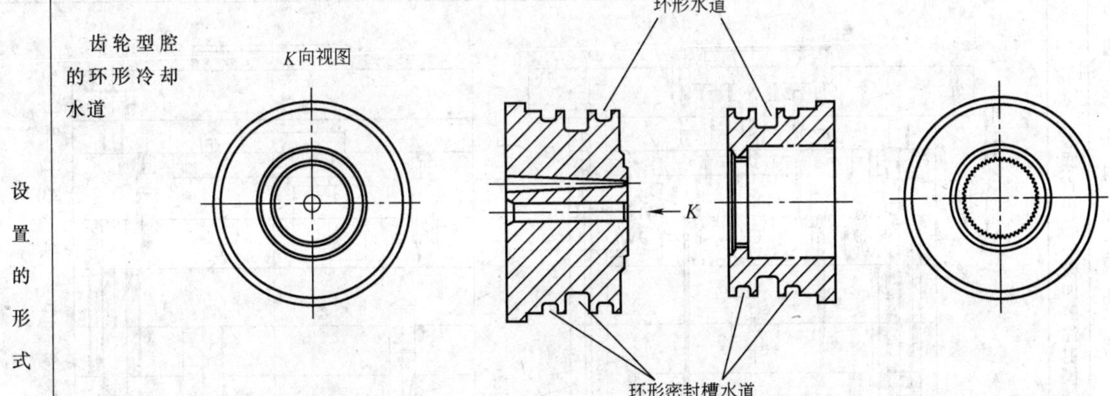

对于一模多腔齿轮注射模的冷却水(油)道系统,一般多采用纵横正交式排布。这是由于齿轮型腔的尺寸一般都比较小,型腔的温度差异不会太大。上图所示是一种齿轮型腔的环形冷却水道,结构新颖、紧凑,有利于保持型腔模温的一致性要求。特别适合于一模一腔大直径、齿宽厚度大的齿轮注射模的上下型腔的水道设计[19]</td></tr>
</table>

4.3.6 精定位的设计

表 14-10-47　　　　齿轮注射模的精定位装置

类型	图例	说明
锥型导柱-导套精定位装置	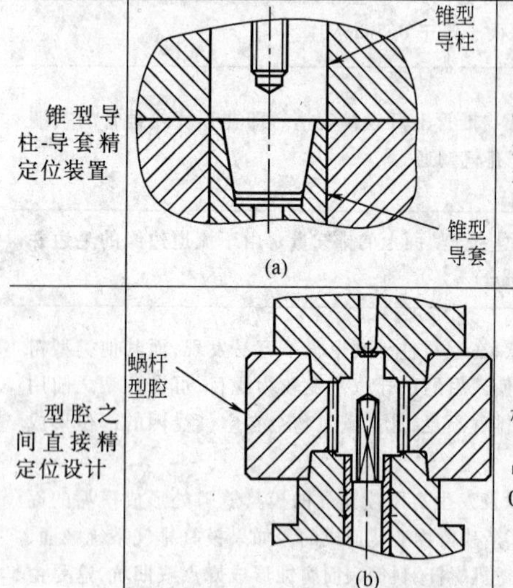	三板一模多腔齿轮注射模多采用锥型导柱-导套精定位装置。如左图所示，锥型导柱和导套分别安装在定、动模板上。在定、动模板上设置精定位之目的是为了保证多腔定、动模型腔之间的位置度要求。为此，要求在定、动模板上先组合加工和装配好精定位导柱-导套后，再组合精加工定、动模上多腔型腔的安装孔
型腔之间直接精定位设计	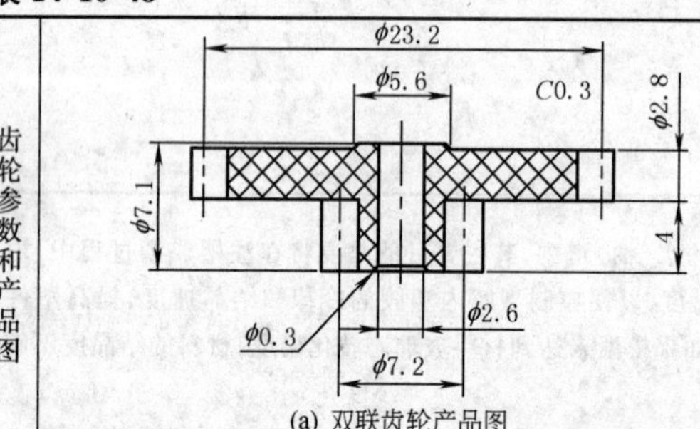	一模一腔齿轮注射模，可将精定位直接设置在定、动模型腔上。图 b 即为蜗杆型腔与上、下模之间的直接精定位设计 以上两种精定位形式锥型导柱-导套精定位的优点是定位精度高，但在使用中磨损较快，造成定位精度降低。因此，直柱式导杆-导套（单边间隙 0.005mm）精定位装置，已在精密注射模中获得应用

4.3.7 圆柱塑料齿轮（直齿/斜齿）注射模结构图

表 14-10-48

双联直齿轮注射模结构图

齿轮参数和产品图

φ23.2　φ5.6　C0.3　φ2.8　φ7.1　4　φ0.3　φ2.6　φ7.2

(a) 双联齿轮产品图

大齿轮		小齿轮	
模数 m	0.8	模数 m	0.8
齿数 z_1	29	齿数 z_2	9
齿形角 α	20°	齿形角 α	20°
变位系数 x_1	−0.5	变位系数 x_2	0.5

图 a 为 POM-M90 塑料齿轮产品图，双联齿轮参数见右上表，其中有关齿轮尺寸公差和位置度要求未标注

双联直齿轮一模四腔注射模结构图

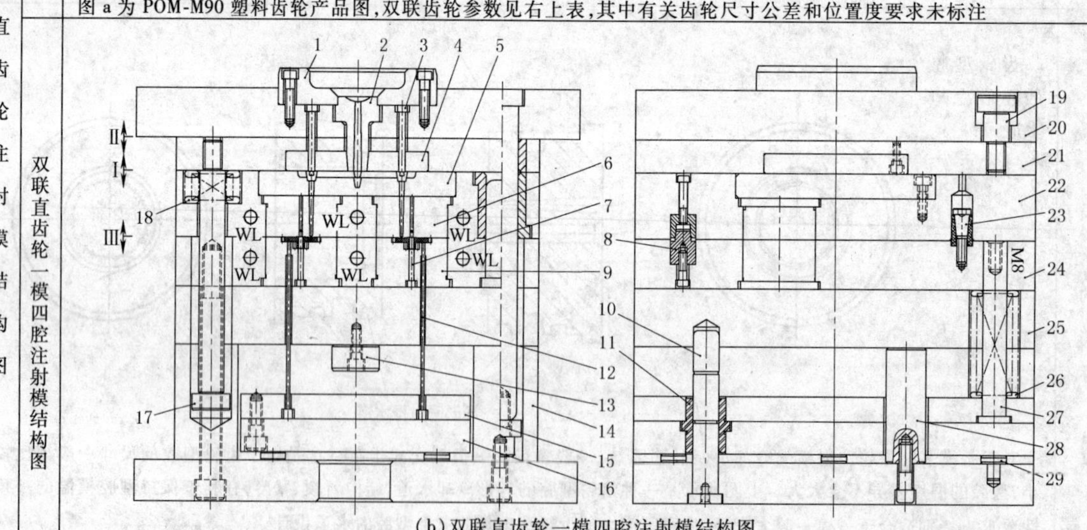

(b) 双联直齿轮一模四腔注射模结构图

1—定位圈；2—浇口套；3—拉料销；4—脱料板镶件；5—流道镶件；6—定模镶件；7—型芯；8—尼龙锁模器；9—动模镶件；10—推板导柱；11—推板导套；12—顶杆；13—限位杆；14—垫块；15—顶杆固定板；16—顶板；17—拉杆；18，26—弹簧；19—定距拉杆；20—定模座板；21—脱料板；22—定模板；23—尼龙锁模器；24—动模板；25—支承板；27—复位杆；28—支承柱；29—垃圾钉

续表

<table>
<tr><td>双联直齿轮注射模结构图</td><td>双联直齿轮一模四腔注射模结构图</td><td>本齿轮注射模结构如图 b 所示，为点浇口、一模四腔、三板式注射模。大小齿轮型腔为整体结构，采用锥度精定位装置、尼龙锁模器，上、下顶板导柱-导套、设置有垫板支承柱，模具结构紧凑。注射模开模过程如下：在弹簧 18 的作用下，脱料板 21 与定模板 22 首先在分型面Ⅰ处打开，拉料销 3 使浇口料头与制品脱离。随着机床继续开模运动，在尼龙锁模器 8 与定距拉杆 19 的共同作用下，脱料板 21 与定模座板 22 在分型面Ⅱ处打开，将浇口料头从拉料销 3 上拉脱。进而，在定距拉杆 17 的拖动下，将定模板与动模板在分型面Ⅲ处分离打开；再机床打杆通过顶杆 12 将齿轮从模具型腔中顶出</td></tr>
<tr><td rowspan="2">斜齿轮注射模结构图</td><td>齿轮参数和产品图</td><td>
φ25.52 φ5 φ9 3 8
(c)斜齿轮产品图
斜齿轮齿形参数
<table>
<tr><td>模数</td><td>m</td><td>0.75</td></tr>
<tr><td>齿数</td><td>z</td><td>30</td></tr>
<tr><td>齿形角</td><td>α</td><td>20°</td></tr>
<tr><td>变位系数</td><td>x_n</td><td>0.156</td></tr>
<tr><td>螺旋角</td><td>β</td><td>15°</td></tr>
</table>
图 c 为 PA66(101LNC010)斜齿轮产品图，齿形参数见右上表，其中有关斜齿轮尺寸公差和位置度要求未标注</td></tr>
<tr><td>斜齿轮一模二腔注射模结构图</td><td>
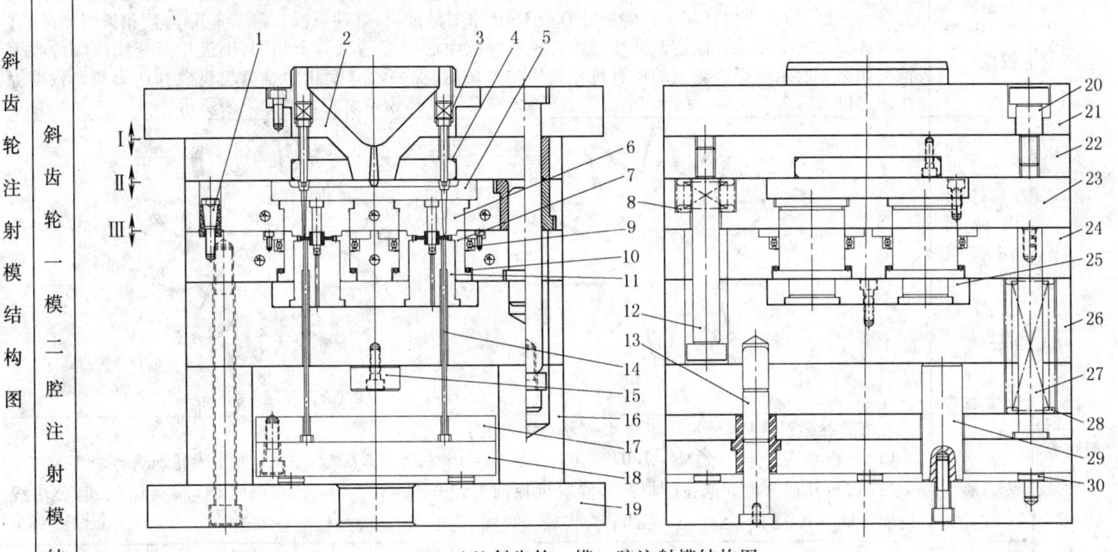

(d)斜齿轮一模二腔注射模结构图
1—尼龙锁模器；2—定位圈；3—拉料销；4—脱料板镶件；5—流道镶件；6—定模镶件；7—斜齿轮型腔；8，28—弹簧；9—轴承；10—钢珠；11—动模镶件；12—拉杆；13—推板导柱；14—顶杆；15—限位柱；16—垫块；17—顶杆固定板；18—顶板；19—动模座板；20—定距螺钉；21—定模座板；22—脱料板；23—定模板；24—动模板；25—型芯固定座；26—支承板；27—复位杆；29—支承柱；30—垃圾钉
模具结构如图 d 所示，为一模四腔三板式注射模。采用锥度精定位装置、尼龙锁模器，上、下顶板导柱-导套、设置有垫板支承柱，模具结构紧凑。在注塑开模过程中，各模板的分型顺序，也与双联直齿轮注射模基本相同。本模具的特点是斜齿轮型腔 7 安装在轴承 9 内，在型腔下端凸台与定模板凹台之间还有带保持圈的一组钢球起止推作用。斜齿轮型腔与动模镶件 11 配合孔之间要有一定间隙，保证在推杆顶出脱模过程中，齿轮型腔能灵活自如回转</td></tr>
</table>

4.4 齿轮型腔的设计与制造

在齿轮注射模的设计与制造中，齿轮型腔的设计与制造最为重要。在齿轮型腔的设计中，收缩率的确定又是重中之重。

4.4.1 齿轮型腔的参数设计

表 14-10-49

<table>
<tr><td rowspan="3">(1)收缩率的确定</td><td>定义及热塑性工程塑料收缩率特点</td><td colspan="2">收缩率作为模塑成型的一个专业术语是指:"塑件在塑胶熔体注射填充完成后,从开始冷却固化到室温时尺寸的减少量与模具型腔尺寸的比值"。这里首先涉及的一个问题便是热胀冷缩的现象。关于热塑性工程塑料收缩率的各向异性现象,已有很多文献进行了阐述和说明。在模塑成形过程中,材料收缩与截面区域、冷却速度、结晶(或纤维)取向,成型温度和注塑压力等多种因素有关。有关模塑成型的分析软件,可以预测这类填充的过程和状态,从而能正确设计出所要成型的塑件。但这类软件现在还无法解决各向异性收缩后的模塑齿轮渐开线齿廓的设计计算。就目前来说,在生产实践中通常的做法是假设这种收缩率为各向同性,并且是向齿轮中心轴线收缩。齿轮注射模型腔的收缩率可按以下几种情况进行确定</td></tr>
<tr><td rowspan="2">齿轮注射模型腔的收缩率确定</td><td>由经验确定</td><td>根据物性表所提供的材料径向收缩率,取其中下限。如聚甲醛的收缩率范围约为 1.8% ~3.0%,由于齿轮塑件的注塑压力较大,因此型腔收缩率可取为 2% ~2.2%。如果是薄片齿轮还可能取至 1.8%</td></tr>
<tr><td>由工艺试验确定</td><td>蜗杆和齿宽特大的齿轮塑件,由于材料的径向与轴向收缩率的差异较大,蜗杆或齿轮型腔的直径等尺寸由径向收缩率确定;蜗杆牙距(或导程)或斜齿轮导程,则要由轴向收缩率确定。其型腔的径向与轴向收缩率一般很难搭配合理,在这种情况下应通过工艺试验来解决。即先根据经验选择径向与轴向收缩率,制造简易型腔,按合理的齿轮注塑工艺要求模塑样件。根据检测样件的各参数的统计结果,对型腔的径向和轴向收缩率进行合理调整后正式设计型腔参数。这种工艺试验很可能要进行一次以上才能调整到位</td></tr>
<tr><td rowspan="4">(2)齿轮型腔参数的设计计算</td><td>型腔参数计算假设</td><td colspan="2">先采用一个简单的直线齿廓齿轮来简要说明这种各向同性收缩机理,即假设是塑件齿廓上任意两点之间的收缩率都是相同的。如图 a 所示,其收缩的基点即是齿轮的轴线。齿轮收缩后齿顶直径变化较大,轮齿尺寸的变化相对较小。解析计算或 CAD 作图都证明,这种直线齿廓齿轮除齿数和齿形角外,其他参数都已发生变化。假定渐开线齿轮在模具型腔中的收缩情况与上相同,则齿轮渐开线齿廓的收缩情况如图 b 所示。即齿轮上的所有尺寸是均匀收缩的,唯一没有变化的是齿轮齿数和压力角。根据上述设定以 2.7.2 中实例一的大、小齿轮为例,分别设计计算齿轮型腔参数如下表所示</td></tr>
<tr><td>材料各向同性收缩的齿轮及其型腔齿廓</td><td colspan="2">型腔
齿轮
(a) 直线齿廓齿轮
齿轮
(b) 渐开线齿廓齿轮</td></tr>
<tr><td>有关参数调整</td><td colspan="2">在型腔参数计算中,要按以下要求调整有关参数:
(1)小齿轮因子 $=1+\xi_1\%=1.022$、大齿轮因子 $=1+\xi_2\%=1.02$,ξ_1、ξ_2 为大小齿轮所选收缩率;
(2)齿轮几何参数的修正 根据经验取齿顶圆直径 $=d_a+0.3\Delta d_a$、齿根圆直径 $=d_f+0.5\Delta d_f$、公法线长度 $=W_k+0.7\Delta W_k$,Δd_a、Δd_f、ΔW_k 为齿轮齿顶圆、齿根圆、公法线长度公差值</td></tr>
<tr><td>实例一、某仪表中的运动型传动齿轮轮系齿轮及其型腔齿形参数表</td><td colspan="2">
<table>
<tr><td rowspan="2">参数名称</td><td rowspan="2">代号</td><td colspan="2">小齿轮</td><td colspan="2">大齿轮</td></tr>
<tr><td>齿轮参数</td><td>型腔参数</td><td>齿轮参数</td><td>型腔参数</td></tr>
<tr><td>因子</td><td></td><td>1</td><td>1.022</td><td>1</td><td>1.02</td></tr>
<tr><td>模数</td><td>m</td><td>0.5</td><td>0.511</td><td>0.5</td><td>0.51</td></tr>
<tr><td>齿数</td><td>z</td><td>15</td><td>15</td><td>45</td><td>45</td></tr>
<tr><td>压力角</td><td>α</td><td>20°</td><td>20°</td><td>20°</td><td>20°</td></tr>
<tr><td>变位系数</td><td>x</td><td>0.5</td><td>0.4484</td><td>-0.18</td><td>-0.2322</td></tr>
<tr><td>分度圆直径</td><td>d</td><td>$\phi7.5$</td><td>$\phi7.665$</td><td>$\phi22.5$</td><td>$\phi22.95$</td></tr>
<tr><td>齿顶圆直径</td><td>d_a</td><td>$\phi9.12^{+0}_{-0.05}$</td><td>$\phi9.305\pm0.01$</td><td>$\phi23.47^{+0}_{-0.1}$</td><td>$\phi23.91\pm0.015$</td></tr>
<tr><td>齿根圆直径</td><td>d_f</td><td>$\phi6.5^{+0}_{-0.07}$</td><td>$\phi6.607\pm0.015$</td><td>$\phi20.85^{+0}_{-0.15}$</td><td>$\phi21.19\pm0.02$</td></tr>
<tr><td>跨越齿数</td><td>k</td><td>2</td><td>2</td><td>5</td><td>5</td></tr>
<tr><td>公法线长度</td><td>W_k</td><td>$2.49^{+0}_{-0.025}$</td><td>2.527 ± 0.01</td><td>$6.906^{+0}_{-0.04}$</td><td>7.016 ± 0.0125</td></tr>
<tr><td>齿顶倒圆半径</td><td>ρ_a</td><td>R0.06</td><td>R0.06</td><td>R0.1</td><td>R0.1</td></tr>
<tr><td>齿根全圆弧半径</td><td>ρ_f</td><td>R0.221</td><td>全圆弧半径</td><td>R0.248</td><td>全圆弧半径</td></tr>
</table>
</td></tr>
</table>

4.4.2 齿轮型腔的加工工艺

表 14-10-50

(1)电火花成型加工工艺	适用范围	电火花精密成型加工是齿轮型腔最重要的加工工艺，可适应于直齿轮、斜齿轮、锥齿轮、蜗杆和蜗轮等型腔的成型加工。采用这种工艺加工斜齿轮、蜗杆型腔时，必须具备以下两个条件：一是选择带C轴的四轴联动精度电火花加工机床；二是制作经过精心设计制造的电极。下面简要介绍齿轮、蜗杆电极的设计制造的有关注意事项
	电极齿形参数设计	电极齿形参数设计是在齿轮型腔参数的基础上，综合考虑电火花机床的粗、中、精加工的放电参数和摇动量进行的。对于加工蜗杆型腔的电极，采用轴向摇动设计，可提高加工效率、降低电极损耗和型腔牙面粗糙度
	电极材料选用	一般选用紫铜制造。蜗杆型腔螺纹牙面粗糙度要求高的电极可选用铜钨或银钨合金制造
	电极齿形加工工艺	(1)齿轮、斜齿轮和蜗轮电极普遍采用专用滚刀滚切加工。由于紫铜或铜钨合金电极在滚切时对滚刀刀刃的磨耗大，可采用硬质合金滚刀。国标6级精度以上的电极，要求采用AA级精度以上的滚刀 (2)蜗杆电极可采用精密螺纹车床或螺纹磨床加工。ZA、ZN蜗杆电极可采用车削工艺加工；ZI蜗杆电极应采用磨削工艺加工。在电极加工时，除蜗杆牙形符合要求外，还要注意保证各段螺纹与电极夹持部及校准部的同轴度要求；保证粗、中、精三段之间的螺纹牙距累积误差要求，保证电加工时，电极各段螺纹能畅通无阻地旋入型腔 (3)锥齿轮电极可按事先通过Pro/E或UG设计好的电极3D模型编程，通过三轴联动高速铣加工中心，采用TiN涂层的硬质合金小半径球头型立铣刀进行高速铣削加工成型
(2)电火花线切割加工工艺	原理	慢走丝电火花线切割是齿轮型腔成型加工的又一重要加工工艺。任何齿廓的直齿齿轮型腔均可采用这种成型工艺加工，其原理是采用一根通电的金属丝按事先编制的程序进行切割加工成型
	示例	以某厂在北京阿奇慢走丝线切割机加工齿轮型腔为例说明如下：先由模具设计员与工艺员对产品齿形参数进行适当的调整、并根据材料和齿轮类型确定收缩率(ε)，后经程序员将齿轮的主要齿形参数(m、z、α、D_a、D_f、k、W_k、ρ_a 和 ρ_f 等)输入编程系统，即可绘制出dxf齿轮齿廓图形；随后对切入路线、切割方向和切割次数进行设定，并将齿廓图按$(1+\varepsilon):1$的比例进行放大。随后即可将已完成的dxf转换为geo执行文件，提供给线切割机床进行型腔切割加工 另一种更直接的方式是由设计员根据修正后的齿形参数，精确绘制出$(1+\varepsilon):1$比例的CAD齿廓图，并将CAD齿廓转换为编程系统可识别的dxf文件提供给程序员。随后程序员对切入路线、切割方向和切割次数进行设定，并将dxf文件转换为机床可识别的geo执行文件，不再需输入型腔齿形参数。在型腔正式切割之前，操作工只需通过机床CNC系统根据切割丝的线径、火花间隙及其预留余量，设置其补偿量的大小。线切割加工齿轮型腔，一般分4次安排粗、中、精和微精切割加工。给各次切割加工的预留余量为：第1次为0.05mm、第2次为0.015mm、第3次为0.005mm、第4次为微精切割加工。型腔齿廓表面粗糙度可达$R_a \leqslant 0.4\mu m$
	应用	采用慢走丝线切割给齿轮型腔成型加工提供了一种快捷方便、高效精确的工艺，在模具制造中得到广泛的应用，也给塑料齿轮轮系设计与制造带来了更大的自由度。但这种线切割工艺，只能用来加工直齿轮型腔，并不适应斜齿轮型腔。只有当与蜗杆配对啮合的螺旋角较小的斜齿轮型腔，方可采用这种线切割工艺加工
(3)电铸成型工艺	型腔的电铸成型是所有各种加工方法中成型精度最好的一种。这是一种与电镀工艺相似的传统制模成型工艺，这种工艺需要有一件经过精心设计与加工的，齿形参数与型腔完全相同的，采用耐腐蚀不导电材料制造的母模，母模可采用有机玻璃制造。电铸之前，有机玻璃母模电铸表面要进行金属化处理，即在母模牙面上喷上一层很薄的导电金属膜。电铸时，将母模置于镀液槽中作为负极，镍板为正极，使镍离子源源不断地沉积到母模牙面上。电铸速度约为0.03～0.06mm/h，经过大约十天以上时间，才能使镀层达到型腔所需的厚度	
	蜗杆型腔的电铸成型母模及其铸成品示意图	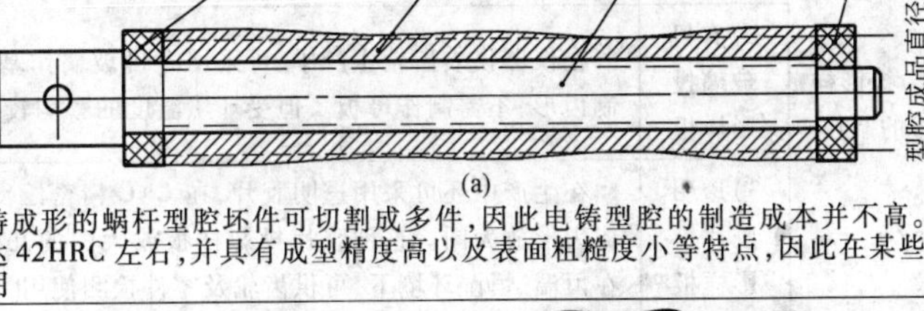 挡块 电镍铸型腔 母模 挡块 型腔成品直径 (a) 由于一次电铸成形的蜗杆型腔坯件可切割成多件，因此电铸型腔的制造成本并不高。由于电镍铸型腔表层硬度可达42HRC左右，并具有成型精度高以及表面粗糙度小等特点，因此在某些发达国家中，至今仍被广泛采用
	电铸蜗杆、斜齿轮型腔轮齿"沉积缝"示意图	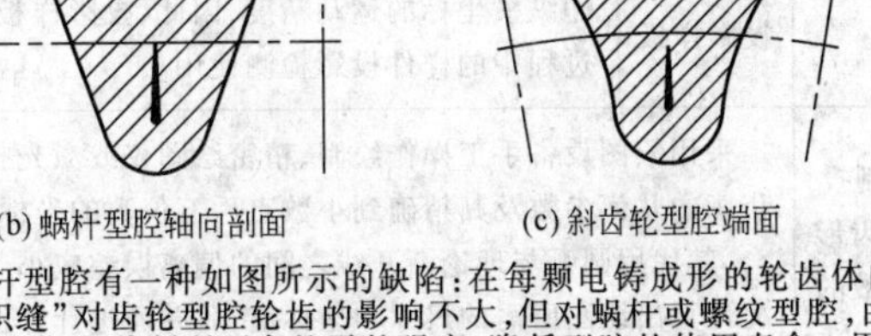 (b) 蜗杆型腔轴向剖面　(c) 斜齿轮型腔端面 电铸成形的齿轮和蜗杆型腔有一种如图所示的缺陷：在每颗电铸成形的轮齿体内沿齿向都会出现一道"沉积缝"。这种"沉积缝"对齿轮型腔轮齿的影响不大，但对蜗杆或螺纹型腔，由于"沉积缝"正好出现在型腔螺纹的不完整牙附近，将削弱不完整牙的强度，降低型腔的使用寿命。因此，对于大批量注塑生产用型腔不宜采用。有关这类"沉积缝"的形成过程本节从略

5　塑料齿轮的检测

与金属齿轮相比，塑料齿轮的检测有所不同：一是目前塑料齿轮的模数较小（多为 $m\leqslant 1.5$mm）、齿轮精度较低（多为国标9～10级以下）；二是对动力型塑料齿轮要求进行力学性能测试。本节只讨论塑料齿轮的几何尺寸及误差的检测，有关齿轮力学性能的测试从略。

5.1　塑料齿轮光学投影检测

表 14-10-51

<table>
<tr><td>齿轮的光学投影检测</td><td colspan="3">在国内外仪器仪表齿轮行业生产中，$m\leqslant 1$mm 的小模数金属齿轮，长期广泛采用光学投影仪，通过透明齿廓样板对齿轮齿形、相邻和累积齿距误差进行投影放大比对检测。特别是在国内外手表生产厂家，光学投影检测至今仍是小模数齿轮和细小零件尺寸及误差的主要测量方法。特别是 $m\leqslant 0.2$mm 特小模数齿轮，采用齿轮检测仪器或量具，往往由于齿轮本体太小、齿间太狭窄，而无法进行直接测量；这种光学投影检测便成为最重要的检测手段。对于计时仪器用圆弧齿轮则更是不可替代的唯一可行的检测方法。这种间接检测方法的测量效率较高，检测精度只与投影样板的放大倍数与制作精度有关。不过目测的主观性也较大，但能满足精度要求不高的塑料齿轮的检测要求。另外，在注塑过程中，由于种种原因塑料齿轮分型面齿廓容易出现“跑边”（溢料）现象，这是齿轮啮合传动中所不允许的一种常见的模塑齿轮质量缺陷。通过光学投影检测，即可做到一目了然地及时发现和杜绝这类质量缺陷的存在。投影检测圆柱斜齿轮，必须采用具备有反射投影功能的仪器，但目测的清晰度不及直齿轮的投影检测高</td></tr>
<tr><td rowspan="7">投影样板的设计与制作</td><td>(1)投影样板放大倍数选定</td><td colspan="2">根据齿轮齿廓尺寸及其精度要求和仪器投影屏幕尺寸，以及绘图设备（如瑞士 SFM500 样板铣床）的纵横坐标的移动范围，来确定投影样板的放大倍数。根据齿轮模数大小来选定投影样板齿形放大倍数：$m\geqslant 0.5$mm 的片齿轮可选为 10×、20×或 50×；$m<0.5$mm 的片齿轮可选为 20×、50×或 100×。模数特小 $m\leqslant 0.1$mm、少齿数手表齿轴可选为 100×、200×。齿轴齿形放大图可画出全部轮齿；齿数较多的片齿轮只需画出其中的 5 颗轮齿齿形即可</td></tr>
<tr><td rowspan="5">(2)投影样板的制作</td><td colspan="2">根据所采用的基板材料和齿形绘制方法的不同，有以下多种可供齿轮生产与检测选用的光学投影检测样板</td></tr>
<tr><td>1)玻璃投影样板</td><td>传统的投影样板及其母板均采用厚度 2～3mm 的透明玻璃作基板，有关这类投影样板及其母板的制作工艺参见参考文献[6]。这种玻璃投影样板的精度较高，受温度的影响较小，在手表齿轮和精密零件生产中广泛使用。这种投影样板的制作工艺特别适合大批量生产和检测使用，因为一块母板可复制多块投影样板</td></tr>
<tr><td>2)有机玻璃投影样板</td><td>在仪器仪表齿轮生产中，可采用有机玻璃作基板制作投影样板。可在基板上直接绘制齿形，不需制作母板。但受环境温度的影响较大，要求在恒温条件下绘制和使用</td></tr>
<tr><td>3)透明胶片投影样板</td><td>在生产中还可采用透明胶片，在 CNC 精密绘图仪上按齿轮几何参数编程，直接绘制成齿形放大图。这种胶片投影样板放大图的几何精度较高，但受环境温度的影响大。在恒温、恒湿环境下，可供齿轮及零件检测使用</td></tr>
<tr><td>4)复印机用胶片投影样板</td><td>先在计算机上将齿轮齿形按所需放大倍数，精确绘制成 CAD 图形，而后采用激光打印机直接将复印机用胶片打印成投影样板。但这种投影样板的齿形精度取决于激光打印纵横坐标的运动精度，因此，投影样板齿形的精度较低，只适合模塑齿轮在工艺试模过程中的样件投影检测使用</td></tr>
<tr><td>(3)绘制投影样板齿形几何参数的设计计算</td><td colspan="2">采用绘图设备手工操作绘制、精密绘图仪或激光打印机制作的齿形放大图，都需要事先提供齿轮齿廓的几何参数及其精确到小数点后五位数的坐标值。通常是采用几段圆弧对渐开线齿廓进行拟合，其代用圆弧与理论渐开线之间的偏离误差应小于 0.5μm。此项计算工作均由齿轮设计者完成，先计算出绘图所需的尺寸和坐标值，后并通过计算机绘制出完整的 CAD 齿廓放大图。这种数据和 CAD 齿廓图还可直接用来线切割加工齿轮注射模型腔</td></tr>
</table>

续表

<table>
<tr><td rowspan="2">投影样板的设计与制作</td><td rowspan="2">(3)绘制投影样板齿形几何参数的设计计算</td><td>计时仪器用圆弧齿轮实例齿形放大图</td><td> (a) $m=0.2,z_1=8$仪表圆弧齿轴轮齿形50×放大图 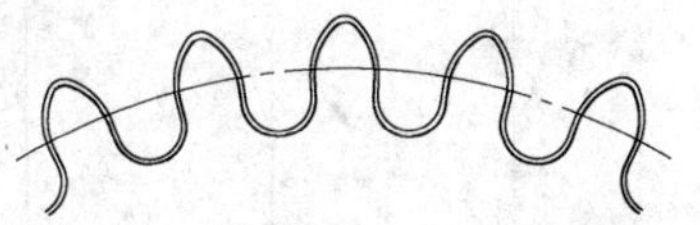 (b) $m=0.2,z_2=30$圆弧片齿轮齿形50×放大图</td></tr>
<tr><td>圆柱直齿渐开线齿轮实例一齿形放大图</td><td> (c) $m=0.5,z_1=15$渐开线小齿轮齿形20×放大图 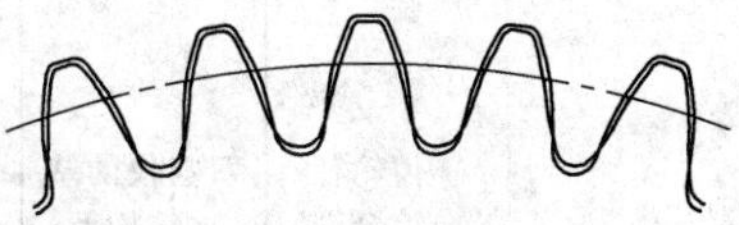 (d) $m=0.5,z_2=45$渐开线大齿轮齿形20×放大图</td></tr>
</table>

5.2 三次元测量仪检测

表 14-10-52

特点	三次元(又名三坐标、三维)测量仪,是一种最近几年才发展起来的以坐标测量为主的和用于轮廓测量的高性能台式投影仪,集图像处理技术与精密测定技术于一体的高功能非接触式三维测量仪
应用及优缺点	三次元测量仪直观、精确、效率高,可用透视、反射的方法,对零件的长度、角度、轮廓外形和表面形状等进行测量。特别适宜检测细小的或轮廓形状复杂的零件,如钟表、齿轮、凸轮、样板、模具、刀具、螺纹、量规及冲压零件等。这类影像式精密测量仪克服了传统投影仪的不足,观察系统除了用投影屏幕刻划线瞄准外,还可用光电轮廓自动对准,被测物体影像直接输入到计算机,使其数字化,在电脑或显示屏上生成画面,能更直观、简便、清晰的显示产品的形状、大小及尺寸。同时,还可以将所测得结果输出到 Excel 或 Word 软件里面进行数据备份和客户所需测量资料传送。仪器集绘图、测量、数据转换等功能三次元测量仪为一体,功能更强大,操作更简便
测量精度	某精密型三次元测量仪测量精度:线性精度为(3 + 测量距离/200)μm,重复精度为 3μm(单一方向重复精度≤0.75μm),最小显示位数为 0.001mm,系统最小解析精度为 0.0001。软件 YR-3T 工作温度:20℃ ±1℃,操作温度:13 ~35℃。目前,这类仪器主要用于塑料齿轮的工程开发,齿轮样件参数测绘,精密齿轮的品质检测。对于生产现场,仍应以采用传统光学投影仪为主,进行塑料齿轮的注塑质量检测

5.3 齿轮径向综合误差、齿圈径向跳动、公法线长度和*M*值的测量

表 14-10-53

(1)齿轮径向综合误差和齿圈径向跳动测量	①齿轮径向综合误差的测量	双啮综合测量	在渐开线齿轮生产中,普遍采用双啮仪测量齿轮径向综合误差。因为双啮仪的结构简单,操作方便,检测效率高,特别适合在生产现场检测 8、9 级以下精度的塑料齿轮径向综合误差 F''_i测量的要求 双啮综合测量比较接近被测齿轮的使用状态,能较全面地反映出齿轮的啮合质量。因此,F''_i已成为这类加工精度较低齿轮,产、需双方都能接受的齿轮交验的主要检测手段

续表

(1)齿轮径向综合误差和齿圈径向跳动测量	①齿轮径向综合误差的测量	双啮仪的基本结构及工作原理	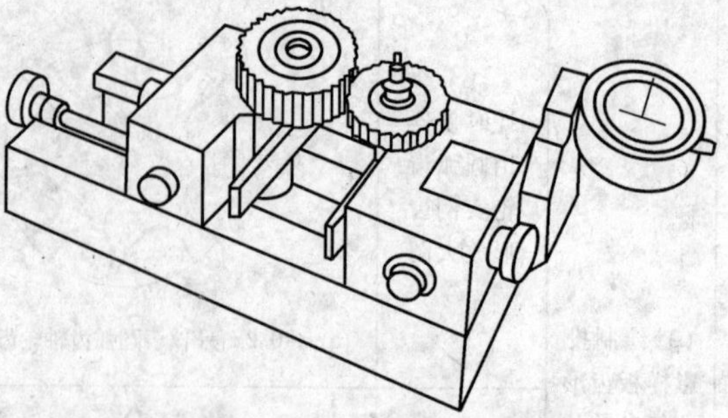 (a) 双啮综合测量的基本工作原理图 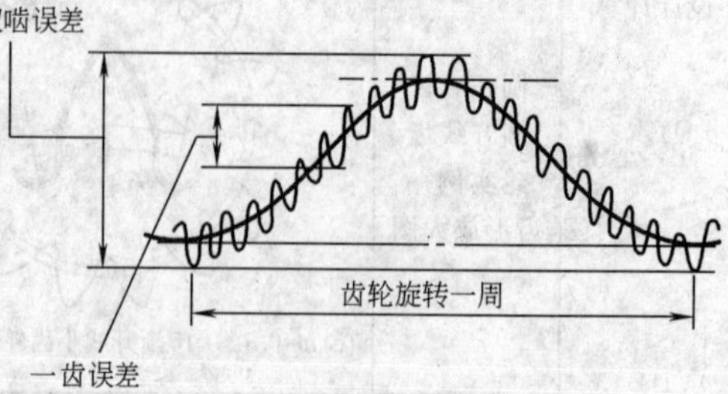 双啮误差 齿轮旋转一周 一齿误差 (b) 双啮一周误差 F''_i、一齿误差 f''_i 示意图 左侧为理想精确的测量齿轮和右侧被测齿轮在弹簧的作用下,作无侧隙的啮合转动,两齿轮中心距的变化由千分表示出。被测齿轮转动一周范围内的最大变动量即为双啮一转误差 F''_i,如图 b 所示;同时也可测得齿轮的双啮一齿最大误差 f''_i 在双啮仪上检测渐开线齿轮 F''_i,需配备模数和压力角与受检齿轮相同的测量齿轮,其精度等级要求比被测齿轮高出国标 2 ~ 3 级 与蜗杆配对啮合的塑料斜齿轮,也可在双啮仪上检测 F''_i,这时需要用测量蜗杆来代替测量斜齿轮,更能接近蜗杆-斜齿轮的使用状态。但要求对双啮仪进行必要的改装,以便满足测量蜗杆-斜齿轮的交错轴系传动的要求。如果被检测的是蜗杆,可将被测蜗杆与标准斜齿轮视为一对螺旋齿轮,实现对蜗杆进行双啮误差 F''_i 的检测 在双啮仪上检测齿轮、斜齿轮或蜗杆时,可采取手动或电动方式施加旋转运动,双啮误差可目测千分表或通过电测系统数显读数。后者电测化系统具有误差显示、打印和超差报警等多种功能
	②齿圈径向跳动的测量	径跳仪	对于计时仪器用圆弧齿轮,以及模数较小($m \leqslant 0.2$mm)的渐开线齿轮已不适宜采用双啮仪检测。这类齿轮可在小模数齿轮跳动检查仪(简称径跳仪)上测量齿圈径向跳动误差 F_r
		测量齿轮齿圈跳动的三种测头式样	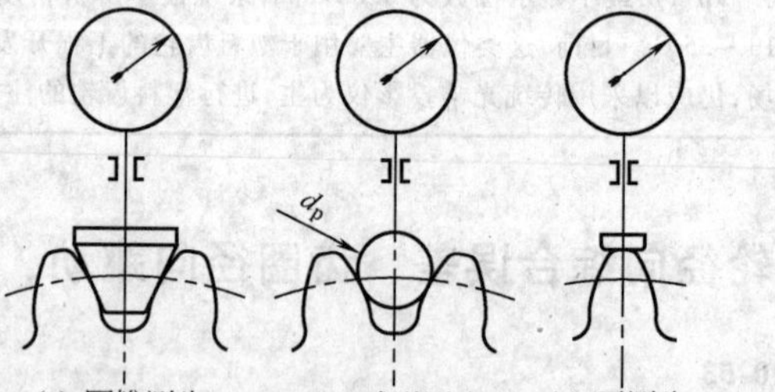 d_p (c) 圆锥测头　(d) 球形测头　(e) 平测头 在径跳仪上测量齿轮齿圈径向跳动误差 F_r 的测头,主要有如图所示三种方式[13]。图 c 采用锥角为 2α 的锥形测头与齿槽固定弦接触测量;图 d 采用球形测头在分度圆附近与齿廓接触测量[当变位系数 $x=0$ 时,球头直径 $d_p=(1.68-0.684x)m$];图 e 采用平测头与齿顶圆接触测量。对于计时仪器用圆弧齿轮和 $m \leqslant 0.5$mm 的渐开线塑料齿轮,均适宜采用平测头检测齿顶跳动来替代齿圈径向跳动检测。其原因是齿轮型腔要求齿顶圆与齿圈一次加工成型,因此模塑成型的齿轮比较类似于采用顶切法滚齿加工的齿轮

续表

<table>
<tr><td rowspan="1">(1)齿轮径向综合误差和齿圈径向跳动测量</td><td>②齿圈径向跳动的测量</td><td>测量齿轮齿圈跳动的非接触测量法</td><td>模数特小($m<0.2$mm)、两端轴颈特细的齿轮,已不适宜采用接触法测量齿圈跳动,这类齿轮可采用如图 f 所示的非接触法测量
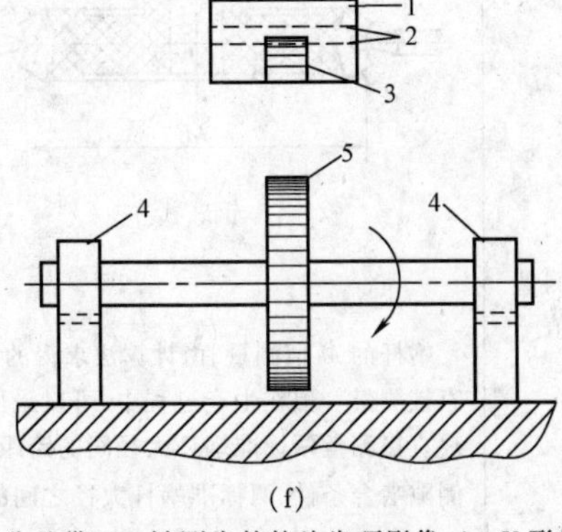

(f)
1—投影屏;2—公差带;3—被测齿轮轮片齿顶影像;4—V 形架;5—被测齿轮
这种非接触式径跳仪一直在国内外手表齿轮生产中,被广泛用来检测齿轮组件中的齿顶径跳测量。测量时,将齿轮组件安放在两"V"形架 4 上,用手捏吹气皮球使齿轮旋转,通过检测仪上方的小光学投影屏 1,可目测到被测齿轮轮片齿顶影像 3 和被测齿轮 5 的径跳误差是否超出公差带 2 的范围。根据以上原理,可在普通光学投影仪上用来检测两端带轴颈的塑料齿轮组件的跳动误差。此时,需要改制一套带双 V 形块或双阴顶的支架安放齿轮轴颈,将投影样板安置在影屏的适当位置上,经过标准件校准后,即可采用气吹或手动来实现非接触式检测齿轮 F_r</td></tr>
<tr><td rowspan="2">(2)公法线长度的测量方法与数据处理</td><td colspan="3">相互啮合的两齿轮轮齿之间要有一定的侧隙,才能保证正常的传动。这种侧隙是通过控制两齿轮的分度圆弧齿厚来满足的。在齿轮生产中,是通过测量公法线长度得到齿轮精度指标中所规定的公法线长度变动量 F_W 和侧隙指标中的公法线平均长度偏差 $E_{\overline{W}}$。有关齿轮的公称公法线长度以及跨齿数,标注在产品图中。齿轮的公法线长度可按 2.5.2 中公式计算;有关 F_W 和 $E_{\overline{W}}$ 可从相应标准中查取</td></tr>
<tr><td>测量方法</td><td colspan="2">公法线长度测量方法有直接测量法和间接测量法。$m\geqslant0.5$mm 的渐开线齿轮可采用公法线长度千分尺进行直接测量;对于国标 6 级精度以上的精密齿轮可在测长仪上测量;对于塑料齿轮建议采用测力较小的杠杆公法线长度千分尺测量。测量时,两平行测量面接触于跨越齿数 K 之外侧异名齿廓分度圆附近,即可读取齿轮实际公法线长度。为了得到公法线长度的最大长度 W_{max} 与最小长度 W_{min},必须对整个齿圈轮齿进行逐齿测量,即可得到:
$$F_W=W_{max}-W_{min}$$
而
$$E_{\overline{W}}=\overline{W}-W$$
式中 $\overline{W}$——公法线长度实测平均值;
W——公法线长度理论计算值
无法采用公法线千分尺直接测量内直齿轮和 $m<0.5$mm 渐开线外齿轮,可在大型工具显微镜、万能工具显微镜和光学投影仪上,通过光学刻划线对准两外侧异名齿廓相切点的方法测量公法线长度</td></tr>
<tr><td>(3)M 值的测量方法与评定</td><td colspan="3">测量 M 值,在小模数齿轮生产中,是控制齿轮分度圆弧齿厚的另一种重要检测方法。特别是 $m<0.5$mm、螺旋角较大和齿宽较小的斜齿轮、蜗杆和蜗轮以及内齿轮等。测量 M 值已成为控制这类齿轮弧齿厚,保证齿轮副啮合侧隙的重要检测手段。在塑料齿轮的生产中,采用 M 值测量要比公法线长度检测更为普遍。外直齿、斜齿渐开线齿轮的 M 值的计算与测量,如表 14-10-21 中图 a 所示</td></tr>
</table>

续表

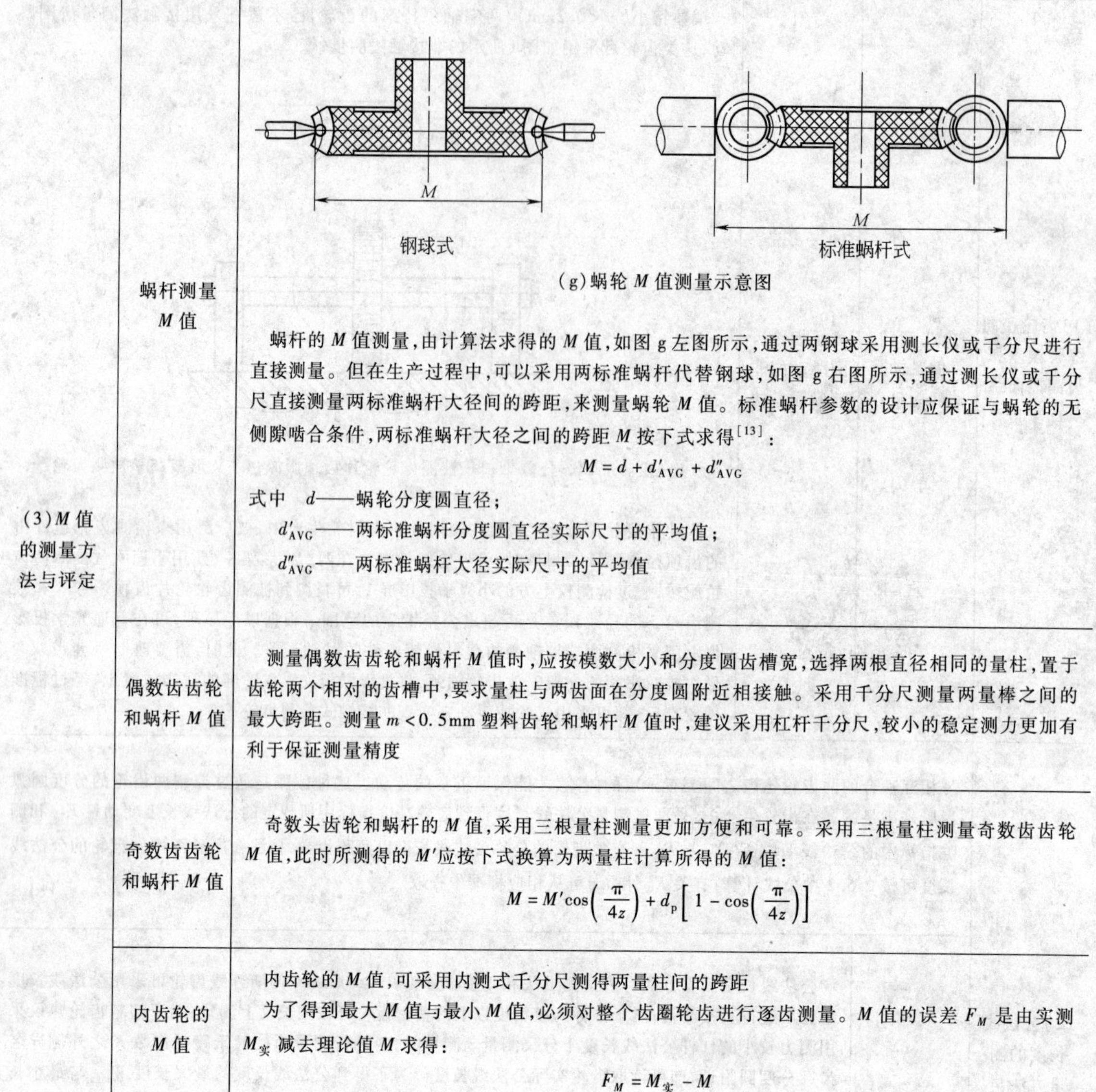

(3)M值的测量方法与评定	蜗杆测量M值	 (g)蜗轮M值测量示意图 蜗杆的M值测量，由计算法求得的M值，如图g左图所示，通过两钢球采用测长仪或千分尺进行直接测量。但在生产过程中，可以采用两标准蜗杆代替钢球，如图g右图所示，通过测长仪或千分尺直接测量两标准蜗杆大径间的跨距，来测量蜗轮M值。标准蜗杆参数的设计应保证与蜗轮的无侧隙啮合条件，两标准蜗杆大径之间的跨距M按下式求得[13]： $M=d+d'_{AVG}+d''_{AVG}$ 式中　d——蜗轮分度圆直径； d'_{AVG}——两标准蜗杆分度圆直径实际尺寸的平均值； d''_{AVG}——两标准蜗杆大径实际尺寸的平均值
	偶数齿齿轮和蜗杆M值	测量偶数齿齿轮和蜗杆M值时，应按模数大小和分度圆齿槽宽，选择两根直径相同的量柱，置于齿轮两个相对的齿槽中，要求量柱与两齿面在分度圆附近相接触。采用千分尺测量两量棒之间的最大跨距。测量$m<0.5$mm塑料齿轮和蜗杆M值时，建议采用杠杆千分尺，较小的稳定测力更加有利于保证测量精度
	奇数齿齿轮和蜗杆M值	奇数头齿轮和蜗杆的M值，采用三根量柱测量更加方便和可靠。采用三根量柱测量奇数齿齿轮M值，此时所测得的M'应按下式换算为两量柱计算所得的M值： $M=M'\cos\left(\frac{\pi}{4z}\right)+d_p\left[1-\cos\left(\frac{\pi}{4z}\right)\right]$
	内齿轮的M值	内齿轮的M值，可采用内测式千分尺测得两量柱间的跨距 为了得到最大M值与最小M值，必须对整个齿圈轮齿进行逐齿测量。M值的误差F_M是由实测$M_{实}$减去理论值M求得： $F_M=M_{实}-M$

5.4 塑料齿轮的精确测量

表 14-10-54

检测项目	在现代齿轮制造业中，普遍采用万能齿轮检查仪和齿轮测量中心等作为主要检测手段。这类仪器用来检测以下三项主要偏差： (1)齿轮齿廓偏差　细分为齿廓总偏差F_α、齿廓形状偏差$f_{f\alpha}$和齿廓倾斜偏差$F_{H\alpha}$； (2)齿轮螺旋线偏差　细分为螺旋线总偏差F_β和螺旋线形状偏差$f_{f\beta}$； (3)齿轮齿距偏差　细分为单个齿距偏差f_{pt}、齿距累积偏差F_{pk}和齿距累积总偏差F_p 随着汽车工业对动力型塑料齿轮的力学性能和噪声要求越来越高，国内外供需双方都已采用万能齿轮检查仪和齿轮测量中心检测塑料齿轮三项主要偏差。当前塑料齿轮的精度较低，采用国产仪器完全可以胜任

续表

某单位电火花加工斜齿轮型腔用电极的误差检测记录

采用国产 JH12W 万能齿轮检查仪的检测结果如下图所示。图 a 为齿轮齿廓误差、图 b 为齿轮螺旋线误差、图 c 为齿轮齿距误差，在上下齿距误差曲线中间为电极径向跳动曲线

JH12W 型万能齿轮检查仪测量报告

齿轮名称(编号)：DBE-1 芯轴　　　　测量日期：2007-09-30，07：42

齿数	模数	压力角	螺旋角	旋向	齿宽	基圆半径	分度圆半径	变位系数	评定等级	标准
19	0.816	18.333	16°11′53″	左	22.000	7.6309	8.072	0.000	5	ISO 1328

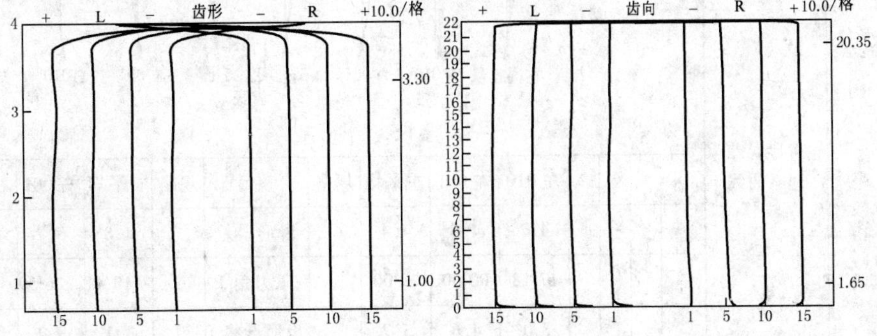

μm

	15	10	5	1	AVG	TOL	1	5	10	15	AVG	Qual.
齿形误差 Fα	6.1*	4.8*	5.1*	6.5*	5.6*	4.6	3.6	2.0	4.4	4.2	3.6	6
形状误差 ffα	4.8*	5.3*	5.4*	6.4*	5.5*	3.5	2.9	1.6	1.4	2.2	2.0	7
角度误差 fHα	-5.9*	-1.4	-0.8	-3.8*	-3.0*	2.9	-1.6	-1.0	-4.6*	-3.8*	-2.7	7

μm

	15	10	5	1	AVG	TOL	1	5	10	15	AVG	Qual.
齿向误差 Fβ	6.0	6.8	5.6	6.9	6.3	8.0	6.4	7.0	4.1	2.7	5.1	5
形状误差 ffβ	5.8*	6.2*	6.6*	7.2*	6.5*	5.5	3.9	4.2	3.8	2.5	3.6	6
角度误差 fHβ	5.2	5.0	2.1	2.6	3.7	5.5	-3.4	-4.6	-0.7	-0.3	-2.2	5

(a)齿廓误差曲线　　　　(b)螺旋线误差曲线

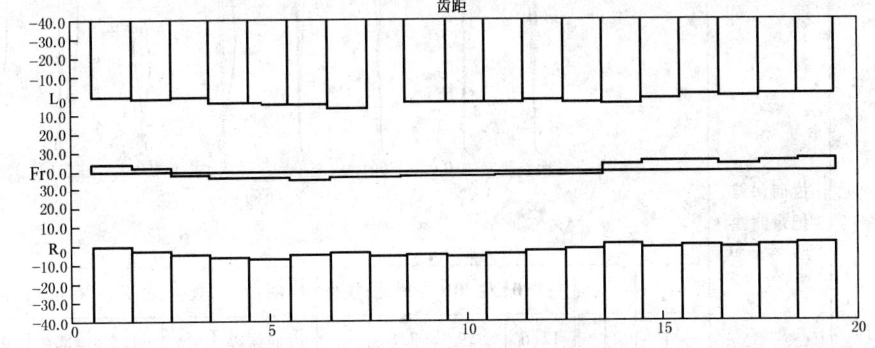

μm

	VOL	TOL	Teeth				VOL	TOL	Teeth			Qual.
Fp	6.4	11.0					6.5	11.0				4
fpt	-2.8	4.7	14～15				-2.3	4.7	2～3			4
Fp3	-3.9	7.0	14～17				-6.2	7.0	2～5			5
Fr	8.2											

(c)齿距误差(中部为径向跳动误差)曲线

注：上角＊表示测量值超差。

第 14 篇

续表

在某进口齿轮测试机齿轮测量中心的检测结果，如下图所示

某汽车电动座椅驱动器（国产聚甲醛）模塑斜齿轮检测记录 $m_n=0.7$mm，$\alpha_n=16°$，$\beta=12°$，$z=19$

齿形误差记录曲线

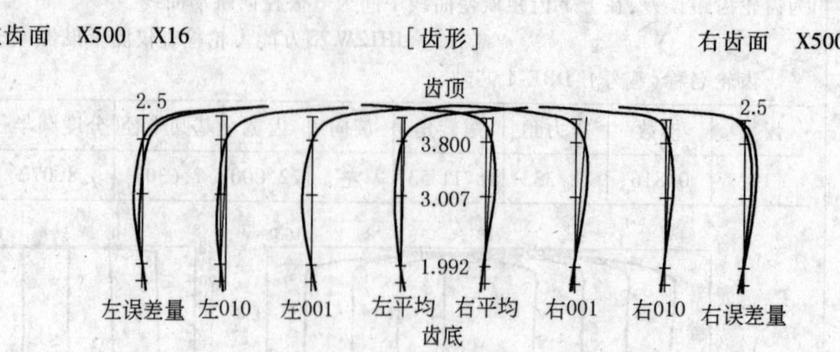

μm

左 010	左 001	左平均	规格	项目	规格	右平均	右 001	右 010
4.7	4.6	4.4		齿形误差		4.8	5.7	3.9
17′18	00′00	09′00		压力角 J		-18′41	-26′59	-09′41
3.1	4.6	3.7		齿形形状 J		3.1	3.2	3.0
*	*	*		DIN 等级		*	*	*
2	2	2		JIS 等级		2	2	1
4	4	4		GB/T 等级		4	5	4

齿向误差记录曲线

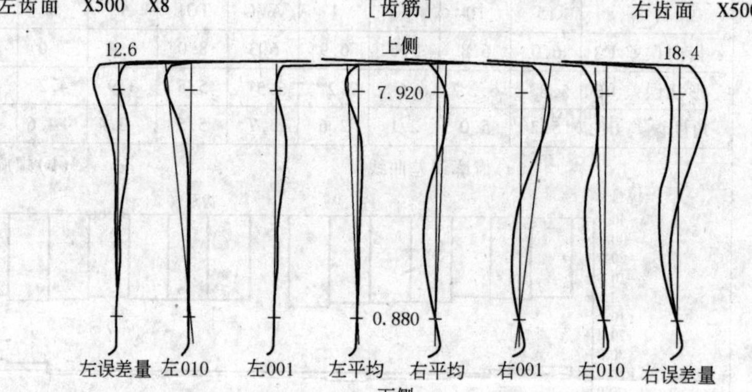

μm

左 010	左 001	左平均	规格	项目	规格	右平均	右 001	右 010
12.6	5.9	7.8		齿筋误差		11.5	18.4	9.6
-05′54	00′18	-02′48		螺旋角 J		02′04	06′35	-02′27
6.9	5.5	6.0		齿筋形状 J		9.3	10.0	8.6
7	5	6		DIN 等级		7	9	7
4	0	1		JIS 等级		4	6	3
8	5	6		GB/T 等级		8	9	7

续表

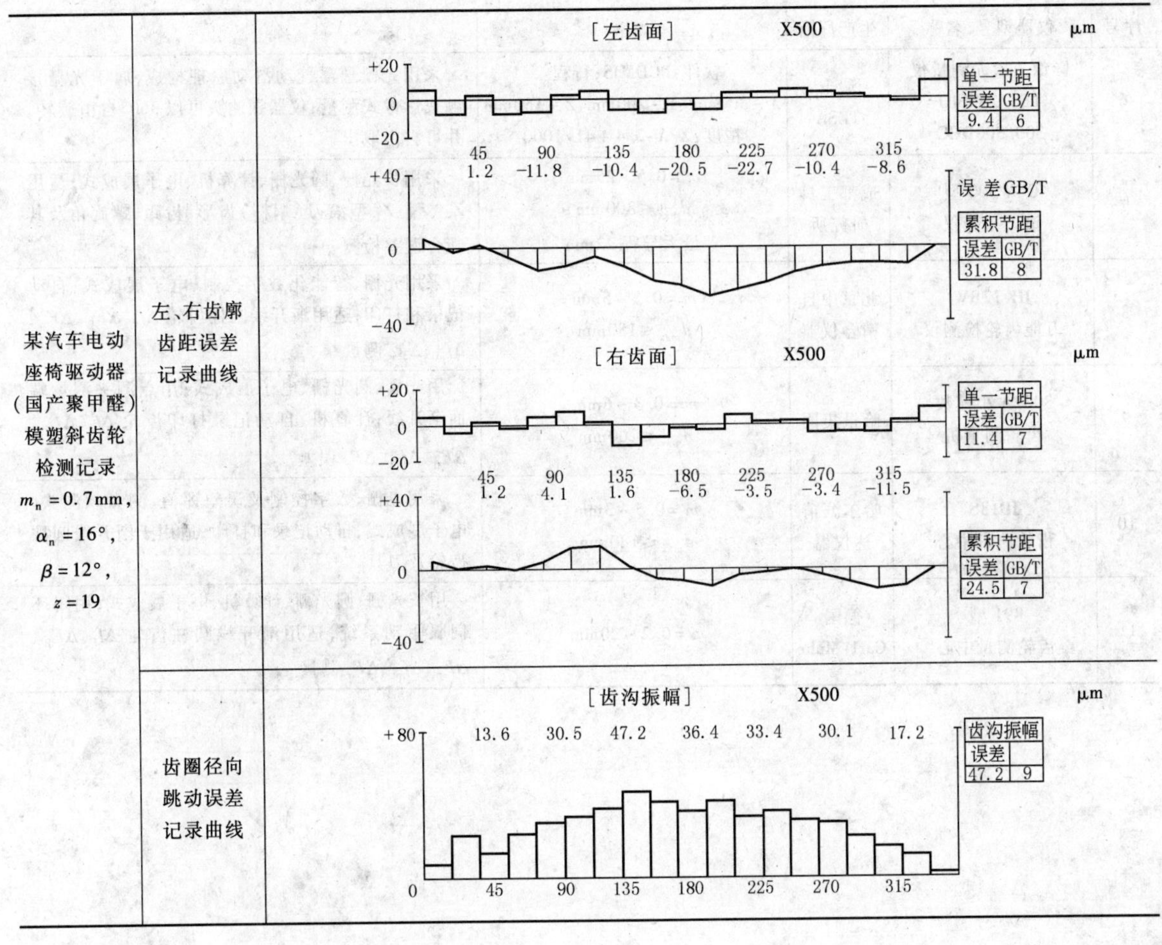

某汽车电动座椅驱动器（国产聚甲醛）模塑斜齿轮检测记录 $m_n=0.7$mm，$\alpha_n=16°$，$\beta=12°$，$z=19$	左、右齿廓齿距误差记录曲线	
	齿圈径向跳动误差记录曲线	

5.5 国内外部分小模数齿轮检测用仪器

国内外部分小模数齿轮检测用仪器包括：径跳仪、双啮仪、光学投影仪、三次元测量仪、齿轮检测仪、齿轮测量中心和滚刀检查仪等，其型号规格与特点参见表 14-10-55，这些仪器正在朝电量化、智能化、多用途方向发展。

表 14-10-55　国内外部分小模数齿轮检测用仪器

序号	仪器型号、名称	生产厂商	规格	特　点
1	DD150 型 齿轮跳动检查仪	上海量 刃具厂	$m=0.3\sim2$mm $d_{max}\leqslant150$mm	用于6级以下圆柱齿轮、锥齿轮及蜗轮径向、端面跳动检查
2	CA120 型小模数 齿轮双啮仪	北京量 刃具厂	$m=0.2\sim1$mm $d_{max}\leqslant150$mm	可测圆柱直、斜齿轮，手动或机动齿轮、千分表读数，可配带电感测头和记录仪
3	CSS80 型小模数 齿轮双啮仪	成都量具 精仪厂	$m\leqslant1$mm $d_{max}\leqslant80$mm	可测圆柱直、斜齿轮，手动操作齿轮、千分表读数
4	896 型 齿轮双啮仪	德国 Carl-Mahr	中心距 $a=1\sim80$mm	可采用标准蜗杆或齿轮两种测量元件，自动记录和打印；可选配蜗轮及锥齿轮检测等附件
5	JT12A-BΦ300 数字式投影仪	贵阳新天 光电科技	投影屏 -ϕ300mm；行程： X-150mm、Y-50mm、Z-80mm 放大倍数：10，20，50，100×	工作台运动长度和投影屏旋转角度可数字显示；采用非球面聚光镜照明系统；带有二坐标测量软件；适用齿轮、螺纹检测

续表

序号	仪器型号、名称	生产厂商	规格	特　点
6	影像三次元测量仪 TESA-VISIO 300/300DCC	瑞士 TESA	软件：PCDMIS；行程： $X-300$mm、$Y-200$mm、$Z-150$mm 精度：X/Y-2.4 +4L/1000	采用光栅悬浮气动滑动原理构成，属于光栅接触或影像式测量；仪器探测头可以360°自由旋转，并可自由取出
7	CGW300 型 滚刀检查仪	成都工具 研究所	$m=0.5\sim25$mm $d_{max}\leqslant300$mm 最大导程 22mm	采用长光栅、圆光栅、计算机、电子展成式；适用 Z_A、Z_N、Z_1 型滚刀（蜗杆）齿形、齿距、螺旋角及其啮合误差检测
8	JH-12BW 万能齿轮检测仪	北京中自 精合仪器	$m=0.5\sim5$mm $d_{max}\leqslant180$mm	采用光栅、智能化数字控制、电子展成式；自动记录和打印；适用渐开线圆柱齿轮 Δf_f、ΔF_β、ΔF_p、Δf_{pt}、ΔF_r 测量
9	3002A 小模数 齿轮测量机	哈量集团	$m=0.3\sim6$mm $d_{max}\leqslant200$mm	用光栅、圆光栅、电子展成式；用点测头测量端面渐开线；计算机、自动记录打印齿轮 Δf_f、ΔF_β、ΔF_p、Δf_{pt}、ΔF_r 误差
10	JD18S 齿轮测量中心	哈尔滨精 达仪器	$m=0.3\sim3$mm $d_{max}\leqslant180$mm	采用光栅、数字控制及误差评值、测微软测头、电子展成式，自动记录和打印；适用于渐开线圆柱齿轮及刀具
11	891 型 齿轮测量中心	德国 Carl-Mahr	$m=0.2\sim20$mm	用长光栅、圆光栅、计算机、电子展成式，用闭环伺服驱动系统，适用渐开线圆柱齿轮 Δf_f、ΔF_β、ΔF_p、Δf_{pt}、ΔF_r 测量

参 考 文 献

第 1 章

1 齿轮手册编委会．齿轮手册．第 2 版．上册．北京：机械工业出版社，2001

2 徐灏主编．机械设计手册．第 2 版．第 4 卷．北京：机械工业出版社，2000

第 2 章

1 成大先主编．机械设计手册．第四版．第 3 卷．第 14 篇第 2 章圆弧圆柱齿轮传动．北京：化学工业出版社，2002

2 《机械工程手册》、《机电工程手册》编委会编．机械工程手册．第二版．传动设计卷．第 2 篇第 3 章圆弧圆柱齿轮传动．北京：机械工业出版社，1997

3 《齿轮手册》（二版）编委会编．齿轮手册．第二版．第 4 篇圆弧圆柱齿轮传动．北京：机械工业出版社，2001

4 陈谌闻主编．圆弧齿圆柱齿轮传动．北京：高等教育出版社，1995

5 邵家辉主编．圆弧齿轮．第 2 版．北京：机械工业出版社，1994

6 崔巍，李国权，隋海文．4000kW 双圆弧齿轮减速器在 18 英寸连轧机组主传动上的应用．机械工程学报，1988（4）

7 李长春，李玉民．高速双圆弧齿轮在炼油设备 3000kW 透平鼓风机上的应用．机械工程学报，1988（4）

8 张邦栋，申明付，陆达兴．双圆弧硬齿面齿轮刮前滚刀和硬质合金刮削滚刀研制．机械传动，2000（1）

第 3 章

1 梁桂明．非零分度锥综合变位新齿形．齿轮．1981，(2)

2 Gleason. The Design of Automotive Spiral Bevel & Hypoid Gears. 1972

3 梁桂明．锥齿轮强度计算式的统一．机械制造，1988，(10)

4 GB/T 10062—1988．锥齿轮承载能力计算方法．北京：中国标准出版社，1990

5 余梦生，吴宗泽．机械零部件手册·第 7 章·圆锥齿轮传动．北京：机械工业出版社，1996

6 梁桂明．齿轮技术的创新和发展形势．中国工程科学．2000，(3)

7 《机械手册》第 3 版编委会．机修手册·第 1 卷（下册）·第 12 章圆锥齿轮传动．北京：机械工业出版社，1993

第 4 章

1 机械设计手册编委会编．机械设计手册（新版）：第 3 卷．第 3 版．北京：机械工业出版社，2004

2 王树人，刘平娟．圆柱蜗杆传动啮合原理．天津：天津科学技术出版社，1982

3 王树人．圆弧圆柱蜗杆传动．天津：天津大学出版社，1991

4 蔡春源主编．机电液设计手册：上册．第 1 版．北京：机械工业出版社，1997

5 董学朱．环面蜗杆传动设计和修形．第 1 版．北京：机械工业出版社，2004

6 齿轮手册编委会编．齿轮手册：上册．第 1 版．北京：机械工业出版社，1990

7 吴序堂．齿轮啮合原理．北京：机械工业出版社，1982

8 沈蕴方，容尔谦，李寅年等．空间啮合原理及 SG-71 型蜗轮副．北京：冶金工业出版社，1983

9 张光辉．平面二次包络弧面蜗杆传动的研究与应用．重庆大学学报，1978.4

10 G．尼曼，H．温特尔．机械零件（第三卷）．北京：机械工业出版社

第 5 章

1 成大先主编．机械设计手册．第三版．第 3 卷．北京：化学工业出版社，1993

2 蔡春源主编．新编机械设计手册．沈阳：辽宁科学技术出版社，1993

3 马从谦，陈自修，张文照，张展，将学全，吴中心编著．渐开线行星齿轮传动设计．北京：机械工业出版社，1987

4 饶振纲编著．行星传动机构设计．第二版．北京：国防工业出版社，1994

5 杨廷栋，周寿华，肖忠实，申哲，刘炜基，余心德编著．渐开线齿轮行星传动．成都：成都科技大学出版社，1986

6 《现代机械传动手册》编辑委员会编．现代机械传动手册．北京：机械工业出版社，1995

7 国外新型减速器图册．第一机械工业部重型机械研究所．1970

8 《行星齿轮减速器 2000 年振兴目标》研究报告，机械委西安重型机械研究所．1987

9 GFA95K_2 和 GFA95K 行走型行星减速器（含制动器）产品介绍．北京液压件三厂．1990

10 GFB80E_1 和 GFB80E 回转型行星减速器（含制动器）产品介绍．北京液压件三厂．1990

11 齿轮手册编委会．齿轮手册：上册．第二版．北京：机械工业出版社，2004

第 6 章

1 成大先主编．机械设计手册．第三版．第 3 卷．北京：化学工业出版社，1993

2 刘继岩，薛景文，崔正均，孙爽，幸坤銮．2K-V 行星传动比与啮合效率．第五届机械传动年会论文集．中国机械工程学会机械传动分会．1992. 249

3 应海燕，杨锡和．K-H 型三环减速器的研究．机械传动，1992（4）

4 Herbert W. Muller. Die Umlaufgetriebe. Springer-Verlag, 1991

5 张少名主编．行星传动．西安：陕西科学技术出版社，1988

6 机械工程手册编辑委员会．机械工程手册补充本（二）．北京：机械工业出版社，1988

7 三环减速器产品样本．北京太富力传动机械有限公司．1999

8 马从谦，陈自修，张文照，张展，蒋学全，吴中心．渐开线行星齿轮传动设计．北京：机械工业出版社，1987

9 郑悦，李澜．《双层齿轮组合传动》发明专利申请公开说明书（申请号 89104790.5）

10 冯晓宁，李宗浩．渐开线少齿差传动设计参数的选择．机械传动，1995（1）

11 杨锡和．雷达与对抗．关于少齿差内啮合实际接触齿数及承载能力的研究．1989（4）

12 Ю. А. Гончаров, Р. И. Эайлетдинов. Сборник. науч. тр. че лябинск. политехн. институт. No. 244. 1980. стр. 32～37

13 冯晓宁．NN 型传动的传动比计算与特点分析．机械传动，1995（2）

14 成大先主编．机械设计图册．第 1 卷．北京：化学工业出版社，2000

15 成大先主编．机械设计图册．第 3 卷，北京：化学工业出版社，2000

16 张展主编．实用机械传动设计手册．北京：科学出版社，1994

17 余铭．少齿差减速器产品设计资料．无锡市万向轴厂

18 冯澄宙．渐开线少齿差行星传动．北京：人民教育出版社，1982

第 7 章

1 钝齿传动．北京：三机部第四设计院，1976

2 钝齿星轮传动．南京：南京化工设计院二室

第 9 章

1 厉海祥等．渐开线点啮合齿轮传动．齿轮，1986（5）

2 厉海祥等．渐开线点啮合齿轮的试验研究．齿轮，1990，（3）

3 厉海祥．低噪声、高强度齿廓的研制——点线啮合齿轮传动．机械科学与技术，1994（增刊）

4 厉海祥．用于机械立窑的点线啮合齿轮减速器．水泥技术，1995（5）

5 厉海祥．ZQDX 点线啮合圆柱齿轮减速器系列的研制．中国机械工程，1996，7

6 Li Haixing. A New Type off Meshing Transmission in Crane or Transport Machinety-Point-Line Meshing Gear Transmission. ICMH/ICP'99

7 ZhangYuchuan. Analysis of Bending Strength on Point-Line Meshing Gear Transmission. ICMH/ICFP'99

8 罗齐汉，厉海祥．点线啮合齿轮参数选择的封闭图．机械工程学报，2005，41（1）

9 朱孝录主编．齿轮传动设计手册．北京：化学工业出版社，2005

10 罗齐汉．点线啮合齿轮设计方法的研究（博士）．华中科技大学，2006

第 10 章

1 欧阳志喜．塑料齿轮的应用与开发综述．中国齿轮年鉴．中国齿轮协会，2006.9

2 DuPont. Engineering Polymers. Printed in U. S. A. 1998. 1

3 AMERICAN NATIONAL STANDARD ANSI/AGMA 1106-A97

4 本书编写组．齿轮手册．北京：机械工业出版社，1990

5 张安民主编．圆柱齿轮精度．北京：中国标准出版社，2002

6 欧阳志喜编著．整体硬质合金仪表齿轮滚刀及铣刀的设计与制造．北京：国防工业出版社，1994

7 Raymond M. Paquet. 设计塑料直、斜齿轮的系统方法．阎晶晶译，许洪基校．Gear Technology，1989（11/12）

8 LNP Engineering Plastic. Inc. LNP corporation. 1996

9 Duracon，夺钢．塑料齿轮设计精要．日本宝理塑料株式会社

10 袁哲俊等合编．齿轮刀具设计．北京：新时代出版社，1983

11 本书编写组．小模数齿轮测量手册．北京：国防工业出版社，1972

12 Roesler, J, Weidig, R. Tragfahigkeigkeitsungen an PEEK-Stah1-Zahnradpaarungen, TU Berlin/Victrex, 2000

13 王文义，王丕增等编．仪表齿轮．北京：机械工业出版社，1982

14 Martin Bichler. 注塑制品消除缺陷操作指南：授权宁波德马格海天塑料机械有限公司

15 陈战等．塑料齿轮材料的改性研究．机械工程材料，2003，27（3）：3

16 张恒编著．复合材料齿轮．北京：科学出版社，1993

17 ［日］N. TSUKAMOTO 等．提高塑料齿轮承载能力及延长其寿命的方法

18 刘天模．工程材料．重庆：重庆大学出版社，2005

19 于华编著．注射模具设计技术及实例．北京：机械工业出版社，1998

20 Delrin 均聚甲醛成型指导．美国杜邦

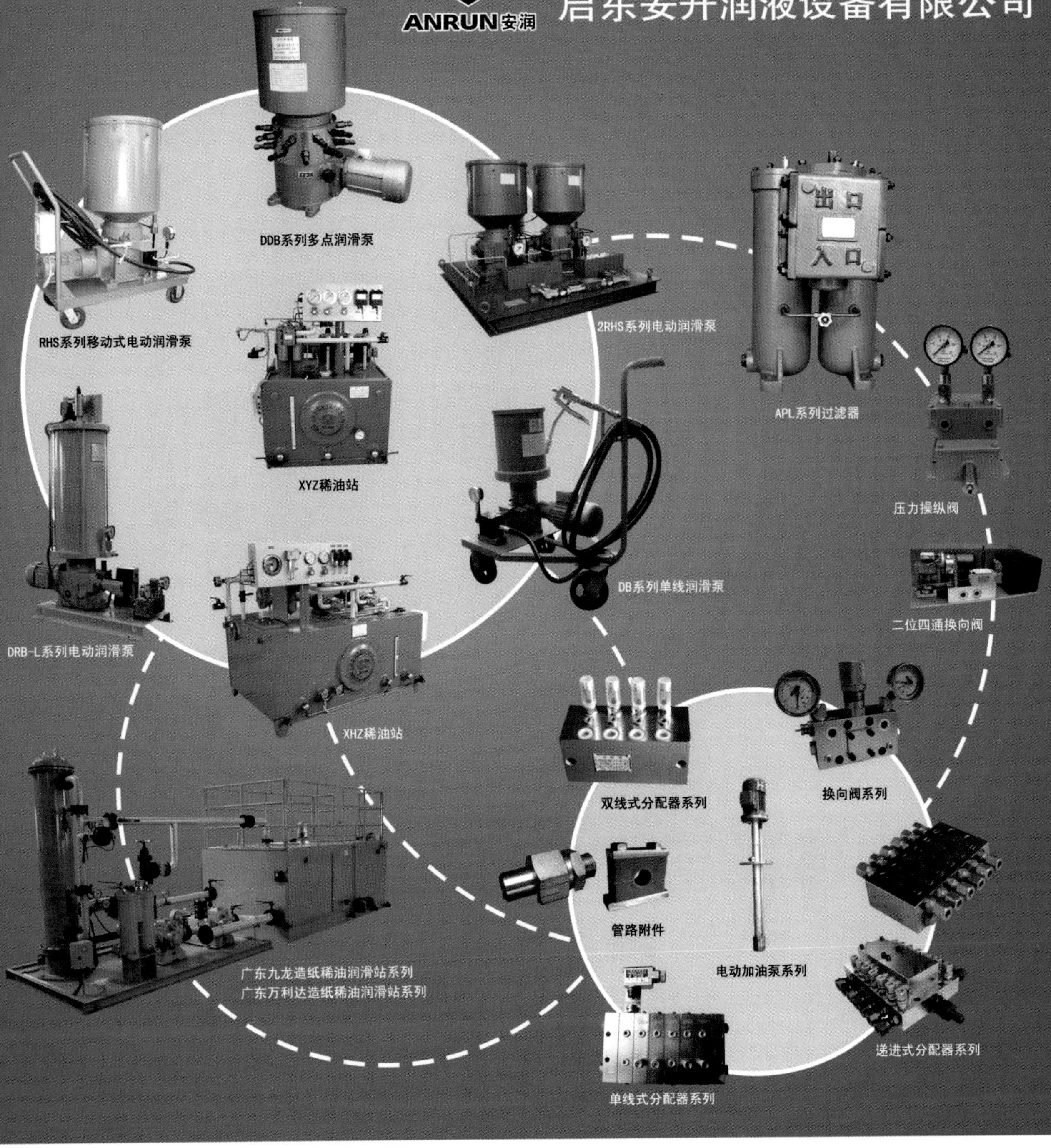

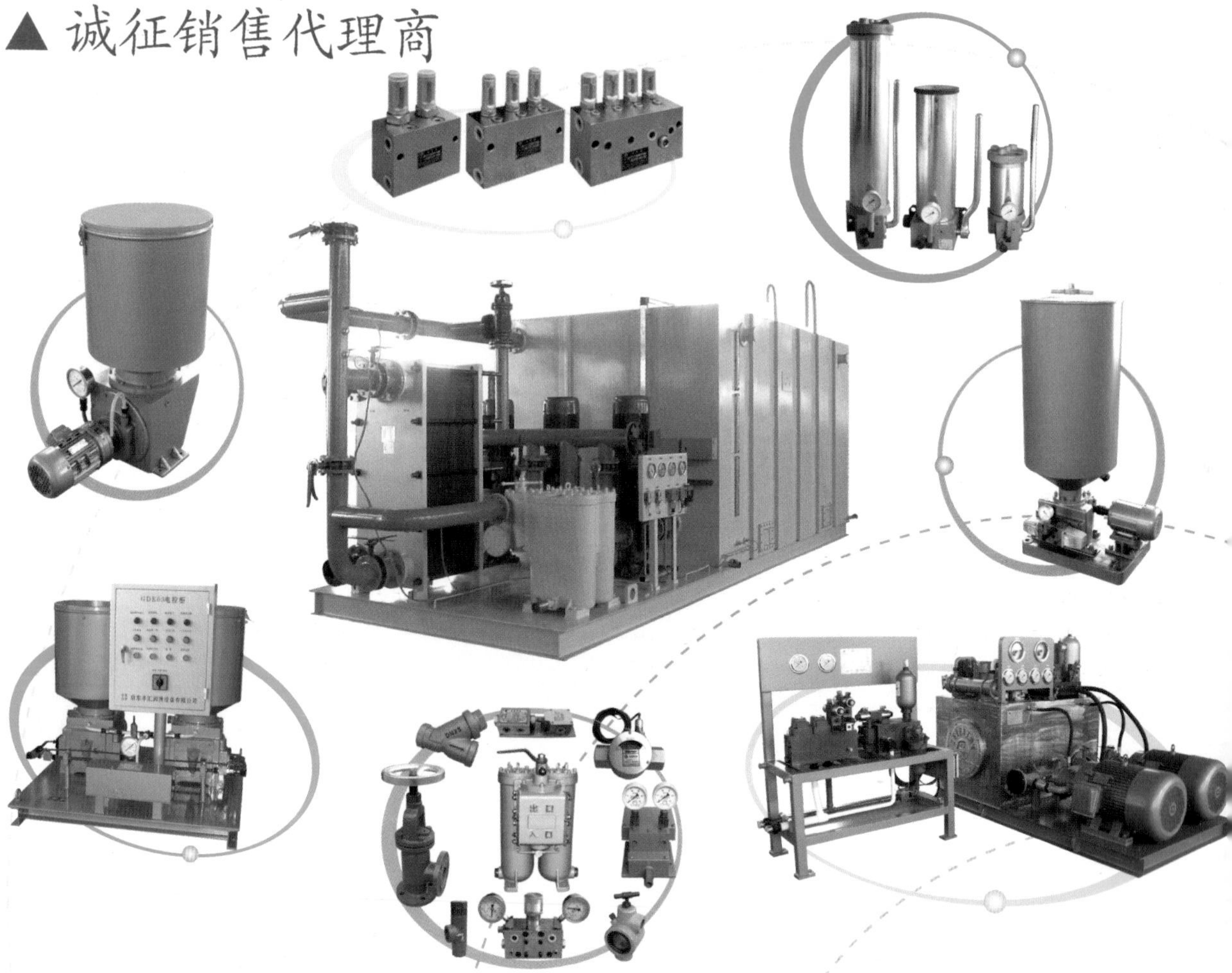

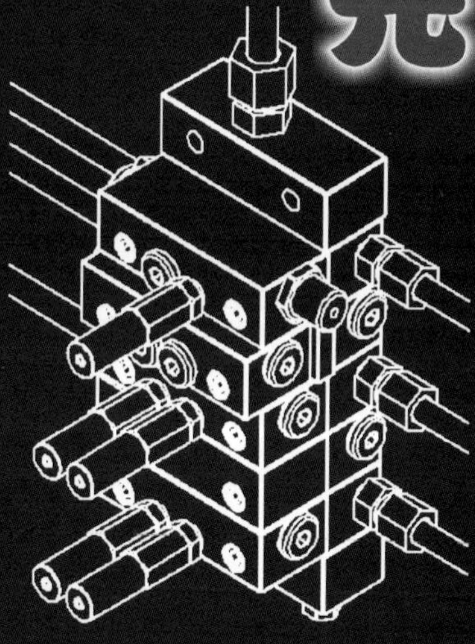

《机械设计手册》第五版卷目

第1卷

第1篇　一般设计资料
第2篇　机械制图、极限与配合、形状和位置公差及表面结构
第3篇　常用机械工程材料
第4篇　机构

第2卷

第5篇　连接与紧固
第6篇　轴及其连接
第7篇　轴承
第8篇　起重运输机械零部件
第9篇　操作件、小五金及管件

第3卷

第10篇　润滑与密封
第11篇　弹簧
第12篇　螺旋传动、摩擦轮传动
第13篇　带、链传动
第14篇　齿轮传动

第4卷

第15篇　多点啮合柔性传动
第16篇　减速器、变速器
第17篇　常用电机、电器及电动（液）推杆与升降机
第18篇　机械振动的控制及利用
第19篇　机架设计
第20篇　塑料制品与塑料注射成型模具设计

第5卷

第21篇　液压传动
第22篇　液压控制
第23篇　气压传动